谨以此书献给北京有色金属研究总院建院五十五周年

钛

莫 畏 主编

北 京
冶 金 工 业 出 版 社
2008

内容简介

本书是一本系统地介绍钛冶炼和加工方面的专著，内容系统全面，资料丰富，涵盖了钛业的全部领域。

全书共分三篇。上篇（钛冶炼）介绍了钛冶炼生产的全过程，重点介绍了钛渣、人造金红石、四氯化钛、海绵钛、钛白，以及钛的性质、储量及选矿；中篇（钛加工）介绍了各种钛材及制品加工工艺的关键技术，主要包括塑性加工中的锻造、轧制、挤压、拉拔、旋压及热处理、矫直，还包括钛的金属学、熔炼、铸造和粉末冶金；下篇（综合技术及应用）介绍了钛业公共内容，包括钛化合物、钛材的腐蚀和应用、环保及真空设备，同时介绍了钛加工的辅助技术、钛材表面处理技术、焊接和切削加工。

本书可供从事钛业生产、研究、设计的技术人员和管理人员使用，也可供大专院校相关专业师生参考。

图书在版编目(CIP)数据

钛/莫畏主编．—北京：冶金工业出版社，2008.6
ISBN 978-7-5024-4478-5

Ⅰ．钛…　Ⅱ．莫…　Ⅲ．①钛—基本知识　②钛—有色金属冶金—基本知识　Ⅳ．0614.41　TF823

中国版本图书馆 CIP 数据核字（2008）第 057289 号

出 版 人　曹胜利
地　　址　北京北河沿大街嵩祝院北巷 39 号，邮编 100009
电　　话　(010)64027926　电子信箱　postmaster@cnmip.com.cn
责任编辑　尚海霞　张熙莹　美术编辑　李　心　版式设计　张　青
责任校对　王贺兰　责任印制　牛晓波
ISBN 978-7-5024-4478-5
北京兴华印刷厂印刷；冶金工业出版社发行；各地新华书店经销
2008 年 6 月第 1 版，2008 年 6 月第 1 次印刷
787mm×1092mm　1/16；63 印张；1521 千字；990 页；1-3000 册
168.00 元
冶金工业出版社发行部　电话：(010)64044283　传真：(010)64027893
冶金书店　地址：北京东四西大街 46 号(100711)　电话：(010)65289081
（本书如有印装质量问题，本社发行部负责退换）

本书编写分工

第1章　莫　畏　邓国珠
第2章　邓国珠　莫　畏
第3章　莫　畏　邓国珠
第4章　邓国珠
第5章　莫　畏
第6章　莫　畏　邓国珠
第7章　莫　畏
第8章　王武育
第9章　罗远辉　毛柏平
第10章　莫　畏
第11章　张　翥
第12章　莫　畏　马济民①
　　　　蔡建明①
第13章　贺金宇　唐志今①
　　　　庞克昌②　闫晓东
　　　　（马济民审）
第14章　张　翥　谢水生
第15章　张　翥　谢水生　莫　畏
第16章　张　翥
第17章　谢水生　莫　畏
第18章　赵云豪
第19章　莫　畏
第20章　莫　畏
第21章　谢成木①
第22章　莫　畏　李四清①
第23章　邓国珠
第24章　朱祖芳
第25章　林乐耘
第26章　莫　畏
第27章　邓青元
第28章　叶镇焜①　谢成木
　　　　（唐龙章①审）
第29章　莫　畏
第30章　莫　畏

①为中航一集团北京航空材料研究院；
②为宝山钢铁股份公司特殊钢技术中心；
其余为北京有色金属研究总院。

序

进入21世纪，我国的有色金属工业，尤其是钛工业得到飞速发展。2007年与2000年相比，10种有色金属的产量共计增长了3倍，其中增长较快的有：铝增长4倍多，而海绵钛则增长了16倍，钛材增长10.6倍。我国产钛规模已居世界前列。特别重要的是在钛材的应用上，我国从20世纪80年代的千吨左右，发展到去年的近2万t，说明钛材的应用已被我国社会大量接受。

以新金属面貌出现的金属钛及其合金，二次世界大战以后才登上工业舞台，因其具有比强高、耐腐蚀、无磁性等优异性能，深受世人的重视与重用。问世不到十年，钛产量就从几吨跃升到万吨以上，经过60年来的发展，到现在其用途广泛发展到航空、航天、舰艇以及军事领域，出现过全钛飞机、全钛潜艇和钛制火炮。民用经济用钛更是广泛，如化工、石化、制盐、印染、制药、食品、轻工、海水淡化、医疗器材、运动器具以及建筑用材等都使用了钛材，并从中获益。

我国钛材应用的普及，得益于国家重视钛的应用推广工作。早在1964年我国刚能生产钛材不久，就着手调研考虑钛在航空中的推广应用，鉴于当时军用规模有限，转向民用发展。1971年我国钛材已有近300t的生产规模，为钛材的应用推广创造了条件。此时正逢国家重视稀有金属的发展，自1972年初当时国家计委主任袁宝华同志就大力倡导稀有金属的应用推广工作。1974年第四季度，由冶金部、化工部和轻工部联合在上海召开了钛的民用推广会议，总结了钛材在氯碱等行业应用的优异表现，起到了良好的交流推广作用。钛材用量到1978年增加到500多吨。但是因为受到“文化大革命”的干扰影响，钛材市场波动，用量逐年下降，1982年回降到近350t。改革开放后，在方毅副总理倡导下于1982年7月成立了由国家经委、计委、科委领导参加的共16个部门组成的“全国钛的应用推广领导小组”，并于1983年4月召开了全国钛的应用推广会议，同时举办了钛的展览会。这一系列活动起到了推动我国钛工业发展的里程碑作用。当年钛材用量超过过去最高纪录，达到533吨，以后每年大幅度递增，到1985年超过千吨，2003年近万吨，2007年钛材用量近两万吨，并以每年20%的速度增长。

我国是世界上少数有完整钛产业的国家之一。我国钛业能够发展到今天的规模和水平，不能不感谢国家和有关专家的远见卓识，自建国初期即重视科学发展工作。1956 年在聂荣臻元帅的主持下，制订了我国科学技术的“十二年科学规划”，在确定的56 项课题中，专门为钛立一项，即第16 项，可见当时国家对发展钛的重视程度。

我国钛业的发展是具有特色的。首先我国钛业的建立完全依靠自力更生，做到了科研开发先导，科研、设计、生产三者密切结合。早在1954 年（也就是金属钛刚刚登上世界工业舞台的第六年），北京有色金属综合试验所（北京有色金属研究总院的前身）冶金室的研究人员拿一烧瓶，内装无色透明、流动如水的液体给我看，这就是我国的第一瓶精制四氯化钛，是从热河大庙钛铁精矿中提取钛的一项研究成果。1956 年又与北京有色金属设计研究院共同设计年产60～100t 海绵钛实验厂，最初原想建在北京，后改建在抚顺铝厂，为海绵钛车间，1958 年第四季度建成开始试车，1959 年6 月投产，到1961 年接近设计的60t/a 能力。该厂起到了积累经验、培养人才的“种子”实验工厂作用，发展成为我国第一个海绵钛厂，也为后来建设工业规模海绵钛厂（如遵义钛厂）积累了经验。

我国过去始终将科研放在前面，所以采用的工艺方法都能适用于我国国情，特别是密切结合我国钛矿产资源特点，研发生产工艺技术。在选择钛的生产方法时，在实验室中除研究过镁还原法、钠还原法外，还比较过四氯化钛电解法和二氧化钛的氢化钙还原法。由于我国钛资源是以钛铁矿为主，所以首先要考虑生产富钛料的方法，曾比较过人造金红石和高钛渣法，工业化选择了高钛渣为富钛料；氯化高钛渣的氯化炉，最初使用过竖炉氯化，20 世纪70 年代自行研究开发了高钛渣的沸腾氯化炉，是世界上用流态化氯化高钛渣较早的国家，并取代了竖炉，个别厂也用过熔融盐氯化，其废盐污染难以处理；蒸馏法分离镁还原后的海绵钛与氯化镁，没有走有的国家用湿法处理的弯路；还原与蒸馏原是分别处理。我国自主研究开发还原蒸馏联合法，有I 形的，也有倒U形的，其中倒U 形还原蒸馏炉已发展到8～10t 的规模。我国用结合自己资源特点、自我开发的工艺和设备已经建起万吨级海绵钛厂。

关于将海绵钛熔铸成锭和进一步研究其合金加工成材始于1956 年。当时以实验室试制出的海绵钛在非自耗电弧炉上熔化成钛锭，锻成棒材，测试性能。这份试样至今保存在钛协会，成为我国首次试制出钛锭的证物。1958 年北京有色金属研究院开始系统地研究钛合金及其熔炼设备，设计制造出我国第一台生产用的自耗电极电弧炉，同时还试制出国际上已经成熟的一些钛合金，并加工成材。1960 年沈阳苏家屯加工厂（今沈阳有色金属加工厂）建成了我国第一个钛材加工车间（即第7 车间），1964 年开始成吨地生产钛材。宝鸡有色金属加工厂和宝鸡有色金属研究所（现西北有色金属研究院）是1964年提出的三线建设产物。它是将北京有色金属研究院十几年培养起来的与稀有金属合金加工有关的科研人员、熟练工人、多年积累和引进的稀有金属的熔炼、加工和理化检测研究设备，全部调往宝鸡，成立了门类齐全、人才济济的稀有金属材料研究和生产相结合的单位，成为当前我国钛材生产和研发的主力军。应该说创始我国钛工业，研究并推广钛合金和钛材的研究单位，除北京有色金属研究总院、西北有色金属研究院外，还有中国科学院沈阳金属研究所、原三机部621所（现航空材料研究院）、原六机部洛阳的725所（现船舶材料研究所）等研究单位，它们都为我国钛工业的发展进步做出了重要贡献。

我国现在虽然有数万吨海绵钛和钛材的生产能力，但按照钛的优异性能和广泛用途，距其发展成为“第三金属”还有很大差距。究其原因，是因为采用金属热还原法取代四价金属钛，是难以大幅度降低生产成本的。我们真诚希望加强科研开发，将基础研究、工程开发、生产实践密切结合，加上国家的重视，大力支持，相信钛成为“第三金属”的这一天一定会到来。

现在有一种做法让我们不安，就是盲目引进之风，我们不反对必要的引进，但是反对引进落后的工艺，更反对引进与环境不友好的工艺。其结果引进之日就是改造之时，后患无穷，应该慎之又慎。

这本《钛》著作，是从事钛研究开发的莫畏等二十余位钛冶金和合金加工专家共同编写的大型专著，凝聚着他们的深厚学识根底和多年科研生产实践经验，对普及钛知识，推动钛的科研、生产、建设、教学和应用都富有借鉴价值，愿予以推荐。

中国工程院院士 李东英

2008年4月于北京

前　言

钛是一种新金属，钛及钛合金也是一种性能优异的新材料，被誉为现代金属。

钛及钛合金具有密度小、比强度高、耐蚀性能好、耐热性能优良、无磁等一系列特性，获得了广泛的应用。钛的工业化仅有五十余年历史，钛业却获得了迅速发展。目前，全世界钛材年产量已达90kt。

随着国民经济持续、高速发展，我国对钛的需求量迅速增长。2006年我国海绵钛和钛材的年产量双双超过万吨，已进入世界产钛大国的行列，且已形成持续发展的态势。

与美国、日本、俄罗斯等世界产钛大国相比，我国钛业的技术水平与世界相比仍有差距。我国要成为世界产钛强国还有相当长的路要走。其中，一件重要的事就是必须提高我国钛业的理论水平。

为此，在原来《钛冶金》一书的基础上，根据钛业技术的发展，增加了钛加工和综合技术等内容，编撰了大型专著《钛》一书。它是许多专家智慧的结晶，也是为了改变钛业缺乏专著的现状，为提高我国钛业国际竞争力，我们可做的一点微薄贡献和实事。

本书共分三篇，上篇为钛冶炼；中篇为钛加工；下篇为综合技术及应用。这三篇叙述结构不同，写作风格也有差异。

(1) 上篇是按克劳尔工艺从钛矿开始逐渐展开，直至生产出半成品海绵钛，它属于钛冶炼范畴。尽管工艺流程中存在一些小的支线，但它的主线就是克劳尔工艺，是唯一的。按该流程顺序逐级展开，结构清晰、单一、不混乱，而且重点突出，一目了然。这种论述方法是一般科技书籍的常用方法，且结构严谨。

(2) 中篇论述了钛加工的各种工艺方法。其中，除了钛的金属学、钛熔炼、钛铸造和粉末冶金是分别设章独立论述外，其他大部分内容属钛塑性加工工艺。而塑性加工工艺内容十分丰富且很庞杂。为了更好地分类介绍，避免臃肿，分成若干章加以论述。但如何立章可以有两种方法：第一种方法是按钛材的工艺流程依顺序展开，分别介绍。这种方法即是上篇的方法。但是，每种钛材的品种可能有一两种或多种工艺路线，分头叙述文字的重复率很高。如在图10-1和图10-2的流程中，钛管的加工方法已经涵盖塑性加工的各种基本方式，使钛管的多种路线中，叙述的文字臃肿，且使读者阅读不得要领，重点不突出。故按“线”叙述的方法不可取。第二种方法比较好，它是将图10-1中工艺流程分解，找出关键技术的“块”（即流程图中矩形块），将各种关键技术，如锻造、轧制……工艺分别立章，该章以该技术工艺为中心，叙述它领衔加工各种钛材半成品的工艺技术过程。如以轧制钛板、钛带和钛箔为例，它单独以轧制技术加工板、带和箔工艺，并从理论到实践多方面有深度和有广度地介绍工艺，而且文字不重复、不臃肿。每个章节的技术工艺是唯一的，整体也不重复，文字简洁，重点突出。唯一缺陷是要了解某种钛材品种的整个加工流程，读者需要将各种“块”（各章）按工艺流程，将各“块”像搭积木一样组合起来（加和起来），才能形成一个整体全过程。

本书将塑性加工工艺分解成独立的章有锻造、轧制（分两章）、挤压、拉拔、旋压、热处理、精整和矫直，它们分别在第13章～第20章中叙述。第10章是综述，也是本篇的引言。读者在了解这些关键技术后，也就了解了钛材塑性加工技术的全貌。从技术的角度看，这种结构易编写，同时内容也比较好安排，也便于阅读。

(3) 下篇包括与上述冶金和加工中有关的公共内容，如钛化合物、钛的应用和腐蚀、环保，以及辅助技术，如钛的表面处理技术、焊接、真空设备、切削加工等，内容比较杂，相互间无关联，故叫综合技术及应用。这样编排，上篇和中篇的结构更清晰，主题更突出。

在写作风格上力求理论与实践相结合，做到既有理论论述，也有工艺实践；以工艺实践为重点，保持适当的理论深度和广度。同时在论述中力求做到避虚务实。

本书涉及的技术领域很宽，而我们的技术水平有限，时间偏紧，尤其我们是第一次尝试编写这种大型专著，难免有错误和缺点，不当之处恳请读者批评指正。

本书在编写过程中得到了许多同行专家们的大力支持，特别是北京有色金属研究总院及其领导给予了大力支持和帮助，薛志痒、叶镇焜、王希哲和王桂生等先生也给予了很多帮助，在此，一并表示谢意。

本书邀请了张翥、谢成木、邓国珠等二十余位专家共同撰稿。故本书是一本众多专家集体智慧的作品，也是一本凝聚了众多专家总结钛工业实践的经验、教训和理论知识的大型专著。参与本书写作的专家按章详细分工见前表。对参与的作者表示诚挚的谢意。

莫　畏

2007年11月于北京

目　录

上篇　钛冶炼

中篇　钛加工

上篇　钛冶炼

1 概　述

1.1 钛冶金工业的发展和展望

1.1.1 钛工业发展史

1791 年英国牧师 W. 格雷戈尔（Gregor）在黑磁铁矿中发现了一种新的金属元素。1795 年德国化学家 M. H. 克拉普鲁斯（Klaproth）在研究金红石时也发现了该元素，并以希腊神 Titans 命名。1910 年美国科学家 M. A. 亨特（Hunter）首次用钠还原 $TiCl_4$ 制取了纯钛。1940 年卢森堡科学家 W. J. 克劳尔（Kroll）用镁还原 $TiCl_4$ 制得了纯钛。从此，镁还原法（又称为克劳尔法）和钠还原法（又称为亨特法）成为生产海绵钛的工业方法。美国在 1948 年用镁还原法制出 2t 海绵钛，从此达到了工业生产规模。随后，日本、前苏联和中国也相继进入工业化生产，先后陆续成为主要的产钛大国。

钛是一种新金属，由于它具有一系列优异特性，被广泛用于航空、航天、化工、石油、冶金、轻工、电力、海水淡化、舰艇和日常生活器具等工业生产中，它被誉为现代金属。

金属钛生产从 1948 年至今才有半个世纪的历史，它是伴随着航空和航天工业而发展起来的新兴工业。它的发展经受了数次大起大落，这是因为钛与飞机制造业有关的缘故。但总的说来，钛发展的速度是很快的，它超过了任何一种其他有色金属的发展速度。这从全世界海绵钛工业发展情况可以看出：海绵钛生产规模 20 世纪 60 年代为 60kt/a，80 年代为 100kt/a，1990 年实际产量达到 105kt/a。目前，世界海绵钛生产厂家和生产能力列于表 1-1。

表 1-1　世界海绵钛生产厂家和生产能力

国　别	厂　商	原有产能/ $kt \cdot a^{-1}$	2006 年动态
日　本	住友钛	18	扩产，二厂总产能达 39kt/a
	东邦钛	13	
美　国	Timet	8.6	扩产，产能达 12.6kt/a

续表 1-1

国 别	厂 商	原有产能/ $kt \cdot a^{-1}$	2006 年动态
美 国	Oremet	(7.6)	停产
俄罗斯	Avisma	26	扩产，产能达 28.5kt/a
哈萨克斯坦	UK-TMK	20	扩产，产能达 22kt/a
乌克兰	Zaporozhye	7.5	扩产
中 国	遵义钛业	10	扩产
	抚顺金铭钛业	2	扩产，产能达 5kt/a
总 计		105	总产能达 130kt/a

现在，因国际市场上以美国波音 B777 和欧洲空客 A380 为代表的大型民用飞机大批量采购单对钛的需求，加上民用工业用钛也大幅度增加，金属钛已成为抢手货，钛市场已出现供不应求的状况，各厂家正满负荷生产。2005 年海绵钛实际产量超过 100kt。预计今后数年钛产能会继续增长，钛工业将呈现出一派欣欣向荣景象。现在，各厂家纷纷扩建或新建。估计 2006 年海绵钛产能会达到创纪录的 130kt/a 规模。其中，2006 年中国海绵钛产能也将达 18kt/a 的规模，这表明我国已成为名副其实的世界产钛大国。我国钛工业正在稳步和迅速前进，并已经开始崛起。

目前妨碍钛应用的主要原因是价格贵。可以预料，随着科学技术的进步和钛生产工艺的不断完善、扩大企业的生产能力和提高管理水平、进一步降低钛制品的成本，必然会开拓出更广泛的钛市场。

1.1.2 钛白发展史

钛白是一种优良的白色颜料，也是一种最重要的钛化合物。广义地说，钛工业应包括钛白的生产。特别是氯化法制取钛白，它使用的原料也是 $TiCl_4$，因此与金属钛的生产紧密相连。

早在 1916 年挪威就建立了第一个用硫酸法生产钛白的千吨级复合颜料厂。其后 20 多个国家约 50 多个公司也相继建立了钛白粉厂，各厂规模大多在 20 ~ 100kt/a 级。氯化氧化法发展较晚，美国于 20 世纪 50 年代研究成功后，于 1958 年建立了第一个 100kt/a 级工厂，由于“三废”污染少，获得了迅速的发展。据 2006 年数据，全世界（未含中国）的钛白生产能力达 450 万 t/a，其中氯化法的生产能力已超过硫酸法，1992 年氯化法生产钛白的产量占钛白总产量的 51%，而 2006 年已超过 65%。

钛材除了纯钛外，目前世界上已经生产出数十种牌号的钛合金。使用最广泛的钛合金是 Ti-6Al-4V，Ti-5Al-2.5Sn 等。我国和国外常见的钛合金牌号及其成分，详见表 10-2 及表 11-24 ~ 表 11-26。

1.1.3 钛冶金的发展方向

1.1.3.1 克劳尔法的技术进步

克劳尔法以镁还原-真空蒸馏法（MD 法）为代表的海绵钛生产工艺，目前有了长足的进步，其中以日本住友公司和东邦公司的技术最先进，具体表现在以下四个方面：

（1）规模大，流程封闭。钛厂的规模都在10kt/a以上，均为镁钛联合企业。这些企业实现了流程封闭，使Mg、$MgCl_2$和Cl_2在系统内部循环。电解氯气直接送氯化车间，还原产物$MgCl_2$直接送电解车间，电解出的热镁直接送至还原炉内，减少了热能的损耗。流程内吨钛净镁耗降至10kg的水平，并且减少了“三废”，改善了环境。

（2）技术革新成功，采用了最先进的技术。氯化中采用了流态化氯化技术；精制中采用了矿物油除钒方法；还原采用了还原-蒸馏一体化工艺，使用了倒U形大型联合法设备；镁电解中采用了新型的双极性电解槽的电解工艺。

（3）设备大型化。采用大型的流态化氯化炉，日产$TiCl_4$达100t以上。镁还原炉炉产海绵钛达7～10t。双极性镁电解槽电解电流达100～110kA，电流效率达80%，镁电解生产能力增加40%，镁电解能耗已降至9500～9300kW·h/t。

（4）生产过程实现机械化和自动化。各工序作业采用了计算机自动控制，极大地提高了劳动生产率。

海绵钛生产的技术进步，使生产能力增加，产品质量提高，能耗降低，产品成本大大降低。其中住友公司的吨海绵钛总能耗已从旧工艺的37000kW·h（1964年，还原、蒸馏作业6000kW·h，镁电解作业31000kW·h）降低到新工艺的16900kW·h（1987年，还原、蒸馏作业2500kW·h，镁电解作业14400kW·h）。此外，可获得钛坨中心部位HB达70～80的优质海绵钛。

目前MD法被公认为最有竞争力的工艺，在海绵钛生产中占主导地位，传统的SL法和ML法已被淘汰（注工艺方法简称：M为镁法；S为钠法；D为真空蒸馏；L为水洗；H为氦气循环蒸馏）。

1.1.3.2 科研动向

人们在改造老工艺的同时，对许多新工艺进行了研究，力图寻找一种产品成本更低廉的工艺方法，这包括对本书2.1节所论述的许多方法进行了探索性的研究。如对钛化合物电解的研究，目前认为进展最快的是$TiCl_4$的熔融盐电解法；对钛化合物等离子氢还原的研究；对镁还原和钠还原过程的连续化研究；对锰还原法和氟盐法的研究；对镁法、钠法或电解法共还原制取海绵钛合金的研究等。

（1）高温液相镁还原法。该法由日本东邦公司提出。高温液相还原是在钛的熔点（1668℃）以上的温度下进行，此时钛呈液体状态，反应器充惰性气体氩（或氦），并保持0.5～1MPa的压力以使生成的$MgCl_2$呈液体状态存在。由于密度的差别，$MgCl_2$浮在液体钛的上面，液体$MgCl_2$和液体钛可连续或间歇放出，因此还原过程可连续进行。取出的液体钛在真空下固化为产品钛锭，这就省去了海绵钛中间过程，可大幅度降低金属钛的生产成本。

高温液相还原反应的主要困难在于液体钛活性很大，反应器材料问题难以解决。为解决这个问题，曾试验了一种冷却反应器壁的方法，即控制温度使反应器壁和高温反应区间形成一层凝固层，以避免液体钛与反应器壁直接接触。但凝固层的形成和保持需要高精度的温度控制，能否适合大规模操作还在进一步探索研究中。

（2）氟盐法，又称铝还原法。由美国矿务局奥尔巴尼（Albany）研究中心发明。它是用铝还原钛的氟盐（K_2TiF_6）制取AlTi合金，然后脱除合金中的铝制得海绵钛或钛粉。1985年建立了试生产厂，随后因故停产。我国也曾对此法进行过探索性研究。

（3）四氯化钛电解法。美国、日本、前苏联、意大利、法国和中国都对该法进行了长期和深入的研究。早期的电解槽构型为隔膜式和篮框式。20 世纪 80 年代初，美国道-豪梅特（D-H）钛公司曾一度建厂试生产，后停产关闭。1988 年意大利马克吉纳塔（EMG）公司宣布采用双电极的新型电解槽工艺建厂进行试生产，其后由于未达到预计的技术经济指标，也被迫停产关闭。

（4）流动式连续气相冶炼法。由住友钛公司提出，它是把作为种子的金属钛粒装入反应器中，从反应器下部吸入原料 $TiCl_4$ 和金属镁气体，在反应器内沸腾，$TiCl_4$ 在处于流动状态的钛粒表面上被镁还原成金属钛，金属钛粒达到一定粒度后连续地取出。严格地讲，这是一种半连续法工艺。

（5）连续液相还原法。日本学者深入研究了在普通温度下（1000℃）液相还原的可行性。具体实验方法为，在镁还原工艺的反应器内预加锌，并用 $MgCl_2$ 层隔开镁和锌，同时加入 $TiCl_4$ 和金属镁。还原生成的钛沉降至下部锌中，形成低熔点 Ti-Zn 合金。含钛分别为 10%、17%、25% 的合金，其熔点相应为 800℃、900℃、1000℃，连续排出液态合金，然后将其进行真空蒸馏除锌，即得海绵钛。

（6）共还原制取钛合金。前苏联学者曾研究过从含钒废料即 $VOCl_3$-$TiCl_4$ 用镁法共还原制取 Ti-V 合金的方法。该法分三个步骤，首先是将 $VOCl_3$-$TiCl_4$ 在熔盐氯化炉中加碳氯化制取 VCl_4-$TiCl_4$ 液体；其次将其精馏精制，得到纯 $TiCl_4$-VCl_4 液；然后按镁法工艺用它制得海绵钛钒合金。另外，他们还进行过类似的镁法共还原 $TiCl_4$-$MoCl_5$ 制取钛钼合金和钠法共还原 $TiCl_4$-VCl_4-$AlCl_3$ 制取钛铝钒合金粉的研究。

我国学者也曾经进行过镁法共还原制取 Ti-Mo 合金的研究。该法分两步，先氯化金属钼制取 $MoCl_5$；再将其加入 $TiCl_4$ 中，然后搅拌均匀后用镁法工艺共还原制得海绵钛钼合金。

（7）TiO_2 电解法。1998 年英国剑桥大学提出了 TiO_2 在 $CaCl_2$ 熔盐中电解还原制取海绵钛的新方法并发表了专利，它工艺简捷，被称为 FFC 剑桥工艺。按此英国钛公司试验厂已经生产出 1kg 海绵钛，其氧含量低于 0.02%，并继续试验，向年产 10～100kg 规模发展。预计如果试验成功，并实现工业生产，生产成本将大大下降。

上述研究大多还处于试验阶段。其中进展最快的要属电解法。

1.1.3.3 钛资源的开发

包括 TiO_2 生产在内的钛工业每年需要消耗大量的钛资源，随着金红石资源的逐渐枯竭和价格上涨，人们都转向使用价廉的丰富的钛铁矿。我国也十分重视攀枝花钒钛磁铁矿中钛资源的开发和利用。

要利用钛铁矿中的钛首先是要富集制取富钛料，即人造金红石和钛渣。从钛铁矿富集制取富钛料的方法很多，其中主要的是电炉法生产钛渣，目前钛渣厂的生产能力最大已达 1100kt/a。制取人造金红石的方法主要是酸浸法和锈蚀法，其生产规模较小，一般在 20～200kt/a。目前钛渣生产普遍采用大型和超大型的密闭矩形电炉，如魁北克铁钛公司（简称 QIT）电炉容量已达 24～60MV · A，南非理查兹湾矿物公司（简称 RBM）电炉容量达 110MV · A。

1.2 钛的性质

钛及钛合金具有一系列特点，如它的密度小、比强度高、耐热性能好、耐低温的性能也好，它具有优良的抗蚀性能，并且它的导热性能差、无磁、弹性模量低，但是它具有很高的化学活性等。

1.2.1 钛原子结构和在周期表中的位置

1.2.1.1 钛原子结构

钛的原子序数是22，原子核由22个质子和20~32个中子组成。原子核半径为5×10^{-13}cm。

钛原子核外22个电子结构排列为$1s^22s^22p^63s^23p^63d^24s^2$。原子失去电子的能力由电离能来衡量。钛原子的电离能见表1-2。

表1-2 钛原子的电离能

失去电子的次序	名 称	电离能/J	失去电子的次序	名 称	电离能/J
1	$4s$	1.09×10^{-18}	5	$3p$	16.06×10^{-18}
2	$4s$	2.17×10^{-18}	6	$3p$	19.51×10^{-18}
3	$3d$	4.40×10^{-18}	7	$3p$	22.9×10^{-18}
4	$3d$	7.06×10^{-18}	8	$3p$	27.8×10^{-18}

由表1-2可见，钛原子的$4s$电子和$3d$电子的电离能较小，都小于50eV，因此容易失去这四个电子。$3p$电子的电离能都在100eV以上，是很难失去的。所以，钛原子的价电子是$4s^23d^2$，钛的最高氧化态通常是正四价。

钛原子半径和离子半径如下：

原子或离子	Ti	Ti^+	Ti^{2+}	Ti^{3+}	Ti^{4+}
半径 r/nm	0.146	0.095	0.078	0.069	0.064

已发现钛有13种同位素，其中稳定同位素5个，其余8个为不稳定的微量同位素。钛的同位素及其性质列于表1-3。

表1-3 钛的同位素及其性质

同位素质量数	丰度/%	辐射特征	半衰期	热中子捕获截面/m^2	热中子散射截面/m^2
42	0.001	β^-，γ			
43	0.007	β^-，γ	0.58d		
44	0.0015		47a		
45	0.0015	β^+，γ	3.08h		
46	7.99	稳定同位素		$(0.6\pm0.2)\times10^{-28}$	$(3.3\pm1.0)\times10^{-28}$
47	7.32	稳定同位素		$(1.6\pm0.3)\times10^{-28}$	$(5.2\pm1.0)\times10^{-28}$
48	73.97	稳定同位素		$(8.0\pm0.6)\times10^{-28}$	$(9.0\pm4.0)\times10^{-28}$
49	5.46	稳定同位素		$(1.8\pm0.5)\times10^{-28}$	$(2.8\pm1.0)\times10^{-28}$
50	5.25	稳定同位素		0.2×10^{-28}	$(3.3\pm1.0)\times10^{-28}$
51	0.0001	β^-，γ	5.9min		
52	0.0001	β^-，γ	41.9min		
53	0.0001	β^-，γ			
54	0.003	β^-，γ			

1.2.1.2 钛在周期表中的位置

钛是元素周期表中第四周期的副族元素，即IV_B族（又称为钛副族）元素。这族元素除钛（$_{22}Ti$）外，还有锆（$_{40}Zr$），铪（$_{72}Hf$）和人工合成元素$_{104}Ku$。钛、锆、铪原子的外层电子结构分别为：$Ti[Ar]3d^24s^2$，$Zr[Kr]4d^25s^2$，$Hf[Xe]5d^26s^2$。由此可见，钛族元素的原子具有相似的外电子构型，即价电子都是d^2s^2，因而钛、锆和铪的原子半径相近，它们的许多性质也相似，彼此可以形成无限固溶体。不过，钛、锆、铪及它们的化合物在性质上也有差异。例如，TiO_2是两性氧化物，而ZrO_2、HfO_2为碱性氧化物；$TiCl_4$是弱酸性化合物，而$ZrCl_4$、$HfCl_4$则为两性化合物。

IV_A族，即碳族元素的原子也和IV_B族具有相似的外电子构型，不过其价电子不是d^2s^2，而是s^2p^2。钛族与碳族是同周期元素，它们具有共性，即通常都表现最高氧化态为正四价。碳族元素的金属性质随着原子序数的增加而递增，原子序数最小的碳（C）是非金属元素，原子序数最大的铅（Pb）是金属元素。但是，钛族元素都具有金属性质，这是与碳族元素的基本区别。

钛与其相邻的III_B族（d^1s^2）、V_B族（d^3s^2）元素的原子最外层电子数相同，不同的是次外层电子数。因为对元素的化学性质发生主要影响的是最外层电子，次外层电子的影响就小得多，所以，钛与III_B族元素（钪、钇）和V_B族元素（钒、铌、钽）在性质上也很相近，钛可与这些元素形成无限固溶体。在自然界存在的钛矿物中，经常伴生有这些元素。

1.2.2 钛的物理性质、热力学性质和力学性质

1.2.2.1 物理性质

A 晶体结构

金属钛具有两种同素异形态，低温（<882.5℃）稳定态为α型，密排六方晶系；高温稳定态为β型，体心立方晶系。

α-Ti的晶格参数，25℃时为：$a=0.29503\mathrm{nm}\pm0.00004\mathrm{nm}$，$c=0.46832\mathrm{nm}\pm0.00004\mathrm{nm}$，$c/a=1.5873\pm0.0004$。由于α-Ti的$c/a$比值小于理想球形轴比1.633，所以钛是可锻性金属。α-Ti中存在的杂质对其晶格构造有很大影响，微量氧、氮的存在会使晶格沿c轴方向增长，引起c值的增加，而a值实际上几乎不发生变化。

β-Ti的晶格参数，900℃时$a=0.33065\mathrm{nm}\pm0.00001\mathrm{nm}$。

B 相变性质

钛的两种同素异形态转化（α-Ti ⇄ β-Ti）温度为882.5℃，由α-Ti转化为β-Ti时，其体积增加为5.5%。氧、氮、碳是α-Ti的稳定剂，在钛中存在氧、氮、碳杂质则会使相变(α-Ti →β-Ti)温度升高，从而可根据转化温度的变化来判断钛中杂质含量的多少。

钛的晶型转化潜热为3.68～3.97kJ/mol。

钛的熔点为1668±4℃。由于熔融钛几乎可与一切耐火材料发生作用，因此测量其熔化潜热较为困难。已测得钛的熔化潜热范围是15.46～20.9kJ/mol。熔点时液钛的表面张力为1.588N/m，1730℃时液钛的动力黏度为$8.9\times10^{-5}\mathrm{m^2/s}$。

钛的沸点为3260±20℃，汽化潜热为428.5～470.3kJ/mol。

钛的临界温度约为4350℃，临界压力为113MPa。

C 密度和线膨胀系数

α-Ti 的密度在20℃时为4.506～4.516g/cm³。因为钛与氧形成间隙固溶体时，其晶格发生明显的畸变，所以当钛中含有氧时，其密度随之增加。

α-Ti 单晶的线膨胀系数是各向异性的，在0℃时 a 轴方向为 7.34×10^{-6}/℃，c 轴方向为 8.9×10^{-6}/℃。由于 c 轴方向的线膨胀系数比 a 轴方向大，所以六方晶胞轴比 c/a 值随温度的升高而增加。

在20～300℃时α-Ti 多晶的平均线膨胀系数为 8.2×10^{-6}/℃。

900℃时β-Ti 的密度为4.32g/cm³，1000℃时为4.30g/cm³；熔化钛密度（在熔点温度）为（4.11±0.08）g/cm³。

D 蒸气压

金属钛的蒸气压是很低的，在900℃时仅为 1.33×10^{-8}Pa。其饱和蒸气压，固体β-Ti 为：

$$\lg(P/\mathrm{Pa}) = 141.8 - 3.23\times10^{5}T^{-1} - 0.0306T \quad (1200 \sim 2000\mathrm{K})$$

液相钛为：

$$\lg(P/\mathrm{Pa}) = 1215 - 2.94\times10^{5}T^{-1} \quad (\text{熔点} \sim \text{沸点})$$

E 导热性能

钛的导热性能较差，其导热系数比不锈钢略低。钛的导热性能与其纯度有关，杂质的存在使钛的导热系数降低。

纯钛的导热系数与温度的关系如图1-1所示。在0～50K范围内，导热系数随温度升高逐渐增加，在50K时达到最大值(36.8W/(m·K))。高于50K时，导热系数随温度升高逐渐减少，约在800K时达到最小值(24.6W/(m·K))。高于800K时，导热系数随着温度升高略有增加。纯钛的导热系数 λ(W/(m·K))可由下式计算：

$$\lambda = 26.75 - 32.8\times10^{-3}t + 8.23\times10^{-5}t^{2} - 9.7\times10^{-8}t^{3} + 4.6\times10^{-11}t^{4} \quad (t > 0℃)$$

工业纯钛的导热系数，在0～250K时，随着温度升高逐渐增加，在250K时达到最大值(17.56W/(m·K))。高于250K时，导热系数随着温度升高略有减少，约在580K时达到最小值(16.89W/(m·K))。工业纯钛的导热系数 λ(W/(m·K))可由下式计算：

$$\lambda = 17.56 - 4.6\times10^{-3}t + 14.7\times10^{-6}t^{2} + 4.18\times10^{-12}t^{4} \quad (t > 0℃)$$

F 导电性能

钛的导电性能较差，近似于不锈钢。若以铜的电导率为100%，则钛仅为3.1%。钛中杂质的存在，使其导电性降低。钛的导电性随温度的变化关系如图1-2

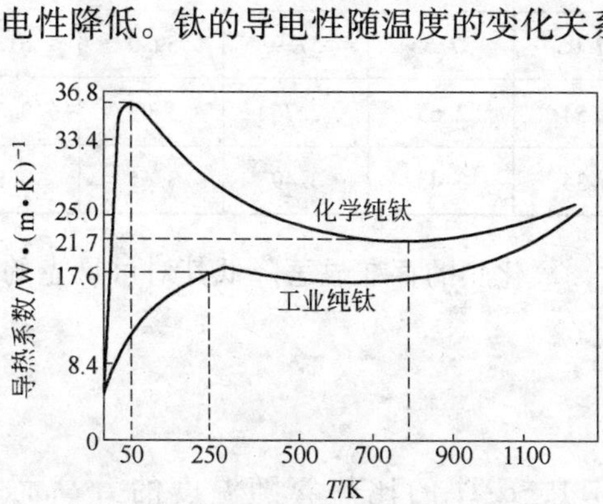

图1-1 钛的导热系数与温度的关系

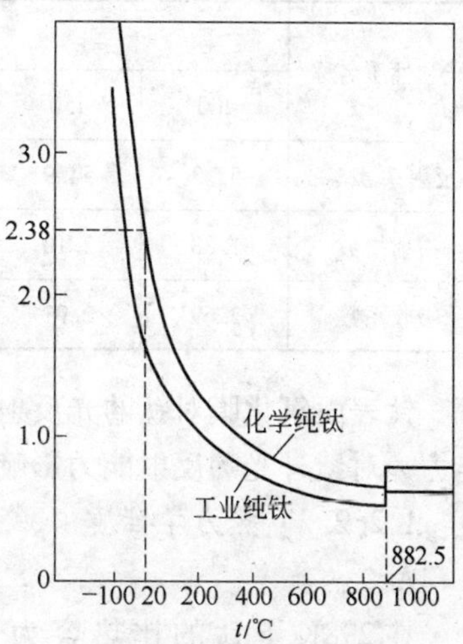

图1-2 钛的电导率与温度的关系

所示。

α-Ti 的电阻率随温度增高而增加，当达到相变（α-Ti→β-Ti）温度时，电阻率突降。β-Ti 的电阻率随温度的升高略有增加。

20℃时，纯钛的电阻率为 0.42μΩ·m。在不同温度下 α-纯钛的电阻率 ρ（μΩ·m）为：

$$\rho = 0.385 + 1.75 \times 10^{-3}t - 7 \times 10^{-13}t^4$$

20℃时，工业纯钛的电阻率为 0.556μΩ·m。在不同温度下，α-工业纯钛的电阻率 ρ（μΩ·m）为：

$$\rho = 0.51 + 2.25 \times 10^{-3}t - 8.6 \times 10^{-10}t^3$$

G 超导性

钛具有超导性，它对于由杂质或冷加工所引入的晶格内应变是极其敏感的，属于“硬超导体”。纯钛的超导临界温度为 0.38 ~ 0.4K。

H 磁性质

金属钛是顺磁性物质。它的磁化率随温度升高而增加，如图 1-3 所示。20℃时，α-Ti 的磁化率为（3.2 ± 0.4）$\times 10^{-6}$，900℃时，β-Ti 为 4.5×10^{-6}。

钛的磁导率为 1.00004H/m。

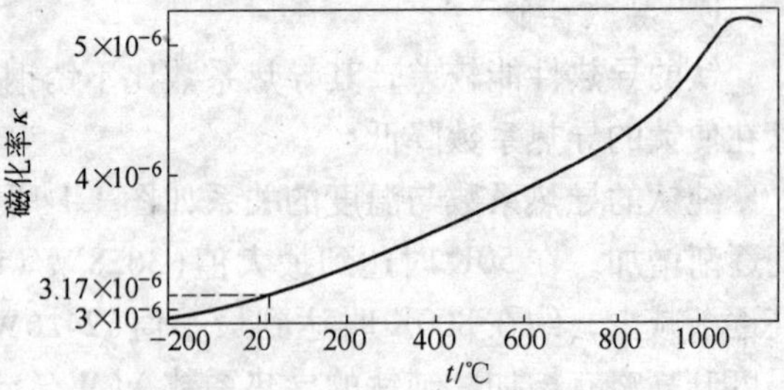

图 1-3 钛的磁化率与温度的关系

I 光学性质

温度高于 800℃时，α-Ti 对入射光波长为 652nm 的反射率为 0.459；900℃的 β-Ti 为 0.484，1000℃的 β-Ti 为 0.482。钛的光学性质列于表 1-4 中。

表 1-4 钛的光学特性

光学性质名称	入射波长 λ/nm							
	400	450	500	550	580	600	650	700
反射率 ε/%	53.3	54.9	56.6	57.05	57.55	57.9	59.0	61.5
折射指数	1.88	2.10	2.325	2.54	2.65	2.76	3.03	3.30
吸收系数	2.69	2.91	3.13	3.34	3.43	3.49	3.65	3.81

钛表面氧化膜对钛的光反射能力影响很大，氧化膜的存在显著降低其对可见光的反射能力；对紫外光的反射能力影响较小。

1.2.2.2 热力学性质

A 热容

在 298K 下钛的比热容为 0.011J/(g·K)，α-Ti 的比热容随温度的升高而增加（图 1-4），当温度趋近晶型转化温度（1155.5K）时，热容急剧升高，达到 2.62J/(g·K)。

超过相变温度后，热容随温度升高而下降。298K 时定压比热容 c_p 为 0.52J/(g·K)。

α-Ti：$=0.458+2.2\times10^{-4}T$ （298 ~ 1150K）

β-Ti：$=0.575+8.47\times10^{-5}T-1.35\times10^{-8}T^2$

（1200 ~ 1900K）

熔融钛为 0.69J/(g·K)

气体钛 $=0.553-2\times10^{-4}T+1.28\times10^{-9}T^2-1.74\times10^{-11}T^3$ （200 ~ 4000K）

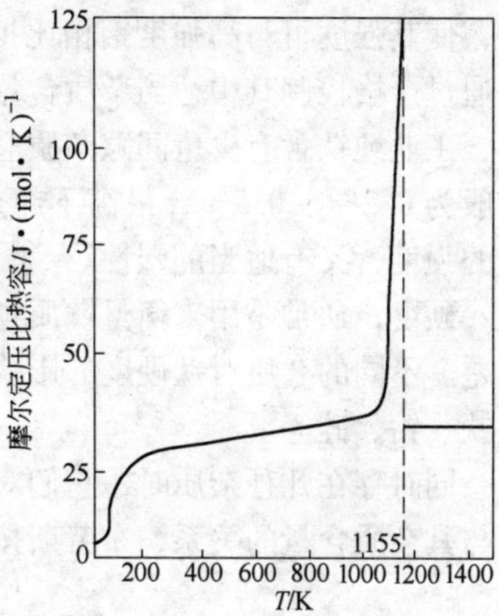

图 1-4 钛的摩尔定压比热容与温度的关系

钛的平均定压比热容（$\bar{c}_p$）列于表 1-5 中。

表 1-5 钛的平均定压比热容 $\bar{c}_p$

t/K	293	373	473	573	673	773	873
$\bar{c}_p$/J·(g·K)$^{-1}$	0.010	0.0113	0.0116	0.0118	0.0120	0.0123	0.0124
t/K	973	1073	1173	1273	1373	1473	
$\bar{c}_p$/J·(g·K)$^{-1}$	0.126	0.0128	0.0145	0.0144	0.0143	0.0143	

B 焓

在 298K 时钛的焓为 100.2J/g。

α-Ti：$H_T^0-H_0^0=0.457T+1.12\times10^{-4}T^2+83T^{-1}-45.7$ （200 ~ 1500K）

β-Ti：$H_T^0-H_0^0=159+0.360T+1.09\times10^{-4}T^2$ （1155 ~ 1900K）

C 熵

钛在 298K 的熵为 0.64J/(g·K)。

α-Ti： $S_T^0=0.815+6.8\times10^{-4}T-112.7T^{-1}$ （160 ~ 1100K）

β-Ti： $S_T^0=0.714+8.5\times10^{-3}T-1.3\times10^{-7}T^2$ （1200 ~ 1900K）

液相钛：

$$S_T^0=1.17+1.29\times10^{-4}T-5.68\times10^{-8}T^2 \quad (2000 \sim 3000\text{K})$$

气体钛：

$$S_T^0=4.9+4.19\times10^{-5}T-377T^{-1} \quad (200 \sim 5000\text{K})$$

1.2.2.3 力学性质

钛具有可塑性。高纯钛的伸长率可达 50% ~60%，断面收缩率可达 70% ~80%，但强度低（碘化钛的抗拉强度 2.2 ~2.9MPa），不宜作结构材料。钛中的杂质，对它的力学性能影响极大，特别是间隙杂质氧、氮、碳可大大提高钛的强度，而显著地降低其塑性。尽管高纯钛的强度低，但钛基材料因含有少量杂质和添加合金元素而显著强化其力学性能，使其强度可与高强度钢相比拟。这就是说，钛作为结构材料所具有的良好力学性能，是通过严格控制其中适当杂质含量和添加合金元素而达到的。

工业纯钛含有少量间隙杂质氧、氮、碳及其他金属杂质铁、锰、硅、镁等，其总含量一般为0.2%～0.5%，最高不超过0.7%～0.9%。含有上述少量杂质的工业纯钛既具有高的强度，又有适当的塑性。

硬度，通常是用来衡量钛质量好坏的综合指标。硬度越大，杂质含量越高，其质量就越差。不同的杂质对钛硬度的影响是不相同的，对钛硬度影响最大的是氮、氧、碳，其次是铁、钴、硅等。

同时存在几种杂质时，它们对钛硬度的影响可以认为基本上具有加和性。海绵钛的硬度与其杂质含量的关系，布劳斯按统计规律得出如下经验公式：

$$HB = 196\sqrt{\%N_2} + 158\sqrt{\%O_2} + 45\sqrt{\%C} + 20\sqrt{\%Fe} + 57 \tag{1-1}$$

各种杂质含量对增加钛硬度（HB）的影响见图1-5。

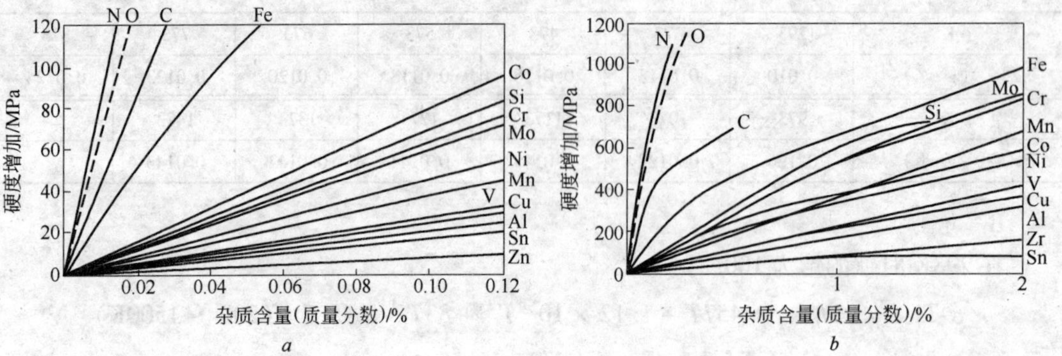

图1-5 一些杂质含量对钛硬度的影响

a—杂质含量0%～0.12%；*b*—杂质含量0%～2%

1.2.3 钛的化学性质

1.2.3.1 与单质的反应

在较高温度下，钛可与许多元素和化合物发生反应。各种元素按其与钛发生不同反应可分为四类（图1-6）：

第一类，卤素和氧族元素与钛生成共价键与离子键化合物；

第二类，过渡元素、氢、铍、硼族、碳族和氮族元素与钛生成金属间化合物和有限固溶体；

第三类，锆、铪、钒族、铬族、钪元素与钛生成无限固溶体；

第四类，惰性气体、碱金属、碱土金属、稀土元素（除钪外）、锕、钍等不与钛发生反应或基本上不发生反应。

A 卤素

钛能与所有卤素元素发生反应，生成卤化钛。

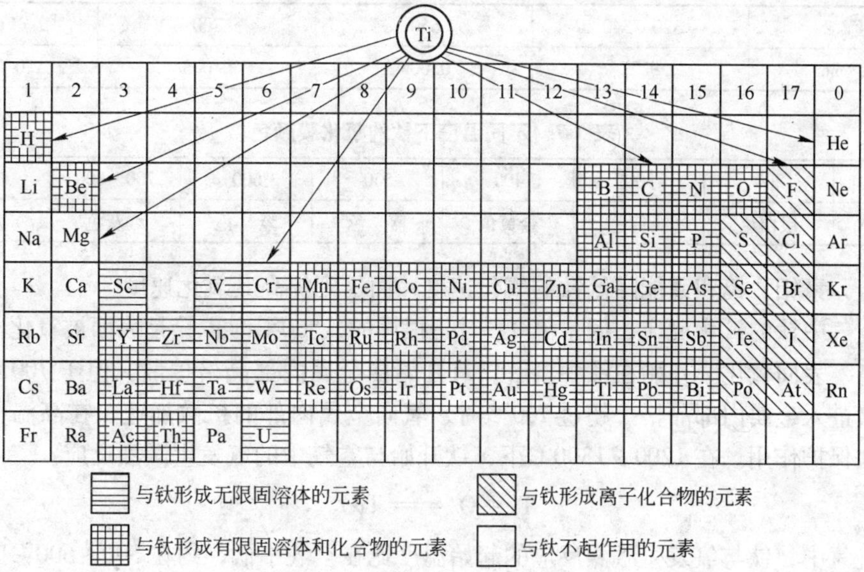

图 1-6 钛与周期表中元素反应的分类

常温下钛就与氟发生反应，150℃反应已较激烈，反应生成 TiF_4：

$$Ti + 2F_2 \xlongequal{} TiF_4 \qquad (1\text{-}2)$$

常温下钛也可与氯发生反应，在 300~350℃以上发生激烈反应：

$$Ti + 2Cl_2 \xlongequal{} TiCl_4 \qquad (1\text{-}3)$$

在 250~360℃钛可与溴发生反应：

$$Ti + 2Br_2 \xlongequal{} TiBr_4 \qquad (1\text{-}4)$$

在 170℃时钛已可与碘反应，400℃时反应较快，生成气体 TiI_4：

$$Ti + 2I_2 \xlongequal{} TiI_4 \qquad (1\text{-}5)$$

随着温度的升高，反应加速，高于 1000℃时生成的 TiI_4 又会分解为钛和碘，因而是个可逆反应。

含水的卤素对钛作用要比干卤素为小，例如饱和水的湿氯气在低于 80℃时不与钛发生反应。

B 氧

钛与氧的反应取决于钛存在的形态和温度。粉末钛在常温下的空气中，可在静电、火花、摩擦等作用下发生剧烈的燃烧或爆炸。但是，致密钛在常温下的空气中是很稳定的。

致密钛在空气中受热时，便开始与氧发生反应，最初氧进入钛表面晶格中，形成一层致密的氧化薄膜，这层表面氧化膜可防止氧向内部扩散，具有保护作用，因此钛在 500℃以下的空气中是稳定的。表 1-6 为工业纯钛在不同温度的空气介质中加热半小时后的氧化膜厚度。表 1-7 为钛在不同温度下加热所生成的氧化膜颜色。

表 1-6　不同温度下钛的氧化膜厚度

温度/℃	320 ~ 540	650	700	760
厚度/mm	极薄	0.005	0.008	0.025

表 1-7　不同温度下钛的氧化膜颜色

温度/℃	200	300	400	500	600	700 ~ 800	900
颜　色	银白色	淡黄色	金黄色	蓝　色	紫　色	红灰色	灰　色

合金元素钼、钨和锡能降低钛的氧化速度，而锆则提高其氧化速度。

在空气中钛的氧化反应，低于100℃时是很慢的，500℃时也只是表面被氧化。随着温度的升高，表面氧化膜开始在钛中溶解，氧开始向金属内部晶格扩散，但于700℃时氧还没有大量进入金属内部晶格。超过700℃时，氧向金属内部的扩散加速，在高温下表面氧化膜失去保护作用。在1200 ~ 1300℃下，钛开始与空气中的氧发生激烈反应：

$$Ti + O_2 = TiO_2 \tag{1-6}$$

在纯氧中，钛与氧发生激烈反应的起始温度比在空气中低，约在500 ~ 600℃时钛便在氧气中燃烧。

氧在钛中含量超过溶解度极限时，便生成钛的各种氧化物，如 Ti_3O、TiO、Ti_2O_3、Ti_3O_5、TiO_2 等。在 Ti-O 固溶体中，由于氧以氧化物形式（如 Ti_3O）进入钛的晶格中，从而可使相变（α-Ti→β-Ti）温度显著增加。因此，氧是 α-Ti 的稳定剂。氧在 α-Ti 中的最大溶解度（质量分数）为 14.5%，于 1740℃时在 β-Ti 中的最大溶解度（质量分数）为 1.8%。

C　氮和氢

常温下钛不与氮发生反应。但在高温下，钛是能在氮气中燃烧的少数金属元素之一，钛在氮气中燃烧温度约高于800℃。熔融钛与氮的反应十分激烈。钛与氮的反应，除了可生成钛的氮化物（Ti_3N、TiN 等）外，还形成 Ti-N 固溶体。当温度在 500 ~ 550℃时，钛开始明显地吸收氮，形成间隙固溶体；当温度达到600℃以上时，钛吸氮的速度增加。在 Ti-N 固溶体中，由于氮以氮化钛（如 Ti_3N）形式进入钛晶格中，从而使钛相变（α-Ti→β-Ti）温度增加，氮也是 α-Ti 的稳定剂。于1050℃下氮在 α-Ti 中最大溶解度（质量分数）为 7%，于2020℃下在 β-Ti 中最大溶解度（质量分数）为 2%。但钛吸氮的速度比其吸氧的速度慢得多，因此钛在空气中主要是吸氧，吸氮则是次要的。

钛与氢反应生成 Ti-H 固溶体和 TiH、TiH_2 化合物。氢能很好地溶于钛中，1mol 钛几乎可吸收 2mol 的氢。钛吸氢速度和吸氢量，与温度和氢气压力有关。常温下钛吸氢量小于 0.002%。当温度达到300℃时，钛吸氢速度增加；500 ~ 600℃时达到最大值。其后随温度升高，钛吸氢量反而减少，当达到1000℃时钛吸收的氢大部分被分解。氢气压力增加，可使钛吸收氢的速度加快，并增加吸氢量，相反在减少压力情况下便可使钛脱氢。因此钛与氢的反应是可逆的。

钛与氢反应在表面上不形成薄膜，因为氢原子体积小，可很快向钛晶格深处扩散形成间隙固溶体。氢在钛中的溶解，可使钛相变（α-Ti→β-Ti）温度降低，氢是 β-Ti 的稳定剂。

钛表面存在氧化膜时，则显著地降低钛吸氢和脱氢速度。

D 磷和硫

在高于450℃下钛与气体磷发生反应，在低于800℃时主要生成Ti_2P，高于850℃时生成TiP。

常温下硫不与钛反应，高温时熔化硫、气体硫与钛反应生成钛的硫化物，熔融钛与气体硫之间的反应特别剧烈：

$$Ti + S_2 = TiS_2 \quad (1\text{-}7)$$

钛与硫的反应可生成各种硫化钛，如Ti_3S、Ti_2S、TiS、Ti_3S_4、Ti_2S_3、Ti_3S_5、TiS_2和TiS_3等。

E 碳和硅

钛与碳仅在高温下才能发生反应，生成含有TiC的产物。钛与碳的反应除了生成TiC外，还形成Ti-C固溶体，碳在钛中的存在也可使钛相变（α-Ti→β-Ti）温度升高。碳在钛中的溶解度较小，在900℃时最大溶解度（质量分数）为0.48%；随着温度的下降，溶解度急剧下降。碳在β-Ti中的溶解度（质量分数），1750℃时达到最大值，为0.8%。由于碳在α-Ti和β-Ti中的溶解度都很小，因此钛中碳含量较大时，便会在组织中出现游离碳化钛结构。

钛在高温下与硅反应生成高熔点的硅化物Ti_5Si_3、TiSi和$TiSi_2$。

1.2.3.2 与化合物的反应

A HF和氟化物

氟化氢气体在加热时与钛发生反应生成TiF_4，反应为：

$$Ti + 4HF = TiF_4 + 2H_2 \quad (1\text{-}8)$$

不含水的氟化氢液体可在钛表面上生成一层致密的四氟化钛膜，可防止HF进入钛的内部。

氢氟酸是钛的最强溶剂。即使浓度为1%的氢氟酸，也能与钛发生激烈反应：

$$2Ti + 6HF = 2TiF_3 + 3H_2 \quad (1\text{-}9)$$

当在氢氟酸溶液中存在Fe^{2+}、Ni^{2+}、Ag^{+}、Cu^{2+}、Au^{3+}、Pt^{4+}等金属离子时，可加速钛的溶解。Mg^{2+}离子不影响钛与氢氟酸的反应。但当存在Pb^{2+}离子和加入硝酸后，可减慢和部分抑制氢氟酸对钛的侵蚀速度。但未发现防止氢氟酸对钛侵蚀的特别有效的阻化剂。

无水的氟化物及其水溶液在低温下不与钛发生反应，仅在高温下熔融的氟化物与钛发生显著反应；酸性氟化物溶液，如KHF_2会严重地侵蚀钛。在酸性溶液中，加入少量可溶性氟化物，则可大大增加酸对钛的侵蚀作用，如在硝酸、高氯酸、磷酸、盐酸、硫酸溶液中加入少量可溶性氟化物时，则这些酸对钛的腐蚀速度大为加快。但如果加入大量的氟化物到硫酸中，反而会阻止硫酸对钛的腐蚀。

B 氯化氢和氯化物

氯化氢气体能腐蚀金属钛，干燥的氯化氢在高于300℃时与钛反应生成$TiCl_4$：

$$Ti + 4HCl = TiCl_4 + 2H_2 \quad (1\text{-}10)$$

浓度低于5%的盐酸在室温下不与钛反应，20%的盐酸在常温下与钛发生反应生成紫色的$TiCl_3$：

$$2Ti + 6HCl = 2TiCl_3 + 3H_2 \tag{1-11}$$

当温度升高时，即使稀盐酸也会腐蚀钛，如10%的盐酸在70℃时和1%的盐酸在100℃时对钛发生明显的腐蚀。但当盐酸溶液中存在氧化剂或金属离子（如铜、铁离子等）时，则可降低盐酸对钛的腐蚀作用。例如，钛在沸腾的10%盐酸内的侵蚀速度，因加入0.02~0.03mol的铁和铜离子而降低到原来的1%。

各种无水的氯化物，如镁、锰、铁、镍、铜、锌、汞、锡、钙、钠、钡和NH_4^+的氯化物及其水溶液，都不与钛发生反应，钛在这些氯化物中具有很好的稳定性。但钛与100℃以上的25%氯化铝溶液发生反应。当温度升高至200~300℃以上时，钛在氯化物中的稳定性下降。例如，钛在沸腾的镁、钙、铁、铜、锌和铵的氯化物中以及在高温下能发生分解，析出氯化氢或氯的其他氯化物。熔融的氯化物和蒸气在氧存在时，与钛发生反应。本来钛受熔融的碱金属氯化物的侵蚀很微弱，但当这些熔盐与大气接触时，则对钛的侵蚀加剧。NaCl和NaF混合物熔盐对钛有很大的腐蚀作用。

C 硫酸和硫化氢

钛与浓度低于5%的稀硫酸反应后在钛表面上生成保护性氧化膜，可保护钛不被稀硫酸继续侵蚀。但浓度高于5%的硫酸与钛会发生明显的反应。在常温下，浓度约40%的硫酸对钛的腐蚀速度最快，因此生成很易溶的$[Ti(SO_4)_{2+x}]^{2x-}$络合离子；当浓度大于40%时，上述络合离子分解为TiO_2和H_2SO_4，因而60%硫酸腐蚀速度反而变慢；80%硫酸又达到最快。加热的稀硫酸或50%的浓硫酸可与钛反应生成硫酸钛：

$$Ti + H_2SO_4 = TiSO_4 + H_2 \tag{1-12}$$

$$2Ti + 3H_2SO_4 = Ti_2(SO_4)_3 + 3H_2 \tag{1-13}$$

加热的浓硫酸可被钛还原，生成SO_2：

$$2Ti + 6H_2SO_4 = Ti_2(SO_4)_3 + 3SO_2 + 6H_2O \tag{1-14}$$

在硫酸溶液中加入氧化剂和金属离子时，可降低硫酸对钛的腐蚀作用。如在10%沸腾硫酸中，加入铁、铜离子时，则可阻止对钛的腐蚀。

常温下钛与硫化氢反应，在其表面生成一层保护膜，可阻止硫化氢与钛的进一步反应。但在高温下，硫化氢与钛反应析出氢：

$$Ti + H_2S = TiS + H_2 \tag{1-15}$$

粉末钛在600℃开始与硫化氢反应生成钛的硫化物，在900℃时反应产物主要为TiS，1200℃时为Ti_2S_3。

D 硝酸和王水

致密的表面光滑的钛对硝酸具有很好的稳定性，这是由于硝酸能迅速在钛的光滑表面上生成一层牢固的氧化膜，这层氧化膜在硝酸中甚至在较高温度下仍保持稳定。但是，表面粗糙，特别是海绵钛或粉末钛，可与冷、热稀硝酸发生反应：

$$3Ti + 4HNO_3 + 4H_2O = 3H_4TiO_4 + 4NO \tag{1-16}$$

$$3Ti + 4HNO_3 + H_2O = 3H_2TiO_3 + 4NO \tag{1-17}$$

高于70℃的浓硝酸也可与钛发生反应：

$$Ti + 8HNO_3 = Ti(NO_3)_4 + 4NO_2 + 4H_2O \quad (1\text{-}18)$$

冒红烟的浓硝酸，即饱和 NO_2 的硝酸溶液，能迅速地腐蚀钛，并可与含锰的钛合金发生剧烈的爆炸反应。

常温下，钛不与王水反应。温度高时，钛可与王水反应生成 $TiOCl_2$。

E 其他酸、碱和盐

常温下，钛在浓度小于30%的磷酸溶液中的腐蚀速率较小。当酸浓度和温度都升高时，则腐蚀速率加快。3%的磷酸溶液在100℃下可显著地腐蚀钛，沸腾的浓磷酸腐蚀作用更为强烈。

各种金属的溶剂，如氢氧化钠、硫酸氢钠和碳酸氢钠等，通常与钛的反应都很慢。稀的碱溶液不与钛发生反应。熔融钛可与碱反应生成钛酸盐，如：

$$2Ti + 6KOH = 2K_3TiO_3 + 3H_2 \quad (1\text{-}19)$$

钛与金属氧化物在高温下进行可逆反应，特别是熔融钛几乎可同所有金属氧化物反应：

$$nTi + 2Me_mO_n \rightleftharpoons nTiO_2 + 2mMe \quad (1\text{-}20)$$

当 $n\Delta G_{TiO_2} < 2\Delta G_{Me_mO_n}$ 时，反应可进行到底。如：

$$3Ti + 2Fe_2O_3 = 3TiO_2 + 4Fe \quad (1\text{-}21)$$

$$Ti + 2CuO = TiO_2 + 2Cu \quad (1\text{-}22)$$

在碱性物质存在下，熔融钛可被硝酸盐或氯酸盐氧化为四价钛酸盐，如：

$$3Ti + 2KOH + 4KNO_3 = 3K_2TiO_3 + 4NO + H_2O \quad (1\text{-}23)$$

$$3Ti + 4KOH + 2KClO_3 = 3K_2TiO_3 + 2HCl + H_2O \quad (1\text{-}24)$$

粉末钛与高锰酸钾的混合物属爆炸性物质。

常温下钛不与甲酸（蚁酸）反应，但在50~100℃下可激烈反应。钛与冷、热乙酸（醋酸）反应时生成二价和三价的乙酸酯。钛可与热的三氯乙酸、三氟乙酸和草酸反应，沸腾的三氯乙酸对钛有强烈的腐蚀作用。60℃的草酸溶液能腐蚀钛，其他有机酸不与钛反应。

F 氨、水和有机物

常温下钛不与 NH_3 反应，但在高温下可发生反应生成氢化物和氮化物：

$$5Ti + 2NH_3 = 2TiN + 3TiH_2 \quad (1\text{-}25)$$

钛在常温下不与水反应，粉末钛可与沸腾的水或水蒸气发生下列反应并析出氢：

$$Ti(\text{粉}) + 4H_2O(\text{液}) = Ti(OH)_4 + 2H_2 \quad (1\text{-}26)$$

$$Ti + 4H_2O(\text{气}) = Ti(OH)_4 + 2H_2 \quad (1\text{-}27)$$

但700~800℃的水蒸气可与钛反应生成 TiO_2：

$$Ti + 2H_2O = TiO_2 + 2H_2 \quad (1\text{-}28)$$

常温下钛可与 H_2O_2 反应生成过氧氢氧化钛：

$$Ti + 3H_2O_2 = Ti(OH)_2O_2 + 2H_2O \quad (1\text{-}29)$$

熔化的过氧化钠与钛发生激烈反应，生成正钛酸钠：

$$Ti + 2Na_2O_2 = Na_4TiO_4 \quad (1\text{-}30)$$

在炽热温度下，钛与碳氢氯化物反应生成 $TiCl_4$，并析出碳和氯化氢：

$$Ti + CCl_4 = TiCl_4 + C \quad (1\text{-}31)$$

$$3Ti + 2C_2Cl_6 = 3TiCl_4 + 4C \quad (1\text{-}32)$$

$$3Ti + 2C_6Cl_6 = 3TiCl_4 + 12C \quad (1\text{-}33)$$

$$Ti + 2C_2H_2Cl_4 = TiCl_4 + 4C + 4HCl \quad (1\text{-}34)$$

常温下钛不与任何碳氢化合物反应，仅在高温下（1200℃）才发生反应生成碳化钛：

$$Ti + CH_4 = TiC + 2H_2 \quad (1\text{-}35)$$

$$2Ti + C_2H_6 = 2TiC + 3H_2 \quad (1\text{-}36)$$

综上所述，钛的性质与温度及其存在形态、纯度有着极其密切的关系。致密的金属钛在自然界中是相当稳定的，即使在容易氧化的环境之下，如把钛放到海洋空气中长期放置，除表面颜色稍有变化外，没有发生本质上的变化。但是，粉末钛在空气中可引起着火燃烧。钛中杂质的存在，显著地影响钛的物理性能、化学性能、力学性能和耐腐蚀性能，特别是一些间隙杂质氧、氮、碳，它们可以使钛晶格发生某些畸变，这就更加影响钛的各种性能。常温下钛的化学活性很小，仅能与氢氟酸等少数几种物质反应，但温度增加时钛的活性迅速增加，特别是在高温下钛可与许多物质发生剧烈反应。钛的冶炼过程一般都在800℃以上的高温下进行，因此必须在真空中或惰性气氛保护下操作。

参考文献

1 公開特許公報，昭 64-28332

2 王武育．稀有金属，1996，(3)：169

3 野田敏男．日本金属学会学报，1991，30 (2)：150

4 任铁梅．国外稀有金属，1989，(3)：17

5 Okudaria shigenori. EPA.，298698A，1989

6 公開特許公報，昭 63-118089

7 Josepl M Gambogi，E&M J. Annual Commodities Review Issue. 1997，3：56

2　钛冶炼方法综述

2.1　制取钛的各种途径

以含 TiO_2 的富钛料为原料制取金属钛的途径很多，已研究过的方法概括在图 2-1 中。

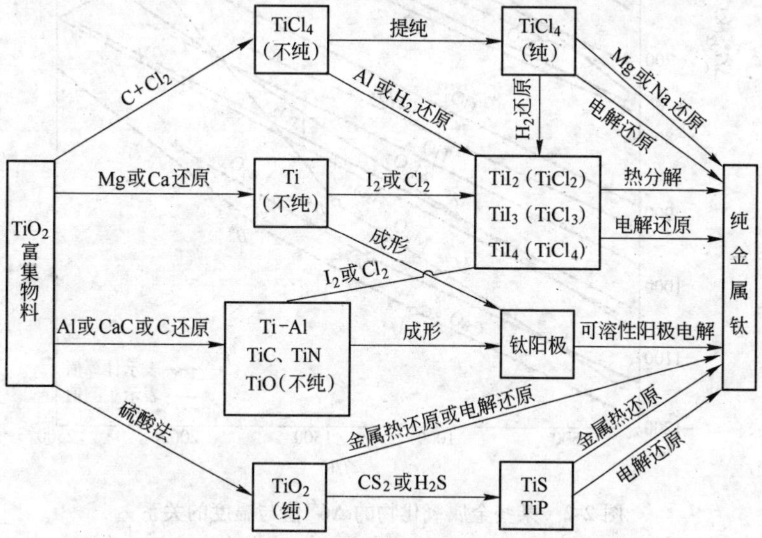

图 2-1　制取金属钛的可能途径

制取金属钛的方法归纳起来大致有五类：氧化钛的还原法、卤化钛的还原法、钛化合物的电解法、卤化钛的热分解法和其他方法。

2.1.1　氧化钛还原法

又有金属热还原法、碳还原法、氢还原法和电解法之分。

2.1.1.1　金属热还原法

从图 2-2 所示的多种金属氧化物的 $\Delta G_{MeO}^{\ominus}$-T 关系曲线中看出，能满足 $\Delta G_{MeO_2}^{\ominus} < \Delta G_{TiO_2}^{\ominus}$ 的金属有锂、钙、镁、钡和铝等，这些金属比钛活泼，它们能将 TiO_2 还原为金属钛，而钾和钠仅能将 TiO_2 还原为低价钛氧化物。

由于钛对氧的亲和势特别大，所以，即使锂、钙、镁、钡和铝也不容易将 TiO_2 还原得十分完全，而且还原生成的金属钛又非常容易从氧化物（生成的还原剂氧化物和未还原的氧化钛）中吸取氧而生成 Ti-O 固溶体。另外，钛与氧结合的牢固性随钛中氧含量的减少而增加（见图 2-3）。特别是钛中氧含量在 1%～2% 时，要从 Ti-O 固溶体中除去氧就变得更困难。所以，用金属还原二氧化钛很难制取氧含量很低（<0.10%）的金属钛。

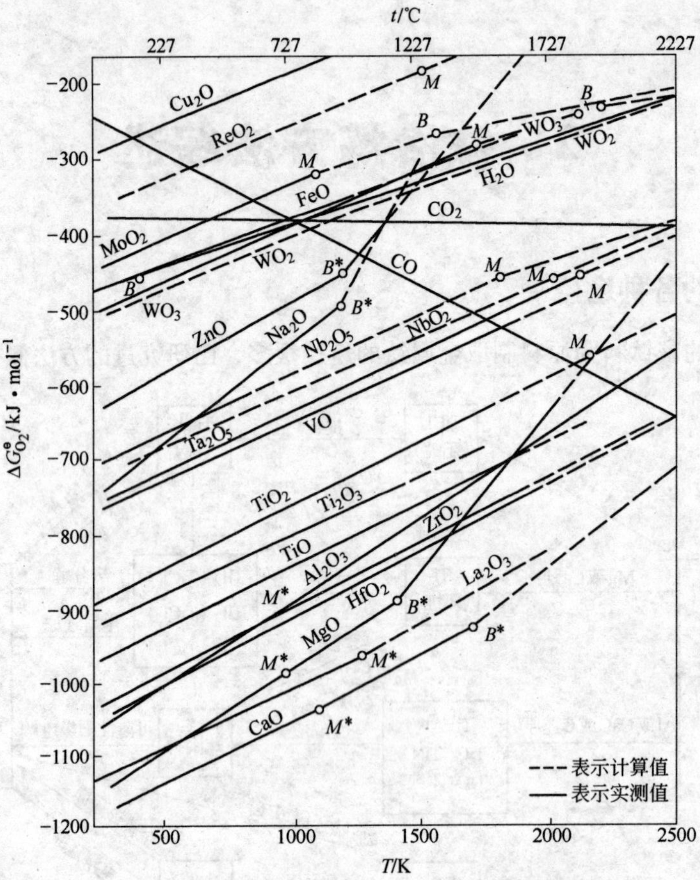

图 2-2 某些金属氧化物的 $\Delta G^{\ominus}$ 值与温度的关系

M、*B*—氧化物的熔点和沸点；*M**、*B**—金属的熔点和沸点

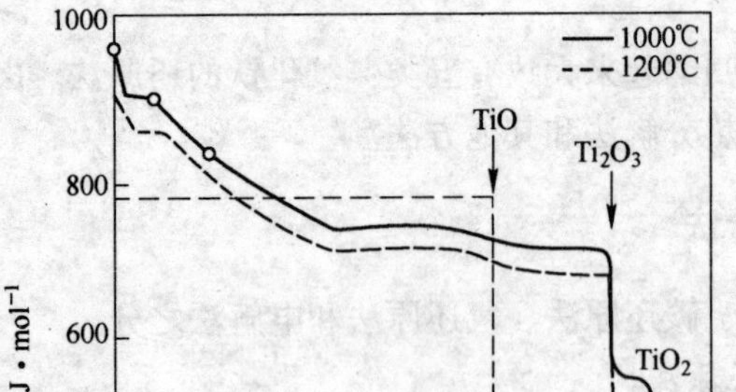

图 2-3 Ti-O 系中钛与氧化合自由能变化与钛中氧含量的关系

A 锂还原

TiO_2 可在200℃以上的温度下被金属锂还原为金属钛：

$$TiO_2 + 4Li \longequal Ti + 2Li_2O \tag{2-1}$$

在 TiO_2 粉末中加入液锂（锂熔点为180℃），在600℃下完成还原反应，然后用真空蒸馏法从还原产物中分离出过剩的锂，并除去产物中的 Li_2O，便可得到粉末状的金属钛。但是，用这种方法制取金属钛，必须使用氮含量低的高纯锂。高纯锂是用活性吸气剂（如钛、锆、钇等）处理和精馏相结合的方法精制工业锂而制取，因此它的成本是很高的，无法在工业上应用。

B 镁还原

镁还原 TiO_2 的反应在700℃开始，在750℃下仅能把 TiO_2 还原为低价钛氧化物。即使在1000℃下进行还原，得到的产品中氧含量仍在2%以上。研究Ti-Mg-O系状态图可看出，钛与MgO-Mg（液体）接触达到平衡时，氧在钛中的平衡含量（质量分数）为1.5%～2.8%。由此可见，镁还原 TiO_2 的方法不能获得氧含量低的金属钛。

C 铝还原

铝是一种廉价的还原剂，它可将 TiO_2 还原为金属钛，但过程必须要在高温高真空条件下，反应按式23-103进行。

在还原过程中由于生成的低价氧化钛（Ti_2O_3、TiO）与 Al_2O_3 形成固溶体，导致二氧化钛不容易被还原完全。要使产品中氧含量小于0.1%，则需要过量铝56%～63%，而且生成的金属钛又与铝生成稳定的金属间化合物（$TiAl_3$ 和TiAl）。因此，还原剂必须过量很多，而且要从还原产品Ti-Al合金中除去铝是很困难的。所以，在工业生产中尚未采用铝热还原法生产纯钛，而是利用它来制取Ti-Fe和Ti-Al中间合金。

D 钙还原

钙是 TiO_2 最有效的还原剂。钙还原 TiO_2 的反应在500℃便开始进行，在800～1000℃下反应可得到金属钛。在900～1020℃下钛与CaO-Ca（液体）接触达到平衡时，氧在钛中的平衡含量（质量分数）为0.007%～0.12%。因此，钙还原 TiO_2 可以得到氧含量低（<0.1%）的金属钛。但所用钙必须过量，而且由于在反应产物（钛与CaO）分离过程中，产品金属钛往往被氧化物污染，需要再进行一次还原，才能得到氧含量较低的纯钛。为了降低钙的耗量，曾采用Mg-Ca联合还原法，即第一步用镁还原 TiO_2 为钛的低价氧化物，然后再用钙将低价钛化合物还原为金属钛。该法在生产中曾得到了氧含量为0.47%的金属钛。

钙还原法的另一种改进方法是用 CaH_2 代替钙作为还原剂，产品是粉末钛。

但由于含氮量低的高纯钙生产成本高，所以钙还原法未能在工业中广泛应用。

2.1.1.2 碳还原法

碳是一种最廉价的还原剂。在高温下碳与 TiO_2 的反应是复杂的，可能发生如下的主要反应：

$$TiO_2 + 3C \longequal TiC + 2CO \tag{2-2}$$

$$2TiO_2 + C \longequal Ti_2O_3 + CO \tag{2-3}$$

$$TiO_2 + C \xlongequal{} TiO + CO \tag{2-4}$$

$$TiO_2 + 2C \xlongequal{} Ti + 2CO \tag{2-5}$$

经热力学计算和实践表明，碳与 TiO_2 反应的主要生成产物是 TiC 和低价钛氧化物（Ti_2O_3、TiO 等），而不容易生成金属钛。产物组成可用 TiC_xO_y 通式来表示，其中 x、y 值随原料组成和反应条件而变化。当温度升高和压力降低时，TiC_xO_y-CO 平衡系向着碳取代氧的反应进行，即 y 值减少的同时 x 值增加。在一定的温度和压力条件下（如 0.1MPa，2430℃或压力 < 1.3kPa，温度 > 1300℃），可以得到氧含量很低的纯 TiC。如果反应在 3000℃左右的高温和真空中进行时，则可由于发生下列反应而生成金属钛：

$$TiO_2 + 2TiC \xlongequal{} 3Ti + 2CO \tag{2-6}$$

$$TiO + TiC \xlongequal{} 2Ti + CO \tag{2-7}$$

但所生成的金属钛又很容易被碳、氧和氮所污染，所以由碳还原 TiO_2 制取纯钛是相当困难的。

通常在 2200℃的真空电弧炉中进行碳与 TiO_2 的反应时，其产物是 Ti-C-O 固溶体混合物，其中钛含量可比 TiC 或 TiO 中的含钛量更高（见图 2-4），一般可达82% ~ 83%。图 2-4 是 2127℃下 Ti-O-C 三元等温平衡图，这是从理论计算和实验得到的结果。图中的 A、B 和 C 点说明碳与 TiO_2 反应产物可经重熔而提高其中的钛含量。例如，A 点产物（81.9% Ti）在钨电极电弧炉（即无碳存在时）中重熔，得到相应于 B 点产物（87.2% Ti）；如果 A 点的产物在石墨坩埚中（即存在碳时）重熔时，则得到相应于 C 点的产物。

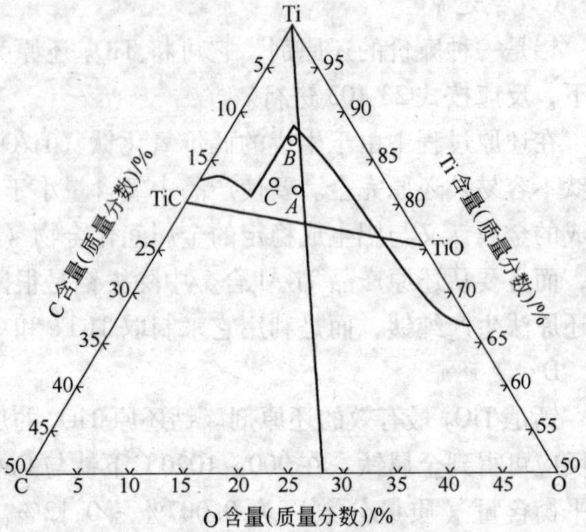

图 2-4　Ti-O-C 系 2127℃等温三元相图

2.1.1.3　氢还原法

TiO_2 在 750 ~ 1000℃下的氢气流中反应生成 Ti_2O_3，反应按式 23-99 进行。如果反应在 2000℃下的高压氢气中（13 ~ 15MPa）进行，则产物为 TiO，反应按式 23-100 进行。氢还原生成金属钛的反应是可逆反应：

$$TiO_2 + 2H_2 \rightleftharpoons Ti + 2H_2O \tag{2-8}$$

要使上述反应向着生成金属钛的方向进行，只有在高温下、大量过量氢存在并不断移去生成的水蒸气的情况下才有可能。通常用等离子获得高温来使上述反应完成，即将 TiO_2 粉末加入等离子流中，由于高温变为液滴，氢等离子与它对流接触，可把 TiO_2 还原为金属钛液滴，用冷却方法收集产品得到固体金属钛。用纯 TiO_2 为原料，以氩和氢为工作循环气体，在 3000℃左右的等离子中进行小型试验，制得纯度为 99.8% 的金属钛。

2.1.1.4 电解法

A FFC 剑桥工艺的基本原理

关于 TiO_2 在 $CaCl_2$ 熔盐中的电化学脱氧，已有人做过描述，提出的机理是：当钙沉积在二氧化钛阴极上时，会与阴极上的氧反应生成 CaO，CaO 则溶于 $CaCl_2$ 熔盐中。而对机理的另一种解释是：与钙沉积相比，氧的电离能够在相对低的阴极电势下发生，钛氧化物就可以通过电化学法直接还原成金属钛，而不是通过与钙的化学反应来实现。将钛氧化物和 CaO 的自由焓做对比的结果与上述的机理是一致的。以上两种机理可概括为式（2-9）、式（2-10）和式（2-11）。其中式（2-9）和式（2-10）表示钙在相对较高的阴极电势下沉积，式（2-11）表示氧在相对较低的阴极电势下电离。

$$Ca^{2+} + 2e \rightleftharpoons Ca \tag{2-9}$$

$$TiO_x + xCa \rightleftharpoons Ti + xCaO \tag{2-10}$$

$$TiO_x + 2xe \rightleftharpoons Ti + xO^{2-} \tag{2-11}$$

B FFC 剑桥工艺的实验方法

TiO_2 预成形电极的制备：以不同等级的锐钛矿型和金红石型的 TiO_2 粉末（粒度为 0.25～5μm）为原料，采用压制或粉浆浇铸法制备 TiO_2 预成形电极，然后在空气中 800～950℃的条件下，烧结 2～48h，烧结温度越高烧结时间则越短，使得预成形电极的强度增加，在制成的 TiO_2 预成形电极上钻孔，实验时串在铬铝电热丝上。TiO_2 预成形电极的空隙度通常为 40%～60%。实验装置示意见图 2-5。

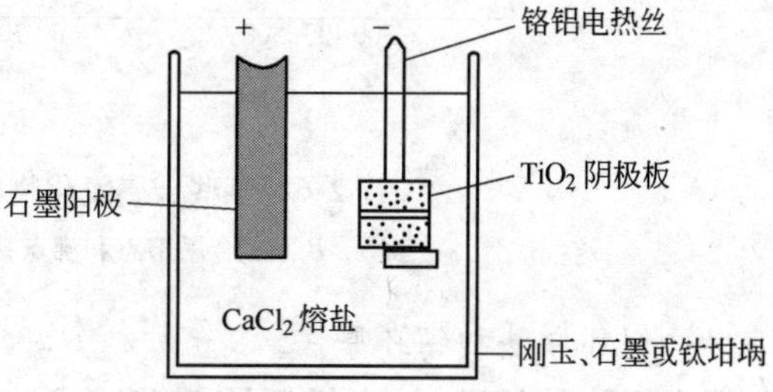

图 2-5 TiO_2 电解制取金属钛的实验装置

FFC 电解过程：整个电解过程要在密闭的反应器中进行，并通氩气保护。为了去除熔盐中的水分，实验中需在 2.5～2.7V 的电压下进行 2h 以上的预电解。由 TiO_2 粉末制成直径 5～10mm，厚度 2～10mm 的薄片，然后挂在铝铬电热丝上，电解坩埚为钛质、石墨质或刚玉质（如图 2-5 所示），$CaCl_2$ 熔盐的温度为 850～950℃。在阴极和阳极之间加上 3.0～3.2V 的电压，这时在 TiO_2 薄片的表面电流密度约为 $10^4A/m^2$，在随后的 5～24h 的电解过程中，发现 TiO_2 薄片逐渐被还原生成钛颗粒，并烧结成海绵钛。

2.1.2 卤化钛还原法

钛对卤素的亲和势远比氧小，容易把它的卤化物还原成金属钛。研究得最多的方法是 $TiCl_4$ 还原法。

2.1.2.1 四氯化钛金属热还原法

从图 2-6 所示的多种金属氯化物的 $\Delta G^{\ominus}_{MeCl_4}$-$T$ 关系曲线中看到，能满足 $\Delta G^{\ominus}_{MeCl_4} < \Delta G^{\ominus}_{TiCl_4}$ 的活性金属比较多，有钾、钠、钙、镁、锂、锰和钡等，它们都可把 $TiCl_4$ 还原成金属钛。除以钠和镁作为还原剂的还原方法外，人们还研究过锂、钙、锰和铝的还原方法。

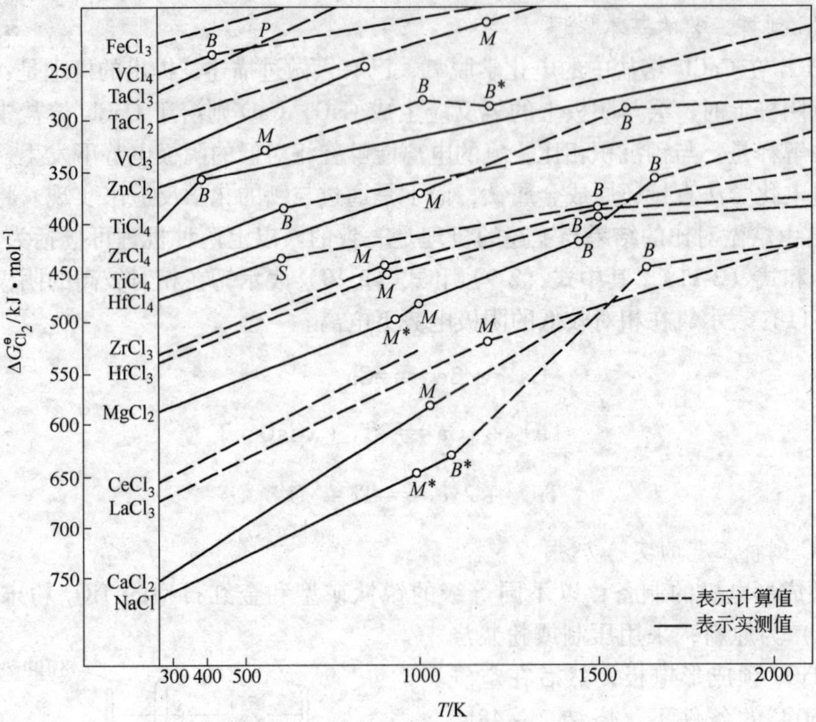

图 2-6　某些金属氯化物的 $\Delta G^{\ominus}$ 值与温度的关系

M^*，B^*— 金属熔点和沸点；M，B—氯化物熔点和沸点

A　锂还原法和钙还原法

锂和钙均是 $TiCl_4$ 的良好还原剂，反应速度快，可以制取纯度很高的海绵钛。而且，LiCl 的熔点为610℃，锂的沸点为1347℃；$CaCl_2$ 的熔点为772℃，钙的沸点为1200℃，故它们的还原操作温度范围远比钠还原宽，这对还原操作有利。但是，它们的共同缺点是制取纯度高的锂和钙成本很高，影响了它们在工业生产中的应用。

B　锰还原法

锰也是 $TiCl_4$ 的良好还原剂，据有关专利报道，该法进行的还原反应为：

$$TiCl_4(g) + 2Mn(l) = 2MnCl_2(g) + Ti \tag{2-12}$$

反应温度必须控制在锰的熔点（1245℃）以上，此时，副产物 $MnCl_2$（沸点为1190℃）可以连续从反应器中逸出。如果在钛的熔点温度以上进行反应，还原作业可以连续进行。

为了增大反应速度，$TiCl_4$ 加入量必须过量。过量的 $TiCl_4$ 既有利于从反应器中排出 $MnCl_2$，又可以防止钛与锰生成 Mn_2Ti 和 $MnTi_2$ 化合物，以降低金属钛产品中的锰含量。过量的 $TiCl_4$ 可随 $MnCl_2$ 逸出，经冷凝分离后返回使用。还原反应可在罐式或塔式设备中进行，设备要能耐高温和耐腐蚀。

还原剂可以用碳还原法再生，比较经济，其反应为：

$$4MnCl_2 + 3O_2 = 2Mn_2O_3 + 4Cl_2 \tag{2-13}$$

$$Mn_2O_3 + 3C \xlongequal{} 3CO(或\ CO_2) + 2Mn \tag{2-14}$$

目前该法还处于实验研究阶段。

C 铝还原法

铝也是 $TiCl_4$ 的良好还原剂，还原反应在136℃就可以进行。在400℃以下生成物主要是 $TiCl_3$，反应按式23-4进行。在1000℃以下，反应生成钛，过程按式23-5进行。

反应生成的 $AlCl_3$ 在183℃升华，在还原温度下它是气体，能从反应区中除去。但反应生成的金属钛与还原剂铝生成稳定的Ti-Al金属间化合物，不容易从中除去铝以制取纯钛。

一种改进了的铝还原法，是用铝和钠联合还原，即首先在较低的温度下（400℃左右）用铝把 $TiCl_4$ 还原为低价钛氯化物，然后将后者溶于NaCl中，再用钠将其还原为金属钛。但这种联合还原法无论在生产成本或产品质量上都不如钠还原法。

2.1.2.2 四氯化钛的氢还原法

按照热力学计算，$TiCl_4$ 与 H_2 在不同温度下反应的平衡关系如图2-7所示。由图2-7可见，在温度高于500℃时氢还原 $TiCl_4$ 的反应便开始进行，在小于800℃时还原产物为 $TiCl_3$，反应按式23-8进行。温度高于800℃后便开始生成 $TiCl_2$，反应按式23-9进行。上述反应是可逆的，如果不断移去反应产物氯化氢，并通入过量氢气时，则可获得低价钛氯化物。生成的 $TiCl_2$ 可发生歧化反应生成金属钛：

$$2TiCl_2 \rightleftharpoons TiCl_4 + Ti$$

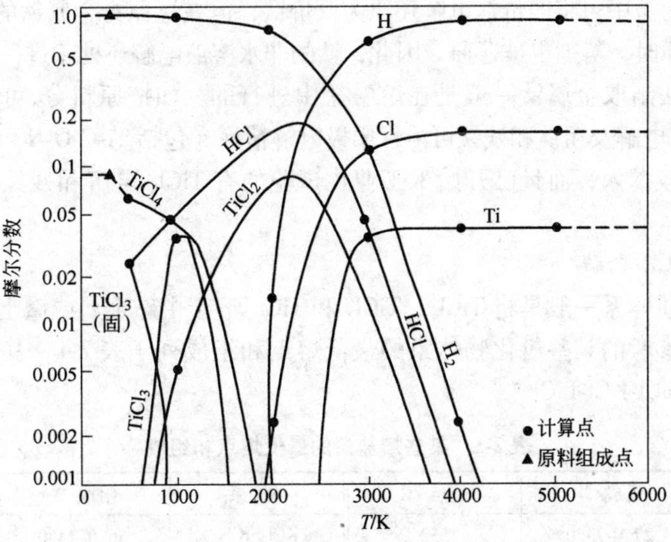

图2-7 Ti-Cl-H系热力学平衡图

（实验条件：$p = 10^3$ Pa，$H_2/TiCl_4 = 10$）

但这个歧化反应很慢，在1000℃左右生成金属钛的量很少。所以，在较低的温度下氢还原 $TiCl_4$ 的产物主要是低价钛氯化物。只有在高温下（高于2500℃）氢才能还原 $TiCl_4$ 为金属钛，反应按式23-10进行。这是一个可逆反应，也只有在不断移去反应产物和存在大量过量氢时，它才会向着生成金属钛的方向进行。

通常采用等离子来获得高温，在高温下氢分子原子化或离子化，其活性增加。因此，氢在等离子中还原 $TiCl_4$ 有可能获得金属钛。

氢还原 $TiCl_4$ 制取金属钛需要高温和过量氢这样的条件。高温热源设备费用大，过量氢循环热量损失多，电耗大，副产物氯化氢在高温下具有强烈的腐蚀作用，不仅腐蚀设备，而且污染产品。因此，氢还原直接制取金属钛的方法较难工业化。

另一种还原方案是：在较低温度下（1000℃左右）用氢还原 $TiCl_4$ 为低价钛氯化物（主要为 $TiCl_3$），然后再用其他方法（如金属热还原法或电解法等）将其还原为金属钛。这种方案的副产物氯化氢在工业上不能用来生产 $TiCl_4$，无法实现氯的循环使用，而且在1000℃下氯化氢亦具有较强的腐蚀性。

2.1.2.3 四溴化钛的氢还原

四溴化钛在高温下容易被氢还原而制取很纯的金属钛。在熔化的 $TiBr_4$ 的蒸发器中通入纯氢，所形成的氢与 $TiBr_4$ 蒸气的混合物进入石英管中，然后它们便在石英管中电加热温度为1200～1400℃的钨丝上发生反应，生成很纯的金属钛，反应按式23-78进行。这个方法的缺点是消耗较多的纯氢和再生溴较困难。

2.1.3 钛化合物的电解还原法

由于钛离子在水溶液中被还原为金属的标准电极电位具有很大的负值，因此从水溶液中电解还原金属钛实际上是不可能的。

在非水有机溶液中可将四价钛电解还原为低价钛，但在还原为金属钛的试验中，由于在钛还未完全被还原时，溶剂也被还原。因此，钛的非水溶液电解还处于进一步研究之中。

目前用电解法制取金属钛一般是在熔融盐中进行的。如按原料分，可分为 $TiCl_4$ 电解、K_2TiF_6 电解、TiO_2 电解及粗钛和残钛可溶性阳极电解精炼（包括Ti-C-O-N可溶性阳极电解）。

当前研究比较深入，而且已开始半工业化试验的有 $TiCl_4$ 电解和残钛的电解精炼两种方法。

2.1.3.1 $TiCl_4$ 电解

采用的电解质体系一般是将 $TiCl_4$、$TiCl_2$ 和 $TiCl_3$ 溶于由碱金属或碱土金属氯化物组成的溶剂中。可供参考的某些氯化物体系的最低熔点和组成列于表2-1，其中最常用的熔体为NaCl-KCl或NaCl-KCl-LiCl。

表2-1 某些熔盐系的最低熔点和组成

体系	组成/%	熔点/℃	体系	组成/%	熔点/℃
NaCl-LiCl	27.0-73.0	552	$KCl-SrCl_2$	56.0-44.0	575
NaCl-KCl	50.0-50.0	660	$KCl-BaCl_2$	55.0-45.0	655
$NaCl-CaCl_2$	47.1-52.9	494	NaCl-KCl-LiCl	1.8-40.8-57.4	357
$NaCl-SrCl_2$	50.0-50.0	565	$NaCl-KCl-CaCl_2$	42.0-6.0-52.0	504
$NaCl-BaCl_2$	48.5-51.5	648	$NaCl-KCl-BaCl_2$	33.0-39.0-28.0	542
KCl-LiCl	58.0-42.0	348	$NaCl-CaCl_2-BaCl_2$	35.75-46.75-17.5	454
$KCl-CaCl_2$	75.0-25.0	615			

$TiCl_4$在碱金属氯化物体系中的溶解度随着氯化物阳离子半径的增大而增加。如$TiCl_4$在相应氯化物盐 LiCl（700℃）、NaCl-KCl（700℃）、KCl（800℃）和 CsCl（700℃）中的溶解度（质量分数）分别为0.014%、0.4%、1.8%和6.5%，这是由于$TiCl_4$与熔体形成离子型络合物的稳定性，随氯化物阳离子半径的增大而增加的缘故。熔体中加入氟离子能极大地增加$TiCl_4$在熔盐中的溶解度，因为氟离子能与钛离子形成更稳定的络合物。经研究表明，随阳离子价数的增加，络合物的稳定性降低，因而$TiCl_4$在碱土金属氯化物中的溶解度更小。

同样，气相$TiCl_4$通过熔盐界面向熔体深部的溶解扩散能力对于不同盐系也是不同的，见图2-8。$TiCl_4$气体对于前述举例的四种盐系的溶解扩散能力[mL/(h · cm²)]相应为28.2×10^{-2}、11.5×10^{-2}、5.1×10^{-2}和1.3×10^{-2}。

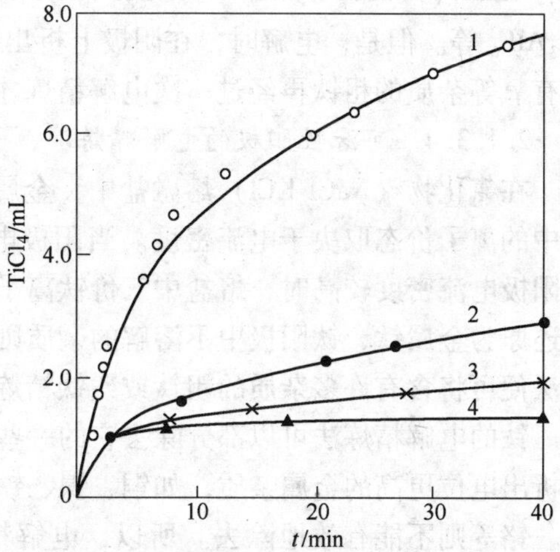

图2-8 $TiCl_4$在不同盐系中的溶解扩散曲线

1—NaCl 44% - KCl 56%（740℃）；

2—NaCl 40% -KCl 50% -$SrCl_2$ 10%（680℃）；

3—NaCl 35% -$CaCl_2$ 65%（680℃）；

4—NaCl 27% -$SrCl_2$ 73%（680℃）

低价氯化钛溶于氯化钾和氯化钠熔体中生成如下固液同成分稳定络合物$KTiCl_3$、K_3TiCl_6和固液异成分不稳定络合物Na_2TiCl_4、$NaTiCl_3$、K_2TiCl_5、Na_3TiCl_6、K_3TiCl_6。

钛作为变价元素，$TiCl_4$在熔体阴极上的电还原反应历程是由高价态向低价态逐次被还原的，即由$TiCl_4\rightarrow TiCl_3\rightarrow TiCl_2\rightarrow TiCl\rightarrow Ti$。达到低价 TiCl 时，它不稳定，分解出细粒金属钛，在阳极上则放出氯气。

$TiCl_4$电解制取金属钛是一个一步还原过程，省去了制取还原剂的电解工序。阳极产出的氯气可以直接返回氯化工序使用，阴极产品可用简单的浸出法除盐处理便获得纯钛。此法生产流程短，制取的海绵钛和钛粉质量好，是一种有发展前途的新方法，值得进一步深入研究。

2.1.3.2 氟钛酸钾电解

将氟钛酸钾K_2TiF_6溶解在 NaCl 或 NaCl-KF 熔盐中，以石墨为阳极，在700~750℃下进行电解还原，在阴极上可获得工业纯钛。经研究指出，K_2TiF_6在熔盐中可发生离解：

$$K_2TiF_6 \longrightarrow 2K^+ + [TiF_6]^{2-}$$

当熔盐中K_2TiF_6的浓度较高时，钛离子可直接在阴极上放电生成金属钛：

$$[TiF_6]^{2-} + e = [TiF_4]^- + 2F^-$$

$$[TiF_4]^- + 3e = Ti + 4F^-$$

而当K_2TiF_6浓度低和在低温下电解时，在阴极上首先是碱金属离子放电，然后碱金属与K_2TiF_6进行二次反应生成金属钛。

K_2TiF_6的氯化物熔盐电解，实际上是Cl^-在阳极放电析出氯气，这样随着电解过程的进行，熔盐中氟化物浓度逐渐增加，给电解的连续进行造成困难，这是此法的主要缺点。

2.1.3.3 氧化钛电解

TiO_2 在氟化物、K_2TiF_6、硼酸盐和磷酸盐中的溶解度较大，在氯化物中溶解度很小。在 $CaCl_2$ 中，当加入 CaO 时，可使 TiO_2 的溶解度增加。因此，TiO_2 电解通常采用的电介质有 $CaCl_2$、($CaCl+CaO$)、($NaCl+K_2TiF_6$)、($NaCl+Na_4P_2O_7$)、($NaCl+Na_2B_4O_7$) 和 Na_3AlF_6 等。但是，电解时，在阴极上析出的金属钛很容易被氧污染，因此需要将获得的含有氧等杂质的粗钛再经过一次电解精炼才能获得纯钛。

2.1.3.4 可溶性阳极的电解精炼

在氯化物（NaCl-KCl）熔融盐中，金属钛阳极可因发生电化学反应而溶解，钛进入熔盐中的离子价态取决于电流密度。当阳极电流密度低时，主要是以二价钛离子进入熔盐；当阳极电流密度较高时，熔盐中三价钛离子增加。溶于熔盐中的低价钛离子在阴极上放电被还原为金属钛，钛阳极中不溶解的杂质则残留在阳极中或沉积在电解槽底部。采用这种方法便可将含有许多杂质的粗钛或残钛精炼为纯钛。

钛的电解精炼法可以部分除去它的一些气体杂质，如氧、氮等，也可以有效地除去比它析出电位更高的金属杂质，如铜、镍、铁、铌等；但与钛析出电位相近的金属杂质，如铝、铬等则不能有效地除去。所以，电解精炼法可以用来精炼残钛和等外海绵钛等钛废料，也可以用来使钛与 Ti-Fe、Ti-Si、Ti-Nb 等二元合金中的其他金属分离。但 Ti-Al、Ti-Cr 合金中的钛不容易分离完全，一般来说只有当铝含量小于 3% 的 Ti-Al 合金和铬含量小于 4.3% 的 Ti-Cr 合金才可能达到较完全的分离。

电解精炼产品的纯度取决于所用原料的纯度和电解操作条件。如果利用杂质含量较少的等外海绵钛或残钛为原料，控制适当的电解条件，可以制取高纯金属钛。所以，电解精炼也是一种制取高纯钛的方法。

碳化钛可溶性阳极在氯化物熔盐或 $NaCl\text{-}K_2TiF_6$ 熔盐中电解时，碳化钛以 Ti^{2+}、Ti^{3+}、Ti^{4+} 离子进入熔盐，这些钛离子在阴极上放电被还原为金属。这种方法可以利用碳还原 TiO_2 的产物（Ti-C-O 混合物）为原料。

由低价钛氧化物（Ti_2O_3 和 TiO）或由 TiO_2 和碳所组成的可溶性阳极具有较好的导电性，它们在氯化物熔盐中的阳极溶解可表示为：

$$3TiO(\text{阳极}) - 3e \longrightarrow Ti_2O_3(\text{阳极}) + Ti^{3+}(\text{熔盐})$$

$$2Ti_2O_3(\text{阳极}) - 3e \longrightarrow 3TiO_2(\text{阳极}) + Ti^{3+}(\text{熔盐})$$

对于（TiO_2+C）组成的可溶阳极，在电流密度很小时，则以 Ti^{3+} 离子进入熔盐：

$$TiO_2 + C - 3e \Longrightarrow Ti^{3+} + CO_2 \tag{2-15}$$

当电流密度增加时，由于氧在 TiO_2 中扩散速度小，产生阳极极化，则 Cl^- 开始在阳极上放电析出 Cl_2，此时进入熔盐的便是 Ti^{4+} 离子。溶于熔盐中的钛离子，在阴极上放电还原为金属钛。

2.1.4 卤化钛热分解法

2.1.4.1 氯化钛热分解

$TiCl_4$ 的热稳定性很高，在温度 2227℃ 时仅有少量分解，3227℃ 的温度下也仅有部分分解，只有在4727℃高温下才能全部分解为金属钛和氯。

$TiCl_2$ 在真空中或在惰性气氛中，加热至900～1100℃下便分解（歧化反应）为钛和 $TiCl_4$，反应按式23-49进行。用这种方法可以制取工业纯钛。但是，在1000℃时 $TiCl_2$ 的分解速度很慢，在工业中应用目前还有困难。

2.1.4.2 碘化钛热分解

碘化钛热分解是目前把粗钛精炼为高纯钛的一种方法。其原理基于下列反应：

$$\text{Ti（粗）} + 2I_2\text{（气）} \xrightarrow{100\sim200℃} TiI_4\text{（气）} \xrightarrow{1300\sim1500℃} \text{Ti（纯）} + 2I_2\text{（气）}$$

钛与碘在低温下（150～200℃）就可以反应生成 TiI_4，而 TiI_4 在1380℃时几乎可以完全分解为金属钛和碘。

把经过表面净化的粗钛与碘（约粗钛质量的1/4～1/5）放入碘化器内，在真空中加热时粗钛与碘反应生成 TiI_4，TiI_4 蒸发至碘化器中的炽热金属丝（如钛、钨等）上，分解析出金属钛并放出碘，碘再循环与粗钛反应。在炽热金属丝上沉积的钛量随过程的进行逐渐增加，最后成为一根钛棒。在这个过程中，碘起着载体的作用，只需少量存在便可促成钛的循环转移。粗钛中的杂质，除了那些挥发性的氯化物外，其他杂质不会转移至金属丝沉积物上，因此可以得到高纯钛棒。

在碘化过程中生成的 TiI_4 在温度超过200℃时，可与钛反应生成 TiI_2，即存在下列平衡：

$$Ti + TiI_4 \rightleftharpoons 2TiI_2 \tag{2-16}$$

若碘化器在150～200℃的低温区操作，此时 TiI_2 的蒸气压很低，所以在炽热金属丝上发生分解的主要是 TiI_4：

$$TiI_4 \rightleftharpoons Ti + 2I_2 \tag{2-17}$$

如果碘化器在500～800℃的高温区操作，此时 TiI_2 的蒸气压大为增加，在炽热金属丝上发生分解的主要是 TiI_2：

$$TiI_2 \rightleftharpoons Ti + I_2 \tag{2-18}$$

高温区碘化操作温度范围宽达500～800℃，沉积速度也可增加，而且可以更有效地除去铁、硅、铝等金属杂质，所以产品质量更高。以含Fe 0.1%～0.3%、Si 0.05%～0.10%、Mg 0.05%、Cl^- 0.06%、C 0.06%、O 0.20%、N 0.05%的海绵钛为原料，在650～700℃碘化，在1300～1500℃的炽热钛丝上沉积的金属钛纯度达到99.9%以上，杂质总量小于0.1%，布氏硬度为70～80，其中杂质含量为：Fe 0.002%～0.006%、Si 0.0006%～0.001%、Al 0.001%～0.0075%、Mg 0.003%～0.009%、C 0.005%、O < 0.05%、N 0.007%～0.008%、Mn 0.001%～0.005%、Ni 0.0001%～0.0004%、Cr < 0.0001%。

由于碘化法可以有效地除去氧、氮和碳等气体杂质和铁、硅、铝等许多金属杂质，因此是制取高纯钛的基本方法之一。但是，由于碘化钛的分解反应在电热丝上发生，电热丝随过程的进行变粗，电阻下降，需要低电压、大电流操作，设备费用较高，生产效率低。在碘化过程中碘会有少量损失，碘的价格高，使得碘化法产品的成本高，加上生产批量又小，所有这些因素都限制了碘化法的应用。

2.1.5 其他还原方法

硫在钛中的溶解度比较小（质量分数 0.02%），硫对钛的机械性能影响也比氧小得多，因此曾研究了一种经过中间硫化物制取金属钛的方法。首先使含钛原料（如 TiO_2）与硫化剂（如 H_2S、SO_2+C、$S+C$）反应生成 TiS：

$$TiO_2 + S + 2C \xlongequal{} TiS + 2CO \tag{2-19}$$

第二步用镁还原 TiS 为金属钛，并生成 MgS，反应式按 23-166 进行。

用这种方法能制得 99.5% 的工业纯钛。镁和硫可由副产物 MgS 再生，在还原过程中循环使用。MgS 氯化后制得 $MgCl_2$：

$$MgS + Cl_2 \xlongequal{} MgCl_2 + S \tag{2-20}$$

$MgCl_2$ 电解后得到镁。

硫化物法有许多缺点，其中 MgS 不溶于水也不易挥发，不易从产品中分离出来；硫容易与金属铁等反应，对设备的腐蚀比较严重。总之，从产品纯度、经济效果、环境保护等方面考虑，这种方法目前还难以用于工业生产。

2.2 海绵钛的工业生产方法

目前，海绵钛的工业生产方法是以 $TiCl_4$ 为原料的金属热还原法，也就是必须将 TiO_2 转化为 $TiCl_4$（详见第 5 章）。作为 $TiCl_4$ 的还原剂，应满足下列要求：

（1）还原剂具有足够的还原能力，能将 $TiCl_4$ 完全还原为金属钛，并且有较快的反应速度；

（2）还原剂不与钛生成稳定的化合物或合金，生成的金属钛容易从还原剂及其氯化物中分离出来；

（3）还原剂容易从它的氯化物再生，其生产成本低廉并资源丰富；

（4）还原剂的密度应比其氯化物密度小，在还原过程中生成的还原剂氯化物能够沉底而不干扰还原反应的继续进行。

工业方法的选择依据是：能保证产品质量，获得优质纯钛；成本低廉，产品有竞争力；“三废”少等。目前，人们认为比较符合这些条件的海绵钛工业生产方法，是以金属镁或金属钠为还原剂还原 $TiCl_4$ 的方法，即镁还原法和钠还原法。

2.2.1 镁还原法

简称镁法，首先由克劳尔（Kroll）于 20 世纪 40 年代研究成功，因此又称为克劳尔法。

2.2.1.1 镁还原-真空蒸馏法（MD 法）

图 2-9 所示的流程是国内外普遍采用的典型的镁还原-真空蒸馏法工艺。它是将钛矿物

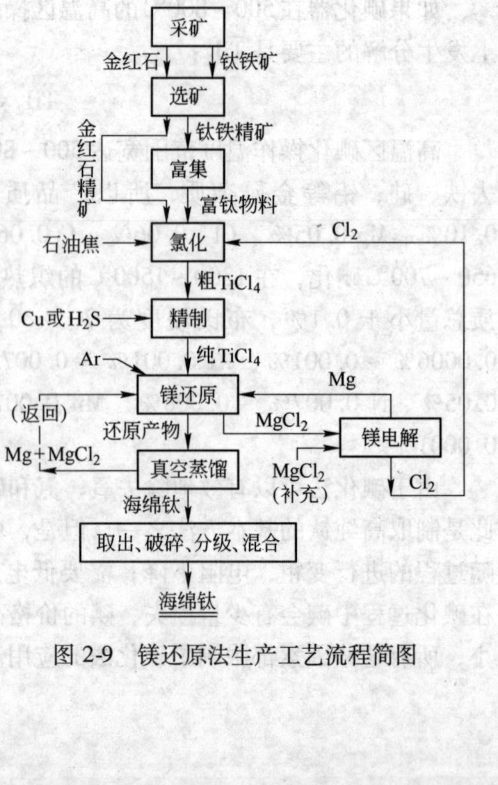

图 2-9 镁还原法生产工艺流程简图

经过富集—氯化—精制制取 $TiCl_4$，接着在氩或氦惰性气氛中用镁还原 $TiCl_4$ 为海绵钛，然后进行真空蒸馏分离除去镁和 $MgCl_2$，最后经过产品处理即为成品海绵钛。其典型工艺将在后面详细介绍。

2.2.1.2 镁还原-酸浸法

又称 ML 法。美国钛金属公司针对真空设备价高、生产周期长、电耗大等缺点，自1965 年开始采用连续酸浸法代替真空蒸馏，用盐酸和硝酸的混合液从还原产物中溶解出剩余镁和残留 $MgCl_2$，经水洗干燥后得到海绵钛产品。采用的浸出设备如图 2-10 所示。该设备为一个用纯钛板（厚度 6.25cm）制作的直径为 2.4m、长为 20m、质量为 20t 的大型浸出筒，筒内共有 47 个螺旋刮板。全长分为三个区：主要浸出区（9.75m）、次要浸出区（7.2m）和洗涤区（3m）。将还原完毕的反应器冷却后，在干燥室中取出还原产物。还原产物经破碎后从浸出器的始端进入，经过主要浸出区和次要浸出区与逆流而来的浸出液接触，此时还原产物中的剩余镁和 $MgCl_2$ 便溶解在浸出液中，海绵钛经过洗涤区被洗涤水洗去浸出液，最后从末端卸出，经干燥后为产品。整个浸出操作过程是连续自动控制的。

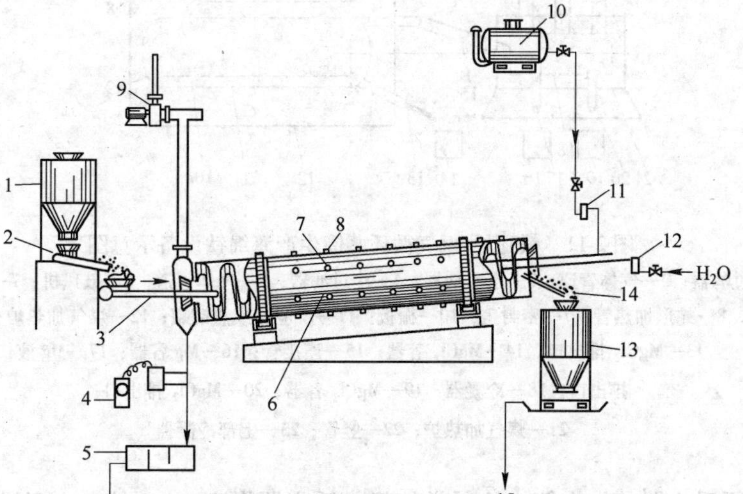

图 2-10 连续酸浸出器示意图

1—料箱；2—计量进料器；3—振动进料器；4—pH 计；5—废液出口和沉降槽；
6—浸出器；7—取样口；8—接触式温度计；9—废气排风机；10—酸高位槽；
11，12—流量计；13—洗涤槽；14—海绵钛；15—排水

酸浸法克服了真空蒸馏法的一些缺点，大大提高了生产能力，据报道可降低生产成本18%左右。但酸浸法产品的质量不如真空蒸馏法的好，其中氧和氯含量较高。这主要是在浸出过程中 $MgCl_2$ 发生水解，这些水解产物在其后的熔炼过程中发生分解，给熔铸操作造成了一定困难。此外，酸浸法还不便于直接回收利用还原产物中的镁和残留的 $MgCl_2$。

2.2.1.3 镁还原-氦气循环蒸馏法

镁还原-氦气循环蒸馏法又称 MH 法。美国俄勒冈冶金公司采用了卧式还原反应器和氦气循环蒸馏法分离还原产物。其还原-蒸馏设备如图 2-11 所示。卧式还原反应器直径1.8m，长 6.7m，炉生产能力 6 ~ 10t。在罐内水平放置一块栅板，用以支撑还原产物。还

原器组装后在煤气炉中加热，在氦气保护下加入液体镁（按理论过量25%），然后加热至800℃开始加入 $TiCl_4$，控制 $TiCl_4$ 的加入速度以保持反应器温度在850～900℃范围内。还原过程中定期排出副产物 $MgCl_2$，以保持罐内的料层高度。还原反应完毕后，将 $MgCl_2$ 排出。当炉产量为6.3t时，在还原产物内约残留1.4t $MgCl_2$。为了从还原产物中分离出剩余镁和残留 $MgCl_2$，随后进行氦气循环蒸馏。氦气的循环由循环鼓风机驱动，鼓风机出口压力控制为0.03MPa。循环的氦气经还原反应器上部的蛇形加热管预热后进入保持温度为1000℃的还原产物中，从中带出蒸发的镁和 $MgCl_2$，在冷凝器中冷凝收集。循环氦气从冷凝器出来后经过热过滤器、冷过滤器，净化后温度降至65℃，最后返回鼓风机进入下一次循环。为使海绵钛中 Cl^- 含量小于0.1%，炉产6.3t的氦气循环蒸馏时间为60h左右。

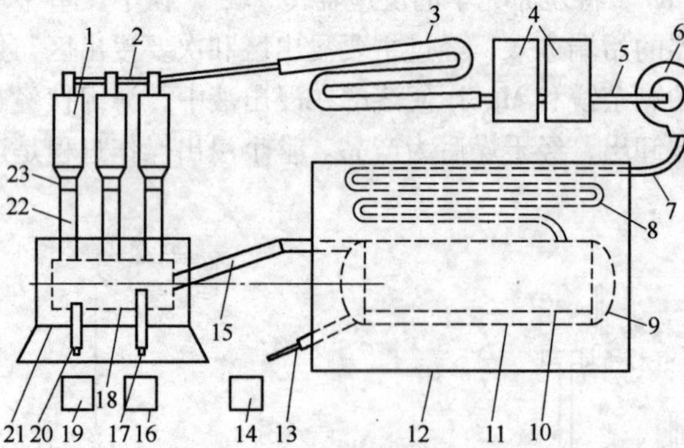

图2-11 镁还原-氦气循环蒸馏生产海绵钛设备示意图

1—热过滤器；2—气体管道；3—水冷却器；4—冷过滤器；5—气体管道；6—鼓风机；7—连接管；8—蛇形加热管；9—密封盖；10—栅板；11—反应器或蒸馏罐；12—煤气加热炉；13—$MgCl_2$ 排出口；14—$MgCl_2$ 容器；15—连接管；16—Mg容器；17—Mg液排出口；18—冷凝器；19—$MgCl_2$ 容器；20—$MgCl_2$ 排出口；21—煤气加热炉；22—竖管；23—上部冷凝器

卧式还原反应器的炉产能力比通常的竖式反应器提高4～5倍，由于卧式反应器反应面积大散热快，还原时间缩短，同时氦气循环蒸馏比真空蒸馏法分离出镁和 $MgCl_2$ 的速度快，因此单位时间的生产能力大为提高。但产品中 Cl^- 含量比真空蒸馏产品略高，并且增加了惰性气体的用量。

2.2.2 钠还原法

简称钠法，又称为亨特（Hunter）法和SL法，是最早研究用来制取金属钛的方法，其生产流程如图2-12所示。

该法的 $TiCl_4$ 生产过程与镁还原法完全相同。然后，在惰性气氛保护下，用钠还原 $TiCl_4$ 生产海绵钛，它的主要反应为：

$$TiCl_4 + 2Na = TiCl_2 + 2NaCl \quad (2\text{-}21)$$

$$TiCl_2 + 2Na = Ti + 2NaCl \quad (2\text{-}22)$$

$$TiCl_4 + 4Na = Ti + 4NaCl \quad (2\text{-}23)$$

将制得的还原产物，进行水洗除盐操作，最后经过产品后处理即得成品海绵钛。

按照还原过程进行的方式，钠法工艺可分为一段法和两段法。反应过程如果按式 2-23 一次完成还原反应制取海绵钛的工艺称为一段法。反应过程如果第一步按式 2-21 制取 $TiCl_2$，然后第二步按式 2-22 继续将 $TiCl_2$ 还原为海绵钛的工艺称为两段法。目前，这两种方法在工业生产中均得到应用。

美国活性金属公司采用半连续的两段钠还原法，其设备示意图如图2-13所示。第一段还原设备是一个内有搅拌装置的连续反应器，$TiCl_4$ 和液体钠从反应器顶部加入，每加入 1mol $TiCl_4$ 同时加入 2mol 钠，在 230 ~ 300℃下进行一段还原反应。反应主要按式 2-21 进行，生成物主要是 $TiCl_2$ 和 NaCl，反应器充氩气以保持 0. 01 ~ 0. 02MPa 的正压操作。第

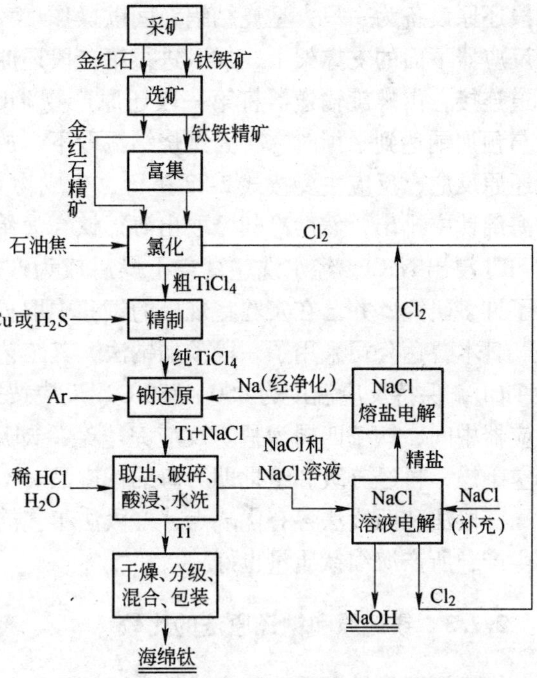

图 2-12 钠还原法生产海绵钛工艺流程图

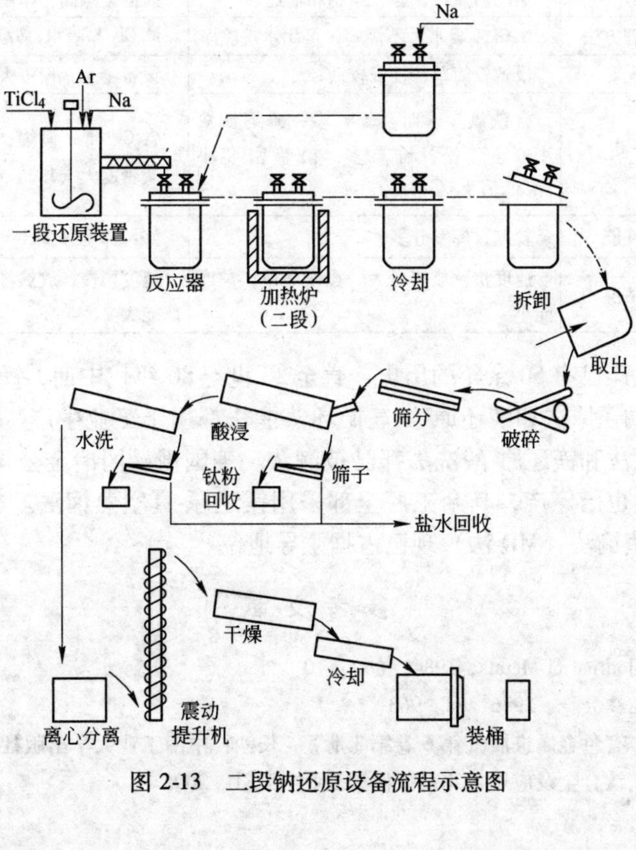

图 2-13 二段钠还原设备流程示意图

二段还原设备为一只大型烧结锅，间歇操作。大型烧结锅组装后充入氩气，把它放在第一段反应器下面的支撑架上，加入进行第二段还原反应所需要的钠，并与第一段反应器出料管道连接，由螺旋输送器将第一段还原产物 $TiCl_2$ 和 NaCl 加入烧结锅中。当加入的 $TiCl_2$ 量与预加钠达到平衡时，将大型烧结锅取下，放入加热炉中加热至 900 ~ 950℃下进行第二段还原反应，反应主要按式 2-22 进行，生成物为钛和 NaCl。反应后生成的 NaCl 从纤维状的海绵钛中排出，然后冷却、取出海绵钛，海绵钛破碎后，在旋转连续浸出器中用 0.5% 的 HCl 浸出 NaCl，经水洗、真空干燥后成为产品。该公司对实现第二段还原的连续化进行了许多研究，并已在实验室规模的试验中取得了一些进展。

日本曹达公司采用了一段预加钠法，其工艺为：先在还原反应器内预加钠，再徐徐加入 $TiCl_4$，保持反应温度为 850 ~ 880℃，反应按式 2-23 一步生成金属钛和 NaCl。海绵钛在反应器中间，钛坨四周为盐。反应完毕经冷却后，取出产物。产物经破碎、浸出、水洗、真空干燥，再经分级和组批即为海绵钛产品。

一段法和两段法各有优缺点，一段法工艺简单，两段法工艺较复杂，但第一段可以连续生产，所产海绵钛质量也好。

2.2.3 镁还原和钠还原法的比较

镁还原法和钠还原法各有优缺点，现比较于表 2-2 中。

表 2-2 镁还原法与钠还原法的比较

序 号	项 目	钠还原法	镁还原法
1	还原剂特点	钠的熔点低，易于净制和输送	镁的熔点高，净制和输送较困难
2	还原产物处理方法	NaCl 不吸水，不潮解，可用水洗除净	$MgCl_2$ 易吸水，易潮解，宜用真空蒸馏除去
3	投资情况	设备较简单，投资较低	设备复杂，投资大
4	海绵钛特点	含铁氧少，而含 Cl^- 多；海绵钛块小，且疏松、粉末多，松装密度小（0.1 ~ 0.8g/cm^3）	含 Cl^- 低；海绵钛块大且致密，粉末少，松装密度大（1.2 ~ 1.3g/cm^3）
5	产品熔铸性能	较差，挥发分多	好，挥发分少
6	还原作业情况	速度快，放热量大，操作简单；炉产能小	速度稍慢，放热量稍少，操作较复杂；炉产能大

海绵钛工业生产已有 50 余年的历史，直至 20 世纪 80 年代中期，镁还原-真空蒸馏法、镁还原-酸浸法、钠还原法和镁还原-氦气循环蒸馏法都用于工业生产。但到了 20 世纪 80 年代后期，钠还原法和镁还原-酸洗法都已被淘汰。美国俄勒冈冶金公司采用镁还原-氦气循环蒸馏法，目前也已停产，其余工厂全部采用镁还原-真空蒸馏法。在海绵钛工业生产中，镁还原-真空蒸馏法（MD 法）现已占据主导地位。

参 考 文 献

1 Hayes F H，et al. Journal of Metals，1984，(6)：70

2 野田敏男．日本钛業会誌，1986，84：963

3 魏寿庸，孙洪志．有色金属进展（第 6 卷第 3 册）．长沙：中南工业大学出版社，1995：146 ~ 148

4 张喜燕，等编著．钛合金及应用．北京：化学工业出版社，2005

3 钛矿资源和选矿

3.1 钛矿资源

3.1.1 钛矿物

钛在地壳中的丰度为0.56%，按元素丰度排列居第9位，仅次于氧、硅、铝、铁、钙、钠、钾和镁。按结构金属排列钛仅次于铝、铁、镁，占第4位，比常见的铜、铅、锌金属储量的总和还多。钛属于典型的亲岩石元素，存在于所有的岩浆岩中，主要集中在基性岩中（丰度值达1.38%）。钛的分布极广，遍布于岩石、砂土、黏土、海水、动植物，甚至存在于月球和陨石中。

因此，如果按储量而论，钛不是一种稀有金属，而是一个储量十分丰富的元素。

由于钛的化学活性很强，所以自然界没有钛的单质存在，它总是和氧结合在一起。在矿物中钛主要以 TiO_2 和钛酸盐形式存在。钛还经常与铁共生。从 $FeO-Fe_2O_3-TiO_2$ 系三元相图（图3-1）可见，它们三者可形成无限固溶体，按照它们的不同比例形成许多矿物。

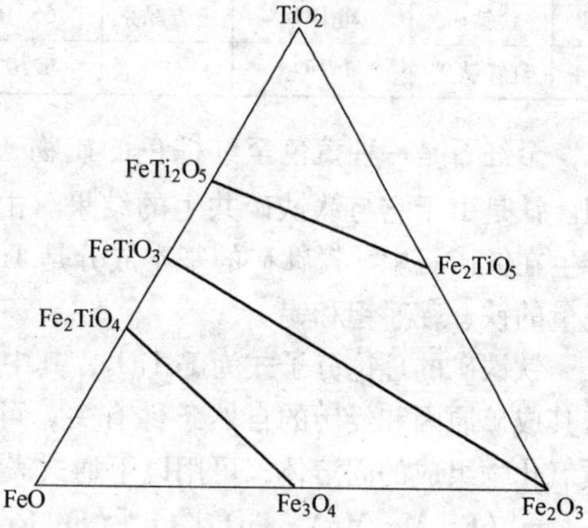

图3-1 $FeO-Fe_2O_3-TiO_2$ 系三元相图

钛的资源十分丰富，且分布很广，几乎遍布全世界。现已发现 TiO_2 含量大于1%的钛矿物有140多种，其中重要的钛矿物列于表3-1。但现阶段具有利用价值的只有少数几种矿物，主要是金红石和钛铁矿，其次是白钛石、锐钛矿和红钛铁矿。钙钛矿只是近些年才发现有一定的数量，它能否被利用取决于提取工艺技术的进展及其经济效果。

表3-1 重要的钛矿物

序号	矿物	化学式	结晶构造	TiO_2 的理论含量/%	密度 ρ /g·cm^{-3}	莫氏硬度	颜色	条痕	磁性
1	金红石	TiO_2	正方晶系	100	4.2~4.3	6~6.5	红褐色	浅褐色	无磁性
2	锐钛矿	TiO_2	正方晶系	100	3.9	5.5~6	褐色	无色	无磁性
3	板钛矿	TiO_2	斜方晶系	100	4.1	5.5~6	黄色到褐色	无色	无磁性
4	钛铁矿	$FeTiO_3$	三方晶系	52.66	4.5~5	5~6	黑色	黑色	弱磁性
5	白钛石	$TiO_2\cdot nH_2O$	（变质物）	组成不固定	3.5~4.5	4~5.5	灰黄色到褐色		非磁性

续表 3-1

序号	矿 物	化学式	结晶构造	TiO_2 的理论含量/%	密度 ρ /g · cm^{-3}	莫氏硬度	颜 色	条 痕	磁 性
6	钙钛矿	$CaTiO_3$	立方晶系	58.75	4.1	5.5	深褐色	灰白色	通常为非磁性矿物
7	榍 石	$CaTiSiO_5$	单斜晶系	40.82	3.5	5 ~ 5.5	黄色、褐色、绿色		
8	假板钛矿	Fe_2TiO_5	斜方晶系	33.35	4.39	6.0	赤褐色、暗褐色		
9	红钛铁矿	$Fe_2O_3 \cdot 3TiO_2$	六方晶系	60.01	4.25		赤褐色		
10	钛磁铁矿	$Fe_2O_3 \cdot TiO_2$	等轴晶系						强磁性
11	赤铁钛铁矿	$FeTiO_3 \cdot Fe_2O_3$	三方晶系						弱磁性
12	钛铁晶石	Fe_2TiO_4 ($2FeO \cdot TiO_2$)	等轴晶系	35.73	3.5 ~ 4.0	5 ~ 5.5	黑 色		强磁性
13	镁钛矿	$MgTiO_3$	三方晶系	66.46	4.03 ~ 4.05	5 ~ 6	暗褐色		
14	红锰钛矿	$MnTiO_3$		52.97	4.54 ~ 4.58	5 ~ 6	褐黑色		

金红石是一种黄色至红棕色的矿物，其主要成分是 TiO_2，还含有一定量的铁、铌和钽。铁是由于它与钛铁矿共生的结果。由于 Ti^{4+} 与 Nb^{5+}、Ta^{5+} 离子的相似性，铌和钽常伴生在钛矿石中。锐钛矿的基本成分是 TiO_2，具有金红石和板钛矿的多晶形矿物，含有一定量的铁、铌、钽和锡。

钛铁矿的理论分子式为 $FeTiO_3$，其中 TiO_2 理论含量为 52.63%。但钛铁矿的实际组成与其成矿原因和经历的自然条件有关。可以把自然界的钛铁矿看成是 FeO-TiO_2 和其他杂质氧化物组成的固溶体，可用以下通式表示：

$m[(Fe,Mg,Mn) \cdot TiO_2] \cdot n[(Fe,Cr,Al)_2O_3]$，式中 $m+n=1$。由于矿中杂质种类和数量不同而存在许多衍生物，其中重要的有镁钛矿、钙钛矿、钙铈钛矿、榍石等。同时由于自然界的风化作用，使钛铁矿的组成不断发生变化，形成所谓“风化”钛铁矿。其中白钛石就是钛铁矿受到风化产生的一种蚀变产物，它没有固定的组成，其中 TiO_2 含量可高达 70% ~90%。红钛铁矿可用 $Fe_2O_3 \cdot 3TiO_2$ 化学式表示，因此可看成是钛铁矿、赤铁矿、锐钛矿和金红石的混合物，也是钛铁矿的一种风化产物。世界各地钛铁矿的品位差别很大，这与成矿时夹杂的杂质多少、成矿时间和风化条件有关。例如，南非钛铁矿含 TiO_2 48%，澳大利亚钛铁矿含 TiO_2 54%，印度钛铁矿含 TiO_2 58% ~60%。成矿时夹杂的杂质越少，成矿时间越长，风化越厉害的矿物，其 TiO_2 含量就越高。

具有开采价值的钛矿床可分为岩矿和砂矿两大类。岩矿床又可分为两类，即岩浆分化形成的块状矿和碱性岩石中的金红石矿。

岩矿床是原生矿，这里是指块状钛矿床，属于岩浆分化矿床。这类矿床的主要矿物是由含钛铁矿的钛磁铁矿和赤铁矿组成，并多含有相当量的钒、钴、镍、铜、铬等有用金属元素。岩矿钛铁矿有下列特点：(1) 矿中铁的氧化物主要以 FeO 形式存在，FeO/Fe_2O_3 比值较高；(2) 岩矿的结构致密，脉石含量高，可选性差，不易将 TiO_2 与其他成分分离，选出的精矿含有相当量的非铁杂质，特别是含有较高的 MgO，精矿的 TiO_2 品位一般在 44% ~48%之间，且选矿的回收率较低；（3）岩矿产地集中，储量大，可大规模开采。由于岩矿的可选性差，目前世界上许多岩矿仍未被利用。岩矿钛铁矿主要产地有加拿大、挪威、美国、中国和俄罗斯等。

钛砂矿床是次生矿，属沉积矿床，有海成因和河成因之分。它来自岩矿床，由海浪和河流带到各地，在海岸和河滩附近沉积成砂矿，大多产于气候潮湿的热带、亚热带和温带地区，即大都分布在南半球的海滩和河滩上。这类矿床的主要矿物是金红石、钛铁矿，其次是白钛石。钛砂矿在形成过程中被风化，一些可溶成分被溶出，同时又夹带了一些贵重矿物，因此往往与锆英石、独居石等共生。这些矿物的特点是 Fe_2O_3 含量较高，即 FeO/Fe_2O_3 比值较小，矿物结构比较疏松，脉石含量较少，容易用选矿方法将 TiO_2 与其他成分分离。因此，精矿品位高，其中金红石精矿 TiO_2 品位可达 96%，钛铁矿精矿 TiO_2 品位可达 50% ~60%，且矿物颗粒较大，但砂矿钛铁矿往往含有较高的 MnO。砂矿产地主要在南非、澳大利亚、印度、南美洲等地的海滨和内河的沉积层中。

3.1.2 世界钛资源

有关世界钛资源储量的统计是多样的，不同资料的数据相差悬殊。公开发表的资料数据是指现有技术水平和目前经济条件下具有利用价值的资源储量，主要是指钛铁矿（包括白钛石）和金红石（包括锐钛矿）的矿物资源储量，而不包括现阶段不具有利用价值的钛矿（如钛磁铁矿、钛铁晶石、榍石等）资源。

按 1997 ~2000 年 USGS、BGS 和 WBMS 等权威机构发布的数据，世界钛资源储量列于表 3-2。世界钛矿（包括钛铁矿、金红石和锐钛矿等）基础储量总计为 7.6 亿 t（以 TiO_2 计），其中钛铁矿约占 80%，金红石（包括锐钛矿）约占 20%。所统计的资源储量主要是砂矿资源，岩矿仅包括加拿大、挪威的品位特别高（原矿含钛铁矿 39% ~75%）的钛铁矿富矿。钛磁铁矿未统计在内，因为其中的钛铁矿与磁铁矿紧密结合，无法选出含钛较高的钛矿物，因而认为这类钛磁铁矿在现阶段没有利用价值。

表 3-2 世界一些国家钛资源储量（按 TiO_2 计，万 t）

国别	钛矿（包括钛铁矿、金红石和锐钛矿）		金红石（包括锐钛矿）	
	基础储量	储量	基础储量	储量
南非	14600	7130	830	830
澳大利亚	19300	9800	4300	1700
巴西	10300	1800	8500	40
美国	7700	1370	180	70
印度	4600	3660	770	660
中国	4100	3000		
挪威	4000	5770	1000	900
加拿大	3600	4000		
马达加斯加	1900			
斯里兰卡	1800	1300	480	480

续表 3-2

国别	钛矿（包括钛铁矿、金红石和锐钛矿）		金红石（包括锐钛矿）	
	基础储量	储 量	基础储量	储 量
乌克兰	1600	250	250	250
马来西亚	100	100		
芬 兰	140	140		
埃 及	170			
意大利	220		880	
塞拉利昂			310	
其 他	3700	11274		1284
总 计	76230	49324	18000	6214

在世界钛资源中，钛铁矿储量最多的国家是澳大利亚、南非、美国、加拿大、印度和挪威等；金红石（包括锐钛矿）储量最多的国家是澳大利亚、南非、巴西、印度和塞拉利昂等。

表 3-3 列举了一些国家有代表性钛矿的化学组成，供参考。

表 3-3 世界上典型钛矿的化学组成（质量分数/%）

成 分	金 红 石					钛铁矿精矿（砂矿）						钛铁矿精矿（岩矿）			
	澳大利亚（东海岸）	南非	斯里兰卡	前苏联	印度	澳大利亚	南非	印度	斯里兰卡	马来西亚	前苏联	加拿大	挪威	美国	前苏联
TiO_2	95.2	96.5	96.8	93.2	95.5	54.2	49.7	60.3	54.6	53	60.3	36.6	44.5 ~ 45.5	45.2	48.75
FeO	0.9			1.8 ΣFe	2.0	24.0	36.6	9.7	18.1	33.6		29.5	33.5 ~ 34.5	37.5	45.9
Fe_2O_3	1.0	0.61	0.89			18.0	11.1	24.8	23.2	8.7	25.88	26.5	12 ~ 13	7.1	
SiO_2	0.2		0.64	2.0	0.74	0.50		1.4	1.5	0.36	1.2	2.5	2.5 ~ 3.0	3.7	3.3
Al_2O_3	0.02		0.16	1.1	0.50	0.85		1.6	1.18		2.0	3.0	0.5 ~ 0.7	2.1	0.5
CaO	0.07			0.22	0.01	0.01			0.08		0.17	0.5	0.2 ~ 0.3	0.1	1.1
MgO	0.18				0.03	0.16		0.84	0.85		0.9	3.2	4.5 ~ 5.5	2.6	1.3
MnO	0.008			0.18	0.01	1.60			0.37	4.0	0.85	0.16	0.2 ~ 0.3	0.2	
Cr_2O_3	0.6	0.16		0.27	0.11	0.03	0.19	0.14	0.07	0.05	1.36	0.1	<0.075		
V_2O_5	0.01	0.63		0.11	0.55	0.15	0.29	0.26	0.09	0.02	0.12	0.36	0.15 ~ 0.17	0.2	
P_2O_5	0.8		<0.001		0.07	0.02		0.17	< 0.01	0.085		0.015	<0.03		
ZrO_2	0.2		0.38	2.5	1.02	0.04			0.02		0.33				
S	0.1				0.02	0.01					0.30	0.25 ~ 0.30	<0.04	0.3	
C	0.03												<0.055	0.02	

3.1.3 中国钛资源

中国的钛资源储量丰富，但主要是钛铁矿资源，金红石矿甚少。在钛铁矿储量中，岩矿占大部分，部分为砂矿。钛铁矿岩矿产地主要是四川、云南和河北；砂矿产地主要有广东、广西、海南和云南。金红石矿主要分布在湖北和山西。

中国四川攀枝花地区是一个超大型的钒钛铁矿岩矿储藏区。该矿区的矿体范围大，它是由攀枝花、红格、白马和太和等十几个矿区组成的。从大地构造位置看，它位于我国川滇南北构造体系的北段。区内安宁河大断裂层近南向北纵贯本区中部。矿床受这个大断裂带所控制，广泛地发育基性、超基性岩体。岩体呈南北分布，向西陡倾斜，岩体规模大小不等，一般长达5~20km。矿石类型为致密块状、浸染状矿石。矿石中的钛矿物主要为粒状钛铁矿、钛铁晶石和少量片状钛铁矿。从矿物可选性来看，粒状钛铁矿可以单独回收，而钛铁晶石和片状钛铁矿不能单独回收。选矿时，从钒钛磁铁矿的选铁尾矿中选出的粒状钛铁矿可供利用。该钛铁矿的特点是结构致密，固溶了较多的氧化镁，因此选出的精矿品位较低，MgO 和 CaO 含量较高，给提取冶金带来一定困难。河北承德地区也有类似性质的钒钛磁铁矿，不过储量较小，钛精矿固溶的氧化镁较低，可选得质量较好的钛精矿。

云南钛资源丰富，遍及全省许多区县。从大地构造位置看，钛矿区位于我国川滇南北构造体系的南段。已探明的储量十分可观，且大部分属次生内陆砂矿，少部分属原生岩矿。云南的砂矿易采易选，经简单选矿便可获得质量较好的钛精矿。该矿一般含 $TiO_2$48%~50%，钛铁氧化物总量（$FeO+Fe_2O_3+TiO_2$）大于95%，除含 MgO 稍高（1.2%~2%）外，其他非铁杂质含量较少。故云南钛铁矿是一种质量较好和应用价值较高的钛精矿。

广东、广西和海南地区的钛铁矿砂矿品位高、杂质少，采选比较容易，又伴生有锆英石、独居石、磷钇矿、金红石等，综合利用的价值高，提取也容易，但多数伴生有放射性矿物。此外，在福建、山东和辽宁沿海和江西部分地区也有砂矿钛铁矿资源。

我国也发现几处金红石矿床，原矿的 TiO_2 平均品位为2%~4%，但由于结构致密，粒度小，选矿较困难。

中国各地钛铁矿精矿的典型化学成分列于表3-4。

表3-4 中国钛精矿化学成分举例（质量分数/%）

成分	钛精矿名称							
	北海氧化砂矿	北海钛铁矿	海南钛铁矿	攀枝花钛铁矿	承德钛铁矿	湛江钛铁矿	富民钛铁矿	武定钛铁矿
TiO_2	61.65	50.44	48.67	47.74	47.00	51.76	49.85	48.68
ΣFe	24.87	35.41	35.23	31.75	35.77	30.29	35.06	36.44
FeO	5.78	37.39	35.76	33.93	40.95	24.4	36.50	36.78
Fe_2O_3	29.30	9.06	10.63	7.66	5.60	16.08	9.58	10.97
CaO	0.10	0.10	0.79	1.16	0.81	0.34	0.24	<0.05
MgO	0.12	0.10	0.20	4.60	1.54	0.05	1.99	1.18
SiO_2	0.77	0.79	0.70	2.64	1.67	0.82	0.86	0.67
Al_2O_3	1.15	0.75	1.05	1.20	1.23	0.79	0.23	0.60
MnO	1.10	1.30	2.21	0.75	0.85	2.66	0.75	
V_2O_5				0.1	0.14		0.12	0.22
S	0.01	0.02	0.01	约0.2	约0.3	0.017	约0.02	约0.01
P	0.036	0.02	0.016	0.01	0.063	0.01	约0.01	0.01

3.1.4 钛矿的开采和应用

现在钛铁矿生产量较大者为澳大利亚、加拿大、南非、挪威、俄罗斯，其次还有印度、美国、马来西亚等国家；天然金红石生产量较大者有澳大利亚、塞拉利昂、南非、美国等国家。

我国钛矿主要由广东、广西、海南、云南和四川攀枝花开采生产，主要产品是钛铁矿精矿，也有少量金红石精矿。

世界上90%以上的钛矿用于生产钛白，约4% ~5%的钛矿用于生产金属钛，其余钛矿用于制造电焊条、合金、碳化物、陶瓷、玻璃和化学品等。

天然金红石精矿品位高，杂质少，是氯化生产四氯化钛的优质原料。所以，它大部分用于氯化法生产钛白和金属钛，也可作为制造电焊条和冶金的原料。

钛铁矿精矿的 TiO_2 品位一般为45% ~60%，其中含有大量的铁和其他杂质，除直接可用作硫酸法生产钛白的原料外，一般都需要经过富集处理加工成(高)钛渣或人造金红石之后，再用来生产钛白和金属钛。人造金红石和经还原处理的钛铁矿可用作制造电焊条的原料。

3.2 钛的选矿

对钛矿石的可开采标准尚无具体规定。一般认为，砂矿含钛铁矿在15kg/m^3 以上，或含金红石在2kg/m^3 以上才有工业开采价值；岩矿的钛铁矿含 TiO_2 10% ~40%，或金红石含 TiO_2 超过3%才具有工业开采价值。实际上，有些矿低于上述品位，特别是共生矿，当含有多种有价值的其他伴生矿物时，也可综合考虑开采。

钛矿物常与许多矿物伴生，是一种由多种矿物组成的复合矿物。无论是钛铁矿还是金红石，从构成它的不同矿区的结构性质和组成特点来看，用一种选矿手段很难选分出 TiO_2 品位高而杂质少的钛矿物。为此，在确定选矿流程前，通常必须要了解钛矿物的组成和性质，弄清楚每种选矿方法的特点，在实验的基础上方能确定流程。在选别钛矿时，几乎使用了各种选矿方法，反复交替地进行组合，才能达到比较理想的效果。

3.2.1 钛原生矿的选矿

目前工业利用的钛铁矿均系含钛复合铁矿类矿床，它是一种原生矿，结构致密，难采难选。为利用其中的钛资源，其选矿流程可分为预选、选铁和选钛三个阶段。

3.2.1.1 预选

将开采得到的岩矿先丢弃部分尾矿，这样可达到提高选矿处理能力和入选品位，以及降低生产成本的目的。预选作业常用的选矿方法有磁滑轮磁选、重介质旋流器及粗粒跳汰机重选等。

3.2.1.2 选铁

在选别含钛复合铁矿时，选铁的目的是获得供炼铁用的铁精矿或钒铁精矿。采用的方法是磁选法。选铁后使大部分铁和钛得以分离。

3.2.1.3 选钛

钛铁矿的回收是以含钛复合铁矿经选铁后的尾矿为原料进行的。钛铁矿的选矿是通过多段破碎和筛分，并应用了重选、磁选、电选和浮选等各种方法组合而成。由于各种矿源成分复杂，所使用的流程也不尽相同。

3.2.2　钛砂矿的选矿

钛砂矿包括海滨砂矿和内陆砂矿，这种砂矿易采易选，除了少数矿床需剥离覆盖层外，一般不需要剥离即可直接开采。采选工艺和设备都已定型，是标准化的。一般有两种开采方法：一种是在河床上利用采矿船开采，它又分为链斗式、搅吸式及斗轮式三种方式；另一种是在沙滩上干采干运，采掘机械有推土机、铲运机、装载机及斗轮挖掘机等。所采得的砂矿经皮带运输机或砂泵管道运输至粗选厂。

3.2.2.1　粗选

采出砂矿首先经过除渣、筛分、分级、脱泥及浓缩后，送至粗选厂。

粗选的目的是将入选矿石按矿物密度不同进行分离，丢弃低密度脉石尾矿，获得重矿物含量达90%左右的混合精矿，其作为精选厂的给料。常用的粗选设备为圆锥选矿机和螺旋选矿机。粗选厂都是移动式的，与采矿纳为一体，随采矿的同时向前推进。粗选厂在水上移动采用浮船，在陆地上移动是将厂房设置在双轨上，该方法技术先进，费用低廉。

3.2.2.2　精选

精选厂为固定式，将送去的粗精矿进一步精选，作业分为湿法和干法两步。一般先进行湿法作业，包括重选、湿式磁选和浮选；后进行干法作业，包括磁选、电选和重力分离等。总之，钛砂矿精选实质上是由各种选矿方法相互配合进行选别获得合格钛精矿的过程。

3.2.2.3　钛砂矿选矿流程举例

现将国内外有代表性的钛砂矿选矿流程介绍如下，供参考。

A　澳大利亚埃尼巴联合公司（Allied Eneabba Ltd）采选厂

该厂规模为年生产钛精矿250kt，产品有金红石、钛铁矿和锆英石。它采用了先进的标准干采方法。有两种标准开采方法：对于水下的矿物采用绞吸式采砂船水采；对于沙滩岸边的矿物则采用移动式采掘池干采干运，此法工艺先进，效率高。其原矿的开采和粗选厂的原则流程如图3-2所示，进一步精选的粗矿精选原则流程如图3-3所示。

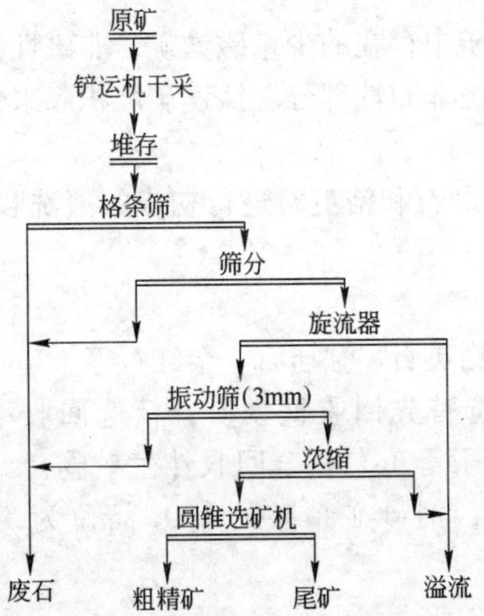

图3-2　埃尼巴采选厂原则流程图

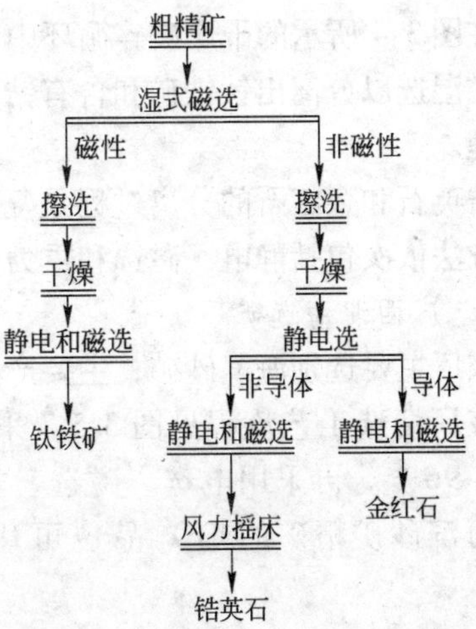

图3-3　埃尼巴精选厂原则流程图

B 南非里查兹湾（Richards Bay）矿业公司（简称 RBM）

该厂采用了先进的工艺，建立了包括采矿、选矿和钛渣熔炼联合生产厂，安装了一套年产钛渣 40 万 t、低锰生铁 22 万 t、金红石 5.6 万 t 和锆英石 11.5 万 t 的大型联合装置。

矿石的开采采用标准的移动式的挖掘、富集和分离方法（见图 3-4）。两台挖掘机和一台浮动选矿机安装在人造开采池中。随着挖掘机挖出池前部的砂矿，经选矿分离出的尾矿就不断堆积在池子后部，结果开采池不断地向前移动。

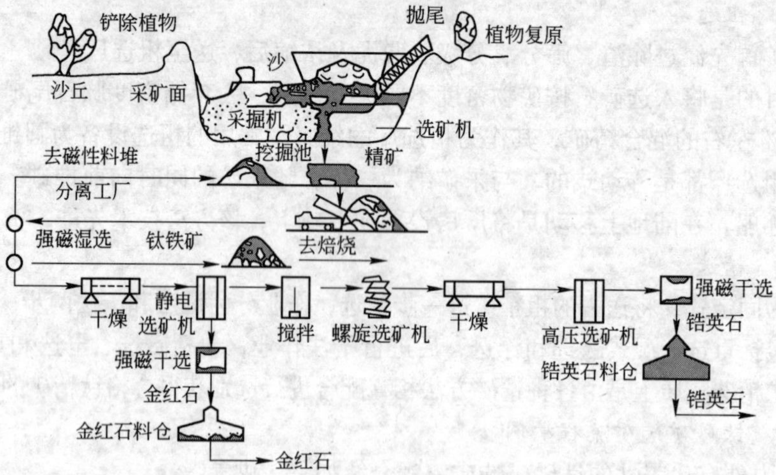

图 3-4 理查兹湾矿物采选流程图

挖掘机挖掘岸堤并用泵把矿浆打到漂浮的重力选矿机内，采用赖克特圆锥和螺旋分离机循环把重矿物分离出来。然后用泵把含有锆英石、金红石和钛铁矿重矿物以矿浆形式打到岸上。用卡车将其运至干燥破碎分离的精选工厂，分离出供出售的金红石和锆英石以及作为熔炼原料的钛铁矿精矿。

在图 3-4 所示的干燥破碎循环中，弱磁选除去矿中存在的少量磁铁矿，非磁性矿物通过强磁湿选以分离出钛铁矿和含有锆英石和金红石的非磁性部分。钛铁矿堆积起来供进一步处理。

锆英石和金红石的分离过程是复杂的，先对金红石和锆英石进行初步的清洗和净化，分离方法依次包括静电、磁选和重力分离。

C 广西北海选矿厂

该厂主要选别海滨砂矿，主要产品有钛精矿和锆英石、独居石、金红石等。

该厂精选工艺流程见图 3-5。采用电选、磁选首先回收钛铁矿，精选回收率可达 95% ~96%。再采用电选、磁选、重选、浮选混汞等工艺综合回收伴生矿物。经精选后，海滨砂矿精矿的 TiO_2 品位可达 57% ~58%，河砂矿精矿的 TiO_2 品位为 52% ~53%。

中国钛铁精矿和金红石精矿的国家标准列于表 3-5。

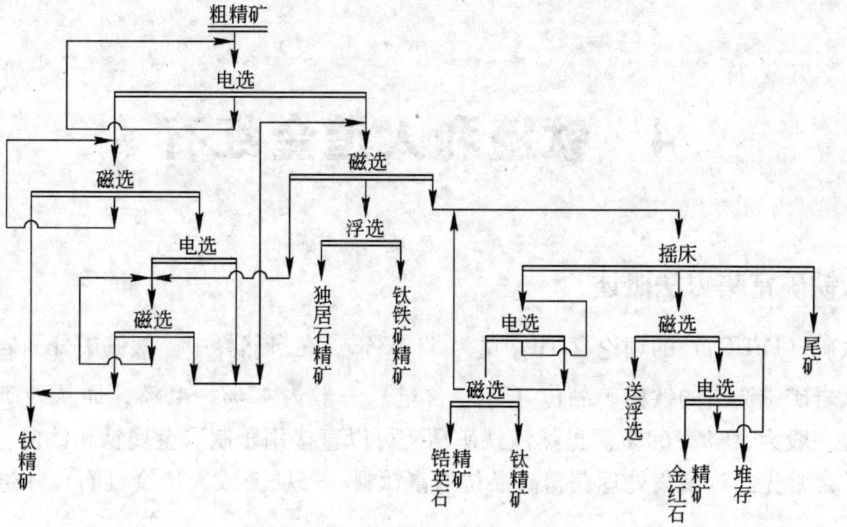

图 3-5　广西北海选矿厂工艺流程图

表 3-5　中国钛铁精矿和金红石精矿国家标准

类别	用途	级别		化学成分/%					粒度
				TiO_2	杂质含量				
					P	S	CaO + MgO	Fe_2O_3	
钛铁精矿	人造金红石、高钛渣、电焊条、钛铁合金	一级	一类	52	0.030		0.5		
			二类	50	0.025		0.5		
		二级		50	0.030		0.5		
		三级		49	0.040		0.6		
		四级		49	0.050		0.6		
		五级		48	0.070		1.0		
	钛白粉	一级	一类	50	0.020			10	
			二类	50	0.020			13	
		二级	一类	49	0.020			10	
			二类	49	0.025			13	
金红石精矿	电焊条、钛及化合物	一级		93	0.020	0.02		0.5	砂矿小于0.18mm，岩矿小于0.25mm
		二级		90	0.030	0.03		0.8	
		三级		87	0.040	0.04		1.0	
		四级		85	0.050	0.05		1.2	

参考文献

1　Alan Heap. Metals & Minerals Annual Review，1996，1

2　《稀有金属手册》编辑委员会．稀有金属手册（下册）．北京：冶金工业出版社，1995：88～104

3　《稀有金属手册》编辑委员会．稀有金属手册（上册）．北京：冶金工业出版社，1992：431

4　柴育民．国外稀有金属，1986，8（1）

5　BGS，2001：273～274；USGS，2001：175；WBMS，2001：63

6　USGS. Mineral Commodity Summaries，1999，11

4 钛渣和人造金红石

4.1 钛铁矿富集方法概述

钛铁矿（$FeTiO_3$）的理论含 TiO_2 量为52.63%。在自然界中，钛铁矿分为岩矿和砂矿两类。从岩矿中选出的钛精矿品位（TiO_2 含量）一般为42%～48%，而从砂矿选得的钛精矿品位一般为50%～64%。虽然钛铁矿精矿可以直接用于制取金属钛和钛白，但因为其品位低，常常先经过富集处理获得高品位的富钛料——钛渣或人造金红石，才进行下一步的处理。

随着对钛铁矿富集方法的深入研究，人们已经研究和提出了20多种富集方法，各种方法都有其特点。这些方法大致可分为以干法为主和以湿法为主两大类。干法包括电炉熔炼法、等离子熔炼法、选择氯化法和其他热还原法。湿法包括部分还原-盐酸浸出法和部分还原-硫酸浸出法（总称酸浸法）、全还原-锈蚀法和全还原-$FeCl_3$ 浸出法，以及其他化学分离法。目前获得广泛应用的工业方法有电炉熔炼法、酸浸法和还原锈蚀法。电炉熔炼法制取的产品为钛渣，而其他方法制取的产品为人造金红石。

电炉熔炼法是一种成熟的方法。工艺比较简单，副产品金属铁可以直接应用，不产生固体和液体废料，电炉煤气可以回收利用，三废少，工厂占地面积小，是一种高效的冶炼方法。用它处理不同类型的钛铁矿可获得各种用途的钛渣。通常把 TiO_2 含量大于90%的产品称为高品位钛渣或简称高钛渣，把 TiO_2 含量小于90%的产品称为钛渣 。该法在加拿大、南非、挪威、前苏联和我国获得了广泛的应用（详见表4-1）。近年来随着氯化法钛白的迅速发展，对高品位富钛料的需求量日益增长，使电炉熔炼法获得了进一步的发展。例如南非理查兹湾（Richards Bay）矿业公司（简称RBM公司）扩大了钛渣（85% TiO_2）生产量；加拿大魁北克（Quebec）铁钛公司（简称QIT公司）新建富集高钛渣（UGS产品，95% TiO_2）厂。另外，南非那马克瓦（Namakwa）公司采用明特克（Mintek）公司的直流转移等离子弧技术建了一个年产19.5万t的钛渣（86% TiO_2）工厂，于1995年投入运行。但此法也有局限性，熔炼过程主要是分离除铁，除去非铁杂质能力差，耗电量大，仅限于电力充足地区使用。

酸浸法可有效地除去杂质铁和大部分CaO、MgO、Al_2O_3、MnO等其他杂质，获得含 TiO_2 90%～96%的高品位人造金红石，适合处理各种类型的矿物。在美国、印度、马来西亚、澳大利亚和我国都有采用盐酸浸出法生产人造金红石的工厂，总计生产能力约250 kt/a。日本石原公司利用硫酸法钛白厂的废酸浸出砂矿制取人造金红石，生产能力为50kt/a，被称为石原法。盐酸浸出法可实现盐酸的再生回收循环利用，但设备需用专门的防腐材料制造。硫酸浸出法的含铁副产品为硫酸亚铁，且稀硫酸浸出能力较差，适宜处理品位较高的钛铁矿。酸浸法由于三废量大，副流程复杂，从而限制了它的应用。

表 4-1　电炉熔炼法在各国的应用情况

国　家	加拿大	南　非	挪　威	前苏联	中　国
电炉炉型	矩形密闭	矩形密闭	圆形密闭	圆形半密闭	圆形敞口
钛渣生产能力/$kt \cdot a^{-1}$	1100	950	200	约 200	约 100
原料钛铁矿种类，TiO_2 品位/%	原生矿，36	砂矿，49	原生矿，45	砂矿，50 ~ 64	砂矿，50 ~ 60
钛渣的 TiO_2 品位/%	80	85	75	约 90	92 ~ 94
钛渣用途	硫酸法钛白的原料	硫酸法和氯化法钛白的原料	硫酸法钛白的原料	熔盐氯化的原料	流态化氯化和生产人造金红石的原料
发展动向	扩建 UGS 工厂	已扩大了生产能力			在研究密闭电炉

还原锈蚀法在还原时以煤为还原剂和燃料，在锈蚀时只消耗少量的盐酸或 NH_4Cl，产生的赤泥和废水接近中性，较易处理，是一种污染少和成本较低的方法，在澳大利亚获得了重要的应用。在澳大利亚，以含 TiO_2 不低于 54% 的砂矿为原料制得了含 TiO_2 大于 92% 的人造金红石，现已建成了人造金红石生产能力约 700kt/a 的工厂。不过该法仅适宜处理高品位的砂矿。

4.2　熔炼钛渣的基本理论

电炉法生产钛渣的实质是钛铁矿与固体还原剂无烟煤或石油焦等混合加入电炉中进行还原熔炼，钛铁矿中铁的氧化物被选择性地还原为金属铁，而钛的氧化物被富集在炉渣中，经渣铁分离获得钛渣和副产品金属铁。

4.2.1　还原熔炼热力学

4.2.1.1　钛铁矿的还原反应

钛铁矿是一种以偏钛酸铁（$FeTiO_3$）晶格为基础的多组分复杂固溶体，一般可表示为：$m[(Fe、Mg、Mn)O \cdot TiO_2] \cdot n[(Fe、Al、Cr)_2O_3]$，$m + n = 1$。它的基本成分是偏钛酸铁（$FeTiO_3$）。碳还原偏钛酸铁可能发生的反应如下：

$$FeTiO_3 + C = TiO_2 + Fe + CO \tag{4-1}$$

$$\Delta G^{\ominus}_{T(4\text{-}1)} = 190900 - 161T \quad (298 \sim 1700K)$$

$$\frac{3}{4}FeTiO_3 + C = \frac{1}{4}Ti_3O_5 + \frac{3}{4}Fe + CO \tag{4-2}$$

$$\Delta G^{\ominus}_{T(4\text{-}2)} = 209000 - 168T \quad (298 \sim 1700K)$$

$$\frac{2}{3}FeTiO_3 + C = \frac{1}{3}Ti_2O_3 + \frac{2}{3}Fe + CO \tag{4-3}$$

$$\Delta G^{\ominus}_{T(4\text{-}3)} = 213000 - 171T \quad (298 \sim 1700K)$$

$$\frac{1}{2}FeTiO_3 + C = \frac{1}{2}TiO + \frac{1}{2}Fe + CO \tag{4-4}$$

$$\Delta G^{\ominus}_{T(4\text{-}4)} = 252600 - 177T \quad (298 \sim 1700K)$$

$$2FeTiO_3 + C = FeTi_2O_5 + Fe + CO \tag{4-5}$$

$$\Delta G^{\ominus}_{T(4\text{-}5)} = 185000 - 155T \quad (298 \sim 1700K)$$

$$\frac{1}{4}FeTiO_3 + C = \frac{1}{4}TiC + \frac{1}{4}Fe + \frac{3}{4}CO \tag{4-6}$$

$$\Delta G^{\ominus}_{T(4\text{-}6)} = 182500 - 127T \quad (298 \sim 1700K)$$

$$\frac{1}{3}FeTiO_3 + C = \frac{1}{3}Ti + \frac{1}{3}Fe + CO \tag{4-7}$$

$$\Delta G^{\ominus}_{T(4\text{-}7)} = 304600 - 173T \quad (298 \sim 1700K)$$

钛铁矿中往往还含有一定量的赤铁矿，它被碳还原的反应为：

$$\frac{1}{3}Fe_2O_3 + C = \frac{2}{3}Fe + CO \tag{4-8}$$

$$\Delta G^{\ominus}_{T(4\text{-}8)} = 164000 - 176T \quad (298 \sim 1700K)$$

按上面给出的各反应式的标准自由能变化与温度的关系式，计算出在不同温度下的标准自由能变化值（$\Delta G^{\ominus}$），并将其绘制成 $\Delta G^{\ominus}_T$-T 图（图 4-1），进行反应趋势的比较。

电炉还原熔炼钛铁矿的最高温度约达 2000K。从图 4-1 可见，在这样高的温度下，式 4-1 ~ 式 4-8 反应的 $\Delta G^{\ominus}_T$ 值均是负值，从热力学上说明这些反应均可进行，并且随温度的升高，反应的倾向均增大。但上述各反应的开始反应温度（即 $\Delta G^{\ominus}_T = 0$ 时的相应温度）是不相同的，在同一温度下各反应进行的趋势大小也是不一样的，其反应顺序为：式 4-8 > 式 4-1 > 式 4-5 > 式 4-2 > 式 4-3 > 式 4-4 > 式 4-6 > 式 4-7。在低温（< 1500K）的固相还原中，主要是矿中铁氧化物的还原，TiO_2 的还原量较少，即主要按式 4-8、式 4-1、式 4-5 进行还原反应生成金属铁和 TiO_2 或 $FeTi_2O_5$（亚铁板钛矿）。要使固相还原量增加，一是使炉子更为密闭；二是增加矿物与还原剂的紧密接触；三是增加料层厚度。在中温（1500 ~ 1800K）液相还原中，除了铁的氧化物被还原外，还有相当数量的 TiO_2 被还原，即主要按式 4-2 ~ 式 4-4 进行还原反应生成金属铁和低价钛氧化物。在高温（1800 ~ 2000K）下，按式 4-6 和式 4-7 进行反应，生成 TiC 和金属钛（熔于铁

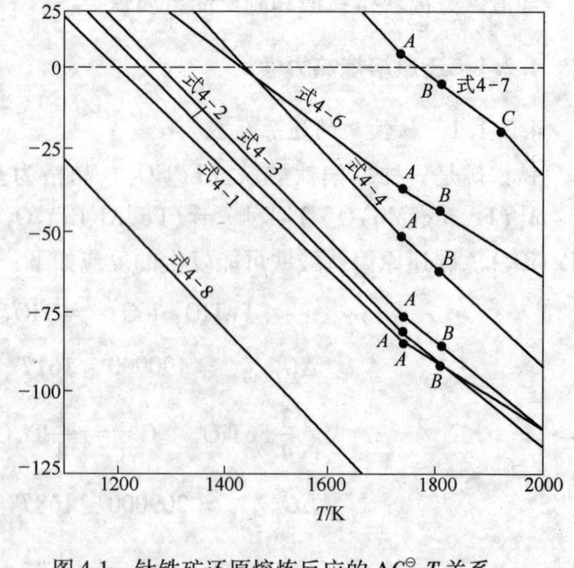

图 4-1 钛铁矿还原熔炼反应的 $\Delta G^{\ominus}_T$-T 关系

A—$FeTiO_3$ 固→液温度 1743K；B—Fe 熔点 1809K；

C—Ti 熔点 1933K

中）的量增加。可见，随着温度的升高，TiO_2 被还原生成低价钛的量增加，即钛的氧化物在还原熔炼过程中随温度的升高按下列顺序逐渐发生变化：

$$TiO_2 \longrightarrow Ti_3O_5 \longrightarrow Ti_2O_3 \longrightarrow TiO \longrightarrow TiC \longrightarrow Ti(Fe)$$

在熔炼过程中，不同价的钛化合物是共存的，它们的数量的相互比例是随熔炼温度和还原度大小而变化的。

在还原熔炼过程中，除了碳的还原作用外，由于碳的汽化反应产生的 CO 和反应生成的 CO 也要参与反应：

$$CO_2 + C \xlongequal{\quad} 2CO \tag{4-9}$$

$$\Delta G^{\ominus}_{T(4\text{-}9)} = 172200 - 173T \quad (298 \sim 1700\text{K})$$

$$FeTiO_3 + CO \xlongequal{\quad} TiO_2 + Fe + CO_2 \tag{4-10}$$

$$\Delta G^{\ominus}_{T(4\text{-}10)} = 18680 + 15.7T \quad (298 \sim 1700\text{K})$$

$$\frac{3}{4}FeTiO_3 + CO \xlongequal{\quad} \frac{1}{4}Ti_3O_5 + \frac{3}{4}Fe + CO_2 \tag{4-11}$$

$$\Delta G^{\ominus}_{T(4\text{-}11)} = 37000 + 3.26T \quad (298 \sim 1700\text{K})$$

$$\frac{2}{3}FeTiO_3 + CO \xlongequal{\quad} \frac{1}{3}Ti_2O_3 + \frac{2}{3}Fe + CO_2 \tag{4-12}$$

$$\Delta G^{\ominus}_{T(4\text{-}12)} = 32600 + 4.8T \quad (298 \sim 1700\text{K})$$

$$Fe_2O_3 + CO \xlongequal{\quad} 2FeO + CO_2 \tag{4-13}$$

$$\Delta G^{\ominus}_{T(4\text{-}13)} = -1547 - 34.3T \quad (298 \sim 1700\text{K})$$

$$\frac{1}{3}Fe_2O_3 + CO \xlongequal{\quad} \frac{2}{3}Fe + CO_2 \tag{4-14}$$

$$\Delta G^{\ominus}_{T(4\text{-}14)} = -7883 + 1.59T \quad (298 \sim 1700\text{K})$$

可以利用各反应的平衡常数和气相中组分的平衡分压进行估算，来判断上述反应的可能性。估算结果表明，在较低的温度下（1073～1273K），CO 仅能将矿中 Fe_2O_3 按反应式4-13和式 4-14 分别还原为 FeO 和金属铁。当温度高于 1273K 时，反应式 4-10～式 4-12 均可进行，但因它们的反应平衡常数均很小，因此可以预计这些反应在熔炼过程中所占的比例不大，是次要的。在敞口电炉中 CO 的还原作用更小，只有靠近底层的固体料才有可能按式4-10～式 4-12 进行还原反应。在密闭电炉中，CO 的还原作用会得到加强。

4.2.1.2 杂质的还原反应

现在来研究一下钛铁矿中的其他杂质组分，如 MgO、CaO、SiO_2、Al_2O_3、MnO、V_2O_5 是否可能发生还原或部分还原的问题，为简化起见考虑下列各单一氧化物的碳还原反应：

$$MgO + C \xlongequal{\quad} Mg + CO \tag{4-15}$$

$$\Delta G^{\ominus}_{T(4\text{-}15)} = 597500 - 277T \quad (1376 \sim 3125\text{K})$$

$$T_{始} = 2153\text{K}$$

$$CaO + C \xlongequal{\quad} Ca + CO \tag{4-16}$$

$$\Delta G^{\ominus}_{T(4\text{-}16)} = 661900 - 269T \quad (1756 \sim 2887\text{K})$$

$$T_{始} = 2463\text{K}$$

$$SiO_2 + C = SiO + CO \tag{4-17}$$

$$\Delta G^{\ominus}_{T(4\text{-}17)} = 667900 - 327T \quad (1696 \sim 2000\text{K})$$

$$T_{始} = 2043\text{K}$$

$$\frac{1}{2}SiO_2 + C = \frac{1}{2}Si + CO \tag{4-18}$$

$$\Delta G^{\ominus}_{T(4\text{-}18)} = 353200 - 182T \quad (1696 \sim 2500\text{K})$$

$$T_{始} = 1944\text{K}$$

$$\frac{1}{3}Al_2O_3 + C = \frac{2}{3}Al + CO \tag{4-19}$$

$$\Delta G^{\ominus}_{T(4\text{-}19)} = 443500 - 192T \quad (932 \sim 2345\text{K})$$

$$T_{始} = 2322\text{K}$$

$$MnO + C = Mn + CO \tag{4-20}$$

$$\Delta G^{\ominus}_{T(4\text{-}20)} = 285300 - 170T \quad (1517 \sim 2054\text{K})$$

$$T_{始} = 1681\text{K}$$

$$\frac{1}{2}V_2O_5 + C = \frac{1}{2}V_2O_3 + CO \tag{4-21}$$

$$\Delta G^{\ominus}_{T(4\text{-}21)} = 165700 - 133T \quad (943 \sim 2190\text{K})$$

$$T_{始} = 1243\text{K}$$

$$\frac{1}{3}V_2O_3 + C = \frac{2}{3}V + CO \tag{4-22}$$

$$\Delta G^{\ominus}_{T(4\text{-}22)} = 293800 - 167T \quad (298 \sim 2190\text{K})$$

$$T_{始} = 1762\text{K}$$

其他杂质也可进行 CO 的气相还原反应，只不过是次要反应，在此不进行详述。

MgO、CaO 和 Al_2O_3 分别按式 4-15、式 4-16、式 4-19 进行还原的开始反应温度相应为 2153K、2463K 和 2322K。由此可见，它们在还原熔炼钛铁矿的温度（2000K 左右）下不可能被还原，但在电弧作用的局部高温区仍有可能发生这种还原反应。其他杂质如 SiO_2、MnO 和 V_2O_5 在钛铁矿还原熔炼温度下，会发生不同程度的还原，还原产物硅、锰和钒溶于金属铁相中。但这些杂质远比 FeO 和 TiO_2 难还原得多，所以可以预计，矿中的大部分杂质（除 SiO_2 还原量较多外）基本上被富集在渣相中。

以上是按各反应单独进行考虑的，实际上还原熔炼过程是多种反应在一个多组分系统中同时进行的，所以实际发生的反应要复杂得多。例如反应生成的产物（如 $FeTi_2O_5$、Ti_3O_5、Ti_2O_3、TiO 等）要溶于未还原的 $FeTiO_3$ 中，而不发生还原的组分（如 MgO、MnO、Al_2O_3 等）也会在渣相中富集。上述两种情况都使渣相中的 FeO 的活度降低。因此，随着还原熔炼过程的逐渐深入，渣相中 FeO 的活度变得越来越小，FeO 的还原变得越来越困难，从而促进 TiO_2 的还原。在还原熔炼的后期，渣相中 FeO 浓度较低，它的还原就更难进行。所以，还原单位重量的 FeO 所消耗的能量随还原熔炼过程的深化而逐渐增加。研究表明，从含 FeO 3% 的渣中还原单位重量 FeO 所消耗的能量比从含 FeO 20% 的渣中还原同样重量的 FeO 所消耗的能量大约 10 倍。在实际生产中，渣中总是保留一定量的 FeO，即不将 FeO 全部还原，就是这个道理。

4.2.2　还原熔炼动力学

研究表明，钛铁矿的还原不是先分解为单一氧化物 FeO 和 TiO_2再进行还原，而是直接从钛铁矿晶格中排出氧。

钛铁矿的还原分为两个阶段。第一阶段是矿中 $Fe^{3+} \rightarrow Fe^{2+}$，即矿中假金红石（$Fe_2Ti_3O_9$ 或写成 $Fe_2O_3 \cdot 3TiO_2$）还原为钛铁矿和金红石：

$$Fe_2Ti_3O_9 + C \xlongequal{} 2FeTiO_3 + TiO_2 + CO \qquad (4\text{-}23)$$

第一阶段的还原易进行，即使在低温下（如 900℃）也可在较短时间内完成。

第二阶段的还原是 $Fe^{2+} \rightarrow Fe$，这一阶段的还原比较复杂。在（FeO + 脉石成分）-TiO_2-Ti_2O_3三元图中（图 4-2），$FeTiO_3$ 的还原反应基本上是沿着 $FeTiO_3$-$FeTi_2O_5$-Ti_3O_5 这条线或接近这条线进行的，而不是沿着 $FeTiO_3$-TiO_2 线进行的。也就是说，钛铁矿的还原过程必然导致 TiO_2 的部分还原，不可能获得不含低价钛而纯含 Ti^{4+} 的钛渣。虽然在较低的温度下，$FeTiO_3$ 可还原生成金红石和金属铁，但当温度高于 1100℃时，$FeTiO_3$ 还原生成亚铁板钛矿（$FeTi_2O_5$）而析出金属铁：

$$2(FeTiO_3) + C \xlongequal{} FeTi_2O_5 + Fe + CO \qquad (4\text{-}24)$$

亚铁板钛矿的稳定温度高于 1150℃，但因矿中的 MgO 和 MnO 等固溶其中增加了

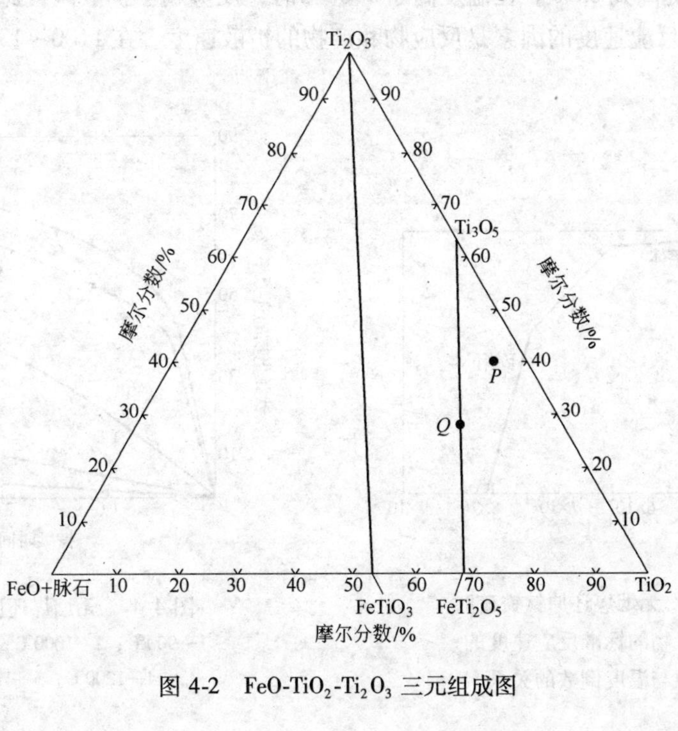

图 4-2　FeO-TiO_2-Ti_2O_3 三元组成图

$FeTi_2O_5$的稳定性。如果矿中 $FeTiO_3$ 按反应式 4-5 全部还原生成 $FeTi_2O_5$，此时生成的还原料（或渣相）中的 TiO_2 含量理论上可达 69%，但实际上得不到全部以 Ti^{4+} 形式存在的含 $TiO_2$69% 的还原产物，因为在 FeO 被还原的同时，伴随发生了 TiO_2 的部分还原，即反应 4-5 是与下面反应同时进行的：

$$\frac{x}{2}FeTi_2O_5 + 5\left(\frac{x}{2}-1\right)C = Fe_{3-x}Ti_xO_5 + 3\left(\frac{x}{2}-1\right)Fe + 5\left(\frac{x}{2}-1\right)CO \quad (4\text{-}25)$$

式中，x 在 2 ~ 3 之间变化，还原产物是 $FeTi_2O_5$-Ti_3O_5（Me_3O_5 型）固溶体。矿中的杂质 MgO、MnO 等不被还原而固溶于还原产物中，所以还原产物是 Me_3O_5 型（Me 为 Fe、Ti、Mg、Mn 等）固溶体：$FeTi_2O_5$-Ti_3O_5-$MgTi_2O_5$-$MnTi_2O_5$。按反应式 4-5 和式 4-25 进行还原反应的终点，即所有 Fe^{2+} 全部被还原为 Fe 时（$x=3$ 时），理论还原产物是 Ti_3O_5，但实际上得不到纯的 Ti_3O_5 产品，一是因为矿中含有固溶杂质；二是因为 FeO 很难被还原完全。图中 Q 点是加拿大铁钛公司熔炼南非钛铁矿的熔炼终点，其产品钛渣含 $TiO_2$85%，含 Ti_2O_3 25% ~28%。

我国以沿海砂矿为原料生产含 ΣTiO_2 为 93% 左右的高钛渣，其熔炼终点在图中的 P 点附近。即中国这种矿熔炼的高钛渣的还原度[$m(Ti_2O_3)/m(TiO_2)\approx 0.82$]比南非矿高钛渣的还原度[$m(Ti_2O_3)/m(TiO_2)\approx 0.49$]要高。

钛铁矿以无烟煤为还原剂时，铁氧化物的标准反应速度的对数与温度倒数的关系如图 4-3 所示。由图可见，在温度小于 1100℃时，反应属动力学区，由图中求出铁氧化物的还原反应活化能为 232J/mol，此阶段化学反应速度是控制因素，提高反应温度对还原速度影响很大。由图 4-4 可见，反应温度由 900℃提高到 1100℃时，还原反应进行 2h，铁氧化物的还原率由 2% 提高到 35%。在温度高于 1300℃时，反应属于扩散区，此时化学反应速度已足够快，控制反应速度的因素是反应物和产物的扩散速度。在 1100 ~ 1300℃间属于过渡区。

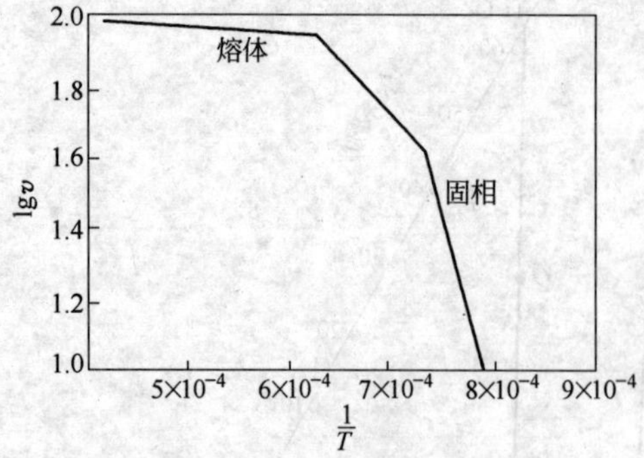

图 4-3 无烟煤还原钛铁矿时铁氧化物的标准反应速度的对数与温度倒数的关系

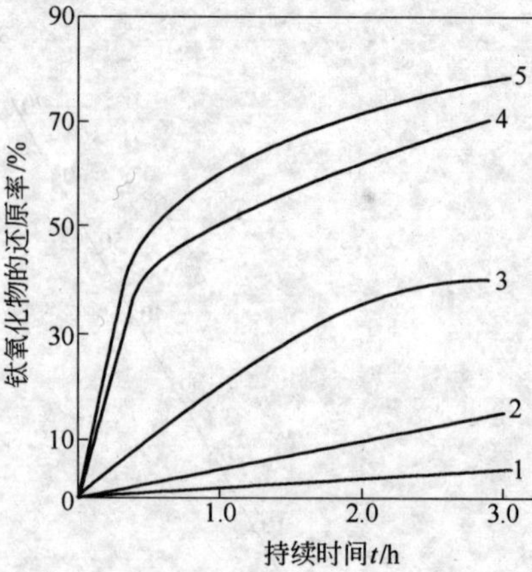

图 4-4 无烟煤还原钛精矿

1—900℃；2—1000℃；3—1100℃

4—1200℃；5—1300℃

炉料熔化后的初期 FeO 的还原速度较大（图 4-5），但随熔体中 FeO 含量的降低，FeO 的还原速度迅速下降，特别是当熔体中 FeO 等杂质含量小于 8% 时，FeO 的还原变得更加困难。

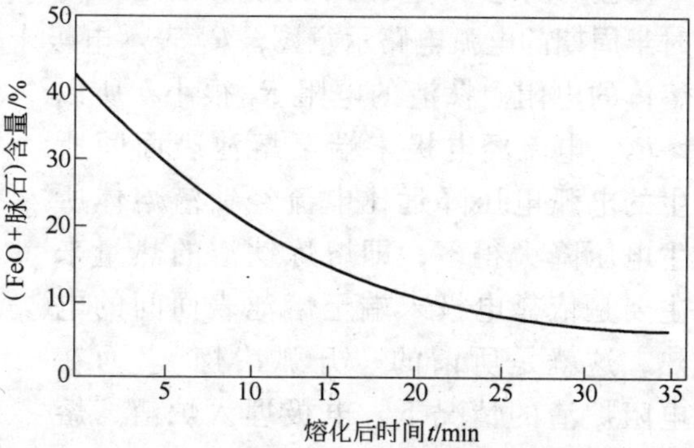

图 4-5　熔化后渣中杂质含量与熔炼时间的关系

4.2.3　还原熔炼钛渣过程的主要特征

钛渣是一种高熔点的炉渣，钛渣熔体具有强腐蚀性、高导电性和其黏度在接近熔点温度时会剧增的特性，而且这些性能在熔炼过程中随其组成的变化而发生剧烈的变化。钛渣具有上述特性，不同于普通冶金炉渣，因而熔炼钛渣过程具有与铁合金、有色金属冶炼过程不同的许多特征。

4.2.3.1　钛渣的高电导率和熔炼钛渣炉的开弧熔炼特征

钛铁矿在熔化状态具有较大的电导率，在 1500℃时为 2.0 ~ 2.5kS/m，在 1800℃时为 5.5 ~ 6.0kS/m。随着还原熔炼钛铁矿过程的进行，熔体组成发生变化，FeO 含量减少，而 TiO_2 和低价钛氧化物含量增加，因此其电导率迅速上升。例如加拿大索雷尔钛渣在 1700℃下，电导率与渣中总 TiO_2 之间的关系如图 4-6 所示。在熔炼高品位钛渣时，熔炼末期钛渣中 FeO 含量小于 5%，总 TiO_2 含量高达 90% 以上，此时高钛渣的电导率高达 15 ~ 20kS/m（图 4-7）。而一般的碱土金属硅酸盐型炉渣在 1750℃时的电导率约为 100 S/m。可见，钛渣的电导率比普通冶金炉渣的电导率高数十倍甚至几百倍，比普通离子型电解质（如 NaCl 液体在 900℃时的电导率约为 400S/m）电导率也要高数十倍，且温度变化对钛渣电导率影响不大，这些情况都说明钛渣具有电子型导电体的特征。这样高的电导率和它随熔炼过程而变化的情况，是电炉熔炼钛渣作业的一大特点。

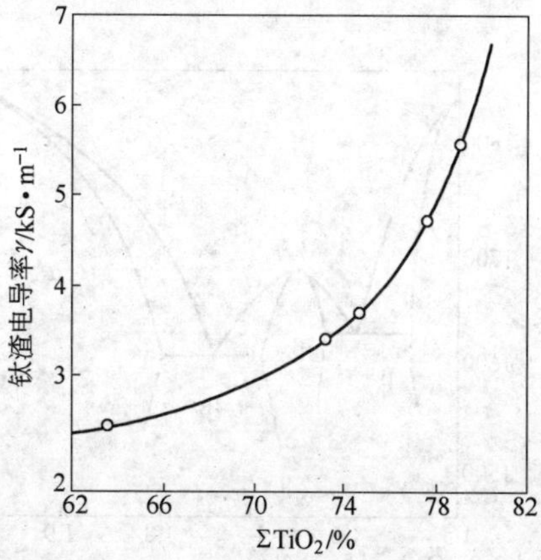

图 4-6　钛渣的电导率与 ΣTiO_2 含量的关系

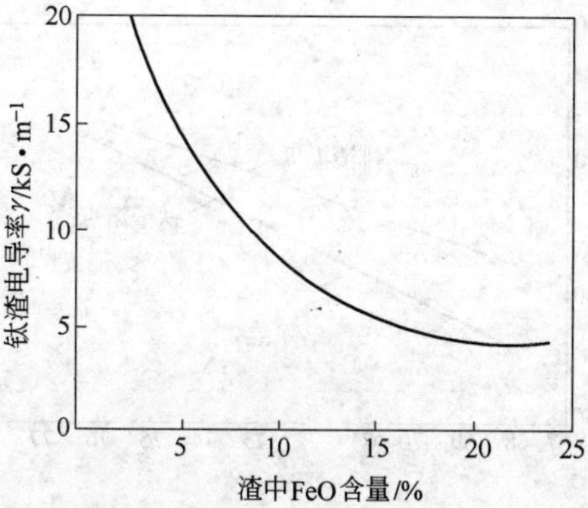

图 4-7　高钛渣的电导率与 FeO 含量的关系

钛渣的高电导率决定了熔炼钛渣电炉的开弧熔炼特征。图 4-8 所示为左端电极是阳极时半周期的电弧电路示意图。R_1 表示电极末端至熔化表面间的电弧电阻，R_2 表示钛渣熔体的电阻。钛渣的电阻 R_2 很小，所以 $R_1 \gg R_2$。电流经电极末端至熔池表面间所产生的电弧电压降远比电流经钛渣熔体所产生电压降大得多，即熔炼钛渣的热量来源主要是依靠电极末端至熔池表面间的电弧热，这就是所谓的“开弧冶炼”。而在高电阻炉渣的情况下，电极埋入炉渣，熔炼过程的热量来源主要是渣阻热，这就是所谓“埋弧熔炼”。熔炼钛渣过程的初期具有短期的矿热炉埋弧冶炼特征，随着熔炼过程的深入进行，开弧冶炼的电弧炉特征越来越明显。由图4-14可见，熔炼过程超过 1h 后，电弧热所占比例已接近90%，熔炼过程的后期电弧热可达97%。由于钛渣的高电导性阻止电极深入熔体，熔体仅依靠自上而下的热传导而加热，这就限制了熔体的深度。

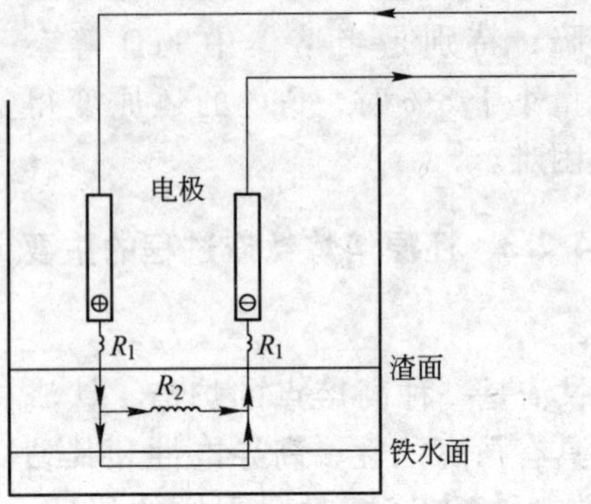

图 4-8　电弧电路示意图

4.2.3.2　钛渣熔点和黏度特性对熔炼过程的影响

钛氧化物中的钛-氧键很牢固，它们的熔点很高。TiO_2、Ti_3O_5、Ti_2O_3 和 TiO 的熔点分别为 1870℃、1774℃、1839℃和 1750℃。钛渣主要是由钛的氧化物组成的，因此它的熔点也很高，按其组成其熔点在 1580～1700℃之间。钛渣的熔点随其中 TiO_2 含量的增加而升高（见图4-9）。影响钛渣熔点的另一个重要因素是它的还原度，即渣中 Ti_2O_3 与 TiO_2 的比值。从 Ti-O 系统平衡图（图4-10）来看，当 O(mol)/Ti(mol) = 1.76 时，系统具有最低共熔点，随着 O/Ti 比值的降低（即还原度的增大），系统熔点升高，当 O/Ti = 1.67 时达到一个较高的熔点，可见熔炼钛渣的终点最好在 O/Ti = 1.76 左右。FeO、MgO、CaO、MnO 和 Al_2O_3 都分别可与 TiO_2 形成二元化合物和低共熔点，它们在一定含量范围内，都起到降低钛渣熔点的作用。

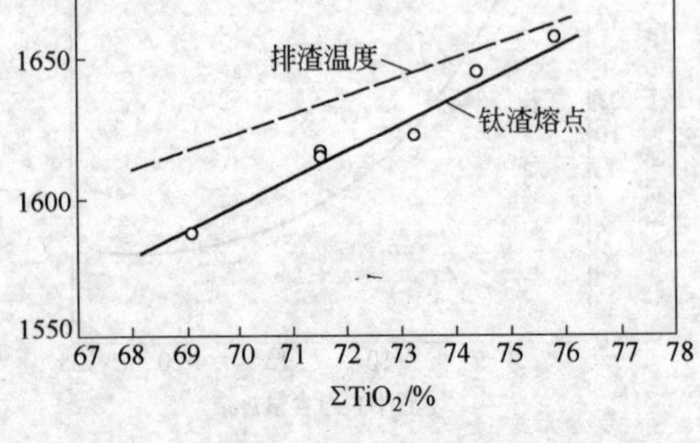

图 4-9　钛渣的熔点和排放温度与 ΣTiO_2 含量的关系

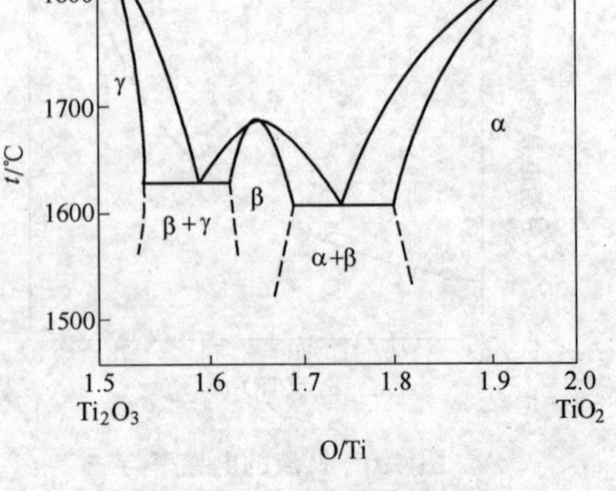

图 4-10　Ti-O 系平衡图

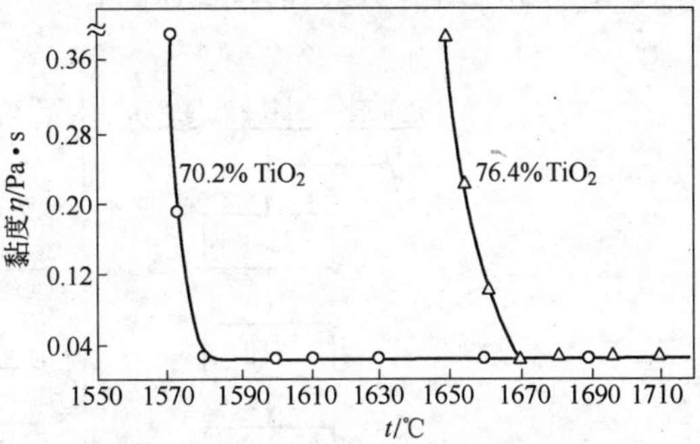

图 4-11　钛渣的黏度与温度的关系

钛渣熔体的黏度具有短渣的特性（见图 4-11）。在温度高于熔点处于完全熔化的钛渣熔体具有很低的黏度，一般在 $(0.3\sim1)\times10^{-3}$ Pa · s 之间。但当渣温接近其熔点时，其黏度急剧增加。这是因为钛渣的结晶温度范围很窄，温度接近熔点时少量结晶固体析出悬浮在熔体中，使熔体变得十分黏稠。在熔炼高品位钛渣时，其中含有少量高熔点的 TiC 和 TiN，在出炉时这些高熔点物很容易析出，使钛渣熔体的流动性变坏，造成出炉困难。为了保证顺利出炉，在出炉前必须将钛渣熔体过热，使其具有较大的过热度（即钛渣实际温度与其熔点之差），以免出炉过程的降温而造成出炉困难。

钛渣的熔点高，熔炼过程还需要将其过热，所以熔炼钛渣要在高温下进行，这就要求热量必须高度集中在还原熔炼区。在设计钛渣电炉时，电极极心圆直径与电极直径之比要设计得较小，一般这个比值在 2.5 ~3.0 之间，以保证在最小的容积内（3.5 ~4 倍电极直径的区域内）集中热量进行还原和造渣。

4.2.3.3　钛渣熔体的高化学活性

钛渣的主要成分是 TiO_2，但还含有相当数量的低价钛氧化物，因而具有极高的化学活性，几乎能与所有的金属和非金属材料发生作用。事实上钛渣熔体能很快地腐蚀普通的耐火材料，所以，钛渣的还原熔炼是在炉衬上挂上一层钛渣本身固体层以保护炉体。这层钛渣固体层的厚度是由供热量与热量经炉壁的热损失之间的复杂平衡确定的。固体层的厚度必须合适，太薄会造成炉衬的腐蚀，产品受污染；太厚会给出炉造成困难。

4.2.3.4　钛渣熔体的沸腾

钛铁矿的还原反应主要在熔体表面进行，但当固体炉料突然陷落到熔体中或者由于表面还原反应生成的高碳铁经熔体下降时，都可能在熔体中或金属铁与熔渣界面上发生瞬间的激烈反应，生成大量 CO 气体经熔渣逸出，使熔渣沸腾和喷溅。熔渣的沸腾会把电极淹没，使电炉的瞬间电流急剧增大，极端情况下造成短路跳闸。熔渣的沸腾是引起钛渣熔炼过程炉况不稳定的主要原因。在一次加料的间歇熔炼工艺中，钛渣会经常发生沸腾，这就需要相应地改变电极的位置来减少它的影响。因此在设计电炉时，要考虑炉膛有足够的高度，以便在钛渣沸腾时避免熔体逸出炉外。电极的升降速度要快（1 ~4m/min），以保证钛渣沸腾时电极及时离开熔体液面，避免短路跳闸。采用连续加料的方法，可以从根本上避免和减少钛渣的沸腾，使熔炼过程炉况稳定。

4.3　熔炼钛渣的工艺及设备

4.3.1　敞口电炉熔炼高钛渣

国内生产的高钛渣主要用于焙烧成人造金红石和流态化氯化生产四氯化钛。高钛渣中总 TiO_2 要达到 93%，FeO 含量要小于 3% ~4%。生产这种高还原度的高钛渣现采用敞口电炉。敞口电炉生产高钛渣的工艺流程各厂不尽相同，其原则流程如图4-12所示。

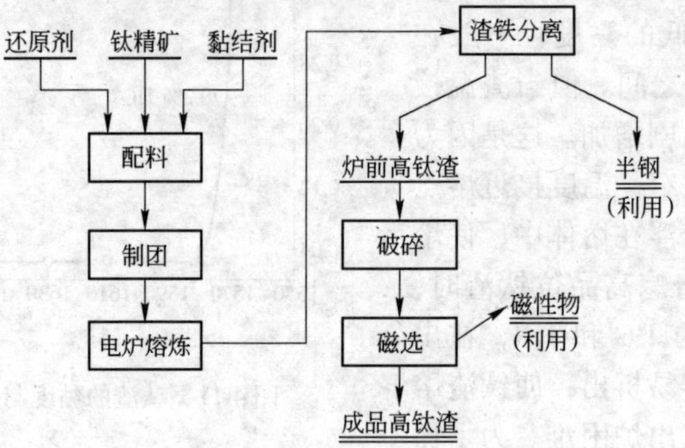

图4-12　敞口电炉生产高钛渣原则流程

4.3.1.1　原料的选择

敞口电炉生产高钛渣的主要原料是钛精矿、还原剂和黏结剂。

A　钛精矿的选择

钛精矿的质量不仅影响还原熔炼过程的技术经济指标，而且对产品的质量有着十分重要的影响。钛精矿的选择可根据产品高钛渣的用途和要求，按照下列基本原则进行选择。电炉熔炼钛渣的过程是一个选择性还原除铁的过程，钛铁矿中的非铁杂质 CaO、MgO、SiO_2、Al_2O_3、MnO 是造渣成分，它们在还原熔炼过程中基本上不被还原而是富集在渣中，从而降低高钛渣的 TiO_2 含量。作为冶炼高钛渣的原料应该选择非铁杂质低的钛铁矿，即应以钛和铁氧化物的总量作为衡量钛铁矿质量好坏的标准。高钛渣的组成与钛矿的组成有着十分密切的关系。

硫和磷是熔炼高钛渣的有害杂质。在熔炼过程中，钛铁矿中硫一部分（约40%）以硫化物形式挥发逸出，恶化劳动条件和造成环境污染；一部分进入渣中；另一部分（约25%）进入金属相。钛铁矿中的磷在熔炼过程中挥发量不大（约15%），大部分进入金属相（约50%），另一部分进入渣相，可见，钛铁矿中的硫和磷存在不仅影响产品高钛渣的质量，而且使副产金属铁质量变坏。对于高硫钛铁矿，一般在入炉前应进行氧化焙烧脱硫处理。用于生产电焊条用的人造金红石的高钛渣时，对原料中的硫和磷有严格的要求。一般来讲，钛铁矿的硫含量应小于0.1%，磷应小于0.05%。用于生产高钛渣的钛精矿，一般以矿的粒度粗一些为好，以降低在熔炼过程中的飞扬损失，同时也有利于改善环境。

B　还原剂的选择

原则上，所有含碳的物料，如煤炭、石油焦、冶金焦、木炭和石墨粉均可作为熔炼高钛渣的还原剂，几种还原剂的化学组成分析列于表4-2。

表4-2　几种还原剂和黏结剂的组成（质量分数/%）

名　称	碳　量	硫　量	灰　分	挥发分	水　分
无烟煤	约85	0.4~0.6	10~15	5~8	1~5
石油焦	85~98		0.2~0.6	1~9	0.1~3

续表 4-2

名　称	碳　量	硫　量	灰　分	挥发分	水　分
冶金焦	约 80	0.6 ~ 0.7	15 ~ 20	2 ~ 3	
木　炭	70 ~ 90		1 ~ 1.5	15 ~ 20	1 ~ 2
沥　青	35 ~ 40		0.5 ~ 1.0	约 60	

从工艺和经济的合理性考虑，应选择活性高、电导率低、灰分低、挥发分低、含硫量低和廉价的还原剂。还原剂的活性高可以增加还原速度，减少熔炼时间，降低能耗和提高生产能力。还原剂的电导率低，可改善炉料性能，保证合理的供电制度。还原剂的灰分低，可减少其对产品高钛渣的污染。还原剂的挥发分低，可减少熔炼过程的排气量，有利于炉况的稳定。上面已经提到，硫是熔炼钛渣的有害杂质，无疑应尽量选择低硫的还原剂。

各种还原剂对钛铁矿的还原活性按以下顺序递减：木炭 > 无烟煤 > 石油焦 > 冶金焦。木炭的活性高，并可使炉料具有较大的电阻，但价格贵，很少应用。石油焦的含碳量较高，灰分较低，但活性低，价格贵，不是理想的还原剂，仅用在小规模生产高质量钛渣的场合。国内外生产实践表明，无烟煤是熔炼高钛渣合适的还原剂，它的含碳量和活性均较高，价格低廉，来源可靠，与钛铁精矿混合制团后的电阻较大（80 ~ 340kΩ/cm^3），但应选择低灰分、低挥发分和低硫的无烟煤。

C　黏结剂的选择

目前在生产中应用的黏结剂有沥青（中温煤沥青）和酸性纸浆废液两种。沥青的黏结效果好，但毒性大，不利于劳动保护。纸浆废液含硫高，黏性差，它与钛精矿混合制成的球团料在熔炼时易塌料翻渣，炉况不稳定，在炉表面形不成牢固的烧结炉料拱桥，不仅使热辐射损失增加，且不利于提高钛渣的品位。目前还没有找到一种比较理想的熔炼高钛渣的黏结剂。

4.3.1.2　工艺操作

A　配料

配料是制团工序的准备作业，把钛精矿、还原剂和黏结剂按适当比例混合均匀供制团使用。配料前必须准确确定配碳量，配碳量的确定是采用计算和实际生产经验相结合的方法。在冶炼一个新矿种时，先按下列方法计算出配碳量，然后经几炉试验验证是否合适，最后确定正确的配碳量。配碳量计算应包括：

（1）将钛铁矿中的铁氧化物还原为金属铁所需碳；

（2）将钛铁矿中部分 TiO_2 还原为 Ti_2O_3 和 TiO 所需碳；

（3）将钛铁矿中部分杂质还原所需碳；

（4）铁水增碳所需碳；

（5）在炉内烧损的碳；

（6）机械损失碳。

以上六项的总和便是所需碳量。所需碳量应等于加入的还原剂和黏结剂及所消耗的电极三者中的活性炭量的总和。但计算还原钛铁矿中杂质所需碳比较麻烦，而炉内碳的烧损和机械损失只能根据生产经验加以估计。所以，在生产中实际应用的方法很多，主要有两种：

（1）计算将矿中所有铁的氧化物还原为金属铁时所需碳，称为“理论需碳量”，再加上所谓“过碳量”，便是需加入碳量。这种计算方法过于粗略，“过碳量”变化范围太大。

（2）计算将矿中所有铁的氧化物还原为金属铁和所有 TiO_2 还原为 Ti_3O_5 所需碳量的总和，再加上铁水增碳所需碳量便是需加入的碳量。在这里假定炉内碳烧损由所消耗的电极碳补偿。这种计算方法比较准确，也比较简便。

无论采用哪一种计算方法都包含了一些估计因素，因此准确的配碳量只能在实际生产中经过验证才能确定。

B　制团

敞口电炉熔炼钛渣，一般都采用一次将全部炉料加入炉中或者间歇地分几次加入炉中进行熔炼的方法。如果采用粉料，几乎全部还原反应都在液相中进行，因粉料无支撑作用，熔化区上方的炉料下落到熔化区，使熔化区温度下降，渣的熔点比炉料熔点高，这样很可能造成初渣的凝固，不利于反应的继续进行。另外，粉料熔炼的飞扬损失大，回收率低。如果预先将钛铁矿与磨细的还原剂均匀混合，加入适量黏结剂制成团料，这就使矿与还原剂达到均匀的紧密接触，有利于固相还原反应的进行；同时团料的熔化度比粉料高，可造成部分还原反应先于炉料的熔化，以减少液相中的还原反应量；生成的钛渣中的低价钛比粉料少，有利于降低电耗。另外，制团的目的还在于改善炉料的透气性，使炉料相互之间具有支撑作用以利于在熔池上方由于固体料的烧结而形成拱桥，减少热辐射损失，同时减少熔炼过程中的粉尘飞扬损失。可见，制团对强化熔炼过程是十分重要的。

在配料作业中，混合均匀的炉料在间接加热的混捏锅中进行混捏，混捏时间15～20 min，混捏料经制团机制成团块，制成的团块经干燥后入炉熔炼。制团过程不仅操作繁琐，而且往往成团率不高（70%～90%），不经干燥的团块强度很差，大部分团块在入炉的过程中就已破裂。所以，目前国内大部分工厂已简化为拌料，即经混捏的料直接加入炉中进行熔炼。

在生产实践中，一些工厂采用了团料与粉料并用的混合炉料的熔炼方法，一般先将少量粉料加在炉底，然后依次加入团料—粉料—团料。这种方法既具有团料的优点，又可多加入一些炉料，有利于提高炉产量。还有的工厂在熔炼过程中加入粉料，创造了一些好的熔炼方法。

为克服制团过程的缺点，人们采用造球的方法。将钛矿磨细，加入适量添加剂（如皂土），在圆盘造球机中喷水造成球，经干燥后的球料具有足够的强度。球料与粒度适当的还原剂按一定比例（根据配碳量）混合均匀加入炉中熔炼。造球法虽然避免了使用沥青黏结剂，但钛铁矿需要磨细，球料需要干燥，熔炼时是球外配碳，还原反应主要在液相中进行。所以，球料不适合于敞口电炉使用，而比较适合于连续加料的密闭电炉中使用。虽然也有将钛矿与碳粉混合造球的方法，但由于矿与碳粉的密度差别较大，造球比较困难，所以球内配碳的造球方法没有得到广泛应用。

C　电炉熔炼

a　电炉

钛渣电炉是介于电弧炉与矿热炉之间的一种特殊炉型，由炉体、电极、排气罩、电炉变压器、短网母线、电极把持器、电极升降装置和测量控制仪表等组成。其中电炉结构如

图 4-13 所示。

在设计钛渣电炉时应考虑熔炼钛渣过程的特点：一般来讲，极心圆单位面积功率（2200～2900kV·A）较矿热炉大，热量集中，能满足熔炼高熔点钛渣的要求；炉膛单位面积功率应选得小一些（200～400kV·A/m^2），以便在熔池周围形成钛渣固体保护层；炉膛的上方有适当高度的气室区，以便在渣沸腾时避免熔体逸出炉外；电极升降速度要快，以满足钛渣沸腾时快速升降电极的要求。

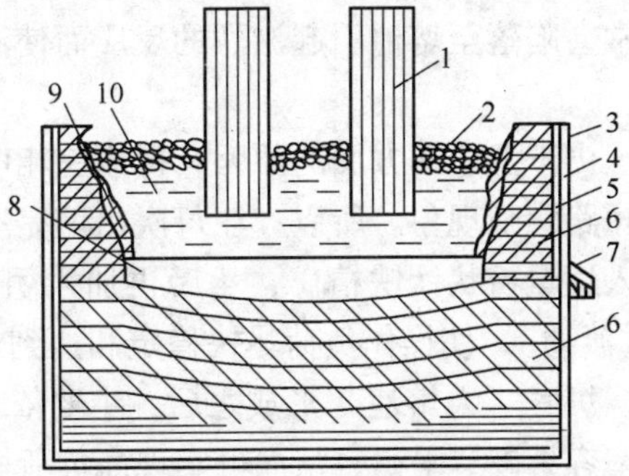

图 4-13 钛铁矿还原熔炼电弧炉示意图

1—电极；2—炉料；3—钢壳；4—石棉水泥板；5—镁砖填料；6—镁质耐火砖；7—出渣口；8—生铁；9—结渣层；10—钛渣

电极最好是石墨电极，这种电极允许通过的电流密度大，可保证合理的供电制度，有利于缩短熔炼时间和降低电耗，但石墨电极价高，目前国内一般采用自焙电极。电极糊填充在铁筒内，在熔炼过程中电极糊自行成形和烧结成电极。自焙电极的质量不仅取决于电极糊的性能，还取决于操作时焙烧电极的制度。电极焙烧不好，不仅影响合理供电，还会因软断给熔炼操作带来麻烦。

短网母线要通过强大的电流，它的电阻热会造成功率的损失。在设计和安装电炉时应尽量减少母线的长度，母线应具有合理的形状，同时导线彼此间接触要良好。石墨电极电炉的短网电压损失比自焙电极电炉小，这是因为石墨电极表面光滑平整，把持器与其接触良好，接触电阻小；而自焙电极表面粗糙，它与把持器间的接触电阻大。

b 熔炼过程

熔炼钛渣过程是间歇操作，每炉的操作包括捣炉、加料、接放电极、送电熔炼、烧穿出料口、出炉等步骤。目前敞口电炉熔炼钛渣是一次将全部炉料或大部分炉料先加入炉内再进行熔炼的方法。这种方法的熔炼过程大致可分为炉料熔化、造渣和过热三个阶段。

（1）炉料熔化阶段。从开始送电熔炼至炉料全部熔化（除熔池上方的固体拱桥外）完毕称为炉料熔化阶段。熔炼刚开始时，新加入的炉料比电阻较大，电极与炉料直接接触，依靠炉料电阻热加热炉料，此时输入电流虽小但比较稳定，此段期间电阻热占主导地位，但这段时间不长。当电极下方炉料熔化形成三个“坩埚熔池”后，电极与“坩埚熔池”间产生电弧热加热炉料使熔池逐渐向外扩张，直至形成一个沟通三电极的“大熔池”。从“坩埚熔池”向“大熔池”的过渡期间，由于未熔化炉料部分被还原，其比电阻逐渐变小，所以炉料电阻热逐渐减少；而电极与“坩埚熔池”间的电弧热所占比例逐渐上升（见图 4-14）。从熔炼开始经过约半小时后，电弧热便占主导地位。上述的“过渡期”为熔炼高钛渣的不稳定时期，一是因为电流经过线路（电极→坩埚熔池→

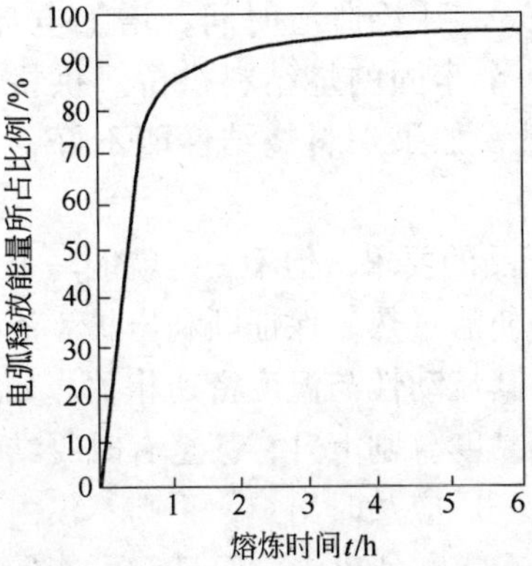

图 4-14 在熔炼钛铁矿精矿过程中电弧释放能量的变化

未熔化炉料→坩埚熔池→电极）的电阻随时间而变化；二是“坩埚熔池”上方的固体料经常会陷落至熔池引起激烈的反应而使渣沸腾，而且这种“塌料—渣沸腾”现象是无规律的。

由于上述两方面的原因，造成三相电阻、电流失去平衡，电极窜动频繁，甚至有时发生短路跳闸现象。所以，在每次出炉完毕后，需尽快将炉中熟料捣入炉底，并在熟料上面加入适量粉状钛铁精矿，然后再加入团料，便可加快炉底“大熔池”的形成，缩短上述“过渡期”，使操作负荷尽快稳定和达到最高允许值。

炉底“大熔池”形成之后，主要依靠电极与熔池间产生的电弧热加热炉料，此时三相功率容易调节平衡，从而可实现高负荷操作，以加快熔池周围炉料的熔化。此时熔池上方炉料处于悬空状态，容易发生塌料、翻渣的现象，引起电极窜动和负荷的波动。

在炉料熔化阶段，热量除了用于炉料的熔化外，还要用于与熔化同时进行的还原反应，所以此阶段消耗的能量约占熔炼全过程总能量的2/3左右。

如在炉料中只配入总碳量80%左右的碳，其余约20%的碳在造渣阶段才加入，这种配碳较少的炉料熔化速度较快，形成的熔体温度较低，并有可能增大熔池体积，从而可增加炉产量。

（2）造渣阶段。炉料熔化后，熔体的FeO含量通常为8%～10%，仍需将熔体中残留的FeO进一步还原，这就是所谓“造渣”。

把全部碳都配在炉料中的操作方法会过早地生成含低价钛较高的熔体，这对熔炼过程的继续进行不利。在这种操作方法中，造渣阶段是依靠熔体中剩余的碳起还原作用的，如果炉料配碳过多，则有可能不存在造渣阶段，有时甚至还要加入钛精矿稀释后才能出炉。出炉料中只配入部分碳的操作方法，在造渣阶段要补加其余部分碳以进行造渣还原。补加的碳浮在熔体表面的电极周围，具有稳弧作用。如果是生产低品位的酸溶性钛渣，则不需进行造渣。

造渣阶段的特点是熔体具有很高的电导率，热量几乎全部靠电弧热供给，熔池上方形成的烧结炉料“拱桥”起着遮挡热辐射的作用。如果“拱桥”形成不牢固，则会出现大塌料、大翻渣现象，这不仅造成炉况的不稳定和达不到造渣的目的，还会造成大量热量损失。因为大量熔渣沸腾喷溅到炉表面经冷却后结壳，这种反复的“翻渣、结壳、塌料、熔化”过程显然造成不必要的热损失，延长造渣时间，增加电耗。要使造渣阶段顺利进行，必要的条件是熔池上方存在一个牢固的烧结料拱桥。拱桥的牢固程度主要取决于炉料中黏结剂的性能和它的加入量，如果炉料烧结性能不好，说明黏结剂的加入量不合适。

（3）过热阶段。当造渣结束时，即渣的品位已达到产品的要求，但不一定就能马上出炉，还需要继续对熔体进行加热，以使渣铁充分分离，并使渣过热，保证顺利出炉。渣的过热阶段虽然时间不长，但十分重要。钛渣熔体的黏度或其流动性与温度密切相关。如果钛渣熔体的过热度不够，在出炉过程中的冷却作用会使其黏度急剧上升，甚至有时凝结在出口通道上，造成出炉的困难。当钛渣达到所要求的过热度后应及时出炉，否则不仅由于熔炼时间的加长，造成渣的过还原生成较多的TiC，反而不能顺利出炉；而且有可能使熔池上方的“拱桥”熔化造成大塌料而失去了出炉的机会，因为生料落入熔池使钛渣的品位下降，又需重新经历熔化、造渣和过热阶段。

在一次加料的操作方法中，上述三个阶段不可能划分明显的界线，有时炉料配碳不合适和操作不当等原因，熔体钛渣的质量已达到要求，但三电极间还未熔化通，在此情况下化通后则立即出炉，便不存在造渣和过热阶段。

c 影响熔炼过程的主要因素

熔炼过程的渣品位、炉产量、电耗等技术经济指标受众多因素的影响，其中最重要的是钛铁矿质量、还原剂质量和用量、炉料状态和加入量，以及熔炼过程的操作方法和供电制度等。

（1）炉料的配碳量和加入状态。炉料中的配碳量对熔炼过程产生十分重要的影响，还原剂的过量和不足都会引起炉况的失调并导致熔炼的失败。配碳过多，TiO_2 大量被还原，生成低价钛含量高的熔体，并助长 TiC 的生成，使熔炼过程和出炉变得困难。在极端的情况下，钛渣凝固在炉中排不出来，还会使炉料熔化量减少，降低产量。配碳不足会导致 FeO 还原不完全，需要造渣阶段补加大量碳，使熔炼时间增加，也会使电耗上升。另外，有时还会造成对炉衬的腐蚀。

如前所述，要采用计算与生产验证相结合的方法来确定配碳量。在采用两次配碳的操作方法时，要正确选择炉料配碳量与造渣时补加碳量之间的比例，一般认为在炉料中配入 80%，造渣时加入 20% 比较合适。在采用团料与粉料混合料工艺时，粉料中不配碳操作比较方便，但应在团料中多加入一些碳，团料与粉料的比例以（8 ~ 9）：1 为宜。

（2）炉料加入量。熔炼钛渣的熔池范围是电极表面向外扩张大约一个电极的直径，即熔池直径大约等于电极极心圆加上 3 倍电极直径，在熔池外的炉料在正常操作条件下处于固体状态。由此可见，在电炉功率、电极直径和极心圆直径已经确定的情况下，增大炉膛直径只能增加固体渣层的厚度，而不可能增加炉产量。但适当增加炉膛高度，增加炉料加入量，可以增加熔池高度，因而可增加炉产量。采用团料与粉料混合料工艺，比单一团料工艺可多加入一些炉料，因而有利于增加炉产量。

（3）供电制度。钛渣电炉基本上是在电弧制度下操作，所以熔炼钛渣过程接近于炼钢过程。炼钢炉的操作要在高电压下工作，有利于提高电能利用系数，降低单位电耗，并相应提高炉产量，这说明了钛渣电炉的操作电压比一般的矿热炉要高的原因。操作电压的升高，使电弧拉长，从而可提高电弧区电能利用率，并使炉气带出的粉尘量降低，有利于提高钛的回收率。但电弧的加长会导致热辐射损失的增加，所以对给定功率的电炉应有一个相应的合理操作电压值，于是人们提出了电炉额定电压与其功率的关系式：

$$U_{额} = 7.6P_{相}^{0.4}$$

式中 7.6，0.4——表示熔炼钛渣过程的特征系数；

$U_{额}$——额定电压，V；

$P_{相}$——电炉相功率，kV · A。

电炉二次电压的允许范围为（0.8 ~1.15）$U_{额}$，不同功率的电炉允许的二次电压值列于表 4-3。

表 4-3 不同功率电炉的二次电压

电炉功率 P/kV · A	$U_{额}$/V	最小二次电压 U/V	最大二次电压 U/V
5000	148	118	170
3000	120	96	138
1800	98	78	113
1000	78	62	90
600	63	50	73
400	54	43	62

目前国内钛渣电炉的功率较小，多数为 400～1800kV · A，所应用的二次电压值比表 4-3 的最大值还要高一些。原因是炉子小，在熔池上方的固体料拱桥比较牢固，可有效地遮挡热辐射，在这种情况下可采用较高的二次电压值。

(4) 熔炼温度。钛精矿的主要成分是 $FeTiO_3$，它的熔点温度是 1470℃左右，钛渣的熔点依其组成不同在 1580～1700℃之间。热力学分析表明，提高温度会促进 TiO_2 还原生成低价钛，这是不希望发生的。因此，钛渣熔炼过程应尽可能在较低的温度下进行。最理想的情况是在固相中进行还原，在液相中进行熔化分离。在电炉熔炼钛渣时，应尽量采取措施增加固相还原量，但固相还原毕竟是有限的。由于炉料的熔化温度低于 $FeTiO_3$ 的熔点，约在 1250～1300℃下炉料便开始熔化，炼渣的热源主要是电弧热。在电弧的作用下炉料立即熔化，所以大部分还原反应是在液相中进行的。为了降低熔体的温度，炉料配碳少一些进行熔炼所生成的初渣具有较低的熔点，这样大部分 FeO 便可在较低温度下的熔体中进行还原，而另外一部分碳在造渣阶段加入，从而可减少高温熔炼时间。

D 渣铁分离等后处理

小功率的敞口电炉，渣铁分别排放存在一定困难。一是因为产品（钛渣和金属铁）量少，熔池高度小（一般 250～400mm），铁水的高度更小（一般在 100～150mm）。在炉上设两个出料口（渣口和铁口）的高度差太小，操作起来有一定困难；二是因为渣铁界面可能不清晰，分别排放也不一定能将渣铁分离好。因此，国内仍然采用以铁带渣的渣铁同时排放的方法，在炉外再进行渣铁分离。

过热钛渣熔体具有良好的流动性，因此一般可以顺利出炉。但有时流动性不好，出炉困难。出炉困难主要是因为在出炉过程中，特别是钛渣在通过出口通道被降温，少量固体物被析出使渣变得黏稠。因此要求出炉时动作要迅速，流程要设计得尽量短；并且出炉时不断电，电极随液面下降进行加热，以使钛渣处于过热状态向外流动。

在炉外进行渣铁分离的方法有两种：一是渣和铁排至渣包冷却凝固后进行渣铁分离；二是渣和铁流入渣包后，从底部出铁口放出铁水，钛渣熔体因降温失去流动性而留在包内。炉外分离方法的缺点是渣铁分离不好，造成渣中夹杂较多的铁珠，在其后磁选分离出来的铁珠中夹渣，造成渣的损失。

渣铁分离最好在炉内进行，在炉上设有出渣口和出铁口，渣口在上，铁口在下。先将钛渣从出渣口排出，然后再从出铁口排出铁水，一般排放两次渣才排放一次铁。热铁水在炉外直接进行脱硫、增碳和合金化处理，加工成铸造生铁或其他产品。但只有在电炉的容量较大、炉产量较高的情况下才比较容易实现渣铁分别排放。

钛渣在冷却过程中发生物理化学变化。其中最重要的是与空气中氧的作用，钛渣中低价钛氧化生成金红石型或锐钛型 TiO_2。钛渣氧化的结果引起其组成和物理性质的变化，对其后钛渣的应用有着直接的影响。钛渣氧化后发生破裂粉化产生细粉，渣中低价钛含量减少，使钛渣在其后的氧化焙烧时或氯化时的放热量减少。减少钛渣在冷却中氧化的最有效和简便方法是喷水冷却。

钛渣冷却后进行破碎、磨细，磨细的钛渣中还夹有一定数量的铁粒，应通过磁选将它们分离出来。分离出来的磁性物还夹杂有钛渣，需进行回收处理，或者将磁性物加入炉中重新熔化以回收其中的钛渣。

4.3.1.3 技术经济指标

A 高钛渣质量

钛铁精矿中的 CaO、MgO 和 Al_2O_3 在还原熔炼过程中基本上不被还原，但在电弧高温区有小部分可能被还原，绝大部分富集在渣相中。MnO 有少量被还原入金属相，大部分入渣相。SiO_2 部分被还原入金属相或挥发逸出，相当一部分入渣相。因此，由不同矿源生产的高钛渣质量差别较大，非铁杂质含量高的钛精矿生产的高钛渣品位低。根据生产实际分析结果或根据物料平衡计算结果，几种不同产地的钛精矿所生产的高钛渣化学组成列于表4-4 中。中国高钛渣质量标准列于表4-5。生产高钛渣副产半钢成分列于表4-6。

表 4-4 不同矿源生产高钛渣的化学组成（质量分数/%）

精矿品位和高钛渣组成		原料钛精矿产地				
		北 海	海 南①	攀枝花	承 德①	富 民
钛精矿 TiO_2 品位		61.65	48.67	47.74	47.00	49.85
高钛渣组成	ΣTiO_2	94.35	92.4	82.63	90.6	94.0
	FeO	4.36	3.0	4.08	3.0	2.70
	CaO	0.28	1.41	1.11	1.47	0.41
	MgO	0.40	0.36	7.40	2.78	3.20
	SiO_2	0.88	0.92	3.88	2.23	1.02
	Al_2O_3	1.25	1.87	2.04	2.23	0.45
	MnO	1.90	3.53	0.80	1.38	0.85

①海南矿和承德矿高钛渣组成是根据物料平衡计算的结果。

表 4-5 中国高钛渣质量标准（2BH31001—87）

品 级	化学组成（质量分数）/%			
	ΣTiO_2	ΣFe	CaO + MgO	MnO_2
一级品	≥94.0	≤3.0	≤1.0	≤4.5
二级品	≥92.0	≤4.0	≤1.5	≤4.5
三级品	≥80	≤5.0	≤11.0	≤4.5

表 4-6 半钢杂质成分（质量分数/%）

矿种类	Ti	P	S	C	Mn	Si	Cr
砂 矿	0.70	0.057	0.075	2.16	0.30	0.53	
砂 矿	0.80	0.048	0.062	2.11	0.70	0.66	
砂 矿		0.08	0.23	2.08	0.47	0.50	
岩 矿	0.51	0.075	0.24	2.12			
岩 矿	0.16	0.02	0.12	2.57	0.04	0.15	
岩 矿	0.60	0.02	1.82	1.19	0.05		0.045

B 单位电耗

为了比较以不同质量的钛铁精矿生产高钛渣的电耗，采用热量衡算方法计算了国内五种矿在熔炼高钛渣时的反应吸热量、钛渣和铁水的热含量，计算结果列于表 4-7。如果假定熔炼过程的热效率为 45.8%，并假定热量收入中电能占 74.5%，由此算出的五种矿所产高钛渣的单位电耗也列入表 4-7 中。

表 4-7 不同钛精矿生产高钛渣的指标比较（计算结果）

原料钛精矿产地	高钛渣品位（ΣTiO_2）/%	吨钛渣的电耗/kW · h	吨钛渣热耗比较/MJ		
			反应吸热	渣物理热	铁物理热
广西北海	94.35	2660	3152.5	2371.3	464.1
海 南	92.4	3030	3598.6	2371.3	820.7
攀枝花	82.63	2740	3092.0	2371.3	685.0
承 德	90.6	3000	3518.4	2371.3	845.9
云南富民	94.0	3040	3626.3	2371.3	824.5

从表 4-7 可见，以广西氧化砂矿为原料生产高钛渣，不仅高钛渣的质量高，而且单位电耗也低。这是因为此种矿的 TiO_2 含量高，铁氧化物含量低，因此反应吸热量少；副产物金属铁量少，由铁带出的热量也少。

电炉还原熔炼高钛渣的单位电耗与许多因素有关，除了钛铁精矿的质量外，还与电炉容量大小，工艺技术水平和工厂的管理水平等有关。因此，各厂生产高钛渣的单位电耗相差悬殊，以生产含 $\Sigma TiO_2 \geq 94\%$ 的两广（广东、广西）高钛渣为例，吨钛渣电耗变化范围大致在 2800 ~ 3500kW · h。

4.3.1.4 *存在问题和改进方法*

敞口电炉熔炼高钛渣的优点是产品品位高，生产技术容易掌握；缺点是炉况不稳定、热损失大、粉尘多、劳动条件差、劳动强度大、噪声大等，因而仅适用于小规模生产高质量钛渣。当前生产中急需研究解决的问题是降低工人劳动强度和改善劳动条件。改进的主要措施是实现机械化操作和治理粉尘，并改进渣铁分离方法，将半钢加工成产品出售。

4.3.2 敞口电炉熔炼酸溶性钛渣

用于硫酸法生产钛白的钛渣，在国内俗称为酸溶性钛渣。敞口电炉熔炼酸溶性钛渣与熔炼高钛渣的工艺、设备和操作方法基本上相同，但也有不同之处。即在还原熔炼时要控制适当的还原度，使获得的钛渣达到下列基本要求：

（1）具有良好的酸溶性，一般要求酸解率不低于94%；

（2）要有适量的助熔杂质 FeO 和 MgO，以使钛渣具有良好酸解反应性能；

（3）低价钛含量要控制适量；

（4）对生产钛白有害的杂质（特别是硫、磷、铬、钒）含量不能超标。

采用1800kV · A 敞口电炉熔炼了攀枝花矿和承德矿酸溶性钛渣，这两种钛精矿和熔炼获得的钛渣的典型化学组成列于表4-8。这两种钛渣，除攀枝花矿钛渣稍过还原外，经小型和工业试验表明都具有良好的酸溶性，符合硫酸法生产钛白的要求。以攀枝花矿酸溶性钛渣为原料，在硫酸法生产线上生产出了达到标准的锐钛型和金红石型颜料钛白。

表4-8 钛精矿和酸溶性钛渣化学成分（质量分数/%）

成分	攀枝花矿		承德矿		成分	攀枝花矿		承德矿	
	钛精矿	钛渣	钛精矿	钛渣		钛精矿	钛渣	钛精矿	钛渣
ΣTiO_2	45.72	77.20	44.91	74.91	Al_2O_3	1.19	1.76	2.07	4.03
Ti_2O_3		22		14.5	SiO_2	2.29	3.77	2.10	6.75
ΣFe	32.32	6.40	33.78	8.45	MnO	0.71	1.14	0.74	1.17
Fe^0		1.53		0.53	Cr_2O_3	<0.05	0.045	0.022	0.036
FeO	40.74	6.24	41.05	10.19	V_2O_5	0.064	0.07	0.098	0.18
Fe_2O_3	1.20		5.58		P_2O_5	0.023	0.008	0.031	0.021
CaO	0.91	1.36	0.79	1.49	Nb_2O_5		0.03		
MgO	5.06	7.62	1.59	3.10					

钛渣的酸溶性能主要取决于它的物相结构，而物相结构又随其化学组成和它在出炉后的冷却方式而变化。

钛铁矿在电炉中还原熔炼时，除了铁氧化物被还原外，还伴随着 TiO_2 的部分还原：

$$2(FeO \cdot TiO_2) + C = FeO \cdot 2TiO_2 + Fe + CO$$

$$\frac{3}{2}(FeO \cdot 2TiO_2) + \frac{5}{2}C = Ti_3O_5 + \frac{3}{2}Fe + \frac{5}{2}CO$$

在钛渣熔体出炉后的冷却结晶过程中，大部分钛的氧化物与其他碱性较强的金属氧化物化合形成二钛酸盐（如 $FeO \cdot 2TiO_2$、$MgO \cdot 2TiO_2$、$MnO \cdot 2TiO_2$），它们与 $Al_2O_3 \cdot TiO_2$、Ti_3O_5 等形成所谓黑钛石固溶体；也形成少量偏钛酸盐（如 $FeO \cdot TiO_2$、$MgO \cdot TiO_2$、$MnO \cdot TiO_2$），它们与 Al_2O_3、Ti_2O_3 等形成所谓塔基石固溶体；还有少量钛氧化物进入硅酸盐玻璃体中。另外，钛渣熔体在空气中冷却时，其中部分低价钛还会被氧化生成游离的 TiO_2，当这种氧化发生在温度 $t > 750℃$时，氧化产物主要是金红石型 TiO_2。

钛渣酸溶试验表明，黑钛石固溶体中的钛氧化物易溶于硫酸，金红石型 TiO_2 不溶于硫酸。因此，作为酸溶性钛渣，应含有适量的助溶杂质（主要是 FeO 和 MgO）和一定量的 Ti_2O_3，以使钛的氧化物尽可能赋存于黑钛石固溶体中，并在工艺上采取措施避免生成金红石型 TiO_2。

攀枝花矿酸溶性钛渣的物相分析表明：它的主相是黑钛石固溶体，在显微镜下观察此相面积占90%以上，塔基石固溶体数量较少，不易与黑钛石分辨清楚；次相是硅酸盐玻璃体，此相面积小于10%。电子探针微区分析这两相中各组分的含量列于表4-9。X射线面分布图也证实钛主要赋存在黑钛石固溶体中。按上述分析数据计算表明，渣中钛氧化物90%以上进入黑钛石固溶体中，4%~7%进入硅酸盐相，1%左右是以金红石型TiO_2形式存在。

表4-9 钛渣各相组成分析

样品号	相别	相面积 A/%	组成（质量分数）/%								
			ΣTiO_2	MgO	FeO	MnO	Al_2O_3	SiO_2	CaO	其他	总计
1	黑钛石	>90	88.5	6.2	4.0	0.3	0.9			0.1	100
	硅酸盐	<10	6.8	10.1	3.6	4.4	5.2	46.3	15.0	8.6	100
2	黑钛石	>90	86.9	8.9	2.5	0.8	0.8			0.1	100
	硅酸盐	<10	9.2	13.4	1.7	4.1	5.8	44.7	15.3	5.8	100

钛渣中的Fe^{2+}、Mg^{2+}、Mn^{2+}、Al^{3+}为形成黑钛石固溶体提供了必要的二价和三价金属离子，它们具有稳定该固溶体的作用。其中$FeO \cdot 2TiO_2$和$MgO \cdot 2TiO_2$是最易溶于硫酸的，即FeO和MgO具有促进钛渣中钛氧化物溶于硫酸的作用，是酸溶性钛渣不可缺少的助熔杂质。

承德钛铁矿含MgO较低，由它制取的酸溶性钛渣中需要保留较多的FeO（10%~14%）；而用含MgO较高的攀枝花钛铁矿制取的酸溶性钛渣，因为其中含有8%左右的MgO，因此可保留较少的FeO（6%~7%）。即在后一种钛渣中，以部分MgO代替了部分FeO的作用，结果增加了钛渣与硫酸的反应热：

$$FeO + H_2SO_4 = FeSO_4 + H_2O + 113.4kJ$$

$$MgO + H_2SO_4 = MgSO_4 + H_2O + 163.8kJ$$

按单位质量计算，MgO与硫酸的反应热为FeO的2.6倍。经计算，攀枝花矿钛渣与硫酸的反应热比承德钛渣高，比砂状钛铁矿（含TiO_2 51%）只低15%左右。MgO是攀枝花矿钛渣与硫酸反应的重要热量来源，它占全部反应热的42%左右。在酸解攀枝花矿钛渣时，当加热蒸汽压力大于0.6MPa时，其反应速度较快，反应最高温度可达200℃左右。从酸解反应过程的温度变化看，这种钛渣的反应性能与钛铁矿相近。由此表明，含高MgO、低FeO的攀枝花矿酸溶性钛渣具有良好的反应性能，可满足钛白生产的要求。

在敞口电炉熔炼攀枝花矿和承德矿生产酸溶性钛渣的试验中，因受当地条件限制，存在产品品位较低和成本较高的问题。今后需要选择合理的工艺流程和设备加以解决。

由原生矿选出的钛铁精矿含硫较高（S≥0.2%），在电炉熔炼前需进行氧化焙烧处理，脱除其中的硫，并提高焙烧矿的磁化率，以便能用磁选法进一步精选。如能将钛铁矿中的部分辉石、斜长石等脉石矿物除去，降低精矿中的非铁杂质含量，就可使电炉熔炼的酸溶性钛渣的TiO_2含量达到80%左右；若采用大型化密闭电炉在具有丰富水电的地区进行大规模生产，合理利用副产品半钢，大幅度降低生产成本，就能促进酸溶性钛渣在我国的广泛应用。

4.3.3 半密闭电炉熔炼高钛渣

前苏联虽然对圆形密闭电炉熔炼高钛渣经过深入的研究，但他们仍采用圆形半密闭电炉生产高钛渣。电炉容量为5000～16300kV·A。这种电炉实际是矮烟罩式电炉，没有完全封闭，但将电炉烟气收集净化，利用烟气的可燃成分和余热发生蒸汽，回收烟气中的粉尘，减少了环境污染，改善了劳动条件。其中5000kV·A电炉的炉外径7m，炉总高5.34m，炉膛内径4.73m，炉膛高度3.64m，电极为ϕ500mm的石墨电极，电极极心圆直径1.5m。

半密闭式电炉的熔炼方法与敞口电炉的熔炼方法不同，它采用一次性加入粉料的熔炼方法。钛铁精矿与破碎好的无烟煤按比例配料之后送至炉顶的混合料仓，经计量从炉中心加料管加入炉内。加料后采用手动方式调节三相功率进行还原熔炼，待三相功率基本稳定后转为自动调节。熔炼初期是使炉料熔化，然后进行液相还原。液相还原基本结束后，分几次补加还原剂"造渣"（补加的还原剂量占总量的20%～25%），以提高钛渣的还原度。有的还在最后加入一定量的废钛屑（每吨渣加入80～100kg），以进一步提高钛渣的还原度和使熔体升温，以利出炉。出炉时，钛渣和铁从同一炉口排至渣桶中。一炉使用6只渣桶，桶与桶之间有一定高位差，铁留在离炉口最近的前2只渣桶中。钛渣熔体溢流到后面的4只渣桶中。钛渣在渣桶中冷却一段时间后吊出继续冷却，经破碎和磁选后即为成品高钛渣。半钢在渣桶中冷却6h后吊出继续冷却，加工成铁合金产品。

这种粉料入炉的工艺，消除了以前使用沥青作黏结剂的团料工艺常发生塌料翻渣现象，不需要进行捣炉作业，可实现机械化作业，减轻了操作人员的劳动强度，并同时消除了沥青的毒害。但这种熔炼方法生产的钛渣的还原度不宜太高。

前苏联曾使用红钛铁矿（含TiO_2 64%）与含钙镁杂质较高的原生钛铁矿（含TiO_2 45%）的混合料为原料，电炉熔炼获得了含TiO_2 85%～90%的含较高钙镁杂质的钛渣，作为熔盐氯化的原料。后来为减少氯化的废料，有的工厂选用优质钛铁矿（含TiO_2 58%～64%）为原料，生产出含TiO_2高于90%的高钛渣。

半密闭式电炉熔炼高钛渣的典型技术经济指标列于表4-10中。所用原料红钛铁矿含TiO_2 64%，钛铁矿含TiO_2 58%。

表4-10　前苏联熔炼高钛渣技术经济指标（钛渣约含TiO_2 90%，以每吨钛渣计）

技术经济指标	原　料		
	红钛铁矿	钛铁矿	70%红钛铁矿+30%钛铁矿
还原剂用量/kg	85	140	110
电极耗量/kg	18	24	20
钛屑用量/kg	80～100	80～100	80～100
电耗量/kW·h	1400	2300	1800

4.3.4　密闭电炉熔炼钛渣

密闭电炉熔炼钛渣可克服敞口电炉熔炼的许多缺点，是一种先进的熔炼钛渣方法。按炉形不同，又有圆形密闭电炉和矩形密闭电炉之分。

4.3.4.1　*熔炼方法的特点和布料方法*

在敞口电炉冶炼钛渣时，经常发生塌料，熔体喷溅到炉表面冷料区结成坚硬的料壳，造成大量热损失，使炉料的透气性变坏，从而加剧料壳的断裂塌陷。电炉容量越大，这种塌料喷渣现象就越严重。炉表面的料壳需在出炉后用人工或机械方法捣入炉底，方可重新加入新料进行下炉冶炼。显然，敞口电炉的这种操作方式不适用于密闭电炉，因为塌料喷渣不仅会严重腐蚀炉顶，而且需要进行捣炉作业。

在敞口电炉熔炼钛渣试验时，把粉料（钛精矿与冶金焦末混合料）连续加入电弧区，加入的炉料立即反应熔化，在电极下面的泡沫渣与不断下落的炉料的混合物具有遮挡电弧和导电的作用。在熔炼过程中，炉料不断加入不断熔化，熔池液面逐渐上升，电极也随之上升。在熔池表面不形成坚硬的固体料壳，这就消除了敞口电炉熔炼方法存在的塌料、喷渣等弊病。

在密闭电炉中，炉盖具有除尘、保温等作用，可大大减少热辐射损失，因此连续加料的开弧熔炼方法可应用在密闭电炉中。但采用这种熔炼方法时，布料、电炉参数和供电制度的选择必须合理，才能获得较好的技术经济指标。

在采用开弧熔炼方法的密闭电炉中，热产生和传递路线如图 4-15 所示。由图 4-15可知，开弧冶炼电炉在三个区域产生热量。

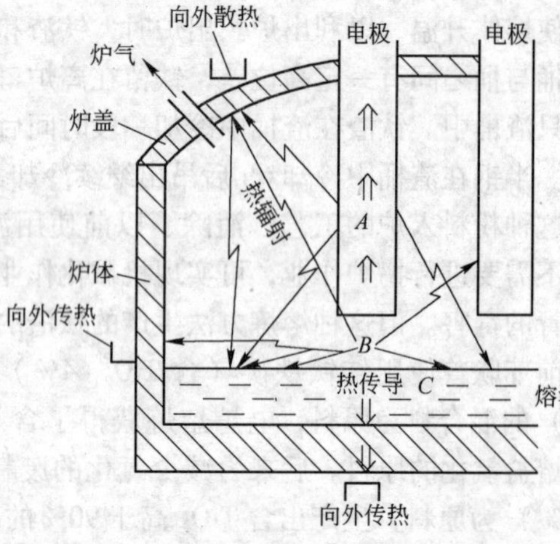

图 4-15 开弧熔炼电炉热产生和传递路线

（1）在电极上（A）。电流经过电极产生电阻热，这部分热量不能直接用于熔化炉料，仅作为热损失的一部分。在电极上的温度分布取决于电极产生热的速度和电弧向上热传导的速率，由于集肤效应和电热性质依赖于温度等原因，在电极上产生热的速度是不均匀的。电极上产生的热量在炉内整个热量中所占比例不大。

（2）电弧区（B）。电流经过电极末端至熔池表面间的气体区产生电弧。由于气体的电阻大，电流经过时产生很大的压降，发出大量的热和光，这是开弧熔炼产生热的主要区域。电弧直径一般小于电极直径，能量密度最大的是电弧的两端（电极末端和熔池顶部表面）。电弧区的热量必须充分利用，否则会严重破坏炉衬和炉盖。

（3）熔池区（C）。电流经过熔池产生电阻热。熔池渣层是高电导性的熔化钛渣，电流经过时电阻很小，只能产生少量的热。

以上三个区域产生的热量，一方面通过热传导和热辐射向熔池加热；另一方面也通过热辐射和热传导把热量传递到炉壁、炉盖、炉底和在炉外的电极表面，然后由炉表面和电极外表面向外散热；还有部分热量由炉气带出炉外。可见，热辐射是开弧电炉中一种最主要的传热方式。为了减少热损失和提高炉体寿命，必须设法降低炉内热源对炉壁和炉盖的热辐射。按照热辐射传热公式：

$$q = C_{1-2}\varphi F\left[\left(\frac{T_1}{100}\right)^4 - \left(\frac{T_2}{100}\right)^4\right]$$

式中 q——辐射传热速率，kJ/h；

C_{1-2}——总辐射系数，kJ/(m^2 · h · K^4)；

φ——角系数或几何系数；

F——辐射面积，m^2；

T_1——较热物体的温度，K；

T_2——较冷物体的温度，K。

在特定的密闭电炉中，可把较热物体（电弧区、熔池和电极下端）和较冷物体（炉壁、炉盖等）的面积以及公式中的其他系数看成是常数，因此热辐射的传热速率仅与较热物体和较冷物体的温度有关。从上式估算，如果电弧区和熔池表面温度每降低400℃，则它们向炉壁和炉盖的热辐射传递速率降低1/2。可见，采用合理的布料方法来降低电弧区和表面熔池温度是十分重要的。

如前所述，在开弧电炉中，电弧是主要热源，炉渣的电阻热是次要的。所以，大部分炉料应直接加到电极下面的电弧区，如果这样做有困难，至少也应将大部分炉料加在电极周围。炉料进入高温区后立即反应熔化，放出气体使炉渣呈泡沫状态。这样在电极下面的电弧区形成泡沫渣与下落炉料的固-液-气混合物，这种混合物不仅可以遮挡电弧光和热的辐射，而且具有导电、传热和降温的作用。

由于开弧熔炼电炉的主要热源在电弧区，随炉功率的增加，电弧区的能量密度增加，造成局部过热现象加剧，所以大功率电炉通常采用6电极排成一字形的矩形电炉。矩形电炉也是围绕电极布料，加料口分布在不同相的电极间和电极的两侧，少量的炉料由炉周的多个加料口加入。

除了加料口要合理分布外，每个加料口的加料量和加料速度对熔炼过程也会产生重要的影响，加料速度应与炉子的给电功率匹配适当。在给定电功率的条件下，加料速度太慢，电流不稳，炉温升高，炉盖和炉衬受侵蚀，电耗升高；加料速度太快，炉内出现涨渣，电流波动增大。如果长时间加料太快，炉料不能及时熔化而在炉中堆积起来，最终会出现塌料、喷渣、结壳等不良现象，导致破坏熔炼的正常进行。因此，在给电功率一定的条件下，寻找合理的加料速度是保证熔炼正常的一个重要环节。

在给电功率一定的条件下，炉盖和炉气温度随加料速度而变化。加料速度增大，炉盖温度下降；加料速度减慢，炉盖温度上升。如果长时间加料速度小，最终可能导致烧坏炉盖。停止加料而进行熔炼会严重影响炉体寿命。

4.3.4.2 圆形密闭电炉冶炼钛渣

在扩大试验中，以攀枝花预氧化焙烧钛精矿及广西北海钛精矿为原料，以冶金焦为还原剂，用图4-16所示的圆形密闭电炉熔炼了两种类型的钛渣。原料和钛渣的成分列于表4-11。

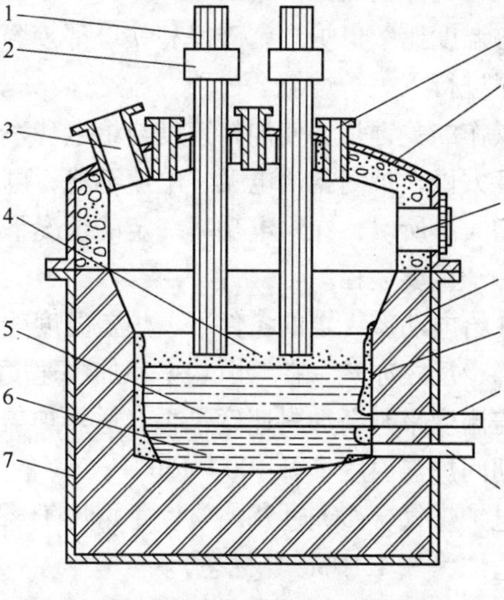

图4-16 熔炼钛渣的圆形密闭电炉

1—电极；2—电极夹；3—炉气出口；4—炉料；5—钛渣；6—半钢；7—钢壳；8—加料管；9—炉盖；10—检测孔；11—筑炉材料；12—结渣层；13—出渣口；14—出铁口

表 4-11 钛精矿和钛渣的化学成分（质量分数/%）

成分	原料			钛渣		
	攀枝花钛精矿	攀枝花预氧化焙烧钛精矿	广西北海钛精矿	攀枝花矿酸溶性钛渣	攀枝花矿氯化钛渣	广西北海矿高钛渣
ΣTiO_2	47.48	46.85	52.83	75.04	81.2	96.03
Ti_2O_3				23.0	44.6	43.6
FeO	33.01	12.09	37.45	5.16	2.27	1.65
Fe_2O_3	10.20	30.74	8.62			
Fe^0				0.63	0.60	0.53
CaO	1.09	1.10	0.17	2.16	2.24	0.55
MgO	4.48	4.73	0.10	7.97	8.18	0.63
SiO_2	2.57	2.73	0.80	4.50	3.68	1.55
Al_2O_3	1.16	1.19	0.45	2.99	4.71	2.25
MnO	0.73	0.79	2.51	0.81	0.66	2.38
S	0.46	0.038	0.01	0.10	0.21	0.15
P	0.01	0.01	0.024	0.01	0.01	0.01

试验采用连续加料的开弧熔炼方法。把经过预氧化焙烧的钛精矿和还原剂混合均匀的炉料放入炉顶料仓，由螺旋加料机输送至下料斜管，不断加入炉内。螺旋加料机由直流电机传动调节加料速度。炉料落入熔池后进行反应，反应放出的气体，使炉渣保持一定的沸腾上涨状态，并有不断下落的炉料吸收电弧。在正常下料熔炼时，炉功率比较平稳。在出炉前 10min 停止加料，露出电弧，负荷不稳，电流出现较大波动。钛渣和铁分开排放。密闭炉内温度比敞口炉高，渣口和铁口都较容易打开。出炉完毕后，堵住渣口和铁口，可继续加料进行下一炉熔炼。

操作的关键是要使加料速度与给电功率之间达到匹配。在给电功率一定的条件下，加料速度太慢，炉内露出电弧，电流不稳，电耗升高；加料速度太快，炉内出现涨渣，电流波动增大。所以，在给电功率一定的情况下，寻找合适的加料速度是提高炉产量，降低电耗的一个重要途径。

在给电功率一定的条件下，炉盖温度随加料速度变化而变化。加料速度增大，炉盖温度下降；反之亦然。在给电功率和加料速度不变时，炉盖温度几乎保持不变。因此，可根据炉盖温度来判断加料速度是否合适。炉盖内表面温度一般在 900 ~ 1100℃，在出炉停止加料期间炉盖温度上升 100 ~ 150℃。

电炉煤气含 CO 达 78.4%。每熔炼 1t 攀枝花矿酸溶性钛渣产生 340m^3 煤气（标态），其热值约为 8.4MJ/m^3（标态）。

另外，还进行了攀枝花预还原钛精矿圆形密闭电炉熔炼钛渣和原矿直接入炉熔炼钛渣的试验。

密闭电炉熔炼钛渣与敞口电炉比较，有如下优点：

（1）热损失减少，电耗降低 5% ~8%，TiO_2 回收率提高了 5% 左右；

（2）还原熔炼在密闭的还原性气氛下进行，避免了电极的高温氧化和还原剂的氧化烧损，电极和还原剂消耗分别减少50%和30%；

（3）无噪声，消除了烟尘污染，并可回收利用电炉煤气，有利于环境保护和改善劳动条件；

（4）炉况稳定，不需要进行捣炉作业，减轻工人劳动强度，有利于实现机械化作业。

但钛渣的熔炼温度高，又是开弧熔炼，圆形炉3根电极呈三角形排列，中心过热又比较严重，因而炉中心温度很高，对炉体和炉盖的热侵蚀严重，炉盖寿命短；而且圆形炉盖结构复杂，检修和更换都比较困难。另外，粉料入炉也是个问题，因为国内钛精矿的粒度都比较细，不易加入炉内。所以，采用粉料入炉的圆形密闭电炉熔炼钛渣工艺能否成功地用于工业生产，还有待工业试验加以证实。

据称，挪威TTI公司采用圆形密闭电炉熔炼预还原矿生产钛渣。以原生钛铁矿为原料，矿中铁钛氧化物总量为91.5%左右，所产钛渣含TiO_2 75%（见表4-12），作为硫酸法生产钛白的原料。该公司的钛渣生产能力为200kt/a。

表4-12 挪威TTI所用原料及钛渣的化学成分（质量分数/%）

原料和产物	ΣTiO_2	FeO	Fe_2O_3	CaO	MgO	SiO_2	Al_2O_3	MnO	Cr_2O_3	V_2O_5
钛精矿	45	34.5	12.0	0.25	4.3	2.8	0.60	0.25	0.08	0.16
钛 渣	75	7.6			7.9	5.3	1.2		0.09	

4.3.4.3 矩形密闭电炉熔炼钛渣

与圆形密闭电炉比较，矩形密闭电炉具有如下五方面的优点：

（1）密闭电炉熔炼钛渣采用开弧熔炼方法，主要热源是电弧热。圆形电炉3根电极呈三角形排列构成三相，电弧区特别集中，炉中心容易过热。热辐射是随炉内温度的4次方关系增加，所以炉内温度过高，对炉壁和炉盖会产生强烈热辐射侵蚀。电炉功率越大，这种过热现象就越严重，故圆形电炉的容量受此限制。可见，熔炼钛渣的大型密闭电炉选择矩形炉为宜。

（2）圆形电炉的电极呈三角形排列，3根电极与变压器之间的连接短网等的几何尺寸不可能对称，造成三相的不平衡，且这种连接方法和三相由一个变压器供电引起相与相之间的干扰。熔炼钛渣过程反应激烈，电极动作频繁，三相之间的相互干扰更加剧熔炼过程的不稳定。相反，矩形电炉由三个单相变压器供电，每个变压器分别与相应的两根电极连接构成三相，避免了相与相之间的干扰。熔炼过程在多区进行，有利于熔炼过程的平稳，局部过热现象大大减轻，这对于提高技术经济指标和炉体寿命是有利的。

（3）圆形密闭电炉在排料时，可能在炉内出现负压吸入空气，需采取特殊措施来防止这种情况的发生，给操作和控制带来了麻烦。而矩形电炉可以在一相停电，另外两相工作的情况下排料，排料过程不会出现炉内负压，从而可使密闭熔炼过程连续进行。

（4）圆形电炉有3根电极，1台三相变压器；矩形电炉有6根电极，3台单相变压器。在设计一个相同功率的电炉时，矩形电炉的电极直径和单个变压器功率要比圆形电炉的小，这对于建造大型密闭电炉特别重要。目前国内生产的石墨电极最大直径为500mm，选择矩形炉对将来建大型炉较为方便。

（5）矩形密闭炉的炉盖结构比较简单，制造、维修和更换都比较容易。

4.3.4.4　加拿大 QIT 熔炼工艺

加拿大魁北克铁钛公司（简称 QIT）是世界上较大的采用矩形炉冶炼钛铁矿生产钛渣的厂家。该公司有加拿大索雷尔（Sorel）和南非理查兹湾两大工厂。索雷尔厂熔炼钛渣的流程如图 4-17 所示。

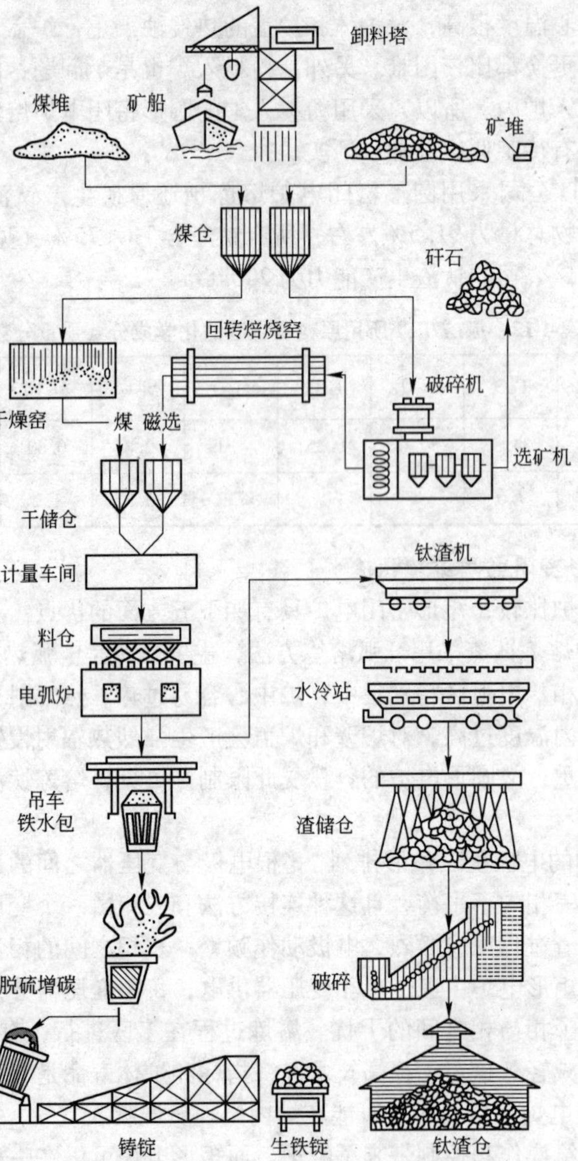

图 4-17　索雷尔熔炼厂钛渣生产流程图

A　选矿

过去，钛铁矿石只经过重选。为提高钛渣品位，从 1984 年开始增加了氧化焙烧矿的磁选，以进一步从粗选精矿中选出脉石成分。钛铁矿经氧化焙烧后其磁化率大大提高，采用磁选可从钛铁矿中选出非磁性的含 SiO_2、Al_2O_3、CaO 等硅酸盐矿物。

表4-13列出了钛铁矿原矿、重选精矿和焙烧磁选精矿的化学组成，并列出了用这两种不同组成精矿为原料经电炉冶炼出来的两种钛渣的化学组成。从表4-13可见，焙烧矿磁选除去了钛铁矿中约3%左右的非铁杂质（SiO_2、Al_2O_3和CaO），从而使钛渣中的非铁杂质降低了约5%。这是索雷尔钛渣之所以能从原来的含TiO_2 70%~72%提高到80%所采取的关键性措施，这是钛渣生产的一个重要进展。含TiO_2 80%的钛渣更适合用作硫酸法生产钛白的原料，因为钛渣品位的提高可使硫酸耗量和废料量进一步降低。

表4-13 QIT所用原料及钛渣的化学组成（质量分数/%）

组成	原料			钛渣	
	原矿	重选精矿	焙烧磁选精矿	由重选精矿熔炼的钛渣	由焙烧磁选精矿熔炼的钛渣
ΣTiO_2	34.3	36.6	37.7	72.0	80.0
ΣFe		41.4	42.5	9.5	8.0
FeO	27.5	29.5	28.8	11.2	9.6
Fe_2O_3	25.2	26.5	28.9		
Fe^0				0.8	0.6
Ti_2O_3				10.0	17.0
SiO_2	4.3	2.5	0.6	4.9	2.5
Al_2O_3	3.5	3.0	1.0	5.0	2.9
MgO	3.1	3.2	2.9	5.5	5.3
CaO	0.9	0.5	0.1	0.9	0.6
MnO	0.16	0.16	0.2	0.24	0.25
Cr_2O_3	0.10	0.10	0.10	0.18	0.17
V_2O_5	0.27	0.36	0.36	0.58	0.56
S	0.25~0.3	0.25~0.3	0.02~0.03	0.1	0.1
C				0.03~0.1	0.03~0.1

B 回转窑氧化焙烧

钛铁精矿含硫0.25%~0.3%，如原矿直接入炉熔炼所生产的钛渣含硫0.4%~0.5%，出炉铁水含硫0.5%~0.6%。高硫铁水很难熔炼成优质生铁，经氧化焙烧后可使钛铁矿中含硫量降至0.02%~0.03%。用这种焙烧矿熔炼可获得含硫0.1%的钛渣和含硫0.13%的铁水，这种低硫铁水容易进行炉外脱硫处理。氧化焙烧的另一作用是可改善电炉的熔炼过程。原矿直接入炉熔炼时经常发生沸腾产生泡沫渣侵蚀炉顶和破坏电炉的正常操作，氧化焙烧预处理可使电炉熔炼操作平稳。另外，氧化焙烧提高了钛铁矿的磁化率，从而能用磁选进一步提高钛铁精矿的品位。

索雷尔熔炼厂现有4座回转窑，1号~3号窑的直径2.7m，4号窑直径3.0m，长度均为60m，窑内衬高铝砖。回转窑在氧化气氛下操作，最高温度1000~1050℃，全部以电炉煤气为燃料。回转窑偶尔发生结圈，但降低温度后结圈可自动脱落，因此可以连续运转1年时间。从窑头卸出的焙烧矿先喷水冷却，然后进入冷却筒继续冷却。从冷却筒出来的矿石温度100~200℃，经皮带运输去筛分和磁选。

回转窑的尾气含尘量很低，因入窑精矿已在选矿过程中用水把细粉洗掉了，因此窑尾没有收尘装置。尾气中含有少量 SO_2，直接从烟囱排入大气。因为钛铁矿含硫量不高，尾气不会对环境造成污染。

C 还原剂的选择

选择合适的还原剂是十分重要的。作为熔炼钛渣的还原剂，要求低硫、低灰分和低挥发分。QIT 选用美国宾夕法尼亚州的无烟煤作为还原剂，用船运来，年用量 32 万 t。这种无烟煤含固定碳 85%、硫 0.5% ~0.6%、灰分 10%、挥发分 5%。这是一种低挥发分的无烟煤，可不经焦化直接入炉使用。煤中含有约 6% 的水分，在干燥窑中用电炉煤气燃烧加热到 250℃下干燥，使其水分降至 1.5% 左右。钛渣电炉可因炉料成分变化导致操作不稳定，QIT 选择一种天然的成分固定的无烟煤作为还原剂，其目的在于使电炉操作稳定。炉料由 100kg 焙烧精矿加入 15kg 无烟煤混合而成。

D 电炉熔炼

QIT 采用三相 6 电极呈直线排列的密闭式矩形电炉。索雷尔熔炼厂共 9 台炉：2 台 20000kV · A，4 台 36000kV · A，2 台 45000kV · A，1 台 60000kV · A，总计容量 334000kV · A。电炉长 18.3 ~21.3m，宽 6.1 ~7.6m，高 4.6m。炉衬是氧化镁砖，炉底厚 0.8m，炉壁厚 0.6 ~0.8m，炉盖是可拆卸的便于修理的组合式结构。每台电炉有 6 根石墨电极，电极直径 610mm，电极间距离 2m。每 2 根电极连接 1 台单相变压器，3 个单相变压器构成三相供电，二次电压为 300V，二次电流为 50kA。

QIT 采用开弧熔炼方法。这种方法既适用于高电导率钛渣的熔炼，又可提高炉的生产能力。电炉熔炼操作技术是 QIT 的专利。对于开弧熔炼电炉，加料管的分布和加料速度的控制是十分重要的。有三种不同位置的加料管（图 4-18），一种是电极侧部的加料管（1*b* ~6*b*，1*c* ~6*c*）；另一种是不同相电极间的加料管（1*a* ~6*a*）；还有一种是炉周加料管（9），炉周加料管约 16 根。根据该专利介绍，大部分炉料是围绕电极加入，约 48% 的炉料是由不同相的电极间的 6 个加料管（1*a* ~6*a*）加入，另外 48% 炉料是由电极侧部的 12 个加料管（1*b* ~6*b*，1*c* ~6*c*）加入，其余约 2% 的炉料是从炉周加料管（9）加入。

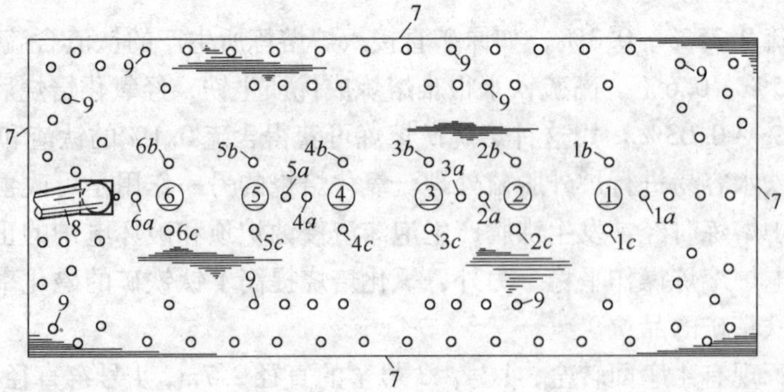

图 4-18 矩形电炉的加料管分布（俯视）

每个加料管的加料速度是根据该电极的输入功率、炉内温度等许多因素确定的，加料速度必须严格控制。加料量少，会使炉内壁周围的固体层熔化，侵蚀炉壁和炉顶；加料量多，会使炉料在炉内堆积，产生沸腾和泡沫渣，在炉表面形成结壳，破坏正常的熔炼操作。QIT 公司从 20 世纪 60 年代开始使用电子计算机控制配料、加料和电极功率等的平衡。

电炉维持微正压操作，炉内压力约 3.3kPa。电极孔必须密封好，不能冒火。QIT 研究出一种水冷不锈钢的电极密封装置。

高温熔化钛渣具有极强的腐蚀性，几乎能腐蚀任何材料。QIT 采用内挂一层固体斜坡层的办法来防止熔化钛渣接触炉壁。因此，电炉的炉衬可以说是半永久性的。加料管的合理分布，加料速度与电极输入功率的平衡，可使内挂固体斜坡渣层在整个的熔炼过程中保持下来。如何内挂固体层和如何保持固体层的技术属专利保密。初期 QIT 采用厚炉底，厚炉底容易被烧坏。后来把炉底砌薄，6 号 ~9 号炉采用薄炉底。由于采用开弧熔炼方法，炉内电弧高温辐射炉盖，因此炉盖是一个薄弱环节，每年需修补或更换一次。

炉内温度取决于钛渣的熔点，即取决于钛渣的还原度。炉内温度约高于钛渣熔点 100℃左右。还原度增加，炉内温度上升，使钛渣的过热度（钛渣实际温度与熔点之差）减少。由于这个原因，电炉熔炼钛渣的还原度不宜过高，否则会使排料困难，并影响炉盖寿命。熔化钛渣是一种低黏度液体，但过热度小的钛渣在出炉过程中容易出现部分结晶，使其黏度急剧上升，从而造成排放困难。另外，还原度的提高，使铁水纯度降低。所以，QIT 不生产过还原度钛渣。1983 年前索雷尔钛渣含 TiO_2 70% ~72%，含 Ti_2O_3（以 TiO_2 计）10%左右，含 FeO 10% ~13%。1984 年后的钛渣含 TiO_2 80%，含 Ti_2O_3 为 17%左右，含 FeO 9%左右。

炉盖装有测量炉内液面高度的装置。根据加入炉料量和液面测量等参数确定排料时间。炉壁上有排渣口和排铁口，排渣口在上，排铁口在下，两口的高度差 0.5m 左右，两口与炉中心点连线的夹角约 30°左右。打开炉口的方法有两种：一是钻孔法；二是使用氧枪并喷入铁粉燃烧烧穿炉口的方法。排料是在不停加料的情况下进行。大约加入 60t 炉料排一次渣，每次排渣量 25 ~30t，每次排渣时间 15 ~25min。在排渣过程中，氧枪始终在穿通炉口。钛渣排入渣包车，渣包车内衬高铝砖，并垫有钛渣粒。每排放 2 次钛渣排放一次铁水，每次排铁量 50 ~60t。每天排渣 4 ~6 次，排铁 2 ~3 次。排完渣或铁后，用泥炮堵眼机堵眼。

E　钛渣的冷却和破碎

渣包车隔成两室，每室可容纳钛渣 15t，每次排放钛渣 25 ~30t。钛渣车先在冷却站喷水冷却，然后推到室外露天喷水冷却 4 ~5h，当钛渣凝固成块，便用叉车将钛渣从车中叉出，最后让其在室外自然冷却至室温。喷水冷却的目的，一方面是为了加快冷却速度；另一方面是可防止高温钛渣与空气接触而发生氧化生成不溶性金红石型 TiO_2。后者对于生产硫酸法钛白使用的钛渣是十分重要的。冷却后的钛渣破碎成粒状，最大直径为 1.8cm。钛渣成品堆放在露天，散装船运至用户。

F　铁水的炉外处理

电炉每次出铁 50 ~60t，排入已预热的铁水包。出炉铁水温度约 1530℃，铁水含 C 2.5% ~3.0%、S 0.13%、Si 0.05%、Mn 0.01%、P 0.025%。出炉铁水在铁水包中进行炉外处理。

起初 QIT 使用 CaCN 作为脱硫剂，因产生新生态 N_2 溶于铁水中，使铁锭含有大量气泡，所以从 1953 年开始用 CaC_2 作为脱硫剂。增碳剂是石油焦，并加入铁合金调节铁水成分。脱硫过程铁水降温 25～30℃，增碳时铁水升温，加入铁合金使铁水降温 200℃左右。所以，铁水完成炉外处理后的温度约为 1350℃。铁水浇铸温度为 1315～1370℃，在连续铸锭机中铸成生铁锭，每块质量 18kg，称为“索雷尔金属”出售。

索雷尔金属有多种产品规格，其中有低碳产品 D-1 含碳 2.85% 和高碳产品 F-1 含碳 4.3%。索雷尔金属是高纯度生铁，不仅硫、磷含量很低，而且硅、锰和钛等金属杂质含量也很低，在钢铁工业中有着特殊用途，世界上三十多个国家都使用索雷尔金属。

经炉外脱硫、增碳处理铁水，除一部分加入合金元素加工成铸造生铁外，另一部分供 QMP（魁北克金属粉末有限公司）作为制造铁粉的原料，还有一部分供 QIT 钢铁厂作为炼钢的原料。

G　煤气的净化和利用

每冶炼 1t 精矿约产生 227m^3 煤气，煤气含 CO 85%、H_2 15%，热值 11.179MJ/m^3。每天冶炼厂冶炼约 5.0～5.5kt 精矿，每 1min 约产生 850m^3 煤气，所以密闭电炉就像一个煤气发生炉，是一个重要热源。

煤气采用湿法净化，经喷水冷却、除尘，废水排入河中，但后来要求对废水进行处理，全厂废水处理工程约需花 5000 万元。炉中气压为 3333Pa，经泵加压后煤气压力为 20kPa，这种压力煤气可以送到回转窑中使用。QIT 电炉煤气的 50% 用于回转窑氧化焙烧矿石，其余 50% 用于干燥煤、加热铁水包、发生蒸汽和其他窑炉使用。煤气经净化后立即使用，不大量储藏，这样可避免煤气爆炸事故。

H　钛渣的应用

索雷尔钛渣是一种高钙镁的钛渣，原含 TiO_2 70%～72%，1984 年后含 TiO_2 80%，主要用作硫酸法钛白的原料。美国、西欧、日本等的钛白厂使用索雷尔钛渣与钛铁矿的混合料为原料。原来在索雷尔工厂附近的加拿大二氧化钛有限公司特雷西钛白厂和加拿大颜料有限公司瓦伦尼斯钛白厂，则全部以索雷尔钛渣为原料经硫酸法生产钛白。据加拿大二氧化钛有限公司介绍，索雷尔钛渣的品位由 70%～72% 提高到 80%，没有给钛白厂造成困难，而且降低了硫酸用量，提高了设备的生产能力，但使用品位较高的钛渣时需使用更浓的硫酸才能使其酸解。

4.3.4.5　南非 RBM 熔炼工艺

南非理查兹湾矿业公司（简称 RBM），现有 4 台 105MV·A 矩形密闭电炉，熔炼砂状钛铁矿生产含 TiO_2 85% 的钛渣。这种钛渣既可用作硫酸法生产钛白的原料，也可用作氯化法生产钛白的原料。RBM 的工艺流程与 QIT 索雷尔工厂熔炼基本相同，不同之处只有两点：

（1）南非的钛精矿是一种砂矿，经选矿所得到的精矿含 TiO_2 47% 左右，其中含 Cr_2O_3 0.3%。如用这种矿直接熔炼所获钛渣的 Cr_2O_3 含量太高而影响其应用，所以在入炉之前进行氧化焙烧（730～800℃），焙烧在流态化床中进行。矿石经焙烧，其中钛铁矿的磁化率提高了，而铬铁矿的磁化率不变，这样便可采用磁选的方法将铬铁矿从钛铁矿中分离除去，所获的磁选精矿 TiO_2 含量提高至 49.5%，含 Cr_2O_3 降至 0.09%，磁选精矿作为电炉冶炼的原料。表 4-14 列出了南非钛精矿和钛渣的典型分析。

表 4-14　南非 RBM 所用的原料和钛渣化学组成（质量分数/%）

组　分	原　料				组　分	原　料			
	原矿	焙烧精矿	焙烧磁选精矿	钛渣		原矿	焙烧精矿	焙烧磁选精矿	钛渣
ΣTiO_2	47.0	46.4	49.5	85.5	MgO	0.80	0.80	0.60	0.90
Ti_2O_3				25.0	CaO	0.30	0.30	0.05	0.14
FeO	34.4	22.4	22.5	9.4	MnO	1.30	1.30	1.20	1.40
Fe_2O_3	12.4	25.0	25.0		Cr_2O_3	0.30	0.30	0.09	0.22
Fe^0				0.2	V_2O_5	0.27	0.27	0.27	0.40
SiO_2	2.3	2.3	0.6	1.5	C				0.07
Al_2O_3	0.96	0.95	0.73	2.0	S				0.06

（2）还原剂是经焦化处理的无烟煤，原无烟煤中含有较高的挥发分，经焦化处理使其挥发分降低，以减少电炉熔炼过程中的气体逸出量，从而有利于炉况的稳定。

4.4　人造金红石的工业生产方法

4.4.1　电热法

电热法是我国特有的一种生产人造金红石的方法，首先在电炉中还原熔炼钛铁矿获得高钛渣，然后在回转窑中焙烧高钛渣成人造金红石。这种人造金红石主要用作电焊条的涂料。高钛渣的生产已在前面介绍，本节主要介绍高钛渣的氧化焙烧过程。

高钛渣的氧化焙烧有两方面的目的：一是将高钛渣中不同价态的钛氧化物氧化焙烧转变成金红石型 TiO_2；二是脱去高钛渣中部分硫、磷、碳，使这些元素在产品中的含量达到电焊条涂料的要求。

4.4.1.1　高钛渣在氧化焙烧过程中的化学变化

高钛渣含有许多变价元素，如钛、锰、铁、钒、铬、硫、磷、碳等，其中一些处于低价状态。在焙烧过程中这些低价元素被氧化成高价元素。

A　硫、磷、碳的氧化过程

高钛渣中的硫主要是以金属硫化物形式存在，例如 FeS、MnS 和钛的硫化物等。在焙烧过程中这些硫化物被氧化生成 SO_2：

$$FeS + O_2 \longrightarrow FeO + SO_2\uparrow$$

500℃左右开始发生脱硫反应，650℃时脱硫反应加快。高钛渣在 750 ~ 850℃下停留 1h，脱硫率便达到 90% 左右。影响脱硫的因素有物料的粒度、窑内温度和气氛、料层厚度和窑的转速等。

高钛渣中的磷以磷化物和磷酸盐形式存在，脱磷比脱硫困难，幸而钛精矿的磷含量一般不高，因此产品中的磷一般不超标。

高钛渣中的碳以金属碳化物和游离形式存在，焙烧时发生氧化生成 CO 或 CO_2 逸出。但因有些金属碳化物（如 TiC）比较稳定，这部分碳不容易脱去。

B　高钛渣中低价钛的氧化反应

高钛渣中的低价钛含量较高，因此低价钛的氧化反应是焙烧过程中的主要反应，也是焙烧过程中的主要热量来源之一。其反应为：

$$Ti_2O_3 + \frac{1}{2}O_2 = 2TiO_2$$

$$\Delta H_{1073K} = -383J/mol$$

假定高钛渣（含 ΣTiO_2 92%）中含有 40% Ti_2O_3，那么 1t 高钛渣中的 Ti_2O_3 在 800℃ 下完全氧化为金红石型 TiO_2 的放热量为 982kJ。可见，低价钛的氧化放热为焙烧过程提供大约 50% 的热量。

低价钛的氧化反应比较容易进行，大约在 400℃ 就可观察到，温度高于 600℃ 时反应速度加快，在 850℃ 下停留 0.5h 便可使渣中全部低价钛氧化成金红石型 TiO_2。在低温下（<700℃）低价钛的氧化产物为锐钛型 TiO_2，高温度下氧化生成金红石型 TiO_2。在低温下生成的锐钛型 TiO_2 在高温下转化为金红石型 TiO_2，高钛渣焙烧产品中的 TiO_2 主要是以金红石型存在。因为低价钛容易氧化，焙烧产品中一般不含有低价钛。

C　金属铁和 FeO 的氧化反应

高钛渣中存在的少量金属铁在焙烧时容易氧化成 FeO，但 FeO 较难氧化成高价的，这是存在低价铁的缘故。由图 4-19 可见，FeO 的氧化比低价钛的氧化要困难得多。温度超过 700℃ 时，FeO 才开始氧化，在 850℃ 下也不容易氧化完全，所以在焙烧人造金红石产品中仍然残留少量 FeO。

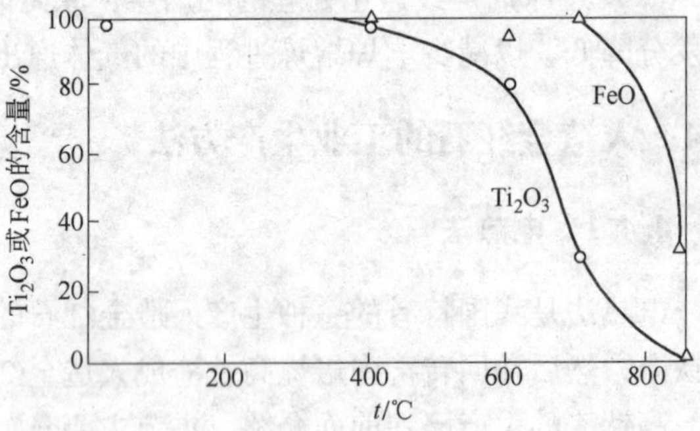

图 4-19　钛渣氧化时渣中 Ti_2O_3 和 FeO 随温度的变化情况

D　其他杂质的氧化反应

高钛渣中的锰、钒和铬等低价物在焙烧过程也发生氧化生成相应的高价氧化物。

4.4.1.2　高钛渣在焙烧过程中的物理变化

高钛渣的主相是以 Ti_3O_5 为基的黑钛石固溶体（或称 M_3O_5 型固溶体），它含有 Ti_3O_5、$FeTi_2O_5$、$MgTi_2O_5$、$MnTi_2O_5$、$Al_2O_3 \cdot TiO_2$ 等矿物，这些矿物相互溶解形成复杂的固溶体。固溶体可表示为：

$$m[(Fe、Mg、Mn、Ti)O \cdot 2TiO_2] \cdot n[(Al、Ti)_2O_3 \cdot TiO_2]$$

其中，$m+n=1$。在氧化焙烧过程中，黑钛石固溶体逐渐受到破坏。最终的氧化焙烧产品的主相是金红石型 TiO_2，但仍然残留着晶格发生了畸变的黑钛石固溶体结构。

高钛渣中存在较多的低价钛，它的颜色呈黑色，随着焙烧过程的深入进行，其中低价钛发生氧化，其颜色也相应发生变化。尽管焙烧的最终产品中不含低价钛，但因含有一些有色杂质如铁、锰、钒和铬等氧化物，所以产品仍呈现不同的颜色。产品的颜色不仅与这些有色杂质的含量有关，还与它们氧化完全程度有关，一般电热法人造金红石的颜色为褐色。

4.4.1.3　产品质量

人造金红石产品的质量取决于高钛渣的质量。由高钛渣的组成分析可以计算出人造金红石的组成。如果将表 4-4 所列的高钛渣焙烧成人造金红石，其组成经计算如表 4-15 所示。中国人造金红石标准列于表4-16。

表4-15 不同矿源生产的人造金红石组成（计算值/%）

高钛渣和人造金红石		钛精矿产地				
		北海	海南	攀枝花	承德	富民
高钛渣的 TiO_2 品位/%		94.35	92.40	82.63	90.6	94.00
人造金红石组成	TiO_2	90.10	88.30	80.05	86.42	90.61
	FeO	0.96	0.96	0.97	0.95	0.96
	Fe_2O_3	4.27	2.82	4.07	2.81	2.53
	CaO	0.27	1.35	1.08	1.40	0.39
	MgO	0.38	0.34	7.17	2.65	3.08
	SiO_2	0.84	0.88	3.76	2.13	0.98
	Al_2O_3	1.19	1.79	1.98	2.13	0.43
	MnO	1.81	3.37	0.76	1.32	0.82

表4-16 中国人造金红石标准（2BH31002—87）

品级	主要成分（质量分数）/%			
	TiO_2	P	S	C
优级品	≥90.0	≤0.03	≤0.03	≤0.04
一级品	≥87.0	≤0.04	≤0.04	≤0.05
二级品	≥85.0	≤0.04	≤0.05	≤0.06

由表4-15和表4-16可见，广西氧化砂矿和广东、广西的钛铁矿可由电热法生产出优级人造金红石。

电热法生产人造金红石的优点是三废少，工艺技术容易掌握；主要缺点是用电量大，人造金红石品位较低，生产过程中的劳动强度大，劳动条件差等。

4.4.2 还原锈蚀法

还原锈蚀法是一种选择性除铁的方法，首先将钛铁矿中的铁氧化物经固相还原为金属铁，然后用电解质水溶液将还原钛铁矿中的铁锈蚀并分离出来，使 TiO_2 富集成人造金红石。这个方法是澳大利亚首先研究成功的，现在澳大利亚已建成的锈蚀法工厂，年产人造金红石能力达79万t。我国也有3个采用锈蚀法生产人造金红石的试验车间。锈蚀法生产人造金红石的工艺流程如图4-20所示。

4.4.2.1 氧化焙烧

钛铁矿氧化生成高铁板钛矿（Fe_2TiO_5）和金红石：

$$2FeTiO_3 + \frac{1}{2}O_2 \xlongequal{\quad} Fe_2TiO_5 + TiO_2$$

澳大利亚在研究和工业化初期，还原之前进行预氧化处理。澳大利亚所用原料是半风化的钛铁矿（TiO_2 54% ~55%，Fe^{3+}/Fe^{2+} = 0.6 ~ 1.2）。预氧化的主要目的是为了减少在固相还原过程中矿物的烧结，但现在工业生产中已取消了预氧化工序。

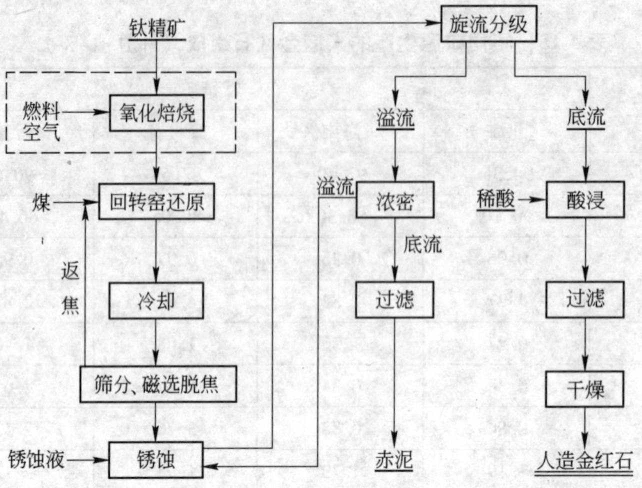

图4-20　锈蚀法生产人造金红石工艺流程

国内实践表明，对于氧化砂矿（TiO_2 58% ~60%，$Fe^{3+}/Fe^{2+}\approx5$）可不经预氧化而直接进行还原。但未风化的钛铁矿（即淡水矿，TiO_2 50% ~53%，$Fe^{3+}/Fe^{2+}=0.1\sim0.3$）如不经预氧化处理就直接进行还原，其还原温度要比氧化砂矿的还原温度高，且还原矿的锈蚀困难，完成锈蚀的时间特别长。可见，未风化的钛铁矿进行预氧化处理有如下好处：（1）可改善还原过程，有利于降低还原温度和提高金属化率，并可减少还原过程中矿物的烧结倾向；（2）有利于锈蚀过程，可缩短锈蚀时间。

澳大利亚的氧化焙烧在回转窑中进行，以烧油为燃料，窑内最高温度为1030℃，氧化矿由铁板钛矿（以 Fe_2TiO_5 为主，有少量的 $FeTi_2O_5$）和金红石的混合物组成。试验发现，在空气中进行氧化焙烧，钛铁矿的氧化是不完全的，氧化矿中含有3% ~7%的FeO。氧化矿冷却至600℃左右进入还原窑。

4.4.2.2　还原作业

还原作业是锈蚀法的关键步骤。表面上看来钛铁矿的碳还原还原剂是固体碳，但研究表明，在温度超过1030℃时，主要是碳气化反应产物CO的还原作用。钛铁矿的还原过程是复杂的，已在第2章讨论过，大致可分为两个阶段，第一阶段是 $Fe^{3+}\rightarrow Fe^{2+}$：

$$Fe_2Ti_3O_9 + CO = 2FeTiO_3 + TiO_2 + CO_2$$

$$Fe_2TiO_5 + TiO_2 + CO = 2FeTiO_3 + CO_2$$

还原的第二阶段是 $Fe^{2+}\rightarrow Fe$ 并伴随 TiO_2 的部分还原：

$$2FeTiO_3 + CO = FeTi_2O_5 + Fe + CO_2$$

$$nTiO_2 + CO = Ti_nO_{2n-1} + CO_2 \quad (n > 4)$$

$$FeTi_2O_5 + CO \longrightarrow Fe_{3-x}Ti_xO_5 + Fe + CO_2 \quad (2 \leqslant x \leqslant 3)$$

还原钛铁矿是由金属铁、Me_3O_5 型固溶体（$FeTi_2O_5$-Ti_3O_5）和还原金红石三相组成。

钛铁矿的还原在回转窑中进行，采用煤作为还原剂和燃料，澳大利亚利用廉价的次烟煤。还原温度在1180～1200℃，当温度超过1200℃则会发生矿物的严重烧结使窑结圈，窑内温度是通过调节加煤速度和通风速度控制的。实践表明，严格控制窑温是十分重要的，所以要求测温和控温要准确。

为了减少锰杂质对还原过程的干扰，澳大利亚在还原过程中采用了加硫技术，使矿中的MnO优先生成硫化物，减少它对钛铁矿还原的影响，而所生成的锰的硫化物可在其后的酸浸过程中溶解而除去，从而可提高产品的品位。

从还原窑卸出的还原矿温度高达1140～1170℃，必须冷却至70～80℃方可进行筛分和磁选脱焦，分离出煤灰和余焦便获得还原钛铁矿。

4.4.2.3　还原钛铁矿的锈蚀

锈蚀过程是一个电化学腐蚀过程，在电解质溶液（含1%的NH_4Cl或盐酸水溶液）中进行。还原钛铁矿颗粒内的金属铁微晶相当于原电池的阳极，颗粒外表面相当于阴极。在阳极，Fe失去电子变为Fe^{2+}离子进入溶液：

$$Fe \longrightarrow Fe^{2+} + 2e$$

在阴极区，溶液中的氧接受电子生成OH^-离子：

$$O_2 + 2H_2O + 4e \longrightarrow 4OH^-$$

颗粒内溶解下来的Fe^{2+}离子沿着微孔扩散到颗粒外表面的电解质溶液中，如溶液中含有氧则进一步氧化生成水合氧化铁细粒沉淀：

$$2Fe^{2+} + 4OH^- + \frac{1}{2}O_2 = Fe_2O_3 \cdot H_2O\downarrow + H_2O$$

所生成的水合氧化铁粒子特别细，根据它与还原矿的物性差别，可将它们从还原矿的母体中分离出来，获得富钛料。

4.4.2.4　酸浸作业

采用4%的稀硫酸在常压80℃下浸出富钛料，其中残留的一部分铁和锰等杂质溶解出来，经过滤、干燥则可获得人造金红石产品。

澳大利亚的锈蚀法工厂以含TiO_2 54%～55%的钛精矿为原料，生产的人造金红石含TiO_2 92%～94%（见表4-17）。国内以广西氧化砂矿和藤县钛精矿为原料可制取含TiO_2 87%～88%的人造金红石（见表4-17）。

表4-17　还原锈蚀法产品典型分析（质量分数/%）

成　分	澳大利亚			中　国	
	原料钛精矿1	原料钛精矿2	人造金红石	氧化砂矿人造金红石	藤县矿人造金红石
ΣTiO_2	53.85	55.03	92.0	88.04	87.05
Ti_2O_3			10.0		
FeO	22.10	22.20	4.63		
Fe_2O_3	18.45	18.80		6.35	8.70
SiO_2			0.7	0.84	0.81
CaO			0.03	0.12	0.31

续表 4-17

成 分	澳大利亚			中 国	
	原料钛精矿 1	原料钛精矿 2	人造金红石	氧化砂矿人造金红石	藤县矿人造金红石
MgO	1.06	0.18	0.15	0.12	0.22
Al_2O_3			0.7	1.29	0.10
MnO	1.84	1.43	2.0	1.17	1.04
S			0.15	0.005	0.009
P				0.018	0.019
C			0.15	0.028	0.029

4.4.2.5 还原锈蚀法的优缺点

与其他方法相比，还原锈蚀法生产人造金红石具有如下主要优点：

(1) 人造金红石产品粒度均匀，颜色稳定；

(2) 用电量和化学试剂量均少，主要原料是煤，并可利用廉价的褐煤，因此产品生产成本较低。

(3) “三废” 容易治理，在锈蚀过程中排出的废水接近于中性（pH 值为 6 ~ 6.5），赤泥可经干燥作为炼铁的原料，也可进一步加工成铁红。

但国内的还原锈蚀法生产厂还存在还原窑结圈严重、还原窑的开工周期短（20 ~ 30 天）等主要问题。

4.4.3 盐酸浸出法

在国外的稀盐酸浸出制取人造金红石方法中有两种稍许不同的方法：一种是美国华昌 (Hua Chang) 公司研究成功的华昌法；另一种是美国毕尼莱特（Benilite）公司研究成功的 BCA 盐酸循环浸出法。在美国、印度都建有盐酸浸出法生产人造金红石的工厂。在国内，盐酸浸出法也有两种：一种是攀枝花矿预氧化常压浸出法；另一种是攀枝花矿加压浸出法。虽然盐酸浸出法的工艺多种多样，但其基本原理是相同的，即钛铁矿在稀酸中选择性浸出铁和钙、镁等杂质而使 TiO_2 达到富集。主要的反应有：

$$FeO \cdot TiO_2 + 2HCl = TiO_2 + FeCl_2 + H_2O$$

$$CaO \cdot TiO_2 + 2HCl = TiO_2 + CaCl_2 + H_2O$$

$$MgO \cdot TiO_2 + 2HCl = TiO_2 + MgCl_2 + H_2O$$

$$MnO \cdot TiO_2 + 2HCl = TiO_2 + MnCl_2 + H_2O$$

在浸出过程中 TiO_2 也被部分溶解，而当溶液的酸浓度降低时，溶解生成的 $TiOCl_2$ 又发生水解析出 TiO_2 的水合物：

$$FeO \cdot TiO_2 + 4HCl = FeCl_2 + TiOCl_2 + 2H_2O$$

$$TiOCl_2 + (x+1)H_2O = TiO_2 \cdot xH_2O \downarrow + 2HCl$$

4.4.3.1　BCA 盐酸循环浸出法

钛精矿与还原剂连续加入回转窑中，在 870℃左右将矿中 Fe^{3+} 还原为 Fe^{2+}。还原矿中 Fe^{2+} 占总 Fe 的 80%～95%，还原料经冷却加入球型回转压煮器中用 18%～20% 盐酸浸出，浸出温度 130℃（压力 0.25MPa）。将含有 HCl 蒸发物注入压煮器以提供所必需的热，避免蒸汽加热造成浸出液变稀。浸出之后，固相物经带式真空过滤机进行过滤和水洗，然后在 870℃下煅烧成人造金红石（见图 4-21）。浸出母液中的铁和其他金属氯化物，通过喷雾法使它们热分解：

$$2FeCl_2 + \frac{1}{2}O_2 + 2H_2O \longrightarrow Fe_2O_3 + 4HCl\uparrow$$

用洗涤水吸收被分解出来的 HCl 便得再生盐酸，再生盐酸返回浸出使用。

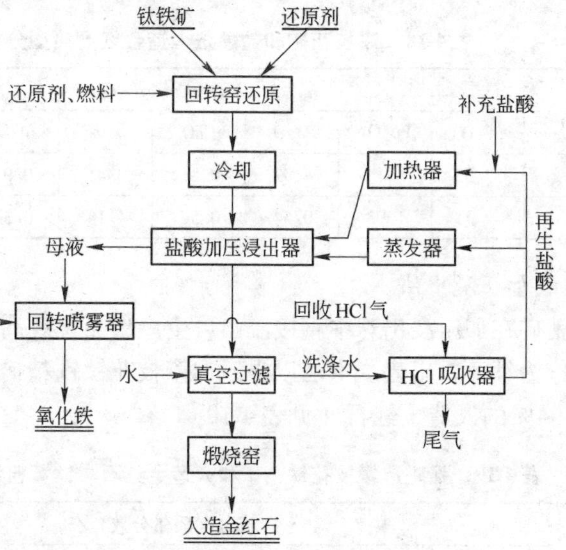

图 4-21　BCA 盐酸循环浸出法制取人造金红石工艺流程

BCA 盐酸循环浸出法以含 TiO_2 54% 左右的钛精矿为原料，所生产的人造金红石含 TiO_2 94% 左右，产品具有多孔性，是氯化制取 $TiCl_4$ 的优质原料。

盐酸浸出法具有除杂质能力强（不仅除铁，还可除钙、镁和锰等杂质）的特点，可获得高品位的人造金红石；BCA 盐酸循环浸出法实现了盐酸的再生和循环，产生废料较少。由于盐酸是一种强腐蚀性的酸，因此设备需用专门的防腐材料制造。

4.4.3.2　预氧化-流态化盐酸浸出法

攀枝花矿是一种原生钛铁矿，采用盐酸浸出时，矿中铁被溶解进入溶液的同时，钛也以 TiO^{2+} 离子形式进入溶液，其后 TiO^{2+} 离子又发生水解以水合 TiO_2 形式析出，这是产品中存在细粉的原因。为了解决盐酸浸出过程中的粉化问题，使产品基本保持原矿粒度，研究了一种低温（750℃左右）预氧化，然后用流态化塔进行多段逆流浸出的方法，这种方法现已实现了工业化。

钛铁矿低温氧化生成 $FeTiO_3$-Fe_2O_3 的 Me_2O_3 型固溶体和金红石微晶：

$$mFeTiO_3 + \frac{1}{2}O_2 \longrightarrow (m-2)FeTiO_3 \cdot Fe_2O_3 + 2TiO_2$$

在低温氧化过程中钛铁矿的氧化程度不高，矿中高价铁增加不多，矿中的铁仍以 Fe^{2+} 为主，浸出时的主要反应有：

$$FeTiO_3 + 2HCl = FeCl_2 + TiO_2 + H_2O$$

$$Fe_2TiO_5 + 6HCl = 2FeCl_3 + TiO_2 + 3H_2O$$

$$MgTiO_3 + 2HCl = MgCl_2 + TiO_2 + H_2O$$

这种方法以攀枝花钛铁矿（TiO_2 47%左右）为原料可生产出含 TiO_2 90%左右的人造金红石（见表4-18）。但此法尚未实现盐酸的再生和循环，还存在处理母液的副流程较长等问题。

表4-18 攀枝花矿和盐酸法人造金红石典型分析

品 名	成分（质量分数）/%									
	TiO_2	FeO	Fe_2O_3	MgO	CaO	SiO_2	Al_2O_3	S	P	C
攀枝花矿	47.06	33.53	8.15	4.93	0.81	2.41	0.94			
人造金红石	91.07		1.93	0.54	0.57	4.16	0.36	0.14	0.008	0.012

4.4.3.3 盐酸加压浸出法

攀枝花钛铁精矿在加压浸出球中直接浸出可生产出品位更高的人造金红石，过程中所产生的细粒产品作为钛黄粉出售。本法以强磁选攀枝花钛铁精矿（含 TiO_2 49%）为原料，可生产出含 TiO_2 94%的人造金红石（见表4-19）。

表4-19 强磁选攀枝花钛精矿和人造金红石、钛黄粉组成分析

品 名	成分（质量分数）/%							
	TiO_2	CaO	MgO	SiO_2	Al_2O_3	ΣFe	S	P
强磁钛精矿	49.18	0.63	4.88	1.90	0.61	31.48		
人造金红石	94.13	0.31	0.21	3.03	0.52	1.71	0.021	
钛黄粉	94.81	0.27	0.60	0.89	0.23	1.40	≤0.03	0.007

这个方法的缺点是浸出产品细粒多，难过滤，尚未实现盐酸的再生和循环。

4.4.4 硫酸浸出法

日本石原产业利用硫酸法生产钛白排出的废酸（浓度22%～23%）浸出钛铁矿生产人造金红石，所以又称为石原法。该公司建成的用这种方法生产人造金红石工厂的年产能力达10万t。该法的工艺流程如图4-22所示。

日本石原法采用印度高品位钛矿（氧化砂矿），矿中的铁主要是以 Fe^{3+} 形式存在。该法是先将矿中的 Fe^{3+} 还原为 Fe^{2+}，然后用稀硫酸加压浸出溶解矿中的铁等杂质而使 TiO_2 富集，主要包括还原、加压浸出、过滤和洗涤、煅烧等作业。

（1）还原。以石油焦为还原剂将矿中的 Fe^{3+} 还原为 Fe^{2+}：

$$C+\frac{1}{2}O_2 = CO$$

$$Fe_2Ti_3O_9+CO = 2FeTiO_3+TiO_2+CO_2$$

还原温度为900～1000℃，还原产物中的Fe^{2+}应占总铁的90%以上。还原料在冷却窑中冷却至80℃出料，除去残焦的还原矿作为下步浸出的原料。

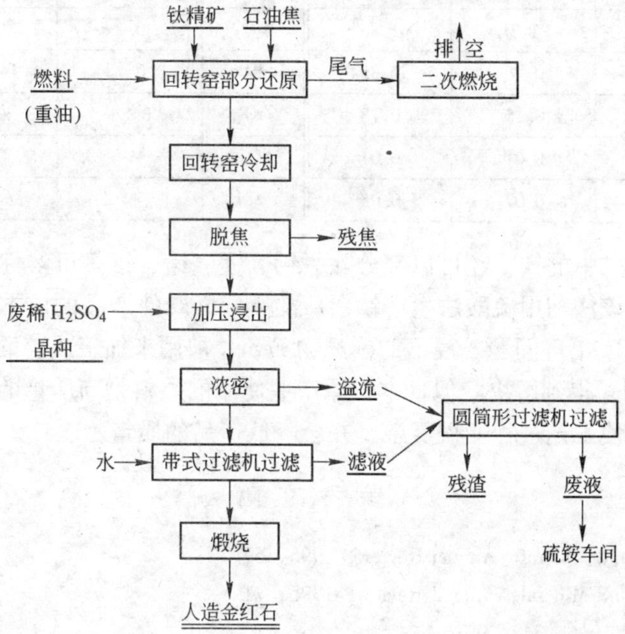

图4-22　稀硫酸浸出法生产人造金红石工艺流程

（2）加压浸出。还原矿在稀硫酸（浓度22%左右）中加热至120～130℃（压力0.2MPa左右），矿中的Fe^{2+}被溶解生成$FeSO_4$进入溶液，而TiO_2留在固相中。反应为：

$$FeTiO_3+H_2SO_4 = FeSO_4+TiO_2+H_2O$$

在酸浸过程中TiO_2也部分被溶解而后又沉淀析出，加入TiO_2水合胶体溶液作为晶种可扩大固液两相间的浓度差，从而可加速铁的浸出速度和增加浸出率，也有助于控制产品的粒度，减少细粒产品。因为硫酸的浸出效果较盐酸差，一次浸出物中含有部分浸出不完全的矿物，这部分矿物返回还原或浸出作业重新处理。

（3）过滤和洗涤。浸出后的产物经固液分离，分出的固相经洗涤即为富钛料，分出的液相是含有$FeSO_4$的滤液，用作制取硫酸铵和氧化铁红：

$$3FeSO_4+6NH_3+(n+3)H_2O+\frac{1}{2}O_2 \longrightarrow 3(NH_4)_2SO_4+Fe_3O_4\cdot nH_2O$$

硫酸铵是化肥，氧化铁可用作炼铁原料。

（4）煅烧。煅烧是除去富钛料中的水分和脱硫，煅烧温度900℃左右，煅烧品经冷却，包装为产品。

日本石原产业所用的钛精矿原料和人造金红石产品的典型分析列于表4-20。

表 4-20 石原法的原料和产品的典型成分（质量分数/%）

成 分	原 料	产 品		成 分	原 料	产 品	
	印度钛精矿	普通人造金红石	焊条用人造金红石		印度钛精矿	普通人造金红石	焊条用人造金红石
TiO_2	59.62	96.1	95.9	MnO	0.48	0.03	0.03
FeO	9.47			P_2O_5	0.14	0.17	0.05
Fe_2O_3	24.62	1.7	1.85	V_2O_5	0.2	0.20	0.21
Al_2O_3	1.32	0.46	0.35	SiO_2	0.7	0.50	0.48
Cr_2O_3	0.16	0.15	0.18	ZrO_2	0.86	0.15	0.16
CaO	0.09	0.01	0.01	SO_3		0.03	0.03
MgO	0.28	0.07	0.05				

石原法可除去矿中的铁，还可以部分除去钙、镁、锰、铝等可溶性杂质，因此可以获得高品位的产品。该法利用硫酸法生产钛白厂的废酸，既使产品的成本降低，又解决了钛白生产厂的“三废”治理问题。浸出的副产物 $FeSO_4$ 被用来加工成硫酸铵肥料和铁红，使该法的“三废”问题得到解决。但日本石原产业使用的原料是高质量的钛精矿，如果钛精矿的品位较低则会使工艺过程变得复杂，并会降低产品的质量。

参考文献

1 Alan Heap. Metals and Mineral, Annual Review, 1995, 67

2 Alan Heap. Metals and Mineral, Annual Review, 1996, 71

3 Industrial Minerals, 1996, 342: 9

4 Industrial Minerals, 1993, 305: 16

5 Industrial Minerals, 1997, 352: 12

6 Josepl M. Gambogi. E& MJ, Annual Commodities Review Issue, 1997, 3: 56

7 汪镜亮．钒钛，1994，117；1996，(3~4)：29

8 杨宗志．钒钛，1993，(3)：17

9 邓国珠．钒钛，1994，(1)：44

10 邓国珠．钒钛，1996，(3~4)：17

5 制备四氯化钛

本章主要介绍流态化氯化的工艺。

5.1 氯化反应热力学

5.1.1 氯化冶金

氯化冶金是往物料中添加氯化剂使欲提取的金属成分转变为氯化物，为制取纯金属作准备的冶金方法。由于各种氯化剂的活性很强，它几乎能将物料中所有的有价金属成分转变为氯化物。这些氯化物又具有熔点低、挥发性高而相互间的物理化学性质差别大，易于分离提纯的特点，很容易制取纯化合物。纯化合物可进一步用还原或电解方法制取纯金属。借助于氯化冶金能较容易地达到金属的分离、提纯、富集和精炼等目的，它在钛等稀有金属冶金中得到了广泛的应用。

氯化冶金又有氯化焙烧和氯化浸出之分。一般根据需要处理物料的性质选择不同的氯化方法和适宜的氯化剂。在钛冶金中，采用氯化焙烧法制取 $TiCl_4$，氯化剂为氯气；而氯化浸出制取人造金红石时常使用 NH_4Cl、HCl 和 $FeCl_3$ 等氯化剂。

氯化焙烧是往固体物料中添加氯化剂，在物料不发生熔融的高温下进行氯化的反应过程。它又有中温焙烧和高温焙烧之分。本章所述的制取 $TiCl_4$ 属于高温焙烧。

氯化冶金有下列特点：（1）对原料的适应性强，甚至能用于处理成分复杂的贫矿；（2）作业温度较其他火法冶金低；（3）物料中的有价组分分离效率高，综合利用好。它的缺点是氯化剂腐蚀性强，易侵蚀设备、恶化劳动条件并污染环境。

5.1.2 加碳氯化反应

5.1.2.1 直接氯化的可行性

制备 $TiCl_4$ 无论选用何种钛矿原料，其主要有价成分应为 TiO_2。TiO_2-Cl_2 系的直接氯化反应为：

$$TiO_2 + 2Cl_2 \rightleftharpoons TiCl_4 + O_2 \tag{5-1}$$

$$\Delta G_T^{\ominus} = 184300 - 58T \quad (409 \sim 1940K)$$

即使 $T=2000K$，$\Delta G_T^{\ominus}>0$。由此可见，在标准状态下是无法实现自发氯化反应的。事实上该反应是一个可逆反应，在标准态下逆反应的趋势很大。欲使该反应正向顺利进行，必须改变状态。在标准状态下则有：

$$\Delta G_T = \Delta G_T^{\ominus} + RT(p_{TiCl_4}^{0.5} p_{O_2}^{0.5} p_{Cl_2}^{-1})$$

此时，为降低反应自由能，使 $\Delta G_T<0$，必须向系统里不断地通入氯气和不断地排出 $TiCl_4$ 和氧气，直接氯化方能实现。但是这需要消耗大量的氯气，而且氯气的利用率很低，

在经济上是不可取的。

5.1.2.2 加碳氯化

造成直接氯化困难主要是该系统里氧气分压（p_{O_2}）太高的缘故。为了改变该系统的状态，常常加入一种还原剂，如 CO，在还原剂的参与下，系统中的氧会发生下列反应：

$$2CO + O_2 = 2CO_2 \qquad (5\text{-}2)$$

这时改变了系统的气氛，使系统从氧化气氛转变为还原气氛，降低了氧的分压，并导致 $\Delta G_T^\ominus < 0$，使氯化反应能正向顺利进行，此时的反应称为还原氯化。常用的还原剂有碳和 CO，但不可用氢气，因为系统中的氢气会生成 HCl 气体，腐蚀设备。

当使用 CO-Cl_2 氯化时，氯化反应式为：

$$TiO_2 + 2CO + 2Cl_2 = TiCl_4 + 2CO_2 \qquad (5\text{-}3)$$

$$\Delta G_T^\ominus = -389100 + 125T \quad (409 \sim 1940\text{K})$$

当作业温度为 1100℃时，$\Delta G_T^\ominus < 0$，反应能够自发进行。

使用 C-Cl_2 氯化时，称为加碳氯化。在正常反应温度下，$t < 1100$℃（即 $T < 1373$K）时，碳的直接还原几率甚微。但因为存在碳的气化反应，即布多尔反应：

$$C + CO_2 = 2CO \qquad (5\text{-}4)$$

此时固体碳转变为 CO,CO 起到了决定性的还原作用,并改变了还原剂的状态,使式5-3反应顺利进行。加碳氯化时，将式 5-3 和式 5-4 联立，按照不同的配碳比可得出下列两式：

$$\begin{cases} TiO_2 + 2C + 2Cl_2 = TiCl_4 + 2CO & (5\text{-}5) \\ \Delta G_T^\ominus = -48000 - 226T \quad (409 \sim 1940\text{K}) & \\ TiO_2 + C + 2Cl_2 = TiCl_4 + CO_2 & (5\text{-}6) \end{cases}$$

$$\Delta G_T^\ominus = -210000 - 58T \quad (409 \sim 1940\text{K})$$

在正常作业条件下，上两式中的 $\Delta G^\ominus < 0$，反应均可自发进行。可以把上两式看成是布多尔反应和 TiO_2-CO-Cl_2 系反应的复合式。假定生成 CO 反应（即式 5-5）的几率为 η，则 $\eta = p_{CO}/(p_{CO} + p_{CO_2})$，综合上述两式可以表述为：

$$TiO_2 + (1+\eta)C + 2Cl_2 = TiCl_4 + 2\eta CO + (1-\eta)CO_2 \qquad (5\text{-}7)$$

式 5-7 全面地表达了 TiO_2 加碳氯化各成分间的数量关系。

当 TiO_2 加碳氯化系统达到平衡时，氧势（即氧位，$\mu_{O_2} - \mu_{O_2}^\ominus$）值和氧分压存在对应关系，即氧分压高氧势也高。氧势按其定义可表述为：

$$\mu_{O_2} - \mu_{O_2}^\ominus = RT\ln p_{O_2}$$

由式 5-2 可知：

$$p_{O_2} = K_p(p_{CO}/p_{CO_2})^{-2}$$

因此，系统里 p_{CO}/p_{CO_2} 比值越大，p_{O_2} 分压也越低，其氧势相应越低，氯化时的还原性越强。故气相中 p_{CO}/p_{CO_2} 值控制着反应的方向，当需要判断反应能否进行时，用 p_{CO}/p_{CO_2} 值比用 p_{O_2} 值或 K_p 值更直观，更易测量。

如在一些专著中的氧势图（即 $G^\ominus$-T 图）中，可以找出 1200K 时的平衡区。当要求

$p_{O_2} \leqslant 0.1$Pa时，则有（p_{CO}/p_{CO_2}）$\geqslant 10^{-5}$Pa，该反应可顺利进行，判断迅速便捷。

5.1.2.3 杂质的氯化

富钛料中含有多种杂质，如 FeO、Fe_2O_3、CaO、MgO、Al_2O_3、SiO_2 等。如果富钛料是钛渣时，还有 TiO、Ti_2O_3、Ti_3O_5 等低价氧化物。与 TiO_2 类似，这些杂质均能发生类似式5-5 和式 5-6 的反应。反应生成物分别为相应的氯化物，如 $FeCl_2$、$FeCl_3$、$CaCl_2$、$MgCl_2$、$AlCl_3$、$SiCl_4$ 等。以 FeO 为例，反应为：

$$\begin{cases} FeO + C + Cl_2 = FeCl_2 + CO \\ FeO + 0.5C + Cl_2 = FeCl_2 + 0.5CO_2 \\ \vdots \end{cases}$$

其中 FeO 可以生成 $FeCl_2$ 和 $FeCl_3$ 两种氯化物，而且在一定条件下它们之间存在着下列关系：

$$2FeCl_2 + Cl_2 = 2FeCl_3$$

从 TiO_2 和其他杂质加碳氯化反应的 $\Delta G_T^\ominus$ 计算值绘制成图 5-1 的 $\Delta G_T^\ominus$-T 关系图。从中

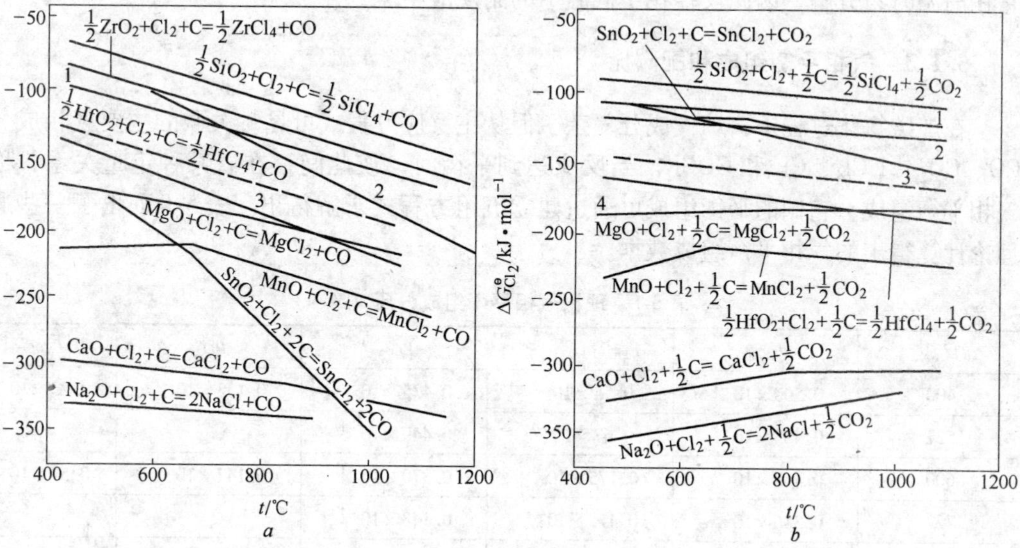

图 5-1 $\Delta G^\ominus$-T 关系图

a—$\frac{1}{n}Me_2O_n + C + Cl_2 = \frac{2}{n}MeCl_n + CO$ 的 $\Delta G^\ominus$-T 图：

1—$\frac{1}{2}TiO_2 + C + Cl_2 = \frac{1}{2}TiCl_4 + CO$；

2—$\frac{1}{3}Al_2O_3 + C + Cl_2 = \frac{2}{3}AlCl_3 + CO$；

3—$\frac{1}{3}Fe_2O_3 + C + Cl_2 = \frac{2}{3}FeCl_3 + CO$

b—$\frac{1}{n}Me_2O_n + \frac{1}{2}C + Cl_2 = \frac{2}{n}MeCl_n + \frac{1}{2}CO$ 的 $\Delta G^\ominus$-T 图：

1—$\frac{1}{2}ZrO_2 + \frac{1}{2}C + Cl_2 = \frac{1}{2}ZrCl_4 + \frac{1}{2}CO_2$；

2—$\frac{1}{2}TiO_2 + \frac{1}{2}C + Cl_2 = \frac{1}{2}TiCl_4 + \frac{1}{2}CO_2$；

3—$\frac{1}{3}Al_2O_3 + \frac{1}{2}C + Cl_2 = \frac{2}{3}AlCl_3 + \frac{1}{2}CO_2$；

4—$\frac{1}{3}Fe_2O_3 + \frac{1}{2}C + Cl_2 = \frac{2}{3}FeCl_3 + \frac{1}{2}CO_2$

看出，各种成分加碳氯化反应的 $\Delta G_T^{\ominus}<0$，说明反应均可自发进行。但各种成分氯化反应的 $\Delta G_T^{\ominus}$ 各不相等，其 $\Delta G_T^{\ominus}$ 值越小（即绝对值越大），越易氯化；反之则越难氯化。富钛料中各组分在 800℃下优先氯化顺序为：$CaO > MnO > MgO > Fe_2O_3 > FeO > TiO_2 > Al_2O_3 > SiO_2$。其中如有低价钛氧化物，氯化优先顺序为：$TiO > Ti_2O_3 > Ti_3O_5 > TiO_2$。实践表明，$TiO_2$ 和主要杂质在 800℃ 的相对氯化率分别为：Fe_2O_3 100%，$CaO > 80\%$，$MgO > 60\%$，Al_2O_3 4%，SiO_2 1%，TiO_2 处于中间状态。当控制反应使 TiO_2 达到全部氯化时，氯化剩余物（残渣）主要是 SiO_2 和 Al_2O_3。

当物料存在水和有机物时，会发生下列副反应：

$$C_mH_n + \frac{n}{2}Cl_2 + \frac{m}{2}O_2 = mCO + nHCl$$

$$H_2O + Cl_2 + C = 2HCl + CO$$

$$CO + Cl_2 = COCl_2$$

$$TiO_2 + 2COCl_2 = TiCl_4 + 2CO_2$$

应该指出的是，$COCl_2$（光气）是一种强氯化还原剂，很容易进行氯化反应。但由于它在高温时易分解，因此仅存在于低温下的副反应中。

5.1.3 气相平衡组成和配碳比

在加碳氯化过程中，炉气成分复杂。但从主反应方程式可见，关联的主要气相成分是 CO、CO_2、$TiCl_4$、Cl_2 和 $COCl_2$。当反应达到平衡时，彼此间存在着某种定量关系，称为气相平衡组成。它们的平衡组成可通过建立五组方程式求解得出。表 5-1 列出了一些通过理论计算得出的气相平衡组成数据。

表 5-1 理论气相平衡组成分压（MPa）

t/℃	p_{TiCl_4}	p_{CO}	p_{CO_2}	p_{Cl_2}	p_{COCl_2}
400	0.500×10^{-1}	0.54×10^{-3}	0.435×10^{-1}	0.138×10^{-7}	0.23×10^{-8}
527	0.483×10^{-1}	0.67×10^{-2}	0.449×10^{-1}		
600	0.455×10^{-1}	0.175×10^{-1}	0.370×10^{-1}	0.147×10^{-5}	0.57×10^{-7}
727	0.386×10^{-1}	0.475×10^{-1}	0.148×10^{-1}		
800	0.353×10^{-1}	0.600×10^{-1}	0.46×10^{-2}	0.74×10^{-4}	0.49×10^{-7}
927	0.338×10^{-1}	0.650×10^{-1}	0.13×10^{-2}		
1000	0.335×10^{-1}	0.662×10^{-1}	0.27×10^{-3}	0.112×10^{-4}	0.99×10^{-8}

由表 5-1 可以看出，平衡气相中 p_{Cl_2} 很小，表明加碳氯化能够进行完全。反之，若氯化炉气中含氯较高时，则有可能是氯化反应不正常或者是操作出现故障。

另外，由于存在布多尔反应，而 $p_{CO}/p_{CO_2}=f(t)$，即氯化反应处在平衡态时，p_{CO}/p_{CO_2} 仅取决于温度。它们的关系与正常的碳的气化反应曲线吻合。当 $T=980K$ 时，$p_{CO_2}=p_{CO}$；当 $T<980K$ 时，$p_{CO_2}>p_{CO}$；当 $T>980K$ 时，$p_{CO_2}<p_{CO}$。因此，炉气组成中上述已假定 $\eta=p_{CO}/(p_{CO}+p_{CO_2})$，则 η 是个小于 1 的变数。

但是，实测的炉气组成与平衡气相组成是有偏差的。造成偏差的原因是反应很难达到平衡（有时甚至是有意识地破坏这种平衡）造成的。由于式5-4所反生的碳的气化反应是个缓慢过程，它比式5-3反应慢得多，因此式5-4反应生成的CO被式5-3反应作为还原剂而消耗掉，使得p_{CO}量远比平衡态低。具体地说，η值不仅与反应温度有关，还与其他操作工艺参数，如配碳比的大小和是否增氧加大发热量等因素有关。尽管实际炉气组成偏离平衡气相组成，但它仍有一定参考价值，可作为定性分析加碳氯化过程的依据。

理论配碳比可按式5-7来计算，从式中可知，1mol TiO_2的理论配碳比为$(1+\eta)$/mol碳。现将计算的一些结果列入表5-2中。由表5-2可见，高温时的理论配碳比$(1+\eta)$接近2。

表5-2 理论配碳比

t/℃	527	727	800	927
配碳比$(1+\eta)$/mol	1.07	1.62	1.929	1.98

由于生产作业的实际炉气组成偏离平衡，假设实际生成CO的比例为η^*，则η^*值可实测得到。$\eta^*=p_{CO}^*/(p_{CO}^*+p_{CO_2}^*)$，其中有＊者为实际数值。一般情况下，$\eta^*<\eta$，$(1+\eta^*)<(1+\eta)$。为了计算实际配碳比，应该采用$\eta^*$值，即用矿碳比值$TiO_2/C=(1+\eta^*)$/mol比较准确。事实上$\eta^*$可在很宽的范围内波动，即$\eta^*$在0.01~0.99之间。

无论选用何种富钛料，其所含的杂质均需要配碳。因此，可以不考虑富钛料的TiO_2品位。但选用的石油焦等碳，因含碳量的差异应适当增加焦量。

计算举例：某氯化炉作业温度为900℃，炉气含CO 53.2%，含CO_2 21.5%（详见表29-1），计算得出$1+\eta^*=1.712$；按式5-7计算得出（实际）配碳量，即碳矿比为25.7%；若石油焦含碳为95%，则得出碳矿比为27.1%；若石油焦含碳为93%，则得出碳矿比为27.6%。

5.1.4 反应热效应

先按式5-7计算出生成1mol $TiCl_4$的反应物料反应热$\Delta H_T^{\ominus}$和物料吸热$Q_{T吸}$。忽略散热，绝热过程中反应的余热ΣQ_T为：

$$\Sigma Q_T=\Delta H_T^{\ominus}+Q_{T吸}$$

将上述计算结果列入表5-3中。需要说明的是表中温度为1173K的值是按$\eta^*=0.712$计算的，其他值均按η值计算。

表5-3 TiO_2加碳氯化的反应热效应

项目名称	T/K		
	800	1000	1173
η	0.07	0.62	0.712（η^*）
$\Delta H_T^{\ominus}$/kJ · mol^{-1}	−217	−129	−127
Q_T/kJ · mol^{-1}	−135	−26.1	33.0

计算结果表明，TiO_2加碳氯化反应的温度越高，反应热效应越低。因为布多尔反应的规律是温度越高反应生成物中η（或η^*）也越大，这是由于式5-4反应的生成物CO与

CO_2 的热焓相差很大造成的。如生成物为 CO 时，$\Delta H_{298}^{\ominus} = -110.4$kJ/mol；如生成物为 CO_2 时，$\Delta H_{298}^{\ominus} = -393.1$kJ/mol。在工业流态化炉内正常氯化温度（低于 800℃）下，在平衡气相组成的状态时，金红石型 TiO_2 维持自热比较困难。实践表明，如使用高钛渣作原料，由于存在低价钛反应热大，同时炉气组成也达不到平衡态，故能达到自然反应，而且炉型越大越易达到自热。

表 5-4 中列出了 1000℃下加碳氯化时不同 η^* 值的反应热效应。由表可见，在相同温度下，不同的 η^* 值热效应相差很大。这种情况表明采用金红石型富钛料，采用 $\eta^* < 0.5$ 时可达到自热反应。

表 5-4 TiO_2 加碳氯化不同 η^* 值下的热效应

热效应项目	η^*				
	0	0.2	0.4	0.5	1
$\Delta H_{1273K}^{\ominus}$/kJ · mol^{-1}	-246.6	-212.0	-177	-160.2	-74.0
Q_{1273K}/kJ · mol^{-1}	-84.7	-46.4	-8.2	11.0	106.0

为了节能，采用低 η^* 值的工艺条件，使反应按式 5-6 生成 CO_2 的方向进行。为此，可采取适当减少配碳量，同时鼓进部分氧气的措施，来达到降低配碳比的目的。此时，CO 消耗多，补充来不及，因而远远偏离了布多尔反应的平衡，$\eta^* \ll \eta$，这也是生产中 η^* 值可在很大范围内波动的原因。在制取人造金红石加碳选择氯化工艺中尤其是这样。

5.2 流态化氯化动力学

5.2.1 流态化

流态化氯化俗称沸腾氯化。流态化，简称流化，利用流动流体的作用，将固体颗粒群悬浮起来，而使固体颗粒具有某些流体表观特征，因此强化了气-固间或液-固间的接触过程。这种使固体颗粒具有某些流体特征的技术被称为流态化技术，近年来在化工、冶金等生产中得到了广泛的应用。

5.2.1.1 概述

当流体自下而上通过直立式容器内的固体颗粒物料层时，随着流体流速的变化，物料层的性质也随之发生相应的变化，参见图 5-2。图 5-2 所示的流化特性曲线，反映出流体速率 u 与物料颗粒空隙率 ε、床层压力降 Δp 间的关系。这些关系可能出现下列几种流动状况：

（1）在低流速时（$u < u_f$），固体颗粒不动（$\varepsilon = \varepsilon_0$），床层压降（$\Delta p$）随流速增加而增加，此时称为固定床阶段。

（2）流速增加到某一临界值（$u = u_f$），床层开始膨胀，固体颗粒开始松动（ε 略大于 ε_0），此时床层压降等于物料浮重。该流速称为临界流速（u_f），它是流态化初始状态。

（3）流速继续增大（$u_f < u < u_t$），床层膨胀。固体颗粒可以作自由运动（$\varepsilon_0 < \varepsilon < 1$），床层压降（$\Delta p$）基本保持不变，并存在清晰的床层自由面。固体颗粒和流体强烈的返混和湍动，如同液体的沸腾，此时属流化床或沸腾床阶段。

（4）流速继续增大，超过某一值时（$u > u_t$），固体颗粒开始带出容器，并处于悬浮状

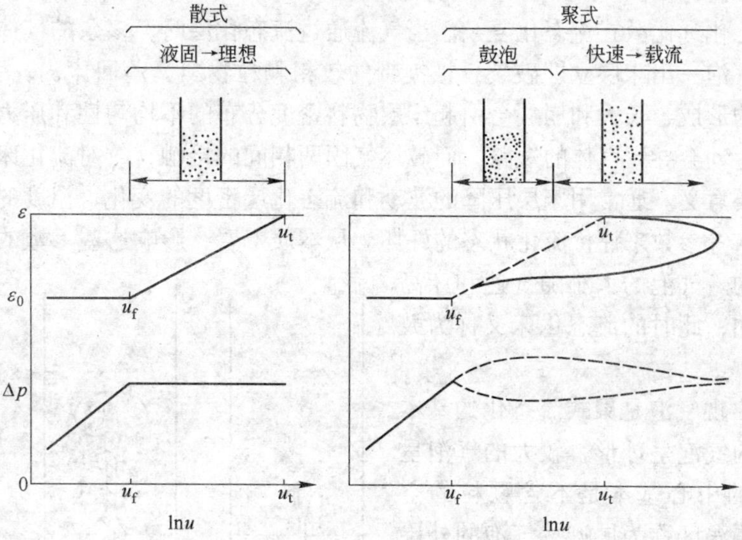

图 5-2　不同体系中的流化特性曲线

态（ε→1），床层自由面消失，床层压降（Δp）随着固体带出量增加而下降。u_t 称为带出速度或逸出速度，此时称为稀相流化或气体输送阶段。

流态化的特点是流体和物料间高度混合，并开始具有流体的特性，它消除了各种梯度；传热好，床层内温度均匀；传质好，物料处于“沸腾”状态，混合充分，组成均匀。在小直径床层内，流体逆向混合较差，但在大直径床层内完全可以混合。对于伴随有化学反应的床层内，由于固体颗粒强烈湍动，一般其扩散阻力可不计。但是，它的缺点是由于在床层内有强烈的返混，致使物料在床层内停留时间分布不好（见图 5-3），又对床层器壁有一定磨损。

5.2.1.2　流化类型

实际流化状况与上述理想状况有出入，可以分为两种流化类型。常用弗劳德数 Fr 来区分。

$$Fr = u^2 g^{-1} d_p^{-1}$$

式中　u——流体流速或称空塔速度；

g——重力加速度；

d_p——固体颗粒平均粒径。

当 $Fr<0.13$ 时，固体颗粒分散，流化平稳，接近理想流化状态，床层压降基本上不随流速的变化而变化（可以认为是一个定值），称为散式流态化。一般液-固系流化属此类型。

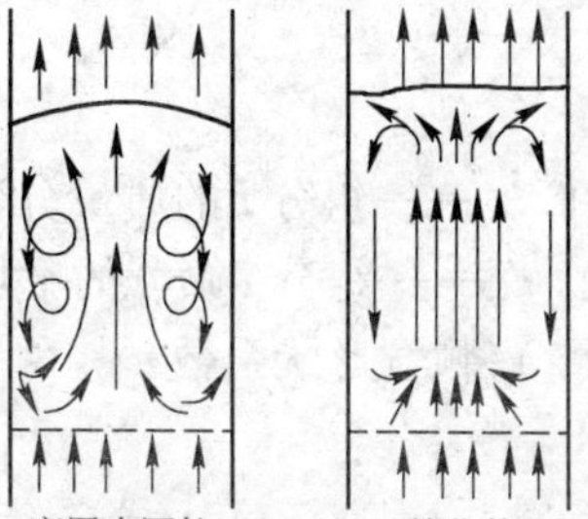

图 5-3　流化床层内物料和流体的返混

当 $Fr>1.3$ 时，固体颗粒成团湍动，流化不平稳，床层自由面上下波动剧烈，床层压降也随之在一区间内波动着，称为聚式流态化。工业中常见的气-固系流化属于此种类型。因此，对它研究的实用意义更大。聚式流态化流化特性曲线如图 5-3 所示。自然，高钛渣和金红石的流态化氯化属于此种类型。

聚式流态化远比散式流态化复杂。当气流通过流态化层时，多余的气体呈气泡的形式逸出床层，气泡一出床层立即破裂，被夹带的较粗颗粒物料又落回床内，引起床面波动。所以，气泡的形成、长大和崩裂会引起床层物料密度分布的不均匀性和压力的波动，大气泡的产生和运动会导致气体的短路，而破坏气固两相间的接触，故对流化床层气泡行为的研究具有重要意义。通常用床层压降的波动和流态化层密度的变化、温度的分布、气体停留时间的分布等参数来评价流化状态的好坏。从本质上看，影响这些参数的主要原因都是由气泡引起的。气泡的大小随气速和床高的增加而增加，此时的流态化床又称为鼓泡床。

床层中出现气泡是聚式流态化的基本特征。较小的气泡呈球形，较大的气泡呈帽形。气泡的中心基本是不含颗粒的空穴；泡底有尾涡区称为尾迹；气泡的外层称为晕，这是渗透着气泡气流的乳化相。尾迹的体积约为气泡体积的 20% ~30%。在气泡上升过程中，尾迹的颗粒不断脱落，并不断引入新的颗粒。气泡上升到床面发生破裂，尾迹中颗粒撒于床面，返回乳化相中。晕和尾迹是气泡相和乳化相间发生物质交换的媒介，它们对于流化床中发生的过程起着重要的作用，如图 5-4 所示。

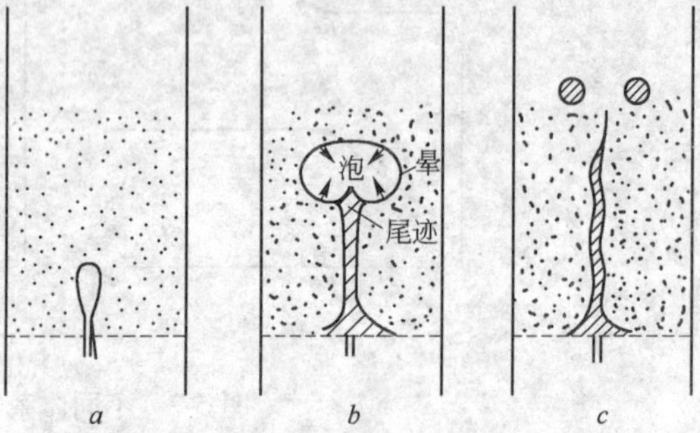

图 5-4 鼓泡流化床中的气体和颗粒流形

a—气泡形成；*b*—气泡上升；*c*—气泡破裂

5.2.1.3 流体力学计算

有关流态化过程中临界流速 u_f、带出速度 u_t 等流体力学数值的计算，方法甚多，每种方法的计算误差较大，这除了由于流态化过程十分复杂的原因之外，同时还受到具体工艺条件的影响。如本工艺中随着流化过程中发生的化学反应，反应物和生成物间相态和物料颗粒间大小都发生了变化，相应的物料颗粒特性也产生了变化。为此，在进行流体力学计算时，物料的组成和颗粒特性数值取正常流化时流化层内的实测值是合适的。

现列举下列计算公式，供参考:

（1）基本数据。

1）固体物料平均粒径 d_p（m）。

$$d_p = \left[\Sigma \frac{x_i}{d_{pi}}\right]^{-1}$$

式中 x_i——组分 i 的质量分数；

d_{pi}——组分 i 筛分的平均粒径。

2）颗粒形状系数 φ_s。

$$\varphi_s = 4.87 V_p^{\frac{2}{3}} S_p^{-1}$$

式中 V_p——粒子的体积；

S_p——粒子的表面积。

圆球形颗粒 $\varphi_s = 1$；实际物料为非圆球形 $\varphi_s < 1$，若无 φ_s 数据，此时，可作简化计算，取 $\varphi_s = 1$。

3）混合气体黏度μ/Pa·s。

$$\mu = \frac{\Sigma y_i \mu_i \sqrt{M_i}}{10\Sigma y_i \sqrt{M_i}}$$

式中 y_i——某组分气体在混合气体中的摩尔分数；

μ_i——某组分气体的黏度；

M_i——某组分气体的分子量。

由于黏度随温度而变化，应注意床层内轴向温度的变化，一般床层内的温度可取反应温度。

（2）临界流速u_{mf}（m/s）。

1）方法一（李阀式）：

$$u_{mf} = 0.00923 d_p^{1.82} (\rho_s - \rho_f)^{0.94} \mu^{-0.88} \rho_f^{-0.06}$$

式中 ρ_s——固体颗粒的密度，下角s表示为固体物料；

ρ_f——流体的密度，下角f表示为流体。

该式仅适用于临界雷诺数$Re_{mf}<10$时的情况，当$Re_{mf}>10$时，应按图5-5进行校正，此式平均误差为22%。其中，$Re_{mf}=d_p u_{mf} \rho_f \mu_f^{-1}$。

2）方法二（白井隆式）：

先按下式进行粗算：

$$u'_{mf} = 0.001 g d_p^2 (\rho_s - \rho_f) \mu_f^{-1}$$

然后，再按$Re'_{mf}=d_p u'_{mf} \rho_f \mu_f^{-1}$的大小，利用图5-6进行校正，找出$u_{mf}$。

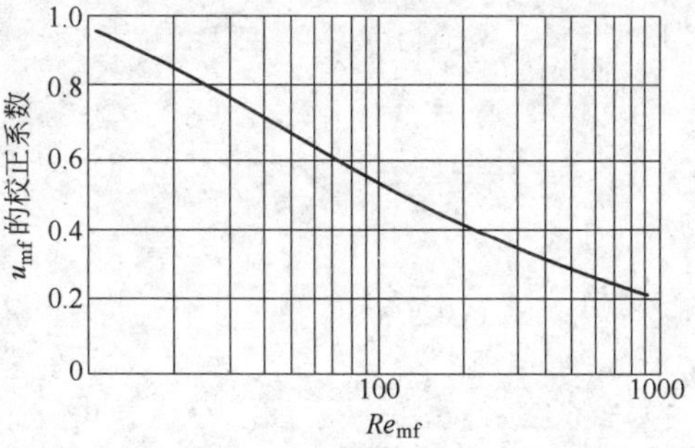

图5-5 u_{mf}的校正系数（$Re_{mf}>10$时）

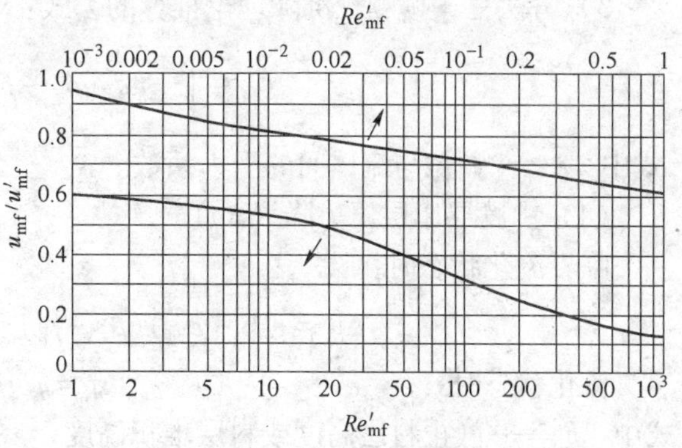

图5-6 u'_{mf}的校正系数

此法所根据的实验数据，基本上同李阀式，只是在处理上稍有差别，按此法求得的u_{mf}略低于李阀式，但它更接近于实验值。

3）方法三，先估选下面一公式进行计算：

当$Re_{mf}<0.2$、$d_p<0.25$mm和$\rho_s<3$g/mL时，

$$u_{mf} = 0.0008 (\rho_s - \rho_f) d_p^2 \mu_f^{-1}$$

当$Re_{mf}>0.2$、$d_p>0.5$mm和$\rho_s>3$g/mL时，

$$1.75\rho_f u_{mf}^2 + 180(1-\varepsilon_{mf})\mu_f u_{mf} d_p^{-1} - \varepsilon_{mf}^3 d_p(\rho_s-\rho_f)g = 0$$

当 $Re_{mf} > 0.2$，$\rho_s < 3g/mL$ 和 $0.25 < d_p < 0.5mm$ 时，

$$u_{mf} = \frac{1}{180} d_p^2 \varphi_s^2 (\rho_s-\rho_f)\mu_f^{-1} g \varepsilon_{mf}^3 (1-\varepsilon_{mf})^{-1}$$

式中 ε_{mf}——临界空隙率，如无 ε_{mf} 数据时，可以认为 $\varepsilon_{mf} = \varepsilon_0$。

计算时，先选取一式，待算出 u_{mf} 后，再用 $Re_{mf} = d_p u_{mf} \rho_f \mu_f^{-1}$ 值进行验证，看公式是否选用得当。此法计算稍繁，但较准确。

（3）带出速度 u_t（m/s）。

1）方法一，先估选下面一公式进行计算：

$$Re_t < 2 \text{ 时}, u_t = \frac{1}{18} d_p^2 (\rho_s-\rho_f) g \varphi_s \mu_f^{-1}$$

$$2 < Re_t < 500 \text{ 时}, u_t = \left(\frac{4}{225}\right)^{1/3} (\rho_s-\rho_f)^{2/3} g^{2/3} \rho_f^{-1/3} \mu_f^{-1/3} d_p \varphi_s$$

$$500 < Re_t < 20000 \text{ 时}, u_t = 3.1^{1/2} d_p^{1/2} (\rho_s-\rho_f)^{1/2} g^{1/2} \rho_f^{-1/2} \varphi_s$$

待算出 u_t 后，再用带出雷诺数 $Re_t = d_p u_t \rho_f \mu_f^{-1}$ 进行验证，看公式是否选用得当。

2）方法二（多捷斯式）：

$$u_t = Re_t \mu_f d_p^{-1} \rho_f^{-1}$$

式中

$$Re_t = Ar(18 + 0.61\sqrt{Ar})^{-1}$$

$$Ar = d_p^3 \rho_f (\rho_s-\rho_f) g \mu_f^{-2}$$

3）方法三，按颗粒沉降理论推算的公式：

$$u_t = \left[\frac{4}{3} g d_p (\rho_s-\rho_f)\right]^{1/2} \rho_f^{-1/2} \xi^{-1/2}$$

式中 ξ——颗粒与流体间的阻力系数。

（4）沸腾层床层压力降（Δp）。

临界流化状态时：

$$\Delta p = (1-\varepsilon_{mf})(\rho_s-\rho_f) g h_0 \approx (1-\varepsilon_{mf})\rho_s g h_0$$

流化状态时： $$\Delta p = \varphi \rho_s g h_0$$

式中 h_0——静止料层高度或料层堆积高度；

φ——压降缩小系数，一般情况下 $\varphi < 1$。

5.2.1.4 不正常流化状态

大概存在着下列两种不正常流化状态（参见图 5-7）。

A 沟流

当固体物料颗粒间黏结，使气体在床层的固体黏结块旁通过；或者说，大量气体短路，穿过床层内一些狭窄通道，而其他物料并未流态化，床层内仅部分流态化，称为沟流。此时床层压降远比物料浮重小，同时上下波动。出现孔道时，压降下降；孔渠坍塌时，压降上升。

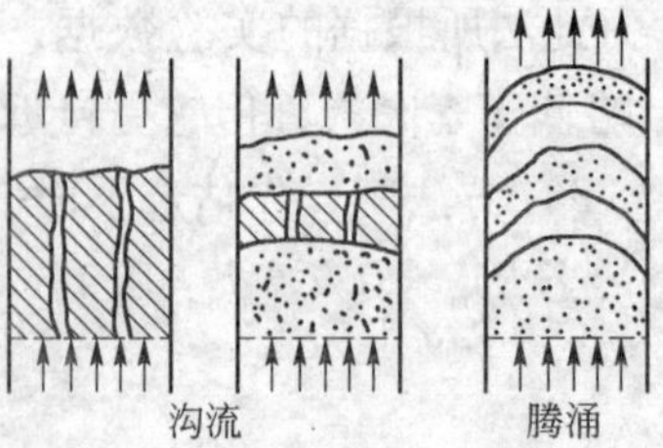

图 5-7 不正常流化状态示意图

产生沟流时，床层径向温度差增大，失流的物料易烧结，气体利用率低，生产率下降，直至床温不能维持为止。

过细的固体颗粒或没有一定比例的颗粒物料，及湿度大的物料，采用高度-直径比大的反应器，都易形成沟流。

B 腾涌（气节）

当流态化层内气泡逐渐汇合长大，甚至气泡直径可能接近小反应器直径时，床层上部物料呈活塞状向上运动，料层达到某一高度的气泡崩裂又坠下，称为腾涌。

产生腾涌时，床层压降急剧波动，料层不均匀，气-固系接触不良，不少物料被吹跑，气体利用率下降，炉衬因强烈的冲击易脱落。

过大的固体颗粒或过大的气体速度，沸腾床直径过小（<0.5m）都是产生腾涌的原因。

在流化操作中，必须避免产生不正常流态化。一旦出现，必须针对产生的原因，采取适当措施，加以克服。

5.2.2 流态化氯化中物料和流体的特性

金红石和高钛渣的流态化氯化工艺和其他流态化过程相比，所使用的物料和流体具有下列三点特性。

（1）气体介质具有强腐蚀性。流态化氯化的气体介质是氯气，反应生成物是 $TiCl_4$、$FeCl_3$ 等氯化物，都具有强腐蚀性能，特别是氯气，在高温下几乎能与所有物质反应，因此炉衬必须耐腐蚀，设备必须密封。而用以制造的流态化炉内阻挡器、冷却器和内收尘器等内部构件的高温耐腐蚀金属材料难以解决。

（2）炉气中含粉尘多。在流态化氯化过程中，床层内固体颗粒由于强烈的湍动，不断地被粉碎和磨损，容易产生粉尘。同时，氯化反应生成物都是气体，而固体物料参加反应是一个颗粒逐渐变小的过程，这些未反应完的小颗粒物料，易被气流带出炉外，成为炉气中的粉尘，使物料的利用率降低。目前可用于减少粉尘的方法有两个。

一是采用外旋风收尘器的方案。炉气通过外旋风收尘，将粉尘物料又带回炉内，此时炉气带走的粉尘量约占物料的13%～15%。当原料为金红石时，收尘率高，达80%，粉尘中含金红石为20%，但是物料经摩擦，不能形成氯化物保护层。外旋风收尘器的钢质材料寿命仅为两个月。当原料为高钛渣时，炉气中固体粉尘更多，常堵塞管道而无法使用。故此法的收尘效果还不十分理想。

二是采用自由沉降的方法，即是在炉体流态化段上面加一扩大段，炉气夹带粉尘进入扩大段后，由于操作时进入扩大段的气速骤降，粉尘不易带出炉外（详见5.3节）。这种炉型结构简单，收尘效果尚好。

（3）两种固体物料。流态化氯化制取 $TiCl_4$ 所使用两种固体混合物料间，密度相差约为2.5～3倍。为了使两种混合物料在流态化氯化时保持良好的流化状态，较妥当的办法是调节固体物料的粒径，使其平均颗粒的单粒质量相近，在同一气速下得到相近的真速度，以利于达到流态化层物料不分层的目的。

假定固体颗粒均为球形时，则有下列近似理论计算式：

$$d_{p碳} = \rho_{钛料}{}^{1/3}\rho_{碳}{}^{-1/3}d_{p钛料}$$

当 $\rho_{钛料} = 4g/cm^3$，$\rho_{碳} = 1.5g/cm^3$ 时，

$$d_{p碳} \approx 1.4d_{p钛料}$$

式中 d_p——固体颗粒平均粒径；

ρ——物料密度。

上式计算表明，在固体物料中采用油焦的平均颗粒粒径应比金红石（或钛渣）粒径理论值约大 1.4 倍左右。

实测以空气为流体，钛渣和石油焦不同的粒径在常温下与临界流速的关系如图 5-8 所示。它表明两种物料在同一个 u_f 值下，相应的石油焦粒径要大一些。

在试验中，曾采用高钛渣 0.18～0.075mm 和石油焦 0.25～0.1mm 的混合物料，也采用过高钛渣小于 0.18mm 和石油焦小于 0.5mm 的混合物料，在常温下以空气作流体进行流化，均未发现明显的分层现象。由此看出，流态化时一般气体流速较大，物料混合强烈，故料层中的分层现象并不显著，两种物料粒径的比例允许保持较宽的范围。

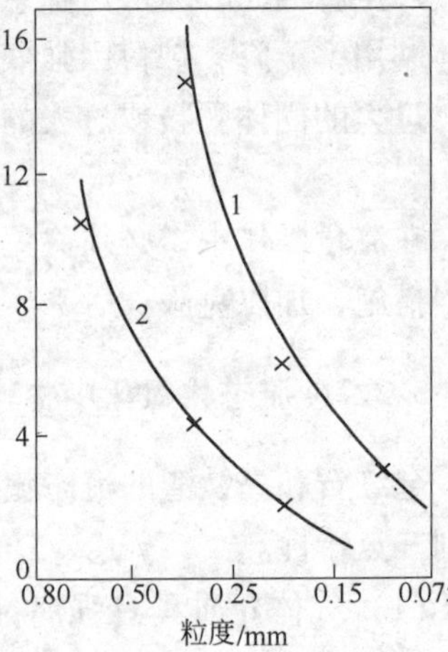

图 5-8 临界流速与物料粒径的变化

1—钛渣；2—石油焦

5.2.3 建立良好流态化状态的条件

流态化氯化既是一个氯化过程，也是一个流态化过程。它同时要受到两方面的制约，它们相互间又互为影响，其中建立良好的流态化即流化质量好是流态化氯化的基础。当然也不能忽视动力学因素的影响，否则欲进一步提高反应速率也是不可能的。下面就建立良好流态化条件的三个主要因素进行分析。但应该指出，它们之间又是紧密联系互为影响的。

5.2.3.1 流态化速度

选择适宜的流态化操作速度是建立良好流化的十分重要的条件。流态化氯化的流体介质是氯气（或稀释的氯气），为此，必须确定适宜的氯气流量，保持适宜的流态化速度。

流态化速度的选择涉及的因素较多，与流体的性质、物料颗粒特性和床层结构有关。可以选择的范围比较宽，按定义，$u_f < u < u_t$，事实上 u_t 与 u_f 之比值约在 50～100 范围内。当选用较低的流化速度时，也就是 u 接近 u_f 时，氯化速度低，生产率也低；当选用高的流态化速度时，也就是 u 接近 u_t 时，易将细粉料带出炉外，增加粉尘量，降低了氯在炉内停留时间，也增加了尾气中的氯含量，这对氯化过程是不利的。

流体对形成良好流态化的影响，还可以用流化数来衡量。流化数 W 是表示搅动强度的准数，$W = u/u_f$。当 $W\approx2$ 时，流态化层中央部分固体物料颗粒做上升运动，沿床壁的颗粒则向下移动，当 $W = 5～6$ 时，物料颗粒沿床壁作螺旋运动。W 越大，搅动越剧烈。过大的流化数，易发生气泡和腾涌，破坏了流化料层的均匀性。

实践中为了既保证良好的流化状况，又能取得高的生产率，常选择适宜的流化操作速

度 $u_{宜}$，即确定适宜的流化数 $W_{宜}$。目前，主要依靠经验来确定，有下列经验公式可供参考：

$$u_{宜} = (0.20 \sim 0.40)u_t$$

$$u_{宜} = (2 \sim 10)u_f$$

一般取 $u_{宜}$ = （5～10） u_f，即取 $W_{宜}$ =5～10。

5.2.3.2 炉体的结构

流态化氯化炉的炉体结构对形成良好流化有很大影响（详见5.3节）。流态化炉炉膛若采用较大的流态化段高度，即是取流态化段高度/直径比较大值时，容易产生气泡，造成不正常流化。因此，适当增大设备直径并降低流态化层高度，可以改善流化状况，提高流态化层的均匀性。相反，若采用较低的流态化段高度，易增加粉尘量，对氯化过程也是不利的。实践中常常兼顾这二者关系，来确定适宜的流态化段高度/直径比。

气体分布板对流态化层的均匀性影响也比较大。采用较大阻力的气体分布板，有利于改善流化状况，因此，最好采用侧流型分布板。

5.2.3.3 物料颗粒特性

物料颗粒特性包括颗粒的粒径、密度、球形度和颗粒粒径分布、体积密度、空隙率、黏度等因素，它与流化状况密切有关。

选择适宜的物料颗粒极为重要。一般说来，密度小、粒径也较小的球形颗粒，粒径分布广，颗粒间黏结性小则流动性好，有利于形成良好流化。对于伴随有多相反应的流态化氯化而言，采用的物料颗粒越细，反应界面积也越大，氯化反应速度也越快。流化操作一般采用0.043mm至几毫米的物料颗粒。平均粒径为0.03～0.15mm的细粒与平均粒径大于0.5mm的粗粒比较，不但比表面积大，流动性和传热性能也较好，并能降低物料的黏度。但是，过细的物料粒度易产生沟流，这是需要避免的。

实践中常常不是采用相同粒径的物料，而是采用较宽的粒径分布，使粗粒和细粒成一定比例混合的物料，这可使流态化层流化平稳、均匀和气泡较小，并增大相界面积。所以，采用调配适宜的粒径分布的物料，也是形成良好流化的重要条件之一。目前，完全是凭经验来进行调配的。

物料的黏度越大，对形成良好的流化状况越不利。特别是采用的物料中含有黏性成分时，在流化作业中物料便会黏结制粒或结块，容易破坏正常流化。如在流态化氯化过程中，当物料中含有一定量的杂质CaO和MgO时，相应地氯化生成$CaCl_2$和$MgCl_2$。这两种氯化物杂质熔点低而沸点高，$CaCl_2$的熔点772℃，沸点大于1600℃；$MgCl_2$的熔点714℃，沸点1412℃。在较宜氯化温度（800～1000℃）下它们呈熔融状态，易停留在流态化层内，挥发性小，难以有效地排除。随着氯化过程的进行，熔融$CaCl_2$和$MgCl_2$具有黏性，使物料黏度增大，还能黏结其他成分，影响流态化层的均匀性。当流态化层内物料中的$CaCl_2$和$MgCl_2$富集至一定程度时，物料开始制粒或结块。此时，床层压降增高，并且波动剧烈，排渣困难，排出的炉渣也制粒或制块，氯化速度大大降低，并增高尾气的含氯量。最后，直至流化被破坏。实践表明，采用高钙镁盐的钛渣（或金红石）较难进行流态化氯化。

5.2.4　加碳氯化动力学

5.2.4.1　加碳氯化反应机理

TiO_2 加 CO 氯化是个气-固类复杂反应过程，反应在 TiO_2 固粒表面进行。一种机理认为先生成 COCl 类中间产物，然后再继续氯化，反应历程由下列反应步骤串构成：

$$Cl_2 = 2Cl \tag{5-8}$$

$$CO + Cl = COCl \tag{5-9}$$

$$TiO_2 + COCl = TiOCl + CO_2 \tag{5-10}$$

$$TiOCl + Cl = TiOCl_2 \tag{5-11}$$

$$2TiOCl_2 = TiO_2 + TiCl_4 \tag{5-12}$$

该氯化过程依序即按氯化剂生成→扩散→吸附→反应→脱附→扩散等步骤进行。其中化学反应是在 TiO_2 颗粒表面上进行的。微观动力学可用缩粒模型（固粒半径随着反应的进行逐渐缩小）来描述（如图 5-9）。其中以式 5-10 反应最慢，所以式 5-10 成为控制步骤，此时则有：

$$-\frac{dW_{TiO_2}}{dt} = \frac{dW_{TiOCl}}{dt}$$

按此可进一步导出下列动力学方程式：

$$-\frac{dW}{dt} = kAp_{Cl_2}^{0.5}p_{CO} \tag{5-13}$$

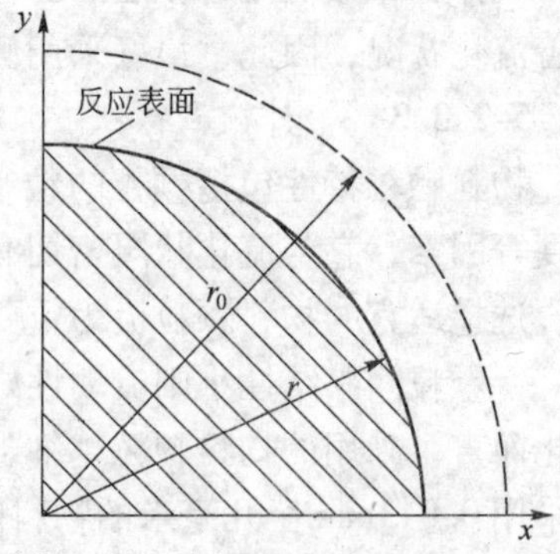

图 5-9　缩粒模型示意图

式中　W——TiO_2 的质量，代替 W_{TiO_2}；

p——气体压力；

A——固粒比表面积。

经实验验证，上式是成立的。

碳的气化反应也是个气-固相复杂反应，CO 来自吸附在碳粒表面的 CO_2 被碳还原的反应。一种理论认为，整个反应过程是由下列反应链构成：

$$C + CO_2 = CO + C + [O] \tag{5-14}$$

$$C + [O] = CO \tag{5-15}$$

式中　[O]——被碳吸附的氧原子。

碳的气化反应也是个慢过程，实际 CO 的分压值有 $p_{CO} = \eta(p_{CO} + p_{CO_2})$，在一定的炉型和工艺条件下，$\eta$ 为常数，p_{CO}也为常数，令 $p_{CO} = B$。加碳氯化总反应是由式 5-3 和式 5-4 加和而成的复合反应，故它的反应历程由式 5-8 ~ 式 5-12 和式 5-14、式 5-15 一连串反应链构成。

在式 5-3 和式 5-4 中，仅式 5-3 反应的生成物有 $TiCl_4$。因此，按生成 $TiCl_4$ 的反应速率而言，加碳氯化总反应式速率同式 5-3 的速率，并且有相同的动力学规律，但这里 p_{CO} 为常数。由此导出加碳氯化动力学式：

$$-\frac{dW}{dt} = k'ABp_{Cl_2}^{0.5} = kAp_{Cl_2}^{0.5} \tag{5-16}$$

在连续均衡加料的流态化工艺中，宏观上可以认为粉体颗粒群在动态中总表面积为定值，即式5-16的 A 为常数。由此可见，此时宏观动力学式5-16变得很简单。

但是从微观上讲，每个 TiO_2 粒子表面积则是不断缩小，对微观反应有影响。微观动力学可用缩粒模型来描述。现来分析1个球状 TiO_2 粒子，当其原始粒径 r_0 向粒径 r 变化时（如图5-8所示），可以导出：

$$W_0^{1/3} - W^{1/3} = k't$$

或

$$1 - (1 - R)^{1/3} = kt \tag{5-17}$$

式中　W_0，W——粒径 r_0 和 r 对应的 TiO_2 质量；

R——反应份数，$R = 1 - W/W_0$；

t——反应时间。

上式揭示了在连续加碳氯化作业中单一颗粒或单一粒级 TiO_2 反应所应遵循的微观规律。在间歇作业中，宏观上粉末体总表面积在不断变小，经验也证实符合式5-17所描述的规律。

加碳氯化时，微观反应属于缩粒模型，即反应在固体颗粒表面进行。在流态化过程中，由于流体使固粒产生强烈的湍流，使气—固间的扩散速率大大提高，与固定床相比，其扩散阻力小得多。

5.2.4.2　影响氯化反应的动力学因素

影响氯化反应动力学的因素主要有氯气浓度和流量、反应温度、富钛料的特性、还原剂的活性和配碳比。

A　氯气的浓度和流量

由前述导出的加碳氯化式5-16中，$-\frac{dW}{dt} \propto p_{Cl_2}^{0.5}$，这表明反应速率与 $p_{Cl_2}^{0.5}$ 成正比，提高氯化时的气体氯的浓度能增大反应速率。

在加碳氯化过程中，氯气既是氯化剂又是气流载体。当氯气入炉后便进行了复杂的化学反应，使气体种类和体积发生了变化。为简化计算，不考虑它的化学变化。如使用纯氯加料时，加入的氯气量是通过控制氯气流量来达到的。流量越大，它在流化床内的流速也越大。

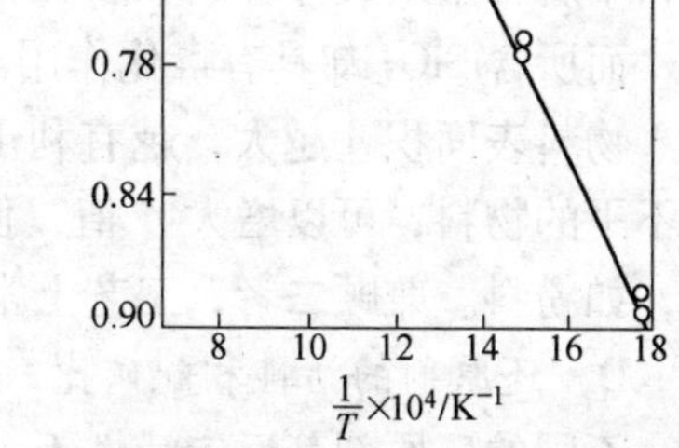

图5-10　氯化反应速率与氯气线速度的关系

（据E. И. 马奇卡索夫）

采用制粒高钛渣（1～5mm）为原料，控制反应温度900℃，实验获得的加碳氯化反应速率与氯气流速关系曲线如图5-10所示。图中曲线表明，当氯气流速较小（$u < 0.8$m/s）时，氯化速率随氯气流速增加而加大。这是因为氯气流速的增加造成流化床内强烈的湍动，使高钛渣固粒表面气体边界层

变小，有利于提高气体的扩散速率，增加了氯化速率。当氯气流速达到较大值（$u=0.8\text{m/s}$）后，扩散速率已很大，反应不再受扩散步骤控制，故再进一步提高氯气流速影响已不明显。

要提高反应速度必须提高氯气的浓度，氯气浓度越高越有利，最好是使用纯氯。但是，也要依据现场的具体条件因地制宜，若有浓度较低的氯气，必须直接加以利用。为了提高氯气浓度，有时需补充一些纯氯。实践表明，采用浓度稍低的氯气，如浓度为75%的氯气，对氯化反应速率没有明显的不良影响。

单靠提高氯气浓度来增加反应速度是不够的，还需适当地加大氯气流量。由于适宜的流化操作速度范围比较宽，适当地加大氯气流量来加速流化操作是可行的。但由于受到流体力学条件的限制，氯气流量也不宜过大。此时为了保持良好的流化状况，宜使用颗粒稍大的物料。

B 反应温度

采用制粒高钛渣（1~5mm）作原料，在流态化炉上进行加碳氯化实验，分别测出不同的温度下的氯化速率，结果如图5-11所示。由图可见，在加碳氯化低温下（300~700℃），随温度升高氯化速率增加很快；当达到700℃，再增加温度，氯化速率增加较慢。温度700℃处为相应的转折点。反应的活化能经计算得出：300~700℃时，$E_{表}=36\text{kJ/mol}$；700~1100℃时，$E_{表}=8.86\text{kJ/mol}$。

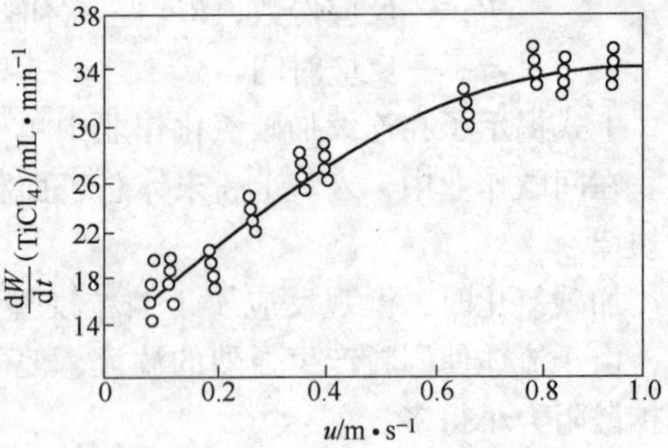

图5-11 氯化速率与温度的关系曲线
（据E.И.马奇卡索夫）

结果表明：在低温（300~700℃）区，化学反应步骤是控制步骤；在高温区，即温度大于700℃时，扩散步骤为控制步骤。故实际选用的作业温度都在较高的温度下，便于获得高的氯化速率。但是，由于氯在高温下的腐蚀性强，兼顾到设备的安全性，不宜采用过高的作业温度，常用的较适宜温度为900~1000℃。

C 富钛料的特性

氯化反应的动力学过程除与富钛料的成分有关外，还与物料的颗粒特性有关。使用含TiO_2品位高的富钛料或使用含低价氧化钛多的高钛渣均可以增大反应速率。另外，还与富钛料中所含杂质成分种类和多少有关，因为所含MgO、CaO等碱性金属氧化物具有催化作用，而所含SiO_2却具有毒化作用。

物料表面积A越大，越有利于提高反应速率。如选用颗粒小的物料或孔隙多而表面粗糙不平的物料，可以增大A值，但是为了避免出现不正常流化，不宜选用太小的物料颗粒，如粉料。兼顾二者，工艺上常使用中等粒级的物料。

D 还原剂的活性和配碳比

不同的还原剂其反应活性不一样，在富钛料氯化过程中具有不同的反应活化能，对动力学影响十分显著。表5-5中列出了几种还原氯化剂的表观活化能（E）。即使同是碳，因品种不同及成分不同其反应活性也不一样。

表 5-5　几种还原氯化反应活化能

还原氯化剂	Cl_2	$C + Cl_2$	$CO + Cl_2$
$E_{TiO_2}/kJ \cdot mol^{-1}$	184	80.8	123

加碳氯化所需活化能最低，反应速率也最大。这是因为碳不仅是还原剂，而且碳中夹杂的多种杂质，如铁、钴、镍、锰等化合物均有催化作用，使加碳氯化比加 CO 氯化反应速率大 40 ~ 50 倍，所以实践中常用加碳氯化。

关于碳中矿物杂质的催化机理，我国学者采用电子循环授受助催化理论进行验证，认为以碳的电负性为标准，一切电负性比碳小、能向碳输送电子者必定为催化剂，反之必定为毒化剂。其中，铁、镍和碱金属、碱土金属及其盐类均为催化剂，而硅及其盐类均为毒化剂。

在使用石油焦作为还原剂的情况下，过大的配碳比（除作为处理高钙镁盐的富钛物料用作稀释剂外）不但不会使反应速率增加，反而会造成浪费；配碳比过小，富钛物料氯化不完全，一部分 TiO_2 进入炉渣排出，降低了钛的回收率。因此，配碳比必须准确适当。

5.3　流态化氯化设备

5.3.1　流态化氯化工艺流程

5.3.1.1　方法比较

制取 $TiCl_4$ 有流态化氯化、熔盐氯化和竖炉氯化三种氯化方法。

流态化氯化是采用细颗粒富钛物料与固体碳质还原剂，在高温、氯气流作用下呈流态化状态，同时进行氯化反应制取 $TiCl_4$ 的方法。该法具有加速气-固相间传质和传热过程、强化生产的特点。

熔盐氯化是将磨细的钛渣或金红石和石油焦悬浮在熔盐（主要由 KCl、NaCl、$MgCl_2$ 和 $CaCl_2$ 组成）介质中，通入氯气氯化制取 $TiCl_4$ 的方法。

竖炉氯化是将被氯化的钛渣（或金红石）和石油焦细磨，加黏结剂混匀制团并经焦化，制成的团块料堆放在竖式氯化炉中，呈固定层状态与氯气作用制取 $TiCl_4$ 的方法，又称固定层氯化或团料氯化。

现行生产 $TiCl_4$ 的氯化方法主要是流态化氯化（日本、美国采用），其次是熔盐氯化（前苏联采用），竖炉氯化已被淘汰。中国兼用流态化氯化与熔盐氯化。三种不同氯化方法的比较见表 5-6。

表 5-6　不同氯化方法比较

比较项目	流态化氯化	熔盐氯化	竖炉氯化
主体设备	流态化氯化炉	熔盐氯化炉	竖式氯化炉
炉型结构	较复杂	较复杂	复杂
供热方式	自热生产	自热生产	靠电热维持炉温
最大炉生产能力（$TiCl_4$）/$t \cdot d^{-1}$	80 ~ 120	100 ~ 150	20

续表 5-6

比较项目	流态化氯化	熔盐氯化	竖炉氯化
适用原料	适用于 CaO、MgO 含量低的原料	适用于 CaO、MgO 含量高的物料	用于处理含 CaO、MgO 含量高的原料
原料准备	粉料入炉	粉料入炉	制成团块料入炉
工艺特征	反应在流态化层中进行，传热、传质条件好，可强化生产	熔盐由氯气搅拌，传热、传质条件良好，有利反应	反应在团块表面进行，限制了氯化速度
碳　耗	中等	低	高
炉气中 $TiCl_4$ 浓度	中等	较高	较低
炉生产能力（$TiCl_4$）/$t\cdot(m^2\cdot d)^{-1}$	25 ~40	15 ~25	4 ~5
“三废”处理	氯化渣可回收利用	需解决回收利用排出的废盐	需定期清渣并更换碳素格子
劳动条件	较好	较好	差

前苏联所采用的熔盐氯化炉炉体的设备结构简图如图 5-12 所示。

5.3.1.2 工艺流程

目前，国内外所用的流态化氯化工艺流程大体上是一致的，其原则工艺流程如图 5-13 所示，但采用的设备差别较大。设备流程见图 5-14。

氯化设备由三部分组成，第一部分是原料准备设备，第二部分为流态化氯化炉，第三部分为后处理设备。其中原料准备和部分后处理设备为标准设备，在此省略。这里主要介

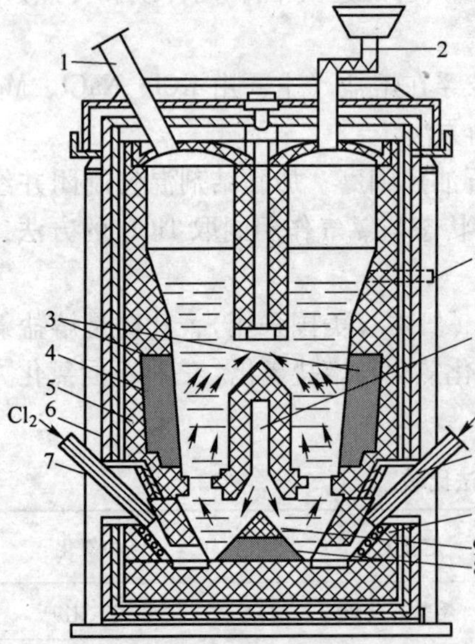

图 5-12 熔盐氯化炉简图

1—气体出口；2—加料器；3—电极；4—水冷空心管；5—石墨保护侧壁；6—炉壳；7—氯气管；8—旁侧下部电极；9—中间隔墙；10—水冷填料箱；11—通道；12—分配用耐火砖；13—热电偶

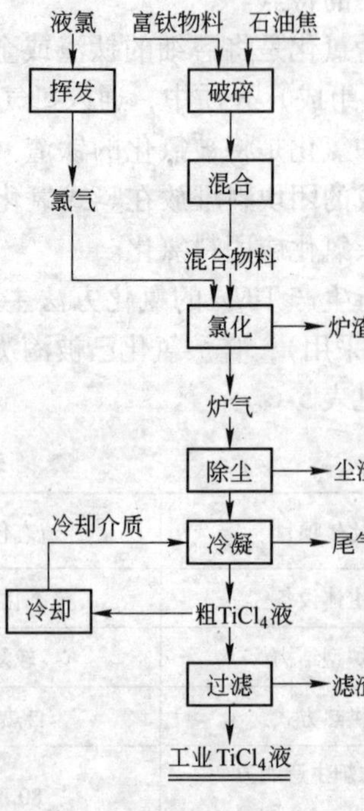

图 5-13 流态化氯化工艺原则流程

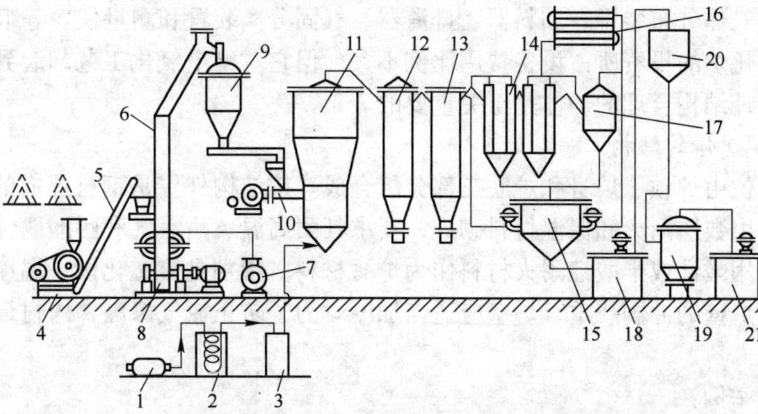

图 5-14 流态化氯化设备流程图

1—液氯瓶；2—液氯挥发器；3—缓冲罐；4—颚式破碎机；5—运输机；6—竖井；7—鼓风机；8—锤式粉碎机；9—料仓；10—加料机械；11—流态化氯化炉；12—第一收尘器；13—第二收尘器；14—喷洒塔；15—循环泵槽；16—冷凝器；17—泡沫塔；18—中间贮槽；19—过滤器；20—过滤高位槽；21—工业 $TiCl_4$ 贮槽

绍主体设备如流态化氯化炉等非标准设备。

5.3.2 流态化氯化炉

流态化氯化炉不宜用构造复杂或内部附加构件的床层，为了避免因氯化腐蚀而遭受损坏，常采用单层圆形流化床。目前常见的炉形有直筒形、扩散形和锥形。

直筒形炉上下一样粗，结构简单而紧凑，适用于粒度细而流速低的场合。但是操作流速范围较窄，多用作实验设备。

扩散形炉的炉膛空间上下不相同，下部流态化段直径小，上部空间经扩大而较粗，适用于粉料粒级较宽的作业条件。操作时物料进入炉膛，粗粒在流态化层内反应，而细粒进入扩大段，由于气流速度降低不被带出，使其在炉内的停留时间增加。在扩大段里残余氯气又继续和细粉料反应，进行稀相氯化，有利于降低氯化时的粉尘率和提高物料的利用率，因此它是工业上常采用的大中型炉体，后面将重点介绍。

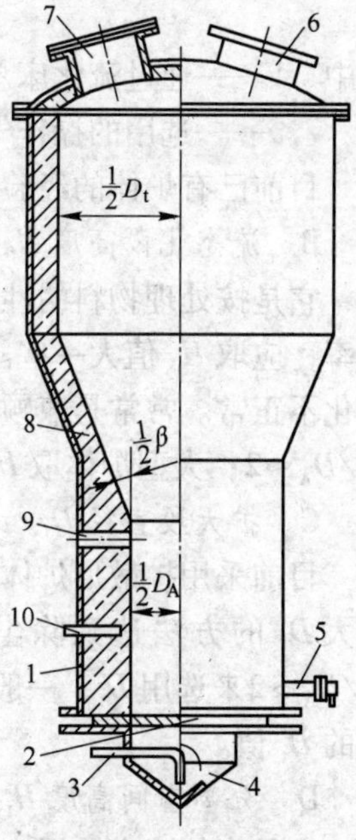

图 5-15 流态化氯化炉

1—炉壳；2—气体分布板；3—进气管；4—风箱；5—排渣器；6—炉气出口；7—人孔；8—炉衬；9—加料口；10—测温管

锥形炉的特点是流态化层呈倒圆锥形，炉截面积自下而上逐渐地扩大。此炉型流态化层部位的气流速度随高度升高而变小，使流态化层保留较多的细粉，对改善流态化床粒度分层有利。这种炉型适用于小型炉体，如某厂炉体流态化段锥角为4°25′，其流化状况良好，但工业生产上较少采用这种炉型。

结构简单的扩散型流态化氯化炉如图 5-15 所示。它主要由炉体、气体分布装置、加料器、排渣器、气固分离装置和测量仪表等组成。

尽管流态化炉的投资所占设备费用比例不大，但它对整个氯化工艺却起到了决定性的作用，所以设计结构合理的炉体是至关重要的。

5.3.2.1 炉体的结构

炉体按部位由炉顶、炉身和炉底三部分组合成。按结构外层是钢材焊成的炉壳，内层是炉壁。炉壁由数层耐火和保温材料砌成，要求其耐高温、耐氯气和耐酸腐蚀，密封性能好，为此常选用酸性或半酸性耐火材料作为炉衬材料。特别是流态化段，温度高、氯气浓度大、物料对炉壁的冲刷严重，炉壁应适当加厚。为了防止氯气渗漏，内衬最好采用预制圈层整体构筑。

炉壁结构举例：

外层为捣固层，用矾土固料混凝土或磷酸盐捣固材捣固成，厚度为185mm。

第二层为耐火砖层，用黏土耐火砖或其他半酸性耐火砖砌成。流态化段厚度为165mm，扩大段厚度为120mm，过渡段用异形砖，在流态化段加厚两层。

第三层为熔铸层，用电极糊熔铸而成，厚度为200mm。流态化段内层为预制圈层，它是用磷酸铝矾土骨料混凝土捣固成的预制圈装配成的，便于损坏时更换，厚度约300mm。

5.3.2.2 炉体的基本尺寸

A 流态化段直径 D_A

它是按炉体规模，即生产能力来设计的，可用下式算出：

$$D_A = \left(\frac{4V}{\pi u}\right)^{0.5}$$

式中 V——通过流化床总的气体量，m^3/s；

u——选用的操作气速，m^3/s。

目前已有炉体的经验数据，采用这些数据更可靠。

B 流态化段高度 H_0

它是按处理物料的性质来确定的。在实际生产中，所处理的物料粉尘多，为了降低粉尘率，应取 H_0 值大一些。但流态化段高度也不宜太大，否则流态化层内易出现气泡，使流化不正常。常常是兼顾二者关系来确定适宜的 H_0 值。有经验数据供参考：小型炉体取 $H_0/D_A \approx 2$；大型炉体取 $H_0/D_A < 1$。

C 扩大段直径 D_t

目前采用扩散形炉体效果较好。但 D_t 的选用也仅有经验数据可供参考，目前常采用增大 D_t 的方法达到除尘的目的。但 D_t 过大会增加建设费用，效果也不理想。常按 $D_t/D_A > 2$来选用 D_t，一般宜采用 $D_t/D_A = 2.5$ 左右，并应通过进一步实验来验证选用最合理的 D_t 值。

D 分离空间高度 H_t

它是指从流态化层表面至炉顶的高度，即过渡段高度和扩大段高度之和，一般不小于3m。目前也仅有经验数据可供参考。这样，炉体总高 $H = H_0 + H_t$。

E 过渡段锥角 β

过渡段锥角即为其锥面和炉内径所夹的角。过渡段锥角的大小直接与过渡段高度有关，也与流态化炉总高度有关。锥角过大，粉尘物料易堆积在锥面上，并烧结成“死灰”，达到一定厚度时，可能以块状脱落，沉积在分布板上，破坏正常流化。如某小型流态化氯化炉的$\beta = 2 \times 41°$，β值大锥面常积料。该小型炉体曾有一次实验时积料已搭成桥，中间仅有300mm的孔道，若继续生产，情况可能还要恶化。

合理的锥角β应按物料的自然堆积角α_0来确定。实测高钛渣和石油焦混合物料的自然堆积角$\alpha_0 \approx 30°$，应使过渡段锥角$\beta \leqslant 2\alpha_0$，因此，取$\beta \leqslant 60°$为宜。

5.3.2.3 炉体的放大

由于流态化氯化过程的复杂性，目前还很难建立合适的数学模型去准确地描述这一过程。因此炉体放大按相似原理计算数据去放大设备，其偏差很大，不够可靠，只能作为参考。从实验室到工业规模的放大颇为困难，这是由于不同规模流化床的流化类型属于情况各异的流化体系。有人认为，流化床的放大存在着放大效应，其临界半径为0.5m，即当流化床的半径大于0.5m后床层的放大就比较容易了。虽然流态化技术发展较快，但人们对流化现象了解得仍较粗浅，以致目前大量的工程设计仍主要依靠经验判断而做出。因此，流态化炉的设计和放大，大多是参考已往开发成功的经验和少量有用的理论。当然，经验既包括属于本工艺范畴的，也可参考其他领域，如化工和冶金工艺中同类型成功的炉型。

流态化氯化炉在实践中逐渐扩大，目前最大炉型的流态化段内径已达3m，生产能力也相应增加了许多。到现在为止，国内外开发成功的流态化炉特征尺寸（D_A/m × H/m）有：$\phi0.6 \times 7$，$\phi0.8 \times 10$，$\phi1 \times 14$，$\phi1.2 \times 12.4$，$\phi1.36 \times 9$，$\phi1.7 \times 10.5$，$\phi1.75 \times 13.26$，$\phi2.4 \times 13.4$，$\phi2.44 \times 8$，$\phi3 \times 10$，$\phi3.05 \times 8.23$。以上数据可供放大设计参考。

5.3.2.4 气体分布装置

气体分布装置一般可分为气体预分布器（风箱及其内件）和气体分布板两部分。

为使氯气进入分布板前形成一个较好的布气流形，并减轻分布板均匀布气的负荷，配置了气体预分布器。其结构有多种形式，但没有严格的设计要求，只要使进入炉内的氯气不偏向一侧就行。风箱的作用是使进入的氯气静压均匀分布，这就基本消除了从风管进入风箱的气体动压，使之变成静压。因此风箱的容积必须足够大。富钛物料氯化工艺采用的最简单一种是如图5-14所示的弯管式预分布器，气体加入管端呈90°夹角。

气体分布板是一种对形成良好流化有关键性作用的部件。它的作用是支承物料、均匀分布气体和创造一个良好初始流化条件，并能抑制聚式流化不稳定性的恶性引发，使之长期保持良好流化状态。但它的作用也有局限性，并随分布板的形式而异。如锥帽侧缝型分布板，可在分布板上250~300mm的流化层内起作用。一般要求分布板阻力较小、不漏料、不易堵、结构简单、便于制造和维修等。

气体通过气体分布板时，具有一定阻力（或叫压力降）。只有当此阻力大到足以克服聚式流化不稳定性时，分布板才能起到破坏气体流股并均匀分布气体的作用，也才可能将良好流化持续下去，因此分布板必须具有一定阻力。分布板的阻力是由开孔率决定的，因此，减少开孔率可以增加其阻力，一般都能起到改善分布气体和稳定性能的作用。但过小的开孔率会造成阻力太大，增加了动力消耗，这在技术上和经济上都不合理。为此，工艺上常选择使分布板能起到均匀布气同时又具有良好稳定性的最小压降和最大开孔率。这两值相应地称为临界压降和临界开孔率。这两个临界值与流化状况和进气管也有关系，不少资料推荐了一些计算公式，但大多都很繁杂。而运用经验数据处理比较简便，临界压降常取床层压降的 10% 左右，临界开孔率常取 1% 左右，如气体流速较小时应小于 1%。本工艺流速较小，临界开孔率可小于 1%。

气体分布板的型式很多，本工艺适用的可分为直流型和侧流型。它们的结构如图 5-16 所示。预分布器可分为弯管式、开口式、同心圆锥壳式、填充式等。

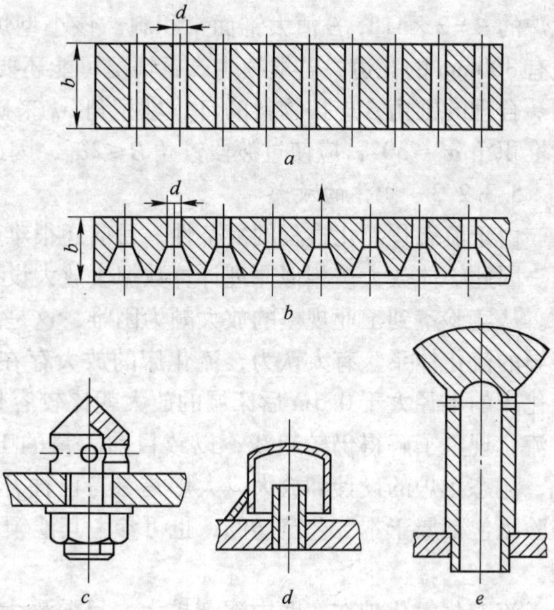

图 5-16 气体分布板结构举例

a—直孔筛板；*b*—锥帽侧孔分布板；*c*—泡帽侧缝分布板；*d*—泡帽侧孔分布板；*e*—锥帽侧缝分布板

A 直流型分布板

常用的有直孔筛板和直孔泡帽板，而在直孔筛板中，除了平筛板外，还有凹形筛板及凸形筛板、锥形筛板等。它们的特点是结构简单、制作容易。但是，在流化操作时，因气体方向正对床层，易造成沟流，引起气体分布不均匀，流化质量较差，易堵孔，易漏料。除特殊情况外，一般不用此类气体分布板。

如果采用此类分布板，为了改善其流化性能，常在分布板上放置一层大颗粒惰性物质，如在流态化氯化工艺中加一层大块油焦，这便是通常叫加填充料的办法。它既可以防止分布板被氯气腐蚀损坏，又可弥补直流分布板的流化缺陷，而且不易堵孔，不易漏料。对于储存填充料层而言，以平筛板为佳。

应用举例：有的流态化炉采用了直孔（平）筛板，如图 5-16*e* 所示，材质为石墨或磷酸铝矾土骨料混凝土预制件，厚度为 50mm，开孔率 0.8%，填充料为 2～3mm 的石油焦，料层厚约 200mm，氯化的流化质量尚好。

B 侧流型分布板

这类分布板包括条型侧帽分布板、锥帽侧缝和侧孔分布板、泡帽侧缝和侧孔分布板等。它们都带不同型式的风帽，使气体导向，从而改善了直流型分布板的流化状况，并可防止漏料。风帽孔不直对料层，气体沿分布板水平面吹出，形成气垫，可以消除孔间产生的死床和黏结现象。这类分布板优点较多，应用也广，但结构复杂，制作比较困难。

流态化氯化炉最好采用侧流型分布板，但其分布板，特别是风帽，必须采用耐高温氯气腐蚀的材料做成，适用的材料有磷酸铝矾土骨料混凝土和莫来石（含 50%～80% SiO_2、20%～50% Al_2O_3）等。采用钢板作气体分布板时，为了防止受高温氯气腐蚀和挠曲变形，固定风帽和使风帽插孔密封，在板上必须有一定厚度的保护层。适用的有磷酸铝矾土骨料混凝土和其他耐火水泥。

应用举例：某流态化炉采用泡帽侧孔的钢制分布板，上面有两层耐火水泥预制件做成的保护层，风帽系用莫来石做成。

目前，一般应用侧孔式风帽，如图5-17所示。

图中，$D_2 = D_3 - (8 \sim 10)(\mathrm{mm})$；$D_1 = D_2 - 10(\mathrm{mm})$。小眼直径 $d_{小} = 2 \sim 8\mathrm{mm}$，每个风帽有6~14个眼，小眼较多时可以钻两排孔。本工艺中由于开孔率较小，小眼直径和个数常取下限值。帽头较大时，帽顶倾角最好应大于物料的自然堆积角，这样物料不会在风帽顶部形成死床，但这要求并不很严格。一般 $\alpha_1 = 30° \sim 60°$，$\alpha_2 = 120°$，$\alpha_3 = 0° \sim 45°$，$L_1 = 20 \sim 40\mathrm{mm}$，$L_2 = 8 \sim 12\mathrm{mm}$，$L_3 = 8 \sim 5\mathrm{mm}$，$L_4 = 30 \sim 35\mathrm{mm}$，帽全高约170~250mm，帽顶曲率半径约10~15mm。风帽的小眼应加工光滑，无毛刺。

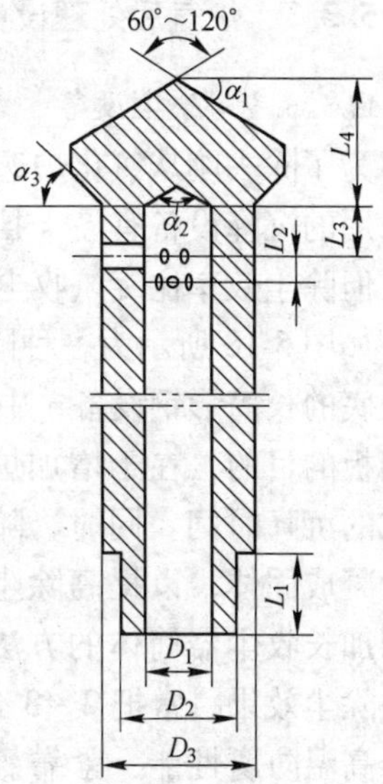

图5-17 一般锥帽侧孔式风帽结构图

对于圆柱形流态化炉，无论是直孔筛板上的筛孔还是侧流型分布板上风帽的布置，过去均按同心圆排列，现在还有一种中间部分采用等边三角形排列，最外2~3层用同心圆排列的。

同心圆排列的同心圆半径 $R = r$、$2r$、$3r$、$4r$、…、nr，而圆周上的风帽间距应接近 r 值。

5.3.2.5 加料器

加料器的种类甚多，本工艺列举的螺旋加料器是较简单的一种。这种加料器适用于输送干燥的固体粉料，具有加料均匀，结构简单，可以采用物料密封等特点。其加料量可通过调节螺旋的转速来控制。

选择适宜的加料口位置很重要，一般选在流化床层自由面稍高处。若加料口位置太高，会相应增加粉尘率，并易使刚入炉的粉料被炉气带走；若加料口位置在流化床层自由面以下，有利于降低粉尘率，但加料器螺旋杆易被氯气腐蚀，特别是会出现加料器超负荷，加不进物料，使螺旋不能转动或扭断联轴销子。

由于氯气的腐蚀，逐渐使加料器螺旋顶端变短、叶片变小，而导致输送能力减小。同时，固相物料的烧结，对螺旋杆磨损严重，有时甚至超负荷，烧断传动皮带。为了保持其正常的运输能力，常采取两种措施。一方面采取连续加料的操作方法，使螺旋杆常被物料密封覆盖，以减少氯气腐蚀的可能性；同时选用干燥物料，避免物料烧结带来的危害。另一方面使用轴向移动的螺旋杆，当杆端腐蚀完后可以位移，恢复正常加料；螺旋杆用不锈钢材料做成，并将杆端螺纹加大，以提高其耐腐蚀性能。

5.3.2.6 排渣器

目前已有多种类型的排渣器，采用何种形式的排渣器和确定排渣口的位置都取决于采用的气体分布板。要求排渣器结构简单、密封良好、操作方便。

应用举例：某氯化炉的气体分布板为直孔筛板，采用底侧排渣，排渣口选择在筛板上200mm处，渣口下为填充料层。采用三个排渣器，等均分排列在炉壁上。每个排渣口与水平面呈15°倾斜引至炉外，与排渣器相连接。排渣器由两个相互间用螺丝连接的筒形钢管构成。正常生产时，排渣口和出料口密封不通；排渣时，将排渣器钢管向下旋转180°，使排渣口和出料口相通，即能排渣操作。

5.3.3 炉气后处理设备

5.3.3.1 除尘设备

为了除去刚从氯化炉逸出的高温炉气中悬浮的固体颗粒杂质，需进行气-固分离操作。常采用的沉降设备有隔（挡）板收尘器和旋风收尘器。隔板收尘器结构简单、防腐性能较好，但除尘效率比旋风收尘器差。

如图5-18所示为一种隔板收尘器的示意图。这是一种带锥底的长筒形钢设备，中间有一块隔板（或称挡板）。设置挡板的目的，在于增加炉气的流体途径和阻力，以延长固粒的沉降时间。同时，随着设备的冷却，利于高沸点杂质冷凝成固体，以提高除尘效率。如果不加挡板，也可以采用加长收尘器筒体的方法来达到上述目的。为了达到良好的除尘效果，常把2~3台除尘器串联使用。为了提高除尘器高温防腐性能，紧靠氯化炉的第一个收尘器内壁涂上一层耐酸捣固防护层。

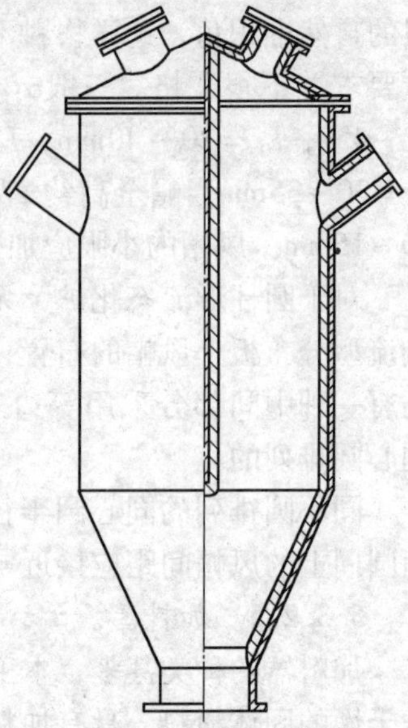

图5-18 隔板收尘器（第一收尘器）

除尘效率与炉气流速、设备的大小和温度有关。如果除尘器内炉气流速低、停留时间长、温度低，对固体颗粒的沉降是有利的。但温度不宜太低，否则 $TiCl_4$ 气体发生冷凝。为此，通常是采用加长设备长度或增加除尘器的数目来提高除尘效果。

5.3.3.2 冷凝设备

经过初步除尘的炉气，含有较多的 CO、CO_2、Cl_2、HCl 等气体，常采用冷凝法使有价成分 $TiCl_4$ 气体和它们分离。大多数气体杂质的凝固点很低，唯 $TiCl_4$ 较高（见表6-1）。采用冷凝的方法在常温下或比常温稍低的温度下，使炉气中的 $TiCl_4$ 气体冷凝成液态，而其他气体则从尾气中逸出，从而达到分离的目的。

一般采用直接冷凝的效果比间接冷凝要好。由于经冷凝的粗 $TiCl_4$ 液中含固体杂质较多，浮阀塔、泡罩塔和筛板塔等易堵，故不适用。常用的冷凝设备有喷洒塔和挡板塔、泡沫塔。如图5-19所示的 $TiCl_4$ 冷凝设备是把两台喷洒塔和一台泡沫塔串联使用。

如图5-19*a*所示是一种喷洒塔（也叫淋洗塔）的示意图。实际上它是无塔板的空塔，塔顶有一个喷嘴（大型的喷洒塔可采用数个喷嘴）。冷凝液是采用冷却后的粗 $TiCl_4$ 液，自塔顶喷淋而下，和底部上升的炉气逆向接触，炉气中的 $TiCl_4$ 和其他一些杂质凝集成液体，流入循环泵槽。为了防止悬浮物堵塞喷嘴和管道，应采用较粗的塔顶喷嘴管道，如 ϕ38mm 的钢管。

如图5-19*b*所示是一种挡板塔的示意图。这是将喷洒塔改进后的塔设备，在喷洒塔内安装若干块无筛孔塔板，开孔率比较大，塔板间距为100~200mm，以增加炉气上升的路途，使气-液两相的接触面积增加，这种挡板塔比喷洒塔有更高的冷凝效果。

冷凝效率除与冷凝温度有关外，还与气液流向、气体停留时间和气-液两相间的接触面积有关。所以采用较低温度的冷却液和气-液逆流操作，以及加长气体停留时间都能提

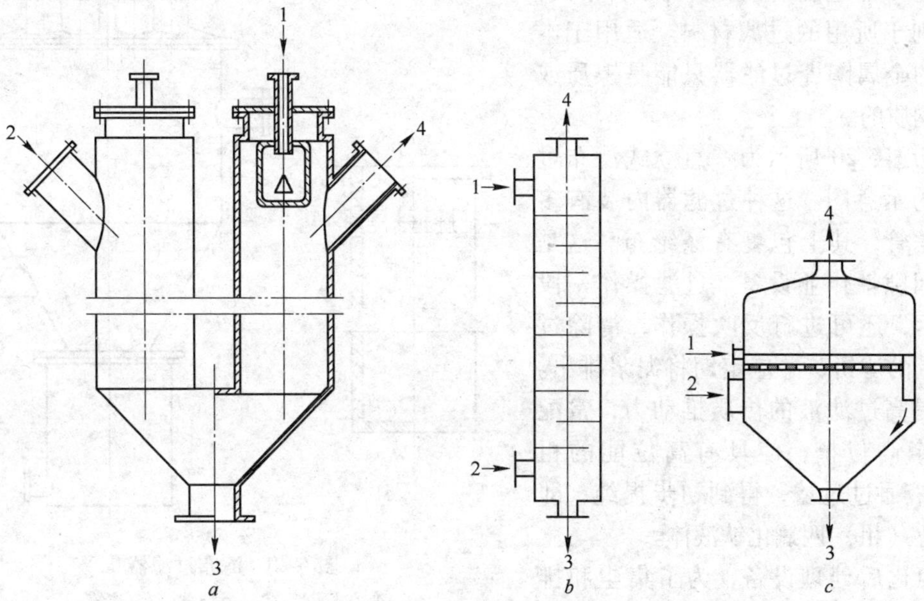

图 5-19　冷凝 $TiCl_4$ 设备

a—喷洒塔；b—挡板塔；c—泡沫塔

1—$TiCl_4$ 冷却液进口；2—炉气进口；3—$TiCl_4$ 液出口；4—炉气（尾气）出口

高冷凝效率。但冷却液温度太低，不仅消耗能量大，并且使液体 $TiCl_4$ 流动性差，对操作不利。因此，冷却液温度最低维持在 -10 ~ -15℃为宜。为了提高冷凝效果，常采用若干台冷凝设备串联使用，借以增长气体在冷凝设备中的停留时间。实践表明，图 5-14 所示的设备方案冷凝效果良好。经实测，第一喷洒塔冷凝效率最高，冷凝量占 97.9%，第二喷洒塔次之，冷凝量占 1.75%。

如图 5-19c 所示是一块塔板的泡沫塔示意图。这种泡沫塔既可用作冷凝器，也可用作除尘器。这是一种新型的高效率的相接触设备，适用于净制含灰、烟或雾的气体。其外形呈圆筒形或方筒形，中间有一块筛板隔开，分为上下两室。$TiCl_4$ 冷凝液由上室一侧靠近筛板处进入，被下室上升的炉气冲击、产生泡沫，在筛板上形成一层流动的泡沫层，此时气-液两相间便进行热交换和物质交换。炉气中的 $TiCl_4$ 和固体杂质微粒被泡沫层截留，由上室另一侧溢流而出，经净制的炉气由顶端逸出。

由于泡沫层剧烈湍动，所以其冷凝效率或称炉气除尘效率是很高的。然而不是在所有的操作条件下都能形成泡沫层的，过大或过小的气流速度，可使液层变成鼓泡层或雾沫层，这对 $TiCl_4$ 的冷凝是十分不利的。所以，气流速度常控制在 1 ~ 3m/s 为宜。该设备虽然受操作波动的影响较大，不易维持平稳操作，但结构简单，冷凝效率高。

为了冷却和循环使用冷却介质——$TiCl_4$ 液体，冷凝设备还应包括一套冷冻机组、两台蛇管冷凝器（或列管冷凝器）和循环泵槽等附属设备。

5.3.3.3　过滤设备

经冷凝制得的 $TiCl_4$ 液含有许多成分复杂的悬浮物，需经过滤加以去除。过滤设备的种类很多，因液体介质有腐蚀性，常用的有陶瓷过滤器、金属陶瓷过滤器和滤布过滤器等。这几种过滤器的结构大致相同，仅区别于所用的过滤材料。适用于本工艺的金属陶瓷过滤器只能是镍质或不锈钢质的。

如图5-20所示为一直立式滤布过滤器的示意图。这种过滤器内装有多根过滤管，其上包裹有涤纶布。这是一种间隙性作业设备，过滤操作一段时间后，还可进行反吹操作，清除过滤布上的滤饼，并应定期将泥浆排出。为了提高过滤液的传质推动力，常配置一个高位槽，使具有高位能的粗 $TiCl_4$ 液通过过滤，得到初步提纯，即为工业（粗）四氯化钛液体。

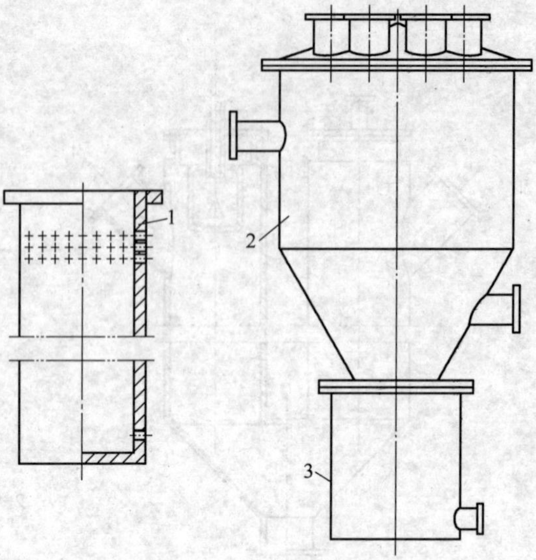

图5-20 滤布过滤器
1—过滤管；2—过滤器；3—渣罐

氯化后处理设备，为了集尘和排渣的需要，所有设备底部都应呈尖底。为了防止悬浮物堵塞，炉气管道应粗而短，应备有疏通机构。

5.4 流态化氯化工艺

5.4.1 氯气及其准备

5.4.1.1 氯气的性质

氯气（Cl_2）是一种有强烈刺激性臭味的气体，呈黄绿色，是一种强氯化剂。它属元素周期表中第三周期第VII_A族元素。

氯的物理常数：

原子序数	17
相对原子质量	35.453
核外电子构型	$1s^2 2s^2 2p^6 3s^2 3p^5$
密度	气体 3.214g/L；液体 1.9g/cm³
熔点	-100.5℃
沸点	-33.9℃
汽化热	287J/g (-34.1℃)
熔化热	90J/g (-101.0℃)
导热系数	气体 7.78×10^{-3}W/(m·K)
	液体 0.0134~0.0167W/(m·K)
在水中的溶解度	0.99%（10℃）；0.72%（20℃）
溶解热	0.31J/g
黏度	气体 1.23×10^{-5}Pa·s（0℃）
	液体 3.85×10^{-4}Pa·s

液氯的蒸气压和密度列于表5-7。

表 5-7 液氯的蒸气压力和密度

t/℃	−34.5	−20	0	10	20	50	70	100	140
p/MPa	0.100	0.181	0.364	0.496	0.657	1.414	2.158	3.745	7.444
ρ/g·cm^{-3}		1.523	1.469	1.440	1.411	1.312	1.242	1.113	0.750

氯的化学性质很活泼，它几乎能和所有的金属及其金属的氧化物、氮化物、硫化物起反应，生成相应的金属氯化物。这些金属氯化物遇水发生水解反应。以铁为例，Fe 转变成 $FeCl_3$ 后，遇水后发生水解反应：

$$FeCl_3 + 3H_2O \longequal Fe(OH)_3 + 3HCl$$

反应生成的 HCl 也是一种强烈的腐蚀剂。因此，在潮湿的环境中使用氯时，钢设备特别容易被腐蚀而损坏。为此，除了采用耐蚀性能更好的设备外，最好使用干燥氯气，并保持设备良好的密封性。

氯气受热时，能解离成原子。即有：

$$Cl_2 = 2Cl$$

与氮、氧、氢等气体相比，氯更易解离，所需的离解能也较低。

氯与氨水反应生成氯化铵。由于 NH_4Cl 与空气接触即可冒白烟，可以利用这一特性来检查含氯设备是否密封。

氯与碳反应，在较低温度下生成 CCl_4。即有：

$$2Cl_2 + C = CCl_4$$

CCl_4 低温下稳定，升温后极不稳定，当温度大于 475℃时迅速分解。

氯与 CO 反应，当有阳光照射或催化剂（如活性炭）存在时，较低的温度下生成光气（$COCl_2$）。即有：

$$Cl_2 + CO = COCl_2$$

光气有剧毒。它在低温下稳定，高温下极不稳定，当温度大于 500℃时，几乎完全分解。

氯与硫在低温下很快生成 S_2Cl_2、SCl_2 和 SCl_4 等化合物，受热时不稳定均易分解。如 S_2Cl_2 在 120℃时分解为 SCl_2 和 S_2，于 320℃以上即完全分解为单质分子。

氯与水蒸气的反应随着温度的升高愈剧烈。即有：

$$2Cl_2 + 2H_2O = 4HCl + O_2$$

氯是一种非极性分子，它在水等极性溶剂中的溶解度很小，随着温度的升高而变得更小，但它和水接触时易发生水解反应。常压下，氯在饱和水溶液中约有 1/3 被水解，反应生成次氯酸。即有：

$$Cl_2 + H_2O = HOCl + HCl$$

HOCl 也是一种强氯化剂，但它的稳定性很差，易继续分解为 HCl 和 O_2。而氯在一些非极性溶剂中，如酒精、CS_2、CCl_4、乙醚等的溶解度则比较大。

氯在常压下冷却至 −34.5℃或在 30℃下加压至 0.86MPa 时，均可将其液化。工业上常采用冷却和兼用加压的方法使氯气液化，制得呈黄色透明的液氯，便于储存和运输。

5.4.1.2　氯气准备

现场如有氯气可以直接使用，若氯气浓度较低，常需补充一些液氯。使用液氯时必须将其挥发，变成氯气才能使用。

一般用蛇管式、列管式或套管式换热器来使液氯挥发。如使用沉浸式蛇管换热器，当液氯通过蛇管时，水浴加热汽化成氯气，再经缓冲罐缓冲，直接加入氯化炉。

换热器水浴温度不宜太高，一般维持在70℃左右。缓冲罐压力控制在0.29～0.39MPa。

5.4.2　混合物料的准备

不同产地的天然金红石和钛铁矿成分是不同的，因而所制得的金红石或高钛渣含TiO_2品位也不一样。用我国某些地区的钛铁矿制得的高钛渣成分举例列于表4-11。作为制取$TiCl_4$的流态化氯化工艺，不仅要求采用品位高的富钛料，因为杂质含量低，氯气利用率高，渣量少；而且要求含（CaO + MgO）量不能太高，这有利于保持良好的流化状态。

还原剂碳常用石油焦，石油焦是石油化工工业副产品。其含固定碳量变化较大，为了达到准确配碳量，应对每批石油焦的成分进行分析。要求石油焦含碳大于90%，挥发分小于10%，灰分小于3%，水分小于1%。

高钛渣和石油焦性脆，较易破碎，粗碎可用颚式破碎机，粉碎可用锤式粉碎机。可用皮带运输机或斗式提升机来运输这些物料。物料的混合大致有两种方案。

一是金红石（或高钛渣）和石油焦经破碎后，用机械筛分出所需的粒径颗粒，并按预定的配碳比计量配料，然后经混合器混合。此方案对物料的粒径和配比的控制都很精确，但是生产流程较长。

二是采用竖井风选的方法，按预定的配碳比计量配料，经粗碎后直接加入竖井风选机构进行粉碎和风选。这实质上是一种边粉碎边混合边筛分作业，生产流程较短。其所用的设备为一台气体输送物料的装置，在一竖井（即一柱形输送筒）下部安装有一台锤式粉碎机，旁侧有鼓风机送风，及时将粉碎机破碎及格的粉料经竖井送入上部料仓。余气经旋风收尘返回风机。物料的粒径是由风速来调节的。图5-14所示的氯化设备流程图中采用的就是这种混合方法。实测该混合物料的典型分析列于表5-8，表中有关数据表明，混合料已达到工艺要求。

表5-8　混合料成分分析举例

混合料成分	粒度/mm		
	0.246～0.109	0.109～0.074	<0.074
TiO_2/%	59.1	74.0	71.06
油焦/%	30.84	18.76	21.06
焦/TiO_2	0.526	0.254	0.294

为了检查采用竖井风选法混合的物料在流态化层内物料分布是否均匀，有无出现分层

或偏析现象，曾对停炉后的炉料进行分析。此时料层堆积高度（静止料层高度）为550mm，分析结果如表5-9所示。其中1号样系在排渣口下有填充料层处取的，含钛低属正常。虽然炉料中某些杂质成分分布不均，但流态化层中碳和钛的分布相近，因此，流态化层中两种物料的分层现象基本上是不存在的。同时，由于配碳比较大，流态化层内形成了碳浴（含碳约50%），即使某些物料局部配料不匀，仍能保证有足够的还原剂使氯化反应顺利进行。

表5-9 炉料成分分析举例

编号	筛板上高度/mm	炉料成分（质量分数）/%						
		Ti	C	Fe	Al	Mn	Ca	Mg
1	150	1.77	48.70	0.18	0.54	10.22	0.73	4.55
2	300	9.77	50.81	0.88	0.34	3.55	0.82	1.43
3	450	8.48	48.81	1.95	0.34	11.17	0.34	2.58

竖井风选的方案具有工艺流程简单、能连续生产和生产率较高的特点。

工艺条件的选择主要涉及实际配碳比、物料的粒径及分布。

5.4.2.1 实际配碳比

按照物料中的有价成分计算好理论配碳比（参考5.1节）后，根据具体情况确定实际配碳比。理论配碳比是按TiO_2量计算的，当采用高钛渣作原料时，由于其中含有一定量的低价氧化钛，故配碳量应随其含量相应减少。如果高钛渣或金红石含钙镁盐高，需要适当加大配碳比，所增加碳量用作稀释剂。实际配碳比还必须考虑碳的机械损失这一因素。一般情况下，实际碳矿比控制在25%~30%。

实践中可以用排出炉渣的颜色来检验配碳比是否准确。当炉渣颜色呈灰色时，说明采用的实际配碳比正合适；当炉渣呈黄色时，说明采用的实际配碳比小了；当炉渣呈黑色时，说明采用的实际配碳比大了。

5.4.2.2 物料的粒径及分布

如果采用筛分的方法混合配料，物料颗粒粒径及分布是采用机械筛分的方法控制的；如果采用竖井风选的方法混合配料，物料颗粒粒径及分布是通过调节风量来控制的。如某竖井风选设备的风量为7500m³/h，生产能力为0.6t/h时，获得的混合物料的典型粒度分布如表5-10所示。

表5-10 风选得到的混合物料粒度分布举例

粒度/mm	>0.175	0.175~0.147	0.147~0.121	0.121~0.109	0.109~0.096	0.096~0.084	0.084~0.075	<0.075
粒度分布/%	0.50	4.35	1.18	10.27	10.38	14.09	46.12	23.29

5.4.3 氯化炉的操作

5.4.3.1 氯化炉启动准备

(1) 氯化炉启动前必须经过烘烤。目的一是为了使氯化炉干燥脱水，避免在正常生产中 $TiCl_4$ 发生水解；二是使氯化炉预先升温，启动后就达到氯化所需温度，马上进入正常操作。烘烤时间应按检修时间和所用炉壁材料的不同而异。新炉体和大修的烘烤时间稍长，小修及正常停炉烤炉时间则短些；硅砖炉壁烘烤时间稍长，半酸性砖则短些，采用熔铸层内衬可更短一些。烘烤最后达 800 ~ 900℃时氯化炉即可启动。

(2) 若采用直孔筛板为气体分布板的炉体，启动前必须在筛板面上添加填充料层。常加入 2 ~ 3mm 粒度的石油焦，厚约 200mm。

5.4.3.2 氯化炉的正常操作

A 混合物料的加料速度

控制混合物料的适宜加料速度，就可以保持合适的炉内料层堆积高度（即固定层高度）。合适的料层高度，可以加长氯气在料层中的停留时间，提高氯气的利用率。但料层太高，易出现不正常流化状态。料层太矮，氯气在料层中的停留时间太短，会降低氯气的利用率，增高尾气中的含氯量。因此，控制混合物料的合适加入速度是正常氯化操作的重要工艺条件之一。

实践表明，合适的流态化炉内料层堆积高度范围是比较宽的。如某氯化炉的料层高度控制在 0.5 ~ 1m 的范围内，氯气的利用率均很高。

由于炉体密封和氯气腐蚀，料层高度采用目测法和仪表测量都比较困难。操作上常借助于床层压降（Δp）来粗略判断。流态化层床层压降值和单位面积气体分布板上堆积的料层质量是接近的。在流态化状态下，Δp 从前面的流体力学计算式中可用下式表示：

$$\Delta p = \varphi \rho_s g h_0$$

在一般情况下，实际炉料的密度 ρ_s 是不变的，而且当氯气流速变化不大时，压降缩小系数基本上为一常数。因此，床层压降随料层堆积高度变化而变化。也就是说，Δp 随混合物料加料速度而变化着。操作时，可以通过控制一定的床层压降变化范围来达到合适的混合物料加料速度范围。

B 氯气流量的确定

氯气流量既要满足流态化层内流体力学的条件，又要满足反应动力学的要求，它与采用的物料颗粒特征、炉子的结构尺寸和反应温度等有关。实践表明，适宜的氯气流量控制范围也比较宽。在一般情况下，为了提高生产率，在满足流体力学的条件下，常控制较大的氯气流量。最佳的氯气流量可以通过实验和计算确定。我国一些炉子氯气操作速度控制在 0.10 ~ 0.15m/s（冷态）范围内。

C 反应温度

提高反应温度可使氯化速度加快，故反应温度一般高于 800℃。但是，太高的反应温度，容易腐蚀炉体。因此，目前，认为控制反应较适宜温度为 800 ~ 1000℃。

D 排渣量

为了保持沸腾层良好的流化，及时排出炉内积集的过剩碳和其他杂质是很必要的。特别是当物料含有较多的钙镁盐时，在流态化氯化过程中，因流态化层钙镁盐的富集易破坏流态化，必须及时排除，此时应增加排渣次数和排渣量。因此，必须根据原料的成分等具体情况，确定定期排渣量和次数。炉渣中含 TiO_2 要低，一般小于7%。

E　炉气氯量

炉气含 Cl_2 小于0.1%才属正常流化。炉气中含氯高，说明流化不正常，需要找出原因，加以解决。

5.4.3.3　氯化炉气后处理操作

（1）氯化炉气后处理系统应密封，最好保持微正压，系统压力调在0~294Pa。

（2）要求后处理设备温度由氯化炉开始依次递降。一般第一收尘器温度小于350℃，第二收尘器维持在150~180℃。第一喷洒塔淋洗液温度控制在10~15℃，第二喷洒塔和泡沫塔控制在-10~-15℃。

（3）排渣次数应根据所用原料的杂质多少来决定。

（4）过滤作业是间歇性操作，应按炉子的生产能力确定过滤作业周期。经过过滤后的工业（粗）$TiCl_4$ 液才能送精制工序。

5.4.4　流化质量判断和异常现象

在流态化氯化过程中建立良好的流态化乃是流态化工艺的基础，因此需要随时判定流态化氯化炉的流化质量。因为只有迅速及时地发现不正常的流化状态，并及时找出原因，采取相应措施排除故障，方可使其达到正常流化态，以免产生沟流或腾涌而被迫停炉。

流化质量的判断有多种方法，大多是借助于仪器仪表测量并建立相应的计算式来完成的。如我国学者在大型无筛板流化床冷模试验中，采用流化指数 R 来定量判断流化质量，其表达式为：

$$R = \frac{\Delta\bar{p}}{f\bar{p}_0} \times 10^4$$

式中　$\Delta\bar{p}$——测压点与大气之间的压降脉动平均值，Pa；

f——10s 内压降波动频率；

$\bar{p}_0$——流化点压降平均值，Pa。

式中 $\Delta\bar{p}$、f、$\bar{p}_0$ 均可由仪器测得，经计算即可得出 R 值。表征数值 R 越小，流化质量越好，反之亦然。实验表明，用流化指数 R（有时需要加以修正）来判断流态化质量能达到令人满意的结果。

流化状况的判断，除了可用仪器测量外，常用目测法更为简便。下面列出富钛物料流态化氯化的几条判断依据：

（1）床层压降的脉动振幅小而频率高，流化质量好；

（2）流态化层中轴向和径向温度越均匀一致，温度偏差越小，流化质量越好；

（3）排渣困难，炉渣的流动性差，流化质量差；

（4）炉气中含氯小于0.1%，表明氯化完全，流化质量好。

氯化炉出现的异常现象和处理见表5-11。

表 5-11 氯化炉异常现象和处理

序号	异常现象	原因	处理	序号	异常现象	原因	处理
1	床层压降高	料层厚度太高	减少加料量	3	炉气含氯高	出现不正常流化	找出原因，及时处理
		筛孔被堵塞	停炉清理			氯气流量太大	降低氯气流量
		配碳比不适宜	调整配碳比，补加少量的料			料层太矮	加大混合物料进料量
		未排渣	排渣			反应温度低	提高氯气流量
2	炉温降低	配碳比太低	加大配碳比	4	系统压力高	管道或设备堵塞	疏通管道，及时排渣
		氯气流量小	加大氯气流量			尾气吸收塔淹塔	减少吸收塔水量

5.4.5 氯气利用率和粗四氯化钛质量规格

5.4.5.1 氯气利用率

氯气利用率与所采用的原料品位有关。采用品位高的金红石和经煅烧的石油焦作炉料的氯气利用率高。采用杂质多的高钛渣和未经煅烧的石油焦作炉料的则氯气利用率比较低。后者的氯化典型分析的有关数据列于表 5-12。从中可知，钛的氯化率仅达 91.03%。因此，为了提高氯气利用率，最好使用煅烧焦和高品位的金红石作炉料。

表 5-12 氯气消耗举例

产物	产品	炉渣	一号收尘渣	二号收尘渣	过滤泥浆	尾气
占有率/%	91.03	0.57	2.8	2.45	0.95	2.3
氯化物	$TiCl_4$	$FeCl_3$、$AlCl_3$、$MnCl_2$、$CaCl_2$、$MgCl_2$	$FeCl_3$、$MnCl_2$、$TiCl_4$、$AlCl_3$	$FeCl_3$、$MnCl_2$、$TiCl_4$、$AlCl_3$	$TiCl_4$、$FeCl_3$、$AlCl_3$、$MnCl_2$	Cl_2、$TiCl_4$、HCl、$SiCl_4$

5.4.5.2 工业（粗）$TiCl_4$ 质量规格

日本住友钛厂对粗 $TiCl_4$ 要求：含 $TiCl_4$ 大于 98%；杂质总和小于 2%，其中，含低沸点杂质小于 1.5%，$VOCl_3$ 小于 0.3%，固体杂质小于 1%；外观为淡黄色（1 级）等项要求。

我国某厂对粗 $TiCl_4$ 要求：含 $TiCl_4$ 大于 98%，固液比小于 0.5%。

有关流态化氯化制备四氯化钛的“三废”处理和安全问题详见本书第 8 章和第 29 章。

5.4.6 高钙镁富钛料的氯化

世界钛资源中以岩矿居多，占 77%，特别是大型或超大型共生矿。它们的特点是含钛品位低，而含 CaO 和 MgO 量高，给提取冶金带来困难。为了利用这部分资源，许多国家对此进行了大量的研究工作。在从这些钛资源氯化制取 $TiCl_4$ 工艺中，前苏联主要采用熔盐氯化工艺。这种工艺在前苏联已实现了工业化，生产技术已相当成熟，其炉体结构如图 5-12 所示。原料为这类资源的低品位钛渣，含 ΣTiO_2 83% ~ 90%、$\Sigma(CaO + MgO)$ 0.7% ~ 2.6%，用废电解质作熔盐，使用粉料直接入炉氯化。在表 5-6 中列出了前苏联熔盐氯化的有关参数。在氯化过程中，CaO 和 MgO 分别生成 $CaCl_2$ 和 $MgCl_2$。而这些氯化物进入熔盐中，不会对氯化过程产生任何影响，从而顺利地解决了钛岩矿资源利用这一难题。

用中国四川攀枝花矿生产的高钙镁富钛料（MgO 和 CaO 含量有时高达 6%～9%），流态化氯化所生成的 $MgCl_2$ 和 $CaCl_2$ 呈熔融状态，易黏结物料，当 $MgCl_2$ 和 $CaCl_2$ 积累到一定程度后，便会破坏正常的流态化，使流态化氯化作业无法进行。经研究表明，用下述经改进的方法或熔盐氯化法处理这种高钙镁富钛料是可行的。

（1）在现行流态化氯化炉上改进的工艺。采取提高炉温（达 900～1000℃）、增大配碳量（碳/矿比达 0.3～0.35）、增大氯气流速和加大排渣量等措施。经改进的这种工艺，在氯化含(MgO + CaO) = 0.521%～5.74% 高镁钙人造金红石时，炉内流态化状态良好，可以进行连续作业。

（2）采用无筛板流态化炉。无筛板流态化炉底结构如图 5-21 所示。因为不设筛板，流化床内物料和流体的返混如图 5-22 所示。这与有筛板流化床内物料和流体的返混（见图 5-3）是有些差异的。

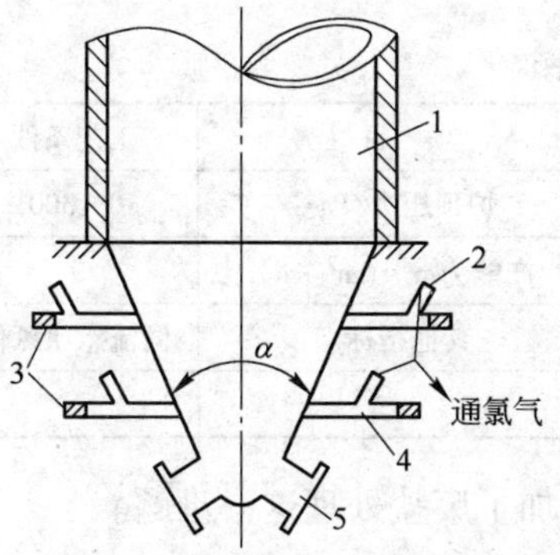

图 5-21　无分布板氯化炉炉底示意图

1—炉体；2—清理孔；3—塞子；
4—喷嘴（2 排）；5—排渣口

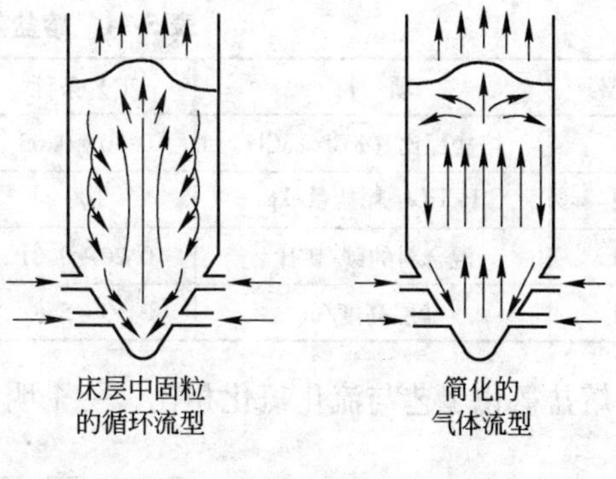

图 5-22　无分布板流化床内物料和流体的返混

我国学者为了设计合理的无筛板氯化炉炉底结构，工业实验前先进行了数学模型研究。实验研究得出，对于该种炉型，底角（α）最佳值为 52°；最佳静床高度（L）为 585mm；最佳空气流量（V）为 520m^3/h（即空膛线速度为 32.72cm/s）。

根据上述数学模型研究结果，设计了直径 1.2m 无筛板沸腾氯化炉，在工厂进行了工业试验。实验采用的氯化炉内径为（D_A）1.2m，高（H）为 11.28m；炉底主要技术参数为：$\alpha = 52°$；喷嘴数 25 个；$d = 25$mm；开孔率 1.09%。

原料为高钛渣，其化学成分列于表 5-13，粒度小于 0.074mm 占 23.3%；还原剂采用 3 号石油焦（固定碳含量为 84.73%）；氯气为液氯与阳极氯气（$MgCl_2$ 电解所得）的混合氯气。

表 5-13　攀枝花矿钛渣化学成分

成　分	TiO_2	TFe	MgO	CaO	SiO_2	Al_2O_3	Mn
含量/%	84.86	3.19	5.38	1.33	2.33	1.54	0.30

无筛板氯化炉在试验过程中，连续稳定运转55日，床层内$MgCl_2$与$CaCl_2$的含量达18.03%，反应良好，沸腾状态稳定，炉况正常，排渣顺畅，排出的炽热炉渣呈疏松的颗粒状，流动性很好，实测炉渣温度为1010℃。在操作过程中，可以观察到压差有规律的跳动，其脉动范围通常在几十帕到几百帕之间，这说明沸腾状态是稳定的。

试验取得了良好的技术经济指标：钛的氯化率达97.23%；$TiCl_4$单炉产能22.1 t/(m²·d)；粗$TiCl_4$的质量符合企业标准，并用它生产出合格的海绵钛。

工厂采用直径1m无筛板沸腾氯化炉氯化砂矿钛渣生产$TiCl_4$。氯化炉连续稳定运转10个月，获得良好的技术经济指标，其运转周期为筛板沸腾氯化炉的5倍，避免了有筛板沸腾氯化炉筛板孔眼易于堵塞、破坏流化状态的弊病。用这种方法处理含（MgO + CaO）达7%～10%的钛渣，氯化炉的流态化状态良好。其工艺参数与用有筛板流态化炉氯化大致相同。

(3) 采用熔盐氯化工艺。中国熔盐氯化制取$TiCl_4$工业实验，每吨$TiCl_4$耗盐100kg。其熔盐氯化的工艺条件举例于表5-14。所用的氯化设备是参考中国流态化氯化炉和前苏联的熔盐氯化炉设计的。

表5-14 熔盐氯化工艺条件举例

序号	项目	工艺条件	序号	项目	工艺条件
1	熔盐配比（KCl/NaCl）	0.30～0.05	5	炉顶压力/Pa	0～300
2	1t $TiCl_4$耗盐量/kg	100	6	炉生产能力/t·(m²·d)⁻¹	9
3	混合料的碳/矿比	0.20～0.21	7	其他指标	同流态比氯化
4	盐层高度/m	3～5			

熔盐氯化工艺与流化氯化相比，一个明显的弊病是增加了废盐处理这一难题。

参考文献

1 《中国大百科全书·矿冶》编辑委员会. 中国大百科全书·矿冶. 北京：大百科全书出版社，1984：733
2 井関顺吉. 国外稀有金属，1987，(6)
3 卢天雄. 流化床反应器. 北京：化学工业出版社，1986：26～55
4 金家敏，等. 第三届全国粉末冶金学术会议论文集，中国金属学会粉末冶金委员会等，1983
5 黄权英，等. 钢铁钒钛，1987，(1)：18
6 《稀有金属手册》编辑委员会. 稀有金属手册（下册）. 北京：冶金工业出版社，1995：127
7 熊炳昆，等. 锆铪冶金. 北京：冶金工业出版社，2002：278

6 精制四氯化钛

6.1 粗四氯化钛的成分和性质

6.1.1 杂质的分类和性质

粗四氯化钛是一种红棕色浑浊液，含有许多杂质，成分十分复杂。其中，重要的杂质有 $SiCl_4$、$AlCl_3$、$FeCl_3$、$FeCl_2$、$VOCl_3$、$TiOCl_2$、Cl_2、HCl 等。按其相态和在四氯化钛中的溶解特性，可分为气体、液体和固体杂质；按杂质与四氯化钛沸点的差别可分为高沸点杂质、低沸点杂质和沸点相近的杂质（见表6-1）。这些杂质在四氯化钛液中的含量随氯化所用原料和工艺过程条件不同而异。

我国工业粗 $TiCl_4$ 大致成分如下：

成分	$TiCl_4$	$SiCl_4$	Al	Fe	V	Mn	Cl_2
含量/%	>98	0.1~0.6	0.01~0.05	0.01~0.04	0.005~0.10	0.01~0.02	0.05~0.3

这些杂质对于用作制取海绵钛的 $TiCl_4$ 原料而言，几乎都是程度不同的有害杂质，特别是含氧、氮、碳、铁、硅等杂质元素。例如 $VOCl_3$、$TiOCl_2$ 和 Si_2OCl_6 等含有氧元素的杂质，它们被还原后，氧即被钛吸收，相应地增加了海绵钛的硬度。如果原料中含 0.2% $VOCl_3$ 杂质，可使海绵钛含氧量增加 0.0052%，使产品的硬度 HB 增加了 4。显然必须除去这些杂质，否则，用粗 $TiCl_4$ 液作原料，只能制取杂质含量为原料中杂质含量 4 倍的粗海绵钛。

对于制取颜料钛白的原料而言，特别要除去使 $TiCl_4$ 着色（也就是使 TiO_2 着色）的杂质，如 $VOCl_3$、VCl_4、$FeCl_3$、$FeCl_2$、$CrCl_3$、$MnCl_2$ 和一些有机物等，但 $TiOCl_2$ 则不必除去。随着这些着色杂质的种类和数量的不同，粗 $TiCl_4$ 液的颜色呈黄绿色至暗红色。粗 $TiCl_4$ 液中杂质的分类和特性见表 6-1。

表 6-1 粗 $TiCl_4$ 液中杂质的分类和特性

组 分	物 态	名 称	熔点/℃	沸点/℃	密度/$g \cdot cm^{-3}$	常温下的特性
低沸点杂质	气 体	Cl_2	-101	-34	3.2×10^{-3}	黄绿色气体
		HCl	-114	-85	1.6×10^{-3}	无色气体
		O_2	-219	-183	1.4×10^{-3}	无色气体
		N_2	-210	-196	1.3×10^{-3}	无色气体
		CO_2	-56.7	-78.5	2.0×10^{-3}	无色气体
		$COCl_2$	-127.8	7.5	1.8×10^{-3}	无色气体
		COS	-139	-50.3	2.7×10^{-3}	无色气体

续表 6-1

组 分	物 态	名 称	熔点/℃	沸点/℃	密度/g·cm^{-3}	常温下的特性
低沸点杂质	液 体	$SiCl_4$	-68	57	1.48	无色液体
		CCl_4	-23	56.7	1.585	无色液体
		$CH_2ClCOCl$	-21.5	106	1.41	无色液体
		CH_3COCl	-57	118.1	1.62	无色液体
		CCl_3COCl	-72.7	115		无色液体
		CS	-112	46	2.26	无色液体
		$POCl_3$	1.2	107.3	1.68	无色液体
沸点相近的杂质		S_2Cl_2	-76	138	1.69	橙黄色液体
		Si_2OCl_6	-29	135		无色液体
		$VOCl_3$	-77	127.2	1.836	黄色液体
		VCl_4	-35	154	1.816	暗棕红色液体
		$TiCl_4$	-23	136.4	1.726	无色液体
高沸点杂质	固 体	$AlCl_3$	192.4	180.5	2.44	灰紫色晶体
		$FeCl_3$	306	315（分解）	2.898	棕褐色晶体
		C_6Cl_6	227.5	322	2.044	无色固体
		$TiOCl_2$				亮黄-白色晶体
		$ZrCl_4$	437	331（升华）	2.8	白色固体
		$NbCl_5$	204.7	247.4	2.75	浅黄色针状物
		$TaCl_5$	216.5	233	3.68	黄色固体
		$CoCl_2$	735	1049		浅蓝色盐类
		$MoCl_5$	194	268		紫褐色晶体
		TiO_2	1842	2670	4.18~4.25	白色晶体
		$MgCl_2$	708	1412	2.316~2.33	白色固体
		$MnCl_2$	650	1190	2.98	淡红色固体
		$FeCl_2$	670~674	1030	3.16	白色晶体
		C		4200	1.8~2.1	黑褐色粉末
		$CaCl_2$	772	<1600	2.15	白色固体
		$VOCl_2$	-77.0		2.88	草绿色晶体
		$CrCl_3$	1100			红紫色固体
		CuCl	430	1359		白色晶体
		$CuCl_2$	498			棕黄色晶体

三氯氧化钒（$VOCl_3$）是一种黄色液体，极易吸湿。它能很容易地和 $TiCl_4$ 等金属氯化物互溶。由于它的化学活性较大且稳定性差，至今对其物理化学性质的研究不够深入。

$VOCl_3$ 的密度 ρ（g/cm^3）是随着温度升高而降低的，有下列计算式：

$$\rho = (0.5393 + 4.35 \times 10^{-4}t + 7.66 \times 10^{-7}t^2)^{-1}$$

$VOCl_3$ 的黏度 μ（Pa·s）随着温度升高迅速下降，其值不大，并有下列经验计算式：

$$\mu = (1043.9 + 13.76t)^{-1}$$

将液体 $VOCl_3$ 的密度和黏度值列入表 6-2 中。

表 6-2 三氯氧化钒的密度和黏度

温度/℃		0	20	30	40	50	70	90	105	120
密度 ρ/g·cm^{-3}		1.854	1.825	1.809	1.791	1.776	1.740	1.703	1.673	1.653
黏度 /Pa·s	实测值			0.683 $\times10^{-3}$	0.623 $\times10^{-3}$	0.573 $\times10^{-3}$	0.498 $\times10^{-3}$	0.439 $\times10^{-3}$	0.405 $\times10^{-3}$	0.368 $\times10^{-3}$
	计算值	0.972 $\times10^{-3}$		0.686 $\times10^{-3}$	0.627 $\times10^{-3}$	0.577 $\times10^{-3}$	0.498 $\times10^{-3}$	0.438 $\times10^{-3}$	0.402 $\times10^{-3}$	0.371 $\times10^{-3}$

$VOCl_3$ 的蒸气压 p（Pa）随温度的升高而增大，有下列经验式：

$$\lg p = -2.5 \times 10^5 T^{-1} + 1020$$

将其计算值和实测值列入表 6-3 中。

表 6-3 三氯氧化钒的蒸气压

温度/℃		58.4	67.3	75.3	77.2	83.4	89.2	95.0	101.4	108.0	113.2	116.4	120.1	123.7	124.3	126.8
蒸气压 /kPa	计算值	10.55	15.11	20.25	21.64	26.90	32.68	39.48	48.32	59.16	68.94	75.53	83.88	92.73	94.22	101.08
	实测值	10.00	14.50	20.78	21.87	26.67	32.81	38.57	48.55	59.08	68.80	76.31	83.64	91.10	91.37	

粗 $TiCl_4$ 和杂质氯化物蒸气压与温度的关系见表 6-4。

表 6-4 粗 $TiCl_4$ 和杂质氯化物蒸气压与温度的关系

氯化物	t/℃					氯化物	t/℃				
$TiCl_4$	9.4	48.4	71.0	112.7	136	$MgCl_2$	877	1050	1142	1316	1418
$VOCl_3$	0.2	40	62.5	103.5	127.5	$CaCl_2$					1900
$SiCl_4$	-44.1	-12.1	5.4	38.4	56.8	$FeCl_2$		779	842	961	1026
$AlCl_3$	116.4	139.9	152.0	171.6	180.2	相应蒸气压 /kPa	0.67	5.32	13.30	53.20	101.08
$FeCl_3$	22.8	256.8	272.5	298	318.9						

粗 $TiCl_4$ 中某些杂质与 $TiCl_4$ 的分离系数 α 见表 6-5，这是在 0.1MPa 压力下测得的数据。

表 6-5 粗 $TiCl_4$ 中某些杂质与 $TiCl_4$ 的分离系数 α

杂 质	α	杂 质	α	杂 质	α
$VOCl_3$	1.22	$SnCl_4$	1.68	Si_2Cl_6	0.40
Si_2OCl_6	1.47	1，2-$C_2H_4Cl_2$	8.6	$POCl_3$	0.78
$SiCl_4$	约 9	1，1，2-$C_2H_3Cl_3$	2.2	$CH_2ClCOCl$	4.0
CCl_4	约 5	$SOCl_2$	7	CCl_3COCl	1.79
$FeCl_3$	0.071	$SiHCl_3$	约 16	$CHCl_2COCl$	1.6
SO_2Cl_2	约 10	PCl_3	2.0	S_2Cl_2	约 1

粗 $TiCl_4$ 的沸点随溶解的杂质的特性和含量而异，一般说来，高沸点杂质的溶解可使其沸点升高。相反，低沸点杂质的溶解可使其沸点降低。

图 6-1 和图 6-2 分别为 $TiCl_4$-$SiCl_4$ 系和 $TiCl_4$-$VOCl_3$ 系组成沸点图。

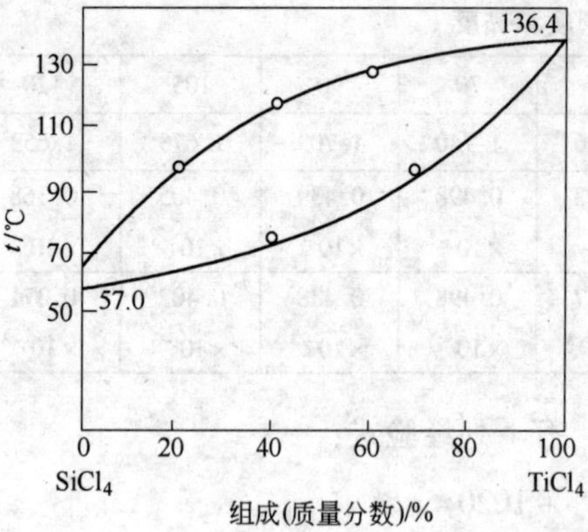

图 6-1 $TiCl_4$-$SiCl_4$ 系组成沸点图

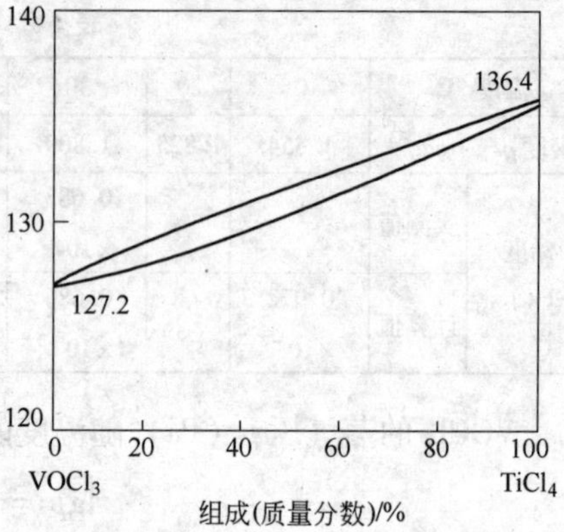

图 6-2 $TiCl_4$-$VOCl_3$ 系组成沸点图

$TiOCl_2$ 的饱和溶解可使 $TiCl_4$ 沸点升高 2℃，可产生下列置换反应：

$$TiOCl_2 + AlCl_3 = AlOCl + TiCl_4$$

溶解 1% ~2% $SiCl_4$ 可使 $TiCl_4$ 沸点分别降低 1 ~2℃，溶解 1% CCl_4 可使 $TiCl_4$ 沸点降低 1℃。

6.1.2 气体杂质在 $TiCl_4$ 中的溶解度

6.1.2.1 气体杂质的溶解度

大部分气体杂质在 $TiCl_4$ 中的溶解度不大，并且随温度升高而下降，在沸腾时易于从中逸出，因而容易除去这些杂质。在 0.1MPa 压力下，它们在 $TiCl_4$ 中的饱和溶解度列于表 6-6。

表 6-6 气体杂质在 $TiCl_4$ 中的溶解度（质量分数/%）

气体杂质	t/℃								
	0	20	40	60	80	90	96	100	136
Cl_2	11.5	7.60	4.10	2.40	1.80			1.10	0.03
HCl		0.108	0.078	0.067	0.059			0.05	
$COCl_2$		65.5	24.8	5.60	2.00			0.01	
O_2	0.0148	0.013	0.0119	0.0099	0.0072		0.0038		
N_2	0.070	0.0063	0.0054	0.0046	0.0034		0.0019		
CO	0.0094	0.0082	0.0072	0.0063		0.0025			
CO_2		0.140	0.092	0.056		0.030			
COS	9.50	5.70	3.50	2.20	1.10				

由于上述气体在 $TiCl_4$ 中有一定的溶解度，所以，输送和保存 $TiCl_4$ 液体不宜用上述气体介质，否则会影响海绵钛的质量。实验表明，在相同的条件下，用氩气压送 $TiCl_4$ 制得海绵钛的布氏硬度为97，而用空气或氧压送时则分别为114 和118。因此常用氩气作为输送和保存纯 $TiCl_4$ 液的气体介质而不用空气、氮气及氧气。

6.1.2.2　液体杂质的溶解度

$TiCl_4$ 中的液体杂质 $SiCl_4$、CCl_4、$VOCl_3$、CS_2、$SOCl_2$、$CH_2ClCOCl$、S_2Cl_2，可按任意比例与 $TiCl_4$ 互溶，因而这些杂质是最难分离的。图6-3～图6-8所示分别为 $SiCl_4$、$VOCl_3$、CCl_3COCl 在 $TiCl_4$ 中的溶解情况及其气相-液相平衡图。图中，x 为易挥发成分液相组成，y 为易挥发成分气相组成，α 为相对挥发度。

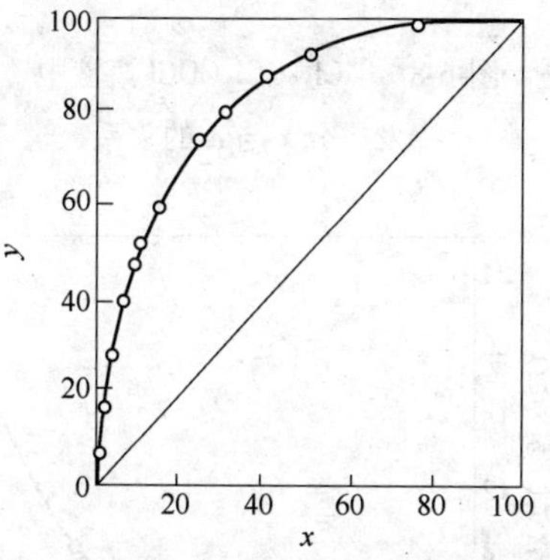

图6-3　$TiCl_4$-$SiCl_4$ 系的气-液相平衡状态图

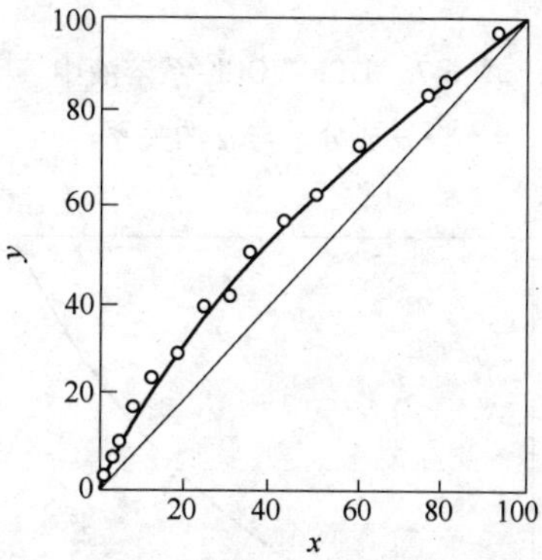

图6-4　$TiCl_4$-$VOCl_3$ 系的气-液平衡状态图

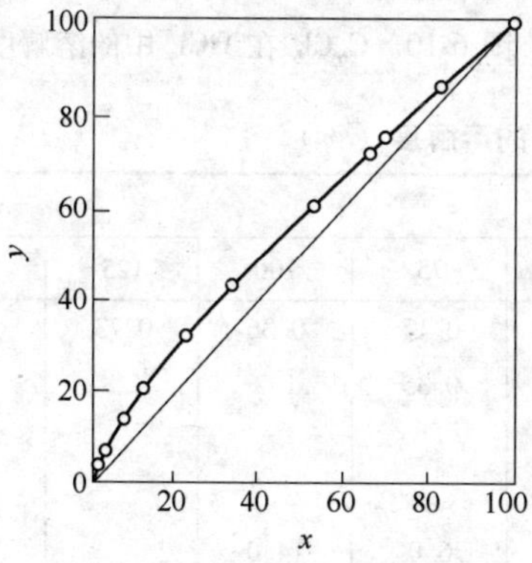

图6-5　$TiCl_4$-CCl_3COCl 系的气-液相平衡状态图

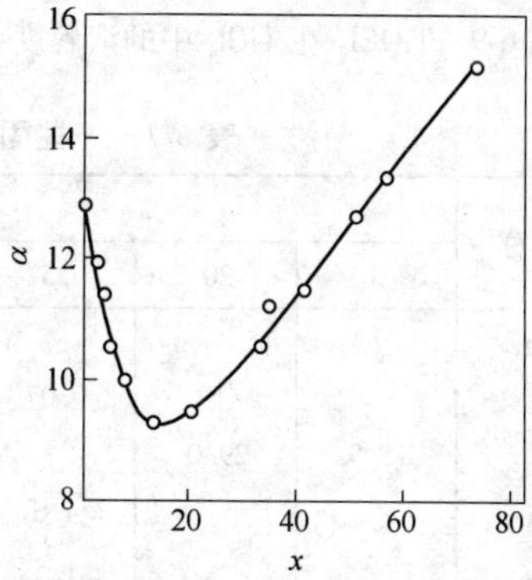

图6-6　$TiCl_4$-$SiCl_4$ 系溶液中挥发成分 x 与 α 的关系

6.1.2.3　固体杂质的溶解度

$TiCl_4$ 中的悬浮物杂质几乎不溶于 $TiCl_4$，大多数固体杂质的溶解度比较小，因此，比较容易除去。$TiOCl_2$ 和 C_6Cl_6 在 $TiCl_4$ 中的溶解度曲线分别绘于图6-9和图6-10中。

一些固体杂质在 $TiCl_4$ 液中的溶解度见表6-7。

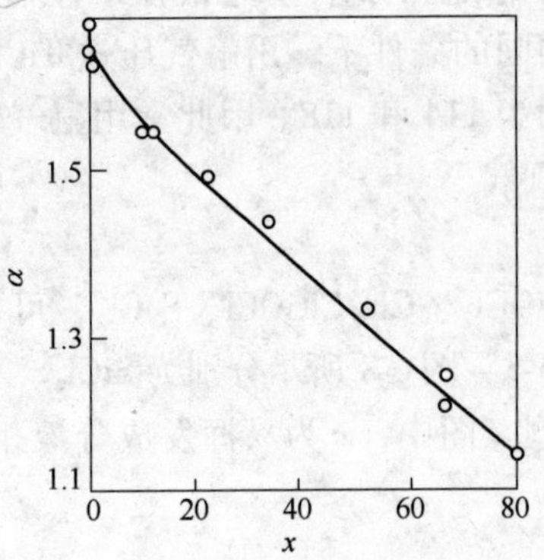

图 6-7 $TiCl_4$-$VOCl_3$ 系溶液中挥发成分 x 与 α 的关系

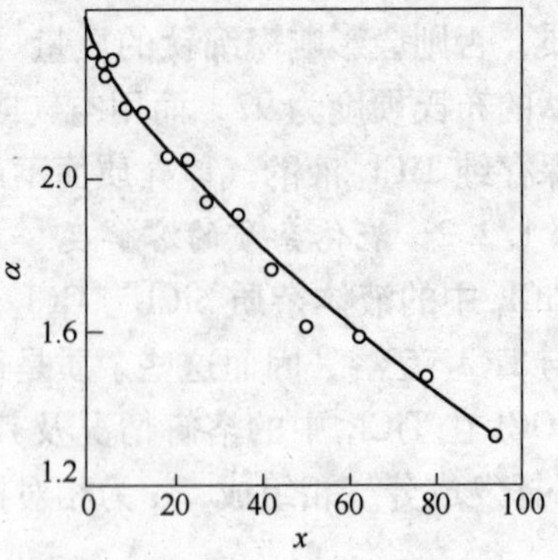

图 6-8 $TiCl_4$-CCl_3COCl 溶液中挥发成分 x 与 α 的关系

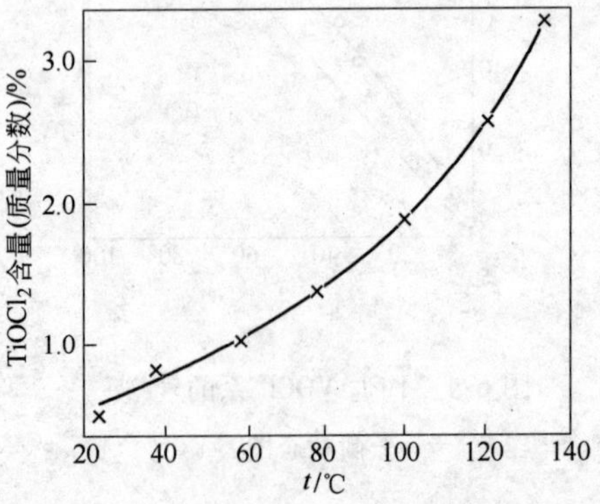

图 6-9 $TiOCl_2$ 在 $TiCl_4$ 中的溶解度

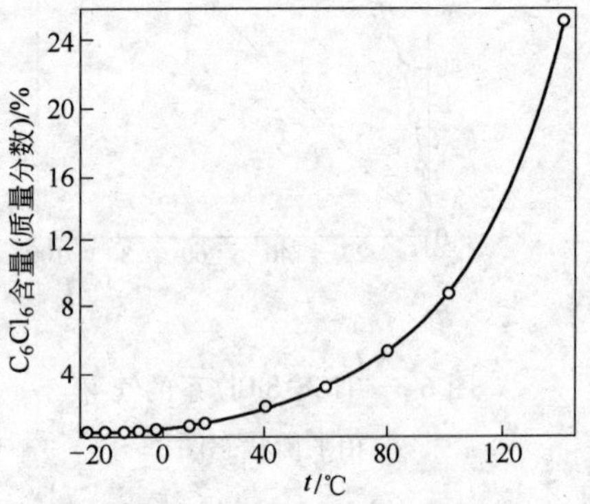

图 6-10 C_6Cl_6 在 $TiCl_4$ 中的溶解度

表 6-7 一些固体杂质在 $TiCl_4$ 液中的溶解度（%）

杂质名称	t/℃								
	0	20	25	50	60	75	100	125	135
$HgCl_2$				0.06		0.17	0.36	0.73	
$AlCl_3$			0.07	0.13		0.35	1.2	4.8	
$GaCl_3$	15.9	29.0							
$SbCl_3$			4.6	11.8	21.0				
$NbCl_5$			1.5	3.0		6.0	14.0		
$TaCl_5$			1.6	2.9			5.8	14.0	
$SeCl_4$			0.03	0.09		0.23	0.52	1.29	
$TeCl_4$			0.04	0.11		0.30	0.76	1.88	
$MoCl_5$			0.4	0.8		2.0	3.8	10.3	
WCl_6			0.2	0.3		0.7	1.8	5.9	
$FeCl_3$			0.0008	0.0010		0.0013	0.0032	0.0153	0.0284
$CrCl_3$					0.0008		0.00052		
$TiOCl_2$			0.54		1.00		1.83	2.53	3.36

6.2 精制原理

粗 $TiCl_4$ 中各种杂质众多，待分类后，为了便于分析，在每组杂质中找出一种有代表性的杂质，作为关键组分，来表示精制的主要分离界限。实践表明，在粗 $TiCl_4$ 液中，当某关键组分精制合格时，则可以认为该组全部杂质基本已被分离除去。所选择的关键组分不仅要含量大，特别要分离最困难。找出高沸点杂质中的 $FeCl_3$、低沸点杂质中的 $SiCl_4$、沸点相近杂质中的 $VOCl_3$ 分别作为相应组的关键组分。这样，一个多元体系的分离，便可以简单地看作 $TiCl_4$-SiCl-$VOCl_3$-$FeCl_3$ 四元体系的分离。

针对在粗 $TiCl_4$ 中各种杂质具有的不同特性，应该使用不同的分离方法加以精制。

6.2.1 物理法除高沸点和低沸点杂质

对于粗 $TiCl_4$ 液中的高沸点和低沸点杂质，根据它们和 $TiCl_4$ 沸点或相对挥发度相差大的特点，可用物理法——蒸馏或精馏法分离。

但是，高沸点杂质和低沸点杂质的物理特性也有差异，这表现在它们分离的难易程度上也不完全相同。因此，对于容易分离的高沸点杂质采用蒸馏方法加以分离；对于分离较困难的低沸点杂质则采用精馏方法加以分离。

6.2.1.1 蒸馏除高沸点杂质

$FeCl_3$ 等高沸点固体杂质在 $TiCl_4$ 中的溶解度都很小，有的呈悬浮物状态分散在 $TiCl_4$ 中。在氯化作业中，已用机械过滤法除去了大部分悬浮物。但余下的极细的固体杂质颗粒，在四氯化钛中形成胶溶液，同时还少量地溶解于 $TiCl_4$ 中，单靠机械过滤难以完全除去，需采用蒸馏方法精制。

蒸馏作业是在蒸馏塔中进行的。控制蒸馏塔底温度略高于 $TiCl_4$ 的沸点（约 140 ~ 145℃），使易挥发组分 $TiCl_4$ 部分汽化；难挥发组分 $FeCl_3$ 等因挥发性小而残留于塔底，即使有少量挥发，也可能被下落的冷凝液滴冷凝而重新返落于塔底。控制塔顶温度在 $TiCl_4$ 沸点（137℃左右），由于塔内存在一个小的温度梯度，$TiCl_4$ 的蒸气在塔内形成内循环，向上的蒸气和下落的液滴间接触，进行了传热传质过程，增加了分离效果。在这个过程中，沿塔上升的 $TiCl_4$ 蒸气中的 $FeCl_3$ 等高沸点杂质逐渐降低，纯 $TiCl_4$ 蒸气自塔顶逸出，经冷凝器冷凝成馏出液，而釜残液中 $FeCl_3$ 等高沸点杂质不断富集，定期排出使之分离。

6.2.1.2 精馏除低沸点杂质

低沸点杂质包括溶解的气体和大多数液体杂质。其中气体杂质在加热蒸发时易于从塔顶逸出，分离容易。但 $SiCl_4$ 等液体杂质大多数和 $TiCl_4$ 互为共溶，相互间的沸点差和分离系数又不是特别大，因此分离比较困难。如 $TiCl_4$-$SiCl_4$ 混合液经过一次简单蒸馏操作还不能达到良好的分离，必须经过一系列蒸馏釜串联蒸馏才能完全分离。实践中采用一种板式塔代替上述一系列串联蒸馏装置，也就是将一系列蒸馏釜重叠成塔状，每一块塔板就相当于一个蒸馏釜。这种蒸馏装置称为精馏塔，它节约占地面积和热能，操作简单而高效。全塔所进行的部分冷凝和部分气化一系列累积过程就是精馏。精馏必须要有回流。我国 $TiCl_4$ 精馏工艺常选用浮阀塔，下面就来重点介绍这种塔的精馏过程。

精馏塔分两段：下部为提馏段，用以将粗 $TiCl_4$ 中低沸点杂质提出；上部为精馏段，使上升蒸气中的 $SiCl_4$ 等增浓。按物料的特性，塔底控制在 $TiCl_4$ 的沸点温度（140℃左右），塔顶控制在略高于 $SiCl_4$ 的沸点温度（57～70℃），使全塔温呈一温度梯度从塔底至塔顶渐降。

精馏操作时，塔底含有 $SiCl_4$ 等杂质的 $TiCl_4$ 蒸气向塔顶上升，穿过一层层塔板，并和塔顶的回流液和塔中向下流动的料液相迎接触。在每块塔板上，在气液两相间的逆流作用下进行了物质交换。在塔底的蒸气上升时，由于温度递降，挥发性小的 $TiCl_4$ 逐渐被冷凝，因而越向上，塔板上的蒸气中易挥发的 $SiCl_4$ 的浓度越大；相反，塔顶向下流的液相，由于温度递增，挥发性差的 $TiCl_4$ 浓度越大。

为了说明塔内的传热传质过程，取板式塔的一段（图6-11）进行分析。假设任取塔板1、2、3，平均温度分别为 t_1、t_2、t_3（$t_1 > t_2 > t_3$），每块塔板上的 $SiCl_4$ 液相平均含量相应为 x_1、x_2、x_3，气相相应为 y_1、y_2、y_3。

在塔板1上，因 $SiCl_4$ 比 $TiCl_4$ 挥发性大，$SiCl_4$ 气相含量必大于液相含量，故 $y_1 > x_1$。同时，塔板1的蒸气穿过阀孔与塔板2的液相接触，进行传质作用时，因 $t_2 < t_1$，使部分蒸气冷凝，故塔板2上液相中 $SiCl_4$ 的含量必高于塔板1上的含量，故 $x_2 > x_1$。由 $t_3 < t_2 < t_1$，同理可有：$y_3 > y_2 > y_1$，$x_3 > x_2 > x_1$。其余各板均可依次类推有：$y_n > y_{n-1} > \cdots > y_3 > y_2 > y_1$，$x_n > x_{n-1} > \cdots > x_3 > x_2 > x_1$。

由此可以看出：在精馏过程中，塔内蒸气上升时，$SiCl_4$ 的浓度是逐渐增浓；相反，塔顶液体向下溢流时，$TiCl_4$ 浓度逐渐增浓。

塔内的传热传质过程还可以用 $SiCl_4$-$TiCl_4$ 组成沸点图（图6-12）来说明。图中气相线每一点表示某一温度下的平衡气相组成，液相线每一点表示某一温度下的平衡液相组成。

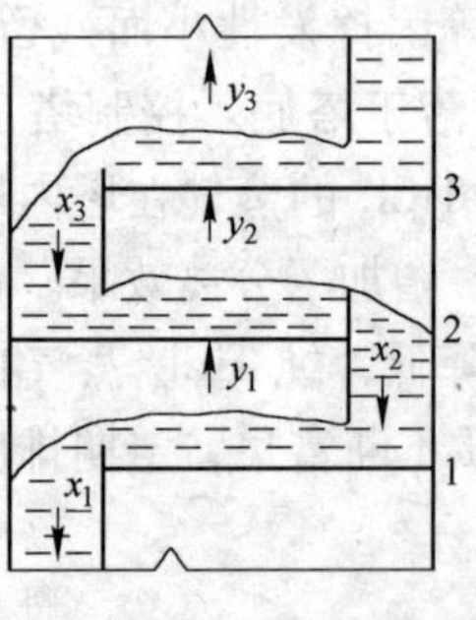

图6-11 板式塔分析图

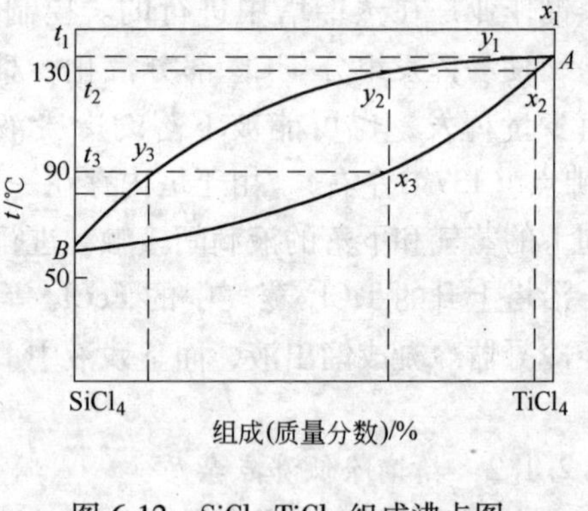

图6-12 $SiCl_4$-$TiCl_4$ 组成沸点图

若精馏塔底部第一块理论塔板上升的 $TiCl_4$ 气体温度为 t_1，所含 $SiCl_4$ 气相组成为 y_1；蒸气达第二块理论塔板时温度为 t_2，其液相含 $SiCl_4$ 为 x_2，相应的气相含 $SiCl_4$ 为 y_2；蒸气达第三块理论塔板时，温度为 t_3，液相含 $SiCl_4$ 为 x_3，相应的气相含 $SiCl_4$ 为 y_3……，依次类推。若有足够多的塔板，由塔底上升的蒸气，气相成分按曲线 $A—y_1—y_2—B$，由 $y_1 \to y_2$ 方向变化，最后可达 B 点，塔顶可以制得几乎是纯 $SiCl_4$ 馏出液。反之，塔顶流下的液体组成沿曲线 $B—x_3—x_2—A$，由 $x_3 \to x_2$ 方向变化，逐步冷凝成含 $SiCl_4$ 很少的 $TiCl_4$ 液，这样 $TiCl_4$ 和 $SiCl_4$ 便得以分离。

6.2.2 化学法除钒杂质

粗 $TiCl_4$ 中的钒杂质主要是 $VOCl_3$ 和少量的 VCl_4，它们的存在使 $TiCl_4$ 呈黄色。精制除钒的目的，不仅是为了脱色，而且是为了除氧。这是精制作业极为重要的环节。

$TiCl_4$ 和钒杂质间的沸点差和相对挥发度都比较小，如 $TiCl_4$-$VOCl_3$ 系两组分沸点差为10℃，相对挥发度 $\alpha = 1.22$；而 $TiCl_4$-VCl_4 系两沸点差为14℃。尽管如此，从理论上讲，利用物理法除钒杂质是可能的，如采用高效精馏塔除钒。该法的优点是无需采用化学试剂，精制过程是连续生产，易实现自动化，分离出的 $VOCl_3$ 和 VCl_4 可以直接使用。缺点是能量消耗大，设备投资大，还需要解决大功率釜的结构，故尚未在工业上应用。

另外，$TiCl_4$-$VOCl_3$ 系两组分凝固点差异较大，约相差54℃，因此也可采用冷冻结晶法除 $VOCl_3$，但冷冻消耗的能量很大，故也未获得工业应用。

为此常采用化学法除钒。化学法除钒是在粗 $TiCl_4$ 中加入一种化学试剂，使 $VOCl_3$（或 VCl_4）杂质选择性还原或选择性沉淀，生成难溶的钒化合物和 $TiCl_4$ 相互分离；或是选择性吸附 $VOCl_3$（或 VCl_4），使钒杂质和 $TiCl_4$ 相互分离；或是选择性溶解 $VOCl_3$，使钒杂质和 $TiCl_4$ 相互分离。

可使用的化学试剂已达数十种，除了铜、铝粉、硫化氢和有机物四种已在工业上广泛应用外，还有碳、活性炭、硅酸、硅粉、铅、锌、铁、锑、镍、钙、镁、钛、$TiCl_3$-$TiCl_2$、Fe-$AlCl_3$、C-H_2O、熔盐、氢、天然气、肥皂、水等。这些试剂在适当的操作条件下，都具有良好的除钒效果。但是，每一种试剂都具有各自的优缺点。

6.2.2.1 铜除钒法

一般认为铜去除 $TiCl_4$ 中的 $VOCl_3$ 的机理是 $TiCl_4$ 与铜反应生成中间产物 $CuCl \cdot TiCl_3$，后者还原 $VOCl_3$ 生成不溶性的 $VOCl_2$ 沉淀：

$$TiCl_4 + Cu = CuCl \cdot TiCl_3$$

$$CuCl \cdot TiCl_3 + VOCl_3 = VOCl_2 \downarrow + CuCl + TiCl_4$$

铜还可与溶于 $TiCl_4$ 中的 Cl_2、$AlCl_3$、$FeCl_3$ 进行反应，当 $AlCl_3$ 在 $TiCl_4$ 中的浓度大于0.01%时，则会使铜表面钝化，阻碍除钒反应的进行。所以，当粗 $TiCl_4$ 中的 $AlCl_3$ 浓度较高时，一般要在除钒之前进行除铝。除铝的方法，一般是将用水增湿的食盐或活性炭加入 $TiCl_4$ 中进行处理，$AlCl_3$ 与水反应生成 AlOCl 沉淀：

$$AlCl_3 + H_2O = AlOCl \downarrow + 2HCl$$

加入的水也可以使 $TiCl_4$ 发生部分水解生成 $TiOCl_2$，在有 $AlCl_3$ 存在时，可将 $TiOCl_2$ 重新转化为 $TiCl_4$：

$$TiCl_4 + H_2O = TiOCl_2 + 2HCl$$

$$TiOCl_2 + AlCl_3 = AlOCl \downarrow + TiCl_4$$

由此可见，在进行脱铝时加入水量要适当，并应有足够的反应时间，以减少 $TiOCl_2$ 的生成量。

前苏联海绵厂曾采用铜粉除钒法精制 $TiCl_4$。我国在生产海绵钛的初期，曾采用过铜粉除钒法。这种方法是间歇操作，铜粉耗量大，从失效的铜粉中回收 $TiCl_4$ 困难，劳动条件差。所以，在20世纪60年代对铜除钒法进行了改进研究，研究成功了铜屑（或铜丝）气相除钒法，后来在工厂中应用。将铜丝卷成铜丝球装入除钒塔中，气相 $TiCl_4$（136～140℃）连续通过除钒塔与铜丝球接触，使钒杂质沉淀在铜丝表面上。当铜表面失效后，从塔中取出铜丝球，用水洗方法将铜表面净化，经干燥后返回塔中重新使用。铜丝除钒法精制 $TiCl_4$ 的工艺流程如图6-13所示。采用该流程，因 $TiCl_4$ 中可与铜反应的 $AlCl_3$ 和自由氯等杂质已在除钒前除去，所以可减少铜耗量，净化1t $TiCl_4$ 一般消耗铜丝2～4kg。

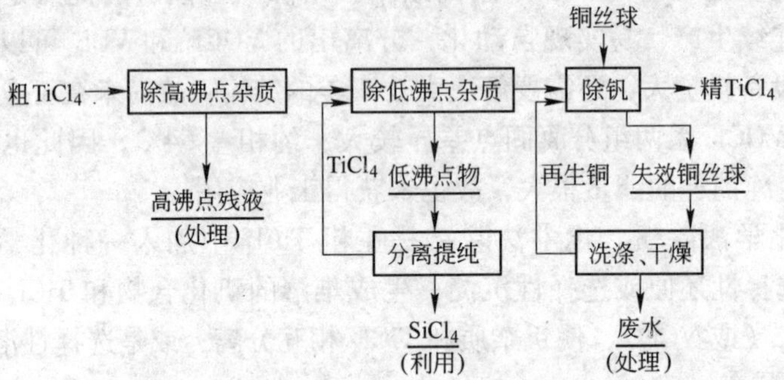

图6-13 铜丝除钒法精制 $TiCl_4$ 流程

铜对产品不会产生污染，除钒同时还可除去有机物等杂质。但失效铜丝的再生洗涤操作麻烦，劳动强度大，劳动条件差，并产生含铜废水污染，也不便于从中回收钒，除钒成本高。所以，铜丝除钒法仅适合于处理含钒量低的原料和小规模生产海绵钛厂使用。

6.2.2.2 铝粉除钒法

铝粉除钒的实质是 $TiCl_3$ 除钒。在有 $AlCl_3$ 为催化剂的条件下，细铝粉可还原 $TiCl_4$ 为 $TiCl_3$，采用这种方法制备 $TiCl_3$-$AlCl_3$-$TiCl_4$ 除钒浆液，把这种浆液加入到被净化的 $TiCl_4$ 中，$TiCl_3$ 与溶于 $TiCl_4$ 中的 $VOCl_3$ 反应生成 $VOCl_2$ 沉淀：

$$3TiCl_4 + Al(粉末) \xlongequal{AlCl_3} 3TiCl_3 + AlCl_3$$

$$TiCl_3 + VOCl_3 \xlongequal{} VOCl_2\downarrow + TiCl_4$$

且 $AlCl_3$ 可将溶于 $TiCl_4$ 中的 $TiOCl_2$ 转化为 $TiCl_4$：

$$AlCl_3 + TiOCl_2 \xlongequal{} TiCl_4 + AlOCl\downarrow$$

前苏联海绵钛厂采用铝粉除钒法取代了原来的铜粉除钒法，使用高活性的细铝粉，每净化1t $TiCl_4$ 消耗0.8～1.2kg铝粉。铝粉除钒法精制 $TiCl_4$ 的流程如图6-14所示。

铝粉除钒可将 $TiCl_4$ 中的 $TiOCl_2$ 与 $AlCl_3$ 反应转化为 $TiCl_4$，有利于提高钛的回收率，除钒残渣易于从 $TiCl_4$ 中分离出来外，还可从中回收钒。但细铝粉价格高，且是一种易爆物质，生产中要有严格的安全防护措施。除钒浆液的制备是一个间歇操作过程。

6.2.2.3 硫化氢除钒法

硫化氢是一种强还原剂，它将 $VOCl_3$ 还原为 $VOCl_2$：

$$2VOCl_3 + H_2S \xlongequal{} 2VOCl_2\downarrow + 2HCl + S$$

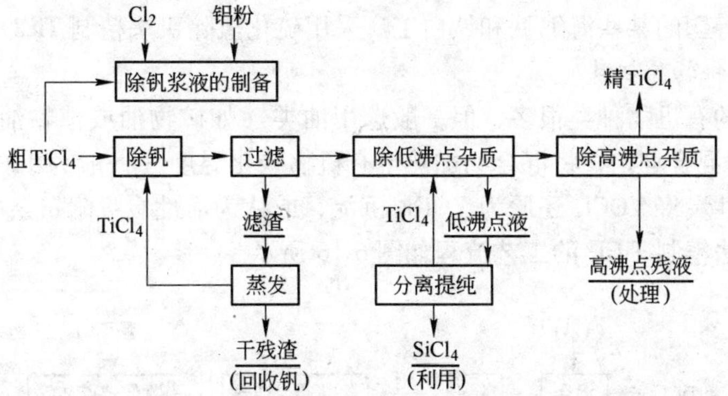

图 6-14　铝粉除钒法精制 $TiCl_4$ 流程

硫化氢也可与 $TiCl_4$ 反应生成钛硫氯化物：

$$TiCl_4 + H_2S \xlongequal{} TiSCl_2 + 2HCl$$

硫化氢与溶于 $TiCl_4$ 中的自由氯反应生成硫氯化物，为避免此反应的发生，在除钒前需对粗 $TiCl_4$ 进行脱气处理以除去自由氯。经脱气的粗 $TiCl_4$，预热至 80～110℃，在搅拌下通入硫化氢气体进行除钒反应，并严格控制硫化氢的通入速度和通入量，以提高硫化氢的有效利用率和减少它与 $TiCl_4$ 的副反应。硫化氢除钒效果好，并可同时除去 $TiCl_4$ 中的铁、铬、铝等有色金属杂质和分散的悬浮固体物。

硫化氢的消耗与被处理的 $TiCl_4$ 中杂质含量和除钒条件有关，一般净化 1t $TiCl_4$ 要消耗 1～2kg H_2S。除钒残渣可用过滤或沉淀方法从 $TiCl_4$ 中分离出来。不过这种残渣的粒度极细，沉降速度小，沉降后的底液的液固比较大，除钒干残渣量一般是原料 $TiCl_4$ 质量的 0.3%～0.35%，其中含钒量可达 4%，残渣中的钛量占原料 $TiCl_4$ 中钛量的 0.25%～0.30%。

硫化氢除钒成本低，但硫化氢是一种具有恶臭味的剧毒和易爆气体，恶化劳动条件；除钒后的 $TiCl_4$ 饱和了硫化氢，必须进行脱气操作以除去溶于 $TiCl_4$ 中的硫化氢，否则在其后的精馏过程中硫化氢会腐蚀设备，并与 $TiCl_4$ 反应生成钛硫氯化合物沉淀，引起管道和塔板的堵塞，并降低 $TiCl_4$ 的回收率。硫化氢除钒精制 $TiCl_4$ 的流程如图 6-15 所示。

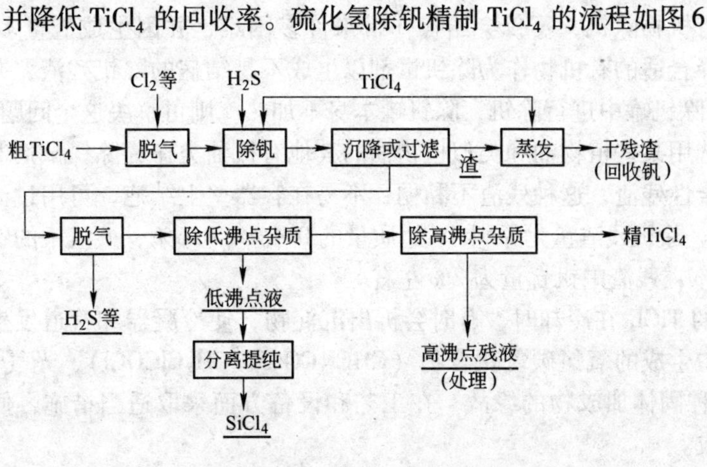

图 6-15　硫化氢除钒精制 $TiCl_4$ 流程图

当原料 $TiCl_4$ 含钒量较高且附近又有硫化氢副产品的工厂时，可考虑选用硫化氢除钒法。美、日、英等国的某些海绵钛和钛白工厂采用硫化氢除钒法精制 $TiCl_4$。

6.2.2.4　有机物除钒法

可用于除钒的有机物种类很多，但一般选用油类（如矿物油或植物油等）。将少量有机物加入 $TiCl_4$ 中混合均匀，将混合物加热至有机物碳化温度（一般为 120～138℃）使其碳化，新生的活性炭将 $VOCl_3$ 还原为 $VOCl_2$ 沉淀，或认为活性炭吸附钒杂质而达到除钒目的。有机物除钒法精制 $TiCl_4$ 的工艺流程如图 6-16 所示。

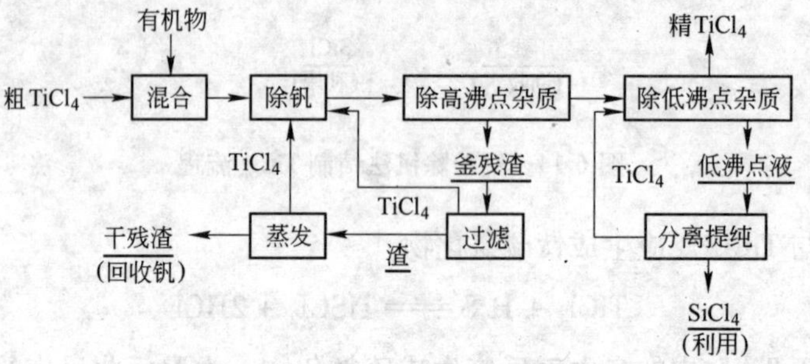

图 6-16　有机物除钒精制 $TiCl_4$ 流程

粗 $TiCl_4$ 与适量有机物的混合物连续加入除钒罐进行除钒反应，并连续从除钒罐取出除钒反应后的 $TiCl_4$（含有除钒残渣），加入高沸点塔的蒸馏釜中进行蒸馏。定期从釜中取出残液进行过滤，过滤的滤液返回除钒罐进行除钒处理，分离出来的除钒残渣（含高沸点物）进行处理回收钒。$TiCl_4$ 的精制过程可连续进行。

有机物除钒操作简便，除钒效果好，但有如下问题需要研究解决：

（1）除钒残渣易在容器壁上结疤。试验发现，用于除钒的有机物种类不同，所生成的除钒残渣的性质也不一样。某些有机物如液体石蜡油作为除钒试剂时，尽管它的加入量只有被处理的 $TiCl_4$ 质量的 0.1%，但在除钒时却生成大量体积庞大的沉淀物。这种沉淀物呈悬浮状态，很难沉淀和过滤，将其蒸浓后的残液呈黏稠状，易在容器壁上黏结成疤。这种疤不仅严重影响传热，而且难以清除。这是因为这类有机物与 $TiCl_4$ 反应生成了聚合性的残渣。使用这类有机物除钒，不仅会给操作带来许多困难，并因生成渣量多而降低 $TiCl_4$ 的回收率。宜选择合适的有机物作为除钒试剂以生成不易结疤的除钒残渣，并采用在外部预热粗 $TiCl_4$ 加入除钒罐中进行除钒，除钒罐本身不加热，则可解决这个问题。

试验发现，选用某些植物油和类似植物油的其他有机油类作为除钒试剂时，生成分散的颗粒状的非聚合性残渣，这种残渣不黏稠，不易在容器壁上结疤，可用过滤方法将其从 $TiCl_4$ 中分离出来。除钒残渣量是原料 $TiCl_4$ 质量的 0.4%～0.6%，残渣中的钛量是原料钛量的 0.3%～0.5%，残渣中钒含量为 2% 左右。

（2）除钒后的 $TiCl_4$ 在冷却时，有时会析出沉淀物，使冷凝器和管道发生堵塞。这是由于在除钒过程中生成的氧氯碳氢化合物（$CHCl_2COCl$，$CH_2ClCOCl$）、光气（$COCl_2$）与 $TiCl_4$ 反应生成一种固体加成物的缘故。在工艺和设备方面采取适当措施，便可防止这种固体加成物的生成。

（3）在除钒过程中会有少量有机物溶于 $TiCl_4$ 中，这些有机物均是低沸点物，需在其后的精馏过程中加以除去。

有机物廉价无毒，使用量少，除钒成本低；除钒同时可除去铬、锡、锑、铁和铝等有色金属及杂质；除钒操作简便，精制 $TiCl_4$ 流程简化，可实现精制过程的连续操作，是一种比较理想的除钒方法。国外已广泛应用这种方法。我国对这种方法的研究和应用还不充分，还有许多问题需研究解决。

在工业生产中应用的四种除钒方法的优缺点和应用范围总结在表 6-8 中。综合考虑，以有机物除钒法较好。

表 6-8 四种工业除钒方法的比较

比较项目	铜丝除钒	铝粉除钒	H_2S 除钒	有机物除钒
除钒试剂物性	无毒固体	易爆粉末	剧毒易爆气体	无毒液体
1t $TiCl_4$ 除钒试剂用量/kg	2 ~ 4	0.8 ~ 1.2	1 ~ 2	0.3 ~ 1
可否连续操作	间　歇	制备除钒浆液是间歇的	可连续	可连续
是否腐蚀设备	不腐蚀	不腐蚀	可能腐蚀	残渣可能粘壁
分离残渣的难易程度	操作麻烦	较容易	较　难	较　难
可否综合回收钒	不便于回收	可回收	可回收	可回收
应用范围	含钒低原料的小海绵钛厂	含钒低原料的海绵钛厂	含钒高原料的大海绵钛及钛白厂	含钒高原料的大海绵钛及钛白厂
应用国家	中　国	前苏联	日本和美国	日本和美国

6.3 精制工艺和设备

6.3.1 工艺流程

粗 $TiCl_4$ 的精制工艺（即经简化了的 $TiCl_4$-$SiCl_4$-$VOCl_3$-$FeCl_3$ 四元系的分离）一般必须采用三套分离设备串联操作才能完成。而精制工艺流程方案的确定，却取决于所选择的除钒方法。若选用金属铜除钒，必须最后除钒；若选用有机物、铝粉和 H_2S 除钒，必须首先除钒。它们的工艺流程分别见图 6-13 ~ 图 6-16。

一种采用金属铜除钒的精制工艺方案示于图 6-17*a*。这种工艺由三塔串联使用，一塔除低沸点杂质，二塔除高沸点杂质，三塔除钒杂质。它的优点是可降低铜耗，提高产品质量，但增加了热能的消耗。另一种方案示于图 6-17*b*。这种工艺是两塔串联使用，一塔除

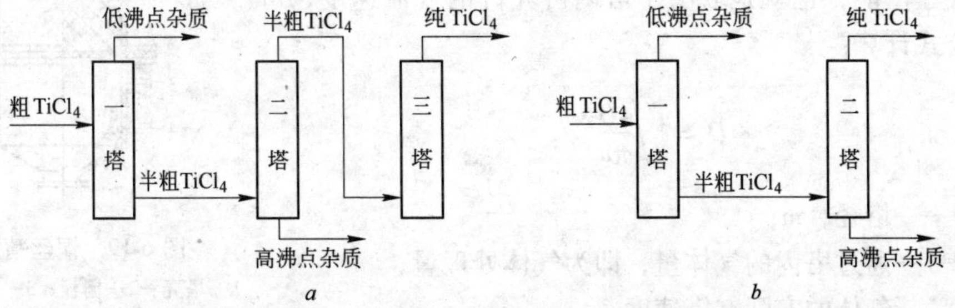

图 6-17 铜丝除钒工艺方案

a—方案一；*b*—方案二

低沸点杂质，二塔装有铜丝球，除钒的同时并除去高沸点杂质。后一种方案设备紧凑，降低了热能的消耗，但铜耗量比前面的方案略有增加。图 6-18 所示就是该方案的设备流程，下面具体介绍其主要设备。

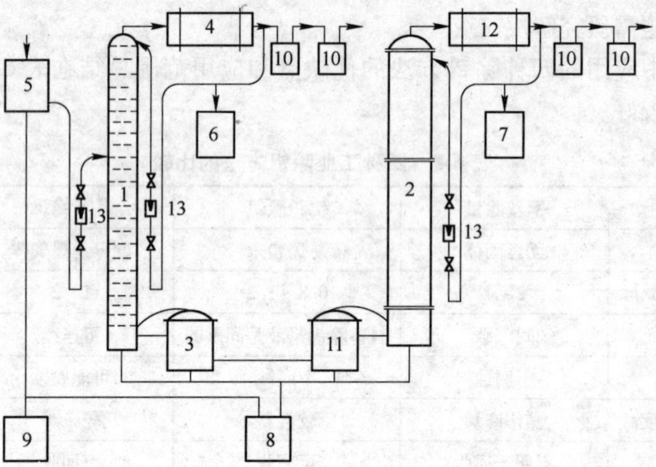

图 6-18　铜丝除钒设备流程示意图

1—浮阀塔；2—铜丝塔；3，11—蒸馏釜；4，12—冷凝器；5—粗 $TiCl_4$ 高位槽；6—$SiCl_4$ 贮罐；7—纯 $TiCl_4$ 贮罐；8—泵槽；9—粗 $TiCl_4$ 贮罐；10—液封罐；13—流量计

6.3.2　蒸馏设备

蒸馏的主要设备是蒸馏釜、蒸馏塔及冷凝器。

6.3.2.1　铜丝蒸馏塔

它是蒸馏塔，兼有除钒和高沸点两种杂质的功能。由于塔内放置的填充料是铜丝球，故称铜丝塔。

铜丝塔结构简单，圆柱形钢塔内上部和下部分别有栅板两块。每块栅板上堆积铜丝球层，要求栅板开孔率大，并有足够强度，其结构如图 6-19 所示。

铜丝塔结构的有关参数可参照填料塔经验公式算出来。塔径取决于产能，也就是取决于塔内可允许的气流速度，可按下列公式计算：

$$D = \sqrt{\frac{4Q}{\pi u}}$$

式中　D——塔径，m；

Q——通过塔内的气体量，即为气体处理量；

u——气体的实际空塔速度。

塔高 H 是按除钒要求设计的，增加铜丝层高度，可增加蒸气在塔内的停留时间，从而提高了除钒效率。但随着

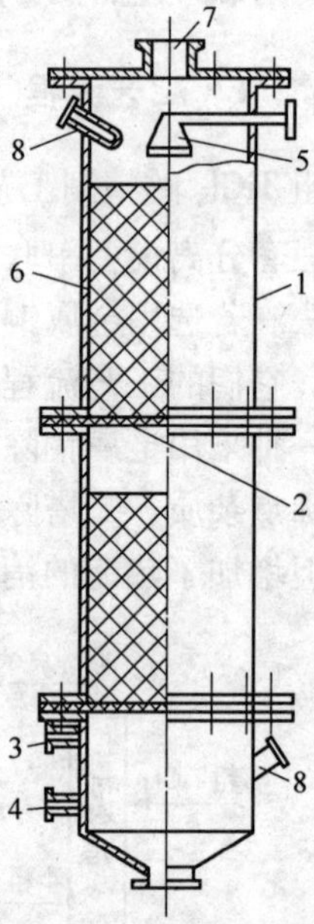

图 6-19　铜丝精馏塔

1—塔壳；2—栅板；3—蒸气管口；4—虹吸管口；5—回流管喷头；6—铜丝球；7—冷凝气管口；8—测温管

塔高的增加，阻力也增大。通常塔高与塔径间应有适当比例，经验上采用：$H/D = 2 \sim 6$。

为了增大铜的表面积，常用直径为 2mm 的铜丝卷成直径约为 150mm 的球堆积而成。

6.3.2.2　蒸馏釜

这是一种加热料液使其汽化的设备。蒸馏釜可直接装入塔的下部，也可用导管连接于塔外的下方。蒸馏有卧式和立式两种，但以立式为多。釜内装有加热装置，形式较多，如有直接式、列管式、夹套式或蛇管式等，用以加热料液，使之汽化。燃料可用天然气、煤气或电加热。

蒸馏釜装于塔外便于清理。图 6-20 所示为立式蒸馏釜的示意图。该釜采用直接式电加热。塔底 $TiCl_4$ 液可沿回流管进入釜中，釜中蒸气则沿蒸气管进入塔中。

由于 $TiCl_4$ 不导电，采用电加热时，直接将加热电阻丝埋入 $TiCl_4$ 液面下，它加热的电效率高。但电阻丝不能露出液面，否则易烧断。

蒸馏釜的容积大小是根据最大生产能力和加热面积来确定的。实践证明，要使生产稳定，分离效果好，釜的装料量不能过多，这样才能保证釜内液面上有较大的空间，使汽化产生的蒸气有充分的机会和液体分离干净而不使其进入蒸馏釜中，影响蒸馏效率。较稳妥的办法是装料容积占釜容积的 50% ~60%。

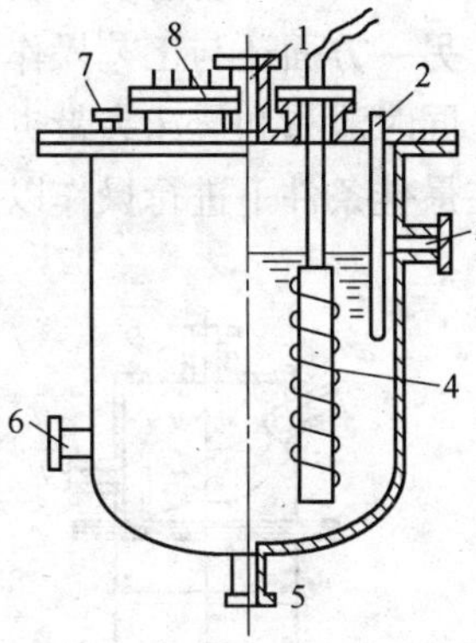

图 6-20　立式蒸馏釜

1—蒸气管；2—测温管；3—溢流管；4—加热元件；5—排渣口；6—回流管；7—测压管；8—加热套筒

6.3.2.3　冷凝器

它是在蒸馏时使逸出的塔蒸气冷凝成馏出液的冷凝设备。冷凝器是常见的一种热交换器，有蛇管式、套管式和列管式三种基本形式。蒸馏设备中通常采用列管式冷凝器。

为了提高冷凝效率，常采用逆流操作，并使塔蒸气从管束内通过，冷却水自管束外通过。

6.3.3　精馏浮阀塔

精馏设备包括精馏塔、蒸馏釜和冷凝器，因蒸馏釜和冷凝器同蒸馏设备结构和大小相同，故从略。已被应用的精馏塔型有填料塔、栅板塔、筛板塔和浮阀塔等。这里主要介绍浮阀塔。

6.3.3.1　浮阀式塔的特性

目前，工业上普遍应用的传质塔设备，除了最早出现的填料塔和泡罩塔外，在改进泡罩塔的基础上，先后出现了一些新型板式塔，浮阀塔则是其中的一种。每种板式塔都具有各自的特点。

精馏浮阀塔结构如图 6-21 所示，它由塔壳和若干塔板所组成，塔板由浮阀塔板、溢流装置和其他构件所组成。每块浮阀塔板上安装一定数目的浮阀片。

浮阀塔兼有泡罩塔和筛板塔的优点，又克服了它们的缺点。蒸馏时，塔内上升蒸气克服塔板上浮阀重量，从阀孔的边缘水平喷入塔板上的液体层中，改善了鼓泡状态，增加了气液接触时间，即使采用较大的蒸气速度，也不会发生雾沫夹带，所以分离效率高。而且操作弹性大，负荷上下限比值可达9。它比填料塔生产能力大，分离效率高，并克服了泡罩塔和筛板塔易被脏黏物料堵塞的缺点。故它是一种综合性能良好的板式塔。

影响浮阀塔塔板的一些主要特性——压力降、泄漏、雾沫夹带和塔板效率等的因素很多。对于分离物系已经被确定的情况下，归纳起来可以分为两个方面：

一方面与塔设备结构有关，如阀重、开孔率、阀开度、堰高、板间距等均能影响塔板特性，因而设计合理的塔设备结构十分重要。

另一方面还与工艺操作条件有关，如操作的空塔速度、液流强度等均能影响塔板特性，同时泄漏和雾沫夹带也对塔板效率有影响。因此，必须制定合理的工艺操作制度，保证在最佳条件下进行操作以提高塔板效率。

6.3.3.2 浮阀塔的设计

小型简单的浮阀塔的结构如图6-21所示。已有专著详细介绍了浮阀塔的工艺和结构设计的有关问题，这里仅扼要地介绍一些工艺设计的原则。

A 塔板的构造

浮阀塔板（见图6-22）可分为盘式和条状两种，盘式应用最多。它又可分为整块式和分块式，对于粗 $TiCl_4$ 精馏而言，一般产能较小，常选用结构简单的整块盘式塔板。

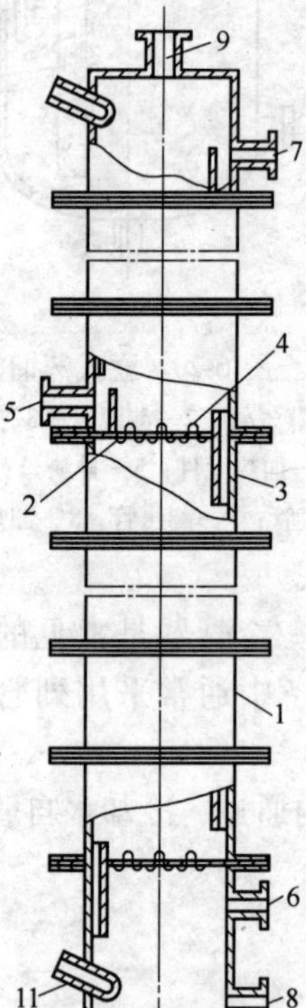

图6-21　浮阀塔

1—塔壳；2—塔板；3—溢流管；4—浮阀；5—加料管口；6—蒸气管口；7—回流管口；8—虹吸管口；9—冷凝气管口；10—排液管口；11—测温管

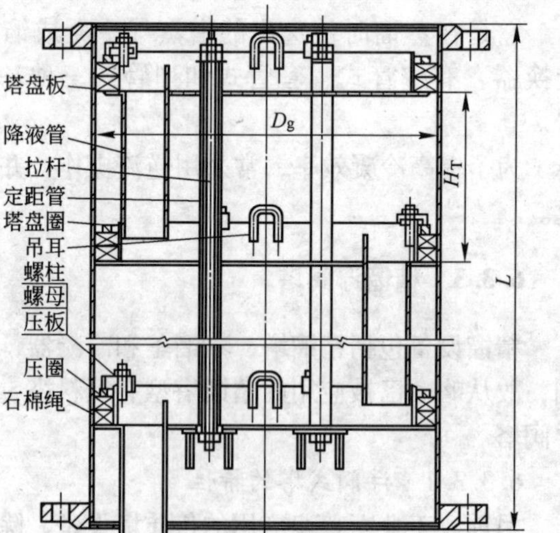

图6-22　整块式定距管式塔板结构

单元浮阀（见图6-23）按阀片和支架的不同可分为十字架形、V形和A形三种基本形式，其中前两种应用较广，A形已逐渐被淘汰。

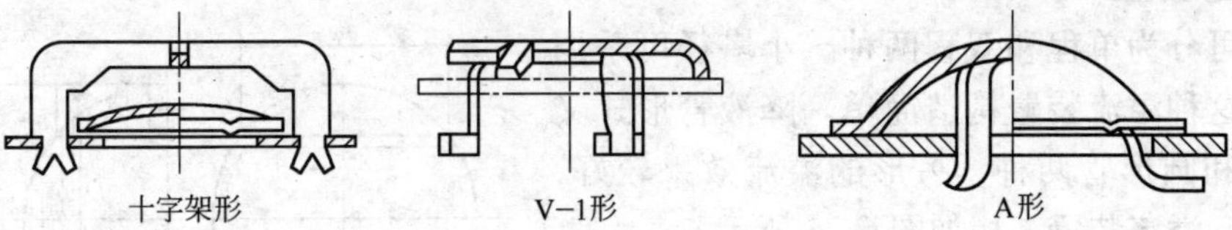

图 6-23　单元浮阀

V 形盘式浮阀是在重盘式（A 形）浮阀经改进和发展而成的，性能比 A 形好，结构简单，造价也低，它的阀片和支腿是一个整体，它用支腿来保证浮阀的位置并进行导向。

十字架形浮阀是 T 形盘式浮阀经改进而成的。与 T 形相比，结构简单，易于加工，钢材利用率提高 30%，而且性能好，操作稳定。它是利用十字支架嵌在塔板上，来固定浮阀位置和进行导向。

A 形盘式浮阀是整块式冲压而成的，冲出三个支腿作为固定位置和导向作用，阀片边缘冲压出三个凸部，以保证阀片下落时与塔板保持最小开度。

几种单元浮阀主要结构尺寸列于表 6-9。

表 6-9　几种单元浮阀主要结构尺寸

阀 型	阀重/g	阀片厚/mm	阀径/mm	阀片最小开度/mm	阀片最大开度/mm	备 注
V-1 重	32 ~ 34	2	ϕ39	2.5	8.5	
V-1 轻	25 ~ 26	1.5				
十字架重	30 ~ 32	2	ϕ32 ~ 40，常用 ϕ39	1 ~ 2	8 ~ 8.5	拱形阀片 ϕ50mm
十字架轻	22 ~ 24	1.5				

B　塔径和板间距

塔径 D 主要取决于处理物料量，可按下式算出：

$$D = \sqrt{\frac{Q}{0.785u}} \quad (\mathrm{m})$$

式中　Q——处理物料的蒸气流量；

u——选定的适宜的空塔速度。

塔板间距与产能、操作弹性以及塔板效率有密切关系，而塔板间距的选择也受塔径的影响。如选用较大的塔板间距，可采用较大的气体速度，而不致产生严重的雾沫夹带。此时，可适当地减少塔径；反之亦然。同时还要兼顾塔的造价费用，对于塔板数较多的塔，往往采用较小的塔板间距，适当地加大塔径和降低塔高以减少设备费用。表 6-10 列出盘式浮阀塔建议采用的塔径和塔板间距选取数据供参考。

表 6-10　塔径和塔板间距的关系

D/m	0.3 ~ 0.5	0.5 ~ 0.8	0.8 ~ 1.6	1.6 ~ 2.4	2.4 ~ 4.0
H_0/m	0.2 ~ 0.3	0.25 ~ 0.35	0.3 ~ 0.45	0.35 ~ 0.6	0.4 ~ 0.6

C 溢流装置

溢流可分为单程和双程两种。小塔径可采用单溢流，这种溢流装置构造简单。降液管形式又分为弓形和圆形管两种，弓形的溢流效果较好，常被采用。溢流装置结构如图6-24所示。

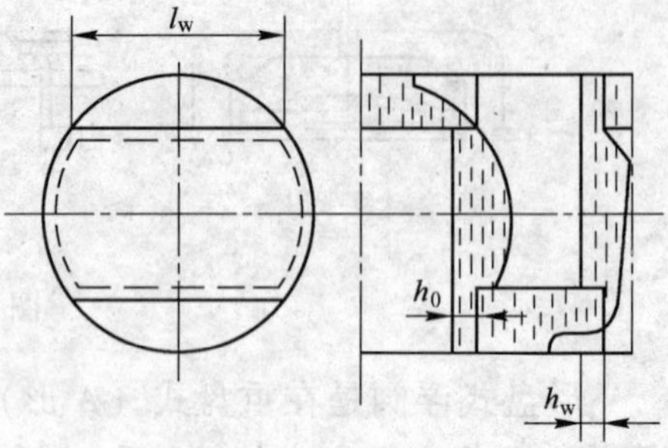

图6-24 溢流装置的结构

出口堰堰板高度增加时，板上泡沫层高度也增加，气液两相在塔上停留时间增长，则塔板效率可提高，但泄漏有较显著增加，要兼顾二者确定合适的堰高。

对于常压塔和加压塔取堰高 $h_w=40\sim50\text{mm}$，对分离精度要求较高的物系中取上限值 $h_w=50\text{mm}$。

出口堰长是根据液体负荷和液流程度来确定的，对单流弓形溢流管，取堰长 $l_w=(0.6\sim0.8)D$。

受液盘分为凹型和平型两种，对于精馏 $TiCl_4$ 而言，则采用平型为宜。

降低管底缘距塔板的距离 h_0 要选用合适，防止杂质堵塞管道，保证液体流畅地流入下层塔板。不能太高，否则液封不好，气体会出现短路。常使降液管插入下块塔板距上液层15~25mm高处。小塔径常取 $h_0=20\sim25\text{mm}$。

对于较小塔径的盘式浮阀塔，可在加料塔板和回流塔板上设置进口堰，以保证正液封和减少降液管水平冲击。当出口堰高为 $h_w>h_0$ 时，常取进口堰高 $h'_w=h_0$。

D 浮阀布置

浮阀阀孔间距以三角形排列为宜，并正对液流方向常用叉排，利于气液间传质传热作用。

浮阀孔的开孔率是设备设计的重要参数。开孔率不同，其传质效率也不同。随着开孔率的增加，相应塔的处理能力也增加；另外，对处理同一物料量而言，开孔率增加而塔径可以减小。

开孔率 φ 可按下式计算：

$$\varphi=\frac{u}{u_0}\times100\quad(\%)$$

式中 u_0——阀孔速度。

浮阀塔开孔率 φ 的经验数据有：常压减压塔取 $\varphi=10\%\sim13\%$，加压塔取 $\varphi<10\%$，小直径塔取 $\varphi=6\%\sim10\%$，本工艺推荐 $\varphi=9\%\sim10\%$。

浮阀数 N_0 计算式：

$$N_0=\frac{A_0}{0.785d_0^2}\varphi\quad(个)$$

式中 A_0——塔板有效面积；

d_0——阀孔径。

阀孔直径 d_0，对于V形浮阀，一般标准规格为 ϕ39mm；对于十字架形浮阀，可选用

$\phi = (30 \sim 40)$ mm，常采用 $\phi 39$mm。

E 塔板数的确定

塔板数的确定对所设计的塔的投资费用以及能否满足工艺分离要求，有着重要的意义。通常按在满足产品质量要求情况下，选用较少的塔板数的原则来综合考虑。

塔板数的确定又与塔板结构、操作条件和分离物系的物化性质等因素有关，故情况复杂，难以找到适用范围很广的统一公式。常通过实验方法求测或经理论计算算出。

塔板数的计算通常有 *M-T* 图解法、解析法和热图法三种。对于二元系的分离，一般情况下用 *M-T* 图解法较为简便，但由于在 $TiCl_4$ 中的 $SiCl_4$ 含量比较低（$<2\%$），图解法不方便。因此可用解析法计算。

按简捷法计算，最小理论板数为4，理论板数为7.8，取效率为0.3。浮阀塔塔板数需要26块。其中提馏段为20块，精馏段为6块。实践表明，这一数目可以满足工艺要求。

应用实例：某精制工艺采用盘式浮阀塔，塔板数为27块，其中提馏段18块，精馏段9块。浮阀片采用不锈钢质十字架形。

计算最后，还应进行水力学参数验算，以校核塔内操作情况是否合理。

由于对塔设备长度和宽度的偏差范围有规定，故对设备制造和安装也有一定的技术要求，详见有关专著。

6.3.4 工艺条件的选择

6.3.4.1 精馏塔操作

A 加料速度

粗 $TiCl_4$ 料液的加料速度，就是精馏塔的生产率，影响因素较多。

首先，取决于设备的大小和结构，塔设备越大生产率也随之增大，因此，精馏塔的最大加料速度往往被塔设备本身所限制。

其次，与所处理的粗 $TiCl_4$ 料液的成分有关，粗 $TiCl_4$ 液中所含杂质越少，可以采用较小的回流比，相应地可以提高生产率。还与精馏塔的工艺操作条件有关，一般来说，提高釜加热功率和提高入塔的粗 $TiCl_4$ 液的温度，在相同条件下，均可以提高生产率。

实践上，加料速度是按实际需要，常常是按整个工艺连续作业的需要来控制加料速度的。

B 塔体温度

维持适宜的塔体温度是精馏操作的关键。为此，必须遵守加热釜的加热制度。塔釜和塔底温度常控制在140～145℃（略高于 $TiCl_4$ 沸点），塔顶温度常控制在57～70℃（略高于 $SiCl_4$ 沸点）。

C 塔内蒸气压

蒸气压是塔内挥发的蒸气量的一个标志，较高的蒸气压表明有大的挥发量。挥发量的大小直接与塔内温度的控制和加料速度有关，也与塔内阻力和料液成分有关。正常操作中，加料速度一定时其塔内阻力也恒定，此时蒸气压仅与温度有关。所以，常调节塔体温度和加料速度来控制适宜的蒸气压。

D　塔釜料液面

为使釜内有较大的空间，以保证气液分离完全，所以釜内料液面不宜太高。但为了使 $TiCl_4$ 保持一定的挥发速度，对于直接采用电阻丝加热器加热的精馏塔而言，料液面又不应控制太低，否则电阻丝有被烧断的危险。

E　塔顶回流比

回流既可以强化气液两相间的传质作用，增浓馏出液的浓度，又可取走塔板上多余的热量。所以塔顶回流是进行精馏操作的重要条件，也是精馏与蒸馏相区别的标志。回流比（R）影响到分离效率：回流量大，分离效率好，但处理量就减小；反之亦然。所以适宜的回流比是经反复实践确定的。

我国钛的生产实践表明，在制得的粗 $TiCl_4$ 中 $SiCl_4$ 含量都比较低，因此采用较大的回流比。

当粗 $TiCl_4$ 中含 $SiCl_4$ 大于 0.1% 时，取 $R = 40 \sim 50$；当粗 $TiCl_4$ 中含 $SiCl_4$ 小于 0.1% 时，采用全回流间歇定期放低沸点馏分，取 R 约为 100。

6.3.4.2　铜丝塔操作

（1）加料速度。同精馏塔。

（2）塔体温度。为利于 $TiCl_4$ 和高沸点杂质的分离，必须控制好釜内温度。塔釜和塔底温度常控制在 140 ~ 159℃（略高于 $TiCl_4$ 沸点），塔顶温度保持在 137℃（$TiCl_4$ 沸点）左右。为此，铜丝塔的热量不应散失。

（3）塔内蒸气压。如同浮阀塔所述，蒸气压是 $TiCl_4$ 挥发性大小的标志，它反映了 $TiCl_4$ 气体的流速，所以必须控制准确。为保证塔内的 $VOCl_3$ 充分还原，挥发性气体在塔内应有一定的停留时间。根据经验，$TiCl_4$ 气体挥发速度在 0.03 ~ 0.05kg/(cm^2 · h)为宜，此时 $TiCl_4$ 在塔内停留时间约需 2.4 ~ 4min。

（4）塔釜料液面。同精馏塔釜。

（5）铜丝的再生处理。在蒸馏过程中，铜丝参加还原反应，逐渐消耗，而反应产物 $VOCl_2$ 等黏稠物逐渐覆盖在铜丝外表，一定时间后，铜丝的活性表面积大大减少，致使除钒能力降低，纯 $TiCl_4$ 中钒含量增高。此时，应将铜丝再生处理，并往塔内补加新铜丝。

为了改善铜丝再生操作时的劳动条件，提高生产率，可以采用机械化酸洗再生铜丝球。如一种可行的方案是直接在铜丝塔内，用泵将酸（盐酸）液打入塔内喷淋洗涤，用压缩空气搅拌加速反应，待酸液除去黏附在铜丝球上的含钒杂质后，再喷入清水洗涤，最后用热空气干燥。此法需用热风设备和容积较大的酸循环泵槽。由于酸洗腐蚀严重，铜丝塔应采用耐蚀材料制造。

6.3.5　异常现象及处理

精制作业易出现的异常现象及处理方法列于表 6-11。

表 6-11 异常现象及处理方法

不正常现象	产生原因	解决措施
淹塔；塔板上积液料多，常发生在运转初期	加料量过大；降液管堵塞	减少加料量或暂停料量；拆塔清理降液管
干塔，有的塔板上无液层	加料量过小或电热过大，造成液泛	减少电加热；暂停进出料；进行全回流，待正常后进出料
釜温太低	加热量不够或者电阻丝已断；回流比过大	增加加热量或检修电阻丝；调节回流比
除硅不合格（属浮阀塔的问题）	精馏时间短；加料量大	延长精馏时间，减少料量
除铁不合格（属铜丝塔的问题）	塔釜中悬浮物多；塔釜温度高	更换塔釜中的料液；增加料液；停电
除钒不合格（属铜丝塔的问题）	铜球量小；蒸馏量太大；铜球使用时间太长	加铜球；减少加料量；停工更换铜球

6.3.6 四氯化钛的储藏和运输

6.3.6.1 储藏

可用槽、罐体和玻璃容器来储藏四氯化钛。除了少量试剂外，一般不采用玻璃容器。若采用玻璃容器也应存放在冷暗处，以避免阳光照射引起着色。大量 $TiCl_4$ 一般使用槽或大型罐体储藏。若要避免 $TiCl_4$ 着色，最好使用搪瓷槽；储藏用作制取催化剂和金属钛的 $TiCl_4$ 最好用不锈钢槽。但尽量不使用内衬橡胶或塑料的容器储藏 $TiCl_4$。装料前槽内要洗净去锈，若可能最好用 $TiCl_4$ 洗涤一次，并在槽内充入干燥的氩保护。对于粗 $TiCl_4$ 可用普通钢槽或罐体储藏。

6.3.6.2 运输

四氯化钛可用管道、容器、槽车、船舶或铁路运输。

近距离常采用管道输送：纯 $TiCl_4$ 用不锈钢管，或内衬四氟乙烯管等；粗 $TiCl_4$ 可采用普通钢管。可采用泵输送或氩气压送两种输送方法，尤以泵输送法最好，可使用无油封的泵（如化学泵）或隔膜泵（隔膜用聚四氟乙烯或不锈钢做成）。

远距离运输常采用铁路槽车或汽车槽车，但运输过程中必须注意设备的安全操作。

6.3.7 纯四氯化钛的质量规格

纯 $TiCl_4$ 的质量标准各国并不完全一致，下面列出美、日等国和我国某厂的质量规格，供参考（表 6-12，表 6-13）。

表 6-12　美国纯 $TiCl_4$ 产品允许的杂质含量

杂质	Al	Sb	As	Cl_2	Cu	Fe	Pb	Ni	Si	V	Sn
含量（质量分数）/%	$(5\sim10)\times10^{-4}$	$(5\sim10)\times10^{-4}$	$(10\sim15)\times10^{-4}$	$(2\sim5)\times10^{-4}$	$(2\sim5)\times10^{-4}$	$(10\sim30)\times10^{-4}$	$(1\sim5)\times10^{-4}$	$(2\sim5)\times10^{-4}$	$(10\sim30)\times10^{-4}$	$(5\sim20)\times10^{-4}$	$(10\sim25)\times10^{-4}$

表 6-13　日本纯 $TiCl_4$ 产品质量规格

厂　家	成分（质量分数）/%				颜　色
	$TiCl_4$	$SiCl_4$	$VOCl_3$	$FeCl_3$	
住友钛公司 OTC 标准	>99.9	<0.009	<0.0003	<0.006	无色透明

我国某厂纯 $TiCl_4$ 产品质量规格：

$TiCl_4$ >99.9%，$SiCl_4$ <0.01%，V <0.0007%，Fe <0.002%，比色度 <5mg $K_2Cr_2O_7$/L。纯 $TiCl_4$ 为无色透明液体，目视为无色就已达到很高的纯度，越透明纯度也越高。

参 考 文 献

1　Гаибеков，М Г，*идр.*，Производство четыреххлористово титана Металлургиздат. Москва，1980

2　邓国珠．稀有金属，1993，(3)：218

3　李日辉，等．稀有金属，1990，(1)：7

4　国外钒钛，第九辑．重庆：科技文献出版社重庆分社，1977

7 制备海绵钛

本章主要介绍镁还原制备海绵钛。

7.1 镁还原反应原理

7.1.1 镁还原热力学

7.1.1.1 镁还原反应

镁还原 $TiCl_4$ 主要反应为:

$$TiCl_4 + 2Mg = Ti + 2MgCl_2 \tag{7-1}$$

$$\Delta G_T^\ominus = -462200 + 136T \quad (987 \sim 1200K)$$

在化学反应中三级反应实在少见，该反应不可能一步实现。同时，钛是一个典型的过渡元素，还原过程中存在稳定的中间产物 $TiCl_2$。故上述反应具有分步还原的特征。因此，该式是一个总式，它的反应历程可能经过下列二式连串:

$$TiCl_4 + Mg = TiCl_2 + MgCl_2 \tag{7-2}$$

$$\Delta G_T^\ominus = -364000 + 148T \quad (987 \sim 1200K)$$

$$TiCl_2 + Mg = Ti + MgCl_2 \tag{7-3}$$

$$\Delta G_T^\ominus = -98200 - 11T \quad (987 \sim 1200K)$$

式 7-1 的反应平衡常数列于表 7-1。

表 7-1 式 7-1 反应平衡常数

T/K	298	600	800	1000	1200
K_p	1.6×10^{39}	6.3×10^{16}	2.4×10^{11}	3.2×10^{8}	3.2×10^{6}

从表 7-1 中可以看出，上述镁还原反应的标准自由能变化都有很大的负值，平衡常数值也很大，故各主要反应均能自发进行，而且自发进行的倾向性很大。从热力学观点来看，温度越低，还原反应自发进行的倾向性越大。在还原各种价态的氯化钛时，随着价态的递降，其 $\Delta G_T^\ominus$ 负值减少。这说明钛的氯化物价态越低，越不易被还原。也就是 $TiCl_4$ 易还原，$TiCl_3$ 次之，$TiCl_2$ 难还原。

该反应是个主要在熔体表面进行的气、液相多相复杂反应，生成物 $MgCl_2$ 不与 Ti、$TiCl_2$、$TiCl_3$、$TiCl_4$ 作用，故不存在逆反应。

当还原过程镁量不足，或者反应温度低时，还可能出现下列歧化反应:

$$TiCl_4 + TiCl_2 \rightleftharpoons 2TiCl_3$$

$$\Delta G_T^\ominus = -153000 + 155T \quad (409 \sim 1200K)$$

$$TiCl_4 + Ti \rightleftharpoons 2TiCl_2$$

$$\Delta G_T^{\ominus} = -266000 + 159T \quad (409 \sim 1200\text{K})$$

上述反应可以认为是个“二次”反应。反应过程中确实存在稳定的 $TiCl_3$，它是歧化反应的产物，并在一定条件下转换。

镁还原过程中的各“二次”反应和前面的主要反应相比，$\Delta G_T^{\ominus}$ 的负值要小得多，说明反应的自发倾向性也小得多，它们仅是还原过程的副反应。

在还原过程中，$TiCl_4$ 中的微量杂质，如 $AlCl_3$、$FeCl_3$、$SiCl_4$、$VOCl_3$ 等均被镁还原生成相应的金属，这些金属全部混杂在海绵钛中。混杂在镁中的杂质钾、钙、钠等，也是还原剂。它们分别将 $TiCl_4$ 还原并生成相应的杂质氯化物，但因含量甚少，不会引起反应的热力学本质变化，故可以忽略不计。

7.1.1.2 热平衡计算

镁还原 $TiCl_4$ 反应的总反应式为式 7-1，按该式生成 1mol Ti 为单位的反应物料进行热平衡粗算，先计算出反应热 $\Delta H_T^{\ominus}$ 和物料吸热 $Q_{T吸}$，则得出绝热下净发热量 Q_T 为：

$$Q_T = \Delta H_T^{\ominus} + Q_{T吸}$$

将计算结果列入表 7-2 中。

表 7-2 镁还原热效应

T/K	500	800	1000	1200
$\Delta H_T^{\ominus}$/kJ · mol^{-1}	−521.7	−539.6	−495.7	−508.3
Q_T/kJ · mol^{-1}	−455.6	−425.5	−318.5	−296.8

从表 7-2 中可以看出，镁还原反应的热效应很大，在绝热过程中除了物料吸热外，释放出的余热量相当多。在工业用的反应器中，不仅可以靠自热维持反应，而且还必须控制适宜的反应速度，并及时排除余热，否则会使反应器壁超温，烧坏反应器。只是在反应器下部，为了保持适宜的熔体温度，才需补充一部分热量。

7.1.2 非均相成核和组分性质

7.1.2.1 非均相成核

镁还原反应是一个复杂的多相反应，反应涉及相变中成核问题，成核的核心在反应中起重要作用。当该反应进行自发成核时，因发生了相变，新生的钛晶粒的胚芽因增加了固体界面，需要消耗大量能量，克服很大的能位垒方能成核，故不易成核。

钛晶粒半径为 r 成核时的自由能变（$\Delta G_核$）为：

$$\Delta G_核 = \Delta G_b \frac{4}{3}\pi r^3 + \sigma 4\pi r^2$$

式中 ΔG_b——体积自由能变；

σ——表面自由能。

当 $\Delta G_核 = 0$ 时，临界晶核半径（r_c）为：

$$r_c = -\frac{2\sigma}{\Delta G_b}$$

只有当 $\Delta G_{核}<0$ 时，钛晶粒方能长大。此时晶粒半径必须大于临界半径，即 $r>r_c$ 方能成核。

若反应区内出现固体微粒（或杂质）时，其某个表面与钛晶粒某晶面上的原子排列相似，而且原子间距也差不多。那么在该种固粒表面上成核时，异相固粒半径远远大于临界晶核半径，即有 $r \gg r_c$，使 $\Delta G_{核}$ 值大大降低，并导致 $\Delta G_{核}<0$，成核就变得容易。常称这种成核为非自发成核或非均相成核。

处于金属表面的原子与基体内部的原子不同，前者具有多余的空悬键，因而对空间气体分子具有一定的吸附力。但是，各种金属的这种吸附力是不一样的。按化学吸附力分类，以镁的吸附力最弱，而钛、锆和铁较强。锆、钛和铁共同点是具有 d 电子空轨道，但未结合 d 电子数不同，钛、锆为0，而铁为2.20。当吸附气体时，金属表面原子可以利用多余的杂化轨道或者未结合电子和气体分子形成吸附键。未结合电子的能级要比杂化轨道的电子能级高，故更活泼。但从吸附键的电子云重叠来看，铁少钛多，故钛比铁吸附键强。总之，金属对气体的吸附能力与金属结构有关。按吸附力大小的排列顺序为：钛 > 铁 ≫ 镁。故在镁还原反应过程中，新生钛粒本身就是最佳的非均相成核的核心质点，其次为铁壁。

7.1.2.2 组分的性质

在镁还原反应过程中，由于中间产物 $TiCl_2$ 和 $TiCl_3$ 能稳定存在，故反应是在 $TiCl_4$-Ti-Mg-$MgCl_2$-$TiCl_2$-$TiCl_3$ 系统中进行的。各组分的性质对反应均有影响。其中生成物 $MgCl_2$ 和钛晶体的结构对反应影响特别大。钛晶粒聚合体俗称海绵钛块，因外形似海绵而得名。海绵钛块的结构除与反应器尺寸、加料方式和加料速度有关外，也与反应过程的不同阶段有关。由表7-3所列的测定润湿角数值表明，纯镁对钛粒和铁壁是不润湿的（此时 $\theta>90°$），但当反应进程中生成 $MgCl_2$ 后，镁液表面覆盖一层 $MgCl_2$ 后就改变了它对海绵钛和铁壁的润湿性能，湿润角小，湿润性能好。而 $MgCl_2$ 对海绵钛和铁壁是润湿的。

表 7-3 湿润角测定值

项 目	测定物质									
	液镁			液镁表面有一层 $MgCl_2$ 液				$MgCl_2$ 液			
湿润表面	Fe	Ti		Fe		Ti		Fe		Ti	
温度/℃	750~800	750	800	750	800	750	800	750	800	750	800
湿润角 θ/(°)	>90	107	104	68.5	44.5	23.5	18.7	61	45.5	53.5	38.2

表7-4列出了镁还原系统中各组分性质的比较。

表 7-4 镁还原系统中各组分性质的比较

性 质	组 分					
	Mg	$MgCl_2$	$TiCl_2$	$TiCl_3$	$TiCl_4$	Ti
密度/$g \cdot cm^{-3}$						
25℃	1.745	2.325	3.13	2.66	1.721	4.51
800℃	1.555	1.672				4.30(1000℃)
熔点/℃	651	714	1030	920	-23	1668

续表 7-4

性 质	组 分					
	Mg	$MgCl_2$	$TiCl_2$	$TiCl_3$	$TiCl_4$	Ti
黏度/Pa·s		4.12×10^{-3} (808℃)			0.395×10^{-3} (110℃)	
表面张力/N·m^{-1}	0.563 (681℃)	0.127 (800℃)			23.37×10^{-3} (100℃)	

7.1.3 还原机理

镁还原过程包括：$TiCl_4$ 液体的汽化→气体 $TiCl_4$ 和液体 Mg 的外扩散→$TiCl_4$ 和 Mg 分子吸附在活性中心→在活性中心上进行化学反应→结晶成核→钛晶粒长大→$MgCl_2$ 脱附→$MgCl_2$ 外扩散。这一连串过程的关键步骤是结晶成核，即随着化学反应的进行伴有非均相成核。

优先成核的核心是在一些“活性中心”上，还原刚开始在反应铁壁和熔镁表面夹角处，一旦有钛晶粒出现后，裸露在熔镁面上方的钛晶体尖锋或棱角便成为活性中心。其中 $TiCl_4$ 主要靠气相扩散，而液 Mg 靠表面吸引力沿铁壁和钛晶体孔隙向上爬，被吸附在活性中心上。从微观上看，每个钛晶体的长大都包括诱导期、加速期和衰减期三个阶段。因钛晶体生长迅速，经过低价钛步骤不明显。钛晶体生长过程包括下列呈 S 形过程：

(1) 诱导期，局部地区产生结晶中心并成核；

(2) 加速期，随着“活性中心”增多晶体成核增多，反应加速进行；

(3) 衰减期，随着“活性中心”减小反应速度下降。

但镁还原为半连续工艺，属大批结晶过程。在反应整体上活性中心甚多，各处生长速度不同步，同时发生着成核和长大交错及重叠过程。尽管还原过程按镁利用率（F_{Mg}）人为地分为初期（$F_{Mg}\approx5\%$）、中期（$F_{Mg}=5\%\sim50\%$）和后期（$F_{Mg}>50\%$）三阶段。但实际上除还原初期存在着短暂的诱导期，其后就难以区分晶体生长的阶段了。

由于各处成核几率不等，越是钛晶体的尖端处越易成核，随后平行连生成初生枝晶。初生枝晶长大时又不断二次成核生长出第二次枝晶，它与初生枝晶呈正交垂直，以及继续生成第三次枝晶、第四次枝晶……，逐渐使钛晶体呈树枝状结构。

枝晶长大和发展方向因条件不同而异，即因长大条件不同，枝晶轴在各方向的发展也不同。钛晶粒的大小与成核速率和长大速率直接有关。若成核速率大，长大速率就小，晶粒来不及长大就形成新核，则晶粒细小；反之亦然。

就反应整体而言，由于存在众多的活性中心同时成核和长大，后来的钛晶体的生长只能在原树枝状枝晶空隙中纵横交叉地生长，逐渐填满空隙。加上随后的高温烧结，使还原产物失去了树枝状原貌而呈海绵体。所形成的反应面（A）是指裸露在熔体外表的海绵体含有众多的活性中心的空间区域。此处的海绵体提供了吸附 $TiCl_4$ 和 Mg 分子相互接触的场所，成为自催化剂。从这点出发可以认为在海绵体内的反应属于自催化反应。

但是，还原过程生成的海绵体具有“架桥”效应。生成的钛桥成为传质的障碍层，对动力学又有负面的阻滞作用。随着还原的进行，海绵体逐渐长大，沿着块体纵向和横向向三维空间发展。对于小型反应器（估计直径小于0.8m），反应中期即可形成钛桥。对于大型反应器也有架桥趋势，但一般至后期方能形成钛桥。一旦钛桥形成，就会使液镁的输送阻力和液 $MgCl_2$ 的排除阻力增大，导致成核速率降低。

随着镁还原进程的进行，惰性的 $MgCl_2$ 逐渐累积，最后会淹没海绵体上原有的活性中心，对反应起负面的阻滞作用。为此，必须适时地排除多余的 $MgCl_2$，才能保持适当的反应速率。

下面按照还原过程不同阶段来进行介绍。

7.1.3.1 还原初期

滴入反应器的液 $TiCl_4$ 落入液镁中吸热汽化，在液镁表面和反应器钢罐壁处和液镁反应，生成的海绵钛黏附在罐壁上，逐渐聚集并长大。还有少量生成的钛粉，夺取液镁中的杂质后沉积于反应器的底部。

7.1.3.2 还原中期

还原中期的还原过程与还原初期相类似。由于熔体内存在充足的镁，反应速度大。因为反应剧烈，使反应区域温度逐渐增高，尤以熔体表面料液集中的部位温度最高，甚至可超过1200℃，这就造成很大的温度梯度。

在小型反应器（其直径约小于0.8m）中，熔体表面生成的海绵钛依靠其聚集力黏结成块体。海绵钛块依赖与铁壁的黏附力和熔体浮力的支持逐渐长大并浮在熔体表面，并不沉浸在熔体内。生成的海绵钛桥的结构示意如图7-1所示。从表7-4中看到，在800℃时液体Mg和 $MgCl_2$ 的密度分别为1.555g/cm^3 和1.672g/cm^3。因 $MgCl_2$ 比Mg略重，它们可以分层，而液镁应浮在熔体表面上。但是，当熔体表面形成了海绵桥，覆盖了液镁的自由面，此时反应区域主要在海绵桥的表面。反应的继续进行主要依靠熔体中的液镁通过海绵桥中的毛细孔向上吸附至反应区，随着反应的进行，海绵桥逐渐增厚，液镁上浮的阻力增大，使反应速度逐渐下降。

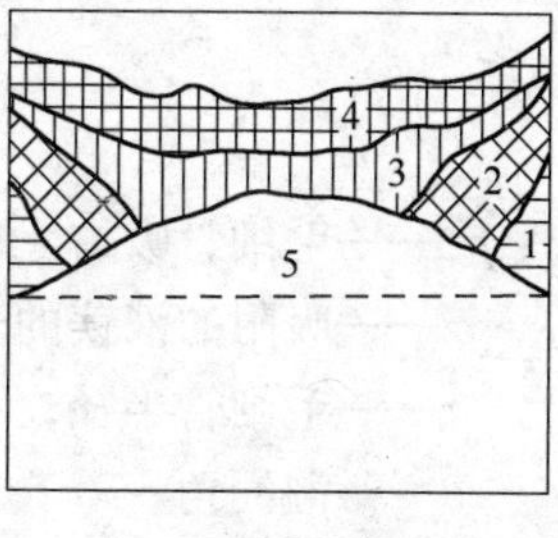

图7-1 海绵钛在小型反应器内逐渐搭桥的情况

（不排放 $MgCl_2$ 操作）

1—镁利用率达5%的结构；2—镁利用率达30%的结构；3—镁利用率达40%的结构；4—镁利用率达60%的结构；5—初始液面

如果采用排放 $MgCl_2$ 的工艺制度，将熔体底部的 $MgCl_2$ 排除出去后，熔体表面便随之下降，失去熔体浮力支持的海绵桥只能沉落熔体底部，此时熔体表面又重新暴露出液镁的自由面，还原反应又恢复到较大的速度。随着反应的进行，在熔体表面又重新出现钛桥……，如此周而复始。因此，反应速度是呈周期性变化的。

在大型反应器（直径约大于0.8m）中，于熔体表面生成的海绵钛，依靠自身的聚集力黏结成块体，并有“搭桥”的趋势。但因反应器横截面大，生成的海绵钛块依其与铁壁的黏附力难以支持，常发生崩塌，部分钛块沉积于熔体下部。所以，熔体表面无法搭成钛桥，只能形成类似环状的海绵钛块体黏附在熔体表面的铁壁上，熔体表面始终暴露着液镁的自由表面，此时还原反应主要是在沸腾的液镁表面上进行，反应区域随熔体液面的升降而变化。

还原中期过程持续到液镁自由表面消失为止，大约到镁的利用率达到40%～50%。

7.1.3.3 还原后期

在还原后期，反应生成的海绵钛占据了反应器的大部分容积，液镁的自由表面已消失，剩余的液镁已全部被海绵钛毛细孔吸附。还原反应是在累积的海绵钛桥表面上进行的。此时，反应是依靠吸附在海绵钛里的液镁通过毛细孔浮力，上爬至反应区和 $TiCl_4$ 接触进行反应。同时，反应生成的 $MgCl_2$ 也是通过毛细孔向下泄流的。因此，海绵钛毛细孔便成了 Mg 和 $MgCl_2$ 的迁移通道。

后期反应主要生成金属钛，当镁的扩散速度小于 $TiCl_4$ 的加料速度时，则可生成 $TiCl_3$ 和 $TiCl_2$。

海绵钛的毛细孔可简略地分为细孔和粗孔两种。当镁的利用率大于40% ~50%时，液镁的自由表面则消失，粗孔（100 ~500μm）的管壁上吸附有镁膜，管内中心开始出现液 $MgCl_2$。当镁的利用率约57%时，海绵钛不同部位的粗孔内壁镁膜的厚度大致相同。当镁的利用率达到65% ~75%后，由于镁量的减少，粗孔内壁镁膜厚度随海绵钛部位不同而有变化，此时镁膜厚度在钛坨上部约5μm，在钛坨下部就降到0.5μm。

而在细孔（<20μm）中，内壁吸附的镁膜厚度与镁的利用率无关，大致保持一常数，含1% ~4% $MgCl_2$、6% ~9% Mg（以海绵钛质量计）。这是因为液体 Mg（或 $MgCl_2$）通过毛细管向上扩散时受毛细管吸力的作用：

$$p_{\sigma} = \frac{0.2\sigma}{r}\cos\theta$$

式中 p_{σ}——毛细管吸力，Pa；

σ——吸附的液镁的表面张力；

r——毛细管半径；

θ——湿润角。

上式表明毛细孔半径 r 越小，对镁液的吸力就越大。因此，细孔内吸附的镁和 $MgCl_2$ 被吸附力束缚得很紧，这部分细孔中吸附的镁是无法解脱的。

粗孔内，由于吸附力要小得多，因此便成为镁和 $MgCl_2$ 的主要迁移通道。镁对钛的湿润性比 $MgCl_2$ 大，故在海绵钛细孔及粗孔的管壁上吸附的主要是液镁。

反应后期的反应物和生成物的迁移趋向如图7-2所示。反应后期液镁上爬的阻力随着海绵钛层厚度的增加而增大。一般情况下，镁利用率达55%左右时，反应速度开始下降，加料逐渐变得困难。所以，反应后期应逐渐减慢加料速度。当镁的利用率达65% ~70%左右时，不仅反应速度缓慢，而且反应生成物中 $TiCl_2$ 和 $TiCl_3$ 量增加，这些低价氯化钛继续被镁还原，生成小颗粒钛，充填于海绵钛孔隙中，致使海绵钛表面结构致密，真空蒸馏排除 $MgCl_2$ 困难。因此，适时地停止加料，有利于提高产品质量和生产率。

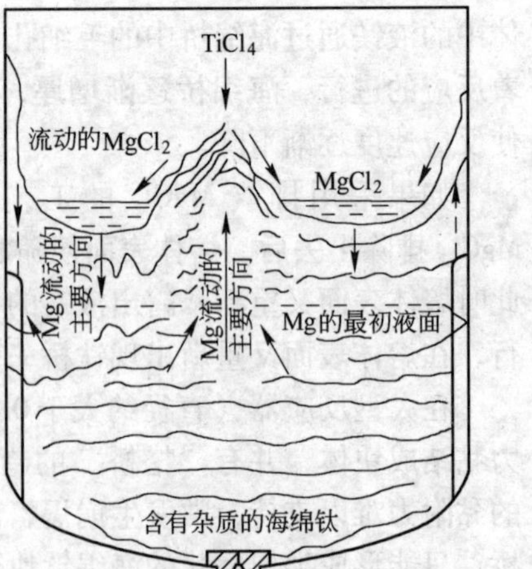

图7-2 反应后期反应物和生成物的迁移趋向

在整个还原过程中，反应空间有时会发生气($TiCl_4$)-气(Mg)或气($TiCl_4$)-液(Mg)间的反应，反应生成黏附在反应器壁的爬壁钛和罐盖下的须状钛。

试验表明，爬壁钛主要是镁蒸气挥发后，冷凝附着在反应器壁上，与气体 $TiCl_4$ 反应生成的；其次，小部分可能是液镁沿器壁上爬，与气相 $TiCl_4$ 反应生成的，特别是熔体上部的那部分。

反应空间的镁蒸气也会与气相 $TiCl_4$ 反应生成粉末钛，沉积在熔体和爬壁钛的孔隙中，遇高温烧结时也可与钛块聚集。

爬壁钛暴露在反应器内空间，容易吸附反应器泄漏的气体，一般质量较差，且夹杂有钛粉和镁粉，易自燃，因此必须加以控制。为此，在还原操作过程中，应减少 $TiCl_4$ 加料过程的停料时间，放气时应保持一定的剩余压力，以防止反应器内镁的挥发；同时，空间温度不宜控制太高，以降低空间的气相反应速度。

反应器内反应过程中有一个温度场，熔池表面反应区是高温区，其中心最高温度可达到1200℃以上，横向和纵向都存在温度梯度。反应温度和熔体物质热流的流动对钛晶体生长也有影响，即影响钛晶体生长速度和走向。晶体长大的方向与散热最快的方向相反，因此，靠罐壁的树枝状结晶是沿着罐壁横向有序生长，即钛坨罐壁处晶体的结构是横向有序排列的。同时熔体内存在缓慢的熔体物质流动的冲刷，会阻止钛晶体的横向生长。

7.1.4 还原动力学

整个镁还原过程比较复杂，它的控制环节因情况不同而异。在大型反应器的情况下，还原的初-中期阶段主要为成核控制，后期阶段为扩散控制。在初-中期，化学反应和成核速率同步，即总的还原速率等于化学反应速率，也等于成核速率。由于从化学反应着手推导动力学速率比较简单，按此导出初-中期时简化的速率方程式为：

$$\frac{dW_{Ti}}{dt} = kAp_{TiCl_4} = KAu_{TiCl_4} \tag{7-4}$$

式中 $\frac{dW_{Ti}}{dt}$——钛的还原速率；

p，u——分别为分压和物料流量；

A——反应面。

式7-4表明，该反应在初-中期时在一定的加料速度内属一级反应。

为了提高还原反应速率，在大型反应器的情况下必须设法提高反应区的散热能力，后期必须设法提高扩散速率。动力学影响因素主要有反应器尺寸、温度、加料速度和传质输送效应，其次有压力等。

7.1.4.1 反应器尺寸

由速率方程式可知：$\frac{dW_{Ti}}{dt} \propto A$，即反应速率与反应表面积成正比，欲提高反应速率必须增大反应面。

增大反应器的尺寸，特别是采用大型反应器，其相应的横截面也随之增大，即反应表面积（A）增加，还原速率提高。此外，还原过程还存在所谓的放大效应。这种效应表现为反应器越大，海绵钛块体的晶体生长越不容易“架桥”。为此，采用大型反应器可以减少还原时海绵钛桥的阻力，对提高还原速率十分有利。总而言之，反应器尺寸越大，还原速率也越大。

7.1.4.2 加料速度

由速率方程式可知：$\frac{dW_{Ti}}{dt} \propto u_{TiCl_4}$。它表明在一定范围内加料速度与物料流量成正比。但是，因为还原过程反应热很大，$TiCl_4$ 必须从外设的储料罐中徐徐加入，控制流量以防反应热过大烧穿反应器壁而造成事故。

$TiCl_4$ 的加料速率控制着还原速度，并影响到反应温度、反应压力和海绵钛的结构。

从还原过程成核速率的角度来看，增大加料速度有利于增大反应的成核速率，钛的活性中心增加，成核的晶粒细小，获得的海绵钛为疏松多孔不致密的块状物，孔隙率高。这种结构的海绵钛不利于蒸馏脱除 $MgCl_2$。欲制取含 Cl^- 低的优质产品，宜采用较慢和平稳的加料速度。这种加料制度也容易产生粗粒钛结晶，降低产品的孔隙率，对提高蒸馏速率有利。

加料速度还与还原过程的不同阶段有关，即在大型反应器内，还原反应中期料速可以适当加大，但后期由于钛坨形成钛桥，影响反应速率，故必须适时降低加料速度。

7.1.4.3 温度效应

在化学反应控制步骤内，从反应速率方程式可知：$K = Z\exp\left(-\frac{E}{RT}\right)$，即 $\lg K \propto -\frac{1}{T}$。它表明反应速率常数随温度的增加呈指数关系迅速增大，故提高反应温度能使反应速率迅速增加。而且在高温反应过程中，伴随释放的反应热，使自加热产生自加速。

提高反应温度还能明显地改变体系内各组成的性质。当温度高于720℃后，镁和氯化镁均呈液态，流动性良好，且温度越高熔体黏度越小，流动性也越好，扩散阻力也越小，越有利于镁的扩散和氯化镁的迁移，即对还原反应越有利。

单从还原动力学考虑，可以采用高温作业，为兼顾工艺过程反应器的安全性和防止钛铁生成，常需控制反应区器壁温度低于1000℃，熔体温度维持在800～850℃。

7.1.4.4 传质输送效应

随着反应的进行，反应器内逐渐累积生成产物 $MgCl_2$ 和海绵钛块体（钛晶体的聚集物），它们对传质过程发生运输效应。

还原后期，反应区上部形成了海绵钛桥，此时游离镁已消失，剩余镁已被多孔海绵钛孔隙吸附。由于受毛细管吸附力束缚，使液体镁向上扩散至反应面的速率下降，从而降低了反应速率。而且镁的利用率 K_{Mg} 越高，这种阻滞作用就越大，故反应后期应阶梯式地降低加料速度，并在 K_{Mg} 达到65%～75%时适时地停止加料。

随着还原过程的进行，$MgCl_2$ 的积累越来越多，而淹没了许多钛晶体的活性中心，阻滞了还原反应的进行。为此，及时排放多余的 $MgCl_2$，恢复裸露在反应区表面的活性中心，能相应地恢复原有的反应速率。在大型反应器的操作中，每一还原周期必须多次排放 $MgCl_2$。

在还原反应的熔体内，Mg 和 $MgCl_2$ 因不同密度而自然分层。而镁在 $MgCl_2$ 中的溶解度也比较低，排放 $MgCl_2$ 时镁的损失率也不大。在排放 $MgCl_2$ 的过程中又可同时排除部分余热，增大了反应器容积利用率，提高了炉的生产能力。

7.1.4.5 反应压力

在镁还原 $TiCl_4$ 过程中，还原速率随 $TiCl_4$ 分压的增加而增大。但实际反应器的空间压力（表压）主要代表氩气的分压，并不是反应物的真正蒸气压力。反应器的总压力 p 为：

$$p = p_{Ar} + p_{TiCl_4} + p_{Mg} + p_{TiCl_3} + p_{TiCl_2}$$

一般情况下，p_{Ar} =（93% ~98%）p，其余都较小，$p_{TiCl_4} \approx 660 \sim 4000$Pa。在 $TiCl_4$ 加料速度过大的特殊情况下，p_{TiCl_4}才会急速上升。所以，反应压力（表压）对动力学虽有影响，但影响较小。在正常的加料过程中，反应压力的增高主要是由于反应器空间容积逐渐减少，剩余氩气膨胀而造成的。余氩压力太高，往往会降低反应速度，应适时采取放气操作，排除多余的氩。另外，加料不匀或者料速太大，有单一的反应物过剩变成蒸气也可能使压力增高，此时必须及时调整加料速度。特别是在反应后期，压力增高表明扩散阻力增大，应降低 $TiCl_4$ 加料速度；或者是预加镁量不足，应适时停止加料。

7.2 真空蒸馏原理

7.2.1 真空蒸馏过程和原理

经排放 $MgCl_2$ 操作后的镁还原产物，含钛 55% ~60%、镁 25% ~30%、$MgCl_2$ 10% ~15%，还有少量 $TiCl_3$ 和 $TiCl_2$。常用真空蒸馏法，将海绵钛中的镁和 $MgCl_2$ 分离除去。

蒸馏法是利用蒸馏物各组分某些物理特性的差异而进行的分离方法。事实上镁还原产物中诸成分的沸点差异比较大，相应的挥发性也有很大的差别。在标准状态下，镁的沸点为 1107℃，$MgCl_2$ 为 1418℃，钛为 3262℃；在常压和 900℃时，镁的平衡蒸气压为 1.3×10^4Pa，$MgCl_2$ 为 975Pa，钛为 1×10^{-8}Pa。

表 7-5 中列出了一些物质在同一蒸气压下相应的温度。由此得知，采用蒸馏法精制钛是可以实现的。

表 7-5 一些物质同一蒸气压下相应的温度

物 质	蒸气压/Pa							熔点/℃
	10	101	1010	10108	25270	50540	101080	
Mg	516	608	725	886	963	1030	1107	651
Ti	2500						3262	1668
$MgCl_2$	677	763	907	1112	1213	1310	1418	714
KCl	704	806	948	1136	1233	1317	1407	775
NaCl	743	850	996	1192	1290	1373	1465	801

在采用常压蒸馏时，$MgCl_2$ 比镁的沸点高，分离 $MgCl_2$ 更困难些。在这种情况下，蒸馏温度必须达到 $MgCl_2$ 的沸点（1418℃）。可是，在这样高的温度下，海绵钛与铁壁易生成 Ti-Fe 合金，从而污染产品，同时镁和 $MgCl_2$ 的分离也不易完全。实践中常采用真空蒸馏，此时还原产物各组分的沸点相应下降，镁和 $MgCl_2$ 的挥发速度比常压蒸馏大很多倍，这就可以采用比较低的蒸馏温度。在低的蒸馏温度下还可减少铁壁对海绵钛的污染，这种情况可以参见图 7-3。如蒸馏操作真空度达 10Pa 时，镁和 $MgCl_2$ 的沸腾温度分别降至 516℃和 677℃。

在真空蒸馏的物质迁移过程中，随着真空度的变化，其气体呈现出复杂的流型。按气体流动类型区分，刚开始启动时为湍流；随后很快进入黏滞流(即普通蒸馏)；蒸馏中期为过渡流；蒸馏后期为分子流。

与普通蒸馏不同的是，分子蒸馏只有表面的自由蒸发，没有沸腾现象，它可以在任何温度下进行，因而可以选择较低的作业温度。在理论上这种蒸馏是不可逆的。

在蒸馏工艺中，各蒸馏组分随着气体的不同流动型式而具有不同的分离系数（α）。在本工艺($Mg + MgCl_2$)/Ti的两相三元分离中，由于镁比较容易蒸发，$MgCl_2$ 便成为精制分离的关键组元，故可简化为 $MgCl_2$/Ti 二元系的分离。它们在不同流型时的分离系数分别为：

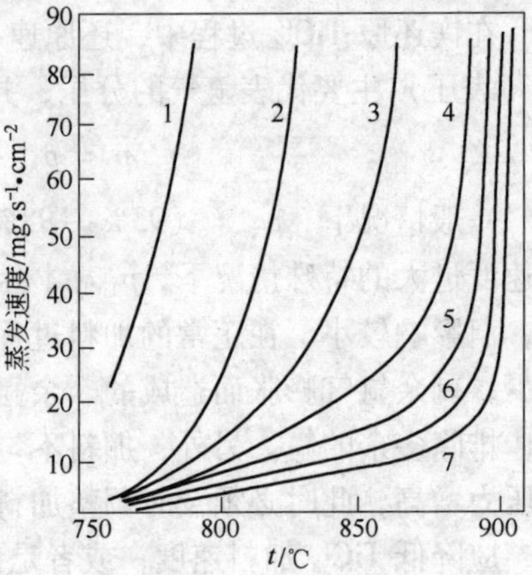

图 7-3 不同压力下 $MgCl_2$ 的挥发速度

1—80Pa；2—133Pa；3—200Pa；4—266Pa；5—333Pa；6—399Pa；7—466Pa

普通蒸馏 $\alpha_p = \dfrac{p_1 r_1}{p_2 r_2}$，理想时 $\alpha_p = \dfrac{p_1}{p_2}$

分子蒸馏 $\alpha_m = \alpha_p M_2^{0.5} M_1^{-0.5}$

过渡蒸馏 $\alpha_q = \alpha_m Q + \alpha_p (1 - Q)$

式中 p_i——蒸气压；

r_i——活度；

M_i——分子量；

Q——系数。

现将计算的分离系数值列于表 7-6。

表 7-6 一些物质的分离系数

温度/℃	分离组分	α_p	α_m	温度/℃	分离组分	α_p	α_m
900	Mg/Ti	1.1×10^9	1.6×10^9	1000	Mg/Ti	1.1×10^9	1.6×10^9
	$MgCl_2$/Ti	1×10^8	7.2×10^7		$MgCl_2$/Ti	1.1×10^8	7.9×10^7

从表 7-6 中所列的分离系数值来看，蒸馏组分的分离系数很大，应该易于分离。但事实上蒸馏净制海绵钛比较困难，因为要将残留在海绵钛内部 1% ~2% 的 $MgCl_2$ 全部蒸馏除去，要消耗蒸馏周期 80% ~90% 的时间。这是因为在高温蒸馏过程中 Mg 和 $MgCl_2$ 均呈液相残留于钛的毛细孔中，由于毛细管的吸附作用，增大了它们向空间的扩散阻力。这些少量的液相残留物便成为缓慢的放气源。只要系统中存在残留液相，系统达到的最高真空度就是液相现有温度下的蒸气压，使得蒸馏中期真空度无法迅速提高。也可以认为残留在毛细孔中的液相蒸发成气体分子向外迁移时，由于毛细管直径小，气体分子与管壁频频碰撞，降低了汽化蒸发速度。为此，从考察残留液相在毛细管内的蒸气压时不难发现，由于毛细管力 p_σ 的束缚，残留钛坨表面层液相的蒸气压 p_1 低于饱和蒸气压 p_0，增大了内扩散

阻力，也降低了蒸馏速率。其中：

$$p_1 = p_0 - 2\frac{\delta\rho_0}{r\rho}\sin\theta \tag{7-5}$$

式中 δ——表面张力；

r——毛细管直径；

ρ_0，ρ——分别为 $MgCl_2$ 的气体密度和液体密度；

θ——湿润角。

蒸馏过程按时间顺序分为三个阶段，即初期和中、后期。初期从开始蒸馏到恒温为止，主要脱除各种最易挥发的挥发物，此时蒸馏速度甚快。中、后期即恒温阶段至终点，主要脱除钛坨中毛细孔深处残留约2%的 $MgCl_2$，此时蒸馏速度较慢。

蒸馏初期主要脱除的挥发分有：$MgCl_2$ 吸水后形成 $MgCl_2 \cdot nH_2O$ 中的结晶水，还原产物中 $TiCl_2$ 和 $TiCl_3$ 分解后产生的 $TiCl_4$ 气体，大部分裸露在海绵钛块外表的 Mg 和 $MgCl_2$。

对于还原—蒸馏间歇作业，在还原结束后于炉体拆卸时，还原产物有可能暴露于大气中，引起 $MgCl_2$ 吸水。为了防止 $MgCl_2$ 所吸附水分进入高温阶段使钛增氧，真空蒸馏必须进行低温脱水作业。脱水作业维持200~400℃达2~4h。在此期间，$MgCl_2 \cdot nH_2O$ 逐步脱水。但在联合法工艺的情况下，还原产物无暴露大气的机会，无需进行低温脱水。

在真空蒸馏过程中，存在少量的 $TiCl_3$ 和 $TiCl_2$ 则发生分解反应：

$$4TiCl_3 = Ti + 3TiCl_4$$

$$2TiCl_2 = Ti + TiCl_4$$

$TiCl_4$ 排出蒸馏设备外，粉末钛生成物一部分沉积在真空管道内，另一部分沉积在海绵钛块和爬壁钛上。粉末钛易燃，对蒸馏和取出操作都不利，因此在还原过程中应尽量减少低价氯化钛的生成。

在真空蒸馏初期，Mg 和 $MgCl_2$ 的挥发，先从海绵钛坨表面裸露的 Mg 和 $MgCl_2$ 开始，然后再到钛坨内部浅表面粗毛细孔内夹杂的 Mg 和 $MgCl_2$。

还原产物海绵钛在真空蒸馏过程中经受长期的高温烧结，逐渐致密化，毛细孔逐渐缩小，树枝状结构消失，最后呈一坨状整块，俗称海绵钛坨。海绵钛坨因自重造成上下方向有收缩力而下陷，使海绵钛坨上部黏壁处断裂落入容器底部。

7.2.2 真空蒸馏动力学

在真空蒸馏过程中，不同阶段具有不同的气体流型，也具有不同的动力学特点。中、后期的气体流动被认为分子流。此时，海绵钛坨内部的 $MgCl_2$ 向外迁移和挥发的过程由下列4个步骤组成：

（1）$MgCl_2$ 通过海绵钛内部从毛细孔向钛坨外表层迁移，并达到钛坨的表面层；

（2）钛坨表面层的 $MgCl_2$ 脱附并从表面挥发；

（3）$MgCl_2$ 通过气体扩散，排出炉外；

（4）$MgCl_2$ 气体在冷凝区冷凝。

一般情况下，第（3）步骤和第（4）步骤不会成为控制环节。当第（2）步骤，即 $MgCl_2$ 的表面挥发，成为控制步骤时，有：

$$\frac{dW_A}{dt} = \sqrt{\frac{M_A}{2\pi RT}}\alpha_A\gamma_A p_A x_A \tag{7-6}$$

如果海绵钛坨表面 $MgCl_2$ 残压 p_1 不能忽略时，式 7-6 应改写成：

$$\frac{dW_A}{dt} = \sqrt{\frac{M_A}{2\pi RT}}\alpha_A r_A(p_A - p_1)x_A \tag{7-7}$$

式中 $\frac{dW_A}{dt}$——$MgCl_2$ 的挥发速度；

α_A——$MgCl_2$ 的凝聚系数；

p_A——纯 $MgCl_2$ 的饱和蒸气压；

p_1——炉内残压，即 $MgCl_2$ 表面蒸气压；

r_A——$MgCl_2$ 的活度系数；

x_A——$MgCl_2$ 在海绵钛中含量（摩尔分数）；

M_A——$MgCl_2$ 的物质的量。

海绵钛块中镁等元素的挥发速度也可以利用式 7-6 计算。当反应的控制步骤为 $MgCl_2$ 内扩散（即第一步骤）时，$MgCl_2$ 在海绵钛坨表层出现表面贫化现象，使式 7-6 产生偏差，此时该式可写成：

$$\frac{dW_A}{dt} = k_A c_{AS}$$

式中 k_A——气相表面挥发系数；

c_{AS}——海绵钛块表层 $MgCl_2$ 的浓度。

海绵钛块表面液相界面层的 $MgCl_2$ 传质速度由下式表示：

$$\frac{dW_A}{dt} = k_d(c_A - c_{AS})$$

式中 c_A——海绵钛块内部 $MgCl_2$ 浓度；

k_d——液相边界层传质系数。

达到稳态时，$MgCl_2$ 表面挥发速度和界面层传质速度相等，将上二式联合消去 c_{AS}，再考虑海绵钛块外表面积 A，得到：

$$\frac{dW_A}{dt} = \frac{k_A k_d}{k_A + k_d}Ac_A = KAc_A \tag{7-8}$$

进一步导出：

$$W_A = KAc_A t \tag{7-9}$$

式中 W_A——蒸馏出的 $MgCl_2$ 量；

t——蒸馏时间。

由此可见，真空蒸馏速率无论是表面气相扩散控制或是由海绵钛块内部传质扩散控制，或者混合控制，均和 $MgCl_2$ 浓度成正比，属一级反应。

应该指出的是，上述动力学方程式与实际仍有偏差，只能对真空蒸馏过程作定性的描述。

影响真空蒸馏的因素主要有压力、温度、蒸馏物特性及批量。

7.2.2.1 压力

由式 7-7 看出，$\frac{dW_A}{dt} \propto (p_A - p_1)$。在设定的蒸馏温度下，$p_A$ 是定值，仅 p_1 是变数。当降低蒸馏压力 p_1 时，可以增大蒸馏速度。从图 7-3 中可见，炉内残压（p_1）越低，$MgCl_2$ 的挥发速度越大。

研究表明：当蒸馏压力 $p_1 \leqslant 0.07Pa$ 时，蒸馏速率与压力的大小关系不大，再降低蒸馏压力对蒸馏速度的提高影响甚微；当蒸馏压力 $p_1 > 0.07Pa$ 时，蒸馏速率与压力有关，此时，降低压力能提高蒸馏速率。但为了降低生产成本，取得最佳经济效益，选用炉内蒸馏压力最佳值为 0.07Pa。

7.2.2.2 温度效应

从 $MgCl_2$ 的饱和蒸气压公式：

$$\lg p_A = -\frac{0.01}{T} - 5.03\lg T + 25.53$$

可见，提高蒸馏温度便可迅速提高 $MgCl_2$ 的饱和蒸气压力，必然增大蒸馏速度。因式 7-6 中 $\frac{dW_A}{dt} \propto p_A$，从图 7-3 中也可看出这一规律，所以选用高的温度会提高蒸馏速率。但是，为了防止高温下钛和铁罐壁生成钛铁合金，保证蒸馏罐的强度，蒸馏温度以选用 1000℃ 为宜。

7.2.2.3 蒸馏物特性

从式 7-8 可知，$\frac{dW_A}{dt} = KAc_A$，降低海绵钛坨中的 $MgCl_2$ 含量 c_A 和增大蒸馏物的表面积 A，可以增大蒸馏速率。如果还原制取的海绵钛是致密少孔的，那么钛坨中夹杂的 $MgCl_2$ 量少，c_A 小，通过真空蒸馏容易将 $MgCl_2$ 除尽，反之亦然。如果钛坨外表面积大，对提高蒸馏速率自然也是有利的。

由于蒸馏过程属扩散控制，因而蒸馏物的扩散系数 K 对蒸馏速率影响甚大。若海绵体内的毛细孔细长而弯曲，且闭孔毛细管多者，扩散阻力大，K 小，蒸馏速率低；反之亦然。另外，蒸馏速率还与海绵钛的热传导有关。一些材料的热导率列于表 7-7。从表 7-7 看出，在 900℃时，$\lambda_{海绵钛} = 0.025\lambda_{铜}$，说明海绵钛的热导率很低。在分子蒸馏时，由于对流传热消失，海绵钛的热导率还要低。由于钛坨和蒸馏罐壁有一层孔隙，还原有氩气保护，而 $\lambda_{氩} = 1.6 \times 10^{-4}\lambda_{铜}$（900℃时），说明氩气的热导率更低，蒸馏罐从外部加热要通过这层氩气（或 $MgCl_2$ 气氛层），热量的传递是十分困难的。如前述，必须采用高温方能有大的蒸馏速率。在非联合法工艺的情况下，将冷态的钛坨中心升温至恒温温度需要相当时间，增加了无意义的能耗。在联合法工艺的情况下，由于还原后立即进行真空蒸馏，蒸馏物仍处在高温状态，避开了蒸馏物热导率低、加热升温时间长的影响。这也是联合法工艺节能的根本原因。因此，采用联合法工艺可以提高蒸馏速率，减少能耗，缩短生产周期。

表 7-7 一些材料的热导率

项 目	材料名称					
	钛	氩	海绵钛	工业钛	铜	镁
λ 编号	λ1	λ2	λ3	λ4	λ5	λ6
$\lambda/W\cdot(m\cdot K)^{-1}$(20℃)	78.4	0.017	5.3	16.3	397	165
$\lambda/W\cdot(m\cdot K)^{-1}$(900℃)	40.0（800℃）	0.050	8.0	24.5	320	98（800℃）
λ_i/λ_5（900℃）	0.125	1.6×10^{-4}	0.025	0.077	1	0.31

7.2.2.4 蒸馏物批量

蒸馏速率还与蒸馏物批量有关。随着批量的增加，只要排气速率足够大，蒸馏时间并不成比例增加，而是稍加延长，即能获得相同的产品质量。故设备大型化对提高蒸馏生产率十分明显，也利于节能。

7.3 镁的准备

7.3.1 镁的性质

镁是元素周期表中第三周期Ⅱ$_A$族（即碱土金属）元素。金属镁不仅密度小，而且具有良好的力学性能，是一种常见的轻金属。

镁的主要物理常数如下：

原子序数	12
相对原子质量	24.305
核外电子构型	$1s^2$ $2s^2$ $2p^6$ $3s^2$
原子半径	0.16nm
离子（Mg^{2+}）半径	0.074nm
自然同位素（三个）	^{24}Mg（占 78.60% ±0.13%）；^{25}Mg（占 10.11% ±0.05%）；^{26}Mg（占 11.29% ±0.008%）
晶格类型	六方密排晶格，$a=0.3203$nm，$c=0.5200$nm
熔 点	649℃
熔化热	（8.78 ±0.4）kJ/mol
沸 点	1090℃
汽化热	（127.5 ±0.6）kJ/mol（1107℃）
升华热	（142.1 ±0.6）kJ/mol
燃烧热	6013kJ/mol
电阻率	$4.18\times10^{-6}\Omega\cdot cm$（0℃）
电化当量	0.454g/(A·h)
标准电位	−286V
固态的收缩率	2%（20～651℃）
液态凝固时的收缩率	3.97%
结晶初始温度（最小）	150℃
熔体的表面张力	0.563N/m（681℃）
	0.502N/m（894℃）

平均线膨胀系数 25.5×10^{-6}（0～100℃）

线膨胀系数与温度的关系式 $l_t = l_0(1+24.8\times10^{-6}t+0.96\times10^{-8}t^2)$

镁的密度、比热容和热导率列于表7-8。

表7-8 镁的密度、比热容和热导率

项目	t/℃							
	20	100	400	500	600	650	700	800
密度/g·cm^{-3}	1.745		1.692	1.676	1.622	1.572	1.575	1.555
比热容/J·(g·K)$^{-1}$	1.020		1.191	1.233	1.250		1.396	1.396
热导率/W·(m·K)$^{-1}$	164.69	148.89		133.76	131.25		97.33	97.33

蒸气压（Pa）与温度的关系式：

$$\lg p = (3.27 - 2.95\times10^{-3}T - 7.64\times10^{3}T^{-1} + 8.74\times10^{-7}T^{2} + 2.5\lg T)\times133(570 \sim 924\text{K})$$

$$\lg p = (11.61 - 7.61\times10^{2}T^{-1} - 1.021\lg T)\times133(924 \sim 1380\text{K})$$

上式蒸气压计算值列于表7-9。

表7-9 镁的蒸气压

t/℃	327	527	627	727	827	927	1027	1107
p/Pa	0.014	19	220	1158	5293	17941	54184	101080

常温下，镁在干燥的空气中具有很好的化学稳定性，这是由于表面生成一层氧化膜，防止镁继续氧化之故。镁在湿空气中，其耐腐蚀性能降低。温度升高，镁的化学活性迅速增加。温度低于350℃时氧化速度缓慢；高于400℃时，氧化速度加快，并随着温度的增加而迅速增加。镁在接近熔点温度或液态时很易燃烧，用熔剂覆盖可以防止发生燃烧。但镁粉的化学活性很强，极易燃烧，并发出耀眼的白色光焰。

温度高于300℃时，镁和氮开始明显的反应，670℃时氮化反应很迅速，生成氮化物。在常温下，镁与煤油、汽油和矿物油不起反应。它在氢氟酸、铬酸和苛性碱中是稳定的，但被许多矿物酸和有机酸所溶解，镁在盐类（除氟盐外）的水溶液中也是不稳定的。

在高温下镁具有很高的化学活性，能把许多金属氧化物、氮化物、氯化物和氟化物还原成金属，在冶金工业中常用作制取钛、锆、铪、铀、钚等金属的还原剂。

镁还能与铝、锰、锌、钙、硅等金属生成合金。

7.3.2 电解法制取金属镁

7.3.2.1 电解工艺

自然界镁的储量丰富，含镁矿物主要有菱镁矿（$MgCO_3$）、白云石（$CaCO_3\cdot MgCO_3$）、光卤石（$MgCl_2$、$KCl\cdot6H_2O$）和水氯镁石（$MgCl_2\cdot6H_2O$）等，而海水和某些盐湖则蕴藏大量的可溶性镁盐（$MgCl_2$及$MgSO_4$）。

金属镁的工业生产方法有$MgCl_2$熔融盐电解法（简称电解法）和MgO的热还原法（简称热法）两种。在热法中常采用的是硅热还原法，所用的还原剂为硅或硅铁，其中皮江法（间歇作业法）和半连续法已用于工业生产。因这些方法能连续生产，几乎无公害，耗电量低（每吨镁为10000kW·h），非常引人注目。但目前在镁还原生产海绵钛的工艺中，大多工厂仍使用电解法制得的镁。电解法还可使还原所得 $MgCl_2$ 循环利用。

电解法生产镁的原料是 $MgCl_2$ 或 $MgCl_2 \cdot 1.5H_2O$，可由 MgO 氯化制得，也可由含结晶水的 $MgCl_2 \cdot nH_2O$ 脱水制得。

$MgCl_2$（无水）是一种白色晶体，其物理常数如下：

相对分子质量	95.211
熔点	714℃
沸点	1418℃
分解电压	2.51V（700℃）
电导率（S/m）	10.5（729℃），11.8（800℃），13.9（909℃）
密度（g/cm^3）	固体20℃时2.325
计算式	$\rho_t = 1.686 - 2.9 \times 10^{-4}(t - 752)$
液体	1.686
熔盐黏度	4.12×10^{-3}Pa·s（808℃）
熔盐表面张力（N/m）	0.138（熔点），0.127（800℃）

镁在 $MgCl_2$ 熔盐中的溶解度较小，随温度的升高溶解度略有增加。镁在 $MgCl_2$ 熔盐中的溶解度数值：800℃为0.23%；900℃为0.29%，1000℃为0.32%。当 $MgCl_2$ 熔盐中存在其他碱金属氯化物时，镁的溶解度大为下降。

无水 $MgCl_2$ 易溶于水，在空气中也易潮解。$MgCl_2$ 进行水合反应时，生成 $MgCl_2 \cdot nH_2O$ 型水合物。

$MgCl_2 \cdot nH_2O$ 中的 n 所代表的具体数字值既与温度有关，也与水蒸气的分压有关。当逐渐升温时，$MgCl_2 \cdot nH_2O$ 在理论上应按下列转变温度脱水：

$$MgCl_2 \cdot 12H_2O \xrightarrow{-19.4℃} MgCl_2 \cdot 8H_2O \xrightarrow{-3.40℃} MgCl_2 \cdot 6H_2O \xrightarrow{117℃}$$

$$MgCl_2 \cdot 4H_2O \xrightarrow{182℃} MgCl_2 \cdot 2H_2O \xrightarrow{240℃} MgCl_2 \cdot H_2O \qquad (7\text{-}10)$$

实践表明，上述脱水进行至 $MgCl_2 \cdot (2 \sim 1.5)H_2O$ 时，进一步脱除剩余的结晶水变得很困难。在304~544℃温度下则发生下列反应：

$$MgCl_2 + H_2O \rightleftharpoons MgOHCl + HCl$$

当温度大于550℃时，生成物 MgOHCl 按下式分解：

$$MgOHCl \rightleftharpoons MgO + HCl$$

当温度在520~700℃时，$MgCl_2$ 能与 H_2O 按下式进行反应：

$$MgCl_2 + H_2O \rightleftharpoons MgO + 2HCl$$

上述脱水过程进行至 $MgCl_2 \cdot 2H_2O$ 形态时，含水的氯化镁继续脱水的同时发生了水解反应，此时反应为：

$$MgCl_2 \cdot 2H_2O \rightleftharpoons MgOHCl + HCl + H_2O$$

$$MgCl_2 \cdot H_2O \rightleftharpoons MgOHCl + HCl$$

因此，$MgCl_2 \cdot nH_2O$ 在脱水过程中发生水解是不可避免的。为了减少水解反应，通常分两阶段脱水：第一阶段使 $MgCl_2 \cdot 6H_2O$ 或 $MgCl_2 \cdot 4H_2O$ 在空气中加热至200℃，脱水至 $MgCl_2 \cdot (1 \sim 1.5) H_2O$ 的形态时为止；第二阶段继续在有 HCl 的气氛中进行脱去剩余结晶水，制得无水 $MgCl_2$。

以 MgO 为原料制取 $MgCl_2$ 是在竖式电炉中加碳氯化的过程，其主要反应为：

$$MgO + C + Cl_2 = MgCl_2 + CO$$

$$MgO + \frac{1}{2}C + Cl_2 = MgCl_2 + \frac{1}{2}CO_2$$

氯化反应在800℃下进行得很完全。但是，MgO 必须配碳后，经粉碎、混料和制成球团料才能加入竖炉中进行氯化作业。生成的 $MgCl_2$ 从竖炉下部放出。

用抬包将 $MgCl_2$ 直接加入电解槽中进行电解。电解槽内电解获得的液镁定期用泵吸取，即为电解产物粗镁。

7.3.2.2　电解槽

镁电解技术不断进步，使电解槽日趋大型化，结构不断完善，有的已实现了密闭和自动化控制。镁电解槽已由最初的300A 发展到 90～250kA，每吨镁的直流电耗也由最初的35000～40000 kW·h下降到 12800～17000kW·h。

镁电解采用多组分氯盐作电解质。向氯化镁电解质中加入其他组分的目的是要降低熔点和黏度，提高熔体的电导率以及降低 $MgCl_2$ 的挥发度和水解作用等。电解过程的两极反应为：

阴极　$$Mg^{2+} + 2e \longrightarrow Mg$$

阳极　$$2Cl^- \longrightarrow Cl_2 + 2e$$

阴极产生的液态镁因比电解质的密度小而上浮于表面，阳极产生的氯气则通过氯气罩排出。

镁电解槽按槽型分埃奇（I.G.）型、道屋型和无隔板型三种。其中，无隔板槽包括阿尔肯（Alcan）式、前苏联式和挪威式等多种类型。

A　无隔板型电解槽

20 世纪 60 年代以后，无隔板电解槽发展很快。这种槽子的阴阳极之间没有隔板，但设有隔墙把槽膛分成电解室和集镁室两部分，阴极析出的镁汇集到集镁室。无隔板电解槽具有单位槽底产能高、电耗低、密闭性好、氯气浓度高和便于实现大型化、自动化等优点，从而得到越来越广泛的应用。

阿尔肯型电解槽于1940 年首先在加拿大阿尔肯公司研制，后来在日本使用。以无水氯化镁为原料，典型的电解质组成为 $MgCl_2$ 18%～23%，$CaCl_2$ 20%～25%，NaCl 55%～58%，MgF_2 2%，于670～685℃电解。这种电解槽多在钛厂使用，用来电解以镁还原四氯化钛所副产的氯化镁。前苏联无隔板电解槽，按阴阳极插入方式及集镁室配置的不同而具有多种形式。电解使用两种原料，熔融的氯化镁和光卤石。挪威新式无隔板槽，电流达到250kA，是当代容量最大的镁电解槽。以粒状无水氯化镁为原料，实现了全流程密闭自动控制。

各种电解槽的主要技术指标见表7-10。

表7-10 各种电解槽的主要技术指标

槽型		电流强度/kA	电流效率/%	槽电压/V	直流电耗 /kW·h·kg^{-1}
埃奇型		150	80~85	5.5~7.0	15~18
道屋型		90	80	6.0	16.5
无隔板型	阿尔肯式	80	90~93	5.7~6.0	14
	前苏联式	105~150	78~85	4.6~4.85	12.8~13.5
	挪威式	250	85~90	5	12.8~14

B 双极性电解槽

它是近年来研制成功的新型电解槽，只在钛生产中使用，以钛生产返回的 $MgCl_2$ 为原料。该槽型由位于电解槽两端的电极供电，即电流从电解槽一端进入，从另一端电极槽出来，中间串联多个双电极。

加拿大铝业公司研制的双极性电解槽称为阿尔肯双极槽，在日本住友钛公司使用效果良好。到1988年在建立的100kA双极性槽上吨镁直流电耗达9500~10000kW·h。这种槽的建设费和生产费低于无隔板电解槽，密闭性能好，几乎无氯气外逸。美国钛金属公司也采用这一技术，建了2台75kA的槽，槽电压25V，吨镁直流电耗为9300kW·h，达到最佳水平。

7.3.3 镁的精制

电解法（或硅热法）所制得的粗镁，含有许多杂质，必须进行精制。

电解镁所含的杂质分为两类。一类是金属杂质，如铁、钾、钙、钠等，铁是由钢设备溶解进入的，而钾、钠、钙主要是电解析出。另一类为非金属杂质，如 NaCl、$MgCl_2$、$CaCl_2$、KCl 及 MgO，主要来源于电解质成分；其次是液镁和大气中的氧、氮和水等作用生成的。

硅热法制得的镁不含氯化物杂质，但是由于大气的污染，造成含氧和氮量较高，并含有少量的硅。

精制镁的工业方法主要有两种，即熔剂再熔法和蒸馏法。

熔剂再熔法工艺简单，应用最广泛。所用设备是精炼坩埚炉或连续精炼炉。此法能除去非金属杂质，若以电解镁为原料，精制镁纯度可达到99.9%以上。

添加熔剂的目的在于再熔时防止金属氧化和使液镁中的杂质转变为炉渣，在澄清净化中使镁和杂质分离。熔剂一般用碱金属和碱土金属氯化物的混合物。一种熔剂配方为：$MgCl_2$ 40%~46%、KCl 34%~40%、$BaCl_2$ 5%~8%、CaF_2 3%~5%、($NaCl + CaCl_2$) ≤ 6%、MgO≤1.5%。添加 $MgCl_2$ 是由于它能和杂质 MgO 生成化合物，并能吸收氮化物和其他非金属杂质，沉积于坩埚底部。添加 KCl 是为了降低熔剂的熔点并提高它的表面张力。$CaCl_2$ 和 $BaCl_2$ 是增重剂，而 MgO 和 CaF_2（或硼酸）是为了增加熔剂的黏度，使其稠化并生成结实的壳皮。

精制主要过程如下：用抬包将粗镁加入经预热的精炼坩埚内，在液镁表面撒上一层熔剂（每吨镁约需15～17kg），机械搅拌5～10min然后取出搅拌器，澄清20～30min。在液镁浮到表面前，撒上一层硼酸（每吨镁约需300～350g）或硼酸和硫磺（各半）的混合物，以防止镁的燃烧。温度达700～720℃时，用抬包从坩埚吸出的镁便是工业纯镁。这种液镁可以直接使用或铸成块锭。

用于还原$TiCl_4$制取海绵钛的镁，精制镁的方法一般不用成本高的蒸馏法而采用熔剂再熔法。这种纯镁应达二级镁标准，其化学成分（%）应达到：Mg≥99.92，总杂质<0.08，Mn<0.05，Fe<0.04，Si<0.01，Al<0.02，Cu<0.01，Ni<0.001，Cl^-<0.005，K<0.005，Na<0.01。若是镁锭，要求外表清洁，无熔剂和渣子，无硫磺和黑孔。

7.3.4 液镁输送

镁钛联合企业常采用加液体镁的还原工艺，这种工艺可节省热能、缩短还原周期和提高生产率。但液镁的活性大，输送比较困难，必须采用专用设备，防止被大气污染。

为了从精炼坩埚中取出镁，并运输和加入还原设备中，可以采用联动的真空抬包，其结构如图7-4所示。往还原罐注液镁的装置如图7-5所示。先将真空抬包预热至750～790℃，充入氩气，安装在车架上，再抽成一定的真空度，从精炼坩埚中汲取液镁，充氩至正压，计量后送至还原车间，在还原罐上用注液镁装置通过罐盖上的加镁管道将液镁加入，注镁时需不断通入氩气，使还原罐处于正压，以减少镁的污染。

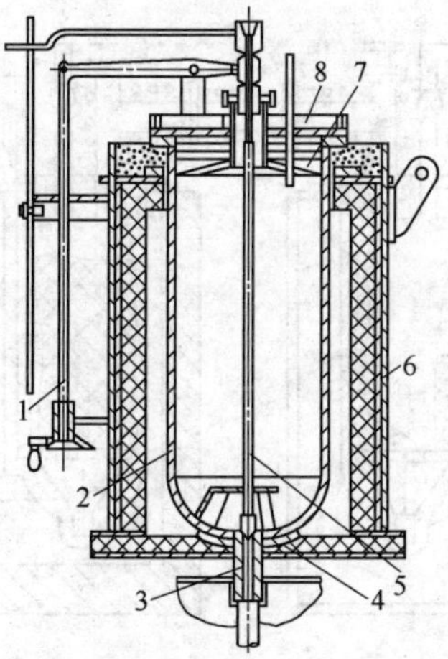

图7-4 带注镁管的真空抬包

1—闭锁机构；2—坩埚；3—放流管；4—闭锁端头；5—连杆；6—炉衬；7—隔热板；8—坩埚盖

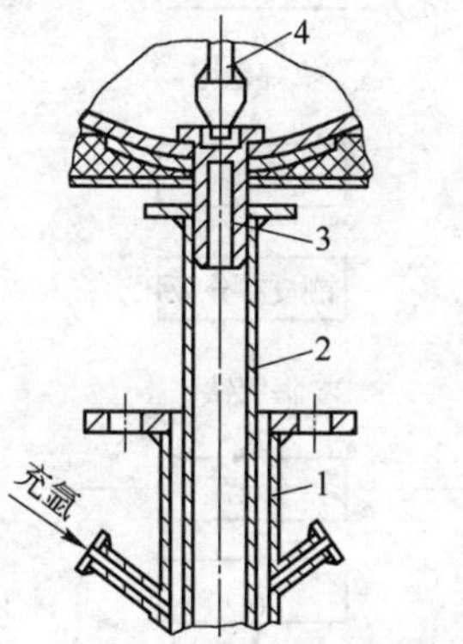

图7-5 注液镁装置

1—加镁管；2—注镁管；3—放流管；4—连杆

7.4 镁还原设备

7.4.1 工艺流程

大型的钛冶金企业都为镁钛联合企业，多数厂家采用还原-蒸馏一体化工艺，这种工艺被称为联合法或半联合法，它实现了原料Mg-Cl_2-$MgCl_2$的闭路循环。它们的原则流程大体相同（见图 7-6），但所用设备存有差异。

在镁法生产海绵钛过程中，按理论计算每吨钛耗镁量为 1.015t。由于还原剂必须过量，镁利用率按 67% 计，大约应多加镁 0.5t。事实上，包括机械损失在内，每吨钛的实际耗镁量大约为 1.6t 左右。其多加的 0.5t 镁，蒸馏时呈冷凝物分离出来。

大部分还原副产品 $MgCl_2$，在还原过程中排放出来，它是电解法炼镁的优质原料，可直接用真空抬包将其送往电解车间电解。同时又将经过精制的液镁用真空抬包从电解车间直接输入还原罐，供还原使用。镁电解车间产出的氯气直接输往氯化车间供氯化使用。

7.4.2　还原-蒸馏设备

还原-蒸馏一体化设备，分为倒 U 形和 I 形两种，图 7-7 所示为倒 U 形设备示意图。它是将还原罐（蒸馏罐）和冷凝罐用带阀门的管道联结而成，设有专门的加热装置。整个系统设备在还原前一次组装好。

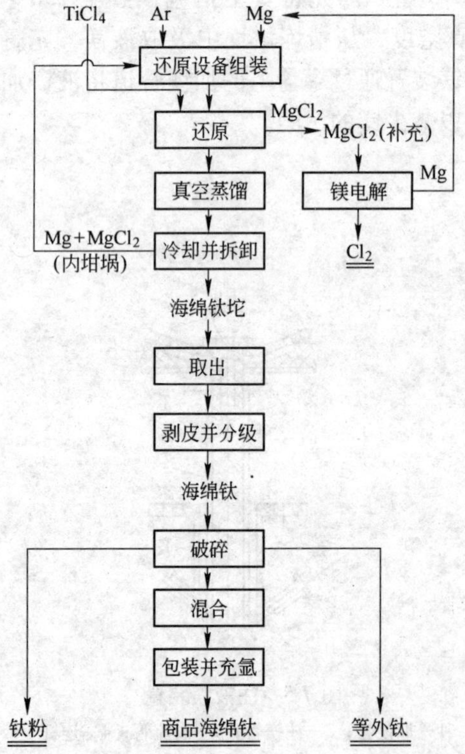

图 7-6　镁还原工艺流程

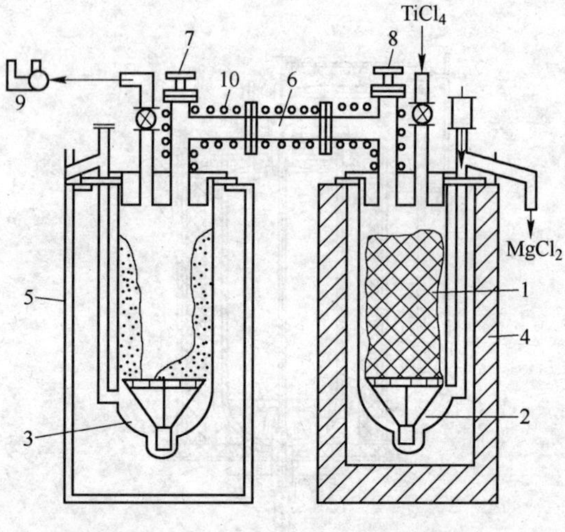

图 7-7　倒 U 形联合法系统设备示意图

1—还原产物；2—还原-蒸馏罐；3—冷凝器；4—加热炉；5—冷却器；6—联结管；7，8—阀门；9—真空机组；10—通道加热器

I 形一体化工艺的系统设备在还原前一次性组装好的，被称为联合法设备；先组装好还原设备，待还原完毕，趁热再将冷凝罐组装好进行蒸馏作业的系统设备则称为半联合设备。图 7-8 所示为一苏式半联合设备，其冷凝罐倒置在还原罐上，中间用带镁塞的“过渡段”联结。

以上两种形式系统设备各有优缺点，I 形半联合法有利于旧设备（即非联合法设备）

的改造和利用；而倒 U 形联合法则有利于设备实现大型化。

还原-蒸馏一体化工艺属循环作业，还原罐与蒸馏罐尺寸相同，可以互换交替使用。联合设备构造的诀窍在管道联结处或“过渡段”上，对此各厂家有所不同，但其余部分大体均相同，主要包括还原反应器、电加热炉、$TiCl_4$ 高位槽、液体镁加料抬包和自动控制机构等。

7.4.2.1　还原反应器（还原罐）

竖式电阻炉采用竖式圆筒形反应器，还原罐由罐体和罐盖两部分组成。罐体为底部半弧形的圆筒形坩埚。罐体和罐盖间用真空橡皮圈密封，为防止橡胶圈烧坏，需采用冷却水套保护。

罐盖上除有 $MgCl_2$ 排放管、$TiCl_4$ 和镁加料管、排气管和充氩管外，罐盖上还有用于保温的隔热板（称保温套）。为了防止罐壁局部超温和钛坨形状不正，$TiCl_4$ 加料管必须安装在罐盖中心。$TiCl_4$ 加料管不宜太细和管端不宜入热区太深，以免堵塞。为了使料液分布均匀，$TiCl_4$ 加料管下面可设分布板。如果采用内测温，罐内还设有测温管，但操作麻烦；如果采用外测温，操作方便，定型设备比较常用。

为了防止排放 $MgCl_2$ 管道堵塞，在 $MgCl_2$ 管道口处一般需配用马蹄罩或各种形状的假底。它们都是一些过滤器，其上面有许多小孔，排放 $MgCl_2$ 时，液体 $MgCl_2$ 可以通过，而固体钛粒被截留下来。

罐壁常用 20～60mm 的钢板焊成，内坩埚则用 15～20mm 的钢板来做。可根据实际情况选用普通钢、耐热钢或不锈钢材。为了提高设备的抗氧化性能，可采取外壁渗铝等防护措施，以延长反应器的使用寿命。

反应器罐体外形一般以高度与直径比来表示，大型反应器罐的比值约为 1.5～2。例如某厂 2t 级反应器罐外形为（ϕ/mm）1400 ×（h/mm）2700。

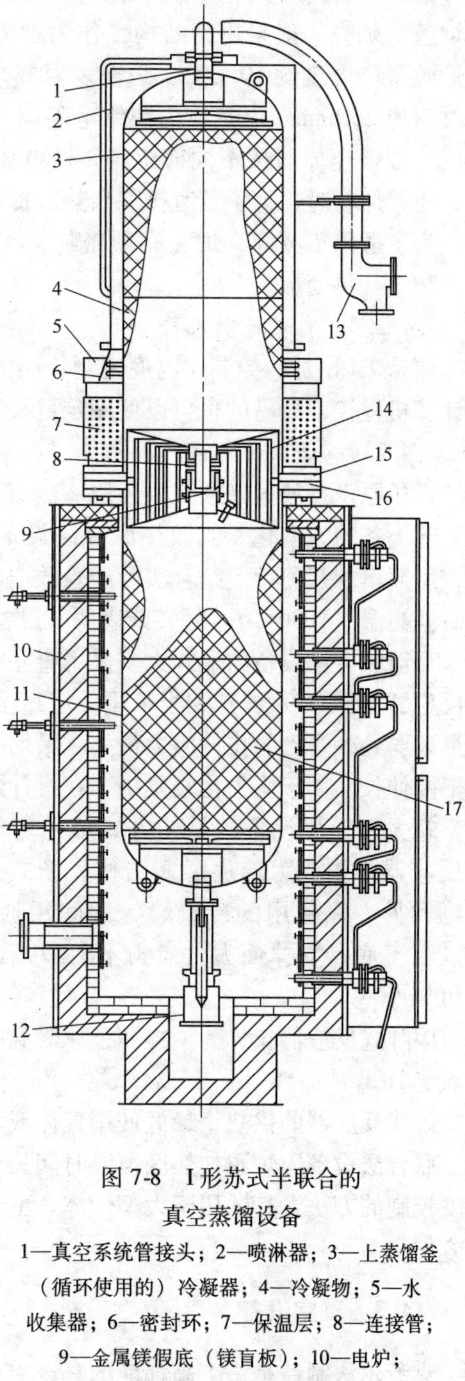

图 7-8　I 形苏式半联合的真空蒸馏设备

1—真空系统管接头；2—喷淋器；3—上蒸馏釜（循环使用的）冷凝器；4—冷凝物；5—水收集器；6—密封环；7—保温层；8—连接管；9—金属镁假底（镁盲板）；10—电炉；11—下蒸馏釜；12—假底（焊杯）；13—真空管道；14—隔热屏；15，16—釜盖；17—反应物

7.4.2.2　还原加热炉

还原加热炉按加热源分为气体或液体燃料加热炉和电加热炉两种。气体燃料加热炉可

参考钠还原加热炉。电加热炉由炉壳、炉衬和电热体三部分组成，中间为放置还原反应器的炉膛。炉壳一般采用钢结构，作为加固炉衬用。炉衬由耐火砖和保温材料两层组成，按炉膛最高温度约 1000℃，炉壳表温要求达到 40 ~ 60℃，需采用耐火砖厚 115mm，保温材料厚 250mm。电热体为镍铬电阻丝，安装在炉膛内托盘砖上，一般由 3 ~ 4 组炉丝组成，以便还原时按不同部位需要送电加热。炉产 2t 海绵钛的电加热功率约为 200kW。

还原加料时，为了及时排除余热以提高加料速度，炉体上部可以安装排风装置。

为了适用于蒸馏，炉壳必须密封，并能使炉膛达到低真空状态，降低蒸馏罐的外压力，防止其热变形。

7.4.2.3 自动控制机构

包括 $TiCl_4$ 加料控制、温度控制、压力控制、排放 $MgCl_2$ 控制等机构，比较理想的是用计算机程控，简易的也可以使用定量泵等机构控制。

7.4.2.4 还原设备放大

镁还原设备放大必须兼顾还原、蒸馏和产品取出三方面。因为蒸馏物热传导限制了传统工艺设备的大型化，当改用联合法设备后，它放大的关键因素转化为设备的强度。因此，用简单的几何相似结合实际经验数据即可达到目的。此时，要求反应器强度能足以耐长时间高温（1000℃）。经实践表明，设备的放大较易实现。

目前联合法设备的形式大多采用直立式电炉。它的罐体内装有物料，加上自重，如大型反应器（5 ~ 10t/炉）相当笨重，单靠法兰悬挂支撑其整体重量，罐体上部反应区处成为最薄弱处，受到的拉伸应力最大，平均温度也最高。同时罐体不可避免地要产生热变形和不断伸长。由于应力比较集中，在设计罐体时要求有大的安全系数。

超大型还原设备的最佳方式可采用类似美国奥勒冈冶金公司使用的卧式反应器。该反应器的炉壳为隧道窑式结构，新式反应器构造可用 H 型，即一只使用的还原-蒸馏罐和另一只备用的冷凝罐，中间用通道联结。反应罐置于底盘支架上，靠轨道移动。由于底盘支撑面大，应力不集中，设备的结构比较合理，强度大，设计的安全系数可以小些。

因卧式反应器长，为了提高还原时温度的均匀性和沉积海绵钛结构的均匀性，常采用多点（$TiCl_4$）加料。

卧式反应器的供热，最好使用气体或液体燃料。

联合法设备因炉膛加热区恒温时间长，宜采用多点外测温的方法进行温度控制，这种温度控制的方法尤其适用于大型炉体。由于取消了内测温，简化了反应器的结构，操作更为方便。

7.4.3 真空设备

克劳尔法制钛是一个高耗能的真空冶金过程，因而需要选用适宜的真空设备和其他构件组成的真空系统。

还原-蒸馏工艺，应按工艺要求选用适宜的真空设备。

（1）还原反应器和蒸馏设备预抽，极限真空度需达 1Pa，可采用精度较高的机械泵。

（2）在还原和蒸馏初期的低温脱水操作中，为了避免 HCl 气体对泵体的腐蚀，应配置低真空泵，以供低温脱水单独使用，其极限真空度需达 60Pa，可采用水环泵。

(3) 真空蒸馏时，炉壳真空度仅要求低于 10^4Pa，可采用一般低真空度的机械泵。

(4) 真空蒸馏时，蒸馏设备的极限真空度需低于 0.07Pa，可供选用的真空设备组合方案有两种：机械泵 + 油增压泵；机械泵 + 油增压泵 + 扩散泵。同时管路中应设置过滤器来捕集抽空带出来的固体粒子，以减少泵体的磨损和对泵油的污染，延长设备的使用寿命。

实践表明，该真空系统主泵宜选用油增压泵，而不宜使用机械增压泵。该系统配置方案举例见图 7-9 所示。

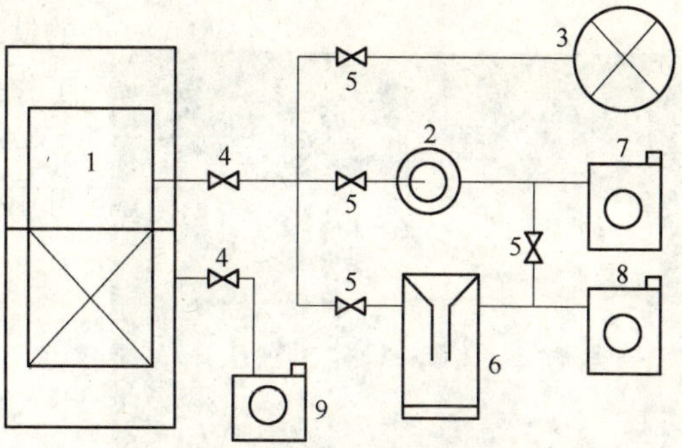

图 7-9 还原-蒸馏炉真空系统配置方案举例

1—蒸馏炉；2—过滤器；3—水环泵；4，5—阀；6—油增压泵；7，8—机械泵；9—机械泵（粗泵）

7.4.4 成品处理设备

由于海绵钛块的韧性很好，破碎很困难，很难用几种简单的机械组合完成产品处理。图 7-10 介绍了一种成品处理设备流程。选用的机械台数较多，比较庞杂。

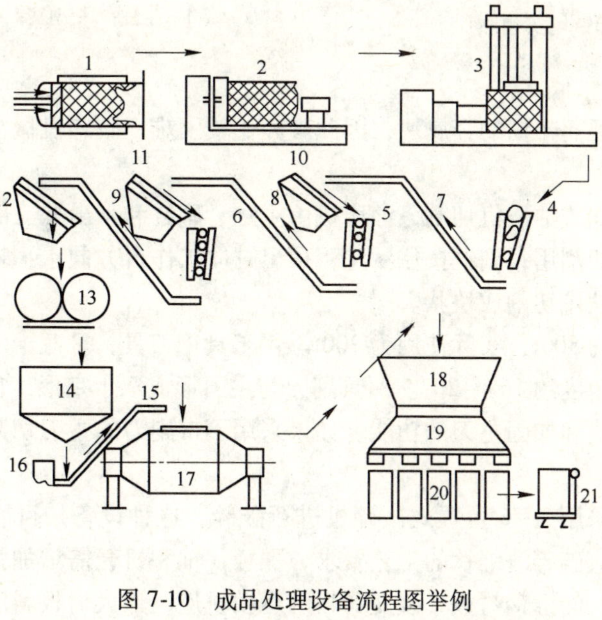

图 7-10 成品处理设备流程图举例

1—顶出机；2—削皮机；3—钛坨切割机；4，5，6—颚式破碎机；7，8，9，15—皮带运输机；10，11，12—振动筛；13—对辊破碎机；14—料仓；16—磁选机；17—混料机；18—取样机；19—分配器；20—料桶；21—称量计

7.4.4.1 取出机械

海绵钛坨的取出机械大多为专用机械，由通用机械改造而成。通常可采用专用车床或

冲压机取出。如在带筛板反应器内的钛坨，可选用150t级卧式油压机顶出。从反应器取出的钛坨实物照片如图7-11所示。油压机切割钛块工作示意图如图7-12所示。

铲除钛坨外层的黏壁钛的削片机是专用车床，可用普通车床改造而成。

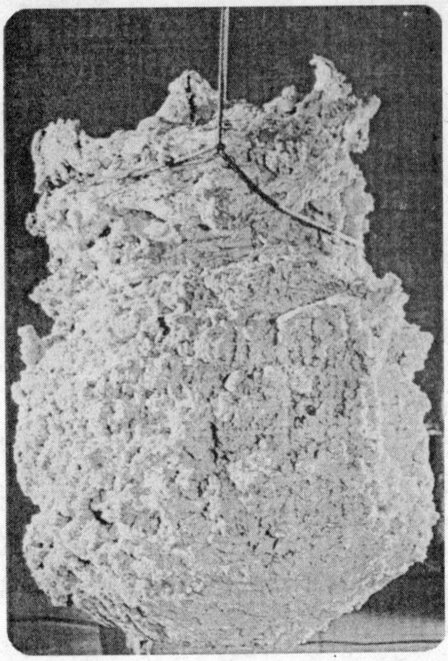

图7-11 海绵钛坨实物照片

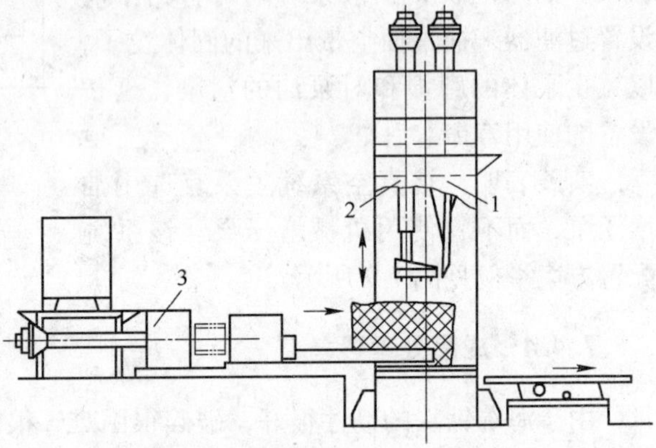

图7-12 油压机切割钛块工作示意图

1—主缸；2—副缸；3—顶出缸

7.4.4.2 破碎机械

海绵钛是一种硬而带韧的金属块，因此破碎比较困难。破碎机械常常是由数台机械组合成连续操作。

粗碎常用专用立式油压机切割，油压机由主缸、副缸和顶出缸三部分组成（图7-12）。主缸装有刀具，作切割用；副缸按住钛坨；顶出缸向工作台方向水平推动钛坨。采用程序控制协调动作，将钛坨切割成块状。

油压机的压力为500t，实际使用为200t。用工具钢刀具，呈双十字形，主刀背面为平面，正面为斜面，角度约16°~20°。两具副刀与主刀形成双十字形，它具有将海绵钛块切下后立即再切成三块和加固主刀的功能。如果采用不带副刀的主刀切割，需要重复切割几次。

中碎和细碎常采用3~6台颚式破碎机进行破碎。这种设备，目前我国的标准产品强度都不够，为了适应破碎海绵钛的工艺要求，颚板、轴和机壳需增加强度，颚板上最好采用可更换的齿尖而长的锰钢衬板，改变颚板的运动轨迹，加大齿板斜度和破碎口长度，配用大功率电机，便能大大提高破碎机的强度。

在破碎操作过程中，海绵钛可能夹杂有铁块等硬质物料，损坏颚板。为此，活动颚板一般由两块组成，用螺钉连接，一旦出现大负荷，螺钉先被剪断，这样就能避免颚板的损坏。此外，还在颚板上安装有自动停电装置，一旦出现超负荷故障立即自动停电。

颚式破碎机进料口规格，第一级应大一些，如760mm×460mm，第二级以后的规格可以稍小，如600mm×300mm和500mm×230mm等。

对于破碎海绵钛这类硬塑性金属物料，北京冶金设备研究所研制成功了专用的YPT型单辊破碎机，如图7-13所示。它的破碎原理是利用了它在破碎时使用了剪切、压缩和弯曲产生的冲击力，对海绵钛进行破碎，边碎边排料，十分有效。现推荐生产厂使用。

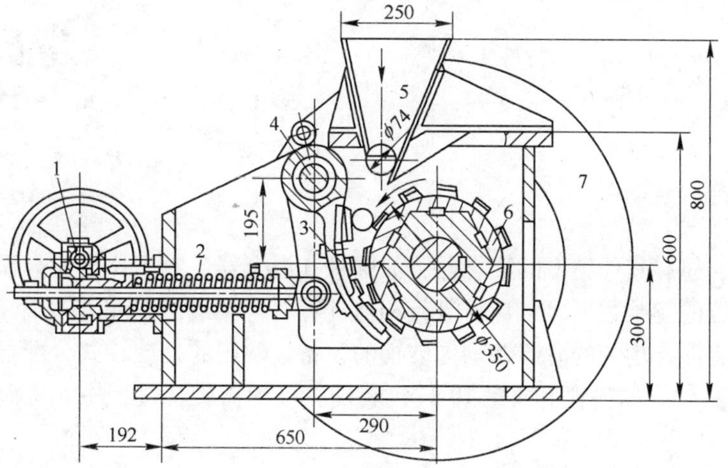

图7-13　YPT型海绵钛破碎机

1—排料口宽度调节装置；2—弹簧；3—固定齿板；4—心轴；5—给料部；6—辊子齿板；7—飞轮

该机的关键是齿牙的形状和配置。齿牙除压碎和施弯曲力矩之外，还迫使料块向下排送，而固定齿板对物料的摩擦力方向朝上，阻挠物料向下运动。两者产生了剪切作用，有利于物料粉碎并使碎粒分离，而产生的压实作用较少。

每台破碎机的进料和出料都用运输机输送，破碎后加筛分装置，粗料返回重新破碎。

运输机械可以采用折褶式输送机或改进后的皮带输送机；筛分装置可以采用振动筛(依据需要分别安装单层筛和双层筛)。

7.4.4.3　混合及分配设备

破碎好的海绵钛块，因质量不均匀，给产品的取样分析和熔铸加工带来困难。故必须进行混合操作，使产品质量混合均匀。由于产品质量与其粒度直接有关，因此，要求混合后的海绵钛具有均匀的粒度分布。

混合操作时，随着时间的延长，产品逐渐达到均匀。但这种均匀性不总是理想的，往往需要通过试验找到最佳混合工艺条件。

一般而言，混合效率可由考查混合后的样品和原样的特征值（如所含的化学元素和粒度等）的差异而得到。实验表明，混合效率的变化取决于混合器的旋转速度和进料比（进料体积所占混合器总容积的百分比）。为了获得均匀性产品混合效率的最佳条件，可从试验性混合器（图7-14）得到的实验性数据，应用修

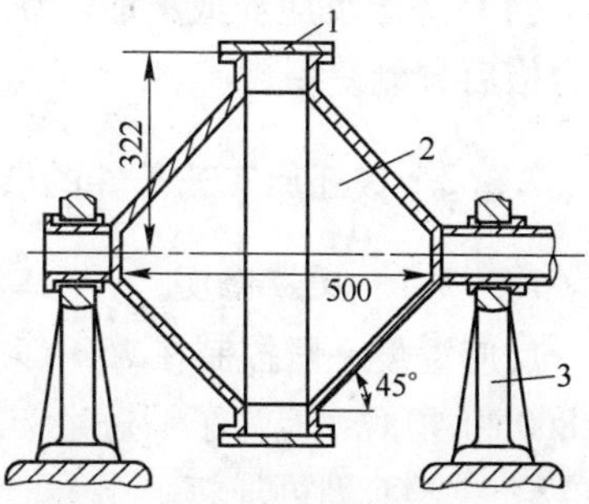

图7-14　实验性双圆锥混合器

1—进出料口；2—混合器；3—支架

正的弗劳德数（Fr'）进行相似计算，便可得出外形和实验性混合器相似的工业混合器的最佳条件。

如一种双圆锥式工业混合器是一种双圆锥筒形容器设备，用钛板或不锈钢板作内衬，设有两个加料卸料口，由电机带动使之旋转。经相似计算得到下列最佳值：

进料比/%	物料量/t	粒度/mm	最佳转速/$r \cdot min^{-1}$
40	2	0.5～12.7	15
60	2.5	0.5～12.7	20
70	3	0.5～12.7	23

除此之外，还有其他类型的混合器，如圆锥式混合器。对于这些混合设备也必须找出其实验性混合器的实验数据，然后再进行相似计算，得到最佳条件值。

分配器是将混合均匀的海绵钛均匀装桶的设备。常用的是旋转式分配器，在其下面有10只固定的加料管，加料管下放置10只包装桶。分配器旋转过程中，将海绵钛均匀地加入包装桶中。

7.5 镁还原工艺

7.5.1 设备和原料的准备

设备和原料准备主要有四个方面：

（1）还原反应器必须预先清理干净，内壁残留有 $MgCl_2$ 或有铁锈时需经酸洗、水洗并干燥后才能使用。特别是新还原反应器或新内坩埚，为了减少铁壁污染产品，除将其清理干净外，内壁还应经渗钛处理。操作过程为：用钛粉和水调和，涂于罐体内壁，吹干后抽空充氩，升温至900℃恒温6h。

（2）若采用固体镁锭，如外表有氧化层或防氧化涂层，必须加以去除。除去方法可用稀盐酸洗涤，水洗再经干燥。

（3）蒸馏设备达到的预抽真空度要求较高，真空度应达到5Pa，每10min的失真空度小于3Pa为合格标准。还原设备预抽真空度要求达40～65Pa，每10min的失真空度要求小于3Pa。

（4）还原反应器或蒸馏釜在接近使用寿命时，为了安全生产，使用前需打压检漏，检查合格后方能使用。

7.5.2 镁还原工艺条件的选择

7.5.2.1 反应温度

反应温度一般控制在750～1000℃，控制的较适宜温度为850～940℃；熔体温度控制在800～840℃，但为了缩短生产周期，减少气相反应，初始加料可以在熔体温度稍低时，如720～750℃即可加料。

7.5.2.2 $TiCl_4$ 的加料制度

$TiCl_4$ 的加料制度，实践上因不同的炉型和大小，随着其他工艺条件的建立，可以制定出各种工艺加料制度。现将加料制度举例于表7-11。

表7-11 $TiCl_4$ 加料制度举例

加料制度	举例序号										
	1			2			3				
镁利用系数/%	0~5	5~55	55~58	0~15	15~55	55~67	0~6	9~32	32~57	57~60	60~62
$TiCl_4$ 加料速度 /kg·(m²·h)⁻¹	147	163	130	116~133	141~232	141~165	130	200~260	240~260	180~200	120~160

7.5.2.3 $MgCl_2$ 的排放制度

排放 $MgCl_2$ 的制度原则上有两种方案。一种是定期将 $MgCl_2$ 累积量全部排出，此种方案的熔体的液面下降的幅度大，钛坨黏壁部分增长，取出较困难，但排放次数减少，操作较简单，反应空间的容积增大，反应压力平稳。另一种是逐次排放 $MgCl_2$，维持熔体表面为一定高度，此种方案在反应器内总剩余一部分 $MgCl_2$ 液。其中又可分为保持较高液面或较低液面两种操作方法。保持较高液面的操作制度，可减少对产品的污染，但增加了 $MgCl_2$ 的排放次数。

上述排放制度原则确定后，按反应器的尺寸，可以计算出 $MgCl_2$ 的排放次数和排放量。$MgCl_2$ 的排放操作举例见表7-12。

表7-12 $MgCl_2$ 的排放制度（炉产2t海绵钛）举例

项 目	排放次序									总计
	1	2	3	4	5	6	7	8	9	
$TiCl_4$ 加料量/kg	800	800	800	1000	1000	1000	1000	1000	1000	7930
$MgCl_2$ 放出量/kg	500	800	700	900	900	800	900	800	放完	7960
剩余 $MgCl_2$ 量/kg	303	306	409	513	617	820	924	1128		
排放后液面高①/mm	1519	1458	1493	1458	1424	1432	1398	1405		

①反应器为 ϕ1400mm×2700mm，液镁初始液面高1458mm。

7.5.2.4 *反应压力*

为了保证还原反应器或蒸馏釜的安全，反应压力不宜太高，一般控制在20~50kPa范围。

7.5.3 真空蒸馏工艺条件的选择

7.5.3.1 *蒸馏温度*

蒸馏初期（即由还原过渡进入蒸馏的过渡期）温度880~980℃，时间6~8h，恒温温度控制在950~1000℃。

7.5.3.2 *冷却水温度*

冷却水量要适宜，不能太小，以保证良好的冷凝效率。控制冷却水温度在35~50℃。

7.5.3.3 真空蒸馏终点的确定

蒸馏设备内的高真空度趋于稳定，并持续一定时间是真空蒸馏终点到达的主要标志，此时挥发物残留量已很少。

准确地确定蒸馏时间是极重要的。图 7-15 绘出了蒸馏时间与产品中 Cl^- 含量的变化曲线（小型蒸馏设备，保持 700℃）。蒸馏初期蒸发速度较大，随蒸馏时间的延长，蒸发速度大大下降，同时产品中 Cl^- 含量越来越低；继续增加蒸馏时间，蒸发速度变得比较小了，产品中 Cl^- 含量已趋向一常数，降低杂质效果已不明显。即便采用更高的蒸馏温度和大型设备，也有类似的特征。已蒸馏好的海绵钛，在 960℃ 下再蒸馏 40h，产品中 Cl^- 含量（%）如下：

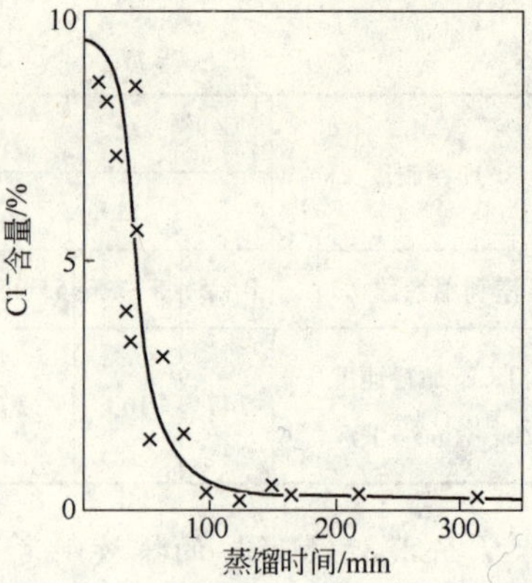

图 7-15 蒸馏时间与产品中 Cl^- 含量的变化关系

组别	蒸馏前	蒸馏后
1	0.14	0.13
2	0.12	0.11
3	0.11	0.09

上述数据说明，再延长蒸馏时间除氯化物杂质的效果甚微。蒸馏时间过长反而会引起产品中氧和铁含量的增加，产品的布氏硬度增高，既影响产品质量，又增加了不必要的电耗。故合理而准确地确定蒸馏时间、判断蒸馏终点是一项极其重要的工艺操作条件。

真空蒸馏终点的确定方法有多种，每种方法都有它的局限性和缺点。经过实践比较，我国常选用三种方法。

A 根据失真空度

当真空蒸馏设备达到较高的真空度时，切断真空系统，若挥发分镁和 $MgCl_2$ 很少，泄漏的气体已基本上被高温的海绵钛所吸收，系统内的真空度基本维持不变，即达到终点。定期检查两次合格就可停止蒸馏。但该法会拖延蒸馏周期，这是因为失真空度既与设备的大小和密封性能有关，也与切断真空系统的阀门的密封性能有关，有时在某种情况下达到这种条件的时间不会到来。该法应用很少。

另外，蒸馏后期真空度大于 10Pa 时，每隔 1h 切断真空系统，连续 3 次测量其失真空度每 15min 均小于 0.4Pa 时，即达到蒸馏终点。若一直达不到上述失真空度，蒸馏恒温时间达 45h 也可停止蒸馏。该法已获应用。

B 根据统计规律

找出大量炉次的蒸馏恒温周期平均值，即通过统计规律，找出产品达到含 Cl^- 0.08% ~ 0.10% 的平均恒温时间。该法判断简单，对于多数炉次是适用的，但少数炉次会出现异常现象。此法适用于生产稳定和还原-蒸馏过程达到标准化的场合。如日本两个镁法生产厂，炉产海绵钛均为 1.6t，用该法确定蒸馏恒温周期分别为 28h 或 26h，此时最终真空度低于 0.07Pa。

C　综合法

首先通过统计规律确定产品质量合格所需的恒温时间上限值和下限值，即确定蒸馏恒温时间区域。同时，又参考达到稳定高真空度的持续时间再决定蒸馏周期。有的还同时测定蒸馏设备的失真空度，当达到合格标准即可停止蒸馏，但蒸馏周期最长不得超过下限值。该法获广泛应用。

7.5.4　产品处理

（1）产品必须分级处理。按产品的质量大致分为3～4种成品，海绵钛坨中间块体质量好，破碎后包装为商品海绵钛；剥离的边部钛、底部钛和爬壁钛质量差，单独破碎包装为等外海绵钛。上述成品中的细粒钛质量最差，用粉末成形的方法压制成废钛块，也可直接按等外钛粉出售。

（2）产品粒度。为了适应挤压成锭的要求，产品粒度控制在0.83～25.4mm或0.83～12.7mm。

（3）充氩封存。因海绵钛中残留有少量的$MgCl_2$，和大气接触时$MgCl_2$发生吸水反应，影响产品质量。所以，储存的镁法海绵钛必须充氩保存。

（4）废钛的合理使用。钛冶金过程中产生的等外钛和废钛必须进行综合利用，以降低产品的成本。等外海绵钛可作炼制不锈钢的添加剂，也可作炼制含钛钢和普通钢的添加剂和吸气剂，也可以作烟火工业的燃烧剂。

7.5.5　异常现象和处理

在还原-蒸馏过程中所出现的异常现象和处理方法见表7-13。

表7-13　异常现象及处理方法

工序	异常现象名称	现象	原因	处置方法
还原	加料管堵塞	加不进料；罐内出现负压	反应器空间温度高，加料管长	拆下加料管，打通或换管道；加料管改短
	胖管堵塞	充不进氩，加不进料	空间温度高，加料管短	拆加料管并打通
	排放$MgCl_2$管堵塞	氩气压力大，排出的$MgCl_2$量却小；放不出$MgCl_2$	马蹄罩或假底处被堵；压差没有控制好或堵住管道	拆换排放$MgCl_2$管道
真空蒸馏	烧坏胶垫	无冷却水	冷却水套管堵塞	及时处理，若长时间无水应停炉
	隔热板堵死	真空度高，但长时间真空度不升	冷却水量少	降炉温，若过一段时间无效出炉重新安装
	罐壁烧漏	真空度突然骤降	罐壁温度局部过高	停电冷却并徐徐充氩，吊出炉膛处理
	海绵钛着火	燃烧	拆卸时，物料中的钛粉和镁粉燃烧	盖灭火罩

7.5.6　产品质量分析

海绵钛质量是不均匀的。研究杂质对海绵钛的质量影响和杂质的分布规律，对产品取样和分级包装都有实际意义，并可从中找出提高产品质量的途径。现将海绵钛中几种主要杂质的影响因素分述于后。

7.5.6.1　铁

钛坨中心部位含铁量最低，其次是上部，边部和底部黏壁部位最高，越接近铁壁越高。影响因素主要有以下五个方面。

A　铁壁的污染

在还原-蒸馏过程中，处于高温下的 $TiCl_4$ 腐蚀铁壁，发生下列反应：

$$3TiCl_4 + Fe \Longrightarrow FeCl_3 + 3TiCl_3$$

$$3TiCl_4 + 2Fe \Longrightarrow 2FeCl_3 + 3TiCl_2$$

$$2FeCl_3 + 3Mg \Longrightarrow 2Fe + 3MgCl_2$$

最终生成物铁转移入产品内。

在还原-蒸馏过程中，当反应器壁超温或局部超温时（达到钛铁合金共熔点 1085℃），黏壁部位易生成 Ti-Fe 合金。

还原-蒸馏周期太长，铁壁的铁向钛坨的渗透能力增强，如在器壁 950℃时，铁向钛中的渗透能力已很强。特别是使用新还原反应器，铁含量会更高，故器壁必须经渗钛处理。

B　$MgCl_2$ 吸附水的影响

在还原-蒸馏过程中，如果 $MgCl_2$ 暴露于大气，所吸附的水未被脱除，在高温下水便可能和 $TiCl_4$ 或 $MgCl_2$ 等反应生成 HCl。生成的 HCl 和铁壁反应生成 $FeCl_3$（或 $FeCl_2$），当 $FeCl_3$ 进入反应区，会发生下列还原反应：

$$2FeCl_3 + 3Mg \Longrightarrow 2Fe + 3MgCl_2$$

铁呈杂质进入了产品。

C　铁锈的影响

当还原反应器粘有铁锈时，这些氧化铁易和 $TiCl_4$ 反应，生成氯化铁：

$$Fe_2O_3 + 3TiCl_4 \Longrightarrow 2FeCl_3 + 3TiOCl_2$$

生成的 $FeCl_3$ 进入反应区后，又易发生上述的还原反应，生成的铁呈杂质进入了产品。

D　镁中含铁的转移

盛液镁的容器都是一些钢质材料，在高温下由于液镁对铁壁的溶解（如图 7-16 所示），故镁中一般都含有一定量的铁。在镁还原过程中，这些杂质铁便转移至钛。由于镁中的含铁量是均匀的，故这部分铁在钛中分布也是均匀的。

E　机械夹杂物

在产品的破碎、混合等作业中，少量的铁屑呈机械夹杂物进入海绵钛，但这部分铁大多可用磁选分离除去。因此，商品海绵钛在包装前需经磁选处理。

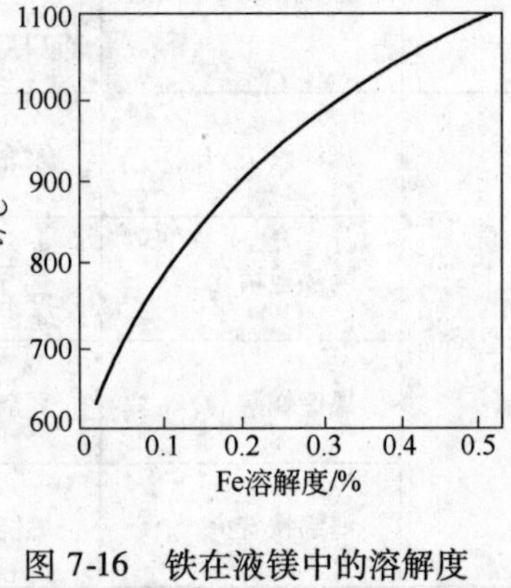

图 7-16　铁在液镁中的溶解度

7.5.6.2 氮

钛坨中与大气接触部位，即上表皮和黏壁钛中含氮量较高，其余部分大致相近。氮主要来自以下三个方面：

(1) 还原-蒸馏设备组装预抽后，设备内残留的空气被钛吸收；

(2) 氩气中残留的氮全部被吸入钛中；

(3) 还原-蒸馏作业泄漏的气体，以及排放 $MgCl_2$ 作业等反应器出现负压时漏入的气体，都会使钛的氮含量增高。漏气后，海绵钛表面生成黄色 TiN，较易识别。

7.5.6.3 氧

钛坨中间部位氧含量低，底部较高，上表皮和黏壁钛也较高。若渗漏气体时，上表皮和黏壁钛含氧量更高。

表7-14列出了海绵钛生产过程中杂质氧来源的进出平衡关系。研究表明,某些杂质的来源尚不能确定,而非控制源使产品硬度 HB 增加7～15,其中某些杂质会被 $MgCl_2$ 一起排出。

表 7-14 还原工艺海绵钛中氧杂质平衡表

进			出	
编 号	杂质来源	氧含量（质量分数）/%	产 品	氧含量（质量分数）/%
1	从四氯化钛中	0.0008	海绵钛	0.0566
2	从镁中	0.0219	氯化镁	0.0104
3	镁循环冷凝物	0.0047		
4	$MgCl_2$ 循环冷凝物	0.0044		
5	氩 气	0.0001		
6	空气水分	0.0078		
7	设备渗漏	0.0026		
8	破碎氧化	0.0060		
9	非控制来源	0.0187		
10	合 计	0.067	合 计	0.067

应该指出的是，增氧量与还原-蒸馏设备组装时反应产物暴露大气的时间长短密切相关。反应产物暴露的时间越长，当时的空气绝对湿度越大及海绵钛越疏松，$MgCl_2$ 吸水量就越大。如果不能有效脱除这些水分，水分中的氧会最终进入到海绵钛产品中，还可能使还原剂镁的氧化程度增加。因此，在采用联合法工艺时，由于反应产物没有暴露大气的机会，能大大地减少杂质氧对产品的污染。

7.5.6.4 氯根（Cl^-）

钛坨中 Cl^- 含量上表部（头部）最高，中间部位次之，边部和下部最低。海绵钛中含 Cl^- 量与细孔毛细管多少有关，也就是说 Cl^- 含量的分布规律与产品的结构紧密联系。影响因素主要有以下四个方面。

A $TiCl_4$ 的加料速度

加料速度增大，反应速度相应增加，活性质点增多，晶粒生长无规律，反应温度也随之增高，易引起海绵钛烧结，使产品密度增大，其包裹的 $MgCl_2$ 在蒸馏中不易蒸出。故产品中的含 Cl^- 量随加料速度的增大而增多。表7-15列举出 $TiCl_4$ 加料速度与产品含 Cl^- 量的有关数据。因此，$TiCl_4$ 的加料速度应控制适宜。

表 7-15 $TiCl_4$ 的加料速度与产品含 Cl^- 量的关系

$TiCl_4$ 的加料速度/kg·$(m^2·h)^{-1}$	海绵钛的含 Cl^- 量/%		
	底 部	上 部	平 均
150	0.05	0.07	0.06
230	0.07	0.10	0.08
320	0.09	0.10	0.09

注：镁利用率最终为57%。

加料速度不匀，对产品质量也有影响。瞬时加料速度过大与增大加料速度产生同样的不良效果，同时对钛坨的形状也有影响。因此，应匀速加料。

B 不同反应时期的产品结构

反应前期和中期，镁量充足，制取的海绵钛细孔隙较少，含 Cl^- 也低。反应后期，镁量相对不足，反应速度降低；同时产品中有低价氯化钛，进行二次反应生成细钛粒，填充了海绵钛，使产品致密，蒸馏除 $MgCl_2$ 更困难，故钛坨上表部（头部）含 Cl^- 量往往最高。如镁的利用率达75%以上时，反应生成的细孔隙增加1.5倍，其含 Cl^- 量也相应增加1.5倍。为了避免钛坨出现头部，可在加料管下加分布板，使横向产品 Cl^- 含量相近。

C 蒸馏升温太快

蒸馏升温太快，会使海绵钛过早烧结，闭合了部分毛细孔，造成蒸馏除 $MgCl_2$ 困难，产品 Cl^- 量增高。

D 高沸点杂质

还原产物中还含有少量的 KCl、NaCl、$CaCl_2$ 等高沸点杂质，它们的沸点比 $MgCl_2$ 高，真空蒸馏不易除去，致使产品的 Cl^- 含量增加。

7.5.6.5 其他杂质

这些杂质含量一般都不高，它们分布规律也不明显。硅和碳可能是从原料 $TiCl_4$ 和镁中带入的，也可能来自黏附的脏污物。锰、铬、镍一般来自不锈钢反应器，它们大都富集在钛坨底部和边部黏壁处。如果采用普通钢质反应器，这些杂质含量会更低。

7.5.6.6 产品硬度

产品硬度既是杂质含量的综合指标，也是质量的综合指标。产品硬度与其所含的杂质均有关（除 Cl^- 外），特别与气体杂质关系密切。从式1-1、图1-6可以看出，海绵钛产品的布氏硬度HB受氮、氧、铁的影响最大，而且具有加和性。故凡是氮、氧、铁高密集的部位，产品的布氏硬度也高。因此，钛坨的中心部位硬度最低，质量最好；边部和底部黏壁钛硬度最高，质量最差；上表部硬度稍高。

为了降低产品硬度，必须防止杂质，特别是氮、氧、铁的污染。在一般情况下黏壁钛被铁、氧、氮等污染是不可避免的，但操作中要力争钛坨中心部位海绵钛少被污染，以保证产品质量。

从对海绵钛硬度的影响因素分析来看，以原料对硬度的影响最大（见表7-16）。

表 7-16 各种因素对海绵钛硬度的影响

编号	影 响 因 素	硬度HB增加值	编号	影 响 因 素	硬度HB增加值
1	原料（$TiCl_4$、Mg和Ar）	15~40	4	非控制源	7~15
2	处理水平（还原、蒸馏和设备准备）	5~14	5	合 计	28~72
3	钛块破碎时的大气环境	1~3			

根据大量数据统计，抚顺金铭钛业公司生产的海绵钛的硬度与对主要影响其布氏硬度的3个元素Fe、O、N的含量有如下关系：

$$HB = 79.20 + 194.83\ N\% + 356.82\ O\% + 117.30\ Fe\% \tag{7-11}$$

产品质量还与炉产量有关，随着炉批量的增大，硬度降低，此时氧有降低的趋势，而氯和铁稍有增加，其他元素基本不变，等外钛所占比例下降。

产品质量还与工人的操作水平和企业的管理水平有关。一般情况下，工厂生产历史越长，产品质量越好。

海绵钛硬度还与其结构有关。随着海绵钛总孔隙率增加，海绵钛硬度也增加（见表7-17）。

表 7-17 海绵钛硬度与孔隙率的关系

总孔隙率/$cm^3 \cdot g^{-1}$	0.0769	0.0920	0.1627	0.1944
硬度 HB	79.6	88.4	90.1	91.9

此外，随着海绵钛的孔隙率增加，比表面积增大，海绵钛的密度减小，其含氧和氮总量增加。这是因为在还原过程排放$MgCl_2$作业时，钛块起着过滤作用。越是疏松的钛块，其中残留的$MgCl_2$含量也越多。另外，越疏松的钛块在作业过程中或暴露大气时，吸附的气体也越多。总之，海绵钛越致密其质量也越好。

综上所述，影响镁法海绵钛质量的主要杂质是Cl^-和氧、铁。从杂质分布范围来看，Cl^-分布广，氧、铁较集中，造成产品处理难易程度不同。在蒸馏过程中，必须首先设法除净$MgCl_2$，以降低Cl^-含量，然后又要准确适时地确定蒸馏终点，防止氧和铁含量的增高。

根据实践经验，提高海绵钛质量的途径主要有：尽量采用先进工艺（如联合法）；使用大型化设备；提高原料（$TiCl_4$、Mg、Ar）的纯度；提高企业的管理水平和工人的技术操作水平；尽可能使用自动控制，使工艺条件处于最佳状态。

7.5.7 海绵钛产品的质量标准

现将我国和美国、日本、前苏联海绵钛的质量标准列于表7-18。

表 7-18 中国、美国、日本、前苏联的海绵钛标准的主要技术指标

标准号	牌 号	生产方法	化学成分（质量分数）/%													布氏硬度 HB10/1500	粒度 /mm
			Ti	Fe	Si	Cl	C	N	O	Mn	Mg	H	Ni	Na	其他总计		
中国标准（GB 2524—2002）	MHT-100	A	99.7	0.06	0.02	0.06	0.02	0.02	0.06	0.01	0.06	0.005				100	0.83 ~ 25.4
	MHT-110		99.6	0.10	0.03	0.08	0.03	0.02	0.08	0.01	0.07	0.005				110	
	MHT-125		99.5	0.15	0.03	0.10	0.03	0.03	0.10	0.02	0.07	0.005				125	
	MHT-140		99.3	0.20	0.03	0.15	0.03	0.04	0.15	0.02	0.08	0.010				140	
	MHT-160		99.1	0.30	0.04	0.15	0.04	0.05	0.20	0.03	0.09	0.012				160	
	MHT-200		98.5	0.40	0.06	0.30	0.05	0.10	0.30	0.08	0.15	0.030				200	

续表 7-18

标准号	牌号	生产方法	化学成分(质量分数)/%													布氏硬度 HB10/1500	粒度/mm
			Ti	Fe	Si	Cl	C	N	O	Mn	Mg	H	Ni	Na	其他总计		
日本标准(JISH 2151—83)	TS-105M	A	99.6	0.10	0.03	0.10	0.03	0.02	0.08	0.01	0.06	0.005				≤105	0.83~12.7 占 90%以上 >12.7 占 5%以下 <0.83 占 5%以下
	TS-120M		99.4	0.15	0.03	0.12	0.03	0.03	0.12	0.02	0.07	0.005				106~120	
	TS-140M		99.3	0.20	0.03	0.15	0.03	0.03	0.15	0.05	0.08	0.005				121~140	
	TS-160M		99.2	0.20	0.03	0.15	0.03	0.03	0.25	0.05	0.08	0.005				141~160	
美国标准(ASTM 299—82)	MD-120	A	99.3	0.12	0.04	0.10	0.020	0.015	0.10		0.08	0.010			0.05	120	≤12.7
	ML-120	B	99.1	0.15	0.04	0.20	0.025	0.015	0.10		0.50	0.03			0.05	120	
	SL-120	C	99.3	0.05	0.04	0.20	0.020	0.015	0.10			0.05		最大	0.05	120	
	GP-1	D	—	0.25	0.04	0.20	0.025	0.020	0.15		最大	0.03			0.05		
美国国家储备和采购标准(P—97—R_6)	1	A	99.5	0.08	0.04	0.10	0.020	0.010	0.10		0.08	0.005	0.02			100	
	2	B	99.1	0.10	0.04	0.20	0.025	0.015	0.10		0.50	0.03	0.02			100	
	3	C	99.3	0.04	0.04	0.20	0.020	0.015	0.10			0.05	0.02	0.19		120	
	4	E	99.6	0.04	0.04	0.10	0.020	0.008	0.07		0.08	0.02	0.02	0.01		120	
前苏联标准(ГОСТ 17746—79)	TT-90	A	余量	0.06	0.01	0.08	0.02	0.02	0.04				0.05			90	−70+12
	TT-100		余量	0.07	0.02	0.08	0.03	0.02	0.04				0.05			100	−12+2
	TT-110		余量	0.09	0.03	0.08	0.03	0.02	0.05				0.05			110	−12+5
	TT-120		余量	0.11	0.03	0.08	0.04	0.03	0.06				0.05			120	−5+2
	TT-130		余量	0.13	0.04	0.10	0.04	0.03	0.08				0.05			130	
	TT-150		余量	0.2	0.04	0.12	0.05	0.04	0.10				0.05			150	
	TT-TB		余量	2.0		0.3	0.15	0.3									≤100

注：A 为 MD 法；B 为 ML 法；C 为 SL 法；D 为 SL 法、ML 法或 MH 法；E 为电解法。

由于各国的标准存在一定差异，为便于海绵钛进入国际市场，现已参考了日本等国的海绵钛标准重新制定了我国的新的国家标准。

参考文献

1 泽里克曼，A H，等著．稀有金属冶金学．宋晨光，等译．北京：冶金工业出版社，1982

2 Голубев A A. 钒钛．重庆：科技文献出版社重庆分社，1988，(5)

3 陈文广．稀有金属．1983，(2)

4 Александровский，C B，等．钒钛．重庆：科技文献出版社重庆分社，1983，(2)

5 张克从，张乐潓．晶体生长．北京：科学出版社，1981

6 傅杰，等．特种冶炼．北京：冶金工业出版社，1982

7 哈姆斯基，E B. 化学工业中的结晶．古涛，等译．北京：化学工业出版社，1984

8 佩克，R D，著．提取冶金单元过程．黄桂柱，等译．北京：冶金工业出版社，1982

9 《中国大百科全书》总编辑委员会《矿冶》编辑委员会．中国大百科全书·矿冶．北京：大百科全书出版社，1984：466

10 《有色金属进展》编辑委员会．有色金属进展（3）．长沙：中南工业大学出版社，1995：165

11 《稀有金属手册》编辑委员会．稀有金属手册（下册）．北京：冶金工业出版社，1995：127

12 I keshima，T. 海绵钛生产的最近发展．钒钛．重庆：科技文献出版社重庆分社，1985，(2)

13 《化学工程手册》编辑委员会．多孔介质的导热系数，化学工程手册．北京：化学工业出版社，1989

8 二 氧 化 钛

8.1 钛白概述

8.1.1 钛白的地位及沿革

钛白是用作颜料时二氧化钛的俗称，它既是钛系的最重要产品，又是工业、农业、国防和现代科学技术等领域广泛应用的基础原材料。钛白不但具有物理、化学性质十分稳定的特点，更具有优良的光学、电学、生化特性和卓越的颜料性能，因此，它的应用领域已从传统的涂料、塑料、橡胶、造纸、化纤、日用化妆品等，逐渐扩展到现代电子技术、光学镀膜、通讯、纳米材料等高新技术行业。

国外自1824年开始钛白粉的研制，在20世纪60年代才获得了迅速的发展。我国从1954年开始钛白粉试制，经过50多年的努力，钛白粉的生产规模、生产技术、产品质量等都取得了不同程度的进步。

国外钛白粉厂的生产规模都比较大，能形成规模效益。例如，国外总共只有50多家钛白粉厂，总产能就达到超过400万t/a，平均每家产能达7万t/a；而中国共有钛白粉厂60多家，总产能只有60万t/a，平均每家产能未达1万t/a，最高产能也只是稍多于3万t/a。

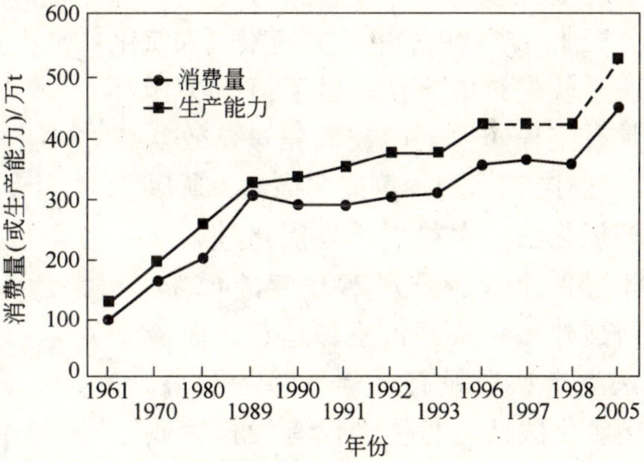

图 8-1 世界钛白粉产能及需求量增长

1996年世界钛白粉的产能为419.3万t/a，到2005年已达到522万t/a，年均增长2.5%（见图8-1）。钛白粉的发展是快速的，产能在逐年增加，但是由于钛白粉性能优异、用途广泛、应用领域不断扩大、世界经济不断发展，社会对钛白粉的需求也在逐年增加，以至于产能虽然不断增长，钛白粉也不显得过剩。不过发展是不平衡的，北美和欧洲一直都增长较快，以至于产能较大。但是近年来由于亚太地区（日本不在统计之列）经济的快速发展，促使其钛白粉的发展速率大为增加，而北美和欧洲虽然产能仍有提高，但是速率却稍有回落（见表8-1）。

世界排前10位国家的消费量占世界总消费量的64%，其中美国消费量最大，占25%；我国消费量位居第二，占10.3%。钛白粉主要消费国家的消费情况见表8-2。世界钛白粉产能及需求量增长如图8-1所示。

表 8-1 世界钛白粉产能分布及产能增长情况

国家或地区	1996 年		2005 年		1996～2005 年
	产能/万 $t \cdot a^{-1}$	比例/%	产能/万 $t \cdot a^{-1}$	比例/%	年均增长/%
北 美	163.5	39	193.1	37	1.87
欧 洲	134.2	32	156.6	30	1.73
亚太地区	83.9	20	130.5	25	5.03
日 本	33.5	8	31.3	6	-0.75
日本之外亚太地区	50.3	12	99.2	19	7.84
其他地区	37.3	9	41.8	8	1.15
合 计	419.3	100	522	100	2.5

表 8-2 钛白粉主要消费国家的消费情况

国 名	美国	中国	德国	日本	英国	法国	意大利	巴西	加拿大	西班牙
消费量/万 $t \cdot a^{-1}$	113.6	40.0	27.3	23.51	15.2	15.2	15.0	12.2	11.3	10.0
占总消费量比率/%	25.0	10.3	6.0	5.2	3.4	3.4	3.3	2.7	2.5	2.2
排序位次	1	2	3	4	5	6	7	8	9	10

世界颜料钛白粉的消费结构如下：涂料 57%；塑料 22%；造纸 12%；其他（含橡胶、化学纤维、油墨、化妆品等）9%。在涂料中，建筑涂料约占涂料总量的 60%，工业制品涂料占 25%，特种涂料占 15%。塑料是未来消费增长最快、最有活力的行业。

工业生产钛白的方法是硫酸法和氯化（氧化）法两种，其中硫酸法是经典的方法；氯化法是较先进的方法。由于氯化法相对具有流程短、生产技术先进、效益好、"三废"污染少等诸多优势，所以国外氯化法钛白粉生产发展迅速，从 1980 年的 29% 上升到 2003 年的 65%。目前国外氯化法已占主导地位，而硫酸法生产钛白粉有逐年下降的趋势。我国氯化法钛白粉生产仅有锦州钛业公司一家。世界钛白工业两种生产方法产量的比较如图 8-2 所示。

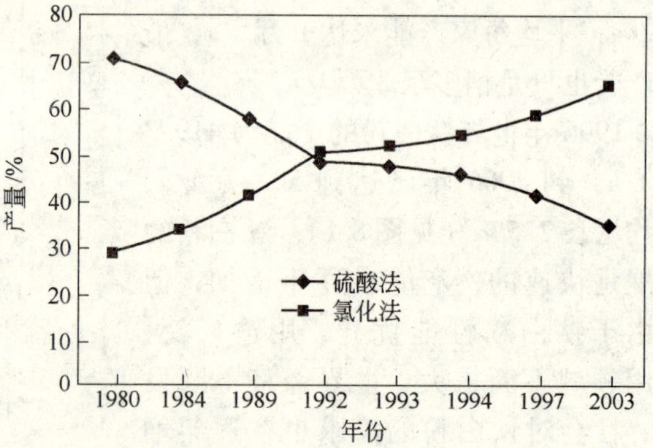

图 8-2 世界钛白工业两种生产方法的比较

目前，氯化法钛白粉生产有以下两大体系：

（1）美国克尔-麦克公司和日本石原公司采用的 K-MIF 法。此法是先将钛铁矿制成人造金红石或高钛渣，使 TiO_2 富集，提高 TiO_2 品位到 90% 以上，然后经氯化、氧化和后处理而制成高档的金红石型钛白粉。

（2）美国杜邦公司采用的杜邦法，是用含 TiO_2 60%～84% 的混合钛铁矿，采用直接氯化的方法获得 $TiCl_4$，经进一步氧化和后处理生产出高档的金红石型钛白粉。

我国 20 世纪 50 年代开始主要对硫酸法生产钛白开展研究和应用。20 世纪 90 年代，中核华原钛白、重庆渝港钛白和济南裕兴化工，从东欧引进硫酸法工艺，建成了国内一流的生产线。目前质量、产量都达到预期的较高水平。另外，20 世纪 90 年代初，辽宁省锦铁集团，通过技术咨询方式，建成了我国唯一的 1.5 万 t/a 氯化法钛白的生产线。经过十多年的努力，产品技术指标已达到杜邦公司 R-902 的水平。我国钛白粉工业近几年总体有较大发展，表 8-3 为近几年我国钛白粉工业的数量布局。

表 8-3 近几年我国钛白粉工业数量布局（万 t/a）

年 份	总产量	出口量	进口量	市场容量	年 份	总产量	出口量	进口量	市场容量
1998 年	14	3.2	7.9	18.7	2003 年	48	7.9	22.9	63
2001 年	33	5.6	15.3	42.7	2004 年	60	9.4	25.1	75.5

国际上钛白粉标准采用 ISO 系列的 A_1、A_2、R_1、R_2、R_3 等 5 个标准，但是生产商的产品牌号却高达 110 个。表 8-4 为色漆用钛白颜料的国际标准。

表 8-4 色漆用二氧化钛颜料的国际标准(ISO 591-1: 2000(E))

特 性		要 求				
		A 型		R 型		
		A_1	A_2	R_1	R_2	R_3
基本要求	TiO_2 最低含量/%	98	92	97	90	80
	验收时 105℃挥发物（最高）/%	0.5	0.8	0.5	由有关双方商定	
	水溶物（最高）/%	0.6	0.5	0.6	0.5	0.7
	筛余物（45μm 筛孔）（最高）/%	0.1	0.1	0.1	0.1	0.1
条件要求	颜色	与商定参照颜料相近				
	散射力	由有关双方商定				
	在（23±2）℃和相对湿度（50±5）%下，预处理 24h 后 105℃挥发物最高/%	0.5	0.8	0.5	1.5	2.5
	水悬浮液 pH 值	与商定参照颜料相近				
	吸油量		与商定参照颜料相近		与商定参照颜料相近	
	水萃取液电阻率	仅作为商定方法				

我国钛白粉最新国家标准有 2 个，分别为二氧化钛涂料国家标准（见表 8-5）、二氧化钛颜料国家标准（见表 8-6）。其余品牌的二氧化钛均采用企业自行标准。

表 8-5 二氧化钛涂料国家标准（GB/T 1706—2005）

特 性		要 求				
		A 型		R 型		
		A_1	A_2	R_1	R_2	R_3
基本要求	TiO_2 含量（质量分数）/%	≥98	≥92	≥97	≥90	≥80
	105℃挥发物（质量分数）/%	≤0.5	≤0.8	≤0.5	商 定	
	水溶物（质量分数）/%	≤0.6	≤0.5	≤0.6	≤0.5	≤0.7
	筛余物（45μm 筛孔）（质量分数）/%	≤0.1	≤0.1	≤0.1	≤0.1	≤0.1

续表 8-5

特性		要求				
		A 型		R 型		
		A_1	A_2	R_1	R_2	R_3
条件要求	颜色	与商定的参比样相近				
	散射力	商定				
	在（23±2)℃和相对湿度（50±5)%下预处理24h后105℃挥发物（质量分数）/%	≤0.5	≤0.8	≤0.5	≤1.5	≤2.5
	水悬浮液 pH 值	商定				
	吸油量	商定				
	水萃取液电阻率		商定		商定	

注：1. 测定时所用的参比样为有关双方商定的样品。
2. 预处理后105℃挥发物为商定项目，只有当有关方面明确规定或有合同约定时才进行。

表 8-6 二氧化钛颜料国家标准（GB 1706—1993）

项目	指标								
	BA01-01			BA01-02			BA01-03		
	优等品	一等品	合格品	优等品	一等品	合格品	优等品	一等品	合格品
TiO_2 含量（质量分数）/%		≥98.0			≥92.0			≥90.0	
颜色（与标准样比）	近似	不低于	微差于	近似	不低于	微差于	近似	不低于	微差于
消色力（与标准样比）	≥100	≥100	≥90	≥100	≥100	≥90	≥100	≥100	≥90
105℃挥发物(质量分数)/%		≤0.5			≤0.8			≤1.0	
经（23±2)℃及相对湿度（50±5)%预处理24h后，105℃挥发物（质量分数）/%		≤0.5			≤0.8			≤1.5	
水溶物（质量分数）/%	≤0.4	≤0.5	≤0.6	≤0.3	≤0.3	≤0.5	≤0.3	≤0.3	≤0.5
水悬浮液 pH 值	6.5~8.0	6.5~8.0	6.0~8.5	6.5~8.0	6.5~8.0	6.0~8.5	6.5~8.0	6.5~8.0	6.0~8.5
吸油量/$g \cdot kg^{-1}$	≤220	≤260	≤280	≤220	≤260	≤280	≤200	≤230	≤260
筛余物（45μm 筛孔）（质量分数）/%	≤0.05	≤0.10	≤0.30	≤0.05	≤0.10	≤0.30	≤0.05	≤0.10	≤0.30
水萃取液电阻率/Ω·m	≥30	≥20	≥16	≥100	≥50	≥50	≥100	≥50	≥50

注：优等品标样为选定的同类产品；一等品和合格品标样为评选的同一样品。

钛白消费量的大小及钛白应用领域的分布，在很大程度上可以显示出一个国家的综合实力和国民生存状况。随着人类文明的进步和现代科技的发展，钛白工业实行节能降耗、“三废”治理、优质高产的科学发展理念势在必行。

8.1.2 钛白粉的性质

钛白粉的性质和纯二氧化钛的性质既有内在联系，又有较大的差别。二氧化钛要求非钛杂质含量越少越纯，纯二氧化钛有其固有性质，要求 TiO_2 含量越高越好；而钛白粉要求 TiO_2 含量不一定越高越好。因此钛白粉的性质，特别是颜料钛白粉的表面性质与纯二氧化钛的性质相比，已无共同之处，一般来说，白色颜料必须具备以下条件：

（1）纯洁的白度，对光线的折射率高；

（2）粒度和粒度分布适宜的微细粉末；

（3）对光和热的作用稳定；

（4）化学上呈惰性。

上述条件有些是纯二氧化钛的固有属性，如折射率是由二氧化钛的晶型所决定的，无论采用何种制造方法，都不能改变晶体的折射率，而白度、粒度和粒度分布，以及对光和热的稳定性等性能，则可在制造过程中采用适当的工艺方法和技术措施，进行一定程度的调整而得到。

8.1.2.1　晶体性质、物理和化学性质（参见第23.2节）

TiO_2 有3种不同的晶型状态，其中金红石型最稳定，锐钛型其次，板钛型稳定性最差。

8.1.2.2　光学性质与颜料性能

TiO_2 的光学性质和颜料性能是密切相关的，颜料性质是光学性质的具体表现形式。所有具有遮盖性作用的颜料，最基本的颜料性能如遮盖力、消色力、光泽、色调、耐候性等，都是其光学作用的结果。

A　折射率

当光从一种介质射入另一种介质时，有时会因速度发生变化而改变方向，这种现象称为折射，如图8-3所示。当光从真空射入某一种介质而发生折射时，入射角和折射角的正弦比值称为折射率，因此，折射率 $=\dfrac{\sin\alpha}{\sin\beta}$。

当光射过两个折射率相同的介质时不发生折射，这时光全部从第一种介质进入第二种介质，介质就呈现透明状态；当光从一种折射率低的介质射入另一种折射率高的介质时，在这两种介质的界面处，一部分光经过折射进入后一种介质，而另一部分光则在界面处发生反射，使后一种介质变为不透明的或不可见的，这就起到了遮盖作用。不透明度又称遮盖力。这两种介质的折射率相差越大，这种遮盖效果就越显著，即遮盖力越大。作为漆基的透明物质的折射率一般都很小，因此颜料的折射率越大，它的遮盖力便越大。由于钛白粉的折射率在白色颜料中最大，所以钛白粉的遮盖力最佳。而金红石型钛白粉的折射率2.76比锐钛型钛白粉的折射率2.55更大，因此金红石型钛白粉的遮盖力优于锐钛型钛白粉。各种白色颜料的主要性能对比见表8-7。

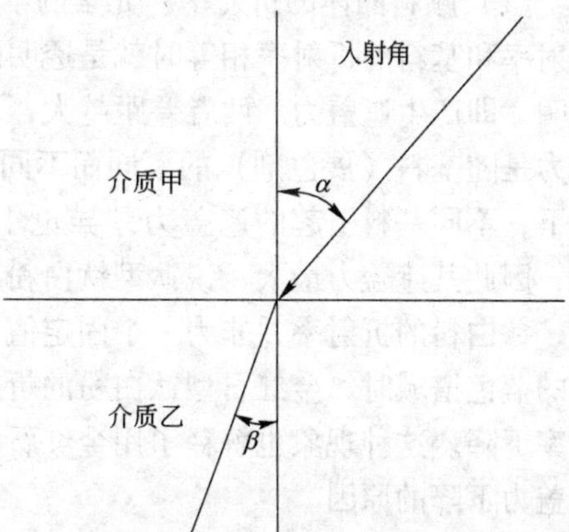

图8-3　光的折射

表 8-7 各种白色颜料的主要性能对比

颜料名称	密度 /g·cm^{-3}	折射率	消色力		遮盖力		吸油量 /g·kg^{-1}
			雷诺数	相对值	g·cm^{-2}	相对值	
钛白（金红石型）	4.2	2.76	1650~1700	100	40	100	250
钛白（锐钛型）	3.9	2.55	1200~1300	77	40~45	78	300
硫化锌（ZnS）	4.0	2.37	660	40	38	39	150~250
锑白（Sb_2O_3）	5.67	2.19	280	17		15	
锌白（ZnO）	5.6	2.02	200	12	110~140	14	
锌钡白（立德粉）	4.2	1.84	260	16	130~140	18	140~160
铅白（碱式碳酸铅）	6.1	2.00	150	9	130~200	12	80~150
碱式硫酸铅	6.2	1.93	120	7		10	

注：两种钛白粉的雷诺数是未经表面处理的。

B 遮盖力

遮盖力又称为不透明度，是指当一件物体涂以某种涂料时，涂料中的颜料能遮盖被涂物体表面的底色，使底色不能再透过涂料而显露出来的能力，即涂料完全遮蔽底材的能力。不透明度是指光对颜料颗粒不能通过的程度。

如果要涂同一块表面，所用颜料的遮盖力越大，则所需用的颜料量便越少。选用遮盖力大的颜料，即使色漆中的颜料用量较少，也能达到覆盖底层的目的。遮盖力的表示方法是每平方厘米被涂物体的表面积，在达到完全被遮盖时，需要用颜料的最低质量。其公式如下：

$$遮盖力 = \frac{颜料质量(g)}{被涂物体表面积(cm^2)}$$

颜料的遮盖力越大，这个数值便越小。

遮盖力也可以用每克颜料能遮盖被涂物体的表面积来表示，就是上一种表示方法的倒数。这种方法表示颜料遮盖力越大，则其数值便越大，涂膜便可以越薄，所需的涂料量便越少。

影响颜料遮盖力的主要因素有：

（1）颜料晶体的折射率。光学的本质是颜料与周围介质折射率之差造成的。当颜料的折射率和基料的折射率相等时就是透明的；当颜料折射率大于基料的折射率时，就出现不透明，即产生遮盖力。两者差距越大，不透明度就越大，即遮盖力越大。同一种颜料的遮盖力是随基料（展色剂）的不同而不同的，但是不同基料的折射率差异不大，因此一般情况下，不同基料引起的遮盖力差异也不大。在白色颜料中，金红石型钛白粉的折射率最大，因此其遮盖力最大；锐钛型钛白粉次之。其他各种白色颜料的遮盖力见表 8-7。

钛白粉的折射率并非为一个固定值，而是随入射光波的长短而变化的。当接近于可见光的蓝色谱域时，金红石型钛白粉的折射率增加；相反，当接近于长波的红色谱域时，折射率下降。这种现象也解释了用金红石型钛白粉制成的白色涂料，如用黄颜料调色时，其遮盖力下降的原因。

涂料的涂膜之所以具有不透明度，是因为颜料粒子能散射或吸收入射光线，使其难以透射到底材。对于由白色颜料着色的涂层来说，不透明度主要是由光散射性决定的。而对彩色颜料着色的体系来说，当颜料浓度提高时，光吸收对不透明度的作用会不断上升。

（2）颜料粒径大小、颗粒结构和分散程度。遮盖力与折射率和散射率有关。但是白色颜料的折射和散射（反射）是发生在颜料与着色剂之间的界面上，界面越大其不透明度越高，因而与钛白粉的表面积有关。表面积与粒径成反比，粒径越小，表面积越大，在一定范围内其表面积越大，遮盖力就越大。在大于可见光半波波长的范围内，粒径越小，颗粒结构越光滑，分散越好，其遮盖力便越大，但它有一定的限度，当平均粒径为0.2μm时，遮盖力最大。当小于可见光波波长一半（如粒径小于0.1μm）时，由于产生光的绕射而使遮盖力下降，甚至透明。钛白粉粒径大小对消色力和遮盖力的影响如图8-4所示。

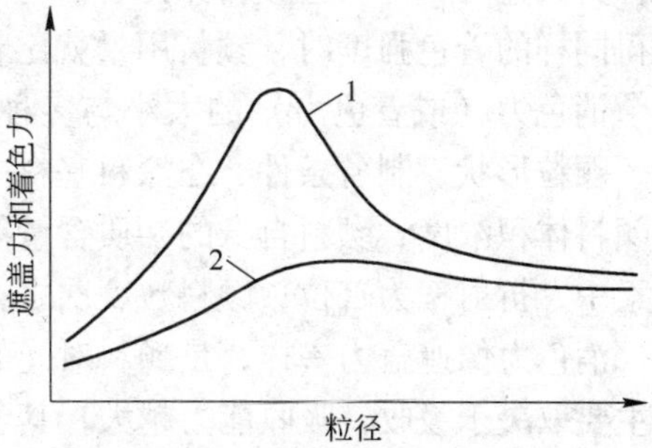

图8-4　钛白粉粒径大小对消色力和遮盖力的影响
1—白色颜料（高折射率）的消色力和遮盖力；
2—白色颜料（低折射率）的消色力和遮盖力

（3）颜料体积浓度（简称PVC）。颜料体积浓度（PVC）是油漆内的全部颜料、填料对整个不挥发物的体积比。就白色油漆来说：

$$颜料体积浓度(\%) = \frac{颜料体积(TiO_2 + 填充料)}{颜料体积 + 胶粘剂体积} \times 100\%$$

当TiO_2的颜料体积浓度增加至10%以上时，由于TiO_2粒子的聚集，会使绕射光的散射效率减少，而使遮盖力降低。在干膜厚度不变的情况下，增加颜料体积浓度虽然会失去部分散射效率，但仍会增加其遮盖力，直到增加至颜料体积浓度大约25%为止，遮盖力会因再加入TiO_2而降低，这是由于折射效率降低的速度比高浓度TiO_2所能补充的速度快。这个现象会持续到临界颜料体积浓度为止。这一点上，由于干膜平光遮盖效应而使遮盖力再度增加，降低了光的散射效果，使散射能降低，此时存在的粒子数仅仅只有20%左右，最佳的颜料晶粒大小是0.22～0.24μm。因此，在开发高光泽系统钛白粉颜料时，平均晶粒粒径应控制在18% PVC。由于塑料模件制品的PVC显著降低，所用钛白粉的平均粒径要更小些，应低于0.2μm。

最高散射能的PVC，随着钛白粉的粒径大小变化，在PVC较低的区域散射取决于介质体积中的钛白粉粒子数。在某一PVC下，粒径越小，含有的粒子数越多，散射光就越多，对光的散射能力较大，相应地遮盖力和消色力也较高。但在高PVC区，由于粒子数甚多，粒子排列十分拥挤，甚至堆积在一起，使粒子间距离减少，当粒子间距小于入射光波长的一半时，它就失去了单个小粒径的光学效果，产生粒子密集现象，降低了光的散射效果，使散射能降低，此时单位体积中粒径大的粒子数少，不易产生密集现象，所以散射能较高。在PVC达到40%时，光的吸收起了主要作用，一般情况下，总平均遮盖力在PVC 30%时达到最大值，通过这个数值可以看出，遮盖力有下降趋势。为了改善PVC超过30%时的遮盖力，因而开发了重包膜、高吸油量的钛白粉。

C　消色力（着色力）

消色力是指一种颜料与另一种颜色的颜料混合后，能使得到的混合物显示它本身颜色的能力。就白色颜料而言，白色颜料能消除彩色（使彩色颜料的颜色变浅）的能力称为消色力，即白色颜料与彩色颜料混合后，混合物的颜色越浅，表示这种白色颜料的消色力越强。就彩色颜料而言，彩色颜料固着（保持着）彩色的能力称为着色力（以前白色颜料也称为着色力，即白色颜料保持着白色的能力）。当颜料用于着色时，着色力大的颜料在获得同样的着色强度时，颜料用量就比着色力低的颜料少。

消色力（或着色力）的大小与多种因素有关，例如与颜料的折射率、粒度、粒度分布、颗粒形状、制备条件、在涂料基料中的分散均匀程度、颜料与基料的配合形式、涂料的颜料体积浓度、颜料自身的杂质含量等因素有关。许多学者的研究表明，在众多的影响因素中，折射率为首位；颜料粒度次之；颜料的制备条件再次之。

消色力像遮盖力一样，是颜料对光的吸收和散射的结果。遮盖力侧重于散射，着色力则主要取决于吸收，吸收能力越大，其着色力就越大。对有色颜料，光的吸收起着重要作用。但是白色颜料的钛白粉对光的吸收非常小，因此钛白粉的消色力的大小，主要取决于它对可见光的散射能力，散射力越大，其消色力便越大。一般来说，有较高的折射率就有较高的消色力。钛白粉在白色颜料中的折射率最大，因此在理论上钛白粉的消色力最大。各种白色颜料的消色力见表8-7。

颜料的消色力主要取决于颜料颗粒对光的吸收和散射的程度。钛白粉在可见光谱内，吸收非常小，因此钛白粉的消色力主要取决于它的散射率，而散射率与粒径大小有关。在一定粒度范围内，消色力随粒径的变小和粒度的均匀性的增加而增大，随粒径的变大而降低，在这一点上，粒径对消色力和遮盖力的影响是相似的（见图8-4）。钛白粉的消色力最高时的粒径在0.15~0.3μm之间，超过这个范围后粒径越小，其消色力也越低，甚至透明。金红石型钛白粉之所以在白色颜料中消色力最高，就是因为它的粒度小而均匀。当粒径在0.15μm附近时，消色力达到最大值；但是，当粒径增大到约0.4μm时，其消色力则大约下降40%。为了获得最高的消色力，在可见光不同的谱域内，白色颜料的最佳平均粒径见表8-8。

表8-8 不同波长下白色颜料的最佳平均粒径（μm）

颜　料	蓝光450nm	绿光560nm	红光590nm
金红石型 TiO_2	0.140	0.192	0.205
锐钛型 TiO_2	0.158	0.215	0.230
氧化锌（ZnO）	0.275	0.389	0.416
硫酸钡（$BaSO_4$）	1.07	1.30	1.36
碳酸钙（$CaCO_3$）	1.44	1.74	1.84
碱式碳酸铅（铅白）	0.28	0.39	0.42
50% TiO_2 与50% $CaSO_4$ 复合颜料	0.193	0.267	0.285
30% TiO_2 与70% $CaSO_4$ 复合颜料	0.260	0.360	0.383

在钛白粉生产中，钛液的稳定性、总 TiO_2 浓度、铁钛比、F 值、水解的方法与条件、晶种的组成、偏钛酸的结构与组成、杂质的种类与含量、偏钛酸的煅烧条件、钛白粉粉碎采用万能磨、雷蒙磨还是气粉磨等，都能影响钛白粉的消色力。要提高产品消色力，往往可在偏钛酸煅烧之前加入某些盐处理剂，或将磨细的产品进行后处理。

D　白度

颜色是由物质对可见光中不同波长的光波吸收程度的不同而形成的。日光是由许多波长不同的光波组合而成，每一种波长的光具有它特定的一种颜色，各种不同颜色的光组合起来，就成为白光，而物体的不同颜色是由于它们对日光中不同波长的光波的吸收或反射程度的不同而产生的。钛白粉能对各种可见光中所有波长的光波都有同等程度的反射，因而呈现白色。

但是钛白粉在均匀反射的同时，对可见光近紫外的400~500nm区域具有一定的吸收作用，因而和最佳的白色颜料氧化镁相比，带有轻微的乳黄色，而锐钛型钛白粉的吸收程度比金红石型钛白粉小，所以比金红石型钛白粉外观稍呈蓝相。

白度通常是以颜色指数（简称 Cl）来表达。通过测定钛白粉颜料在红（R）、绿（G）、蓝（B）光下的反射值，按下式进行计算：

$$颜色指数\ Cl = \frac{R - B}{G} \times 100\%$$

计算后如为正值，表示颜料呈黄相；如为负值，表示呈蓝相。

白度是表示物质对可见光吸收与反射两部分之比，相对白度是波长与粒度的函数。白度综合了白色颜料的亮度与色调两种光学效果。

影响钛白粉白度的主要因素有：

（1）钛白粉中有害杂质的种类和含量。在钛白粉中有些杂质即使含量甚微，也对其白度产生明显的不良影响，如铁、铬、钒、钴、铈、铜、锰、铅等。杂质的有害影响，不仅由于混入杂质本身的显色作用，而且由于杂质离子，尤其是重金属离子的存在，使钛白粉晶格扭曲或变形失去对称性而发生作用。金红石型钛白粉对杂质的影响更为敏感，如氧化铁在金红石型钛白粉中的含量大于0.003%时，就会呈现色彩，而在锐钛型钛白粉中的含量要大于0.009%才会发生色彩反应。各种杂质影响钛白粉白度的极限值见表8-9。

表8-9 各种杂质影响钛白粉白度的极限值

氧化物	相应颜色	目测可见色光时杂质的极限值/$mg \cdot kg^{-1}$	氧化物	相应颜色	目测可见色光时杂质的极限值/$mg \cdot kg^{-1}$
Cr_2O_3	棕带微黄	1.5	Fe_2O_3	浅 黄	30
CoO	灰带微黄	7	MnO	灰	30
CeO_2	黄	15	V_2O_5	灰带浅蓝	70
CuO	灰带微黄	30	PbO	灰	100

氯化法钛白粉的生产中，由于所用的原料 $TiCl_4$ 已经蒸馏净化，杂质含量较少，而硫酸法钛白粉生产中，只能依赖洗涤和漂白，以除去一定量的铁、铬、钒、铜和砷，因此氯化法产品的白度应该比硫酸法产品的白度好一些。

（2）钛白粉颗粒的形状、大小和粒度分布。任何一类白色晶体物，在一定粒度范围内，粒径减小，其白度都将会提高，粒径小，色彩带蓝相，这是因为颜料的散射对吸收率（基本不受粒径影响）的比率增加，所以对可见光的反射率也显著上升。钛白粉的颗粒形状要求外形轮廓光滑，不带棱角，因为棱角的表面会减弱对光的反射，光学性能差，而且堆积在一起时，空间体积大，相应的吸油量高。粒子大小应控制在0.2~0.35μm之间，即相当于可见光的波长范围（0.4~0.7μm）的一半，这样才能获得高的光散射力，使其颜色显得更白。当粒子小于0.1μm时，晶体则是透明的；当粒径太大时，即产品中含有少量（1%~2%）粒径为0.4μm以上的大粒子，就会降低颜料对光的散射能力，就可能对颜料性能产生非常有害的影响。对于粒度分布，则要求均匀，分布带要狭窄。

（3）钛白粉出现不理想的晶体结构和出现混晶现象，对白度也会出现不良的影响。

E 吸油量

吸油量是表示颜料粉末与展色剂相互关系的一种物理数值。它不仅说明了颜料粉末与展色剂之间的混合比例、湿润程度、分散性能，也关系到涂料的配方和成膜后的各种物性。在某些水性涂料、水分散型钛白粉中，吸油量也称“吸水量”。吸油量是产品粒径、粒形、比表面积和粒子表面状态的函数。

颜料的吸油量是指100g颜料在达到完全湿润时需要用油的最低量。测定的方法是当颜料被油（亚麻仁油）湿润成为不破裂、不分散、被刮刀刮起来呈油灰（腻子）状的膏状物时为终点。

影响吸油量的主要因素：粒子小，比表面积大，粒子表面所包覆的油多，吸油量就高；凝聚和絮凝的颗粒多，粒子之间的间隙较大，间隙中所需填充的油多，吸油量也高；针状或不规则形状的颗粒，由于孔隙较大等，其吸油量都高；片状颗粒，在捏合时呈平行排列，孔隙小，吸油量就低；接近球状的颗粒，吸油量在40%左右。

吸油量高，表示相同配方制成的漆就稠厚，要使它不稠厚，就需多加漆基（油料），这样就降低了漆料中的颜料含量，这会影响漆的性能。

对吸油量不能简单地认为越低越好。对用于溶剂型涂料、塑料等领域的颜料，吸油量应尽可能低。因为高吸油量的颜料在这些产品中应用会造成多耗基料及引起涂料产生黏度增稠等弊端。但是对于平光乳胶漆等，为了使在高PVC下的涂膜产生高的干遮盖力，所应用的钛白粉必须经过高量疏松状无机表面包膜（SiO_2、Al_2O_3），这种包覆物是多孔性的，比表面积大，因而吸油量也大，如R-780的吸油量为33，而R-780-2为40以上。

F 分散性

分散性是指颜料在被着色介质中的分散能力，在一定条件下，在一定的时间内颜料粒子在基料介质中的分散程度；或者在一定的分散条件下，在体系中达到一定的分散程度所需要的分散时间。分散性又称研磨分散性或研磨湿润性，在以水为介质中使用时（如化纤、造纸用钛白粉）则称为水分散性。

影响钛白粉分散性的因素主要有粒径大小、比表面积、表面自由能、表面电荷、pH值、极性、表面吸附状态等表面性质，也与展色剂的性质、分散剂的种类和用量、研磨分散设备和分散工艺有关。

由于颜料对制品的着色和遮盖都是通过其表面与光线的复杂作用而达成，颜料分散得好，其平均粒径小，比表面积大，对光线的散射作用就强，其着色力和遮盖力就大，着色制品的外观就会显得均匀、细腻、色斑少、色差小。

任何优良的颜料，只有它的颗粒能够均匀地分散在展色剂中，才能充分体现它的各种光学效果和颜料性能。颜料的分散程度对产品的性能和企业的经济效益都具有明显的影响：

（1）直接影响到消色力、遮盖力和表面光泽度等许多光学性能；

（2）影响到涂料的贮存稳定性、流动性、流平性、涂层耐久性、防腐蚀性和导电性等许多应用性能；

（3）影响到涂料生产成本，因为研磨分散作业的能耗很高，占涂料制造过程总能耗的大部分；

（4）研磨分散时间过长还会增加新的设备污染，使产品白度变差。

钛白粉本身是亲水的，而展色剂大部分是亲油的有机树脂，是不亲水的。刚生产出来属于亲水的钛白粉，在水性体系中常常也不能自动分散，在不亲水的展色剂中更难分散。一般使其增强水分散性，又会影响其在有机介质中的分散性。为了使钛白粉在水性或非水性展色剂中都有良好的分散性，就必须对其进行表面改性，添加有机或无机的表面活性剂，以增强其在不同展色剂中的亲和能力，从而提高钛白粉的分散性和分散的稳定性。

G 耐候性

颜料制成油漆并涂抹后，漆膜经风吹雨淋，受阳光、氧气、水和温度等的综合作用，会发生变黄、失光、粉化和失重等老化现象。颜料能抗拒以上变化的能力（或称能抵御紫外线侵蚀的能力）称耐候性。

颜料耐候性变差的原因是：（1）颜料的光化学活性；（2）由于树脂基料受紫外线作用发生降解。钛白的光化学活性是因吸收紫外线引起的。相较其他白色颜料，钛白的光化学活性较强。这是因为钛白结晶晶格存在某种缺陷，在日光，特别是紫外线照射下，在水等催化剂的作用下，钛白被还原成低价氧化钛（Ti_nO_{2n-1}）同时释放出初态氧，这种氧可使漆基的有机物氧化，发生高分子链断裂和降解，变成可溶性或易挥发性物质而破坏了漆膜的一致性。

由于金红石型钛白粉的晶体结构比锐钛型钛白粉结构更为致密，因此其抗活化能力比锐钛型大 10 倍，其耐候性也相应远大于锐钛型钛白粉。

改善钛白粉漆膜耐候性的途径是在偏钛酸煅烧前添加盐处理剂或对二氧化钛进行包膜处理，堵塞二氧化钛光化学活化点，也可有效提高漆膜的耐候性。

钛白粉光化学活性程度是按以下次序递减：无处理锐钛型钛白粉、铝处理锐钛型钛白粉、无处理金红石型钛白粉、铝处理金红石型钛白粉、铝 + 硅处理金红石型钛白粉、锌 + 铝 + 硅处理的金红石型钛白粉。

8.1.3 钛白的普通工业用途

钛白具有优异的颜料性能，可以说是一种最好的白色颜料。钛白颜料主要用于涂料、油墨、塑料、造纸、化纤和橡胶等工业部门。1991 年世界钛白的消费结构见表 8-10。涂料是钛白的第一大用户；塑料居第二位；第三位是造纸。

表 8-10 1991 年世界钛白消费结构（%）

用途	地区				
	北美	欧洲	亚太	其他	平均
涂料和油墨	48.4	59.1	54.3	85.2	61.8
塑料	18.4	18.5	18.3	7.2	15.6
造纸	27.3	11.9	5.5	4.0	12.2
其他	5.8	10.4	21.3	3.6	10.3

8.1.3.1 涂料和油墨

涂料习惯上称为油漆，其实包括油漆和各种树脂漆等。钛白是涂料生产中必不可少的最佳白色颜料。在涂料生产中，以钛白作为颜料，不仅可大大减少颜料的用量，而且使涂料具有色彩鲜艳、稳定性高、寿命长等优点，广泛用于白漆和色漆的生产中，是室外漆的必需原料。钛白在涂料工业中的应用越来越广泛，逐渐取代了锌白、锌钡白、铅白等传统的白色颜料。在国外涂料工业中，钛白用量占涂料总产量的 8% ~9%。

涂料工业一般使用包膜的钛白。室内涂料可用锐钛型钛白或金红石型钛白；室外涂料一般需要使用金红石型钛白，因为金红石型钛白性质更加稳定和具有耐紫外光照射且不易粉化的优点。

在油墨生产中，颜料对油墨品质起着关键作用，钛白是高级油墨中不可缺少的白色颜料。油墨使用的钛白，外观要纯白，耐光不泛黄，表面润湿性好，易于分散。根据油墨品种不同，可选择锐钛型钛白或金红石型钛白。

一般金属上用的油墨使用金红石型钛白；用于照相凹凸板印刷的油墨使用锐钛型钛白，因为锐钛型钛白比较软，对辊筒的磨损性较小。

8.1.3.2 塑料

钛白粒子细，耐光，分散性好，适用作塑料的不透明剂或白色浅色塑料的着色填充剂。钛白和其他颜料配合使用时，可使塑料的色泽鲜艳。由于钛白的白度高，消色力大，若在塑料生产中以钛白替代立德粉，则白色颜料的用量可减少2/3~3/4。

由于钛白在塑料中的体积分数很低（一般为1%~2%），因此要用颗粒细、分散性好的钛白粉，一般需使用无机和有机包膜的金红石型钛白。

近年来研制的超微细TiO_2，具有透明性和吸收紫外光的性能，用于制造食品包装用的塑料薄膜，可防止塑料老化和保护食品不变质。

8.1.3.3 造纸

钛白是高级纸张的重要填料。加有钛白填料的纸薄而不透明，其不透明度比碳酸钙和滑石粉等普通填料纸约高10倍，可使纸的质量减轻15%~30%，还具有白色度高、光滑、光泽好、强度大、性能稳定等优点。钛白已广泛用于字典纸、画报纸、造币纸、计算机用纸、卷烟纸、照相纸、装饰纸等高级纸张的制造中。在工业发达国家，造纸工业已成了钛白的第二大用户。美国1991年造纸用钛白量达到270kt。造纸要用白度高的钛白，一般使用不包膜的锐钛型钛白，特殊纸使用金红石型钛白。

8.1.3.4 化纤

钛白是化学纤维的优良消光剂。钛白的折射率高，遮盖力强，颗粒细，分散性好，在纺丝原液中加入0.5%~1%的钛白粉，便可使化纤具有永久的消光作用和最佳的增白效果，达到和天然纤维相仿的不透明度，并可提高化纤的强度和韧性。

化纤一般使用粒度细（0.19μm）而柔软的锐钛型钛白粉，以减少化纤制造过程对设备（特别是喷嘴）的磨损。

8.1.3.5 橡胶

钛白的性能稳定，粒子细，不含锰、铜、镉、钴等杂质，不会影响橡胶硫化过程，是橡胶优良的填料、增白剂和补强剂。用钛白作填料制成的白色或浅色橡胶制品具有强度高、伸展率大、老化慢和不易褪色等优点。

橡胶用钛白，要求具有较好的耐热性，硫化加热时（110~170℃）不泛黄，对硫磺和其他配合剂不起反应，铜、锰、钴、硅、钙、镁等杂质含量低。

8.1.3.6 其他

A 医药

钛白粉在制药中的片剂、胶囊、霜剂中作为着色剂使用。美国药典中对医药用二氧化钛的品质规定如下：

二氧化钛（TiO_2）	99.0%～100.50%
水分	≤0.50%
灼烧失重	≤0.50%
水溶物	≤0.25%
酸溶物	≤0.50%
砷（As）	≤8mg/kg
铅（Pb）	≤20mg/kg

B　食品

钛白粉由于无毒，在食品工业中可用于食品添加剂、食品包装材料。

C　化妆品

由于钛白粉洁白、无毒、遮盖力高、耐紫外线，在扑粉、增白霜、唇膏、香皂、眼影等化妆品中被广泛采用。

D　皮革

钛白粉在皮革中用作白色和彩色皮革油膏。

E　文化用品

用于美术颜料、蜡笔、铅笔、水油彩等。

8.1.3.7　非颜料用途

A　搪瓷

搪瓷是非颜料级二氧化钛的最大用途之一。在搪瓷釉料或珐琅的硼酸盐玻璃中加入 TiO_2，由于其折射率高，所得到瓷釉的乳浊度最强，不结块，容易与其他材料混熔，在冷却结晶时能形成适当的晶粒，从而获得最大的不透明度。搪瓷用 TiO_2 的颗粒较粗，因此不能在涂料中使用，但它对纯度要求较高，对能影响其折射能力的铬、铌、铜、锰、硫等杂质的含量有一定的限制。

B　电焊条

电焊条表层的药皮中要使用二氧化钛（或金红石矿），它是很好的造渣剂和稳定剂。它的溶渣熔点低，黏度小，交直流均可使用，操作时点弧快、电弧稳定，脱渣容易，焊缝美观、力学性能好。TiO_2 在药皮中的脱氧能力也很好，在焊接过程中能保护熔化的金属，防止空气中的氧或氮侵入金属焊缝中而降低焊缝的强度和塑性。另外，钛与氮能形成稳定的氮化钛，迅速进入熔渣中，从而排除氮对焊缝的影响。

电焊条用二氧化钛要求磷和硫的含量不能超过 0.05%，否则焊缝易起泡，产生冷热裂缝。焊药配方中 TiO_2 的含量为 10%～14%。

C　陶瓷、玻璃

二氧化钛在陶瓷和玻璃中，可获得较好的白度和不透明性，适用于配制建筑材料中的彩色地砖、玻璃砖、瓷板（砖）、光屏管玻璃、玻璃纤维、特种耐火材料和陶瓷、玻璃工艺品等。

D　电子陶瓷

二氧化钛是陶瓷电容器中不可缺少的材料，由于其介电常数很高，用它制成的钛酸钡可用作电容器，也可作为制造绝缘陶瓷、换能装置，高、低频滤波器及高压和压电陶瓷中的原材料。

电子陶瓷用的二氧化钛粒径要求较细，纯度要求高，对碱金属氧化物、铁、硅、铝的氧化物及硫酸根、氯根都有一定的严格要求。

E　其他

二氧化钛在冶金工业中可用于制造各种超高温合金钢、硬质合金、非铁合金、硅钢片、不锈钢等。

金红石型二氧化钛的单晶由于其折光率很高，可用于制造人造宝石。单晶金红石还是一种 n 型半导体。

高纯二氧化钛还可用作化学试剂、电子、半导体材料等。

8.2　钛白的生产

钛白的现行工业生产方法有硫酸法和氯化（氧化）法。

8.2.1　硫酸法生产钛白

该法的工艺生产流程图见图 8-5。其主要生产工序有酸解、水解、煅烧和后处理等。

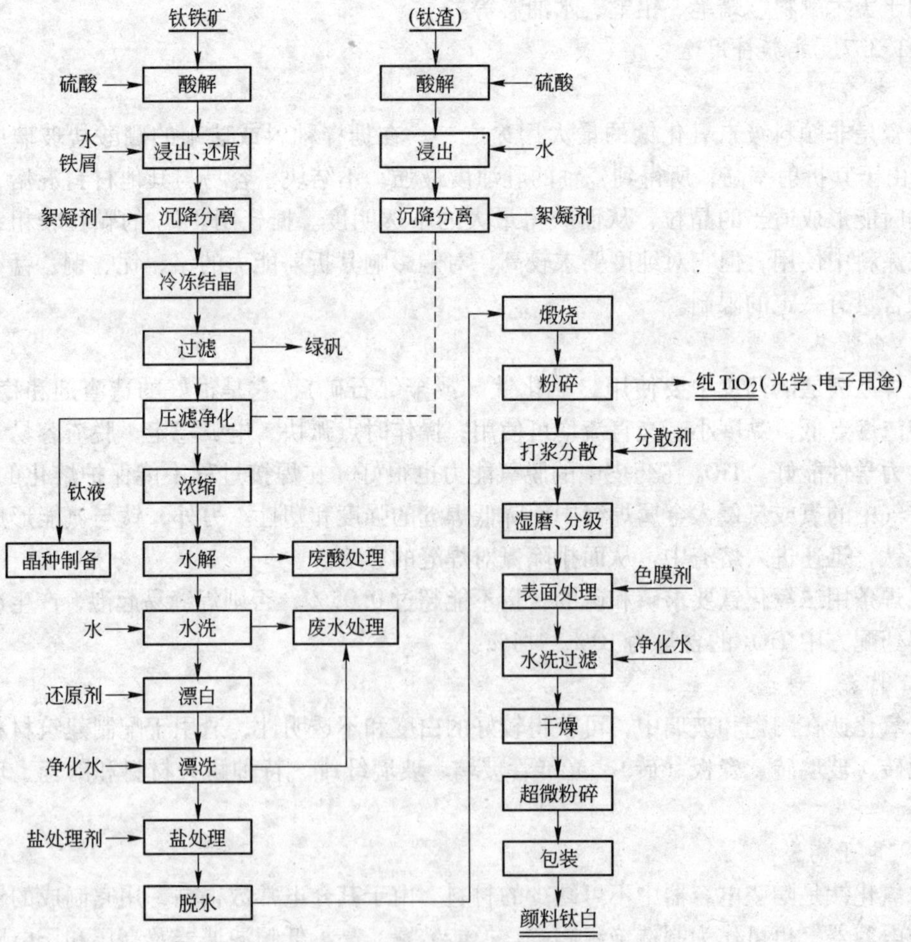

图 8-5　硫酸法生产钛白工艺流程

8.2.1.1 钛原料的酸解

用硫酸分解钛渣或钛铁矿，主要反应为：

$$FeO \cdot TiO_2 + 3H_2SO_4 = Ti(SO_4)_2 + FeSO_4 + 3H_2O$$

$$FeO \cdot TiO_2 + 2H_2SO_4 = TiOSO_4 + FeSO_4 + 2H_2O$$

$$Fe_2O_3 + 3H_2SO_4 = Fe_2(SO_4)_3 + 3H_2O$$

酸解反应在空气搅拌下进行，反应产物固化后，要适时停止搅拌，保持一定温度，促使未反应的钛物料与残余酸继续反应，即所谓“熟化”。合适的酸解操作，可获得较高的酸解率。“熟化”操作合适，可提高酸解率5%～10%。“熟化”过程结束后，再次通入空气冷却分解产物，以改善产物的水浸出性能；然后，在压缩空气搅拌下，用水浸出分解产物，获得钛溶液，浸出温度控制在55～70℃，浸出温度高了会使钛液的稳定性急剧下降，浸出用水量为矿重量的3倍左右；最后，为了有效除铁，使用铁屑把三价铁还原成二价，当浸出液出现三价钛离子时，表示铁已被全部还原。

影响钛物料酸解的主要因素有：

（1）钛物料的特性。二氧化钛品位高的钛砂矿酸解反应平稳，品位低的钛铁矿则反应激烈，有时甚至达到难以控制的程度。为了稳定工艺技术条件，获得优质钛的产品，用于生产钛白的钛铁矿应满足如下一些要求：$P_2O_5 < 0.3\%$，$Cr_2O_3 < 0.03\%$，$Al_2O_3 < 1\%$，$MnO < 1.5\%$，$V_2O_5 < 0.5\%$，$SiO_2 < 1\%$，$TiO_2 > 50\%$。钛矿的细度达到<0.044mm，即-320目，筛余物少于1%。对于钛渣，则要求其所含的钛为酸溶性好的黑钛石固溶体。

（2）硫酸浓度和温度。一般将浓酸稀释至85%～90%，并进行预热。采用低温法分解时，预热温度为70～80℃，高温法为100～130℃。

（3）酸/矿比。先通过冷冻使硫酸亚铁以$FeSO_4 \cdot 7H_2O$结晶析出，再用真空吸滤或离心过滤机过滤除去。

（4）钛液过滤。将钛液加热至约40℃，有时还需加入一些净化剂（如$CuSO_4$、FeS等）再次进行净化，然后用板框式过滤机过滤。

8.2.1.2 钛液的水解

A 水解原理

钛液的水解是钛白生产中最关键的环节，因为水解在极大程度上影响着钛的产品质量和实收率。对钛液水解的反应机理研究得还不十分清楚，一般认为过程中发生了H^+的转移和胶体的凝聚。

H^+转移水解过程，是钛液中的钛离子$[Ti(H_2O)_6]^{4+}$首先从一个络合水分子中脱去一个H^+，反应式为：

$$[Ti(H_2O)_6]^{4+} + H_2O = [Ti(OH)(H_2O)_5]^{3+} + H_3O^+$$

这种含有羟基的水合钛离子在溶液中为二聚体。反应式为：

$$2[Ti(OH)(H_2O)_5]^{3+} = \left[(H_2O)_4Ti \begin{matrix} OH \\ \rightleftarrows \\ OH \end{matrix} Ti(H_2O)_4\right]^{6+} + 2H_2O$$

这种钛的羟基桥络合物上的H^+继续转移，形成更稳定的氧桥络离子，反应式为：

$$\left[(H_2O)_4Ti \begin{matrix} O \\ \rightleftarrows \\ O \end{matrix} Ti(H_2O)_4\right]^{6+} + 2H_2O = \left[(H_2O)_4Ti \begin{matrix} O \\ \langle\,\rangle \\ O \end{matrix} Ti(H_2O)_4\right]^{4+} + 2H_3O^+$$

在氧桥络合物中的水分子再发生 H^+ 转移，形成新的羟桥，羟桥再转变成氧桥，而形成为四钛络合物：

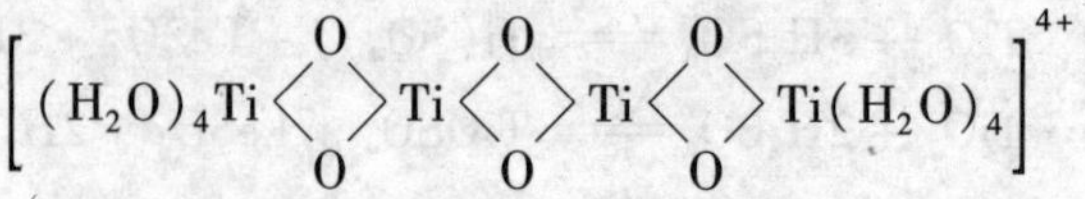

这种 H^+ 的转移过程继续发展，形成钛的多核络合物：

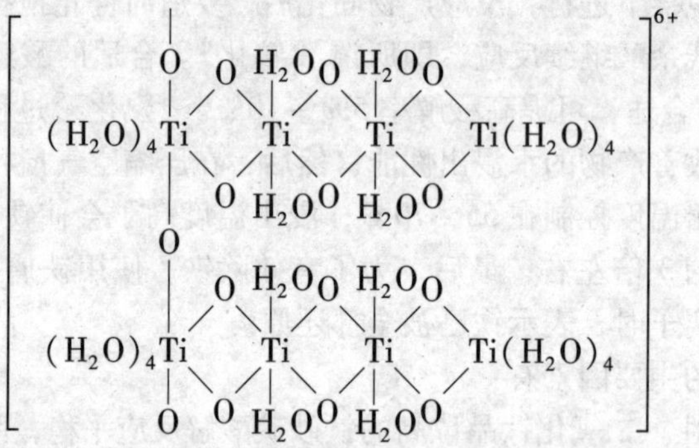

这种多核钛离子继续聚合，增长到胶粒大小而形成钛的胶体溶液。随着水解的继续发展，胶粒聚合长大，直至析出沉淀，完成钛液的水解反应过程。这种产物通常被称作偏钛酸。

钛液的水解过程，实质上就是二氧化钛胶体在凝固过程中吸附适量水或硫酸而成为凝胶体的过程。过程中有可能既吸附水也吸附硫酸。

钛液的水解没有一个固定的 pH 值，加水稀释钛液或加热钛液都能达到水解的目的。为了避免过早地发生水解，在开始大规模水解之前，不能过分稀释钛液，并要保持钛液的温度在 70℃以下。在沸腾条件下水解钛液，可获得工艺要求的偏钛酸（H_2TiO_3）：

$$TiOSO_4 + 2H_2O \xlongequal{\triangle} H_2TiO_3 + H_2SO_4$$

水解所得的偏钛酸是组成不固定的复杂产物，常表示为 $TiO_2 \cdot xSO_3 \cdot yH_2O$。

B 影响钛液水解效果的主要因素

（1）钛液的质量。经过充分净化的钛液是一种清澈的液体，它的稳定性（即用 1mL 钛液加 25℃的蒸馏水稀释，至刚出现混浊时所用水的毫升数）不应小于 500；浓度（以 TiO_2 计）为 190～230g/L；Fe/TiO_2 为 0.2～0.3；锐钛型的 F 值为 1.8～2.0，金红石型为 1.9～2.1；水解母液中含 Ti^{3+} 浓度应在 0.5g/L 左右。

（2）钛液的浓缩。经酸解、净化制得的钛液一般含 TiO_2 140～175g/L，为了保证产品 TiO_2 的质量，在水解前，钛液必须在真空（20kPa）下浓缩至含 TiO_2 190～230g/L。浓缩时的加热温度不应超过 70℃。

（3）晶种。以具有规则结晶的晶种作为结晶中心来诱导钛液的水解，可以加快水解速度和提高水解率。晶种对水解所产生的偏钛酸粒子的大小、粒度分布以及对二氧化钛的晶型都起着决定性的影响。晶种的制备可采用稀释法（自生晶种法）和中和法（外加晶种法）。这两种方法的实质都是先制得一种正钛酸胶体，然后再在稀硫酸或稀盐酸中加热胶溶、熟化生成具有一定电荷的 TiO^{2+} 和 Ti^{4+}，吸附在 $TiO(OH)_2$ 粒子表面，成为带有正电荷不溶于稀酸的胶体溶液，即晶种。

C　钛液水解的操作条件

钛液的水解，可采取加压法或常压法，工业上常用的是前者。加压法是把经计量的钛液加入水解罐内，在搅拌下，间接加热至60～80℃，然后加入所需量的晶种，继续加热，使罐内压力达到200kPa，保温、保压约15min。

8.2.1.3　洗涤和盐处理

热水解得到的偏钛酸颗粒吸附有大量母液，而母液中又含有诸如铁、铬、钒、铜和锰等离子杂质，水洗可以除去这些杂质，以获得纯净的偏钛酸。

水洗后，偏钛酸中的铁基本上是以 $Fe(OH)_3$ 存在，可用锌等还原剂将其还原成可溶的低价铁经漂洗而除去。通过漂洗，铁的含量可以从0.01%左右降至0.003%以下。铬、钒等杂质也都得到进一步降低。

偏钛酸盐经盐处理，可以降低偏钛酸烧成 TiO_2 的温度，获得晶种单一，并具有良好性能的二氧化钛产品。生产锐钛型二氧化钛用的盐处理剂有硫酸钾、碳酸钾、磷酸或磷酸铵。钾盐的加入量为二氧化钛的0.4%～2%；磷酸盐的加入量为二氧化钛的0.1%～0.3%（以 P_2O_5 计）。生产金红石型二氧化钛用的盐处理剂有锌盐、钠盐和硼盐。锌盐的加入量为二氧化钛的0.2%～1.2%（以ZnO计），并且同时要和钾盐、磷酸合用。

8.2.1.4　煅烧

偏钛酸煅烧过程的化学反应为：

$$TiO_2 \cdot xSO_3 \cdot yH_2O \rightleftharpoons TiO_2 + xSO_3\uparrow + yH_2O\uparrow$$

煅烧温度、加热速度、煅烧时间、炉内气氛、煅烧料中的杂质等都会影响到二氧化钛颜料的性能。在工业上，多用回转窑煅烧法。一般窑头温度控制在800～1000℃，窑尾温度控制在120～150℃，煅烧物料在窑中的停留时间一般在10～12h。在煅烧过程中采用一定的空气过剩系数，保持氧化气氛。近年来，提出了不少新的煅烧方法，较有进展的方法是沸腾煅烧法。

8.2.1.5　粉碎

煅烧所得的二氧化钛，一般都为细晶粒的聚结物，一般要经过粉碎处理。常用的粉碎机有砂磨、雷蒙磨、万能磨和气流粉碎机等。在中国，粉碎锐钛型二氧化钛，一般采用雷蒙磨→水选→包膜→干燥→雷蒙磨工艺流程；金红石型二氧化钛则采用雷蒙磨→水选→包膜→干燥→气流粉碎的流程。为了提高粉碎效果，要添加粉碎助剂，常用的有六偏碱酸钠、三乙醇铵、季戊四醇和脂肪酸等。

8.2.1.6　后处理

TiO_2 粉剂漆的后处理是为了改善其原有分散性低和耐候性差的性能。后处理包括：粉碎分级，使二氧化钛粒子达到一定的粒度及粒度分布；并用不同的处理剂在二氧化钛粒子表面包一层极薄的膜（表面处理）。

现在工业上最常用的是铝和硅包膜。包铝的铝用量为二氧化钛量的0.5%～5%（以 Al_2O_3 计），用酸中和偏铝酸钠，控制pH值为8～9，在60℃下包膜；包硅的硅用量为二氧化钛的1%～10%（以 SiO_2 计），用酸中和偏硅酸钠，控制pH值在8～11，在稍高于80℃下包膜。为了改善钛白在漆料中的分散性能，往往在铝、硅包膜后，再附以有机物包膜。一般有机试剂加入量为二氧化钛量的0.2%～0.6%，比较简便的加入方式是在用气流粉碎成品时加入。

成品钛白粉（金红石型）的颗粒形貌图见图8-6*a*。

8.2.2 氯化法生产钛白

8.2.2.1 氯化法生产工艺

氯化法生产钛白工艺流程见图8-7。如图8-8所示为一种常规外热式氧化工序设备连接示意图。图8-6*b*为成品钛白粉（金红石型）的颗粒形貌。

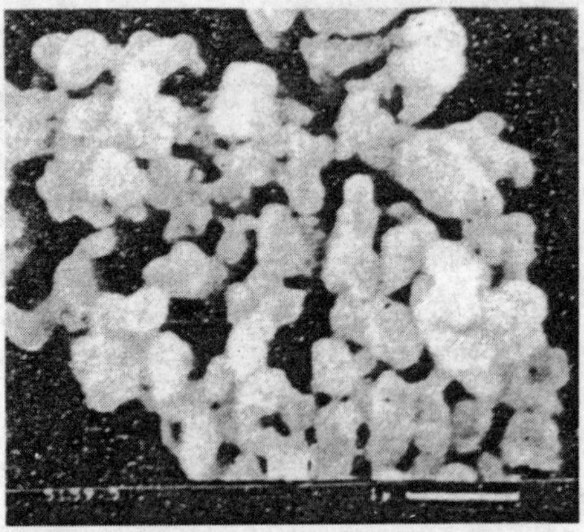

a

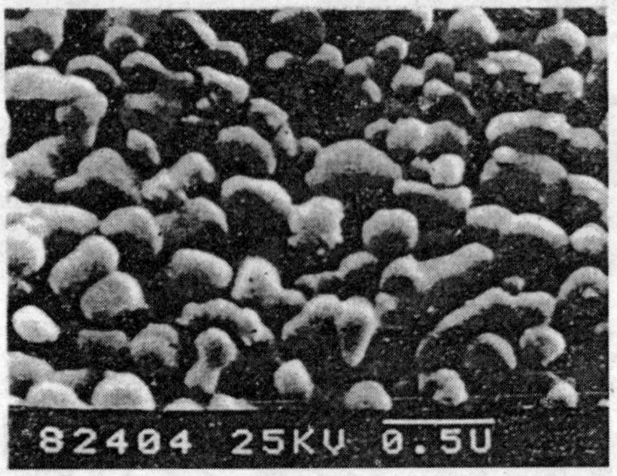

b

图8-6 钛白粉颗粒形貌（×10000）
a—硫酸法金红石型；*b*—氯化法金红石型

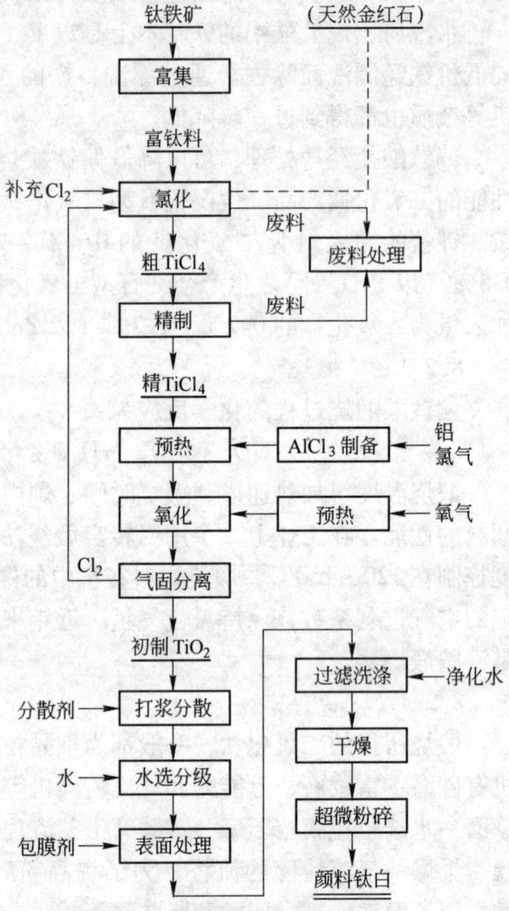

图8-7 氯化法生产颜料钛白工艺流程

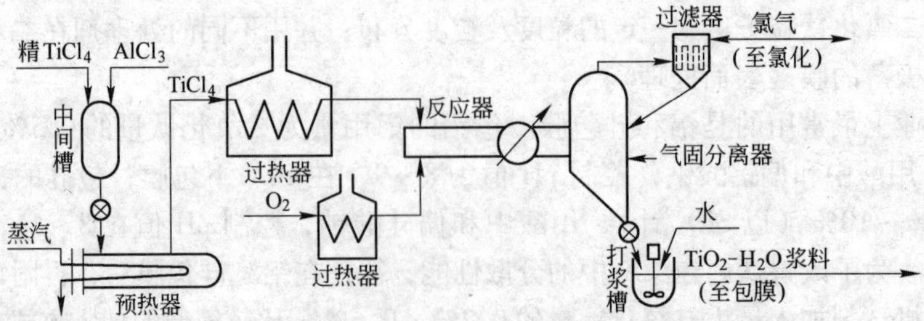

图8-8 常规外热式氧化工序设备流程图

氯化法生产钛白，包括氯化、氧化和后处理三个主要工序。氯化工序与上述的四氯化钛的生产完全相同，后处理工序则与硫酸法生产钛白的工艺类似。此处主要介绍氧化工序的有关内容。

8.2.2.2 四氯化钛的氧化

四氯化钛的氧化反应式为：

$$TiCl_4(g) + O_2(g) = TiO_2(s) + 2Cl_2(g)$$

有关上述反应的热力学数据见表8-11。

表8-11 $TiCl_4$ 与 O_2 反应的有关热力学数据

T/K	1073	1423	1473	1523	1573	1673
$\Delta H_T^\ominus$/kJ·mol^{-1}	−179.45	−177.40	−177.00	−176.59	−175.92	172.00
$\Delta G_T^\ominus$/kJ·mol^{-1}	−126.86	−105.50	−102.58	−99.65	−96.30	−90.43
K_p	1.5×10^6	7.4×10^3	4.3×10^3	2.4×10^3	1.5×10^3	6.6×10^2

由热力学计算结果可知，$TiCl_4$ 与 O_2 反应生成二氧化钛是自发的，实际反应也是不可逆的。

该反应生成的 TiO_2，既有锐钛（A）型也有金红石（R）型。它们之间的转变为：

$$TiO_2(A) = TiO_2(R)$$

这已从热力学上得到证实，这种转变是自发的，温度越高越有利于这种转变。

在实际生产中，为了使产品 TiO_2 的金红石型转化率超过98%，而需要加入 $AlCl_3$。由于 $AlCl_3$ 更易于与氧反应：

$$2AlCl_3 + 3/2O_2 = Al_2O_3 + 3Cl_2$$

生成的 Al_2O_3 起到了 TiO_2 的成核剂和晶型转化促进剂的作用。$AlCl_3$ 的加入量，一般要达到产品 TiO_2 中含2%左右 Al_2O_3。

$TiCl_4$ 与氧反应的起始温度为600～650℃，随着温度的升高，反应速度急剧增加。为了达到高的氧化速度和高的氧化率，以及获得质量好的产品，应适当提高起始反应温度，$TiCl_4$ 与氧两者的混合温度不应低于800℃，且两者的温度差应尽可能小。

氧化反应形成 TiO_2 颜料粒子的过程，包括两个互相紧密相连的阶段，即成核和晶核长大阶段。TiO_2 粒子的平均粒度和粒度分布取决于两个阶段的持续情况，当成核阶段持续时间过长时，就只能获得不具备颜料性能的过小粒子，反之亦然。

8.2.2.3 技术关键

A $TiCl_4$ 与 O_2 反应时的加热方式

a 外加热式

这种加热方式是在氧化反应器外进行的。$TiCl_4$ 与 O_2 在进入反应器前已加热至反应要求温度，由于高温下的 $TiCl_4$ 与 O_2 都是强烈腐蚀剂，在生产上，要达到连续快速大量的把 $TiCl_4$、O_2 加热至高温，又不致因 $TiCl_4$、O_2 的腐蚀而被污染，关键是要妥善解决加热器的结构和材质问题。可采用的方法有常规加热法和等离子加热法。

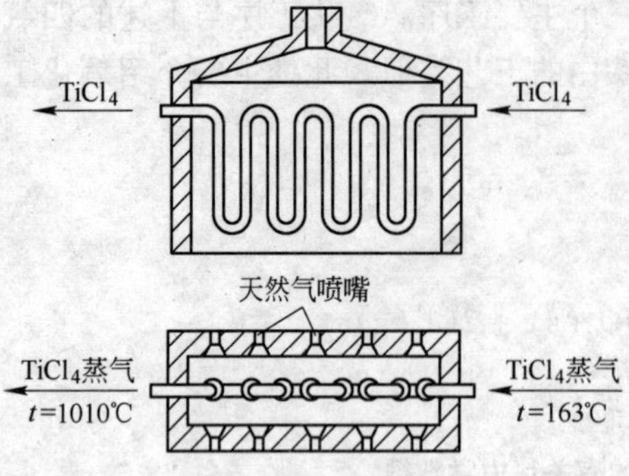

图 8-9　常规加热器

常规加热法是选用抗腐蚀能力强的金属或非金属材料，如石英、石墨、镍基合金等，做成一定的形状，用油、气或电加热。如图 8-9 所示为一种常规加热器。

等离子加热包括直流等离子和高频感应等离子加热法。等离子加热法是直接把 $TiCl_4$、O_2 作为等离子气体来加热的；也可先加热某种惰性气体，再用这种热气流加热 $TiCl_4$ 和 O_2。等离子法加热迅速，可达很高温度，也易于解决材质的腐蚀问题，但比常规法的热效率低。如图 8-10、图 8-11 所示分别为直流、高频等离子加热器。

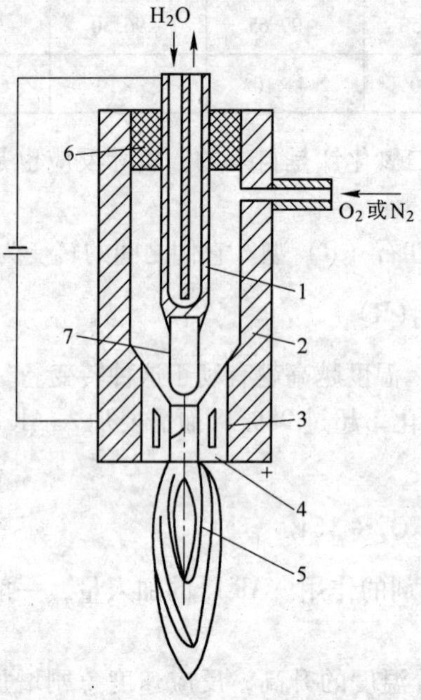

图 8-10　直流等离子加热器

1—阴极；2—阳极；3—冷却水；4—阳极顶端；5—等离子焰；6—绝缘体；7—阴极顶部

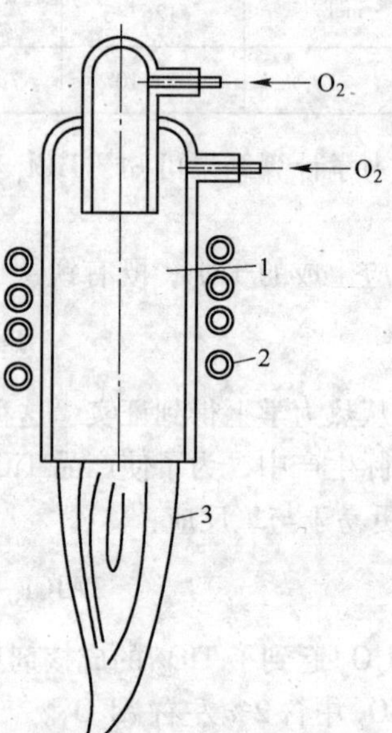

图 8-11　高频等离子加热器

1—石英等离子枪；2—感应线圈；3—等离子焰

b　内加热式

反应物料在进入反应器前仅作预热，进一步的加热是在氧化反应器内完成。这种加热方式，是在把预热的 $TiCl_4$ 和 O_2 送入反应器的同时，把某种燃料送入反应器，常用的燃料有一氧化碳、甲苯等。这种方法简化了 $TiCl_4$ 与 O_2 的加热操作，但使反应条件复杂化，同时燃烧产生的废气又冲稀了 $TiCl_4$ 与 O_2 反应副产氯气的浓度。特别是当使用碳氢化合物作燃料时，会生成水和氯化氢而腐蚀反应器。

B　反应物料热流的混合

$TiCl_4$ 与 O_2 热气流快速有效地混合，完成传质传热过程，是保证反应正常进行的基础。

为此，生产上多采用“径向反应器”，也称为“平推流反应器”，其实质是把一种反应物料从轴向送入反应器，另一反应物料以径向（放射型）方向引入的圆筒形反应器。通过调整 α、β 角度的大小和 h 的宽窄的相互关系（依据是使 $TiCl_4$ 和 O_2 气流的动量尽可能接近），取得最佳的 $TiCl_4$ 与 O_2 的混合效果。这种反应器的示意图见图 8-12。

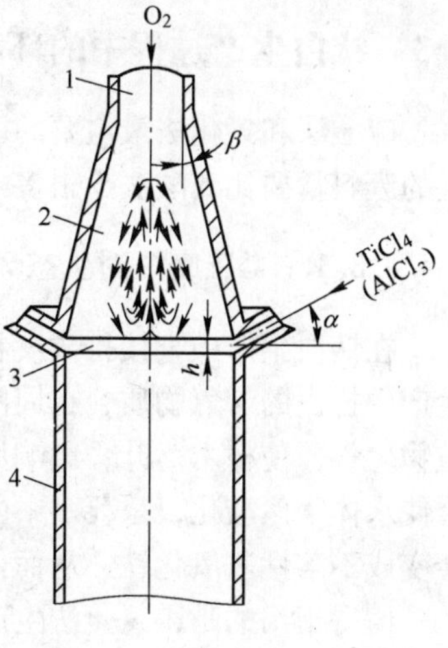

图 8-12　$TiCl_4$ 与 O_2 反应的径向反应器

1—热氧进口；2—回流室；3—环缝 h（$TiCl_4$ 进口）；4—筒形反应室

这种反应器混合效果好，反应能在瞬间（零点几秒）完成。

C　除疤问题

$TiCl_4$ 与 O_2 很容易在反应器壁上反应，TiO_2 固体颗粒会黏结在反应器热壁上，如不能及时除去，会大量絮结并被反应的热气流烧结成硬块，即“结疤”。由于反应速度极快，结疤很快变大，引起反应器内空间和内壁形状的迅速改变，破坏了设定的反应条件，起初使产品品质变坏，进而（极短的时间）堵塞反应器，被迫停产。一些研究者已提出了各种有效的除疤办法，这些办法已为生产采用。

a　气幕保护法

这是一种积极的方法，如图 8-13 所示。它是用一种气体形成一种气幕，把反应器器壁与反应热气流隔开，一方面降低了反应器器壁温度，避免在反应器器壁上的反应；另一方面不使 TiO_2 在反应器器壁上沉积，从而达到防止结疤的目的。

b　喷盐除疤法

反应器器壁通过冷却，维持在较低温度，当 TiO_2 絮结在反应器器壁上时，来不及烧结，便及时用高速气流携带盐粒喷扫反应器器壁，把黏结物清除。喷盐的方式各种各样，如图 8-14 所示是使用的一种方法的示意图。

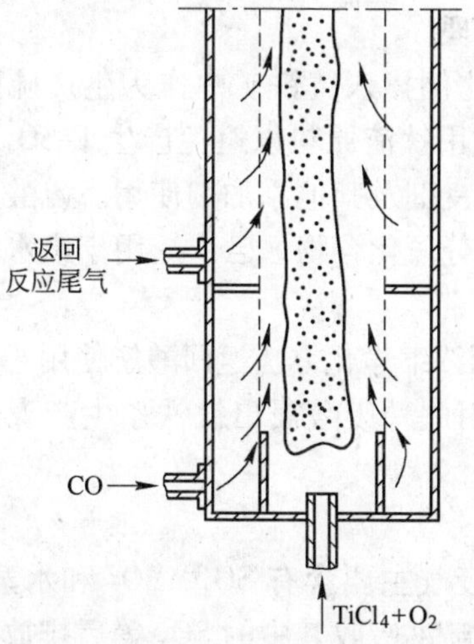

图 8-13　气幕式反应器

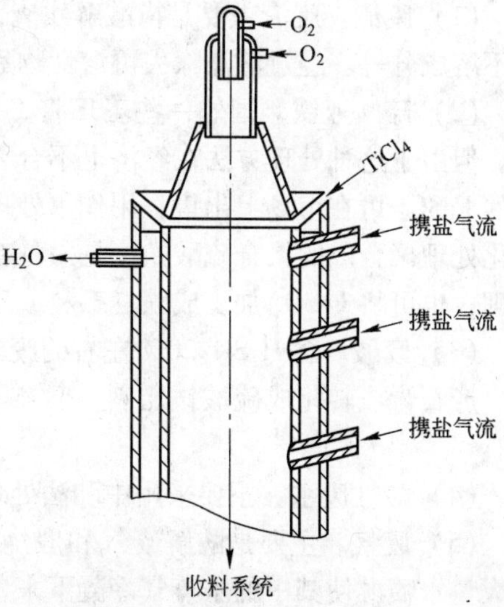

图 8-14　感应等离子法生产 TiO_2 喷盐除疤反应器示意图

8.3 钛白生产过程中的环境保护

硫酸法和氯化法最主要的区别在于生产过程中产生的“三废”量有所不同，氯化法产生的废料量要比硫酸法少很多。

8.3.1 “三废”对生态环境的危害

在钛白生产中直接排放废料，会危害环境。硫酸法生产中排出的含硫氧化物和氯化法生产中排出的含氯物质，在周围大气中达到一定浓度后便会形成“酸雨”。“酸雨”危害植物生长，使树木落叶，影响周围居民的健康。产生的废酸或氯化物废料直接排至江河，会使水体突然酸化，杀死水中的浮游生物和鱼类。可溶性硫酸亚铁在江河中通过化学反应会变成不溶性氢氧化铁，从而使水中的氧含量大大下降，会危害水生物。

值得指出的是，氯化法生产中的物料和产物大都是些具有一定毒性和腐蚀性的物质，如 Cl_2、$TiCl_4$、$AlCl_3$、$FeCl_3$、$SiCl_4$ 及其他杂质氯化物。生产过程中排出的含有上述物质的废气、废液、废渣和泄漏物会毒化周围环境和危害附近居民的身体健康。当发生大量氯气或 $TiCl_4$ 泄漏的意外事故时，其危害性尤为严重。因此，国内外一些专家建议把氯化法钛白厂建在远离稠密的居民区，并应有紧急疏散人员的措施。

鉴于钛白生产对环境污染严重，国外许多国家都制定了专门的环保法规。我国虽然还未对钛白生产行业制定专门的环保法规，但国家的环保法已经实施，钛白生产直接排废料是完全不符合国家环保法的。所以，钛白生产的“三废”治理势在必行。

8.3.2 硫酸法产生的废料及其治理

以钛铁矿为原料，生产1t钛白产生如下主要废料：废渣0.2t；绿矾3～3.5t；浓废酸(20%硫酸) 7～8t；酸性废水150～250t；含硫氯化物废气15000m^3。这些废料的治理和利用方法简述如下：

(1) 废渣。废渣主要是指酸解残渣，其主要组成是未反应的矿粉、不溶性硫酸盐和矿中不溶成分等。经过洗涤除去可溶性物后用掩埋法处理。

(2) 硫酸亚铁。国外一些工厂将 $FeSO_4$ 按一定比例掺入黄铁矿中作为生产硫酸的原料。但由于这种处理方法在经济上不合算，后来都改用钛渣原料以避免产生 $FeSO_4$。结晶状的 $FeSO_4$ 可在市场上出售，用作水处理剂、土壤改良剂及其他添加剂使用。硫酸亚铁经氧化处理聚合成的聚合硫酸铁，是一种新型的无机高分子化合物，已广泛用于废水和污水处理；也可将 $FeSO_4$ 加工成铁红颜料或磁性氧化铁。

(3) 废酸。含 H_2SO_4 20%左右的废酸，一般采用浓缩净化方法返回酸解使用；也可中和生产石膏或转化成硫酸铵肥料。日本石原公司利用此种废酸浸出钛铁矿生产人造金红石。

(4) 酸性废水。主要采用中和法处理后排放。

(5) 废气。主要是酸解废气和煅烧废气。酸解废气主要含有 SO_3、SO_2 和水蒸气等，用大量水喷淋使其中的水蒸气冷凝下来，然后用碱液喷淋吸收其中的 SO_3 等后排放。煅烧尾气主要含有 SO_2、SO_3、TiO_2 粉尘和水蒸气等，每生产1t钛白要产生15000m^3 左右的这种废气。这种废气可采用水喷淋吸收，然后经碱液洗涤处理后排放。

德国拜耳公司经过30多年的努力，已实现了硫酸法钛白生产无公害化。该公司的废料处理流程如图8-15所示。具体处理过程简述如下：

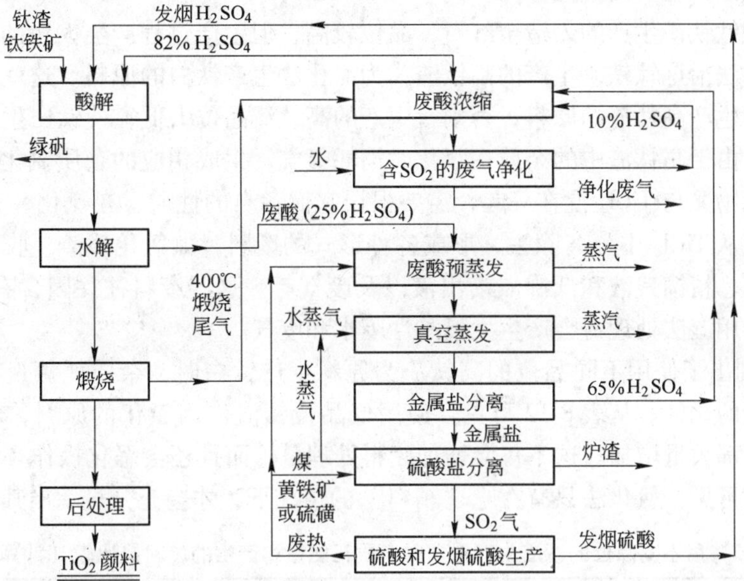

图8-15 拜耳公司钛白生产中废料处理流程

（1）废水。废水经处理后，变成可以接受的水。

（2）废气。酸解废气经过特殊的过滤系统过滤达到排放标准后排空。含有SO_3的煅烧尾气温度约440℃，含有大量热量，用于水解废酸的浓缩，之后通入水吸收其中的高浓度SO_3，使其变成可浓缩回收的废酸（浓度10%）。净化后的这种废气只含有水蒸气和CO_2，可达到排放标准。

（3）酸解废渣。不溶性的酸解废渣大多数是未酸解的尾矿以及硅酸盐等，经过一定的处理后变为不溶性，对环境无害，可用掩埋储存法处理。用于这种不溶性固体废弃物掩埋的深坑是很大的，能完全保证废渣不泄露，坑址和设计情况均得到环保当局的批准。

（4）硫酸亚铁。采用钛渣作原料，不直接生成绿矾；采用钛渣与钛铁矿混合矿作原料时，生成的绿矾一部分可用作水处理剂，另一部分用于生产氧化铁颜料。水解废酸浓缩生成的硫酸亚铁，与黄铁矿或硫磺掺烧生产硫酸，所副产的氧化铁可作为有价值的含铁原料。

（5）水解废酸。经预浓缩后分离出硫酸亚铁，再进一步浓缩变成浓度为65%的硫酸，再用煅烧尾气的余热进行中间浓缩，变为82%的硫酸，返回酸解作业，与一定量的发烟硫酸混合，进行钛矿酸解。

8.3.3 氯化法产生的废料及其治理

氯化法是一种生产钛白的先进方法，但要求使用高品位富钛料原料。国外大多数工厂都以天然金红石（含TiO_2 96%）和高品位人造金红石（含TiO_2 92%～96%）为原料，在生产过程中实现氯的循环使用，整个生产过程产生的废料较少，这是氯化法最主要的优点。我国缺乏天然金红石资源，用氯化法生产钛白要以钛铁矿为原料，首先要将它富集成高钛渣和人造金红石。这就要求富钛料的生产产生的废料少，获得高品位的富钛料，否则便会失去氯化法最主要的优点。

酸法处理钛铁矿生产的人造金红石，品位较高，但生产过程产生大量的废料。今后将主要采用电炉法冶炼钛铁矿生产的高钛渣作为氯化法生产钛白的原料。这就要求选择优质的钛铁矿作为生产高钛渣的原料，否则所生产的高钛渣品位太低，使钛白生产过程产生的废料量增加。由于高钛渣中的杂质在氯化时消耗氯气，生成相应的杂质氯化物，所生成的这些杂质氯化物又与 $TiCl_4$ 混在一起，需要根据它们各自的性质，在氯化、$TiCl_4$ 精制过程中逐个将它们从 $TiCl_4$ 中分离除去，形成各种形式的废料，如氯化残渣、收尘器残渣、沉降和过滤泥浆、精馏残液和低沸点馏出液以及废气等。这些废料往往因含有大量 $TiCl_4$ 而难以处理，如用湿法处理将会产生大量酸性废水和废气。

表 8-12 列出了使用不同品位的高钛渣为原料生产钛白时，杂质耗氯量和产生的杂质氯化物废料量的比较。从表 8-12 可见，使用低品位钛渣作为氯化的原料，耗氯量和杂质氯化物废料量都大量增加。这不仅会增加废料处理量，而且还会恶化操作环境，降低钛的回收率。由此可见，氯化法只有在吃“精料”的情况下，才会充分显示出其优越性。

表 8-12 用不同品位的钛渣生产钛白时杂质耗氯量和产生的废料量比较（计算结果）

序 号	钛渣的 TiO_2 品位（质量分数）/%	钛渣中杂质总量（质量分数）/%	生产 1t TiO_2 的杂质耗氯量/kg	生产 1t TiO_2 的杂质氯化物废料量/kg
1	94.6	7.4	154	281
2	91.9	10.1	220	377
3	90.9	11.1	220	393
4	89.1	12.9	275	484
5	83.7	18.3	437	723

氯化法生产钛白过程产生如下主要废料：

(1) 固体废料，有氯化残渣、收尘残渣、除钒残渣、精馏残渣等；

(2) 液体废料，有沉降和过滤泥浆、精馏残液、低沸点液及各种废水等；

(3) 废气，包括氯化、精制、氧化作业产生的含氯及氯化物废气，钛白干燥、粉碎过程中产生的含尘废气等。

上述废料的治理方法参见本书第 29 章。

8.4 新一代钛白粉的研发

8.4.1 新一代通用型钛白粉

新一代通用型钛白粉与传统产品相比，具有适应范围广、光泽度高、分散性优异、耐久性更强、安全环保等特点，因此自 20 世纪 80 年代末起，世界各大钛白粉公司纷纷投入新品种的研发，并成功地开发了一系列高性能的通用型钛白粉。

8.4.1.1 TR-92 型钛白粉

英国 Tioxide 公司是世界上最先开发新一代钛白粉的公司。该公司 20 世纪 80 年代末开发的新一代通用型钛白粉 TR-92，在许多工业用途中得到了广泛的应用，并且性能优良，既适用于油性涂料，也适用于水性涂料，并具有优异的光泽、遮盖力和耐久性，被誉为 20 世纪 90 年代第一个世界标准的通用型钛白粉牌号。其主要性能见表 8-13。

表 8-13　TR-92 的主要性能

项　目	指　标	项　目	指　标
TiO_2 含量/%	94	压实堆积密度/$g \cdot cm^{-3}$	1.2
无机处理剂	ZrO_2、P_2O_5、Al_2O_3	消色力（Reynolds）	>1790
有机处理剂	三羟甲基丙烷	吸油量/$g \cdot 100g^{-1}$	18
晶体粒径/μm	0.23	吸水量/$g \cdot 100g^{-1}$	28
105℃下失重/%	0.6	耐久性	高

TR-92 钛白粉是用硫酸法生产的，其制备途径除不在水合二氧化钛煅烧前加 Zn 外，主要是通过无机-有机联合表面处理，用 ZrO_2 作为第一层处理剂，代替传统的通用型水合二氧化钛作为第一层处理剂，结果不仅促进了后来的 Al_2O_3 等处理剂与基体钛白粉的附着力，而且还不损害钛白粉的颜色。相反，采用水合二氧化钛层时，活性钛离子位于基体 TiO_2 表面上，可能在包膜过程中被还原，从稳定的四价态还原成三价态，发生颜色的改变。此外，用 ZrO_2 处理，还可以降低表面活性剂（分散剂）需要量，有利于水性乳胶漆在储存过程中黏度不大幅上升。其加入量一般为 0.45% ~0.8%，典型值为 0.5% ~0.6%。

然后，用 2.8% ~3.8% Al_2O_3 处理，以改进遮盖力、耐久性、光泽以及在非水系统中的分散性；加入 0.3% ~0.55% P_2O_5，主要为了改进耐久性，在水性系统中的分散性和分散稳定性以及耐腐蚀性；最后在气流粉碎中加入 0.12% ~0.28% 三羟甲基丙烷，进行有机处理，进一步改进分散性和储存稳定性，并提高光泽。

8.4.1.2　R-KB-6 型钛白粉

R-KB-6 型是欧洲新一代通用型钛白粉，它是由德国拜耳公司采用硫酸法生产的，其晶格用 Al_2O_3 稳定，其表面用 ZrO_2、Al_2O_3、SiO_2、ZnO_2 和有机物处理，最终经过气流粉碎的金红石型钛白粉。

拜耳公司设计 R-KB-6 的指导思想是：鉴于传统的通用型钛白粉在应用上有许多局限性，而这些局限性又是来源于其性能的不全面性，所以把钛白粉的优异光学性能、高光泽和较高的耐候性高度统一地表现在一个钛白粉牌号上。

R-KB-6 的主要技术数据见表 8-14。

表 8-14　R-KB-6 的主要技术数据

项　目	数　据	项　目	数　据
TiO_2 含量/%	94	筛余物（45μm 筛孔）/%	<0.01
表面处理剂	ZrO_2、Al_2O_3、有机物	吸油量/$g \cdot 100g^{-1}$	23
密度/$g \cdot cm^{-3}$	4.1	相对散射力	109
折射率	2.75		

与该公司以前生产的通用型钛白粉 R-KB-2 相比，该牌号的明度值很高，而表征白度的黄底色则很浅，说明其白度比 R-KB-2 高。R-KB-2 这种品牌的钛白粉，年长一些的中国涂料界人士并不陌生，因为它曾在 20 世纪 70 年代的中国钛白粉市场上占有相当大的份

额，它的良好颜料性能曾给我国涂料界留下深刻的印象。

R-KB-6 的光泽度高，光雾值低。经试验在汽车涂料中，R-KB-6 的 25°光泽能达到 99%，而 R-KB-2 只能达到 91%；R-KB-6 的 24°光雾为 22%，而 R-KB-2 为 29%。在乳胶漆中，R-KB-6 的 60°光泽可达 82%，而 R-KB-2 只能接近 75%。光泽和光雾值是颜料质量、分散程度以及其抗絮凝程度的一个量度。

R-KB-6 用 Al_2O_3 对晶格进行稳定，再加上用 ZrO_2 和 Al_2O_3 包膜，人工加速老化试验和佛罗里达天然曝晒试验都证明，在装饰性涂料和工业烘烤试验中，R-KB-6 具有优异的抗粉化性和保光性。

这种新一代通用型颜料，应用范围很广，从汽车修补漆到油性和水性内用和外用工业涂料、高固体分涂料、粉末涂料、油性和水性装饰涂料、内用和外用乳胶漆等。

8.4.1.3 XRR2 型钛白粉

XRR2 是芬兰 Kemira 公司于 1996 年开始投放市场的产品，用于取代用 ZnO 稳定晶格的传统的 RR2 通用型钛白粉。它是用硫酸法生产的，不用 ZnO 稳定剂，因而不含有锌。用 Al_2O_3 和 SiO_2 以及有机物进行表面处理。它是 RR2 的改进型，XRR2 与 RR2 的性能对比见表 8-15。

表 8-15 XRR2 与 RR2 的性能对比

性 能	XRR2	RR2	性 能	XRR2	RR2
颜 色	—	—	Al_2O_3 含量/%	2.2	2.2
压实粉饼明度	96.7	96.5	SiO_2 含量/%	1.2	1.2
压实粉饼色调	1.6	1.6	ZnO 含量/%	<0.03	0.9
灰色调消色力	26.1	26.1	有机处理	有	有
色 调	−12	−11.5	密度/$g \cdot cm^{-3}$	4.0	4.0
吸油量/$g \cdot 100g^{-1}$	200	200	堆积密度/$g \cdot cm^{-3}$	0.25	0.25
pH 值	7.5	7.5	晶体平均粒径/μm	0.22	0.22
TiO_2 最低含量/%	93.5	93.0	粒子平均粒径/μm	0.29	0.29

从表中可知，在明度、消色力和色调上，XRR2 优于 RR2。由于 XRR2 带浅蓝底色，故所形成的涂料更符合现代需要。

用 XRR2 和 RR2 配成的醇酸白漆、乳胶漆、醇酸灰漆和氨基醇酸白漆的性能对比，XRR2 的很多方面性能都优于 RR2。含有 XRR2 的乳胶漆，其黏度稳定性比含 RR2 的高。XRR2 经过两亲性有机处理，在水性和油性系统都有着优异的分散性。在水性系统中，例如在固体分为 70% 时，只需加入约 0.15% ~0.20%（按 100% TiO_2 计）的阴离子分散剂就可以了。

8.4.1.4 MDHG 型钛白粉

MDHG 型钛白粉是北美新一代通用型钛白粉，简称为 MDHG 型钛白粉。其品种设计的指导思想是：使钛白粉能大力提高涂膜的光泽，而且对耐久性也有较高的要求。这种钛白粉是为了配合现代高效和低 VOC（挥发性有机化合物）含量的涂料产品的开发而设计的，是因为这种涂料一般要求钛白粉应同时具有极低的吸油量、优异的分散性、高的光学性能和良好的耐久性。这一点是传统的通用型钛白粉所不具备的。它以 SCM 公司的 RCL-

535 为代表，其吸油量为 17g/100g，以 Al_2O_3 和有机物进行表面处理，是用氯化法生产的。

对高光泽醇酸树脂磁漆配方（颜料体积分数 $\varphi_p = 19.87\%$，涂装 VOC = 468g/L）进行检验的结果表明，MDHG 型钛白粉的 20°光泽和 60°光泽明显比传统的硫酸法通用型钛白粉和传统的有光磁漆型钛白粉高。这主要是由于在制造过程中对颜料粒度进行了更精确的控制，并采用了更先进的无机表面处理工艺。据说这种钛白粉能使涂膜的鲜映性大幅度提高，涂膜的光雾值降低。不仅在油性系统中是这样，在水性系统中也是这样。

当将 MDHG 型钛白粉用于工业涂料（如白色聚酯卷材涂料，颜料比 = 1.403 : 1，涂装 VOC = 601g/L）和建筑涂料（白色高光泽乳胶漆，$\varphi_p = 17.80\%$，涂装 VOC = 230g/L）中时，涂膜的保光性比用相应的传统通用型钛白粉时高，抗粉化性也高，显示出良好的耐久性。

当涂膜要求高的反射率和清新干净的底色时，MDHG 型钛白粉能使涂膜产生更高的明度和更好的主色。这是因为它的光散射性能得到了改进。

MDHG 型钛白粉具有优异的分散性，这部分是因为其中没有超尺寸的大粒子存在。

在某些情况下，MDHG 型钛白粉在消色力方面也有很大的优越性，它等于甚至超过了传统的通用型钛白粉。因此，在许多应用系统，在保持颜色强度不变的情况下，可减少钛白粉用量。

此外，MDHG 型钛白粉吸油量特别低，这不仅有利于制备高 TiO_2 含量（如 RCL-535TiO_2 可达 84%）的色浆，而且特别适用于开发低 VOC 含量的涂料。高含量 TiO_2 色浆有利于降低涂料的制造成本，因为它可以实现用较小的设备生产更多的涂料。

MDHG 型钛白粉可适用于内用高光泽型涂料、外用装饰性涂料（如建筑涂料）和汽车修补漆。它既可用于传统的溶剂型涂料，也可用于高固体分涂料、水稀释涂料和粉末涂料。

8.4.1.5　R-960HG 及 R-960VHG 耐久型通用钛白粉

R-960HG 和 R-960VHG 型是由美国杜邦公司用氯化法生产的，是为改进 R-960 超耐久型钛白粉的光泽而设计的品种。其中的 HG 代表高光泽，VHG 代表很高光泽。

杜邦公司采用致密 $SiO_2 + Al_2O_3$ 来包覆钛白粉，使其具有超强的耐久性。多年来，这一工艺被认为是生产超耐久型钛白粉的唯一工艺，新生产的 R-960 被普遍认为是超耐久型钛白粉的典型代表和最高标准，但在 20 世纪 80 年代，欧洲兴起采用 $ZrO_2 + Al_2O_3$ 来处理钛白粉生产超耐久型钛白粉的工艺。目前两种工艺都有应用。据分析，用致密 SiO_2 包膜的超耐久型钛白粉，虽然具有优异的超耐久性，但光泽和遮盖力有所降低。而 $ZrO_2 + Al_2O_3$ 处理的钛白粉虽然耐久性可能不如前者，但光泽好，不透明度高。

为了与后来的锆处理的超耐久型钛白粉在光泽上进行竞争，杜邦公司于 20 世纪 90 年代开发了 R-960HG 和 R-960VHG 这两个牌号。它与 R-960 相比，细化了晶体粒径（R-960 中位数粒径为 0.35μm，而 R-960HG 和 R-960VHG 分别为 0.34μm 和 0.31μm），以提高光泽，并采用了有机表面处理，以改进分散性。分散性对涂层光泽的发展有着决定性的影响。这两个牌号保持了 R-960 的优异耐久性，同时又具有很高的光泽（见表 8-16）。

表 8-16　R-960VHG 与 R-960 光泽对比（高固体组分汽车面漆、涡轮式喷涂机）

钛白粉牌号	20°光泽	DOI	5°光雾
R-960VHG	83	87	1.3
R-960	70	83	2.3

这两种超耐久型钛白粉主要用于汽车面漆、粉末涂料、卷材涂料、高档建筑涂料、船舶维修涂料等。

8.4.2 复合钛白粉的研发

颜（涂）料钛白粉生产成本高、价格昂贵，而其使用量又很大，例如：美国高质量建筑胶漆中颜（涂）料钛白粉的原材料成本高达40%，因此，如何有效地降低钛白粉在颜（涂）料配方中的加入比例，已成为钛白粉生产行业共同关注的问题。

为了节省昂贵的钛白粉，降低成本，长期以来人们都积极地研究和开发利用高效价廉的体质颜料部分取代钛白粉。早在1920年就生产了1000t含锐钛型TiO_2 25%、硫酸钙75%的钛-钙型复合颜料。当时曾一度流行，一直使用了几十年。这种钛-钙型复合颜料，在溶剂型涂料中性能还可以，但不适用于水性体系，因为硫酸钙在水中会长大，令人无法接受，而且痕量的钙离子和硫酸根离子会使乳胶漆絮凝。

也有资料报道，1920年生产的是含锐钛型钛白粉25%和硫酸钡75%的钛-钡型复合颜料，由于钛-钡型复合颜料具有比其他历史更悠久的白色颜料（如铅白和锌白）高得多的遮盖性能，并且也不与当时油漆中主要成分的天然植物油起反应，即使暴露于含硫大气中也不脱色，因而这种复合颜料很快就成功地推向了市场。

自1973年世界第一次石油（能源）危机发生以来，鉴于TiO_2颜料价格大幅度上涨（1973年以前世界TiO_2价格每吨仅500美元），迫使使用TiO_2颜料较多的发达国家积极研究在涂料工业中修改配方，尽量选用价廉物美的体质颜料取代TiO_2。

人们所开发的TiO_2代用颜料种类甚多，粗略地加以分类，主要有微细化的天然和人工合成的无机体质颜料、有机高分子聚合物塑性颜料、有机高分子聚合物中空微球不透明颜料等。这些代用品之所以能部分取代TiO_2，主要是因为它们能使涂膜中的TiO_2性能（主要是遮盖性能）得到更充分的发挥，故可用更少量的TiO_2便能达到它在早先配方中的功能，即等于这些代用颜料使TiO_2发生了“增量”。因此，能部分取代TiO_2的体质颜料被称为TiO_2增量剂。

迄今为止，TiO_2增量剂主要用于水性建筑乳胶漆中取代部分TiO_2，这是因为这种涂料应用量大，单位涂料中TiO_2含量又高，有取代的潜力；在溶剂型涂料中，虽也可以部分取代TiO_2，但应用并不太广泛；而低颜料体积浓度、高光泽、高耐久性的高档涂料，一般不考虑TiO_2的部分取代问题，但必须适当节省TiO_2。

用增量剂来部分取代涂料中的TiO_2时，必须坚持的原则是不能降低涂料的性能，如建筑涂料的磁漆不渗透性等。

节约代用TiO_2的基本途径有以下两条：

第一，利用微细化体质颜料的空间位隔能力，将TiO_2颜料粒子均匀整齐地分布于涂膜中，不发生群集效应，使更多的TiO_2粒子能起到入射光的散射中心作用。这时，微细化体质颜料也即TiO_2增量剂，其作用如同一个个隔离定位剂。因此，这样的增量剂又称定位型增量剂。显然，为了起到隔离定位的作用，TiO_2增量剂的粒径必须与TiO_2的粒径相匹配；它必须具有良好的分散性。

第二，在超过临界颜料体积分散的涂膜中，由于TiO_2增量剂的加入，增大了空气—颜料界面，使涂膜中含有一定数量的空气泡，以产生干遮盖力（利用空气与TiO_2

增量剂之间的折射率之差所产生的遮盖力)。这就是近年来出现的空气微泡遮盖原理。白云、积雪、浪花、啤酒沫等之所以显示不透明的白色，是因为空气泡与介质之间存在折射率之差，从而发生了空气微泡遮盖。将适量空气引入涂膜中，是第二种途径的实质。

在溶剂型涂料中节约代用 TiO_2，主要利用第一种途径，而在水性建筑乳胶漆中节约代用 TiO_2，则主要利用第二种途径，但也利用第一种途径。

大白粉（碳酸钙）在湿的状态下涂刷在墙上时，由于大白粉和水的折射率相差不多，所以看起来遮盖力很差。但干了以后，由于空气取代了水，此时两者的折射率之差变大了，所以干后看起来遮盖力大大提高。

本来涂料中的颜料粒子应被漆基所润湿，为了增加遮盖力，可以增添一部分低遮盖力的体质颜料。例如，在建筑涂料中掺入体质颜料作适当的填充，其用量超过临界颜料体积浓度时，有一些颜料粒子被空气包围，不被漆基润湿，反而提高了这部分颜料的遮盖力。用低遮盖力的体质颜料代替高遮盖力、价格较高的 TiO_2，既降低成本，又不影响遮盖力。增加体质颜料后甚至可以做成不平整涂层，更增加“质”感。

涂料配方设计师们发现，各种廉价的天然非金属矿物填料以及某些合成无机填料，当其粉体粒径达到微细级（大多数颗粒为亚微米级），基本上可与所配套应用的 TiO_2 粒径相比较时，便能在一些水性建筑乳胶涂料、水性路标漆、水性纸张涂料等涂料中，产生很强的空间位隔能力，像一个个隔离物一样，把挤在一起的 TiO_2 颗粒隔离开，使它们均匀分布于涂层中（见图 8-16）。

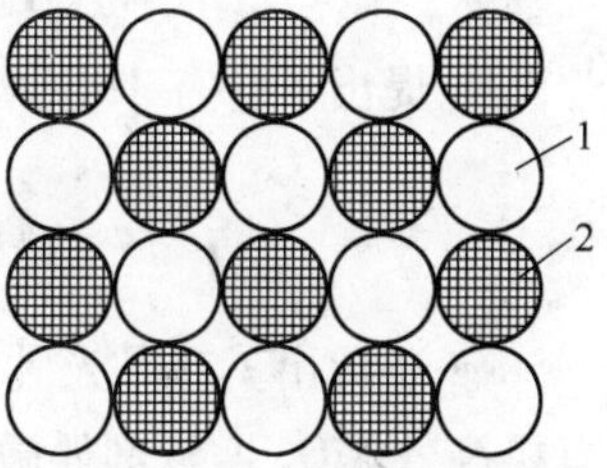

图 8-16 微细化的填料的空间位隔作用

1—亚微米级填料颗粒；
2—二氧化钛颜料颗粒

这样，由于 TiO_2 颗粒基本上处于等距离的（平面的和空间的）理想分布，就等于增多了对入射光的有效散射点，从而增加了 TiO_2 颜料的遮盖力，起到了少用 TiO_2 而达到相同遮盖力的目的。20 世纪 70 年代以来，国外的涂料单位所消耗的 TiO_2 量逐步下降，与大量应用微细化的无机填料有一定关系。据计算，如果涂料中应用的全部 TiO_2 颜料颗粒都能达到较理想的分布，那么世界 TiO_2 的需求量，会从 20 世纪末的水平上再下降约 14%，很明显，只有微细化的填料才有这样的作用。

选用遮盖力大的颜料，即使色漆中的颜料用量较少，也可达到覆盖底层的目的。为了节约贵重颜料的用量，在保证色漆具有一定遮盖能力的前提下，可添加适量的体质颜料，以降低涂料成本。

为增加 TiO_2 包膜层的干遮盖力，国外普遍采用水性平光建筑乳胶漆专用的重包膜的 TiO_2，这种品种的 TiO_2 有四个特点：一是基体 TiO_2 含量很低，只有 80% ~90%，因此价格比较便宜；二是包膜为多孔海绵状的，其量很大，约为 10% ~20%，在涂膜干燥后，会含有一定的孔隙度，容纳空气泡，形成干遮盖力；三是其吸油量和吸水量均很高，以便产生干遮盖力；四是粒径较大，适于高 φ_p 的情况下使用。

为增加 TiO_2 增量剂的干遮盖力，可采用微细化无机体质颜料，也可以采用塑性颜料或聚合物中空微球，借助于它们与空气泡之间的折射率之差产生干遮盖力。

目前世界上有的无机体质颜料生产商，还开发了有一定真正遮盖力的 TiO_2 增量剂。

显然，采用这种增量剂，取代 TiO_2 的份额会更多。

美国学者 Stieg 对涂料中 TiO_2 的节约代用进行了广泛而有深度的研究。他提出了用冲淡效率 E_d 来表征无机增量剂的空间位隔效应。某些无机增量剂的冲淡效率 E_d 值见表 8-17。

表 8-17 某些无机增量剂的冲淡效率 E_d

名 称	商品名	吸油量/$g \cdot 100g^{-1}$	粒度（<1μm）/%	E_d/%
粗粒天然碳酸钙	Duramite	13	7	0
中粒天然碳酸钙	Snowflake	14	12	15
细粒天然碳酸钙	Atomite	15	18	30
细粒天然碳酸钙	Omyacarb F	19	30	31
水合瓷土	Glomax LL	60	42	74
煅瓷土	Al-Sil-Ate O	55	47	85
沉淀碳酸钙	M-60	58	55	90
热光瓷土	Opitiwhite	57	27	91
微细化天然碳酸钙	Omyacarb UF	26	65	99

显然，粒径越细小，其 E_d 值越高，取代 TiO_2 的能力越大。

Stieg 提出了含有 TiO_2 增量剂的涂料中 TiO_2 的有效颜料体积分数 φ_{ep} 的概念：

$$\varphi_{ep}(TiO_2) = \frac{TiO_2\ 体积}{TiO_2\ 体积 + 增量剂 \times E_d + 基料}$$

Stieg 还提出了在平光乳胶漆中，用轻（中）包膜的通用型钛白粉（TiO_2 含量 95%）与有机高效 TiO_2 增量剂如微细化天然碳酸钙构成的颜料系统来代替重包膜的乳胶漆专用型钛白粉（TiO_2 含量 80%）与粗粒天然碳酸钙构成的颜料系统的新思路，用来降低涂料的成本。

目前复合钛白粉的主要品种有无机盐增量型、有机聚合物增量型和钛白粉包核型。

8.4.2.1 无机盐增量型

据 1990 年 3 月在美国密苏里州圣路易斯举办的涂料、造纸和塑料节约代替 TiO_2 的研讨会指出，有节约代替 TiO_2 潜力的无机体质颜料很多，例如瓷土（煅瓷土、片状瓷土、水合瓷土）、碳酸钙（干磨的天然级、风选天然级、沉淀级）、重晶石粉、沉淀硫酸钡、滑石粉、绿泥石粉、水镁石粉（天然氢氧化镁）、白云石粉、硅藻土（熔融的煅烧级、天然级）、叶蜡石粉、二氧化硅（晶体级、微晶级）、白硅石粉、三水合氧化铝、海泡石粉、云母、合成铝硅酸钠和火成型 SiO_2 等。

为了能有效地节约代替 TiO_2，无机体质颜料的粒径必须微细化，此粒径通过 20μm（625 目）和 10μm（1250 目）筛，平均粒径约为 5μm 和 3μm，绝大多数粒径为亚微米，以便能与 TiO_2 粒径相比较。生产天然微细化无机体质颜料的主要途径是采用气流粉碎技术，这类体质颜料又称为微细化体质颜料。

此外，为了使这种增量剂充分分散并能与基料（尤其是溶剂型基料）相容，有的要进行有机表面处理。经有机表面处理的体质颜料，国外有时称化学预处理体质颜料，凡化学预处理的增量剂，必定是微细化的增量剂。

无机增量剂不仅可降低涂料成本，而且还可改变涂料或涂膜的某些性能，如改善涂料流变性、防沉淀性、防结块性和防止霉变性等，增加底面漆间的附着力和施工流平性，并提高涂料膜面的物理力学性能等。

据分析，微细化无机体质颜料与 TiO_2 颜料之间的匹配性，会随涂料系统的不同而有差异。在一种配方中被证明节约代替 TiO_2 有效的无机增量剂，不一定适用于另一种涂料配方。因此，取代时必须根据具体情况进行探索性试验。

8.4.2.2 有机聚合物增量型

有机高分子聚合物、塑料、不透明有机中空微球等乳液加入 TiO_2 液体中，也可有效地减少钛白粉的用量，但有关这方面的研究尚不完善，仅限于实验室试验阶段。

8.4.2.3 钛白粉包核型

众所周知，钛白粉作为一种优异的白色颜料，实际上可被利用和发挥作用的只是钛白粉颜料粒子的外表面，而粒子的内核则没有发挥应有的作用。因此，作为颜料级钛白粉，其以内核形式存在的约占总量30%～60%的 TiO_2，实际是一种资源的严重浪费。

如果将这部分被浪费的内核节约下来，用低成本的，具有干遮盖力的高岭土、硅灰石、碳酸钙、硫酸钡、二氧化硅（白炭黑）等体质颜料去取代，核外再包覆可充分利用和发挥作用的颜料级钛白粉，则将极大地提高颜料级钛白粉的资源利用率，给经济、环保及社会带来价值和意义深远的影响。

为了降低成本，在国外复合型钛白、组合型钛白和化合型钛白都获得了应用。例如美国有的造纸钛白就复合在高岭土或碳酸钙上；有的组合钛白就是以50%～67%的硫酸钡作内核，再包覆33%～50%的颜料钛白；俄罗斯还报道了白色碳酸钙化合型钛白的制法。

其制造工艺有湿法和干法之分。湿法是将硫酸氧钛溶液煮沸，让其水解生成偏钛酸沉淀在碳酸钙或硫酸钡表面，再经水洗、煅烧、粉碎而制得，也有直接将两种颜料放在一起进行湿磨的；干法有物理法、化学法和化学物理综合法之分，干法生产包核钛白的优点是设备投资少，生产效率高，产品成本低，没有环境污染。目前国内以干法为主。

8.4.2.4 复合钛白粉生产方法简述

A 1999年2月3日公开的CN1206727A中国专利技术

该工艺是一种纳米级复合钛白粉制备方法，是将高岭土或其他矿石粉碎成800～2000目的矿石粉，加入到0.2～2.0mol/L的 $TiOSO_4$、$Ti(SO_4)_2$ 或 $TiCl_4$ 溶液中进行预处理1～12h，然后将与钛溶液等物质的量浓度的NaOH溶液加入到不断搅拌的处理液中，反应时间1～6h，待钛沉淀完全，复合钛白沉淀在母液中陈化一段时间后，经离心、洗涤、烘干、焙烧得到纳米级复合钛白粉，具有钛白粉的白度，其他性能与钛白粉相当，是以经粉碎的天然矿石粉为核心，表面均匀包覆了一层纳米级超细 TiO_2 而成。

B 2000年10月11日公开的CN1269265A中国专利技术

该法是一种煤系硬质高岭石煅烧粉的加工方法，可生产出白度90%以上、800～2500目的高温（1050～1250℃）煅烧粉，也可生产白度90%～97%、细度在800目及800目以上的低温（700～960℃）煅烧粉。煅烧高岭土微粉虽具有白度高、粒度细、片理特征明显、遮盖力强等许多优良特征，可用作高档纸张的涂布原料或在涂料中以隔离分散的作用少量代替钛白粉使用，但相对于钛白粉的耐光、耐热、耐酸碱等特性而言，仍属于性能一般的填料和颜料。

C 2003年12月31日公开的CN1464011A中国专利技术

该专利是选用山西阳泉等处的煤系低温煅烧高岭土为原料进行制备的，制备方法大同小异。现以山西阳泉高岭土为例，叙述其工艺流程。

选用山西阳泉的煅烧温度为400~800℃的煤系低温煅烧高岭土，主要成分是Al_2O_3和SiO_2，粒度为325~800目，白度大于85%，将原料用GSDM-200A型超细搅拌磨进行湿法超细磨矿，再用GSDF-1099型超细分级机进行超细分级，得到粒度为5000~7000目的物料。然后制成一定浓度的悬浮液，加热至90℃并搅拌，再加入5%的$TiCl_4$溶液进行无机包膜改性，同时以硫酸调节体系的pH值为1.0，通过测定溶液中的钛含量，确定改性完成后，将物料进行水洗、漂白，再在回转窑中进行晶化焙烧，焙烧温度为950℃，焙烧4h，冷却后，经打散即成复合钛白粉成品。

以上以煤系煅烧高岭土为原料，采用不同的方法所制得的产品质量基本相同（见表8-18）。

表8-18 复合钛白粉的质量指标

性 能	指 标	性 能	指 标
表面包膜率/%	>95	白度/%	>90
2μm含量/%	>90	105℃挥发物/%	≤0.5
遮盖力/$g \cdot m^{-2}$	≤32	悬浮液pH值	6~9
吸油量/$g \cdot kg^{-1}$	<250	相对密度	3.2

采用上述方法制备复合钛白粉，节约了钛资源，生产成本远远低于钛白粉生产成本，工艺简单，产品可应用于普通用途。

总之，复合钛白粉的研发还有很长的路要走，特别对于钛白工业起步较晚的一些国家，即便是开发化工新产品能力极强的美国杜邦公司，经过30多年的科学研究工作，迄今仍没有找到一种能全部取代TiO_2的代用品，只能部分节约代替，人们普遍认为，TiO_2这种优异的白色颜料，成了几乎是独一无二的白色颜料；在可预见的将来，它不会被完全取代，它具有久远的生命力。

20世纪70年代末以来，国内外兴起了一股TiO_2取代热，其实并不是真正意义上的“取代”，而是通过高效增量剂找回了一部分TiO_2所失去的性能（特别是遮盖力）。60年代的一份文献上说，由于粒子控制技术和分散工艺不够先进，白色颜料因为发生聚集而有大约2/3的遮盖力没有发挥出来。后来，尽管世界TiO_2颜料制造和应用技术水平大为提高，但它远没有达到理想的分散水平，因此浪费遮盖力仍然不少，这就给TiO_2增量剂的发展创造了条件。降低涂料配方中TiO_2用量的根本出路是提高TiO_2的分散性能，使其粒子在涂膜中的分布逐步趋于理想状态，即每一个粒子都能起到入射光的散射点的作用。

可以看到，越是TiO_2消费量高的国家，特别是建筑涂料消费量很大的国家或地区（如北美和西欧），在开发TiO_2代用颜料方面越积极。这说明，只有TiO_2用量大了，才有节约代用的现实意义。在我国，早期涂料生产厂家的生产规模很小，节约代替TiO_2还不是迫在眉睫的事。但是近几年来，涂料生产飞速发展，涂料大型厂家迅速出现，涂料厂家应该通过修改配方，用廉价的代用颜料在配方中取代部分 TiO_2，以达到降低涂（颜）料制造成本的目的。

8.5 纳米二氧化钛的研发

8.5.1 纳米二氧化钛的现状

纳米技术是指在 0.1 ~ 100 纳米（nm）的尺度里，研究物质内电子、原子和分子运动规律和特性的崭新技术。物质在几个、几十个可数原子或分子状态构成时，会显著地表现出电、磁、光、热、辐射、吸收、催化、吸附等与普通材料完全不同的优异特性。

纳米 TiO_2 商品以金红石型为多，但也有锐钛型，还有混晶型和无定形。汽车面漆用的纳米 TiO_2，必须是经表面处理的金红石型，具有优异的耐候性。纳米 TiO_2 具有与普通颜料 TiO_2 相同的 TiO_2 成分和相同的金红石型或锐钛型晶型。作为一种基本晶型没有改变的 TiO_2，自然还具有普通颜料 TiO_2 的许多特点，如耐化学性、热稳定性（金红石型）、无毒性等。但是普通颜料 TiO_2 的粒径为 0.2 ~ 0.4μm（即 200 ~ 400nm），它对整个光谱都具有同等程度的强反射，因此外观呈现白色，遮盖力很强；而纳米 TiO_2 的粒径一般为 10 ~ 50nm，是普通颜料 TiO_2 粒径的 1/10，光线通过粒子时发生绕射，对可见光的透射能力很强，因此呈现透明而失去遮盖力。例如，对波长 550nm 的可见光，透明度可达 90% 以上。但是，根据著名的瑞利光散射理论，这种纳米 TiO_2 还是可以反射短波光，如可见光中的蓝色光。由于粒子附聚，以粉末状态存在的纳米 TiO_2 只能达到半透明状，具有带蓝色调的乳白色。改进分散性，达到理想的分散程度，是纳米 TiO_2 的最大研究课题之一。由于纳米 TiO_2 具有与普通颜料 TiO_2 所不同的粒径，其粒子尺寸小，随着粒子的超细化，单位体积或质量的纳米 TiO_2 粒子众多，增加了许多吸收或散射点，故纳米 TiO_2 比普通颜料 TiO_2 具有更大的紫外线屏蔽性。由于纳米 TiO_2 粒子的超细化，其比表面积大为增加，其表面原子结构和晶体结构发生了变化，因而便产生了与普通颜料 TiO_2 所不同的表面效应、体积效应、量子尺寸效应、宏观量子隧道效应、表面界面效应、颜色效应、随角异色效应、透明性和光学特性等多种奇异性能。作为一种效应颜料，纳米 TiO_2 只有与其他片状效应颜料，如铝粉颜料和（或）珠光颜料拼用时，才会产生随角异色性。与珠光颜料拼用，不会削弱而只会加强珠光颜料的干涉色。这种随角异色性带有乳光或虹光，是一种未曾有过的新感觉色光。在纳米 TiO_2-铝料颜料的最简单的模型（如涂膜）中，当入射光照射在这一模型上时，纳米 TiO_2 将可见光中波长较短的蓝色光散射出去，形成蓝色光的掠视色，而透射的波长较长的绿色光到红色光，被铝粉颜料所反射出去，形成金黄色光的正视色。加有不同颜色的珠光颜料，可以改变这种典型的金黄色正视色。这种随角异色效应所显现的颜色的柔和变化，能随着汽车车身曲率的改变而变化，很适合当前国外流行的圆角度和流线型的新车型的需要。

20 世纪 80 年代以前，纳米 TiO_2 研究开发的目的主要是作为精细陶瓷原料、催化剂、传感器等，需求量不大，没有形成大的生产规模。80 年代以后，开发的纳米 TiO_2 用作透明效应和紫外线屏蔽剂，为纳米 TiO_2 打开了市场。特别是 1987 年美国用纳米 TiO_2 配制随角异色汽车面漆获得成功。因此许多钛白粉生产商纷纷投入力量进行开发。从而使纳米

TiO_2 的研制和应用形成了热潮，使纳米 TiO_2 的生产和需求均大大增加，成为钛白粉工业和涂料工业的一个新的增长点。由于纳米 TiO_2 在催化及环境保护等方面具有广阔的应用前景，并可用于日用产品、涂料、电子、电力等工业部门，因此，纳米 TiO_2 展现出巨大的市场前景。日本、美国、英国、德国、芬兰和意大利等国对纳米 TiO_2 进行了深入研究，并已实现了纳米 TiO_2 工业化生产。目前全世界已经有十几家公司生产纳米 TiO_2，如日本帝国化工公司、日本石原产业公司、英国 Tioxide 集团公司、德国迪高沙公司、德国萨其宾产业化工公司、芬兰凯米拉公司、美国克朗诺斯公司、日本堺化学公司、日本出光兴产公司、日本曹达株式会社和日本钛工业公司等，总生产能力约 0. 6 ~1 万 t/a。据不完全统计，2003 年全球纳米 TiO_2 销售量仅为 1800t 左右，其产品应用与消费量见表 8-19。

表 8-19 2003 年全球纳米 TiO_2 产品应用与消费量

产品应用	消费量/t	产品应用	消费量/t
紫外线吸收剂	1000	装饰和随角异色	100
光催化剂	<100	表面吸附剂	<50
化学催化剂	<500	其 他	50

日本原来专门生产涂料、塑料、油墨、合成纤维、纸张等用的粗粒钛白粉的厂家，纷纷转向生产纳米 TiO_2 光催化剂。2002 年时，已有 1000 多家企业进行纳米 TiO_2 的应用开发。10 多家企业已向市场上提供有商品牌号的应用纳米 TiO_2 的商品。如 1994 年日本最大的钛白粉生产厂家石原产业公司，开发出高性能微粒子光催化剂 TiO_2，还与丰田汽车公司和 Eguas 研究公司联合开发成功利用 TiO_2 光催化反应，高效率地除掉空气中有害成分的空气清新剂，它的净化能力为现有的 3 倍；1995 年东陶公司推出表面固定有 TiO_2 光催化剂的 PET 薄膜、瓷砖等抗菌、防污、除臭产品；三菱制纸（株式会社）用纳米 TiO_2 和无机吸收剂的复合材料研制成空气净化除臭机并上市；富士电机综合研究所（株式会社）制成对低浓度 NO_x 进行分解的空气净化器，以及除臭的冷藏车等供应市场；岐阜县纤维纸试验厂开发了多孔性 SiO_2 被覆 TiO_2 微粒子的光催化除臭、抗菌纤维，用于空气净化器；岐阜县纸业试验厂开发了含纳米 TiO_2 微粒子的纸张，用于空气清净机过滤器；共荣化学公司开发成功并开始出售涂覆 TiO_2 光催化剂的，可抑制高尔夫球场苔藓、藻类生长的垫沙。此外还有抗菌荧光灯、抗菌纤维、抗菌涂料、抗菌建材和抗菌陶瓷卫生用品等。近几年，有关纳米 TiO_2 的新建装置已很少报道，多数厂家处于开工不足或停产状态。原因是目前的纳米 TiO_2 制备和应用技术还有待于提高，主要体现在以下几方面：（1）在原料和生产工艺路线上要降低生产成本；（2）晶型和粒度的控制技术；（3）金红石型的表面处理技术；（4）应用分散技术；（5）应用功能的提升技术；（6）产业化成套技术。由于上述条件的制约，使得纳米 TiO_2 的应用和发展受到限制。

目前，国内涉足纳米 TiO_2 生产的公司约有 10 家，总生产能力为 1000t/a 左右。规模较大的有四川攀钢集团公司研究院；江苏河海纳米科技股份有限公司；济南裕兴化工总厂。目前已有纳米锐钛型、纳米金红石型 TiO_2，可批量供应市场。

8.5.2 纳米二氧化钛的制备方法

8.5.2.1 $TiCl_4$ 气相氧化法

此法与氯化法制造普通金红石型钛白粉的原理相类似，只是工艺控制条件更加复杂和精确。在反应初期，$TiCl_4$ 和氧气发生均相化学反应，生成 TiO_2 时前体分子，通过成核形成 TiO_2 的分子簇或粒子。由于非均相成核比均相成核在热力学上更容易，随着反应的进行，$TiCl_4$ 在 TiO_2 粒子表面吸附并进行非均相反应，使粒子变大。其反应式如下：

$$TiCl_4(g) + O_2(g) = TiO_2(s) + 2Cl_2(g)$$

高浓度含量气流与经过预热汽化的 $TiCl_4$（含有微量晶型转化剂）呈一定角度交叉混合，使反应在高速状态下进行，同时采取外部强骤冷方法，使生成物迅速冷却结晶，从而获得高金红石转化率的纳米二氧化钛粉。

该法副产物的腐蚀性强，投资大，设备结构复杂，对材料要求高，需要耐高温、耐腐蚀，装置难以维修，研究开发难度大。

8.5.2.2 $TiCl_4$ 氢氧焰水解法

该法与气相法生产白炭黑的原理相似，是将 $TiCl_4$ 气体导入氢氧焰中（700 ~ 1000℃）进行气相水解。其反应式如下：

$$TiCl_4(g) + 2H_2(g) + O_2(g) = TiO_2(s) + 4HCl(g)$$

此法最早由德国迪高沙公司（Degussa AG）开发成功，并生产出当前纳米钛白粉著名品牌之一的 P-25。此外，美国卡博特公司和日本 Aerosil 公司等采用此法生产出纳米二氧化钛。此法所制备的纳米钛白粉，一般是锐钛型和金红石型的混合物，产品具有纯度高(99.5%)、粒径小而粒径分布窄、表面光滑无孔、分散性好和团聚程度较小的特点。主要用于电子材料、催化剂、紫外线屏蔽剂和功能陶瓷等。这种工艺的特点是过程较短，自动化程度高，但因其过程温度较高，腐蚀严重，设备材质要求严格，对工艺参数控制要求精确，因此产品成本高，且投资大，一般厂家难以承受。

该工艺可以通过调节 $TiCl_4$、H_2 和空气的混合气体中氢的体积浓度来控制产品的晶型，一般氢的体积浓度控制在 15% ~17%，得到的是金红石型纳米 TiO_2；低于或超过此比例，得到的是混晶型纳米 TiO_2。我国沈阳永新化工股份有限公司，在其气相法白炭黑工艺基础上，曾用此法制得纳米 TiO_2。

8.5.2.3 钛醇盐气相氧化法

将钛醇盐蒸气导入反应器与氧气反应，由于饱和蒸气压的原因，反应前体一般选用钛酸异丙醇酯（TTIP）。

Arabi-Katbi 等以 TTIP 为原料，研究了火焰的方位和结构对合成纳米 TiO_2 的影响。预混合反应器的方位主要影响停留时间，对晶型组成、颗粒尺寸有一定影响，但对粒子的形貌影响不大。在层流扩散焰反应器中合成纳米 TiO_2 反应器的混合方式和火焰结构可以有效控制产物的平均原始粒径（10 ~ 50nm）和晶型组成（金红石型的质量分数为 6% ~

50%)。为增大粒径和提高产物的金红石型含量，可以通过增加甲烷气体的流量从而提高反应温度来实现。

8.5.2.4 钛醇盐气相水解法

该工艺是将钛醇盐汽化成蒸气或经喷嘴雾化成微小的液滴，然后与水蒸气反应，可以用来合成单分散的球形纳米 TiO_2。由于反应温度不高，所制备的纳米 TiO_2 通常为非晶型或锐钛型，如要得到金红石型纳米 TiO_2，还需要经过高温煅烧。其反应式如下：

$$n\mathrm{Ti(OR)_4(g)} + 4n\mathrm{H_2O(g)} = n\mathrm{Ti(OH)_4(s)} + 4n\mathrm{ROH(g)}$$

$$n\mathrm{Ti(OH)_4(s)} = n\mathrm{TiO_2 \cdot H_2O(s)} + n\mathrm{H_2O(g)}$$

$$n\mathrm{TiO_2 \cdot H_2O(s)} = n\mathrm{TiO_2(s)} + n\mathrm{H_2O(g)}$$

日本曹达株式会社和出光兴产株式会社利用氮气、氦气和空气作为载气，把钛醇盐蒸气分别导入反应器的反应区，进行瞬间混合和快速水解反应。通过改变反应区中各种蒸气的停留时间、物质的量比、流速、浓度以及反应温度来调节纳米 TiO_2 的粒径和粒子形状。这种制备工艺可以获得平均原始粒径为 10～150nm，比表面积为 50～300m^2/g 的非晶型纳米 TiO_2。如果将钛醇盐蒸气、水蒸气和有机表面处理剂一起导入反应器，在钛醇盐蒸气气相水解形成纳米 TiO_2 以后，可以对 TiO_2 粒子再进行有机表面处理，制备的纳米 TiO_2 可用于油漆、高分子材料和催化剂等领域。这种工艺的特点是操作温度低，能耗小，对材质要求不是很高，并且可以连续化生产；缺点是原料成本高，不能直接合成金红石型纳米 TiO_2。

8.5.2.5 钛醇盐气相热解法

该工艺以钛醇盐为原料，将其加热汽化，用氮气、氦气或氧气作载气，把钛醇盐蒸气经预热导入热分解炉，进行热分解反应。其反应式如下：

$$n\mathrm{Ti(OC_4H_9)_4(g)} = n\mathrm{TiO_2(s)} + 2n\mathrm{H_2O(g)} + 4n\mathrm{C_4H_8(g)}$$

日本出光兴产株式会社利用钛醇盐气相热解法生产球形非晶型的 TiO_2，这种纳米 TiO_2 可以用作吸附剂、光催化剂、催化剂载体和化妆品等。据称，为提高分解反应速率，载气中最好含有水蒸气，分解温度以 250～350℃为宜，钛醇盐蒸气在热分解炉中的停留时间为 0.1～10s，其流速为 10～1000mm/s，体积分数为 0.1%～10%。为提高所生成纳米 TiO_2 的耐候性，可向热分解炉中同时导入易挥发的金属化合物（如铝、锆的醇盐）蒸气，使纳米 TiO_2 粉体制备和无机表面处理同时进行。该工艺的最大缺点是原料成本较高，产物中残碳含量高，难以合成纯金红石型的纳米 TiO_2。

气相合成纳米 TiO_2 的方法，除上述五种以外，还有低温等离子体化学法、激光化学反应法、金属有机化合物气相沉积法、强光离子束蒸发法、乳液燃烧法等，虽然这些气相法制得的纳米 TiO_2 粉体纯度高，粒径分布窄，分散性好，团聚少，表面活性大，反应速率快，能实现连续化生产。但是气相法反应在高温下瞬间完成，要求反应物在极短的时间内达到微观上的均匀混合，对反应器的形式、设备的材质、加热方式、进料方式均有很高的要求，加之生产成本高，因此应用价值不大。在上述各种方法中，$TiCl_4$ 气相氧化法由于经济、环保和生产工艺的柔性而最具竞争力。

8.5.2.6 $TiCl_4$ 碱中和水解法

以氯化法钛白粉厂的精制 $TiCl_4$ 为原料，将其稀释到一定浓度后，加入碱性溶液进行中和水解，所得的 TiO_2 水合物经洗涤、干燥和煅烧处理后即得纳米 TiO_2 产品。其反应式如下：

$$TiCl_4 + 4H_2O = Ti(OH)_4\downarrow + 4HCl$$

$$Ti(OH)_4 = TiO_2 + 2H_2O$$

英国的 Tioxide 公司便利用这种方法合成针状金红石型纳米 TiO_2 产品。日本石原产业公司生产的系列纳米 TiO_2 产品，可能也是利用这种方法生产的。

8.5.2.7 $TiOSO_4$ 水解法

$TiOSO_4$ 溶液中和法是把水洗合格的偏钛酸与硫酸反应生成纯的 $TiOSO_4$ 溶液，再配成一定浓度后进行碱中和水解或加热水解，形成的二氧化钛水合物经解聚、洗涤、干燥处理后，根据不同的煅烧温度便得到不同晶型的纳米 TiO_2 产品。其反应式如下。

（1）碱中和水解法：

$$TiOSO_4 + 2NaOH + H_2O = Ti(OH)_4\downarrow + Na_2SO_4$$

$$Ti(OH)_4 = TiO_2 + 2H_2O$$

（2）加热水解法：

$$TiOSO_4 + 2H_2O = TiO(OH)_2\downarrow + H_2SO_4$$

$$TiO(OH)_2 = TiO_2 + H_2O$$

日本帝国化工公司的 MT 系列产品和芬兰凯米拉公司的 UV-Titan 系列产品就是通过这种工艺生产的。

这种方法的突出优点是原料来源广，产品成本较低。缺点是工艺流程长，自动化程度较低，各个工序的工艺参数必须严格控制，否则难以得到分散性好的纳米 TiO_2 产品。

8.5.2.8 醇解法

中国专利 CN 1097400 A 中介绍过这种方法，它是把 $TiCl_4$ 加入液体石蜡或 120 号汽油与吡啶的混合溶剂中，加入乙醇，同时通氨，反应压力在 0.2MPa 左右，反应温度为 45℃，待溶液的 pH 值达到 8～10 时终止反应，过滤后加入添加剂进行水解，分离有机相后，用真空干燥或冷冻干燥后再煅烧、粉碎即为纳米 TiO_2 成品。醇解法生产纳米 TiO_2 工艺流程如图 8-17 所示。

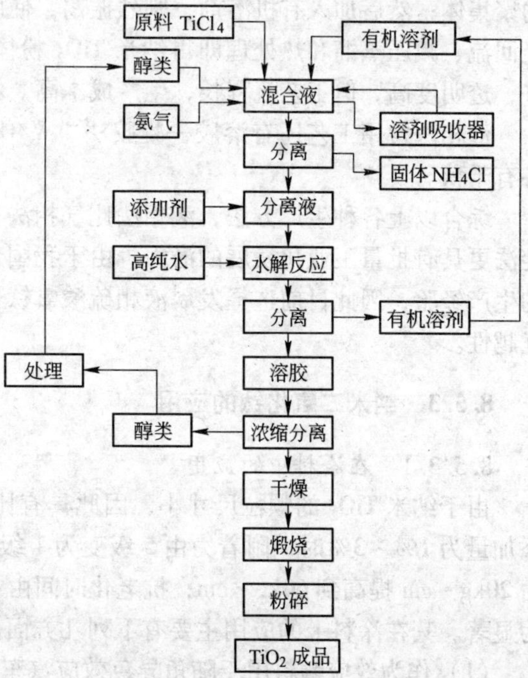

图 8-17 醇解法生产纳米 TiO_2 工艺流程

8.5.2.9 胶溶—萃取法

胶溶—萃取法为相转移法的一种，其化学原理如下。

沉淀反应：
$$TiO^{2+} + OH^- \longrightarrow TiO(OH)^+$$
$$TiO(OH)^+ + OH^- \longrightarrow TiO(OH)_2\downarrow\text{（白色沉淀）}$$

胶溶反应：
$$TiO(OH)_2\text{（沉淀）} + H^+ \longrightarrow TiO(OH) + H_2O\text{（溶胶）}$$

热处理：
$$TiO(OH)_2 \longrightarrow TiO_2 + H_2O$$

胶溶—萃取法生产纳米 TiO_2 工艺流程如图 8-18 所示。

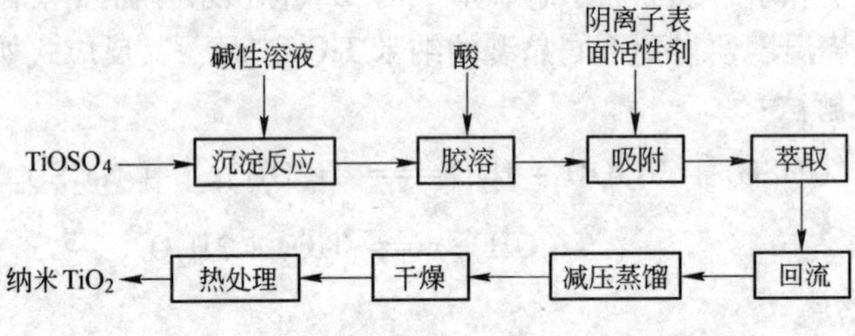

图 8-18 胶溶—萃取法生产纳米 TiO_2 工艺流程

向 $TiOSO_4$ 水溶液中加入碱性水溶液，生成 TiO_2 水合物沉淀，再加酸使其变成带正电荷的透明溶胶；加入阴离子表面活性剂，如十二烷基苯磺酸钠，使溶胶胶粒转化成亲油性的聚集体；然后加入有机溶剂，剧烈振荡，使胶体粒子转入有机相中，得到有机溶胶，再经回流、减压蒸馏和热处理即得纳米 TiO_2 粉体。用这种方法制得的纳米级 TiO_2，分散性好，透明度高，但工艺流程长，生产成本高。

液相法常用工艺还有溶胶—凝胶法、W/O 微乳法及水热合成法，它们的工艺特点也各有千秋。

综合以上各种生产方法，液相法比气相法有更大优势，硫酸氧钛和四氯化钛的化学沉淀法更具有批量工业化发展的潜力。由于我国众多钛白粉企业已具备了硫酸法钛白的丰富的生产经验，因此目前选择发展液相硫酸氧钛化学沉淀法生产纳米二氧化钛更具现实性和优越性。

8.5.3 纳米二氧化钛的应用

8.5.3.1 在涂料中的应用

由于纳米 TiO_2 的颗粒尺寸小，因此具有比普通颜（涂）料更优异的一系列性能。当添加量为1% ~3%时，附着力由 5 级变为 1 级；柔韧性由 5mm 提高到 1mm；抗冲击性能由 20kg · cm 提高到 60kg · cm；抗老化时间由 500h 提高到 2000h。特别是随角异色效应尤为显著。其在涂料上的应用主要有下列几方面。

（1）作为效应颜料用于随角异色效应汽车面漆中，这是目前纳米 TiO_2 最重要的用途。若与云母珠光颜料（或铝粉颜料）以 1∶1 或 2∶1 拼用时，会产生双色效应，即随角异色效应。这种金属闪光涂层，从不同方向观察能看到不同的闪色和变角异色的蓝光；若与银白色珠光钛白颜料（或铝粉颜料）拼用，正视时涂膜呈金色金属外观，掠视或平视时则呈蓝色闪光，而金色光和蓝色光之间的连续变化会贯穿涂膜表面的所有弧面和棱角，因此能增加金属面漆颜色的丰满度和色彩美感（见图 8-19）。这种效应颜料的富于变幻的色彩和独特的光学性能很快便得到了汽车涂料商的欢迎，使之成为最高档次的颜料，而且用于豪华轿车的面漆。将纳米 TiO_2 添加在轿车用金属闪光漆中，不仅能使涂层产生很好的色彩效应，而且可以明显地提高轿车漆的附着力、抗冲击性和耐候性。1985 年 BASF 公司首次将纳米 TiO_2 用于金属色轿车面漆，并于 1985 年申请专利，1989 年由福特汽车公司在其金属闪光轿车面漆中首先使用取得成功。到现在世界上至少有 11 种含有纳米 TiO_2 的金属闪光面漆被应用。目前世界上有一半以上的轿车采用金属闪光面漆。

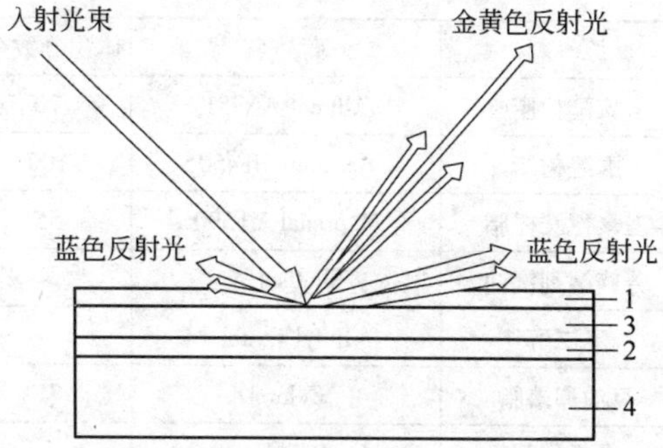

图 8-19　纳米钛白粉的随角异色效应
1—罩面清漆；2—底漆；3—含铝粉和纳米 TiO_2；4—金属底材

消费者对汽车颜色的选择往往都倾向于金属灰色、金属银色、红色和白色。纳米 TiO_2 能使这些颜色增辉，因此受到汽车配色专家的偏爱。

为使含有珠光颜料的汽车面漆能产生诱人的乳光效应，需要采用三涂层系统，因此涂装过程复杂化，修补也比较困难，加入纳米 TiO_2，不仅可省去三涂层系统中的干涉层，而且修补也较容易，所产生的乳光效应更好。纳米 TiO_2 的出现，使之产生新一代汽车涂料。

用纳米 TiO_2 制备的汽车面漆，既可为着色面漆，也可为底色漆/透明面漆系统中的底色漆（中涂漆）。这种漆的基料可为丙烯酸、醇酸、聚氨酯、聚酯或氨基树脂。可为水性，也可为溶剂型。

所用的纳米 TiO_2 最佳粒径为 20～30nm，透明度最好为 8～10 级，紫外线吸收度最好为 6 级左右。配套使用的铝粉颜料或珠光颜料应当是汽车级的。中涂漆中的透明彩色颜料是炭黑、苝红、透铁红、透铁黄、酞菁蓝、酞菁绿、蒽嘧啶黄、喹吖啶酮红、咔唑二噁嗪紫、阴丹士林蓝、黄烷酮黄等。

一种仅含有纳米 TiO_2 和铝粉颜料的随角异色效应汽车面漆的配方见表 8-20。

表 8-20　随角异色效应汽车面漆配方

原　料	商品名	体积分数/%	稀释剂	含量/%	干基/%	生产商
铝粉浆	SS5245-AR	62		6.71	4.2	1
超细 TiO_2	UV-Titan L530	100	芳族溶剂汽油	1.00	1.0	2
增稠剂	Aerosil R812	100		1.00	1.0	3
乙酸丁酸纤维素	CAB 381.01	18	乙酸丁酯	55.43	10.0	4

续表 8-20

原 料	商品名	体积分数/%	稀释剂	含量/%	干基/%	生产商
聚酯树脂	Alftalat AN951	70	Solvesso 100	14.37	10.0	5
脲醛树脂	Resamin HF450	100		2.55	2.5	5
三聚氰胺树脂	Maprenal MF590	55	2-丁醇/二甲苯	4.63	2.5	5
芳族溶剂汽油	Shellsol A			10.92		6
丁二醇	Butyl Oxitol			0.67		6
豆油卵磷脂	Colorol	75	石油溶剂油	0.12	0.1	7
十氢化萘	Dekalin			1.56		8
硅 油	Baysilon	10	二甲苯	1.04	0.1	9
合 计				100.0	31.4	

含有透明颜料的纳米 TiO_2 的 3 种灰色和 2 种金色随角异色汽车面漆，具有优异的乳光效应。含有彩色颜料的汽车效应涂料颜料组成及颜色见表 8-21。

表 8-21 含有彩色颜料的汽车效应涂料颜料组成及颜色

组 成	灰色 1	灰色 2	灰色 3	金色 1	金色 2
超细 TiO_2	63.44	64.82	54.46	61.33	56.61
炭 黑	2.53		13.65		2.15
铝粉浆	34.03	34.78	29.29	32.89	29.83
苝 红		0.40	2.60		
透铁红				5.78	12.41
合 计	100	100	100	100	100
正视色	浅灰色金属外观	银色金属外观	棕色金属外观	浅金色金属外观	中深金色金属外观
闪视色	浅灰色金属外观	银色金属外观	棕色金属外观	浅金色金属外观	中金色金属外观
掠视色	蓝灰色陶瓷外观	浅紫色陶瓷外观	暗蓝灰色金属外观	灰色非金属外观	中金色陶瓷外观

这种异色效应的作用机理为，当 TiO_2 颗粒为 20 ~ 30nm 时，其尺寸大小几乎满足于可见光谱 350 ~ 750nm 的 $\frac{1}{k}$（k 为大于 12 的自然数）光波干涉条件，干涉光谱作用于人眼后便形成了异色效应。

（2）利用纳米 TiO_2 具有紫外线屏蔽的功能，将其制成防紫外线涂料，应用于需要紫外线屏蔽的场所。如涂覆在制作阳伞的布料上，可以制成防紫外线的阳伞；利用纳米 TiO_2 在全部紫外区都具有有效的紫外线滤除能力，加上其化学性质稳定（熔点大于 1800℃，热分解温度超过 2000℃）、无毒（大鼠的 LD_{50} > 5000mg/kg）而得到广泛应用。在清漆和浅色涂料中可以作为紫外线吸收剂，例如，在清漆中含有 0.5% ~ 4.0% 的纳米 TiO_2，便能防止木材受光照后发黑。同时可以制成耐候性优异的建筑外墙涂料和提高汽车涂料的耐老化性。将纳米 TiO_2 添加到外墙乳胶漆中，可减免涂膜遭受紫外线的侵蚀，提高涂膜的色彩鲜艳度、抗老化性能和耐擦洗性，从而提高涂料品质。

（3）由于纳米 TiO_2 具有高活性的巨大表面积与成膜物和溶剂形成强大的相互作用，

可极大地改进涂料的流变性，将其用于建筑涂料，可以提高涂层的附着力，防止涂料流挂。

（4）由于纳米 TiO_2 与树脂之间形成强大的界面结合力，因而可以提高涂层的强度、硬度、耐磨性和耐刮伤性等。

（5）由于纳米 TiO_2 是具有半导体性质的粒子，将其加入到树脂中并涂覆到家用电器上形成涂层，有很好的静电屏蔽性能。为了防止电磁波的干扰，电子屏蔽涂料应运而生。

（6）由于锐钛型纳米 TiO_2 具有光催化特性和亲水性，因而在玻璃、镜面、瓷砖、铝合金等建材表面涂以纳米 TiO_2 涂层，可以使这些材料的表面经光照后具有防尘、防污垢沉积、易洗、易干等自洁功能，并且具有很强的氧化还原能力，以及净化空气、除臭等功能，可制成抗菌、防霉内墙涂料。纳米 TiO_2 对不同细菌的杀菌率都在92%以上，并且其杀菌效果不会随时间的延长而逐渐降低。

（7）利用纳米 TiO_2 的光催化特性可以制得光催化净化大气的环保涂料，将这种涂料涂覆在高速公路、桥梁、建筑物、广告牌等的表面上，在太阳光或室内自然光的作用下，可将大气中的 NO_x 催化转化为硝酸。并且该涂料在催化活性降低后，只要用水冲洗，即可恢复催化活性。它在消除室内外大气和工厂中的 NO_x 等污染物方面和消除化工燃料（石油和天然气）及柴油引擎的催化转化器中产生的硫化物方面，具有潜在的应用前景。

除此之外，纳米 TiO_2 还应用于军事隐身涂料、绝缘涂料、透明耐磨涂料、静电屏蔽涂料和包装用阻隔性涂层纳米涂料等。

8.5.3.2 纳米 TiO_2 光催化降解在治理废水中的应用

一般认为纳米 TiO_2 光催化降解的机理如下：锐钛型纳米 TiO_2 具有较高的光催化氧化能力。其禁带宽度为 $E_g=3.2eV$，相当于波长387nm光的能量，这正好处于紫外区，所以，用 TiO_2 作为光催化氧化反应需紫外光源，例如太阳光、卤钨灯、汞灯等。在紫外线作用下它的价带上电子被激发到导带，而在价带上产生空穴，形成自由电子-空穴对。即在紫外线的照射下，能够自行分解出自由移动的带负电的电子（e^-）和带正电的空穴（h^+），发生一系列化学反应，形成电子-空穴对，而吸附溶解在 TiO_2 表面的氧俘获电子形成 O_2^-，空穴则将吸收在 TiO_2 表面的 OH^- 和 H_2O 氧化成 HO·，生成的原子氧和氢氧自由基有很强的化学活性，特别是原子氧能与多数有机物反应，使有机物被氧化分解，最终分解为 CO_2、H_2O 和（或）无机物。

纳米 TiO_2 能对水中 Cr^{6+} 等重金属离子通过光感电子催化产生很强的还原能力。废水中 Cr^{6+} 等重金属离子具有很强致癌性，其毒性是 Cr^{3+} 离子的100倍。地表水中 Cr^{6+} 等重金属离子的最大允许含量为0.1mg/L，通过纳米 TiO_2 光催化可使 Cr^{6+} 等高价重金属离子85%被还原，达到有效抑制、减少废水的危害。

纳米 TiO_2 对水中的卤代脂肪烃、染料、硝基芳烃、取代苯胺、多环芳烃、杂环芳烃化合物、烃类、酚类、表面活性剂、农药等都有光电子催化作用，能使有害物除毒、脱色、矿化，最终分解成 CO_2、H_2O 或环保型碳氢化合物。

据统计，目前已发现3000多种难降解的有机物可以在紫外线照射下通过纳米 TiO_2 迅速降解，特别是当水中有机污染物浓度较高或用其他方法很难降解时，这种技术有着更明显的优势。

纳米 TiO_2 具有光催化降解性能，不仅可以处理废水中的有机污染物，同时也可以处理空气中的污染物。如氮氧化物（NO_x）、油污、乙醇、甲醇、甲醛、丙酮、硫醇等，其中对氮氧化物降解率达80%。处理这些污染物，无需将污染物与主流液（气）体分离就可以把它们直接转化为无毒、无害的CO_2、H_2O和（或）无机物。因而可以避免吸收、吸附等净化方法可能产生的二次污染，同时可以使操作过程简化。因此，利用纳米TiO_2光催化除污已成为治理环境最有发展前途的方法之一。纳米TiO_2光催化降解有机物废水处理技术的优点如下：(1) 具有巨大的比表面积，因而具有与废水中的有机污染物更充分的接触，可将有机物极大限度地吸附在它的粒子表面；(2) 具有更强的紫外线吸收能力，因而具有更强的光催化降解能力，可快速将吸附在其表面的有机物分解掉。

A 处理染料废水

染料废水中含有苯环、氨基、偶氮基团等致癌物质，常规方法处理水溶性染料的降解效率通常很低。研究发现，用TiO_2/SiO_2体系能够很迅速地降解R-6G染料。采用TiO_2/SiO_2光催化降解染料不仅能有效地破坏染料中的发色基团，而且可以破坏染料分子中的芳香基团，达到完全降解的目的。

B 处理农药废水

纳米TiO_2光催化降解有机磷农药时，只需向反应液中加入微量的Fe^{3+}就可以大大提高COD的去除率及无机磷的回收率。

C 处理含表面活性剂的废水

含表面活性剂的废水不但容易产生异味和泡沫，而且还会影响废水的可生化性。非离子型和阳离子型表面活性剂不但很难生物降解，有时还会产生有毒或者不能溶解的中间体。采用纳米TiO_2光催化分解表面活性剂已取得了较好的效果，研究发现，苯环比烷基或烷氧基更容易断链降解实现无机化，直链部分降解速度极慢，这是因为苯环中的π电子可能被空穴移到TiO_2表面上，生成阳离子自由基的缘故。虽然表面活性剂中的链烷烃部分采用光催化降解反应还较难完全氧化成CO_2，但随着表面活性剂苯环部分的破坏，表面活性及毒性大为降低，生成的长链烷烃副产物对环境的危害明显减少，目前国内外公认将此法用于废水中表面活性剂的处理，这具有很大的吸引力。

D 处理含油废水

石油工业的不断发展，促进了各国经济的发展，同时也产生了十分严重的环境污染问题，含油废水就是其中较为严重的污染之一。处理这种不溶于水且密度比水小的油污，一直是人们关注的难题。用纳米TiO_2粉体处理含油废水，其降解率可达到94.74%。若能将其负载于某一载体上，使其漂浮于水面，则能有效提高TiO_2的光催化活性。用浸涂、热处理的方法在空心玻璃球表面负载TiO_2薄膜，纳米TiO_2牢固地黏附于载体空心陶瓷微球表面，光催化降解辛烷能取得满意的效果。

E 处理造纸废水

造纸工业废水排放量大，难处理，污染严重，是我国主要的工业污染源之一。采用纳米TiO_2光催化氧化法对造纸废水进行二级处理，结果表明，经过光催化深度处理后的造纸废水的COD浓度，由250.0mg/L降至81.0mg/L，色度由86.0%降至50.0%，完全达到国家废水排放标准。

纳米TiO_2表面高活性的电子e^-具有很强的还原能力，可以还原除去废水中的一些重金属。

照相工业产生的污水也是有毒、有害的，并且难以降解。经研究，近年来已可用纳米 TiO_2 光催化降解。除此之外，还有烃类、卤代烃、有机酸、含氮有机物、酚类、木材防腐剂等也都可以利用纳米 TiO_2 光催化降解。

纳米 TiO_2 光催化氧化处理废水有着广泛的应用前景，也引起了国内外研究者的高度重视。国内利用纳米 TiO_2 光催化技术进行废水处理的研究已有十几年的历史，但大多数都停留在实验室初试阶段，尚没有实际应用的报道。原因是工业上应用受到制约：(1) 量子产率低，约4%，最高不超过10%，难以处理量大、浓度高的工业废气、废水；(2) 太阳能利用率低，以 TiO_2 为主的光催化剂只能吸收利用太阳光中的紫外线部分，而不能充分利用可见光部分。今后如何提高量子产率、提高太阳能利用率和提高纳米 TiO_2 光催化效率，降低环境治理成本，仍是十分重要的课题。

8.5.3.3 纳米 TiO_2 光催化降解在灭菌、除臭、治病方面的应用

经过研究认为，纳米 TiO_2 作为光催化剂的理论基础在于：通过量子尺寸限域造成吸收边的迁移；由散射的能级和跃迁造成光谱吸收及发射行为结构化；与半导体材料相比，量子阱中的热载流子冷却速度下降，量子产率提高；纳米 TiO_2 所具有的量子尺寸效应使其导电和价电能级变成分离的能级，能隙变宽，导电电位变得更负，而价电电位变得更正。这使其获得了更强的氧化还原能力，这对催化反应是十分有利的。

在人类生活的空间中，生息着各种各样的微生物，在这些微生物中有大量的致病菌，可直接使人发病，也可以使人体、牲畜代谢产物分解出各种低级脂肪酸和胺类等有臭味的挥发性化合物，加上细菌本身的分泌物和残骸腐烂挥发的气体，释放出令人厌恶的臭味。如何杀灭空气中的有害细菌、除去恶臭，也是空气净化的一个重要任务。由于细菌是由有机物等组成的，因此利用纳米 TiO_2 光催化剂，在光的作用下具有非常强的氧化能力，就可直接氧化破坏细胞壁、细胞膜或细胞内的组成成分，生成 CO_2、H_2O，从而在短时间内杀死细菌、消除恶臭。实验证明，纳米 TiO_2 的光催化作用，对绿脓杆菌、大肠杆菌、金黄葡萄球菌、沙门菌、牙枝菌和曲霉等都具有很强的杀灭能力。可将其用于医院手术台和墙壁、浴缸、瓷砖及卫生间等地方。日本已将纳米 TiO_2 的杀菌性能应用到餐具上，使得餐具带菌传染疾病的可能性大大减少。

纳米 TiO_2 抗菌、防霉的机理是：由于 TiO_2 电子结构所具有的特点，使其受光照时生成化学活泼性很强的超氧化物阴离子自由基和氢氧自由基，攻击有机物，达到降解有机污染物的作用。当遇到细菌时，直接攻击细菌的细胞，致使细菌细胞内的有机物降解，以此杀死细菌，并使之分解。一般常用的杀菌剂，如银、铜等，能使细菌细胞失去活性，但细菌被杀死后，尸体释放出内毒素等有害的组分。纳米 TiO_2 不仅能影响细菌繁殖力，而且能破坏细菌的细胞膜结构，达到彻底降解细菌，防止内毒素引起的二次污染。纳米 TiO_2 属于非溶出型材料，在降解有机污染物和杀灭细菌的同时，自身不分解、不溶出，光催化作用持久，并具有持久的杀菌、降解污染物效果。

由于纳米 TiO_2 结构具有较高的紫外线吸收性能，更能有效地分离电子-空穴对，生成的活性氧类物质的数量更多，使光量子产率更高，故使癌细胞失活，对杀伤胃癌细胞的效果明显。我国学者用涂覆法制备的锐钛型纳米 TiO_2 催化剂，在紫外线（300～400nm）照射下，对胃癌细胞的光催化氧化杀伤率达80%。

日本名古屋工业技术研究所已研究出安全的纳米 TiO_2 牙齿漂白剂。牙齿会因病变、

吸烟、喝茶等原因而变黑、发黄，从而影响美观。迄今为止，漂白牙齿使用的是高浓度的H_2O_2漂白剂，但这会不同程度地损伤牙齿表面的珐琅质。利用纳米TiO_2在光照下易分解的特性，用硅酸镁钠作增黏剂，将微量的纳米TiO_2和低浓度的H_2O_2水溶液制成新型的牙齿漂白剂。把这种漂白剂涂抹在变色的牙齿上，使用波长为400nm的光线进行照射，结果产生了良好的漂白效果，而且没有损伤珐琅质。

8.5.3.4 纳米TiO_2光催化降解在空气净化方面的作用

目前，环境污染在有些地方日趋严重，有害气体的净化日益受到人们的重视，纳米TiO_2光催化降解技术为这一问题的解决提供了良好而有效的途径。环境有害气体大致可分为两个方面，即室内有害气体和大气污染气体。

室内有害气体，主要是装饰材料等放出的甲醛及生活环境中产生的甲硫醇、硫化氢、氨气等。利用纳米TiO_2光催化作用，将吸附于其表面的这些物质氧化、分解，从而使这些物质降低或除去。研究表明，在居室、办公室玻璃窗、陶瓷等建材表面涂覆纳米TiO_2光催化薄膜或在房间内安放纳米TiO_2光催化设备，均可有效地降解这些物质，净化室内空气。

大气污染主要有汽车尾气等带来的氮氧化物和工业废气等带来的硫氧化物，利用纳米TiO_2光催化作用可将这些气体氧化，形成蒸气压低的硝酸或硫酸，可在降雨过程中除去，而且雨水经过大气粉尘的中和几乎无酸性，从而达到净化空气的目的。1989年，日本通用汽车公司研究过纳米TiO_2从模拟汽车废气（含H_2S）除去硫的能力，研究人员在500℃经7h后从模拟汽车废气中除去的总硫量比所有供试验常规TiO_2除去的量大5倍。更重要的是在暴露7h后，纳米TiO_2除去硫的速度仍相当高。现已证明，纳米TiO_2至少可以经历12次的反复使用而保持光分解效率基本不变，连续580min光照下保持其光活性，实际应用前景很广阔。

8.5.3.5 纳米TiO_2在化妆品方面的应用

紫外射线中的UVA（320~400nm）、UVB（280~320nm）对皮肤穿透力强，如果紫外线照射过量，容易引起皮肤癌或急性皮炎（日光晒斑）。目前防晒剂种类很多，市场供应的多为有机物，而纳米TiO_2为无机物成分，无毒、无味，并且自身为透明或白色，可以简单地加以着色，因为对UVA、UVB的强吸收性而逐渐成为世界防晒化妆品的重要一种，可以提高防晒和抗紫外线能力。纳米TiO_2被广泛应用于防晒霜、粉底霜、口红和防晒摩丝上，突破了膏、霜、蜜、水等传统防晒品的形式，广泛用于洗发、洗浴等基础化妆品中。据预测，在化妆品方面，日本每年作为防晒剂用于化妆品的原料就需要纳米TiO_2 1000t，粒径以30~50nm为佳，金红石型优于锐钛型。

8.5.3.6 纳米TiO_2在纤维防紫外线方面的应用

对人体有伤害的紫外线主要为300~400nm波段的。研究表明，纳米TiO_2在这个波段有吸收紫外线的特性。如果将少量纳米TiO_2添加到活性纤维中，就会产生紫外线吸收现象，从而有效地保护人体避免受紫外线的损伤。化学纤维的衣服和地毯，由于静电摩擦会产生放电效应，同时容易吸附灰尘，如果在化学纤维中加入少量的纳米TiO_2，如以0.1%~0.5%的量掺入纤维或树脂中，就会产生良好的静电屏蔽性能，大大降低静电效应。在合成纤维中添加纳米TiO_2，经抽丝、纺布可制成杀菌、防霉、除臭、抗静电和抗紫外线辐射的内衣和服装，可用于制造抗菌内衣用品及作为紫外线照射强烈地区的着装。又

由于纳米 TiO_2 能大量吸收紫外线，可使合成纤维的防老化性增强，原来不耐日晒、分子链降解的，可防止分子链降解而耐日晒。用此类纤维制成的服装和用品还能防治皮肤病。

8.5.3.7　纳米 TiO_2 在造纸工业中的应用

在造纸工业中，传统的物化吸附法和混凝法仍有二次污染，生化法虽有破坏，但效率低。而纳米 TiO_2 将彻底改变这种面貌，纳米 TiO_2 光催化降解有机物处理技术，就具有无二次污染、除去率高的效果，可将有机物最大限度地吸附在表面，并有吸附紫外线和光催化降解的能力，可以快速将吸附在其表面的有机物分解掉，达到消除污染的目的。这一点在上面已有详述。除此之外，纳米 TiO_2 在造纸工业还有以下四方面的作用：（1）将纳米 TiO_2 抗菌剂混入造纸浆料中，可以生产抗菌纸，如物理抗菌复合纤维无纺布、生活用纸、医疗和食品包装纸等，从而使纸品升级换代；（2）可以应用于制纳米矿物纤维纸；（3）可制造纳米抗静电纸、耐磨功能纸、高精密仪表电器、粗糙度很低的不锈钢材料及合金材料的包装衬纸，不仅要求包装用纸具有防水、防油、防锈性能，而且要求具有强度高、耐摩擦、抗静电、抗老化的特点，如将纳米 TiO_2 以 0.1% ~0.5% 的量掺入浆中，制作的特种纸就具有优良的耐磨、抗水、耐腐蚀及良好的静电屏蔽的作用，大大降低静电效应，提高包装纸的安全系数；（4）纳米 TiO_2 加入到化学纤维中可以制成耐光的亚光高白纸，以及色彩鲜艳的有色纸，达到抗紫外线的效果，能提高白度，而且染色容易，色彩更鲜艳，提高有机颜料的耐热性和抗氧化性，使纸的颜色更稳定不返黄，增加纤维拉力，并填平纤维间凹凸不平的缺陷，可获得理想强度、密度且表面平整光滑的再生纸。除此之外，利用纳米 TiO_2 还可以开发变色纸、加香纸、阻燃纸、磁性纸、储能纸等高性能的特种纸。

8.5.3.8　纳米 TiO_2 将光能变成电能和化学能的应用

近年来不少人对利用纳米 TiO_2 将光能转变为电能和化学能进行了研究。随着世界各国对太阳能发电的日益重视，纳米 TiO_2 由于其优异的特性而成为研究光电太阳能转换电池最普遍使用的材料。国外的 Weller 等报道具有量子尺寸的 CdS 对多孔多晶纳米 TiO_2 电极有敏化作用，在单色光照射下，光电转换率达 6%。Gratzel 等报道了经吡啶钌敏化的纳米 TiO_2 PEC 电池卓越的性能，在模拟太阳光下，光电转换效率可达 12%，光电流密度大于 $12A/cm^2$。我国先后报道了导电高聚物与纳米 TiO_2 的复合，用于太阳能发电，具有较高的光电转换效率。

8.5.3.9　纳米 TiO_2 在塑料等其他方面的应用

纳米 TiO_2 在色母粒中具有良好的分散性，可制备透明性很高的塑料包装材料。不但可以透过塑料包装看见食品，而且可避免肉类食品氧化变色，保护食品中的维生素和芳香化合物免受破坏；同时可防止塑料被日光降解，提高农用薄膜的强度和耐久性。

纳米 TiO_2 光催化可使 CO_2 和水合成甲醇；还可利用纳米 TiO_2 单晶和 Pt 电极经光照射，将水电解为 H_2 和 O_2；纳米 TiO_2 还可用做高效光敏剂、吸附剂、固体润滑剂、硅橡胶补强剂、树脂油墨等添料。在国外，纳米 TiO_2 防晒霜、高级车辆金属色漆、高压绝缘介质、集成电路面板、飞机或航天器表面涂层、荧光管等都广泛涉及到了纳米 TiO_2 基料。

8.6　TiO_2 薄膜的研发

纯二氧化钛可通过特殊的工艺制成小于 1μm 的薄膜，这种尺寸的薄膜既具有二氧化钛耐磨损、耐腐蚀、抗氧化等物理化学稳定性，又具备了光学反射、透射、干涉及电磁波、电子电路、介电绝缘的光电子介质的优点。因此，近半个世纪以来，以纯二氧化钛或二氧化钛混合料（TiO_2+ZrO_2、TiO_2+BaO）制备的薄膜在光传输、太阳能应用、滤光片、电子电路绝缘、光电转换电容器及日用装饰等方面都有广泛的应用。就目前掌握的情况，2004 年全球用于真空镀膜的二氧化钛约 300t/a，到 2007 年已猛增至 900t/a。由于用于镀膜的二氧化钛纯度、晶型、规格、加工工艺等要求特别，因而售价不菲，一般约为普通钛白粉售价的几十倍，所以镀膜用二氧化钛的研发、二氧化钛薄膜的制备是高技术投入、高利润回报的知识密集型朝阳产业。

8.6.1 二氧化钛镀膜材料的性质

镀膜用二氧化钛除具有钛白粉的通性（参见第 8.1.2 节）外，还具备与镀膜工艺相关的独特的光电技术特性，见表 8-22。

表 8-22 二氧化钛镀膜材料的性质

分子式	表观	规格/mm	纯度/%	密度/$g\cdot cm^{-3}$	熔点/℃	沸点/℃	蒸发温度/℃
TiO_2	黑灰色	$\phi 8\times 5$ 等	99.9，99.99	4.29	1750	3200	2000~2200

透光波段/μm	折射率	介电常数	消光系数（$\lambda=0.55\mu m$）	蒸发源	蒸发速率/$nm\cdot s^{-1}$	用途
0.35~12	2.2~2.7	114	5.5×10^{-3}	电子束、W 舟、Ta 舟	0.2~1	可见光增透膜、滤光膜、偏振光产生膜、红外减反膜等

光电薄膜与二氧化钛材料的相关性、镀膜工艺对镀膜材料的技术要求，国内外的专门研究很少，目前镀膜材料国际、国内尚无规格或标准。国内某企业根据材料制备及镀膜工艺实践，建立了一套内部镀膜材料选用规程，其中二氧化钛膜料选用规程见表 8-23。

表 8-23 二氧化钛光电子膜料选用规程（内控）

化学符号	TiO_2
材料纯度	杂质 Fe、Cu、Ni、Mo、Pb、Na、K 分别小于 0.008%
密度要求	材料密度不小于 3.43g/cm^3（理论密度为 4.29g/cm^3）
材料放气量	本底真空 2×10^{-4}Pa 时，3min 预熔真空降至不低于 1×10^{-3}Pa 为合格
镀膜喷溅指数	ϕ60mm 石英基片，按正常镀膜工艺成膜后，在 50 倍光学显微镜下，直径 ≥8μm 的溅点小于 50 个
成膜后光电指数	（1）薄膜消光系数 $<5\times 10^{-2}$； （2）折射率在 2.2~2.4 之间有良好的重复性、稳定性

8.6.2 二氧化钛镀膜材料的制备

二氧化钛膜料（或二氧化钛混合料）的制备，是以钛白粉生产工艺为基础制备出相对杂质含量较低的高纯二氧化钛粉，再经过粉末冶金工艺进行烧结、高温再结晶处理等工序的过程。二氧化钛膜料（或二氧化钛混合料）生产的原则流程见图 8-20。

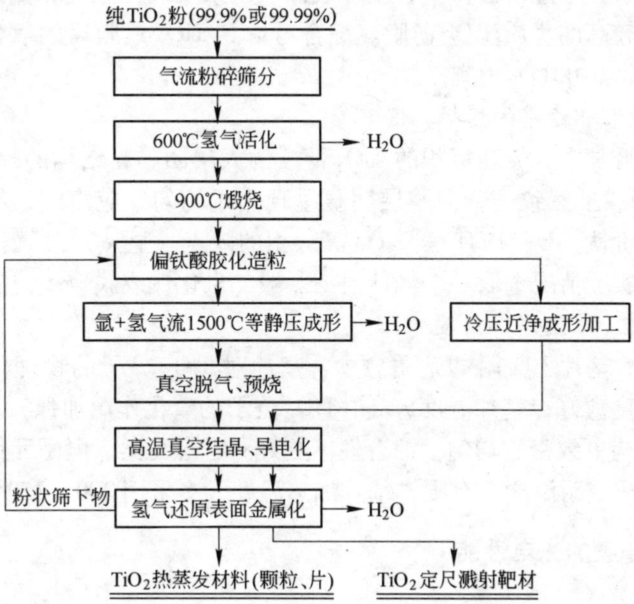

图 8-20 二氧化钛膜料（或二氧化钛混合料）生产原则流程图

8.6.3 TiO_2 薄膜的制备

目前二氧化钛成膜主要有三种方法：（1）真空热蒸发镀膜。真空热蒸发是在大于0.01Pa 真空下，用钨、钼电阻发热至2000℃左右，使二氧化钛膜料汽化，并获得足够分子自由程及能量而沉积在被镀工件上形成不大于1μm 厚度的 TiO_2 薄膜的过程。(2) 电子束镀膜。电子束镀膜是用加速电子束轰击阳极二氧化钛膜料，使二氧化钛获得电子动能和动量，转化为热能而真空汽化（真空度不低于0.05Pa）并获得足够分子自由程及能量，沉积凝结于被镀工件上，形成厚度不大于1μm 的均匀 TiO_2 薄膜的过程。显然，该方法中镀膜材料既是固态—气体—固态薄膜的转化主体，更重要的是二氧化钛膜料承担着电子及能量的传入、吸收或导通作用，有效地防止了二次电子的产生、反弹，因此，电子束蒸发对膜料的形状、导电及介电性能要求比方法（1）要求要高。(3) 磁控溅射镀膜。该方法是相对复杂而技术比较先进的成膜方式。定尺寸的、高密度二氧化钛阴极靶材，受到高速阳离子气体的功能、动量撞击传输，溅射出高能的 TiO_x 分子或分子团，这种获能粒子在电场作用下飞奔并沉积在阳极基板（被镀工作）上。

对比以上三种方式，磁控溅射工艺形成的 TiO_2 薄膜的均匀度、牢固度、工件的适应性等综合性能最好，电子束镀膜次之。

真空度、蒸发速率及基板（被镀工件）温度为镀膜工艺3个主控参数，它们的变化或相互作用对薄膜的宏观、微观性能有着重要的影响。

一般而言，薄膜越致密，其力学、光电等综合性能越好，因此，膜层致密度为评价薄膜最重要的指标。

8.6.3.1 真空度对 TiO_2 薄膜质量的影响

真空镀膜的真空度一般控制在小于0.05Pa 的范围内。真空度愈高，TiO_x 分子自由程愈大，分子能量大，分子撞击机会少，基片表面残余杂质气体愈少，因此，容易形成气孔少、致密、折射率较高的优质 TiO_2 薄膜。综合考虑到 TiO_x 成膜后的氧化特点，二氧化钛镀膜真空度在 0.05 ~0.001Pa 为宜。

8.6.3.2 薄膜沉积速率的选择

镀膜实践中，低真空、慢速沉积的 TiO_2 薄膜为大集团颗粒结构的疏松体；而高真空、急速沉积的 TiO_2 薄膜虽然致密，但膜层明显呈现出不均匀、应力大、易龟裂，膜层夹杂有来不及氧化的低价钛 TiO、Ti_2O_3、Ti_3O_5 等杂相的缺点。显然，二氧化钛的成膜速率应根据材料、设备等实际情况选取一个最佳值。一般二氧化钛成膜速率控制为 0.2 ~1nm/s。

8.6.3.3 基板（被镀件）温度

基片温度愈高，基片上吸附的杂质愈少，基片对 TiO_2 分子的物理化学范德华吸附愈强，TiO_2 膜层牢固度愈好；基片温度愈高，TiO_x 分子的氧化作用加强，且薄膜成核再结晶动能愈大，TiO_2 结构更致密、均匀，综合性能更好。考虑光学、电子元件一般由塑料、玻璃或半导体材料构成，耐温能力有限，基片加热温度大多采用 200 ~350℃为宜。

8.6.4 TiO_2 薄膜的光电性能

TiO_2 薄膜折射率高，牢固稳定，在可见和近红外区呈透明，这些优异的性能使它在光学薄膜应用中十分诱人。但是，TiO_2 材料在真空中加热蒸发时因分解而失氧，形成高吸收的亚氧化钛薄膜 Ti_nO_{2n-1}（$n=1, 2, \cdots, 10$），故常采用反应蒸发技术。

在离子氧中蒸发低价氧化物 TiO、Ti_2O_3、Ti_3O_5 获得了优良的 TiO_2 膜。TiO 的熔点既低于金属钛，又低于 TiO_2，可以用电子速或钨舟进行蒸发。由于 TiO_2 严重缺氧，所以需在较高的气压（如 0.03Pa）和较低的蒸发速度（0.3nm/s）下淀积。采用电子衍射确定不同基板温度下多晶 TiO_2 膜的结构表明：当基板温度 $T_s>380$℃呈金红石，膜层折射率增加，吸收增大。在中性氧中制备的 TiO_2 膜，其消光系数比离子氧中得到的高 10 倍左右。

Ti_2O_3 的热性质比较稳定，蒸发过程中吸氧作用很强。通过选择适当的参数，不难获得折射率为 2.2 ~2.3 的无吸收 TiO_2 膜。由于它的缺氧情况比 TiO 要好，所以蒸发速度可以适当提高（约 0.5nm/s）。Ti_2O_3 作初始材料时，在中性氧中的吸收要比 TiO 高得多；在离子氧中蒸发时，其吸收强烈地依赖于基板温度；在室温下则得到与 TiO 相当的吸收。

用质谱仪分析了 TiO、Ti_2O_3、Ti_3O_5 和 TiO_2 作为初始材料的蒸气组分。在 TiO 膜料蒸气中，Ti 原子数和 TiO 分子数几乎相等，没有 TiO_2 分子存在。多次蒸发 TiO 时，蒸气中 Ti 原子数减少，这可解释 TiO_2 膜的折射率随膜料 TiO 蒸发次数增多而降低的现象。坩埚中的残余物为（$TiO+Ti_2O_3$）或 Ti_2O_3。在 Ti_2O_3 膜料蒸气中，检测到 Ti、TiO 和 TiO_2，坩埚中的残留物是 Ti_2O_3 和 Ti_3O_5。若用 Ti_3O_5 作初始材料，蒸气中仅为 TiO，残余物为 Ti_3O_5 或（$Ti_3O_5+Ti_2O_7$）。直接蒸发 TiO_2 时，蒸气中有 TiO 和 TiO_2，经多次蒸发 TiO_2 后使 TiO/TiO_2 比例增加。由于含氧量减少，残余物为 Ti_3O_5 和 Ti_4O_7。由此可知，初始膜料 TiO 和 Ti_2O_3 随着蒸发量增加，氧含量增加，折射率降低；TiO_2 膜含氧量减小，折射率升高；唯有 Ti_3O_5 氧含量不变，能够得到稳定的折射率。

综上所述，不论采用何种初始材料，镀膜不充氧时，都得不到纯 TiO_2。由于低价钛的存在，氧空穴及多余电子会导致薄膜具有导电、吸收光子等光电过程。因此 TiO_x 氧化程度直接决定了膜层的吸收大小。实验表明：TiO_2 膜的吸收和折射率均随着基板温度和蒸发速率的升高而增加，随着氧压升高而降低。在空气中加热处理能有效地减少膜内的低价氧化物，TiO、Ti_2O_3 和 Ti_3O_5 转变成 TiO_2 的温度分别为200℃，250～350℃和大于350℃，此外，TiO_2 膜中掺杂一定量的 ZrO_2 或 Ta_2O_5 也可使吸收降低。

TiO_2 薄膜一般用电子束镀膜法制备，用电阻加热蒸发 TiO 也可以制备 TiO_2 薄膜。用化学镀膜法制备的 TiO_2 薄膜是均匀的，力学性能极牢，在潮湿的环境中也不腐蚀。故用电子束加热蒸发效果更好。

TiO_2 薄膜的透明区为0.35～12μm，其折射率与薄膜结构有关，$n=2.2\sim2.7$。金红石结构的 TiO_2 薄膜 $n=2.7$（$\lambda=546$nm），锐钛矿结构的 TiO_2 薄膜 $n=2.2\sim2.4$（$\lambda=550$nm）。其折射率还与基底温度有关，$n=1.95$（$\lambda=550$nm，$T_s=30$℃），$n=2.3$（$\lambda=550$nm，$T_s=220$℃），$n=2.55$（$\lambda=550$nm，$T_s=260$℃）。

TiO_2 是具有高度适于需要性质的涂层材料。它坚硬、抗化学腐蚀，在整个可见区和近红外光谱区都是透明的，并且有很高的折射率值。所以在薄膜技术发展的过程中，制备 TiO_2 薄膜很早就被人们所关注。TiO_2 薄膜的首次制备不是由真空蒸发 TiO_2 而得到的，而是由真空蒸发 Ti 所得到的薄膜在空气中经热氧化处理后得到的。应用化学淀积法，即由钛的卤化物水解或有机钛化合物水解也可以制备 TiO_2 薄膜，关于这方面的内容还可参阅一些有关的文献。上述这些方法对于淀积单层膜分光镜以及 Al 反射镜保护膜和 Al 反射镜增加反射率的双层膜是有效的，而对于淀积 TiO_2 多层膜是不适用的。由反应蒸发 TiO 制备 TiO_2 薄膜则导致了淀积 TiO_2 多层膜成为可能。1965 年出现电子束加热蒸发制备 TiO_2 薄膜的技术，使蒸发各种氧化钛相的初始膜料，特别是蒸发 Ti_3O_5 初始膜料制备 TiO_2 薄膜成为可能。

用各种方法制备的 TiO_2 薄膜的光学和结构特性与淀积参数之间的关系，已有很多文献报道。由蒸发和溅射法制备的 TiO_2 薄膜，在可见区有折射率值 $n=2.5$。由这些报告中可以得出结论，无论使用什么样的蒸发源材料，为了得到具有最好性质的 TiO_2 薄膜，控制真空室中的氧气分压强和基底加温是必要的。热蒸发法制备 TiO_2 薄膜时，其蒸发源材料可为 TiO_2、TiO 或 Ti；直流溅射法和射频溅射法制备 TiO_2 薄膜时，其蒸发源材料可用 Ti，对于射频溅射蒸发源材料也可以用 TiO_2。由电子束蒸发制备 TiO_2 薄膜也有许多报告。为了使制备的 TiO_2 薄膜具有重复的光学性质（折射率和光学透射率）和在一般环境下甚至于在湿度和温度改变的情况下都能保持其性能的稳定，就必须在制备 TiO_2 薄膜的过程中很好地控制几个淀积参数，即决定 TiO_2 薄膜质量的 4 个最重要的工艺参数：蒸发源材料的化学计量，淀积薄膜时真空室中的氧气分压强，基底温度和淀积速率。实际上，这些参数之间并非是相互独立的。

应用钨舟、钽舟及电子束加热蒸发各种氧化钛相的初始膜料，如 TiO、Ti_2O_3、Ti_3O_5、TiO_2 及金属 Ti，淀积时真空室充氧进行反应蒸发，将 TiO_2 薄膜制备于由室温到450℃的玻璃基底上。按上述工艺制备的 TiO_2 薄膜测量的结果如图 8-21 和图 8-22 及表 8-24～表 8-28 所示。如图 8-21 所示，对于初始膜料为 Ti、TiO、Ti_3O_5 时的蒸发条件为：$p_{O_2}=0.0333$Pa，$T_s=300$℃，淀积速率 $=0.4$nm/s；对于初始膜料为 Ti_2O_3 时的蒸发条件为：$p_{O_2}=0.0267$Pa，$T_s=300$℃，淀积速率 $=0.5$nm/s；对于初始膜料为 TiO_2 时的蒸发条件为：$p_{O_2}=0.0400$Pa，$T_s=400$℃，淀积速率 $=0.5$nm/s（p_{O_2}为氧气分压，T_s 为基片温度）。

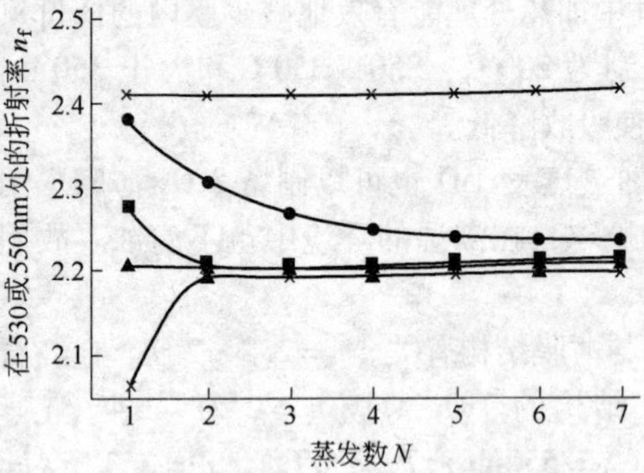

图 8-21 由不同氧化钛相初始膜料蒸发制备的 TiO_2 薄膜的折射率

×-×—初始膜料为 Ti，$\lambda=530nm$；
●-●—初始膜料为 TiO，$\lambda=530nm$；
■-■—初始膜料为 Ti_3O_5，$\lambda=530nm$；
▲-▲—初始膜料为 Ti_2O_3，$\lambda=550nm$；
×-▲—初始膜料为 TiO_2，$\lambda=530nm$

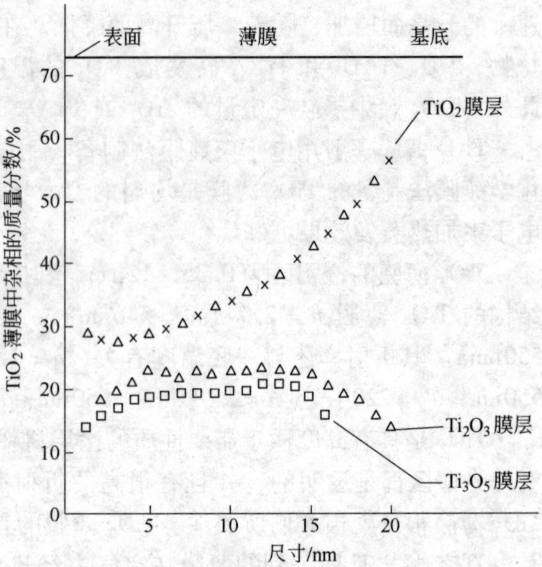

图 8-22 由蒸发不同初始膜料制备的 TiO_2 薄膜污染分布图分析以及蒸发序号的变化

表 8-24 由不同初始膜料制备的 TiO_2 薄膜在 530nm 处的折射率 n_f 与基底温度间的函数关系

T_s/℃	初始膜料 TiO	初始膜料 Ti_3O_5	T_s/℃	初始膜料 TiO	初始膜料 Ti_3O_5
200	2.33	2.28	350	2.50	2.38
250	2.38	2.32	400	2.56	
300	2.44	2.36	450	2.62	

表 8-25 TiO_2 薄膜的折射率 n_f 与蒸发时氧气分压强之间的函数关系

p_{O_2}/Pa	T_s=200℃初始膜料		T_s=300℃初始膜料		T_s=350℃初始膜料	
	TiO	Ti_3O_5	TiO	Ti_3O_5	TiO	Ti_3O_5
0.0133	2.42	2.33	2.51	2.38	2.59	2.41
0.0200	2.33	2.28	2.41	2.36	2.46	2.38
0.0267	2.28	2.23	2.35	2.33	2.41	2.36
0.0333	2.25	2.17	2.31	2.26	2.38	2.29
0.0400	2.21	2.12	2.27	2.22	2.34	2.25
0.0467		2.10		2.18		2.22

表 8-26 TiO_2 薄膜的折射率 n_f 与淀积速率间的函数关系

淀积速率/nm·s^{-1}	初始膜料 TiO	初始膜料 Ti_3O_5	淀积速率/nm·s^{-1}	初始膜料 TiO	初始膜料 Ti_3O_5
0.15	2.26	2.18	0.6	2.35	2.23
0.25	2.28	2.20	0.75	2.38	2.25
0.4	2.31	2.21	0.9	2.39	2.26
0.5	2.32	2.22	1	2.39	2.26

表 8-27 由反应蒸发制备于不同温度基底上的 TiO_2 薄膜的折射率 n_f 与波长间的函数关系

λ/nm	200℃	250℃	300℃	350℃	400℃	450℃	λ/nm	200℃	250℃	300℃	350℃	400℃	450℃
450	2.41	2.48	2.53	2.60	2.72	2.76	650	2.27	2.29	2.36	2.45	3.49	
500	2.36	2.42	2.48	2.56	2.63		700	2.25	2.28	2.33	2.43	2.46	
550	2.32	2.37	2.43	2.52	2.56		750	2.24	2.27	2.32	2.42	2.45	
600	2.29	2.32	2.39	2.48	2.52		800	2.23	2.26	2.31	2.41	2.44	

表 8-28 TiO_2 薄膜在 $\lambda = 640nm$ 处的光学常数与基底温度间的函数关系

基底温度/℃	$t = 140nm$		$t = 280nm$		基底温度/℃	$t = 140nm$		$t = 280nm$	
	n	k	n	k		n	k	n	k
室 温	2.21	0.003	2.21	0.001	175	2.25	0.021	2.31	0.003
100	2.22	0.007	2.26	0.002	250	2.31	0.012	2.45	0.004

图 8-22 给出了以不同初始膜料蒸发制备的 TiO_2 薄膜污染分布的情况。由 TiO_2 薄膜横截面的化学分析表明，混入薄膜中的杂质总是表现出一种非均匀的分布，其在基底——薄膜内表面更为富有。

表 8-24 给出了由 TiO 和 Ti_3O_5 作初始膜料制备的 TiO_2 薄膜的折射率与基底温度间的函数关系。该 TiO_2 薄膜的制备条件为 $p_{O_2} = 0.0200Pa$，淀积速率为 0.45nm/s。以 TiO 作为初始膜料时，每淀积一层 λ/4 TiO_2 薄膜，则换一次 TiO 膜料。以 Ti_3O_5 为初始膜料时则不是如此。该两种膜料均用钨舟加热蒸发。金红石 TiO_2 单晶的折射率 $\bar{n} = 2.76$，金红石 TiO_2 多晶膜的折射率 $n_f = 2.73$，锐钛矿 TiO_2 单晶的折射率 $\bar{n} = 2.565$。中性生长的 TiO_2 以金红石、锐钛矿和板钛矿三种不同稳定性的结晶变态存在。金红石结构是稳态的，锐钛矿结构是亚稳态的，而板钛矿结构则是一种碱性稳定的变态。板钛矿结构的 TiO_2 有时在化学蒸气淀积的 TiO_2 薄膜中出现，真空淀积的 TiO_2 薄膜中还没有发现这种 TiO_2 结构的出现。实际上没有氧气和氮气含量的纯钛膜是具有 $a = 0.295nm$，$c = 0.467nm$ 的六角形晶体结构。这种 Ti 膜在空气中经 400℃的高温加热处理便会完全转化为 TiO_2 薄膜，这种 TiO_2 薄膜是一种具有晶格常数 $a = 0.458nm$，$c = 0.298nm$ 的四角晶体的金红石结构。

与纯钛膜的上述结果相对比，含有氧气和氮气的 Ti 膜表现出 $a = 0.420nm$ 的立方 NaCl 结构（TiO = 0.423nm，TiN = 0.4166nm），在 400 ~ 450℃下加热氧化后，仅转化为四角晶体的锐钛矿结构（$a = 0.373nm$，$c = 0.937nm$）。当加热到 600℃高温氧化后，除了具有锐钛矿结构的 TiO_2 成分外，还有金红石结构的 TiO_2 成分。

当氧化与薄膜的形成过程无关时，纯 Ti 膜总是趋于形成金红石结晶的变态，这种情况在反应蒸发中可以见到，Ti 原子的存在与确定的基底温度一起引起形成金红石结构的 TiO_2。如果 Ti 或 TiO（在蒸气状态下仅具有 Ti 原子或 Ti 和 TiO 分子）被蒸发到加热 T_s = 350℃的基底上时，则制备的 TiO_2 薄膜主要为金红石结构。当蒸发 Ti_3O_5（蒸气状态为 TiO）时，则导致仅仅形成锐钛矿结构的 TiO_2 薄膜。

当用 TiO 作为初始膜料进行反应蒸发，则获得如下多晶 TiO_2 相结构的薄膜，并可由电子衍射图来识别：

T_s = 280℃时为高度紊乱膜的扩散图；

$T_s = 310$℃时为锐钛矿和金红石结构的锐环图；

$T_s = 380$℃或470℃时为仅有金红石结构的锐环图。

另外一些报告由X射线衍射也给出了类似的结果。固态的TiO相或凝结的TiO分子的氧化总是导致锐钛矿 TiO_2 结晶变态。只有当基底的温度相当高时（$T_s > 700 \sim 800$℃）才能转换成金红石结构的 TiO_2。

表8-25给出了其他初始膜料和基底温度下制备的 TiO_2 薄膜的折射率与蒸发时氧气分压强之间的函数关系。研究表明，TiO_2 薄膜的折射率随氧气分压强的增加而减小。其原因是由于蒸发的元素与氧气分子碰撞的增加，减小了蒸发元素的能量，因此也减小了其在基底表面的迁移率而形成不完善的结晶结构，减小了薄膜的填充密度，并使制备的薄膜中混入了气体分子。表中所示的 TiO_2 薄膜是在下述条件下制备的：两种材料均由钨舟加热蒸发，淀积速率为0.045nm/s，淀积时基底温度在200～350℃范围内。在以TiO作为初始膜料的情况下，每淀积 $\lambda/4$ 层膜换一次膜料，而以 Ti_3O_5 作为初始膜料时，则不换膜料。所制备出的 TiO_2 薄膜均无吸收。

表8-26给出了 TiO_2 薄膜的折射率与淀积速率之间的函数关系。这种相互间的依赖关系不像折射率与基底温度和氧气分压强间相互关系那样明显。由表可以看出，随着淀积速率的增加，TiO_2 薄膜的折射率也增加，这是由于淀积速率增加，TiO_2 薄膜填充密度增加的原因。表中所示的 TiO_2 薄膜是在下述条件下制备的：淀积时氧气分压强为0.0333Pa，基底温度为300℃，以TiO作为初始膜料时，每淀积一层 $\lambda/4$ TiO_2 薄膜换一次膜料；以 Ti_3O_5 作为初始膜料时，则不换膜料。两种膜料均用钨舟加热蒸发。

表8-27给出了由蒸发TiO制备的 TiO_2 薄膜折射率色散数据。其折射率值是三次蒸发制备的 TiO_2 薄膜折射率的平均值。该薄膜是在下述条件下制备的：初始膜料为TiO，蒸发时真空室中压强为0.0400Pa，淀积速率为0.5nm/s。所观察到的在基底温度高达400℃时所制备的 TiO_2 薄膜的最高折射率，与块状材料折射率间的差别主要是由于 TiO_2 薄膜的填充密度减小的原因（$P < 0.9$）。填充密度所引起的这种效应，对于金红石结构的 TiO_2 薄膜来说要远远大于锐钛矿型 TiO_2 薄膜。TiO_2 薄膜在 $\lambda = 640$nm 处的光学常数与基底温度间的函数关系见表8-28。

通过对 Ti_2O_3、Ti_3O_5 和 TiO_2 蒸气的质谱研究表明，其蒸气是由不同的原子或分子组成的。在初始膜料为TiO的蒸气相中，检测到了近似相等的Ti和TiO的原子和分子，而不存在 TiO_2 分子。当大量蒸发TiO初始膜料时，其蒸气中Ti原子随之减少。通过蒸发舟残余膜料氧含量富有位置的分析表明，其固态相是 $TiO + Ti_2O_3$ 或只是 Ti_2O_3。在以 Ti_2O_3 作为初始膜料时，在其蒸气中检测出Ti、TiO和 TiO_2 的分子。在蒸发源温度为1921℃时，其蒸气中各种成分的比例为：Ti^+：TiO^+：TiO_2^+ = 600：1460：17，而蒸发舟中残余膜料是 Ti_2O_3 和 Ti_3O_5。如果以 Ti_3O_5 作为初始膜料，其蒸气中成分是TiO。当少量蒸发时，蒸发源残余膜料是没有变化的 Ti_3O_5；大量蒸发时，其残余膜料则为 $Ti_3O_5 + Ti_4O_7$。当以 TiO_2 作为初始膜料时，其蒸气的成分是TiO和 TiO_2 分子。如果由电阻加热蒸发，由于膜料与蒸发舟壁的反应，则在 TiO_2 蒸发之前便产生大量杂质挥发物 MeO_x、MoO_3、WO_3。当以Ti作为初始膜料蒸发时，其蒸气成分只是Ti。关于初始膜料和所制备的 TiO_2 薄膜的化学成分的分析见表8-29。

表 8-29 TiO_2 薄膜和蒸发膜料成分的化学分析

初始膜料	不重复添料由蒸发舟蒸发的次数/次	蒸发舟材料	开始或剩余的膜料中氧气的百分含量/%	TiO_2 薄膜 n_f（$\lambda=550nm, T_s=400℃, p_{O_2}=0.0400Pa, r=0.5nm/s$）	TiO_2 薄膜中 WO_3 或 Ta_2O_5 的质量分数/%
TiO	1	W	25.3 ±0.4	2.54	<0.2
TiO	10	W	32.0	2.40	0.7
TiO	1	Ta	25.3	2.54	<5
TiO	10	Ta	32.0	2.44	≤5
Ti_2O_3	1	W	34.2	2.40	<5
Ti_2O_3	10	W	35.7	2.26	11
Ti_3O_5	1	W	36.6	2.26	21
Ti_3O_5	10	W	35.9	2.24	20
Ti_3O_5	1	Ta	36.6	2.39	9.0
TiO_2	1	W	39.5	2.05	强烈地依赖于膜厚 25~70
TiO_2	9	W	37.0	2.21	23

实验表明，蒸发源材料 O/Ti 的比值越高，淀积 TiO_2 薄膜时所要求的氧分压强越小，并且所制备的 TiO_2 薄膜的填充密度越高，这样便可得到最好质量的 TiO_2 薄膜。较高填充密度的薄膜受湿度和温度的影响较小，因而其光学性质更为稳定。以 TiO_2 作为蒸发源材料时，要掺入总量 5% 的 CeO_2，这种材料可使蒸发 TiO_2 的温度降低，以便较好地控制淀积速率；也可以掺入总重量 40% 的 Pr_6O_{11}。将 TiO_x 膜料放入有石墨衬底的铜坩埚内，石墨衬底的作用是减少由冷却水带走的热量损失。用足够的时间预熔除气是非常重要的，只有这样才能在淀积时不发生喷溅并能保证整个蒸发过程的均匀、稳定进行。

8.6.5 TiO_2 薄膜的应用

8.6.5.1 望远镜等光学镜头、可视图像屏幕的减反射涂层

光学镜头或图像显示屏的基材一般由冕牌玻璃、火石玻璃或有机树脂类加工成，它们的折射率最小为 $n=1.52$。当光线从折射率 $n=1$ 的空气直接入射到其表面时，单面反射损失最低可达 4.2%，无数光学表面的集合，经过多次的反射、漫射，无疑带来巨大的光能量损失，使光学系统成像亮度、衬度、质量急剧降低。利用薄膜光干涉原理已成功地在光学镜头镀制了多层 TiO_2 高质量的减反射膜。TiO_2 为目前大批量、最普遍的高折射率（$n=2.2\sim2.7$）匹配镀膜材料。光学镜头中 TiO_2 薄膜的周期数高达 80 层，观察光波的反射率可实现零反射，并有效地消除杂光、提高被观察物的影像清晰度。图 8-23 为某种光学透镜镀制 TiO_2 薄膜前后的可见光波透射曲线。故所有光学镜头、图像显示屏（电视、手机等）都必须进行加膜处理。目前的加膜眼镜

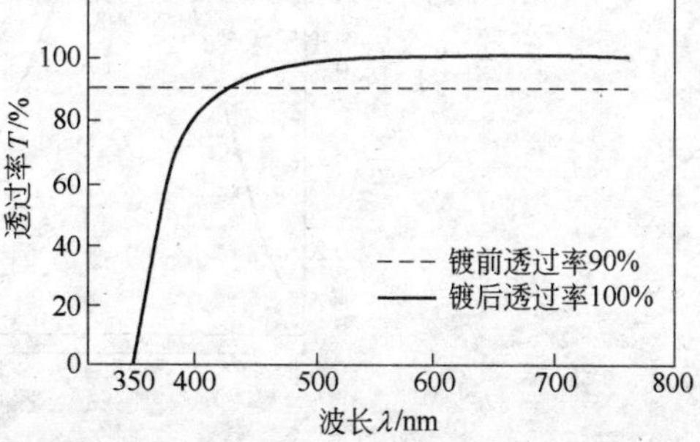

图 8-23 一种典型镀 TiO_2 膜（71 层）透镜（$n_g=1.52$）镀膜前后透射曲线比较

等日用光学元件，都采用 TiO_2（或其他材料）薄膜进行了光减反射设计。

8.6.5.2 激光反射介质涂层

激光是高能量、同频率、同方向、同偏振状态的高简并度光子束。激光放大器中必备的反射镜可由 TiO_2/Al_2O_3 膜堆构成。

根据波动光干涉理论，在 TiO_2/Al_2O_3 膜系中，如果使膜堆两边最外层为 n_H，即 [$TiO_2/Al_2O_3/TiO_2 \cdots TiO_2/Al_2O_3/TiO_2$] 结构，每层的厚度为 $\lambda_0/4$（λ_0 为中心波长），则中心波长 λ_0 的反射率 R 理论值为：

$$R = \left[\frac{1-(n_H/n_L)^{2S}\cdot n_H^2/n_g}{1+(n_H/n_L)^{2S}\cdot n_H^2/n_g}\right]^2$$

式中，n_g 为基片折射率；n_H 为高折射率；n_L 为低折射率；S 为膜堆重复周期数。

相对金属反射膜而言，TiO_2、Al_2O_3 介质薄膜的光吸收损失很小，而且 TiO_2/Al_2O_3 是一对高、低折射率可匹配的材料（$n_H=2.2$，$n_L=1.62$），因此，是理想的激光共振反射膜材料。图 8-24 为典型的激光反射镜配置图。TiO_2 薄膜的激光反射涂层已广泛得到应用。

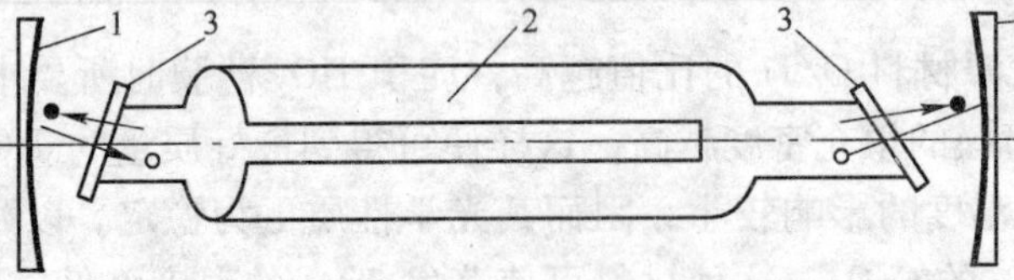

图 8-24 典型激光反射镜配置图

1—TiO_2 薄膜堆介质反射镜（$R\geqslant99\%$）；2—激发源及激光工作介质；3—偏振布儒斯特窗；

●—出射光子；○—被反射后欲再被激发光子

8.6.5.3 太阳能电池板、集热板的减反射与反射涂层

硅材料（非晶、多晶及单晶）是太阳能电池中重要的光电子基材，它对太阳能光谱峰值 0.5~0.6μm 的响应很敏感，其吸收系数可达 $2\times10^4 \sim 1\times10^5 cm^{-1}$（见图 8-25）。但由于硅光学折射率高（$n=3.5$），同本章 8.6.3.1 节中未镀膜的玻璃镜头类似，到达硅表面

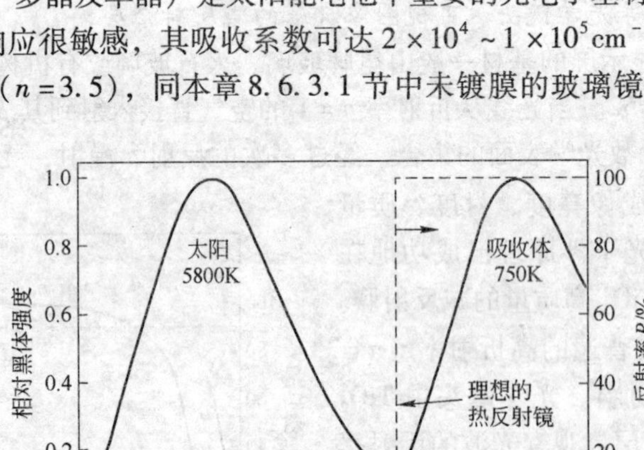

图 8-25 在 5800K 和 750K 温度下黑体辐射能的标准分布

（虚线表示理想热反射镜的反射率）

的响应光谱会有约31%被反射损耗掉。TiO_2 薄膜（$n=2.2$）可有效地降低硅材料表面反射，极大程度地提高了太阳能电池板的吸收效率（见图8-26）。TiO_2 薄膜是最早并普遍应

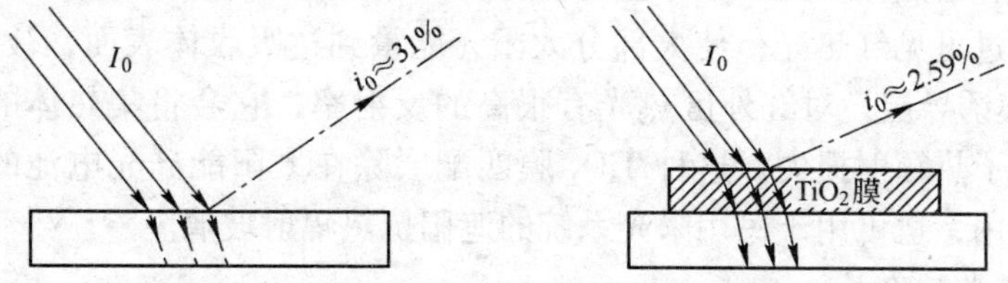

图 8-26　硅太阳能板镀制 TiO_2 诱导层前后的光效变化

用的太阳能电池的减反射涂层。此外，由于硅材料的光电转换PN结，对0.4～1.1μm波段的光敏性，宇宙热射线会导致太阳能电池温度升高，使太阳能PN结的转换系数急剧下降。因此，TiO_2/SiO_2 膜堆被广泛用于太阳能电池的红外反射滤光片中。显然，TiO_2 薄膜在太阳能电池中有两个作用：（1）反射红外等有害射线，保护硅太阳能电池；（2）减少太阳能激发光能损失，提高太阳能电池转换效率。

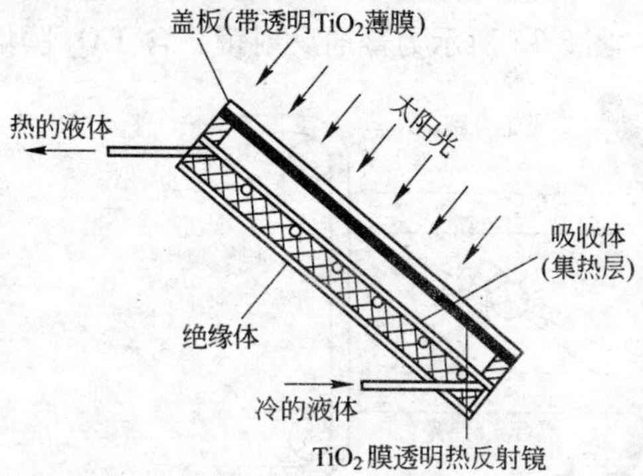

图 8-27　带热反射镜的太阳能热水器装置

太阳能集热器中，除集热层表面设计了减反涂层外，更重要的是经过复杂的光学膜系设计，巧妙地设置了透明的 TiO_2 膜热反射镜盖板（见图8-27），这种含 $TiO_2/Ag/TiO_2$ 膜堆形成的热诱导层可使太阳能谱（0.2～2μm）有大于80%的透过率和较高的黑体有效率。图8-28、图8-29分别为这种 TiO_2 诱导层对太阳能谱响应的理论值和实测值。

这种 TiO_2 膜诱导层透过可见光（在波长0.5μm处 $T=84\%$）、反射红外线（在波长

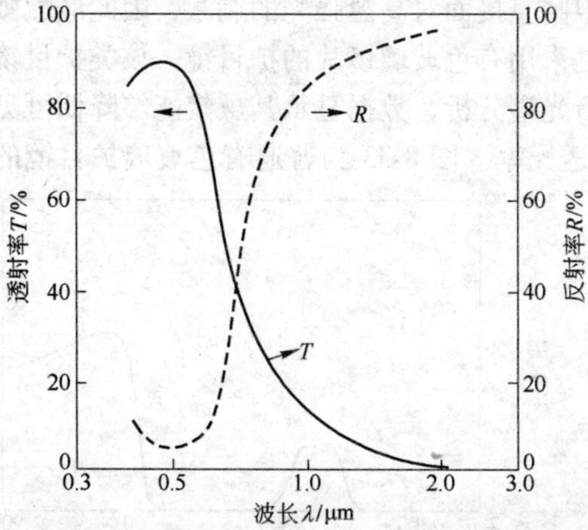

图 8-28　18nm TiO_2/18nm Ag/18nm TiO_2 的计算反射率和透射率

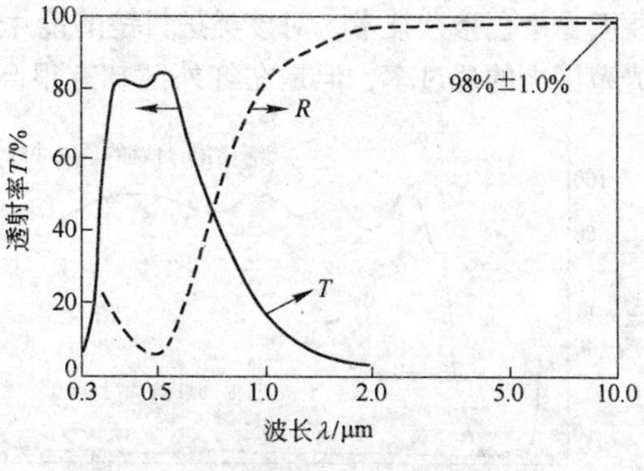

图 8-29　18nm TiO_2/18nm Ag/18nm TiO_2 多层膜的测量反射率和透射率

10μm 处 $R=98\%\sim99\%$)。这种透明的热反射镜在太阳能应用中起着重要的作用。它用来减少吸收体的热辐射损失，提高太阳能收集效率。利用热反射镜之所以能提高收集效率，是由于太阳能谱和集热体在典型工作温度下的热辐射光谱之间恰好存在一间隔，热反射镜可极大程度地透过可见红热光，使大部分太阳光能量到达吸收体表面，被吸收体所吸收。另外，该 TiO_2 膜诱导层，对红外区热光有很高的反射率，它会将集热体的热辐射有效地反射回去，减少了热辐射损失。这种 TiO_2 膜匹配层除在太阳能硅光电池的热反射镜中起着重要的主导作用，也可用于民用采光系统的遮阳抗热辐射玻璃。

8.6.5.4 冷光镜涂层

由 TiO_2 薄膜构成的冷光镜可将可见光反射出来，而将较长波（热波）的辐射透过去，它已被广泛地用于防热元件、电影放映机、摄影室、医疗手术等强光照明场所。一种 TiO_2/SiO_2 交替镀膜形成的一种长波通膜系，已有效地应用于冷光镜的防热系统。如图 8-30 ~ 图 8-32 所示为普通反射镜、含 TiO_2 膜堆冷光镜的使用效果图。

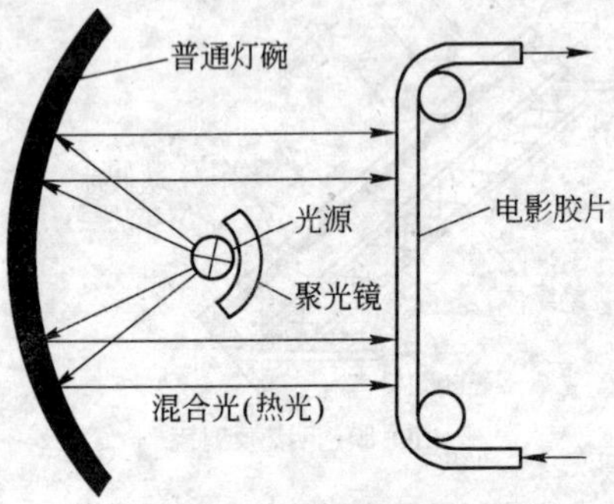

图 8-30 普通灯碗在电影放映机上的应用

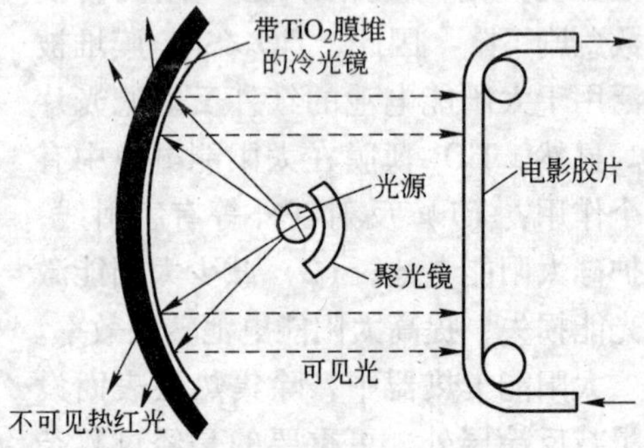

图 8-31 带有 TiO_2 膜堆的冷光镜在电影放映机上的应用

显然，冷光镜在原理上巧妙地消除了电光源热辐射对电影胶片等的损害，实践应用也充分证明了这一点。

8.6.5.5 高温、电焊用护目镜涂层

高温冶炼、焊接等行业，由于操作人员的眼睛直接面对高温强光的刺激，因此应配戴防护眼罩或面罩。目前，国内市场上基本上都是采用有色玻璃镜片的护目镜，该类护目镜主要是染色掺杂技术，对该类护目镜的镜片进行光谱分析，数据显示其虽然能够降低可见光范围内的透过率，但是在红外区却有很高的透光率。图 8-33 为普通有色玻璃护目镜的

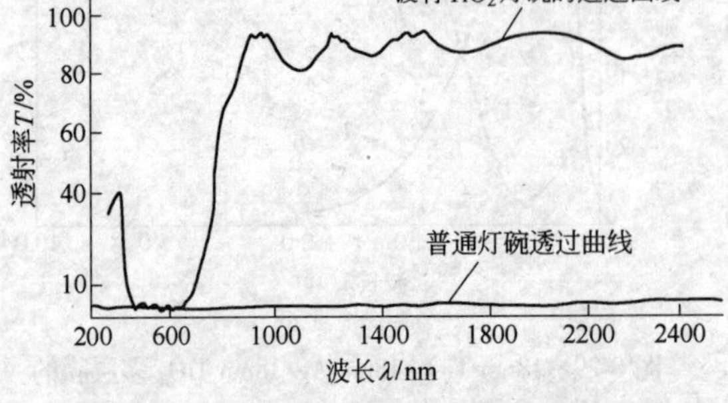

图 8-32 TiO_2 膜堆对红外热辐射的诱透作用

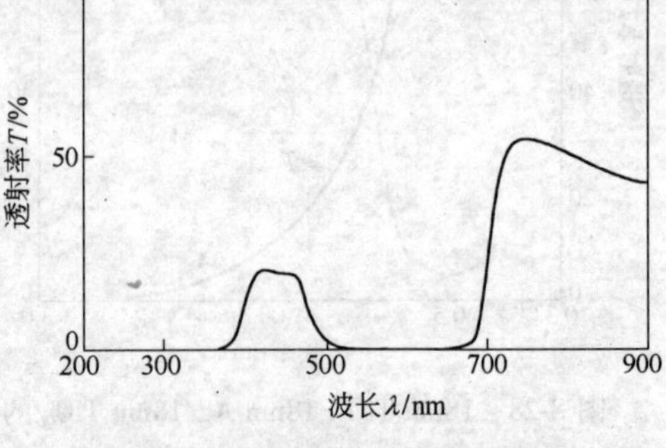

图 8-33 有色玻璃护目镜光谱曲线

光谱测试曲线，在可见区 350～500nm 波长范围内透过率为 20% 左右，但是在 700nm 以上的红色和红外波长范围内（测试至 900nm）透过率超过 30%，峰值透过率超过 50%。在进行高温冶炼、焊接等操作时，红外辐射非常强，而且红外线人眼不易察觉，长此状况，会对人眼造成“红外灼伤”，产生类似于“结膜炎”等的疾病。

根据膜系光学设计，采用 $TiO_2/Ag/TiO_2$ 膜堆制成的护目镜，理论上让尽可能多的可见光通过，其余紫外、红外有害光波透过截止，可有效地减少有害光对人眼睛造成的损伤。图 8-34、图 8-35 为这种 TiO_2 膜堆镀制的护目镜理论设计曲线和实测曲线。

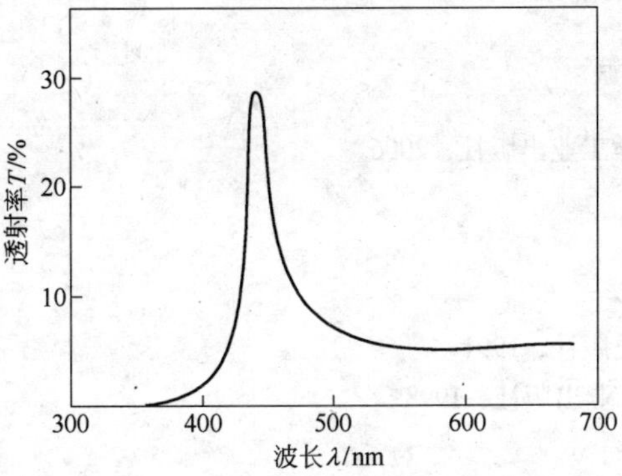

图 8-34　TiO_2 膜系护目镜理论光谱曲线

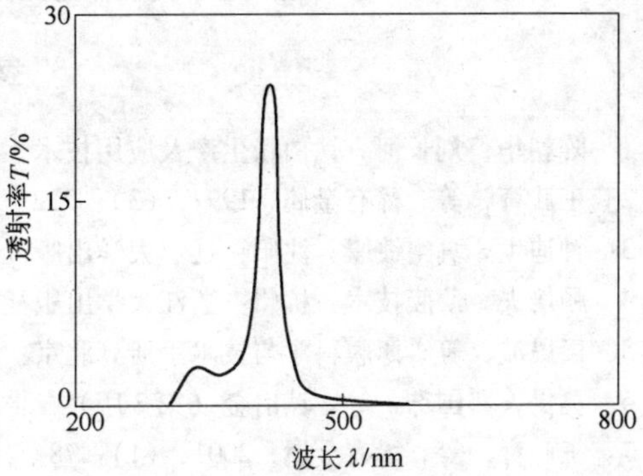

图 8-35　TiO_2 膜系护目镜实测光谱曲线

8.6.5.6　熟食包装、储存盛具的隔热保鲜涂层

熟食制品封装材料一般采用耐温（-5～200℃）柔性塑料薄膜或板质材料，这种基材已充分考虑了食物在消毒、食用加热时对微波炉加热器交变电磁场的适应性。

聚丙烯（PP）、聚酯（PET）、聚酰胺（PA）等是良好的熟食品包装基材，它们对微波（10^3～$10^5\mu m$）有很高的透过率，但对食品的热阻隔相对较差。采用柔性塑料薄膜或板质基材，通过热蒸发、电子束或磁控溅射方法在基材表面镀制坚固耐用、透射微波、热阻隔（反射）性强的介质 TiO_2 薄膜，有效地满足了食品封装、储存、微波加热对包装材料的要求。TiO_2 薄膜堆镀制在包装基材或容器的表面，基本可以达到如下要求：（1）安全卫生；（2）微波透过性好，不会像金属类导电介质那样对微波产生任何影响；（3）有良好的耐热性能（-5～200℃）。（4）透明 TiO_2 膜形成的介质热反射镜，加热时对食品热能量（0.8～750μm 的热射线）有良好的反射、阻隔作用，可降低热损耗；（5）运输、储存时能有效阻隔环境热的介入，可延长食品（含生制食品）的货架寿命。

8.6.5.7　薄膜电容器、电子电路开关、半导体薄膜的应用

二氧化钛掺入适当比例的氧化钡，可形成稳定的钛酸钡陶瓷（$BaTiO_3$）。$BaTiO_3$ 的介电常数高达 1200，在光电效应及薄膜电容器上有着广泛的用途。由 $BaTiO_3$ 制备的 PTC 陶瓷电阻，居里点为 40～300℃，已普遍用于温度、液体、流量的热敏传感器中以及电器元件的电控保护开关。

二氧化钛失氧后的低价氧化物 TiO、Ti_2O_3 是典型的 P 型半导体，TiO、Ti_2O_3 薄膜在半导体领域的应用也取得了初步进展。

8.6.5.8 耐腐损及装饰涂层

二氧化钛具有极强的耐高温、耐腐蚀、耐磨损适应性，采用磁控溅射在切削刀具、汽轮机叶片和各种高速旋转器件上镀制的 TiO_2 薄膜，可有效地延长工件使用寿命。

低价氧化钛（TiO、Ti_2O_3、Ti_3O_5、…、Ti_nO_{2n-1}）具有特殊的氧匹配色泽。TiO 呈金黄色，TiO 薄膜可用于手表壳、饰品等的表面装饰；Ti_3O_5 涂层是太阳能热吸收的黑膜主体材料。

综合上述几点可见，TiO_2 薄膜在日用高技术领域已得到了广泛的应用，随着现代科技的不断进步，TiO_2 功能薄膜将会呈现更宽广的应用前景。

参考文献

1 陈朝华，刘长河．钛白粉生产及应用技术．北京：化学工业出版社，2006

2 王武育，等．稀有金属，1997，(3)：212

3 钟迪生．真空镀膜．沈阳：辽宁大学出版社，2001

4 顾培夫．薄膜技术．杭州：浙江大学出版社，1991

5 田民波，等．薄膜科学与技术手册．北京：机械工业出版社，1991

6 莫畏，邓国珠，等．钛冶金（第2版）．北京：冶金工业出版社，1998

7 王武育，等．稀有金属，2001，(1)：78

8 王武育．镀膜材料的理论与实践．2001年全国光学薄膜培训班资料（内部资料）

9 王桂生，等．钛的应用技术．长沙：中南大学出版社，2007

10 刘华，胡文启，等．钛白粉的生产和应用．北京：科学技术文献出版社，1992

11 杨宗志．钒钛，1994，(1)：23

12 杨宗志．钒钛，1996，(5~6)：17

13 邓国珠．钒钛，1996，(2~3)：36

14 李嶽，潘慕兰．钒钛，1996，(1~2)：33

15 《稀有金属手册》编辑委员会．稀有金属手册（下册）．北京：冶金工业出版社，1995：148~150

16 韩明堂．钛工业进展，1997，(1)：1

17 杨宗志．钒钛，1996，(1~2)：39

中篇　钛加工

9　钛加工概论

9.1　钛加工国内外现状和动向

9.1.1　钛加工工业现状

世界钛工业始于1948年，美国1950年开始钛材工业化生产。经过50多年对钛加工技术和设备的不断研究和开发，世界钛工业迅速发展。

2006年，世界钛锭的生产能力约为220kt，钛加工材的生产能力约为230kt。2006年全球共生产钛加工材93kt。美国、俄罗斯和日本是钛材主要生产大国，其次为中国和欧洲。表9-1是2004年、2005年各主要钛生产国钛材加工生产情况，从表中可以看出，实际年产量分别达到71kt和80kt。世界上钛和钛合金加工生产的主要公司见表9-2。

表9-1　2004年、2005年世界钛材主要国家生产情况

国家或地区	2004年		2005年	
	产量/t	比例/%	产量/t	比例/%
美　国	21000	29.6	25000	31.3
俄罗斯	20000	28.2	22000	27.5
日　本	17000	23.2	18000	22.5
欧　洲	5000	7.0	5000	6.2
中　国	8000	11.3	10000	12.5
总　计	71000	100	80000	100

表9-2　世界上钛和钛合金加工生产的主要公司

国　别	主　要　公　司
美　国	Timet；RTI；ATI
俄罗斯	上萨尔达冶金生产联合公司（VSMPO）
日　本	神户制钢；住友金属工业公司；新日铁；大同特殊钢
中　国	宝鸡钛业股份有限公司；西北有色金属研究院；宝钢股份特殊钢分公司

近年来，我国的钛及钛合金的生产发展迅速，年生产量已经超过了欧洲。我国钛锭生产能力2005年约为30kt，2006年达40kt，实际生产22.12kt。2006年，我国共生产钛材13.879kt（含改轧量）。表9-3是我国近年钛加工材的产量，从表中可以看出：进入新世纪，我国钛加工材的产量突飞猛进。表9-4是我国近年钛加工材生产品种的产量变化情况。

表9-3 我国近年钛加工材的产量（t）

年 份	2000年	2001年	2002年	2003年	2004年	2005年	2006年
产 量	2230	4270	5480	7080	9292	10135	13879

表9-4 我国近年钛加工材不同品种生产量（t）

年 份	板 材	管 材	棒 材	线 材	锻 件	铸 件	其 他	合 计
2001年	2759	680	830	10	180	240	20	4720
2005年	5041	1721	756	48	262	884	1412	10135
2006年	5669	2334	3098	248	462	1462	607	13879

钛及钛合金具有重量轻、强度大、耐腐蚀等许多特性，是优质的耐蚀轻型结构材料、新型的功能材料和重要的生物工程材料，钛及其合金不仅在航空和航天工业中有着十分重要的应用，而且已经在能源、化工、石油、轻工、发电、冶金等许多民用工业部门和人们日常生活中广泛应用。

钛和钛合金作为特种功能材料应用于许多领域，品种及其用途主要有：钛及钛合金可用作特种耐蚀材料；铌钛合金可用作超导材料；Fe-Ti类合金（以及Mn-Ti类合金）是一种具有实用价值的贮氢材料；Ni-Ti基合金是一种具有实用价值的形状记忆合金。

近年来钛加工工业发展的趋势主要体现在以下四个方面：一是钛和钛合金的应用领域不断扩大，品种不断增多，高新技术产品不断涌现；二是市场需求持续增长，产业规模不断扩大；三是技术不断进步，传统技术改造升级，高新技术迅速转化为生产力，生产效率提高，生产成本降低；四是企业经营集团化、大型化。

钛加工工业在过去半个多世纪的历史发展进程中，随着市场竞争日益加剧，企业间不断并购和重组，形成了世界钛加工工业今天的格局。企业集团化、集约化经营有利于降低成本，增强抗风险能力，提高市场竞争力，加强技术研发和产业开发能力，促进企业规模化发展。

9.1.2 生产工艺方法

目前，钛加工的工业方法是将海绵钛熔铸成锭，再加工成钛材。钛材加工的传统方法主要有塑性加工、铸造和粉末冶金方法等。钛材生产的原则流程见图10-1。

钛材品种除了纯钛外，目前世界上已经生产出40余种牌号的钛合金。使用较广泛的钛合金是Ti-6Al-4V和Ti-5Al-2.5Sn等。我国常见的钛合金牌号及其性能见表10-2和表11-24～表11-26。

9.1.2.1 塑性加工

塑性加工方法包括锻造、轧制、挤压、拉拔和冲压、旋压等，可将钛锭加工成各种形状和尺寸的板、带、条、箔、管、棒、型、线、锻件和冲压件等制品。

钛和钛合金塑性加工具有变形抗力大、常温塑性差、屈服极限和强度极限比值高、回弹大、对缺口敏感、变形过程易与模具黏结、加热时又易吸附有害气体等特点，塑性加工较钢、铜困难。故钛和钛合金的加工工艺必须考虑它们的这些特点。

钛和钛合金采用塑性加工，加工尺寸不受限制，又能够大批量生产。塑性加工是钛材加工中占主导地位的方法，大多数钛材产品是采用这种方法生产的。

9.1.2.2　铸造

铸造钛合金工艺过程相对于塑性加工方法具有材料利用率高的特点，在生产形状复杂或塑性加工很困难的钛合金零件时，铸造工艺的特点和优点更加突出地表现出来。

铸造简明流程为：备料→熔化→浇铸→精整→热处理（或热等静压处理）。

9.1.2.3　粉末冶金

在钛和钛合金加工中，粉末冶金属于近净成形新工艺，钛的粉末冶金流程与普通粉末冶金相同，只是烧结必须要在真空下进行。它适用于生产大批量、小尺寸的零件，有利于降低成本。

钛的粉末冶金简明工艺流程为：钛粉（或钛合金粉）→筛分→混合→压制成形→烧结→辅助加工。

这种方法几乎无需再经过加工处理，成材率高，可充分利用钛残废料作原料，降低生产成本。

9.1.3　传统工艺完善和进步

9.1.3.1　大型化和连续化

钛加工生产技术实现大型化和连续化，生产过程实现机械化和自动化，各工序作业采用计算机控制，以提高劳动生产率。国外大型钛合金整体锻件采用大型熔炼炉熔炼铸锭，锻压开坯用45kt或75kt大型水压机压制。

9.1.3.2　节能降耗

钛加工工业是一个高能耗的产业，热轧、退火和热处理等作业都需要较高的能耗。降低钛加工生产中的能耗，有利于降低成本和节约能源。解决钛工业生产能耗过高问题的途径主要是依靠科技进步，改进工艺技术，发展高效节能工艺和设备，发展自动化控制技术，开发钛加工节能技术。

9.1.3.3　废残料的综合回收利用

从钛及其合金锭到成品零部件，其成品率仅10%～20%，因此残钛及其合金的回收利用，就成了降低成本、扩大应用的关键。废钛和残钛的来源很广，钛铸锭产生的废钛（切头、切边和扒皮屑）约占5%；加工成材产生的残钛（边角余料和屑）约占40%～60%；由钛材加工成钛制品产生的残钛（料头、边角屑）约占50%～75%；废旧钛制品也是一个来源。

由于废残钛量很大，综合利用大有可为。为此，有的国家建立了专门的废旧金属回收公司，专营废残钛的综合利用，采用专用设备和技术，大规模、高自动化地从事废残钛的回收处理。

在废残钛的回收利用中，特别要加强对废残钛的管理，不要让不同氧化程度的废残钛混合，这样便于根据不同类别的废残钛按下列4种情况分别进行处理：

（1）未被污染的残钛，包括加工后的边角余料和钛屑，量大质好，应尽量作为熔炼钛锭的添加料，掺入海绵钛挤压成钛块使用，降低加工成本；

（2）块状的废海绵钛和废钛头、钛的边角料，按其纯度和成分的不同，分别可作为钢铁工业中的脱气剂或合金添加剂，或作制取钛粉的原料；

（3）等外钛粉宜作为烟火工业中的爆燃剂，也可作为制取铝加工工业中的添加剂；

（4）混料的或杂质多的钛屑或废钛块，可加工成粉末，作为烟火工业中的爆燃剂。

随着钛加工材市场的不断扩大,对于钛金属废残料的需求日益增加,钛废残料的价格及未来前景也日益受到重视。我国废残钛的综合利用越来越受到重视,目前废残钛已成为畅销品。

9.2 钛加工新材料、新工艺研究和展望

9.2.1 钛加工新材料

金属钛和钛合金作为新型工程材料，许多国家都逐渐认识到钛的重要性，相继对其进行了大量的研究和开发。新型钛合金研究十分活跃，近年来，高强钛合金、耐蚀钛合金、耐热钛合金、低温钛合金、低成本钛合金、阻燃钛合金、低成本钛合金和医用钛合金等新型钛合金发展迅速。

9.2.1.1 耐蚀性更强的钛合金

钛是一种耐蚀金属，已经在化工行业广泛应用，但纯钛不能满足所有条件下的耐蚀性要求。研制耐蚀钛合金的目的及研发方向是：针对特定应用环境（酸、碱、盐等），进一步提高耐蚀性和使用寿命，降低成本，并综合考虑其力学性能（如强度等）。

9.2.1.2 耐热性更高的钛合金

航空航天等领域的某些器件对轻质、耐高温的钛合金有应用需求。耐热合金要求：在尽量高的温度下、在一定时间段内要求钛合金能保持一定高的强度，残余变形不能超过一定限度，耐环境稳定性（热稳定及耐疲劳性）和好的抗环境腐蚀性（抗氧化性等）。加工过程中要注意合金长时间服役条件下的蠕变与热稳定性的矛盾，还有合金的可加工性。国外近几年在该领域没有发展新型耐热钛合金，主要是在传统耐热钛合金（如IMI834和Ti-1100等）的基础上进行深化研究。

9.2.1.3 耐低温钛合金

低温钛合金多以近α钛合金为主，较为成熟的低温钛合金为Ti-5Al-2.5Sn ELI合金。该类钛合金的研发要求是：性能上要求在液氢、液氧、液氦、液氮等超低温环境下保持良好的强度、塑性及韧性匹配；制备上要求有良好的可成形性。

9.2.1.4 综合性能更好的高强度钛合金

A 高强度β钛合金

航空、航天、航海、石油钻井等行业需要使用轻质、耐蚀、高强度的钛合金。通过特殊的制备工艺（合金化、加工与热处理），可以使钛合金的强度达到1100MPa以上的水平，与高强度钢的强度水平相当。通过增加钛合金中β稳定化合金元素的含量，可以增加钛合金的固溶强化效果，通过固溶时效处理的弥散析出强化进一步提高钛合金的强度水平。因此，高强度钛合金中通常含有较多的β稳定元素，以近β或亚稳定β钛合金为主。研制该类钛合金应注意熔炼均匀性以及热处理参数的选择等问题。

B 高强高温钛合金

耐热钛合金多以近α合金为主，高强钛合金多以近β合金为主，为了兼顾耐热与高强

两种特性，适宜的高强高温钛合金设计原则是不偏不倚的（$\alpha+\beta$）两相钛合金。

C 高强高韧钛合金

世界上典型的高强高韧钛合金有以下几种：美国的 Ti-1023 合金、Ti-6-22-22S 合金，俄罗斯的 BT22 合金、BT9L 合金等。以上合金均是 20 世纪研发的钛合金，室温抗拉强度可达 1000MPa 以上，平面应变断裂韧性可达 50MPa · $m^{\frac{1}{2}}$ 以上。该类钛合金的发展方向是：多功能化，即需要兼顾强度（包括高温强度）、塑性、韧性（包括高速冲击断裂韧性）、弹性模量、焊接性能（主要是焊后强度）、疲劳性能、可冷热加工性能等方面。

9.2.1.5 钛铝合金

钛铝合金密度低、性能好，有高的比强度、刚度及高的抗高温蠕变性能和抗氧化性能，成为超高声速飞行器和下一代先进航空发动机的首选材料。1956 年美国 Mcandrew 曾经报道，钛铝合金在 950℃时具有良好的抗蠕变和抗氧化能力。目前，钛铝基合金已经走过了最初的试验发展阶段，正朝着产业化的方向发展。

9.2.1.6 多用途的专用钛合金

如新型形状记忆合金、新型贮氢合金、恒弹性钛合金、低膨胀钛合金、高电阻钛合金、消气剂用钛合金、抗弹钛合金、透声钛合金、低屈强比易冷成形的钛合金和高应变速率的超塑成形钛合金等。

9.2.1.7 低成本钛合金

包括不含或少含贵重金属的钛合金，能充分利用残废料的钛合金和易切削加工的钛合金、钛-钢复合板等，以便制取低成本钛及钛合金，供应民用市场需求。

9.2.2 钛加工新工艺

9.2.2.1 熔炼

海绵钛要经过真空电弧重熔（VAR），铸造或浇铸成铸锭，进行变形、机加工制成最终的钛制品。电弧熔炼不足之处是必须进行至少两次熔炼才能得到纯度和显微组织相宜的产品，这种工艺的许多研究都集中在替代或优化工艺方面。近年来，熔炼工艺最大的进展是发展冷床炉精炼（CHR），包括电子束/等离子体冷床炉精炼。

9.2.2.2 塑性加工技术

A 锻造

钛合金在锻造过程中变形抗力大，随变形温度的降低而升高的速度比钢快得多。钛合金导热性差，锻坯出炉后表面冷却快，造成较大的内外温度差，导致锻造过程中产生开裂现象和加剧坯料内外变形程度分布的不均匀性。变形的不均匀性必然导致锻件组织和力学性能的不均匀，金属温度的下降也会引起变形抗力急剧增高而使成形困难。因此，近年来，随着钛加工材的需求增加，钛合金的等温锻造等新技术发展比较快。等温锻造可分为等温精密模锻、等温超塑性锻造、粉末坯等温锻造 3 种。

B 轧制

轧制工艺生产的钛合金表面质量较高，内部质量稳定，因此，轧制工艺是一种生产钛及钛合金的先进工艺。尤其是可以生产薄壁、变截面型环材。钛及钛合金轧制设备根据轧制中环形件位置分为立式轧环机和卧式轧环机；又可根据轧制方式分为径向轧环机和径向-轴向轧环机。

C 拉拔

拉拔不仅可以生产各种管材和棒材，同时随着钛丝的应用扩大，近年来出现了不少钛丝新的拉拔方法，例如辊模拉伸、超声振动拉丝、无模拉伸、镀层-包套集束拉伸工艺等。辊模拉伸是将坯料从旋转的两个辊间隙中拉出来，其优点是可增加道次压缩量，减少拉伸过程的动力消耗，延长工具的使用寿命；无模拉伸工艺是采用感应线圈或激光使丝材局部加热软化，并施加张力使丝材变细，其优点是不需要拉模和润滑剂，变形率大，效率高；镀层-包套集束拉伸工艺可生产 5 ~ 30μm 规格钛合金超细丝，该方法首先将钛丝表面镀一层低碳钢，再将镀好的钛丝集束装入低碳钢管内，然后进行集束拉伸加工并进行中间退火，加工到最终尺寸后用硫酸酸洗，将低碳钢包套和镀层除去。

9.2.2.3 铸造

通过钛及钛合金的铸造可以直接制造形状复杂的零件，免去大量的机械加工工序，提高材料的利用率。这对价格较高的钛及钛合金来说是极为重要的。目前铸造的主要发展方向是铸件大型化和精铸。

钛合金精密铸造技术中，为了提高液态钛合金充型性，通常采用离心铸造技术。高质量的钛合金铸件一般采用氧化物面层陶瓷型壳浇注，可浇出复杂的大型薄壁件。

从 1990 年开始，国际上一些高性能空中优势歼击机采用了许多大型复杂薄壁整体精铸的钛合金异形结构件，以减轻质量，提高结构效率，降低制造成本和生产周期；同时，改善结构的可靠性，提高机体寿命。

随着钛合金精铸技术的不断发展，精铸件越来越复杂，产品质量越来越高，可以满足日益涌现的高性能发动机的需要。目前钛合金铸件已广泛用于各种燃气涡轮发动机及飞机机身等领域，以提高发动机、飞机的性能，降低制造成本。

国外铸造钛合金材料正在向高纯度、高性能、高可靠性方向发展，铸造钛合金及其精铸技术一方面追求高的综合性能，一方面又突出向大型、薄壁、整体的方向发展，而且开发钛和钛合金新的品种与应用出现跨行业融合发展的态势。

9.2.2.4 粉末冶金

钛合金粉末冶金新技术在制备钛合金件方面具有材料利用率高、能耗低、经济效益高等优点，有利于降低成本，并且是生产某些形状复杂零件的先进方法，可以扩大钛合金的应用领域，拓宽钛合金的应用前景。近年来，钛合金的金属注射成形与激光成形技术发展较快。

A 金属注射成形（MIM）

金属粉末注射成形（MIM）技术作为一种近净形成型技术，可制造高质量、高精度的复杂零件，被认为是目前最有优势的成型技术之一。金属注射成形工艺流程为：混合配料→注射成形→脱除黏结剂（简称脱脂）→烧结。目前世界钛合金注射成形件的生产量每月约为 3 ~ 5t。可以预计随着制备钛粉工艺的改进和粉末成本较大的降低，钛合金注射成形件市场将呈明显增长趋势。

B 激光成形技术

激光成形是采用计算机模型直接由激光熔化金属粉末，制备零件的一种先进工艺。激光成形技术无需硬模，省时省钱，它既可以成型简单零件也可以成型形状复杂的零件，因此特别适合于金属化合物等脆性合金的成形与加工。与传统的工艺相比，该工艺制造出的钛零件成本可降低 15% ~ 30%，可减少 80% 的废料，而且性能至少等同于锻造钛零件。

用合金粉末一次成型形状复杂的最终零件，无需后续加工，因此，特别适合金属间化合物一类脆性合金的成形。

9.2.3 钛加工展望

从国内外应用现状和钛科技的发展来看，钛和钛合金的加工技术今后将朝着以下几个方向发展：

（1）高性能化，即发展使用温度、比强度、比模量更高，耐蚀性及耐磨性更好的合金。

（2）多功能化，即发展各种特殊功能和用途的钛合金，如高阻尼、低膨胀、恒电阻、高电阻、抗电解钝化和贮氢、形状记忆、超导、低模量生物医用等钛合金，为进一步扩大钛和钛合金应用。

（3）深化传统合金的研究，通过设备和工艺改进，改善现有合金的实用性能，扩大传统合金的使用范围。

（4）采用先进的熔炼加工技术和设备，熔炼、加工技术和设备大型化、连续化，发展新型冷床炉熔炼技术，发展连续加工技术、直接轧制技术、冷成形技术和近净形成型技术，以提高钛合金的生产效率、成品率和产品的性能。

（5）采用先进的计算机技术模拟工件变形加工过程，预报金属微观组织的演变，乃至预报最终产品的力学性能（屈服强度、抗拉强度、伸长率和硬度等）；设计或改进模具、工装；分析处理试验结果，减少试验量，提高工作效率，降低研制成本。

（6）发展高效、短流程钛合金加工技术，提高材料利用率，减少生产工序。

（7）低成本化，发展不含或少含贵金属元素，添加铁、氧、氮等廉价元素的合金，开发易加工成型、易切削加工、合金元素和母合金廉价的钛合金。开发最大限度使用残废料的钛合金，提高残废钛回收利用率。这对降低民用钛合金成本特别重要。

目前工业上应用的钛合金含有 V、Mo、Zr 等元素，价格比较昂贵，许多国家都在积极寻找这些元素的替代者，美国和日本在这方面做了大量的工作。其中，美国的 Timet 公司用 Fe 取代 V 研发的 TimetLCB 合金（Ti-1.5Al-6.8Mo-4.5Fe），它可取代 Ti-1023 高强合金，性能与 Ti-1023 合金相当，但它的冷加工和温加工性可像钢一样，而成本远远低于 Ti-1023 合金。Timet 公司用 Fe 取代 V 研制的另一种 Timet62S 合金（Ti-6Al-1.7Fe-0.1Si），它的力学性能和加工性能与 Ti-6Al-4V 合金相当，但它的成本可降低 15% 以上，已被选作汽车零部件用材。日本用廉价的 Fe、O、N 及 Ni、Ru 等元素替代昂贵的 V、Pd 等研发了一系列低成本耐蚀钛合金，如 Ti-0.5Ni-0.5Ru 等合金，这些合金的耐蚀性能可与 Ti-0.15Pd 合金媲美，但价格和加工性能却与纯钛相当。西北有色金属研究院采用廉价的 Fe 取代 Ti-6Al-4V 中昂贵的 V，研制了近 α 型 Ti8LC 和近 β 型 Ti12LC 低成本钛合金，它们的成本低于 Ti64 合金，而室温拉伸性能优于 Ti64 合金。

（8）在应用方面，一方面加强开发新型钛合金和多功能应用，另一方面加强研发民用钛合金、钛铝金属间化合物和钛基复合材料等，向民用领域转化，扩大民用市场。

钛和钛合金加工技术发展的总体趋势是多品种化和多功能化，多功能化的目的是可以在较大范围内适应应用需求和市场，满足复杂的应用需求；低成本化的目的是以较低廉的价格增加钛合金在整个金属材料市场中的竞争力。人们普遍认为钛具有其他材料不可比拟的优越性能，但钛的价格时常令消费者（特别是汽车制造商）望而却步，优质低廉的钛合金的出现必将有助于扩大钛和钛合金的应用。

9.3 复合材料

复合材料是由两种或两种以上化学性质不同的单体材料组合而成的材料，或者说是由基体材料和增强材料经复合处理而制得的新材料。与单体材料相比，其性能有许多独特之处，主要优点是力学性能、物理性能或化学性能可满足特定的功能需要或降低成本，这是单体材料所不能实现的。目前钛复合材料已有许多品种，如钛-钢复合板、钛包铜棒和钛-铜、钛-钢过渡接头等，钛复合材料不仅能满足用户的使用要求，而且价格比纯钛或钛合金低，深受市场欢迎。如钛-钢复合板，一面为钢板，另一面为钛板，既具有钢的强度，又具有钛的耐腐蚀性能，广泛应用于冶金和化工设备的制造。

9.3.1 爆炸成形

爆炸成形是利用炸药爆炸产生的高压脉冲载荷直接作用在覆板上，使覆板在数微秒时间内被加速到每秒几百米的速度，覆板从引爆端开始依次与基板倾斜碰撞，两板碰撞产生的压力大大超过了金属的动态屈服极限，在碰撞区的材料产生高速剧烈的塑性形变，同时伴随着剧烈的热效应，两金属板的碰撞表面层，此时有类似于流体一样的行为，形成两股运动方向相反的金属射流。位于碰撞点前的自由射流向未焊接的空间高速喷出，它冲刷掉两金属待结合的表面膜，使之露出干净的活性表面，在高压下形成冶金结合。

爆炸法的优点是对材料的组合有广泛的适应性，如熔点、热膨胀系数或硬度差别很大的材料都可以采用爆炸成形制成复合材料。如热膨胀系数差别很大的钛和不锈钢采用爆炸成形形成复合板。采用爆炸成形可制成两层或多层复合材料，其缺点是生产安全性要求高，不能连续生产，仅适用于某些特定材料。

9.3.2 钛-钢复合板

钛-钢复合板基材是普通碳钢、结构钢或压力容器钢，覆材是钛或钛合金，既具有高的强度，又具有钛优良的耐蚀性，经济地利用了各单体材料的特性，应用范围很广。钛-钢复合板经冷热加工，可以制成各种工业制品，如热交换器的管板、封头，反应釜、反应器的筒体和容器等。钛-钢复合板特别适合使用于要求有耐腐蚀性的设备，现已广泛应用于制造各种冶金、化工和海洋工业设备。

钛-钢复合板过去只能由爆炸焊接法生产，现在已有多种生产方法，如直接轧制法、浇铸轧制法、爆炸轧制法和爆炸法等，已能生产出多种厚度和宽度规格的复合板材。

9.3.3 钛-铜复合棒

钛-铜复合棒俗称钛包铜棒。电解槽的金属阳极由钛-铜复合棒支撑，它的作用有三点：一是支撑阳极；二是导电；三是耐蚀。为了满足这些要求，利用钛的耐蚀性和铜的导电性，把二者结合到一起，复合棒材中心是铜，外包一层钛，截面有方形和宫灯形两种，完全满足了使用要求。钛-铜复合锭坯在挤压过程中，受到强大的压力，两种金属界面形成冶金结合，波形界面是两种金属结合的最佳形式，从而提高了钛-铜复合棒的结合牢靠度，其电阻率小，导电性能好。国外开发了一种钛-铜复合管，内铜外钛，其优点在于节省铜料。

9.3.4　钛-铜等过渡接头

爆炸焊接过渡接头具有较高的结合强度和低的接触界面电阻，在工业部门中应用可以强化生产，提高效率和节约能源。目前研发了钛-铜、钛-不锈钢、钛-钢、铝-不锈钢、铝-钛-不锈钢、铝-铜和铜-钢等过渡接头。无论是板状还是管状的金属过渡接头，均可由适当尺寸的平板件获得，但一般过渡接头应用在具有应力、冷热冲击和大电流的部位，需要具有较高的结合强度和优良的导电性能。采用改进的平板爆炸复合工艺，从而制得了具有结合强度高、界面电阻低的各种双金属及三层金属材料的过渡接头。

参 考 文 献

1　莫畏，等．钛冶金．北京：冶金工业出版社，1998
2　黎文献，等．有色金属材料工程概论．北京：冶金工业出版社，2007
3　石玉峰，等．钛技术与应用．西安：陕西科学技术出版社，1990
4　李梁．钛材低成本化的研究现状．材料导报网刊．2006，(2)：12～14
5　娄贯涛．钛合金的研究应用现状及其发展方向．钛工业进展．2003，(2)：9～13
6　曲恒磊，等．近几年新型钛合金的研究进展．材料导报．2005，19 (2)：94～97
7　辛湘杰，等．钛的腐蚀、防护及工程应用．合肥：安徽科学技术出版社，1988

10 钛材塑性加工综述

10.1 金属的塑性加工

10.1.1 金属的塑性加工概况

金属塑性加工，又称金属压力加工，它是利用固态金属的塑性借助于工具对不同金属坯料施加外力，迫使其发生变形以获得预期的形状和性能的加工材的过程。经过塑性加工生产出各种钢材和有色金属材为国民经济的建设起到促进和保证作用。事实上，金属材料中90%以上都是经塑性加工成为各种板、带、箔、型、管、棒、线等制品。

金属塑性加工技术在冶金史上出现很早，但长期处于手工阶段。最早是欧洲产业革命后金属塑性加工才转向大工业生产。因此，现代冶金-加工业的发展可以说已有240余年的历史了，其中20世纪是发展最快的。到了今天，我国冶金-加工业成为名副其实的国民经济支柱产业。飞速发展的冶金业规模宏大，单说钢材，2006年世界总产量已达12.17亿t，而中国总产量已达4.18亿t，不仅占世界总量的约1/3，同时中国塑性加工技术达到十分成熟的阶段。

金属塑性加工的类别，按金属加工时温度区分可分为热加工、冷加工、半液态加工和温加工；按金属变形时变形方式、变形工具和受力方式区分，基本的类别有锻造、轧制、挤压、拉拔、冲压、冷弯、旋压和高能率等；由基本的类别相组合的类别还有锻轧（锻造-轧制）、推轧（轧制-挤压）、拔制（拉拔-轧制）、辊弯（轧制-弯曲）、异步轧制（轧制-剪切）、管材冷轧冷拔（常温下轧制-拉拔）等，如表10-1所示。其中，高能率加工指爆炸成形和电磁冲击成形。

表10-1 基本塑性变形方式

基本受力方式	压力					
分类与名称	铸造			轧制		
	自由锻造		模锻	纵轧	横轧	斜轧
	镦粗	延伸				
图例	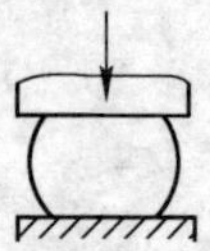			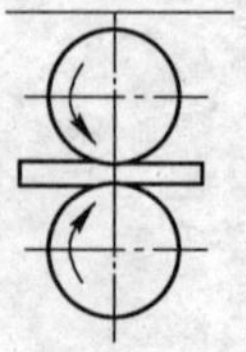	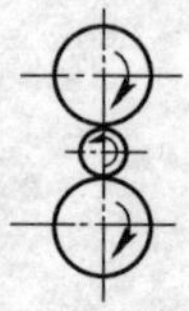	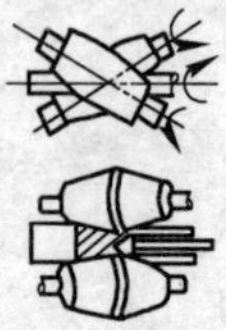

续表 10-1

基本塑性变形方式							
基本受力方式	压力		拉力			弯矩	剪力
分类与名称	挤压		拉拔	冲压（拉延）	拉伸成形	弯曲	剪切
	正挤压	反挤压					
图例	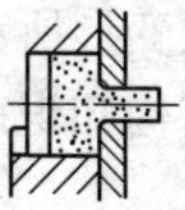	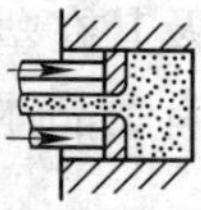	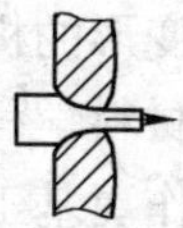		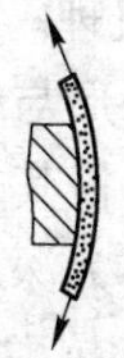		

组合塑性变形方式					
组合方式	锻造-轧制	轧制-挤压	拉拔-轧制	轧制-弯曲	轧制-剪切
名称	锻轧	推轧	拔轧	辊弯	异步轧制
图例	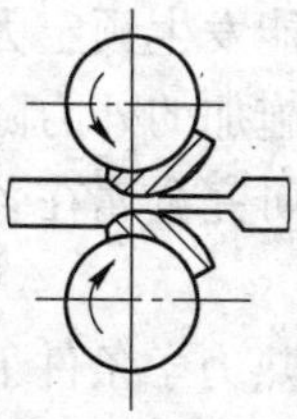	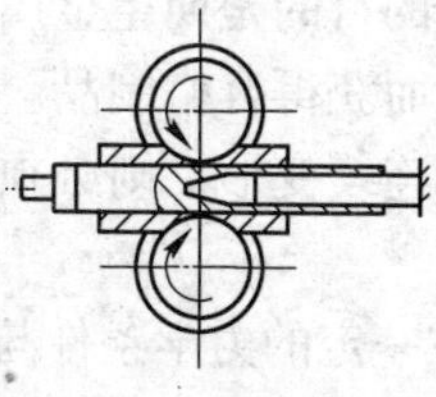	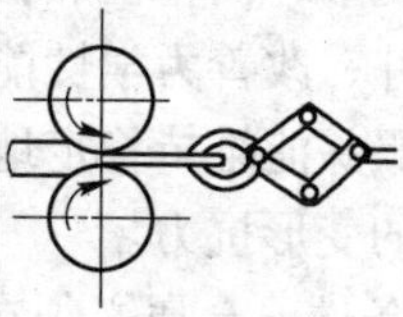	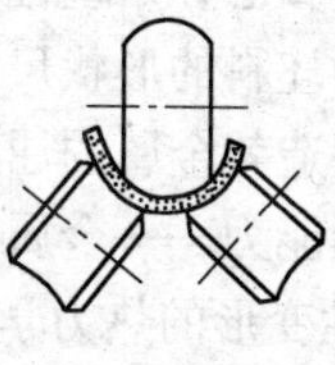	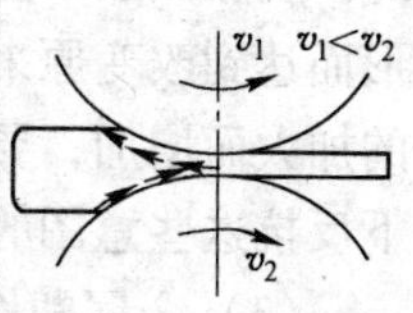

金属塑性加工已成为国民经济支柱产业。当今我国已成为加工制造业大国，自然国家对其发展给予了极大的重视。它的主要发展趋势有：

（1）充分发挥资源效用，提高资源利用率。加强研发，不仅应生产出人们需要的各种材料和制品，还应生产出各种新材料，发展金属与金属、金属与高分子的复合材料，以及镀层涂层材料。

（2）节约能源，降低能耗，特别要降低热加工中的能耗。要实现冶炼、连铸与加工工序一体化，尽量采用薄板坯连铸、连铸连轧、坯料热送热装等技术；要研究工序间的优化匹配，减少中间退火环节。

（3）适应大批量生产和优化加工条件。要实现生产连续化、专业化，采用计算机系统控制生产；要研发新的高性能、高效率的加工设备。

（4）促进相关技术共同发展。研究摩擦润滑和材料表面处理技术。

10.1.2 金属塑性加工理论基础

金属塑性加工在长期自身发展中形成一个独立的基础理论体系，成为自然科学一个学科。并且，它又不断吸收其他学科涉及金属塑性变形行为和机理的研究成果，深化、发展和丰富了金属塑性加工理论基础。该理论包括塑性加工金属学、塑性加工力学和塑性加工摩擦学三个方面。三者互为依存，共同解释塑性加工变形中的各种现象，又各有研究侧重方面。

10.1.2.1 塑性加工金属学

它是研究金属晶体结构的运动机制，控制和改善热力学和力学条件，以求最有成效地进行塑性成形的基础理论。它是总结了数十年来塑性成形工业成果和实践经验而发展的。它主要的研究任务是探索金属及其合金产生形变适宜的热力学和力学条件，寻求提高变形性能、降低变形抗力、避免产生缺陷、变形后达到最佳的结晶组织状态和性能的工艺条件，以获取最优的内外质量的产品并达到节能的目标。它主要研究内容包括：

（1）金属塑性变形机理。金属塑性加工是使受外力作用的金属产生稳定连续的永久变形而赋予材料所期望的外形与组织。熟悉产生变形的机理及其在塑性变形所起作用、变化规律及导致的后果，这是极其重要的。在继承材料学科中有关晶体结构知识的基础上，了解有关滑移和位错理论，为深入理解塑性变形作奠基工作。

（2）金属屈服与变形抗力。金属要在一定大小的外力下才能由弹性变形转变到塑性变形，这时的状态称为屈服。金属产生屈服时的应力值，表征金属已能开始流变的应力，因此要研究金属多晶体的屈服行为。多晶体是由许多取向各异的单个晶体组成的，因此，首先要研究单晶体的一些屈服表现，弄清其本源，才能正确掌握金属多晶体的塑性变形情况。屈服只表示金属已开始塑性变形，而塑性加工的目的是期望金属能发生预定大小的变形而达到改变原来坯料的形状尺寸、改善力学性能而获得合格制品。施加的外力随着变形的加大而增加，要造就金属的屈服并能维持稳定地连续变形，则必须研究金属在各种情况下反抗这些意图的能力——金属的变形抗力。

（3）金属塑性变形的热力学条件。金属必须在一定的力学条件与热力学条件下受外力作用才能发生所希望的变形。热力学条件包括变形时的温度、程度和速率，它们制约着塑性变形的成败。因此，掌握选择及确定变形温度范围、变形量大小及变形速度，对改变金属内部组织的实质是最基本的知识。

（4）金属塑性变形与组织性能变化。金属塑性加工的目的是创造最佳条件以促进工件在承受变形的过程中，发生预期的形状改变和组织改变并获得所要求的良好性能。近来，在开发新材料的过程中，用常规加工方法生产出来的材料，又因组织或性能不够理想而难以符合要求，究其原因是形成了变形织构和再结晶织构等所致。为有效地控制织构的形成与存在方式，减少不良影响，对退火再结晶过程、织构及其他一些特殊组织的形成机制、调控技术等进行了研究，就能在了解其规律的基础上制备含有特殊性能要求的材料。

（5）金属的塑性与断裂。金属能稳定地发生塑性变形而不产生断裂，使金属具有塑性表征。研究金属在一定条件下承受塑性变形而不产生断裂的能力，促进金属达到最佳状态的条件及提高其塑性的途径。

（6）不均匀变形和残余应力。任何塑性变形加工过程均处于一种不均匀的状态中，故变形的发生、发展以及所产生的应力、应变及性能等均处于不均匀状态。因此，必须研究不均匀变形发生和扩展的原因、不良后果及防止措施，以求达到在生产过程中尽可能达到均匀变形的条件。

10.1.2.2 塑性加工力学

它是研究金属等材料在塑性变形过程中的变形力学规律的基础理论学科。它的任务是结合金属等材料流变特性，分析塑性变形中的应力应变状态、建立变形力学方程、确定塑性加工变形时的力能参数和变形参数，以及应力和应变在变形体内分布，从而为正确选择塑性加工变形方式、制定合理的工艺规程、选择合适的加工设备、优化设计轧辊孔型或其他工模具、确定加工变形界限等提供科学依据。

塑性加工力学包括的内容有：在塑性力学基础理论方面包括应力理论、应变理论，以及金属材料的屈服条件和本构方程；在塑性加工力学的计算和解析方法上包括变形力学问题的工程解法、滑移线解法、上界法和下界法，及有限元解法等。

随着电子计算机技术的发展，各种数值计算法在塑性力学上的应用越来越广泛。

塑性加工力学和材料科学二者间的研究工作是相互渗透、彼此影响和互相促进的。这就是说，塑性加工变形的宏观力学与变形材料的微观力学相互结合才能促进塑性加工变形力学理论向纵深发展，共同组成完整的理论体系。

塑性加工力学目前尚存在一些问题，务实而有效的办法是弄清各类材料进行不同塑性加工成形过程的机制，采用有根据而又可靠的简化处理方法，以求得精确而实用的解。

10.1.2.3 塑性加工摩擦学

它是研究金属塑性加工过程中变形金属与工具接触表面间的力学、物理化学作业规律的基础理论学科。在塑性变形过程中，摩擦对变形金属中的应力应变分布和变形力能参数有重要作用，而且直接影响工件的表面质量和工具的磨损及工具的寿命。塑性加工摩擦学的基本任务是按照摩擦学的原理，结合塑性加工时的摩擦特点，研究塑性变形中的摩擦、磨损和润滑问题，控制摩擦不利的方面，利用其有利方面，达到加工过程节能，降低工具消耗，不断提高产品质量和效率。如在塑性加工过程中，在轧制时的初轧机上，常在轧辊表面上刻痕以增大摩擦、增大咬入角便于坯锭的咬入；而在冷轧薄板时，为了降低轧制压力，提高表面质量和控制板形，需要将轧辊磨光甚至抛光，并加上良好的润滑以降低摩擦。因摩擦学是涉及多学科的综合性学科，过去因对它的认识不足而研究不足，现在看到了它对工程的重要性、普遍性和复杂性，所以需要对其进行更深入的研究。

金属塑性加工中的摩擦十分复杂，它与普通的机械摩擦相比有许多特点。如金属塑性加工中作用于摩擦面上的压强远大于机械摩擦，加之金属的延伸变形使其金属表面露出洁净的新金属面，易促成变形金属与工具面的局部黏结，使摩擦力增大，而磨损也加大。此时的摩擦系数远大于机械摩擦时的摩擦系数。另外，在接触表面的垂直方向，金属的流动受到工具表面的制约，但在切线方向金属的流动则决定于变形金属内部的应力应变状态。这就使接触表面上金属与工具之间相对运动呈现多种不同的状况：当垂直压强较小时主要是两者的相互滑动，虽然也可能伴有随产生随除去的局部黏结现象；当压强增大至某一值使摩擦力达到金属的剪切强度后，即呈现恒定摩擦力状态，或称为制动状态；当金属与工具表面间不动时，呈现出静摩擦状态，或称黏着，有时只发生少量的局部黏着。

按润滑状况的不同，摩擦又可分为干摩擦、边界摩擦和液体摩擦三种类型。事实上，许多摩擦往往是这三种类型不同组合的混合形式。

一般多以接触面上剪切力与法向压强的比值称作摩擦系数，或称摩擦力因子，但它已无法描述塑性变形中摩擦的本质及变化规律。因而在不同状态下测得的摩擦系数常常相差很大。

摩擦机制的进一步阐明、准确的摩擦系数的测定、润滑剂的研制和选用，这些都是金属塑性加工摩擦学的重要研究方向。

10.1.2.4 塑性变形基本规律

在塑性加工时，塑性变形的基本规律有：

(1) 体积不变定律。众所周知，物质不灭和质量守恒是自然界普遍存在的规律。当然它在塑性变形时也必须遵守该自然法则。物体的质量等于体积和密度的乘积。在塑性加工过程中，不论是热加工或冷加工，其密度变化甚小，可以认为，加工前后金属的体积不变。

(2) 最小阻力定律。从金属的微观粒子理论可知，金属是由无数晶体构成，而晶体是由排列有序的原子组成的。金属塑性加工时，金属的变形是通过内部微小质点的流动实现的。当变形体的质点有可能沿不同方向移动时，则每一质点沿阻力最小的方向移动。这与导体内电子流动是相似的。

(3) 不均匀变形。金属的塑性变形在理想状态下认为可以是均匀的。但是实际情况时，常常并非理想状态，因受到许多因素的影响，金属在变形区内的实际应力状态及变形常常是不均匀的。此时会出现金属坯外形歪扭，内部组织不均匀，而且还使变形体内应力分布不均匀。它给产品的性能、质量和工艺过程造成不良影响。因此必须深入研究不均匀变形的产生原因、产生后果及其防止措施。

10.2 钛的塑性加工

10.2.1 钛的塑性加工特点

钛的塑性加工是应用了金属的塑性加工技术，将钛锭加工成各种钛材的工艺过程。换句话说，它是利用了固态钛的塑性，借助于工具对钛锭施加外力，迫使其发生塑性变形，以获得达到预期的钛材的过程。

首先，钛的塑性加工是应用了金属塑性加工技术，因此，金属塑性加工的基础理论和加工原理就是钛塑性加工的基础理论和加工原理。在研发钛塑性加工时一定要熟悉金属塑性加工技术，并从中获益和借鉴。

其次，在应用金属塑性加工技术过程中，必须将普遍原理和钛的自身特点结合起来。与普通金属钢、铜、铝相比，钛，特别是合金钛，具有变形抗力大、塑性低、高温下易氧化等特点，故加工比较困难。只有将两者结合起来，方能形成钛加工技术。而且，必须考虑到钛的自身特点，才能够加工出合格的钛材来。

钛是一种新金属，钛工业发展仅仅有五十余年历史。而目前钛加工工业发展如此迅速，不仅与钛的许多优良特性获得众多的工业领域青睐有关，而且还与有成熟的金属塑性加工技术可以应用，即有历史悠久的钢和有色金属加工工艺和设备可以应用和借鉴有关，使钛的塑性加工技术较快地完善和成熟。

10.2.2 钛及钛合金牌号及化学成分

变形钛及钛合金牌号及化学成分见表10-2。

表 10-2 变形钛及钛合金牌号和化学成分（GB/T 3620. 1—1994）

合金牌号	化学成分组	化学成分/%																					
		主要成分															杂质，不大于						
		Ti	Al	Sn	Mo	V	Cr	Fe	Mn	Zr	Pd	Ni	Cu	Nb	Si	B	Fe	C	N	H	O	其他元素 单一	其他元素 总和
TAD	碘法钛	余量	—	—	—	—	—	—	—	—	—	—	—	—	—	—	0. 03	0. 03	0. 01	0. 015	0. 05	—	—
TAO	工业纯钛	余量	—	—	—	—	—	—	—	—	—	—	—	—	—	—	0. 15	0. 10	0. 03	0. 015	0. 15	0. 1	0. 4
TA1	工业纯钛	余量	—	—	—	—	—	—	—	—	—	—	—	—	—	—	0. 25	0. 10	0. 03	0. 015	0. 20	0. 1	0. 4
TA2	工业纯钛	余量	—	—	—	—	—	—	—	—	—	—	—	—	—	—	0. 30	0. 10	0. 05	0. 015	0. 25	0. 1	0. 4
TA3	工业纯钛	余量	—	—	—	—	—	—	—	—	—	—	—	—	—	—	0. 40	0. 10	0. 05	0. 015	0. 30	0. 1	0. 4
TA4	Ti-3Al	余量	2. 0 ~ 3. 3	—	—	—	—	—	—	—	—	—	—	—	—	—	0. 30	0. 10	0. 05	0. 015	0. 15	0. 1	0. 4
TA5	Ti-4Al-0. 005B	余量	3. 3 ~ 4. 7	—	—	—	—	—	—	—	—	—	—	—	—	0. 005	0. 30	0. 10	0. 04	0. 015	0. 15	0. 1	0. 4
TA6	Ti-5Al	余量	4. 0 ~ 5. 5	—	—	—	—	—	—	—	—	—	—	—	—	—	0. 30	0. 10	0. 05	0. 015	0. 15	0. 1	0. 4
TA7	Ti-5Al-2. 5Sn	余量	4. 0 ~ 6. 0	2. 0 ~ 3. 0	—	—	—	—	—	—	—	—	—	—	—	—	0. 50	0. 10	0. 05	0. 015	0. 20	0. 1	0. 4
TA7 ELI	Ti-5Al-2. 5Sn(ELI)①	余量	4. 50 ~ 5. 75	2. 0 ~ 3. 0	—	—	—	—	—	—	—	—	—	—	—	—	0. 25	0. 05	0. 035	0. 0125	0. 12	0. 05	0. 3
TA9	Ti-0. 2Pd	余量	—	—	—	—	—	—	—	—	0. 12 ~ 0. 25	—	—	—	—	—	0. 25	0. 10	0. 03	0. 015	0. 20	0. 1	0. 4
TA10	Ti-0. 3Mo-0. 8Ni	余量	—	—	0. 2 ~ 0. 4	—	—	—	—	—	—	0. 6 ~ 0. 9	—	—	—	—	0. 30	0. 08	0. 03	0. 015	0. 25	0. 1	0. 4
TB2	Ti-5Mo-5V-8Cr-3Al	余量	2. 5 ~ 3. 5	—	4. 7 ~ 5. 7	4. 7 ~ 5. 7	7. 5 ~ 8. 5	—	—	—	—	—	—	—	—	—	0. 30	0. 05	0. 04	0. 015	0. 15	0. 1	0. 4

续表 10-2

合金牌号	化学成分组	化学成分/%																			
		主要成分													杂质，不大于						
																				其他元素	
		Ti	Al	Sn	Mo	V	Cr	Fe	Mn	Zr	Pd	Ni	Cu	Nb	Si	B	Fe	C	N	H	O	单一	总和
TB3	Ti-3. 5Al-10Mo-8V-1Fe	余量	2. 7 ~ 3. 7	—	9. 5 ~ 11. 0	7. 5 ~ 8. 5	—	0. 8 ~ 1. 2	—	—	—	—	—	—	—	—	—	0. 05	0. 04	0. 015	0. 15	0. 1	0. 4
TB4	Ti-4Al-7Mo-10V-2Fe-1Zr	余量	3. 0 ~ 4. 5	—	6. 0 ~ 7. 8	9. 0 ~ 10. 5	—	1. 5 ~ 2. 5	—	0. 5 ~ 1. 5	—	—	—	—	—	—	—	0. 05	0. 04	0. 015	0. 20	0. 1	0. 4
TC1	Ti-2Al-1. 5Mn	余量	1. 0 ~ 2. 5	—	—	—	—	—	0. 7 ~ 2. 0	—	—	—	—	—	—	—	0. 30	0. 10	0. 05	0. 012	0. 15	0. 1	0. 4
TC2	Ti-4Al-1. 5Mn	余量	3. 5 ~ 5. 0	—	—	—	—	—	0. 8 ~ 2. 0	—	—	—	—	—	—	—	0. 30	0. 10	0. 05	0. 012	0. 15	0. 1	0. 4
TC3	Ti-5Al-4V	余量	4. 5 ~ 6. 0	—	—	3. 5 ~ 4. 5	—	—	—	—	—	—	—	—	—	—	0. 30	0. 10	0. 05	0. 015	0. 15	0. 1	0. 4
TC4	Ti-6Al-4V	余量	5. 5 ~ 6. 8	—	—	3. 5 ~ 4. 5	—	—	—	—	—	—	—	—	—	—	0. 30	0. 10	0. 05	0. 015	0. 20	0. 1	0. 4
TC6	Ti-6Al-1. 5Cr-2. 5Mo-0. 5Fe-0. 3Si	余量	5. 5 ~ 7. 0	—	2. 0 ~ 3. 0	—	0. 8 ~ 2. 3	0. 2 ~ 0. 7	—	—	—	—	—	—	0. 15 ~ 0. 40	—	—	0. 10	0. 05	0. 015	0. 18	0. 1	0. 4
TC9	Ti-6. 5Al-3. 5Mo-2. 5Sn-0. 3Si	余量	5. 8 ~ 6. 8	1. 8 ~ 2. 8	2. 8 ~ 3. 8	—	—	—	—	—	—	—	—	—	0. 2 ~ 0. 4	—	0. 40	0. 10	0. 05	0. 015	0. 15	0. 1	0. 4
TC10	Ti-6Al-6V-2Sn-0. 5Cu-0. 5Fe	余量	5. 5 ~ 6. 5	1. 5 ~ 2. 5	—	5. 5 ~ 6. 5	—	0. 35 ~ 1. 0	—	—	—	—	0. 35 ~ 1. 0	—	—	—	—	0. 10	0. 04	0. 015	0. 20	0. 1	0. 4
TC11	Ti-6. 5Al-3. 5Mo-1. 5Zr-0. 3Si	余量	5. 8 ~ 7. 0	—	2. 8 ~ 3. 8	—	—	—	—	0. 8 ~ 2. 0	—	—	—	—	0. 20 ~ 0. 35	—	0. 25	0. 10	0. 05	0. 012	0. 15	0. 1	0. 4
TC12	Ti-5Al-4Mo-4Cr-2Zr-2Sn-1Nb	余量	4. 5 ~ 5. 5	1. 5 ~ 2. 5	3. 5 ~ 4. 5	—	3. 5 ~ 4. 5	—	—	1. 5 ~ 3. 0	—	—	—	0. 5 ~ 1. 5	—	—	0. 30	0. 10	0. 05	0. 015	0. 20	0. 1	0. 4

① “ELI” 表示超低间隙级钛合金。

10.2.3 钛材塑性加工工艺流程

钛材塑性变形加工的（一般）工艺流程如图 10-1 所示。图上的工艺流程还是一个简明的原则流程，实际的工艺过程比它要更复杂。通过塑性变形加工可以加工出的钛材品种有：锻制品（棒、环、饼）、板材、带材、箔材、管材、型材、棒材、线材等多种。

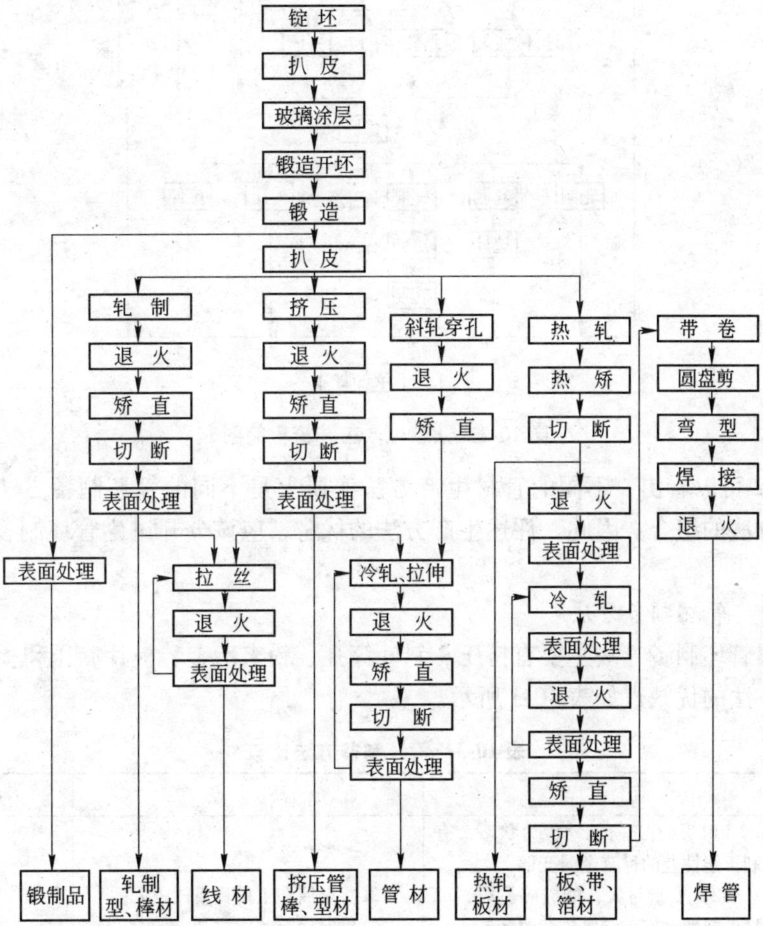

图 10-1 钛材塑性加工的原则工艺流程简图

从中可见，钛材加工基本的塑性变形方式有四种，即锻造、轧制、挤压和拉拔；而旋压属于补充方式，使用较少。在这四个基本方式中，锻造是不可缺的，也就是每种钛材必须要首先使用的方式。其余的三种方式中，使用最多的是轧制，也就是说钛材的大部分产品是用轧制方式加工的，其余少部分钛材是用挤压和拉拔成材的。

这四种基本变形方法各有其特点，具有互补性。在钛材加工过程中，如果一种方法不够，常需要将两种或多种方法联合（或称加和）起来达到加工成材的目的。在这些钛材中仅只有钛锻件只要一种方法（即锻造）就能完成，其余钛材加工方式都是联合式的。

钛材加工中涉及到的塑性变形基本方法还有：冲压、弯曲、剪切；组合塑性变形方式有锻轧（轧制-锻造）、推轧（轧制-挤压）、拔轧（拉拔-轧制）等。

以钛管材为例，它的可能加工工艺路线最多。图 10-2 为钛管生产可能的工艺流程图。

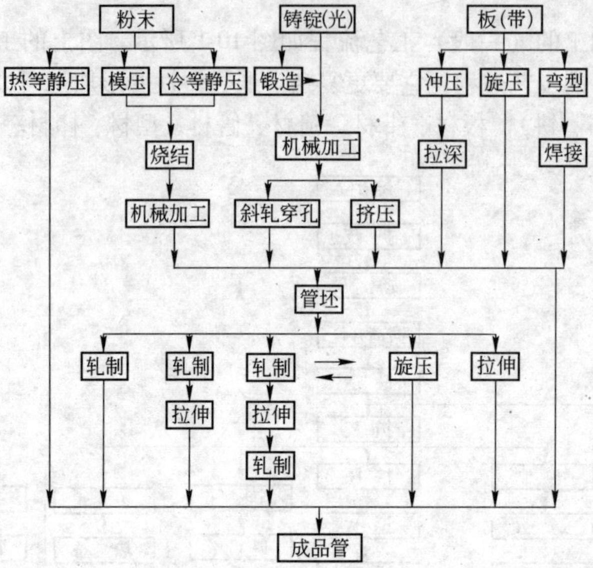

图 10-2 钛管生产工艺流程简图

由图 10-2 可以看出，不同的管材生产方法实质上是不同的管坯制备方法和不同的成品管材生产方法的组合。因此，评述生产方法的优劣，应该分开讨论管坯制备方法和成品管生产方法。

10.2.3.1 管坯制备方法

稀有金属管坯制备方法主要有挤压、斜轧穿孔、粉末冶金、板片旋压和板（带）材焊接。这几种方法的优缺点如表 10-3 所示。

表 10-3 管坯制备方法比较

制备方法	优 点	缺 点	应用范围
挤 压	(1) 具有三向压缩应力状态，有利于塑性差的稀有金属变形； (2) 变形量大，能破碎晶粒，可提供塑性良好、壁厚较薄的管坯； (3) 灵活性大，适合稀有金属规格多、量少的特点； (4) 在良好的润滑和好的模具条件下，尺寸精度较高； (5) 便于异形管材和复合管材的生产； (6) 能生产较长的管坯	(1) 金属和工模具损耗较大； (2) 对润滑的要求比较严格，若润滑不好，无法得到好的产品； (3) 设备较复杂，投资较大； (4) 内表面质量比较难保证； (5) 对单一品种而批量大的产品，生产率比斜轧穿孔稍低一些	用于钛、钼、钽、铌、锆、铪及其合金管坯的生产
斜轧穿孔	(1) 对规格少、批量大的产品，生产率较高； (2) 金属和工模具的耗损较少； (3) 能得到比较好的表面质量； (4) 对润滑条件要求较低，不必使用包套材料； (5) 设备较简单，投资较少	(1) 产品比较单一，灵活性较差； (2) 变形量受到限制，不能得到壁薄的管坯，从而增加了冷加工量； (3) 制得的管坯比较短	适合于定形规格批量大的钛及钛合金（TA2、TA3、TC1、TC4、TC10、TA7）管坯的生产

续表 10-3

制备方法	优　点	缺　点	应用范围
粉末冶金	(1) 金属损耗少，成品率高； (2) 成本较低； (3) 可以制得其他方法难以加工的管坯	(1) 密度较低，当低于一定数值时，无法进一步加工； (2) 制得的管坯比较短； (3) 气体、杂质含量较高	是制备钨、钼管坯，特别是钨管坯的有效方法，钛应用少
冲压-拉深	(1) 内表面质量较好； (2) 设备简单、投资少； (3) 金属损耗少	(1) 非三向压缩应力状态，不宜加工塑性差的金属； (2) 管坯长度受到限制； (3) 生产率低	用于小直径的钽、铌管材生产，钛应用少
旋压（由板片经锥形件过渡）	(1) 内表面质量较好； (2) 设备投资比挤压少； (3) 金属和工模具的损耗较少	(1) 生产率较低； (2) 不容易生产长的管坯	适合于生产管径大而长度短的钨、钼管坯，钛应用少
焊　接	(1) 壁厚比较均匀,内表面质量较好； (2) 生产率高，成本低； (3) 能生产大直径的管材，可弥补挤压机能力的不足； (4) 设备简单，投资少	(1) 灵活性较差，不宜生产规格多而批量少的产品； (2) 焊缝往往是薄弱环节； (3) 焊缝清理较困难	一般用于生产批量大的钛管，钽、铌管也有用此法生产

10.2.3.2　成品管材的生产方法

成品管材的生产方法主要有轧制、拉伸和旋压。它们或单独或组合起来，将管坯制成所要求的管材。这几种方法的优缺点如表 10-4 所示。

表 10-4　成品管材生产方法的比较

生产方法	优　点	缺　点
轧　制	(1) 由于应力状态有利于金属塑性变形，因而能生产高强度、低塑性的金属管材； (2) 道次变形量及壁厚减薄量较大，所以减少了中间辅助工序，生产周期短； (3) 润滑方法较拉伸简单； (4) 尺寸精确，粗糙度小，为 1.6 ~ 0.4	(1) 设备复杂，投资大； (2) 对工具的要求比较严格，要有专用设备或专用胎具才能制造； (3) 更换工具比拉伸复杂
拉　伸	(1) 尺寸精确，表面光洁； (2) 灵活性大，更换模具方便； (3) 设备、工具比轧制的简单，投资少，制造容易； (4) 适合异形管、棒材生产	(1) 生产低塑性、高强度的金属管材比较困难； (2) 道次变形量小，拉伸道次多，生产周期较长； (3) 中间辅助工序多； (4) 金属损耗比轧制的大； (5) 润滑剂的要求较严格

续表 10-4

生产方法	优　点	缺　点
旋　压	(1) 由于变形特点是点变形，所以对生产同一规格的产品，旋压力比轧制力、拉伸力小； (2) 设备外形小，重量轻，投资少； (3) 更换工具方便； (4) 可生产超出现有轧制、拉伸设备能力的大直径薄壁管材； (5) 有利于塑性低、难变形金属管材的生产	(1) 减径量小，不宜实现空减径大的工艺过程； (2) 变形不均匀性较大，在冷状态下旋压 D/t 比值小的管材时，不均匀性更显著，容易引起内表面裂纹； (3) 对管坯的内孔尺寸，表面质量要求较高，在大批量的生产中不容易达到

对于外表面要求不高有缝的焊管，也可以成为成品管的生产方法。

长期的实践表明，钛管坯制备方法主要是斜轧穿孔热轧法和挤压法，及钛带材焊接法；成品钛管主要是拉伸和（冷）轧法，以及焊接法，而且在工业中获得普遍应用。因此，图 10-2 所示的工艺途径是可能方法。而目前工业生产上常用的工艺是图 10-1 反映出的工艺方法。

同时，从图 10-2 可知，由管坯制取成品管的工艺方法，虽然仅有轧制和拉拔 2 种工艺适用，但这 2 种工艺方法又构成 4 种略有差异的工艺途径。和从钛锭加工成 3 种管坯的工艺相联系，那么，钛管加工工艺按排列和组合可以构成 12 种有差异的工艺路线。它表明钛管加工工艺的多样性和复杂性。它几乎运用了各种塑性加工手段，或者将各种加工工艺重复使用，或反复使用，或多次组合，达到制造出优质钛管材来。

表 10-3 和表 10-4 中列出各种工艺方法的优缺点，从中可以看出，各种工艺方法存在很大差异。因此，各种工艺间也存在竞争。

钛管还有有缝和无缝之分，产品质量也存在差异，其中用焊管工艺加工的钛管，包括管坯和成品管都是有缝管材，其他工艺加工的产品都是无缝管。

综上所述，钛管材加工的工艺路线较多，在生产过程中，要确定某批管材的加工路线，应按实际情况具体分析，考虑因素有产品加工难易（钛合金加工比较困难，纯钛比较容易）、产品质量要求（产品尺寸和壁厚、是否一定要求无缝管）、产品批量大小、现场能提供加工条件、所获得经济效益等，其中最终获得经济效益是最为重要的因素。同时，还应考虑到各种加工工艺的特点，有些产品更适合应用某种特定工艺加工。

从图 10-1 可知，钛棒可以用轧制和挤压工艺获得，如果需要细钛棒，也可以将前述的 2 种工艺获得钛棒作为棒坯再经过拉拔制取，其中也有一定选择余地。

钛板、钛带、钛箔及钛丝加工工艺比较单一，选择余地比较小。其中钛板、钛带和钛箔制取工艺必须将锭坯采用轧制制取，而钛丝可以用钛棒作为线坯，经拉拔获得。而实践中常常用轧制法获得的长而细的钛盘条用作线坯，经过拉拔而获得的。对于锻件较简单，仅用锻造工艺就可以获得成品。

上述所讲的各种钛材塑性变形加工基本方法，它是各工艺中核心工序。但是各种钛材加工流程中还必须配置不可缺少的其他技术，包括热处理、精整和矫直，这已经在中篇独立设章加以叙述；还有不可缺乏的辅助工序，包括表面处理、焊接及切削加工，这也在下篇独立设章加以叙述。这些才构成塑性加工的整个涵盖的内容。

钛的塑性加工技术仍在不断地发展中，这需要不断开发新技术和开拓新品种。加工技术的发展必定会促进钛工业的迅速发展。

钛的塑性加工工艺内容十分庞杂和丰富，它又是钛加工中占据主导地位的工艺。为了突出重点，减少重复，特别是突出塑性加工关键工艺技术，本书中篇编写时，将塑性加工工艺分解成9章，均以关键工艺技术领衔立章分述，除本章为综述外，其余8章（第13~20章）详述见后。详细的编写结构已在序中作了介绍。

参考文献

1 段小勇．金属压力加工理论．北京：冶金工业出版社，2004
2 王占学．塑性加工金属学．北京：冶金工业出版社，1991
3 马怀宪．金属塑性加工学．北京：冶金工业出版社，1991
4 《稀有金属材料加工手册》编委会．稀有金属材料加工手册．北京：冶金工业出版社，1984
5 齐克敏，等．材料成形工艺学．北京：冶金工业出版社，2006
6 王桂生．钛的应用技术．长沙：中南大学出版社，2007

11 钛的金属学

11.1 钛合金的分类及特点

11.1.1 钛合金的分类

钛合金按不同方法有不同分类。按亚稳定状态相组成可分为α、近α、(α+β)、近β、亚稳定β和β型钛合金（详见第11.4.2节）；钛合金按退火后的组织特点分α、(α+β)和β型钛合金三大类（表11-1）。

表11-1 钛及钛合金的分类及特点

分类		成分特点	显微组织特点	性能特点	典型合金
α型钛合金	全α合金	含有6%以下的铝和少量的中性元素	退火后，除杂质元素造成的少量β相外，几乎全是α相	密度小，热强性好，焊接性能好，低间隙元素含量有好的超低温韧性	TA1～TA7 TA7ELI
	近α合金	除铝和中性元素外，还有少量（不超过4%）的β稳定元素	退火后，除有大量的α相外，还有少量的(10%体积左右)β相	可热处理强化，有很好的热强性和热稳定性，焊接性能良好	Ti-75、TA12
	α+化合物合金	在全α合金基础上添加少量的活性共析元素	退火后，除有大量的α相外，还有少量的β相及金属间化合物	有沉淀硬化效应，提高了室温及高温抗拉强度和蠕变强度，焊接性能良好	TA8
(α+β)型钛合金		含一定量的铝和不同含量的β稳定元素及中性元素	退火后，有不同比例的α相及β相	可热处理强化，强度及淬透性随β稳定元素的增加而提高，可焊性较好，一般冷成形及冷加工能力差，TC4ELI合金有良好的超低温韧性，β加工的TC4ELI合金有良好损伤容限性能	TC3～TC12 TC4ELI
β型钛合金	热稳定β合金	含大量的β稳定元素，有时还有少量其他元素	退火后，全部为β相	室温强度较低，冷成形和冷加工能力强，在还原性介质中耐蚀性较好，热稳定性、可焊性好	TB7
	亚稳定β合金	含有临界浓度以上的β稳定元素，少量的铝(一般不大于3%)和中性元素	从β相相区固溶处理(水淬或空冷)后，几乎全部为亚稳定β相。时效时，β相中析出α相，时效后为β相和α相	固溶处理后，室温强度低，冷成形和冷加工能力强，可焊性好；经时效后，室温强度高，在高屈服强度下具有高的断裂韧性，在350℃以上热稳定性差，此类合金淬透性好	TB1～TB5 TB8～TB9

续表 11-1

分类		成分特点	显微组织特点	性能特点	典型合金
β型钛合金	近β合金	含有临界浓度左右的β稳定元素，和一定量的中性元素及铝	从β相相区固溶处理后有大量的亚稳定β相，还有少量的其他亚稳定相（α′或ω相），时效后为β相和α相	除具有亚稳定β合金的特点外，β相区固溶处理后，屈服强度低，均匀伸长率高。（α+β）相区固溶处理、WQ或AC，时效后在高强度状态下断裂韧性及塑性较高，而（α+β）相区固溶处理、FC后在中强度状态下，可获得高的断裂韧性及塑性	TB6 TB10

11.1.2　钛合金的特点

钛合金的成分、显微组织和性能等特点及典型合金均列在表 11-1 中。

α型钛合金的性能特点是：密度小，可热处理强化，有很好的热强性和热稳定性，焊接性能好，有好的室温、超低温和高温性能等。

（α+β）型钛合金的性能特点是：可热处理强化，强度及淬透性随β稳定元素的增加而提高，可焊性较好，TC4ELI 合金有良好的超低温韧性，β加工的 TC4ELI 合金有良好损伤容限性能。

β型钛合金的性能特点是：热稳定β合金具有室温强度较低，冷成形和冷加工能力强，在还原性介质中耐蚀性较好，热稳定性、可焊性好等特点，此类合金淬透性好。亚稳定β合金，固溶处理后，室温强度低，冷成形和冷加工能力强，可焊性好。经时效后，室温强度高，在高屈服强度下具有高的断裂韧性，在 350℃以上热稳定性差，此类合金淬透性好。近β型合金，除具有亚稳定β合金的特点外，β相区固溶处理后，屈服强度低，均匀伸长率高；（α+β）相区固溶处理、WQ 或 AC，时效后在高强度状态下断裂韧性及塑性较高；而（α+β）相区固溶处理、FC 后在中强度状态下，可获得高的断裂韧性及塑性，此类合金淬透性好。

总之，钛及钛合金密度小，抗拉强度高（可达 1400MPa）。在 -253 ~ 600℃温度范围内，它的比强度（抗拉强度/密度）在金属材料中几乎最高，见图 11-1 及图 11-2。图 11-1 中比强度与温度的关系曲线表明，TA7、TC4 和 TC10 合金的比强度在 100 ~ 600℃范围内远高于铝合金和 18/8 不锈钢，且耐热性能好，钛合金在 500℃左右仍有良好的力学性能，而高温钛合金可用于在 600℃航空发动机压气机的涡轮盘和叶片等。图 11-2 的低温比强度也高于 LY12 和 1Cr18Ni9Ti，表明钛合金低温性能好，TA7ELI 和 TC4ELI 合金是可在超低温下使用的合金。

它在适当的氧化性环境中可形成一种薄而致密的氧化膜，具有优异的耐蚀性能；此外，它还具有非磁性、线膨胀系数小等特点。这些特点使钛及钛合金首先成为重要的宇航结构材料，随后又推广应用到舰船制造、化学工业等领域，并得到迅速的发展，品种繁多，用途广泛。

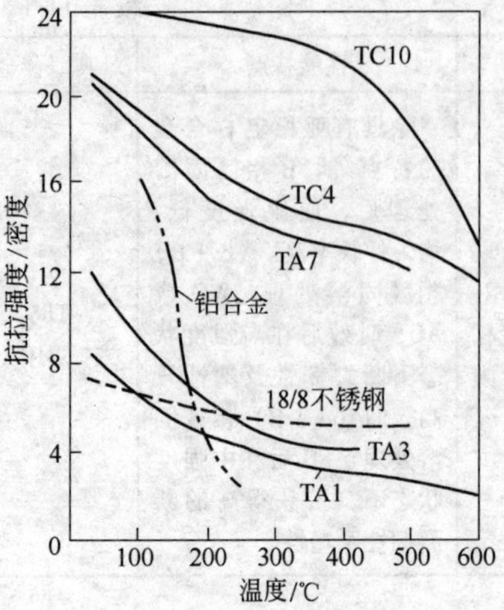

图 11-1 几种工业用合金的高温比强度

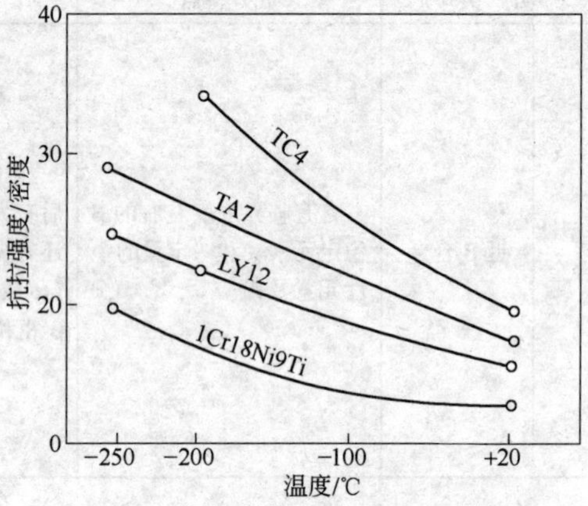

图 11-2 几种工业用合金的低温比强度

11.2 钛与合金元素的相互作用

11.2.1 影响钛与合金元素间的相互作用的基本因素

元素间的相互作用是形成固溶体还是化合物？形成固溶体时溶解度有多大？根据合金理论，这些问题主要取决于原子的电子结构、原子半径大小、晶格类型、负电性及电子浓度等因素。

钛是过渡族金属，原子序数为22，其电子结构为 $1s^2 2s^2 p^6 3s^2 p^6 d^2 4s^2$，即最外层的电子结构为 $3d^2 4s^2$，有未添满的 d 电子层。周期表上有许多元素能与钛形成置换式固溶体，但只有外层电子结构与钛相近的元素，才能在钛中有较大的溶解度。钛合金中一些常用元素的外层电子结构、原子半径及晶格类型见表 11-2。

表 11-2 一些元素的外层电子结构、原子半径及晶格类型

元 素	外层电子结构	原子半径 R/nm	原子半径差/nm	晶格类型
Ti	$3d^2 4s^2$ ($d^2 s^2$)	0.147		密排六方或体心立方
Zr	$4d^2 5s^2$ ($d^2 s^2$)	0.160	-0.013	密排六方或体心立方
Hf	$5d^2 6s^2$ ($d^2 s^2$)	0.159	-0.012	密排六方或体心立方
V	$3d^3 4s^2$ ($d^3 s^2$)	0.136	0.011	体心立方
Nb	$4d^4 5s^1$ ($d^4 s^1$)	0.147	0.000	体心立方
Ta	$5d^3 6s^2$ ($d^3 s^2$)	0.146	0.001	体心立方
Mo	$4d^5 5s^1$ ($d^5 s^1$)	0.140	0.007	体心立方
W	$5d^4 6s^2$ ($d^4 s^2$)	0.141	0.006	体心立方或复杂立方
Cr	$3d^5 4s^1$	0.128	0.019	体心立方
Mn	$3d^5 4s^2$	0.131	0.016	复杂立方/正方/面心立方
Fe	$3d^6 4s^2$	0.127	0.020	体心立方/面心立方
Co	$3d^7 4s^2$	0.126	0.021	密排六方/面心立方

续表 11-2

元素	外层电子结构	原子半径 R/nm	原子半径差/nm	晶格类型
Ni	$3d^8 4s^2$	0.124	0.023	面心立方
Cu	$3d^{10} 4s^1$	0.128	0.019	面心立方
Al	$3s^2 p^1$	0.143	0.004	面心立方
Ga	$4s^2 p^1$	0.139	0.008	正　交
Sn	$5s^2 p^2$	0.158	−0.011	面心立方

由表 11-2 可知，在周期表上与钛同族的元素锆和铪具有与钛相同的外层电子结构和晶格类型，原子半径也相近，故与α钛和β钛均能无限互溶，形成连续固溶体。在周期表上靠近钛的元素，如钒、钼、铌、钽等与β钛具有相同的晶格类型，能与β钛无限互溶，在α钛中则有限溶解。周期表上离钛越远的元素，其外层电子结构及原子半径与钛相差越大，在钛中的溶解度则越小，并且容易形成化合物。钛与周期表中元素反应分类详见图 1-7。这些元素按它们对钛的同素异构转变温度的影响可分为三大类（表 11-3）。

表 11-3　钛及钛合金中常见合金元素的分类

<table>
<tr><th colspan="4">分　类</th><th>元素名称</th><th>该类元素与钛的反应特征</th></tr>
<tr><td rowspan="2">α稳定元素</td><td colspan="3">间隙式</td><td>O、C、N、B</td><td>在与钛的二元相图中有包析反应，与钛形成间隙式固溶体，提高(α+β)/β相变点，能更多地固溶于α钛</td></tr>
<tr><td colspan="3">替代式</td><td>Al、Ga</td><td>在与钛的二元相图中有包析反应，提高(α+β)/β相变点，能更多地固溶于α钛，与钛形成替代式固溶体</td></tr>
<tr><td>中性元素</td><td colspan="3">替代式</td><td>Zr、Sn</td><td>对(α+β)/β相变点影响不大（一般略有降低），在α钛及β钛中均有较大的固溶度</td></tr>
<tr><td rowspan="4">β稳定元素</td><td rowspan="3">替代式</td><td colspan="2">同晶型</td><td>Mo、V、Ta、Nb</td><td>降低(α+β)/β相变点，由于它们与β钛晶格类型相同，无限固溶于β相，无化合物相</td></tr>
<tr><td rowspan="2">共析型</td><td>快共析型</td><td>Cu、Ag、Au、Ni、Si</td><td>与钛发生共析相变，生成化合物相，较强烈地降低(α+β)/β相变点，共析温度高，共析反应活性高，易生成珠光体型片层状组织</td></tr>
<tr><td>慢共析型</td><td>Cr、Mn、Fe、Co、Pd</td><td>与钛发生共析相变，生成化合物相，能强烈地降低(α+β)/β相变点，共析反应活性极差，不易出现珠光体型组织</td></tr>
<tr><td colspan="3">间隙式</td><td>H、Si①</td><td>与钛发生共析相变，降低(α+β)/β相变点，生成间隙式固溶体和化合物相</td></tr>
</table>

①Si 是间隙型β稳定元素，但在钛合金中主要作为快共析型元素使用。

表 11-3 中的碳、氧、氮、氢，有时还包括硅、铁等都是由原材料或在加工过程中带入的，一般称为杂质元素。这些元素可使钛及钛合金的强度提高、塑性降低，甚至使断裂韧性、低温韧性、疲劳性能、耐蚀性、冷成形性和可焊性等变坏。其中碳、氧、氮、氢等元素影响最强烈，因此，在钛及钛合金中对杂质元素规定了它们的最高允许含量。其他元素均按一定含量范围加入到钛及钛合金中，以改变其组织和性能，故称为合金元素。钛合金中常用合金元素的强化效果见表 11-4。

表 11-4　钛合金中常用合金元素的强化效果

合金元素	α稳定元素	中性元素		β稳定元素						
	Al	Sn	Zr	Mn	Fe	Cr	Mo	V	Nb	Si
$\Delta\sigma_b$/MPa	5.0	2.5	2.0	7.5	7.5	6.5	5.0	3.5	1.5	12.0

钛与合金元素的相互作用可用相图反映出来，钛与周期表上有反应的各合金元素均形成钛的二元相图。钛的二元相图按各元素在周期表上的顺序排列时，表现了一定的规律性，这是由于决定元素间相互作用的因素，如电子层结构等，在周期表上变化是有规律的。

11.2.2 钛合金的相图类型及合金元素的作用

钛是一种高活性金属元素，它与化学元素周期表中大多数元素都能发生一定作用（见图1-7）。在周期表109种元素中，能与钛形成二元系相图的元素就有70多种，目前研究者公布的有关二元系相图资料约60多种。

钛的二元系相图可分为下列四种主要类型（见图11-3）：

（1）元素与α-Ti或β-Ti均无限互溶的相图，见图11-3*a*；

（2）元素与β-Ti无限互溶，与α-Ti有限溶解的相图，见图11-3*b*；

（3）元素与α-Ti、β-Ti均有有限溶解，并且具有共析反应的相图，见图11-3*c*；

（4）元素与α-Ti、β-Ti均有有限溶解，并且具有包析反应的相图，见图11-3*d*。

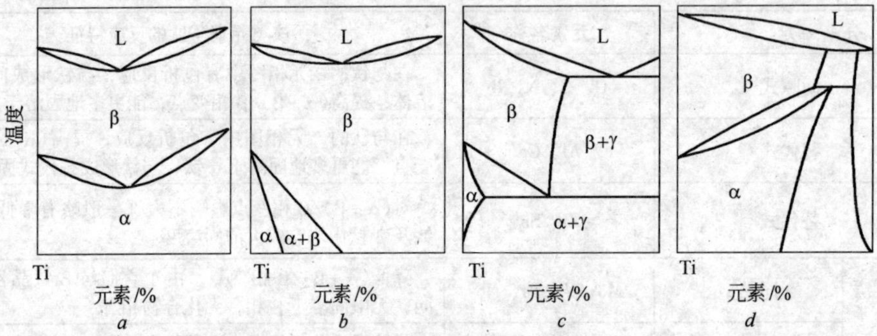

图11-3 二元钛合金的相图的主要类型

a—Zr、Hf；*b*—Mo、V、Ta、Nb等；*c*—Fe、Co、Ni、Cr、Mn、Cu、Pd、Pb、Si等；*d*—Al、Ga、Sn、N、C、O等

11.2.2.1 元素与α-Ti或β-Ti均无限互溶的相图

能形成这类相图的只有钛的同族元素锆和铪，它们在α-Ti或β-Ti中的溶解能力相同，是无限固溶的，对α相或β相的稳定性影响不大，对α/β相转变温度的影响较小，故称为中性元素。

A 二元相图

钛-锆系二元相图见图11-4。液相线最低值为1535℃±70℃，35%左右Zr。在含50%左右Zr时，(α+β)/β转变点与α/(α+β)转变点重合，温度为610℃左右。

这类钛二元系状态图中中性元素特性见表11-5。

表11-5 与钛无限固溶的中性元素特性

元素	元素特性
Zr	与α-Ti和β-Ti都形成连续固溶体，在1610℃和47%（摩尔分数）即35%（质量分数）处，固相线出现一极小值；在535℃和65.6%（摩尔分数）即65%（质量分数）处，(α+β)/β转变点与α/(α+β)转变点重合，是曲线上的极小值
Hf	与α-Ti和β-Ti都形成连续固溶体，在1600℃和40%（摩尔分数）即15%（质量分数）处，固相线出现一极小值；而在α/β多晶转变曲线上，极小值出现在47%（摩尔分数）、19%（质量分数）和770℃处

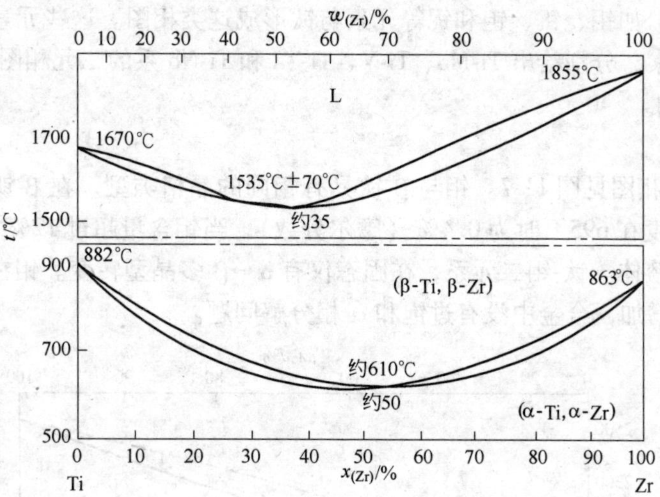

图 11-4　钛-锆系二元相图

B　元素对热处理及组织和性能的影响

锆的加入可强化 α 相，加入量小于 65.6% 时起降低(α + β)/β 相转变温度的作用，但在含量低于 10% 时，对相变点影响很小。含量大于 10% 时，每增加 1% 的含量，使(α + β)/β 转变点降低 4 ~ 10℃。在工业钛合金中锆的应用较多；而铪由于十分稀缺尚未应用。

锆可降低钛的 M_s 点（马氏体开始转变温度）；锆可以通过稳定 β 相的作用，减少时效 ω 相的体积分数；锆在 α 钛和 β 钛中均有较大的固溶度，它使钛的室温抗拉强度升高，塑性下降，还能提高钛的高温拉伸性能，其影响分别见图 11-5 和图 11-6。

11.2.2.2　元素与 β-Ti 无限互溶，与 α-Ti 有限溶解的相图

在周期表上的位置靠近钛，而且晶格类型与

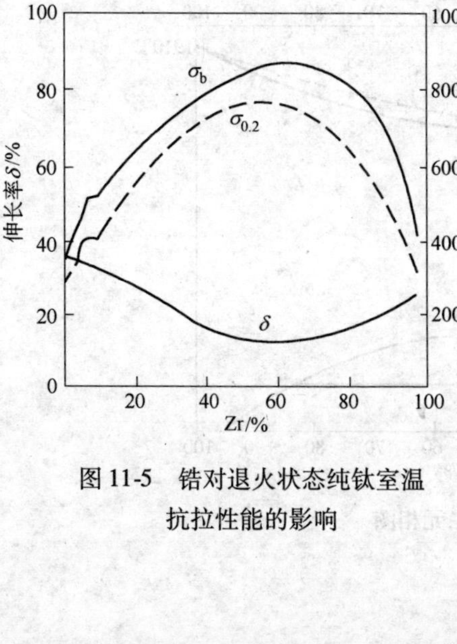

图 11-5　锆对退火状态纯钛室温抗拉性能的影响

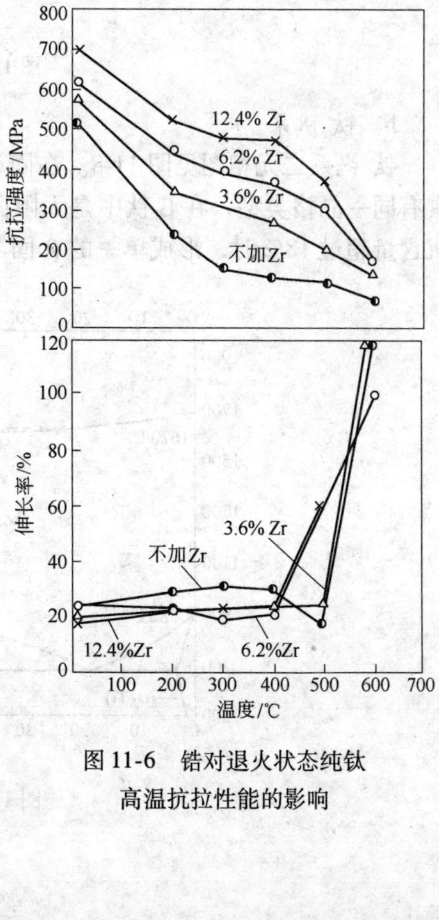

图 11-6　锆对退火状态纯钛高温抗拉性能的影响

β-Ti 相同的元素，如钼、钒、钽和铌等元素与钛形成这类相图。这些元素均是工业钛合金中常用的合金元素，分别给出 Ti-Mo、Ti-V、Ti-Ta 和 Ti-Nb 系的二元相图。

A　二元相图

a　钛-钼系

钛-钼系二元相图见图 11-7。钼与 β 钛具有相同的晶格类型，在 β 钛中无限固溶。钼在 α 钛中的固溶度在 695℃时为 0.4%（摩尔分数），当钼含量超过 12%（摩尔分数）时，形成单一的 β 固溶体。钛-钼二元系，在固态仅有 α↔β 多晶型转变。钼在 α 钛中的固溶度随温度的降低而增加，合金中没有过饱和 α 相分解问题。

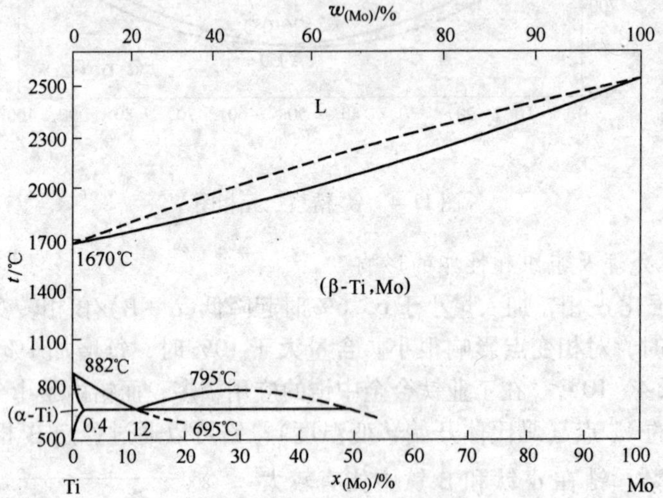

图 11-7　钛-钼二元相图

b　钛-钒系

钛-钒系二元相图见图 11-8。在固态发生的相转变与钛-钼二元系完全相同。钒与 β 钛具有同一晶格类型，在 β 钛中是无限固溶的。675℃时钒在 α 钛中的固溶度为 3.5%，当钒含量超过 18%时，形成单一的 β 固溶体。在液-固相转变中，1605℃处出现一个最低点。

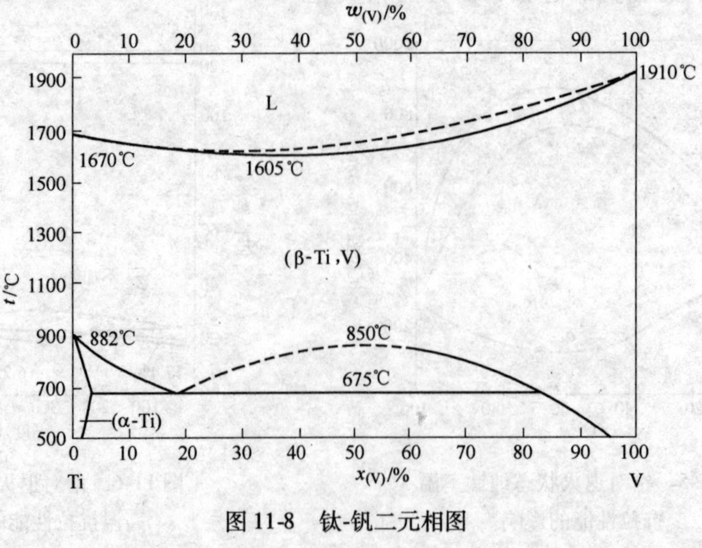

图 11-8　钛-钒二元相图

钛-钒二元系，在固态仅有 α↔β 多晶型转变。钒在 α 钛中的固溶度也随温度的下降而增加，合金中没有过饱和 α 相及其分解问题。

c　钛-铌系

钛-铌系二元相图见图 11-9。其固态发生的相转变与钛-钒系相同，液-固相转变类似于钛-钼系。铌与 β 钛无限固溶。600℃时铌在 α 钛中的固溶度为 4%，当铌含量超过 54% 左右时，形成单一的 β 固溶体。其(α + β)/β 相线的形状与钛-钼系相似。铌在 α 钛中的固溶度也随温度的下降而增加，合金中也没有过饱和 α 相及其分解问题。

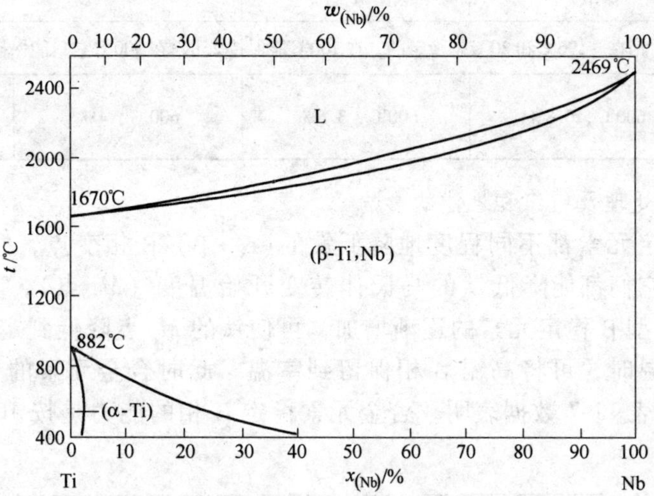

图 11-9　钛-铌二元相图

d　钛-钽系

钛-钽系二元相图见图 11-10。其固态发生的相转变与钛-钒系相同，液-固相转变类似于钛-钼系。钽与 β 钛无限固溶。600℃时铌在 α 钛中的固溶度为 11%，当钽含量超过 65% 左右时，形成单一的 β 固溶体。其(α + β)/β 相线的形状与钛-钼系相似。铌在 α 钛

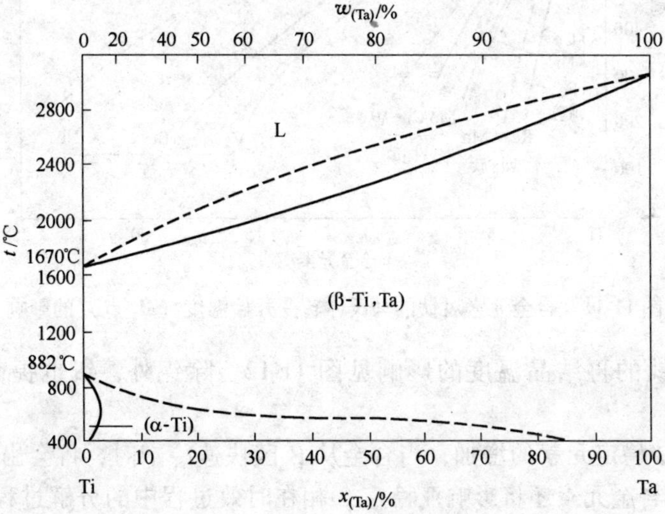

图 11-10　钛-钽二元相图

中的固溶度也随温度的下降而增加，合金中也没有过饱和 α 相及其分解问题。

这类钛二元系状态图中同晶型 β 稳定元素特性见表 11-6。

表 11-6 同晶型 β 稳定元素特性

合金元素	Mo	V	Nb	Ta
在 β 钛中最大固溶度	与 β-Ti 无限固溶，Mo 含量超过 24% ~ 28% 时，在 650℃ 就形成单一 β 相	与 β-Ti 无限固溶，V 含量超过 18.5% ~ 20% 时，在 650℃ 就形成单一 β 相	与 β-Ti 无限固溶，Nb 含量超过 50% 时，600℃ 就形成单一 β 相	与 β-Ti 无限固溶，Ta 含量超过 65% 时，600℃ 就形成单一 β 相
β 相的稳定性	β 相在 -196℃ 和 20℃ 是稳定的，在 100℃ 能保持 25h，在 300℃ 它只能保持 30min，然后分解			
在 α 钛中最大固溶度	600℃，0.8%	600℃，3.5%	600℃，4%	600℃，11%

B 元素对热处理及组织和性能的影响

同晶型 β 稳定元素都不同程度地降低钛的(α + β)/β 相变点，并按钽、铌、钼、钒的顺序递增。它们都能降低钛的马氏体转变开始温度（M_s 点），其影响程度见图 11-11。随着同晶型 β 稳定元素的逐渐增加，可使钛的 M_s 点降低到定温，当合金由 β 区快速冷却到室温时，可将高温 β 相保留到室温。此时合金元素的含量为临界含量（参见表 11-7）。表 11-7 数据表明，合金元素稳定 β 相的能力是按钽、铌、钒、钼的顺序递增。

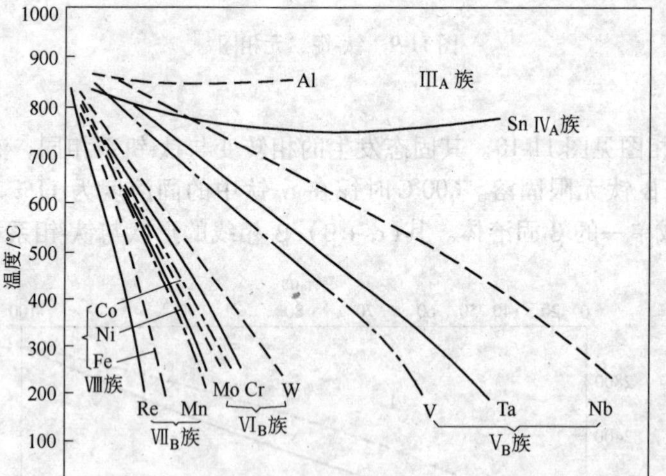

图 11-11 合金元素对钛的马氏体转变开始温度（M_s 点）的影响

合金元素对钛的再结晶温度的影响见图 11-12。除铌外，钒也提高钛的再结晶温度。

随着同晶型 β 稳定元素的增加，当合金从 β 区快速冷却时，将会出现不同的组织变化，见图 11-13。合金元素还将影响亚稳定 β 相在时效过程中的分解过程，并使“C”形曲线向右推移，见图 11-14。

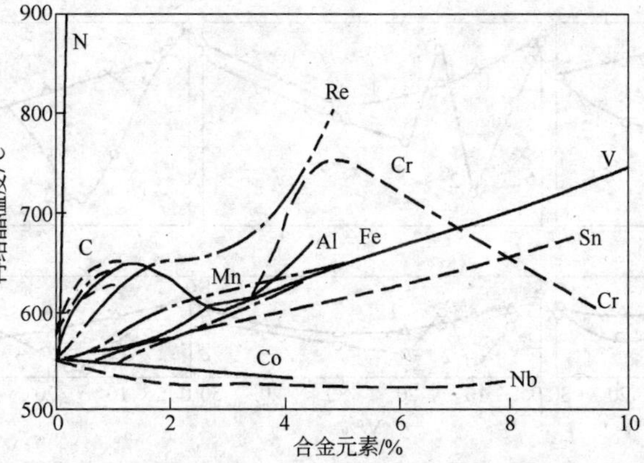

图 11-12 合金元素对钛的再结晶温度的影响

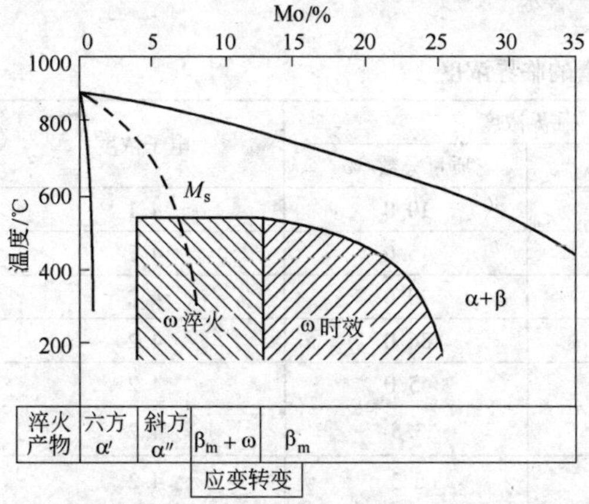

图 11-13 钛-钼二元系在快速冷却时的转变示意图

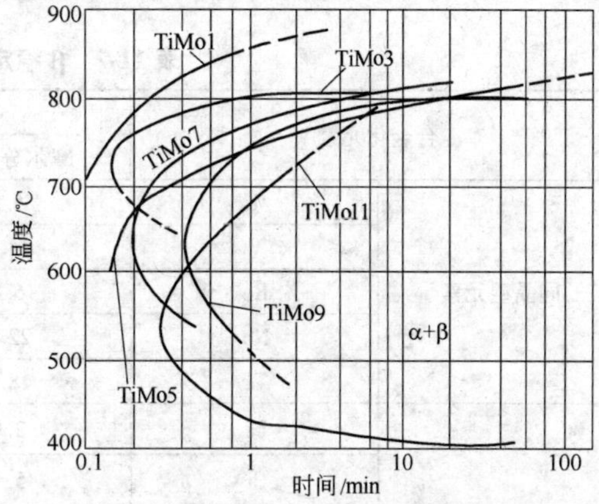

图 11-14 钼含量对"C"形曲线的影响

同晶型β稳定合金元素更多地溶解于β钛中，并使β钛晶格参数减小。同晶型β稳定合金元素均能使纯钛的室温抗拉强度提高，同时降低塑性指标。图 11-15 给出了钼和钒的影响。

钼、钒、铌对纯钛弹性模量、剪切模量的影响见图 11-16。在淬火状态下，曲线的最高峰是由淬火ω相引起的，它使弹性模量、剪切模量及强度增加，使塑性降低。

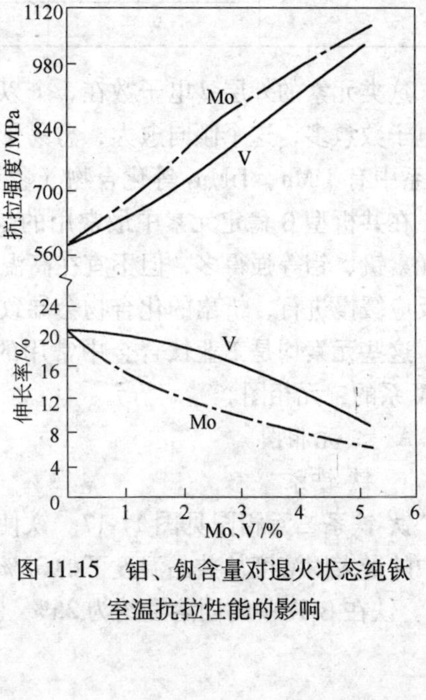

图 11-15 钼、钒含量对退火状态纯钛室温抗拉性能的影响

11.2.2.3 元素与α-Ti、β-Ti 均有有限溶解且具有共析反应的相图

与钛形成这类相图的元素有铁、铬、锰、铜、钴、镍、氢、硅等。这些元素在α-Ti 和β-Ti 中均有有限溶解，但在β钛中的溶解度比α钛中大，能使（α+β）/β相转变温度降低，稳定β相的能力比β同晶型稳定元素还大，各元素的临界浓度见表 11-7。

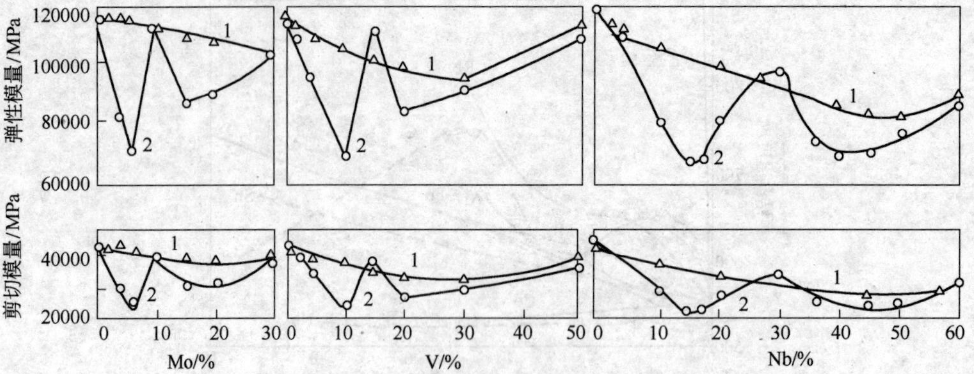

图 11-16 钼、钒、铌对纯钛弹性模量、剪切模量的影响

1—不淬水；2—淬水

表 11-7 β稳定元素的临界浓度

合金化元素		临界浓度		电子浓度
		摩尔分数/%	质量分数/%	
同晶型元素	Mo	5.3	10.0	4.1
	V	14.3	15.0	4.2
	Re	6.0	20.0	4.2
	Nb	22.2	36.0	4.2
	Ta	18.9	45.0	4.2
共析型元素	Fe	3.0	3.5	4.2
	Cr	5.9	6.3	4.2
	Mn	7.5	6.5	4.2
	Co	5.7	7.0	4.2
	Ni	7.5	9.0	4.2～4.3
	W	7.4	22.5	4.2

这类元素的外层 d 电子数在 5 个以上，有着从钛取得电子形成 d^{10} 稳定壳层的倾向。d 层电子数愈多，这个倾向愈大，愈易形成化合物。有的元素甚至形成几个化合物，如 Ti-Mn 系中有 TiMn、$TiMn_2$ 等化合物（参见图 11-18）。

在共析型 β 稳定元素中最常用的是铁、锰、铬，它们稳定 β 相的能力比同晶型 β 稳定元素钒、钼等强得多，但不宜在高温下长期工作的合金中使用，因为在高温工作时，共析反应缓慢进行，析出的化合物会导致合金脆化。

这些元素均是工业钛合金中常用的合金元素，分别给出 Ti-Fe、Ti-Mn、Ti-Cr、Ti-Ni、Ti-W 系的二元相图。

A 二元相图

a 钛-铁系

钛-铁系二元相图见图 11-17。铁使钛 α/β 的相变温度从 882℃降到约 590℃。铁在 β 相中的最大固溶度从共晶温度下的 32%（质量分数）降到共析温度下的约 15%（质量分数）。铁在 β-Ti 中的固溶度约为 25%（质量分数），出现在 1085℃，并在此温度下、约为

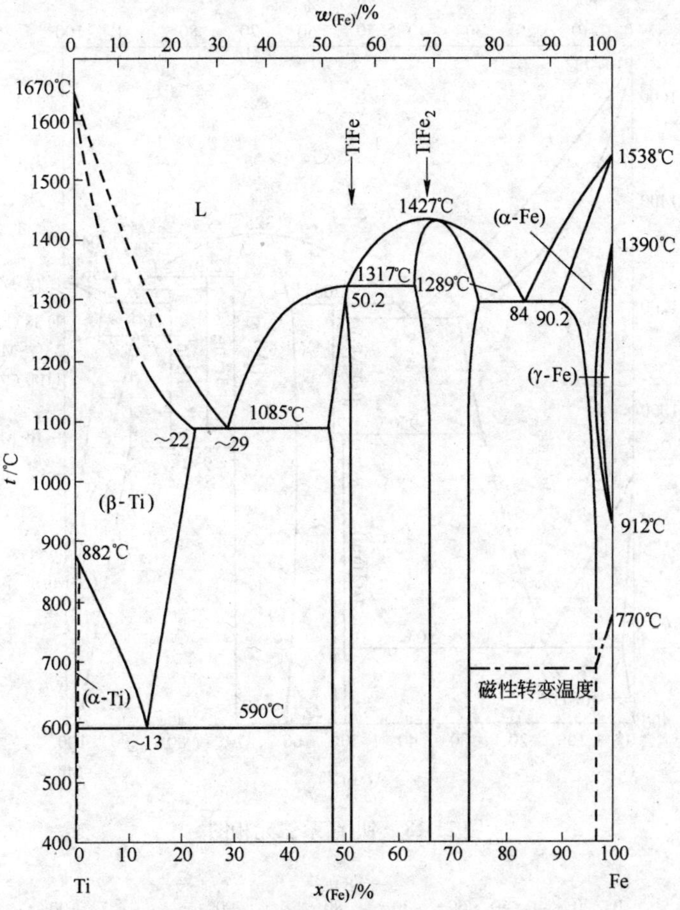

图 11-17　钛-铁系二元相图

32% Fe（质量分数）处，发生共晶反应。而在约为 590℃ 和约含 15% Fe（质量分数）处，发生共析分解，在共析点的固溶度有 0.5% Fe（质量分数）溶解在 α 相中。

b　钛-锰系

钛-锰系二元相图见图 11-18。它的富钛部分与钛-铁系二元相图的富钛部分相似。锰在 β-Ti 中的固溶度约为 33%（质量分数），出现在 1180℃。锰在 β-Ti 中的固溶度约为 0.5%（质量分数），出现在 550℃。锰使钛 α/β 的相变温度从 882℃ 降到约 550℃。约在 550℃，β 相发生共析分解，共析分解速度非常缓慢。锰在 β 相中的最大固溶度从共晶温度下的 33%（质量分数）降到共析温度下的约 20%（质量分数）。本系在 1180℃ 和 42.5%（质量分数）处发生共晶反应。这里，TiMn（53.6% Mn（质量分数））是在约 1200℃ 由包晶反应形成的。

c　钛-铬系

钛-铬系二元相图见图 11-19。与钛-铁、钛-锰系不同，铬在 β 钛中无限固溶，β-Ti 和铬形成连续固溶体。在合金的固相线上，50%（摩尔分数）Cr 出现一极小值（1370℃）。铬降低钛的 α/β 相变温度，稳定 β 相。在 667℃ 和 13%（摩尔分数）Cr 处，发生共析反应。

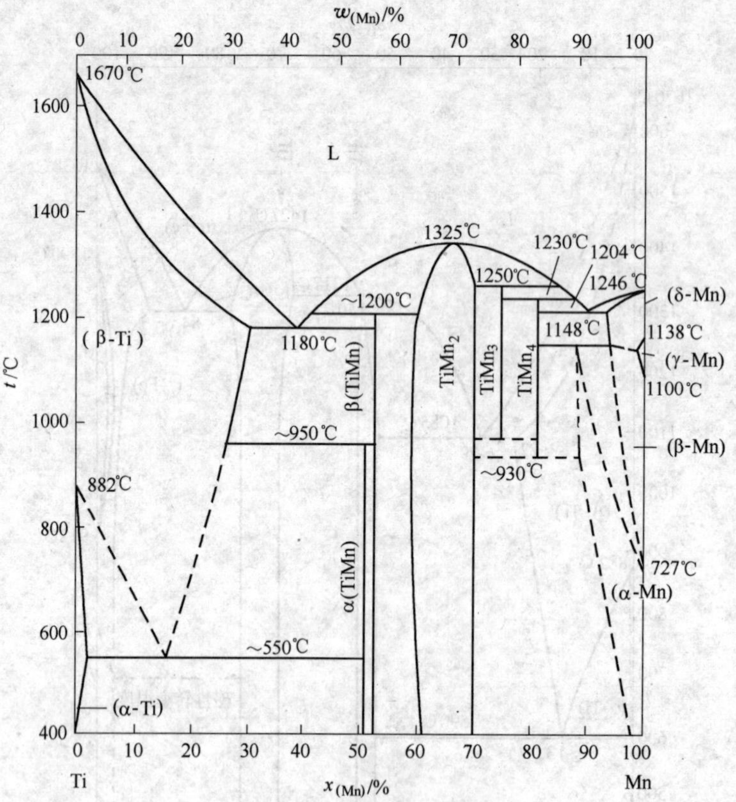

图 11-18 钛-锰系二元相图

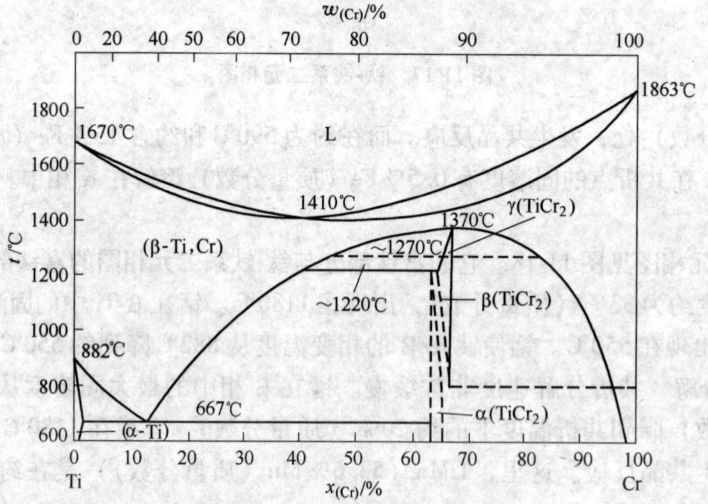

图 11-19 钛-铬系二元相图

$TiCr_2$ 是金属间化合物，在低温时具有面心立方晶格结构，$a=0.6940$nm；在高温时具有六方晶格结构，$a=0.4900$nm，$c=0.7927$nm，$c/a=1.6178$，熔点为 1350℃。

d 钛-镍系

钛-镍系二元相图见图 11-20。镍在 β-Ti 中最大固溶度为 13%（质量分数），出现在

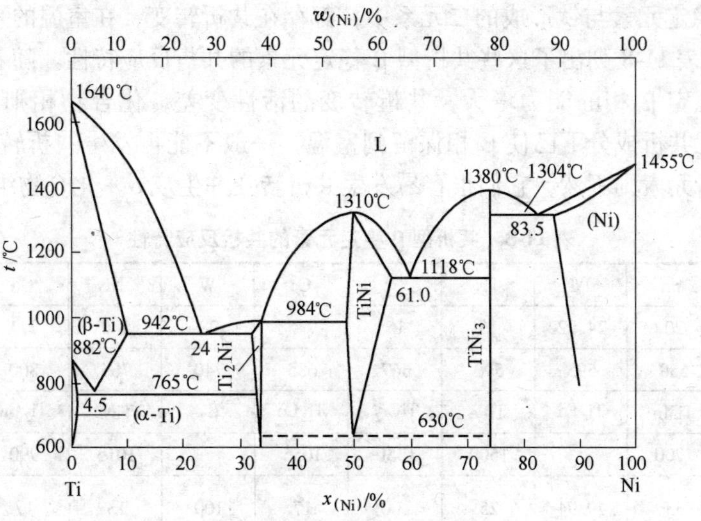

图 11-20　钛-镍系二元相图

942℃，在此温度下，28.5%（质量分数）处发生共晶反应。在 765℃，5%（质量分数）处 β 相发生共析分解，α 相中只溶解 0.1% Ni（质量分数）。

镍使钛 α/β 的相变温度从 882℃降到约 765℃。镍在 β 相中的最大固溶度从共晶温度下的 13% 降到共析温度下的约 5%。

e　钛-钨系

钛-钨系二元相图见图 11-21。与钛-铬系相似，β-Ti 与 W 形成连续固溶体，称 β 固溶体。但是，在 1230℃和 33% W（摩尔分数）的合金中，β 固溶体开始分离成同结构的 β_1 和 β_2 的两相组织。

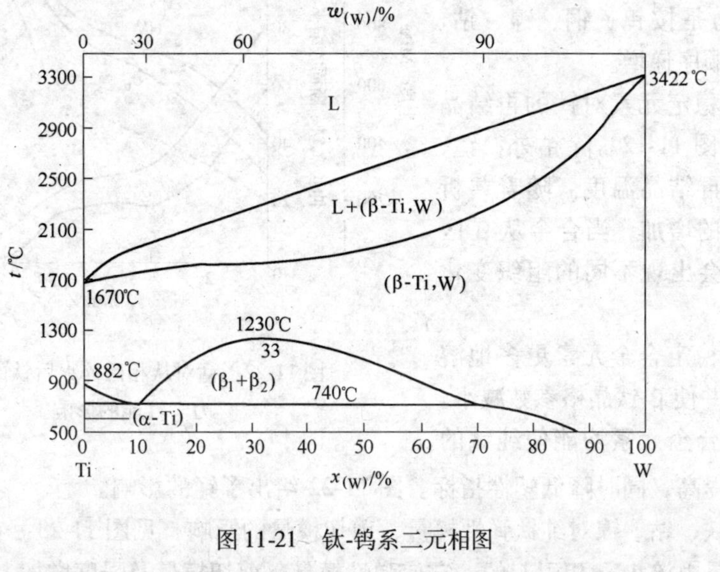

图 11-21　钛-钨系二元相图

钨降低 α/β 钛的相变温度。在 740℃和约 10% W（摩尔分数）处，β 相发生共析分解。而在共析温度，钨在 α-Ti 中的固溶度为 0.2%（摩尔分数），即 0.8%（质量分数）。

共析型 β 稳定元素与钛形成的二元系中，都存在共析转变，在室温的平衡相中有化合物（除钨外），表 11-8 列出了这些共析型 β 稳定元素的共析反应特性。随着共析反应温度的降低，它的稳定 β 相的能力增大，共析转变的活性变差，化合物相则不易出现。铁、锰、铬等元素在共析成分下已使 β 相保留到室温，一般不能再发生共析转变。但是像硅、铜、镍等快共析元素则不然，它们很容易发生共析转变并生成 α + 化合物组织。

表 11-8 共析型 β 稳定元素的共析反应特性

合金元素	Mn	Pd	Fe	Cr	Co	W	Ni	Cu	H①	Si①
共析点浓度/%	20	24.92	15	15	9.5	28	5.0	7.1	1.62	0.65
共析温度/℃	550	595	590	667	685	740	765	800	319	860
化合物	TiMn	Ti_4Pd	TiFe	$TiCr_2$	Ti_2Co	β_2	TiNi	Ti_2Cu	TiH	Ti_3Sn
化合物熔点/℃	1200		1500	1350	1055		1015	990		
在 β 钛中最大固溶度/%	33	49.94	25	100	17	100	13	17	2	3.0
在 α 钛中最大固溶度/%	0.5	2.41	0.5	0.5	1.0	0.8	0.2	2.1	0.18	0.45

①为间隙元素。

B 元素对热处理及组织和性能的影响

共析型 β 稳定元素都不同程度地降低钛的(α + β)/β 相变点，并按硅、铜、铬、锰、铁的顺序递增。它们都能降低钛的马氏体转变开始温度（M_s 点），其影响程度见图 11-11。随着共析型 β 稳定元素的逐渐增加，可使钛的 M_s 点降低到室温，当合金由 β 区快速冷却到室温时，可将高温 β 相保留到室温。此时合金元素的含量为临界含量（表 11-7）。表 11-7 数据表明，合金元素稳定 β 相的能力是按钨、铜、镍、钴、铬、锰、铁的顺序递增。

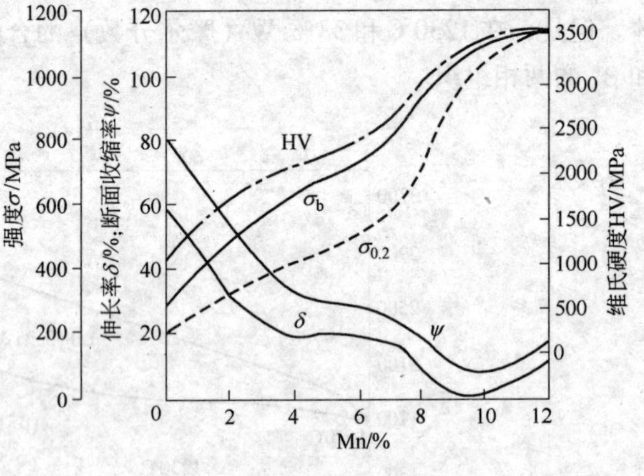

图 11-22 锰对从相区淬火后钛的室温力学性能的影响

共析型 β 稳定元素对钛的再结晶温度的影响见图 11-12。除钴外，锰、铁均提高钛的再结晶温度。随着共析型 β 稳定元素的增加，当合金从 β 区快速冷却时将会出现不同的组织变化（图 11-13）。

共析型 β 稳定合金元素更多地溶解于 β 钛中，并使 β 钛晶格参数减小。共析型 β 稳定合金元素均能使纯钛的室温抗拉强度提高，同时降低塑性指标。图 11-22 给出了锰的影响。

铬、锰、铁、钴、镍对纯钛弹性模量、剪切模量的影响，见图 11-23。在淬火状态下，曲线的最高峰是由淬火 ω 相引起的。它使弹性模量、剪切模量及强度增加，使塑性降低。

11.2.2.4 元素与 α-Ti、β-Ti 均有有限溶解且具有包析反应的相图

在周期表中离钛更远一些的金属和非金属元素如铝、镓、锡、碳、氧等元素与钛形成

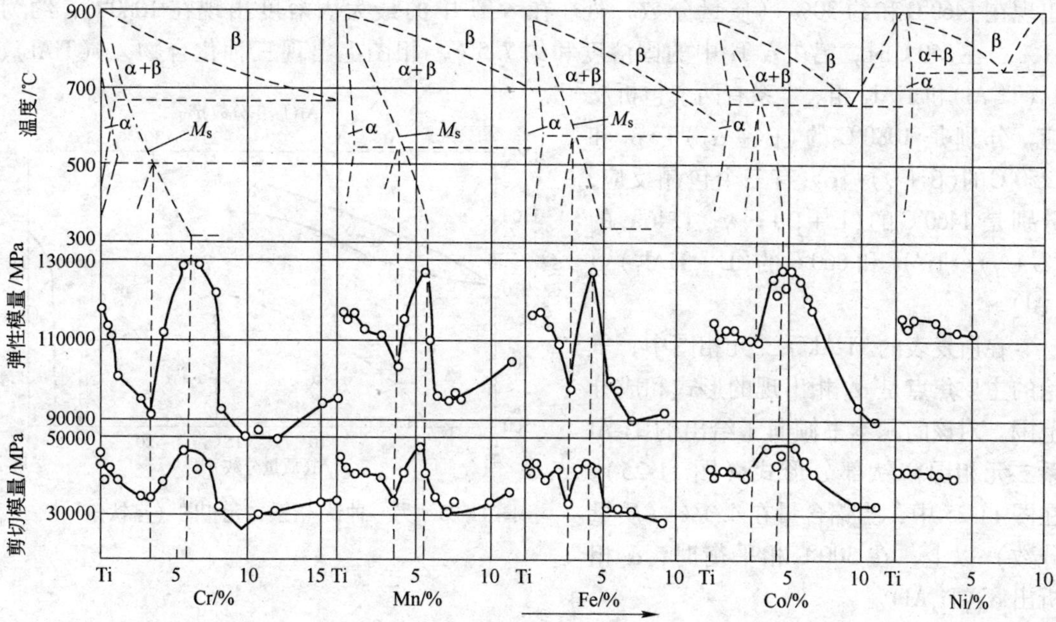

图11-23 铬、锰、铁、钴、镍对1000℃水淬后纯钛弹性模量、剪切模量的影响

这类相图。这些元素的电子结构、化学性质等与钛的差别很大，除锡对(α+β)/β相变温度影响不大，可划为中性元素外，其他元素都使该相变温度提高；起稳定α相的作用，称α稳定元素。这些元素均是工业钛合金中常用的合金元素，分别给出Ti-Al、Ti-Ga、Ti-Sn、Ti-C、Ti-O系的二元相图。

A 二元相图

a 钛-铝系

钛-铝系二元相图见图11-24。铝提高α/β钛的相变温度。铝在β-Ti中的最大固溶度

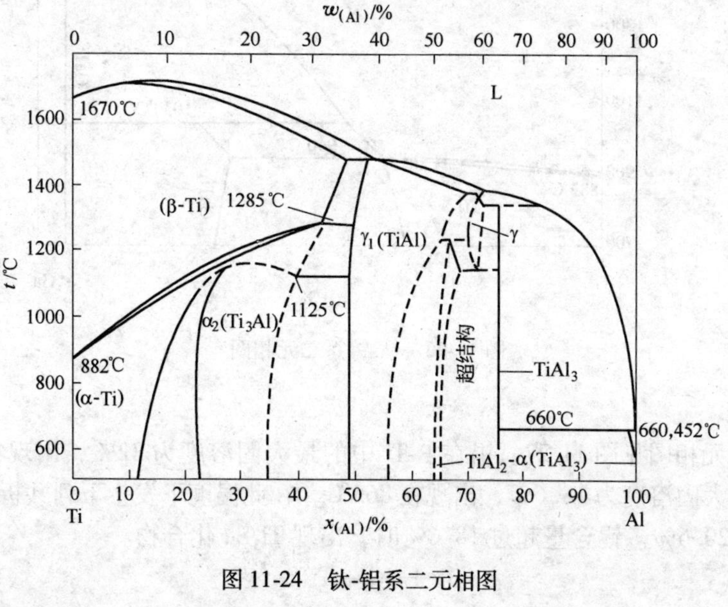

图11-24 钛-铝系二元相图

出现在1460℃和约30%（质量分数）处。在α-Ti 中的最大固溶度出现在1080℃，约为11%，在550℃时，铝在α-Ti 中的固溶度和约7.5%。相图上出现三种化合物，γ(TiAl)、$α_2(Ti_3Al)$和$TiAl_3$相。本系有两个包析反应，分别是1080℃的$(β+α_2)\leftrightarrowα$和1250℃的$(β+γ)\leftrightarrowα_2$；有三个包晶反应，分别是1460℃的$(L+β)\leftrightarrowγ$，1346℃的$(L+γ)\leftrightarrow TiAl_3$和660℃的$(L+TiAl_3)\leftrightarrow(Al)$。

在所发表的Ti-Al系二元相图中，争论的主要焦点是$α_2$相出现的形式和成分范围。对该问题本书倾向于给出的Ti-Al系二元相图富钛部分形式（图11-25），在图11-25中，当铝含量在4.4%（质量分数）以上，在500℃相平衡时，α相析出$α_2(Ti_3Al)$。

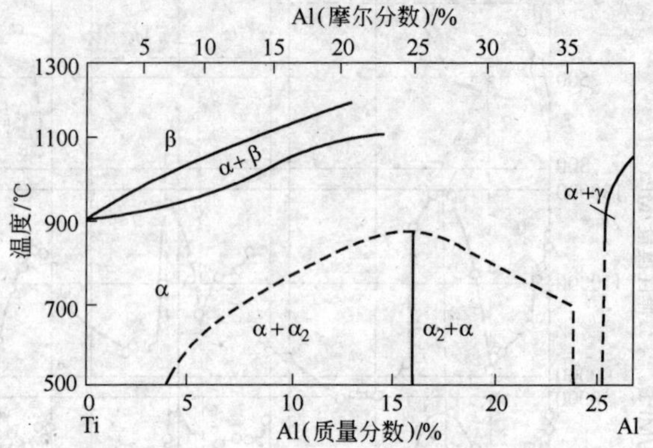

图11-25 另一种钛-铝系二元相图（富钛角）

b 钛-镓系

钛-镓系二元相图见图11-26。镓与铝相类似，提高α/β钛的相变温度，在α-Ti和β-Ti中有相当的固溶度，镓在β-Ti中的最大固溶度出现在1500℃左右和约38%（质量分数）处。镓在α-Ti中的最大固溶度出现在940℃，约为17%（质量分数）。固溶度随温度的降低而降低。该二元系有两个包析转变，分别是940℃的$(β+α_2(Ti_3Ga))\leftrightarrowα$和1030℃的$(β+Ti_2Ga)\leftrightarrowα_2$。

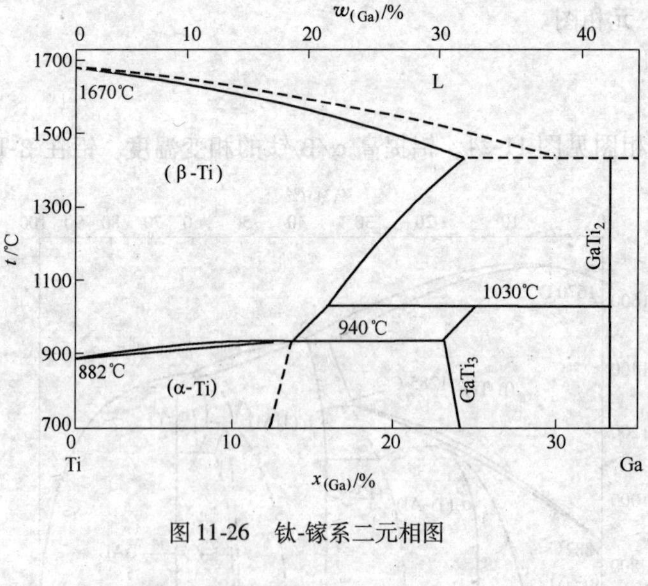

图11-26 钛-镓系二元相图

c 钛-锡系

钛-锡系二元相图见图11-27。锡在β-Ti中的最大固溶度为32%，出现在1605℃。锡在α-Ti中的最大固溶度为18.6%，出现在865℃，在此温度下发生下列共析转变，其共析点的固溶度为20.6%。锡含量超过18.6%时，出现Ti_3Sn化合物。

$$β \longleftrightarrow α + Ti_3Sn$$

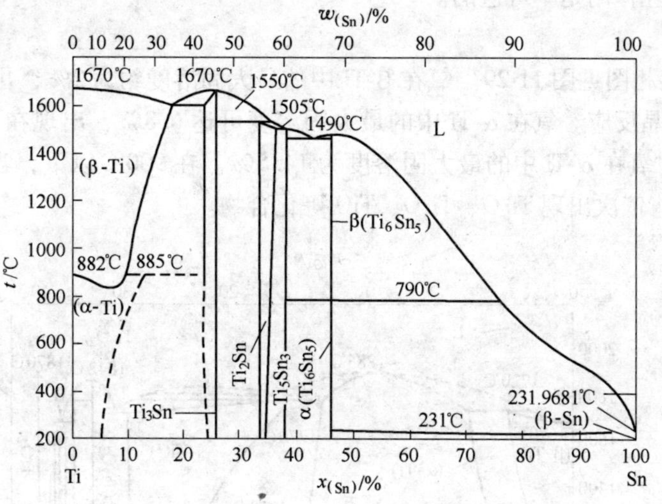

图 11-27　钛-锡系二元相图

锡对(α+β)/β 相转变温度影响不大，可划为中性元素。

d　钛-碳系

钛-碳系二元相图见图 11-28。碳在 β-Ti 中的最大固溶度为 0.8%，出现在 1750℃ ± 20℃。碳在 α-Ti 中的最大固溶度为 0.48%，出现在 920℃ ±3℃。碳在 β-Ti 或 α-Ti 中的固溶度均是随温度的下降而降低。钛-碳系中仅有一种化合物，即以 TiC 为基的 δ 相化合物。

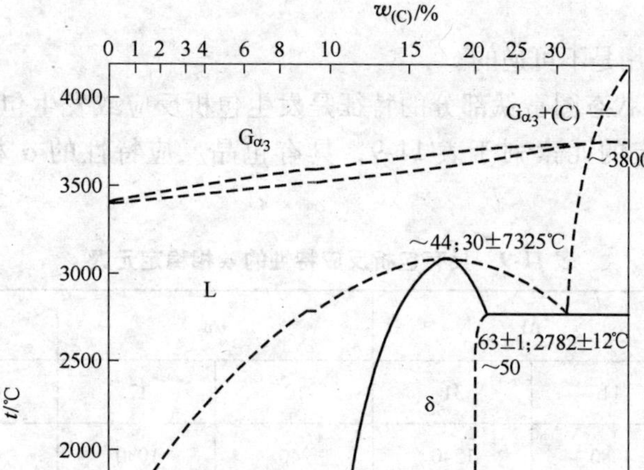

图 11-28　钛-碳系二元相图

钛与碳的交互作用是不可逆的。

e 钛-氧系

钛-氧系二元相图见图 11-29。氧在 β-Ti 中的最大固溶度约为 2%，出现在 1740℃，在此温度下发生包晶反应。氧在 α-Ti 中的最大固溶度可达 6.8%，出现在 900 ~ 1740℃ 温度范围内，700℃ 时氧在 α-Ti 中的最大固溶度为 14.5%。在 900℃ 以下，当合金中氧含量超过 2.8% 时，则将依次出现 Ti_6O、Ti_3O、TiO 等化合物。

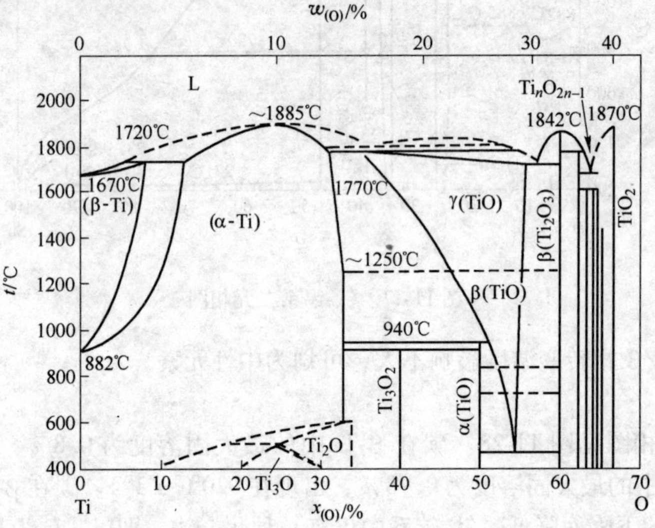

图 11-29 钛-氧系二元相图

钛与氧的交互作用是不可逆的。

这类钛的二元系状态图富钛部分的特征是发生包析反应或发生包晶反应，具有包析反应特性的 α 相稳定的元素列于表 11-9，具有包晶反应特性的 α 相稳定的元素列于表 11-10。

表 11-9 具有包析反应特性的 α 相稳定元素

合金元素	Al		Ga		B①	C①
包析点浓度/%	11	31	10	17	0.05	0.48
包析温度/℃	1080	1240	940	1030	886	920
化合物	Ti_3Al	TiAl	Ti_3Ga	Ti_2Ga	TiB	TiC
化合物熔点/℃	1630	1460	1540	1500	2620	3150
在 β 钛中最大固溶度	1460℃，48.5%	1240℃，35.5%	1500℃左右，约 38%		900℃，0.05%	920℃，0.15%
在 α 钛中最大固溶度	550℃，7.5%	1240℃，31%	940℃，约 17%		886℃，0.05%	920℃，0.48%

①为间隙元素。

表 11-10　具有包晶反应特性的 α 相稳定元素

合金元素	O①	N①		Sn②
包晶点浓度/%	6	4	5	55
包晶温度/℃	1740	2020	2350	1522
化合物	Ti_6O	Ti_4N	Ti_3N	Ti_2Sn
化合物熔点/℃	1780	2600	2930	1663
在 β 钛中最大固溶度	1740℃，2%	2020℃，2%		1605℃，32%
在 α 钛中最大固溶度	700℃，14.5%		2350℃，7%	865℃，18.6%

①为间隙元素；②为中性元素。

B　元素对热处理及组织和性能的影响

铝和镓都可提高钛的(α + β)/β 相变点，10%的铝可将相变点提高到 1080℃左右；镓的能力要弱一些。

铝提高钛的开始再结晶温度，对钛合金马氏体转变开始点（M_s）影响不大。

过量的铝和镓会在使用温度下生成以 Ti_3M 为基的 α_2 有序相。此外，存在于亚稳定 β 相中的铝，可促进 ω 相向 α 相转变，从而减少合金中时效 ω 相的体积分数。其影响见图 11-30。

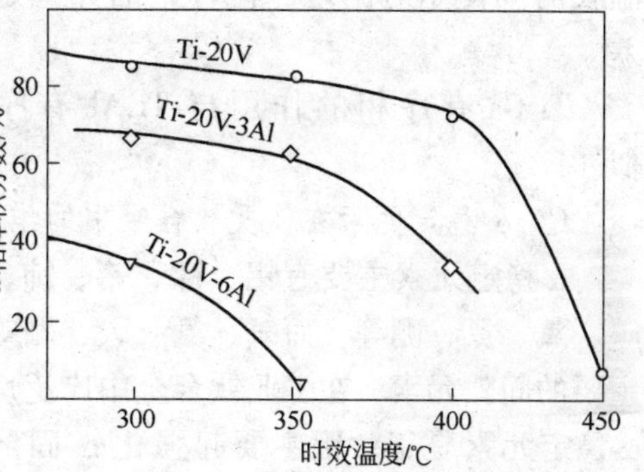

图 11-30　铝对合金中 ω 相的体积分数的影响

铝和镓都能提高钛的室温及高温抗拉强度，对高温塑性影响不大。分别见图 11-31 和图 11-32。

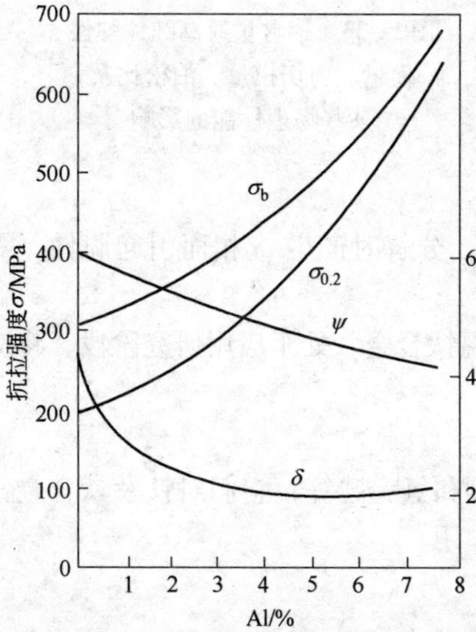

图 11-31　铝含量对高纯钛室温抗拉性能的影响

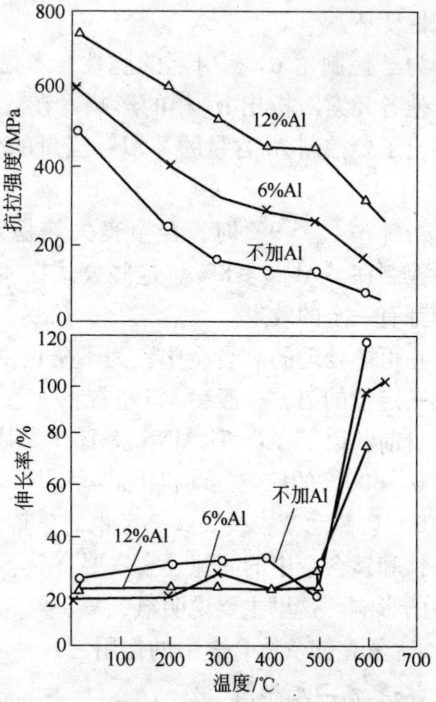

图 11-32　铝含量对高纯钛高温抗拉强度及伸长率的影响

随着铝含量的增加，钛-铝合金的密度和泊松比呈线性下降。在固溶度范围内，铝能有效地提高钛的弹性模量、剪切模量、比电阻及线膨胀系数。当出现 α_2 有序相时，这些性能出现一个峰值（图 11-33）。

在钛-铝合金中出现以 Ti_3Al 为基的 α_2 有序相时，合金的抗拉强度升高，塑性和韧性变坏。这个有序相往往在高温钛合金于高温长时间使用时出现，使合金的热稳定性变差。

Ti_3Ga 有序相的作用与 Ti_3Al 有序相类似。

C α 稳定元素在钛及钛合金中的作用

α 稳定元素主要有铝、镓、锗、铈、钕及碳、氧、氮、硼等，而氧、氮、碳、硼等又是主要的间隙元素。在工业钛合金中广泛应用的 α 稳定元素是铝，铝主要起强化 α 固溶体作用，但过量的铝在使用温度下会生成 Ti_3Al 为基的有序相 α_2 相。这种以 Ti_3Al 为基的 α_2 相存在，会提高合金的抗拉强度，而合金的塑性和韧性变坏。

为了控制由 α_2 相引起的脆性，考虑到铝和其他各元素对析出 α_2 相的影响，在 α 合金中提出了要控制 Al 含量的［Al］当量的公式，参见 11.4.1。

当 $[Al]_{当} > 9\%$ 时，合金丧失热稳定性，一般控制在 $[Al]_{当} \leq 8\%$。这些公式在实际应用中都有一定的效果。

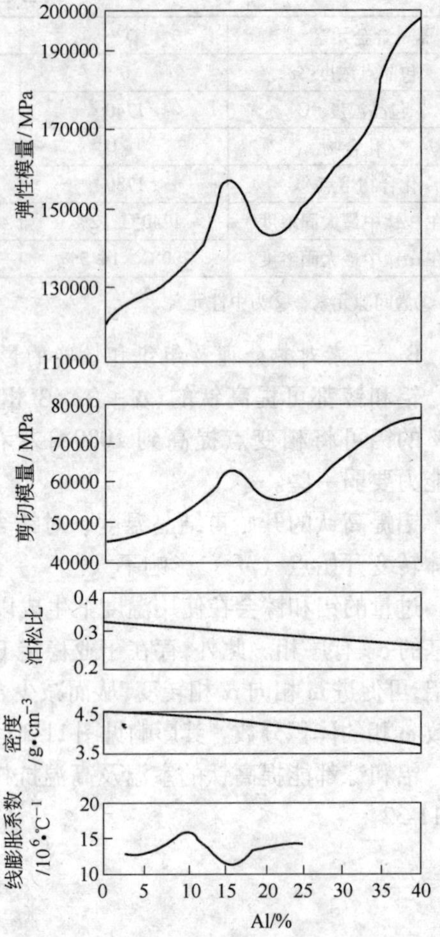

图 11-33 铝含量对高纯钛弹性模量、剪切模量、泊松比及某些物理性能的影响

在可热处理的 β 合金中，为了防止由于亚稳定 β 分解时产生 ω 相而引起脆性，需要添加一定量的铝，一般在 3% 左右。

目前，以 Ti_3Al、Ti_2AlNb 及 TiAl 为基的新型高温钛合金，处于应用研究阶段，将应用在 650 ~ 800℃ 的航空发动机上。

D 间隙元素在钛及钛合金中的作用

钛和钛合金中的间隙元素主要有氧、氮、碳、硼和氢、硅等，它们对钛及钛合金都有不良的影响。这里主要说明氢、氧、氮、碳和硼的作用。

a 氢在钛及钛合金中的作用

钛-氢系二元相图

钛-氢系二元相图见图 11-34。在约 100kPa 下，氢在 β-Ti 中的最大固溶度为 2.0%。在 α-Ti 中的最大固溶度为 0.18%，出现在 319℃，在此温度下发生共析转变，其共析点约为

1.62%。281℃时在 α-Ti 中的最大固溶度为 0.13%，

$$\beta \longleftrightarrow [\alpha + \gamma(TiH_2)]$$

当温度降到125℃时，氢在 α-Ti 中的固溶度急剧下降，约为0.001%～0.0029%。

氢在 α-Ti 和 β-Ti 中的溶解度受温度和压力的影响。钛与氢的交互作用是可逆的。

氢对钛及钛合金组织和性能的影响

氢降低钛的(α+β)/β 相变点，是一种间隙型 β 稳定元素。氢对钛及钛合金性能的影响主要表现为氢脆。

在钛及钛合金中，氢可固溶于 β 相和 α 相，也可以以 γ 相（氢化物）形式存在。总之，以各种不同的情况出现不同的氢脆现象，出现的各种氢脆及其特点见表11-11。

当钛及钛合金中氢含量小于0.020%时，可防止发生氢化物型氢脆。但是，应力感生氢化物型氢脆和可逆氢脆在钛及钛合金中是很难避免的。

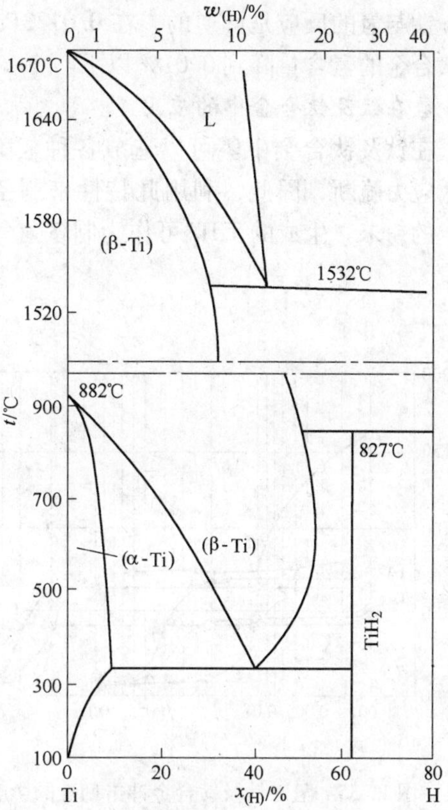

图11-34　钛-氢系二元相图

表11-11　钛及钛合金的氢脆及其特点

氢脆类型	氢脆源	特点
氢化物型氢脆	氢含量超过氢的固溶度时，析出与母相共格的氢化物，它一般呈片状在晶内定向排列	氢脆敏感性随应变速度增加而增加；易出现在 α 合金和 β 稳定元素较少的（α+β）合金中
应力感生氢化物型氢脆	具有一定氢含量的 α 相从高温快速冷却时可以形成氢的过饱和固溶体，它在慢应力作用下可形成氢化物	氢脆敏感性随应变速度增加而减少；应力感生氢化物在应力去除后不能随之消失，因而是不可逆氢脆；这种氢脆主要出现在淬火后的 α 型合金中
可逆氢脆	固溶状态的氢，在慢应力作用下，向晶格缺陷处集中，形成对位错的钉扎作用，引起塑性下降	氢脆敏感性随应变速度增加而减少；去除应力并静置一段时间后，再进行高速变形时，塑性可以恢复，属可逆氢脆，易在 β 稳定元素含量较大的（α+β）和 β 合金中出现

要减少钛及钛合金的氢脆，主要措施是减少氢含量。实践表明，严格控制原材料，采用真空熔炼，在热加工及热处理过程中严格控制加热气体气氛及采取相应的保护措施，可以控制钛及钛合金的氢含量。氢对钛及钛合金冲击韧性的影响见图11-35。氢含量对600℃淬火后TA7合金抗拉性能的影响见图11-36。变形速度对 Ti-10Cr-7V-3.5Mo-3Al 合金固溶处理状态（含氢0.03%）抗拉性能的影响见图11-37。

钛与氢的反应是可逆的，在 0.0133Pa 的真空下，于 600～900℃退火 2～4h，可使钛及钛合金的氢含量降到 0.01%以下。

氢在钛及钛合金中的应用

在钛及钛合金中氢可以造成各种氢脆源，引起低应力脆断，因此，利用此特性来制备钛及钛合金的粉末。生成的 TiH_2 可作为制备氢气的纯氢源。

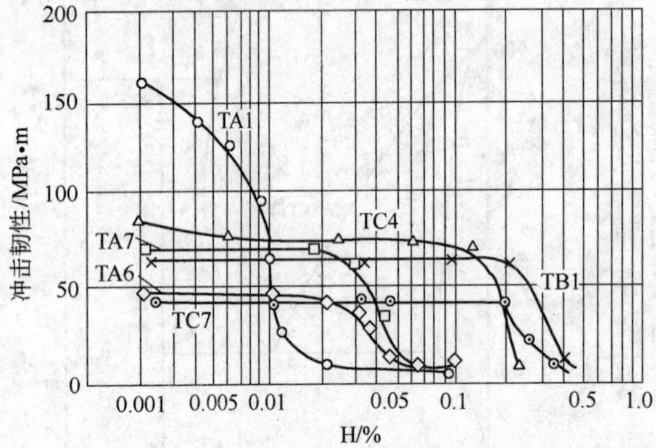

图 11-35 氢对钛及钛合金冲击韧性的影响

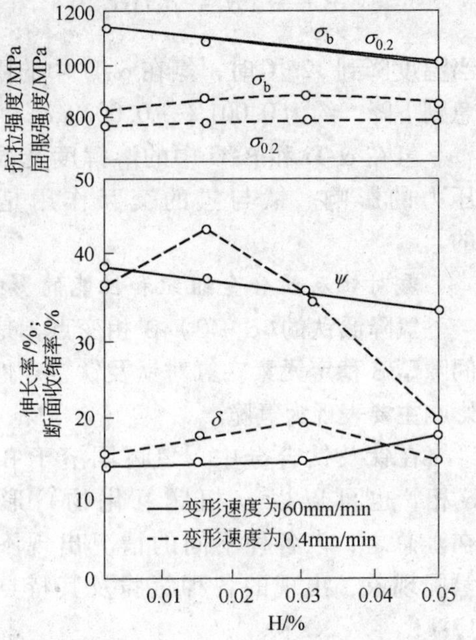

图 11-36 氢含量对 600℃淬火后 TA7 合金抗拉性能的影响

b 氧、氮、碳、硼在钛及钛合金中的作用

二元系相图

钛-氧系二元相图，参见图 11-29。

钛-氮系二元相图，见图 11-38。氮在 β-Ti 中的最大固溶度约为 1.9%，出现在 2020℃ ±

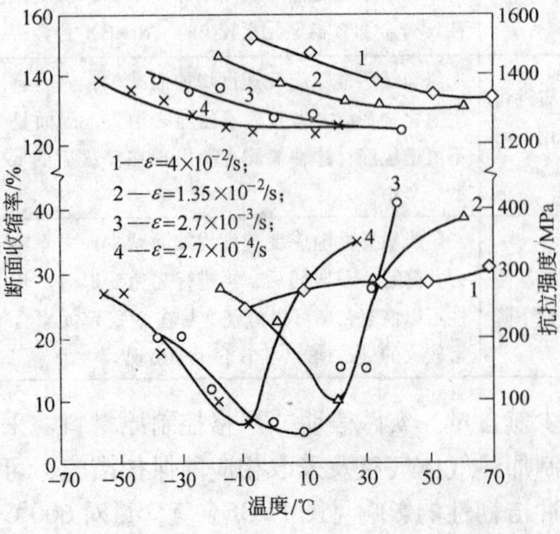

图 11-37 变形速度对 Ti-10Cr-7V-3.5Mo-3Al 合金固溶处理状态（含 0.03%氢）抗拉性能的影响

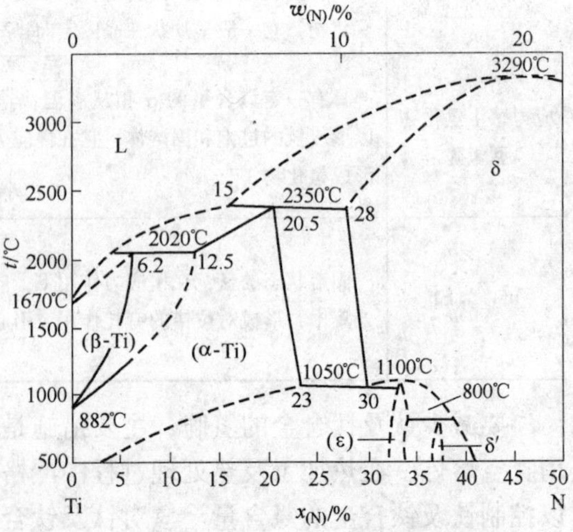

图 11-38 钛-氮系二元相图

25℃，在此温度下发生包晶反应：(L+α)⟷β；第二个包晶反应：(L+δ)⟷α，在2350℃±25℃进行。氮在α-Ti中的最大固溶度可达6.85%，出现在1000～2350℃温度范围内。在1050℃，由于包析转变的结果，生成ε相。出现两种化合物：ε相和δ相。ε相是以Ti_4N或Ti_3N为基的化合物相，具有复杂的四方晶格，$a=0.492nm$，$c=0.561nm$，$c/a=1.05$；δ相是以TiN为基的化合物。

钛与氮的相互作用是不可逆的。

钛-碳系二元相图，参见图11-28。

钛-硼系二元相图，见图11-39。硼在β-Ti中的最大固溶度约为0.1%，出现在1670℃±25℃，在此温度下发生包晶反应。硼在α-Ti中的最大固溶度约为0.05%，出现在886℃±4℃。硼与钛作用可以生成Ti_2B、TiB、TiB_2等化合物，主要的化合物是TiB。

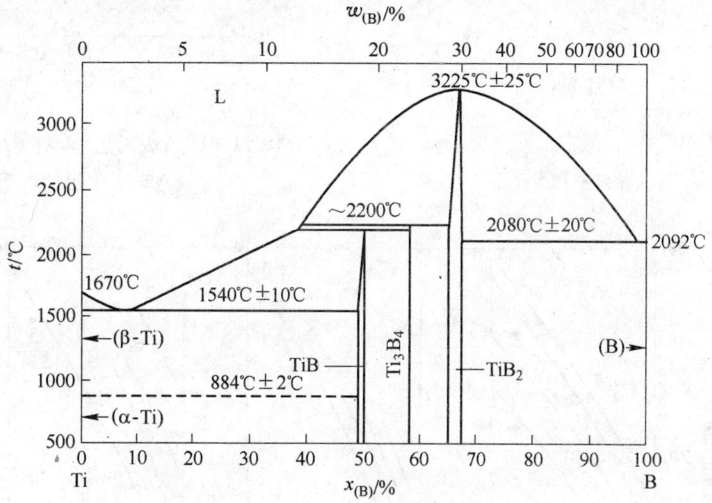

图11-39 钛-硼系二元相图

对热处理及组织的影响

氮、氧、碳、硼都可提高钛的(α+β)/β相变点。在规定的含量范围内，每增加0.01%，对(α+β)/β相变点的增加值分别为5.5℃、2.0℃、2.0℃（总含量大于0.15%时）、0.15℃、1.0℃，按氮、氧、碳、硼的顺序递减。若按钛及钛合金中允许的最大含量计算（氮<0.05%、碳<0.10%），对相变温度的影响就按氧、氮、碳的顺序递减。

氮、氧、碳、硼均提高钛的开始再结晶温度，参见图11-12。

氮和氧还会促进亚稳定β相的分解，使“C”形曲线向右推移（见图11-40）。

此外，氧有促进ω相分解的作用，从而减少ω相的体积分数。

氮、氧、碳都可提高钛的室温抗拉强度，其强化效果按氮、氧、碳的顺序递减。图11-41给出了这些元素对退火状态碘化钛室温抗拉性能的影响。图11-42给出了氮、氧，碳、氮，碳、氧同时加入对钛的硬度的影响。显然，氮、氧同时存在，强化效应最高，碳、氧同时加入强化效果最弱。

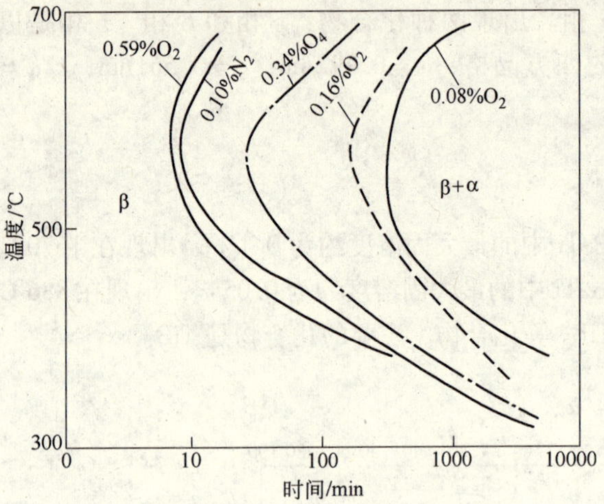

图 11-40 氧、氮含量对 TB1 合金“C”形曲线的影响

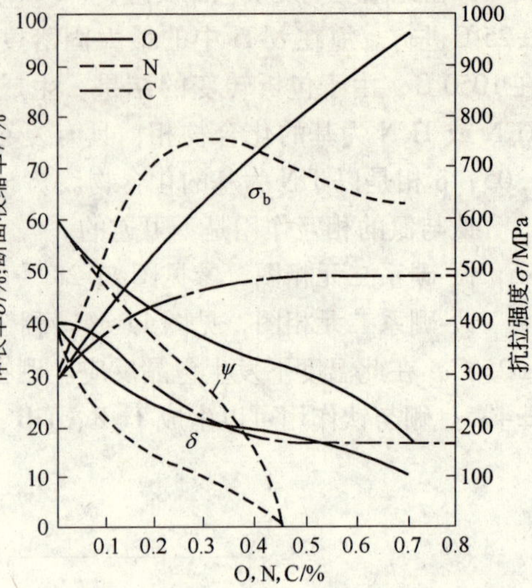

图 11-41 氧、氮、碳对退火碘化钛室温抗拉性能的影响

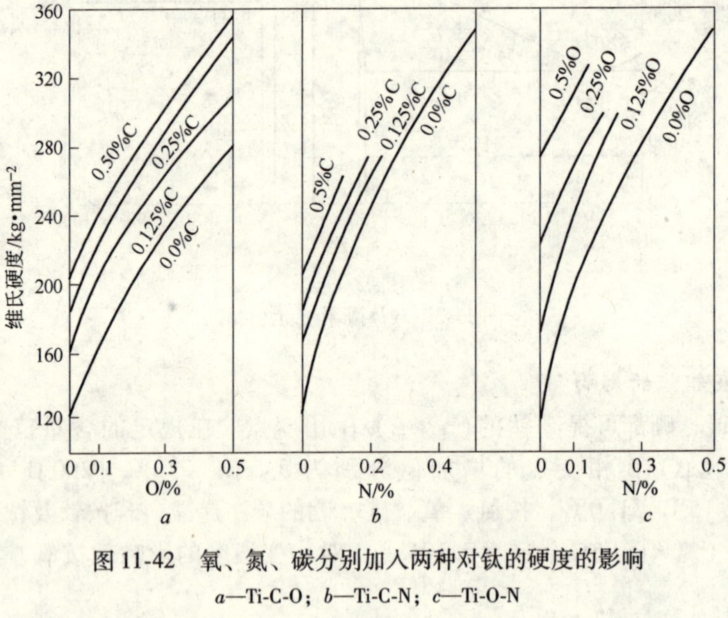

图 11-42 氧、氮、碳分别加入两种对钛的硬度的影响

a—Ti-C-O；*b*—Ti-C-N；*c*—Ti-O-N

氧、碳、氮、硼都有提高钛的弹性模量的作用，见图 11-43。显然，碳和硼的作用最大。

除硼外，氧、氮、碳均是钛及钛合金的杂质元素，因此，规定了它们的最高含量。对于低温钛合金，由于氮、氧和碳能提高钛合金的塑-脆转变温度，应尽量降低它们的含量，特别是氧含量。国内外出现的“ELI”级合金，就是间隙元素含量低，可改善合金的低温性能，提高合金常温韧性指标。

硼作为合金元素，不仅可以提高合金的弹性模量，而且可以细化晶粒。一般在钛合金中以微量使用。氧、碳、氮、硼对纯钛弹性模量的影响见图 11-43。

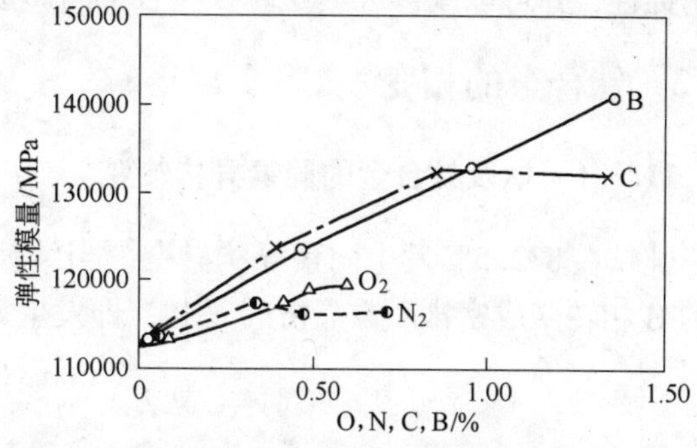

图 11-43　氧、碳、氮、硼对纯钛弹性模量的影响

E　中性元素在钛及钛合金中的作用

钛及钛合金中，中性元素主要有锆和锡。

二元相图

钛-锆系二元相图参见图 11-4。

钛-锡系二元相图参见图 11-27。

对热处理及组织和性能的影响

锆和锡都能降低(α + β)/β 相变点。

锆降低钛的 M_s 点；锡对钛的 M_s 点影响不大。它们对钛的 M_s 点影响与 β 稳定元素相比要小得多。

锡和锆可以通过稳定 β 相的作用，减少 ω 相的体积分数。

锡和锆在 α 钛和 β 钛中均有较大的固溶度，它们都能使纯钛的室温抗拉强度升高，塑性下降。锆的影响见图 11-5。锆和锡还能提高钛的高温拉伸性能。锆和锡的影响分别见图 11-6 和图 11-44。此外，它们还能提高钛的电阻率，见图 11-45。

在钛及钛合金中的应用

锆和锡在钛及钛合金中主要起固溶强化作用。在 α 钛合金中，它们与铝一起还起稳定 α 相的作用。在 α 和（α + β）合金中，还应用锆来提高合金室温及高温的抗拉强度和耐热性能，如 TA8 合金中有 1.5% 锆。在可热处理 β 型合金中，锆和锡作为抑制 ω 相的元素来使用。

锆可以通过抑制 ω 相的作用，提高 Ti-15Mo 合金

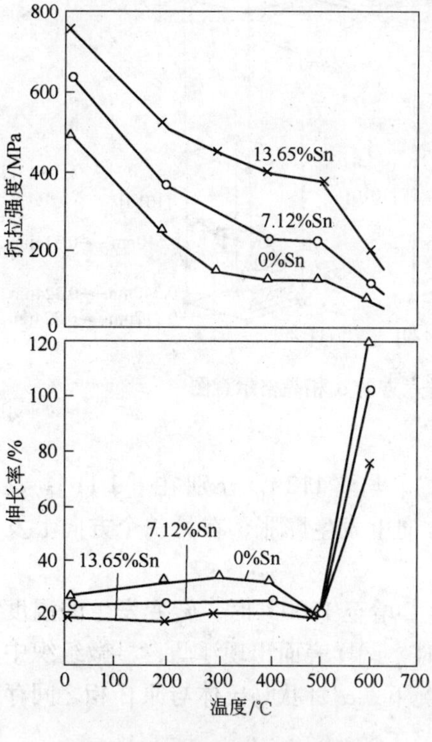

图 11-44　锡对退火状态纯钛高温抗拉性能的影响

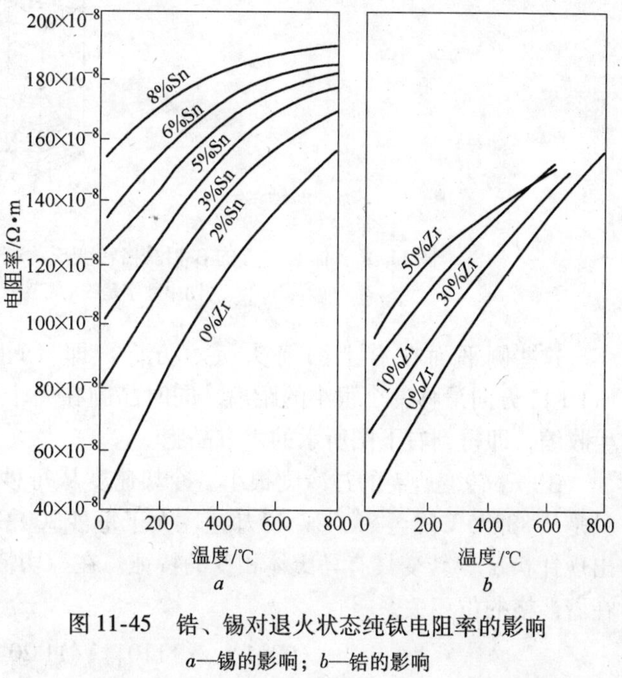

图 11-45　锆、锡对退火状态纯钛电阻率的影响

a—锡的影响；*b*—锆的影响

的耐蚀性，并可以改善可热处理β型合金的焊接接头塑性。

11.3 钛合金的相变

11.3.1 钛及钛合金的同素异构转变

纯钛在882.5℃发生同素异构转变。当纯钛自高温缓慢冷至882.5℃时，体心立方晶格的β相转变成密排六方晶格的α相，即发生如下同素异构转变：

$$\beta(\text{体心立方}) \xleftrightarrow{882.5℃} \alpha(\text{密排六方})$$

从体心立方晶格转变成为密排六方晶格的过程可用图11-46来说明。图的左边是一个β相的体心立方晶胞，左二表示一个从体心立方晶格中分离出来的体心正方晶胞，由$\{110\}_\beta$（正方体的上下两个底平面）及$\{211\}_\beta$（正方体的侧平面）所组成。

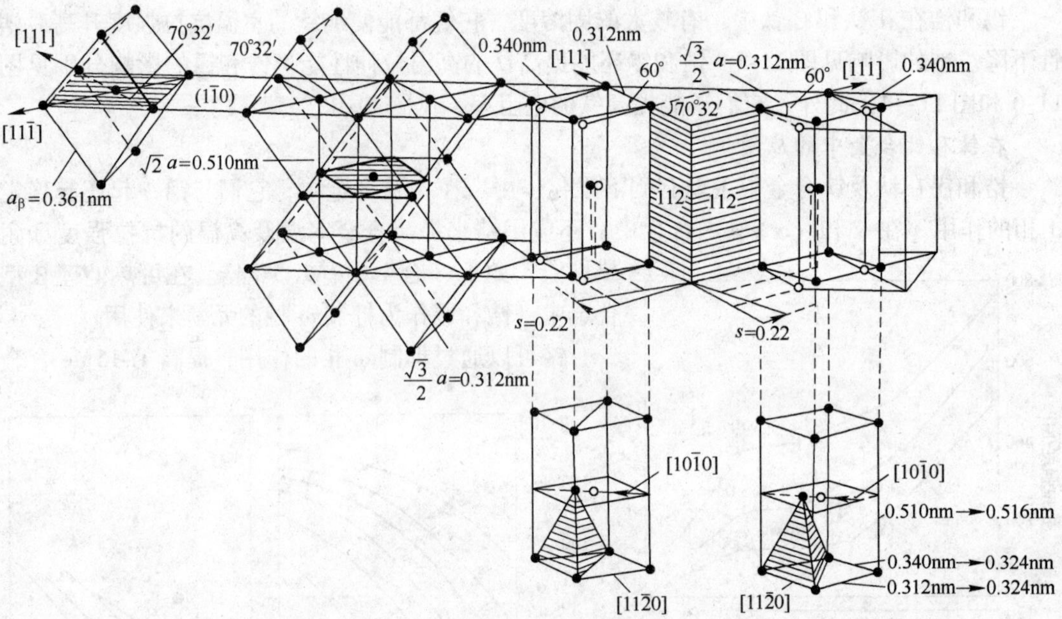

图11-46 体心立方的β相晶格转变成为密排六方的α相晶格示意图
（图中数字是锆的晶胞尺寸）

这些侧平面在右上图箭头所示方向，即$(1\bar{1}2)_\beta$与$(112)_\beta$分别在$[1\bar{1}1]_\beta$及$[11\bar{1}]_\beta$方向滑移一个很小的距离，同时晶胞在一个方向上发生膨胀，在另一个方向上发生收缩，即得到右下图所示的六方晶胞。

β→α转变所需的过冷度很小。冷却速度从每秒4℃增至1000℃时，转变发生的温度只是从882.5℃降至850℃。冷却速度大于每秒200℃时，试样表面出现浮凸，显微组织中出现针状α′，转变具有马氏体相变的特征。在一切情况下，α′针状马氏体与原β相之间存在着严格的位相关系：

$$(0001)_{\alpha'}//\{110\}_\beta,\langle 11\bar{2}0\rangle_{\alpha'}//\langle 111\rangle_\beta$$

因为纯钛有同素异构转变，所以钛合金也都有这一转变，只是转变温度随所含合金元素的性质和数量而不同（见图11-3）。

钛合金中的同素异构转变温度，即α↔β或（α+β）↔β的转变温度，对合金成分极为敏感。同一合金，由于炉次不同，甚至同一炉次的合金，由于成分上的波动（包括所含氧、氮等杂质元素的差异），其β转变温度可能相差5~70℃，一般相差40℃左右，在制定钛合金热加工工艺时，必须考虑这一特点。

由于β相中原子的扩散系数大，钛合金的加热温度超过相变点后，β相的长大倾向特别严重，极易形成粗大β晶粒组织，这一点在制定钛合金的热加工工艺时也必须注意。

实验表明，具有同素异构转变的钛合金不能像钢那样利用同素异构转变进行重结晶，使奥氏体晶粒细化。不进行塑性变形，单纯利用同素异构转变进行重结晶退火，不能使钛合金的β粒细化。

11.3.2 β相在快冷（淬火）过程中的相变

钛合金自高温快速冷却（淬火）时，因合金成分的不同，β相可以转变为马氏体α′（或α″）、ω或过冷β等亚稳定相，其相变过程如下：

11.3.2.1 马氏体相变

如图11-47所示，含β稳定元素的合金自β相区缓慢冷却时，将从β相中析出α，其成分随温度下降沿AC_{α}曲线变化；β相的成分则沿AB曲线变化。当快速冷却时，由β相析出的过程来不及进行，但是β相的晶格结构，不易被冷却速度所抑制，仍然发生了转变。这种原始β相的成分未发生变化，但晶格结构发生了变化的过饱和固溶体便是马氏体。若β稳定元素含量不大，则β相的晶格将由体心立方晶格转变为密排六方晶格。这种具有六方结构的过饱和固溶体称为六方马氏体，一般以α′来表示。若β稳定元素含量较大，则β相的晶格转变时阻力较大，不能转变为密排六方晶格，而是转变为斜方晶格。这种具有斜方晶格的马氏体成为斜方马氏体，一般以α″来表示。

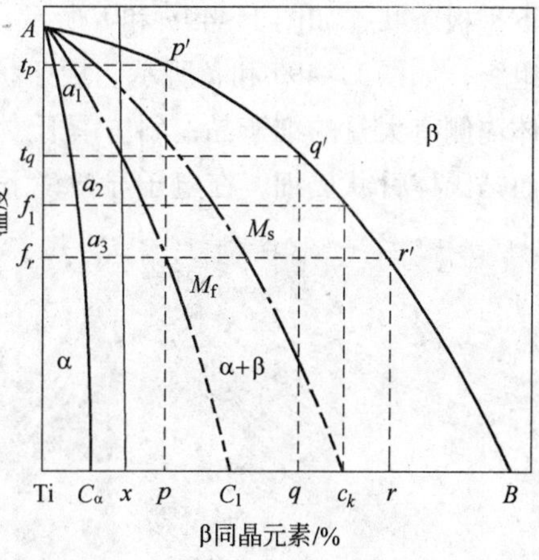

图11-47 马氏体转变开始温度M_s及终了温度M_f与成分的关系

β、α′（或α）与α″相的晶体结构之间的关系如图11-48所示。其中图11-48*a*和图11-48*b*分别为体心立方及六方晶格，并在其中分离出一个晶格常数为*a*、*b*、*c*的斜方晶胞。三个结构的差别以原子滑移参数*y*及晶格常数和对*a*边的角度的变化来表示。合金元素含量不大时，β晶格的改组进行到底，形成密排六方的α（α′）（图11-48*b*）；当合金元素含量大时，原子的移动停留在某一中间阶段，即得斜方马氏体（图11-48*c*）。所以，可以认为马氏体转变是一个切变相变，在转变时β相中的原子做集体的、有规律的进程迁移，迁移距离较大时，形成α′；迁移距离较小时，形成斜方α″。

马氏体相变开始温度M_s与相变终了温度M_f决定于合金的化学成分。一般说来，β稳

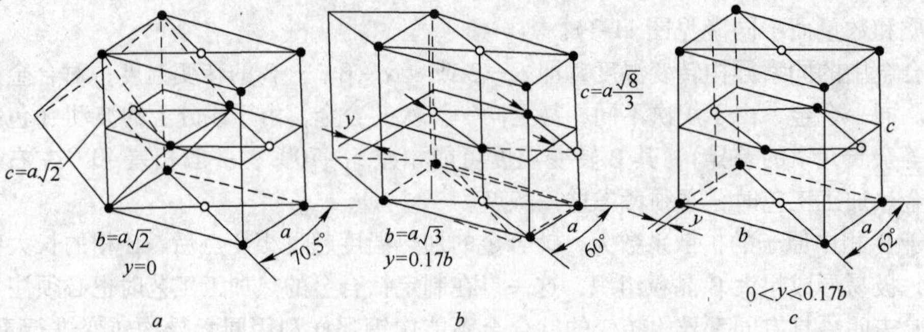

图 11-48 面心立方的β相、密排六方的α（或α′）及斜方的α″的结晶构造之间的关系

a—面心立方的β相；*b*—密排六方的α（或α′）；c—斜方的α″

定元素含量越高，相变过程中晶格改组的阻力就越大，因而转变所需要的过冷度越大，M_s及M_f点越低。

六方马氏体有两种组织组态。合金元素含量少时，M_s点高，形成块状，在电子显微镜下呈板条状，如图 11-49*a* 和 *b* 所示；合金元素含量较高时，M_s点降低，形成针状马氏体组织，如图 11-49*c* 和 *d* 所示。板条状马氏体内有密集的位错，基本上没有孪晶；针状马氏体内侧有大量的细孪晶；斜方马氏体α″则由于合金含量更高，形成温度（M_s）更低，因而马氏体针状更细，在电子显微镜下可以看到密集的孪晶结构，如图 11-49*e* 所示。

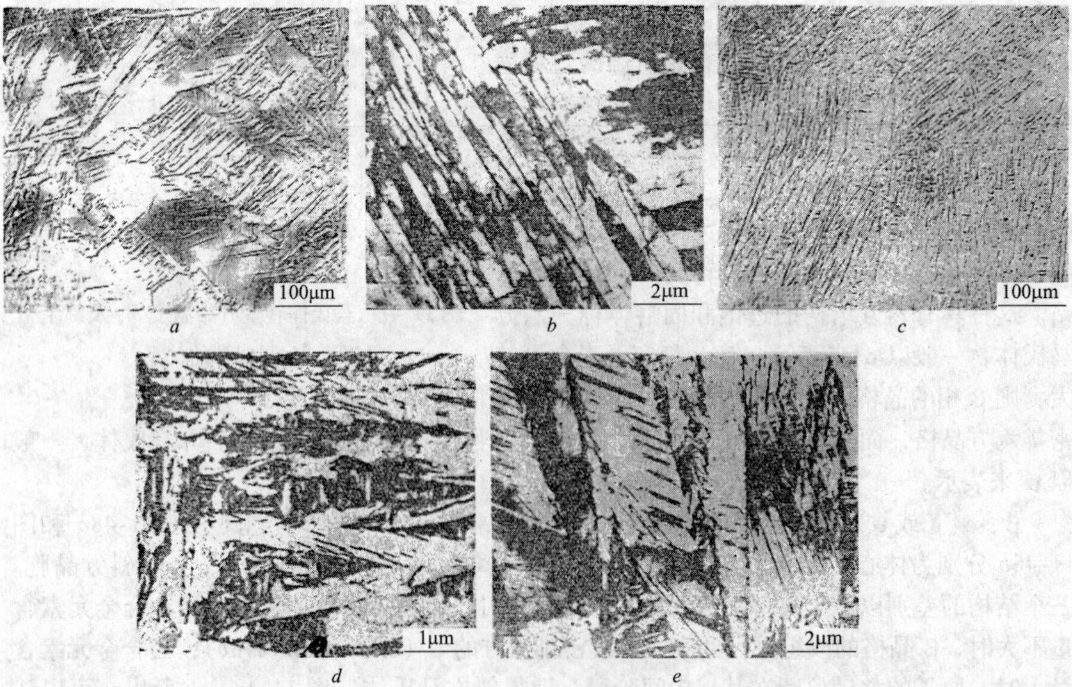

图 11-49 钛合金马氏体的组织形态

a，*b*—六方马氏体α′；*c*，*d*—*a*、*b* 的 TEM 照片；

e—斜方马氏体的 TEM 照片，照片中可以看到密集的孪晶结构

试验表明，在二元钛合金中斜方马氏体α″，只是在钛的原子半径与合金元素的原子半径比（R_{Ti}/R_X）小于1.07时才能形成。在与钛形成共析反应的二元系中，不形成α″。

钛合金的马氏体不像钢的马氏体那样强烈地提高合金的强度和硬度。钛合金的马氏体α′的硬度略高于α固溶体，对合金有较小的强化作用。当合金中出现斜方马氏体α″时，强度、硬度，特别是屈服强度甚至显著下降（见表11-12）。

表11-12　Ti-5.5Al-2Mo-1Fe合金的硬度与相组成

淬火温度/℃	相组成	β相含量/%	硬度HB
600	α+β	13	360
850	α+α′+β	7	290
1050	α′	0	400

钛合金中的马氏体α′对合金强化作用不大，是因为它是置换式的过饱和固溶体（钢中的马氏体是间隙式过饱和固溶体）。至于斜方马氏体使合金软化的原因，尚需研究。

11.3.2.2　ω相变

成分在临界浓度（图11-47中的c_k）附近的合金，自高温淬火后，强度、硬度大幅度增加。经电子显微镜及X射线结构分析证明，这种剧烈的强化是由于合金中形成了一种新相——ω相。这种新相总与β相共生，并与之有共格关系。像其他共格相一样，其尺寸很小，高弥散度、密集，体积分数可达80%以上。在光学显微镜下观察不到，在电子显微镜下的形貌如图11-50所示。

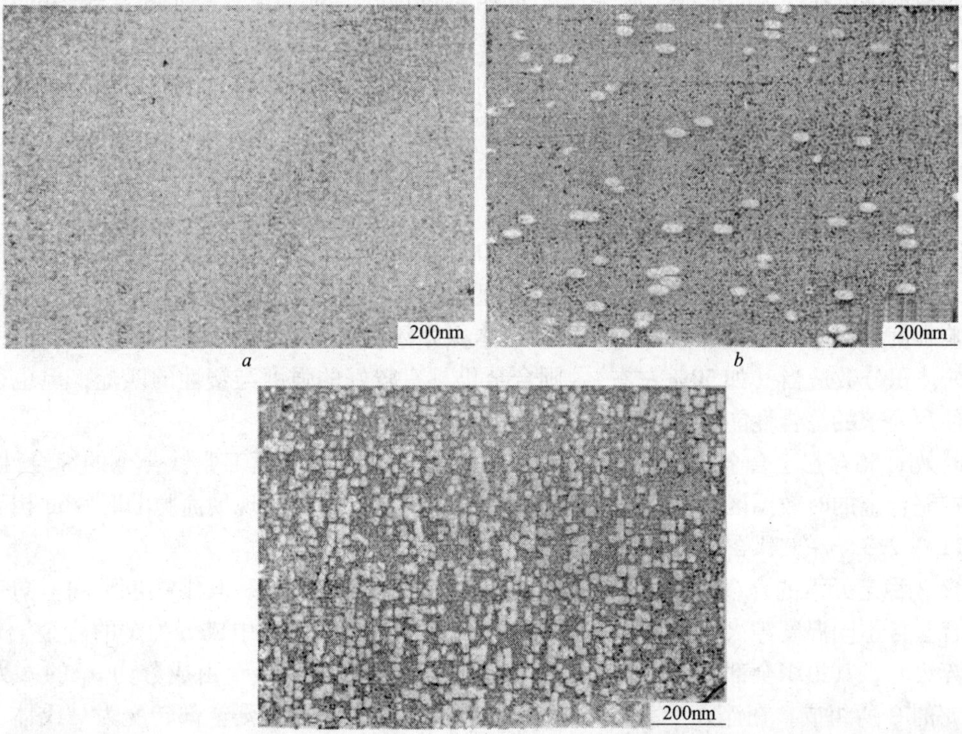

图11-50　ω相的形态（暗场电子显微镜照片）

a—Ti-11.5Mo-4.5Sn-6Zr合金，900℃淬火ω相；*b*—Ti-10Fe合金，时效ω相（椭圆体）；*c*—Ti-11.5Mo-4.5Sn-6Zr合金，时效ω相

ω 相的形态决定于合金元素的原子与钛原子的半径差别。当原子半径较接近时，ω 相与 β 相晶格的吻合程度较好，因而由共格引起的应变能很低。此时，对 ω 相形态起主要作用的是表面能，因而 ω 相呈椭圆形。反之，原子半径差别较大时，界面应变能起主要作用，ω 相呈立方体形。

X 射线结构分析表明，ω 相具有六方晶格，其单晶胞如图 11-51 所示，与 β 相的位向关系为：

$$[0001]_{\omega}//[111]_{\beta},(11\bar{2}0)_{\omega}//(1\bar{1}0)_{\beta}$$

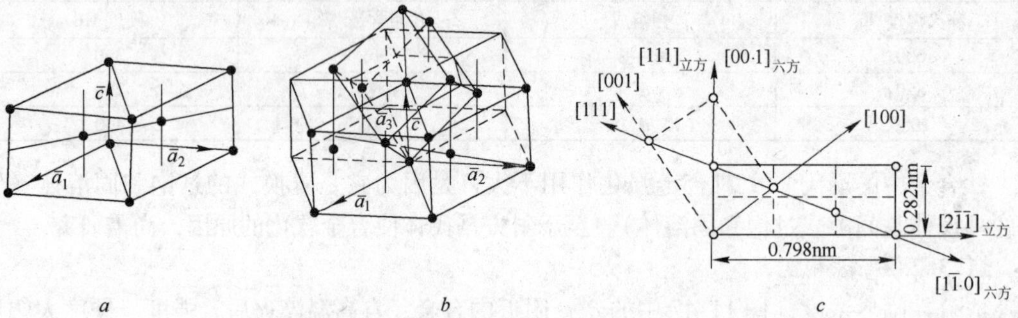

图 11-51 ω 相单晶胞及其与 β 相的关系原子在 $(0\bar{1}1)_{\beta}$ 面上的分布情况

a—ω 相单晶胞；*b*—ω 相与 β 相的关系；*c*—原子在 $(0\bar{1}1)_{\beta}$ 面上的分布

在淬火过程中，β →ω 的转变是无扩散型相变，极快的冷速也不能抑制其进行。

ω 相不仅可在淬火时形成，称为淬火 ω 相，即 $\omega_{淬火}$。对于含 β 稳定元素较多的合金，淬火时虽不能形成 ω 相，但淬火得到的亚稳定 β 相在 500℃ 以下时效时也可转变为 ω 相。时效过程中，亚稳定 β 相内部发生溶质原子的偏聚，使许多微观区域内溶质原子富集，相邻的区域则贫化。继续加热时，贫化区即转变为 ω 相，称为时效 ω 相，即 $\omega_{时效}$。

将时效 ω 相加热到较高的温度，ω 相即消失。因此，人们认为，ω 相是 α 与 β 之间的一种过渡相。

时效 ω 相是一个硬而脆的相（HB 约为 500，$\delta = 0$），位错不能在其中移动。合金中出现时效 ω 相时，其强度、硬度、弹性模量都显著提高，但塑性急剧降低。对合金力学性能的影响程度取决于时效 ω 相的体积分数，当体积分数达到 80% 以上时，合金无宏观塑性。ω 相的体积分数适当（如 50% 左右），则合金仍具有较好的强度与塑性的匹配；但也很难满足使用要求的综合性能。

时效 ω 相存在于合金的“C”形曲线的某温度区间，为保证工业钛合金的综合性能，严格控制合金的时效温区范围，可以实现工业钛合金组织中不出现硬而脆的时效 ω 相。

11.3.2.3 淬火钛合金的亚稳相图

含 β 稳定元素的合金淬火时，因合金成分及淬火温度的不同，其组织也不同。同一成分的合金自不同温度淬火也可获得不同的组织。例如，图 11-47 中成分为 x 的合金，自 β 相区淬火时，其组织全部为马氏体；该合金加热至 t_p 温度时，合金由成分为 a_1 的 α 及成分为 p' 的 β 所组成，在淬火至室温的过程中，α 相无相变，β 相则全部转变为马氏体，所得组织为：α + 马氏体；该合金加热至 t_q 温度时，α 相与 β 相平衡的成分分别为 a_2 及 q'。在淬火至室温的过程中，α 相无相变，β 相则发生马氏体转变，但未进行到底（因为此时 β 相的马氏体转变终了温度 M_f 低于室温），合金中还剩余一部分未转变的亚稳定 β 相，所得组织为：α + 亚稳 β + 马氏体；该合金加热至 t_r 温度时，α 相无相变，由于在此温度下平衡的 β 相的成分为 r'，在淬火过程中不发生马氏体转变。但是，该成分的 β 相接近临界浓度，合金淬火时将出现 $\omega_{淬火}$，所以合金的淬火组织为：α + β（ω）。显然，任何成分的钛合金，加热至 t_1 温度时，其 β 相的成分均为临界浓度 c_k，在此温度淬火至室温不形成马氏体。t_1 一般称为临界淬火温度，在此温度以上淬火可得马氏体，在此温度以下淬火不形成马氏体。

将不同成分的合金自不同温度淬火所得淬火组织表示在相图上，即得到如图 11-52*a* 所示的亚稳相图。自 β 相区淬火后，合金的硬度与成分的关系如图 11-52*b* 所示。曲线上的第一峰值是由于合金中出现 α′所引起；第二个峰值是由于合金中出现 ω 相所引起。利用亚稳相图可以知道任一合金自任一温度淬火所得组织及大致的力学性能，所以亚稳相图可以帮助正确制定热处理工艺。

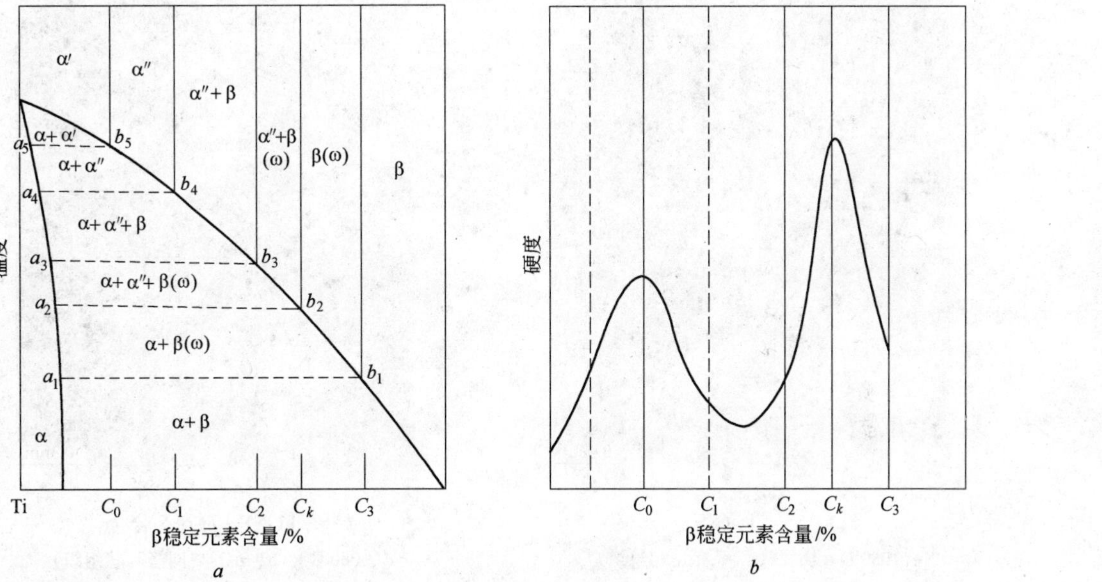

图 11-52 不同 β 稳定元素含量在不同温度淬火相图及 β 相区淬火硬度与成分关系
a—钛与同晶型 β 稳定元素二元系亚稳相图的示意图；*b*—自 β 相区淬火后合金的硬度与成分的关系示意图

合金元素含量大于临界浓度 c_k，但不超过某一成分范围的合金，淬火所得的亚稳定 β 相受到应力作用，将转变为马氏体，称为应力诱发马氏体。这种马氏体具有低的屈服强度，高的应变硬化速率及均匀伸长率，并有较大的塑性。在需要流动应力小，均匀伸长高的地方，如拉伸成型等，可以利用此特性。

11.3.3 β 相在慢冷（炉冷或空冷）过程中的相变

钛与 β 稳定元素组成的合金系中，位于两相区的合金自 β 相区缓慢冷却时，将自 β 相及 β 相的成分则分别沿各自的溶解度曲线（图 11-47 的曲线 AC_α 及 AB）变化。

α 相的析出过程，是一个形核和核长大的过程，形核位置、晶核数量、长大速率与合金的成分及冷却条件有关。当冷却速度很慢时，由于产生的过冷度很小，晶核只能在晶界上形成，并在晶界区长大为晶界α。而后，许多在晶界区的晶核从晶界向晶内生长，形成位向相同、相互平行的长条状组织，一般称为平直α组织（见图11-53）。若冷却速度不够慢时，则在晶粒内部也可形核，并长成独自的α片丛；若冷却速度极慢，可能整个晶粒就成为一个丛，α片从晶界形核，向晶内生长，贯穿整个晶粒。

α丛的大小受许多因素的影响。一般说来，加热温度越高，保温时间越长，β稳定元素含量越多，β相变点越低，冷却越慢及在β相区的变形加工量越小，则α丛将越大。当加热温度较低或冷却速度较快时，形核位置及晶核数量增多，故每个α丛中相互平行的α条数变少、变宽，而且互相交错，有如宽针状，称为“网篮”状组织（见图11-54）。

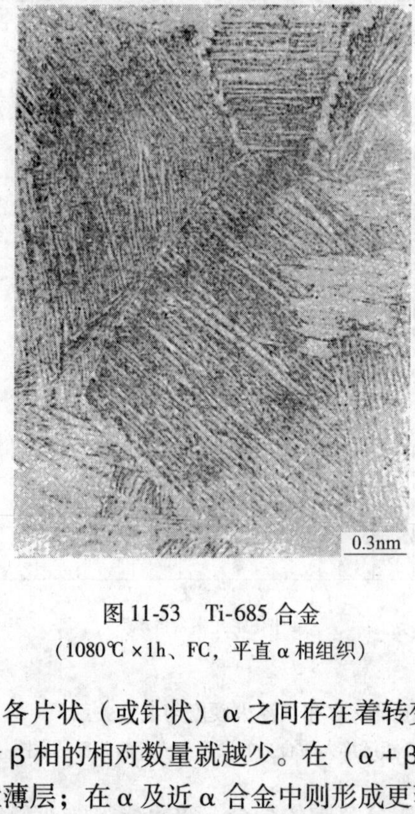

图11-53 Ti-685合金
（1080℃×1h、FC，平直α相组织）

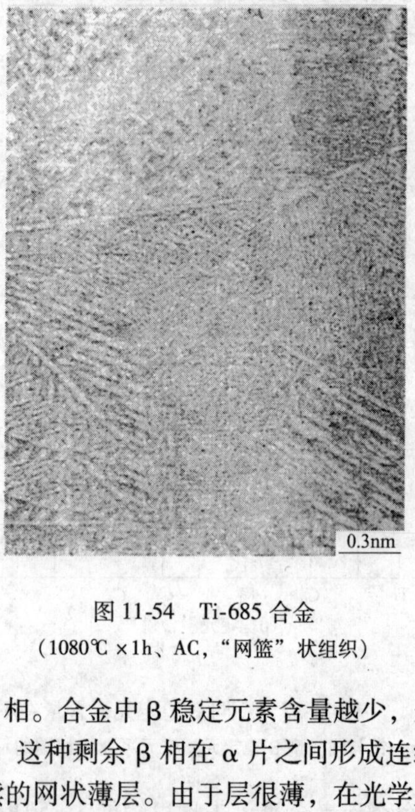

图11-54 Ti-685合金
（1080℃×1h、AC，“网篮”状组织）

各片状（或针状）α之间存在着转变剩余的β相。合金中β稳定元素含量越少，这种剩余β相的相对数量就越少。在（α+β）合金中，这种剩余β相在α片之间形成连续的网状薄层；在α及近α合金中则形成更薄的不连续的网状薄层。由于层很薄，在光学显微镜下宛如晶界或相界面。应当指出，这种片间薄层的成分及数量随合金的加热温度及冷却速度而变化。冷却速度很慢时（例如每小时21℃），片间β层将分解析出α（极细针状），如图11-55所示；冷却速度较快时，则不分解，但在适当条件下（例如温度升高）还会发生分解。

（α+β）相合金从两相区慢冷时，由于冷却开始时合金组织中已有α相存在，故冷却过程中析出的α相可在β晶界上形核，也可在原来的α相的界面上形核。在α界面上形核析出的α相的位向与原先存在的α相的位向不同，其厚度与冷却速度有关，冷却速度越慢，厚度越大。在晶内形核析出的α相与残余β形成混合并存，称为β转变组织。上述组织的细微变化对合金性能会产生显著影响。

β/α界面相。由于透射电镜技术的发展，发现了钛合金中在α与β的界面上往往存在

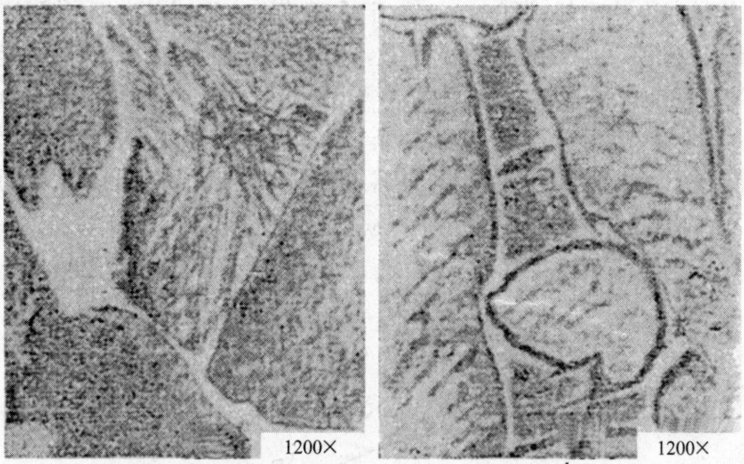

a　*b*

图 11-55　Ti-6Al-4V 合金 α 片间 β 层析出的极细针状 α

（自 1025℃以 21℃/h 缓慢冷却）

一种界面相，如图 11-56 所示。界面相一般由两层组成，靠近 β 一侧的层呈整块状，具有面心立方晶格；靠近 α 一侧的层，由密集直条组成，并延伸到 α 相中，具有密排六方晶格。

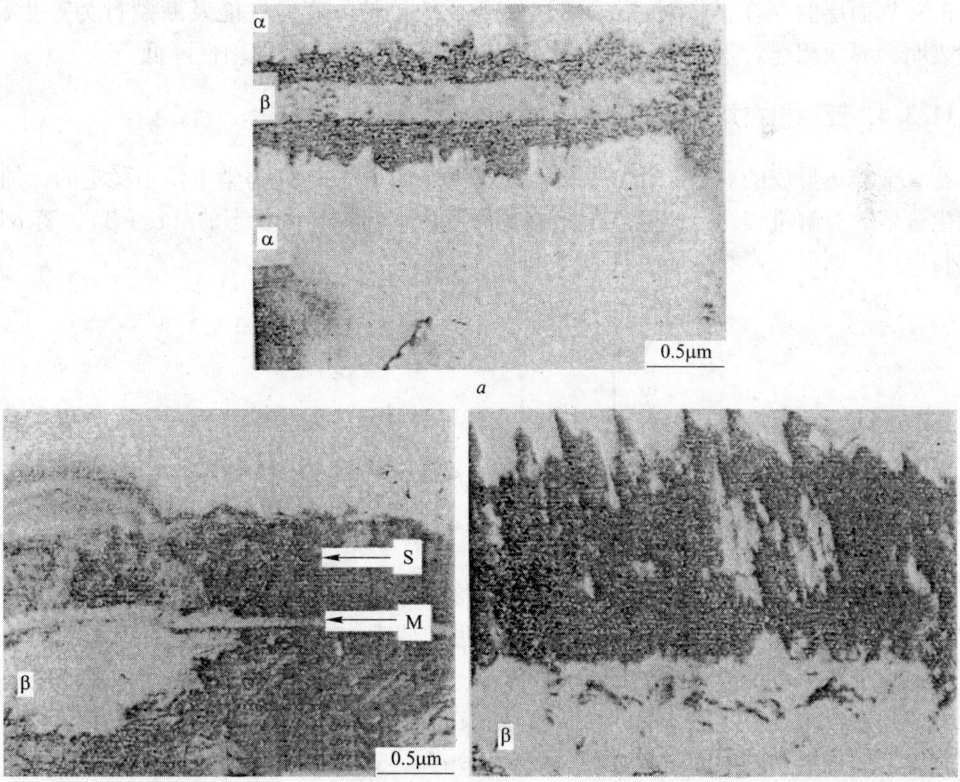

a　*b*　*c*

图 11-56　Ti-6Al-4V 合金中 α 与 β 之间的界面相

a—全貌；*b*—M 为整块层，S 为密条层；*c*—密条层的精细结构

此种界面相是在连续冷却过程中，在一定温度范围内形成的（Ti-6Al-4V 合金于 816℃以下形成）。界面相的厚度是冷却速度的函数（见图 11-57）。对 Ti-6Al-4V 合金来说，当冷却速度为 28℃/h，界面相的厚度为最大值。等温加热过程中界面层不长大，冷却停止在 815℃以上时，界面层不形成；冷至 760℃以下，主要形成密条层。由于整块层 M(图11-56*b*)位于 β 相一侧,在整个界面层中它是先形成的,是 β→α 转变过程中的一个中间相。

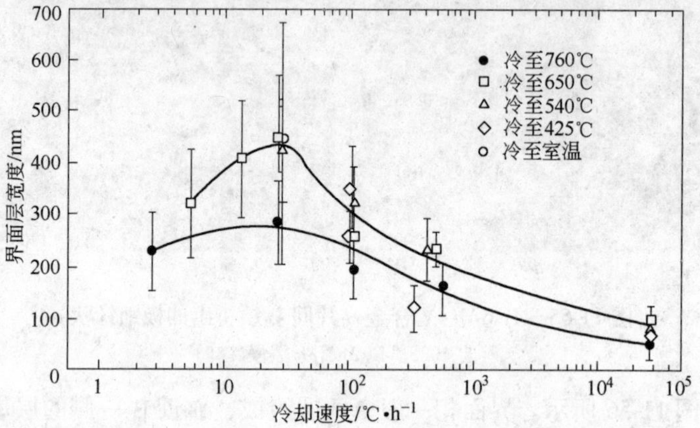

图 11-57 Ti-6Al-4V 合金界面层宽度与冷却速度的关系

β/α 界面层的存在，将对（α+β）钛合金的拉伸、疲劳性能及断裂行为产生影响。试验表明，界面相起着阻碍滑移的作用，使屈服强度升高，但使塑性降低。

11.3.4 亚稳相在加热时的分解

钛合金淬火形成的亚稳定相 α′、α″、ω 及过冷 β 相，在热力学上是不稳定的，加热时要发生分解。分解过程比较复杂，但最终的分解产物均为平衡状态的（α+β）。若 α 合金有共析反应，则最终产物为 $\alpha + Ti_xM_y$，即

$$\left.\begin{matrix}\alpha' \\ \alpha'' \\ \omega \\ \beta_{亚}\end{matrix}\right\} \xrightarrow{加热} \alpha + \beta(或\ \alpha + Ti_xM_y)$$

在分解过程的一定阶段可以获得弥散的（α+β）相，使合金弥散强化。这是钛合金淬火时效强化的基本原理。

11.3.4.1 马氏体的分解过程

当加热到 300～400℃，马氏体即发生较强烈的分解，一般在 400～500℃可获得弥散的（β+α）组织，使合金弥散强化。试验表明，马氏体在分解为最终的平衡状态分解产物（β+α）（Ti-β 同晶系合金）或（$\alpha + Ti_xM_y$）（Ti-β 共析型合金）以前，要经过一系列复杂的中间过渡阶段。X 射线结构分析发现，在不同成分及状态的合金中斜方马氏体 α″的分解有以下四种类型的中间过渡阶段：

（1）开始是从 α″中析出 β（非平衡成分），因而 α″所含 β 稳定元素贫化，转变为 α′，再转变为 α，即

$$\alpha'' \rightarrow \beta_{亚} + \alpha''_{贫} \rightarrow \beta_{亚} + \alpha' \rightarrow \alpha + \beta$$

（2）开始是从 α″中析出 α，因而 α″所含 β 稳定元素富化，转变为 β（非平衡成分），即

$$\alpha'' \rightarrow \alpha + \alpha''_{富} \rightarrow \beta_{亚} + \alpha \rightarrow \alpha + \beta$$

（3）先在 α″中形成 β 稳定元素及富化区 β 稳定元素贫化区，富化区转变为非平衡成分的 β 相，再转变为平衡成分的 β 相，即

$$\alpha'' \rightarrow \alpha''_{富} + \alpha''_{贫} \rightarrow \beta_{亚} + \alpha''_{贫} \rightarrow \alpha + \beta$$

（4）α″发生马氏体的逆转变（即 α″→β）变为亚稳 β，此 β 再分离为合金元素富化区及贫化区，并作进一步转变，即

$$\alpha'' \rightarrow \beta_{亚} \rightarrow \beta \rightarrow \alpha + \beta$$

$$\alpha'' \rightarrow \beta_{亚} \rightarrow \beta_{贫} \rightarrow \omega \rightarrow \alpha'' \rightarrow \alpha' \rightarrow \alpha + \beta$$

六方马氏体的分解过程与上述（1）、（2）两种方式相似。

其所以出现多种不同的分解过程，是因为马氏体分解的机制决定于马氏体本身的成分（特别是含 β 稳定元素的浓度随淬火温度而变化）、合金元素的性质、淬火组织中与马氏体共存的相以及热处理规范等因素。变化这些因素时，马氏体的稳定性也随之变化，因而分解过程变化。

图 11-58 为 Ti-6Al-4V 合金自 930℃淬火及 540℃时效不同时间的组织。在图11-58*e*、*f*

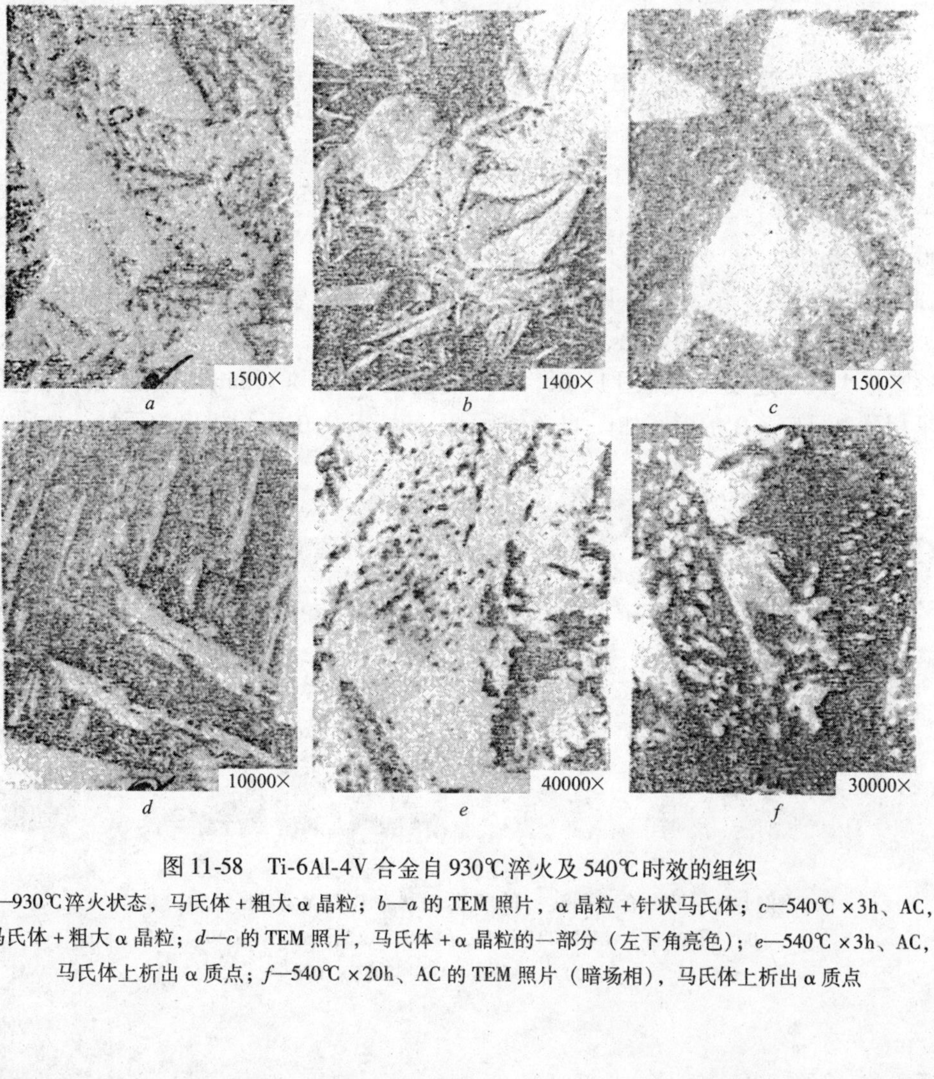

图 11-58 Ti-6Al-4V 合金自 930℃淬火及 540℃时效的组织

a—930℃淬火状态，马氏体 + 粗大 α 晶粒；*b*—*a* 的 TEM 照片，α 晶粒 + 针状马氏体；*c*—540℃ ×3h、AC，马氏体 + 粗大 α 晶粒；*d*—*c* 的 TEM 照片，马氏体 + α 晶粒的一部分（左下角亮色）；*e*—540℃ ×3h、AC，马氏体上析出 α 质点；*f*—540℃ ×20h、AC 的 TEM 照片（暗场相），马氏体上析出 α 质点

可清楚地看到马氏体分解析出的弥散α质点。

11.3.4.2 ω相的分解过程

ω相实际上是β稳定元素在α-Ti中的一种过饱和固溶体，其加热分解过程也很复杂，同上述α″的分解过程一样，ω相的分解过程随ω相本身的成分、溶质组元的性质、时效前的组织和热处理规范等因素的不同而不同。

11.3.4.3 亚稳定β相的分解过程

亚稳定β相的分解过程也很复杂。试验表明，在加热温度较低时，合金元素发生偏聚，β相分离为无数溶质原子贫化的微观区域及相邻的溶质原子富集的微观区域。进一步提高温度或延长时效时间，则视β相化学成分的不同，从β贫化区析出ω或α′，并分解为平衡的α及β相，即

$$\beta_{亚} \rightarrow \beta_{富} + \beta_{贫}(\beta')$$

$$\beta_{贫}(\beta') \rightarrow \alpha + \beta \text{ 或 } \beta_{贫}(\beta') \rightarrow \alpha''$$

$$\rightarrow \alpha + \beta \text{ 及 } \beta_{富} \rightarrow \alpha + \beta$$

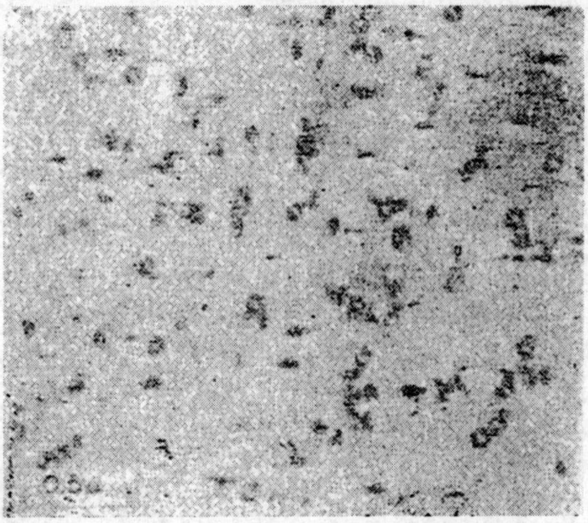

图 11-59 Ti-22% V-15% Zr 合金β′在β相母体上的分布情况

$\beta_{亚} \rightarrow \beta_{富} + \beta_{贫}$ (β′)，被称为相分离反应，Ti-22% V-15% Zr 合金的β′在β相母体上的分布如图 11-59 所示。TB2 合金经 800℃ ×30min、AC 固溶处理后，在 350℃时效 25h 发现了β′，晶界上有极细小的析出物，晶内析出物较大，即发生了相分离反应。β′相是随时效时间的延长，析出物的数量逐渐增加，析出物形态也有变化，析出物区域逐渐扩大甚至连成片，见图 11-60。TB2 合金经 800℃ ×30min 真空退火炉冷过程中也发生了相分离反应，β′的形态如图 11-61 所示。其特点是β′沉淀析出少而稀，此种情况与

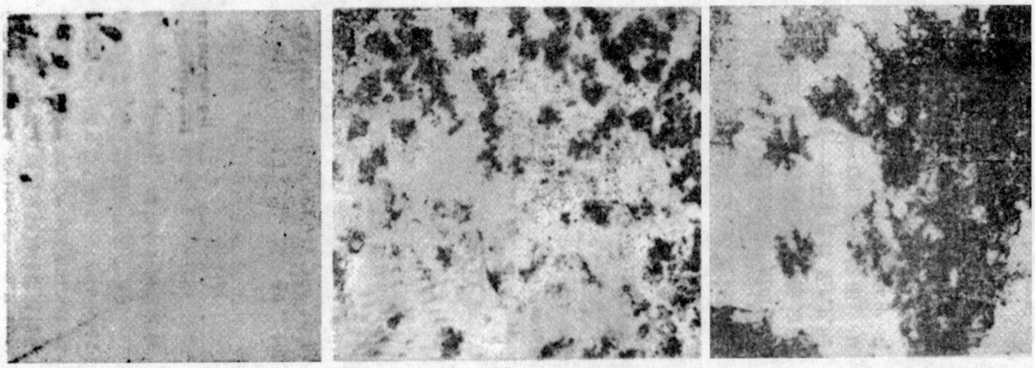

a *b* *c*

图 11-60 TB2 合金固溶、350℃时效状态β′TEM 形貌（45000×）

a—800℃ ×30min、AC +350℃ ×25h；*b*—800℃ ×30min、AC +350℃ ×50h；*c*—800℃ ×30min、AC +350℃ ×100h

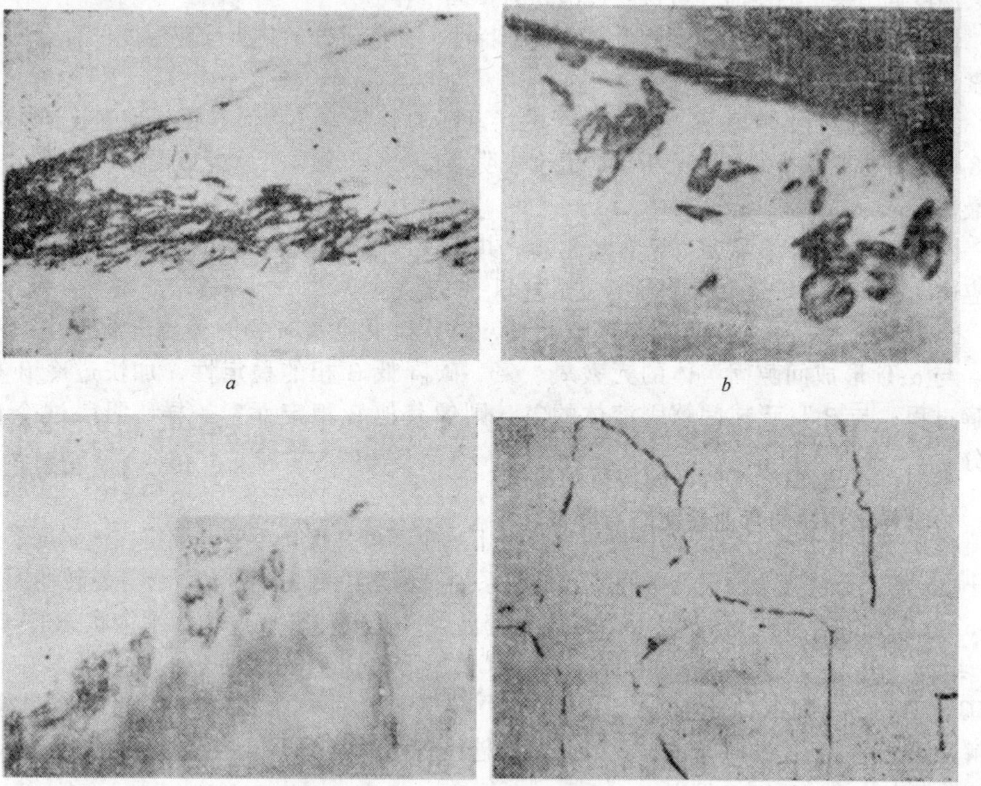

图 11-61　TB2 合金 800℃ ×30min、真空炉冷过程中 β′TEM 形貌

a—三角晶界（45000 ×）；*b*—晶界晶内（45000 ×）；*c*—晶界（45000 ×）；*d*—金相照片（400 ×）

真空炉冷时大量的空位向晶界扩散有关。合金中发生相分离反应，β′是体心立方 bcc 结构，对合金的力学性能无影响。只是发生 β′→α 转变时，在 β′区域 α 相弥散形核、长大，随时间的延长 β′和 α 相共存，时效强化。

11.3.5　共析反应及 β 相的等温转变

11.3.5.1　共析反应

钛与铁、铬、锰、铜、钴、镍、氢、硅等元素形成共析型二元相图，在一定成分和温度范围内发生共析反应：

$$\beta \longrightarrow Ti_xM_y$$

不同合金系的共析反应速度差别很大。在非活性共析元素铁、铬、锰等组成的合金系中，共析反应进行得很慢，一般在共析温度下保温几小时，甚至几星期之后，才开始转变。例如，Ti-Mn 合金在共析温度 550℃ 保温 3 个星期，反应还未进行，所以，在通常热处理条件下不发生共析转变。

在活性共析元素铜、银、硅等组成的合金系中，共析反应进行得极快，甚至淬火也不能抑制其进行。因此，这类合金淬火后只能得到马氏体，不能得到过冷的亚稳定 β 相。当淬火温度低于共析温度时，可得到过饱和的 α 固溶体。

影响共析反应速度的因素有合金元素的特性、合金成分、共析反应温度及合金中杂质元素含量等。

共析温度越低，在该温度下，原子的活动能力就越差，因而共析反应速度越慢。表 11-8 中几种主要共析元素的共析反应温度表明，Ti-Mn 合金共析反应最慢，Ti-Si 系合金反应最快。

同一合金系中，β 稳定元素含量越高，共析反应速度越慢，例如 Ti-10Cr 合金的共析反应速度比 Ti-5. 5Cr 合金的慢得多（见图 11-63）。

合金中的杂质元素，特别是间隙元素，对共析反应及 β 相的等温分解速度影响很大。与 α-Ti 形成间隙固溶体的元素氧、氮、碳降低 β 相的稳定性，加快过冷 β 相的分解过程；与 β-Ti 形成间隙固溶体的氢，则像其他 β 稳定元素一样，阻碍过冷 β 相的分解。

11. 3. 5. 2 等温转变

将 β 相从 β 相区过冷到共析反应温度以下一定温度并保持不变，测定在该温度下过冷 β 开始分解及分解完毕所需的时间。进行一系列试验后绘制得到“C”形等温转变图。图 11-62是 Ti-9Mo 合金在 M_s 点以上的等温转变曲线，其最终转变产物为平衡状态的（β + α）组织。图 11-63 是三种不同成分的 Ti-Cr 二元系合金的等温转变曲线。其中，Ti-5. 5Cr、Ti-8Cr 及 Ti-10Cr 合金分别用曲线 1、2、3 来表示。含铬量越高，过冷 β 越稳定，分解开始及终了所需的时间越长，因而曲线越往右移。由于 Ti-Cr 合金中有共析转变，其最终分解产物为：β + α + $TiCr_2$。

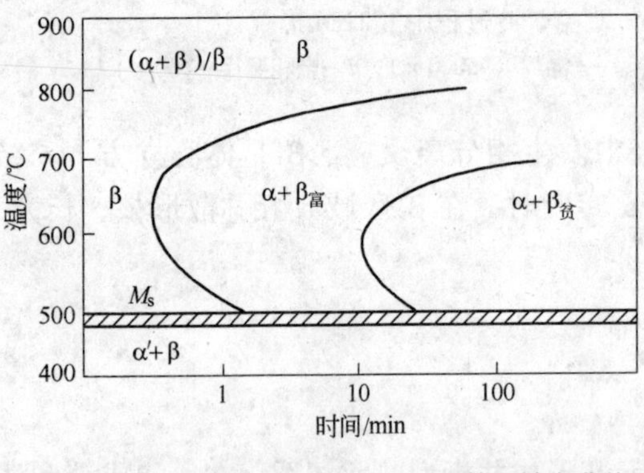

图 11-62 Ti-9Mo 合金在 M_s 点以上的等温转变曲线

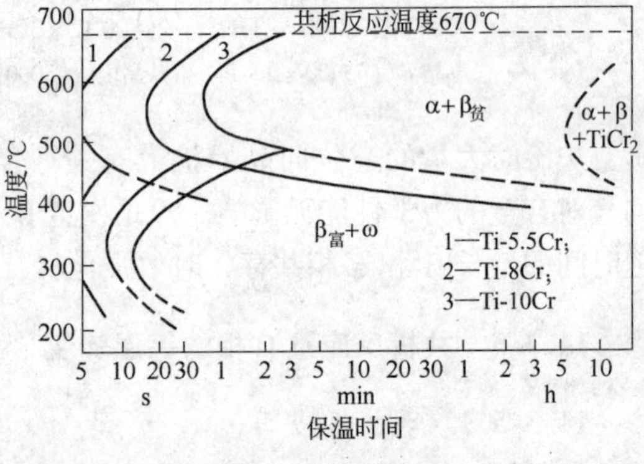

图 11-63 Ti-Cr 二元系合金等温转变曲线

11. 4 工业钛合金

11. 4. 1 钛合金的结构铝当量和钼当量

11. 4. 1. 1 铝当量

根据 Rosenberg 的理论，将 α 稳定元素和中性元素的铝当量含量，用来反映合金对 $α_2$ 相（Ti_3Al）的倾向性。这个铝当量公式为：

$$[Al]_{当} = \%Al + \%Sn/3 + \%Zr/6 + 10\%“O”$$

其中，“O” = O + 2N + C。

当合金中添加硅时，这个当量公式变为：

$$[Al]_{当} = \%Al + \%Sn/3 + \%Zr/6 + 4Si$$

$[Al]_{当}$ 公式中的元素含量均为质量分数。

该铝当量公式，起初仅应用于α合金和近α合金，在实际应用中都有一定的效果，后来各国逐渐对（α+β）和β钛合金也采用相同的铝当量计算公式。

11.4.1.2 钼当量

在钛合金的研究中，虽然世界各国采用不同的元素合金化，但都能按铝和钼元素的当量换算出合金化的程度，并可按顺序排列成行。当引入钼当量 $[Mo]_{当}$ 时，可将所有稳定β相元素按照它们对马氏体转变的影响排列。

俄罗斯和西方国家都是采用 Mo、V、Ta、Nb、W、Cr、Mn、Fe、Co、Ni 10 个β稳定元素，淬火保留β相并在其中存在ω相的β稳定元素的最低含量，得到的 $[Mo]_{当}$ 公式 11-1：

$$[Mo]_{当} = \Sigma(x_i c_{Mo}/c_i) \tag{11-1}$$

式中，x_i 为合金中 i 元素的含量；c_{Mo} 和 c_i 分别为钼和 i 元素临界浓度；i 为合金组成元素。

俄罗斯，淬火保留β相并在其中存在ω相的β稳定元素最低含量：15% V；36% Nb；45% Ta；6.5% Cr；11% Mo；22% W；6.5% Mn；5.5% Fe；9.5% Co；8.5% Ni（质量分数）。从而导出：

$$[Mo]_{当} = \%Mo + \%Ta/4 + \%Nb/3.3 + \%W/2 + \%V/1.4 + \%Cr/0.6 + \%Ni/0.8 + \%Mn/0.6 + \%Fe/0.5 + \%Co/0.9 \tag{11-2}$$

西方国家，淬火保留β相并在其中存在ω相的β稳定元素最低含量：15% V；36% Nb；45% Ta；6.3% Cr；10% Mo；22.5% W；6.5% Mn；3.5% Fe；7% Co；9% Ni（质量分数）。从而导出：

$$[Mo]_{当} = \%Mo + \%Ta/4.5 + \%Nb/3.6 + \%W/2.25 + \%V/1.5 + \%Cr/0.63 + \%Mn/0.65 + \%Fe/0.35 + \%Co/0.7 + \%Ni/0.9 \tag{11-3}$$

式 11-2 和式 11-3 的差异是：虽然两个公式都是采用相同的 10 种合金元素得到的，但是，由于试验方法和原材料纯度等因素的影响，淬火保留β相并在其中存在ω相的 Cr、Mo、W、Fe、Co 和 Ni 6 种元素的最低含量有所不同而造成公式不同。

根据有关文献，我国和俄罗斯采用相同的 $[Mo]_{当}$ 计算公式，即公式 11-2。

11.4.2 工业钛合金的分类

近年来许多文献指出，按照亚稳定状态相组成进行钛合金分类比较科学、合理，这种分类法将工业钛合金分为 6 种类型：α型、近α型、马氏体（α+β）型、近亚稳定β型（又称过渡型）、亚稳定β型和稳定β型。各国文献给出的工业钛合金分类及

$[Mo]_{当}$的范围见表11-13。从表11-13可以看出，各国工业钛合金中分类的钼当量范围大体相似。

表11-13 各国工业钛合金中分类的钼当量范围

合金类型	$[Mo]_{当}$			中国对应牌号类型
	美国	俄罗斯	中国	
α型	0	0	0	TA
近α型	≤2.0~2.5	≤2.5	<2.5	TA
(α+β)型	>2.5~10	>2.5~10	≥2.5~11	TC
过渡型		10~12		
亚稳定β型	>10	≥12	>11	TB
β型	>30	≥30	≥30	TB

按照表11-13所示钼当量分类的各国工业钛合金及其性能见表11-14~表11-16。

表11-14 α型和近α型钛合金及其室温性能

国家牌号	名义成分	结构当量		产品形式	热处理	σ_b/MPa	$\sigma_{0.2}$/MPa	δ/%	ψ/%
		[Al]/%	[Mo]/%						
α型									
TA1	99.2Ti	1.0	0	棒	退火	280	170	24	30
TA2	99.1Ti	2.0	0	棒	退火	370	250	20	30
TA3	99.0Ti	3.0	0	棒	退火	440	320	18	30
TA4	Ti-3Al	4.0	0	棒	退火	540	410	15	25
TA5	Ti-4Al-0.005B	5.0	0	棒	退火	685	585	15	40
TA6	Ti-5Al	6.0	0	棒	退火	685	585	10	27
TA7	Ti-5Al-2.5Sn	6.8	0	棒	退火	785	680	10	25
TA9	Ti-0.2Pd	1.0	0	棒	退火	370	250	20	25
近α型									
TA10	Ti-0.3Mo-0.8Ni	1.0	1.3	棒	退火	485	345	18	25
TA11	Ti-8Al-1Mo-1V	9.0	1.7	棒	双重退火	1010	910	16	
TA14	Ti-11Sn-5Zr-2.3Al-1Mo-0.2Si	7.8	1.0	棒	退火	1030	≥880	≥8	≥25
					淬火+时效	1180	1030	12	40
TA15	Ti-6.5Al-1Mo-1V-2Zr-0.25Si	7.8	1.7	棒	退火	1000		≥10	≥25

续表 11-14

国家牌号	名义成分	结构当量		产品形式	热处理	σ_b/MPa	$\sigma_{0.2}$/MPa	δ/%	ψ/%
		[Al]/%	[Mo]/%						
近α型									
TA16	Ti-2Al-2.5Zr	3.4	0	管	退火	575		20	
TA17	Ti-4Al-2V	5.0	1.4	板	退火	780		11	
TA18	Ti-3Al-2.5V	4.0	1.8	棒	退火	675		≥15	≥30
TA19	Ti-6Al-2Sn-4Zr-2Mo-0.1Si	8.3	2.0	棒	退火	1062	952	14	27
TC1	Ti-2Al-1.5Mn	3.0	2.5	棒	退火	660		20	≥35
TC2	Ti-4Al-1.5Mn	5.0	2.5	棒	退火	785		≥10	≥30

表 11-15　(α+β) 型钛合金及其室温性能

国家牌号	名义成分	结构当量		产品形式	热处理	σ_b/MPa	$\sigma_{0.2}$/MPa	δ/%	ψ/%
		[Al]/%	[Mo]/%						
TC3	Ti-5Al-4V	6.0	2.9	棒材	退火	800	700	10	25
TC4	Ti-6Al-4V	7.0	2.9	棒材	退火	960	900	12	25
					淬火+时效	1170	1120	10	25
TC6	Ti-6Al-1.5Cr-2.5Mo-0.5Fe-0.3Si	7.0	6.8	棒材	退火	980	840	10	25
TC9	Ti-6.5Al-3.5Mo-2.5Sn-0.3Si	8.3	3.5	棒材	退火	1060	910	9.0	25
TC10	Ti-6Al-6V-2.5Sn-0.5Cu-0.5Fe	6.1	7.7	棒材	退火	1030	900	12	30
TC11	Ti-6.5Al-3.5Mo-1.5Zr-0.3Si	7.9	3.5	棒材	退火	1030	900	10.0	30
					淬火+时效	1128		9.5	
TC12	Ti-5Al-4Mo-4Cr-2Zr-2Sn-1Nb	11	7.0	棒材	退火	1150	1000	10	25
TC15	Ti-5Al-2.5Fe	6.0	5.0	锻件	退火	920	820	14	25
TC16	Ti-3Al-5Mo-4.5V	4.0	8.2	棒材	退火	890		≥14	≥40
					淬火+时效	1100		14	50
TC19	Ti-6Al-2Sn-4Zr-6Mo	8.3	6.0	棒材	退火	1162	1040	10	20
					淬火+时效	1214	1115	13	35
TC20	Ti-6Al-7Nb	7.0	2.1	棒材	退火	1000	850	11	

表 11-16 近β型和亚稳定β型钛合金及其室温性能

国家牌号	名义成分	结构当量		产品形式	热处理	σ_b/MPa	$\sigma_{0.2}$/MPa	δ/%	ψ/%
		[Al]/%	[Mo]/%						
近β型									
TC17	Ti-5Al-2Sn-2Zr-4Mo-4Cr	7.0	10.7	锻件	固溶	1160	1110	10	32
					淬火+时效	1300	1200	10	
TC18	Ti-5Al-4.75Mo-4.75V-1Cr-1Fe	6.0	12.2	棒材	固溶	1175		12.5	25
					淬火+时效	1475		12.5	20
TB6	Ti-10V-2Fe-3Al	4.0	11.0	锻件	固溶	980	900	20	40
					淬火+时效	1275	1150	7.5	
TB10	Ti-5Mo-5V-2Cr-3Al	4.0	11.9	棒材	固溶	1000	920	23	58
					淬火+时效	1360	1200	8.0	25
β型									
TB2	Ti-5Mo-5V-8Cr-3Al	4.0	21.9	板材	固溶	≤980		≥20	
					淬火+时效	1320		≥8	
				带材	固溶	≤980		≥20	
					淬火+时效	1080		≥10	
				棒材（丝）	固溶	885~980		≥20	≥60
					淬火+时效	≥1100		≥12	≥30
TB3	Ti-10Mo-8V-1Fe-3.5Al	4.5	17.7	棒材	固溶	840~940		≥15	≥60
					淬火+时效	≥ 1100		≥10	≥20
TB4	Ti-7Mo-10V-2Fe-1Zr-4Al	5.2	18.1	棒材	固溶	900~980		≥15	≥60
					淬火+时效	≥1100		≥10	≥20
TB5	Ti-15V-3Cr-3Sn-3Al	5.0	15.7	板材	退火	787	770	21.5	
					淬火	≥675	660	≥12	
					淬火+时效	1250	1125	8.5	
TB7	Ti-32Mo	1.0	32.0	棒材	退火	≥900		≥15	≥60
TB8	Ti-15Mo-2.7Nb-0.25Si-3Al	4.0	15.8	板材	退火	917	845	19	
					退火	874	844	23	
					淬火+时效	1260	1185	4~5	
TB9	Ti-3Al-8V-6Cr-4Mo-4Zr	4.7	19.7	棒材	退火	876	830	27	≥25
					淬火+时效	1117	1045	≥8	≥20

11.4.3 中国工业钛合金

11.4.3.1 工业钛合金的分类和合金牌号

钛合金可按组织或性能特点进行分类。按退火、空冷后的组织特点，钛合金可划分为α、近α、（α+β）和β合金四大类，而β合金又分为稳定β、亚稳定β和近β合金三种类型。我国的钛合金牌号用TA、TB和TC分别表示α型、β型和（α+β）型合金，其中第一个字母“T”是钛的汉语拼音（tai）的第一个字母的大写，表明属性为钛及钛合金；大写的汉语拼音字母A、B和C分别表示α型、β型和（α+β）型合金的合金类型。牌号TA、TB、TC后跟一个代表合金顺序的数字，如TA1、TA7、TC4、TB2等。国内铸造合金牌号是在合金牌号前加一个“Z”字，其他符号类同，如ZTA1、ZTA7和ZTC4等。

退火、空冷后的组织为α单相固溶体的合金称为α型合金。这类合金中的合金元素主要是α稳定元素和中性元素，如铝、锡、锆，基本不含或含有少量的β稳定元素，强度很低。其主要特点是高温性能好，组织稳定，焊接性和热稳定性好，是发展高温钛合金的基础。为了提高高温钛合金的性能和使用温度，这类合金中适量地添加β稳定元素，发展了近α型合金，以满足飞机发动机600℃温度的使用要求。

退火、空冷后的组织为（α+β）相的合金称为（α+β）两相合金。这类合金的特点是有较好的综合性能，可热处理强化，强度比α型合金高，热加工性能好，耐热性能和焊接性能较好，但组织不够稳定。

含β稳定元素多（>30%）的合金成为稳定β合金，如TB7（Ti-32Mo）等。含β稳定元素较多（>17%）的合金成为亚稳定β合金，如TB1、TB2、TB3等。这类合金的特点是在单相区固溶，水冷后可将高温β相保留到室温，得到亚稳定β相组织；时效后获得高强度，高温瞬时性能好；但高温组织不稳定，耐热性能差；在固溶处理状态下焊接性能较好，在固溶时效处理状态下焊接性能较差。为了满足大型航空锻件的使用要求，世界各国先后发展了近β型合金，如TB6、TB10和BT22合金，其含β稳定元素较多（>12%）。

上述三类合金在示意相图上的位置见图11-64。

11.4.3.2 α型和近α型钛合金及其性能

国家牌号的α型和近α型钛合金及其性能，见表11-14。

11.4.3.3 （α+β）型钛合金及其性能

国家牌号的（α+β）型钛合金及其性能，见表11-15。

11.4.3.4 近β型和亚稳定β型钛合金及其室温性能

国家牌号的近β型和亚稳定β型钛合金及其性能，见表11-16。

11.4.3.5 典型合金的组织与性能

A 纯钛的组织与性能

a TA1板材的组织与性能

TA1板材的性能，见表11-17。

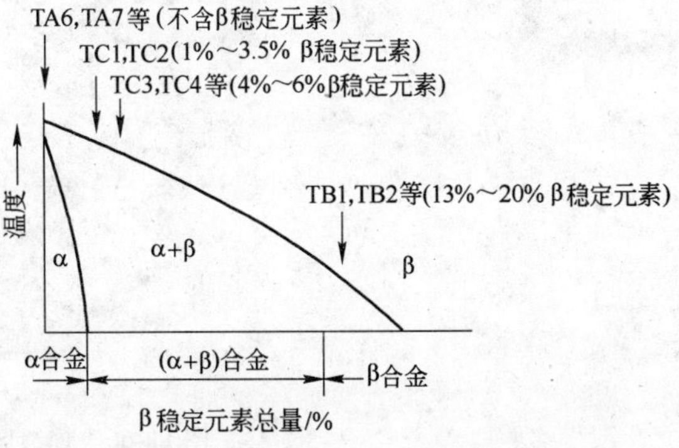

图11-64 β稳定元素含量与合金组织间关系示意图

表 11-17 TA1 板材力学性能

序　号	状　态	显微组织	σ_b/MPa	δ/%
A	700℃ ×1h、AC	等轴 α	366	45.5
B	焊接接头	针状 α + 原始 β 晶界	374	34.0

TA1 板材经 700℃ ×1h、AC 退火后焊接获得的显微组织如下：

(1) 热影响区组织为等轴 α，见图 11-65。

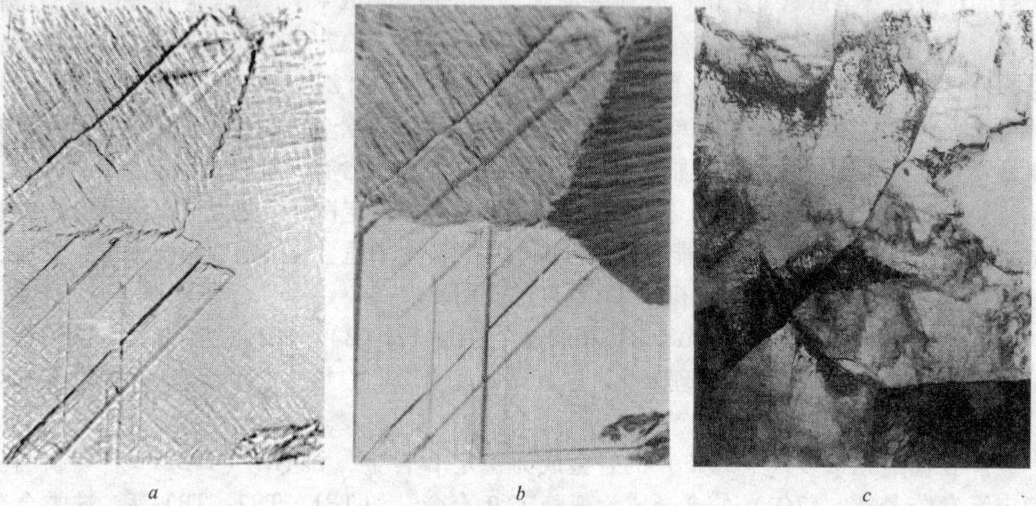

图 11-65 热影响区的等轴 α

a—金相明场（250 ×）；*b*—金相偏光（250 ×）；*c*—电镜明场（5000 ×）

(2) 焊缝区组织为片状 α + 原始 β 晶界（晶内有孪晶），见图 11-66。

b TA2 棒材的组织与性能

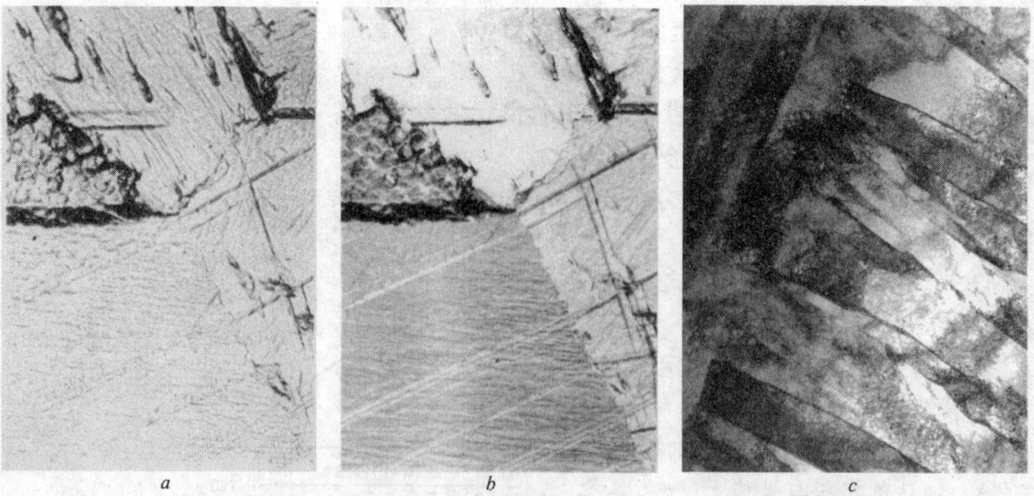

图 11-66 焊缝区的片状 α

a—金相明场（250 ×）；*b*—金相偏光（250 ×）；*c*—电镜明场（5000 ×）

TA2 棒材的性能，见表 11-18。

表 11-18　TA2 棒材力学性能

序号	状态	显微组织	σ_b/MPa	δ/%	ψ/%
室温力学性能					
A	锻态	变形α	66.5	18.5	62.0
B	700℃×1h、AC	等轴α	48.5	22.0	53.5
C	1000℃×1h、WQ	针状α	52.0	24.0	62.5
D	1000℃×1h、AC	锯齿α和转变β	45.5	38.0	58.0
220℃力学性能					
A	锻态	变形α	41.5	28.0	80.5
B	700℃×1h、AC	等轴α	25.7	46.0	58.5
C	1000℃×1h、WQ	针状α	27.7	26.0	57.0
D	1000℃×1h、AC	锯齿α和转变β	23.3	42.5	44.0

TA2 棒材在 1000℃×1h 固溶后，不同冷却速度冷却获得的显微组织如下：

（1）水中淬火（WQ），组织为针状α，见图 11-67。

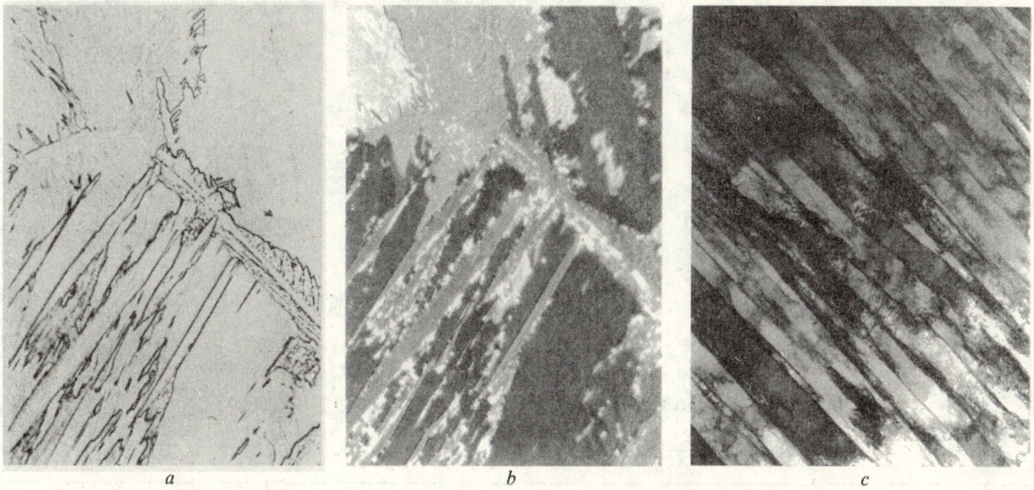

图 11-67　1000℃×1h、WQ 的针状α

a—金相明场（250×）；*b*—金相偏光（250×）；*c*—电镜明场（5000×）

（2）空气中冷却（AC），组织为锯齿α，见图 11-68。

700℃×1h、AC 后获得的显微组织如下：

（1）空气中冷却（AC），组织为等轴α+孪晶，见图 11-69。

（2）锻态组织为变形α，见图 11-70。

B　TA7 合金棒材的组织与性能

TA7 合金棒材的性能，见表 11-19。

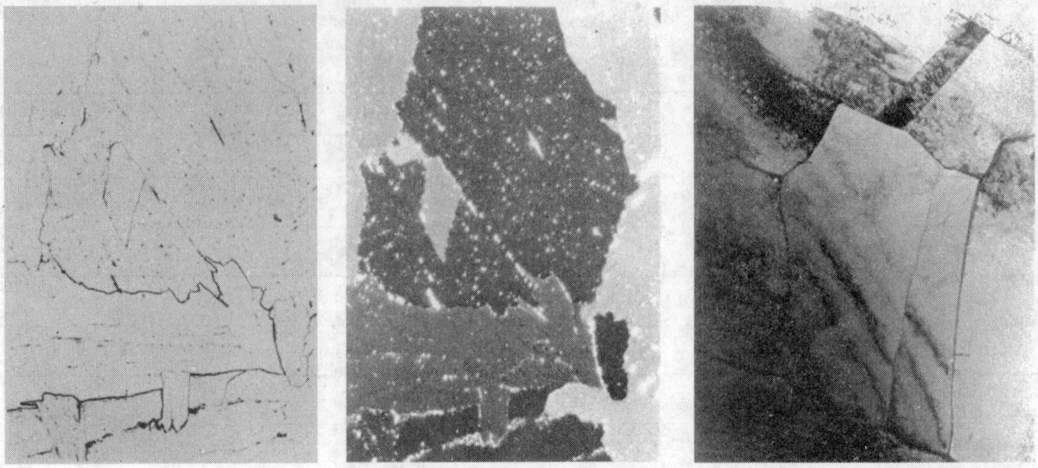

图 11-68 1000℃×1h、AC 的针状 α

a—金相明场（250×）；*b*—金相偏光（250×）；*c*—电镜明场（5000×）

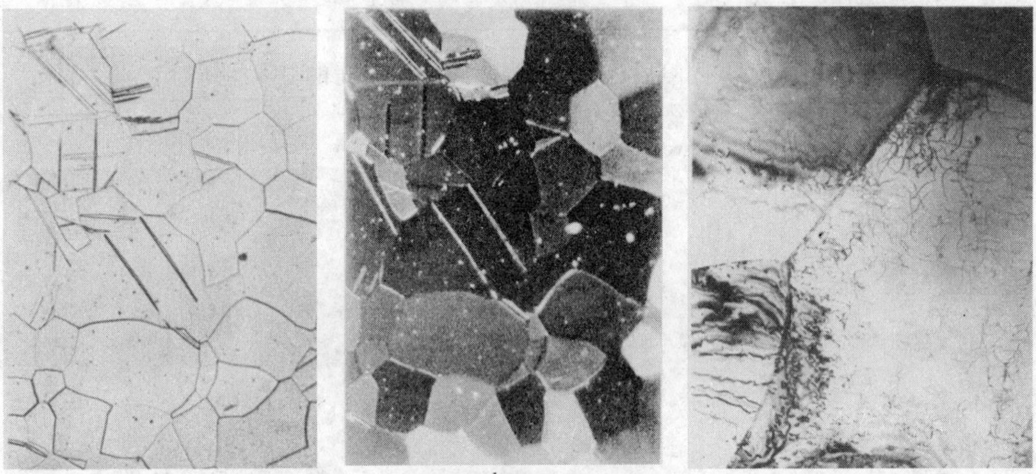

图 11-69 700℃×1h、AC 的等轴 α

a—金相明场（250×）；*b*—金相偏光（250×）；*c*—电镜明场（5000×）

表 11-19 TA7 合金棒材力学性能

状 态	显微组织	σ_b/MPa	δ/%	ψ/%
室温力学性能				
1040℃×1h、WQ	针状 α	868	14.0	33.0
1040℃×1h、AC	针状 α	833	15.0	30.5
1040℃×1h、FC	条状 α	764	15.5	31.0
800℃×1h、AC	等轴 α	840	19.0	39.0
22K 力学性能				
1040℃×1h、WQ	针状 α	1460	8.0	
1040℃×1h、AC	针状 α	1372	10.5	
1040℃×1h、FC	条状 α	1400	10.0	
800℃×1h，AC	等轴 α	1450	5.0	

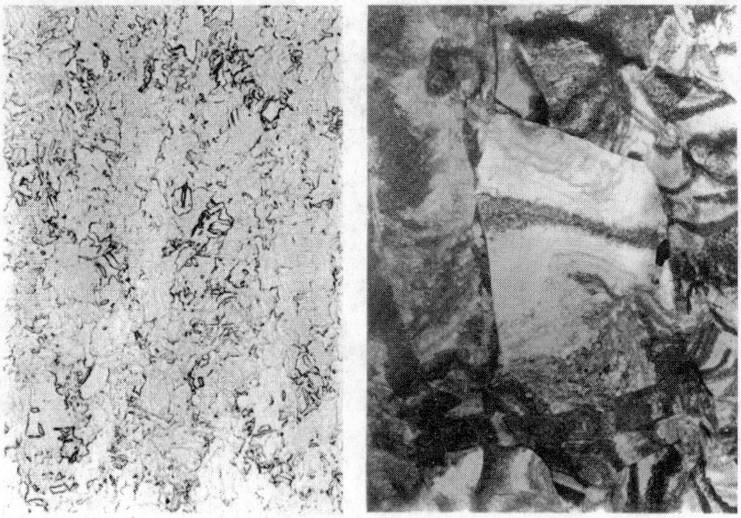

a　　　　*b*

图 11-70　锻态的变形 α 晶粒

a—金相明场（250×）；*b*—电镜明场（5000×）

TA7 棒材，1040℃ ×30min 固溶后，不同冷却速度冷却获得的显微组织如下：

（1）水中淬火（WQ），组织为针状 α + 原始 β 晶界，见图 11-71。

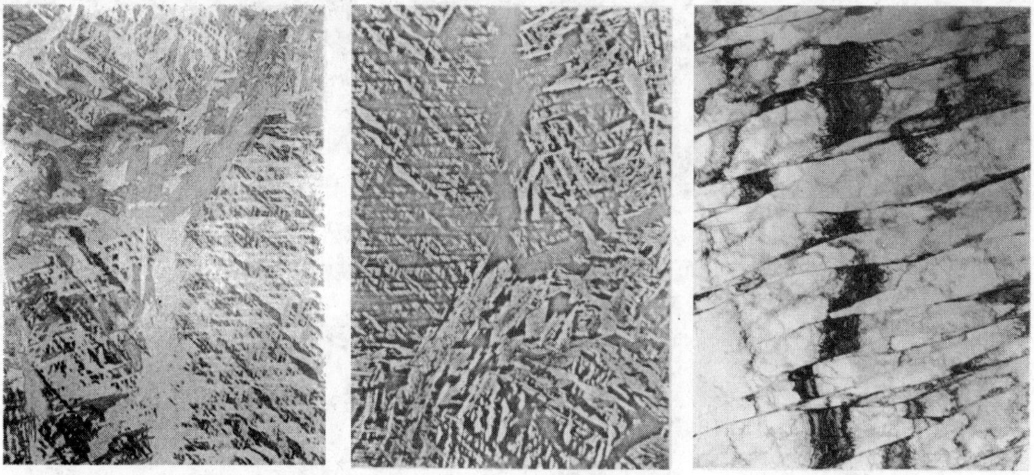

a　　　　*b*　　　　*c*

图 11-71　1040℃ ×30min、WQ 的针状 α + 原始 β 晶界

a—金相明场（250×）；*b*—金相相衬（250×）；*c*—电镜明场（5000×）

（2）空气中冷却（AC），组织为针状 α + 原始 β 晶界，见图 11-72。

（3）随炉冷却（FC），条状 α + β 和原始 β 晶界，见图 11-73。

TA7 棒材，800℃ ×1h、AC 后获得的显微组织为：

空气中冷却（AC），组织为等轴 α，见图 11-74。

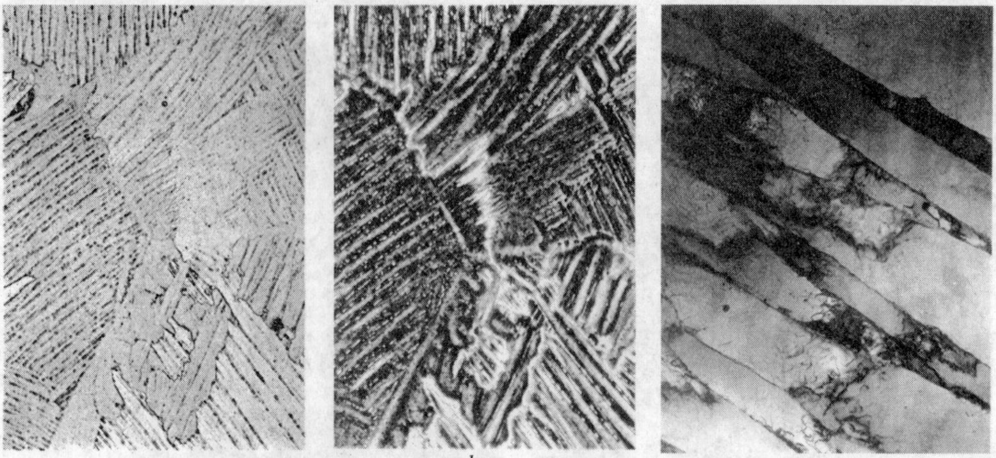

a b c

图 11-72 1040℃ ×30min、AC 的针状 α + 原始 β 晶界

a—金相明场（250×）；b—金相相衬（250×）；c—电镜明场（5000×）

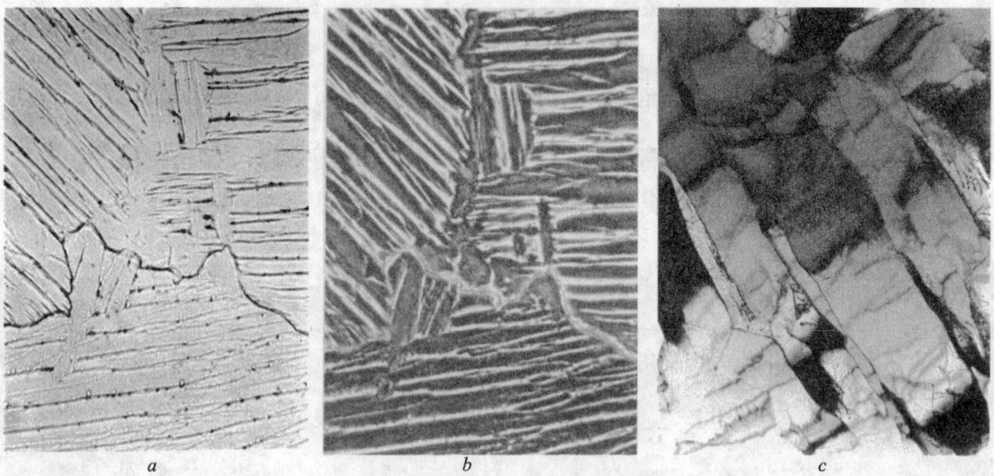

a b c

图 11-73 1040℃ ×30min、FC 的片状 α + 原始 β 晶界

a—金相明场（250×）；b—金相相衬（250×）；c—电镜明场（4000×）

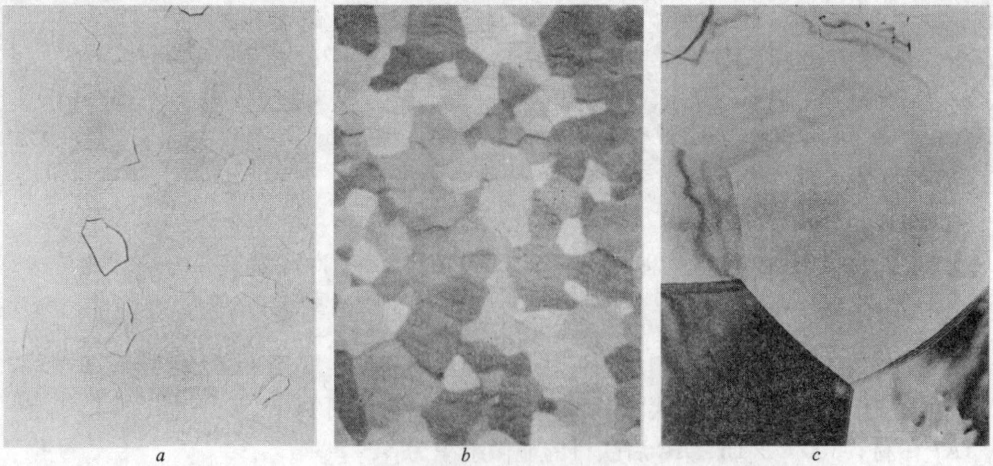

a b c

图 11-74 800℃ ×1h、AC 的等轴 α

a—金相明场（320×）；b—金相偏光（320×）；c—电镜明场（5000×）

C TC4 合金棒材的组织与性能

TC4 合金棒材的性能，见表 11-20。

表 11-20 TC4 合金棒材力学性能

状 态	显微组织	σ_b/MPa	δ/%	ψ/%
室温力学性能				
1020℃ ×1h、WQ	马氏体 α′+原始 β 晶界	1120	6.0	8.0
1020℃ ×1h、AC	针状 α+原始 β 晶界	1025	9.0	13.5
1020℃ ×1h、FC	条状 α+α 相间 β	979	12.0	22.5
950℃ ×1h、WQ	等轴 α+马氏体 α′基体	1055	17.0	61.0
950℃ ×1h、AC	等轴初生 α+转变 β+针状 α	937	20.0	50.0
950℃ ×1h、FC	等轴 α+α 相间 β	920	21.0	48.0
850℃ ×1h、WQ	等轴初生 α+马氏体 α′	995	18.0	49.5
850℃ ×1h、AC	等轴初生 α+转变 β	970	18.0	49.0
750℃ ×1h、AC	等轴初生 α+转变 β	1010	16.5	45.5
400℃力学性能				
1020℃ ×1h、WQ	马氏体 α′+原始 β 晶界	660	14.5	60.0
1020℃ ×1h、AC	针状 α+原始 β 晶界	660	12.5	34.0
1020℃ ×1h、FC	条状 α+α 相间 β			
950℃ ×1h、WQ	等轴初生 α+马氏体 α′基体			
950℃ ×1h、AC	等轴初生 α+β+针状 α	640	21.0	62.0
950℃ ×1h、FC	等轴 α+α 相间 β	610	22.0	64.5
850℃ ×1h、WQ	等轴初生 α+马氏体 α′			
850℃ ×1h、AC	等轴初生 α+转变 β	680	20.5	64.0
750℃ ×1h、AC	等轴初生 α+转变 β	680	18.5	57.5

TC4 合金棒材 1020℃固溶后不同冷却速度冷却获得的显微组织如下：

（1）水中淬火（WQ），组织为马氏体 α′+β 和原始 β 晶界，见图 11-75。

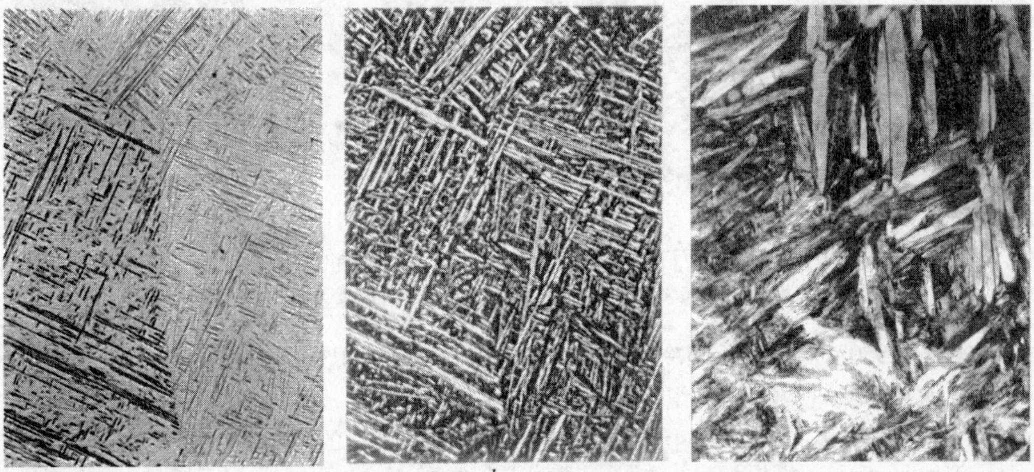

a *b* *c*

图 11-75 1020℃ ×1h、WQ 的马氏体 α′+原始 β 晶界

a—金相明场（250×）；*b*—金相相衬（250×）；*c*—电镜明场（5000×）

（2）空气中冷却（AC），组织为针状 α + β 和原始 β 晶界，见图 11-76。

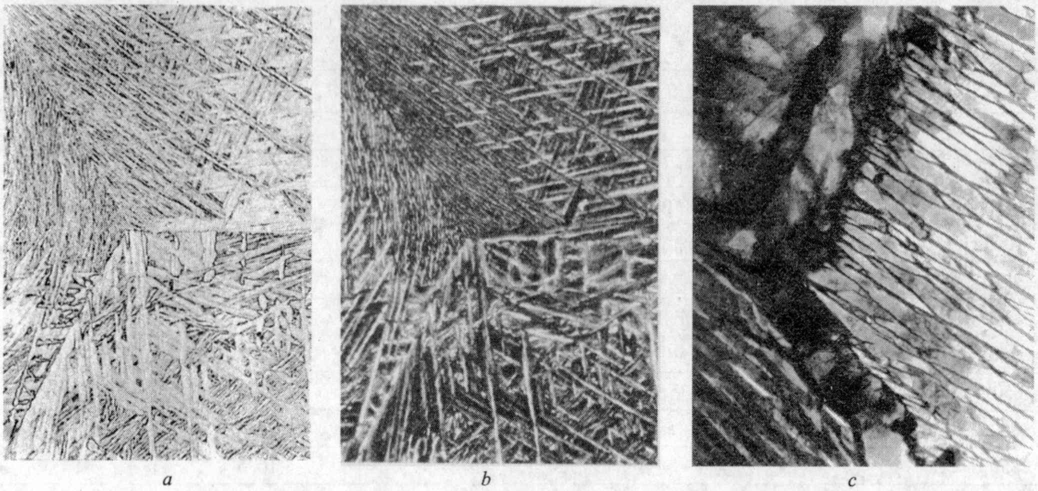

图 11-76　1020℃ ×1h、AC 的针状 α + 原始 β 晶界
a—金相明场（250 ×）；*b*—金相相衬（250 ×）；*c*—电镜明场（5000 ×）

（3）随炉冷却（FC），条状 α + β 和原始 β 晶界，见图 11-77。

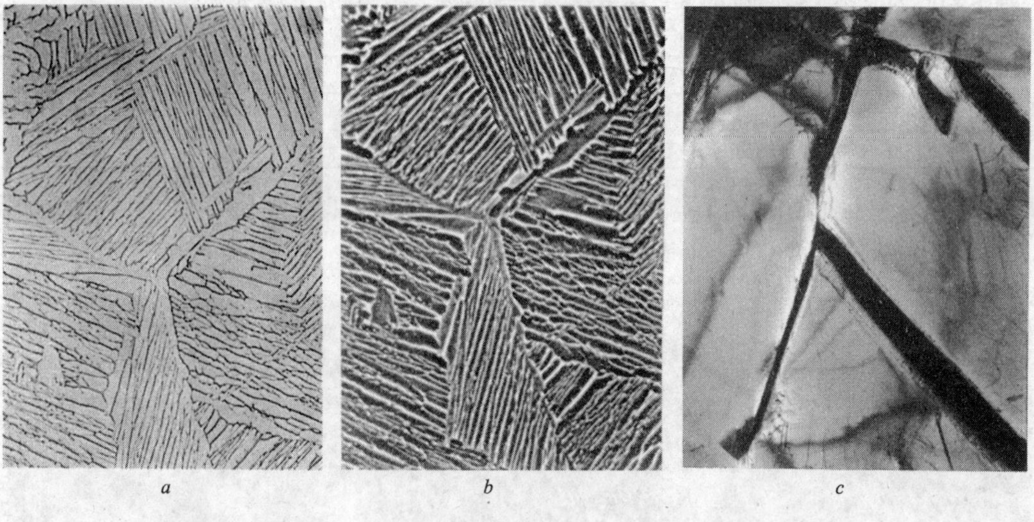

图 11-77　1020℃ ×1h、FC 的片状 α + 晶间 β
a—金相明场（250 ×）；*b*—金相相衬（250 ×）；*c*—电镜明场（5000 ×）

TC4 合金 950℃固溶后不同冷却速度冷却获得的显微组织如下：

（1）水中淬火（WQ），组织为等轴初生 α + 马氏体 α′，见图 11-78。

（2）空气中冷却（AC），组织为等轴初生 α + 含针状 α 的转变 β，见图 11-79。

（3）随炉冷却（FC），等轴 α 和 α 相间 β，见图 11-80。

TC4 合金 850℃固溶后不同冷却速度冷却获得的显微组织如下：

（1）水中淬火（WQ），组织为等轴初生 α 和亚稳定的 β，见图 11-81。

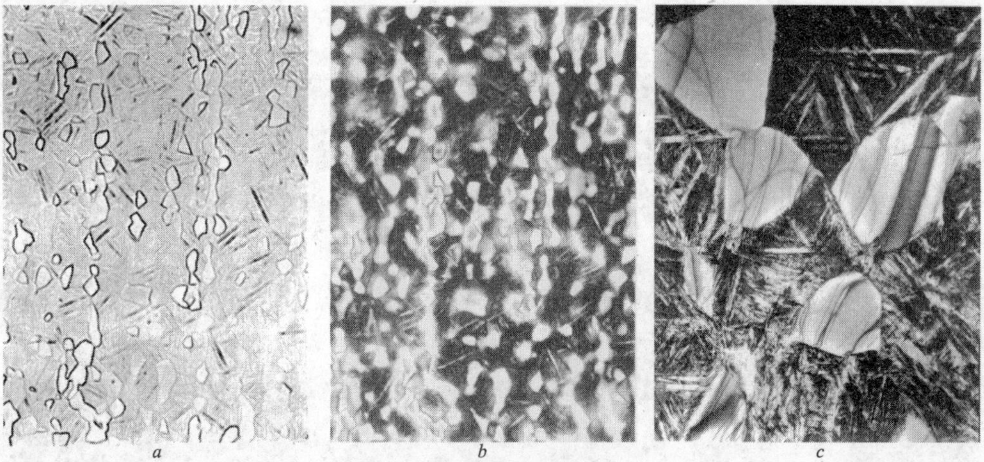

a　　b　　c

图 11-78　950℃ ×1h、WQ 的等轴初生 α + 马氏体 α′

a—金相明场（500 ×）；*b*—金相相衬（500 ×）；*c*—电镜明场（5000 ×）

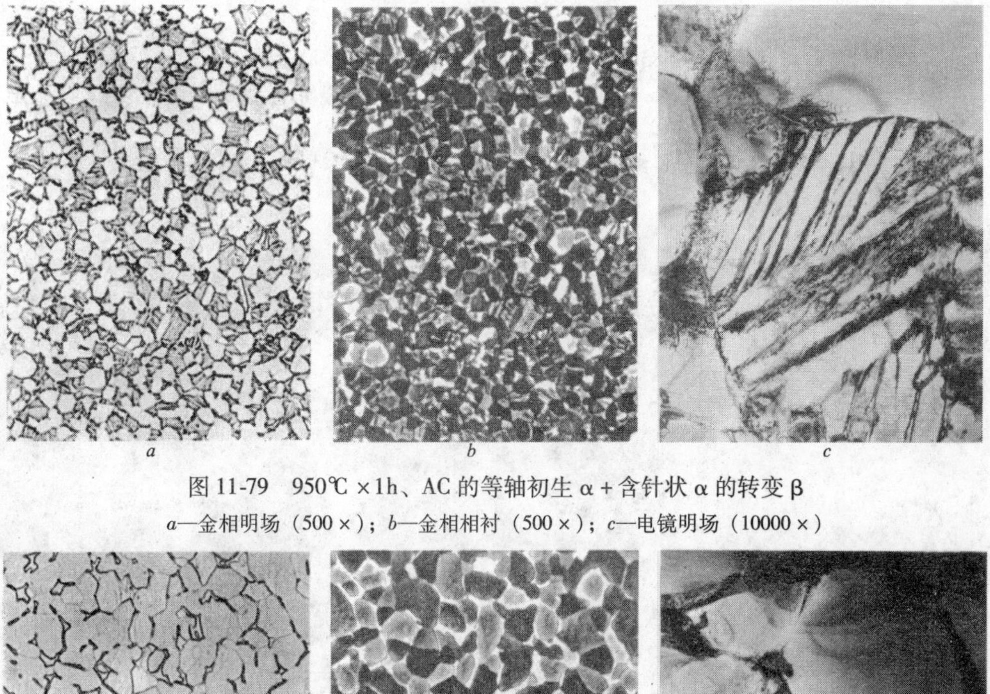

a　　b　　c

图 11-79　950℃ ×1h、AC 的等轴初生 α + 含针状 α 的转变 β

a—金相明场（500 ×）；*b*—金相相衬（500 ×）；*c*—电镜明场（10000 ×）

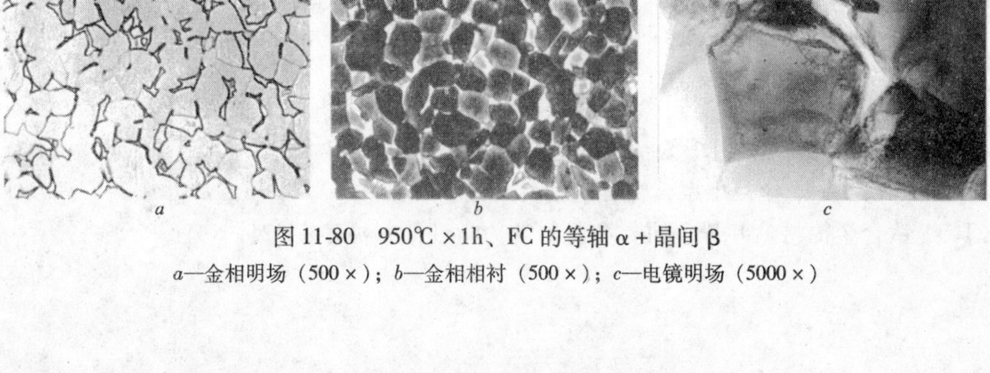

a　　b　　c

图 11-80　950℃ ×1h、FC 的等轴 α + 晶间 β

a—金相明场（500 ×）；*b*—金相相衬（500 ×）；*c*—电镜明场（5000 ×）

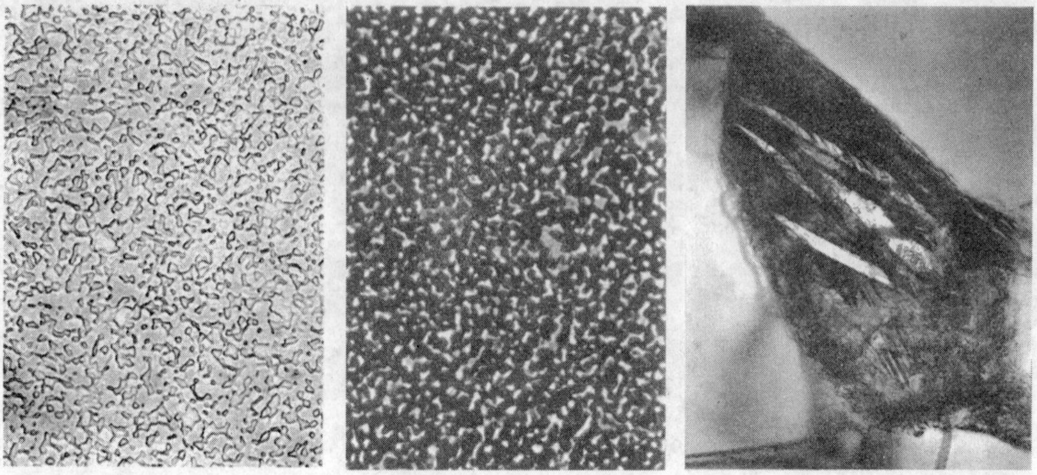

a b c

图 11-81 850℃ ×1h、WQ 的等轴初生 α + 马氏体 α′

a—金相明场（500 ×）；*b*—金相相衬（500 ×）；*c*—电镜明场（20000 ×）

（2）空气中冷却（AC），组织为等轴初生 α 和转变 β，见图 11-82。

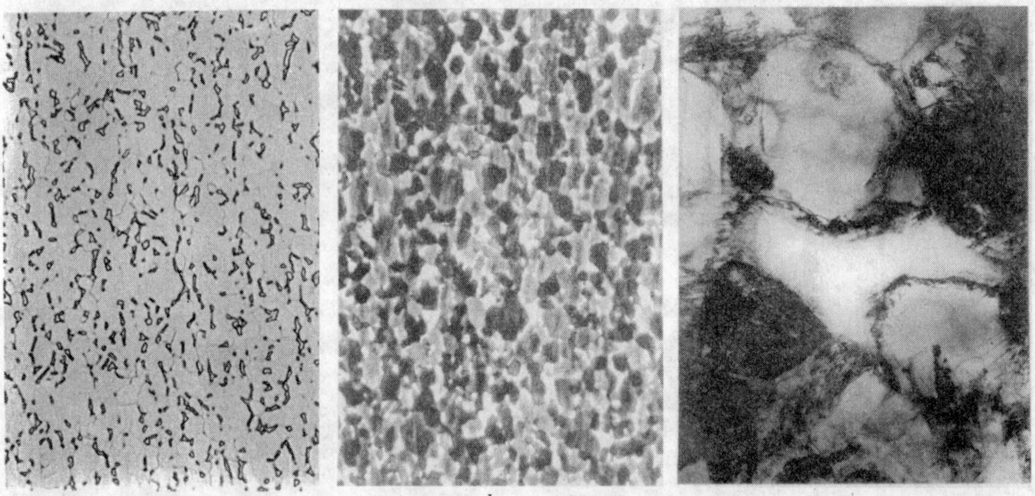

a b c

图 11-82 850℃ ×1h、AC 的等轴初生 α + β 转

a—金相明场（500 ×）；*b*—金相相衬（500 ×）；*c*—电镜明场（12000 ×）

TC4 合金 750℃固溶后不同冷却速度冷却获得的显微组织如下：

空气中冷却（AC），组织为初生的等轴 α 和 β，见图 11-83。

D TC11 合金棒材、叶片、饼材和盘材的组织与性能

TC11 钛合金棒材、叶片、饼材和盘材的力学性能，见表 11-21。

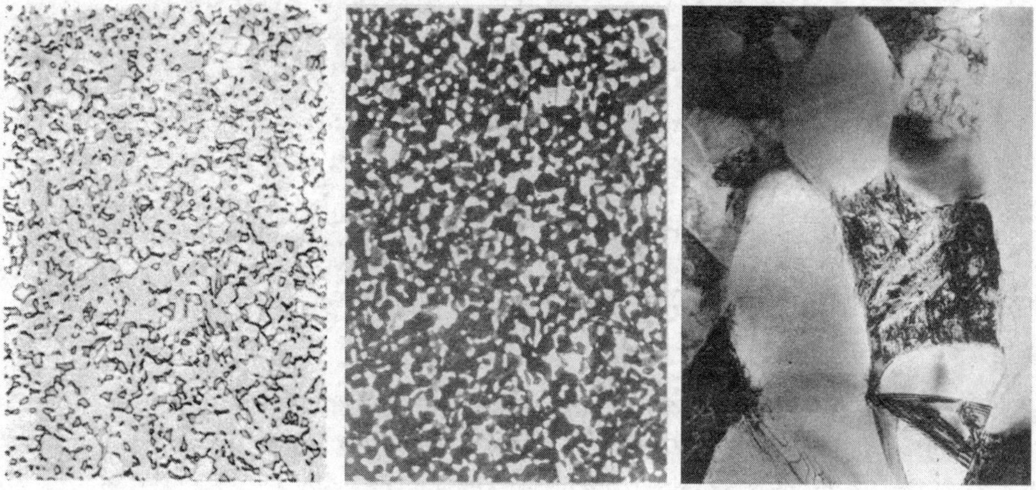

a *b* *c*

图 11-83 750℃ ×1h、AC 的等轴初生 α + β

a—金相明场（320 ×）；*b*—金相相衬（320 ×）；*c*—电镜明场（20000 ×）

表 11-21 TC11 钛合金棒材、叶片、饼材和盘材的力学性能

性能制品	室温性能			500℃拉伸性能			500℃持久
	σ_b/MPa	δ/%	ψ/%	σ_b/MPa	δ/%	ψ/%	(σ = 600MPa)/h
轧　棒	1150	17.0	42.0	830	20.5	61.0	>100
饼　材	110.5	15.0	36.0	78.0	17.0	56.0	>100
叶　片	103.5	13.0	46.0	81.0	19.0	60.0	>100
盘　件	109	21.0	47.0	75.5	20.0	55.5	156

（1）TC11 合金棒材双重后的典型组织，见图 11-84。

（2）TC11 合金饼材的组织，见图 11-85*a*。950℃ ×1h、AC +530℃ ×6h、AC，初生等轴 α + β 转。

（3）TC11 合金叶片的组织，见图 11-85*b*。950℃ ×1h、AC +530℃ ×6h、AC，初生等轴 α + β 转。

（4）TC11 合金盘件的组织，见图 11-85*c*。950℃ ×1h、AC +530℃ ×6h、AC，初生等

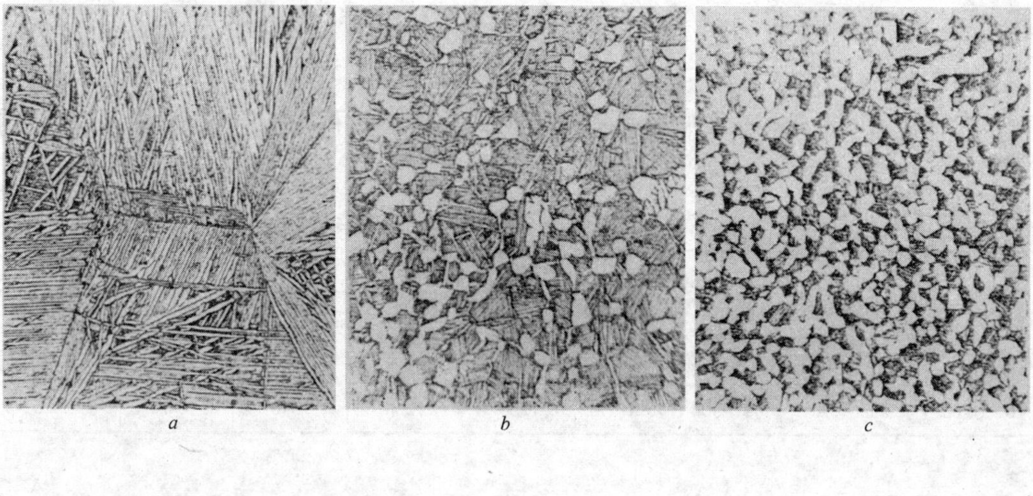

a *b* *c*

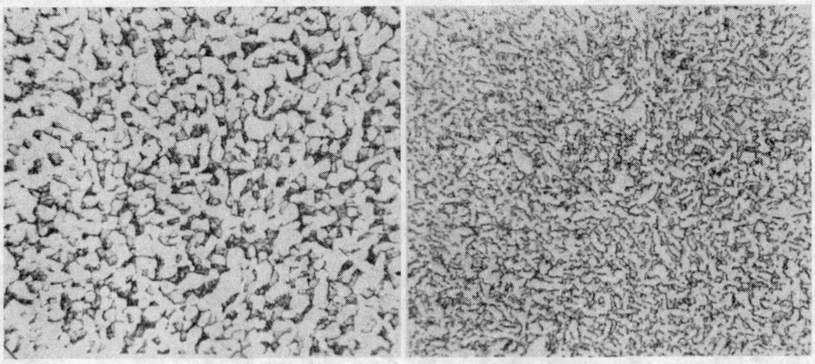

d　　　　　　　　e

图 11-84　TC11 合金棒材双重后的典型组织

a—1030℃ ×1h、AC +530℃ ×6h、AC，魏氏组织；b—980℃ ×1h、AC +530℃ ×6h、AC，初生等轴 α + β 转；c—950℃ ×1h、AC +530℃ ×6h、AC，初生等轴 α + β 转；d—900℃ ×1h、AC +530℃ ×6h、AC，初生等轴 α + β 转；e—800℃ ×1h、AC +530℃ ×6h、AC，细碎等轴 α + β 转

a　　　　　　　　b　　　　　　　　c

图 11-85　TC11 合金饼材、叶片、盘件的组织

a—合金饼材；b—合金叶片；c—合金盘件

轴 α + β 转。

E　TB2 合金板材的组织与性能

TB2 合金板材及焊接性能见表 11-22。不同热处理制度下 TB2 合金板材的组织与性能见表 11-23。

表 11-22　TB2 合金板材及焊接性能

序号	状　态	σ_b/MPa	δ/%	σ_b/MPa	δ/%	弯曲角 α/(°)
		母　材		焊接接头		
A	800℃ ×30min、AC + 焊接	885	23.0	888	8.0	>65
B	800℃ ×30min、AC + 焊接 +500℃ ×8h、AC	1280	10.0	1340	4.0	24.5

续表 11-22

序号	状态	σ_b/MPa	δ/%	σ_b/MPa	δ/%	弯曲角 α/(°)
		母材		焊接接头		
C	800℃×30min、AC+焊接+500℃×8h、AC+620℃×30min、AC	1130	18.0	1160	7.0	39.0
D	800℃×30min、AC+焊接+350℃×60min、AC+520℃×4h、AC+620℃×30min、AC	1243	10.5	1226	7.5	
E	800℃×30min、AC+540℃×4h、AC	1000	17.5			

表 11-23 不同热处理制度下 TB2 合金板材的组织与性能

序号	热处理制度	σ_b/MPa	δ/%	σ_b/MPa	δ/%
		固溶		时效	
A	900℃×0.5h、WQ+500℃×8h、AC	925	25.0	1290	3.0
B	900℃×0.5h、AC+500℃×8h、AC	915	21.5	1205	5.0
C	900℃×0.5h、FC+500℃×8h、AC	900	10.5	1050	2.5
D	800℃×0.5h、WQ+500℃×8h、AC	935	27.0	1410	10.0
E	800℃×0.5h、AC+500℃×8h、AC	945	25.5	1355	11.0
F	800℃×0.5h、FC+500℃×8h、AC	898	24.0	1015	19.5
G	700℃×0.5h、WQ+500℃×8h、AC	1025	19.5	1350	7.5
H	700℃×0.5h、AC+500℃×8h、AC	1450	19.5	1310	9.5
I	700℃×0.5h、FC+500℃×8h、AC	1106	17.5	1183	13.5

TB2 合金板材的组织有：

(1) 母材组织。

TB2 合金板材 800℃×30min、空冷的亚稳定 β 晶粒，见图 11-86。

TB2 合金板材 800℃×30min、空冷+500℃×8h、空冷的有弥散析出 α 的 β 晶粒，见图 11-87。

TB2 合金板材 800℃×30min、空冷+500℃×8h 升温到 620℃×30min、空冷的有弥散析出 α 的 β 晶粒，见图 11-88。

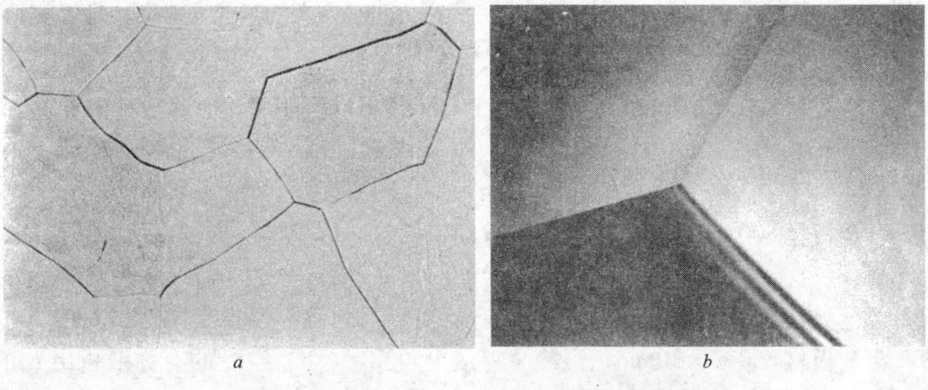

图 11-86 800℃×30min、AC 的等定轴亚稳 β 晶粒

a—金相明场（500×）；*b*—电镜明场（20000×）

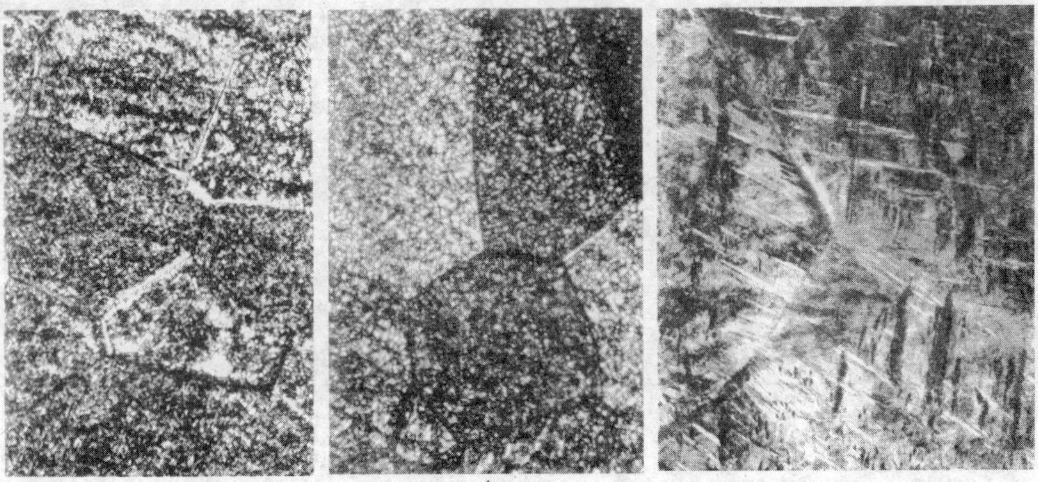

a *b* *c*

图 11-87 800℃ ×30min、AC +500℃ ×8h、AC 的有弥散析出 α 的 β 晶粒

a—金相明场（500×）；*b*—金相偏光（500×）；*c*—电镜明场（15000×）

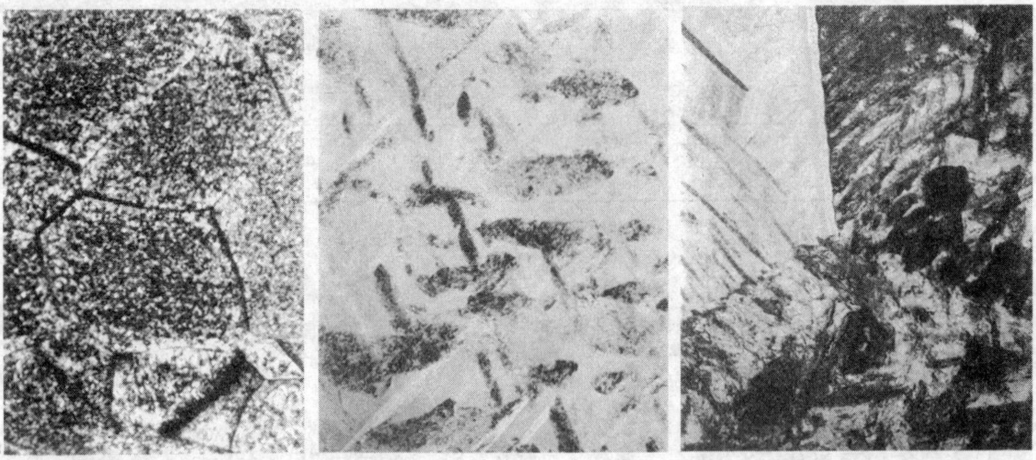

a *b* *c*

图 11-88 800℃ ×30min、AC +500℃ ×8h↗620℃ ×30min、AC 的有弥散析出 α 的 β 晶粒

a—金相明场（500×）；*b*—电镜明场/晶内（40000×）；*c*—电镜明场/晶界（40000×）

TB2 合金板材 800℃ ×30min、空冷 +540℃ ×8h、空冷的非均匀弥散析出 α 的 β 晶粒，见图 11-89。

（2）焊缝组织。

TB2 合金板材 800℃ ×30min、空冷 + 自动钨极氩弧焊焊接的低倍焊接接头组织，见图 11-90。

TB2 合金板材 800℃ ×30min、空冷 + 自动钨极氩弧焊焊接组织，见图 11-91。

TB2 合金板材 800℃ ×30min、空冷 + 焊接 +500℃ ×8h、空冷的有弥散析出 α 的 β 晶粒，见图 11-92。

TB2 合金板材 800℃ ×30min、空冷 + 焊接 +500℃ ×8h 升温到 620℃ ×30min、空冷的

图 11-89 800℃ ×30min、AC + 540℃ ×8h、AC 的非弥散析出 α 的 β 晶粒
a—金相明场（500 ×）；*b*—电镜明场（10000 ×）；*c*—电镜暗场（10000 ×）

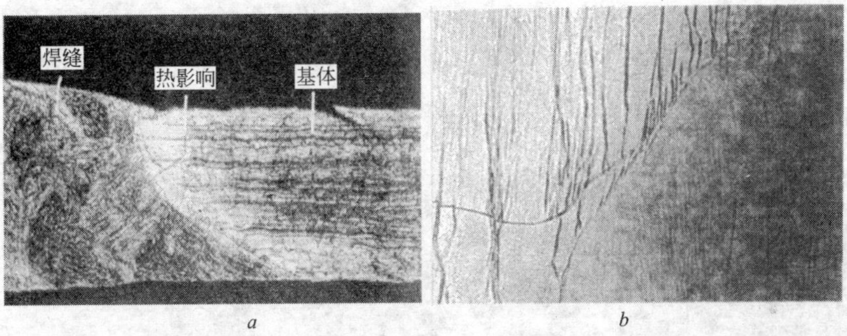

图 11-90 800℃ ×30min、AC + 焊接的接头组织
a—金相低倍明场（8 ×）；*b*—金相明场/焊缝为粗大等轴 β 晶粒（500 ×）

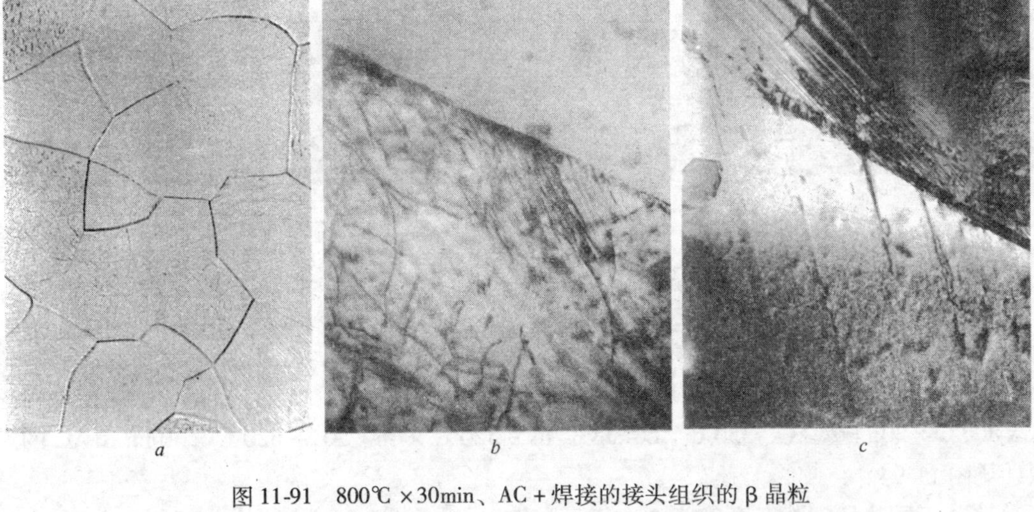

图 11-91 800℃ ×30min、AC + 焊接的接头组织的 β 晶粒
a—金相明场/热影响区的等轴 β 晶粒（250 ×）；*b*—电镜明场/β 晶界（20000 ×）
c—电镜明场/等轴亚稳定 β 晶粒（20000 ×）

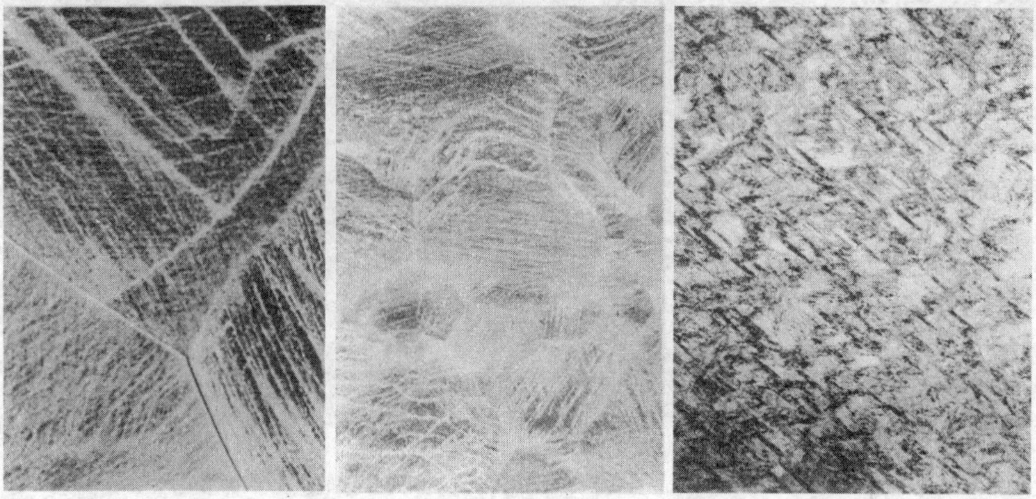

a b c

图 11-92 800℃ ×30min、AC +500℃ ×8h、AC 的有弥散析出 α 的 β 晶粒
a—金相明场/焊缝区（500 ×）；*b*—金相明场（250 ×）；*c*—电镜明场/焊缝区（15000 ×）

有弥散析出 α 的 β 晶粒，见图 11-93。

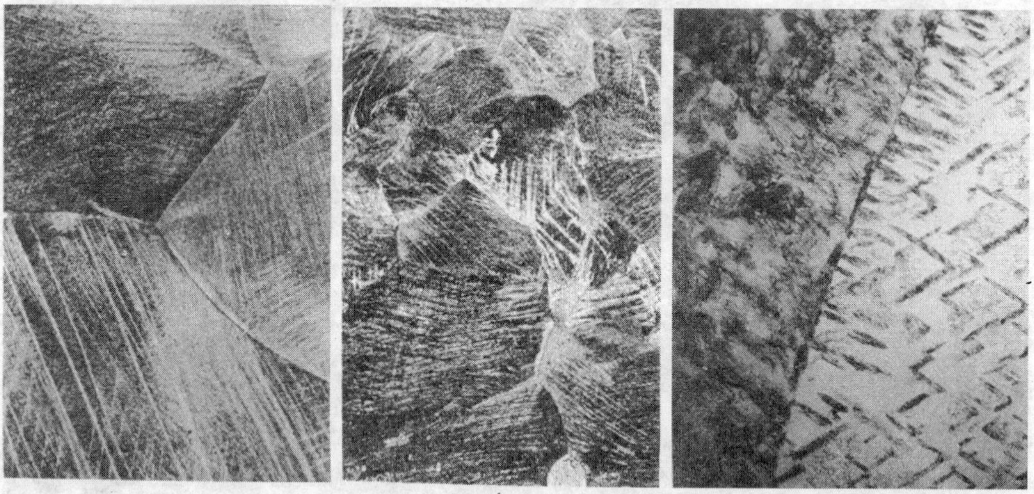

a b c

图 11-93 800℃ ×30min、AC +500℃ ×8h↗620℃ ×30min、AC 的有弥散析出 α 的 β 晶粒
a—金相明场/焊缝区（250 ×）；*b*—金相明场/热影响区（250 ×）；
c—电镜明场/焊缝区（20000 ×）

（3）预时效处理 + 时效的 TB2 合金板材组织。

800℃ ×30min、AC +350℃ ×60min、AC +520℃ ×4h、AC +620℃ ×30min、AC 的组织，见图 11-94。

（4）不同热处理制度下 TB2 合金板材的组织。

900℃ ×0.5h、WQ +500℃ ×8h、AC 的组织，有弥散析出 α 的 β 晶粒，见图 11-95；

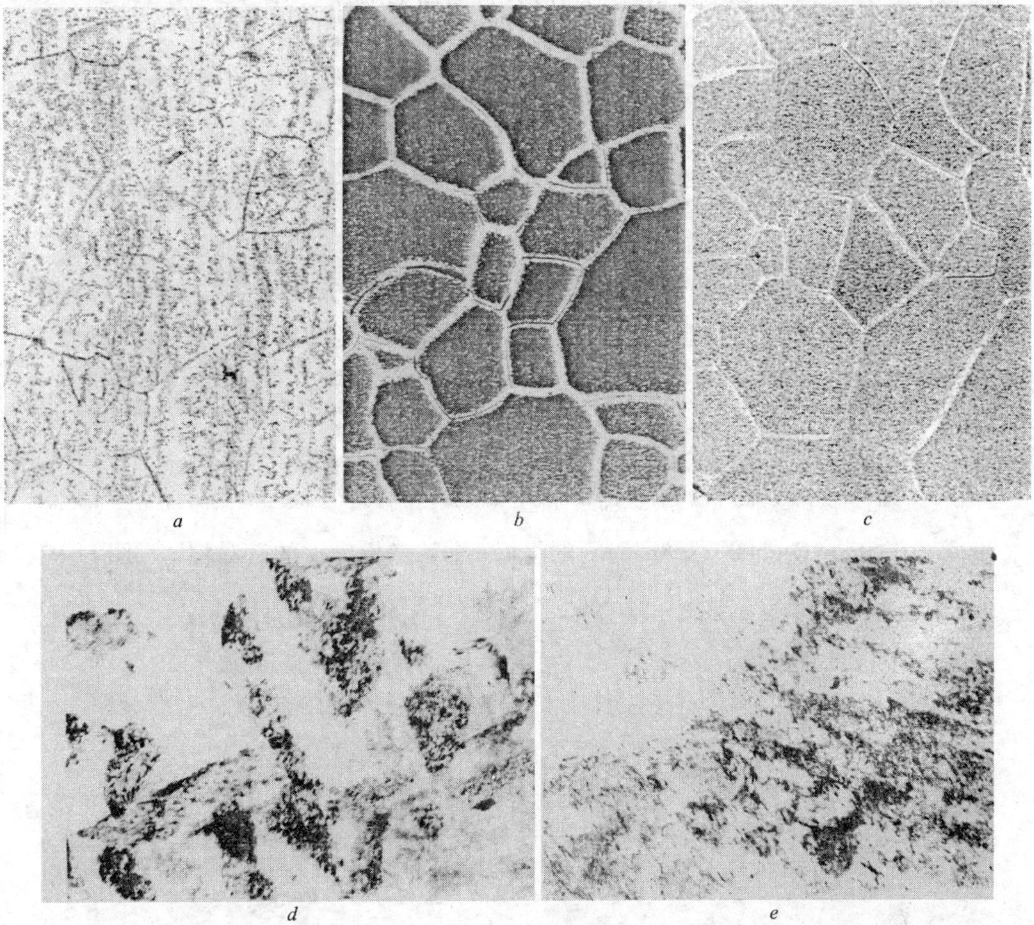

图 11-94　预时效处理 + 时效的 TB2 合金板材有弥散析出 α 的 β 晶粒

a—800℃ ×0.5h、AC + 500℃ ×8h、AC（200 ×）；*b*—800℃ ×0.5h、AC + 350℃ ×60min、AC + 520℃ ×4h、AC（200 ×）；*c*—800℃ ×0.5h、AC + 350℃ ×60min、AC + 520℃ ×8h↗620℃ ×30min、AC（200 ×）；*d*—c 的电镜照片（晶内，30000 ×）；*e*—c 的电镜照片（晶界 30000 ×）

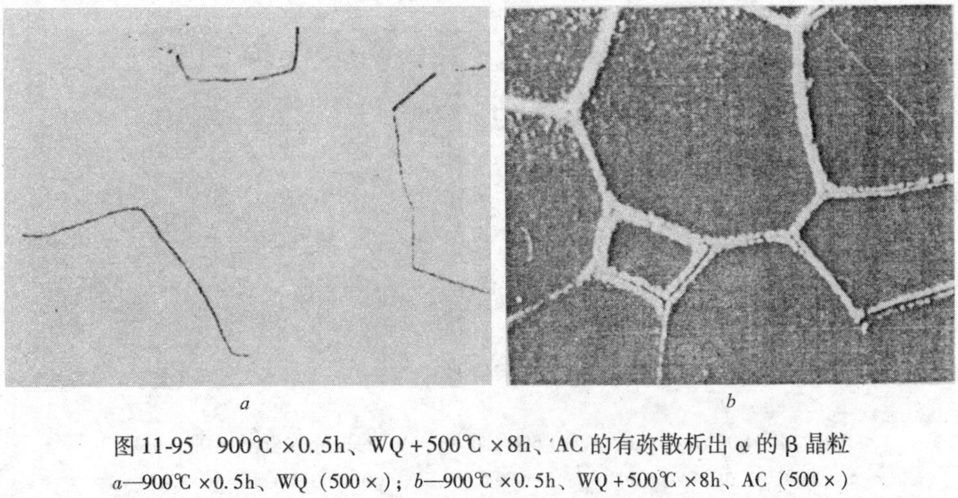

图 11-95　900℃ ×0.5h、WQ + 500℃ ×8h、AC 的有弥散析出 α 的 β 晶粒

a—900℃ ×0.5h、WQ（500 ×）；*b*—900℃ ×0.5h、WQ + 500℃ ×8h、AC（500 ×）

900℃ ×0.5h、AC +500℃ ×8h、AC 的组织，有弥散析出 α 的 β 晶粒，见图 11-96；

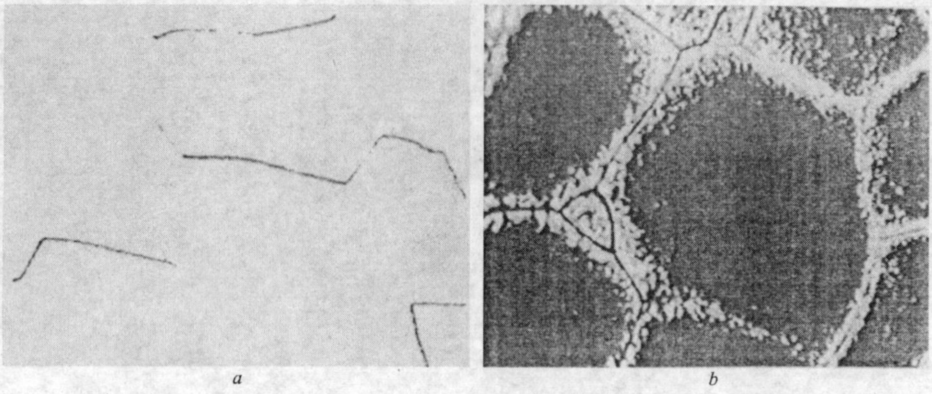

图 11-96 900℃ ×0.5h、AC +500℃ ×8h、AC 的有弥散析出 α 的 β 晶粒

a—900℃ ×0.5h、AC（500 ×）；*b*—900℃ ×0.5h、AC +500℃ ×8h、AC（500 ×）

900℃ ×0.5h、FC +500℃ ×8h、AC 的组织，非弥散析出 α 的 β 晶粒，见图 11-97；

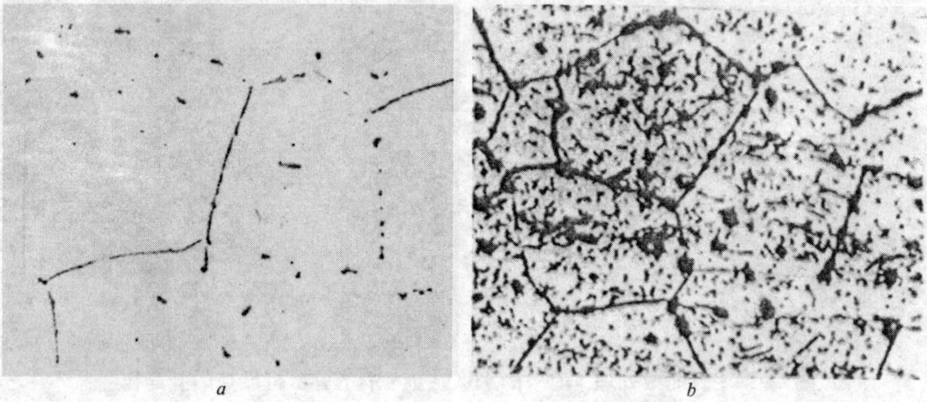

图 11-97 900℃ ×0.5h、FC +500℃ ×8h、AC 的非弥散析出 α 的 β 晶粒

a—900℃ ×0.5h、FC（500 ×）；*b*—900℃ ×0.5h、FC +500℃ ×8h、AC（500 ×）

800℃ ×0.5h、WQ +500℃ ×8h、AC 的组织，有弥散析出 α 的 β 晶粒，见图 11-98；

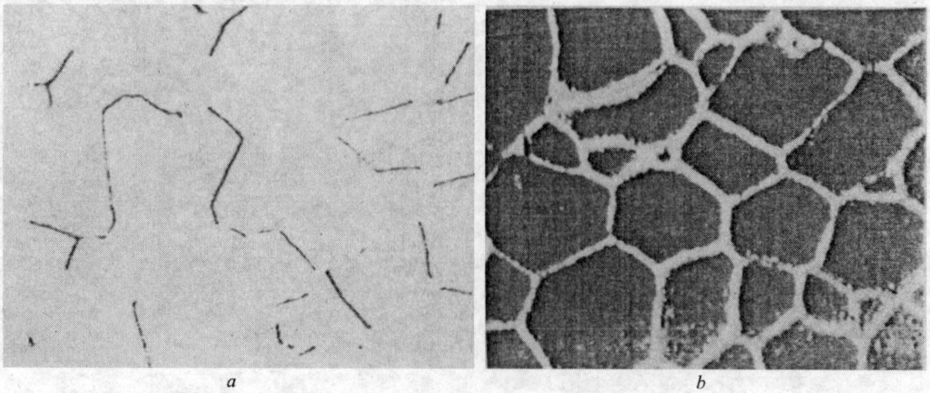

图 11-98 800℃ ×0.5h、WQ +500℃ ×8h、AC 的有弥散析出 α 的 β 晶粒

a—900℃ ×0.5h、WQ（500 ×）；*b*—900℃ ×0.5h、WQ +500℃ ×8h、AC（500 ×）

800℃×0.5h、AC+500℃×8h、AC的组织，有弥散析出α的β晶粒，见图11-99；

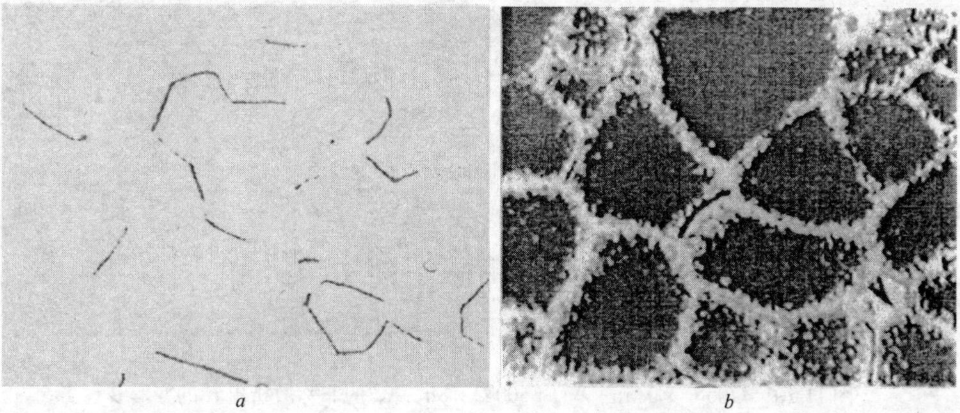

图11-99 800℃×0.5h、AC+500℃×8h、AC的有弥散析出α的β晶粒
a—900℃×0.5h、AC（500×）；*b*—900℃×0.5h、AC+500℃×8h、AC（500×）

800℃×0.5h、FC+500℃×8h、AC的组织，非弥散析出α的β晶粒，见图11-100；

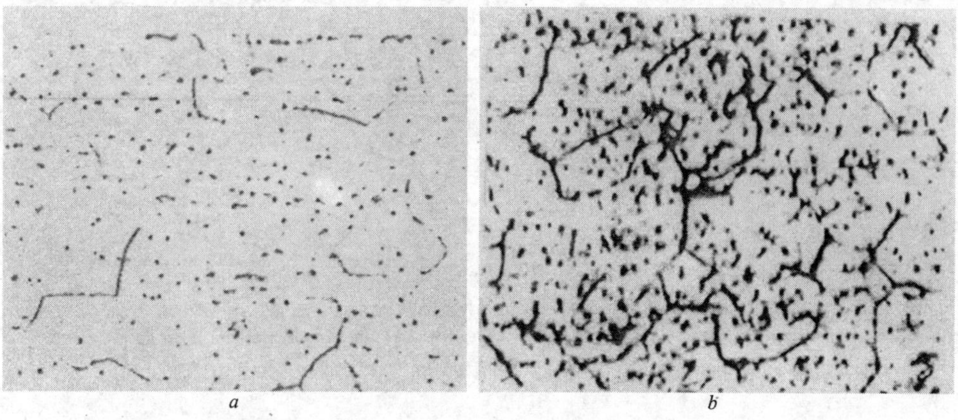

图11-100 800℃×0.5h、FC+500℃×8h、AC的非弥散析出α的β晶粒
a—900℃×0.5h、FC（500×）；*b*—900℃×0.5h、FC+500℃×8h、AC（500×）

700℃×0.5h、WQ+500℃×8h、AC的组织，非弥散析出α的变形β，见图11-101；
700℃×0.5h、AC+500℃×8h、AC的组织，非弥散析出α的变形β，见图11-102；
700℃×0.5h、FC+500℃×8h、AC的组织，非弥散析出α的变形β，见图11-103。

比较图11-94*a*、图11-94*b*的照片可以发现，图11-94*a*晶界、晶内均有α相析出，属于非均匀弥散析出，晶界两侧没有无析出物区，而经350℃，60min、AC预时效处理的图11-94*b*照片，属于均匀弥散析出，且α相数量比图11-94*a*的增加，晶界两侧有无析出物区，这就是表11-22中经二次时效D制度比C制度抗拉强度增加的原因。图11-94*c*是在图11-94*b*的基础上增加了二次时效，图11-94*c*的晶界两侧无析出物区比图11-94*b*变窄，使α相的尺寸粗化，提高塑性，见图11-94*d*、图11-94*e*。

比较图11-95*a*、图11-96*a*和图11-97*a*中的照片可以发现，均为粗大的等轴β晶粒，

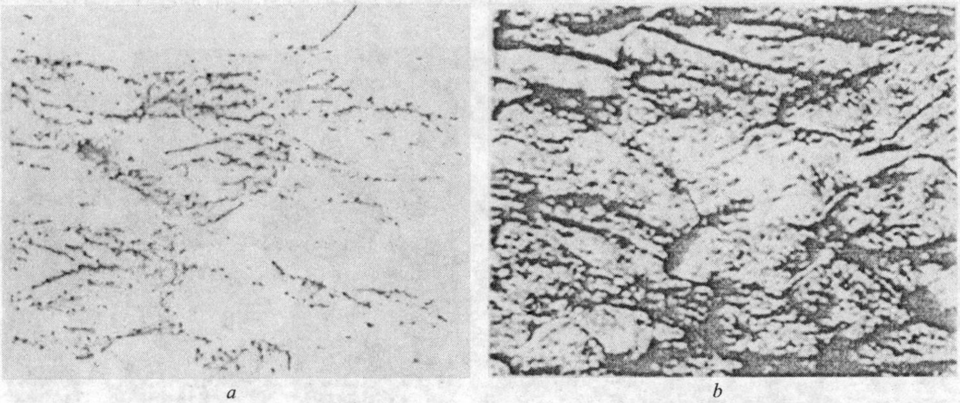

图 11-101 700℃ ×0.5h、WQ +500℃ ×8h、AC 的非弥散析出 α 的变形 β

a—700℃ ×0.5h、WQ（500 ×）；*b*—700℃ ×0.5h、WQ +500℃ ×8h、AC（500 ×）

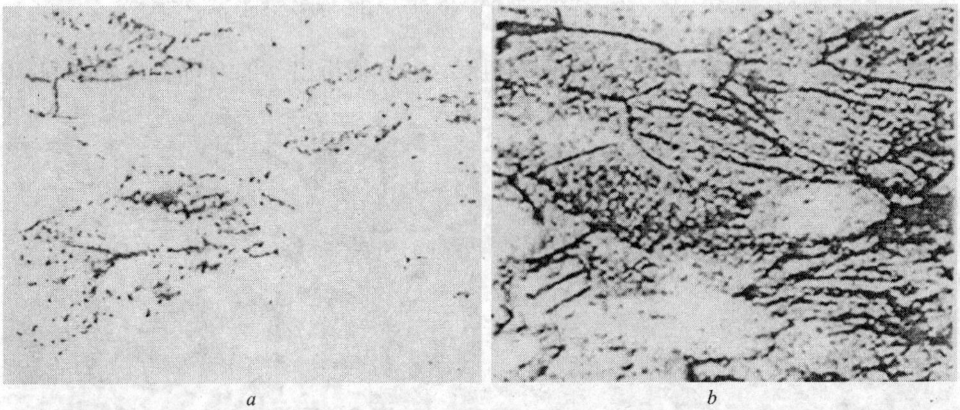

图 11-102 700℃ ×0.5h、AC +500℃ ×8h、AC 的非弥散析出 α 的变形 β

a—700℃ ×0.5h、AC（500 ×）；*b*—700℃ ×0.5h、AC +500℃ ×8h、AC（500 ×）

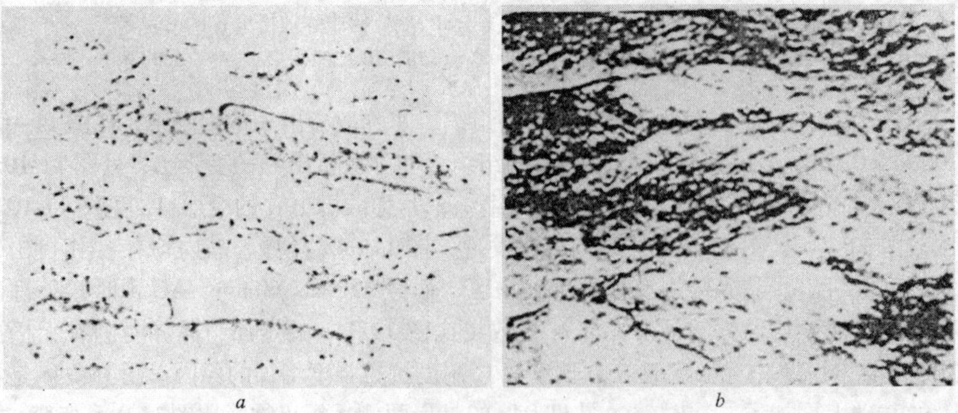

图 11-103 700℃ ×0.5h、FC +500℃ ×8h、AC 的非弥散析出 α 的变形 β

a—700℃ ×0.5h、FC（500 ×）；*b*—700℃ ×0.5h、FC +500℃ ×8h、AC（500 ×）

900℃固溶水淬（WQ）和空冷（AC）的均为单相β晶粒，只有900℃固溶炉冷（FC）的图11-97*a*中发现在炉冷过程中析出极少量的α相，表11-23中的数据表明，炉冷析出的极少量的α相无强化作用，但使塑性降低。

比较图11-95*b*、图11-96*b*和图11-97*b*可以发现，在粗大的等轴β晶粒内有均α相析出，900℃固溶水淬和空冷的为均匀弥散析出，前者晶界两侧的无析出物区窄，后者晶界两侧的无析出物区宽。原因是空冷速度慢，使β固溶体中的空位向晶界逃逸，空位浓度降低，使α相成核率降低。只有900℃固溶炉冷+时效（图11-97*b*）的为α相非均匀成核，原因是炉冷过程中β固溶体中的大量空位向晶界逃逸，空位浓度极低，使α相成核率极低。表11-23中的数据表明，固溶炉冷+时效的非均匀析出的α相，其强化效应小；而固溶炉冷+时效的均匀弥散析出的α相，其强化效应大。

比较图11-98*a*、图11-99*a*和图11-100*a*可以发现，均为等轴β晶粒，800℃固溶水淬和空冷的均为单相β晶粒，只有800℃固溶炉冷的图11-100*a*的照片中发现在炉冷过程中析出少量的α相，表11-23中的数据表明，炉冷析出的少量的α相无强化作用，但使塑性略有降低。

比较图11-98*b*、图11-99*b*和图11-100*b*可以发现，均在等轴β晶粒内有α相析出，800℃固溶水淬和空冷的为均匀弥散析出，前者晶界两侧的无析出物区窄，后者晶界两侧的无析出物区宽，原因是空冷速度慢，使β固溶体中的空位向晶界逃逸，空位浓度降低，使α相成核率降低。只有800℃固溶炉冷+时效（图11-100*b*）的为α相非均匀成核，原因是炉冷过程中β固溶体中的大量空位向晶界逃逸，空位浓度极低，使α相成核率极低。表11-23中的数据表明，固溶炉冷+时效的非均匀析出的α相，其强化效应小；而固溶炉冷+时效的均匀弥散析出的α相，其强化效应大。

比较图11-101*a*、图11-102*a*和图11-103*a*可以发现，700℃固溶水淬、空冷和炉冷的均为变形β晶粒+非均匀析出的初生α相，只有700℃固溶炉冷的图11-103*a*的照片中发现在炉冷过程中析出少量的次生α相，表11-23中的数据表明，炉冷析出的少量的次生α相有一定的强化作用，但使塑性略有降低。

比较图11-101*b*、图11-102*b*和图11-103*b*可以发现，700℃固溶水淬、空冷和炉冷的均为变形β晶粒+非均匀析出的初生α相+非均匀析出的次生α相，表11-23中的数据表明，700℃固溶水淬和空冷的强化效应大，而700℃固溶炉冷的强化效应小。

TB2合金的相变温度为750℃，比较图11-95*b*、图11-98*b*和图11-101*b*可以发现，图11-95*b*中的β晶粒粗大，已使β晶粒长大，塑性降低；图11-101*b*中的β晶粒是变形状态，未完成再结晶，该合金的再结晶温度是750℃，不可取。而图11-95*b*中的β晶粒是适中的，也在通常亚稳定β合金所选择的（比合金的相变温度高50℃左右）固溶处理温度范围之内，是合理的。

11.4.4 各国主要工业钛合金

世界各国主要工业钛合金采用的成分，α型和近α型钛合金成分见表11-24，（α+β）型钛合金成分见表11-25，亚稳定β型和近β型钛合金成分见表11-26。

表 11-24 α型和近α型钛合金成分

序号	合金成分（质量分数）/%	合金牌号	国家	$[Mo]_{当}$/%	$[Al]_{当}$/%
1	Ti-2.5Cu	IMI230	英、法、德、日	0.0	1.0
2	Ti-2Al-2.5Zr	пт-7м	俄	0.0	3.4
3	Ti-3Al	TA4	中	0.0	4.5
4	Ti-4Al-0.005B	TA5	中	0.0	5.0
5	Ti-5Al	BT5	中、俄	0.0	6.0
6	Ti-5Al-2.5Sn	IMI317	英、中、法、俄、德、日	0.0	6.8
7	Ti-5Al-2.5Sn-3Cu-1.5Zr	TA8	中	0.0	7.1
8	Ti-0.8Ni-0.3Mo	WL3.7105	美、德	1.3	1.0
9	Ti-2.5Zr-2.5Ni	4207	俄	3.1	1.4
10	Ti-1Al-1Mn	OT4-0	俄	1.7	2.0
11	Ti-2Al-1Mn	TC1	中	1.7	3.0
12	Ti-2Al-1.5Mn	OT4-1	俄、日	2.5	3.0
13	Ti-3Al-2.5V	OT4-1B	美、英、中、法、俄、德、日	1.8	4.0
14	Ti-3Al-1.5Mn	TC2	中	2.5	4.0
15	Ti-3Al-0.3Si-0.6Cr-0.4Fe	AT3	俄	1.8	4.0
16	Ti-4Al-2V	OT4-0	俄	1.4	5.0
17	Ti-4Al-1.5Mn	OT4	俄	2.5	5.0
18	Ti-5Al-2.5V	OT4-3B	俄	1.8	6.0
19	Ti-6Al-2Nb-1Ta-0.8Mo	Ti-621/0.8	美	1.7	7.0
20	Ti-6Al-0.6Cr-0.4Fe-0.4Si-0.01B	TC7	中	1.8	7.0
21	Ti-6Al-0.3Si-0.6Cr-0.4Fe	AT6	俄	1.8	7.0
22	Ti-6Al-7Nb	IMI367	英	2.1	7.0
23	Ti-6Al-5Zr-0.5Mo-0.25Si	IMI685	英、德、法	0.5	7.8
24	Ti-11Sn-5Zr-2.3Al-1Mo-0.2Si	IMI679	英、中	1.0	7.8
25	Ti-6.5Al-1Mo-1V-2Zr-0.15Si	BT20、TA15	俄、中	1.7	7.8
26	Ti-5Al-5Sn-2Zr-2Mo-0.25Si	Ti-5522S	美	2.0	8.0
27	Ti-5.5Al-3.5Sn-3Zr-1Nb-0.25Mo-0.3Si	IMI829	英	0.6	8.3
28	Ti-5Al-6Sn-2Zr-1Mo-0.25Si	Ti-5621S	美、中	1.0	8.3
29	Ti-6Al-2Sn-4Zr-2Mo-0.1Si	Ti-6242S	美、德、日	2.0	8.3
30	Ti-6Al-2Sn-4Zr-2Mo	IMI6242	英、德、法	2.0	8.4
31	Ti-6Al-2.75Sn-4Zr-0.4Mo-0.45Si	Ti-1100	美	0.4	8.6
32	Ti-5.8Al-4Sn-3.5Zr-0.7Nb-0.5Mo-0.35Si	IMI834	英	0.7	8.7
33	Ti-6.5Al-2.5Sn-4Zr-1Nb-0.7Mo-0.15Si	BT18y	俄	1.0	9.0
34	Ti-8Al-1Mo-1V	Ti-811	美、英、中、法、德、日	1.7	9.0

表 11-25　（α + β）型钛合金成分

序　号	合金成分（质量分数）/%	合金牌号	国　家	$[Mo]_{当}$/%	$[Al]_{当}$/%
35	Ti-6. 4Al-1. 2Fe	RMI Low cost	美	2. 4	7. 4
36	Ti-6. 5Al-1. 5Sn-4Zr-2Mo-1W-0. 15Si	BT25	俄	2. 5	8. 7
37	Ti-3Al-4V	LT31	德	2. 9	4. 0
38	Ti-5Al-4V	BT6C	俄、中	2. 9	6. 0
39	Ti-6Al-4V	Ti-64	英、美、德、中、法、日、俄	2. 9	7. 0
40	Ti-6Al-4. 5V	BT6k	俄	3. 2	7. 0
41	Ti-6. 5Al-3Mo-1. 5Zr-0. 25Si	BT9	俄	3. 0	7. 8
42	Ti-6. 5Al-3. 3Mo-0. 3Si	BT8	俄	3. 3	7. 5
43	Ti-6. 3Al-1Sn-1Zr-3. 3Mo-0. 18Si	BT8-1	俄	3. 3	7. 8
44	Ti-6Al-1. 7Fe-0. 1Si	Ti-62S	美	3. 4	7. 0
45	Ti-6. 5Al-1. 5Zr-3. 5Mo-0. 3Si	TC11	中	3. 5	7. 3
46	Ti-6. 5Al-2. 5Sn-3. 5Mo-0. 3Si	TC9	中	3. 5	8. 3
47	Ti-4Al-3Mo-1V	Ti-431	美、中、法	3. 7	5. 0
48	Ti-5Al-3Mo-1V	BT14	俄	3. 7	6. 0
49	Ti-4Al-4Mo-2Sn	Ti-P68	法	4. 0	5. 7
50	Ti-4Al-4Mo-2Sn-0. 5Si	IMI550	英、德	4. 0	5. 7
51	Ti-4Al-4Mo-4Sn-0. 5Si-0. 1C	IMI551	英	4. 0	6. 3
52	Ti-5. 5Al-4Mo-0. 2Si	BT8M	俄	4. 0	6. 5
53	Ti-5. 4Al-1Sn-1Zr-4Mo-0. 15Si	BT8M-1	俄	4. 0	6. 9
54	Ti-7Al-4Mo	Ti-74	美、法	4. 0	8. 0
55	Ti-6Al-6V-2Sn	Ti-662	美、德、中、法、日	4. 3	7. 7
56	Ti-6. 5Al-1. 8Sn-4Zr-4Mo-1W-0. 2Si	BT25y	俄	4. 5	8. 8
57	Ti-5Al-2. 5Fe	Tikrutan LT	德	5. 0	6. 0
58	Ti-5Al-2Sn-5Mo-0. 35Si-0. 02Ce	ZT3	中	5. 0	6. 7
59	Ti-6Al-2Sn-2Zr-2Mo-2Cr-0. 25Si	Ti-62222S	美	5. 3	8. 0
60	Ti-6Al-2. 5Mo-1. 5Cr-0. 5Fe-0. 3Si	BT3-1	俄	6. 0	7. 0
61	Ti-6Al-2Sn-4Zr-6Mo	Ti-6246	美、日	6. 0	8. 3
62	Ti-6Al-6V-2Sn-0. 5Fe-0. 5Cu	TC10	中	6. 1	7. 7
63	Ti-6Al-2. 5Mo-2Cr-0. 5Fe-0. 25Si	TC6	中	6. 8	7. 0
64	Ti-4. 5Al-5Mo-1. 5Cr	Corona5	美、中	7. 5	5. 5
65	Ti-5Al-4. 5V-2Mo-1Cr-0. 6Fe	BT23	俄	8. 1	6. 0
66	Ti-4. 5Al-3V-2Mo-2Fe	SP-700	美	8. 1	5. 5
67	Ti-3Al-4. 5V-5Mo	BT16、TC16	俄、中	8. 2	4. 0

表 11-26 亚稳定 β 型和近 β 型钛合金成分

序 号	合金成分（质量分数）/%	合金牌号	国 家	[Mo]当/%	[Al]当/%
68	Ti-11.5V-2Al-2Sn-11Zr	Transage129	美	8.2	5.5
69	Ti-12V-2.5Al-2Sn-6Zr	Transage134	美	8.6	5.2
70	Ti-1V-2.7Al-7Sn-2Zr	Transage175	美	9.3	6.4
71	Ti-5Al-5Mo-1V-1Cr-1Fe-1.5Sn-2Zr	BT22M	俄	9.4	6.8
72	Ti-4Mo-2Cr-1.2Fe-5Al-2Sn-4Zr	Beta CEZ	法	9.7	7.3
73	Ti-5Al-2Sn-4Mo-4Cr-2Zr	IMI617、Ti-17	美、中	10.7	7.0
74	Ti-10V-2Fe-3Al	Ti-10-2-3、TB6	美	11.1	4.0
75	Ti-16V-2.5Al		美	11.4	3.5
76	Ti-11.5Mo-6Zr-4.5Sn	Beta Ⅲ	美、俄、法	11.5	3.5
77	Ti-5Al-4.75Mo-4.75V-1Cr-1Fe	BT22	俄	11.8	6.0
78	Ti-3Al-5V-5Mo-1.2Cr-1.2Fe	BT22ч	俄	13.0	4.0
79	Ti-20V-4Al-1Sn		中	14.3	5.3
80	Ti-15Mo		中	15.0	1.0
81	Ti-15Mo-5Zr	Ti-15-5	日	15.0	1.8
82	Ti-15Mo-5Zr-3Al	Ti-15-5-3	日	15.0	4.8
83	Ti-8V-5Fe-1Al		美	15.7	2.0
84	Ti-15V-3Cr-3Al-3Sn	Ti-15-3、TB5	美、英、中、日	15.7	5.0
85	Ti-15Mo-3Al-2.7Nb-0.25Si	Beta 21S、TB8	美、中	15.8	4.0
86	Ti-15V-3Cr-3Al-3Sn-1Zr-1Mo	BT35	俄	16.7	5.2
87	Ti-5.5Mo-3.5V-5.5Cr-3Al-1Zr	BT19	俄	17.2	4.2
88	Ti-10Mo-8V-1Fe-3.5Al	TB3	中	17.7	4.5
89	Ti-8Mo-8V-2Fe-3Al	Ti-8823	美	17.7	4.0
90	Ti-10V-7Mo-2Fe-1Zr-4Al	Ti-47121	中	18.1	5.2
91	Ti-8V-8Mo-1.5Cr-1.5Fe-3Al	BT32	俄	19.2	4.0
92	Ti-8V-6Cr-4Mo-4Zr-3Al	Beta C	美	19.7	4.7
93	Ti-5Mo-5V-8Cr-3Al	TB2	中	21.9	4.0
94	Ti-6V-6.2Mo-5.7Fe-3Al	Ti-125	美	21.9	4.0
95	Ti-13V-11Cr-3Al	Ti-13-11-3	美、法、日	27.6	4.0

以“铝当量”—“钼当量”为坐标将上述（表 11-24～表 11-26）世界各国的 95 个合金编号的合金绘制在图 11-104 中。

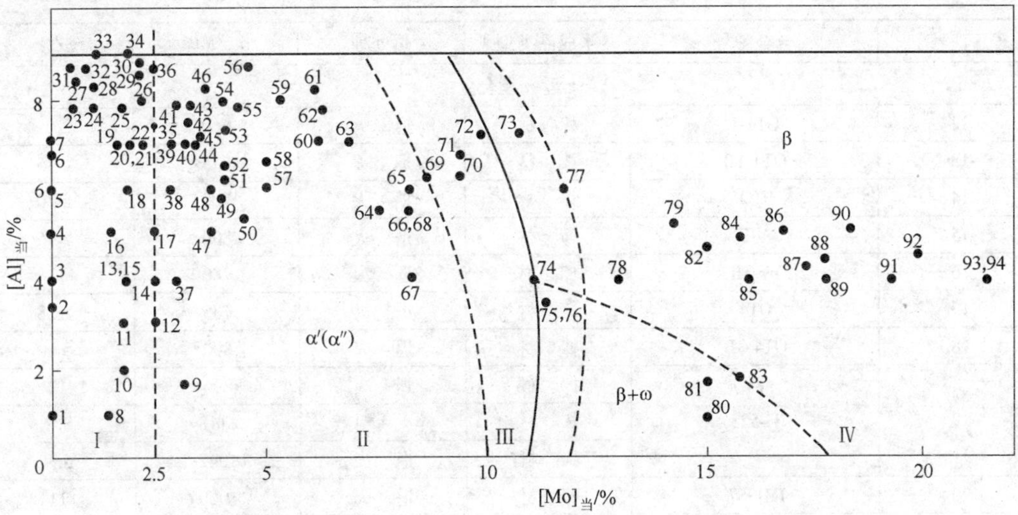

图 11-104 世界各国的 95 个钛合金在“铝当量”—“钼当量”图中的分布

Ⅰ—α 和近 α 合金；Ⅱ—（α+β）合金；Ⅲ—过渡型合金；Ⅳ—近 β 合金

（合金序号与表 11-24、表 11-25、表 11-26 中的序号相同）

11.4.5 各国主要工业钛合金性能比较

世界各国主要工业钛合金性能比较，α 型和近 α 型钛合金性能比较见表 11-27，（α+β）型钛合金性能比较见表 11-28，亚稳定 β 型和近 β 型钛合金性能比较见表 11-29。

表 11-27 α 型和近 α 型钛合金性能比较

序 号	合金牌号	半成品类型	热处理	σ_b/MPa	δ/%
		α 型合金			
1	BT1-00	棒 材	退 火	370	≥25
2	BT1-0	棒 材	退 火	465	≥20
3	IMI230	棒材、板材	退 火	620	24
		棒材、板材	淬火+时效	775	20
4	пт-7м	管 材	退 火	575	20
5	TA4	棒 材	退 火	650	20
6	TA5	棒 材	退 火	723	18
7	BT5	棒 材	退 火	830	≥14
8	TA7、Ti-5-2.5	棒 材	退 火	880	15
		棒 材	退 火	860	15
		近 α 型合金			
9	WL3.7105	棒 材	退 火	510	33
10	4207	棒 材	退 火	472	18.8
11	OT4-0	棒 材	退 火	560	≥20

续表 11-27

序　号	合金牌号	半成品类型	热处理	σ_b/MPa	δ/%
近α型合金					
12	OT4-1	棒　材	退　火	660	20
13	OT4-1B	棒　材	退　火	675	≥15
14	TC2	棒　材	退　火	700	≥30
15	AT3	棒　材	退　火	800	≥15
16	пт-3B	棒　材	退　火	780	11
17	OT4	棒　材	退　火	785	≥28
18	OT4-3B	棒　材	退　火	800	≥10
19	Ti-523	棒　材	退　火	896	12
		棒　材	淬火+时效	1118	8.1
		棒　材	退　火	1042	5.9
20	IMI367	棒　材	退　火	1000	11
21	Ti-621/0.8	厚　板	退　火	870	10
		厚　板	淬　火	880	12.5
		厚　板	淬火+时效	905	10.5
22	AT6	棒　材	退　火	960	11.7
23	IMI679	棒　材	退　火	1156	12
		棒　材	淬火+时效	1180	12
24	BT20、TA15	棒　材	退　火	1000	≥13
25	IMI685	棒　材	退　火	1020	11
		棒　材	淬火+时效	1030	14
26	Ti-6242S	棒　材	退　火	1062	14
27	Ti-5621S	棒　材	退　火	1096	16
28	IMI829	盘　件	退　火	950	11
		盘　件	淬火+时效	1022	12
29	IMI6242	棒　材	退　火	993	16
30	Ti-1100	厚　板	退　火	1000	11
31	IMI834	盘　件	淬火+时效	1050	12
32	BT18y	棒　材	退　火	1075	≥12.5
33	Ti-811	棒　材	退　火	1018	16
		板　材	淬火+时效	1180	5

表 11-28　(α+β) 型钛合金性能比较

序　号	合金牌号	半成品类型	热处理	σ_b/MPa	δ_5/%
34	RMI Low cost	棒　材	退　火	965	20
35	BT25	棒　材	退　火	1130	9
36	Ti-64	棒　材	退　火	960	12
		棒　材	淬火+时效	1170	10
37	BT6k	棒　材	退　火	975	10
		棒　材	淬火+时效	1245	13

续表 11-28

序 号	合金牌号	半成品类型	热处理	σ_b/MPa	δ_5/%
38	BT9	棒 材	退 火	1125	10 ~ 14
		棒 材	淬火+时效	1275	6 ~ 10
39	BT8	棒 材	退 火	1080	12
40	BT8-1	棒 材	退 火	≥980	≥10
41	Ti-62S	棒 材	退 火	1060	14.5
		棒 材	淬火+时效	>1180	
42	TC9	棒 材	退 火	1166	18
43	TC11	棒 材	β退火	1088	15.4
		棒 材	淬火+时效	1128	9.7
44	Ti-431	板 材	退 火	930	13
		板 材	淬火+时效	1350	≥3 ~ 5
45	BT14	棒 材	退 火	980	≥10
		棒 材	淬火+时效	1275	4 ~ 6
46	IMI550	棒 材	退 火	1080	12
		棒 材	淬火+时效	1235	15
		棒 材	淬火+时效	1200	14
47	IMI551	棒 材	退 火	≥1250	≥8
		棒 材	淬火+时效	1480	10
48	Ti-74	棒 材	退 火	≥1060	13
		棒 材	淬火+时效	1255	7
49	BT8M	棒 材	退 火	1010	≥8
		棒 材	淬火+时效	≥1080	≥10
50	Ti-662	棒 材	退 火	1040	10
		棒 材	淬火+时效	≥1205	≥8
51	BT25y	盘 材	退 火	1230	13.5
52	Tikrutan LT	盘 材	退 火	920	14
53	Ti-62222S	板 材	退 火	1190	11.5
		板 材	淬火+时效	1330	7.5
54	Ti-6246	锻 件	退 火	1162	10
		锻 件	淬火+时效	1214	13
55	BT3-1	棒 材	退 火	1105	12
		棒 材	淬火+时效	1270	7 ~ 12
		棒 材	淬 火	1200	10
56	Corona 5	棒 材	退 火	935	18
57	BT23	棒 材	退 火	1150	7
		板 材	淬火+时效	1460	≥5
58	SP-700	板 材	退 火	1007	18.4
		棒 材	淬火+时效	1377	12
59	BT16	棒 材	退 火	890	≥14
		棒 材	淬火+时效	1100	14

表 11-29 亚稳定β型和近β型钛合金性能比较

序 号	合金牌号	半成品类型	热处理	σ_b/MPa	δ/%
60	Transage 129	板 材	淬 火	900	20
		板 材	淬火+时效	1430	4
61	Transage 134	棒 材	淬火+时效	1290	4
62	Transage 175	棒 材	淬火+时效	1304	10
63	Ti-17	锻 件	退 火	1160	10
		锻 件	淬火+时效	1300	13
64	Beta CEZ	棒 材	淬火+时效	1506	13
65	Ti-16-2.5	板 材	退 火	725	16
		棒 材	淬火+时效	1235	6
66	Beta Ⅲ	板 材	退 火	972	17
		板 材	淬 火	841	20
		板 材	淬火+时效	1413	7
67	Ti-10-2-3	锻 件	退 火	980	2
		锻 件	淬火+时效	1275	7.5
68	BT22	棒 材	退 火	1175	12
		棒 材	淬火+时效	1475	8
69	BT22И	锻 件	退 火	1100	≥8
70	BT22M	锻 件	退 火	1200	≥6
71	Ti-20-4-1	棒 材	淬 火	676	20
		棒 材	淬火+时效	1530	6
72	Ti-15-5-3	板 材	退 火	787	21.5
		板 材	淬 火	≥675	≥12
		板 材	淬火+时效	1250	8.5
73	Ti-15	板 材	淬火+时效	1050	11
74	Ti-15-5	板 材	淬 火	961	25
		板 材	淬火+时效	1320	12
75	Ti-15-3	板 材	淬 火	950	21
		板 材	淬火+时效	1475	14
76	Beta 21S	板 材	退 火	917	19
		板 材	退 火	874	23
		板 材	淬火+时效	1260	4~5
77	BT35	板 材	退 火	830	≥15
		板 材	淬火+时效	1275	≥8
78	BT19	棒 材	退 火	1004	10
		棒 材	淬火+时效	1544	4.5

续表 11-29

序　号	合金牌号	半成品类型	热处理	σ_b/MPa	δ/%
79	Beta C	棒　材	退　火	876	27
		棒　材	淬火+时效	1117	18
80	Ti-8823	板　材	淬火/退火	889	29
		板　材	淬火+时效	1250	7~8
81	Ti-851	棒　材	退　火	1200	16
		棒　材	淬火+时效	1500	12
82	BT-32	板　材	退　火	860	≥20
		板　材	淬火+时效	1250	>8
83	Ti-125	棒　材	淬火+时效	1583	≥7
		棒　材	淬火+时效	1250	≥8
84	Ti-13-11-3	棒　材	退　火	933	22.5
		棒　材	淬火+时效	1400	6~8
85	Timet LCB	棒　材	退　火	1061	16
		棒　材	淬火+时效	1470	5~8

按照α稳定元素和中性强化元素的铝强度当量和β稳定元素的钼强度当量，对比钛合金的拉伸强度是比较方便的。

A　铝强度当量

关于钛中合金的铝强度当量的概念首先是 Б. А. Колачев 等在《ТИТАНОВЫЕ СПЛАВЫРАЗНЫХ СТРАН》一书中提出的。具体内容是：

将每添加1%（质量分数）的α稳定元素和中性元素产生的强化效果作为评价铝当量的基础。向工业钛合金中加入1%（质量分数）合金元素产生的合金拉伸强度提高是：Al—60MPa/%；Sn—30MPa/%；Zr—20MPa/%；Si—200MPa/%；O_2—1250MPa/%；N—2000MPa/%；C—700MPa/%。钛合金经常用少量的硅进行合金化。通过铝当量可以考虑它的含量，因为硅对工业钛合金中的β相数量的影响很小，但它的强化作用很显著。氮和碳在所有钛合金中的含量大致是相同的，它们可以不予考虑。此时，钛合金的铝强度当量可以用以下形式的关系式来表达：

$$[\mathrm{Al}]_{\text{当量}}^{\text{强度}} = \%\mathrm{Al} + \%\mathrm{Sn}/2 + \%\mathrm{Zr}/3 + 20[\%\mathrm{O_2}] + 33[\%\mathrm{N}] + 12[\%\mathrm{C}] + 3.3[\%\mathrm{Si}] \tag{11-4}$$

所有钛合金中的杂质含量大致是相同的，大约等于3.8%铝当量。因此，关系式11-4可采用以下形式：

$$[\mathrm{Al}]_{\text{当量}}^{\text{强度}} = \%\mathrm{Al} + \%\mathrm{Sn}/2 + \%\mathrm{Zr}/3 + 3.3[\%\mathrm{Si}] \tag{11-5}$$

在关系式11-5中保留硅是因为它是最常用的合金元素。

Б. А. Колачев 等在著作中以 $[\mathrm{Al}]_{\text{当量}}^{\text{强度}}$-$[\mathrm{Mo}]_{\text{当量}}^{\text{组织}}$为坐标对比了各种钛合金，这个图作

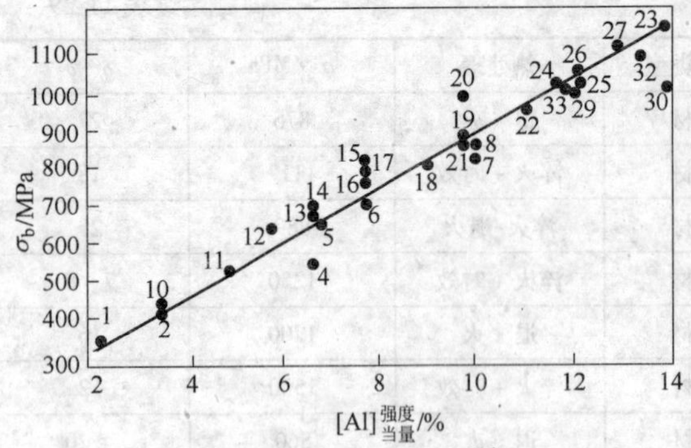

图 11-105 合金元素的 $[Al]^{强度}_{当量}$ 对 α 型和近 α 型钛合金拉伸强度的影响

（合金序号与表 11-27 中的序号相同）

为确定 α 型和近 α 型钛合金的拉伸强度与 $[Al]^{强度}_{当量}$ 定量关系的基础。图11-105给出的数据的 σ_b- $[Al]^{强度}_{当量}$ 的关系式具有如下形式（σ_b 的单位为 MPa）：

$$\sigma_b = 255 + 62.6[Al]^{强度}_{当量} \tag{11-6}$$

相关系数是 0.972。当 $[Al]^{强度}_{当量}=1$ 时钛合金的强化效果几乎与计算配料时采用的加入铝的强化效果相同（60MPa/%（质量分数）），这证明所采用的模型是准确的。在这些著作中还给出了 $[Al]^{强度}_{当量}$ 数值较小分散情况下钛合金的强度水平与 $[Mo]^{组织}_{当量}$ 的定性关系。

在图 11-106 上分析了钛合金的拉伸强度当量 $[Mo]^{组织}_{当量}=4\%\sim7\%$ 时与钼当量的关系。随着钼当量增加到 10%～11%，退火钛合金的强度性能提高，这时的合金组织大致与等量的 α 相和 β 相相对应，然后强度下降。这种定量关系符合 B. H. 莫依谢耶夫建立规律性。图11-106的数据属于退火状态的等轴组织的材料。含有大量 β 相的合金（BT22、BT23 等）的性能与退火后的冷却速度有很大关系。合金的显微组织参数（晶粒的尺寸和形状及内部结构）对钛合金的力学性能有很大影响。因此，按图 11-106 的数据给出的曲线 Ⅰ 是大致的规律。

随着钼当量增加到 12%～14% 时效钛合金的拉伸强度提高，然后下降。这种规律是当 $[Mo]^{组织}_{当量}$ 增加到临界浓度时，淬火时形成的亚稳定 β 相的数量增加而决定的。

根据弥散硬化规律性，最大的热处理强化效果应该在 $[Mo]^{组织}_{当量}\approx11\%$ 的合金中，而在 $[Mo]^{组织}_{当量}$ 的合金出现有较大的热处理强化效果，与下述情况有关，即亚稳定 β 合金经常不是从 β 相区而是从（α + β）相区淬火，在保留能够确保强化的高密度位错密度的条件下，此时，β 相的成分移向大于 11% $[Mo]^{组织}_{当量}$ 的浓度。图 11-106 中时效合金的性能，是按简单淬火并时效热处理强化后的棒材数据（见曲线Ⅱ）。

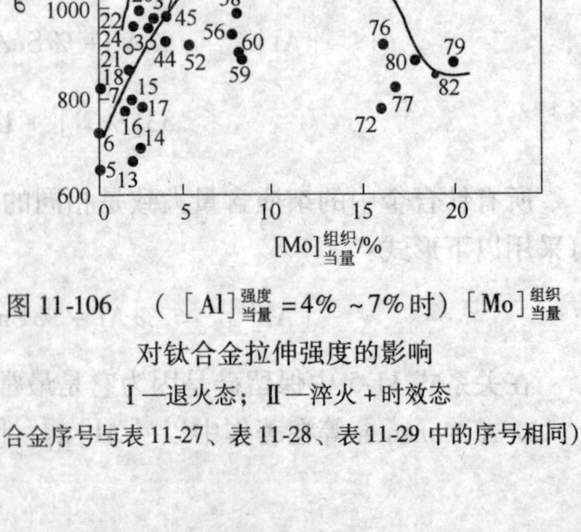

图 11-106 （$[Al]^{强度}_{当量}=4\%\sim7\%$ 时）$[Mo]^{组织}_{当量}$ 对钛合金拉伸强度的影响

Ⅰ—退火态；Ⅱ—淬火 + 时效态

（合金序号与表 11-27、表 11-28、表 11-29 中的序号相同）

B 钼强度当量

许多研究者认为，复杂合金化钛合金的强化水平，是由加入的各种元素产生的强化的简单相加。然而，按照不同研究者的数据，加入各种合金元素产生的强化效果是不一致的（见表 11-30）。为了评定 β 稳定元素的钼强度当量，有学者采用表 11-30 中计算用的强化系数数值。添加 1% Mo 产生的强化作用相当于

1.7%V,1.0%Mn,0.8%Cr,0.7%Fe,3.3%Nb。

表 11-30 加入1%（质量分数）合金元素时钛合金抗拉强度的提高

来源与作者	$\Delta\sigma_b$（1%合金）/MPa					
	V	Mn	Mo	Cr	Fe	Nb
Розепберг Г.[1]	19	35	27	21	46	14
Хэммопд К.[1]	19	34	27	21	46	
Глазупов С. Г., Моисеев В. Н.[2]	35	75	50	65	75	15
Колачев Б. А. идр.[2]	20	100	55		100	
Колачев Б. А. идр.[2]	35	75	50	65	75~100	15
计算用的数值	30	50	50	65	70	15

①为固溶强化效果；②为工业合金强化效果。

在加入每种元素产生的强化作用相加性假设条件下，确定的钼强度当量表达式为：

$$[Mo]^{强度}_{当量} = \%Mo + \%V/1.7 + \%Mn + \%Fe/0.7 + \%Nb/3.3 \tag{11-7}$$

表 11-31 中给出了主要钛合金的钼强度当量和铝强度当量，而在图 11-107 上就是以 $[Mo]^{强度}_{当量}$—$[Al]^{强度}_{当量}$为坐标的比较图。设定纯钛的拉伸强度等于 235MPa，加入 1%Al 的 α 稳定元素和中性强化元素产生的强化效果为 50MPa/%（质量分数）。此时，在各种强化因素相加性假设条件下，对于复杂合金化的拉伸强度为：

$$\sigma_b^{计算} = 235 + 60[Al]^{强度}_{当量} + 50[Mo]^{强度}_{当量} \tag{11-8}$$

表 11-31 钛合金牌号、强度当量、计算强度和真实强度

合金序号	钛合金牌号	$[Al]^{强度}_{当量}$	$[Mo]^{强度}_{当量}$	$\sigma_{计算强度}$	$\sigma_{真实强度}$
1	BT1-00	2.3	0.0	373	370
2	BT1-0	3.8	0.0	463	465
3	пт-7м	6.6	0.0	633	630
4	TA4	6.8	0.0	643	650
5	TA5	7.8	0.0	703	723
6	IMI317	10.1	0.0	838	860
7	WL3.7105	3.8	0.5	490	510
8	OT4-0	4.8	1.0	573	560
9	OT4-1	5.8	1.5	658	660
10	OT4-1B	6.8	1.5	717	675
11	пт-3B	7.8	1.2	762	780
12	AT3	7.8	1.3	768	800
13	OT4	7.8	1.5	778	785
14	OT4-3B	7.8	1.5	837	800
15	Ti-621/0.8	9.8	1.4	893	870
16	Ti-523	9.8	2.0	923	896
17	IMI367	9.8	2.1	929	1000
18	RMI Low cost	10.2	1.7	933	965
19	AT6	10.8	1.3	948	960
20	BT20	11.5	1.6	1002	1000
21	Ti-811	11.8	1.6	1022	1010
22	IMI6242	12.1	2.0	1063	993
23	IMI685	12.3	0.5	998	1020
24	Ti-6242S	12.5	2.0	1083	1062
25	IMI829	13.0	0.3	1030	1022

续表 11-31

合金序号	钛合金牌号	$[Al]_{当量}^{强度}$	$[Mo]_{当量}^{强度}$	$\sigma_{计算强度}$	$\sigma_{真实强度}$
26	BT18y	13.5	1.1	1103	1075
27	IMI834	13.9	0.7	1106	1050
28	IMI679	13.9	1.0	1121	1160
29	Ti-1100	14.2	0.4	1106	1000
30	BT6C	8.8	2.4	881	908
31	Ti-64	9.8	2.4	941	960
32	BT25	13.1	3.0	1170	1130
33	BT9	11.8	3.0	1092	1125
34	BT8-1	11.5	3.3	1092	>980
35	TC11	11.3	3.5	1087	1088
36	BT8	11.3	3.5	1087	1080
37	TC9	12.5	3.5	1162	1166
38	Ti-431	7.8	3.6	882	930
39	BT14	8.8	3.6	942	980
40	BT8M	10.0	4.0	1033	1010
41	Ti-62S	11.7	2.4	1060	1060
42	IMI550	10.5	4.0	1062	1080
43	Ti-74	10.8	4.0	1083	1060
44	BT25y	13.0	5.0	1268	1230
45	Ti-622	10.8	3.5	1059	1040
46	Ti-6626	12.8	3.5	1179	1120
47	Ti-62222S	12.5	4.5	1207	1190
48	BT3-1	10.9	5.1	1137	1105
49	Ti-6246	12.1	6.0	1263	1160
50	SP-700	8.3	6.6	1064	1007
51	Corona5	8.3	6.9	1077	935
52	BT23	8.8	6.8	1101	1150
53	BT-16	6.8	7.6	1023	890

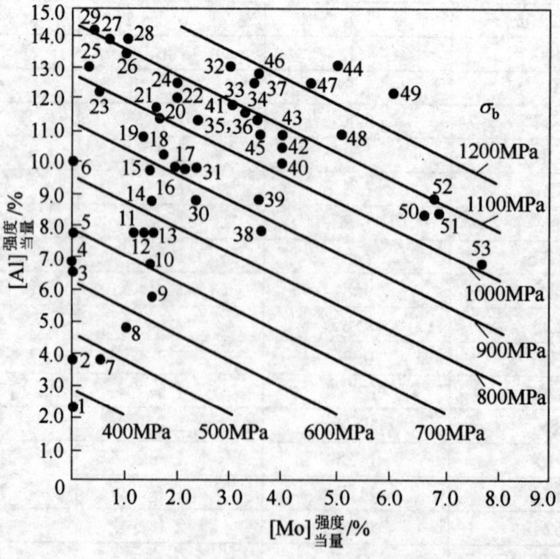

图 11-107 以 $[Mo]_{当量}^{强度}$—$[Al]_{当量}^{强度}$为坐标的合金比较图

（合金序号与表 11-31 中的相同）

应当指出，该表达式在上述假定条件下是正确的。但它不适用于β合金，更不能用于时效状态的合金。

根据表达式 11-8 和以棒材为主的退火钛合金的典型性能（表 11-31），按照国际钛学术会议、手册和专著等资料中的数据，用“计算强度”－“真实强度”为坐标进行评价（图 11-108）的，它是一条倾斜角为 45°的直线，大多数合金分布在直线上或分布在此直线的两侧，表明式 11-8 对退火钛合金是正确、可用的。

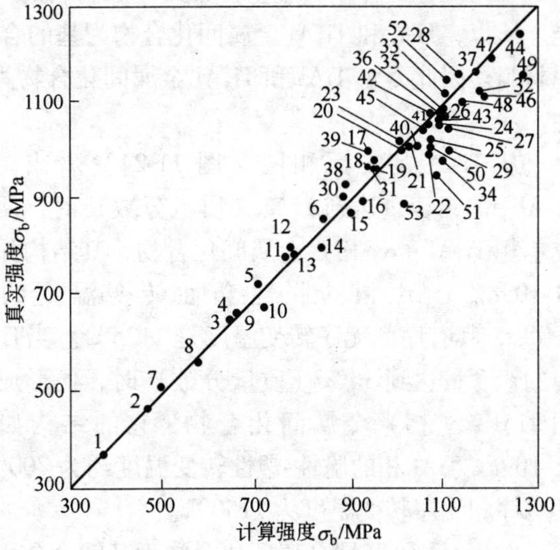

图 11-108 钛合金的真实强度与计算拉伸强度的比较（合金序号与表 11-31 中的相同）

11.5 金属间化合物为基的钛合金

在表 11-32 中给出了钛合金与 Ti-Al 系金属间化合物和高温合金性能对比，表中数据表明，钛合金的氧化极限温度为 600℃；蠕变极限温度也为 600℃。Ti_3Al 基合金的氧化极限温度为 650℃；而蠕变极限温度为 760℃。TiAl 基合金的氧化极限温度为 900℃；而蠕变极限温度为 1000℃。进一步表明，高温钛合金的最高使用温度为 600℃。Ti_3Al 基合金的最高使用温度为 650℃；而 TiAl 基合金的最高使用温度为 900℃。

表 11-32 钛合金与 Ti-Al 系金属间化合物和高温合金性能对比

性 能	钛合金	Ti_3Al 基	TiAl 基	Ni 基合金
密度/$g \cdot cm^{-3}$	4.5	4.1～4.7	3.7～3.9	8.3
室温弹性模量/GPa	96～115	120～145	160～176	206
屈服强度/MPa	380～1150	700～990	400～650	
抗拉强度/MPa	480～1200	800～1140	450～800	
蠕变极限温度/℃	600	760	1000	1090
氧化极限温度/℃	600	650	900	1090
室温伸长率/%	10～20	2～10	1～4	3～5
高温伸长率/%	高	10～20	10～90	10～20
工作温度下伸长率/%	高	5～8	7～12	10～20
结 构	hcp/bcc	DO_{19}	LI_0	fcc/LI_0

11.5.1 TiAl 和 Ti_3Al 金属间化合物为基的合金

这些合金具有高的热强性、高的弹性模量以及良好的抗氧化性，它们的高温强度可与某些镍基合金相媲美，而它们的密度还不到镍基合金的一半（表 11-32）。用这些合金材料制成发动机零部件，其重量为常用一般材料的 60% ~80%，从而大幅度地提高发动机的性能。所以，TiAl 和 Ti_3Al 金属间化合物为基的合金是制造高压压气机和低压涡轮叶片的理想材料。因此，对 TiAl 和 Ti_3Al 金属间化合物为基的合金研究引起广大研究人员的极大关注。

从 Ti-Al 的二元相图（图 11-24）看出，当 Ti-Al中的铝含量达到 16%（质量分数）时，便形成单相 Ti_3Al（α_2 相）金属间化合物，其结构如图 11-109*a*。Ti_3Al 相的脆性-塑性转变温度约为 600℃，其有序和无序转变温度是 1125℃。当Ti-Al 中的铝含量达到 36%（质量分数）时，便形成单相 TiAl（γ 相）金属间化合物，它的结构如图 11-109*b*。TiAl 相的脆性-塑性转变温度约为 700℃，其有序和无序转变温度为 1150℃。

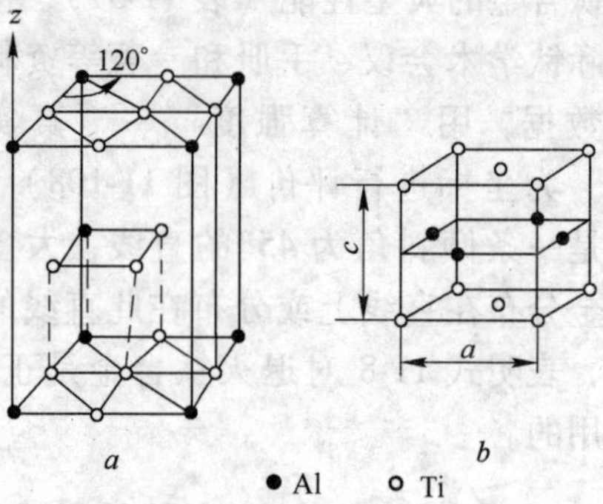

图 11-109　Ti_3Al 和 TiAl 金属间化合物的晶体结构
a—Ti_3Al；*b*—TiAl

对 Ti_3Al 和 TiAl 金属间化合物为基钛合金研究表明，在 650 ~ 980℃ Ti_3Al 和 TiAl 系合金具有优异的高温性能，其高温强度可以与镍基合金相比，它的蠕变性能、弹性模量、抗氧化性和耐蚀性比普通钛合金好得多。但 Ti_3Al 和 TiAl 金属间化合物为基合金的热变形的工艺性不好，且室温的塑性差，从而限制了它们的应用。因此，解决这类的脆性，提高它们的塑性是近期研究的重点。

国内外对 TiAl 和 Ti_3Al 金属间化合物为基的合金进行了大量的研究工作，同时也开展了 650 ~ 700℃ Ti_2AlNb 合金研究工作，均取得良好的进展。表 11-33 是国内研制的 TiAl 和 Ti_3Al 及 Ti_2AlNb 金属间化合物为基的合金已达到的性能指标，为大推重比飞机发动机用材提供了材料保障。Ti_2AlNb 合金将用于第 6 级高压压气机机匣；Ti_3Al 合金将用于低压涡轮机匣和导叶内环组件等；TiAl 合金将用于矢量喷口收敛调节片骨架和扩张调节片支架等。

表 11-33　TiAl 和 Ti_3Al 金属间化合物为基的合金性能指标

合金材料	室温 σ_b/MPa	高温拉伸 σ_b^T/MPa	高温蠕变/MPa	T/℃
650 ~ 700℃ Ti_3Al 合金	≥1000	≥700	$\sigma_{0.1/100h}^T \geq 100 \sim 150$	650 ~ 700
650 ~ 700℃ Ti_2AlNb 合金	≥1000	≥700	$\sigma_{0.1/100h}^T \geq 100 \sim 150$	650 ~ 700
800 ~ 980℃ TiAl 合金	≥500	$\sigma_b^{980} \geq 450$	$\sigma_{0.2/100h}^{900} \geq 60$MPa	

11.5.2　Ti-Ni 形状记忆合金

自发现 Ti-Ni 合金的形状记忆效应以来，在对接近等原子比成分 Ti-Ni 合金的研究中，发现其形状记忆效应与热弹性马氏体的可逆转变有关。所谓形状记忆效应，实质上是热弹性型马氏体转变生成的低温相马氏体受到变形后在加热向高温相（奥氏体）逆转变时所发生的现象。表11-34列出了Ti-Ni形状记忆合金的成分和转变温度。

表11-34 Ti-Ni形状记忆合金的成分和转变温度

合金系	成分，原子	M_s/℃	A_s/℃
Ti-Ni	Ti-50Ni	60	78
	Ti-50Ni	-30	-12
Ti-Ni-Cu	Ti-20Ni-30Cu	80	85
Ti-Ni-Fe	Ti-47Ni-3Fe	-90	-72
Ti-Ni-Nb	Ti-47Ni-9Nb	-65	-32

Ti-Ni形状记忆合金介入支架广泛应用，是用Ti-Ni合金丝材制成的，其丝材主要技术指标为：相变点$M_s \leqslant 10$℃，$A_s < 35$℃，$\sigma_b \geqslant 1100$MPa，$\delta_t > 10\%$。

牙科正畸用钛镍方形弓、RTF弓、钛镍摇椅弓和钛镍拉推簧等产品早已广泛应用。

Ti-Ni系形状记忆合金在工程上的应用日趋广泛，尤其是已普遍用于管接头和各种紧固件。但由于Ti-Ni合金和Ti-Ni-Fe合金的相变滞后宽度小，制成的管接头和紧固件在安装前必须保存在液氮中，很不方便。1986年美国Raychem公司研制出Ti-Ni-Nb宽滞后合金，解决了方便工程应用问题。Ti-Ni-Nb合金的特点是经过适当的低温变形处理后马氏体稳定性提高，相变滞后宽度明显增大。用这种合金制成的管接头或紧固件可在室温下运输、储存，为工程应用带来很大方便，可广泛地应用于航空航天、海上石油、电缆通讯等领域。

11.5.3 Ti-Fe贮氢合金

贮氢合金是指在常温、高氢压下可以吸收周围的氢并形成金属氢化物，而在稍稍加热或降低氢压情况下即可以释放出氢的合金。属于钛系的贮氢合金主要有钛-铁和钛-锰系合金。归纳贮氢合金的实用条件可以概括为：易活化，吸、解氢能力大，反复吸-解氢不易微粉化，原材料价廉易得。易活化的钛系合金主要有$TiFe_{0.85}Mn_{0.15}$、$TiFe_{0.8}Ni_{0.15}V_{0.05}$、$TiCo_{0.5}Fe_{0.5}$、$TiCo_{0.5}Mn_{0.5}$等。

参考文献

1 Колачев Б А，等．ТИТНОВЫЕ СПЛАВЫ РАЗНЫХ СТРАН．王金友，马济民，蔡建明，等编译．中国航空工业第一集团北京航空材料研究院，2005（内部资料）

2 王桂生，等．钛的应用技术．长沙：中南大学出版社，2007

3 《有色金属及热处理》编写组．有色金属及热处理．北京：国防工业出版社，1981

4 《稀有金属材料加工手册》编写组．稀有金属材料加工手册．北京：冶金工业出版社，1984

5 《稀有金属手册》编辑委员会．稀有金属手册（下册）．北京：冶金工业出版社，1995

6 钛及钛合金典型显微组织图册，有色金属研究总院（内部资料）

12 真空熔炼钛锭

本章主要介绍真空自耗电弧熔炼和冷床炉熔炼钛锭工艺。

12.1 概述

12.1.1 真空熔炼的意义

从钛化合物制取金属钛的过程都在低于钛熔点的温度下进行，只能得到多孔的金属——海绵钛。海绵钛除了少量直接应用外，大多数都必须首先熔炼成致密钛锭，方可进一步加工成钛材。此外，为了制取钛合金材料，在钛的熔铸时添加合金组元，调整成分，制取含一定成分范围的钛合金锭，然后再加工成材。

对作为加工钛材的锭坯有以下要求：

(1) 化学成分和杂质含量在规定范围内，且均匀分布；

(2) 无夹杂、裂纹和缩孔疏松等冶金缺陷；

(3) 无折皱和大凸凹等表面缺陷；

(4) 合理的形状。

钛是一种高活性金属，在熔炼温度下能和许多元素，包括耐火材料（各种氧化物）起化学反应。因此，钛熔炼必须在真空中或在惰性气氛保护下进行。在低于常压下进行的此种特殊冶金工艺称为真空熔炼。在真空熔炼的过程中，可同时除去一些杂质，提高钛的纯度。

在真空熔炼时，还需要解决另一个难题，即需寻找一种合适的冷凝器（或结晶器）。从第1章钛的化学性能中可知，在高温熔炼时找不到一种不与钛反应的材料，包括各种氧化物耐火材料。实践中，采用水冷铜坩埚作为熔炼时的冷凝器，顺利地解决了这一难题。真空熔炼时，用真空或氩气氛可防止大气污染，用水冷铜坩埚控制坩埚的温度，使熔炼时钛与铜不发生反应，保持惰性，使熔融钛安全地冷凝在水冷铜坩埚中。

真空熔炼尽管在工艺上存在设备复杂、工艺复杂和生产成本高的特点，但欲制取优质的钛锭，这是唯一可行的途径，别无他法。这也致使钛工业生产投资大和钛材价格高。

12.1.2 真空熔炼方法比较

真空熔炼的温度要超过基体金属熔点150～300℃。故纯钛的熔炼温度一般在1800～2000℃，而钛合金熔炼温度需要略高一些。钛的真空熔炼的方法有多种，介绍如下：

(1) 真空自耗电弧熔炼（简称VAR）法。它是在真空自耗电弧炉（如图12-1所示）中熔炼的，是将压制的钛料作电极，钛电极边熔化边自身消耗熔铸成锭的一种炉型。它的特点是可以制取结构上符合要求的锭，具有良好的结晶组织和均匀的化学成分；而且功率消耗低、熔化速度快和良好的质量重现性，经济上竞争力很强。它的缺点是工艺上必须预制电极，工艺长而带来麻烦。

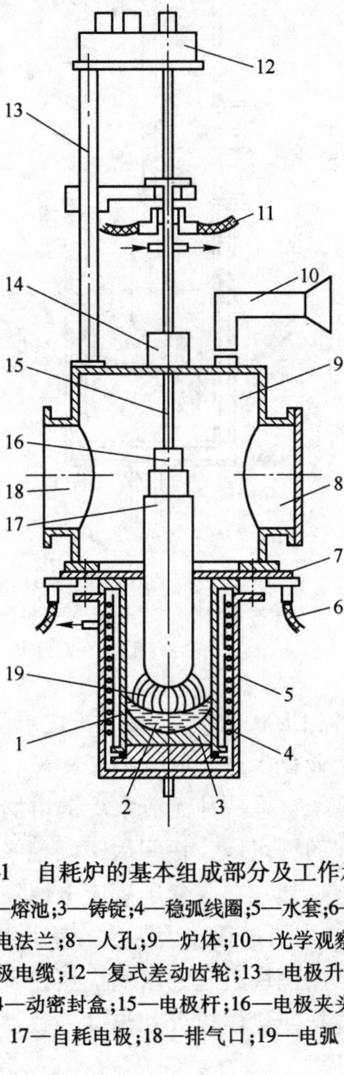

图 12-1　自耗炉的基本组成部分及工作示意图

1—坩埚;2—熔池;3—铸锭;4—稳弧线圈;5—水套;6—阳极电缆;7—进电法兰;8—人孔;9—炉体;10—光学观察装置;11—阴极电缆;12—复式差动齿轮;13—电极升降机构;14—动密封盒;15—电极杆;16—电极夹头;17—自耗电极;18—排气口;19—电弧

（2）真空非自耗电弧熔炼法（简称NC）。它是在真空非自耗电弧炉（如图12-2所示）中熔炼的。炉内有电极（早期用钨、钨-钍合金或石墨做成），利用电弧的热量使坩埚中的金属熔化，随之熔炼。目前，水冷铜电极（如图 12-3 所示）已经取代了原有的电极，解决了产品被污染的问题。

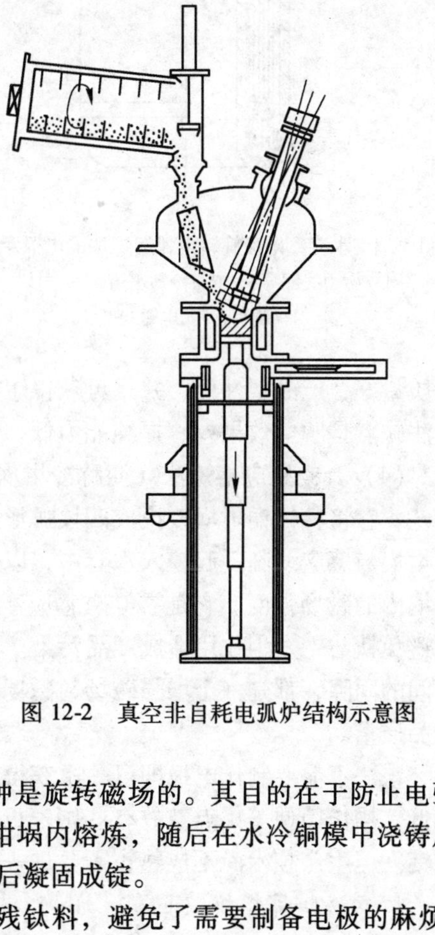

图 12-2　真空非自耗电弧炉结构示意图

水冷铜电极有两种：一种是自旋转的；另一种是旋转磁场的。其目的在于防止电弧对电极的烧损。NC 炉也有两种：一种是在水冷铜坩埚内熔炼，随后在水冷铜模中浇铸成锭；另一种是在水冷铜坩埚内连续加料熔炼，并随后凝固成锭。

该法可直接使用各种散料，也可熔炼更多的残钛料，避免了需要制备电极的麻烦。该法是钛，特别是残钛回收熔炼的一种工艺，几吨级的 NC 炉已在欧美运转，成为某些厂家采用的方法。

（3）电渣熔炼法（简称 ESR）。该法用于钛熔炼时，又称真空-充氩电渣熔炼，因为熔炼钛时必须采用真空-充氩气氛。该法是利用电流通过熔融电渣时将电能转化为热能，即以熔渣电阻产生的热能将金属熔化和精炼。该种炉体结构如图 12-4 所示。对于熔炼钛时，常用的电渣为非极性材料 CaF_2。因它可直接使用交流电，故设备投资费用低，所铸的锭表

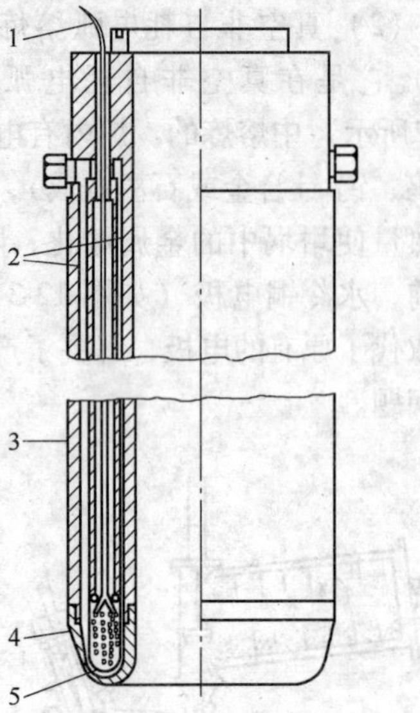

图 12-3 水冷铜电极旋转电弧熔炼法的电极示意图
1—磁力线圈导线；2—冷却水道；3—电极；
4—铜头；5—电磁线圈

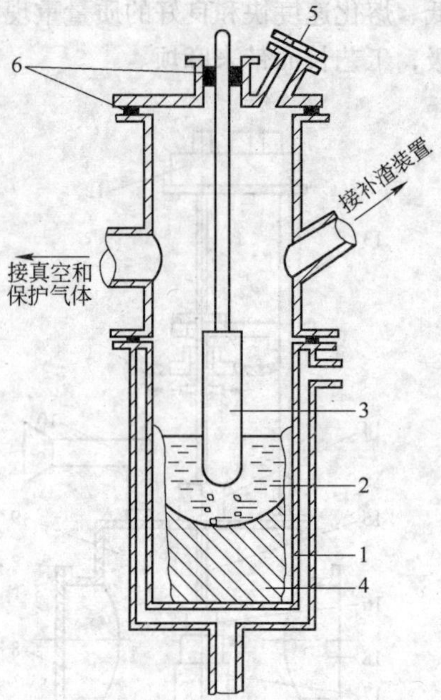

图 12-4 电渣炉示意图
1—水冷铜坩埚；2—熔渣；3—料棒；
4—锭；5—观察孔；6—密封垫

面质量好，产品塑性低，并且可获得矩形、方形等各种形状的锭，无需扒皮可直接开坯。该法缺点是脱氢效果差、提纯能力低，故尚未实现工业化生产。

(4) 真空感应熔炼法（简称冷坩埚熔炼，CCM）。它是一种无渣水冷铜坩埚感应熔炼工艺，它将整体铜坩埚改换成四块弧形瓣铜块组合成的铜坩埚，块间用陶瓷绝缘，然后将铜坩埚与感应线圈一起浸入水套中，以此装置感应熔炼钛。它改变了感应电源集肤效应和坩埚内的磁场强度。它是靠电磁感应产生热能将钛熔炼的过程。因为水冷铜坩埚属冷埚，可避免钛与铜发生作用造成产品污染。这种四块弧形瓣铜块组合的坩埚优点在于每两个铜块间的间隙，都是一个增强磁场，磁场产生的强烈搅拌使化学成分和温度一致，从而提高产品质量。

该法不需要制作电极即可一次获得成分均匀而无坩埚污染的高质量铸锭，具有设备成本低、操作简便等优点。故有些国家已步入工业试生产规模，已生产出 $\phi 1m \times 2m$ 的圆形钛锭。但生产技术尚不成熟，需要进一步完善。

(5) 冷炉床熔炼（简称 CHM）法。冷炉床熔炼是以电子束或等离子体作为热源，熔化的金属随后在冷炉床上依次熔化、精炼和凝固的工艺。该设备主要由电子枪或等离子枪、冷炉床和结晶器三部分组成。故它有三个工作区，即熔化区、精炼区和结晶区。

冷炉床熔炼包括电子束冷炉床熔炼（简称 EBCHM）和等离子冷炉床熔炼（简称 PACHM）两种工艺。

CHM 法最大优点是将熔化、精炼和凝固分离。即炉料先进入熔化区熔化，然后在冷炉床（精炼区）精炼，最后在结晶区结晶。因此，熔化的钛熔体在炉床上可停留较长时间，保证合金元素充分熔化均匀、避免偏析。由于熔体稍长时间在真空下可有效地去除易挥发杂质，使H、Cl、Ca、Mg、K等达到很低的水平。在炉床中，低密度杂质（LDI），如TiN可以熔解或上浮。而高密度杂质（HDI），如WC则可以下沉，黏结至底部凝壳上。故它在铸锭时减少低密度夹杂以及偏析能力远远超过了3次真空自耗熔炼获得的钛锭，成为当前航空发动机钛合金转动部件首选的原材料。通过控制功率，还可使结晶器出口的熔体过热度很小，熔池浅，有利于获得均质细晶钛锭。它还可以回收钛残料，从而降低成本。

从经济的观点出发，VAR法已成为主要的生产方法。CHM法以特有的优势为航空航天等领域提供质量更高的钛合金铸锭。其他工艺尚需要进一步改进和完善。不同熔炼方法的特点和比较见表12-1。

表12-1　不同熔炼方法的特点

项目名称	EBCHM	PACHM	VAR	NC	CCM	ESR
原料状态	散装料或棒料	散装料或棒料	制备自耗电极	散装料	散装料	棒料电极
铸锭规格	大、中、小	大、中、小	大、中、小	中、小	中、小	中、小
铸锭端面形状	圆、异形	圆、异形	只限于圆形	圆、异形	圆、异形	圆、异形
脱气效果	最优	有限	有限	有限	有限	有限
去除HDI、LDI	最优	最优	有限	优/有限	一般	一般
真空度/Pa	$0.133 \sim 10^{-3}$	惰性气体 $0.133 \sim 101325$	$0.013 \sim 6.65$	惰性气体 $2660 \sim 3990$	惰性气体	惰性气体 $33250 \sim 50540$
化学成分控制	成分烧损，难	良好	良好，易	一般	容易	难控制
相对密度/%	100	98	100	95~100	100	100
表面	良好	良好	一般	一般	一般	较好
熔炼速率/$kg \cdot h^{-1}$	500~1800	600~900	800~2000	300~800	400	—
回炉料使用	较大	较大	有限	较大	有限	有限
比电能消耗	较大	较大	小	较大	大	大
操作	难	一般	容易	一般	一般	一般
设备投资	最高	较高	低	较低	一般	一般
应用范围	铸锭	铸锭	铸锭	一次锭	一次锭	铸锭
综合评价	良	良	优	一般	一般	一般

真空电弧熔炼已有一百多年的历史，1839年开始熔炼钼和钽，1903年首次用自耗电弧炉熔炼钽。随着钛冶金的发展，1949年以后，大型真空泵的出现，使大型工业真空自耗电弧炉迅速发展。它目前不仅用来熔炼钛、锆、钨、钼、钽、铌和高温合金，而且是优质钢二次重熔的重要方法。

真空自耗电弧熔炼技术一直是制备钛锭的主要方法，并可能在今后的较长一段时间仍占据熔炼工艺的主导地位。因此，本书为了突出重点，以该工艺为重点加以介绍，并在12.5节介绍了冷炉床熔炼技术。

12.2 真空自耗电弧熔炼原理

真空电弧熔炼是在真空下，利用电极和坩埚两极间电弧放电产生的高温作热源，将金属材料熔化，并在坩埚冷凝成锭的过程。

12.2.1 熔炼电弧特性

12.2.1.1 电弧的产生

电弧的产生是一个弧光放电过程。辉光放电和弧光放电都是气体自激导电的形式。辉光放电特点是电压高、电流小，仅有少量电子和正离子参与导电过程，发出较弱的光。弧光放电特点是气相中有大量的电子和正离子参与导电过程，发生的电流密度大，并发出耀眼的亮光。弧光放电的产生，不仅可以用高压引弧，也可以用低压引弧。实践上常采用低压引弧，先将两电极短路后再拉开，瞬间两极间电流密度极大而产生高温，阴极发射出热电子而产生电弧。

12.2.1.2 电弧的结构

真空自耗电弧熔炼的热能来自电弧。熔炼过程的电弧行为直接影响到熔炼产品的质量。简单地讲，电弧是由阴极区、弧柱区和阳极区这三部分组成。

A 阴极区

阴极区由两部分组成。一部分是在电极端面附近和弧柱交界之间的正离子层。它与电极端面之间构成很大的电位降，该电位降促成电子从电极端面自发射，用以维持电弧的正常燃烧。另一部分位于阴极的表面有一个光亮点，称为阴极斑点或阴极发射点。在正离子形成的正电场作用下，电子集中在这里向外发射而产生弧光放电。

阴极斑点的大小与电弧放电所在空间的气体介质的压力有着密切的关系。气体介质压力高，阴极斑点的面积就小。如图 12-5 所示为在不同气体压力下自耗电极端面的形状示意图。从图中看出，电弧周围气体介质压力减少，阴极斑点面积增大，而且高速游动，由电极端面游至侧表面，使电极端面熔成圆锥形。斑点越大，温度越低。在熔炼过程中阴极斑点在阴极表面游动，它的大小直接反映电弧的稳定性，斑点越小越易游动，电弧越不稳定。斑点的温度与电极材料的熔点和熔化电流密度有关，电极材料熔点越高，熔炼电流密度越大，斑点的温度就越高。

B 弧柱区

它位于阴极区和阳极区之间呈钟形分布，是一个电子和离子混合组成的中性的高温等离子体。它是电弧的主体，它的亮度最高，温度也最高。

随着熔炼电流的增加，弧柱断面积增大，电弧的束密度增加，温度升高，燃烧更稳定。熔炼过程物质的分解、挥发等都是在此区进行的。

弧柱断面积的大小与周围气体介质压力有关，气体介质压力大，弧柱断面积变小，反之亦然。弧柱断面积的大小还受外界磁场的影响。当对电弧施加一个纵向磁场时，在磁场力的作用下，电弧受到压缩，致

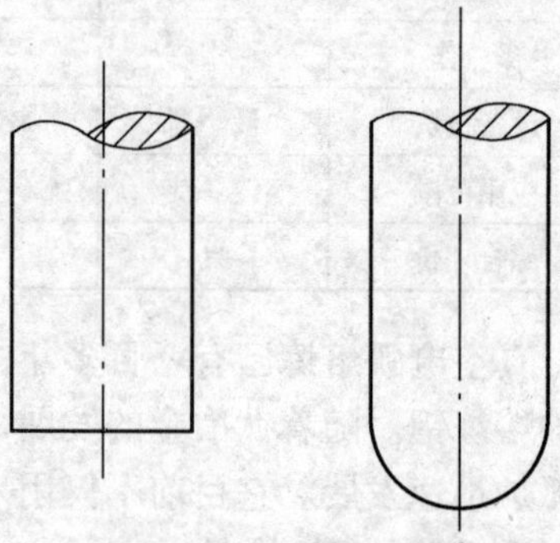

图 12-5 不同压力下自耗电极端面的形状示意图
a—6650Pa；*b*—0.13Pa

使电弧断面积变小，电弧长度相应增加，提高了电弧的稳定性。

C 阳极区

阳极区位于阳极表面，它也有一个斑点。由于阳极区气体介质压力较低，阳极斑点面积扩大而近似“消失”。

阳极斑点是集中吸收来自阴极的电子和弧柱区的离子的地方，电位降很大。在高速运动的电子和负离子流的连续轰击下，把阳极斑点加热到很高的温度。它的温度主要取决于阳极区气体介质的压力，压力增加时阳极斑点的面积缩小。熔炼条件的变化会引起阳极斑点大小和温度的改变，从而使金属熔池的温度梯度、熔池深度和体积发生变化，最终会改变钛锭的凝固结晶和提纯效果。

12.2.1.3 电弧的特性

A 电弧中的电压降

真空自耗电弧熔炼所利用的是弧光放电，这种放电是在低电压(十几伏到几十伏)和大电流(几千安到几万安)条件下产生的放电,放电过程产生强烈的白炽光和高温。弧光放电时两极间的电压降叫电弧电压。电弧电压 U 由阴极压降 U_K、弧柱压降 U_C 和阳极压降 U_A 组成:

$$U = U_K + U_C + U_A$$

式中，$U_K + U_A = U_S$ 称表面压降。

表面压降与电极材料、气体成分、压力和电流强度等有关，与两极的距离无关。在电极材料、气体及压力不变的情况下，电弧电压的变化取决于弧柱压降 U_C，但 U_C 值很小，两极间距离的变化对电弧电压的影响很小，不成直线关系（见图 12-6）。

在真空自耗电弧熔炼过程中，电弧电压 U 主要受极性、电流、电极直径与坩埚直径之比值（d/D）、电极材料和电弧长度的影响。其中以电流强度对表面压降 U_S 影响最大，而对弧柱压降 U_C 影响较小。即

$$U = U_0 + aI$$

式中 U_0——电弧电压的不变分量，V；

a——常数；

I——电流，A。

真空自耗电弧熔炼钛时，在一定的弧长（电极下端与熔池表面间的距离）范围内，弧长每变化 10mm 便会引起 0.5V 的电压变化。熔炼不同金属，电弧长度的变化也不一样，真空自耗电弧熔炼钛和钢的电弧电压与弧长的特性曲线如图 12-7 所示。实践表明，真空

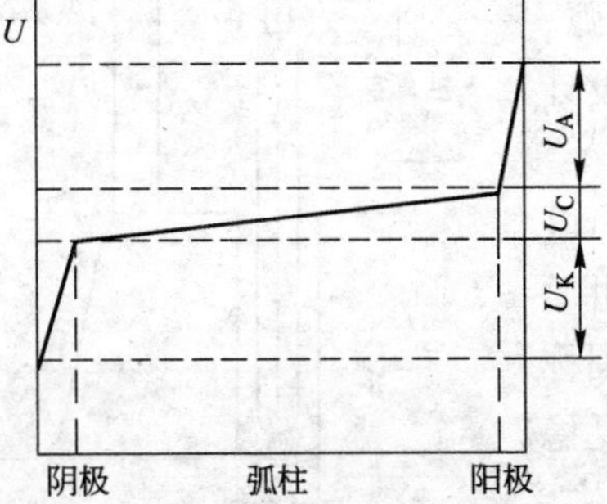

图 12-6 电弧电压分布

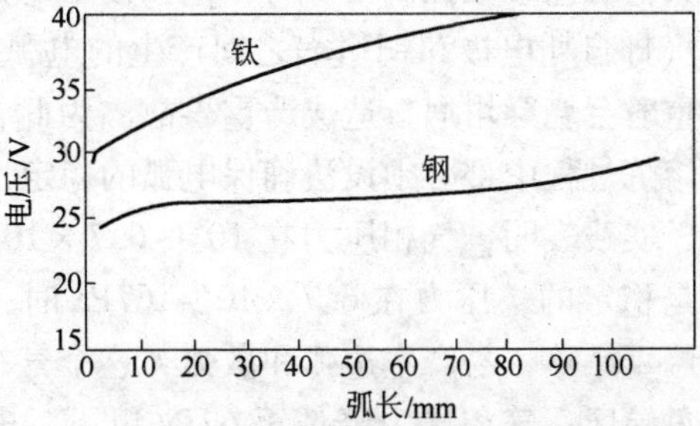

图 12-7 真空自耗电弧熔炼钛和钢的电弧电压和弧长的关系

自耗电弧熔炼钛的电弧压降约 30 ~ 40V。

当电极材料和尺寸一定时，电弧压降 U 随电流大小（即随电流密度）而变，如图 12-8 所示。当电流小时，增加电流，电弧压降变小；当进一步增加电流时，电弧压降几乎成直线增加。其中，主要是表面压降增加，而弧柱压降增加不多。

B 电弧的温度场和能量分配

电弧中的温度场的温度分布情况很复杂，具体的温度值与电极材料、电流大小和气相组成有关。一般来说，当以钛阴极作自耗电极称为正极性熔炼时，阴极端的温度约为 1775℃，金属熔池表面的工作温度约为 1850℃，而弧柱区中心的温度最高，可达约 4700℃。

真空自耗电弧熔炼的电弧区的温度场如图 12-9 所示。图中给出了温度的分布情况，从其温度分布可知，电弧的能量一部分消耗于弧柱，其余大部分则消耗于两极。电弧能量消耗在弧柱区的能量值约为弧柱压降与电流的乘积。部分能量由于辐射而损耗，是无效的。消耗于两极的能量与电极熔点有关，试验结果表明，金属熔点越高，分配于阳极的能量与阴极能量之比越高。对熔炼钛而言，此比值约为 1.3。

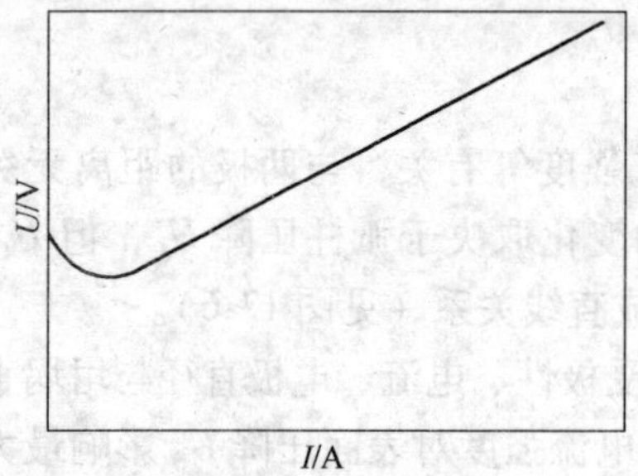

图 12-8 电弧电压降与电流关系曲线

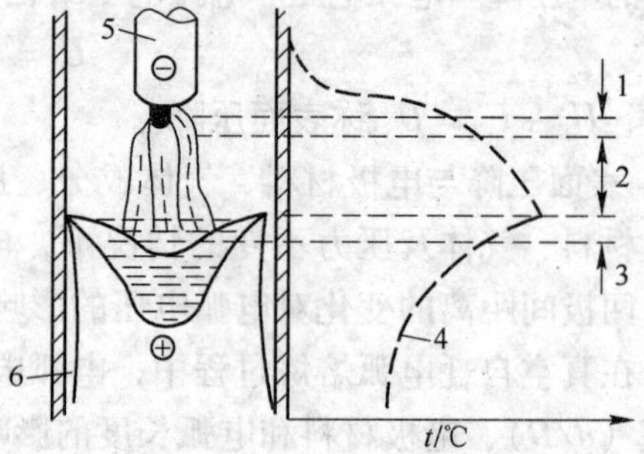

图 12-9 正极性自耗熔炼时熔炼区温度的分布

1—阴极区；2—弧柱；3—阳极区；4—温度分布曲线；5—电极；6—铸锭

C 电弧的稳定性

真空熔炼时，炉内压力自弧区至排气口依次递降，如图 12-10 所示。熔炼时所测炉室压力比弧区压力低$\frac{10}{11}\sim\frac{40}{41}$。

气相压力对电弧的稳定性有很大影响，当气相压力和其他工艺参数控制不好时，电弧便不稳定，易产生边弧（即自耗电极和铜坩埚之间产生的电弧）和扩散弧，严重时会烧穿坩埚，造成严重事故。为此，在工艺设计和熔炼过程中都必须设法确保电弧的稳定性。

实践表明，气相压力在 $10^5 \sim 6.7\times10^3$Pa 范围内电弧是稳定的；压力在 $6.7\times10^3 \sim 67$Pa 时，电弧在坩埚内严重漂移，易产生边弧和散弧，这个气相压力范围称为危险区；气相压力降低至 67Pa 以下，电弧又恢复稳定，人们称 67Pa 这个恢复稳定的气相压力为临界压力。在真空熔炼作业中，气相压力必须避开危险区，常保持

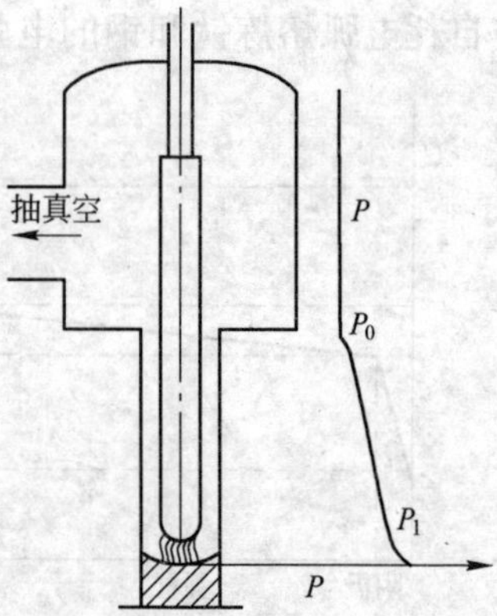

图 12-10 真空熔炼时炉内压力分布

在临界压力以下。

虽然钛的自耗电弧熔炼可在惰性气体保护下于常压中进行，但与常压熔炼相比，真空熔炼加热温度更均匀，弧柱压降小，因而具有热效率高的优点，正常生产中多采用真空熔炼工艺。

如前所述，临界压力随电流减少而降低。如用钢电极试验时，发现电流为1500A 时临界压力约 67Pa，电流为 600A 时临界压力为 4Pa。为此，宜选用大的电流。

在钛的自耗电弧熔炼过程中，电弧弧长愈长，愈易产生边弧。另外，电极直径与坩埚直径的比值过大，则电极与坩埚距离小，也易产生边弧。

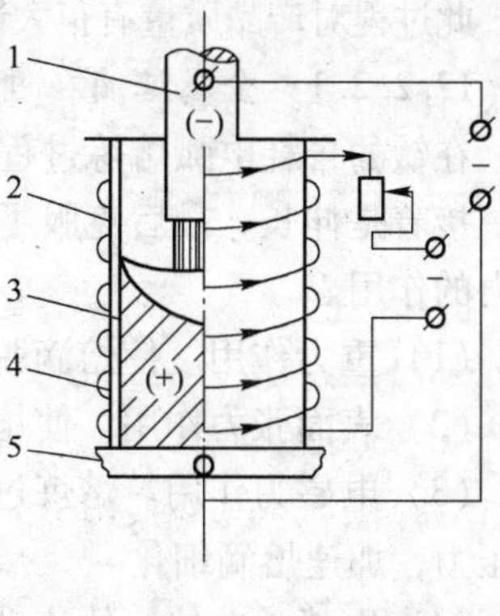

图 12-11　稳弧线圈示意图
1—金属自耗电极；2—上结晶器；3—水冷层；4—螺旋管（内通直流线圈）；5—底结晶器

生产实践中，为了使电弧工作稳定，通常在坩埚外加稳弧线圈。稳弧线圈的作用是当通入直流电（或交流电）时便会产生纵向磁场，减少边弧，稳定电弧。稳弧线圈如图12-11所示。

纵向磁场除能减少边弧外，也能使熔池中液态钛旋转产生搅拌作用，有利于液态钛中合金组元或杂质的扩散，使钛锭质量均匀化和结晶细化。外加纵向磁场对金属熔池的影响如图 12-12 所示。

使用稳弧线圈时，应选用合适的稳弧电流。电流过小稳弧作用不明显；电流过大则由于电弧被压缩得厉害而导致熄灭，并因熔池旋转激烈而影响钛锭质量。合适的安匝数应是以电弧稳定燃烧、熔池平稳或微微旋转为准。

12. 2. 2　金属熔滴在弧区中的过渡

金属端面受到电弧的高温作用加热熔化，当熔化的金属在电极端面累积到一定的大小后，就以熔滴的形式脱离电极穿过弧柱区落到熔池中去。此时金属熔滴穿过电弧空间的过程被称为熔滴在弧区的过渡过程，如图 12-13 所

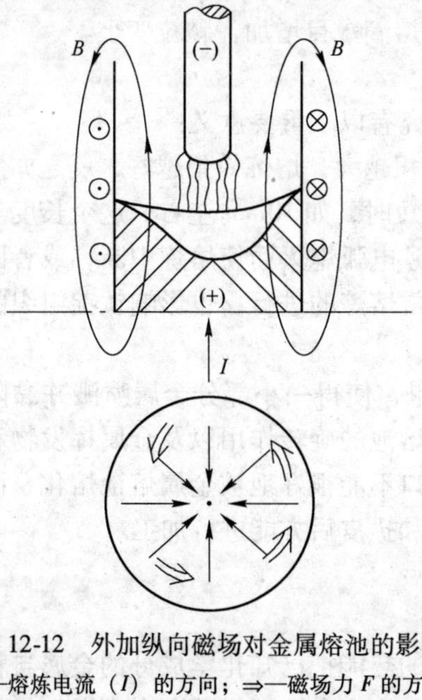

图 12-12　外加纵向磁场对金属熔池的影响
→—熔炼电流（*I*）的方向；⇒—磁场力 *F* 的方向；*B*—磁场方向（由纸面向外）；⊗和⊙—稳弧电流方向

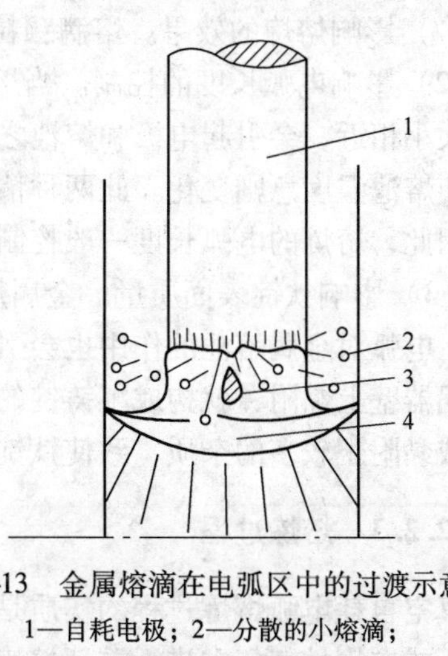

图 12-13　金属熔滴在电弧区中的过渡示意图
1—自耗电极；2—分散的小熔滴；3—大的金属熔滴；4—金属熔池

示。此过程对产品质量有很大影响。

12.2.2.1 金属熔滴在过渡过程中的受力状态

在钛的自耗电弧熔炼过程中，电极末端的金属熔滴受到各种力的作用，开始时颈部收缩，接着是伸长，最后克服了表面张力而断落，造成在弧区中的过渡。它主要受到下列5种力的作用。

(1) 重力作用。使熔滴脱离电极向熔池过渡。

(2) 表面张力作用。使熔滴收缩成球状并黏附在电极末端，阻止熔滴向熔池过渡。

(3) 电磁力作用。熔炼过程中电极和电弧周围产生一个横向磁场，对熔滴产生一个径向压力，加速熔滴细化。

(4) 电弧放电使气体流动所产生冲击力的作用。电弧放电时，瞬间形成的气体流动冲击力将熔滴击散，碎裂成许多小滴。其中大滴落入熔池，部分小滴飞溅到结晶器壁上凝固成冒口。

(5) 荷电质点轰击力的作用。它阻止熔滴向熔池过渡。

在上述5种作用力中，熔滴的重力、电磁感应压力和电弧放电的作用力起主要的作用，使熔炼得以正常进行。

12.2.2.2 影响熔滴数目和颗粒大小的因素

在钛的自耗电弧熔炼过程中，每秒钟过渡的熔滴数目和颗粒大小取决于电流种类和大小、熔炼极性、电弧长短、稳弧线圈的安匝数、电极成分和气体含量等许多因素。其主要影响为：

(1) 电弧电流小，熔滴数量少且颗粒粗大，反之亦然。

(2) 负极性熔炼中的电极端面温度比正极性高，因而熔滴数目多且颗粒小。

(3) 熔炼过程有放气行为时，促使熔滴细化且喷溅严重。

(4) 电弧长度越短，电弧的集中程度越高，熔滴数目增加越多，颗粒越小。

(5) 稳弧磁场强度增加，电磁作用力增大，使熔滴数目增加，颗粒变小。

12.2.2.3 研究熔滴过渡过程的意义

熔滴过渡过程与产品质量密切相关，对它的研究有以下重要意义：

(1) 影响熔炼的效果。熔滴颗粒越小其比表面积越大，熔炼效果越好，反之亦然。

(2) 影响电弧长度的控制。当熔炼电弧长度过短时，如10mm左右，这个长度与金属熔滴大小相近，会引起电极和熔池之间的短路，导致电弧熄灭而使熔炼中断，或者因频繁短路使熔池温度急剧变化。此两种情况都会破坏正常熔炼的进行，也影响钛锭组织的均匀性。因此，熔炼的电弧长度一般控制在15mm以上。

(3) 影响钛锭表面质量。金属熔滴分散的结果，使得一小部分金属喷溅并黏附到坩埚上；电弧对金属熔池的作用也会引起喷溅；加上熔池的旋转作用以及金属挥发物和杂质在坩埚器壁上黏附，就构成了铸锭的冒口。由于冒口不能很好地被金属熔池熔化，而且吸附了或黏附了较多的杂质，致使钛锭必须经过平头和扒皮后方能进行加工。

12.2.3 熔炼过程

真空自耗电弧熔炼过程的实质是借助直流电弧的热能把已知化学成分的金属自耗电极在低压或在惰性气氛中进行重新熔炼。熔炼本身是一个定向连续过程。在高温加热形成的熔池区内，液态钛合金成分和杂质不断地扩散有助于均匀化，随后凝固成锭。

在钛的真空自耗电极熔炼中，发生了熔化和凝固两个可逆的相变过程。这两个过程都属于固-液相多相反应，并伴随发生了一些物理化学变化，如图12-14所示。熔炼过程有以下几步。

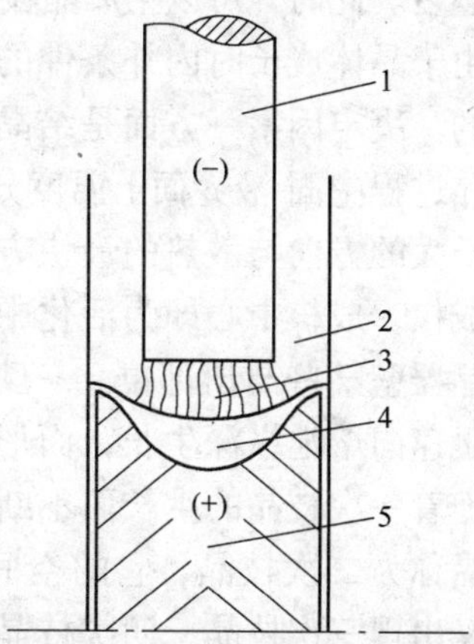

图12-14 真空电弧熔炼(正极性法)原理及各区域主要物理化学反应示意图

1—金属自耗电极;2—气相区(残余气体及反应气态生成物运动区);3—弧柱区(脱气、分解、电离);4—金属熔池(脱气、分解、偏析、夹杂物上浮及再生、结晶);5—金属锭

12.2.3.1 熔化

熔化钛从海绵体变为液体，是发生体积变小和比表面积缩小的过程。因此，也是比表面能降低的过程。在相变过程中，自由能的变化（ΔG）包括体积自由能变化（ΔG_V）和表面积自由能变化（ΔG_S）两项。此时，$\Delta G_V < 0$，$\Delta G_S < 0$，故有：

$$\Delta G = \Delta G_V + \Delta G_S < 0$$

只要达到熔化温度此过程便能自发进行。因为此时不存在要克服表面能垒的问题，故熔化时不需要过热度。在熔炼纯钛时，只要达到钛的熔点（1668℃）即可。在熔炼钛合金时，熔化过程在一个温度范围内进行，比纯钛的熔化要复杂得多。钛合金的熔点与其成分有关，必须高于相图液相线温度才能开始熔化。

12.2.3.2 液态金属的扩散

熔池里的液态金属在磁场的搅拌作用下，大大增加了熔池内合金组元和杂质的扩散作用，有利于成分的均匀化。

12.2.3.3 凝固和结晶

从液态钛或钛合金中凝固结晶出新的晶粒时，有新相生成，此时液-固相反应的自由能变化（ΔG）为：

$$\Delta G = \Delta G_S + \Delta G_V = \frac{4}{3}\pi r^3 \Delta G_b + 4\pi r^3 \sigma$$

式中 r——晶粒半径；

ΔG_b——单位钛或钛合金体积的自由能变化；

σ——单位钛或钛合金表面积的自由能。

计算表明，晶粒半径只有超过临界半径时，晶粒方能长大。此时的粒子半径称为临界半径（r_C）。r_C 计算式为：

$$r_C = -2\sigma / \Delta G_b$$

凝固过程有新相生成，属非均相成核过程，需要克服成核时的表面能垒的影响。开始结晶的核心是在水冷铜坩埚壁处的粗糙表面上。结晶的一般过程是由生核和长大两过程交错重叠组合而成的。对于单个晶粒而言，存在明显的形核和长大阶段。但从液态金属整体凝固过程而言，二者是交织在一起的。

形核的数目与钛液结晶时的过冷度大小有关。过冷度越大，形核几率越大，形核数目也越多。此时，可以生成晶粒细小的钛锭。

由于晶体成长时内外条件的差异性，晶体的外形是多种多样的。决定因素一方面是结晶物质固有的特性，另一方面是结晶过程中固-液界面上温度分布状况。晶体的形状呈树枝状，长大的方向与散热的最快方向相反。由于结晶成核属非均相成核，成核中心即为活化中心。最初的活化中心为熔池内结晶器壁某些凸出部位。一旦条件允许，初次成核后的晶体便迅速向熔池纵深生长，而形成枝晶的主干，也称一次枝晶。随着一次枝晶的生长而不断出现新枝芽，新枝芽发展为新枝晶称为二次枝晶，它的空间位置与一次枝晶互相垂直。接着又出现三次枝晶、四次枝晶……。最终的结晶物呈树枝状结构。

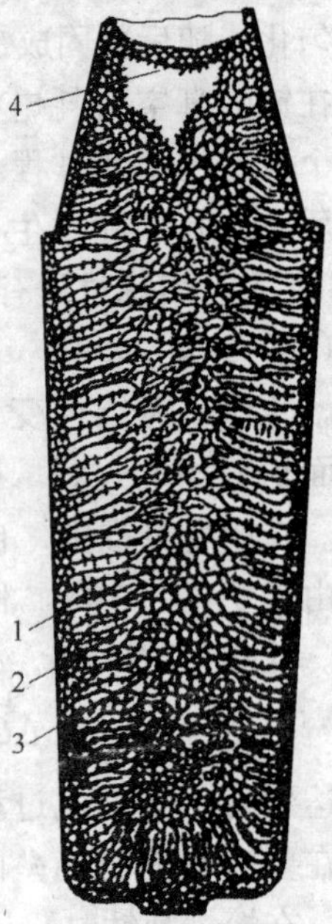

图 12-15 铸钢锭结构示意图
1—细晶粒外壳；2—柱晶区；3—等轴晶区；4—冒口

钛的真空自耗电弧熔炼是一个快速并产生大批结晶体的过程，不同的条件下形成的微观结构是不一样的。图 12-15 所示为典型铸钢锭结构示意图。由于钛铸锭均在坩埚内冷凝而成，其外形即为坩埚的形状，钛锭结构与此类似。

钛锭结构一般有三个凝固区。锭表层由一层极细的排列不规则的等轴晶粒组成，为急冷区，是凝固早期高速成核所致。临近的第二区晶粒细长而方向垂直于坩埚壁，称为柱状晶区。它是散热速度较稳定，导致定向凝固和晶粒长大所致。最内区为排列不规则但远比急冷区大的等轴晶粒。晶粒的增大是由于凝固后期散热速度较低所致。

结晶过程有两大特点：一是冷却速度快；二是结晶过程即为钛锭逐渐凝固过程，锭子上部存在着一个高温金属熔池。由于熔炼的过热度大，金属熔池保持较大的轴向温度梯度和径向温度梯度而形成较深的熔池。

12.2.4 凝固时的偏析和收缩

12.2.4.1 偏析

钛锭内部各部分化学成分不均匀甚至含有夹杂物的现象称为偏析，它往往导致钛材力学性能不均匀。在偏析严重的情况下甚至使钛锭报废或者必须再次熔铸处理。偏析是在钛锭结晶过程中形成的，因此，了解结晶与偏析的关系，选择合适的熔炼工艺参数，以控制结晶条件，减少偏析程度是很重要的操作事项。

偏析大体分两类：一类是区域偏析或宏观偏析，经过酸侵蚀后用肉眼可见；另一类是微观偏析或显微偏析，只能在显微镜下才能观察到。它们都可以归纳为化学成分偏析。

合金在凝固过程中都是在一定温度范围内完成的，不同时刻析出不同成分的固体。由于固态物质扩散很慢，结果造成溶质在凝固过程中的重新分配而形成偏析。偏析的大小与溶质在固液相中的分配有关。而这个平衡分配常数（K_0）直接受到物质凝固速度的影响，并随温度不同而异。K_0 是指平衡时固液两相中溶质浓度比，有：

$$K_0 = \frac{c_s(\text{溶质在固相中的浓度})}{c_l(\text{溶质在液相中的浓度})} \tag{12-1}$$

式中，K_0 也称为偏析度，$K_0>1$ 称为正偏析；$K_0<1$ 称为负偏析。而偏析系数为 $1-K_0=\frac{c_l-c_s}{c_l}$，偏析系数越大，偏析程度越大。不同元素在固体钛中的溶解度不一样，溶解度大的元素偏析小，溶解度小的元素偏析大。

钛真空自耗电弧熔炼过程的凝固属于标准凝固，在定向（顺序）凝固的过程达不到平衡态。在非平衡态下凝固过程会产生偏析，凝固后各成分浓度是不均匀的。一个（钛）合金棒料顺序凝固的成分变化如图 12-16 所示。图中 c_0 为理论含量。这种长距离呈规律性的变化称为区域偏析。钛合金锭有偏析，纯钛锭也有偏析。可把纯钛锭视为含杂质的钛合金，因而使钛锭中的杂质分布不匀。

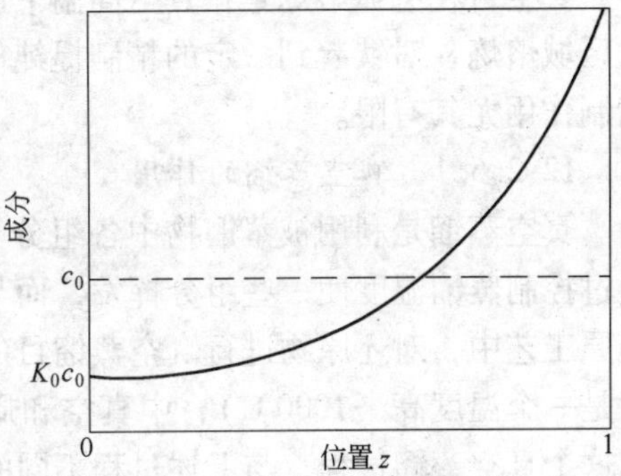

图 12-16 一个（钛）合金棒自左至右顺序凝固后的成分变化

在钛合金的熔炼中，当添加的合金组元与钛的熔点和密度相差悬殊时也易发生偏析。从表 12-2 中可以看出钛合金添加元素和钛的性质的差异。

表 12-2 钛合金添加元素的分类及主要性质

类 别	元素名称	熔化温度/℃	密度/$g \cdot cm^{-3}$	熔化热/$kJ \cdot mol^{-1}$
Ⅰ	W	3380	19.34	35.20
	Mo	2620	10.20	27.59
	Ta	3000	16.60	31.35
	Nb	2420	8.57	26.75
	V	1920	6.10	17.56
Ⅱ	Zr	1850	6.50	16.72
	Cr	1820	7.15	13.80
	Mn	1250	7.41	7.94
	Fe	1539	7.88	15.05
	Si	1410	2.30	4.60
Ⅲ	Al	660	2.70	10.45
	Sn	232	7.29	7.11
Ti		1668	4.50	15.47

12.2.4.2 收缩

金属液在冷凝过程中伴随着体积的收缩，此种现象存在于从液态到固态、从高温到低温的整个熔炼过程中。收缩分为两种：一种是集中收缩，在钛锭中表现为冒口处的缩孔；另一种是分散收缩，即为钛锭中的微缩孔，称为疏松。缩孔和疏松的存在会影响铸锭质量，降低产品成材率。

实践上为了消除或减少缩孔，常常在熔炼后期采用补缩的措施，便可取得良好效果。

12.2.5 提纯原理

海绵钛的纯度约为99.0%～99.7%，其中含杂质约0.3%～1.0%。杂质可以分为三类，第一类为游离的水、金属镁、$MgCl_2$ 和 $TiCl_2$、$TiCl_3$，它们和钛呈混合物状态夹杂存在；第二类为氧、氮、氢和碳（化合物）等气体杂质，它们在钛中以间隙固溶体形式存在；第三类如铁、硅、锰、镍、钒、钼等金属杂质，在钛中以固溶体的形式存在。

真空自耗电弧熔炼是在真空高温下进行的，每次熔炼都相当于进行一次真空蒸馏和一次区域熔炼，对钛起到一定的精制提纯作用。但这种精制的作用是有限的，而区域熔炼的精制作用尤其有限。

12.2.5.1 真空蒸馏的作用

真空蒸馏是利用被蒸馏物中各组分具有不同的挥发性能，对蒸馏物进行低压下加热，通过控制蒸馏温度使一些组分挥发，而与另一些不挥发物达到分离进行提纯的目的。在镁还原工艺中，对还原物进行真空蒸馏目的是除去海绵钛中大部分 $MgCl_2$ 和镁，工艺作业制度是一个温度高（1000℃）、中真空和周期长（120～200h）的过程。而真空自耗电弧熔炼这个真空蒸馏过程，与上述过程不同的是，工艺作业制度是温度（1800℃）更高、中真空和周期较短（几小时），它是前者的继续，可以除去海绵钛中残留的杂质，获得纯度更高的金属钛。

真空自耗电弧熔炼，按反应器的真空度，可以简化认为蒸发的气体流型属分子流。与普通蒸馏不同，分子蒸馏仅有被蒸馏物表面的自由蒸发，没有沸腾现象，从理论上说这种自由蒸发是不可逆的。蒸发的气体流型不同，其蒸馏分离系数 α 也不一样。

普通蒸馏分离系数：

$$\alpha_p = \frac{p_i r_i}{p_{Ti} r_{Ti}} \approx \frac{p_i}{p_{Ti}}$$

分子蒸馏分离系数：

$$\alpha_m = \alpha_p M_{Ti}^{0.5} M_i^{-0.5}$$

式中 p_i——i 组元蒸气压；

M_i——i 组元摩尔数；

r_i——i 组元活度。

钛中的各种杂质按其与钛的分子蒸馏分离系数相比，可以分成三种类型：第一种是 $\alpha_m > 1$ 的杂质，这种杂质可能分离，而且 α_m 越大越易分离除去，特别是当 $\alpha_m > 100$ 时，杂质较易分离除去；第二种是 $\alpha_m = 1$ 或接近 1 的杂质，这种杂质无法除去；第三种是 $\alpha_m < 1$ 时的杂质，这种杂质在熔炼中无法除去，只能浓缩。

钛和其他一些金属杂质的饱和蒸气压和温度的关系见图 12-17 和表 12-3。一些杂质对钛的分离系数见表 12-4。

表 12-3 一些金属在 2000℃时的蒸气压

金属元素	Ti	V	Mo	Al	Si	Fe	Mn
p_i/Pa	53	13	1.3×10^{-3}	10^4	830	930	9.3×10^4

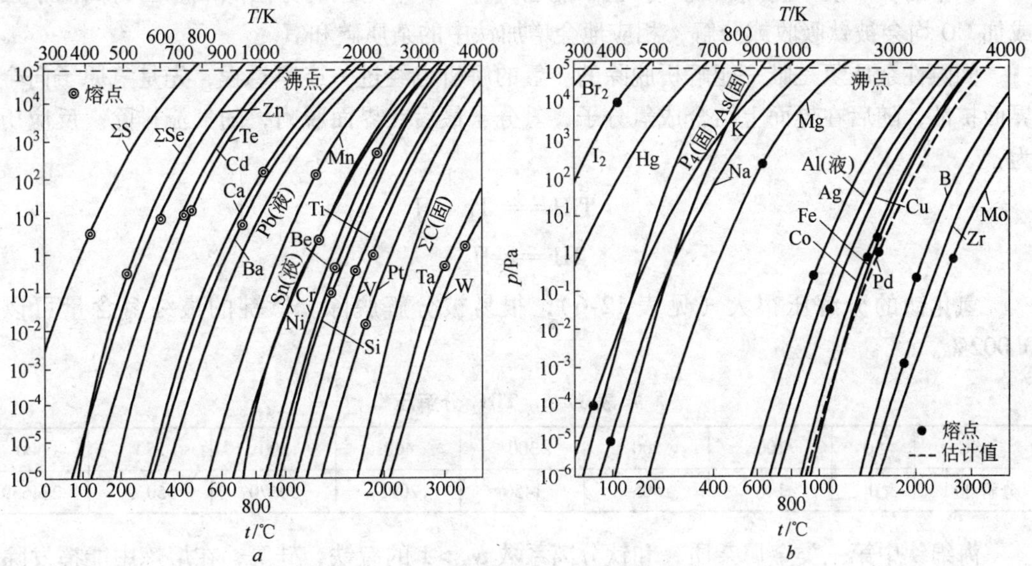

图 12-17 某些金属的蒸气压和温度的关系

表 12-4 一些杂质对钛的分离系数

项 目	分离组元								
	Mg/Ti	$MgCl_2$/Ti	TiO/Ti	Mn/Ti	Al/Ti	Fe/Ti	Si/Ti	V/Ti	Mo/Ti
t/℃	1000		2000						
α_p	2.9×10^{12}	2.5×10^{11}	1	1800	200	17	16	0.25	2.5×10^{-5}
α_m	4.1×10^{12}	1.8×10^{11}	0.87	1680	267	15.7	21	0.24	1.8×10^{-5}

海绵钛中属第一类的游离杂质是容易分离除去的。如 Mg 和 $MgCl_2$ 挥发性大，α_m 值也大，500～600℃时开始挥发，到达 2000℃时基本上都能除去。又如吸附的水在更低的温度下便开始挥发除去。

海绵钛中夹杂的低价氯化钛，如 $TiCl_2$ 和 $TiCl_3$，在一定温度下发生离解反应：

$$2TiCl_2 = Ti + TiCl_4$$

$$4TiCl_3 = Ti + 3TiCl_4$$

生成物中的气态 $TiCl_4$ 被排出炉外。

海绵钛中第二类间隙固溶体杂质氧、氮和碳，它们不能以单元素解析排除，因为钛吸收这些气体杂质后无法解脱。可以认为，它们在钛中以钛化物 TiO、TiN、TiC 形态存在。而这些钛化物分解压很低，很难离解。如 TiN 的分解压在 2331℃ 只有 0.13Pa（见表 12-5）。这些钛化物只能以 TiO、TiN 和 TiC 形态脱除。但是，它们和钛的分离系数为 1 或接近 1，如 TiO/Ti 的 α_p 为 1，无法通过熔炼脱除分离。

表 12-5 TiN 分解压

t/℃	2916	2699	2489	2331
分解压/Pa	133	13.3	1.3	0.13

钛中的 TiO 既不能加碳脱氧，也不能加气体 CO 用还原的方法除氧。因为高温下加碳或加 CO 均会被钛吸收或分解，相应地会增加钛中的杂质碳和氧。

间隙性杂质氢是唯一能解析脱除的。氢的解析也经过一连串过程，先是氢原子向金属界面扩散，随后在界面上结合成氢分子，氢分子最后在界面脱附，随气流排除。反应历程为：

$$TiH = Ti + H$$

$$2H = H_2$$

氢化钛的分解压很大（见表 12-6），很易被分解脱除。钛锭的最终氢含量可以达 0.002%。

表 12-6　TiH_2 分解压

t/℃	50	100	200	300	400	500	550	600
分解压/Pa	0	146	505	1450	2022	30670	95029	234639

海绵钛中第三类金属杂质，和钛分离系数 $\alpha_m>1$ 的有铁、硅等，在熔炼中能挥发除去一些；和钛分离系数 $\alpha_m<1$ 的有钒、钼等低挥发性金属，这类杂质在熔炼中只能浓缩，但因含量甚微，不会引起明显变化。

在上述易挥发组分中的 H_2O、$HTiCl_2$、$TiCl_3$ 和 Mg 最易除去，而 $MgCl_2$ 的 α_m 比较小且含量多，海绵钛中 Cl^- 含量约 0.05% ~0.20%，可以认为它是熔炼中要除去的关键组分，以此来分析除气动力学。

在钛的真空自耗电弧熔炼时，$MgCl_2$ 等杂质从液态钛中的挥发由下述三个步骤组成：

（1）$MgCl_2$ 从钛液内部通过边界层迁移到熔池表面层；

（2）熔池表面层气相 $MgCl_2$ 脱附和从表面挥发；

（3）气相 $MgCl_2$ 通过气相界面层迁移到气相内部。

不同的杂质元素或化合物的挥发脱除过程，因其挥发性不一样而具有不同的控制步骤。蒸气压较小的杂质 Mo、V、TiO、TiN、TiC 等上述第二步骤为其蒸发脱除的控制步骤。蒸气压较大的杂质 Mg、$MgCl_2$、H、Mn、Al 等上述第一步骤即边界层传质速度是其蒸发脱除的限制性环节。

在真空条件下，第三步骤的速度很快，不会成为控制步骤，但在氩气氛中熔炼时有可能成为控制步骤。

当 $MgCl_2$ 的表面挥发速度（即第二步骤）成为控制步骤时，有：

$$\frac{dW_A}{dt}=\sqrt{\frac{M_A}{2\pi RT}}\alpha_A r_A p_A x_A \tag{12-2}$$

式中 $\frac{dW_A}{dt}$——$MgCl_2$ 的挥发速度；

α_A——$MgCl_2$ 的凝聚系数；

p_A——纯 $MgCl_2$ 的饱和蒸气压；

r_A——$MgCl_2$ 活度系数；

x_A——$MgCl_2$ 在钛中含量（摩尔分数）；

M_A——$MgCl_2$ 的物质的量。

钛中合金元素的挥发速度也同样可以利用式 12-2 进行计算。当控制步骤为第一步骤时，出现表面 $MgCl_2$ 贫化现象，使之产生偏差，此时式 12-2 可写成：

$$\frac{dW_A}{dt} = k_A c_{AS} \tag{12-3}$$

式中 c_{AS}——熔池表面处 $MgCl_2$ 的浓度；

k_A——气相表面挥发系数。

此时液相边界层的传质速度由下式表示：

$$\frac{dW_A}{dt} = k_d(c_A - c_{AS}) \tag{12-4}$$

式中 c_A——熔池内部 $MgCl_2$ 的浓度；

k_d——液相边界层传质系数。

达到稳态时表面挥发速度和界面层传质速度相等，上二式联立，消去 c_{AS}值得到：

$$\frac{dW_A}{dt} = \frac{k_A k_d}{k_A + k_d} c_A = Kc_A \tag{12-5}$$

上式表明，不论挥发过程由气相扩散控制或由液相界面层扩散控制，或者混合控制，挥发速度均和 $MgCl_2$ 浓度成正比，属一级反应。一般情况下，蒸气压大的 $MgCl_2$ 等杂质的蒸发脱除属扩散步骤控制。由于 $MgCl_2$ 对 Ti 的 α_m 较大，扩散速率也大，钛中的 $MgCl_2$ 比较容易除尽。

12.2.5.2 分凝效应的作用

从前面（12.2.4.1 节）所述可知，自耗电弧熔炼时，钛锭的凝固是从锭底部依顺序逐步向上凝固的过程，属顺序凝固。结果，使钛锭的一些合金元素或杂质在整个锭各部位有规律的分布，产生了分凝效应。该现象也是区域熔炼的提纯金属的原理。它使钛锭中合金元素或杂质在锭中分布，呈现区域偏析。

发生分凝效应时，与钛锭（或金属棒料）中的杂质（或合金元素）的平衡分配常数 K_0（见式 12-1）有关。现借用一根钛锭自左至右逐步凝固后产生的分凝效应从理论上加以论述，如图 12-18 所示，就是一根钛锭顺序凝固时锭中杂质的理论分布示意图。而钛锭的实际现状与此相似。

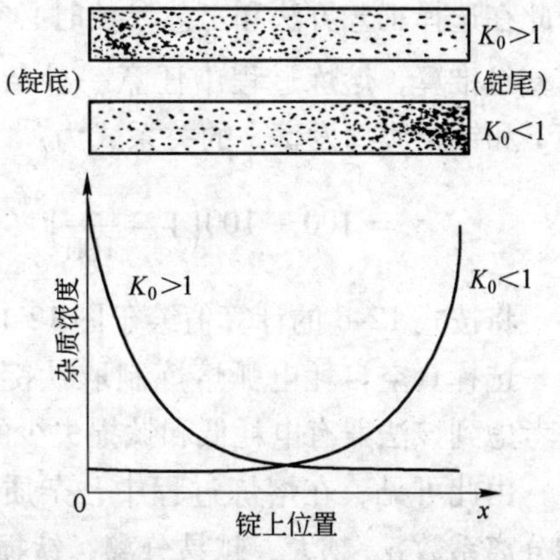

图 12-18 液相自左向右逐步凝固后，$K_0<1$ 和 $K_0>1$ 的杂质在锭中的分布

从图中得知，平衡分配常数 $K_0<1$ 的溶质（它使溶剂的熔点下降），在凝固的过程中，会富集于锭的尾端（右端）；与此相反，$K_0>1$ 的溶质（它使溶剂的熔点升高），在凝固的过程中则富集在锭的头部（左端）。K_0 接近 1 的杂质在金属的凝固过程中几乎不发生变化，即很难被脱除。K_0 越小或 K_0 越大的杂质越易脱除，即提纯效果越好。

实际钛锭中各杂质元素的 K_0 值列于表 12-7 中。

表 12-7 钛锭中杂质元素 K_0 值

杂 质	C	N	O	Mg	V	Cr	Mn	Fe	Ni	Cu	Zr	Nb	Mo
K_0	2.58	6.0	1.5	0.067	0.80	0.56	0.39	约0.3	0.44	0.27	0.82	1.58	1.83

按此推断：真空自耗电弧熔炼获得的钛锭，$K_0>1$ 的杂质，如碳、氮、氧和铌、钼富集在锭的头部；而 $K_0<1$ 的杂质，如镁、锰、铬、铁、镍和铜则富集在锭尾部的管口处；而 K_0 接近 1 的杂质，如钒、锆几乎保持原状，提纯效果差。由此可知，熔铸获得的钛锭，两端富集了一些杂质，在扒皮平头时将锭两端切除，便能保证光锭的产品质量。

不过，熔炼过程属快速定向凝固过程，杂质在液-固两相间扩散无法达到平衡态，故它的分配常数并非 K_0，分凝效应较小一些。钛熔炼时，分凝效应有一定提纯作用，只要使用光锭，便可减少杂质的影响。

二次自耗熔炼生产 TA_2 纯钛锭杂质含量与原料的关系列于表 12-8 中，它是 100 个钛锭的平均值。从表看出，钛锭和海绵钛中的铁、氮杂质量没变，无提纯作用；硅、碳和氧略有增加，也无提纯作用，但在熔炼过程中被污染造成杂质增量；氯和氢有明显的提纯效果，特别是氯产品中降低了一个数量级。也说明这主要是真空蒸馏的作用。从二者杂质总量来看，钛锭比海绵钛杂质量稍有降低，通过熔炼后降低了海绵钛中的氯，而稍增加了氧等杂质。总之，钛的纯度略有提高，但是它大体仍保持在一个数量级水平。

表 12-8 钛自耗熔炼前后杂质含量的变化

状 态	杂质含量（质量分数）/%							
	Fe	Si	Cl	C	N	O	H	总量
海绵钛	0.116	0.018	0.099	0.019	0.020	0.098	(0.005)	0.375
二次熔铸锭	0.116	0.032	(0.007)	0.027	0.018	0.102	0.0019	0.304

注：括弧内含量取自其他的分析值。

12.2.6 熔炼过程中钛的损失

钛的真空自耗电弧熔炼由于在高温下进行，不仅杂质挥发，钛也会同时挥发损失，因此在选择工艺方法和工艺参数时必须要考虑钛的挥发损失问题。

经推算，熔炼过程中任意一种杂质的挥发率 y 和钛金属挥发率 x 的关系式为：

$$y = 100 - 100\left(1 - \frac{x}{100}\right)^{\alpha_m} \qquad (12\text{-}6)$$

将按式 12-6 的计算值绘于图 12-19 中。

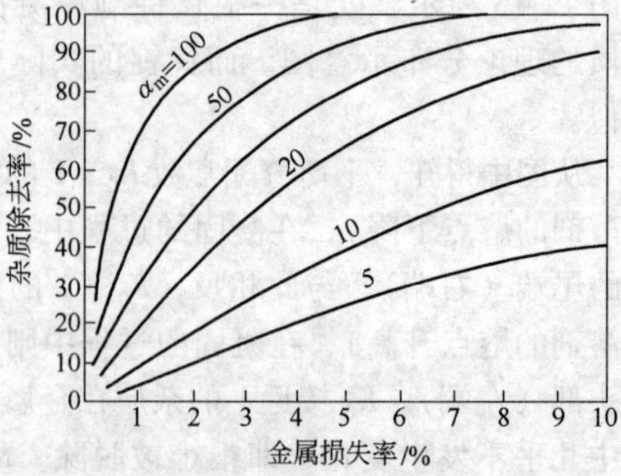

图 12-19 真空熔炼时杂质除去率和金属损失率的关系

选择真空自耗电弧熔炼制取钛锭的方法也是考虑到该法兼有电耗低和钛损失少的优点。

由此可见，在熔炼过程中，杂质的分子蒸馏分离系数 α_m 越大，越易分离，钛损失率也越少。反之，当选用低的钛损失率时，需要选择杂质去除率偏低的工艺条件。

承前述，当把 $MgCl_2$ 作为挥发组分中的关键组元时，对于 $MgCl_2/Ti$ 二元系的分离（在1000℃时的 α_m 为 1.8×10^{11}），实际上钛的挥发损失很小，大约在1%以内。

12.3　真空自耗电弧炉

12.3.1　炉型结构

真空自耗电弧炉，简称自耗炉。自耗炉的形式是多种多样的。目前应用的大型工业炉按基本的结构特征区分，可分为四个型式，即炉体固定-坩埚移动式、炉体固定-坩埚转动式、坩埚固定-炉体移动式、坩埚固定-炉体转动式。另外，按电极的极性的联结方式，又分为正极性和负极性两种方式，将自耗电极接为负极的称正极性，反之称为负极性。

现将自耗炉四种基本类型比较列于表12-9中。图12-20为炉体固定-坩埚移动式结构示意图。它也是我国常用的炉型，并且用正极性联结。从表12-9中可见，每种炉型结构各有优缺点。我国选用的炉型主要出发点是为了提高钛熔炼时的安全性能。

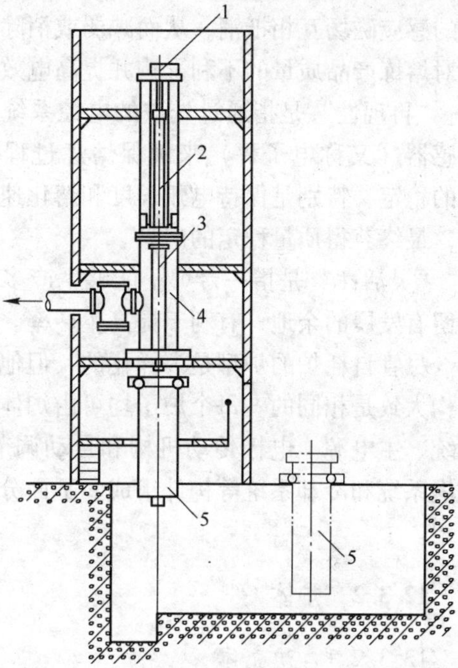

图12-20　炉体固定-坩埚移动式自耗炉结构示意图

1—电极升降传动机构；2—电极杆；3—坩埚升降装置；4—炉体；5—坩埚

表12-9　自耗熔炼炉类型比较

结构类型	工作特点	优点	缺点
坩埚固定-炉体移动式	炉体分成上、下两部分，上部炉室连接在可移动式构架上并可升降；通过上炉室升降	操作方便，作业率高	炉子稳定性差；地上和地下部分都较复杂，投资较高
炉体固定-坩埚移动式	坩埚设置在可移动式小车上，电极送入、封炉以及铸锭卸出均通过小车的移动和升降来完成，如图12-20所示	结构稳定，对于高活性的稀有金属熔炼时，便于设置防爆设施	操作不太方便，作业率低
炉体固定-坩埚转动式	设置在炉体下方的坩埚可绕一立柱旋转和沿立柱升降完成装电极和卸锭工作；可实现两个坩埚交替使用	操作方便、作业率高	炉子地下部分结构复杂
坩埚固定-炉体转动式	炉体由一立柱支撑并可沿立柱升降和绕立柱旋转，电极装入和铸锭卸出均在炉体转开后由吊装工具完成	操作方便、配合真空闭锁阀可实现双坩埚交替熔炼；作业率高	炉子稳定性差，地下部分结构复杂

但是，目前如图12-21所示为某国家所用的一种新炉型，它是图12-1炉型的改进型，在设计上有新的发展，主要表现在“同轴性”、“再现性”和“灵活性”上。

“同轴性”是指把阳极电缆线靠近阴极电缆线并且都接在炉体上部，二者保持近距离平行，使大电流流过导线、电极和炉体时所产生的感应磁场互相抵消，从而减弱或消除感应磁场对熔炼产品质量的不利影响并提高电效率。

“再现性”是指通过先进的电控系统和重量传感器（又称电子秤）来确保熔炼过程中电参数的稳定，特别是保持电弧长度和熔化速率的恒定，最终获得质量稳定的产品。

“灵活性”是指一台炉子能够生产多种锭型并留有发展的余地，有利于提高生产率。

尽管自耗炉的炉型是多样化的，但他们基本结构大致是相同的。每个炉子均可由炉体、真空系统、主电源、电极传动机构和自动调节机构、坩埚系统和冷却系统等构件组成，下面分别进行介绍。

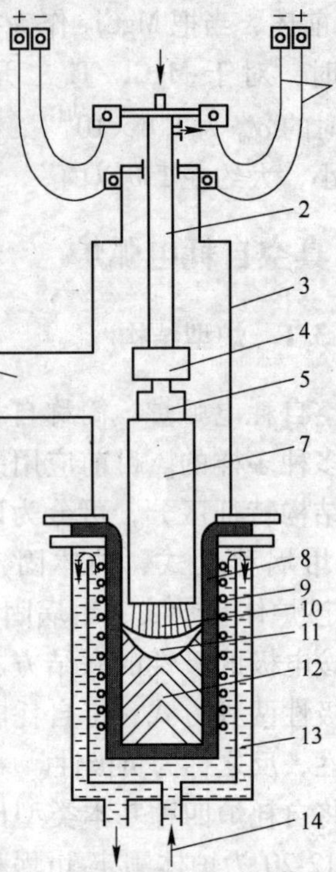

图 12-21 某国家改进的真空电弧炉结构示意图

1—电流导线；2—水冷电极杆；3—真空室；4—电极夹头；5—过渡电极；6—接真空系统；7—金属自耗电极；8—水冷铜结晶器（上）；9—稳弧线圈；10—电弧；11—金属熔池；12—金属锭；13—水冷结晶器（底）；14—进出冷却水

12.3.2 炉体

12.3.2.1 炉壳体

炉壳体容纳自耗电极，构成与大气隔离的空间。炉壳体应能承受电极、电极杆及电极驱动系统等装置的质量，具有良好的气密性，且与结晶器连接方便，便于熔炼操作。

12.3.2.2 真空机组

真空机组的作用是对密闭的炉体和结晶器造成熔炼所需的真空，即使在炉料大量放气出现辉光放电时也能保证在最短的时间内恢复到正常状态，因此它必须具有足够高的抽气速度，应使炉体在 30 ~ 45min 左右的时间内由大气压抽到所需要的真空度。熔炼钛和锆所需的真空度为 0.67 ~ 1.3Pa。熔炼炉配置的真空系统通常用油增压泵和罗茨泵作为主泵，串联一罗茨泵，再用机械泵作预抽泵。典型的真空机组配置图如图 12-22 所示。

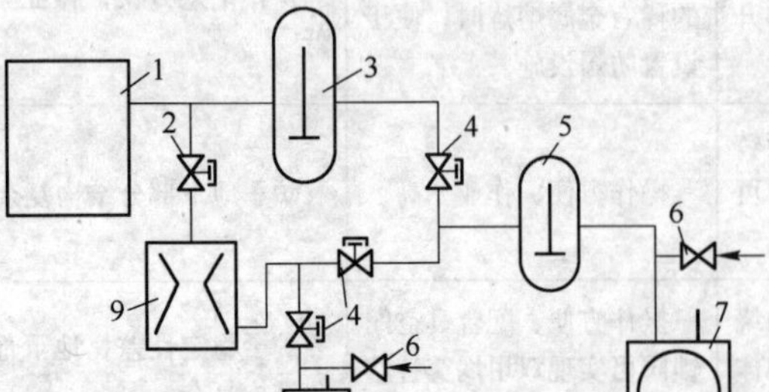

图 12-22 自耗炉典型的真空系统

1—炉体；2，4，6—阀；3—罗茨泵（主泵）；5—中间罗茨泵；7—前接机械泵；8—维持泵；9—油增压泵

油增压泵在 1.3 ~ 0.13Pa 的压力范围内有较大抽速，抽除氢的效率约比抽空气大 1 倍；罗茨泵启动和停止迅速，电机功率小，在 133 ~ 0.13Pa 的压力范围内有较大抽速，即使炉子进水的情况下也能继续工作。这是两种常用的中真空泵的特点。

12.3.2.3 电源

电源是为真空自耗电弧熔炼提供能源的装置，通常采用直流电源。自耗电弧熔炼对电源的基本要求是：在低电压下能提供大电流，近恒电流的良好下垂特性，短路时过载电流值小，能承受短时间过载而不丧失工作特性。真空自耗电弧炉一般不采用交流电源，因为交流电源电流的周期性变化使电弧产生不稳定。目前工业生产上使用的真空自耗凝壳炉都采用带有饱和电抗器的硅整流柜，以获得大的熔池，使 75% ~80% 以上具有一定过热度的钛金属液能浇注出来，满足铸件成形的要求。图 12-23 为半导体硅整流器的特性曲线。这种电源不仅能够满足上述的各种基本要求，而且还具有工作效率高、操作容易的优点。为减少供电损失，熔炼主电源应安装在距炉子最近的位置，而且从电源到炉子最好采用对称连接，以减少线路磁场对电弧的偏转作用。

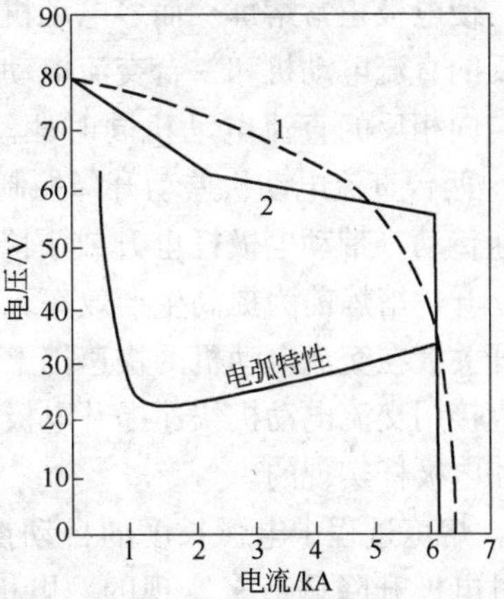

图 12-23　半导体硅整流器的特性曲线
1—可饱和电抗器控制；2—封闭回路反馈控制

12.3.2.4　电极传动机构和控制系统

电极传动机构和控制系统是在熔炼和装炉过程中用以调节及传动电极杆升降的机构。要求它在熔炼过程中能调节电极进给速度，以维持正常的弧光放电过程。在发生短路时能在 0.2s 的时间内迅速提升电极，消除短路恢复正常熔炼；在发生辉光放电和边弧时能迅速下降电极保证正常熔炼，并且有较高的电极提升速度进行装炉操作，提高生产效率。

电极传动有双电动机单式差动和多电动机复式差动两种方式。双电动机单式差动是由一台直流电动机和一台交流变频电动机构成（见图 12-24*a*），熔炼过程中电极杆升降采用交流变频电机和直流电机同时驱动一台差动减速器来实现，可分为两种控制方式：(1) 交流电动机快速升降控制方式。开炉熔炼前为提高生产效率，在进行装卸电极操作时，只有交流电动机参与工作，并将开关扳在交流电动机的快速挡上，使得电极快速提升或下降。(2) 直流电动机与交流电动机差动升降控制方式。调节接入交流变频电机的变频器，交流电动机变频工作，两台电动机通过差动减速器使传动机构差速传动，带动电极杆上升或下

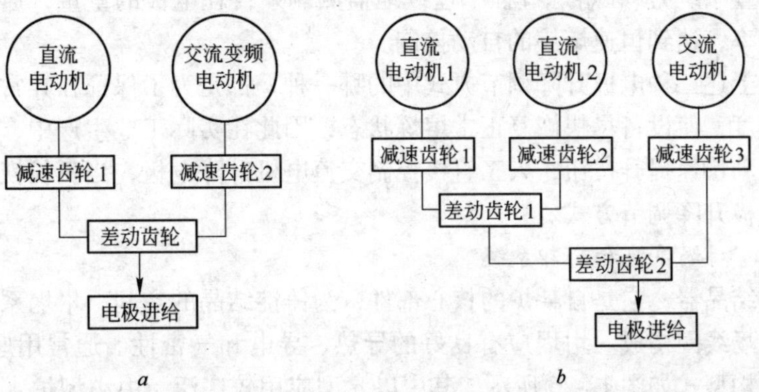

图 12-24　电极传动机构传动方式示意图
a—单式差动齿轮双电机传动；*b*—复式差动齿轮三电机传动

降，使电极正常熔炼。而多电动机复式差动（工业上大多采用三电机传动）是由两台转向相反的直流电动机和一台交流电动机构成（见图 12-24*b*），熔炼过程中电极杆升降采用两台转向相反的直流电动机同时驱动一台差动减速器来实现的，也可分为两种控制方式：（1）两台直流电动机差动升降控制方式。转速方向相反的两台直流电动机通过差动减速器差速传动，带动电极杆上升或下降，使电极正常熔炼。（2）交流电动机快速升降控制方式。开炉熔炼前为提高生产效率，在进行装卸电极操作时，只有交流电动机参与工作，并将开关扳在交流电动机的快速挡上，使得电极杆快速提升或下降；熔炼过程中若发生短路则直接用交流电动机快速提升电极杆消除短路，恢复正常熔炼。电极的传动是通过滚珠丝杠和电极杆实现的。

熔炼过程中电弧长度的自动控制是通过电极升降调节来实现的。电极升降的自动控制调节有：电压信号、脉冲信号和恒速熔炼调节方式等。电压信号调节是最普通和广泛使用的方式。图 12-25 为电压信号自动调节电极升降的原理图。电压信号调节控制的可靠性差，因为电弧电压与弧长并非线性关系，在熔炼过程中出现辉光放电时控制系统有时甚至无反应，因此这种控制方式不能单独使用，而应与其他方式配合使用。

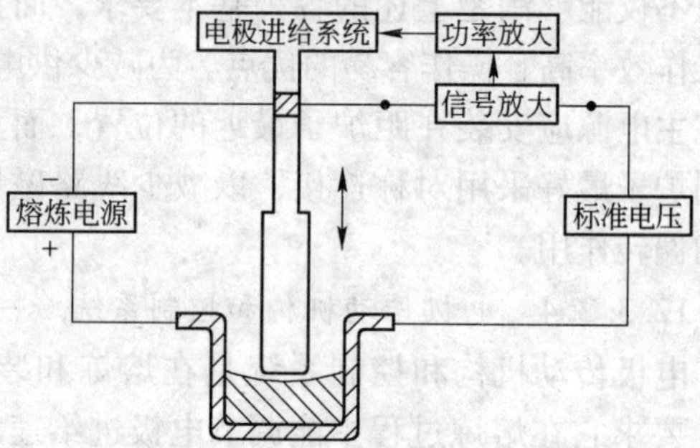

图 12-25 电压信号自动调节电极升降原理图

第二种电极升降调节方式是脉冲信号弧长调节方式，它的信号取自钛熔滴下降瞬间造成的电弧电压波动，而电弧电压波动的频率和振幅与弧长成反比，因此这种调节方式只在熔炼进入正常状态下才有效。由于弧长的变化对电弧电压的影响较大，所以该调节方式也不宜单独使用，需与其他方式配合使用。

第三种是恒速熔炼调节方式，早期的恒速熔炼调节方式是控制恒定的输入功率，达到恒速熔炼，但随着熔炼的进行，自耗电极温度上升，导致熔化速度加快，因此恒功率输入只能近似地实现恒速熔炼。当前恒速熔炼调节方式的最新发展是采用重量传感器（有些书上称为电极称量系统）。在熔炼过程中连续地监测剩余自耗电极的重量，通过计算机分析并控制输入功率，达到恒速熔炼的自动控制。

不管选用上述三种电极升降调节方式中的哪一种，都是为了保证在异常状态下快速调节电极升降速度，使设备尽快恢复正常熔炼状态，因此在实际工业生产中，通常都在控制系统中加入手动快速提升按钮，人工直接控制交流电机升降电极，当弧长恢复正常后，再转入选定的电极升降调节方式。

12.3.2.5 坩埚系统和冷却系统

坩埚也称结晶器，它是自耗炉的核心部件，为铸锭结晶的空间。坩埚系统由坩埚、底座、水套和磁场线圈构成。坩埚应有良好的导热、导电和气密性，通常用厚壁铜管构成，常见的两种结构型式如图 12-26 所示，其中以 *a* 型应用较广泛。中小型炉水套常和坩埚组装在一起，大型炉水套与坩埚是分离的。

冷却系统是自耗炉保证安全生产命脉，特别是坩埚系统的冷却水套，短暂的停水都

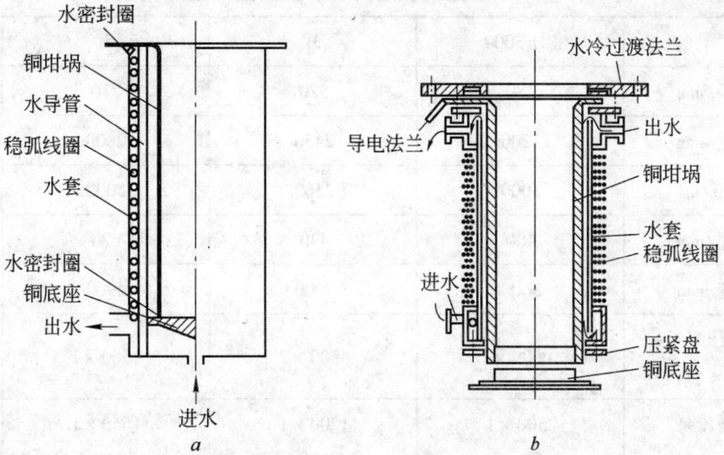

图 12-26　自耗炉坩埚结构示意图

a—底座埋入水套内；*b*—单独水冷底座

可能导致严重事故发生。为此需要有十分可靠的冷却系统，保证熔炼过程连续供水。冷却系统包括保安水源和供水系统。保安水源应提供含矿物质少的软质净水，以防沉淀堵塞管道导致供水中断。供水系统要保证提供熔炼过程中足够压力和流量的水。保安水源的储水量要保证使铸锭冷却到安全温度以下。冷却系统还要冷却电极杆、电缆、真空机组和炉室。为保持炉室干燥，防止炉室在敞开期间结露和吸潮，可设附加温水系统，水温通常为 30 ~ 40℃。

磁场线圈装置由缠绕在冷却水套内层的电源线圈及控制系统构成。磁场线圈可用直流电源也可用交流电源，一般应产生 800 ~ 20000A 匝的磁场。为减少发热，通常都浸在水中。

12.3.2.6　仪器及其他

为减少熔炼过程中可能出现的爆炸所造成的损失，真空自耗电弧炉均采用遥控操作，在操作室内配有一系列监测装置，这些装置包括观测装置和计量指示记录及继电保护仪器等。观测装置包括电视或光学潜望镜。

12.3.3　炉体总装

图 12-27 为 ZH-3000 型自耗炉总装示意图。表 12-10 为工业级自耗炉主要技术性能实例。并且，它带有两个坩埚位置和其他系统。

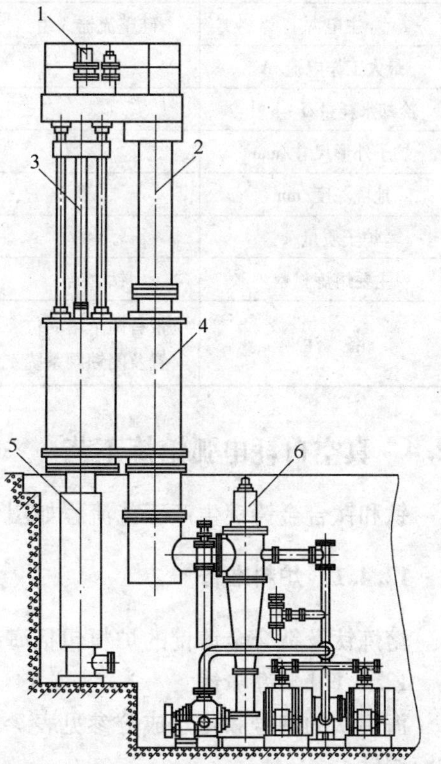

图 12-27　ZH-3000 型自耗炉总装示意图

1—电极升降传动机构；2—炉体旋转机构；3—电极杆；4—炉体；5—坩埚；6—真空系统

表 12-10 工业规模的自耗炉主要技术性能实例

项 目		ZH-3000	3t	5t	P 型 5t
最大坩埚直径/mm		480	520	710	660
最长坩埚长度/mm		2200	2450	2800	2900
最大铸锭质量/kg		3000	3500	5000	5000
最大电极直径/mm		400	440	620	508
电极最大长度/mm		3600	4000	4900	4000
真空系统	油增压泵 /L·(秒×台)$^{-1}$	10000×1	4500×2	4500×1	4500×1
	机械增压泵 /L·(秒×台)$^{-1}$	2500×1 600×1	1200×1 600×1	1650×1 280×1	1650×1 280×1
	机械泵(型号×台)	H-150×2 2X4×1	H-150×2	180m^3/h×1 12m^3/h×1	180m^3/h×1 12m^3/h×1
极限真空度/Pa		0.067	0.067	0.067	0.067
熔炼真空度/Pa		1.33 ~0.13	1.33 ~0.13	1.33 ~0.13	1.33 ~0.13
电极进给调节方式		电压—弧长	电压—弧长	电压—弧长	电压—弧长
主电源		硅整流器 3 组	硅整流器 3 组	硅整流器 5 组	硅整流器 3 组
最大工作电流/A		18000	18000	30000	18000
冷却水耗量/t·h^{-1}			50	30	
炉子外形尺寸/mm			地面高 9130	7800×4200×1030	
地坑深度/mm			2900	3400	3400
炉子质量/t			7		
主要熔炼材料		钛、锆	钛、锆	钛	钢、钛
备 注		带有两个坩埚位置及闭锁阀系统		自带坩埚加压水泵	带有两个坩埚位置

12.4 真空自耗电弧熔炼工艺

钛和钛合金铸锭生产工艺流程如图 12-28 和图 12-29 所示。下面分别按步骤进行介绍。

12.4.1 炉料准备

熔炼钛及钛合金铸锭的炉料包括海绵钛、钛残料、纯金属及中间合金添加剂。

12.4.1.1 海绵钛

海绵钛的牌号和化学成分参见表 7-18。生产不同牌号的钛及钛合金锭应选用不同级别的海绵钛。

在选用海绵钛级别时，主要是依据铸锭级别和牌号。碘化钛专供生产 TA0 之用，TA1 级基本上使用 1 级品海绵钛，TA2 和 TA3 则可根据力学性能要求搭配使用。如果海绵钛批量较小时，配料时应依据实际情况将多批重新组批使用。

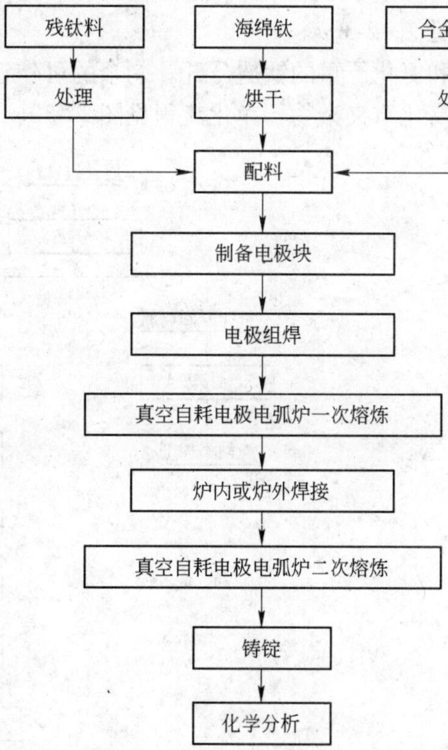

图 12-28　钛合金铸锭的生产工艺流程

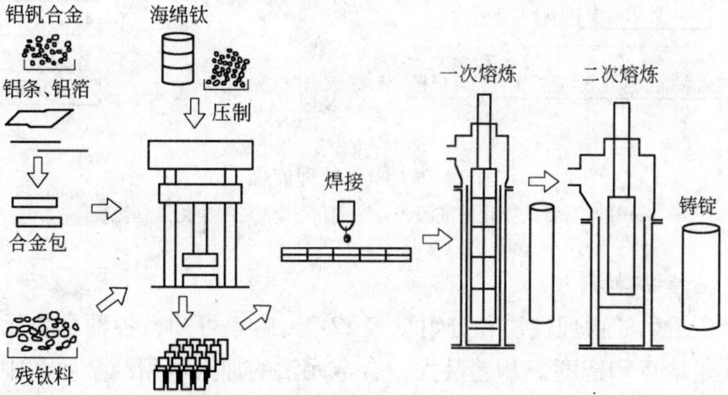

图 12-29　真空自耗电弧炉熔炼铸锭工艺流程示意图

12.4.1.2　残钛料

为了综合利用和降低成本，就要尽量将未被混料的残钛返回入炉，加以利用。作为钛及钛合金炉料的钛残料，是预先经过净化处理、碎化、严格检验而不带氧化层、低密度及高密度夹杂物的干净残料。其形式有屑状、条状、块状等。

块状残料的净化，需根据残钛表面氧化皮的厚度分别处理。对于氧化不严重的残钛，用 HF 和 HNO_3 混合酸液酸洗，然后再水洗；对于氧化严重的残钛，必须先用喷砂等机械方法去除氧化皮，接着用 HF 和 HNO_3 混合酸液酸洗，然后再水洗；对于未被氧化的残钛去油后再清洗即可，净化流程见图 12-30*a*。

钛屑的净化，首先将氧化和氮化严重的钛屑分开。剩余的可作返回料屑，经破碎后必须经过除油、除铁磁性物和除高比重夹杂物，净化流程见图 12-30*b*。

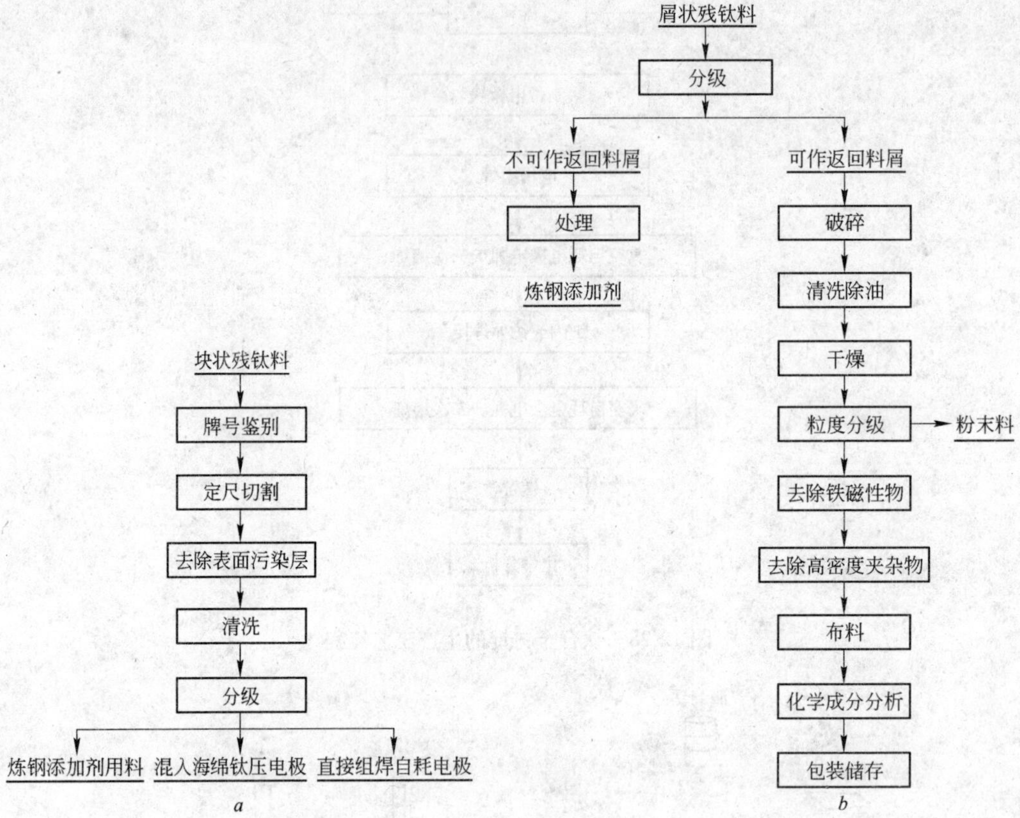

图 12-30 净化处理流程

a—块状残钛的净化处理流程；*b*—屑状残钛料的净化处理流程

12.4.1.3 合金添加剂

钛合金中合金组元的物理性质和分组见表 12-2。由表可知，各种合金元素和钛之间的物理性质（主要是熔点和密度）相差甚大，合金元素的加入可用纯金属和中间合金两种形式。其中锰、铁、铜、铬和锆等可以以纯金属形式加入，钼、锡、硅和铝、钒、硼等常以中间合金形式加入。具体的加入形式需根据不同牌号的合金灵活应用，详见表 12-11。

表 12-11 钛合金添加元素的加入方式

合金牌号	添加元素	加入方式
TA4	Al	Al；Ti-Al
TA5	Al、B	Al、B 粉；Ti-Al、Al-B
TA6	Al	Al；Ti-Al
TA7	Al、Sn	Al、Sn；Ti-Sn；Ti-Al、Ti-Al-Sn

续表 12-11

合金牌号	添加元素	加入方式
TA8	Al、Sn、Cu、Zr	Al、Ti-Al-Sn；Ti-Sn、Ti-Al、Al-Cu、Zr
TB1	Al、Mo、Cr	Al-Mo、Ti-Mo、金属铬
TB2	Al、Mo、V、Cr	Al-Mo、V1、Cr-1
TC1	Al、Mn	Al、电解锰；Al-Mn、Al
TC2	Al、Mn	Al、电解锰；Al-Mn、Al
TC3	Al、V	Al、Al-V
TC4	Al、V	Al、Al-V
TC5	Al、Cr	Al、金属铬；Al-Cr、Ti-Al
TC6	Al、Cr、Mo、Fe	Al-Mo、Al-Cr、铬铁；纯铁
TC7	Al、Cr、Fe、Si、B	硅铁、铬铁、Al；Al-B、Ti-Al
TC8	Al、Mo、Si	Al-Mo、Al-Si；Ti-Si、Ti-Al；Al、硅
TC9	Al、Mo、Sn、Si	Al-Mo、Al、硅；Ti-Si、Ti-Al、Ti-Sn
TC10	Al、V、Sn、Cu、Si	Al-V、Sn、Cu、Fe；Ti-Sn、Al-Cu；V-Fe；Ti-Al

钛合金中常用的中间合金的化学成分、主要性质和生产方法列于表 12-12。为了简化计算和进一步改善添加剂的物理性质，中间合金已向多元化发展，如 Al-Mo-Cr-Fe-Si、Al-Mo-Zr-Si、Al-Mo-Cr-V-Fe 等。

表 12-12　常用中间合金的成分及主要性质

中间合金	化学成分（质量分数）/%	熔点/℃	密度/$g \cdot cm^{-3}$	生产方法
Al-Mo	Mo 45～50，C<0.10，Fe<0.30，Si<0.30	约 1400	5.7～6.46	铝热法，感应熔炼
Al-Mo	Mo 70～80，C<0.10，Si<0.10，Fe<0.30		7.97～8.70	铝热法，感应熔炼
Ti-Mo	Mo 45～55，C<0.10，Sn<0.10，Fe<0.30		7.10～7.36	自耗熔炼+凝壳熔炼
Al-V	V 45～55，($C+O_2+N_2+Fe+Si$) <0.50	约 1650	4.20～4.50	铝热法，感应熔炼
Al-V	V 70～80，($C+O_2+N_2+Fe+Si$) <0.50	约 1700	5.00～5.30	铝热法，感应熔炼
Al-Sn	Sn 60，(Fe+Si+Cu+Pb) <0.30	约 230	5.45	坩埚炉熔炼，感应熔炼
Al-Sn	Sn 30，(Fe+Si+Cu+Pb) <0.30			坩埚炉熔炼，感应熔炼
Ti-Sn	Sn 65　C<0.20，Fe<0.30，Si<0.20	约 1500	6.31	真空感应熔炼
Ti-Al-Sn	Ti40，Al40			真空感应熔炼
Al-Mn	Mn 40，C<0.10，Fe<0.30，S<0.20	约 990	4.38	坩埚炉熔炼
Ti-Mn	Mn 65，C<0.20，Fe<0.30，Si<0.20	约 1350	6.38	真空感应熔炼
Al-Sn-Si	Al 45，Sn45，C<0.10，Fe<0.30		4.73	坩埚炉熔炼
Ti-Si	Si 25，C<0.10，Fe<0.30	约 1350	4.22	非自耗熔炼
Al-Si	Si 20，(Fe+Cu+Ca) <0.50			坩埚炉熔炼
B-Fe	B20，C<0.10	约 1400	6.76	熔炼法
Al-Cr	Cr 60	1450		高频感应熔炼

制取中间合金的基本方法有金属热还原法和熔炼法。含高熔点组元较多的中间合金有时也采用金属热还原和感应熔炼法相结合的两步法。目前常用的 Al-Mo、Al-V 中间合金采用铝热法制备。Al-Si、Al-Sn、Al-Sn-Si 等中间合金采用非真空感应熔炼，Ti-Sn、Ti-Mn 等

采用真空感应熔炼。

对于含有大量难熔金属组元的钛合金，添加中间合金是必不可少的。它是改善合金化条件、提高合金成分均匀度、克服偏析和不溶夹杂物、减少金属烧损率的有效方法。

为了保证产品质量，无论选用金属添加剂，或者中间合金，都必须选用优质原料。特别要注意原料中 O、C 等元素含量要低。

有时需要添加氧时，最佳的方式是添加处理干净的回收料，下策才是添加冶金级 TiO_2 粉。

12.4.2 原料处理

12.4.2.1 含钛物料

商品海绵钛尽可能选用粒级合格的。当海绵钛粒度不合格时，应进一步在颚式破碎机上破碎到粒度符合工艺要求为止。随后，在真空烘干箱中干燥，干燥的目的是除去表面吸附的水分。真空烘干条件：温度约 120～180℃；真空度约 5Pa；保温时间 4～6h，然后可直接出炉。

返回料，包括残钛边角料和钛屑，一定要牌号相同，加工成的粒度和海绵钛大致相同，经除油、除氧化皮及干燥等处理后方可使用。

12.4.2.2 合金添加剂或中间合金

所使用的合金添加剂和中间合金众多，它们的物理性质不同，它们存在的外形也各异，必须依据不同的状况分别加以下料处理。

对于具有脆性的物料，如 Al-V、Al-Mo 等中间合金，它们可以在锤式破碎机上进行破碎，再经筛分至所需粒度。

对于具有韧性的物料，常采用多种机械切割或机械加工成合适的粒度。因为过大的粒度易造成合金成分的偏析和产生夹杂。然后将加工好的物料净化处理，除去表面的氧化皮和油污，再干燥后待用。

12.4.3 自耗电极制备

12.4.3.1 配料

配料是获得合金成分和杂质含量合格、分布均匀铸锭的决定性工序。一旦失误，无法获得预想的合格锭。

配料是按钛及钛合金的牌号和化学成分为理论计算基础。同时必须充分考虑以下因素：

（1）合金组元在熔炼中的烧损率和偏析状况；

（2）合金组元和杂质含量允许波动范围和均匀度要求；

（3）合金最佳性能要求的合金成分和杂质含量；

（4）合金添加方式，是纯金属还是中间合金；

（5）熔炼方法和熔炼次数。

钛合金添加元素的加入方式详见表 12-11。实践中总结出下列实施细则：

海绵钛混料组批后的平均杂质含量应低于合金允许含量，但也要保证适当的氧当量。海绵钛组批后平均力学性能应满足产品牌号规定要求。一般选用抗拉强度小于 $45kg/mm^2$ 的海绵钛作基体金属原料。

合金组元中不易挥发元素 Mo、W 等应取配料成分波动值的下限，低熔点易挥发元素的配料成分取上、中限。

高熔点金属 Mo、W 等作为合金组元加入时必须采用中间合金加入，而不能用纯金属加入。

TC1、TC2 合金中锰的加入量当采用二次自耗熔炼时配入量应大于 2%；当采用真空-充氩自耗熔炼时配入量则可小于 1.8%。

合金元素配入海绵钛基体时尽量均匀分布，组批后的电极配料或应混合均匀，或可将合金元素做成用铝箔制成的球形合金包，置入电极配料块中，然后压制成电极块。

另外，在用多组分料配料制取单块电极时，配料组分质量应小于一次熔炼正常熔池钛液质量的 1/3。

12.4.3.2　电极块的压制

自耗熔炼对电极的要求主要是：(1) 足够的强度；(2) 足够的导电性；(3) 平直度；(4) 合金元素在电极中的分布合理；(5) 不受潮、不污染。

单块电极的制备方法有压制（又分立压和横压）和挤制（又分卧式和立式）两类，较常用的是压制法。图 12-31*a*、*b* 分别为横压压制和卧式挤制工作示意图。

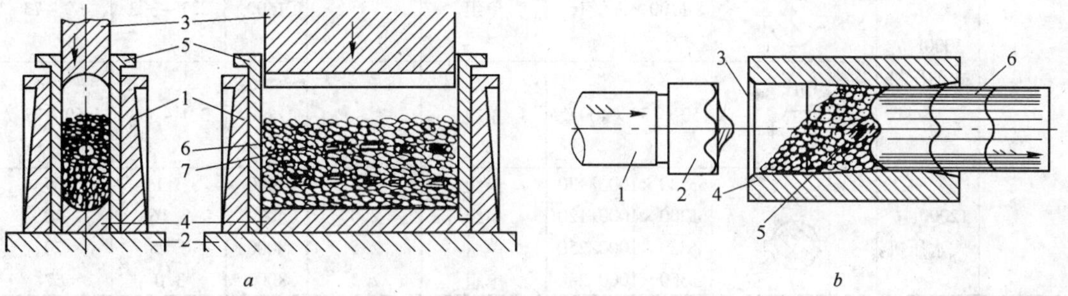

图 12-31　工作示意图

a—横压电极：

1—外模框；2—模垫；3—上模；4—下模；5—内衬板；6—海绵料；7—合金包

b—卧式挤制电极：

1—挤压轴；2—挤压端头；3—挤压模；4—海绵料；5—合金包；6—电极

电极的压制工艺比较见表 12-13。单块电极制备实例见表 12-14。

表 12-13　钛合金电极块压制工艺

压制方法	特　点	技 术 要 求
挤压法	原材料经立式或卧式挤压机逐段挤压成电极，长度不受限制；受压面积小，可使用功率较小的压力机；电极粉料之间结合不牢，易产生裂纹，质量较差 卧式挤压法因装料上下不匀，造成电极截面上密度不同，导致电极弯曲	海绵钛和挤压筒在挤压前均须加热至 180 ~ 200℃，防止潮气或水分在高压和高温下发生爆炸 海绵钛和合金元素应分批相间加入挤压筒内，使铸锭中合金成分均匀分布
压制法	有立压式或横压式两种，立压式可用功率较小压力机，电极长度可在压机行程范围内调整，但在粉料结合处易出现裂纹 横压式的电极密度均匀，外形平直，但需用功率较大的压力机	立式横压法要将每批组分的海绵钛分成两份。先将一份加入模具中，沿其长度均匀分布，然后将包装或散装的合金添加剂沿模具轴向长度内均布。最后，将另一份海绵钛均匀加入模具中。如果合金元素分两次加入，则海绵钛分成三份与合金元素相间加入

表 12-14 海绵料单块电极制备实例

品 种	压 机	制备方法及横断面简图	名义尺寸/mm 质量/kg	加料方式	单位压力/t·cm^{-1}	总压力/t	电极密度/g·cm^{-3}	电极密度/金属密度 /%
钛及钛合金	600t 立式水压机	横压 	ϕ60×300/3.0 ϕ80×300/4.5	单组 单组	2.5 2.5	450 600	3.2 3.2	71 71
	1200t 卧式水压机	卧式连续挤出 	ϕ180×1000	多组，每组分 4.4kg	3.7~4.0	约 1020	3.2~3.4	71~76
	1500t 卧式水压机	卧式不连续挤出 	ϕ200×290/30	分三组，每组 10kg	3.3	1500	3.3	73
	1600t 立式水压机	横压 	ϕ190×350/30	单组	2.3	1500	3.2	71
	3000t 立式油压机	横压 	ϕ100×500/16	单组	3	1500	3.1~3.3	69~73
		横压 	150×130×400/25	单组	3	1800	3.1~3.3	69~73
	12000t 立式水压机	横压 	ϕ220×1000/130 ϕ200×1000/120 ϕ320×1000/250 ϕ350×1000/280	单组 单组 单组 单组	1.8 2.0 2.5 2.3	4000 4000 8000 8000	3.1 3.16 3.15 3.0	69 70 70 67

电极的压制模具。中小型压模一般可沿用粉末冶金制坯压模。大规格压模最好采用圆形整体锻钢模框，内衬弧形衬板调节尺寸。此种压模结构的受力情况比方形模框的合理，因而可适当减小壁厚。上、下压头材料可用 5CrNiMo 或 5CrNiW。淬火硬度 RC 为500~550MPa。

挤压模一般由挤压筒和挤压中衬组成。材料为 5CrNiMo 或 5CrNiW。淬火硬度 RC 为 400~450MPa。

挤压轴材质为 5CrNiMo 或 5CrNiW，淬火硬度 RC 为 380~440MPa。

挤压端头俗名梅花头。材质为 5CrNiMo、5CrNiW 或 3Cr2W8，淬火硬度 RC 为 400~460MPa。

电极块的密度与被压制的原料有关。图 12-32所示为单位压力与电极密度的关系。一般地说，电极块的密度大于 3.2g/cm^3 就可以满足熔炼要求。一般使用压力达到 300~500MPa 的

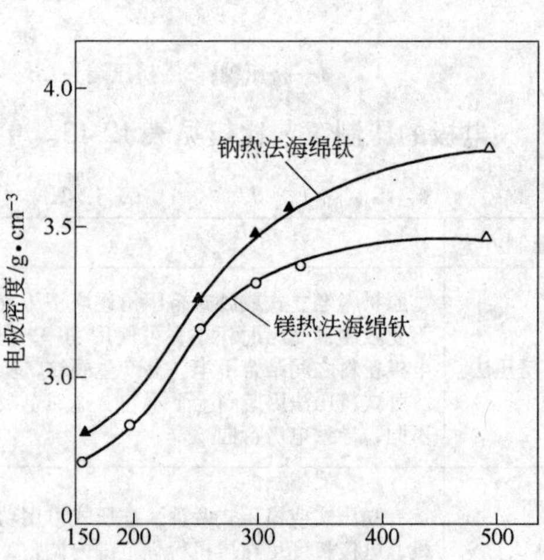

图 12-32 压制海绵钛电极块的单位压力与密度的关系

压机。

12.4.3.3　电极的组焊

电极的组焊是将压好的单块电极块组焊成自耗电弧熔炼所需截面和长度的电极。工业上，常采用氩气保护等离子焊、真空等离子焊和电子束焊。为了防止混入高密度夹杂，一般不使用钨极氩弧焊接。焊接用氩气纯度为99.99%。钛自耗电极组焊的几种典型截面示于表12-15中。氩弧组焊钛电极示意图如图12-33所示。

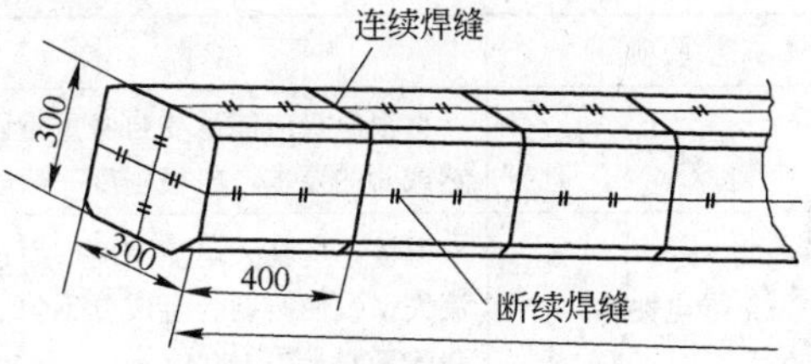

图12-33　氩弧组焊钛电极示意图

表12-15　钛及钛合金氩弧组焊实例

电极规格 /mm	电极质量 /kg	单块电极规格 /mm	单块电极质量 /kg	并联块数	串联块数	单块电极总数	焊接电流 /A	焊接电压 /V	横断面组合形式
200×200×2000	256	100×100×500	16	4	4	16	300	25~30	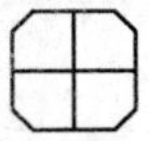
200×200×3000	384	100×100×500	16	4	6	24	300	25~30	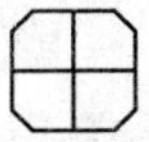
300×300×3500	784	100×100×500	16	7	7	49	300	25~30	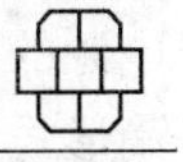
300×300×4000	896	100×100×500	16	7	8	56	300	25~30	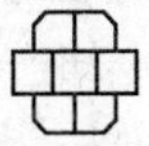
300×300×3200	800	150×150×400	24	4	8	32	300	25~30	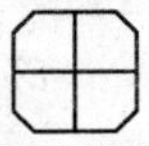
300×300×3600	904	150×150×400	24	4	9	36	300	25~30	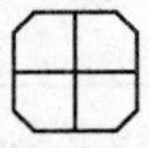
300×300×4000	1000	150×150×400	25	4	10	40	300	25~30	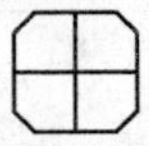
280×280×3600	792	150×130×400	22	4	9	36	300	25~30	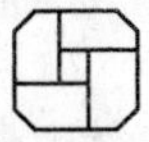

钛及钛合金电极焊接工艺如表12-16所示，电极质量检测和存储的技术要求如表12-17所示。

表12-16　钛合金电极焊接工艺

焊接方法	工　艺　特　点
炉外氩弧焊接法	与一般氩弧焊接法相同，设备简单，电极规格不受限制，但焊缝容易氧化污染
真空-充氩箱内焊接法	在装有待焊电极的焊接箱内进行，真空度先抽到0.133Pa，然后充入99.95%的氩气，用电弧焊或等离子焊将电极组焊成需要的长度。优点是电极不被污染；缺点是设备复杂，成本高，效率低
炉内自耗电极电弧焊接法	将电极块或二次熔炼铸锭先装在坩埚中，待炉内真空度达到要求时，将电极杆下降，使装在电极杆上的电极块或另一根一次熔炼铸锭与坩埚内的电极块或一次铸锭起弧。当两者均有少量熔化时灭弧，并快速下降进行焊接。此工艺在要求电极焊得平直方面难度较大

表 12-17 电极的质量检验和存储

检验项目	技术要求
强度	整根电极应能承受自身重量以及在搬运、装炉和熔炼过程中的升降振动和瞬时短路时的突然载荷的要求。电极强度一般应大于 10MPa
导电性能	电极不应在大电流密度下因过热而降低强度，甚至断裂；或使电极中易熔组元提前熔化而流失，致使铸锭合金成分不匀。电极的室温电阻系数应小于 1100μΩ·cm。单位面积的最大载流量应大于 150A/cm^2。一次铸锭焊接成二次电极的焊接面积应比横截面大 1/3
平直度	整根焊成的电极必须平直，不得挠曲，否则，当自耗电极与坩埚之间的间隙小于电弧长度（一般为 20～25mm）时，就有可能产生边弧，击穿坩埚壁，造成严重事故
合金成分	每个电极块内的合金成分应按合金配料比例沿其长度均匀分布，防止形成偏析
存储	电极块应妥善存储，不得污染或受潮。必要时可放在 100℃ 烘箱内存储，以有利于在熔炼过程中气体析出少，电弧稳定，提高铸锭质量

12.4.4 真空自耗熔炼

12.4.4.1 工艺操作要点

该工艺操作过程如下：以海绵钛或加入合金元素的海绵钛为原料而压制成自耗电极，夹在电极杆上（为直流电源的负极），于真空或惰性气体氛围中使之与水冷铜坩埚（直流电源的正极）上的引弧料间产生电弧，依靠电弧的热量将自耗电极熔化，熔化的电极以液滴形式进入坩埚，形成熔池，熔池表面被电弧加热，始终呈液态，而底部和周围受水强制冷却产生自下而上的结晶过程，不间断地以适当的速度下降电极，以保持电弧熔炼的持续进行，直至自耗电极熔化耗尽，熔炼阶段结束。

该过程按时间排列，又可分为装炉、熔炼和出炉三阶段，实际操作要点如表 12-18 所示。

表 12-18 真空自耗电极电弧炉操作要点

工艺程序	内容
（1）装炉。 坩埚的清理和检查	坩埚的法兰盘、内壁和底座都要用砂纸打磨光滑并用棉纱擦干净。认真检查坩埚的法兰盘与内壁的焊缝及其各部分的表面有无被电弧击中的烧伤痕迹或凹坑。如凹坑大而深则不能使用
铸锭底垫的准备	用同一牌号的电极残头放在坩埚底部作为底垫或配制一份与待熔炼的自耗电极成分相同的合金包和海绵钛摊放在坩埚底部作为底垫
引弧料的制备	在底垫上放置由铝箔折叠而成的大约 30mm 高的三角形引弧料
电极的调整	自耗电极与坩埚壁之间的周围间隙应一致，一般为 30～40mm
（2）熔炼。	为使化学成分均匀，将一次熔炼得到的铸锭作为自耗电极进行二次熔炼并将一次铸锭颠倒装卡，使其底部与电极夹头连接。一般，二次铸锭的直径 = 一次铸锭的直径 + 两倍间隙尺寸
侧弧的处理	如果在电极与坩埚壁之间产生侧弧，多半是由电极偏移或电弧太长造成的，应加快电极下降的速度，缩短电弧
电极短路的处理	电极下降速度太快，容易产生短路，此时应迅速改变电极运动方向，向上提升，待电弧正常后应保持恒定速度下降。如果来不及提升电极，电极端部就会与熔池凝固在一起，这时只能待铸锭冷却后取出铸锭和电极，再将两者分开，重新装炉熔炼
电极断路的处理	电极下降速度太慢或因其他原因电弧被切断，这时必须在铸锭上部熔池冷凝后再下降电极起弧。此时因没有引弧料，起弧困难，最好重新装炉

续表 12-18

工艺程序	内容
电极残头的处理	熔炼完毕后，电极残头温度较高，应放置在水冷炉体部分内冷却
（3）出炉。	
铸锭出炉	铸锭应冷却至较低温度出炉。避免被油腻等脏物污染
打标记	铸锭及其残头出炉后，应打上钢印标记，以免混料

12.4.4.2 熔炼作业

熔炼大致分为焊接电极、引弧期、正常熔炼期、封顶期和冷却等五个阶段。

A 自耗电极焊接

焊接的任务是将组焊好的自耗电极在真空或氩气保护下焊接在辅助电极上，要达到焊直、焊牢，焊缝能通过工作电流，并且不发生氧化。

当采用专用设备焊接时，只要把组焊好的自耗电极与辅助电极放入专用设备内焊接后，再将自耗电极取出装入炉内，组装好，并调整到使其位于坩埚中心处。在没有专用设备时，先将自耗电极装入炉内，并调整到使其位于坩埚中心，进行炉体组装，预抽真空度合格后，在真空下进行电弧对焊，使自耗电极与辅助电极焊接在一起，重熔电极多采用炉内对焊，瞬间即可完成，如图 12-34 所示。

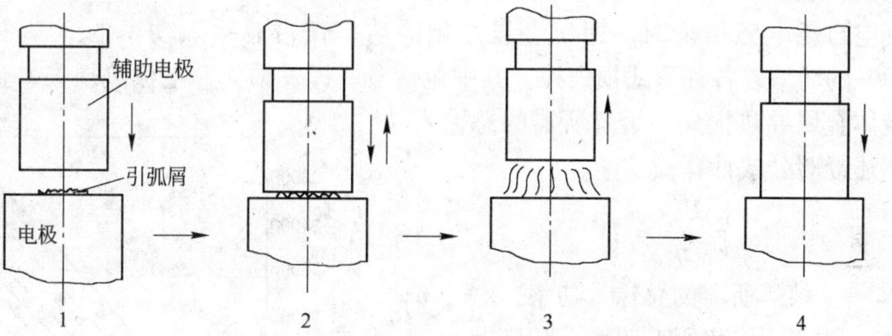

图 12-34 自耗炉内电弧对焊工作程序示意图

1—对中心；2—短路引弧；3—熔化；4—短路焊合

B 引弧期

电弧引燃的方法是在底结晶器上面直接放置一些引弧剂（海绵钛），并使引弧剂和自耗电极端面距离不小于 15mm，一般为 20 ~ 30mm。为了顺利地起弧，必须把空载电压（即开路电压）提高到 70V。在空载电压下，借助于自耗电极与引弧剂之间瞬间接触而产生弧光放电进而达到稳定的电弧燃烧，造成一定量的金属熔池，为过渡到正常熔炼创造条件。

生产实际中要求引弧期尽量短并迅速形成金属熔池，以减缓电弧对底结晶器的冲击。

C 正常熔炼期

当引弧期结束以后，逐渐增加熔炼电流，迅速转入正常熔炼期。熔炼期操作是否准确直接影响到熔炼产品的质量。待熔池覆盖坩埚底后，迅速将电流升到工艺要求的设定值，进行正常熔炼。同时要控制好电压、真空度、熔炼速率等其他工艺参数。熔炼电流一经确定，熔炼是否正常就取决于电弧的长度。电弧过长，热量不集中，表现为金属熔池呆滞，表面有漂浮的杂质花膜，使金属的沾污程度增加；弧长过短，会造成电弧频繁短路而使熔池温度急剧变化，同时会发生严重喷溅；弧长正常时，熔池十分清晰活跃，熔液徐徐波动并将杂质膜推向结晶器壁。

真空自耗电弧熔炼的真空度一定要避开危险区。一旦出现真空度骤降，要立即采取有效措施，适当地减慢熔化速率，控制好电极的进料速度，以保持合适的弧长，防止边弧产生，待真空度回升后再转入正常熔炼。

如用保护气氛熔炼，待熔池形成后，关闭真空阀门，充入$(0.8\sim2.7)\times10^4$Pa 压力的氩气，即可进行熔炼。

D 封顶期

又称补缩期。封顶的目的是为了减少铸锭头部的缩孔和疏松区，降低钛锭的切头量，提高锭坯的成材率。从正常熔炼进入封顶后，热封顶的电流逐渐递降，分别从正常熔炼电流的 1/3 减低最后达 1/10；热封顶时间一般占总熔炼时间的 1/4 ~1/3。为了确定最佳封顶开始时间，一般采用电极杆行程或平均速熔法计算确定预留电极量。

E 冷却

铸锭在真空或惰性气体保护下冷却至 400℃以下温度出炉。一般来说，惰性气体保护冷却效果比真空冷却好。

12.4.4.3 工艺参数选择

A 熔炼功率

在真空自耗电弧熔炼时，用于金属熔化的功率仅占总输入功率的 30% ~50%，有 50% ~70% 的功率以各种形式损失掉。其中包括金属挥发损失、电极热损失、金属表面热损失和液体金属导热损失。熔炼所需的总输入功率可按下述经验公式计算：

$$P_{总} = \frac{P_{熔}}{\eta} = IV$$

式中 $P_{总}$——熔炼所需的总输入功率，kW · h；

$P_{熔}$——金属熔化所需功率，kW · h；

η——热效率，一般为 30% ~50%；

I——电弧电流，kA；

V——电弧电压，V。

真空自耗电弧熔炼钛的电压通常为 28 ~40V，惰性气体保护熔炼的电压比真空熔炼高 6 ~8V。随着电流的增大电弧电压略有升高，如图 12-35 所示。

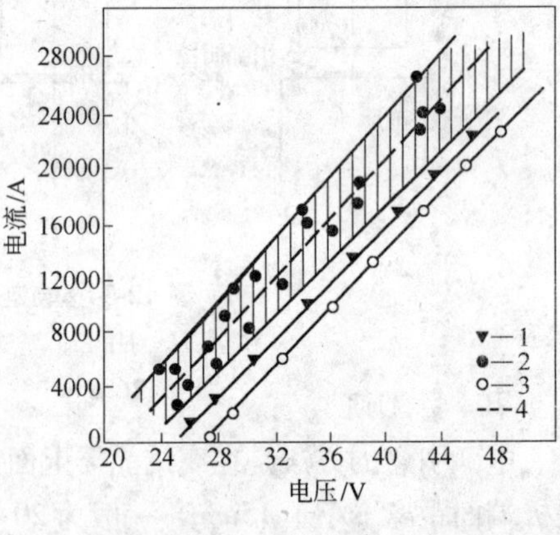

图 12-35 钛自耗熔炼时电流与电压关系
1——次熔炼；2—二次熔炼；3—充氩重熔；4—最佳熔炼制度

熔炼电流是真空自耗熔炼的重要参数，它与被熔炼材料、铸锭直径、坩埚与电极直径比、炉内压力、极性、炉子结构及电源类型有关。熔炼电流大小，除决定金属的熔化速率和熔池温度外，还直接影响到熔池的形状、体积和深度。电流越大，金属熔化速率越大，铸锭表面质量越好。同时，随着电流的增加，金属熔池深度增加引起铸锭组织变坏：粒状晶粗大、径向发展、疏松和偏析程度增加。熔炼电流小，则熔化速率低，金属熔池浅，柱状晶细小且轴向发展，有利于获得疏松程度小、成分偏析度小、结晶构造致密的铸锭。

在熔炼过程中，电弧供热除了供电极料熔化外，还需要为熔炼区域内维持适当的温度。为此，熔炼初期，需要为整个炉体升温和散热提供更多的热能；熔炼中期已经维持了较长时间的热平衡，到熔炼后期可适当减少提供的热能。因此，为了维持恒定的熔炼区温度，需要分阶段提供不同的电弧热，即分阶段提供不同的电功率。熔炼电流是影响电功率最敏感参数。为此，实践上常采用如图12-36所示的电流-时间曲线。当熔炼中期较长时间选用某一电流时，在熔炼初期适当地增大电流；熔炼后期适当地减少电流。

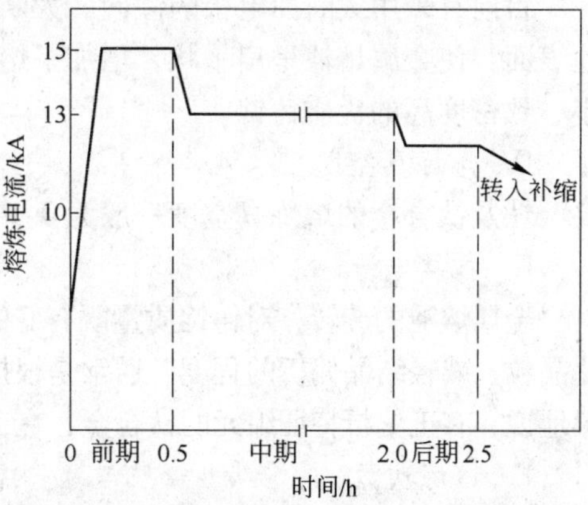

图 12-36 ϕ490mm 钛锭熔炼电流与时间的关系

钛及钛合金自耗熔炼时的参数和效率见表12-19。

表 12-19 钛及钛合金自耗熔炼参数及炉子效率

电极直径 /mm	电极横断面积 /cm²	坩埚直径 /mm	电流/A	电压/V	压力/Pa	比电能 /kW·h·kg⁻¹	电极电流密度 /A·cm⁻²	理论比电能 /kW·h·kg⁻¹	炉子效率 /%	熔速 /kg·min⁻¹
508		622	24000	38	0.27	0.9	36.7	0.482	47.6	16.8
320		406	9500	32～35	10.67	0.843	36.7	0.482	50.8	6.2
152	181.5	254	9000	30	4000(氩)	1.1	49.5	0.482	39	4.10
700	3850	800	25000	32	1.33	1.09	6.5	0.482	40.0	12.1
200	314	280	6000	31	40	0.9	19.1	0.482	47.6	3.45

B 熔炼速度

真空自耗熔炼的速度与熔炼的电流大小有关，如图12-37所示。在保证铸锭质量的前提下，提高熔速有利于增加生产效率。提高熔炼速度的主要方法是增加电压和电流，一般以增加电流为好。

C 坩埚比

电极直径与坩埚直径之比简称坩埚比，是影响铸锭质量和安全生产的重要参数之一。对于钛而言，坩埚比一般在0.625～0.88之间。真空自耗熔炼时坩埚直径与最小间隙的关系如图12-38所示。

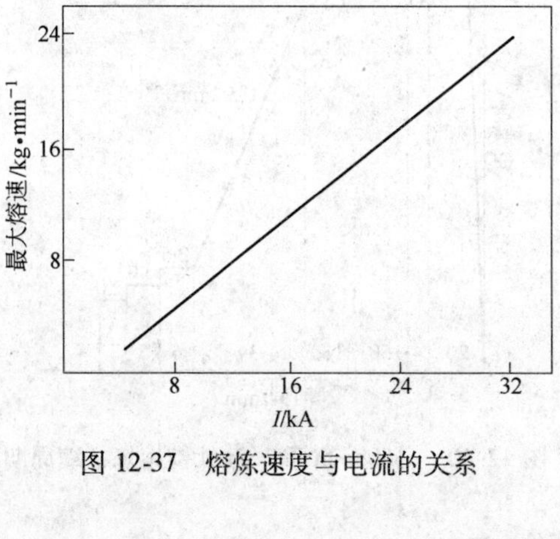

图 12-37 熔炼速度与电流的关系

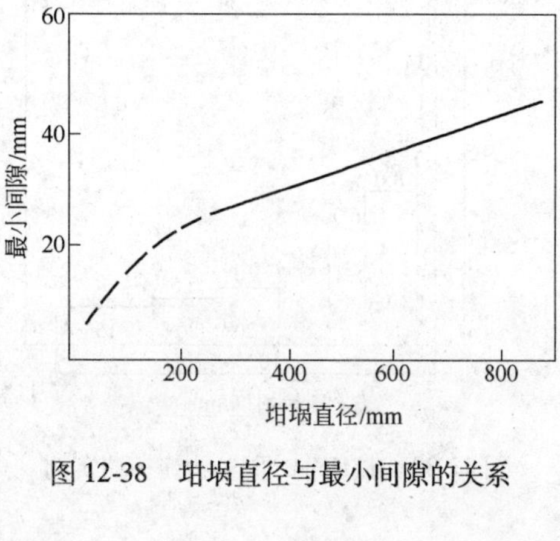

图 12-38 坩埚直径与最小间隙的关系

目前有采用大断面电极的倾向。大断面电极的优点在于电弧热能均匀地分布在整个熔池表面，使金属熔池呈扁平状，增加了熔池固液两相区的温度梯度，有利于获得成分偏析小、致密度高的优质铸锭。

D 熔炼真空度

钛及钛合金的熔炼真空度一般为0.1～1.33Pa。

E 搅拌电流

金属熔池的旋转，对铸锭质量既有好的作用，也有坏的影响。合适的搅拌电流，可以细化晶粒，减轻结晶偏析的程度。通常是根据所熔炼的合金来确定搅拌电流的大小和频率。一般地说，有正偏析特征组元的钛合金，在二次重熔时，选择较低的频率和较小的搅拌电流。

F 熔炼次数

一般采用两次自耗铸锭出成品，也有极少数钛合金需要三次熔炼。

G 一次锭处理

一次锭一般不必平头和扒皮，只需清刷表面附着物即可转入二次熔炼。

H 补缩

在熔炼封顶期需要采取补缩措施，通常采用多级降电流补缩。补缩的具体工作曲线，应据实际电极预留量和熔池情况做适当的调整，以期在补缩终了时电极恰好耗尽。这都是实践经验数据，补缩操作实例见图12-39和图12-40。

I 充氩重熔

对于TC1和TC2等钛合金，采用二次自耗熔炼工艺很难保证化学成分合格，而且锰在锭中分布也很不均匀。难有改变工艺，将真空熔炼获得的一次锭二次熔炼时，采用充氩重熔，则能有效地控制其中高挥发性组元锰的挥发损失率，而且锰在锭中的分布均匀，大大提高成品率。

充氩重熔过程：在真空下起弧、熔炼至熔池健全时，在不断弧的情况下关闭抽空阀门停止抽空，向炉室内充氩$(1\sim2)\times10^4$Pa压力。稍后短时间出现熔速很低的情况，随之相应提高电流25%～30%、电压6～8V，熔炼便转入正常。

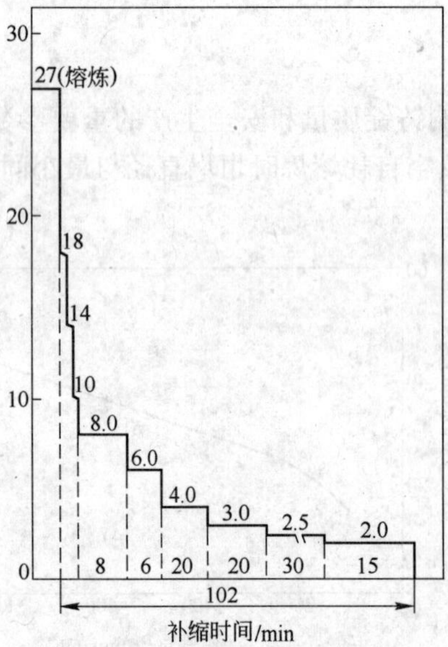

图12-39 ϕ710mm重3t钛锭补缩实例

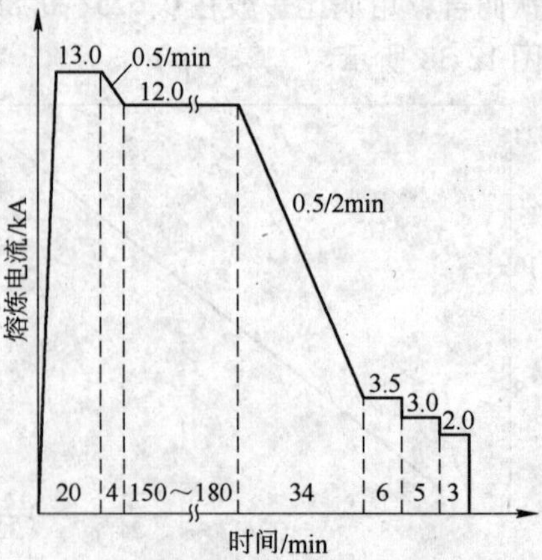

图12-40 ϕ508mm重1.5t钛锭熔炼补缩周期

钛及钛合金真空自耗熔炼工艺参数实例详见表12-20。

表 12-20 钛及钛合金真空自耗电弧熔炼工艺参数实例

工艺参数	数值											
坩埚直径/mm	160	220	220	296	296	380	440	518	518	622	622	711
电极规格/mm	$\phi150$	$\phi160$	$\phi150$	$\phi220$	$\phi200\times200$	$\phi296$	300×300	$\phi440$	$\phi440$	7（150×150）	$\phi518$	$\phi622$
焊接真空度/Pa	13.3	13.3	13.3	13.3	13.3	13.3	6.6	6.6	6.6	6.6	6.6	6.6
焊接电流/kA	1.5~1.7	1.5~1.7	1.5~2.0	2.0~3.0	3.0~3.2	3.0~4.0	3~6	4~7	4~8	5~9	5~10	5~12
冷却时间/min	10	10	10	15	15	15	10	15	15	20	20	20
熔前真空度/Pa	0.06	0.06	0.06	0.06	0.26	0.26	0.10	0.10	2.6	2.6	2.6	2.6
熔炼次数/次	1	2	1	2	1	2	1	1	2	1	2	2
搅拌电流/A	1.5	1.5	1.5	2.0	2.0	2.0	15	18	交流8	直流20	交流10	交流10
起弧电流/kA	3	3	3	3	3	3.5	6	6	6	6	6	6
熔炼电流/kA	3.0或3.2	5.5或5.8	5.0或5.5	6.5或6.8	6.0或6.5	7.5或7.8	9或9.5	12或13	17或18	16或17	22或23	28或29
电弧电压/V	32	35	34	38	36	36	30~32	30~33	32~35	30~33	32~35	32~35
漏气率/$Pa\cdot min^{-1}$	0.4	0.4	0.4	0.4	0.4	0.4	0.13	0.13	0.07	0.13	0.07	0.07
熔炼真空度/Pa	1.33	1.33	1.33	1.33	1.33	1.33	6.66	6.66	1.33	6.66	1.33	1.33
冷却时间/h	1.0	2.0	2.0	2.5	2.5	3.0	3.0	3.5	3.5	4.5	4.5	4.5

12.4.5 钛锭质量

钛锭中常见的冶金缺陷表现形式、产生原因和防止方法列于表12-21。

表 12-21 钛锭的主要冶金缺陷

缺陷名称	表现形式	产生原因	防止方法
高密度夹杂（钨夹杂）	与基体有明显界限的不熔块存在于铸锭中或加工材上	（1）电极焊接时，采用钨极氩弧焊，电极被钨沾污； （2）屑状返回料中，存在有碳化钨硬质合金刀头的残块	（1）严禁用钨极氩弧焊焊接自耗电极； （2）钛的切削加工最好不用碳化物硬质合金刀头； （3）采用合理的方法，去除屑状料中的硬质合金刀头，并加强检验
皮下气孔及内部气孔	外表面光滑，分布于铸锭表皮以下或内部	（1）原料含气量大； （2）冷却速度快； （3）电流小，熔池太浅； （4）坩埚底部渗水	（1）严格控制原料质量； （2）冷却水流量适当； （3）适当提高熔化电流； （4）加强检漏
底部冷隔和夹生	底面凸凹不平，有未熔化的起弧料	（1）起弧料过多，粒度过大； （2）起弧后电流升速慢，熔池建全后电流过小； （3）电极底部不对中	（1）控制起弧料的粒度及用量； （2）电流升速适当，熔池建全后将电流超出正常熔炼电流10%~12%，熔化5~10min； （3）保证电极对中

续表 12-21

缺陷名称	表现形式	产生原因	防止方法
气体偏析（钛的氮化物或氧化物）	多以亮点状集中分布，呈现在加工材上	（1）原料中存在有含氧、氮高的变质料； （2）电极焊接时，焊点严重氧化； （3）炉内焊接时的焊瘤未清除； （4）真空度低，漏气率大	（1）严格控制原料质量； （2）提高焊点质量，防止氧化； （3）保证炉内焊接时的真空度和冷却时间，焊接后认真清理焊瘤； （4）保证熔炼真空度和漏气率
区域偏析（1）	多以亮块、亮条的α型偏析和发暗的块斑状β偏析呈现在加工材上（尤其是锻件上）	（1）原料粒度大； （2）电极中合金元素分布不均； （3）熔炼过程中电极掉块； （4）合金元素添加形式不合适	（1）严格控制炉料的粒度； （2）采取混料方式，保证自耗电极中合金元素分布均匀； （3）保证电极密度和强度，防止熔炼过程中掉块； （4）某些合金元素以中间合金形式加入
区域偏析（2）	铸锭不同部位合金元素含量波动范围大，铸锭内部合金元素呈规律分布，局部含量超标	（1）熔炼电流不合理； （2）合金元素在自耗电极中的分布不合理	（1）对含有正偏析元素的钛合金，采用较低的电流熔炼； （2）对于含有负偏析元素的钛合金，采用适当高的熔炼电流熔炼； （3）采用合理的布料方法布料

12.4.5.1 铸锭结晶

柱状晶的生长垂直于坩埚壁，随着铸锭增长逐渐改变方向，先由坩埚壁斜向生长，逐渐和坩埚壁垂直，与坩埚壁的夹角越来越大。当柱状晶与坩埚壁垂直时，这种钛锭组织对压力加工开坯是不利的。为此铸锭长度不宜过大。

12.4.5.2 合金成分偏析

A 易挥发组元偏析

如钛合金中的锰，真空熔炼时大量挥发，部分排出炉外，大部分富集在锭四周和顶部，造成偏析。二次熔炼后的TC1锭，表层含锰比中心高达15倍。其他易挥发组元也有类似现象。消除这类偏析主要措施是充氩熔炼，采用中间合金配料，必要时提高配入量弥补损失。

B 低熔点组元偏析

如添加大量锡的钛合金，锡的熔点低，进入熔区前即被熔化，提前进入熔池造成无规律的含锡量偏析。消除此类偏析的主要措施是采用中间合金配料，在电极制备时防止低熔点元素外露并小段隔开，或电极配料时有意配成上段高、下段低予以弥补，但较难控制，可靠性也差。

C 高熔点、高密度合金组元偏析

由于熔炼温度低于该种组元熔点，添加的该组元素易呈固态掉入熔池，而熔池的温度或在熔池中停留时间短不足以将其合金化造成偏析或夹杂，含钼或铌高的钛合金常易出现这类偏析。消除措施主要是采用中间合金配料、使用较细的高熔点元素颗粒等。

D 氧等杂质偏析

选用杂质含量多的钛料，设备泄漏，混料不匀，或焊接电极时保护不良，会造成氧等偏析，甚至夹杂。消除这种偏析的措施是严格选料，严格操作工艺制度。

E 区域偏析

在顺序凝固过程中，按照合金组元不同的分配系数，在轴向和径向呈规律性变化。钛合金锭某些元素在纵断面含量的偏析示于图 12-41。图中 $K_0>1$ 的元素，如钼的含量沿铸锭长度方向由底部至顶部递减，而 $K_0<1$ 的铬则完全相反，但铝的含量波动不明显。钛合金锭某些元素在横断面上的偏析变化如图 12-42 所示。图 12-41 中由于合金组元不同的分配系数使不同的横断面处呈现规律性的变化，图中 C_0 为合金元素理论量。

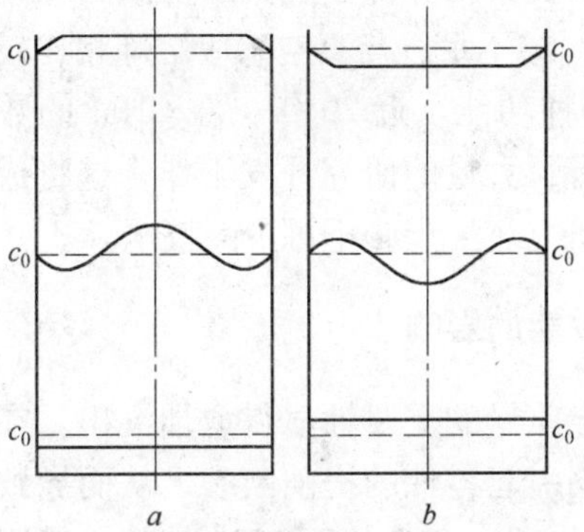

图 12-41 钛合金组元在不同横断面上的偏析与分配系数的关系

a—$K_0<1$；b—$K_0>1$

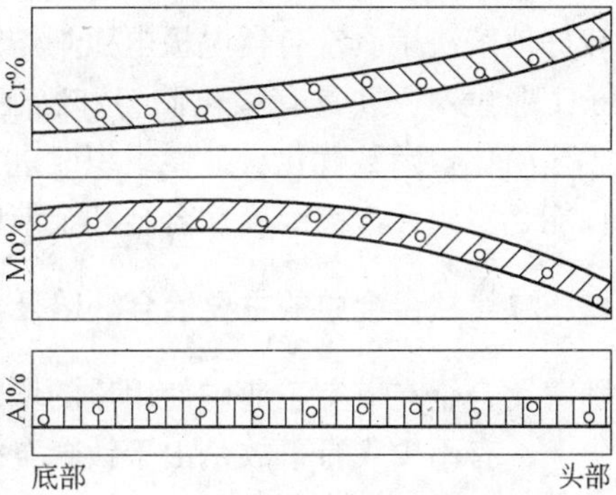

图 12-42 ϕ350mm 钛合金锭中心纵断面上合金组元含量的变化

12.4.6 安全操作

在较小的结晶器上进行电弧燃烧，集中了大量的热量，温度很高。钛是活泼的金属，在真空自耗电弧熔炼中，一旦结晶器被击穿熔池而进水，在此高温下，水被钛分解释放出氧：

$$2H_2O + Ti = TiO_2 + 2H_2$$

若此时炉内缺少氧则不会发生爆炸。一旦炉体烧穿，空气进入炉内时，当氢与氧迅速混合，含氢比例达 4% ~76.4% 时，就能发生爆炸反应：

$$2H_2 + O_2 = 2H_2O$$

这种反应迅速，传播速度非常快，爆炸的危害性很大，会发生人身和破坏设备的重大事故。事故引起的根本原因是熔炼时发生边弧，或者电极端面和结晶器接触起弧击穿结晶器所致。为此必须抓住这一根本原因，采取有效预防措施。这些预防措施是：

（1）合理地选用坩埚比；

（2）自耗电极轴向挠度要尽量小，并且要焊直、焊牢；

（3）熔炼时防止电弧过长而产生边弧，一旦产生边弧，可通过快速下降电极缩短电弧长度来加以消除；

（4）开始熔炼起弧时，防止电极端面和坩埚底直接接触而击穿坩埚底；

（5）在正常熔炼过程中，要避免在危险压力区内操作；

（6）熔炼过程中要防止断水；

（7）一旦发生坩埚被击穿，就不得不停水和停泵，因而要尽量开大冷却水，密封漏水部位，防止空气进入；

（8）建造防爆墙，构筑地下操作室，进行远距离操作。

12.5 钛合金冷床炉熔炼

冷床炉熔炼技术（CHM——Cold Hearth Melting）是在航空用钛合金高质量、高可靠性的迫切需求的形势下出现的，在解决钛合金的高密度夹杂、低密度夹杂及成分均匀性方面比较好地解决了真空自耗电极电弧炉熔炼（VAR）的不足；与真空感应熔炼相比较也更适合于工业生产，并具有雾化制粉和精密铸造等多种功能。近20年，在CHM的数值模拟、工艺简化、参数优化、显微组织改进等方面进行了大量的研究开发工作，这将成为未来高性能、多组元、高纯度钛合金和金属间化合物研究、生产必不可少的技术。

12.5.1 钛合金中的主要冶金缺陷及其对使用性能的影响

随着钛合金在航空工业中使用量的增加，钛合金质量的重要性显得愈加突出。在航空飞行史上，有不少飞行事故是由于钛合金的冶金缺陷引起零件的提前断裂，从而导致发动机和飞机的失效。据美国联邦航空局（FAA）的报道，从1962年至1990年间，美国共有25起飞行事故是由和熔炼工艺有关的钛合金缺陷引起零件的失效或早期断裂造成的，即几乎达到每年一次。而其中影响最为严重的冶金缺陷是硬α夹杂物和高密度夹杂物。有数据统计表明，能被检测出硬α夹杂只占总数的十万分之一，大部分的硬α夹杂没有被检测出来。因此，提高钛合金的冶金质量成为钛发展和研究的关键技术之一，直接影响航空发动机和飞机的使用可靠性。特别是在1989年，美国Iowa州Sioux城发生的DC-10坠机事件，造成111人遇难。经调查，事故原因是因发动机的Ti-6Al-4V钛合金一级风扇盘上存在硬α夹杂，造成了盘件的早期疲劳断裂，见图12-43。

这次灾难性事故进一步说明了钛合金部件冶金质量的重要性。在该事件之后，在美国FAA的资助下，成立了一个钛工业界委员会，以指导钛合金工业界生产优质钛合金。同时也触动了航空发动机制造商和钛生产商，致力于寻求解决钛合金中的硬α和高密度夹杂物的方法，其中一个重要的途径是开发了冷床炉熔炼技术。由于航空工业对钛生产商的产品冶金质量等方面的要求和压力，很大程度上限制了单纯采用两次或三次真空自耗电极电弧熔炼（VAR）生产钛合金铸锭的应用。经过十余年冷炉床熔炼的实践，认为采用冷炉床熔炼技术对于消除硬α和高密度夹

图12-43 Sioux城事件中的CF6发动机的一级风扇盘和叶片碎片

杂物效果显著，并逐步在一些工业标准中实施，如一些公司在接受十多起“硬α缺陷”破坏性事故的严重教训后，已正式在企业标准中规定：关键性的发动机转子零件用钛合金必须经过一次冷炉床（电子束或等离子体）熔炼。

目前，我国航空用钛合金的熔炼一直采用真空自耗电极电弧炉熔炼（VAR）方法。对于质量要求高的钛合金铸锭，一般要经过三次VAR熔炼，以获得成分均匀、缺陷率低的铸锭。在我国，用VAR工艺生产的钛合金铸锭、随后的半成品和铸件中曾发现过多起的夹杂物和成分偏析等冶金缺陷，严重影响了材料的使用可靠性，造成的经济损失也很大。

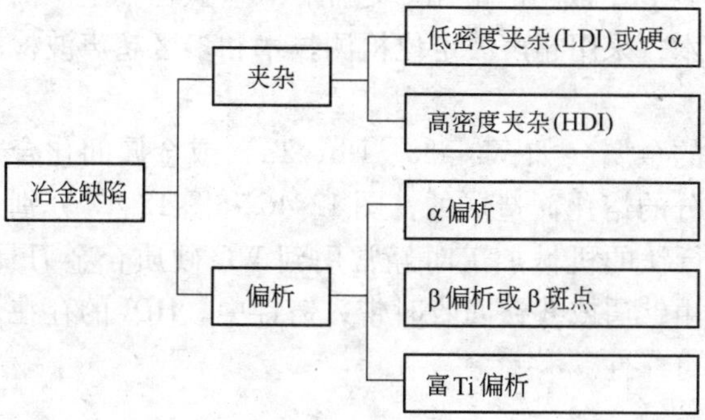

图 12-44 VAR熔炼钛合金中主要冶金缺陷

真空自耗电极电弧熔炼钛合金的冶金缺陷主要是指夹杂物和化学成分偏析，具体分类见图12-44。

钛合金中的夹杂物一般分为两类，即低密度夹杂物（LDI——Low Density Inclusions）和高密度夹杂物（HDI——High Density Inclusions）。常见的LDI主要是钛的氧化物或氮化物，尽管钛的氧化物和氮化物的密度还略高于钛基体（如TiN的密度为5.22g/cm^3，钛的密度为4.5g/cm^3），但因与HDI相比要低得多的密度而得其名。另外，钛的氧、氮化物的硬度远高于钛基体，而且很脆，因为这些都是钛的α稳定元素，所以还被形象地称为硬α夹杂。HDI主要是指熔炼过程中因未完全熔解而残余的高熔点金属或金属间化合物，常见的有Mo、Ta、W、WC等。

硬α夹杂具有比钛高得多的熔点，如TiO_2的熔点为1825℃，TiN的熔点约为2950℃，而边熔化边凝固方式的VAR熔炼时熔池的温度一般在1700℃左右，而且熔池液态保持时间较短，很快就凝固，难以将钛的氧化物或氮化物熔化。因TiN的熔点更高，因此，更难于熔化，与TiO_2相比，在实际中出现的几率更大。图12-45显示了Ti-8Al-1Mo-1V钛合金某锻件上发现的硬α夹杂，在经过变形之后，在硬α区的中心已形成孔洞。或者零件在工作时，由于硬α夹杂和基体对应力反应的显著差异，容易在夹杂区过早形成裂纹。硬α的存在极大地降低了钛合金的高、低周疲劳寿命，因此，可以认为是钛合金中最为危险的冶金缺陷。

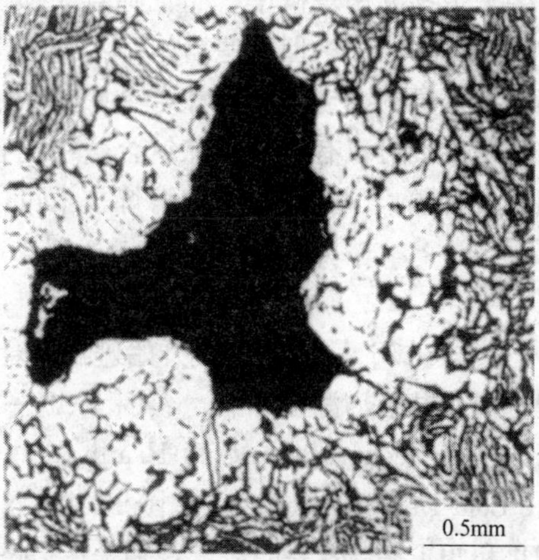

图 12-45 Ti-8Al-1Mo-1V钛合金锻件上的低密度夹杂物

钛合金中的硬α夹杂和基体的密度差别不大，因此，对超声波反应的声学性能没有明显差别，除非被检测材料中在硬α处已形成孔洞或裂纹，否则也很难用超声波探伤检测出。F/A-22上使用钛合金铸件的早期工程化阶段，在约200件钛铸件中共发现了20个可疑的和被确认的硬α夹杂，出现的概率约为10%。后期在钛铸件生产的车间里执行了“污染控制计划”，通过控制硬α夹杂物的潜在来源及严格执行车间的清理规范等措施，大大减少了硬α夹杂物的出现率。另外，通过引入两种无损检测技术来检查铸件中的硬α夹杂物，一种是定向排列超声检测法（Phased Array Ultrasonic Test），以检查厚的关键铸件截面；另一种是氟氢化胺腐蚀检验法（Ammonium Bifluoride Etch Inspection），以检查薄壁表面的硬α。据报道，蓝色阳极化在检查零件表面的硬α夹杂中得到了成功的应用。之外，一些钛合金生产商和航空发动机生产商也改进了超声波检测技术，采用超声波定位检测技术和多区超声波检测技术等，明显提高了缺陷的发现率。

HDI一般是因在原料中混入了高熔点的金属（如W、Mo、Nb、Ta）或金属间化合物(如WC)，而在熔炼过程中又没有得到充分的熔化而造成的，图12-46和图12-47分别是TC11钛合金中的Mo和Ta夹杂物。在进行钛的机械加工时经常用到WC硬质合金刀具，难免在钛屑或残钛中混入WC刀具崩块，由钛屑或残钛回收时带入铸锭中。HDI的存在也会严重降低钛合金零件的疲劳性能和使用可靠性。

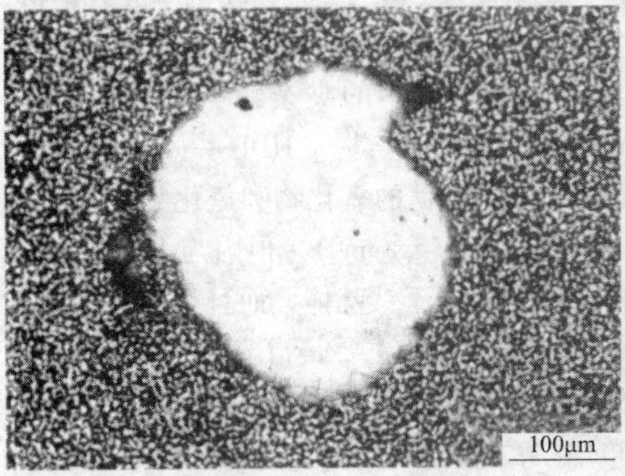

图12-46 TC11钛合金棒材中的Mo夹杂物

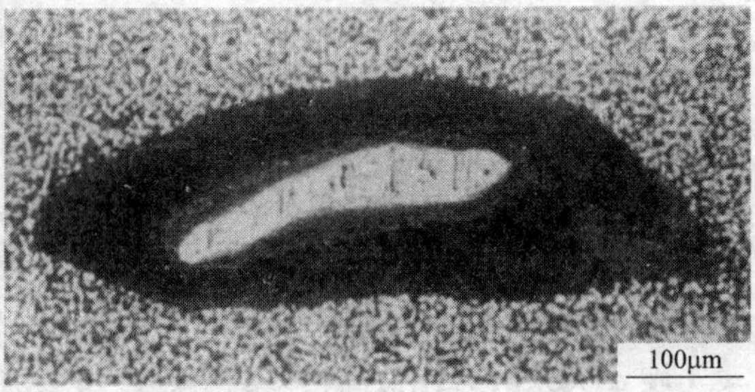

图12-47 TC11钛合金盘形锻件中的Ta夹杂物

尽管通过熔炼过程的现场管理及原材料的严格控制，在一定程度上降低了钛合金中的各类夹杂物的出现概率，而且随着无损检测技术的改进和检测灵敏度的提高，发现夹杂物的几率也在增加，但这些措施都无法从根本上解决钛合金夹杂物的问题，因此，必须从熔炼技术本身的改进来降低钛合金中的缺陷率，实现钛合金的高纯化。冷炉床熔炼技术独特的精炼水平可以有效地消除钛合金中的各类夹杂物，解决了长期困扰钛工业界和航空企业的一大难题，因此，冷炉床熔炼技术可以认为是钛合金熔炼技术发展史上的一次飞跃。

12.5.2 冷炉床熔炼技术的特点

美国在20世纪80年代开始进行钛合金新的熔炼工艺——冷炉床熔炼技术的研究、开发与应用，根据热源的不同，冷床炉熔炼设备可以分为两种，即电子束冷床炉熔炼（EB-CHM——Electron Beam Cold Hearth Melting）和等离子体冷床炉熔炼（PACHM——Plasma Arc Cold Hearth Melting），见图12-48。经大量的试验表明，冷床炉熔炼技术消除钛合金的HDI和LDI夹杂效果明显。特别是在1989年美国Iowa州的Sioux城事件后，冷炉床熔炼技术开始在美国被广泛承认，并用于实际生产，如GEAE发动机公司于1988年开始采用冷炉床熔炼加真空自耗电弧熔炼（CHM+VAR）技术生产航空发动机关键转子零件用钛合金铸锭。

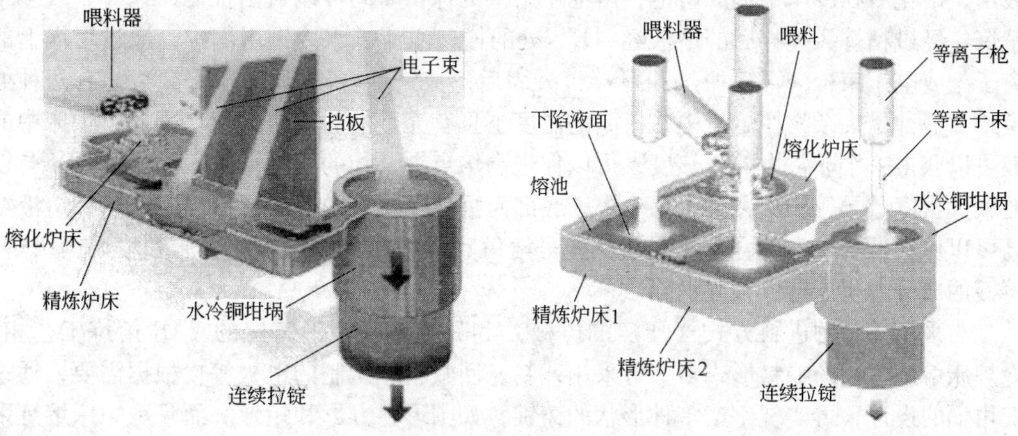

图 12-48 冷床炉示意图

a—THT 公司的电子束冷床炉；*b*—Teledyne-Allvac 公司的等离子体冷床炉

12.5.2.1 VAR 熔炼消除钛合金中夹杂物的局限性

VAR 熔炼炉可以看作是一个封闭系统，电极材料经过电弧熔化后都进入了铸锭（或下一次熔炼的电极），无法将熔池与不熔物分离，从而无法过滤掉硬 α 和 HDI 夹杂。电极材料熔化后在高温段保留的时间很短，来不及让高熔点的硬 α 和 HDI 充分熔化。Reddy 测试了 TiN 颗粒在 1650℃静止 Ti 熔池条件下的溶解速度，大约为 0.004cm/min。Rudinger 等研究了 WC 夹杂物颗粒在 VAR 熔炼过程中的溶解情况，经一次 VAR 熔炼仅能熔化尺寸为 0.4mm 的颗粒；经过两次 VAR 熔炼，90%左右尺寸为 0.6mm 的 WC 颗粒得以熔化，经过三次 VAR 熔炼后，尺寸为 0.6mm 的 WC 颗粒能全部熔化掉，但 0.8mm 及更大尺寸的 WC 颗粒即使经过三次 VAR 熔炼都无法充分熔化。因此，采用 VAR 熔炼工艺想要得到高纯的钛合金铸锭是非常困难的，即使采用三次 VAR，熔炼结果都不是很理想。

12.5.2.2 冷床炉工作原理

电子束冷床炉和等离子体冷床炉除热源不同外，其结构基本相同，分为热源系统、冷炉床、结晶器、喂料系统、真空系统、水冷却系统、控制系统以及等离子体冷床炉的充气系统。

与 VAR 相比，冷炉床熔炼可以看作是一个开放系统，冷床炉在设计上将水冷铜炉床和坩埚分开，允许输入能量和熔炼速率的独立控制，因此实现了原材料熔化和铸锭熔炼凝固的分离，冷床炉的工作示意图见图 12-49。在水冷铜炉床中，钛合金原料在“B”处经受电子束或等离子束的高温高能

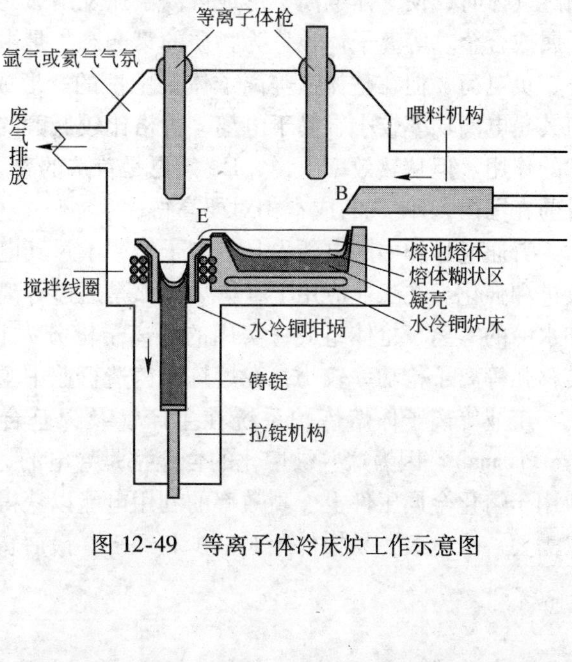

图 12-49 等离子体冷床炉工作示意图

轰击，熔化后在冷床中形成熔池，熔池中熔液的保留时间可以自由控制，在一个或多个室精炼。经过精炼、搅拌后的熔液经“E”处的槽口溢流入水冷铜坩埚中，通过坩埚上的等离子枪或电子束枪的再次加热和搅拌，凝固后形成铸锭。硬 α 或 HDI 夹杂物有两种处理模式，一种是夹杂物在熔池中在极高的温度下且有充足的时间来熔化，因此，炉床中的熔液可以获得一个非常大的过热度，可以促进高熔点夹杂物的溶解；另一种是因 HDI 与钛液的较大密度差异，HDI 会沉入水冷炉床底部而沉淀在凝壳中。熔池保温时间长和熔液温度高可以保证钛合金中的合金化元素能充分溶解和扩散，且通过在冷炉床和坩埚两级熔炼，铸锭的成分偏析能得以很好消除。

与采用单一的进料方式（压实的电极）和只能得到圆形铸锭的 VAR 熔炼工艺相比，冷炉床熔炼工艺的喂料形式多，可采用残料、回收料、压制的电极等；根据需要，通过拉锭坩埚的设计，可实现生产多种形状的铸锭，如圆形、方形和矩形。而且冷炉床熔炼采用边熔炼、边搅拌、边凝固拉锭的办法，所以虽然炉床尺寸不大，但所熔炼的合金成分均匀，凝固后拉出的铸锭可以较大。

电子束冷床炉是由普通的电子束炉加一个水冷铜炉床组成的。因此具备了一般电子束炉熔炼和提纯高熔点金属合金的特点，即在高真空条件下，利用高压电场将阴极发射的热电子束加速并轰击被熔化的金属，把高速电子的动能转化为热能，达到加热、熔融的目的。电子束的运动轨迹可以通过计算机实现控制。这种炉子的特点是：（1）功率密度大，因而温度高，有利于难熔金属的熔炼；（2）为了避免电子束与气体分子碰撞而损耗能量，要求在高真空条件下工作（一般残压力为 5 ~ 0.015Pa），故熔炼金属的提纯效果好，杂质易于挥发；（3）熔炼功率和熔炼速度调节方便。但其不足之处在于：由于真空度高，杂质挥发的同时被熔金属元素也有不同程度的挥发，造成成分的不准确，特别是对高 Al、高 Mn 等的钛合金。同时应注意 X 射线的泄漏，保护工作人员的人身健康。此外，整套设备投资很大。所以目前大部分电子束冷炉床熔炼炉用于钽、铌、铪、钨和钼等高熔点活泼金属的熔炼，用于工业纯钛的熔炼与回收，少量的用于个别钛合金的熔炼。

等离子体冷床炉是通过电能转化为等离子弧的能量轰击熔化金属的一种装置。当电流通过气体时，使气体电离，形成等离子弧发出弧光，利于弧光发出的热量熔炼高度活泼的金属或合金。等离子体被称为物质的第四态，是由电子、离子及中性粒子组成。虽然存在正、负电荷，但在整体上等离子体是中性的。形成等离子弧的气体介质一般用 Ar 气，因为其是电离功率较小，易于电离，价格比较低廉的惰性气体，在钛合金熔炼过程中起到保护的作用。但从热效率上说，He 气更是首选的介质，其熔炼速率大约是 Ar 气的两倍，但目前在国内，He 气的成本相对要高得多。

普通电弧炉中的电弧也是等离子体，不过其电离程度较低。等离子电热是电弧电热的改进和强化。在工业应用上，等离子弧是通过等离子枪实现的。等离子枪由含钍的钨电极和水冷的等离子枪体组成，实用的等离子枪分为非转移弧和转移弧两种，见图 12-50。非转移弧等离子枪功率较小，在熔炼和铸造行业中主要采用转移弧等离子枪。

工业等离子体熔炼炉系统在生产钛及镍基合金中应用转移弧等离子枪（Transferred Arc Plasma）。因为这些被熔化的合金都是导电的，使用转移弧等离子枪使输入的能量更多地用于熔化金属工件上。高效率的利用电能以获得高的熔化速率，此外，因为转移弧枪仅仅需要一个电极，易损件相对减少和经济。最后转移弧枪有一个比较宽的功率范围，其功率的范围是弧长和电流的函数。在工业应用中阴极常设计成水冷空心的阴极，工作介质气体顺着阴极高速流入，在负极的钨棒与正极的工件之间产生等离子弧。空心电极扩大了阴极的工作面，因而增大了气体的电离度。在横向，等离子弧在水冷的喷嘴壁和磁场的作用下向中心压缩变细，从而形成一束能量集中弧柱细长的高温等离子弧，比之自由电弧具有较好的稳定性、较大的长度和较广的扫描能力，从而使等离子弧在熔炼和铸造中具有独特的优势，比一般电弧温度高得多。有资料指出，氩弧等离子束中心可达20000℃，而一般电弧最高温度只到6000～7000℃。此外，这种等离子束的流速很高，为100～500m/s，冲击到被加热金属上，可以使它迅速加热和熔化，这种热能转化的过程与普通电弧基本相同，但其截面较小，长度较长，所以称为压缩型电弧等离子弧。

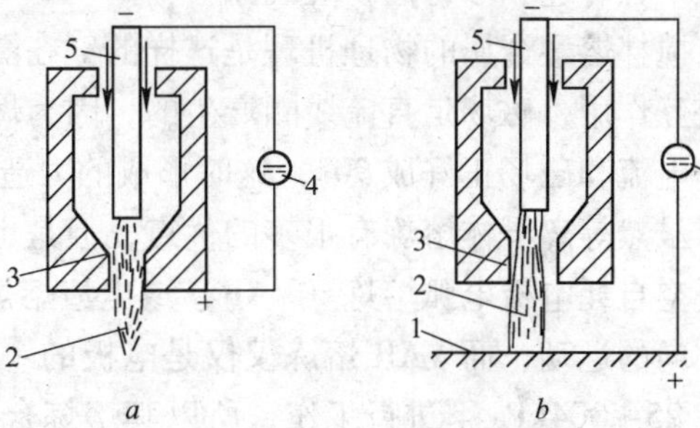

图 12-50　等离子枪示意图

a—非转移弧等离子枪；*b*—转移弧等离子枪
1—被加热材料；2—等离子弧；3—喷嘴；
4—直流电源；5—钨或钨钍阴极

等离子枪是等离子体熔炼炉的核心部件，而关键是电极的设计和应用，一般分为固定的弧柱和螺旋的弧柱，其中获得螺旋型的弧柱是最佳的，弧柱更为稳定。

美国 Retech 公司设计制造的转移弧等离子枪在长期的生产实践中得到了广泛应用。他们设计的获得螺旋型等离子弧的电极实际上是空心的，并且是无氧纯铜制造的，简单原理见图12-51。采用直流高压电源以维持等离子弧柱。枪的主要零件是电极、气环和喷嘴，电极和喷嘴直接由水冷却。如图 12-51 所示，气体通过气环如何以螺旋的方式进入电极的端部，气环使 Ar 气或 He 气呈切线方向注入，形成要求的螺旋气流。而电极是一个带有盲孔的圆形的管。气体的螺旋运动在电极的整个内腔伸展至弧的终端。这种设计有效地提供了200h 以上的电极寿命。这种螺旋运动保证了获得稳定的可控的等离子弧柱，并适合于喂入不同形式的原材料，如散料、颗粒状的或块状的原材料。这时弧柱的长短宽窄变化比较大，弧柱能直接打在各种原料上而不发生漂移。

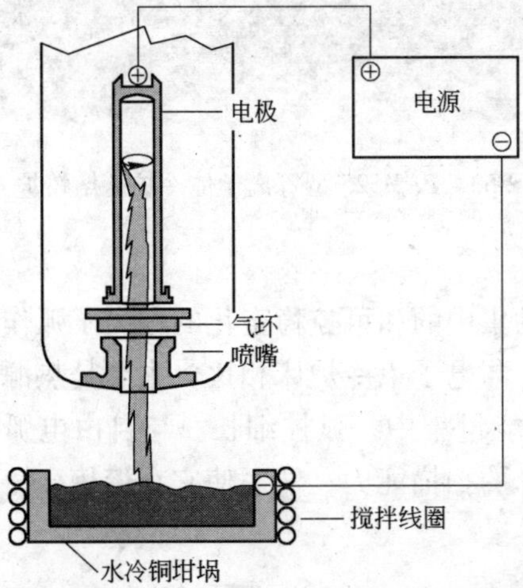

图 12-51　转移弧的等离子枪

这种螺旋形的等离子弧柱的另一个特点是可以在环境气压很宽的范围内熔化金属，甚至可以在25～304kPa 的环境下维持正常工作。操作在低于101kPa 的条件下，可改善熔化的效率，而在较高的压力下可以使不同熔化温度的元素有效地合金化，特别是那些蒸气压高的合金元素。

最后这种转移等离子弧的优点是能够搅拌熔融金属。搅拌功能使操作者可以有效地混合各种合金元素。在有些情况下，等离子弧和磁场的交互作用可以重新定向熔池的形状，在重新定向的熔池中，凝固铸锭的晶粒得到了进一步的细化，这是十分有趣和珍奇的物理现象。

搅拌熔融金属的物理机理是这样的：在图 12-51 中可以看到等离子弧和搅拌线圈磁场的交互作用，磁场是直流线圈产生的，因为熔融金属是携带了从等离子弧过来的电流，在这里电流和磁场正好成 90°，这时形成的力造成熔池的运动（即搅拌）。

虽然等离子体熔炼有很多的优点，但是也有它的不足之处，首先等离子体熔炼的硬件比真空自耗电极电弧熔炼（VAR）或电渣熔炼在机械方面更为复杂，而且等离子枪需要三个方向的运动，而 VAR 熔炼仅仅是电极的一个方向的运动。此外，由于等离子体熔炼可以在 25 ~304kPa 下进行工作，所以其熔炼合金的纯度受到所选用的气体质量的影响，在这方面就不如电子束熔炼，其真空度可达到 0. 0133Pa 或更低。最后，由于等离子体熔炼需要一个连续的气流，在大规模生产中需要一套气体的回收装置对 He 气或 Ar 气进行回收，如能实现气体的回收，则每千克金属的气体成本将明显地下降，这套回收装置可能达到总设备投资的 10% ~20%。

除了熔炼—拉锭的功能外，等离子体冷床炉也可以实现熔炼—雾化制粉，见图 12-52。这是英国伯明翰大型 IRC 实验室装备的等离子体冷床炉的另一种功能。如果把拉锭坩埚改为底注式的坩埚，则可实现离心铸造的功能。这时底部浇注口的打开靠大功率的等离子枪来实现，这是北京航空材料研究院装备的等离子体冷床炉的另一个功能，该设备外观见图 12-53。

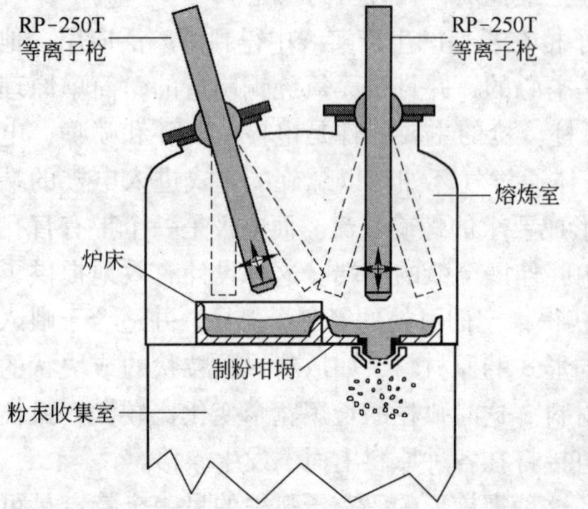

图 12-52 等离子体冷床炉的雾化制粉装置示意图

图 12-53 PAM525 型等离子体冷炉床熔铸炉

12. 5. 2. 3 等离子体冷炉床熔炼技术的优点

等离子体冷炉床熔炼工艺是利用等离子枪发射的集中的和可控稳定化的等离子弧作为热源来熔融、精炼和重熔金属的一种新型熔炼方法。与电子束冷炉床相比，主要是热源不同。等离子弧与自由电弧不同，它是一种压缩弧，能量集中，弧柱细长。与自由电弧相比，等离子弧具有较好的稳定性、较大的长度和较广的扫描能力，从而使它在熔炼、铸造领域中具备特有的优势。

与 EBCHM 工艺相比，PACHM 工艺具有以下的优点：

(1) 等离子体作为热源熔炼钛合金时，等离子枪是在接近大气压的惰性气氛下工作，可以防止 Al、Sn、Mn、Cr 等高挥发性元素的挥发，可以实现高合金化和复杂合金化钛合金的元素含量的精确控制；而电子束冷炉床必须在高真空条件下熔炼，因此，熔炼含高挥发性元素的钛合金非常困难，合金的化学成分无法精确控制；

（2）等离子枪产生的 He 或 Ar 等离子束是高速和旋转的，对熔池内的钛液能起到搅拌作用，有助于合金成分的均匀化，但等离子体熔炼的合金纯度受到工作介质纯度的影响；

（3）等离子体冷炉床熔炼时熔池大、深度相对较深，可以实现溶液的充分扩散。

（4）等离子体是在接近大气压气氛下工作，因此不受原材料种类的限制，可以利用散装料，如海绵钛、钛屑、浇道切块等，也可以用棒料送入；而电子束炉需要在高真空度下（小于0.1Pa）工作，在熔炼由海绵钛组成的进料时，因海绵钛中释放的气体会使得真空度下降，无法保证电子束枪的正常工作。

12.5.3 冷炉床熔炼技术的应用

12.5.3.1 CHM 技术的应用概况

冷炉床熔炼技术在 20 多年的时间内得到了迅猛发展。目前世界上能生产冷床炉的公司主要有四家，即美国 Retech 公司、Consarc 公司，德国 AlD 公司和乌克兰的巴顿焊接研究所。其中 Retech 公司装备了世界上大部分的 PAM 炉子。目前美国拥有了世界上大部分的 PAM 炉子，且开发时间早，如 GEAE 发动机公司在 1991 年就与 Allvac 公司采用 PAM + VAR 工艺生产的钛合金，用于发动机部件等关键应用领域。经过十几年的大力发展，美国具备了批量生产优质钛合金铸锭的能力，目前装备的冷炉床熔炼能力已占美国钛总熔炼能力的 45%，其中 20% 是采用等离子体冷炉床生产的。单台设备的功率也在提高，如美国 RMI 公司在 2001 年安装了一台 2 支枪的等离子体冷床炉，总功率 1000kW。可生产圆锭和扁锭，质量可达 7000kg。采用 PACHM 一次熔炼生产 TiAl 铸锭，最大尺寸达 ϕ660mm，重 2000kg，挤压和锻造成涡轮盘件。俄罗斯的上萨尔达冶金生产联合体（VSMPO）于 2003 年安装了美国 Retech 公司生产的 8t 级的等离子体冷炉床熔炼炉，见图 12-54。该设备有 5 支等离子枪，功率为 4.8MW，可生产圆锭，也可生产扁锭，圆锭的最大直径可达 810mm，扁锭的最大截面尺寸为 1260mm × 320mm，重可达 8000kg，可直接投入板坯生产，年生产能力预计为 3600t。随着 VSMPO 新的等离子体冷床炉的投产，目前世界范围内等离子体冷床炉的总生产能力每年可达 1.1 万 t。

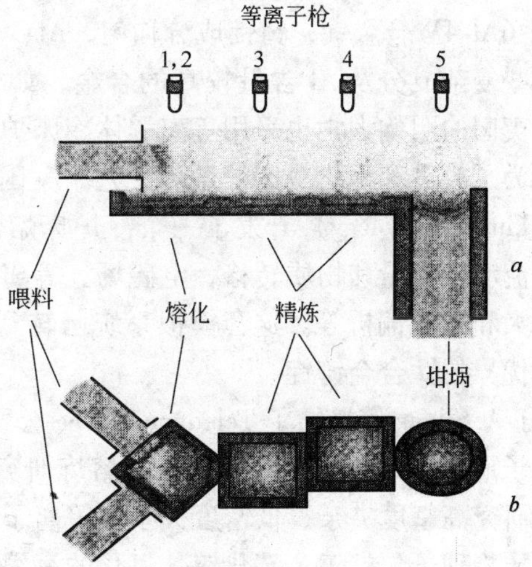

图 12-54 上萨尔达冶金生产联合体的 8t 级等离子体冷床炉示意图
a—侧视图；*b*—俯视图

据资料介绍，采用冷炉床熔炼技术生产的钛合金已经应用于 F/A-18 飞机的 F404 和

F414 发动机上。并将逐步扩大应用于 F-14、F-16 飞机的 F110 发动机、V-22 直升机的 T406 发动机、F-15 和 F-16 飞机的 F100 发动机、B-2 飞机的 F118 发动机及 F-22 飞机的 F119 发动机中。

12.5.3.2 CHM 技术的发展

CHM 技术的开发与应用要求达到两个目标，即一是提高钛合金的冶金质量，即成分均匀、无夹杂和控制铸锭组织；二是提高工艺的经济性，简化工艺，广泛使用各种新原料和回收料。此外，在熔炼高 Al、高熔点组元的钛合金方面有不可取代的功能。

尽管目前航空发动机关键转动部件用钛合金铸锭采用“HM + VAR”工艺，但单一的冷床炉熔炼技术正在开发。根据目前的研究结果来看，单一的冷炉床熔炼工艺对于航空结构件用钛合金也是可行的。这样，通过减少熔炼次数和炉床熔炼生产扁锭的优势，可以节约加工成本 20% ~40%。美国从 1989 年 3 月到 1995 年 6 月期间，通过由空军 Man Tech 项目的资助，进行了单一的 EBM 和单一的 PAM 炉床熔炼技术的研究，结果认为是可行的。

与传统的钛合金相比，TiAl 基金属间化合物是非常难以熔炼和加工的。铸态粗晶组织的塑性很差，生产大型 TiAl 铸锭是一个非常大的挑战。美国 Allvac 公司采用两台等离子体冷床炉（一台炉子为 4 枪，总功率为 3000kW；另一台为 2 枪，总功率为 1000kW）尝试了生产小型和大型铸锭，生产的铸锭尺寸可从 ϕ165 ~760mm，质量从 200 ~5450kg。

虽然电子束冷炉床熔炼时成分的控制比较困难，但通过试验，已经可以比较好地熔炼出 Ti-6Al-4V 铸锭，如美国 THT 公司采用 3.2MW 电子束冷床炉一次熔炼成直径为 760mm 的 Ti-6Al-4V 合金锭，铸锭成分均匀，Al、V 含量的标准偏差不大于 0.15%。但在熔炼其他一些复杂成分及 Al 含量较高的合金，如 Ti-Al 基金属间化合物时成分的控制就非常困难。英国伯明翰大学也采用等离子体冷床炉熔炼 Ti-Al 合金铸锭，取得了较好的效果。

为了改进和优化冷床炉熔炼工艺，美国 NCEMT（National Center for Excellence in Metalworking Technology）开发了一个冷炉床熔炼模拟 COMPACT 软件系统，该系统可以模拟熔体流动、热量和物质转移、电磁场、等离子束、夹杂物熔化、铸锭凝固和宏观偏析、晶粒长大和微观偏析等。这套模拟系统已转到钛合金的生产商（如 Allvac），以指导实践生产出优异的钛合金铸锭。

J. A. Silvus 等总结了 Teledyne-Allvac 公司和 Retech 公司曾经在等离子体冷床炉上进行以种子形式加入各种夹杂的钛合金熔炼研究，熔制了两个 ϕ200mm × 1000mm 的圆锭，目的是研究高密度夹杂、低密度夹杂在等离子体冷床炉熔炼过程中消除的程度。谨慎地加入的杂质物种子包括钼、碳化钨、氮化的海绵钛颗粒和 Ti-6Al-4V 的回收料。基体合金的成分为 Ti-6Al-4V。等离子气体为 He 气，炉子的气氛为 111.458kPa。ϕ200mm 锭型经过变形成 ϕ25mm 圆棒，在 X 光和超声波检查中未能发现任何高密度和低密度夹杂的证据。因为对于 ϕ25mm 的圆棒，是很容易发现夹杂的。在 X 射线检查冷炉床的凝壳时发现了钼和碳化钨型高密度夹杂的颗粒，见图 12-55。未能熔化的高密度夹杂沉积在炉床的凝壳中，纯净的钛液通过浇注槽流入拉锭坩埚，凝固形成铸锭。

W. R. Chinnis 等为了深入研究等离子体冷床炉熔炼技术和开发航空优质钛合金坯料，正在多方面开展工作：（1）开发先进的参数测试仪器，如熔化表面高温计、熔池金属深度传感器、工艺气体的化学分析仪；（2）确定实际的工艺窗口，如杂质种子与工艺参数的关系、炉床熔体保留时间的测量、缺陷跟踪试验等；（3）工艺的数值模拟工作，并取得了多项突破。

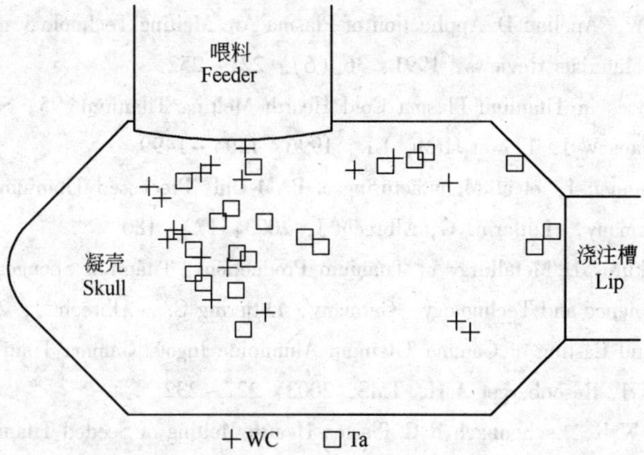

图 12-55　钽和碳化钨高密度夹杂在凝壳中的分布位置

参 考 文 献

1 《稀有金属手册》编辑委员会．稀有金属手册（上册）．北京：冶金工业出版社，1992：701～719，767～787

2 《稀有金属手册》编辑委员会．稀有金属手册（下册）．北京：冶金工业出版社，1995：87～273

3 《稀有金属材料加工手册》编写组．稀有金属材料加工手册．北京：冶金工业出版社，1984：334～407

4 《铸造手册》编委会．铸造手册．北京：机械工业出版社，1997，3：220～270

5 《中国材料工程大典》编委会．中国材料工程大典（第4卷）．北京：化学工业出版社，2006，18：350～379

6 张喜燕等．钛合金及应用．北京：化学工业出版社，2005：156～165

7 Clark K R，Dillard A B，Hendrix B C，et al. The Role of Melt Related Defects in Fatigue Failures of Ti-6Al-4V. Ti'92：Science and Technology，USA，Froes F H，Caplan I. The Minerals，Metals & Materials Society，1993：2867～2874

8 Aircraft Accident Report NTSB/AAR-90/06，United Airlines Flight 232，Mcdonnell Douglas DC-10-10，Sioux Gateway Airport，Sioux City，Iowa，July 19，1989. National Transportation Safety Board，Washington，DC，1990

9 Mitchell A. The Electron Beam Melting and Refining of Titanium Alloys. Materials Science & Engineering，1999 ，A263：217～223

10 Phelps H R，Cotton J D，Patterson A，Chellman D J. Use of Titanium Casting on the F/A-22 Raptor- Lessons Learned. Ti-2003 Science and Technology. Germany，Lütjering G ，Albrecht J，2003：2635～2642

11 Jim Williams. Thermo-mechanical Processing of High-Performance Ti Alloys：Recent Progress and Future Needs. Journal of Materials Processing Technology，2001，（117）：370～373

12 Rudinger K，Piper K E，Schnech H e. Dissolution of Tungsten Carbide Particles During Vacuum Arc Melting of Titanium Base Alloys. Six World Conference on Titanium，France，1988：609～614

13 Reddy R G. Kinetics of TiN Dissolution in Ti Alloys. Electron Beam Melting and Refining State of the Art 1990，R Bakish，Reno，NV，1988：119～127

14 Eschenbach R C，Schlienger M P. Recent Developments in Plasma Melting and Refining of Titanium. Six

World Conference on Titanium, France, 1988: 587 ~ 592

15 Knight R, Smith R W, Apelian D. Application of Plasma Arc Melting Technology to Processing of Reactive Metals. International Materials Reviews, 1991, 36 (6): 221 ~ 252

16 Chinnis W R. Advances in Titanium Plasma Cold Hearth Melting. Titanium'95: Science and Technology, Blenkinsop P A, Evans W J, Flower H M, UK, 1996: 1494 ~ 1499

17 Christ E, Yu K, Bennett J, et al. Manufacturing of PAM-Only Processed Titanium alloys. Ti-2003 Science and Technology, Germany, . Lütjering G, Albrecht J, 2003: 173 ~ 180

18 Tetyukhin V, Vinokurov D. Metallurgy of Titanium Production (Titanium Sponge, Melting, Conversion, Alloys). Ti-2003 Science and Technology, Germany, Lütjering G. , Albrecht J, 2003: 111 ~ 120

19 Wood J R. Melting and Casting of Gamma Titanium Aluminide Ingots. Gamma Titanium Aluminides, 2003, Kim Y W, Clemens H, Rosenberger A H, TMS, 2003: 227 ~ 232

20 Silvus J A, Chinnis W R, Eschenbach R C. Plasma Hearth Melting of Seeded Titanium (内部资料)

13 钛及钛合金锻造

锻造是钛材塑性加工的主要的、必不可少的工艺。通过锻造可以加工获得各种钛坯料和锻件。

本章介绍的锻造工艺包括自由锻和胎模锻、模锻，以及特种锻造和新工艺（精密锻造和等温模锻）。

13.1 锻造原理

锻压是利用金属的塑性，使坯料在工具的冲击或压力作用下，获得具有一定形状和组织性能的塑性成形的过程。变形锻压生产的优越性在于：它不但能获得机械零件的形状，而且能改善材料内部的组织，提高机械零件的力学性能。

13.1.1 钛合金的塑性

塑性是一般金属都具有的特征，在锻压加工中塑性是指被加工材料在外力的作用下产生永久变形而又不破坏其完整的能力，一般又称为工艺塑性。在锻造中有时用可锻性这一名词来表示金属材料在锻造时的难易程度。当然，衡量锻造加工的难易，除金属塑性和可变形性外还要考虑变形抗力的大小。

金属塑性是由金属键所决定的。从物理学的观点看，固态金属的外层电子贡献出来为所有原子所共有，原子失去电子后成为正离子，共有的电子在金属中自由运动，并与正离子之间有相互作用，而使金属原子结合起来。当金属在原子层间作相对位移时，正离子仍和自由电子保持这种相互作用。金属的很多特性包括塑性，可以定性地用金属键的概念予以说明。

在实践中，金属塑性一方面取决于材料的金属特性，如晶格类型、化学成分、金相组织；另一方面也取决于变形的工艺因素，如变形温度、变形程度、应变速率、应力应变状态等。

13.1.1.1 钛的晶体结构

像许多其他同素异构体金属一样，钛能结晶形成不同的晶体结构。它有两种晶体结构，低温下，纯钛和大多数钛合金结晶成接近理想状态的密排六方结构（hcp）称为α-Ti；高温下，体心立方结构（bcc）的钛很稳定，称为β-Ti，纯钛的β转变温度为822.5℃。α-Ti和β-Ti的晶胞示意图见图13-1，图中重点绘出了最密排的晶面和晶向。

钛合金的两种不同晶体结构以及相应的同素异构转变温度是其获得各种不同性能的基础，因此非常重要。

塑性变形和扩散速率都与晶体结构密切相关。此外，密排六方晶体结构导致α-Ti的力学性能呈现显著的各向异性。其中，弹性的各向异性尤为明显，钛单晶垂直于基面的杨氏模量为145GPa，而平行于基面的杨氏模量仅为100GPa。

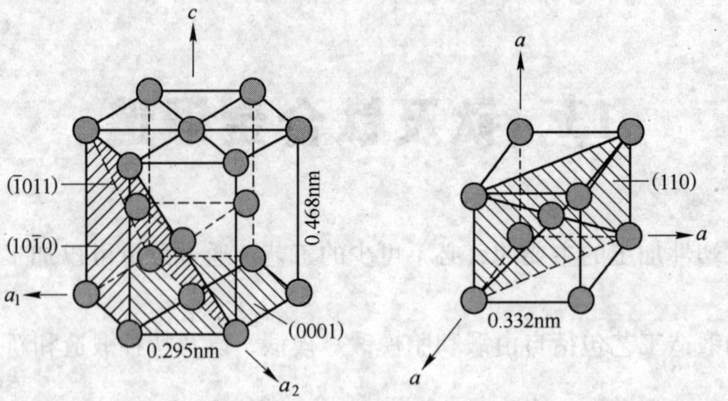

图 13-1 密排六方（hcp）α-Ti 和体心立方（bcc）β-Ti 的晶体结构

表 13-1 列出了三种金属型晶体结构的基本参数。金属塑性变形的容易程度按密排六方（hcp）、体心立方（bcc）再到面心立方（fcc）的顺序逐渐增大，这一现象也解释了 α-Ti 的塑性变形能力低于 β-Ti。滑移系的个数（相当于晶格中位错滑移几率数），对于 hcp 结构而言一般仅为 3，而对 bcc 结构而言为 12。滑移系的个数等于滑移面的个数乘以该面上滑移方向的个数。从能量方面来说，这些原子高度密排的晶面和晶向最有利于塑性变形。

表 13-1 金属型晶体结构的特征参数

结构类型	单胞内的原子数 N	配位数 CN	致密度 P /%	滑移面 滑移方向 指数	滑移面 滑移方向 个数	单胞内的滑移系	滑移面的原子密度/%	最小滑移分量 b_{min}/a
hcp ($c/a=1.633$)	6	12	74	{0001} 〈11 2̄0〉	1 3	1×3=3	约 91	1
bcc	2	8	68	{110} 〈111〉	6 2	6×2=12	约 83	$1/2\sqrt{3}\approx0.87$
fcc	4	12	74	{111} 〈110〉	4 3	4×3=12	约 91	$1/2\sqrt{2}\approx0.71$

滑移面上原子堆积越密集，位错滑移越容易，因此，hcp 点阵原子堆垛密度为 91% 的滑移面应优于 bcc 点阵中堆垛密度仅为 83% 的滑移面。然而，塑性变形所需的能量还直接取决于最小滑移距离。在 hcp 结构中，最小滑移距离 $b_{min}=1a$，而 bcc 结构 $b_{min}=0.87a$，a 为各自晶胞的点阵常数。所以，bcc 晶格的塑性变形能力优于 hcp 晶格。

α-Ti 的点阵常数为 $a=0.295$nm，$c=0.468$nm，轴比 $c/a=1.587$，理想 $c/a=1.633$。在 hcp 晶格中溶入间隙原子（如 C、N 或 O），或者溶入原子半径小于 Ti 的置换原子（如 A1），均会稍微提高 α-Ti 的 c/a 值。900℃ 时体心立方（bcc）β-Ti 的点阵常数 $a=0.332$nm。

与理想密排六方结构相比，α-Ti 的 c/a 值的减小增大了棱柱面的间距，这使得棱柱面的堆垛密度较基面有所增大，从而有利于棱柱面上的滑移而不是基面上的滑移。它的棱柱面和基面各有 3 个滑移系，然而各自只有 2 个是相互独立的，因而只有 4 个独立的滑移系。棱锥面上的滑移不能进一步增加滑移系的数目，因为这种滑移是由一个棱锥面滑移和一个基面滑移所组成的，因而不能看成一个独立的滑移系。然而，根据 von Mises 准则，金属发生均匀塑性变形时至少需要 5 个独立滑移系。事实上，多晶的六方 α-Ti 极难变形，所观察到的有限塑性是由第二滑移系的附加变形以及可能的机械孪晶所产生的，α-Ti 中 3 个激活滑移系如图 13-2 所示。

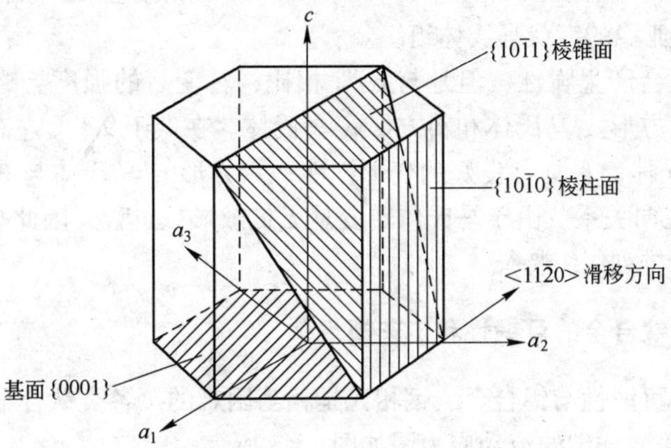

图 13-2　六方晶体点阵的滑移系

13.1.1.2　β/α 相转变

钛从 β 相区温度冷却下来时，体心立方 β 相中的最密排面 {110} 转变为六方 α 相的基面 {0001}。α 相中基面的面间距略大于 β 相中相应 {110} 面的面间距（见表 13-1 中 b_{min}/a）。所以，β/α 转变会使晶格产生轻微畸变，这会导致 α 相 hcp 中的 c 轴相对于 a 轴轻微收缩，使 c/a 值低于理想密排六方晶格的 c/a 值。

相应的体心立方 β-Ti 的滑移面与六方 α-Ti 的基面转变及其各自的滑移方向符合以下 Burgers 取向关系：

$$\{0001\}_\alpha // \{110\}_\beta$$

$$[11\bar{2}0]_\alpha // [1\bar{1}1]_\beta$$

所以上述的位向关系被称为柏格斯关系。β-Ti 晶胞的 6 个滑移面和 2 个滑移方向为 α 相提供了最多 12 个不同取向，这种取向变化也可以通过金相显微组织反映出来。在尺寸达数微米的初始 β 晶粒内，单个的 α 相片层束按照上述的 12 种取向关系形核并长大，单个层片束内的取向相同。大量（但最多为 12 种）的可能取向导致层片束的取向多次重复，结果形成了一种非常有特色的显微组织。这种显微组织从外观上类似于篮网的编织图案，因而被称为篮网排列组织。

13.1.1.3　扩散

由于 hcp 的 α-Ti 中原子堆垛密度大。因此，α-Ti 中的扩散比 bcc 的 β-Ti 中的扩散缓慢得多，α-Ti 的扩散系数比 β-Ti 的小几个数量级。

α-Ti 和 β-Ti 的扩散系数受显微组织的影响，从而影响两相的力学性能，如抗蠕变性、热加工性能和超塑性。α-Ti 的体扩散有限，使得 α-Ti 和含 α 相的钛合金的抗蠕变性优于 β-Ti。

低于 β 转变温度时，与时间和温度有关的扩散过程非常缓慢。因此，快速冷却形成非常细小的层片状组织，而缓慢冷却得到粗大的层片状组织。相层片的径向扩展方向平行于 β 相的 {110} 晶面。如果冷速足够大，那么每个层片不仅会在晶界上形核，而且还会在单个层片束的生长前沿形核。

从马氏体相变开始温度以上快速冷却时，bcc 的 β 相通过无扩散相变过程完全转变为 hcp 的 α 相，生成亚稳的针状马氏体组织。

马氏体转变不会产生脆性，但是与 α-Ti 相比，转变后的强度会略有提高。马氏体可以进一步分解成六方形 α′马氏体和斜方形 α″马氏体。在低于 900℃左右淬火过程中可以观察到斜方形 α″马氏体，它具有良好的变形性能；六方形 α′马氏体与 β 相的位向关系类似于 α 相与 β 相的位向关系。由于马氏体转变是无扩散形核过程，因此马氏体组织也具有非常细小的针形篮网排列组织特征。

13.1.2 钛及钛合金的可锻性和工艺塑性

各类钛合金的可锻性与铝合金、钢相比是相当困难的。各类钛合金的流动应力比 4340 合金钢要高 4 ~5 倍，详细的流动应力图如图 13-3 所示。

金属单晶体的塑性变形主要通过滑移和孪晶两种方式进行。滑移是在外力作用下晶体的一部分沿一定的晶面和结晶方向相对于晶体的另一部分产生相对的位移，滑移后晶体各部分的位向仍然保持一致。滑移一般是沿着原子排列最密或较密的晶面并沿着原子线密度最大的方向进行的，这些发生滑移的结晶面和方向分别称为滑移面和滑移方向。滑移面及在其上进行的滑移方向构成滑移系。滑移系的多少在很大程度上决定了材料变形的能力。

在外力作用下，变形首先在那些取向最适宜的晶粒中沿最有利的滑移面进行。位错沿滑移面运动一般不能直接穿过晶界，随着变形过程的进行，在晶界附近聚集的位错越来越多，造成的应力越来越大，如多晶体的晶粒有较多的滑移系，变形则转到抗力较小的滑移系进行。面心立方和体心立方晶体结构的滑移系较多，其多晶体表现出良好的塑性。由于位向不同和晶界的约束，各个晶粒变形的先后不一致，有的晶粒变形大，有的变形小，同一晶粒内变形也不一致，从而导致多晶体变形的不均匀性。

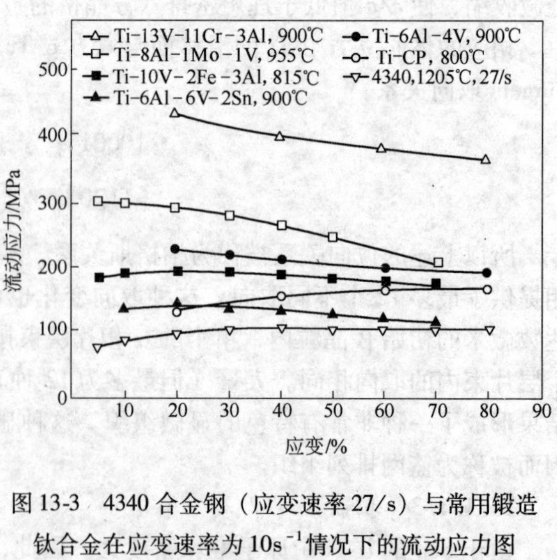

图 13-3 4340 合金钢（应变速率 27/s）与常用锻造钛合金在应变速率为 $10s^{-1}$ 情况下的流动应力图

钛和钛合金有两种同素异构体。在低温下，六方晶格组织的 α 相滑移面数目有限，所以塑性变形困难，当温度升高时，六方晶格中的滑移面增多，所以钛及钛合金的塑性随温度的升高而大大提高。当温度超过相变点进入 β 相区时，金属的组织由六方晶格转变为体心立方晶格，这时钛及钛合金的塑性特别高，因此，钛合金一般在热态下进行压力加工。

由于钛合金在高温下与气体有很大的化学亲和力，容易氧化，在锻压加热过程中吸收氧、氢、氮等气体，也容易和碳反应，不但使工艺塑性降低，而且使材料的性能恶化，其中氢的影响最大。因此，加热中应注意防止污染。

从有关的塑性图可以看出，铸态钛合金只有有限的塑性，经过变形后，塑性大大提高。

变形程度和应变速率对钛合金的工艺塑性有很大的影响，在速度为 9m/s 的落锤和 0.003m/s 的液压机上对铸态 TA3 合金作镦粗试验的结果表明，锤上镦粗的允许变形程度大于 45%，而液压机上镦粗的允许变形程度则可达 60%。

部分钛合金的工艺塑性图，如图 13-4 ~ 图 13-17 所示。

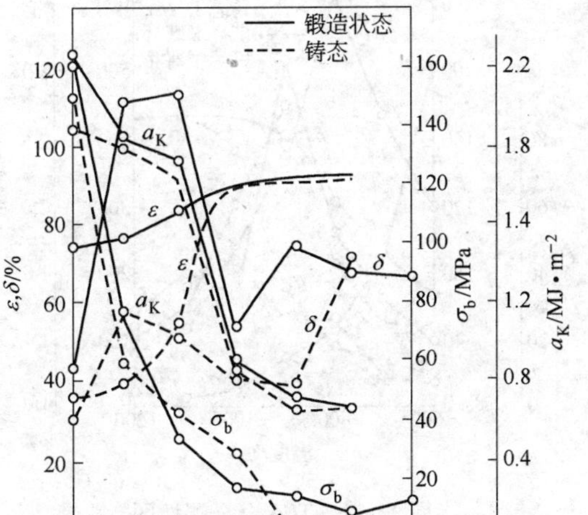

图 13-4 TA1 合金的工艺塑性图

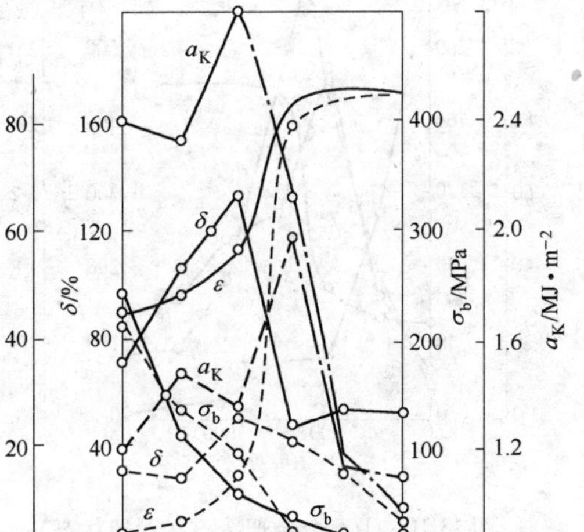

图 13-5 TA6 合金塑性图

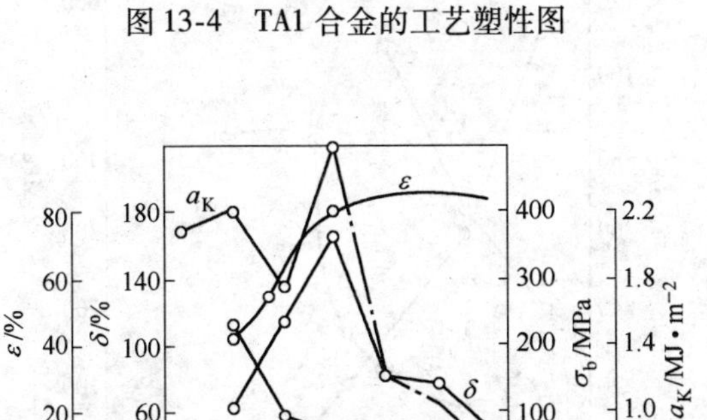

图 13-6 TA7 合金塑性图

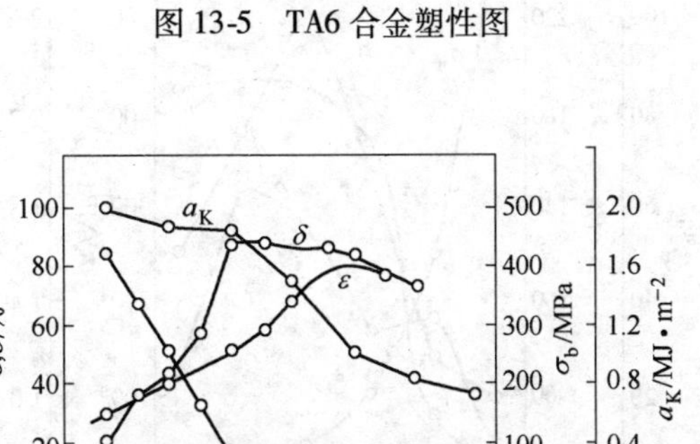

图 13-7 TC2 合金塑性图

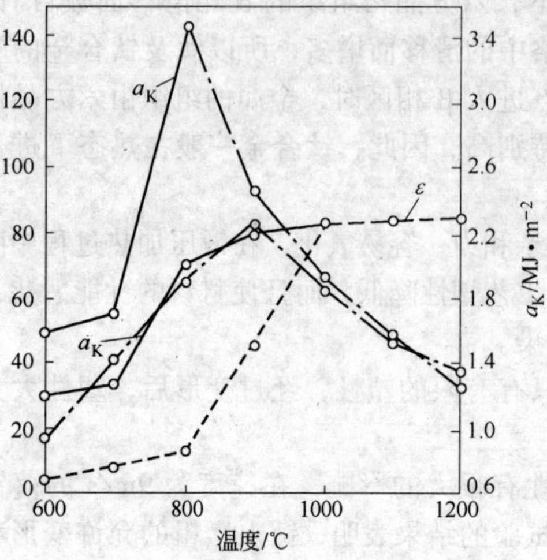

图 13-8　TC4 合金塑性图

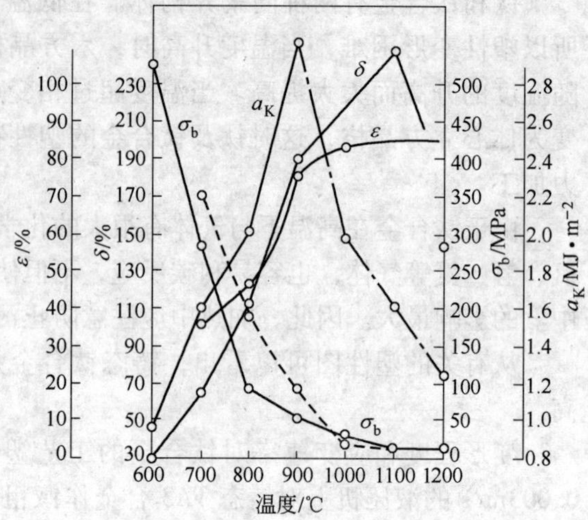

图 13-9　TC8 合金塑性图

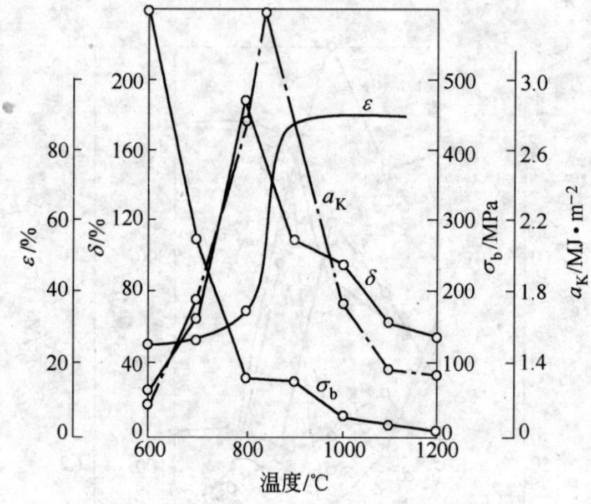

图 13-10　TC5 合金塑性图（锻造状态）

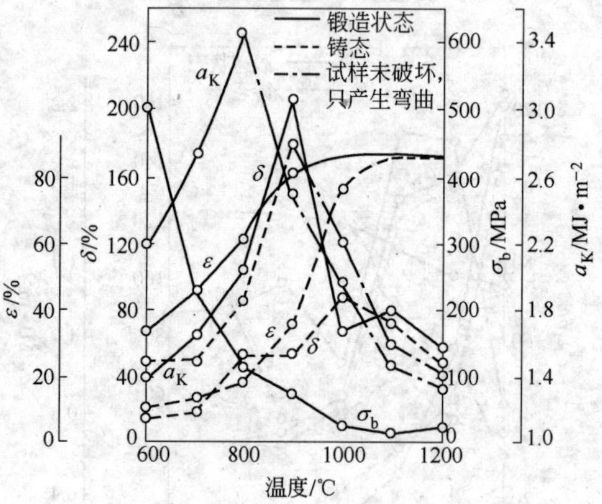

图 13-11　TC6 合金塑性图

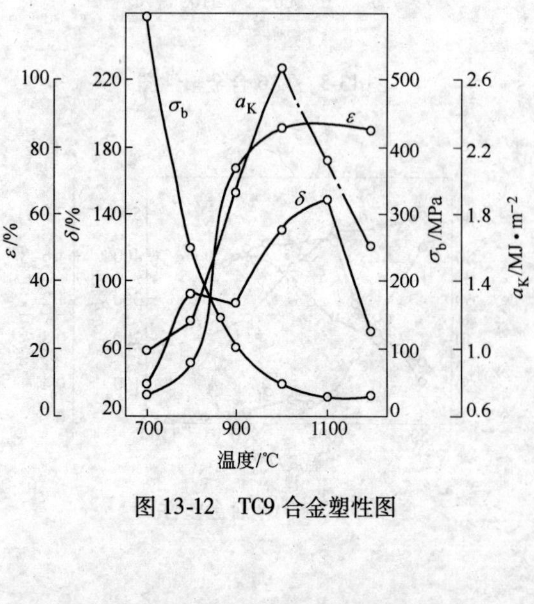

图 13-12　TC9 合金塑性图

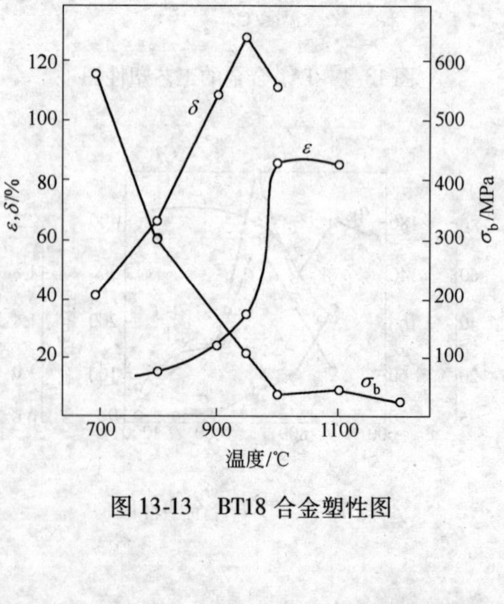

图 13-13　BT18 合金塑性图

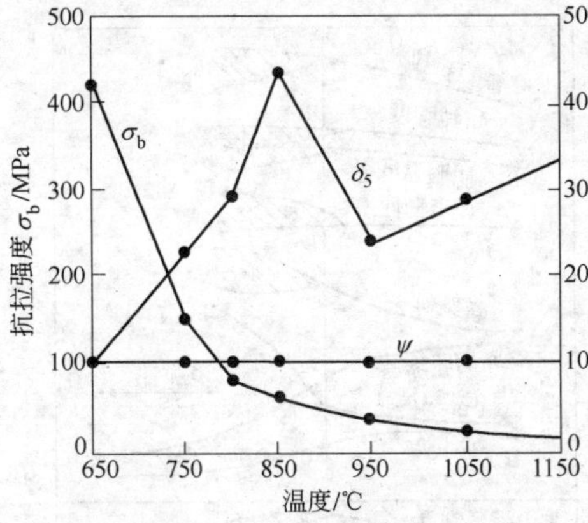

图 13-14 TB8 合金工艺塑性图

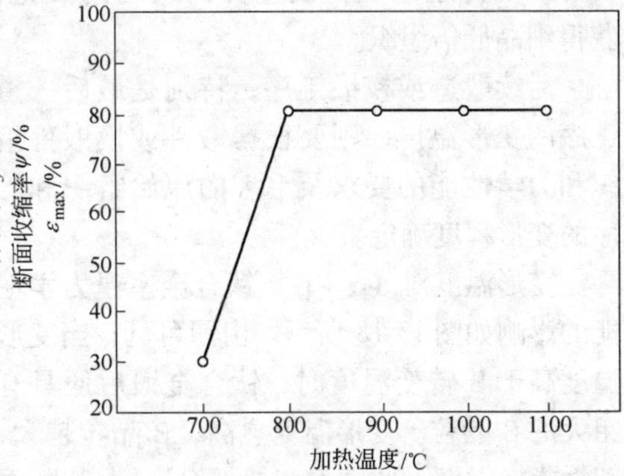

图 13-15 TC11 合金塑性图

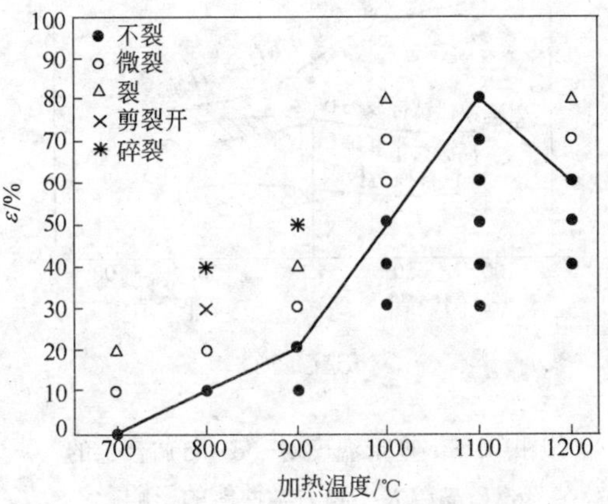

图 13-16 TC11 合金（铸态）塑性图

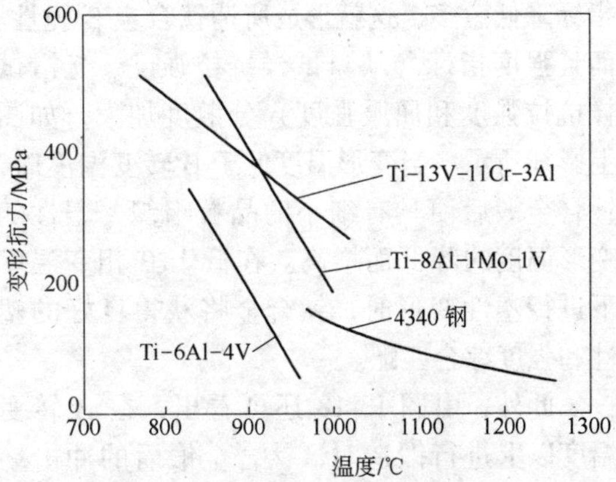

图 13-17 锻造温度对三类钛合金和 4340 合金钢的变形抗力的影响

13.1.3 锻造工艺对锻件组织和力学性能的影响

钛及钛合金锻件的组织和力学性能主要取决于变形温度、变形程度、变形速度和锻后的冷却速度和热处理等工艺参数。但钛及钛合金锻件的热处理不同于钢锻件，它对钛锻件的组织和力学性能不起决定性作用。钛及钛合金锻件不同于其他压力加工方法制成的半成品，其组织和力学性能不太均匀和稳定，这主要是由每个锻件或模锻件中的变形工艺参数变化的幅度较宽造成的。因此，为了满足锻件或模锻件达到高质量的要求，控制锻造工艺参数要比其他压力加工方法更为困难些。

13.1.3.1 变形温度的影响

各类钛合金对变形温度都非常敏感。

变形温度是决定锻件或模锻件组织和力学性能的主要因素之一。变形温度或锻造温度范围的选择，除了考虑提高合金的可锻性和减小变形抗力之外，更重要的是考虑保障锻件或模锻件具有良好的综合力学性能。

铸锭开坯或大型毛坯的初次锻造，一般采用 β 区的锻造以提高合金的塑性和减小变形抗力，使铸造组织得到充分而均匀的锻造，获得细晶低倍组织。

后续锻造或模锻工序，特别是最后一道工序的变形温度，则要根据锻件或模锻件组织和力学性能的要求及毛坯的原始组织和工序的变形程度确定。

变形温度对（α+β）钛合金室温力学性能的影响如图13-18所示。由图可见，当变形温度高于β转变温度时，钛合金锻后便具有粗大的β晶粒。变形温度愈高，β晶粒越大，塑性指标（断面收缩率和伸长率），尤其断面收缩率的降低特别明显。变形温度愈高塑性指标降低愈多，这就形成所谓钛合金β脆性。而且强度指标（缺口试样抗拉强度、光滑试样抗拉强度和屈服强度）分散度加大，如图上影线所示。当变形温度低于β转变温度时，钛合金锻后便具有细小的晶粒组织，塑性随变形温度的降低而增高。在低于β相变温度下进行塑性变形时，钛合金将获得良好的塑性和强度综合匹配。

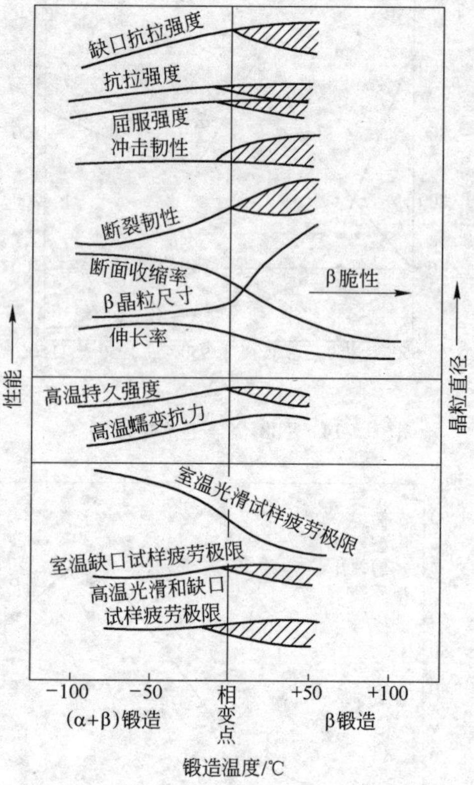

图13-18 变形温度对（α+β）合金的β晶粒大小和力学性能的影响

此外，由图13-18还可看出，在β转变温度以上进行锻造时，钛合金锻后的冲击韧性 a_K 和断裂韧性高，但分散度大；高温持久强度和高温蠕变抗力都高，但高温持久强度的分散度大。而室温光滑试样的疲劳极限则随温度（高于β转变温度）的升高而急剧下降，室温缺口试样疲劳极限以及高温光滑和缺口试样的疲劳极限，则随着温度的升高具有更大的分散度。

在β相区进行塑性变形和冷却后组织形成示意图如图13-19所示。由此图可见，合金在β相区进行塑性变形时组织的形成过程由晶粒形成阶段和晶内组织形成阶段组成。在β相区塑性变形时，随着变形程度的增大，β晶粒沿着金属流动的方向被拉长并压扁，然后产生β晶粒的再结晶，使β晶粒细化；聚集再结晶，可使β晶粒长大，甚至超过原尺寸（图13-19*a*）。

当合金在β转变温度以上结束变形后，在冷却的过程中，温度降至β相变温度时，便发生β→α转变，沿原β晶粒的边界上首先析出条状的α相，然后沿晶内依不同位向析出呈交叉平行排列的片状α相（图13-19*b*），即形成所谓魏氏组织。魏氏组织是造成钛合金室温下的低塑性或β脆性以及其他性能指标变化的原因。β区重结晶细化β晶粒机理如图13-20所示。

（α+β）钛合金在低于β转变温度((α+β)相区)下进行塑性变形或在β区开始塑性变形，于（α+β）相区结束塑性变形，可以得到室温塑性和强度指标良好的配合，克服β脆性。同时室温光滑试样的疲劳极限随晶粒尺寸的减小（或变形温度的降低）而提高，

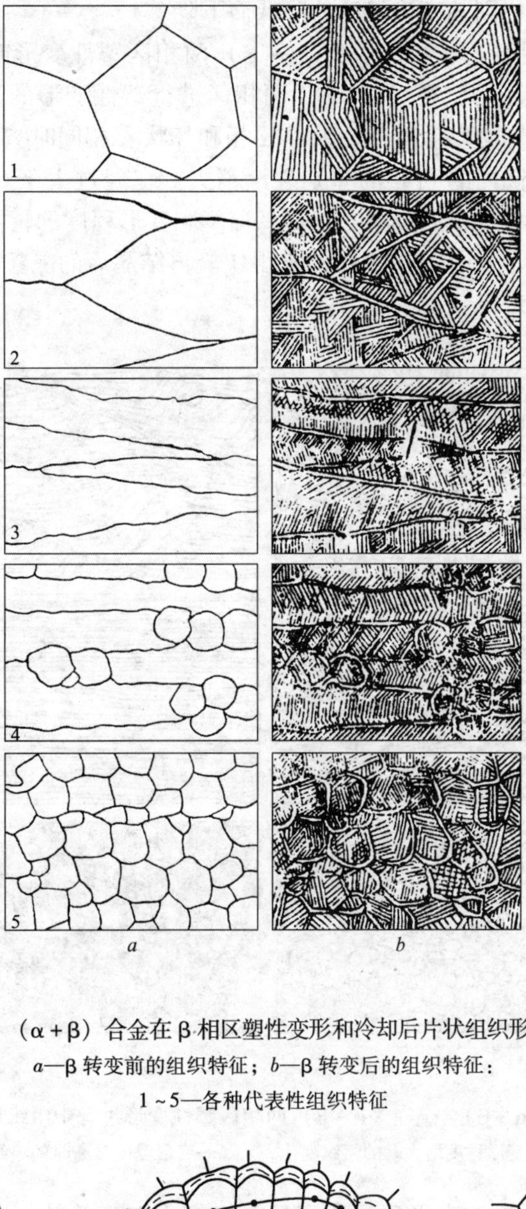

图 13-19 （α+β）合金在β相区塑性变形和冷却后片状组织形成示意图

a—β转变前的组织特征；*b*—β转变后的组织特征；

1～5—各种代表性组织特征

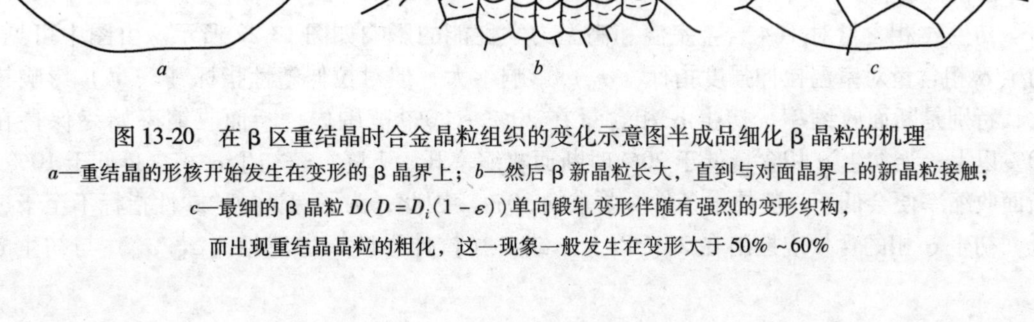

图 13-20 在β区重结晶时合金晶粒组织的变化示意图半成品细化β晶粒的机理

a—重结晶的形核开始发生在变形的β晶界上；*b*—然后β新晶粒长大，直到与对面晶界上的新晶粒接触；

c—最细的β晶粒 $D(D=D_i(1-\varepsilon))$ 单向锻轧变形伴随有强烈的变形织构，

而出现重结晶晶粒的粗化，这一现象一般发生在变形大于50%～60%

室温缺口试样疲劳极限、高温光滑和缺口试样的疲劳极限也保持较稳定的水平。但合金的断裂韧性、高温强度指标则随变形温度的降低而下降。

图 13-21 为具有片状组织的合金在（α+β）两相区塑性变形时形成的不同类型的组织。与β相区塑性变形不同，在（α+β）两相区进行塑性变形的过程中，β晶粒边界的α相和晶内的片状α相同时发生变形；晶界α相和片状α相同时被压扁并沿金属流动方向被拉长和破碎，晶界和晶内的α相的差别逐渐消失。在经过大于60%～70%的变形程度变形后，便不再遗留片状组织的迹象。在提高温度和变形程度的情况下，合金发生充分再结晶，而且α相的再结晶比β相的再结晶来得快。再结晶后的晶粒呈球状，称为初生等轴α晶粒，如图 13-21 中 5、6 所示。

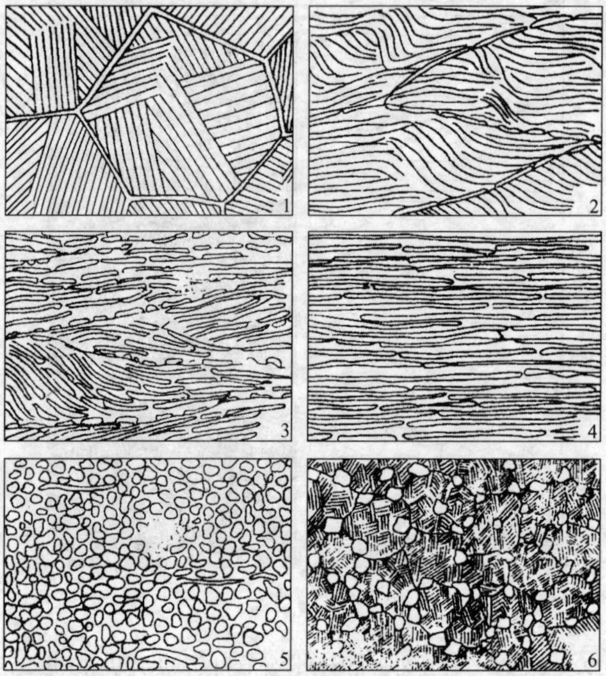

图 13-21 （α+β)合金在（α+β）两相区塑性变形过程中组织形成示意图

1～4—变形程度增大时的组织变化；5，6—变形温度升高时的组织变化

在（α+β）两相区塑性变形后，合金显微组织中初生等轴α相和β相含量的比例，决定着合金的力学性能。变形温度（在（α+β）两相区内）愈低，初生等轴α相含量愈多，β相含量愈少。

初生α相含量对 TC4 合金室温和高温力学性能的影响如图 13-22 所示。由图中可见，初生α相含量对室温拉伸强度指标（σ_b）影响不大，但对拉伸塑性指标（δ、ψ）影响较大，特别是断面收缩率。初生α相含量在 20%～80% 范围内，断面收缩率始终保持在 40% 以上；当初生α相含量低于 20% 时断面收缩率开始下降；若初生α相含量低于 10%，断面收缩率便会低于一般技术条件所要求的 30%。因此，为了保证拉伸塑性指标不至于过低，初生α相的含量应控制在 20% 以上。缺口（拉伸强度）敏感性（σ_b^H/σ_b）与初生α

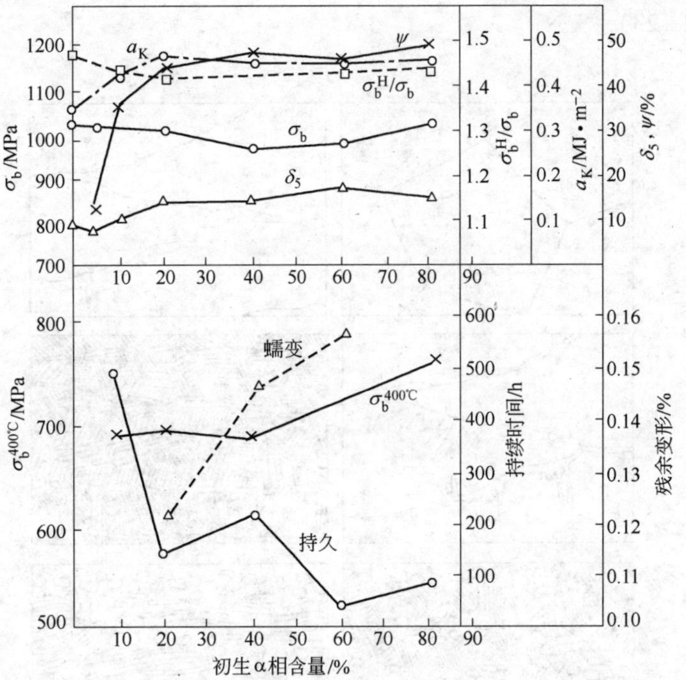

图 13-22　初生 α 相含量对 TC4 合金室温和高温力学性能的影响

相含量没有明显的关系；冲击韧性 a_K 与初生 α 相含量之间同样没有明显的关系。而初生 α 相含量对高温力学性能的影响则表现为：高温持久和蠕变强度均随初生 α 相含量的增加而明显下降，这是由于条状 α 相比等轴 α 相具有更好的持久和蠕变强度的缘故。400℃的拉伸强度与初生 α 相含量之间没有明显的规律性；疲劳性能则随初生 α 相含量的增加和尺寸的减小而提高。

许多研究的结果都表明，(α+β) 钛合金的强度、塑性、热强性和疲劳等性能要得到最好的配合，显微组织中等轴初生 α 相含量和片状（针状）α 相含量之比应控制在 (20% ~30%)：(80% ~70%)。为了得到这种组织，锻造加热温度必须控制在低于 β 转变温度 10~30℃，但是，要稳定地保证在这样的变形规范下进行锻造，特别在制造形状复杂的模锻件时，只有在等温条件下和在准确测知 β 转变温度时才能实现。在一般锻造条件下，为了避免组织粗化，宜略为降低锻造温度。

(α+β) 钛合金在两相区更低的温度下锻造，可以促成组织细化，增加初生等轴 α 相的含量，使合金的塑性和光滑试样的疲劳极限提高，但却降低了合金的热强性和断裂韧性。同时，由于锻造温度降低，再结晶过程进展缓慢，力学性能异向性增大，模锻件受内应力影响的可能性增大，而且锻件和模锻件中的组织和性能的不均匀性也将增大，锻造和模锻过程中因合金塑性降低，锻件内部和表面产生缺陷的危险性也将增加。

在铸锭开坯时常用的 β 相区开始锻造、(α+β) 两相区结束锻造的方法，在其锻造后所形成的组织主要和 (α+β) 两相区内的变形程度有关。当变形程度足够大（>50% ~60%）时，所得的显微组织和一般 (α+β) 两相区锻后的显微组织相似；而在变形程度较小时得到的组织，其特点是有针状和等轴状α相的交替部位存在，即存在着局部组织的不均匀性（图13-23）。

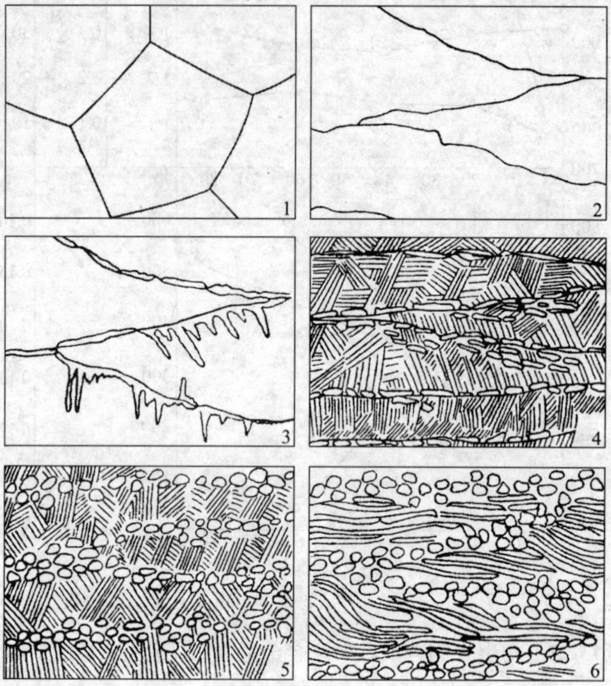

图13-23 在β→(α+β)温度下进行塑性变形时组织形成示意图
(1~6表示在β和(α+β)相区组织变化顺序)

类似组织不均匀性产生的原因是，合金在β相区温度下开始变形，然后随着合金温度降至β转变温度，从β相中开始析出沿原β晶粒边界分布的、富集α稳定元素的针状α相，而晶内针状α相只在温度继续下降时才析出。β晶界上早已析出的针状α相在（α+β）相区的温度下受到了很大的塑性变形，因而比晶内针状α相锻得透，也更早发生再结晶成为球状的α晶粒。若再结晶来不及进行，则这部分组织呈细小针状结构，比晶内针状结构还要细小。

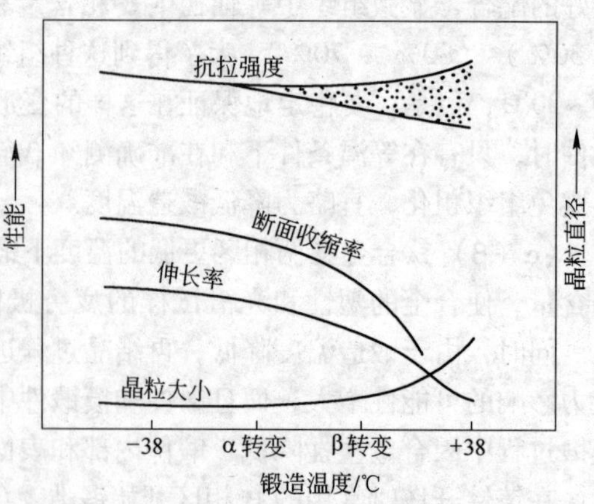

图13-24 变形温度对α钛合金晶粒尺寸和室温力学性能的影响

在（α+β）两相区锻后所得显微组织和在β相区开始锻造、（α+β）两相区结束锻造所得显微组织的差别，主要是由于（α+β）两相区锻造，全部β晶粒都得到了相同的变形，而在β相区始锻、（α+β）两相区终锻时，β晶粒各个部分的变形量不同。

变形温度对α钛合金力学性能的影响，如图13-24所示。由图可见，其影响与

（α＋β）钛合金很相似。强度指标受变形温度的影响不大，但当变形温度超过β转变温度时，塑性指标（断面收缩率、伸长率）明显下降，而晶粒尺寸也较明显地增大。在（α＋β）两相区内进行塑性变形时，合金的可锻性和力学性能可以得到最好的匹配，但是，在这种情况下α钛合金的锻造温度范围就要比（α＋β）钛合金窄得多。所以，在α钛合金锻造时经常需要重复加热。考虑到α钛合金比（α＋β）合金对组织的敏感性小，即在β转变温度以上锻造引起β脆性倾向小，所以，它的变形温度可以稍高于β转变温度，而不带来较大的危险性。

α和（α＋β）钛合金的变形结束温度（终锻温度）应高于合金的再结晶温度并受其工艺塑性的限制。

β合金不同于α和（α＋β）钛合金。前者是在淬火、时效状态下应用，而后者主要用于退火状态，变形温度（锻造温度）对β合金力学性能的影响不仅取决于组织变化，而且更主要取决于时效时β相分解产物的形状与尺寸。因此，锻造温度对时效状态下β合金力学性能的影响比淬火状态的大。

所以，β钛合金要得到良好的强度和塑性的配合，必须在再结晶温度或稍低于再结晶温度下进行锻造。在高于再结晶温度下锻造后，由于α相主要沿晶界析出，便出现强度、特别是塑性和冲击韧性下降的现象。

β合金的变形结束温度（终锻温度）与α和（α＋β）合金一样，都受其工艺塑性的限制。

13.1.3.2　变形程度的影响

变形程度对钛合金锻件组织和力学性能的影响随变形温度的不同而不同。

TC6合金铸锭在高于β转变温度（1050℃）锻造时，随着变形程度的增大，低倍组织的变化规律是：变形程度为15%时，铸态组织未破碎；变形程度为30%时，铸态组织轻微破碎，略呈纤维状；变形程度为60%时，呈明显的纤维状，但还留有较清晰的铸态组织；只有当变形程度增大至80%时，才呈细小纤维状组织，但还留有铸态组织的痕迹。

TC6合金锻坯或轧坯再行锻造时，则随变形程度的增大，低倍组织改善的程度也增大。变形程度由15%增大至25%时，低倍组织便由纤维状过渡到均匀细晶组织；变形程度大于或等于50%时，可得到更为细小、均匀的低倍组织。

变形程度和变形温度对TC6合金低倍晶粒度的影响如图13-25所示。由图可见，原始高倍组织为针状的TC6合金，其低倍晶粒度级别，在700～1200℃的温度范围内随变形程度的增大而减小；变形程度一定时，则随变形温度的升高而增大。当合金的原始高倍组织呈等轴状时，在β转变温度（β转变温度为990℃）以下进行塑性变形，变形程度和变形温度对低倍晶粒度级别无影响，仅当变形温度高于β转变温度时，低倍晶粒度级别才随变形程度的增大而减小，随变形温度的增高而加大（图13-25*a*）。在这种情况下，为了降低低倍晶粒度级别，必须加大变形量。

对TC6、TC8和TC9等合金的再结晶研究表明，当变形程度大于85%时，晶粒可能粗化，即在再结晶图上出现第二个峰值。而且当各个晶粒晶轴方向趋于一致时，还可能形成组织，再结晶图上出现第二个峰值，是由变形温度高，位向一致的晶体相互吞并长大的聚合再结晶过程造成的。

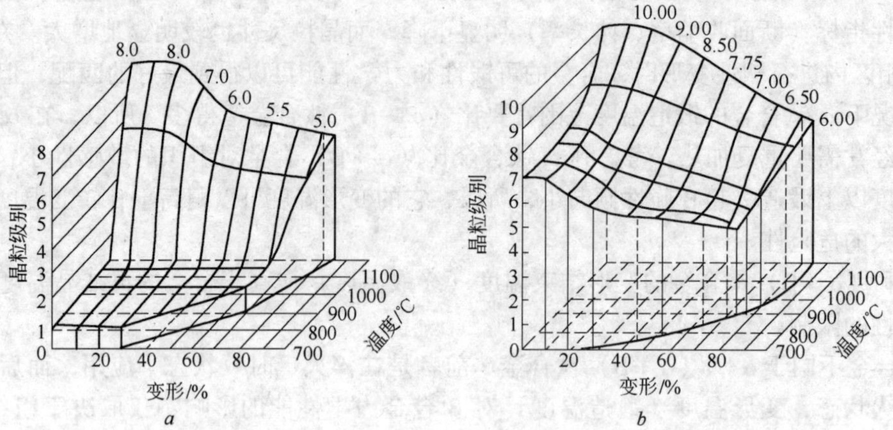

图 13-25 TC6 合金加工再结晶图（低倍组织）

a—原始组织为等轴组织；*b*—原始组织为针状组织

多种钛合金变形程度对高低倍组织的影响研究大致可归纳为：钛合金组织的明显细化，要在变形程度大于30% ~40%时才开始。要使得粗晶针状组织充分细化并将其转变为球状组织，变形温度必须位于两相区内，而且变形程度应不小于60% ~70%。变形程度太小要形成介于针状和等轴状组织之间的各种形态的中间组织。在高于β转变温度下进行塑性，变形程度也要足够大才能有效地细化β晶粒。并且，变形温度愈高，为得到细晶组织所需的变形程度也愈大。但是，如果合金在β相区变形之前先在（α+β）相区进行塑性变形，那么，在β相区变形时，只要在不太大的变形程度（30% ~40%）下便可以使组织得到很大细化。其原因在于，经过（α+β）相区锻造的合金储备了充分的变形能和更多的位错，再在β相区变形时，发生一次再结晶，使得在β相区变形对合金的晶粒细化更为有效。

但是，在β转变温度以上锻成的模锻件中，往往达不到上述细化晶粒的效果。原因在于模锻件尺寸大，金属在β相区的温度下停留的时间长。特别是在模锻件的难变形区内，一般都出现粗晶组织，因为这些部位变形程度小，没有产生一次再结晶（β晶粒再结晶），而原晶粒却发生剧烈长大。

变形程度的改变不仅影响到晶粒度，而且也对晶内针状（片状）组织有影响，变形程度增大会使晶内组织得到细化。与变形温度的影响一样，变形程度影响最明显的是在（α+β）相区的温度下，因为这时有α相存在，而α相经受了塑性变形。随着变形温度的提高，变形程度的影响减小。

在（α+β）相区的温度下，变形程度的变化，对力学性能，尤其塑性的影响要比在β单相区的更为显著（图13-26）。在β相区塑性变形时，变形温度的提高会使变形程度对力学性能的影响减小。

生产上选择工艺过程各阶段的变形程度与选择变形温度一样，首先根据锻件和模锻件的质量要求；其次，要考虑到变形程度、毛坯的组织、锻件和模锻件的尺寸及形状。

13.1.3.3 变形速度的影响

钛合金可在锤和压力机上进行自由锻和模锻。两种锻造设备锻成的压气机盘与其他种

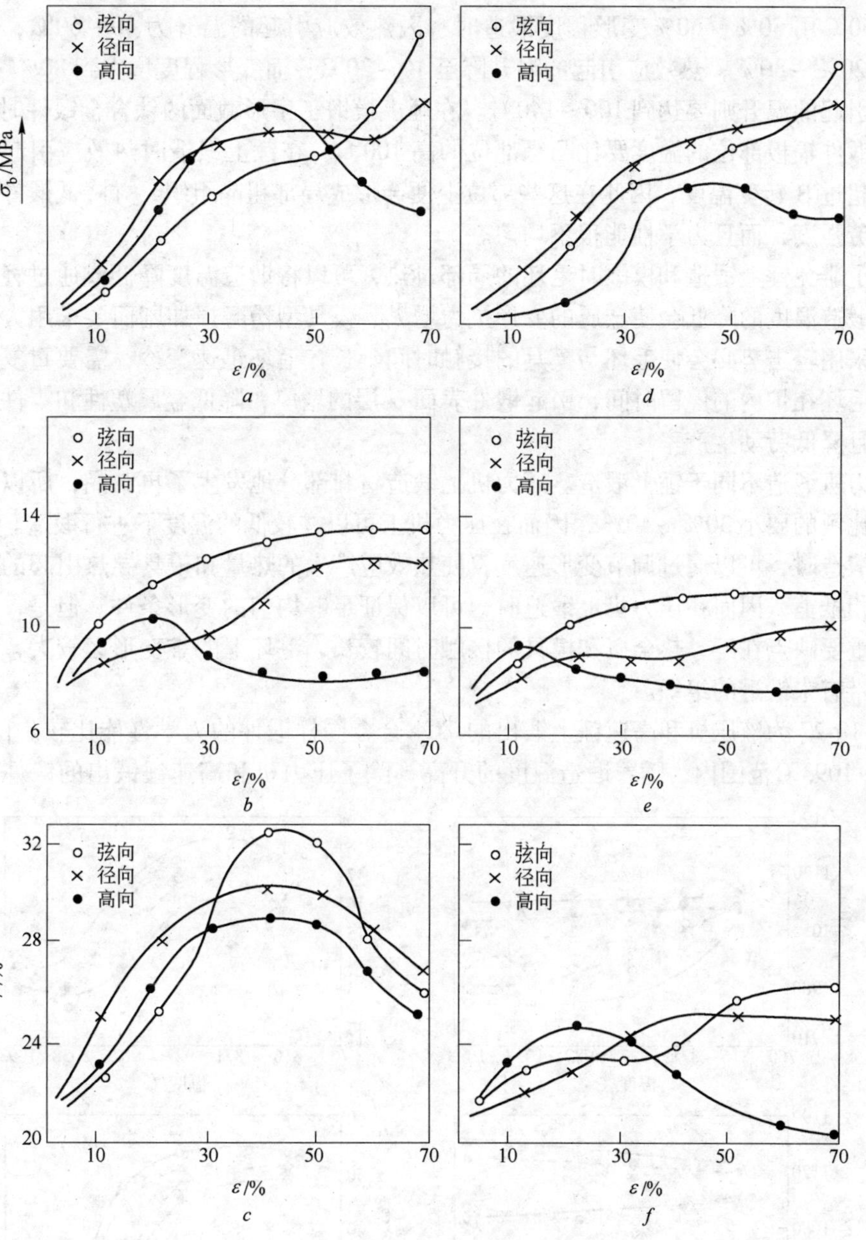

图 13-26　TC6 合金的力学性能和变形程度的关系

$a \sim c$—960℃镦粗；$d \sim f$—1050℃镦粗

锻件的质量比较表明，两者的组织和力学性能是相近的。这说明锻造时模具的运动速度在 0.5～0.8m/s 到 6～8m/s 的范围内，变形速度对锻件的质量是没有显著影响的，但是，钛合金锻造还是希望采用变形速度较小的压力机。其主要原因在于锤上锻造时，变形热效应大，金属过热的危险性大，因而可能引起组织粗大和塑性下降。锤上锻造变形速率大，材料常常来不及再结晶，造成变形抗力上升和组织的不均匀。

锻造时热效应的大小是和金属的温度、锻造速度和锻造比的大小有关。TC6 钛合金在 940～950℃用 50%～60%变形程度锻造时，因热效应引起的温升为 40～60℃；变形程度减小到 20%～30%，热效应引起的温升降至 10～20℃；而变形程度增大到 80%～90%时，热效应引起的温升则要达到 100～140℃。在锤上模锻工字形截面的钛合金锻件时，由于热效应，锻件辐板部位的温度要比凸缘部位的高 100℃。在锤上锻造时热效应引起的锻件局部温升超过 β 转变温度，因此在这些部位上便会形成局部粗晶组织，并降低锻件的室温塑性和疲劳强度，而且力学性能很不均匀。

为了避免锤上锻造和模锻时毛坯的局部过热，可以将锻造温度降低或通过轻击来进行模锻，锻造温度的降低会使金属的变形抗力增大、模具型槽磨损加剧而要求用大吨位的设备。若采用轻击势必会使毛坯与模具的接触时间延长，毛坯迅速变冷，需要重复加热，从而延长毛坯在炉内的停留时间，引起锻件表面 α 层的增厚，降低金属塑性和零件的持久强度，而且降低劳动生产率。

压力机锻造不同于锤上锻造。压力机上锻造材料部分地发生了再结晶，所以所需的变形力约比锤的要小 30%～40%，因而在压力机上可以在较低的温度下进行锻造。其次，压力机上锻造时，可以通过调节变形速度，使热效应产生的热量和模具导热引起的热损失基本上互相抵消，因而在压力机上锻造时，可以保证足够均匀的变形条件。但是，压力机上锻造的重要缺点在于，热金属和模具的接触时间较长，毛坯上的难变形区较大，而这些部位往往带有未锻透的组织。

图 13-27 为液压机和高速锤上锻出的 TC4 合金同样锻件的力学性能比较。由图可见，在 815～1093℃范围内，随着锻造温度的升高，除了压力机和高速锤锻出的锻件锻态屈服

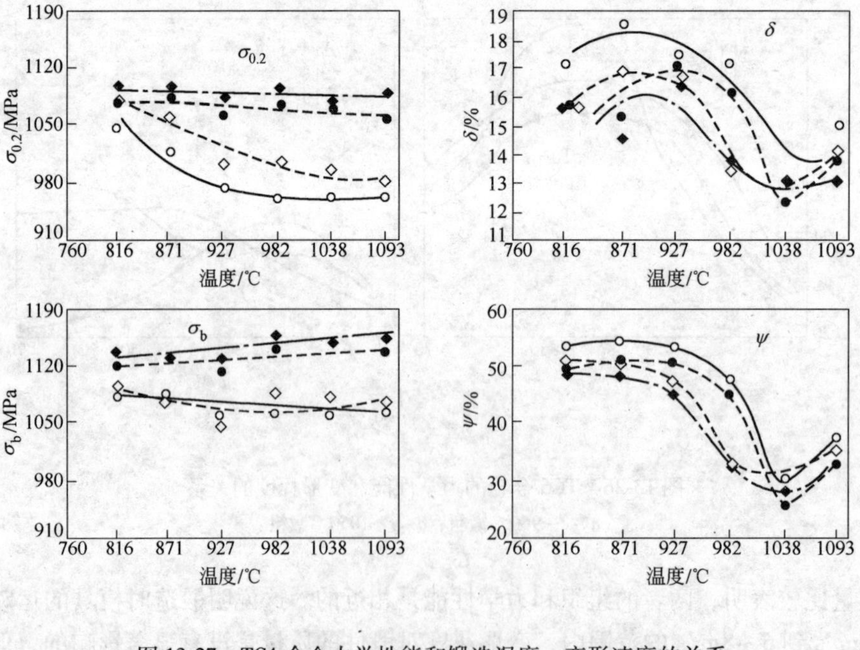

图 13-27 TC4 合金力学性能和锻造温度、变形速度的关系

（热处理制度：930℃×1h，水淬+600℃×4h，空冷）

—○— 高速锤锻态锻件；—◇— 液压机锻态锻件；

—●— 高速锤锻热处理态锻件；—◆— 液压机热处理态锻件

强度稍有下降外，锻造温度对两种设备锻出的锻件的锻态和热处理态的抗拉强度以及热处理态的屈服强度无显著影响。经过热处理的锻件强度指标都比锻态的高，压力机锻成的锻件强度指标比高速锤的略高。而两种设备锻出的锻件的塑性指标（伸长率和断面收缩率），则随锻造温度的升高而降低，在大约 1010～1038℃下，塑性指标降至最小值，然后在 1093℃又显示出有些增高。高速锤锻成的锻件的塑性指标比液压机上锻的略高。塑性指标最低点的温度为 1010℃、1038℃，此温度恰在该合金的 β 相变温度（998℃）以上。所以，塑性指标的下降主要是 β 相脆性的反映。

由以上比较可见，变形速度对钛合金锻件力学性能的影响，并非将变形速度从 0.102m/s（液压机模具工作速度）提高到 14.5m/s（高速锤模具运动速度）即可有很大的改善，而是变形速度的影响不太显著。

13.1.3.4 锻后冷却的影响

钛合金锻件和模锻件锻后通常均为空冷。但是，锻件或模锻件在 β 相区的温度下锻后若经水淬，则其退火状态下的塑性指标和其他一些力学性能指标比空冷加退火的高，锻后快冷使合金力学性能提高的原因是 β 晶粒内 α 相的细化呈针状，β 晶界上条状 α 相的变薄。但是，快速冷却并非对所有钛合金的力学性能都有利。例如，对 Ti-2.5Al-7.5Mo-1Cr-1Fe 合金（（α+β）合金），在 β 相区的温度下变形后则要采用缓冷，因为这种合金的合金化程度高，组织中 α 针细，要使其达到平衡状态并使 α 针加粗到最优尺寸，便必须慢冷。而对合金化程度较低的合金，如 TC6、TC9、TC4 等合金，在 β 相区温度下变形后，要使快冷显出效果，必须把冷却速度控制在一定的范围内。如果冷却太快，组织中 α 相针状尺寸可能细小到小于最优尺寸，这就可能大大降低塑性指标。另外，快冷还会使 β 相一次再结晶受阻，从而使锻件上保留有粗晶组织。正因为如此，在生产上常出现截面尺寸大于 25～30mm 的模锻件锻后水冷再经退火后，其塑性指标提高；而在截面厚度较小的模锻件上，塑性指标却降低的现象。所以，在选择 β 锻造后的模锻件冷却制度时，应考虑到金属的组织和晶内结构。

13.2 自由锻和胎模锻

13.2.1 自由锻造工序

自由锻是一种应用最为普遍的锻造工艺，它使用简单的锻压设备和一些通用工具，在上下砧块间对坯料施加压力，使其产生塑性变形，从而获得需要的形状和尺寸以及合乎要求的组织性能的锻件。它的特点是：生产准备周期短，应用范围广，适合于新产品试制和小批量生产。大型锻件的批生产有时也采用自由锻制造。另外，自由锻虽然不需要专用模具，生产成本较低，但对工人的技术水平要求较高。

自由锻造的基本工序包括：镦粗、拔长、冲孔、扩孔、弯曲、切断等。

13.2.1.1 镦粗

镦粗是使坯料高度减少、面积增加的一种锻造工序。它常用于原始坯料直径较小而要锻制横截面积较大的锻件（齿轮毛坯、饼坯、法兰盘毛坯等），也用于锻环冲孔前的辅助工序。其作用为：

（1）改变铸造组织，提高合金力学性能的预锻工序；

(2) 提高下一步拔长时的锻造比的预备工作；

(3) 在制造环形锻件时，作为冲孔工序前的预镦工序；

(4) 作为制造盘形锻件的制坯工序。

A 镦粗时金属内部的变形区域

塑性变形时，变形体内任一质点金属的流动总是沿着阻力最小的方向进行。影响金属流动的因素有：变形金属与工具接触面上的摩擦、工具与变形金属间的相互作用、坯料的化学成分、组织和温度的均匀性等。镦粗时变形区内金属的应力状态与金属流动大体分为三个区域（见图13-28）。

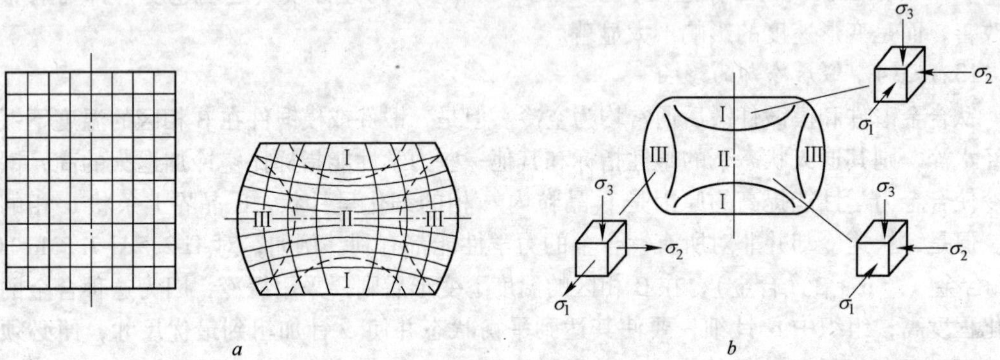

图13-28 镦粗时的不均匀变形

a—网格变化；*b*—变形区分区及其变形力情况

Ⅰ区：难变形区，居于接触表面中心附近。由于受摩擦力影响最大，该区受到强烈的三向压应力作用，而且静水压力最高，变形最难发生。当摩擦阻力大到某一极值时，变形金属可能与工具接触表面出现黏结，不发生变形。若坯料为铸造状态，即使冷镦，该区金属的金相组织仍为粗大的铸造枝晶组织，硬度值最低，说明该区变形量很小。

Ⅱ区：易变形区，基本上处于变形金属的芯部，与锻压力成45°角的附近区域，受三向压应力作用，处于最有利的变形部位，且离接触表面较远，摩擦力的影响较小，因此，又称强变形区。热镦时此区最易发生再结晶，冷镦后此区的硬度值也最高。

Ⅲ区：自由变形区，靠近变形金属的侧面，而处于Ⅱ区以外的体积。此区由于不受摩擦影响，以及处于易变形区的外围，故变形较自由，其变形量较Ⅰ区大，但比Ⅱ区小。该区由于侧表面自由变形的结果，使该区受压缩后易形成凸鼓形，鼓形的出现，标志镦粗时产生了不均匀变形。因此，此区易出现拉应力，拉应力的存在是镦粗成鼓形后产生纵向裂纹的原因。

B 镦粗力的计算和镦粗的分类

用液压机镦粗时，锭坯高度应比液压机最大空间小50mm；若用锻锤镦粗，为了充分发挥锻锤的能力，锭坯高度应用锻锤最大行程的75%。

在所有锻造设备中，镦粗所需要的力量最大，镦粗力P(N)的大小由下式决定：

$$P = C\sigma_b F$$

式中 C——材料变形时的约束系数，由坯料和工具的几何形状以及摩擦条件决定，当摩擦系数为0.5时，C值由表13-2确定；

σ_b——材料在变形温度下的强度极限；

F——坯料与工具的接触面积，mm^2。

表 13-2　材料变形时的约束系数

变形方式	C 值	说　明
圆柱体镦粗	$1+D/6H$	D、H 为镦粗终了时锻件的直径和高度
长方体镦粗	$1.15[1+a(3l-a)/12lH]$	l、a、H 分别表示镦粗后锻件的长、宽、高
平砧拔长	$1.15(1+l_0/6h)$	l_0 为坯料送进量；h 为锻件高度
型砧拔长	$1+l_0/3d$	l_0 为坯料送进量；d 为锻件直径

任何镦粗时毛坯的平均直径（图 13-29a）为：

$$d = d_0\sqrt{\frac{h_0}{h}}$$

镦粗时的变形程度为：

$$\varepsilon = \frac{h_0 - h}{h_0} = \frac{\Delta h}{h_0} \times 100\%$$

真实主应变为：

$$e = \ln\frac{h_0}{h} = -\ln(1-\varepsilon)$$

当 $\frac{h_0}{h} < 1.2$ 或 $\varepsilon < 20\%$ 时，就工程实用来说，取 $e=\varepsilon$ 已足够精确，误差不超过 10%。在此种情况下，转移毛坯的体积 V_0 可用下式来计算：

$$V_0 = V\frac{\Delta h}{h_0}$$

式中　V——镦粗毛坯的体积。

镦粗带尾柄的毛坯（图 13-29b）是为了下道工序拔长。镦粗后毛坯端面呈凸起形，可避免在拔长时形成凹陷的端面。

垫环上镦粗（图 13-29c）用于制造圆盘或其他带有直径不大但有较高台阶的锻件毛坯。由于原始毛坯直径与锻件台阶部分直径相差太大，所以不宜由毛坯一端拔出台阶部分。垫环内表面斜度一般为 5°~7°。仅一个凸起部分的锻件采用一个垫环。

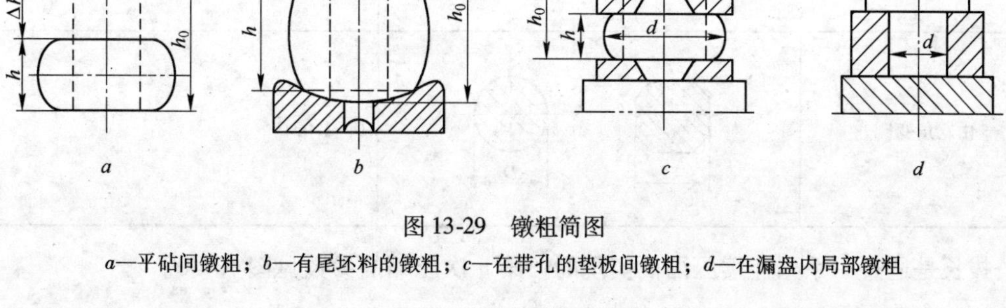

图 13-29　镦粗简图

a—平砧间镦粗；b—有尾坯料的镦粗；c—在带孔的垫板间镦粗；d—在漏盘内局部镦粗

环中镦粗（图 13-29d）用于带头的杆形锻件，此时原始毛坯直径可以选得比环的内孔略小些（图 13-29c），也可以预先把毛坯拔至杆部直径。

对于钛合金镦粗，原始毛坯的高度仍不应大于其直径的 3 倍。若 $h_0 \geqslant 3d$，毛坯会出现弯曲，而消除弯曲又需增加补充工序。

为了纠正镦粗后锻件侧表面上的鼓肚，需要采用滚圆工序修整。滚圆可以在平砧或半圆弧砧块上进行。

13.2.1.2 拔长

拔长是使横截面积减小而使长度增加的锻造工序。若用平砧拔长，可根据镦粗力的计算公式计算压力 P。拔长时断面尺寸的变换如表 13-3 所示。

表 13-3 拔长过程坯料截面变换经验计算公式

截面变换	变形简图	计算公式
由圆变方	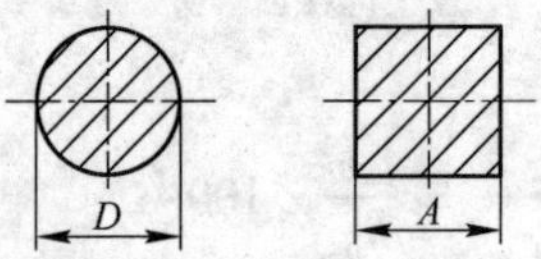	当 $l_0 = b$ 时，$D = (1.35 \sim 1.45)A$ 式中 l_0—送进量；b—砧宽
由方变圆	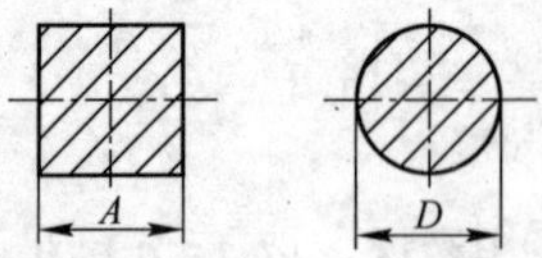	$A =$ （0.98 ~1.0） D
由圆变扁方	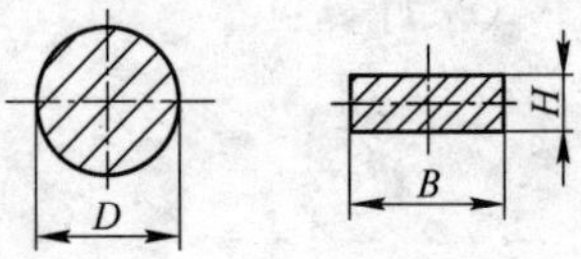	当 $H < 0.5B$ 时，$D = \frac{2B + H}{3}$ 当 $H > 0.5B$ 时，$D = \sqrt{H^2 + B^2}$
由方变扁方	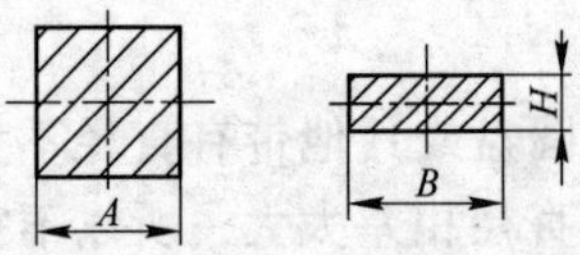	$A > 1.5H\left(\sqrt{1 + 1.8\frac{B}{H}} - 1\right)$
由扁方变方	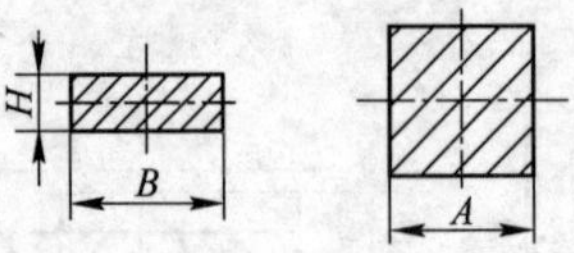	当 $\frac{b}{H} >$ （1 ~1.4） 时，B 为砧宽 $B =$ （1.4 ~1.65） A $H =$ （0.75 ~0.8） A
由八角变圆	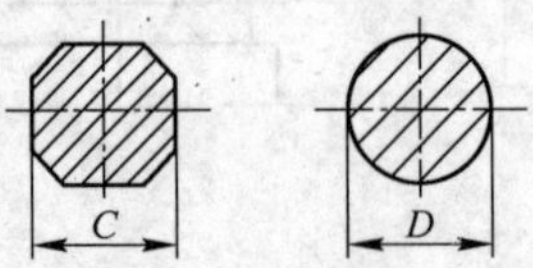	$D = 1.03C$

拔长是通过一系列连续压缩而实现的。第 n 次压缩的参数见图 13-30。

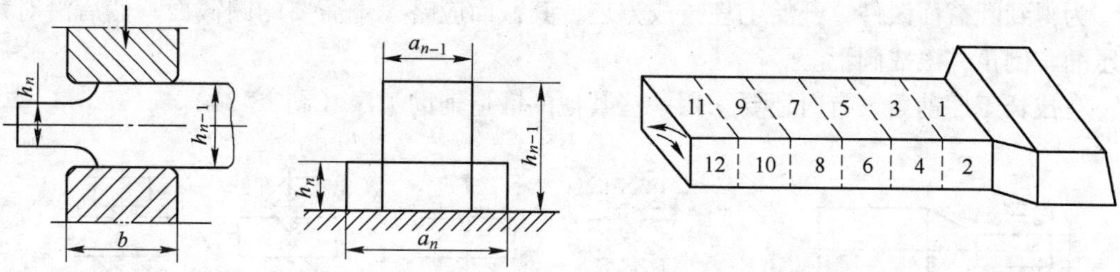

图 13-30 拔长简图

相对压缩（高向压缩系数或变形程度）为：

$$\varepsilon_n = \frac{h_{n-1} - h_n}{h_{n-1}} = \frac{\Delta h_n}{h_{n-1}}$$

锻造比为：

$$Y_n = \frac{F_{n-1}}{F_n} = \frac{L_n}{L_{n-1}}$$

相对展宽（宽向变形程度）为：

$$\varepsilon_n^1 = \frac{a_n - a_{n-1}}{a_{n-1}} = \frac{\Delta a_n}{a_{n-1}} = \frac{1}{Y_n(1-\varepsilon_n)} - 1$$

工步系数（压缩后锻件宽度与高度之比）为：

$$\psi = \frac{a_n}{h_n} = \frac{a_{n-1} + \Delta a_n}{h_{n-1} - \Delta h_n} = \frac{a_{n-1}}{h_{n-1}} \cdot \frac{1}{Y_n(1-\varepsilon_n)^2}$$

如果接着要翻转，则所选择的压缩值应使系数 ψ 不超过 3。

多次压缩后的总锻造比等于各次压缩锻造比的连乘，即：

$$Y = \frac{Y_s}{Y_z} = Y_1 Y_2 Y_3 Y_4 \cdots Y_n$$

式中 F_{n-1}——拔长前坯料的横断面面积，mm^2；

F_n——拔长后坯料的横断面面积，mm^2；

L_{n-1}——拔长前坯料的长度，mm；

L_n——拔长后坯料的长度，mm。

两次镦粗加拔长或两次镦粗间有拔长时，总锻造比可按两次分锻造比之和计算，但分锻造比都应不小于 2.0。由铸锭直接锻造的大型自由锻件，为了改善内部组织和性能，锻造比应大于 5。

压缩时坯料的展宽越小，则延伸越大，即拔长过程的效率越高。减小砧块宽度 b 或进给量 l，拔长效率提高。采用型砧或圆弧砧，也使拔长效率提高。

拔长有两种操作方法：在平砧上翻 90°的拔长和螺旋式翻转的拔长。前一种方法每次压下之后不一定翻转，可以沿毛坯纵向进给至压完一个边之后再翻转 90°；后一种方法用于在锻造温度下再结晶速度低的合金的锻造。相对压缩 ε 的选择应保证工步系数 ψ 不超过 2，以免形成压折；最后一次压缩的相对压缩量应大于或小于这个温度下的临界变形量，以防止晶粒长大。为了获得光滑的表面，进给量 l 应小于（$b-\Delta l$），通常是取 $l=$（0.4 ~ 0.75）b，b 是砧块的宽度。

为得到圆截面锻件，开始毛坯拔成方坯，其截面应略大于需要的圆截面；然后沿对角线压缩，倒角并滚成圆形。

在拔长工序前后，有时还要采用一些其他的锻造辅助工序（图 13-31）。

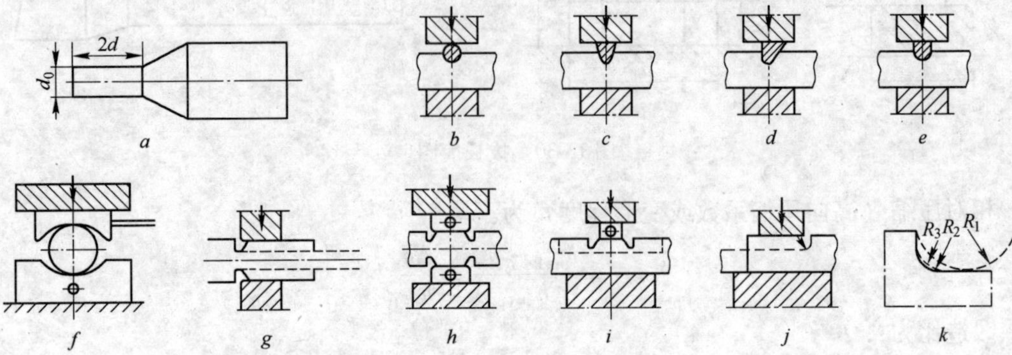

图 13-31 锻造辅助工序示意图

拔尾柄（图 13-31*a*），主要用于铸锭冒口部分的锻造，该部分长度大约是其直径的 2 倍。

压痕，用压棍在毛坯表面上压一凹痕标记（图 13-31*b*）。

压肩，根据需要截面的大小，用各种形状的压棍或压铁，将标记凹痕扩大至一定深度以形成缩颈（图 13-31*c*、*d*、*e*）。圆毛坯的压肩应用半圆槽胎具，在胎具中毛坯要绕其轴线反复旋转（图 13-31*f*）。

拔长，如果毛坯台阶或凹痕之间的部分比较长，可直接以砧块拔长（图 13-31*g*）；若该部分比较短，则用平的或椭圆的压铁进行预拔长（图 13-31*h*）；如果台阶或凹槽是单面的，为避免压伤光的一面，需用压铁（图 13-31*i*）或尺寸适当的上砧块完成拔长(图 13-31*j*)；为了使台阶区域纤维不被切断，要采用逐渐减小圆弧半径的压铁（图13-31*k*）。为了消除拔长以后的不平度，可对全长进行整平，此时要轻轻地压下砧块，并取进给量 $l=b$。

13.2.1.3 冲孔

冲孔是用来制作空心或盲孔坯料的一种锻造工序，分为双面实心冲孔法、垫环冲孔法和空心冲孔法等。实心冲孔时，坯料的形状变化与坯料直径 D 和孔径 d 之比有关，如图 13-32 所示。

当 $D/d \leqslant 2 \sim 3$ 时，拉缩现象严重，外径明显增加，如图 13-32*a* 所示；

当 $D/d = 3 \sim 5$ 时，几乎没有拉缩现象，而外径仍有所增加，如图 13-32*b* 所示；

图 13-32 冲孔时坯料形状变化的情况

a—外径明显增加；*b*—外径仍有增加；*c*—形成凸台

当$D/d>5$时，由于环壁较厚，扩径困难，多余金属挤向端面形成凸台，如图13-32c所示。

坯料冲孔后的外径D，可按下式进行估算：

$$D_{\max} = 1.13 \times \sqrt{\frac{1.5}{H}[V + f(H - h) - 0.5F_0]}$$

式中　V——坯料体积，mm^3；

f——冲头横截面面积，mm^2；

F_0——坯料横截面面积，mm^2；

H——冲孔后高度，m；

h——冲底的高度，m。

坯料冲孔后的高度H总是小于或等于坯料原始高度H_0。坯料高度H可按下列情况考虑：

$D/d<5$时，取$H_0=(1.1\sim1.2)H$；

$D/d\geqslant5$时，取$H_0=H$。

实心冲孔的优点是操作简单，芯料损失较少，应用比较广泛；垫环冲孔，坯料形状变化小，但芯料损失较大，只适用高径比（$H/D<0.125$）的薄型锻件；空心冲孔，坯料形状变化较小，但锻料损失大，这种方法适用于孔径较大的筒形、管类锻件，但由于空心冲头与热坯料接触时间较长而会软化，冲头损坏较快。

13.2.1.4　扩孔

扩孔是使空心坯料壁厚减小而内径、外径增加的锻造工序，分为冲头扩孔（见图13-33）和马架上扩孔（见图13-34）两种。扩孔时，环的高度增加不大，主要是直径不断增大，金属的变形情况与拔长相同，是拔长的一种变相工序。

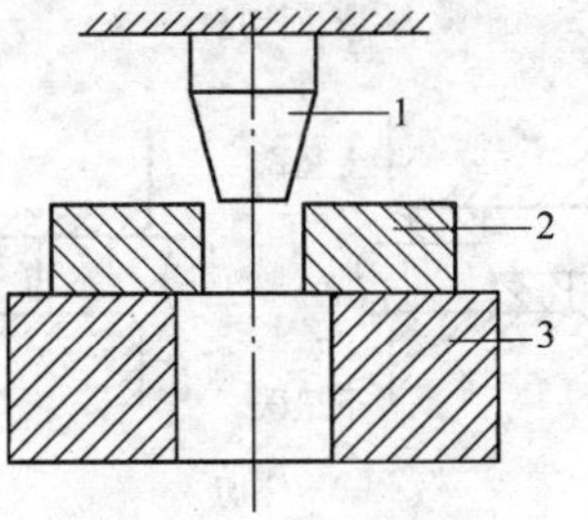

图13-33　冲头扩孔

1—冲头；2—扩孔坯料；3—垫环

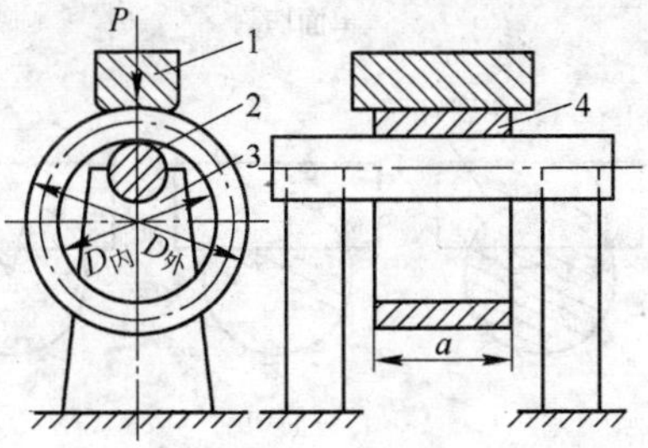

图13-34　马架上扩孔

1—上砧；2—马杠；3—马架；4—扩孔坯料

冲头扩孔时坯料上端面略有拉缩现象，因此扩孔前坯料高度H_0应为$1.05H$（H为锻件高度）。为了防止扩孔时坯料胀裂，每次扩孔量不宜过大，一般冲孔后可直接扩孔1~2次，当需多次扩孔时，应增加中间加热工序，可参照表13-4选择。

表13-4　冲头扩孔量

坯料冲孔直径/mm	扩孔量/mm	坯料冲孔直径/mm	扩孔量/mm
30~115	25	120~270	30

冲头扩孔适用于 $D/d>1.7$ 的厚壁环件。

马架上扩孔：马架上用芯棒扩孔时变形区金属受三向压应力，故不易产生裂纹，但操作时应注意每次转动量与压下量应尽量一致，确保壁厚均匀。在锻大锻环时，当扩展到一定程度后应换较粗的芯棒。

马架扩孔前坯料尺寸应满足下列条件：

$$\frac{D_0 - d_0}{H_0} \leqslant 5$$

$$d_0 = d_1 + (30 \sim 50)$$

$$H_0 = h - \mu(d - d_0)$$

式中　D_0，d_0，H_0——分别为扩孔前坯料的外径、内径、高度，mm；

d_1——芯棒直径，mm；

d——锻环内径，mm；

μ——摩擦系数，光滑新平砧 $\mu=0.06$，旧平砧 $\mu=0.1$。

13.2.1.5　切断

切断是将毛坯分离的工序，切断毛坯有四种方法，即一面切断、两面切断、三面切断和错切（见图13-35）。

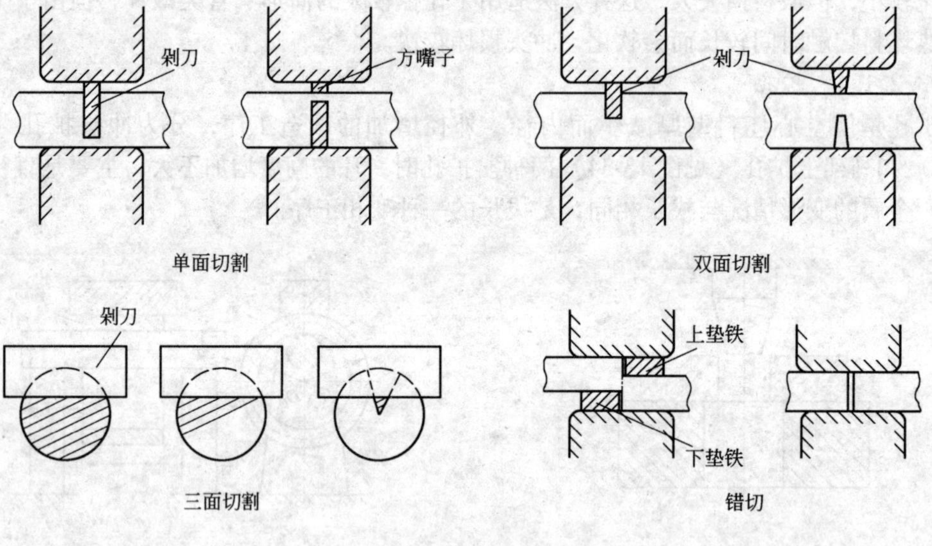

图13-35　切断工艺

13.2.1.6　弯曲

将坯料弯曲成所要求的形状的锻造工序称为弯曲。常用于各种弯轴类锻件，在毛坯的弯曲过程中，其弯曲区的内侧受压缩可能形成折叠缺陷；外侧受拉伸容易产生裂纹。毛坯弯曲时的横截面形状的变化如图13-36所示。

在弯曲区内，伴随发生毛坯横截面形状的畸变和弯曲区域面积的减小，长度稍为增大。弯曲半径越小，弯曲角度越大，上述现象越严重。为了避免这一点，弯曲半径不应小于其截面厚度之半。为了补偿毛坯弯曲区域截面面积的减小，可在毛坯需要弯曲的部位加厚约10%~15%，毛坯上的不弯曲部分应先拔长，然后再将毛坯弯曲成形。毛坯的横截面

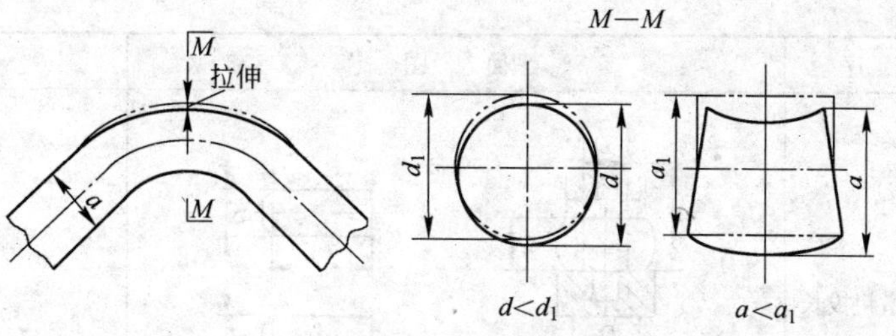

图 13-36　毛坯弯曲时的横截面形状变化

面积也可取与锻件横截面面积相等，但这种毛坯则需经局部镦粗后再弯曲成形。对于需要弯曲成直角的毛坯，弯曲前不但需锻出直角形凸台，而且凸台的高度要达到其原高度的60%，见图 13-37。

毛坯弯成圆弧时，则应按图 13-38a 所示留出拉缩量，或先局部预弯成如图 13-38b 所示的形状，这样才能保证弯曲后的锻件形状。

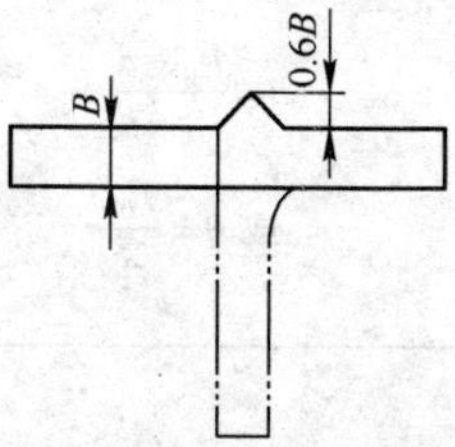

图 13-37　毛坯弯成直角时的防拉缩措施

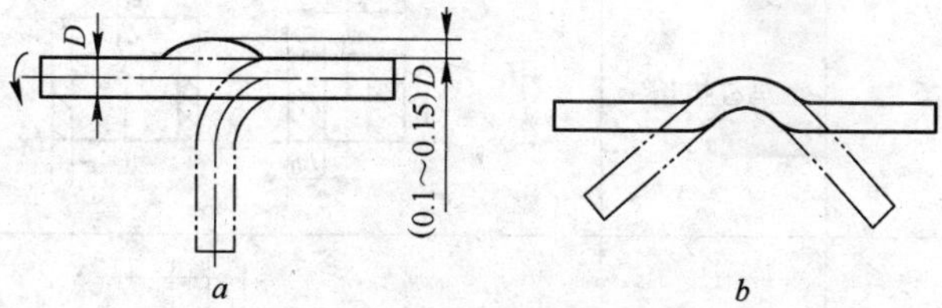

图 13-38　毛坯弯成圆弧时的防拉缩措施

弯曲件的展开长度应根据中心线的长度确定。当锻件需多处弯曲时，应先从端部开始弯曲，接着弯曲与其直接相连的部分，然后再弯曲其余部分。

13.2.1.7　锻比的计算

锻造过程中，变形量常用锻比或变形程度表示。各锻造工序的锻比计算如表 13-5 所示；若用变形程度表示，如表 13-6 所示。

表 13-5　各工序锻比的计算方法

序号	工序	简图	总锻比
1	铸锭拔长	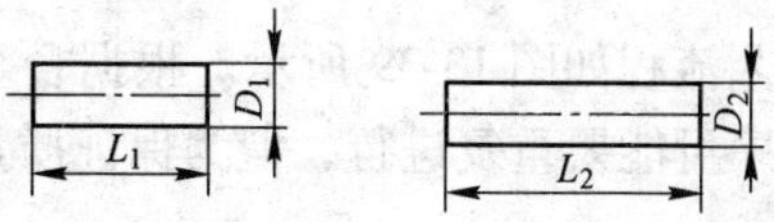	$B_1=\frac{D_1^2}{D_2^2}=\frac{L_2}{L_1}$
2	坯料拔长	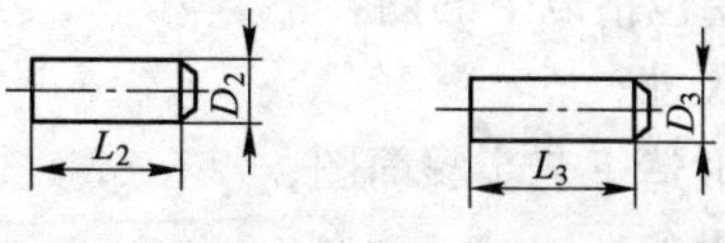	$B_2=\frac{D_2^2}{D_3^2}$ 或 $B_2=\frac{L_3}{L_2}$
3	两次拔长		$B=B_1B_2=\frac{D_1^2}{D_2^2}\times\frac{D_2^2}{D_3^2}=\frac{D_1^2}{D_3^2}$

续表 13-5

序号	工序	简图	总锻比
4	两次镦粗拔长	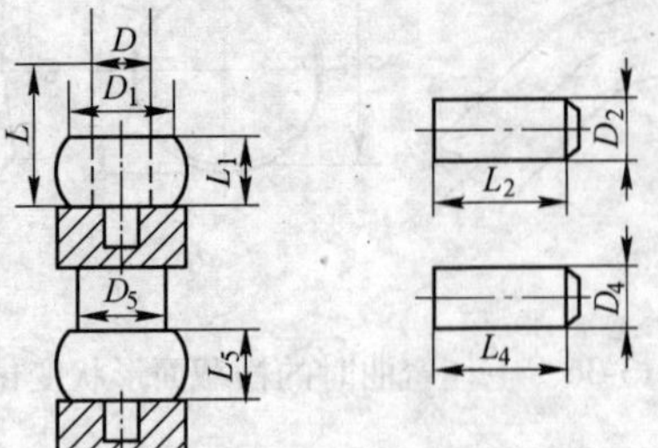	$B=B_1+B_2$ $=\frac{D_1^2}{D_2^2}+\frac{D_5^2}{D_4^2}$ 或 $B=\frac{L_2}{L_1}+\frac{L_4}{L_5}$
5	芯轴拔长	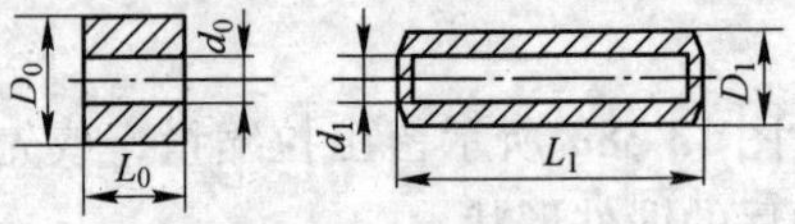	$B=\frac{D_0^2-d_0^2}{D_1^2-d_1^2}$ 或 $B=\frac{L_1}{L_0}$
6	马杠拔长	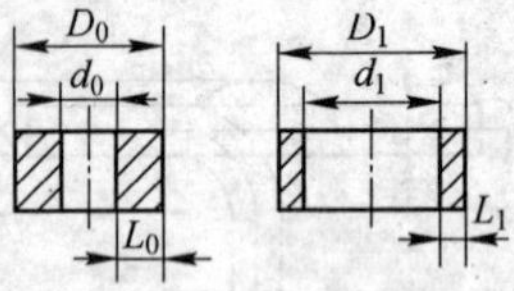	$B=\frac{D_0-d_0}{D_1-d_1}$ 或 $B=\frac{L_0}{L_1}$
7	镦粗	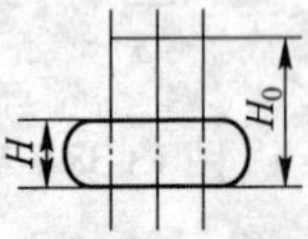	$B=\frac{H_0}{H}$

表 13-6 变形程度表示方法及与锻比的关系

工序	变形程度/%	锻比	相互关系	工序	变形程度/%	锻比	相互关系
拔长	$\delta=\frac{F_0-F_1}{F_1}$	$\beta=\frac{F_0}{F_1}$	$\delta=\frac{\beta-1}{\beta}$	镦粗	$\delta=\frac{F_0-F}{F_0}$	$\beta=\frac{F_0}{F}$	$\beta=\frac{1}{1-\delta}$
	$\delta=\frac{d_0-d}{d_0}$	$\beta=\frac{d_0}{d}$			$\delta=\frac{d_0-d}{d_0}$	$\beta=\frac{d_0}{d}$	

13.2.2 自由锻造工艺

钛及钛合金锻造的基本工艺流程如图 13-39 所示。根据合金可锻性的难易、锻件形状复杂程度、技术要求，某些工序可能要重复进行，但为保证质量，一定要按加热规程和锻造规程进行。

自由锻工艺过程的制订主要包括以下的内容：

(1) 确定原始毛坯重量和尺寸；

(2) 确定锻造方案，画出锻造工艺步骤简图；

(3) 选择锻压设备和加热设备；

(4) 确定火次、锻造温度范围及加热规范；

(5) 确定锻件的检验要求和检验方法；

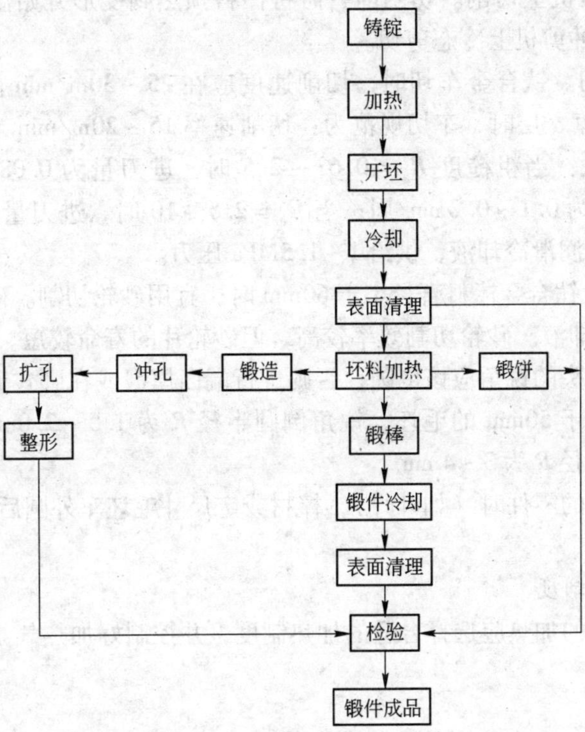

图 13-39　钛及钛合金锻造工艺流程

（6）编写工艺规程卡。

为了突出重点，本书仅将涉及工艺的主要内容加以阐述。

13.2.2.1　坯锭准备

凡承受大的负载或受力复杂的零部件一般都需要锻造成型，这是因为锻造组织致密，流线分布合理，有利于构件力学性能提高，并能延长使用寿命。对于钛合金，由于材料昂贵，更适宜锻造成型，不仅改善构件内部质量，还可节约金属材料。锻造的每一个环节都或多或少影响着锻件的内部质量或外观质量。因此，必须严格按锻造工艺流程完成每一工序。

钛合金锻造用的锻（轧）棒表面有一层硬脆的 α 层，模锻前，需去掉该层，以免锻造时引起坯料表面开裂。对于直径小于 50mm 的棒材，需去掉 3mm 厚的表层；直径大于 50mm 时，需去掉 5mm。对挤压棒材，直径小于 50mm 的，可车去 2mm；直径大于 50mm 的，一般车去 3mm。车削后，如个别部位仍有缺陷，可进行局部打磨予以消除，打磨深度不应大于 0.5mm。

锻造用的定尺寸钛合金毛坯可用锯床、车床、阳极切割机床、冲剪机、砂轮切割机或在锻锤或水压机上进行切割。在冲剪机上热切效率最高。

（1）圆盘锯切割。圆盘锯片的厚度介于 2 ~ 8mm 之间，适宜切割直径较大的棒料。圆盘锯的线速度约 30 ~ 35m/min，进刀量小时能获得较洁净的端面。为防止金属黏结刀具，烧伤金属，可用悬浮液冷却，减轻摩擦，冷却刀具。

（2）阳极切割。钛合金阳极机械切割，切口宽度不超过 3mm，用浓度为 1.28 ~ 1.32g/cm^3 的水玻璃作工作液。阳极切割虽切耗少，但生产率低。

（3）锤上或水压机上切割。切割前，需将棒料预热到变形开始温度进行冲切（或剁切）。工业纯钛可在冲剪机上冷态剪切。

（4）车床上车切。钛合金车切时，切削速度应在25～30m/min内，进刀量为0.2～0.3mm/周。扒皮去掉α层时，车切规范为：切削速率15～20m/min。无α层时的车削规范与表面粗糙度有关：当粗糙度R_a=0.63～2.5时，进刀量为0.08～0.1mm/周；R_a=1.25～5时，进刀量为0.1～0.2mm/周；当R_a=2.5～10时，进刀量为0.3～0.4mm/周。车削加工时必须使用润滑冷却液，供给1～1.5MPa压力。

（5）砂轮切割。钛合金棒材直径小于60mm时，宜用砂轮切割。砂轮切割的直径超过20mm时，应该用冷却液。砂轮切割效率较高，但砂轮片的寿命较短。

毛坯切割后，端头的锐角应该倒圆，否则进行端面模锻或在卧式锻造机上顶镦时，可能引起折叠。直径小于50mm的毛坯，锐角倒圆半径R为1.5～2.0mm；直径超过50mm的毛坯，锐角倒圆半径R为3～4mm。

在制造特别重要的零件时（如叶片），棒材或定尺寸毛坯车外圆后要进行超声波检查，以发现内部缺陷。

13.2.2.2 加热制度

铸锭和变形坯料的加热应选择合适的加热制度，并控制好加热气氛，才能保证产品质量。

A 加热温度

钛及钛合金应选择在变形塑性好、锻件质量高、变形抗力低的温度范围内加热，其中以前两点要求为主。在达到上述要求的情况下，温度越低越好。一般来说，钛及钛合金铸锭开坯加热是在(α+β)/β相变点以上100～200℃（β钛合金除外）范围内。加热温度由α区到β区时，钛的晶格由密集六方转变为体心立方，这时的塑性高，变形抗力低。但温度过高，气体污染严重，合金塑性下降，组织恶化使锻件质量变坏。

经过锻造变形的坯料，粗大的铸造组织已得到一定程度的破碎，内部组织得到改善，塑性提高了，再锻造加热温度可随火次增加而逐渐低些。

成品及成品前一火次的锻造加热，为了防止β脆性发生，获得良好的组织及综合性能，对于α合金和（α+β）合金应在(α+β)/β相变点以下的温度进行。对于β合金，其(α+β)/β相变点仅为700～800℃，近于再结晶温度，在这个温度下是不能进行自由锻造的，实际上β合金大都是在β区加热和锻造的。各种钛合金成品锻造加热见表13-7。

表13-7 部分钛合金锻造加热温度

合金牌号	(α+β)/β相变点/℃	铸锭		变形坯料		成品	
		加热温度/℃	终锻温度，不小于/℃	加热温度/℃	终锻温度，不小于/℃	加热温度/℃	终锻温度，不小于/℃
TA0		950～1000	700	800～850	700	750～780	650
TA1	890～920	1000～1020	750	900～950	700	850～880	700
TA2	890～920	1000～1020	750	900～950	700	850～880	700
TA3	890～920	1000～1020	750	900～950	700	850～880	700

续表 13-7

合金牌号	(α+β)/β相变点/℃	铸锭		变形坯料		成品	
		加热温度/℃	终锻温度，不小于/℃	加热温度/℃	终锻温度，不小于/℃	加热温度/℃	终锻温度，不小于/℃
TA4	960~980	1150	850	1030~1050	800		
TA5	980~1000	1080~1150	850	1000~1050	800		
TA6	1000~1020	1150~1200	900	1050~1100	850	980~1020	800
TA7	1000~1020	1150~1200	900	1050~1100	850	980~1020	800
TA8	950~980	1150~1180	850	1080~1100	800	970~980	750
TB1	750~780	1140~1160	850	1090~1100	800	950~1000	800
TB2	750	1140~1160	850	1090~1100	800	990~1010	800
TC1	910~930	1000~1020	750	900~950	750	850~880	750
TC2	920~940	1000~1020	800	900~950	800	850~900	750
TC3	960~970	1100~1150	850	950~1050	800	950~970	750
TC4	980~990	1100~1150	850	960~1100	800	950~970	750
TC5	950~980	1150~1180	850	1000~1050	800	950~980	800
TC6	950~980	1150~1180	850	1000~1050	800	950~980	800
TC7	1010~1030	1130~1150	850	1000~1050	800	950~980	800
TC8	1000~1020	1140~1160	850	1010~1030	800	980~1000	800
TC9	1000~1020	1140~1160	850	1050~1080	800	950~970	800
TC10	935	1100~1150	800	1000~1050	800	930~940	800

B　加热速度和加热时间

钛在室温下的导热系数低，约为中碳钢的20%，在高温时二者却又相近。因此大截面的钛及其合金在较低的温度加热时应采用慢速。因为加热速度快时，由于导热系数低，加热过程中会导致表层与中心层之间形成很大温度差，坯料愈大，温度差也愈大，见图13-40。加热大截面锭坯时，由于很大的温度差，造成相当大的热应力，有可能产生微裂纹，在以后的加工中，这里便产生应力集中，导致裂纹的形成和扩大。在高温时，钛的导热系数增加，接近普通钢的水平，所以，可采用稍快的速度加热。

根据钛合金导热性的特点，一般直径或厚度等于或大于300mm者应采用分段加热法，如图13-41所示。分段加热法既能使大锭坯在加热过程中的热应力减小，又能缩短锭坯在

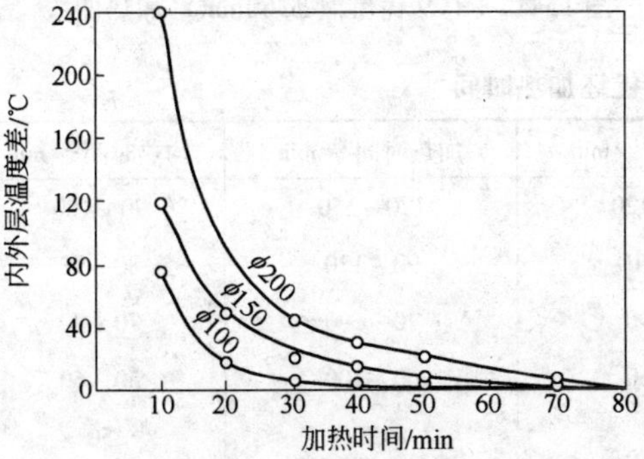

图 13-40　TC5 合金在1100℃加热时直径与内外层温差的关系

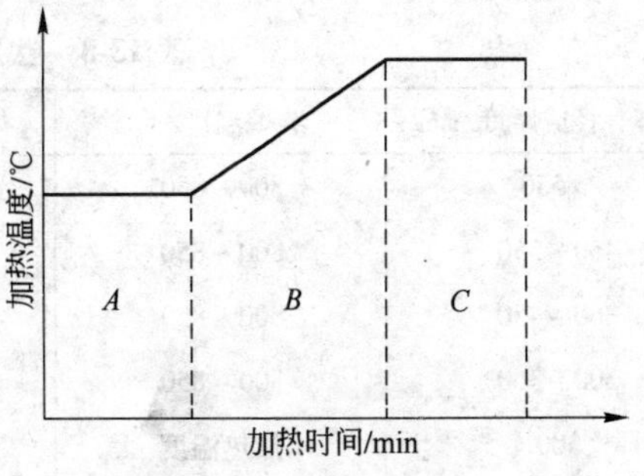

图 13-41　锭坯分段加热

A—在装炉温度下保温；B—升温；C—在锻造温度下保温

高温下停留的时间，减少气体污染。

为了保证锻件质量，减轻气体污染，在烧透的原则下，加热时间应尽量短。实践证明总的加热时间 τ 按下式计算，基本上是正确可行的。

$$\tau = \frac{D}{2} + (20 \sim 40)(\text{min})$$

式中 D——锭坯直径或厚度，mm。

当直径较大时，式中修正时间取上限，反之取下限。

图 13-42 ~ 图 13-45 是几种钛合金的实际加热曲线。不同直径或厚度的锭坯实际加热时间见表 13-8。

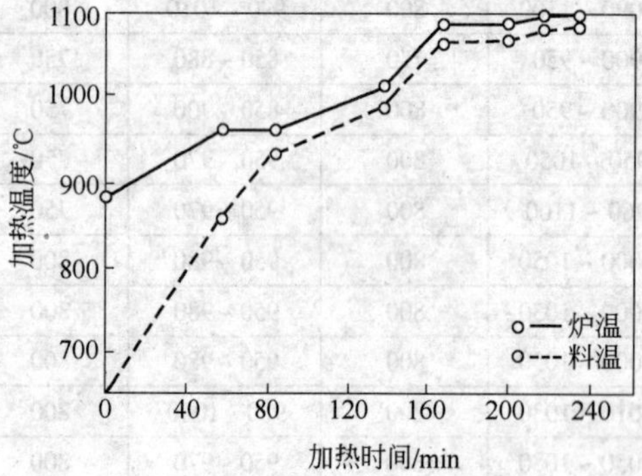

图 13-42 TA7 铸锭（ϕ360mm）加热曲线

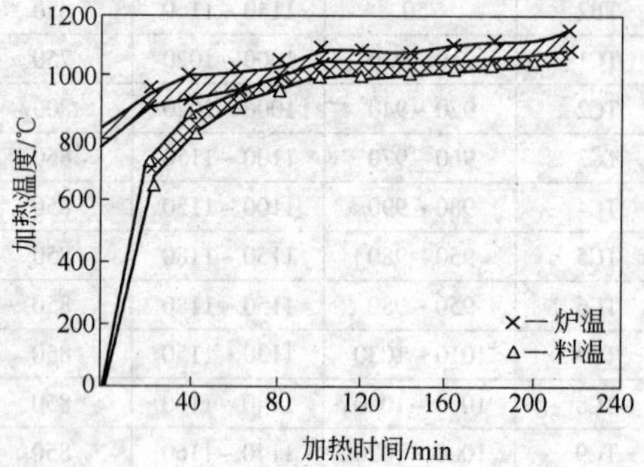

图 13-43 TC1 铸锭（ϕ360mm）加热曲线

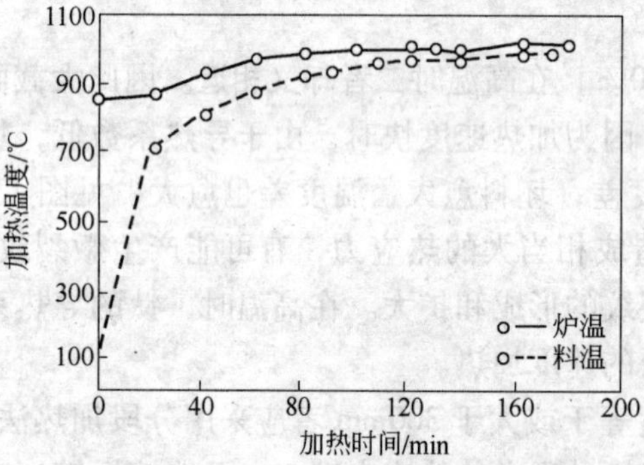

图 13-44 TC4 铸锭（ϕ360mm）加热曲线

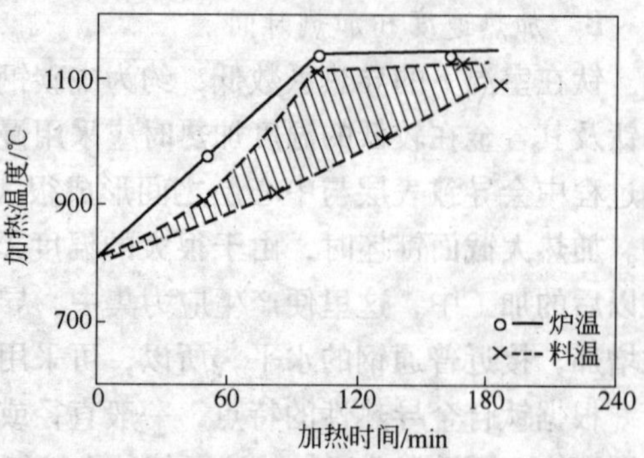

图 13-45 TC9 铸锭（ϕ360mm）加热曲线

表 13-8 钛及钛合金锭坯加热时间

锭坯直径或厚度/mm	装炉温度/℃	预热时间①/min	加热时间②/min	均热时间③/min
>550	800 ~ 850	100 ~ 120	120 ~ 150	90 ~ 100
450 ~ 550	800 ~ 850	90 ~ 110	90 ~ 120	80 ~ 90
360 ~ 450	800 ~ 850	70 ~ 90	70 ~ 100	70 ~ 80
300 ~ 360	800 ~ 850	50 ~ 60	60 ~ 100	50 ~ 60
300	加热温度		120	50
250	加热温度		100	45
220	加热温度		90	40

续表 13-8

锭坯直径或厚度/mm	装炉温度/℃	预热时间①/min	加热时间②/min	均热时间③/min
200	加热温度		80	35
180	加热温度		70	30
160	加热温度		60	25
140	加热温度		60	20
120	加热温度		50	20
100	加热温度		40	20
80	加热温度		40	20
60	加热温度		30	20
40	加热温度		20	20
30	加热温度		15	20
20	加热温度		10	20

①预热时间为在装炉温度下保温的时间；②加热时间为预热结束，开始加热到锻造温度的时间；③均热时间为在锻造温度下保温的时间。

因某种原因加热到锻造温度的锭坯不能按时锻造时，也不能在锻造温度下停留时间过长，应视情况将坯料扒出炉外或将炉温降到 800～850℃。表 13-9 是不同直径或厚度的锭坯在锻造温度下允许停留的最长时间。

表 13-9　钛及钛合金锭坯在锻造温度下允许停留的最长时间

锭坯最大直径或厚度/mm	在锻造温度下允许停留的最长时间/min	锭坯最大直径或厚度/mm	在锻造温度下允许停留的最长时间/min
400～350	240	150～100	90
350～250	210	100～60	75
250～200	150	60～30	60
200～150	120	30～10	50

C　加热时炉内气氛

为了保证锻件质量，钛合金加热时炉内应采用惰性气体保护，但成本比较高，也麻烦，一般锻造很少采用。实践证明，电炉加热比油炉或煤气炉加热污染轻得多，采用电炉加热是能满足锻件要求的。如果采用油炉或煤气炉加热，则炉膛内控制为微氧化气氛为好，以防止锻件产生过多的吸氢。

D　加热时注意事项

装炉前必须清除炉底、炉渣及氧化铁皮等，以防放“炮”；锭坯在炉内放置要有一定间隔，在加热过程中，要适当翻料，以便加热均匀；加热火焰不允许直接喷射到锭坯上，免得局部加热速度过快、温度过高，甚至过烧；应先将炉子温度升到装炉温度时再装入锭坯，并按加热制度加热。如果炉子曾在高温下工作过，应先将炉子温度降到比要求的温度低一些，而后再加热到所需要的温度，待炉温稳定时再装炉。

13.2.2.3 锻造

钛及其合金的变形抗力大小取决于合金成分、变形温度、变形量及变形速度。在锻造温度范围内，除 TA0、TA1、TA2、TA3、TC1、TC2 等合金变形抗力大致相当于碳素结构钢外，其余合金变形抗力大致相当于耐热合金钢。钛及钛合金的变形抗力随变形温度的降低和变形量的增加而急剧提高，见图 13-46 ~ 图 13-49。变形速度增加，变形抗力也增加很多，如用锻锤比用水压机锻造所需要的压力要增加 50%，甚至到几倍。

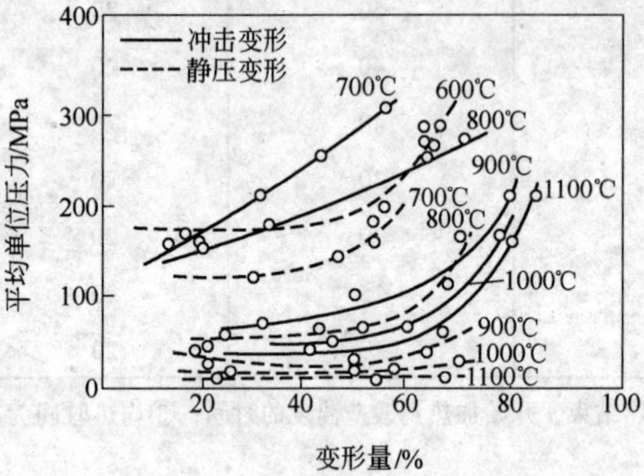

图 13-46 工业纯钛的平均单位压力（锻造状态）

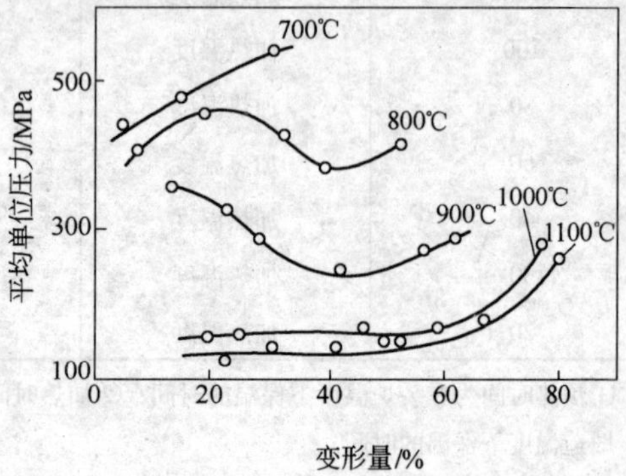

图 13-47 TC4 合金冲击变形时的平均单位压力（锻造状态）

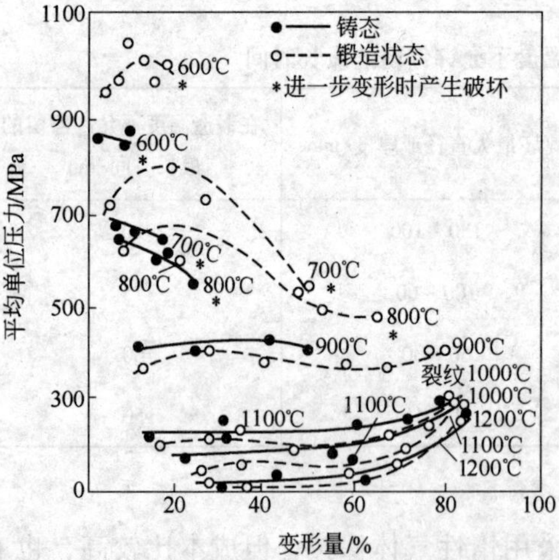

图 13-48 TC6 合金冲击变形时的平均单位压力

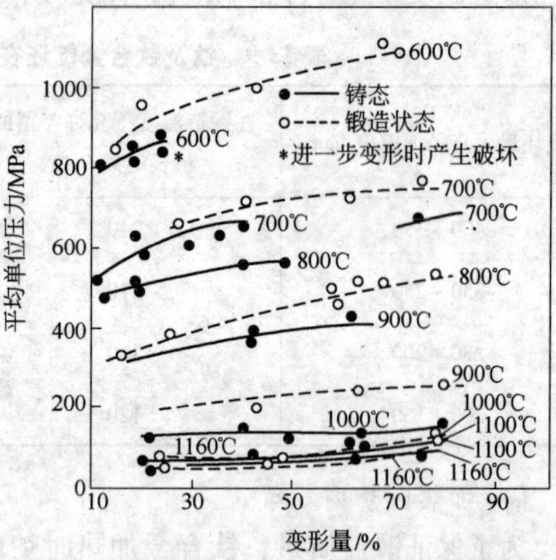

图 13-49 TC6 合金静压变形时的平均单位压力

锻造加工中变形温度、变形程度和变形速度对锻件质量有着很重要的影响，必须正确控制。

钛及钛合金铸锭具有粗大的晶粒，工艺塑性较差，一般是将锻前的铸锭加热到$(\alpha+\beta)/\beta$ 相变点以上，主要变形是在 β 区完成。因为在这个温度下变形抗力低，塑性高，可以采用大变形量，从而提高锻透性，较充分地破碎铸态组织，同时也能提高生产率，降低消耗。

实践证明铸锭的总变形量达 70% ~80%（即锻造比达 3.5 ~5）时，在规定的变形温度范围内用合适的变形速度锻造，其粗大的铸造组织基本上被破碎，得到较均匀、细小的纤维组织，其抗拉强度和塑性指标都有所提高。但为了获得更好的性能，仍需进一步锻造加工。铸锭开坯变形量过低时，铸态组织不能得到有效的破碎，其性能较差，也直接影响到进一步加工的产品性能。

为减少锻件裂纹，提高生产率，变形坯料也在(α+β)/β相变点以上锻造，但变形温度要比铸锭稍低。

铸锭和变形坯料每加热一次合适的变形量范围见表13-10。

表13-10 每加热一次钛及钛合金变形范围

合金牌号	铸锭		变形坯料		成品变形/%
	最大变形/%	最小变形/%	最大变形/%	最小变形/%	
TA1	80	60	80	40~25	80~65
TA2	80	60	80	40~25	80~65
TA3	80	60	80	40~25	80~65
TA5	75	60	80	40~25	80~65
TA6	70	60	75	40~25	75~60
TA7	75	60	75	40~25	75~60
TC1	80	60	80	40	80~65
TC2	80	60	80	40	80~65
TC3	75	60	75	40~25	75~65
TC4	75	60	75	40~25	75~65
TC5	75	60	75	40~25	75~60
TC6	75	60	75	40~25	75~60
TC7	75	60	75	40~25	75~60
TC8	70	60	70	40~25	70~60
TC9	70	60	75	40~25	70~65
TC10	75	60	75	40~25	75~65

(α+β)合金应当在(α+β)/β相变点以下加热，于两相区锻造，用合适的变形速度，在规定的变形量范围内，可以得到较细小的具有一定量的等轴初生α和转变的β组织，这种组织的综合性能较好。实验证明：TC4合金当有10%~25%（体积分数）的等轴初生α嵌镶在针状α和转变的β组织中时，这种组织的拉伸塑性与断裂韧性配合最好。如果加热温度高于(α+β)/β相变点，使锻造温度过高，当变形量不够大时，变形结束在β区，往往得到粗大的片状或针状α间β组织，称为粗大魏氏组织。这种组织强度变化不大，但塑性显著下降。随着工艺的继续，锻件温度降低至（α+β）区，当变形量增大时则出现歪扭程度不同的条状（α+β）组织，原始β晶界得到破碎，即所谓篮网状组织。这种组织强度变化不大，但伸长率、断面收缩率和冲击韧性有些降低，而高温性能和断裂韧性却有所改善。当温度更高时，会出现粗大、平直条状（α+β）组织，并呈现粗大清晰的原始β晶界，称为过热组织。这种组织塑性严重恶化，称为β脆性，在成品锻造中应该避免。表13-11是TC4合金φ80mm锻棒在β区和（α+β）区锻造的室温塑性比较。

表 13-11 在不同温度下锻造的 ϕ80mm TC4 棒材的室温塑性

锻造温度/℃	伸长率/%		断面收缩率/%		锻造温度/℃	伸长率/%		断面收缩率/%	
	最大	最小	最大	最小		最大	最小	最大	最小
990～1010	15.5	9.0	42	29	920～950	18	11	48	36
960～980	18	12	46	34					

注：锻造比为3.5～4；试样经800℃，1h退火，空冷。

α型合金同（α+β）合金一样，也应在(α+β)/β相变点以下加热，在（α+β）两相区锻造。高于(α+β)/β相变点加热锻造，也会使塑性下降，甚至出现β脆性，并且α合金的β脆性倾向比（α+β）型合金严重。消除β脆性的唯一办法是将锻件在(α+β)/β相变点以下加热，于（α+β）两相区锻造，并使变形量大于50%。

对于α型或（α+β）型合金成品锻造在（α+β）/β相变点以下应有50%以上的变形量，其组织才会均匀、细小，综合性能才好。钛合金成品锻造的变形量见表13-10。

由于某种情况成品最后一火变形量不足时，加热温度应比表13-8中的温度更低些才会得到较好的组织和性能。

钛合金的临界变形量为2%～12%，在临界变形量时，晶粒显著长大。变形量超过85%时，由于晶体的结晶取向很接近，容易发生聚合再结晶，使晶粒再次增大。因此，在锻造加工中，每一火次变形应避开临界变形量，使之大于15%～20%，但不能高于85%。

变形速度对锻件质量也有很重要的影响。锻造过程也是放热过程，是一个动能转变成热能产生热效应的过程。当变形速度很快时，不仅使变形抗力提高，而且变形热效应使锻件局部或整体温升过高，有可能超过(α+β)/β相变点，得到的锻件组织和综合性能较差。当温度较低时，采用很高的变形速度会使局部温升很厉害，甚至过烧，导致裂纹产生或性能严重恶化。在高的变形速度下，加工再结晶来不及进行，会降低加工塑性。合适的变形速度是使锻件温度不升高，而又不致下降很快，能在规定的温度范围内完成总变形。锻锤的变形速度比水压机快得多，在锻造过程中必须控制其锻打的快慢和轻重，才能保证锻件温度合适和较高的加工塑性。用水压机锻造，锻件温升很少，金属的加工再结晶能大部完成，不仅在加工中塑性高，而且对保证锻件质量是有好处的。

对于截面较小的锻件，采用锻锤能使锻造温度维持较长时间，对变形和表面质量是有好处的。

必须指出的是：变形温度、变形速度和变形程度绝不是孤立地影响锻件质量的。例如加热温度稍高，但用足够大的变形量和较低的变形速度也可以得到较好的组织和性能，所谓β锻造工艺的确定，就是从这一原则出发的；相反，加热温度虽低，但变形速度很高，会使温升很快、很高，足够大的变形量也得不到很好的组织和综合性能；当变形量较小时，用相当低的加热温度与合适的变形速度也可以得到较好的组织及性能。

很多研究结果指出，钛合金的性能不仅取决于合金的成分（对工业纯钛而言是氧含量），而且取决于其加工的历程，即加工的过程。因为它控制了晶粒的尺寸和择优取向（织构），所以成品锻件的组织和性能与原始坯料的状态也有很大关系。因此，应控制好坯料的加热温度、变形量和变形速度，应在规定的变形温度范围内完成坯料的锻制。

锻造前应将砧子、操作机钳口预热到300℃左右，以使作业时锻件温降减慢；铸锭开坯时，开始每次锻打变形量要小，当铸造组织有一定破碎时（变形量不小于20%）再加大变形量，并力求均匀，以减少裂纹和折叠等产生及组织不均；用锻锤锻造时，开始要轻锤快打，中间重锤慢打，接近完成时又要轻锤快打，任何时候都不要连续重锤猛击，以免锻件温升过高，性能变坏；在锻造过程中料要勤翻，尽量减少冷的棱角出现；热锻件应避免与水接触。

13.2.2.4　钛的典型锻造工艺举例

锻棒在组织上不均匀，力学性能略有波动，这是加工方法本身决定的，但工艺、操作如果得当可好一些。

钛合金棒材锻造温度从开坯到成品，必须逐渐由高到低，特别是成品锻造前的两次加热更应严格控制其加热温度和加热时间，同时也要控制好终锻温度，变形要均匀，速度要适中。

从铸锭到成品棒材，其锻造过程通常分为三个阶段完成。

第一阶段：开坯。它的始锻（开坯）温度在β转变点以上150～250℃，这时，铸造组织的塑性最好。开始时应轻击、快击使锭料变形，直到打碎初生粗晶粒组织为止。变形程度必须保持在20%～30%范围内；把锭料锻成所需截面，然后切成定尺寸毛坯。铸造组织破碎后塑性增加。聚集再结晶是随温度升高、保温时间加长和晶粒的细化而加剧的，为了防止产生聚集再结晶，必须随晶粒细化逐步降低锻造温度，加热保温时间也要严格加以控制。

第二阶段：改锻。它是在β转变点温度以上80～120℃始锻，交替进行2～3次镦粗和拔长，同时交替改变轴线和棱边。这样使整个毛坯截面获得非常均一的具有β区变形特征的再结晶细晶组织。如毛坯在轧机上轧制，可不必进行此种多向镦拔。

第三阶段：荒坯锻造。它与第一次多向反复镦拔方式一样，但始锻温度取决于锻后半成品是下一道工序的毛坯还是交付产品。若是作下一道工序的毛坯，始锻温度可比β转变温度高30～50℃；若是交付产品，始锻温度则在β转变温度以下20～40℃。

由于钛的导热率低，在自由锻设备上镦粗或拔长坯料时，若工具预热温度过低，设备的打击速度低，变形程度又较大，往往在纵剖面或横截面上形成X形剪切带，水压机上非等温镦粗时尤其如此。这是因为工具温度低，坯料与工具接触，造成金属坯料表层激冷，变形过程中，金属产生的变形热又来不及向四周热传导，从表层至中心形成较大的温度梯度，结果金属形成强烈流动的应变带。变形程度愈大，剪切带愈明显，最后在拉应力作用下形成裂纹。因此，在自由锻造钛合金时，打击速度应快些，尽量缩短毛坯与工具的接触时间并尽可能预热工具到较高的温度，同时还要适当控制一次行程内的变形程度。

锻造时，棱角处冷却最快，因此拔长时必须多次翻转毛坯，并调节锤击力，以免产生锐角。锤上锻造，开始阶段要轻打，变形程度不超过5%～8%，随后可以逐步加大变形量。

最新的研究和工艺方案指出，制坯的第一、二阶段是以细化β晶粒为主要目标的，需要结合相变和再结晶的原理，经过多火次变形才能完成；第三阶段的变形设计在于细化晶内组织，达到要求的组织类型和结构参数（如β晶粒度、α集束尺寸d、初生α的比例γ、α片的厚度b等），反复镦拔不要求改变轴线方向，并要求镦拔成八方形状而不主张四方，以求组织和性能的细化均匀。每个阶段将根据铸锭的直径确保基本的锻造比，所以一个优质的钛合金锻件是与全过程的工艺因素密切相关的。

表 13-12 是棒材锻造部分工艺流程，表 13-13 和表 13-14 是 TC4 合金生产 ϕ80mm 和 ϕ45mm 棒材的工艺参数，以供参考。

表 13-12 钛合金棒材锻造部分工艺流程

锻造设备	铸锭规格/mm	棒材直径/mm	加热次数	锻造工序
锻锤或水压机	ϕ360×(700~900)	25	4	ϕ360→□190→□85→□40→ϕ25
		30	4	ϕ360→□190→□100→□50→ϕ30
		35	4	ϕ360→□190→□120→□60→ϕ35
		40	4	ϕ360→□190→□120→□70→ϕ40
		45	4	ϕ360→□190→□120→□80→ϕ45
		50	3	ϕ360→□190→□90→ϕ50
		55	3	ϕ360→□190→□95→ϕ55
		60	3	ϕ360→□190→□105→ϕ60
		65	3	ϕ360→□190→□115→ϕ65
		70	3	ϕ360→□190→□120→ϕ70
		75	3	ϕ360→□190→□130→ϕ75
		80	3	ϕ360→□190→□140→ϕ80
		85	3	ϕ360→□190→□150→ϕ85
		90	2	ϕ360→□160→ϕ90
		95	2	ϕ360→□170→ϕ95
	4500×L	80	3	ϕ500→□250→□140→ϕ80
		100	3	ϕ500→□250→□180→ϕ100
		120	3	ϕ500→□300→□210→ϕ120
		150	2	ϕ500→□260→ϕ150
		200	2	ϕ500→□340→ϕ200

表 13-13 ϕ80mm TC4 合金棒材锻造工艺参数

加热次序	加热设备	加热温度/℃	终锻温度/℃	锻造设备	锻造规格/mm	变形量/%
1	重油炉	1150	850	1250t 水压机	ϕ500→□250	68
2	重油炉	1060~1100	800	1250t 水压机	□250→□140	69
3	电 炉	950~970	750~800	1250t 水压机	□140→ϕ80	75

表 13-14 ϕ45mm TC4 合金棒材锻造工艺参数

加热次序	加热设备	加热温度/℃	终锻温度/℃	锻造设备	锻造规格/mm	变形量/%
1	煤气炉或重油炉	1150	800	3t 或 5t 锤	ϕ360→□190	64
2	煤气炉或重油炉	1050~1080	800	3t 或 5t 锤	□190→□120	60
3	煤气炉或重油炉	980~1000	750	3t 锻锤	□120→□80	56
4	煤气炉或重油炉	950~970	750	3t 锻锤	□80→ϕ45	75

锻饼坯料可以开成圆棒状，也可以开成方棒状。尺寸大小由饼材大小来决定，但要保证镦拔的可能性。用锯床、车床冷下料可以保证尺寸精确，在锻压设备上热切也是可以的。TC4 合金 ϕ200mm×106mm 饼材锻制过程见表 13-15。

表 13-15 TC4 合金 ϕ200mm×106mm 饼材锻制过程

加热次序	加热说明	工艺简图	锻造说明
1	煤气炉或油炉加热铸锭，温度为 1150℃	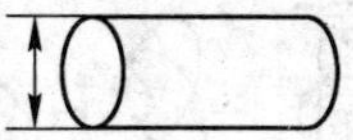	在 3t 或 5t 锤上将铸锭开坯成 ϕ160mm，热切成 ϕ160mm × 150mm 的坯料，该火锻比为 3.93
2	煤气炉或油炉加热坯料，温度为 950 ~ 970℃	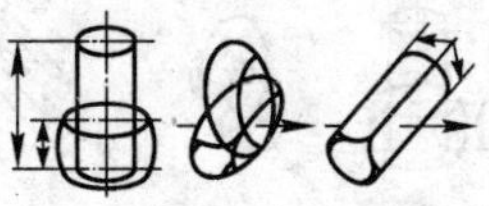	将坯料稍打圆，再镦粗到 h = 100 ~ 110mm，再沿径向拔长成 ϕ160mm
		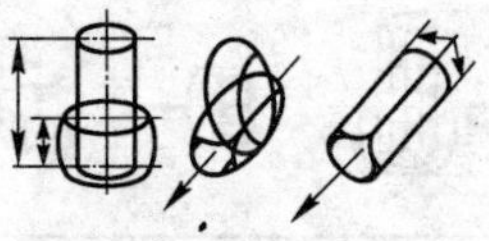	第二次稍打成圆后，再镦粗到 h = 100 ~ 110mm，随后再沿原来的轴向拔长成 ϕ160mm
		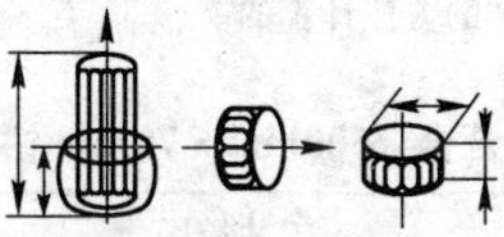	第三次稍打圆后，再镦粗平整成 ϕ200mm × 106mm 后空冷，该火总镦粗比为 4.8 ~ 6

注：这里总镦粗比是采用各次镦粗比相加的方法计算的。

为了保证饼材的晶粒细小均匀，综合性能好，必须进行 2 ~ 3 次甚至 3 ~ 5 次的反复变换方向的镦粗与拔长，每次镦粗比为 1.5 ~ 2。

对于较小的饼材可以采用一火完成三镦两拔的工艺，对于大中型饼材可以采用多火次镦拔，加热温度由高逐渐降低的工艺。但最后两火的温度一定要低于(α + β)/β 相变点，总变形量要在 70% 以上，如果变形量不足时，相应的加热温度应低一些。表 13-16 是在锻锤上锻制 ϕ400mm × 90mm TC4 饼材的工艺过程，表 13-17 是用水压机锻制 ϕ500mm × 70mm TC4 饼材的工艺过程。

表 13-16 TC4 合金 ϕ400mm×90mm 饼材锻制工艺过程

加热次序	加热说明	工艺简图	锻造说明
1	煤气炉或油炉加热铸锭，温度为 1150℃	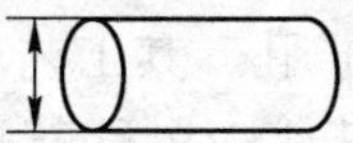	在 3t 或 5t 锤上将铸锭开坯成 ϕ230mm 的圆，而后在车床或锯床上切成 ϕ230mm × 310mm 的饼坯
2	煤气炉或油炉加热饼坯，温度为 1030 ~ 1050℃	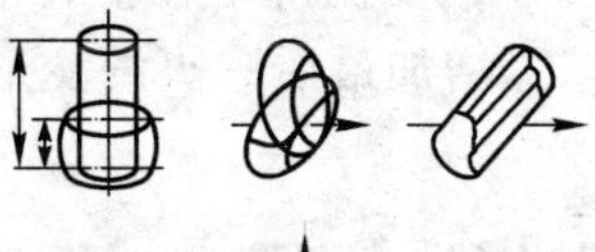 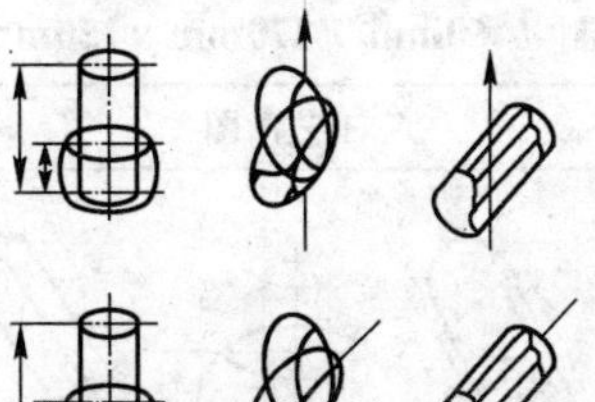 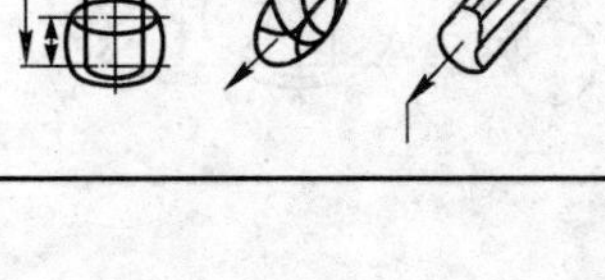	将饼坯镦粗到 h = 150 ~ 200mm，再换向拔长成 ϕ230mm × 310mm，共重复三次，该火总镦粗比为 4.8 ~ 6.6

续表 13-16

加热次序	加热说明	工艺简图	锻造说明
3	煤气炉或油炉加热饼坯，温度为980～1000℃	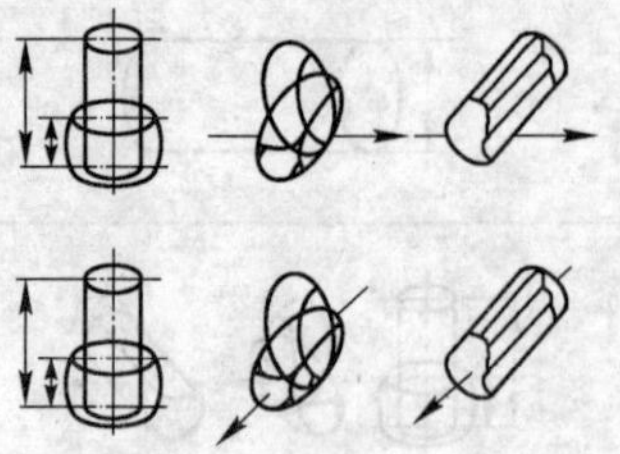	再重复镦拔两次，最后锻成ϕ230mm×310mm，该火总镦粗比为3.2～4.4
4	成品锻造加热温度为950～970℃	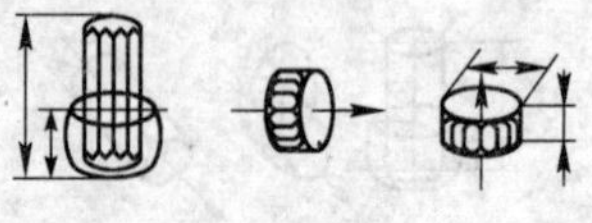	边镦粗，边滚圆，最后锻成ϕ400mm×90mm的饼材，该火总镦粗比为3.3

注：这里总镦粗比是采用各次镦粗比相加的方法计算的。

表 13-17　TC4 合金 ϕ500mm×70mm 饼材锻造工艺过程

加热次序	加热说明	工艺简图	锻造说明
1	重油炉加热铸锭，温度为1100℃		在1250t水压机上将铸锭开坯成ϕ310mm，后在车床上扒皮切割成ϕ290mm×210mm的饼坯
2	重油炉加热饼坯，温度为1030～1050℃	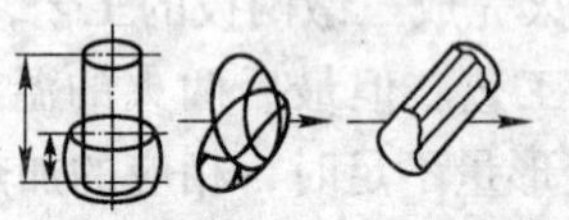	在水压机上将饼坯镦粗到h=150mm，再沿径向拔长成ϕ290mm，该火镦粗比为1.4
3	重油炉加热饼坯，温度为950℃	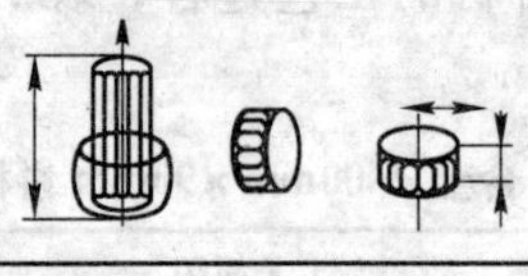	镦粗滚锻成ϕ500mm×70mm饼材，终锻温度840℃，该火镦粗比为3

环材的锻造是在饼材锻造的基础上再加上冲孔与扩孔工序而完成的。对于内径较小、壁厚较厚的环材可以采用冲头扩孔，其工艺过程见表13-18。对于内径较大、壁厚较小的环材多采用马杠扩孔法。表13-19和表13-20分别为在锻锤上和水压机上锻制TC4合金环材的工艺过程。为了减少温降，在扩孔前应将马杠和锤头预热。目前锻造环材最后一火的锻造比为1∶3。增加最后一火的变形量对提高环材的综合性能是有益的。

表 13-18　冲头扩孔法锻制 ϕ460mm/ϕ270mm×150mm TC4 合金环材工艺过程

加热次序	加热说明	工艺简图	锻造说明
1	油炉加热铸锭，温度为1100℃	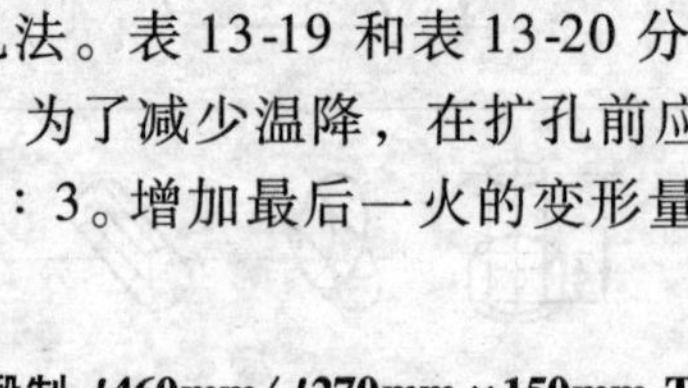	在3t锤上将铸锭开成ϕ220mm×410mm的环坯

续表 13-18

加热次序	加热说明	工艺简图	锻造说明
2	油炉加热环坯，温度为 960～980℃	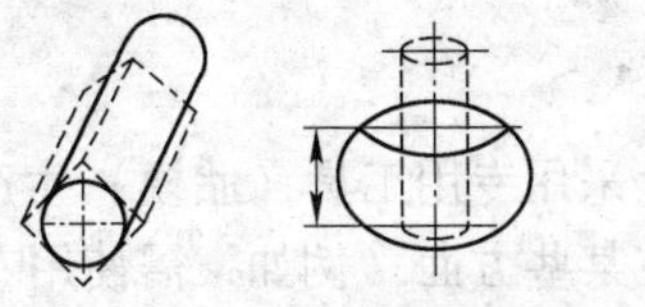	在 3t 锻锤上，先将 ϕ220mm × 410mm 的环坯滚圆，再镦粗到 h = 200 ～ 250mm，再换向拔长成 ϕ220mm × 410mm，之后再重复一次拔长
3	油炉加热环坯，温度为 960～980℃	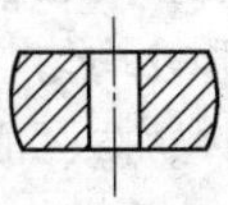	在上述设备上，先将 ϕ220mm × 410mm 的环坯滚圆，再镦粗到 h = 180～200mm，而后用 ϕ120mm 的实心冲子冲孔
4	油炉加热冲孔环坯，温度为 940～960℃	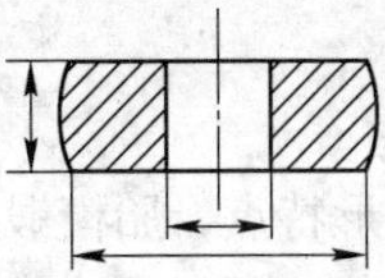	用扩孔冲头，在上述设备上扩孔，共经五种规格的冲头，冲头规格见表 13-19，最后精整达 ϕ460mm/ϕ270mm × 150mm 的环材

表 13-19　扩孔冲头规格（参照图 13-50）（mm）

序号	d_1	d_2	d_3	H_1	H_2	H_3
1	115	150	140	100	80	230
2	145	180	150	100	80	230
3	175	210	150	100	80	230
4	205	240	150	100	80	230
5	235	270	150	100	80	230

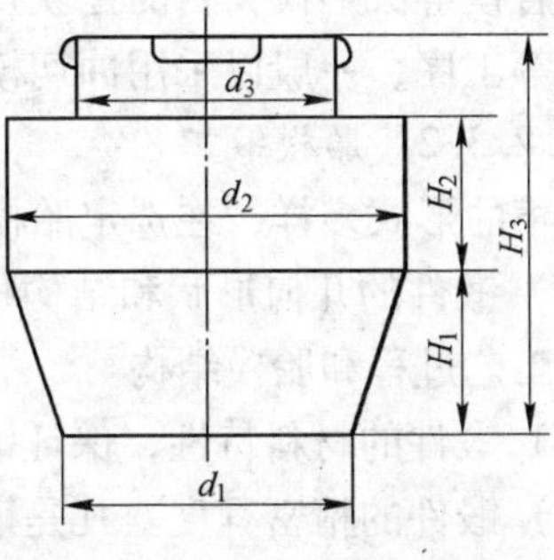

图 13-50　冲头示意图

表 13-20　在 3t 或 5t 锤上锻制 ϕ490mm/ϕ360mm × 90mm TC4 合金环材工艺过程

加热次序	加热说明	工艺简图	锻造说明
1	煤气炉或油炉加热铸锭，温度为 1150℃	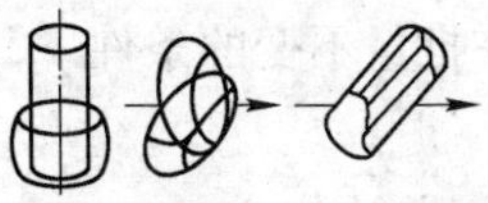	铸锭开坯成 ϕ230mm 的棒，再在车床上切成 ϕ230mm × 300mm 的环坯
2	上述设备加热环坯，温度为 1030～1050℃	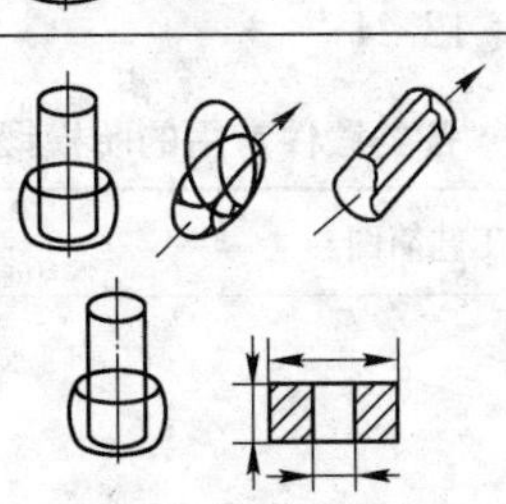	将环坯镦粗到 h = 200～140mm，再换向拔长成 ϕ230mm × 300mm，经三镦两拔后成 ϕ400mm × 100mm 的饼，之后冲 ϕ200mm 的孔，该火总镦粗比为 4.5～6.3
3	上述加热设备加热，温度为 950～970℃	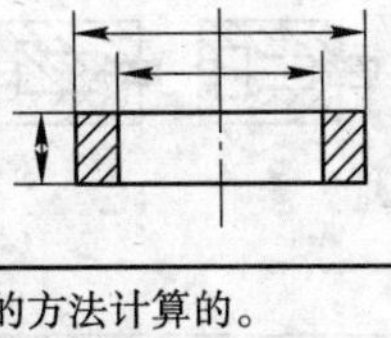	在马架上扩孔，在平砧上整形成 ϕ500mm/ϕ350mm × 100mm 的环材，待空冷后车成 ϕ490mm/ϕ360mm × 90mm 的环材，该火锻造比为 1.3

注：这里总镦粗比是采用各次镦粗比相加的方法计算的。

13.2.2.5 锻件的精整

自由锻的润滑和精整同模锻，详见13.3.5和13.3.6节。

13.2.3 胎模锻

胎模锻是在自由锻设备上采用专用工具（胎模）生产锻件的一种方法。胎模锻工艺是自由锻工艺发展起来的，而在某些方面（例如，需使用专用模具、锻件结构要素、金属流动方式等）已和普通模锻工艺接近。因此，与自由锻比较，其优点是：可生产形状复杂锻件，锻件的尺寸精度比自由锻件高，变形较均匀、流线分布较合理，可提高生产效率和减少材料消耗。胎模结构比正规锻模简单、易造、成本低、生产准备周期短。缺点是：锻件精度不如正规模锻件的高，工人劳动强度也较大，胎模寿命较短。胎膜锻适用于锻件的中、小批量生产。

13.2.3.1 胎模锻的种类

根据胎模的结构形式和金属的变形特点，胎模锻大致可分为制坯、成形和修整三个步骤：制坯主要采用摔模、扣模或弯曲模，目的是获得较简单的外形。成形主要采用套模、垫模或合模等成形模，目的是获得锻件的最终形状。修整是对锻件进行校正、切边、冲孔或压印等工序，一般以采用冲切模、校正模为主。

13.2.3.2 胎模锻工艺

胎模的形式多样，在选定胎模锻工艺方案时，应考虑以下几个问题：

（1）锻件的几何形状和结构特点。一般可参照模锻件制坯工步的选定原则，确定最佳的锻造工艺过程和胎模结构。

（2）锻件的材料特性，保证锻件在较理想的应力状态下成形。

（3）锻件的精密程度。凡是锻件尺寸较精确的部分，应安排在同一模块的型槽中或合模中成形。

（4）锻件的批量。批量较大时，可采用较完整、复杂的工艺过程，如局部摔锻和弯曲合模成形，批量较小时，则应选用简易的工艺。

（5）现场生产条件。包括锻锤的吨位、加热条件、模具制造能力等。

（6）可允许的锻件最高成本。在批量不变的条件下，可允许的锻件最高成本越高，则工艺方案的选择的宽度越大。

各类锻件常用的胎模锻工艺见表13-21。

表13-21 各类锻件常用的胎模锻工艺

锻件类别		变形工艺简图	工艺特点及应用范围
圆轴类	台阶轴	摔形拔长 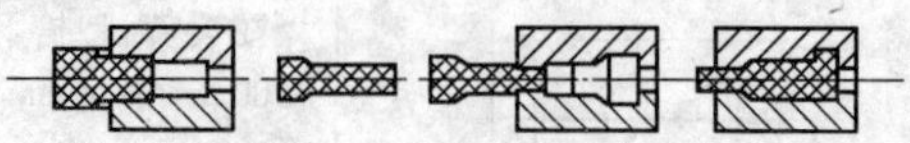	胎模轻便，所需设备能力小；锻件台阶同心度及平直度不易保证；生产率低，适用于长度较大的多阶轴及截面平滑变化的杆轴

续表 13-21

锻件类别		变形工艺简图	工艺特点及应用范围
圆轴类	法兰轴	局部镦粗-摔形拔长 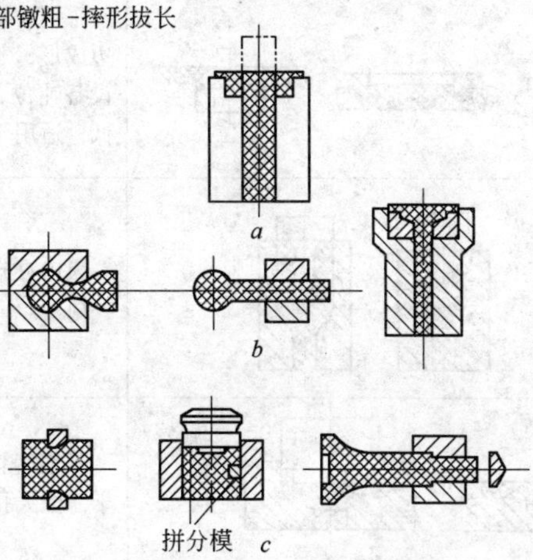	头部镦粗比不大于 2、锻件总长度不大于 500mm 时，采用直径等于杆部的毛坯直接镦粗（如图 *a*）；当不能直接镦粗时，一般采用直径接近头部的毛坯，先摔形拔长，再局部镦粗（如图 *b*），此时头部与杆部垂直度好、生产率高，但胎模笨重；也可采用直径接近头部尺寸的毛坯，先压肩，再局部镦粗后摔形拔长（如图 *c*），胎模轻便，锻件长度不受限制，但法兰与轴垂直度差，校直费工
圆盘类	法兰	镦挤 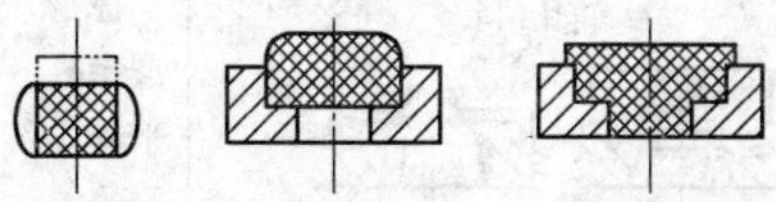	法兰部分镦粗成形，凸台部分压入成形，适用于中小型宽缘、短凸台法兰
		局部镦粗 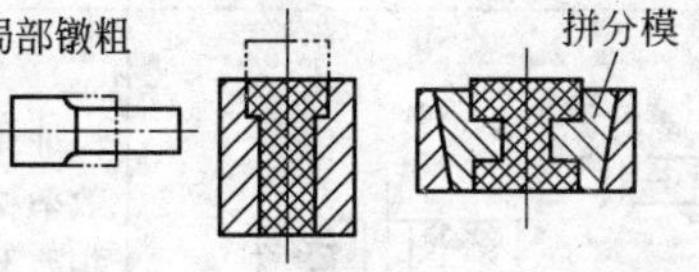	毛坯直接（或拔长后）局部镦粗，适用于窄缘、高凸台法兰及双面法兰
		冲挤 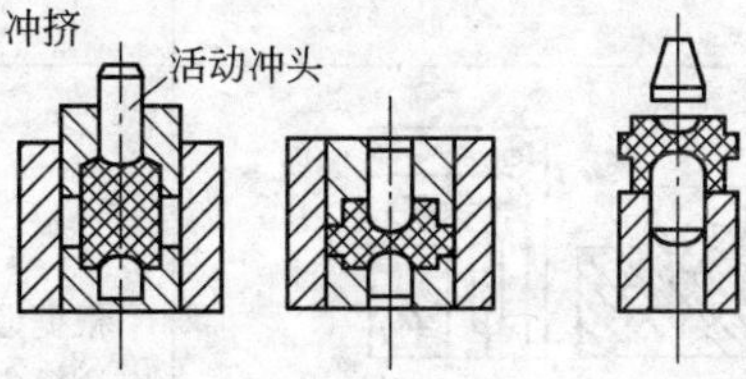	模内固定冲头（或活动冲头）冲挤、镦粗，适用于中小型窄缘、厚壁、有孔法兰
		拉挤 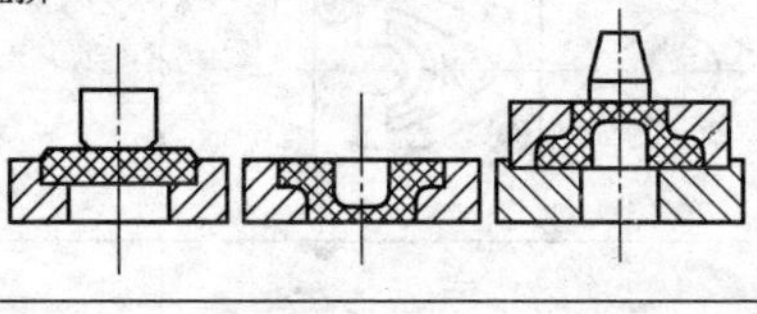	毛坯预镦后拉挤孔壁，镦粗法兰，所需设备吨位小，操作技术要求高，适用于大中型宽缘，薄壁（尤其是斜壁）、有孔法兰
		扩口 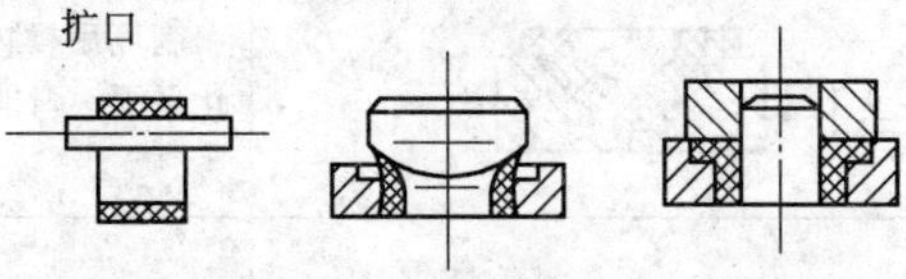	预锻筒坯，然后将一端筒壁扩口为法兰，适用于窄缘、薄壁、大孔法兰
	齿轮	套模闭式成形 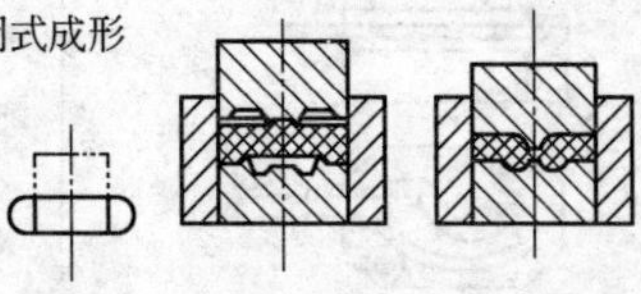	毛坯预镦或其他方式制坯后，套模无毛边成形，节约金属，高度方向公差大，适用于中小型扁薄齿轮

续表 13-21

锻件类别		变形工艺简图	工艺特点及应用范围
圆盘类	齿轮	压边 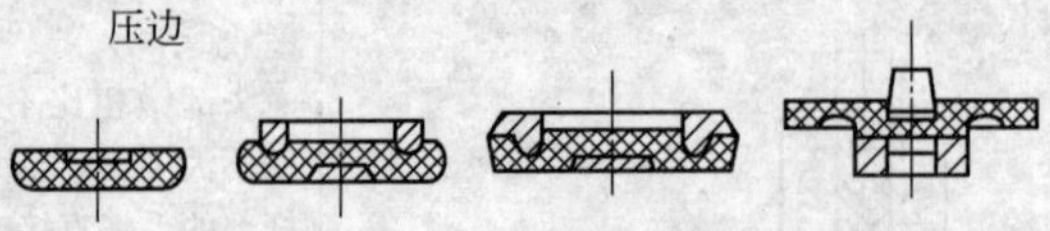	采用小型压边工具，多次局部压边成形，工具简单，大大降低所需设备吨位，但锻件精度差，生产率低，适用于中型薄幅齿轮
	杯筒	冲挤 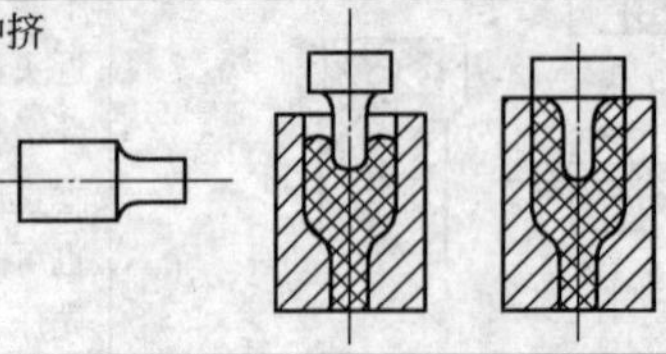	模内冲挤出孔，适用于厚壁小孔杯筒
		翻边 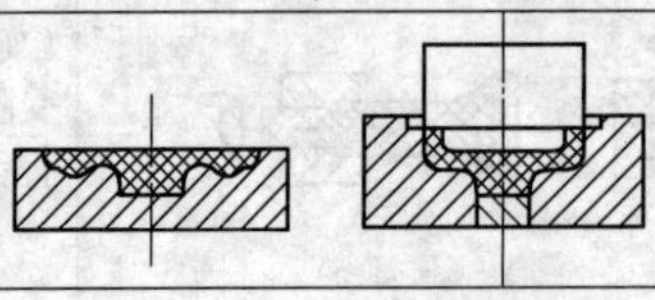	制坯后将法兰边翻为筒壁，适用于薄壁大孔杯筒
圆环类	环套	冲切孔 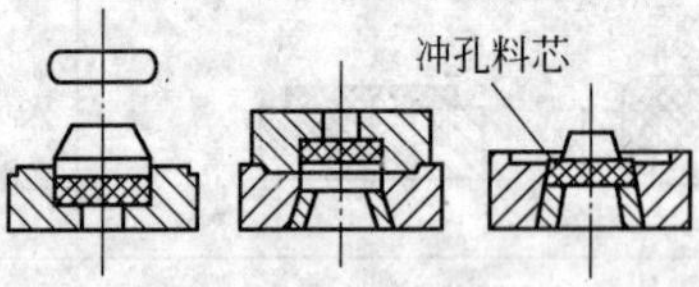	成形后冲切出孔，孔壁光洁，生产率高，冲切芯料较大，适用于扁平环
		扩孔—整形 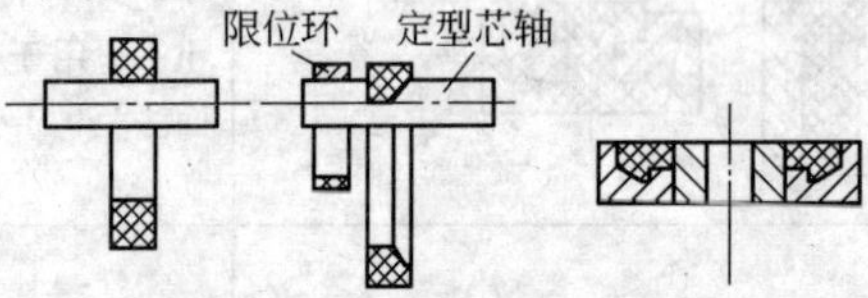	冲孔扩孔后模内整形、可提高扩孔效率和锻件尺寸精度，还能获得直径相差不大的内（外）台阶环、套
杆类	直杆、弯杆、枝杆、叉杆	合模成形—切边 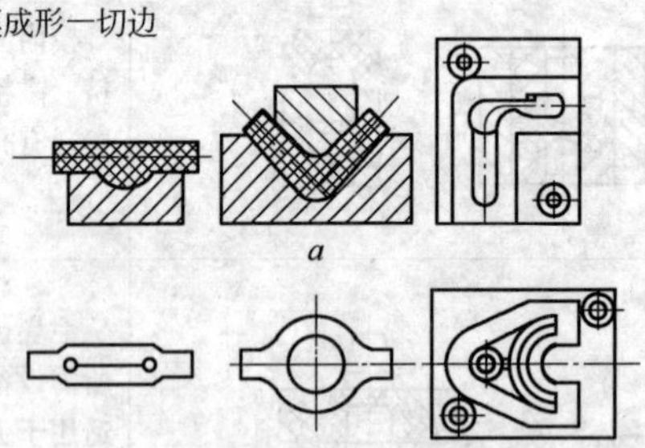 *a* *b*	根据锻件截面和轴线形状制坯后，在合模内整体（或局部）成形，并切去毛边：适用于各类锻件
		制坯—弯曲 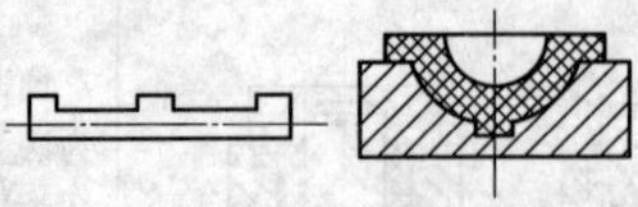	制坯后模内弯曲成形；适用于变化平缓、弯曲角度较大的弯杆
		制坯—冲形 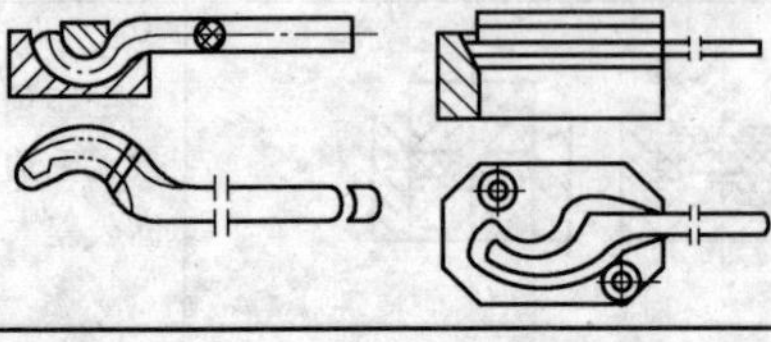	制坯后模内冲形；适用于外形复杂的扁平弯杆

13.2.3.3 胎模锻设备吨位的确定

胎模锻时，由于工艺过程采用组合形式较多，金属变形方式也不相同，因此，试图用一个公式准确地计算出所需设备的吨位，尚有困难。目前，用得比较多的是参照以下方法进行估算。

带毛边的合模锻造时，锻锤落下部分重量 G 按下式计算：

$$G = KF(\text{kg})$$

式中 K——锻件的投影面积，cm^2；

F——影响金属流动的系数，通常为 5～10。对于简单形状锻件，取 5、6；对于较复杂形状或局部有肋的锻件，取 6、7；对于不经制坯而直接成形的小型锻件，取 7、9；对于薄形锻件，取 8～10。

无毛边闭式套模锻造和跳模锻造时，锻锤落下部分重量可参照表 13-22 选择。

表 13-22 锻锤的选择

锻锤落下部分重量/t	锻件最大直径/mm		锻锤落下部分重量/t	锻件最大直径/mm	
	无毛边闭式套模锻	跳模锻		无毛边闭式套模锻	跳模锻
0.25	80～100	65	0.75	175～185	100
0.4	130～150	75	1.0	200～210	120
0.56	155～165	85			

应用上述方法选择锻锤落下部分重量时，必须注意，当锻件的材料为变形抗力较大的钛合金时，锻锤的落下部分重量应比上述公式计算结果或表列数值增大 30%～50%。当采用闭式套模成形时，不宜选用过大的锻锤，以免胎模破裂和下砧凹陷；当采用多火次锻造时，锻锤可适当小些。

13.2.4 特种锻造

13.2.4.1 旋锻

旋转锻造又称径向锻造，是在多锤头对击的旋转锻机上生产精密轴类件的一种回转成形工艺。旋锻时，毛坯受到几个锤头沿径向对称高速锤打，直径减小，轴向延伸。在锻造时，毛坯与锤头之间有相对的旋转运动和轴向运动。

旋转锻造兼有脉冲加载和多向锻打两个特点，这有利于金属均匀变形和提高塑性。因此此工艺可以用于高强度、低塑性的高合金，尤其钛及其合金的开坯和锻造。旋锻具有锻件质量高、尺寸精度高、生产效率高和自动化程度高等特点。锻造的锻件尺寸范围较广，但其设备结构复杂，专用性强，已普遍用于实心台阶轴、锥形轴、空心轴零件的生产。

旋锻按其锻造温度可分为冷锻、温锻和热锻 3 种。空心件的锻造可分为无芯棒锻造和有芯棒锻造。旋转锻造过程可分为逐级锻造和连续锻造。前者可在径向送进不可调节的锻机上进行，锻件的外形由闭合状锤头来保证。目前广泛采用的是连续锻造，它是在径向送进量可调的锻机上进行的，锻件的外形由改变锤头锻打的行程和毛坯的轴向送进量来保证。这种方法适用于锻造截面较大、长度较长的多台阶锻件。

旋锻主要工艺参数除变形程度、变形温度外，还有毛坯转速、径向进给速度、轴向送进速度和径向压下量等。热锻时坯料的加热温度比其他模锻工艺低 50 ~ 150℃。旋锻时毛坯随夹头旋转而旋转，所以毛坯在锻打时的转速实际是夹头的转速。进锤速度指单位时间内锤头在毛坯径向送进量，又称径向进给速度。轴向送进速度指单位时间夹头移动的距离。轴向送进速度越大，生产率越高，但工件表面质量下降。径向压下量指锤头一次打击中毛坯径向尺寸的减缩量。

旋锻的锻打方式按夹头相对于锤头的运动方向不同分为推打和拉打两种。毛坯拉打变形时，夹头逐渐远离锤头；推打变形时，夹头则逐渐靠近锤头。旋转锻造的工具主要有锤头、夹头和芯棒等。机械仿形锻机上还有仿形板。

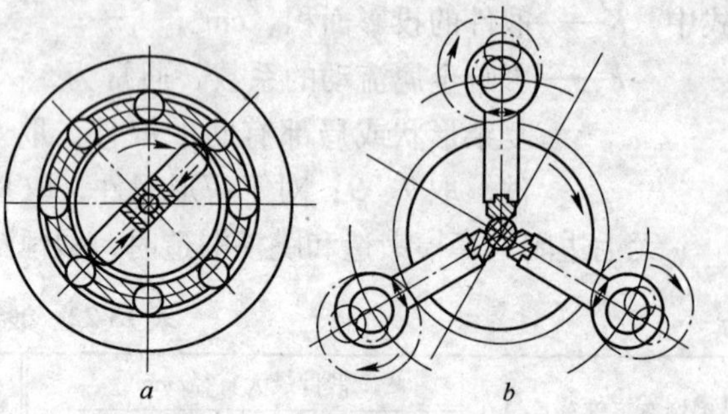

图 13-51　旋转锻造示意图

a—在轮转锻机上锻造；*b*—在径向精密锻机上锻造

旋锻设备有轮转锻机（滚柱式旋转锻机）和径向精密锻（轴）机两类（见图13-51）。轮转锻机有滚柱圈固定而主轴旋转式和主轴固定而滚柱圈旋转式等形式，但多为前者。径向精密锻（轴）机可分为立式和卧式两种。立式精密锻机锻造时，锻件沿着垂直方向送进，锤头在水平方向对工件进行锤击。卧式精锻机锻造时，锻件沿水平方向送进，易实现自动上下料并适于锻造长轴类件。目前多采用卧式精锻机。

13.2.4.2　棒材精锻

用精锻机生产钛及钛合金棒材具有生产效率高、尺寸精确、表面质量好、材料利用率高等特点，在钛棒生产中越来越显示出它的优越性。

A　精锻工艺特点

精锻具有以下特点；

（1）锤头锻打频率高，每分钟可达数百次甚至上千次。这种加载方式降低了金属和工具之间的摩擦系数，锻件表面光滑，内部变形均匀。

（2）锤头锻打时，每一冲程行程小、变形量小、与金属接触面积小,可以大大减小变形力及变形功,能降低设备的吨位和提高工具的使用寿命。

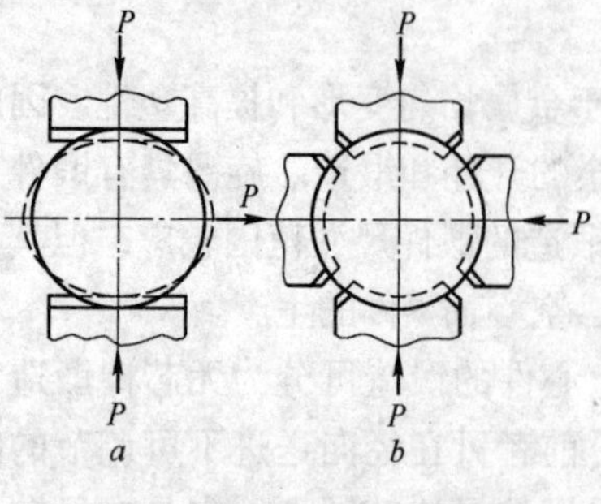

图 13-52　锻造时圆截面的变形

a—平砧锻造；*b*—有四个弧形凹模的径向锻造机的锻造

（3）锤头的行程可以任意调节，锤头的型面对工艺尺寸适应较大，不必更换锤头，可以生产一定尺寸范围的锻棒。

（4）锻造时，四个锤头的行程保持不变，所以尺寸精度高。

（5）可根据坯料在变形过程中温度的变化，调整送料量，实现“等温”锻造。

（6）依照四个带有弧形凹槽的锤头压缩金属，金属只能轴向延伸，所以不会产生周向棱角和裂纹（见图13-52*b*），这与自由锻时的平砧压缩（见图 13-52*a*）

不同。

（7）锻打时将产生很高的三向压缩应力，可使金属的塑性提高2～3倍，能获得很高的道次锻比（纯钛6/1，合金4/1）。

（8）当进料速度及道次压下量很大时，将在坯料内部产生很高的热效应，使变形温度升高，如TC11合金的温升可达到90℃，过高的温升会使锻件组织粗化。

B　棒材精锻工艺过程

精锻时的主要工序是拔长，在锻造过程中，坯料与锤头既有相对的轴向移动，又有相对的转动，如图13-53所示，可以生产实心锻件、圆棒和型棒，又可以生产空心锻件。

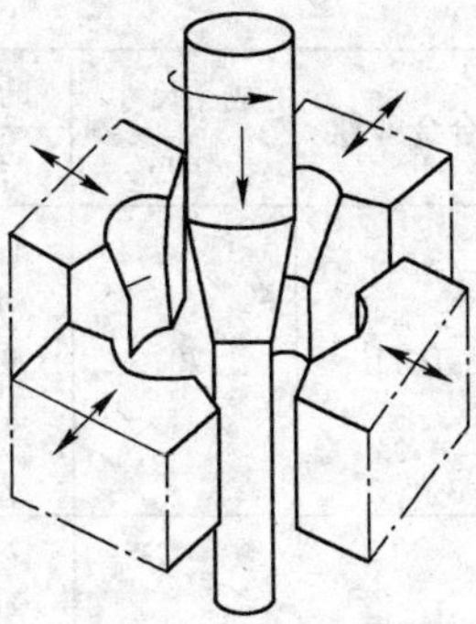

图13-53　精密锻造示意图

当坯料一面转动，一面轴向移动时，可生产方棒、矩形棒等，矩形棒的长宽比值可达1/5；当坯料只做转动而不进行轴向移动时，可用于管件缩颈及两个同心锻件的连接等。

用芯棒精锻空心坯料时可以生产空心锻件。芯棒锻造有长芯棒锻造和短芯棒锻造两种，当芯棒工作部分比空心锻件长度略长时，称为长芯棒锻造，可生产阶梯形或锥形锻件；当芯棒工作部分比锤头工作部分略长时，称短芯头锻造，用于锻造内孔尺寸均一的管材。典型的棒材变形工艺如表13-23所示。

表13-23　钛合金圆形棒材变形工艺制度

合金牌号	成品尺寸/mm	断面尺寸/mm		加热温度/℃	道次变形量/%	进给速度/m·min^{-1}	锻造力/kN	锻造功率/kW
		始锻	终锻					
TA2	98	130	110	800	28.4	3～4		
		110	99		19.0	6		
		99	98		精　整			
TA2	75	130	100	800	4038			
		100	76		42.2	4～5		
		76	75		精　整			
Ti-Mo-Ni	60	130	95	800	46.6			
		95	75		37.7			
		75	61		33.8			
		61	60		精　整			
TC4	61	117	100	940	27	2		140～150
		100	85		28	4		140～150
		85	71		30	4		130～140
		71	62		24	4		130
		62	61		精　整			
TC4	52	117	100	940	26.9			
		100	84		29.4			
		84	70		30.5			
		70	60		26.5			
		60	53		22			
		53	52		精　整			

续表 13-23

合金牌号	成品尺寸/mm	断面尺寸/mm 始锻	断面尺寸/mm 终锻	加热温度/℃	道次变形量/%	进给速度/m·min⁻¹	锻造力/kN	锻造功率/kW
TC11	70	125	110	960	23.6	2	970.2	140~150
		110	94		27	2	980.6~1097.6	140~150
		94	80		27.6	2.4	1038.8~1117.2	140
		80	71		21.2	3.0	1038.8~1156.4	100
		71	70		精　整	2		
TC11	28	51	40	930	38.5	2		105~130
		40	33		32	2		80
		33	29		33	2		70
		29	28		精　整			

13.2.4.3　棒材快锻

快锻液压机锻压速度接近于汽锤的液压机，简称“快锻机”。压力为500~3000t，但以1000~2000t居多。每分钟锻压次数可达80~120次。快锻液压机一般采用双柱或四柱下拉式结构，液压系统部件的动作灵敏、快速。液压机通过计算机控制活动横梁的压下量与行程，同时也将液压机与操作车连锁操纵。现在已发展到锻压过程控制，生产坯料尺寸精度可达±1~2mm。

20世纪50年代开始研制快锻液压机。当时，新型合金材料不断出现，这些材料塑性差，变形抗力大，热加工温度范围窄，要求锻压设备能力大、速度快，一般的锻压水压机和汽锤都不能兼具这两个条件，而快锻液压机却能够兼具，因此，在60~70年代得到很大发展，几乎代替了3000t以下的锻压水压机。我国从20世纪60年代也开始试制了500t、630t和2000t几种快锻液压机。快锻液压机广泛用于机械制造业，也用于特殊钢及钛合金生产中。为了扩大品种、提高质量，快锻液压机已成为现代化特殊钢厂的必备装备，对耐热合金、不锈钢、高速钢、模具钢等材料都能加工。它可生产较大规格的方、圆、扁坯锻材和盘件、环件、炮筒、炮尾座及各种自由锻件，适合多品种小批量的生产；如与精锻机联合作业，还可生产大型管坯、车轴等产品。

13.2.4.4　辊锻

辊锻是指用轧辊上的扇形模块进行长轴类或板片类工件纵轧的回转成形工艺。辊锻时，毛坯从装有扇形模具的一对反向旋转的轧辊中通过，借助模槽使金属连续地产生局部塑性变形，从而获得所需的锻件或锻坯，如图13-54所示。辊锻工艺是将轧制+锻造两种变形方式组合而成的一种金属塑性加工工艺。辊锻集中了轧制和模锻两种工艺的优点。辊锻时，金属连续地局部变形，所需变形力小，设备吨位小，辊锻生产率高，工艺过程简单，易于实现机械化自动化，辊锻件具有良好的金属流线，质量好，但形状复杂的制件难以辊锻成形。

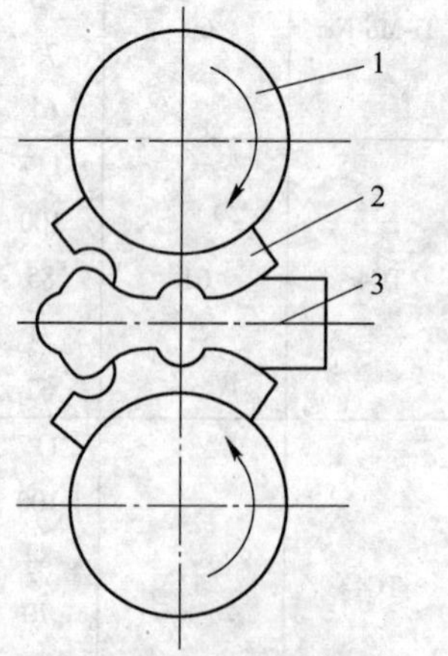

图13-54　辊锻示意图
1—轧辊；2—扇形模块；3—锻件

辊锻工艺按用途可分为制坯辊锻和成形辊锻两类。制坯辊锻又分为单型槽辊锻和多型槽辊锻两种；成形辊锻又分为完全成形辊锻、预成形辊锻和部分成形辊锻三种。它们的变形特点及其应用范围见表13-24。辊锻按温度范围分为冷辊锻和热辊锻。辊锻按坯料送进方式可分为顺向送进和逆向送进两类，前者是毛坯从辊锻机的一侧送进、从另一侧辊锻出来，多用于成形辊锻中；逆向送进则是坯料的送进与辊锻件出口同在辊锻机的一侧，制坯辊锻多采用这种方式。

表13-24 辊锻工艺的分类

分类		变形过程特点	应用
制坯辊锻	单型槽辊锻	在单个开式型槽内一次或多次辊锻，或用闭式型槽一次辊锻	用于毛坯端部拔长或用于模锻前的制坯工序，例如扳手的杆部延伸
	多型槽辊锻	在几个开式型槽中连续辊锻，或在闭式与开式的组合型槽中辊锻	主要用于模锻前的制坯工序
成形辊锻	完全成形辊锻	在辊锻机上完成锻件的全部成形过程，可在开式型槽、闭式型槽或开式闭式组合型槽中辊锻	适用于小型锻件及叶片类锻件的直接辊锻成形，例如各类叶片的冷、热精密辊锻和医疗器械的冷辊锻
	预成形辊锻	锻件在辊锻机上基本成形，即完成相当于模锻工艺的预锻或超过预锻的成形程度，在辊锻后用其他设备进行最终整形	适用于辊锻截面差较大、形状较为复杂的锻件
	部分成形辊锻	锻件的一部分形状在辊锻机上成形，而另外一部分采用模锻或其他工艺成形	适用于辊锻具有长杆类或板片类锻件

制坯辊锻用于长轴类锻件模锻前的制坯工序，是使坯料沿其长度上产生分配金属体积的变形，因此，毛坯产生了较大的塑性变形，满足了锻件形状的要求。上下轧辊扇形模块上的模槽构成了辊锻型槽。制坯辊锻使原始毛坯在一系列型槽中逐渐变形，最后达到所要求的尺寸和形状，这一系列型槽称为制坯型槽系。制坯辊锻常用的型槽系有椭圆-方系、椭圆-圆系、菱-方系和六角-方系等。

成形辊锻适用于生产截面变化不显著的扁宽类锻件。成形辊锻模具型槽分三类：成形辊锻型槽、预成形辊锻型槽和制坯辊锻型槽。成形辊锻型槽又有终成形辊锻型槽和初成形辊锻型槽两种。终成形辊锻型槽辊锻后的锻件无需进行整形就达到所要求的形状和尺寸，而经初成形辊锻型槽辊锻后的锻件还需要进行局部、小量的整形，才能达到锻件图所要求的形状和尺寸。预成形辊锻型槽的任务是将金属预制成形，以得到一个能保证在终（初）成形辊锻时良好成形的合理毛坯形状和尺寸。制坯辊锻型槽用于完成锻件金属体积的分配，为预成形辊锻或成形辊锻制坯。

辊锻机其结构与二辊纵轧机相似。辊锻机按结构形式分为悬臂式、双支承式和复合式三种。悬臂式辊锻机的锻辊工作部分悬伸在机身外；双支承式辊锻机的锻辊工作部分在两机架之间；复合式辊锻机的锻辊包括支承在两机架间的内辊和悬伸在机架外的外辊两部分。辊锻机按送料方向可分为卧式、立式和斜式三种；按传动部分与工作部分相对位置可分为整体式和分离式两种；按用处分为通用和专用两种。

13.2.4.5 摆锻

摆锻是指借助摆锻式轧机的上下、左右两对摆动的锤头或工作辊，快速交替锤击或轧制轧件，使其承受大的塑性变形的金属塑性加工工艺。摆锻工艺具有变形量大的特点，即一次延伸系数可达8~9；摆锻工艺还具备高度灵活的特点。

摆锻式轧机分为砧式摆锻机和辊式摆锻机两种。砧式的工作原理如图13-55所示，电

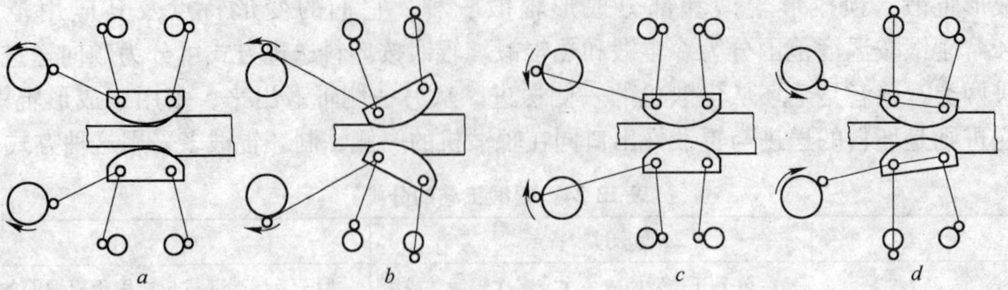

图 13-55 砧式摆锻机工作原理

a—锤头开始下降；b—锤头与轧件接触；c—压缩金属；d—加工完毕锤头开始离开轧件

机通过伞齿轮驱动 4 个曲柄连杆机构，使水平的和垂直的两对锤头来回摆动，轧件四面受到加工，有利于金属塑性的提高。锤头的摆动既可使轧件前进而无需送料设备，又对轧件进行压缩使其产生塑性变形。虽然每锤击一次轧件变形量不大，但由于锤击频率达 220 次/ min，故一道积累的延伸系数可达 8 ~9。用这种工艺将 180mm 的方坯在不经中间加热的条件下与线材轧机配合，可轧出 1. 5mm、重 5000kg 的盘条，金属收得率达 98% 。

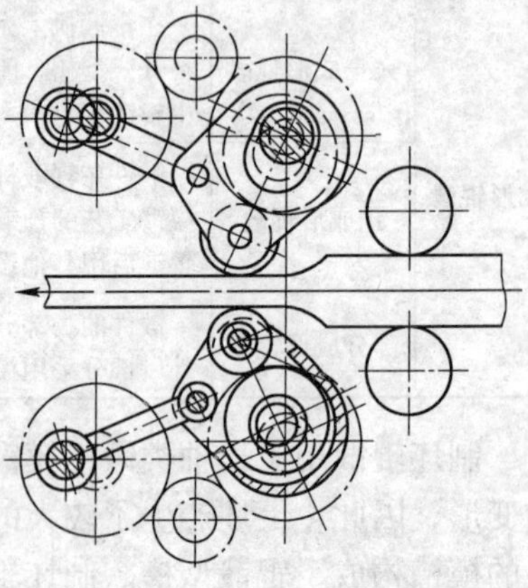

图 13-56 DSW 辊式摆锻机

辊式摆锻机（见图 13-56）的工作原理与砧式相似。水平、垂直两对由大辊支撑的工作辊往复运动，把轧件曳入轧辊间并使其变形。由于轧辊相对轧件滚动，故轧件表面较好，轧辊磨损小。

13. 2. 5 产品质量及控制

13. 2. 5. 1 锻件的质量检验

质量检验是锻件质量控制的重要环节之一，包括坯料的检验和成品检查。坯料检验包括锭号、节号的检验，形状及尺寸的检验，表面缺陷的目视检验。锻件质量检验的内容及方法见表 13-25。

表 13-25 锻件检验的内容及方法

检查目的	检验内容	检验方法
外观检验	外形、尺寸、表面裂纹、折叠、歪扭、弯曲等	尺寸用直尺、卡尺、千分尺或样板等检验；表面用肉眼检验，必要时用 5 ~10 倍放大镜
内部缺陷	夹杂、裂纹、孔洞、疏松、粗晶等	用超声波或涡流等无损探伤等方法
宏观（低倍）组织	裂纹、偏析、夹杂等冶金缺陷及晶粒度等组织缺陷	从锻件上按规定方向或位置切取薄片，腐蚀后用肉眼或 10 倍以下放大镜检验，按评级标准进行评级
显微组织	对两相合金检验晶界初生 α 相的形状、大小、体积分数及分布等；对单相合金检验晶粒度大小	在锻件上切割试样，进行金相检验，并按评级图进行评级
力学性能	硬度、室温及高温强度，室温及高温塑性、疲劳、蠕变、断裂韧性等	各种试验机

13.2.5.2 锻件的主要缺陷

锻件的缺陷有可能是原材料遗传下来的，也有可能是锻造或热处理过程产生的，对于同样一种缺陷，可能来自不同的工序中。因此，在分析具体锻件缺陷时，一定要全面分析，逐项排除疑点，找出产生锻件缺陷的直接原因，采取针对性的措施，避免锻件缺陷的再次出现。

通常，原材料在出厂和入厂时都经过严格的质量检验和复验，但是由于缺陷的分散性、隐蔽性，仍然可能有一部分缺陷遗传给锻件。

钛合金锻件的主要缺陷及产生原因如表13-26所示。

表13-26 钛合金锻件的主要缺陷及产生原因

缺陷名称	主要特征	产生原因及后果	消除方法
形状和尺寸不合格	形状和尺寸不符合图纸要求	坯料尺寸不足或工艺余料太小；再烧次数过多，烧损太大；锻压操作不当；模锻时锻料放置不正、设备压力不够，上下模锁扣、导柱等导向或固定装置磨损太大。 该缺陷的直接后果是加工不出合格零件	增大坯料尺寸； 不要轻易增加再烧次数； 开坯尺寸加大一些
折　叠	锻件的表面向其深处扩展，造成锻件金属局部的不连续	拔长时送进量小于压下量，产生横向折叠；相对压下量过大，当翻转90°锻压时产生纵向折叠；锻造过程中产生的尖角凸起和较深凹坑没有及时修伤；毛料模、预锻模、终锻模之间各结构要素配合不好。 折叠破坏了金属的连续性，是零件的裂纹源和疲劳源	减少相对压下量； 加大相对进料量 l/h
内部分层及裂纹	锻件内部出现的横向或纵向裂纹，一般位于锻件的心部，低倍检查或超声波探伤可发现此类缺陷	由于铸锭的冶金缺陷（内部的气孔、冷隔、疏松、夹杂物等）或者锻造中操作不当引起。 拔长时，如果相对送进量太小（$l/h<0.5$），则坯料中心变形小，锻不透并受轴向拉应力，易产生横向内部裂纹；当相对送进量太大（$l/h>1$）时，坯料横断面对角线两侧的金属产生剧烈相对运动，容易产生横向对角线裂纹；圆断面坯料在平砧上拔长时，若压下量较小，接触面较窄、较长，金属主要横向流动，轴心受到较大拉应力，锻件心部易产生纵向裂纹，尤其在温度过低时更容易出现。 内部裂纹破坏了金属连续性，属废品	通过超声探伤检测和挑选料坯； 改进熔炼工艺，消除夹杂物； 改进操作，使 l/h 控制在0.5~0.7之间
毛边裂纹	在模锻时，沿模锻件毛边出现的裂纹，切边后就暴露出来	当坯料在高于锻造温度，低于合金固相线温度模锻时，模具表面与锻件表面存在较大摩擦，表面金属处于相对静止状态，发生流动的是距离表面一定深度的金属；在模锻时，大量的多余金属流向毛边，流动的金属和相对静止的金属间产生大量的热量，使得材料处于过热状态，加剧了毛边处的裂纹形成。另外，模具设计不当，在毛边相邻处的垂直肋根圆角太小，模锻时肋根处相对静止的金属与流向毛边的金属间存在较大的剪应力，促使形成直线状的裂纹，多位于毛边的边缘处。 裂纹深入零件区将导致锻件报废	优化模具设计，改善金属流动； 适当降低模具表面粗糙度； 改进润滑工艺； 适当降低锻造温度和锻造速度
金属或非金属压入	在锻件表面压入与锻件金属有明显界限的外来金属或非金属	坯料表面不干净、工模具不清洁、存有金属或非金属脏物、润滑剂不干净等造成。 影响锻件外观质量；缺陷深度超过零件加工余量，该锻件报废	清理坯料表面及工模具； 控制润滑剂质量

续表 13-26

缺陷名称	主要特征	产生原因及后果	消除方法
表面裂纹	锻件表面呈破坏金属连续的不规则开裂	铸锭皮下气孔或挤压坯料表面偏析、裂纹、气泡等缺陷未除净；加工表面太粗糙；锻造温度过低，相对变形量过大；相对进料量 l/h 过大；坯料工艺塑性低；工具未预热，锻造时局部温降太多；高温下加热时间太长，表面形成较深的脆性 α 层。 影响锻件表面质量，破坏了金属材料的连续性，甚至直接导致废品	除净皮下气孔等缺陷，表面加工粗糙度小于6.3； 在规定的温度范围内锻造，减少相对变形量；l/h 不应超过0.5～0.7；采用型砧或摔子锻造；工具预热300℃以上，锻造过程中要变换棱角；在符合工艺要求下尽量低温、短时间加热；炉内控制好合适的气氛或充入惰性气体保护
夹杂或偏析	锻件低倍上分布无规律的色斑状或非定形缺陷，局部成堆或拉长成链状，断口上有时可见夹杂物	原材料混入不熔杂物、钛的氧化物/氮化物、高熔点组元未熔化或者自耗电弧熔炼时的电极质量不好等原因导致铸锭存在金属、非金属夹杂； 偏析常与母合金选择不当、颗粒过大、熔炼工艺不当有关，还与合金含有过量的易偏析元素有关，如铁、铬等很容易产生 β 斑点； 锻件中非金属夹杂正是应力集中处或疲劳裂纹源，它直接影响制成零件的寿命和强度，同时还破坏结构气密性。 一般通过超声波探伤都可以发现	改进熔炼工艺； 通过超声探伤检测和挑选坯料
端面开裂	锻件一端或者两端出现明显裂纹	主要发生在自由锻造过程中。原因：坯料未烧透，变形不均匀；拔长时变形过快，沿方的对角线由于变形热效应使局部过烧；缩孔未除净	延长保温时间，使锭坯烧透； 降低变形速度，拔方时不要连续翻转锻打同一段，要锻完一趟锤，再翻转90°锻打； 去净缩孔
表面粗糙	锻件表面凹凸不平	砧面或模膛表面的氧化皮、表面不光滑、润滑剂配制不当或涂抹过多	及时扫掉砧面上的氧化皮等杂物； 修磨砧子、摔子，或更换新的锻造工具； 加大砧面圆角或摔子圆角的半径
拔长时产生弯曲		原因：加热不均；上下砧面不平行或未对齐 严重情况可导致废品	
组织粗大不均	在锻件低倍组织上出现粗晶组织	主要原因：锻造温度过高；变形程度小，锻造组织局部未破碎或落入临界变形程度范围内；变形不均，流动剧烈的部位极易出现粗晶；加热不均；变形速度过快，导致金属局部或整体过热。 粗晶组织对锻件的疲劳性能、耐腐蚀性能、冲击韧性有不利影响，特别是飞机等的关键部件，限制使用具有粗晶组织的锻件	增加镦拔次数； 降低锻造温度； 改进加热工艺和操作方法，使坯料加热均匀； 降低锻打次数或轻打，或改用压力机锻造； 加大 $\Delta h/h$，并使进料量合适
涡　流	模锻件低倍流线呈回流状、旋涡状、树木年轮状	具有人形、U 形和 H 形截面的模锻件成形时，所用坯料过大，凸台和缘条充满后，腹板仍有多余金属继续流向毛边，使缘条处的金属产生相对回流，形成涡流。 严重的涡流将使零件的疲劳强度大大降低	调整坯料尺寸和形状； 改进锻造工艺
穿　流	模锻件低倍流线穿透缘条的根部	同涡流产生原因。 它破坏了流线的连续性，严重影响材料的耐腐蚀性和疲劳性能，属废品	调整坯料尺寸和形状； 改进锻造工艺

13.2.5.3 锻件的质量控制

锻件生产过程的质量控制，应按人、机、料、法、环五大要素进行全面质量控制，涉及锻件图纸设计、锻件原材料、锻造工艺规程、锻件热处理、锻压设备及模具等多个方面。下面仅就设备和材料两个方面进行分析。

钛及钛合金的锻制产品主要有棒材、饼材、环材及板坯和挤压坯等。锻制产品规格及力学性能应符合相关标准。

A 棒材

标准规定的棒材规格见表13-27。经供需双方协商可供冶标以外的棒材。棒材截面不同，其力学性能也有所不同。

表13-27 锻造棒材（GB/T 2965—1996）

热锻棒直径或边长/mm	允许偏差/mm	锻棒经车（磨）光后的直径/mm	允许偏差/mm
8～15	±1.0	8～10	±0.3
>15～20	±1.5	>10～20	±0.4
>20～35	±2.0	>20～30	±0.5
>35～50	±2.5	>30～50	±0.6
>50～80	±3.0	>50～80	±0.8
>80～125	±3.5	>80～100	±1.1
>125～150	±5.0	>100～120	±1.3
>150～200	±6.5	>120～160	±1.8
		>160～200	±2.0

注：1. 加工态棒材的不定尺长度为300～6000mm，退火状态棒材不定尺长度为300～2000mm，定尺或倍尺长度应在不定尺长度范围内。定尺长度允许偏差为+20mm；倍尺长度还应计入棒材的切口量，每一切口量为5mm。定尺或倍尺长度应在合同中注明。

2. 热加工经车（磨）光棒材的不圆度应不大于其尺寸公差之半。

3. 棒材两端应锯切平齐。直径或边长不大于35mm的棒材切斜应不大于3mm；直径或边长大于35mm的棒材切斜应不大于5mm。

B 饼材/环材

标准规定的锻制饼材、环材规格及力学性能见表13-28和表13-29。金相组织及超声波探伤等要求详见GB/T 16598—1996。经供需双方协商，可生产标准规定以外的饼材/环材。

表13-28 饼、环材规格及尺寸允许偏差（GB/T 16598—1996）（mm）

饼直径	允许偏差	截面高度	允许偏差	环外径	允许偏差	环内径	允许偏差	截面高度	允许偏差
150～300	+3 −1	35～140	+3 −1	200～400	+3 −1	100～300	+1 −3	35～120	+3 −1
>300～500	+3 −1	35～150	+3 −1	>400～700	+4 −2	150～500	+2 −4	40～160	+4 −2
>500～600	+3 −1	40～110	+4 −2	>700～900	+5 −3	300～700	+3 −5	50～180	+5 −3
—	—	—	—	>900～1300	+6 −3	400～900	+3 −6	70～250	+6 −3

表 13-29 饼、环材室温力学性能（GB/T 16598—1996）

牌号	截面积 /cm²	室温力学性能，不小于			
		抗拉强度 σ_b/MPa	规定残余伸长应力 $\sigma_{r0.2}$/MPa	伸长率 δ_5/%	断面收缩率 ψ/%
TA0	≤100	280	170	30	35
TA1		370	250	20	35
TA2		440	320	18	35
TA3		540	410	15	30
TA9		370	250	20	30
TA10		485	345	18	25
TC4		895	825	10	25

C 锻制板坯和挤压环

表 13-30 是锻制板坯规格，表 13-31 是锻制挤压坯规格。

表 13-30 板坯规格（mm）

规格(厚×宽×长)	厚度偏差	规格(厚×宽×长)	厚度偏差
220×600×1500		(55~75)×300×(350~500)	±5
150×(500~700)×1000	+0 −10	50×(300~350)×(800~1100)	±5
120×(500~700)×1000	+0 −10	50×175×(800~1100)	±5
100×(500~700)×1000	+0 −10	40×(100~300)×500	±5
80×(500~700)×1000	+0 −10		

表 13-31 挤压坯规格（mm）

挤压坯直径	65	85	100	120	220	260
允许偏差	+2 −1	+2 −1	+2 −1	+2 −1	+4 −2	+4 −2

锻件的控制应包含锻件生产原材料的控制、锻压生产过程的控制和锻件热处理的控制。

锻件生产前应对原材料进行复验，确保材料的成分、内部组织合乎要求，根据锻件类别不同确认毛坯的印记无误。

锻压生产过程的控制，应严格控制开锻温度、终锻温度、工步变形尺寸。由于钛合金变形温度高、范围窄，一定要确保工模具均匀热透，应在专用的工模具加热炉内加热工模具。

钛合金导热性差，锻件热处理的控制，应特别关注锻件加热温度的均匀性，并应严格按照锻件试制大纲和工艺规程执行，对热处理后的锻件应打上热处理炉号。

为了有效控制锻件的质量，应在各个工序对锻件的化学成分、力学性能、内部组织、内外表面质量和尺寸精度等进行严格而科学的检测，应按工艺规程采取必要的技术措施或科学管理手段加以控制。

13.3　模锻

13.3.1　模锻工艺的分类和成形特点

模锻是通过模具施力于毛坯，使之逐步充满型槽，得到所需锻件的一种压力加工方法。模锻时，锻件成形过程通常可分为镦粗和挤压成形两种基本形式，见图13-57。设计锻件和制定工艺时，应该充分利用两种成形方式的特点，以求创造最佳的变形条件，获得满意的成形效果。

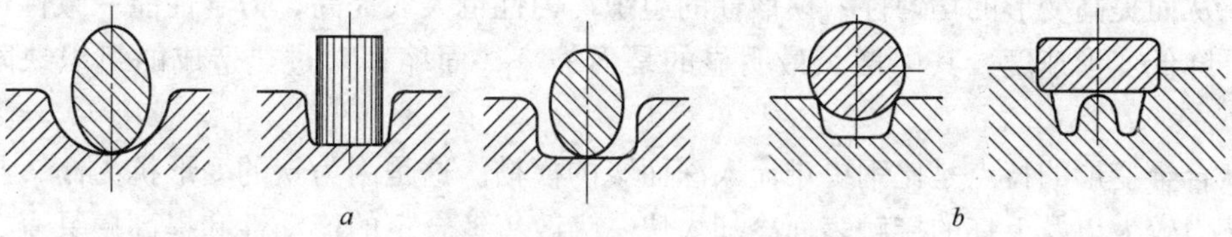

图13-57　模锻时锻件成形的基本形式
a—镦粗成形；*b*—挤压成形

模锻通常是用来制造外形和尺寸接近成品，随后只进行热处理和切削加工的最后毛坯。锻造温度和变形程度是决定合金组织、性能的基本因素。钛合金的热处理与钢的热处理不同，对合金的组织不起决定作用。因此，钛合金模锻的最后工步的工艺规范具有特别重要的作用。

为了使钛合金模锻件能同时获得较高的强度和塑性，必须使毛坯的整体变形量不低于30%，变形温度不超过相变温度，并且应力、温度和变形程度在整个变形毛坯中尽可能分布均匀。

钛合金模锻件组织和性能均匀性不及钢锻件。在金属激烈流动区，经再结晶热处理后，其低倍为模糊晶，高倍为等轴细晶；在难变形区，因变形量小或无变形，其组织往往保留变形前的状态。因此在模锻一些重要的钛合金零件（如压气机盘、叶片等）时，除了控制变形温度在T_{β}（相变点）以下和适当的变形程度外，控制原毛坯的组织是十分重要的，否则，粗晶组织或某些缺陷会遗传到锻件中，而且其后的热处理又无法消除，将导致锻件报废。

锤上模锻外形复杂的钛合金锻件时，在热效应局部集中的急剧变形区域内，即使严格控制加热温度，金属的温度可能还是会超过合金的相变点。例如模锻横截面为工字形的钛合金毛坯时，锤击过重，中间（腹板区）部分的温度因变形热效应的作用比边缘部分高约100℃。另外，在难变形区和具有临界变形程度区域，在模锻之后加热过程中易形成塑性和持久强度都比较低的粗晶组织。所以锤上模锻外形复杂的锻件，其力学性能常常很不稳定。

降低模锻加热温度虽然可以消除毛坯产生局部过热的危险，但将导致变形抗力急剧提高，增加工具磨损和动力消耗，还必须使用更大功率的设备。

锤上模锻时，采用多次轻击方法也能够减轻毛坯局部过热。可是，这时必须增加加热火次，以补偿毛坯与较冷的模具接触所损失的热量。

模锻形状比较简单的锻件，且对变形金属的塑性和持久强度指标要求又不太高时，以采用锤锻为佳。但β合金不宜采用锤锻，因模锻过程中的多次加热会对力学性能产生不利影响。与锤锻相比，压力机（液压机等）的工作速度大大降低，能减小合金的变形抗力和变形热效应。在液压机上模锻钛合金时，毛坯的单位模锻力比锤上模锻约低30%，从而可提高模具的寿命。热效应的降低还减小金属过热和温升超过相变温度的危险。

用压力机模锻时，在单位压力与锻锤模锻相同的条件下，可降低毛坯加热温度50~100℃。这样，被加热的金属与周围气体的相互作用以及毛坯与模具之间的温差也相应地降低，从而提高变形的均匀性，模锻件的组织均匀性也大大提高，力学性能一致性也随之提高。降低变形速度，其中增长最明显的是面缩率，面缩率对过热造成的组织缺陷最敏感。

钛合金变形的特点是比钢更难流入深而窄的模槽。这是因为钛的变形抗力高，与工具的摩擦力较大以及毛坯的接触表面冷却太快。为改善钛合金的流动性和提高模具寿命，通常的做法是加大模锻斜度和圆角半径并使用润滑剂；锻模上的毛边桥部高度较钢大，一般大2mm左右。

为了使型槽容易充满，有时可采用桥部尺寸非均匀的毛边槽来限制或加速金属向型槽某部分的流动。例如，一个长方盒形锻件（如图13-58所示），前后侧壁较薄；左右侧壁较厚。当在盒形件四周采用*B—B*处所示的毛边槽时，由于金属流入左右侧壁的阻力小，致使金属向较薄的前后侧壁流动困难，充填不满。后来，在前后侧壁仍采用*B—B*所示毛边槽，而左右侧壁改用*A—A*处所示毛边槽，由于桥部尺寸宽，加之阻尼沟的阻碍，使得前后较薄的侧壁完全充满，而且金属较采用前述毛边槽方式节约。

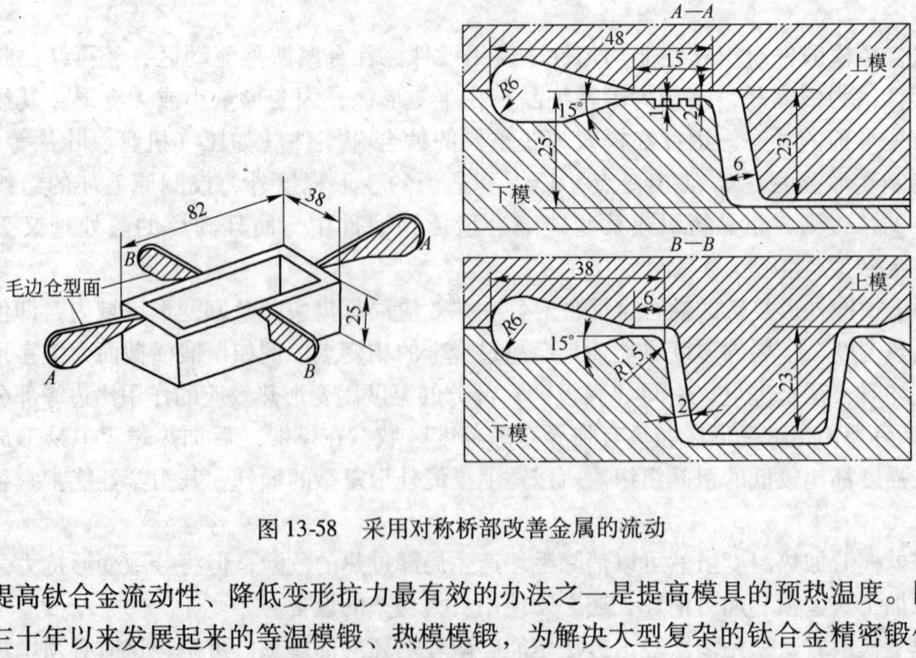

图13-58 采用对称桥部改善金属的流动

提高钛合金流动性、降低变形抗力最有效的办法之一是提高模具的预热温度。国内外近二三十年以来发展起来的等温模锻、热模模锻，为解决大型复杂的钛合金精密锻件的成形提供了可行的方法，这种方法已广泛用于钛合金锻件生产。

13.3.2　模锻工艺分类

模锻工艺可按下列原则分类：按金属变形时的流动条件可分为开式模锻和闭式模锻；按模锻时毛坯的温度可分为热锻、温锻和冷锻；按模锻工序的组合形式可分为单型槽模锻，多型槽模锻，连续模锻和联合模锻。常见的联合模锻有：自由锻锤制坯-模锻锤预锻和终锻；辊锻机制坯-曲柄压力机预锻和终锻；平锻机镦头-锤或压力机预锻和终锻；电镦机镦粗-压力机终锻；锤镦粗和冲孔-辗环机扩孔等。

此外，还可按锻压设备分为锤上模锻、平锻机模锻、曲柄压力机模锻、螺旋压力机模锻和液压机模锻等。

13.3.2.1　开式模锻的成形特点

开式模锻成形过程中金属的流动大致可分为以下四个阶段（见图13-59）。

第一个阶段是自由变形或镦粗变形阶段，见图13-59*a*。在这一阶段里，毛坯在型槽中受压发生镦粗变形，高度减小 ΔH_1，径向尺寸逐渐增大，直到毛坯与槽壁接触为止，镦粗所需的变形力不大。有些对应力敏感或表面易产生纵向缺陷（如发纹、带状组织）的材

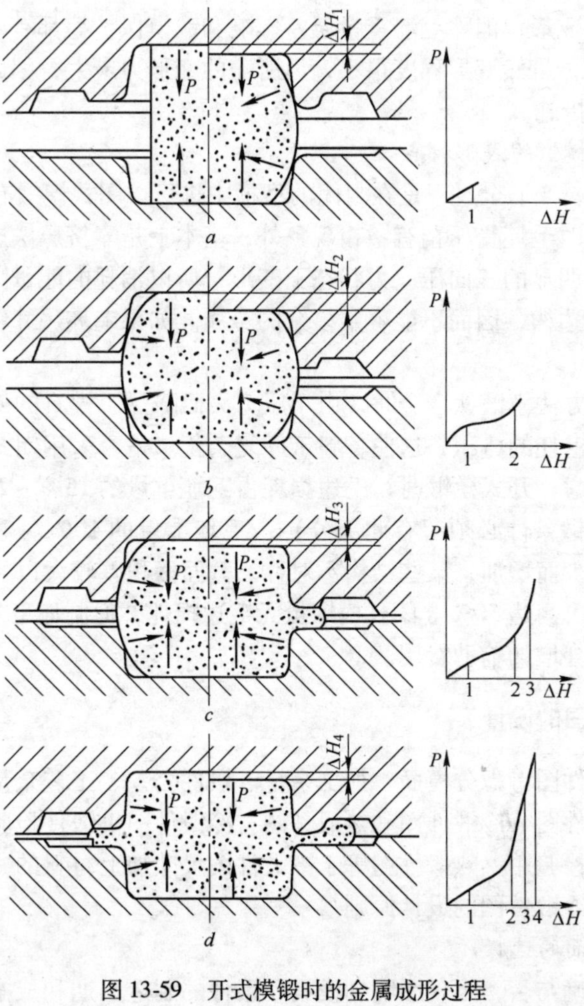

图13-59　开式模锻时的金属成形过程

料，应减小镦粗比，以缩短这一过程。

第二个阶段是金属开始形成毛边阶段，见图 13-59*b*。在这一阶段里，毛坯继续受压（压下量 ΔH_2），逐步充满型槽形成少许毛边。此时，金属径向流速减慢，所需变形力明显增大。

第三个阶段是金属充满型槽阶段，见图 13-59*c*。由于毛边的阻碍作用，在变形金属内部形成更强烈的三向压应力，随着压下量 ΔH_3 的增大，毛边厚度减小、宽度增大、温度下降和变形抗力增大，使型槽内部棱角、肋条处得到充满，而变形力则剧增。

第四个阶段是锻模完全闭合，锻件最终成形阶段，见图 13-59*d*。实践证明，由于工艺因素的影响，型槽充满时，上、下模并未闭合，因此必须继续压下，将多余金属排入毛边槽。但要尽量缩短这一过程，控制 ΔH_4 不超过 2mm。即使这样，这时的能量消耗也占整个模锻过程所消耗能量的 30% ~50%。这一阶段对锻件质量和生产率均有很大影响。

从上述情况可以看出，开式模锻的成形过程有如下特点：

（1）镦粗成形是开式模锻的主要成形方式；

（2）变形金属的应力状态逐步形成更为明显的三向压应力，从而使毛坯的塑性得到提高，有利于金属充满型槽；

（3）毛边对锻件成形、消除毛坯重量误差影响和锻模保护等都有好处；

（4）最终成形时，虽然变形程度很小，但所需的变形力最大，因此缩短这一变形阶段是减小锻压力的有效措施。

13.3.2.2 闭式模锻的成形特点

闭式模锻时，金属变形全过程是在封闭的型槽中进行。闭式模锻有如下特点：

（1）除变形开始时毛坯受压稍有镦粗现象外，基本上是靠挤压法成形的；

（2）毛坯在更加明显的三向压应力状态下变形，所以消耗的能量大；

（3）锻模不带毛边槽，因而不能容纳多余的金属。如果毛坯尺寸精度低，则将影响锻件厚度或高度尺寸。

当采用闭式模锻方法模锻钛合金时，由于压力大而降低了模具的寿命。因此，闭式模锻必须严格限定原始毛坯的体积，这使备料工序复杂化。是否采用闭式模锻，要从成本和工艺可行性两方面考虑。开式模锻时，毛边损耗占毛坯重量的 15% ~20%，夹持部分的工艺性废料（如果按模锻条件必须留有此部分）占毛坯重量的 10%。毛边金属相对损耗通常是随毛坯重量的减少而增加，某些结构不对称、截面面积差较大以及存在难以充填的部分的锻件，毛边消耗可高达 50%。闭式模锻虽无毛边损耗，但制坯工艺复杂，需要添加较多过渡性型槽，无疑会增加辅助费用。

13.3.3 模锻件图的设计

锻件图是根据零件图考虑分模面、加工余量、锻件公差、工艺余量、模锻斜度、圆角半径等而制定的。锻件图分冷锻件图和热锻件图。冷锻件图供锻件检验和生产管理用；热锻件图供模具制造和检验用。热锻件图等于冷锻件图尺寸加上材料的冷却收缩余量。下面介绍的锻件图都是指冷锻件图的设计原则。

13.3.3.1 分模面的选择

分模面的选择正确与否，不仅影响到模具和锻件的制造周期和成本，而且还严重影响到锻件的质量。因此，在选择分模面时必须注意以下几点：

（1）锻件的凹形只能顺着打击方向，以保证锻件能自由地从模膛中取出，即在锻件侧表面上不得出现内凹形，并保证有一定斜度。

（2）使金属沿着锻件外形朝一个方向流动，尽可能避免模锻时金属流动出现交叉或对流、急剧弯曲和涡流。因为金属流动方向的控制是决定锻件质量的一个极为重要的因素。如果金属流动方向选择不当，不仅影响到金属的成形，而且严重影响到锻件内在质量，使力学性能达不到要求。

（3）为使金属有着良好的流动和成形条件，分模面的位置应使模膛的深度最小而宽度最大，所以分模面一般定在锻件最大周边处，即在锻件最大断面处。这样模膛的深度最小，金属易于流动充满和成形良好。

（4）最好使分模面为一水平面或最大限度地接近一个水平面。这不仅造价低，上、下凹模不易错移，操作方便，而且废料少，锻件精度也高。对于空间曲面的分模面，应使它的各部分与水平的倾角不大于60°，以便改善模锻和切边条件。

（5）由于飞边处金属流动最不均匀，所以应使飞边尽可能不要位于零件受力最严重的部位。

（6）锻件较复杂部分应尽量安排在上模内，因为上模内的金属最容易充满模膛。

13.3.3.2 模锻件的余量和公差

模锻件大部分用作机加工零件的毛坯，所以必须留有足够的机加工余量。它有工艺余量与机械加工余量两类。

工艺余量是模锻工艺的要求。必须增大模锻件某些结构要素的尺寸而加上余量，当锻件的腹板太薄，而筋太高以及筋与腹板的连接半径太小时，可适当加留工艺余量，使在机加工时除掉；对于长形锻件，由于纵向尺寸比横向尺寸大，横向上的加工余量应留得更大些，主要是考虑模锻和锻件有可能出现错位带来的影响；对于冷却速度不同的部位，冷却快的部位的余量应稍大些，而且锻造时必须严格控制锻造温度。锻件的加工偏差可查阅有关锻造工艺手册。

13.3.3.3 模锻斜度

为了易于从模膛中取出锻件，凡是与锻锤打击方向平行的锻件所有壁表面都应做出模锻斜度。模锻斜度可按锻件材料、轮廓尺寸、断面形状以及高宽比查有关手册选取。一般模锻外模斜度α常取5°、7°，最大10°；内模锻斜度β常取7°、10°，最大12°。

13.3.3.4 圆角半径

合理的圆角半径有利于金属充满模膛、取出锻件方便和提高锻模寿命。圆角半径太小，模具热处理和锻造过程中易于产生裂纹和崩塌，锻件也易产生折叠。圆角半径需查有关锻造手册选取，或按以下经验方法选取外圆角半径r和内圆角半径R：

$$r = \text{单面余量} + \text{零件圆角半径或倒角}$$

$$R = (2 \sim 3)r$$

13.3.3.5 模膛设计

模膛设计是关系到锻件质量好坏、模锻工艺合理性、设备能力大小和锻件成本高低的重要问题。为了保证金属流动的合理性，对于复杂形状的锻件及性能要求较高的锻件，不能采用终模锻膛一步成形，即在坯料进入终模锻膛前，需先进行一系列的预锻工序（如镦粗、拔长、压肩、弯曲、预成形等）。从终锻模膛取出后，大多还需要在切边模膛内切掉飞边，才能最后完成模锻工序。

13.3.3.6 热模锻图的制定

终锻模的形状和尺寸是按热终锻件图加工的，它是在冷锻件图基础上加上热锻件冷却收缩量而得到的，不过往往还得根据具体情况进行某些调整。

在开模锻中，终锻模的周围还设有飞边槽。飞边槽的作用是：

(1) 增加金属流出模膛的阻力，迫使金属充满模膛的各个部位；

(2) 容纳多余的金属；

(3) 形成的飞边对锻锤有缓冲作用，减弱上、下模的打击。

飞边槽的制作有：仅制作在下模膛；平分制作在上、下锻模膛；上模膛浅而下模膛深三种形式。飞边槽的主要尺寸是桥部高度（h）和宽度（b）。h 增大，阻力减小，反之增大；b 增大，金属流程增长，则阻力增加，反之减小。锻件尺寸、形状复杂程度以及单位压力是选择飞边槽尺寸的主要依据，主要靠经验选取，也可按下式计算选取。

$$h = 0.015\sqrt{F}$$

式中 F——锻件在水平面上的投影面积，mm^2。

13.3.4 锻压力的计算

锻压力是选择锻造设备和制定锻造工艺的基本力学参数。锻压力可以在生产现场或实验室应用各种仪表直接测定，其中电测法应用最广，它通常比计算法直观可靠，其可靠性取决于试验方案的选择、试验条件与生产条件的相近程度，仪表测定的精确程度等。实测法大多用于试验研究。

用计算法来确定锻压力，比较灵活省事，一般采用经验公式或理论公式。它们的可信程度，取决于应用经验公式的条件与实际生产条件是否相近，或理论公式中采用的假设条件是否接近现场实际，所选参数是否准确（特别是变形抗力、摩擦系数和锻造温度等）及求解精度等。因此，计算常常需要与实测结果进行比较和修正。

常用的锻压力 P 的工程计算公式如下：

$$P = Fn_v\sigma_T n_d$$

式中 F——变形后金属与工具的接触面积（在模锻时还包括飞边桥部接触面积）；

n_v——速度影响系数，其值可参考表；

σ_T——金属在变形温度下的变形抗力，可查找有关金属变形抗力手册；

n_d——单位压力系数，根据锻压类型选择：

当镦粗圆形锻件时， $n_d = 1 + fd/3h$

当镦粗矩形锻件时， $n_d = 1 + (3b - a)fa/6bh$

当模锻轴对称件时，

$$n_d = [(1 + fC/h)F_{mh} + (1 + 2fC/h)]F_{df}/(F_{ml} + F_{df})$$

式中 d——圆锻件直径；

h——锻件高度或飞边槽高度；

a，b——矩形锻件的两边长，且 $d \leqslant b$；

C——飞边槽桥部的宽度；

F_{mh}，F_{df}——分别为飞边槽桥部和模锻件水平投影面积，且 $F = F_{mh} + F_{df}$；

f——摩擦系数。

13.3.5 钛及钛合金的润滑

钛合金与模具表面的黏结比其他金属严重，这是因为钛的化学活性很高，在与工具接触的部位使氧化膜发生还原作用。当滑动持续时间很长时，则为纯净表面产生大面积接触创造了条件，导致表面被焊合。焊合的部位分布在金属沿接触面剧烈流动的区域。

钛合金的黏结倾向给热模锻和挤压造成了很大困难。为了预防在变形过程中产生黏结和减小摩擦，必须正确地选择变形热力规范、模锻毛坯的结构要素和有效的润滑剂。

模锻钛合金所用润滑剂必须满足下述基本要求：

（1）在整个变形过程中能够形成牢固而连续的保护膜；

（2）在加热和变形过程中能够保护毛坯，防止氧化和气体污染；

（3）具有良好的隔热性能，使毛坯从炉子转移到模具以及在变形过程中减少热量损失；

（4）不与毛坯和模具的表面发生化学作用；

（5）容易涂到毛坯表面上，并便于使该工序机械化；

（6）容易从锻件表面上清除；

（7）能在较长时间内保持润滑性能。

常规润滑剂不能满足上述全部要求。石墨与水玻璃和润滑油混合的膏状润滑剂会使钛合金表面产生裂纹，其原因是表面上存着脆性的 α 层，在变形时被破坏。这些裂纹是应力集中源，继续变形时可能向金属内部扩展。

对于钛合金来说，玻璃润滑剂是目前所研制的润滑剂中最好的。在模锻和局部挤压变形条件下，如玻璃涂料的成分选择得当，则能保持液态摩擦。

玻璃润滑剂成分应含有 SiO_2、K_2O、Na_2O、CaO、Al_2O_3、Li_2O、B_2O_3、BaO、MgO、PbO 等氧化物。各种牌号的玻璃粉成分见表 13-32。

表 13-32　适用于钛合金模锻用的玻璃粉化学成分

玻璃粉编号	化学成分/%					
	SiO_2	Al_2O_3	B_2O_3	Na_2O	CaO	MgO
1	57 ~ 61		17 ~ 18	18 ~ 20	4 ~ 5	
2	61	3	1	15	6	
3	40	5	35	5	5	
4	55	14	13	2	16	
5	34	1.7	35	17	7.5	4.8
6	54	5	8.5	27.5	5	

玻璃润滑剂只有在熔融状态才保持润滑性能。润滑剂保持最佳黏度的温度范围越宽，润滑效果越好。黏度的变化与玻璃化学成分有关（见表 13-33）。可降低黏度的氧化物有

Li_2O、Na_2O、K_2O、PbO、BaO；而提高黏度的氧化物是 SiO_2、Al_2O_3、ZrO_2。最佳黏度值等于 $10^{2.8}$ ~ 10^4Pa·s。

表 13-33 适于钛合金模锻用的玻璃润滑剂黏度

玻璃编号	玻璃润滑剂在不同温度下的黏度/Pa·s				
	800℃	900℃	1000℃	1050℃	1100℃
1	136400	5234	784		185
2	1067950	50030	6507		1327
3	437350	22690	3156		708
4		100000	10000	7400	4500
5①		30	15	12	
6		1000	80	50	

①在配制玻璃润滑剂时用作其他玻璃的添料。

钛合金在 850 ~ 950℃温度范围内模锻时使用 6 号或 2 号玻璃粉；在 800 ~ 1080℃温度范围内模锻时使用 4 号（80%）+5 号（20%）或 2 号（60%）+3 号（40%）混合玻璃粉。

玻璃润滑剂是由玻璃粉、稳定剂、固结剂以及水构成的悬浮液。稳定剂一般采用黏土或膨润土，用水玻璃、酪素胶或亚硫酸酒精糟作固结剂，用水作稀释剂，1000g 玻璃粉加 400g 水。

为了润滑剂能黏附在坯料表面上，涂润滑剂前，坯料要进行喷砂处理。涂润滑剂的方法有下列几种：将坯料浸入悬浮液内浸涂；用刷子刷到坯料表面上；用喷雾器喷到坯料表面。浸涂时，悬浮液要经过仔细搅拌。悬浮液可以不加热，也可以加热到 80℃以下。一般，坯料在悬浮液内浸一下就行了。浸涂后，坯料在空气中干燥 20 ~ 30min，也可在 60 ~ 80℃的烘箱内烘干。干燥后，坯料表面涂层厚度大约 0.2 ~ 0.3mm，如涂层厚度不均匀，应去掉重涂。喷雾涂前，坯料最好在烘箱内预热至 150℃左右。喷雾涂层厚薄均匀，且容易掌握。

涂有玻璃润滑剂的毛坯干燥后，在箱式电炉中加热时，应放置在耐蚀钢或耐热合金底板上；用自动化炉或半自动化炉加热时，则放入盒式夹具中。毛坯间要留有足够的间隔，防止毛坯在加热过程中彼此接触和粘在一起；毛坯不得堆放在底板上；要用专用夹钳在炉中取放毛坯，并使夹钳与毛坯的接触面最小。

钛合金模锻时，采用玻璃润滑剂后得到如下效果：

（1）由于玻璃润滑涂料是良绝热体，因此，坯料加热后从炉子转移到模具过程中的温降减少。涂有保护-润滑涂料的钛合金毛坯的模锻温度比未涂涂料的约高 60 ~ 80℃。

（2）玻璃润滑剂在坯料表面形成的连续薄膜绝热性好，降低了向工具上的热传导，因而使型槽表面温度降低 100 ~ 150℃，从而使模具寿命提高 20% ~ 30%。

（3）由于润滑剂的保护，降低毛坯表面与心部的温差，有助于提高金属流动的均匀性、塑性，同时也降低了单位模锻压力。

（4）由于玻璃润滑剂中的玻璃始熔温度低于金属急剧氧化的温度，防止金属氧化的作用是从玻璃开始熔化以及在加热的毛坯上刚刚形成黏性膜时开始的。保持的程度取决于黏性膜的厚度，而黏性膜的厚度又决定于悬浮液的密度和玻璃的黏度。研究表明，使用保护-润滑涂料时，在加热到变形温度的毛坯表面上，α 层的厚度小于 0.1mm，而未使用涂料时，α 层厚度为 0.3～0.5mm。

(5) 由于玻璃润滑剂在坯料表面所形成的薄膜在变形过程中起润滑作用，因而使摩擦系数减少，利于金属充填深的型槽。计算和实测结果一致，采用玻璃润滑时，$\mu = 0.04 \sim 0.06$。

13.3.6　钛合金锻件的精整

13.3.6.1　切边

钛合金锻件切边必须满足以下要求：

(1) 切口平整，毛坯上的金属不得崩落；

(2) 邻接毛坯切口面的部位不许有裂纹，也不得有因切边变形不均引起的晶粒度不均现象；

(3) 在切边的毛坯上不得留有凸模压痕，凸模与零件在外形上应完全一致。

批量小时，可用铣床切边或用带锯及配有特别设计的摩擦片裁除毛边。对大锻件及厚毛边不论零件的尺寸大小或批量如何，不便热裁边，而火焰切割是有效的方法。采用氧气-燃气、等离子及其他技术可成功并经济地切割50mm 或更厚的毛边，火焰切割后应进行热处理，使其热影响区可进行机械加工。对于较大批量的中、小型钛合金锻件，通常在曲柄压力机上用模具热切边，切边在 600～800℃下进行。如果切边后必须马上进行矫正，切边温度应接近上限。钛合金很少在冷态用模具切边，因毛边很硬而且很脆，容易造成切口不平，甚至引起金属崩裂、碎屑飞溅的危险；对于某些合金化程度高的合金，冷切边会使剪切面产生裂纹，裂纹有时会扩展到金属内部。

13.3.6.2　矫正

钛合金在高温下有自重下弯倾向，从而增加了制品在模锻、冷却和热处理时扭曲倾向，扭曲特别明显的是截面变化剧烈或是截面特别细薄的制品，因此常须对钛合金锻件进行校正以满足尺寸要求。与铝合金不同，钛合金不易进行冷矫形，因其屈服强度及弹性系数高，从而产生很大的回弹，因此钛合金锻件的矫形主要靠蠕变矫形及热矫形，前者更普遍。多数钛合金的蠕变矫形可以在退火及时效过程中完成，其温度就是退火及时效温度。然而，若退火及时效温度低于约 540～650℃，则对于不同的合金，蠕变矫形完成所需的时间可能要延长。蠕变矫形需要简单或复杂的夹具、模具。模具中热矫形多用于中等尺寸的锻件，锻件加热到退火或时效温度进行热矫形，然后在低于热矫形温度下进行应力释放。

13.3.6.3　钛锻件的表面净化处理（参见第 25 章和第 28 章）

所有的钛合金锻造加热处理中形成的氧化物锈皮及 α 壳层很脆，并在随后的锻造或在终锻中诱发裂纹或在其后的机械加工过程中造成刀具磨损。因此，最好在连续锻造之间清理掉锈皮及 α 壳层，并且必须在锻件交付用户前去除锈皮及 α 壳层。

钛合金锻件的表面净化处理技术首先需进行氧化皮的清除，锈皮可用机械方法，如喷砂清除；或用化学方法，如熔融盐除锈法。除锈方法的选择决定于零件大小、复杂程度及其成本。

零件不需要酸洗的部分，事先应涂上油漆保护。但需注意，夹持零件的挂架只能与锻件涂有漆层部分接触。

13.3.7 钛合金锻造新工艺

为了保证钛合金锻件在室温和高温下均具有良好的综合性能，α 合金、(α+β) 两相合金通常都是在低于 β 转变温度以下以中等应变速率锻造的。这种方法是一种传统的锻造方式，常称作 (α+β) 两相锻造或常规锻造。但是，由于锻造温度低，变形抗力大，难以锻出形状复杂、尺寸精确度高的锻件，也造成所需设备吨位大、材料利用率低、机械加工量大等问题。为了解决上述问题出现了 β 锻造、近 β 锻造、等温模锻和热模锻造等模锻方法。各种方法各有利弊，现将目前研究并应用得较普遍的上述锻造做简单介绍。

13.3.7.1 热模锻造

与等温锻造一样，热模锻造也是一种较有发展前途的精密锻造工艺。所不同的是热模锻造的模具温度高于普通锻造的模具温度，但低于等温锻造的模具温度。典型的热模锻造模具温度比坯料温度低 110~225℃。与等温锻造相比较，模具温度的降低，可以较广泛地选用模具材料，但锻造成形很薄、复杂形状锻件的能力稍差。

热模锻造与常规锻造相比，具有如下优点：

(1) 降低锻件材料消耗。因热模锻造时，减轻了模具接触坯料的激冷和材料的加工硬化，提高了材料的可锻能力，因此允许锻件带有较小圆角半径、较小拔模斜度和较小锻造余量，从而大大减少了锻件的质量。例如，某 Ti-6Al-4V 合金结构零件，质量为 28kg，采用常规锻造工艺生产的锻件质量为 154kg，而采用热模锻造工艺生产的锻件质量为 109kg，两种方法相差 45kg，可节约大量的原材料。

(2) 减少锻造操作次数，提高压力机的工作能力。因热模锻造时模具温度较高，坯料温降少，常规锻造需两火、三火或更多火才能成形的锻件，热模锻造只需一次，最多两火就能完成。又由于热模锻造金属的变形抗力较低，相对地增大了设备的工作能力。

(3) 减少锻件的机械加工量。因为生产的锻件接近零件的重量和轮廓尺寸，故与常规锻造生产的锻件相比较，机械加工中材料的去除量减少。

(4) 产品的均匀性较好。因锻造过程中，温度梯度大为减小，由温度梯度造成的变形不均匀减轻，故产品的组织及性能的均匀性、一致性优于常规锻造生产锻件，但不及等温锻造生产的锻件。

热模锻造时，坯料虽有温降，但仍处在锻造温度范围，变形抗力上升不像常规锻造时那样急剧。热模锻造时使用的应变速率在 $0.05 \sim 0.2s^{-1}$ 范围内变化，若应变速率太低，坯料温度可能降低。

在钛合金的热模锻造中，锻造加热温度、应变速率、预成形坯的显微组织和保压时间是极重要的因素，对成形件的尺寸精度和显微组织起决定的作用。通常较低的应变速率和较长的保压时间提高了精密成形的可能性。而预制坯的显微组织对材料的流动应力和超塑性有直接的影响，尤其对锻后组织影响较大，不能企图通过等温锻造或热模锻造完全消除原材料中的缺陷和晶粒不均匀性。

目前，钛合金是否采用热模锻造工艺主要取决于锻件总成本或产品的均匀性和一致性的需要。该工艺发展趋势是利用常规锻造预制坯，最后进行等温或热模终锻。

13.3.7.2 β 锻造

一般（α+β）和α钛合金始锻在低于 T_β（相变点）温度下的（α+β）两相区进行。在这种条件下通常可保证金属在变形和热处理后有最佳的组织和力学性能。但是在（α+β）两相区变形时，钛合金的工艺塑性不够好，单位变形力很大，形状复杂的模锻件不能很好地成形。采用等温锻，虽然能保证获得较好的工艺塑性，但成本较高，模具结构复杂，生产效率低。

β锻造是（α+β）钛合金从始锻到终锻完全是在β相的较高温度下进行的锻造。经β锻造的锻件的显微组织，完全没有等轴的α相，其室温下塑性较低，但断裂韧性和高温性能较好。

目前也有将在β区始锻而在（α+β）区终锻的跨区锻造工艺称作β锻造的，但这时所得的组织主要取决于在（α+β）区终锻的温度和在（α+β）区的变形量。两相区不同的变形有不同的组织，所以在生产中不宜控制，性能波动大。

β锻造最大优点是工艺塑性好，变形抗力低，锻锤模锻的生产率可提高20%~40%，同时能提高模锻设备的寿命。经验表明，β区模锻与（α+β）区模锻相比，可使模锻件的质量精度系数提高10%~15%。

钛及其合金β模锻工艺过程的设计，与包括闭式模锻过程在内的常规锻造过程没有特殊差异。在开式模锻时，由于变形金属塑性提高，应调整毛边槽的参数。

当采用β模锻工艺时，应仔细控制工艺过程，以免塑性指标下降过多。若控制得当，伸长率只会下降1%~2%，断面收缩率下降5%~8%。

β模锻生产的锻件虽然室温塑性降低，但是，断裂韧性和抗蠕变性能较高。例如TC4合金，在970℃进行常规锻造，在370℃，492MPa应力作用下，产生0.2%永久变形的时间是134h；而在1150℃经β锻造后，在370℃，492MPa应力作用下，产生0.2%永久变形的时间是348h。

β锻造后锻件室温塑性降低，高温性能提高，与锻后获得网篮状组织或魏氏组织，或这两种组织的混合组织有关。因为裂纹沿针状α相扩展的路径要比沿等轴α扩展的路径长得多，因而吸收的能量也就越多。但在这种组织中裂纹萌生的时间较短，所以表现为塑性低而断裂韧性及抗蠕变性能高。

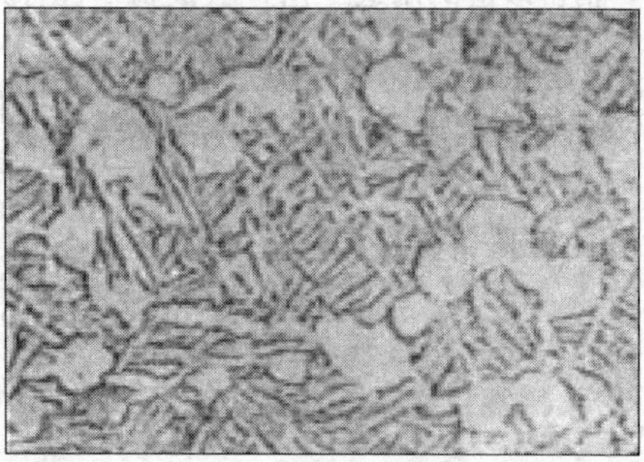

图13-60 TC4合金中的混合双态组织（×500）

当在（α+β）区上部温度始锻时，获得网篮状组织与等轴α组织混合的双态组织（见图13-60），此种组织的塑性优于网篮状组织和魏氏组织，不及等轴α组织；但高温持久、蠕变性能及断裂韧性又优于等轴α组织而不及网篮状或魏氏组织。在工艺上比较好控制。

13.3.7.3 精密模锻（详见 13.4 节）

13.3.7.4 等温模锻（详见 13.5 节）

13.4 精密锻造

在大量生产和批量生产变形钛合金锻件中，精密锻造常常是最经济的生产方法。精密锻造的特点是锻件具有较小的圆角半径、较小的模锻斜度（1°~2°）和较小的毛坯加工余量（能小到 0.25mm，对于精密锻造零件的周边不要拔模斜度，错移公差可以消除）能得到高的材料利用率，有时高达 80%~90%。同粗锻件或普通公差锻件相比，精密锻造模有时设计得较复杂，需要配套的制坯成形设备和模具，制坯成形模具要将毛坯进行合理分配成形，以便毛坯在精密模具中顺利生产出零件。

几十年来，变形钛合金部件研究制造的发展经历了“合金化—冶金工艺—进一步合金化—更先进冶金工艺”交替发展的历程。在热加工工艺方面，发展过程是自由锻造、普通模锻、精密模锻、等温精密模锻工艺。从 20 世纪 50 年代至 80 年代，变形高温钛合金部件的研究制造主要是通过成分的调整而提高合金的性能。80 年代中期以后，变形高温热强钛合金部件主要以工艺的改进而不断提高使用性能，如真空冶炼、反复镦拔工艺、等径通道挤压、大挤压比变形、单相区加热双相区模锻、精密锻造、超塑性等温精密锻造工艺等，不但使钛合金质量得到保证，力学性能、表面质量也进一步得到提高。进入 21 世纪以来，相继出现了双性能压气机盘、包套亚温挤压、激光快速成形、大尺寸环件精密轧制、大尺寸环件精密碾压等新工艺，使变形高温热强钛合金部件性能不断提高，应用范围越来越大，与先进的热加工装备和先进的热工艺的研究相结合，使变形高温热强钛合金部件的使用发展提高到新的水平。

精密锻件模具的设计与普通锻件模具的设计不同。因为精密锻模要抵抗 1400 MPa/mm^2 的压应力，而普通锻件模具的压应力却很少超过 700~900MPa/mm^2 的范围。经受高压力的模具结构使模具的制造总费用增加。在某些情况下，把锻件尺寸锻造到接近成品尺寸，可以获得优良的力学性能和物理性能；同时因为精密锻件尺寸接近零件最终尺寸，减少了机械加工量和费用。

精密锻造的制造工艺方法很多，各有其特点，主要有以下几种：

（1）普通锻锤制坯—螺旋压力机预锻—均余量精密模锻；

（2）电镦机制坯—机械压力机预锻—机械压力机均余量精密模锻；

（3）卧式锻造机制坯—机械压力机预锻—机械压力机均余量精密模锻；

（4）液压机制坯—机械压力机预锻—机械压力机均余量精密模锻；

（5）液压机制坯—电动螺旋压力机预锻—电动螺旋压力机均余量精密模锻；

（6）液压机、锻锤、电镦机、卧式锻造机制坯—电动螺旋压力机均余量精密模锻。

13.4.1 叶片的精密模锻工艺技术

13.4.1.1 航空用变形钛合金精密锻造

叶片的精密模锻技术是融多学科为一体的高技术，具有标志性意义，国外又称净形或近净形锻造技术（net or near net shape）。所谓叶片精锻系指叶片的叶身型面和内缘板面无需加工，而是只留有微小的余量，通过化铣或抛光的方法去除，就可直接装机使用。该技术在工业发达国家航空发动机叶片的生产中获得广泛的应用，特别是钛合金叶片，约90%以上采用精锻技术生产。该技术之所以获得如此广泛的研究和应用，是因为它具有如下特点：

（1）精锻叶片的内部组织和综合性能好，特别是精锻叶片的金属流线沿锻件轮廓不被切断而完整的保留下来，因此较普通锻件有更高的抗疲劳性能和抗应力腐蚀能力，在很大程度上提高了叶片的可靠性和使用寿命。

（2）叶片精锻件的尺寸精度高，叶身型面单面余量减少到0.15～0.30mm，这不仅节省大量的原料消耗（材料利用率可达到70%），而且节省大量的机械加工机床设备和机械加工工时，从而大幅度地降低叶片的制造成本，缩短生产周期，提高生产效率。

叶片是喷气发动机上最重要的、数量最多的零件，随着发动机性能的不断提高，单台发动机上叶片的数量越来越多，从表13-34中可以明显地看到叶片数量的增长趋势。现代发动机上叶片的形状设计也越来越复杂，大扭角带阻尼凸台的大叶片，小而薄的微型叶片在发动机上大量应用。由于叶片的数量多，形状复杂，给锻造成形带来更大的困难，所以叶片生产一直是发动机制造中的薄弱环节。目前大部分发动机厂叶片仍沿用传统的普通模锻工艺生产，叶片锻件的尺寸精度低，余量大，单边余量达1～2mm。材料利用率不到25%，这部分余量全靠机械加工去除，不仅占用大量机床设备，而且生产效率低，锻造成本高。机械加工去除余量的后果，破坏了叶片流线的完整性，使得叶片的使用性能下降。开展叶片精锻技术工程化，使我国的钛合金精密锻造生产技术赶上或接近世界水平。

表13-34 现代航空发动机使用的叶片数量比较

发动机种类	FWP7	FWP14	FWS10	АЛ31Ф
单台叶片总数/个	787	1657	1698	2437

13.4.1.2 发展研究精密锻造航空发动机压气机转子叶片的主要内容

发展研究精密锻造航空发动机压气机转子叶片的主要内容包括：

（1）机械压力机恒载荷精密模锻技术应用研究；

（2）挤压-镦粗联合制坯技术应用研究；

（3）叶片精锻模具的CAD/CAM技术应用研究；

（4）无氢氟酸钛合金叶片化铣工艺研究；

（5）钛合金叶片精锻玻璃防护润滑技术研究；

（6）叶片精锻件的准确、快速检测技术的应用研究。

13.4.1.3 钛合金叶片精锻件应达的指标

钛合金叶片精锻件应达的指标为：

叶片厚度公差带	$A\begin{matrix}+0.40\text{mm}\\+0.13\text{mm}\end{matrix}$
叶片长度公差	$L\begin{matrix}+0.40\text{mm}\\+0.10\text{mm}\end{matrix}$
叶片厚度尺寸动量	<0.20mm
同一叶片型面分散度	<0.13mm
叶片弯曲公差	±0.13′

叶片扭曲公差	±20′
缘板面V点公差	±0.13mm
叶片形状公差	±0.08mm
表面粗糙度 R_a	3.2μm

国外从20世纪50年代初开始发展叶片精锻技术，英国最早提出并实施叶片精锻工艺，随后西方经济发达国家如德国、美国、苏联、日本等国也相继开展叶片精锻技术研究。其中关键技术如：叶片精锻件的尺寸精度控制技术（含锻造设备的技术改造）、叶片回弹变形的控制技术、叶片锻件的化铣技术、叶片的精密测量技术、防护润滑技术、精锻模具的制造技术等都要进行试验研究和解决。所以发展步伐较缓慢，一直到60年代初精锻叶片才开始在航空发动机上使用。特别是钛合金叶片，约90%以上采用精锻技术生产，并成功地用于Spey、RB211、J79、F100、CFM-56等发动机上。

我国的叶片精锻技术研究起步于20世纪80年代初，航材院率先在机械压力机上开展钛合金叶片精锻研究，取得了较大的成果，并成功地研制出FWP14发动机高压压气机第二、三、四、五、六、七级变形热强钛合金精锻叶片和FWS10发动机高压压气机第一、二、三级热强钛合金精锻叶片。先后共生产了TC4、TC11、TA11、TA12、Ti60等热强变形钛合金叶片（见图13-61、图13-62），分别装到型号发动机上；同时开发了一系列民用

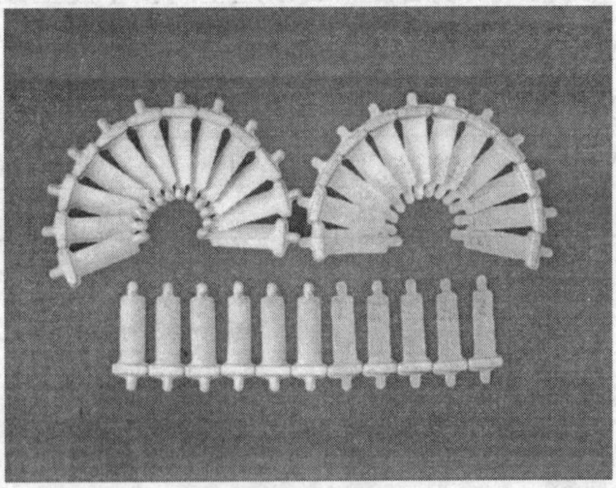

图13-61 航空发动机高压压气机变形热强钛合金精密锻造叶片

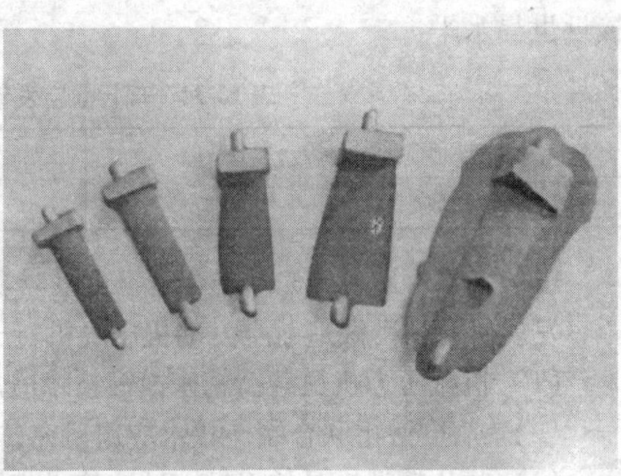

图13-62 航空发动机高压压气机变形热强钛合金精密锻造叶片

钛合金精密锻件（见图13-63、图13-64）。研究的钛合金精锻叶片属国内领先水平，并达到国外同类产品水平。表13-35中列出国产精锻叶片与国外同类精锻叶片的技术指标对比，从表13-35中可明显地看到国内外相关研究的技术水平和指标。

表13-35 叶片的金相组织及力学性能对比

国别	Ti-6Al-4V钛合金精锻叶片的组织与性能			
	显微组织	σ_b/MPa	δ_5/%	ψ/%
中国航材院	$\alpha+\beta_{转}$ 流线沿叶片轮廓分布顺畅	940~1015	14~17	43~45
英国R.R.C	$\alpha+\beta_{转}$ 流线沿叶片轮廓分布顺畅	930~1160	≥8	≥25

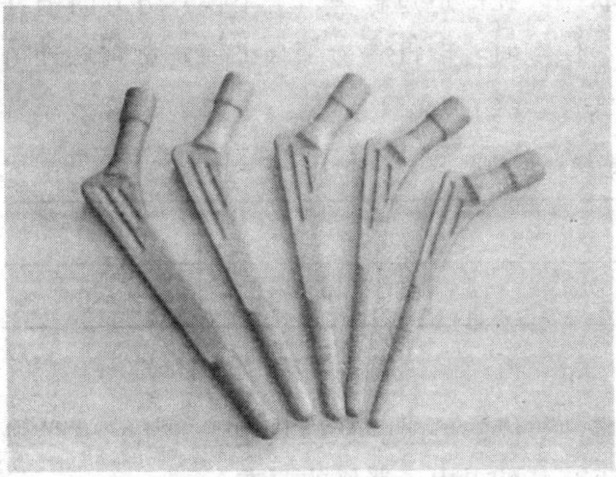

图 13-63　精密模锻变形钛合金人工关节

图 13-64　精密模锻变形钛合金汽车发动机连杆

13.4.1.4　精密锻件的设计、方案和技术途径

主要介绍精密模锻件的设计余量、表面质量、圆角半径和模锻斜度。

A　余量大小的确定

精密锻件的余量越小越好，但是在实际生产中有很多影响因素。影响锻件余量大小主要有下列因素：压力机的工作压力和模具寿命。金属在变形过程中，随着毛坯厚度的减少，单位面积上的变形抗力逐渐增多。当毛坯厚度达到 0.5mm 以下时毛坯温度下降，塑性降低，变形抗力增大，模具膛表面受到严重磨损，大大降低模具的使用寿命，同时急剧增大压力机的工作负荷。实践经验证明，锻件叶片厚度保持在 0.5mm 以上，对模锻设备的选用比较经济，模具寿命也较长。如果叶片叶身厚度小于 0.5mm 时，叶身型面两边需要加上余量，使锻件叶身厚度增大到 0.5mm 以上。

钛合金在加热过程中，由于受到元素烧损、氧化和吸氢，对锻件组织和性能产生不利影响。为了能够完全除去这种不良的表面层，可在加热过程中进行气氛控制和涂层双重保护，对于钛合金，至少每面分别留有 0.15 ~ 0.80mm 的余量。

锻件毛坯模锻变形时，锻件表面可能出现压坑、划伤等缺陷；加工周转过程中，难免有碰伤，这也要求留有适当的余量，以便在加工时去掉这些缺陷，像叶片锻件叶身的进排气边缘在终锻时容易出现划痕和裂纹等；进气边缘的盆面，还有局部变薄的现象。所以通常在叶身宽度方向，每边延伸 1 ~ 2mm，使划痕、裂纹和局部变薄等缺陷产生在延伸部分，待以后加工掉。

叶片精锻件的型面厚度余量应控制在 0.40 ~ 0.80mm，型面厚度余量分散度应不大于 0.20mm，叶片锻件的其他几何形状及尺寸公差应符合供需双方商定的锻件图样要求。精密锻造钛合金航空用叶片的表面质量要求锻件叶身表面不允许有裂纹、折叠等缺陷。榫头及叶冠部位发现上述缺陷，在能确保锻件图样要求的情况下，可清除后供应。由机械或锻造原因造成的个别缺陷，如压痕、碰伤等允许存在，其深度不应超过叶片相应部位单面实际余量的 1/2。

B　模具锻造斜度

为了便于出模，锻件必须有适当的模具锻造斜度。表 13-36 列出了精密模锻的模锻斜度。当然有些情况下也可以设计成锻模无斜度状态。在锻造过程中，上下模具分开时锻件应留在下模具内，以便于取出锻件时不被碰伤。模锻时，锻件容易粘在上模，遇到这种情况，需要将上模的模锻斜度增加1°~2°。

表13-36 精密锻模加工斜度

锻件深入模腔的深度/mm	10	10~20	20~30	>30
锻模斜度(出模斜度)/(°)	3	5	17	≥10

C 基准和定位

精密锻件的形状、位置和尺寸公差应达到零件最终的要求。从模具制造开始，就必须要求准确地定位和测量，因而对锻件的设计和工艺基准提出了严格的要求。

设计基准锻件图上，用尺寸或形位关系来表示锻件各表面之间的相互位置，标注尺寸时，所根据的那些面、线和点，叫作设计基准。在设计锻件图时，必须考虑到以后制造零件时加工和测量方便，更不能产生积累误差。因此，必须妥善地选择设计基准。

工艺基准锻件的设计基准是假象基准。在生产实际中，保证锻件有一个正确的空间位置，确保测量和加工尺寸的准确性，要靠锻件本身的空间位置，还要靠锻件实际存在的面、线和点，这就叫作工艺基准。工艺基准，主要是定位基准和度量基准。在选择基准时要遵循下列原则：

(1) 尽量选择非加工面或工差等级高的表面作基准，这样就可以使定位误差很小或趋于零，保证加工和度量的准确性；

(2) 尽量使各工序都在同一个基准上进行，保证基准的统一性，避免不同基准之间的积累误差而引起的较大误差；

(3) 所选择的基准面应该保证零件加工时，在切削力和夹紧力的作用下变形最小，也就是说，保证零件在选用的基准上具有足够的安装刚度和面积；

(4) 所选择的基准要使夹紧方便，夹具结构简单，制作容易。

D 精密锻件公差

精密模具锻件的表面公差等级要求较高，精密锻件表面粗糙度 R_a 为 6~10μm 以上，经过化铣和喷砂处理后要完全符合最终零件图的要求，在高度方向上公差要控制在 0.2mm 以内，锻件错移小于 0.1mm。表13-37 列出了某发动机钛合金精密模锻叶片表面的公差。

表13-37 某发动机钛合金精密模锻叶片表面公差数据

叶片 材料	叶片 尺寸	厚度公差/mm	余量波动量/mm	余量分散度/mm	弯曲公差/(′)	扭曲公差/(′)	内侧V点公差/mm	型面形状公差/mm	表面粗糙度 R_a/μm
TC4	110	$A^{+0.78}_{+0.58}$	0.20	0.13	±0.13	±20	±0.13	±0.065	3.2
TC11 TA12	70	$A^{+0.71}_{+0.52}$ $A^{+0.4}_{+0.8}$	0.19	0.12 0.20	±0.13	±20	±0.13	±0.065	3.2

E 精密锻造方案

由于多数钛合金精密模锻件坯料在模具中的变形是不均匀的，因此为了获得均匀的金相组织和力学性能，毛坯的总变形量必须要充分。实践证明当精密锻件在模具成形过程中，总变形量达到60% ~80%时合金的力学性能各向异性最小。常规精密模锻件要求显微金相组织是均匀的等轴组织或双态组织，这就要求坯料各个方向变形充分，与此同时在制定锻造工艺时要充分考虑和遵守钛合金的再结晶立体图。它表示出了该变形钛合金的晶粒度与变形程度、变形温度的关系（见图13-65)。锻件的变形量应该要超过临界变形，一般为15% ~20%或更多些。过高温度的变形会导致模锻件的晶粒长大，使锻件产生粗大的金相组织降低力学性能。常规下对于两相合金的精密模锻，始锻温度一般不要高于920 ~980℃，终锻温度不应低于再结晶起始温度。

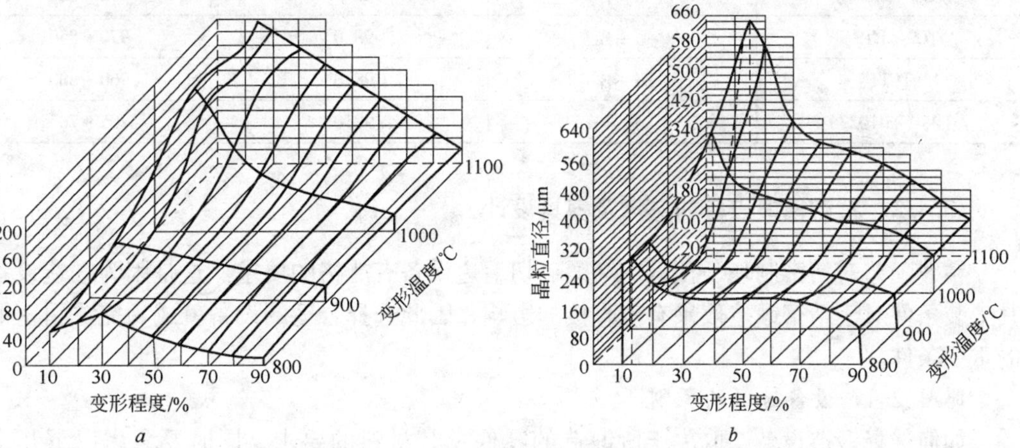

图13-65 （α+β）钛合金TC6的再结晶图

a—镦粗后；*b*—镦粗后经1.5h加热到1050℃

F 精密模锻对于锻件变形速度的影响

常规状态下进行的锤锻与普通锤模锻，由于速度过快，很多情况下锻件加工再结晶来不及完成，影响锻件的工艺塑性。在航空钛合金叶片的生产中通常使用的是电动螺旋压力机、热曲柄机械压力机或普通压力机，从工艺实践来看是行之有效的，锻件再结晶完成得很好。实践表明变形热强钛合金精密锻件的塑性、组织与性能取决于加工的温度、变形速度、变形程度。理想状态下要求变形速度要慢些，单次变形程度要大些，加热温度要求在相变点以下40 ~50℃。

G 精密模锻航空钛合金叶片的生产工艺途径

精密制坯（+玻璃润滑剂涂层保护）→预锻（+玻璃润滑剂涂层保护）→终锻（+玻璃润滑剂涂层保护）→切毛边→热处理→锻件清理→化铣→标记→检验（性能、组织、外观）→入库

H 常用变形热强钛合金在终锻温度下的强度极限及锻造温度控制

常用变形热强钛合金在终锻温度下的强度极限及锻造温度控制见表13-38，模锻件变形需要的压力载荷计算可按照一般的工厂习惯进行计算。

表 13-38 常用变形钛合金在终锻温度下的强度极限及锻造温度控制

牌 号	名 称	抗拉强度 σ_b/MPa	锻造温度(±20)/℃
TA1-(BT1-00)	α	73.5	940～850
TA2-(BT1-0)	α	73.5	900～700
TA3-(BT1)	α	98.0	880～700
TA7-(BT5-1)	α	98.0	990～800
TA12-(Ti55)	近α	98.0	950～850
Ti60	近α	147	950～850
TA11-(Ti811)	近α	98.0	900～1020
TC4-(BT6)	α+β	98.0	950～800
TC6-(BT3-1)	α+β	294	950～800
TC9-(BT9)	α+β	98.0	970～850
TC11	α+β	98.0	960～800
TB6-(Ti-1023)	近β	98.0	705～785

13.4.2 精密模锻设备的选择及模具设计

精锻工艺对精密制坯、预锻、终锻、切毛边设备有严格的要求。这是因为锻造设备及其工装条件对于精密锻造效果有着直接的影响，因此选择合适的设备就成为完成精密锻造的重要条件。

13.4.2.1 设备选择的原则

如何选择锻造设备，取决于所锻造的零件及其材料的要求，同时要考虑以下几个因素：

(1) 满足锻件变形所需要的能量。锻造所需要的能量，对于一定的材料的不同工序(如挤压、镦粗、弯曲、锻造变形等)，在设备的滑块行程的范围内不同。就锻件最大几何形状载荷能量的最大值受工艺参数的影响，在工作行程的瞬间，设备的有效载荷能量应该大于锻造所需要的最大能量，否则锻造设备将有可能因过载而遭到损坏。

(2) 工艺所要求的特性。主要指设备的单位时间的行程次数、滑块加载期间的速度。设备的行程次数不仅决定生产率，也决定锻造时滑块的加载速度，而加载速度又决定加压过程的时间和变形速度或应变速率，进而影响变形材料的流动应力和锻造所需要的载荷能量。加压过程的接触时间或锻件在模膛中受到变形载荷的时间越长，锻件与模具之间的热传导越严重，使模膛中的锻件迅速降温而造成模具的快速磨损。所以应该根据锻件的材料和几何形状来选择合适的行程次数、加载速度以及短的接触时间。

(3) 满足锻件所要求的精密度。设备的精密度特性对锻件的形状尺寸公差产生直接的影响。例如，设备上下工作台面的平行度、导轨间隙、模具模座的同心度、结构强度等，特别是在承受偏心载荷条件下，如果上述因素不符合要求将导致模具的磨损和锻件形状尺寸的超差。一般情况下刚性大的压力机的变形较小，在同样条件下设备刚性越好，由于毛坯体积和温度变化所引起的锻件厚度的变化越小。因此精密锻造应该选择刚性大的锻造设备。

(4) 精密锻造设备的比较。当前使用比较普遍的精密锻造终锻设备，主要是热模锻曲柄机械压力机、电动螺旋压力机、液压螺旋压力机、摩擦压力机、全液压机等。这些设备各有其不同的工艺参数和锻造特性。

13.4.2.2　热模锻曲柄机械压力机

A　热模锻曲柄压力机衡载荷精密锻造原理

曲柄压力机有相对固定的下死点，当锻造载荷超过设备公称压力时，有可能产生闷车现象。工作时的作用力一般只允许用到其公称压力的70%～80%，打击能量不可调节，变形时模具与工件的接触时间较长，变形抗力较大，成形性能较差。从锻造工艺因素对锻件尺寸精度的影响来看，如下因素将直接影响锻件厚度尺寸的精度：锻造温度的波动范围、模具温度的影响、锻件变形量的影响、润滑本身的影响、操作速度的影响。在锻件的普通模锻工艺中，往往由于上述工艺因素的影响，使锻件的变形抗力有较大的波动，同时机床产生相应的弹性变形使上模向上抬起的波动量也较大。因此，影响了锻件高度尺寸的精度。为在曲柄压力机上实现锻件的精密锻造，同样要设法克服由于锻件变形抗力变化引起机床产生的弹性变形对锻件厚度尺寸造成的影响，只有这样才能保证得到精密的锻件。

在曲柄压力机上实现精密模锻的调节原理分析如下：曲柄压力机的结构由于是曲轴滑块机构，在压力机运转时，滑块有固定的下死点。普通模锻工艺因素的影响，使每一锻件产生不同的变形抗力而反映出来机床弹性变形差异（或下死点上移）。一般认为曲柄压力机的滑块有固定的下死点，而每个锻件需要的变形力又各不相同，因此，引起设备的弹性变形也不相同，导致每个锻件的厚度尺寸不一致。普通模锻的锻件厚度波动在0.5mm以上，达不到精锻的要求。本精密模锻的调节原理是采用在模座上加吻合板的方法，使压力机每一锻造行程都比锻件抗力造成的机架伸长稍大一些，以保证吻合板靠合，然后以吻合板为基准调节模具，从而保证锻件厚度尺寸的一致性。为在曲柄压力机上实现锻件的精密锻造，同样要设法克服由于锻件变形抗力变化引起机床产生的弹性变形变化对锻件厚度尺寸造成的影响，只有这样才能保证得到精密的锻件。

通过模具垫板的调整，将锻件调到要求的厚度尺寸，保证每批锻件锻造时厚度尺寸的相对稳定性。曲柄压力机是通过载荷过盈，将吻合板过盈压靠，使机床产生的弹性变形总量略大于锻件锻造时最大变形抗力引起机床产生的弹性变形量，于是达到精密控制锻件厚度尺寸的目的，这也就是曲柄压力衡载荷精密锻造原理。锻件厚度波动在0.13mm以内。只要吻合板加得适当，与普通模锻一样，每一锻造行程机构均按虎克定律进行弹性和回复，而不会造成闷车。

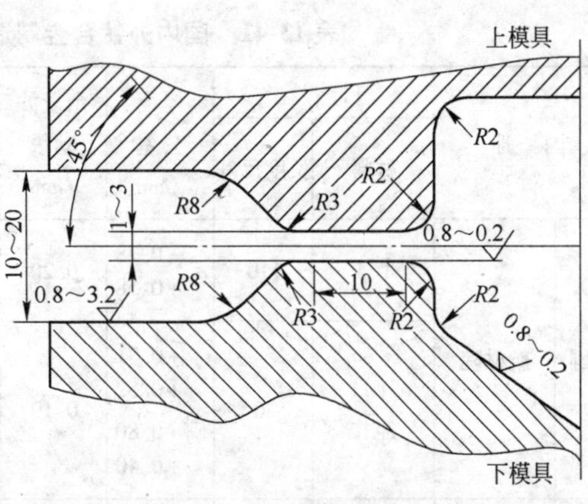

图13-66　精密模锻用模具毛边桥部的开式结构设计

B　机械压力机的模具设计

机械压力机的模具在锻造过程终止时上下模具是不接触的，一般情况下机械压力机主要用来制造中小型的热模具锻件，模具毛边桥部结构设计成开式结构见图13-66，其他设计跟普通模锻差别不大。

在模具材料选材上根据各单位习惯用法在制造精度上可提高一个精度级别，一般模具型腔粗糙度值 R_a 在 1.6μm 以上。模具设计要考虑锻件充满模腔的影响，相关数据见表 13-39。

表 13-39 模锻设备对钛合金锻件充填模腔的影响（mm）

锻件特征尺寸	锻压设备类型		锻件特征尺寸	锻压设备类型	
	曲柄压力机	螺旋压力机		曲柄压力机	螺旋压力机
最小壁厚	3.0 ~ 4.0	2.0	最小腹板	2 ~ 3	1.5 ~ 2.0
最小筋厚	2.0 ~ 4.0	1.5 ~ 2.0	最小圆角半径	3 ~ 5	2 ~ 3

C 模具的加热

为减少锻模开裂倾向和减少锻件模具接触的温降，一般要对模具进行加热（可采用电热管状加热器），控制温度见表 13-40。

表 13-40 精密模锻钛合金锻件模具加热温度范围

锻造工艺及设备	模具温度/℃	锻造工艺及设备	模具温度/℃
机械压力机	150 ~ 350	液压机	300 ~ 500
螺旋压力机	150 ~ 350		

D 机械热模锻曲柄压力机设备性能参数

采用机械压力机进行精密模锻工艺设计制造锻件的主要优点是锻件几何尺寸稳定、可控、行程速度高、生产率高、大批量生产容易实现自动化，相对设备投资少，国内采购方便，资金回收周期短，适宜国内的工业应用。

13.4.2.3 热模锻电动螺旋压力机

该类设备能用于热模锻造、多工位模锻、精密锻造、镦粗、挤压、精整等钛合金叶片及其他合金叶片的精密锻造。电动螺旋压力机分直接用电机驱动和传动机构驱动两大类。

国内外钛合金制造精密模锻叶片质量数据比较见表 13-41。

表 13-41 国内外钛合金制造精密模锻叶片技术数据比较

国别		叶片 材料	叶片 长度尺寸	厚度公差/mm	余量波动量/mm	余量分散度/mm	弯曲公差/(′)	扭曲公差/(′)	内侧V点公差/mm	型面形状公差/mm	表面粗糙度 R_a/μm
中国	航材院	TC4	110	$A^{+0.78}_{+0.58}$	0.20	0.13	±0.13	±20	±0.13	±0.065	3.2
中国	航材院	TC11 TA12	70	$A^{+0.71}_{+0.52}$ $A^{+0.80}_{+0.40}$	0.19	0.12 0.20	±0.13	±20	±0.13	±0.065	3.2
英国	R.R公司	Ti-6Al-4V	76 ~ 152	$A^{+0.80}_{+0.38}$	0.22	0.08	±0.13	±20	±0.13	±0.076	3.2
英国	精锻公司		76 ~ 152		0.20	0.13	±0.13	±20	±0.13		

13.4.3　精密锻造工艺

13.4.3.1　叶片热处理和性能

叶片精锻件经最终热处理后供应，推荐的最终热处理制度见表13-42。经过热处理后精锻件必须保证获得合格的冶金组织。对于航空发动机用的叶片精密锻件来说，低倍组织主要决定于热加工工艺，较轻的花纹是允许的，但其高倍组织必须合格，纵向低倍流线应沿叶片锻件轮廓分布顺畅，不允许有严重涡流和穿流。高倍组织一般是双态（α+β）组织，它具有较高的塑性、疲劳强度和低的震动应力缺口敏感性。在这种情况下还必须考虑持久强度有下降的可能。锻件横向剖面上的高倍组织应是（α+β）两相区加工的组织，见图13-67，在变形过程中应将所有的原始β晶界破碎。对于长期在高温和拉应力下工作的零件（盘和其他零件）来说，则要求网篮状组织，见图13-68，它能保证有最高的热强

图13-67　（α+β）等轴组织

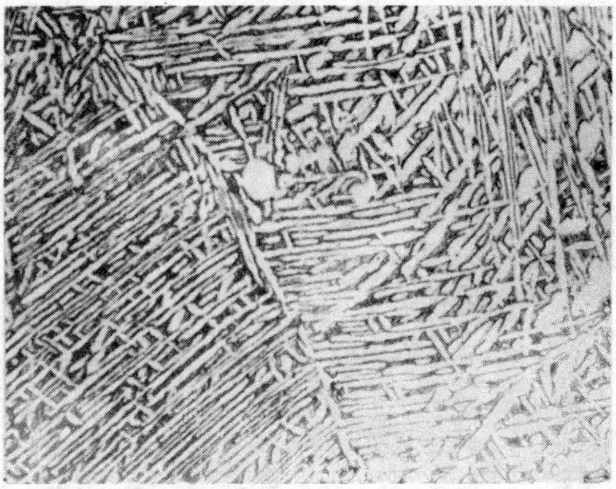

图13-68　网篮状组织（400×）

性和抗蠕变性能，疲劳性能和热稳定性能等方面的综合性能也都较好。获得这种组织的办法是最后一火在β区加热坯料，随后进行50%～70%的变形，而最终变形是在（α+β）区完成。

表13-42　热强钛合金叶片精密模锻件热处理制度举例

牌　号	钛合金叶片精锻件热处理制度	
TC4	普通退火	(700～800)℃±10℃,1～2h,A.C（普通中温炉）
TC6	等温退火	870℃±10℃，1h，A.C+600℃±10℃，2h，A.C 真空炉内加热至(870～920)℃±10℃，保温1～2h，真空炉冷至(600～650)℃±10℃，保温2～2.5h，在冷却室内通氩气冷却。真空热处理炉的真空压力应低于0.13Pa
TC11	双重处理	950℃±10℃，1h，A.C+530℃±10℃，6h，A.C 真空炉内加热至950℃±10℃（允许在相变点以下30～50℃范围内调整），保温1～1.5h，在冷却室内通氩气冷却；530℃±10℃，保温6～6.5h，A.C。 真空热处理炉的真空压力应低于0.13Pa

续表 13-42

牌 号	钛合金叶片精锻件热处理制度	
TA11	双重处理	950℃ ±10℃，空冷（1~1.5）h+550℃ ±10℃，空冷 6h 真空热处理炉的真空压力应低于 0.13Pa
TA12	双重处理	980℃ ±10℃，1.5h，A.C+600℃ ±10℃，2h，A.C 真空炉内加热至 980℃ ±10℃，保温 1.5h 后在冷却室内通氩气缓冷到室温。 真空热处理炉的真空压力应低于 0.13Pa。 600℃ ±10℃，保温 2h，A.C（普通中温炉）
Ti60	双重处理	995℃ ±10℃，2h，A.C+700℃ ±10℃/2h，A.C 真空炉内加热至 995℃ ±10℃，保温 2h 后在冷却室内通氩气冷却至 300℃后缓冷到室温。均匀化退火也在同一真空炉中进行，叶片随炉升温到 700℃，保温 2h 后通氩气冷却至 300℃后缓冷到室温。真空热处理炉的真空压力应低于 0.13Pa

采用精密模锻工艺技术制造的热强钛合金航空发动机用高压转子叶片的力学性能数据见表 13-43 ~ 表 13-45。

表 13-43 采用精密模锻制造的钛合金

牌 号	室温力学性能					
	抗拉强度 σ_b/MPa	屈服强度 $\sigma_{0.2}$/MPa	伸长率 δ_5/%	断面收缩率 ψ/%	冲击功/J	布氏硬度 HBS
TC4	≥930	≥860	≥10	≥25	≥32	≥331
TC6	980 ~ 1180	≥840	≥10	≥25	≥24	269 ~ 363
TC11	1030 ~ 1225	≥930	≥9	≥30	≥24	269 ~ 363
TA11	1040					
TA12	≥980	≥900	≥10	≥25		
Ti60	≥1030	≥930	≥8	≥17		

表 13-44 采用精密模锻制造的钛合金叶片的高温力学性能

牌 号	试验温度/℃	高温力学性能（不小于）			
		抗拉强度 σ_b/MPa	伸长率 δ_5/%	断面收缩率 ψ/%	持久强度 σ_{100h}/MPa
TC4	400	≥615	≥12	≥40	570（≥100h）
TC6	400	≥735	≥12	≥38	665（≥100h）
TC11	500	≥685	≥12	≥45	590（≥100h）
TA12	550	≥610	≥12	≥30	430（≥100h）
Ti60	600	≥600	≥10	≥20	310（≥100h）

表 13-45 采用精密模锻制造的钛合金叶片的热稳定力学性能

牌 号	热暴露条件	室温力学性能（不小于）		
		抗拉强度 σ_b/MPa	伸长率 δ_5/%	断面收缩率 ψ/%
TC4	400℃ ×100h	≥930	≥8	≥25
TC6	400℃ ×100h	≥980	≥8	≥25
TC11	500℃ ×100h	≥1030	≥8	≥25
TA12	550℃ ×100h	≥980	≥7	≥15
Ti60	600℃ ×100h	≥1030	≥8	≥16

13.4.3.2 钛合金精密锻件防护用玻璃润滑剂

钛合金材料热成形时，根据不同变形工艺需要，都力求减少摩擦力与变形抗力，减少氧化、渗氢、表面污染问题，所以采用防护涂层润滑技术十分关键。常规难变形材料的最佳热变形温度一般窗口很窄，而采用涂层热性能好的工艺涂层，将是减少温降的一个有力措施。采用防护润滑技术在形变热处理工艺中可以起到控制最佳终锻温度的要求，以得到最佳的性能和组织状态。

目前在用的 FR 系列玻璃防护润滑剂本身是一种临时性的工艺涂料，在钛合金模锻高温成形时起到高温防护、润滑的作用。此系列防护润滑剂是专门配制的一种悬浮液浆料，它是以硅酸盐为主要成分，以水溶性树脂为黏结剂，这种润滑剂涂覆在钛合金毛坯上能迅速干燥、成膜并具有一定的干燥强度，操作工艺简单。目前的 FR 系列玻璃防护润滑剂产品不但用在军品生产，同时还大量应用在民品锻件生产上。例如航空航天用钛合金大中小型精密模锻件、航空发动机高压压气机盘、转子叶片、气轮机叶片、挤压件、人工关节、航天武器导弹系列用的精密锻造上。

在钛合金材料热成形过程中使用的玻璃防护润滑剂涂层，是在锻件毛坯与模具表面之间存在着第三种介质——一层玻璃态物质润滑剂“釉”，其厚度通常为 0.15 ~ 0.2mm 之间，它是固体、塑性黏性物质、液体、气体或者是它们之间的混合物。它们在一定条件下可以部分地或全部地完成表面防护和润滑效能。钛合金材料在热变形过程中，由于金属的塑性变形流动而不断产生新鲜的金属表面，同时在高温下（700 ~ 1180℃）还要承受很大的变形压力。所以对玻璃防护润滑剂的基本要求是：

（1）在高温下能够在金属表面形成致密的连续的保护膜层，变形时能随金属一起流动并承受高温、高压。

（2）变形时由于接触压力变化很大（200 ~ 1000MPa），金属流动速度范围为(0.01 ~ 0.1) $\times 10^3$ m/s，静压力可在(0 ~ 500) $\times 10^2$ MPa 范围内变化，因此要求玻璃润滑剂在工作条件下应有较宽的黏度范围，以适应工艺参数的变化。

（3）能起到高温防护作用，能够防止与减少表层氧化与渗氢。选择的玻璃防护润滑剂在高温时不与基体金属和模具起化学反应，不产生腐蚀作用。

（4）表面的工艺涂层，高温下能牢固地依附在锻件表面，可以经受数次的重复锻造，有利于金属均匀变形，避免模具过热和工件迅速变冷。

（5）对于不同的热锻工艺，润滑剂还要有不同的特殊要求：

1）对于一火次成形的锻件要求涂层最好是自剥的，这样使用起来方便；

2）对于多火次成形的零件，则要求涂层是非自剥的，使多火次变形的零件在中间工序进行过程中不用再涂敷润滑剂，附在金属表面的涂层依然存在，仍能起到防护润滑作用；

3）对于薄壁的热冲压件，要求涂层本身是水溶性的，或其他溶剂溶解型的，或自剥性的，以利于润滑剂涂层在变形后去除。

(6) 涂敷工艺方便能适应人工或机械化涂敷，以满足批量生产的要求。

(7) 锻造变形后涂层去除方便。

(8) 润滑剂应是无毒或低毒的，不产生烟雾或有害气体，不造成对环境的污染。

(9) 润滑剂应是制备、供应方便，价格便宜。

研制的锻造防护用玻璃润滑剂见表13-46，在圆形试样上涂敷TFR-6锻造防护用玻璃润滑剂，高温加热镦粗变形后的试样外观见图13-69。

表13-46 钛合金锻造防护用玻璃润滑剂

序 号	防护润滑剂牌号	适用工艺种类	使用温度范围/℃	适用合金种类
1	TFR-6	模锻挤压	800~1020	TC4、TC11、TA11、TA12、Ti60
2	TFR-7	模锻挤压	750~850	Ti1023、Ti700
3	TFR-8	模锻挤压	950~1100	TA12、Ti60
4	TFR-11	等温锻造	800~980	TC4、TC11、TA11
5	TFR-85	等温锻造	750~850	Ti1023、Ti700

图13-69 精密钛合金模锻件用防护玻璃润滑剂高温试样外观

13.4.4 钛合金精密锻造的质量控制要求

一个能生产优质精密锻件的工厂应该具备下列特点：

(1) 有一套组织良好而完整的质量规范程序；

(2) 拥有与行政组织生产部门相分离的、具有相对独特权利的质量保证部门；

(3) 建立对原材料供应厂进行签定合格与否的制度和质量认可制度；

(4) 在工艺执行的所有工序中能保证锻件炉号标志的一致性的有效方法程序和控制制度；

(5) 锻造加热炉记录温度用的温度控制仪表及其生产制造的时间表；

(6) 定期校准加热设备和控制仪表的制度；

(7) 现代化的无损检测设备和熟练的操作人员；

(8) 专门用于清理锻件表面和锻件缺陷的专业设备和熟练的操作人员；

(9) 有适宜的冶金实验室及金相检验设备和熟练的操作人员；

(10) 有适宜的力学性能试样加工、力学性能测试检验设备和熟练的操作人员；

(11) 具有检验锻件尺寸用的合适的夹具、样板、量规、仪器等；

(12) 具有现代管理和设计用的各类专业计算机软件；

(13) 具有掌握现代精密锻造设计和生产管理的专业人员；

(14) 具有掌握先进科技情报技术资料存档系统，以保存工艺文件各类图标、化学分析、性能测试、各类数据和记录资料，至少保存10年，具有熟练的专业人员。

13.5 等温模锻

钛合金是价格昂贵的金属材料，又属于难加工的材料。由于变形抗力大，变形温度高，变形的温度范围狭窄，通常模锻只能锻成粗锻件。在大量使用钛合金锻件的航空发动机中，锻件的金属利用率只有10%~20%，飞机结构件中甚至低于10%，造成大量金属的浪费，使模锻件价格很高。钛合金的机械加工性能特别差，机加工费用也特别高，使成品零件的价格极其昂贵。大锻件冶金质量不容易控制，往往性能波动比较大。设法改善锻件肥头大耳的现象，生产精密锻件和高性能的优质锻件是多年来锻造工作者不断努力的方向。等温锻造新技术实现了这个理想。

13.5.1 等温锻造的特点

发现金属材料具有“超塑性”后，对钛合金也进行了研究。结果表明钛合金也有非常好的超塑性。图13-70和图13-71是TC4钛合金超塑拉伸的结果。可以看出TC4钛合金细晶状态在850~920℃有很好的超塑性，最大伸长率达1500%，随晶粒组织的粗化，最大伸长率下降。铸态组织最低，只有150%。同时变形抗力随晶粒组织的细化而降低，细晶组织的变形抗力不到20MPa。还可以看出TC4钛合金拉伸随变形速率下降，伸长率明显提高，变形抗力明显下降，950℃时只有13MPa。

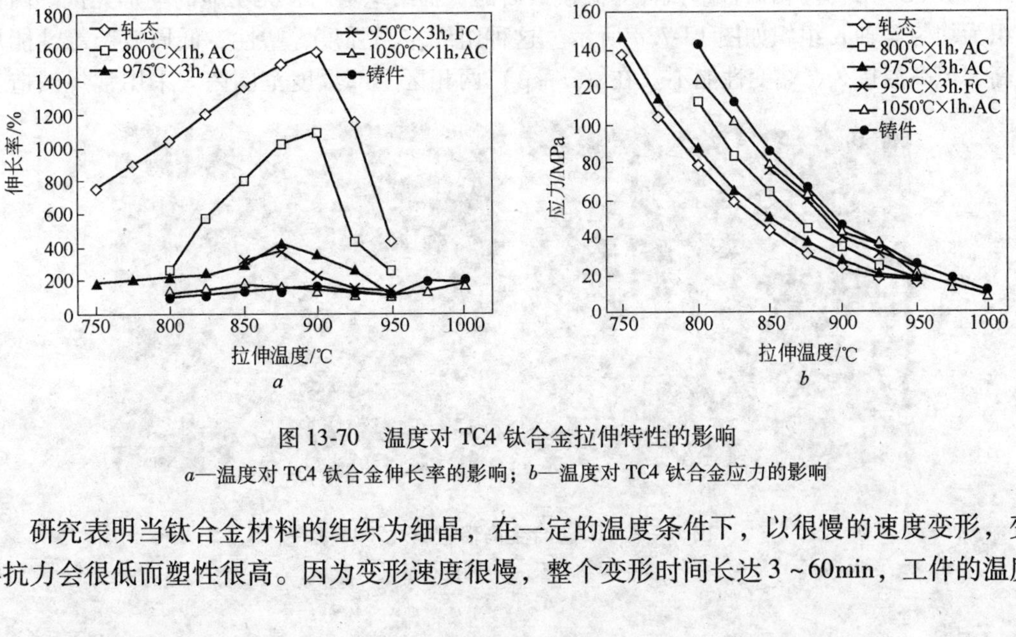

图13-70 温度对TC4钛合金拉伸特性的影响

a—温度对TC4钛合金伸长率的影响；*b*—温度对TC4钛合金应力的影响

研究表明当钛合金材料的组织为细晶，在一定的温度条件下，以很慢的速度变形，变形抗力会很低而塑性很高。因为变形速度很慢，整个变形时间长达3~60min，工件的温度

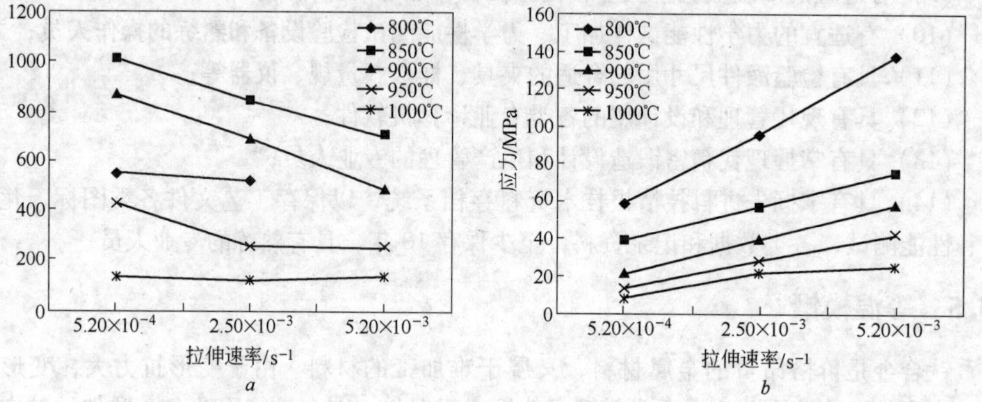

图 13-71 TC4 钛合金拉伸速率对拉伸特性的影响

a—拉伸速率对伸长率的影响；*b*—拉伸速率对应力的影响

始终保持不变，称为等温锻造。

等温锻造具有如下特点：

（1）等温锻造克服了变形组织不均匀现象（如变形织构，难变形区与易变形区晶粒大小不等），因为变形坯料的组织是在（α + β）区很窄的温度范围内形成的。温度恒定，组织变化不会波动；应变速率低，变形的热效应没有向 β 区转变的特殊危险。因此，零件的组织和性能具有良好的均匀性、一致性。

（2）等温锻造时坯料的变形抗力，与锻件的形状和尺寸关系很小，主要与变形材料和应变速率有关。因此可以锻造形状复杂、具有薄腹板高筋的大型结构件。常规模锻此类锻件时，需要能量巨大的设备。

（3）等温锻造时，需要特殊的加热模具的装置，较常见的是电阻加热器和感应加热器，模具表面的补充加热可用煤气燃烧器实现。

（4）（α + β）两相钛合金试样等温模锻后的低倍组织均匀，无明显的变形死区。高倍组织为均匀等轴 α 组织如图 13-72*a* 所示。这种组织室温强度、塑性、低周疲劳等性能均较高。但高温持久、蠕变性能不及在（α + β）两相区上部温度范围内。采用常规锻造工

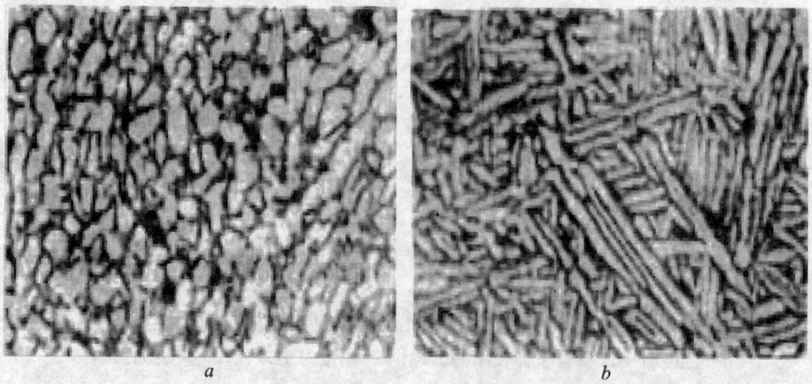

a *b*

图 13-72 TC11 合金高倍组织（500 ×）

a—等轴组织；*b*—网篮状组织

艺得到的网篮状组织如图 13-72b 所示。

（5）等温模锻生产效率较低，用闭式模锻进行无斜度的精密模锻时，生产率比常规模锻的生产率低 1/2～1/3。

13.5.2　等温锻造设备的特点

为了实现锻造过程温度不变，将模具加热到工件的变形温度。对常用的两相钛合金温度为 950℃。在如此高温，模具必须有足够的强度，保证锻件的尺寸稳定，采用铸造高温合金。通常用镍基、钴基或钼基铸造高温合金制造。镍基合金常用于 950℃以下，钴基合金用于 950℃以上，钼基合金需要惰性气体保护加热，可用于 1200℃以上。这些合金很难机械加工，通常需精密铸造出锻模型槽。因此等温锻造一次性投资大，适合有一定批量而锻件形状十分复杂的情况，或是锻件投影面积较大而又无大吨位设备时采用。

模具用电加热，常用电阻丝或感应加热。

为了实现锻造过程速度足够慢，采用慢速液压机。要求速度、压力、位移自动控制；要求整个锻压过程程序自动控制。液压机的吨位视工件大小而定，有 500～10000t。

在普通液压机上等温锻造时，应防止热量过多地传递给设备，导致设备精度下降。因此，模具应设计水冷装置，或加垫抗压隔热材料。

13.5.3　等温锻造的基本工艺

常规锻造、热模锻造、等温锻造和超塑性锻造为基本分类，不同锻造方法的变形状态见图 13-73。

从图 13-73 中可以看到：模具温度，在常规锻造时为锻件温度的 10%～35%，热模锻造时为 60%～90%，等温锻造和超塑性锻造时为 95%～105%。还可以看到：压力保持的时间，常规锻造时小于 0.1s，热模锻造时为 5～500s，等温锻造时为 100～1000s，而在超塑性锻造时压力保持的时间可能长达 1h。

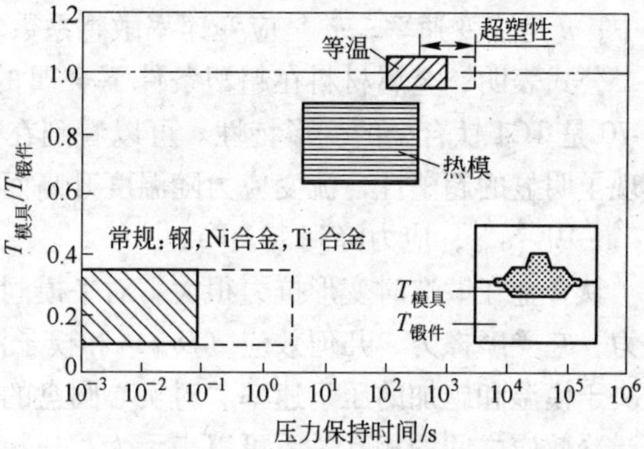

图 13-73　不同锻造方法模具和锻件的温度状态

等温锻造工艺设计的目标有二，其一是利用材料的高流动性，生产近净形锻件，也就是精密锻造；其二是利用等温锻造过程控制可靠的高度自动化，生产高质量锻件，也就是优质锻造。

等温锻造工艺特点是：

（1）锻件设计为精密锻件；

（2）用很简单的坯料，一火次或二火次锻造成形状复杂的精密锻件，简化锻造过程；

（3）采用闭式模锻造，取消飞边，提高材料利用率；

（4）采用良好的润滑；

（5）精心设计变形过程的工艺参数，有效控制锻件的组织和性能，生产优质锻件；

（6）几个锻件组成一个锻件一次成形，提高效率，提高质量；

(7) 锻造、矫形和热处理联合操作。

对锻造工业，一个最主要的技术革命是 CAD/CAE 技术应用到锻件设计、模具制造和变形过程参数的确定中。计算机辅助将提供自动化设计，改善试制过程，提高工作效率。

采用有限元方法，在计算机上模拟锻件的等温成形过程，可以发现成形的充满情况和缺陷产生的过程，可以对锻件的坯料形状和尺寸进行修改，得到更为合理的坯料设计和成形工艺方案。可以分析模具的受力分布，设计合理的模具结构。进一步的工作可以预测锻件的组织和性能变化过程。

13.5.4 等温锻造生产优质精密锻件的机理

等温锻造与常规锻造的区别在于等温锻造是在坯料温度和锻模温度基本一致的条件下进行的。由于钛合金属于应变速率敏感性材料，等温模锻一般在运动速率较慢并最好能无级调速的液压机上进行。用于等温锻造的标准应变速率是 $0.008s^{-1}$ 或更低。当以较低的应变速率变形时，坯料成形所需设备吨位大为减少，在等温条件下，当应变速率 ε 从 $10s^{-1}$ 降至 $0.001s^{-1}$ 时，变形抗力下降到约 10% ~20%。变形抗力下降的原因是因为在较低应变速率下变形时，再结晶能充分进行，可大部分或全部克服加工硬化的影响。

13.5.4.1 低变形抗力及高的伸长率

等温锻造是基于金属超塑性特性原理发展的一种锻造技术，金属在超塑性条件下，其力学特性，即平均锻造压力 σ 符合公式：

$$\sigma = k\varepsilon^m$$

式中，ε 是应变速率；m 是应变速率敏感系数。

公式表明，金属材料在超塑条件下金属的流变应力随着应变速率的下降而下降，图 13-70 是 TC4 钛合金的变形特性。可以看到在 800 ~950℃ 范围内 δ 可以达到 1000% 以上，呈现了明显的超塑性，流变应力随温度升高而下降。图 13-71 表明 TC4 钛合金变形速率从 $10^{-2} \sim 10^{-4}s^{-1}$，应力降到 13MPa。

钛合金在锻造时变形抗力很大。对平模间压缩的锻压力而言，主要取决于合金的流变应力，它受摩擦力、几何效应（D/t）和模子激冷因素（C_d）影响。C_d 是一个经验常数，取决于模温和施加的压下速率。对实心圆盘的锻造而言，相对压力、摩擦、几何形状和模子激冷效应之间的相互关系可以表示为：

$$\frac{\sigma}{\sigma_f} = 1 + \frac{m}{3\sqrt{3}} \cdot \frac{D}{t} + C_d$$

式中，σ 为平均锻造压力；σ_f 为合金的流变应力；m 为固定摩擦因子；D 为圆盘直径；t 为圆盘厚度。

当模温接近等温状态时，即 $C_d = 0$，在锻压条件下变形性能接近材料的真实塑性性能。锻造越精，t 越小，抗力越大。而且钛合金随温度下降，变形抗力明显增加，精锻使表面低温层的影响明显增加，因此普通锻所需的变形应力为 400 ~600MPa，精锻所需的变形应力达 500 ~1000MPa。如此大的应力对模具材料是很大的考验，大应力变形会造成模具局部升温而软化，使模具寿命降低。这是严格限制模锻精化的重要原因，而对大的锻件来讲要求特别大的变形力，如盘轮缘较高，超过 100mm 以上就更困难了。在超塑条件下变形，不存在表面低温层，工件与模具间还有一层润滑层，使摩擦力降到最低，这样锻件通常变形所需应力只有 80～100MPa，高度复杂的锻件也不超过 200MPa，而且是静压力，所以等温锻造可以只用常规模锻 1/5～1/10 的吨位锻造出精锻件。图 13-74 是直径 ϕ500～560mm 的盘，图 13-75 是 ϕ740mm×450mm 的半件机匣，只用 2000～3000t 锻成成品，单边余量考虑了超声波探伤盲区的影响，留 5mm，实际加工余量只有 1.5mm。

图 13-74　钛合金盘

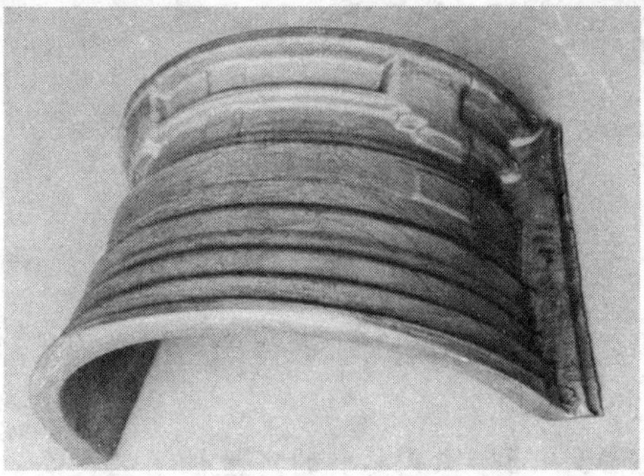

图 13-75　机匣

利用等温锻造时流变应力小、伸长率高的原理，锻成了常规模锻无法成形的锻件。如轴颈，其盘直径达 ϕ420mm，轴是一个空心管，直径 ϕ135mm，壁厚 17mm。双连盘有一个细颈，中间是空的，形状很复杂，如图 13-76 和图 13-77 所示。

图 13-76　轴颈

图 13-77　两个盘连着一个隔套的整体锻件

13.5.4.2　变形均匀

变形死区是锻造中难以避免的现象，是造成锻件中组织不均匀现象的重要原因。无论是制坯过程还是模锻中，模具的制冷作用都强烈影响工件与模具接触的表面，再加上摩擦力，使工件表面的低温层变形量特别低，无法破碎原有的粗晶。为了减少粗晶对零件的影响，加大余量，将这些不良组织在后步工序中加工去除是经常采用的一种办法，这就无法避免金属消耗的增加，这也是常规锻造难以实现精密锻造的原因之一。

图 13-78 是不同锻造方法镦粗后的 Ti-6242 钛合金低倍照片，可以看到常规的锻造都有明显的死区，而等温锻和热模锻几乎看不到死区。只有清除了死区，才使精密锻造能真

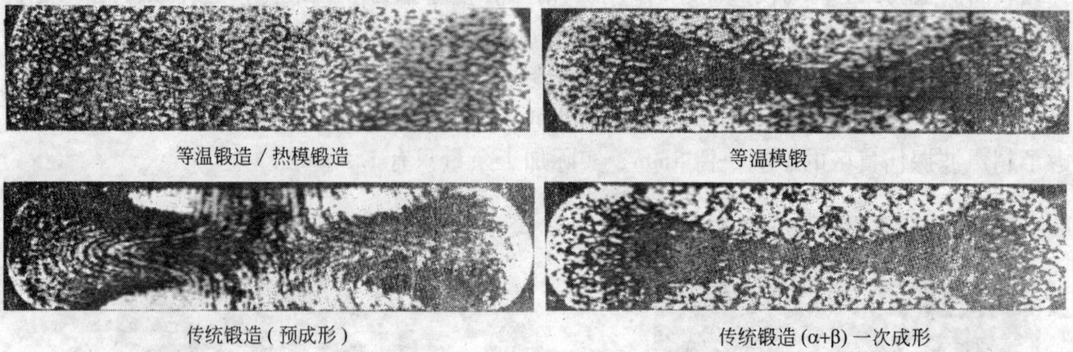

图 13-78 Ti-6242 钛合金不同锻造方法镦粗后的宏观组织

正实现。因此在精锻时，锻件的坯料必须是经过等温锻造消除了死区组织的，不能采用带死区的坯料。

13.5.4.3 工艺参数的可控性明显提高

影响锻件质量和成形的重要因素是锻造过程各工艺参数的控制。在常规锻造时，这些参数的控制往往受操作人员操作技术、熟练程度的影响，甚至受工人的个人情绪、体力的疲劳程度等因素的波动而波动，因此设计锻件时要考虑多种因素的稳定性，往往靠放一些余量来解决。客观上降低了材料的利用率，也降低了锻件冶金质量的稳定性。

等温锻造过程大大减少了人工因素的影响，工人将料从自动控温的电炉中移到自动控温的模具中，然后就是液压机按设定的工艺参数进行压制，直到成形，出模时才是人工操作。整个压制过程工艺参数都用设定的指标由液压机自动操作，极大限度地保证了产品的稳定性，这给锻件实现优质化和精密化提供了可靠的基础。

13.5.5 等温锻造生产超大型锻件的优势

特大型钛合金锻件投影面积将达到 1 ~ 2m^2，外形将达 1.6 ~ 1.7m。按照经典锻造的概念，应该要有足够大的锻压机，譬如，建造一台 8 万 t 的大型水压机，这会给大锻件生产创造良好的条件。当然这需要投资几十亿元，还需要充分考虑今后的市场是否有足够的合同来维持该设备的正常运转。由于设备使用费用高，大锻件的制造费用也很高。

另一种方法是直接用厚板加工出整体框零件。现在我国可以生产厚板的轧机有很多，但是具备生产钛合金厚板的技术只有宝鸡钛业股份公司和上海宝钢集团。在飞机设计的初期，这个方法可以很快得到零件，可以加快研制的进度。但是这个方法的材料利用率很低，约是锻件的 1/4，用作生产是很不经济的。而且厚板的力学性能不及模锻件好，不能充分发挥材料的潜能，不利于飞行器的减重。

是否有一种可以生产钛合金特大型优质锻件而投资低、生产成本低的方法呢？等温锻造是很有希望的一种新途径。等温锻造所需要的锻压吨位只有普通锻造的 1/5 ~ 1/10，可以用相对小的压力锻造更大的锻件。实践经验表明，1 ~ 2m^2的钛合金锻件用 1 万 t 的等温锻造液压机是完全可以锻造出来的。现在已经锻出了 1.3m^2的等温锻件，突破了我国特大型优质钛合金锻件生产的关键技术。

13.5.6　等温锻造的经济效益

任何一种技术倘若不能实现经济效益都不会有生命力，等温锻造技术同样要实现经济效益。众所周知，等温锻造是靠将模具加热到工件同样的温度下才实现的。像钛合金，温度要达到950℃，模具要采用铸造高温合金，加热要采用电炉，锻造又要用很慢的速度，这些都会造成成本的增加。然而，等温锻造实现了毛坯的精化，与普通模锻件相比，金属材料可降低30%～60%，而且可以减少道次，几乎可以一火成形。钛合金是十分贵重的金属，节省下来的金属的费用除了抵偿模具等费用的提高外还有结余，因此实现了等温精密锻件的价格比普通锻件低的良好结果。宝钢股份二十多年来生产的上百种各种大小的钛合金等温精密锻件，在达到适当利润后的价格普遍比普通模锻件低。这就表明了等温锻造技术有良好的经济效益。

锻件精化后减少了机加工量，提高了机加工的生产效率，降低了机加工成本，使等温锻造精密锻件更具有经济上的竞争力。

13.6　锻压设备

根据在锻压过程中所发挥的作用不同，锻压设备可分为主要锻压设备和锻压辅助设备。

13.6.1　主要锻压设备

钛及钛合金常用的主要锻压设备可以分为锻锤、液压机、螺旋压力机、机械压力机和特种锻压机五类，具体包括：空气锤、蒸汽-空气锤、电液锤、自由锻液压机、模锻液压机、快锻机、精锻机、环锻机等。

13.6.1.1　锻锤

锻锤是利用冲击能进行工作的一种锻压设备。它以压缩空气、蒸汽或液体作动力，推动汽缸内的活塞上下活动，并带动锤头做直线往复运动，使锤头在很高的速度下打击锤砧上的坯料，锤头释放出来的动能转变成很大的压力，从而使坯料发生塑性变形。

普通锻锤具有打击速度快、行程次数多、结构简单、安装维修方便和价格便宜等优点，是应用最广泛的锻压设备之一。但由于锻打速度快、频率高，产生的变形潜热较大，锻造过程容易导致锻件局部过热或组织不均。

根据工艺用途的不同，锻锤可分为自由锻锤和模锻锤；根据动力来源的不同，可分为空气锤、蒸汽-空气锤、电液锤、火药锤和机械锤等。目前，国内钛及钛合金锻造加工使用最多的仍然是空气锤和蒸汽-空气锤，但是蒸汽-空气锤具有能耗大、热效率低、振动噪声大、污染环境、浪费水资源和工作环境差等缺点，被电液锤取代的趋势已不可避免。其中大部分锻锤属于专用定型设备，本文仅介绍电液锤。

电液锤是在蒸汽-空气锤基础上发展起来的一种新型锻锤，它以电为能源，液压油为驱动介质，是机、电、液一体化设备。与传统的蒸汽-空气锤相比较，电液锤既能发挥锤类设备的优点，又能克服蒸汽-空气锤存在的缺点，具有效率高、清洁环保、易于实现自动化等优点。传统蒸汽-空气锤总的能源利用率不到1%，而电液锤的能耗仅为同吨位蒸汽锤的1/40，空气锤的1/4。如果采用下锤头（或锤身）微动的结构形式，还可以消除锻锤强烈的振动，改善锻压车间生产及其周围生产、生活环境。因此，电液锤是空气锤和蒸汽-空气锤理想的替代产品。国内外纷纷采用电液动力头改造现在蒸汽锻锤，取得了很好的节能效果。

电液锤按用途不同可以分为自由锻锤和模锻锤两种；根据原理和结构上的不同主要分成两大类：排油打击方式的液气电液锤和进油打击方式的全液压电液锤。液气式电液锤又分为液气同缸上气下油式和液气分缸液气分离式两类。

上气下油式电液锤其锤杆活塞上腔为封闭的高压氮气，通过活塞下腔进油或排油，实现锤头的提升和打击动作。锤头的作功靠锤杆活塞上腔的气体推力和落下部分的重力来完成。这种形式的电液锤以德国 Lasco 公司的第二代 KGK 型电液锤为代表。

液气分离式电液锤是在上气下油式电液锤基础上的改进产品，它的气缸与锤杆的油缸完全分开，通过活塞下腔进油或排油实现锤头的提升及打击动作。锤头的作功靠锤杆两边的气杆推力及落下部分的重力来完成。

全液压电液锤是在液气式电液锤基础上发展起来的第三代产品，以德国 Beche 公司和 Lasco 公司近年来分别发展的 KGH 和 HO/HO-U 型电液锤为代表。全液压电液模锻锤的结构图如图 13-79 所示。

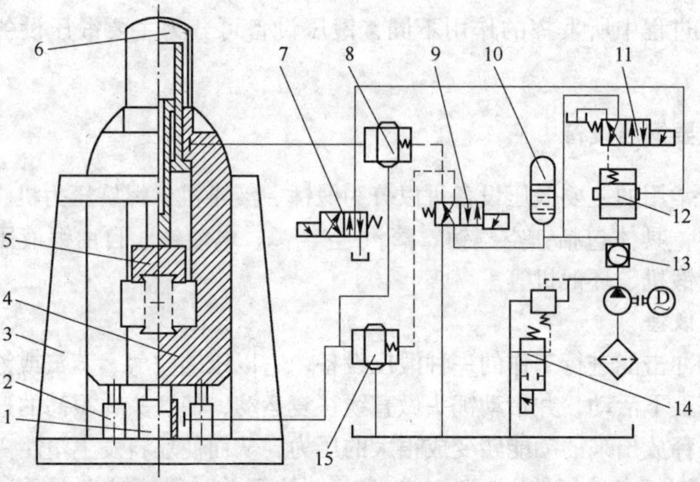

图 13-79 锤身微动型液压模锻锤结构和工作原理

1—联通缸；2—气垫；3—外框架；4—锤身；5—上锤头；6—工作缸；7，9，11—电磁阀；8，12，15—插装阀；10—蓄能器；13—单向阀；14—电磁溢流阀

表 13-47 是国外生产的部分电液锤主要技术指标。

表 13-47 国外有关公司新型节能电液锤

项目内容	德 国			美 国
	Lasco 公司	Lasco 公司	Beche 公司	Ceco 公司
型 号	KGK-500	HO-500	KGH-B-5	Die Forger
锤头公称打击能量/kJ	50	50	50	52.5
落下部分重量/kg	4000	3400	3400	3630
锤头工作行程/mm	900	600	775～530	510

续表 13-47

项目内容	德国			美国
	Lasco公司	Lasco公司	Beche公司	Ceco公司
锤杆直径/mm	50			
锤头打击频次/次·min^{-1}	58	120	98	90
锤头打击速度/m·s^{-1}	4.95	5.37	5.37	
装机容量/kW	75	110	75	65
工作介质	矿物油	矿物油	矿物油	矿物油
液体工作压力/MPa	3	30	30	
气体充气压力/MPa	0.8			
特点	“换头术”	“换头术”	“换头术”	“换头术”

表13-48、表13-49分别是西安重型机械研究所开发的全液压自由锻和模锻电液锤主要技术指标。

表13-48 全液压自由锻电液锤主要参数

型号	CZYQ-35	CZYQ-70	CZYQ-120	CZYQ-150	CZYQ-180
额定打击能量/kJ	35	70	120	150	180
落下部分重量/kg	1300	2600	3400	4800	6000
最大打击行程/mm	1000	1100	1200	1400	1450
电机装机功率/kW	60	135	165	220	260
打击频次/次·min^{-1}	65~110	60~110	55~100	50~100	45~90

表13-49 全液压模锻电液锤主要参数

型号	CMYQ-25	CMYQ-50	CMYQ-75	CMYQ-125	CMYQ-250	CMYQ-400
额定打击能量/kJ	25	50	75	125	250	400
落下部分重量/kg	1300	2600	3900	6500	12600	19600
最大打击行程/mm	1000	1100	1200	1300	1400	1500
电机装机功率/kW	45	90	135	220	275	300
打击频次/次·min^{-1}	60~120	55~120	50~110	50~110	36~90	28~80

13.6.1.2 液压机

液压机是一种利用液体压力来传递能量的锻压设备。

液压机的优点：在结构上易于获得较大的工作压力、工作行程和工作空间；工作压力和速度可根据需要进行调整；工作平稳，无冲击，噪声小，地面无振动。其缺点是：生产效率比较低，活动横梁放下死点不易控制准确，投资大。

由于液压机具有变形速度低的特点，而钛及钛合金对于变形速度比较敏感，变形抗力随变形速度的增加而急剧提高。因此，用液压机锻造钛及钛合金比用锻锤好，有利于钛及钛合金的塑性变形，尤其是大锻件。而小规格的钛及钛合金锻件，如直径或边长小于100mm的锻件，由于在与未经预热的锻造工具接触过程中温降较快，因此不适于在低速压力机上锻造。

按用途不同，锻造液压机主要分为自由锻液压机和模锻液压机；根据工作介质的不同，可分为油压机和水压机。它们都是专用定型设备。本文仅介绍多向模锻液压机、快速锻造液压机和等温锻造液压机。

A 多向模锻液压机

多向模锻液压机是带侧向水平柱塞和垂直冲孔系统的模锻液压机，图13-80为这种模锻液压机的示意图。可以获得带有侧孔和侧部突缘，最大限度接近成品零件形状和尺寸的复杂锻件。

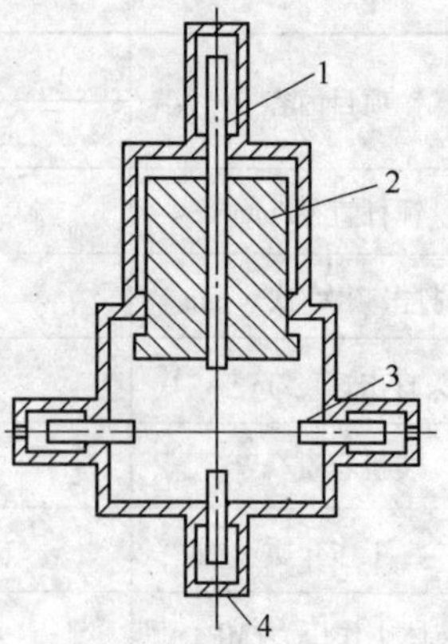

图13-80 多向模锻液压机示意图
1—垂直冲孔柱塞；2—主压下横梁；3—水平柱塞；4—顶器或下部冲孔柱塞

多向模锻液压机常见的结构是在通用模锻液压机的基础上，增设两个水平工作液缸，称为四工位的多向模锻液压机；若增设四个水平工作液缸，则称为六工位的多向模锻液压机。若水平的执行机构用曲柄连杆机构传动，则称为机械式多向模锻液压机。

多向模锻液压机除具有通用压机的某些特点外，还具有下列特点：(1) 多向模锻液压机的执行机构必须设置在相互垂直的位置，便于在这些方向使模具来回移动和对锻件施加压力；(2) 垂直工作液缸的公称压力一般比水平工作液缸的公称压力大，前者约为后者的2~4倍；(3) 成对的水平工作液缸中，柱塞移动的同步性要求较高；(4) 成对的水平工作液缸、柱塞和冲头的同心度要求较高。

近年来，多向模锻液压机发展迅速。美国建造有300MN和315MN的多向模锻液压机，前苏联设计制造有65MN多向模锻液压机，我国设计制造有100MN多向模锻液压机等。

国内外常见多向模锻液压机的主要技术参数见表13-50、表13-51。

表13-50 国外专用模锻液压机主要技术参数

公称压力/MN	20模锻（法国）	20精压（法国）	300（前苏联）	150（前苏联）
结构形式	8柱8缸 缸柱同轴线	8柱8缸 缸柱同轴线	4柱4缸 缸柱同轴线	单缸筒式 超高压
工作液体压力/MPa	40	20/50	32	63
工作行程压力/mm·s^{-1}	50	周期15s	1~50	周期30s
活动横梁行程/mm	600	400	800	350
闭合高度/mm	2300	1500	3900	
液压机质量/t	500	500	1500	410

表 13-51 国内外多向模锻液压机一些技术参数

公称压力/MN		20	36	100	180	300
工作液体压力/MPa		31.5	31.5	32		42.2
各缸的公称压力/MN	水平缸		2×18	2×35.5/50	2×45/68	2×60
	穿孔缸			2.4	38	60
最大行程/mm	垂直缸	1500	1140	1600	2380	3048
	水平缸	850	610	900		1067
	穿孔缸			210		1067
顶出器压力/kN		750		5000	5900	12000
顶出器行程/mm				500		2133

B 快速锻造液压机

快速锻造液压机简称快锻机，属于液压机的一种，是20世纪60年代由德国率先开发研制的一种自由锻造设备。随着现代工业对自由锻件的尺寸精度和生产效率提出越来越高的要求，对液压机的锻造速度和压下精度的要求也随之提高，为了适应这种要求，快锻液压机应运而生。国外生产快锻液压机的厂家主要有德国曼内斯曼-德马克公司、潘因克（Pahnke）公司和日本的三菱长崎机工株式会社。我国快锻液压机的总体水平与德国制造技术相比还有较大的差距。目前世界最大的快速锻造液压机是8kt快速锻造液压机。

快锻机由于具有如下特点而得到越来越广泛的应用：锻造速度高、动作灵敏，锻造次数达80次/min以上；与传统的自由锻锤相比，自动化程度高，可自动控制进给量、压下量、旋转速度、打击频率，从而调节温降和变形温升，保证终锻温度、变形率、组织和性能，还能显著降低工人的劳动强度；锻造精度高，锻件厚度公差可达到±1mm；安全、节能，振动和噪声低，显著改善生产工作环境。

快锻机大多采用下拉式主机结构，液压泵站设置在主机附近的地下室内。快锻机组一般由液压机主机、锭坯运输车、快锻专用锻造操作机、升降式回转台以及相应的液压控制系统、电气控制系统等组成。

典型快锻机的主要技术参数见表13-52。

表 13-52 30MN 双柱下拉式快锻液压机技术性能

参数名称	参数值	参数名称	参数值	
公称力/MN	30	镦粗	0~30	
回程力/MN	4.5	回程速度/mm·s^{-1}	0~180	
最大工作行程/mm	1800	空降速度/mm·s^{-1}	0~140	
移砧台行程/mm	4600	锻造次数/次·min^{-1}		
移砧缸推力/kN	400	行程	一级压力	二级压力
砧子尺寸/mm	(4~1400)×400	25mm	105	90
上砧旋转装置提升力/kN	800	40mm	80	67
允许锻造偏心距/mm	500	100mm	40	30
锻造尺寸控制精度/mm	±1	200mm	20	16
锻造工作速度/mm·s^{-1}		最大钢锭质量/t	20	
一级压力	0~137	运锭车走行速度/mm·s^{-1}	400	
二级压力	0~93			

C 等温锻造液压机

等温模锻是将模具加热到与被加工金属的变形温度相同的温度，以低应变速率进行的模锻，自始至终模具与工件保持相同的温度。可以实现薄壁、高筋、形状复杂等难变形金属的成形；变形力仅相当于普通成形条件下的1/5～1/20，能以小吨位设备锻制投影面积大而薄的锻件，以利于减少金属材料的消耗和机械加工的费用。但是对模具材料要求较高。

等温模锻的关键是带有加热器进行感应加热或电阻加热的模具（见图13-81）。

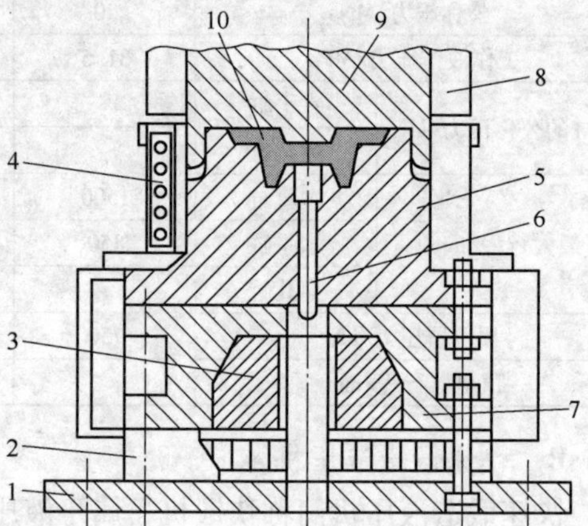

图13-81 带有活动感应器的等温模锻模具示意图
1—基板；2—壳体；3—绝缘体；4—感应器；5—下模块；6—顶料杆；7—中间垫板；8—上模感应器；9—上模块；10—锻件

目前国产万吨数控等温锻造液压机的技术性能指标达到世界先进水平。该机主要用于钛合金制品的等温锻造，实现钛合金的超塑性成形。以油为传动介质，采用组合大型框架带缸滑块主机结构，应用泵直接传动方式，具有数字化控制的等温自由锻造和模锻超塑性成形功能，其等温锻造超塑性成形速度可达到0.005～0.05mm/s。

国产25MN等温锻造液压机的技术参数见表13-53。

13.6.1.3 螺旋压力机

螺旋压力机是利用电动或液压作动力，推动螺杆转动，使滑块做上下运动，使毛坯产生塑性变形的锻压设备。螺杆上安装有飞轮，飞轮积蓄的动能在滑块和上模撞击坯料时释放出来，产生很大压力，使坯料发生塑性变形。这类设备具有锻锤与压力机的双重特性，适用于精密模锻和普通模锻。

表13-53 25MN等温锻造液压机的技术参数

参数名称	参数值	参数名称	参数值
公称力/kN	25000	滑块开口高度/mm	2500
回程力/kN	2000	顶出缸顶出速度/mm·s^{-1}	90
顶出力/kN	2000	打料力/kN	200
滑块行程/mm	1500	移动工作台载重/kg	30000
顶出缸行程/mm	500	液体工作压力/MPa	25
打料行程/mm	100	可加热温度/℃	1200

螺旋压力机吨位自630kN～125MN，滑块撞击时速度自0.5～2.5m/min。

优点：利用飞轮能量提高打击力；与吨位相同的热模锻压力机比较，结构简单，成本较低；滑块导向结构好，锻件精度高；可装顶料装置，能够实现机械化生产。

缺点：生产率较热模锻压力机略低。

螺旋压力机，根据驱动方法可分为摩擦压力机、液压螺旋压力机和电动螺旋压力机三种。

13.6.1.4 特种锻压机

特种锻压机包括精锻机、辊锻机、旋转锻机、横轧机、轧环机等，它们是适用于某一类形状锻件的专用锻机，生产率高，通用性差，常在大批量生产中采用。

A 径向精锻造机

径向精锻造机（棒材精锻机）多为卧式结构，分为机械驱动和液压驱动两种形式。径向锻造具有脉冲锻打和多向锻打的特点，而且脉冲锻打频率高，一般为 180 ~ 1800 次/min,速度快，每次变形量很小。采用多锻模（最多可达 8 个），沿径向从多个方向锻打，使金属变形处于三向压应力状态，有利于提高金属的塑性。此外，径向锻造机自动化程度高，生产的锻件精度高，表面粗糙度小。但是如果锻比控制不当会出现心部锻不透的现象。另外，由于打击频率高，产生变形热，使锻件局部温度上升，导致钛合金显微组织不均匀，影响性能。

生产精锻机的厂家主要有奥地利 GFM 公司和德国 Eumuco 公司。目前，国内使用的精锻机以从奥地利引进的 SX 系列为主（主要技术指标见表 13-54）。我国至今只仿制了 2 台中型精锻机。

表 13-54 SX 系列精锻机技术指标

型 号	SX08	SX10	SX20	SX40	SX65	SX85
可锻最大尺寸/mm	80×50	100×90	200×175	400×350	650×570	850×750
可锻最小尺寸/mm	30×35	30×35	50×50	80×80	120×120	140×140
可锻矩形最大宽度/mm	80	80	150	300	420	520
可锻矩形最小宽度/mm		16	25	50	70	85
最大压缩比	1.5	1.5	1.6	1.6	1.6	1.6
锻件长度/m	5	6	10	10	10	10
锻锤能力/kN·个$^{-1}$	800	1250	2600	8000 6500	14000	25000
锤头打击次数/次·min^{-1}	1300	900	480	270	180	125
夹头快速运动/mm·s^{-1}	500	500	500	500	500	500
夹进给速度/mm·s^{-1}	10~100	10~100	10~100	10~100	10~100	10~100
锻造电机功率/kW	15	110	250	800 600	1700	3000

用精锻机生产钛及钛合金棒材具有生产效率高、尺寸精确、表面质量好、材料利用率高等特点。

精锻机具有以下特点：

（1）锤头行程小、锻打频率高，可以大大减小变形力，降低设备的吨位，提高工具的使用寿命。

（2）锻造速度快，锻件尺寸精度高，不会产生周向棱角和裂纹。

（3）锤头的型面对工艺尺寸适应较大，不必更换锤头可以生产一定尺寸范围的锻棒。

(4) 可根据坯料在变形过程中温度的变化，调整送料量，利用变形热效应，实现“等温”锻造。

(5) 锻打时将产生很高的三向压应力，可使金属的塑性提高 2 ~ 3 倍，能获得很高的道次锻比（纯钛 6/1，合金 4/1）。

B 辗环机

辗环机主要用于加工无缝环形件，例如轴承环、法兰、轮毂、薄壁桶形锻件等。环坯通常在锻压机上通过镦粗、冲孔和扩孔制备，然后在辗环机上轧制成形。

根据环坯在机器上的安放位置不同，辗环机分为立式和卧式两种，前者的环坯在机器上垂直或者倾斜放置，后者的环坯在机器上水平放置。图 13-82 是卧式辗环机结构图，部分卧式辗环机的技术参数见表 13-55。

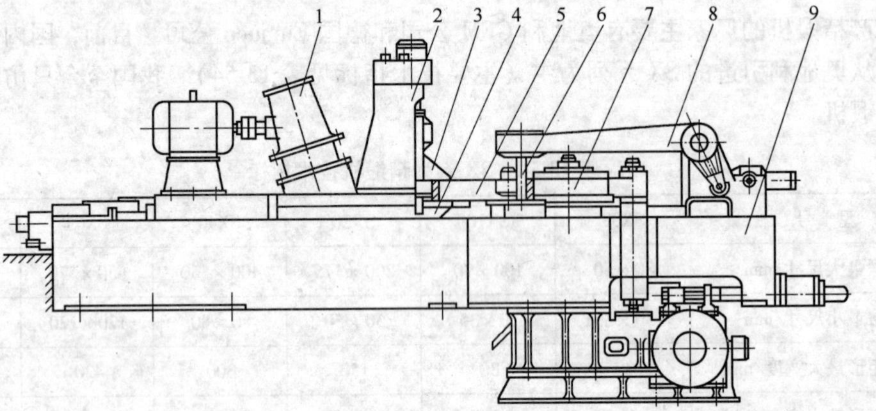

图 13-82 带端面锥辊的卧式辗环机

1—端面锥辊装置的传动机构；2—端面锥辊机架；3—上锥辊；4—下锥辊；5—环坯；6—芯辊；7—主辊；8—支架；9—机身

表 13-55 部分卧式辗环机的主要技术参数

环件的外径/mm	500 ~ 1250	400 ~ 1420	500 ~ 1500	600 ~ 1800	700 ~ 2050
环件的高度/mm	200	200	280	60 ~ 350	200
径向轧制力/kN	800	830	1200	1250	1200
轴向轧制力/kN				800	850
滑块行程/mm	500	840		630	520
轧制速度/m·s^{-1}	1.59	1.14	1.5 ~ 1.73	1.25	3.35 ~ 6.35
主电机功率/kW	240	135	480	260	950
机器质量/t		27		80	157

C 辊锻机

辊锻是将轧制变形引入锻造生产中的一种成形工艺，它利用一对反向旋转的扇形模具使坯料产生塑性变形，从而获得所需锻件或锻坯的锻造工艺。

辊锻机具有以下特点：

（1）在辊锻变形过程中，坯料主要沿长度方向流动，适用于轴类件的拔长；

（2）与空气锤或模锻锤相比，辊锻生产效率高，制坯精度高，表面质量好；

（3）辊锻是连续局部静压成形，冲击振动小，锻造模具寿命高，改善劳动工作条件。

常用的辊锻机可分为双支承式、悬臂式和复合式三种类型。双支承式辊锻机结构示意图如图13-83所示。辊锻机的技术指标见表13-56。

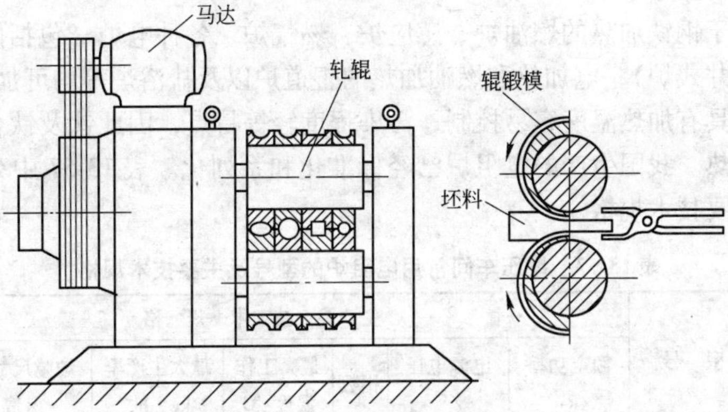

图13-83　双支承式辊锻机结构示意图

表13-56　辊锻机的技术指标

型　号	锻模公称直径/mm	锻辊可用长度/mm		锻辊转数 /r·min^{-1}	锻辊中心距调节量/mm	辊锻毛坯最大断面/mm	电动机功率 /kW
		内　辊	外　辊				
RW1	370	500	160	80	15	55×55	15
RW1a	460	570	210	65	17	75×75	18.6
RW2	560	630	270	52	20	100×100	22.4
RW2a	680	700	310	40	25	125×125	27.6
RW3	800	760	340	30	25	150×150	35.8
RW4	930	900	500	20	30	160×160	74.6

13.6.2　锻造工具

锻造用的工具和辅助设备主要有砧子（即锤头）、冲子、马杠与马架、上垫、垫环、旋转镦粗台、各种起吊工具、下料设备、锻造操作机、加热设备、热处理设备、精整矫直设备等。

13.6.2.1　锻造操作机

锻造操作机是锻锤和锻造液压机的主要辅助设备，分有轨操作机和无轨操作机两种。

有轨操作机：结构紧凑，占地面积小，工作时与锻锤或锻造液压机自动对中，容易实现遥控和与主机联动，但活动范围有限。

无轨操作机：通常以内燃机为动力，带动液压机构来驱动操作机。具有机动性好、活动范围大的特点，可以为多台设备服务，能进行锻造操作、装出炉和担任车间内外的运输工作。它的不足是，不易实现遥控和与主机联动。

锻造操作机的传动方式主要有液压式、机械式和混合式三种。液压式操作机的特点是：结构简单，工作平稳，操作方便，在冲击或超载荷时机器零件不易损坏，但加工和安装精度要求较高；机械式操作机由电动机驱动，结构庞大复杂，操作不便，但机器的部件加工和安装精度要求不高，容易制造；混合式操作机由电动机和液压缸或气缸驱动，其优缺点介于液压式和机械式操作机之间。

13.6.2.2 加热设备

原则上，用于钢铁加热的燃油炉、感应炉、燃气炉、各种电炉（包括碳硅棒、电阻丝加热的箱式炉、井式炉），电加热和燃油加热的辊道炉以及盐浴炉等均可加热钛及钛合金。其中电阻炉由于具有加热温度容易控制，污染程度轻等特点，因此钛及钛合金锻压生产主要采用电阻炉加热。我国生产的电阻炉已经标准化和系列化。表13-57中列出了锻压车间常用电阻炉的主要技术规格。

表13-57 锻压车间常用电阻炉的型号及主要技术规格

产品名称	型 号	主要技术规格						炉重/kg
		额定功率/kW	电源电压/V	相数	最高工作温度/℃	最大生产率/kg·h^{-1}	炉膛尺寸(长×宽×高)/mm	
高温箱式电阻炉	RJX-30-13	30	380	3	1300	50	40×300×250	2600
	RJX-50-13	50	380	3	1300	100	700×450×350	3000
	RJX-14-13	14	380	3	1350		520×220×220	700
	RJX-25-13	25	380	3	1350		600×280×300	1500
	RJX-37-13	37	380	3	1350		810×550×375	3000

由于钛及钛合金在高温下与H_2、O_2、N_2的亲和力较强，易导致材料产生氢脆或形成表面硬化层，因此在加热中要求炉内气氛保持中性或微弱氧化性气氛。绝不允许使用氢气加热，尽量避免采用还原性气氛，以防止吸氢。在采用燃油加热时严防火焰直接喷射工件表面，以防止过分氧化或增碳。炉型可以选用室状或转底式电阻炉以及微氧化气氛的油炉和燃气炉。

13.6.2.3 热处理设备

钛及钛合金锻件的热处理设备可以分为加热设备和冷却设备，它们均为专用定型设备，详见第20章介绍。

13.6.3 锻压设备发展趋势

锻压技术和锻压加工产品正朝着优质轻量化、大型整体化、精密化、高效低成本化的方向发展，要求锻压设备向大型化、精密化、机械化和自动化方向发展。目前世界上已装备各种锻压设备数万台，其中100MN以上的液压锻压机30余台，如美国的100、180、315、360、450MN立式水压机等；法国的150、650MN水压机等；德国的150、300MN水压机等；前苏联的100、300MN立式模锻机及世界上最大的750MN立式锻压水压机等。这些设备在结构设计、选材、机械、液压、电气控制系统等方面都达到了相当高的水平。

我国目前有数千台不同型号、不同规格的锻压设备，如25t模锻锤，100t-M无砧座锤，2MN平锻锤，16MN水平模平锻锤，80MN机械压力机，200t-M高能高速锤，63MN螺旋压力机，180MN多向模锻机和300MN立式模锻水压机等，这些基本上能满足我国各工业部门的需要。但是，与世界先进国家相比仍有很大差距，需要加大发展步伐，迎头赶上。

随着航空工业对精密钛合金锻件用量的增大，还要具有高强、高韧、高损伤容限等性能，对于复杂的难变形钛合金材料的关键部件，需要发展等温锻造、超塑性锻造、热等静压、粉末锻造、功能梯度锻件（包括双性能、双合金锻件）成形等新工艺技术和配套的锻造设备以及工模具。

众所周知，钢的锻压设备开发得早，历史悠久。对于钛和钛合金的锻压设备可以延用钢的大型设备，借鉴钢和铜等行业的金属塑性加工技术到钛材的锻压技术中来。

参考文献

1 《锻压技术手册》编委会. 锻压技术手册. 北京：国防工业出版社，1989

2 《稀有金属材料加工手册》编写组. 稀有金属材料加工手册. 北京：冶金工业出版社，1984

3 《中国冶金百科全书》编辑部. 中国冶金百科全书. 北京：冶金工业出版社，1988

4 肖亚庆，谢水生，等. 铝加工技术实用手册. 北京：冶金工业出版社，2005

5 Leyens C，Peters M. 钛与钛合金. 陈振华，等译：北京：化学工业出版社，2005

6 张喜燕，赵永庆，等. 钛合金及应用. 北京：化学工业出版社，2005

7 《中国材料工程大典》编委会. 中国材料工程大典（第4卷）. 北京：化学工业出版社，2006

8 Alfan T，等. 现代锻压. 陆索，译. 北京：国防工业出版社，1982

9 [美] 阿尔坦T，等. 现代锻造——设备、材料和工艺. 北京：国防工业出版社，15034. 2292

10 谭杰巍，许日泽，等. 叶片精锻. 北京：国防工业出版社，1984

11 周大隽，韩鹏彪，等. 锻压技术数据手册. 北京：机械工业出版社，1998

12 唐志今，戴贵生. 钛合金叶片精密锻造工艺技术研究报告，北京航空材料研究院，2003（内部资料）

13 唐志今，戴贵生. 钛合金锻造防护用玻璃润滑剂研究报告，北京航空材料研究院，2003（内部资料）

14 沈亚震，李玉纯，汪锡孝. 稀有金属手册（下册）. 北京：冶金工业出版社，1995

15 杨守山. 有色金属塑性加工学. 北京：冶金工业出版社，1985

16 曾苏民. 世界锻造工业的现状与发展前景. 铝加工，1996，19

17 林永新. 锻造设备制造技术的发展. 稀有金属快报，2004，23（12）

18 中国锻压协会秘书处. 中国锻压行业未来发展方略. 锻压技术，2003，1

19 曲银化，孙建科，孟祥军. 钛合金等温锻造技术研究进展. 钛工业进展，2006，23（1）

20 庞克昌. 热模/等温精密锻造技术的发展. 上海钢研，2005，1

21 侯忠亚，魏新节. 25MN数控等温锻造液压机的研制. 机械工人，2005，4

22 董建虎，刘积录，辛宏斌，等. 全液压电液锤. 重型机械，2002，5

23 汪国荣，田晨. 浅述我国电液锤技术的发展与应用. 锻压装备与制造技术，2005，4

24 高文章. 30MN双柱下拉式快锻液压机. 重型机械，1995，1

25 徐宇谨，韩大卫，黄新，等. 快速锻造液压机组主机结构型式与选型. 重型机械，2004，6

14 轧制钛板带箔材

轧制是钛材塑性加工的主要工艺。通过轧制可以加工获得各种钛板带箔材。本章主要介绍轧制工艺生产钛板带箔材。

14.1 轧制原理

图 14-1 为轧制时轧件的受力情况。由图可见，轧制是借助旋转轧辊的摩擦力（F）将轧件拖入轧辊间，同时依靠轧辊施加的压力（N）使轧件在轧辊间发生压缩变形的一种材料加工的方法。轧件通过轧制后，不仅使轧件的形状、尺寸变化，而且轧件的组织与性能也得到改善和提高。如热轧能使铸锭的粗晶破碎、组织致密化；冷轧能使金属的晶粒破碎变得更细小、强度提高、塑性降低等。

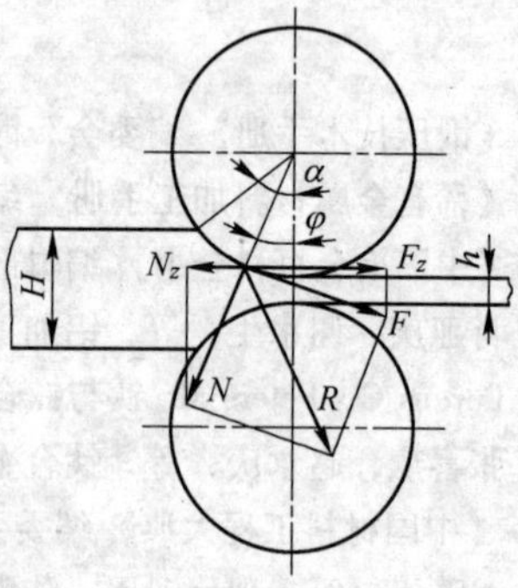

图 14-1 轧制时轧件的受力

通常轧制过程两个轧辊均为主传动，且直径相等，辊面圆周速度相同；轧件在入辊处和出辊处速度均衡；轧件除受轧辊作用外，不受其他任何外力作用；上下辊面接触摩擦作用相同，沿轧件断面高向和宽向的变形与金属质点流动完全对称；轧件的性能均匀等。

14.1.1 轧制的变形指数

轧制变形过程，高向压缩是主导变形。当轧件高向受到轧辊压缩时，将使金属发生沿纵向和横向流动，即轧件高向（厚度）上受压缩，将引起轧件长度和宽度尺寸增大。但是纵向的延伸变形总是大大超过横向的扩展量（宽展），这是因为辊面摩擦力对宽向流动的阻碍总是大于纵向，即相对纵向变形而言，横向的宽展总是较小的。通常把表示变形程度大小的指标称为变形指数。轧制时常用的变形指数见表 14-1。

表 14-1 轧制过程常用的变形指数

变形方向	变形指数		计算公式	意义及应用
	名 称	符 号		
高向变形	绝对压下量	Δh	$\Delta h = H - h$	表示轧制前后轧件厚度绝对的变化量，便于生产操作上，直接调整辊缝值
	加工率	ε	$\varepsilon = \Delta h/H$ $\varepsilon = \ln(H/h)$	近似变形程度，生产现场使用方便； 真实变形程度，常用于理论分析与计算
宽向变形	绝对宽展	ΔB	$\Delta B = B_1 - B_0$	生产现场用于表示宽度的绝对增加值
	相对宽展	ε_b	$\varepsilon_b = \Delta B/B_0$	常用于理论分析

续表 14-1

变形方向	变形指数		计算公式	意义及应用
	名称	符号		
纵向变形	伸长率	δ	$\delta=[(L_1-L_0)/L_0]\times100\%$	主要用来表示材料拉伸试验的延伸性能
	延伸系数	λ	$\lambda=L_1/L_0$	用于理论分析与实际计算

根据金属塑性变形的体积不变条件，轧件轧制前后各变形指数间的关系如下：

$$\frac{L_1}{L_0}=\frac{H}{h}\cdot\frac{B_0}{B_1}\quad 或\quad \frac{H}{h}=\frac{B_1}{B_0}\cdot\frac{L_1}{L_0} \tag{14-1}$$

如以 F_0 与 F_1 表示轧制前后轧件的横断面积，则

$$\lambda=\frac{F_0}{F_1}\quad 或\quad \lambda=\frac{B_0}{B_1}\cdot\frac{1}{1-\varepsilon}$$

如忽略宽展，则

$$\lambda=\frac{h_0}{h_1}=\frac{1}{1-\varepsilon} \tag{14-2}$$

总变形量与各道次变形量之间的关系为：

$$\frac{F_0}{F_n}=\frac{F_0}{F_1}\cdot\frac{F_1}{F_2}\cdot\frac{F_2}{F_3}\cdots\frac{F_{n-1}}{F_n}$$

或

$$\lambda_\Sigma=\lambda_1\lambda_2\lambda_3\cdots\lambda_n \tag{14-3}$$

以及

$$\ln\lambda_\Sigma=\ln\lambda_1+\ln\lambda_2+\ln\lambda_3+\cdots+\ln\lambda_n \tag{14-4}$$

式中　n——轧制道次；

λ_Σ——总延伸系数。

14.1.2　轧件的咬入条件

轧制过程经历了开始咬入、曳入、稳定轧制和轧件抛出（轧制终了）四个阶段，见图 14-2。

咬入阶段是建立正常轧制的前提条件，稳定阶段是轧制过程的主要阶段。所以，稳定轧制阶段是研究轧件在变形区内流动、变形与应力状态，以及进行工艺控制、产品质

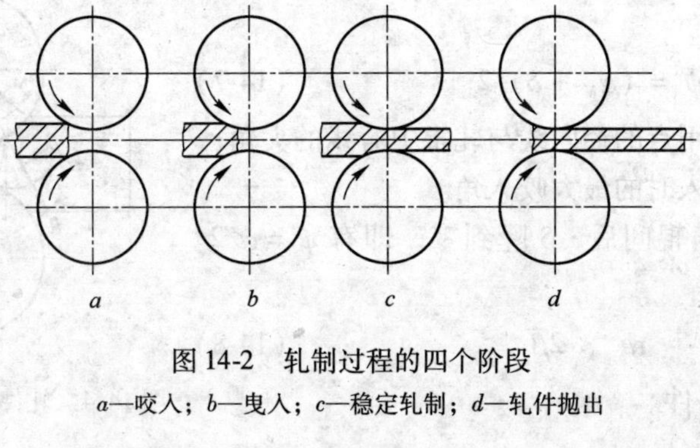

图 14-2　轧制过程的四个阶段

a—咬入；b—曳入；c—稳定轧制；d—轧件抛出

量控制、轧制设备设计等的基本对象。曳入和抛出对轧制过程与轧件质量的影响不大。

14.1.2.1 轧件与轧辊接触瞬间的咬入条件

轧制时，当轧件前端与旋转轧辊接触时，接触点 A 和 A' 处，轧件受到辊面正压力 N 和切向摩擦力 F 的作用（见图 14-3），如不考虑轧件咬入时的惯性力，要实现咬着轧件，就必须满足以下力学条件：

$$2F\cos\alpha > 2N\sin\alpha$$

由几何关系可知，α 可由下式确定：

$$\cos\alpha = 1 - \Delta h/2R \tag{14-5}$$

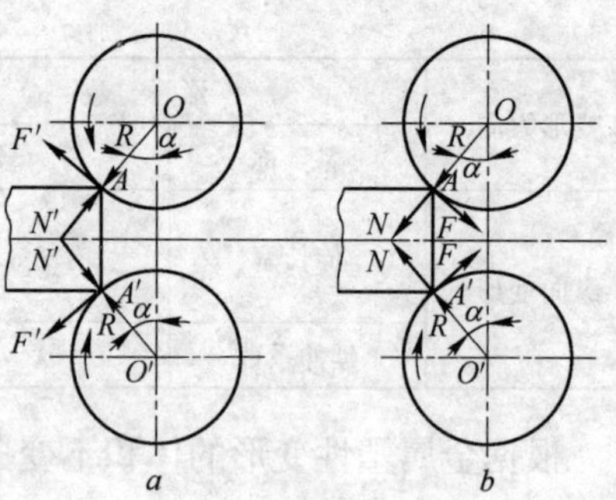

图 14-3 轧件与轧辊接触时的受力图

a—轧辊受力图；*b*—轧件受力图

按库仑摩擦定律 $F=\mu N$（μ 为咬入时的接触摩擦系数），代入上式，经整理后得：

$$\tan\alpha < \mu$$

如令 $\mu=\tan\beta$（β 为摩擦角），则上式可写成：

$$\tan\alpha < \tan\beta \text{ 或 } \alpha < \beta \tag{14-6}$$

即咬入时的条件为：咬入角 α 应小于摩擦角 β。

钛材轧制时，不同轧制情况下的咬入角见表 14-2。

表 14-2 钛材不同轧制条件下的最大咬入角

轧 制 条 件	咬入角 α	$\Delta h/D$①
热 轧	18°～20°	$\frac{1}{30}\sim\frac{1}{15}$
冷轧（粗糙辊面）	5°～8°	$\frac{1}{250}\sim\frac{1}{100}$
冷轧（高度光洁辊面，并有良好润滑）	3°～4°	$\frac{1}{700}\sim\frac{1}{400}$

①为轧辊直径。

14.1.2.2 稳定轧制的咬入条件

当轧件被咬入并逐渐填充辊间以后，由于合力的作用点内移，其最大咬入角与摩擦角之间的关系也随之发生变化。如以 δ 表示尚未咬入部分弧长（见图 14-4），并假设轧件与轧辊相接触弧上所受的力是均匀分布的，则合力作用点即可假定位于接触弧长的中点。因此，随着轧件逐渐充满辊缝间，δ 将逐渐减小，最终降到零。由几何关系有：

$$\psi = (\alpha_M + \delta)/2 \tag{14-7}$$

式中 ψ——合力作用点的径向线与轧辊中心线的夹角；

α_M——开始咬入时的最大咬入角。

当轧件完全充满辊间后，δ 降到零，即有 $\psi=\alpha/2$。于是

$$\alpha_M < 2\beta \tag{14-8}$$

为稳定轧制的充分条件。

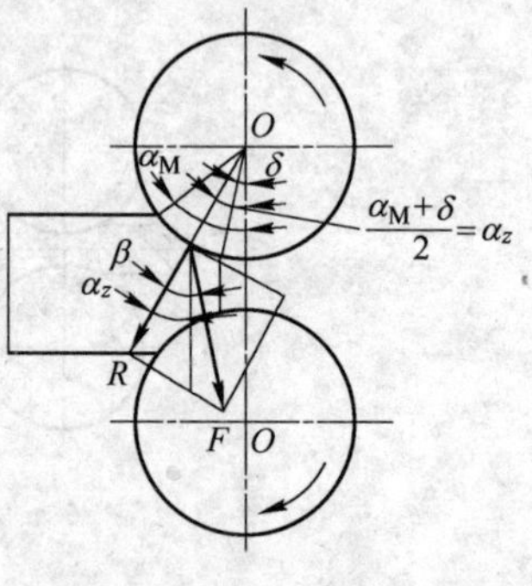

图 14-4 轧件填充辊缝时的接触角

实际上，咬入弧上轧制压力的分布一般是不均匀的，稳定轧制时的摩擦系数总是小于咬入初始瞬间的摩擦系数。可见，稳定轧制时的最大可能咬入角一般小于2倍摩擦角。

14.1.2.3 改善轧件咬入困难的措施

根据式14-8和式14-6，改善轧制咬入困难的主要措施有：

（1）当Δh一定时，轧辊直径D愈大，咬入角愈小，即愈易咬入；

（2）当轧辊直径D一定时，压下量Δh愈大，愈难咬入，因此在生产中，为改善大压下时的咬入困难情况，常将轧件前端作成楔形或圆弧形，以减小咬入角；

（3）辊面接触摩擦愈大，愈有利于咬入。因此，轧辊表面愈粗糙，或辊面不润滑，或喷洒煤油等涩性油剂等增大辊面摩擦的措施，均有利于咬入；

（4）低速咬入，也可增大咬入时的摩擦，改善咬入条件，一旦咬入后便采用高速轧制以提高生产效率，即生产上常使用的"低速咬入，高速轧制"操作方法；

（5）轧制方向上增加水平堆力，有利于咬入，因此，当咬入困难，出现打滑现象时，常使用推锭机、辊道运送轧件的惯性力、夹持器、推力辊等对轧件施加水平推力，进行强迫咬入。

测试最大轧制咬入角α可用调辊法（逐渐抬高辊缝直到能咬入为止）和楔形件法（小头先喂入辊缝直到大头进不去出现打滑为止）等方法进行实测。

14.1.3 轧制金属的流动与变形

14.1.3.1 轧制变形区的几何参数

轧制时轧件在轧辊间发生塑性变形的区域称为轧制变形区。它是由轧件与轧辊的接触弧AB、$A'B'$以及轧件入辊口垂直断面AA'和出辊口垂直断面BB'所围成的区域，称为几何变形区或理想变形区（见图14-5）。实际上，在几何变形区的入辊、出辊断面附近区域，轧件多多少少也有塑性变形存在，分别称为前、后非接触变形区。另外厚轧件热轧时，往往变形不易深透，所以在几何变形区内，也有部分金属几乎不发生塑性变形，构成所谓难变形区。

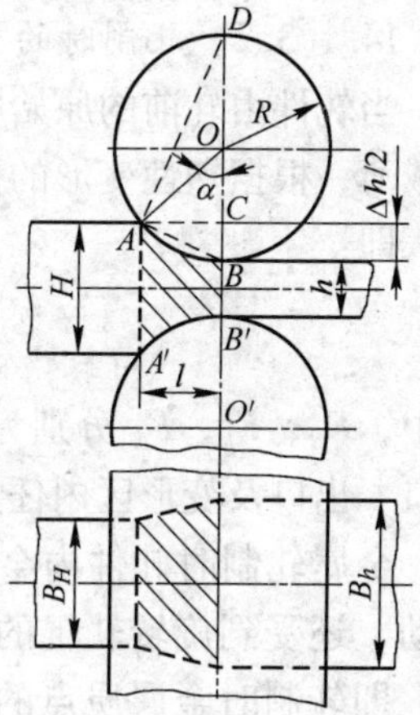

图14-5 轧制的几何变形区

描述轧制几何变形区的基本参数有：接触角α、变形区长度l（接触弧AB的水平投影）、轧件的平均厚度$h_{cp}=(H+h)/2$及变形区形状系数（l/h_{cp}和B/h_{cp}），H、h分别为轧件轧制前、后的厚度，B为轧件宽度。

A 接触角

变形区内接触弧对应的中心角称为接触角α（也称为咬入角，以弧度表示）。根据几何关系，得接触角的计算式为：

$$\cos\alpha = 1 - \Delta h/2R \tag{14-9}$$

当接触角不大时（小于10°~15°），上式可简化成：

$$\alpha = \sqrt{\Delta h/2R} \tag{14-10}$$

B 变形区长度

接触弧（AB）的水平投影称为变形区长度 l。由几何关系，可得变形区长度的计算公式为：

$$l = \sqrt{D\Delta h - \Delta h^2/4} \tag{14-11}$$

式中，$D=2R$ 为轧辊直径。实际应用中常广泛使用简化计算公式：

$$l = \sqrt{D\Delta h} \tag{14-12}$$

当 $\alpha \leqslant 20°$时，简化后的式 14-12 其误差不大于 1%。可见接触角 α 与变形区长度 l 的关系为：

$$l = R\sin\alpha \tag{14-13}$$

C 变形区几何形状系数（也称为变形区的几何因子）

变形区的长度与轧件的平均厚度之比（l/h_{cp}）称为几何形状系数。变形区几何系数对轧制时轧件内的应力状态有明显影响，对于研究轧制时金属的流动、变形及应力分布等有重要意义。由式 14-12 可得其表达式为：

$$l/h_{cp} = 2\sqrt{D\Delta h}/(H + h) \tag{14-14}$$

14.1.3.2 轧制时的前滑与后滑

当轧件由轧前的原始厚度 H 经过轧制压缩至轧后厚度 h 时，进入变形区的轧件厚度逐渐减薄，根据塑性变形的体积不变条件，则金属通过变形区内任意横断面的秒流量必相等，即：

$$F_H V_H = F_X V_X = F_h V_h = 常数 \tag{14-15}$$

式中，F_H、F_h、F_X 分别为入口、出口及变形区内任意横断面的面积；V_H、V_h、V_X 分别为入口、出口及变形区内任意横断面的轧件的水平运动速度。

金属轧制时轧件内金属质点的塑性流动，还受到旋转轧辊的机械运动的影响，即轧制时金属质点的流动速度是上述两种运动速度的合成。这是轧制过程金属流动的明显特点之一。

平辊轧制时金属质点相对辊面的流动与平锤压缩，特别是楔形锤头间压缩时金属的流动十分相似（图 14-6）。金属塑性流动相对辊面的滑动或滑动趋势是：金属向入口侧（厚侧 AB 边）方向流动容易，而向出口侧（薄侧 CD 边）流动较困难。金属质点向入口侧流动形成后滑区，而向出口侧流动形成前滑区。因而，轧制时的流动分界面（中性面或中性线）偏向出口侧。于是，按金属塑性流动相对辊面的运动情况，接触弧面上有后滑区、中性面和前滑区。而将前滑区所对应的接触角定义为中性角，通常用 γ 表示。

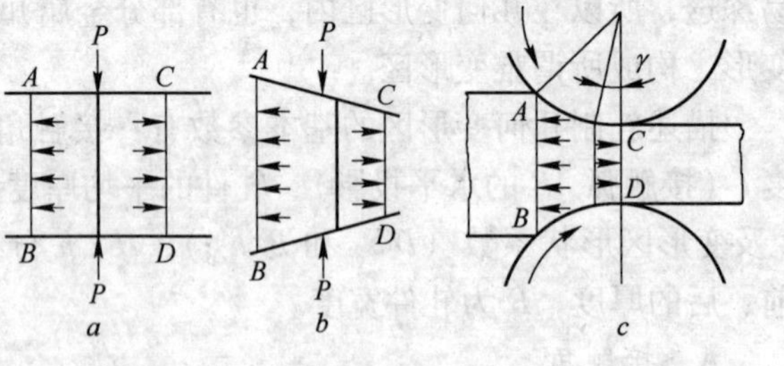

图 14-6 轧制与压缩金属流动示意图

a—平锤压缩矩形件；b—斜锤间压缩楔形件；c—平辊轧制

前滑区（轧制出口端）轧件产生相对辊面的向前滑动，即轧件的前进速度高于辊面线速；反之，后滑区轧件的速度低于辊面线速；只有在中性面上两者的速度才相等，见图 14-7。

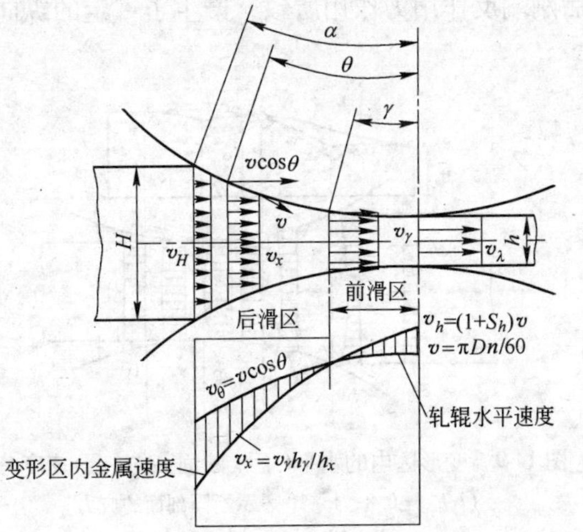

图 14-7 轧制过程速度示意图

因此，前滑（S_h）定义为：

$$S_h = \frac{(v_h - v_0)}{v_0} \times 100\% \quad (14\text{-}16)$$

式中 v_h——轧件流动速度；

v_0——轧辊线速。

根据理论分析可导出，简单轧制过程的前滑值的计算式为：

$$S_h = [h + D(1 - \cos\gamma)]\cos\frac{\gamma}{h - 1}$$

或

$$S_h = 2\sin^2\gamma\left[\frac{D}{h}\cos\gamma - 1\right] \quad (14\text{-}17)$$

当 γ 角很小时，可简化成：

$$S_h = \left(\frac{R}{h} - \frac{1}{2}\right)\gamma^2 \quad (14\text{-}18)$$

式中，γ 为中性角。

$$\gamma \approx \left(\frac{\alpha}{2}\right)\left[1 - \left(\frac{1}{\mu}\right)\left(\frac{\alpha}{2}\right)\right] \quad (14\text{-}19)$$

实际上，轧制时的前滑值一般为 2% ~10%。前滑对于带材、箔材轧制张力的调整，连轧时各机架之间速度的匹配和协调均有重要实际意义。

前滑值可以用打有两个小坑点的轧辊轧制后，通过测量轧件上压痕点的距离进行计算（见图 14-8），且测量精度较高。其计算式为：

$$S_h = \frac{v_h - v_0}{v_0} \times 100\% = \frac{l_h - l_0}{l_0} \times 100\% \quad (14\text{-}20)$$

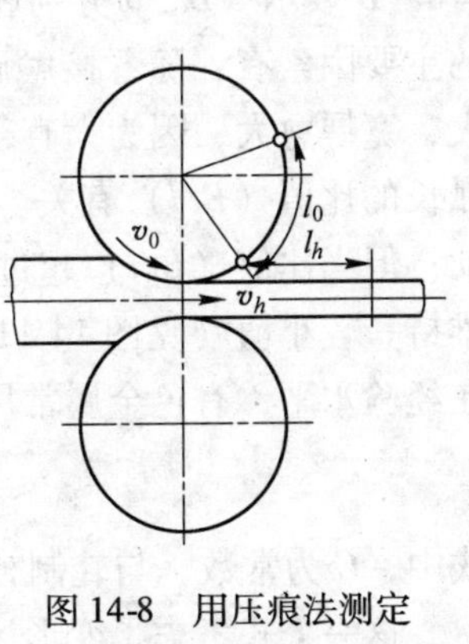

图 14-8 用压痕法测定前滑的原理图

式中 l_h——时间 t 内轧件上压痕点间的长度；

l_0——时间 t 内轧辊上小坑点间的弧线长。

14.1.3.3 沿轧件断面高向的流动和变形的不均匀性

研究表明，轧制变形区内金属的流动和变形是不均匀的。图 14-9 所示为轧件通过变形区各垂直横断面的金属质点水平流速沿高向的不均匀分布情形，据此，常将轧制变形区划分成 4 个小区域（见图 14-10）：Ⅰ区内几乎没有发生塑性变形，称为难变形区；Ⅱ区为主要变形区，易于发生高向的压缩和纵向（轧向）的延伸变形；Ⅲ区和Ⅳ区由于受到前、后刚端反作用力作用所致，产生了一定的纵向压缩和高向变厚变形。

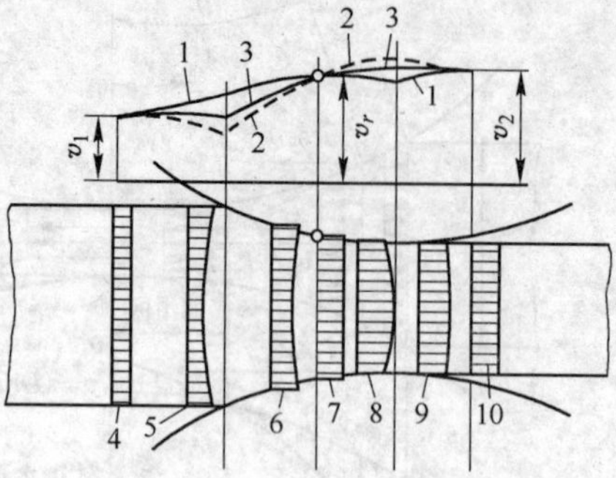

图 14-9　变形区内的水平(下)/断面高向(上)速度分布

($l/h_{cp}=0.8$，1～10 表示不同剖面的应力)

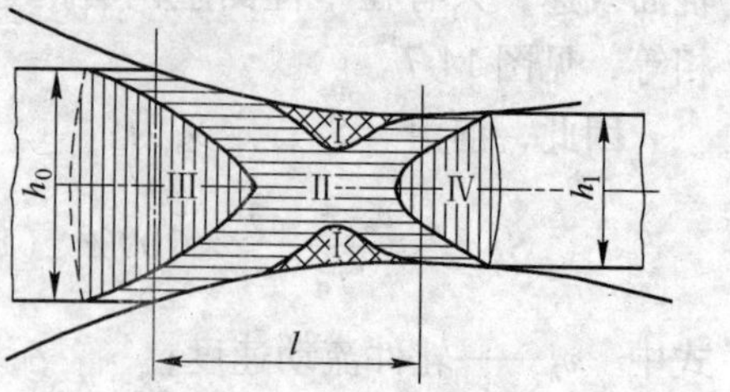

图 14-10　轧制变形区示意图

($l/h_{cp}>0.8$)

研究发现，变形区的形状系数（l/h_{cp}）对轧制断面高向上变形不均匀分布的影响很大。如当 $l/h_{cp}>0.5\sim1.0$，即轧件相对较薄时，压缩变形将深透到轧件芯部，出现中心层变形大于表层的现象；而当 $l/h_{cp}<0.5\sim1.0$，即轧件相对较厚时，随着变形区形状系数的减小，外端对变形过程的影响变得突出，压缩变形难以深入到轧件芯部，只限于表层附近区域发生变形，出现表层的变形大于芯部的现象。

其次接触摩擦系数增大，将使金属沿辊面流动的阻力增加，增大Ⅰ区的范围，甚至出现金属粘辊现象，使变形的不均匀性加剧。特别是厚件轧制时，如某些合金的热轧，头几道的变形量较小，加之摩擦又大，常易于出现粘辊，因而导致轧件头部“开嘴”，严重时发生缠辊。

14.1.3.4　轧制时的横向变形——宽展

轧制时金属沿横向流动引起的横向变形，通常称之为宽展。轧制时的宽展通常用 $\Delta B=b-B$ 表示（B、b 分别表示轧制前后轧件宽度）。试验和理论分析表明，影响轧制宽展的主要因素有：随着接触摩擦的增加宽展增加；宽展随压下量增加而增加；轧辊直径愈大，宽展愈大，因为大直径轧辊的接触弧长，使纵向阻力增大；宽展也与轧件宽度与接触弧长的比值（B/l）有关。当比值（B/l）小于一定范围时，随着轧件宽度增加，宽展也增加；但当比值（B/l）超过某定值时，摩擦引起的横向阻力加大，宽展不再增加，宽展将维持一较小值（见图 14-11）。可见各因素对宽展的影响是比较复杂的，宽展的计算还停留在经验水平，有色金属常用的轧制宽展计算公式有：

$$\Delta B = C(\Delta h/H)\sqrt{R\Delta h} \tag{14-21}$$

式中，C 为常数，与轧制合金和轧制温度有关，通常取 0.3～0.6。

这一公式考虑了变形区长度和加工率等主要因素对宽展的影响，但它未考虑轧件宽度的影响，故不适于轧件宽度等于或小于轧件厚度的轧制条件下的宽展计算。

14.1.4　轧制压力、轧制力矩和功率

轧制力是轧制工艺和设备设计与控制的重要力学参数，在现代化轧机的设计中尤为重要。确定轧制压力的目的是：计算轧辊与轧机其他部件的强度和弹性变形；校核或确定电

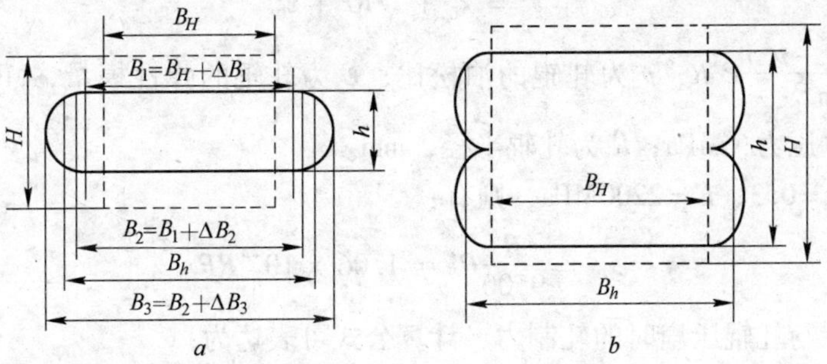

图 14-11　宽展与轧件宽度的关系

a—$B/h\geqslant 1$；b—$B/h<0.5$

机的功率，制定压下规程；实现板厚和板形控制；挖掘轧机潜力，提高轧机生产率。

所谓轧制压力，是指轧件对轧辊合力的垂直分量，即轧机压下螺丝所承受的总压力。轧制时金属轧辊的作用力有两个：一是与接触表面相切的单位摩擦力 F；另一个与接触表面垂直的单位压力的合力 N；轧制压力就是这两个力在垂直轧制方向上的投影之和 P_H（图 14-12）。

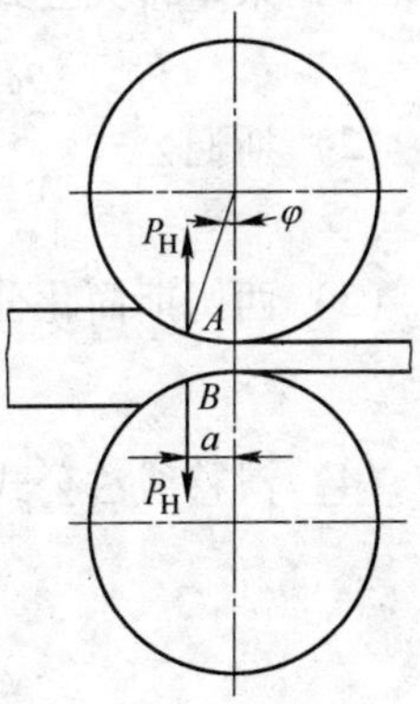

图 14-12　简单轧制条件下合力方向

轧制压力的确定方法主要有以下三种：

（1）实测法。总压力是通过放置在压下螺丝下的测压头（压力传感器）将轧制过程的压力信号转换成电信号，再通过放大和记录装置显示压力实测数据的方法。轧制压力测试常用的压力传感器有电阻应变式测压头和压磁式测压头。沿接触弧上的单位压力测定，则需将针式压力传感器埋设在辊面内进行测定。

（2）理论公式计算法。理论公式计算法是根据轧制条件和塑性理论分析，推导出轧制压力计算公式。下面将进一步进行介绍。

（3）数值模拟计算法。数值模拟计算法是通过建立轧制过程的模型，根据轧制材料的特性，通过数值仿真来求出轧制力。这种方法能够取得比较准确的结果，同时还能获得许多有关的信息。但是，需要建立相关计算条件的模型，第一次计算时工作量较大，进一步计算就比较方便和快捷了。

14.1.4.1　轧制压力计算

通常采用理论公式计算轧制力，轧制压力 P 计算式为：

$$P = pF \tag{14-22}$$

式中，$F=b_{cp}l'$为接触面积；b_{cp}为轧件的平均宽度；l'为考虑轧辊系压扁的接触长度；p 为单位轧制压力，单位轧制压力 p 可由下式计算：

$$p = Kn_0 \tag{14-23}$$

式中，n_0 为相对应力系数；K 为材料的变形抗力。

轧辊系压扁的接触长度 l'可利用公式 14-24 计算。

$$l' = x_0 + \sqrt{Rr + x_0^2} \tag{14-24}$$

式中，$x_0 = \frac{8(1-\nu^2)}{\pi E}\overline{P}'R$，$\nu$ 为轧辊的泊松比；E 为轧辊的弹性模量，MPa；$\overline{P}'$ 为轧辊压扁时的平均单位压力，MPa；R 为轧辊半径，mm。

对钢轧辊 $\nu = 0.3$，$E = 2200\text{MPa}$，则有：

$$x_0 = \frac{R}{9500}\overline{P}' \approx 1.06 \times 10^{-4} R\overline{P} \tag{14-25}$$

不考虑宽展与轧辊压扁时的轧制力，计算公式可表达为：

$$P = pE = Kn_0B\sqrt{R\Delta h} \tag{14-26}$$

常用轧制压力计算公式的应用条件及特点如表 14-3 所示，而常用单位轧制压力计算公式如下。

（1）采里科夫公式：

$$n_0 = [2(1-\varepsilon)/\varepsilon(\delta-1)](h_\gamma/h)[(h_\gamma/h)^\delta - 1] \tag{14-27}$$

（2）斯通公式：

$$n_0 = (e^m - 1)/m \tag{14-28}$$

（3）西姆斯简化公式：

$$n_0 = 0.785 + 0.25(l/h) \tag{14-29}$$

（4）滑移线法公式：

$$n_0 = 1.25h/l + 0.785 + 0.25(l/h) \tag{14-30}$$

表 14-3 轧制压力计算公式的类型及应用条件

类型	Ⅰ	Ⅱ	Ⅲ	Ⅳ
基本假设要点	楔形件均匀压缩不计宽展	楔形件均匀压缩不计宽展	楔形件不均匀压缩不计宽展	当 $l/h < 1.0$，用滑移线法解，平面应变压缩问题
接触条件	一般不考虑轧辊压扁；全滑动（库仑摩擦定律）；未考虑刚端影响	考虑轧辊压扁；全滑动（库仑摩擦定律）；未考虑刚端影响	未考虑轧辊压扁；全黏着（按常摩擦力定律）；未考虑刚端影响	考虑了外端的影响；摩擦系数较大
代表性公式	采里科夫公式（式 14-27）	斯通公式（式14-28）	西姆斯公式（式 14-29）	滑移线法公式（式 14-30）
适用情况	热轧、冷轧	冷轧薄板	热轧	热轧开坯

14.1.4.2 金属的变形抗力（K）

变形抗力是计算轧制压力的重要材料参数。轧制变形条件下，金属抵抗塑性变形发生的力称为变形抗力，对于平面应变条件下的变形抗力常用 K 表示，而且

$$K = 1.115\sigma_s = 1.115\sigma_{0.2} \tag{14-31}$$

对于大多数有色金属合金，由弹性变形进入塑性变形的过程平滑，屈服点现象很不明显，常用 $\sigma_{0.2}$ 代替 σ_s。通常影响材料变形抗力的主要因素有：

（1）轧制合金的本性（如化学成分、微量元素、晶粒组织等）；

（2）轧制前的预变形程度（主要是冷轧前的加工硬化程度）；

（3）轧制速度（或称轧制变形速率）是指压下方向上的平均变形速度，它的计算公式为：

$$\bar{u} = 2v\sqrt{(\Delta h/R)/(H+h)} \tag{14-32}$$

（4）轧制温度，通常轧制合金的变形抗力是随轧制温度的升高而降低的。

14.1.4.3 轧制过程的温度变化规律

轧制温度包括开轧温度、终轧温度以及卷取温度。这些温度对于钛材轧制时的变形抗力、轧制力、成品的组织、晶粒度、力学性能以及板、带材的表面状态等都有着直接影响。特别是对于钛材热轧，它是一个极为重要的参数，例如1%的温度预测差异，可能导致2%～5%的轧制力预报差异。为此，需了解轧制过程中轧件的热量损失情况以及温度变化规律，主要有以下几方面：

（1）辐射散热损失引起的温降，加热的板坯，因辐射散热损失引起的温降公式为：

$$\mathrm{d}T_1 = -2\varepsilon\sigma[(T+273)/100]^4\mathrm{d}\tau/(c_p\rho h) \tag{14-33}$$

式中 ε——轧件的热辐射系数（或称为黑度）对于钛的热轧坯，一般可取0.55左右；

σ——玻耳兹曼常量；

T——轧件表面的温度，℃；

c_p——比热容；J/(kg·℃)；

ρ——密度，kg/m^3；

h——轧件高度，m；

τ——时间，h。

（2）对流传热的散热损失引起的温降，轧件对流温降公式为：

$$\mathrm{d}T_2 = -2\alpha(T-T_0)\mathrm{d}\tau/(c_p\gamma h) \tag{14-34}$$

式中 α——对流的散热系数；

T_0——冷却介质的温度（如冷却水或润滑液）；

τ——热交换时间，h；

其余同前。

（3）轧制过程中与轧件与轧辊接触时的热传导损失引起的温降。

$$\Delta T_3 = -2\lambda l(T-T_0)/(c_p\gamma h_{\mathrm{cp}}v) \tag{14-35}$$

式中 T——轧件温度；

T_0——轧辊温度；

h_{cp}——轧件平均厚度，mm；

v——轧制速度，m/s；

其余同前。

（4）塑性变形引起的温升，金属塑性变形热的温升计算公式为：

$$\Delta T_4 = A\eta\sigma_{\mathrm{cp}}\ln(H/h)\times 10^4/(c_p\gamma h_{\mathrm{cp}}) \tag{14-36}$$

式中 η——转换效率，一般取0.90～0.95；

σ_{cp}——轧件的平均变形力，MPa。

14.1.4.4 轧制力矩与主电机功率

A 轧制力矩

轧制力矩为轧辊所承受的垂直力 P 乘以相应的力臂 a，见图 14-13。

$$M_1 = M_2 = Pa = \int_0^l x(p \pm \tau)\mathrm{d}x \quad (14\text{-}37)$$

式中，M_1，M_2 是上、下轧辊的轧制力矩。

因为摩擦力在垂直方向上的分力相比很小，可以不计，所以：

$$a = \frac{\int_0^l xp\mathrm{d}r}{P} = \frac{\int_0^l xp\mathrm{d}x}{\int_0^l p\mathrm{d}x} \quad (14\text{-}38)$$

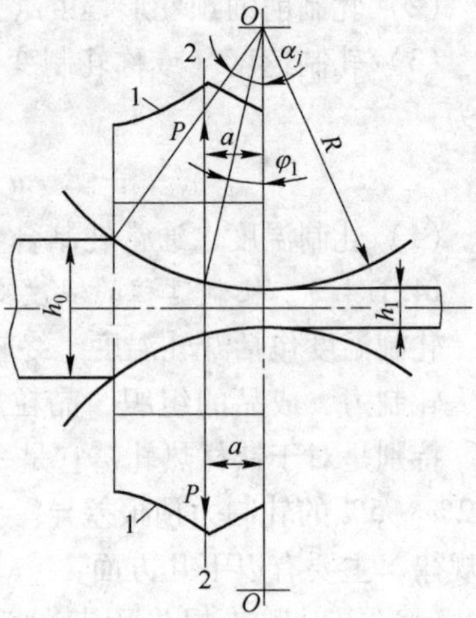

图 14-13 按轧制力计算轧制力矩

1—单位压力曲线；2—单位压力图形重心线

从上式可以看出，力臂 a 实际上等于压力图形的重心到轧辊中心连接线的距离。出于计算方便，常以力臂系数 ϕ 来表示力臂，即：

$$\phi = \phi_1/a = a/l \quad 或 \quad a = \phi l \quad (14\text{-}39)$$

式中，ϕ_1 为合力作用角；l 为接触长度。因此，转动两个轧辊所需轧制力矩为：

$$M = 2Pa = 2P\phi l \quad (14\text{-}40)$$

力臂系数通常由大量试验数据统计得到经验数据，其范围为：

热轧铸锭 $\phi = 0.50 \sim 0.60$；

热轧板带 $\phi = 0.42 \sim 0.50$；

冷轧板带 $\phi = 0.33 \sim 0.42$。

另外，也可由摩擦力确定力矩（假设接触弧上各点接触压力均通过轴心，不产生力矩）。其近似计算公式为：

$$M = 2\mu\bar{p}\,\bar{b}R(a - 2\gamma) \quad (14\text{-}41)$$

由上式可见，轧制力矩与轧制变形区的摩擦状况密切相关。轧制变形区摩擦系数越大，轧制力越高，轧制力矩也越高。冷轧时钛合金的摩擦系数一般为0.096。工业纯钛热轧时(温度为700~1200℃)，板料在空气中加热的摩擦系数一般为0.2~0.3；板料在真空中加热的摩擦系数一般为0.1~0.3，700℃时为0.1，1300℃时为0.3，基本为线性变化。

B 轧机效率

轧制时主电机带动轧辊的力矩 M 由四部分组成：

$$M = \frac{m}{i} + M_m + M_k + M_d \quad (14\text{-}42)$$

式中，M 为轧制力矩；M_m 为摩擦力矩，即克服轧制时在轧辊轴承和传动机构等产生的附加摩擦力矩；M_k 为空转力矩，即克服轧辊空转运动时产生的惯性力矩；M_d 为动力矩，即克服轧辊不均匀转动时所产生的惯性力矩；i 为轧辊与主电机之间的传动比。其中前三项力矩之和为静力矩 M_j，即：

$$M_j = \frac{M}{i} + M_m + M_k \tag{14-43}$$

轧机效率 η_0 定义为轧制力矩与静力矩之比，即：

$$\eta_0 = \frac{\frac{M}{i}}{M_j} = \frac{\frac{M}{i}}{\frac{M}{i} + M_m + M_k} \tag{14-44}$$

C　主电机负载图

一个轧制周期内静负荷时间的变化曲线称之为静负荷图，见图 14-14。图中 t_1 和 t_2 分别为轧制时间和轧制间隙时间。

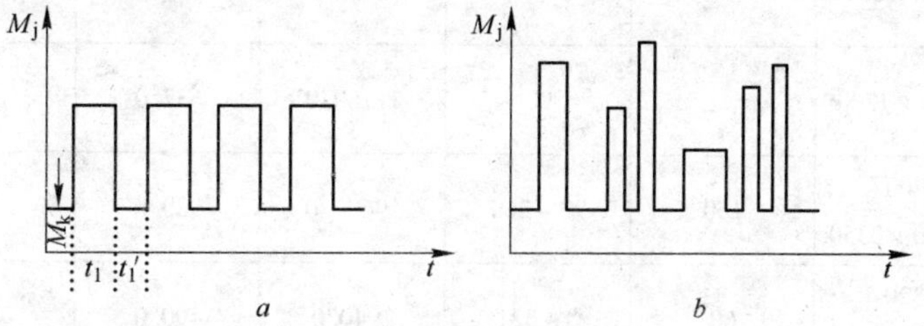

图 14-14　轧机的静负荷图
a—单道次轧制；b—多道次轧制

D　主电机功率

由主电机的传动负荷可知，轧机工作时电机的负荷是间断式不均匀负荷，为此可以按下式计算负荷图中的等效力矩 M_{qu}，即

$$M_{qu} = \sqrt{\frac{\Sigma M_n^2 t + \Sigma M_n'^2 t_n'}{\Sigma t_n + \Sigma t_n'}} \tag{14-45}$$

式中，M_n 为各道次对应的轧制力矩；M_n' 为对应间隙时间空转力矩；Σt_n 为轧制周期内各道次纯轧时间之和；$\Sigma t_n'$ 为轧制周期内各道次间隙时间之和。

主电机功率 N 的计算公式为：

$$N = \frac{1.03 M_{qu} n}{\eta} \tag{14-46}$$

式中，n 为电机转速；η 为由电动机到轧机的传动功率。对于一般齿轮传动，$\eta = 0.96 \sim 0.98$；对于皮带传动 $\eta = 0.85 \sim 0.90$。

14.2　轧制设备

板材热轧机类型有：二辊可逆式轧机和四辊可逆式轧机，生产使用四辊可逆式轧机。板材冷轧机类型有：二辊可逆式轧机和四辊可逆式轧机，生产使用四辊可逆式轧机。带材热轧生产使用四辊可逆式轧机，带材、箔材冷轧采用四辊可逆式轧机或二十辊轧机轧制。

钛及钛合金板、带、箔材常用热轧和冷轧轧机的技术指标见表 14-4 和表 14-5。

表 14-4 板材热轧机的技术指标

轧机类型	轧辊主要尺寸/mm	轧辊最大开口度/mm	轧制速度/m·min^{-1}	总轧制力/kN	最大轧制转矩/kN·m	主电机功率/kW·h	主电机转数/r·min^{-1}
二辊可逆式轧机	ϕ420×380	30	高速：0~230 低速：0~150	1470.0	34.3	220	0/400 0/1200
四辊可逆式轧机（板带）	ϕ150/ ϕ420×380	30	高速：0~230 低速：0~150	1470.0	34.3	220	0/400 0/1200
四辊可逆式轧机	ϕ600/ ϕ1350×1200	200	高速：0~180 低速：0~90	19600.0	784.0	2800	0/50 0/100
二辊可逆式轧机	ϕ500×864	75	0~90	4900.0		630	
二辊可逆式轧机	ϕ760×1200		90	11760.0	637.0	1000	490
四辊可逆式轧机	ϕ700/ ϕ1350×2350	150	90~260	19600.0	980.0		
四辊可逆式轧机	ϕ320/ ϕ500×450	60	0~321	2940.0	490.0		
四辊可逆式轧机	ϕ300/ ϕ500×500			3430.0			

表 14-5 板材冷轧机的技术指标

轧机类型	轧辊主要尺寸/mm	轧制速度/m·min^{-1}	总轧制力/kN	主电机功率/kW·h	适用轧机成品厚度/mm
2/4 重轧机	ϕ420×380	高速：0~230	1470.0	220	0.05
	ϕ75 ϕ170/ϕ420×380 ϕ150	低速：0~150	1960.0		
二辊可逆式轧机	ϕ340×350	36~42	1372.0	115	软金属 0.5/硬金属 0.8
	ϕ170×200	无级调速	137.2	13.5	0.1~0.5
四辊可逆式轧机	ϕ425/ϕ1050×1400	0~180	11760.0	1100	0.5~4.0
	ϕ250/ϕ1480×1200/ ϕ450/ϕ1480×1200	0~300	24500.0	1500×2	0.3~5.0
	ϕ300/ϕ760×1400	0~75	11760.0	680	3.5~4.0
	ϕ450/ϕ1150×1200		14700.0		0.5~5.0
	ϕ400/ϕ1300×1200	0~180	17640.0	2000×2	0.5~4.0
	ϕ165/ϕ480×760	0~60	4116.0	160	0.3~1.50
	ϕ120/ϕ450×550/ ϕ190/ϕ450×550	0~120	2940.0	160×2	0.1~3.0
	ϕ250/ϕ750×380	0~180	3920.0		0.2~1.5

续表 14-5

轧机类型	轧辊主要尺寸/mm	轧制速度 /m·min^{-1}	总轧制力/kN	主电机功率 /kW·h	适用轧机成品厚度/mm
二十辊轧机	工作辊 ϕ6.5×150 ϕ8.5×150 ϕ12×150	0~50 无级调速 无级调速	58.8	9	0.05
	工作辊 ϕ（22~27）×380	0~100~180	784.0	120	0.03

14.3 轧制钛板材工艺

14.3.1 钛及钛合金板带箔材生产工艺流程

建立钛及钛合金板材、带材、箔材的生产工艺流程时，必须考虑到钛及钛合金的特殊性能——低塑性、高变形抗力和高温氧化性及在加热时或在氟化盐水溶液中酸洗时高的吸气倾向等。

根据现有设备和板材、带材、箔材的品种规格确定合理的轧制工艺规范。

当确定钛合金板材的热轧温度规范时，应考虑到晶粒度对组织和性能的影响。在β相区温度下结束加工，会在金属中保留粗大的晶粒，并降低板材的力学性能。因此，为了获得均匀的细晶组织，必须保证在α或（α+β）相区变形30%~40%。

为了轧制板材或轧制厚度2~5mm的中间坯料，应在840~500℃的温度范围内进行温轧。温轧极其重要的优点是不进行中间退火，形成的厚度很小的氧化层也容易酸洗。轧制0.3~1.8mm厚板材，要进行多道次冷轧，并采用数次中间退火，其总的加工率为20%~50%（对于高合金化的合金应采用小的变形量）。

钛及钛合金板材、带材、箔材的生产工艺流程，见表14-6。钛及钛合金板材、带材、箔材生产工艺流程中，必须经历如下重要工序过程：板坯准备、板坯加热、热轧、温轧和冷轧。

14.3.2 板坯准备

14.3.2.1 坯形选择

目前多采用真空自耗熔炼铸锭自由锻造坯或铸锭-自由锻造-轧制坯。前苏联钛板坯主要采用模锻坯。今后纯钛及低合金化合金牌号的板坯，可用模锻、轧坯或扁锭形式供坯；高合金化合金牌号的板坯仍需进行自由锻。

14.3.2.2 板坯尺寸的确定

板、带材的坯料尺寸一般用厚度×宽度×长度（mm），即$H\times B\times L$表示。板坯厚度可由成品厚度及轧制工序中所要求的总加工率和轧机的能力来确定，板坯厚度受轧机工作辊开口度的限制，目前板坯最大厚度可达240mm；板坯宽度取决于成品宽度；板坯长度由熔炼、锻造设备能力来确定。

14.3.2.3 板坯的质量要求

板坯的化学成分和杂质含量以及组织结构应符合国家标准要求。

表 14-6 钛及钛合金板带箔材生产工艺流程

工序号	工序名称	工序流程					
		热轧板	冷轧纯钛板	冷轧(α+β)合金板	冷轧β合金板	冷轧α合金板	冷轧带箔材
1	板坯清理	●	●	●	●	●	●
2	抗氧化涂层			●	●		
3	爆炸包覆	○				●	
4	热　轧	●	●	●	●	●	●
5	剪切下料	○	●	●	●	●	
6	修　磨	○					
7	淬　火			●			
8	碱　洗			○			
9	酸　洗			○			
10	热　轧	○	●	●	●	●	
11	退　火	○	●	●		●	
12	淬　火				●		
13	喷　砂				●		●
14	碱　洗	●	●	●			
15	酸　洗	●	●	●	●	●	●
16	修　磨		●	●	●	●	
17	白　化		●	●	●	●	
18	中间冷轧		●	○	●	●	●
19	除　油		●	●	●	○	●
20	退　火		●	●		●	●
21	淬　火				●		
22	喷　砂				●		●
23	碱　洗		●	●		●	
24	酸　洗		●	●	●	●	○
25	切　边						●
26	成品冷轧		●	●	●	●	●
27	除　油		●	●	●	●	●
28	成品退火		●	●		●	●
29	淬　火				●		
30	喷　砂				●		
31	碱　洗					○	
32	酸　洗		●	○	●	○	
33	取　样	●	●	●	○	●	●
34	成品剪切						
	检　查	●	●	●	○	●	●
35	矫　直		●	●	●	●	
36	包装入库	●	●	●	●	●	●

注："●"为必经工序;"○"表示该产品可不经此工序。

锻造坯需经机加工（刨、铣等），刨面后的刀痕应与板坯宽度方向一致。纯钛坯刨面深度不得小于2mm，钛坯刨面深度不得小于3mm。局部裂纹和压坑等缺陷深度不得超过板坯厚度的2%，表面粗糙度 R_a 不得低于3.2。

板坯的形状应规整，同一板坯上的厚度差不大于2%，宽度差不大于1%，长度差不大于1.5%。板坯长度方向的四条棱边应加工成45°倒角或圆角。

14.3.3　板坯的加热

14.3.3.1　加热方式的选择

因钛是活性金属，在高温状态下，易被有害气体 N_2、O_2、H_2 等污染。为减少污染，目前用于钛板坯加热的热源主要有煤气、丁烷和电等。钛板坯采用感应加热，中间坯料采用电阻炉加热较为合理。

14.3.3.2　加热制度

加热制度由加热温度、加热速度和加热时间三个要素组成。

A　加热温度

钛及钛合金板坯加热温度的选择，应综合考虑板坯的工艺塑性和表面气体污染情况，并确保最终产品的组织和性能。

高温 β 相区加热的工艺塑性比低温 α 相区加热的工艺塑性好，变形抗力低。轧制温度对某些钛合金的单位轧制压力的影响见表 14-7。

表 14-7　轧制温度对单位轧制压力的影响

合金牌号	单位轧制压力/MPa		合金牌号	单位轧制压力/MPa	
	900℃轧制时	600℃轧制时		900℃轧制时	600℃轧制时
TA2	51.0	230.5	TC3	127.5	730.6
TC1	60.8	416.8	TA7	213.8	759.1

有害气体对钛及钛合金板坯的污染程度，随坯料的加热温度升高而增大。加热温度对工业纯钛吸气层的影响见表 14-8。

表 14-8　加热温度对工业纯钛吸气层的影响

加热温度/℃	加热时间/min	吸气层深度/mm	加热温度/℃	加热时间/min	吸气层深度/mm
700	30	0.03	800	30	0.06
750	30	0.04	950	30	0.25

有害气体的污染所形成的吸气层，显著的降低板坯表面的塑性，严重地影响着轧件表面质量。例如，TA6、TA7 板坯热轧时，由于加热温度高，使吸气深度增大，在不均匀变形的作用下，往往产生严重的表面裂纹。同时，β 相区抗氧化能力差，且易使晶粒长大，有使产品性能恶化的危险。

从上述两方面来看，加热温度不宜过高，尤其是对薄规格热轧板材更是如此。在选择加热温度时，不同类型合金应区别对待。下面以几种典型钛及钛合金为例，说明加热温度的选择。

a　α 型合金

从表 14-7 中可以看出，工业纯钛 TA2 随着加热温度的升高其单位压力明显降低。但加热温度超过相变温度，对工业纯钛是有害的，引起 β 相晶粒迅速长大。如果不能保证主要变形在 α 相区完成，则会造成组织粗化，恶化产品性能。生产实践表明，α 相区轧制具有很好的工艺塑性，一次总加工率可达 90% 以上，同时有害气体污染程度也比 β 相区轧制的轻。目前第一火加热温度一般选择在 840～880℃范围。

TA7 合金具有良好的抗氧化性能。因合金化程度较高，所以变形抗力比表 14-7 中其他合金都大；且热轧时工艺塑性稍差，特别是板坯规格较厚时，轧制过程中由于不均匀变形易产生边部开裂和严重的表面裂纹。对于较厚的 TA7 合金板坯，加热温度选择在 β 相区是有利于变形的，不仅可以利用合金成分塑性，也可以减少加热火次，提高生产率。目前生产中，TA7 合金板坯加热温度选择在(α+β)/β 相变点以上 50~100℃范围。实践表明，过高的温度会使板坯严重氧化，造成难以消除的桔皮状表面缺陷。

b （α+β）型合金

TC1 合金对加热温度十分敏感，同时加工温度范围也较窄。即使 β 相区塑性好、变形抗力低，也不能选择 β 相区加工，否则，在 β 相区轧制不仅影响热轧板材性能，而且使冷轧成品性能变坏。生产实践证明，TC1 合金轧制具有良好的工艺塑性，加热温度选择在（α+β）相区上限时，其变形抗力稍高于工业纯钛（见表 14-7），而一火总加工率可达 90%以上。第一火加热温度应选择在 850~880℃范围内。

TC3 合金属于中等合金化程度的（α+β）型合金，其中 β 相数量较多，故工艺塑性较好，但变形抗力随合金化程度增加而显著地增大（见表 14-9）。TC3 合金板坯加热温度范围比 TC1 合金较宽。但因合金中 β 相数量较多，使合金抗氧化能力差。随着加热温度升高，α 相就向 β 相转变，所以 β 相数量不断增多，α 相数量相应减少。有害气体氧在 α 相中的溶解度远大于在 β 相中的溶解度，随着 α 相数量减少，氧在 α 相中的浓度逐渐增加。这种富氧的 α 相质点很脆，在承受变形时便沿此处产生裂纹。因此，TC3 合金板坯加热温度选择在 β 相区是有害无益的，一般第一火加热温度在（α+β）相区 850~880℃范围。

表 14-9 钛及钛合金板坯加热制度（一）

合金牌号	板坯厚度/mm	加热制度		
		加热温度/℃	加热时间/min	
			感应炉	电阻炉、煤气炉
TA0	40~80	740~850	8~14	60~110
TA1、TA2、TA3	40~150	840~880	8~24	55~190
	200	840~880	30~32	240~255
TA5	70~140	950~1000	13~32	85~155
TA6	70~140	1000~1050	13~36	80~150
TA7	70~140	1000~1150	13~36	80~135
TB2	70~140	900~950	13~36	90~165
TC1	50~140	850~880	10~24	70~180
TC2	50~140	880~900	10~26	65~175
TC3	70~140	920~980	13~36	90~160
TC4	70~140	950~1000	13~36	85~155
TC7	70~140	930~950	13~36	85~165
TC10	70~140	920~1000	13~36	90~155

c　β 型合金

TB2 合金属于 β 型合金，有良好的工艺塑性，但抗氧化能力比 α 型和（α + β）型合金都差，因此选择其加热温度时，不宜过高。一般高于相变温度 100 ~ 200℃ 。

为确保最终产品的组织和性能，要合理选择加热温度范围，控制好加热时间，钛及钛合金板坯加热制度见表 14-9 和表 14-10。

表 14-10　钛及钛合金板坯加热制度（二）

合金牌号	板坯厚度/mm	加热设备	加热制度	
			加热温度/℃	加热时间
TA0	5 ~ 10	电阻炉	700	冷料：1mm/min 热料：烘透为止
TA1、TA2、TA3	5 ~ 10		760	
TC1	5 ~ 20		820	
TC2	5 ~ 20		850	
TC3、TC4、TC10	4 ~ 50		900	
TA5、TA6	4 ~ 50		950	
TA7	4 ~ 50		950	

为了改善板坯的工艺塑性，厚板轧制也可以在 β 相区开坯轧制，但必须保证在 α + β 相区有足够的变形量。此时，可以考虑用抗氧化防护涂层。

美国厂家采用"β 加工法"生产了具有高损伤容限性能的 Ti-6Al-4V 合金厚板，其热轧加工温度为 1054℃，终轧温度为 860℃。

B　加热速度和加热时间

钛及钛合金板坯加热，一般采用热装炉，同一牌号、同一规格的坯料，其加热速度基本上是固定的。坯料的加热质量，主要决定于加热时间，根据火焰炉和电阻炉的热传导条件，A. E. 雪宁（Шелеет）提出了坯料中心与表面温差为 30 ~ 40℃ 的坯料加热时间计算公式：

$$\tau = C\frac{282000H^{1.10}}{(0.24H + 0.1325)t}$$

式中　τ——加热时间，min；

H——板坯厚度，m；

t——平均加热温度，℃；

C——大、小取决于坯料形状和供热方法的系数，当采用扁坯并在连续式火焰炉中加热时，C 约为 0.8。

感应加热具有效率高（70%）、加热速度快、设备紧凑、生产效率高、劳动卫生条件好等优点，广泛用于钛及钛合金的板坯加热。

钛及钛合金的板坯感应加热曲线和煤气炉加热曲线如图 14-15 和图 14-16 所示。

14.3.3.3　防氧化涂层

防氧化涂层是解决钛及钛合金热加工中表面污染的有效途径之一。表 14-11 和表14-12 中列出了常用的某些涂料的成分及物理性能。

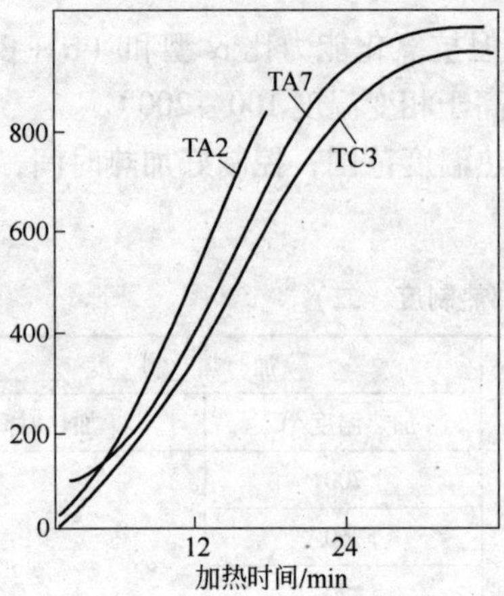

图 14-15 钛合金板坯感应加热曲线
（板坯尺寸：120mm×600mm×1000mm）

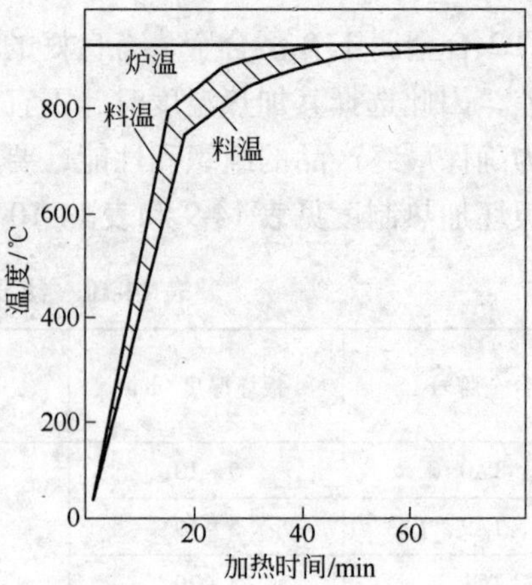

图 14-16 TC1 合金板坯煤气炉加热曲线
（板坯尺寸：70mm×1750mm×285mm）

表 14-11 在钛合金半成品生产中使用的各种涂层的化学成分和物理性能

牌 号	化学成分（质量分数）/%						
	SiO_2	Al_2O_3	B_2O_3	CaO	MgO	Na_2O	TiO_2
100	55.0	20.0	15.0	5.0	5.0		
4-Ⅱ	54.0	14.0	14.0	16.0		2.0	
36	45.0	5.0	35.0			15.0	
100	37.0		8.0			30.0	25.0
58①	35.0	3.0	16.0			26.0	10.0
115	33.7	1.7	36.6	7.5	4.8	16.7	
牌 号	ρ/g·cm^{-3}	α/℃$^{-1}$	λ/W·(cm·℃)$^{-1}$		c/J·(g·℃)$^{-1}$	$T_{始软}$/℃	$T_{终软}$/℃
100	2.52	4.1×10^{-6}	0.01042		0.8473	760	1020
4-Ⅱ	2.66	4.9×10^{-6}	0.01038		0.8489	720	1020
36	2.57	7.8×10^{-6}	0.01172		0.9192	520	700
100	2.60	14.5×10^{-6}	0.01083		0.8159	540	620
58①	2.60	13.5×10^{-6}	0.01054		0.8222	500	620
115	2.75	9.2×10^{-6}	0.01213		0.9096	580	760

①该种玻璃还含有 10.0% K_2O（质量分数）。

表 14-12 KBC-12 的化学成分及物理性能

原 料	化学分子式	含量/%	颜 色	密度/g·cm^{-3}	黏度/Pa·s	适应温度/℃
硅酸钾	$K_2O\cdot SiO_2$	9.1	黑绿色	1.8~2.0	15~20	650~950
石英粉	SiO_2	45.4				
长石粉	$K_2O\cdot Al_2O_3\cdot 6SiO_2$	15.2				
氧化硼	B_2O_3	7.6				
碳化硼	B_4C	22.7				

14.3.4　热轧

钛的热轧与其他金属及合金的热轧一样，是单张板块式半成品生产工艺过程中的头道工序。用热轧的方法可制中板、板材和以片式生产薄板的坯料及厚度为3.5～6mm的板卷。

14.3.4.1　压下制度的确定

A　总加工率的确定

影响热轧总加工率大小的因素有金属塑性、板坯质量和轧机能力等，在通常情况下，应该采用尽量大的总加工率。

B　热轧道次加工率分配

道次加工率是一个影响热轧材料变形均匀的参数，同时也是金属塑性变形的瞬时效应。在确定道次加工率时，应考虑如下四种因素。

（1）金属的塑性。纯钛具有较好的工艺塑性，最大道次加工率可达30%。TC3、TC4、TA7等高合金化牌号的合金工艺塑性较差，道次加工率不宜过大，第一火次不应超过15%，以后火次可适当加大。

（2）板坯质量。铸造扁锭坯和铸锭-压扁板坯的塑性较差，最初几道次的加工率不宜过大。以后随着板坯塑性的改善，道次加工率可逐渐加大。对于经过镦粗、拔长、压扁工艺的变形板坯，工艺塑性较好，可适当增加最初几道次的加工率，以便充分利用板坯的高温塑性。对于已经过开坯工序的薄板坯，则应充分利用第一道次的高温塑性，给予所能承受的最大变形，以后随着温度的降低，道次加工率应逐渐减少。

（3）板坯包覆处理。高合金化牌号的钛合金板坯,因工艺塑性差,通常在板坯表面包覆一层纯钛板,可大大提高其工艺塑性。具有纯钛包覆层的合金铸坯,可适当增加道次加工率。

（4）设备能力。轧机能力愈大，道次加工率愈大，但必须限制在板坯塑性允许的范围之内。

TA2、TA7和TB2合金板坯的热轧压下制度见表14-13～表14-15。

表14-13　TA2热轧压下制度

压下量	一火·道次													二火·道次			
	1	2	3	4	5	6	7	8	9	10	11	12	13	1	2	3	4
轧前厚度 H/mm	140	130	120	105	88	71	56	44	32	22	16	12	9	7	4.5	3.5	3.0
轧后厚度 h/mm	130	120	105	88	71	56	44	32	22	16	12	9	7	4.5	3.5	3.0	2.8
绝对变形量 Δh/mm	10	10	15	17	17	15	12	12	10	6	4	3	2	2.5	1.0	0.5	0.2
相对变形量 ε/%	7,1	7.6	12.5	16.2	19.3	21.1	21.4	27.3	31.3	27.3	25	25	22.2	35.7	22.2	14.3	6.7

表14-14　带有纯钛包覆层的TA7热轧压下制度

压下量	一火·道次											
	1	2	3	4	5	6	7	8	9	10	11	12
轧前厚度 H/mm	140	132	122	110	96	82	70	58	48	39	31	25
轧后厚度 h/mm	132	122	110	96	82	70	58	48	39	31	25	21
绝对变形量 Δh/mm	8	10	12	14	14	12	12	10	9	8	6	4
相对变形量 ε/%	5.7	7.6	9.8	12.7	14.6	14.6	17.1	17.2	18.8	20.5	19.4	16

续表 14-14

压下量	二火·道次					三火·道次			四火·道次		
	1	2	3	4	5	1	2	3	1	2	3
轧前厚度 H/mm	21	17	13.5	11.0	9.0	8	6	5	4.5	3.5	3.0
轧后厚度 h/mm	17	13.5	11.0	9.0	8.0	6	5	4.5	3.5	3.0	2.8
绝对变形量 Δh/mm	5	3.5	2.5	2.0	1.0	2	1	0.5	1.0	0.5	0.2
相对变形量 ε/%	23.8	20.6	18.5	18.2	11	25	16.7	10	22.2	14.3	6.7

表 14-15 TB2 热轧压下制度

压下量	一火·道次							二火·道次					
	1	2	3	4	5	6	7	1	2	3	4	5	6
轧前厚度 H/mm	80	75	65	50	35	25	20	17	13	9	6.3	4.5	3.5
轧后厚度 h/mm	75	65	50	35	25	20	17	13	9	6.3	4.5	3.5	3.0
绝对变形量 Δh/mm	5	10	15	15	10	5	3	4	4	2.7	1.8	1.0	0.5
相对变形量 ε/%	6.3	13.3	23.1	30.0	28.6	20.0	15.0	23.5	30.8	30.0	28.6	22.2	14.3

14.3.4.2 轧制速度

为了提高生产率和保证所要求的终轧温度，必须提高操作速度和采用高速轧制。

对于可调速轧机来说，不同的轧制阶段，轧机速度应有所不同。开轧的最初阶段，为防止因咬入瞬间的轧制惯性过大而造成闷车、断辊、跳闸等，一般采用低速为好；在中间轧制阶段，随着轧件厚度变薄可提高轧制速度。

$\phi600/\phi1380$mm × 1200mm 热轧机，轧制钛及钛合金板材时，所采用的轧制速度见表 14-16。

表 14-16 1200mm 四辊可逆式热轧机轧制钛板时的轧制速度

金属名称	坯料厚度 /mm	轧制速度/m·s^{-1}				
		开始阶段		中间轧制阶段		
		咬入速度	轧制速度	咬入速度	稳定轧制速度	轧件抛出速度
钛及钛合金	80 ~ 150	0.628	0.628	0.628	1.57 ~ 3.14	0.314 ~ 0.628

14.3.4.3 包覆轧制

钛合金的包覆轧制可用钢板、纯钛板作包覆层。钢板包覆层主要用于轧制过程，轧制完成后，需将钢板去除；纯钛板作包覆层可用于轧制过程，也可作为成品板材的包覆层。爆炸包覆纯钛板是一种有前途的包覆工艺。

钛合金板表面包覆纯钛层，不仅可以改善钛合金板加工过程中的工艺塑性，而且还可以改善钛合金板的成形性能。表面包覆纯钛的钛合金板材，其成品板材的力学性能无明显变化，见表 14-17。

表 14-17　带有纯钛包覆层与不带有纯钛包覆层的 TA7 合金板材性能比较

覆层厚度/mm	取样厚度/mm	试样状态	室温		350℃		500℃	
			抗拉强度 σ_b/MPa	伸长率 δ_5/%	抗拉强度 σ_b/MPa	伸长率 δ_5/%	抗拉强度 σ_b/MPa	伸长率 δ_5/%
0.17	9.5	热轧	1038	12.3	735	11.0	665	11.3
0.05	2.8	热轧，退火	792	18.7	451	32.4	402	30.9
—	8.6	热轧	1044	11.8	753	11.5	699	11.3
—	2.8	热轧，退火	808	20.1	461	31.5	407	31.4

爆炸包覆工艺除用于生产特殊的钛合金材以外，还可以用来生产钛-钢复合板。爆炸-轧制复合板与直接爆炸复合板相比，具有厚度比例范围大、板型好等优点，是一种有前途的复合材料。

14.3.4.4　换向轧制

(α+β) 型或 β 型钛合金大型坯料单方向轧制变形量太大时（超过 98%），板材表面沿轧制方向产生“条绒沟”。经验证明，TC3 板材变形 50% 后换向轧制，可使条绒沟减轻到难以发现的程度。TC1 合金板材单方向轧制，可在 0.5～2.0mm 厚成品板材上发现“条绒沟”，而变形 50% 后换向轧制，0.8mm 厚的板材“条绒沟”消失。

对于高合金化的钛合金板材来说，换向厚度不宜太薄。板材厚度太薄换向轧制时，不仅会增加冷轧变形抗力，而且会产生严重的裂纹。经验证实，TC3、TC4、TC7 等合金在 10mm 以下换向轧制，在随后的冷轧中会产生严重的裂纹、掉渣以至于整批报废。

钛合金板材的换向轧制是在热轧时进行，要绝对避免冷轧时换向，即使是纯钛也不允许，若冷轧时换向还会大大提升平均单位压力，使轧制变得更加困难。

14.3.4.5　滚边轧制

在钛及钛合金板热轧制过程中，由于道次变形量小，板坯形成双鼓形，在成品板上出现边部分层，其宽度可达到 10～25mm。滚边轧制可消除边部分层，防止裂变；同时滚边与不滚边轧制比较，可增加热轧板成材率，减少切头损失 5%～6%。

14.3.5　温轧

加热温度在再结晶温度以下的加热轧制称为温轧。温轧可以提高金属的工艺塑性，增大道次变形量及轧程的总变形量，从而避免多次的中间退火和辅助工序，大大缩短薄板的生产周期。

钛合金的温轧与热轧相比，塑性较低，变形抗力明显增加。因此，温轧只适用于一定厚度的板坯，不适用于厚板坯和太薄的板坯，温轧的板坯厚度适应范围为 1.5～15mm。

前苏联用隧道炉加热钛合金板坯的温轧加热规范见表 14-18。表 14-19 给出了板材温轧的某些典型规范，对于坯料的每一种断面，都列出了最大厚度和最小厚度板材的压下流程。

表 14-18 板坯的温轧加热规范

合 金	坯料厚度/mm	加热时间/min	温度/℃ 炉 温	料 温
BT1-0	12 ~ 14	15 ~ 17	720 ~ 780	不低于 600
OT4-0	8 ~ 10	10 ~ 12	720 ~ 780	不低于 600
OT4-1、OT4	14 ~ 16	17 ~ 24	760 ~ 820	680 ~ 700
	10 ~ 12	12 ~ 19	760 ~ 820	680 ~ 700
	4 ~ 5	5 ~ 12	760 ~ 820	680 ~ 700
BT5-1	14	22	840 ~ 860	820 ~ 840
BT6C	15 ~ 17	22 ~ 32	740 ~ 760	720 ~ 740
	10 ~ 12	18 ~ 25	740 ~ 760	720 ~ 740
	6 ~ 8	10 ~ 16	740 ~ 760	720 ~ 740
	4 ~ 5.5	8 ~ 12	740 ~ 760	720 ~ 740
BT20	16 ~ 18	24 ~ 26	780 ~ 820	770 ~ 790
	12 ~ 14	19 ~ 22	780 ~ 820	770 ~ 790
	9 ~ 10	15 ~ 18	780 ~ 820	770 ~ 790
	7	13	780 ~ 820	770 ~ 790

表 14-19 钛合金在四辊轧机上的温轧压下规程

合 金	坯料轧前断面/mm	成品板材厚度/mm	名义厚度/mm	道次数	道次厚度/mm 1	2	3	4	5	6	7	8	9
BT1-00	14 × (650 ~ 1250)	3 ~ 10	3	9	11.5	9.5	7.8	6.4	5.3	4.4	3.6	3.2	3.13
BT1-0			10	3	12	10.5	10.4						
	10.5 × (650 ~ 1250)	5.5	3	9	8	6.2	5.2	4.6	4.1	3.7	3.4	3.2	3.13
OT4-0		3 ~ 5.5	5.5	3	8	6.2	5.7						
	8.5 × (650 ~ 1250)	2 ~ 2.5	2	7	6	4.5	3.7	3.1	2.6	2.3	2.13		
	15 × (650 ~ 1250)	8	8	5	13	11	10	9	8.4				
BT6C	10.5 × (650 ~ 1250)	5	5	5	9	8	7	6	5.3				
	4 × (650 ~ 1250)	2	2	5	3.5	3.2	2.8	2.5	2.2				

其余中间厚度的轧制流程可按类推法建立。温轧板材的终轧厚度通常略大于名义厚度，留下余量是为了随后的平整和酸洗。

14.3.6 冷轧

厚度不超过 2.0mm 的钛合金板材主要用冷轧的方法生产，冷轧可获得表面质量最好、厚度公差最小的板材。

冷轧板材主要采用带卷法生产，但是为了制备高合金化、尺寸相对不大的板材，则采用单张块式法生产。

前苏联可生产尺寸为(0.3 ~ 2.0) mm × (660 ~ 1200) mm × (1300 ~ 6000) mm 的冷轧钛及钛合金板材。

钛合金薄板的典型生产工艺。以二十辊轧机生产尺寸为 0.5mm × 600mm × (1500 ~ 2000) mm 的 BT1-0 板材为例，BT1-0 合金薄板的典型生产工艺见表 14-20。

国内生产的钛及钛合金的冷轧板材，多是在四辊可逆式轧机上采用单张块式法生产的。

表 14-20　BT1-0 合金薄板的典型生产工艺

工　序	板材厚度/mm	工　序	板材厚度/mm
退火的板卷坯料	2.6	除　油	
冷　轧	1.6×670	将板卷切成板材	0.55×620
切　边	1.6×620	退　火	
退　火		冷平整或温平整	0.5×620
冷平整		酸　洗	0.5×620
酸　洗	1.55×620	切成成品尺寸	0.5×600
冷　轧	0.55×620		

14.3.6.1　钛及钛合金变形抗力曲线

钛及某些钛合金变形抗力曲线见图 14-17～图 14-22。

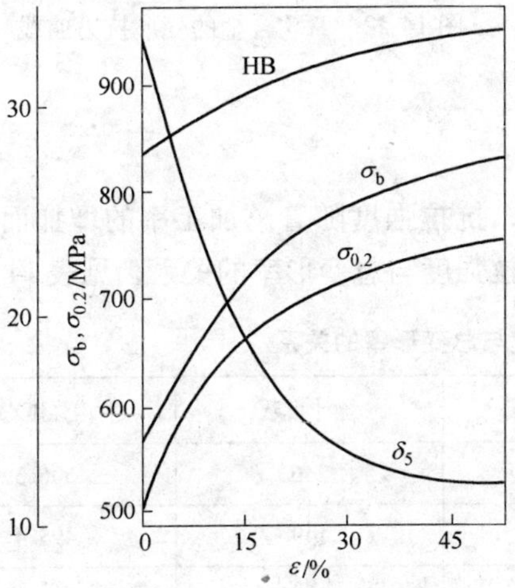

图 14-17　工业纯钛的变形抗力曲线

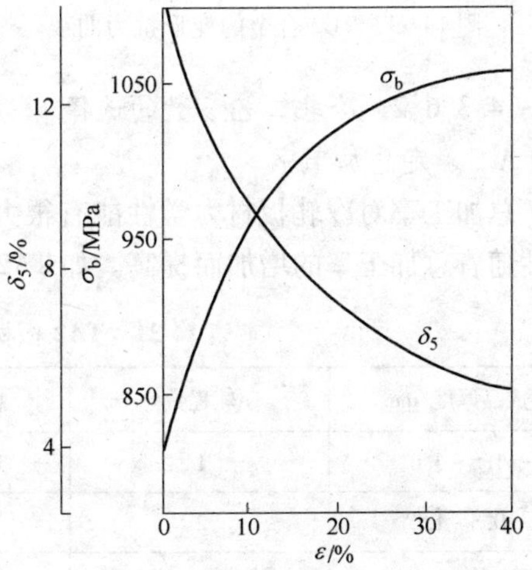

图 14-18　TA6 合金的变形抗力曲线

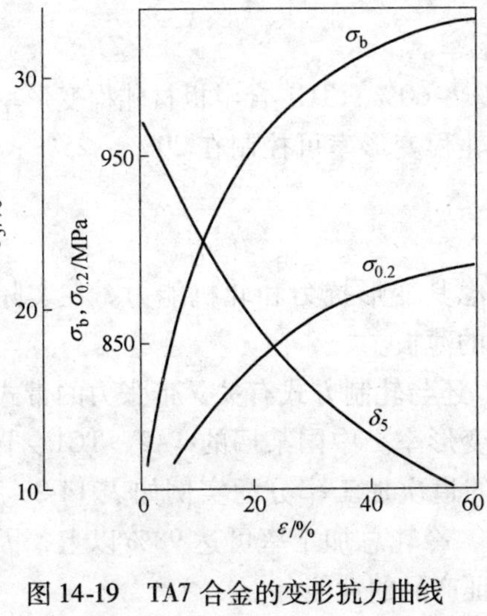

图 14-19　TA7 合金的变形抗力曲线

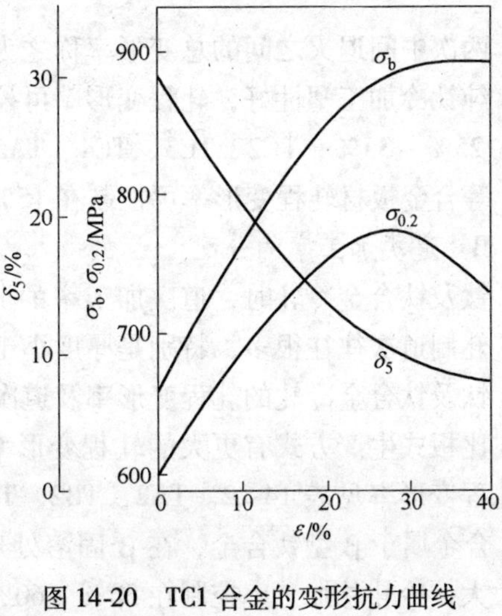

图 14-20　TC1 合金的变形抗力曲线

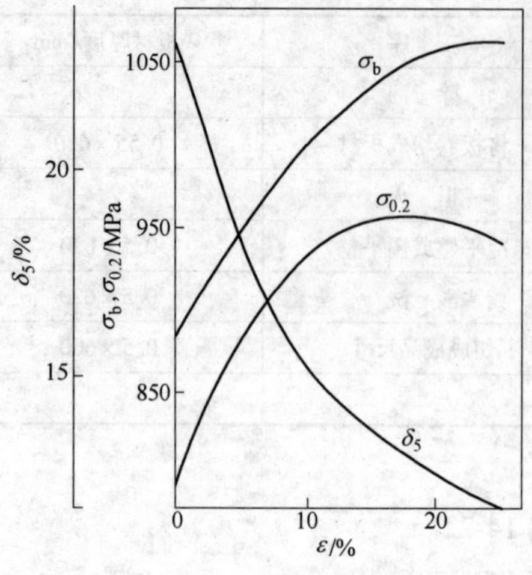

图 14-21 TC2 合金的变形抗力曲线

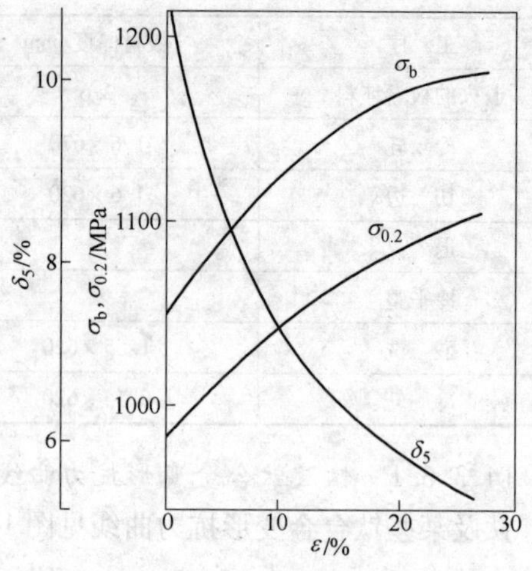

图 14-22 TC3 合金的变形抗力曲线

14.3.6.2 冷轧工艺参数的选择

A 确定总加工率

总加工率对冷轧板材力学性能有很大的影响，抗拉强度随着总加工率的增加而降低，塑性随着总加工率的增加而提高。如 TA2 板材抗拉强度与总变形率的关系，见表 14-21。

表 14-21 TA2 板材抗拉强度与总变形率的关系

成品厚度/mm	轧程数	总变形率/%	统计批数	平均强度/MPa
1.5 ~ 4.0	1	46.4 ~ 33.3	246	506.3
0.8 ~ 1.2	2	71.4 ~ 65.7	149	495.4
0.5 ~ 0.6	3	82.1 ~ 80.0	70	485.4
0.3	4	89.3	71	456.3

两次中间退火之间的总变形率称之为轧程变形率。

纯钛冷加工塑性好，轧程变形率可控制在 40% ~60%；TC1 合金板材轧程变形率可控制在 25% ~35%；TC2、TC3、TC4、TA5 等板材轧程变形率可控制在 20% ~25%；TA6、TA7 等合金板材轧程变形率可控制在 15% ~25%。

B 道次加工率的分配

钛及钛合金冷轧时，道次加工率的分配应考虑其变形抗力和轧机能力。在实际生产中，轧制道次往往很多，特别是厚度小于 0.5mm 的薄板。

钛及钛合金冷轧的轧程变形率及道次变形率，还与轧制方式有关，带张力的带式生产方式比板式生产方式有更大的轧程变形率及道次变形率。中国某厂的 TA2、TC1、TC3 板材轧程变形率见表 14-22。TA2、TB2、TC3 带材的道次加工率分配实例如表 14-23 所示。TB2 合金属于 β 型钛合金，在 β 固溶处理状态下，冷轧总加工率可达 98% 以上，因变形抗力大，冷轧总加工率控制在 50% ~60% 即可保证产品的性能。

表 14-22　中国某厂的 TA2、TC1、TC3 板材轧程变形率

轧程	TA2			TC1			TC3		
	轧前厚度/mm	轧后厚度/mm	变形率/%	轧前厚度/mm	轧后厚度/mm	变形率/%	轧前厚度/mm	轧后厚度/mm	变形率/%
1	3.0	1.8	40.0	3.0	2.2	26.7	3.0	2.3	23.3
2	1.8	1.0	44.4	2.2	1.5	31.8	2.3	1.4	26.1
3				1.5	1.0	33.3	1.7	1.3	23.5
4							1.3	1.0	23.1

表 14-23　钛及钛合金带材二十辊轧机冷轧压下制度实例

合金牌号	轧制道次	轧前坯料规格(厚×宽)/mm	轧制后带材规格(厚×宽)/mm	前张力/kN	后张力/kN	轧制力/kN	道次加工率/%	总加工率/%
TA2	1	1.0×200	0.98×200	26.5	26.5	215.7	2.00	80.0
	2	0.98×200	0.90×200	26.5	26.5	235.4	8.20	
	3	0.90×200	0.88×200	26.5	26.5	235.4	2.22	
	4	0.88×200	0.80×200	26.5	26.5	274.6	9.10	
	5	0.80×200	0.70×200	26.5	26.5	274.6	12.50	
	6	0.70×200	0.60×200	26.5	26.5	294.2	14.30	
	7	0.60×200	0.50×200	26.5	26.5	313.8	16.70	
	8	0.50×200	0.40×200	24.5	24.5	333.4	20.0	
	9	0.40×200	0.30×200	24.5	24.5	353.0	25.0	
	10	0.30×200	0.20×200	24.5	24.5	392.3	33.30	
TB2	1	1.00×320	0.98×320	29.5	29.5	380.0	2.00	80.0
	2	0.98×320	0.90×320	29.5	29.5	390.5	8.20	
	3	0.90×320	0.88×320	29.5	29.5	392.3	2.22	
	4	0.88×320	0.80×320	29.5	29.5	470.6	9.10	
	5	0.80×320	0.70×320	27.5	27.5	484.6	12.50	
	6	0.70×320	0.60×320	27.5	27.5	489.2	14.30	
	7	0.60×320	0.50×320	27.5	27.5	489.8	16.70	
	8	0.50×320	0.40×320	26.5	26.5	490.2	20.0	
	9	0.40×320	0.35×320	26.5	26.5	490.3	12.5	
	10	0.35×320	0.30×320	26.5	26.5	490.4	14.3	
	11	0.30×320	0.25×320	25.0	25.0	490.4	16.7	
	12	0.25×320	0.20×320	25.0	25.0	490.4	20.0	

续表 14-23

合金牌号	轧制道次	轧前坯料规格（厚×宽）/mm	轧制后带材规格（厚×宽）/mm	前张力/kN	后张力/kN	轧制力/kN	道次加工率/%	总加工率/%
TC3	1	1.1×230	1.0×230	29.4	29.4	196.1	9.10	63.6
	2	1.0×230	0.9×230	29.4	29.4	196.1	10.00	
	3	0.9×230	0.8×230	29.4	29.4	205.9	11.20	
	4	0.8×230	0.75×230	29.4	29.4	242.2	6.30	
	5	0.75×230	0.60×230	27.5	27.5	261.8	20.00	
	6	0.60×230	0.55×230	27.5	27.5	372.7	8.34	
	7	0.55×230	0.50×230	24.5	24.5	343.2	9.10	
	8	0.50×230	0.45×230	24.5	24.5	392.3	10.00	
	9	0.45×230	0.40×230	24.5	24.5	490.3	11.00	

14.3.6.3 辊型

由于冷轧产品厚度薄，质量要求高，所以对冷轧辊型的要求比热轧辊型更为严格。生产中影响实际辊型的因素很多，除应配置合理的原始辊型之外，还必须严格控制辊型。辊型控制的主要方法有：

（1）合理安排轧制品种的先后次序，如先轧软料，待辊温升高之后再轧制硬料；先轧宽料，后轧窄料。

（2）进行合理的冷轧与润滑，并与适当调节轧制力和张力的大小相配合来控制辊型。在带材轧制中，已广泛采用乳液分段冷却来控制辊型。现代技术已发展到能自动测量板型，作为反馈信号来调节沿轧辊长度方向各段的乳液流量，实现板形控制自动化。

（3）采用液压弯辊装置来控制辊型，液压弯辊装置是板材轧制中辊型控制的佼佼者。

钛及钛合金冷轧板材轧辊凸度配置见表 14-24。

表 14-24 1200mm 四辊可逆轧机轧辊曲线配置

工作辊规格/mm	合金牌号	产品规格/mm	工作辊凸度值/mm
ϕ450×1200	TA1	(4.5~4.7)×1000→2.5×1000	平 辊
		(3.5~4.0)×1000→2.0×1000	0.05
	TA2	(1.8~2.5)×1000→1.0×1000	0.10
		(0.8~1.0)×1000→0.5×1000	0.15
		0.5×600→0.3×600	0.25
	TA5	(3.5~3.6)×1000→2.5×1000	0.05
	TC1	(2.8~3.0)×1000→2.0×1000	0.10
	TC2	(1.3~1.5)×1000→1.0×1000	0.15
	TC3	0.7×800→0.5×800	0.30
	TA6	(3.0~3.5)×1000→2.5×1000	0.10
	TA7	(2.4~2.8)×1000→2.0×1000	0.15
	TC10	(1.2~1.3)×1000→1.0×1000	0.20

14.3.6.4 润滑与冷却

钛及钛合金冷轧时常用润滑剂有：板材轧制润滑剂有透平油、变压器油、轧制油、棉籽油、蓖麻油、棕榈油；带材轧制润滑剂有透平油、变压器油、轧制油；箔材轧制润滑剂有5号轧制油、白油。

因为乳液黏度低，在轧辊与材料之间只能形成断续的润滑膜，轧辊与材料之间经常保持部分接触的状态，润滑效果不好。为了降低能耗，在带材轧制中也可以使用乳液，但乳液不能用于二十辊轧机。

14.4 轧制钛带箔材工艺

轧制钛带箔材工艺原则上同轧板工艺，参见第14.3.1节。

钛带材和箔材生产工艺过程包括如下基本工序：板坯热轧成扁材并绕成卷；温轧和冷轧成中间带材坯料；用多辊轧机冷轧轧制带材和箔材；精整工序。

前苏联可用工业纯钛和钛合金生产厚度0.05~0.08mm的箔材，厚度0.1~1.5mm、宽度200~600mm的带材。

带材坯料按表14-25列出的工艺流程进行轧制。

表14-25 0.5mm×150mm×*L*mm带材的生产工艺流程

工 序	厚度/mm		压下量		工 序	厚度/mm		压下量	
	开轧	终轧	绝对/mm	相对/%		开轧	终轧	绝对/mm	相对/%
热 轧	190	7.5	182.5	96.2	冷 轧	5.3	2.6	2.7	51
切边到670mm并绕成卷	7.5				退 火	2.6			
					冷 轧	2.6	1.6	1.0	38.5
冷 轧	7.5	6	1.5	20	切边到630mm	1.6	1.6		
酸 洗	6	5.85			酸 洗	1.6	1.55		
退 火	5.85	5.8			冷 轧	1.55	0.5	1.05	67
冷平整	5.6	5.5	0.1	1.8	纵 切	0.5	0.5		
酸 洗	5.5	5.35			除 油	0.5			
退 火	5.35	5.3			真空退火	0.5			

带材坯料轧制到厚度1.6mm时，低合金化钛合金可进行冷轧，高合金化钛合金则在720~800℃进行两个轧程的温轧，其总的相对变形量分别为50%和40%。在两个轧程之间，当冷轧时带材坯料需要进行酸洗和退火，而温轧时仅仅需要采用酸洗。

钛箔材一般是用0.5~0.8的真空退火状态的带材坯料，经一个冷轧程总压下量为20%~50%的7~8个冷轧程，轧制到最终厚度0.05~0.08mm。

表14-26中给出了在二十辊轧机上冷轧钛及钛合金箔材最后一个轧程多道次压下制度的实例。

14.5 产品质量及控制

14.5.1 钛及钛合金板、带、箔材产品质量及控制

钛及钛合金板材、带材、箔材的产品名称、化学成分、尺寸公差、质量要求，按国家标准控制。

表 14-26 钛及钛合金箔材二十辊轧机冷轧压下制度实例

合金牌号	轧制道次	轧前坯料规格（厚×宽）/mm	轧制后带材规格（厚×宽）/mm	前张力/kN	后张力/kN	轧制力/kN	道次加工率/%	总加工率/%
TA2	1	0.30×110	0.24×110	33.0	35.0	—	20.0	96.0
	2	0.24×110	0.21×110	25.0	28.0	—	12.5	
	3	0.21×110	0.17×110	22.0	25.0	—	19.0	
	4	0.17×110	0.14×110	20.0	23.0	—	17.7	
	5	0.14×110	0.12×110	12.0	17.0	—	14.3	
	6	0.12×110	0.10×110	10.0	14.0	—	16.7	
	7	0.10×110	0.09×110	17.0	12.0	—	10.0	
	8	0.09×105	0.080×105	16.0	21.0	—	11.0	
	9	0.08×105	0.065×105	14.0	19.0	—	18.8	
	10	0.065×105	0.060×105	12.0	16.5	—	7.7	
	11	0.060×105	0.045×105	11.0	16.0	—	25.0	
	12	0.045×105	0.035×105	9.0	14.0	—	22.2	
	13	0.035×105	0.030×105	8.0	11.0	—	14.3	
	14	0.030×105	0.027×105	7.0	10.0	—	10.0	
	15	0.027×105	0.023×105	6.0	9.0	—	17.4	
	16	0.023×105	0.020×105	5.0	7.5	—	13.1	
	17	0.020×105	0.018×105	4.0	6.0	—	10.1	
	18	0.018×105	0.016×105	4.0	5.0	—	11.1	
	19	0.016×105	0.014×105	4.0	4.5	—	12.5	
	20	0.014×105	0.012×105	3.5	4.0	—	14.3	
TB2	1	0.30×250	0.25×250	27.5	27.5	—	16.7	86.0
	2	0.25×250	0.20×250	27.5	27.5	—	20.0	
	3	0.20×250	0.16×250	26.5	26.5	—	20.0	
	4	0.16×250	0.12×250	26.5	26.5	—	20.0	
	5	0.12×250	0.09×250	26.5	26.5	—	25.0	
	6	0.09×250	0.07×250	25.5	25.5	—	22.2	
	7	0.07×250	0.06×250	25.5	25.5	—	14.3	
	8	0.06×250	0.05×250	24.5	24.5	—	16.7	
	9	0.05×250	0.045×250	24.5	24.5	—	10.0	
	10	0.045×250	0.040×250	24.5	24.5	—	11.1	

目前国内生产的钛及钛合金板、带、箔材产品的牌号、状态、品种和规格，允许偏差，室温力学性能和高温力学性能及工艺性能等分别见表 14-27 ~ 表 14-34。

表 14-27 板、带、箔材品种及规格

牌号	制造方法	供应状态	规格（厚度×宽度×长度）/mm
TA0、TA1、TB2	箔材	冷轧（Y） 退火（M）	(0.01～0.02)×(30～100)×(≥500) (0.03～0.09)×(50～300)×(≥500)
TA2、TA9、TA10 TB2	带材		(0.10～0.30)×(50～300)×(≥500) (0.40～0.90)×(50～500)×(≥1000) (1.0～2.0)×(50～500)×(≥2000)
TA0、TA1、TA2、TA3、TA5、TA6、TA7、TA9、TA10 TB2 TC1、TC2、TC3、TC4	热轧	热加工状态(R) 退火状态(M)	(4.1～60.0)×(400～3000)×(1000～4000)
	冷轧	冷加工状态(Y) 退火状态(M)	(0.3～4.0)×(400～1000)×(1000～3000)
TB2	热轧	淬火(C)	(4.1～10.0)×(400～3000)×(1000～4000)
	冷轧	淬火(C)	(1.0～4.0)×(400～1000)×(1000～3000)

表 14-28 钛及钛合金带、箔材产品的牌号、状态和规格

牌号	品种	状态	规格（厚度×宽度×长度）/mm
TA0、TA1 TB2 TA9 TA10	箔材	冷轧（Y） 退火（M）	(0.01～0.02)×(30～100)×(≥500) (0.03～0.09)×(50～300)×(≥500)
	带材		(0.10～0.30)×(50～300)×(≥500) (0.40～0.90)×(50～500)×(≥1000) (1.0～2.0)×(50～500)×(≥2000)

注：箔材退火状态（M）供货的最短长度为300mm。

表 14-29 板材尺寸允许偏差（mm）

厚度	宽度			宽度	宽度允许偏差	长度	长度允许偏差
	400～1000	>1000～2000	>2000				
	厚度允许偏差						
0.3、0.4、0.5	±0.05			400～1000	+10 0	1000～3000	+15 0
0.6、0.7、0.8	±0.07						
0.9、1.0、1.1	±0.09						
1.2、1.4（1.5）	±0.11						
1.6、1.8、2.0	±0.15						
2.2、2.5、2.8、3.0	±0.18						
3.5、4.0	±0.22						
4.5、5.0、5.5、6.0	±0.35	±0.40		400～3000	+15 0	1000～4000	+30 0
7.0、8.0	±0.40	±0.60	±0.80				
9.0、10.0	±0.50	±0.60	±0.80				
11.0、12.0、14.0（15.0）	±0.70	±0.80	±1.00				
16.0、18.0、20.0	±0.70	±0.90	±1.10				

续表 14-29

厚　度	宽　度			宽　度	宽度允许偏差	长　度	长度允许偏差
	400～1000	>1000～2000	>2000				
	厚度允许偏差						
22.5、25.0、28.0、30.0	±0.90	±1.00	±1.20	400～3000	+50 0	1000～4000	+50 0
32.0、35.0、40.0	±1.10	±1.20	±1.50				
42.0、45.0、48.0、50.0	±1.20	±1.50	±2.00				
53.0、56.0、60.0	±1.60	±2.00	±2.50				

注：1.0mm 厚度带材的长度≥2000mm。

表 14-30　带、箔材尺寸允许偏差（mm）

厚　度	厚度允许偏差		宽　度	宽度允许偏差	长　度	长度允许偏差
	普通精度	较高精度				
0.01、0.02	±0.003	±0.002	30～100	±0.5	≥500	+10 0
0.03、0.04、0.05	±0.005	±0.003	50～300			
0.06、0.07	±0.007	±0.005				
0.08、0.09	±0.010	±0.007				
0.10、0.12、0.15	±0.015	±0.010				
0.18、0.20	±0.02	±0.015				
0.25、0.30	±0.03	±0.02				
0.40、0.50	±0.05	±0.04	50～500	±1.0	≥1000	+15 0
0.60、0.70、0.80、0.90、1.0*	±0.07	±0.05				
1.10、1.20、1.30、1.40、1.50	±0.09	±0.07		±1.5	≥2000	
1.60、1.70、1.80、1.90、2.0	±0.12	±0.10		±2.0		

注：1. 根据用户要求，可提供非系列化的其他规格的产品，其厚度允许偏差按相邻的较大规格执行；

2. 长度≥300mm 退火状态箔材的长度允许偏差为 $^{+10}_{0}$mm。

表 14-31　板材横向室温力学性能

牌　号	状　态	板材厚度/mm	室温力学性能，不小于		
			抗拉强度 σ_b/MPa	规定残余伸长应力 $\sigma_{r0.2}$/MPa	伸长率 δ_5/%
TA0	M	0.3～2.0	280～420	170	45
		2.1～5.0			30
		5.1～10.0			30
TA1	M	0.3～2.0	370～530	250	40
		2.1～5.0			30
		5.1～10.0			30

续表 14-31

牌　号	状　态	板材厚度/mm	室温力学性能，不小于		
			抗拉强度 σ_b/MPa	规定残余伸长应力 $\sigma_{r0.2}$/MPa	伸长率 δ_5/%
TA2	M	0.3～1.0	440～620	320	35
		1.1～2.0			30
		2.1～5.0			25
		5.1～10.0			25
		10.0～25.0			20
TA3	M	0.3～1.0	540～720	410	30
		1.1～2.0			25
		2.1～5.0			20
		5.1～10.0			20
TA5	M	0.5～1.0	685	585	20
		1.1～2.0			15
		2.1～5.0			12
		5.1～10.0			12
TA6	M	0.8～1.5	685		20
		1.6～2.0			15
		2.1～5.0			12
		5.1～10.0			12
TA7	M	0.8～1.5	735～930	685	20
		1.6～2.0			15
		2.1～5.0			12
		5.1～10.0			12
TA9	M	0.8～2.0	370～530	250	30
		2.1～5.0			25
		5.1～10.0			25
TA10	M	2.0～5.0	485	345	20
		5.1～10.0			15
TB2	C	1.0～3.5	≤980		20
	CS		1320		8
TC1	M	0.5～1.0	590～735		25
		1.1～2.0			25
		2.1～5.0			20
		5.1～10.0			20

续表 14-31

牌　号	状　态	板材厚度/mm	室温力学性能，不小于		
			抗拉强度 σ_b/MPa	规定残余伸长应力 $\sigma_{r0.2}$/MPa	伸长率 δ_5/%
TC2	M	0.5～1.0	685		25
		1.1～2.0			15
		2.1～5.0			12
		5.1～10.0			12
TC3	M	0.8～2.0	880		12
		2.1～5.0			10
		5.1～10.0			10
TC4	M	0.8～2.0	895	830	12
		2.1～5.0			10
		5.1～10.0			10

表 14-32　板材高温力学性能

牌　号	试验温度/℃	高温力学性能，不小于		牌　号	试验温度/℃	高温力学性能，不小于	
		抗拉强度 σ_b/MPa	持久强度 σ_{100h}/MPa			抗拉强度 σ_b/MPa	持久强度 σ_{100h}/MPa
TA6	350	420	390	TC1	400	310	295
	500	340	195	TC2	350	420	390
TA7	350	490	440		400	390	360
	500	440	195	TC3、TC4	400	590	540
TC1	350	340	320		500	440	195

表 14-33　板材工艺性能

牌　号	状　态	板材厚度/mm	弯曲角 α，不小于/(°)	牌　号	状　态	板材厚度/mm	弯曲角 α，不小于/(°)
TA0	M	0.3～5.0	140	TA9	M	2.1～5.0	130
TA1	M	0.3～2.0	140	TA10	M	2.0～5.0	130
		2.1～5.0	130	TB2	C	1.0～3.5	120
TA2	M	0.3～2.0	100	TC1	M	0.5～1.0	100
		2.1～5.0	80			1.1～2.0	70
TA3	M	0.3～2.0	90			2.1～5.0	60
		2.1～5.0	80	TC2	M	0.5～1.0	80
TA5	M	0.5～5.0	60			1.1～2.0	60
TA6	M	0.8～1.5	50			2.1～5.0	50
		1.6～5.0	40	TC3	M	0.8～2.0	35
TA7	M	0.8～2.0	50			2.1～5.0	30
		2.1～5.0	40	TC4	M	0.8～2.0	35
TA9	M	0.8～2.0	140			2.1～5.0	30

表 14-34　带材纵向室温力学性能和工艺性能

牌号	状态	产品厚度/mm	室温性能，不小于				
			抗拉强度 σ_b/MPa	规定残余伸长应力 $\sigma_{r0.2}$/MPa	伸长率 δ_5/%	伸长率 δ_{50}/%	弯曲角 α/(°)
TA0	M	0.3 ~ <0.5	280 ~ 420	170		40	150
		0.5 ~ 2.0			45		
TA1	M	0.3 ~ <0.5	370 ~ 530	250		35	150
		0.5 ~ 2.0					
TA2	M	0.3 ~ <0.5				30	
		0.5 ~ 1.0	440 ~ 620	320	35		140
		1.1 ~ 2.0			30		
TA9	M	0.3 ~ <0.5	370 ~ 530	250		25	140
		0.5 ~ 2.0					
TA10	M	0.3 ~ <0.5	485			15	90
		0.5 ~ 2.0			18		

14.5.2　钛及钛合金板、带、箔材生产中的质量控制

14.5.2.1　钛及钛合金热轧板材生产中的质量控制

热轧是钛板、带、箔材生产过程的重要工序，必须严格控制钛及钛合金热轧板材生产中的质量，使其完全符合钛及钛合金热轧板材生产中的质量标准。

在热轧板材生产中会出现许多制品缺陷，分析产生原因，解决消除或防止出现的办法，才能实现生产过程中的质量控制。热轧板材常见缺陷及消除方法见表 14-35。

表 14-35　热轧板材常见缺陷及消除方法

序号	缺陷种类	缺陷特征	产生原因	消除方法
1	开坯裂纹	在高合金化牌号的合金板坯热轧开坯时，出现裂纹早，裂纹深度大	(1) 坯料组织不好，塑性差； (2) 坯料厚度不均匀，造成严重的不均匀变形； (3) 坯料上原有裂纹未清除干净； (4) 道次变形率过大	(1) 改善板坯锻造工艺，提高板坯质量； (2) 合理调整道次变形率
2	表面裂纹	裂纹深度较浅，常伴有严重的氧化折皱	(1) 板坯表面吸气层未除净； (2) 加热温度高、时间长、火次多	(1) 板坯刨面时，必须将吸气层刨净； (2) 制定合理的加热制度
3	麻坑、麻点	表面有圆滑的凹坑	加热温度过高或时间过长，致使氧化皮严重，轧制时脱落的氧化皮被压入表面	(1) 严格控制加热温度和时间，生产出问题时，按规定时间掏炉； (2) 控制好终轧温度，防止低温轧制时氧化皮脱落

续表 14-35

序 号	缺陷种类	缺陷特征	产生原因	消除方法
4	表面压坑	各种形状的杂物压入痕迹	（1）热轧板边部毛刺被压入板材表面； （2）炉内耐火物	（1）侧导尺不要夹得太紧； （2）及时清除轧件边部的毛刺； （3）及时清除轧件表面的异物，搞好环境卫生； （4）及时更换轧辊
5	划 伤	长条形划痕，划痕带氧化物的为轧制过程中的划伤，无氧化物的为轧制后的划伤	（1）导板、辊道等有黏结物或毛刺； （2）速度不同步，产生相对滑动	（1）经常检查表面，发现划痕及时清除黏结物和毛刺； （2）查清不同步的原因，并及时处理
6	裂 变	边部呈锯齿形拉裂	（1）板坯边部温度低； （2）辊型配置不当； （3）道次加工率过大	（1）加热温度要均匀，操作速度要快，防止边部温度过低； （2）调整好辊型，喂料要正； （3）控制好道次加工率
7	翘 曲	板材呈船形或头尾翘起	（1）辊型配置不当； （2）板坯温差太大； （3）道次加工率太小； （4）上、下辊直径不一致	（1）调整好辊型； （2）板坯加热温度要均匀； （3）分配好道次加工率； （4）上、下辊径要一致
8	边 浪	边部成波浪形不平	辊型成凹形，道次加工率太大	调整好辊型，减小道次加工率
9	鼓 肚	中部呈波浪形凸起	辊型凸度太大	改变原轧辊辊型或冷却轧辊
10	舌 头	头尾呈半圆形	轧辊凸度太大	（1）更换轧辊，控制好辊型； （2）进行滚边轧制
11	轧 斜	板材成菱形	（1）喂料偏斜； （2）板坯尺寸不均，形状不规则	（1）喂料要正； （2）板坯要求规整，尺寸一致
12	镰刀弯	板材沿长度方向呈弓形弯曲	（1）两边压下不一致； （2）板坯宽度方向厚度不一致； （3）喂料偏斜； （4）轧辊曲线磨得不正，最小值偏离中心	（1）轧前调整好压下装置； （2）板坯厚度一致； （3）喂料要正； （4）及时检查轧辊曲线

续表 14-35

序 号	缺陷种类	缺陷特征	产生原因	消除方法
13	厚度超差	厚度超过公差标准	（1）操作不慎； （2）压下指示失灵	（1）细心操作，正确估计轧机弹跳值； （2）检查压下指针
14	厚度不均	板材各处厚度相差太大	（1）辊型不当； （2）两边压下不一致； （3）板坯温度不均匀； （4）板坯厚度不一致； （5）喂料偏斜	（1）调整好辊型； （2）调整好压下装置； （3）加热温度要均匀； （4）板坯尺寸要均匀； （5）喂料要正
15	性能不合	性能数值超过标准	（1）加热温度过高； （2）总加工率太小； （3）终轧温度控制不好	（1）严格控制加热温度； （2）正确选择总加工率； （3）控制好终轧温度； （4）调整热处理制度

14.5.2.2　钛及钛合金板、带、箔材生产中的质量控制

钛及钛合金板、带、箔材生产中会出现许多制品缺陷，分析产生原因，解决消除或防止出现的办法，才能实现生产过程中的质量控制。常见的钛及钛合金板、带、箔材制品缺陷产生原因及消除方法见表 14-36。

表 14-36　板、带、箔材常见缺陷及消除方法

序 号	缺陷种类	缺陷特征	产生原因	消除方法
1	表面裂纹	板材表面横向裂纹，深者可穿透板材，浅者用放大镜方能看清	（1）来料表面裂纹未除净，冷轧时继续扩展； （2）热轧及退火过程中形成的吸气层未除净，冷轧时表面被拉裂； （3）道次加工率太小，道次太多，使表面硬化太快，冷轧时开裂	（1）严格控制来料的表面质量； （2）用酸洗法去除表面吸气层； （3）制定合理的压下规程
2	掉　渣	头部呈条状脱落	合金板材冷轧换向轧制或热轧换向轧制厚度太薄	（1）严禁冷轧换向轧制； （2）合金板材需热轧换向轧制时，应在 20mm 厚以前换向
3	条绒沟	β 合金或两相合金冷轧板材沿纵向呈条状凸起	某种冷加工织构沿纵向呈条状分布	（1）热轧进行换向轧制，避免单向变形量太大； （2）进行 β 淬火处理
4	拉　丝	高合金化牌号两相合金冷轧板材边部纵向条状脱落	冷轧前切边，边部变形量太大，因不均匀延伸而产生	高合金化牌号两相合金避免冷轧前切边

续表 14-36

序号	缺陷种类	缺陷特征	产生原因	消除方法
5	压坑	表面有不规则的异物压入痕迹	(1) 轧件边部毛刺及尾部掉渣压入产品表面; (2) 环境卫生差，粉尘等异物落在轧件上，轧制时压入产品表面; (3) 研磨砂粒未清除干净	(1) 制定合理的工艺规程，避免板材掉渣; (2) 及时清除轧件表面黏附物; (3) 加强文明生产
6	划伤	长条状划痕	导板、辊道、料架等造成的毛刺，在相对滑动时划伤	(1) 检查导板、辊道、料架等表面，发现毛刺及时处理; (2) 细心操作，不使轧件产生相对滑动
7	抽叠	薄板轧制时呈纵向皱折	(1) 压下量过大，边部延伸大于中间延伸; (2) 轧辊凸度太小	(1) 制定合理的压下规程; (2) 加大轧辊凸度
8	辊痕	表面有周期性凸起	(1) 轧辊表面磨损严重，有凹坑、麻面、划伤等; (2) 轧辊表面被板角压出凹坑	发现辊痕时要修磨或更换轧辊
9	裂边	边部呈锯齿形拉裂	(1) 来料裂边未除净，轧制时扩展; (2) 冷轧加工率过大，边部被拉裂; (3) 轧辊曲线配置不当	(1) 坯料裂边要除净; (2) 调整压下规程; (3) 配置好轧辊曲线
10	起皮	形状如舌头，大小约 2~3mm 的薄层金属	铸造表面缩孔未清除干净	(1) 在刨面时将铸锭表面缺陷去除干净; (2) 进行修磨处理
11	针孔	箔材轧制时，出现微小的孔眼	因环境卫生不好，粉尘颗粒落到轧件表面，轧制时压透箔材形成微小的孔眼	保持良好的卫生环境，加强文明生产；轧前要认真清洗和检查坯料
12	厚度超差	板材厚度超过标准允许公差	(1) 量尺不精确或量具不准确，误差过大; (2) 量尺位置不恰当; (3) 压下装置未调整好或指针不准确	(1) 量具要准确，测量要细心; (2) 调整好压下装置，校正压下指针
13	局部厚度超差	局部区域厚度超过标准允许公差	(1) 辊型调整不好，辊缝不一致; (2) 来料厚度不均匀; (3) 来料退火不均匀; (4) 喂料偏斜	(1) 细心操作，正确估计轧机弹跳值; (2) 检查压下指针

续表 14-36

序号	缺陷种类	缺陷特征	产生原因	消除方法
14	边浪	边部呈波浪形不平	(1) 压下量过大; (2) 轧辊凸度小	(1) 减小压下量; (2) 调整轧辊凸度
15	鼓肚	板材中部呈波浪形凸起	(1) 辊型凸度大; (2) 压下量过小	减小凸度或增加压下量
16	瓢曲	板材非对称性不平	(1) 来料厚度不均匀; (2) 中间退火不均匀; (3) 润滑条件差，不均匀; (4) 道次加工率分配不均匀	(1) 来料厚度要均匀; (2) 改善退火工艺; (3) 改善润滑条件; (4) 合理分配道次加工率
17	镰刀弯	板材沿纵向呈弓形弯曲	(1) 两边压下不一致; (2) 喂料偏离中心	(1) 调整压下，使两边压下均匀; (2) 喂料要正
18	轧斜	板坯呈菱形	喂料不正	喂料要正
19	性能不合	性能数值超出标准规定的范围	(1) 来料化学成分不符合要求; (2) 冷轧成品加工率选择不当; (3) 退火制度不恰当; (4) 退火不均匀	(1) 来料化学成分必须满足标准要求; (2) 正确选择冷轧成品加工率; (3) 改进退火工艺

参考文献

1 《轻合金材料加工手册》编写组. 轻合金材料加工手册. 北京：冶金工业出版社，1980
2 肖亚庆，谢水生，刘静安. 铝加工技术实用手册. 北京：冶金工业出版社，2005
3 孙建林，等. 轧制工艺润滑原理技术与应用. 北京：冶金工业出版社，2004
4 王廷溥. 金属塑性加工学——轧制理论与工艺. 北京：冶金工业出版社，1988
5 傅祖铸. 有色金属板带材生产. 长沙：中南工业大学出版社，1990
6 郑璇. 民用铝板、带、箔材料生产. 北京：冶金工业出版社，1992
7 丁修方. 轧制过程自动化. 北京：冶金工业出版社，1986
8 《冶金百科全书》编辑部. 冶金百科全书（金属塑性加工卷）. 北京：冶金工业出版社，1999
9 《稀有金属手册》编辑委员会. 稀有金属手册（下册）. 北京：冶金工业出版社，1995
10 《稀有金属材料加工手册》编写组. 稀有金属材料加工手册. 北京：冶金工业出版社，1984
11 亚历山德罗夫 B K，等. 钛合金半成品加工. 宁兴龙，等译. 西安：《稀有金属材料与工程》杂志社，1996
12 《中国材料工程大典》编委会. 中国材料工程大典（第4卷）. 北京：化学工业出版社，2006

15 轧制钛管材和棒材

轧制是钛材塑性加工的主要方法。通过轧制可以获得各种钛管材和棒材，还可以加工出各种异型管材、变断面管材和锥形管材等。本章主要阐述轧制钛管材（包括焊接管）和棒材工艺。

15.1 轧制原理

15.1.1 斜轧穿孔热轧法轧制管坯

斜轧穿孔是轧制法生产无缝管材的第一道工序，自1885年发明二辊斜轧穿孔机以来，至今仍不失为穿孔的主要方法之一。其工作运动情况示意图见图15-1。

这种穿孔方法的优点是对心性好，毛管壁厚较均匀，一次延伸系数为1.25~4.5，可以直接从实心圆坯穿成较薄的毛管。存在的问题是这种加工方法变形复杂，容易在毛管内外表面产生和扩大缺陷，所以对管坯质量要求较高，一般皆采用锻、轧坯。由于对钛管表面质量要求的不断提高，这种送进角小于13°的二辊斜轧机，已不能满足无缝钢管生产在生产率和质量上的要求，因而新结构的斜轧穿孔机相继出现，这其中有三辊斜轧穿孔机。前者因只能穿制外径与壁厚之比小于10的厚管，限制了自己的推广，后者目前则发展较快。主动旋转导盘大送进角二辊斜轧穿孔机1972年始见于德国，送进角18°左右，导板被两主动旋转导盘所替代，导盘的切线速度在变形区压缩带比轧辊切线速度在轧制轴线上的分量大20%~25%。孔喉椭圆度可调近1.0，这样使最大延伸系数达到5.0，轴向金属滑动系数增加，毛管内外表面质量大为改善，从而提高了生产率，降低了单位能耗。新设计的这类轧机，机后第一组定心辊设在出口牌坊上，缩短与穿孔机中心的距离，以增强顶杆的稳定性，改善毛管壁厚均匀性。顶杆采用线外循环冷却，在机架出口，向一侧循环运送冷却，冷却后送回穿孔轧制线，由于是线外脱出穿孔毛管送往下道工序，避免了顶杆小车的往复运动，缩短穿孔周期，提高了效率。

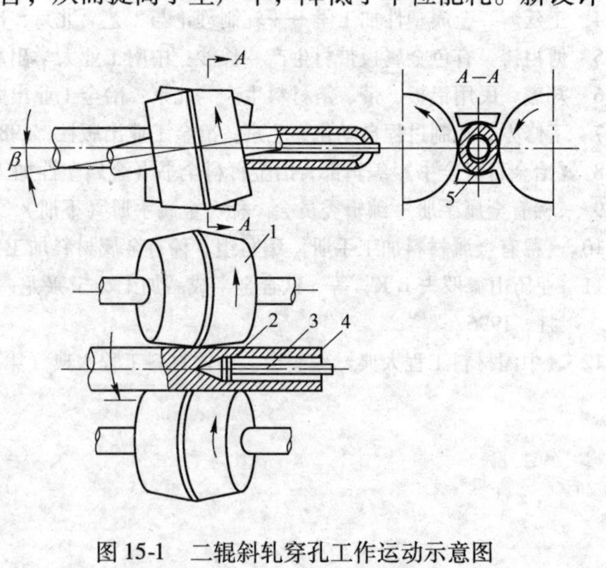

图15-1 二辊斜轧穿孔工作运动示意图

1—轧辊；2—顶头；3—顶杆；4—轧件；5—导板

目前，在国内外三辊斜轧穿孔热轧法在钢管和铜管生产中早已是成熟工艺。俄罗斯已成功地把该工艺应用于厚壁钛合金管材的生产中，实践表明，三辊斜轧穿孔热轧法及其工艺对

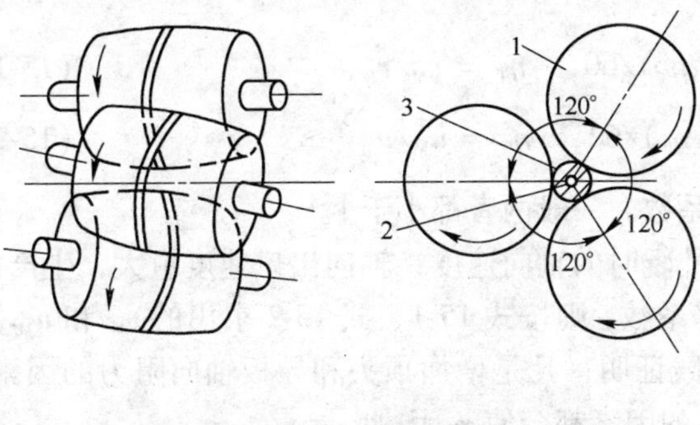

图 15-2 三辊式斜轧穿孔机原理图
1—轧辊；2—轧件；3—芯头

钛合金管材的生产是可行的。其三辊斜轧穿孔机原理图如图 15-2 所示。实践表明，采用三辊轧机热轧法轧制钛管更适用。

轧制原理的阐述，本节从二辊热轧法开始，过渡到三辊热轧法。

15. 1. 1. 1 二辊斜轧穿孔热轧法

它由两个双桶形轧辊组成，故称桶式穿孔。轧辊的轴线与轧机的轴线成一定倾斜角，故又称斜轧。工作时两个轧辊的旋转方向相同。坯料是沿着轧制方向进入，当坯料被轧辊咬入之后，在轧制力的作用下旋转并向前运动（即坯料质点作螺旋式前进运动）。在管坯的前端设有固定的锥形芯头，实心棒坯在轧辊的压力作用和芯头挤压下，其中心部位受三向拉应力的作用而形成空腔，辗轧成毛坯管。芯头的作用是使管坯成形、管坯密实，控制管坯有均匀的壁厚和管坯内径尺寸。

二辊斜轧穿孔机一般可生产直径 $\phi30\sim600$mm 和壁厚为 $3\sim60$mm 的管坯。

A 斜轧穿孔运动学

斜轧穿孔运动学的特征是：穿孔机轧辊向同一方向旋转，轧辊轴线相对于轧制轴线倾斜，圆管坯进入轧辊后，一方面被金属与轧辊之间的摩擦力带动，做反轧辊旋转方向的旋转，同时由于轧辊轴线对管坯轴线（轧制轴线）有一个倾角（前进角）管坯又沿轴向移动，故称螺旋运动。表示螺旋运动的基本参数有：切向运动速度、轴向运动速度和管坯每半转的位移值（称螺距）。

轧辊轴线和轧制线相交点的速度存在着如下关系。如交点上轧辊圆周速度为 w，则按图 15-3w 可以分解为两个分量：v_B 和 u_B 切向旋转速度 v_B 为：

$$v_B = w\cos\alpha = (\pi D n_B \cos\alpha)/60$$

轴向前进速度 u_B 为：

$$u_B = w\sin\alpha = (\pi D n_B \sin\alpha)/60$$

式中 D——所讨论截面轧辊的直径，mm；

n_B——轧辊转速，r/min；

α——前进角，(°)。

在轧制过程中，由于管坯靠轧辊带动而运动，理论上轧辊将把相应的速度传递给金属，使金属产生与 v_B 相等的切向速度 v_M 和与 u_B 相等的轴向速度 u_M。

实际上两者并不相等，因金属和轧辊之间存在滑动。两者用滑动系数来表示相差的程度。管坯（金属）实际切向和轴

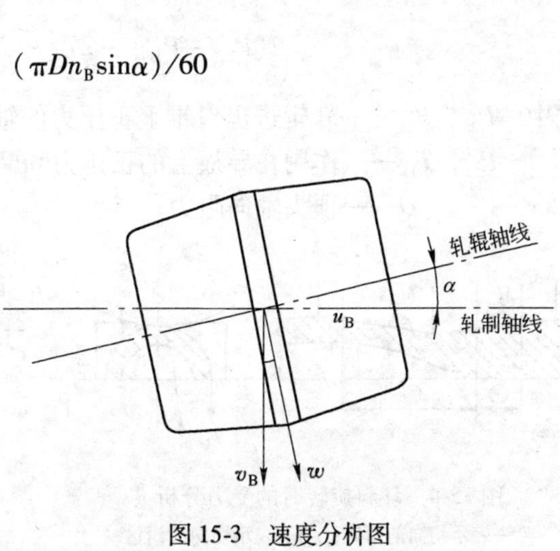

图 15-3 速度分析图

向速度应为：

$$v_M = (\pi D n_B \cos\alpha \eta_T)/60, \quad \eta_T = v_M / v_B \tag{15-1}$$

$$u_M = (\pi D n_B \sin\alpha \eta_0)/60, \quad \eta_0 = u_M / u_B \tag{15-2}$$

式中 η_T，η_0——分别为切向和轴向滑移系数，一般两者都小于 1。

在生产中最有实际意义的是毛管离开轧辊时的轴向速度，轴向出口速度愈大，生产能力也愈高。如果用 η_T、η_0 代表出口处滑移系数，则按式 15-1、式 15-2 求出的 v_M 和 u_M 为毛管离开轧机的切向和轴向速度。生产实践证明，凡是增加顶头和导板轴向阻力的因素，都会使 η_0 减小，凡是增大轧辊曳入摩擦力的因素都会使 η_0 增加。

根据生产和实验测定，二辊斜轧穿孔时 η_0（出口）一般为 0.5 ~ 0.9。

在轧辊出口处毛管的螺距 t_0 可由下式求出：

$$t_0 = (\pi \times \eta_0 / \eta_T D_0 \tan\alpha)/2$$

式中 D_0——管子直径，mm；

α——前进角，(°)。

二辊斜轧穿孔时使管坯转动的力平衡条件用式 15-3 表示（顶头摩擦阻力矩的影响很小，忽略不计）：

$$2(-M'_T + M''_T - M_P - M_L) = 0 \tag{15-3}$$

式中 M'_T，M''_T——分别为切向前滑区和后滑区的摩擦力矩；

M_L——来自导板的摩擦力矩。

由式 15-3 看出，只有切向后滑区中的摩擦力矩为带动管坯旋转力矩，而其他力矩都是阻止管坯旋转的力矩。因此，在切向上存在着较大的后滑区是实现管坯转动的必要条件。

图 15-4 是管坯旋转时的受力分析。

二辊斜轧穿孔变形区中的轴向作用力如图 15-5 所示。作用在管坯轴向上的平衡条件可表示为：

$$2(P_{2x} - P_{1x}) + 2T_x - Q + 2(P_{Lx} - T_{Lx}) = 0$$

式中 P_{2x}，P_{1x}——轧辊进出口锥上正压力的轴向分量；

P_{Lx}，T_{Lx}——作用在导板上的正压力和摩擦力的轴向分量；

Q——顶头轴向阻力。

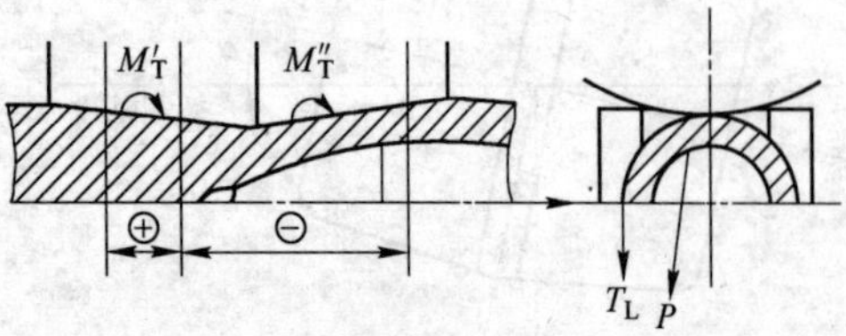

图 15-4 坯料旋转时的受力分析

⊕—表示切向前滑区；⊖—表示切向后滑区

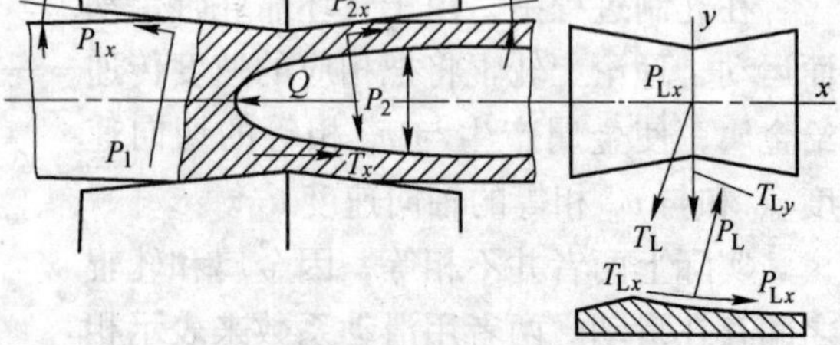

图 15-5 轴向力分析

管坯轴向运动是 T_x 作用的结果，因为 P_{1x} 和 P_{2x} 值很小。其他作用力都是阻止金属轴向移动的力。则 T_x 的方向必须和金属运动方向相一致。这要求轧辊轴向速度大于金属轴向移动速度，即整个变形区或变形区中绝大部分须为后滑区，金属的轴向移动条件才能建立。

当轴向阻力增加时，如果穿孔过程还能建立，要达到新的力平衡条件，坯料的轴向移动速度必须降低。其结果是，一方面金属和轧辊之间的滑动增加，η_0 减少，导致 T_x 增大；另一方面由于金属轴向移动速度减小，导致每半转变形量减小，最终导致轴向力减少，因而穿孔过程还能继续进行。但当 T_x 靠速度调节不能大于轴向阻力时或切向摩擦力矩小于转动阻力矩时，穿孔过程就不能进行，即生产中常出现的轧卡。

斜轧穿孔过程中产生全部后滑的实质，主要是顶头阻力的影响。要使穿孔过程顺利进行并减小金属和工具的滑动，提高穿孔速度，重要的是减小轴向阻力和切向阻力矩，或者增加轴向曳入摩擦力和带动坯料旋转的摩擦力矩。据此，如果穿孔过程中加一后推力或前拉力，采用主动驱动顶头，取消导板（如带导盘二辊斜轧穿孔、三辊斜轧穿孔），在轧辊入口锥表面上刻痕以及对顶头进行润滑等，都可改变力的平衡条件，有利于建立管坯旋转和轴向移动条件，减小滑动，强化穿孔过程并减少轧卡现象。

B 斜轧穿孔的咬入条件

斜轧穿孔过程中存在着两次咬入。轧件和轧辊刚接触的瞬间由轧辊带动轧件运动而把轧件曳入变形区中，称为第一次咬入。当金属进入变形区和顶头相遇时，克服顶头的轴向阻力而继续前进，称为第二次咬入。

满足一次咬入的条件并不一定就能实现二次咬入。在生产实践中常有二次不能咬入的情况发生，如因轴向阻力太大，管料前进运动停止。

一次咬入条件：如果能保证管坯旋转和随后的轴向曳入条件，第一次咬入就能实现。

二次咬入条件：

当没有后推力时（图 15-6）：

$$2(T_x - P_x) - Q' = 0$$

当有后推力时：

$$2(T_x - P_x) - Q' + P' = 0$$

式中 Q'——顶头的轴向阻力；

P'——后推力。

由上述两式看出，同一次咬入相比二次咬入时又增加了一项顶头阻力 Q'，因此要实现二次咬入，就必须使（忽略后推力）$2T_x > 2P_x + Q'$。

不难看出，T_x 的大小主要同顶头前压缩率有关，顶头前压缩率愈大，则一次咬入到二次咬入间金属和轧辊的接触面积也愈大，T_x 增大。

为了保证二次咬入的实现，就要有一定的顶头前压缩率，因此顶头前压缩率是一个重要的变

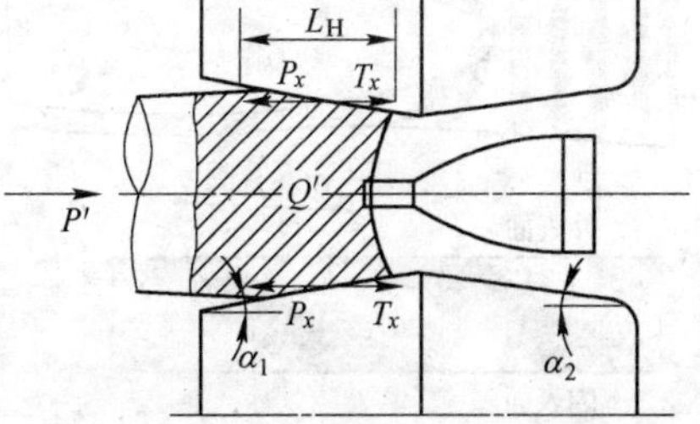

图 15-6 二次咬入的作用力

形参数。在生产中，为实现二辊穿孔机上的二次咬入，顶头前压缩率一般不应小于4%。

增大 T_x 的措施，一是减小轧辊入口锥角（同时可减小 P_x）；二是加大顶头前压缩率；三是增大金属和轧辊间的摩擦系数。减少顶头阻力的办法是减小顶头鼻部的半径及造成有利于减小 Q' 的顶头前管坯中心的应力状态。

正确调整顶头位置是很重要的，因为当压缩带的压缩率一定时，改变顶头位置则顶头前压缩率即发生变化。生产中当二次咬入不好时常把顶头向后移，以适当加大顶头前压缩率或采用定心管坯等。二次咬入时不希望轧件和导板相接触，避免增加轴向阻力。在生产中还有影响二次咬入的其他因素，应根据不同情况进行分析。从理论上讲，凡利于增大 T_x 的因素都有利于二次咬入，凡增大 P_x 和 Q' 的因素都不利于二次咬入。

C 斜轧穿孔时的金属变形和流动

斜轧穿孔过程中存在着两种变形，即基本变形（宏观变形——外观形状的变化）和附加变形（不均匀变形——材料内部的变形，由金属的内应力引起的）。

由一个实心圆坯料穿成一个空心坯的过程中，宏观变形包括延伸变形（伸长）、周向变形（直径变化）和径向变形（壁厚压缩）。沿变形区长度上各断面3个方向的变形分布如图15-7所示。

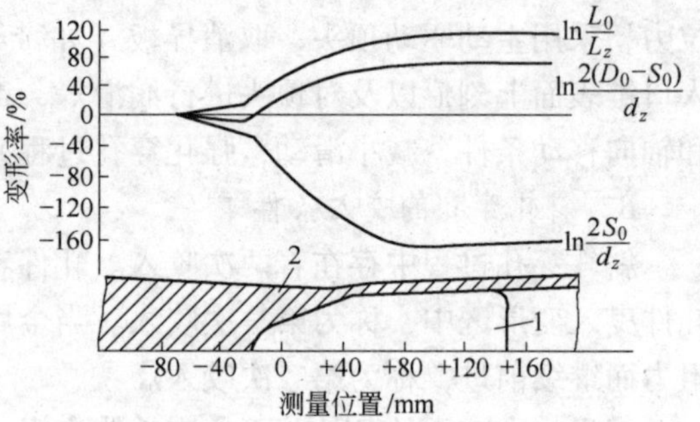

图15-7 穿孔时基本变形沿变形区长度上的分布

1—顶头；2—管料

按体积不变的条件，基本变形的尺寸关系可用下式表示：

$$\ln(L_0/L_z) + \ln[2(D_0 - S_0)/d_z] + \ln(2S_0/d_z) = 0$$

式中 L_0，L_z——分别为毛管和管坯的长度；

D_0，S_0——分别为毛管的外径和壁厚；

d_z——管坯直径。

附加变形包括纵向剪切变形、切向（圆周方向）剪切变形和扭转变形。附加变形一般难以从管坯外观上直接观察到，因此要采用实验料进行研究。穿孔毛管纵剖面的实际变形情况如图15-8所示。具体附加变形介绍如下：

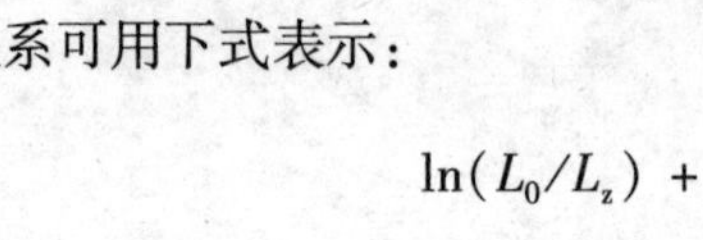

图15-8 管材纵向剪切变形

（1）纵向剪切变形。由图15-8看出，内层金属的轴向流动较外层慢，变形时内层金属阻止外层金属作轴向流动，在各层金属之间产生纵向剪切变形，纵向剪切变形是顶头的轴向阻力造成的。因穿孔时轧辊带动管材作轴向流动，而顶头则阻止金属轴向流动，最终导致各层金属轴向流动上的差异。但是各层金属又是互相联系的一个整体，不能分离。因此在各层金属间必然产生附加变形和附加应力，常使同轧辊和顶头直接接触的表层出现缺陷，或者使管坯表面原有的缺陷发展或扩大。

（2）切向剪切变形。在顶头上的穿孔开始阶段，由于顶头表面的圆周速度大于金属切向流动速度，顶头如同轧辊一样也带动金属向切向流动，这样与顶头直接接触的内表面金属的切向流动速度大于管壁的中间层，原来为直线形的条痕变形后呈C形曲线分布，而且随着管壁变形程度的加大，曲线弯曲程度也加大。这样，在各层金属之间将产生较大的切向剪切变形。

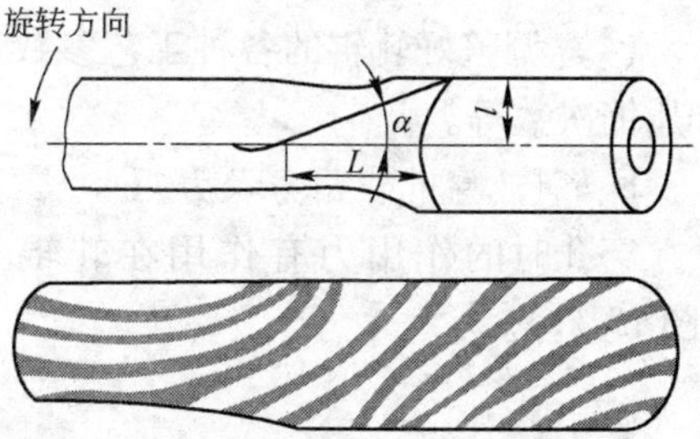

图15-9 管材扭转变形

（3）扭转变形。斜轧穿孔过程还产生扭转附加变形（图15-9）。如当管坯上沿长度方向有一直线折叠（多由轧制管坯时出耳子造成的）时，穿孔后直线折叠变成大螺旋折叠。又如加热管坯产生阴阳面时，穿孔过程中管坯上的阴阳面在毛管上呈大螺旋形分布，这种现象都是由扭转变形造成的。扭转变形是由管坯和轧辊之间运动、变形的相互矛盾而引起的。在轧制实心坯阶段扭转变形很小，到在顶头上轧制阶段扭转变形急剧增加。

D 斜轧时孔腔的形成

由于坯料在变形区内做螺旋运动，所以变形是逐渐实现的。轧辊每转半周，坯料在径向上被压缩一次。每次压缩值称为“单位压下量”，如图15-10所示，按变形区几何特点，主要分为三个区段：

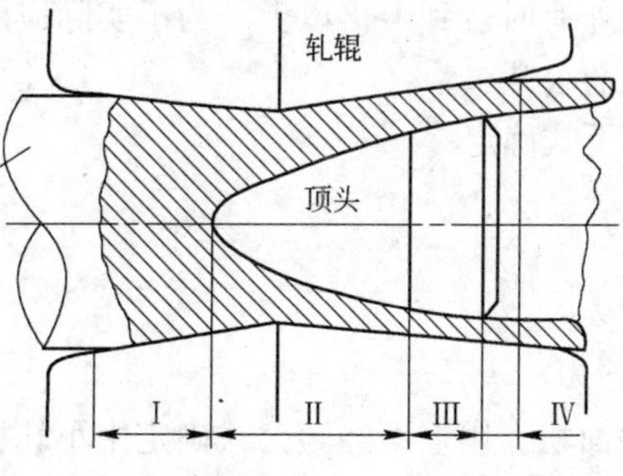

图15-10 斜轧穿孔时的变形区分区情况

第Ⅰ段（表层变形、坯料直径压缩段）。这段上主要产生径向压缩变形，使直径变小。由于单位压下量与坯料直径相比是很小的，所以变形主要集中在实心坯的表层，因而横断面上的变形严重不均匀。在该段的后段上，毛坯中心将出现三向拉应力状态，为中心孔腔的形成准备力学条件。

第Ⅱ段（穿孔段）。穿孔时管坯中心部位在接触顶头前，由于拉应力的作用，金属整体性破坏，而形成放射状裂纹，这种现象称为中裂或形成孔腔。

如上述情况，在Ⅰ段的末端将出现三向拉应力状态，将该应力增加到某一临界值时，坯料的心部出现微小裂纹，穿孔时在顶头的压力下，随坯料的旋转使裂纹逐渐增大，形成疏松区域，最后扩大成孔腔。此时，凡增大管坯中心的拉应力或降低管坯塑性因素，都有利于孔腔的形成。

第Ⅲ段（整形段）。该阶段，将管坯外径稍大、壁厚较厚的管坯，通过整形使管坯的外径与壁厚尺寸均达到生产工艺要求。

E 影响穿孔质量的因素

影响斜轧穿孔时穿孔质量因素有：

（1）选用合格的优质坯料，是基本的先决条件；

（2）必须对所有管坯进行准确定心；

（3）制定好热加工工艺及加热制度，并严格执行，保证管坯整体的温度均匀；

（4）调整好轧辊的各种工艺参数，如顶头的压缩率、轧件的椭圆度、合适的轧辊倾角和压缩次数等。

F　斜轧穿孔作用力及力矩

穿孔时的作用力有作用在轧辊上的力、作用在导板上的力和作用在顶头上的力（图 15-11）。

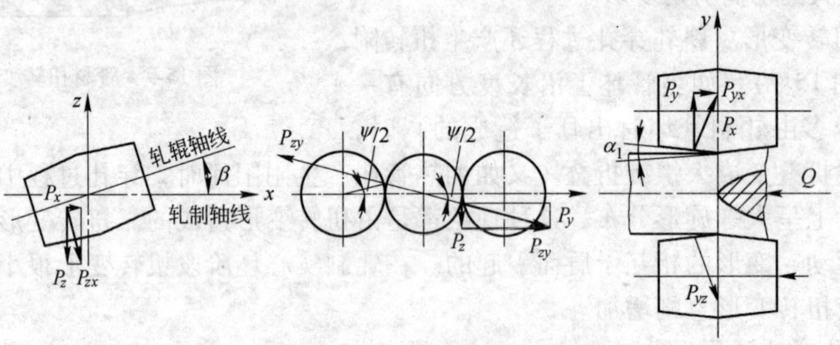

图 15-11　穿孔时的作用力

对于斜轧穿孔作用力的研究还很不充分。已有的理论计算公式多用格莱依（A. Geleji）公式和采里科夫（A. И. Целиков）公式。但这些公式都是把复杂的斜轧变形做了过多的简化和假定而导出的，和实测资料相比，数据相差有时达到 1 倍以上。为了实际应用，多采用实测资料或在实测资料基础上总结出的半经验公式：

（1）轧制力。金属对轧辊的轧制力 P(N) 由下式确定：

$$P = p_c / F$$

式中　p_c——平均轧制单位压力，MPa；

F——轧辊同轧件的接触面积，mm^2。

为了确定斜轧穿孔的轧制力首先应求出接触面积。用下面经验公式确定中小轧机的接触面积有足够的精度：

$$F = 54d_z$$

式中　d_z——坯料直径，mm。

表 15-1 给出钢的实测数据，可供钛合金斜轧穿孔时参考。

表 15-1　小型机组综合测压数据

钢　种	毛管尺寸/mm	平均轧制压力/MPa	轧辊直径/mm	钢　种	毛管尺寸/mm	平均轧制压力/MPa	轧辊直径/mm
铬锰硅合金钢	φ97 × 6.5	105	550	18-8 不锈钢	φ88 × 6.5	177	500
碳　钢	φ75 × 8	105	350	铬钼钢	φ80 × 6.5	145	500

平均轧制单位压力可根据实测资料选取（见表15-1）。根据实测数据回归的轧制力 P（kN）（碳钢）为：

$$P = 4.9d_z - (78.4 \sim 98.0)$$

（2）轴向力。用下面经验公式确定：

$$Q = bP$$

式中　b——系数，一般取0.3～0.4，温度低、厚壁管和前进角大时取大值。

（3）导板力。据实测数据得出导板力 P_L 为：

$$P_L = (0.15 \sim 0.27)P$$

轧件椭圆度小时取大值。

（4）轧制力矩 M(kN·m)用下式表示：

$$M = P_y b + (P_z + Q\sin\alpha)D_n/2$$

式中　D_n——压缩带处轧辊直径，mm；

α——前进角，(°)；

Q——轴向力，kN；

b——力臂，取等于接触面积的平均宽度（等于 F/L，L 为变形区长度，F 为接触面积），mm；

P_z——切向摩擦力，等于 $P\tan\varphi$，kN；

P_y——轧制力，kN；

φ——夹角，(°)，由几何关系得出：$\tan(\varphi/2) = b/d'_z$；

d'_z——压缩带处坯料直径，见图15-11。

（5）电机功率 N(kW)表示为：

$$N = (M + M_T)\omega\eta = \pi n_B(M + M_T)/30\eta$$

式中　n_B——轧辊转速，r/min；

η——机械效率；

M——传动两个轧辊所需的力矩；

M_T——总（两个轧辊）摩擦力矩；

ω——轧辊角速度，$\omega = n_B\pi/30$。

15.1.1.2　三辊行星斜轧穿孔热轧法

三辊行星轧机轧制钢管是一种高效率的新型轧机（简称PSW轧机），目前已经很成熟，有五种规格产品。其结构示意图见图15-12。

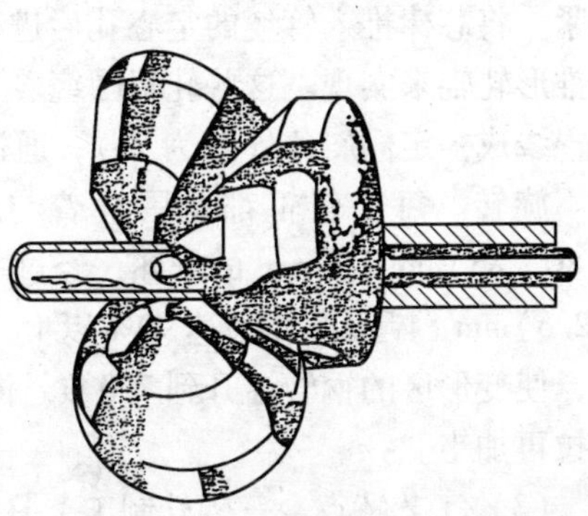

图15-12　三辊行星轧机轧管示意图

芬兰OUTKUMPU公司20世纪80年代，采用三辊行星轧机研制无缝铜管获得成功。我国新乡某公司于1994年将此技术引进建立了铜管生产线，生产效率高，应用十分成功。下面简单介绍一下该设备轧制原理及工艺特点：

（1）传动结构。三辊行星轧机的传动结构示意图如图 15-13 所示。主要由主传动系统组成：

1）主传动系统由主电机经减速机和 1 对伞齿轮，使装在外空心轴上的大盘旋转，从而使得装在大盘上的 3 个轧辊座随大盘公转。

2）辅传动系统由辅电机经减速机和 1 对伞齿轮驱动内空心轴→太阳轮→行星轮→装在回转大盘上的 3 个 120°布置行星轮和 3 个大伞齿轮旋转→经 3 个小伞齿轮驱动 3 个轧辊头自转。

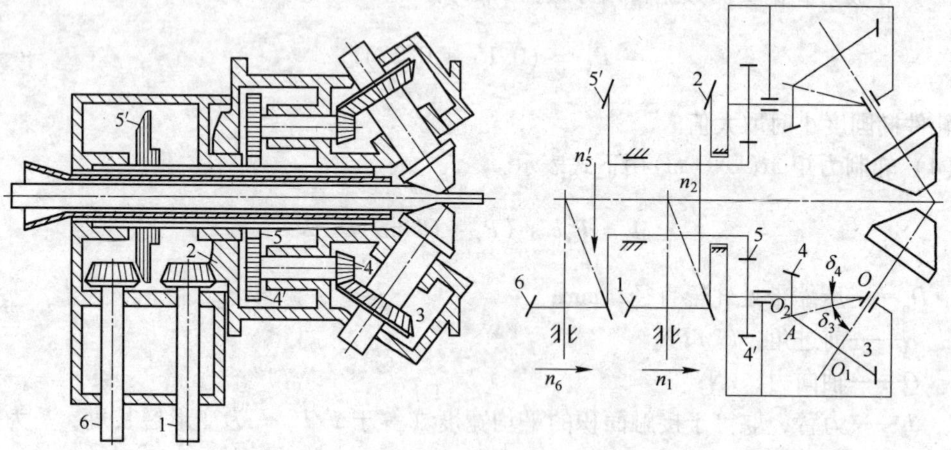

图 15-13　三辊行星轧机的传动结构示意图

1 →2—公转轮系；6 →5′→5 →4′→4 →3—自转轮系

轧辊轴轴线与轧辊线成一定倾斜角（初期为 60°，现在小些），要实现轧制还必须使轧辊轴线绕行星轮轴线再偏转一个角度，使轧辊轴线与轧辊线成空间交叉的两直线。在结构参数设计合理的前提下，只要将主、辅电机的转速调整到恰当的匹配关系，使轧辊与轧件的接触点成为中心，这样轧辊的旋转变成为围绕轧件的既有公转又有自转的行星运动，而轧件只做直线运动。

（2）轧制原理（以热轧铜管为例）。将经加工后的连铸铜管坯输送到辊道上，管坯被夹紧，将芯棒推入管坯的定心孔后进行轧制。在轧机内，横截面的减径是由呈 120°角的 3 个锥形轧辊来实现。这些轧辊围绕着管坯做既有公转又有自转的行星运动。轧辊轴轴线与轧辊线成一定倾斜角（约为 7°），通过改变主、辅两套传动的速比，调节到使轧机只前进而不旋转。每个轧辊都是围绕着与之接触的轧件辗压而发生塑性变形。如用外径为 $\phi(80\sim85)$ mm × 20mm 的管坯，经过一道次的轧制，直径可减少至 $\phi(44\sim48)$ mm × (2.2 ~2.5) mm，断面收缩率达 90% 以上。这样大的变形量是在很短的时间内完成的，变形热高，使变形区的铜管温升到 700℃，促使铜管发生再结晶，并呈软态，不需退火就可进行盘拉再加工。

（3）工艺特点。三辊轧制工艺具有下列特点：可以采用大变形量轧制，生产效率高；金属的损耗小，成品率高；设备紧凑，生产过程可以自动化等。缺点是设备结构复杂，调整要求精密，故调整和维修困难。它适用于轧制生产单一且批量大的产品。

15.1.2　周期式冷轧管法轧制成品钛管

15.1.2.1　二辊冷轧管法

A　二辊轧制原理

二辊式轧管机是一种周期式轧机，其工作原理如图 15-14 所示。主传动齿轮 1 通过曲柄 2 和连杆机构 3 的机构带动工作机架 5 做往复运动，轧机机架上装有一对轧辊 6，轧辊通过固定在机座上的齿条 4，主动齿轮 9 和被动齿轮 8，将机架往复运动同时转变为轧辊的周期性转动。

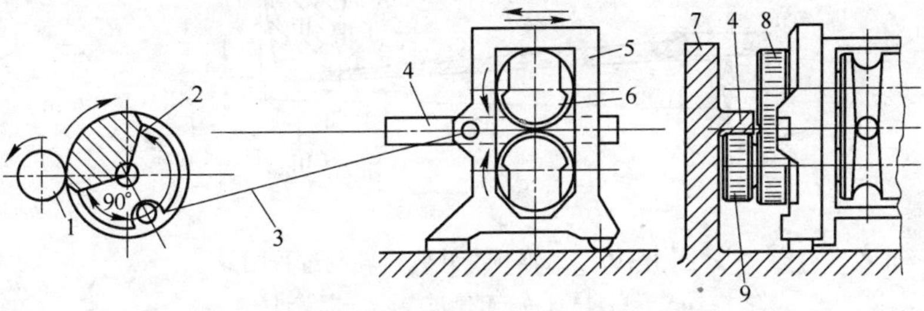

图 15-14　冷轧管机工作示意图

1—主传动齿轮；2—曲柄；3—连杆；4—齿条；5—工作机架；6—轧辊；7—固定机座；8—被动齿轮；9—主动齿轮

冷轧管机的主要工具由一个带有一定锥度的芯头和一对带有逐渐变化孔槽的孔型构成。工作机架往复运动的同时，轧辊同时转动。轧制管坯在芯头和孔型的间隙内反复轧制，实现了管坯外径的减小和壁厚的减薄，工作机架在前极限位置时，管坯和芯头要翻转 60°～120°，以便在反行程时管坯继续轧制，见图 15-15。

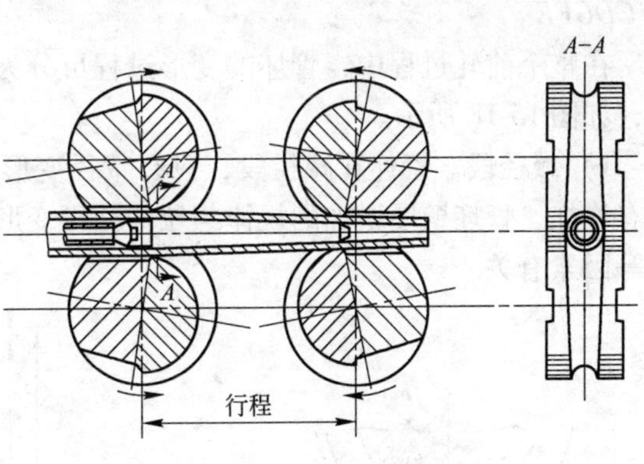

图 15-15　管材轧制示意图

B　轧制过程

管材轧制可分为四个过程：

（1）送料过程。当工作机架在后极限位置时（图 15-16a）两个轧辊处在进料段，孔型与管坯没有接触。通过送料机构将管坯向前送入一定的长度 m（称为送料量），即管坯Ⅰ-Ⅰ截面移动到 I_1-I_1截面位置。截面Ⅱ-Ⅱ也同时移动到 II_1-II_1位置。管坯的所有断面都向前移动 m。此时，管坯锥体与芯头间产生一定的间隙 Δt。

（2）前轧过程。当工作机架向前移动时，轧辊和孔型同时旋转，孔型滚动压缩管坯，使管坯在由孔型和芯头组成的断面逐渐减小的环行间隙内进行减径和减壁。管材轧制时，管坯首先与芯头表面接触，而后进行轧制。未被轧制的管坯与芯头表面的间隙

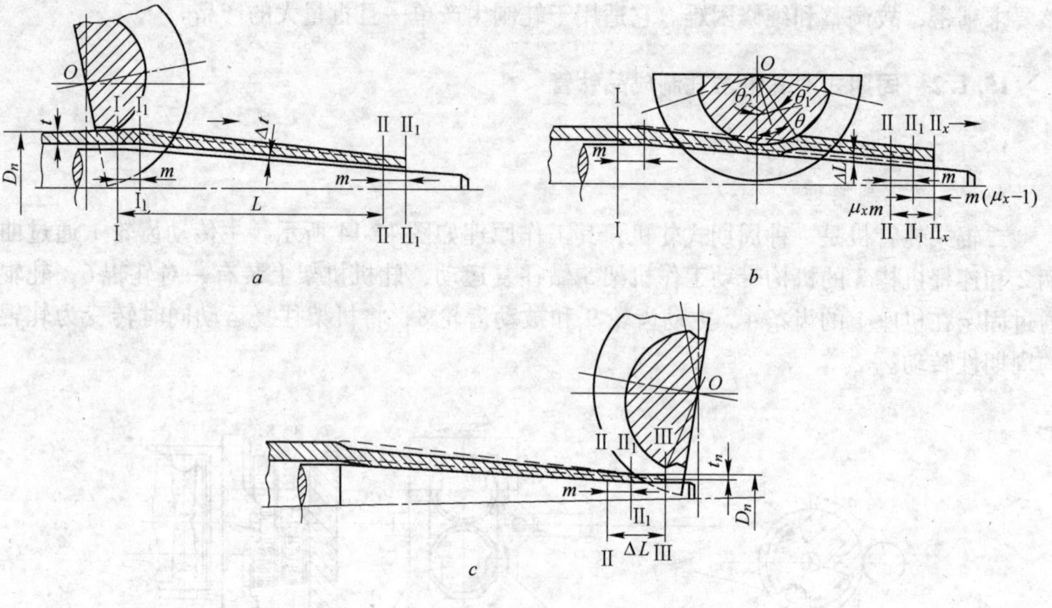

图 15-16 二辊式冷轧管机轧制过程图

a—送料过程；*b*—轧制过程；*c*—翻转过程

ΔL 则要增大，如图 15-16*b* 所示。轧制过程的变形区（又称瞬时变形区）由三部分组成，见图15-17：θ 为咬入角区，θ_1 为减径角区，θ_2 为压下角区。在减径角区使管坯直径减小至内表面与芯头接触。压下角区管坯的直径和壁厚同时被压缩，实现管坯直径的减小和壁厚的减薄。在轧制过程中，咬入角 θ，减径角 θ_1，和压下角 θ_2 是变化的，咬入角$\theta = \theta_1 + \theta_2$。压下角对应的水平投影为 *ABCD* 可近似看作梯形，减径角对应的水平投影为 *CDGFE*。

在整个前轧过程中，管坯的变形过程可分为四段，即减径段、压下段、精整段和定径段，如图 15-18 所示。

1）减径段。管坯在减径段，只有减径变形，由于管坯和芯头表面没有接触，壁厚将略有增加，管坯壁厚增加的规律与拉伸减径变形时壁厚增加的规律相同，与合金和尺寸规格等因素有关。

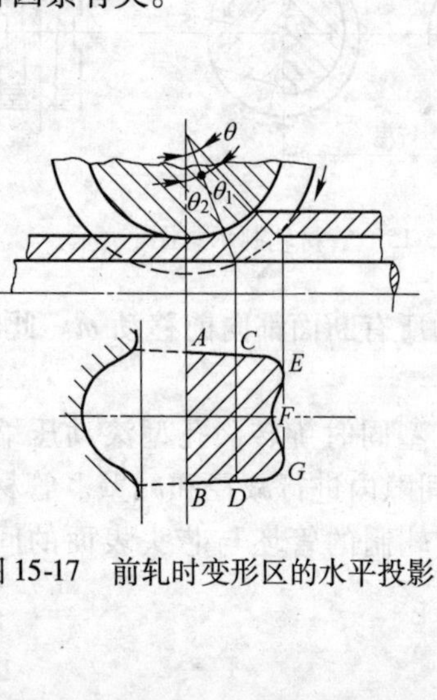

图 15-17 前轧时变形区的水平投影

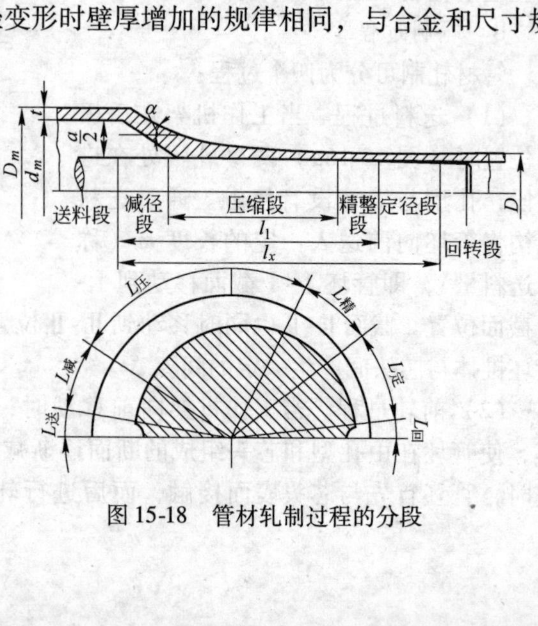

图 15-18 管材轧制过程的分段

2）压缩段。管坯的变形主要集中在这一阶段。由于孔型在这一阶段的平均锥度较大，因此管坯在此阶段发生很大的外径减小和壁厚减薄，轧制管材的壁厚已接近成品管材壁厚。

3）精整段。在精整段，管坯的变形量很小，主要目的是消除轧制管材的壁厚不均。此段孔型的锥度与芯头的锥度相等，管坯的壁厚达到成品管材的壁厚和要求的偏差范围。

4）定径段。管坯在这一段的主要变形是外径变化，而没有壁厚减薄。目的是使管材外径一致，消除竹节状缺陷。此段孔型的锥度为零。管坯与芯头已不再接触。

因此，冷轧管材金属的变形主要在前轧过程实现，而在前轧过程，变形又主要集中在减径段和压缩段。其变形特点是由减径、压扁、逐渐转到壁厚被压缩，并在孔型和芯头间发生强制宽展。

（3）回转过程。当轧辊处在轧制行程前极限位置时，如图15-16*c*轧辊孔槽处在回转段，孔型与管坯锥体不接触，管坯由回转机构通过芯杆、芯头和卡盘带动翻转60°~120°。

（4）回轧过程。管坯回转后，随着工作机架的返回运动，对管坯进行回轧，消除前轧时造成的椭圆度，壁厚不均度和管材表面楞子等，以利于下一个周期的轧制。完成一个周期的轧制过程后，一个送料量的管坯被轧制，所得到的一段管材就是轧制成品管材。

C 冷轧管的应力状态

a 轧辊及芯头对管坯的压力

管坯在轧制过程，受芯头和孔型的共同压力，在这个压力的作用下，管坯发生了塑性变形。管坯的受力状态见图15-19。在变形区内，P_0为管坯压下角区的压力，P_p为减径角区的压力。P_0和P_p都是垂直于管坯轧制锥体的接触表面，并可分解为P_0'、P_0''和P_p'、P_p''。其中P_0'和P_p'为垂直于轧制中心线的径向分量，P_0''和P_p''为平行于轧制中心线的轴向分量。

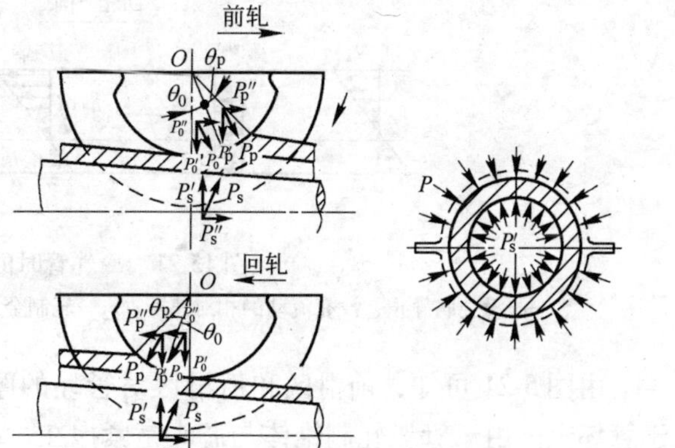

图15-19 孔型和芯头对管坯的压力

芯头在压下角区对管坯的作用力P_s同样可分解为P_s'和P_s''。由于P_s是P_0的反作用力，所以P_s''与P_p''大小相等，方向相反。同时，减径区的轴向分力P_p''又通过管坯与芯头间的摩擦作用到芯头上。因此，无论在前轧，还是在回轧过程，芯头都将受到轴向力的作用。轴向力的大小取决于管坯材质的变形抗力，轧制送料量和孔型尺寸等条件。材质的变形抗力越大，需要的轧制力也越大。送料量的大小和孔型尺寸的设计，又直接决定了咬入角的大小。当芯头所受轴向力很大时，有可能造成连接芯头的芯杆弯曲和断裂。

b 外摩擦力

管材轧制时，孔型在转动过程中，由于孔槽上各点的半径不同，轧制过程的线速度也不同，因此对于管坯的摩擦也不同。为了减少孔型对管坯的相对滑动，冷轧管机在设计时，主动齿轮的节圆直径要小于被动齿轮的节圆直径。被动齿轮的节圆直径与轧辊直径相等。图 15-20 为冷轧管时金属的相对速度分布，由图 15-20 可见，孔槽上与主动齿轮直径相等的各点上相对速度为零。而直径大于主动齿轮节圆直径的各点的相对速度为负值，直径小于主动齿轮节圆直径的各点的相对速度为正值。

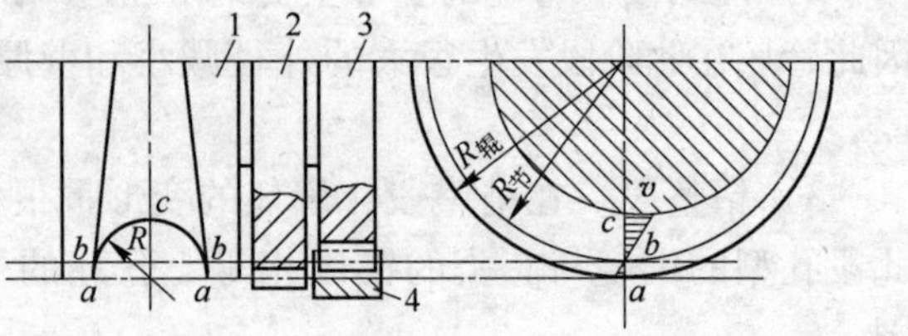

图 15-20 孔槽对金属的相对速度分布

1—孔型；2—从动齿轮；3—主动齿轮；4—齿条

由于在管材轧制时，金属还存在向前流动的速度，因此，管坯锥体上各部位与孔型孔槽上各部位的相对速度实际上是两个速度的合速度。如图 15-21 所示，v_1 为假设管坯静止，金属没有流动的相对速度，v_2 为金属向前流动的速度。v_2 在锥体上各点都是相等的，而且无论是前轧，还是回轧，速度的方向都相同。v_1 和 v_2 的合速度即为考虑金属流动的条件下的实际相对速度。$v_合$ 的方向不同，在轧制区分别形成了前滑区和后滑区。

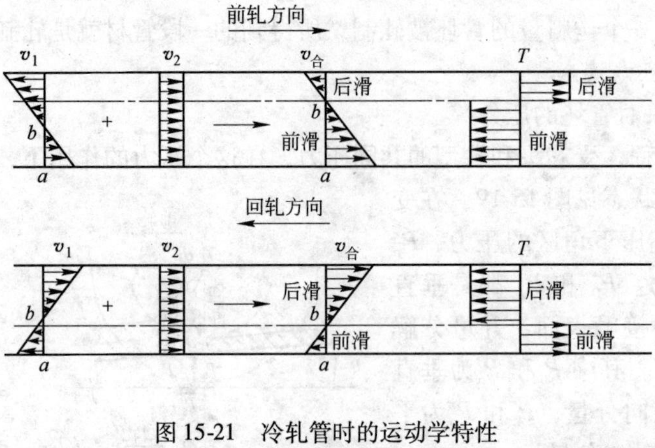

图 15-21 冷轧管时的运动学特性

v_1—假设金属静止，没有流动的相对速度；v_2—轧制金属流动速度；$v_合$—实际相对速度；T—摩擦力

由图 5-21 可知，前滑区和后滑区对管坯的摩擦力方向相反，两个摩擦力的合力作用于管坯上。由于管坯轧制锥体与芯头是紧抱在一起的，最终这个力将通过芯头作用到连接芯头的芯杆上。

为了尽可能减少孔型摩擦的不均匀性，冷轧管机设计中，主动齿轮节圆直径小于被动齿轮的节圆直径，一般情况，主动齿轮的节圆直径比被动齿轮节圆直径小 5% 左右。最合理的主动齿轮节圆直径应等于孔型孔槽的平均直径。对于大规格的冷轧管机，由于轧机轧制规格范围大，设计中配备有两种规格节圆直径的主动齿轮。生产中应根据不同的孔型规格选择合理的主动齿轮。这样，才能有效地减小孔型孔槽对管坯的滑动摩擦，减少孔槽的不均匀磨损，有利于提高轧制管材的表面质量和孔型的使用寿命。但是，冷轧管机轧辊的更换十分困难，而且装配精度要求很高，在有色金属加工中，管材是多规格、多品种、小批量生产。企业根据主要的品种规格选定其中一种主动齿轮，便能基本适应生产要求。表 15-2 为常见二辊式冷轧管机的主要工艺性能。

表 15-2　冷轧管机的主要工艺性能

名　称	LG30	LG55	LG80	XПТ75	XПТ32
管坯外径范围/mm	22～46	38～67	57～102	57～102	22～46
管坯壁厚范围/mm	1.35～6	1.75～12	2.5～20	2.5～20	1.35～6
成品管外径范围/mm	16～32	25～55	40～80	40～80	16～32
成品管壁厚范围/mm	0.4～5	0.75～10	0.75～18	0.75～18	0.4～5
断面最大减缩率/%	88	88	88	88	88
外径最大减小量/mm	24	33	33	32	24
壁厚最大减缩率/%	70	70	70	70	70
管坯长度范围/mm	1.5～5	1.5～5	1.5～5	1.5～5	1.5～5
送料量范围/mm	2～14	2～14	2～14	2～30	2～14
轧辊直径/mm	300	364	434	434	300
轧辊主动齿轮节圆直径/mm	280	336	406 或 378	406 或 378	280
轧辊从动齿轮节圆直径/mm	300	364	434	434	300
工作机架行程长度/mm	453	624	705	705	453
允许最大轧制力/MN	6.5	11.0	17.0	17.0	6.5
轧辊回转角度/（°）	185°39′20″	212°59′20″	199°213′43″	199°213′43″	185°39′3″

c　应力和应变状态

冷轧管时应力状态主要是三向压缩应力状态。应变状态为两向压缩，一向拉伸状态，这种应变状态能够充分地发挥金属的塑性。因此，冷轧管机适用于塑性偏低的合金和壁厚较薄的管材生产。这些产品采用轧制方法生产，可以减少中间退火，提高一次加工率，缩短生产周期，从而提高生产效率和管材的表面质量。

D　*二辊式冷轧管的优缺点*

二辊式冷轧管方法具有如下的优点：

（1）道次加工率大，最大加工率可达到 80% 以上，特别适用于钛合金和冷加工性能低的合金管材的加工；

（2）可以生产长度大的管材，最长可达 30m；

（3）省略或减少部分合金的退火和中间退火，生产效率高，周期短；

（4）设备的自动化程度高，可减轻劳动强度；

（5）孔型更换简便，尺寸调整方便快捷；

（6）可以生产异型管材和变断面管材。

二辊式冷轧管方法的主要缺点有：

（1）冷轧管机结构复杂，设备精度要求高，投资和维修费用较大；

（2）工具设计、制造比较复杂；

（3）轧制的管材具有较大的椭圆度、波纹、楞子等，管材外径偏差不易控制。因此，经轧制后的管材必须经拉伸减径、整径才能达到成品管材的要求。

15.1.2.2　*多辊式冷轧管法*

三个及三个以上轧辊组成的冷轧管机称为多辊冷轧管机。多辊轧机分为三辊，四辊和五辊三种。一般直径为 $\phi8\sim60$mm 管材的用三辊冷轧管机轧制，直径 $\phi60\sim120$mm 管材的用四辊或五辊冷轧管机轧制。

A 多辊冷轧管机的工作原理

图 15-22 为三辊冷轧管机的轧制过程示意图，这种冷轧管机与二辊冷轧管机一样，具有往复周期轧制的特点。主要的工具为一个圆柱形的芯头和三个轧辊，三个 Π 型滑道。轧辊上有断面不变的孔槽，三个轧辊的孔槽组成一个圆形的孔型，与中间的芯头共同构成一个环形的间隙。轧辊在三个具有特殊曲线斜面的滑道上往复滚动。滑道的曲线与二辊式冷轧管机孔型展开曲线类似，当孔型在滑道的左端时，滑道曲线的高度最小，三个轧辊离开的距离最大，孔型组成的圆的外径最大，与圆柱形芯头组成的环形的断面也最大。当轧辊由左向右运动时，由于滑道高度的逐渐增加，三个孔型组成的圆的外径也逐渐减小。管坯在孔型和芯头的压力下发生塑性变形，达到外径的缩小和壁厚的减薄。轧辊前进到最前端后，开始反方向运动，进入到回轧过程。轧辊返回到左端极限位置后，管坯通过回转机构和送料机构，对管坯进行翻转和一定的送料量，开始下一个轧制周期。管坯在周期的反复轧制下，获得成品管材的尺寸要求。

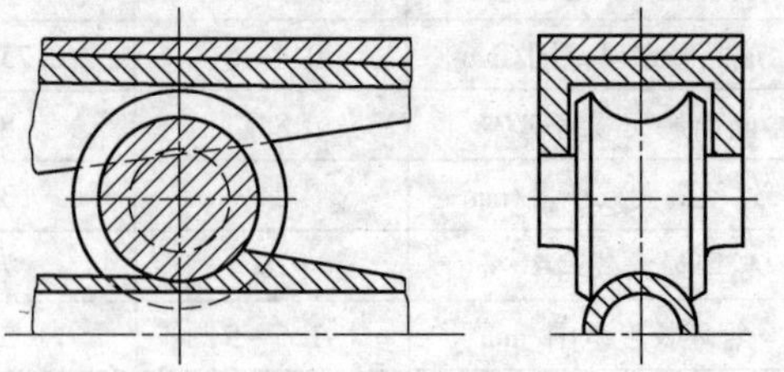

图 15-22 三辊冷轧管机轧制示意图

B 多辊式冷轧管法的优点

多辊式冷轧管法的优点有：

（1）由于多辊冷轧时金属变形均匀，管坯轧制时外径收缩率小，有利于金属的壁厚减薄，因此，多辊轧制适用壁厚特别薄的管材生产。轧制的管材外径与壁厚之比可达 100～250。更适于某些冷加工性能差的合金管材生产。

（2）孔型孔槽与管坯在轧制过程中没有或很少有相对滑动摩擦，金属变形均匀，因此，轧制管材的壁厚精度和表面光洁度较高。

（3）通过合理的工具配套，可直接生产成品管材。

（4）多辊冷轧机轧辊数量多，轧辊直径小，因此，总的轧制压力较小，轧制功率消耗也较少。

（5）与二辊式冷轧管法相比，工具设计和制造相对简单，质量容易保证。

C 多辊冷轧管法的主要缺点

多辊冷轧管法的主要缺点有：

（1）由于孔型的孔槽为圆柱形，而不是变断面尺寸，轧制送料量较小，因此生产效率偏低；

（2）管坯轧制时减径量小。

为提高生产效率，可在多辊轧机机架内装配多套轧辊，实现多线轧制法。

15.1.2.3 二辊式冷轧管机轧制力的计算

A 影响轧制力的主要因素

（1）送料量。

轧制力与送料量成正比。送料量愈大，轧制过程的压下角愈大，压下区水平投影也愈大，轧制力也就愈大。一般情况下。送料量增加 1 倍，轧制力增加 0.3 ~ 0.5 倍。

送料量在 2 ~ 10mm 范围内，轧制力与送料量的关系可用式 15-4 近似表示：

$$P_2 = P_1 \sqrt{\frac{m_2}{m_1}} \tag{15-4}$$

式中　P_1，P_2——分别是送料量为 m_1 和 m_2 时的轧制力。

（2）总延伸系数。

轧制力与总延伸系数成正比关系。在管坯尺寸相同的条件下，轧制力与成品管材的壁厚成反比关系，见图 15-23、图 15-24。一般情况下，管坯壁厚增加 1 倍，轧制过程在正行程时，轧制力增加 0.2 倍，反行程时增加 0.3 倍。反行程时轧制力增加多的原因，主要是材料在正行程时经过了一次轧制，由于加工硬化，材料的变形抗力有所提高。

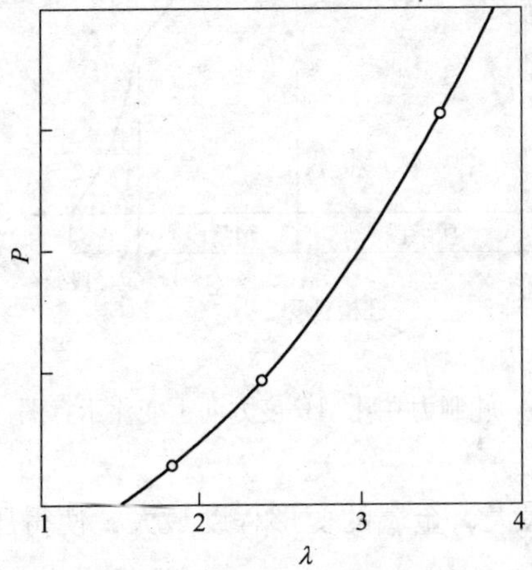

图 15-23　轧制力与延伸系数关系

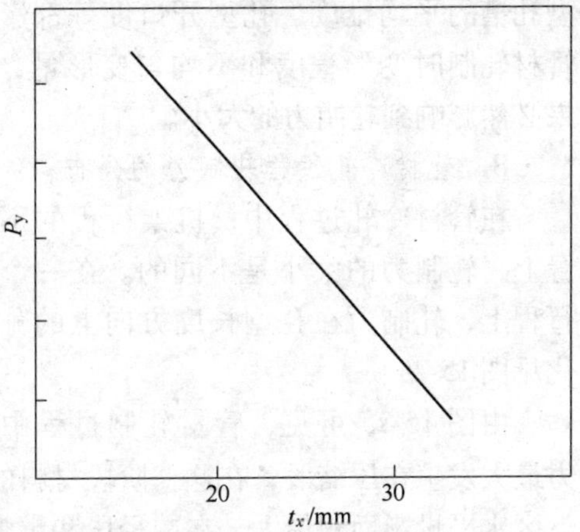

图 15-24　轧制力与成品管壁厚关系

当延伸系数在 2 ~ 8 范围内，延伸系数与轧制力的关系可近似地用式 15-5 表示：

$$P_2 = CP_1 \sqrt{\frac{\lambda_2}{\lambda_1}} \tag{15-5}$$

式中　P_1，P_2——延伸系数分别为 λ_1、λ_2 时的轧制力；

C——系数。

（3）材料强度。

轧制力与金属材料的强度 σ_b 成正比。在同一工艺条件下，轧制力与材料强度的关系可以用式 15-6 表示：

$$P_2 = P_1 \frac{\sigma_b'}{\sigma_b} \tag{15-6}$$

式中　P_1，P_2——分别为材料强度为 σ_b 和 σ_b' 相对应的轧制力。

（4）被轧管材直径。

轧制不同规格的管材，要选用相应的孔型，孔型规格不同，轧制过程压下角的水平投影面积也就不同。在相同工艺条件下，轧制力与轧制管材的直径成正比关系，轧制力随轧制管材的直径的增加而增大。轧制力与管材直径的关系可用式15-7表示：

$$P_2 = CP_1 \frac{d_2}{d_1} \tag{15-7}$$

式中 P_1，P_2——分别为轧制管材直径为 d_1 和 d_2 时的相应轧制力。

（5）润滑条件。

采用不同的润滑剂和润滑条件，具有不同的润滑效果，如果润滑效果好，轧制过程的压力就小，轧制力也小。

（6）工具和设备的技术参数。

设备的技术参数，轧辊直径，变形区长度等技术参数的不同决定了工具设计的技术参数，在工具与孔型设计中，芯头锥度、孔型孔槽的平均锥度、孔型开口度等都影响到管材轧制时变形程度和不均匀变形量，其结果必然影响到轧制力的大小。

B 管材冷轧过程轧制力的分布

在管材冷轧过程中，机架行程的不同位置上，轧制力的大小是不同的。在一个轧制行程上，轧制力在孔型长度方向上的分布变化见图15-25。

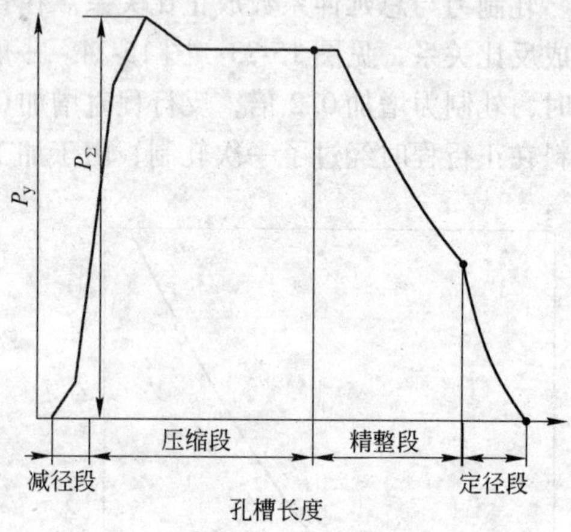

图15-25 轧制力在孔型长度方向上变化示意图

由图15-25可见，管材轧制过程中轧制力最大发生在压缩段，在这一阶段材料的瞬时加工率最大，金属的变形程度最大，使得压下区水平投影面积最大。在减径段和精整段轧制力较小。

C 轧制力计算

在轧制过程中，金属对轧辊的全压力 P_Σ 为：

$$P_\Sigma = \bar{p} F_\Sigma \tag{15-8}$$

式中 $\bar{p}$——金属对轧辊的平均单位压力；

F_Σ——金属与轧辊接触面的水平投影面积。

由式15-8可知，只要计算出管材轧制时，金属对轧辊的平均单位压力和金属与孔型接触面积，就可以计算出轧制过程的全压力。

a 平均单位压力的计算

轧制平均单位压力可采用下列公式进行计算。

按Ю. Ф. 谢瓦金公式计算时，工作机架正行程时的平均单位压力 $\bar{P}_{正}$ 为：

$$\bar{P}_{正} = \sigma_b \left[n + f\left(\frac{t_0}{t_x} - 1\right) \frac{R_0}{R_x} \frac{\sqrt{2R_x \Delta t_z}}{t_x} \right] \tag{15-9}$$

工作机架反行程时的平均单位压力 $\bar{P}_{反}$ 为：

$$\bar{P}_{反} = 1.15\sigma_b + (2 \sim 2.5) f\left(\frac{t_0}{t_x} - 1\right) \frac{R_0}{R_x} \frac{\sqrt{2R_x \Delta t_f}}{t_x} \sigma_b \tag{15-10}$$

式中 σ_b——在该变形程度下被轧金属的变形强度；

n——考虑平均主应力影响系数，一般取1.02~1.08；

f——摩擦系数，对钛合金取0.095~0.10；

t_0——管坯壁厚；

t_x——计算断面的管材壁厚；

R_0——轧辊主动齿轮半径；

R_x——计算断面孔槽顶部的轧辊半径；

Δt_z——计算断面正行程时的壁厚压下量；

Δt_f——计算断面反行程时的壁厚压下量。

Δt_z 和 Δt_f 可分别由式15-11、式15-12确定：

$$\Delta t_z = 0.7\lambda_\Sigma m(\tan\alpha - \tan\beta) \tag{15-11}$$

$$\Delta t_f = 0.3\lambda_\Sigma m(\tan\alpha - \tan\beta) \tag{15-12}$$

式中 λ_Σ——计算断面的压延系数；

m——送料量；

α——该段孔型母线倾斜角；

β——芯头母线倾斜角。

按Д.И.比辽捷夫计算公式：

$$\overline{P} = \sigma_b\left(1 + \frac{f\sqrt{2R_0}}{7.9}\frac{t_0}{t_x}\right) \tag{15-13}$$

式中 σ_b——在某种硬化程度下金属的强度极限；

f——摩擦系数。

利用Ю.Ф.谢瓦金计算公式，可以精确地计算出平均单位轧制压力，但计算过程复杂。而利用Д.И.比辽捷夫计算公式相对比较简单。

b 金属与轧辊接触面水平投影面积的计算

轧制过程轧辊与管坯接触面水平投影面积 F_Σ 可由式15-14计算：

$$F_\Sigma = 1.41\eta B_x\sqrt{R_x\Delta t} \tag{15-14}$$

式中 η——系数，一般取1.26~1.30；

B_x——计算断面的轧槽宽度；

Δt——计算断面的壁厚压下量，工作机架正行程时取 Δt_z，反行程时取 Δt_f。

在轧制钛合金时，由于钛合金的强度较高，轧制力较大，孔型的孔槽在轧制力的作用下，将发生弹性变形。由于孔槽的弹性变形会使孔槽压扁，轧辊与管坯接触面面积将有一定的增加量。考虑这种因素，轧辊与管坯接触面水平投影面积由式15-15计算：

$$F_\Sigma = 1.41\eta B_x\sqrt{R_x\Delta t} + 3.9\times10^{-4}\sigma_b R_x\left(\frac{\pi}{4}R_0 - \frac{2}{3}R_x\right) \tag{15-15}$$

式中 σ_b——在该变形程度下金属的强度极限；

R_x——所求断面工作锥半径；

R_0——轧辊半径。

应用式 15-6、式 15-10、式 15-15 可以精确地计算冷轧管时的合压力。为了计算简便，也可采用经验公式 15-16：

$$P_{\Sigma} = \sigma_{b}\left[1 + \frac{f\sqrt{D_{z}}}{7.9}\left(\frac{t_{0}}{t_{x}}\right)\right](\eta D_{x}\ \sqrt{2R_{x}\Delta t}) \tag{15-16}$$

式中 D_z——轧辊直径；

D_x——计算断面孔槽直径。

D 二辊式冷轧管时的轴向力

在冷轧管过程中，工作锥除受轧辊给予的轧制压力外，还在其轴向受到轧辊的作用力，称这个力为轴向力。轴向力的存在，可使两个管坯端头相互切入，造成成品管材内外表面压坑废品。芯头的前后窜动和芯杆的跳动，还会造成芯杆、芯头的断裂和弯曲，从而产生管材废品及设备与工具故障。

轴向力产生的主要原因是由于冷轧管时轴辊对工作锥的轧制力在水平方向上的投影不为零和轧辊与工作锥之间存在摩擦力。

与一般的轧制不同，冷轧管是一种“强制性”的轧制过程，表现为管材由孔型中出来的速度不决定于轧辊的“自然轧制半径”，而是决定于工作机架的运动速度，也就是轧辊主动齿轮的节圆圆周线速度。

所谓“轧制半径”，就是圆周速度与金属由轧辊中出来的速度相等的轧辊半径。在平辊轧制时，如果不考虑前滑，轧制半径等于轧辊的半径。而在带有孔槽的轧辊上轧制时，孔槽上各点与轧件接触处的半径不相同，靠近孔槽顶部的轧辊半径小，线速度也小，而靠近孔槽开口部的轧辊半径大，线速度也大。这种情况下，轧制半径 $R_{轧}$ 为：

$$R_{轧} = R_{0}\ \frac{1}{2}R_{制} \tag{15-17}$$

式中 R_0——轧辊半径；

$R_{制}$——圆制品断面半径，或制品外接圆半径。

在冷轧管时,由于孔型中孔槽的断面是变化的,那么轧制半径也是一个变值,见图 15-26。

管材轧制过程中，在轧制开始阶段，轧制半径 $R_{轧}$ 小于主动齿轮节圆半径 $R_{齿}$，而轧制终了阶段轧制半径大于主动齿轮节圆半径 $R_{齿}$。同时，冷轧管机机架正行程时，管子的尾端是出料端，而头端则为进料端。在工作机架反行程时，尾端则成了进料端而头端成为出料端。因此，工作机架正行程时，轧制的开始阶段，管坯尾部向前移动；轧制的终了阶段，管坯尾部向后移动。冷轧管时，管坯尾端是靠在送料小车的卡盘上。因此管坯向前移动时受拉力，这个拉力通过芯杆最终作用于芯杆小车。而管坯向后移动时受压力，这个压力最终作用于送料小车的卡盘。工作机架反行程时，管坯的前端是自由的出料端，管坯的尾端为固定的进料端，此时，轧制的开始阶段管坯受拉力，而终了阶段管坯受压力。

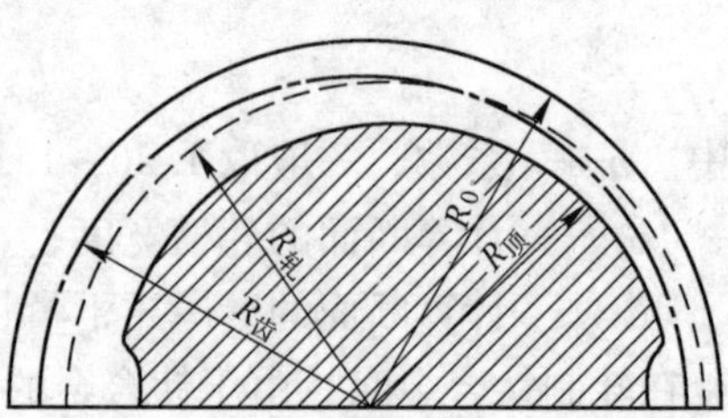

图 15-26 冷轧管机孔槽的轧制半径

E　轴向力的计算

二辊式冷轧管机，轧辊对于管坯的轴向力的计算方法如下：

（1）工作机架正行程时：

当 $\omega_x < \theta_t$ 时，

$$Q_{正} = 2\eta P_{均} R_x \sqrt{2R_{顶}\,\Delta t_{正}}(\pi - 2K_\varphi \varphi_{开})\left(f - \sqrt{\frac{\Delta t_{正}}{4.94R_{顶}}}\right) - 4.32\pi p_{均} f(R_{齿} - R_{顶})\sqrt{\frac{R_x t_x R_{顶}}{R_{齿}}} \tag{15-18}$$

当 $\omega_x \gg \theta_t$ 时，

$$Q_{正} = P_{\Sigma正}\left[(\pi - 2K_\varphi \varphi_{开})\left(f - \sqrt{\frac{\Delta t_{正}}{4.94R_{顶}}}\right) - 3.53f\sqrt{\frac{R_{齿} - R_{顶}}{R_x}}\right] \tag{15-19}$$

平均轴向力：

$$\overline{Q}_{正} = P_{\Sigma均}\left[(\pi - 2K_\varphi \varphi_{开})\left(f - \sqrt{\frac{\Delta t_{正}}{4.94R_{顶}}}\right) - 3.81f(R_{齿} - R_{顶})\sqrt{\frac{t_x}{R_x R_{齿}\,\Delta t_{正}}}\right] \tag{15-20}$$

（2）工作机架反行程时：

$$Q_{反} = 2\eta P_{均反} R_x \sqrt{2R_{顶}\,\Delta t_{反}}(\pi - 2K_\varphi \varphi_{开})\left(f + \sqrt{\frac{\Delta t_{反}}{4.94R_{顶}}}\right) - 14P_{均反} + (R_0 - R_x\sin\varphi_{开})\sqrt{\frac{2\Delta t_{反}}{R_{顶}}}[R_0 - R_{齿} - R_x\sin(K_\varphi \varphi)] \tag{15-21}$$

平均轴向力：

$$\overline{Q}_{反} = P_{\Sigma反}\left\{(\pi - 2K_\varphi \varphi_{开})\left(f + \sqrt{\frac{\Delta t_{反}}{4.94R_{顶}}}\right) - 5.56f\frac{R_0 - R_x\sin\varphi_{开}}{R_{顶}}\left[\frac{R_0 - R_{齿}}{R_x} - \sin(K_\varphi \varphi_{开})\right]\right\} \tag{15-22}$$

式中　$\varphi_{开}$——孔槽开口角度；

f——摩擦系数；

K_φ——孔槽开口处的金属参与变形的程度，参见表 15-3；

θ_t——压下角；

ω_x——中性角；

$P_{\Sigma正}$、$P_{\Sigma反}$——分别为工作机架正、反行程的平均全压力；

$P_{均}$——平均单位压力。

其中 θ_t 可由式 15-23 计算：

$$\theta_t = \sqrt{\frac{2\Delta t}{R_{顶}}} \tag{15-23}$$

式中　θ_t——压下角；

Δt——轧制时的瞬时壁厚压下量；

$R_{顶}$——孔槽顶部轧辊半径。

ω_x 可由式 15-24 计算：

$$\omega_x = 1.53\sqrt{\frac{(R_{齿} - R_x)t_x}{R_{齿} R_{顶}}} \tag{15-24}$$

式中 $R_{齿}$——主动齿轮节圆半径；

R_x——计算断面的孔槽半径；

t_x——计算断面处工作锥壁厚。

表 15-3　系数 K_φ 值

送进、回转制度	工作机架正行程			工作机架反行程		
	轧槽始端	轧槽中部	轧槽末端	轧槽始端	轧槽中部	轧槽末端
送进、回转分别完成	0.5	0.25	0	1.0	0.85	0.75
一轧制周期二次回转	0.75	0.50	0.75	0.75	0.60	0.50

15.1.2.4　多辊轧机轧制力的计算

多辊冷轧管机的特点是芯头为没有锥度的圆柱形，孔型孔槽的半径不变。在轧制过程的开始阶段，孔型间隙较大，孔槽表面不接触管坯表面。随着工作机架的向前移动，孔型在滑块曲线上运动，孔型间隙逐渐变小，孔型孔槽组成的直径逐渐变小，孔槽表面接触管坯并对管坯进行碾轧。多辊轧机的孔型上没有动力转动，靠工作机架带动并通过孔型孔槽与管坯的摩擦力实现转动。因此，孔槽与管坯的单位压力升高将对管坯形成较大的拉应力。其结果使金属的塑性相应降低。这是多辊冷轧管机的不利因素之一。

多辊冷轧管机的全压力 P_Σ 计算公式为：

$$P_\Sigma = K\bar{\sigma}_b(D_0 + D_1)\sqrt{m\lambda_\Sigma(t_0 - t_1)\frac{R_{辊}}{L_{1d}}} \tag{15-25}$$

式中 $\bar{\sigma}_b$——被轧金属的平均抗张强度，$\bar{\sigma}_b \approx \frac{1}{2}(\sigma_{b0} + \sigma_{b1})$；

σ_{b0}，σ_{b1}——分别为管坯和轧制后的变形强度；

D_0——管坯外径；

D_1——轧制管材外径；

$R_{辊}$——轧辊轧制半径，$R_{辊} \approx R_{颈}\frac{L_1}{L - L_1}$；

$R_{颈}$——轧辊外径；

L——摇杆长度；

L_1——摇杆与辊架连杆连接点到摇杆轴的距离；

L_{1d}——压缩段长度，$L_{1d} = L_{压}\frac{L_1}{L - L_1}$；

$L_{压}$——滑道压缩段长度；

K——系数，取 1.6～2.2；

m——送料量；

λ_{Σ}——总压延系数。

15.2 轧制设备

热轧机有横向螺旋轧机，冷轧机有周期式两辊式冷轧管机和多辊式冷轧管机。

国产两辊式冷轧管机的技术特性列于表15-4，前苏联的 ХПТ 轧管机的技术特性见表15-5 和表15-6，国产多辊式冷轧管机的技术特性列于表15-7。

表 15-4 国产两辊式冷轧管机的技术特性

项目		轧管机型号						
		LG30	LG55	LG80	LG120	LG150	LG200	LG30II
成品管	外径/mm	16~32	25~55	40~80	80~120	100~150	125~200	16~32
	壁厚/mm	0.4~5	0.6~10	0.75~18	1.4~16	3~18	3.5~20	0.5~5
	长度/m	约25	约25	约25	4~10	4~10	4~25	
管坯	外径/mm	22~46	38~73	57~102	89~146	108~171	180~230	22~46
	壁厚/mm	1.35~6	1.75~12	2.5~20	约26	约28	6~32	1.35~6
	长度/m	1.5~5	1.5~5	1.5~5	2.5~6.5	2.5~6.5	2.5~6.5	1.5~5
工艺参数	最大外径减少量/mm	24	33	33				
	最大断面收缩率/%	79~80	79~88	79~88	70~80	70~80	70~80	70~80
	工作机架行程速度/次·min^{-1}	80~120	68~90	60~70	60~100	45~80	45~70	70~210
	管坯送进量/mm·次$^{-1}$	2~30	2~30	2~30	2~20	2~20	2~15	3~20
	生产率/m·h^{-1}	115	108	95	90	75	70	343
设备性能参数	轧辊直径/mm	300	364	434				
	主动齿轮节圆直径/mm	280	336	406/378				
	曲柄半径/mm	225	310	350				
	工作机架行程长度/mm	453.4	625	705	802	905.56	1075	453.4
	工作机架重量/t	1.86	3.84	6.32	13	22.4~24	34	1.6
	主电机功率/kW	72	100	130	320	320	600	115
	设备总重量/t	60.5	71.5	85.6	304	340	340	39.4
	最大轧制力/kN	637	980	1666				

表 15-5 前苏联 ХПТ 冷轧管机技术特性 I

项目		轧管机型号					
		ХПТ-32	ХПТ-55	ХПТ-90	ХПТ-120П	ХПТ-250	ХПТ-450
管坯	直径/mm	22~46	38~73	57~102	89~140	104~273	219~480
	壁厚/mm	1.35~6	1.75~12	2.5~20	4~24	3~45	4~40
	长度/m	1.5~8	1.5~8	1.5~8	2.5~8	2~6	3~8
成品	直径/mm	16~32	25~55	40~90	80~120	90~250	170~450
	壁厚/mm	0.4~5	0.5~10	0.75~18	1.5~20	1~35	1.5~35
	长度/m	4.0~18	4~18	4~18	4.5~20	4~10	6~25

续表 15-5

项目		轧管机型号					
		XIIT-32	XIIT-55	XIIT-90	XIIT-120Π	XIIT-250	XIIT-450
工艺参数	管坯送进量/mm·次$^{-1}$	2~30	2~30	2~30	2~25	4~40	2~25
	冷轧最大减径量/mm	24	33	32	40	50	60
	温轧最大减径量/mm	28	42	48			
	冷轧最大断面收缩率/%	70	70	70	70	60	60
	温轧最大断面收缩率/%	85	85	85			
设备性能参数	轧辊直径/mm	300	364	434	550	800	950
	主轴齿轮节圆直径/mm	280	336	406,378	476	640,680,720	950
	轧辊回转角度/(°)	185	213	199,213	187.6	160,170,180	165
	主电机功率(支流)/kW	67	95	140	2×125(交流)	1000	2150(交流)
	机架行程长度/mm	450	625	705	755	1008	1300
	机架行程次数/次·min^{-1}	约150	约130	约100	约60	60~70	20~40

表 15-6 前苏联 XIIT 冷轧管机技术特性Ⅱ

项目		轧管机型号				
		XIIT-150	XIIT-120	XIIT-75-1	XIIT-55-1	XIIT-32-1
成品管	外径/mm	102~152	80~120	35~81	25~55	16~32
	壁厚/mm	1.75~25	1.0~20	0.75~18	0.6~10	0.4~5
	长度/m	3~10	3~10			
管坯	外径/mm	112~174	89~140	57~90	约67	25~42
	壁厚/mm	5~28	4.5~24	约20	约12	约6
	长度/m	2.5~5	2~5	1.6~5	1.5~5	1.5~5
工艺参数	管坯最大断面收缩率/%	88	88	83	83	83
	管坯外径最大减径量/mm	50	40	30	30	20
	工作机架行程速度/次·min^{-1}	30~50	40~60	60~70	65~90	80~120
	管坯送进量/mm	2~20	2~20	2~15	2~25	2~15
设备性能参数	轧辊直径/mm	700	500	434	364	300
	主轴齿轮节圆直径/mm	600	406		310	280
	工作机架行程长度/mm	857	755.8	705.6	624.1	452.7
	曲柄半径/mm	425	375	350	350	225
	轧辊回转角度/(°)	164	212.5	200~206	204.3	185.2
	主电机功率/kW			130	80	40.5
	孔型回转段开口角度/(°)			1°14′55″		
	孔型送进段开口角度/(°)			7°47′37″		

表 15-7 国产多辊冷轧管机的技术特性

项目		轧管机型号											
		LD-8	LD-15	LD-30	LD-60①（长/扩）	LD-12 双线	LD-12 四线	LD-120（五辊）	SG-32-Ⅱ	SG-70（三辊）	SG-70（四辊）	SG-50（三辊）	SG-50（四辊）
成品管	外径/mm	3~8	8~15	16~30	30~60/76	6~12	6~12	60~120	16~32	50~77	50~70	30~55	30~50
	壁厚/mm	0.1~1	0.1~1	5~15	0.2~3	0.1~1	0.1~1	0.25~2.5	0.2~2	0.2~2	0.2~2	0.2~2	0.2~2
	长度/m	≤6	≤8	5~15	4.5~15	≤6	≤6	4.5~15	≤8	≤18	≤18	≤18	≤18
管坯	外径/mm	3.5~9	9~17	17~34	32~64/80	6.5~14	6.5~14	63.5~127	17~34	52~80	54~76	32~57	34~57
	壁厚/mm	0.3~1.3	≤1.8	≤2.5	≤4	≤1.3	≤1.3	≤6.5	≤3.5	≤8	≤6	≤6	≤6
	长度/m	0.5~3	0.5~4	0.5~5	0.5~9/5	1~3	1~3	2~5	1.5~3	1.5~5	1.5~5	1.5~5	1.5~5
工艺参数	工作机架行程速度/次·min^{-1}	60~150	60~140	65~130	60~100	47~141	64~192	60~150	50	51/81/103	51/81/103	51/81/103	51/81/103
	管坯送进量/min·次$^{-1}$	1.5~4.3	1.6~7.2	2.3~14	2~14，0~8	1.5~4.3	1.5~4.3	2~8	1.5~5	1~10	1~10	1~10	1~10
	最大延伸系数	2.5	2.5	3~3.5	3	2.5	2.5	3	2~3	2~3.5	2~3.5	2~3.5	2~3.5
	平均产量/m·h^{-1}	20	15~30	20~30	20~30	25~40	60~100						
设备性能参数	曲柄半径/mm	100	100	234	300								
	连杆长度/mm	1200	1300	1500	2000								
	曲轴中心与轧制中心垂直错距/mm	407	435	234	200								
	工作机架行程长度/mm	400	450	475	603	400	400	755.64	364	475	475	475	475
	工作机架重量/t	0.064	0.15	0.694	1.34	0.09	0.09/2	3.5	0.84	2.266	2.266	1.637	1.637
	主电机功率/kW	4.7	10	25	56	5.0	7.5	100	40	40	40	40	40
	允许最大轧制力/kW	14.7	49	245	445.9								
	轧机总重量/t	2.67	4.734	11.7	24.85	2.25	4.55	45	4	24	24	13	13

①LD-60 长是指带液压送进的能装长坯料的轧机，LD-60 扩是指带扩大机头的轧机。

15.3 轧制钛管材工艺

目前国际上研制生产无缝管是采用温轧加冷轧技术，其轧制效率较高。前苏联用温轧技术研制了中强钛合金管材（ПТ7М、OT4-0、OT4、BT14、BT3-1）及高强钛合金管材（BT6C、BT22）等。美国研制生产的钛合金管材主要牌号有 Ti-6Al-4V、Ti-3Al-2.5V、βc、Ti-6242、Ti-6-4-Ru 和 Ti-15-3 等。

国内研制生产的钛及钛合金管材主要是纯钛（TA0、TA1、TA2）及（ПТ7М、Ti-3Al-2.5V、TA9、TA10）等。

轧制是生产精密薄壁管材的主要方法。常用的管材轧制方法有两辊冷轧，两辊温轧，多辊冷轧和多辊温轧四种。

15.3.1 钛及钛合金管材生产工艺流程

钛及钛合金管材生产典型工艺流程如表 15-8 所示。

表 15-8 钛及钛合金管材生产典型工艺流程

工艺流程	管 材	工艺流程	管 材
铸 锭	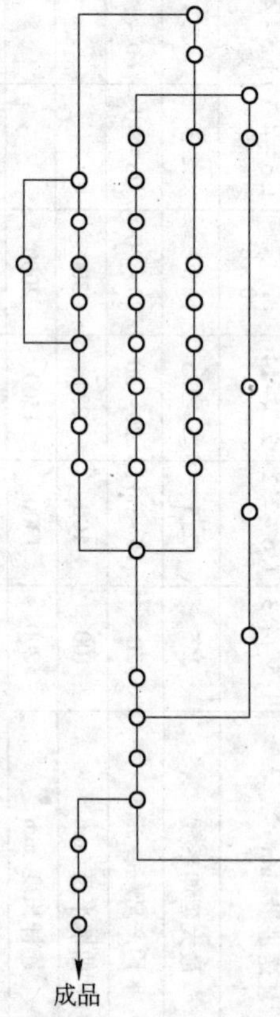	轧 制	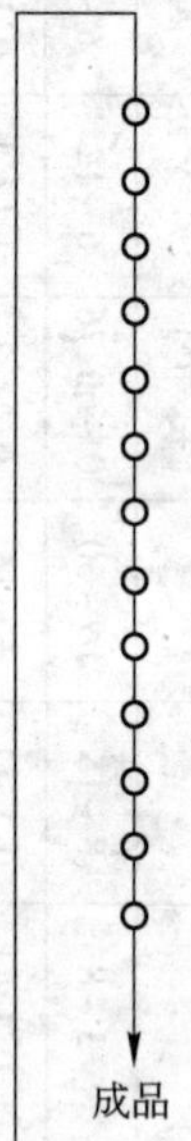
锻 坯		除 油	
打定心孔		酸 洗	
车 皮		退 火	
加 热		修磨表面	
穿 孔		轧 制	
钻、镗孔		除 油	
车 皮		酸 洗	
包 套		退 火	
加 热		取 样	
挤 压		矫 直	
矫 直		检 查	
三辊斜轧		包 装	
切头尾			
加 热			
喷砂或碱洗			
除包套			
酸 洗			
修磨外表面			
退 火			
取 样			
检 查			
包 装			

15.3.2 管坯的选择及质量要求

用挤压、斜轧穿孔、焊接等方法生产的管坯，经过矫直、切头尾、修理、酸碱洗等工序后，均可作为冷（温）轧的管坯。

管坯的壁厚偏差和外径偏差应符合表15-9和表15-10的要求。管坯的内外表面不允许有裂纹、折叠、挤压深沟、氧化皮及其他缺陷。管坯需经矫直、不直度不大于2.5～3.0mm/m。

表15-9　管坯的壁厚偏差

壁厚/mm	壁厚偏差/mm	说　明
2.5～3.0	±0.25	壁厚不均度（同一端面上的最大和最小的壁厚差）不超过实际平均壁厚的10%； 实际平均壁厚＝（实际最大壁厚＋实际最小壁厚）/2
3.1～5.0	±0.40	
5.1～7.0	±0.60	
7.1～10.0	±0.80	

表15-10　管坯的外径偏差

外径尺寸/mm	外径偏差/mm		外径尺寸/mm	外径偏差/mm	
	工业纯钛	钛合金		工业纯钛	钛合金
ϕ25以下	±0.50	±0.50	ϕ76～100	+0.80 -1.30	+0.50 -1.20
ϕ25～50	+0.80 -1.00	+0.50 -0.80			
ϕ51～75	+0.80 -1.20	+0.50 -1.00	ϕ101～127	+0.80 -1.50	

挤压后坯料的外表面通常不进行机加工，但在第一次轧制后，管材表面要用无芯磨床磨削或用其他方法去除0.1～0.15mm，并进行酸洗退火，然后再轧制。

15.3.3　管材的热轧

目前国际上研制生产的热轧管主要规格是外径70～100mm、壁厚9～20mm的厚壁管材。国内也是用热轧法生产厚壁管和冷轧管用坯。

在横向螺旋轧机上穿孔，是热轧钛合金管材和冷轧管用坯的主要生产方法。穿孔可在二辊和三辊轧机上进行。

在三辊轧机上对坯料穿孔及管材整径的示意图见图15-27。

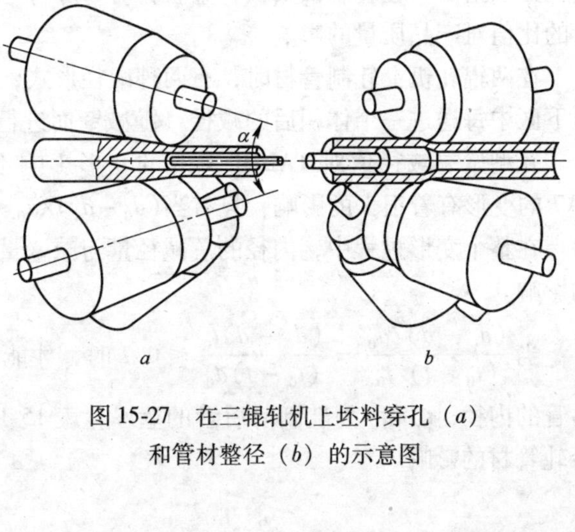

图15-27　在三辊轧机上坯料穿孔（*a*）和管材整径（*b*）的示意图

在横向螺旋轧机上穿孔制备管坯，与挤压工艺相比有许多优点。其主要优点是金属消耗减少、成品率相应提高；其次是提高了穿孔生产率。此外，穿孔机与整径机配合使用获得的坯料壁差率比挤压获得的坯料小。

穿孔过程的主要缺点是不可能制得薄壁坯料，穿孔和整径制得坯料的最小壁厚通常为坯料直径的10%～

12%。当生产薄壁管材时，会延长冷轧工序。

基于上述原因，钛合金的横向螺旋轧制工艺，最适合于成批生产壁厚较大的管坯，这时，壁厚较大的管坯不需要在XΠT轧机上进行过多的轧程，也适合于制取厚壁热轧管材。

轧制坯加热制度是：轧制坯先在高频感应炉内加热，然后在电阻炉内均匀温度，其加热制度见表15-11。

表15-11 轧制坯加热制度

合　金	加热温度/℃	感应炉加热时间/min	均匀加热时间/min
BT1-00、BT1-0、OT4-0	850~960	6~14	2~10
OT4-0、OT4	900~1000	6~14	2~10
BT5、BT5-1、BT8、BT3-1、BT14、BT6C	1000~1100	6~14	2~10

临穿孔前，可用风动定心机对坯料定心，定心孔的深度应不小于15mm。

穿孔时的喂入角为6°~12°，工作辊的转速为80~150r/min。

穿孔机工具的安装和调整应根据轧制表来进行。孔型在轧辊凹处的直径公差和芯杆直径的公差不应超过±1.0mm。这时，毛管外径与轧制表中指出数值的差异不应超过±5%，而毛管的最小允许内径则应保证整径机的芯杆自由进入毛管。

在穿孔和轧制过程中，轧辊和芯杆要用压力为10~20个大气压的水进入冷却。

在整径时，喂入角在5°~8°范围内调整，轧辊的转速为60~150r/min。

管材外径和壁厚的公差在整径后不应超过±1.5mm。

15.3.4 管材的冷轧

15.3.4.1 冷轧工艺

冷轧工艺有以下几个影响因素：

(1) 变形程度。变形程度的大小是根据钛及钛合金的塑性大小而确定，如TA1和TA2的道次变形率为20%~60%，两次退火间的总变形率为40%~75%，TA3的道次变形率为20%~55%，两次退火间的总变形率为40%~65%。

必须指出，在轧制钛及钛合金管材时，除考虑变形程度外，还必须考虑减径量与减壁量的比值对产品质量的影响。

在两辊轧机上轧制管材时，有两种减径形式，孔型始端的减径（通称空减径）和孔型压下区中每送进一个体积后的减径（随减壁而进行的减径）。

孔型始端减径值对TA2和TA3的变形影响不大，但对TC1(OT4-1)、TC2(OT4)和TA7的变形有着很大的影响，只有当$(d_0-d_1)/d_0\leqslant 11\%$的情况下才不会被轧裂。

在整个变形过程中，内径的总减径量与减壁量之比对TC1、TC2和TA7钛合金有很大的影响。

当$\dfrac{(d_0-d)/d_0}{(t_0-t)/t_0}=\dfrac{(d_0-d)t_0}{(t_0-t)d_0}\leqslant 0.7$时，才能保证轧制的顺利进行。$d_0$和$d$为轧制前后管的内径；$t_0$和$t$为轧制前后管的壁厚，表15-12列出了减径量、减壁量对钛及钛合金冷轧管材的影响。

表 15-12 减径量与减壁量对钛及钛合金变形过程的影响

规格 管坯($D_0\times t_0$)/mm	规格 成品管($D\times t$)/mm	芯头锥度 $2\tan\alpha$	$\frac{d_0-d}{d_0}$	$\frac{t_0-t}{t_0}$	$\frac{\frac{d_0-d}{d_0}}{\frac{t_0-t}{t_0}}$	ε/%	送进量 /mm·次$^{-1}$	能轧制的金属	发现裂纹的合金
53×3.5	32×2.70	0.040	0.424	0.230	1.840	55.0	6	TA2	TC2、TA7
36×3.0	22×2.15	0.025	0.400	0.280	1.400	57.0	3	TA2、TA3	TC2
50×4.0	36×3.15	0.024	0.286	0.212	1.350	46.0	3	TA2	TC2
30×1.7	18×1.10	0.036	0.405	0.352	1.140	63.0	2	TA2	TC1、TC2
46×1.7	30×1.10	0.030	0.348	0.352	0.980	60.0	3	TA2、TA3	TC1、TC2
30×1.7	20×1.10	0.030	0.324	0.353	0.910	56.7	2	TA2、TA3	TC2
53×3.5	32×1.80	0.040	0.382	0.486	0.800	68.5	6	TA2	TC2、TA7
53×3.5	42×2.65	0.010	0.205	0.286	0.710	44.5	10	TA2、TA7	
50×4.0	30×1.80	0.030	0.382	0.550	0.694	72.5	10	TA2、TC4	
60×6.5	46×3.50	0.015	0.316	0.461	0.680	57.0	10	TA2、TC2	
46×4.0	30×2.10	0.022	0.321	0.475	0.675	65.0	12	TA2、TA7、TC2	
53×3.5	32×1.20	0.040	0.356	0.646	0.560	79.9	6	TA2、TC2	TA7
25×2.1	18×1.10	0.011	0.240	0.477	0.503	61.3	4	TA2、TC2	
36×4.0	25×2.0	0.017	0.250	0.500	0.500	62.0	7	TA2、TC2	
30×2.1	22×1.10	0.017	0.233	0.477	0.490	60.7	7	TA2、TC2	
46×6.5	32×3.30	0.017	0.230	0.493	0.470	63.0	15	TA2、TC2	
53×3.5	42×1.70	0.010	0.161	0.515	0.310	69.0	10	TA2、TC2	
53×3.5	42×1.15	0.010	0.150	0.600	0.250	64.8	10	TA2、TC2	

(2) 送进量和机架行程次数。冷轧纯钛管时的送进量和机架行程次数的实例如表15-13所示。

表 15-13 轧制工业纯钛的送进量及机架行程次数

轧机型号	送进量 轧后壁厚/mm	送进量 送进量/mm·次$^{-1}$	机架行程次数 轧制中间产品/次·min^{-1}	机架行程次数 轧制成品/次·min^{-1}
LD-120	0.25~2.00 2.10~5.00	2.0~4.0 4.1~8.0	80~110	80~100
LG-80	0.75~2.50 0.26~8.00	2.0~5.0 4.1~14.0	60~70	60~65
LG-55	0.60~2.50 2.60~6.00	3.0~5.0 4.0~14.0	70~90	70~80
LG-30	0.40~2.50 2.60~6.00	3.0~7.0 4.0~14.0	80~100	80~90
LD-60	0.20~1.50 1.50~4.00	3.0~5.0 4.0~7.0	50~100	50~80

续表 15-13

轧机型号	送进量		机架行程次数	
	轧后壁厚/mm	送进量/mm·次$^{-1}$	轧制中间产品/次·min^{-1}	轧制成品/次·min^{-1}
LD-30	0.10~1.50 1.60~4.00	2.3~5.0 4.1~8.0	90~100	90~100
LD-15	0.10~1.00 1.10~3.00	1.5~4.0 2.6~5.0	80~110	80~100
LD-8	0.10~0.50 0.60~1.50	1.5~2.0 2.1~4.0	80~100	60~80

(3) 工艺润滑与冷却。冷却管材的工艺润滑与冷却剂见表 15-14。

表 15-14 冷却管材的工艺润滑与冷却剂

轧机型号	内表面用润滑剂	外表面用润滑剂	冷却剂
LG-80、LG-55、LG-30	汽缸油；氯化石蜡	氯化石蜡和二硫化钼粉剂； 氯化石蜡和滑石粉	压缩空气(0.25~0.41MPa) 乳液
LD-120、LD-60、LD-30	氯化石蜡；汽缸油	10~30 号机油	10~30 号机油
LD-15、LD-8	10~30 号机油	10~30 号机油	10~30 号机油

前苏联在 XПТ 轧机上轧制钛管时，通常采用的润滑剂是：35%~40% 硝酸钠、20%~25% 滑石粉、35%~45% ОП-10（前苏联可市场购买的一种化工产品牌号）。这种润滑剂可防止金属黏结工具，并且可用水去除。

15.3.4.2 管材的冷轧

钛合金管材是用挤压管坯和热轧管坯轧制的。在坯料表面可能形成的缺陷和吸气层侵入深度达 0.3mm，一般不用机械加工去除，而是在第一次冷轧后，管材要用无心磨床磨削剥除 0.1~0.15mm 厚的一层，并进行酸洗、退火，然后重新在 XПТ 或 XПТР 轧机上轧制到成品尺寸。在坯料内表面可能形成的缺陷和吸气层侵入深度达 1mm，可采用内径镗孔的方法去除，其金属剥除量为 2.0mm。

轧制直径 25mm 以上的 BT1-0、BT1-00、OT4-0 合金管材需要进行两个轧程，直径小于 25mm 的管材需要三个或三个以上的轧程。

用 OT4 和 OT4-1 类型的难变形合金生产直径 25mm 以上的管材需要三个轧程，其中前两个轧程在 XПТ 轧机上进行，最后一个轧程在 XПТР 轧机上进行。这样，可以显著减少管材的壁差率。

管材在 XПТ 轧机上的冷轧程序，通常按照莫斯科钢及合金提出的方法计算。典型的孔型设计列于图 15-28。

按照这个方法，各种不同钛合金牌号的大多数规格管材，都能用一个轧程的同样变形量来制造。一个轧程的总变形量为 40%~50%。这时的减径变形量不超过 3%~6%。

15.3.5 管材的温轧

国际上研制生产无缝管的技术是温轧+冷轧技术，生产精密薄壁管材时常采用此技

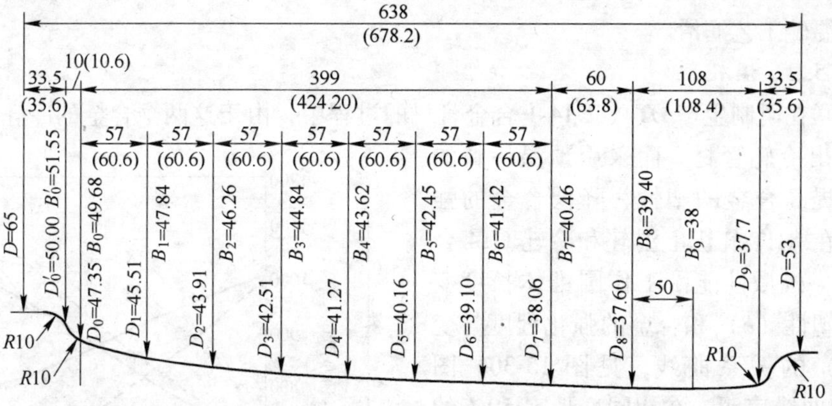

图 15-28　在 XПT-75 轧机上轧制 38mm×2. 15mm 管材的孔型设计

（括号中数据是沿着孔型“辊身”的展开尺寸）

术，特别适合于塑性低、中强和高强钛合金管材的生产。

15. 3. 5. 1　温轧工艺

温轧工艺的几个主要因素：

（1）加热。实践证明，采用感应加热器加热是合适的。

前苏联采用感应加热器加热管坯。在管坯临进入变形区前，用以工频电流工作的感应器加热到需要的温度。在 XПT-75 轧机上轧制管材用的感应加热器（图 15-29）内要安装一个整体的与感应圈绝缘的厚壁套管。

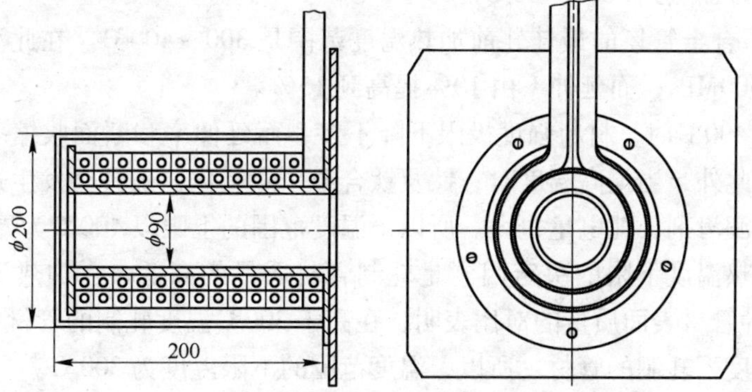

图 15-29　两辊轧机上轧制管材用的感应加热器

加热温度：TC10，开坯温度 600～650℃，其他道次为 300～400℃；TC1（OT4-1）、TC2（OT4）的加热温度为 300～400℃。

（2）加工率。TC10 钛合金道次加工率为 30%～40%，两次退火间的总加工率可达 80%；TC1、TC2 合金道次加工率为 45%～55%。

（3）工艺润滑。轧制前管坯内外表面，均匀涂一层胶体石墨乳，经烘干或晾干后轧制。

前苏联采用（5～7）%石墨＋（35～40）%钠硝石＋（8～10）%热石灰＋水成分的润滑剂作为温轧工艺润滑。

15.3.5.2 温轧

前苏联在研制生产OT4、OT4-1合金管材的过程中，由于这两个合金的冷轧塑性较低，很难生产出冷轧管材。而采用预温坯料的方法，可提高合金的塑性、降低合金的强化程度。在XПТ轧机上温轧和冷轧OT4合金管材时，机械性能沿工作圆锥体长度变化的合金塑性（δ）和合金的强化程度与变形量（ε）的关系曲线，见图15-30。图15-30中的曲线表明，在相同变形率50%的情况下，温轧金属的强化程度显著小于冷轧金属的强化程度。而温轧金属的塑性显著大于冷轧金属的塑性。为生产OT4、OT4-1合金管材创造了条件，研制生产出合格的合金管材。为此，将OT4、OT4-1合金管材的加工改为温轧。

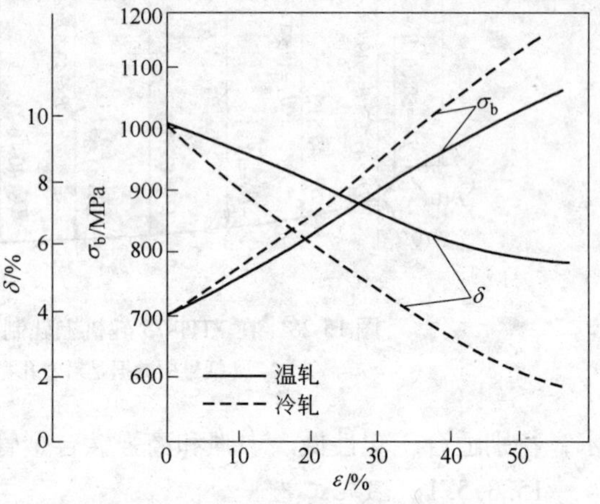

图15-30 OT4合金的塑性（δ）和合金的强化程度与变形量（ε）的关系曲线

温轧管坯采用感应加热器加热，在管坯临进入变形区前，用以工频电流工作的感应器加热到需要的温度。感应器（见图15-29）内要安装一个整体的与感应圈绝缘的厚壁套管。当轧制以工频感应方式加热管材时，套管和阀杆被加热到600～700℃温度。因此，管材轧制时可加热到300～400℃。

OT4、OT4-1合金管坯的最佳轧前加热温度范围是300～400℃。在此温度范围内极限强度下降400～500MPa，而延伸率由10%提高到15%。

在温度高于400℃时，材料强度极限下降不多，而延伸率和断面收缩率却有下降，使变形条件恶化。此外，当提高温度时，钛及钛合金强烈氧化，工具会发生过热和回火，管子表面难以保持润滑剂，耗电量也大。所以，温度范围的上限以400℃为界。

选择坯料加热温度下限的决定因素是轧制管材质量的高低。在加热温度低于和高于300℃轧制的两种管材表面质量的对比表明，在高于300℃温度轧制的管材，其表面质量显著高于在较低温度下轧制的管材。所以，温度范围的下限温度为300℃。

在总压下量为25～30mm的温轧时，可获得优质管材。这时，可以得到45%～55%的加工率。

从此，前苏联创立了温轧方法。

15.3.6 冷轧管材的质量控制

钛及钛合金冷轧管材生产中会出现许多制品缺陷，分析产生原因，解决消除或防止出现的办法，才能实现生产过程中的质量控制。常见的钛及钛合金冷轧管材常见的缺陷、产生原因及消除办法，见表15-15。

表 15-15 冷轧管材常见的缺陷及消除办法

缺陷名称	产生原因	防止或消除办法
外表面横向划伤	（1）孔型回转开口度不足； （2）马尔泰盘的位置不正确； （3）孔型开口不圆滑或凸缘太尖锐	（1）增大孔型回转开口度； （2）调整马尔泰盘的位置； （3）修理开口或凸缘
外表面纵向划伤	（1）多辊轧机的轧辊转动不灵活； （2）轧辊孔型不对称； （3）出料口不光滑	（1）调整轧机，修理铜瓦，调整平衡弹簧； （2）调整孔型； （3）修理出料口
管端开裂	（1）金属塑性差； （2）孔型开口度太大； （3）空减量过大； （4）管坯两端不齐，有严重缺陷； （5）轧辊的间隙过大	（1）减少道次变形量； （2）减少孔型开口度； （3）减少空减径值； （4）切除管坯缺陷，保证两端平齐； （5）更换轧辊轴承，调整间隙
外椭圆度太大	（1）管材不转动； （2）孔型或滑道的精整段太短； （3）轧辊、孔型左右不对称； （4）轧辊、孔型严重磨损； （5）轧辊底槽直径不相同； （6）几块滑道的高度不一致，或调整斜铁的位置各不相同	（1）调整转料机构； （2）增加精整段长度； （3）更换或调整孔型； （4）更换轧辊，挑选底槽直径相同的轧辊； （5）更换滑道，调整斜铁的位置，使各块斜铁的位置相同
外表面粗糙不光滑	（1）润滑剂不适当或润滑剂不清洁； （2）孔型间隙太大； （3）孔型、轧辊粘金属； （4）孔型、轧辊表面粗糙； （5）送进量过大	（1）更换润滑剂、保持润滑剂的清洁； （2）调整轧机，减少孔型间隙； （3）修理或更换孔型、轧辊； （4）减少送进量
内表面擦伤	（1）芯头表面粘金属或有缺陷； （2）管材内表面润滑不良； （3）轧机调整不合理	（1）修理或更换芯头； （2）加强内表面润滑； （3）调整轧机
内表面麻坑	（1）管坯内表面不清洁； （2）马尔泰盘的位置不正确，引起窜动； （3）润滑剂不清洁； （4）滑道或孔型曲线不适当，引起局部变形太大而黏结芯头	（1）清理管坯内表面； （2）调整马尔泰盘的位置； （3）加强内表面润滑； （4）改进滑道或孔型曲线设计
环状压痕	（1）轧机孔型开口不适当； （2）芯头位置过于靠后	（1）修理孔型开口； （2）调整芯头位置
同一横端面上壁厚不均	（1）管坯壁厚偏差太大； （2）管材回转角度不适当； （3）孔型或滑道的预精整段太短； （4）轧制中心线不对； （5）芯头或导向杆弯曲； （6）滑道高度不一样，或轧辊的辊颈直径不一样	（1）改善管坯质量； （2）调整回转角度； （3）增长预精整段的长度； （4）调整轧制中心线； （5）更换芯头或导向杆； （6）更换滑道或轧辊（多辊轧机）
尺寸超差	（1）芯头尺寸不对，或位置不准确； （2）孔型间隙太大或孔型磨损严重； （3）工具制造误差	（1）调整孔型间隙； （2）更换工具
表面裂纹	（1）坯料质量不好； （2）变形量过大； （3）退火不充分或退火温度不均匀	（1）认真修理、检查管坯，提高管坯质量； （2）减少变形量； （3）重新退火
金属或非金属压入	（1）管坯端头有毛刺； （2）孔型、轧辊、芯头上粘有金属； （3）润滑剂不清洁； （4）管坯内、外表面不清洁	（1）清除端头毛刺； （2）经常检查、修理工具； （3）更换润滑剂； （4）擦洗管材内、外表面

续表 15-15

缺陷名称	产生原因	防止或消除办法
波 浪	(1) 送进量过大; (2) 滑道后倒锥的长度太短或锥度太小; (3) 孔型精整段磨损成锥形; (4) 变形量太大,精整段太短	(1) 减少送进量; (2) 加大滑道后倒锥的长度或锥度; (3) 更换孔型; (4) 改进孔型设计
飞边压入	(1) 孔型开口太小; (2) 孔型某部分磨损严重; (3) 送进量过大或送进不均匀; (4) 孔型间隙不合适; (5) 管子不回转	(1) 加大孔型开口; (2) 更换孔型; (3) 调整送进机构; (4) 调整孔型间隙; (5) 调整回转机构

15.4 轧制棒材和线材工艺

15.4.1 钛及钛合金轧制棒材和线材生产工艺流程

钛及钛合金轧制棒材和线材生产典型工艺流程如表 15-16 所示。

表 15-16 钛及钛合金棒、线材典型工艺流程

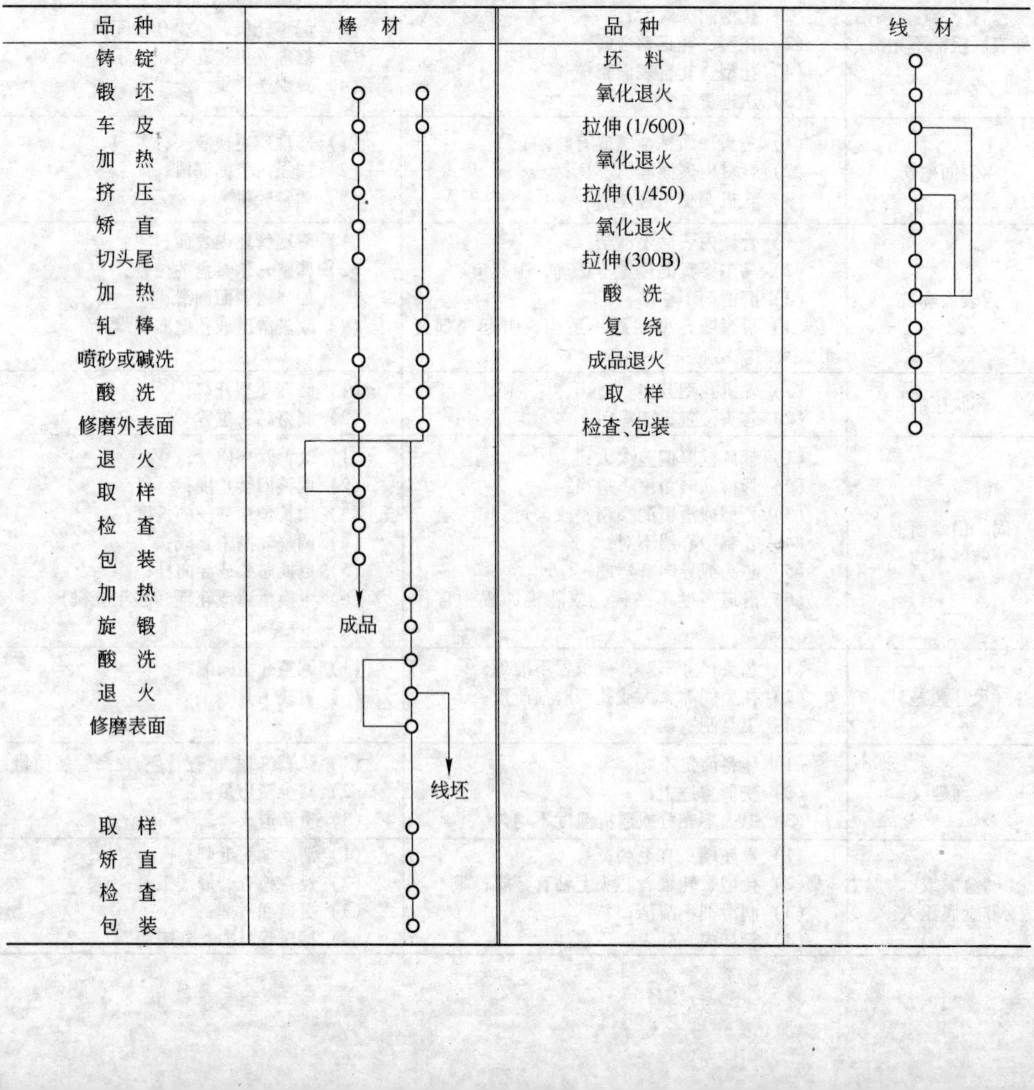

15.4.2　钛及钛合金棒材轧制

15.4.2.1　坯料的制备

棒材轧制的坯料，一般用锻造、精锻或挤压方法制得。为了保证轧制产品的质量，应对坯料进行车削或磨削。目前所采用的各种坯料的规格如表15-17所示。

表15-17　坯料规格

合金牌号	成品规格/mm	坯料规格（直径或边长）/mm	合金牌号	成品规格/mm	坯料规格（直径或边长）/mm
TA1、TA2、TA3	ϕ8~24	ϕ30~32或ϕ32×32	TB2、TC1、TC2、TC3	ϕ30~65	90×90×1000
TA4、TA5	ϕ8~28	45×45×1000	TC4、TC6、TC9、TC10	ϕ25~60	ϕ127×(1000~1250)

15.4.2.2　工艺参数的选择

工艺参数有：

（1）加热制度及终轧温度。（α+β）型钛合金轧前加热温度稍低于(α+β)/β相变温度。轧制过程在（α+β）相区完成，α型钛合金在（α+β）相区内加热，β型钛合金的加热温度高于β转变温度。加热时间按1~1.5mm/min计算。钛及钛合金棒坯轧前加热温度及棒材终轧温度如表15-18所示。

表15-18　钛及钛合金棒坯轧前加热温度及终轧温度

合金牌号	(α+β)/β相变温度/℃	加热温度/℃	终轧温度(不低于)/℃	合金牌号	(α+β)/β相变温度/℃	加热温度/℃	终轧温度(不低于)/℃
TA1、TA2、TA3	890~920	820	700	TC2	920~940	880	700
TA4	960~980	880~900	700	TC4	980~990	920	700
TA5	960~980	920	700	TC6	950~980	920	700
TA6	980~1000	980~1000	800	TC7	1010~1030	980	850
TA7	1000~1020	1010	800	TC9	1000~1020	980	850
TB2	750	1000	800	TC10	935	930	750
TC1	910~930	880	700				

（2）其他工艺参数的选择。由于钛及钛合金的产量不大，制品长度也较短，所以轧制时都用手工操作。轧制速度不宜过大，实际生产过程中，所采用的轧制速度一般在1~3m/s。

道次平均延伸系数一般是$\bar{\lambda}=1.14\sim1.24$。确定了$\bar{\lambda}$，又确定了轧前断面积和轧件断面积，就可以按下式计算出轧制道次N：

$$N=\ln\lambda_{\Sigma}/\ln\bar{\lambda}$$

式中　λ_{Σ}——总延伸系数。

在ϕ450mm轧机上轧制ϕ25~60mm棒材和ϕ420mm轧机上轧制ϕ30~65mm棒材的道次及孔型系见图15-31和图15-32。

15.4.2.3　棒、线材轧制

前苏联轧制直径8~100mm的棒材可分成三类：第一类棒材为直径65~100mm棒材，一般在三机架横列式500轧机上轧制：第二类棒材为直径20~60mm棒材，这种棒材可用

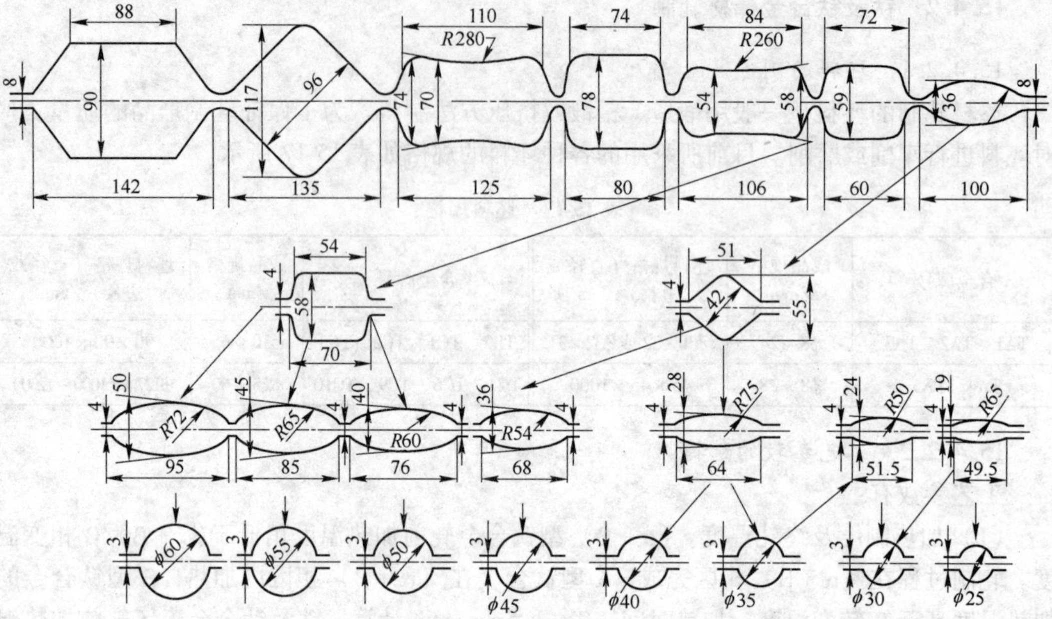

图 15-31 在 450 轧机上轧制 ϕ25 ~ 60mm 钛及钛合金棒材孔型图

（坯料为 ϕ125mm 圆坯）

450 型中型轧机轧制；第三类棒材为直径 8 ~ 25mm 小型棒材。这时的孔型（图 15-33）为 500 坯料机架的延伸箱形孔型系统，直径 110 ~ 145mm 的圆形坯料，经过 9 ~ 11 个道次就可加工成 90mm × 70mm 的椭圆断面的条材。

300 中间机架和 250 精轧机架是按方—椭—方—椭—圆系进行孔型设计的。

研究结果表明，用箱形孔型系、扁形和椭圆箱形孔型与椭圆孔型的组合孔型，或者立椭—水平椭—圆的立椭孔型系代替了粗轧菱形、方形和六角形孔型的孔型设计，对三种尺寸的各种棒材，都表现出了最好的结果。把扁六角形孔型换成了孔型周长与其面积之比（或者体积与表面积之比）最小、角和辊环圆角半径较大的扁方孔型。

15. 4. 3 钛及钛合金线材轧制

以钛及钛合金线坯（成盘的或单根的）为原料通过拉拔而得到的成盘的或单根的线制品。包括碘化钛线、钛钼合金线、钛钽合金线、工业纯钛线及其他钛合金线。碘化钛线用于仪器、仪表、电子等工业部门。Ti-15Mo 合金线，供作超高真空钛离子泵吸气源材料。Ti-15Ta 合金线，供作超高真空工业部门的吸气材料。工业纯钛及其他钛合金线包括工业纯钛线、Ti-3Al 线、Ti-4Al-0. 005B 线、Ti-5Al 线、Ti-5Al-2. 5Sn 线、Ti-5Al-2. 5Sn-3Cu-1. 5Zr 线、Ti-2Al-1. 5Mn 线、Ti-3Al-1. 5Mn 线、Ti-5Al-4V 线、Ti-6Al-4V 线等。用作耐蚀零件、电极材料、焊接材料等。高强 TB2 和 TB3 合金线用于航空和航天领域。

15. 4. 3. 1 钛及钛合金线材品种规格

钛及钛合金线材合金牌号、棒（线）、状态和规格，见表 15-19；产品的力学性能及直径允许偏差分别见表 15-20 和表 15-21。

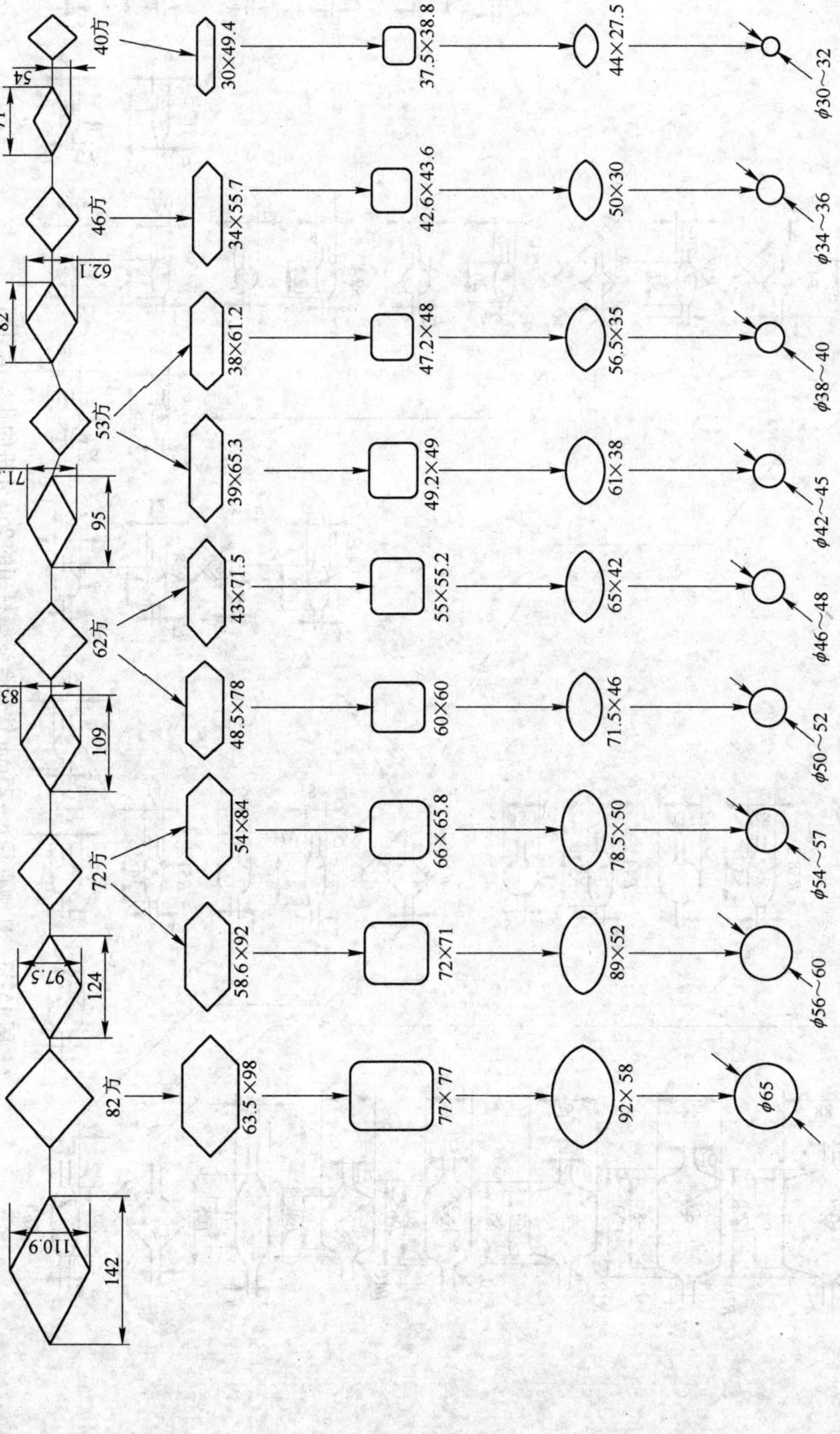

图 15-32 在 420 轧机上轧制 φ30～65mm 钛及钛合金棒材孔型图

（坯料为 90mm×90mm 方坯）

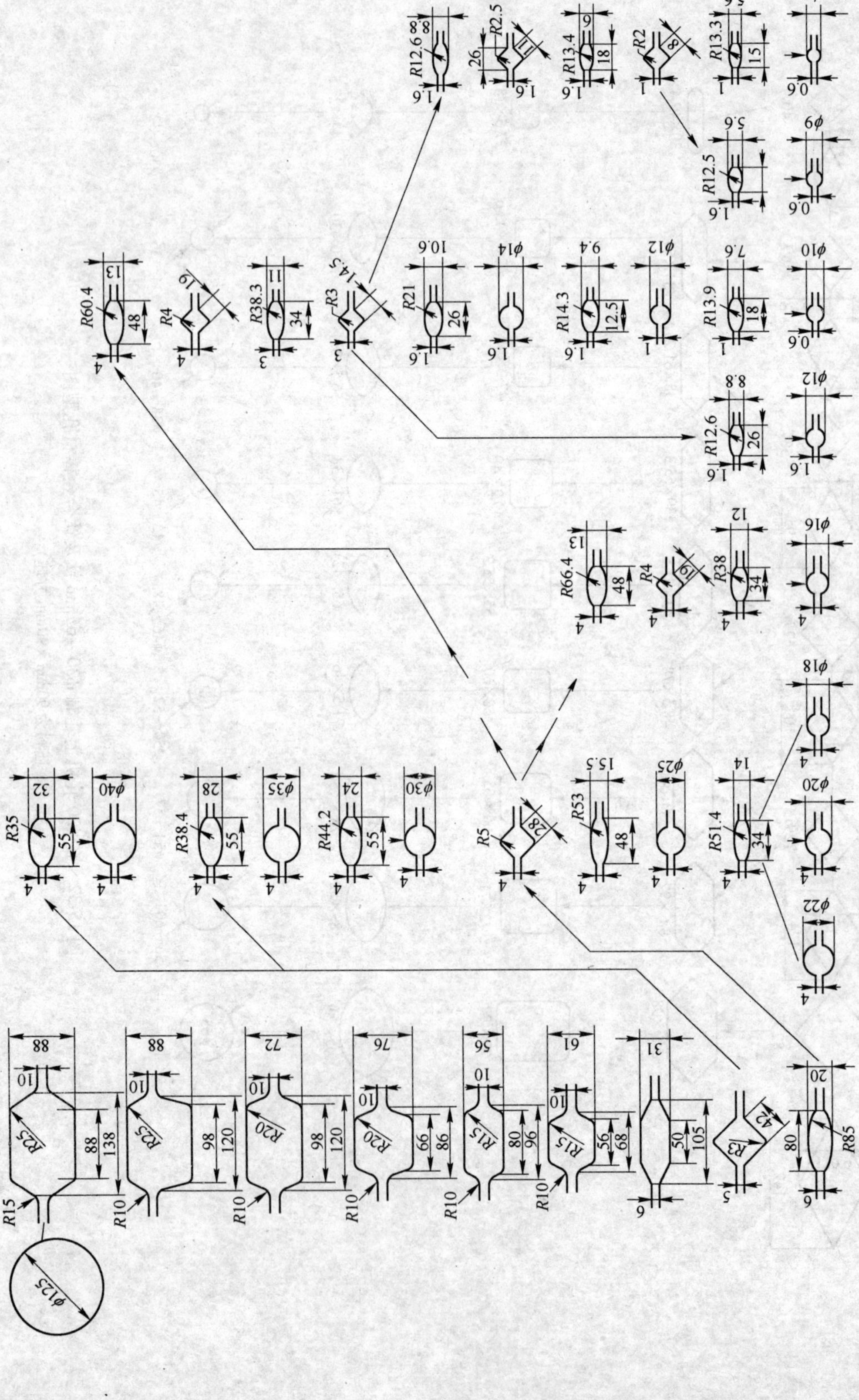

图 15-33 轧制直径 8～25mm 钛合金线棒材用的 250 轧机的孔型示意图

表 15-19　合金牌号、棒（线）、状态和规格

牌　号	供应状态	直径/mm	长度，不小于/mm
TA1、TA2	退火（M）	2.0～6.0	1000
TC4	退火（M）	4.0～14.0	
TB2	固溶处理（ST）	2.5～10.0	
TB3	固溶处理（ST）		

表 15-20　棒（线）材产品的力学性能

牌 号	试样状态	室温力学性能，不小于				
		抗拉强度 σ_b/MPa	规定残余伸长应力 $\sigma_{r0.2}$/MPa	伸长率 δ_5/%	断面收缩率 ψ/%	剪切强度 τ/MPa
TA1	退火（M）	345				
TA2	退火（M）	440				
TC4	固溶+时效（STA）	1100	1000	10	20	665
TB2	固溶处理（ST）	885～980		20	60	640
	固溶+时效（STA）	1100	1000	12	30	700
TB3	固溶处理（ST）	840～940		15	60	650
	固溶+时效（STA）	1100	1000	10	25	690

表 15-21　棒（线）材的直径及允许偏差（mm）

直　径	允许偏差	直　径	允许偏差
2.0～<4.0	0 -0.04	8.0～<12.0	0 -0.08
4.0～<6.0	0 -0.05		
6.0～<8.0	0 -0.06	12.0～14.0	0 -0.10

15.4.3.2　线坯料的制备

钛及钛合金线坯，一般以热轧轧制成盘条和经热旋锻成直棒材。

15.4.3.3　线材轧制工艺

A　线材轧制

钛及钛合金线材轧制，通常采用热轧成 ϕ8mm×Lmm 盘条（见图 15-33 的孔型示意图）和经热旋锻成直棒材，再经温拉伸和冷拉伸成需要的不同规格的线材。在拉伸过程中需经过多次真空退火。

B　钛及钛合金线（丝）材的真空退火

线（丝）材的中间退火制度见表 15-22，线（丝）材的成品真空退火制度见表 15-23，紧固件用线（丝）材推荐的热处理制度见表 15-24。

表 15-22 线（丝）材的中间退火制度

牌 号	直径范围/mm	炉内温度/℃	保温时间/min	备 注
TA0、TA1、TA2	8.0 ~ 4.0	750 ~ 700	30	炉内气氛为微氧化气氛
TA3、TA4	<4.0 ~ 3.0	700 ~ 650	30	
	<3.0 ~ 1.0	650 ~ 600	10 ~ 20	
	<1.0 ~ 0.5	550 ~ 500	10 ~ 20	
	<0.5 ~ 0.2	550 ~ 500	10 ~ 20	
TB2、TB3	<8.0 ~ 6.0	830 ~ 800	30	
	<6.0 ~ 5.0	830 ~ 800	30	
	<4.0 ~ 3.0	830 ~ 800	30	

表 15-23 线（丝）材的成品真空退火制度

牌 号	直径范围/mm	炉内温度/℃	保温时间/min	牌 号	直径范围/mm	炉内温度/℃	保温时间/min
TA0、TA1、TA2	3.0 ~ 1.0	700	60 ~ 90	TB2、TB3	<4.0 ~ 3.0	800	60 ~ 90
TA3、TA4	<1.0 ~ 0.2	650	60 ~ 90				

表 15-24 紧固件用线（丝）材推荐的热处理制度

牌 号	热处理类型	加热温度，保温时间，冷却方式
TA1、TA2	退 火	650 ~ 700℃，1h，空冷或炉冷（真空退火时炉冷）
TC4	退 火	700 ~ 850℃，30 ~ 120min，空冷或炉冷
	固 溶	(955 ± 15)℃，1 ~ 2h，流水中淬火
	时 效	(540 ± 8)℃，4 ~ 8h 空冷
TB2	固 溶	(800 ± 10)℃，2 ~ 20min，空冷
	时 效	(500 ± 10)℃，8 ~ 24h，空冷
TB3	固 溶	800 ~ 830℃，15 ~ 30min，空冷
	时 效	(700 ± 10)℃，15 ~ 30min，炉冷到（550 ± 5)℃，16h，空冷

15.5 焊接管材工艺

在专业化焊接机系列上用钛带焊制管材，是大批量生产钛及钛合金管材最有前途的工艺，工艺流程见图 15-34。

15.5.1 管材的成型

管材的成型可借助于有缝钢管的成型设备，也可在连续辊式机上进行。板带材用圆盘剪切割成所需的宽度后，再把带材送上成型机。下面列出了制取直径 25 ~ 102mm 焊管所用的带条宽度值：

管材直径/mm	25	32	38	50	54	60	70	80	90	102
带材宽度/mm	76	98	116.5	153	167	185	217	250	278	320

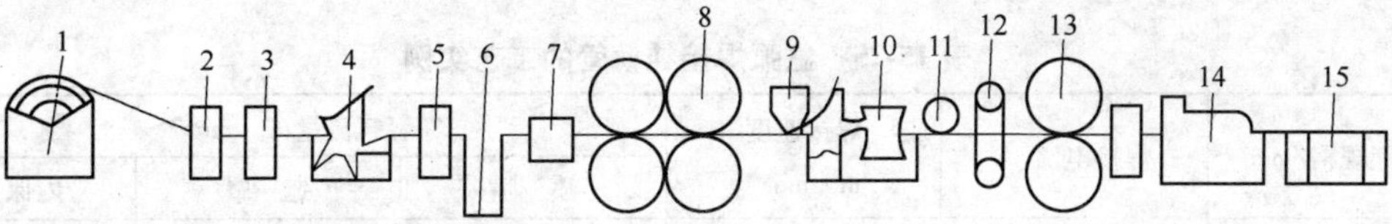

图 15-34 直缝钛焊管的生产流程

1—开卷机；2—拉辊和矫直机；3—斜刃剪；4—对焊机；5—送进扁带的拉辊；6—活套形成器；7—带材加工设备；8—成型机；9—焊前除油擦拭器；10—焊接部分；11—加工外焊瘤用的针状铣刀；12—带式研磨机；13—定径机；14—矫直机；15—成品管材的堆放支架

15.5.2 管缝的焊接

目前管缝的焊接主要有高频焊接，氩弧焊和等离子焊接。在高频焊中，根据电流导入方法不同，又分为高频接触焊和高频感应焊。

高频焊接属于固态变形焊接方法，图 15-35 所示为高频感应焊接管缝的示意图。

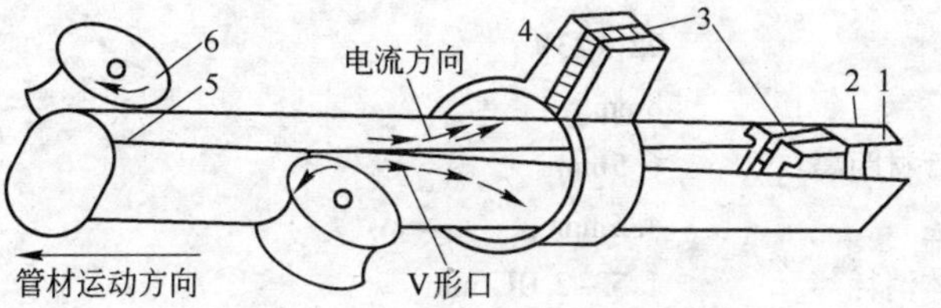

图 15-35 高频感应焊接管缝示意图

1—管坯；2—导向装置；3—绝缘；4—感应圈；5—焊筋；6—压紧轮

为了防止钛被氧、氮、氢等气体污染，焊接及焊后的焊缝温度高于 450℃时，均需采取保护措施。目前一般采用氩气保护。高频感应焊接钛管时，外表面采用三段保护罩，管子内部用内保护罩。氩弧焊接时，采用喷嘴和拖罩进行外保护，其中熔池由喷嘴保护、冷却中的焊缝和热影响区用拖罩保护。

管内壁保护采用内保护装置，如图 15-36 所示。弹簧 6 使上体 4 与管内壁贴紧，氩气从一排小孔 7 喷射到管内保护焊缝。焊接过程中机头通过滑轮系统牵引内保护装置使其和喷嘴以相同速度在管内移动。

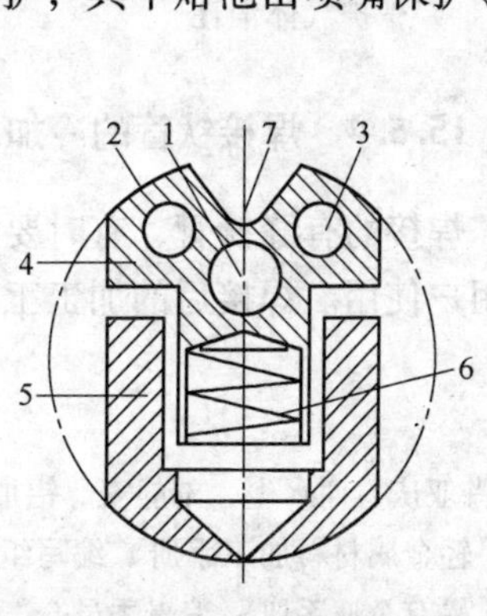

图 15-36 管内壁保护装置示意图

1—氩气进口；2—冷水进口；3—冷水出口；4—上体；5—下体；6—弹簧；7—氩气出口

15.5.3 焊接工艺实例

焊接工艺实例有：

（1）高频感应焊接 TA3 管材。被焊管材的规格为 ϕ62mm×2.5mm，感应圈与焊管间距每边 5mm，V 形夹角 5°左右。焊接功率 120kW、焊接速度 5～6m/min，保护罩氩气流量为：一段，最大流量；二段，13～15L/min；三段，13～15L/min。管内保护罩为最大流量。

（2）氩弧焊接纯钛管材。用氩弧焊接纯钛管的工艺实例如表 15-25 所示。

表 15-25 氩弧焊接纯钛管的工艺实例

管坯规格/mm	焊接电流/A	焊接速度 /m·min^{-1}	氩气流量/L·min^{-1}		
			喷 嘴	拖 罩	内保护
ϕ40×1.5	80～90	0.2～0.3	10	15	20
ϕ40×2.0	100～120	0.25～0.3	10	15	20
ϕ30×2.0	145～165	0.4～0.5	8～9	9～10	10～14

（3）等离子弧焊 BT1-0（相当于 TA1）管材。BT1-0（相当于 TA1）管材等离子弧焊的工艺实例如下：

管材直径 30～102mm

1）等离子体的工作规范：

焊接电流 100～135A

保护焊缝气体流量：

管外 3.5～4.0L/min

管内 3.5～4.0L/min

电压 22～23V

电极直径 8mm

喷嘴开口到管材距离 6.5mm

喷嘴气道直径 4.5mm

等离子态气体消耗 1.5～2.0L/min

保护气体消耗 1.5～2.0L/min

焊速 1.0～1.2m/min

2）氩弧焊箱的工作规范：

焊接电流 190～250A

电压 12～14V

电极直径 6mm

保护气体消耗 3.5～4.5L/min

15.5.4 焊接钛管的冷加工

焊接的有缝钛管，有时要经过冷加工，如轧制、旋压、拉伸等。然后进行热处理，再供用户使用。焊接后的加工工艺与无缝管的加工工艺基本相同。

参 考 文 献

1 肖亚庆，谢水生，刘静安．铝加工技术实用手册．北京：冶金工业出版社，2005

2 《轻金属材料加工手册》编写组．轻金属材料加工手册．北京：冶金工业出版社，1979

3 《稀有金属手册》编辑委员会．稀有金属手册（下册）．北京：冶金工业出版社，1995

4 《稀有金属材料加工手册》编写组．稀有金属材料加工手册．北京：冶金工业出版社，1984

5 亚历山德罗夫 B K，等著．钛合金半成品加工．宁兴龙，等译．西安：《稀有金属材料与工程》杂志社，1996

16 挤压钛管材和棒材

挤压是塑性加工钛管材和棒材的常用方法之一。

16.1 挤压方法和特点

16.1.1 挤压原理

挤压是用挤压杆将放在容器（挤压筒）内的金属坯料施加外力压出挤压模孔，获得所需断面形状和尺寸的一种金属塑性加工方法，如图16-1所示。

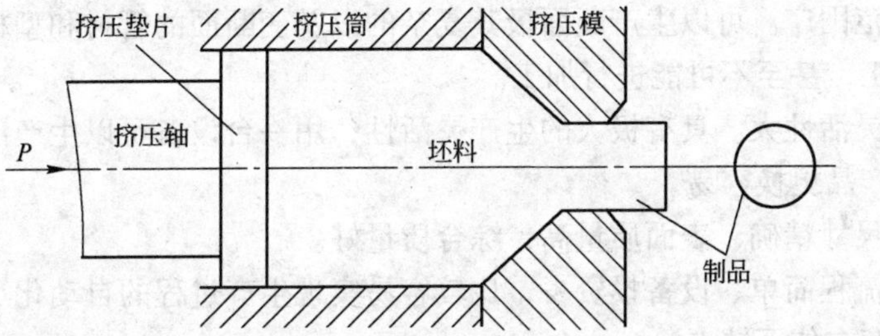

图16-1 金属挤压的基本原理

16.1.2 挤压方法

根据挤压时挤压筒内金属的应力、应变状态，挤压方向及制品的种类、形状与尺寸等来选择挤压方法。

挤压方法有许多，可以根据不同的特征进行分类。

挤压按金属流动及变形特征分类，有正向挤压、反向挤压和特殊挤压。特殊挤压包括静液挤压、连续挤压、侧向挤压、联合挤压、复合挤压、包套挤压、脱皮挤压、水封挤压、舌模挤压、粉末挤压、半熔融挤压、液态挤压等。

按挤压温度分类，有热挤压、温挤压和冷挤压。热挤压和冷挤压是挤压的两大分支，在冶金工业系统主要应用热挤压，即通称的挤压；机械工业系统应用冷挤压；温挤压发展比较晚，应用范围也小。

挤压最基本方法是正向挤压和反向挤压。

正向挤压的特征是：

(1) 金属流动方向与挤压轴的运动方向相同；

(2) 锭坯与挤压筒有较大的相对运动，所需的挤压力较大；

(3) 操作方便，工模具简单。

正向挤压是最基本的挤压方法，因其技术最成熟、工艺操作简单、生产灵活性大等特点，成为钛及钛合金材料加工中使用最广泛的方法之一。

反向挤压的特征是：

（1）金属流动方向与挤压轴的运动方向相反；

（2）挤压时的外摩擦小，挤压力小；

（3）成品率较高，生产率较低。

在现代正反两用挤压机上一般有两根挤压轴（主挤压轴和模轴），挤压时挤压筒随主挤压轴（简称主轴）一起移动。此时，制品流出方向与主轴移动方向一致，而与模轴的相对移动方向相反。反向挤压的新定义是，在挤压过程中坯料与挤压筒之间无相对运动的挤压叫做反向挤压，反向挤压适合于大直径管材和难挤压的合金棒材。

16.1.3 挤压加工的优、缺点

挤压法与其他塑性加工方法（如轧制等）相比，其主要优点是：

（1）提高金属的变形能力。具有比轧制更为强烈的三向压应力状态（见挤压应力状态），金属可以一次承受很大的塑性变形，为难变形、低塑性的材料提供了一种加工途径。

（2）产品范围广。可以生产断面极其复杂的以及变断面的管材和型材，这些产品用其他方法很难加工，甚至不可能进行加工。

（3）生产灵活性大。具有极大的生产灵活性，用一台设备可以生产出很多品种和规格的产品，并且产品更换容易。

（4）产品尺寸精确，表面质量高，综合质量好。

（5）工艺流程简单、设备投资少，比较容易实现生产过程的自动化。

挤压法也存在如下缺点：

（1）生产效率较低。在一个挤压周期中，有较多的辅助工序，占用时间较长，生产率比轧制时的低。

（2）金属的固定废料损失较大，成品率较低。挤压终了时所留压余和挤压缩尾为固定损失，仅压余量一项就占坯料重量的10%～15%，正挤压时因坯料长度受到限制（一般坯料长度与直径之比不超过3～4），又不能通过增加坯料长度来减少固定的压余损失，所以成品率较低。

（3）工具消耗较大。挤压法的突出特点是工作应力高，可达到金属变形抗力的10倍。挤压垫上的压力平均为400～800MPa，有时可达1000MPa或更高。在高温、高应力和高摩擦的作用下，使得挤压工具的使用寿命比轧辊的低得多，工具消耗较大。

（4）制品性能不均匀。挤压时，因坯料内外层和前后端变形不均匀，造成沿制品长度和端面上的组织和性能的不均匀。

综上所述，挤压法适合于批量小、品种与规格繁多的有色金属管、棒、型材和线坯的生产。对于端面复杂的或薄壁的管材和型材、直径与壁厚之比趋近于2的超厚壁管材，以及脆性的有色金属和特殊钢铁材料方面，挤压法是可行的压力加工方法。

16.1.4 挤压金属的流动

在挤压力的作用下，金属流动是在挤压变形区内发生的塑性变形过程。金属流动状况对挤压制品的组织、尺寸形状以及表面状态有重要的影响，而金属的流动又受到金属的性质、挤压方法及工艺条件的限制。

挤压过程金属的流动分为填充挤压、基本挤压和紊流挤压 3 个阶段，各个阶段金属的流动有各自的特点。

16.1.4.1 填充挤压阶段

为了便于把锭坯装入挤压筒中，锭坯的直径应小于挤压筒内径。因此，在挤压时，首先进行填充挤压，迫使金属在挤压筒内镦粗和充满模孔，挤压力上升到最大值。填充挤压过程如图 16-2 所示。开始坯料与模端面接触部分的轴向应力 σ_1 比其他部分大，而先达到塑性条件，发生塑性变形。但由于端面摩擦力作用，变形量很小。当继续加大挤压力时，坯料的变形类似自由体镦粗，而呈鼓形。随后继续压缩坯料，由于在部位Ⅱ处的金属对容器壁的摩擦，径向应力 σ_r 增加，此时的轴向应力 σ_1、径向应力 σ_r 和周向应力 σ_θ 都很大，继续塑性变形困难。那么，在部位Ⅰ上的坯料所受的平均单位压力比部位Ⅲ上的大。因此，部位Ⅰ上的挤压筒中空腔的部位Ⅰ首先被金属所填满，而后填满靠近凹模的部位Ⅲ。有时当挤压坯料的长度与直径的比等于或大于 3～4，并且挤压比又较大时，部位Ⅲ处的空气或润滑剂完全燃烧的产物，在挤压时受到剧烈地压缩并且明显发热，气体会进入坯料表面的微裂纹中，通过模孔被焊合，继而在出模孔后形成气泡；或者未能焊合而在出模孔后使挤压制品表面起皮。坯料和挤压筒之间的间隙越大，这种缺陷就越严重。为了避免制品表面起皮缺陷，锭坯的长度与直径之比最好小于 3～4，或者采用梯温加热。

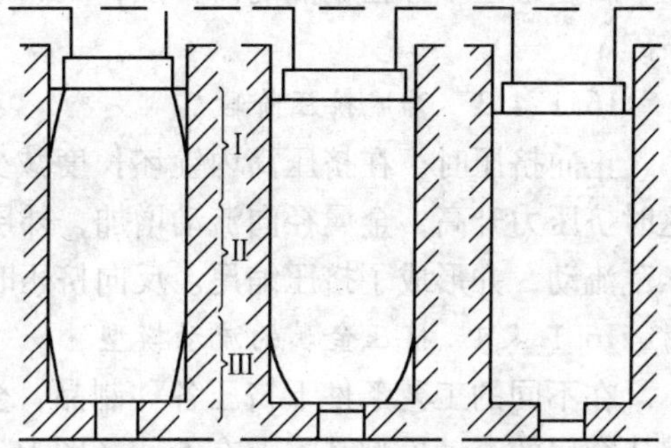

图 16-2 填充挤压过程

16.1.4.2 基本挤压阶段

金属开始由模孔流出到挤压过程将要结束时止。在正向挤压过程中，挤压力随着铸锭长度的减少而平稳下降；当反向挤压时，挤压力随着挤压过程的进行而基本保持不变，金属流动比较均匀。基本挤压阶段金属的流动随挤压条件的变化而有所不同。一般情况下，金属流动相当于无数同心薄壁圆管的流动，内外层金属不发生交错或紊流。图 16-3 为用单孔锥形模进行不带润滑的正向挤压时，在基本挤压阶段中变形过程中的坐标网格发生的较大变化。横向坐标线在挤压后都有较大的弯曲，说明中心部分的金属流动快，而外层金

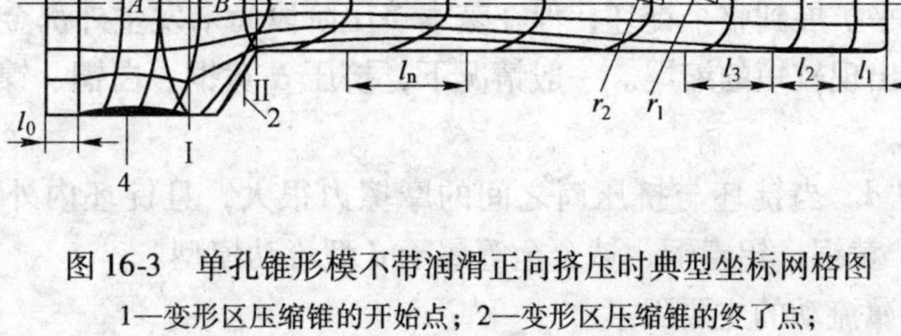

图 16-3 单孔锥形模不带润滑正向挤压时典型坐标网格图

1—变形区压缩锥的开始点；2—变形区压缩锥的终了点；

3—弹性区；4—由于堆挤现象形成的边层加厚

属变形滞后于中心部分变形。横向坐标线的弯曲程度由棒材的前端往后端逐渐增加，到一定位置后趋于稳定。纵向坐标线在进出塑性变形区时发生方向相反的两次弯曲，其弯曲角度由中心层向外层逐渐增加，这表明金属内外层变形的不均匀性。纵向坐标线有时在进入塑性变形区之前距离垫片不远处发生明显的弯曲，形成细颈，这是由于外层金属向中心部分压缩而形成的。挤压后的坐标网格也存在着畸变，中间方格为近似矩形，外层的方格变为近似平行四边形，说明金属有剪切变形。在挤压筒内存在着前端和后端两个难变形区。在金属变形区中存在剧烈的滑移区，从低倍组织观察来看有明显的金属流线和金属晶粒的破碎。

16.1.4.3 紊流挤压阶段

正向挤压时，在挤压筒内锭坯长度减少到接近变形区压缩锥高度时的金属流动阶段。这时挤压力升高，金属径向流动增加，外层金属沿着挤压垫片从周边向中心做回转交错的紊乱流动，并形成了挤压缩尾。反向挤压时，此阶段的金属流动与正向挤压相类似。

16.1.4.4 挤压金属的流动模型

在不同的工艺条件下挤压各种制品，金属流动是不同的。根据金属流动的特性分析，挤压金属的流动模型基本上有4种（图16-4）。

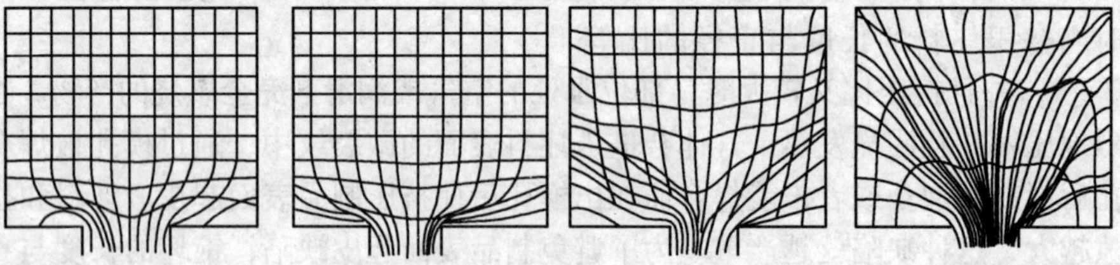

图16-4 金属在挤压筒中的流动模型

（1）流动模型 a。在反向挤压和静液挤压时出现。锭坯与挤压筒之间绝大部分没有摩擦力，只有靠近模子附近处筒壁上才存在着摩擦力，金属流动均匀，几乎沿锭坯整个高度都没有金属周边层剪切变形，弹性区的体积较大，塑性变形区只局限在模口附近，死区很小。在整个挤压的过程中，压力、变形和温度条件稳定，所以不产生中心缩尾和环行缩尾。

（2）流动模型 b。在润滑挤压时，锭坯与挤压筒之间的摩擦力极小时出现。塑性变形区与死区比 a 型大些，金属的流动较均匀，不产生中心缩尾和环行缩尾。一般情况下，挤压紫铜、黄铜、锡磷青铜、铝、镁合金、钢等属于 b 型流动模型。

（3）流动模型 c。锭坯内外温差较大，且受到挤压筒和模子之间的较大摩擦力时出现。塑性变形区几乎扩展到整个锭坯，但在基本挤压阶段尚未发生外部金属向中心流动的情况。在挤压后期出现较短的缩尾。一般情况下，挤压 α 黄铜、白铜、镍合金、铝合金等属于 c 型流动模型。

（4）流动模型 d。当锭坯与挤压筒之间的摩擦力很大，且锭坯内外温差又很大时出现。挤压（α+β）黄铜、铝青铜、钛合金等属于 d 型流动模型。

挤压时影响金属流动的主要因素：

（1）挤压方法。反向挤压比正向挤压金属流动均匀，冷挤压比热挤压金属流动均匀，润滑挤压比不润滑挤压金属流动均匀。挤压方法的影响是通过摩擦条件的改变而实现的。

（2）挤压温度。挤压温度升高、坯料的变形抗力降低时金属的不均匀流动加剧。挤压过程中，如果挤压筒和模子的加热温度过低，外层与中心层的金属温差大，则金属流动的不均匀性增加。金属导热性越好，在锭坯端面上温度分布越均匀。

（3）金属强度。在其他条件相同时，金属强度越高，金属流动越均匀。

（4）模角。模角α（即模子端面和中轴线间的夹角）越大，则金属流动性越不均匀。当采用多孔模挤压时，模孔排列合理，则金属流动趋于均匀。

（5）变形程度。变形程度过大或过小，金属流动不均匀。

（6）挤压速度。挤压速度增加，金属的不均匀流动加剧。

16.1.5　挤压变形区

挤压变形时挤压变形区分弹性变形区和塑性变形区，两区的位置和大小与许多因素有关。挤压变形区通常指塑性变形区。由金属流动的坐标网格试验可以确定塑性变形区剖面的形状。如图16-5中*ABCDEF*所示。

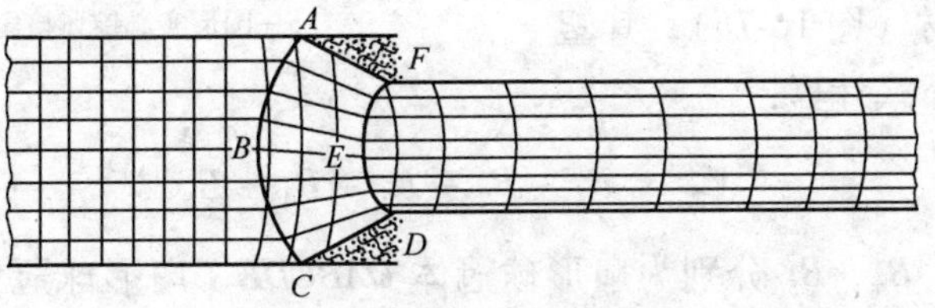

图16-5　塑性变形区剖面的形状

实心材正向挤压时，塑性变形区有3个边界：前部边界、后部边界及外侧边界。但是，后者只取决于挤压针的几何形状。所以，无论挤压实心或空心材，都需要确定塑性变形区的前、后及外侧边界。对塑性变形区的边界进行精确地确定是困难的，但是在宏观上可以大致地确定。格列博夫（Ю. П. Глебов）提出，润滑正向挤压时，塑性变形区的后部和前部边界可以看作是将坐标网格纵向线发生两次弯曲的折点连接起来所形成的轨迹。塑性变形区的外侧边界取决于使用的模具。若采用锥形模时，外侧边界实际上完全取决于模子入口锥的形状，只存在很小的死区；若采用平模时，则外侧边界取决于自然流角的大小。反向挤压时塑性变形区集中在模口附近，它的确定方法与正向挤压时基本相同，但比正向挤压时的小得多。

塑性变形区有3种形式：

（1）变形区集中在模孔附近（图16-6*a*），这种形式一般在反向挤压时发生；若摩擦系数小和锭坯的材质均匀，正向挤压时也会发生。由于金属的流动均匀，制品的组织性能比较均匀，不会发生缩孔的缺陷。

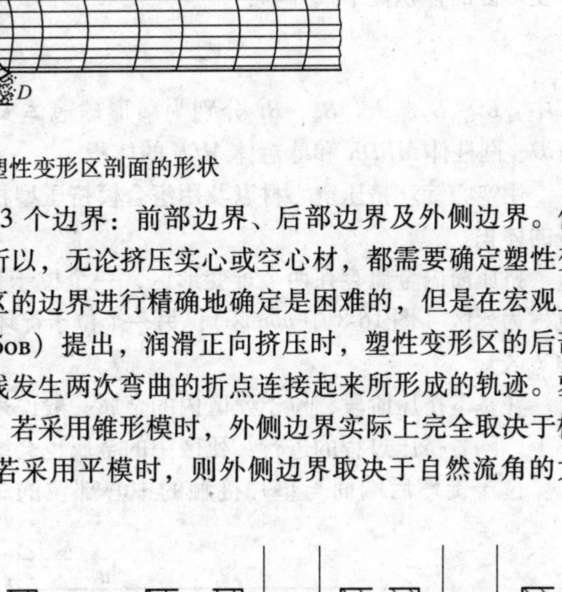

图16-6　挤压变形区的变化

（2）塑性变形区扩大到几乎整个

锭坯（图16-6b）。当正向不润滑挤压时，锭坯与挤压筒间的摩擦系数较大，锭坯的材质又不够均匀，内层有前滑现象，则形成内层 V_1 与外层 V_2 区。外层比内层流动得慢，制品的组织性能不够均匀；但是制品的表面质量较好；

（3）塑性变形区扩展全锭坯（图16-6c）。当锭坯与挤压筒间的摩擦系数相当大，锭坯的材质又很不均匀，易形成内层 V_1、外层 V_2 及靠近垫片处 V_3 区。3个区域的出现会导致制品的组织性能不均匀，因而挤压时应当避免。

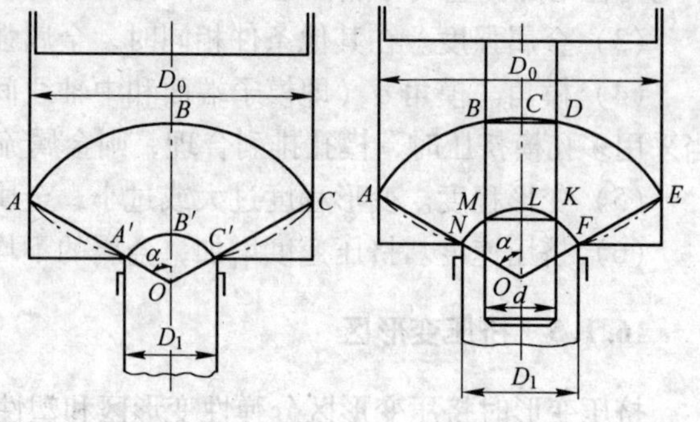

图16-7 确定塑性变形区体积的示意图

a—圆形实心锭坯挤压圆棒材时；

b—圆形实心锭坯挤压空心材时

用实心锭坯挤压圆棒材时塑性变形区体积 $V_实$ 按下式计算（图16-7a）：

$$V_{实} = V_1 - V_2$$

式中 V_1——扇形球体 $OABC$ 的体积；

V_2——扇形球体 $OA'B'C'$ 的体积。

实心锭坯挤压空心材（图16-7b），其塑性变形区的体积按下式计算：

$$V_{实} = B_1 - B_2 - B_3 - B_4 + B_5$$

式中，B_1、B_2、B_3、B_4、B_5 分别为扇形球冠体 $OABCDE$、扇形球冠体 $ONMLKF$、球冠体 BCD、圆柱体 $MBDK$ 和球冠体 MLK 的体积。

用空心锭坯挤压空心材以及用组合模挤压型材时都可以采用同样的方法计算塑性变形区的体积。

挤压筒内金属存在两个难变形区，一个位于挤压筒和模子交界处，叫前端难变形区，也称为死区（图16-8中 abc 区）；另一个位于锭坯后端面与垫片接触的中心部位（图16-8中7区）。

在基本挤压阶段，位于死区内的金属一般说来不产生塑性变形，也不参与流动。但实际上，随着挤压过程的进行，死区中的金属也会缓缓地沿模面滑动流出模孔。

位于锭坯后端面与垫片接触的中心部位的难变形区，它是由于垫片与金属间的摩

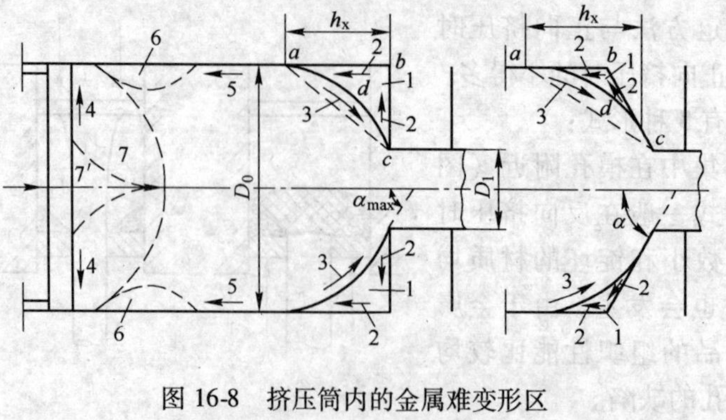

图16-8 挤压筒内的金属难变形区

1~5—摩擦力；6—细颈区；abc，7—难变形区

擦作用与冷却所造成的。当挤压筒与锭坯间的摩擦力很大时，将使后端难变形区中的金属向中心流动。但该区金属受冷却与垫片和金属间的摩擦作用又难以流动，从而在附近形成一个细颈区（图 16-8 中 6 区）。最后在基本挤压阶段的末期，后端难变形区形成一个倒锥状。

16.1.6　挤压变形状态

挤压时塑性变形区内金属的变形状态通常是两向压缩变形和一向延伸变形，即径向压缩变形 ε_r，周向压缩变形 ε_θ 及周向延伸变形 ε_l（见图 16-9）。根据塑性变形理论，在周对称条件下可认为周向压缩变形和径向压缩变形相等，即 $\varepsilon_r=\varepsilon_\theta$。挤压金属的流动过程分 3 个阶段，每个阶段的变形状态不同：

（1）在填充挤压变形阶段，锭坯充满挤压筒及模孔，锭坯的变形状态相当于自由镦粗变形；

（2）在基本挤压阶段，一般情况下，其主要变形特点是金属流动发生层流不交错，变形状态为两向压缩和一向延伸；

（3）在紊流挤压阶段，垫片进入塑性变形区中迫使金属向着挤压轴线方向，由周边向中心发生剧烈的横向流动。除部分金属保持两向压缩和一向延伸之外，有相当一部分金属处于一向压缩和两向延伸的变形状态。

金属在稳定流动阶段（基本挤压阶段）的受力状态与镦粗阶段有较大的不同，其特征如图 16-10 所示，包括挤压筒壁、模子锥面和定径带作用在金属上的正压力和摩擦力，以及挤压轴通过垫片作用在金属上的挤压力。这些外力随挤压方式的不同而异：反向挤压时，挤压筒壁与金属间的摩擦力为零；有效摩擦挤压时，筒壁与金属间的摩擦力与图 16-10所示的方向相反而成为挤压力的一部分。不同挤压条件下，接触表面的应力分布各异，且不一定按线性规律变化。

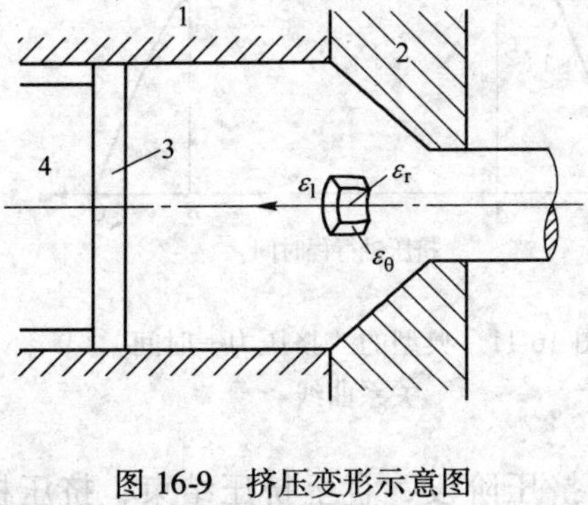

图 16-9　挤压变形示意图

1—挤压筒；2—挤压模；3—挤压垫；4—挤压杆

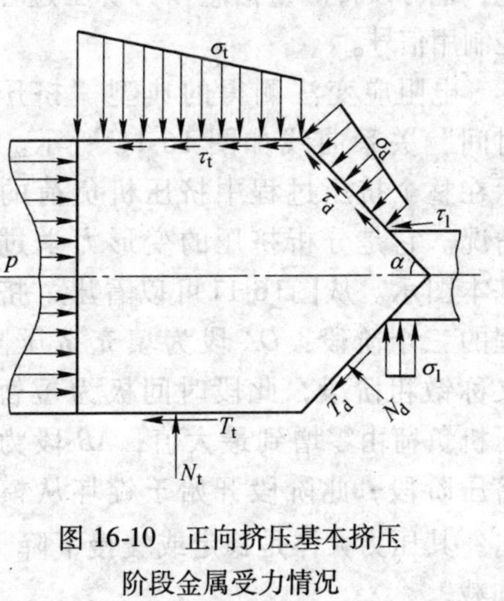

图 16-10　正向挤压基本挤压阶段金属受力情况

16.1.7　挤压力

挤压时挤压杆通过挤压垫片而作用在挤压筒内锭坯上，迫使锭坯从挤压模孔流出所需的外力。挤压过程中，挤压力随挤压杆的移动而变化，通常所说的挤压力是指挤压过程中的突破压力 P_{max}。挤压力是制定挤压工艺、合理选择与校核挤压设备能力和正确设计挤压工模具等的重要力学参数。

影响挤压力的因素主要有金属变形抗力、变形程度（挤压比）、挤压温度、挤压速度、锭坯与挤压工模具的接触摩擦条件、挤压模角、制品断面形状、锭坯长度以及挤压方法等。

挤压力的实验测定法又分为压力表观测法和电阻应变仪测定法两种：

（1）压力表观测法。这是测定挤压力和穿孔力大小最简便的常用方法，但它只是在挤压速度低于 1mm/s 的低速挤压情况下才比较准确。这一测定方法是根据连接在挤压主缸和穿孔缸高压水或油路上的压力表读数，按下式计算出挤压力或穿孔力 P：

$$P = \eta F_{缸} p_{表} /1000(\mathrm{kN})$$

式中 $F_{缸}$——挤压主缸或穿孔缸的横断面面积，mm^2；

$p_{表}$——挤压主缸或穿孔缸压力表的读数，MPa；

η——挤压主缸或穿孔缸的工作效率，通常 η 为 0.95 ~ 0.98。

（2）电阻应变仪测定法。这是一种适宜较高挤压速度且比较精确的常用实测方法。它通过粘贴在压力传感器弹性元件上的电阻应变片组成的电桥输出的电参数的变化来测定挤压力的大小。压力传感器可以直接用在挤压机上的承力构件，如张力柱，作为压力传感器元件；也可以单独用圆环形或管状元件作弹性元件。测定时，环形压力传感器放在挤压杆或挤压模的后面，管状压力传感器直接连接在挤压主缸或穿孔缸的高压管道上。

在测定过程中，一般配置有自动记录和显示装置，记录和显示测量部位上的压力变化，也可以将测量信息作为挤压过程自动控制用信号。

电阻应变法测得的典型“挤压力—时间”关系曲线如图 16-11 所示。它表示在整个挤压过程中挤压机负荷的变化情况。它是分析挤压的变形力学过程的基本图示。从图16-11可以看出，挤压过程的三个阶段：*OA* 段为填充挤压阶段，又称镦粗阶段，此段时间极为短暂，挤压机负荷由零增到最大值；*AB* 段为正常挤压阶段，此阶段开始于锭坯从模孔流出，其压力大体是稳定或缓慢下降；*BC* 段为紊流挤压阶段，直至挤压结束，挤压机卸载。

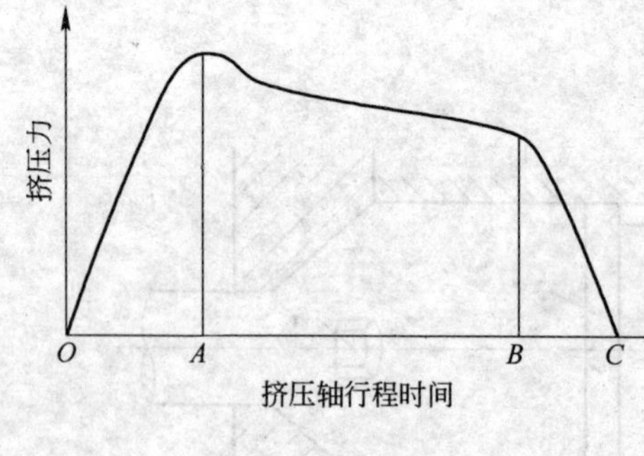

图 16-11 典型的“挤压力—时间”关系曲线

实际上的“挤压力—时间”关系曲线要比图 16-11 复杂得多，形式也各不相同。挤压 W 棒、挤压 Nb-10W-2.5Zr 棒、Zr-2 管和 TA2 管材时的“挤压力—时间”关系曲线，如图 16-12 ~ 图 16-15 所示。

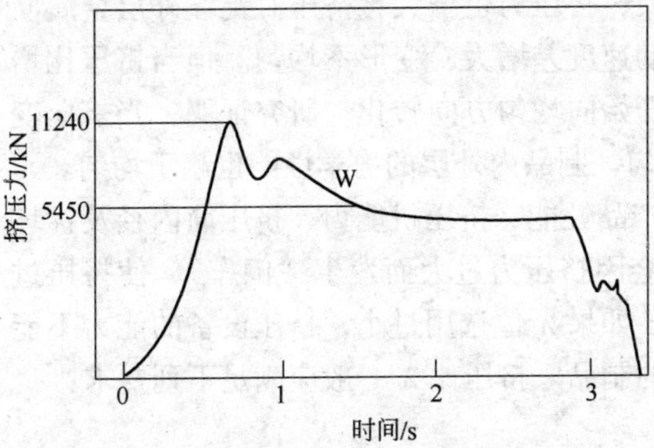

图 16-12　挤压 W 棒时的“挤压力—时间”关系曲线

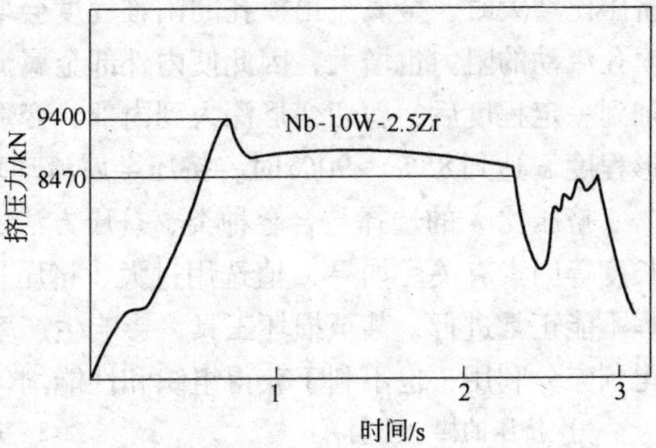

图 16-13　挤压 Nb-10W-2. 5Zr 棒时的“挤压力—时间”关系曲线

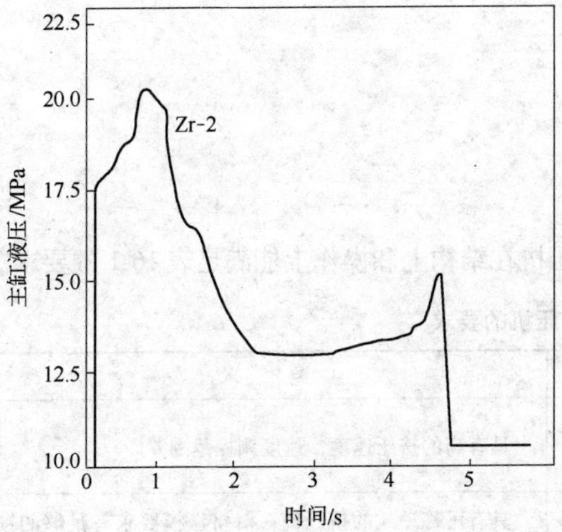

图 16-14　挤压 Zr-2 管材时的“挤压力—时间”关系曲线

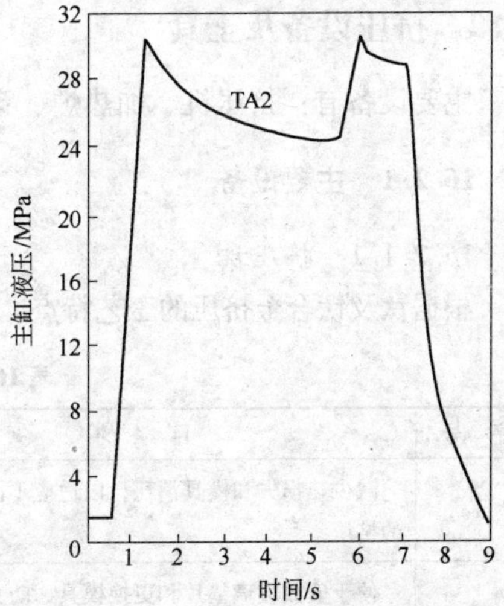

图 16-15　挤压 TA2 管材时的“挤压力—时间”关系曲线

16.1.8　挤压比

挤压筒腔的横断面面积同挤压制品总断面面积之比，也叫挤压系数。挤压比是挤压生产中用于表示金属变形大小的参数，用 λ 表示：

$$\lambda = F_t / \Sigma F_1$$

式中　F_t——锭坯在挤压筒内填充后的横断面面积，mm^2；

ΣF_1——挤压制品的总横断面面积，mm^2。

挤压时金属变形量的大小也可用变形程度 ε 表示：

$$\varepsilon = (F_t - \Sigma F_1) / F_t$$

因而，挤压比同变形程度有如下关系：

$$\varepsilon = (\lambda - 1) / \lambda$$

挤压比增大时，金属流出模孔的困难程度会增大，挤压力也增大，挤压时锭坯外层金属向模孔流动的阻力也增大，因此使内外部金属流动速度差增大，变形不均匀。但当挤压比增加到一定程度后，剪切变形深入到内部，变形开始向均匀方向转化。研究证明，当挤压变形程度 ε 达到85% ~90%时，挤压金属流动均匀，制品内外层的力学性能也趋于均匀。

挤压比 λ 的选择与合金种类、挤压方法、产品性能、挤压机能力、挤压筒内径及锭坯长度等因素有关。如果 λ 值选用过大，挤压机会因挤压力过大而发生“闷车”，使挤压过程不能正常进行，甚至损坏工具，影响生产率。如果 λ 值选用过小，挤压设备的能力不能得到充分利用，也不利于获得组织和性能均匀的制品。挤压比 λ 一般应满足下列要求：

一次挤压的棒、型材	≥8 ~12
轧制、拉拔、锻造用毛坯	≥5
二次挤压用毛坯	不限

16.2 挤压设备及工具

主要设备有：挤压机、加热炉、穿孔机。

16.2.1 主要设备

16.2.1.1 挤压机

根据钛及钛合金挤压的工艺特点，希望挤压机在结构上和操作上能满足表16-1的要求。

表16-1 对挤压机的要求

序号	目的	要求
1	减少热损失和模具消耗，以适应不同牌号合金的挤压	具有高的挤压速度，速度调控范围要广
2	便于安放玻璃垫片和更换模具，防止金属从间隙流出	具有可移动式的挤压筒，对挤压模要求有足够的锁紧力
3	便于更换模具或模具表面清理及润滑处理	具有活动式的模座（回转式或横向移动式）
4	便于挤压终了时能立即退回并脱离管材尾端	挤压针有独立运动系统
5	保持断口整齐、不变形，制品易脱出	具有快速分离残料的高速锯
6	防止润滑用的玻璃粉或金属屑擦伤活动部件	活动部件要有防护措施
7	减少温降，提高效率，改善劳动条件	缩短加热炉与挤压机间的距离，且要自动传送
8	了解挤压过程中力能参数变化	具有力能参数的测定仪表

国内用于钛及钛合金挤压的挤压机技术特性列于表16-2，前苏联挤压钛合金的挤压机特性列于表16-3。

表16-2 国内挤压机技术特性

特性名称	挤压机的额定吨位/t							
	400	500	600	800	1200	1500	3150	3500
型式	卧式	卧式	立式	卧式	卧四柱	卧四柱	卧四柱	卧四柱
工作介质的额定压力/kPa	24517	31381	31381	20594	24519	31381	30890	31881

续表 16-2

特性名称		挤压机的额定吨位/t							
		400	500	600	800	1200	1500	3150	3500
主柱塞	直径/mm	500		530	650		800	1150	1250
	最大行程/mm	820		1000	1230	1600	890	2250	2100
	最大挤压速度/mm · s^{-1}	33	300	133	38	200	160	300	120
穿孔柱塞	穿孔力/kN		980		999.6	1176		6174	4900
	最大行程/mm		1250		570	610		1050	1100
	最大穿孔速度/mm · s^{-1}		300		300			400	150
挤压筒	内衬内直径/mm	66	50	65	90	125	85	220	200
		72	65	75	100	150	125	260	250
		82	80	85	125	180	145	300	300
		102	95	100	150		165	330	370
				120			185		420
							205		
	长度/mm	340	400	390	500	735	650	1000	1000
	行程/mm	420	400	50	250		700	1200	1175

表 16-3 前苏联挤压机特性

特性名称	挤压机吨位及特性值				
	600t	1600t	2500t	3150t	5000t
液体工作压力/kPa	31360	31360	34300	31360	2352
挤压力/kN	5880	15680	24500	30870	49000
行程/mm	900	1975	1900	2270	2800
挤压速度/mm · s^{-1}	133	约 300	约 500	约 300	约 300
回程力/kN	793.8	1274		2842	2940
穿孔力/kN		2205	4900	4361	
穿孔行程/mm		2775	2850	3180	
挤压筒长度/mm	390	815	900	850	1250
挤压筒内径/mm	85 ~ 135	110 ~ 200	160 ~ 355	150 ~ 280	250 ~ 450
挤压筒行程/mm		850	1060	1150	350
挤压筒夹紧力/kN		1049	2205	2254	2695
挤压机长度/mm	6960	18450		20500	20000
挤压机宽度/mm	4020	7400		13800	
挤压机地上高/mm	5540	4570		6025	
挤压机地下高/mm		2600		4500	
挤压机重量/t	41.6	305		510	

图 16-16 为一台 25MN 无独立穿孔系统的卧式棒型正向挤压机的剖面图。

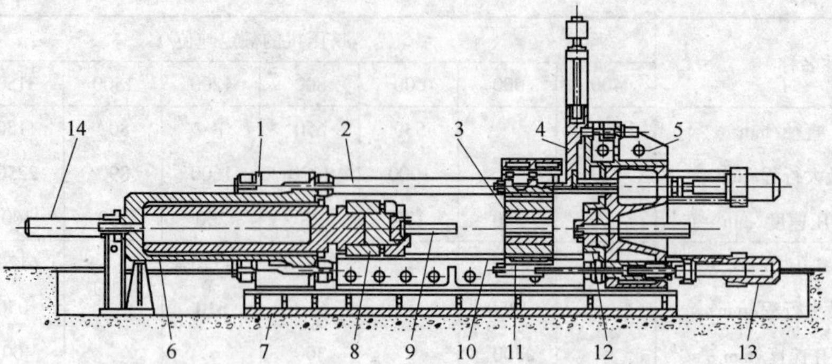

图 16-16 25MN 卧式棒型正向挤压机（无独立穿孔系统）

1—后机架；2—张力柱；3—挤压筒；4—残料分离剪；5—前机架；6—主缸；7—基础；8—挤压活塞横梁；9—挤压杆；10—斜面导轨；11—挤压筒座；12—模座；13—挤压筒移动缸；14—加力缸（副缸）主柱塞返回缸

卧式管、棒和型材挤压机的结构形式，一般根据穿孔缸对主缸的相对位置可分为三种基本类型：

(1) 后置式。它的穿孔缸位于主缸之后，其布置如图 16-17 所示。该结构形式挤压机的主要优点是：穿孔柱塞的行程可比主柱塞的行程长，可实现随动针挤压，延长针的使用寿命，因为穿孔系统与主缸之间完全是独立的。由于针在挤压时可自由地前后移动，可生产内外径变化的变断面管子。在挤压棒、型材时，可将穿孔缸的压力叠加到挤压杆上增加挤压力，且维修方便。这种挤压机的缺点是：机身长、占地面积大、穿孔系统易偏斜，导致管子偏心，因穿孔系统太长，刚性差。

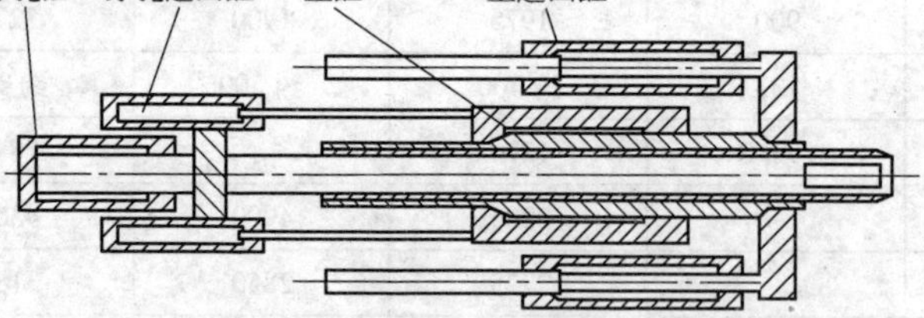

图 16-17 后置式管棒挤压机工作缸的布置

(2) 侧置式。它的特点是穿孔工作缸位于主缸的两侧，如图 16-18 所示。这种形式挤压机的特点是穿孔柱塞与主柱塞的行程相同，不可能实现随动针挤压。这样，对其使用寿命不利。因主缸后面安装主柱塞回程缸，机身也较长。

(3) 内置式。它是一种结构上较先进的设计，其特点是穿孔缸安置在主柱塞前端的内部，穿孔缸和穿孔回程缸所需的工作液体各用一个套管式导管供给，见图 16-19。内置式挤压机的主要优点是机身长度短。其次，刚性好和导向精确，因而管子不易偏心。此外，穿孔针在挤压时可随着主柱塞一起前进，实现随动挤压，同时也可以实现固定针挤压。所以获得广泛应用。

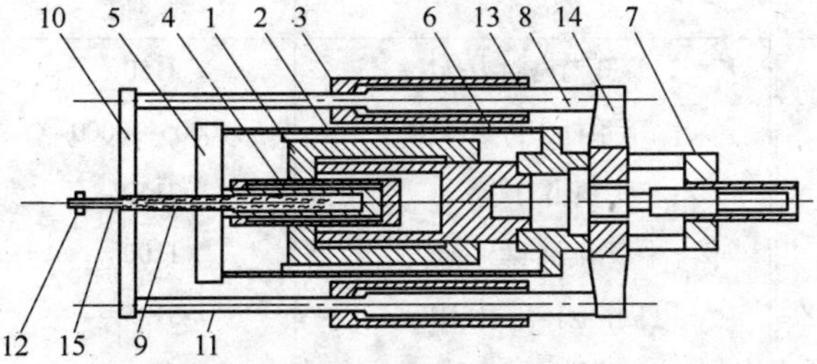

图 16-18　侧置式管棒挤压机工作缸的布置

1—主缸；2—主柱塞；3—主柱塞回程缸；4—回程缸 3 的空心柱塞，又是空心柱塞 9 的工作缸；5—横梁；6—拉杆；7—与主柱塞固定在一起的横梁，用拉杆 6 与横梁 5 和柱塞 4 相连；8—穿孔柱塞；9—穿孔柱塞 8 的回程空心柱塞；10—横梁；11—拉杆；12—支架，进水管 15 固定在其上；13—穿孔缸；14—穿孔横梁；15—进水管

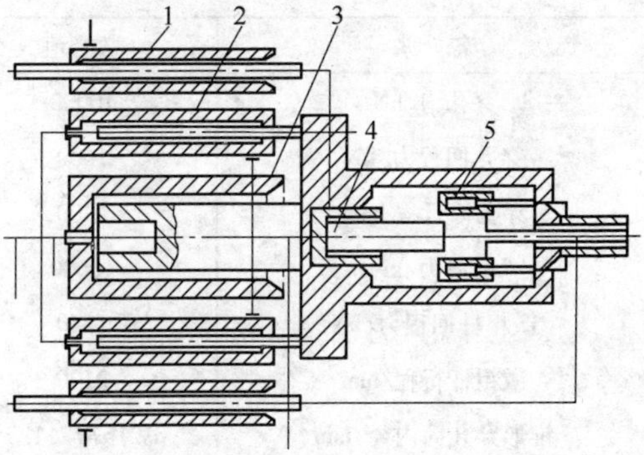

图 16-19　16.3MN 内置式管棒挤压机工作缸的布置

1—进水管；2—副缸及主回程缸；3—主缸；4—穿孔缸；5—穿孔回程缸

16.2.1.2　加热炉

挤压坯锭加热炉的特性及其应用如表 16-4 所示。通常选择感应炉和箱式电炉。

表 16-4　挤压坯锭加热炉的特性及其应用

炉子名称及型号	箱式电炉			感应炉		玻璃浴炉	盐浴炉
	RJX-75-9	RJX-25-13	RJX-50-13	中频	工频		
最高工作温度/℃	950	1350	1300	2000	1250	1450（液体）	1200
额定功率/kW	75	25	50	200	700		
炉膛尺寸/mm	1800×900×600	600×380×300	700×450×350	ϕ（100~150）×500	ϕ（230~342）×1150	按需要设计	按需要设计
发热体	电阻炉	碳硅棒	碳硅棒	感应圈	感应圈	电阻丝	电阻丝或碳硅棒
加热介质	空气	空气	空气	可按需要选择		玻　璃	75% $BaCl_2$ + 25% NaCl 或 40% KCl + 60% NaCl
工艺特性	温度均匀；炉温控制方便；中性气氛			快速加热，微弱氧化；操作方便，易控制；均温性较差；可按需要通保护气		温度均匀，传热快；无氧化；玻璃有润滑作用；长期加热对金属有侵蚀	温度均匀，传热快；无氧化；盐对金属有侵蚀作用；表面熔盐可作润滑
应用范围	光坯或包套挤压坯的加热			光坯或包套挤压坯的加热		光坯的加热	光坯的加热

16.2.1.3　穿孔机

用于钛及钛合金穿孔的 1000t 穿孔机的技术特性如表 16-5 所示。

表 16-5 1000t 穿孔机的技术特性

名 称	数 值	名 称	数 值
穿孔力/kN	10000	穿孔筒密封力/kN	3150
穿孔回程力/kN	1600	下顶杆支持力/kN	7000 ~ 10000
穿孔棒行程/mm	2400	顶出力/kN	3150
镦粗力/kN	10000	顶出器行程/mm	1100
镦粗杆回程力/kN	1250	工作液体压力/MPa	31.5
镦粗杆行程/mm	2100	穿孔速度/mm · s^{-1}	0 ~ 300
锥形穿孔筒内径/mm	ϕ216/ϕ211.5	穿孔后坯料内径/mm	55 ~ 210
	ϕ256/ϕ251.5	镦粗后最小坯料长度/mm	300
	ϕ295/ϕ290.5	穿孔后最小坯料长度/mm	317
	ϕ324/ϕ319.5	穿孔后最大坯料长度/mm	900
穿孔筒内套长度/mm	970		

16.2.2 挤压工具

金属挤压时使用的工具，包括挤压模、挤压筒、挤压杆、挤压垫片、穿孔针及一些工具配件，如模支承、模垫、支承环、冲头、针座和导路等。

挤压机分为立式挤压机和卧式挤压机两大类，因而其工具装配结构和尺寸配套也有两种类型。600t 带回转盘无独立穿孔装置立式挤压机的工具装配图如图 16-20 所示，其尺寸配套如表 16-6 所示。带独立穿孔装置卧式挤压机（如 3150t）的工具装配图如图 16-21 所示，其尺寸配套如表 16-7 所示。

表 16-6 600t 立式挤压机主要工具配套表（mm）

挤压筒直径 ϕc	挤压轴直径 ϕz	针（或棒）座 ϕ1	挤压模直径 ϕ4	挤压针 ϕ2	挤压针 ϕ3
65①	63	64.8	10 ~ 35	22	10 ~ 20
75	73	74.8	10 ~ 40	22 32	10 ~ 20 21 ~ 30
85	83	84.8	15 ~ 45	22 32 42	10 ~ 20 21 ~ 30 31 ~ 40
100	98	99.8	25 ~ 50	22 32 42	10 ~ 20 21 ~ 30 31 ~ 40
120	117	119.8	30 ~ 68	32 42 52	21 ~ 30 31 ~ 40 41 ~ 50

①ϕ65mm 挤压筒是超负荷设计，应降压使用。

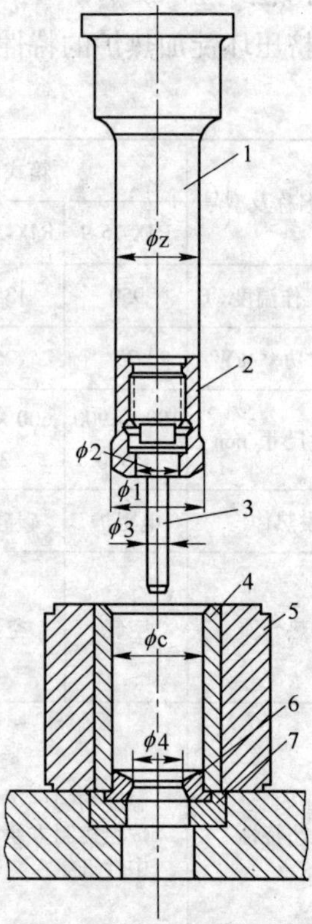

图 16-20 立式挤压机（600t）主要工具装配图

1—挤压轴；2—针座；3—挤压针；4—挤压筒内衬；5—挤压筒中衬；6—挤压模；7—模垫

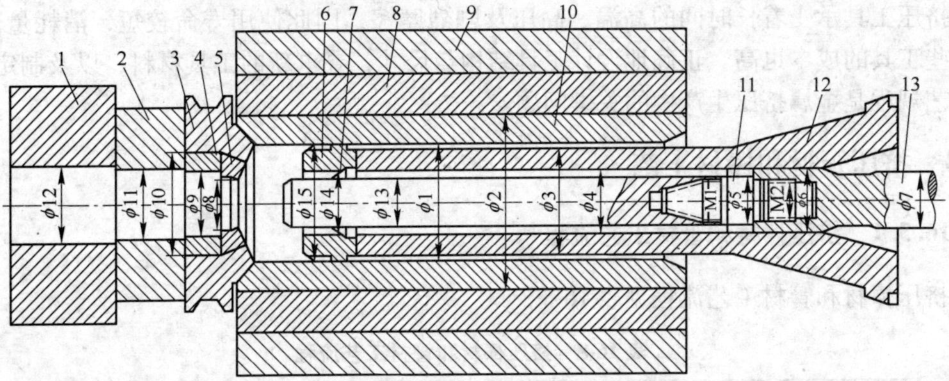

图 16-21 3150t 卧式挤压机工具装配图

1—承压板；2—压力环；3—模支承；4—模座；5—挤压模；6—挤压垫片；7—挤压针；8—挤压筒中衬；9—挤压筒外套；10—挤压筒内衬；11—连接杆；12—挤压轴；13—针支架

表 16-7 3150t 卧式挤压机主要工具配套表（mm）

挤压筒		挤压轴 φ3 × φ4	挤压针 φ13	连接件		针支架	
φ1	φ2			φ5	M1/M2	φ①	φ7
220	350	215 × 75	45 ~ 59	72	M50 × 3 阴螺纹	75	72
			60 ~ 70	72	M50 × 3/M64 × 3		
		215 × 100	45 ~ 59	98	M50 × 3 阴螺纹	100	95
			60 ~ 95	98	M50 × 3/M64 × 3		
260	370	254 × 140	45 ~ 95	135	M50 × 3 阴螺纹	140	135
			60 ~ 95	135	M50 × 4/M100 × 3		
			96 ~ 135	135	M72 × 4/M100 × 3		
300	410	292 × 185	60 ~ 95	180	M50 × 3/M100 × 3	185	180
			96 ~ 135	180	M72 × 4/M130 × 3		
			136 ~ 180	180	M90 × 4/M130 × 3		

φ1/φ7	模支承 φ10	挤压模 φ8	模座 φ9	压力环 φ11	承压板 φ12	挤压垫片	
						φ14	φ15
220/72	160	45 ~ 64	70	80	90		
		65 ~ 74	80	90	100		
220/95		75 ~ 84	90	100	110		
		85 ~ 90	100	110	120		
		91 ~ 102	110	115	120		
260/135	160	50 ~ 64	70	80	90	φ14 = φ13 +0.6	φ15 = φ1 − (0.4 ~ 0.5)
		65 ~ 74	80	90	100		
		75 ~ 84	90	100	120		
		85 ~ 90	100	105	120		
	210	91 ~ 114	120	125	130		
		115 ~ 134	140	145	150		
		135 ~ 155	160	165	170		
300/180	160	60 ~ 75	80	90	100		
		76 ~ 90	100	105	110		
	210	91 ~ 114	120	125	130		
		115 ~ 134	140	145	150		
	260	135 ~ 144	150	165	170		
		145 ~ 164	170	195	200		
		165 ~ 180	190	195	200		

① φ 为 -0.7，-0.5，6。

挤压工具承受着长时间的高温、高压及剧烈摩擦，因此使用寿命较短，消耗量较大，而这些工具的成本也高。正确地设计工具结构与尺寸，寻求新的工具材料，以及制定合理的工艺规程是金属挤压生产中的关键问题。

16.3 挤压管材和棒材工艺

16.3.1 挤压棒材和管材工艺流程

挤压棒材和管材工艺流程见表16-8。

表16-8 挤压棒材和管材工艺流程

品种	管材			棒材			
简明流程	坯锭→挤压→轧制		棒坯→斜轧穿孔→轧制	坯锭→挤压		坯锭→挤压→拉伸	
铸锭	○		○	○		○	
加热	○		○	○		○	
锻造	○		○	○		○	
打定心孔			○				
车皮	○		○	○		○	
加热		○					
穿孔		○					
钻孔或镗孔	○	○					
车皮		○					
包套	○				○		○
加热	○	○	○	○	○	○	○
挤压	○	○		○	○	○	○
矫直	○	○		○	○	○	○
斜轧穿孔			○				
切头尾	○	○	○	○	○	○	○
喷砂		○	○	○		○	
碱洗	○		○	○		○	
车内外表面							
去除包套	○				○		
酸洗	○	○			○		
磨内表面	○		○				
修外表面	○		○	○	○	○	
退火		○	○	○	○	○	
取样检测	○	○		○	○		
人工检查	○	○	○	○	○	○	○
成品包装		○		○	○		
轧制	○		○				
制造夹头						○	○
拉伸						○	○
矫直						○	○

16.3.2　钛及其合金热挤压过程的特点

钛及其合金制品的热挤压过程比铝合金、铜合金甚至钢的挤压过程更为复杂，这是由钛及其合金特殊的物理化学性能所决定的。

钛及其合金坯料的热导率低，在热挤压时会使表层与内层产生极大的温差，当挤压筒的温度为400℃时，温差可达200～250℃。在吸气强化和坯料断面有很大温差的共同影响下，使坯料表面和中心的金属产生极不相同的强度性能和塑性性能。在挤压过程中，就会造成很不均匀的变形，在表面层中产生大的附加拉应力，成为在挤压制品表面形成裂口和裂纹的根源。

对工业钛合金金属流动动力学研究表明，在对应于各合金不同相状态的温度区中，金属的流动行为出现极大的差异。因此，影响钛及其合金挤压流动特征的主要因素之一是决定金属相变状态的坯料加热温度。

在α或（α+β）相区温度挤压与在β相区温度挤压相比，金属流动更均匀。

要获得挤压制品有高表面质量的困难最大。到目前为止，钛合金的挤压过程必须采用润滑剂。其主要原因是：钛在980℃和1030℃温度下，会与铁基或镍基合金模具材料形成易熔共晶体，从而使模具强烈磨损。

当使用石墨润滑剂时，在制品表面可形成深的纵向刮线，这是钛及其合金黏着于模具工作带上的结果。采用玻璃润滑剂挤压型材时，会导致新类型的缺陷“麻斑”，即制品表面层的裂口。研究表明，麻斑的出现是由于钛及其合金的热导率低而使坯料表面层剧烈冷却、塑性剧烈下降的缘故。

当金属和工具之间存在液态玻璃润滑层时，玻璃可把出现的裂纹分开，但不能在挤压过程中将其“治好”。研究确定，“麻斑”的侵入深度为0.5～0.6mm。所以，这种制品只能用于制造沿整个外型都要进行表面加工的零件。

挤压钛及钛合金棒材时，可能产生大的中心挤压缩孔，在个别情况下，其深度可达到挤压长度的一半。

16.3.3　挤压用坯料制备

挤压用坯料制备程序为：二次真空自耗电弧炉熔炼的铸锭→锻造→（穿孔）→机械加→包套（或玻璃涂层）。

16.3.3.1　挤压坯料的外形尺寸及包套设计

坯锭的外径为：
$$D_0 = D_C - \Delta_W$$

坯锭的内径为：
$$d_0 = d_1 + \Delta_n$$

式中　D_C——挤压筒直径，mm；

d_0——挤压针直径，mm；

Δ_W——挤压筒直径与坯锭的外径差，mm；

Δ_n——挤压针直径与坯锭的内径差，mm。

生产中，在间隙处能贮集足够润滑剂的前提下，间隙值越小越好。常采用的间隙值如

表16-9所示。

表16-9 坯锭与挤压筒、挤压针之间的间隙值

挤压机吨位/t	挤压筒直径/mm	间隙/mm		备 注
		$\Delta_W/2$	$\Delta_n/2$	
400（卧）	ϕ66，ϕ72	0.5 ~ 1.00	0.50 ~ 0.75	包 套
1500（卧）	ϕ88	0.75 ~ 1.50	0.75 ~ 1.00	挤 压
600（立）	ϕ65 ~ 120	0.75 ~ 1.00	0.50 ~ 0.75	光 坯
600（立）	ϕ65 ~ 120	0.75	0.5	挤 压
3150（卧）	ϕ220 ~ 260	2.00 ~ 2.50	25	包 套
3150（卧）	ϕ220 ~ 260	2.50	30	挤 压

挤压坯锭的长度主要根据制品的长度而定，同时也适当考虑挤压机的能力。按制品长度 L 确定坯锭长度 L_0(mm)时，可用下式计算：

$$L_0 = \frac{L + L_{zh}}{\lambda} + L_{ca}$$

式中 L_{zh}——切除头尾的长度，mm；

λ——挤压比；

L_{ca}——挤压残料长度，mm。

按上式计算出的长度最好在 $L_0 = (1.5 \sim 3.0)\ D_0$ 范围内。

挤压钛及钛合金时，常用紫铜或软钢作包套材料，或采用玻璃润滑涂层。

16.3.3.2 对坯锭的质量要求

应充分车削去除因熔炼或锻造时形成的坯锭外表面缺陷，确保无分层、裂纹、氧化皮、夹杂和凹坑等。若尚存局部缺陷，需经打磨，打磨痕迹的深宽比一般要小1/5。坯锭表面粗糙度 R_a 不低于6.3 ~ 12.5。空心坯锭应内外圆同心，其偏差根据产品的要求而定，一般不大于坯锭厚度的1% ~3%。

化学成分应符合国标的要求，无偏析。

16.3.4 挤压工艺参数的选择

16.3.4.1 力学参数的校核

在制定挤压工艺规程时，要校核挤压力是否在设备许可范围内。

总挤压力 P 是挤压轴通过挤压垫片作用在坯锭后端单位面积上的力。压力 P 与坯锭填充挤压后的横截面积 F_t 的乘积，即 $P = pF_t$。

单位压力 p 的主要计算公式列于表16-10 ~ 表16-13。

表 16-10　挤压力计算公式

名　称	经验公式	塞茹尔内公式	普罗佐洛夫公式
建立公式的条件	高塑性的金属在均匀应力条件下变形	不考虑金属与挤压模的摩擦力	低塑性金属在均匀应力条件下变形
公　式	$p = K\ln\lambda$	挤棒 $p = K_S e^{2fL/R_c}\ln\lambda$ 挤管 $p = K_S e^{2fL/(R_c - r)}\ln\lambda$	$p = C\sigma_p$ （$1 + fL/D_C$） $\ln\lambda$
应用的效果	有实际测定的 K 值时，计算简便，能满足一般工艺计算要求，现场广泛使用	在有良好的润滑条件下，能满足一般工艺计算要求，应用较广泛	当没有实际测定的 K、K_S 值时，常用此式估算；挤压纯钛时，计算值比实测值低得多
式中符号的意义	p——单位挤压力，MPa； $\ln\lambda$——挤压比的自然对数； L——填充挤压后的坯锭长度，mm； D_C——挤压筒直径，mm； R_c——挤压筒半径，mm； r——挤压针半径，mm； f——摩擦系数，用适当玻璃润滑时约为 0.02，用普通润滑剂时约为 0.12，也可根据挤压条件参考表16-11； σ_p——金属在挤压条件下的变形抗力，MPa，计算时可取该温度下的 σ_b； K——挤压常数，MPa，见表 16-12； K_S——挤压阻抗，MPa，见表 16-13； C——与不均匀变形和摩擦有关的系数；对简单端面的棒材，$C=4$；对光壁圆管和带小筋圆管，$C=5$；对复杂端面的型材，$C\geqslant6$		

表 16-11　特定条件下的热挤压摩擦系数 f

牌 号	挤压机/t	工艺条件	润　滑	f
纯 钛	800	750℃加热，铜包套挤压，ϕ100mm 挤压筒，挤 ϕ25mm 棒	二硫化钼耐热脂	0.015 ~ 0.024
TA2	3150	780℃感应加热，铜包套挤压，ϕ220mm 挤压筒，挤 ϕ65mm × 10mm 管材	石墨粉 + 汽缸油 + 二硫化钼	0.018 ~ 0.032
		830℃电炉加热，铜包套挤压，ϕ260mm 挤压筒，挤 ϕ104mm × 7mm 管材		0.02

表 16-12　特定条件下的挤压常数 K

牌 号	挤压机 /t	挤压筒直径 /mm	制品尺寸 /mm	挤压比 λ	加热方式	加热温度 /℃	润滑条件	K/MPa
纯 钛	3150	220	ϕ63	12.2	感应加热	800 ~ 830	坯锭滚 M-1 玻璃粉，模子用 M-1 玻璃粉	154
	800	100	ϕ25 × 5.25	23.6	电炉加热	730	紫铜包套，用普通润滑剂润滑工具	221
	600	65	ϕ11.8	30.3	电炉加热	750	紫铜包套，用普通润滑剂润滑工具	200

续表 16-12

牌 号	挤压机 /t	挤压筒直径 /mm	制品尺寸 /mm	挤压比 λ	加热方式	加热温度 /℃	润滑条件	K/MPa
TA2	3150		$\phi 65\times 10$	21.1	感应加热	780	紫铜包套，用普通润滑剂润滑工具	216
TA7	600	220	$\phi 43$	5.8	玻璃浴炉	1200	光坯挤压，玻璃润滑	276
	600	100	$\phi 45\times 4$	13.2	电炉加热	950	坯锭滚 60% M-1 + 40% A-5 玻璃粉	233
	3150	220	$\phi 95$	5.8	感应加热	1200	坯锭滚 M-1 玻璃粉，用 M-1 玻璃垫润滑模具	153
TC3	600	65	$\phi 22\times 6$	10.7	电炉加热	980	A-9 玻璃粉 + 苏州黏土 + 碱 + 水的涂层	220
	3150	260	$\phi 155\times 8$	10.3	电炉加热	1000	坯锭滚 A-9 + M-1 玻璃粉，模子用 A-9 + M-1 玻璃垫	171
TC4	600	65	$\phi 20$	10.1	电炉加热	950	坯锭涂 40% G7301 + 40% M-1 + 石墨	265
	3150	220	$\phi 61$	13.0	感应加热	1080 ~ 1100	坯锭滚 M-1 玻璃粉，模子用 M-1 玻璃垫	276 ~ 286
TC8	600	100	$\phi 35$	8.3	玻璃浴炉	1200	光坯挤压，玻璃润滑	220
TC9	600	65	$\phi 27$	5.8	电炉加热	920	坯锭滚 M-1 玻璃粉	446
	600	65	$\phi 27$	5.8	电炉加热	950	坯锭滚 M-1 玻璃粉	361
TC10	600	65	$\phi 30\times 5.5$	7.2	电炉加热	1000	A-9 玻璃粉 + 苏州黏土 + 碱 + 水的涂层	265 ~ 298
Ti-32Mo	600	100	$\phi 45\times 5$	11.0	感应加热	1100 ~ 1200	钢包套，玻璃润滑	341 ~ 427
Ti-32Mo-2.5Nb	1500	125	$\phi 56\times 8$	9.1	玻璃浴炉	1250	裸锭挤压，玻璃润滑	392
Ti-50Ta	400	72	$\phi 42$	9.0	电炉加热	1200	钢包套，石墨和耐热脂润滑模具	263

表 16-13 挤压 TA2 的挤压阻抗 K_S

挤压机 /t	挤压筒直径 /mm	制品尺寸 /mm	加热设备	加热温度 /℃	挤压比 λ	包套材料	润滑条件	K_S/MPa
3150	260	$\phi 104\times 7$	电炉	830	21.9	紫铜	石墨 + MoS_2 + 汽缸油	127 ~ 156
3150	220	$\phi 65\times 10$	感应炉	780	21.1	紫铜	油的混合物润滑工具	161 ~ 207

管材挤压力计算举例：在 31.5MN 水压机上，将 $\phi 260\text{mm}\times 550\text{mm}$ 的纯钛 TA2 锭坯挤压成 $\phi 104\text{mm}\times 7\text{mm}$ 管材。$D_0 = 260\text{mm}$，$\Delta D = 5\text{mm}$，$\Delta d = 6\text{mm}$，$\lambda = 21.9$；$T_j = 830℃$；$f = 0.02$；$K_S = 150\text{MPa}$。试用塞式公式计算挤压力。

解：(1) 圆柱式穿孔针径 $d_1 = D_1 - 2S = 90\text{mm}$，填充后锭长 $L_0 = 516\text{mm}$；

（2）按塞式公式计算压力 P：

$$P = \pi(R_0^{\ 2} - r_1^{\ 2})\overline{K}_{zh}\ln\lambda e^{\frac{2fl_0}{R_0 - r_1}} = 27.58\text{MN}$$

16.3.4.2　加热温度

（α + β）型钛合金通常在低于合金的（α + β）/β 相变温度以下挤压。纯钛及 α 型钛合金，挤压温度对制品的组织性能的影响比（α + β）型钛合金的小，但也不希望加热温度太高，一般也要低于（α + β）/β 相变温度。β 型钛合金通常在 β 相区加热挤压。

挤压钛及钛合金时，一般采用铜包套或钢包套。

包套挤压时，加热温度应低于钛与包套材料的反应温度（Ti-Cu 共析温度为 798℃，Ti-Fe 的共晶温度为 1085℃）。

加热温度和加热时间应考虑金属的导热性能。在普通电炉或煤气炉、重油炉中加热时，加热时间可按 1.5 ~ 2.0mm/min 计算。

挤压锭坯的加热制度实例如表 16-14 和表 16-15 所示。

表 16-14　挤压锭坯加热制度实例

合金牌号	加热条件	加热温度/℃	保温时间/min
TA1、TA2、TA3	工频加热或电炉加热光锭 工频加热或电炉加热铜包套坯	750 ~ 900 650 ~ 800	用电炉、煤气炉、玻璃浴炉加热时，从进料到出炉的总加热时间按 1.5mm/min 计算（高温装炉）； 工频加热 ϕ212 ~ 300mm 坯锭的时间为 25 ~ 30min； 中频感应加热 ϕ50 ~ 120mm 坯锭的时间为 3 ~ 5min
TC1、TC2	感应炉或电炉加热铜包套坯 感应炉或电炉加热光锭	630 ~ 700 750 ~ 800	
TA4	感应炉或电炉加热光锭	850 ~ 900	
TA5	感应炉或电炉加热光锭	980 ~ 1020	
TA6	感应炉或电炉加热光锭	980 ~ 1000	
TA7	感应炉或电炉加热光锭	950 ~ 1050	
TA8	感应炉或电炉加热光锭	950 ~ 980	
TB2	感应炉或电炉加热光锭	1020 ~ 1050	
TC3、TC4	感应炉或电炉加热光锭	920 ~ 950	
TC6、TC7	感应炉或电炉加热光锭	950 ~ 980	
TC9	感应炉或电炉加热光锭	920 ~ 950	
TC10	煤气炉或电炉加热光锭	930 ~ 950	
Ti-32Mo-2.5Nb	玻璃浴炉加热光锭	1200 ~ 1300	
Ti-7Al-4Mo	玻璃浴炉加热光锭	900 ~ 950	

表 16-15　前苏联钛及钛合金挤压锭坯加热制度

合金牌号	BT1-00、BT1-0	OT4-0、OT4-1、OT4	BT5、BT14、BT6、BT6C	BT3-1、BT8、BT15
感应加热温度/℃	760 ~ 820	840 ~ 940	880 ~ 980	900 ~ 1150

16.3.4.3　挤压比

选择挤压比时，除考虑金属的特性外还必须考虑挤压机的能力和工模具的许用应力。工厂常用的挤压比实例如表 16-16 所示。

表 16-16 挤压比实例

合金牌号	挤压筒直径/mm	挤压比 λ	备注
TA1、TA2、TA3	65	8.3～30	紫铜包套挤压，用普通的润滑剂润滑工具，可采用上限； 光坯挤压，用玻璃润滑时采用下限
	85	8.0～23	
	100	6.0～15	
	120	5.0～11	
	220	6.0～13	
	260	5.0～11	
TC1、TC2、TA4	65	6.0～13	
	85	6.0～12	
	100	4.0～10	
	120	4.0～6.0	
	220	5.0～11	
	260	4.0～8.0	
TA5、TA6、TA7、TC3	65	3.5～8.0	
TC4、TC6、TC7	85	3.5～7.0	
	100	3.5～6.0	
	120	4.0～7.0	

16.3.4.4 挤压速度

钛及钛合金导热性差，一般采用中等速度（50～120mm/s）进行挤压。常用钛合金的挤压速度见表 16-17～表 16-19。

表 16-17 挤压速度实例

合金牌号	工艺条件	挤压速度/mm·s^{-1}
TA1、TA2、TA3	加热温度 600～800℃，挤压比 λ=8～30，包铜套	25～150
TA6、TA7、TC1	加热温度 900～1000℃，挤压比 λ=3～12，包铜套	90～120
TC4、TC5、TC6、TC10	加热温度 930℃，挤压比 λ=3.5～8，裸锭挤压	100～150

表 16-18 钛及特殊合金的挤压速度

合金牌号	挤压方法	挤压温度/℃	挤压比 λ	挤压速度/m·min^{-1}
纯钛、Zr、Zr2、Zr3	包铜套挤压管棒材	600～800	8～30	1.5～9.0
TA6、TA7、TC1、TC4、	玻璃润滑光坯挤压	900～1000		5.4～7.2
TC5、TC6、TC10		930		6.0～9.0
钨、钼及其合金		1400～1600	3～10	7.2～18.0
钽、铌及其合金	钢包套或光坯挤压管材	1150～1400	5～10	7.2～9.0

表 16-19 前苏联钛及钛合金挤压速度

合金牌号	BT1-00、BT1-0	OT4-0、OT4-1、OT4	BT5、BT14、BT6C	BT3-1、BT8、BT15
金属流出速度/m·s^{-1}	3.0	2.0	1.5	1.0

16.3.5 润滑剂

16.3.5.1 润滑剂的种类及其比较

挤压用润滑剂大致分为四大类，各类润滑剂的特点及其包括的品种如表 16-20 所示。

表 16-20　挤压用润滑剂的种类及特点

类　别	主 要 品 种	特　　点
液体润滑剂	机油、汽缸油、菜籽油	闪点低，耐压性差，不能单独使用，一般用作固体润滑剂的黏合剂或挤压工具的冷却剂
固体润滑剂	石墨、二硫化钼、二硫化钨、氯化物、氟化物、滑石以及某些软金属	抗压性能较好，黏合性能差，一般不单独使用，而调配于液体润滑剂或润滑脂中
润滑脂	复合钙基脂，高温钠基脂，钠、铅、钡基脂	由液体润滑剂中加入稠化剂而制成，为了提高使用温度，降低摩擦系数，在润滑脂中加入石墨或二硫化钼
玻璃润滑剂	各种牌号的玻璃粉，玻璃纤维或玻璃垫	导热系数低，隔热性能好，耐压能力高，化学稳定性好，使用较方便；但挤压后，去除玻璃粉困难

16.3.5.2　玻璃润滑剂

玻璃润滑剂的指标有黏度、软化点及浸润性，其中黏度尤为重要。多数研究者认为，热挤压时玻璃的黏度在0.30～1.0Pa·s范围内为比较合适。黏度过小时，抗压能力差，容易被挤掉。黏度过大时，摩擦系数大，润滑效果不良，最好采用在一定范围内黏度随温度变化不明显的所谓“长性玻璃”润滑剂。

国产润滑用主要的玻璃粉的黏度—温度曲线如图16-22和图16-23所示。国外某些玻璃润滑剂的黏度—温度曲线如图16-24所示。

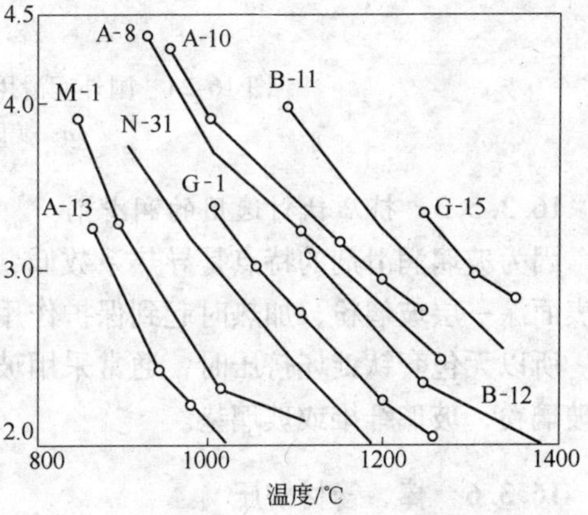

图 16-22　国产润滑用玻璃粉的黏度对数—温度曲线Ⅰ

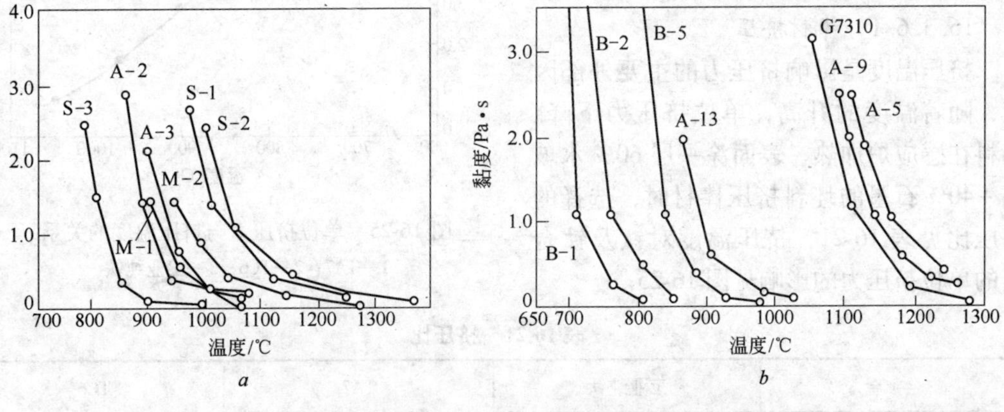

图 16-23　国产润滑用玻璃粉的黏度—温度曲线Ⅱ

a—S-3、A-2、M-1、A-3、M-2、S-1、S-2；*b*—B-1、B-2、B-5、A-13、A-5、A-9、G7310

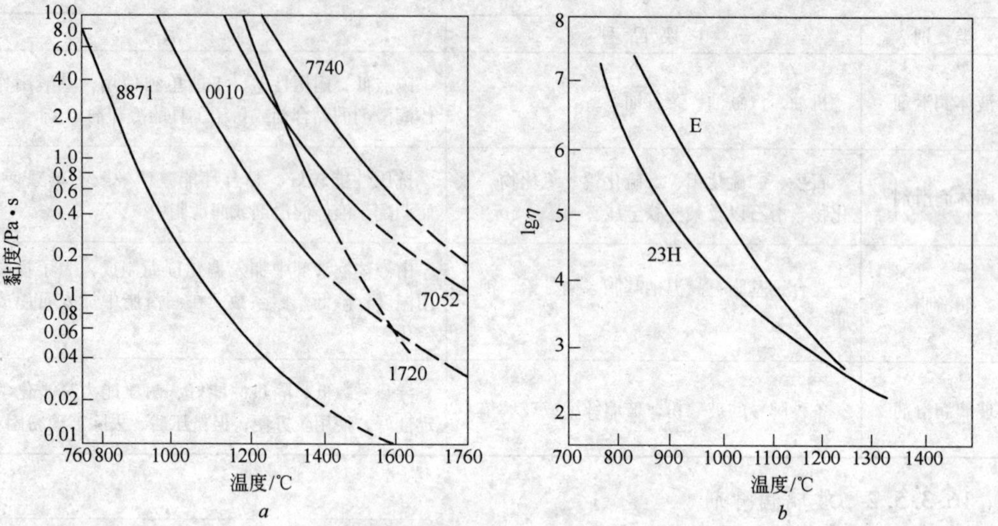

图 16-24 国外润滑用玻璃粉的黏度—温度曲线

a—美国；*b*—日本

16.3.5.3 挤压钛材选用的润滑剂

因为玻璃润滑剂的特点是导热系数低，隔热性能好，耐压能力高，化学稳定性好，锭坯表面涂一层玻璃粉，加热时起到保护作用，挤压前再滚涂一层玻璃粉，便可起到润滑作用。所以无包套钛锭坯挤压时，通常采用玻璃润滑剂。玻璃润滑剂的主要品种有各种牌号的玻璃粉，玻璃纤维或玻璃垫。

16.3.6 棒、管材挤压

钛合金棒材和管材一般在卧式挤压机上用正挤压方法生产。反挤压法用的较少，且一般使用的立式挤压机，主要用于制造厚壁短管以及正挤压管材用的穿孔毛坯。

16.3.6.1 棒材挤压

挤压温度是影响挤压力的主要外部因素，随着温度的升高，单位挤压力下降。坯料在感应炉加热、表面涂一层60%水玻璃+40%石墨的坯料挤压棒材时，选择的挤压比见表16-21，挤压温度对钛及钛合金的单位挤压力的影响见图16-25。

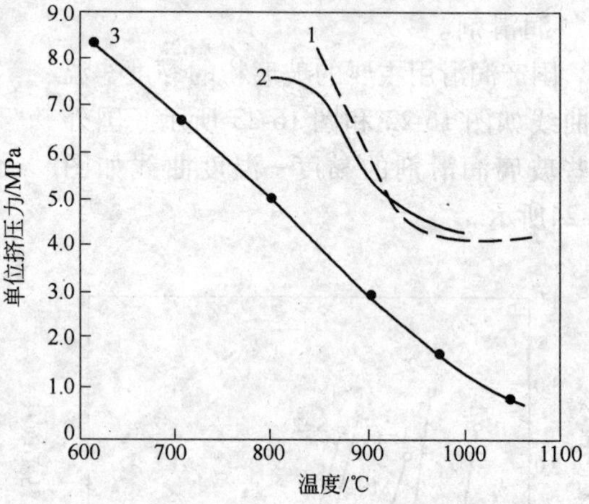

图 16-25 单位挤压力与挤压温度的关系

1—TA7；2—TC6；3—工业纯钛

表 16-21 挤压比

合 金	工业纯钛	TA7	TC6
挤压比 λ	2.8	8.3	5.6

提高挤压温度，增加金属流动的不均匀性，这是大多数合金热挤压的特征。但是，为了便于在最小的压力下进行挤压，应在能保证制品良好力学性能的条件下尽可能提高挤压温度。对于工业纯钛来说，即使挤压温度高达1038℃（已进入β相区温度范围），对其力学性能也无明显影响。然而，实际上也已证明，在927℃左右的温度下进行挤压是有利的。表16-22和表16-23列出了部分钛合金的挤压参数。

表16-22　钛合金棒材的挤压参数

合　金	毛坯加热温度/℃	挤压比λ	单位挤压力/MPa	流出速度/m·s⁻¹
BT1-1	750~800	5~15	400~700	0.5~0.75
OT4	800~900		500~800	
BT3-1	800~900		700~1000	
BT5-1	850~950		700~1000	

表16-23　采用综合玻璃润滑剂挤压钛合金的参数

合　金	成　品	挤压比λ	挤压温度/℃	单位挤压力/MPa
BT1-1	ϕ20mm棒材	33.3	830~850	400
BT3-1	ϕ20mm棒材	33.3	950~1000	650
BT5-1	ϕ20mm棒材	33.3	900~920	800
OT4-0	35mm×6mm角材	27.7	885~910	500

（α+β）型合金在β相区内加热挤压时，通常会引起塑性的下降。对于某些允许在较低强度下使用的合金来说，可以通过退火处理来恢复其足够的塑性。同样，对诸如Ti-5Al-2.5Sn等α型合金来说，在低于β转变点温度下挤压可获得最佳的力学性能。

加热温度对挤压TA3和TC4合金棒材力学性能的影响分别见表16-24和表16-25。由表16-25的数据可以看出，在(α+β)/β相转变温度（975~980℃）以上挤压，所得组织为大片层状组织，并保留有清晰完整的原始β晶界，原始β晶粒粗大，使400℃性能达不到性能标准的要求。在低于(α+β)/β相转变温度（920~950℃）挤压，由于得到初生α加β转变组织，具有良好的综合性能。

表16-24　加热温度对TA3挤压棒材力学性能的影响

加热温度/℃	σ_b/MPa	δ/%	ψ/%	A_{KU2}/J	加热温度/℃	σ_b/MPa	δ/%	ψ/%	A_{KU2}/J
650	665	24.5	51.5	59	750	640	24.0	49.5	63
	720	24.0	52.0	51	800	710	24.5	48.5	50
700	655	23.0	48.5	48		720	23.0	48.0	59
	715	23.5	48.5	70	850	630	23.0	43.5	47
750	715	24.0	48.5	46		645	21.0	41.5	72

对于β型钛合金，在可供选择的挤压温度范围内都是β相，通常采用较高的挤压温度。但是它的热敏感性比较大，温度太高时，β晶粒急剧长大，使塑性降低。其组织和性

能不仅与挤压温度有关，而且还与挤压后时效处理规程有关。

表 16-25 加热温度对挤压 TC4 合金棒材力学性能的影响

加热温度/℃	取样部位	室温性能				400℃性能			
		σ_b/MPa	δ/%	ψ/%	A_{KU2}/J	σ_b/MPa	δ/%	ψ/%	σ_{100h}/MPa
920	头	1028	16.0	44.0		640	15.0	57.5	
	中	1021	16.5	45.5	48	650	18.5	59.5	600
	尾	1015	14.0	42.5		670	18.0	59.0	
950	头	1025	17.0	48.0	57	653	19.0	60.5	
	中	1020	16.0	47.5	55	650	19.5	61.0	600
	尾	1013	15.5	42.5	54	660	18.5	59.5	
980	头	973	14.5	34.0	44	601	16.5	51.5	
	中	973	14.5	35.5	44	606	18.0	53.5	600
	尾	975	14.0	38.5	77	620	17.0	54.5	
1010	头	1003	13.5	35.5		631	17.0	51.0	
	中	1010	14.5	36.5	41	605	17.0	53.0	600
	尾	1020	14.5	38.0		576	16.0	53.5	

对于（α+β）型钛合金在选择挤压比时，应注意挤压比与加热温度对制品组织和性能的综合影响。表 16-26 给出了 TC9 合金在不同温度下，采用不同挤压比的挤制棒材的力学性能。由表 16-26 可知，在同一温度（如 950℃）下挤压，由于挤压比不同，其性能有明显的差别，特别是挤压比为 7.8 时，其强度、塑性、热稳定性都比较差；同样在相同的挤压比（λ=5.5）时，随加热温度不同，其性能也有明显的差别。

表 16-26 不同温度、不同挤压比 TC9 挤制棒材的力学性能

加热温度/℃	挤压比 λ	室温性能			500℃拉伸性能		
		σ_b/MPa	δ/%	ψ/%	σ_b/MPa	δ/%	ψ/%
920	5.5	1250	17.0	49.0	855	22.5	61.5
950	5.5	1245	17.0	43.0	875	22.0	58.5
970	5.5	1190	15.5	35.5	825	20.0	54.5
950	4.5	1260	18.5	49.0	870	23.5	64.5
950	7.8	1210	14.5	31.0	848	19.0	48.0

加热温度/℃	挤压比 λ	500℃，100h 热稳定			500℃持久，620MPa 下停留/h	室温冲击
		σ_b/MPa	δ/%	ψ/%		A_{KU2}/J
920	5.5	1220	17.0	40.5	>240	44
950	5.5	1240	18.0	37.0	>300	50
970	5.5	1190	14.0	30.5	>460	49
950	4.5	1270	17.5	42.5	>200	50
950	7.8	1195	14.5	21.5	>200	50

TC4 合金在（α+β）相区加热时（即 920～950℃），采用 3～10 的挤压比，可以获得

综合性能良好的制品；而在920℃加热，采用大挤压比（$\lambda = 28.7$）挤压时，由于变形热效应使挤压温度升高到（$\alpha + \beta$）/β 相变温度以上，造成制品出现蓝网状组织，使其塑性指标降低，疲劳性能变差。

润滑条件不良时，使外摩擦增大，使挤压力增加。同时，由于外摩擦增大，造成不均匀变形加剧，使挤压力增大。如用600t 挤压机、ϕ65mm 挤压筒、挤压比 $\lambda = 8.7$，在1050℃挤压 TA7 合金棒材时，其单位压力随润滑条件变化情况，见表16-27。

表 16-27 单位压力与润滑条件的关系

润滑条件	A-5 + M-1 玻璃粉	80 号玻璃粉	1020 号玻璃粉
单位压力 p/MPa	598	523	432

16.3.6.2 管材挤压

前苏联的钛合金管材包括12 种合金的2000 多个工业品种规格。根据现行技术条件，钛及钛合金管材可分为热挤压管、热轧管、冷变形管和焊接管4 类，如表16-28 所示。

表 16-28 常用钛合金管材

管材名称	合 金	外径/mm	壁厚/mm
热挤压管	BT1-00、BT1-0、OT4-0、OT4-1、OT4、BT6C、BT8、BT3-1、BT5	45 ~ 49 100 ~ 250	5 ~ 20 10 ~ 35
热轧管	BT14、BT15、BT1-00、BT1-0、OT4-1、OT4、AT3、BT5	60 ~ 485	5 ~ 65
一般质量冷变形管	BT1-00、BT1-0、OT4-0、OT4-1、OT4、BT5	6 ~ 62	1 ~ 4
高质量冷变形管	BT1-00、BT1-0、OT4-0	8 ~ 30	0.5 ~ 2
焊接管	BT1-00、BT1-0、OT4-0	25 ~ 100	1 ~ 2

钛及钛合金的无缝管材可采用几种工艺流程来生产。

薄壁无缝管材多按下列流程制造：

（1）挤压—轧制；

（2）挤压—轧制—拉伸；

（3）穿孔—轧制。

管材挤压的主要工艺要求如下：

按照确定的工艺，或者对不同直径的轧棒进行机械加工，或者对坯料进行挤压穿孔，均可获得空心管坯。研究表明，当孔径大于130mm 时，最好用盲孔模对坯料进行穿孔，保留25 ~ 30mm 的堵头。过薄的堵头会使作用在挤压针上的力急剧增加，当对直径大于130mm 的环形件直通穿孔时，可形成一种料头，其长度为穿孔直径的1.2 ~ 1.3 倍。这会显著增加金属消耗，并使工艺过程变得不经济。

挤压管材用穿孔坯料或轧棒，应车去表面缺陷和吸气层。直径为80mm 以上的管材一般在30 ~ 50MN 的卧式水压机上挤压，而直径较小的管材则在16MN 卧式水压机或6MN 立式水压机上挤压。

为了使两相合金管材获得高的塑性指标，应在不高于1000℃的温度下进行挤压。但

950℃挤压后在许多情况下都会使宏观组织粗糙化，这是完全在（α+β）相区进行变形而形成纤维状组织的结果。

在立式挤压机上挤压中等直径和较小直径管材的工艺过程，包括穿孔和随后挤压这两道工序。在采用这种方法以前，是用预先钻孔的坯料进行挤压的。钻孔直径取决于管子的内径。当钻穿通孔时，碎屑量达20%，钻头的消耗量也相当高。最近几年，进行了一系列的工作，其结果使得钻孔被穿孔取而代之。

用带有两个定径带的穿孔针实现穿孔挤压的过程如图16-26所示。这种形状的穿孔针挤压可获得厚壁不均最小的管材，并在挤压过程中防止金属粘到穿孔针上。

此外，用这种穿孔针还可在无穿孔系统的挤压机上进行穿孔挤压。穿孔针的穿孔部分由导向锥1（锥角约为2°）和工作锥2组成。与穿孔部分相连的为前定径带3，其直径比穿孔针工作部分4的直径大1~1.5mm。穿孔针的这种前端形状，可以减少金属料头的损失。由于前定径带的直径大于针体直径，在穿孔针工作部分表面上可保留润滑剂，从而实现有效的工艺润滑，减少壁差率。依靠穿孔针穿孔部分的锥度和在坯料6上钻出的深度h_1=40~70mm的定心导向孔，可大大减少壁差率。可保证最小壁差率的穿孔针最佳锥角α为20°~50°。

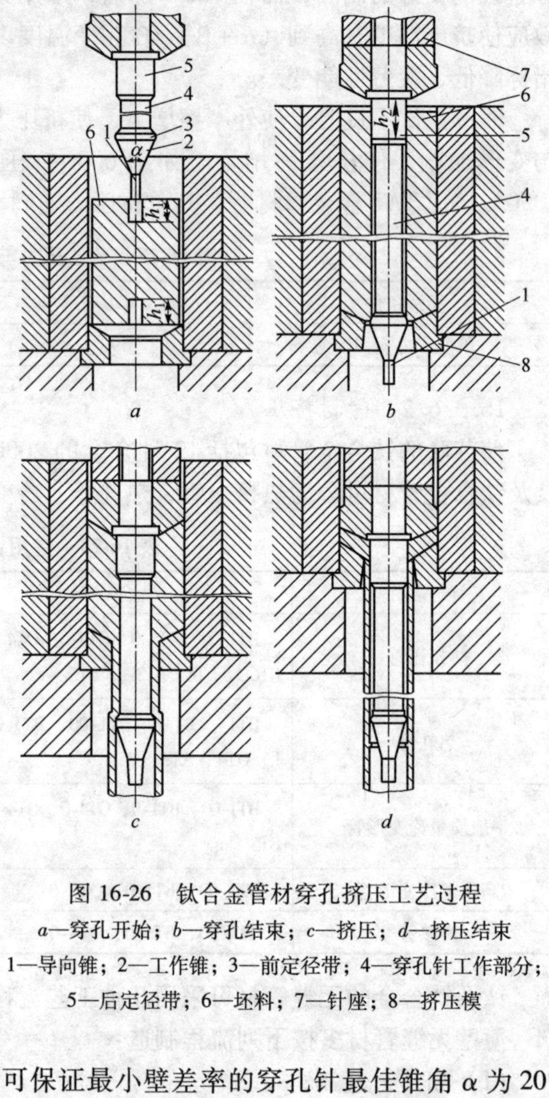

图16-26 钛合金管材穿孔挤压工艺过程

a—穿孔开始；*b*—穿孔结束；*c*—挤压；*d*—挤压结束

1—导向锥；2—工作锥；3—前定径带；4—穿孔针工作部分；5—后定径带；6—坯料；7—针座；8—挤压模

坯料定心孔的直径取决于导向锥1的直径，而导向锥的直径也与管材内径（挤压针直径）有关。导向锥1锥底直径$d_{锥底}$与穿孔针直径d_z的关系如表16-29所示。

表16-29 导向锥1锥底直径$d_{锥底}$与穿孔针直径d_z的关系

d_z/mm	36~49	50~59	60~72
$d_{锥底}$/mm	25	30	35

后定径带5的直径比前定径带的直径大0.3~0.5mm。后定径带的长度应保证由这一部分作为定径带挤压出的管材长度（管材尾端部分）不小于穿孔针的长度。第二个定径带的作用是为了挤压结束后能够很容易地取出穿孔针，即由于管材尾部的内径较大，当挤压结束时，穿孔针正好处于这个部位。

挤压前，坯料应在高频（2500~5000Hz）感应炉中加热。不同合金坯料的加热温度和挤压制品的流出速度见表16-30。

表16-30 挤压钛合金管材时的坯料加热温度与挤压制品流出速度

合 金	BT1-00、BT1-0	OT4-0、OT4-1、OT4	BT5、BT14、BT6C	BT3-1、BT8、BT15
T/℃	760 ~ 820	840 ~ 940	880 ~ 980	900 ~ 1150
v_f/m·s^{-1}	3.0	2.0	1.5	1.0

加热到规定温度的时间一般为1 ~ 1.5min。用周期性对炉子通电与断电的方法均匀坯料的加热温度。坯料断面上的温差不应超过20 ~ 30℃。

考虑到钛与工具材料黏着力较强，应采用下列成分的润滑剂进行挤压：柏油60% ~ 70%、铅笔石墨30% ~ 40%。在向穿孔针表面涂抹之前，应将润滑剂预热到250 ~ 300℃，并仔细地搅拌。

管材外径的挤压公差为±0.5mm。允许的壁差率为管材壁厚的15%以下。

用带有两个定径带的穿孔针进行穿孔挤压的工艺，可提高成品率10% ~ 15%，提高生产率和减少昂贵钻头的消耗。

16.4 产品质量及控制

16.4.1 钛及钛合金管、棒材产品质量及控制

钛及钛合金管、棒材的产品名称、尺寸公差，质量要求，按国家标准控制。

棒材产品的牌号、状态和规格，热加工棒材的直径或边长及其允许偏差，热加工后经车（磨）及冷轧、冷拔棒材的直径及允许偏差，棒材弯曲度，棒材室温力学性能和棒材高温力学性能，分别见表16-31 ~ 表16-36。

表16-31 产品的牌号、制造方法、供应状态和规格

合金牌号	制造方法	供应状态	直径或边长/mm
TA0、TA1、TA2、TA3、TA5、TA6、TA7、TA9、TA10；TB2；TC1、TC2、TC3、TC4、TC6、TC9、TC10、TC11、TC12	热挤；热挤 + 车（磨）光	热加工态 R；退火状态 M	热挤压 15 ~ 80

表16-32 热加工棒材的直径或边长及其允许偏差（mm）

直径或边长	允许偏差			直径或边长	允许偏差		
	热锻棒	热挤棒	热轧棒		热锻棒	热挤棒	热轧棒
8 ~ 15	±1.0	+0.8 -0.7	+0.6 -0.5	>35 ~ 50	±2.5	±2.5	+1.5 -1.0
>15 ~ 20	±1.5	+1.5 -1.0	+0.7 -0.5				
>20 ~ 35	±2.0	±2.0	+1.2 -0.5	>50 ~ 80	±3.0	±2.5	+2.0 -1.0

表 16-33 热加工后经车（磨）及冷轧、冷拔棒材的直径及允许偏差（mm）

直径或边长	允许偏差	直径或边长	允许偏差
8 ~ 10	±0.3	>80 ~ 100	±1.1
>10 ~ 20	±0.4	>100 ~ 120	±1.3
>20 ~ 30	±0.5	>120 ~ 160	±1.8
>30 ~ 50	±0.6	>160 ~ 200	±2.0
>50 ~ 80	±0.8		

表 16-34 棒材弯曲度

制造方法	直径或边长/mm	弯曲度，不大于 /mm · m^{-1}	制造方法	直径或边长/mm	弯曲度，不大于 /mm · m^{-1}
热加工	<35	6	冷、热加工后经车（磨）光的圆棒	<35	4
	≥35	10		≥35	5

表 16-35 棒材室温力学性能

牌 号	室温力学性能，不小于				
	抗拉强度 σ_b/MPa	规定残余伸长应力 $\sigma_{r0.2}$/MPa	伸长率 δ_5/%	断面收缩率 ψ/%	备注
TA0	280	170	24	30	
TA1	370	250	20	30	
TA2	440	320	18	30	
TA3	540	410	15	25	
TA5	685	585	15	40	
TA6	685	585	10	27	
TA7	785	680	10	25	
TA9	370	250	20	25	
TA10	485	345	18	25	
TB2	≤980	820	18	40	淬火
	1370	1100	7	10	时效
TC1	585	460	15	30	
TC2	685	560	12	30	
TC3	800	700	10	25	
TC4	895	825	10	25	
TC6	980	840	10	25	
TC9	1060	910	9	25	
TC10	1030	900	12	25	锻棒
	1030	900	12	30	轧棒
TC11	1030	900	10	30	
TC12	1150	1000	10	25	

表 16-36 棒材高温力学性能

牌号	试验温度/℃	高温力学性能，不小于			牌号	试验温度/℃	高温力学性能，不小于		
		抗拉强度 σ_b/MPa	持久强度/MPa				抗拉强度 σ_b/MPa	持久强度/MPa	
			σ_{100h}	σ_{35h}				σ_{100h}	σ_{35h}
TA6	350	420	390		TC6	400	735	665	
TA7	350	490	440		TC9	500	785	590	
TC1	350	345	325		TC10	400	835	785	
TC2	350	420	390		TC11	500	685		640①
TC4	400	620	570		TC12	500	700	590	

①TC11 合金的持久强度满足不了本表要求时，允许再用 500℃的 100h 持久强度（σ_{100h} ≥590MPa）进行检测，合格后该批棒材的持久强度也为合格。

管材外径的允许偏差、管材的长度、管材的弯曲度和挤压管材的力学性能，分别见表 16-37 ~ 表 16-41。

表 16-37 管材外径的允许偏差（mm）

外径	允许偏差	外径	允许偏差
3 ~ 10	±0.15	>50 ~ 80	±0.65
>10 ~ 30	±0.30	>80 ~ 100	±0.75
>30 ~ 50	±0.50	>100	±0.85

表 16-38 管材的长度（mm）

种类	无缝管	
	外径	
	≤15	>15
不定尺长度	500 ~ 4000	500 ~ 9000

表 16-39 管材的切斜

外径/mm	切斜，不大于/mm	外径/mm	切斜，不大于/mm
3 ~ 30	2	>60 ~ 110	4
>30 ~ 60	3		

注：管材端部应平整，在长度允许的条件下，切斜应符合表中规定。

表 16-40 管材的弯曲度

外径/mm	弯曲度，不大于/$mm \cdot m^{-1}$	外径/mm	弯曲度，不大于/$mm \cdot m^{-1}$
3 ~ 30	3	>30 ~ 110	4

表 16-41 管材的力学性能

牌号	状态	抗拉强度 σ_b/MPa	规定残余伸长应力 $\sigma_{r0.2}$/MPa	伸长率 L_0 =50mm/%
TA0	退火状态（M）	280～420	≥170	≥24
TA1		370～530	≥250	≥20
TA2		440～620	≥320	≥18
TA9		370～530	≥250	≥20
TA10		≥440		≥18

16.4.2 钛及钛合金管、棒材生产中的质量控制

钛及钛合金管、棒材挤压生产中会出现许多制品缺陷，分析产生原因，解决消除或防止出现的方法，才能实现生产过程中的质量控制。常见的挤压制品缺陷产生原因及消除办法，见表 16-42。

表 16-42 常见的挤压制品缺陷产生原因及消除办法

缺陷名称	产生原因	防止或消除的办法
性能不合格	（1）挤压比过大或过小； （2）加热温度不适当； （3）坯锭的化学成分不合格； （4）性能样品有缺陷	（1）调整挤压比； （2）调整加热温度； （3）采用化学成分合格的坯锭； （4）取性能样品时，不取有缺陷的部位
壁厚不均匀	（1）工模具偏离挤压中心线； （2）坯锭内、外圆不同心； （3）包皮厚度不均，包套与金属配合不紧； （4）挤压筒的锁紧力太小，挤压筒与模子间有间隙； （5）润滑不均匀； （6）坯锭与挤压筒的间隙过大	（1）调整挤压中心线； （2）坯锭设计要合理，加工要精确； （3）涂润滑剂要均匀； （4）挤压筒与模子的贴紧面要密封良好，防止挤压时，金属从中渗漏
包皮破损	（1）被挤压金属与包套材料的抗拉性能差别太大； （2）加热温度太高或加热时间过长； （3）模子入口锥角过大； （4）包套厚度太薄； （5）润滑条件不好； （6）挤压筒的锁紧力太小，挤压筒与模子间有间隙	（1）选择在挤压温度下，抗拉性能与被挤压金属最相近的材料作包套； （2）用 90°～130°的锥模挤压； （3）防止金属在挤压时从侧边渗漏； （4）选择厚度适当的包套； （5）加强润滑； （6）降低挤压温度
表面凹坑和划道	（1）润滑剂不清洁或润滑剂质量不好； （2）玻璃的软化点太高； （3）挤压模或挤压针不光洁	（1）采用软化点、黏度适当的润滑剂，使其黏度在 300～1000mPa·s 范围内挤压； （2）工具要勤检查，勤修理； （3）保持润滑剂的清洁
头尾尺寸不均匀	挤压模在挤压时变形或受热冲击而蚀损	采用耐高温的新模具材料，或模具表面喷涂氧化铝或氧化锆
裂头	（1）靠近模子的坯锭端部在挤压时受到拉应力超过其抗拉强度； （2）靠近模子的坯锭端部温降过大	（1）采用较厚的钢前垫，使挤压初期，坯锭前端受到较强的三向压缩应力； （2）采用锥形模，并用带锥形头的坯锭

续表 16-42

缺陷名称	产生原因	防止或消除的办法
表面龟裂	（1）润滑剂质量不好，摩擦系数大，使表、里层金属流速差别过大，使表层金属受到很大的拉应力被拉裂； （2）坯锭的温度表、里不均，使变形不均匀增大； （3）挤压速度太快	（1）采用优质的润滑剂，加强润滑； （2）加热时，要使坯锭表、里温度均匀； （3）调整挤压速度
包皮界面发生合金化	挤压温度（包括变形效应所引起的温升）超过被挤压金属与包套材料的低熔共晶温度	降低挤压温度
折叠（重皮）	（1）死区的金属流出模孔，包在制品表面上； （2）坯锭缺陷打磨不彻底或打磨痕的深宽比太大	（1）留足一定厚度的挤压残料，经常清理挤压筒； （2）坯锭缺陷要打磨彻底，打磨痕的深宽比要小，过渡要圆滑

参考文献

1 《稀有金属手册》编辑委员会．稀有金属手册（下册）．北京：冶金工业出版社，1995

2 《稀有金属材料加工手册》编写组．稀有金属材料加工手册．北京：冶金工业出版社，1984

3 亚历山德罗夫 B K，等．钛合金半成品加工．宁兴龙，等译．西安：《稀有金属材料与工程》杂志社，1996

4 温景林，丁桦，等．中国冶金百科全书：金属塑性加工卷（挤压）．北京：冶金工业出版社，1992

5 谢建新，刘静安．金属挤压理论与技术．北京：冶金工业出版社，2001

6 马怀宪．金属塑性加工学——挤压、拉拔与管材冷轧．北京：冶金工业出版社，2006

17 拉拔钛管棒线材

拉拔，又称拉伸、拉制，是塑性加工钛材（管棒线）的常用方法之一。

17.1 拉拔原理

17.1.1 拉拔的特点

拉拔的主要方法是拉伸成形，即金属坯料在拉拔力的作用下，通过截面积逐渐减小的拉伸模孔，获得与模孔尺寸、形状相同的制品的金属塑性成形方法。拉伸成形广泛应用于管、棒、型、线材生产。拉拔过程一般在室温下进行，所以常称之为冷拉。主要拉拔过程的示意图见图 17-1。

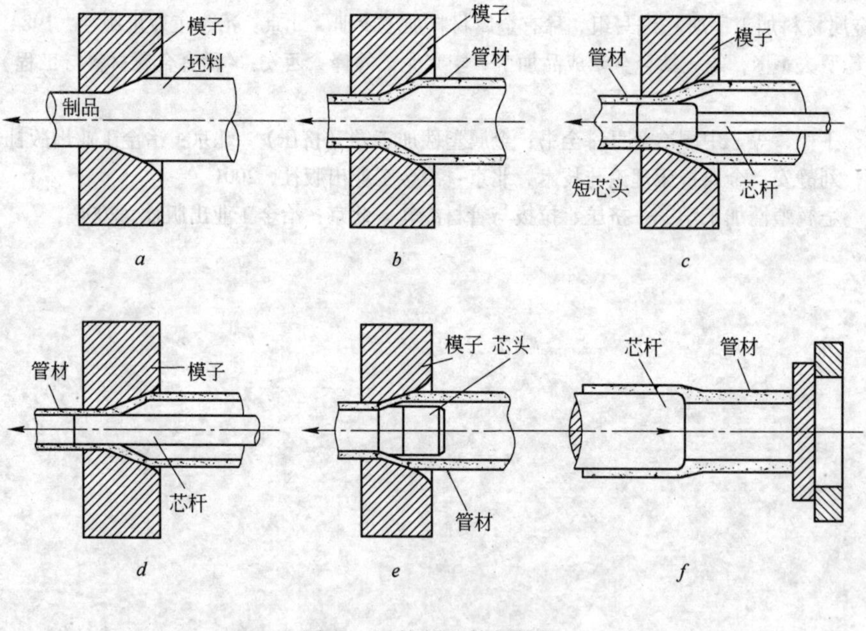

图 17-1 棒材和管材拉拔

a—棒材拉拔；*b*—管材空拉；*c*—长芯杆拉拔；*d*—固定芯头拉拔；*e*—游动芯头拉拔；*f*—扩径拉拔

拉拔的特点有：

（1）拉拔制品尺寸精确，表面光洁。

（2）拉拔法适于生产细而长的制品，圆盘式拉伸机可生产数千米长的制品。

（3）拉拔法使用的设备和工具简单、投资少、占地面积小、生产紧凑、维护方便、有利于生产多种规格的制品。

(4) 冷拉拔时，由于冷作硬化，可以大大提高制品的强度。

(5) 拉拔法时常速度快，但道次变形量和两次退火间的总变形量小，生产中需要多次拉拔和退火，尤其是生产钛合金和小规格制品时，效率低、周期长。

(6) 拉拔时金属受到较大的拉力和摩擦力的作用，能量消耗较大。

17.1.2　实现拉拔的条件

为了实现拉拔过程，而且不产生细颈或拉断的现象，必须使拉伸应力 σ 的数值小于金属出模后的屈服强度 σ_s，即：

$$\sigma < \sigma_s \tag{17-1}$$

一般合金的屈服强度很难精确地确定，而且金属拉伸加工硬化后的屈服强度十分接近于它的抗拉强度 σ_b，所以实现拉伸过程的条件为：

$$\sigma < \sigma_b \tag{17-2}$$

而满足 σ 小于 σ_b 的必要条件是安全系数 K 大于 1：

$$K = \frac{\sigma_b}{\sigma} > 1 \tag{17-3}$$

不同金属的安全系数各不相同，即使是同一金属的安全系数，也与拉伸材规格、所处的状态（退火或硬化）以及变形条件，如温度、速度、润滑效果、模子质量、反拉力等有关。一般 K 值可取在 1.4～2.0 之间，即 $\sigma = (0.7\sim0.5)\sigma_b$。如果 $K<1.4$，可能会出现细颈、拉断等现象。当 $K>2.0$ 时，则表示道次加工率不够大，未能充分利用金属的塑性。制品规格越小，K 值应越大，这是因为随着制品断面积变小，被拉金属的各种缺陷以及设备的振动、速度的骤变等因素，对金属强度降低的影响增大的缘故。在拉制大规格或高强度制品时，安全系数也不宜太小，因为此时虽不会出现拉断或细颈现象，但却容易损坏设备。因此，对于小规格制品，其安全系数主要受强度极限的限制，对于大规格的制品，则主要是受设备能力的限制。

17.1.3　主要变形参数及相互关系

17.1.3.1　主要变形参数

主要变形参数有：

(1) 延伸系数 λ：制品拉伸后的长度与拉伸前的长度之比，或拉制前断面积与拉伸后断面积之比。

$$\lambda = \frac{L_K}{L_0} = \frac{F_0}{F_K} \tag{17-4}$$

(2) 加工率 ε：制品拉伸前、后截面积之差与拉伸前截面积之比的百分率。

$$\varepsilon = \frac{F_0 - F_K}{F_0} \times 100\% \tag{17-5}$$

(3) 伸长率 δ：制品拉伸后与拉伸前的长度之差与拉伸前长度之比的百分率，或拉伸前后截面积之差与拉伸后截面积之比的百分率。

$$\delta = \frac{L_K - L_0}{L_0} \times 100\% = \frac{F_0 - F_K}{F_K} \times 100\% \tag{17-6}$$

（4）断面收缩系数 ψ：制品拉伸后的截面积与拉伸前的截面积之比。

$$\psi = \frac{F_K}{F_0} \tag{17-7}$$

式中 F_0，F_K——拉伸前、后截面积；

L_0，L_K——拉伸前、后的长度。

17.1.3.2 变形参数间的相互关系

根据塑性变形体积不变定律，各种变形参数之间的相互关系见表 17-1。

表 17-1 各种变形参数之间的关系

变形参数	符号	变形指标						
		直径以 D_0、D_K 表示	截面积以 F_0、F_K 表示	长度以 L_0、L_K 表示	延伸系数以 λ 表示	加工率以 ε 表示	伸长率以 δ 表示	断面收缩系数以 ψ 表示
延伸系数	λ	$\frac{D_0^2}{D_K^2}$	$\frac{F_0}{F_K}$	$\frac{L_K}{L_0}$	λ	$\frac{1}{1-\varepsilon}$	$1+\delta$	$\frac{1}{\psi}$
加工率	ε	$\frac{D_0^2-D_K^2}{D_0^2}$	$\frac{F_0-F_K}{F_0}$	$\frac{L_K-L_0}{L_K}$	$\frac{\lambda-1}{\lambda}$	ε	$\frac{\delta}{1+\delta}$	$1-\psi$
伸长率	δ	$\frac{D_0^2-D_K^2}{D_K^2}$	$\frac{F_0-F_K}{F_K}$	$\frac{L_K-L_0}{L_0}$	$\lambda-1$	$\frac{\varepsilon}{1-\varepsilon}$	δ	$\frac{1-\psi}{\psi}$
断面收缩系数	ψ	$\frac{D_K^2}{D_0^2}$	$\frac{F_K}{F_0}$	$\frac{L_0}{L_K}$	$\frac{1}{\lambda}$	$1-\varepsilon$	$\frac{1}{1+\delta}$	ψ

注：表中下角符号 0 表示变形前尺寸；K 表示变形后尺寸。

17.1.4 拉拔分类

拉拔按制品形状分为实心材拉拔和空心材拉拔两类。

17.1.4.1 实心材拉拔

实心材拉拔包括棒材、型材和线材的拉拔，分为：

（1）单道次拉拔。它是指拉拔时工件只通过一个模孔，只经过一道次拉拔，一般用于棒材、型材和粗线材加工，如图 17-1 所示。单道次拉拔道次加工率较大、操作简单，但只能拉拔长度较短的制品，生产率低。

（2）多道次连续拉拔。它是指拉拔时工件同时通过两个或两个以上拉模的连续拉拔过程，即一台拉拔机上同时通过多个道次拉拔，一般用于生产线材，如图 17-2 所示。它的总加工率大、拉拔速度高、自动化程度高，生产率也高。

多道次拉拔又分为有滑动式、无滑动式和无滑动积蓄式三种形式。钛线常用带滑动的多次拉拔工艺。

17.1.4.2 管材拉拔（即空心材拉拔）

管材常用的拉拔方法可分为带芯头拉拔和无芯头拉拔两大类。无芯头拉拔称作空拉，带芯头拉拔称为衬拉。按照芯头类型的不同，衬拉又分为短芯头拉拔、长芯头拉拔、游动

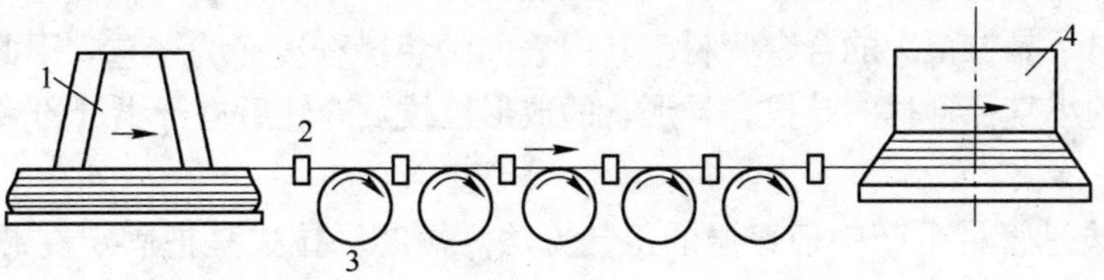

图 17-2 多道次连续拉拔过程简图

1—放线架；2—拉模；3—中间绞盘；4—拉伸卷筒

芯头拉拔和扩径拉拔。它们又都是单道次拉拔。

A 无芯头拉拔

无芯头拉拔常称为空拉，空拉包括减径拉拔、整径拉拔和成形拉拔：

(1) 减径拉拔。减径的目的是减缩管材的直径，但在减径时管子的壁厚会略有变化。壁厚增减量的大小随管材规格、减径量的大小和合金不同而变化。

(2) 整径拉拔。就是最后一个拉拔道次拉拔，通过整径使管材的外径尺寸更精确，符合产品标准的要求。

(3) 成形拉拔。成形拉拔是用圆形的管坯料，通过过渡模和成形模，使其形成所需的方形、矩形、六角形、椭圆形等异形断面的管材。

当空拉大直径薄壁管材时，如果道次减径量过大，往往会出现纵向凹陷现象，即所谓失稳或不稳定。为了保证拉拔的稳定性，当$\frac{t}{D}\leqslant 0.04$时，空拉直径变形量 ε_d 不得大于允许的临界变形量 $\varepsilon_{d临}$。即：

$$\varepsilon_d \leqslant \varepsilon_{d临} \tag{17-8}$$

其中：

$$\varepsilon_d = \frac{D-d}{D} \times 100\%$$

$$\varepsilon_{d临} = 2.8 \times 10^4 \left(\frac{t}{D}\right)^2 \geqslant \varepsilon_d \tag{17-9}$$

式中 D——空拉前管材外径；

d——变形后管材的直径；

t——空拉前管材壁厚。

比较简单的计算方法是：当模角为 10°~15°时，应满足下式即为稳定：

$$D - d < 6t \tag{17-10}$$

空拉时管材壁厚的变化是由于金属在变形时产生不同方向流动造成的。根据实际经验，可用 $\frac{D}{t}$ 值的大小予以考虑：$\frac{D}{t}>5\sim6$ 时，管材壁厚增加；$\frac{D}{t}\leqslant 5\sim6$ 时，管材壁厚减小。

空拉时可减小管材壁厚不均的程度，当管材壁厚不均略微超标时，可利用空拉加以纠正。这是因为壁厚较薄的部分其横向变形应力比较大，使管壁增厚的趋势较大的缘故。

无芯头拉伸的最主要的缺点是管材内表面随拉伸量的增加而变得粗糙无光，严重时会产生纵向皱纹。对于晶粒粗大的合金管材，其内表面的粗糙程度尤为严重。因此，空拉多用于难以装入芯头的小直径管材的拉拔，异形管的成形拉拔及冷轧后进行小量的减径和整径。

B 短芯头拉拔

短芯头拉拔是管材生产中最普遍的工艺方法。短芯头拉拔是把固定在芯杆前端的短芯头插入管坯内孔，芯杆的后端固定在拉伸机后座上。拉拔时，芯头被固定在与拉伸模定径带相对应的位置上，管坯通过模孔和芯头所形成的环状间隙，获得与此间隙和尺寸相同的管材。这种拉拔过程是一种复合拉伸变形，刚开始时，属于空拉阶段，管材直径变小，壁厚变化不大，当管材内表面与芯头工作带接触时，变为减径和减壁阶段，此时的主应力图和主变形图都是两向压缩、一向拉伸或伸长。也就是金属沿轴向流动，管材直径减小，壁厚变薄，长度增加。

短芯头拉拔时，管材内外表面同时与模子和芯头发生滑动摩擦。因此，当润滑条件不好时，很容易导致工具粘金属，在管材外表面和内表面上产生划沟。所以，不断改善润滑条件，是提高道次变形量和保证管材表面质量的重要环节。

用短芯头拉拔的管材，其表面质量比空拉生产的好。与长芯头拉拔和游动芯头拉拔相比，工具设计和制造简单，操作和更换规格也比较方便。

C 长芯杆拉拔

长芯杆拉拔是把管坯套在长芯杆上，使其与管坯一起拉过模孔，如图 17-1*c* 所示。芯杆的直径等于制品的内径，芯杆的长度一定要大于成品管材的长度。工作时，整根芯杆都是工作部分，所以其尺寸和表面粗糙度必须满足质量要求。拉拔后从芯杆上取下管材要经过脱管，从拉拔的相反方向拉出芯杆，脱管时要采用脱管模。为了顺利脱管，经常要在斜辊滚轧机上滚轧一次，使管材直径扩大 1～2mm，再拉出芯杆。长芯杆拉拔具有以下特点：

(1) 和短芯头拉拔一样，也具有压缩阶段，在此阶段实现管材减径。

(2) 在拉拔过程中，管子伸长并沿芯杆表面滑动，愈靠近出口端滑动愈小，在出口处滑动为零。

(3) 长芯杆拉拔时，变形金属向着与拉拔方向相反的方向滑动，管材内表面与长芯杆之间摩擦力的方向与芯杆运动方向一致，因此，相应地减小了拉伸应力。所以可得到较大的道次加工率和总加工率。道次延伸系数可达 2. 2，而短芯头拉拔时不超过 1. 8。

(4) 长芯杆拉拔需增加脱管工序及必要设备。

(5) 需要的芯杆量大，芯杆制作难度较大，增加工具成本。故长芯杆拉拔仅在拉制大直径且较薄的管材时采用。

D 扩径拉拔

管材生产中很少使用扩径拉拔的方法，但是为了解决品种问题或挽救管材尺寸超差，也采用扩径拉拔的方法。扩径的方法有两种类型，即拉拔扩径和压入扩径。

压入扩径法只用于壁厚较厚和长度与直径的比值小于 10 的管材。用这种方法扩径后的管材基本上不产生几何废料，而用拉拔扩径后的管材必须要切掉夹头。但是拉拔扩径可以生产壁厚较薄和较长的管材。

17.1.5　拉拔后金属的组织性能

17.1.5.1　金属拉拔后的组织变化

金属在拔制过程中外形和尺寸发生了变化，其内部的晶粒尺寸也相应地发生了变化，即晶粒在拉拔方向上拉长。在变形量较大的情况下，可出现明显的纤维状组织，如图 17-3 所示，使得制品呈现各向异性，形成变形织构。在拉拔时形成的变形织构叫做“丝织构”，如图 17-4 所示，其特征是各个晶粒的某一晶向与拉拔力方向平行或接近平行。冷拔变形还使材料内部产生大量的缺陷，使原子在晶格中偏离其平衡位置，即晶格发生畸变。

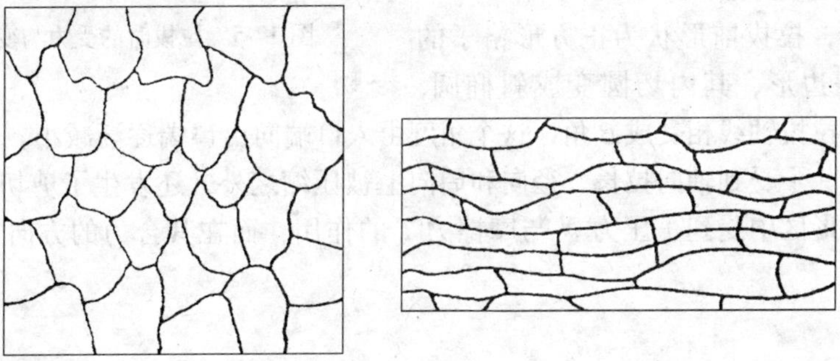

a　　　　*b*

图 17-3　钛材冷拔后纤维组织示意图

a—拔制变形前的组织；*b*—拔制变形后的纤维组织

17.1.5.2　金属拉拔后的性能变化

金属拉拔后的性能变化有：

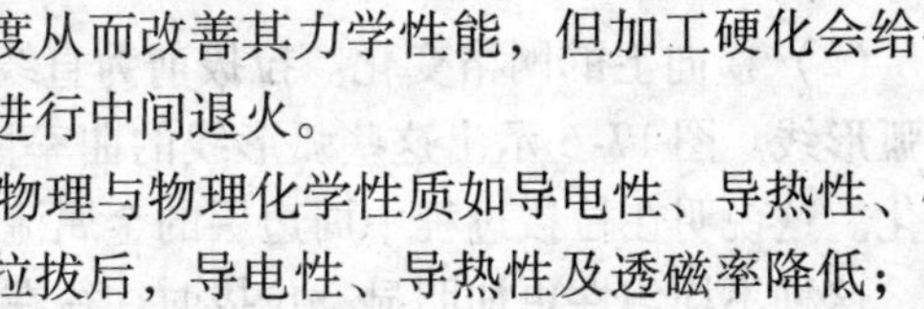

图 17-4　丝织构示意图

(1) 加工硬化。加工硬化是材料在冷变形过程中，随着变形程度的增加，变形阻力增大，强度和硬度增高，而塑性、韧性下降的现象。在冷拔过程中，加工硬化是很显著的。在生产中可利用加工硬化来提高材料的强度从而改善其力学性能，但加工硬化会给冷拔带来困难。为能进一步进行冷拔变形，需要进行中间退火。

(2) 其他性能的改变。经冷拔后，材料的物理与物理化学性质如导电性、导热性、磁性、密度、耐腐蚀性都会发生改变。如钛材在拉拔后，导电性、导热性及透磁率降低；电阻、矫顽力、化学活性、弹性模量略有增加等。

17.1.6　圆棒拉拔时的应力与变形

17.1.6.1　应力与变形状态

在拉拔时，变形区金属所受的外力有拉拔力 P，模壁给予金属的正压力 N 和摩擦力 T，如图 17-5 所示。

金属在拉拔力、正压力和摩擦力的作用下，变形区的金属处于两向压和一向拉的应力状态。由于被拉金属是实心圆棒，应力呈轴对称应力状态，即 $\sigma_r \approx \sigma_\theta$。变形区中金属的变形状态为两向压缩和一向延伸。

17.1.6.2 金属在变形区内的流动特点

通常用网格法研究金属在模孔内的变形与流动规律，如图17-6所示。通过分析坐标网格在拉拔前后的变化，可得出以下规律：

（1）纵向上的网格变化。在轴线上，拉拔前形状为正方形格子A经拉拔后变成矩形，内切圆变成正椭圆，其长轴和拉拔方向一致。因此，金属在轴线上的变形是沿轴向延伸，在径向和周向上被压缩。

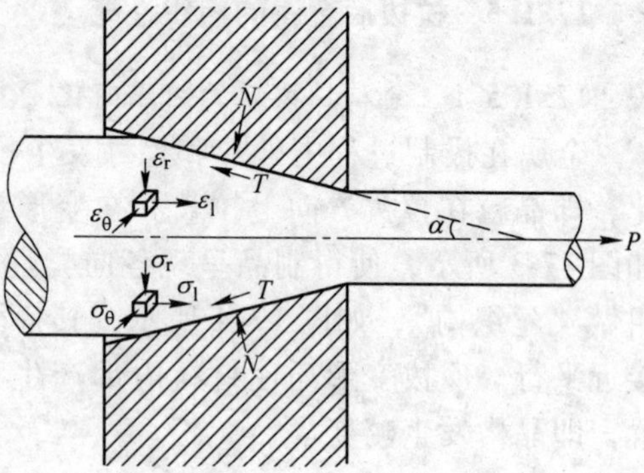

图17-5 拉拔时的受力与变形状态

在周边层，拉拔前形状为正方形格子的B变成平行四边形，其内切圆变成斜椭圆，它的长轴线与拉拔轴线相交成β角，这个角度由入口端向出口端逐渐减小。由此可见，在周边上的格子除了受到轴向拉长，径向和周向上被压缩之外，还发生了剪切变形γ。这是由于金属在变形区中受到正压力N与摩擦力T的作用，而在其合力的方向上产生剪切变形。

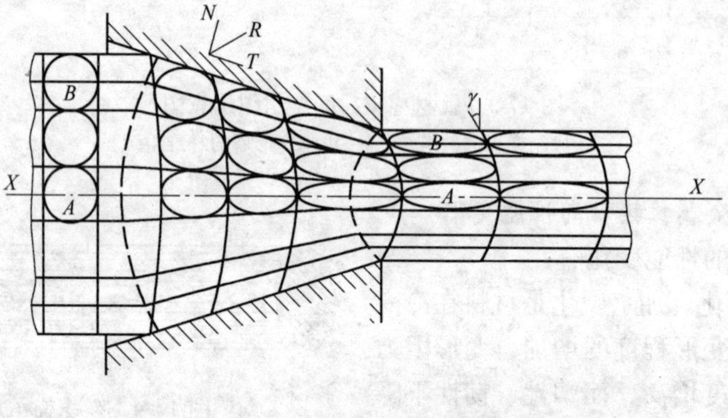

图17-6 拉拔圆棒时断面坐标网格的变化

（2）横向上的网格变化。拉拔前为直线的横线进入变形区后开始变成向拉拔方向凸出的弧形线。图17-6示出这些弧形线的曲率由入口端到出口端逐渐增大，到出口端后不再变化。这说明在拉拔过程中周边层的金属流动速度小于中间层。随着模角和摩擦系数的增大，这种不均匀性更加明显。拉拔时往往在制品后断面出现凹坑，其原因就是拉拔时金属流动速度的差别所致。由网格还可以看出，在同一横断面上的β角由中心向周边层逐渐增大。

可以证明拉拔后中心线上延伸变形最小，表层延伸变形最大，其他部分的延伸变形介于两者之间；而拉拔后中心线上的压缩变形最小，表层的压缩变形最大，其他部分的压缩变形介于两者之间。

17.1.6.3 变形区的形状

根据棒材拉拔时的滑移线理论可知，假定模子是刚性体，通常按速度场把棒材的变形分为三个区：Ⅰ区和Ⅲ区为弹性变形区，Ⅱ区为塑性变形区，如图17-7所示。一般情况下，Ⅰ区与Ⅱ区的分界面 F_1 和Ⅱ区与Ⅲ区的分界面 F_2 是两个同心球面，其半径分别为 r_1 和 r_2，原点为模子锥角的顶点 O。塑性变形区的形状为模子锥面（锥角为 2α）和两个球面 F_1、F_2 所围成的部分。

由网格法也可证明，拉拔前的纵向直线在进、出模孔时会发生两次弯曲，把各折点连接起来，就会形成两个同心球面。一般认为两个球面与模锥面围成的部分为塑性变形区。

有研究者用赛璐珞板进行了拉拔，并做了光弹性实验。测得的变形区内的应力分布如图 17-8 所示。

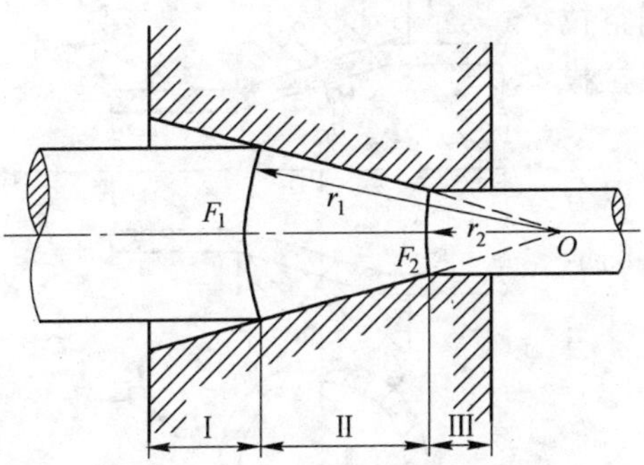

图 17-7　棒材拉拔时变形区的形状

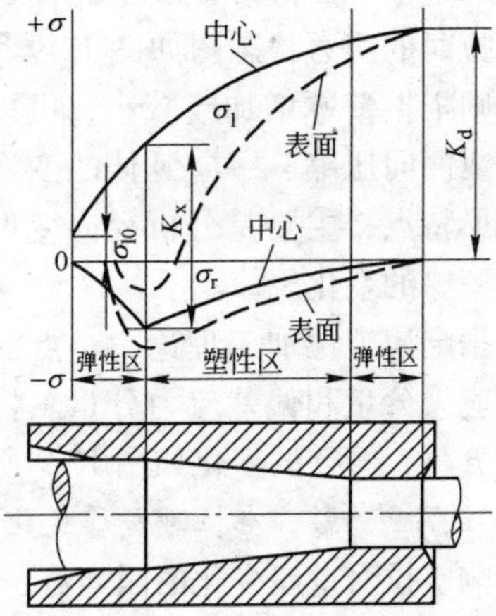

图 17-8　变形区内的应力分布

17.1.7　管材拉拔时的应力与变形

管材拉拔时的应力分布规律有：

(1) 应力沿轴向的分布规律。轴向应力由变形区入口端向出口端逐渐增大，即 $\sigma_{lr} < \sigma_{lch}$，周向应力和径向应力则从变形区入口端向出口端逐渐减小，即 $|\sigma_{\theta r}| > |\sigma_{\theta ch}|$，$|\sigma_{rr}| > |\sigma_{rch}|$。

轴向应力 σ_l 的分布规律可以做以下解释。在稳定拉拔过程中，变形区内的任一断面在向出口端移动时面积逐渐减小，而此断面与变形区入口端球面间的变形体积不断增大。为了实现塑性变形，通过此断面作用于变形体的轴向应力也必须逐渐增大。

根据塑性方程，可得

$$\sigma_l - (-\sigma_r) = K_{zh}$$

即

$$\sigma_l + \sigma_r = K_{zh} \tag{17-11}$$

当整个变形区内变形程度不大时，金属变形抗力可以认为是常数，因此，由式 17-11 可以得出，随着轴向应力向出口端增大，径向应力 σ_r 和周向应力 σ_θ 必然逐渐减小。

在实际生产中，观察模子的磨损情况可以发现，模子的入口处一般磨损比较快，常常过早地出现槽沟，这也证明入口处的径向应力值较大。

(2) 应力沿径向的分布规律。径向应力与周向应力由表面向中心逐渐减小，即 $|\sigma_{rw}| > |\sigma_{rn}|$ 和 $|\sigma_{\theta w}| > |\sigma_{\theta n}|$。而轴向应力的分布情况则相反，中心处的轴向应力大，表

面的轴向应力小，即 $\sigma_{ln}>\sigma_{lw}$。这可做如下解释：在变形区，金属的每个环形的外表层上作用着径向应力，而径向应力总是力图减小其外表面。距中心愈远，表面积愈大，所需的力就愈大。轴向应力在横断面上的分布规律同样可由前述的塑性方程式得到解释。

拉拔管材与拉拔棒材的主要区别是前者已失去轴对称变形的条件，这使它的应力与变形状态同拉拔实心圆棒的不同。空拉时，管内虽然未放置芯头，但其壁厚在变形区内实际上常常是变化的。由于不同因素的影响，管子的壁厚最终可以变薄、变厚或保持不变。了解空拉时管子壁厚的变化规律对正确制定拉拔工艺规程及选择管坯尺寸是非常必要的。

17.1.7.1 空拉时的应力分布和变形特点

空拉时的应力状态图如图 17-9 所示。主应力图仍为两向压、一向拉的应力状态，主变形图则根据壁厚增加或减小，可以是一向压缩、两向延伸或两向压缩、一向延伸的变形状态。研究空拉时的变形特点，主要是分析径向变形规律，即在拉拔过程中壁厚的变化规律。

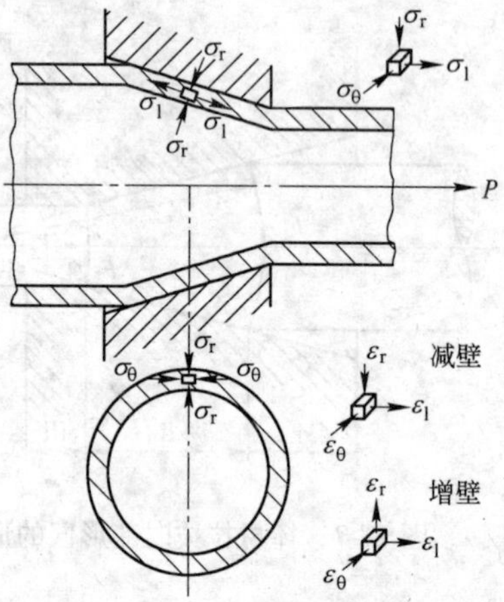

图 17-9 空拉管材时的应力与变形图

根据金属塑性加工理论，一点的应力状态可以分解为球应力分量和偏差应力分量。将空拉管材时的应力状态分解，管壁的变化如图 17-9 所示。

17.1.7.2 影响空拉时壁厚变化的因素

影响空拉时壁厚变化的因素有：

(1) 管坯几何尺寸的影响；

(2) 材质与状态的影响；

(3) 道次加工率和加工道次的影响；

(4) 润滑条件、模子几何参数及拉拔速度的影响。

17.1.7.3 空拉对纠正管子偏心的作用

挤压或斜轧穿孔法生产的管坯壁厚一般是不均匀的，若偏心很严重时会导致最终产品管壁厚超差而报废。在此种情况下，适当地安排若干道次空拉可以纠正偏心，且空拉道次越多，纠正偏心的效果越显著。空拉可以纠正管材偏心的原因在于周向应力的分布不同，壁厚处的周向应力小于壁薄处的周向应力。因周向应力是引起壁厚增加的应力，周向应力越大，壁厚增加得越大。所以壁薄部分在周向应力的作用下逐渐增厚，使整个断面上的管壁厚趋于一致。有芯头拉拔时纠正管材偏心的效果没有空拉时显著，这是由于此时径向压力 N 使径向压应力增大，从而妨碍了管材壁厚的调整。

17.1.8 拉伸力的计算与测定

17.1.8.1 影响拉伸力的各种因素

影响拉伸力的主要因素如下：

(1) 被拉伸金属的力学性能。被拉伸金属的屈服强度与拉伸力之间成直线关系，即随着被拉伸金属的强度增加而拉伸力增大。

(2) 变形程度。变形量的增加，不但是变形能增加，而且摩擦力也增加，因此拉伸力随变形程度的增加而增加。

（3）模子形状。模子锥度和定径带的长度与拉伸力有直接关系。模角的增加减少了变形区长度，降低了垂直压力和所引起的摩擦力，但模角的增加也增加了水平方向的拉力。当模角较小时，前一种因素占优势，因而随模角的增大拉伸力下降；而当模角很大时，后一因素占优势，所以拉伸力随模角的增大而增大。因此，存在一个最佳模角，最佳模角拉伸时拉伸力最小。

定径带长度也影响金属通过时的摩擦力，定径带增大，拉伸力也随之增大。

实验表明，拉伸力的大小与模具的弧线有一定的关系，但影响不大。由于锥形模孔形状的制造和检查都比较容易，在生产中常用锥形模。

（4）润滑与摩擦。润滑条件与润滑剂的优劣直接影响拉伸力的大小。工具材质及表面粗糙度不同也关系到摩擦系数的变化，从而引起拉伸力的变化。

（5）拉伸速度。实际上所用的拉伸速度对拉伸力没有很大影响。只是在开动设备的瞬间，由于加速度较大而使拉伸力增大。当速度平稳后，拉伸力不随速度的变化而变化。

17.1.8.2　线材拉伸力的计算

拉伸力的计算，为线材生产中合理工艺配模的制定、拉伸设备和电机的正确选择提供可靠的依据。常用的拉伸力计算公式有：

（1）洛夫公式：

$$P_z = \overline{\sigma}_F S_K \ln\lambda (1 + f\cot\alpha) \tag{17-12}$$

本公式比较简单，适用于单次拉伸计算。

（2）古布金公式：

$$P_z = \overline{\sigma}_F S_K \left[\frac{a+1}{a}\left(1 - \frac{1}{\lambda^a}\right) + m + n\right] \tag{17-13}$$

（3）塔尔那夫斯基公式：

$$p_z = \overline{\sigma}_F S_K [1 - C + (1 - 2f)(1 + Cf\cot\alpha)\ln\lambda + 0.77\tan\alpha + 2fc] \tag{17-14}$$

其中：

$$a = \frac{1}{\cos\dfrac{\alpha}{2}} + \frac{f}{\tan\alpha\cos\dfrac{\alpha}{2}} - 1$$

$$m = \frac{4}{3\sqrt{3}}\left(\tan\alpha + \frac{f}{2}\right)$$

$$n = \frac{f\pi d_k l_k}{S_k}\frac{1}{\lambda^a}$$

$$C = 1 - \frac{\sigma_{反}}{\sigma_F}$$

式中　$\overline{\sigma}_F$——平均变形抗力，一般变形前与变形后平均抗拉强度代替，MPa；

S_K——线材出口断面积，mm^2；

λ——延伸系数；

P_z——拉伸力，kN；

f——摩擦系数；

α——工作锥半角；

d_k——定径带直径，mm；

L_k——定径带长度，mm；

$\sigma_{反}$——反拉伸应力。

17.1.8.3 管材拉伸力计算

拉伸力的计算就是计算拉伸应力，以下介绍各种拉伸应力的计算公式，其中各公式通用符号为：

D_0，d_0——变形前管材的外径、内径；

D_1，d_1——拉伸后管材的外径、内径；

t_0，t_1——管毛料和成品管的壁厚；

D_{0p}，D_{1p}——管毛料和成品管的中性直径，$D_{0p} = d_0 + t_0$，$D_{1p} = d_1 + t_1$；

D_{p1}——在变形区中管材中性直径，$D_{p1} = d_1 + t_0$；

F_0，F_1——管毛料和成品管的断面积，在变形中管材的横断面积 $F_1 = (d_1 + t_0)\, t_0\pi$；

$\sigma_{弹}$——作用在弹性和塑性变形区边界上的应力（如有反拉力就等于反拉力），等于管毛料的弹性极限；

σ_{s0}——管毛料屈服强度；

$\sigma_{空}$——空拉段结束后金属的屈服强度；

$\sigma_{成}$——变形完了时金属的屈服强度；

σ'——在空拉段金属的平均屈服强度，$\sigma'_{拉} = \dfrac{\sigma_0 + \sigma_{空}}{2}$；

σ''——从空拉段到成品的变形金属的平均屈服强度，$\sigma''_{拉} = \dfrac{\sigma_{空} + \sigma_{成}}{2}$；

σ_p——整个变形过程中金属的平均屈服强度，$\sigma_p = \dfrac{\sigma_{s0} + \sigma_{成}}{2}$；

l_I——拉伸模工作带宽，一般取 $l_I \approx 1.5t_1$；

α——拉伸模半锥角；

μ——摩擦系数；

ω_1——$\dfrac{\tan\alpha + \mu}{(1 - \mu\tan\alpha)\tan\alpha}$；

P_z——拉伸力，$P_z = \sigma_p \cdot F_1$。

A 无芯头拉伸时的应力计算

这里推荐三个公式，第一个公式为常用的理论计算式；第二个公式考虑的因素比较全面，计算结果也比较准确，但计算繁杂，可用于新设计时；而第三个公式是经验公式，计算简单，它没有考虑模子工作带的影响，但对于工具形状已定型的正常生产，也是适用的。

（1）计算公式一：

$$P_z = 1.2\,\sigma_p\omega_1\varepsilon F_1 \tag{17-15}$$

（2）计算公式二：

$$\sigma_{空拉} = 1.15\sigma_p \frac{a+1}{a}\left[1 - \left(\frac{D_{1p}}{D_{0p}}\right)^a\right] + \sigma_{弹}\left(\frac{D_{1p}}{D_{0p}}\right)^a \tag{17-16}$$

其中
$$a = \frac{1 + \mu\cot\alpha'}{1 - \mu\tan\alpha'} - 1 \tag{17-17}$$

式中　α'—— 换算角。

$$\tan\alpha' = \frac{(D_0 - D_1)\tan\alpha}{(D_0 - D_1) + 2l_1\tan\alpha} - 1 \tag{17-18}$$

（3）计算公式三：

$$\sigma_{空拉} = 0.105\left(1 - \sin\frac{\alpha}{2}\right)(1 + \mu)\sigma_p\sqrt{\varepsilon_d} \tag{17-19}$$

其中：
$$\varepsilon_d = \frac{D_0 - D_1}{D_0} \times 100\%$$

B　短芯头拉伸时的应力计算

计算短芯头拉伸应力的公式很多，这里也推荐两个公式：

（1）计算公式一：

$$\sigma_{拉短} = 1.1\sigma''\left(1 + \frac{\tan\alpha'}{A_1\mu}\right)\left[1 - \left(\frac{F_1}{F_I}\right)^{\frac{A_1\mu}{\tan\alpha'}}\right] + \sigma_{空拉}\left(\frac{F_1}{F_I}\right)^{\frac{A_1\mu}{\tan\alpha'}} \tag{17-20}$$

其中：
$$A_1 = 1 + \frac{d_1\cos\alpha'}{d_1 + t_0 + t_1} \tag{17-21}$$

式中　α'——换算角，由式 17-21 确定；

$\sigma_{空拉}$——用式 17-19 计算出在空拉段末横断面上的轴向拉应力。

（2）计算公式二：

$$\sigma_{拉短} = \sigma_p \times \ln\frac{F_0}{F_1}\left(1 + \frac{\mu}{\sin\alpha\cos\alpha} + \frac{\mu}{\tan\alpha}\right) \tag{17-22}$$

C　长芯头拉伸时的应力计算

这里仅推荐一种长芯头拉伸应力计算公式：

$$\sigma_{拉长} = 0.145\left(1 - \sin\frac{\alpha}{2}\right)(1 + \mu\sigma_p\sqrt{\varepsilon}) \tag{17-23}$$

其中：
$$\varepsilon = \frac{F_0 - F_1}{F_0} \times 100\%$$

D　游动芯头拉伸时的应力计算

游动芯头拉伸过程变化因素较多，计算公式也很复杂，下面推荐的计算公式仅供参考：

$$\sigma_{拉游} = 1.1\sigma_{0.2}(1 - e^{\varepsilon_3}) + \sigma_{压缩}e^{\varepsilon_3} \tag{17-24}$$

其中：
$$\varepsilon_3 = 4l_1\frac{D_1\mu + d_1\mu_1}{D_1^2 - d_1^2};$$

式中　μ_1——金属沿芯头的摩擦系数，一般取 0.02～0.05；

$\sigma_{压缩}$——压缩区结束处的应力，由下式确定：

$$\sigma_{压缩} = 1.1\sigma'''\frac{\varepsilon_2}{\varepsilon_2 - 1}\left[1 - \left(\frac{F_1}{F_{压缩}}\right)^{\varepsilon_2 - 1}\right] + \sigma_{锥末}\left(\frac{F_1}{F_{压缩}}\right)^{\varepsilon_2 - 1} \tag{17-25}$$

其中：

$$\varepsilon_2 = \frac{\tan\alpha + \mu}{(1 - \mu\tan\alpha)\tan\alpha} + \frac{d_1}{D_1}\frac{\mu_1}{\tan\alpha}$$

式中 σ'''——在金属变形抗力的平均值，$\sigma''' = \frac{\sigma_{0.2} + \sigma_{压}}{2}$；

$\sigma_{压缩}$——锥形压缩段结束处金属的变形抗力；

$\sigma_{0.2}$——压缩段终了时金属的屈服强度；

$F_{压缩}$——压缩区开始处管子的断面积，$F_{压缩} = \frac{\pi}{4}[(d + 2t')^2 - d^2]$；

t'——空拉段末管材壁厚的垂直投影，$t' = \frac{t_0}{\cos\alpha}$；

d——芯头圆柱段直径；

$\sigma_{锥末}$——在圆锥段压缩区末端的应力，可用下式计算：

$$\sigma_{锥末} = 1.1\sigma'''' \frac{\varepsilon_1}{\varepsilon_1 - A}\left[1 - \left(\frac{F_{压缩}}{F_{空拉}}\right)^{\frac{\varepsilon_1 - A}{A}}\right] + \sigma_{空拉}\left(\frac{F_{压缩}}{F_{空拉}}\right)^{\frac{\varepsilon_1 - A}{A}}$$

其中：

$$\varepsilon_1 = \frac{\frac{d' + 2t'}{d'}(\mu + \tan\alpha) + (\mu_1 + \tan\alpha_1)}{\frac{d' - 2t'}{d'}\tan\alpha - \tan\alpha_1}$$

$$A = 1 - \frac{\mu\tan\alpha - \mu_1\tan\alpha_1}{2}$$

式中 σ''''——圆锥段压缩区中金属的平均变形抗力，$\sigma'''' = \frac{\sigma_{空} + \sigma_{Ⅲ}}{2}$；

$\sigma_{Ⅲ}$——锥形拉伸段结束处的金属变形抗力；

d'——管子开始与锥形芯头接触处的内径，$d' = \sqrt{d\left[d + \left(2l_{柱}\frac{\tan\alpha_1 \times \mu_1}{\tan\alpha_1 - \mu_1}\right)\right]}$；

$l_{柱}$——芯头圆柱部分长度；

$F_{空拉}$——空拉段结束处管子的断面积，$F_{空拉} = \frac{\pi}{4}[(d' + 2t')^2 - (d')^2]$；

$\sigma_{空拉}$——空拉段结束处拉应力，它由式 17-16 或式 17-19 计算得之。

17.1.8.4 拉伸力的测定

在制定新的拉拔工艺时，除了进行拉伸力的理论计算之外，还可实测拉伸力。

拉伸力实测可直接进行，也可以通过能耗或传动功率来求得。前者称直接测定法，后者为间接测定法：

（1）直接测定法是在拉力实验机上装有专用测力机构进行测定，或用弹簧测力计测量，也有用液压计进行测量的。虽然这些方法测量准确、简便，但在工作现场的设备上却不便于测量，因此很少应用。

（2）间接测量法也称电测法。就是在现有设备上，通过电气参数的测量再进行计算。其原理是测量设备拉伸时的功率与空转时的功率的变化，按下式求出拉伸力：

$$P_z = \frac{1000(W_{负} - W_{空})\eta}{S} \tag{17-26}$$

式中　P_z——拉伸力，N；

$W_负$——拉伸机负载时的功率，kW；

$W_空$——拉伸机空载时的功率，kW；

S——拉伸机线速度，m/s；

η——设备有效系数，取0.9。

利用现场的三相功率表可直接测量出拉伸时的功率和空运转时的功率，按照式17-26求出拉伸力。这种方法简便、准确，因此常用此法测量。

在3t拉伸机上，空拉纯钛管时，采用$\alpha=10°$的硬质合金模拉拔实测拉伸力，并按式17-15计算出的理论值，和实测值结果分别列入表17-2中，从表17-2可见，当加工率$\varepsilon>15\%$时，两值很接近。说明计算式和实际相符，使用时出入很小。故在实际实践中，可以用理论式来校验拉伸力，也可以用实测法来实测。

表17-2　实测拉伸应力与计算拉伸应力的比较

坯料尺寸/mm		$\phi20\times1$			$\phi16\times1$			$\phi12\times0.95$	
制品尺寸/mm		$\phi19\times1$	$\phi17\times1$	$\phi14.9\times1$	$\phi15\times1$	$\phi12.9\times1$	$\phi11.5\times1$	$\phi8.5\times0.95$	$\phi8.4\times0.95$
加工率/%		4	13	25	9	19	31	35	37
实测参数及结果	I_Σ/A	15	23	29	14	18	20	18	19
	V_Σ/V	70	83	76	95	90	85	89	88
	v_Σ/m·min^{-1}	6.8	6.2	5.7	7.2	6.9	6.3	6.8	6.6
	I_K/A	4.8	4.8	4.8	4.8	4.8	4.8	4.8	4.8
	V_K/V	102	102	102	102	102	102	102	102
	v_K/m·min^{-1}	7.9	7.9	7.9	7.9	7.9	7.9	7.9	7.9
	σ_L/MPa	150	310	460	170	290	380	460	540
计算参数及结果	模角/(°)	10							
	f	0.17							
	σ_{b1}/MPa	600	600	600	515	515	515	525	525
	σ_{b2}/MPa	725	805	865	615	625	690	660	715
	σ_L'/MPa	65	223	450	124	264	455	505	556
	$\sigma_L-\sigma_L'$/MPa	+85	+87	+10	+46	+26	−75	−45	−16
$\frac{\sigma_L-\sigma_L'}{\sigma_L}\times100\%$		56.5	28	1.9	27	9	−19.7	−9.8	−3

17.2　拉拔设备

17.2.1　钛线材连续拉拔设备

钛线材的多次拉伸过程如下：

多次拉伸，即线坯一次连续通过多个模子后卷取。其特点是总加工率大，拉伸速度快，自动化程度高。拉伸道次可根据被拉伸金属的允许总延伸系数、产品最终尺寸以及所要求的力学性能来确定。连续拉伸道次数通常为2~25。

带滑动的连续式多次拉伸如图 17-10 所示。

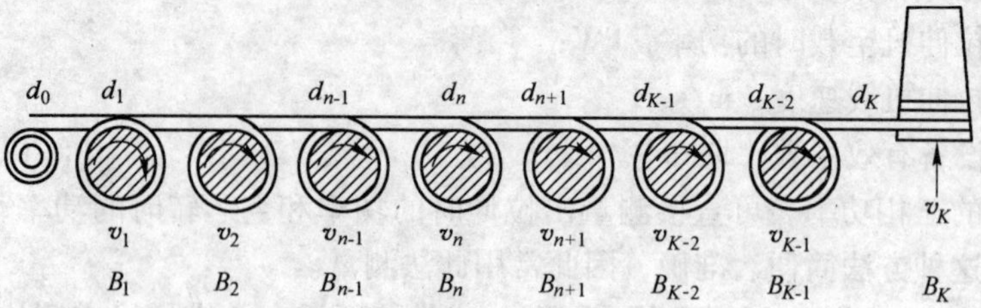

图 17-10 带滑动的多次拉伸过程简图

d—线材直径；v—线材速度；B—绞盘线速度

在滑动式拉伸机上生产线材时，在各中间绞盘上绕 1 ~4 圈的线材与绞盘间均产生滑动。拉伸过程中绞盘各级转数不能自动调整，只有在停机时调整，但不能改变绞盘速比。

带滑动的拉伸过程所使用的滑动指数有绝对滑动和相对滑动。绝对滑动是中间绞盘表面圆周速度 B_n 与线材运动速度 v_n 之差，相对滑动则是绝对滑动与 B_n 之比的百分率。

由上述可知，在中间绞盘上 $B_n > v_n$，而收线绞盘上则 $B_K = v_K$。令

$$\lambda_n = \frac{F_n}{F_{n-1}}, \quad \gamma_n = \frac{B_n}{B_{n-1}}$$

由秒体积不变法则（$v_n F_n = v_{n-1} F_{n-1}$）得实现多次滑动拉伸的基本原则：

$$\lambda_n > \gamma_n$$

式中 λ_n——第 n 个模子上拉伸时的道次延伸系数；

γ_n——第 n 道次前后两个绞盘的圆周速度之比，简称速比。

为了建立有效的拉伸力 P_n，不仅要求 $B_n > v_n$，而且要求 n 绞盘的出线端存在张力Ω_{n+1}（图 17-11）。根据柔性体缠绕在圆柱体表面上的摩擦定律得到欧拉公式：

$$P_n = Q_{n+1} e^{2\pi mf}$$

式中 m——线材在绞盘上的缠绕圈数，一般 $m \leqslant 4$；

f——线材与绞盘间的摩擦系数；

$e^{2\pi mf}$可根据表 17-3 查找。

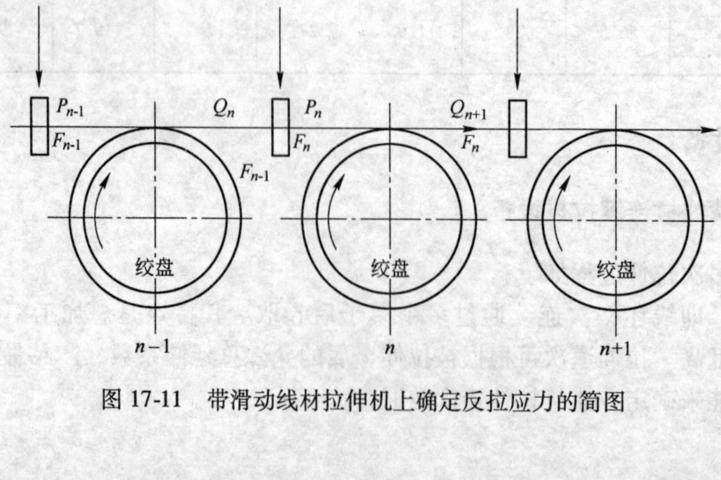

图 17-11 带滑动线材拉伸机上确定反拉应力的简图

表 17-3　$e^{2\pi mf}$值

m	f					m	f				
	0.05	0.075	0.10	0.15	0.20		0.05	0.075	0.10	0.15	0.20
1	1.37	1.60	1.87	2.57	3.51	3	2.57	4.11	6.59	16.90	43.38
1.5	1.60	2.03	2.57	4.11	6.59	3.5	3.00	5.20	9.02	27.08	81.31
2	1.87	2.57	3.51	6.59	12.35	4	3.51	6.59	12.35	43.38	152.41
2.5	2.19	3.25	4.81	10.55	23.14						

在正常滑动拉伸（$B_n > v_n$）时，第一道次外的各道次必然存在反拉力。一般，反拉力为拉伸力的15%左右。

缠绕在绞盘上的线材圈数应合理。若圈数过多，就会使滑动困难或完全没有滑动，此时 $B_n = V_n$，必使 $n-1$ 道的反拉力提高而导致断线。圈数过少，摩擦力较低，必须增加 $n+1$ 道次的反拉力来实现 n 道次拉伸，这对稳定拉伸过程也是不利的。

当钛线材工艺建立后，按此采购相应的拉线机。

17.2.2　常用的拉拔设备

各种拉拔设备已经定型，可供选用。

拉拔设备按拉出制品形式分为直线拉拔机和圆盘拉拔机两大类。直线拉拔机有链式、钢丝绳式和液压式三种传动方式，其中链式拉拔机是应用最广泛的一种拉拔设备，钢丝绳式和液压式拉拔机。圆盘拉拔机因能充分发挥游动芯头拉拔工艺的优越性，适合长管材生产。

目前我国双链式冷拉拔机已经形成系列，管材双链拉拔机从5～6000kN共15个规格，棒材双链拉拔机从50～500kN共5个规格，表17-4为苏州新长光公司生产的链式拉拔机的主要技术性能。

表 17-4　苏州新长光公司生产的链式拉拔机主要技术性能

型　号	额定拉伸力/kN	额定拉伸速度/m·min^{-1}	传动形式	管坯外径/mm	管坯长度/m	拉伸最大管材直径/mm	拉伸管材长度/m	拉伸根数	返回速度/m·min^{-1}	总功率/kW
RSL3	30	30	单链	φ30	6	φ25	9	1	57	22.325
RSL5	50	30	单链	φ40	6	φ30	9	1	57	33.525
RSL6	60	30	单链	φ46	12	φ40	16	1	57	40.825
RSL10	100	29	单链	φ60	11	φ25	15	1	57	58.825
RSL15	150	27	单链	φ55	11	φ50	15	1	62	81.725
RSL15D	150	0～72	双链	φ45	18	φ40	25	1～3	90	114.525
RSL30	300	0～72	单链	φ80	18	φ75	25	1～3	112	232.625

液压拉拔机具有传动平稳，拉速调整容易，停点控制准确的优点，最适宜于拉拔难变形合金和高精度、高表面质量的异型管和型材。表17-5为常用的液压拉拔机的技术性能。

表 17-5 液压拉拔机技术性能

额定拉伸力/t	30	50	50	75
拉伸速度范围/m·min^{-1}	2~28	4~24	1~24	16~23
额定拉伸速度/m·min^{-1}	28	12	20	16
小车返回速度/m·min^{-1}	40	40	40	40
同时拉伸根数/根·次$^{-1}$		1~3	1	1
坯料长度/mm	2~7500	3500~6000	3500~6000	2500~8500
坯料直径/mm	40~130	35~100	75~120	110~200
成品长度/mm	9000	8000	8000	2800~9000
成品直径/mm	35~120	30~98	60~110	100~180
主电机型号	JS-125-6	JO-92-6	JS-126-6	JS-125-6
功率/kW	2X130	2X75	2X155	2X130

链式拉拔机的拉拔力目前最大已达4.00MN以上，机身长度一般可达50~60m，个别的达到120m，拉拔速度通常是120m/min，最高的已达190m/min；拉拔小车返回速度已高达360m/min。为了提高拉拔机的生产能力，目前拉拔机正向着多线、高速、自动化方向发展。图17-12为常见的链式拉拔机示意图。

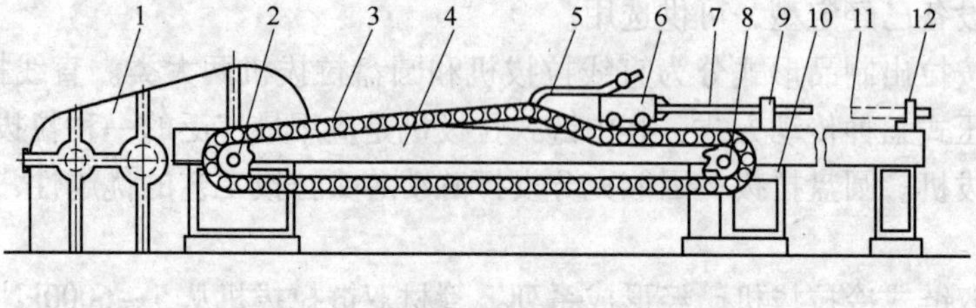

图 17-12 链式拉拔机示意图

1—电动机与减速机；2—主动链轮；3—链条；4—机架；5—挂钩；6—小车；7—制品；8—从动链轮；9—模座；10—机座；11—固定芯头与芯杆；12—尾架

常用拉丝机的技术特性见表17-6。

表 17-6 拉丝机的技术特性

性能名称	拉丝机的型号或吨位								
	30t	8t	3t	1t	0.5t	1/600 卷筒式	1/500 卷筒式	多模拉丝机	300B
拉伸速度/m·min^{-1}	12~24	5.8~11.2	6~24	3~25	16	24.18~47.66	11.6~44.5	16	24~25
夹料时起动速度/m·min^{-1}	12	5.8	6	3					
小车返回速度/m·min^{-1}	60	60	85	85					
每次拉伸根数/根	1	1	1~3	1~2	1				
坯料最大长度/m	9	8	8	8					
坯料最大直径/mm	100	60	40	18	15	10	4.0	0.5	0.4
成品最大长度/m	13	8	9	9	7				
成品最小直径/mm	30	15	6	4	3	4	0.4	0.05	0.1
主电机功率/kW	75×2	12~25	21	6.5	2.8	20	14	1.7	0.25
主电机电流种类	直流	直流	直流	直流	交流	直流	直流	交流	

钛线材复绕机型号及性能见表 17-7。

表 17-7　钛线材复绕机型号及主要性能

项目 \ 型号	粗丝复绕机 J8802 型	中丝复绕机 J8805 型	复绕机 M117 型	精密复绕机 ZPR03200TS 型
复绕丝直径/mm	钨：0.4～1.25 钼：0.4～2.0	0.5～0.3	0.3～0.04	0.1～0.01
丝运动速度/m · min⁻¹	34～68	55	107～230	80～100
生产率/m · (头 · h)⁻¹	2040～4080	3770	6430～13830	4800～6000
主电机功率/kW	0.27（或 0.6）	0.25	0.25	0.1/0.08

17.2.3　拉拔工具

拉拔时主要的工具包括拉伸模和芯棒。

拉伸模的种类有硬质合金模和合金钢镀铬模两种材质，细分又包括管材模、棒材和线材模。它们的结构大体上相同。硬质合金拉伸模的结构如图 17-13 所示。为了降低拉拔力和延长模具寿命，可采用增压模和超声波拉拔。

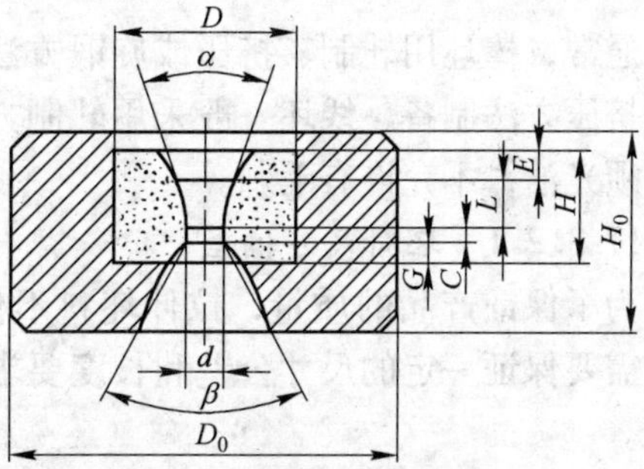

图 17-13　硬质合金拉伸模结构

α—工作锥角；H—模坯高度；D——模坯直径；E—入口区长度；G—出口区长度；β—出口锥角；H_0—模套高度；D_0—模套直径；C—定径区长度；L—工作区长度；d—模孔直径

硬质合金模虽然强度高，但韧性差，直接使用容易碎裂。为此，在其模外要镶上钢套，以增加强度和支撑力。钢套一般用碳素工具钢或 45 号钢制作。

拉伸芯棒应根据拉拔后管材的尺寸决定，按实际需要设计的。如果是长芯杆拉伸，芯杆长度应比实际管材长度长 200～300mm。

17.3　拉拔钛管棒线材工艺

17.3.1　拉拔工艺流程

在钛材的塑性加工中，为发挥拉拔的优点，即拉拔出的产品质量好，并能加工薄壁管和很细的线材，常用拉拔加工钛管、钛棒和钛丝。为了避开拉拔的缺点，即加工率低，直接使用其他工艺加工好的坯料，可以减少拉拔的工作量，提高钛材塑性加工效率。

尽管制备这些钛坯料的方法各异，但从钛坯料开始进行的拉拔的基本工艺过程看大致是相同的，或者大同小异。本章将制取钛管、钛棒和钛丝（或称线材）的拉拔工艺综合在一起加以阐述。

棒材和线材间无明确界限。只能粗略地区分。常将直径粗而长度不太长的作为棒材，直径细而长度长，成卷的作为线材。

钛及钛合金线材的拉伸工艺流程如图17-14所示。而管材和棒材的工艺流程与线材大体上相仿，大同小异，但它们的拉伸模配模和中间退火次数等需要独立设计，但不需要成品复绕工序。

对于钛合金拉拔，如冷拉拔有困难，也可采用温拉伸。

总之，钛管材、棒材和线材简明的原则流程为：

钛坯料→碾头→拉拔→热处理→精整→成品。

其中拉拔还涉及两个重要问题：拉拔配模和润滑。当然拉拔和热处理常常需要反复多次。

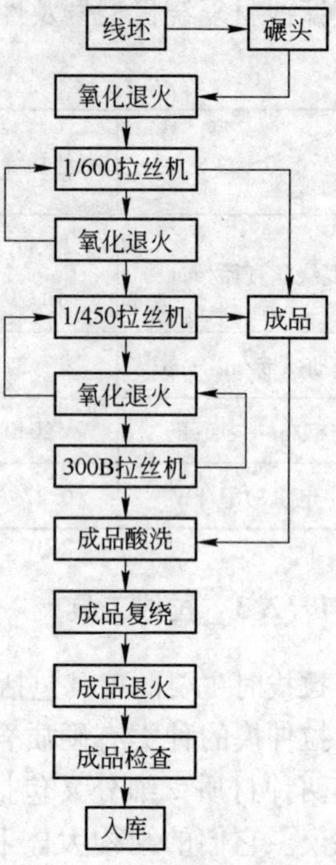

图17-14 钛及钛合金线材拉伸工艺流程

17.3.2 坯料的准备

通常，棒坯用轧制、挤压或旋锻方法制备，管坯用轧制或挤压方法制备，线坯一般采用轧制方法制备。坯料表面必须光洁，不允许有毛刺。

17.3.2.1 坯料尺寸偏差

为了保证产品的质量，拉伸坯料不仅要求表面光洁，而且需要保证一定的尺寸公差和长度要求，具体如表17-8所示。

表17-8 中间毛坯料尺寸偏差

直径/mm	1.0~5.0	5.1~7.5	7.5~12	大于12
允许偏差/mm	±0.05	±0.08	±0.10	±0.15
长度/m	≥25	≥20	≥15	≥12

注：每批毛坯料中允许有30%的短尺，但其长度不小于10m。

17.3.2.2 碾头

为了实现线材的拉伸变形，需将线毛料的一端制成小于模孔直径的夹头，以便顺利穿模，进行拉伸。通常，ϕ25mm以上的管材，ϕ20mm以上的棒材一般在热状态下制作夹头，加热温度为500~600℃。

制作夹头的方法有压力加工法，如碾压；有机械加工法，如车削、铣制；还有化学腐蚀法等。旋锻机碾头，用于小直径的管、棒材；碾头机碾头，一般用于棒材和粗丝；空气锤碾头，用于较大直径的管棒材；化学腐蚀法碾头，用于毛细管及细丝。

碾头时，按照碾头机轧槽大小逐渐碾压。每碾一次，线坯要旋转60°~90°。制成的夹头为圆滑的锥形，不应有飞边、折叠、压扁等缺陷。碾头长度为100~150mm，当直径较大时，适当加长到200mm。夹头部分与本体部分要圆滑过渡。

17.3.3 拉拔配模

17.3.3.1 配模原则

配模原则如下：

（1）在保证线材尺寸偏差、表面质量及力学性能符合技术规范的前提下，尽量减少拉伸道次。

（2）在不发生拉断和拉细的前提下，充分利用金属塑性，提高道次加工率。

（3）尽量减少模子的磨损和动力消耗。

（4）确保设备正常运行。

17.3.3.2　道次数的确定

可据总延伸系数 λ_Σ 和道次延伸平均系数 $\overline{\lambda}$ 确定拉拔次数 n，即有：

$$n = \frac{\ln\lambda_\Sigma}{\ln\overline{\lambda}}$$

也可以按道次最大延伸系数 λ_{max} 计算拉拔次数 n'，即有

$$n' = \frac{\ln\lambda_\Sigma}{\ln\lambda_{max}}$$

钛材，特别是钛合金材，属于塑性加工困难的材料。图 17-15 为工业纯钛的加工率对抗拉强度及硬度的影响。道次加工率主要取决于何种钛合金或纯钛，也取决于材质表面的氧化层或涂层质量和润滑剂的好坏。对道次延伸系数的分配时，考虑因素除上述情况外，还应考虑坯料表面状态和对拉拔制品的尺寸公差和精度。因此，对于钛及钛合金材，应在退火后第一道次尽可能采用较大的延伸系数，随后延伸系数逐渐缩小。如钛丝道次加工率的分配规范见表 17-9。并且退火后第一道次 ε 值应取下限或接近下限。钛丝在拉拔成细丝时应留酸洗余量 0.1mm 左右。

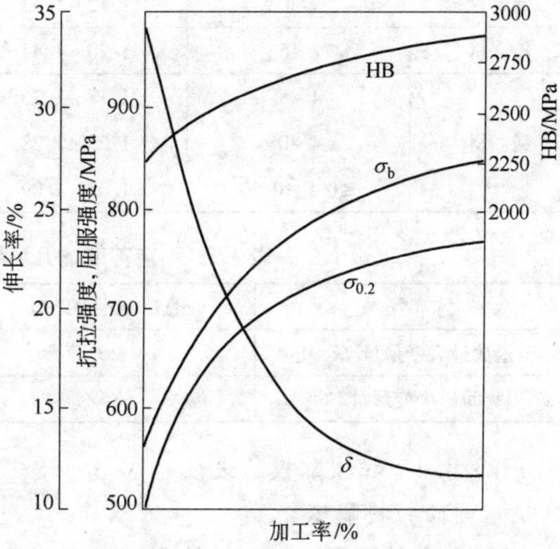

图 17-15　加工率对工业纯钛抗拉性能及硬度的影响

表 17-9　钛及钛合金道次加工率分配规范

直径/mm	8.0～3.5	3.0～0.8	0.75～0.55	0.50～0.20	<0.20
ε/%	20～15	22～15	22～15	8～5	8～5

17.3.3.3　中间退火次数的确定

在拉拔过程中，钛及钛合金会产生加工硬化，因而使塑性降低，会出现断头及拉断现象。此时需要中间退火使材料的塑性得以恢复，中间退火次数 N 可由下式确定：

$$N = \frac{\ln\lambda_\Sigma}{\ln\overline{\lambda}'} - 1$$

式中，$\overline{\lambda}'$ 为两次退火间的平均延伸系数。要合理选取 N 取决于 $\overline{\lambda}'$ 的选取。$\overline{\lambda}'$ 值过小，未能充分利用金属的塑性，增加中间退火次数。$\overline{\lambda}'$ 值过大，虽然中间退火次数减少了，但可能造成拉断或产品出现裂纹，都不可取。

拉伸后制品的抗拉强度 σ_b 与拉伸应力 σ_c 的比值称为安全系数，其值应大于 1，即 $K_c=\sigma_b/\sigma_c>1$。生产中所采用的安全系数如下：

TA1、TA2、TA3 的棒线材 $K_c=1.3\sim2.0$

空拉 TA1、TA2、TA3 管材 $K_c=1.5\sim2.0$

常采用的道次延伸系数和两次退火间的延伸系数如表 17-10 和表 17-11 所示。

表 17-10 延伸系数（工业纯钛）

品 种	直径/mm	道次延伸系数	两次退火间总延伸系数	备 注
管 材	≤30	1.12~1.33	1.45~1.65	空拉
棒 材	≤15	1.20~1.42	1.60~2.20	带金属包皮拉伸
线 材	4~8	1.17~1.25	3.12~4.00	氧化或涂层
	≤4~0.5	1.25~1.28	2.50~4.00	氧化或涂层
	≤0.5~0.20	1.05~1.09	2.50	氧化或涂层

表 17-11 前苏联的几种钛合金管拉拔的变形量

牌 号	BT1-100、BT1-0	OT4-0、OT4-1、OT4	BT5
道次最大变形量/%	20	15	10
退火间最大变形量/%	35	25	10

17.3.3.4 拉拔配模的设计

A 圆棒拉拔配模

可能有两种情况，一种是给定坯料和制品的尺寸，要求确定道次数和计算各道次的模孔尺寸。此时可按上述已给出的计算式，按理论简单地计算出 n 值和 N 值，并按此确定各道次的模孔尺寸。

另一种情况是给定制品尺寸。此时，可选购接近制品尺寸的坯料，以便减少拉拔道次。当有确定的坯料尺寸后，便和前面情况相同处置。

B 空拉圆管配模

对于直径小于 6~10mm 的管子，由于放芯头较困难，为了操作方便提高生产率，常采用空拉方式拉拔。如果内表面质量要求高毛细管，也可采用衬拉。

在空拉管材时，由于管子在变形过程中没有芯头支撑，而可能失去纵向稳定性，出现塌陷折叠现象。管材空拉时，不引起塌陷的最大加工率为 $\varepsilon_n=2.8\times10^4\left(\frac{t_0}{d_0}\right)^2$（%）。

一般来说，模角为 10°~15°范围内时，减径值不超过壁厚的 6 倍时是稳定的，即 $(D_0-D)<6t$。

研究表明，最大道次变形量还和模角及管坯的 t/D_0 值有关。当 t/D_0 值一定时，模角 $\alpha=12°$时最有利，此时可选用较大的道次变形量。

C 长芯杆圆管配模

管坯的内孔应满足：

$$d_0-d\geqslant n\Delta n$$

式中 d_0——管坯内孔直径；

d——成品管内孔直径；

n——拉拔道次；

Δn——每道次拉拔前管材内孔直径与长芯杆直径的差值，一般 $\Delta n = 0.5 \sim 1.0$mm。

配模时要按下列关系进行：

$$\bar{\lambda} = \lambda_{\bar{D}} \cdot \lambda_{\bar{t}}$$

式中 $\bar{\lambda}$——道次平均延伸系数；

$\lambda_{\bar{D}}$——平均直径的延伸系数，$\lambda_{\bar{D}} = \frac{\bar{D}_0}{D} = \frac{D_0 - t_0}{D - t}$；

$\lambda_{\bar{t}}$——平均壁厚延伸系数，$\lambda_{\bar{t}} = \frac{\bar{t}_0}{\bar{t}}$；

$\bar{t}_0$——管坯的平均壁厚，$\bar{t}_0 = 0.5(t_{0max} + t_{0min})$；

$\bar{t}$——制品的平均壁厚，$\bar{t} = 0.5(t_{max} + t_{min})$。

D 固定芯头拉管配模

固定芯头拉拔管时，由于金属和芯头接触摩擦面积比空拉时大，因此，应选取较小的延伸系数。对于钛管在拉拔几道次后即需中间退火。

E 游动芯头拉拔管配模

游动芯头拉管配模，除了满足普通原则外，还应注意减壁量必须与减径量相匹配，否则将导致管内壁在拉拔时与芯头大圆柱段接触，破坏力的平衡，使拉拔过程不能正常进行。

当模角 $\alpha = 12°$，芯头锥角 $\alpha_1 = 9°$时，减径量和减壁量应满足下列关系：

$$D_1 - d \geqslant 6\Delta t$$

式中 D_1——芯头大圆柱直径；

d——芯头小圆柱直径；

Δt——减壁量。

但有时，当润滑条件较好时，也可取：

$$D_1 - d \geqslant (3 \sim 4)\Delta t$$

F 异型管材拉拔

钛的异型管品种不多，有正方形、正六边形和矩形等。拉拔这些管材时，一般用圆管作坯料，当管材拉拔到一定程度后，进行 1~2 道次过渡拉拔，使形状逐渐向成品形状过渡，最后进行一道成型拉拔而获得成品。过渡拉拔一般采用空拉，成型拉拔可用空拉也可用衬拉。衬拉时多用固定短芯头拉拔。它的拉拔主要目的是成型，所以一般加工率都很小。主要考虑的是成型正确与否。

在确定异型管坯尺寸时，为了使其在模内能充满，应使管坯的外形尺寸等于或稍大于异型管材的外形尺寸。

在拉拔异型管时，拉拔模口形状应保证管坯由圆形到异形是逐渐过渡的。圆管坯进入异型模口时圆周上各点并非同时与模壁接触，如图 17-16 给出了方管的变形过程。圆管坯外部轮廓的 a、b、c、d 四点首先与模口壁接触。当管坯逐渐进入变形区时，圆管将经过以下的变形阶段过渡到方管：

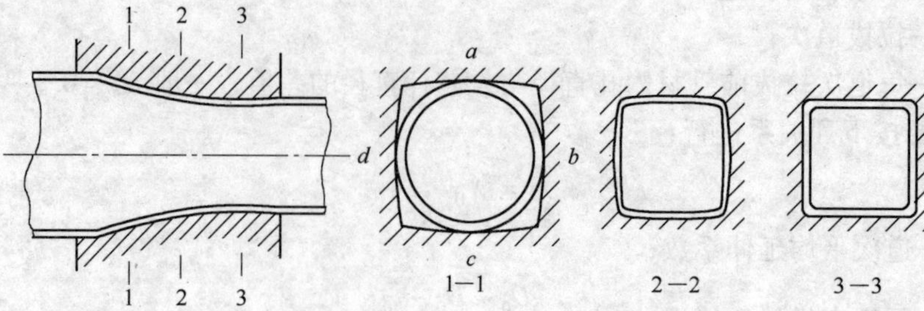

图 17-16 方管变形过程

1—1—变形开始平面；2—2—周向压缩开始平面；3—3—定型（定径）开始平面

（1）压扁阶段。圆管在模壁压力作用下首先失稳，管壁产生塑性弯曲变形，圆管被压扁。此阶段的变形特点是管坯仅改变断面形状，而无周边压缩变形和轴向延伸，壁厚基本不变。

（2）延伸阶段。随着管坯压扁变形增加，管壁与模壁的接触面积增大，模壁对管壁的支撑作用增加，压扁变形随之变得困难，切向压缩应力相应增加。伴随着压扁变形，管坯周边出现压缩变形，产生轴向延伸。

（3）定型阶段。此阶段的主要作用是稳定异形断面，即图 17-16 中的 3—3 断面至出口部分，相当于圆管拉拔时的定径带。

在异型管拉拔配模时应注意以下几点：

（1）防止在过渡拉拔时出现管壁内凹。因为过渡拉拔一般为空拉，周向压应力较大时易使管壁出现内凹，在异型管的长边，这个问题尤为突出。在生产矩形波导管时，过渡拉拔时的形状不应设计成规整的矩形，而应设计成带凸度的近似矩形，如图 17-17 所示。此时长边所受的周向应力 σ_θ 可分解成水平分力与垂直分力，垂直分力可抵消一部分径向应力 σ_r 的作用，同时使水平分力比不带凸度的小，所以可减轻管壁的失稳现象，从而防止管壁向内凹陷。

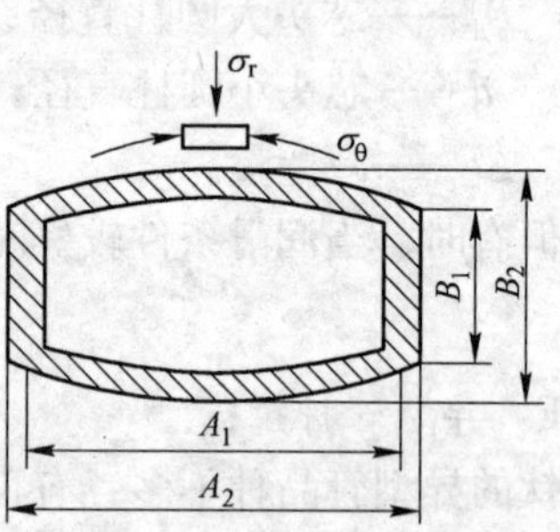

图 17-17 过渡近似矩形示意图

（2）保证成型拉拔时的良好成型。异型管有时形状带有尖角，要保证在尖角处能很好地充满，需使这些地方有足够大的延伸系数。

一般对带有锐角的异型管材，所选用的过渡圆周长应比成品的管周长增加 3% ~ 12%，必要时可增加 15%。

（3）对于内表面粗糙度及内部尺寸精度要求很高的异型管材，如矩形波导管，过渡圆管坯的外圆周长及壁厚必须大于成品的外周长及壁厚，以便在成型拉拔时使金属获得足够量的变形。同时最后一道次拉拔时一定要采用芯头，以保证内表面的质量。

（4）要保证成型拉拔能顺利将芯头放入管内，并应留适当的间隙。

（5）为了获得精确的成品，拉拔异型管时加工率不宜过大，一般在 15% ~20%。

G 多模连续拉拔钛丝配模

与一般单模拉拔配模不同，多模连续拉拔配模时延伸系数与拉线机原始设计的绞盘速比有关。对于滑动式拉线机，应据 $\lambda_n > \gamma_n$ 的条件，按一定的滑动系数确定各拉模的模孔的尺寸。加工钛材的延伸系数常采用递减的方式分配，具体的配模步骤为：

（1）按拉拔的线材和线坯选择拉丝机。

（2）计算由线坯到成品的总的延伸系数，计算拉拔道次及延伸系数的分配。

（3）按拉丝机说明书上各道次的绞盘速比，计算出总速比 $\gamma_\Sigma = v_k/v_1 = \gamma_2$、$\gamma_3$、$\gamma_4$、…、$\gamma_k$。

（4）根据 λ_Σ 和 γ_Σ 值，计算出总的相对滑动系数 τ_Σ：

$$\tau_\Sigma = \frac{\lambda_\Sigma}{\lambda_1}/\gamma_\Sigma$$

（5）确定平均相对滑动系数 $\bar{\tau}$：

$$\bar{\tau} = \sqrt[k-1]{\tau_\Sigma}$$

（6）根据 $\bar{\tau}$ 值，按各道次延伸系数分配原则分配：τ_1、τ_2、τ_3、…、τ_k，并计算 λ_1、λ_2、λ_3、…、λ_k。

17.3.4 拉伸润滑

17.3.4.1 润滑的目的

润滑的目的为：

（1）减少制品与模具之间的摩擦力；

（2）降低拉伸力和能量消耗；

（3）带走金属变形热和模具摩擦产生的热量，改善制品表面质量，提高模子的使用寿命。

17.3.4.2 对润滑剂的要求

对润滑剂的要求为：

（1）润滑剂在拉伸过程中，应迅速而全面地形成牢固的薄膜，并能承受很高的压力而不被破坏；

（2）能防止金属屑黏附在模孔或芯头表面及制品表面；

（3）性能稳定，与钛合金不发生化学反应，无腐蚀作用，本身不分解，不含有毒、有害物质；

（4）退火时易于挥发，不在制品内外表面留下残迹；

（5）来源充裕，价格便宜。

17.3.4.3 钛及钛合金常用的润滑剂

钛及钛合金不容易附着普通的润滑剂，在施用普通润滑剂之前，要进行表面处理，使金属表面覆盖一层特殊的物质。覆盖层的物质及施用的润滑剂如表 17-12 所示，涂层工艺见表 17-13。

表 17-12 覆盖层、润滑剂及施用方法

品种	覆盖层物质	润滑剂	施用方法
管材	氟磷酸盐①	二硫化钼水剂	涂层晾干后再涂二硫化钼水剂
	空气氧化	氧化锌+肥皂	在已氧化的表面上，涂氧化锌肥皂混合物
棒材	氟磷酸盐①	二硫化钼水剂	涂层晾干后再涂二硫化钼水剂
	铜皮	20号~30号机油	挤压后铜皮不去除
线材	氧化退火后进行涂层		
	1号①、2号①、3号①	二硫化钼或二硫化钼加肥皂	涂层晾干后再拉伸
	2号①、4号①	肥皂粉/硫磺粉=3/1	涂层晾干后再拉伸

①覆盖层物质组成见表17-13。

表 17-13 涂层工艺制度

涂层名称	配 方	制 度	处理方法
氟磷酸盐	1000mL 溶液中 + 50g$Na_3PO_4 \cdot H_2O$ + 20gKF 或 NaF + 26gHF (50.3%)	温度 20 ~ 35℃，浸泡时间 1 ~ 10min	将无油污的制品放入溶液中，然后再放入冰水中浸洗
1号	石墨乳/水/水胶/洗衣粉=14/7/1/0.25		加适量的水搅均匀然后涂在制品上
2号	生石灰/食盐/=1/1		
3号	生石灰/石墨粉/透平油=2/4/1		
4号	12% Na_2SO_4 + 12% CaO + 0.3% Na_3PO_4 + 0.2% NaCl + 余量水		配成乳浊液煮沸

17.3.5 热处理工艺

管、棒、线材热处理包括消除应力退火、再结晶退火（完全退火）、淬火和时效。按退火在工序中的作用分为坯料退火、中间退火和成品退火。

钛管、棒、线材的各种热处理原理及详细的热处理工艺制度参见第20章。

17.3.6 精整

精整包括钛材拉拔过程中各种后处理工艺。

精整包括热处理（详见第20章）、矫直（详见第19章）、钛材表面净化处理（详见第25章）及钛丝复绕等。

其中，唯有钛丝复绕是个特例，它仅是钛丝才有的工序。它需要用复绕机来操作完成。复绕机见表17-7所示，线材复绕后不允许拧成“∝”字形，表面清洁、光亮。

17.3.7 新工艺简介

近年来出现不少拉拔新工艺，例如辊式模拉拔、超声振动拉丝、无模拉伸、镀层-包套集束拉拔等工艺。

超声振动拉丝时，对拉伸模施以超声振动。它可有效地降低拉伸力，可使振动能转化为热能，使被拉钛丝的温度增高，并有效增加道次的加工率。同时振动时使钛丝受到频繁的打击，接触面引起弹性移动，利于减少阻力，利于增大拉拔速率。如日本采用轴对称的

两瓣式振动模拉拔 Ti-6Al-4V 合金圆丝和方丝的工艺。

镀层-包套集束拉拔工艺是制取钛细丝的工艺。它先将钛丝表面镀一层低碳钢，再将镀好的钛丝集束装入低碳钢钢管内，进行拉拔加工，再进行中间退火并继续拉拔，直至获得最终尺寸，最后酸洗并精整，可加工出 5 ~ 30μm 直径的钛及钛合金细丝。

新工艺中最引人注目的是辊式模拉拔。

一般拉拔时用的模具是固定模，拉拔时摩擦力很大，从而带来一系列问题，如低的加工率、高的拉拔力、不均匀变形及较严重的模具磨损等。采用辊式模拉拔可克服这些缺点。

二连式辊式拉模的示意图如图 17-18 所示。辊式拉模的两组辊子上都有相应的辊形，且均是被动的。在拉拔时辊子随坯料的拔制而转动。用辊模拉拔时，其应力应变状态与用固定模拉拔基本一致，区别在于辊式模拉拔时金属材料与辊子间是相对滚动的，表面摩擦力小。因此，三向应力中拉应力下降，压应力上升，使应力状态向提高金属塑性的方向转化。用辊式模拉拔时，外部摩擦影响较小，可减小拉拔力，增加道次加工率，减少中间退火次数，实现高速拉拔。同时，可在拉拔过程中调节压下，拉拔锥形材，这是用孔模拉拔所不能做到的。辊式模拉拔的不足之处是产品的尺寸精度达不到固定模拉拔的水平。

还有一种辊式模，其模孔工作表面由若干个自由旋转的表面所构成，几个辊子构成一个辊型。图 17-19 为 3 个辊子构成的辊型，也有 4 个或 5 个辊子构成的辊型。这种辊型主要用来拉拔型材。

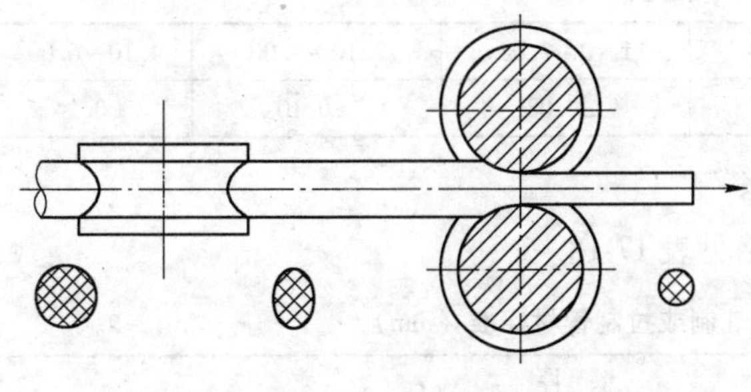

图 17-18　辊式模拉拔示意图

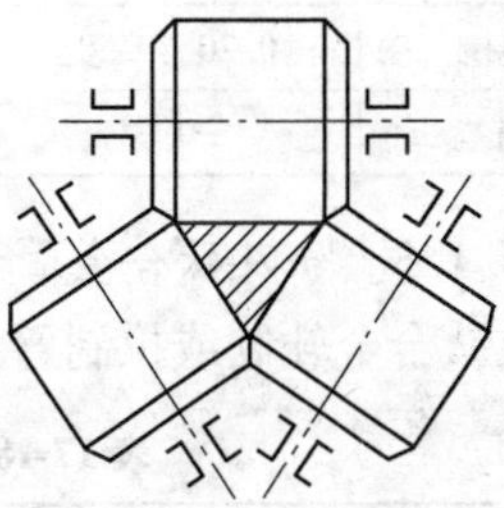

图 17-19　用于生产型材的辊式模示意图

目前，辊式模拉拔在螺纹钢筋、异型管、异型丝等方面均获得了成功的应用。辊式模拉拔的进一步发展是将其用于连续拉拔机组，综合发挥连续机组高速和辊模变形程度大的优势，减少冷拔道次，提高生产率。

俄罗斯早已将辊式模工艺应用于拉拔钛丝，并获得成功，也是它应用的实例。其拉丝机的模孔型分别为椭圆和圆形，拉拔时，先使坯料变为椭圆，然后再变成圆形，经历了两次变形过程。我国也从俄罗斯引进了辊式模拉丝机，并成功生产出表面光滑质量好的钛及钛合金丝，可用作眼镜架用丝及特殊焊丝，产品规格有 ϕ2 ~ 5mm 多种。

17.4　产品质量及控制

17.4.1　产品尺寸及允许的误差

17.4.1.1　钛及钛合金棒材

钛及钛合金棒材牌号见表 17-14，棒材的规格范围及允许偏差应符合表 17-15 的规定。

表 17-14 钛及钛合金棒材的牌号

名 称	牌 号	名 称	牌 号
钛 棒	TA0、TA1、TA2、TA3	钛合金棒	TC1、TC3、TC4、TA7、TC9

表 17-15 棒材尺寸及允许偏差（mm）

直径范围	3.0~4.2	4.5~6.5	7.0~10.0	11.0~15.0
直径允许偏差	±0.15	±0.20	±0.3	±0.40
不定尺长度	300~1500	300~1500	300~1500	300~1500
定尺长度允许偏差	+5.0	+5.0	+5.0	+5.0

17.4.1.2 钛及钛合金线材

钛及钛合金线材的牌号见表 17-16，线材尺寸允许偏差应符合表 17-17 规定。线材的其他条件应符合 YB764—70 标准规定。

表 17-16 钛及钛合金线材的牌号

名 称	牌 号	名 称	牌 号
钛 丝 钛合金丝	TA0、TA1、TA2、TA3 TC1、TC3、TC4、TC5、TC7	钛钼合金丝	Ti-32Mo

表 17-17 线材尺寸及允许偏差（mm）

直径范围	0.20~0.50	0.60~1.00	1.10~2.00	2.10~4.00	4.10~6.00
允许偏差	±0.04	±0.06	±0.08	±0.10	±0.14

17.4.1.3 钛及钛合金管材牌号及规格

钛及钛合金轧制或拉制管材牌号及规格见表 17-18。

表 17-18 钛及钛合金轧制或拉制管材标准（mm）

金属牌号	外径		壁厚												
	尺寸	偏差	0.3①	0.4	0.5①	0.6	0.8	1.0	1.25	1.5	2.0	2.5	3.0	3.5	4.0①
			偏差												
	3~5	±0.15	±0.04	±0.05	±0.06										
	6~10	±0.20	±0.04	±0.05	±0.06	±0.08	±0.10	±0.12							
	11~15	±0.25				±0.08	±0.10	±0.12	±0.15	±0.20					
	16~25	±0.30				±0.08	±0.10	±0.12	±0.15	±0.20	±0.25				
TA1	26~29	±0.35						±0.12	±0.15	±0.20	±0.25	±0.35			
TA2	30~35	±0.45						±0.12	±0.15	±0.20	±0.25	±0.35	±0.40	±0.50	
TA3	36~45	±0.50						±0.12	±0.15	±0.20	±0.25	±0.35	±0.40	±0.50	
TC1	46~55	±0.60						±0.12	±0.15	±0.20	±0.25	±0.35	±0.40	±0.50	
TC10	56~65	±0.70								±0.20	±0.25	±0.35	±0.40	±0.50	±0.60
	66~80	±0.75								±0.20	±0.25	±0.35	±0.40	±0.50	±0.60
	81~95	±0.80								±0.20	±0.25	±0.35	±0.40	±0.50	±0.60
	96~110	±0.85									±0.25	±0.35	±0.40	±0.50	±0.60
	111~120	±0.90									±0.25	±0.35	±0.40	±0.50	±0.60

注：1. 供应状态为 M；2. 供应长度为 500~6000mm；

①为企业补充的规格。

17.4.2 拉制品常见缺陷

拉伸钛线材常见缺陷有脆断、劈裂、划伤、扒皮、尺寸超差、表面氧化等。上述缺陷、产生原因及防止措施见表17-19。

表17-19　钛线材常见缺陷、产生原因及防止措施

缺　陷	产 生 原 因	防 止 措 施
扒皮（线材的整个圆面或侧面被扒掉一层皮）	（1）涂层不牢固，出现局部脱落； （2）氧化质量不好，氧化膜不牢固； （3）润滑不好或线表面有脏物； （4）棒料有折叠或螺旋竹节； （5）线坯有飞边或小起皮； （6）模子孔壁不光或粘有金属； （7）穿模时线头部不光或未氧化好	（1）加强涂层，有涂层脱落者应重新涂层； （2）提高氧化质量，增强氧化膜的连续性更新；氧化膜，去掉线表面脏物； （3）对棒料加强检查，有竹节或折叠时要修磨； （4）对有小起皮的线坯应修磨； （5）模孔壁不光或粘有金属者应更换新模； （6）穿模时，对线头加强磨光，氧化好
划　伤	（1）阳极氧化时电流密度过大使氧化膜疏松粉化，易掉末； （2）线材局部润滑不好； （3）模子孔内出现棱角	（1）减少电流密度； （2）涂层脱落者应重新涂层，加强辅助润滑； （3）及时更换新模
断　丝	（1）扒皮或划伤； （2）配模不合理，加工率过大； （3）润滑不好； （4）坯料有毛刺或裂纹	（1）根据扒皮或划伤原因采用上述措施； （2）每一模拉出一段后停车量线直径； （3）润滑剂要涂均匀； （4）对坯料加强检查，发现有裂纹应磨掉
头尾劈裂	挤压或粉末冶金坯料的头尾未切除	发现头尾劈裂应及时切净
硬状态成品丝尺寸超差	模子尺寸不合格	成品模拉出一段后，仔细检查尺寸，符合技术条件后才能拉伸
软状态成品丝尺寸超差	酸洗时，腐蚀过度或局部过度腐蚀	酸洗时应不断地翻转料，并随时检查线材直径
软状态成品线退火时表面氧化	（1）退火时真空度不够； （2）出炉温度高； （3）复绕时表面粘污	按规定保证真空度，检查退火设备，发现问题进行修理，出炉应在200℃以下，复绕时保持线料表面干净

常见拉伸钛管材、棒材制品的缺陷、产生原因及消除办法如表17-20所示。

表17-20　常见拉伸钛管材、棒材制品的缺陷、产生原因及消除办法

缺陷名称	产 生 原 因	防止或消除办法
表面划伤及擦伤	（1）表面处理不好，覆盖层不牢固； （2）润滑不充分； （3）金属表面粘有砂土，拉伸时进入模孔； （4）工具表面有缺陷或已粘金属	（1）按规程进行表面处理，发现覆盖层不好，要重新处理； （2）保证润滑充分而均匀； （3）保持润滑剂清洁和环境卫生； （4）工具及时检查和修理
“跳车”的环状痕	（1）加工量太小； （2）涂在表面的润滑剂过干燥； （3）润滑不均匀； （4）模孔不清洁或已粘金属	（1）选用适当的加工率； （2）表面可涂一层机油； （3）表面进行充分润滑； （4）工具及时检查和修理
尺寸不合	（1）模子、芯杆配合尺寸不合适； （2）工具选择不适当； （3）没有经常检查制品尺寸	拉伸前，工具要准确地测量，开始拉伸的第一根或更换工具后的第一根要认真测量其尺寸

参 考 文 献

1 Л. Е. 米列尔，主编．有色金属及合金加工手册．子群，等译．北京：中国工业出版社，1965
2 《轻金属材料加工手册》编写组．轻金属材料加工手册（下册）．北京：冶金工业出版社，1980
3 YS/T 417. 5—2000：变形铝及铝合金铸锭及其加工产品缺陷：第5部分管、棒、型、线缺陷
4 姚若浩．金属压力加工中的摩擦与润滑．北京：冶金工业出版社，1990
5 宋禹田．游动芯头冷拉特细铝管工艺．铝加工技术，1996，(1)：2~3
6 孔昭文，杨海云．金属压力加工算图集．北京：冶金工业出版社，1985
7 肖亚庆，谢水生，刘静安．铝加工技术实用手册．北京：冶金工业出版社，2005
8 齐克敏，等．材料成形工艺学．北京：冶金工业出版社，2006
9 《稀有金属材料加工手册》编写组．稀有金属材料加工手册．北京：冶金工业出版社，1984

18 旋 压 钛 材

旋压是塑性加工钛材工艺方法之一，但属辅助加工工艺。

18.1 旋压分类和特点

旋压是用于成形薄壁空心回转体工件的一种金属压力加工方法。它是借助旋轮等工具做进给运动，加压于随芯模沿同一轴线旋转的金属毛坯，使其产生连续的局部塑性变形而成为所需空心回转体工件。旋压包含普通旋压和强力旋压两大类，简称普旋与强旋。钛及钛合金材料有较好的旋压性能，可用旋压工艺进行塑性加工。

18.1.1 普通旋压

18.1.1.1 变形特征

普通旋压的变形特征是金属板坯在变形中主要产生直径上的收缩或扩张，直径收缩为缩径旋压，直径扩张为扩径旋压，由此带来的壁厚变化是从属的。由于直径上的变化容易引起失稳或局部减薄，故普通旋压过程一般分多道次进给逐步完成。

按旋轮进给方向，普通旋压有往程旋压与回程旋压之分，旋轮进给方向顺敞口端为往程旋压，反之，为回程旋压。

普通旋压成形过程中，缩径过程的往程旋压径向受拉应力，切向受压应力；其回程旋压两向均受压应力，如图 18-1*a*、*b* 所示。

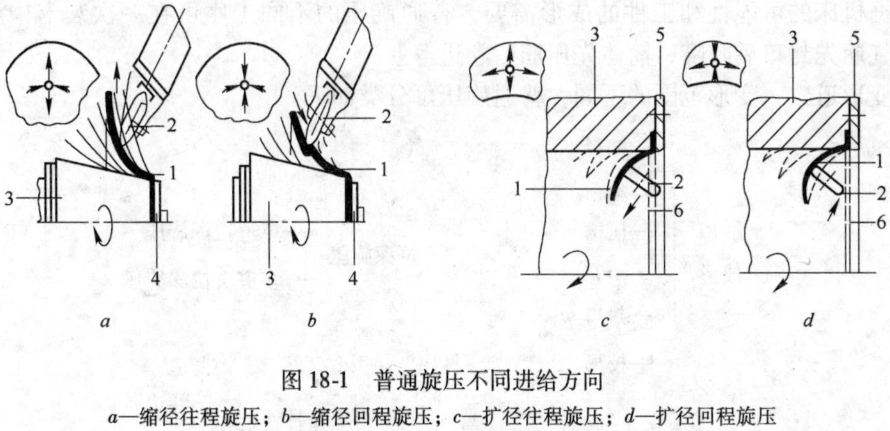

图 18-1 普通旋压不同进给方向

a—缩径往程旋压；*b*—缩径回程旋压；*c*—扩径往程旋压；*d*—扩径回程旋压

1—工件；2—旋轮；3—芯模；4—尾顶；5—压板；6—坯料

扩径过程的往程旋压两向均受拉应力，而回程旋压切向受拉应力和径向受压应力，如图 18-1*c*、*d* 所示。普通旋压成形区应力特征见表 18-1[1]。

18.1.1.2 工艺类别

按照变形温度的不同，普通旋压可分为室温旋压（冷旋）和加热旋压。

表 18-1 普通旋压成形区应力特征

旋压类别		成形区应力		主要成形限制
		径向	切向	
缩径旋压	往程旋压	拉应力	压应力	凸缘起皱，侧面局布过薄
	回程旋压	压应力	压应力	非敞口端起棱
扩径旋压	往程旋压	拉应力	拉应力	边缘过薄，径向开裂
	回程旋压	压应力	拉应力	

室温旋压适于塑性好，加工硬化指数低的材料。当材料室温塑性低，硬化指数高，机床能力不足时，可采用加热旋压。加热旋压常用材料有铝-镁系防锈铝合金，钨、钼等难熔金属，以及钛合金等。

普通旋压可以完成成形、压筋、收口、封口、翻边、卷边等各种工艺，见图 18-2。

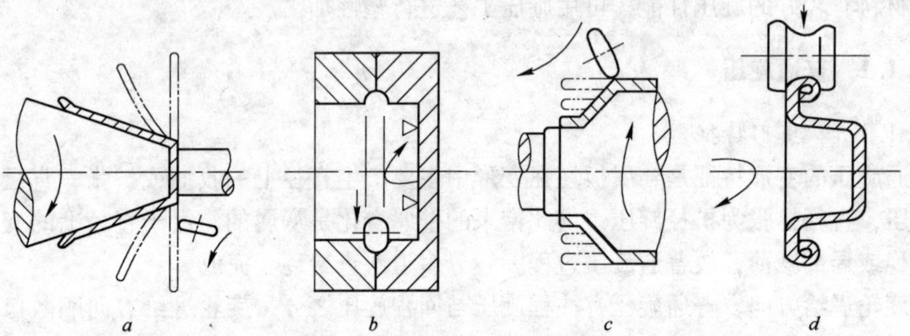

图 18-2 普通旋压成形工艺简图

a—成形；*b*—压筋；*c*—收口；*d*—卷边

根据机床的可能性和工件的成形需要，普通旋压的不同工序可在一次装卡中顺序完成，如气瓶先封口后收嘴，筒体先压筋后卷边等。

按变形道次，变形范围的不同，普通旋压可分类如下：

- 缩旋成形
  - 缩径
  - 缩口
  - 压槽
  - 滚丝
  - 封口
  - 校形
- 拉深旋压
  - 单道拉深旋压
  - 多道次拉深旋压
- 扩旋成形
  - 胀形
  - 扩口
  - 压筋
- 制梗
  - 单件成形
    - 卷边
    - 制扁梗
  - 咬接
    - 圆梗咬接
    - 扁梗咬接

18.1.1.3 三种基本成形工艺

普通旋压时，工艺选择应使工件不起皱，不破裂，尺寸精确，表面光洁，工效高，效益好。根据坯料和工件特点，普通旋压主要采用拉深旋压、缩径旋压、扩径旋压三种基本成形工艺。

A　拉深旋压

拉深旋压是普通旋压的基本形式，旋轮运动轨迹和旋压道次应视工件形状而定。旋轮运动轨迹依靠模板装置或计算机编程控制，采用渐开线形是较佳选择。旋轮运动轨迹可按简单拉深旋压或多道次拉深旋压控制，简单拉深旋压是特定旋轮进行单道次或单向进给，图 18-3a[1] 为单向进给旋压。多道次拉深旋压为往程和回程相结合成形，见图 18-3b。

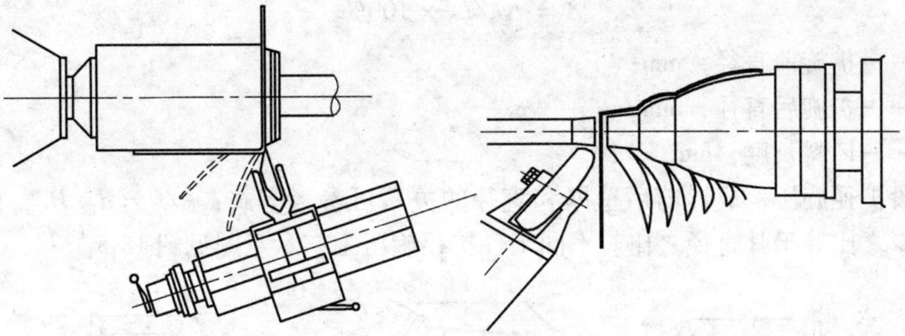

a　　*b*

图 18-3　拉深旋压成形示意图

a—单向进给旋压；*b*—多道次拉深旋压

B　缩径旋压

缩径旋压有缩口和缩径两种局部成形过程，缩口旋压见图 18-4，旋轮轨迹有 *a*、*b*、*c* 三种形式。缩口时采用往程旋压易使坯料减薄，采用回程旋压则相反，二者的结合可减少壁厚差。

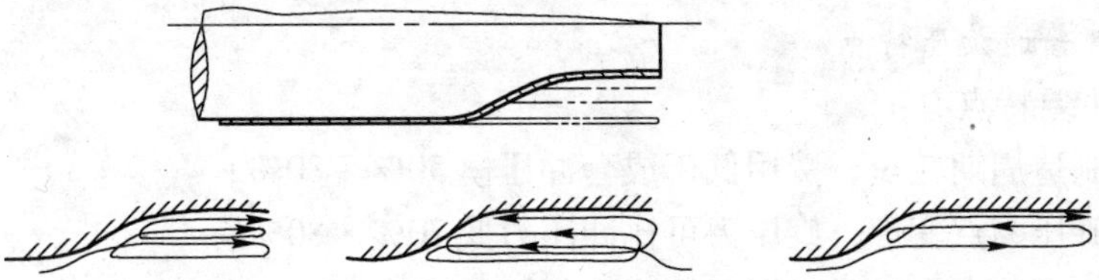

a　　*b*　　*c*

图 18-4　缩旋过程示意图

a—往程旋压；*b*—回程旋压；*c*—复合旋压

缩口旋压时，旋轮往返均有压下弯曲变形，以防止壁厚拉薄现象。当薄壁筒坯变形抗力低，易变形失稳时，旋轮轴向每道次进给量不宜过大，宜采用小变形量多道次的成形工艺过程。

工件缩径与缩口均可在液压传动的自动旋压机上进行，缩径成形时工件在减径的同时沿轴向延伸，壁厚的变化取决于旋轮的几何形状、缩径深度、坯料材质、变形力及进给量等因素。对于铝、铜工件的缩旋成形，由于其变形抗力较小，应该选择圆角半径较大的旋轮。相反，对于变形抗力较大的钛合金缩旋成形，应该选择圆角半径较小的旋轮，以增加其单位面积的压力。

C 扩径旋压

扩径旋压是在旋压机上旋轮施力使预成形的坯料产生径向对称的扩张。扩旋成形多数为薄壁工件，如鼓形搅拌器、车轮等。

扩旋时，材料胀形的伸长量：

$$\Delta L = (D_K - d_K)\pi$$

单位长度的伸长率：

$$\delta = \Delta L / L_0 \times 100\%$$

式中 d_K——扩旋前直径，mm；

D_K——扩旋后直径，mm；

L_0——坯料长度，mm。

筒形段扩径旋压，成形前后壁厚和直径的关系可参考等式：$t_f / t_0 = d_K / D_K$，即工件与坯料的壁厚之比等于其直径之比。不同工件扩径旋压工艺示意图见图 18-5。

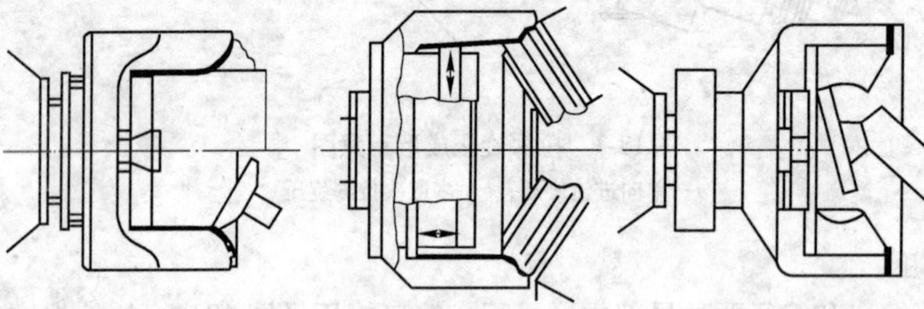

图 18-5 扩径旋压示意图

a—端部多道次扩旋翻边；*b*—端部压边成形；*c*—内型扩径旋压

18.1.1.4 普通旋压特点

普通旋压主要特点有：

（1）模具制造周期较短，费用低于成套冲压模 50% ~80%；

（2）普通旋压为点变形，旋压力可比冲压力低 70% ~80%；

（3）可在一次装卡中完成成形、切边、制梗咬接等工序；

（4）热旋成形时，旋压工件的加热，比其他加工方法方便。

18.1.2 变薄旋压

18.1.2.1 成形特征

变薄旋压又称强力旋压，是在普通旋压的基础上发展起来的，其成形过程为：芯模带动坯料旋转，旋轮做进给运动，使毛坯连续地逐点变薄，并贴靠芯模而成为所需要的工件。旋轮的运动轨迹同样由靠模或计算机程序控制。

变薄旋压有剪切旋压和流动旋压两大类。剪切旋压成形异形件，流动旋压成形筒形件，见图 18-6。

变薄旋压工件因外形不同，可分为锥形件、筒形件及复合件，复合旋压件由锥形段和

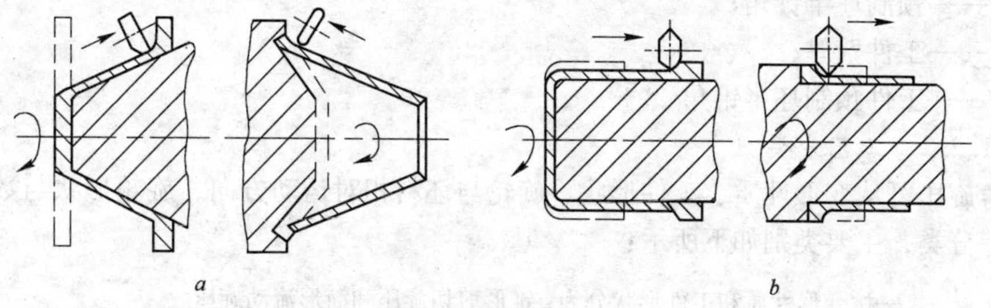

图 18-6 剪切旋压和流动旋压

a—锥（异）形件剪切旋压；*b*—筒形件流动旋压

筒形段组成。锥形件强力旋压采用板坯或预制空心毛坯。筒形件强力旋压采用短而厚、内径基本不变的筒形毛坯。

变薄旋压特点如下：

（1）材料利用率高。与机加工相比，材料利用率可提高约 10 倍，加工工时降低近 40%。

（2）产品质量高。旋压后工件组织致密、纤维连续、晶粒细化、产品综合性能高。

（3）由于工件是经旋轮逐点连续接触旋压成形，使金属具有更高、更好的工艺塑性，成形性好。

（4）对设备吨位要求较小，生产成本低，适用于中小批量的生产。

（5）模具磨损小、寿命长、费用低。与拉深成形同类制件相比，旋压的模具费仅是拉深模具费的 1/10 左右。

变薄旋压过程遵循体积不变原理，筒形件变薄旋压时，变形前后的体积相等，公式表示为[1]：

$$(D_m + t_0)t_0l_0 = (D_m + t_f)t_fl_f \tag{18-1}$$

式中 D_m——芯模直径，mm；

t_0，t_f——变形前后的壁厚，mm；

l_0，l_f——变形前后的长度，mm。

为计算简化，式 18-1 可简写为：

$$t_0l_0 = t_fl_f$$

锥形变薄旋压即剪切旋压，见图 18-6*a*，变形遵循正弦规律；

在平板旋压时：

$$t_f = t_0\sin\alpha \tag{18-2}$$

在预制坯旋压时：

$$t_1/\sin\alpha_1 = t_2/\sin\alpha_2 \tag{18-3}$$

式中 t_0——坯料壁厚，同变形前的壁厚；

t_f——成品壁厚或变形后的壁厚；

α——芯模半锥角；

t_1——预制坯壁厚；

α_1——预制坯半锥角；

t_2——工件壁厚；

α_2——工件预制坯半锥角。

18.1.2.2 工艺分类

变薄旋压可从变形性质、工件形状、旋轮与坯料相对运动方向、旋轮形状与数量和旋压温度等分类，主要类别如下所示：

变薄旋压——
- 按变形性质和工件形状分为：锥形剪切旋压和筒形流动旋压
- 按旋轮与坯料流动方向分为：正向旋压（正旋）与反向旋压（反旋）
- 按旋轮和坯料相对位置分为：内旋压与外旋压
- 按旋压工具分为：旋轮旋压与滚珠旋压
- 按加热与否分为：冷旋压与热旋压

变薄旋压，按旋轮进给方向与坯料流动方向的异同，可分为正旋与反旋。正旋指坯料的延伸方向与旋轮进给方向相同，反旋指坯料的延伸方向与旋轮进给方向相反，如图 18-6 所示。

按旋压时加热与否，可分为冷旋和热旋。按旋轮及芯模与毛坯的相对位置，可分为外旋和内旋。内旋是管坯外有模环，旋轮置于管坯之内，旋轮与管坯相对转动，相当于外旋时旋轮与坯料位置的相对调换。见图 18-7。

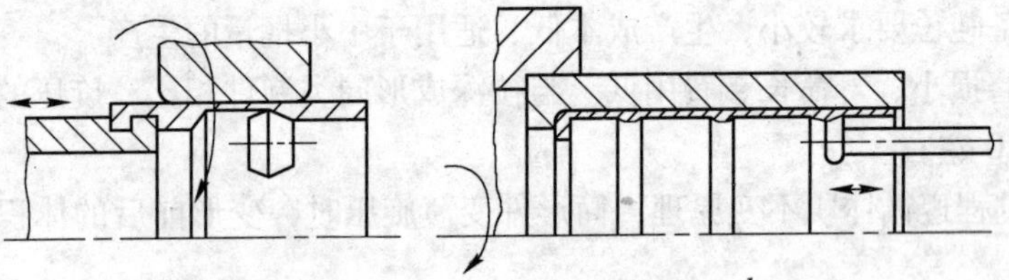

图 18-7 内旋示意图

a—局部外模内旋压；*b*—整体外模内旋压

按旋压工具不同又可分为旋轮旋压和滚珠旋压，滚珠旋压见图 18-8。按旋轮数量不同，可分单轮旋压和多轮旋压。

管材旋压时可进行张力旋压，即工件轴向的自由端施一张应力，张应力小于变形材料屈服强度。该工艺适宜长管旋压，可消除变形失稳，提高管材平直度。

18.1.2.3 变形过程

变薄旋压的变形过程可分为起旋、稳定旋压和终旋三个阶段：

起旋阶段是从旋轮接触毛坯旋至达到所要求的壁厚变薄率，该阶段壁厚变薄率逐渐增大，旋压力相应递增，直至达到极

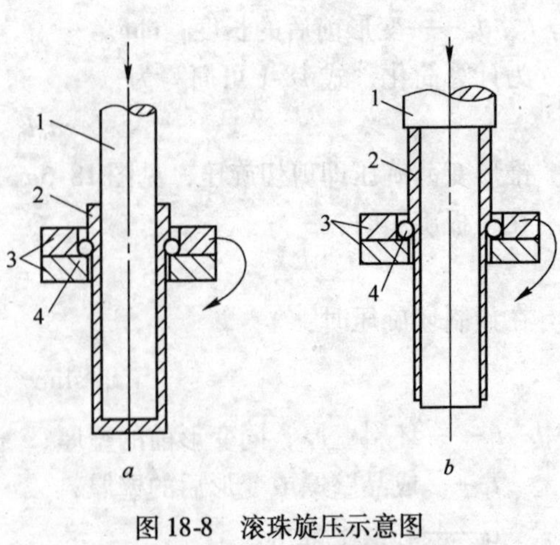

图 18-8 滚珠旋压示意图

a—正向旋压；*b*—反向旋压

1—芯模；2—坯料；3—滚珠盘；4—滚珠

大值。

旋轮旋压毛坯达到所要求的壁厚变薄率后，旋压变形进入稳定阶段，该阶段的旋压力和变形区的应力状态基本保持不变。

终旋阶段是从距毛坯末端五倍毛坯厚度处开始至旋压终了，该阶段毛坯刚性显著下降，旋压件内径扩大，旋压力逐渐下降。

筒形件三个阶段的旋压状态如图 18-9*a* 和旋压力变化曲线见图 18-9*b* 所示。

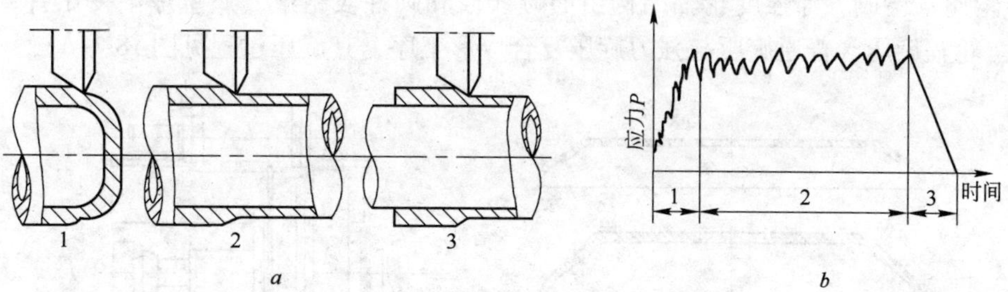

图 18-9　旋压三个阶段与旋压力变化曲线

a—三个阶段的旋压状态；*b*—旋压力变化曲线

锥形件起旋阶段工艺参数选择不当易产生局部弯曲，坯料凸缘产生褶皱。终旋阶段旋轮靠近坯料边缘时，凸缘易产生弯曲和倾斜，外层材料局部受拉应力易裂开。

18.1.2.4　变形区域

筒形件变薄旋压分三个区域，即未成形区、成形区和已成形区，成形区即为变形区，三个区域见图 18-10*a*、*b*。

锥形件剪切旋压变形区域与筒形件变薄旋压略有不同，板坯旋压时，未成形区是法兰

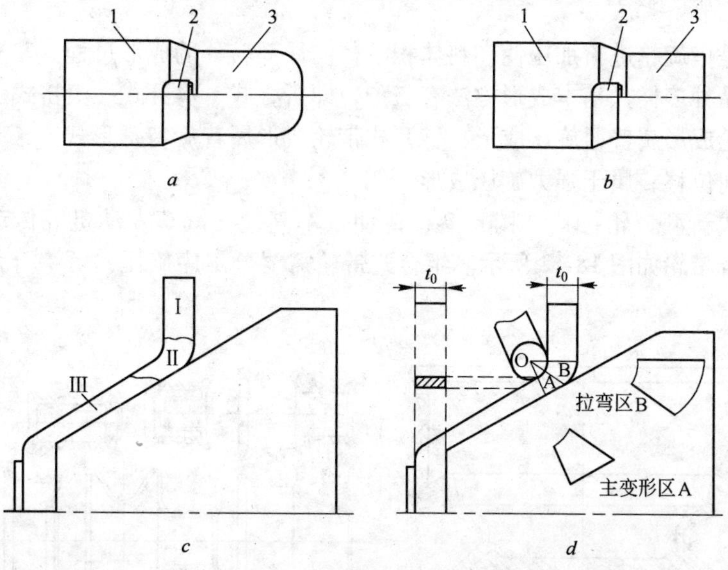

图 18-10　变薄旋压三个区域

a—筒形件正旋；*b*—筒形件反旋；*c*—锥形件三个区域；*d*—锥形件接触区：

1—未成形区；2—成形区；3—已成形区

凸缘，见图18-10*c*。锥形件剪切旋压多为正向旋压，成形区由抗弯区和主变形区组成，见图18-10*d*。

18.1.3 特种旋压

18.1.3.1 车轮旋压

采用旋压工艺，可加工等强度无内胎车轮，并适应批量生产。无内胎车轮是由轮辐和轮毂（轮辋）组成。等强度轮辐结构由曲母线段和圆柱段组成，属壁厚渐变工件，见图18-11*a*。轮辐旋压含普通旋压与强力旋压复合成形工序，其旋压过程见图18-11*b*。

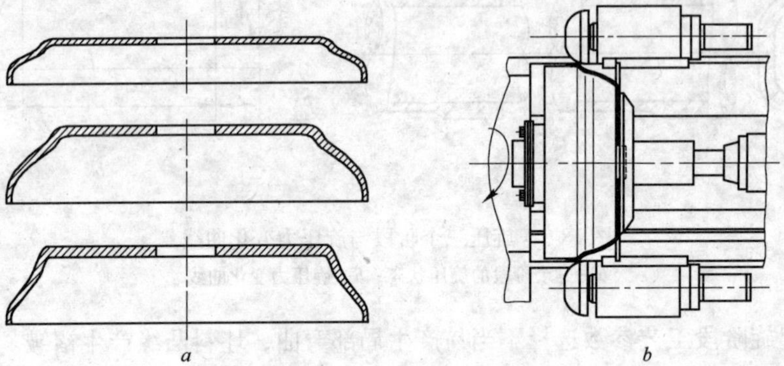

图18-11 等强度轮辐旋压

a—等强度轮辐形状；*b*—旋压成形示意图

轮辋构成车轮的主体，可采用旋压-滚压复合工艺成形，既可实现等强度要求，又适应批量生产。

18.1.3.2 带轮旋压

带轮旋压是借旋轮进给加压使坯料体积沿径向局部转移的成形过程。

旋压带轮品种多样，基本成形方法有三种，即折叠式、劈开式、滚挤式。

折叠式带轮成形属普通旋压成形，劈开式带轮成形属普旋特殊形式。滚挤式带轮成形时材料产生轴向位移，属于强力旋压成形。

旋压多齿式新型带轮，其结构紧凑，传动效率高，在汽车发动机等传动中被大量采用。多齿式组合带轮如图18-12所示。组合式带轮需要分工序旋压，可综合强旋与普旋工序复合成形。

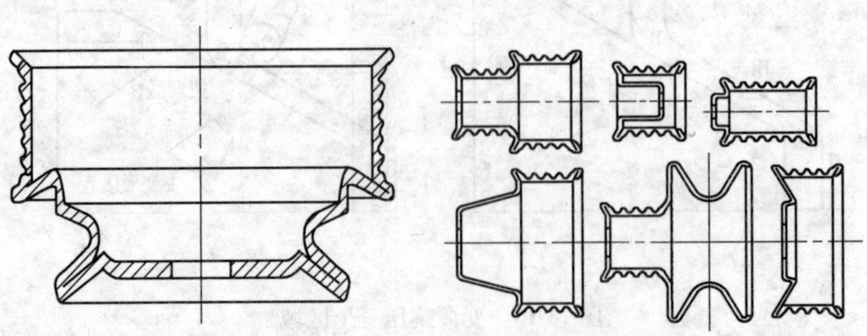

图18-12 常见多齿式组合带轮

18.1.3.3 环形轮旋压

环形轮旋压包括单旋轮和双旋轮，并有环形旋轮与芯模轴线平行或相交不同类别，见图 18-13。环形轮旋压可用于中小直径，薄壁筒形件变薄旋压。其优点是提高功效，减少扩径，在轴线相交时产生附加轴向力，工件尺寸精度好。

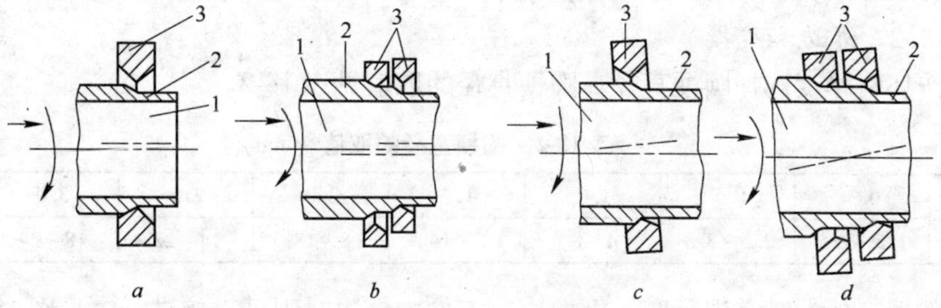

图 18-13 用环形轮旋压

a—单轮轴平行；*b*—双轮轴平行；*c*—单轮轴相交；*d*—双轮轴相交

1—芯模；2—坯料；3—旋轮

18.1.4 局部成形

18.1.4.1 瓶体缩口

瓶体缩口与封合属典型局部成形工艺，该工艺可采用特殊型面的旋轮或卡板旋压。在高速转速下经多道次进给，借空气模（无芯模）成形。旋轮或卡板运动时保持平直段与工件处于完全接触之中，卡板、压块、凸轮、压盘等摩擦工具缩口见图 18-14。

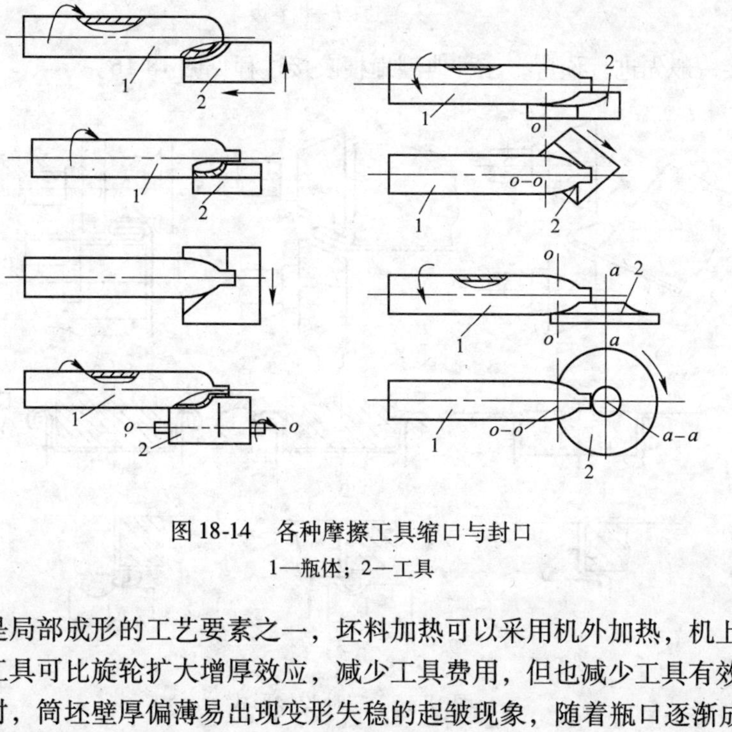

图 18-14 各种摩擦工具缩口与封口

1—瓶体；2—工具

加热温度是局部成形的工艺要素之一，坯料加热可以采用机外加热，机上保温。

采用摩擦工具可比旋轮扩大增厚效应，减少工具费用，但也减少工具有效寿命。

瓶体封合时，筒坯壁厚偏薄易出现变形失稳的起皱现象，随着瓶口逐渐成形，褶皱被卷入中心，影响封合效果。增加筒坯壁厚，适量提高旋压温度及调整纵向进给量，可消除失稳、起皱、卷曲现象。

采用铝合金筒坯成形椭球瓶端时，瓶端缩旋壁厚由4mm增厚至15mm，可强化瓶体。缩旋收口的道次与筒坯壁厚负相关，即坯壁越薄收口道次越多，4mm壁厚筒坯缩口需20余道次，10mm壁厚筒坯缩口需10余道次。

18.1.4.2 卷边和咬接

卷边按坯料厚度选择圆梗直径。圆梗直径的取值见表18-2。

表18-2 圆梗直径的取值（mm）

坯料壁厚	0.3	0.5	1.0	1.5	2.0	2.5	3.0	4.0
圆梗直径	1.5~2.5	2.5~3.5	4~8	5~14	8~18	14~22	18~24	20~30

当工件端口外卷时宜先预弯，再卷边。工件内卷边时则可直接进行。见图18-15。

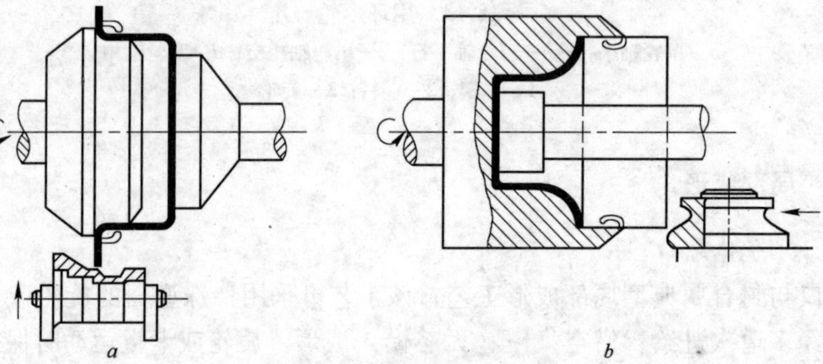

图18-15 外卷边与内卷边

a—外卷边；*b*—内卷边

扁梗咬接一般先进行预弯，三种典型扁梗咬接过程见图18-16。

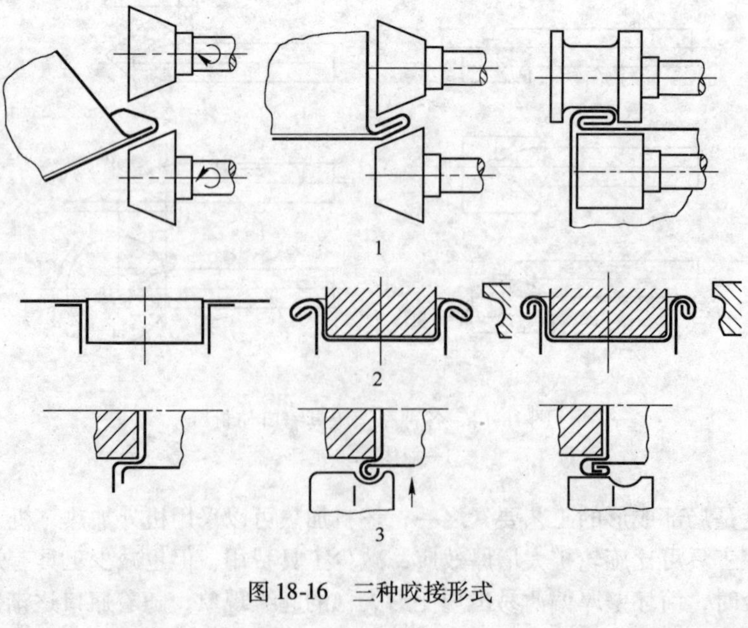

图18-16 三种咬接形式

按照上述分类可知，旋压工艺可相应地应用于金属管工件的扩径、缩径、拉深、制梗（包括卷边、制扁梗、咬接）、变薄、收口、封口等各种加工工艺，特殊的还适宜做车轮、带轮和环形轮旋压加工工艺。

18.2 成形原理

18.2.1 主体运动

变薄旋压的主体运动是芯模带动工件的旋转运动。工件的成形，是依靠旋轮逐点连续挤压旋转的工件来完成的。工件在旋转时受到旋轮的阻碍而产生变形，同时借助于摩擦力使旋轮旋转。因此，旋轮的旋转运动是被动的，其转速大小决定于工件的转速和工件与旋轮的直径比。在坯料随旋压模具转动中，旋压工具与坯料相对进给，使坯料受压并产生连续的局部变形。

18.2.1.1 锥形件

在锥形件剪切旋压时，随着旋压的进行，变形的直径不断增大，而旋轮的直径是不变的，因而旋轮的转速随之不断地同步变大。由于旋轮与工件接触面上各点的半径比是不同的，因此旋轮与工件间不仅有滚动摩擦，而且有滑动摩擦。

锥形件剪切旋压过程示意图见图18-17。

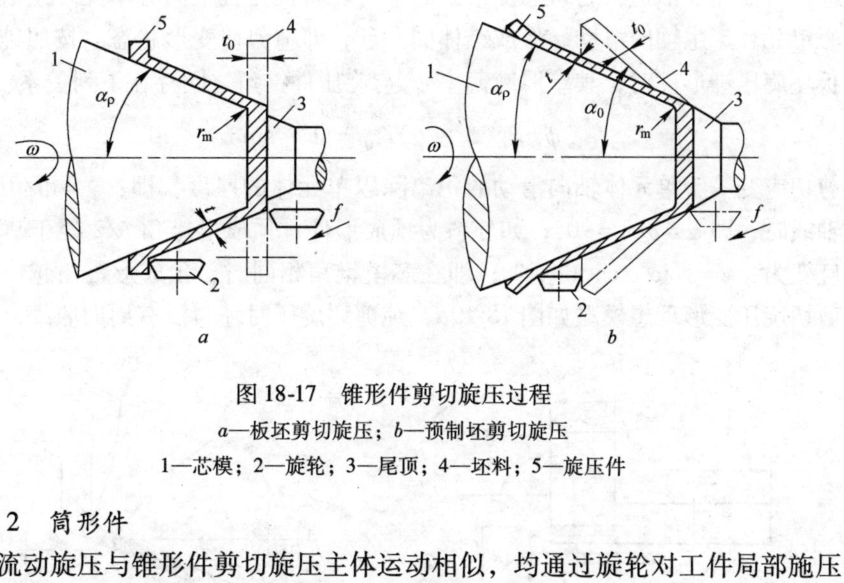

图18-17 锥形件剪切旋压过程

a—板坯剪切旋压；*b*—预制坯剪切旋压

1—芯模；2—旋轮；3—尾顶；4—坯料；5—旋压件

18.2.1.2 筒形件

筒形件流动旋压与锥形件剪切旋压主体运动相似，均通过旋轮对工件局部施压，经工件与旋轮相对转动，并沿螺旋线逐步推进，完成整个工件的成形过程。变薄旋压时，坯料上有一个连续沿螺旋线位移的塑性变形区，其螺距等于坯料旋转一圈时旋轮的位移量。

筒形件流动旋压过程示意图见图18-18。

18.2.2 变形原理

18.2.2.1 剪切旋压

A 正弦规律

异形件变薄旋压为剪切旋压变形，工件形状包括锥形件、曲母线形件，以及椭球体封

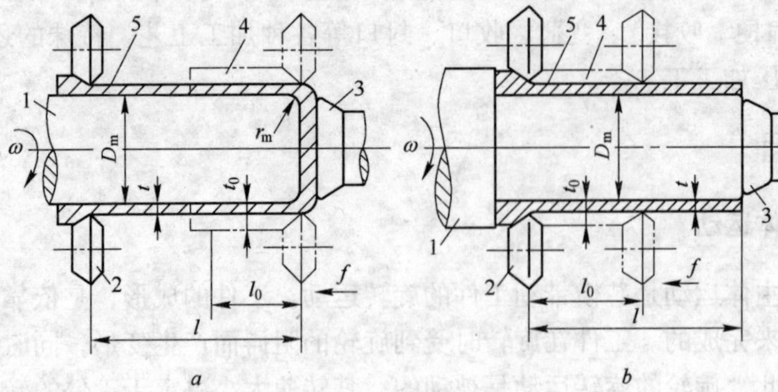

图 18-18 筒形件流动旋压过程

a—正向旋压；b—反向旋压：

1—芯模；2—旋轮；3—尾顶；4—坯料；5—旋压件

头等。当芯模半锥角为 α，旋压件壁厚为 t_f 时，旋压前后壁厚关系满足正弦规律公式，即式 18-2。

正弦规律公式是制定工艺参数和控制剪切变形的依据。锥形件剪切旋压是复杂的金属变形过程，可简化变形过程为理想变形状态，将坯料视为若干同心单元环组成。剪切旋压后，同心单元环产生轴向滑动，形成锥体同心环，即纯剪切变形状态。按照纯剪切变形原理，由板坯旋压锥形件时，其壁厚减薄率 ψ_t 与旋压件锥角之间存在下列关系：

$$\psi_t = (t_0 - t_f)/t_0 = 1 - \sin\alpha \tag{18-4}$$

纯剪切应变等于单元体轴向滑动的距离除以单元体的厚度，即：$\gamma = \mathrm{d}l/\mathrm{d}R = \cot\alpha$。凸缘垂直轴线时，即 $\alpha = \theta/2 = 90°$；如坯料为预成形件，预成形锥角 $\theta/2$ 处于 90°～0°之间，则剪切应变为：$\gamma = \cot\alpha - \cot(\theta/2)$；即在芯模锥角相同时，预成形锥角越小则剪切应变越小。剪切旋压变形理想模型如图 18-19a，纯剪切旋压时坯料没有周向收缩，只产生轴向

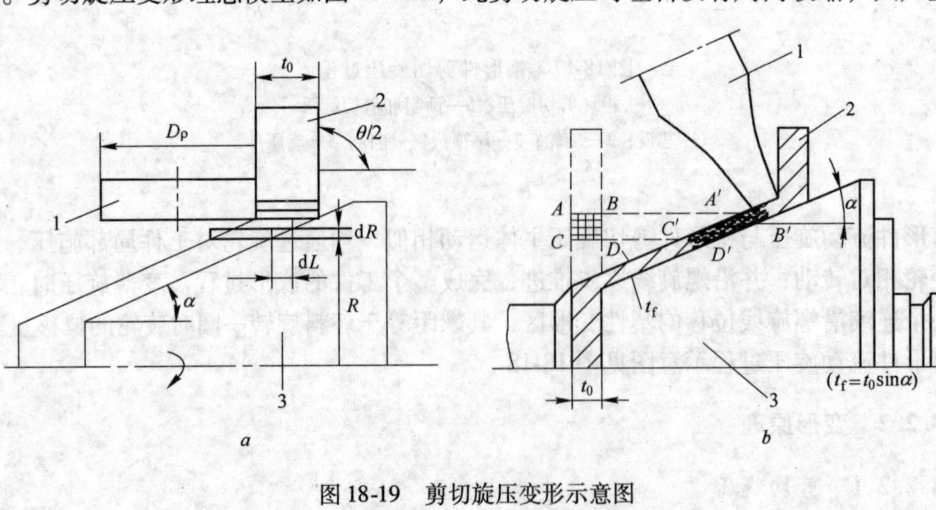

图 18-19 剪切旋压变形示意图

a—纯剪切旋压；b—剪切旋压变形：

1—旋轮；2—凸缘；3—芯模

的塑性流动，坯料变形前后任何点的半径距离均相等。

锥形件剪切旋压旋轮与坯料接触实际变形如图 18-19*b* 所示。坯料相邻线段 *AB*、*CD*，即 $AB=CD=t_0$；变形后 $A'B'=C'D'=t_0$。变形表现为由 *ABCD* 矩形变成 *A'B'C'D'* 平行四边形，即 *AB* 相对 *CD* 平行错动，只有角度变化。

锥体在旋轮作用下除剪切变形外，还有沿周向的塑性流动，因坯料与芯模的摩擦作用，导致工件外表面应变硬化强于内表面。

锥形件由多道次剪切旋压成形时，半锥角为 α_n，半成品的壁厚为 t_n，板坯壁厚 t_0 的正弦关系为 $\sin\alpha_n=t_n/t_0$。

B 变形与摩擦

锥形剪切旋压件纵剖面见图 18-20*a*，*acde* 为剪切变形区。材料从 *de* 线形始变形，到 *ac* 线时结束，构成拉弯区域。拉弯区域由旋轮圆角半径对坯料施力 *p* 形成，并产生径向正应力 σ_n 和轴向剪应力 τ_0 。*abc* 三角区为主变形区域，主变形区域含拉应力 σ_c，芯模对工件的正压力为 σ_m，及摩擦力为 $\mu\sigma_m$。

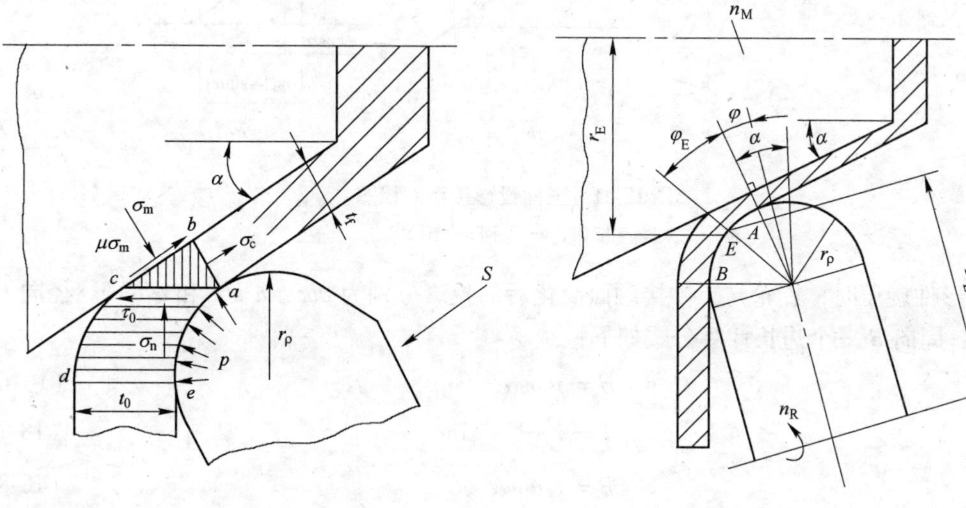

图 18-20 锥形旋压变形

a—变形区应力；*b*—变形与摩擦简图

锥形件旋压时旋轮与工件的接触见图 18-20*b*。由图 18-20*b* 可知，旋轮的 *AB* 段与工件接触。由 *A* 点到 *B* 点，工件与旋轮半径比逐渐增大，各点摩擦所产生的旋轮转速也逐渐增大。在 *AB* 段只有一个同速点，即工件的圆周速度与旋轮的圆周速度相等，此点为滚动摩擦，其余点为滑动摩擦。*AB* 段中 *E* 点为同速点，即

$$n_M r_E = n_R R_E \tag{18-5}$$

式中 n_M——工件转速；

n_R——旋轮转速；

r_E——同速点处工件半径；

R_E——同速点处旋轮半径。

据计算和实测可知，同速点 E 的位置角 φ_E 随旋轮所处位置的不同而变化。在 AE 段，工件的速度低于旋轮，工件对旋轮的摩擦力使旋轮减速；在 EB 段，工件的速度高于旋轮，工件对旋轮的摩擦力使旋轮加速。只有在 E 点的位置使两个相反的摩擦力矩平衡，旋轮的转动才能稳定。

C 三向投影面积

锥形件剪切旋压变形过程中，旋轮圆角挤压坯料使其产生塑性变形时，旋轮与坯料的接触面为一空间曲面，该曲面沿三个方向分别投影，变为三个平面图形。锥形件剪切旋压旋轮与工件三面投影如图 18-21 所示。

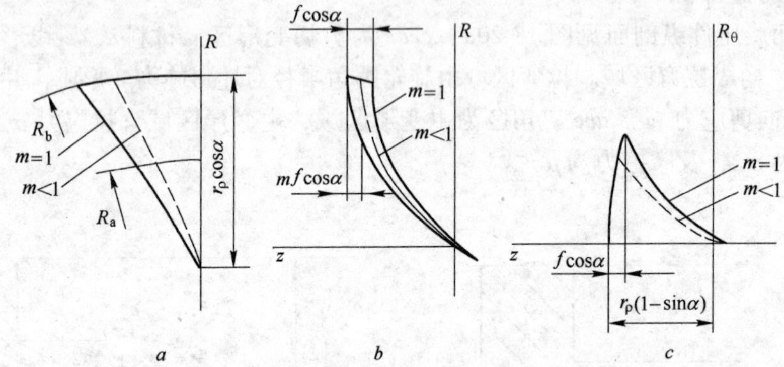

图 18-21 三向投影接触面积图

a—轴向；*b*—周向；*c*—径向

锥形件旋压时，旋轮与工件接触面简化后的投影分别为 abc、$a'b'c'$ 和 $a''b''c''$。径向 H、轴向 L、周向 B 三个边长计算公式如下：

$$H = f\cos\alpha \tag{18-6}$$

$$L = r_\rho(1 - \sin\alpha) \tag{18-7}$$

$$B = r_\rho\cos\alpha \tag{18-8}$$

式中 f——旋轮进给比，mm/r；

r_ρ——旋轮圆角半径，mm。

由作图法可导出三个投影图形的轮廓数值，根据解析法近似计算，可求出三向投影接触面积。三向投影面积简化计算公式如下：

$$A_\theta = 1/2 \times f \times r_\rho \times \cos^2\alpha \tag{18-9}$$

$$A_R = 1/2 \times r_\rho \times (1 - \sin\alpha) \times r_0 \times \theta_0 \tag{18-10}$$

$$A_L = 1/2 \times r_\rho \times \cos\alpha \times r_0 \times \theta_0 \tag{18-11}$$

式中 A_θ——周向接触面积；

A_R——径向接触面积；

A_L——轴向接触面积；

r_0——变形区的工件半径，mm；

θ_0——变形区在工件截面内的夹角（弧度）。

18.2.2.2　流动旋压

A　塑性流动规律

在筒形变薄旋压塑性变形区内，通过旋轮与坯料的相对转动，变形区出现流动塑性变形。变形瞬间，变形区以径向压缩导致轴向和周向产生金属流动。

筒形变薄旋压变形遵循金属流动最小阻力定律，从而产生体积位移，轴向流动是主要的流量方向，周向的流量很少。

筒形变薄旋压成形过程中，作为刚体的旋轮将压入塑性工件，其接触面的三向投影接触面积是旋轮形体与工件形体的相贯线。

旋轮与工件的接触区如图 18-22 所示，可对旋轮与工件接触区的任一横断面 N-N 上的摩擦力进行分析。

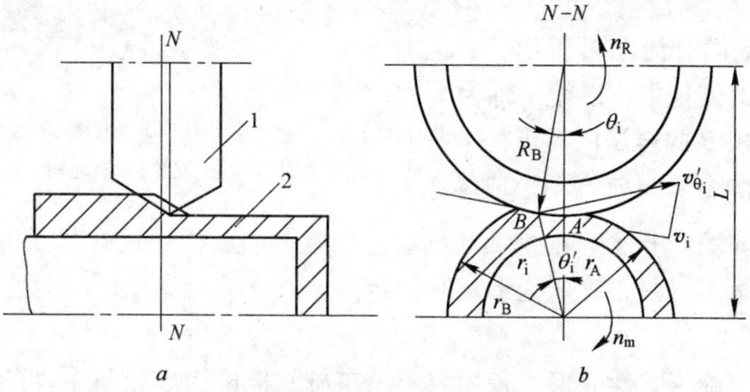

图 18-22　旋轮与工件接触区

a—周向；b—轴向

1—旋轮；2—工件

由图 18-22 可以看出，横断面的旋轮与工件接触于 AB 弧。在 AB 弧上，旋轮上每一点的圆周速度是相等的，即：

$$v_N = 2\pi R_N n_R \tag{18-12}$$

式中　v_N——N—N 截面上旋轮的圆周速度，mm/min；

R_N——N—N 截面上旋轮的半径，mm。

在工件上，AB 弧上各点的圆周速度是不等的，有：

$$v_\theta' = 2\pi r_i n_M$$

式中　v_θ'——在位置角为 θ_i' 处的圆周速度，mm/min；

r_i——在位置角为 θ_i' 处的工件半径，mm；

n_M——工件的转速，r/min。

由上式可知，v_θ' 值随 r_i 值发生变化；同时，v_θ' 在旋轮切线上的投影 v_i 也随之变化。因此，$v_i = f(r_i)$；由图 18-22 上的几何关系可知：

$$v_i = 2\pi r_i n_M \cos(\theta_i + \theta_i') = 2\pi r_i n_M(\cos\theta_i \cos\theta_i' - \sin\theta_i \sin\theta_i')$$

根据 $R_N\sin\theta_i = r_i\sin\theta_i'$ 及 $L = R_N\cos\theta_i + r_i\cos\theta_i'$（L 为旋轮与工件的中心距），上式可简化为：

$$v_i = 2\pi n_M(L\cos\theta_i - R_N)$$

在一定的横断面上，n_M，L 和 R_N 值都是常数，故 $v_i = f(\cos\theta_i)$，v_i 值由 A 点到 B 点逐渐减小。在旋轮和工件的接触面上，只有满足 $v_i = v_N$ 的点才是两者的同速点，该点为滚动摩擦，其余点为不同程度的滑动摩擦。

由于旋轮和工件的接触面上出现大量的滑动摩擦，既需要较大的功率，又产生一定的热量，必须对旋轮和工件的接触面进行充分的润滑和冷却。

变薄旋压的周向壁厚变形示意图见图18-23。图18-23中，z_0 为分流距，t_0'为含堆积量的厚坯。

从图18-23剖面分流图可看出，在工件被旋轮碾压一圈的体积中，以距 y 轴为 z_0 的分流线为界，面积 B 的金属向后流向旋压件的壁部，面积 A 的金属向前流动形成隆起与堆积。箭头 C 表示有少量金属沿周向流动。金属隆起与堆积导致 t_0 增至 t_0'，增大变形量与变形力。当隆起量不变时，旋压变形基本稳定。

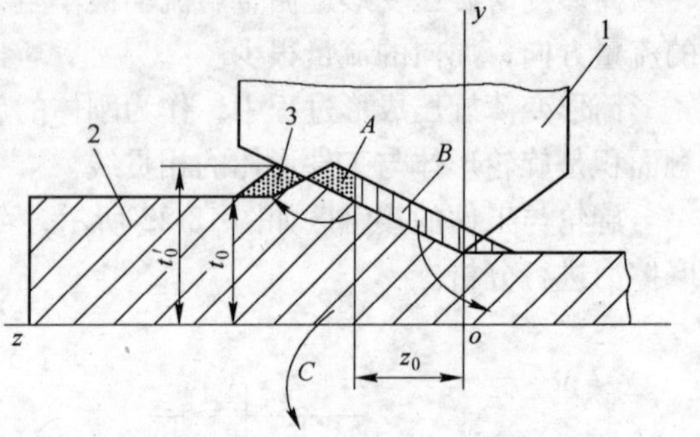

图18-23 变薄旋压示意图

1—旋轮；2—坯料；3—堆积

B 变形与摩擦

在筒形件变薄旋压塑性变形过程中，无论正旋与反旋，旋轮与工件的接触面存在着强烈的滑动摩擦。变形区由已变形区向未变形区推进，稳定流动时，单位时间流入变形区的金属量等于流出变形区的金属量。

经平面变形的简化，根据变形面积不变的假设，未变形区参与变形的面积等于已变形区的变形面积，其关系如下：

正旋时 $(v_s - v_s')\ t_0 = v_s t_f$；

反旋时 $v_s t_0 = (v_s + v_s'')\ t_f$。

旋轮与工件接触区及摩擦见表18-24。

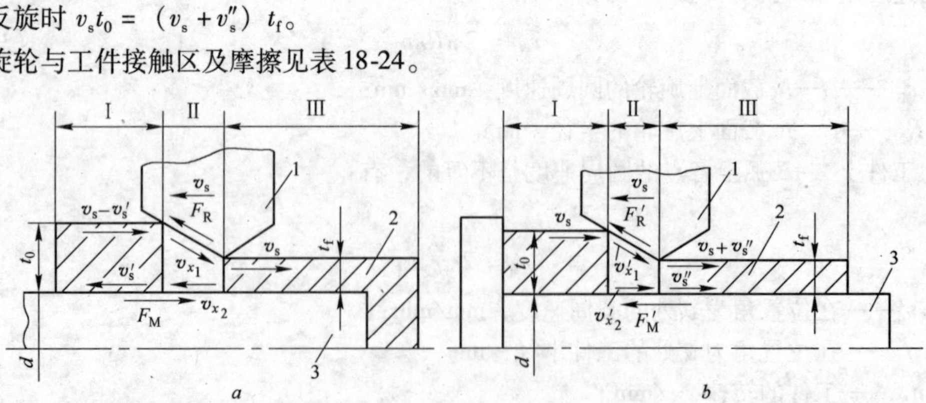

图18-24 旋轮与工件接触区及摩擦

a—正旋；b—反旋；

1—旋轮；2—工件；3—芯模；

Ⅰ—未变形；Ⅱ—变形区；Ⅲ—已变形区

在变形区，金属正旋与反旋塑性流动的摩擦阻力分别为 F_R 与 F'_R，就旋轮而言，均向着床头方向。就芯模而言，金属塑性流动的摩擦阻力 F_M 与 F'_M 在正旋与反旋不同过程中方向相反。

变薄旋压时，材料综合了压缩、拉伸和剪切的复合变形。受变形量和摩擦阻力的影响，金属畸变程度靠近旋轮处变形量较大，靠近芯模处变形量较小。

C　塑性流动场

在筒形变薄旋压变形区的三个区域中，用扇形塑性流动场对材料的流动和变形表示见图 18-25。

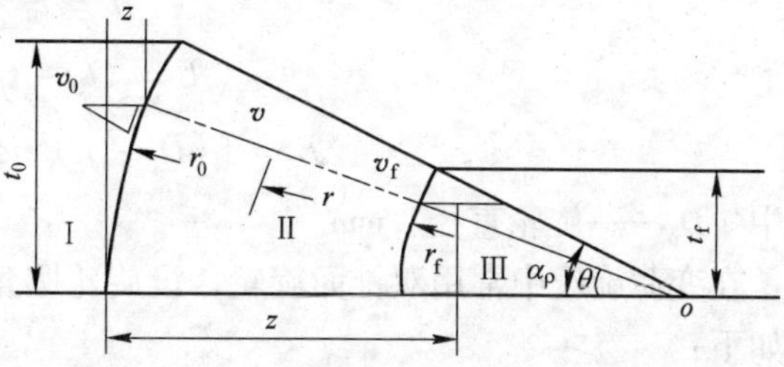

图 18-25　变形区的扇形塑性流动场

在扇形变形区内，金属质点沿扇形半径向扇形圆心 o 点方向流动，其流速逐渐增加，但同一圆弧上各质点的流速相等。在未成形区和已成形区中，质点分别以均匀的流速 v_0 和 v_f 沿轴向流动。在变形区中，在以 o 点为圆心，半径为 r 的圆弧上，各质点的流动速度是相等的。图 18-25 中存在下列几种关系：

$$r_0/r_f = t_0/t_f = 1/(1-\psi_t) \tag{18-13}$$

$$r_0 = t_0/\sin\alpha_\rho \tag{18-14}$$

$$r_f = t_f/\sin\alpha_\rho \tag{18-15}$$

式中　α_ρ——旋轮工作角，(°)。

D　三向投影面积

筒形变薄旋压时，三向投影接面积见图 18-26。

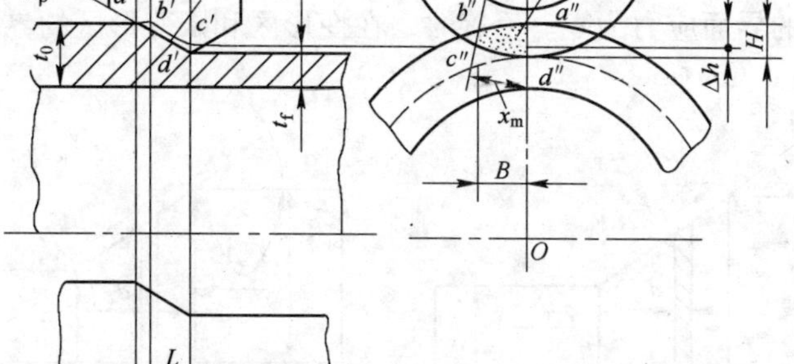

图 18-26　三向投影接触面

工件与旋轮接触面简化后的三面投影分别为 $abcd$，$a'b'c'd'$ 和 $a''b''c''d''$。图示径向、轴向、周向的接触边长计算公式如下：

$$H = t_0 - t_f \tag{18-16}$$

$$L = (t_0 - t_f)\cot\alpha_\rho \tag{18-17}$$

$$B = [(D_\rho - f'\tan\alpha_\rho)f'\tan\alpha_\rho]^{1/2} \tag{18-18}$$

式中　D_ρ——旋轮直径，mm。

在变薄旋压中常用双锥面旋轮，设旋轮圆角半径 $r_p \approx 0$，三向投影接触面积的计算公式如下：

周向接触面积 A_θ 作为平行四边形可用下式近似计算，即

$$A_\theta = (t_0 - t_f)f \tag{18-19}$$

径向接触面积 A_R 作为梯形可用下式近似计算，即

$$A_R = (D_\rho f\cot\alpha_\rho)^{1/2}(t_0 - t_f) \tag{18-20}$$

轴向接触面积 A_L 作为长方形可用下式近似计算，即

$$A_L = (t_0 - t_f)(D_\rho f\tan\alpha_\rho)^{1/2} \tag{18-21}$$

18.2.3　力学参数

旋压力是设计旋压工艺、选择旋压机和设计模具时的重要依据。旋压力与坯料尺寸、材料力学性能、变薄率、旋压方式有很大关系，很难用理论分析的方法进行准确的计算。因此，常采用经验公式进行近似计算。

18.2.3.1　力学分析

变薄旋压时，变形区处于三向应力状态，正旋变形为两向压力和一向拉应力，即径向与切向为压应力，轴向为拉应力。反旋变形为三向压应力。正旋时，已变形区承受拉应力；反旋时，未变形区承受压应力；同时，上述两个变形区均承受由于传递扭转力矩所产生的周向剪切应力。

从图 18-27 变形区受力状况看出，正旋时，变形区与已变形区的界面上有拉应力 σ_{Zf}，变形区与未变形区的界面应力为零。反旋时，在变形区和未变形区的界面上有压应力 σ_{Z0}，

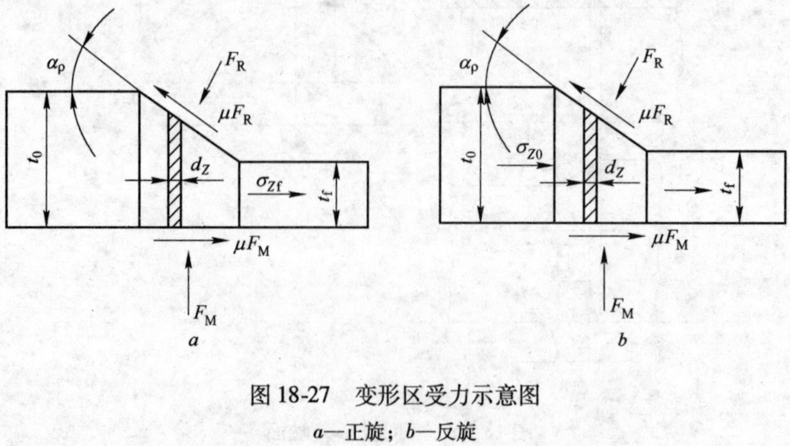

图 18-27　变形区受力示意图

a—正旋；b—反旋

变形区与已变形区的界面上应力为零，已变形区自由向后移动。

筒形变薄旋压时，旋压力通过旋轮的工作面均匀地作用于工件和旋轮的接触面上。作用力的合力通过接触面的重心，其方向为接触面重心处的法向。

旋压分力可确定旋压设备所需的功率和进给机构的动力。一般将旋压合力分解为互相垂直的三个分力，即轴向分力 F_L，径向分力 F_R 和切向分力 F_T。图 18-28 是筒形件旋压时三个旋压分力分解示意图。

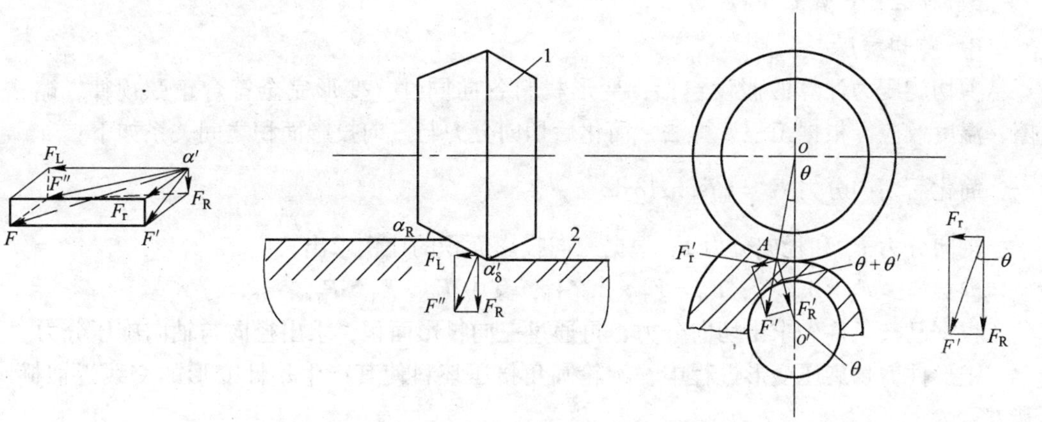

图 18-28 三个旋压分力分解示意图

1—旋轮；2—旋压件

由图 18-28 可以看出，旋压合力首先分解为轴向力 F_L 和横向力 F'，F' 又可分解为径向分力 F'_R 和切向分力 F'_T，F 与 F' 的夹角为 α'，F' 与 F'_R 的夹角为 $\theta+\theta'$。径向分力 F'_R 不平行于旋轮与工件的中心连线 $o'o$。考虑到 θ' 角一般很小，将 F' 分解为 F_R 和 F_T 代替 F'_R 和 F'_T 作为径向分力和切向分力。各分力与合力之间以及各分力之间的关系如下：

$$F_L = F\sin\alpha' \tag{18-22}$$

$$F_R = F\cos\alpha'\cos\theta \tag{18-23}$$

$$F_T = F\cos\alpha'\sin\theta \tag{18-24}$$

根据计算公式，可求出各旋压分力之间的比值，以确定各旋压分力的大小。各旋压分力之间的比例关系如下：

$$F_R/F_L = 1/\tan\alpha_\rho;F_R/F_T = [D_\rho/(f\tan\alpha_\rho)]^{1/2};F_L/F_T = [(D_\rho\tan\alpha_\rho)/f]^{1/2}$$

根据合金管材旋压常用值，$D_\rho=100\sim300\text{mm}$，$f=1\sim3\text{mm/r}$，$\alpha_\rho=15°\sim30°$，可求得：

$$F_R/F_L = 2\sim4;F_R/F_T = 20\sim60;F_L/F_T = 5\sim25$$

18.2.3.2 旋压力计算

A 普通旋压

屈服线计算法由变形模型的静态分析得出：

$$F = (1/4)\sigma_s t_0^2[(r/r'_0)-k]^{-1}\times[1+(1-2k)^2](1+1/k)^{1/2} \tag{18-25}$$

式中 σ_s——屈服点；

k——r_1/r，mm；

r'_0——坯料半径，mm；

r——力的作用点，mm，$r'_0>r>r_1$，r_1 为尾顶半径。

算例：已知工件坯料厚 $t_0=10$mm，$\sigma_s=500$MPa，$r_1=200$mm，$r'_0=500$mm，$r=300$mm。

解：$F=121.5$kN。

B 剪切旋压

剪切旋压力计算的假设包括：变形材料各向同性，变形完全符合正弦规律，略去摩擦、温度效应。根据工程计算法，简化后切向分力与三向投影面积之间关系如下：

简化后切向分力 $F_T=t_0f\sin\alpha\int\sigma \mathrm{d}\varepsilon$

轴向分力 F_L 和径向分力 F_R 根据三向投影面积的比例求出：

即：$F_L=F_T\times A_L/A_R$；$F_R=F_T\times A_R/A_T$；其中 $F_L>F_R\gg F_T$。

根据已知条件先求出切向分力，再通过三向投影面积，求出径向与轴向旋压分力。

锥形件剪切旋压变形过程中，旋轮圆角挤压坯料使其产生塑性变形的交线近似椭圆，其方程为：

$$(X/a)^2+(Y/b)^2=1 \tag{18-26}$$

式中 a——椭圆的长半轴，$a=\sqrt{r_\rho^2-r_1^2}$，$r_1=r_\rho\sin\alpha-f\cos\alpha$，mm；

b——椭圆的短半轴，$b=\{(D_\rho-2r_\rho)\ [\sqrt{r_\rho^2-r_1^2\cos^2\beta}-r_1\sin\beta]+r_\rho^2-r_1^2\}^{1/2}$；

β——旋轮攻角，(°)。

变形区夹角为 θ_0，$\theta_0=\arccos\{b^2/a^2-[1+(b/R_0)^2(b^2/a^2-1)]^{1/2}/b^2/a^2-1\}$；

变形区半径为 R_0（$R_a<R_0<R_b$）。

将式 18-9、式 18-10、式 18-11 代入已知条件计算出三向投影接触面积过程如下。

算例：

取：$r_\rho=20$mm，$f=1$mm/r，$\alpha=45°$，$D_\rho=250$mm，$\beta=40°$，$R_0=200$mm，$\sigma=500$MPa，$t_0=10$mm。

则求出三向投影面积如下：

$$A_\theta=5\text{mm}^2$$

$$A_R=126\text{mm}^2$$

$$A_L=304\text{mm}^2$$

求出三向旋压分力如下：

$$F_T=2.0\text{kN}$$

$$F_R=51.4\text{kN}$$

$$F_L=124.0\text{kN}$$

$$F_L>F_R>F_T$$

C 流动旋压

切向旋压分力 $$F_T = 1/m \times \sigma_m \times f \times t_0 \tag{18-27}$$

径向旋压分力 $$F_R = 1/m^{1/2} \times \sigma_m \times t_0 (D_\rho \times f \times \cot\alpha_\rho)^{1/2} \tag{18-28}$$

轴向旋压分力 $$F_L = 1/m^{1/2} \times \sigma_m \times t_0 (D_\rho \times f \times \tan\alpha_\rho)^{1/2} \tag{18-29}$$

算例：

已知：$t_0 = 20\text{mm}$；$f = 1\text{mm/r}$；$D_\rho = 310\text{mm}$；$\alpha_\rho = 25°$；$\sigma_m = 500\text{MPa}$；$m = 3$。

求解三向旋压分力如下：

$$F_T = 3.3\text{kN}$$

$$F_R = 148.8\text{kN}$$

$$F_L = 69.4\text{kN}$$

计算结果 $F_R > F_L > F_T$。

18.3 旋压设备

18.3.1 特点

旋压设备包括旋压机和装备。旋压机要完成旋转和进给两项主要动作，其特点如下：

（1）旋轮座具有足够的径向和轴向拖动力，以克服较大的径向和轴向旋压分力。可采用2~3个旋轮同时工作，以平衡径向旋压分力。

（2）主轴具有足够的传动功率，采用重型滚动轴承，以承受高转速下的扭矩、旋压力和尾顶力。

（3）床身、主轴箱、尾座、旋轮座具有足够的刚度，减少机床的弹性变形和振动。

（4）尾座具有足够的压紧力，要防止坯料相对芯模转动，提高机床转动部分的系统刚性。

（5）机床的电气、液压数控系统，以及仿形和同步系统保证各项动作的完成。

旋压机主要有普通旋压机和强力旋压机，并有立式、卧式之分。按旋轮数量又有单、双、三旋轮旋压机。按产品形状又分为筒形件旋压机和异形件旋压机。

普通旋压机能够进行多道次单向进给，最好是双向往复进给。设置防止失稳的反推装置，在高转速、大进给下能保持工作平稳性。

筒形件旋压机立式与卧式特点各异，立式旋压机的芯模与旋轮容易对中，芯模自重不影响挠度，工装模具吊装方便。卧式旋压机芯模与旋轮对中虽不及立式，但采取一定措施可旋压超长管材。

精密异形件剪切旋压机，要能保持恒线速度和恒进给率。在旋制高精度曲母线工件时，旋轮安装角要能随工件型面曲线的变化而自动调整，以保证变形的稳定性。

18.3.2 结构

旋压机基本系统组成包括机械、液压、电控、数控、加热和冷却六个系统。机械结构包括床身、主轴箱、尾座、旋轮架四个基本部分。液压系统包括液压马达、液压仿形，进给机构调整及尾座的调压及泄压保险等。

18.3.2.1 机械结构

床身是旋压机重要受力部件，多采用米字形加强筋，以增加其抗拉、抗压、抗扭的能力。加强筋的尺寸和分布可采用模拟试验确定。

主轴箱的主轴变速分为有级变速与无级变速两种，多数采用有级变速，无级变速范围小于有级变速。主轴箱和变速箱多为独立，有的卧式旋压机则将两者合在一起。主轴的作用是带动工件旋转，有的也兼作轴向进给之用。主轴重心应靠近径向轴承，止推轴承要靠近主轴前端。

旋轮座由滑座、导轨、控制装置等组成。旋轮座有鞍座式、框架式、转盘式和转臂式等。鞍座式旋轮座可调整环节多，适用多用途旋压机，其床身和旋轮座导轨需承受很大径向旋压分力和力矩，轨面磨损加剧。鞍座式旋轮座多用于异形件旋压。

框架式结构的旋轮座可以克服上述不足，由于旋轮均布于刚性框架之中，径向旋压分力得以平衡。当三旋轮非均布分布时，采用浮动式框架可改善径向旋压分力对导轨面的影响，因为旋轮框架与旋轮座纵滑块不是刚性连接，是通过垂直于机床轴线的滑动导轨相连。框架式旋轮座适用于筒形件变薄旋压。

转盘式结构的旋轮座与三爪卡盘相似。三个旋轮安装在三个旋轮座上，三旋轮径向进退依靠转盘控制斜角楔块的升降来实现。转盘式旋轮座多用于立式旋压机，可旋压薄壁高精度管材。

转臂式旋轮座结构是一个沿水平轴线摆动的转臂，转臂上装有旋轮驱动油缸。转臂的摆动由两个套筒形油缸驱动。转臂式旋轮座多用于瓶体收口及异形件旋压。

尾座承受很大的轴向力和倾倒力矩，其长度应不小于中心高的 1.5 倍。尾座移动油缸和顶紧油缸要分开，移动油缸在下层，顶紧油缸在上层。尾座锁紧要可靠，以防工件与芯模相对转动或甩出，尾座是卧式旋压机的重要组成部分。

18.3.2.2 控制系统

控制系统包括液压、数控等。液压系统由油箱、泵站、管路和阀体组成。拖动油缸的供油路应分开，可避免工作的各油缸相互干扰。

调速宜采用回油路节流方式，回油腔形成背压起阻尼作用，使运动平稳。

旋轮座纵、横油缸供油可采用正弦分配器合理匹配纵、横油缸的供油量，使纵、横油泵相互补充，合理利用。

双旋轮同步液压控制包括纯液控和电液随动控制，两者均有压力同步和速度同步之分。压力同步结构简单，能自动进入位置同步。不足点为灵敏度低，受摩擦力的影响大。速度同步是依靠速度差信号调节，使之同步。速度同步与摩擦阻力无关，适应性广，灵敏度高，但系统复杂。

近年运用先进的设计方法，采用先进的数控模块和液压伺服模块取代了液压仿形控制系统，选用优质元器件，实现了旋压机的升级换代。

18.3.3 设备类型

国内旋压机有 PX 型普通旋压机和 SY 型卧式强力旋压机，见表 18-3。根据旋压件尺寸规格的不同，对旋压机具有特殊功能的要求，例如 PD 和 VPS 系列皮带轮专用旋压机，300kN 带轮专用旋压机技术参数和加工范围见表 18-4。

表 18-3 典型旋压机技术参数

型 号	结 构	控制方式	中心高/mm	吨位/kN	转速/$r \cdot min^{-1}$	重量/t
PX-1	单轮卧式	液压仿形	350	20	200~1120	
SY-2	单轮卧式	液压仿形	600	40	16~630	8
SY-2A	单轮卧式	液压仿形	600	40	16~630	11
SY-3	双轮卧式	液压仿形	630	200	16~630	35
SY-4	双轮卧式	液压仿形	400	200	63~400	30
SY-5	三轮卧式	液压仿形		150	100~300	28
SY-6	双轮卧式	液压仿形	750	400	16~400	125
SY-7	单轮卧式	示教录返	250	30	100~300	5
SY-8	单轮卧式	CNC	600	150	0~800	10
SY-10	双轮卧式	CNC	600	500	10~500	130
SY-11	三轮卧式	CNC	700	600	20~200	140
SY-12	三轮卧式	CNC	1030	300	80~300	50
SY-14	三轮卧式	CNC	500	160	80~700	36
PDZ-2	双轮卧式	PLC		250	140	4

注：北京航空工程研究所研制。

表 18-4 带轮旋压机技术参数与加工范围

技术参数	数 值	技术参数	数 值
垂直缸压力/kN	300	油泵站功率/kN	5.5
旋轮压力/kN	100	主轴转速/rpm	100~500
主电机功率/kN	15	主机净重/kg	~4000
加 工 范 围			
皮带轮型式	槽 数	直径/mm	板厚/mm
折叠式	单 槽	60~250	1.0~2.5
折叠式	双 槽	100~250	1.5~2.0
折叠式	三 槽	120~250	1.5~2.0
滚压式	齿型带轮	100~250	2.5~3.0

注：北京航空航天大学研制。

大型封头无模普通旋压机取代冲压机，封头旋压机有一步法和两步法之分，一步法W83K型系列封头旋压机加工范围见表18-5；两步法WT型封头旋压机加工范围见表18-6。多用途旋压机技术参数和加工范围见表18-7、表18-8。

表 18-5 封头一步法旋压机技术参数

W83K 型	800×8	1600×14	2400×20	3200×25	5000×30	5200×30
驱动功率/kW	4/5.5	16/22	75	75/100	100/130	100/130
最大直径/mm	1000	1900	3000	4000	6000	6000
最大板厚/mm	5/8	10/14	12/20	14/25	18/30	18/30

注：黑龙江旋压技术研究所研制。

表 18-6 封头两步法旋压机加工范围（mm）

型 号	WT4500-26	FX5200-32	WT6500-32	WT6800-32	WT7500-32	WT8000-35	WT10M-35
最大直径	4500	5200	6500	6800	7500	8000	10000
最大板厚	26	32	32	32	32	35	35

注：哈尔滨工业大学研制。

表 18-7 多用途旋压机技术参数

型 号	中心高/mm	旋压力/kN	行程/mm	主机/kW	直径/mm	台 数
XY-150	250	约 30	400~150	11	300	3
XYS6-340	320	约 60	340~160	15	360	1
QX63-450	500	约 300	1200~250	75	500	3
PX-600	600	约 60	500~400	17	1000	6
PRX-450	450	约 30	400~250	11	600	1
QX62-90	320	约 70	500~160	15	360	2
QX62-250	600	约 200	2200~260	55	560	1
QX62-350	600	约 350	1000~370	75	700	2
XK-690	690	约 130	1100~260	30	1100	1
PNC-690	690	约 130	1100~260	30	1100	1
XK-300	600	约 300	1000~280	75	1000	1

注：长春第五研究所研制。

表 18-8 多用途旋压机技术参数与加工范围

名 称	加工范围/mm	主要技术参数	备 注
QX-1 三旋轮立式旋压机	最大外径 ϕ240，最小内径 ϕ40，壁厚 0.35~7	主机功率 40kW，最大旋压力 150kN	筒形件冷旋
QX-2 三旋轮立式旋压机	最大外径 ϕ1800，长度 4000，壁厚 1.0~80	主机功率 120kW，最大旋压力 800kN	筒形件与锥形件冷旋与热旋
QX-3 三旋轮卧式旋压机	异形件最大外径 1500，筒形件 ϕ600×500	主机功率 75kW，最大旋压力 600kN	筒形件与异形件普旋、冷旋、热旋
QX-20 三旋轮卧式旋压机	筒形件最大外径 ϕ300×300，壁厚 0.5~20	主机功率 75kW，最大旋压力 200kN	筒形件冷旋与热旋
APED-300 单轮旋压机	ϕ600 薄壁，球、锥形和筒形件	德国 Leifild 公司	筒形件与异形件普旋、冷旋、热旋

注：北京有色金属研究总院研制。

W83K 型系列封头旋压机，三轮卧式旋压机，带轮旋压机，卧式内旋压机示意图见图 18-29。

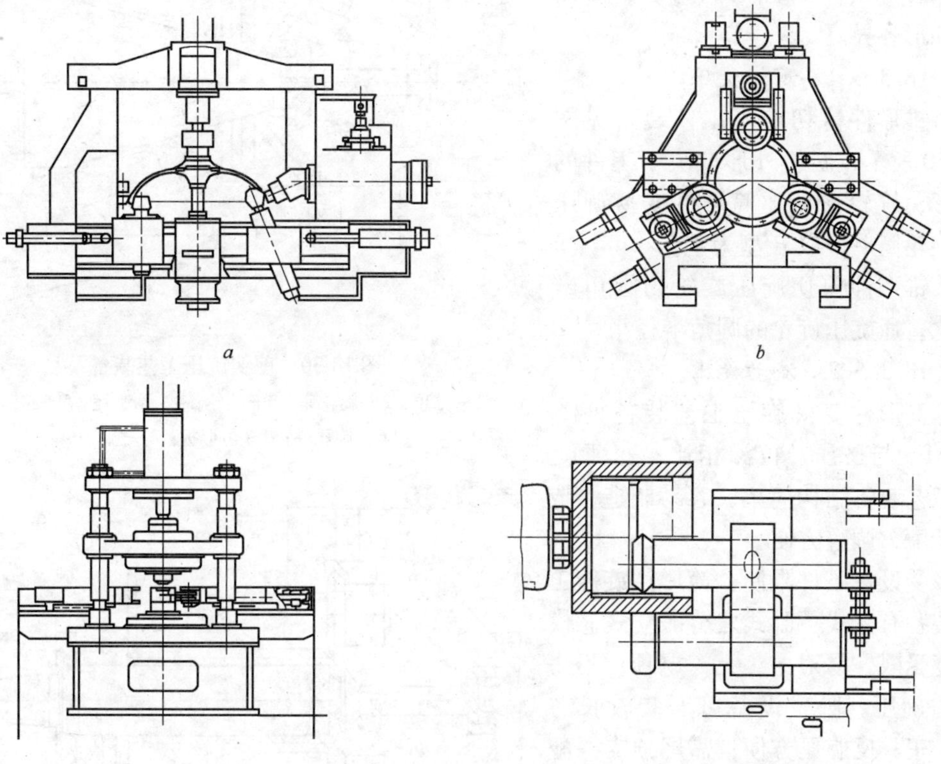

图 18-29 旋压机示意图

a—封头旋压机；*b*—三轮卧式旋压机；*c*—带轮旋压机；*d*—卧式内旋压机

18.3.4 设备规模

旋压机的旋压制品规模与精度是设备水平高低的标志之一。美国赫福特旋压机变薄旋压筒形件规格为 $\phi3048\text{mm} \times L3600\text{mm}$，其壁厚精度是 ±0.062mm。HUFFORD-60 型立式旋压机旋制 $\phi1524\text{mm} \times L1524\text{mm}$ 筒形件，壁厚精度是 ±0.02mm。德国来菲尔德 ST56-75 旋压机旋制 $\phi500\text{mm} \times t1\text{mm} \times L2000\text{mm}$ 筒形件，壁厚精度为 ±0.01mm。

国内三梁四柱立旋机，芯模浮动绞连接，旋轮盘式进给结构，旋压薄壁高精度管材，其壁厚精度达到 0.01mm，与日本同类产品精度相当。

国内旋压机最大旋压力可达约 800kN，旋压最大直径 $\phi2000$mm，最长筒形件为 4000mm；旋压圆筒展开可成形 3500mm × 3500mm 的宽板。立式旋压机可加热旋压铝合金最大坯厚近 100mm，卧式旋压机可旋压高强度钢坯厚 30mm。旋压封头最大直径可达 $\phi8000 \sim 10000$mm，坯料壁厚大于 30mm。

18.3.5 装备

旋压装备包括旋压工具、旋压模、尾顶装置、模板装置、切割装置、加热装置及辅助装置等。普通旋压与强力旋压因变形程度不同，旋轮装置有所区别；筒形件与异形件因形状差异，旋压模外形各异。

18.3.5.1 剪切旋压

锥形件剪切旋压工艺装备见图18-30所示，芯模外形取决于工件的内形，旋轮形状比筒形件变薄旋压的旋轮简单，以R型为主。

锥形件剪切旋压旋轮的圆角半径比普通旋压旋轮的圆角半径小。

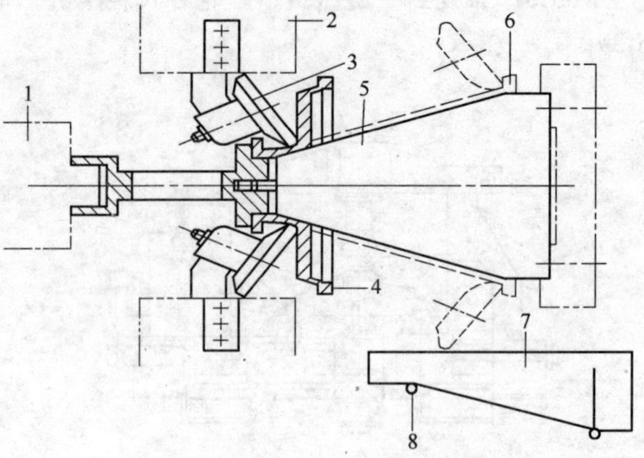

图18-30 剪切旋压工艺装备

1—尾顶；2—旋轮座；3—旋轮；4—预制坯；5—芯模；6—旋压件；7—仿形板；8—触头

18.3.5.2 流动旋压

筒形件变薄旋压工艺装备见图18-31。与挤压、拉深相比，变薄旋压工艺装备结构简单，容易制造，成本低廉，调整方便。

受设备条件限制，筒形件旋压工艺装备有立式、卧式之分。立式芯模长度受限，易对中，无需尾顶，不易正向旋压。卧式设备可安装较长芯模，正、反旋压方便，需尾顶支撑配合。

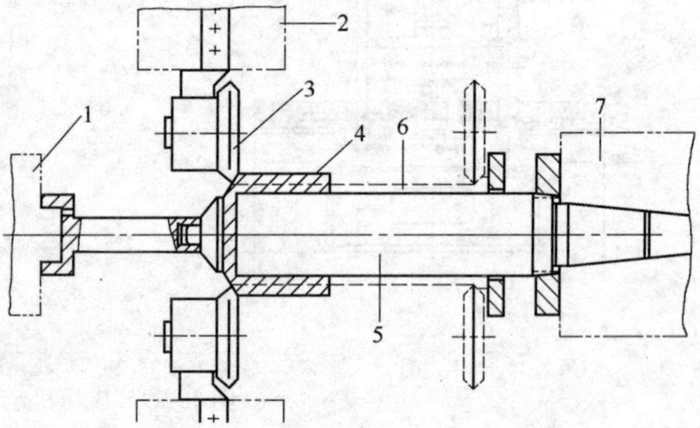

图18-31 变薄旋压用工艺装备

1—尾顶；2—旋轮座；3—旋轮；4—预制坯；5—芯模；6—旋压件；7—机床主轴箱

18.3.5.3 芯模

芯模包括工作部分，与机床连接配合部分，坯料定位及压紧部分。组合模制造复杂，装拆不便。分瓣组合模用于母线中部凸凹的轻型件，分段组合模用于母线中部凹陷的工件。

旋压芯模工作部分应含名义段和支撑段，支撑段用于卧式旋压无尾顶时。旋压模顶端圆角半径取（0.5～1.0）t_0，并有便于装坯料的锥角。旋压芯模空载径向跳动应不大于0.01～0.10mm。工件成形时，芯模与坯料内表面接触产生轴向滑动摩擦，芯模工作表面宜精磨光滑，以减少轴向摩擦。

强力旋压芯模有效工作段较简单，其硬度、尺寸精度及表面粗糙度则要求高。

普通旋压芯模硬度和尺寸精度要求不及强力旋压芯模，有些芯模形状比强力旋压芯模复杂。

芯模要承受旋压力、尾顶力以及弯矩和扭矩，因此应具有足够的强度、刚度和硬度。

筒形件旋压芯模实例见图18-32。

旋压芯模包括整体模、偏心局部模、内旋局部模、随动局部模、分瓣旋压模及分段旋压模等。不同种类旋压芯模见图18-33。

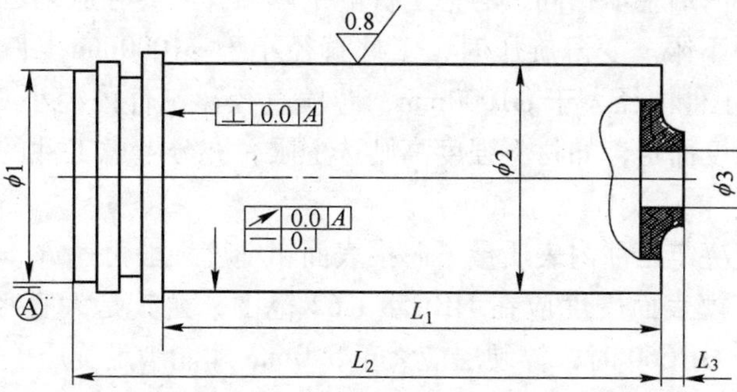

图 18-32 大直径旋压芯模

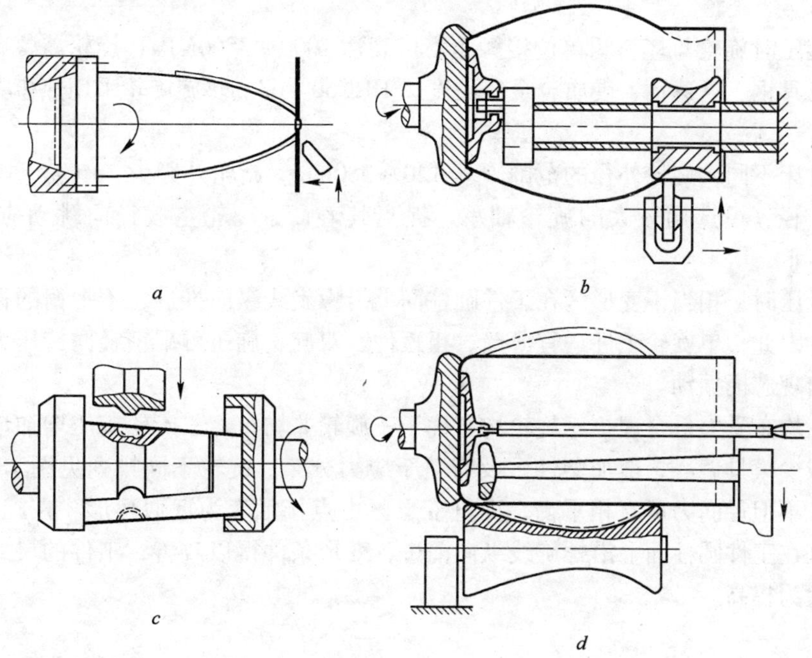

图 18-33 旋压芯模

a—整体芯模；*b*—偏心模；*c*—局部模；*d*—外芯模

旋压芯模分类如下：

- 旋压模
  - 局部模
    - 随动式
    - 定位式
      - 模具偏心
      - 坯料偏心
      - 内　旋
  - 整体模
  - 组合模
    - 分瓣式
    - 分段式
  - 空气模

芯模外形与工件内形基本相同，考虑工件的壁厚回弹和直径胀缩，芯模直径尺寸可参考工件内径公差的中下限。变薄旋压时，工件直径小于 $\phi1000$mm，芯模直径可比工件内径小 0.2 ~ 0.5mm；工件内径大于 $\phi1000$mm，芯模直径比工件内径小 0.5 ~ 0.8mm。具体数值要视旋压材料强度而定，如材料强度高则选上限，充分考虑工件的回弹量，反之选下限。

芯模表面粗糙度决定工件内表质量，芯模表面粗糙度一般可达 $R_a = 0.8\mu m$。高强度钢工件旋压成形时，芯模表面硬度应在 HRC58 ~ 62 范围，尤其是大直径薄壁筒形件旋压，芯模表面硬度不小于 HRC60 时，淬硬层应大于 5.0mm 才能满足旋压工艺要求。

大直径筒体变薄旋压时，芯模设计为空心，壁厚为 80 ~ 150mm 之间。旋压强度低的铝合金材料，芯模可采用铸造成形。旋压高强度金属材料，芯模需锻造成形。此时，冷旋芯模表面硬度需大于 HRC55，以保证旋压筒体内表高质量。

18.3.5.4 旋轮

管材旋压时旋轮与坯料间单位接触压力可高达 1000 ~ 3500MPa，旋轮需整体淬硬。常用材料为工具钢、高速钢、硬质合金，硬度达 HRC60 ~ 63。热旋旋轮采用热模具钢硬度大于 HRC55。

根据机床不同，旋轮外径的范围 $D_\rho = 120 \sim 380$mm。旋轮外径大，有助于限制坯料横向流动及扩径，可选用较大的旋轮轴承，提高其寿命。旋轮空载径向跳动应在 0.01 ~ 0.02mm 之间。

单轮旋压时，相当于变形区在工件圆柱面上沿螺旋线纵向推进，不平衡的径向力影响工件精度。因此，单旋轮工件适宜薄壁、粗短件。双旋轮旋压可平衡径向旋压力，但是细长件仍易出现芯模振动。

三旋轮均布受力最合理，三旋轮均布优于三旋轮非均布。三旋轮旋压增加坯料夹紧的可靠性，减少模具偏心，增加塑性区及有益于应力分布。旋轮不同排列见图 18-34。三旋轮旋压时，不但径向力可互相平衡，而且变形区由点接触变为近似环形。在旋压成形时，环形变形区在工件圆柱面上沿螺旋线纵向前进，变形条件得以改善，工件的尺寸、形状及表面精度大为提高。

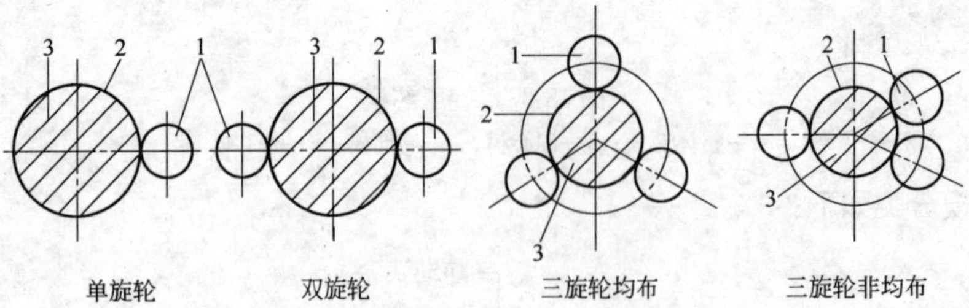

图 18-34 旋轮分布示意图
1—旋轮；2—工件；3—芯模

旋轮工作部分外形如图 18-35 所示。R 型旋轮用于旋压延性好的材料以及筒形件。α 型和 h-α 型能避免旋轮前形成的隆起与堆积。成形角 α_ρ 过小易扩径，过大易失稳隆起，常选择的范围是 15° ~ 30°。圆角半径 $r_\rho \approx (0.5 \sim 1.5)\ t_0$，硬材料取小值。

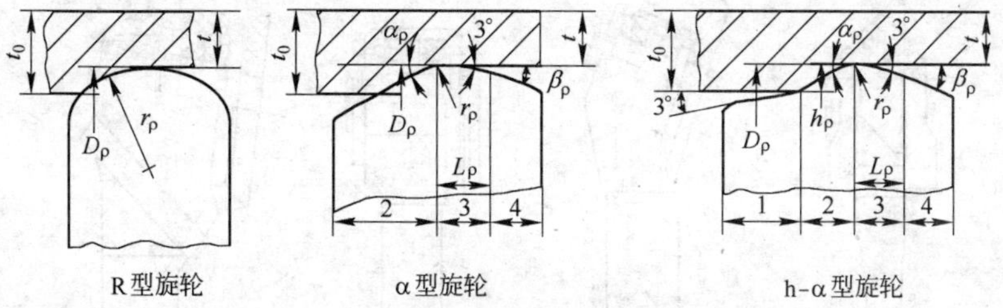

图 18-35 旋轮工作部分外形

错距旋压通常是在均布三旋轮旋压时，旋轮相互间沿径向和轴向错开一定距离而成形零件的方法。错距旋压通常可以在一道次中完成几道次才能完成的工作，使工效成倍提高，并可提高工件直径精度，但总旋压力和主轴功率则相应增大。

错距旋压有两种形式，一是径向错距，二是轴向错距，见图 18-36。多数错距旋压两种形式同时采用。120°均匀分布的三个旋轮错距旋压时，1、2、3 三个旋轮径向错开一定距离，轴向也错开一定距离，三个旋轮错距后相当于一道工序完成了三道工序的压下量。三个旋轮错距旋压不但可以保持径向力的平衡，而且可利用三个旋轮错距量的互相搭配创造一个良好的变形区，从而提高变形量和工件的尺寸精度。

采用错距旋压道次变形率大、工序少、效率高、工艺流程短。错距旋压工件的尺寸、形状、表面质量明显提高。

错距旋压过程在均布三旋轮旋压机上已获得广泛应用，在双旋轮旋压机上也可采用。坯料起旋处应预制与多旋轮工作相应的台阶。径向压下量的分配要使各旋轮受力大体相当。旋轮型面参数取：$r_{\rho1} \geqslant r_{\rho2} \geqslant r_{\rho3}$。

按 1、2、3 先后顺序排列的旋轮号，错距量尽量小，但不使后轮成形面越过前轮，如图 18-37 所示。

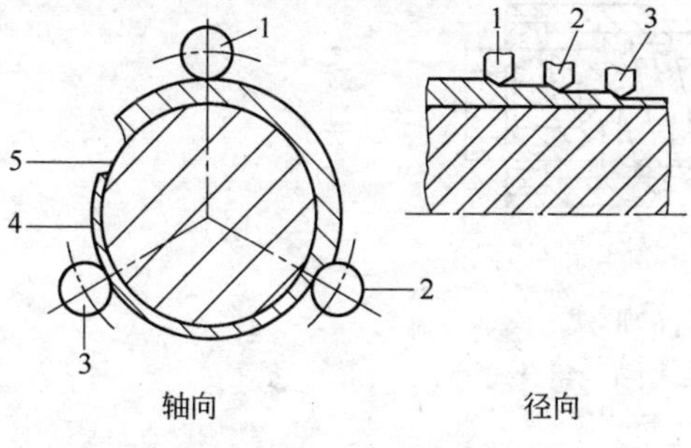

图 18-36 错距旋压

1～3—旋轮；4—工件；5—芯模

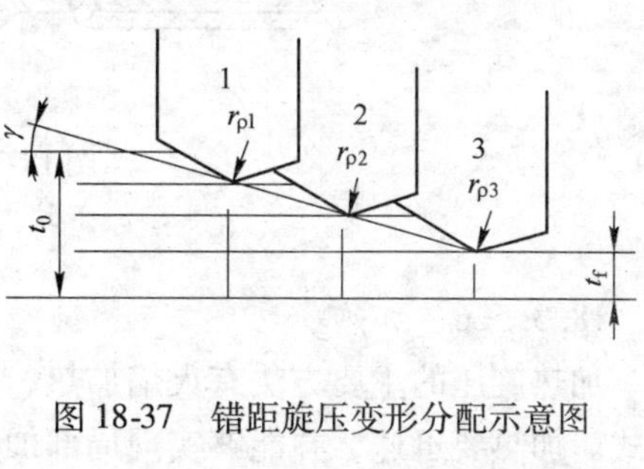

图 18-37 错距旋压变形分配示意图

旋轮装置由旋轮、旋轮架、轴承等部分组成，有些旋压机的后两部分已构成机床本体的一部分。根据不同工件的要求，可设计一些专用的旋轮装置和旋轮。

旋轮架安装在旋轮座上并将机床作用力传递到旋轮上，使工件产生塑性变形。旋轮架有单臂式和叉式之分，单臂式便于更换旋轮，叉式刚性较强。旋轮架又有整体式和组合式区别，其设计应考虑不得与工件、尾顶发生干涉，材料可选用碳素结构钢。不同结构形式旋轮装置见图 18-38。

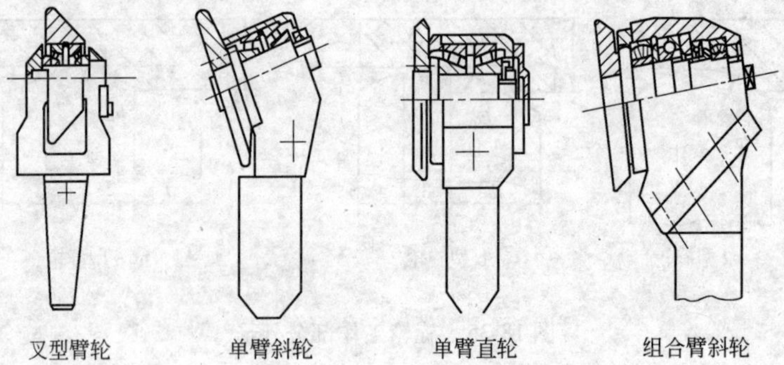

图 18-38 不同结构形式的旋轮装置

18.3.5.5 尾顶

尾顶装置使芯模多一支点，增加系统刚性。正旋时夹紧坯料防止其与芯模相对转动。尾顶装置的材料可采用铸铁或碳钢。典型尾顶见图 18-39。

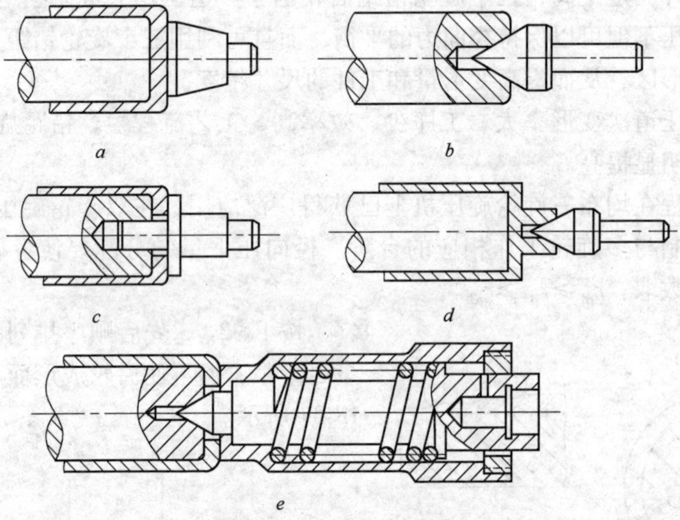

图 18-39 尾顶装置的形式

a，*c*—顶块式；*b*，*d*—顶尖式；*e*—组合式

18.3.5.6 加热

加热旋压的主要方法有火焰加热、电阻加热、高频和中频大电流加热以及辐射加热等形式。加热要迅速，并能够实现局部加热或大面积均匀加热。在机床上加热坯料便于在热旋过程中有效调节和控制旋压所需的温度。

大直径厚壁铝筒用液化石油气火焰加热旋压，成形效果很好，选择高质量柴油加热，其加热温度约达 500℃。在热旋高强度合金时，可采用氧乙炔火焰加热，工件加热温度可达 700 ~ 800℃。

热旋高强钛合金可采用液化石油气预热芯模和坯料，用氧乙炔火焰加热旋压，前者大面积保温，后者短时升温，适合热旋开坯。

测温可采用红外测温仪，还可设置具有测温、反馈、调节、控温功能的自动温度控制系统。

加热旋压时，对机床、旋轮和芯模的轴承要备有热防护措施以及冷却系统，轴承要用高温油润滑，保证润滑效果。

18.4　旋压工艺

18.4.1　异形旋压

18.4.1.1　坯料与锥角

锥形件剪切旋压有三种典型形式，一是等壁厚坯料旋压等壁厚工件；二是等壁厚板坯旋压变壁厚工件；三是变壁厚坯料旋压等壁厚工件。锥形件剪切旋压坯料与锥角的关系见图18-40。

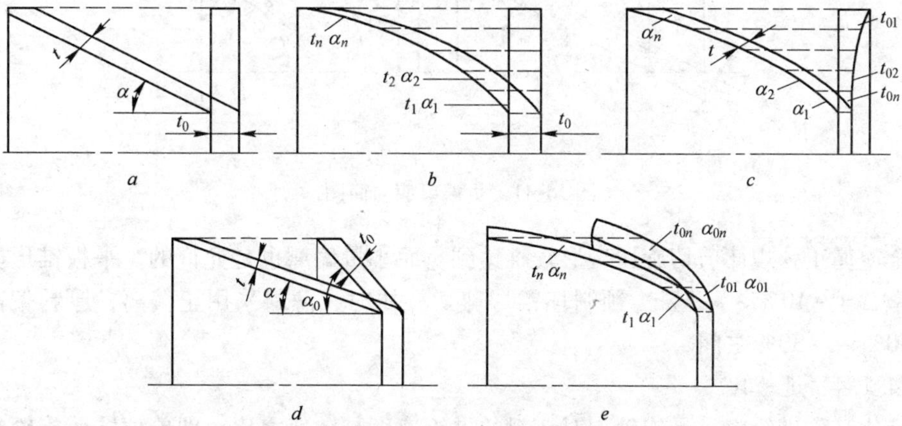

图18-40　锥形变薄旋压坯料与工件

a—等厚板坯与工件；*b*—等厚板坯与变厚工件；*c*—变厚板坯与等厚工件；*d*、*e*—等厚预制坯与工件

图18-40中的 *a* 与 *d* 按正弦规律公式，即按式18-2计算坯料与锥角；其余均将坯料与工件沿径向等分，一一对应计算。分段数量要充足，计算时以工件及坯料内径为准，算出各段平均锥角与壁厚，然后叠加，见图18-40中的 *b*、*c*、*e*。

图18-40*b*、*c* 与 *e* 可分段按下式计算

$$b：t_1 = t_0\sin\alpha_1,\ t_2 = t_0\sin\alpha_2,\cdots,\ t_n = t_0\sin\alpha_n$$

$$c：t = t_{01}\sin\alpha_1,\ t = t_{02}\sin\alpha_2,\cdots,\ t = t_{0n}\sin\alpha_n$$

$$e：t_1/\sin\alpha_1 = t_0/\sin\alpha_{01},\ t_2/\sin\alpha_2 = t_0/\sin\alpha_{02},\ \cdots,\ t_n/\sin\alpha_n = t_0/\sin\alpha_{0n}$$

18.4.1.2　减薄率与道次

锥形件剪切旋压减薄率的计算式为式18-4，即 $\psi_t = (t_0 - t_f)/t_0$。

此时，板坯旋压时 $\psi_t = 1 - \sin\alpha$；预制坯旋压时 $\psi_t = 1 - \sin\alpha/\sin\alpha_0$。

不同材料一道次旋压的极限减薄率不同状态可旋性差别较大。小锥角工件剪切旋压后期道次的变形规律接近筒形变薄旋压，应采用较小的减薄率。经多道次旋压可获得小到

3°~4°半锥角的工件。

18.4.1.3 壁厚偏离率

锥形剪切旋压时，壁厚偏离率为工件实际壁厚 t_f 对理论壁厚 t_t 的偏差程度，即 $\Delta_t = (t_f - t_t)/t_f$。它包括 $\Delta_t = 0$ 时零偏离（正弦率旋压），$\Delta_t > 0$ 的正偏离和 $\Delta_t < 0$ 的负偏离三种情况。

$\Delta_t > 0$，实际壁厚大于理论值为正偏离，有附加拉深变形，工件精度及材料可旋性降低，法兰边易起皱；反之，$\Delta_t < 0$，为负偏离，有附加轧压变形，旋压力急增，材料可旋性改善，旋轮前易堆积。剪切旋压变形偏离正弦率时法兰边易倾斜。负偏离时工件壁厚小于正弦率计算值，变形区出现周向拉应力、径向压应力，见图 18-41。

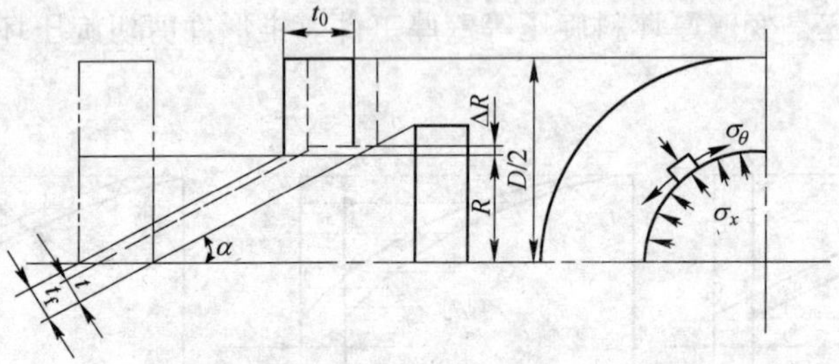

图 18-41 负偏离应力简图

完全遵循正弦规律剪切旋压变形较难达到，而小量偏离也是允许的。平板锥形剪切旋压偏离率 $\Delta = -10\% \sim +5\%$。预制坯锥形剪切旋压时，薄料采用正偏离，厚料偏离率 Δ 可在 $-30\% \sim +30\%$ 之间。

18.4.1.4 进给比

进给比又称进给率，是旋轮相对坯料的进给速度与转速之比，即单位转速旋轮的进给量 f，公式如下：

$$f = v/N \tag{18-30}$$

式中 v——旋轮沿工件母线进给速度；

N——主轴转速（工件转速）。

f 大则工效高，应以旋压力、表面粗糙度值不过大为限。常以 $f = (0.1 \sim 1.5)n$ 为选择参考。n 为旋轮个数，壁厚和旋轮圆角半径大时 f 取大值。

主轴转速 N 大则功效高，以不产生振动、旋压变形热量不过大为限。常用圆周速度 $v_\theta = 50 \sim 300\text{m/min}$ 为参考。当坯料厚，硬度大，直径小时 v_θ 取小值。

采用恒线速和恒进给比可以改善工件表面粗糙度和尺寸精度。

18.4.1.5 旋轮参数

旋轮顶端圆角半径 r_ρ 小则旋压力小，工件贴模度好，以不形成黏附，表面粗糙度值不过大为限，通常可在 $r_\rho = (1 \sim 4)t_0$ 范围内选择。锥形变薄旋压时的旋轮圆角半径见表 18-9。

将 2~3 个形状、尺寸相同的旋轮配置在同一截面内工作，可以减少芯模的弯曲与振动。采用 2 个圆角半径不同的旋轮，使二者保持一定的错距量，以圆角半径小的旋轮为精旋轮，减少旋轮与坯件的接触面积，可降低旋压力，提高尺寸精度和改善综合质量。

表 18-9 锥形变薄旋压旋轮圆角半径（mm）

坯料壁厚 t_0	减薄率			坯料壁厚 t_0	减薄率		
	30%	50%	70%		30%	50%	70%
1 ~ 2	2 ~ 4	3 ~ 5	3 ~ 6	10 ~ 15	10 ~ 15	15 ~ 25	18 ~ 30
2 ~ 6	3 ~ 8	4 ~ 10	4 ~ 12	15 ~ 20	15 ~ 20	20 ~ 30	25 ~ 40
6 ~ 10	6 ~ 12	8 ~ 15	10 ~ 18	20 ~ 30	20 ~ 30	25 ~ 45	40 ~ 60

18.4.2 筒形旋压

18.4.2.1 旋压坯料

筒形件旋压坯料要有较高的尺寸精度，坯料内径与芯模配合的间隙值应以变形时金属塑流稳定为目的。如坯料与芯模直径的间隙小，则有利于对中。为了便于装模，中小件的直径间隙为 0.1 ~ 0.2mm，大件则达 0.3 ~ 0.6mm 之间。坯料筒壁壁厚差应不大于 0.1 ~ 0.2mm，直线度误差应不大于 0.05 ~ 0.10mm。粗糙度一般为 R_a = 3.2 ~ 6.4μm 为宜。常见筒形旋压件坯料内径与芯模的直径间隙见表 18-10。

表 18-10 坯料内径与芯模的直径间隙

坯料内径/mm	<100	100 ~ 200	200 ~ 400	400 ~ 700	700 ~ 1200	>1200
间隙小于坯料内径/%	0.25	0.2	0.15	0.1	0.08	0.06

变薄旋压坯料尺寸计算原则依据体积不变规律。变薄旋压时，坯料内径与工件内径大致相同，坯料与工件尺寸应符合式 18-1。

对于壁厚变化的筒形件，坯料体积的计算应逐段求出工件的体积后，进行叠加。也可进行简化由纵向截面积叠加，求出坯料尺寸。筒形件变薄旋压的坯料为管坯，其壁厚大则长度短，机械加工方便；要以旋压力不过大，中间热处理道次不过多为宜。

管坯的质量要求包括管坯的内外表面应光滑，不得有裂纹、擦伤、起皮等缺陷存在。

管坯的显微组织不得有过烧。微观组织不得有夹层、缩尾、气泡、气孔等。

厚壁坯料起旋处形状应与旋轮工作部分形状相吻合。坯料带厚底时，起旋处宜越过底部，见图 18-42。在首道次旋压时，终旋点位置应距坯料尾端（1.5 ~ 6）t_0 以上，随后道次则宜距前一道次终点 1 ~ 3mm 以上。

带厚法兰的筒形件，在法兰与旋压段之间要设卸荷段；运动段不小于 3 ~ 8mm，非运动段不小于 2 ~ 3mm。见图 18-43。

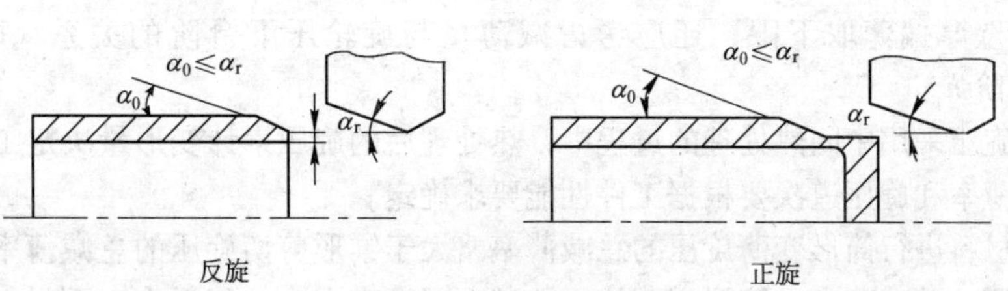

图 18-42 起旋示意图

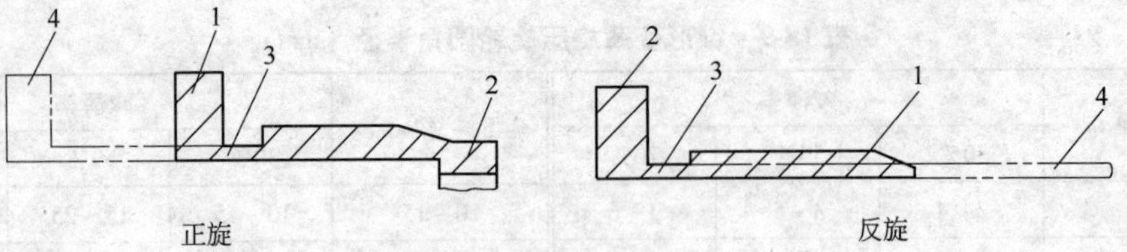

图 18-43　终旋卸荷段

1—坯料运动端点；2—坯料非动端点；3—卸荷槽；4—工件

18.4.2.2　正、反旋压

正旋压适用面较宽，旋压力较小，直径精度优于反旋压。反旋压的芯模及行程较短，其应用限于不带底的工件。

对于不带底的筒形件也可以采用正旋压，但需增加适当工装，详见图 18-44。

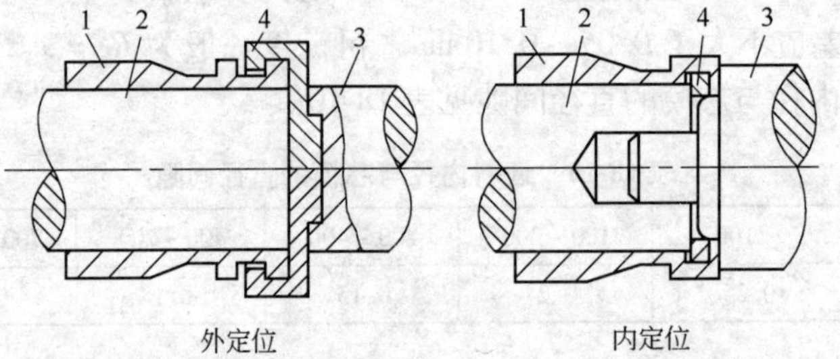

图 18-44　不带底正旋压

1—坯料；2—芯模；3—尾顶；4—定位环

18.4.2.3　减薄率与道次

变薄旋压减薄率反映工件的变形程度，计算公式与异形件旋压中式 18-4 相同，即 $\psi_{tn} = (t_{n-1} - t_n)/t_{n-1}\%$，$\psi_{tn}$ 为工件的道次减薄率；$\psi_t = (t_0 - t_f)/t_0\%$，$\psi_t$ 为工件的总减薄率。

变薄旋压道次减薄率对工件内径的胀缩量及尺寸精度的影响较大，在总减薄率确定后，根据工艺条件和工件尺寸精度要求，分成若干道次进行变薄旋压。道次减薄率过大会造成工件塑性流动失稳堆积，表面易出现起皮。道次减薄率过小会引起工件厚度变形不均，工件内壁变形不充分而出现裂纹。通常道次变薄率 20% ~30% 为最佳选择范围。旋压道次减薄率主要以工件壁厚为选择依据，为使壁厚变形均匀，壁厚偏厚取上限，壁厚偏薄取下限；还应考虑减薄量与旋轮压下台阶的关系，即减薄量 Δt 小于压下台阶 h_ρ。

多道次旋压采用中间热处理的过程中，热处理后的旋压累计变形量决定工件的综合性能，旋压减薄率和旋压道次要根据工件性能要求确定。

同一种材料进行筒形变薄旋压的总减薄率略大于锥形剪切旋压的总减薄率，并远大于球形剪切旋压的总减薄率。筒形变薄旋压的道次减薄率太小，坯料内表面材料不流动，并产生分层。一道次减薄率的理论值计算如下：

$$\psi_{\text{topt}} = \frac{2\sin\alpha}{1+2\sin\alpha}\left(1-\frac{f}{4t_0\cos\alpha}\right) \tag{18-31}$$

式中 α——旋轮工作角，(°)。

多道次旋压时的总减薄率大于一道次旋压的极限减薄率，一般可达 75%，个别达 90%。当总减薄率不超过极限值时，通常不加中间退火。

18.4.2.4 进给率与转速

进给率为芯模每转一圈（一周）旋轮沿工件母线的进给量，其表达式见式 18-22。

变薄旋压时，进给率对工件直径的胀缩和工件质量均有影响。进给率适量大有助于缩径，小进给率易扩径，但表面质量较好。过大的进给率易造成旋轮前材料的堆积和起皮。

筒形件变薄旋压的进给率在 0.5 ~ 3.0mm/r 的范围选取，常用的进给率是 0.5 ~ 1.5mm/r。在多道次变薄旋压厚壁管坯时，前期道次受设备能力限制，进给率不宜很大；进给率小易造成工件有一定的扩径量，在随后的道次进给率增加可以减径，提高工件尺寸精度。

在有中间热处理的施压过程中，热处理后的进给率是控制工件直径，获取高精度旋压件的重要工艺因素。成品前的旋压道次采用大的进给率，使工件贴模。在成品旋压时道次进给率较小使工件略为扩径，有助于脱模和提高表面质量。

在旋轮轴向进给速度一定时，转速高则进给率下降，转速低则进给率上升。转速过高易引起机床振动，变形热量增加，需要增大冷却。转速过低，为保持一定的进给率需用低进给速度配合，机床易出现爬行。

进给率是最活跃的工艺参数，与变薄率、旋轮结构参数关系密切，是控制工件直径与壁厚的关键参数。一定范围调整进给比可有效控制壁厚尺寸精度。例如在一定工艺条件下，进给比为 1.0mm/r，壁厚为公差上限，进给比降低为 0.8mm/r，其壁厚将减小 0.03 ~ 0.05mm，进入壁厚公差中下限。

为有效控制工件直径，常以工件贴模保证尺寸精度为原则，当旋轮工作角不同时，进给比要相应变化。例如在相同变薄率时，旋轮工作角 25°，其进给比 2.5mm/r，直径尺寸控制良好。旋轮工作角 30°时，进给比选 1.5mm/r，可以收到相同效果。

18.4.2.5 举例

纯钛强度低，塑性好，可以在室温条件下变薄旋压成形。在选择 TA2 板材卷焊管坯变薄旋压时发现，基体累计减薄率为 60%，成形较好；纵缝变薄率为 10% 时有裂纹出现。当选择 450℃ 加热变薄旋压时，累计减薄率约为 50%，纵焊缝铸态组织显著细化，其组织和性能与基体相当；当累计减薄率为 70% 时，纵焊缝仍有很好的可旋性。

钛合金屈强比高，变形抗力大，属于难加工材料，用其他方法成形钛合金结构件困难，采用热旋压成形效果良好。为了保证合金性能达到特定要求，一般在旋压后，对钛合金进行固溶和时效处理。

已用于旋压成形的钛合金有 TB2、Ti75、5523、TC4、Ti-15V-3Cr-3Sn-3Al 等。

钛合金 TB2 椭球封头在 700 ~ 800℃ 之间剪切旋压时，抗拉强度是室温的 1/10。TC3 的热旋温度与 TB2 相当。TC4 热旋温度高达 1050℃。

TB2 钛合金管材热旋累计减薄率 50%，三道次的扩径量约 0.50mm；冷旋累计减薄率 50%，两道次的扩径量约 1.0mm，冷旋扩径量明显大于热旋。

TB2 钛合金锻坯如晶粒较粗大，高温热旋不易细化组织，冷旋可充分细化组织，提高综合性能。旋压坯料的晶粒适量细化，可直接冷旋成形；旋压变形与热处理有机结合，可获取良好综合性能。

TA7 钛合金曲母段旋压成形工艺可以采用普旋预成形 + 强旋—第一次强旋成形—最终强旋成形，成形过程见图 18-45。

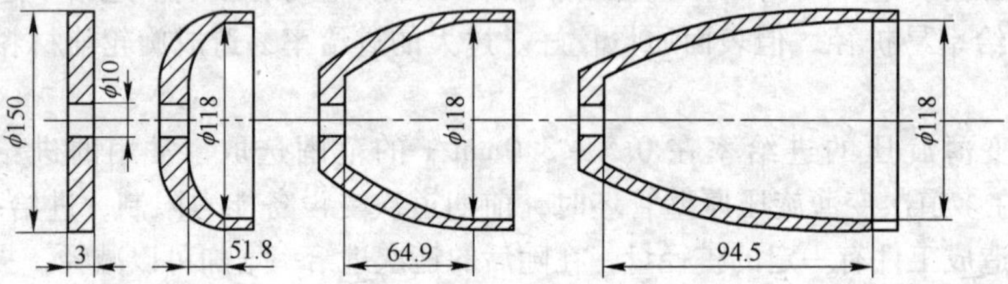

图 18-45 成形过程示意图

旋压加工钛合金产品规格很多，加工精度也逐步提高，不同钛合金热旋温度和变形率见表 18-11 所示。

表 18-11 不同钛合金热旋温度和变形率

合金牌号	热旋温度/℃	规格/mm	减薄率/%	备 注
TC3	600 ~ 750	φ307 × 1 × 400	60	筒体变薄旋压
TC3	700 ~ 800	φ522 × 1	50	半球旋压
TA2	450 ~ 500	φ1020 × 12 × 1130	50	卷焊坯旋压
TB2	700 ~ 850	φ280 × 2.8	72	封头剪旋
纯钛	约 700	φ513 × 5	10	封头普旋
TC4	800 ~ 900	φ100 × 1.3	78	管材变薄旋压

美国采用立式旋压机用于导弹的 φ1534mm 钛合金封头旋压，每个封头的旋压时间为 5min。钛合金喷管在 750 ~ 850℃ 可一道次旋压成形，壁厚加工精度可达 ±0.025mm。

参 考 文 献

1 陈适先，吕炎．锻压手册．北京：机械工业出版社，2006

2 陈适先，等．强力旋压工艺与设备．北京：国防工业出版社，1986

3 徐洪烈．强力旋压技术．北京：国防工业出版社，1984

4 王成和，等．旋压技术．北京：机械工业出版社，1986

5 赵云豪．中国材料工程大典（第 21 卷）：旋压（5）．北京：化学工业出版社，2006

6 李东平．中国材料工程大典（第 21 卷）：旋压成形（7）．北京：化学工业出版社，2006

19 钛材精整和矫直

19.1 精整和矫直

19.1.1 精整

钛经塑性加工后，为满足用户对钛材在表面质量、尺寸、外形和某些性能等方面的最终要求而进行的一系列作业，统称为精整。也就是说，加工后处理总过程即为精整。

从钛材加工时的工艺流程所见，不同的塑性加工工艺，钛材所需的精整工艺不完全相同；不同品种的钛材经加工后的精整工艺也不尽相同。实践中只能按照实际需要来设计工艺过程时的精整。

但是，一般情况下，精整应包括：热处理、表面净化、切断、矫直、检测、标志、包装等工序。对于线材和带材还应包括卷取和开卷剪切。为了扩大产品品种，也可将产品表面处理等纳入精整范围。下面将上述工序作简单介绍：

（1）热处理。为改善钛材的显微组织、残余应力状态和力学性能而进行的加热、冷却和保温的工序。有多种热处理方法，一般按用户的需要而进行。

（2）表面净化。经塑性加工后的钛材往往沾附有油，有的包裹有氧化皮，必须除油和除氧化皮。这些氧化皮黏附在钛材外表很牢，常需要按氧化皮不同的厚度采取不同的方法去除。有时需要采用碱洗加酸洗方能达到表面净化的目的。

（3）切断。钛塑性加工后按尺寸要求将产品切开的工序。此时可去掉产品两端或两侧不规则部分以获得所需要的尺寸。当钛材局部缺陷严重无法修补时，也应将缺陷部分切除。板带材常用剪切机剪切，管材用锯切机锯切。

（4）矫直。对钛塑性加工后出现形状缺陷进行矫正的工序。如钛板变瓢、钛管变弯或扭曲等形状缺陷均需要矫正，使它变成平直整齐的合格品。

（5）表面处理。由于钛材对缺口敏感，生产过程中的表面缺陷，如裂纹和吸气层等，应及时采用打磨等方法清除干净，以防变形过程中进一步加深。同时，为了使钛材表面着色、抗氧化、耐腐蚀、耐磨和表面活性的改善，有时需要进行表面处理。

（6）卷取。对于钛带和钛丝卷成卷的工序。这样为方便储存和运输，产品成卷供应。卷取是在卷取机上进行的。

（7）开卷剪切。将卷好卷的钛丝或钛带打开，经平整和剪切，切成用户需要的单张薄板、窄带或小钛丝卷的工序。

（8）检测。为保证产品符合标准或达到用户的要求，对销售前的成品进行尺寸、形状和表面缺陷的检查。检查出的缺陷再分别按情况采用补矫、修磨、切除或判废处理。同时对钛材的力学性能和组织性能取样检测，对无缝钛管要增加无损探伤检测。给客户同时打出合格报告。

（9）标志。为了便于用户使用和运输，并对产品质量进行跟踪，所有出厂产品都应具有标志。标志可直接打印在产品上，同时将标志牌捆扎在产品上。因为钛材属贵重产品，每件钛材产品上都应有打印标志。标志内容应包括：牌号、规格、批号、厂标等。

（10）包装。为了便于产品运输，并防止运输过程中损坏，产品出厂前需要打捆和包装。捆装方法依产品而异，如小截面的型材和棒材可打捆或成盘；带材和丝材可成卷；板材、管材应用木板或薄钢板打箱包装保护等。

精整十分重要，千万别轻视它。它是在制取钛材后，为使产品质量、几何形状和组织性能符合标准要求的保证。当加工出的钛材，经过这一系列后处理（即精整）的精心的整理和包装后，它的品质方能被用户认可。因此，精整也是一个“面子工程”，整形修理工艺。

精整工序比较多，但核心的工序是矫直。由于热处理和表面净化、表面处理已分别在后面第 20 章、第 25 章作以叙述，本章仅重点叙述矫直工艺。

19.1.2　矫直和矫直方法

对钛塑性加工后的产品的形状缺陷进行矫正的工序，称为矫直。

钛及钛合金工件在加热、成形、热处理等加工过程中，由于温度分布和塑性变形分布不均匀及剪切、运输和堆放等原因，往往会产生不同程度的弯曲、浪形、歪扭等缺陷，必须通过整形以矫正工件形状并消除其内部的残余应力。

因为钛及钛合金强度高，弹性模量小，回弹大，与普通金属相比，矫直整形难度大。故对于中板和大截面工件常用热矫直工艺。有时有些工件弯曲度大，需用两种矫直方法联合处理或进行二次矫直才行。

金属的矫直方法很多，目前大多为机械矫直。常用的方法有压力矫直、辊式矫直和张力矫直。这也是钛材常用的矫直方法。表 19-1 列出了这些矫直机的基本类型和用途，本书加以介绍。

表 19-1　矫直机的基本类型和用途

名称	工作简图	用途	名称	工作简图	用途
压力矫直机	立式 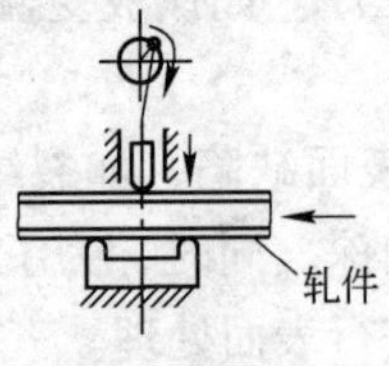	矫直大型型材和管材	辊式矫直机	上辊单独调整 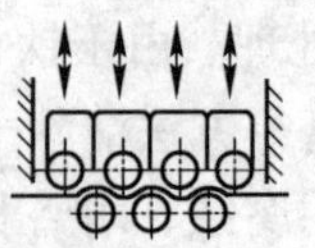	矫直型材和管材
	卧式 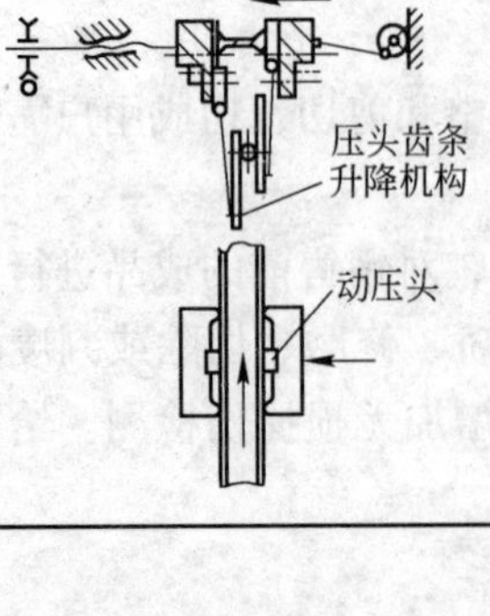	矫直大型型材和管材		上辊整体平行调整 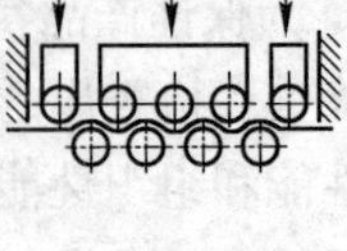	矫直中厚板

续表 19-1

名称	工作简图	用途	名称	工作简图	用途
辊式矫直机	上辊整体倾斜调整 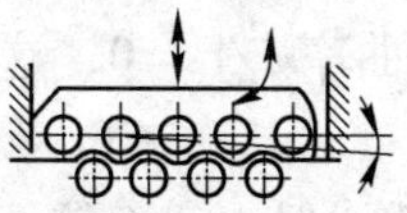	矫直薄板厚板	管材棒材用矫直机	偏心轴式 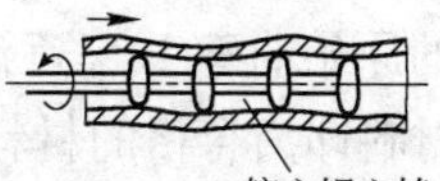 	矫直薄壁管
	上辊局部倾斜调整 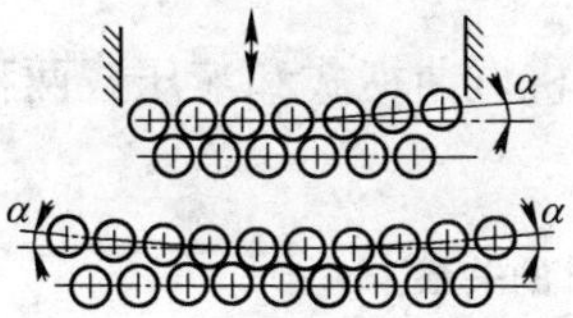 	矫直薄板	张力矫直机（或机组）	夹钳式 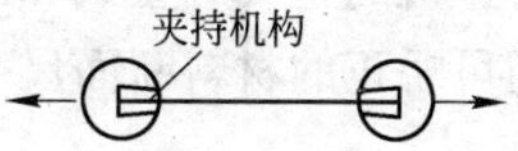 	矫直薄板
管材棒材用矫直机	一般斜辊式 	矫直管材和棒材		连续拉伸机组 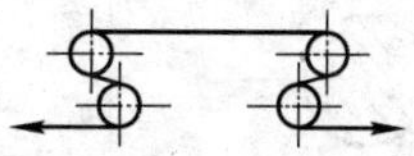	矫直有色金属带材
	313型 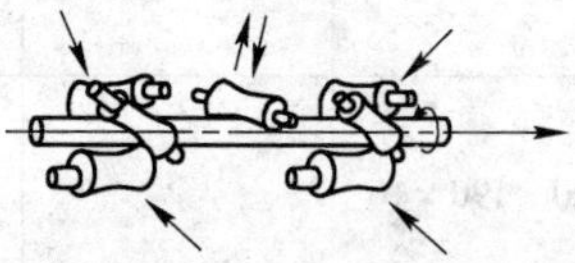	矫直管材	拉伸弯曲矫直机组	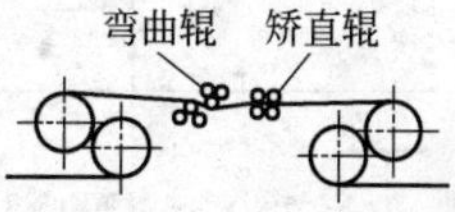 	在联合机组中矫直带材

19.2 压力矫直

压力矫直，又称反弯矫直，是用活动压头施加压力使安放在两个固定支点间的钛件弯曲而实现的钛件形状缺陷的矫正。

压力矫直是利用三点弯曲原理实现的，其变形过程分为弹塑性弯曲和弹性回复两个阶段，如图 19-1 所示。压力矫直的原则是：要使原始曲率为$\frac{1}{r_0}$的工件得到矫正（即残余曲率$\frac{1}{r_s}=0$），必须使反弯曲率$\frac{1}{\rho}$在数值上等于弹复曲率$\frac{1}{\rho_y}$。

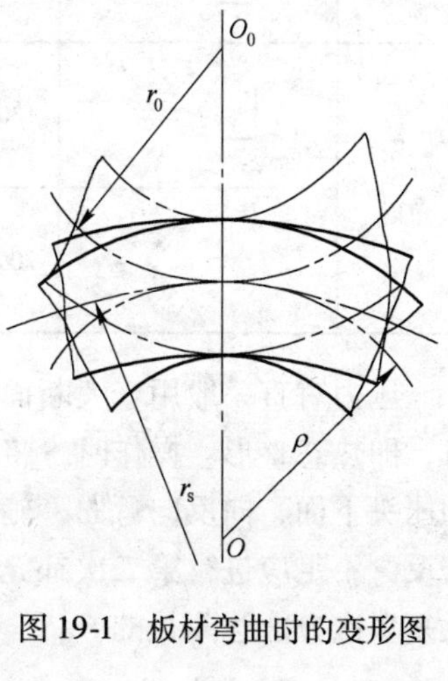

图 19-1 板材弯曲时的变形图

材料的弯曲既有随机性也有规律性。随机性是指弯曲部位和弯曲程度在每一根材料上都有不同；规律性是指材料弯曲部位较多地集中在某处，弯曲程度也有限度。如挤压材常常头部弯曲较大；而冷板材往往是均匀弯曲。

金属材料在明显的塑性弯曲条件下，弹复能力几乎是相同的。因此，不管材料各处的原始弯曲率如何不一样，在较大的弯曲后，几乎可以获得各处均一的曲率。金属的刚性越大，压弯后的残余曲率的均一性越差。而这种差值将随着反弯次数的增加而减小。矫直的目的不仅是使材料各处的残余曲率趋向一致，而且要求各处残余曲率都能趋向于零。如图19-1所表示的原始曲率 $1/r_0$ 逐渐矫直变小，最终达到残余曲率 $1/r_i=0$，这便完成了材料的矫直。该材料即为合格的材料，材料才能变平直整齐。

压力矫直为间断作业的矫正方法，适应性强，调整灵活，但生产率较低，矫正精度较差，操作繁重，因而大多用于矫正大断面或复杂断面的型材，或作为其他矫正方法的辅助矫正。

压力矫正机的型式有立式和卧式之分，驱动方式有机械曲柄式和液压式两种。压力矫正机压力与可矫正的材料断面尺寸的大致关系见表19-2。

表19-2 压力与可矫正材料尺寸的关系

材料形状及受力方向		压力 $P(t)\times$支点距离 l(mm)				
		50×650	100×800	150×900	200×1000	300×1000
圆	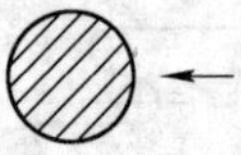	ϕ100	ϕ150	ϕ175	ϕ200	ϕ240
工字形	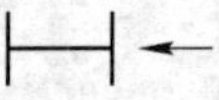	150×75×5.5	180×100×6	200×150×9	300×150×8	350×150×9
	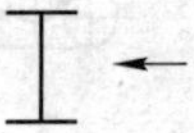	300×150×11.5	500×190×11.5	600×190×16		
槽形	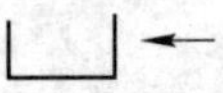	150×75×8	180×90×7.5	250×90×13	300×90×13	425×100×10.5
		300×90×9	425×100×15.5			
等边角形		130×130×12	200×200×15	200×200×20	200×200×25	200×200×27
	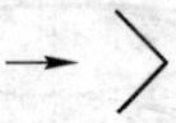	200×200×15	200×200×20	200×200×27		

压力矫直一般用于大断面钛工件矫直。钛和钛合金工件的压力矫直要在一定温度下矫直，即热态整形。操作时，将加热的钛工件置于压力矫直机下，使工件的弯曲部分放在活动压头下面，向反向弯曲，施加压力后稍停。随后卸去载荷，工件经弹复正好达到平直。若反弯不足应进行第二次补充矫直。若反弯过头，要向反方向反弯，直至平直为止。必须反复多次方能达到目的。

19.3　辊式矫直

辊式矫直是使钛材从上下两排相互交错排列的辊子间通过时，因受到多次反复弯曲而获得对钛材形状缺陷的矫正方法。

19.3.1　辊式矫直原理

在矫直产品中，除一些大断面矫直件的形状缺陷表现为数值和方向都相同的初始状态曲率（原始曲率 $1/r_0$）以外，多数矫直件的形状缺陷则表现为原始曲率的数值和方向都是不定的（在 0 ~ ±1/（r_0）$_{\min}$ 之间）。对于后一类矫直件，在经过同一曲率的弹塑性反弯后，残余曲率有趋向一致的特性，并经适量的反弯后能实现矫直。理想弹性材料矩形断面矫直件上两段方向不同的初始状态曲率经过 3 次反弯矫直的曲线如图 19-2 所示，横坐标是轧件曲率与屈服曲率（外力矩达到屈服力矩 M_w 时轧件的总变形曲率，以 $1/\rho_w$ 表示）的比值，纵坐标表示弹性弯曲时的曲率 $1/\rho_y$ 与屈服曲率 $1/\rho_w$ 的比值（称弹复曲率 C_y）。当 m 段的相对原始曲率 $(1/r_0)/(1/\rho_w) = C_{r_0} = 1$，$n$ 段的相对原始曲率 $C_{r_0} = -1$ 时，经相对反弯曲率 C_ρ = （$1/\rho$）/（$1/\rho_w$） =3 的弯曲（图中位置Ⅰ）并弹复后，其残余曲率值已很接近。这两个残余曲率将是下一次反弯的原始曲率。第 2 次反弯时的反弯曲率 C_ρ = 3（图中位置Ⅱ），弹复后残余曲率已相等，再选择一个合适的反弯曲率（例如图中选 C_ρ = 1.44，位置Ⅲ），弹复后轧件就被矫直了。

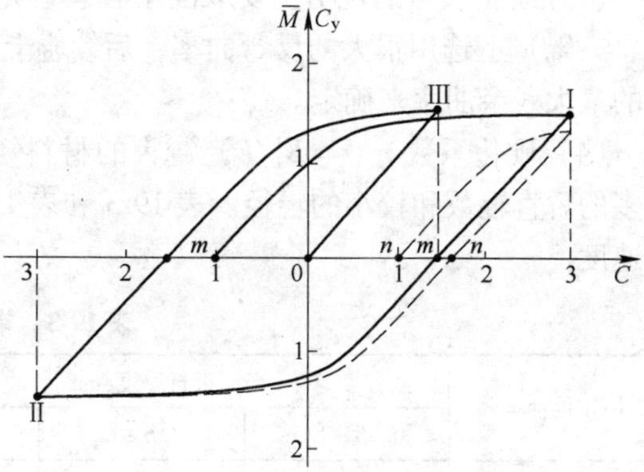

$C_y = f(C)$曲线图

图 19-2　辊式矫直原理图

从辊式矫直原理可以看出，矫直原始曲率不均匀的矫直件时，施加的弯曲总曲率越大，其残余曲率 $1/r$ 的差值就越小，矫直效率可提高。按此原理，前面几个辊子采用大压下量，使矫直件各部位的反弯曲率均达到较大数值，残余曲率不均逐渐减小，从第 4 个辊子后各辊压下量依次减小，则矫直件能较快获得平直。这样可用较少辊数获得较好的矫直效果，提高矫直效率。薄板和带材的瓢曲、单双边浪形等二维、三维缺陷，可采用带有支承辊并具有工作辊挠度调整装置的矫直机矫直。斜辊矫直机与辊式矫直机工作原理相同，区别在于斜辊矫直机的矫直辊具有类似双曲线的空间曲线形状，且上下两排矫直辊轴线互相交叉，矫直时管棒材边旋转边前进。

19.3.2　辊式矫直机

生产中对简单断面工件广泛采用辊数大于 4（通常为 5 ~ 29 辊）的多辊矫正。其工作原理就是通过各辊对工件连续反复的三点弯曲，从而逐步缩小工件残余曲率 $\frac{1}{r_i}$ 的变化范围。

辊式矫正的基本原则可归纳如下：

(1) 一般辊径 D 越小、辊数 n 越大，矫正精度越高；辊距 t 值小则有利于工件的咬入及矫正过程的建立。

(2) 辊式矫正前几个辊的主要作用是缩小工件沿长度方向残余曲率的差值，后几个辊的主要作用则是减小趋于均匀的残余曲率。

(3) 矫正质量的优劣主要取决于合理确定各辊下工件的反弯曲率。在前几个辊（第二、三辊）上选用很大的反弯曲率，后续辊上的反弯曲率则按恰好能完全矫正前面相邻辊处的最大残余曲率来确定。

(4) 硬化系数 η（$=E'/E$）越大的材料矫正越困难，此时要选用较大的反弯曲率和较多的矫直辊数和较小的辊径。表 19-3 和表 19-4 分别列出了常用辊数和一般矫直机的矫正速度。

表 19-3　常用辊数

矫正件种类	板材厚度/mm			中小型型材	大型型材
	0.25~1.5	1.5~6	>6		
n	19~29	11~17	7~9	11~13	7~9

表 19-4　一般矫直机的矫正速度

矫正件及其规格	矫正速度/m·s^{-1}	矫正件及其规格	矫正速度/m·s^{-1}
厚度 0.50~4.0mm 板材	0.1~6.0，最高 7.0	大型型材	0.25~2.0
厚度 4.0~30mm 板材	冷矫 0.1~0.2	中型型材	1.0~3.0，最高 8.0~10.0
	热矫 0.3~0.6	小型型材（100mm^2 以下）	5.0 左右，最高 10.0

辊式矫直又可分为平辊矫直和斜辊矫直两类。这两类工艺所使用矫直机械又分别为平辊矫直机和斜辊矫直机。钛板材应用平辊矫直机矫直，钛管材应用斜辊矫直机矫直。这两种矫直机的分类如表 19-5 和表 19-6 所示。

表 19-5　平辊矫直机的分类

方式	分类	工作简图	特点	用途
按辊的排列分类	平行辊列	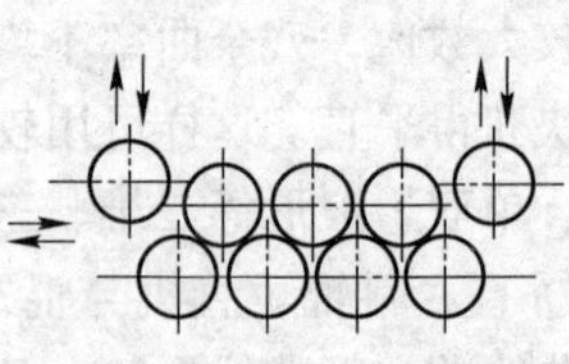	通常辊数为 5~13，5~7 辊的多用于中板或粗型材，各辊反弯曲率相同，残余曲率较大	4~40mm 中厚板
	单倾辊列	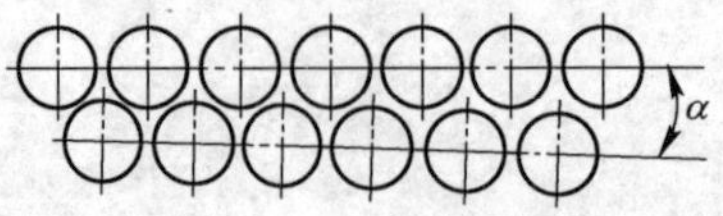	辊数为 9~29，反弯曲率由大到小，矫正质量较好	4mm 以下中薄板
	双倾辊列	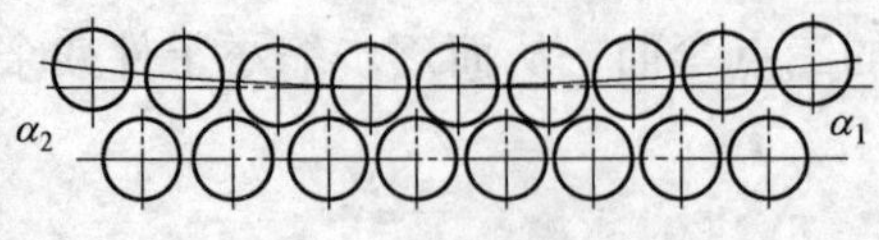	咬入条件好，结构复杂，矫正质量较高，可进行可逆矫正	0.25~2.0mm 板带

续表 19-5

方式	分类	工作简图	特点	用途
按辊的排列分类	不同辊距	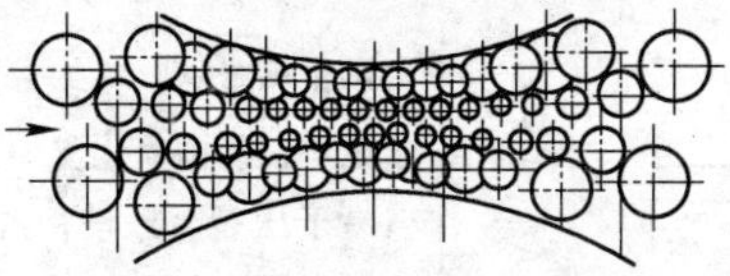	可承受较大的矫正力，矫正质量高，结构复杂，备件多，维修麻烦	较薄的高强度板带
按上辊调整方式分类	单独调整	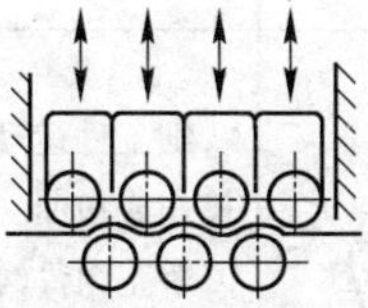	辊数较少，可矫正范围广，适应性强，精度较高，结构复杂	型材
	整体平行调整	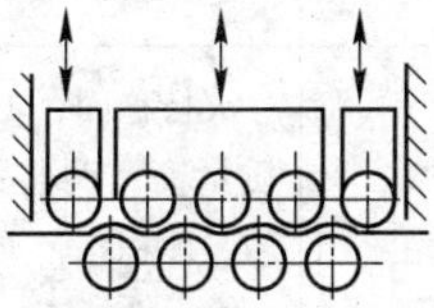	结构简单，残余曲率较大，矫正质量较差	中厚板
	整体倾斜调整	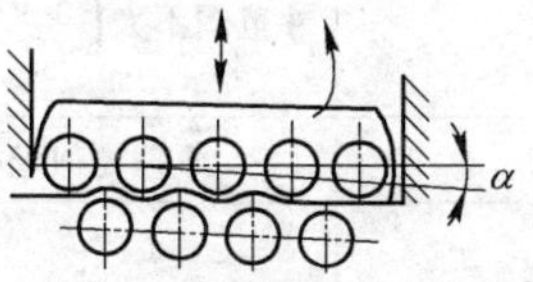	可采取各种矫正方案，调整方便，精度较高，应用广泛	中薄板
	局部倾斜调整	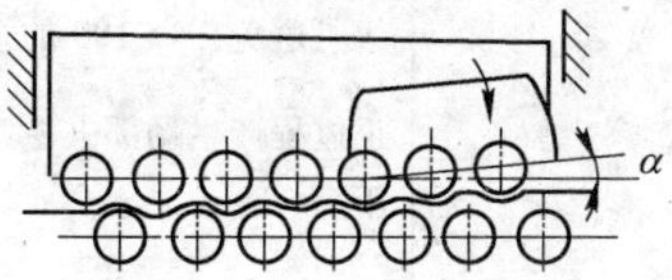	变形量大，矫正质量好	薄板

表 19-6 斜辊矫正机的分类

分类		工作简图	特点	用途
多辊式	辊身长度相同	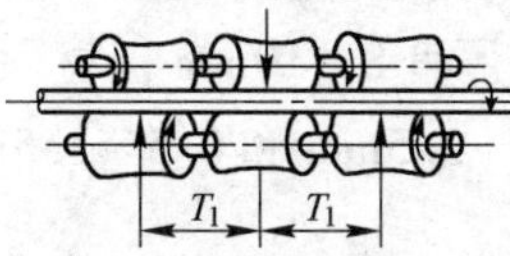 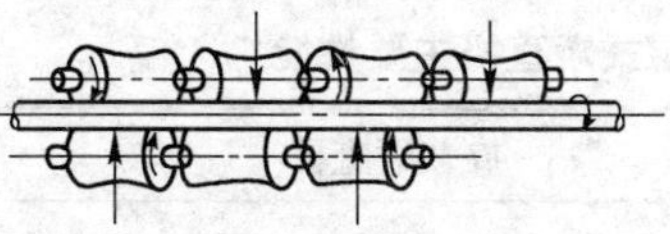	全为立式，制造简单，维修方便，无需导板定位 工作机座刚度较差，观察和换辊较困难	表面质量要求高、无氧化皮的薄壁管
	辊身长度不同	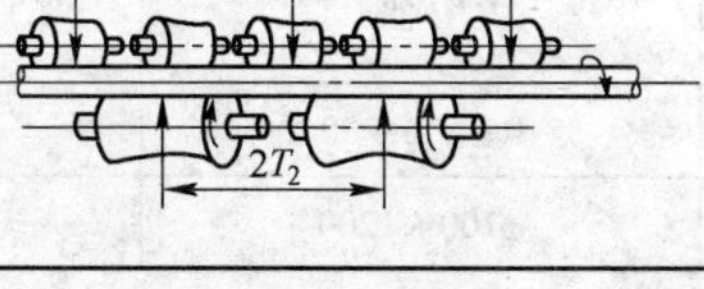	多为卧式，机架刚度大，换辊简单，易于观察和调整，易去氧化皮 短辊磨损快，要导板，质量差	大直径、高强度、表面有氧化皮的厚壁管

续表 19-6

<table>
<tr><th colspan="2">分类</th><th>工作简图</th><th>特点</th><th>用途</th></tr>
<tr><td colspan="2">二辊式</td><td>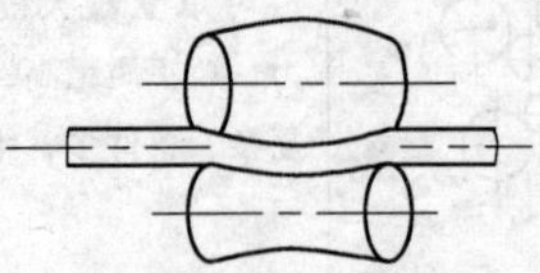</td><td>矫正精度高，换辊方便，易于维护，易去氧化皮
易于压裂、振动，占场地，辊子磨损快</td><td>精度要求较高的管材</td></tr>
<tr><td colspan="2">滚筒式</td><td>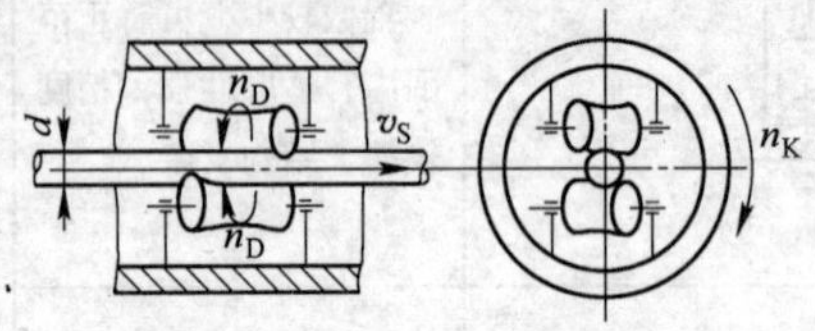
</td><td>细工件运动平稳，不易产生擦伤或扭曲
矫正粗件时，滚筒旋转速度受限</td><td>直径 $d<150\text{mm}$ 的细圆棒、管</td></tr>
<tr><td colspan="2">3-1-3 式</td><td>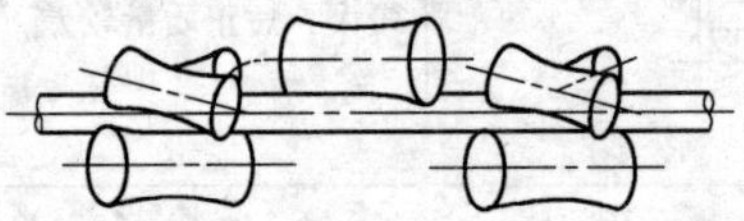</td><td>夹持稳固，工作平稳，矫正质量高，调整灵活，结构紧凑，体积小，重量轻
在一台矫正机上可矫正的尺寸范围不大 $\left(\frac{d_{max}}{d_{min}}=3.0\sim7.5\right)$</td><td>矫正薄壁管</td></tr>
<tr><td rowspan="2">芯棒式</td><td>偏心式</td><td></td><td>原理类似丝材矫正</td><td>小口径管</td></tr>
<tr><td>无偏心式</td><td>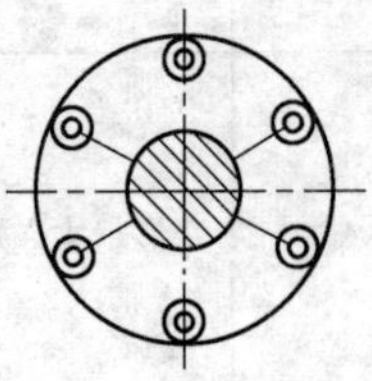</td><td>可避免 $\frac{d}{h}>100$ 的管材在矫正过程产生局部失稳、折皱或压扁</td><td>大口径薄壁管</td></tr>
</table>

如前所述，有许多种类和不同辊数矫直机可供钛材矫直时选用。

在平辊式矫直机中，由于钛及钛合金板材强度高、弹性模量小，中板矫直困难，选用热矫直工艺为佳。可选用 11 辊热矫直机，能矫直厚度 8 ~ 10mm 板材。而薄板则选用 17 辊和 23 辊矫直机配套使用，可以冷矫直分别为 1.5 ~ 3.5mm 和 0.5 ~ 1.5mm 的薄板。这三种矫直机的主要性能如表 19-7 所示。

表 19-7 板材辊式矫直机主要性能

型 号	11 辊热矫直机	17 辊矫直机	23 辊矫直机
矫直板材尺寸/mm	$(8\sim10)\times(400\sim1100)\times l$	$(1.5\sim3.5)\times(400\sim1100)\times l$	$(0.5\sim1.5)\times(400\sim1100)\times l$
板材性能/MPa	热态 $\sigma_b=1100,\sigma_{0.2}=800$ 冷态 $\sigma_b=1500,\sigma_{0.2}=1350$	$\sigma_b=1500,\sigma_{0.2}=1350$	$\sigma_b=1500,\sigma_{0.5}=1350$
矫直速度/m·min^{-1}	30 ~ 60	0 ~ 8, 6 ~ 30	0 ~ 18, 6 ~ 30
工作辊尺寸/mm	$\phi200\times1200$	$\phi100\times1200$	$\phi60\times1200$

续表 19-7

型 号		11 辊热矫直机	17 辊矫直机	23 辊矫直机
工作辊节距/mm		220	105	60
工作辊材质		合金锻钢	高碳铬钢	高碳铬钢
工作辊肖氏硬度		65 ~ 70	≥95	≥95
电动机	驱动用	直流 200kW · h,1 台	直流 80kW · h,1 台	
	压下用	直流 5.5kW · h,2 台	交流 3.7kW · h,4 极 2 台	交流 2.2kW · h,4 极 2 台

在斜辊式矫直机中有卧式和立式两种，实践中应选用系列设备配合使用才能完成矫直。因为有几台矫直机联合作业，能适应不同规格管、棒类钛材矫直。卧式 7 辊矫直机主要性能如表 19-8 所示。立式矫直机主要性能如表 19-9 所示。

表 19-8 卧式斜辊式管棒矫直机主要性能

主要性能	型号、规格		
	ϕ60 ~ 160 矫直机	ϕ25 ~ 75 矫直机	ϕ6 ~ 40 矫直机
矫直管棒外径/mm	60 ~ 160 (60 ~ 100)	25 ~ 75 (25 ~ 55)	6 ~ 40 (6 ~ 30)
工件最小长度/mm	2000	2000	2000
主动轮最小直径/mm	250	175	117
主动轮转速/r · min^{-1}	40, 80, 5	57, 114, 8	150, 300
矫直速度/m · min^{-1}	14.7 ~ 16.6 29.6 ~ 33.4	14.6 ~ 16.3 29.6 ~ 32.8	30.4 ~ 60.4
矫直轮回转角度/(°)	28 ~ 31	28 ~ 31	25 ~ 35
矫直件弯曲度/mm · m^{-1}	<0.5	<0.5	<0.5

表 19-9 立式斜辊式管、棒矫直机主要性能

型 号	GJ20-1	GJ20-1	GJ120-1	GJ250-1
矫直管外径/mm	5 ~ 20	10 ~ 40	30 ~ 120	80 ~ 250
矫直辊数/个	7	7	7	6
矫直速度/m · min^{-1}	20 ~ 60	20 ~ 60	40 ~ 160	20 ~ 80
主电机功率/kW · h	4 × 2	7 × 2		55 × 2
矫直管材屈服极限/MPa	≤392			
外径与壁厚比值 D/S	≤50			

应说明的是，斜辊式矫直机结构是固定的，而平辊式矫直机结构是可调整的。调整的方法是将上排工作辊设计成可移动的。对于 11 辊矫直机将上排工作辊整体平行移动，对于 17 辊和 23 辊矫直机上排工作辊整体倾斜调整。因此，在矫直机启动前，首先应将平辊矫直机调正到适宜的位置，以适应矫直不同规格的钛板。

19.3.3 钛材矫直工艺

19.3.3.1 平辊矫直工艺操作要点

A 准备

检查矫直机运转是否正常，并检查和清除机上一切脏物、油污、金属屑。随后，调整好矫直机上下辊间的间隙。该机的间隙常用压入量 δ（如图 19-3 所示）来表征。压入量值 δ 的大小应据板片厚度来调整。由于该机是整体的，只要调正该机的进口处 δ 值和出口处的 δ 值就能达到整机的调正。实践中，钛板平辊矫直机的压入量值采用表 19-10 的值和表 19-11 的值就可以达到矫直的目的。

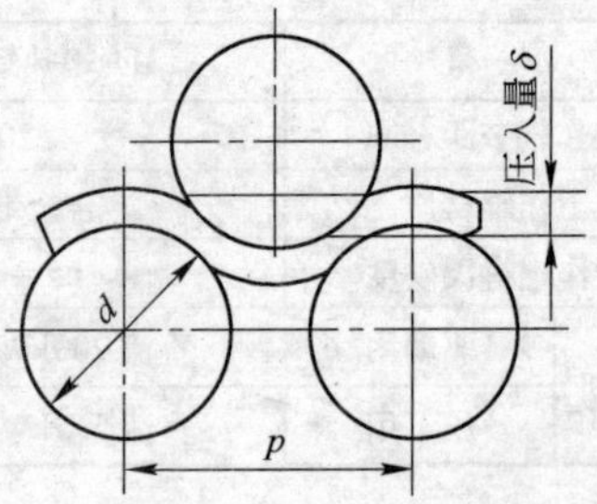

图 19-3 辊式板材矫直机变形示意图

B 作业

在矫直作业中，要求钛板不能有折角、卷边，否则必须用木槌打平；钛板上不允许有脏物、钛屑，否则必须及时清理和清洁；钛板矫直时一定要对准中心，不许歪斜，如发现有歪斜必须调正；钛板不许重叠通过矫直机，也不允许同时矫直两张重叠的板。

表 19-10 23 辊矫直机矫直板材的压入量

合金牌号	板材规格/mm	进口压入量/mm	出口压入量/mm	矫后板形
TA3	0.8×600×l	4.0	0.5	合 格
TC3	1.0×800×1800	5.4	1.9	合 格
TA7	1.0×800×2000	4.9	1.4	合 格
TA7	1.5×1000×1500	5.65	1.4	合 格

表 19-11 17 辊矫直机矫直板材的压入量

钛及其合金	板材规格/mm	进口压入量/mm	出口压入量/mm	矫直后板形
纯 钛	4.0×宽×长	7.15~7.40	0.35~0.85	合 格
纯 钛	3.0×宽×长	7.45~7.65	1.5~2.0	合 格
纯 钛	2.5×600×1200	8.9	2.15	合 格
TC4	3.0×800×2800	8.56	3.15	合 格

钛板矫直时，发现局部出现波浪时，要及时调整机器的压入量 δ 值来消除波浪。如钛板中部有波浪时，应使中部的支撑辊上升（即 δ 值降低），波浪越大上升值也越大，依次类推。

钛板矫直时，如发生钛板卡在机器中，不允许强行通过，应立即停车，将辊抬起，再向后退回钛板。如果需要后退钛板，也应将辊抬起作业。

C 停机

停机时不允许给工作辊加压。同时，应给矫直过的钛板复检，如有矫直不合格的应重复矫直。实在无法矫直应送张力矫直机矫直。

19.3.3.2 管、棒材矫直

管、棒材矫直是在斜辊式矫直机上进行的。通常与压力矫直配合使用，首先将弯曲度较大的工件通过压力矫直机矫直，然后再进行斜辊式矫直。斜辊式矫直机的主要性能详见表 19-8 和表 19-9。将需要矫直的工件送往相对应的矫直机，开机后也相应依顺序矫直，也是一根接一根矫直。矫直质量主要取决于矫直机压力和辊倾角大小。压力的大小取决于合金种类和弯曲度。若为强度高的钛合金，弯曲度也大时矫直压力应大些，反之亦然。辊倾角的大小取决于工件直径，直径大的工件应比小的矫直倾角大。矫直完也应将不合格的工件返回重新矫直。实在无法矫直的钛管应送张力矫直机矫直。

19.4　张力矫直

19.4.1　张力矫直原理

张力矫直是对工件施加超过材料屈服极限（σ_s）的纵向拉力，使之产生塑性延伸而实现形状缺陷的矫正，又称拉拔矫直。主要用于矫直厚度小于0.6mm的薄板、薄壁管材及浪形或瓢曲严重的薄板、异形件。

薄板带的纵向和横向弯曲可由辊式矫直机矫直。但辊式矫直对于中间及边缘浪形一类的缺陷（即三维缺陷）矫直效果不理想。这类缺陷与轧制时因沿板带材宽度方向的延伸不均匀而产生的残余应力有关。当残余应力值超过材料的屈服极限时会产生二次变形，形成浪形。若中间延伸大而两边延伸小，就形成了中间浪形。若残余应力未超过材料的屈服极限，虽不产生宏观缺陷，但潜在的残余应力会影响板带材的使用性能。矫直时，在张力矫直机上对常有波浪形状缺陷的板带材，前后施以超过材料屈服极限的张应力。该张应力与板带材原有的残余应力叠加，在残余应力处（即原延伸较大的波浪处）一部分张应力被抵消，使实际变形应力减小，矫直时塑性延伸小。在残余拉应力处（即延伸较小处）实际变形应力由于张应力的叠加而增大，矫直时塑性延伸大。结果经过张力矫直后的工件，各部分延伸均匀了，波浪形缺陷因此得到消除。

19.4.2　张力矫直设备

张力矫正分钳式和辊式两种：

（1）钳式张力矫正。钳式张力矫正如图19-4所示。这种方法不仅可用于矫正板材和型材的纵向弯曲，而且可以通过夹钳旋转一定角度以矫正工件的扭曲，但由于是单件矫正，生产率低，且两端夹钳处会造成很大一段废料头。

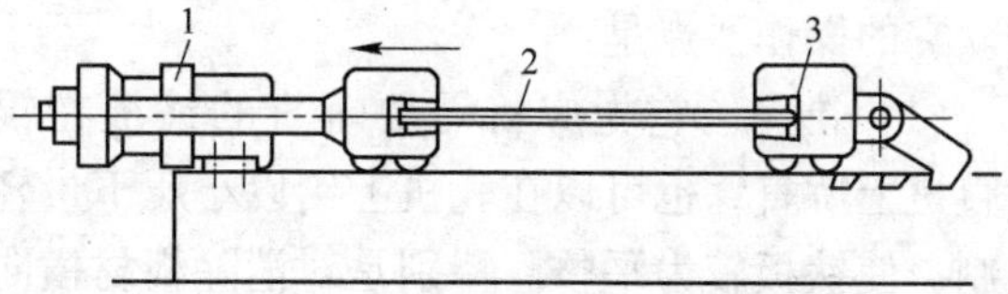

图19-4　钳式张力矫正示意图
1—液压缸；2—板材；3—钳口

对于宽度为b、高度为h的板材，矫正张力T可由下式确定：

$$T = bhE[\varepsilon_s + \eta(\varepsilon_1 - \varepsilon_s)] \tag{19-1}$$

式中　E——板材的弹性模量；

η——硬化系数；

ε_s——屈服延伸率；

ε_1——拉伸变形量（一般取0.5%～3%）。

用于钛及其合金加工材矫直的几种钳式张力矫直机主要性能列于表19-12。

表19-12　钳式张力矫直机的主要性能

机　别	100t管棒矫直机(液压)	250t管棒张力矫直机(液压)	500t板材张力矫直机(液压)
被矫料尺寸/mm	长1500～13500	长3000～13500	(0.4～0.5)×400 1050×(1000～7000)
最大拉伸力/kN	980.6	2451.5	4903.0
拉伸速度/mm			0～330

续表 19-12

机 别	100t 管棒矫直机（液压）	250t 管棒张力矫直机（液压）	500t 板材张力矫直机（液压）
液体压力/kPa	19600	19600	13720
主油缸行程/mm	1500	1500	800
钳口开口度/mm	160～200	170～240	27
扭转力矩/N·m	7350	49000	
扭转速度/r·min^{-1}	6	0.4	

（2）辊式张力矫正。辊式张力矫正（如图19-5所示）用于连续矫正带材，具有较高的生产率。矫正张力是通过出口张力辊组与入口张力辊组之间设定的速度差 v_c 来产生并调节的。

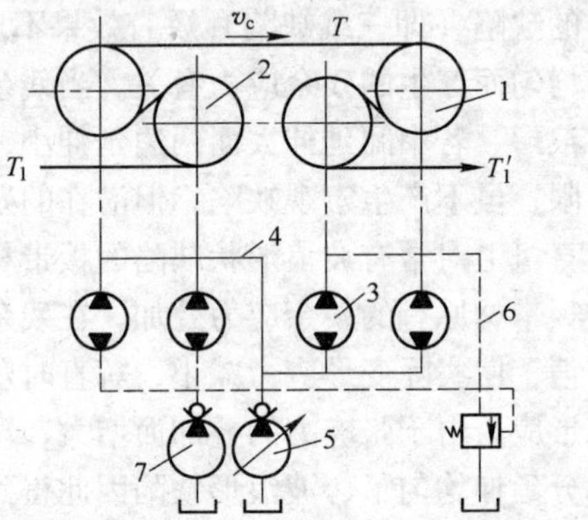

图 19-5 封闭回路的液压传动系统简图
1—出口张力辊组；2—入口张力辊组；3—液压马达；4—高压管路；5—变量泵；6—低压管路；7—补给泵

张力矫直机是专用的，用于板材、管棒材和带材是分开专用的。钳式矫直是间隙作业，而辊式张力矫直带材是连续作业。

19.4.3 张力矫直工艺

以钛板材为例，它是在板材钳式矫直机上作业的。它的操作要点是：

（1）准备。它先应将需要矫直的钛板在辊式矫直机上矫直，也可以在轧机上给以小压下量轻微轧制，使钛板较为平整。特别是对消除板材横向瓢曲是有利的。

将矫直机整理并清洁干净。将钛板组装在该机的夹钳上，并保持钳口夹持一定的余量。

（2）操作。作业时钛板在矫直机前两端要平行，其4个角要成90°。夹持钛板时，要对准中心线，不允许歪斜。

运转后如产生纵向波浪时必须调正矫直机的夹持器的结构，达到避免产生波浪。

钳式矫直是间隙作业，它是一张钛板矫直完毕后方可矫直第二张。操作时是边矫直边检查，每一张钛板合格后方才停机卸料。

（3）停机。停机后必须清理整洁，应保持夹持器无钛屑和无污垢。并对每块矫直后的钛块复检和进行有针对性的处置，使之变成合格的产品。

参 考 文 献

1 林治平，谢水生，等．稀有金属手册（上册）．北京：冶金工业出版社，1992：907～917

2 《稀有金属材料加工手册》编写组．稀有金属材料加工手册．北京：冶金工业出版社，1984：862～865

3 马慧娟，莫畏，等．稀有金属手册（下册）．北京：冶金工业出版社，1995：249～251

4 韦光．中国冶金百科全书·金属塑性加工卷．北京：冶金工业出版社，1999：414～415

5 韦光．中国冶金百科全书·金属塑性加工卷．北京：冶金工业出版社，1999：329

6 肖亚庆．铝加工技术实用手册．北京：冶金工业出版社，2005：417～422

20　钛材热处理

热处理是把金属材料或工件经加热、保温和冷却处理后，改变金属组织结构和性能的加热工艺。因它必须有加热过程，故称热处理。热处理是提高金属材料力学性能和物理化学性能，充分发挥金属材料潜能，达到用户要求，并延长金属材料使用寿命的有力措施。

钛材的热处理应用最多的是整体热处理，它包括退火和固溶时效等工艺。整体热处理是将钛材整体进行加热处理过程。本文重点介绍这些内容。

在钛材加工工艺流程中，后处理即精整工艺，包括矫直和热处理两个工序是不可缺少的。矫直是矫正外形，热处理是改善微观内部结构和性能，这两点都很重要。钛材后处理中，对钛材进行恰当的热处理也是增强竞争力的有力措施。一般情况下，钛材加工工艺中必须进行热处理。

20.1　热处理基本原理

20.1.1　退火

钛材的退火包括去应力退火、完全退火、双重退火、等温退火和真空退火等工艺方法。退火原理是基于回复和再结晶等金属内部微观结构变化过程。因此，本章从此开始介绍起。

20.1.1.1　回复

钛（材）经冷变形加工后，其晶格发生畸变，内部晶格产生大量的缺陷和位错等，使钛（材）内部能量升高，即存在畸变能，或者说使自由能$|\Delta G_T^{\ominus}|$增高。它是冷变形，钛处于亚稳定态，这也是它容易发生内部结构变化的驱动力。

处于亚稳定态的冷变形钛，$\Delta G_T^{\ominus}<0$，当采用较低温度加热时，过程可以自发进行，使钛晶格发生点缺陷和位错运动，重新组合，并释放多余的畸变能。当加热过程使$\Delta G_T^{\ominus}\approx 0$，畸变能释放完，钛晶格内的点缺陷和位错消失，过程停止，此时晶粒形状和大小回复到加工前的状态，该过程定义为回复。经过回复后，微观结构有明显的变化，仍保持原有的晶粒状态，但消除了钛基体内的内应力。

比如第17章中介绍，钛坯（棒）料在拉拔过程中，使钛内部晶粒拉长，成为图17-3*b*的纤维状组织形态，经过对它进行低温加热后，使它的晶粒变成图17-3*a*的原有形态，并达到稳定态，过程发生了回复。

钛发生回复的温度低于再结晶温度，一般在500~650℃。

20.1.1.2　再结晶

冷变形加工后钛（材），经过加热到一定温度时，在原来变形的钛组织中产生无畸变的新晶粒，性能发生明显变化，而恢复到软化态，这一过程称为再结晶。

再结晶的微观特征表征因素是晶粒大小及其均匀性。一般希望再结晶后，获得晶粒细小而均匀的结构。这种钛（材）塑性性能好，完全软化。此时晶格类型没有变化，但力学性能发生了变化。

再结晶过程也是在变形钛的组织上发生再结晶晶粒的成核长大过程，该过程的动力学，由成核—长大两个步骤构成。为了达到理想的结晶晶粒，过程中应增加成核数量和抑制晶粒长大，使再结晶晶粒向细小而均匀的方向发展。影响晶粒大小的因素有：

（1）钛的成分。一般情况下，钛及钛合金中所含合金成分和杂质含量越高，越容易获得再结晶细小晶粒。因为钛中合金元素或杂质会阻碍钛晶粒物质的晶界的迁移，有利于获得细小粒子，反之亦然。

（2）钛（材）的变形程度。变形程度越大，表明钛组织内积蓄的畸变能越大，结构内的$|\Delta G_T^{\circ}|$值越大，越利于钛组织释放能量；同时钛晶粒形核时需要吸收能量。当变形程度大的钛组织释放出能供给形核所需能量时，利于成核，且增加成核数量，也利于再结晶粒度变小，反之亦然。

（3）加热的温度和保温时间。一般来说，加热温度和保温时间越长，越有利于晶粒的生成，容易获得钛的粗晶粒组织，反之亦然。

综合加热温度和钛的变形程度对结晶晶粒的影响，图 20-1 中给出了这三者关系再结晶图。

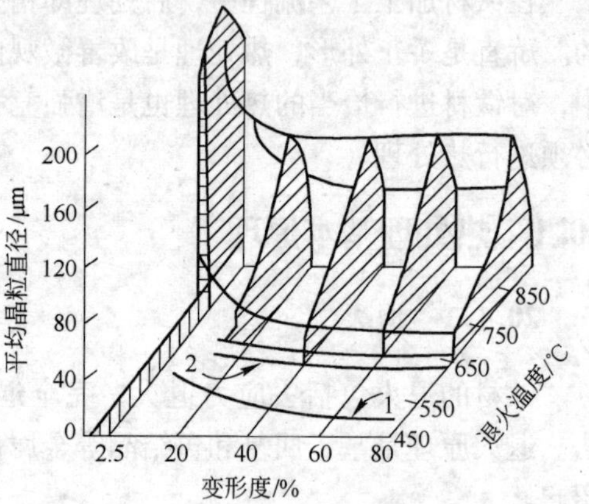

图 20-1 工业纯钛的再结晶图

1—再结晶开始温度；2—再结晶终了温度

热处理钛（材）时，发生再结晶的加热温度便是再结晶温度。钛（材）的再结晶温度一般是一个范围，故再结晶温度有开始温度和终了温度。同时再结晶温度也与上述影响再结晶晶粒大小的几个因素有关。

在钛及钛合金中，特别是钛合金，再结晶过程往往还伴随着一些其他组织变化。

经测定钛的再结晶温度：TA2 为约 550℃；TA7 为约 600℃；TC4 为约 700℃；TB2 则在 750℃。

20.1.1.3 去应力退火

去应力退火又称不完全退火。它的目的是消除在冷变形加工、冷成形和焊接等工艺中产生的内应力。

退火温度不宜过高，一般在再结晶温度以下 50 ~ 200℃，约在 450 ~ 650℃间。

如前所述，因冷变形的钛积蓄了大量畸变能，产生了内应力，造成了钛有“加工硬化”。当进行不完全退火时，使钛释放出畸变能，消除了内应力。此时，钛内部组织一般情况下发生了回复，钛晶粒形状和大小回复到原有状态，“加工硬化”消失，变成软化态，使冷变形的亚稳定态回到稳定态。

对于 β 型钛合金用不完全退火处理时，有时会产生时效效应或对时效造成孕育效果，此时可采用固溶处理来消除应力。

去应力退火主要的工艺参数是退火温度和保温时间，这二者之间又是相互影响的。有时可以通过适当提高温度和缩短保温时间来达到相同的效果，反之亦然。影响这二者的主要因素有工件厚度和材质、原始残余应力大小、应力松弛的最终程度。图 20-2给出 TC4 合金加热温度和保温时间对工件应力松弛的影响关系。由此图可见，TC4 工件退火温度越高，保温时间越长，则内应力消除越彻底。可以类推，钛及钛合金都符合这一规律。

消除应力退火的冷却方式一般采用空冷，有时也可采用炉冷。

应注意的是，钛焊件的消除应力退火往往与随后的热处理统一处理。冷成形钛件的消除应力退火与热矫直工艺同时进行，便于节约能源。

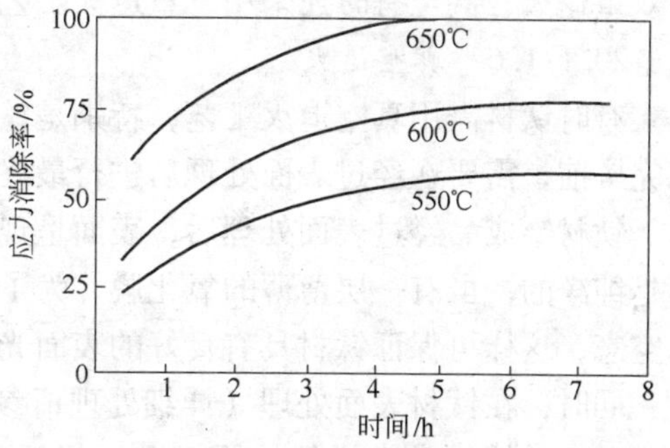

图 20-2　钛合金 TC4 消除应力退火时，加热温度和时间对应力松弛的影响

20.1.1.4　完全退火

钛及钛合金的完全退火，使金属组织内发生了再结晶过程。完全退火后使它内部组织和性能均匀，完全软化，并具有合适的塑性和韧性；或者通过退火和变形交互进行，减少或消除铸锭偏析，使晶粒破碎从而细化，组织均匀。故它又称为再结晶退火。一般它的退火温度选择高于再结晶开始温度 100 ~200℃。

α 型合金两相区很小，完全退火过程主要发生再结晶。退火温度选择在(α + β)/β 相变点以下 120 ~200℃。温度过高会引起不必要的氧化和晶粒长大；温度过低再结晶不完全。冷却速度对其组织和性能影响不大，一般采用空冷。

近 α 型和（α + β）型合金在完全退火的过程中除发生再结晶外，还有 α 相和 β 相在组成、数量和形态上的变化。为此，主要要求达到稳定和塑性好的组织。退火温度一般选择在(α + β)/β 相变点以下 120 ~200℃，冷却方式采用空冷。

亚稳定 β 型合金，完全退火就是固溶处理。退火温度一般选择在(α + β)/β 相变点以上 80 ~100℃。

对于一些耐热合金，如 TC9、TC6 等，当要求提高在使用温度下长时间工作的性能稳定性时，往往还采用高于使用温度的第二次退火或等温退火、双重退火。

20.1.1.5　等温退火和双重退火

等温退火和双重退火仅适用于（α + β）钛合金，即（α + β）钛合金还经常采用等温退火和双重退火。

等温退火是将钛合金加热至多边化或再结晶温度以上、低于(α + β)/β 相变点 30 ~100℃的温度范围内，然后转入另一个炉中炉冷，再冷却至 β 相具有高度稳定性的温度范围内保温（通常低于再结晶温度），最后在空气中冷却。它与简单退火相比，在第二阶段的保温，目的是使 β 相充分分解，β 相处于更加稳定状态，使钛合金的性质和组织稳定，使钛合金具有比较高的塑性、热稳定性和持久强度。故等温退火适用于含 β 钛元素较高的（α + β）钛合金，广泛应用于热强钛合金。

双重退火是由二次加热、二次保温和二次空冷过程组成。第一次加热到低于(α + β)/β 转变点 20 ~160℃的温度，保温并空冷；第二次加热到(α + β)/β 转变点以下 300 ~450℃（高于使用温度），保温并空冷。双重退火的优点是，在第一次退火后，可保留部分亚稳定相，在经过第二次退火时可以充分分解，即使 β 相充分分解，引起强化效应，可以改善（α + β）钛合金的塑性、断裂韧性和组织稳定性。所以几乎所有的高温中使用钛合金都采用双重退火，甚至有时还采用三重退火工艺。

20.1.1.6 真空退火

有时钛材需用真空退火工艺，特别是钛材，如钛的板、带、管、棒等在钛的半成品加工完毕前，需要在经过表面处理后进行最终的退火，此时需要采用真空退火。

钛材半成品经过表面处理后，表面呈现出钛材的自然色，即具有银白色金属光泽。表面是纯净的，虽有一层薄薄的氧化膜，为了在进一步退火时防止钛材氧化，退火时应采用真空态，这样可保证钛材具有良好的表面光泽。

同时，在钛材表面处理（详细处理请参见第25章）中，不能缺少的一种工艺是酸洗。经过酸洗，钛材常常增氢，使氢含量超标，以致不能出厂。钛材增氢是致命的，众所周知，钛材含氢量高了会使钛材的力学性能下降，容易发生氢脆。为了去氢，也必须采用真空退火。因为钛材吸附的氢是可逆的，在真空热处理时便达到去氢的目的。

故真空退火的目的是，在退火的同时，减少氧化和去氢。

常采用的真空退火温度为600～850℃，真空度要小于0.13Pa，这样可使钛材中氢含量达到产品规格，即H≤0.015%。为了在真空退火完毕的钛材表面能形成致密的保护膜，应在真空退火冷却至300～350℃温度下向炉内充入空气。

20.1.2 固溶和时效处理

固溶和时效处理是对钛及钛合金热处理强化的主要手段。它实际上是由固溶处理和时效处理两种工艺组合成的工艺方法。它只有对（α+β）合金、可热处理的β合金和近α合金、（α+化合物）合金方可热处理强化。

20.1.2.1 固溶处理

固溶处理是把钛及钛合金加热、保温并快速冷却到室温的作业。为了达到快速冷却必须采用淬火方法，故有时也称为淬火。

从图11-47和图20-7可见，加热的钛合金自β相区缓慢冷却时，可分别获得α、（α+β）或β组织。当冷却速度变化时其获得的组织形态也有所不同，加热后空冷时α相呈针状，炉冷时α相呈片状；相反，当加热的钛合金快冷（即淬火）时，据合金成分的不同，β相可以分别转变成α′（或α″）马氏体、ω相或β亚稳定相（即β′）。相变转变过程参见11.3节详述。含β稳定元素的钛合金淬火时，其淬火组织与合金成分、淬火硬度的关系如图11-52所示，此图又称为淬火合金的亚稳定相图。

固溶的目的就是为了获得并保留上述亚稳定相。对于近α和（α+β）合金，固溶处理目的是为了保留马氏体α′、α″或少量β′相。固溶处理的温度通常选择低于(α+β)/β相变点40～100℃。冷却方式一般用水淬，也可采用油淬。但是，这两类合金在淬火时一定要迅速进行。延误淬火时间，工件温度迅速降低，α相将首先在原始β相晶界形核并长大，影响淬火状态的力学性能。如图20-3和图20-4

图20-3 TC4合金于1000℃延误10s淬火后的显微组织，100×

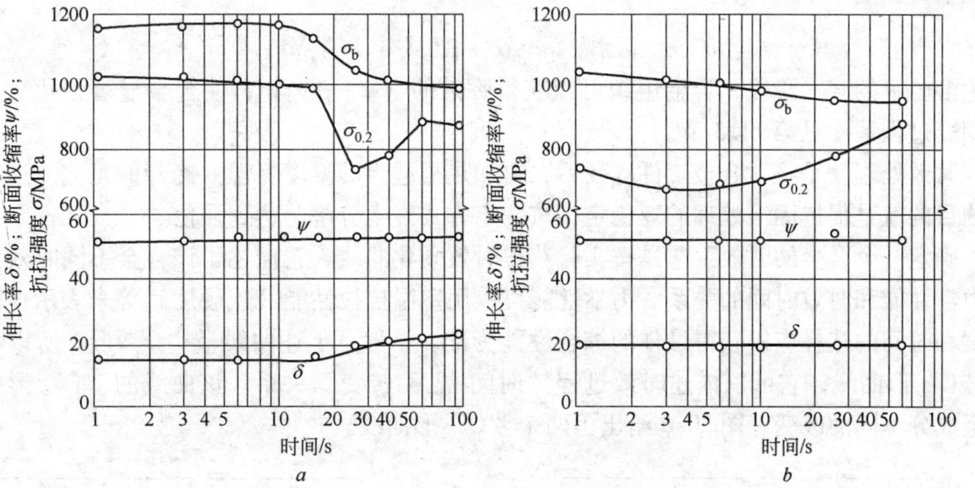

图 20-4　淬火延误时间对 TC4 合金室温力学性能的影响

a—955℃水淬；*b*—844℃水淬

所示，给出了延误淬火时间对 TC4 合金组织及性能造成的影响。一般要求淬火延误时间不得超过 10s，对薄板则要求更高；此外对形状复杂的工件或薄板还要注意防止淬火变形。

亚稳定 β 型合金固溶处理的目的是为了保留亚稳定 β 相。固溶处理通常选择在 (α + β)/β 相变点以上 40 ~ 80℃；冷却方式可采用空冷或水冷。为了防止淬火变形和提高经济效益一般采用空冷。

对于（α + 化合物）合金，固溶处理的目的是为了保留过饱和 α 固溶体。固溶处理温度选择在刚刚低于共析温度。如 Ti-2Cu 合金，共析温度为 798℃，固溶处理选择 790℃；冷却方式为空冷。

与钢材有所差异的是，钛及钛合金的淬透性不是指淬火后的硬化深度，而主要是保留亚稳定 β 相的深度。

固溶处理温度的选择很重要，因它对钛材性能影响很大，如图 20-5 所示，故需要选择准确合适的固溶处理温度。

20.1.2.2　时效处理

钛合金固溶所得到的 α′、α″、ω 和 β′相都是亚稳定相。一旦加热（时效），这些相即发生分解，析出（新）相，发生的分解过程称为脱溶转变。分解获得的最终产物与相图上的平衡组织相对应。对于含同晶系的 β 合金，其分解产物为 (α + β)。对于共析型 β 合金，其分解产物为 [α + Ti_xMe_y（化合物）]，该分解反应为 β → α + Ti_xMe_y。因此，脱溶对这些亚稳定相的分解过程

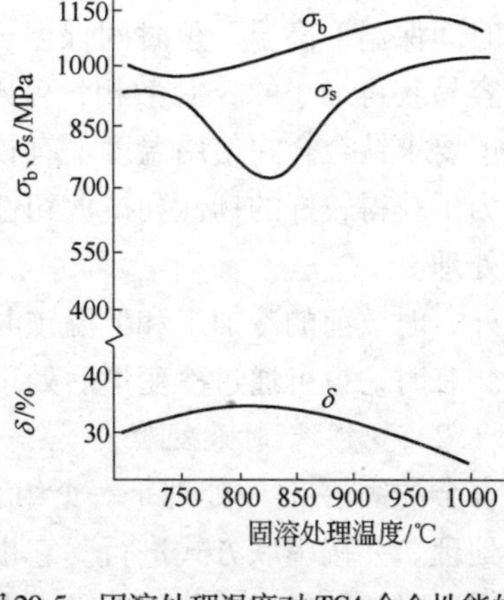

图 20-5　固溶处理温度对 TC4 合金性能的影响

可概括为发生了下列相转变：

$$\alpha'、\alpha''、\omega、\beta' \xrightarrow{\triangle} \alpha + \beta(\text{或 } \alpha + Ti_xMe_y)$$

在脱溶分解的某一阶段，合金组织可以获得弥散的（α+β）相，使合金显著强化。详细的相变过程请参见第11.3节。

时效处理就是将钛合金工件淬硬后，再加热至适当的温度保温并冷却的工艺。进行时效的目的就是促进固溶处理的亚稳定相按一定方式发生分解，达到强化。

确定一个合金的时效工艺是按实验获得时效硬化曲线，它描述了该合金不同时效温度下力学性能和时效时间的关系。力学性能可以用室温抗拉性能（或硬度）等来表示；时效温度和时间的选择应以获得最佳的综合性能为准。一般，上述曲线呈“C”形，所以称之为“C”形曲线，它可以描述时效过程“时间-温度-转变”关系。该曲线的“C”形根据合金成分不同而改变，图20-6给出了两个“C”形曲线。

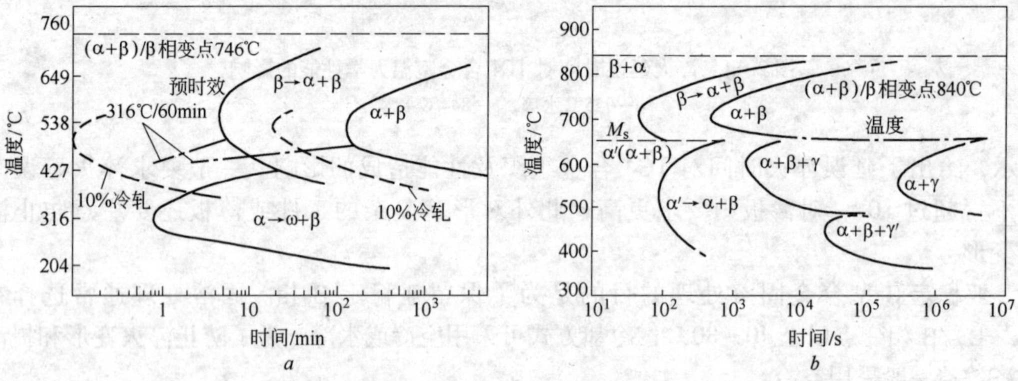

图20-6 （α+β）合金和可热处理β合金“C”曲线

a—Ti-11.5Mo-6Zr-4.5Sn；*b*—Ti-4.5Cr，γ相是$TiCr_2$

从“C”形曲线上，可以选用最佳的时效工艺。一般，（α+β）合金时效温度约500～600℃，时间约4～12h；β合金时效温度约450～550℃，时间约8～24h。冷却方式均为空冷。

为了控制析出相的大小、形态和数量，某些合金还可采用多级时效处理。如TB1合金，时效工艺为先在450℃下保温35h，再在560℃下保温15min。用阶梯式升温，使在低温下长时间保温，高温下短时间保温，有利于晶核的形成，而不利于晶核的长大。这样，该过程容易获得细小的α弥散相，可以改善合金的塑性和强度。

为了要求钛合金在使用温度下有较好的热稳定性，往往采用使用温度以上的时效。有时合金为了获得较好的韧性和抗剪切性能，也采用较高温度的时效。这种时效有时也称为稳定化处理。

另外，时效前的冷加工和低温预时效都加速了亚稳定β相的分解速度，并使α相弥散度增加。有时，也可通过冷变形后处理的方式提高β合金的抗拉强度和弹性模量。

20.1.2.3 固溶-时效处理

钛合金的固溶-时效处理是一个组合式工艺，该工艺第一步进行固溶处理，第二步进行时效处理。并按串联方式进行。它也是一种综合强化处理工艺。这两者又相互影响，因固溶处理对时效效果和工艺都有极大影响。因此，在确定工艺时，一定要综合起来共同考虑，以得到满意的综合强化性能。

钛合金中β稳定元素含量越高，淬火后亚稳定β相就越多，时效强化效果也就越大。当成分为临界浓度时，淬火获得全部亚稳定β相，因此时效强化效果最好。当β稳定元素含量进一步增加时，由于β相稳定性增大，时效时析出的α相相对减少，强化效果反而下降。

不同合金元素对强化效果的影响也不同,一般是稳定β能力越强的元素(其临界浓度越低)强化效果越好。当几种β稳定元素同时加入时,其综合强化效果比单一元素的强化效果好。

对于近α合金和β稳定元素较小的（α+β）合金，因为强化效应有限，要求固溶处理的组织应有较好的综合性能。此时时效处理仅能起辅助作用。

对于β稳定元素高的（α+β）合金，虽能获得较好的强化效果，但易使合金塑性下降。因此，要求固溶处理后的塑性要好。

对于β合金的固溶处理温度过高，不仅造成晶粒粗大，增加氧化，并使时效分解的α相十分弥散，晶界亮区变窄，易造成时效后塑性下降。若固溶处理温度过低，则使晶界亮区变宽，甚至会出现不均匀的析出，造成不强化的组织。因此，它的固溶处理温度选择要适当。

钛合金的固溶-时效工艺选择，需要兼顾的因素比较多，应该在所列出的工艺规范表中找出对应的工艺条件，还应按实际的合金化学成分、(α+β)/β相变点、热处理前原始组织和采用的热处理设备等条件，最终通过实验来确定热处理工艺。

20.1.2.4 强化热处理后的组织和性能

（α+β）合金和β合金经强化热处理后，因加热温度不同和冷却速度不同，发生相变后(参见第11.3节）会获得不同的显微组织，因而具有不同的力学性能。以TC4合金为例来说明。TC4合金不同温度下组织变化见图20-7。

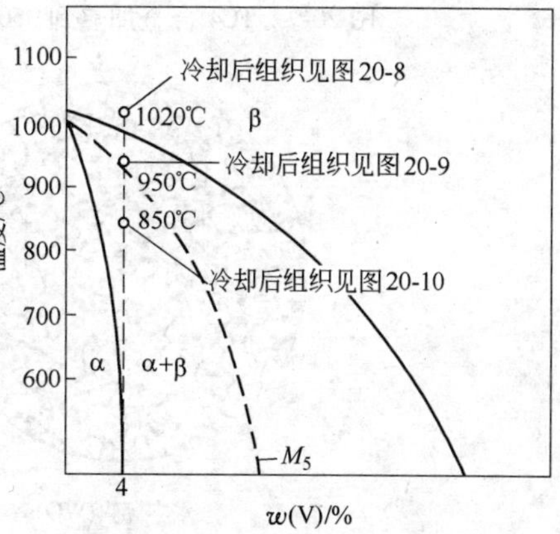

图20-7 TC4（Ti-6Al-4V）合金不同温度下组织变化图

TC4合金加热到1020℃，合金高温显微组织由单相β组成，是固溶体。当以不同速度冷却时，如水中淬火、空气中冷却和随炉冷却，获得显微组织见图20-8。

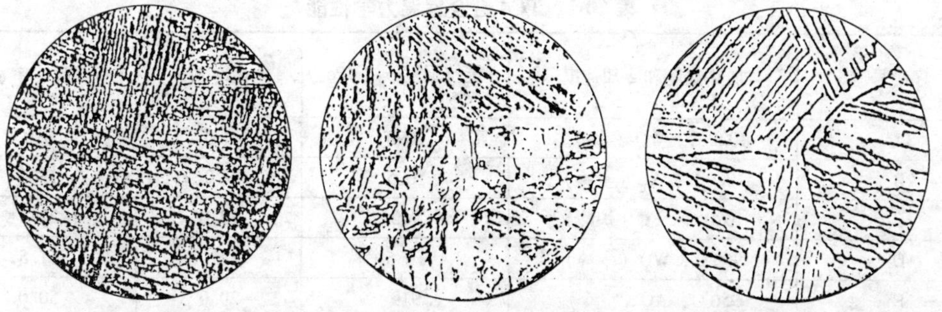

水中淬火(WQ)
(组织：马氏体α′+β和原始β晶界)

空气中冷却(AC)
(组织：针状α+β和原始β晶界)

随炉冷却(FC)
(组织：条状α+β和原始β晶界)

图20-8 TC4合金加热到1020℃后以不同冷却速度冷却获得的显微组织

与上述情况相同，当加热到950℃和850℃时，不同冷却速度冷却后所获得显微组织如图20-9和图20-10所示。

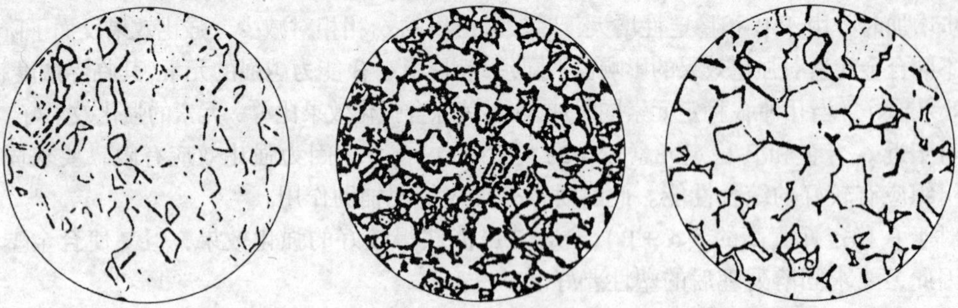

水中淬火(WQ)
(组织：初生的等轴α和α′+β)

空气中冷却(AC)
(组织：初生的等轴α和针状的β)

随炉冷却(FC)
(组织：等轴的α，晶界有β)

图20-9　TC4合金加热到950℃后以不同冷却速度冷却获得的显微组织

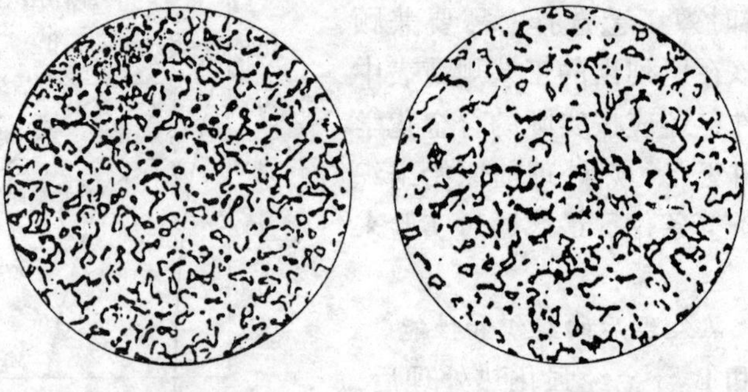

水中淬火(WQ)
(组织：初生的等轴α和亚稳定的β)

空气中冷却(AC)
(组织：初生的等轴α和转变β)

图20-10　TC4合金加热到850℃后以不同冷却速度冷却获得的显微组织

TC4合金加热到1020℃、950℃和850℃后，以不同冷却速度冷却，其室温力学性能见表20-1。

表20-1　TC4合金室温力学性能

序　号	加热温度和冷却速度	抗拉强度 σ_b/MPa	伸长率 δ/%	断面收缩率 ψ/%
A	1020℃，WQ（水淬）	1098	6.0	8.0
B	1020℃，AC（空冷）	1005	9.0	13.5
C	1020℃，FC（炉冷）	960	12.0	22.5
D	950℃，WQ（水淬）	1035	17.0	61.5
E	950℃，AC（空冷）	919	20.0	50.0
F	950℃，FC（炉冷）	902	21.0	48.0
G	850℃，WQ（水淬）	976	18.0	490
H	850℃，AC（空冷）	951	18.0	490

由以上可见，强化热处理效应十分明显，它必须要从中选择最佳的工艺条件。

20.2 热处理工艺及设备

20.2.1 热处理工艺条件的选择

20.2.1.1 (α+β)/β相变点的确定

钛及钛合金的(α+β)/β相变点的确定是热处理工艺的重要基本参数。只有准确确定(α+β)/β相变点，方能选择合适的热处理工艺，而(α+β)/β相变点与钛材化学成分有关（见表20-2)。因钛及钛合金的化学成分既与各种原材料的等级和成分有关，特别是其中含间隙元素的含量有关；也和加工工艺有关，影响因素较多，它使每一批次的钛材之间的(α+β)/β相变点有差异。实践表明，对一些（α+β）合金和β合金，在强化热处理时，又因相变点的上下波动，在指定的时间和温度下热处理时，往往不同批次钛材有不同的显微组织和力学性能。所以，最好对每一批钛材均要测定(α+β)/β相变点，并据此在推荐的热处理工艺范围内选择具体的工艺参数。

表20-2 元素含量对钛(α+β)/β相变点的影响

元素类别	元素名称	元素含量	对(α+β)/β相变点的影响	
			差 值	累 积 值
α稳定元素	Al	0~2.0	+14.5℃/1.0%	+29.0℃
		2.0~7.0	+23.0℃/1.0%	+143.0℃
		7.0~11.0	+15.5℃/1.0%	+205.0℃
		11.0~20.0	+10.0℃/1.0%	+295.0℃
	N	0~0.5	+5.5℃/0.01%	
	O	0~1.0	+2.0℃/0.01%	
	C	0~0.15	+2.0℃/0.01%	+30.0℃
		0.15~0.50	+0.15℃/0.01%	
	B	0~0.05	+1.0℃/0.01%	+5.0℃
		0.05~1.00	+0.025℃/0.01%	
β稳定元素	H	0~0.50	-5.5℃/0.01%	
	Mo	0~5.0	-5.5℃/1.0%	-27.5℃
		5.0~30.0	-10.0℃/1.0%	
	V	0~10.0	-14.0℃/1.0%	-140.0℃
		10.0~18.0	-10.0℃/1.0%	
	Nb	0~10.0	-8.5℃/1.0%	
	Ta	0~20.0	-1.0℃/1.0%	
	Fe	0~15.0	-16.5℃/1.0%	
	Mn	0~20.0	-16.0℃/1.0%	

续表 20-2

元素类别	元素名称	元素含量	对(α+β)/β相变点的影响	
			差 值	累 积 值
β稳定元素	Cr	0~7.0 7.0~15.0	-15.5℃/1.0% -12.0℃/1.0%	
	Cu	0~7.0	-12.0℃/1.0%	
	Si	0~0.45 0.45~1.0	-1.0℃/0.1% -3.5℃/0.1%	-4.5℃
中性元素	Zr Sn	0~10.0 0~18.0	-2.0℃/1.0% -1.0℃/1.0%	

注：纯钛的β相变点温度以885℃计。

测定钛及钛合金相变点的方法有多种。其中金相法应用较广泛，但周期长；膨胀法和电阻法是比较快速的测定方法；还有一种理论计算法，是基于实践经验数据总结出来的数学计算公式，它是按各元素对钛相变温度的影响推算出来的。此时，各元素中既有合金元素，也包括杂质成分，这种假设是合理的。按文献［3］建立下式，推荐如下：

$$T_{(\alpha+\beta)/\beta相变点} = 885℃ + \Sigma 各元素含量 \times 该元素对(\alpha+\beta)/\beta相变点的影响$$

式中，885℃为计算时纯钛的相变点。

根据历来生产钛及钛合金锭的平均杂质含量（见表20-3）以及合金的名义成分计算的(α+β)/β相变点，与实测值是相当接近的。例如TC4合金：铝的影响为2.0%×(+14.5℃/1.0%)+(6.0-2.0)%×(+23.0℃/1.0%)=+121℃，钒的影响为4.0%×(-14℃/1.0%)=-56℃；杂质的影响分别是铁为0.1%×(-16.5℃/1.0%)=-1.65℃，硅为0.05%×(-1.0℃/0.1%)=-0.5℃，碳为0.025%×(+2.0℃/0.01%)=+5.00℃，氢为0.005%×(-5.5℃/0.01%)=-2.75℃，氮为0.025%×(+5.5℃/0.01%)=+13.75℃，氧为0.080%×(+2.0℃/0.01%)=+16℃。

$$则\ T_{(\alpha+\beta)/\beta相变点} = 885℃ + 121℃ - 56℃ - 1.65℃ - 0.5℃ + 5.0℃ - 2.75℃ + 13.75℃ + 16℃ = 979.85℃$$

表20-3　钛锭生产厂杂质平均含量

杂质元素	Fe	Si	C	N	H	O
含量/%	0.10	0.05	0.025	0.025	0.005	0.08

计算得出TC4的相变点约980℃，这与实测值980~990℃相近，说明该计算式可用。

表20-4中列出了钛及钛合金的名义β转变温度 T_β，即(α+β)/β相变点，供参考。

表 20-4　钛及钛合金的β转变温度（T_β）

合金类型	合金牌号	名义β转变温度/℃	合金类型	合金牌号	名义β转变温度/℃
工业纯钛	TA0、TA0-1	890	α型	TC1	930
	TA1、ZTA1	900		TC2	940
	TA2	910		ZTA5	990
	TA3	930		ZTA15	995
α型	TA5	990	α-β型	TC3	965
	TA6	1010		TC4、ZTC4	995
	TA7、ZTA7	1010		TC6	970
	TA7ELI	1000		TC9	1000
	TA9	910		TC10	955
	TA10	900		TC11	1000
	TA11	1040		TC16	860
	TA12	1005		TC17	885
	TA13	895		TC18	870
	TA15	1000		ZTC3	980
	TA15-1	915		ZTC5	940
	TA15-2	965	β型	TB2	750
	TA16	930		TB3	750
	TA18	935		TB5	760
	TA19	995		TB6	800
	TA20	940		TB8	815
	TA21	890			

20.2.1.2　去应力退火工艺

钛及钛合金去应力退火工艺见表 20-5。

表 20-5　钛及钛合金去应力退火工艺

合金类型	合金牌号	加热温度/℃	保温时间/min	合金类型	合金牌号	加热温度/℃	保温时间/min
工业纯钛	TA0,TA1,TA2,TA3	445～595	15～360	α型	TA15	550～650	30～360
	ZTA1	600～750	60～240		TA16	500～600	30～360
α型	TA5	500～600	15～240		TA18	370～595	15～240
	TA6	550～600	15～360		TA19	480～650	60～240
	TA7	540～650	15～360		TA21	480～580	30～360
	TA7ELI	540～650	15～360		TC1	520～580	30～360
	TA9	480～600	15～240		TC2	545～600	30～360
	TA10	480～600	15～240		ZTA5	550～750	60～240
	TA11	595～760	15～240		ZTA7	600～800	60～240
	TA12	500～550	60～300		ZTA15	600～800	60～240
	TA13	550～650	30～120				

续表 20-5

合金类型	合金牌号	加热温度/℃	保温时间/min	合金类型	合金牌号	加热温度/℃	保温时间/min
α-β 型	TC3	550~650	60~360	α-β 型	TC18	600~680	60~240
	TC4①	480~650	60~360		ZTC3	620~800	60~240
	TC6	530~620	30~360		ZTC4	600~800	60~240
		800~850②	60~180		ZTC5	550~800	60~240
	TC9	530~580	30~360	β 型	TB2	650~700	30~60
	TC10	540~600	30~360		TB3	680~730	30~60
	TC11	530~580	30~360		TB5	680~710	30~60
	TC16	550~650	30~240		TB6	675~705	30~60
	TC17	480~650	60~240		TB8	680~710	30~60

注：对于已固溶处理且时效强化的或经双重退火的钛合金，去应力退火应小心进行，加热温度不应超过时效温度或第二阶段退火温度。

①去应力退火可以在 760~790℃与热成型同时完成。

②用于焊接后的去应力退火。

20.2.1.3　完全退火工艺

钛及钛合金完全退火工艺见表 20-6。

表 20-6　钛及钛合金完全退火工艺

合金类型	合金牌号	板材、带材、箔材及管材			棒材、线材、锻件及铸件		
		加热温度/℃	保温时间/min	冷却方式	加热温度/℃	保温时间/min	冷却方式
工业纯钛	TA0，TA1，TA2，TA3	630~815	15~120	空冷或更慢冷	630~815	60~120	空冷或更慢冷
		520~570	15~120	空冷或更慢冷			
	TA0-1（焊丝）				650~750	60~240	真空炉冷
α 型	TA5	750~850	10~120	空冷	750~850	60~240	空冷
	TA6	750~850	10~120	空冷	750~850	60~240	空冷
	TA7	700~850	10~120	空冷	700~850	60~240	空冷
	TA7ELI	700~850	10~120	空冷	700~850	60~240	空冷
	TA9	600~815	15~120	空冷或更慢冷	600~815	60~240	空冷或更慢冷
	TA10	600~815	15~120	空冷或更慢冷	600~815	60~240	空冷或更慢冷
	TA11	760~815	60~480	A①	900~1000	60~120	B②
	TA12				$T_\beta-(15\sim30)$	60~120	C③
					$T_\beta-(30\sim50)$	60~120	D④
	TA13	780~800	10~60	空冷	780~800	60~120	空冷
	TA15	700~850	15~120	空冷或更慢冷	700~850	60~240	空冷
	TA15-1（焊丝）				650~750	60~240	真空炉冷
	TA15-2（焊丝）				650~750	60~240	真空炉冷
	TA16（管材）	600~815	15~120	真空炉冷			

续表 20-6

合金类型	合金牌号	板材、带材、箔材及管材			棒材、线材、锻件及铸件		
		加热温度/℃	保温时间/min	冷却方式	加热温度/℃	保温时间/min	冷却方式
α型	TA18	600 ~ 815	30 ~ 120	空冷或更慢冷	600 ~ 815	60 ~ 180	E⑤
	TA19	870 ~ 925	薄板:10 ~ 60	F⑥	$T_β$ -(15 ~ 30)	60 ~ 120	E⑤
			厚板:30 ~ 120	E⑤			
	TA20(焊丝)				700 ~ 750	60 ~ 180	真空炉冷
	TA21	600 ~ 770	15 ~ 120	空冷或更慢冷	600 ~ 770	60 ~ 120	空冷或更慢冷
	TC1	640 ~ 750	15 ~ 120	空冷或更慢冷	700 ~ 800	60 ~ 120	空冷或更慢冷
	TC2	660 ~ 820	15 ~ 120	空冷或更慢冷	700 ~ 820	60 ~ 120	空冷或更慢冷
	ZTA7				900 ~ 920⑦	120 ~ 180	炉冷
	ZTA15				910 ~ 940⑦	120 ~ 180	炉冷
α-β型	TC3	700 ~ 850	15 ~ 120	空冷或更慢冷	700 ~ 850	60 ~ 120	空冷或更慢冷
	TC4⑧	700 ~ 870	15 ~ 120	G⑨	700 ~ 850	60 ~ 120	空冷或更慢冷
	TC6				800 ~ 850⑩	60 ~ 120	空冷
					870 ~ 920	60 ~ 120	H⑪
	TC9				950 ~ 980	60 ~ 120	I⑫
	TC10	710 ~ 850	15 ~ 120	空冷或更慢冷	710 ~ 850	60 ~ 120	空冷
	TC11				950 ~ 980	60 ~ 120	I⑫
	TC16	680 ~ 790	15 ~ 120	I⑫	770 ~ 790⑬	60 ~ 120	J⑭
	TC18	740 ~ 760	15 ~ 120	空冷	820 ~ 850	60 ~ 180	K⑮
	ZTC3				910 ~ 930⑦	120 ~ 210	炉冷
	ZTC4				910 ~ 930⑦	120 ~ 180	炉冷
	ZTC5				900 ~ 920⑦	120 ~ 180	炉冷

注：$T_β$ 表示相应的β转变温度。

①炉冷至480℃以下——双重退火要求第二阶段在790℃保温15min，空冷。

②空冷或更快冷，随后在595℃保温8h，空冷。

③空冷后再在600℃保温2h，空冷。

④空冷后再在［$T_β$ -（50 ~ 70）］℃保温1 ~ 2h，空冷；再在600℃保温3 ~ 5h，空冷。

⑤空冷后再在595℃保温8h，空冷（TA18合金线材真空炉冷）。

⑥空冷后再在790℃保温15min，空冷。

⑦热等静压处理，压强为100 ~ 140MPa，炉冷至300℃以下。ZTC5合金再经540 ~ 580℃保温8h，空冷。

⑧当TC4合金的再结晶退火用于提高断裂韧度时，通常采用以下制度：在β转变温度以下15 ~ 30℃保温1 ~ 4h，空冷或更慢冷；再在705 ~ 760℃保温1 ~ 2h，空冷。

⑨空冷或更慢冷。当对TC4合金规定进行双重退火（或固溶处理和退火）时，退火处理制度为：在β转变温度以下15 ~ 30℃保温1 ~ 2h，空冷或更快冷；再在705 ~ 760℃保温1 ~ 2h，空冷。

⑩800 ~ 850℃普通退火适用于在300℃以下工作5000h的截面厚度不大于90mm的飞机结构件。

⑪冷却方式根据截面厚度选择：

——截面厚度不大于20mm采用等温退火：炉冷至550 ~ 650℃，保温2h，空冷；

——截面厚度为20 ~ 50mm采用等温退火：转移到炉温为550 ~ 650℃的另一炉中，保温2h，空冷；

——截面厚度大于50mm采用双重退火：空冷后再在550 ~ 650℃保温2 ~ 5h，空冷。

⑫空冷后再在530 ~ 580℃保温2 ~ 12h，空冷。

⑬可根据使用要求，经试验后适当调整。

⑭以2 ~ 4℃/min的速度炉冷至550℃（在真空炉中不高于500℃），然后空冷。

⑮复杂退火。炉冷至740 ~ 760℃保温1 ~ 3h，空冷；再在550 ~ 650℃保温2 ~ 6h，空冷。

20.2.1.4 真空退火工艺

各种钛材真空退火温度与其对应的退火工艺是接近的。其中，钛管材的真空退火制度见表20-7。

表20-7 管材真空退火制度

合金牌号	坯料退火和中间退火			成品退火		
	温度/℃	保温时间/min	出炉温度（不高于）/℃	温度/℃	保温时间/min	出炉温度（不高于）/℃
TA1、TA2、TA3	700～750	60	200	650～680	45～60	100～150
TA5、TA7	800～850	60	200	800～850	60	100～150
TC1、TC2	750～780	60	200	700～750	45～60	150
TC4	800	60	200	700～750	45～60	150
TC10	800	60～90	200	800	60	150

20.2.1.5 固溶-时效处理工艺

钛及钛合金的固溶-时效工艺见表20-8及表20-9。

表20-8 固溶处理工艺

合金类型	合金牌号	板材、带材、箔材		棒材、线材、锻件		冷却方式②
		加热温度/℃	保温时间/min	加热温度/℃	保温时间①/min	
α型	TA11			900～1010	20～90	空冷或更快冷
	TA13	780～815	10～60	780～815	30～240	空冷或更快冷
	TA19	815～915	2～90	900～980	20～120	空冷或更快冷
α-β型	TC4	890～970	2～90	890～970	20～120	空冷或水淬
	TC6			840～900	20～120	水淬
	TC9			920～940	20～120	水淬
	TC10	850～900	2～90	850～900	20～120	水淬
	TC11			920～940	20～120	水淬
	TC16			780～830	90～150	水淬
	TC17			790～815	20～240	水淬
	TC18			720～780③	60～180	水淬
β型	TB2	750～800	2～30	750～800	10～30	空冷或更快冷
	TB3			750～800	10～30	空冷或更快冷
	TB5	760～815	2～30	760～815	10～90	空冷或更快冷
	TB6			705～775	60～120	水淬④
	TB8	815～900	3～30			空冷或更快冷
				$T-$（10～60）	60～120	水淬④

①某些特殊锻件可能需要较长的保温时间。采用接在炉料上的热电偶精确测定保温，可选取较短的保温时间。

②使用真空热处理设备时，可在惰性气体中冷却以代替空冷。

③对于复杂形状的TC18合金半成品和零件，为了尽量减少不同截面的强度差别，推荐以下制度：810～830℃，保温1～3h，炉冷至720～780℃，保温1～3h，水淬，并按表20-9的制度时效。

④直径或厚度不大于25mm时，允许空冷。

表 20-9 时效工艺

合金类型	合金牌号	时效温度/℃	保温时间/h
α 型	TA11	540 ~ 620	8 ~ 24
	TA13	400 ~ 430	8 ~ 24①
	TA19	565 ~ 620	2 ~ 8
α-β 型	TC4	480 ~ 690	2 ~ 8
	TC6	500 ~ 620	1 ~ 4
	TC9	500 ~ 600	1 ~ 6
	TC10	510 ~ 600	4 ~ 8
	TC11	500 ~ 600	1 ~ 6
	TC16	500 ~ 580	4 ~ 10
α-β 型	TC17	480 ~ 685	4 ~ 8
	TC18	480 ~ 600	4 ~ 10
β 型	TB2	450 ~ 550	8 ~ 24
	TB3	500 ~ 550	8 ~ 16
	TB5	480 ~ 675	2 ~ 24
	TB6	480 ~ 620	8 ~ 10
	TB8	540 ~ 680	7.5 ~ 8.5
		670 ~ 700	7.5 ~ 8.5②

①空冷后再进行第二阶段时效：475℃保温 8h，空冷。

②空冷或炉冷后再进行第二阶段时效：650℃保温 8h，空冷或炉冷。适用于有高温（550℃以下）性能要求的材料。

20.2.2 热处理设备

20.2.2.1 加热设备

原则上，各种电阻炉、感应炉、燃料炉都可以用于钛材热处理；一般现在用于钢材、铝材和铜材的热处理设备也都适用于钛材热处理；也有定型的产品可供采用。现在已有各种各样炉型，外形有钟罩形、井式、方形、长方形，作业方式有间隙的和连续的，还有轨道炉和盐浴炉。但是，选用炉型和操作一定适合各种不同外形的钛材。因此，逐渐形成各种专用的加热设备，当然最佳的方式是各种电加热炉。

对于某些成品钛材热处理有时需用真空热处理炉，也有定型产品可供选用，也可以在原退火炉配置真空系统。本系统需要求中真空，压力达 $p<1.3\text{Pa}$。真空机组应采用油增压泵为主泵，有关配泵详见第 26 章。

目前还有一种节电加热设备，即接触电加热炉。它是将电极直接与被处理的钛材直接连接，通以大电流，依靠制品本身的电阻热使炉体加热。它是内加热，保温性能好，可节能约 60%，但它仅适用于不变断面制品且要足够长，最好长度/直径比值大于 30。理论上尽管大断面制品也可用，但需要大电流、大功率的加热装置，比较困难。由于接触电加热均匀、迅速，金属氧化少、晶粒不易长大等优点，适用于加热棒材、型材、管材和线材，具有最高生产率，产品质量也好，值得推广应用。

热处理设备大多是大型设备，有的体积大，有的长度长，如钛管、棒材的退火炉，有的需要 5 ~ 7m，甚至达 10m。对于大型退火炉，如果要达到恒温区温度均匀，特别是长的退火炉，是有一定技术难度的。如前所述，热处理工艺中温度对产品质量影响甚大，不仅要使恒温区温度均匀，而且需要温度控制精确。应借助于配置电脑控制的温控器，并且要多点测温和多点控制。

为了装卸方便，炉内应配置合适的料筐，料筐放置于炉底的轨道上，以便于在需要时可以在水平面上移动。

对于真空退火炉，退火的钛材都是经过表面净化处理的。这些表面无氧化皮的钛材，高温时易黏结，为了防止黏结，应在炉内配置夹具，特别是钛材可用悬挂装置，以便于放置时保持间隙。

20.2.2.2 冷却装置

钛材固溶处理时，需要配置冷却槽，放入水或油，成为水冷却槽或油冷却槽，供淬火用。冷却槽容积和位置放置要合适，一般放在淬火炉边，低于炉水平线以下处，便于钛料出炉后迅速转移，放入冷却槽中。

对于钛板，特别是薄板，为防止变形，淬火时一定要板材竖立入水（或入油）中。

20.2.3 热处理加热环境

正如1.2节中详细介绍的钛的性质，高活性的钛在高温下几乎和绝大多数物质相互作用，不仅可以和加热气氛中的CO、CO_2、H_2O、NH_4等许多气体作用，也可与H_2O作用。与H_2O作用时，将水分解，即有反应$H_2O \longrightarrow 2H + O$，生成氢原子和氧原子，然后原子氢和原子氧分别被钛吸收，并向基体内部渗透，使钛增氧和增氢。

而且钛还可以和其接触的加热炉的器壁或零件发生反应。高温下，钛与铁壁接触，钛与铁会发生黏附并生成Ti-Fe合金。此时，如在铁表面有氧化皮时，同样FeO和Ti也会发生FeO中的氧向钛内部扩散，铁则和钛黏附并污染钛。

如果钛材表面有油污、汗渍，在高温下也会污染钛。因为油污类油脂，其化学通式为C_mH_nO，它有下列分解反应：$C_mH_nO \longrightarrow mC + nH + O$，然后Ti和C反应生成TiC，氢原子和氧原子也同时被Ti吸收。此时，造成钛材同时增碳、增氧和增氢。汗渍水中含有盐分NaCl，加热时也被钛黏附，在随后的使用中易引起热盐应力腐蚀。

因此要保证达到加热环境整洁，每次装炉前要清洁加热炉，清除氧化铁皮等垃圾；钛材入炉时，一定要将钛材放垫板与炉底间隙，并让钛材不接触铁壁，防止夹具的污染；还要清除钛材表面残留油污、水、汗渍和手印等污染物。故作业工人必须穿戴整洁的服装和手套。

20.2.4 热处理加热气氛

钛具有耐蚀性能是因为钛的表面能生成一层致密的氧化膜，对基体钛有保护性。在中、低温时，随着升温，氧化膜增厚，但呈致密层，有保护性；当温度超过极限，约800℃后，这层氧化膜中的氧向钛基体渗透，此时氧化膜破裂，不再致密，不具有保护性。具体的升温过程中，钛基体外表膜层结构如图20-11所示。此时膜层结构是由各种不同价态的氧化钛构成，外表是TiO_2（高价态），向里层价态逐渐下降，呈一梯度，最内层为TiO（低价态），可以说膜层是TiO_2-Ti_2O_3-TiO等一系列固溶体构成。随后，在氧化膜和钛

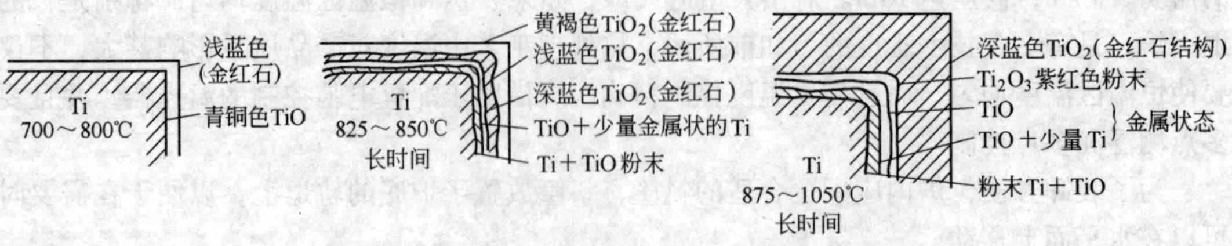

图20-11 工业纯钛在不同温度下氧化膜结构示意图

基体之间有一气体的污染层。污染层随加热温度的增加而增加，并受到加热气氛的影响，如图 20-12 所示。

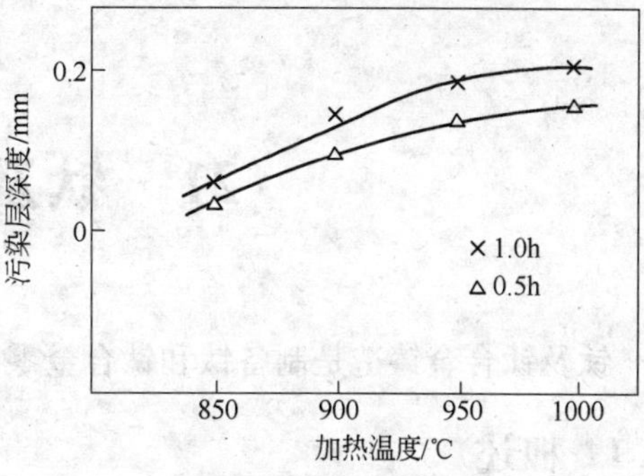

图 20-12 TC4 合金在碳硅棒炉中污染层深度与加热温度的关系

为了避免气氛污染的影响，可采用加热气氛为真空，即采用真空退火炉及真空淬火炉进行热处理。真空度要求 $p<0.13\mathrm{Pa}$。有时也可以采用氩气保护下热处理，此时要求 Ar 的纯度达 99.99% 以上。有时也可与热变形加工需要相衔接，采用保护涂层（涂玻璃层）热处理。

但是，真空热处理有致命的弱点，即效率低、成本高、操作麻烦。多数情况下，钛材热处理仍然采用大气下热处理，综合比较，经济上是合理的，作业效率也高。

这是因为钛材的整个塑性加工流程冗长，往往有些钛材需要加热数次，甚至有的中间退火都有数次。当一旦生成一定厚度的氧化（皮）膜时，这层氧化膜黏附很牢。虽然它不能阻止大气渗入基体，但它也是自然形成的障碍层，成为扩散时的主要阻力，使它们向钛基体渗透速度大为减缓，吸气速率大为降低，即使高温下带氧化皮的钛的吸气速率减缓。

加热气氛绝不能含氢，因为氢易使钛材增加氢含量，增加钛材的氢脆性。为此，加热炉绝不能用氢气加热，也应避免采用还原性气氛，防止钛材吸氢。为了防止过分氧化或增碳，在采用燃油加热时，要严防火焰直接喷射到钛材工件表面。总之，在加热炉中要求炉内气氛为中性或微氧化气氛。

参考文献

1 邓至谦．热处理．稀有金属手册（上册）．北京：冶金工业出版社，1992：928～941
2 刘勇．钛及钛合金的热处理．中国材料工程大典（第 15 卷）．北京：化学工业出版社，2006
3 《稀有金属材料加工手册》编写组．稀有金属材料加工手册．北京：冶金工业出版社，1984：28～49
4 王桂生．钛的应用技术．长沙：中南大学出版社，2007
5 ［苏］B. K. 亚历山德罗夫，等著．钛合金半成品加工．宁兴龙，等译．《稀有金属材料与工程》杂志社，1996

21 钛及钛合金铸造

钛及钛合金铸造是制备钛和钛合金零、部件的另一种工艺方法。

21.1 概述

铸造是钛加工的一种方法。钛铸造工艺的原则流程是：

钛铸锭、铸型 → 装炉 → 熔炼与浇注 → 精整 → 热处理或热等静压 → 铸件质量检验 → 铸件

21.1.1 钛和钛合金铸造的现状

随着钛合金铸造工艺，特别是熔模精铸工艺的成熟与发展，以及热等静压在铸钛工业的成功应用，钛和钛合金铸件的质量已接近或达到了变形钛合金件的水平。由于采用铸件能为设计者提供很大的设计灵活性，钛合金铸件迅速推广应用到要求很高的飞机机身和大燃气涡轮发动机上。20 世纪 80 年代中期以后，在国外不仅军用飞机采用了较多的钛合金铸件，民用飞机和发动机上也开始采用钛合金铸件，如美国制造的波音 757 飞机上就采用了钛合金铸件约 45 个、波音 767 上采用了近 60 个。从 1984 年到 1999 年美国钛和钛合金铸件的年平均需求量增长了 3 倍多，1999 年钛和钛合金铸件的年平均需求量达 1455t。

随着钛和钛合金铸件使用范围的扩大和宇航工业发展的需求，又进一步促进了铸造工艺的发展与提高，20 世纪 80 年代末已由单件铸造发展到由几件或几十件合拼在一起整体铸造。目前大型薄壁复杂整体精铸钛合金铸件最大直径已达到 1300mm，最大重量已超过 180kg，如 GE90 发动机的风扇机匣。现在钛和钛合金铸造，无论是合金、铸造工艺和设备以及铸件的质量保证，都已经达到了比较完善的水平。设计者已经考虑或正在考虑把钛合金铸件的铸造系数由原来的 1.5 变为 1。表 21-1 为 20 世纪末西方国家（不包括前苏联国家）的钛及钛合金铸造状况。

表 21-1 20 世纪末西方国家的钛和钛合金铸造状况

铸造公司名称	国家	最大浇注重量/kg	捣实石墨型铸件/mm	熔模精铸件/mm	熔化母合金料	铸后热等静压使用频率
Arwood（CT）	美国	180		$\phi1220 \times 1220$	棒料（坯料）	总是
Duriron（OH）	美国	20		$\phi510 \times 760$	回收料	经常
Howmet（MI 和 VA）	美国	730		$\phi1525 \times 1525$	棒料（坯料）	总是
Oremet（OR）	美国	750	$\phi1525 \times 1830$		棒料和回收料	选择用
PCC（OR）	美国	770		$\phi1525 \times 1220$	棒料和回收料	总是
Rem products（OR）	美国	180		$\phi815 \times 508$	棒料（坯料）	经常

续表 21-1

铸造公司名称	国家	最大浇注重量/kg	捣实石墨型铸件/mm	熔模精铸件/mm	熔化母合金料	铸后热等静压使用频率
Schlosser casting(OR)	美国	90		ϕ760×610	棒料（坯料）	经常
Tiline Inc（OR）	美国	750		ϕ1370×610	棒料和回收料	总是
Titech International Inc（CA）	美国	400	ϕ915×610	ϕ915×610	棒料和回收料	经常
PCC France	法国	270		ϕ1220×1220	棒料和回收料	总是
Tital	德国	180	ϕ1145×760	ϕ1015×635	棒料（坯料）	总是
Sattas	比利时	820	ϕ1525×1220	ϕ610×610	棒料和回收料	经常
VMC	日本	180	ϕ1270×630	中小铸件	棒料和回收料	选择用
大同特殊钢公司	日本				棒料和回收料	选择用
三菱金属公司	日本				棒料和回收料	选择用
关东特殊钢公司	日本				棒料和回收料	选择用
三井造船公司	日本				棒料和回收料	选择用

目前国内钛合金铸造，单件的铸造工艺水平和铸件的质量已经达到国际先进水平，大批量的民用铸件和高尔夫球头已出口国外，但从全国整体的铸造技术水平和铸件质量来看，与世界主要国家的水平相比还有一段差距。

20世纪90年代中开始，国内的钛合金铸造得到迅速发展，目前从事研究和生产钛合金铸件的单位已达十多个。

21.1.2 铸造钛及钛合金品种

目前国内外应用的铸造钛和钛合金都是沿用变形钛和钛合金的成分。铸造钛合金（与变形钛合金一样）按相的组成可分为：α型合金、近α型合金、（α+β）型合金、近β型合金、β型合金五种。按它们的强度和应用情况可分为：中温中强合金、高强合金、高温合金、低温合金、耐腐蚀合金及特殊用途合金（生物工程合金）六种。

表21-2为国内目前工业上已有的铸造钛和钛合金的牌号及其化学成分。其中，ZTA1～ZTA3和Ti-0.2Pb、ZTB32主要用于化工、石化以及要求耐腐蚀性能的工业部门，制造耐腐蚀的构件。ZTA7、ZTC4合金是中温中强合金，其中ZTC4合金是应用范围最广、应用量最大的合金。目前我国研制和生产的钛合金铸件中90%是这种合金。ZTC3、ZTC5、ZTA15、ZTC6等是北京航空材料研究院根据航空工业发展的需要研制或仿制的高温铸造钛合金和高强铸造钛合金。ZTC3可用于制造500℃下长期工作的航空发动机压气机构件，如机匣、支架等。ZTC5合金具有高强高韧性，在350℃下长期使用具有良好的热稳定性，可用于取代铝、部分钢铸件制造飞机结构件。ZTA15与俄罗斯BT20Л合金相似，ZTC6与美国的Ti6242合金类似，它们都是近α型铸造钛合金，在强度、高温性能和可焊接性能方面优于Ti-6Al-4V合金，可用于制造在500℃以下长期工作的结构件。

目前铸造钛和钛合金技术标准规定的力学性能见表21-3。

表 21-2 国内铸造钛及钛合金的牌号（质量分数/%）

牌号	合金类型	合金元素												杂质，≤							
		Al	V	Sn	Zr	Mo	Cu	Nb	Fe	Si	Ce	Pd	Ti	Fe	Si	C	N	H	O	其他元素 单个	其他元素 总和
ZTA1													基体	0.25	0.10	0.10	0.03	0.015	0.25	0.10	0.40
ZTA2													基体	0.30	0.15	0.10	0.05	0.015	0.35	0.10	0.40
ZTA3													基体	0.40	0.15	0.10	0.05	0.015	0.40	0.10	0.40
Ti-0.2Pd	α型											0.20	基体								
ZTA5		3.3～4.7											基体	0.30	0.15	0.10	0.04	0.015	0.20	0.10	0.40
ZTA7		4.0～6.0		2.0～3.0									基体	0.30	0.15	0.10	0.05	0.015	0.15	0.10	0.40
ZTA15	近α型	5.5～6.8	0.8～2.5		1.5～2.5	0.5～2.0							基体	0.30	0.15	0.13	0.05	0.01	0.16		0.30
ZTC3		4.5～5.5		1.5～2.5		4.5～5.5				0.20～0.35	0.015～0.03		基体	0.20		0.10	0.05	0.0125	0.18	0.10	0.30
ZTC4	（α+β）型	5.5～6.8	3.5～4.5										基体	0.30	0.15	0.10	0.05	0.015	0.20	0.10	0.40
ZTC5		5.0～6.0	1.0～2.0	1.0～2.0	3.0～4.0	2.5～3.5	0.8～1.2		0.6～1.0				基体		0.15	0.10	0.05	0.015	0.20	0.10	0.40
ZTC6	近β型	5.75～6.5		1.75～2.25	3.5～4.5	1.75～2.25							基体	0.12	0.13	0.10	0.05	0.0125	0.15	0.10	0.40
ZTC21	β型	5.5～6.5		4.0～5.0		1.0～2.0		1.5～2.0					基体	0.30	0.15	0.10	0.05	0.015	0.20	0.10	0.40
ZTB32						30.0～40.0							基体	0.30	0.15	0.10	0.05	0.015	0.15	0.10	0.40

表 21-3 国内铸造钛和钛合金的力学性能

合金牌号	状态	室温性能①						高温性能	
		σ_b/MPa	$\sigma_{0.2}$/MPa	δ_5/%	ψ/%	a_{KU} /kJ·m^{-2}	HBS	σ_b/MPa	σ_{100h}/MPa
				≥			≤	≥	
ZTA1	退火	345	275	20			210		
		345	275	12					
ZTA2	退火	440	370	13			235		
ZTA3	退火	540	470	12			245		
ZTA5	退火	590	490	10			270		
ZTA7	退火	795	725	8			335		
		760	700	5	12			410②	400②
ZTC3	退火或 HIP③	930	835	4	8			570④	520④
ZTC4	退火	895	825	6			365		
	退火或 HIP⑤	835(890)⑥	765(820)⑥	5(5)⑥	12(10)⑥			500⑦	490⑦
ZTC5	退火或 HIP⑧	1000	910	4	8			900⑦	800⑦
ZTC6	退火或 HIP	860	795	5	10				
ZTA15	退火或 HIP	882	784	5	12	274			
ZTC21	退火	980	850	5			350		
ZTB32	退火	795		2			260		

①从铸件上切取试样的室温力学性能允许比附铸试样的性能低5%。

②300℃下的性能。

③航空航天工业用的Ⅰ、Ⅱ类铸件必须经过热等静压（HIP）。

④500℃下的性能。

⑤HIP 制度：100～140MPa 氩气压力下，920±10℃，保温 2～2.5h，随炉冷至 300℃以下出炉。

⑥当需方有要求时，可采用括弧内的性能指标。此时应选用氧含量 0.15%～0.18% 的母合金棒料或铸锭作为重熔电极。

⑦350℃下的性能。

⑧HIP 制度：100～140MPa 氩气压力下，900℃，保温 2h，冷却速度 32～34℃/min，随炉冷至 300℃以下出炉。

21.1.3 铸造钛合金的新发展

为了满足工业发展的需求，世界钛合金的主要生产和应用国家，在以下方面做了大量的研究和发展工作：

（1）研发高性能合金。根据使用要求，研究和发展高温、高强、高弹性模量的合金，如 γ-TiAl 和 Ti_3Al 金属间化合物，它的密度低于普通钛合金，而使用温度在 700℃ 以上，与普通钛合金比较具有更高的使用温度，更优异的高温强度、刚性、蠕变抗力和抗氧化性以及高的弹性模量，如表 11-32 所示。高强合金最典型的是近 βTi-15V-3Al-3Cr-3Sn 合金，它的室温抗拉强度可达1200MPa，可用作飞机机身的结构材料。

（2）降低生产成本。钛及其合金虽然具有优异的性能，但它的生产成本很高，价格昂贵，从而限制了它的更广泛应用，尤其是在民用方面的推广应用。为此，世界各主要钛生产国都把降低生产成本作为一项非常重要的工作。这方面的主要工作有：1）研制低成本合金。目前工业上应用的钛合金含有V、Mo、Zr等元素，价格比较昂贵，许多国家都在积极寻找这些元素的替代者，参见第9.2.3节。2）回收废钛降低成本。由于钛及其合金铸造的特性和为了获得质量良好的铸件，钛及其合金铸件必须设置大的浇冒系统，铸造一次金属的有效利用率通常只能达到25%～50%。因此，必须回收浇冒系统，才能降低钛及其合金铸件的生产成本。为此，世界钛及其合金铸件生产国，就一直在积极研究浇冒系统及其他废钛的回收方法和设备，其中在这方面做得比较好的是美国和俄罗斯。图21-1为俄罗斯ВИАМ公司设计制造的回收钛废料的设备。通过回收再用钛废料可使钛及其合金铸件的金属利用率达到50%～80%。3）研发高效低成本的熔炼铸造工艺和铸件成形工艺，在铸件成形工艺方面，已获得了可喜的进展，如铸件成形仿真的成功应用、CAD/CAM与快速成形技术的应用，大型复杂薄壁精铸工艺的研究成功，大大提高了铸件的成形率，缩短了生产周期，降低了生产成本。4）研究价廉稳定性更好的造型工艺。

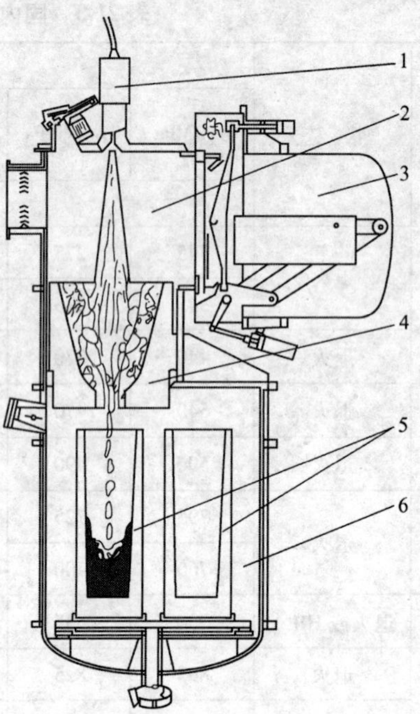

图21-1 ВИАМ公司设计制造的真空重熔钛返回料成铸锭的ЭЛУТО-1型真空电子束炉示意图
1—冷阴极电子束枪；2—熔炼室外壳；3—接受钛返回料的料仓；4—重熔返回料用钛坩埚；5—接受液态金属用钢锭模；6—铸锭室

（3）采取措施提高铸件质量，改善性能，提高可靠性。如采用特种铸造工艺和热处理工艺，使铸件的质量和性能达到钛合金变形件的水平。

（4）研发具有特种功能的合金，如耐蚀和抗磨合金、高弹性模量合金、生物医学工程合金。

21.1.4 钛及钛合金铸件的应用

钛及钛合金铸造不仅具有变形钛及其合金原有的各种优点，而且还有变形钛合金难以做到的下列优点：（1）可以直接成形各种复杂形状和尺寸的近净尺寸的结构件，提高材料利用率，减少机加工量，降低成本，缩短生产周期；（2）为结构件的设计者提供很大的设计灵活性；（3）随着铸造工艺的提高和热等静压的成功应用，钛及钛合金铸件的性能已接近或达到变形钛合金件的水平，原取1.5的铸造系数已改为1。

钛及钛合金铸件目前已被广泛应用于航空、航天、化工等行业。现在获得实际应用的包括：（1）在航空工业上主要用于制造发动机机匣、各种支架、安装座，飞机机身构件；（2）在航天上主要用于制造导弹壳体和尾翼，航天飞机的支架、安装座、托架、人造卫星照相机框架等；（3）在化工和海洋运输上主要用于制造泵、阀门、管道、螺旋桨等；（4）医疗卫生上用于制造人体的各种植入物、假肢、人体口腔修复体等；（5）运动器械上主要用于制造高尔夫球头（Wood）；（6）汽车上用于制造阀体及其他各种构件。

21.2 钛及钛合金的铸造性能

铸造性能是钛和钛合金铸造的最基本性能之一，它直接关系到后面成型铸件的质量和性能以及应用。其主要内容有：流动性、充填性、合金冷却凝固过程的收缩、凝固过程铸造表面形成的特性、液态钛浇注和凝固过程形成气体缺陷的倾向、抗裂性、凝固过程形成铸造组织的特性等。影响这些特性的因素有：合金的成分和性能、铸型的状态和性能、熔炼与浇注的条件等。

21.2.1 流动性

流动性是表示液态金属流入铸型浇道和充填型腔的能力。

液态金属填充铸型是一个复杂的流体动力学和物理化学过程。影响流动性的因素有：（1）铸造合金性能，包括液态金属的热物理性能、黏度、密度、氧化程度和结晶特性等；（2）铸型性能，包括物理性能、湿润性、表面粗糙度、孔隙度和化学稳定性等；（3）熔炼和浇注的条件，包括液态金属过热度、浇注方式、浇注速度和熔铸的气氛等。

液态金属流动性是通过浇注流动性试样测定的。流动性试样的类型很多。俄罗斯和国内通常都采用螺旋型试样。美国采用薄板型试样，薄板型试样与工业生产实际比较相近。流动性的影响因素有：

（1）合金性能。钛加入合金元素后，要影响钛的结晶温度间隔和热物理性能，从而导致钛的流动性发生变化。表21-4为几种主要工业钛合金的结晶温度间隔。结晶温度间隔大小直接关系到合金从液态冷却过程中，晶体生长的形态和液态与固相的相对量以及结晶体生长前部的表面粗糙度。图21-2为不同合金元素对钛流动性的影响。从图21-2可见，Si对钛合金的结晶温度间隔和流动性影响最大。

另外合金的热物理性能，特别是结晶热和熔炼过程某些元素的蒸发吸热，对合金的流动性影响也很大。例如在钛铝合金中，随着铝含量的增加，结晶热也大大提高。前苏联的钛铸造专家利用三角形截面的石墨螺旋形试样研究了BT1Л、BT5Л等各种合金的流动性，结果如表21-5所示。

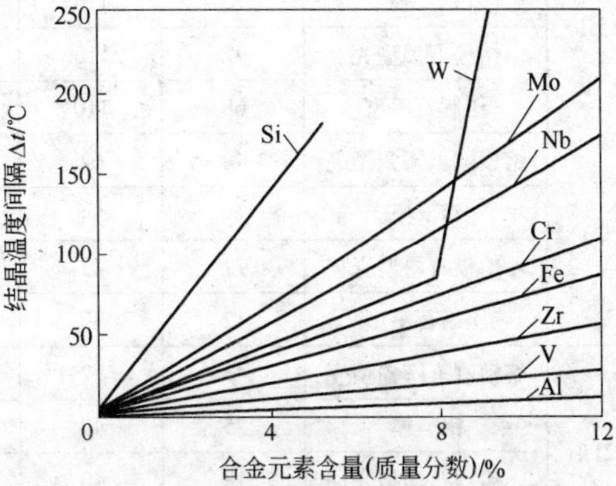

图21-2 不同合金元素对合金结晶温度间隔的影响

表 21-4 几种主要工业钛合金的结晶温度间隔

合　　金	液相线/℃	固相线/℃	结晶温度间隔 Δt/℃
工业纯钛 BT1Л	1670	1655	15
BT5Л	1640	1600	40
BT6Л	1650	1590	60
BT3-1Л	1620	1560	60
BT9Л	1620	1560	60
BT14Л	1650	1590	60
BT20Л	1620	1560	60
BT21Л	1630	1550	80

表 21-5 几种合金的流动性

合　金	BT1Л	BT5Л	BT9Л	BT21Л
螺旋形长度/mm①	520	560	505	460
Al 含量/%	0	5	6.5	6.6

①螺旋形长度越长，表征流动性越好。

（2）铸型性能和状态。为了研究铸型性能和状态对流动性的影响，选用了四种不同铸型材料。分别浇注 BT1Л、BT5Л、BT9Л、BT21Л 等合金，其结果见表 21-6。从表中可见，铸型不同流动性也不相同。

表 21-6 在熔炼和浇注工艺相同条件下钛合金在各种铸型中的流动性（mm）

合金牌号		2.5	5.0	7.5	10	12.5	15	备注
BT1Л	熔模刚玉陶瓷型壳	82	126	175	200			试样高度200mm
	钢　模	70	115	156	200			
	熔模石墨型壳	65	108	152	196	200		
	压制石墨型	60	101	145	188	200		
BT5Л	熔模刚玉陶瓷型壳	87	138	190	200			
	钢　模	75	114	162	200			
	熔模石墨型壳	72	113	156	198	200		
	压制石墨型	68	110	152	196	200		
BT9Л	熔模刚玉陶瓷型壳	48	62	117	156	198	200	
	钢　模	29	54	81	105	130	156	
	熔模石墨型壳	21	43	66	89	115	136	
	压制石墨型	12	30	49	68	88	115	
BT21Л	熔模刚玉陶瓷型壳	43	72	100	127	154	185	
	钢　模	25	49	72	95	121	144	
	熔模石墨型壳	18	40	62	84	105	130	
	压制石墨型	10	28	49	67	83	196	

浇注前对铸型预热，对提高液态金属的流动性是有一定作用的，见表21-7。同时，预热铸型可显著地改善液态金属对铸型的充填性作用，这将在后面讨论。

表21-7　浇注前铸型预热对工业纯钛流动性的影响

铸型预热温度/℃	20	210	400
螺旋形试样充满长度/mm	410	420	445

（3）金属熔化和浇注条件。对于钛合金来说，可以通过增加熔化的输入功率，即增加熔化的电流密度，提高液态钛的温度（见图21-3和图21-4）对改善钛的流动性是有一定作用的。

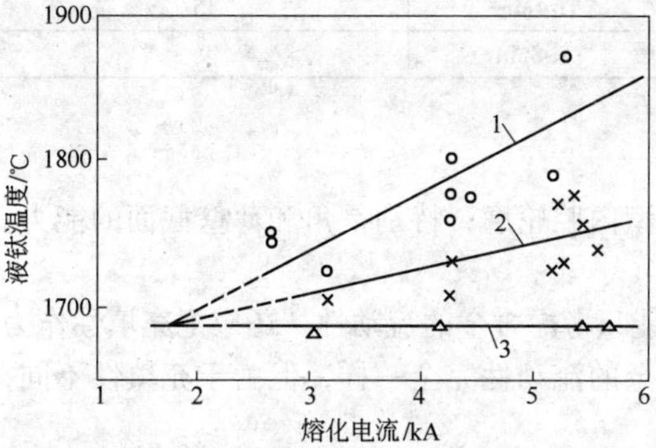

图21-3　凝壳熔炼中熔化电流对钛熔化温度的影响
1—熔池表面温度；2—浇注时钛液的温度；
3—凝壳表面温度

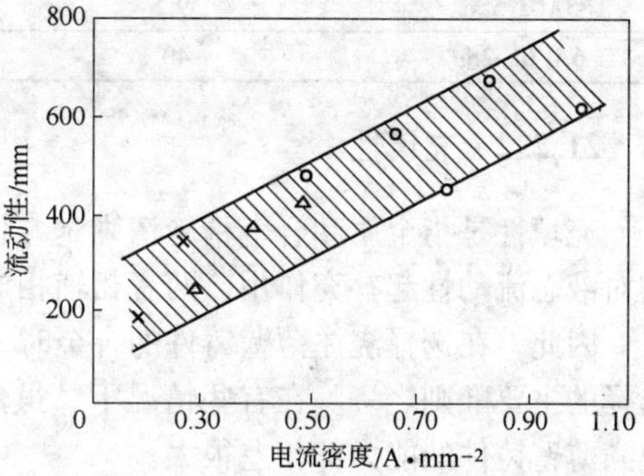

图21-4　熔化电流密度对Ti-5Al合金流动性的影响
图中符号表示自耗电极尺寸：○—ϕ100mm；
△—ϕ160mm；×—ϕ170mm

对于大型凝壳炉采用增大熔化电流，这样也会使熔化速度加快，提高液态熔池内液态金属的温度，从而使金属的流动性得到改善。

电弧凝壳熔炼，熔炼完后的浇注速度对流动性也有很大的影响，见图21-5。

钛和钛合金在凝壳熔炼结束的浇注方式对流动性的影响非常大。采用离心浇注，加快液态钛充填铸型的速度，减少了浇注阶段液态钛温度的降低，从而提高了液态钛的流动性，见图21-6。同时，采用离心浇注可以大大降低合金成分和铸型材料对流动性的影响。

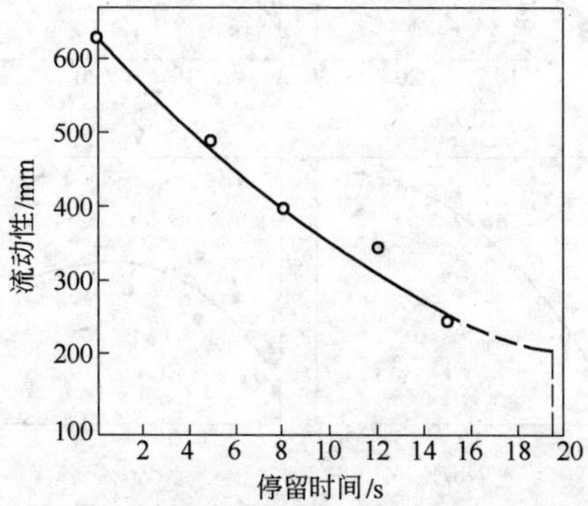

图21-5　Ti-5Al合金在凝壳炉坩埚内
停留时间对流动性的影响

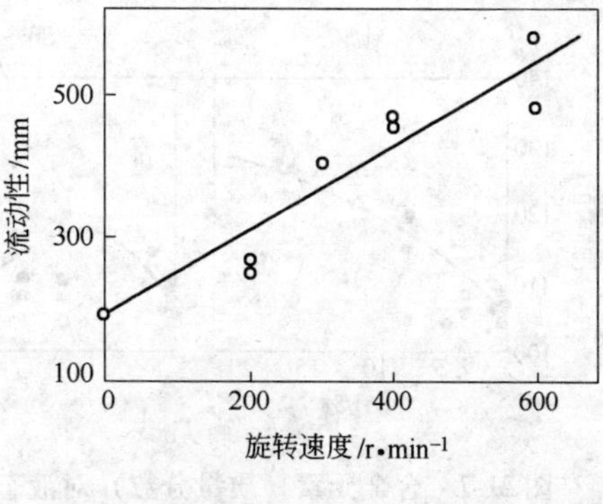

图21-6　离心转速对Ti-5Al合金流动性的影响

因此，离心浇注法是提高钛合金流动性的最佳方法。

经过试验，确定了液态钛的流动性与普通铸钢（低碳钢）的流动性相近。为了测定钛和钛合金的流动性，E. D. Calvest 等人采用美国标准局的螺旋形流动性试样，测定了几种主要铸造钛合金的流动性，其结果见表 21-8。

表 21-8 几种主要铸造钛合金的流动性

合 金	液态金属充满螺旋形流动性试样的长度/mm	合 金	液态金属充满螺旋形流动性试样的长度/mm
纯 钛	40.5	Ti-6Al-2Sn-4Zr-2Mo	39
Ti-6Al-4V	42.5	Ti-11Mo-6Zr-4.5Sn	22
Ti-5Al-2.5Sn	39.5	Ti-4Mn	15
Ti-6Al-6V-2Sn	40	7Ti-8Mn	9

21.2.2 充填性

充填性是指金属和合金精确清晰地复制铸型内腔轮廓，特别是角和薄壁截面的能力。它对液态流动性起补充作用，两者相辅相成。

因此，在选择浇注薄壁铸件的合金时，不能只考虑合金的流动性，还应把充填性作为选择的主要准则之一。在有些情况下，虽然合金的流动性完全一样，但由于充填性不同，充满薄壁铸件的能力却相差很大。

充填性和流动性一样，也是受合金成分、铸型的性能和温度以及熔炼和浇注条件的影响；尤其是合金的黏度和表面张力以及其对铸型的润湿性能，是影响充填性的决定性因素。具体有：

（1）合金成分。凡是加入钛后，会使合金表面张力提高和结晶温度间隔变宽的合金元素，像铝、锡、铌、锆以及碘、锰、硅等都会使钛的液态充填性变差，对铸型的润湿性变坏（见图 21-7 和图 21-8）。而且已经确定凡是能与钛形成置换固溶体的合金元素，都会使

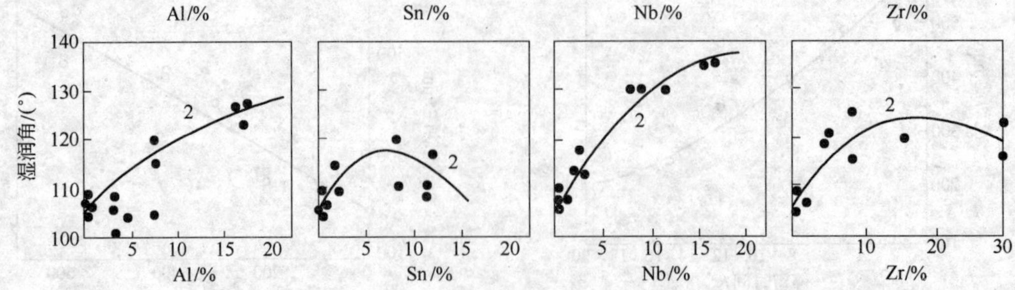

图 21-7 合金元素（质量分数）对液态钛表面张力以及对铸型（镁砂制作）润湿性的影响
1—计算值；2—试验曲线

液态钛的表面张力提高，充填性能变差。此外，合金的结晶特性（共晶或固溶体），对合金的充填性也有影响，通常是共晶合金比固溶体型合金具有更好的充填性。初生晶粒的形状和尺寸也会影响钛的充填性，如初生晶粒呈粗大的树枝状，势必将使充填性变差。总之，任何合金元素加入钛，都会使它的充填性变差，但每种元素的影响是有差异的。

（2）铸型材料。铸型材料主要影响液态钛对铸型的润湿性，它对充填铸件的薄壁截面与尖锐边角起着很大的作用，在较大程度上决定着随后铸出铸件的质量。

Namba Susumu 采用真空垂滴法测定了 Ti-5Al 合金对一些铸型材料的润湿性，其结果见表 21-9。从表可见，在所研究的材料中，石墨与钛的润湿性是最好的。

（3）熔炼浇注方式。增加凝壳熔炼的输入功率，即增加熔化的电流密度，提高液态钛的温度（参见图 21-3），可以降低钛液的黏度，从而达到改善钛及钛合金液对铸型的充填性。表 21-10 为钛液温度对其黏度的影响。由表中可见，在钛液温度从 1690℃提高到 2110℃时，钛液的黏度降低到 1690℃的约 1/8。

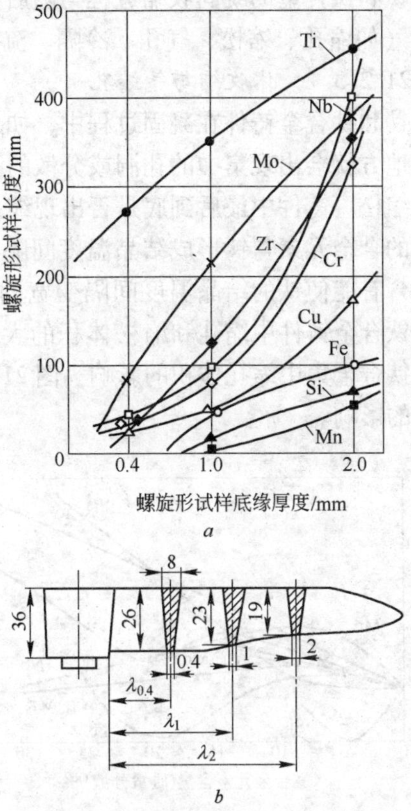

图 21-8　合金元素对钛充填性的影响及测量充填性试样的示意图
a—合金元素对钛充填性的影响；
b—测量充填性试样的示意图

离心浇注也可以使液态钛的充型速度加快，减少浇注阶段液态钛温度的降低，从而可以最有效地改善钛对铸型的充填性。

表 21-9　Ti-5Al 合金对一些铸型材料的润湿性

造型材料	二氧化锆	电熔刚玉	镁砂	石墨	
				20℃	800℃
润湿角/(°)	135	120	1071	90	0

表 21-10　钛液温度对其黏度的影响

液钛温度/℃	1690	1760	1817	1950	2110
运动黏度/$cm^2 \cdot s^{-1}$	1.01	0.60	0.44	0.23	0.15

21.2.3　钛和钛合金的凝固收缩

液态钛被浇进铸型后，在液态钛从液态到凝固态和固态整个冷却过程中要伴随发生体积和线性尺寸减小的现象，即发生体收缩和线收缩。

钛和钛合金的凝固收缩过程与随后获得的铸件质量密切相关，铸件中经常出现的各种缺陷（如缩孔、缩松、气孔、冷隔、流痕、热裂、冷裂等）都与这个过程有关。

21.2.3.1 体收缩与气缩孔

钛和钛合金铸件在凝固过程中，如果液态收缩和凝固收缩得不到补偿，在铸件最后凝固的地方就会出现集中的孔洞或分散的孔洞。集中的孔洞，被称为缩孔；分散的孔洞，被称为缩松。铸件中最后到底是否出现缩孔或缩松，与加入的合金元素类型密切相关。凡是加入的合金元素与钛形成结晶温度间隔窄的固溶体型合金铸件中，倾向于形成集中缩孔；凡是含有能使钛的结晶温度间隔变宽的合金元素的合金铸件中，倾向于形成树枝状的缩松。钛合金铸件中缩孔和缩松体积的大小受加入合金元素的影响。图21-9为各种合金元素对钛合金集中缩孔体积的影响。图21-10为合金元素与结晶温度间隔对钛合金铸件缩松变化的影响。

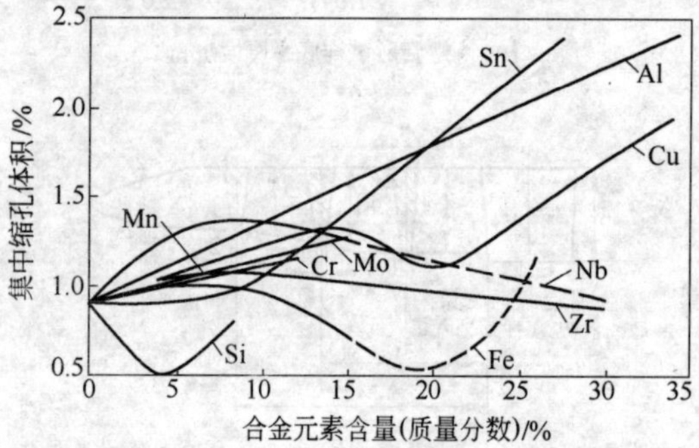

图21-9 各种合金元素对钛合金铸件集中缩孔体积的影响

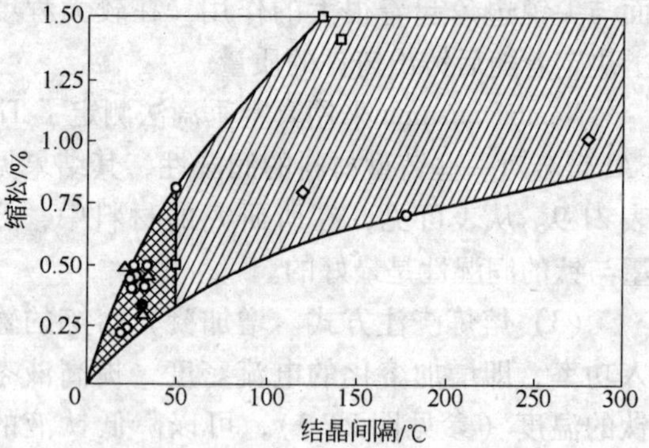

图21-10 合金元素与结晶温度间隔对钛合金铸件缩松变化的影响

○—Al；△—Zr；□—Fe；●—Si；◇—Cu

在钛合金铸件中，无论是形成缩孔或缩松，气体都起着很大的作用。液态钛冷却凝固收缩，在最后凝固的地方得不到补偿时便出现孔洞，这孔洞是真空的。液态钛凝固时放出的气体就会向这里扩散填充。因此，钛合金铸件中的孔洞常被称为气缩孔，孔内是银白色的，这是钛合金铸件的特性之一。有人经过计算获得的几种工业钛合金的体收缩如表21-11所示。

表21-11 几种工业钛合金的体收缩

合金牌号	BT1Л	BT5Л	BT9Л	BT21Л
体收缩/%	2.7~3.1	3.0~3.2	2.6~3.0	2.4~2.8

消除钛合金铸件中气缩孔最有效的办法是采用抛物线斜度的冒口或斜度补贴法。冒口的倾斜角应为5°~10°。冷铁对消除钛合金铸件中的气缩孔是不起作用的。

21.2.3.2 线收缩

钛和钛合金的线尺寸收缩常常是采用单位长度的相对变化量来表示，单位长度的相对收缩量称为线收缩率，常用下式表示：

$$\varepsilon = (L_0 - L_1)/L_0 \times 100\%$$

式中　ε——线收缩率，%；

L_0——铸件模具型腔内的某线性尺寸，mm；

L_1——实际获得的铸件与其模具某一相对应的线性尺寸，mm。

线收缩率是设计和制造模具的重要参数，它的准确度直接关系到随后获得铸件的尺寸精度。根据铸件凝固过程各部分尺寸收缩的情况不同，线收缩通常可分为自由线收缩和受阻线收缩。

钛和钛合金的线收缩受合金成分、铸型材料和铸件结构特点的影响如下：

(1) 合金成分。图 21-11 和图 21-12 为合金元素对钛线收缩率的影响。凡是能与合金元素形成连续固溶体，结晶温度间隔变小的合金，随合金元素加入量的增多，线收缩率要增大，例如铝、钼、钒等；凡是加入钛后，扩大合金结晶温度间隔的合金元素，随着合金元素加入量的增多，合金线收缩率要减小，例如铌、铜、锆等。

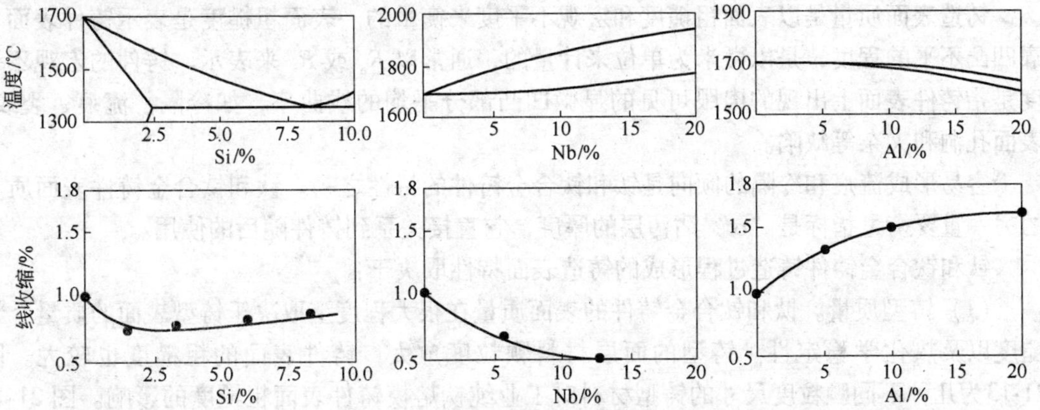

图 21-11　硅、铌、铝等合金元素（质量分数）对合金线收缩的影响

(2) 铸型材料和铸型类型。铸型材料和铸型类型的影响主要表现在铸型的强度上，铸型强度高，液态钛冷却凝固迫使铸型变形的可能性小，铸件受阻收缩，合金线收缩就小。但是铸型材料和铸型类型对线收缩的影响没有合金成分的影响大。

(3) 铸件结构特点。铸件结构特点的影响主要体现在铸件形状结构不同，铸件的截面厚度不同，或在同一截面上各部分的冷却速度不同，导致各部分尺寸收缩不同，最终将造成各部分的线收缩也不尽相同。铸件的形状结构越复杂，铸件各部分的壁厚差别越大，影响也越大。

有人测定了铸造钛和几种钛合金及 35 号铸钢自由收缩的线收缩率，其结果见表 21-12。由表可见，钛和钛合金的线收缩率比 35 号铸钢几乎低一倍。

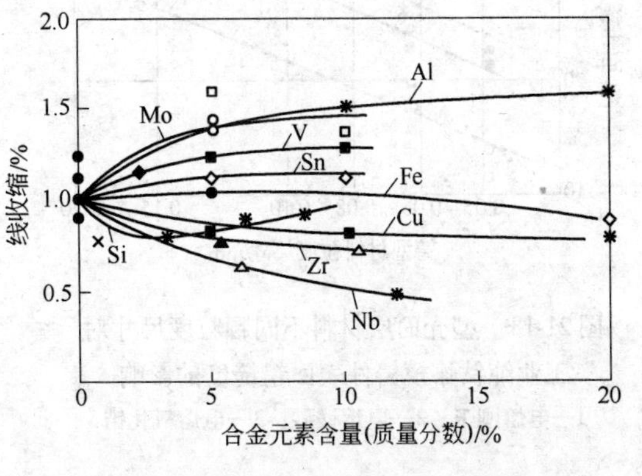

图 21-12　合金元素对钛收缩的影响

实际上经过测定，工业上应用的所有铸造钛合金具有比较接近的线收缩率，这样就可以利用同一个模具工装来获得不同的合金的铸件，简化了模具工装的制造工艺。这对工业生产是有利的。

表 21-12 几种铸造钛合金与铸钢的线收缩率

合 金	BT1Л	BT5Л	BT6Л	BT9Л	BT21Л	35 号钢
线收缩率/%	0.9~1.1	1.0~1.2	1.2~1.5	0.85~1.05	0.8~1.0	1.9~2.0

21.2.4 铸造表面特性

钛和钛合金铸造过程形成的铸造表面特性取决于液态钛复制铸型表面轮廓的能力（粗糙度、机械粘砂），形成宏观不平度（冷隔、流痕、表面孔洞、裂纹、夹杂和皱折等）的倾向以及液态钛与铸型起化学反应（铸疤、α 沾污层、化学粘砂）的倾向。

铸造表面质量是以表面粗糙度和宏观不平度来衡量的。表面粗糙度是表示铸件表面轮廓凹凸不平的程度，是以微米为单位来计量的，通常以 R_a 或 R_z 来表示。铸件的宏观不平度是指铸件表面上出现的肉眼可见的显微凹凸部分平均的线曲率，如冷隔、流痕、裂纹、表面孔洞和夹杂等缺陷。

容易形成流痕和冷隔的倾向是钛和钛合金铸件的特性之一。钛和钛合金铸件表面质量的另一重要衡量指标是“α”沾污层的厚度，它直接关系到铸件随后的使用。

钛和钛合金铸件铸造过程形成的铸造表面特性取决于：

（1）铸型质量。钛和钛合金铸件的表面质量在很大程度上取决于铸型表面的质量、粗糙度以及热化学稳定性。铸型的面层材料颗粒度愈大，铸件表面的粗糙度也较大。图 21-13为几种不同颗粒度尺寸的铸型材料对工业纯钛熔模铸件表面粗糙度的影响。图 21-14为几种不同材料的机加工铸型的表面粗糙度以及铸型在浇注前处理状态对工业纯钛铸件表面质量的影响。

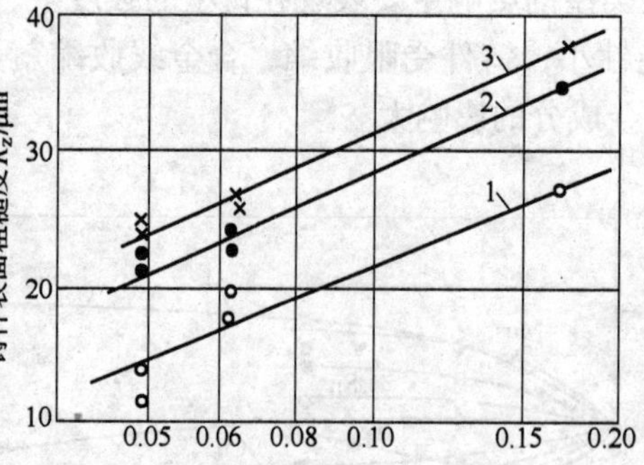

图 21-13 型壳面层材料不同颗粒度尺寸对工业纯钛熔模铸件表面粗糙度的影响

1—电熔刚玉；2—电熔镁砂；3—电熔氧化锆

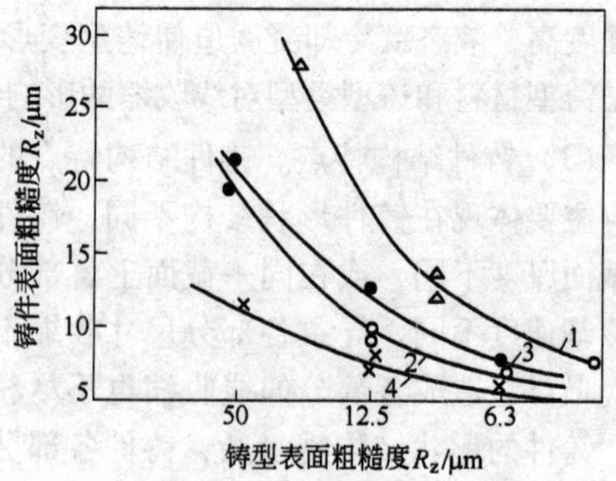

图 21-14 几种不同材料的机加工铸型的表面粗糙度以及铸型在浇注前处理状态对工业纯钛铸件表面质量的影响

1—铜模；2—钢模；3—未经焙烧的机加工石墨型；4—焙烧过的石墨型

另外，由图21-14可见，铸型的热导率和熔融钛对铸型的润湿性，对钛铸件的表面质量也有较大的影响。

（2）铸型温度。铸型浇注前是否预热对钛和钛合金铸件的表面质量影响也很明显。图21-15为铸型预热温度对工业纯钛铸件表面粗糙度的影响。

（3）浇注方式。消除冷隔或流痕的主要措施是采用正确的浇注系统，防止液态钛充填铸型时，出现两股或多股金属流相汇，或出现紊流和断流。在重力浇注时，应采用底注式浇注系统，这样就可尽量避免或减少铸件表面出现冷隔或流痕。

为获得表面光洁充填完整的铸件，一般都采用离心浇注，此时液态钛从浇道进入型腔的流速很大，易产生强烈的飞溅，要完全避免出现冷隔或流痕是很困难的。在这种情况下，更应重视铸件的工艺设计，采用合理的铸造工艺，正确的浇注系统，避免型腔内出现反向的金属流，尽量消除金属飞溅，在可能的情况下尽量提高金属液的浇注温度。

（4）铸件壁厚。如图21-16所示为铸件壁厚对铸件表面层显微硬度（表面沾污程度）的影响。在同一种铸型中浇注的铸件，铸件越厚，表面层沾污越严重。但有文献指出，当铸件壁厚在10mm以下时，铸件的壁厚不影响铸件的表面粗糙度。铸件表面“α”沾污层主要是由于钛与铸型间相互反应和铸型表面的吸附气体造成的，其中氧的危害最大。

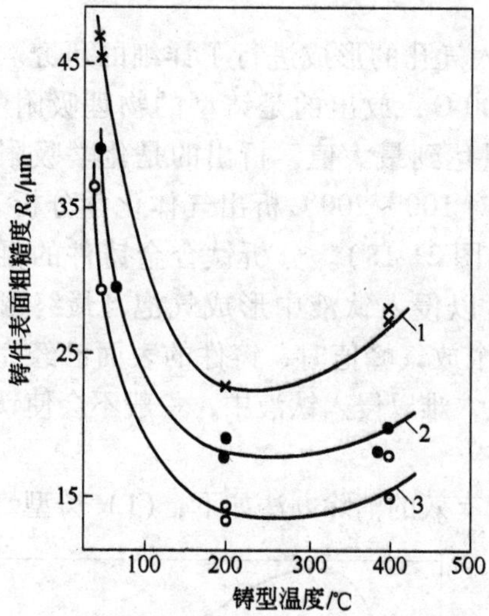

图21-15 铸型温度对工业纯钛铸件表面粗糙度的影响

1—氧化锆铸型；2—镁砂铸型；3—电熔刚玉铸型

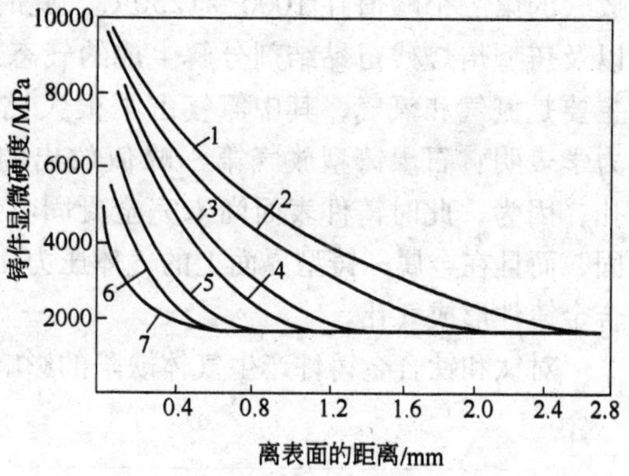

图21-16 钛铸件壁厚对表面粘污层的影响

钛铸件直径：1—100mm；2—85mm；3—60mm；4—45mm；5—35mm；6—20mm；7—10mm

21.2.5 钛铸造形成气体缺陷的倾向

钛和钛合金熔融状态具有很高的化学活性，对气体具有更大的亲和力，因而更容易产生气体缺陷。导致钛和钛合金在熔炼浇注和凝固过程中产生气体缺陷的气源有：（1）熔炼电极中含有的气体；（2）熔炼炉内的残余气体和炉子密闭性不好，漏进炉内的气体；（3）熔炼浇注炉膛内表面和炉内构件以及夹具等的吸附气体；（4）熔融钛浇进铸型，从铸型表面上释放出的吸附气体和铸型内黏结剂焙烧没完全分解的残留物分解释放出的气体；（5）

液态钛与铸型材料反应产生的气态产物等。

根据铸件形成理论，金属液中析出的气体和铸件与铸型界面上存在的气体要侵入金属液中形成气泡必须满足下列条件。

$$p_{泡内} \geqslant p_{炉内} + \rho gH + 2\sigma/R$$

式中 $p_{泡内}$——气泡内的压力；

$p_{炉内}$——熔炼炉内的压力；

ρ——钛或钛合金的密度；

H——从形成气泡的地方到钛铸件顶部的距离；

σ——熔融钛或钛合金的表面张力；

R——形成气泡的半径。

由于钛是高化学活性金属，它在铸造凝固过程中气体缺陷的形成机理比较复杂，至今还不是非常清楚。钛和钛合金铸件中的气体有侵入气体和析出气体两种。由外来气体造成的气孔，叫侵入气孔；由析出气体造成的气孔，叫析出气孔。由于 O_2 和 N_2 等气体在液态钛中的溶解是不可逆的，而 H_2 在液钛中的溶解是可逆的，因此可以认为，钛凝固过程析出气孔的形成主要是氢气造成的。此外在凝壳熔炼过程中，炉内还可能有 MgCl、NaCl 和 Mg、Mn 等蒸气存在。在液钛中的溶解也是可逆的，因此它们也可能成为析出气孔的组分。

A. A. Неуструев 采用石墨型，对钛铸件中侵入气孔的形成进行了详细的研究。其结果见图 21-17。图中放气的第一个峰值在 100～200℃，放出的是铸型的物理吸附气体。放气的第二个峰值在 1000～1250℃，此时放气量达到最大值，析出的是化学吸附气体以及铸型焙烧残留黏结剂分解生成的气态产物。对 100～200℃ 析出气体化学分析表明：主要是氮气和氧气，其中氮气占了很大比例（见图 21-18）。分析钛合金铸件的凝固动力学表明：石墨铸型放气第一峰值放出的气体可以侵入钛液中形成气泡，最终形成气孔，因为，此时铸件表面尚未完全凝固。到第二个放气峰值时，铸件的表面已经完全凝固，而且在金属—铸型界面上的气体压力相对不大，难以侵入钛液中，一般不会使钛和钛合金铸件形成气孔。

对钛和钛合金铸件产生气体缺陷的影响因素和有效的消除办法如下：（1）铸型焙烧工

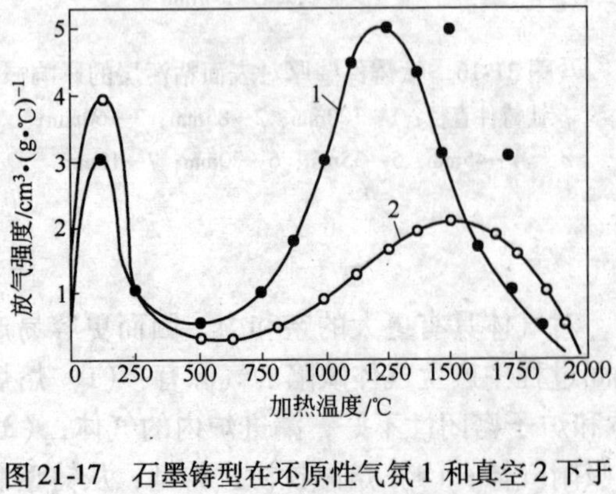

图 21-17 石墨铸型在还原性气氛 1 和真空 2 下于 1100℃ 焙烧后的放气与温度的关系

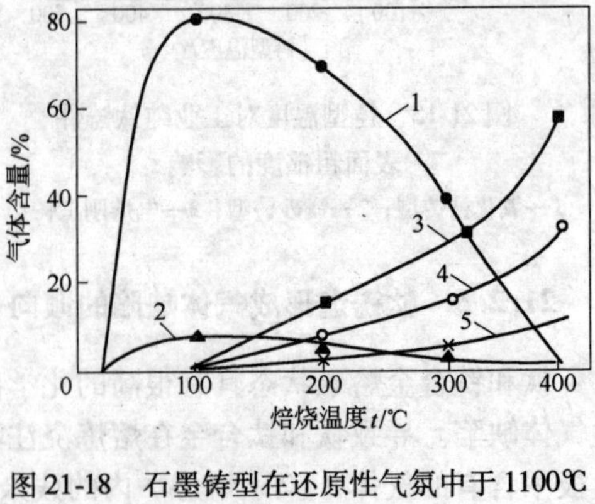

图 21-18 石墨铸型在还原性气氛中于 1100℃ 焙烧时释放出的气体成分

1—N_2；2—O_2；3—CO；4—H_2；5—C_2H_2

艺，尽可能采用高的焙烧温度。（2）浇注的钛液温度（见图 21-19）应采用较高温度。（3）熔炼铸造炉内的残余压力高（真空度低），不利于坩埚内钛液的除气以及随后浇注铸件中形成气泡的漂移和排出（见图 21-20）。（4）浇注时铸型的温度应采用适当高温度。（5）铸型的透气性和蓄热能力也有影响。（6）浇注方式应采用离心浇注可以增大钛液中的压力。

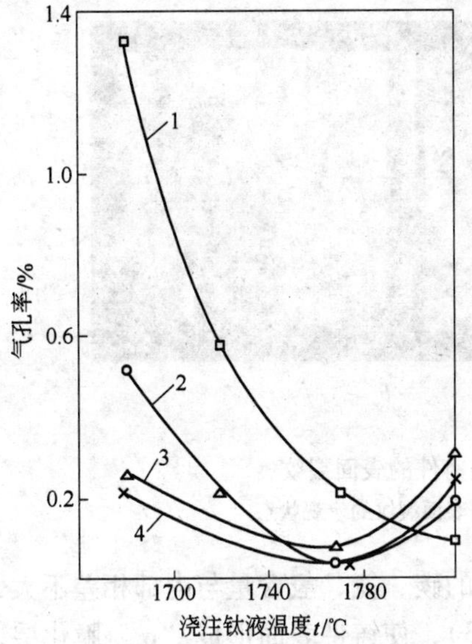

图 21-19 铸钛试样气孔率与钛液浇注温度的关系
1—上部的致密度；2—平均致密度值；
3—中部的致密度；4—下部的致密度

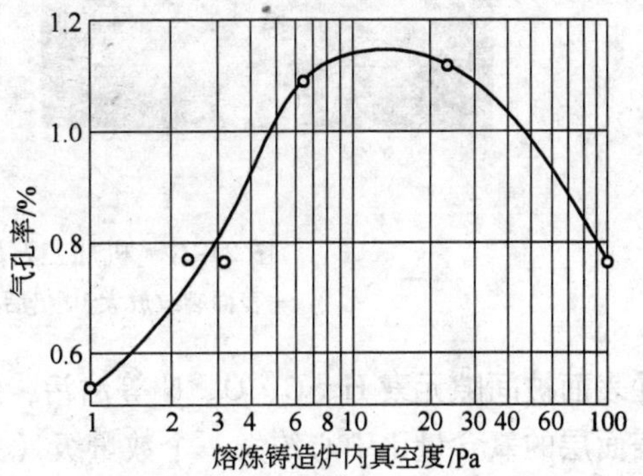

图 21-20 铸钛试样的气孔率与熔炼铸造炉内真空度的关系

21.2.6 抗裂性

钛和钛合金铸件在凝固和冷却过程中要发生收缩，由于铸件各部分冷却速度不同造成温差，从而在铸件中产生铸造应力，最终可能导致铸件出现裂纹。裂纹对铸件来说是特别危险的缺陷。铸件中的裂纹有热裂和冷裂。因为铸造钛和钛合金的弹性模量和线膨胀系数小，所以在高温下有高的强度。铸造钛和大部分钛合金具有较高的应力自行松弛的能力，因而具有较好的抗热裂性。但是，由于钛和钛合金具有低的导热率，导致钛和钛合金易产生冷裂。影响铸造钛和钛合金抗裂性的因素有：

（1）合金元素及其含量。图 21-12 为合金元素及其含量对自由收缩和受阻收缩形成裂纹倾向的影响。图上的星号代表了在受阻收缩情况下形成裂纹的合金。由图 21-12 可见，含共析元素硅、锰、铬等的钛合金，如 Ti-4Al-4Mn 和 Ti-8Mn 合金以及合金元素含量比较高的 α 和近 α 合金，如 Ti-8Al-1Mn-1V 合金的抗裂性比较差。而含 β 同晶元素钒、钼、铌、钽的（α + β）合金，如 Ti-6Al-4V 合金具有较好的抗裂性。

（2）铸型性能，主要指的是铸型的热导率、强度和退让性以及对熔融钛的稳定性。采用热导率高，即蓄热能力大、强度高、退让性差的铸型，如机加工石墨型浇注出的钛和钛合金铸件，通常都存在表面裂纹（见图 21-21）。表面裂纹是钛和钛合金铸件最常见的缺陷，一般都属于冷裂。为消除表面裂纹，最好采用热导率低、强度适中、退让性好的铸型，如捣实型和熔模型壳。其次铸型对熔融钛的稳定性，对钛和钛合金铸件的表面裂纹影响也很大。在普通二氧化锆、电熔刚玉、镁砂等熔模型壳中浇注 Ti-5Al 合金铸件，由于铸

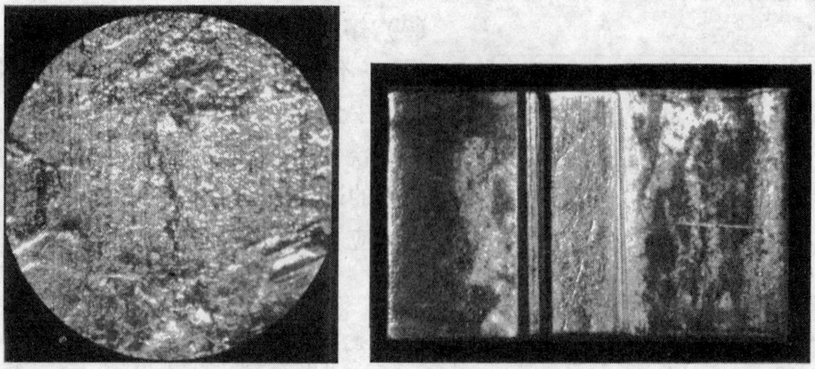

a　　*b*

图 21-21 机加工石墨型中铸出铸件的表面裂纹

a—表面裂纹放大 10 倍后的形貌；*b*—表面裂纹的宏观状态

件表面被间隙元素 H、C、O、N 等沾污，铸件表面的碳、氮、氢含量与内部相差不大，但表面层的氧含量比中心约大一个数量级（见表 21-13），使铸件表面形成“α”脆化层，在热应力作用下就很容易产生表面裂纹。因此，铸件的表面状态是形成冷裂的主要影响因素之一。

表 21-13 在下列造型材料熔模型壳中铸出 Ti-5Al 合金试样的间隙元素含量（质量分数/%）

造型材料	试样中心				试样表面			
	C	N	O	H	C	N	O	H
二氧化锆	0.05	0.026	0.09	0.0063	0.06	0.027	1.16	0.022
电熔刚玉	0.10	0.031	0.18	0.0057	0.09	0.030	1.40	0.015
镁 砂	0.10	0.036	0.14	0.0052	0.09	0.031	1.06	0.013

（3）浇注时铸型的温度和浇注钛液温度。铸型进行适当预热，可除去铸型表面的部分吸附气体，减少间隙元素的危害，降低铸件在铸型中的冷却速度。在保证铸件充满的条件下，降低浇注钛液的温度，减轻钛液与铸型间的相互反应，避免产生严重的“α”表面脆化层。这些都有助于预防铸件表面出现裂纹。

（4）铸件结构。结构复杂、壁厚差大的铸件，抗裂性相对差些，壁厚比较均匀的铸件要好些。因此，在设计和生产结构复杂、壁厚差大的铸件时，要更加注意铸件的结构和工艺设计，以及采用合理的浇注系统，严格控制工艺过程的参数。

21.2.7 凝固过程形成铸造组织的特性

钛和钛合金的结晶过程，由生核和晶体长大两个阶段组成，这过程决定着铸件成形后的晶粒组织、晶体的形状和尺寸、晶粒内和晶粒间的成分均匀性，以及各种缺陷如缩松、裂纹等的形成。因此，它对铸件的质量和随后的热处理工艺都有很大的影响。

钛和钛合金铸件的凝固结晶是属于一次结晶，也叫初次结晶，其过程的主要参数是晶核生成速度和晶体生长速度。这两个参数的变化直接影响到结晶后晶体的形状和尺寸及其他等。为此，把钛的结晶过程与铝、铁的结晶进行了实验比较，其结果见图 21-22。由图可见，在相同结晶速度下，钛的生核速度约比铝小一个数量级，比铁小两个数量级。由此可知，钛及其合金结晶过程晶体生长的速度大于晶核生成的速度，结果造成钛和钛合金倾向于形成粗大的晶粒组织。图 21-23 为我国现有的几种重要铸造钛及其合金：工业纯钛、ZTA7、ZTA15、ZTC3、ZTC4、ZTC5 的铸态显微组织。

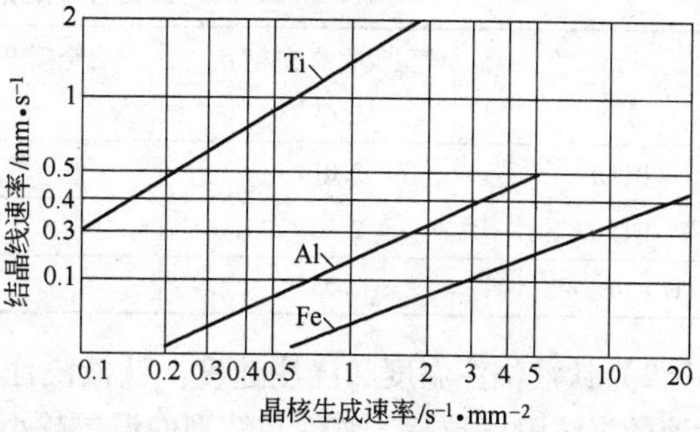

图 21-22　钛、铝、铁的结晶线速率和晶核生成速率

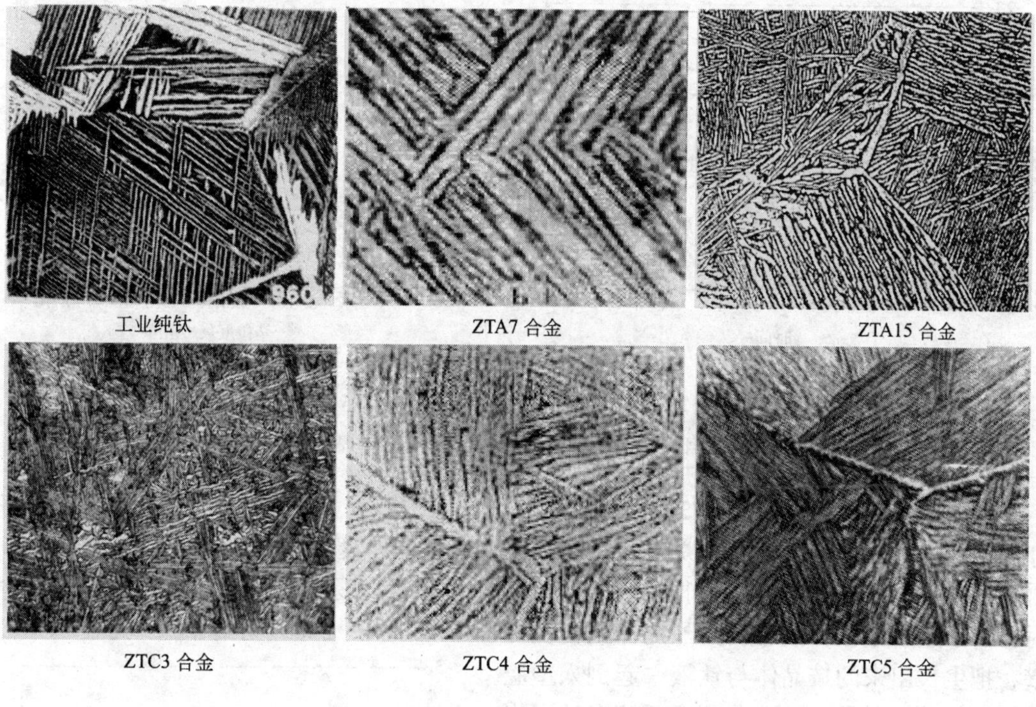

图 21-23　目前国内工业上常用的几种主要铸造钛和钛合金的显微组织

（1）影响钛和钛合金铸造结晶组织的因素有：

1）合金热物理性能。合金影响结晶过程的主要热物理性能有结晶热、结晶温度间隔、热容量、导热性和密度等，尤其是热导率和结晶热。钛本身的导热性就比较差，随着合金元素的加入，钛合金的导热性会变得更差。凝固得更慢，造成结晶组织粗大。合金的结晶热要对钛合金凝固结晶过程产生很大的影响。图 21-24 为钛合金中铝含量对合金凝固结晶速度的影响。表 21-14 为钛铝合金的结晶热随铝含量的变化。

另外，钛合金的结晶温度间隔大小对铸造凝固结晶特性也有很大的影响。一般认为，结晶温度间隔越宽、初生晶体绝对尺寸越大，在其他条件相同情况下，结晶速度也应该越大，最终形成的晶粒越粗大。

表 21-14 钛铝合金的结晶热随铝含量的变化

合金	铸型吸收的总热量 Q_{Σ}/kJ	合金凝固时散失掉的热量 Q_{OCT}/kJ	结晶热 Q_{KP}/kJ	试样重量/g
BT1Л	2.01	0.26	1.75	5.47
BT5Л	2.26	0.26	2.00	5.47
Ti + 10% Al	2.55	0.26	2.29	5.47

2）钛液浇注温度和浇注速度。钛液浇注温度对钛和钛合金铸件的结晶影响也很大。钛液的浇注温度越高，铸件与铸型的温差越小，铸件就凝固得越慢，最终获得的结晶组织就越粗大，反之结晶组织就越细小。图 21-25 为钛液的过热度（浇注温度）和铸件壁厚对晶粒度的影响。

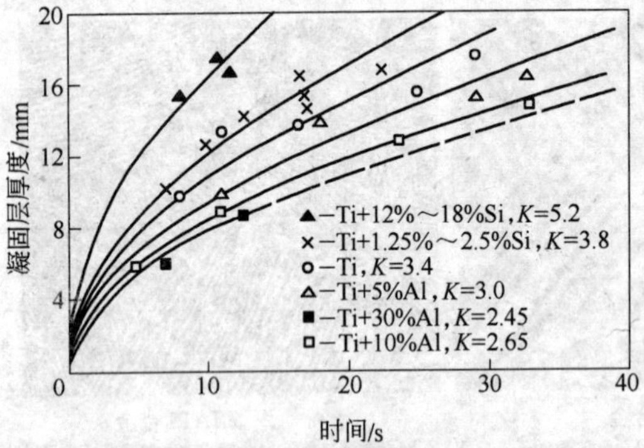

图 21-24 钛合金中铝含量对合金凝固结晶速度的影响

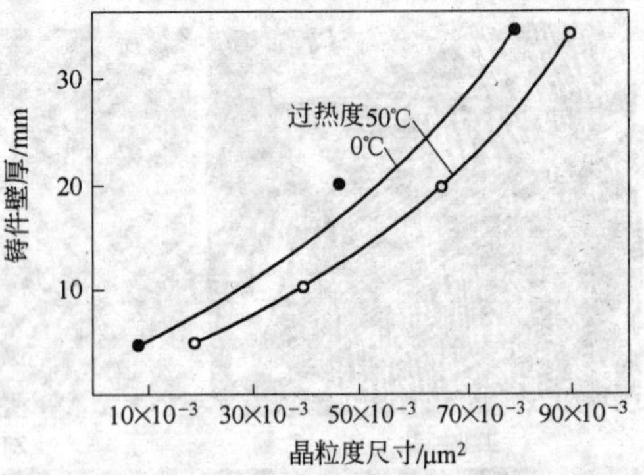

图 21-25 钛液的过热度和铸件的壁厚对晶粒度尺寸的影响

浇注速度对钛和钛合金铸件的结晶组织也有一定的影响。凝壳炉在正常熔炼中，电弧加热与坩埚冷却液保持平衡，凝壳始终保持比较恒定的厚度。停弧后，热平衡遭到破坏，凝壳迅速增厚，凝壳上迅速生长出许多新的以树枝晶形式深入钛液区内的晶粒，在浇注时，由于速度很快，液态钛强烈地冲刷凝壳侧壁，把生长出来的枝晶体与钛液一起倒入型腔成为铸件的结晶晶核。随着断弧后液态钛在坩埚中保持时间的增长或浇注速度的降低，钛液带入型腔的晶核增多，随后成形铸件的结晶晶粒也随之越细。

3）铸型热物理性能。铸型热物理性能对钛和钛合金铸造结晶特性的影响主要是铸型的热导率，也即铸型的蓄热能力。热导率越大，即蓄热能力越大，铸件的冷却和凝固速度越快，随后铸件凝固结晶的晶粒度就越小，反之就越大。图 21-26 为不同铸型材料及其蓄热能力对铸钛晶粒度的影响，图 21-27 为在几种不

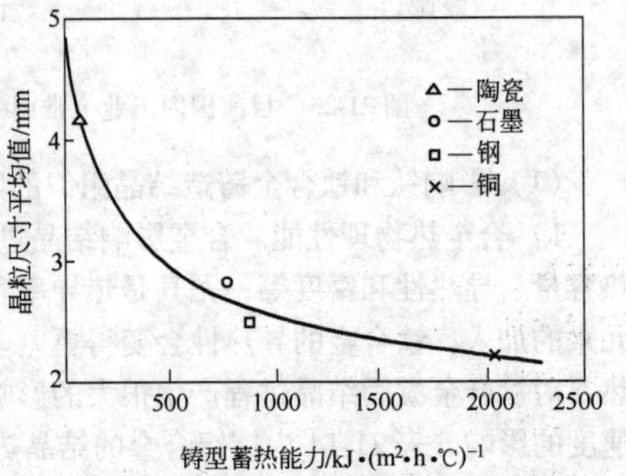

图 21-26 不同铸型材料及其蓄热能力对铸钛晶粒度的影响

同蓄热能力铸型中浇出试样的铸态显微组织。

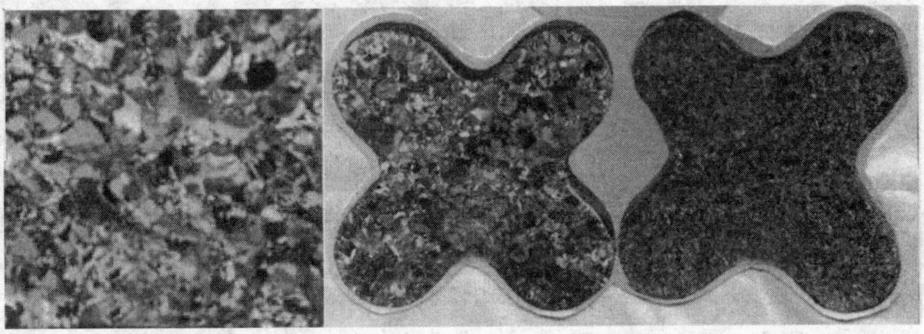

a *b* *c*

图 21-27 几种不同蓄热能力铸型中铸出的 ZTC4 合金试样的显微组织

a—热解碳保护涂层的熔模刚玉型壳；*b*—熔模石墨型壳；*c*—机加工石墨型

虽然在这三种铸型中铸出试样的显微组织存在差异，但其力学性能却非常相近（见表 21-15）。

表 21-15 在几种不同铸型中铸出的 ZTC4 合金的力学性能

铸 型	合 金	试样状态	σ_b/MPa	δ/%	ψ/%	数据来源
热解碳保护涂层熔模刚玉型壳	Ti-6Al-4V	铸态退火	904.5	9	15.3	北京航空材料研究院
熔模石墨型壳			850~874	8.8~10.2	12.5~21.2	
机加工石墨型			863~869	7.4~10.4	18.0~28.0	
陶瓷型	Ti-5Al	铸态	760	6.3	17.5	前苏联
			750~774	6.0~6.7	16.0~18.5	
铜 模			740	6.2	23.6	
			735~745	4.0~8.4	16.4~30.0	

（2）改善钛和钛合金铸造结晶组织的方法。钛和钛合金铸件倾向于形成粗大的晶粒组织。这种粗大的显微组织对室温拉伸性能影响不大，但对高、低周疲劳和伸长率是有较大影响的，为了改善钛和钛合金粗大的铸造结晶组织，可以采用下列方法对它们的显微组织进行修正：

1）变质处理。目前适合用作改变钛和钛合金铸造结晶组织的变质剂有稀土元素 Sc、Y、La 和 Ce 以及硼和碳化硼等。而且发现，对于低合金化的钛合金来说。硼和碳化硼是最好的变质剂，见图 21-28。

2）特种热处理。采用特种热处理，如固溶时效处理或氢处理或其他的特种热处理方法，也可以成功地消除钛合金铸件中粗大的 α 片状聚集体和 α 晶[illegible]大提高和改善钛合金铸件的力学性能，使它们的主要性能接近或达到变形钛合金件[illegible]

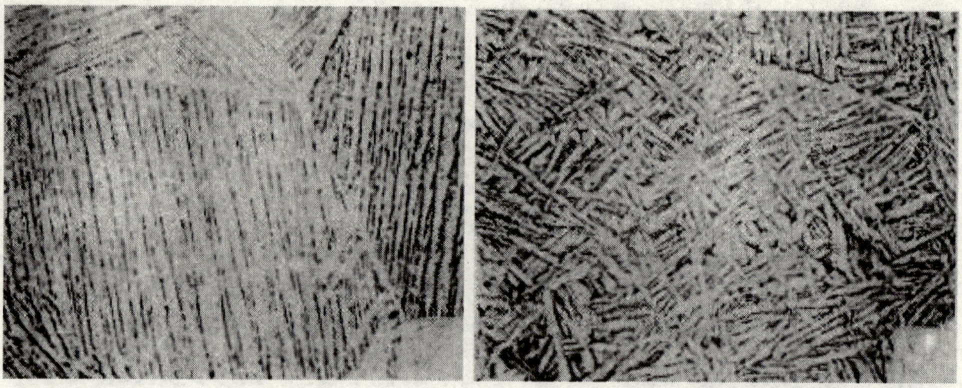

a　　　　　　　　*b*

图 21-28 硼变质剂对 Ti-5Al 合金组织的影响

a—未变质的组织；*b*—变质处理后的组织

21.3 熔炼铸造设备

钛和钛合金铸造的熔炼与铸造，必须在特制的专用设备（即凝壳炉）上进行。

真空自耗电极电弧凝壳炉简称凝壳炉，图 21-29 为凝壳炉结构示意图，由图可见，它的基本结构与真空自耗电弧熔炼炉大致相似，但在某些构成组件的配置上有很大的不同。

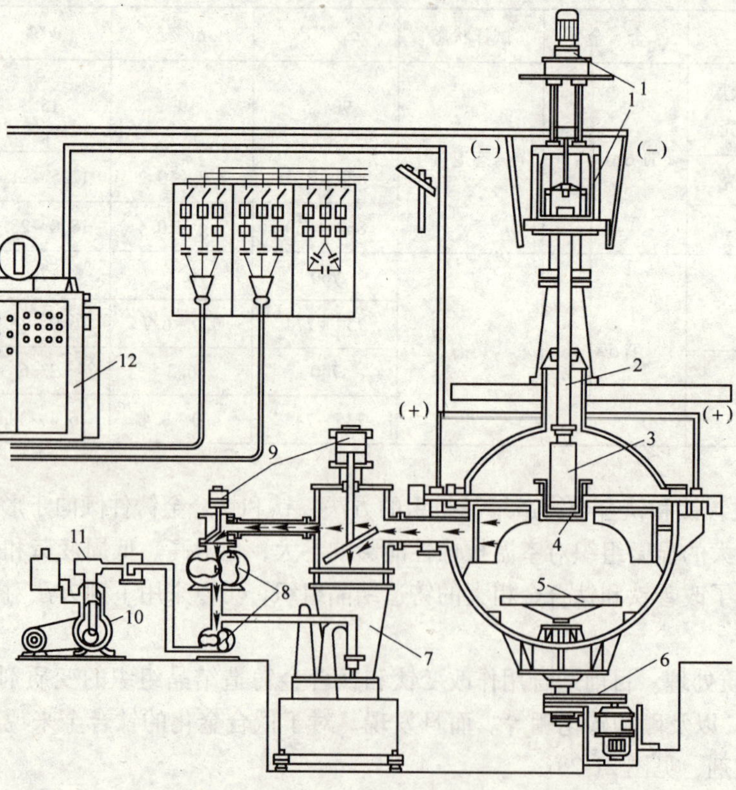

图 21-29 凝壳炉及其主要构成组件的结构示意图

1—电极传动机构；2—电极导杆；3—自耗电极；4—水冷铜坩埚；5—离心盘；6—离心装置；7—油增压泵；8—罗茨泵；9—阀门；10—机械泵；11—电磁阀；12—硅整流电源

两者的区别在于凝壳炉：（1）采用了大尺寸的熔铸室（炉膛）和与此匹配的具有大抽速的真空系统；（2）设置了大容量、短粗的可翻转的坩埚（结晶器）；（3）增大了输入电功率，即配备了比自耗炉更大功率的电源，以获得大的熔池，确保熔炼过程沿坩埚壁只形成一薄层保护坩埚的凝壳，使75%以上具有一定过热度的金属液能浇注出来，以满足铸件的成型工艺要求；（4）为获得致密薄壁铸件，在炉膛内熔炼坩埚的下方增设了离心铸造装置；（5）增加了气动快速升降电极机构，以保证在尽可能短的时间内将坩埚内的金属液倾倒出来，以减小浇注过程中熔融金属液温度的下降，提高铸件的成品率。

21.3.1　凝壳炉炉体

凝壳炉的炉体结构形式决定着凝壳炉的炉型，根据已出现的炉体结构形式，可以将凝壳炉的炉型分为五种类型：卧式炉、立式炉、双室炉、多室炉和连续式炉等。

21.3.1.1　卧式炉

卧式炉是铸钛工业中最早使用的一种凝壳炉，它的炉体为卧式圆筒体，顶部（圆筒体上侧壁）开设有安装电极传动和升降机构的孔洞，坩埚安装在圆筒体内的中上部位置，圆筒体的下侧壁（坩埚的下方）开设有安装离心铸造装置的孔洞，坩埚和离心铸造装置都在同一炉室内。大、中型的工业电弧炉通常开设有两个炉门，只有小型炉只开一个炉门。卧式炉结构紧凑，密封可靠，制造较容易。目前国产的凝壳炉大多都是卧式炉（见图21-30）。

21.3.1.2　立式炉

立式炉也是一种单室炉，它的空间利用率高，坩埚和离心盘的相互位置可以布置得更加合理，可减小真空系统的功率损耗。立式炉的炉体结构有直立圆筒体型和直立方匣型两种，圆形炉制造较为方便，且刚度也较好；方匣型炉在设计和制造时要高度重视炉壁的强度，要确保炉壁在负压下长期工作不变形，因此它的设计和制造成本比圆筒体炉型高，但方匣型立式炉便于炉内坩埚和离心铸造装置及其他部件的设计布置和装配，并且结构紧凑，操作方便。图21-31为德国设计制造的立式凝壳炉。图21-32为立式凝壳

图21-30　卧式凝壳炉的外观

图21-31　德国设计制造的L300SM立式凝壳炉的外观

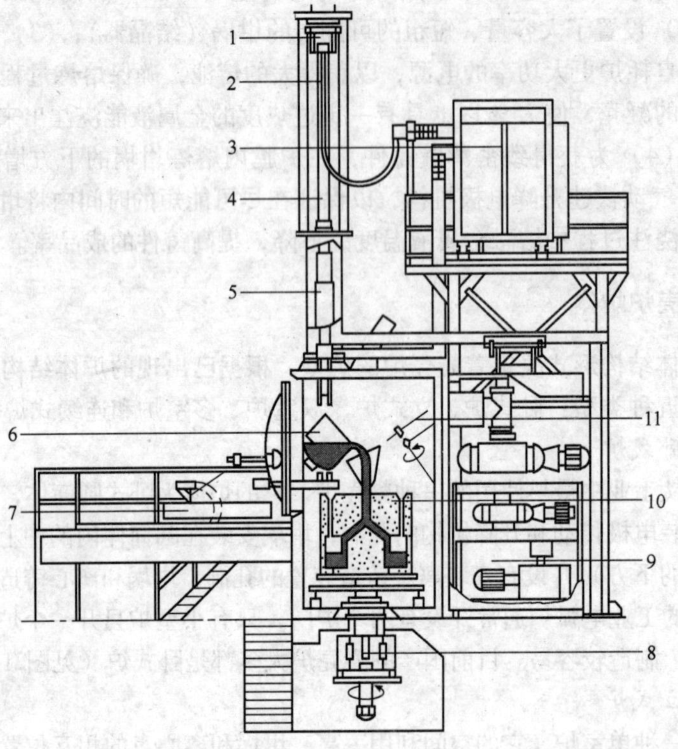

图 21-32 L300SM 立式凝壳炉结构示意图

1—电极快速提升机构；2—电源电缆；3—电源；4—电极导杆；5—自耗电极；6—坩埚；7—炉门与坩埚滑车；8—离心铸造装置；9—真空系统；10—型模；11—抽气口

炉的内部详细结构示意图。这种炉子的铜坩埚安装在炉门上，炉门和坩埚可沿设置在炉子侧面的滑动轨道拖离炉体，以便清理和检查坩埚，炉子的电源和真空系统分层安装在炉子旁边架子上，整个炉子结构十分紧凑，占地面积小。图 21-33 为德国设计制造的另一种结构形式的大型（750kg）立式凝壳炉。由图 21-33 可见，立式炉炉体的上、下两部可以分离，两者间用斜向椭圆形法兰密封，安放铸型的下炉体可沿水平轨道滑动脱离固定的上炉体，便于装卸铸型。

图 21-33 德国设计制造的另一种结构形式的大型（750kg）立式凝壳炉

21.3.1.3 双室炉和多室炉

由于凝壳炉在生产过程中铸件冷却时间很长，尤其是大型优质的钛合金铸件，它的冷却时间占了整个熔铸周期的一半以上。为缩短熔铸周期，提高生产效率，发展了双室炉或多室炉。双室炉是把原有的一个熔铸室分为熔炼铸造室与铸型冷却室两部分，两者间用真空闸板阀隔开（见图21-34），当铸型浇注完毕，装有铸型的升降机构下降至铸型冷却室，关闭闸板阀，铸型即可在真空状态下或惰性气氛中继续冷却，而熔炼铸造室则可提前打开进行清理，准备下一炉的熔铸。对于100~200kg的炉子，采用这种结构后，整个熔铸周期通常可缩短30%。这种结构型式的炉子，闸板阀的设计和制造质量是它重要的技术关键。

多室炉是双室炉的进一步发展，它的结构型式是由一个可沿轨道移动或用吊车移动的熔炼铸造室和两个以上的固定铸型预热和冷却室组成。当某一个固定铸型冷却室中的铸型浇注完毕后，该铸型室的闸板阀关闭，让浇注完毕的铸型在该铸型室中冷却，可移动的熔铸室移向另一个准备浇注的铸型室，如图21-35所示的俄罗斯的ВДЛ-160М型凝壳炉就属于这种炉子。

图21-34　双室凝壳炉的外观

图21-35　俄罗斯的ВДЛ-160М型多室凝壳炉

不管是何种炉型的炉体，其作用是容纳自耗电极、坩埚及附属机构和离心铸造装置等，构成与外界大气隔离的空间，它应具有良好的气密性；同时要能承受电极、电极导杆及电极驱动系统、坩埚系统、监测系统等装置的重量，承受离心铸造装置启动、停止时的冲击震动作用。除上述主要部件外，炉体上通常还开设有观察窗、真空测量和防爆的孔洞。炉体都要进行充分冷却，因为在熔炼浇注过程中，它要承受很强的辐射热和大量金属液飞溅的作用，为此一般工业电弧炉的炉体都是用不锈钢板做成双层水冷式的，这种结构的冷却效果最佳，在冷却水进口温度处于常温的情况下，可以保证炉体各部分（尤其是连接法兰部位和真空密封处）及炉门冷却到40℃以下；对于有些结构的炉体，例如方形斜法兰的立式炉和多室炉的炉体，要全部采用双层水冷式有困难或没必要（例如多室炉的铸型冷却室），则可以采用只冷却熔炼和浇注时，热辐射最强的炉体上部及临近真空密封的法兰部位，即半双层水冷式的结构。总之炉体结构的设计，应便于操作、安全可靠。

21.3.2　凝壳炉坩埚系统

坩埚系统是凝壳炉的心脏。凝壳炉的坩埚与自耗炉的坩埚相比，是短粗型且可翻转的。整个系统由坩埚、冷却系统、翻转系统及馈电电缆等组成。在这个系统中坩埚是最核心的构件。目前工业用的凝壳炉都是采用正极性连接，即坩埚为正极，自耗电极为负极

(见图21-30)，与自耗电弧熔炼炉的极性连接一样。据有关文献报道，凝壳炉在熔炼过程中，在电弧高温的作用下，通过熔池表面的热流密度达150~180W/cm^2，电弧释放出的40%~70%的热量通过坩埚传导出去，从而在坩埚壁上形成高的温度梯度。当凝壳内表面温度达到钛合金的结晶相应温度时，如果采用的是水冷金属坩埚，与金属坩埚内表面相接触的凝壳的表面温度可达300~450℃，而从凝壳表面温度传到坩埚外水冷套时就只有几十度了。由此可见，凝壳炉坩埚的工作条件是很恶劣的。因此，必须高度重视凝壳炉坩埚系统的设计和制造质量。

目前工业生产中凝壳炉使用的坩埚有两种：石墨坩埚和水冷铜坩埚。目前大多数国家的工业生产用凝壳炉都采用水冷铜坩埚。因为铜是良导热体，它在很长时间内都能够稳定地存储大量的热载荷。铜坩埚通常是用厚铜板冲压成毛坯，再经机加工而成。坩埚的内径(D)取决于炉子的容量和自耗电极的直径(d)，通常电极直径与坩埚直径之比d/D在0.45~0.75之间选取；而坩埚的深度(H)与熔炼电流强度有关，通常铜坩埚的深度与直径比H/D大约为1.2~1.5；铜坩埚的壁厚直接关系到凝壳炉工作的安全性，壁厚太小，熔炼过程中易被烧穿。有文献介绍，铜坩埚的壁厚从10~12mm增加到40~50mm时就可大大减小坩埚被烧穿的可能。另外，坩埚的翻转中心应尽可能靠近浇注嘴，这样在浇注时，金属液流在空间移动距离可减小。

铜坩埚外侧冷却系统的结构有两种形式：

(1) 管状冷却式，即把水管贴焊在坩埚外侧的表面上。管状冷却式的冷却系统，能够建立稳定方向性的水流，可以消除循环冷却回路中的死水区域，因为在坩埚循环冷却回路中一旦出现死水区域，就可能形成“蒸汽袋”，造成局部过热，使对应的坩埚壁冷却强度不够，易被烧穿。另外，采用管状水冷系统，在坩埚一旦被烧穿的情况下，可减小冷却水进入熔融钛的可能性，因为在这种情况下，水管有可能仍然没损坏。但管状式结构冷却系统的冷却效果没有水套式结构的效果好。

(2) 整体水套式，即坩埚外侧装设一个整体密闭的水套，见图21-36，由图可见，水流的方向是自下而上，在冷却水路中不易产生气泡。不管是管状式结构还是整体水套式结构，坩埚的冷却系统都是采用不锈钢制成的。冷却系统各部分的结构和尺寸要合理，要保证整个系统的水流畅通，并有足够的流量；保证坩埚各部位都能得到充分均匀的冷却，避免出现“蒸汽袋”

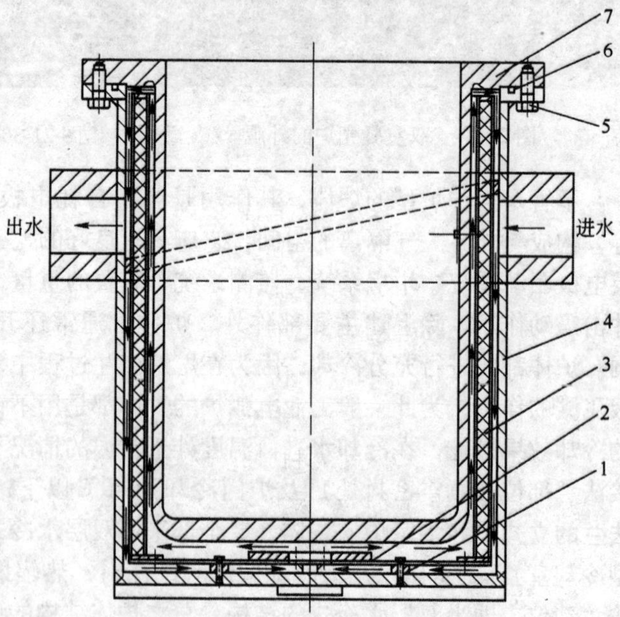

图21-36 可拆卸水套式铜坩埚冷却循环系统结构示意图

1—底板固紧螺栓；2—固紧中间隔水套的底板；3—带稳弧线圈的中间隔水套；4—外水套；5—坩埚固紧螺栓；6—橡胶密封圈；7—水冷铜坩埚

或膜状沸腾。

生产中凝壳炉使用的坩埚冷却系统的冷却剂大多是经软化处理的含矿物质少的净水。凝壳炉的冷却系统是保证凝壳炉安全生产的极重要构件，不仅坩埚部件需要，其他的一些重要部件，如电极导杆、电缆、炉体（熔炼室）和真空机组等也都需要。其中位于坩埚外的冷却水套的进出水温差一般应控制在10℃左右，在熔炼过程中要求连续可靠地供水，任何短暂的停水都可能导致严重事故发生。凝壳炉的冷却系统包括两部分：保安水源系统和循环供水系统。保安水源系统应提供含矿物质少的软质净水，以防水垢沉积堵塞管道或水套，导致供水中断。并且在设备突遭停电、停水等意外情况下能暂时代替循环供水系统对设备的关键部位进行紧急供水，保证设备及人员安全；保安水源系统的储水量要保证使钛和钛合金的整个熔铸过程到结束为止。循环供水系统应保证在熔炼过程中提供足够压力和流量的水，由于凝壳炉的循环冷却用水量比较大，通常都要建造大型的蓄水池，作为循环供水系统的水源。高温潮湿季节，为保证炉室内能保持干燥，并防止炉室在敞开期间结露和吸潮，可在炉体上增设温水系统，尤其是在我国南方地区，水温通常设为30~40℃。

有文献指出，为了防止水套中的水发生膜状沸腾，铜坩埚外侧表面上水的流速应达到3~4m/s。为使水达到这样的流速，在外水套与坩埚之间可增置一带有稳弧线圈的中间隔水套，既减小了水流通过的截面，又实现了熔炼时稳定电弧的目的，从而延长坩埚的使用寿命，保证凝壳炉的工作安全；另外水流从坩埚外侧表面的最高处排出，同样可以减小形成“蒸汽袋”的可能性。

大多凝壳炉的坩埚冷却系统是采用水作冷却剂，一旦坩埚被烧穿，水进入熔融钛中，将发生激烈化学反应，产生气体（氢气、水蒸气），增大炉子发生爆炸的危险性。为减小水冷铜坩埚爆炸的危险性，国外有些公司坩埚冷却系统采用气体（氦气）或液态金属钠钾合金冷却。坩埚冷却系统的冷却强度直接影响到熔池的深度和直径以及熔池中金属液的过热度。坩埚底的冷却强度过高，到底部凝壳的热流量减小，将使底部的凝壳增厚；为了在保持侧面凝壳厚度的情况下，增加熔池的深度，就只有减小坩埚底部的冷却强度。目前使用的凝壳炉凝壳通常都是底部比侧壁厚，因为冷却的水是先从底部进入的（见图21-36）；底部的冷却强度比侧面大。不仅如此，它还影响熔池的过热度，因此一定要控制适当。据有关文献报道，铜坩埚与钛凝壳接触表面的最高允许温度只能达到500℃。如果铜坩埚壁的厚度大于30mm，而水冷系统总管压力为0.25~0.30MPa，坩埚水套内的流速不小于3m/s的情况下，即使铜坩埚与钛凝壳接触表面的温度达到500℃时，坩埚的冷却表面上也不会产生膜式沸腾，仍然可安全工作。

凝壳炉熔炼过程形成的凝壳有两个作用：第一，防止熔池中液态金属被坩埚材料污染；第二，使液态金属不与坩埚壁直接接触，保护坩埚的工作面，不受到液态金属的破坏。凝壳厚度的均匀性取决于电弧弧柱相对于坩埚的轴线位置。

另外，必须十分注意凝壳炉坩埚系统的加工和装配质量，铜坩埚内表面的加工粗糙度R_a应达到0.8μm，水套在装配前一定要经过0.5MPa的打压试验，坩埚与水套的密封要选择优质的橡胶密封圈，坩埚与水套应采用密集的沉孔铜螺栓紧固装配，要保证在高真空下受热不渗水。铜螺栓的直径应在12mm以上，因为它们要传导强大的熔炼电流。

为消除熔炼过程出现偏弧，凝壳炉坩埚的供电系统应对称配置。目前国产凝壳炉的供电系统大多采用分别从坩埚两边进入，为此要求两边的馈电电缆应完全相同。

21.3.3 离心铸造装置

工业生产用凝壳炉的离心铸造装置都采用立式离心铸造机（见图21-29）。国产凝壳炉的离心铸造机多采用皮带传动和变频调速。离心机的转速范围为0~600r/min。离心盘直径的大小取决于炉膛的尺寸和炉子的容量，一般为600~1600mm。有些炉子的离心机构带有升降装置，如双室炉的离心机，离心盘的高度可根据使用要求随意调节，国产凝壳炉的离心机绝大部分没有这种功能。离心机配置在熔炼坩埚的下方，离心盘中心到浇杯托架法兰的距离通常应在500mm以上。坩埚翻转到浇注位置（翻转90°）后，浇杯托架法兰的中心孔线应与离心盘的中心重合或稍偏后20~40mm。

21.3.4 电极传动机构和电源

在熔炼和装炉过程中用以调节及传动电极杆升降的机构，要求它在熔炼过程中能调节电极进给速度，以维持正常的熔炼。详见第12.3节。

熔炼主电源是为真空自耗凝壳炉熔炼铸造钛和钛合金提供能源的直流电源装置。它的电功率应比同容量自耗熔炼炉采用的电源大2~4倍。

21.3.5 真空系统

真空系统是保证密闭炉体系统获得熔炼浇注所需的真空度，而且在遇到炉料大量放气出现辉光放电时，应能保证在最短时间内恢复到正常状态，因此凝壳炉的真空系统必须具有足够高的抽气速率。铸造钛及其合金熔炼所需的真空度一般为0.67~1.3Pa。熔炼钛和钛合金的凝壳炉所配置的真空系统大多以大功率、大抽速的油增压泵、罗茨泵为主泵，两泵并联，出口处串联一抽气速率稍小的罗茨泵，然后再与前级机械泵串联。其典型配置见图21-37，这种配置是基于油增压泵在1.3~0.13Pa的压力范围内有较大的抽速，抽除氢的效率比抽空气大一倍；而罗茨泵启动和停止迅速，电机功率小，在133~0.13Pa的压力范围内也有较大的抽速，即使在炉子进水的情况下也能继续工作；这种配置兼有油增压泵和罗茨泵的双重特点，在真空凝壳炉熔炼钛及其合金过程中，能在很宽的工作压力（130~0.1Pa）范围内具备启动快、抽速大的优点。详见第26章。

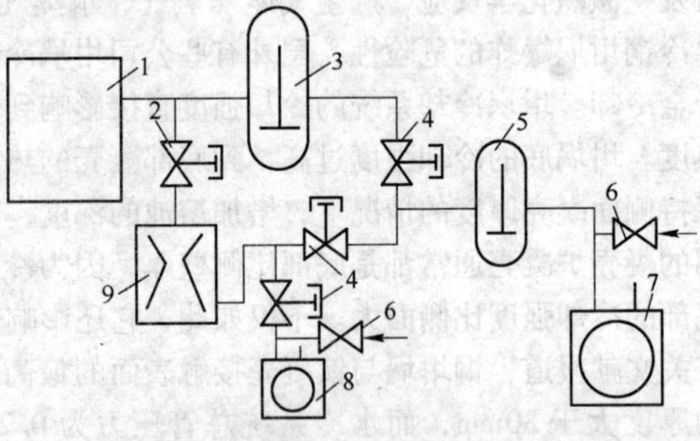

图21-37 凝壳炉配置的典型真空系统

1—炉体；2，4，6—阀门；3—罗茨泵；5—中间罗茨泵；7—前级机械泵；8—维持泵（机械泵）；9—油增压泵

21.3.6 监测系统和控制系统

为确保熔炼过程的安全，现代真空自耗凝壳炉上均装有监测系统和控制系统，有的还采用遥控操作，在操作室内配置有一系列监测装置，包括观测装置、计量指示记录及各种继电保护仪器等。

观测装置有两种：光学潜望镜和电视。电视经过一段实践使用后，发现效果并不理想，因而没有获得广泛使用。目前应用最广泛的是由一系列透镜和棱镜组成的潜望镜装置（见图21-38），它可以从炉顶部反映炉内的实际情况，操作者可以通过操作台上磨砂玻璃显示的影像判断设备的工作状况。

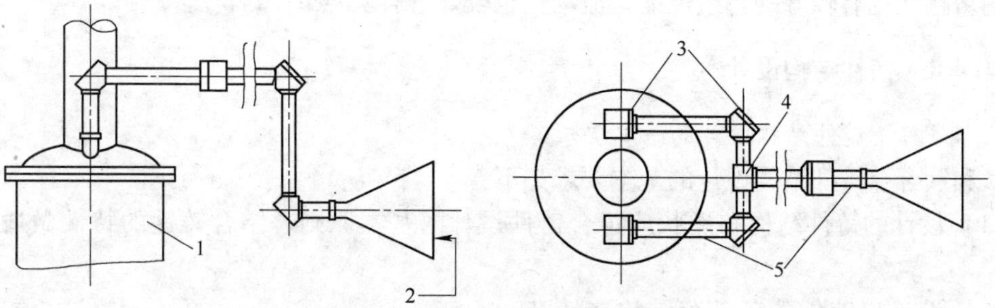

图21-38 目前常用的观测装置之一

1—炉体；2—磨砂玻璃屏；3—反射镜；4—棱镜；5—透镜管

计量指示记录仪通常包括电流、电压、真空度和电极行程的指示和记录仪，此外，还有冷却水温、磁场线圈电流、真空系统和电源工作状态的指示仪。继电保护仪器包括水、电方面的各种继电保护仪器及限位开关等。

21.3.7 凝壳炉主要技术参数举例

表21-16为国产的ZHN系列凝壳炉的主要技术参数。

表21-16 国产ZHN系列凝壳炉的主要技术参数

序号	型号	容量（钛液）/kg	自耗电极尺寸/mm		坩埚尺寸/mm		离心盘直径/mm	电源		工作真空度/Pa	冷却水消耗量/$t \cdot h^{-1}$	炉体外形尺寸	
			直径	可消耗长度	直径	深度		工作电压/V	工作电流/A①			占地面积/m^2	高度/m
1	ZHN-10	10	60	1130	150	250	600	20~40	3000	6.7~0.67			
2	ZHN-20	10,20	60,100	1130,810	150,200	250,270	800	20~40	6000	6.7~0.67			
3	ZHN-50	20,50	100,150	810,900	200,260	270,370	1000	20~40	10000	6.7~0.67	40	8.6×4.2	7.5
4	ZHN-100	50,100	150,210	900,850	260,320	370,450	1200	20~40	18000	6.7~0.67	60	10.12×7.95	6.57
5	ZHN-100B	50,100	150,210	900,850	260,320	370,450	1200	20~40	18000	6.7~0.67	65	10.12×9	6.57
6	ZHN-150	100,150	220	1300	360	420,540	1500	20~45	28000	6.7~0.67	70	8.45×4.0	7.62
7	ZHN-200	100,200	210,280	850,965	320,420	450,550	1500	20~40	20000	6.7~0.67			
8	ZHN-260	130,260	220,300	1000,1100	350,450	500,600	1500	20~45	28000	6.7~0.67	80	8.33×4.2	7.59
9	ZHN-500	200,500	280,380	965,1025	420,540	550,750	1800	20~40	30000	6.7~0.67			

①配置电源的供电容量（A）应比表中数值大10%~20%。

21.4 铸件结构及其工艺设计

设计时，必须掌握熔炼铸造的工况，它的工作温度是1700~1800℃，此时高温下的熔融钛化学活性特别高，它和绝大部分物质都可起化学反应（详细的钛的特性见第1.2节）。此时的熔融钛也有较好的铸造性能，流动性也较好（详见第21.2节）。

21.4.1 铸件结构设计

21.4.1.1 铸件结构设计的基本要求

钛和钛合金铸件结构设计的基本要求如下：

（1）设计的铸件结构和形状应符合铸件设计的基本原则，结合铸钛的特性做适当修正。

（2）设计出铸件的各部分结构在铸造过程中易被充满；壁厚应尽可能均匀，尽量减少热节区；避免铸件壁急转弯、壁厚陡变、大而薄的均匀截面、长而细的平面、薄壁上的锐角以及孤立的结构等。

（3）为获得内部质量好的铸件，在允许情况下应把铸件壁设计成带锥度的截面，锥度一般为3°。尽可能地使铸件顺序凝固（见图21-39），这样既可使铸件中的缩孔、缩松最少或完全消除，又可使型腔中的气体顺畅排出。

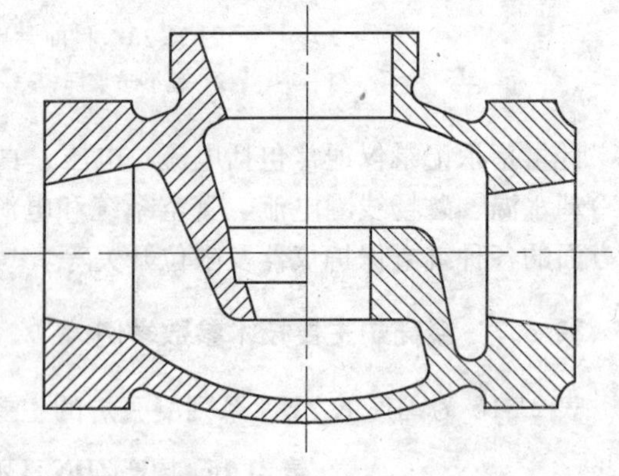

图21-39 应用顺序凝固技术的设计

（左边为合理设计，右边为不合理设计）

（4）在保持零件功用的前提下，尽可能减小铸件的轮廓尺寸和突出结构，使铸件整体结构在冷却凝固时能自由收缩，降低铸造应力，避免铸件产生裂纹。

（5）铸件壁的内外转角均应做成足够大的过渡圆角半径，避免出现应力集中的形状，以防产生裂纹。钛和钛合金铸件的圆角半径通常应比钢、铝铸件大，一般不得小于3mm。

（6）对于大而薄的复杂铸件或其他易于变形的铸件，在设计时一定要注意它的刚性和结构合理性，防止铸件清砂和后处理后发生变形。

（7）设计的铸件在保证质量的前提下，应使随后制造过程中所需工艺装备尽量简便，数量少，零件总造价低。

21.4.1.2 铸件结构基本要素的设计

A 壁厚

壁厚的结构形式，在设计钛和钛合金铸件的壁厚时应尽量避免下列情况（见表21-17）出现。铸件的最小壁厚与铸造合金种类、熔炼和铸造方法、铸型材料和铸型制备工艺、铸件结构等因素有关。由于钛和钛合金采用凝壳熔炼，金属液过热度低，所用的铸型材料热导率比较高，特别是石墨型，因而钛和钛合金铸件的最小允许壁厚通常要比钢和铝铸件大。表21-18为钛和钛合金铸件采用不同造型工艺时壁厚的推荐值和最小允许值。

表 21-17　壁厚的设计

序号	要　求	不合理结构	合理结构	说　明
1	铸件壁厚应尽可能均匀；尽量避免或减少热节区；避免壁厚急转弯和陡变以及壁厚差过大；避免薄壁上的锐角	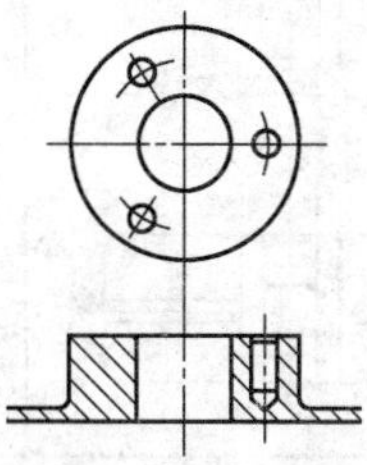	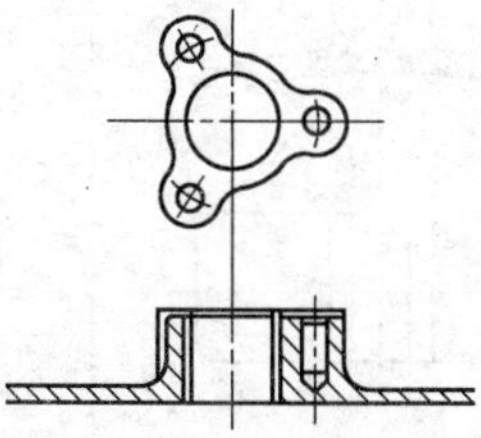	保证液态钛在型腔中流动平稳，并能均匀平稳地充填型腔，使铸件各部分均能得到良好充满和补缩
2	尽量避免大而薄的均匀大平面，细而长的光滑平面和过高的凸台，若难以避免，可在大的平面上设置加强筋（如上层实例右图，右图平面上加强筋已去除，剩下可见残根）	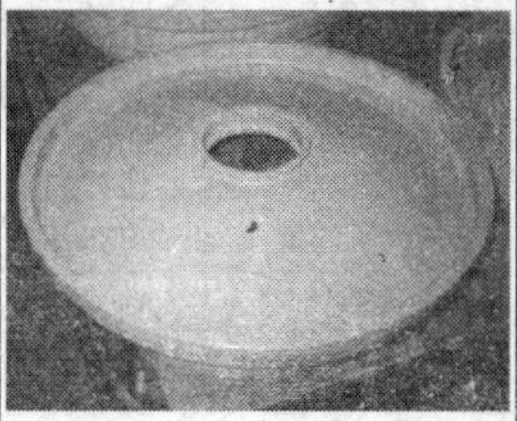		在大而薄的平面上设置加强筋（如上层实例右图），可避免制壳和浇注时，尤其是离心浇注时，型壳发生鼓胀变形和成形铸件壁厚不均，铸件变形，表面易出现微裂纹及其他表面缺陷等。同时加强了铸件刚性，可防止铸件清砂后变形
		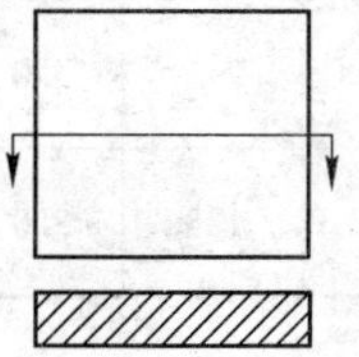	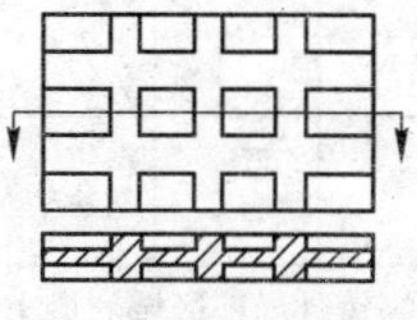	铸件表面设置加强筋防止变形，又有利于充满
3	避免孤立肥厚结构	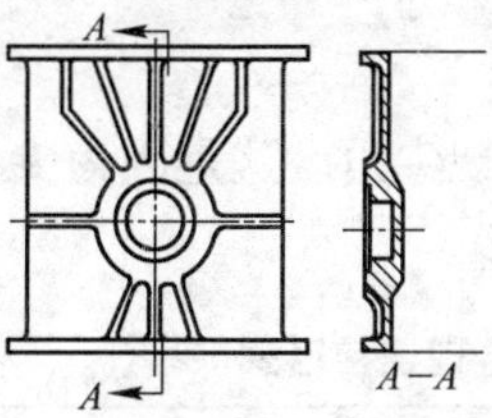	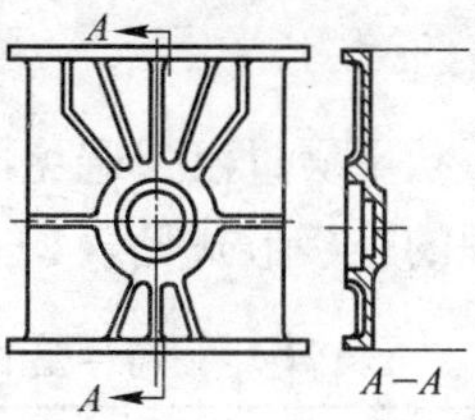	由于液态钛过热度低，冷却快，孤立结构不易充满；同时孤立结构得不到补缩，容易产生缩孔
		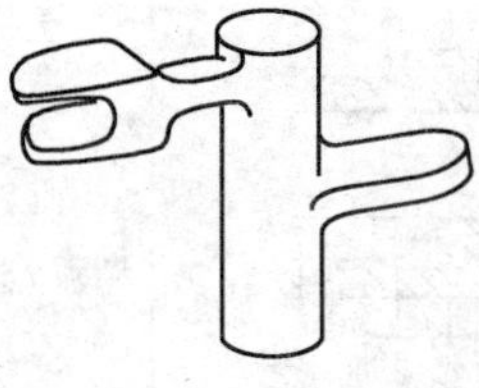	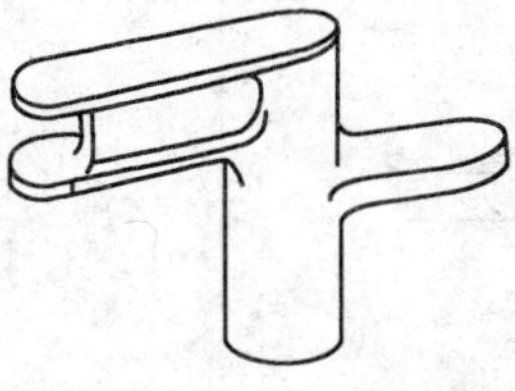	
4	相邻壁的设计	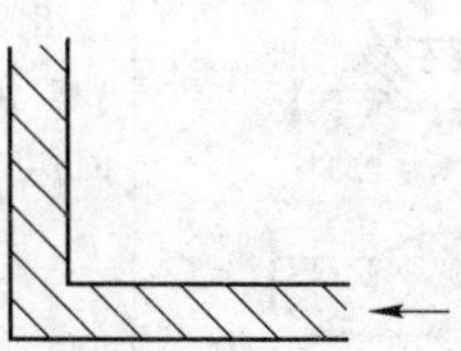	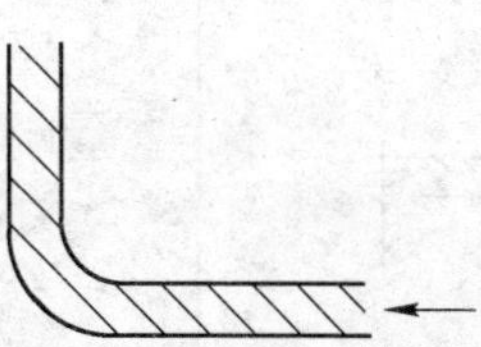	有利于液态钛平稳顺畅充填型腔，避免出现应力集中，产生裂纹

续表 21-17

序号	要 求	不合理结构	合理结构	说 明
5	对于易变形的铸件壁（如薄壁圆弧面）应设置加强筋，增加铸件刚度	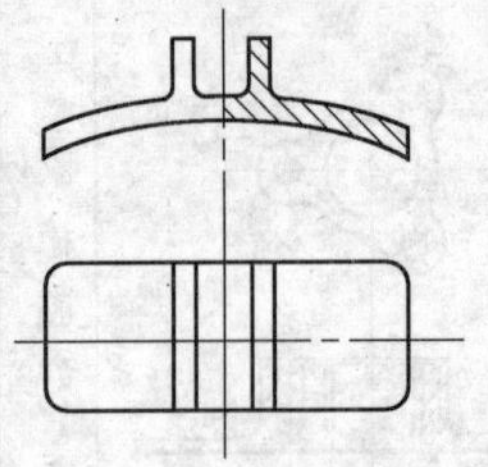	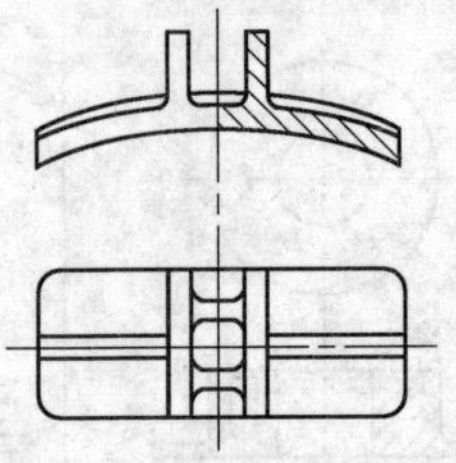	该铸件圆弧面壁厚为 2mm，设置加强筋后，可防止变形，有利于充满

表 21-18 钛和钛合金铸件壁厚的推荐值和最小允许值（mm）

铸件轮廓尺寸		特许 <50		50 ~ 100		100 ~ 250		250 ~ 400		>400	
工艺方法		推荐值	最小允许值①	推荐值	最小允许值①	推荐值	最小允许值①	推荐值	最小允许值①	推荐值	最小允许值①
机加工石墨铸造		5	4	5	4	6	5	7	5	8	6
捣实石墨型或砂型铸造②		4	3	5	4	6	5	7	5	8	6
金属型铸造②		4	3	5	4	6	5	7	5	8	6
熔模精铸	石墨型壳	2.5	1.5	3	2.0	3	2.0	4	2.5	4	2.5
	钨面层陶瓷型壳	2.5	1.5	3	2.0	3	2.5	3.0	2.5	4	2.5
	氧化物陶瓷型壳	2.5	1.0	2.5	1.0	2.5 ~ 3.0	1.5	3.0	1.5	3	2.0

①最小允许值指在特定条件下充满铸件局部区域的最小壁厚；

②壁厚的充填：金属型优于捣实石墨型，捣实石墨型优于机加工石墨型。

B 壁的连接

铸件壁的连接应呈圆弧状平缓过渡，避免出现尖角。这是因为尖角连接易产生应力集中引起裂纹。其中几种合理的连接形式见表 21-19。

表 21-19 铸件壁的合理连接形式

壁的连接形式	不合理连接	合理连接	说 明
对 接	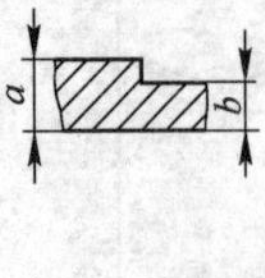	(1) 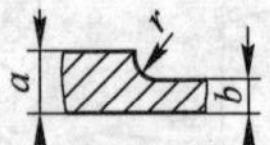 $a \leqslant 2b$ 时 (2) 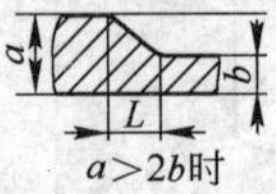 $a > 2b$ 时	（1）$a \leqslant 2b$ 时，两壁间应采用圆弧 r 过渡； （2）$a \geqslant 2b$ 时，两壁间应采用渐变的圆弧过渡； 相关尺寸 r 参见钢铸件，但钛和钛合金铸件的 r 值应比钢铸件的 r 值大
	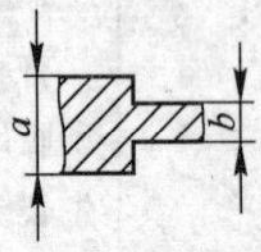	(1)  $a \leqslant 2b$ 时 (2) 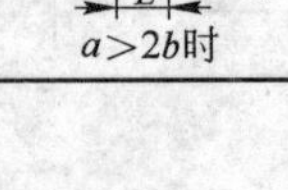 $a > 2b$ 时	

续表 21-19

壁的连接形式	不合理连接	合理连接	说明
角 接	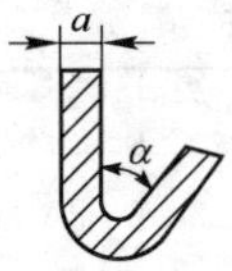	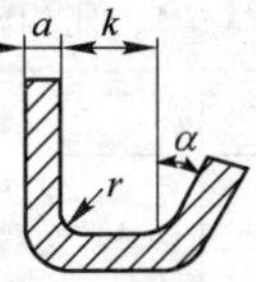	$k \geqslant 4a$ $r \geqslant 3 \sim 5$
T形连接	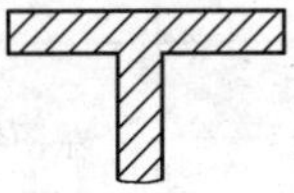	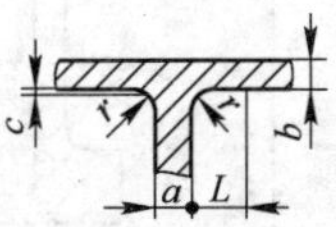 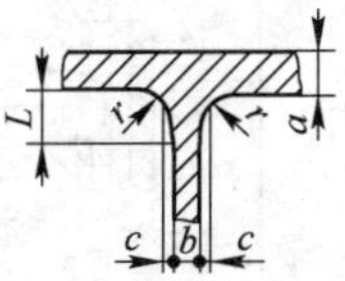	连接各种型式和相关尺寸参见钢铸件，但钛和钛合金铸件的 r 值应大于钢铸件的 r 值
叉 接	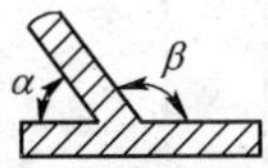	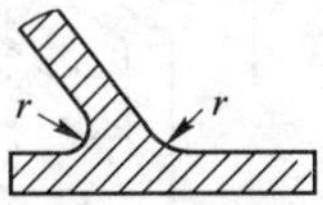	(1) 熔模精铸的 $r \geqslant 2 \sim 4$ 或为两连接壁厚的一半； (2) 机加工石墨型和捣实石墨型以及金属型铸造的 $r \geqslant 3$
十字连接	 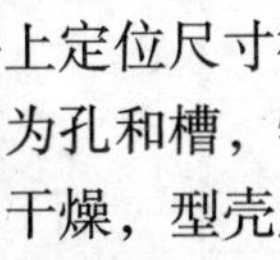	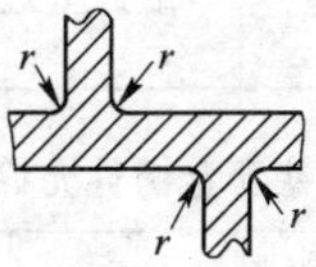 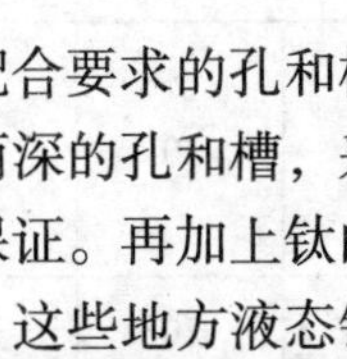	所有的 r 值，应取上述叉接连接的 r 值，并应比钢和铝的铸件大

C 铸孔和铸槽

钛和钛合金铸件上定位尺寸很严，有配合要求的孔和槽，建议不直接铸出，留待以后机加工比较合理。因为孔和槽，特别是小而深的孔和槽，采用熔模铸造工艺，不易挂好涂料和撒砂，且又不易干燥，型壳质量难以保证。再加上钛的高化学活性和热导率差，钛液浇进铸型后，在有孔和槽的地方冷却得慢，这些地方液态钛与铸型较长时间接触易发生反应，导致出现各种缺陷或表面严重沾污。为了保证孔和槽的质量，必须进行清理、修整或补焊，最终势必导致孔和槽的尺寸定位不准。对于机加工石墨型和捣实石墨型来说，前述的孔和槽，同样也存在着金属与铸型的剧烈反应，造成严重沾污，最终导致孔和槽内表面出现裂纹和气孔等问题。

一些尺寸要求不严的孔和槽，可以直接铸出，或采用型芯成形。但其结构设计要合理（见表21-20），尺寸应符合表21-21和表21-22的要求，孔间和槽间应保持足够距离。

表21-20 孔和槽结构形状的设计

名 称	不合理设计	合理设计	说 明
通 孔	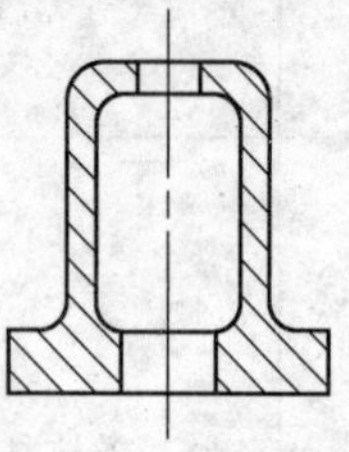	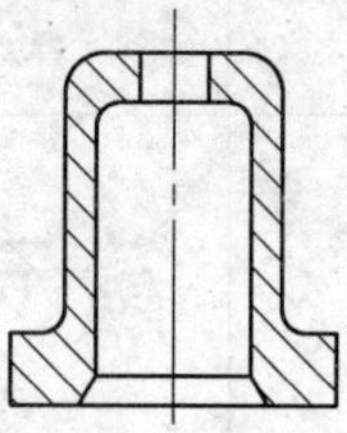	左图结构不便取模涂料及撒砂，而且干燥及清砂困难，易发生缺陷，且无法修整
盲 孔	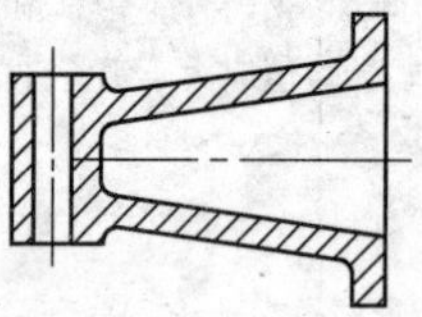	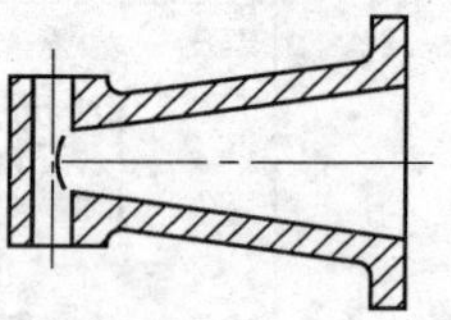	左图结构熔模铸造时盲孔位置难以保证，有可能造成两边壁厚不均匀，若允许，应设计成右图形状
铸 槽		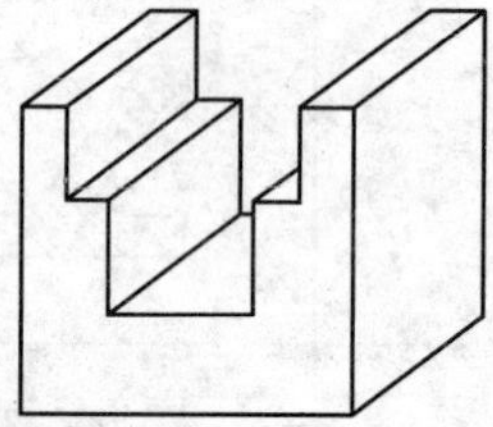	应尽可能采用右图结构，便于模具制造，简化工装

表21-21 钛和钛合金铸件允许铸出孔的孔径与深度（mm）

孔 径	最大孔深		孔 径	最大孔深	
	通 孔	盲 孔		通 孔	盲 孔
>7①	10~15	≤10	>35~50	60~130	45~80
>10~25	20~50	10~25			
>25~35	60~80	25~45	>50	>150~180	80~100

①仅适用于熔模铸造。

表21-22 钛和钛合金铸件允许铸出槽的宽度 *b* 和深度 *H* 或 *w*（mm）

槽宽 *b* / 槽深 *H* 或 *w* / 工艺方法	5	10	15	20	
石墨型铸造	10	20	45	100	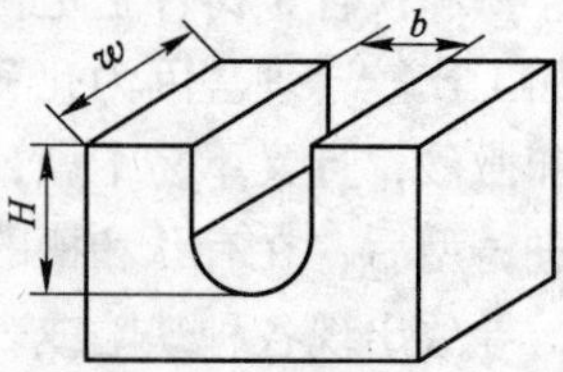
熔模精铸陶瓷型壳铸造	15	30	50	100	

D 铸造圆角

铸件壁连接的各内、外转角和厚薄截面过渡处，通常都要求设计成圆角，并应比铸钢件略大些，但也应注意不能造成过大的热节区，其大小与铸型工艺有关，这对钛和钛合金铸件尤为重要。这是因为在这些地方铸型受热最严重，易产生粘砂、裂纹、气孔等缺陷，铸造圆角大小见表21-23。

表21-23　目前钛和钛合金铸件的铸造圆角（mm）

工艺方法	外圆角		内圆角	
	推荐值	最小值①	推荐值	最小值①
机加工石墨型或金属型铸造	≥2.5	≥2.0	≥4	≥3
捣实石墨型铸造	≥2.5	≥2.0	≥4	≥3
熔模精铸	≥1.5	≥1.0	≥3	≥2

①最小值建议尽量少用。

E　起模斜度

对于钛和钛合金铸件来说，最理想的起模斜度是3°（即约0.05mm/mm）。这样有利于促进方向性凝固。短壁可采用很小的起模斜度。薄壁的熔模铸件也可以不加任何起模斜度。

F　铸筋和凸台

对于有些结构形状零件的设计，可以采用铸筋或凸台。

铸筋的作用为：（1）减少铸件的壁厚（见图21-40）；（2）增加薄壁铸件的刚度，防止铸件变形（如图21-41的铸件），改善液态钛的充型和排气条件，有利于薄壁件的充满，改善零件散热条件。有时还可用来改善大平面熔模铸件型壳的鼓胀变形。

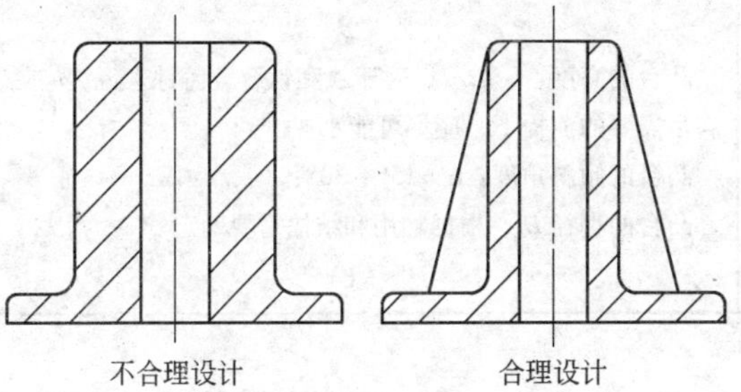

图21-40　采用加强筋减小铸件壁厚

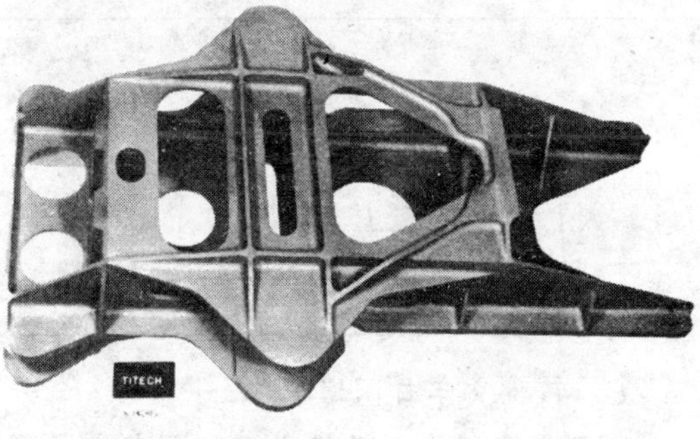

图21-41　采用加强筋防止薄壁减速板铸件变形

但是铸筋的设计布置一定要合理，否则会起到反作用。在设计时一定要注意：（1）筋一般应对称布置，宜尽量分散，数量不要太多，以减少热节点，避免阻碍收缩，增加工装制造难度；（2）筋与壁的连接采用圆角过渡；（3）筋的设计布置要便于分型，有利于工装设计制造；（4）对应于起模方向的筋应有起模斜度。

因功用和结构上的需要，铸件上经常会出现一些凸台，例如螺钉孔和连接小管座的凸台。这些凸台的出现不但使铸件壁局部变厚，且在铸件壁与凸台的交界处容易产生缩孔、裂纹等缺陷，易使铸件变形，还影响到以后工艺工装的设计和制造以及使用方便。因此，应尽可能减少凸台。设计的凸台形状、位置、尺寸一定要合理（见表

21-24 和表 21-25）。

表 21-24　凸台的结构和布置

不合理设计	合理设计
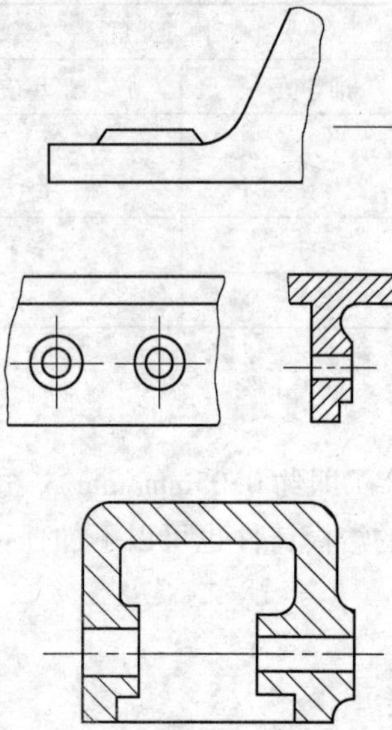	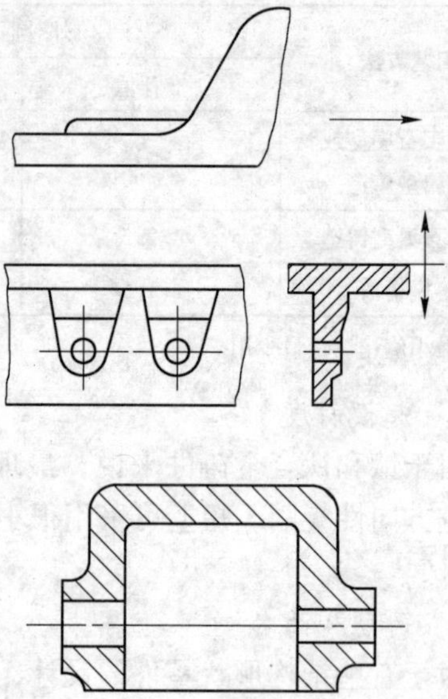

表 21-25　合理的凸台尺寸

示　　图	合理的参考尺寸
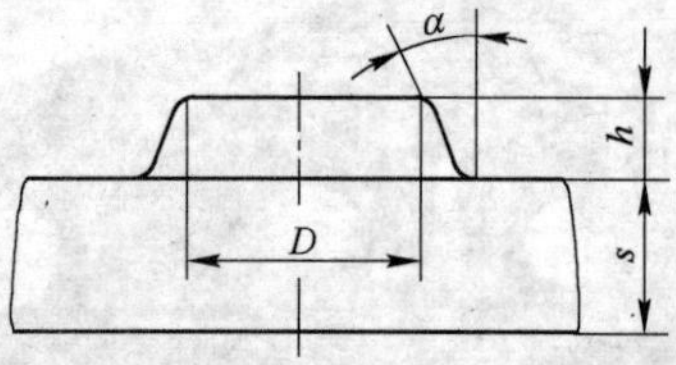	凸台的高度：$h \leqslant s/2$，对于钛和钛合金铸件来说，h 在满足需要的前提下，应尽可能小； 凸台的倾斜角度：$\alpha = 15° \sim 30°$； 凸台的直径 D，根据功用和结构需要确定

G　铸件文字与图案

对于钛和钛合金铸件文字和图案应尽可能选用凸体（见图 21-42*b*），当必须选用凹体文字和图案时，文字和图案的线条宽度、深度和起模斜度，应比凸体文字和图案大。有凹体文字和图案的铸件的线条内常易出现钛珠子，它的成品率通常要低于凸体方案的成品率，修整工作量比较大。

a　　*b*

图 21-42　铸件文字与图案的设计

a—凹体；*b*—凸体

H　尺寸精度和表面粗糙度

钛和钛合金铸件的尺寸精度通常都比铝和钢铸件低 1 ~2 个等级，如熔模精铸钢铸件的尺寸精度为 CT4 ~6 级，钛和钛合金的熔模精铸件只能达到 CT6 ~8 级。

我国钛和钛合金铸件尺寸的设计与检验都按照 GB/T 6414—1999《铸件尺寸公差与机械加工余量》或 HB 6103—2004《铸件尺寸公差和机械加工余量》规定，其中石墨型铸件（机加工石墨型、捣实石墨（砂）型和金属型）通常按 CT10 ~ CT12 级公差设计和验收，而精铸件则按 CT6 ~ CT8 级公差设计和验收。表 21-26 为国内外几家公司的石墨型铸件的尺寸精度，表 21-27 为国内外几家公司的熔模精铸件的尺寸精度。

表 21-26 国内外钛和钛合金石墨型铸件的尺寸精度（mm）

国别和公司名称	中国①BIAM					美国 TiTech			德国 TiTal			备注
标称尺寸 \ 公差等级 CT	9	10	11	12	13	标称尺寸	一般	最低	标称尺寸	一般(1)	最低(2)	
10	1.5	2.0	2.8	4.2								
10 ~ 16	1.6	2.2	3.0	4.4		<13	1.52	1.28				TiTal 公司的捣实石墨型铸件的尺寸精度考虑了铸型的影响：（1）是指有分模线或型芯穿过的线性尺寸；（2）是指无分模线或型芯穿过的线性尺寸
16 ~ 25	1.7	2.4	3.2	4.6	6	13 ~ 25	1.52	1.52				
25 ~ 40	1.8	2.6	3.6	5.0	7	25 ~ 51	1.52	1.52				
40 ~ 63	2.0	2.8	4.0	5.6	8				50	2.6	2.0	
63 ~ 100	2.2	3.2	4.4	6.0	9	51 ~ 102	1.52	1.52	50 ~ 80	3.0	2.4	
100 ~ 160	2.5	3.6	5.0	7.0	10				80 ~ 120	3.6	2.6	
160 ~ 250	2.8	4.0	5.6	8.0	11	203 ~ 254	2.80	2.14	120 ~ 180	4.0	3.2	
250 ~ 400	3.2	4.4	6.2	9.0	12				180 ~ 250	4.6	3.6	
400 ~ 630	3.6	5.0	7.0	10.0	14	380 ~ 508	5.32	3.66	250 ~ 315	5.2	4.0	
630 ~ 1000	4.0	6.0	8.0	11.0	16	508 ~ 762	7.86	5.18	315 ~ 400	5.8	4.4	
1000 ~ 1600	4.6	7.0	9.0	13.0	18				400 ~ 500	6.4	4.8	
									500 ~ 630	7.0	5.4	
									630 ~ 800	8.0	6.2	
									800 ~ 1000	9.0	7.2	
									1000 ~ 1250	11.0	8.2	

①当采用手工砂型造型时，单件或试制铸件的尺寸公差为 CT11 ~ CT13；成批生产铸件的尺寸公差为 CT9 ~ CT11。

表 21-27 国内外钛和钛合金熔模精铸件的尺寸精度（mm）

国别和公司名称	中国 BIAM			美国									德国 TiTal①			
				Howmet				PCC		TiTech						
标称尺寸 \ 公差等级 CT	6	7	8	直径	一般	标称线性尺寸	一般	直径或线性尺寸	一般	标称线性尺寸	一般	最低	标称尺寸	T_1	T_2	T_3
<10	0.52	0.74	1.0										<6	0.5	0.4	0.4
10 ~ 16	0.54	0.78	1.1							<13	0.50	0.36	6 ~ 10	0.6	0.4	0.4
16 ~ 25	0.58	0.82	1.2							13 ~ 25	0.50	0.36	10 ~ 18	0.7	0.5	0.44

续表 21-27

国别和公司名称	中国 BIAM			美国									德国 TiTal①			
				Howmet				PCC		TiTech						
公差等级 CT / 标称尺寸	6	7	8	直径	一般	标称线性尺寸	一般	直径或线性尺寸	一般	标称线性尺寸	一般	最低	标称尺寸	T_1	T_2	T_3
25 ~ 40	0.64	0.90	1.3							25 ~ 51	0.76	0.50	18 ~ 30	0.8	0.7	0.52
40 ~ 63	0.70	1.0	1.4	0 ~ 50	0.50	0 ~ 75	0.05						30 ~ 50	1.0	0.8	0.62
63 ~ 100	0.78	1.1	1.6	50 ~ 125	1.0	75 ~ 225	1.0	25 ~ 102	0.78	51 ~ 102	1.28	1.02	50 ~ 80	1.5	1.2	0.9
100 ~ 160	0.88	1.2	1.8										80 ~ 120	1.7	1.4	1.1
160 ~ 250	1.0	1.4	2.0	125 ~ 225	1.2	225 ~ 300	1.2						120 ~ 180	2.0	1.6	1.3
250 ~ 400	1.1	1.6	2.2	225 ~ 375	1.75	300 ~ 375	1.75	102 ~ 305	1.02	203 ~ 254	2.54	1.78	180 ~ 250	2.4	1.9	1.5
400 ~ 630	1.2	1.8	2.6	375 ~ 450	2.0	375 ~ 450	2.0	305 ~ 610	1.52	380 ~ 508	5.08	3.30	250 ~ 315	3.2	2.6	
630 ~ 1000	1.4	2.0	2.8					≥610	0.5%				315 ~ 400	3.6	2.8	
1000 ~ 1600	1.6	2.2	3.2										400 ~ 500	4.0	3.2	
													500 ~ 630	5.4	4.4	
													630 ~ 800	6.2	5.0	
													800 ~ 1000	7.2		

①TiTal 公司的 T_1 为一般尺寸公差；T_2 为最小尺寸公差；T_3 为特许最小尺寸公差，一般不用，只有在极个别情况下（即采用特殊工艺，模具经过多次修正后）才能达到。

国内的各种钛和钛合金铸件的表面粗糙度与国际水平基本相当，见表 21-28。

表 21-28 国内外钛和钛合金铸件的表面粗糙度 R_a（μm）

国 别	中 国		美国、法国、德国、日本等	
铸件类型	石墨型铸件①	熔模精铸件	捣实石墨型铸件	熔模精铸件
铸 态	12.5	3.2	7.5 ~ 10	3.2
偶然个别区域	50	6.3	12.5	6.3
手工精整	3.2 ~ 6.3	1.6 ~ 3.2	6.3	3.2

①石墨型铸件包括机加工石墨型铸件，捣实（砂）石墨型铸件和金属型铸件等。

21.4.1.3　转制件的结构设计

转制是指零件原设计用其他金属材料（如铝或钢等）或其他成形方法（如锻造、焊接、机械加工等）制成的，因需要改用钛和钛合金铸造的零件。

转制过程应注意的几个问题：首先要明确为什么改用钛和钛合金铸件；其次对于重要的关键性的结构件或部件必须进行强度计算和分析，确定转制铸件的类别和质量级别，以及各项性能的要求。然后根据钛和钛合金铸造的特性，铸件结构各要素的设计要求，对零件各结构要素进行重新设计；第三要进行成本核算和分析；第四，在改设计的过程中最好先与铸造工作者协商确定。

A　结构的修正

每种成形方法对零件结构都有其工艺性要求，因此转制时应当尽量使零件的结构满足钛和钛合金铸造的工艺性要求。表21-29为由其他成形方法制成的零件，分别转制为钛合金精铸件的实例。

表21-29　钛合金（锻件＋机械加工件）转制为钛合金铸件的实例

零件名称	原　设　计	转制钛合金铸件	修正点和优点
飞机托架	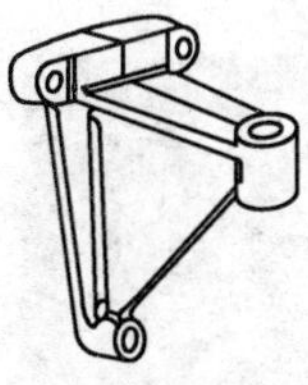 锻件 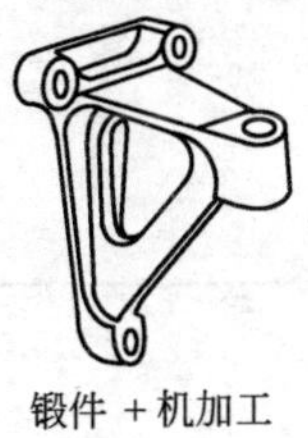 锻件＋机加工	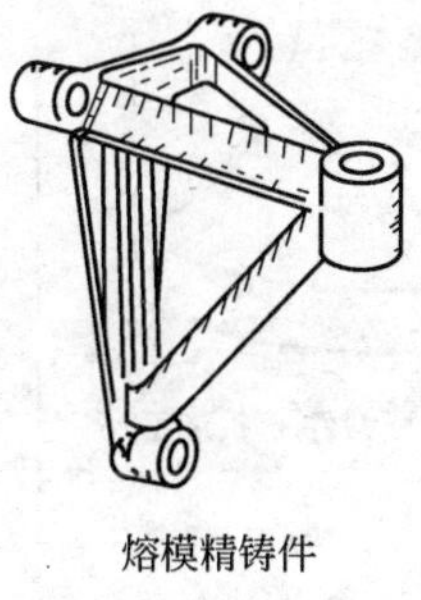 熔模精铸件	去掉了许多不起作用的平面，大大减轻了重量，减少了机械加工量，提高了金属利用率，降低了制造成本
安装座	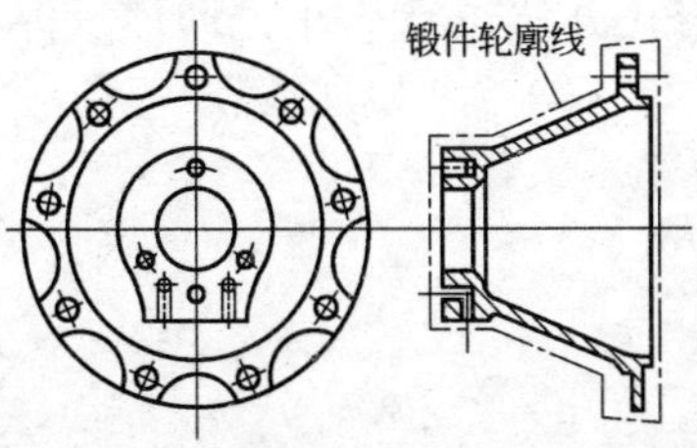 102mm锻件	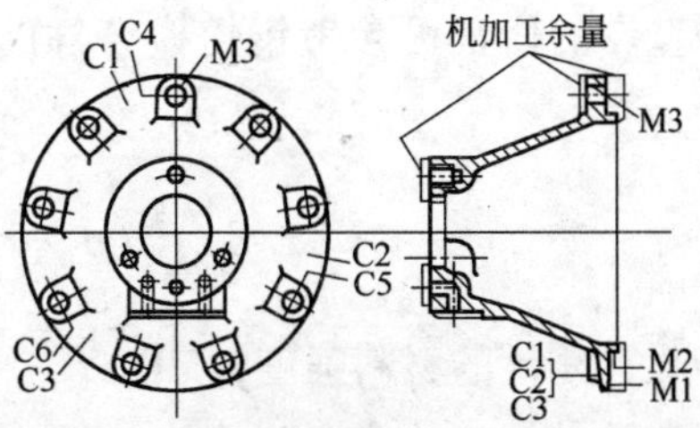 熔模精铸件	原是锻件，完全靠机加工成所需形状。转制熔模精铸件后，要加工的地方仅限于结合面和螺栓孔端面以及配合的直径，比原设计减轻了重量，减少了机械加工量，降低了制造成本

续表 21-29

零件名称	原 设 计	转制钛合金铸件	修正点和优点
ϕ508mm 的管道	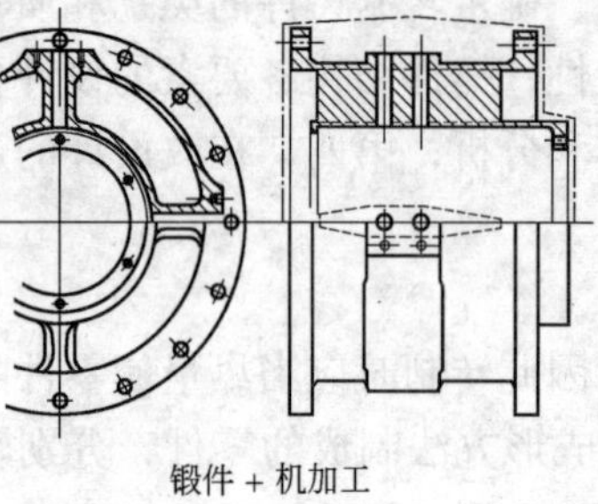 锻件 + 机加工	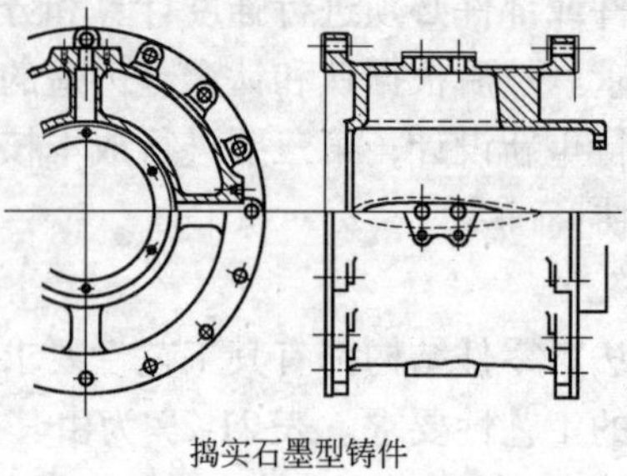 捣实石墨型铸件	原设计是一个实心锻造圆柱体，完全靠机加工而成，转制铸件后，需要加工的地方仅限于一些必需的表面，大大减少了机加工量，同时使管道整流罩本身的流线形得到了改善
叶轮	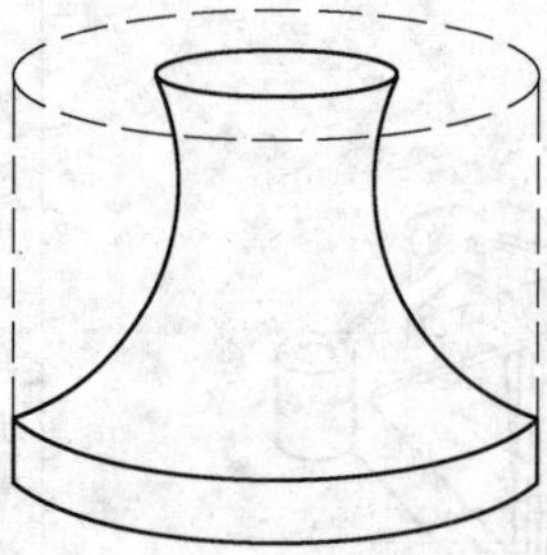 棒材 + 机加工或锻件 + 机加工	 熔模精铸敞开式叶轮	转制铸件后与原设计比，重量减轻了 28%。原设计为一个实心圆柱体棒材或锻造圆锥体块，转制熔模精铸件后，只需加工轴孔端面和轴孔以及叶片抛光，大大提高了金属利用率，减少了机械加工量

B 壁的修正

转制钛和钛合金铸造时，需要对零件各部分的壁厚进行修正。因零件各部分所承受的载荷不一定都相同，凡承载主要载荷的区域称为主承载区域，是该零件的关键部分。其余为非主承载区域，是非关键部分。

主承载区域壁厚的修正可参考钢熔模铸件的修正办法进行修正，即该壁厚 δ_a（mm）由下式计算：

$$\delta_a = (\sigma_b/\sigma_a)\delta_b$$

式中 σ_b——原设计零件的材料强度，MPa；

σ_a——改制后的钛或钛合金铸件的强度，MPa；

δ_b——原设计零件的主承载区域的壁厚，mm。

修正后进行强度验算，若不符合要求需修正，把壁加厚或减薄直至符合要求为止。

非主承载区域壁厚的修正可以按主承载区域的壁厚办法修正，但要适当放松些。

其他结构的修正一定要按照本章前述设计的要求进行。

21.4.2 铸件工艺设计

铸件工艺设计的程序为：

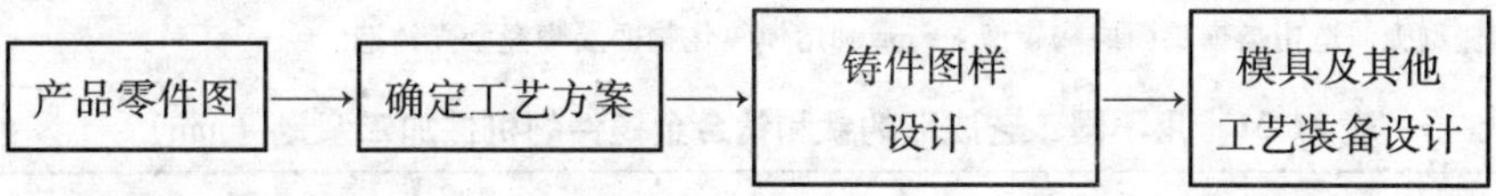

21.4.2.1 确定工艺方案

根据零件的形状结构、尺寸和精度、最小壁厚、铸件的重量以及各项技术参数和要求，确定合理的工艺方案，即选用造型工艺（铸型系统）和浇注方式。

对于尺寸比较大、壁比较厚（≥4mm）、需要数量比较少但有一定批量的铸件，选用捣实（砂）石墨型比较经济合理。对于尺寸比较大、壁也较厚（≥4mm）、形状较简单、所需数量只有一到几件的铸件，可选用机加工石墨型，或捣实石墨（砂）型与机加工石墨型结合的工艺。对于形状复杂、壁很薄（≤3mm）、尺寸精度要求很高的铸件，必须采用熔模精铸工艺。

钛和钛合金铸件在目前工业生产上采用的浇注方式只有两种：重力浇注和离心浇注。重力浇注适用于重量和尺寸比较大的、壁厚 >6mm 形状简单或形状比较特殊（如各种直径比较大的长管子）的铸件，用机加工石墨型或捣实（砂）石墨型或金属型（如人工关节）；离心浇注适用于重量和尺寸适中（因炉子尺寸限制），壁厚比较薄（<4mm）的铸件，用机加工石墨型、捣实（砂）石墨型以及熔模精铸型壳。宇航用的钛合金铸件和熔模精铸件几乎全都是采用离心浇注，因为它有助于复杂薄壁铸件的充满，又能提高它的质量和致密性。

21.4.2.2 铸件工艺设计

铸件工艺设计就是对铸件进行分析研究，采用措施来确保该铸件达到预期设计的各项技术指标。它包括铸件收缩率和机械加工余量的确定、铸孔、铸槽、工艺孔、工艺筋和工艺凸台的设计与选择、基准面的选择、铸型分型面的选择与设计、型芯的选择与设计、浇注系统的设计、浇注方式的确定和设计等。

A 线收缩率的确定

钛和钛合金铸件的线收缩率受下列因素影响：（1）铸件的形状结构；（2）铸件的尺寸；（3）造型工艺（铸型系统）；（4）浇注系统的设置；（5）铸件在铸型中的位置。这些因素中影响最大的是造型工艺和铸件的形状结构以及浇注系统的设置。每一种铸件的线收缩率都不一定一样。要准确确定铸件的线收缩率，一定要对该铸件进行分析，然后根据经验，并通过多次试验并修正才能做到。用不同造型工艺成形的钛和钛合金铸件的线收缩率推荐于表 21-30。

B 机械加工余量

表 21-31 为用不同造型工艺成形的钛和钛合金铸件的机械加工余量。

表 21-30 不同造型工艺成形的钛和钛合金铸件的线收缩率（%）

造型工艺＼收缩类型	自由收缩	受阻收缩	造型工艺＼收缩类型	自由收缩	受阻收缩
机加工石墨型(包括金属型铸造)	1.0～1.8	0.5～1.5	熔模石墨型壳铸造	3.5～4.8	1.5～3.5
捣实（砂）石墨型铸造	1.5～2.5	0.5～2.0	熔模陶瓷型壳铸造①	1.0～2.0	0.5～1.8

①熔模陶瓷型壳铸造指熔模钨面层陶瓷型壳铸造和熔模氧化物面层陶瓷型壳铸造。

表 21-31 用不同工艺成形的钛和钛合金铸件的机械加工余量（mm）

造型工艺	铸件尺寸	单面加工余量
机加工石墨型（包括金属型）铸造、捣实（砂）石墨型铸造	≤400 ≥400	3～4 4～8
熔模精密铸造	≤250 ≥250	1.5～2.0 3～4

C 工艺孔、工艺筋和工艺凸台

工艺孔、工艺筋和工艺凸台是为确保获得质量好的铸件而设置的，它们不是铸件结构本身需要的。因此，在大多数情况下，它们最终是要加以去除或修复的。如表 21-17 中的三级内环。为了解决它的型壳鼓胀变形，在腹板上增设工艺筋或工艺凸台。如图 21-43 所示的壳体零件为了防止内腔型芯变形造成两侧壁厚不均匀，可在顶部开设工艺孔，然后再焊补上。

图 21-43 开设工艺孔的壳体铸件

a—无工艺孔；*b*—开工艺孔

D 基准面的选择

钛和钛合金铸件的基准面主要用于检测铸件各部分尺寸的测量基准和机械加工的定位基准，并常常还被作为模具设计的参考面。因此基准面的选择是比较重要的，通常应由零件设计者、铸件机加工者和铸造工作者三方共同商定。

E 铸型和分型面的选择

目前生产上用的钛和钛合金铸造的铸型有：（1）机加工石墨型；（2）金属型；（3）捣实（砂）石墨型；（4）熔模精铸型壳等。

铸型分型面的选择原则：(1) 应使铸件上的检测基准表面，尽可能保持在一个完整型面上。(2) 应有利于模具的加工和装配以及使用寿命。如简单形状零件的机加工石墨型和捣实石墨型以及金属型宜采用对开式分型，如人工关节的模具。而对于形状比较复杂零件的机加工石墨型宜采用活块组合式的方式（见图21-44），这样便于铸型加工和装配。(3) 分型面宜选择在最大平面上，以减少过多分型面和错位。(4) 分型面的选取不能影响铸件的尺寸精度。(5) 分型面的选取应有利于浇注系统的设置。

a *b*

图21-44 活块组合式的机加工石墨型
a—活块组合式的机加工石墨型；*b*—铸件

F 型芯的选择与设计

钛和钛合金铸造用的型芯主要有以下几种：

(1) 金属型芯，主要用于制造带有较大内腔或孔洞以及深沟槽的形状简单的熔模精铸件（见图21-45）。

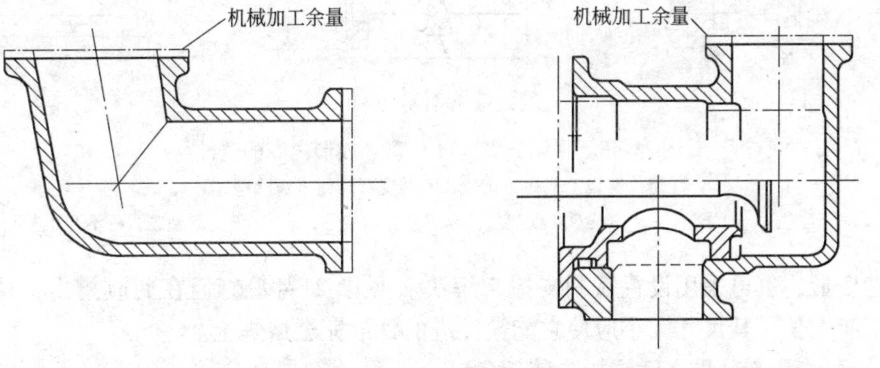

图21-45 用金属组合活块型芯成形内腔的熔模精铸件

(2) 可溶型芯，主要用于形成形状较复杂、尺寸较大的，不能用金属型芯的内腔或孔洞的熔模精铸件。可溶型芯的材料可用尿素或水溶性蜡（见图21-46）。

(3) 石墨（砂）型芯包括有机加工石墨型芯（见图21-47）和捣实石墨型芯，常采用捣实石墨型芯。机加工石墨型芯最好少用，因为机加工石墨型芯退让性差，易使铸件内腔表面出现微裂纹，同时石墨强度很高，清芯很困难。但是捣实石墨型芯在使用前一定要经过高温焙烧，焙烧温度应高于1000℃，以确保获得优质铸件。采用石墨（砂）型芯成形内空腔的铸件实例，见图21-48。为了保证铸件各部分壁厚均匀，防止较长的型芯变形和便于清芯，可在铸件上开设工艺孔（见图21-48*a*、*b*），随后再补焊修复。有时为防止

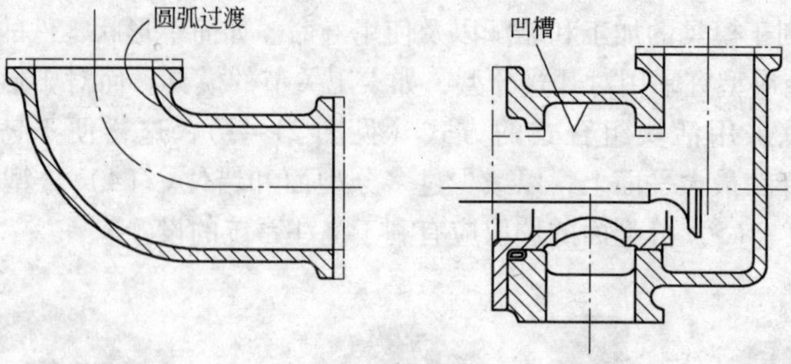

图 21-46　用可溶性型芯成形内腔的熔模精铸件

图 21-47　带有机加工石墨型芯的熔模石墨型壳

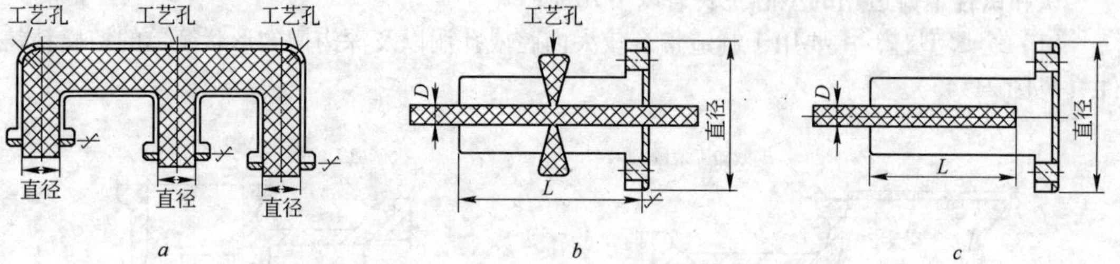

图 21-48　采用石墨（砂）型芯成形内腔的铸件

（铸件开设工艺孔防止较长型芯变形和便于清除型芯）

a—开工艺孔，便于清砂；*b*—长双支点型芯，开工艺孔防变形；*c*—短单支点型芯，可不开工艺孔

超长型芯变形，也可采用设置钛制支撑来解决（见图 21-49）。但在此应指出，钛支撑的丝或板不能太长，其尺寸大小应使它能被注进的钛液完全熔焊上。

（4）预制陶瓷型芯。目前初步使用的预制陶瓷型芯有下列几种：1）稳定型氧化锆的预制型芯，这仅限用于内腔尺寸较小的钛和钛合金铸件，如高尔夫球杆头的柄孔或其他小型铸件的内腔。2）用对熔融钛惰性好的稀土氧化物预制的陶瓷型芯。3）复合式预制陶瓷型芯。

钛和钛合金铸件采用的预制型芯在最小直径和长度上是有一定限制的，见表21-32。

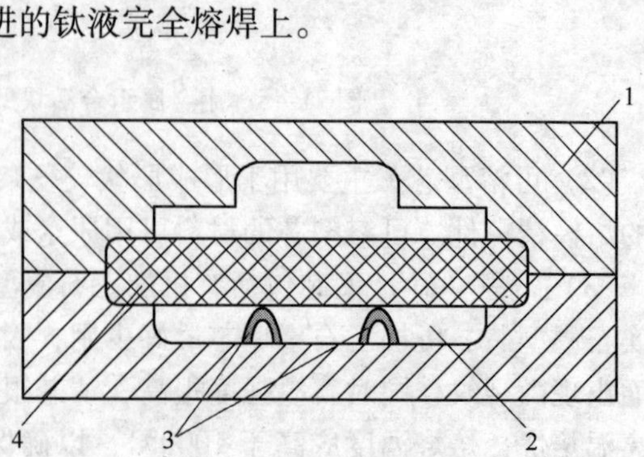

图 21-49　用石墨（砂）型芯成形铸件内腔的铸型

1—铸型；2—铸件型腔；3—钛制芯撑；4—石墨型芯

表 21-32　钛和钛合金铸件用预制型芯的最小直径和最大长度值（mm）

预制型芯	型芯直径 d	单支点型芯		双支点型芯	
		型芯长度	芯头长度	型芯长度	芯头长度
机加工石墨型芯	≥8	$2d$	根据具体情况而定	$4d$	根据具体情况而定
捣实石墨型芯	≥10	$1d$		$2d$	
预制陶瓷型芯（包括熔模涂制型芯）	≥6	$1.5d$		$3d$	

21.4.3　浇注系统的设计

钛和钛合金铸件的浇注系统应满足如下要求：

（1）要能使液态钛迅速平稳连续地从同一方向自下而上地填充铸型型腔，不产生涡流、喷溅和断流，并让型腔中的气体能顺畅地排出铸型外。为此，通常都采用底注式浇注系统，必要时也可采用侧注的浇注系统以及综合式的浇注系统。

（2）要能有效地调节铸件各部分的温度，应尽可能为铸件创造良好的补缩和顺序凝固的条件。

（3）从浇口到铸件型腔的距离应尽可能短，以便让液态钛以最短的时间和最快的速度平稳充满型腔，浇注系统应不能妨碍铸件的收缩，致使铸件变形或出现冷裂。

（4）应采用开放式的浇注系统，各部分比例要合理，即从直浇道到横浇道再到内浇口的浇道总截面面积应是逐渐增大的，它们之间的比例应是：直浇道：横浇道：内浇口 = 1：2：2.5 或 1：3：4，有时甚至要达到 1：3：5 或更大，在设置内浇口时，应注意避免金属流直接冲刷型腔，同时还要注意避免通过单位截面内浇口的金属液流量过大，延续时间过长，致使该区域急剧过热，造成严重粘砂，甚至反应。

（5）熔模精铸的浇注系统，要便于脱尽型腔中的蜡，必要时可设辅助脱蜡口，脱完蜡后再堵上。

（6）在保证铸件质量的前提下，结构应尽量简单，以提高生产效率，减少浇注系统的重量，还应有足够的强度，以支撑起整个模组。

钛和钛合金铸件的浇注系统的金属量要远远高于铸件毛坯的重量，形状简单的厚壁铸件，浇注系统与铸件毛坯的重量比，通常为 1～3；形状复杂的薄壁铸件，要达到 4～6，甚至可能更高。

钛和钛合金通常采用底注浇注系统，而不采用顶注浇注系统是因为用顶注的浇注系统，铸型中释放出上冒的气体会与进入型腔的金属流，搅混在一起，最终在铸件上产生大的气缩孔。同时，金属流动不平稳，易产生喷溅，对铸型内表面冲刷严重，铸件表面易产生流痕、冷隔、铁豆等缺陷。铸件有时难以充满，铸件内部还可能出现夹杂，难以获得优质铸件。

21.4.3.1　浇注系统的组元

钛和钛合金铸件的浇注系统形式，归纳起来有下列几种形式：（1）框架式（见图 21-50a）适用于中小铸件；（2）圆盘式（见图 21-50b）适用于 ϕ250mm 以上的圆筒体和圆锥体以及其他形状的圆柱体铸件；（3）底注 + 缝隙式侧注（见图 21-50c）适用于直径

图 21-50 钛和钛合金铸件的浇注系统形式

a—框架式；*b*—圆盘式；*c*—底注＋缝隙式侧注；*d*—综合式

比较大，较高的薄壁圆筒体或半圆筒体的铸件或其他形状的薄壁铸件；（4）综合式（见图 21-50*d*）以底注为主，同时还有侧注和其他的注入形式，适用于大型复杂薄壁的铸件，尤其是大型复杂薄壁整体精铸的结构件。图 21-50 虽是以熔模精铸件为例，实际上对于机加工石墨型（包括金属型），或捣实石墨（砂）型铸件的浇注系统也是这四种形式，但在形状结构上不可能像熔模精铸件这样灵活。

综观上述浇注系统的各种形式，它们通常都由下列几个基本组元组成：

（1）大浇杯或中心浇道。大浇杯或中心浇道用于承接从坩埚倒出的钛合金液。必须具有较大的容积，一次应容纳浇注金属总量的 50% ~80%。因为凝壳熔炼金属液过热度低，坩埚冷却水冷却强度高，一停弧后，金属液必须在 3 ~5s 内从坩埚内倒出，否则金属液温度急剧下降，致使铸件难以充满，甚至凝固在坩埚内。在结构上还应防止注入的液态金属外溢。

（2）直浇道。直浇道是液态钛从大浇杯或中心浇道进入铸件型腔的通道，通常是圆形的，是因为这种形状便于制造，并可减少注入钛液的热损失。用于钛和钛合金铸件的直浇道直径应比钢和铝合金铸件所用的大，以使钛合金液流动迅速通畅，短时间内到达铸件型腔。直径应根据铸件重量和一次要浇注的金属量确定。直浇道的长度根据铸件或模组的高度确定。

(3) 横浇道和内浇口。横浇道和内浇口承接从直浇道流进的钛液并使之迅速进入铸件型腔的通道。横浇道通常都采用矩形的，其尺寸根据铸件大小和壁厚确定。内浇口的形状通常采用梯形椭圆柱体结构，四周的斜度与冒口相同，其截面尺寸大小根据铸件尺寸确定。

(4) 冒口。由于钛和钛合金液过热度低，又在真空下浇注、冷却，因而补缩能力不如铸钢，补缩距离短。因此，钛和钛合金铸件用的冒口，通常都要比钢铸件的大，数量比钢铸件的多。钛和钛合金铸件冒口的形状和尺寸对补缩作用影响很大。早在20世纪60年代，前苏联的Б. Б. Гулзев等人就对钛和钛合金铸件补缩冒口的设置进行了试验，结果见图21-51。补缩效果最好的斜度为7°~9°。由于铸件的形状不同，冒口的形状可以是圆锥体形的、梯形椭圆柱体形的、带圆弧梯形的。捣实石墨型（包括机加工石墨型）铸件冒口的尺寸或直径应为补缩热结点厚度的2.5倍；熔模精铸件应当不小于热补缩结点厚度的3倍，冒口的高度通常取其厚度或直径的1.5~2倍。在安置冒口时，冒口底部与铸件连接处一定要光洁、圆弧圆滑过渡，以免在此处产生夹杂沾污或甚至发生局部反应。由于钛合金铸件冒口的补缩距离短，为得到致密的铸件，常把带斜度的侧冒口（也叫补贴）安置在需要补缩的地方（见图21-52），

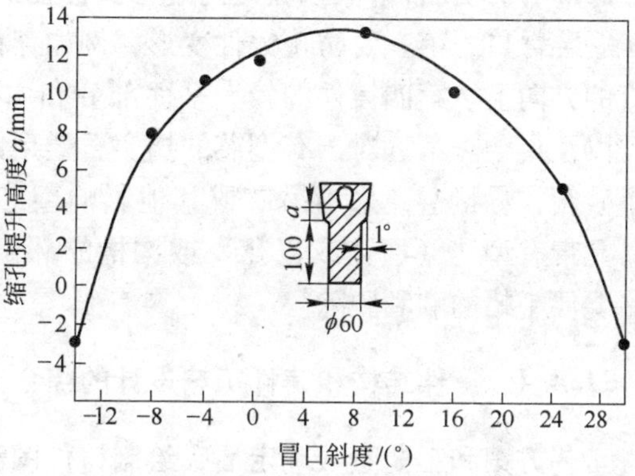

图21-51 补缩冒口斜度对Ti-5Al合金铸件内缩孔分布的影响

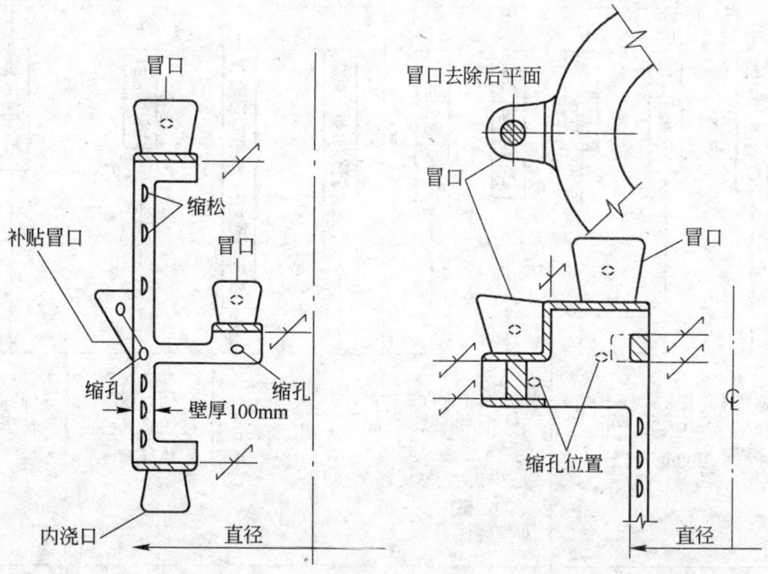

图21-52 钛和钛合金铸件冒口（侧冒口）的安置

这种办法也是有效的。铝合金铸件常用的冷铁，对于钛和钛合金铸件是不起作用的。

21.4.3.2 铸件的位置

选择铸件在浇注系统中的位置时，首先考虑的是有利于它的充满，尤其是复杂薄壁（≤2.5mm）的铸件。其次是尽可能给铸件创造顺序凝固的条件，通常是把厚壁部分朝上，便于安装冒口。第三要防止铸件变形，例如存在较大平面的铸件不能放置在与离心作用力垂直的方向上。第四铸件的较大平面部分和主要加工面应垂直或倾斜放置，以减少变形、气孔以及夹杂。第五对于有型芯的捣实石墨型铸件，型芯的定位芯头部分，应尽可能安置在下砂箱，尽量避免采用吊芯或其他影响型芯准确定位的放置方式。第六对于熔模精铸件，凡带有型孔（通孔或盲孔）或沟槽的部位都应安放在便于涂料、撒砂和检查的位置上；要便于蜡的顺利脱除。

21.4.4 铸件结构和铸件工艺设计的综合完成

工艺方案和工艺参数确定后，绘制铸件图和工艺图以及其他必需的工艺装备图。绘制好的铸件图应经审核批准。

21.5 铸造的造型工艺

钛和钛合金铸造的造型工艺可用图21-53加以概括，大约可分为四类。除壳型铸造外，其余三类是常用的工艺，后面逐一阐述。

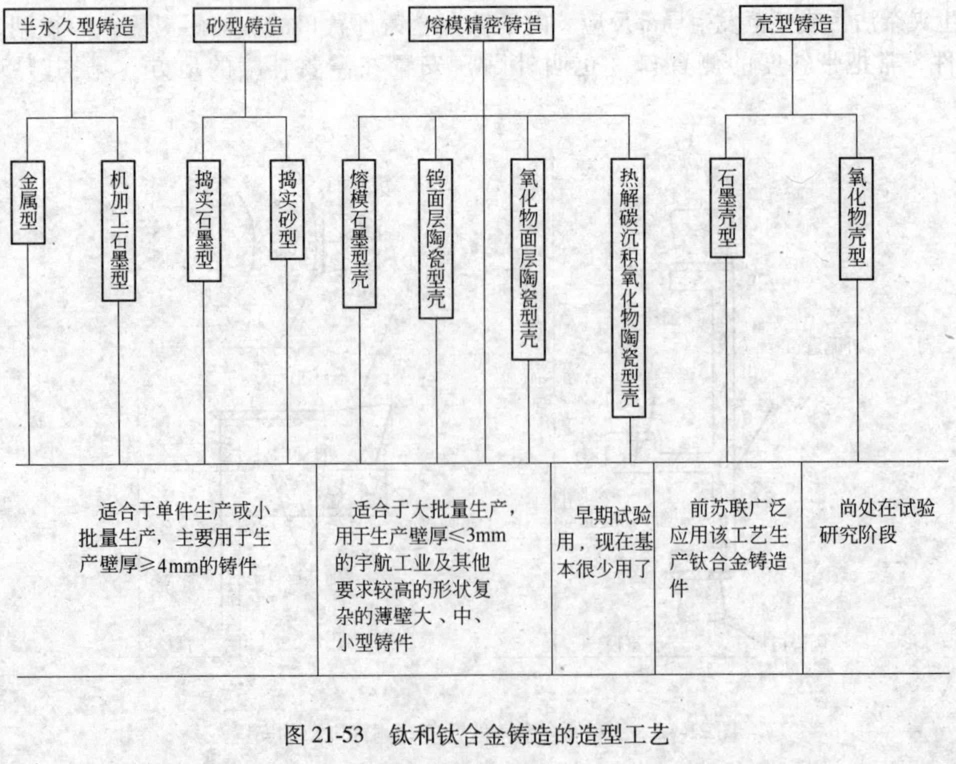

图21-53 钛和钛合金铸造的造型工艺

21.5.1 备料——准备造型材料

21.5.1.1 铸造对造型材料的要求

钛和钛合金铸造的造型材料包括两大部分：主要材料和辅助材料。主要材料为耐火材料和黏结剂等。辅助材料包括造型时所需的添加剂（如润湿剂、消泡剂等）和精铸用的模料、分型剂及清洗剂等。

钛和钛合金铸造的造型材料应满足如下要求：

（1）应具有高的化学热稳定性。与熔融钛接触不发生物理化学反应。

（2）应有高的耐火度和抗热冲击性能。浇注液态钛后，铸型应不发生软塌和爆裂。

（3）强度要高。在操作过程中铸型不变形和破碎。

（4）低的热膨胀系数和热导率。

（5）要有良好的使用性能。有合理的颗粒度和粒度分布以及颗粒形貌，含水分和气体少。

（6）无毒、无放射性。

（7）来源丰富，价格适中。

经过近半个世纪的探索寻找，目前已经找到了几种可用的造型材料。但还不是最佳的材料。

21.5.1.2 耐火材料

目前可用的耐火材料有：石墨；部分金属（铸钢、铸铁、铸铜和难熔金属等）；部分难熔化合物和氧化物。

A 石墨

石墨有天然石墨和人造石墨两类，可用于钛和钛合金铸造的是人造石墨。人造石墨的性能在很大程度上取决于原材料和制备工艺。人造石墨是以石油焦、炭黑、沥青焦等为主要原料，经过2000℃以上的高温处理，使无定形碳转化为石墨。其特点是含碳量在99%以上，灰分一般不超过0.5%，生产工艺比较复杂。普通人造石墨的密度为1.4～1.8g/cm^3，存在较大的孔隙度。

对于钛而言，人造石墨的优异特性如下：

（1）热化学稳定性和耐火度高。石墨是目前最耐高温材料中的一种，它的熔点高达3850℃，汽化温度高达4500℃。在7000℃的超高温电弧下加热10s，石墨的质量损失仅为0.8%，铸造工业中常用的刚玉质量损失高达6.9%～13.7%，而极耐高温金属，如W、Mo等的质量损失却已达到了12.9%。由于这样在钛和钛合金的浇注温度下，石墨与液态钛只发生微弱的反应，可以铸出表面洁白、沾污层厚度比较小（≤0.15mm）的钛合金铸件。

（2）强度高。温度升高时，它不但不软化，强度反而增加，如表21-33所示。

表21-33　温度对人造石墨强度的影响

温度/℃	20	500	1000	1500	2000	2500
拉伸强度 σ_b/MPa	34.0	34.5	36.5	48.5	50.5	
压缩强度 σ_{bc}/MPa	9.0	11.5	13.0	15.0	17.0	15.5

（3）线膨胀系数低。表21-34为石墨的线膨胀系数与温度的关系。由表中数据可见，石墨加热，温度升高，体积变化是很小的，不会产生裂纹。因而，采用石墨作铸型可以铸造出几何形状正确，尺寸精度高的铸件。

表21-34 人造石墨的热膨胀系数与温度的关系以及各向异性

温度/℃	20~125	20~525	20~1025	20~1525	20~2025
平行于挤压方向的线膨胀系数 $\alpha_{//}/K^{-1}$	3.7×10^{-6}	4.5×10^{-6}	5.1×10^{-6}	5.5×10^{-6}	5.85×10^{-6}
垂直于挤压方向的线膨胀系数 $\alpha_{\perp}/K^{-1}$	4.1×10^{-6}	4.8×10^{-6}	5.4×10^{-6}	6.1×10^{-6}	6.3×10^{-6}
体膨胀系数 α_V/K^{-1}	11.5×10^{-6}	13.8×10^{-6}	15.6×10^{-6}	17.1×10^{-6}	18.0×10^{-6}

（4）石墨对熔融钛有很好的润湿性，在常温下比氧化物陶瓷材料高出20%~30%，这有利于钛液对铸型的充填和铸出轮廓清晰的铸件。但随着铸型温度的升高，钛液对石墨的润湿角趋向于零度。因此，石墨型的预热温度应适当，尤其是捣实石墨型和熔模石墨型壳。随着铸型预热温度的升高，铸件表面渗碳也逐渐趋于严重。熔模石墨型壳温度升高到一定值后，就会发生渗漏反应。

人造石墨对于钛及钛合金铸造也存在着下列缺点：

（1）在空气中加热易氧化。人造石墨在空气中加热，从430℃起就开始氧化，随着加热温度的升高，氧化速度逐渐加快。温度到达1200~1300℃时，氧化速度达到最高值。表21-35为石墨在空气中加热的氧化速度。因此，石墨铸型的焙烧必须在还原性或惰性气氛下，或真空中进行。这给铸型的制备增添了复杂性，也增高了成本。

表21-35 石墨在空气中加热时的氧化速度

石墨种类	加热温度/℃	质量损失到如下量时所需时间/h	
		1%（质量分数）	6%（质量分数）
高纯致密石墨	500	200	
	600	7	25
	700	0.6	1.8
普通人造石墨	500	6	
	600	0.75	2.5
	700	0.2	0.7

石墨在水蒸气和二氧化碳气氛中，同样要被氧化。但氧化较慢。另外，石墨在氢气中于600℃下开始反应，而在氮气中到2500℃下还是稳定的。因此，可以用氮气作为石墨高温焙烧的保护性气体。

石墨的氧化速度受石墨本身性质、石墨化程度和体积大小以及杂质含量等因素的影响。表21-36为石墨中杂质含量对石墨氧化速度的影响。

表21-36 石墨中杂质含量对石墨氧化速度的影响

杂质名称	高纯石墨	Mn	Fe	Co	Ni	Cu	Mg
杂质含量/%	2×10^{-6}	2×10^{-4}	2×10^{-4}	2×10^{-4}	2×10^{-5}	2×10^{-4}	5×10^{-6}
氧化速度/kg·(kg·℃)$^{-1}$	8.4×10^{-5}	25.4×10^{-5}	19.6×10^{-5}	28.0×10^{-5}	53.2×10^{-5}	30.8×10^{-5}	9.52×10^{-5}

（2）吸附气体能力强。石墨放置在空气中会自行吸附空气、水蒸气。吸附气体的量与石墨的制备工艺、石墨的致密度和状态、石墨的除气温度和其他因素等有关。加热石墨时，首先释放出的是CO_2、CO，然后是水蒸气和氢气等。表21-37为石墨在真空下被加热时释放出气体的成分。表21-38为石墨状态对其放气量的影响。从表21-38中可见，石墨状态对石墨的吸气能力影响很大，石墨砂吸附气体的能力大约是同牌号石墨块的10倍。试验表明，石墨的放气要在真空下加热至2000～2200℃，并保温一段时间后才可能停止。除气后的石墨铸型，如果不保存在温度100℃左右的炉内，或真空下，而直接放在空气中，它又要重新吸附气体。

表21-37　石墨在真空下被加热时释放出气体的成分（体积分数）

石墨类别	加热温度/℃	CO_2/%	CO/%	H_2O/%	H_2/%	其余/%
普通人造石墨	300～600	35	5	25	5	30
	600～900	20	25	15	30	10
致密高纯石墨（密度1700kg/m^3）	300～600	20	15	30	10	25
	900～1000	5	40	5	50	
	2100		16		82	2

表21-38　石墨状态对其放气量的影响

石墨状态	石墨块	石墨砂
未经焙烧的料加热至1000℃后的放气量/$cm^3 \cdot g^{-1}$	0.12～0.14	1.02～1.05
在真空中于1000℃下焙烧后，然后在干燥大气下存放2天后的放气量/$cm^3 \cdot g^{-1}$	0.05～0.06	0.71～0.70

（3）热导率比氧化物耐火材料高。通常是氧化物耐火材料的170倍、铝的3～3.5倍、钢的近2倍、铜的近$\frac{1}{4}$倍，在常用金属材料中石墨的热导率仅次于铜。因此，石墨型钛铸件，尤其是机加工石墨型铸件的最小壁厚不得低于4mm。由于热导率高，产生激冷，常易使铸件表面出现微裂纹。石墨的热导率在300℃以下，随温度的提高而增加；300℃以上时则相反（见表21-39），同时它还与石墨的密度有关（表21-40）。表21-41为石墨与其他几种常用材料的传热系数与蓄热系数的比较。

表21-39　石墨热导率随温度的变化

温度 t/℃	20	300	500	1000	1500
热导率 λ/W·(m·K)$^{-1}$	75	130	110	60	45

表21-40　石墨热导率与其密度的关系

热导率 λ/W·(m·K)$^{-1}$	75	100	140	190
密度/kg·m^{-3}	1400	1500	1600	1700

表 21-41 石墨与其他几种常用材料的传热系数与蓄热系数的比较

材料名称	石墨	铝	钢	铸铁	干砂黏土混合料
传热系数 /W·(m²·℃)⁻¹	0.172×10^{-4}	0.85×10^{-4}	0.139×10^{-4}	0.139×10^{-4}	0.0006×10^{-4}
蓄热系数/kW·℃$^{\frac{1}{2}}$·(m²·K)⁻¹	10.0	22.9	14.5	14.5	1.395

（4）石墨的另一特性是它的内部存在发达的孔隙。普通的人造石墨孔隙对其所有性能（如强度、吸气性、热导率等）都有很大的影响。

用于钛和钛合金铸造铸型材料的人造石墨必须符合表 21-42 的技术要求。

表 21-42 用于钛和钛合金铸造的人造石墨的技术要求

项目名称	技术要求	项目名称	技术要求
石墨化程度/%	100	晶体结构	六方晶格（$a=0.246$nm，$c=0.67$nm）
含碳量/%	≥99		
灰分/%	≤0.5	热导率(20℃)/W·(m·K)⁻¹	75
真密度/kg·m⁻³	2190~2300	使用状态	石墨块或电极用作机加工型，规格需按市场供应情况和铸型尺寸确定
假密度/kg·m⁻³	1550~1750		
孔隙率/%	22~32		
抗压强度/MPa	≥19.6		石墨砂、粉用于捣实型或熔模石墨型壳
氧化起始温度/℃	430		

B 金属（粉）

用作钛和钛合金铸型材料的金属主要有：（1）铸铁、铸钢和铸铜等；（2）钨、钼等难熔金属。表 21-43 列出了几种金属铸型材料的主要物理性能。

表 21-43 铸钛用几种金属铸型材料的主要物理性能

物理性能 \ 材料名称	铸铁①	铸钢②	铜③	钨④	钼
熔点/℃	1220	1525	1082	3400	2615
密度/g·cm⁻³	6.8~7.0	7.8	8.9	19.3	10.2
抗拉强度 σ_b/MPa	≥150	≥400	≥150		
热容量/J·(kg·K)⁻¹	449~594	545			
线膨胀系数/℃⁻¹	13.0×10^{-6}	13.92×10^{-6}	16.92×10^{-6}	4.5×10^{-6}	5.2×10^{-6}
热导率(20℃) /W·(m·K)⁻¹	54.43~58.61	58	390	174	137

①HT150 或 HT200；②ZG200~400；③铸造纯铜；④钨粉。

铸铁、铸钢和铸铜主要用于制造形状比较简单的中小型铸件（如人体植入物，即人工关节等）的铸型。因铸件小，冷却快，虽然它们的熔点低于钛的熔点，但注入钛液后，铸型表面温度一般达不到它们的熔点，所以仍然可用。使用寿命取决于铸件的形状与尺寸以及模具设计得是否合理和操作维护，正常情况下为10～30次。

钨、钼等难熔金属的熔点高，真空下与熔融钛接触时化学稳定性好。钼在铸钛铸型材料方面目前用得不多，主要用作钛合金压铸用压型的镶块和压机活塞的冲头，以提高压型和冲头的使用寿命。

C　难熔氧化物

到目前为止，可以直接和熔融钛接触的氧化物有ZrO_2、CaO、Y_2O_3及一些稀土氧化物等。含SiO_2和Al_2O_3的耐火材料虽然不能用作铸钛熔模精铸型壳的面层和邻面层材料，但常作为背层材料使用。表21-44列出了几种可用作铸钛造型材料的氧化物的主要特性。下面对其作简要介绍。

表21-44　几种主要氧化物的特性

主要特性 \ 氧化物名称		SiO_2	Al_2O_3	CaO	$ZrO_2$①	Y_2O_3	ThO_2
晶体结构		六方	六方	立方	立方		立方
分子量		60.06	101.92	56.08	123.22	225.84	264.12
熔点/℃		1713	2015	2600	2677	2410	3300
耐火度/℃		1680	1590	2400	2500		2700
密度/$t \cdot m^{-3}$		2.32	3.97	3.32	5.56	4.84	9.63
热导率/$W \cdot (m \cdot K)^{-1}$	100℃		28.89	13.94	19.51		8.50
	1000℃		5.86	7.18	2.29		2.55
线膨胀系数(20～1000℃)/K^{-1}		13.9×10^{-6}	8.6×10^{-6}	13.8×10^{-6}	$(7.7 \sim 8.1) \times 10^{-6}$		10.2×10^{-6}
化学性质		酸性	两性	碱性	弱酸性②	碱性	

①稳定化的ZrO_2；②有人认为是中性。

a　氧化锆

未经稳定化处理的氧化锆不能用作铸钛的铸型材料，是因为它存在着三种同质异晶体：常温下为单斜晶体，高温下为四方晶体，温度更高则转变为立方晶体。晶体的转变如下：

$$\text{单斜}ZrO_2 \underset{\text{约}1000℃}{\overset{\text{约}1200℃}{\rightleftharpoons}} \text{四方}ZrO_2 \overset{\text{约}2370℃}{\rightleftharpoons} \text{立方}ZrO_2$$

单斜晶体转变为四方晶体时，伴随着9%左右的体积变化。图21-54为ZrO_2的热膨胀曲线，图21-55为ZrO_2的差热分析曲线。由图可见，这种收缩与膨胀并非发生在同一温度，前者发生在1200℃，后者发生在1000℃附近。若用未经稳定化处理的ZrO_2作铸型，在焙烧和冷却过程中势必要开裂。为解决这个问题，一般都采用加入CaO在ZrO_2中，加入量4%～8%。经高温电熔或煅烧后就可以得到从室温直至2000℃以上都稳定的立方晶型的氧化锆固溶体，称为稳定氧化锆。铸钛工业中大多采用电熔氧化锆。

经过高温电熔稳定化处理后的氧化锆，常温抗压强度可达2100MPa，在氧化性气氛中十分稳定。表21-45为用于钛和钛合金熔模精铸的电熔稳定的ZrO_2粉、砂的粒度和典型成分及主要物理性能。

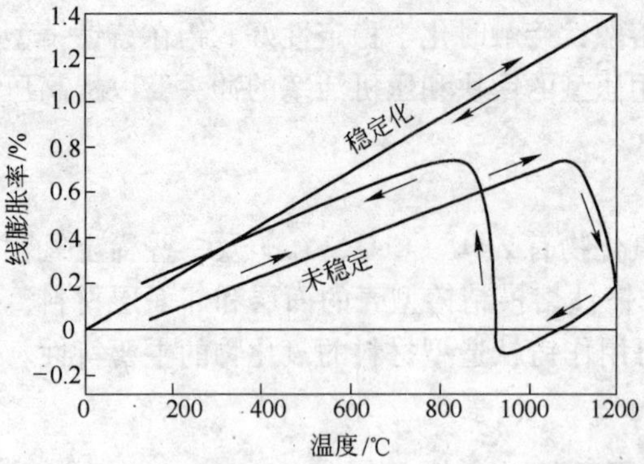

图 21-54 ZrO_2的线膨胀曲线

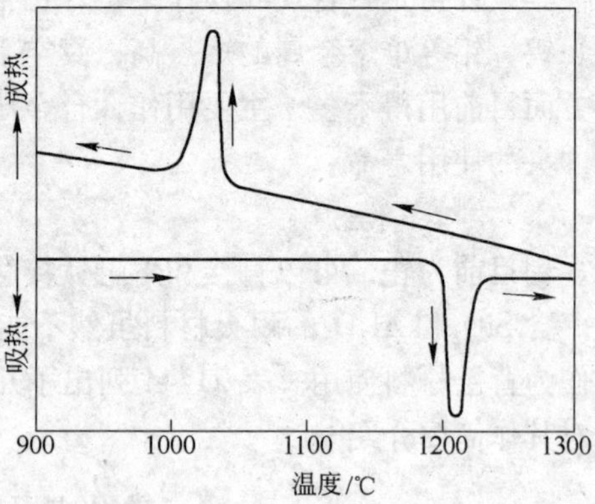

图 21-55 ZrO_2的差热分析曲线

表 21-45 电熔 ZrO_2粉、砂的粒度和典型成分及主要物理性能

粉、砂粒度/mm（目）	典型化学成分		主要物理性能		
	组分	质量分数/%	项目名称		技术指标
0.043（325）	ZrO_2+HfO_2	94.85	晶型		立方晶格
0.542～0.175（30～80）	HfO_2	1.5	熔点/℃		2550
1.397～0.542（12～30）	CaO	3.8	真密度/g·cm^{-3}		5.6～5.7
	SiO_2	0.40	砂、粉粒度/mm（目）		松装密度/g·cm^{-3}
	TiO_2	0.30	粒度/mm(目)	1.397～0.542(12～30)	2.84
	Fe_2O_3	0.05		0.542～0.175(30～80)	3.12～3.36
	Al_2O_3	0.55		0.043(325)	2.96
			努普硬度		1160
			热导率/W·(m·K)$^{-1}$	425℃	0.69
				870℃	0.79
				1100℃	0.85
			平均线膨胀系数/K^{-1}		5.2×10^{-6}
			化学性质		中性

注：上述数据来源于美国 Norton 公司。

b 氧化钇

从矿物提取的氧化钇是白色或淡黄色的细粉末，熔点是2410℃，理论密度是5.96g/cm^3。它的比表面积很大，必须经电熔或煅烧稳定化处理后才能使用。电熔或煅烧过程中不发生晶型转变，它的总灼减量一般都小于1%。电熔或煅烧后的氧化钇团块经破碎筛分成所需粒度的粉和砂。

c 氧化钙

氧化钙相对于熔融钛是稳定的。但是其工艺性不好，容易吸潮，阻碍了它的应用。但是，人们都希望 CaO 获得应用。

为了避免上述缺陷，改用碳酸钙作铸型材料，然后铸型经1000℃焙烧使 $CaCO_3$转化为

CaO，并在700～800℃下浇注钛和钛合金，铸出了质量良好的钛合金铸件。详细工艺将在后面介绍。

不论是CaO或$CaCO_3$用作铸型材料，都要经过预先处理。CaO必须进行电熔或煅烧，除去其中的有害杂质，使其化学成分达到表21-46要求，才能使用。$CaCO_3$必须经过致密化处理，去除杂质，达到较高纯度后才能使用。采用$CaCO_3$的目的：（1）解决了CaO的吸潮和水合作用；（2）降低成本和解决原料来源；（3）减少了铸件表面磨削和化学铣量；（4）可以生产出高精度的铸件。

表21-46 用作钛和钛合金铸造的氧化钙的化学成分要求

处理工艺	化学成分（质量分数）/%				
	CaO	MgO	Al_2O_3	SiO_2	Fe_2O_3
电熔或煅烧	>99.1	0.01～0.41	0.006～0.04	0.005～0.09	0.005～0.02

d 背层材料

用作钛和钛合金熔模精铸背层的耐火材料应满足如下要求：（1）在物理性能和工艺性能上应与面层和邻面层材料相匹配；（2）应具有高的强度和耐火度；（3）有良好的使用性能；（4）价格低廉，来源丰富，对操作人员健康无害。

目前可用作钛和钛合金熔模精铸氧化物陶瓷型壳背层材料的有：电熔刚玉、莫洛卡特、上店土、煤矸石、铝矾土等硅铝系耐火材料。

21.5.1.3 黏结剂

用作钛和钛合金铸造的面层黏结剂应满足如下要求：

（1）黏结剂与耐火材料基体之间不发生化学反应，经高温焙烧后，生成的产物应具有高的热化学稳定性，与熔融钛接触不发生物理化学反应；（2）与耐火材料基体混合后有良好的工艺性能，如流动性、黏度、湿强度和附着强度等；（3）能使制备的铸型（型壳）和型芯具有要求的强度和透气性，在铸型制备、运输和铸造过程中不损坏；（4）铸型（型壳）和型芯在热处理过程中不应当出现大的体积变化；（5）无毒，不污染环境，不危害操作人员健康；（6）价格适中。

目前采用的几种黏结剂，在工艺性和经济性方面至今尚不够令人满意。

目前可采用的黏结剂分为两类：碳质黏结剂和氧化物黏结剂。

A 碳质黏结剂

碳质黏结剂用于制备捣实石墨型和熔模精铸石墨型壳，这类黏结剂有：合脂和合成树脂。

a 合脂

合脂是制皂工业中合成脂肪酸生产过程的副产品，即以石蜡（主要成分为C_{20}～C_{30}的烷烃）为原料，经过氧化，皂化分离，真空蒸馏出中碳（C_{10}～C_{20}）的脂肪酸产品后剩余的残渣。

表21-47为国内钛和钛合金铸造中采用的合脂（QB 522—1966）。表中的酸值和黏度是衡量合脂质量的两项重要指标。酸值：由于合脂的硬化作用，主要靠羟基酸，因此羟基酸含量的多少是合脂的一项非常重要的指标，目前国内采用酸值间接地表示。合脂的酸值不宜过高，否则合脂中脂肪酸含量多，相对的羟基酸就减少了。黏度：黏度是合脂的另一项重要指标。

表 21-47 国内钛和钛合金铸造中使用的合脂

牌 号	项目名称	性能指标
HZ①	酸度（KOH）/mg·g^{-1}	<70
	黏度（30℃）/s	15～60
	外 观	棕黑色

①HZ 牌号是未经稀释的。

合脂在常温下是膏状物,不溶于水,但溶于煤油和溶剂油中。用作铸钛捣实石墨型的合脂一般不稀释,而通过加热到不大于 70℃,使其具有较好流动性,直接加入混合料中混匀使用。

合脂属于化学硬化，是一个由低分子化合物转变成高分子化合物的不可逆过程。当合脂被加热时，首先是合脂中的一些分子量最低的组分逐渐挥发，合脂变稠，与此同时，不饱和脂肪酸混合物发生氧化聚合反应，不溶物中的羟基酸相互间进行缩聚反应和羟基酸与脂肪酸之间的脱水缩聚反应。通过上述几种缩聚反应和氧化聚合反应的连续进行，使合脂的分子量逐渐增大生成复杂的网状结构的聚合物，最后形成坚韧的固体。然后随着加热温度继续升高，到 300℃以上时，硬化了的合脂开始分解，挥发出气体产物，最后生成类似于石油焦的碳质体。

b 合成树脂

钛和钛合金铸造中常用的是甲阶酚醛树脂，对其要求：（1）于常温在固化剂的作用下或加热能较快地发生缩聚反应，转变成不熔的三维网状结构；（2）常温下黏度适中，便于配料，固体含量较高，含有害物，如游离酚等应尽可能低；（3）能很好地润湿蜡模，且又不与蜡模料发生化学反应；（4）高温焙烧过程中分解碳化温度适中，释放出的分解产物不会严重污染环境，焙烧后生成焦炭率应在 50% 以上，强度高且不脆，收缩率稳定；（5）价格低廉。

表 21-48 为 2127 甲阶酚醛树脂的主要性能指标。

表 21-48 2127 甲阶酚醛树脂的主要性能指标

项目名称	自由酚含量（质量分数）/%	固体含量（质量分数）/%	水分（质量分数）/%	流杯黏度/s	外 观
性能指标	<21	>80	<20	120～150	透明、棕红色黏稠液体

该树脂加入酸性催化剂即固化。图 21-56 为 2127 甲阶酚醛树脂的差热分析曲线，由图可见，加热后树脂发生缩聚反应析出吸附水和化合水，温度继续升高，树脂开始热分解碳化，释放出 CO_2、CO、C_2H_4、CH_4、H_2等（见图 21-57），到了 350～800℃之间放气量最大（见图 21-57）。因此，在这个温度区间应控制升温速度，而且应在 500℃下保温 0.5～1.0h，在 700℃下保温 1.0～1.5h，以防升温过快，放气太激烈，破坏铸型内腔的表面层质量。

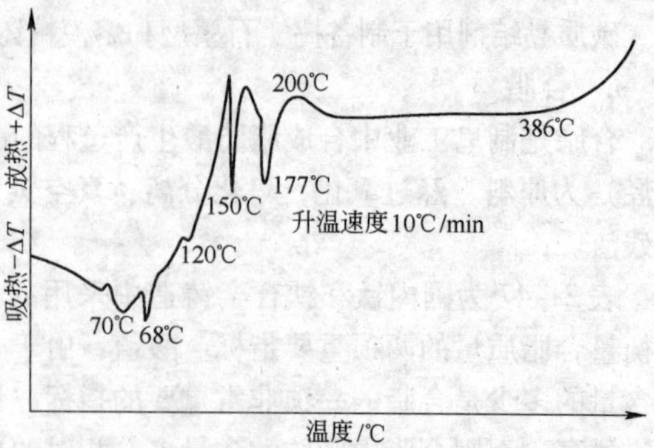

图 21-56 2127 甲阶酚醛树脂的差热分析曲线

除了上述的 2127 酚醛树脂外，凡是

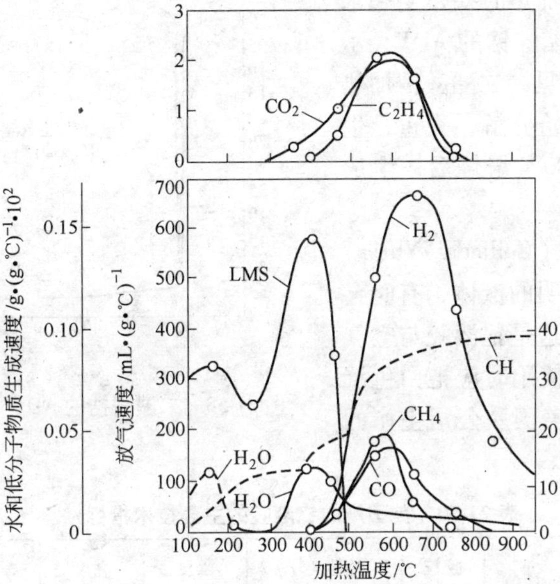

图 21-57 酚醛树脂加热分解时水、低分子量物质和各种气体生成的速度及热失重与加热（热解）温度的关系

各种性能基本能满足上述要求的其他酚醛树脂和合成树脂也可采用。

B 氧化物黏结剂

目前可用作钛合金熔模精铸的面层氧化物黏结剂的有：二醋酸锆、钇溶胶（Colloidal Yttria）、碳酸锆铵（Ti-Coat™N）黏结剂等，其中工艺性能最好，使用最多的是二醋酸锆。背层黏结剂目前国内外都采用硅酸乙酯或硅溶胶。

a 面层黏结剂

二醋酸锆：它是一种锆的有机化合物，其化学通式为：$ZrO(CH_3COO)_2 \cdot 2H_2O$。

这种化合物通常是以水溶液形式获得。从它的分子结构式中可见，由于一个分子中有多个氧，因此易聚合。

商业上提供的二醋酸锆实际上是一种具有不同聚合度的醋酸锆分子的聚合物混合体。它有良好的黏性，溶于水。表 21-49 为二醋酸锆的主要技术性能。

表 21-49 二醋酸锆的主要技术性能

主要成分（质量分数）/%		主要性能	
ZrO_2	22.0～24.0	冰点/℃	-7
氯化物（Cl）	不大于 0.5	密度/$g \cdot cm^{-3}$	1.23～1.43
硫酸盐（SO_4）	不大于 0.5	pH 值	3.8～4.2
碱与碱土金属（以硫酸盐计）	不大于 0.3	运动黏度/$m^2 \cdot s^{-1}$	(3～8) $\times 10^{-6}$
		外 观	琥珀色或淡黄色透明稠性液体

二醋酸锆对蜡模料和耐火氧化物均具有较好的黏结性能和润湿性能。因此，它在大气下干燥时，水分子挥发，分子聚合度增加，逐渐胶凝。但是与硅酸乙酯和硅溶胶相比较慢，且是可逆的。胶凝后的二醋酸锆在水中还会发生回溶，从蜡模上脱落。

胶凝后的二醋酸锆加热时要发生脱水和分解。图 21-58 为二醋酸锆的 ADT（示差分析）曲线。由图可见，二醋酸锆加热到 190℃以上时，就开始分解，失重，生成 ZrO_2。经过高温 1000℃焙烧后，生成稳定的 ZrO_2。

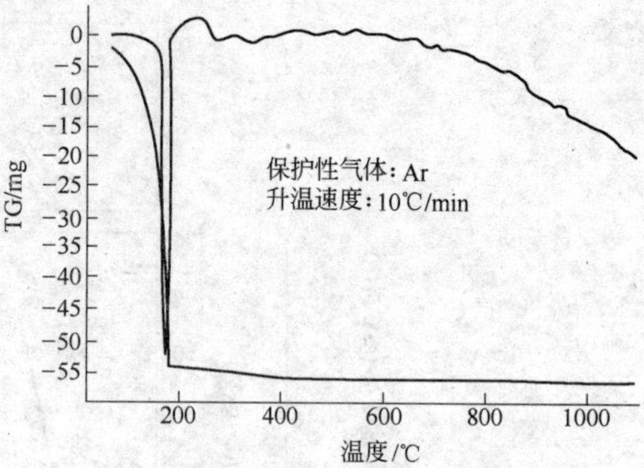

图 21-58 二醋酸锆的 ADT（示差分析）曲线

钇溶胶：钇溶胶（Colliodal Yttria）在正常情况下是一种透明的液体，有时会有白色碳酸钇沉淀物，这是钇溶胶与空气中的 CO_2 作用造成的，使用时应把白色沉淀物滤去。表 21-50 为美国一公司生产的钇溶胶的主要技术指标。

表 21-50 美国产的钇溶胶的主要技术指标

氧化钇含量（质量分数）/%	胶粒尺寸 /μm	pH 值	胶粒电荷	补偿离子（counterion）	密度 /g·cm⁻³	黏度 /Pa·s	寿 命
14	5	7±0.2	阴离子	2.5mol 醋酸/1mol Y_2O_3	1.17	10	4.5℃下(冰冻)至少 6 个月,常温下约 2~3 个月

使用此种黏结剂配制料浆时，对添加物的加入顺序和 pH 值的控制要求都非常严格，任何影响料浆 pH 值的添加物，都有可能使料浆的性能发生变化，甚至很快胶凝。

Ti-CoatN 黏结剂：Ti-Coat™ N 黏结剂（Ti-Coat® N Binder）是一种碱性的碳酸锆铵溶液，它可用作钛和钛合金铸造的黏结剂。表 21-51 为 Ti-CoatN 黏结剂的典型性能。该黏结剂的 pH 值低于 9.6 时，应添加未稀释的氢氧化铵，将 pH 值提高到 10 或更高些，以延长涂料浆的寿命。

表 21-51 Ti-CoatN 黏结剂的典型性能

黏结剂固体总含量（质量分数）/%	ZrO_2 固体含量（质量分数）/%	pH 值	密度/g·cm⁻³	黏度/Pa·s
32±2	18	9.1~10.2	1.37~1.41	7~10.5

该黏结剂与稳定化的 ZrO_2 粉配制成的料浆在使用过程中必须精细管理，料浆用过后应加盖密闭以防氨挥发损失，因为氨是黏结剂的稳定剂。在使用过程要定期检查黏结剂的固体含量，使其固体总量保持在 32%±2%，高于此值时可添加稀释的碳酸铵溶液或氨水。低于此值时，应添加 Ti-CoatN 黏结剂。

b 背层黏结剂

背层黏结剂用硅酸乙酯或硅溶胶。表 21-52 为熔模铸造用硅酸乙酯的技术要求。表 21-53 为熔模铸造用硅溶胶的技术要求。

21.5.1.4 辅助材料

捣实型需要的辅助材料主要有：稀释剂（如酒精、煤油等）、分型剂等。熔模精铸所需的辅助材料主要有：模料和各种辅助添加剂如消泡剂、润湿剂等。

表 21-52　熔模铸造用硅酸乙酯的技术要求（HB 5345—1986）

性　能	技术指标		性　能	技术指标	
	硅酸乙酯 32	硅酸乙酯 40		硅酸乙酯 32	硅酸乙酯 40
外　观	无色或淡黄澄清或微浊液体		110℃以下馏分含量/%	≤2	≤3
二氧化硅含量/%	32.0～34.0	40.0～42.0	密度/g·cm^{-3}	0.97～1.00	1.04～1.07
盐酸含量(HCl)/%	≤0.04	≤0.015	运动黏度/m^2·s^{-1}	≤1.6×10^{-6}	≤(3.0～5.0)×10^{-6}

表 21-53　熔模铸造用硅溶胶的技术要求

牌　号	化学成分/%		物理性能				其　他	
	SiO_2	Na_2O	密度 /g·cm^{-3}	pH 值	运动黏度 /mm^2·s^{-1}	SiO_2粒子直径/nm	外　观	稳定期
GRJ-26	24～28	≤0.3	1.15～1.19	9～9.5	≤6×10^{-4}	7～15	乳白或淡青色，无外来杂物	≥1 年
GRJ-30	29～31	≤0.5	1.20～1.22	9～10	≤8×10^{-4}	9～20		

A　模料

对模料的基本要求：

(1) 要有好的涂挂性。

(2) 模料化学稳定性要好，不能与面层黏结剂发生化学反应，模料中灰分要低。

(3) 模料凝固后的线收缩和体收缩（缩陷）要小，且稳定；

(4) 有比较高的强度和合适的塑性（韧性），以及好的流动性及复模性。

(5) 熔点要求在 50～80℃之间，便于操作；

(6) 无毒，不污染环境；

(7) 价格适中，来源方便。

符合上述要求的用作钛和钛合金熔模精铸的模料，大多是石蜡-松香基或石蜡-树脂基模料；表 21-54 为目前国内、外用于钛和钛合金精铸的一些模料及主要性能。

表 21-54　国内、外用于钛和钛合金精铸的一些模料及主要性能

序号	牌号	产　地	抗弯强度 /MPa	线收缩率 /%	滴点 /℃	熔点 /℃	针入度 /(10mm)$^{-1}$	流动性 /mm	灰分 /%	黏度(100℃) /mm^2·s^{-1}	涂挂性
1	T-8.5	北京航材院	7.01	0.5	56		5	7.5	<0.05		好
2	C-642①	抚顺石化院	8.60	0.61		78.4	4		0.015	179.23	好
3	C-646	抚顺石化院	8.91	0.59		76.9	4		0.015	109.09	好
4	C-864	抚顺石化院	8.55	0.91	75.3		6	63.95	0.018		好
5	KC303	美　国	6.58	1.12	77	71	4.9	7.4	<0.05		好
6	KC2683KE	美　国	8.06	1.04	87	80	3.9	7.8	<0.05		好
7	CL162	美　国	5.27	1.4	81	71	4.1	7.5	<0.05		好
8	K512	日　本	7.76	1.48	80	72	5	12.2	<0.05		好

①C-642 的密度为 0.9949g/cm^3。

B 辅助添加剂

为了改善模料对精铸涂料浆的涂挂性，需要在涂料浆中加入适量的表面活性剂。目前所用的黏结剂的pH值都不超过7，因此，宜选用以各种环氧乙烷加成物为主的非离子型表面活性剂。这类活性剂的润湿和渗透能力好，泡沫较少，易于消除，加入量少且效果显著；溶于水后不电离，在酸或碱溶液中均较安定，在一般加入量情况下，不会降低涂料浆的稳定性。

环氧乙烷加成物非离子型表面活性剂，有聚乙二醇型和多元醇型两类，钛合金精铸中常用的多是聚乙二醇型表面活性剂，属于这类的有JFC、OP、OT等。其加入量通常为涂料浆重量的0.05%～0.1%。

当钛和钛合金熔模精铸涂料浆中存在较多气泡时，可以加入少量消泡剂。目前国内常用的消泡剂多是正辛醇以及某些其他醇类。

关于表面活性剂和消泡剂的更详细资料可参阅相关资料。

21.5.2 半永久型铸造造型

钛及钛合金的半永久型铸造包括金属型铸造和机加工石墨型铸造。

21.5.2.1 金属型铸造

钛和钛合金铸造使用的金属型通常是用灰铸铁（HT150或HT200）、铸钢（ZG200～400）、铸铜（纯紫铜或黄铜）以及极少量难熔金属（例如钼）制造的。这些金属的主要性能见表21-55。从表中可见，这些材料除难熔金属外，其余的熔点都低于钛的熔点，它们能用作铸造钛合金的铸型，其原因是：（1）这些材料的热导率都比钛高，钛液浇进铸型后产生的热量迅速被传走；（2）钛的热导率低，钛液浇入铸型与型面接触后，立即凝固形成一层薄壳，从而可有效地加大铸型的温度梯度（见图21-59）。

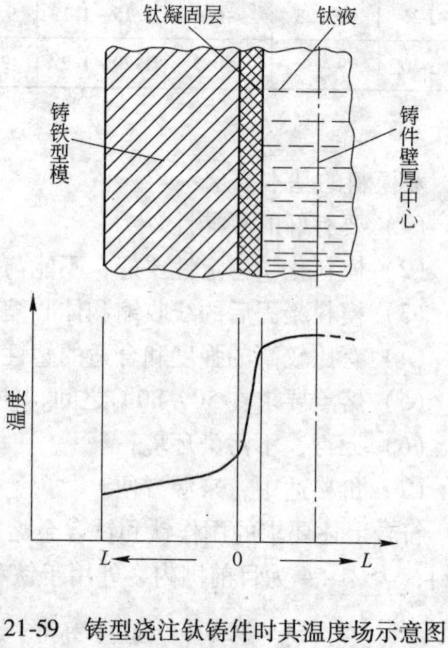

图21-59 铸型浇注钛铸件时其温度场示意图

表21-55 铸钛用几种金属铸型材料的主要物理性能

性能 \ 材料名称	铸铁①	铸钢②	铜③	钨④	钼	钽	铌
熔点/℃	1220	1525	1082	3400	2615	2980	2467
密度/$g\cdot cm^{-3}$	6.8～7.0	7.8	8.9	19.3	10.2	16.6	8.6
抗拉强度 σ_b/MPa	≥150	≥400	≥150				
热容量/$J\cdot(kg\cdot K)^{-1}$	449～594	545					
线胀系数/$℃^{-1}$	13.0×10^{-6}	13.92×10^{-6}	16.92×10^{-6}	4.5×10^{-6}	5.2×10^{-6}	6.5×10^{-6}	
热导率（20℃）/$W\cdot(m\cdot K)^{-1}$	54.43～58.61	58	390	174	137	57.55	54.1

①HT150或HT200；②ZG200～400；③铸造纯铜；④钨粉。

上述的几种金属铸型材料，各有优缺点：（1）铸铁刚性好，易于加工，价格低廉，寿命较长，在较低温度下，对熔融钛是稳定的。同时由于它内部含有片状石墨组织，因而钛液对它润湿性较好，有利于钛液的充填和铸件的成形。其缺点是热膨胀系数高，熔点较低。因此，它通常只适宜于制造铸件的外铸型，而不宜用作型芯。（2）铸钢与铸铁相似，比铸铁强度高，更耐用，但变形比铸铁略大。（3）铸铜的热导率很高，但强度低，刚性差，只能用于制造小件的铸型，价格高，一般很少用。（4）难熔金属耐高温，且硬度高、耐磨，但很脆，价格昂贵，加工性不好，主要用钼作压铸的冲头。

金属型铸造的关键在于铸型的设计，它直接关系到铸件的质量和尺寸精度、铸型的寿命、铸型的加工和制造成本。设计时除应遵循普通金属型设计原则外，还必须考虑钛和钛合金铸造的特点，归纳起来有如下几点：（1）应尽可能采用底注方式；（2）应采用开放式的浇注系统；（3）尽量采用离心浇注，按离心浇注的要求，设计金属铸型的结构和固定方式。

为了降低金属型的造价和提高金属型的使用寿命，可以把金属型与机加工石墨型结合使用。凡不好起模和易损坏的型腔部分可采用镶嵌石墨块，所有的浇注系统都可采用机加工石墨型。图21-60是钛合金的人工关节的铸型，就采用了金属型与机加工石墨的组合型。机加工石墨型部件浇注前，必须经较高温度（≤400℃）烘烤，最好是在真空中于950～1000℃下焙烧1.0～2.0h，以除去其中的吸附气体。

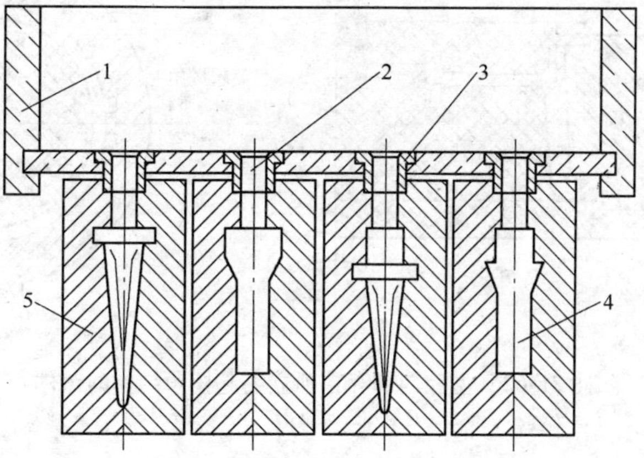

图21-60　钛合金人工关节铸件的铸铁模与机加工石墨的复合组合铸型

1—石墨浇杯；2—浇口；3—石墨套管；4—关节型腔；5—单套金属型

金属型的使用寿命取决于铸件的形状结构和铸型的设计与加工水平。在正常情况下，其寿命为10～50炉次。

采用金属型时应特别注意的几个问题：

（1）铸铁、铸钢、铸铜等只宜作外模，不宜作型芯。因为这几种金属的熔点都低于钛合金的熔点。当钛液浇进型腔后，型芯四周被液钛包围受热，温度急剧升高，使型芯表面软化，可能与钛液熔合而失效；另外，金属型芯受热膨胀，而钛合金铸件冷却则收缩，两者综合作用的结果，产生很大的应力，最终造成铸件产生冷裂，见图

21-61 实例铸件。

（2）用铸铁作铸型时，其型腔内部不宜出现孤立的突起棱角结构（见图21-62）。

（3）铸铁模内腔表面应光洁，不允许存在任何半脱离状态的车屑，铸铁模在浇注前必须经过400℃左右的烘烤处理。其目的为：1）将上述存在半脱离状态的车屑氧化去除；2）使新加工的铸铁模表面被钝化，避免新加工的高活性表面与钛液反应。实践证明，凡加工表面粗糙，而又未经烘烤处理的铸铁外模，很容易使铸件表面产生冷隔、流痕或欠铸等缺陷。特别是头一两次使用，这种现象最为明显。

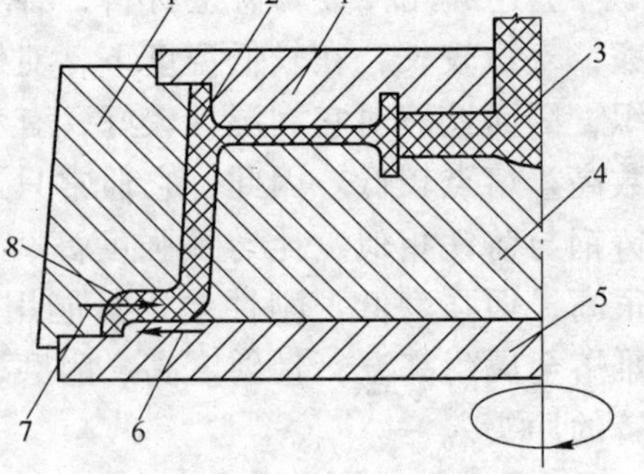

图21-61 采用铸铁型芯导致铸件产生严重裂纹的钟罩式铸件

1—石墨模；2—铸件；3—浇道；4—石墨型芯；5—铸铁模；6—膨胀力；7—收缩力；8—裂纹区

金属型铸造工艺简单，铸件尺寸精确，生产某些小型铸件（如人体植入物等），成本低，效率高。缺点是铸件表面有时会出现冷隔、流痕等缺陷。

在金属型中铸出的铸件表面沾污层小，尤其是第一炉以后浇注的铸件，通常在0.05～0.1mm左右。铸件的晶粒较细，力学性能较高且分散性小。

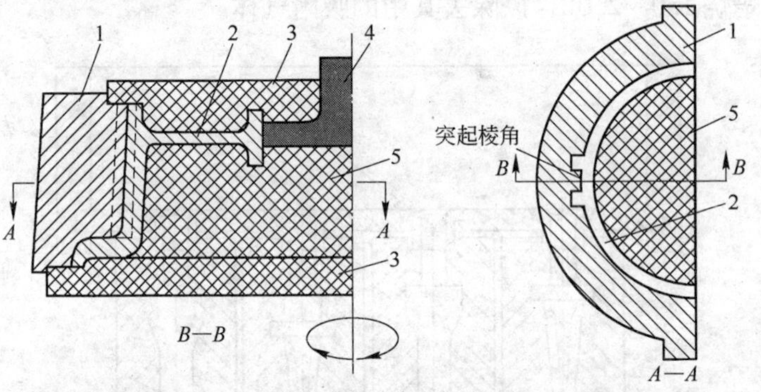

图21-62 型腔内部存在孤立突起棱角结构的铸件

1—铸铁模；2—铸件；3—石墨模；4—浇道；5—石墨型芯

21.5.2.2 机加工石墨型铸造

机加工石墨型是铸钛工业生产中最早使用的铸型，采用高纯度（C>99.0%）完全石墨化的人造石墨电极或块，通过机加工或手工制成部件，然后组合而成。石墨型整个生产过程的两大技术关键，直接关系到铸件的质量和生产成本。

A 机加工石墨型及其组合夹具的设计与加工

石墨型的设计，原则上可遵循金属型的设计原则，但应结合铸钛和石墨的特性，归纳起来有以下几点：

（1）在设计前一定要对铸件的结构进行分析研究，根据铸件的形状结构确定铸件在铸型中的位置，确定分型面和铸型的分块与组合，同时还应考虑浇冒口的设置、铸型的加工与组装以及铸型的各部分能多次使用（具体实例见图21-63）。

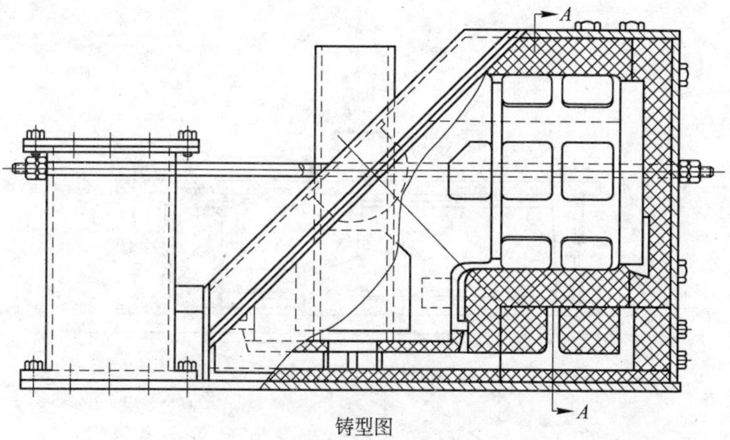

铸型图

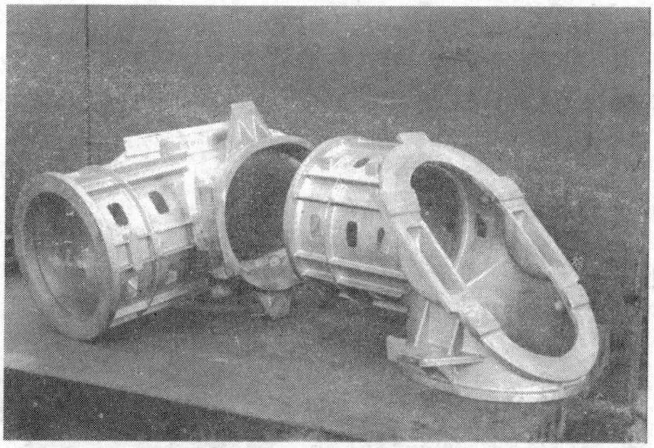

铸件

图 21-63 根据铸件形状结构确定铸件在铸型中位置，选择确定分型面和铸型的分块与组合的实例

（2）应采用底注开放式的尽可能短的浇注系统。

（3）根据铸件的功用和形状结构确定铸件的浇注方式（离心浇注还是重力浇注），然后再考虑设计石墨型及其组合装夹固定；应尽可能选用离心浇注。尤其是对于一些高度不高的环形件，可用石墨与铸铁组合型无芯离心铸造工艺（见图 21-64）。图 21-65 为采用该工艺铸出的环形件。

（4）铸型的壁厚应根据铸件尺寸、壁厚和形状结构来确定，在正常情况下，其厚度不得小于 20mm。

（5）由于石墨型强度高，退让性差，铸件表面常易产生微裂纹，其深度一般在 0. 3 ~ 2. 0mm 左右，因此有内腔的铸件，不宜用石墨型芯，而应用捣实石墨型芯。

B 机加工石墨型的焙烧处理

由于石墨具有很强的吸气能力，再加上它内部有很发达的孔隙。石墨型浇注前的焙烧工艺，对铸件中的气体缺陷影响很大，见图 21-17。在还原性气氛中焙烧的石墨型与在真空下于 1100℃焙烧后的铸型，两者相比最终铸出铸件的内部气体缺陷相差很多。不仅如

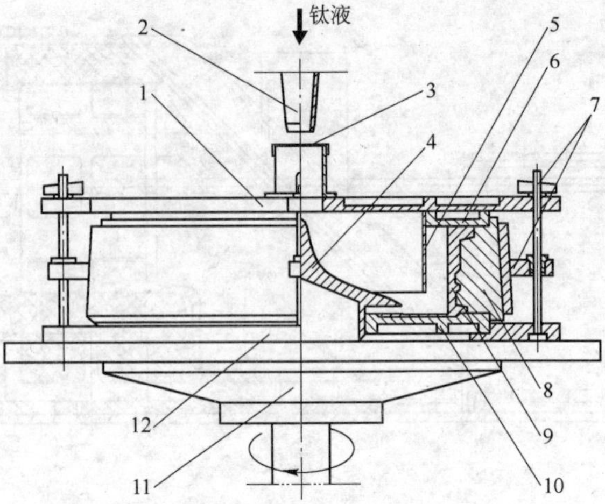

图 21-64 机加工石墨型与铸铁组合型无芯离心铸造环形件的装配图

1—盖板；2—漏斗；3—铝箔；4—分流塔；5—挡板；6—上模板；7—夹具；
8—石墨模；9—钛铸件；10—下模板；11—离心装置；12—底板

此，石墨型浇注前的处理状态还要影响铸件的表面质量，见图 21-14。可以看出，为了获得质量好的铸件，石墨型在浇注前最好能经真空高温焙烧。

C 机加工石墨型的浇注及其铸件质量

石墨型的浇注应根据铸件的形状、尺寸、壁厚、重量以及质量要求进行选择：凡形状简单、厚壁尺寸和重量很大、质量要求一般的铸件，可采用重力浇注；而形状比较复杂、壁厚接近于4mm 的、质量要求高的铸件，应用离心浇注。

图 21-65 无芯离心铸造工艺铸出的环形铸件

石墨型铸出铸件的晶粒度，比在熔模型壳中铸出的铸件小，见图 21-27。其力学性能的分散性也小些。铸件表面的 α 层厚度与铸型浇注前的准备工艺有关。铸型浇注前经真空高温焙烧，其 α 层厚度通常在 0. 10 ~ 0. 15mm 范围内。图 21-66 为石墨型铸出的各种钛和

光学仪器框架　　壳体　　化工用泵

图 21-66 石墨型铸出的各种钛和钛合金铸件

钛合金铸件。

21.5.3 砂型铸造造型

目前在铸钛工业生产上所用的铸型主要有：捣实或压制石墨型和捣实的特种砂型。

21.5.3.1 捣实或压制石墨型

造型工艺过程与普通砂型基本相似，所不同的是铸型浇注前必须在还原性气氛下高温焙烧，使碳质黏结剂热分解。

铸型制备的工艺过程由下列几个阶段组成：（1）配制造型混合物及其质量检验；（2）制造半型和型芯；（3）铸型冷固化或热固化；（4）铸型的高温焙烧（包括真空高温除气）；（5）铸型质量检验和组装以及存放。

造型可用手工捣实或机械振动捣实，用手工捣实或机械振动捣实造型时，造型用的模型通常用尺寸稳定的木材制造，个别也有用金属（铸铁、低碳钢、铝合金等）制造的。当采用机器压实造型时必须用金属制造，极个别也有用坚硬的木材。

A 捣实或压制石墨型造型混合物的组分与配比

造型混合物用不同粒度组成的石墨粉、碳质黏结剂及必需的添加剂，按比例配制而成。

捣实石墨型工艺是美国矿山局发展的一项可生产大、中、小型复杂钛和钛合金铸件的新工艺，这项工艺及其由此派生的各种类似工艺，迄今还在铸钛工业生产使用。自美国矿山局发展了这项工艺后，世界一些主要铸钛生产国，如前苏联和我国等，根据本国的资源和工业发展的需求，也相继发展了自己的捣实石墨型工艺，根据使用黏结剂不同，捣实石墨型的造型混合物可归纳分成三类（见表21-56）即多组元黏结剂或单组元黏结剂以及水溶性黏结剂的石墨造型混合物。

表21-56 捣实石墨型工艺几种造型混合物的组成及其配比

序号	分类	组成	配比（质量分数）	稀释剂	使用国家
1	多组元黏结剂石墨造型混合物	石墨粉（AFS-GFN85）	70%	水	美国
		沥青	10%		
		碳质黏结剂	10%		
		淀粉	其余		
		表面活性剂	其余（少量）		
2	单组元黏结剂石墨型砂	石墨粉	100份（重量）	醇类	俄罗斯，德国，日本，中国
		可溶性酚醛树脂	7%～20%（以干残渣计算）		
		酸性固化剂	树脂重量的10%～30%		
3		石墨粉	100份（重量）	醇类	俄罗斯
		酚醛树脂	7%～20%以干残渣计算		
		六亚甲基四胺	树脂重量的6%～14%		
4		石墨粉	100份（重量）	煤油	中国
		HZ合脂	15份（重量）		

续表 21-56

序号	分类	组成	配比（质量分数）	稀释剂	使用国家
5	水溶性黏结剂石墨型混合物	石墨粉	100 份（重量）	水	美国
		卤化物黏结剂	20 份（重量）		
		淀粉	2 份（重量）		
		水	10 份（重量）		
6		石墨粉	100 份（重量）		
		卤化物黏结剂	20 份（重量）		
7		硅酸钠（水玻璃）	5 份（重量）		
		水	10 份（重量）		
8		纸浆	8% ~12%	水	俄罗斯
		淀粉	5% ~10%		
		碳质黏结剂	8% ~9.5%		
		表面活性剂	1%		
		水	5% ~18%		
		石墨粉	余量		

注：表中 2、3、4、5、6 号的造型混合物以石墨粉重量为 100 份，其他组分是外加量。

表 21-56 中的 4 号合脂石墨造型混合物，是由北京航空材料研究院与沈阳铸造研究所共同开发的，一直在国内铸钛工业生产广泛使用。而 5 号和 6 号的水溶性黏结剂石墨造型混合物是美国的 Mitron 公司于 20 世纪 60 年代发展的。

上述各种造型混合物的差别，在于加入黏结剂的种类、数量和石墨粉的粒度组成以及其他等。由于黏结剂的种类不一样，造成由它们配成的石墨造型混合物的固化方法也不一样，依此被分为冷固型和热固型两种。冷固型石墨造型混合物是在混合物中加入酸性固化剂，使黏结剂聚合发生固化。如表 21-56 中的 2 号混合物。热固型石墨造型混合物黏结剂的聚合，通过加热实现。如表 21-56 中的 3 号和 4 号混合物。

B 捣实或压制石墨型的石墨造型混合物的制备

制备过程包括如下工序：（1）准备石墨粉，并按要求级别加以筛分；（2）准备黏结剂和其他的辅助材料；（3）准备好的石墨粉倒入碾砂机（或其他混合器）内拌和，并加入准备好的黏结剂，使它们充分拌和均匀；（4）检查湿态下造型混合物的性能，合格后取出混合好的造型混合物，静置一段时间后，则可造型。

在制备石墨造型混合物前，首先把石墨粉进行烘烤，温度为 150 ~250℃，时间 2 ~3h。干燥后的石墨粉经筛分获取所要求的粒度组成，称取后倒入碾砂机内并加入黏结剂拌和均匀，最后取出混合均匀的混合物并检查其质量。

表 21-57 为国内发展 HZ 合脂石墨造型混合物的物理力学性能。

用于制备捣实或压制石墨型的造型混合物必须具备的工艺性能为：强度、透气性、塌垮率、收缩率等。这些工艺性能在很大程度上取决于：石墨粉的粒度组成、加入黏结剂的种类与数量、造型混合物拌和的时间等。

表 21-57　国内的 HZ 合脂石墨造型混合物的物理力学性能

序号	造型材料				湿态性能		200℃烘干后性能		1000℃焙烧后性能	
	石墨粉		HZ 合脂残渣							
	规格/mm（目）	重量/%	酸值（KOH）/mg·g^{-1}	配比(重量)/%	湿压强度/MPa	透气性	抗拉强度/MPa	透气性	抗拉强度/MPa	透气性
1	0.542~0.287（30~50）	100	57	12	1.2×10^{-4}	145	1.96×10^{-3}	200	7.84×10^{-4}	230
2	0.542~0.175（30~80）	100	57	14	1.3×10^{-4}	130	2.94×10^{-3}	190	1.96×10^{-3}	230
3	0.542~0.175（30~80）	100	57	15	1.3×10^{-4}	170	2.94×10^{-3}	300	4.70×10^{-3}	550
4	0.542~0.175（30~80）	100	57	17	1.4×10^{-4}	130	8.14×10^{-3}	460	5.88×10^{-3}	650

在确定上述的工艺参数时，必须考虑到石墨粉的性能和特点，如石墨有棱角的外形，石墨颗粒高的孔隙率和比表面、低的压缩强度等。石墨颗粒的高比表面和高孔隙率，常常是造成石墨造型混合物高消耗黏结剂的原因。

为了保证造型混合物混合后，耐火材料颗粒之间有必须的结合强度，黏结剂应当在耐火材料颗粒的表面上形成一层薄膜，其薄膜厚度经热处理后，应达到 0.1 ~ 2.0μm 为最佳。

对任何石墨造型混合物，石墨粉的粒度组成会对制成铸型的下列工艺特性，如强度、透气性、表面粗糙度和塌垮率等产生重大的影响。如增加粒度组成中的细石墨粉量，可提高铸型的强度，改善铸型表面粗糙度，降低塌垮率，但同时要使铸型的透气性变差。石墨粉的粒度组成通常都是通过试验加以确定的。表 21-58 为国内的 HZ 合脂-石墨造型混合物中石墨砂的粒度组成。

表 21-58　国内的 HZ 合脂-石墨造型混合物中石墨砂的粒度组成

粒度/mm（目）	0.542~0.175（30~80）	0.175~0.121（80~120）
质量分数/%	75	25

此外，造型混合物的性能及其质量的均匀性，还取决于石墨粉和黏结剂拌和的质量。增加混合物在碾砂机中拌和的时间，可以促进黏结剂在砂粒间的分布更均匀，提高铸型在湿态或焙烧后的强度。造型混合物的最佳拌和时间，通常为 15 ~ 25min，获得的湿态混合物的强度约为 0.02 ~ 0.05MPa。

石墨造型混合物中加入固化剂的浓度和数量，对造型混合物的充分固化起着很重要的作用。对于冷固型的造型混合物，配好后直接送往造型时，固化剂可在混合物搅和的最后阶段加入；如果固化剂准备在造型前加入，可先把混合物从碾砂机中卸到封闭的储存设备内储存起来。但存放时间只能是 1 ~ 3 天，然后再在混合物中加入固化剂，并加充分拌和后送往造型。热固型造型混合物配好后，或者送往造型，但在进行造型前，混合物应先预置1～3h。或者卸到带盖的存储设备内，可在存储设备内存放1～3天。

配好的造型混合物，在造型前先按标准规定的3次冲击试验，检查混合物的湿强度和透气性，合格后就可开始造型。

C 半型（铸型）和型芯的制造

半型和型芯的制造方法有手工捣实，机械振动捣实和机器压制等几种。通常大多采用手工捣实。因为该方法工艺装备比较简单，操作方便灵活，造价低。但是采用压制法制造半型和型芯的造型混合物，有许多优点：（1）可以含有较少的黏结剂；（2）能提高半型和型芯工作表面的光洁度与强度；（3）高的生产效率；（4）在热处理过程中体积变化较小，有利于提高铸件的尺寸精度；（5）有好的劳动条件。但该法需要较复杂和要求较高的设备与工艺装备，需要技术熟练经验丰富的操作人员，造价高，同时对压制的压力要求严格。手工捣实和机械振动捣实用于小批量和大型复杂铸件的生产，机器压制适用于大批量中小型铸件的生产。

在开始造型前，先将造型装备的工作表面清理干净，并涂上一层分型剂，金属部分的表面涂上一层聚硅氧烷涂层或其他液体，木头部分表面涂一层银色的石墨粉。

手工捣实造型：用手工捣实造型面层时，造型混合物最好通过筛网装料，这一层的厚度为30～60mm。用手工捣实制造半型和型芯，它们不同部位的密度很难确保均匀，整个铸型或型芯存在着较大的密度梯度，在以后的热处理过程中要出现不稳定和不均匀的收缩及产生裂纹。为了制备在整体上具有均匀密度的捣实石墨型或型芯，每层捣实的厚度不宜太厚，通常为30～60mm比较合适，而且在捣实过程用力自始至终应保持均匀。图21-67为正在手工捣实的铸型。

机器压制造型：采用压制制备铸型的构件时，所有造型混合物可以一次装入砂箱型套和加料框架内。图21-68为用压制法压制石墨型的模型装备。

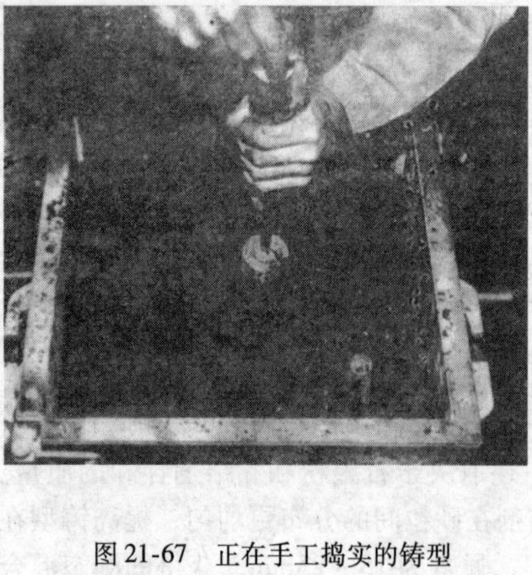

图21-67 正在手工捣实的铸型

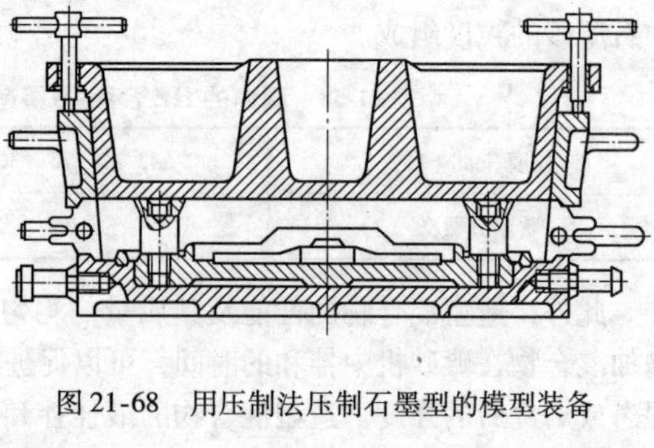

图21-68 用压制法压制石墨型的模型装备

采用压制法压制石墨铸型，压制压力对铸型的强度、工作表面状态、透气性影响很大，压力选择不当会使压成的铸型出现大的密度梯度。为了使压成的铸型在整体上具有均匀的密度梯度，在黏结剂加入量最小的条件下具有所需的强度。В. П. Калининый 和Г. Л. Ходоровский两人研究了用压制法压制石墨铸型的压力对压实铸型的物理力学性能和工艺性能及钛铸件质量的影响，其结果见图21-69～图21-71。图21-69为压制压力对热固型石墨造型混合物铸型沿高度方向密度的影响。从图上可见，随着压制压强的增加，铸型的密度提高了。并从该图上还可以看到，在压制压力为3.0MPa时，铸型沿高度方向的密度梯度最小，各部分的密度比较均匀。图21-70为压制压力对用热固型造型混合物制备的铸型的工艺性能的影响。从图上可见，在压制压力 $P_{yg} \geqslant (2.5 \sim 3.0) \times 10^4 t/m^2$ 时，压制的铸型焙烧后具有最高的强度（图中曲线1）和最低的塌垮率（图中曲线5）。图21-71为压制压力对在压制石墨型中铸出钛铸件表面层碳含量和铸件中气体缺陷的影响。从图上可见，在 $2.96 \times 10^4 t/m^2$ 压力下，压制的铸型中铸出的钛铸件表面碳含量最低，而气体缺陷随着压制压力的增大而增加。

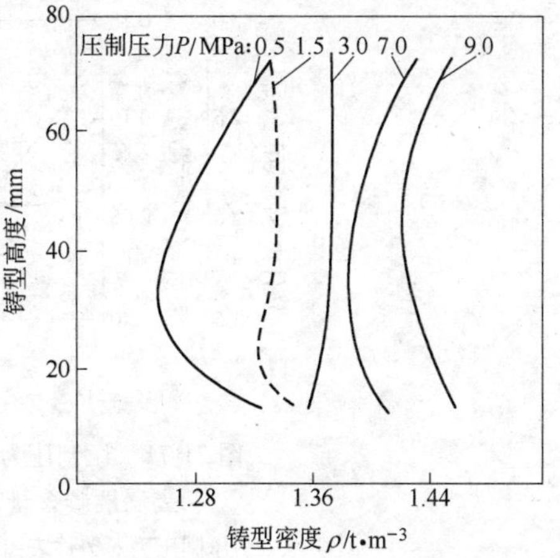

图21-69　压制压力对热固型石墨造型混合物铸型沿高度方向密度的影响

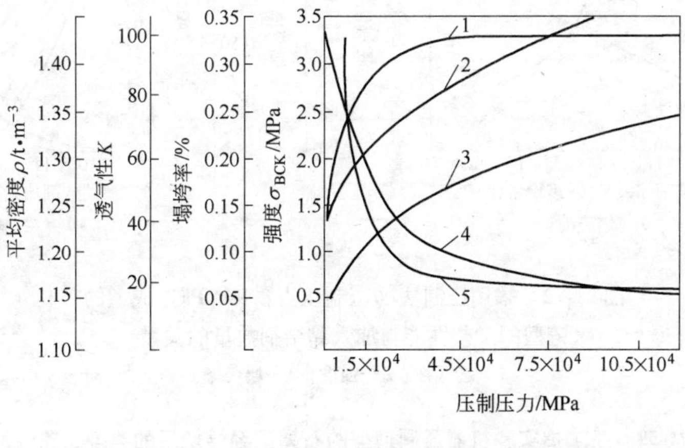

图21-70　压制压力对用热固型造型混合物制备的铸型的工艺性能的影响

1—铸型焙烧后的强度 σ_{BCK}；2—铸型焙烧前的平均密度 ρ；3—铸型焙烧后的平均密度 ρ；4—铸型焙烧后的透气性 K；5—铸型的塌垮率

采用压制法可减少混合物中黏结剂的加入量。为此 Е. Л. Бибиков 对这方面进行了研究，结果见图21-72。采用压制法，在造型混合物中黏结剂的加入量为11.0%～12.0%（以干残渣计算，下同）时，用压制压力3.0MPa压制的石墨铸型组件仍可达到图21-69～图21-71的工艺性能水平。而用同样的造型混合物采用手工捣实或机械振动捣实造型，只有在黏结剂的加入量不少于14%时，才能保证铸型达到上述的工艺性能水平。经试验证实，用压制法制备铸型构件时，可允许将黏结剂的加入量降低到7%～10%。用这种混合物压制出的铸型具有更高的热化学稳定性和更低的收缩率（0.1%～0.2%）。表21-59为手工捣实和机器压制造型的石墨型经焙烧后的典型工艺性能。

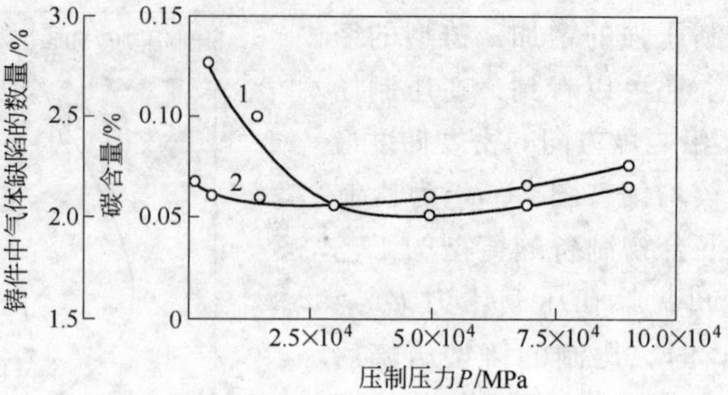

图 21-71　压制压力对在压制石墨型中铸出钛铸件表面层碳含量和铸件中气体缺陷的影响

1—压制压力对铸件表面层（离表面 0.5mm）含碳量的影响；

2—压制压力对铸件中产生气体缺陷的影响

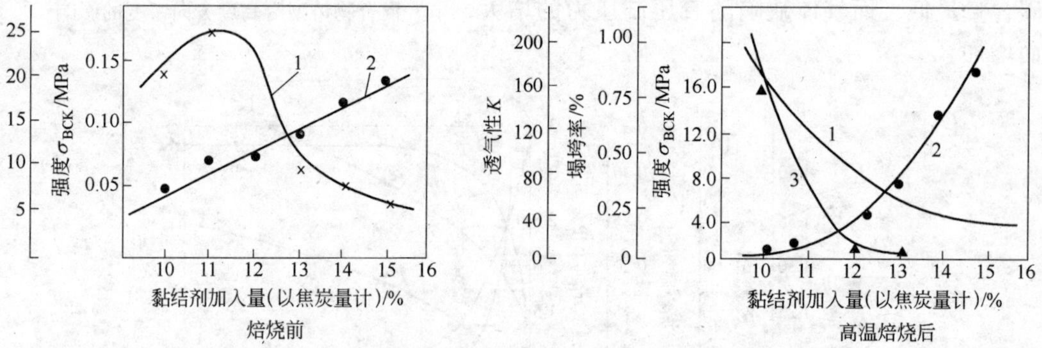

图 21-72　采用压制法（压制压力 2.94MPa）成型的铸型的工艺性能与加入黏结剂数量的关系

1—透气性；2—强度；3—塌垮率

表 21-59　手工捣实和机器压制造型的石墨型经焙烧后的典型工艺性能

造型方法	拉伸强度/MPa	密度/g · cm^{-3}	自由收缩/%
手工捣实	0.49 ~ 0.88	1.07 ~ 1.10	0.8 ~ 1.2
机器压制	0.69 ~ 1.18	1.10 ~ 1.20	0.8 ~ 0.9

国内发展的合脂石墨造型混合物都采用手工捣实。这种混合物与合成树脂石墨混合物比较各有优缺点。首先是它的湿态强度高；其次是脱模性好，变形小，焙烧后可保持足够高的强度。其缺点是合脂黏度大，每次混料前必须把它加热至 100 ~ 130℃，以降低黏度，保证混合物能拌和均匀。另外对于高大而细长的铸型和型芯塌垮率高，如图 21-73 左边的型芯。第三是合脂的质量不稳定。每批的性能都不太一样。

D　半型和型芯的固化以及高温焙烧

半型和型芯的固化取决于混合物中黏结剂的种类和性能。凡是用热固型的造型混合物，如表21-56中的2号酚醛树脂和4号合脂混合物制备的半型和型芯，应先在空气中静置6～20h后，才能放进电炉内加热到250℃，并在该温度下保温，保温时间长短取决于半型和型芯的体积大小和装炉量，中、小型铸件的半型和型芯一般为2h，然后随炉冷至50～60℃，就可出炉送往高温焙烧。冷固型的造型混合物，如表21-56的3号酚醛树脂混合物制备的半型和型芯，制备好后应在模型内静置到完全固化，才能取出送往高温焙烧，静置固化时间取决于半型和型芯的体积，通常为20～60min。

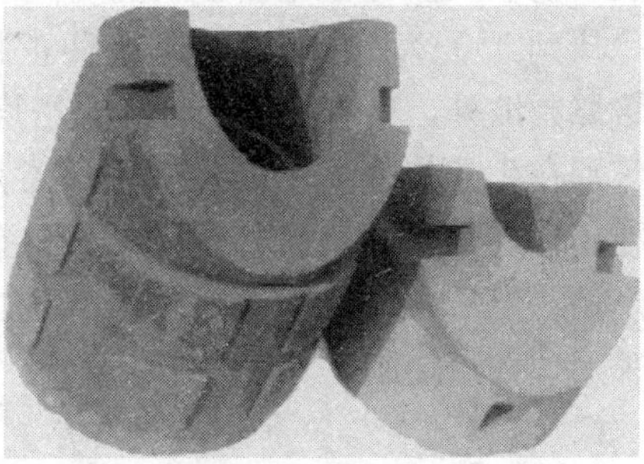

图21-73　用HZ合脂石墨造型混合物手工捣实造型的型芯

由于石墨和加入的碳质黏结剂，在加热到高温时要释放出CO_2、H_2O、CO、H_2和碳氢化合物等（见表21-37和图21-57），这些气体将导致铸件中形成气孔缺陷，因而半型和型芯需要进行高温焙烧。焙烧的方法有两种：（1）将半型和型芯装入耐热钢制的可拆卸组合砂箱内，底部及四周填上不少于40～80mm厚的石墨粉，顶部填上不少于120mm厚的石墨粉（见图21-74），并加以振实，然后装入电炉内加热焙烧；（2）将半型和型芯装入耐热钢制的可通氮气保护焙烧装置内（见图21-75）加热焙烧，焙烧过程应注意控制氮气的流量和装置内的压力。

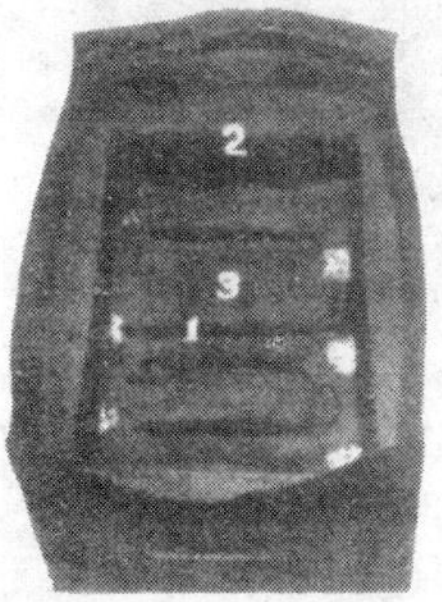

图21-74　装填有石墨粉保护的半型和型芯的高温焙烧砂箱

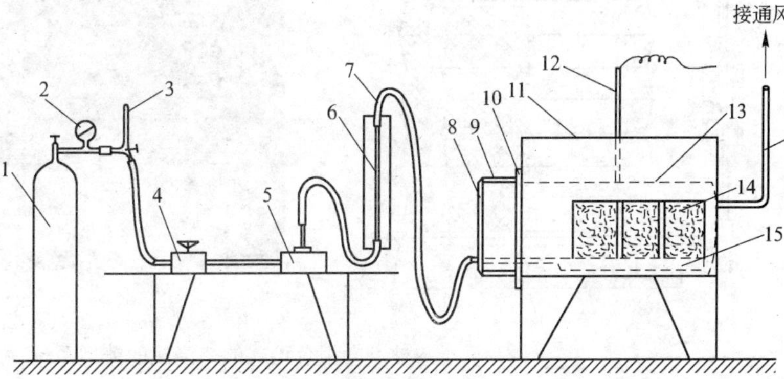

图21-75　通氮气保护的特制的石墨半型和型芯焙烧装置
1—氮气瓶；2—压力表；3—流量计；4—手动阀门；5—电磁阀；6—流量计；7—氮气进气管；8—加热炉盖子（带水冷系统）；9—水冷套；10—加热炉盖子密封法兰；11—加热电阻炉；12—测温热电偶；13—耐热钢高温焙烧箱体；14—石墨半型或型芯；15—放铸型平板；16—废氮气排气管

捣实或压制石墨型的高温焙烧，通常采用阶梯式的焙烧制度；室温入炉，在250～300℃以前自由升温，300℃以后应控制升温速度以每小时150～250℃的速度升温到500℃，保温1～2h，此时正是黏结剂发生热分解的温度范围。然后以每小时300～400℃的速度升温到950～1100℃，并在最高温度下保温2～5h，保温时间长短取决于焙烧的铸型数量和铸型的体积大小以及对铸件的质量要求。图21-76是国内HZ合脂石墨捣实型的高温焙烧制度。保温结束后，停止加热，随炉冷却到350℃以下出炉。除这种正常的高温焙烧制度外，还有其他3种高温焙烧制度，其区别在于焙烧介质不同。其中最常用的即先在还原性气氛下焙烧，使黏结剂热转变为碳产物；然后再在真空下焙烧。我国国内经常采用这种焙烧制度。

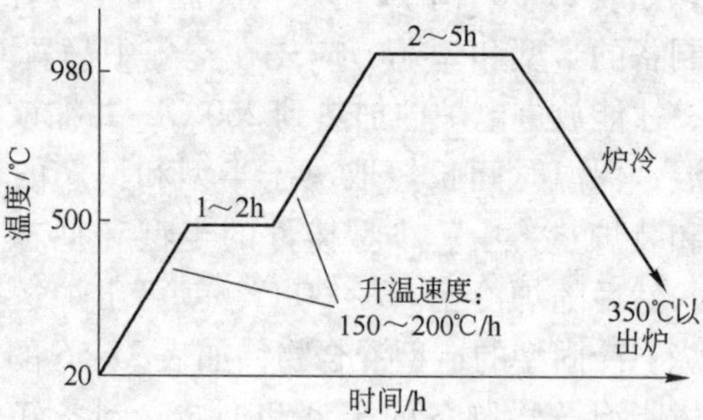

图21-76 国内HZ合脂石墨捣实型的高温焙烧制度

E 铸型质量检验和组装以及存放

半型和型芯经高温焙烧随炉冷却后，从炉内取出用压缩空气或其他方法吸净附在半型和型芯表面上的石墨粉，检查半型和型芯的外观与尺寸，看是否有缺损、裂纹、变形、分层掉砂等缺陷，凡能修整的应加修整，先把型芯安放在下半型上，用样板和塞尺检查型芯安装得是否正确，然后安装上半型；若无型芯直接把上半型安放到下半型上。组装好后整个铸型用固紧装置固紧，最后再连接到浇注系统上，成一个完整的待浇注的铸型系统(见图21-77)。

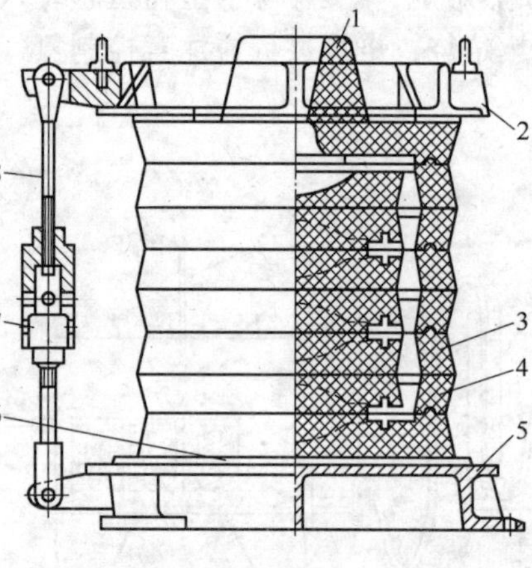

图21-77 两种不同组合型式的待浇注的铸型系统

1—浇口杯；2—上盖板；3，4—铸型；5—底板；6—衬垫；7—螺母；8—拉杆

从上述可知，铸型从焙烧炉取出到浇注是要间隔一段时间的，这段时间一般为半天或更长些。在这段时间里，铸型要与空气接触。由于石墨和焙烧后的碳产物是强的活性吸收剂，要从空气中吸收大量的气体，使铸型中的气体含量增加。影响焙烧过的铸型从空气中吸收气体的主要因素有三个：(1) 铸型原材料的化学成分和粒度组成；(2) 铸型的制备工艺特性（制备方法、干燥和焙烧制度及其他等)；(3) 焙烧过的铸型的保存条件。应十分重视这些因素的影响。

F 铸型浇注

经高温焙烧后检验质量合格的铸型，组装好后就可移入真空凝壳炉内，准备熔炼浇注。对于一般厚大的铸件采用重力浇注；对于形状复杂尺寸大的薄壁铸件应采用离心浇注，此时应根据铸型的形状尺寸，制造专用的砂箱固定在离心盘上，铸型与砂箱间间隙可用合适材料如海绵钛，经特殊处理的砂石，实心铝球及其他等填充。铸型移入真空炉内闭炉抽真空，要把炉内的真空度抽到高于 1.0Pa，经这一段时间真空处理后，铸型中的大部分物理吸附气体会被脱除，使铸型的放气量大大降低。图 21-78 是在 HZ 合脂石墨造型混合物手工捣实的铸型中铸出的 ZTA7 合金铸件。

图 21-78　在 HZ 合脂石墨造型混合物手工捣实铸型中铸出的 ZTA7 合金铸件

捣实石墨型经过一段时间使用后，发现它存在如下缺点：(1) 捣实石墨型砂的湿强度低，在铸型未固化前操作困难，塌垮率高；(2) 固化和高温焙烧时间长，且需在还原性或保护性气氛下进行；(3) 铸型高温焙烧过程中易发生开裂，翘曲变形，致使铸件尺寸精度难以控制；(4) 铸型高温焙烧过程炭质黏结剂热分解生成的气态产物，污染环境；(5) 厚壁铸件表面碳的沾污比较厚；(6) 人造石墨的生产和铸型高温焙烧需要消耗大量的能源，铸件生产成本高。为此，一些国家就着手研究适合于铸造钛的特种砂型。

21.5.3.2　特种砂型

过去美国矿山局曾发展了一种适用浇注钛和锆及其合金的特种砂型铸造工艺，以取代传统的捣实石墨型。它的造型工艺与铸铁和铸钢的砂型工艺十分相似。

21.5.4　熔模精密铸造造型

目前航空和航天工业上用的钛合金铸造结构件，98% 以上都是熔模精密铸造的。迄今为止，在铸钛工业生产上使用过的和目前正在使用的钛和钛合金熔模精密铸造的铸型系统有四种：(1) 熔模石墨型壳；(2) 钨面层陶瓷型壳；(3) 氧化物陶瓷型壳；(4) 热解炭涂层氧化物陶瓷型壳。它们之间的差别在于面层使用的耐火填料和撒砂以及黏结剂不同，而工艺流程基本上是一样的。钛和钛合金与钢、高温合金的熔模精铸工艺基本相似。

21.5.4.1　熔模石墨型壳系统及其工艺

熔模石墨型壳系统是最早应用于精铸工艺，并为美国的航空工业提供了早期的航空用钛合金精密铸件（见图 21-79）。我国后来也研究发展了这项工艺，并为我国的航空与民用工业生产了多种的钛合金精铸件（见图 21-80）。

熔模石墨型壳的制备工艺过程与硅酸乙酯、硅溶胶氧化物陶瓷型壳的制造工艺过程基本类似，但由于用有机黏结剂和石墨粉、砂作填料与撒砂，致使它的涂料性能和制造工艺方面出现一些不同的特性。

A　制备熔模石墨型壳的基本原料

制备石墨型壳的耐火材料为石墨粉和砂，黏结剂为有机黏结剂，一般用合成树脂。表 21-60 为制备石墨型壳用石墨粉和砂的一些主要性能指标。表 21-61 为制备熔模石墨型壳所用的合成有机树脂的一些主要技术指标。对于石墨粉除要求它的化学成分纯净度外，它的状态、粒度和粒度组成以及比表面积直接影响到随后配制涂料浆的性能和制成型壳的

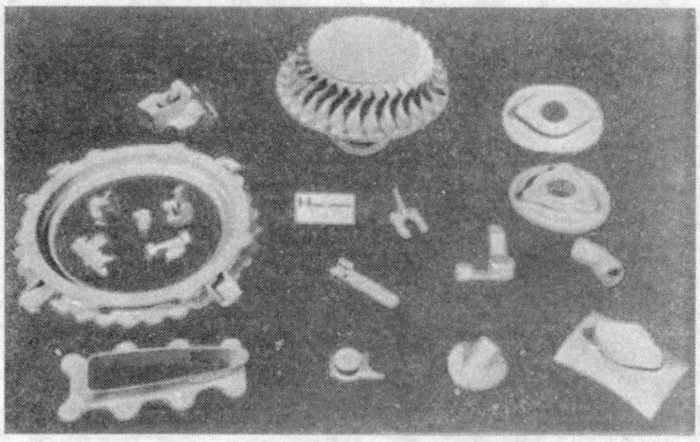

图 21-79 美国用 Mono Graf 工艺生产的航空用钛合金精铸件

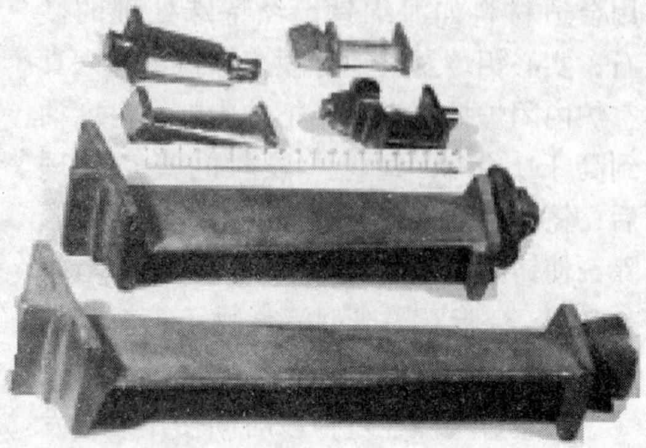

图 21-80 我国用石墨型壳生产的航空用钛合金铸件

质量。尤其是石墨粉的比表面积直接影响到料浆中黏结剂的加入量和黏结剂在石墨粉填料颗粒表面上的薄膜厚度，从而影响到型壳焙烧后的强度和致密度。为获得理想致密的型壳，在配制涂料浆前必须检查石墨粉的比表面和粒度组成。表 21-62 为石墨填料粒度对涂料浆沉降稳定性和型壳内表面粗糙度的影响。

表 21-60 制备熔模石墨型壳的石墨粉和砂的主要性能

材料名称与用途	化学成分(质量分数)/%		颗粒度	颗粒组成①/%	比表面积 /$m^2 \cdot kg^{-1}$	松装密度 /$kg \cdot m^{-3}$
	含碳量	主要杂质				
制备涂料浆的胶体石墨制剂			<1μm	>0.064mm(225 目)的颗粒≤0.5%	2780	600
制备涂料浆的高分散度的石墨粉	>99.5	<0.5	30～50μm	<0.045mm(300 目)的颗粒≥50%；>0.064mm(225 目)的颗粒≤15%	1400～1800	720～750
用于第 1 层的石墨撒砂			0.147～0.110mm (100～140 目)	>0.110mm(140 目)的颗粒≥70%；<0.064mm(225 目)的颗粒≤15%	50～70	810～820
用于第 2 层和第 3 层的石墨撒砂(对于型芯的造型混合物和所有的涂层都用这种规格的石墨砂)	>99.5	<0.5	0.370～0.211mm (40～70 目)	>0.211mm(70 目)的颗粒≥45%；<0.045mm(300 目)的颗粒≤0.2%	50～70	810～820
用于第 4 层及以后各层的石墨撒砂			0.833mm (20 目)以上	>0.833mm(20 目)的颗粒≥45% >1.397mm(12 目)的颗粒为 20%～50%；<0.045mm(300 目)的颗粒≤0.2%		

①为筛目数。

表 21-61　制备熔模石墨型壳的两种合成树脂的主要技术指标

树脂牌号	使用国家	外观	游离酚含量/%	游离甲醛含量/%	固体（干残渣）含量/%	黏度	密度 /g·cm^{-3}	挥发分 /%	碱度①	水分 /%	保存期 /d
酚醛树脂 2127	中国	透明棕红色黏稠液体	<21		>80	流杯黏度 120～150s				<20	60
酚醛树脂 ZTS-1	中国	暗红色液体				(10～15)×10^{-3}Pa·s	1.135～1.145	9	1100℃的发气量为10mL/g		360

①碱度是以钠作单位计算出来的。

表 21-62　熔模石墨型壳石墨填料（粉）粒度对涂料浆沉降稳定性和型壳内表面粗糙度的影响

石墨填料（粉）的粒度/筛号	料浆沉降稳定性	型壳内表面粗糙度
<0.074mm（200 目）	填料（粉）沉降快，一不搅拌料浆就分层，上层为溶剂+黏结剂，下层为石墨填料	很粗糙
<0.058mm（250 目）	填料（粉）也易沉降，料浆常分层，但比 0.074mm 时要好些	R_a >6.3μm
<0.045mm（300 目）	料浆中填料悬浮性好，不易沉降分层	R_a <6.3μm

用作钛和钛合金熔模铸造黏结剂的合成树脂，多用酸性物质作为固化剂，但并非所有的酸性固化剂都适用，不同的合成树脂需采用不同的酸性固化剂，这只有通过试验加以选择。如 2127 酚醛树脂，除 1 号酸固化剂外，其他的酸性固化剂，如苯磺酰氯、苯磺酸等效果都不好。不仅如此，固化剂的类别还会影响到随后制出的型壳的热化学稳定性和铸件的表面质量。

B　蜡模和模组的制备

石墨型壳用的模料和蜡模的制备工艺及设备与钢、高温合金的熔模精铸一样，所不同的是要求模料中的灰分含量应小于 0.05%，模料和蜡模表面应洁净，蜡模组的组合必须按 21.4 节中的有关要求进行。

C　涂料浆组分配比及其配制

表 21-63 为国内外铸钛工业应用过的石墨型壳系统的涂料浆组分配比以及其主要性能。从表 21-63 的各组分可见，型壳经高温焙烧后，剩下的仅仅是合成树脂黏结剂的干残渣和石墨粉填料，溶剂在这过程中都挥发或热分解了。涂料浆的组分中，对涂料浆和以后制好的型壳的性能与质量影响最大的是合成树脂黏结剂和石墨粉填料。表 21-63中的 1 号涂料组分是北京航空材料研究院开发的。后面就以该组分为实例进行讨论。

合成树脂在涂料组分中的作用是使型壳具有所需的强度，另一方面合成树脂经高温焙烧后要热分解成焦炭、半焦炭，要释放出大量气体，随着树脂黏结剂加入量的增多，型壳随后放气率也增高（见图 21-81）因而合成树脂的加入量是受限制的。当某一涂料选定后，

表 21-63 熔模石墨型壳系统的涂料浆组分及其主要性能

序号	使用国家	料浆组分与配比(质量分数)/%							料浆主要性能			备 注
		黏结剂		石墨粉填料	溶剂		固化剂		密度/g·cm⁻³	流杯黏度/s	常数 K①	
		牌号	加入量		名称	加入量	名称	用量				
1	中国	酚醛树脂 2127	30 ~ 38	28 ~ 34	酒精	30 ~ 38	1 号酸树脂量	7 ~ 14	1.1 ~ 1.17	20 ~ 30		
2	中国	ZTS-1 型树脂	18 ~ 24	44 ~ 50	酒精 + 异丙醇	28 ~ 34	硅烷	0.2		面层 10 ~ 15,加固层 7 ~ 10		
3	俄罗斯	ВИАМ 树脂	20 ~ 25	31 ~ 43	酒精	30 ~ 35	Пемров 固化剂	7 ~ 9	1.15 ~ 1.17		0.45 ~ 0.55	第一和第二层干燥 4 ~ 24h,以后各层干燥 4 ~ 18h,最后在 1697 ~ 1997℃下焙烧。焙烧后的铸型要用水-丙酮胶体石墨乳胶液渗透,然后再在还原性或惰性气氛下焙烧
4	美国	胶体石墨(粒度 <1μm)	22	37.8	水 + 乳化添加剂 + 润湿剂	56					0.1 ~ 0.15	

①常数 K 为黏结剂干残渣与石墨粉填料之比,表征涂料浆的性能。

合成树脂最多加入量也就确定了。在涂料组分中树脂加入量固定的情况下，随着组分中石墨粉填料加入量的增加，型壳内表面致密度逐渐增加，孔隙率减少，当其达到一定值后，再增加石墨粉填料的加入量，作用就不显著了。与此同时，型壳的强度逐渐下降（见图 21-82），因此石墨粉填料的加入量也不能无限增加。另外，涂料组分中石墨粉填料加入量的变化，对石墨型壳的抗变形能力影响不大（见图 21-83）。

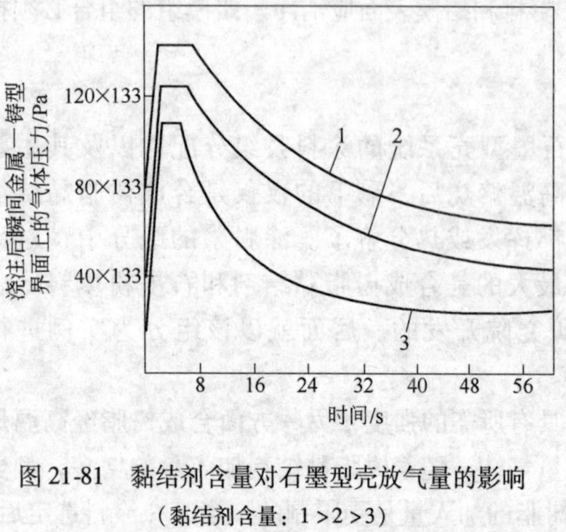

图 21-81 黏结剂含量对石墨型壳放气量的影响
（黏结剂含量：1 >2 >3）

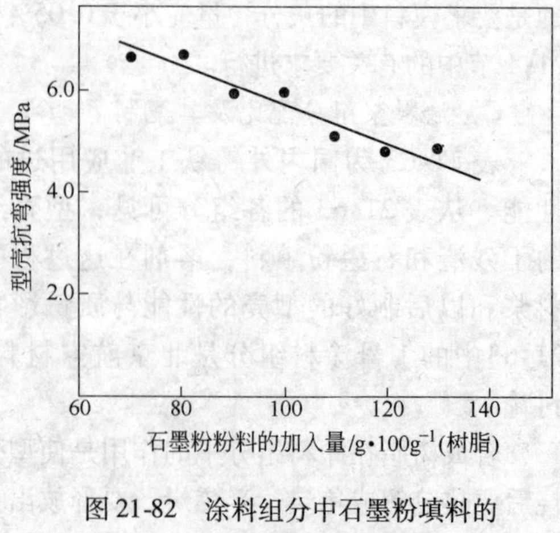

图 21-82 涂料组分中石墨粉填料的加入量对型壳抗弯强度的影响

固化剂的加入量直接影响到模组涂层的固化程度、固化速度和涂料的寿命。随着酸加入量的增多，涂层的固化速度加快，固化效果越来越好，型壳内表面变得致密坚实。与此同时，涂料浆的寿命也相应缩短。资料指出，合成树脂石墨涂料浆，当其中的 pH 值从 1.57 降到 1.03 时，模组上的涂层的固化干燥时间几乎缩短了 2 倍，相应地涂料浆的寿命也缩短了。图 21-84 为涂料组分中 1 号酸的加入量与型壳强度的关系。由图可见，在酸加入量少于一定值时，型壳强度随酸加入量的增加而缓慢升高，当加入量达到一定值后，再增加酸的加入量对型壳强度已不起作用。这是因为在 1 号酸固化剂的加入量，少于一定值时，树脂中的羧基、羧甲基以及醚键不能充分缩聚成网状结构的高分子化合物，型壳在高温焙烧时，这些没缩聚的低分子化合物分解挥发了，树脂热分解后生成低焦炭率。随着酸加入量的增多，树脂缩聚程度增大，形成网状高分子化合物增多，型壳高温焙烧后生成焦炭率增高，因而型壳强度增大。

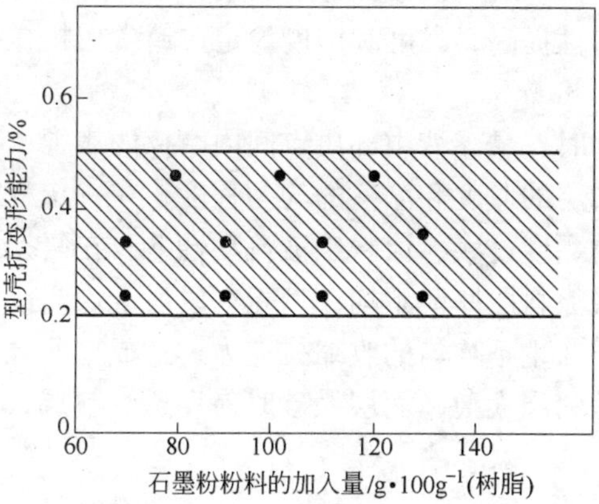

图 21-83　涂料组分中石墨粉填料加入对型壳抗变形能力的影响

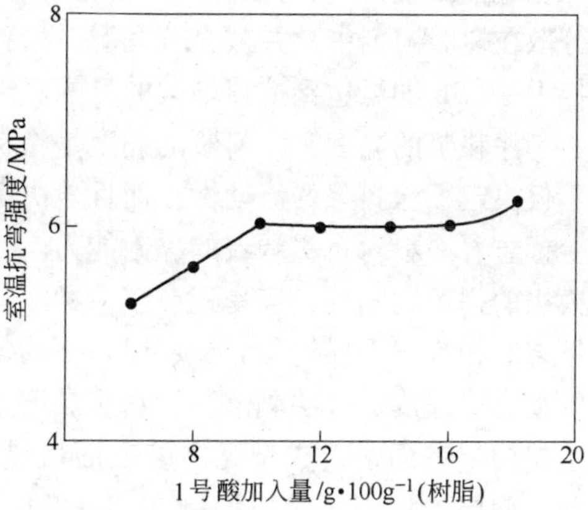

图 21-84　涂料组分中 1 号酸加入量对石墨型壳强度的影响

另外，涂料组分中加入表面活性剂对改善涂料浆的性能，提高型壳的质量起着很大的作用（见表 21-64），由表可见，随着表面活性剂添加量的增大涂层的厚度 δ_c、涂料浆的黏度增大了，涂料浆流变性能也得到了改善。对于树脂石墨涂料浆，由于呈酸性，通常都是添加非离子型表面活性剂，如 JFC 等。

表 21-64　表面活性剂对树脂石墨涂料浆的流变性能和工艺性能的影响

表面活性剂加入量（质量分数）/%	涂层厚度 δ_c/mm	涂料浆黏度 θ/s	涂料浆密度 ρ/kg·m^{-3}	表观黏度 η_a/Pa·s	p_{k2} /Pa	$1/\eta_m$	p_{k2}/η_m
0	0.048	5.63	1058	26.0	1.88	3.85	0.723
0.025	0.14	6.4	1095	51.8	10.5	1.93	2.03
0.050	0.20	8.2	1135	53.7	25	1.87	4.67
0.100	0.28	10.0	1175	57.5	29	1.74	5.04
0.30	0.58			86.6	54	1.17	6.23

涂料浆的配制。按制壳所需量分别称取合成树脂、溶剂、石墨粉填料、表面活性剂、

固化剂等。先将合成树脂倒入涂料桶中，然后加入溶剂并搅拌使树脂完全溶化，在搅拌的状态下加入石墨粉填料，充分搅拌使石墨粉均匀分散到树脂酒精溶液中，然后加入表面活性剂，最后加入1号酸固化剂，经搅拌1~2h后用4号流杯测定涂料浆黏度，用容重法测定料浆密度，通过黏度和密度两个参数控制涂料浆的性能稳定性。

涂料浆的搅拌：型壳的质量在很大程度上取决于涂料浆的性质：黏度、密度、分散性和稳定性。搅拌对涂料浆中填料的分散性影响很大，通过机械搅拌可促使石墨粉颗粒充分分散在树脂溶剂中，并被充分润湿，涂料浆均匀性提高，黏度和密度稳定。通常用机械搅拌1~1.5h即可达到搅拌均匀的目的。

涂料浆的黏度：涂料浆的黏度是涂料浆流动时，悬浮液内部质点间内摩擦的表征，它不仅决定了涂料浆的流动性，而且也决定了涂料层的厚度和涂覆的均匀程度，在一定程度上标志着涂料对石墨颗粒的黏附能力。涂料浆的黏度过大，涂料浆液流动性差，在复杂蜡模组的拐角凹陷处，容易积存多余的涂料，造成涂料层厚薄不均；型壳在以后干燥与高温焙烧时，难以干燥均匀，涂层厚薄不均匀的地方产生不均匀的收缩拉应力，造成这些地方的型壳层起皮、分层剥落；涂料浆黏度过小，涂料层太薄，面层撒砂时易穿透涂料层，直达蜡模组表面，造成型壳内腔表面粗糙。因此，面层的涂料黏度应控制在20~30s范围内，然后可逐层适当降低。

涂料浆的密度：密度过大表明树脂量太少，石墨粉量太多，涂层强度不够，经高温焙烧后，石墨粉易脱落；密度过小表明树脂量多，石墨粉量少，涂层经高温焙烧后多孔隙。因此，涂料浆的密度应控制在1.1~1.17g/cm^{3}的范围内，涂料浆的黏度和密度在型壳整个制备过程中是会不断变化的，必须通过补充黏结剂和石墨粉填料加以调节控制。

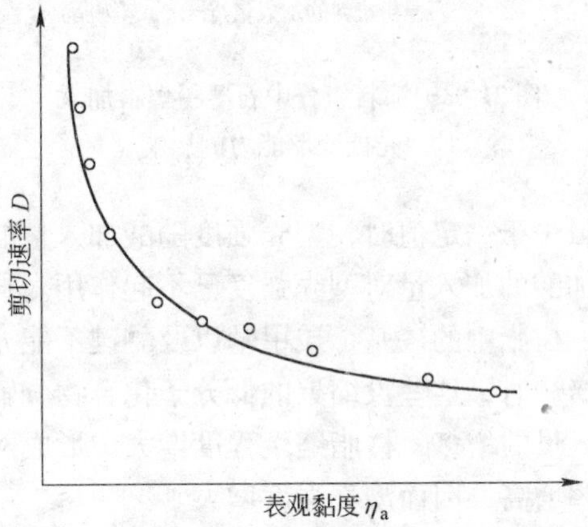

图21-85 树脂石墨涂料浆的表观黏度与剪切速率的关系

有文献对树脂石墨涂料浆的研究表明：它是一种带屈服值的假塑性流体，其剪切应力τ的增长恒小于剪切速率D的增长，表观黏度η_a随剪切速率D增加而减少（见图21-85），涂料浆的屈服值随细石墨粉加入量的增加而增大。

D 涂层的涂制工艺与撒砂

涂层的涂制：由于合成树脂的固化过程分为三个阶段，制壳过程中，树脂于温度20~35℃在酸性固化剂的作用下，经一定时间固化后，由甲阶树脂转变为乙阶树脂，但还不能完全转变为丙阶树脂。乙阶树脂在有机溶剂，如酒精、丙酮中虽然不溶解了，但要膨胀。因此，每次涂制涂层时，模组在涂料浆中浸渍停留的时间不宜太长，特别是从第2层涂层到第4层。否则前面涂好了的涂层，在酒精溶液中长时间浸泡后，可能发生膨胀鼓起，破坏涂层的成形。涂制涂层过程中，蜡模组从涂料浆液桶中提起淌滴时，最好固定在几个方向位置上静置，让多余浆料流尽，然后再转动，这样可保证获得均匀的涂料层，以免出现流痕。

撒砂：蜡模组面层和邻面层的撒砂制度对随后制备型壳内表面层的质量影响是很大的。当面层只浸涂涂料浆不散砂时，脱完蜡的型壳经高温焙烧后，面层和邻面层将发生起皮（见图21-86）。其原因是面层光浸渍涂料浆不撒砂，涂料层稍经干燥固化后，接着就浸涂第二层浆料，造成从面层到第二层是一层比较厚的浆料层，它当中的树脂含量比后面的涂层高，高温焙烧时，其体收缩与后面的涂层相差较大，再加上这种型壳本身收缩率达4%～5%。其次是面涂层不撒砂，它与第二层涂料间的连接是平面连接，不如撒砂时那种镶嵌连接方式牢固。由于这样导致脱蜡后的型壳高温焙烧后，面层与邻面层常常发生起皮剥落现象。蜡模组面层撒砂后就消除了这种现象（见图21-87）。另外，邻面层的撒砂粒度与背层不能相差太悬殊，否则型壳焙烧后，邻面层与背层将出现分层（见图21-88）。关于各涂层的合理撒砂粒度参见表21-60。

图21-86　面层不撒砂的型壳经高温焙烧后发生的起皮

图21-87　面层撒砂后的型壳经高温焙烧后的内表面质量

图21-88　邻面层与背层的撒砂颗粒度相差悬殊造成的型壳分层

E　蜡模组涂层的干燥固化

树脂石墨涂料浆液大多以酒精作稀释剂，它的挥发速度较慢，光靠自然干燥，受周围环境影响大，生产周期长，难以得到质量良好的型壳。为此石墨型壳涂层的干燥可采用两种方法，真空干燥和热风强制干燥，通常都采用热风强制干燥。在此要特别指出的是，对于蜡模组头几层（1～4层）涂层的干燥条件和时间必须严格控制，否则将使模组的涂层发生鼓胀开裂。表21-65为涂料层干燥工艺。

F　脱蜡和型壳的高温焙烧

石墨型壳的脱蜡可用高压釜蒸汽脱蜡，热水脱蜡，也可用电热脱蜡。

表 21-65 蜡模组涂层比较合理的热风强制干燥工艺

涂 层	干燥工艺			备 注
	温度/℃	相对湿度/%	时间/h	
面 层	25～30	45～60	5～8	蜡模组尺寸很大且又复杂时，干燥的时间应酌情适当延长
2～4	25～32	45～60	2～4	
5 层以后	28～32	30～60	2～4	
模组涂完料到脱蜡前	28～32	30～60	16～24	

石墨型壳的高温焙烧必须在还原性或保护性气氛下进行。焙烧设备和方式与捣实石墨型相似。石墨型壳经过 950～1100℃ 高温焙烧，树脂黏结剂要发生热分解，生成焦炭、半焦炭，并释放出大量的各种气体（参见图 21-57）。型壳高温焙烧通常采用阶梯式的升温制度（见图 21-89）。其中，在 500～700℃ 范围内，应控制升温速度（150～200℃/h）以利于树脂的热分解，然后可自由升温到 950～1100℃，在该温度下保温 2～4h，保温时间长短取决于焙烧的型壳数量和体积。此后随炉冷却，如果采用通保护性气体，如 N_2 或 Ar 气焙烧时，一直要等炉内温度降低到 300℃后，才能停气。高温焙烧结束，炉内温度降至 200℃以下，即可取出型壳。

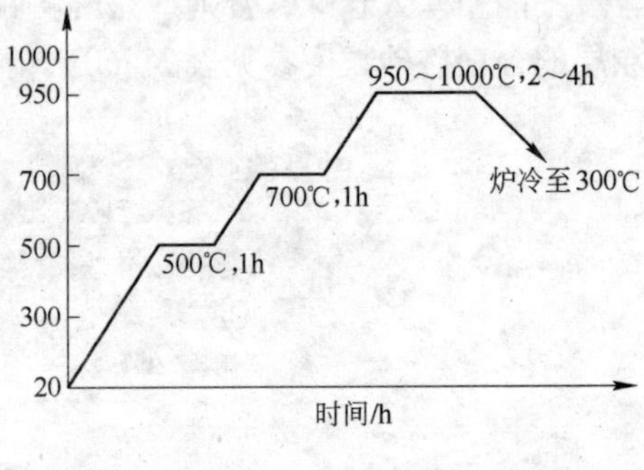

图 21-89 2127 树脂石墨型壳的高温焙烧工艺

资料指出，树脂石墨型壳中的树脂黏结剂在高温下热分解释放出的气体，是石墨型壳浇注钛铸件产生气孔的主要原因之一。为了降低这种型壳的放气量提高它的热化学稳定性可采取三种工艺途径：（1）降低涂料组分中黏结剂的加入量；（2）提高在还原性或保护性气氛下焙烧的温度，使型壳的放气量大大降低（见图 21-90）。但随着焙烧温度的提高，型壳易出现龟裂，降低型壳强度，增加焦炭产物的疏松程度，使整个高温焙烧工艺周期大大增长。比较经济合理的是将型壳在还原性气氛或保护性气氛下经 950～1100℃ 温度焙烧后，再在真空下于 1000℃进行焙烧，可最有效的除气（见图 21-91）。图 21-92 为铸型井式

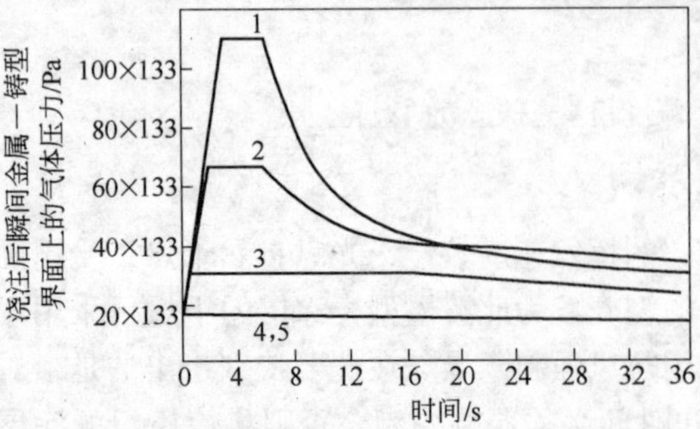

图 21-90 在还原性气氛下焙烧时，焙烧温度对型壳放气量的影响

1—1000℃；2—1200℃；3—1400℃；4—1600℃；5—1800℃

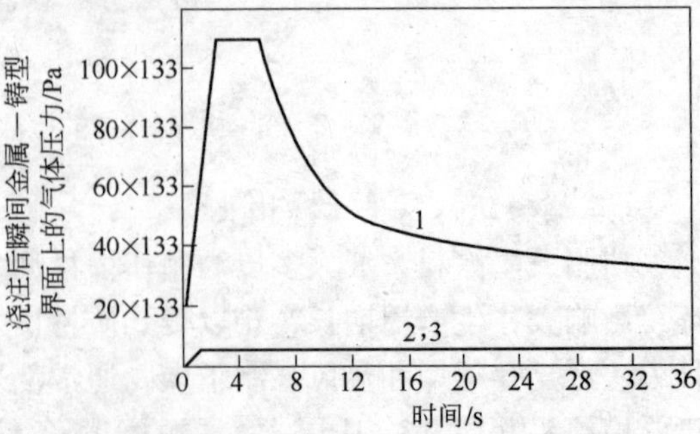

图 21-91 真空高温焙烧对石墨型壳放气量的影响

1—在还原性气氛下 1000℃焙烧；2—在 13.3Pa 真空下 1000℃焙烧；3—在 1.33Pa 真空下 1000℃焙烧

真空高温焙烧炉的结构示意图。经高温焙烧，尤其是真空高温焙烧过的型壳，应在6~12h内进行浇注，否则必须存放到真空贮存箱内或加热到80~100℃的干燥箱内，以防型壳吸气（吸潮）。

石墨型壳在干燥和高温焙烧过程中要发生不希望的收缩，它要影响随后铸出铸件的尺寸精度。为弄清工艺过程发生收缩的不良影响，Л. М. Челядииов 等人对在石墨型壳中铸出的钛合金铸件的质量问题进行了深入的研究，特别是对石墨型壳各个工艺阶段尺寸的收缩和变形，进行了统计分析研究，研究结果见表21-66和图21-93。

由表21-66可见，型壳在高温焙烧过程中虽然要收缩，但收缩是稳定的，它在干燥和高温焙烧整个过程中对尺寸变化影响为15%。而尺寸变化最大的阶段是蜡模，它为65%。

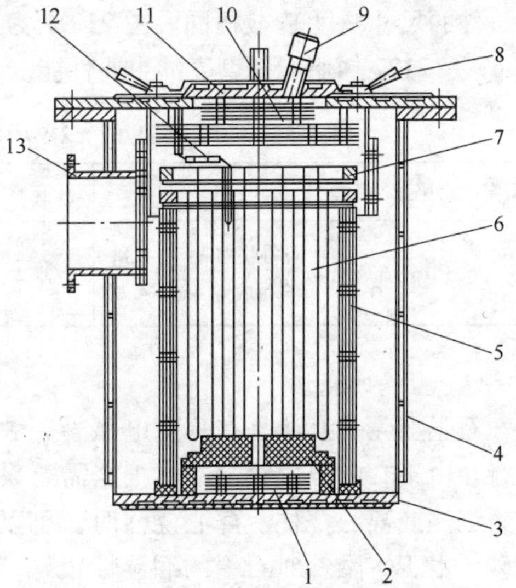

图21-92 井式真空高温焙烧炉的结构示意图

1—隔热屏；2—底托；3—水冷炉底；4—水冷炉壳；5—侧隔热屏；6—加热器；7—水冷电极；8—压紧把手；9—观察窗；10—顶隔热屏；11—水冷炉盖；12—热电偶；13—抽气口

表21-66 熔模树脂石墨型壳制备工艺过程各个阶段的收缩

参数	工艺过程的各个阶段	熔模	型壳		铸件	合计
			脱蜡后	高温焙烧后		
收缩	积分 ε/%	0.75	1.568	3.87	4.99	4.99
	微分 ε/%	0.75	1.02	2.10	1.12	4.99
	在各个阶段上的分布/%	15	20.5	42.0	22.5	100
尺寸变化	偏差 $\pm 2\sigma$/mm	1.4	1.53	1.54	1.73	
	分布在工艺过程各个阶段上的 D_x	0.48	0.106	0.004	0.16	0.744
	在各个阶段上的分布/%	65	14	1.0	20	100

由图21-93可见，在石墨型壳中铸出的钛合金铸件与在氧化物陶瓷型壳中铸出的不锈

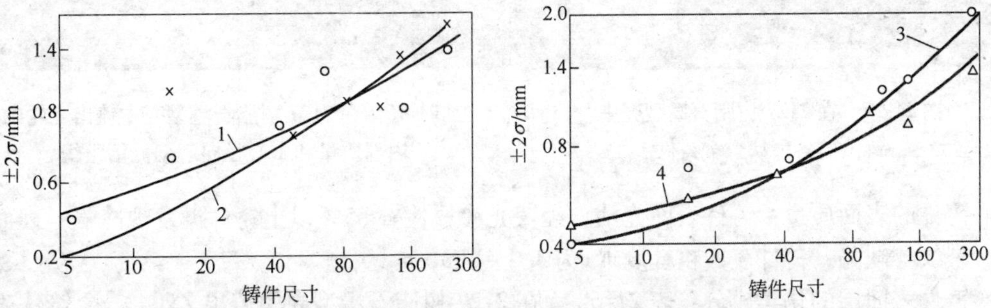

图21-93 在石墨型壳中铸出的钛合金铸件与在氧化物陶瓷型壳中铸出的不锈钢铸件的尺寸精度比较

1，4—不锈钢铸件；2，3—BT5Л 钛合金铸件

钢铸件的尺寸精度基本相同。图 21-94 为高温焙烧后待浇注的熔模石墨型壳的外观。表 21-67 是 2127 树脂石墨型壳的主要性能。

表 21-67 2127 树脂石墨型壳的主要性能

室温抗弯强度/MPa	收缩率/%	抗变形能力/%	透气性	热化学稳定性	脱壳性能
56.3 ~ 67.3	阻碍收缩 3.7 ~ 4.1, 自由收缩 4.6 ~ 4.8	0.2 ~ 0.5	(9.05 ~ 11.15) $\times 10^{-3}$	良好	极好

G 型壳的浇注

石墨型壳的浇注是在真空电弧凝壳炉内进行。由于它的强度很高，可根据需要采用重力浇注或离心浇注。离心浇注时，可以不填砂。由于熔融钛对石墨的润湿性很好，通常都采用冷炉浇注。如果要预热浇注，型壳的预热温度不能超过 250℃，否则要发生“渗漏反应”。

图 21-94 经高温焙烧后待浇注的熔模石墨型壳
（右边是在这种型壳中浇注出的 ZTC4 合金叶轮）

2127 树脂石墨型壳中铸出铸件的化学成分和力学性能以及成形质量都达到了技术条件的要求。图 21-95 为在 2127 树脂石墨型壳中铸出的各种钛合金铸件。图 21-96 为在 2127 树脂石墨型壳中铸出的铸件的内部质量和低倍显微组织。由图 21-96 可见，组织致密，没发现任何孔洞等缺陷。

图 21-95 在 2127 树脂石墨型壳中铸出的各种钛合金铸件

图 21-96 在 2127 树脂石墨型壳中铸出叶轮的内部质量和中心径向解剖低倍组织

铸件的表面质量：铸件表面光洁，经荧光渗透检查 85% 以上铸件没发现冷隔、表面气孔、裂纹等缺陷，铸件表面粗糙度 R_a 为 3.2 ~ 6.3μm。

铸件表面层的化学成分：表 21-68 为在 2127 树脂石墨型壳中铸出 ZTC4 合金铸件表面层的化学分析结果。

铸件表面沾污层的深度：图 21-97 为在 2127 树脂石墨型壳中铸出的 ZTC4 合金铸件垂直截面的显微组织，最外面的亮带层就是“α”沾污层，厚度约为 0.12mm。图 21-99 为在显微镜上用目镜测微尺测得的铸件表面沾污层深度的变化情况，由图中可见其沾污层深度约为0.10～0.15mm。这一薄层沾污层经喷砂酸洗后即可完全去除。

表21-68　在2127树脂石墨型壳中铸出ZTC4合金铸件表面层的化学分析结果

炉　号	取样部位	元素（质量分数）/%			
		C	N	H	O
2	基　体	0.02	0.016	0.0045	0.045
	铸件表面层	0.15	0.017	0.0016	0.150
2-22	基　体	0.03	0.016	0.0041	0.112
	铸件表面层	0.14	0.016	0.0016	0.170

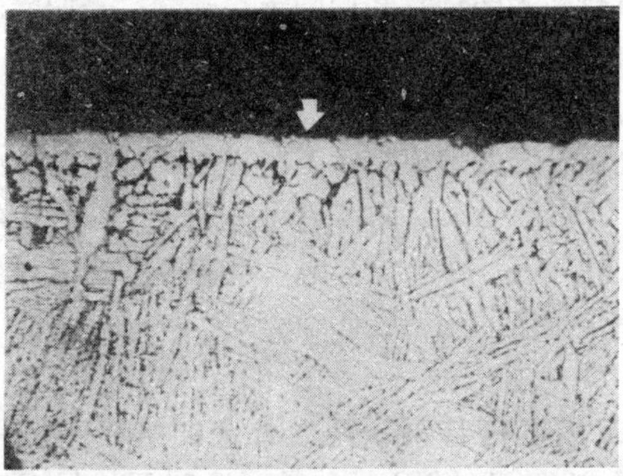

图21-97　在2127树脂石墨型壳中铸出的ZTC4合金铸件的表面层显微组织（×300）

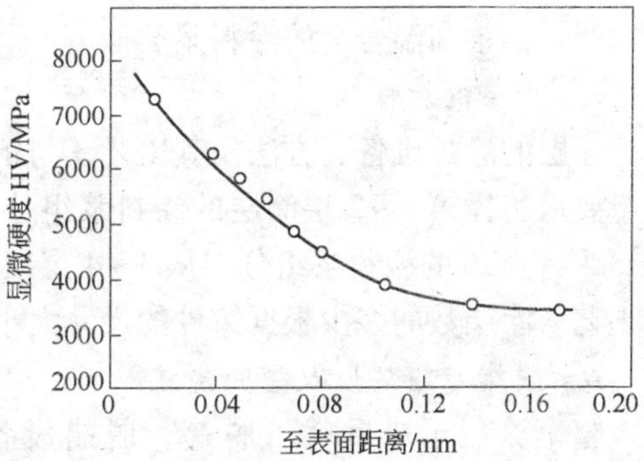

图21-98　在2127树脂石墨型壳中铸出的ZTC4合金铸件的表面沾污层深度曲线

21.5.4.2　氧化物陶瓷型壳系统及其工艺

钛和钛合金铸造的氧化物陶瓷型壳系统，严格来说应称为特种氧化物面层陶瓷型壳系统，它与钢和高温合金熔模精铸型壳的差别在于前二层的耐火填料、黏结剂和撒砂不同。从第三层以后，它采用的造型材料和工艺，甚至设备都与钢和高温合金的熔模精铸相似。

美国的PCC公司是最早发展这项工艺并首先应用的。该公司最早采用氧化钍作为面层填料的。因为氧化钍相对于熔融钛具有最好的热化学稳定性，且耐火度又高，强度好。但是氧化钍具有放射性。图21-99为美国PCC公司于20世纪70年代用氧化物陶瓷型壳铸出的RB-199发动机的钛合金中介机匣铸件。

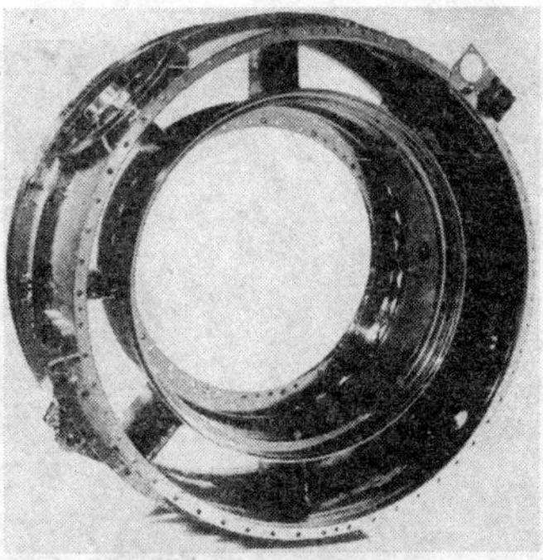

图21-99　美国PCC公司于20世纪70年代用氧化物陶瓷型壳铸出的RB-199发动机的钛合金中介机匣铸件

20世纪80年代末开始，美国所有生产钛合金精铸件的公司都开始采用氧化物陶瓷型壳系统生产钛和钛合金铸件，每个公司都发展了自己的专利性氧化物陶瓷型壳系统。将这些系统加以综合归纳可以发现，这些氧化物陶瓷型壳系统的面层和邻面层涂料浆中的耐火氧化物填料，主要有以下几种：氧化钙稳定的电熔氧化锆、电熔或煅烧的氧化钇以及其他的稀土元素氧化物、经过致密化处理的氧化钙或碳酸钙等。涂料浆中的黏结剂主要有以下几种：二醋酸锆、硅溶胶或硅酸乙酯、钇溶胶、碱性碳酸锆铵（Ti-Coat™N黏结剂）等。除此外，还添加稀释剂（例如水、有机溶剂）、润湿剂和消泡剂等。

A　蜡模和蜡模组的制备

氧化物陶瓷型壳系统采用的蜡料和蜡模及模组的制备与石墨型壳和其他的面层陶瓷型壳一样。

B　面层涂料浆的组分、配比及其配制

表21-69是目前几种专利性的氧化物陶瓷型壳系统面层和邻面层涂料浆的典型组分与配比。由表21-69可知，在所有配方中，耐火填料和黏结剂是它们的主要组分。它们的配制方法与钢、高温合金的涂料浆类似。

C　涂层的涂挂

涂层的涂挂设备、方法及其工艺，与钢、高温合金的熔模精铸工艺相似，根据铸件的质量要求选择第1~2层涂层的涂料浆组分。对于质量要求高的铸件可选用表21-69中的1、3和4配方的涂料浆组分。从3~4层以后采用与钢、高温合金熔模精铸相近的涂料浆和工艺。涂层数的多少根据铸件的尺寸大小和重量确定。

D　脱蜡与焙烧以及型壳浇注

整个涂层干燥后就可脱蜡，脱蜡设备和方法也是与钢、高温合金的熔模精铸一样。型壳的焙烧通常在电炉内进行，焙烧温度900~1100℃。在最高温度下的保温时间长短，根据型壳的尺寸大小和一次焙烧的型壳数量加以确定，通常为2~4h。焙烧后的型壳应在12h内浇完，如果浇不完应存放到温度为80~100℃的存放箱内。图21-100为焙烧后待浇注的氧化物陶瓷型壳。图21-101为在特种氧化物陶瓷型中铸出的Ti-6Al-4V合金铸件。图21-102为在氧化钙面涂层的氧化物陶瓷型壳中铸出的工业纯钛铸件。

图21-100　焙烧后待浇注的氧化物陶瓷型壳

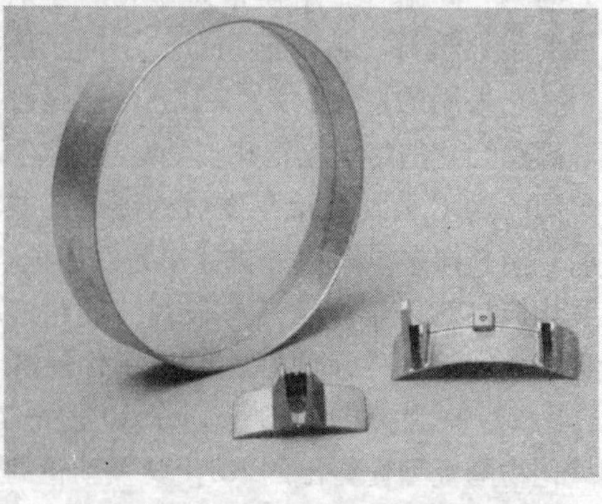

图21-101　在氧化物陶瓷型中铸出的Ti-6Al-4V合金铸件

表 21-69 几种典型的面层和邻面层的涂料浆组分与配比（质量分数）

组分名称 / 配方	稳定型电熔 ZrO_2（<0.043mm，即 325 目）	电熔或煅烧 Y_2O_3（<0.043mm，即 325 目）	稀土氟氧化物（<0.043mm，即 325 目）	碳酸钙	乳胶	氢氧化四乙基铵（40%溶液）	分散剂	TiO_2	二醋酸锆	硅溶胶	去离子水	有机溶剂	润湿剂	消泡剂	钨钼阻化剂
1			43.6%①						21.5%		8.2%	1.6%②			25.1%
2	76.2%				6.7%③				12.2%				1.5%④	3.4%⑤	
3		80.8%⑥			1.9%⑦			4.0%		7.9%⑧	5.1%		0.2%⑨	0.1%⑩	
4		84.5%⑪			3.4%⑫	2%				5.8%⑬	4.3%		外加 2.0mL⑭	外加 5 滴⑮	
5				67%⑯			1.9%⑰			9.3%⑱	21.8%				
6		18.2%			冰醋酸（99%）10.9%				钇溶胶 60.6%			尿素 10.3%			

①钇和镨及其他稀土元素的氟氧化物；②变性醇类（Denatured ethanol）；③Latex460NA；④Victawet 12；⑤10% DCH-10；⑥电熔的 95% Y_2O_3 +5% ZrO_2 的复合耐火料；⑦Dow 460NA；⑧Ludox SM（商品名）；⑨气溶胶 OT；⑩Dow Corning Additive 65；⑪煅烧氧化钇粉（<0.043mm，即 325 目）；⑫Dow 308A Latex；⑬与⑧一样为 Ludox SM（商品名）；⑭润湿剂 Niacet 7；⑮消泡剂 DB110A；⑯碳酸钙经致密化处理，然后与黏结剂、去离子水和分散剂一起球磨 20 多小时后使用；⑰分散剂为 Varvan821A；⑱Ludox Remet30（商品名）。

图21-102 在氧化钙面涂层的氧化物陶瓷型壳中铸出的工业纯钛铸件

21.6 熔炼与铸造工艺

凝壳炉的熔炼铸造工艺简明流程是：预制的钛锭→熔炼→浇注。

21.6.1 凝壳炉的熔炼铸造工艺

凝壳炉的主要任务是重熔金属，并浇注成铸件。因此，凝壳炉的熔炼铸造工艺流程，除在熔炼结束后，需快速提升电极、翻转坩埚、浇注金属液外，其他过程与自耗炉一样。真空自耗炉的熔炼工艺部分请详见12章，此处不加介绍。凝壳炉熔炼采用的炉料是预先制成的所需尺寸的自耗电极。

21.6.1.1 自耗电极的来源和技术要求（见表21-70）。

表21-70 凝壳炉使用的自耗电极的来源和技术要求

类型	来源	技术要求
铸锭	自耗熔炼的一次或二次铸锭	航空航天和其他重要用途的铸件必须采用二次自耗熔炼的铸锭；一般民用铸件可采用一次铸锭。铸锭的直径和长度应满足使用要求，若长度不够可采用焊接或螺纹连接加点焊的方法接长（见图21-103）。每批铸锭使用前必须先检查其化学成分和杂质，合格后方可使用；铸锭表面和端面不得有氧化皮和污物，如果存在严重氧化皮，应用机加工方法去除
锻棒	大直径铸锭锻造成所需直径，后经扒皮制成	锻棒的质量、直径和长度应符合使用要求，表面和端部应平整，不得有污物和氧化皮
回炉料	浇冒系统、废铸件和凝壳、切屑及其他边角料等	废料都须经净化处理，其表面不得有污物和氧化皮，内部不能有夹杂，质量应符合所需技术要求；使用方法是把废料制成自耗重熔电极，如把废料加工成块料装到石墨加工成的电极锭模里，然后用凝壳熔炼部分液态金属浇入电极锭模内，把块料粘接成重熔自耗电极（见图21-104*a*）；或直接把块料焊接成重熔电极（见图21-104*b*），这种电极表面可能不规则，熔炼过程易产生爬弧和边弧，应尽量采用短弧熔炼以防击穿坩埚。也可以把清理干净的废料直接放在凝壳内，每次的加入量不得超过要浇注金属量的5%～8%，以保证被熔金属的过热度

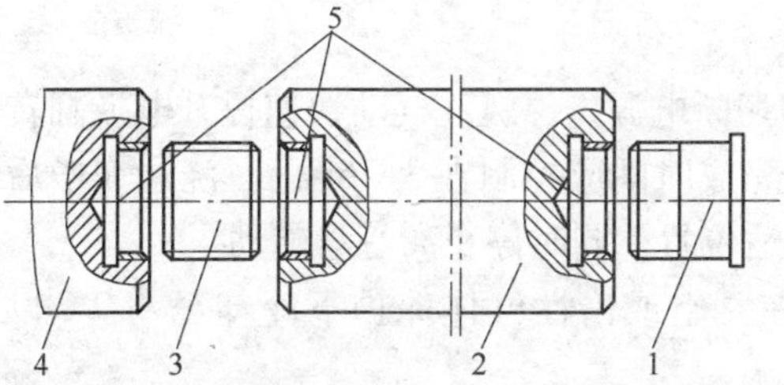

图 21-103 不够长的电极与端头残极的螺纹连接示意图

1—电极安装头；2—自耗电极；3—中间连接螺杆；4—自耗残极；5—阴螺纹

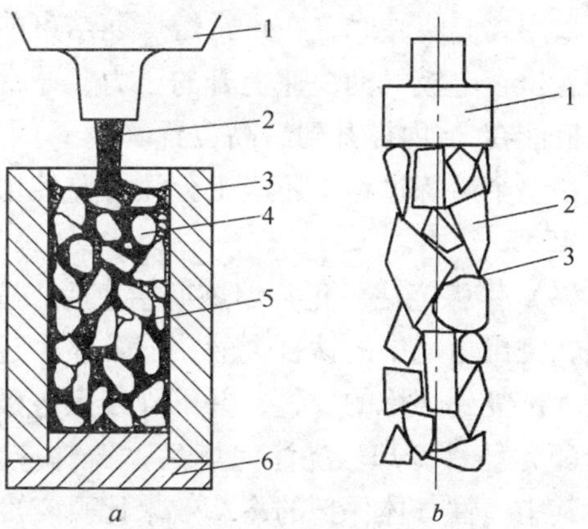

图 21-104 回炉料制成的重熔自耗电极的方法

a—铸造粘接成形法：1—过渡浇杯；2—液态钛；3,6—石墨锭模；4—回炉料；5—浇进的液态黏结钛；

b—焊接成形法：1—电极安装头；2—回收料块；3—焊点

21.6.1.2 凝壳炉的熔炼浇注过程

凝壳炉的熔炼浇注过程可分为五个阶段：

（1）准备期。熔炼前应对凝壳炉各部件，全面进行认真检查，设备正常后，方可装炉。首先装夹电极，电极必须装正直、夹牢并调整使其对准坩埚的中心；清理安放凝壳，放置引弧料以及回炉料，引弧料与电极端面间的距离不得小于15mm，一般为20～30mm；同时装配和固定铸型；安放过渡浇杯；检查试转离心盘。上述工作完成后，闭炉抽真空。当真空度达到6.65～0.665Pa时，就可开始熔炼。

（2）引弧期。引弧期的任务是在空载电压（通常为70～80V）也即开路电压下，借助于自耗电极与在坩埚底部预先放置的引弧料（常用铝箔）之间瞬时接触产生弧光放电而达到稳定的电弧燃烧，造成一定量的钛熔池，为过渡到正常熔炼期创造条件。起弧后应采用正常熔炼的20%～25%的较小电流预热自耗电极和凝壳，以加快随后的熔化速度。

（3）正常熔炼期。当引弧期结束以后，逐渐增加熔炼电流，迅速转入正常熔炼期。熔炼期操作和熔炼工艺参数控制得是否准确，直接影响到随后形成熔池的过热度和铸出铸件的质量，自耗电极和凝壳预热1.0～2.0min后，迅速增大电流到正常熔炼工艺要求的设定值，进行正常熔炼。此时一定要控制好熔炼电压、熔化速率、真空度等工艺参数。通常熔炼电流一经确定，熔炼是否正常就取决于电弧的长度。把熔炼的电弧长度控制在合适的范围内，不仅有利于冶炼过程物理化学反应的进行，而且可以确保熔池中金属液的过热度。当熔炼弧长正常时（此时的电弧长度应是25～30mm，电压值应是38～42V），钛熔池表面十分清晰活跃，钛液徐徐波动，电流表和电压表指针周期性地微微上下摆动。

除电弧长度外，熔炼期真空度的控制也是一个特别重要的问题，当熔炼操作的真空度在66.5Pa以上范围内时，弧光放电就可能转为辉光放电，继而产生边弧和扩散弧而烧穿坩埚。一旦发现真空度骤然下降，应当立即采取有效措施，适当减慢熔化速率，控制好电极的进给速度，以保持合适的弧长，防止边弧和扩散弧的产生，待真空度回升后再转入正常熔炼。

采用离心浇注时，在正常熔炼期结束前应使离心盘转速达到所要求的预定值，同时还应注意检查电极气动快速提升的压力，通常应控制在0.2~0.3MPa范围，以确保停弧浇注时电极能在3s内提升到最高位置。

在整个熔炼过程中还应十分注意监控坩埚冷却水进出水的温度，通常出水的温度应不超过45℃。

(4) 停弧浇注。正常熔炼期结束后，应立即切断电源，停弧，气动快速提升电极翻转坩埚，浇出坩埚中的钛合金液，通常整个过程的完成时间应控制在3~6s内。浇注完毕后将坩埚恢复到熔炼的位置，并下降残余电极至合适位置，同时停止离心盘转动。

(5) 铸件冷却。浇注完毕后，铸件应随炉在真空或惰性气体保护下冷却至400℃以下，其中惰性气体保护的冷却效果比真空冷却好。

21.6.1.3 凝壳炉的熔炼浇注工艺参数

A 凝壳炉的熔炼工艺参数的选择

a 真空度的选择和漏气率的控制

凝壳炉熔炼过程的真空度直接影响到被熔金属的质量和性能以及电弧的行为及操作的安全性。而熔炼的真空度又与炉料的熔化速度和质量有关。为此在熔炼开始前必须把炉子的真空度抽到0.67Pa以上，因为在起弧熔炼后，随着电极、坩埚和凝壳以及炉膛的被加热放气，会使炉膛内真空度短时下降，这样不至于使真空度降低到允许值（13Pa）以下；凝壳炉正常熔炼的真空度应在6.7~0.67Pa范围内。熔炼真空度过高，会导致蒸气压高的合金元素挥发；过低会使合金增氧，同时还会引发辉光放电。在停弧浇注时，随着液态钛进入铸型，它们相互间的作用和铸型及其夹具的被加热要放出大量的气体，使真空度急剧下降。因此，凝壳炉通常都配置大抽速的真空系统，以确保浇注后炉膛内的真空度能在10~60s内恢复到正常值。

凝壳炉的漏气率直接影响到被熔金属和铸出铸件的质量与性能，是必须控制的主要技术参数之一。漏气率大，炉外的空气不断掺入，熔融的钛及其合金必定被沾污，最终导致铸件性能变坏。目前工业生产用的凝壳炉的漏气率应控制在0.4~0.7Pa·L/s范围内。

b 电极和坩埚的直径

电极直径 d 与坩埚直径 D 之比，不仅关系到炉子熔炼操作的安全性，而且也直接影响到熔池的过热度。d/D 过大，熔炼过程易引发边弧，使坩埚被击穿的危险性增大；d/D 过小，电极表面与坩埚壁间间隙过大，熔池的热损失增大，导致熔池的过热度低，液态金属的流动性和充填性变差，不利于铸件的充满。电极表面与坩埚壁间比较适宜的间隙应在40~60mm范围内。目前工业生产用凝壳炉的电极 d/D 通常都在0.4~0.75范围。

c 熔炼电参数的选择

凝壳炉熔炼采用低电压大电流的电制度，在未起弧熔炼前的空载电压为45~80V，起弧后的熔炼电压为30~45V，这个数值与炉子采用电源的特性和熔炼时的电弧长度有关。为了获得较快的熔化速度和较高过热度的熔池，在不短路的情况下，应尽可能降低熔炼电压，采用短弧操作。

从上述可知，凝壳熔炼过程电压的变化范围是比较小的，因而熔炼过程输入功率的调节主要靠熔炼电流。图21-105为凝壳熔炼过程电参数和压力的变化。由图可见，在刚开始起弧熔炼时应采用较小的熔炼电流。因为在起弧时有一个瞬时短路过程，小电流可避免线路超载。起弧后在一段短时间内（通常 1.0 ~ 1.5min）也要维持较小的电流（约为正常熔炼电流的 20% ~25%），以对自耗电极和凝壳进行预热，这样可以加快随后的熔化速度。在进入正常熔炼后，通过自耗电极的电流密度一般控制在0.4 ~ 1.2A/mm^2，随着电极直径和炉子容量的增大，电流密度可相应低些。凝壳熔炼的熔化速度 v（g/s）与熔化电流 I 和电压 V 成正比，即：

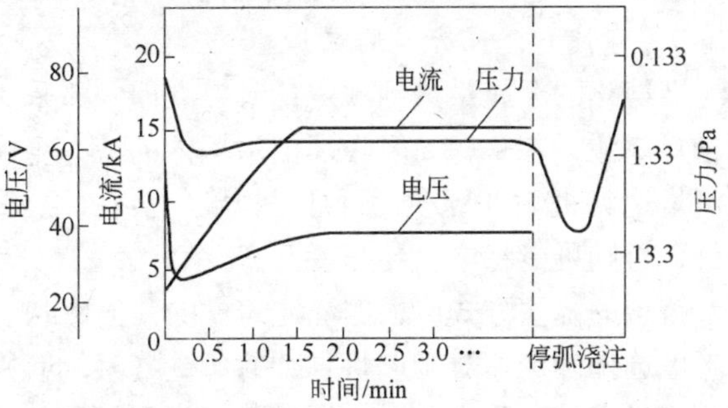

图 21-105 钛和钛合金凝壳熔炼过程电参数和压力的变化

$$v = KIV$$

式中 K——常数（系数），$K=0.33$g/(s · kW)。

增加熔化电流可以加快钛的熔化速度，同时也伴随着使熔池深度变深。因而熔池的深度 h（cm）也与熔化电流 I 成正比：

$$h \approx 1.5 \times 10^{-3} I$$

随着熔池变深，熔池的过热度也提高了。

d 金属熔化量的计算

凝壳炉熔炼金属熔化量的计算通常都以熔炼时间作为变量进行计算的。在进入正常熔炼后，金属的熔化速度一般是比较稳定的，它与熔化电流和电压成正比。但在开始起弧和增加电流的一分钟内，所输入的电能主要消耗在加热电极和凝壳，钛的熔化量很少。而到了熔炼后期，由于电极已被加热且变短了，电极上的电阻损耗功率下降，熔化速度提高。有经验的熔炼操作者经过长期的经验积累，估计每分钟的熔化量是比较准确的。因而通常在确定了要浇注铸型所需的金属量后，再加 3% ~5% 的安全系数，据此就可计算出浇注该铸型所需的熔炼时间。对于同样的铸型，使用相同的电极和熔炼制度，只需经过两次熔炼浇注和调整，则可控制达到所需金属量 ±2kg 的范围内。

e 熔池的过热度

凝壳炉熔炼的最大缺点是浇注温度难以调节和控制，金属过热度不高，导致钛及其合金的流动性和补缩能力比铸钢差。这是由于熔融钛的高化学活性和采用了水冷铜坩埚的熔炼条件造成的。在熔炼过程中电弧把热能传送到钛及其合金熔池表面；使熔池具有一定的过热度；为确保铜坩埚不被熔化，在铜坩埚内侧表面与液态金属熔池之间必须始终保持一个具有一定厚度的完整的凝壳，为此在熔池与凝壳的交界面的温度只能为金属结晶的温度，从而在熔池与这个交界面就形成了一个存在温差的变化的温度场。熔池过热度是一个不易准确测定的参数。人们曾经采用快速反应的远红外光学高温计和在坩埚浇注位置处设置热电偶的方法，进行过测量试验，但因其浇注速度快，时间短，准确度差，数据分散，没有获得工业生产广泛应用。根据采用红外光学测温计几次测定的数据，熔池表面的温度大约在1730～1820℃之间，熔池的过热度大约在60～200℃之间。

B 浇注和浇注方式的选择

当熔化的金属量达到预定量时，立即停弧采用自动或手动气动快速提升电极，翻转坩埚进行浇注，在3～6s内必须把坩埚内的液态金属浇完，最好是保证从坩埚内浇出的金属液流量达到40～80kg/s，而且是恒定的。在此提升电极和翻转坩埚这两个操作程序务必协调好，否则可能将电极导杆撞弯。

铸型的浇注方式应根据浇注铸件的几何形状、尺寸大小、壁厚、重量和质量要求等综合考虑选择确定。对于形状复杂的薄壁（≤3mm）铸件必须采用离心浇注；对于形状比较简单重量大的厚壁（≥6mm）铸件可以采用静止浇注（重力浇注）。

铸件浇完后可在真空下随炉冷却，也可充氩冷却。充氩冷却比真空冷却快，冷却时间长短取决于浇注铸件的壁厚、重量和数量。通常需要冷却1～2h，待温度低于400℃后就可出炉取出铸件。

21.6.1.4 凝壳炉的安全操作

凝壳炉在熔炼过程中，必须十分注意安全操作，避免发生炉子爆炸。凝壳炉熔炼过程操作不当，就有可能发生：

（1）水蒸气爆炸（良性爆炸）。爆炸原因：1）自耗电极装偏；2）电弧过长，产生严重边弧；3）真空度过低，进入辉光放电区；4）冷却水供应突然中断；5）冷却水水压或流量不足等原因使坩埚被烧穿，水落到被熔金属表面上，被高温金属加热而汽化，当水蒸气压力足够大时，就会冲开炉子的泄压孔。由于这种压力的升高不是瞬时产生的，危害性不大；

（2）金属爆炸（恶性爆炸）。爆炸原因：熔炼过程操作不当，坩埚被击穿，水直接进入钛熔池内部与高温的钛发生反应，有 $2H_2O + Ti = TiO_2 + 2H_2\uparrow$ 反应释放出氢。如果炉壳没烧穿，炉内缺少氧，此时只会发生金属吸氢放热，则危险性不大。如果产生的大量水蒸气把液态钛喷溅到炉壳上，而把炉壳烧穿，空气进入炉内，则 H_2 与 O_2 迅速氧化反应，在很短时间内发生恶性爆炸，这种爆炸危害性极大。

（3）其他爆炸。由于海绵钛中的镁、钠挥发形成的尘埃引发的爆鸣，通常发生在清理炉膛时。

防止上述事故发生的安全操作措施：

（1）合理地选择 d/D 比值，使电极与坩埚壁间间隙大于电弧长度。

（2）自耗电极轴向方向上的挠度应尽量小，并应焊牢焊直。

（3）熔炼过程应严格控制电弧长度，防止边弧产生。一旦产生边弧，可快速下降电极缩短电弧长度，以清除边弧。若下降电极仍清除不了边弧，则应作短路清除。在短路后再立即提升电极，重新起弧熔炼，并严格控制电弧长度。

（4）熔炼开始起弧时，防止电极与坩埚底直接接触，以防击穿坩埚。

（5）熔炼时避免在13.3～66.5Pa压力范围内或在3990～5320Pa范围的氩气下进行操作。

（6）熔炼过程防止冷却水水温过高，水压过低，中途断水，或冷却水进出水方向接反。

（7）真空系统中应配置大抽速的罗茨泵和机械泵，因为罗茨泵在133～1.33Pa压力范围内有最大的抽气能力，并且不受水蒸气的影响。

(8) 熔炼过程最好使用稳弧线圈以限制电弧行为。

(9) 一旦坩埚被击穿，水进入炉内时，绝对不允许停水和停真空泵，而应当把冷却水开到最大，以密封漏水部位，防止空气进入，同时让机械泵和罗茨泵继续工作，以迅速抽走炉内的水蒸气和氢气。

(10) 炉子上应装设定向的防意外事故的泄爆孔洞。

(11) 炉子周围应建造防爆墙，尤其是大容量的炉子很有必要实行远距离操作。

除此之外，还可能发生表21-71中的其他各种事故。

表21-71　凝壳炉铸造过程中还可能发生的一些事故

可能发生的事故	后　果	原　因	预防措施
增压泵油蒸气发生的爆炸	损坏炉内构件，危及操作人员生命安全	关错前级泵阀门或没开启前级泵，或其他原因，造成增压泵内油蒸气压过高，返回炉膛所致	①严格执行操作规程，防止误操作；②在炉膛真空管道出口前加装安全阀
短　路	①自耗电极插在熔池内提不起来；②线路超载跳闸	①电极下降速度过快；②电弧长度太短	①采用自动控制熔炼；②控制电弧长度
自耗电极提不起来或提升速度过慢	①坩埚翻转不了，熔化的金属凝固在坩埚内；②坩埚翻转将电极导杆碰弯；③使熔化的金属不能从坩埚内全部倒出；④金属液温度低，使铸件欠铸	①没开空压机；②电极提升气压不够；③电极导杆润滑不良	①严格执行操作规程；②熔炼前应对电极升降和坩埚翻转机构进行检查；③熔炼过程注意电极提升气压是否合乎要求；④做好电极导杆日常润滑维护工作
坩埚翻转不了或翻转的角度不够	①熔化的液态金属凝固在坩埚内；②浇注金属量不够，造成铸件欠铸，铸型报废	坩埚翻转机构出故障	①熔炼前认真检查坩埚翻转是否正常，若有故障应排除后再开始熔炼；②加强日常的维护保养
铸型跑火	①铸件不成形或欠铸；②炉膛内到处是金属飞溅	①离心盘转速太高，离心力过大；②铸型强度不够；③铸型没装夹好	①选择合适的离心盘转速；②提高铸型强度；③装夹好铸型，并进行认真检查，对准浇杯位置

21.6.2　浇注成型工艺

铸钛浇注成型工艺采用两种方法：静止浇注（重力浇注）和离心浇注。

21.6.2.1　静止浇注（重力浇注）

钛合金的静止浇注是一种最早、最简单、最经济的方法，它靠浇口杯和直浇道中金属压头的作用，使金属液平稳地充填铸型，并建立铸件顺序凝固的条件，从而铸造出铸件。

前苏联 A. A. Неустpуев 根据计算和试验发现，静止浇注时液态金属对铸型的充填能力受浇注金属液在铸型中的流动速度、浇注金属的过热度、浇注铸型的起始温度和蓄热系数以及铸件的壁厚等因素的影响。图21-106为液态钛在石墨铸型中的流动速度 v、液态钛的过热度 Δt 和铸件的壁厚 δ 对液态钛充填石墨铸型能力的影响（图21-106）。由图

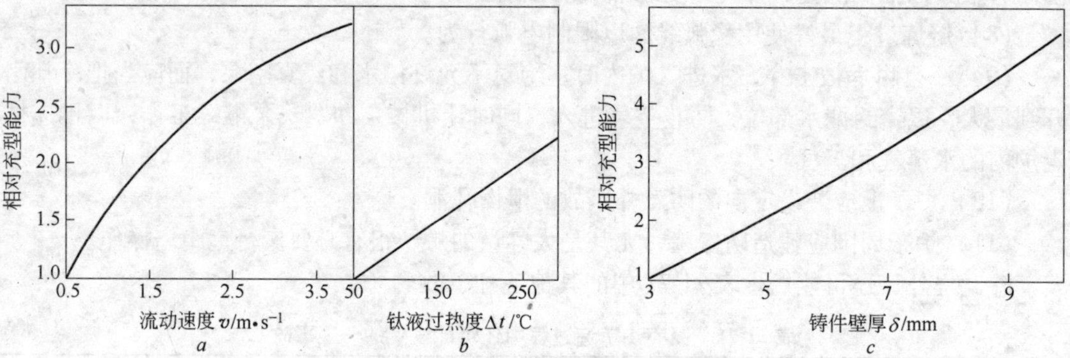

图 21-106　液态钛在石墨铸型中的流动速度 v（a）、液态钛的过热度 Δt（b）和铸件的壁厚 δ（c）态钛充填石墨铸型的影响

21-106a可见，在其他因素不变的条件下，钛液在石墨铸型中的流动速度从 0.5m/s 增加到 4m/s 时，可使钛液对石墨铸型的充填能力提高 3.2 倍。同样随着钛液过热度的提高和铸件壁厚的增大，它的充型能力也提高。从图 21-106b 可见，当钛液的过热度从 105℃提高到 250℃时，钛液的充型能力提高了 1.6 倍。

研究发现，提高浇注铸型的温度，即对铸型预热也可使静止浇注的钛液的充型能力大大提高。试验证实，当石墨铸型的温度从 20℃预热到 180℃，可使充型能力提高 20%，若预热到 300℃，可使充型能力提高 25% ~30%。但为避免钛液与铸型发生反应，铸型不能预热太高温度。

通过分析发现，对静止浇注钛的充型能力产生最大影响的基本工艺因素，是液态钛在铸型中的流动速度 v 和钛熔体的过热度。由于铸钛都是采用凝壳炉熔炼，金属过热度的提高是受到限制的，另外静止浇注钛液在铸型中的流动速度 v 是与金属的压头有关的，即

$$v = \mu\sqrt{2gH}$$

式中　g——重力加速度，$g=9.81\text{m/s}^2$；

H——浇道中金属液的（压头）高度，m；

μ——流量系数。

从上式可见，由于金属液的压头的增加是很有限的，因而静止浇注钛液在铸型中的流动速度也是非常有限的，一般不会超过 1.5m/s。所以静止浇注只能适合于铸造一些大型形状简单的厚壁钛和钛合金铸件，对于一些形状复杂的薄壁结构件，只能采用离心浇注或其他的成形方法。

21.6.2.2　离心浇注

钛及其合金在冷型浇注时凝固得非常快，而且由于液态钛与铸型的相互反应，在铸件成形过程中可能会出现大量气体，导致铸件出现气孔。解决上述这些问题的途径，是使金属液迅速充填铸型并提高金属液中的压力。有人经过试验发现要达到这样，金属液在铸型型腔内的运动线速度应当不低于 0.8m/s，金属液中的压力应大于 0.12MPa，而立式离心机的离心浇注可以满足这个要求。离心浇注时，浇注系统和浇注工艺的设计，如离心盘转速的选择，铸件在铸型中的位置，直接影响到随后铸出铸件的质量。

A 浇注系统和浇注工艺的设计

浇注系统和浇注工艺设计得是否合理，直接关系到随后铸出铸件的质量和获得的经济效益。文献指出，离心浇注通常应采用底注，它的中心浇道的结构形状，应使浇进的金属液流在其中发生旋转运动，而使它滑动的现象降到最低限，为此通常把中心浇道做成图21-107的风扇型的结构，这样可达到上述目的，并获得最大的空间。

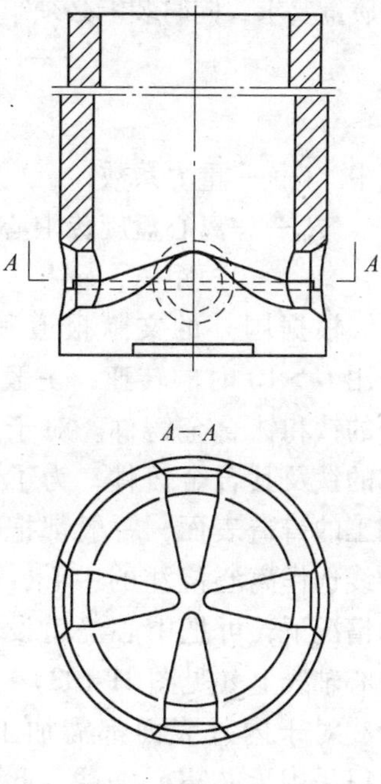

图21-107 风扇型的中心浇道

中心浇道的内腔侧壁应具有1°~2°的斜度，以避免金属飞溅。内腔的直径通常为120~200mm。中心浇道的下部开设有浇注孔，一般采用偶数2、4、6、8、12等的孔。这个浇注孔的形状对金属液流的流量影响很大，也即对流量系数μ影响很大。金属液流的流量Q_{lx}（kg/s）可表示为：

$$Q_{lx} = 3.2 \times 10^3 \mu R_{lo}^2 v_1$$

式中 R_{lo}——单个浇注孔的横截面半径，m；

v_1——金属液流在横浇道内的相对运动速度，m/s。

流量系数μ值可在很宽的范围内变化，它对从中心浇道到浇注孔的形状（外形）很敏感，例如仅仅把浇注孔的边缘做成圆角，μ值就从0.5增大到0.9。

与中心浇道相连的浇注孔应做成锥体型的或圆锥状的，并应具有足够大的截面（见图21-107），以确保金属液流的连续性和足够的流量，迅速充填型腔，其直径应做成30~60mm。与浇注孔连接的横浇道也应具有足够大的截面，以确保金属液流的连续性和迅速充填型腔。横浇道与内浇口组成的系统应是开放型的，而且应尽量使内浇口最后凝固，以便在金属液充满型腔后离心力还能对铸件的凝固起补缩作用；同时在横浇道的末端最好是配置长度40~60mm的金属“贮槽”，以收集被从前面浇注系统表面解吸的气体沾污的头一部分金属液，应避免这部分金属液进入铸件型腔。

离心浇注工艺的设计首先要考虑能在浇入铸型的金属液中建立所需的压力；其次要保证浇入铸型的金属液流中间不出现断流；第三要获得尽可能低的液态金属比消耗（即每公斤铸件需消耗的金属量）。据文献报道，通常这个液态金属的比消耗值不应当超过2.5kg（金属）/1kg（铸件）。要降低浇注时金属的消耗，可通过采用上述合理的浇注系统和浇注砂箱（装置）的最大装载量（即使熔化的金属量接近浇注砂箱的最大装载量）以及消除金属喷溅来达到。另外很重要的一点，还应保证在浇注结束时金属液能够腾出浇注系统，即中心浇道内只残留一层薄壳。

总之，离心浇注时浇注系统和浇注工艺的设计应确保能在浇入铸型的金属液流中建立所需的压力，保持金属液流的连续性，并在最短时间内到达铸件型腔，液态金属的比消耗最低。

B 离心盘转速的选择

离心浇注时，离心盘转速的选择取决于铸件的形状结构、尺寸大小和铸型强度以及铸件的质量要求，同时装卡必须牢固。根据文献，离心盘的转速 n(r/min)通常可按下式计算：

$$n = 299\sqrt{\frac{G}{R_0}}$$

式中 G——重力系数；

R_0——离心盘旋转中心到铸件的最短距离，cm。

根据国外的文献报道和经验证明，采用 $G>10$ 时的转速，一般即可获得致密的钛和钛合金铸件。对于大型圆形对称的钛及其合金铸件，为了保证铸件不加工的铸造表面，一般都把铸件的中心轴线选作离心浇注的中心，在条件允许的情况下，可把中心浇道设置在铸件的中心轴线上（见图 21-108）

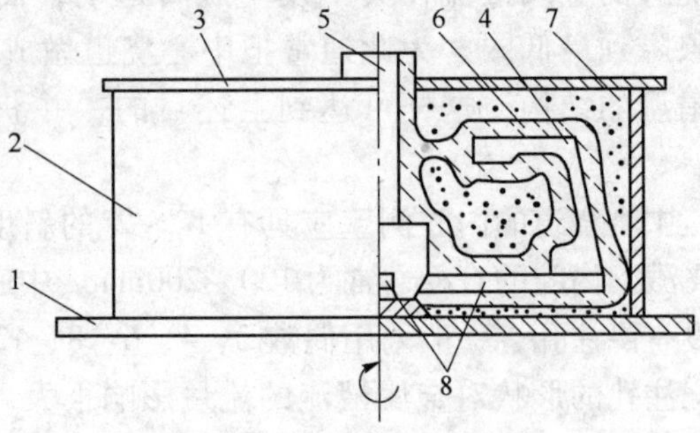

图 21-108　大型钛及钛合金铸件离心浇注装配示意图

1—离心盘；2—砂箱；3—盖板；4—铸件型腔；5—中心浇道；6—型壳；7—填砂；8—横浇道

对于内外表面都需加工的环形件，可以采用无芯离心浇注。此时离心盘的转速 n 可按下式计算：

$$n = \frac{5520}{\sqrt{\gamma R_0}}$$

式中 γ——金属密度，g/cm^3；

R_0——铸件的内表面半径，cm。

如果要控制铸件的上、下壁厚差，离心盘的转速 n 可按下式计算：

$$n = 423\sqrt{\frac{h}{K(2R-K)}}$$

式中 h——铸件高度，cm；

K——铸件上、下壁厚差，cm；

R——铸件上部与离心盘旋转中心的距离，cm。

C　离心浇注金属液对铸型的充填

离心浇注时，金属液充填铸型型腔是属于一个很复杂的过程，充填状态是随时间变化的，Г. Л. Ходоровский 将这个充填过程划分为四个阶段（见图 21-109）：

第一阶段是金属液从中心浇道经横浇口向 $+x$ 方向的横浇道运动（见图 21-109a Ⅰ）。当金属液流的前部到达离心盘的外沿时，在金属液流中就出现了对着离心盘旋转轴运动的自由表面，并开始了金属液流的第二充填阶段（见图 21-109a Ⅱ）。

在第二阶段金属液流在型腔内的运动是具有无压头的特性，第二充填阶段是在金属液流的自由表面在横浇口消失的瞬间完成的，从而进入了第三个充填阶段。

第三阶段（见图 21-109a Ⅲ），型腔中金属液流的运动开始有压头了，此时整个浇注系统就像一个联合的流体动力系统，也即和离心泵一样工作着，金属液流在铸型型腔内的运动速度 v_3 是变化的，而且开始与自由表面的旋转半径有关系了。

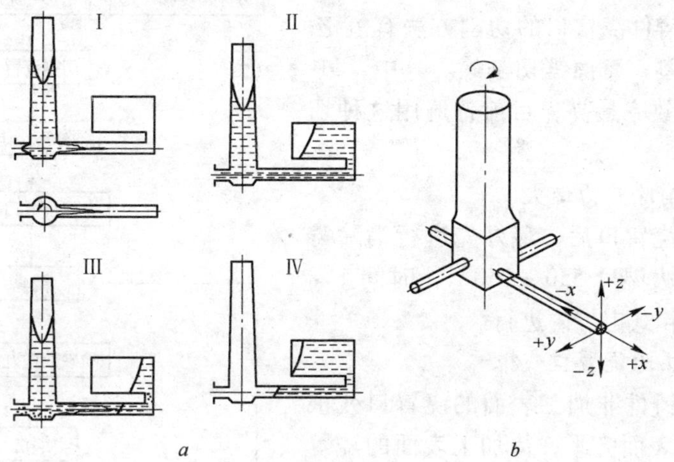

图 21-109　离心浇注时金属熔液充填铸型的四个阶段（*a*）
和金属熔液的运动方向（*b*）

$$v_3 = \mu \sqrt{\omega^2 (L_1 - L_2)^2 - 2g(h_2 - h_1)}$$

式中　ω——离心盘转动角速度，r/min；

L_1，L_2——金属液流所在位置离旋转中心的半径，m；

h_1，h_2——中心浇道内金属液柱的高度，m。

第四阶段是铸型完全充满的阶段，金属液流的自由表面从中心浇道转移到了横浇口，也即 $h_1 = 0$（见图 21-109*a*Ⅳ）。如果熔化浇注的金属量控制得合适，此时中心浇道中的金属液应被全部输送到横浇道内，而在中心浇道内仅仅残留下一层薄壳。这从减小金属消耗的角度来说是最理想的。

21.7　铸件的精整

21.7.1　精整的工艺流程

钛和钛合金铸件浇完冷却一段时间后就可出炉，清理铸型或型壳、切割浇冒系统，对铸件表面进行精整修补和去应力退火，治愈缺陷以及矫形等加工处理，通常将这些加工处理统称为铸件后处理，即精整。其作用通过这种处理，以得到合格铸件。图 21-110 为钛和钛合金铸件后处理的工序流程。

21.7.2　铸件出炉后的精整工艺

21.7.2.1　铸件清砂、脱壳

铸钛工业生产中铸件清砂、脱壳的方法有：

（1）手工清砂、脱壳；

（2）机械清砂、脱壳；

（3）高压水清砂。

21.7.2.2 切割浇注系统

钛和钛合金铸件浇冒口的切割方法有氧-乙炔切割、砂轮切割、摩擦锯切割等。其中，氧-乙炔火焰切割的效率最高，目前普遍用这种切割方法。

21.7.2.3 消除应力退火

铸件切割完浇冒口后，最好先进行消除铸造应力退火。退火温度 550~750℃，时间 1~2.0h，可在普通箱式电炉内进行。

21.7.2.4 去除浇冒口残根

钛和钛合金铸件非加工表面的浇冒口残根应打磨到与铸件表面齐平；待加工表面的浇冒口残余，在不影响 X 射线以及检验的情况下，允许高出表面 3~5mm。钛和钛合金铸件浇冒口残根的去除方法有砂轮磨削、机械切削加工、砂带磨削等。

21.7.2.5 精修

钛和钛合金铸件精修的方法有电动和风动两种，精修的动力装置有：电动旋转锉、风动工具（风钻和手提式风动砂轮机）和手动砂轮机以及电动抛光机等。工具有：各种异型的砂轮磨头和旋转锉以及抛光砂轮片等。

21.7.2.6 喷砂和抛丸清理

钛及钛合金铸件去除完浇冒口残根后必须进行喷砂或抛丸清理，以清除残留在铸件表面和内腔中的耐火材料及氧化沾污层等，使铸件表面和内腔清洁，色泽均匀，并在一定程度上降低铸件的表面粗糙度。钛和钛合金铸件喷砂的工艺参数见表 21-72。

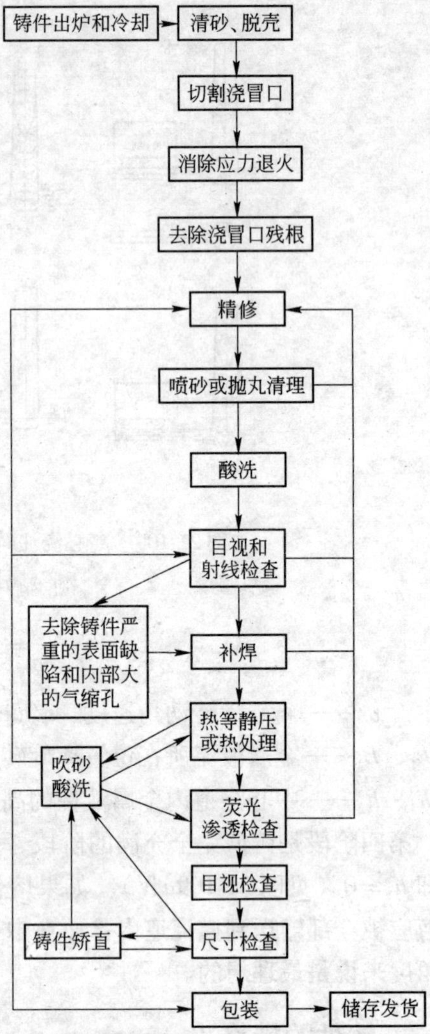

图 21-110 钛和钛合金铸件精整的工序流程

表 21-72 钛和钛合金铸件喷砂的工艺参数

喷砂方式	铸件类型	砂料种类			喷射压力/MPa
		刚玉砂/mm（目）	碳化硅砂/mm（目）	石英砂/mm（目）	
干喷砂	非精铸件	0.833~0.246（20~60）	0.370~0.175（40~80）	0.542~0.246（30~60）	0.2~0.6
	精铸件	0.246~0.175（60~80）	0.246~0.147（60~100）	0.246~0.175（60~80）	0.2~0.6
湿喷砂	精铸件	0.175~0.147（80~100）	0.121~0.074（120~200）	0.206~0.147（70~100）	0.1~0.2

21.7.2.7　酸洗

喷砂或抛丸清理后的铸件必须酸洗，酸洗不仅可除去表面的“α”沾污层和其他污物，而且还可去除少量的钛和钛合金。

钛和钛合金铸件的酸洗液组分和酸洗工艺见表21-73。

表21-73　钛和钛合金铸件的酸洗液组分和酸洗工艺

组分	酸洗液组分						酸洗工艺	
	配制顺序	材料名称	规格	组　成	温度/℃	时间/min	酸洗后处理	氢的允许沾污量
组分1①	1	水	普通水	50%~84%(体积成分)	20~25	3~5	铸件酸洗完后取出,用清水,最好用高压水喷射冲洗,然后在100~120℃的热空气流中干燥,以获得色泽均匀的铸件	
	2	硝酸	65% HNO_3	15%~45%(体积成分)				
	3	氢氟酸	40% HF	1%~55%(体积成分)				
组分2	1	水	普通水	58%~84%(质量分数)	24~60	1~5		去除0.028mm钛量氢的允许沾污量为0~0.0015%
	2	硝酸	65% HNO_3	15%~40%(质量分数)				
	3	氢氟酸	40% HF	1%~2%(质量分数)				

①体积分数：$\varphi_{HNO_3}=18\%$；$\varphi_{HF}=5\%$，其余为H_2O。

酸洗过程中应严格控制酸洗的温度和时间，不能超过规定的范围，以防止铸件吸氢。据报道，根据合金的成分和酸洗的金属量，去除0.025mm钛量，氢的沾污应控制在0~0.0015%的范围内。表21-74为在由（15% HNO_3 + 1% HF + 余 H_2O）组成的酸洗液中于49~60℃下酸洗的钛合金的吸氢情况。要使氢的污染量（吸氢）保持在最低值，可通过把硝酸与氢氟酸的比例控制在10：1或更大些来实现。

表21-74　酸洗过程钛合金的吸氢情况

合　金	酸洗件厚度/mm	吸氢量（去除0.025mm厚钛量）/%
α合金 Ti-5Al-2.5Sn	0.5	0~0.0004
	1.0	0~0.0003
（α+β）合金 Ti6Al4V	0.5	0.0004~0.0007
	1.0	0.0003~0.0005
β合金 Ti-13V-11Cr-3Al	0.5	0.0010~0.0015
	1.0	0.0005~0.0008

21.7.3　补焊

补焊是对钛铸件上各种缺陷进行修复的一项极为重要和必不可少的工序。

21.7.3.1　补焊的适用范围

除零件图样或专用技术文件规定不允许补焊的部位外，铸件上所有便于修整去除、补焊和检查的部位上的各种缺陷，包括冷隔、流痕、裂纹、气孔、缩孔及夹杂等均允许用补焊的方法加以修补。

21.7.3.2　补焊的方法和设备

钛和钛合金铸件的补焊大多采用手工钨极氩弧焊（简称手工TIG焊）。绝大部分铸件，尤其是航空、航天用的以及其他重要用途的铸件都在真空钨极氩弧焊箱内（见图21-111）进行。采用电源为钨极氩弧焊机，并配备有自动引弧、稳弧、电源衰减、保护气体提前及延时供给等装置，可方便地无级调节焊接参数。根据焊接所需电流大小采用与焊机相配套的气冷焊枪或水冷焊枪。

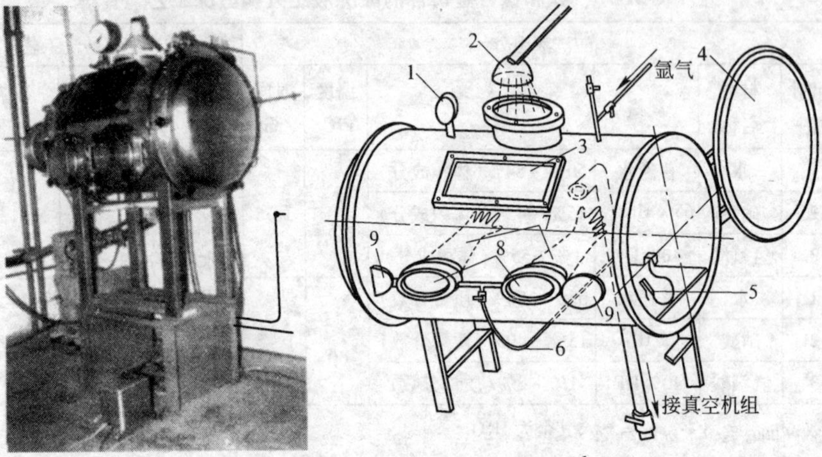

图21-111 钛和钛合金铸件补焊用的真空钨极氩弧焊箱

a—焊箱的外观；*b*—真空焊箱结构示意图

1—真空表；2—照明；3—观察窗；4—进料口；5—焊接钳；6—压力平衡管；

7—橡皮手套；8—操作窗口；9—操作窗口盖

21.7.3.3 补焊用材料

补焊用材料包括补焊焊丝、氩气、钨电极等。

用于补焊的焊丝，其化学成分应与补焊铸件的化学成分相同或接近，表面应洁净、无氧化皮、油污及其他污物等。不符合上述表面质量要求的焊丝应经砂纸打磨、吹砂、酸洗或丙酮清洗、烘干后才能使用。焊丝在使用前，最好应于150～200℃下烘干。焊丝的牌号见表21-75。通常应采用低氧含量的优质焊丝。焊丝的直径一般为1～3mm。

表21-75 补焊和焊接钛铸件使用的焊丝牌号

基体金属牌号	焊丝牌号	基体金属牌号	焊丝牌号
工业纯钛 Ti-0.2Pd	TA1，TA2	ZTA15	TA1，ZTA15
ZTA7	TA1，TA2，TA7	ZTC4	TC3，TC4，TA1

补焊钛和钛合金铸件的保护气体可用氩气或氦气，一般采用一级工业氩气（Ar > 99.98%）。

用于补焊的钨电极为纯钨极和含1%～2%钍或2%铈的钨极。

21.7.3.4 补焊工艺

精修后的铸件在补焊前必须经过喷砂、酸洗以彻底清除铸件表面上的氧化皮和其他污物，然后经X射线或荧光渗透检查，以确定缺陷的类型、位置大小，用有色笔画出缺陷的位置及范围，用前述去除缺陷的方法，将缺陷去除，并根据缺陷所在的位置的壁厚和缺陷的特点修整成适合于补焊的坡口（见表21-76）。然后再用X射线检查，以确认缺陷是否

表 21-76 适合于补焊的坡口

序号	缺陷形态	坡口形态	说明	
1	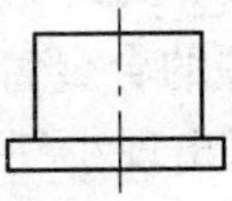	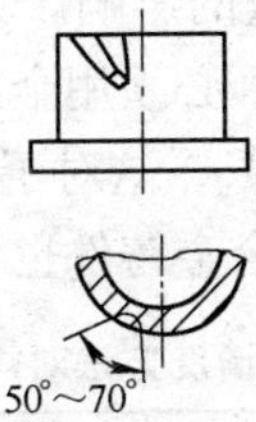	对于未穿透裂纹或孔洞，应修整成“U”形坡口	
2	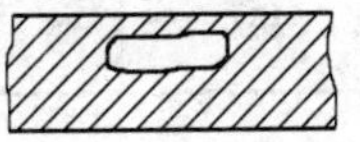	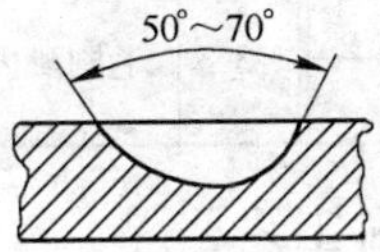	对于未穿透裂纹或孔洞，应修整成“U”形坡口	
3	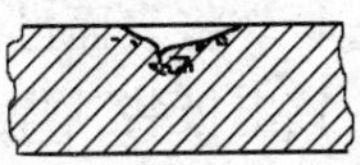	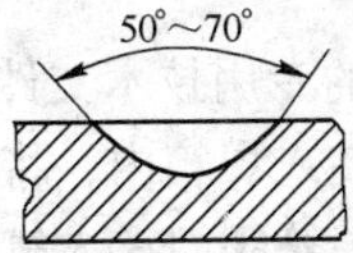		
4	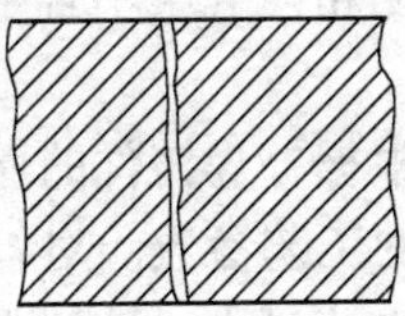	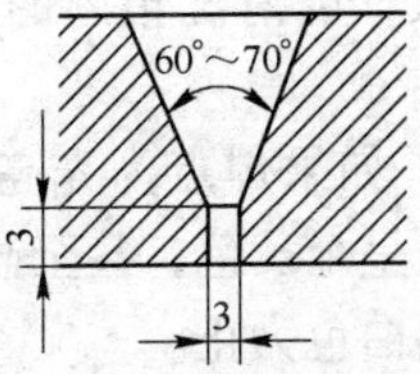	缺陷所在部位厚度小于15mm	一般穿透性裂纹，应修整成“V”形坡口，裂纹应彻底清除
		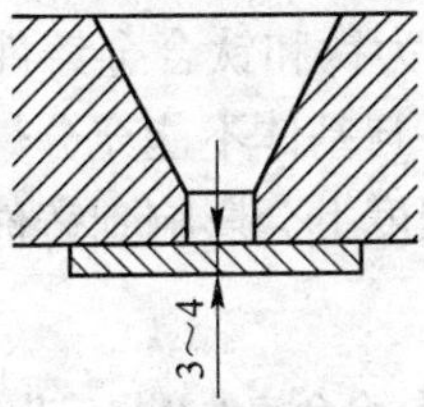		当坡口间隙比较大时，可在底部垫一块厚度不小于5mm铜板进行焊补，焊好后将铜板移去
5	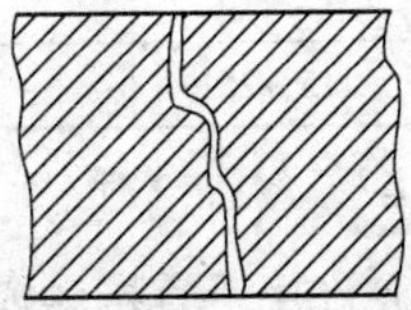	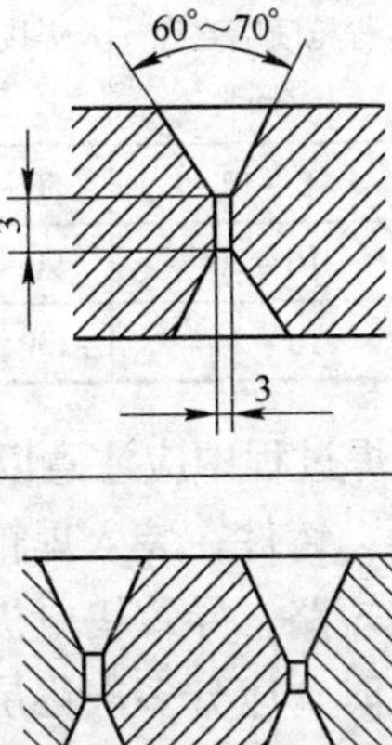	缺陷所在部位厚度大于15mm	一般穿透性裂纹，应修整成“X”形坡口
				当坡口间隙很大时，可在间隙处中间嵌放相同材质的填块，但在补焊时一定要与基体焊透熔合

完全去除。如果铸件表面洁净，补焊部位及附近可用丙酮或酒精清洗；如果表面已被污染，则必须进行喷砂酸洗后，才能进行补焊。表面清洗对保证补焊质量是很重要的，表21-77为补焊区采用不同清洗方法对焊补质量的影响。如果要用磨削去除补焊部位附近的氧化皮或其他缺陷时，不得使用陶瓷类砂轮，必须用金属类磨削工具。另外，要补焊的铸件表面必须充分干燥，最好烘烤到150～200℃，这对于焊接性能较差的合金铸件，可以避免或减小焊缝及其周围出现微裂纹，对一般合金铸件也可防止焊缝区出现小气孔。

表21-77　焊补区采用不同清洗方法对焊补质量的影响

序号	清洗方法	焊接过程	焊补区焊缝质量	序号	清洗方法	焊接过程	焊补区焊缝质量
1	化学清洗（酸洗）	正常	无气孔	3	毛刷醮丙酮清洗	正常	无气孔
2	棉纱醮丙酮清洗	无明显异常	有气孔				

补焊工艺分真空补焊和大气下补焊两种工艺。

A　真空氩弧焊箱中的补焊

补焊应严格按HB 2348—2001或其他的专用技术文件的规定进行。将表面已经处理洁净、干燥的准备补焊的铸件和需用的焊丝装入焊箱内，将修磨好的钨电极装到焊钳上。然后关闭进料门抽真空至6.5Pa以上，关闭焊箱阀门充入氩气至10Pa，再打开焊箱阀门抽真空至6.5Pa以上，这样连续操作1～3次，以清洗箱内的残余空气。最后充氩气至正压（>101325Pa）。

开始补焊时，先在一块钛板上试焊，如果焊点为光亮银白色，则表明焊箱内气氛合格，可以开始补焊铸件；如果试块上焊点呈金黄色，甚至蓝色表明箱内气氛不合格，应需重新抽真空洗炉，直至试焊试块焊点呈银白色为止。

补焊的操作者补焊时应戴干净的非棉的化学纤维织品手套，根据补焊铸件的厚度和缺陷的大小选择补焊的工艺参数。表21-78为钛和钛合金铸件补焊的工艺参数。对补焊质量影响最大的是焊接电流，电流过小，填料与基体不能充分熔合；电流过大，熔池大，热影响区大，该区域组织变得粗大，在某些程度上会影响到铸件的性能，更主要的是会使铸件变形，尤其是对一些复杂薄壁的铸件。

表21-78　钛和钛合金铸件补焊工艺参数

补焊铸件厚度/mm	焊丝直径/mm	钨极（丝）直径/mm	焊枪喷嘴直径/mm	焊接电流/A	氩气流量/L·min^{-1}	
					焊枪喷嘴	拖斗或背部
<3	1.0～2.0	2.0	8～12	50～130	8～12	4～12
3～10	1.6～3.0	2.0～3.0	16～20	90～130	12～16	4～12
>10	2.0～4.0	2.5～4.0	16～24	130～150	15～25	4～12

为了获得补焊质量良好的铸件，在补焊过程中应注意以下几点：

（1）补焊的铸件表面一定要清洁干燥，铸件在装入焊箱前不允许用手直接触摸。

（2）在补焊过程严防钨电极与补焊件短路，导致钨电极折断，造成焊点的钨夹杂。

（3）当补焊区域的面积和深度比较大时，应分多次逐层焊接，而且要待前一层焊层完全冷却后，才能进行下一层的焊接，绝对不允许一次焊成，以防铸件变形。

（4）在补焊快结束时，应逐渐减小电流，缩小熔区。因此建议采用脉冲电流，以防急剧断弧，导致出现裂纹。

（5）补焊结束后应让铸件在箱内冷却一段时间后，才能开箱取出铸件，以防急冷导致铸件焊区出现裂纹或变形；冷却时间长短取决于铸件的壁厚，通常在15～30min。

（6）铸件补焊后，应及时退火或热等静压，不宜搁置太长时间，通常不超过5天。

（7）补焊的次数不能超过有关技术文件的规定。

B　大气下手工钨极氩弧补焊（参见第27章）

要求补焊的环境不能有流动的空气，其他方面与在焊箱中的补焊一样。但应特别注意：

（1）补焊的区域不能太大，补焊过程氩气的流量应大些，中间不能停气；

（2）补焊完后，应继续通氩气保护，直至该区域冷却为止；

（3）对于一些特殊的铸件，如复杂的薄壁铸件，为了防止补焊区的背面氧化，可对其背面吹送氩气，直至铸件冷却为止；

（4）采用这种补焊方法要求操作人员具有较高的技术水平。

21.7.3.5　补焊铸件的后处理

退火：前面已经说过铸件补焊完后应及时热等静压或消除应力退火，尤其是对于一些焊接性能不太好的合金更应注意这个问题。退火工艺通常为：温度600～750℃，时间1～2h。

检验：铸件补焊好后，首先进行目视检验。补焊区及其周围的颜色应符合规定（见表21-79），焊丝应与周围基体完全熔合。此后进行X射线检查和荧光渗透检查，经检验发现的不合格焊接缺陷、裂纹等都应彻底加工去除，再重新补焊。但是同一处补焊的次数不能超过表21-80的规定。因为超过规定次数要影响铸件的性能。重新补焊后的铸件还应按上述的方法检验。图21-112为补焊后经检验合格的钛合金铸件。

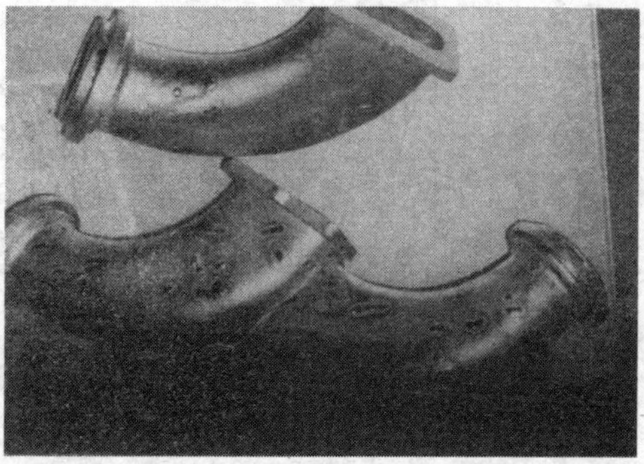

图21-112　补焊后经检验合格的钛合金铸件

表21-79　焊缝和热影响区的表面变色（HB 5376—1987）

<table>
<tr><th rowspan="2">焊缝级别</th><th colspan="4">焊　缝</th><th colspan="4">热影响区</th></tr>
<tr><th>淡黄</th><th>深黄</th><th>金紫</th><th>深蓝</th><th>淡黄</th><th>深黄</th><th>金紫</th><th>深蓝</th></tr>
<tr><td>一级</td><td rowspan="3">允许</td><td>不允许</td><td rowspan="2">不允许</td><td rowspan="3">不允许</td><td rowspan="3">允许</td><td>不允许</td><td>不允许</td><td rowspan="2">不允许</td></tr>
<tr><td>二级</td><td rowspan="2">允许</td><td rowspan="2">允许</td><td rowspan="2">允许</td></tr>
<tr><td>三级</td><td>允许</td><td>允许</td></tr>
</table>

表21-80　主要铸造钛合金铸件同一处补焊的最多允许次数

合　金	同一处补焊的最多允许次数	合　金	同一处补焊的最多允许次数
工业纯钛	≤3	ZTC3	≤2
ZTA7	≤3	ZTC4	≤3
ZTA15	≤2	ZTC5	≤2

只要严格按照铸件补焊的技术条件的规定进行补焊，补焊后铸件的质量和性能与未经补焊的铸件基本相同。表21-81为几种常用钛合金铸件补焊对接接头的室温力学性能。

表21-81 几种常用钛合金铸件补焊对接接头的室温力学性能

序号	合金	试样厚度/mm	试样状态	焊丝牌号	焊接层数	试样热处理工艺	室温力学性能			铸件技术条件要求的性能		
							σ_b/MPa	δ_5/%	α_{KU}/kJ·m^{-2}	σ_b/MPa	δ_5/%	α_{KU}/kJ·m^{-2}
1	ZTA7	5	未补焊							≥760	≥5	
			补焊	TA7	3	焊后650℃，1h，空冷	781.1		50.4			
2	ZTA15		未补焊			650℃，1h，空冷	943.9	10.4	42.5	≥885	≥5	≥26.5
			补焊			焊后600℃，1h，空冷	1000	8.4				
3	ZTC4	8	未补焊			700℃，1h，真空	929	9.2	55.1	≥835（890）	≥5	≥29.5
			补焊1次	TC3	4	焊后650℃，1h，真空	928.1	6.4	33.2			
			补焊3次	TC3	4	焊后650℃，1h，真空	910.4		42.1			

21.7.4 热等静压

21.7.4.1 热等静压的基本原理

热等静压是将要处理的铸件置入密封耐高压和可加热至高温的容器内，先抽真空然后充入高压的惰性气体（通常为氩气），加热升温至预定温度，在高温和各向等静高压的作用下，铸件内部封闭的气孔、缩松被压实闭合。由于钛和钛合金铸件都是在真空下浇注的，铸件中的封闭孔洞接近于真空，其中仅仅残存有少量的气体和无害的夹杂物，因而绝大多数孔洞的表面一旦接触，金属就通过扩散连接为致密的组织，使铸件中的孔洞密合，铸件的性能得到改善，可靠性大大提高。

目前热等静压已成了铸钛工业生产中的一个十分重要的工序，在国内外的钛合金铸件技术条件中都明确规定：航空、航天用的Ⅰ、Ⅱ类铸件必须经过热等静压处理，Ⅲ类铸件视情况确定。

21.7.4.2 热等静压机结构

热等静压机主要由高压缸、热等静压炉、气体加压系统、供电控制系统和辅助系统等部分组成（参见图22-44）。

21.7.4.3 热等静压处理工艺

铸件热等静压处理过程是一个蠕变、扩散连接的过程，它的基本工艺参数是温度、压力和时间。处理温度通常取被处理合金固相线绝对温度值 T_s 的（0.6～0.9），即 $T=$（0.6～0.9）T_s；处理的压力应高于被处理材料在处理温度下的屈服强度和蠕变强度，使被处理的材料在处理过程中产生塑性蠕变，扩散连接，从而使孔洞和其他缺陷愈合，这个过程对于钛和钛合金铸件来说，通常为2～4h。表21-82为国内几种主要钛合金铸件的热等静压工艺。

表 21-82 国内几种主要钛合金铸件的热等静压工艺

合 金	温度/℃	压力/MPa	时间/h	保温、保压结束后的处理①
工业纯钛	850±14	100~120	2.0~2.5	随炉冷至300℃以下出炉
ZTA7	910±10	100~140	2.0~2.5	
ZTA15	910±50	100~140	1.5~3.0	
ZTC3	920±10	100~140	3.0~3.5	
ZTC4	920±10	100~140	2.0~2.5	
ZTC5	900±10	100~140	2.0~2.5	
ZTC6	900±10	100~140	2.0~2.5	

①保温、保压结束后应快速冷却，由于国内现有热等静压机没有快冷装置，只好随炉冷。

钛合金铸件热等静压的操作要点见表21-83。热等静压处理前后氩气中其他气体杂质的最高允许含量见表21-84。

表 21-83 钛合金铸件热等静压操作要点

工序	工序名称	操 作 要 点	注意事项和说明
1	处理前的准备	(1) 精整后的铸件进行X射线检查，以发现铸件内部缺陷的类型、部位和尺寸大小；对于尺寸≥8mm气缩孔，应加以去除，并补焊上，以防热等静压时不能完全治愈； (2) 发现与铸件表面连通的缺陷，如可能发现应补焊封闭； (3) 进行吹砂、酸洗	(1) 因≥8mm的气缩孔热等静压时，可能无法完全闭合； (2) 与表面连通的缺陷，热等静压不能闭合； (3) 吹砂、酸洗后的铸件在搬运过程和装桶时，应戴上干净的手套，不能用手直接触摸和污染其他杂物
2	铸件装桶或装筐	先在处理桶底，垫上部分干净无油污的钛屑，然后把铸件放在钛屑上，最后再在铸件周围和顶部，填盖上无油污干净的钛屑，并压实	(1) 铸件装桶时，一定要根据铸件的形状安置铸件，注意防止铸件因安放不当处理过程发生变形； (2) 在铸件四周填盖钛屑可减少铸件的污染
3	装炉	将装有铸件的桶或筐装入高压缸内，封闭端盖，固紧框架	框架一定要固紧
4	抽真空	启动真空系统，对高压缸抽真空至真空度≤1330Pa	应注意检查设备是否漏气
5	通冷却水	启动冷却系统对高压缸及其密封件提供冷却水	在处理过程中要注意检查水压和出水温度
6	充气加压	分两步充入高纯氩气(Ar)，纯度应为99.99%： (1) 均压充气，氩气由气库充入缸体内，到气库与缸内压力平衡(13~15MPa)； (2) 启动压缩机组，将氩气打入高压缸，达到处理所需的起始压力	氩气一定要保持洁净，现场分析氩气纯度。其分析值应满足表21-84的要求。满足要求的氩气可以再次使用，使用时最好先用钛吸气剂(钛屑或海绵钛)充分净化一下。如果气体杂质含量超过表21-84中的值，尤其是O、N、H，这氩气就不能再用了

续表 21-83

工序	工序名称	操作要点	注意事项和说明
7	向加热炉供电	缓慢加热升温，使高压缸内的温度和压力达到所需的预定值	应保证正常供电
8	保温、保压	控制供电功率，按工艺要求保温、保压至规定时间	注意控温、防止跑温
9	断电降温	停止向加热炉供电，缸内压力随温度下降	
10	泄压开炉	缸内温度降至300℃以下后开始泄压、开炉： （1）均压泄压，缸内氩气自由流回气库或排空； （2）启动压缩机组，将缸内氩气泵回气库； （3）缸内残余氩气排空	注意保持氩气的洁净
11	出炉	将装有铸件的桶或筐从高压缸内取出，掏去钛屑，取出铸件	注意不要弄脏钛屑，以便下次再用

表 21-84 热等静压处理前后氩气中其他气体杂质的最高允许含量

气体杂质	含量小于/%	气体杂质	含量小于/%
N_2	0.0020	CO	0.0020
O_2	0.0005	CO_2	0.0005
H_2	0.0010	CH_2	0.0010
H_2O（蒸汽）	0.0010	其余碳氢化合物	0.0010

21.7.4.4 热等静压铸件的检验

热等静压后铸件表面如果仍然保持比较洁净，可直接进行目视和X射线检查；若表面污染比较严重，则必须先进行吹砂、酸洗后再进行目视和X射线检查。

热等静压后的铸件不应出现变形，对应于处理前铸件内部缺陷区表面出现的压陷区的面积和深度，应符合铸件技术条件的要求，超过的应进行补焊修复；铸件X射线检查后确定铸件内部缺陷压合治愈的效果。如果内部缺陷没愈合，仍超过标准要求，或再重复热等静压一次，或采用机械方法去除补焊修复。

21.7.4.5 热等静压处理对铸件性能的影响

钛和钛合金铸件经过热等静压后，会使合金的显微组织发生一定的变化，晶界变粗、晶内的片状α增厚（见图21-113）。该现象若在带有快冷装置的热等静压机上处理，不会这样明显，除非是处理的温度和压力选择得不合适；钛和钛合金铸件经热等静压可使铸件中的缩松、气孔、缩孔等得到治愈而消失。铸件的性能得到很大的改善，可靠性可达到与锻件相媲美。同时在缺陷的愈合处会由于金属变形，产生一定程度的再结晶，使该处的部分片状α等轴化（见图21-114）。

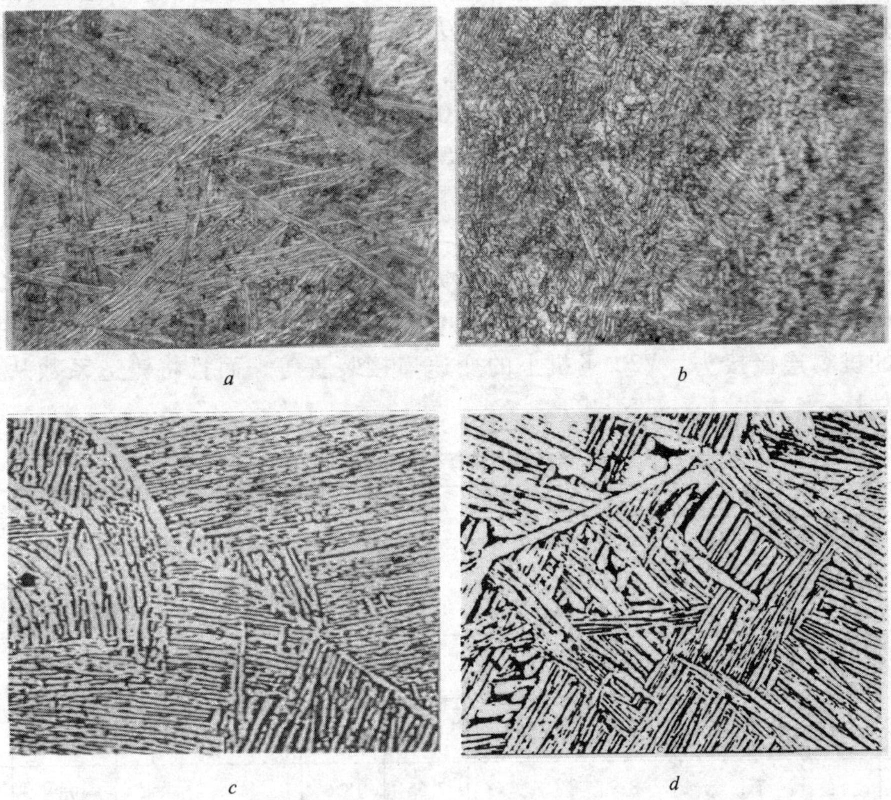

图 21-113 ZTC3 与 ZTC4 合金的铸态组织(a,c)和它们 HIP 后的组织(b,d)(×500)
a，b—ZTC3 合金；c，d—ZTC4 合金

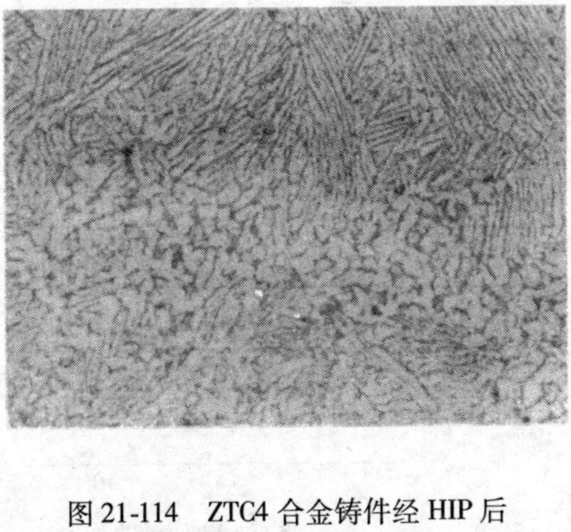

图 21-114 ZTC4 合金铸件经 HIP 后缺陷处的显微组织（ ×200）

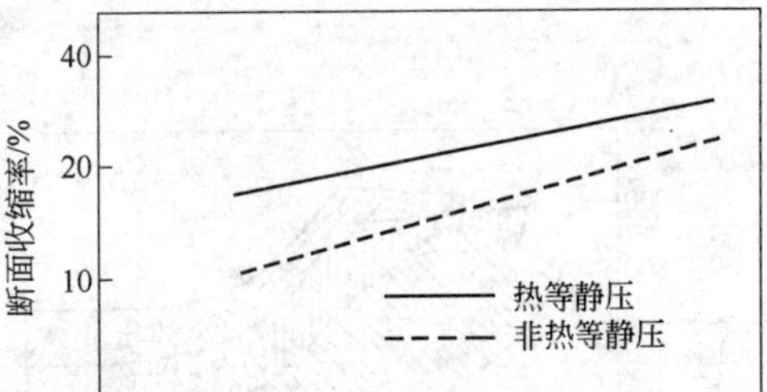

图 21-115 铸造 Ti-6Al-4V 合金热等静压前后的塑性（断面收缩率）

热等静压的效果是否显著，在很大程度上取决于处理前铸件的质量，低质量的铸件经处理后，其性能大大改善，通常可提高 10 倍。高质量的铸件，经过处理后疲劳性能会有大的改善，其他方面改善就不十分明显。如果该铸件对疲劳性能要求不是十分重要，综合

起来看，尤其从经济方面考虑，没必要热等静压。

钛和钛合金铸件热等静压后，由于晶粒发生粗化，通常它的抗拉强度和屈服强度会有些下降（见表21-85），但它的疲劳强度可获得较大的提高（图21-115和图21-116）。如Ti-6Al-4V合金铸件，经热等静压后，在10^7循环周期下，它的平均疲劳强度提高了25%，即从原来的413.6MPa提高到516.5MPa。其中影响最大的是减小了累积几率曲线的斜率，这反映了经热等静压后，铸件的可靠性大大提高了。与此同时，铸件的应力断裂性能也得到了较大的提高（图21-117）。由于热等静压使钛合金铸件的性能和可靠性得到了极大的改善和提高，尤其疲劳性能，因而国外航空部门的许多设计人员，已将钛合金铸件应用到发动机和飞机的关键部件上，如发动机的转动零件，F22飞机上的机翼连接接头，V22飞机上的变速连接装置等，而且将铸造系数从原来的1.5改为1。

表21-85 钛合金铸造试棒热等静压前后的力学性能

合金	状态	力学性能						国家
		σ_b /MPa	$\sigma_{0.2}$ /MPa	δ /%	ψ /%	K_{IC} /MPa·$m^{1/2}$	疲劳性能 σ_D/MPa	
Ti-6Al-4V	铸态	1000	896	8	16	107		美国
	铸造+热等静压	958	869	10	18	109		
ZTC4	铸态	899		7.65	18.6		196①	中国
	铸造+热等静压 920℃（±10℃ 104MPa，2h）	878.5		11.3	21.7		470①	

①$K_t=1$，$R=0.1$，$f=133\sim135$Hz，$N=10^7$。

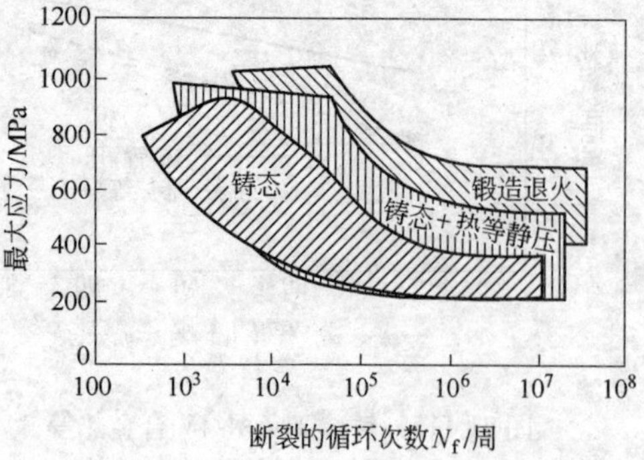

图21-116 铸造Ti-6Al-4V合金热等静压前后的轴向加载室温高周疲劳性能

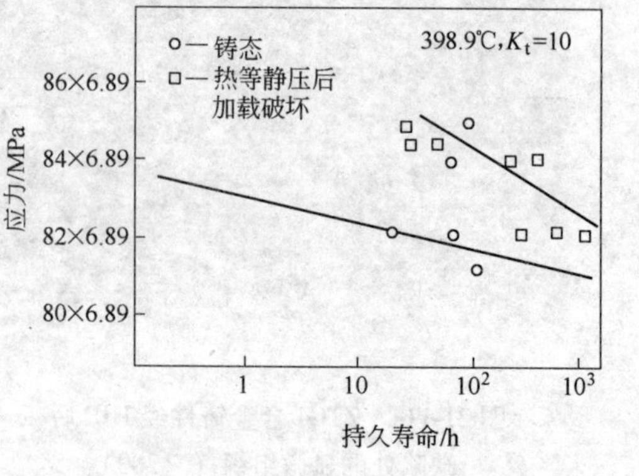

图21-117 铸造Ti-6Al-4V合金热等静压前后的应力断裂性能

钛和钛合金铸件在热等静压前一定要保持清洁，防止沾污手印、灰尘及其他外来物等，特别要防止与铝、镉等冶金杂质接触。铸件处理后，表面应为银白色或淡黄色，若变为深紫色，甚至呈黑灰色，说明处理气体已不合格，或设备漏气。

21.7.5 铸件的矫正

在铸造过程中，很多因素致使铸件变形而造成几何形状和尺寸不符合铸件图样的要求，出现这种情况时可采用矫正的方法修复。矫正是借助外力，使变形的铸件发生一定量的反变形，从而恢复到合格的几何形状和尺寸。变形了的钛合金铸件很多情况下都可用矫正修复。由于钛合金的回弹力比较大，钛合金铸件矫正要比铸钢件困难得多，它只能采用机械矫正和热变形矫正。机械矫正只适用于薄壁形状比较简单的铸件；形状比较复杂的壁厚比较大的铸件，一般必须采用热变形矫正，也可叫蠕变矫正。钛合金铸件决不允许采用铁锤直接敲击矫形，这样势必损伤铸件表面，甚至导致产生裂纹或裂纹源。

机械矫正：由于钛合金冷变形困难大，因此钛合金铸件只能采用加热矫正。矫正前，先将铸件装入箱式电炉中加热，加热温度应控制在400℃以下，保温时间根据铸件的壁厚、尺寸和形状控制在20～40min范围内。铸件加热好后，迅速移到矫正机或液压机上固定好，并施加适量压力，使需矫正的部位发生一定量的变形，以达到矫正的目的。由于铸件在矫正过程中要产生应力，因而矫正后的铸件应及时进行消除应力退火。

热变形矫正：热变形矫正首先必须根据矫正铸件的形状和尺寸设计制造专用的矫正模具。模具材料可用人造石墨或耐热钢，通常采用石墨比较经济。矫正时将矫正的铸件放到矫正模内（见图21-118），并在上模放置足够量的重物，然后把它们置于真空高温炉或保护性气氛炉内，逐步加热升温至900～950℃（不要超过合金的相变温度），并在预定的温度下保温4～6h，在上模重力的作用下，铸件产生蠕变变形，最后达到所要求的形状和尺寸。凡是适合采用这种办法矫正的铸件，经矫正后都可取得满意的效果，它的成本比机械矫正高，但矫正后不需要再进行消除应力退火。

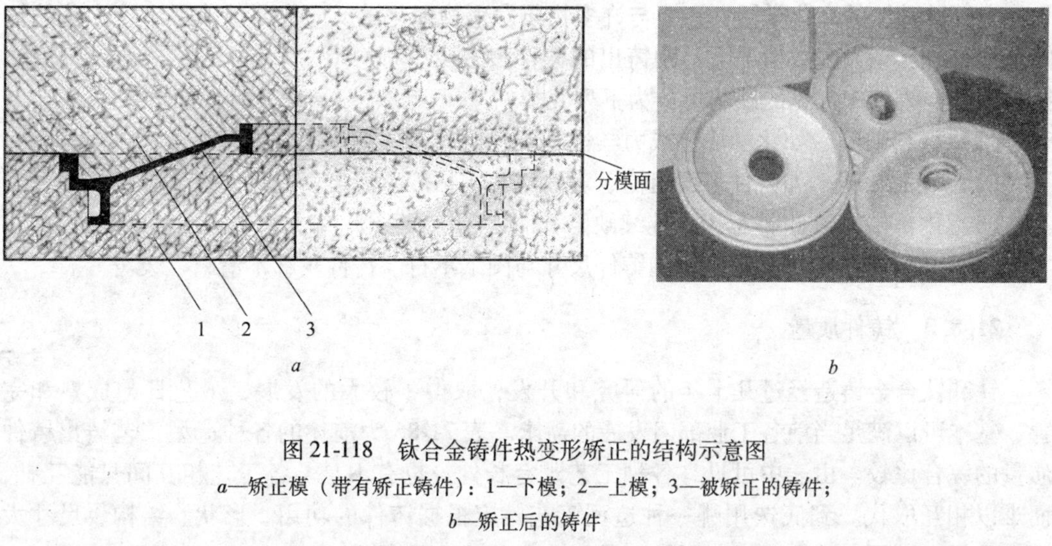

图21-118 钛合金铸件热变形矫正的结构示意图

a—矫正模（带有矫正铸件）：1—下模；2—上模；3—被矫正的铸件；

b—矫正后的铸件

21.8 铸件的质量控制

21.8.1 影响铸件质量的因素

由于钛和钛合金的高化学活性，在铸件的生产过程中，任何一个工艺参数超出了允许的范围都可能导致钛或钛合金铸件产生缺陷。图 21-119 为影响铸件成形质量和性能的基本因素。由图可见，首先是在铸造的准备阶段：合金的熔化、铸型的制备等工艺参数偏离正常值，或铸件成形过程各种相互制约的制度遭到破坏，都可能使铸件的成形出现不正常。其次从图中可发现，影响铸件成形质量和缺陷的出现，很难能一下准确指出是某一种工艺参数不正常造成的，它常常是多种因素综合作用的结果。只有对铸件整个成形过程的工艺参数进行系统综合控制和管理，才有可能获得质量和性能良好的铸件。

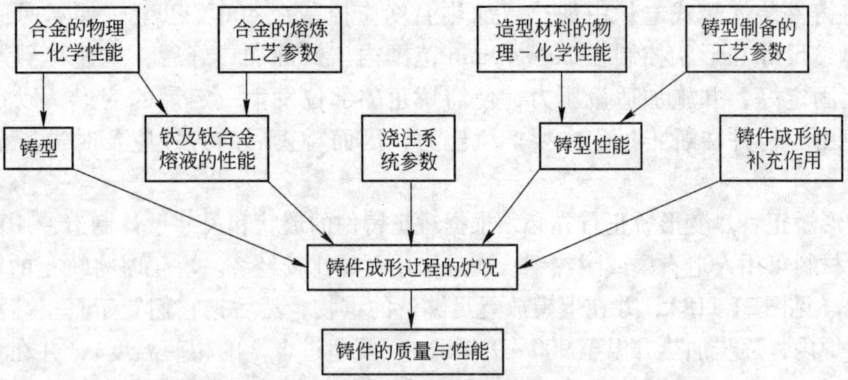

图 21-119 影响钛和钛合金铸件成形质量和性能的基本因素

21.8.2 铸件的常见缺陷

由于熔融钛的高化学活性，要与许多物质发生物理化学反应，要想获得十全十美的铸件是很难的。在大多数情况下，刚铸出的铸件多多少少都会有一些缺陷，需要待后修整。钛和钛合金铸件中常见的缺陷可分为下列几类：

（1）材料缺陷，如化学成分或力学性能不合格、铸件组织过分粗大等；

（2）表面缺陷，如铸件表面粗糙、表面气孔、粘砂、流痕、冷隔、裂纹等；

（3）内部缺陷（也被称为不连续缺陷），如气孔、缩孔、缩松、夹杂、裂纹等；

（4）几何形状和尺寸缺陷，如铸件尺寸与图纸不符、铸件轮廓不清晰、欠铸等。

21.8.3 铸件质量

钛和钛合金铸造经过几十年的研究和开发，取得了较大的发展，工艺日趋成熟和完善，基本可以满足当前各工业部门发展的需求。表 21-86 为前述的各种造型工艺铸出铸件质量的综合比较。由表中可见，各种工艺既有长处，也有不足。各工艺相互间只能互补，而难以相互取代。到底选用哪一种造型工艺，应根据铸件的功用、形状、结构、尺寸大小、重量、壁厚、质量要求、所需数量等综合考虑后再选择。

表 21-86 各种造型工艺钛铸件质量的综合比较

造型工艺		铸件质量	适宜铸造最小壁厚/mm	尺寸精度	表面粗糙度 $R_a/\mu m$	表面沾污层厚度/mm	应用范围
半永久型铸造	金属型	铸件表面易出现冷隔流痕，甚至微裂纹，表面无粘砂，质量稳定，力学性能比砂型铸件高，且稳定	≥4	CT10~11	6.3	0.05~0.15	单件或小批量的，形状不太复杂的大、中型铸件，尤其是化工、海上运输用的铸件
	机加工石墨型						
砂型铸造	捣实石墨型	铸件表面平整，无冷隔、流痕和微裂纹，但铸件有时有气孔和局部粘砂。铸件质量和尺寸精度不如半永久型铸造稳定。表面沾污层比半永久型铸造大	>3	CT11~13	6.3~12.5	0.10~0.25	单件或中、小批量的，形状比较复杂的各种大、中、小型铸件
	特种砂型						
壳型铸造	石墨基壳型	铸件有较好的线性尺寸精度和表面粗糙度，不易产生冷隔、流痕和裂纹。但铸件有时会有气孔和局部粘砂，表面沾污层厚度与砂型铸造差不多	>3	CT9~11	6.3	0.10~0.25	批量或大批量中等复杂的平面或壁板类大、中型铸件
	特种氧化物基壳型						

造型工艺		铸件重量												适宜铸造最小壁厚/mm	尺寸精度	表面粗糙度 $R_a/\mu m$	表面沾污层厚度/mm	应用范围
		表面碳沾污	表面 N_2、H_2、O_2 沾污	非金属夹杂	气孔、缩松	非金属、金属不纯物	冷隔、流痕	充不满	裂纹	表面粗糙	金属表面硬度升高或脆化	渗漏	氧化膜					
熔模精密铸造	氧化物面层陶瓷型壳	少有	经常	经常	经常	偶尔	少有	少有	有时	少有	经常	没有	有时	1.0（局部）	CT6~8	1.6~3.2	0.10~0.15	大批量的壁厚≤3mm的各种大、中、小型，质量要求高的铸件
	石墨型壳	经常	经常	有时	有时	偶尔	有时	少有	有时	少有	有时	有时	少有	2.0（局部）	CT7~8	1.6~3.2	0.10~0.15	大批量的壁厚≤3mm的各种中、小型铸件，特别是尺寸要求不太严格的铸件

参考文献

1 谢成木．钛及钛合金铸造．北京：机械工业出版社，2005

2 Eylon D，et al. Metal Handbook，Tenth Edition. Volume Z Properties and Selection：Nonferrous Alloy and Special-Purpose Materials. ASM International，1990：634～646

3 王金友，葛志明，周彦邦．航空用钛合金．上海：上海科学技术出版社，1985

4 周彦邦．钛合金铸造概论．北京：航空工业出版社，2000

5 Mattew. J Donachie Jr. Titanium A Technical Guide. ASM International Matals Park OH44037，1988

6 Бибнков Е Л. Производствофасонных отливок изтитановых сплавов. Металлургия，1983

7 Гуляев Б Б. Литьеиз тугоплавких металлов. Машиностроение，1964：231～248

8 傅杰，等．特种冶炼．北京：冶金工业出版社，1982

9 莫畏，等．钛冶金（第2版）．北京：冶金工业出版社，1998

10 《稀有金属手册》编辑委员会．稀有金属手册．北京：冶金工业出版社，1992

11 Андреев А Л И Д р. Плавка илитьё титановых сплавов. Металлургия，1978

12 蒋炳玉．冷坩埚感应熔炼活性金属的发展与应用．稀有金属材料与工程．1993，22（2）：1～6

13 谢成木．钛合金铸件的设计．见："钛科学与工程"第七届全国钛及钛合金学术交流会文集．长沙：中南工业大学出版社，1990

14 Colley R H. Engineeis Guide to Titanium Castings. Ti Tech Europe. S. A：1～63

15 Hans J Heine P E. Casting development technology opens doors to nero Titanium applications. Foundry Management & Technology，March 1991：43～46

16 中国铸造协会．熔模铸造手册．北京：机械工业出版社，2000

17 宫崎英男，等．有机ツルコニヴム化合物ヮ性ヒセワ利ノレァツモ. チタニヴムシルコウム. 127.（2）昭和54年4月，1979，4

18 周彦邦，甘敬林．国外钛合金铸造技术的发展．现代铸造．1981，（1）：60～66

19 谢成木．国外钛合金熔模铸造发展概况．国外铸造．1979，（1）：1～18

20 甘敬林．钛合金的硬模铸造．材料工程，1996（增刊）

21 谢成木．铸钛熔模石墨型壳及其工艺研究．北京航空材料研究所，1982（内部资料）

22 U. S. P. No. 5. 766. 329，1998
U. S. P. No. 5. 944. 088，1999

23 勃拉图辛 А Г，等．飞机钛合金结构制造技术．北京航空工艺研究院，1998（内部资料）

24 William R. HIP' ing Rise casting performance levels. Metal Progress，1997，12（3）

22 粉末冶金钛制品

钛的粉末冶金是制取钛和钛合金制品的方法，也是一种新工艺。

22.1 概述

22.1.1 钛的粉末冶金工艺和特点

粉末冶金是将制取的（金属）粉末，采用成形和烧结的工艺制成制品的工艺技术。它与陶瓷制品的生产工艺形式上类似，故它又被称为金属陶瓷法。

粉末冶金工艺包括了三个基本工序，即制取金属粉末（或合金粉末）、成形和烧结。

钛的粉末冶金工艺基本流程为：

钛料→制粉→钛粉→成形→烧结→(后处理)→钛制品

钛的粉末冶金特点有：

（1）能生产熔铸法无法生产材料，如多孔钛材或多孔钛元件、各种难熔钛化合物材料、熔点相差很大的钛合金、钛与其他金属或非金属按比例组合的钛合金。

（2）钛合金制品的偏析少。

（3）是一种切削少的近终形成形加工工艺，材料利用率高。

（4）流程短、工序少、可以降低成本。

（5）粉末钛及钛合金制品具有组织细小、力学性能能够达到塑性变形钛合金的水平。

但是，钛粉末冶金制品的力学性能取决于合金成分、密度和最终的微观组织。制品的密度和微观组织依赖于粉末特性、采用致密化技术和致密化的后续处理（如二次压制或热处理）。为了制取优质高强度的钛合金粉末冶金制品，必须采用全致密化工艺，获得全致密化制品。

显然，它有明显的缺陷，钛的粉末冶金最适用于外形尺寸小而批量大的钛制品。同时它对钛粉末的要求比较苛刻，它的应用受到限制。它的经济效益必须形成规模时方能显现出来。因此，必须大力开发并形成规模。

22.1.2 钛的粉末冶金现状

22.1.2.1 现状

现代粉末冶金技术有了很大进步。近代粉末冶金技术发展的一个重要标志是，它正向新材料、新工艺发展。为此，粉末冶金现已开发了多项新工艺（见后）。其中，高质量的钛合金材料就是其中一项新材料。现代技术的发展，为钛的粉末冶金新工艺提供了技术保障。

现在，各国对钛的粉末冶金开发兴趣集中到为飞机制造业提供高质量钛合金新材料上，十分引人注目。

我国在钛的粉末冶金业上开发较晚。钛粉生产现已形成一定规模，除此之外，钛材现在仍处于开发初期，尚未形成规模。但应该一方面用粉末冶金技术，开发化工等工业需要粉末冶金材料；另一方面要加大开发力度，研发各种高质量的钛合金材料，为我国飞机制造业提供优质零部件。

22.1.2.2 现代钛的粉末冶金新工艺

现代粉末冶金新工艺包括：

(1) 热等静压（HIP）。热等静压是在冷等静压基础上发展起来的。冷等静压（CIP）又称液静压或水静压。它也是制造全致密化钛合金的一个方法。

(2) 粉末锻造（DF）。粉末锻造使粉末冶金机械零件达到全致密，并获得高性能，扩大了粉末冶金的应用领域，并在钛合金的粉末冶金全致密化提供一条途径。

(3) 燃烧合成（CS）。它最初称为自蔓延高温合成。它反应时间短、反应温度高、节能、设备简单，能生产一些用其他工艺无法生产的特殊粉末。如用该工艺可制取 TiN、TiC 等钛基化合物粉末。

(4) 快速凝固（RSR）。快速凝固技术是细化组织、消除偏析、提高合金固溶度、制取非晶态粉末、微晶级和纳米晶级合金粉末的有效手段。其中，旋转盘雾化是其中的一项技术，并且被应用到制取钛合金粉末工艺上。

(5) 机械合金化（MA）。机械合金化是一种用高能球磨的方法制取新材料的技术，它可以合成常规方法难以合成的“不可能”合金粉料，即制取超过相图约束的多元素过饱和合金粉末。用该工艺可以制取钛基金属间化合物和复合材料粉末，以及钛基纳米晶粉末。

(6) 钛粉激光成形。钛粉激光成形是最为引人注目的钛粉成形新工艺。MTS 系统公司设计并制造了全尺寸的工业生产用激光快速成形系统，目前安装在它的子公司 Areromat 公司的工厂内。该工艺为：在惰性气体中，采用大功率激光把基体和金属合金粉熔化并通过 CNC 控制系统进行沉积而制成零件。这种新技术对小批量制备零配件比较经济，与传统的铸造式加工方法相比，该工艺制造的飞机零件可减少 80% 的废料，可大幅度降低成本，并大大缩短了生产时间。

(7) 金属粉末注射成形（MIM）。金属注射成形是将粉末的混合料注入模腔内，而后缓慢加热直到黏结剂完全排除，最后经烧结得到密度均匀的近形产品。该技术的优点是在于生产效率高，能够成形薄壁和锐角的零件，生坯强度高，尽管烧结收缩量大，仍能保持良好的尺寸。注射成形技术在技术和经济上的巨大优越性，使之成为近年来粉末冶金学科中一个非常活跃的前沿领域，研究的重点主要是适应于注射成形的微细粉末的廉价生产方法和黏结剂的快速脱除工艺等。

(8) 快速全面压制。快速全面压制技术是 Kelsey-Hayes 公司把预合金粉压实致密零件的一个专利工艺。快速是指在全负荷下保证压实的保压时间一般不超过 5min，全面是指压实时施加于粉末体应力状态近于等静压。

22.1.3 金属粉末的性能

在钛的粉末冶金工艺中，所使用的原料粉末有钛粉、钛合金粉和需要添加的合成成分粉。这些金属粉末的性能包括化学成分、物理性能和工艺性能等。

22.1.3.1 粉末的化学成分

粉末的化学成分主要是指金属的含量和杂质成分的含量。因此，表征金属粉末的纯度是它的化学成分。对钛粉而言，钛粉中钛的含量越高，杂质含量相应也越低，则钛粉的纯度也越高，钛粉的等级也越高。对钛的粉末冶金而言，杂质中气体含量，特别是氧，对产品影响甚大。优质的钛粉，常常是氧含量低者。故钛粉的优劣常常是主要取决于其中的氧含量的多少。在钛粉等金属粉末中，国家或企业常常有产品标准或产品规模规范了金属粉末的产品等级。

22.1.3.2 粉末的物理性能

A 粉末的粒度和粒度组成

粉末的粒度和粒度组成对工艺过程中成形和烧结行为有很大影响，也对钛制品的性能有很大影响。故工艺中必须选用合适的粉末粒度和粒度组成。

在制取钛粉工艺中，钛粉的粒度和粒度组成是可以控制的。目前常规钛粉粒级在1~500μm之间，可以做到任意选取，达到满足工艺需要。同时，工艺中常用筛分法分级。此时，常用筛目孔径大小来表征钛粉粒级，如-100目的钛粉，筛孔尺寸为150μm，则钛粉粒度为<150μm。使用颗粒直径来表征粉末粒度只有对理想球形是精确的，而对实际的粉末只能做近似描述。

B 粉末颗粒的形状

粉末颗粒的形状是制粉工艺确定的，不同的颗粒形状对粉末冶金工艺性能影响很大。它直接影响到制品的强度。对于制取多孔钛材而言，它也直接影响到多孔钛材的透过性能及透过性能的均匀性。故为了提高多孔钛材的孔隙均匀性和透过性而希望使用球形粉末。

C 粉末颗粒的比表面

比表面的大小直接影响到粉末的压制性能和烧结性能。自然比表面大的钛粉压制性能和烧结性能都要好一些。粉末的比表面大小与颗粒粒度、形状及外表的形状有关。粉末粒度越细、形状越复杂、外表越粗糙多孔，则颗粒的比表面积越大；反之亦然。

D 粉末的真密度

粉末的真密度是指包括颗粒闭孔孔隙在内的密度，真密度与不同制粉工艺而异，也与其中的氧化物含量有关。通常它比其金属的密度略小。

E 粉末的显微硬度

它是表征粉末塑性的一种指标。它与粉末中杂质含量和合金元素含量有关，也与颗粒中晶格扭曲程度有关。如在制取多孔钛材时钛粉具有一定的硬度是有益的。

22.1.3.3 粉末的工艺性能

A 松装密度

粉末松散装填时单位容积的质量叫松装密度，用g/cm^3表示。它是粉末的重要特征。它在成形时压模设计和压制过程中具有重要意义。一般在成形过程中希望所使用的粉料要求松装密度稳定。

粉末的松装密度除了取决于该金属的密度外，还与颗粒的形状、粒度和粒度组成、颗粒的表面状态有关。一般情况下较小的颗粒松装密度较低；形状不规则的粉末比球形粉末松装密度小；当选用某种粗细搭配达到合适比例时能够获得最大的松装密度值。

B 粉末流动性

粉末流动性可以用一定量的粉末流过特定大小孔眼的时间来表征。粉末的流动性对于压制成形具有重要意义。粉末的流动性也直接影响到压块密度的均匀性。

粉末的流动性与粉末颗粒的形状、粒度和粒度组成、表面状态、粉末颗粒表面吸湿的水分多少等因素有关。通常球形粉末流动性最好。

C 粉末的压制性能

粉末的压制性包括压缩性和成形性。粉末压制时的压缩性是指粉末压制的压缩能力，可用压制时粉末密度的变化来表征。粉末的成形性是指粉末压制后，压坯保持一定形状的能力。粉末成形性的确定是观察压坯有无裂纹、表面状态而定。而定量的确定是用单位压制压力下压坯的极限抗压强度来表征，其比值越大，表示成形性越好。有时也用最小压制压力来衡量。最小压制压力指的是压制时，压坯不会散料掉角的最小压力。自然，压坯需要的最小压制压力越小，其压制性能也越好；反之亦然。

粉末的压制性主要取决于粉末的性能。有加工硬化、被氧化或被气体饱和的粉末，以及颗粒很细的粉末，其压缩性都不好；但是颗粒较细及形状复杂的粉末都有很好的成形性。一般情况下，成形性好的粉末压缩性就不好；而压缩性好的粉末，成形性就差。同一种粉末，松装密度越大，成形性就越差，而压缩性越好。

22.1.4 钛粉

22.1.4.1 钛粉特性

钛粉是指尺寸小于1mm的金属钛颗粒群，属于松散物料，其性能综合了钛基体的特性和粉末体的共性。钛粉和其他粉末体一样，它的性能包括粉末的化学性质、物理性质和工艺性能诸项。但钛粉和其他粉末体有一个共有的物理特性是具有大的比表面积，因此钛粉也具有较大的表面自由能。所以钛粉比金属钛更活泼，更易和其他元素或化合物反应，更易氧化、易燃、易爆，属于一种危险品。它的纯度和各种性能很大程度上取决于制取方法及其工艺条件。表22-1中列出了几种不同方法制取的钛粉的一些性能。

表22-1 各种钛粉的性能

粉末类型		粒　级	松装密度 /g·m^{-3}	50g粉流动时间/s	振实密度 /g·cm^{-3}	振实相对密度/%
钠还原钛粉		0.062～0.197mm（70～230目）	1.02	56		
电解法钛粉		0.147～0.370mm（40～100目）	1.45	39		
氢化脱氢法制取的钛粉	钠法海绵钛	平均7.8μm	0.77			
	镁法海绵钛	0.147mm（100目）	1.5			
	钛屑或边角料	0.147～0.246mm（60～100目）	1.9～2.2	20～24		
	Ti-6Al-4V屑	0.074～1.651mm（10～200目）	1.8～2.1		2.3～2.5	52～57

钛粉和钛合金粉通常呈浅灰色，随着粒级变小而加深。粗粉带有金属光泽，微粉呈灰色，超细粉呈黑色。TiH_2粉通常呈灰褐色，颜色比钛粉深。

22.1.4.2 运输和储存

钛粉属易燃、易爆危险品，通常用铁桶封装。为了防止吸潮和氧化，等级钛粉待加工完毕后需立即用复合塑料袋（或铝箔塑料复合袋）抽空封装或抽空充氩封装，然后装入铁桶内。运输时必须小心轻放，避免冲击。储存应选用单独的专用仓库。

有关钛粉和氢气的安全注意事项详见本书第29章。

22.1.4.3 用途

钛粉主要用作粉末冶金的原料，其次还可以作吸气剂、烟花爆燃剂和铝加工中晶粒细化剂。

22.1.5 粉末冶金钛及钛合金的应用与发展

22.1.5.1 粉末冶金钛及钛合金的应用

两种显著不同的钛粉末冶金技术，即混合元素（BE）法和预合金（PA）法，生产的产品在密度、性能和价格方面的差异决定了这两种技术不同的应用市场。目前BE法零部件用得更多。雾化粉末的引入有望降低粉末成本，从而使PA法产品有更好的成本竞争力。

海绵钛粉相对低的成本和压制、烧结技术的批量生产能力使BE法复杂形状的宇航零件能以低于100美元/kg的成本生产。另一方面，预合金粉需要昂贵的熔炼备料、超纯净处理和昂贵的压制工具，使较高性能全密度的PA法零件目前的价格仍高于200美元/kg。

BE法钛合金产品的主要应用是电化学和其他的抗蚀应用的工业纯钛过滤器、化学加工工业的纯钛零件、Ti-6Al-4V零部件、叶轮或旋转装置等形状非常复杂的零件。图22-59是在汽车和宇航工业应用的BE法Ti-6Al-4V零部件图。

BE法颗粒增强钛基复合材料的应用包括汽车阀、连杆、运动器材、宇航与防御导弹的结构件和工业工具。广州有色金属研究院采用机械合金化加冷静压烧结的工艺研制TiC/TiB颗粒增强钛基复合材料，所制造的耐蚀耐磨轴、柱塞等可以代替价格昂贵的CoCrW合金，已经推向工业应用。

PA法产品在宇航工业应用广泛，如F-100发动机的连接臂、F-14飞机机身壳体的支撑装置、F-18飞机发动机安装座支撑装配件和F-107飞机发动机的径流压气机叶轮。

粉末冶金法还用于制造整体叶盘。其关键技术是获得高质量、超纯净球形粉末，成形的方法可采用陶瓷模压、快速全向压实等工艺。目前，美国已经生产出Ti-6Al-4V、Ti_3Al等合金的P/M陶瓷模压盘-片整体结构，前苏联采用粉末盘成形/叶片“嵌入”连接技术完成了钛合金盘-片整体结构制造，俄罗斯采用VT25Y粉末制成了伊尔114飞机发动机高压压气机离心叶轮和发动机轴支撑件。

22.1.5.2 粉末冶金钛及钛合金的发展

准确、大量的数据可确保PA法和BE法Ti-6Al-4V粉末冶金制件安全的应用，然而成本仍然是主要关心的问题。只有PA法制件的成本大大地降低才可能使它们替代铸锭冶金材料。通过规模化的气雾化加工或直接化学方法，低成本粉末的生产将是一个重大突破。BE法粉末冶金技术加工的非关键性零部件有可能增加，然而与PA法一样，如果没有突破性进展，全密度、无氯化物BE法产品的生产可能因高昂的成本被抑制。

与常规钛合金相比，有序的钛铝金属间化合物更难以热加工和切削加工。它们的生产特征事实上接近于高温合金，因此通过最终形状成形粉末冶金方法获得的成本利益是巨大的，特别是对等原子比的钛铝金属间化合物。随着较低成本粉末的发展，这种效益将加速人们对粉末冶金钛合金方法的认同。

快速凝固技术的进展集中于通过弥散强化提高合金和金属间合成物的温度承受能力。由于其发展中没有考虑额外成本和产品质量，导致该技术不能生产超过约6%（体积分数）的第二相颗粒，同时，快速凝固产生了比要求更细小的β相晶粒，并缺少由β相退火后冷却到α-β相区形成的长条状α相，更不幸的是，纠正此缺点的β相退火会引起弥散相不可接受的粗化。

钛合金的机械合金化研究还处在初期阶段，但展示了增加作为高温应用的弥散相体积分数的潜力。机械合金化可以把通常难混溶的钛和镁结合生产低密度钛合金，钛和镁、与钛形成的共析元素（如Ni、Cu）的机械合金化的初步结果表明，可以获得非常细小的纳米级显微组织，这种显微组织有新的物理和化学性能。

颗粒增强钛基复合材料的实际应用正在设计、基体和颗粒成分和可生产性3个方向发展。设计和构建可控制的梯度组织的潜力要求产品设计者和生产者之间紧密的技术交流。因为BE法冷热等静压工艺允许在冷等静压前，在特定的区域建成多层不同的钛合金和复合材料，所以这一理论有希望作为优化组织和环境性能的方法。BE法钛合金和颗粒增强钛基复合材料的优化，可进一步降低生产成本。减少BE法钛基组分的成本、限制氧和氯化物等杂质和改进粉末冶金工艺参数（使稳定的产品密度高于99%）是市场的两个技术目标。可生产性和成形技术的考虑正驱动颗粒增强钛基复合材料的超塑成形和熔模铸造方面的研究。在转变不匹配超塑性方面的研究中，TiC颗粒增强材料获得大于200%的伸长率。最近TiC增强Ti-6Al-4V的复合材料熔模铸造的尝试表明，在薄壁零件方面，该材料的流动性、可铸造性和可焊接性比Ti-6Al-4V好。

22.2 制取钛粉和钛合金粉

22.2.1 钛粉规格

目前世界各国尚未制定有关钛粉质量的国家标准，仅有各个厂家自定的规格。一般情况下，钛粉质量包括三方面，即纯度、粒度（或粒级范围）和粒形。

钛粉的纯度包括含钛量和杂质含量。钛粉的纯度与其粒级有关，同一规格的产品，粒级越小纯度越低。通常，将含钛大于（或等于）99%、或者接近99%的（粗）钛粉称为等级品（如是钛合金粉，应包括合金成分），比其纯度低的称为等外品。在等级钛粉中，除了特殊的用途要求外，一般要求用含氧量来分级（与用含钛量是同一的），即含氧量越低的质量越高，其中常将含氧量小于0.15%者称为高质量钛粉。

钛粉粒级可人为地分成4个级别，粒级在1000~50μm为粗粉，50~10μm为细粉，10~0.5μm为微粉，小于0.5μm为超细粉。

钛粉的粒形有球形、多角形、海绵状和片状等几种，其粒形与制取方法有关。

日本住友钛公司在20世纪70年代公布的钛粉规格列于表22-2，随着科学技术的发展和钛粉应用领域的拓宽，对钛粉质量要求在不断提高。后来国外优质钛粉的市场需求坚挺。现将日本东邦公司20世纪90年代提出的优质钛粉的规格列于表22-3。

表 22-2　日本住友钛公司氢化脱氢法产品规格

牌　号①		TiH（或 Ti）/%	杂质含量（质量分数）/%									粒度/μm
			H	Fe	Cl	Mn	Mg	Si	N	C	O	
氢化钛粉	TSH-100	≥99.6	≤(3.0)	≤0.02	≤0.08	≤0.005	≤0.045	≤0.02	≤0.025	≤0.02		<150
	TSH-325	≥99.4	≤(3.0)	≤0.03	≤0.08	≤0.005	≤0.045	≤0.02	≤0.025	≤0.02		<45
	TMH-100	≥99.2	≤(3.0)	≤0.05	≤0.10	≤0.02	≤0.055	≤0.03	≤0.04	≤0.03		<150
	TMH-325	≥99.1	≤(3.0)	≤0.05	≤0.10	≤0.02	≤0.055	≤0.03	≤0.04	≤0.03		<45
钛粉	TSP-100	≥99.6	≤0.02	≤0.02	≤0.04	≤0.005	≤0.02	≤0.02	≤0.03	≤0.02	≤0.25	<150
	TSP-325	≥99.5	≤0.02	≤0.03	≤0.04	≤0.005	≤0.02	≤0.02	≤0.04	≤0.02	≤0.35	<45
	TMP-100	≥99.2	≤0.02	≤0.05	≤0.05	≤0.02	≤0.025	≤0.03	≤0.05	≤0.03	≤0.50	<150
	TMP-325	≥99.1	≤0.02	≤0.05	≤0.06	≤0.02	≤0.03	≤0.03	≤0.05	≤0.03	≤0.60	<45

①牌号符号所代表意义如下：T—钛；H—含氢；P—粉末；S—钠还原法钛制取的；M—镁还原法钛制取的。

表 22-3　日本东邦钛公司钛粉规格

品种	种类	Ti/%	杂质含量（质量分数）/%									粒度/μm
			H	Fe	Cl	Mn	Mg	Si	N	C	O	
标准品	TS-150	≥99.6	≤0.03	≤0.05	≤0.04	≤0.004	≤0.02	≤0.02	≤0.02	≤0.02	≤0.15	<150
	TS-630	≥99.4	≤0.03	≤0.05	≤0.04	≤0.01	≤0.02	≤0.02	≤0.02	≤0.02	≤0.30	<60
	TS-450	≥99.4	≤0.03	≤0.05	≤0.04	≤0.01	≤0.02	≤0.02	≤0.02	≤0.02	≤0.35	<45
低氯品	TC-150	≥99.6	≤0.03	≤0.05	≤0.003	≤0.005	≤0.001	≤0.02	≤0.02	≤0.02	≤0.15	<150
	TC-630	≥99.4	≤0.03	≤0.05	≤0.003	≤0.01	≤0.001	≤0.02	≤0.03	≤0.02	≤0.30	<60
	TC-450	≥99.4	≤0.03	≤0.05	≤0.003	≤0.01	≤0.001	≤0.02	≤0.03	≤0.02	≤0.35	<45

目前，由于国内外均无钛粉和氢化钛粉质量的国家标准，仅有厂标。为了便于国内外市场流通的方便，1991 年北京有色金属研究总院发布了氢化-脱氢法产品内控规格，供参考，见表 22-4。表中 5 级和 6 级为微细粉。大多氢化钛粉成分与此相对应（不分析含氢量），见表 22-5。

表 22-4　北京有色金属研究总院钛粉规格

牌　号	纯度/%	杂质含量/%，≤							粒　级
		Fe	Si	Cl	C	N	O	H	粒径/mm
TiMP-1	≥99.4	0.06	0.02	0.06	0.02	0.04	0.40	0.02	<0.83～<0.048
TiMP-2	≥99.2	0.10	0.03	0.08	0.03	0.05	0.50	0.02	<0.83～<0.048
TiMP-3	≥99.0	0.15	0.05	0.10	0.06	0.08	0.60	0.04	<0.83～<0.048
TiMP-4	≥99.0								<0.83～<0.048
TiMP-5	≥97.5	0.10	0.03	0.08	0.03	0.03			<0.015
TiMP-6	≥97.0	0.10	0.03	0.08	0.03	0.03			<0.005
TiMP-等外	≥95								<1.6～<0.147

表 22-5 北京有色金属研究总院氢化钛粉规格

牌号	纯度/%	杂质含量/%，≤							粒级
		Fe	Si	Cl	C	N	O	H	粒径/mm
TiHP-0	≥99.7	0.06	0.02	0.06	0.02	0.03	0.10		<0.83 ~ >0.147
TiHP-1	≥99.5	0.06	0.02	0.06	0.02	0.03	0.30		<0.83 ~ <0.048
TiHP-2	≥99.3	0.10	0.03	0.08	0.03	0.04	0.40		<0.83 ~ <0.048
TiHP-3	≥99.1	0.15	0.05	0.10	0.06	0.06	0.50		<0.83 ~ <0.048
TiHP-4	≥99.0								<0.83 ~ <0.048
TiHP-5	≥98.5	0.10	0.03	0.08	0.03	0.04			<0.015
TiHP-6	≥98.0	0.10	0.03	0.08	0.03	0.04			<0.005

22.2.2 制取钛和钛合金粉末的方法

可以制取钛粉和钛合金粉末的方法很多。各种制粉方法比较如表 22-6 所示。

表 22-6 钛粉制取方法比较

编号	工艺	方法	简称	粒形	粉末粒度	可制取的粉末
1	氢化	氢化脱氢法	HDH	不规则	粗、细、微粉	Ti, Ti-6Al-4V
2	金属还原法	镁还原法	镁法	海绵状	粗粉	Ti
3		钠还原法	钠法	海绵状	粗粉	Ti
4		钙还原法		海绵状	细、粗粉	Ti
5	电解法	电解法	电解法	海绵状	粗粉	Ti
6		电解精炼法		多角状	细、粗粉	Ti, Ti-Al
7	离心雾化法	旋转电极法	REP	球形	粗粉	Ti, Ti-6Al-4V
8		旋转圆盘电子束熔化	EBRD	扁平形	粗粉	Ti, Ti-6Al-4V
9		旋转电极等离子体熔化	PREP	球形	粗粉	Ti, Ti-6Al-4V
10		旋转电极电子束熔化	EBREP	球形	粗粉	Ti, Ti-6Al-4V
11	直接粉碎法			片状		Ti, Ti-6Al-4V
12	气雾化		TGA	球形	粗粉	各种合金
13	快速凝固		RSR	球形	粗粉	各种合金
14	机械合金化		MA		细、微细粉	各种合金、合金混合料

目前工业方法仅有 HDH 法和钠法两种。但是钠法钛厂因前几年相继关闭，迄今只有 HDH 法仍用于工业生产。离心雾化法和气雾化法主要用于生产（球形钛粉或）球形钛合金粉，但生产批量不大。各种生产方法概要分述如下。

22.2.2.1 四氯化钛镁还原法

此法，无论选择哪种流程，总会得到一种副产品——等外钛粉。这种钛粉约占海绵钛产品的百分之几，其数量可观，粒径小于 0.83mm 的钛粉可直接应用。用传统的镁还原—

真空蒸馏工艺生产的海绵钛，由于受长时间高温烧结，钛粉所占比例相应较少。为了获得更多的钛粉，应选用烧结时间较短的镁还原—酸洗法工艺。但在还原—酸洗过程中，由于$MgCl_2$易吸水，如果酸洗不净，$MgCl_2 \cdot nH_2O$就会进入产品，直接影响钛粉的质量。因此，四氯化钛镁还原法不是制取钛粉的好方法，极少专门用于钛粉生产。有关四氯化钛镁还原法的详细情况可参考本书第7章。

22.2.2.2 四氯化钛钠还原法

钠还原法包括一段法和二段法两种工艺。从制取粉末的角度考虑，采用二段法更为合适。但无论采用何种工艺，钠还原法在生产海绵钛的同时，可以获得占海绵钛重量约10%的钛粉，这是因为该法除盐精制时采用水洗法，还原产品避免了长时间高温烧结的缘故。

如果采用一段法工艺制取钛粉，其原则流程同制取海绵钛流程相同（参见图2-9）。其主要工艺过程为：

纯$TiCl_4$—┐
工业钠——┘→还原→取出→初碎→研磨→浸出水洗→干燥→筛分→混合→组批包装→商品钛粉

为了制得更多的钛粉，在原生产海绵钛工艺的基础上加以改进，现将几个主要作业改进后的操作条件介绍如下。

A 还原

为了制得颗粒小的粉末钛，钠还原$TiCl_4$的反应需在较高的温度下（800～850℃）进行，反应器压力应控制低一些，以利于生成针形细结晶。另外，应尽量除去还原产品中残留游离的金属钠，是因为金属钠在其后的粉碎过程中容易着火。为此，在还原中要适当减少$TiCl_4$的过量。

B 取出

反应产物中钛与NaCl的重量比约为1∶5。把这种含有大量NaCl的反应产物直接进行粉碎会影响粉碎机的效率，因此在取出反应产物过程中应除去部分NaCl，一般采用Ti∶NaCl = 1∶1的混合物进行研磨较为合适。

C 研磨

研磨是钠还原法生产粉末钛的关键步骤。钠还原产物是金属钛与NaCl的混合物，在金属钛的表面上一般覆盖一层NaCl，在研磨过程中钛不会被杂质污染，研磨时产生的热量大部分被NaCl吸收，不会使钛过热和着火，从而可以避免产品的氧化。此外，NaCl还能促进钛的粉碎，起着粉碎介质的作用。研磨设备可以采用各种碾磨机。

D 浸出水洗和干燥

浸出、水洗和干燥过程与生产海绵钛过程基本相同。因为粉末钛具有更大的活性，因此浸出液中酸的浓度应小一些，一般可用0.5%～1.0%盐酸进行浸出。在干燥时温度应尽量低一些，同时要特别小心防止着火。

钠还原法生产的钛粉末性质如表22-7所示。

由此可见，钠还原钛粉产品纯度很高，特别是氧、氮、铁、碳杂质含量比其他方法显著地低，而且流动性也好，其性能也特别适用于粉末冶金过程，粉末制品的加工性能良好。另外，用钠还原法生产钛粉的成本比其他方法显著地低，因为它直接利用$TiCl_4$为原料。因此，钠还原法是生产钛粉较有发展前途的方法之一。钠还原法钛粉的缺点是产品粒度较大，Cl^- 含量较高并含有少量游离钠。有关四氯化钛钠还原的内容可参考本书第 2.2 节的有关部分。

表 22-7 钠还原钛粉性质和成分

性质和成分		级别 M-60	级别 M-100	性质和成分		级别 M-60	级别 M-100
松装密度/$g \cdot cm^{-3}$		2.1±0.2	2.1±0.2	化学成分（质量分数）/%	O	≤0.10	≤0.12
50g 粉流速/s		62	44		H	≤0.015	≤0.015
硬度（HB）		120	135		N	≤0.01	≤0.01
粒度/mm	0.25~0.15	(32±3)%			C	≤0.015	≤0.015
	0.15~0.1	(19±3)%	(28±4)%		Fe	≤0.02	≤0.02
	0.1~0.075	(17±3)%	(25±4)%		其他	≤0.28	≤0.28
	0.075~0.04	(20±3)%	(29±4)%		Ti	其余	其余
	<0.04	(12±3)%	(18±4)%				

22.2.2.3 二氧化钛的氢化钙还原法

该法是二氧化钛的钙还原法的改进方法，从本质上讲，还原剂都是钙，因成本高没有用于工业生产。其该法的工艺过程大致如下：

TiO_2、CaH_2 →研磨混合→还原 $\xrightarrow{+H_2O}$ 消化石灰→分离→酸浸出→水洗→脱水→干燥→筛分→混合→钛粉。

钙在氢气流中于 400~800℃ 温度下就能生成 CaH_2，反应按下式进行：

$$Ca + H_2 = CaH_2$$

CaH_2 容易粉碎。将 CaH_2 和 TiO_2 按配比 $TiO_2 : CaH_2 = 1:2$ 、经混合机研磨成均匀的粉末混合物。在加热至 900~1100℃ 下并通入氢气，便生成了金属钛，反应按式 23-108 进行。

尽管反应温度很高，但生成物仍然是均匀的固态混合物，再脱氢后的钛因被 CaO 所分散而不会发生烧结，所以制得的是粉末钛。

为了分离除去钛中的 CaO，先加水消化石灰，使 CaO 水解生成 $Ca(OH)_2$：

$$CaO + H_2O = Ca(OH)_2$$

然后把已除去 $Ca(OH)_2$ 的钛粉进行酸浸出、水洗和干燥等操作，最后制得粉末钛。

由此法制取钛粉粒度：<0.04mm75%、0.10~0.04mm25%。其杂质含量（%）如下：Fe 0.20~0.35，O 0.10~0.25，H 0.20~0.40，C 0.02~0.04，Ca 0.05~0.08。

CaH_2 还原 TiO_2 制取的粉末钛粒度细，但纯度稍差，特别是氧、氮含量较高。但因成本高，未被工业应用。

22.2.2.4 电解法

熔盐电解 $TiCl_4$ 或者残钛可溶性阳极电解精炼的阴极产物都是金属钛与盐的混合物，在金属钛表面上都覆盖着一层氯化物盐层，这种混合物可用上述钠还原产物相同的处理方法，即经过研磨→酸浸出→水洗→干燥→筛分等处理来获得高纯度粉末钛。

制取钛粉的电解过程与一般电解过程基本相同，所不同的是要控制利于生成细结晶产物的电解条件。

$TiCl_4$ 电解法是一步还原法。电解精炼法可利用各种残钛为原料，电解法生产的钛粉成本较低，产品质量较高，所以电解法也是生产钛粉有发展前途的方法之一。但产品的 Cl^- 含量较高，其机械加工性能不如钠还原法钛粉末，其杂质含量如表 22-8 所示。此法尚未用于工业生产。

表 22-8　电解法钛粉末的化学成分

方法	国家	粉级/mm	硬度（HB）	杂质含量（质量分数）/%						
				Fe	Cl	N	O	C	H	Al
电解精炼	中国	5～0.63	120	≤0.06	≤0.06	≤0.03	≤0.06	≤0.02		
		0.63～0.18	120	≤0.06	≤0.06	≤0.03	≤0.06	≤0.02		
		<0.18		≤0.08	≤0.06	≤0.03		≤0.03		
	前苏联	0.5～0.08		≤0.18	≤0.02(Si)	≤0.04	≤0.09	0.02		15～20
电解	中国	0.5～0.18		约0.06			约0.06	≤0.02	约0.04	
		<0.18		约0.10			约0.15	≤0.02	约0.04	

22.2.2.5　直接粉碎法

（1）将镁还原法制取的等外海绵钛和海绵钛产品筛下物，这些筛下物即粗钛粒粉末，可以用普通球磨机直接研磨粉碎，获得等外钛粉。这便是最简单的直接粉碎法。但这种方法必须针对有脆性的等外钛粒有效，对韧性好的等级海绵钛无效，而且效率低，只能获得较粗的钛粉，杂质含 O、Fe 都高。

（2）将金属钛，如海绵钛、钛锭、残钛车成屑，经过表面净化和干燥后，在惰性液体中（如液氮）冷却至 -129℃，利用其低温脆性在磨碎机中磨碎，最后经过磁选，筛分等过程便可获得粉末钛。用这种方法制取的粉末钛，由于在磨碎过程中容易被空气、粉碎设备所污染，因此产品纯度不高，特别是氧和铁含量较高。如钛或钛金属屑经冷却至 -130℃ 在涡旋研磨机中研磨，便能提高钛粉的质量，所制取钛粉性能如表 22-9 所示。该法应用较少。涡旋研磨机结构如图 22-1 所示。

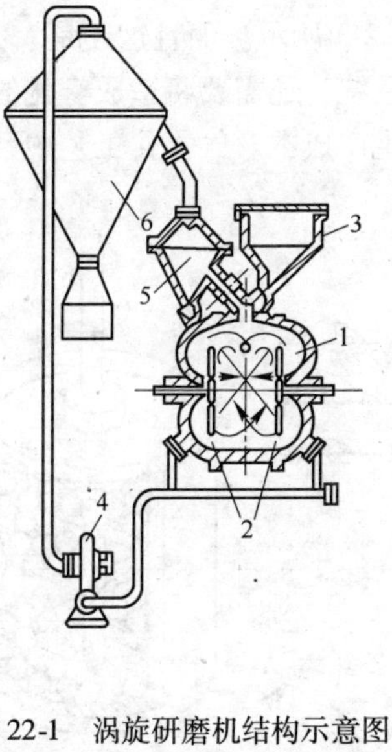

图 22-1　涡旋研磨机结构示意图
1—研磨室；2—螺旋桨；3—料斗；4—风机；5—集粉箱；6—空气分离器

表 22-9　直接粉碎法钛粉性能

粉末形状	相对密度/%	50g 粉流动时间/s	含氧量(质量分数)/%	铁含量(质量分数)/%
层片状	31	86	0.18～0.20	0.135

采用涡旋研磨机比球磨机效率高很多，一方面冷温海绵钛有脆性，另一方面涡旋研磨机对韧性好的金属也可粉碎，效率高。但只适宜用粗钛粉和小块钛屑研磨，可以获得较细钛粉。

(3) 机械合金化（MA）机械研磨技术进一步逐渐发展，到目前最先进的工艺是使用了搅拌球磨机或其他高能球磨机。这种球磨机是可外加能量，通过转子搅动，强迫加入磨机中的物料和研磨球快速又强烈相互旋转，发生研磨的同时，又使物料逐渐混合而且合金化。由此，发展成一种新工艺，它就是机械合金化（MA)。

机械合金化是使用高能球磨机通过强力研磨的工艺，可以制取钛基合金粉末。它是将钛基化合物或混合粉末和研磨介质（通常为淬火钢球）装入球磨机中，充氩保护（通常还需加入少量工艺控制剂，防止研磨时冷焊)，开机研磨。此时粉末颗粒经过反复焊接—断裂—焊接连续不断的过程，物料不断磨细并逐渐混合，可以制取粒度很细的合金化粉料。这种高能磨机结构如图 22-2 所示。

这种工艺最大的优点是将需要研磨的物料可按任意比例搭配，可以是单一合金料，但也可以是各种混合物料。另一个长处是获得的粉料粒度特别细。因此，用该工艺可以制取微细物料。许多学者正在用它研发钛基复合材料；包括研制纳米结构的金属间化合物和复合材料，如 Ti-6Al-4V/SiC、钛铝化合物/钛硅化物；还包括研制非晶、微晶、准晶和纳米粉末。

22.2.2.6 气雾化（TGA)

气雾化是将熔体喷射成小液滴而制取粉末的工艺。对于制取活性金属粉末而言，它必须将炉体整体被封闭并充氩保护。故这样的话，气雾化炉结构就十分复杂。它的主体结构如 22-3 所示。而且这还是大为简化的。就工业生产的设备而言，还需要有预抽真空的真空系统，还需要将造成雾化的气体氩有收集—净化系统，并使氩能循环使用，以降低工艺的生产成本。气雾化工艺中系用真空感应熔化炉和使用水冷铜坩埚装入钛料熔化的装置是适宜的，因为它可以产生强感应磁场，对熔体产生搅拌，有益于熔池内各成分均匀化。其中，喷嘴是预先设计好的精细又关键的部件。

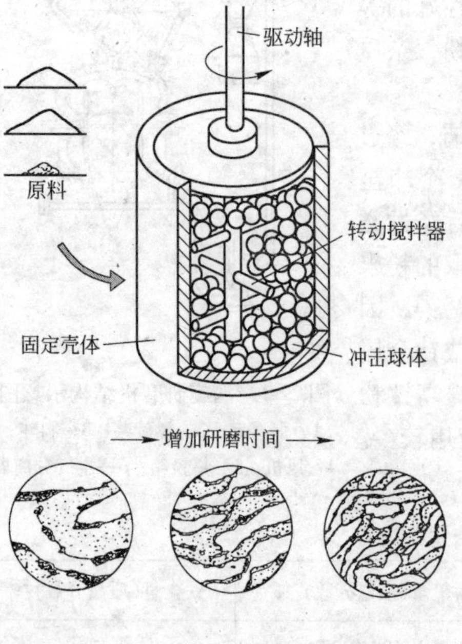

图 22-2 机械合金化装置示意图

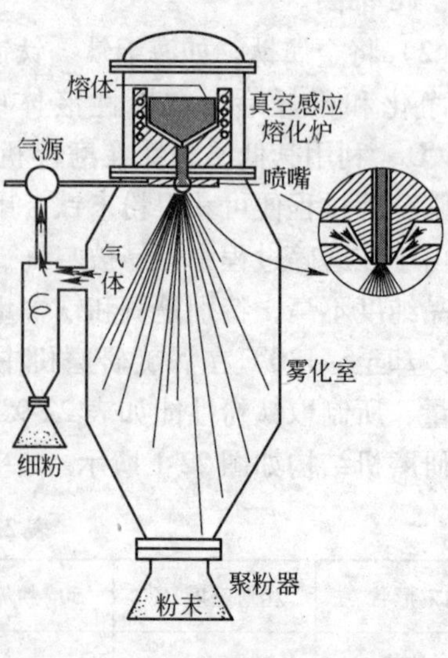

图 22-3 一种惰性气体雾化工艺概图

在喷嘴处，雾化时，气体的迅速膨胀可将从坩埚底部落入雾化室的熔体流线击碎，形成粉末落入雾化室低的聚粉器中。该工艺的灵活性也很大，很有吸引力，但制取的粉末呈球形、流动性好；平均粒径较大（粒度分布如图22-4所示）；质量好、纯度高，间隙元素低。在产品钛粉和钛铝化物粉末中，平均达 O≤0.08%、C≤0.015%、N≤0.01%。它们和原料相比，C和N都未增加，仅O增加了0.02%。从图22-5和图22-6中列出钛合金中各种粒级产品的氧含量值中，它表明仅细料氧含量稍有增加，整体上粒度对氧含量没有增加，产品质量是好的。

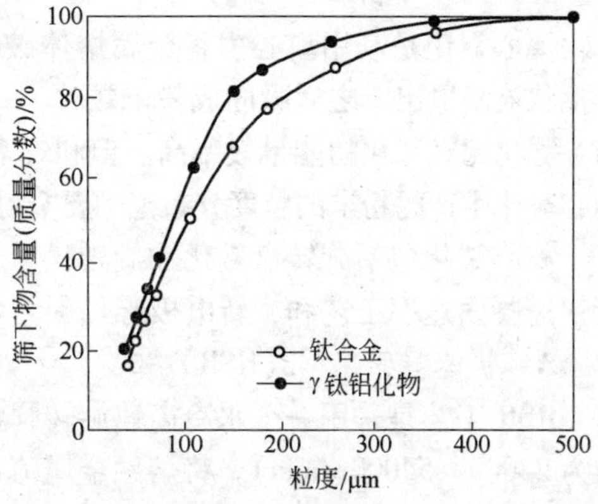

图22-4　用钛气雾化法生产的钛粉的粒度分布

TGA工艺已生产出纯钛粉、TC4等合金粉、α_2和γ钛铝化物合金粉。这些粉末固结后其显微组织十分均匀。其中γ钛铝化物合金粉末，它将被用粉末冶金加工出飞机发动机零件。正在开发将它用热等静压板坯生产γ钛铝化物合金薄板的工艺。这种薄板的强度和伸长率同由铸锭生产的相当。曾对此板材用作F-119发动机内壳体做过评估，以便于正式使用。还正在考虑用该工艺制备钛基复合材料应用于飞机发动机各种零件中。

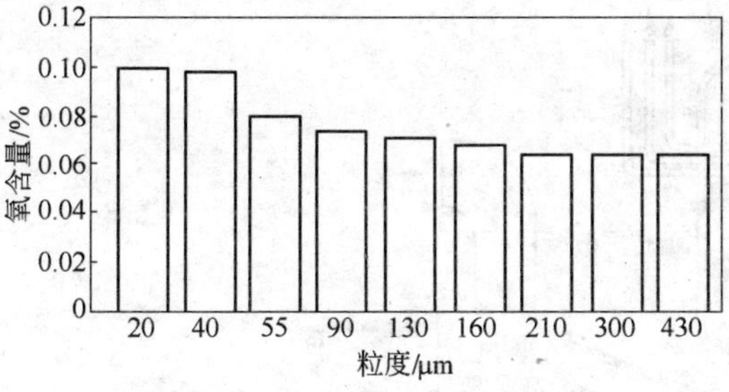

图22-5　粒度对气雾化 Ti-6Al-4V 粉末氧含量的影响

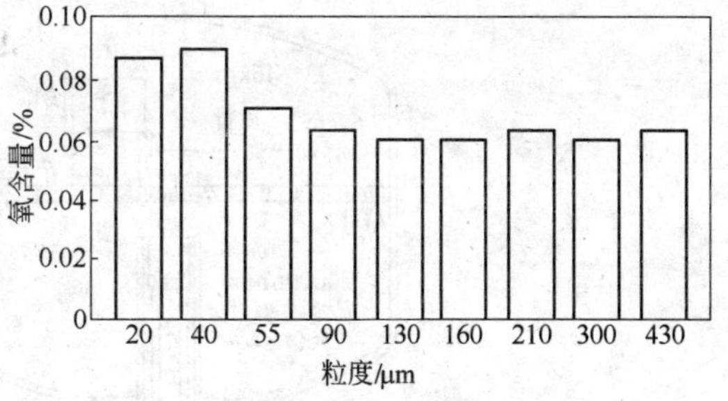

图22-6　粒度对气雾化 Ti-48Al-2Cr-2Nb 粉末氧含量的影响

在众多的气雾化工艺中，还有一种内部混合雾化装置，它是将气体与金属熔体在压力下相混合，在进入真空雾化室的喷嘴出口与产生膨胀与雾化。这种工艺称为真空雾化法。

该工艺是间隙性生产方法，产品呈球形，洁净且纯度高。设备如图22-7所示。下面是熔化（真空感应）室，上面是粉末收集筒。其原理是在真空负压力作用下，使气体过饱和的熔融金属（气体和熔融金属相混合）突然喷入真空室中，这时气体膨胀并从熔液中析出，同时将液体金属雾化。钛只能使用氩气来雾化。

该工艺使用的氩气少，但设备复杂，投资高，同时，还存在一些技术问题，如喷嘴腐蚀问题需要解决。

22.2.2.7 离心雾化

离心雾化是利用离心力将金属熔体破碎，并用雾化状液滴甩出，之后凝固成粉末颗粒。一般来说，离心雾化比气雾化的能量效率高。但和气雾化相比，离心雾化生产的粉末的粒度分布范围要窄得多。

离心雾化包括旋转盘雾化和旋转松雾化，还包括快速凝固速率工艺和旋转电极雾化工艺。

A 快速凝固速率（RSR）工艺

RSR 工艺是采用一个水冷高速旋转圆盘（转速约为 24000 ~ 54000r/min），将熔融金属流破碎，当被粉碎的金属液滴离开旋转圆盘边缘时受到高压氦气的再次粉碎和冷凝，所获粉末的平均粒度小于 100μm。由于它以大约每秒一百万度的速率冷却被雾化的熔融金属液滴，因而能把高温时液态元素均匀组合体保留于室温下，从而细化了晶粒，防止了合金化元素的显微偏析，也消除了通常铸造时所形成的有害化合物。所以，用快速冷凝粉末可以制取呈球形的高合金制品。典型的第一代快速冷凝装置示意图如图 22-8 所示。

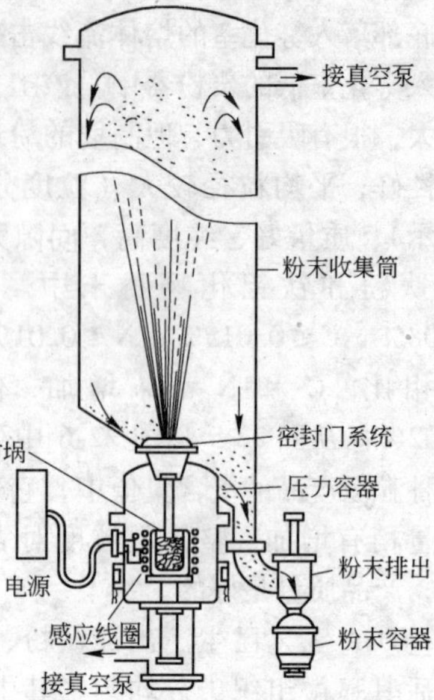

图 22-7 真空雾化工艺示意图

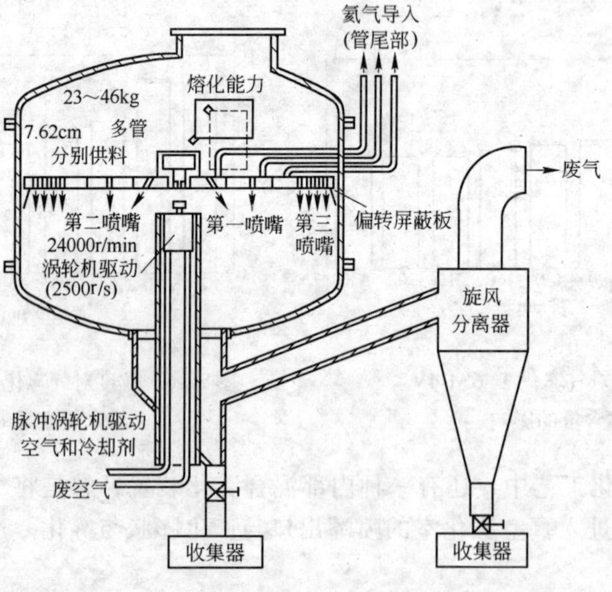

图 22-8 第一代快速凝固雾化设备示意图

第二代设备包括氦再循环的闭合回路，较高的雾化速度，并使熔化能力提高 2 倍；第三代设备保持这些特点，但熔化能力提高到 900kg。

据报道，用该工艺曾研制过钛及钛合金粉。将该工艺制取的粉末再经加工后获得的材料性能如表 22-10 所示。加工工艺：真空热压（800℃）+等温锻造（800℃）+轧制或退火。

表 22-10　快速冷凝钛合金的性能

合金类型	抗拉强度 σ_b/MPa	屈服应力 σ_s/MPa	弹性模量 E/GPa	伸长率 δ/%
Ti	425	307	90	26.8
Ti-2.0Er	547	462	92	25.1
Ti-0.3Nd	667	553	95	18.4
Ti-0.5B	705	518	126	11.0
Ti-6Al-3Ni	1008	910	115	6.0

注：真空热压(800℃)+等温锻造(800℃)+轧制或退火，于25℃测定的性能。

B　旋转电极法

这是一种借助于离心力将熔融钛液粉碎的方法，包括旋转电极法、旋转圆盘法和旋转坩埚法。由于在熔融状态时钛的活性很大，必须在惰性气氛下将钛局部熔化，利用离心力使之沿径向抛出，冷却后成球形颗粒。为了获得高温热源，可以利用电弧、电子束和等离子弧三种热源自然组合出多种方法。尽管设备结构有异，但其基本原理是相同的。

早期的旋转电极法（REP）是以电极产生的电弧为热源的，旋转电极的直径为25～75mm，电极可以铸造、压制或轧制而成。电极的旋转速度为10000～30000r/min，能够制取40～500μm的粗钛粉。粉末的粒度随着电极旋转速度增大而变小，也随电极直径的增大而变小。但还不能用这种方法生产出粒度小于40μm的细粉。例如当电极直径为63.5mm、旋转速度为22500r/min时，得到的粉末90%小于177μm；当电极直径为31.75mm、旋转速度为17000r/min时，仅有30%的粉末小于177μm。

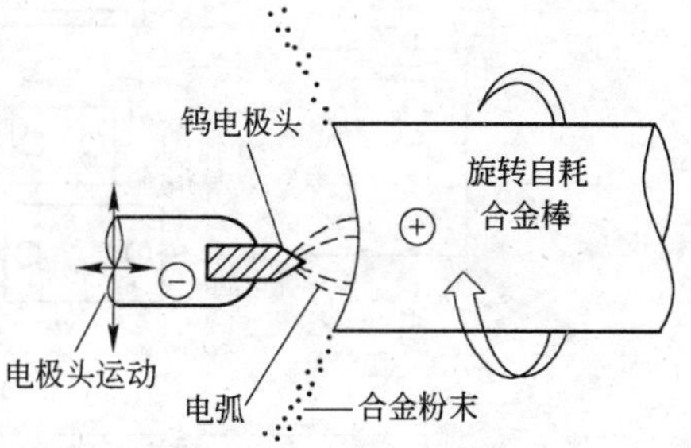

图 22-9　旋转电极工艺（REP）示意图

目前常采用的方法是等离子体旋转电极法（PREP），该方法所用设备又分为长棒料和短棒料两种。采用PREP的好处是生产的钛粉不会像REP那样被阴极钨污染。表22-11、表22-12列出了几种离心雾化法制取的Ti-6Al-4V粉末的成分和工艺性能。典型的离心雾化法工艺装置如图22-9和图22-10所示。

表 22-11　离心雾化 Ti-6Al-4V 粉末的成分

国别	粉末类型	化学成分(质量分数)/%								
		Ti	Al	V	Fe	Si	C	N	O	H
中国	REP	余量	6.18	3.8	0.16	0.04	0.04	0.013	0.14	0.018
	PREP	余量	6.15～6.20	3.84～4.24	0.068～0.88	0.03～0.04	0.03～0.04	0.051～0.062	0.11～0.15	0.005
美国	REP	余量	5.8	4.4	0.08		0.02	0.010	0.116	0.0048
	PREP	余量	5.50～6.75	3.50～4.50	0.30		0.10	0.050	0.13～0.20	0.0125
法国	EBREP	余量	6.0	3.9	0.12		0.05	0.013	0.18	<0.005
德国	EBRD	余量	6.0～6.15	4.0～4.10	0.19～0.21		0.0096	0.004～0.007	0.13～0.15	0.0005～0.0008

表 22-12 离心雾化 Ti-6Al-4V 粉末的工艺性能

国 别	粉末类型	松装密度 /g·cm^{-3}	松装密度的相对密度/%	摇实密度 /g·cm^{-3}	摇实密度的相对密度/%
中 国	REP	2.81	63.4	2.94	66.0
	PREP	2.76	62.4	2.91	65.7
美 国	REP	2.65	60	2.90	65
	PREP		60		65
法 国	EBREP		65~67		

用 PREP 法制取的 Ti-6Al-4V 粉，再经热等静法加工的钛合金零件，已正式在飞机工业上获得应用。

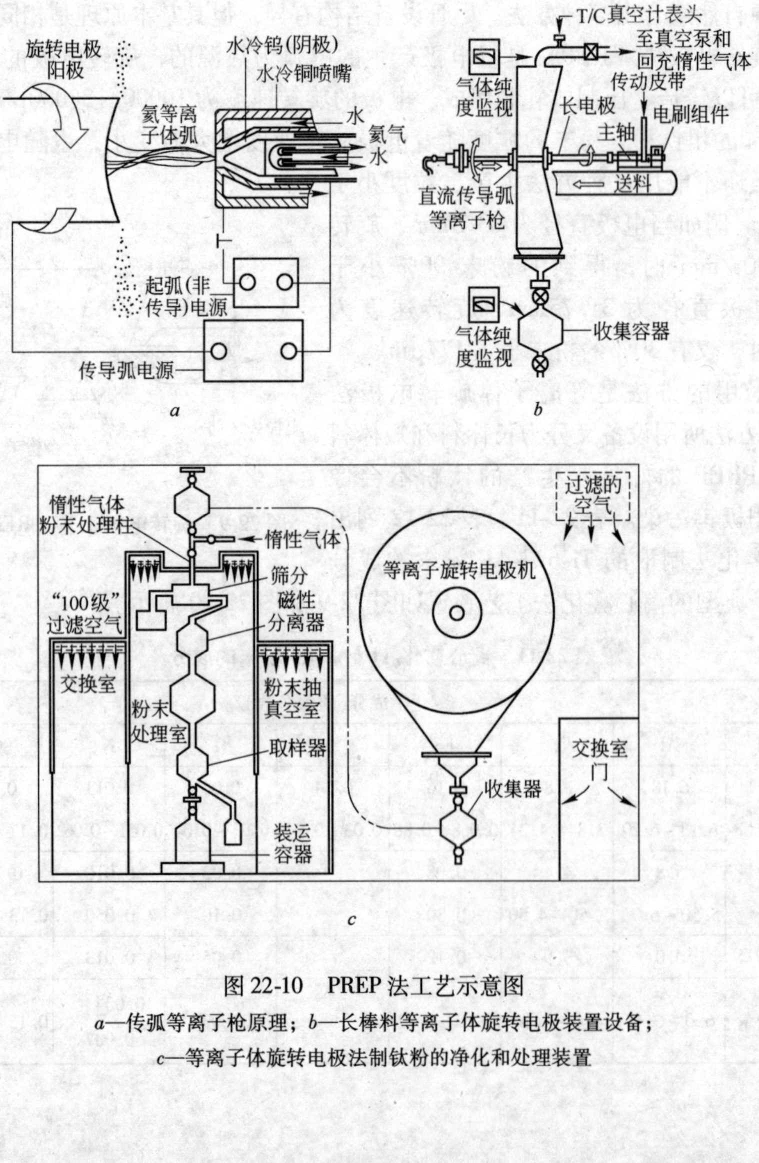

图 22-10 PREP 法工艺示意图

a—传弧等离子枪原理；*b*—长棒料等离子体旋转电极装置设备；*c*—等离子体旋转电极法制钛粉的净化和处理装置

22.2.3　氢化脱氢法制取钛粉

氢化脱氢法（HDH）制取钛粉工艺所使用的钛料不限于海绵钛，还可以用废钛、钛屑和残钛边角料，因此它有一种能综合利用残废料的好方法。此法的工艺过程比较简单，主要流程是：

钛料→表面净化处理→氢化→粉碎→筛分→脱氢→粉碎→筛分→混合→组批→真空封装→商品钛粉。

如果原料为海绵钛，因其表面很干净，则无需经过表面净化处理。表面净化处理、氢化、脱氢和粉碎、筛分为该法的关键步骤。氢化和脱氢一般使用竖式或卧式电阻炉。真空机械必须用大排气量的机械泵或机组。

22.2.3.1　表面净化处理

金属钛表面，特别是残钛表面存在一层氧化膜，这层表面氧化膜对钛的吸氢速度影响很大，它的影响程度取决于生成氧化膜时的温度。因此，在进行氢化之前，一般需要进行表面净化处理。

为了消除表面氧化膜对吸氢过程的影响，可把钛在真空中或氢气中加热处理，当加热至700~850℃时钛表面的氧化物开始向金属内部扩散，经过处理后钛的吸氢速度大为增加。但这种方法在加热处理时氧化膜中的氧并未消除，而是进入金属内部，这不仅会降低氢向金属内部的扩散速度，而且氧会进入最终产品中去，从而降低了产品质量；同时加热处理过程中钛的颗粒也会引起某种程度的烧结，降低它的吸氢速度。

比较合理的消除钛表面氧化膜的方法是化学处理法。首先在含有2%氢氧化钠的溶化物中加热至330~425℃，处理15min，此时钛表面的TiO_2被还原为TiO，生成的TiO又同碱反应：

$$TiO + 2NaOH = Na_2TiO_3 + H_2$$

经过这样处理的钛表面变为松散的粉末状，它很容易溶于含有HF或NaF的硝酸或硫酸溶液中。经过酸溶的钛表面氧化膜将完全消除。但是，在进行上述化学处理时，应尽量减少钛的损失。如果表面污染不严重，则无需进行这种处理，但必须清洗干净，除去油污。如果氧化膜较厚，应采用稀的$HF\text{-}HNO_3$混合液酸洗清除。酸洗时，反应很剧烈，必须尽量减少钛的溶解损失，及时取出用水洗涤。

如果氧化膜很厚，而成为氧化皮时，必须先铲除氧化皮。可用的方法是喷砂等机械方法，而后用酸洗法清除氧化膜。

22.2.3.2　氢化

A　钛氢脆性的本质[6]

钛的氢化是钛吸收氢的过程，也就是钛加氢合成反应：

$$Ti + H_2 = TiH_2$$

反应可以自发进行，生成物TiH_2是一个非计量假氢化物，具有脆性。

钛低温（低于882.5℃）时的稳定态为α型，属密排六方晶系，配位数12，晶格常数$a=0.29503nm$，$c=0.46832nm$，它可形成八面体间隙和四面体间隙两种构型。它们的间隙半径分别为$r_8=0.12nm$，$r_4=0.066nm$。因为氢原子半径小，$r_H=0.046nm$，所以易于进入钛的晶格间隙内，形成间隙固熔体。

金属实际上为多晶体，它由无数晶粒构成，晶界的间隙甚小，且金属晶体内存在许多缺陷——空穴和位错，因而氢原子进入这一不完全均匀的体系中，优先占据空隙大的位置，即先占据缺陷，其次进入晶界，最后才进入晶格内部空隙中。因此，从微观上讲，钛各处所吸氢的浓度是不均衡的。

钛在吸氢过程中，随着溶入氢量的增加，其基体的晶格常数逐渐增大，达到 Ti_2H 时仍为原结构，但晶格常数增大到 $a = 0.311\text{nm}$，$c = 0.501\text{nm}$。显然，所吸附的氢还未达到 Ti_2H 的 Ti-H 系仍为间隙固溶体。当钛溶入更多的氢时，即转变成 β 相。该相晶格常数为 $a = 0.4397\text{nm}$，原子间距为 $r = 0.3109\text{nm}$。当钛继续增加溶氢量，并在高氢浓度富集处析出 TiH_2 时，晶格类型便变成 γ 型面心立方体，晶格常数 $a = 0.4460\text{nm}$，原子间距增加到 $r = 0.3154\text{nm}$。

不论氢化钛的点阵结构如何变化，金属原子间距 r 随氢含量增加而增大，并引起点阵的弹性畸变，造成体积增大。

氢化钛晶体之所以被解理，是由于它的各个方向联结力的强度变化所致。当钛和氢生成 TiH_2 后，体积比基体膨胀了 15%，并使基体的晶格发生严重的扭曲变形，产生了内应力。当晶界处析出的氢化物形成连续的网状结构时，产生了连续的拉伸内应力，这种拉伸内应力远远大于金属键力，使金属的塑性遭到破坏。氢化钛的解理面常在有 TiH_2 析出的连续路线上，当遇到外力捶击时很易解理，甚至氢化过程中热胀冷缩力也使其自裂粉碎，这便是氢脆性的本质。TiH_2 是脆性相，随着基体出现许多裂纹，开裂出新的内表面，又进一步加速了它的吸氢。吸附高浓度氢氢化的钛（即 TiH_2）块体，其外表明显地出现连续网状裂纹。

氢化钛解理的难易程度决定于其含氢量，氢含量越高越易粉碎。纯钛含氢量（质量分数）一般超过 1.8% ~2.0% 方能粉碎，钛合金则超过 2.0% ~2.3% 方能粉碎。

B 吸氢机理

钛吸氢属“气—固”类反应。反应首先涉及钛表面。氢化过程由下列过程组成：氢分子向钛表面扩散→氢分子被钛表面吸附→氢分子解离为氢原子→氢原子透过钛表面层→氢原子向钛基体内部扩散→氢原子溶入钛晶格中。

这是个连串过程，扩散为控制环节。此时氢原子是逐个溶入钛中的，故氢化反应历程为：

$$\frac{1}{2}H_2 = H$$

$$Ti + H = TiH$$

$$TiH + H = TiH_2$$

经推导得：

$$\frac{dW_{TiH_2}}{dt} = KAp_{H_2}^{0.5}$$

积分后得：

$$W_{TiH_2} = KAtp_{H_2}^{0.5}$$

同时，按亨利定律导出与上式吻合的氢的溶解度（S）式：

$$S = S_0 p_{H_2}^{0.5} \exp(-q_s/2RT)$$

或有

$$\ln S = \ln S_0 + 0.5\ln p_{H_2} - q_s/2RT$$

式中 S_0——溶解度常数；

A——反应比表面积；

q_s——溶解热。

C 氢化动力学

a 钛料的性状

钛的氢化阻力首先与钛的表面氧化膜性状有关。因该膜很致密，成为氢穿透钛的有效障碍层，为此必须清除这层氧化膜。针对不同膜层性状采用不同的清除方法。带油污的钛料，如不进行净化处理，在氢化过程中，油污高温分解，析出的碳黏附在钛表面上，成为钛表面障碍层，降低钛表面有效表面积进而降低氢化速率。

钛料的几何尺寸对氢化也有影响。由动力学方程式可知：

$$\frac{dW_{TiH_2}}{dt} \propto A$$

钛料的比表面积越大，越易氢化，反之亦然。

钛料的组成对氧化过程的影响尤为重要。纯钛易氢化，钛合金稍差，其中 Ti-17（即 Ti-5Al-2Sn-2Zr-4Cr-4Mo）不能氢化制粉，其原因尚不清楚。

b 氢气压力和纯度

当温度一定时，由式 $S \propto p_{H_2}^{0.5}$ 知，钛的氢化速率与氢压存在抛物线关系。但由于钛在氢化过程中随着吸氢量的增加，相态发生变化，从 α→β→γ 相，在 α、β、γ 单相区钛的氢化速率与氢压基本上仍存在上述关系。而在混合相区内，如（α+β）或（β+γ）则比较特殊，即使氢压不变，钛的吸氢量仍会增加很多。总的来说，加大氢压能使钛的吸氢速率增加。

工艺上为了兼顾高温下反应器的安全性能，常采用约 0.2MPa 的氢压。

温度和氢压对钛吸氢量的影响如图22-11和图 22-12 所示。

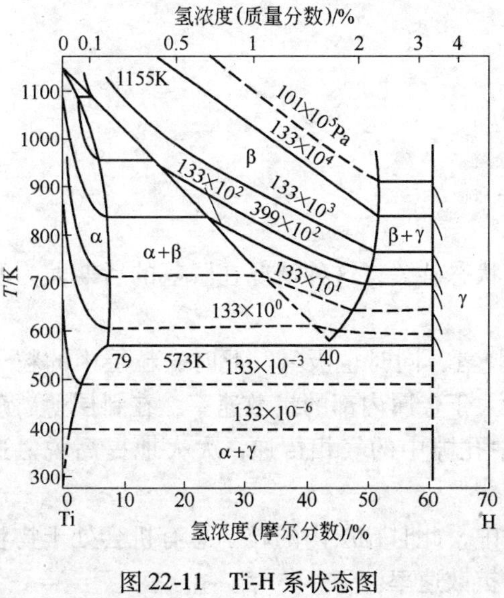

图 22-11 Ti-H 系状态图

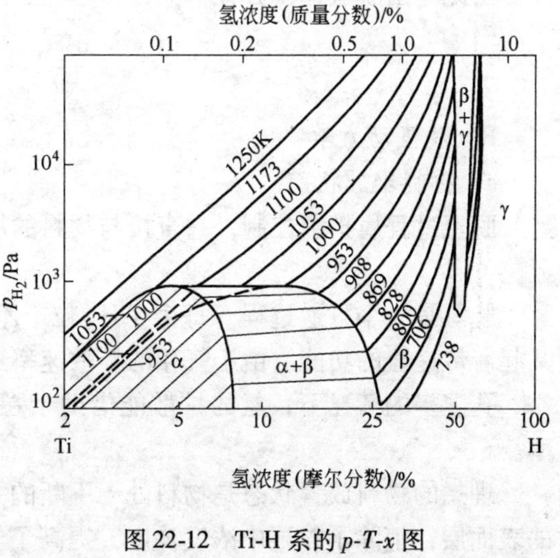

图 22-12 Ti-H 系的 p-T-x 图

氢的纯度对钛的氢化速率也有影响，不纯氢含较多的氧、氮和水等杂质，在氢化时，这些杂质都被钛吸收，并同时会形成新的 TiO 或 TiH 表面膜，阻碍钛的氢化。

c 温度效应

在氢的溶解度公式中，因放热反应时 q_s 为负值，当氢压为常数时，$\lg S \propto \frac{1}{T}$，这与图 22-11 所示 Ti-H 系状态图所反映的规律也是一致的。这种情况在 α、β、γ 单相区尤其如此，而在（α+β）、（β+γ）、（α+γ）混合相区则属例外。但总的来说，随着温度下降，钛的氢含量增加。钛的吸氢主要是在降温过程中进行，直至室温仍可吸氢。

d 氢化冷却时间

钛的氢化主要在冷却阶段，所以冷却速度与氢的溶解度有关。

由钛吸氢动力学知，$W_{TiH_2} \propto t$，氢化冷却时间越长，其吸氢量越多。快速冷却易使氢的溶解达不到饱和，产品的氢含量低。

D 工艺条件的选择

氢化温度 900～600℃，氢气压力约 0.2MPa，氢化冷却时间按不同的批量约为 1～15h。

22.2.3.3 脱氢

A 脱氢机理

被钛吸收的气体，唯有氢是可逆的，可以从钛中解吸出来。由于 TiH_2 是纯氢源，可释放出大量纯氢。氢的解吸是钛的氢化逆反应，也可看作 TiH_2 的分解反应：

$$TiH_2 \rightleftharpoons Ti + H_2$$

氢从钛中的解吸与钛氢化过程的步骤相同，方向相反，扩散仍是它的控制环节。

粉碎好的 TiH_2 粉末，其脱氢反应历程为：

$$TiH_2 = TiH + H$$

$$TiH = Ti + H$$

$$2H = H_2$$

由此导出脱氢速率方程：

$$\frac{dW_{Ti}}{dt} = K'Ap_{H_2}^{-0.5}$$

B 脱氢动力学

a 物料堆放状态

脱氢过程属扩散控制，它直接与物料的堆放状态有关，这种情况在脱氢的后期尤为明显。

脱氢是一个可逆过程，每个 TiH_2 粒子不仅脱氢，同时也吸氢。此时，粒层中的粒子又起着传递氢的功能。由于气相的扩散速率远远大于金属内部的扩散速率，在料层薄、疏松、孔隙多的情况下，氢的扩散能借助于粒层中孔隙中的气相传递，大大地提高脱氢速率。

理想的物料放置状态是物料处于不断的翻动中，此时粒层内的粒子总有机会处于物料的表面层，消除了粒层中浓度梯度，提高了氢的扩散速率。

b　氢气压力

由速率方程式$\frac{dW_{Ti}}{dt} \propto p_{H_2}^{-0.5}$可知，脱氢速率与环境氢气压力的平方根成反比。欲提高脱氢速率和降低钛中的含氢量，必须降低氢气压力。降低氢气压力的程度主要取决于所用的真空设备，为此需选用排气量大和又能达到合乎真空度要求的真空机械。

c　温度

在氢的溶解度（S）式中，q_s在吸热时为正值，当氢压为定值时$S \propto \exp\left(-\frac{1}{T}\right)$，这说明随着温度的增高，氢的溶解度会降低，这与图8-6所揭示的规律相吻合。即在α、β、γ区内，氢的溶解度与温度呈指数关系，随温度的增加溶解度急剧下降。在混合区（α+β）或（β+γ）内则是例外。温度对氢溶解度的影响比氢压的变化更为明显。

温度达300℃开始脱氢，达500℃时便可脱除大部分氢，但钛中总会残留少量氢。由此可见，即使在高温下（1000～1100℃）脱氢也不完全。因此，通常脱氢过程是在真空中进行，以降低脱氢温度。在真空中于600～800℃下便可使产品中氢含量小于0.10%。

因为脱氢过程伴随着钛粒间的烧结，烧结的牢固性取决脱氢温度、时间和颗粒间所承受的压力。为了减少颗粒间的压力，氢化钛料层厚度通常在50～100mm之间，有时还可在氢化物中加入分散剂（如NaCl等）以减少烧结的发生。分散剂可在脱氢后浸出除去。

C　工艺条件的选择

所选择的工艺条件既要保证脱除产品中的氢，又要避免钛粉烧结。兼顾这二者，脱氢温度宜选在500～800℃。脱氢终点的确定按钛粉质量要求选定。

22.2.3.4　粉碎和分级[9]

粉碎作业是将固体物料破碎，需要抗拒固体的内聚力，使其分裂成细粒，从而增加了物料的表面积。

无论是TiH_2块还是脱氢后被黏结的钛料，都是比较容易粉碎的，仅用一段粉碎机械即可完成。实际作业时，常按照不同要求的产品使用不同的设备。为了获得理想的粒级产品，必须建立粉碎机—分级机组合的装置，即建立闭路粉碎系统。该系统如图22-13所示。

当制取粗粒或细粒产品时，可用球磨机干磨—干筛系统粉碎分级。如果制取微粉产品，则宜采用球磨机湿磨—流体分级器系统粉碎分级。表22-13中列出了几个国家标准筛比较。

粉碎作业常用球磨机，它的效率低，粉碎时约95%～99%的能量转换成为热能散失掉，仅有百分之几的能量成为增加固体粒子的表面能的能量。

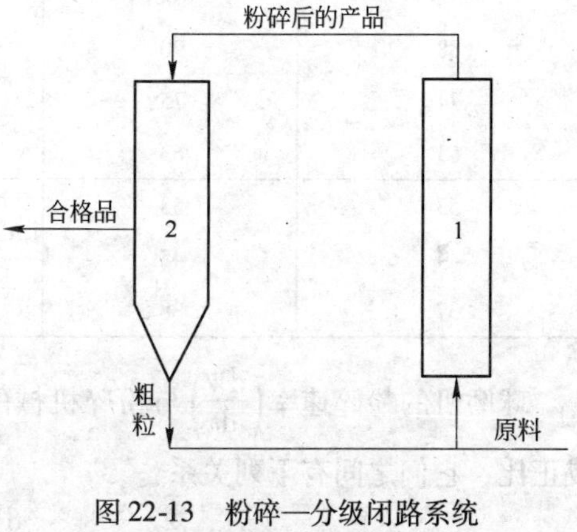

图22-13　粉碎—分级闭路系统
1—粉碎机械；2—分级机械

表 22-13 标准筛比较表（细粒用$\sqrt{2}$系列）

日本 JIS Z8801—1966	美国 ASTM E11—70		泰勒筛	英国 BS 410—1976	
筛孔尺寸/μm	筛孔尺寸/μm	No.	No.	筛孔尺寸/μm	No.
5660	5600	$3\frac{1}{2}$	$3\frac{1}{2}$	5600	3
4760	4750	4	4	4750	$3\frac{1}{2}$
4000	4000	5	5	4000	4
3360	3350	6	6	3350	5
2830	2800	7	7	2800	6
2380	2360	8	8	2360	7
2000	2000	10	9	2000	8
1680	1700	12	10	1700	10
1410	1400	14	12	1400	12
1190	1180	16	14	1180	14
1000	1000	18	16	1000	16
840	850	20	20	850	18
710	710	25	24	710	22
590	600	30	28	600	25
500	500	35	32	500	30
420	425	40	35	425	36
350	355	45	42	355	44
297	300	50	48	300	52
250	250	60	60	250	60
210	212	70	65	212	72
177	180	80	80	180	85
149	150	100	100	150	100
125	125	120	115	125	120
105	106	140	150	106	150
88	90	170	170	90	170
74	75	200	200	75	220
63	63	250	250	63	240
53	53	270	270	53	300
44	45	325	325	45	350
37	38	400	400	38	400

球磨机的粉碎速率$\left(\frac{dW}{dt}\right)$与粉碎机械的效率（$\eta_m$）和颗粒的粉碎能力（即易碎性 Γ）成正比，它们之间有下列关系：

$$\frac{dW}{dt} \propto \eta_m \Gamma$$

从式中看出，η_m 随 Γ 的变化也有变化。实践表明，当增加球重和加大粉碎力时，粉碎速率也急剧增大，这是因为 Γ 增大的缘故。

粉碎球的碰撞效率（P_g）可表述为：

$$P_g = Kd_b^{-m}d_p^{-n}$$

其中 $0 \leqslant m \leqslant 1$，$1 \leqslant n \leqslant e$，$d_b$ 和 d_p 分别为粉碎球直径和粉粒直径。d_b 和 d_p 存在下列关系：

$$d_b^2 = Kd_p$$

由此可见，欲取得良好的粉碎效率，必须选用最佳的球磨参数。如选择适宜的转速和球料比、球径的大小和搭配比例。为防止产品被铁污染，必须使用全钛结构的球磨罐和球。

在粉碎时，特别是制取微细钛粉时，由于研磨时间很长，造成大量能量的积蓄，使球磨罐内物料的温度逐渐升高，而需要加入适当的粉碎辅助剂。加入的粉碎辅助剂不仅可以防止钛粉的自燃和减少钛粉的氧化，而且有助于钛粉颗粒裂缝的成长和防止颗粒凝聚，降低粉碎力。常用的粉碎辅助剂有：固体类如 NaCl 等，液体类如乙醇、水、甲醇等，气体类如氩气等。

在产品的分级中，产品粒度大于 38μm 者宜用筛分，产品粒度小于 38μm 者以采用水力旋流器分级为好。

22.2.3.5 改进工艺

采用 HDH 法制取的钛粉，含氧量偏高。但是，经过工艺改进，精心操作，也可以获得高质量的钛粉，这种粉末常称为高质量钛粉，简称为 HHDH，以区别 HDH。HHDH 粉末质量高，含氧量低。

采用 HHDH 工艺制取的 TC4 粉末，采用热等静压工艺获得的钛合金制品，其力学性能与粉末的氧含量的影响如图 22-14 所示；其力学性能与粉末粒度的影响如图 22-15 所示。从中可见，钛粉的质量，特别是氧含量和选用的粒度，对钛制品性能影响很大。

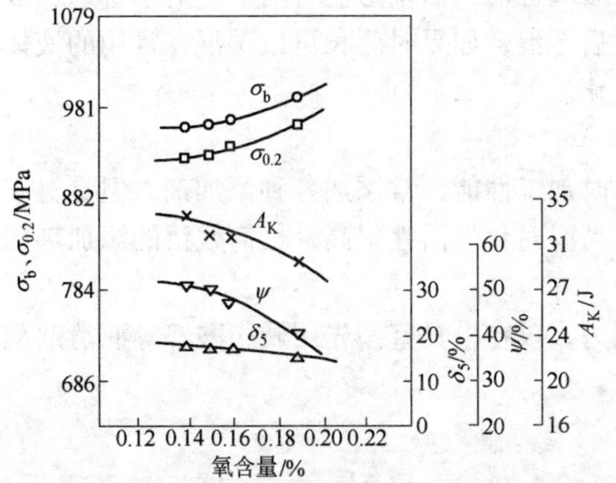

图 22-14 粉末氧含量对 HHDH-Ti-6Al-4V 合金性能的影响

（热等静压温度 950℃，98MPa，2h）

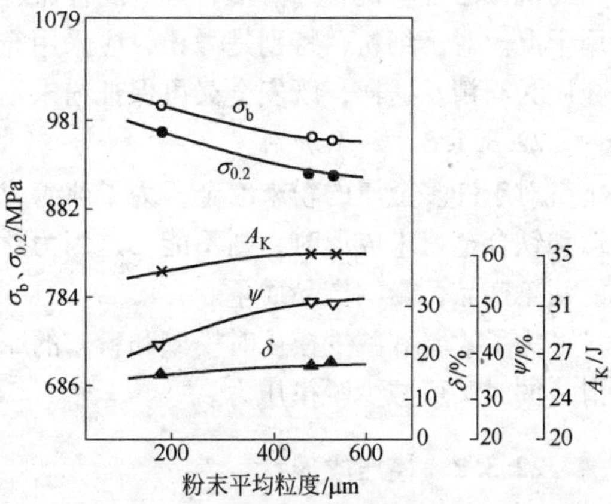

图 22-15 粉末粒度对 HHDH-Ti-6Al-4V 合金性能的影响

（热等静压工艺，950℃，98MPa，2h）

22.2.4 钛及钛合金粉末质量评估

钛制品的质量首先取决于钛及钛合金粉末的质量。各种不同工艺方法制取的钛及钛合金粉末质量是不同的，相差很大。

采用 HDH 法等工业方法能制取“普通级”的钛及钛合金粉末，若要制取高质量的钛粉比较困难。

如要制取高质量的钛和钛合金粉，必须采用新技术，像 PREP、MA、TGA 等工艺。这些工艺方法大多是生产批量小、产品成本高、操作难度大。但是，迫于航空业的苛刻要求，必须开发这些高质量的钛及钛合金粉。

22.3 成形

粉末冶金成形是将松散的粉末体加压成具有一定尺寸、形状，以及一定密度和强度的坯块。

钛粉成形方法有模压、等静压、轧制和挤压等。

22.3.1 配料

对于纯钛粉或钛合金预合金粉，属单一种粉末成形，只要按需要选用合适的规格、粒级、粒度分布的钛粉或钛合金粉，称量并组批。

对于用元素混合法制备钛合金时，必须选用合适的钛粉和合金添加剂，称量、混合并组批。

22.3.1.1 分级

如果备用的钛粉和合金添加粉末粒级不合格，按需要应重新分级。分级时常用的办法是筛分。

22.3.1.2 混合

如果选用的钛粉或钛合金粉整批粒度不匀，或采用两种粉末用作原料时必须混合。常用的机械法混料机有球磨机、V 形混合器、锥形混合器、酒桶形混合器等。对于普通粒级用干混。对于细粉，特别是微粉，应采用充氩后干混，如果时间长可以湿混，常用的液体介质为酒精。这样，既安全又可保证粉末不氧化。

22.3.1.3 加添加剂

对于许多金属的粉末冶金，为了改善成形时加工性能，常添加各种添加剂。但是对于钛和钛合金粉末成形时，则不能。这因为钛在高温时化学活性很高，任何残留的添加剂都能污染产品，影响产品质量。

为了改善和减少模压时模壁和粉末的摩擦力，仅在模具壁预先用硬脂酸锌等润滑剂润滑，同时又可减少脱模压力。

22.3.2 模压成形

22.3.2.1 压制过程和原理

A 压制过程

压模压制是将松散的粉末放入压模中，经过一定压制压力形成压坯的过程。图 22-16

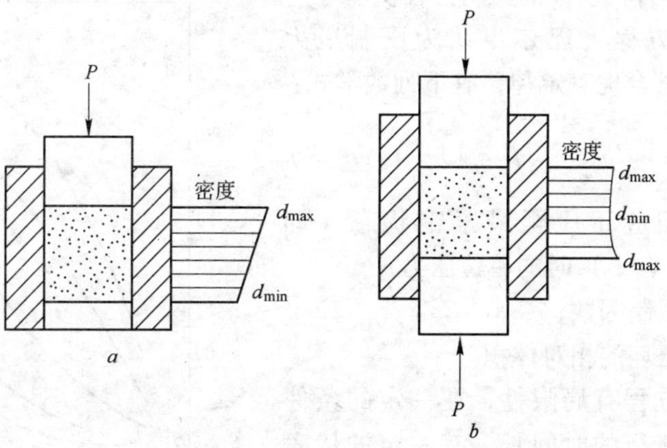

图 22-16　单向压制与双向压制的压坯密度沿高度方向的分布
a—单向压制；b—双向压制

是压模示意图。当对压模中粉末施加压力后，粉末颗粒间将发生相对位移，粉末颗粒将填充孔隙，使粉末体的体积减小，粉末颗粒迅速达到最紧密堆积。

粉末体在压模内受力后力图向各个方向流动，于是引起了垂直于压模壁的压力——侧压力。由于侧压力的作用，压模内靠近模壁的外层粉末与模壁之间产生摩擦力，这种摩擦力的出现会使压坯在高度方向有明显的压力降。对于单向压制而言，压模内粉末体压力分布不均匀，上端压力大，低端压力小，并造成了压坯各个部分的密度也不均匀。

压制过程中，粉末颗粒要经受着不同程度的各种变形，并积集了很大的内应力。当去除压力时，由于内应力的作用，压坯会力图膨胀。这种压坯脱出压模后发生的膨胀现象称弹性后效。为了从压模中取出压坯，还需要施加一定的压力，此为脱模压力。

压模中的粉末体的变形不仅靠粉末颗粒自身的形状变化，并且主要依靠粉末颗粒的位移和孔隙体积的变化。此时有两种变化。第一种是粉末的位移。当施加压力时，粉末体内的拱桥效应遭到破坏，粉末颗粒便彼此填充孔隙，重新排列，增加接触。第二种是粉末变形。粉末体受压后，体积明显减少，并发生了变形。变形有弹性变形、塑性变形和脆性断裂。通常像钛粉等塑性金属粉末，其中塑性变形占比例大。但当压力超过极限后，就易发生粉末颗粒碎裂。

在粉末体成形过程中，随着压制力的增加，孔隙减少，压坯逐渐致密化，压坯的强度也逐渐增大。这是粉末颗粒间的联结力作用的结果。其中，颗粒间的机械啮合力是最主要的联结力。这对于颗粒表面呈不规则的多角状或海绵状的钛粉越容易彼此啮合得更紧密，压坯的强度也越高。同理，球状钛粉间啮合力就小，相同的压力下压坯的强度就较低。

B　压制压力和压坯密度的关系

粉末体压制时随着压力的增加，压坯的相对密度逐渐增加，并出现有规律的变化。对于钛的粉末体而言，它的规律如图 22-17 所示。

关于压制压力和压坯密度的定量关系，有许多学者都曾试图用数学表达式来达到描述这一关系，并提出了几十个表达式，但都不十分理想。

现在提出一个有代表性的压制方程供参考。

巴尔申压制方程　巴尔申认为压制压力（P）和变形关系符合虎克定律，有下列数学式：

$$\lg P = \lg P_{max} - L(\beta - 1)$$

式中　P_{max}——相应于压至最紧密状态（即 $\beta = 1$）时的单位压力；

L——压制因数；

β——压坯的相对体积。

验证表明此方程有局限性，在一定的条件下才正确。但它流行的时间长，有一定的代表性。

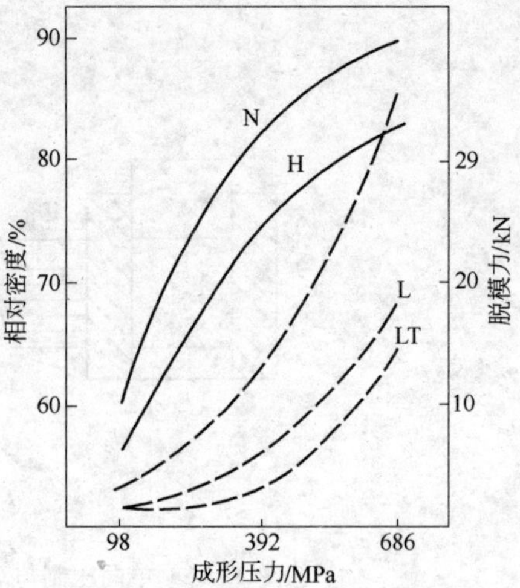

图 22-17　钛粉末的压缩性和脱模力

N—钠还原海绵钛；H—镁还原海绵钛氢化脱氢粉；L—添加较多润滑剂；LT—添加较多润滑剂、模具有较大斜度

C　压制过程力的分析

压制过程很复杂，实际作用在压坯断面上的力不都是相等的，同一断面上各部位的力也不相等。有下列力，并推导出相应的关系：

（1）侧压力（$P_{侧}$）：

$$P_{侧} = \nu\rho$$

式中　ν——泊松比。

用铁粉作实验，表明 P 在 160～400MPa 时，$P_{侧}$ 和 P 呈线性关系；有 $P_{侧}$ =（0.38～0.41）P，可供参考。

（2）外摩擦力（常简称为摩擦力）：

$$P_{摩} = \mu P_{侧}$$

式中　μ——摩擦系数。

（3）脱模压力（$P_{模}$）：

$$P_{模} = C[P\pi DH]m$$

式中　D——压坯直径；

H——压坯高度；

C——特征系数；

m——常数。

一般来说，脱模压力不超过 0.3P。图 22-17 中列出了钛粉具体的脱模压力值。

（4）粉末体压坯上实际某处的净压力（P_1），应是压制压力（P）和该处的摩擦力（$P_{摩}$）的合力，即有：

$$P_1 = P - P_{摩}$$

D　压坯密度分布规律

在单向压制时，压坯沿其高度方向上密度分布是不均匀的。图 22-18 详细地展示了用镍粉进行压制测定的压坯密度分布。它表明单向压制时，各截面平均密度沿压坯高度直线下降，如图 22-16a 所示。

实验证明，此时增加压坯高度会使压坯各部分的密度差增大；而加大压坯直径会使密度差减少。故压坯的高度（*H*）/直径（*D*）比越大，压坯的密度差就越大。为了减少压坯的密度差别，应降低压坯的 *H/D* 之比值，并采用润滑剂润滑模壁，达到降低摩擦系数，改善压坯的密度分布。

同时，压坯中分布不均匀性可以用双向压制来改善。在双向压制时，与上、下模冲接触的两端密度较高，而中间压域的密度较低，如图 22-16*b* 所示。但密度分布状况有了明显的改善。

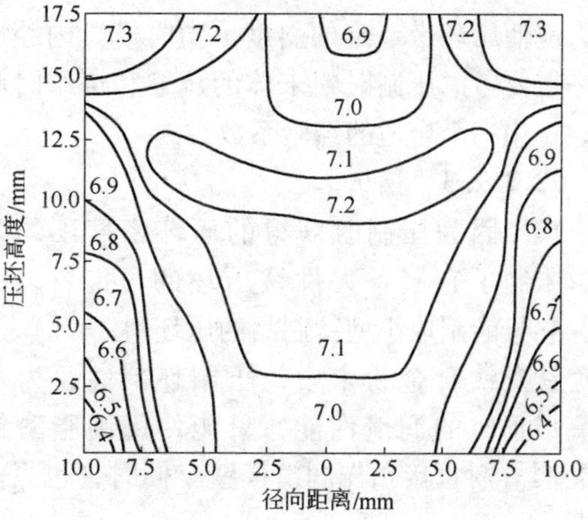

图 22-18 镍粉压坯的密度（g/cm³）分布

在压制横截面不同的复架形状压坯时，必须保证整个压坯内的密度相同。为此，需要设计不同动作的多模冲压模，并使它们的压缩比相等才行。

22.3.2.2 模压设备

模压设备一般分为机械式和液压式两种。它是标准成套设备。目前如果是小件钛件可用小型压机，可选用压机的额定压制能力为700MPa。

预先必须按要求制备好模具。

所采用筒状单向和双向压模如图 22-19 和图 22-20 所示。所采用片状压模如图 22-21 所示。

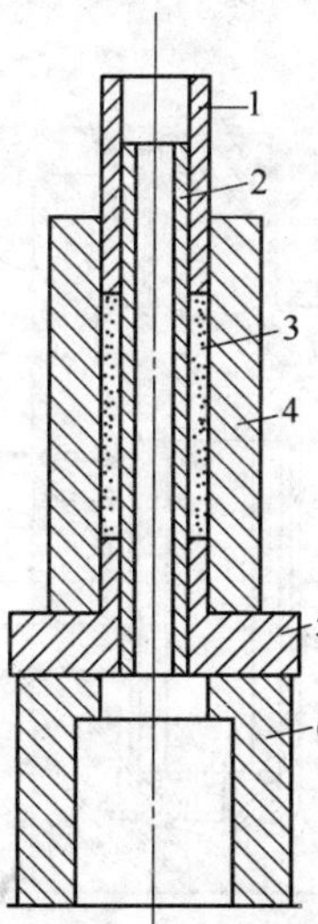

图 22-19 单向压模

1—上冲头；2—芯杆；3—物料；4—阴模；5—下冲头；6—支架

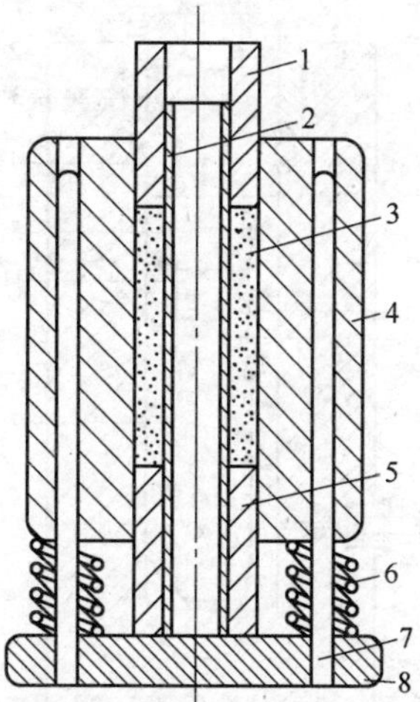

图 22-20 双向压模

1—上冲头；2—芯杆；3—物料；4—阴模；5—下冲头；6—弹簧；7—定位销；8—底座

设计模具时，为了便于钛压坯从模具中脱模，应使压坯带一定的斜度。同时模具内腔尺寸一定要考虑压制时粉末体的压缩和烧结时收缩，选用一个合适的经验系数。

22.3.2.3 模压工艺

模压因为压制时获得的压坯密度不均匀性，限制了它制备大件钛压坯的可能性。因此，它只能制取小型钛制品的压坯料。

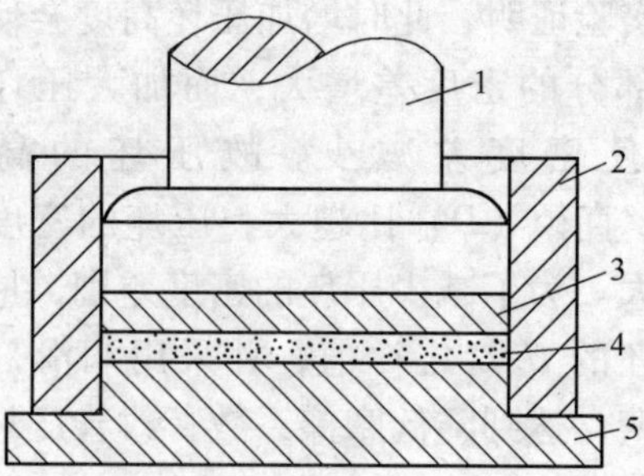

图 22-21 压制片材的压模

1—冲头；2—阴模；3—垫片；4—物料；5—底座

钛及钛合金粉末中，压制坯料时，为了提高成形时的润滑性能，只能使用硬脂酸锌一类润滑剂直接预先润滑模壁。同时，也只能采用小型压机压制坯块，并只能采用间隙作业。

它可以制取小型钛的尺寸，如钛管高度 H 为 100 ~ 200mm，直径 D 为 20 ~ 50mm；片状直径 D 为 20 ~ 400mm。它适用制备筒状、棒状和片状过滤元件，也可制备螺帽、法兰等致密钛元件。

压制压力：多孔材料为 98 ~ 147MPa；致密材料为 400 ~ 560MPa。

从图 22-17 可见，压力对密度影响十分明显。

模压成形的特点是工艺简单、操作也简单、效率高，但只能制取小件压坯。

22.3.3 冷等静压成形

22.3.3.1 压制原理

等静压制是借助高压泵的作用将流体介质（气体或液体）压入耐高压的钢体密封容器内（如图 22-22、图 22-23）。高压流体的静压力直接作用在弹性模套内的粉末上，使粉末

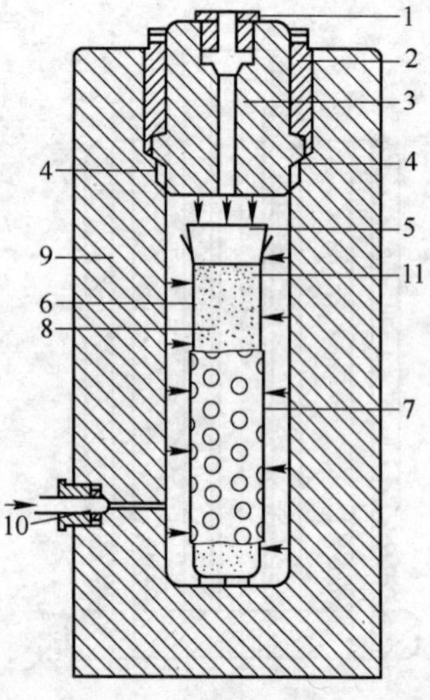

图 22-22 湿袋模具压制图

1—排气塞；2—压紧螺帽；3—压力塞；4—金属密封圈；5—橡皮塞；6—软模；7—穿孔金属套；8—粉末料；9—高压容器；10—高压液体；11—棉花

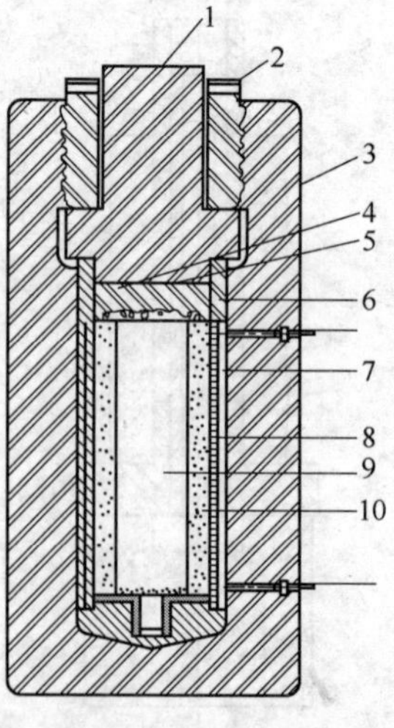

图 22-23 干袋模具压制图

1—上顶盖；2—螺栓；3—筒体；4—上垫；5—密封垫；6—密封圈；7—套板；8—干袋；9—模芯；10—粉末

体在同一时间内各个方向均衡受压而获得密度分布均匀和强度较高的压坯。

在等静压压制过程中，流体介质传递压力是各向相等的。弹性模具本身受压缩时变形，与粉末颗粒的压缩大体上是一致的。尽管此时粉末体间、粉末与压模模壁间发生了一些相对运动，产生了滑动摩擦力。但是弹性模具与接触粉末之间不会产生大的明显的相对运动，它们之间的外摩擦力很小。等静压压制时，由于各方向压力均等，静摩擦力在压坯的纵断面上任一点都应相等。毫无疑问，压坯的密度分布沿纵断面是均匀的。但是，沿压坯同一横向断面上，由于粉末颗粒间的内摩擦的影响，压坯的密度从外向内逐渐略有降低。经实验证实变化不大，密度变化值仅为1.5%。

在等静压压制时，粉末体压制压力与压坯密度变化可用黄培云的压制双对数方程来描述：

$$m\lg\ln\frac{(d_m-d_0)d}{(d_m-d)d_0}=\lg P-\lg M$$

式中　d_m——致密金属密度；

d_0——压坯原始密度；

d——压坯密度；

P——压制压力；

M——相当于压制模数；

m——相当于硬化指数。

22.3.3.2　冷等静压设备

等静压机分冷等静压机和热等静压机两种。冷等静压机又分为干式和湿式两类。本工艺常使用的油静压机是湿式的。

油静压机主要由高压容器和高压泵组成。高压容器的缸体是一个两端密封的立式筒体，如图22-22所示，底部由高压油管与高压油泵的高压油输出管道相连。所选用介质油类应是无毒、无腐蚀和适用的，如经过处理的甘油、蓖麻油、锭子油、机油、煤油及煤油与变压器油的混合液等。

油静压机结构类似热静压机结构，只是在高压容器内无加热系统。目前市场已有定型产品销售。热静压机结构如后述图22-45所示，供参考。

选用冷等静压机额定压制能力为500MPa。

制备模具：模具在压制时受拉伸和压缩，必须具有一定的强度、弹性、耐磨和硬度。冷等静压模具可选用天然橡胶或合成橡胶制作。但是，用橡胶制作模具工艺繁长，特别制作形状复杂的模具困难，且成本高。故目前常用塑料。热塑性软性树脂是常用的模具材料。它的典型配方为：聚氯乙烯树脂100份、苯二甲酸二辛酯（或二甲酸二丁酯）100份、三盐基硫酸铅3~5份和硬脂酸0.3份。其他还有一次性材料有聚乙烯、聚苯乙烯，可重复使用的材料有聚氨酯等。模具是浸渍法、喷涂法、浇注法、模压法或注射成形法等方法制作。这种模具又称包套或膜套。

这种包套在作为长管状模具时装料卸料不方便，实践中，将膜套置于刚性固定支架中，组成组合式。如在制取ϕ50mm×500mm的多孔材料常用的模具支撑装置（或称刚性模具），操作方便。

如刚性管状模具有两种。图22-24为整体式模具，可用于压制一端封闭，另一端带法兰的多孔钛管或钛管。图 22-25 是三瓣式模具，可用于压制普通管材，其模体是由均等三瓣组成。在设计模腔尺寸必须考虑到压缩和烧结时收缩系数。

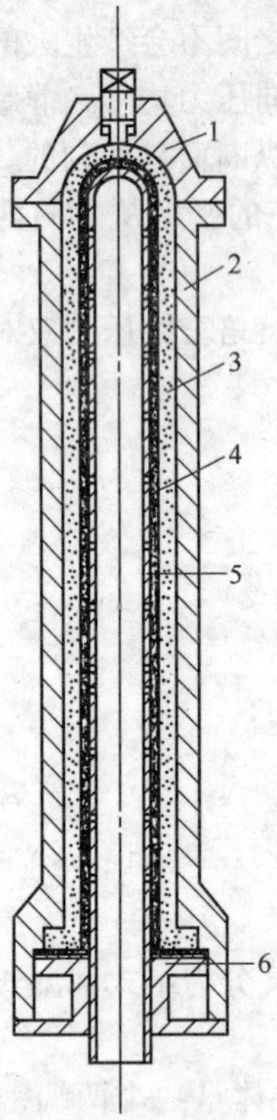

图 22-24 整体式模具

1—端模；2—模体；3—物料；4—乳胶膜；5—模芯；6—定心环

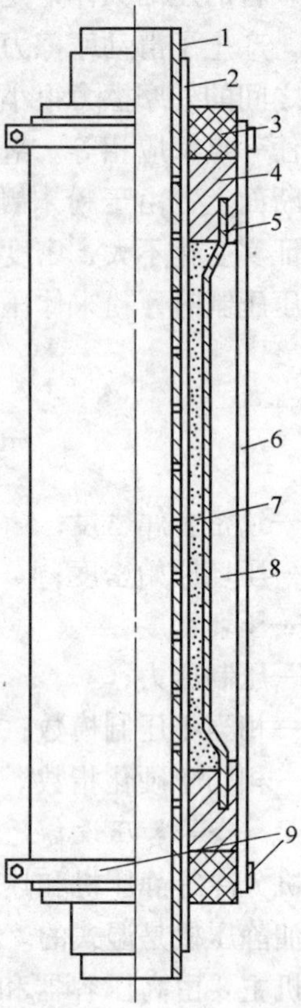

图 22-25 三瓣式模具

1—模芯；2—乳胶膜；3—橡皮环；4—定心环；5—固紧套；6—橡皮膜；7—物料；8—模体；9—密封环

22.3.3.3 压制工艺

冷等静压压制压力，通常为 50～415MPa。

制取多孔钛材为下限；制取致密钛材为上限 310～415MPa。

压制压力对致密材料影响较小；对多孔材料影响显著，如图 22-26 所示。

等静压成形的特点是压坯的密度较均匀，可以制取大型件或异形件，所使用的模具简单、价廉；缺点是生产率低，压坯尺寸较难控制。可以用它来制取各种尺寸的过滤元件，包括大型过滤元件和阀门、叶轮泵的叶轮等异形件的压坯。

22.3.4 粉末轧制

22.3.4.1 轧制原理

将钛粉通过一个特制的漏斗喂入转动的轧机轧辊缝中，即可轧制出一定厚度的长度连续的和适宜强度的钛带坯料，再经烧结和后处理，就可制成有一定孔隙度的多孔钛带或致密的钛带材。但因为致密钛板带材常用塑性变形轧制制取，而粉末轧制主要应用于制取多

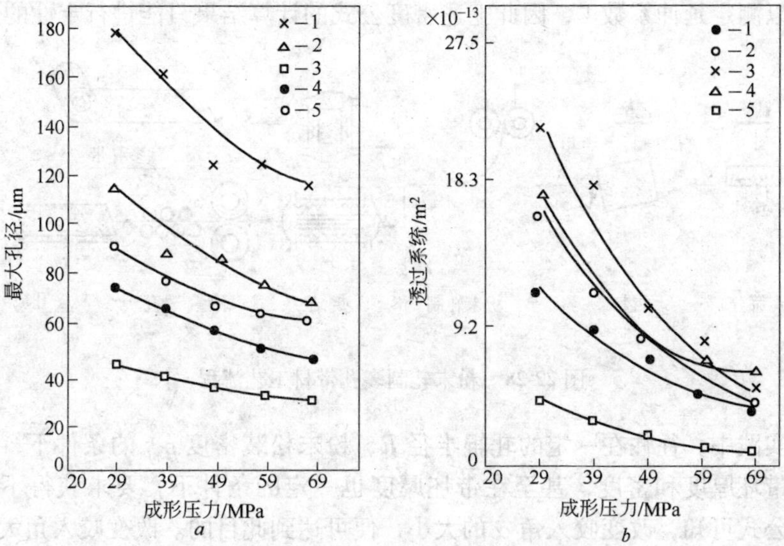

图 22-26 成形压力对多孔钛过滤材料透过性能的影响（0.13Pa，1000℃，1.5h）

a—孔径；*b*—渗透性（介质为20℃空气）

1—0.833～1.651mm（10～20 目）粉；2—0.589～0.833mm（20～28 目）粉；3—0.417～0.589mm（28～35 目）粉；4—0.246～0.417mm（35～60 目）粉；5—0.147～0.246mm（60～100 目）粉

孔钛带。

当钛粉加入一对转动方向相反的轧辊的间隙，依靠轧辊对粉末的压力把粉末压紧，这样就能连续地轧制多孔带材。轧制原理如图 22-27 所示。金属粉末由于自重和与轧辊之间的摩擦力而进入 1—1 截面，开始受到压缩，但是只有进入 2—2 截面时才能压成"实体"。1—1 截面的大小由 α 角决定，α 角称为粉末的咬入角。2—2 截面的大小由 α_y 角决定，α_y 角称为粉末的轧制角。α 角和 α_y 角的大小主要取决于轧辊和粉末特性。

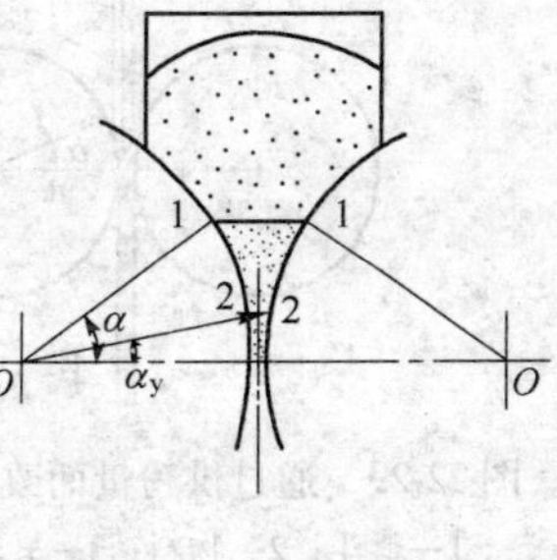

图 22-27 粉末轧制示意图

α—咬入角；α_y—轧制角

现在还没有测定咬入角的可靠方法，轧制角可以用轧机"停车—反转"法测量压成"实体"的压坯长度而计算，一般为 3°～12°。

通常，粉末冶金多孔带材多采用粉末冷轧制取，其轧制工艺流程如图 22-28 所示。

以重量不变为条件（粉末重量等于带材重量），文献［3］提出了计算带材密度 $\rho_{带}$ 的方程式：

$$\rho_{带} = \frac{\rho_{粉}}{\tau}\left(1 + \frac{\alpha^2 R}{h}\right)$$

式中 $\rho_{粉}$——粉末松装密度，g/cm³；

α——咬入角，rad；

R——轧辊半径，mm；

h——带坯厚度，mm；

τ——延伸系数，等于带坯轧出速度与粉末在与 α 角相应的截面上的速度之比。

由于难以测定延伸系数 τ，因此上述密度公式的计算结果只能进行定性的分析。

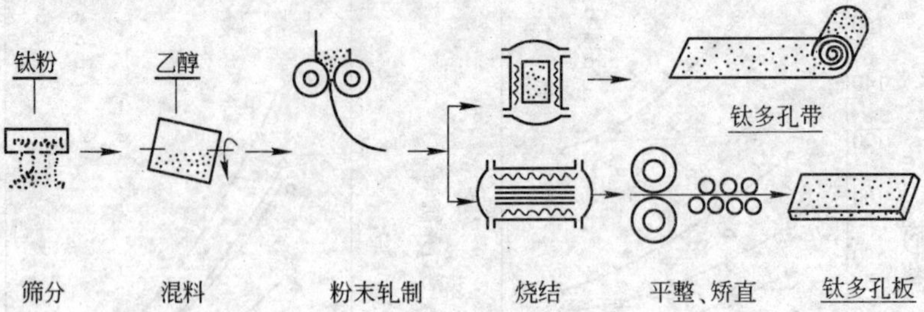

图 22-28　粉末轧制多孔带材工艺流程

在生产实践中，往往在一定的轧辊半径 R、粉末松装密度 $\rho_{粉}$ 的条件下，要求在某一范围内控制带坯厚度和密度，甚至在带坯厚度也一定的条件下，要求获得不同密度的带坯。从密度公式可知，改变咬入角 α 的大小，便可达到此目的。改变咬入角大小的方法有两种：一是固定轧辊转速，控制供粉量（如图 22-29 所示），即使供粉量仅保持在所需的 α 角所要求的高度。另一方法则是借助于一插入由轧辊和粉末特性所决定的固有咬入角内的深度，从而调整 α 角，如图 22-30 所示。

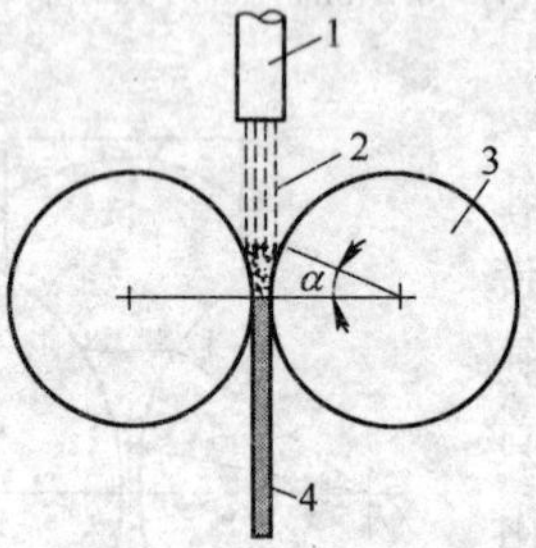

图 22-29　通过供粉量而改变咬入角大小

1—料斗；2—物料；3—轧辊；4—带坯

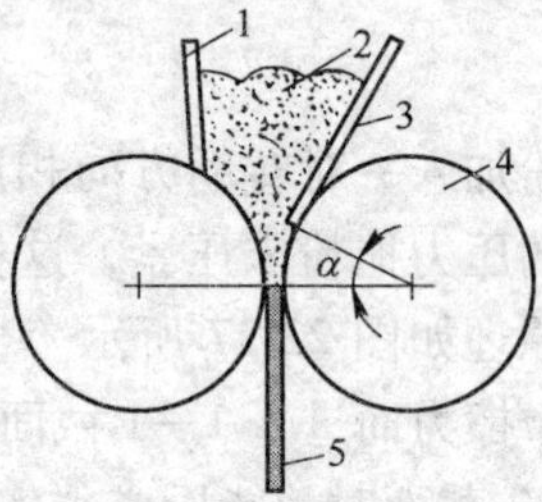

图 22-30　通过活动插板而改变咬入角大小

1—料斗；2—物料；3—活动插板；4—轧辊；5—带坯

粉末轧制多孔带材的最大厚度主要取决于轧辊直径。一般最大带坯厚度与轧辊直径之比值约为 1/100。

通常，轧制的粉末带坯边部的密度要比中间低，为了克服这一缺点，可在轧辊两端采用一特殊装置，以克服静止侧板对粉末的摩擦力。

22.3.4.2　轧制设备

粉末轧机有两种，一种是水平轧机，另一种是垂直轧机。一般轧制时，脆性粉料轧制时（带材没有强度）用水平轧机。但像钛粉轧制常用垂直轧机，较易控制加入粉末量，轧制较容易。这从图 22-31 中显示可见。实践中，选用辊径为 200mm、辊身长 240mm 的二辊卧式轧机试验，轧制是成功的。这种轧机为定型产品。

22.3.4.3　轧制工艺

在辊径为 200mm、辊身长度为 240mm 的二辊卧式轧机上轧制粒度为 160 ~ 450μm、松装密度为 0.88g/cm³ 和 1.33g/cm³ 的钠还原钛粉和经过研磨的钠还原钛粉，其化学成分见

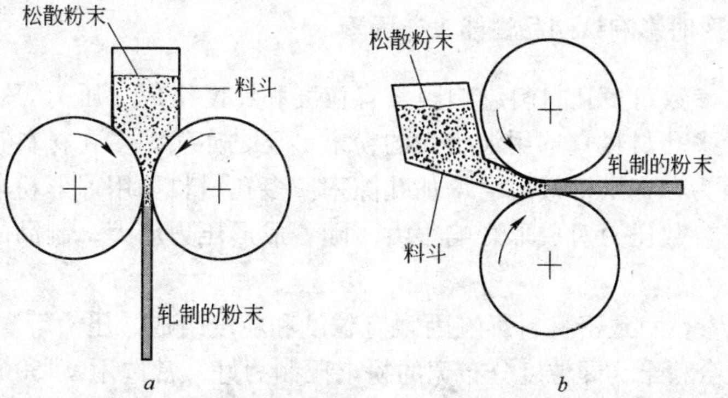

图 22-31　粉末轧制方式示意图

a—垂直轧制；b—水平轧制

表 22-14。

表 22-14　钠还原钛粉的化学成分（%）

O	N	H	C	Cl	Fe
0.04 ~ 0.13	0.005	0.0034	0.003	0.17	0.07 ~ 0.08

海绵状钠还原钛粉在平均轧制压力分别为 21MPa、42MPa 及 84MPa 下轧制，带坯密度变化如图 22-32 所示。

图 22-32 表明，轧制压力对钠还原钛粉带坯密度的影响很大；经过研磨的粉末，其带坯密度随轧制压力的变化要比未经研磨的粉末略小。

对于 160 ~ 450μm 的经研磨过的钠还原钛粉，在 42MPa 压力下轧成 1.0mm 的带坯。

轧制时选用的钛粉粒度也对制品有影响，如图 22-33 所示。

由此可见，成形压力和选用钛粒的粒度均对多孔钛材性能有影响。

粉末轧制有下列优点，它可以获得很薄且长而宽的多孔带。通过再加工可以制成各种形式和大型的过滤器。但是它的投资较大,生产效率高,仅对批量大的多孔钛带生产才有意义。

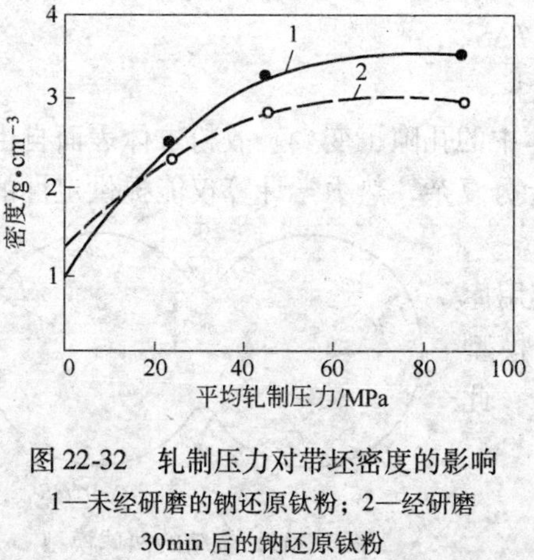

图 22-32　轧制压力对带坯密度的影响

1—未经研磨的钠还原钛粉；2—经研磨 30min 后的钠还原钛粉

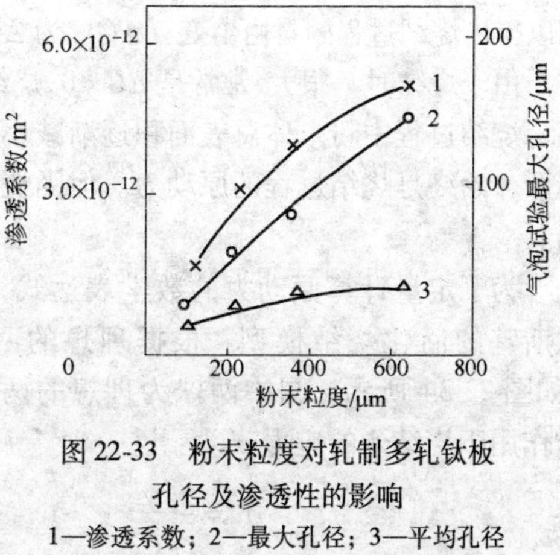

图 22-33　粉末粒度对轧制多轧钛板孔径及渗透性的影响

1—渗透系数；2—最大孔径；3—平均孔径

22.3.5 成形时影响钛制品性能工艺因素

成形时工艺参数对多孔材料影响因素有粒度和粒度组成、压力等。如果要制取孔径大且透气性高的多孔材料宜选用粒级大的粉末，反之亦然。多孔材料宜选用粒度分布窄的粉末，这是因为存在拱桥效应会增加孔隙率。多孔材料如用球形粉末对提高透过性能是有利的。工艺参数压力对成形影响很大。随着成形压力增大，制品的孔隙度和渗透降低。

成形时工艺参数对致密材料影响因素有粒度和粒度组成、压力等。与多孔材料相反，制取工艺选用混合粉末，即粒度分布宽的粉末压制为好，常选用 $<150\mu m$（100 目）粒级的粉末。这样的粉末细粒容易压紧入粗粒孔隙内，压制时压坯密实、假密度大。如果粉末颗粒表面凹凸不平，多角状，对压制是有利的。工艺参数压力对成形有影响，但影响不是十分显著。但随着压力增大，有利于制品增大致密性，降低孔隙率。

22.4 烧结

烧结是将松散粉末或压坯在高温下通过冶金结合形成致密的或多孔的制品过程。烧结使粉末颗粒实现强结合体并使混合粉末合金化。通常烧结温度低于主要组分的熔点。

22.4.1 烧结原理

22.4.1.1 烧结热力学

粉末体的烧结过程是一个十分复杂的物理-化学综合的变化过程。粉末体是一个细小颗粒集合体。这些粉末体粒子小而具有很大的表面积，粒度愈小比表面积愈大。而且粉末如果表面凹凸不平，有丰富的孔隙和裂纹、小孔；有的粉末还有各种形式的晶格缺陷和空位缺陷。由于这些状况的存在，使得粉末具有较高的表面能和晶格畸变能。而且粉末体越是粒度小，越是表面不规则，则越具有大的表面能。

烧结时，具有越高的表面能就要释放其能量，使其趋于稳定的低能状态。也就是粉末体表面具有多量能量的原子都力图成为金属内部基体的低能状态。故在烧结时会释放出一定能量，并会自发进行。

烧结过程中，设 ΔA 为粉末体具有过剩能量，ΔS 为它在粉末态转变为烧结态的熵变，则可以得出烧结过程的自由焓变（ΔG）为 $\Delta G=\Delta A-T\Delta S$。

由于烧结时 T 很大,常常是 $\Delta G<0$,烧结容易发生。

烧结过程中粉末体总表面积逐渐减小，粉末体中的孔隙也变少。故粉末体表面自由焓降低，始终是烧结过程的原动力。但因烧结过程十分复杂，热力学计算仅能提供定性的判断。

为了定量计算原动力的数学表达式，可以应用库钦斯基的简化烧结模型。根据理想的两球烧结模型（如图 22-34 所示，图中两球为理想的两粒粉末），此时作用于烧结颈的应力 σ 为：

$$\sigma=-\frac{\gamma}{\rho}$$

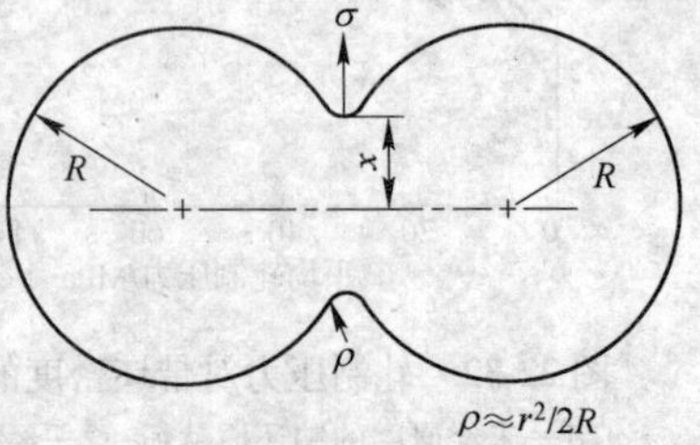

图 22-34 烧结的两球模型

式中 γ——表面张力；

ρ——烧结颈的曲径半径。

σ是表面张力引起机械力，负号表明它作用在烧结颈曲面上，使烧结颈向外扩大，而最终形成网状孔隙。这时孔隙中的气体会阻止孔隙收缩和烧结颈的长大。此时不能忘记孔隙中的气体压力 P_v 的作用。进一步推导，形成隔离孔隙时，烧结收缩的动力（P_s）可描述为：

$$P_s = P_v - \frac{2\gamma}{r}$$

式中 r——孔隙半径；

$-\frac{2\gamma}{r}$——作用孔隙表面使孔隙收缩的张应力。

如果 $P_s > P_v$，孔隙就能继续收缩变小；如果 $P_s \leqslant P_v$，孔隙收缩会停止。故烧结到最终阶段，烧结体内仍能残留少量闭孔隙。这种闭孔隙仅靠延长烧结时间是无法消除的。

22.4.1.2 烧结过程

粉末烧结后，烧结体的强度增加，首先是粉末颗粒间的联结强度增高。烧结时，在粉末体内，由于高温的作用，原子的运动加剧，使有更多的原子进入颗粒间的接触面，形成黏结面。并且，随着黏结面的扩大，烧结体的强度也提高。黏结面扩大形成烧结颈，使原来的颗粒界面形成晶粒界面，而且随着烧结的继续进行，晶界可以向颗粒内部移动，导致晶粒的长大。

烧结体的强度增高还反映在孔隙体积和孔隙总量的减少，以及孔隙形状的变化方面。由于烧结颈长大，颗粒间原来相互连通的孔隙逐渐收缩成闭孔，然后变圆。孔隙的大小和数量也在改变，即孔隙的个数减少，而平均孔隙尺寸增大。

颗粒黏结面的形成，通常不会导致烧结体的收缩。因而，致密化并不标志烧结过程的开始，而只有烧结体的强度增高才是烧结发生的明显标志。随着烧结颈的长大，总孔隙体积的减少，颗粒间距离的缩短，烧结体的致密化过程才真正开始。如上所述，除了烧结颈在烧结过程中长大之外，压坯可以致密化、收缩；表面积会减小；强度能增高，以及导电性增加，烧结体变硬。这些参数提供了叙述烧结过程的可能性。在大多数情况下，烧结是伴随着烧结体尺寸减小的（叫做收缩）。

粉末的烧结过程大致可分为三个界限不明显的阶段，如图 22-35 所示。

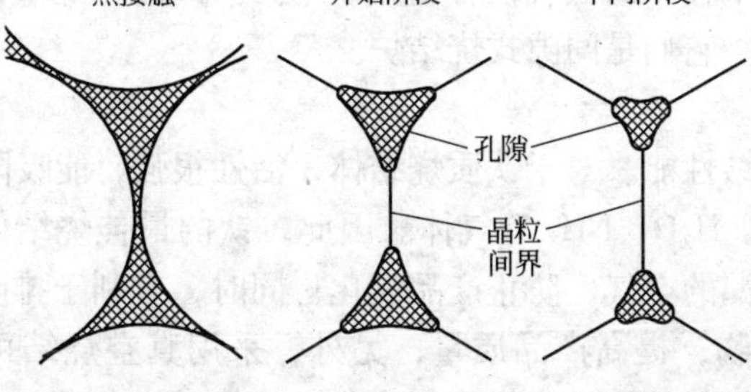

图 22-35 烧结阶段的示意图

(1) 开始阶段——烧结的初期，或称黏结阶段。颗粒间的原始接触点或接触面转变成晶粒结合，即通过形核、长大等原子迁移过程形成烧结颈。在这一阶段中，颗粒内的晶粒不发生变化，颗粒外形也基本未变。但是，烧结体的强度和导电性却由于颗粒结合面的增大而有明显的增加。这阶段中，主要发生金属的回复，吸附气体和水分的挥发，压坯内成形剂的分解和排除。

(2) 中间阶段——烧结颈长大阶段。原子向颗粒黏结面的大量迁移使烧结颈扩大，颗粒间距离缩小，形成连续的孔隙网络。同时，由于晶粒长大，晶界越过孔隙移动。而被晶界扫过的地方，孔隙大量消失。密度和强度增高是这个阶段的主要特征。这一阶段中，开始出现再结晶。

(3) 最终阶段——闭孔隙球化和缩小阶段。此时，多数孔隙被完全分离，闭孔隙数量大为增加，孔隙形状趋于球形而且不断缩小。这个阶段中，整个烧结体仍可缓慢收缩，但这是靠小孔的消失和孔隙数量的减少来实现的。此阶段可延续很长时间，但是仍有少量残留的隔离小孔隙不能被消除。

对于用混合元素法制取钛合金的烧结时，烧结过程的变化更为复杂，但总体上仍和单一元素烧结过程大同小异。

在压坯烧结过程中，随着压坯逐渐致密化，宏观上压坯外形不断收缩，孔隙逐渐消失，微观上是物质迁移的结果。

物质的迁移存在着两种类型的物质迁移机构，即物质表面迁移和体积迁移。

物质表面迁移是由物质在颗粒表面的流动而引起的。此时，表面扩散和蒸发-凝聚在控制烧结的物质表面迁移中两个较重要的贡献。但是物质表面迁移并没有发生基本尺寸变化，相反物质的体积迁移可以引起烧结体基本尺寸变化。物质的体积迁移包括体积扩散、晶界扩散、塑性流动和黏性流动。通常，物质的体积迁移过程大多活动在烧结的最终阶段。

22.4.2 烧结设备

22.4.2.1 真空烧结炉

钛及钛合金的粉末冶金烧结时工作温度为1400℃，额定工作温度为1500℃。因此，可选用电阻元件加热炉作为烧结设备。常选用的烧结炉有炭管炉和钼丝炉，加热元件分别为炭管和钼丝带，已有定型产品。因为必须在真空下烧结，真空度必须达到0.13Pa以上，故必须配备中真空机组，应选用机械泵-油增泵机组最为合适（详见本书26章），选用油增压泵为主泵时，对排除钛粉中释放出氢气最有利，效率高。因此，烧结设备应选用真空炭管电阻炉和真空钼丝电阻炉。它们是间隙式烧结炉。

22.4.2.2 烧结气氛

烧结气氛能影响产品的烧结性能。对于钛质烧结体，活性很强，能吸附气氛中O、N、H，也能分解并吸附CO、CO_2、H_2O、NH_3等气体。因此，钛的最佳烧结气氛是真空。在真空气氛下，不断排除炉内渗漏的空气，防止产品氧化；同时，有利于排除烧结体中残留的H_2O、Mg、$MgCl_2$等低挥发物，提高产品质量；另外，采用真空烧结可以降低烧结温度。有时，也可以用惰性气体氩保护烧结，但要用净化过的氩气。

22.4.2.3 烧结填料和工件支承器

钛的活性高，烧结时，烧结体和支撑材料，支架间容易粘连，烧结体工件间也易粘连。应在烧结钛坯时，选用钼作为支架或支承器材料，工件间也应用钼片或钼料盘间隔。钼在高温下化学稳定性好，强度也好。

在钛坯烧结时，常在支承器中放置烧结填料充实其中。优点是放置填料后，可以支撑压坯，特别是薄壁多孔钛元件是有利的，并防止渗入的空气氧化产品，也有助于烧结体受热均匀和避免烧结元件间的黏结。

所使用烧结填料必须化学稳定性好。对钛的烧结体而言，常使用的烧结填料是煅烧过的 Al_2O_3 和 TiO_2。放置填料时，应该振实。对于较长的薄壁过滤元件管坯，应在管壁内外同时装填填料。

为了提高保护气氛的纯度，装料时，每炉表面应放置一些粗粒钛粒或钛屑，可以提高烧结气氛的纯度。

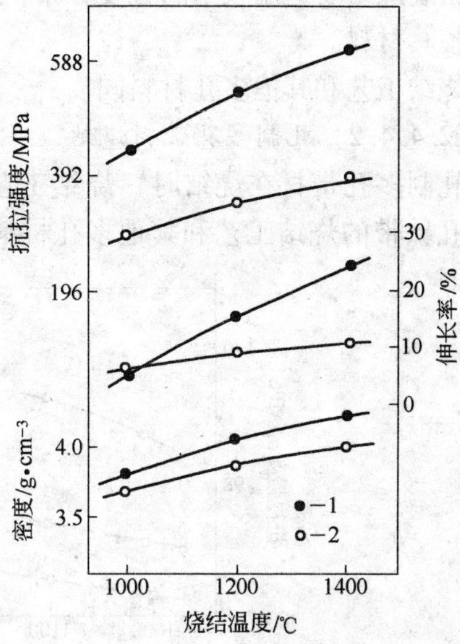

图 22-36　烧结温度对钛制品性能的影响

1—钠还原海绵钛粉；2—镁还原氢化脱氢钛粉

22.4.3　烧结工艺

烧结工艺参数：

温度　900～1400℃（钛钼合金需要 1500℃，多孔材取 900～1200℃，其他致密材取 1200～1400℃）

压力　0.13Pa

时间　1～6h（多孔材取 2～1h，致密材取 4～2h）

图 22-36～图 22-38 中列出了烧结工艺对钛制品性能的影响。从中可见，烧结温度影响显著；其次，烧结时间也有影响。

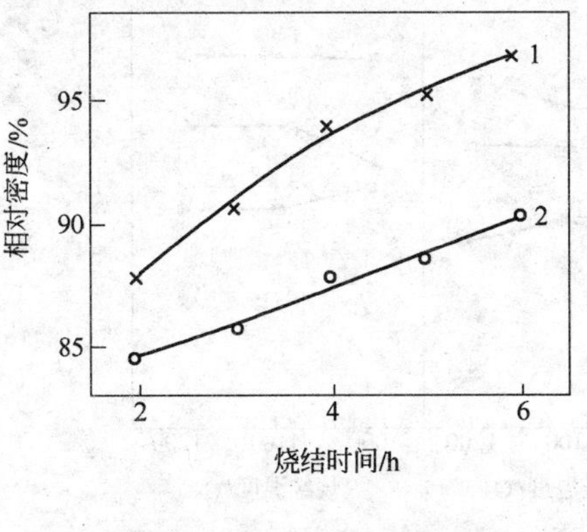

图 22-37　烧结时间对钛制品密度的影响

（添加 1.5% 十六烷醇；2.6×10^{-2}Pa；1100℃，6h）

1—钠还原钛；2—50% 氢化钛 +50% 钠还原钛

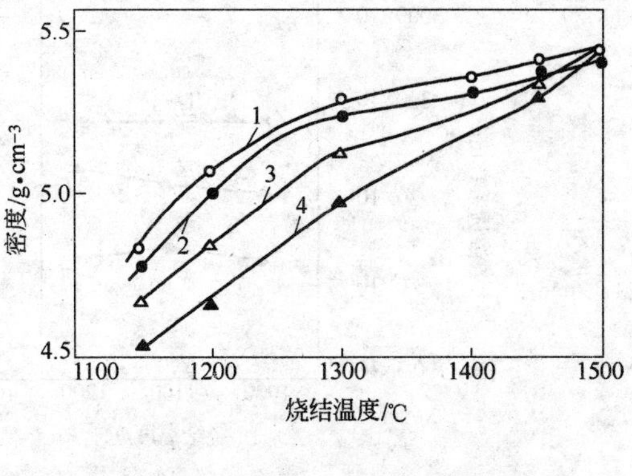

图 22-38　烧结温度对 Ti-30Mo 制品性能的影响

（真空度 0.0013Pa；烧结时间 2h）

1—Ti-30Mo（氢化钛粉）；2—Ti-30Mo-0.5Pd-1Al_2O_3（氢化钛粉）；3—Ti-30Mo（钠还原钛粉）；4—Ti-30Mo-0.5Pd-1Al_2O_3（钠还原钛粉）

22.4.4 其他烧结工艺

22.4.4.1 松装烧结

粉末不经压制而是松散地或经摇实装在模具内直接烧结的方法叫松装烧结。它主要用来生产透过性能大但净化精度要求不高的多孔材料，大多用于粗过滤材料。

松装烧结要选用较窄的粒度分布，应选用钼作模具材料。其次，也可以选用高密度石墨作模具材料。

烧结工艺和其他多孔材料同。

22.4.4.2 轧制多孔带材烧结

轧制多孔带材在烧结时，烧结工艺对性能的影响如图22-39、图22-40所示。故采用多孔钛带的烧结工艺和其他多孔材料相同。常采用的烧结工艺是1200℃下烧结1h。

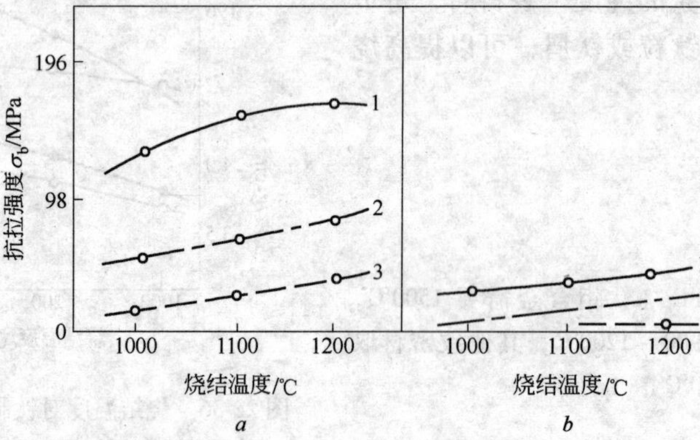

图22-39 轧制和烧结工艺对多孔钛板材性能的影响
a—未研磨；b—研磨粉末粒度0.147~0.370mm（40~100目）
1—轧制力82MPa；2—轧制力41MPa；3—轧制力20MPa

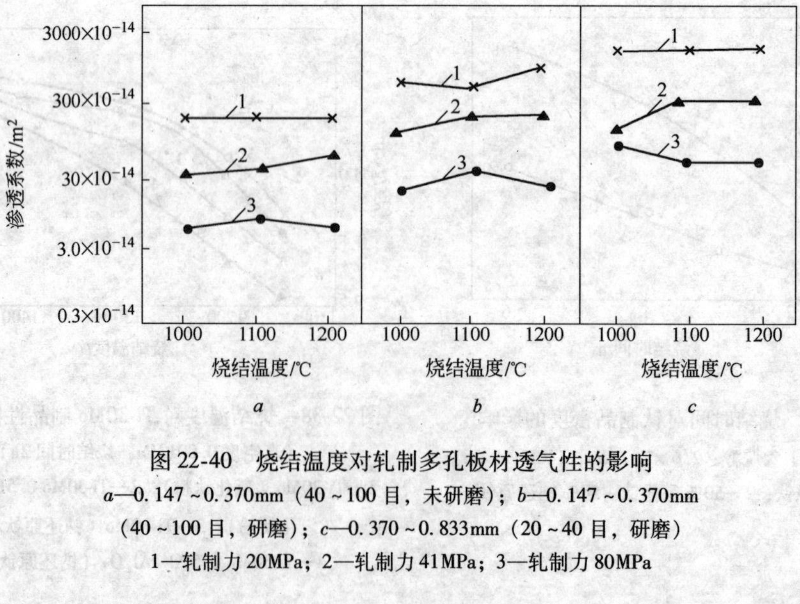

图22-40 烧结温度对轧制多孔板材透气性的影响
a—0.147~0.370mm（40~100目，未研磨）；b—0.147~0.370mm（40~100目，研磨）；c—0.370~0.833mm（20~40目，研磨）
1—轧制力20MPa；2—轧制力41MPa；3—轧制力80MPa

22.4.4.3 电火花烧结

电火花烧结也可为电火花压力烧结。它是利用粉末间火花放电所产生的高温，并受外力作用的一种特殊烧结方法。

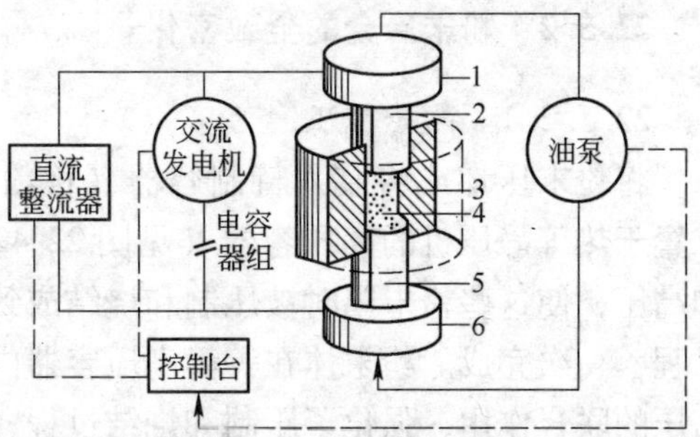

图 22-41 电火花烧结原理示意图
1，6—电极板；2，5—模冲；3—压模；4—粉末

电火花烧结原理如图 22-41 所示。通过一对电极板和上下模冲向模腔内的粉末通入高频（或中频）交流和直流叠加电流（通常交流电功率占 25%，直流电功率占 75%），由于高频电流通过粉末形成的机械脉冲波的作用，通过加压进行烧结。粉末在高温下处于塑性状态，烧结在 15s 内可完成。整个烧结作业在几分钟内完毕。在制取钛及钛合金的致密材时可以用此工艺。火花烧结体制品可接近致密件，一般可达理论密度的 98% ~100%。但也可以有效控制孔隙度，制取多孔材。

22.4.5 烧结时影响烧结制品性能的工艺因素

无论是多孔材料或致密材料，烧结时影响制品最重要的因素是温度，越是高温下越易烧结。故致密材料必须在高温下烧结。相反，多孔材料只能选用稍低的温度下烧结。其次是烧结时间，烧结时间必须与温度匹配。有时可以采用稍低的温度和延长烧结时间达到相同的效果。

22.5 钛合金全致密化工艺

22.5.1 粉末冶金钛合金的致密化

粉末冶金钛合金的致密化工艺通常包括混合元素法和预合金法两类。

混合元素法（BE 法）：将原料钛粉与母合金粉或其他需要添加的元素粉混合后进行模压或冷等静压成形，于真空下烧结。

预合金法（PA 法）：预合金化的粉末采用陶瓷或金属包套封装后热等静压成形。

混合元素（BE）法的生产零件成本低，但致密度也低，因此，高致密度、高性能的航空产品通常采用预合金（PA）方法制造。随着粉末选择、压实和压实后的处理技术的快速发展，混合元素法也能获得高致密度。混合元素法（BE）和预合金法（PA）产品能获得超过铸造冶金产品的性能。

为了提高粉末冶金钛合金的拉伸和疲劳强度，一般可以采用致密化后的后续加工或热处理，如热加工、热处理和热化学处理。后续加工与粉末冶金钛合金的近成形技术相悖，而后续热处理因为不需要冷加工或热加工来细化组织，所以该方法非常适用于近成形产品。

热处理是破碎组织热处理（BUS），能显著地改善拉伸和疲劳强度。BUS 热处理比起标准热处理来是一种进步，标准热处理只提高拉伸强度而不提高疲劳强度。

热化学处理是把氢用作临时合金元素来细化钛合金的微观组织。

22.5.2 粉末冶金的全致密化

22.5.2.1 热等静压

将粉末压坯或将装入特制容器（称粉末包套）内的粉末置于热等静压机的高压容器（见图 22-42）中，施以高温和高压，使这些粉末同时被压制和烧结成致密材料或零件的过程，一次完成。粉末体在等静高压容器内同时经受高温和高压的联合作用，强化了压制和烧结过程，改善了制品的晶粒结构，获得的制品晶粒细小而均匀，有利于提高性能。同时消除了制品内部的缺陷和孔隙，提高了材质的致密度和强度。这是一种消除材料内部残存微量孔隙和提高材料密度的有效方法。现在采用该法将钛和其他许多材料获得接近或达到理论密度的制品。因此，热等静压法已成为制取高性能材料及大型复杂形状制品的一种先进工艺。

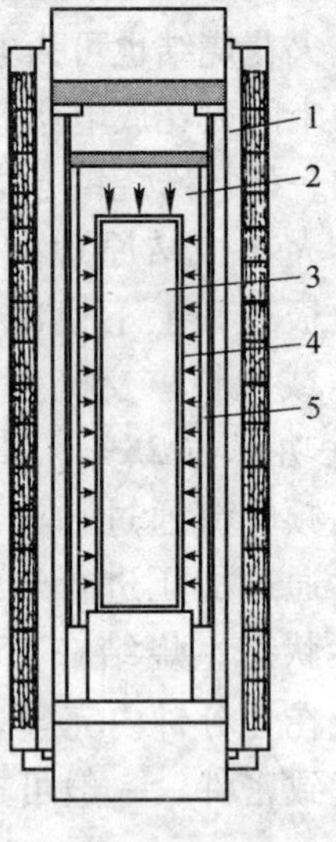

图 22-42 热等静压制原理
1—压力容器；2—气体压力介质；3—压坯；4—包套；5—加热炉

热等静压工艺所采用的压制压力较高而温度稍低，有利于提高制品密度和获得细晶粒，改善晶粒结构，提高制品性能。和热压法相比，热等静压的制品性能要好一些，相对密度要高一些。

图 22-43 为热等静压工艺流程示意图。热等静压机操作的工艺步骤大体上是这样进行的。

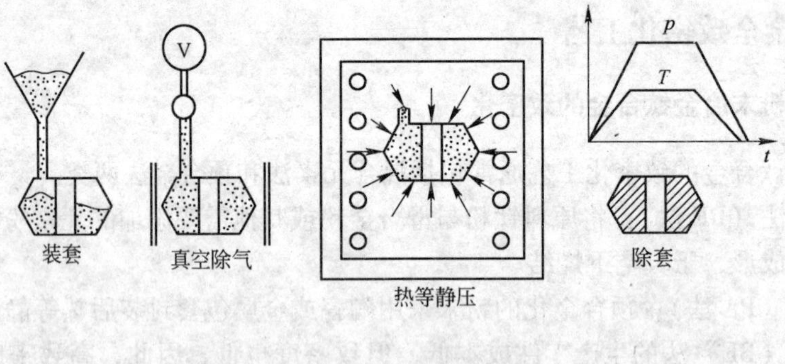

图 22-43 热等静压工艺流程示意图

热等静压设备由带加热炉的压力容器、高压气体输送装置和电气设备组成。图 22-44 为热等静压装置简图。热等静压设备和冷等静压设备大同小异，不同处是压力容器内热等静压带有加热装置。

热等静压设备还有一件必需的成形容器是包套。这是一件具有决定性作用的部件。包套的作用是：一是作为气密性好的容器，在装入粉末或冷压压坯后经过真空抽气可排除其中的气体和水分，并在热等静压机操作时保证压力气体不进入包套内，确保制品的质量；二是包套作为模具，可使所装入的物料成形为预定的形状和尺寸。用于钛和钛合金制品的包套常用中碳钢或镍质金属包套。

用热等静压技术不仅用来制取钛及钛合金，也可以用来对钛及钛合金熔铸件进行二次

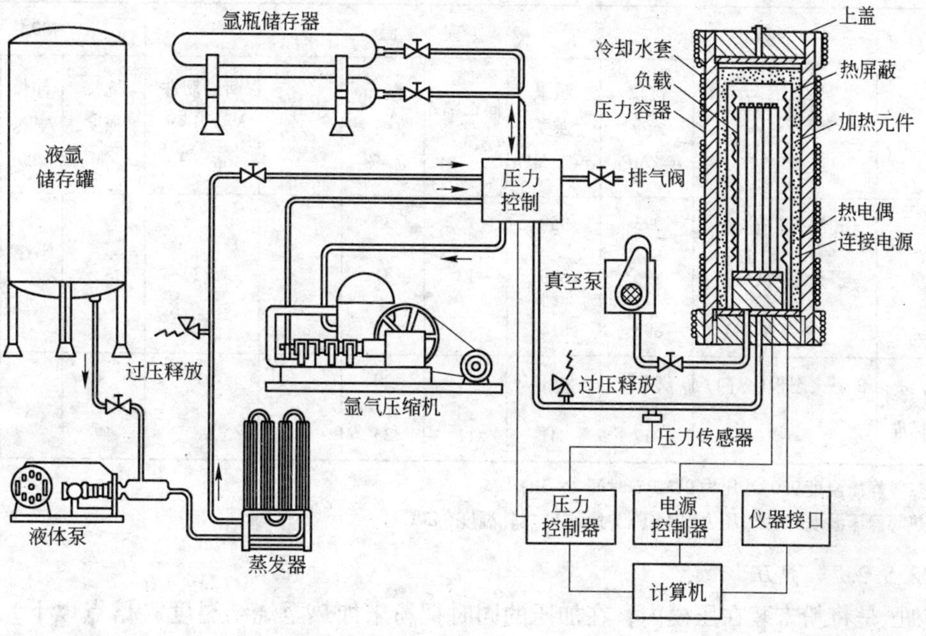

图 22-44　热等静压设备简图

处理，还可以利用其进行扩散焊接修复。

航空工业用的许多钛合金零件，大多是铸造工艺生产的。由于航空工业限于安全性考虑，对材料性能要求很高。而铸件不可避免地其中有气孔、缩孔、疏松等缺陷，导致质量下降，而热等静压工艺是改善铸件质量的最佳工艺。经过 900～930℃、压力大于 100MPa、保温 2h 的热等静压工艺后，钛合金内部缺陷全部消除而完全致密化，从而使材料性能提高，增强了材料可靠性。例如，马丁/波音 F22 战斗机上所采用的 76 个钛合金零件（占飞机重量 45%）全部是由铸件再经热等静压二次处理的钛合金。

采用 HHDH 法和 REP 法制取的 Ti-6Al-4V 粉经过热等静压加工，工艺条件分别为：950℃，98MPa，2～3h 和 927℃，104MPa，4h。制得的钛合金性能列入表 22-15 中。

表 22-15　热等静压 HHDH 和 REP Ti-6Al-4V 合金性能

粉　末	材料状态	室温						400℃		
		抗拉强度 σ_b/MPa	屈服强度 $\sigma_{0.2}$/MPa	伸长率 δ (δ_5)/%	断面收缩率 ψ/%	冲击功 A_K/J	断裂韧性 K_{IC}/MN·m$^{-3/2}$	抗拉强度 σ_b/MPa	伸长率 δ_5/%	断面收缩率 ψ/%
HHDH①	氧含量/%									
	0.13	954	922	(18)	51	33		617	21	63
	0.14	959	922	(18)	50	32		606	18	50
	0.15	986	958	(16)	40	29		617	18	38

续表 22-15

粉末	材料状态	室温						400℃		
		抗拉强度 σ_b/MPa	屈服强度 $\sigma_{0.2}$/MPa	伸长率 δ (δ_5)/%	断面收缩率 ψ/%	冲击功 A_K/J	断裂韧性 K_{IC}/MN·$m^{-3/2}$	抗拉强度 σ_b/MPa	伸长率 δ_5 /%	断面收缩率 ψ/%
REP②	轧制态(横向)	993	958	12	35					
	退火态(纵向)	896	820	13	31		73			
	(横向)	896	814	11	23		61			
标准加工材 CELI 标准	β 退火态板(纵向)	910	841	11	20		105			
	(横向)	917	841	11	23		98			

①热等静压温度950℃,压力98MPa,时间2~3h;

②热等静压温度927℃,压力104MPa,时间4h,热轧温度943℃。

22.5.2.2 热压

热压是将粉末装在压模内，在加压的同时把粉末加热至烧结温度（熔点以下），经过短时间的加速烧结成致密而均匀的制品。热压是把压制成形和加热烧结同时进行的工艺，是一种强化烧结。

热压的优点为：(1) 加热压制时粉末处于高活性状态，大大降低了成形阻力，可使热压压力大大减小，仅约为冷压成形压力的1/10，因而可以压制大型制品。(2) 热压时，粉末易产生塑性流动，大大加速了致密进程，能在很短的时间内实现制品的全致密化。(3) 热压制品晶粒细小，孔隙度低，且制品性能好。(4) 热压时，粉末容易充填模具，故可以制取形状复杂异形件。但缺点是，热压要求压模材料性能高而且寿命短，生产率低。

活性金属钛及钛合金的热压是在真空热压机中实现的。以热压制取 Ti-6Al-7Nb 合金为例，采用 BE 法将 Ti 和 Al、Nb 三元素按产品成分配比，混合后经模压或冷静压，压坯再在1500℃、20MPa 下热压 1h，可获得达理论密度 99.8% 的钛合金制品。

22.5.2.3 热挤

热挤是在提高温度的情况下进行粉末的挤压，而使制品达到全致密化。粉末热挤压把成形、烧结和热加工处理结合在一起，从而直接获得性能较好的制品。热挤法能够准确地控制材料的成分和合金的内部组织结构。热剂法又分为包套热挤法和非包套热挤法两种形式。

对于活性金属钛及钛合金粉，为防止产品氧化，常采用包套热挤法。此时，先预制好包套，将粉末或压坯都要装包套内，经过预抽并密封后，将它置于挤压机中，进行热挤压。

另一种工艺是将钛及钛合金粉成形。烧结后，制备的烧结体经热挤压（对于 Ti-32Mo合金，温度1000~1100℃），获得的钛合金制品性能如表22-16 所示。挤压比对钛材性能的影响如表 22-17 所示。由表可见，可以获得理论密度达 99.1% 的钛制品。

表 22-16 热挤压 Ti-32Mo 合金力学性能和耐腐蚀性能

抗拉强度 σ_b/MPa	伸长率 δ/%	断面收缩率 ψ/%	冲击功 A_K/J	材料状态	腐蚀速率（100℃）/mm·a^{-1}	
					40% H_2SO_4	20% HCl
1036	13.8	44	28	挤压 挤压后 1000℃退火 1h	0.07288～0.09073 0.05494～0.05978	0.01190～0.2842

注：1. 粉末：TiH_2（<250μm、250～840μm），Ti（90～250μm），Mo（费氏粒度 2.2μm）；
2. 冷等静压压力：196MPa；
3. 烧结工艺：0.0013Pa，1500℃，3h；
4. 挤压温度：1000～1100℃。

表 22-17 挤压比对钛材性能的影响

挤压比	抗拉强度 σ_b /MPa	屈服强度 $\sigma_{0.2}$ /MPa	伸长率 δ /%	断面收缩率 ψ /%	孔隙率 /%
10	609	482	26.3	44.8	1.4
13	638	516	25.7	44.4	1.3
19	646	512	26.5	44.3	1.2
25	644	511	26.0	45.0	0.9

22.5.2.4 热锻

对于钛的热锻工艺而言，目前常采用粉末烧结锻造。它是将钛粉压制成预成形坯，然后真空烧结，并获一定强度的烧结体，并将它加热至锻造温度，保温后迅速移至热锻模腔里进行锻打，锻造成合乎设计尺寸的锻件。同时，它可获得均匀的细晶粒组织结构，显著提高制品的强度和韧性。

粉末烧结锻造钛合金适用于制备高温飞机引擎零件，如螺旋桨、压缩机盘、叶片和叶轮等。钛合金的合金元素含量较高，铸造坯料成分偏析严重，塑性差，锻造成形困难。相反，采用粉末烧结锻造工艺，可以克服上述不足。

如采用热锻工艺制取飞机压缩机盘工艺，先将 PA 法由钛合金粉末经热等静压制取理论密度达 99.3% 的预成形坯，再将该坯料热锻，热锻工艺控制温度达 900～1040℃，模具预热温度达 370℃，应变速率 10^{-1}/s，单位压力为 360MPa。

控制热锻在（α+β）双相区内，适合粉末烧结锻造钛合金。

热模锻工艺对纯钛制品的性能影响见图 22-45和图 22-46 所示。

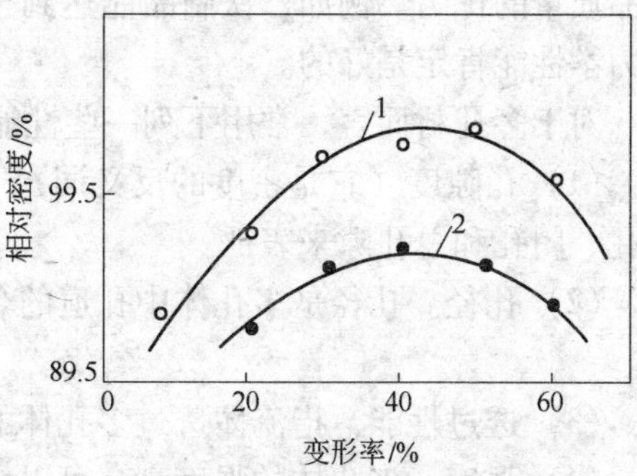

图 22-45 模锻变形程度对钛制品相对密度（模锻温度 950℃）的影响

1—ПТЭС-1 电解钛粉，纯度为 99.5%～99.8% 和 ПТЭК-1 电解钛粉，纯度为 99.1%～99.3%；
2—海绵钛

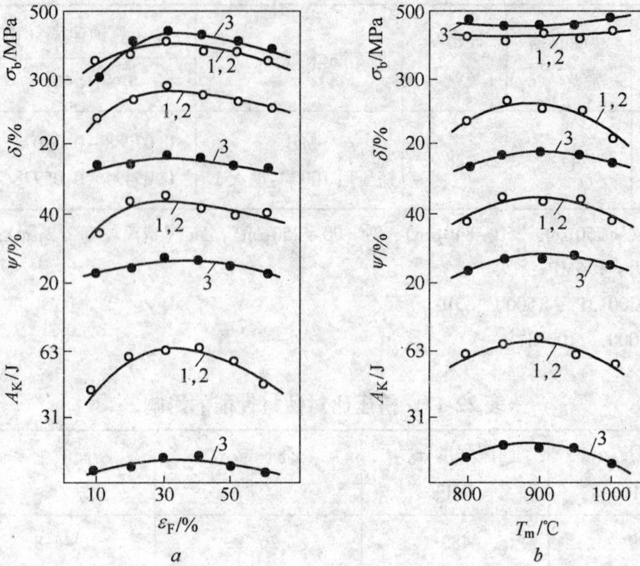

图 22-46 模锻工艺参数对钛制品力学性能的影响

a—变形程度的影响（950℃模锻）；*b*—模锻温度的影响

1，2—电解钛粉；3—海绵钛粉

22.6 钛制品质量控制

22.6.1 表征钛制品质量的性能

在表征粉末冶金钛制品质量时，常用一些性能来衡量。对于致密材而言，常用几种力学性能来表征，如强度等，与熔铸获得材料是一样的。但对于粉末冶金制品而言，还必须加上密度，不仅密度值与这些力学性能有内在关系，而且从钛制品密度值的大小很易判断产品质量的优劣。例如，钛制品能达到全致密（即达到100%的理论密度），产品的强度等力学性能肯定是好的。

对于多孔材而言，常用下列一些性能来衡量，包括：

（1）孔隙度（它是密度的反义词）。多孔体包括贯通孔、半通孔、闭孔等孔隙，常用开孔、闭孔和总孔隙来表征。

（2）孔径。孔径是多孔体中孔道的名义直径，用最大孔径、平均孔径和孔径分布来表征。

（3）透过性能，指流体透过多孔体的能力。透过性能好，表征透过阻力小。

（4）强度。多孔体的强度高，可以承载更多的流体压力。

对于多孔体的上述几项性能中，孔隙度常和其他三项性能有内在关联，在描述多孔体时，常用孔隙度来表征该多孔体的大概性能。

22.6.2 烧结体烧结时的性能变化

烧结体在烧结过程中，随着烧结温度的不断提高，烧结体孔隙度不断减少，它的密度、强度、传导性、伸长率和动态性能的变化如图22-47所示。虽然，图中展示了各项性能的定性的变化态势。它表明欲获得优良的力学性能、传导性能和动态性能必须制取高密度的（即低孔隙度的）粉末制品。因此，确定烧结工艺时，必须采用高温下烧结等工艺来达到。相反，如要获得多孔材料，应确立在某些预定的孔隙度下，在稍低的烧结温度等条件，方能获得有一定孔隙度的多孔材料。

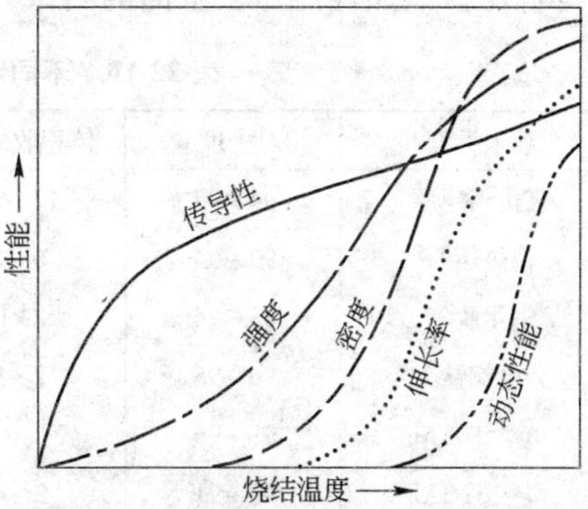

图22-47　烧结温度与烧结体性能的关系

表22-18列出了三种粉末压制压力和烧结温度不同时与烧结体密度的关系。很显然不同的工艺条件钛制品的密度是不同的。同理，这样的钛制品的力学性能也不相同。

表22-18　三种Ti-6Al-4V粉末烧结坯的相对密度与压制压力和烧结温度的关系

粉末制取方法	烧结温度/℃	模压压力/kPa				
		138	207	276	416	482
机械研磨	1066		70.1	74.8	81.2	86.0
	1121		71.1	75.7	84.1	87.2
	1288		80.0	81.6	89.0	89.1
	1399		79.7	83.4	87.1	88.5
	1499		85.8	88.4		
氢化脱氢	1066		72.5	76.7	84.5	86.7
	1121		74.5	78.3	84.6	87.1
	1288		81.5	84.0	88.5	90.3
	1399		86.1	86.8	90.5	92.6
	1499		86.3	90.1		
元素混合	1238	92.0		93.0	96.0	

22.6.3　钛制品的质量控制

在通过粉末冶金工艺制取钛制品过程中，欲制取优质的钛制品时，它与整个工艺的全流程有关，为确保产品质量，应对全流程进行质量控制，才能确保产品质量。

首先，要确保选用的钛粉或钛合金粉的质量，要选用优质低氧的粉末，要兼顾到要用合适的粒级和粒度组成、颗粒形状、流动性、粒装密度等的粉末。

第二，要使用合适的压制工艺和模具，选用合适压制压力、压制速度和合适的润滑等。

第三，要使用合适的烧结温度和时间，以及升温和冷却速度、炉内真空度等。

影响的因素多，有时要抓主要因素。如表22-18中列出了不同工艺制造的TC4粉用不同压制压力和不同烧结温度所获得的产品不同的密度就是一例。

表22-19中详细列出了不同粉末类型烧结钛及钛合金的密度和性能。而表22-20是将

冷等静压钛制品性能做了全面的测试，可以说表22-20是表22-19性能的补充说明。

表22-19 不同粉末类型烧结钛及其合金的性能

粉末类型		相对密度/%	体积收缩/%	抗拉强度 σ_b/MPa	伸长率 δ/%	冲击韧性 a_K/kJ·m^{-2}
氢化钙还原		94~97	17~20	589~687	12~12	80~100
钠热还原		90~94	6~8	441~540	10~18	250~400
氢化脱氢		88~94	8~12	490~589	10~15	250~300
电解钛		90~95	2~3	392~490	15~20	350~500
电解 Ti-2Al		91~96		483~593	9~14	190~229
电解 Ti-3Al		90~91	3~4	589~638	9~15	150~200
电解 Ti-5Al		86~88	3~4	687~765	8~13	100~130
元素混合	Ti-2.5Sn	96~98		460~470	27~23	
	Ti-5Sn	98		473~500	27~19	
	Ti-10Sn	97~99		620~626	7~24	
	Ti-15Sn	96~99		634~672	9	

表22-20 等静压烧结钛制品性能①

试验温度/℃	拉伸强度 σ_b/MPa	屈服强度 $\sigma_{0.2}$/MPa	比例极限 σ_p/MPa	伸长率 δ/%	断面收缩率 ψ/%	维氏硬度(HV)/MPa	冲击韧性 a_K/kJ·m^{-2}	弹性模量 E/GPa	膨胀系数 α/℃$^{-1}$
室温	746	735	426	8.3		2903	31.4	93.2	
500	203	144		11.3	26.8			765	9.59×10^{-6}

①氢化法钛粉加钠法钛粉，比例1∶1；烧结体相对密度95%~98%。

表22-21中列出了多孔钛管的测试性能。

表22-21 粉末冶金钠还原海绵钛粉多孔材料性能①

开孔孔隙度/%	气泡试验最大孔径/%	渗透性② 相对透气系数③/L·(cm^2·min·mm·mmH_2O)$^{-1}$	渗透性② 渗透系数/m^2	抗拉强度④/MPa	直径/mm	壁厚/mm	内压破坏压力/MPa
≥25	≤160	≥0.007	≥3.2×10^{-12}	≥19	20	1.5	≥2
≥30	≤100	≥0.00550	≥2.2×10^{-12}	≥29	40	0.8~1.2	≥1
≥30	≤60	≥0.00400	≥1.4×10^{-12}	≥29	50	0.8~1.2	≥0.8
≥30	≤30	≥0.00200	≥0.5×10^{-12}	≥39	50	2~3	≥1
≥30	≤15	≥0.00001	≥0.04×10^{-12}	≥49	60	0.8~1.2	≥0.6
					60	2~3	≥1
					90	3~5	≥0.6
					120	3~5	≥0.6

①管状元件的水压试验性能应符合表的规定；
②渗透性是在5.88kPa（600mmH_2O）压力以下测定的；
③相对透气系数试验用试样厚度为1~2mm；
④管状元件不进行拉力试验。

另外，钛制品的性能还与所采用的粉末冶金工艺有关。从上面一些数据可见，仅采用常规的粉末冶金工艺只能获得相对密度达 94% ~96% 的钛及钛合金制品。制品内总有 4% ~6% 的孔隙无法消除。这些孔隙是冶金过程残留的闭孔。要达到制取全致密的钛或钛合金，必须要采用全致密化工艺。

采用常规的粉末冶金工艺制取的钛制品只能应用于化工等民用工业部门的钛设备中的零件，或化工设备中某些元件。

22.6.4　混合元素法（BE 法）制造粉末冶金钛合金的特点

混合元素法基本上是一个压制加烧结的工艺，即包括小颗粒元素钛粉和母合金粉或其他需要添加的元素粉的混合物的冷压或冷等静压和烧结。作为 Hunter 或 Kroll 法还原工艺的副产品的海绵钛细粉（<0.147mm），是混合元素法用得最广的粉末。由还原工艺生产的金属海绵钛可经过真空电弧熔炼成铸锭，而因太细而不能用于熔炼的海绵钛细粒作为 BE 法的原料，成本相当低。

这种粉末的不规则形状（图 22-48*a*）易于等静压成形，粉末要在 1150 ~1315℃ 温度范围内和真空条件下烧结。真空烧结的目的是为了避免气体污染，以免严重有害于制件性能；较高的烧结温度是为了保证颗粒连接和均匀的化学成分。对于所有常规钛合金，烧结温度高于 β 相变点（即材料处于 100% β 相的最低平衡温度）较好。因此，（α + β）相钛合金制品的显微组织由平行排列的、粗大的片状 α 相集束组成（图 22-48*b*）。α 相片大约

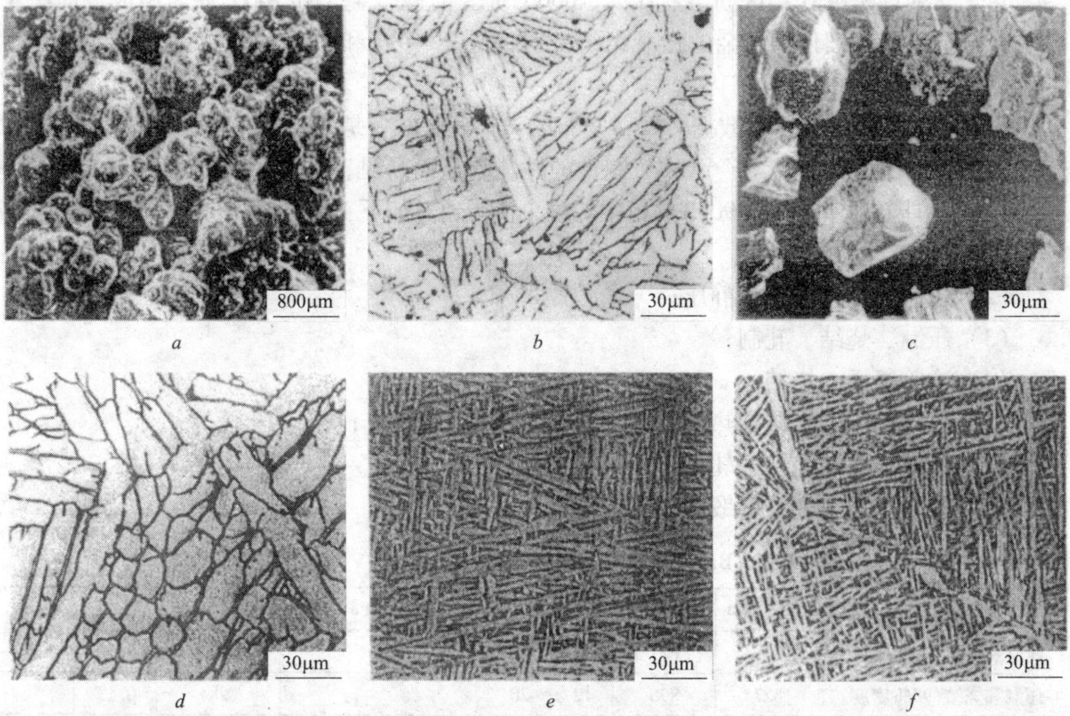

图 22-48　BE 法钛粉和钛材的显微组织

a—<0.147mm 海绵钛粉；*b*—压制和烧结后的 99% 致密度的 Ti-6Al-4V；*c*—氢化脱氢法的钛粉；*d*—压制、烧结和热等静压后的全密度的 Ti-6Al-4V；*e*—破碎组织处理后的 Ti-6Al-4V；*f*—热化学处理后的 Ti-6Al-4V

宽8μm，长25μm，集束直径约50μm。Hunter法还原工艺中残留氯化钠，使海绵钛含有大约0.12%~0.15%的氯，以致后续的加工如热压或热等静压（HIP）仍不能完全消除孔隙。由于内在孔隙的存在，原始β相晶粒大约是80μm，这样的显微组织比相同温度下处理的铸锭的显微组织要细小得多。

BE法制件经过415MPa冷压后，致密度能达到85%~90%，再经过真空烧结，致密度能达到95%~99%，控制粉末粒度和粒度分布可以生产出99%致密度的制件。在铁、铜粉末冶金合金中，99%致密度被认为达到全致密，但在粉末冶金钛合金中，任何微小的即使是极少量的残余孔隙仍明显降低疲劳性能和断裂性能。只有彻底消除其中的孔隙，才能使合金在视疲劳为关键性能的宇航领域得到应用。烧结后的热等静压致密化能使制件获得99.8%的致密度，并因此而改善性能，但不能彻底清除孔隙。热压过程中制件中残留的氯化物转变成挥发物，变成一团不可固溶的气体，这些相当大的孔隙将被挤压破碎成无数亚微米级孔隙，冷却过程中孔隙中的气体转变成立方结构的氯化物晶体，因而制品K_{IC}值很低。为了获得无孔隙的与铸锭冶金生产的同样100%致密度的材料，必须采用无氯化物的钛粉。这种钛粉是多角的，主要来源于工业纯钛铸锭材料或车屑，采用HDH法通过氢化处理（图22-48*c*）使其变脆、破碎和脱氢。因缺少孔隙，烧结后其组织更粗大。

BE法生产的Ti-6Al-4V制件采用的热处理是破碎组织处理（BUS），即β相区固溶后淬火加850℃长时间退火。经过的破碎组织热处理后，合金的显微组织是在β相基体上的破碎α相（图22-48*e*），这种组织显著地改善拉伸强度和疲劳强度。

热化学处理是由β相区固溶后淬火、600℃充氢时效合金化和760℃脱氢组成，即用氢作临时合金元素来细化钛合金的微观组织。对比图22-48*d*和图22-48*f*可以观察到Ti-6Al-4V粉末冶金产品中的组织细化。

如同其他的钛合金技术数据一样，发布的BE法数据多是Ti-6Al-4V的。表22-22为用BE法在不同条件下制成的Ti-6Al-4V制件的性能。显而易见，许多用BE法生产的Ti-6Al-4V制件的性能超过了MIL-T-9047规范中的最小值。通过如下工艺可以获得制件最终的形状：

（1）压制、烧结；

（2）压制、烧结、热等静压；

（3）压制、烧结、轧制；

（4）冷等静压、烧结；

（5）冷等静压、烧结、热等静压（集合为冷热等静压）；

（6）冷等静压、烧结、轧制；

（7）冷等静压、烧结、锻造。

表22-22 BE法在不同条件下制成的Ti-6Al-4V制件的性能

条 件①	$\sigma_{0.2}$/MPa	σ_b/MPa	δ/%	ψ/%	K_{IC}或K_Q/MPa·m$^{1/2}$	相对密度/%	氯/%	氧/%
压制和烧结(96%密度)	758	827	6	10		96	0.12	
压制和烧结(98%密度)	827	896	12	20		98	0.12	
压制和烧结(99.2%密度)	847	930	14	29	38	99.2	0.12	
压制和烧结+HIP	806	875	9	17	41	≥99	0.15	0.24
CIP和烧结+HIP	827	916	13	26		99.4	0.15	0.24

续表 22-22

条 件①	$\sigma_{0.2}$/MPa	σ_b/MPa	δ/%	ψ/%	K_{IC}或K_Q/MPa·$m^{1/2}$	相对密度/%	氯/%	氧/%
CIP和烧结+HIP②	896	965	12	22		99.8	0.15	
压制和烧结+α/β锻造	841	923	8	9		≥99.4	0.12	0.24
压制和烧结+α/β锻造	951	1027	9	24	49	99	0.15	
压制和烧结(92%密度)	827	910	10			92	0.15	0.21
压制和烧结(92%密度)+α/β 30%等温锻造	841	930	30			99.7	0.15	0.21
压制和烧结(92%密度)+α/β 70%等温锻造	896	999	30			99.8	0.15	0.21
CIP和烧结+HIP(低氯)	827	923	16	34		99.8	0.016	
CIP和烧结+HIP(超低氯)	882	985	11	36		99.8	<0.001	
CIP和烧结+HIP(超低氯)+TCP处理	1007	1062	14	20				
轧制板材,CIP和烧结+HIP								
轧制板材,CIP和烧结+HIP工厂退火(纵向)	903	958	10	26	72③	≥99	0.02	0.16
轧制板材,CIP和烧结+HIP工厂退火(横向)	923	965	14	31	71③	≥99	0.02	0.16
轧制板材,CIP和烧结+HIP再结晶退火(纵向)	888	916	4	8	75③	≥99	0.02	0.16
轧制板材,CIP和烧结+HIP再结晶退火(横向)	868	937	5	9	67③	≥99	0.02	0.16
轧制板材,CIP和烧结+HIPβ退火(横向)	841	937	10	26	89③	≥99	0.02	0.16
轧制板材,CIP和烧结+HIPβ退火(横向)	875	958	7	20	92③	≥99	0.02	0.16
最小值(MIL-T-9047)	827	896	10	25				

①HIP：热等静压；CIP：冷等静压；TCP：化学热处理；②1010℃锻造，水冷；③预裂纹冲击试验。

通过控制加工参数能获得92%～100%致密度的制品。制件的屈服和抗拉强度（图22-49）、断裂韧性（图22-50）随着密度增加而增加。高于98%致密度的BE法制品的K_{IC}达到铸锭冶金材料工厂退火态的水平，但由于较高的氧含量和残余孔隙，BE法制品与具有相似的粗片状显微组织的铸锭冶金材料相比，K_{IC}值相对较低。

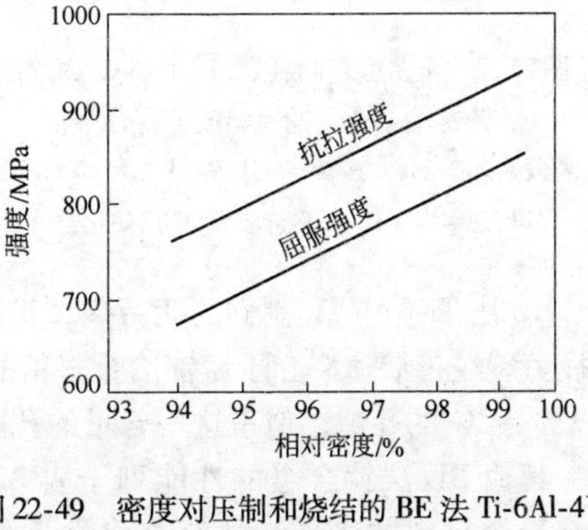

图22-49 密度对压制和烧结的BE法Ti-6Al-4V制件的屈服和断裂强度的影响

图22-51为含氯化物的BE法Ti-6Al-4V制件和铸锭冶金材料工厂退火态的疲劳寿命分散带对比图。BE法制件的疲劳强度低，原因在

于内部存在的氯和孔隙。低氯化物含量和烧结后的处理对疲劳强度的影响见图 22-52。制件密度对疲劳强度的影响见图 22-53。较低的疲劳强度限制了低成本的压制和烧结或冷等静压和烧结工艺的应用，只能用于非疲劳关键零件，如导弹零件。通过第二次加工操作和使用不含氯化物钛粉来增加密度，可以进一步提高疲劳强度，但这一方法增加了产品的成本，从而丧失了它们最基本的优势。

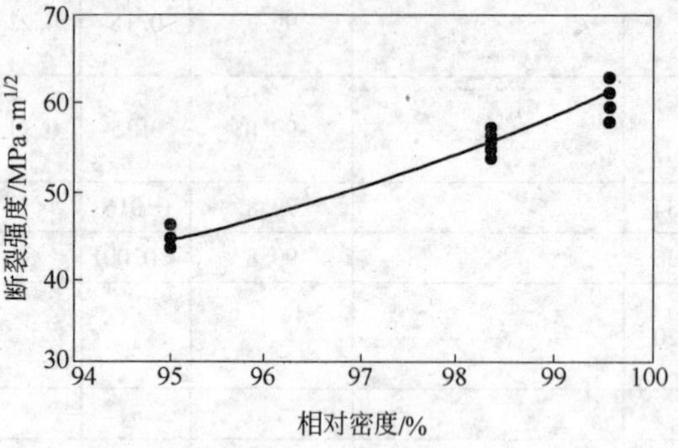

图 22-50 密度对压制和烧结的 BE 法 Ti-6Al-4V 制件的断裂韧性的影响

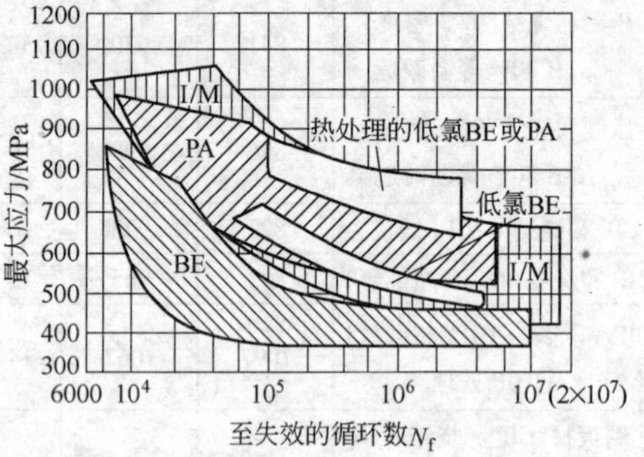

图 22-51 BE 法和 PA 法 Ti-6Al-4V 制品与工厂退火态铸锭冶金合金的室温疲劳寿命

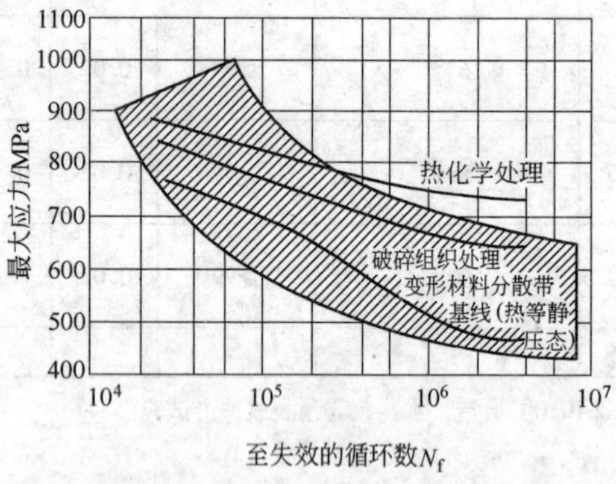

图 22-52 全密度超低氯 BE 法 Ti-6Al-4V 制品与铸锭冶金合金的室温疲劳寿命强度

（疲劳试验的条件是室温，$K_t = 1$，$R = 0.1$，$F = 5$Hz，三角波。HIP：热等静压；BUS：破碎组织；TCP：热化学处理）

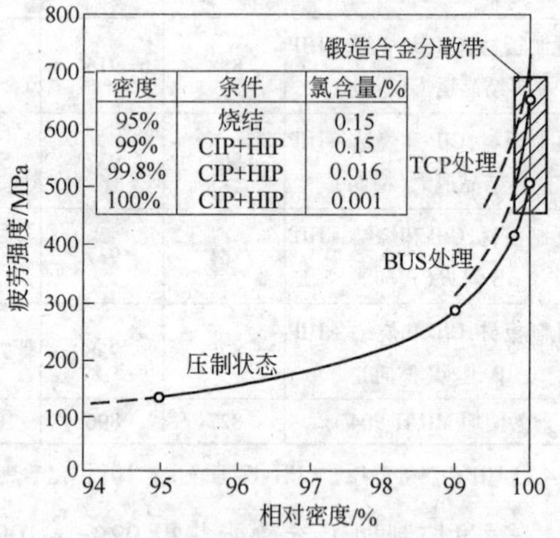

图 22-53 压制密度对冷等静压和烧结 BE 法 Ti-6Al-4V 制品疲劳强度的影响

（较高密度只在低氯材料；BUS：破碎组织；TCP：热化学处理）

BE 法 Ti-6Al-4V 制件的疲劳裂纹扩展速率的数据很有限。图 22-54 表明，BE 法制件的疲劳裂纹扩展速率介于铸锭冶金材料的 β 相区退火态和工厂退火态之间。该 BE 法制件有 1% ~2% 的孔隙，似乎这一含量的孔隙并没有严重影响疲劳裂纹扩展速率。

其他 BE 法钛合金的性能列于表 22-23，其中 Ti-10V-2Fe-3Al 钛合金的性能接近于铸锭冶金材料的水平。然而，建立性能级别和最佳工艺的可靠参数还需要大量的数据。就 BE 法 Ti-10V-2Fe-3Al 合金而言，β 相区固溶加时效处理能使拉伸强度和塑性良好匹配，可获得 1268MPa 的抗拉强度和 10% 的伸长率。

22.6.5 预合金化粉末冶金钛合金的特点

预合金法（PA 法）主要用来制造全密度的、高性能的航空合金产品。当 BE 法制品在宽密度范围生产和使用时，PA 法粉末冶金零件仅在 100% 致密度时才被接受。球状的 PA 法粉末有高达 65% 的振实密度、良好的粉末流动性和模具填充特性。全密度的 PA 法制件比非全密度的 BE 法制件具有更广泛的应用。

对于全密度制品，即使少量的污染仍将导致制品主要性能如疲劳强度的大幅降低，因此粉末纯度是影响 PA 法制品质量的主要因素之一，可用真空雾化工艺或等离子旋转电极工艺（PREP）来制造洁净的 PA 法用粉。

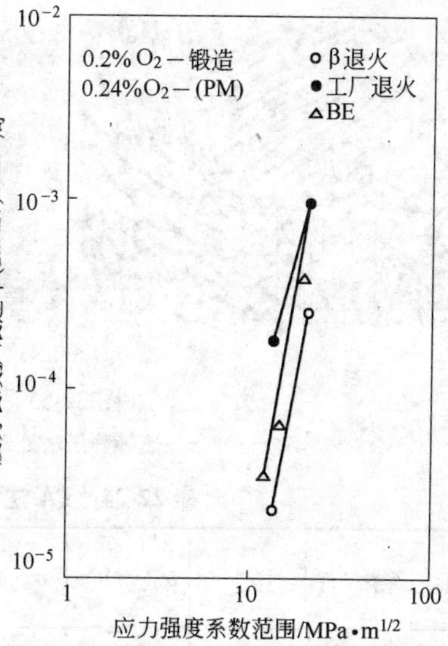

图 22-54 BE 法和铸锭冶金 Ti-6Al-4V 的室温疲劳裂纹扩展速率
（试验的条件：室温，$R=0.1$，$F=5$Hz）

表 22-23 BE 法钛合金制件的拉伸和断裂韧性性能

条 件①	$\sigma_{0.2}$/MPa	σ_b/MPa	δ/%	ψ/%	K_{IC}/MPa·m$^{1/2}$	相对密度/%	氯/10^{-6}
Ti-5Al-2Cr-1Fe，压制和烧结 + HIP	980	1041	20	39		≥99	0.031
Ti-4.5Al-5Mo-1.5Cr，压制和烧结	951	1000	17	39	64	≥99	0.031
Ti-6Al-2Sn-4Zr-6Mo，压制和烧结	1068	1109	2	1	31	99	0.015
Ti-10V-2Fe-3Al 压制和烧结 + HIP(1650℃)和 STA(775～540℃)	1233	1268	9		30	99	0.19
Ti-10V-2Fe-3Al 压制和烧结 + HIP 和 STA(750～550℃)	1102	1158	10		32	99	0.19
Ti-10V-2Fe-3Al 压制和烧结	854	930	9	12	51	98	0.015
Ti-6Al-6V-2Sn 冷等静压和热等静压	931	1035	15	35	78	100	

①HIP：热等静压；STA：固液 + 时效。

对 PA 法粉来说，热等静压是最基本的成形方法，但真空热压（VHP）、挤压和快速全方位压制也被成功地应用。为便于压制，通常把粉末装在特定形状的、真空的中碳钢包套中。为了最大限度地降低粉末和包套之间的反应，一般在低于 β 相变点下的温度进行压制。（α + β）相区加工产生粗大的、长宽比小的 α 相（图 22-55）。PA 法制品的显微组织和密度与铸锭冶金材料的相似。表 22-24 为不同条件下加工的 PA 法 Ti-6Al-4V 制件的性能。表 22-25 为其他合金的性能。采用热等静压、真空热压或快速全向压制，在较高压力和较低温度下生产的合金制品，由于粉末在高压低温加工过程中发生了大量的组织细化和后续的热加工，如轧制或锻造中产生的显微组织细化，改善了抗拉强度和塑性，因此制件强度提高而塑性却未降低。

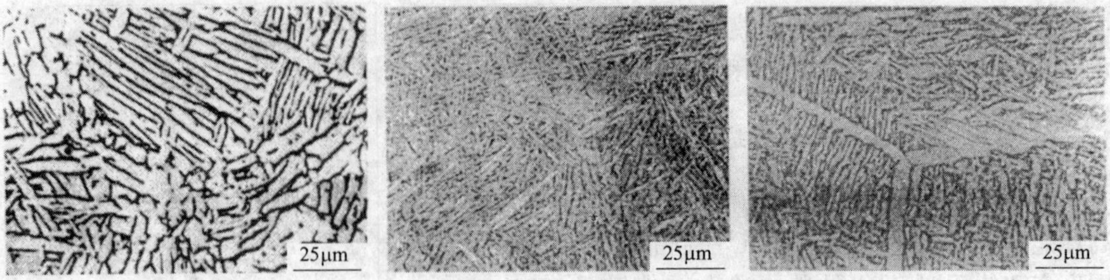

图 22-55 PA 法 Ti-6Al-4V 制件的显微组织

a—热等静压法处理态；*b*—破碎组织处理态；*c*—热化学处理态

表 22-24 PA 法 Ti-6Al-4V 制品的拉伸和断裂韧性性能

条 件①	$\sigma_{0.2}$/MPa	σ_b/MPa	δ/%	ψ/%	K_{IC}或K_Q /MPa·$m^{1/2}$	粉末工艺	压制温度/℃	其 他
HIP	861	937	17	42	85	PREP	925	
HIP(PSV)和β退火	1020	1095	9	21	67	PSV	950	975℃退火
HIP 和 BUS 处理	965	1048	8	17		PREP	925	
HIP 和 TCP 处理	931	1021	10	16		PREP	925	
HIP 和 700℃退火(REP)	820	889	14	41	76	REP	955	
HIP,700℃退火和 STA (955～480℃)	1034	1130	9	34		REP	955	
HIP 和 700℃退火(PREP)	882	944	15	40	73	PREP	955	
ELI:HIP	855	931	15	41	99	REP	955	0.13%氧
ELI:HIP 和β退火	896	951	10	24	93	REP	955	1020℃退火
HPLT 和 HIP	1082	1130	8	19		PREP	650	315MPa
HPLT,HIP 和 815℃再结晶退火	937	1013	22	38		PREP	650	315MPa
HIP 和 955℃轧制	958	992	12	35		REP	925	75%变形
HIP,955℃轧制和β退火(纵向)	820	896	13	31	73	REP	925	75%变形
HIP,955℃轧制和β退火(横向)	813	896	11	23	61	REP	925	75%变形
HIP,950℃轧制和 STA (960～700℃)	924	1041	15	35		REP	950	60%变形
HIP,960℃锻造和 STA (960～700℃)	1000	1062	14	35		REP	915	56%变形
VHP,830℃	945	993	19	38		REP	830	
VHP,760℃	972	1014	16	38		REP	760	
ROC,900℃	882	904	14	50		PREP	900	

续表 22-24

条 件①	$\sigma_{0.2}$/MPa	σ_b/MPa	δ/%	ψ/%	K_{IC}或K_Q /MPa·$m^{1/2}$	粉末工艺	压制温度/℃	其 他
ROC,900℃和RA,925℃	827	882	16	46		PREP	900	925℃RA
ROC,650℃	1131	1179	10	23		PREP	600	
ROC,600℃和RA,815℃	965	1020	15	43		PREP	600	815℃RA
最小值(MIL-T-9047)	827	896	10	25				

①HIP，热等静压；PSV，在真空下湿磨成粉；BUS，破碎组织；TCP，化学热处理，REP，旋转电极工艺；STA，固溶处理+时效；PREP，等离子旋转电极工艺；ELI，超低间隙元素；HPLT，高压低温压坯；RA，再结晶退火；VHP，真空热压，ROC，快速全向压制。

表 22-25 其他钛合金 PA 法制品的拉伸和断裂韧性性能

条 件①	$\sigma_{0.2}$/MPa	σ_b/MPa	δ/%	ψ/%	K_{IC}或K_Q /MPa·$m^{1/2}$	粉末工艺	压制温度/℃	其 他
IMI829,HIP和STA (1060~620℃)	951	1089	18	22		PREP	1040	
IMI829,ROC,和STA (1060~620℃)	909	1034	18	20		PREP		α+βROC
IMI685,HIP和STA (1050~550℃)	970	1020	11	19		PREP	950	
Ti-6242,HIP和STA (1050~550℃)	924	1034	17	36		PREP	910	
Ti-6246,HIP,920℃锻造和705℃退火	1165	1296	11	37		REP	900	920℃锻70%
Ti-6Al-6V-2Sn,HIP和760℃退火	1008	1055	18	37	59	PREP	900	
Ti-17,HIP和STA (800~635℃)	1123	1192	8	11		REP	915	
Ti-4.5Al-5Mo-1.5Cr,HIP和705℃时效	944	990	13		75	REP	845	
Ti-4.5Al-5Mo-1.5Cr,HIP和760℃时效	916	971	14		79	REP	845	
Ti-1023,HIP和STA (745~490℃)	1213	1310	9	13		PREP	775	
Ti-1023,HIP,锻造和STA (750~495℃)	1286	1386	7	20	28	PREP	775	750℃锻70%

续表 22-25

条 件①	$\sigma_{0.2}$/MPa	σ_b/MPa	δ/%	ψ/%	K_{IC}或K_Q /MPa·$m^{1/2}$	粉末工艺	压制温度/℃	其 他
Ti-1023,HIP,锻造和STA(750~550℃)	1065	1138	14	41	55	PREP	775	750℃锻70%
Ti-1023,ROC	965	1007	16	54		PREP	650	
Ti-1023,ROC和STA(760~510℃)	1296	1400	6	26		PREP	650	
Ti-11.5Mo-6Zr-4.5Sn,βHIP和STA(745~510℃)	1288	1378	8	18		PREP	760	
Ti-1.3Al-8V-5Fe,β挤压和STA(705℃)	1392	1482	8	7		PREP	760	
Ti-1.3Al-8V-5Fe,β挤压和STA(770℃)	1461	1516	8	20		GA	760	
Ti-1.3Al-8V-5Fe,βHIP和STA(745~510℃)	1315	1414	5	10		GA	725	
Ti-24Al-11Nb,1065℃HIP和STA(1175℃)	510	606	2	2		PREP	1065	
Ti-24Al-11Nb,925℃HIP和STA(1175℃)	696	765	2	2		PREP	925	
Ti-25Al-10Nb-3Mo-1V,ROC	710	854	5	6		PREP	1050	

①HIP：热等静压；STA：固溶处理+时效；ROC：快速全向压制；PREP：等离子旋转电极工艺；REP：旋转电极工艺；GA：气体雾化。

图22-51为PA法Ti-6Al-4V制品与铸锭冶金合金工厂退火态的光滑疲劳寿命分散带的对比图。通过测试热等静压后的高纯净的REP和PREP制品，获得粉末冶金材料的数据，其中一些制件经过压实后的热处理。PA法制件的数据与最好的铸锭冶金合金结果相当。为了保持高疲劳强度，必须避免粉末污染，直径为50μm、150μm和350μm的污染物对PA法Ti-6Al-4V制件疲劳强度的影响见图22-56。显而易见，直径为50μm的污染物就足以明显降低疲劳强度。图22-57对比了粉末冶金合金和铸锭冶金合金的疲劳特征。通常高周疲劳结果是零件在10^6~10^8周范围失效，低周疲劳结果是低于10^5周失效。从三种测试结果看，粉末冶金合金的性能相当于

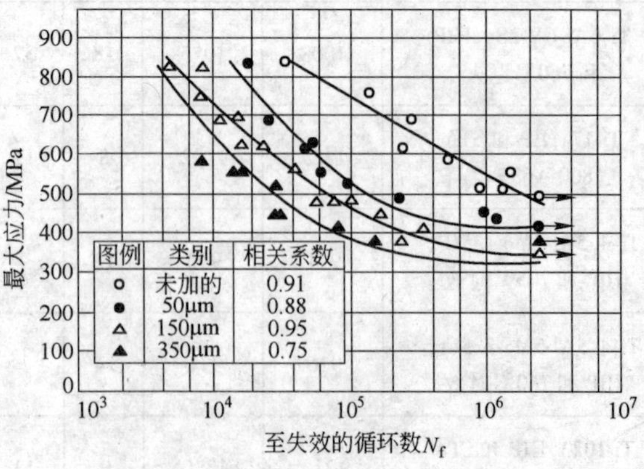

图22-56 污染颗粒对PA法Ti-6Al-4V制件的室温疲劳强度的影响

（疲劳试验条件：室温，K_t=1，R=0.1，F=5Hz，三角波）

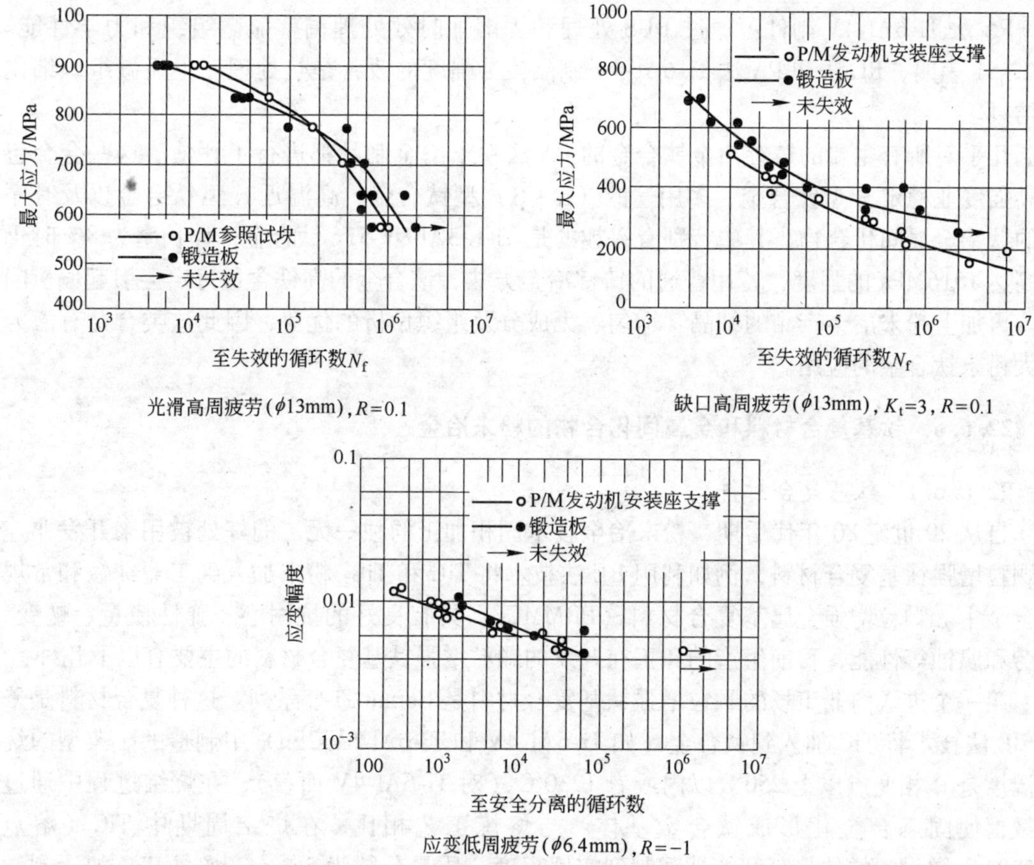

图 22-57 PA 法和铸锭冶金的 Ti-6Al-4V 的室温疲劳强度

或超过了铸锭冶金合金的性能。测试用的零件是已在军用飞机上正式应用的 PA 法 Ti-6Al-4V 粉末冶金零件（见图 22-58）。

图 22-59 比较了相同成分和显微组织的铸锭冶金材料和 PA 法 Ti-6Al-4V 零件的裂纹扩

图 22-58 PA 法生产的宇航工业用的 Ti-6Al-4V 零件

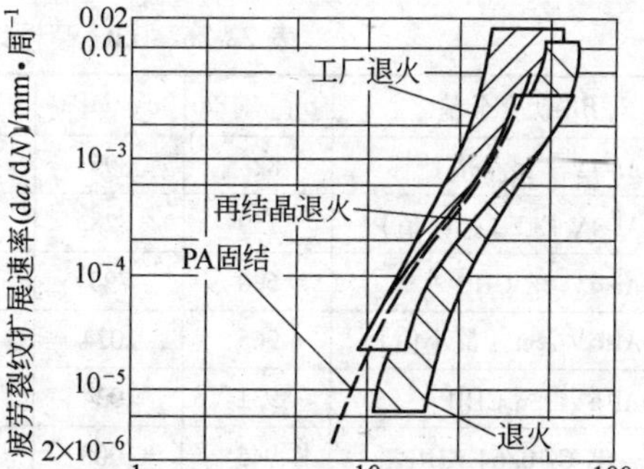

图 22-59 PA 法和铸锭冶金的 Ti-6Al-4V 制件的疲劳裂纹扩展速率（R=0.1，F=5～30Hz）

展速率。即使 PA 法材料含有少量的污染，两种材料的裂纹扩展速率级别相当。

PA 法 Ti-6Al-4V 制件可通过 BUS 处理和固溶加时效处理调整显微组织和力学性能。图 22-51 表明，BE 法和 PA 法 Ti-6Al-4V 制品疲劳强度的改善是热处理产生显微组织细化的结果。

几乎对所有主要的铸锭冶金钛合金的 PA 法粉末冶金制品都进行了评估。这些合金包括高强度亚稳定 β 型钛合金、多用途的（α + β）型钛合金、高温近 α 型钛合金以及有序化的钛铝金属间化合物，其中特别有兴趣的是 Ti-1.3Al-8V-5Fe 钛合金，伸长率为 8% 时仍有高达 1516MPa 的强度，若用普通的铸锭冶金方法，该合金的高铁含量肯定会引起偏析问题。再加上粉末冶金产品的细晶、均匀、无成分及组织偏析的优势，因此这类合金有潜力扩大粉末钛合金的应用。

22.6.6 钛基复合材料和金属间化合物的粉末冶金

22.6.6.1 钛基复合材料

自从 20 世纪 80 年代后期，粉末冶金技术固相加工的独一无二的好处被用来开发非连续颗粒增强钛基复合材料，例如利用 BE 法技术将 TiC 和 TiB_2 粉末加入到工业纯钛和常规钛合金中。颗粒增强金属基复合材料（PRMMCs）具有良好的抗耐磨、弹性模量、蠕变、疲劳和腐蚀等性能，目前生产的和正在开发的颗粒增强钛基复合材料的主要有以下几种：

第一个进入商业市场的颗粒增强钛基复合材料是 Cerme Ti-C 系列。这种复合材料是采用 BE 法技术将 TiC 加入到钛合金（如 Ti-6Al-4V 和 Ti-6Al-6V-2Sn）中制造的。典型的烧结温度是 β 相变点以上 250℃以内或者 1230℃（对 Ti-6Al-4V 而言），在烧结过程中通过扩散促使固态合金化形成钛合金基体。与熔炼工艺相比，在烧结周期中 TiC（熔点 3065℃）增强颗粒的热分解能被限制到实用程度。质量分数为 5% ~20% 的 TiC 加入到常规钛合金中，TiC 颗粒增强钛基复合材料的强度和弹性模量得到改善，反映了紧密连接的 TiC 颗粒的载荷分享贡献。典型的性能见表 22-26。作为替代热等静压或另外的热等静压操作、热加工（包括锻造、轧制和挤压）进一步增加颗粒增强钛基复合材料的密度和力学性能。从锻造或挤压温度冷却后，均匀的颗粒分布和细化的针状 α-β 显微组织得到保留，伴随强度和塑性提高，如表 22-26 所示。

表 22-26 TiC 颗粒增强钛基复合材料的力学性能

BE 钛合金基	$\sigma_{0.2}$/MPa	σ_b/MPa	δ/%	ψ/%	E/GPa	K_{IC}或K_Q/MPa·$m^{1/2}$	氧/%
Ti-6Al-4V（最小值）①②	828	895	10	25	114		0.20
Ti-6Al-4V ELI（最小值）③	759	828	10	25	114		0.13
Ti-6Al-4V BE CHIP④	690	793	9	15	114	85	0.15
Ti-6Al-6V-2Sn（最小值）	965	1034	14	23	112	75	0.20
Ti-6Al-6V-2Sn CHIP④	931	1034	15	35	112	78	0.28
Cerme Ti-C-10/64 CHIP④	945	1000	2	2	134	38	0.30
Cerme Ti-C-10/64 CHIP⑤⑥	1069	1138	2	2	134	45	0.30
Cerme Ti-C-10/662 CHIP⑤⑥	1034	1055	1	1	134	40	0.30

①AMS-4930D；②ASTM B 3485 级；③ASTM B 34823 级；④冷和热等静压；⑤960℃挤压，空冷；⑥1030℃锻造，空冷。

也采用BE法技术加入TiB_2颗粒。在1200℃名义烧结过程，TiB_2颗粒与接触的元素钛广泛地反应或完全反应生成TiB。冷却时合成的片状TiB相跨过原始钛颗粒边界扩展，并桥接多个α-β集束。图22-60表示了高温对TiB_2-Ti-6Al-4V复合材料模量的影响。

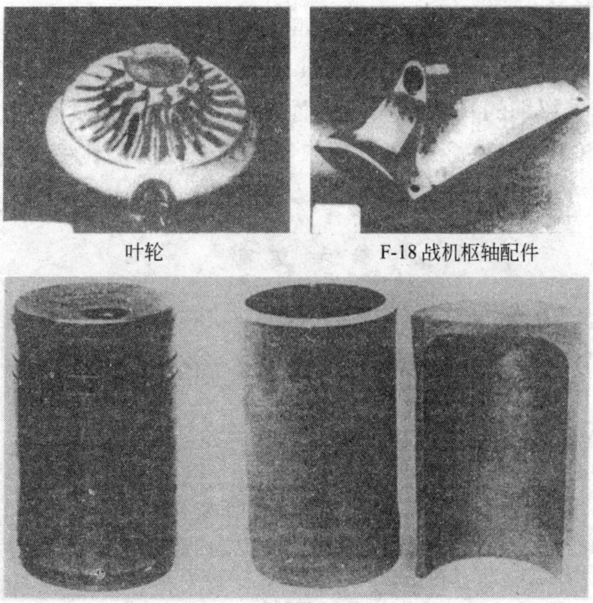

叶轮　F-18战机枢轴配件

汽车汽缸

图22-60　BE法生产的宇航和汽车工业用的Ti-6Al-4V零件

在致力于提高BE法基体合金的高周疲劳性能中，评估了两个BE法钛基复合材料，即含有5%（质量分数）TiB_2颗粒增强体的Ti-6Al-2Sn-4Zr-2Mo和Ti-6Al-1.7Fe-0.1Si。首先用低残余氯化物的氢化脱氢钛粉、中间合金粉和5%（质量分数）TiB_2颗粒混合，其成形采用以下工艺：

（1）400MPa冷等静压；

（2）1200℃烧结3h；

（3）930℃，200MPa热等静压。

长30μm、宽2μm的TiB片状的原位形成物似乎也降低了片状α的长宽比。经过1050℃水淬和920℃退火后，10%（体积分数）TiB增强和Ti-6Al-2Sn-4Zr-2Mo基材料的10^7高周疲劳强度达到590MPa，抗拉强度增加35%，弹性模量为140GPa。

丰田公司在降低BE法TiB_2-钛合金基复合材料的成本方面做出了贡献。当5%（质量分数）TiB_2加入到亚稳定β型钛合金，成分为Ti-4.3Fe-7.0Mo-1.4Al-1.4V，合成的10%（体积分数）TiB增强相形成了稳定的、晶体学方向一致的共格界面，因而增加了基体的强度、刚度、硬度、疲劳性能和耐热性，该材料在700℃时的形变流变应力接近于中碳钢，具备了可生产性。若能保证低成本钛粉的稳定供应，由这类材料制造汽车引擎零件（如连接杆或齿轮）的生产成本预算几乎可以和钢媲美。

耐磨性、比刚度和比强度是选择颗粒增强钛基复合材料作典型应用时主要考虑点。近净成形、在冷热等静压条件下的α层的消失和相似于基体合金的可机加工性的综合提高了

BE 法颗粒增强钛基复合材料的可生产性。

22.6.6.2 TiAl 系金属间化合物

以 α_2-Ti_3Al 和 γ-TiAl 相为基础的 TiAl 系金属间化合物的研究开始于 20 世纪 70 年代。由于合金铸锭的组织偏析、加工困难，为获得均匀的化学成分和微观的 α_2 基和 γ 基合金组织，初期合金加工是采用粉末冶金方法，如等离子电极工艺粉和气雾化粉。快速固化的钛合金材料的早期工作表明：通过由 100MPa 到 300MPa 压力增加，能获得较低温度热等静压制件，因而保留了超细的颗粒组织，从而产生了较高的强度和塑性，如 α_2（Ti-25Al-10Nb-3V-1Mo）和 γ（Ti-48Al-2Cr-2Nb）粉末制件的拉伸性能比变形材料的高。这类粉末冶金制件适合于做锻造和带材轧制的预制坯。

参考文献

1 《稀有金属手册》编辑委员会．稀有金属手册（下册）．北京：冶金工业出版社，1995：228~231

2 美国金属学会．金属手册，第九版，第七卷粉末冶金．韩凤麟，主译．北京：机械工业出版社，1994：41~228

3 ［日］神保元二，等．粉碎．王少儒，译．北京：中国建筑工业出版社，1985

4 陆厚根．粉体工程导论．上海：同济大学出版社，1993：312

5 钛粉产品内控标准．北京有色金属研究总院，1991（内部资料）

6 氢化钛粉产品内控标准．北京有色金属研究总院，1991（内部资料）

7 韩凤麟，马福康，等．粉末冶金材料工程（中国材料工程大典第 14 卷）．北京：化学工业出版社，2006

8 王盘鑫．粉末冶金学．北京：冶金工业出版社，2005

9 Abkowitz S，David R. Superior fatigue properties for blended elemental P/M Ti-6Al-4V. Journal of Metals，1986，47（8）：36

10 Froes F H，Smugeresky J E. Powder metallurgy of titanium alloy. Warrendale：The Metallurgical Society of AIME，1980

11 Froes F H，Eylon D. Titanium net shape technologies. Warrendale：The Metallurgical Society of AIME，1984

12 Schwenker S W，Eylon D，Froes F H. Influence of foreign particles on fatigue behavior of Ti-6Al-4V prealloyed powder compacts. Metall. Trans.，1986，17（2）：271

13 Freeby C L，Hjort H. Progress in Powder Metallurgy，Vol. 43. Priceton：Metal Powder Industries Federation，1987

14 Abkowitz S，Weithrauch P. Trimming the cost of MMCs. Advanced Materials and Processes，1989，136（1）：31

下篇　综合技术及应用

23　钛化合物

钛与其他元素化合时，最容易失去 4 个电子成为稳定的四价化合物。但因为钛是 3*d* 电子亚层未充满的过渡元素，显示出变价的特征。因此，钛也存在三价和二价的化合物。它们的稳定性较差，而一价钛化合物就更不稳定了。

价态不同的钛化合物，其性质是不相同的。如四价钛的氧化物和氢氧化物是两性的，三价钛的氧化物及氢氧化物是弱碱性的，而二价钛的氧化物和氢氧化物是典型的碱性化合物。四价钛的卤化物具有酸化物的特征，在水中完全水解生成钛酸；三价钛的卤化物尽管具有盐的特征，但也能在水中部分水解生成三价钛酸；而二价钛卤化物是典型的盐类。所有低价钛化合物都容易被氧化，并容易发生分解。

钛具有两性，既能以 Ti^{4+} 等阳离子形式存在，又以 TiO_3^{2-}、TiO_4^{4-} 阴离子形式存在。因此钛的化合物种类很多，一般可划分为钛的简单化合物和钛的络合物两大类。

钛的简单化合物又可分为三类：

第一类称为酸化物，其原子间键的性质具有共价键特征，在这类化合物中一般钛为四价，如 TiF_4、$TiCl_4$。

第二类称为盐类，其原子间键的性质具有离子键特征，在这类化合物中一般钛为三价和二价，可在水溶液中或熔融盐中离解出 Ti^{3+}、Ti^{2+} 离子，如 $TiCl_3$、$TiCl_2$。

第三类称为金属间化合物，其原子间键的性质具有金属键特征，它们是钛与其金属及氢生成的化合物。

但上述三类钛化合物及其原子间键的性质并不存在严格的界限，有的钛化合物是介于这三类化合物之间的中间化合物。

钛的络合物可分为两类：

一类是各种价态的钛阳离子与络阴离子结合而成的络合物，这类钛络合物的性质与简单钛化合物的性质相似，其中钛为低价时具有盐类特征，钛为高价时则具有酸化物特征。

另一类是钛本身是络离子形成体，它可与其他元素结合而生成络合物。在钛络离子形成体中，除了共价键外，还含有配价键，所以这类钛化合物又称为钛配位化合物。钛是周期表中的过渡元素，具有形成配位化合物的强烈倾向，特别具有形成以它为中心的八面体构型的倾向。在这种结构中，钛原子的配位数为6，除了分子中的4个共价键外，形成八面体结构满足钛原子的配位数为6，还需要两个配价键。这两个配价键往往可以由邻近分子中的氧、氮、卤素、硫、磷等原子提供。除了配位数为6的配位化合物外，还有配位数为5、7、8的配位化合物。所以，钛的配位化合物种类很多。除了 Me_2TiX_6、$MeTiX_5$、$MeTiX_4$、Me_2TiX_4、$MeTiX_3$（Me为一价金属元素，X为卤素元素）属于这类外，还有 TiX_4 与含有O、N、P、S等原子的基团有机化合物形成钛配位化合物。例如，醇、醛、酸、酮、醚、酯、胺、偶氮、硝基、酰胺、肟、硫醇、硫醚等类的有机化合物与 $TiCl_4$ 等卤化物形成的配位化合物。如果钛与含有两个官能基的有机化合物（如二元醇、二元羧酸、羟基酸、醇胺、酮酯等）反应则形成钛的螯合物。除了上述的四价钛配位化合物外，低价钛也有形成配位化合物的倾向。这一类络合物既有无机物也有有机物。

随着科学技术的发展，钛的有机化合物得到了广泛的应用。本章简要地介绍几种常用的钛有机化合物。这样本文从无机化合物开始依序介绍钛的卤化物、氧化物、氢氧化物、硫化物、碳化物、氮化物、硼化物、氢化物和无机钛盐，最后介绍有机钛化合物。

23.1 卤化钛

钛的氯化物常见的有四氯化钛（$TiCl_4$）、三氯化钛（$TiCl_3$）、二氯化钛（$TiCl_2$）、氯氧化钛（$TiOCl_2$、TiOCl 等），以及混合卤化钛如 TiF_2Cl_2 等。其他卤化钛品种与氯化钛相似。

23.1.1 四氯化钛

23.1.1.1 制取方法

$TiCl_4$ 的制取方法很多，一般是用氯或其他氯化剂（如 $COCl_2$、$SOCl_2$、CCl_4 等）氯化钛及其化合物（如氧化钛、氮化钛、碳化钛、硫化钛、钛酸盐及其他含钛化合物）而制得。

在工业生产中，均采用氯化金红石和高钛渣等富钛物料的方法来制取 $TiCl_4$。在加入还原剂时，TiO_2 便可十分容易进行下列反应：

$$TiO_2 + C + 2Cl_2 = TiCl_4 + CO_2 \quad (23\text{-}1)$$

$$TiO_2 + 2C + 2Cl_2 = TiCl_4 + 2CO \quad (23\text{-}2)$$

$$2FeTiO_3 + 3C + 7Cl_2 = 2TiCl_4 + 2FeCl_3 + 3CO_2 \quad (23\text{-}3)$$

23.1.1.2 物理性质

常温下四氯化钛是无色透明液体，在空气中冒白烟，具有强烈的刺激性气味。$TiCl_4$ 分子是正四面体结构，钛原子位于正四面体的中心，顶端为氯原子。Ti-Cl 间距为0.219nm，Cl-Cl 间距为0.358nm。$TiCl_4$ 呈单分子存在，偶极距为零，不导电。$TiCl_4$ 不能离解为 Ti^{4+} 离子，在含有 Cl^- 离子的溶液中可形成 $[TiCl_6]^{2-}$ 络阴离子，这说明 $TiCl_4$ 是共价键化合物。四氯化钛固体是白色晶体，属于单斜晶系。其主要物理参数为：

晶格常数　$a = 0.97nm$，$b = 0.648nm$，$c = 0.975nm$，$\beta = 102°40'$

熔点　$-23.2℃$

沸点 135.9℃

液体蒸发热 $54.5-0.048T$(kJ/mol)

临界温度 365℃

临界压力 4.57MPa

临界密度 $0.565g/cm^3$

固体密度 $2.06g/cm^3$(194K)

膨胀系数 $9.5\times10^{-4}K^{-1}$(273K),$9.7\times10^{-4}K^{-1}$(293K)

导热系数 0.085W/(m·K)(293K),0.0928W/(m·K)(323K),0.108W/(m·K)(373K),0.116W/(m·K)(409K)

磁化率 -2.87×10^{-7}

折射指数 1.61(293K)

介电常数 2.83(273K),2.73(297K)

液态 $TiCl_4$ 蒸气压与温度的关系式

$\lg p=25.129-5.7881\lg T-2.919\times10^3/T$ (298~409K,p 的单位为 mmHg,1mmHg = 133.3225Pa)

液体 $TiCl_4$ 的其他主要物理性质列于表 23-1。

表 23-1 液体 $TiCl_4$ 的主要物理性质

温度 t /℃	密度 ρ /$g\cdot cm^{-3}$	黏度 η /Pa·s	表面张力 γ /$N\cdot m^{-1}$	蒸气压 p /kPa	温度 t /℃	密度 ρ /$g\cdot cm^{-3}$	黏度 η /Pa·s	表面张力 γ /$N\cdot m^{-1}$	蒸气压 p /kPa
-10	1.778	1.140×10^{-3}	36.54×10^{-3}	0.129	70	1.643	0.516×10^{-3}	26.78×10^{-3}	12.076
0	1.761	1.012×10^{-3}	35.28×10^{-3}	0.410	80	1.625	0.478×10^{-3}	25.62×10^{-3}	17.542
10	1.745	0.912×10^{-3}	34.03×10^{-3}	0.738	90	1.608	0.449×10^{-3}	24.48×10^{-3}	24.964
20	1.727	0.826×10^{-3}	32.79×10^{-3}	1.272	100	1.590	0.422×10^{-3}	23.37×10^{-3}	34.846
30	1.711	0.756×10^{-3}	31.56×10^{-3}	2.118	110	1.572	0.395×10^{-3}		47.880
40	1.694	0.702×10^{-3}	30.34×10^{-3}	3.411	120	1.554			64.638
50	1.677	0.645×10^{-3}	29.14×10^{-3}	5.333	130	1.535			85.918
60	1.660	0.583×10^{-3}	27.95×10^{-3}	8.126					

23.1.1.3 化学性质

$TiCl_4$ 是共价键化合物。它的热稳定性很好,在 2500K 下仅有部分分解,只有在 5000K 高温下才能完全分解为钛和氯。但是,$TiCl_4$ 是很活泼的化合物,它可与许多元素和化合物发生反应。

A 与金属的反应

依据还原剂的种类和还原条件的不同,许多金属都能把 $TiCl_4$ 还原成 $TiCl_3$、$TiCl_2$ 和金属钛。

镁、钠和钙在高温下都能把 $TiCl_4$ 还原为金属钛。

铝与 $TiCl_4$ 在 200℃时便可进行反应,在 136~400℃下存在 $AlCl_3$ 时生成 $TiCl_3$:

$$3TiCl_4+Al = 3TiCl_3+AlCl_3 \quad (23\text{-}4)$$

在约1000℃下可还原为金属钛：

$$3TiCl_4 + 4Al = 3Ti + 4AlCl_3 \quad (23\text{-}5)$$

由于钛与铝生成金属间化合物，所以铝还原产物为Ti-Al合金。

$TiCl_4$在低于300℃时几乎不与金属钛反应，在400℃时可反应生成$TiCl_3$，500～600℃时反应生成$TiCl_3$、$TiCl_2$的混合物，700℃时主要反应产物为$TiCl_2$。若金属钛过量时主要生成$TiCl_2$，$TiCl_4$过量时主要生成$TiCl_3$。

铜可把$TiCl_4$还原为$TiCl_3$，有氧存在时，铜与$TiCl_4$反应生成$Cu[TiCl_4]$：

$$TiCl_4 + Cu = Cu[TiCl_4] \quad (23\text{-}6)$$

在加热时银能部分把$TiCl_4$还原为$TiCl_3$：

$$TiCl_4 + Ag = TiCl_3 + AgCl \quad (23\text{-}7)$$

在大于100℃时，汞也能与$TiCl_4$反应生成$TiCl_3$。

B 与气体和硫的反应

在500～800℃下氢把$TiCl_4$还原为$TiCl_3$：

$$2TiCl_4 + H_2 = 2TiCl_3 + 2HCl \quad (23\text{-}8)$$

在高于800℃时,过量氢可将$TiCl_4$还原为$TiCl_2$：

$$TiCl_4 + H_2 = TiCl_2 + 2HCl \quad (23\text{-}9)$$

在更高的温度下(2000℃以上),和大量过量氢则可还原为金属钛：

$$TiCl_4 + 2H_2 \rightleftharpoons Ti + 4HCl \quad (23\text{-}10)$$

$TiCl_4$与氧在550℃开始反应生成TiO_2：

$$TiCl_4 + O_2 = TiO_2 + 2Cl_2 \quad (23\text{-}11)$$

此时也有可能生成氯氧化钛：

$$4TiCl_4 + 3O_2 = 2Ti_2O_3Cl_2 + 6Cl_2 \quad (23\text{-}12)$$

$TiCl_4$与氧的反应在800～1000℃下可反应完全，生成TiO_2。

在通常条件下，$TiCl_4$不与氮发生反应。

在存在氯化铝时，$TiCl_4$与硫反应生成$TiCl_3$：

$$2TiCl_4 + 2S \xlongequal{AlCl_3} 2TiCl_3 + S_2Cl_2 \quad (23\text{-}13)$$

C 与卤素及卤化物的反应

氟与$TiCl_4$发生取代反应：

$$TiCl_4 + F_2 \longrightarrow TiFCl_3 \longrightarrow TiF_2Cl_2 \longrightarrow TiF_3Cl \longrightarrow TiF_4 + Cl_2$$

$TiCl_4$与液氯可按任意比例混合，也可溶解气体氯。在$TiCl_4$-Cl_2系统（图23-1）中有一个低共熔点（-108℃），其组成（摩尔分数）为77.8% Cl_2。

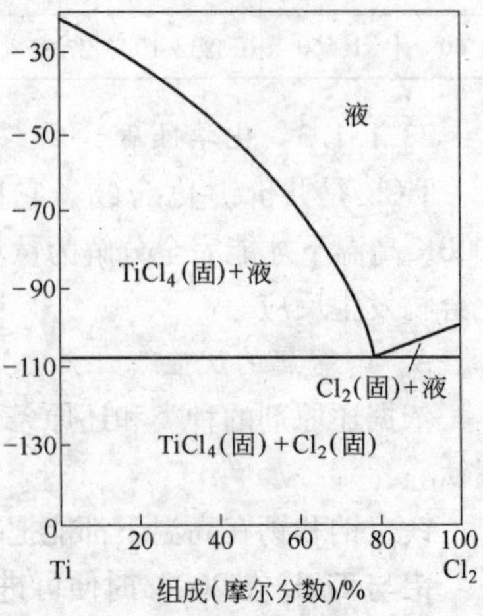

图23-1 $TiCl_4$-Cl_2系统状态图

在0.1MPa压力下，氯气在$TiCl_4$中的溶解度如下：

温度 t/℃	-20	0	20	40	60	80	100	120
溶解度（摩尔分数）/%	56.7	28.1	16.3	10.1	6.75	4.71	3.27	2.27

$TiCl_4$ 与溴可按任意比例混合，其混合物为亮红色。在 $TiCl_4$ 与 Br_2 共存的系统中生成 $TiCl_4Br$ 和 $TiCl_4Br_4$ 两个化合物，并有三个低共熔点。

$TiCl_4$ 能很好地溶解碘，混合物为紫色。$TiCl_4$ 不与碘生成化合物。

$TiCl_4$ 能与气体氟化氢发生激烈的反应生成 TiF_4：

$$TiCl_4(l) + 4HF(g) \longrightarrow TiF_4(s) + 4HCl(g) \tag{23-14}$$

$TiCl_4$ 与液体氟化氢反应生成 TiF_4 和 TiF_3Cl 混合物的固体沉淀，在适当条件也可生成 TiF_2Cl_2。

液体 $TiCl_4$ 与液体氯化氢可按任意比例混合，也能溶解气体氯化氢。固体 $TiCl_4$ 也可溶解在液体氯化氢中，$TiCl_4$-HCl 系统有三个低共熔点，生成相应的 $TiCl_4 \cdot 2HCl$（即 H_2TiCl_6）和$TiCl_4 \cdot 6HCl$（即 H_6TiCl_{10}）两种化合物。六氯钛酸 H_2TiCl_6 的熔点为 -30.8℃，它仅在小于0℃时稳定，大于0℃时则分解为 $TiCl_4$ 和 HCl。H_2TiCl_6 在温度小于0℃下可溶于浓盐酸中，此时可存在 $[TiCl_6]^{2-}$ 络阴离子，当溶液稀释或加热时络阴离子则发生水解。

在通常条件下，$TiCl_4$ 与 HBr 和 HF 可发生交换反应：

$$TiCl_4 + 4HBr \longrightarrow TiBr_4 + 4HCl \tag{23-15}$$

$$TiCl_4 + 4HI \longrightarrow TiI_4 + 4HCl \tag{23-16}$$

$TiCl_4$ 与碱金属、碱土金属氟化物，仅在高温下才反应生成 TiF_4，在一定条件下也可生成六氟钛酸盐 $Me_2[TiF_6]$。

$TiCl_4$ 与碱金属氯化物反应生成六氯钛酸盐 $Me_2[TiCl_6]$，这种盐是一种不稳定的化合物。$TiCl_4$ 在碱金属和碱土氯化物熔融盐中的溶解度不大，就是因为在高于700℃时六氯钛酸盐不稳定的缘故。

$TiCl_4$ 在 NaCl 熔盐中的溶解度不大，在830℃约0.5%（摩尔分数）。$TiCl_4$ 在 $MgCl_2$ 熔盐中的溶解度更小。

$TiCl_4$ 能溶解无水的氯化铝，但不发生任何化学反应。

$TiCl_4$ 与气体 $TiCl_2$ 反应生成 $TiCl_3$：

$$TiCl_4 + TiCl_2 \longrightarrow 2TiCl_3 \tag{23-17}$$

$TiCl_4$ 与四氯化硫反应生成 $2TiCl_4 \cdot SCl_4$、$TiCl_4 \cdot SCl_4$ 和 $TiCl_4 \cdot 2SCl_4$ 三种化合物。

$TiCl_4$ 与 PCl_3 可按任意比例互溶，在 $TiCl_4$-PCl_3 系统中形成化合物 $TiCl_4 \cdot PCl_3$。$TiCl_4$ 与 PCl_5 反应生成分子化合物 $TiCl_4 \cdot PCl_5$。

$TiCl_4$ 与 $SiCl_4$ 可按任意比例互溶，其混合物的熔点和沸点随组成而变化。

$TiCl_4$ 与 $SOCl_2$ 可按任意比例互溶，并可生成化合物 $TiCl_4 \cdot 2SOCl_2$。

$TiCl_4$ 与 SO_2Cl_2 所形成的混合物呈淡红色，在 $TiCl_4$-SO_2Cl_2 系统中形成化合物 $TiCl_4 \cdot 2SO_2Cl_2$。$TiCl_4$ 与 $POCl_3$ 反应生成两种化合物 $TiCl_4 \cdot POCl_3$ 和 $TiCl_4 \cdot 2POCl_3$。

D　与水的反应

$TiCl_4$ 与水接触便发生激烈反应，冒白烟，生成淡黄色或白色沉淀，并放出大量热。水和液体 $TiCl_4$ 间的反应是复杂的，它与温度和其他条件有关。在水量充足时生成五水化合物 $TiCl_4 \cdot 5H_2O$，在水量不足时和低温时生成二水化合物 $TiCl_4 \cdot 2H_2O$，然后它们继续发生水解。在水解过程中，$TiCl_4$ 中的 Cl^- 逐渐被（OH）$^-$ 所取代，其过程可表示如下：

$$TiCl_4 \cdot 5H_2O \longrightarrow Ti(OH)Cl_3 \cdot 4H_2O + HCl \longrightarrow Ti(OH)_2Cl_2 \cdot 3H_2O + HCl \longrightarrow$$

$$Ti(OH)_3Cl \cdot 2H_2O + HCl \longrightarrow Ti(OH)_4 \cdot H_2O + HCl$$

在低温下反应较慢，可分离出中间产物；在高温时上述水解反应很快。$TiCl_4$ 水解的最终产物，在水量充足时，是正钛酸的胶体溶液。长期放置或加热后，可得到更稳定的偏钛酸。沸腾的水与 $TiCl_4$ 迅速反应生成偏钛酸：

$$TiCl_4 + 3H_2O \xlongequal{} H_2TiO_3 + 4HCl \tag{23-18}$$

在 300～400℃下气体 $TiCl_4$ 与水蒸气反应生成 TiO_2：

$$TiCl_4 + 2H_2O \xlongequal{} TiO_2 + 4HCl \tag{23-19}$$

E 与硫化氢和硫酸的反应

液体 $TiCl_4$ 与液体 H_2S 混合生成褐色 $2TiCl_4 \cdot H_2S$ 沉淀，低温反应生成黄色化合物 $TiCl_4 \cdot H_2S$ 和 $TiCl_4 \cdot 2H_2S$ 沉淀，生成产物进一步反应为：

$$TiCl_4 \cdot 2H_2S \longrightarrow TiCl_2(SH)_2 + 2HCl \longrightarrow Ti(SH)_4 + 2HCl$$

加热的 $TiCl_4$ 与气体 H_2S 可发生还原反应生成 $TiCl_3$ 或 $TiCl_2$：

$$2TiCl_4 + H_2S \xlongequal{} 2TiCl_3 + 2HCl + S \tag{23-20}$$

$$TiCl_4 + H_2S \xlongequal{} TiCl_2 + 2HCl + S \tag{23-21}$$

沸腾的 $TiCl_4$ 与 H_2S 反应生成硫氯化钛：

$$TiCl_4 + H_2S \xlongequal{} TiCl_2S + 2HCl \tag{23-22}$$

$TiCl_4$ 与浓 H_2SO_4 反应生成硫酸氯钛：

$$TiCl_4 + H_2SO_4 \xlongequal{} TiCl_2SO_4 + 2HCl \tag{23-23}$$

$TiCl_4$ 与稀 H_2SO_4 反应时，生成硫酸氧钛：

$$TiCl_4 + H_2SO_4 \cdot H_2O \xlongequal{} TiOSO_4 + 4HCl \tag{23-24}$$

F 与氧化物和硫化物的反应

$TiCl_4$ 与炽热的金属氧化物发生交换反应，生成 TiO_2 和相应的金属氯化物，如：

$$3TiCl_4 + 2Fe_2O_3 \xlongequal{} 3TiO_2 + 4FeCl_3 \tag{23-25}$$

气体 $TiCl_4$ 与加热的 TiO_2 反应可生成氯氧化钛：

$$TiCl_4 + TiO_2 \xlongequal{} 2TiOCl_2 \tag{23-26}$$

$$TiCl_4 + 3TiO_2 \xlongequal{} 2Ti_2O_3Cl_2 \tag{23-27}$$

$TiCl_4$ 与加热的金属硫化物反应生成 TiS_2，如：

$$TiCl_4 + 2ZnS \xlongequal{} TiS_2 + 2ZnCl_2 \tag{23-28}$$

$TiCl_4$ 与 TiS_2 反应生成硫氯化钛：

$$TiCl_4 + TiS_2 = 2TiCl_2S \qquad (23\text{-}29)$$

G 与含氢化合物和有机物的反应

$TiCl_4$ 能迅速地吸收干燥的 NH_3，并放出大量热，氨饱和时生成 $TiCl_4 \cdot 4NH_3$。气体 $TiCl_4$ 与气体氨反应生成粉末状的 $TiCl_4 \cdot 6NH_3$。

在420℃时氢化钠可将 $TiCl_4$ 还原为金属钛：

$$TiCl_4 + 4NaH = Ti + 4NaCl + 2H_2 \qquad (23\text{-}30)$$

在氢气压力较高的情况下，同时生成氢化钛。

$TiCl_4$ 与甲烷（乙烷、丙烷）在常温下不发生反应，在800～1400℃下并有催化剂存在时，反应生成TiC：

$$TiCl_4 + CH_4 = TiC + 4HCl \qquad (23\text{-}31)$$

液体 $TiCl_4$ 可溶解烃类化合物，但不发生反应。

$TiCl_4$ 与一卤化烃反应生成浑浊溶液。$TiCl_4$ 与二氯甲烷、三氯甲烷、四氯甲烷、二氯乙烷可按任意比例混合。

$TiCl_4$ 与乙烯在100℃发生聚合，也可与丙烯、丁烯发生聚合反应。

$TiCl_4$ 与氯乙烯发生聚合反应，与氯丙烯开始反应生成沉淀，当 $TiCl_4$ 浓度提高时沉淀消失，呈黄色溶液。

$TiCl_4$ 与环烷烃可混合，不发生反应；但可与环戊烷发生激烈的反应。

$TiCl_4$ 与苯可按任意比例混合，混合液呈黄色。在 $TiCl_4$-C_6H_6 系统中形成化合物 $3TiCl_4 \cdot C_6H_6$。$TiCl_4$ 与甲苯、二甲苯反应生成黄色化合物（1∶1的分子化合物）。

$TiCl_4$ 可与氯苯、二氯苯混合，不发生反应；也能溶解三氯苯、六氯苯。

$TiCl_4$ 与醇类化合物（如甲醇、乙醇、丙醇、丁醇）开始反应生成分子化合物，然后 $TiCl_4$ 中的三个氯原子逐渐被烷氧基所取代，其过程顺序如下：

$$TiCl_4 + 3ROH \longrightarrow TiCl_4 \cdot 3ROH \longrightarrow TiCl_3(OR) \cdot 2ROH + HCl$$
$$\longrightarrow TiCl_2(OR)_2 \cdot ROH + HCl \longrightarrow TiCl(OR)_3 + HCl$$

$TiCl_4$ 与丙酸反应时，开始生成黄色溶液，然后出现油层，同时生成氯丙烯，并析出氯化氢。

$TiCl_4$ 与苯酚发生激烈反应，生成暗红色产物，并析出氯化氢：

$$TiCl_4 + C_6H_5OH = TiCl_3OC_6H_5 + HCl \qquad (23\text{-}32)$$

$TiCl_4$ 与其他芳香醇也有上述类似反应。

$TiCl_4$ 与甲醚、乙醚、丙醚反应生成分子化合物 $TiCl_4 \cdot OR$ 和 $TiCl_4 \cdot 2OR_2$。

$TiCl_4$ 也与苯乙醚反应。

$TiCl_4$ 能分解乙醛及其他醛类。$TiCl_4$ 与苯甲醛反应生成黄色沉淀 $TiCl_4 \cdot 2C_6H_5CHO$。

$TiCl_4$ 与丙酮、二酮及其他酮发生激烈反应，生成化合产物。$TiCl_4$ 与芳香酮反应生成分子化合物，如与乙苯酮生成红色化合物 $TiCl_4 \cdot CH_3COC_6H_5$，与二苯酮反应生成黄色化合

物 $TiCl_4 \cdot CO(C_6H_5)_2$。

$TiCl_4$ 与甲酸发生取代反应，$TiCl_4$ 中的三个 Cl^- 逐渐被甲酸基所取代：

$$TiCl_4 + 3HCO_2H \longrightarrow TiCl_3(CO_2H) + HCl \longrightarrow$$

$$TiCl_2(CO_2H)_2 + HCl \longrightarrow TiCl(CO_2H)_3 + HCl$$

$TiCl_4$ 也可与乙酸（醋酸）反应：

$$TiCl_4 + HCH_3CO_2 = TiCl_3(CH_3CO_2) + HCl \tag{23-33}$$

$TiCl_4$ 与 CH_3COCl 生成分子化合物 $TiCl_4 \cdot CH_3COCl$。

$TiCl_4$ 与一元酸酯发生交换反应，生成相应四价钛的衍生物。

23.1.1.4 用途

四氯化钛是钛及其化合物生产过程中的重要中间产品，为钛工业生产的重要原料，并有着广泛的用途。

$TiCl_4$ 在工业中的主要用途如下：

(1) 生产金属钛的原料；

(2) 生产钛白的原料；

(3) 生产三氯化钛的原料；

(4) 生产钛酸酯及其衍生物等钛有机化合物的原料；

(5) 生产聚乙烯和三聚乙醛的催化剂，也是生产聚丙烯及其他烯烃聚合催化剂的原料；

(6) 发烟剂。

此外，还可应用于陶瓷玻璃、皮革和纺织印染等工业部门。

23.1.2 三氯化钛

23.1.2.1 制取方法

无水的三氯化钛是用各种还原剂还原 $TiCl_4$ 而制得的。如在 500～800℃下用氢还原制 $TiCl_3$，反应按式 23-8 进行。但是，这个反应是可逆的，如果不断排出反应产物则还原反应便容易进行。

也可用其他金属还原剂，控制适宜的反应条件还原 $TiCl_4$ 而制取 $TiCl_3$，如：

$$TiCl_4 + Na \xlongequal{270℃} TiCl_3 + NaCl \tag{23-34}$$

$$2TiCl_4 + Mg \xlongequal{400℃} 2TiCl_3 + MgCl_2 \tag{23-35}$$

$$3TiCl_4 + Ti \xlongequal{400 \sim 600℃} 4TiCl_3 \tag{23-36}$$

$$3TiCl_4 + Al \xlongequal[AlCl_3]{> 136℃} 3TiCl_3 + AlCl_3 \tag{23-37}$$

三氯化钛的水溶液，可在氢气氛或惰性气体保护下由金属钛溶于盐酸而制得，反应按式 1-11 进行。

23.1.2.2 物理性质

$TiCl_3$ 存在四种变体，通常在高温下还原 $TiCl_4$ 所制取的是 α 型，它是紫色片状结构，属于六方晶系，晶格常数为 $a=0.6122nm$，$c=1.752nm$。烷基铝还原 $TiCl_4$ 得到 β 型 $TiCl_3$，它是褐色粉末，纤维状结构。铝还原 $TiCl_4$ 得到 γ 型 $TiCl_3$，它是红紫色粉末。将 γ 型 $TiCl_3$ 研磨则得到 δ 型 $TiCl_3$，它比其他晶型具有较高催化性能。$TiCl_3$ 的熔点为 730 ~ 920℃，密度（25℃时）的计算值为 2.69g/cm^3，测量值为 2.66g/cm^3。

固体升华蒸气压计算式：

$$\lg(p/\mathrm{Pa})=(21.47-3.27\lg T-9620/T)\times 133$$

固体升华热计算式：

$$\lambda(\mathrm{J/g})=1175-0.1045T-5.14\times 10^{-5}T^2$$

23.1.2.3 化学性质

三氯化钛中的钛是中间价态，这种化合物稳定性较差，容易分解。$TiCl_3$ 具有还原剂的特征，容易被氧化为高价钛化合物；但它也可以被还原，不过被氧化的倾向大于被还原的倾向。另外，$TiCl_3$ 既具有盐类的特征，也具有弱酸性的特征，它可形成三价钛酸盐。$TiCl_3$ 不溶于 $TiCl_4$。

A 歧化反应

$TiCl_3$ 在真空中加热至 500℃便发生歧化反应：

$$2TiCl_3 = TiCl_2 + TiCl_4 \qquad (23\text{-}38)$$

上述歧化反应在各种温度下的平衡压力列于表 23-2。

表 23-2 $TiCl_3$ 歧化时的平衡蒸气压（kPa）

蒸气压名称	t/℃				
	530	575	590	625	655
$p_{总}$	2.195	7.049	10.041	23.594	45.087
p_{TiCl_3}	0.559	1.968	2.913	7.528	13.965
p_{TiCl_2}	1.33×10^{-4}	6.65×10^{-4}	1.064×10^{-3}	2.527×10^{-3}	5.187×10^{-3}
p_{TiCl_4}	1.649	5.054	7.076	15.561	30.856

$TiCl_3$ 的歧化反应热在 298K 时为 1.02kJ/g，673K 时为 0.95kJ/g；歧化时熵变为 0.97J/(g·K)。

在氢气流中加热 $TiCl_3$ 时，歧化同时发生还原：

$$2TiCl_3 + H_2 = 2TiCl_2 + 2HCl \qquad (23\text{-}39)$$

B 氧化和还原反应

在氧气中加热 $TiCl_3$ 会发生氧化：

$$4TiCl_3 + O_2 = 3TiCl_4 + TiO_2 \qquad (23\text{-}40)$$

在卤素的作用下，$TiCl_3$ 也会被氧化，如：

$$2TiCl_3 + Cl_2 = 2TiCl_4 \tag{23-41}$$

高温下 $TiCl_3$ 也可被 HCl 氧化：

$$2TiCl_3 + 2HCl = 2TiCl_4 + H_2 \tag{23-42}$$

加热时碱金属或碱土金属能将 $TiCl_3$ 还原为金属钛，如：

$$TiCl_3 + 3Na = Ti + 3NaCl \tag{23-43}$$

C　与水的反应

$TiCl_3$ 在湿空气中潮解，可溶于水，慢慢蒸发其水分可得到紫色的 $TiCl_3 \cdot 4H_2O$ 或 $TiCl_3 \cdot 6H_2O$ 结晶。可用碱从 $TiCl_3$ 的水溶液中析出三价钛的氢氧化物沉淀：

$$TiCl_3 + 3OH^- = Ti(OH)_3 + 3Cl^-$$

如果在 $TiCl_3$ 的水溶液中存在氧化剂，则 $TiCl_3$ 容易被氧化。

$TiCl_3$ 在 600℃ 能与水蒸气反应生成氧氯化物：

$$TiCl_3 + H_2O = TiOCl + 2HCl \tag{23-44}$$

D　络合反应

在盐酸溶液中，$TiCl_3$ 与碱金属氯化物生成水化络合盐 $Me_2[TiCl_5(H_2O)]$，它较难溶于盐酸。

无水的 $TiCl_3$ 溶于碱金属氯化物熔盐生成 $MeTiCl_4$、Me_2TiCl_5、Me_3TiCl_6 三种类型的络合盐。在 $TiCl_3$-NaCl 系统中（见图 23-2）生成一种化合物 Na_3TiCl_6（固液不同成分熔点 553℃）。在 $TiCl_3$-KCl 系统中（见图 23-3）生成两种化合物，即 K_2TiCl_5（固液异成分熔点 605℃）和 K_3TiCl_6（固液同成分熔点 783℃）。$TiCl_3$ 的盐酸溶液与 KCl 混合时，则析出水化五氯钛（Ⅲ）酸钾 $K_2[TiCl_5(H_2O)]$，加热至 112℃时便脱去其水分子。

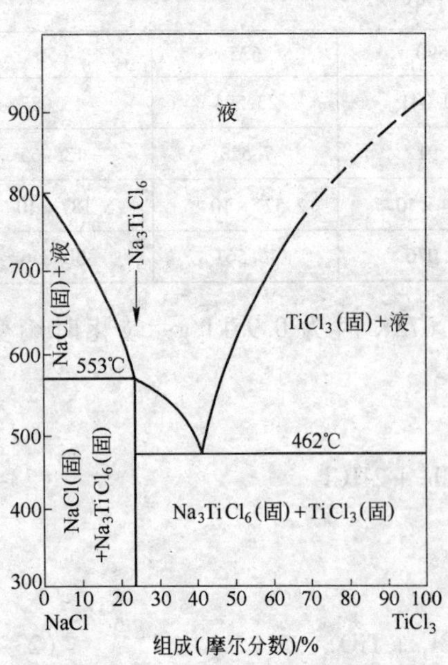

图 23-2　$TiCl_3$-NaCl 系统状态图

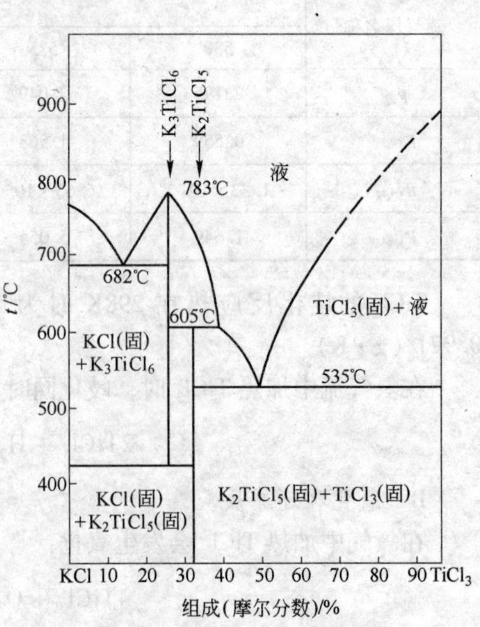

图 23-3　$TiCl_3$-KCl 系统状态图

在 $TiCl_3$-$TiCl_2$-NaCl 三元系统（图 23-4）中可形成最低共熔点化合物，其组成（摩尔分数）为 40% $TiCl_3$、7% $TiCl_2$、53% NaCl，最低共熔点温度为 443℃。

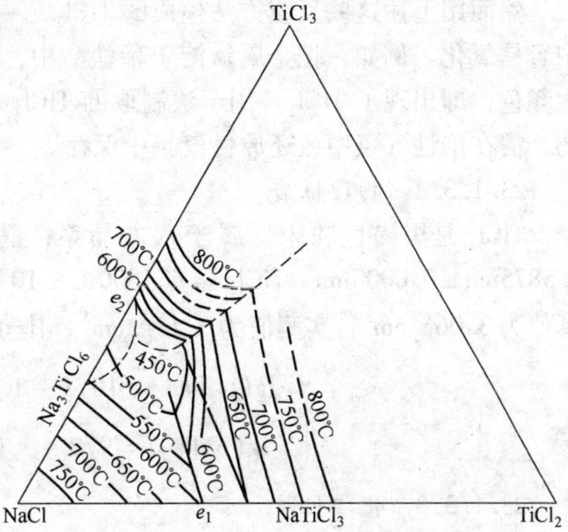

图 23-4 $TiCl_3$-$TiCl_2$-NaCl 三相状态图

E 与有机化合物的反应

$TiCl_3$ 与甲酸、乙酸和草酸反应生成相应钛（Ⅲ）甲酸酯、乙酸酯和草酸酯沉淀。

$TiCl_3$ 不溶于饱和烃和芳香烃及它们的卤代烃。但 $TiCl_3$ 能很好地溶于各种醇中，特别能溶于甲醇和乙醇中。在醇溶液中 $TiCl_3$ 能与 $NaOCH_3$ 和 $NaOC_2H_5$ 反应，生成相应的烷氧基钛：

$$TiCl_3 + 3NaOCH_3 = Ti(OCH_3)_3 + 3NaCl \qquad (23\text{-}45)$$

$$TiCl_3 + 3NaOC_2H_5 = Ti(OC_2H_5)_3 + 3NaCl \qquad (23\text{-}46)$$

$TiCl_3$ 也溶于酮，但不溶于醚和二硫化碳。

23.1.2.4 用途

在化学工业中，$TiCl_3$ 是许多有机化学反应的催化剂，它广泛用作生产聚丙烯的主催化剂。生产聚丙烯的催化剂由 $TiCl_3 \cdot \frac{1}{3}AlCl_3$、$C_2H_5AlCl_2$（二氯乙基铝）、$K_2TiF_6$（氟钛酸钾）和 $CH_2CHCH_2OC_4H_9$（丁基丙烯醚）四种化合物组成。其中的 $TiCl_3 \cdot \frac{1}{3}AlCl_3$，由铝粉还原 $TiCl_4$ 制得，反应按式 23-37 进行。$TiCl_4$ 也作为反应过程的溶剂，加入量为上述反应理论量的三倍，以便使铝粉全部进行反应。还原反应完毕后，常压蒸出 $TiCl_4$，以获得约含 1% $TiCl_4$ 的半成品。半成品在 13.3～1.3Pa 真空下进一步蒸出 $TiCl_4$，以使产品中 $TiCl_4$ 含量降低到 0.1%～0.2%。然后用振动磨（或球磨）研磨活化，即使 γ-$TiCl_3$ 转化为 δ-$TiCl_3$，最后经过气流分级及筛分获得所需要粒度的产品。产品粒度要求为：小于 44μm 粒级在 53%～55%，小于 7μm 粒级的少量，其余为大于 44μm 粒级。

23.1.3 二氯化钛

23.1.3.1 制取方法

$TiCl_2$ 通常是用作还原剂，在控制适宜的反应条件下还原 $TiCl_4$ 制得：

$$TiCl_4 + 2Na \xrightarrow[\text{(搅拌)}]{270℃} TiCl_2 + 2NaCl \qquad (23\text{-}47)$$

$$TiCl_4 + Ti \xrightarrow{700 \sim 1000℃} 2TiCl_2 \qquad (23\text{-}48)$$

若采用氢还原 $TiCl_4$，反应按式 23-9 进行。或在真空中（<133Pa）加热 $TiCl_3$ 至 450℃ 歧化而制取，反应按式 23-38 进行。

然而用上述这些反应方法生成的 $TiCl_2$，一般不容易将它分离出来，因为 $TiCl_2$ 在空气中容易氧化。例如，把金属钛溶于稀盐酸中，开始为无色的 $TiCl_2$ 溶液，过一段时间便产生颜色，即出现了 $TiCl_3$。用干法制取的 $TiCl_2$ 中，一般含有 $TiCl_3$ 和其他反应产物的混合物，需在惰性气氛中或还原性气氛中保存。

23.1.3.2 物理性质

$TiCl_2$ 是黑褐色粉末，属于六方晶系，晶格常数为 $a = 0.3561nm \pm 0.0005nm$，$c = 0.5875nm \pm 0.0008nm$。$TiCl_2$ 熔点1030℃ ±10℃；沸点1515℃ ±20℃；密度（25℃）的计算值为3.06g/cm³，实测值为3.13g/cm³。其蒸气压由下列式计算：

$$\lg(p/\text{Pa}) = 1017 - 1.14 \times 10^5 T^{-1}（固体）$$

$$\lg(p/\text{Pa}) = 970 - 1.05 \times 10^5 T^{-1}（液体）$$

23.1.3.3 化学性质

$TiCl_2$ 是具有离子键特征的化合物，是一种典型的盐类。它的稳定性较差，容易被氧化，是一种强还原剂，加热时分解。

A 歧化反应

在真空中加热至800℃或氢气中加热至1000℃，$TiCl_2$ 则发生歧化反应：

$$2TiCl_2 = Ti + TiCl_4 \quad (23\text{-}49)$$

B 氧化和还原反应

$TiCl_2$ 在空气中吸湿并氧化。溶于水或稀盐酸时迅速被氧化，并放出氢气：

$$2TiCl_2 + 2HCl(或 H_2O) = 2TiCl_3 + H_2\uparrow \quad (23\text{-}50)$$

$TiCl_2$ 溶于浓盐酸时，开始溶液呈绿色，逐渐被氧化为紫色。在空气中或氧气中加热则氧化生成 TiO_2 和 $TiCl_4$：

$$2TiCl_2 + O_2 = TiCl_4 + TiO_2 \quad (23\text{-}51)$$

$TiCl_2$ 也可被 Cl_2 和 $TiCl_4$ 所氯化：

$$TiCl_2 + Cl_2 = TiCl_4 \quad (23\text{-}52)$$

$$TiCl_2 + TiCl_4 = 2TiCl_3 \quad (23\text{-}53)$$

在高温下，$TiCl_2$ 与 HCl 反应生成 $TiCl_3$ 或 $TiCl_4$：

$$2TiCl_2 + 2HCl = 2TiCl_3 + H_2 \quad (23\text{-}54)$$

$$TiCl_2 + 2HCl = TiCl_4 + H_2 \quad (23\text{-}55)$$

在加热时，$TiCl_2$ 可被碱金属或碱土金属还原为金属钛，如：

$$TiCl_2 + 2Na = Ti + 2NaCl \quad (23\text{-}56)$$

C 络合反应

$TiCl_2$ 溶于碱金属或碱土金属氯化物熔盐中，同这些金属氯化物生成复盐。只有 LiCl 是例外，它与 $TiCl_2$ 形成无限固溶体。在 $TiCl_2$-NaCl 系统（图 23-5）中形成 $NaTiCl_3$ 和

Na_2TiCl_4 两种化合物，并有一个最低共熔点 605℃（$NaCl + NaTiCl_3$）和一个包晶点 628℃（$NaTiCl_3 + TiCl_2$）。在 $TiCl_2$-KCl 系统（图 23-6）中，生成 $KTiCl_3$（固液同成分熔点 762℃）和 K_2TiCl_4（固液异成分熔点 671℃）两种化合物，并且有两个最低共熔点 632℃（$KCl + K_2TiCl_4$）和 730℃（$KTiCl_3 + TiCl_2$）。$TiCl_2$-$MgCl_2$ 系统不生成化合物，包晶点约为 716℃（$MgCl_2$ +0.3% $TiCl_2$）（图23-7）。

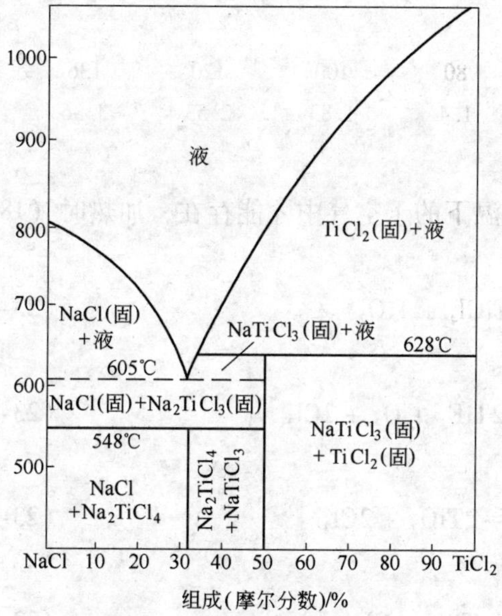

图 23-5 $TiCl_2$-NaCl 系统状态图

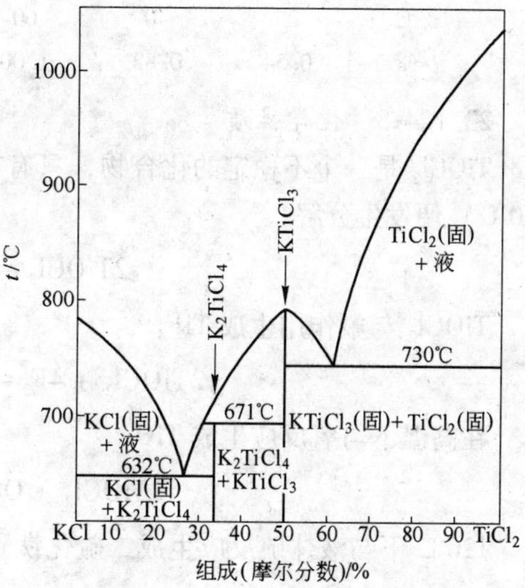

图 23-6 $TiCl_2$-KCl 系统状态图

$TiCl_2$ 能溶于甲醇和乙醇中，并放出氢气，生成黄色溶液。

23.1.4 二氯氧化钛

23.1.4.1 制取方法

可按下列方法制取 $TiOCl_2$：

$$TiO + Cl_2 = TiOCl_2 \qquad (23\text{-}57)$$

$$TiCl_2 + Cl_2O = TiOCl_2 + Cl_2 \qquad (23\text{-}58)$$

$$2TiO_2 + MgCl_2 \xlongequal{1500℃} TiOCl_2 + MgTiO_3 \qquad (23\text{-}59)$$

另外，过量的 $TiCl_4$ 蒸气与 TiO_2 反应时也生成 $TiOCl_2$，反应按式 23-26 进行。

$TiCl_4$ 在水蒸气中的水解产物一般总存在一些 $TiOCl_2$。在 $TiCl_4$ 的生产过程中，很容易产生 $TiOCl_2$，这是因为 $TiCl_4$ 与空气接触或氯化温度低（<600℃）而造成。因此，氯化制得的粗 $TiCl_4$ 中往往含有少量 $TiOCl_2$。

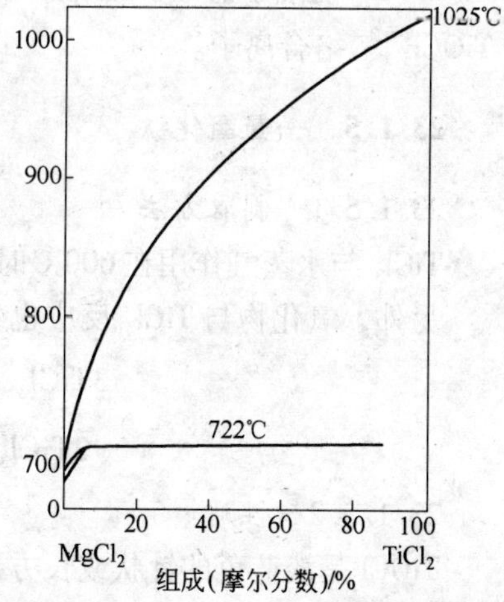

图 23-7 $TiCl_2$-$MgCl_2$ 系统状态图

23.1.4.2 物理性质

$TiOCl_2$ 是一种具有吸湿性的黄色粉末，属于立方晶系，晶格常数为 $a = 0.451nm \pm 0.001nm$，密度为 $2.45g/cm^3$。蒸气压 137℃时为 140Pa。它在 $TiCl_4$ 中的溶解度 l（质量分数）按下式计算：

$$l = 0.24 + 0.00575t + 1.125 \times 10^{-4}t^2 + 1.3 \times 10^{-24}t^{11}(-20 \sim 136℃)$$

其值如下：

t/℃	25	40	60	80	100	120	136
l/%	0.54	0.83	1.00	1.4	1.83	2.53	3.36

23.1.4.3 化学性质

$TiOCl_2$ 是一个不稳定的化合物，只有在室温下的干空气中才能存在，加热时（180～350℃）便发生分解：

$$2TiOCl_2 = TiCl_4 + TiO_2 \quad (23\text{-}60)$$

$TiOCl_2$ 与氟作用生成 TiF_4

$$2TiOCl_2 + 4F_2 = 2TiF_4 + O_2 + 2Cl_2 \quad (23\text{-}61)$$

在高温下与氧反应生成 TiO_2

$$2TiOCl_2 + O_2 = 2TiO_2 + 2Cl_2 \quad (23\text{-}62)$$

120℃ 下与液体硫反应生成二硫化钛

$$TiOCl_2 + 2S = TiS_2 + Cl_2O \quad (23\text{-}63)$$

$TiOCl_2$ 在热水中水解生成偏钛酸：

$$TiOCl_2 + 2H_2O = H_2TiO_3 + 2HCl \quad (23\text{-}64)$$

$TiOCl_2$ 能溶于盐酸和硫酸，在盐酸溶液中如果存在 NH_4Cl 则可生成 $[TiOCl_4]^{2-}$ 和 $[TiOCl_5]^{3-}$ 络合离子。

23.1.5 一氯氧化钛

23.1.5.1 制取方法

$TiCl_3$ 与水蒸气作用在 600℃时便生成 TiOCl，反应按式 23-44 进行。

另外，氧化物与 $TiCl_3$ 反应也生成 TiOCl，如：

$$3TiCl_3 + Fe_2O_3 = 3TiOCl + 2FeCl_3 \quad (23\text{-}65)$$

$$2TiCl_3 + TiO_2 = 2TiOCl + TiCl_4 \quad (23\text{-}66)$$

23.1.5.2 性质

TiOCl 是淡蓝色的针状或长方形片状结晶。密度在 25℃时为 $3.14g/cm^3$。在存在 $TiCl_3$ 的密闭管中加热至 550～700℃时，TiOCl 发生升华。

TiOCl 是一个不稳定的化合物，在真空中加热时发生分解：

$$3TiOCl = Ti_2O_3 + TiCl_3 \quad (23\text{-}67)$$

在湿空气中氧化并水解生成偏钛酸：

$$4TiOCl + O_2 + 6H_2O = 4H_2TiO_3 + 4HCl \quad (23\text{-}68)$$

在空气中加热则发生氧化,生成 TiO_2 和 $TiCl_4$：

$$4TiOCl + O_2 = 3TiO_2 + TiCl_4 \quad (23\text{-}69)$$

23.1.6　氟化钛

23.1.6.1　四氟化钛

以氟或氟化氢与钛及其化合物反应可制取 TiF_4，如：

$$TiO_2 + 2F_2 = TiF_4 + O_2 \quad (23\text{-}70)$$

$$TiC + 4F_2 = TiF_4 + CF_4 \quad (23\text{-}71)$$

$$TiCl_4 + 4HF = TiF_4 + 4HCl \quad (23\text{-}72)$$

TiF_4 是白色粉末，为强烈挥发性物质，10℃时密度为2.84g/cm^3，20℃时为 2.80g/cm^3。它不经熔化便直接升华，在284℃时其蒸气压已达0.1MPa。

TiF_4 加热至红热温度可被碱金属、碱土金属、铝、铁等还原为金属钛，例如：

$$TiF_4 + 4Na = Ti + 4NaF \quad (23\text{-}73)$$

TiF_4 不与氮、碳、氢、氧、硫及卤素发生反应。

TiF_4 是强的吸湿性物质，它溶于水中时放出大量的热，蒸发其水溶液可析出结晶水化物 $TiF_4 \cdot 2H_2O$。TiF_4 具有酸性，在 KF 溶液中，即在 TiF_4-KF-H_2O 系中生成络合离子 $[TiF_6]^{2-}$，并可在一定条件下从这溶液中析出无水的六氟钛酸钾结晶。

TiF_4 可用作 HF 氟化 CCl_4 及烯烃异构化等有机反应的催化剂。

23.1.6.2　其他氟化钛

TiF_3 是一种紫色粉末，它的密度为 3.0g/cm^3，熔点1230℃，沸点约为1500℃。TiF_2 是暗紫色粉末，25℃时密度为3.79g/cm^3，熔点1280℃，沸点2150℃。TiF_3 和 TiF_2 的性质分别与 $TiCl_3$ 和 $TiCl_2$ 相似，它们的稳定性都差，加热时发生歧化，容易被氧化。

23.1.7　溴化钛

23.1.7.1　四溴化钛

在高温下以溴蒸气与碳化钛或（TiO_2 + C）反应则可生成 $TiBr_4$：

$$TiC + 2Br_2 = TiBr_4 + C \quad (23\text{-}74)$$

$$TiO_2 + 2C + 2Br_2 \xlongequal{650 \sim 700℃} TiBr_4 + 2CO \quad (23\text{-}75)$$

HBr 与沸腾的 $TiCl_4$ 反应也可生成 $TiBr_4$，反应按式 23-15 进行。

$TiBr_4$ 存在两种变体，低于 －15℃时稳定态为 α 型，属于单斜晶系；高于 －15℃时稳定态为 β 型，属于立方晶系。它的熔点为 38.25℃，沸点为 232.6℃。25℃时固体密度为 3.37g/cm^3，40℃时液体密度为 2.95g/cm^3，40℃时液体黏度为 1.915×10^{-3}Pa·s。

$TiBr_4$ 是吸湿性强的黄色结晶，其化学性质与 $TiCl_4$ 相似。

$TiBr_4$ 在高温下可被氢还原为低价溴化钛和金属钛：

$$2TiBr_4 + H_2 \xlongequal{600 \sim 750℃} 2TiBr_3 + 2HBr \quad (23\text{-}76)$$

$$TiBr_4 + H_2 \xlongequal{800 \sim 900℃} TiBr_2 + 2HBr \tag{23-77}$$

$$TiBr_4 + 2H_2 \xlongequal[\text{过量氢}]{1200 \sim 1400℃} Ti + 4HBr \tag{23-78}$$

在800℃时可与O_2反应生成TiO_2：

$$TiBr_4 + O_2 \xlongequal{} TiO_2 + 2Br_2 \tag{23-79}$$

$TiBr_4$可与F_2、Cl_2发生取代反应：

$$TiBr_4 + 2Cl_2 \xlongequal{} TiCl_4 + 2Br_2 \tag{23-80}$$

23.1.7.2 其他溴化钛

$TiBr_3$是紫红色物质，25℃时密度为3.94g/cm^3，熔点高于1260℃，600℃时的蒸气压为13Pa，隔绝空气加热至400℃时则发生歧化。$TiBr_2$是黑色粉末，25℃时密度为4.31g/cm^3，熔点为950℃，沸点为1200℃，加热至500℃时便开始缓慢地发生歧化。

23.1.8 碘化钛

23.1.8.1 四碘化钛

碘蒸气与加热的金属钛反应便生成TiI_4，反应按式1-5进行。钛的碘化反应是个可逆反应，在温度较低时主要生成TiI_4，温度高时TiI_4发生分解。碘化氢与$TiCl_4$在加热沸腾时也生成TiI_4，反应按式23-16进行。

碘与氢的混合物与热的$TiCl_4$反应也得到TiI_4：

$$TiCl_4 + 2H_2 + 2I_2 \xlongequal{} TiI_4 + 4HCl \tag{23-81}$$

TiI_4是一种红褐色晶体，属于立方晶系，其晶格常数$a = 1.20$nm，106℃时发生晶型转化，转化后晶格常数$a = 1.221$nm，转化热为17.8J/g。它的熔点为155℃，沸点为377℃。液体TiI_4在160℃的蒸气压为439Pa，160～370℃时的蒸气压可由下式计算：

$$\lg(p/\mathrm{Pa}) = 1008 - 4.06 \times 10^5 T^{-1}$$

25℃时固体密度为4.01g/cm^3，380℃时液体密度为3.41g/cm^3，它的液体160～270℃时的密度可由下式计算：

$$\rho_t = 3.755 - 0.00219t$$

TiI_4在湿空气中冒烟，在水中发生水解，水解的中间产物为$Ti(OH)_3I \cdot 2H_2O$，最终产物为正钛酸H_4TiO_4。TiI_4可溶于硫酸及硝酸中，并发生分解析出碘，也可被碱溶液所分解。TiI_4可溶于苯中，在苯中的溶解度由下式计算：

$$\lg n = 11.91gT - 31.67$$

式中 n——TiI_4在苯溶液中的物质的量。

加热时TiI_4歧化为金属钛和碘，歧化开始温度约为1000℃，1500℃可完全歧化。这是碘化法制取高纯钛工艺的原理。

在高温下，TiI_4可被氢和金属还原为低价钛碘化物或金属钛。它与金属钛的反应存在下列平衡：

$$TiI_4 + Ti \overset{250℃}{\rightleftharpoons} 2TiI_2 \tag{23-82}$$

$$TiI_4 + TiI_2 \xrightleftharpoons{250℃} 2TiI_3 \quad (23\text{-}83)$$

TiI_4 在高温下与氧反应生成 TiO_2：

$$TiI_4 + O_2 = TiO_2 + 2I_2 \quad (23\text{-}84)$$

TiI_4 与 F_2、Cl_2 和 Br_2 均可发生取代反应，如：

$$TiI_4 + 2F_2 = TiF_4 + 2I_2 \quad (23\text{-}85)$$

TiI_4 与碘化氢反应生成不稳定的六碘钛酸：

$$TiI_4 + 2HI = H_2[TiI_6] \quad (23\text{-}86)$$

TiI_4 与 $TiCl_4$ 反应生成碘氯化钛：

$$TiI_4 + 3TiCl_4 = 4TiCl_3I \quad (23\text{-}87)$$

TiI_4 溶于液体卤代烃、乙醇及二乙醚中。它与醇（甲醇、乙醇、丙醇、丁醇）在加热时发生反应，其中三个碘原子逐渐被烷氧基所取代，其过程顺序如下：

$$TiI_4 + 3ROH \longrightarrow TiI_3(OR) \longrightarrow TiI_2(OR)_2 \longrightarrow TiI(OR)_3 + 3HI$$

TiI_4 与烷氧基钠反应时，四个 I^- 都被烷氧基所取代：

$$TiI_4 + 4NaOR = Ti(OR)_4 + 4NaI \quad (23\text{-}88)$$

23.1.8.2 其他碘化钛

TiI_3 是一种具有金属光泽的紫黑色晶体，25℃时密度为 4.76g/cm^3，熔点约为 900℃。TiI_3 隔绝空气加热至 350℃以上便发生歧化：

$$2TiI_3 = TiI_2 + TiI_4 \quad (23\text{-}89)$$

在氧气中加热则被氧化为 TiO_2：

$$2TiI_3 + 2O_2 = 2TiO_2 + 3I_2 \quad (23\text{-}90)$$

在含有碘化氢的水溶液中则可析出紫色的六水化合物 $TiI_3·6H_2O$，这个化合物相当于 $[Ti(H_2O)_6]I_3$，后者在空气中容易被氧化：

$$4[Ti(H_2O)_6]I_3 + 3O_2 = 4[Ti(OH)_3I(H_2O)_2] + 4I_2 + 10H_2O \quad (23\text{-}91)$$

三碘化钛溶液也容易在氧和其他氧化剂的作用下发生氧化。

TiI_2 是一种具有金属光泽的褐黑色结晶的强吸湿性化合物。20℃时的密度为 4.65g/cm^3，熔点约为 750℃，沸点约为 1150℃。TiI_2 在真空中加热至 450℃不发生变化，当温度大于 480℃时则部分蒸发，部分发生歧化：

$$2TiI_2 = Ti + TiI_4 \quad (23\text{-}92)$$

TiI_2 在加热时容易被氧化：

$$TiI_2 + O_2 = TiO_2 + I_2 \quad (23\text{-}93)$$

TiI_2 在高温下可被氢还原为金属钛：

$$TiI_2 + H_2 = Ti + 2HI \quad (23\text{-}94)$$

TiI_2 在水中溶解时部分发生分解，激烈反应析出氢，生成含有三价钛的紫红色溶液。在碱和氨溶液中分解生成黑色的二氢氧化钛沉淀：

$$TiI_2 + 2OH^- \longrightarrow Ti(OH)_2 + 2I^- \quad (23\text{-}95)$$

TiI_2 在盐酸溶液中溶解生成浅蓝色溶液。它还与硫酸和硝酸激烈反应，甚至在冷溶液中就析出碘。TiI_2 不溶于有机溶剂（醇、醚、氯仿、CS_2、苯）中。

在钛的卤化物中还有许多混合卤化钛，如 TiF_3Cl、TiF_2Cl_2、$TiFCl_3$、$TiCl_2Br_2$、$TiCl_3I$ 等；还有许多氧卤化钛，如 Ti_2OCl_6、$Ti_2O_3Cl_2$、$TiOBr_2$、$TiOI_2$ 等。

23.2 氧化钛

在钛的氧化物中，主要是二氧化钛，其次还有许多低价钛氧化物，如 TiO、Ti_2O_3、Ti_3O_5。此外，还有钛的高价氧化物，如 TiO_3、Ti_2O_7 等。它们彼此间可形成固溶体。

23.2.1 二氧化钛

23.2.1.1 制取方法

在 Ti-O 系中，TiO_2 在 $TiO_{1.90} \sim TiO_{2.00}$组成范围内稳定。

粉末钛或熔化钛在过量氧气中燃烧生成 TiO_2，反应按式 1-6 进行。

在 800℃下，TiO 等低价氧化钛的氧化也生成 TiO_2：

$$2TiO + O_2 \longrightarrow 2TiO_2 \quad (23\text{-}96)$$

TiO_2 可由钛的各种化合物氧化反应制取，如 $TiCl_4$ 的氧化，反应按式 23-11 进行。同时，各种钛酸煅烧时也生成 TiO_2，如：

$$H_2TiO_3 \longrightarrow TiO_2 + H_2O \quad (23\text{-}97)$$

$$H_4TiO_4 \longrightarrow TiO_2 + 2H_2O \quad (23\text{-}98)$$

但 TiO_2 的工业生产方法只有硫酸法和氯化氧化法两种，详见本书第 8 章。

23.2.1.2 晶体结构

TiO_2 在自然界中存在三种同素异形态，即金红石型、锐钛型和板钛型三种，它们的性质是有差异的。其中，金红石型 TiO_2 是三种变体中最稳定的一种，即使在高温下也不发生转化和分解。金红石型 TiO_2 的晶型属于四方晶系，晶格的中心有一个钛原子，其周围有六个氧原子，这些氧原子正位于八面体的棱角处，两个 TiO_2 分子组成一个晶胞。其晶格常数为 $a=0.4584$nm，$c=0.2953$nm。

锐钛型 TiO_2 的晶型也属于四方晶系，由四个 TiO_2 分子组成一个晶胞，其晶格常数 $a=0.3776$nm，$c=0.9486$nm。锐钛型 TiO_2 仅在低温下稳定，在温度达到 610℃时便开始缓慢转化为金红石型，730℃时这种转化已有较高速度，915℃可完全转化为金红石型。

板钛型 TiO_2 的晶型属于斜方晶系，六个 TiO_2 分子组成一个晶胞，其晶格常数 $a=0.545$nm，$b=0.918$nm，$c=0.515$nm。板钛型 TiO_2 是不稳定的化合物，在加温高于 650℃时则转化为金红石型。

23.2.1.3 物理性质

TiO_2 是一种白色粉末，它的主要物理性能如下：密度（g/cm^3）：金红石型 4.261（0℃），4.216（25℃）；锐钛型 3.881（0℃），3.849（25℃）；板钛型 4.135（0℃），4.105（25℃）。

莫氏硬度：金红石型7~7.5，锐钛型5.5~6，板钛型5.5~6。

熔点：金红石型1842℃±6℃，熔化热811J/g。

沸点：金红石型2670℃±30℃，气化热(3762±313)J/g。

蒸气压：固体 $\lg(p/\mathrm{Pa}) = 2007 - 4.03\times10^{6}T^{-1}$；

液体 $\lg(p/\mathrm{Pa}) = 1094 - 2.09\times10^{6}T^{-1}$。

介电常数：金红石型粉末110~117；锐钛型粉末48；板钛型自然晶体78；金红石单晶，a 轴170，c 轴86。

电导率（S/m）：金红石单晶30℃时 a 轴 10^{-10}，c 轴 10^{-13}；227℃时 a 轴 10^{-7}，c 轴 10^{-6}。

磁化率：$(0.078\sim0.089)\times10^{-6}$。

折光率：金红石型2.71，锐钛型2.52。

摩尔热容（200~1000℃，J/(mol·K)）：金红石型55.2，锐钛型54.2。

23.2.1.4 化学性质

TiO_2 是两性化合物，它的碱性略强于酸性。TiO_2 是一个十分稳定的化合物，它在许多无机和有机介质中都具有很好的稳定性。它不溶于水和许多其他溶剂。

A 还原反应

在高温下 TiO_2 可被许多还原剂还原，还原产物取决于还原剂的种类和还原条件，一般为低价钛氧化物，只有少数几种强还原剂才能将其还原为金属钛。

干燥的氢气流缓慢通过750~1000℃下的 TiO_2，便会还原生成 Ti_2O_3：

$$2TiO_2 + H_2 = Ti_2O_3 + H_2O \tag{23-99}$$

在温度2000℃和13~15MPa的氢气中可还原为TiO：

$$TiO_2 + H_2 = TiO + H_2O \tag{23-100}$$

加热的 TiO_2 可被钠蒸气和锌蒸气还原为低价氧化钛：

$$4TiO_2 + 4Na = Ti_2O_3 + TiO + Na_4TiO_4 \tag{23-101}$$

$$TiO_2 + Zn = TiO + ZnO \tag{23-102}$$

铝、镁、钙在高温下可还原 TiO_2 为低价钛氧化物，在高真空中也能将其还原为金属钛，如：

$$3TiO_2 + 4Al = 3Ti + 2Al_2O_3 \tag{23-103}$$

但由 TiO_2 还原得到的金属钛，一般氧含量较高。

TiO_2 在高温下可被金属钛还原为低价钛氧化物：

$$3TiO_2 + Ti = 2Ti_2O_3 \tag{23-104}$$

$$TiO_2 + Ti = 2TiO \tag{23-105}$$

铜和钼在加热至1000℃以上也能还原 TiO_2。

TiO_2 在高温下可被碳还原为低价钛氧化物及碳化钛：

$$TiO_2 + C = TiO + CO \tag{23-106}$$

$$TiO_2 + 3C \xlongequal{1800℃} TiC + 2CO \tag{23-107}$$

TiO_2 与 CaH_2 反应生成氢化钛：

$$TiO_2 + 2CaH_2 = TiH_2 + 2CaO + H_2 \quad (23\text{-}108)$$

反应生成的 TiH_2，在高温真空中脱氢后可制得金属钛。

B 与卤素及卤化物的反应

TiO_2 容易与 F_2 反应生成 TiF_4，并放出氧：

$$TiO_2 + 2F_2 = TiF_4 + O_2 \quad (23\text{-}109)$$

TiO_2 较难与 Cl_2 进行反应，即使在1000℃下反应也不完全：

$$TiO_2 + 2Cl_2 = TiCl_4 + O_2 \quad (23\text{-}110)$$

TiO_2 与氟化氢反应生成可溶于水的氧氟钛酸。TiO_2 也可与气体氯化氢或液体氯化氢反应生成二氯二氧钛酸：

$$TiO_2 + 2HCl = H_2[TiO_2Cl_2] \quad (23\text{-}111)$$

在高于800℃时 TiO_2 与氯化氢加碳反应生成 $TiCl_4$：

$$TiO_2 + 2C + 4HCl = TiCl_4 + 2CO + 2H_2 \quad (23\text{-}112)$$

在高温下，TiO_2 可与其他氯化物反应，生成 $TiCl_4$，如：

$$TiO_2 + 2SOCl_2 = TiCl_4 + 2SO_2 \quad (23\text{-}113)$$

在高温下，TiO_2 可与许多金属卤化物反应生成钛酸盐，如：

$$2TiO_2 + 4KF = K_2TiO_3 + K_2[TiF_4O] \quad (23\text{-}114)$$

C 与氮及氮化物的反应

TiO_2 在通常条件下不与氮发生反应，在加热时可与氮及氢的混合物反应生成氮化钛：

$$TiO_2 + N_2 + 2H_2 = TiN_2 + 2H_2O \quad (23\text{-}115)$$

在高温下，TiO_2 可与氨反应生成氮化钛：

$$6TiO_2 + 8NH_3 = 6TiN + 12H_2O + N_2 \quad (23\text{-}116)$$

D 与无机酸和碱的反应

TiO_2 不溶于水，但可与过氧化氢反应生成过氧偏钛酸。除氢氟酸外，TiO_2 不溶于其他稀无机酸中，各种浓度的氢氟酸均可溶解 TiO_2 生成氧氟钛酸。TiO_2 可溶于热的浓硫酸、硝酸和苛性碱中，也能很好地溶于碳酸氢钾的饱和溶液中。但金红石型 TiO_2 很难溶于浓硫酸中。

E 与有机化合物的反应

TiO_2 既不溶于大多数有机化合物中，在低温下也不与它们发生反应，仅在高温下才能同有机物反应，如：

$$4TiO_2 + CH_4 \xlongequal{1000℃} 4TiO + CO_2 + 2H_2O \quad (23\text{-}117)$$

$$TiO_2 + CCl_4 \xlongequal{>300℃} TiCl_4 + CO_2 \quad (23\text{-}118)$$

$$TiO_2 + C_6H_4(CCl_3)_2 \xlongequal{220\sim270℃} TiCl_4 + C_6H_4(COCl)_2 \quad (23\text{-}119)$$

在高温下，TiO_2 可被乙醇和丙醇还原为 TiO，甚至可还原为金属钛：

$$TiO_2 + C_2H_5OH \xlongequal{} TiO + C_2H_4O + H_2O \tag{23-120}$$

$$TiO_2 + 2C_2H_5OH \xlongequal{} Ti + 2C_2H_4O + 2H_2O \tag{23-121}$$

23.2.1.5 应用

二氧化钛是重要的化工原料，也是当今最好的白色颜料，关于它作为颜料及其他方面的用途将在第8章中论述。

23.2.2 一氧化钛

23.2.2.1 制取方法

TiO 在 Ti-O 系中形成固溶体，它在 $TiO_{0.8}$ ~ $TiO_{1.22}$ 组成范围内稳定。

TiO 可由各种还原剂还原 TiO_2 制取，如用镁还原时反应如下：

$$2TiO_2 + Mg \xlongequal[\text{氢气氛}]{1500℃} TiO + MgTiO_3 \tag{23-122}$$

也可用氢气、金属钛和碳等还原剂还原 TiO_2 制取 TiO，反应分别按式 23-100、式 23-105和式 23-106 进行。

在 $CaCl_2$ 或氟化物熔盐中电解 TiO_2 时，也可在阴极上析出 TiO。

23.2.2.2 物理性质

TiO 是一种具有金属光泽的金黄色物质，存在两种变体，转化温度为 991℃ ±5℃，转化热为 53.4J/g。小于 991℃ 时稳定态 α-TiO 是面心立方晶系，晶格常数 $a = 0.417\text{nm} \pm 0.0005\text{nm}$；大于 991℃ 时稳定态 β-TiO 也是面心立方晶系，晶格常数 $a = 0.4162\text{nm} \pm 0.018\text{nm}$。0℃时密度为 4.93g/cm^3，25℃时为 4.89g/cm^3。莫氏硬度为 6。熔点为 1760℃。液体蒸气压计算式为：

$$\lg(p/\text{Pa}) = 1387 - 3.91 \times 10^6 T^{-1} + 7.75 \times 10^{-2} T$$

沸点为 2850℃。20℃时电导率为 0.249μS/m，电导随温度升高而减少，这是具有金属性质的一种特征。20℃时磁化率为 1.38×10^{-6}。

23.2.2.3 化学性质

TiO 是一种碱性氧化物，又是一种强还原剂，容易被氧化，与卤素作用生成卤化钛或卤氧化钛，如：

$$2TiO + 4F_2 \xlongequal{} 2TiF_4 + O_2 \tag{23-123}$$

$$TiO + Cl_2 \xlongequal{} TiOCl_2 \tag{23-124}$$

在空气中加热至 400℃时，TiO 开始逐渐被氧化，达到 800℃时则氧化为 TiO_2，反应按式 23-96 进行。

TiO 是一种碱性氧化物，能溶于稀盐酸和稀硫酸中，并放出氢气：

$$2TiO + 6HCl \xlongequal{} 2TiCl_3 + 2H_2O + H_2 \tag{23-125}$$

$$2TiO + 3H_2SO_4 \xlongequal{} Ti_2(SO_4)_3 + 2H_2O + H_2 \tag{23-126}$$

上述反应说明 TiO 具有金属性质，可在酸性溶液中离解出金属阳离子，式 23-125，式 23-126 可简化为离子式：

$$2TiO + 6H^+ \xlongequal{} 2Ti^{3+} + 2H_2O + H_2 \tag{23-127}$$

在沸腾的硝酸中 TiO 被氧化：

$$TiO + 2HNO_3 \xlongequal{} TiO_2 + 2NO_2 + H_2O \tag{23-128}$$

TiO 可以作为乙烯聚合反应的催化剂。

23.2.3 三氧化二钛

23.2.3.1 制取方法

Ti_2O_3 在 Ti-O 体系中形成固溶体，它在 $TiO_{1.46}$ ~ $TiO_{1.56}$ 组成范围内稳定。

Ti_2O_3 可由各种还原剂还原 TiO_2 而制取，如采用镁还原时反应为：

$$2TiO_2 + Mg \xlongequal{750 \sim 800℃\ 氩气氛} Ti_2O_3 + MgO \tag{23-129}$$

23.2.3.2 物理性质

Ti_2O_3 是一种紫黑色粉末，存在两种变体，转化温度为 200℃，转化热为 6.35J/g。低温稳定态 α-Ti_2O_3 属于斜方六面体，晶格常数 $a = 0.524$nm，$c = 1.361$nm，$\alpha = 56°36'$。高温稳定态 β-Ti_2O_3，10℃时密度为 4.60g/cm³，25℃为 4.53g/cm³，熔点为 1880℃，熔化热为 0.78kJ/g。液体 Ti_2O_3 在 3200℃时分解。Ti_2O_3 具有 P 型半导体性质。

23.2.3.3 化学性质

Ti_2O_3 是一种弱碱性氧化物。Ti_2O_3 当蒸发为气态时则发生歧化：

$$Ti_2O_3 \xlongequal{} TiO + TiO_2 \tag{23-130}$$

歧化平衡压力（Pa）可由下式表示：

$$\lg(p_{TiO}p_{TiO_2}) = 2879 - 8.6 \times 10^6 T^{-1} - 0.167T$$

Ti_2O_3 歧化时，TiO 和 TiO_2 的压力见表 23-3。

表 23-3 Ti_2O_3 歧化反应的平衡压力（kPa）

平衡压力名称	t/℃						
	2000	2200	2400	2600	2800	3000	3200
$p_总$	20.482×10^{-3}	0.160	0.807	3.471	13.114	37.772	101.880
p_{TiO}	0.532×10^{-3}	8.645×10^{-3}	89.11×10^{-3}	0.611	2.740	12.236	39.235
p_{TiO_2}	19.95×10^{-3}	0.142	0.718	2.873	10.374	25.536	61.845

Ti_2O_3 在空气中仅在很高的温度下才氧化为 TiO_2：

$$2Ti_2O_3 + O_2 \xlongequal{} 4TiO_2 \tag{23-131}$$

Ti_2O_3 不溶于水，也不与稀盐酸、硫酸和硝酸反应，溶于浓硫酸时生成紫色溶液：

$$Ti_2O_3 + 3H_2SO_4 \xlongequal{} Ti_2(SO_4)_3 + 3H_2O \tag{23-132}$$

Ti_2O_3 能与氢氟酸、王水反应，并放出热量。它还能溶于熔化的硫酸氢钾并发生氧化：

$$Ti_2O_3 + 4KHSO_4 = K_2[TiO_2(SO_4)] + K_2[TiO(SO_4)_2] + SO_2 + 2H_2O \quad (23\text{-}133)$$

Ti_2O_3 与 CaO、MgO 等金属氧化物熔融时，反应生成复盐。

23.2.4　五氧化三钛

Ti_3O_5 在 Ti-O 体系中形成固溶体，它在 $TiO_{1.67} \sim TiO_{1.79}$ 组成范围内稳定。Ti_3O_5 存在两种变体，转化温度为 177℃。α-Ti_3O_5 密度为 4.57g/cm^3，β-Ti_3O_5 密度为 4.29g/cm^3。在高钛渣中存在的 Ti_3O_5 是一种蓝黑色粉末。

23.3　氢氧化钛

钛的氢氧化物有二氢氧化钛 $Ti(OH)_2$、三氢氧化钛 $Ti(OH)_3$、正钛酸（又称 α-钛酸）H_4TiO_4、偏钛酸（又称 β-钛酸）H_3TiO_3 和多钛酸等。$Ti(OH)_2$ 是碱性化合物，$Ti(OH)_3$ 是弱碱性化合物，H_2TiO_3 和 H_4TiO_4 是两性氢氧化物。

23.3.1　氢氧化钛（Ⅱ）

23.3.1.1　制取方法

在氢气保护下的二价钛盐溶液中加入氢氧化物或碳酸铵会沉淀生成 $Ti(OH)_2$：

$$Ti^{2+} + 2NH_4OH = 2NH_4^+ + Ti(OH)_2\text{(黑色沉淀)} \quad (23\text{-}134)$$

$$Ti^{2+} + (NH_4)_2CO_3 + H_2O = 2NH_4^+ + CO_2 + Ti(OH)_2\text{(褐色沉淀)} \quad (23\text{-}135)$$

23.3.1.2　化学性质

$Ti(OH)_2$ 是一种强还原剂，很容易被氧化。刚制取的 $Ti(OH)_2$ 颜色很暗，但放置时颜色逐渐变浅，最后变为白色，这是由于 $Ti(OH)_2$ 自然氧化为 TiO_2：

$$Ti(OH)_2 = H_2 + TiO_2 \quad (23\text{-}136)$$

在空气中加热 $Ti(OH)_2$ 则氧化为偏钛酸：

$$2Ti(OH)_2 + O_2 = 2H_2TiO_3 \quad (23\text{-}137)$$

$Ti(OH)_2$ 是一种典型的碱性氢氧化物，它易溶于酸中放出氢气：

$$2Ti(OH)_2 + 6H^+ = 2Ti^{3+} + 4H_2O + H_2 \quad (23\text{-}138)$$

当 $Ti(OH)_2$ 在氢气保护下溶于酸中时，便生成二价钛盐：

$$Ti(OH)_2 + 2H^+ = Ti^{2+} + 2H_2O \quad (23\text{-}139)$$

23.3.2　氢氧化钛（Ⅲ）

23.3.2.1　制取方法

在三价钛盐溶液中加入氢氧化铵、碱金属氢氧化物、硫化物或碳酸盐，便生成 $Ti(OH)_3$沉淀：

$$TiCl_3 + 3OH^- = Ti(OH)_3 + 3Cl^- \quad (23\text{-}140)$$

$$2TiCl_3 + 3S^{2-} + 6H_2O = 2Ti(OH)_3 + 6Cl^- + 3H_2S \quad (23\text{-}141)$$

$$2TiCl_3 + 3CO_3^{2-} + 6H_2O \longrightarrow 2Ti(OH)_3 + 6Cl^- + 3H_2CO_3 \quad (23\text{-}142)$$

23.3.2.2 化学性质

$Ti(OH)_3$ 也是一种还原剂，容易被氧化。刚制取的 $Ti(OH)_3$ 颜色较深，但放置时颜色逐渐变浅，最后变为白色，这是由于在水的作用下被氧化为正钛酸：

$$2Ti(OH)_3 + 2H_2O \longrightarrow 2H_4TiO_4 + H_2 \quad (23\text{-}143)$$

另外，$Ti(OH)_3$ 也容易在空气中氧化生成偏钛酸：

$$2Ti(OH)_3 + \frac{1}{2}O_2 \longrightarrow 2H_2TiO_3 + H_2O \quad (23\text{-}144)$$

$Ti(OH)_3$ 是一种弱碱性氢氧化物，它可溶于酸中生成三价钛盐：

$$Ti(OH)_3 + 3H^+ \longrightarrow Ti^{3+} + 3H_2O \quad (23\text{-}145)$$

23.3.3 正钛酸

23.3.3.1 制取方法

硫酸或盐酸的二氧化钛溶液与碱金属氢氧化物或碳酸盐反应，反应生成物在常温下干燥则可得到正钛酸。

$TiCl_4$ 在大量水中水解时，也生成正钛酸的水化物：

$$TiCl_4 + 5H_2O \longrightarrow H_4TiO_4 \cdot H_2O + 4HCl \quad (23\text{-}146)$$

粉末钛与沸腾水反应也可生成正钛酸，反应按式 1-26 进行。

23.3.3.2 性质

正钛酸通常是无定型的白色粉末。它是一种不稳定的化合物，热水洗涤或加热时或长时间在真空中干燥时便转化为偏钛酸。正钛酸不溶于水和醇中，但易转化为胶体溶液。正钛酸是两性氢氧化物，它在常温下易溶于无机酸和强有机酸中，也能溶于热的浓碱溶液中。

在水溶液中，正钛酸通常以水化物的形式存在，在 $pH = 7$ 时为二水正钛酸，而在 $pH < 7$（即酸性）的溶液中存在下列平衡转化：

$$Ti(OH)_4(H_2O)_2 + OH_3^+ \rightleftharpoons [Ti(OH)_3(H_2O)_3]^+ + H_2O$$

$$[Ti(OH)_3(H_2O)_3]^+ + OH_3^+ \rightleftharpoons [Ti(OH)_2(H_2O)_4]^{2+} + H_2O$$

$$[Ti(OH)_2(H_2O)_4]^{2+} + OH_3^+ \rightleftharpoons [Ti(OH)(H_2O)_5]^{3+} + H_2O$$

在 $pH > 7$（即碱性）的溶液中存在下列平衡：

$$Ti(OH)_4(H_2O)_2 + OH^- \rightleftharpoons [Ti(OH)_5(H_2O)]^- + H_2O$$

$$[Ti(OH)_5(H_2O)]^- + OH^- \rightleftharpoons [Ti(OH)_6]^{2-} + H_2O$$

23.3.4 偏钛酸

23.3.4.1 制取方法

偏钛酸可由金属钛与 40% 硝酸反应生成：

$$3Ti + 4HNO_3 + H_2O \longrightarrow 3H_2TiO_3 + 4NO \quad (23\text{-}147)$$

金属钛与氨中的过氧化氢反应也生成偏钛酸：

$$Ti + 5H_2O_2 + 2NH_3 = H_2TiO_3 + 7H_2O + N_2 \quad (23\text{-}148)$$

$TiCl_4$ 在沸腾水中水解可生成偏钛酸，反应按式 23-18 进行。

$Ti(SO_4)_2$ 和 $TiOSO_4$ 的酸性溶液在沸水中水解生成偏钛酸沉淀。

在 140℃或在真空中干燥正钛酸时，也会生成偏钛酸。

23.3.4.2 性质

偏钛酸是一种白色粉末，加热时变黄。25℃时密度为 4.3g/cm³。偏钛酸不导电。

偏钛酸不溶于水，也不溶于稀酸和碱溶液中，却溶于热浓硫酸中。偏钛酸的酸性，表现为在高温下能与金属氧化物、氢氧化物、碳酸盐烧结生成相应的钛酸盐；与金属卤化物反应也生成钛酸盐，并析出卤化氢。

偏钛酸是不稳定化合物，在煅烧时发生分解，生成 TiO_2。

偏钛酸脱水的起始温度为 200℃，300℃时已达到较大的脱水速度，但需在高温下才能脱水完全。

23.4 硫化钛

23.4.1 一硫化钛

23.4.1.1 制取方法

粉末钛与熔化硫在 400℃下反应生成 TiS。粉末钛还原 TiS_2，或在氢气流中还原 TiS_2、Ti_2S_3 也可制取 TiS：

$$TiS_2 + Ti = 2TiS \quad (23\text{-}149)$$

$$TiS_2 + H_2 = TiS + H_2S \quad (23\text{-}150)$$

$$Ti_2S_3 + H_2 = 2TiS + H_2S \quad (23\text{-}151)$$

23.4.1.2 性质

TiS 是一种具有金属光泽的暗红色物质，在 1780℃时固液异成分熔化；0℃时密度为 4.16g/cm³，20℃为 4.05g/cm³；20℃时比磁化率为 2.3×10^{-6}。

TiS 在空气中是稳定的，加热时发生氧化反应生成 TiO_2：

$$TiS + 2O_2 = TiO_2 + SO_2 \quad (23\text{-}152)$$

TiS 不与水、氢氟酸、盐酸和稀硫酸反应，浓、热盐酸和硫酸能溶解 TiS，并析出硫化氢。TiS 难溶于浓硝酸和王水，也不与硫溶液发生反应。

23.4.2 三硫化二钛

23.4.2.1 制取方法

金属钛与相应硫在加热至 800℃可生成 Ti_2S_3。在氮气或氢气气氛中加热 TiS_2 也可生成 Ti_2S_3：

$$2TiS_2 = Ti_2S_3 + S \quad (23\text{-}153)$$

$$2TiS_2 + H_2 = Ti_2S_3 + H_2S \quad (23\text{-}154)$$

往加热的 TiO_2 中通入硫化氢和二硫化碳蒸气生成 Ti_2S_3：

$$2TiO_2 + 2H_2S + CS_2 = Ti_3S_2 + CO_2 + 2H_2O + S \quad (23\text{-}155)$$

23.4.2.2 性质

Ti_2S_3 是一种具有金属光泽的黑色粉末，0℃时密度为 3.67g/cm^3。它在空气中是稳定的，加热时可氧化为 TiO_2：

$$Ti_2S_3 + 5O_2 = 2TiO_2 + 3SO_2 \quad (23\text{-}156)$$

在氢气流中加热则被还原为 TiS，反应按式 23-151 进行。

Ti_2S_3 与水、酸和碱都不发生反应，浓硫酸和浓硝酸能溶解它，与氢氟酸可在高温下发生反应。

23.4.3 二硫化钛

23.4.3.1 制取方法

熔化硫与加热的金属钛反应，或者硫化氢与金属钛在高温下反应都可生成 TiS_2。

硫化氢与 $TiCl_4$ 蒸气的混合物，加热至 480～540℃时，反应分两步进行：

$$TiCl_4 + H_2S = TiCl_2S + 2HCl \quad (23\text{-}157)$$

$$TiCl_2S + H_2S = TiS_2 + 2HCl \quad (23\text{-}158)$$

熔化硫与 $TiOCl_2$ 在 120℃ 下反应生成 TiS_2：

$$TiOCl_2 + 2S = TiS_2 + Cl_2O \quad (23\text{-}159)$$

用氢还原硫酸钛也可制取 TiS_2：

$$Ti(SO_4)_2 + 8H_2 = TiS_2 + 8H_2O \quad (23\text{-}160)$$

23.4.3.2 性质

TiS_2 的颜色取决于制取方法和生成结晶的特征，通常 TiS_2 是一种具有金属光泽的黄色片状结晶。在 147℃时发生晶型转化。25℃时密度为 3.22g/cm^3，密度与温度的关系的计算式：

$$\rho_t = 3.332 - 0.00758t + 0.000128t^2$$

隔绝空气（在氮气中）加热 TiS_2 至 300℃便会使其部分脱硫生成 Ti_2S_3：

$$2TiS_2 = Ti_2S_3 + S \quad (23\text{-}161)$$

在氢气中加热至 300℃则发生部分还原生成 Ti_2S_3，在更高的温度下并存在过量氢时可还原为 TiS：

$$2TiS_2 + H_2 = Ti_2S_3 + H_2S \quad (23\text{-}162)$$

$$TiS_2 + H_2 = TiS + H_2S \quad (23\text{-}163)$$

TiS_2 在空气中是稳定的，加热可燃烧生成 TiO_2：

$$TiS_2 + 2O_2 = TiO_2 + 2SO_2 \quad (23\text{-}164)$$

TiS_2 可与氯反应生成 $TiCl_4$：

$$TiS_2 + 3Cl_2 = TiCl_4 + S_2Cl_2 \quad (23\text{-}165)$$

在加热条件下，TiS_2 可被金属镁、铝等还原为金属钛：

$$TiS_2 + Mg = TiS + MgS \quad (23\text{-}166)$$

$$TiS_2 + 2Mg = Ti + 2MgS \quad (23\text{-}167)$$

TiS_2 与冷水不发生反应，可与热水蒸气反应并析出 H_2S：

$$TiS_2 + 2H_2O = TiO_2 + 2H_2S \quad (23\text{-}168)$$

TiS_2 与稀酸不发生反应，而溶于氢氟酸、盐酸和硫酸中，加热时溶解更快。硝酸加热时能氧化 TiS_2：

$$TiS_2 + 8HNO_3 = Ti(SO_4)_2 + 4NO + 4NO_2 + 4H_2O \quad (23\text{-}169)$$

TiS_2 可在加热的 CO_2 气流中分解：

$$TiS_2 + 2CO_2 = TiO_2 + 2S + 2CO \quad (23\text{-}170)$$

TiS_2 可溶于热的碱金属氢氧化物和氨水溶液中。

TiS_2 与碱金属硫化物和氢氧化物烧结时分别生成硫代钛酸盐和硫氧钛酸盐。TiS_2 与熔化的硝酸盐在加热时可引起激烈的爆炸反应。

23.4.3.3 用途

研究表明，TiS_2 可以用作高效电池的阴极材料，代替石墨作为碱金属或碱土金属元素间反应的容器材料，或用作固体润滑剂。尚未发现其他的重要的工业应用。

此外，还有 TiS_3。粉末钛与硫在600℃下长时间反应，或用过量硫与 TiS_2 反应都可生成 TiS_3。TiS_3 是一种黑色针状结晶，不与盐酸反应，溶于浓硫酸中，能与硝酸和氢氧化钠溶液反应。

23.5 氮化钛、碳化钛和硼化钛

23.5.1 氮化钛

钛的氮化物很多，如 TiN、TiN_2、Ti_2N、Ti_3N、Ti_4N、Ti_3N_4、Ti_3N_5、Ti_5N_6 等，但其中比较重要的为 TiN。它们相互能形成一系列连续固溶体。

23.5.1.1 制取方法

TiN 在 Ti-N 体系中形成固溶体，它在 $TiN_{0.37} \sim TiN_{1.2}$ 组成范围内稳定。在800～1400℃下钛可直接与 N_2 反应生成 TiN，如粉末钛或熔化钛在过量的氮气中燃烧便生成 TiN：

$$2Ti + N_2 = 2TiN \quad (23\text{-}171)$$

TiO_2 和碳的混合物在氮气流中加热至高温也生成 TiN：

$$2TiO_2 + 4C + N_2 = 2TiN + 4CO \quad (23\text{-}172)$$

氮和氢的混合物可在高温金属表面上（如1450℃的钨丝上）与 $TiCl_4$ 反应，在该金属表面上沉积 TiN 层：

$$2TiCl_4 + N_2 + 4H_2 = 2TiN + 8HCl \quad (23\text{-}173)$$

在铁表面上沉积 TiN 层可不需用氢：

$$2TiCl_4 + N_2 + 4Fe = 2TiN + 4FeCl_2 \quad (23\text{-}174)$$

23.5.1.2 物理性质

TiN 的外形像金属。它的颜色随其组成而变化，可为亮黄色至黄铜色。它的晶体构造为立方晶系，晶格常数为 $a = 0.4235\text{nm}$。25℃时密度为 5.21g/cm^3。它的硬度很高，莫氏硬度为9，显微硬度为2.12GPa。熔点为2930℃。TiN具有很好的导电性能，20℃时电导率为 $8.7\mu\text{S/m}$。随温度升高，它的导电性降低，表现为金属性质。在1.2K时，TiN具有超导性。在电解质表面上镀上一TiN薄层，便成为半导体。

23.5.1.3 化学性质

在常温下TiN是相当稳定的。在真空中加热时它可失去部分氮，生成含氮量比TiN少的升华物，此升华物可重新吸氮。TiN不与氢反应，可在氧中或空气中燃烧生成 TiO_2：

$$2TiN + 2O_2 = 2TiO_2 + N_2 \qquad (23\text{-}175)$$

在高于1200℃时，上述反应已有足够的反应速度，但随着时间的延长出现的白色二氧化钛消失，表面变黑，这是因为在TiN-TiO系中形成了含氧无限固溶体。

TiN在加热时可与氯反应生成氯化物：

$$2TiN + 4Cl_2 = 2TiCl_4 + N_2 \qquad (23\text{-}176)$$

TiN不溶于水，在加热时与水蒸气反应生成氨和氢：

$$2TiN + 4H_2O = 2TiO_2 + 2NH_3 + H_2 \qquad (23\text{-}177)$$

TiN在稀酸中（除硝酸）是相当稳定的，但存在氧化剂时可溶于盐酸。TiN与加热的浓硫酸反应：

$$2TiN + 6H_2SO_4 = 2TiOSO_4 + 4SO_2 + N_2 + 6H_2O \qquad (23\text{-}178)$$

在1300℃下TiN与氯化氢反应生成 $TiCl_4$。TiN与碱反应析出氨。

TiN不与CO反应，可慢慢与 CO_2 反应生成 TiO_2：

$$2TiN + 4CO_2 = 2TiO_2 + N_2 + 4CO \qquad (23\text{-}179)$$

23.5.1.4 用途

TiN硬度大，耐磨耐蚀性好，外观呈金黄色，样色很美。在涂镀工业上常用它代替装饰用镀金和硬质合金表面强化镀层。也可直接应用作硬质合金材料和制造熔融金属的坩埚。

23.5.2 硼化钛

钛的硼化物很多，有 Ti_2B、TiB、TiB_2、Ti_2B_5 等，它们均为灰黑色粉末。硼化钛是一种重要的硼化物材料，它的物理化学性能优异，如 TiB_2 比 ZrB_2 的密度小、硬度大、熔点也低。

23.5.2.1 制取方法

制取硼化钛的方法甚多，常用的方法大多是一步合成法，如：

将 TiO_2、B_4C 和C混合经高温合成，反应为：

$$2TiO_2 + B_4C + 3C = 2TiB_2 + 4CO \qquad (23\text{-}180)$$

将 TiO_2、B_4C 和Mg粉混合让其自燃燃烧。便会生成 TiB_2：

$$2TiO_2 + B_4C + 3Mg = 2TiB_2 + 3MgO + CO \qquad (23\text{-}181)$$

再将燃烧反应物破碎、筛分和酸洗除去MgO，就得到 TiB_2。

23.5.2.2　性质

TiB_2 价键结合力强。因此具有熔点高、硬度大、导热性能和导电性能好等特性。

TiB_2 的晶体构造为六方晶格，$a = 0.3026nm$，$c = 0.3213nm$，密度为 $4.5g/cm^3$，熔点为 2980℃，莫氏硬度为 9，显微硬度为 2.9GPa，电导率常温下为 $6.25 \times 10^5 S/m$，电阻温度系数为正，热膨胀系数为 $4.6 \times 10^{-6} K^{-1}$。TiB 的熔点为 2200℃，$\Delta H_{298}^{\ominus} = -171.4kJ/mol$，$S_{298}^{\ominus} = 30.1J/(mol \cdot K)$。

TiB_2 具有良好的热稳定性能，常温下非常稳定，即使在高温下也具有优异的抗氧化性能。这是因为 TiB_2 表面覆盖一层复合氧化物保护层，故它的使用温度可达 2000～3000℃。TiB_2 具有良好的耐磨和耐蚀性能，它耐熔融金属的腐蚀性能优异，耐酸性能也好。TiB_2 在碱中或氯气氛中加热到高温时会被侵蚀，与氟在常温下也会反应。

23.5.2.3　用途

TiB_2 主要用作惰性气氛或真空中的高温发热体材料，如用粉末冶金法制得的含 57% TiB_2 和 43% TiCN 的导电复合材料适于制造金属真空蒸发皿。以 TiB_2 为基的工程陶瓷烧结体可以制造高硬度、高韧性的切削刀具、管坯拉模、高压喷嘴等。TiB_2 还是最佳的铝电解槽专用阴极材料。如在铝电解槽上使用碳化纤维增强的 TiB_2/C 复合涂层阴极节能显著。TiB_2 和其他结构陶瓷材料一样，具有强度低、脆性大的缺点，必须提高它的力学性能方能扩大它的应用领域。为此，最近开发了不少 TiB_2 的二元系和三元系复合陶瓷材料。如 TiB_2-TiCN 复合材料就是其中的一种。

23.5.3　碳化钛

钛的碳化物也很多，其中最重要的是 TiC。

23.5.3.1　制取方法

熔化的金属钛（1800～2400℃）直接与碳反应生成 TiC。一般在高温（1800℃以上）真空下用碳还原 TiO_2 制取 TiC，反应按式 23-107 进行。

在高于 1600℃下碳和氢（或 $CO + H_2$）的混合物与 $TiCl_4$ 反应也生成 TiC：

$$TiCl_4 + 2H_2 + C = TiC + 4HCl \qquad (23\text{-}182)$$

$$TiCl_4 + CO + 3H_2 = TiC + 4HCl + H_2O \qquad (23\text{-}183)$$

23.5.3.2　物理性质

TiC 是一种具有金属光泽的钢灰色结晶，晶型构造为正方晶系，晶格常数 $a = 0.4329nm$，20℃时密度为 $4.91g/cm^3$。TiC 具有很高的熔点和硬度，熔点为 3150℃ ±10℃，沸点 4300℃，升华热为 10.1kJ/g，莫氏硬度为 9.5，显微硬度为 2.795GPa，它的硬度仅次于金刚石。TiC 具有良好的传热性能和导电性能，随着温度升高其导电性降低，这说明 TiC 具有金属性质。它在 1.1K 时具有超导性。TiC 是弱顺磁性物质。

23.5.3.3　化学性质

在常温下 TiC 是稳定的，在真空加热高于 3000℃时会放出含钛量比 TiC 更多的蒸气。在氢气中加热高于 1500℃时它便会慢慢脱碳。高于 1200℃时 TiC 与 N_2 反应生成组成变化的 Ti(C、N)化合物。致密的 TiC 在 800℃时氧化很慢，但粉末状 TiC 在 600℃时可在氧中燃烧：

$$TiC + 2O_2 = TiO_2 + CO_2 \quad (23\text{-}184)$$

TiC 在 400℃时可与氯反应生成 $TiCl_4$。TiC 不溶于水，在高于 700℃时与水蒸气反应生成 TiO_2：

$$2TiC + 6H_2O = 2TiO_2 + 2CO + 6H_2 \quad (23\text{-}185)$$

TiC 不溶于盐酸，也不溶于沸腾的碱，但能溶于硝酸和王水。

TiC 在 1200℃下可与 CO_2 反应生成 TiO_2：

$$TiC + 3CO_2 = TiO_2 + 4CO \quad (23\text{-}186)$$

TiC 在 1900℃下与 MgO 反应生成 TiO：

$$TiC + 2MgO = TiO + 2Mg + CO \quad (23\text{-}187)$$

23.5.3.4 用途

碳化钛是已知的最硬的碳化物，是生产硬质合金的重要原料。TiC 与其他碳化物如 WC、TaC、NbC 等比较，它的密度最小，硬度最大，还能与碳化钨和碳化钽等形成固溶体。WC-TiC 合金、WC +（WC-Mo_2C-TiC）固溶体、TiC-TaC 合金等已成为重要的切削材料。

TiC 还具有热硬度高、摩擦系数小、热导率低等特点，因此含有 TiC 的刀具比 WC 及其他材料的刀具具有更高的切削速度和更长的使用寿命。如果在其他材料（如 WC）的刀具表面上沉积一层 TiC 薄层，则可大大提高刀具的性能。TiC 薄层可在高温（1000℃以上）真空中由 $TiCl_4$ 与甲烷反应制得。

23.6 氢化钛

23.6.1 一氢化钛

23.6.1.1 制取方法

$TiCl_4$ 与氢化钠反应生成 TiH：

$$2TiCl_4 + 8NaH = 2TiH + 8NaCl + 3H_2 \quad (23\text{-}188)$$

但是，用这种方法制取的 TiH 是无金属光泽的黑色粉末。

23.6.1.2 性质

TiH 是一种具有金属光泽的灰色粉末，晶型属于立方晶系，晶格常数为 $a = 0.311$nm，$c = 0.0502$nm，密度为 3.79g/cm^3。TiH 是不稳定的化合物，在加热时分解为钛和氢，在 640℃时分解压力已达 0.1MPa。TiH 在空气中加热高于 350℃时发生熔化，并燃烧析出氢，发出浅蓝色火焰。在 800～900℃时则激烈燃烧析出金属钛。

TiH 在水中和非氧化酸中是稳定的，在氧化剂的作用下便氧化为四价钛化合物。在 700℃时可与氟化氢反应生成 TiF_3：

$$TiH + 3HF = TiF_3 + 2H_2 \quad (23\text{-}189)$$

23.6.2 二氢化钛

TiH_2 在 Ti-H 系中形成固溶体（$TiH_{1.8}$～$TiH_{1.99}$），它仅在高于 400℃和大于 0.1MPa 的

氢气氛中才稳定存在。低于400℃时实际上是以TiH_2-TiH的固溶体形式存在。在Ti-H体系中得到的氢化钛，其含氢量总是小于TiH_2中的含氢量。

23.6.2.1 制取方法

TiH_2可由金属钛在高温下与H_2反应生成：

$$Ti + H_2 = TiH_2 \tag{23-190}$$

CaH_2还原TiO_2也可制取TiH_2，反应按式23-108进行。

23.6.2.2 性质

TiH_2是一种具有金属外观的灰色粉末，存在两种变体，转化温度为37℃。低温稳定态为面心四方晶系，晶格常数为$a=0.4528$nm，$c=0.4279$nm。大于37℃时为正方晶系，晶格常数$a=0.4454$nm。在20℃时密度为3.91g/cm^3。

TiH_2在高于400℃下的氢气中稳定，在800~1000℃下几乎完全分解，所以实际上它不能单独存在，而把组成范围在$TiH_{1.8}$~$TiH_{1.99}$的固溶体称作为TiH_2，属非化学计量化合物。

TiH_2在水中和非氧化性酸中是稳定的。但存在氧化剂时则氧化为四价钛化合物。

23.6.2.3 用途

氢化钛很脆，因此常利用这一特性来制取粉末钛。氢化钛受热时分解，是一种纯氢源。此外，氢化钛还可用于焊接，因为它在焊接区受热时发生分解，析出新生氢和熔融钛，后者可促进焊接，并可使焊缝强度增加。

23.7 钛的无机盐

钛的盐类种类很多，下面介绍几种常见的钛盐。

23.7.1 钛盐（Ⅳ）

四价钛的硫酸盐有：$Ti(SO_4)_2$、$Ti(S_2O_7)_2$、$TiO(SO_4)$、$Ti_4O_5(SO_4)_3$、$Ti_7O_{13}(SO_4)$、$Ti_2O_3(SO_4)$等。

23.7.1.1 正硫酸钛 $Ti(SO_4)_2$

过量的SO_3与$TiCl_4$反应，或用硝酸氧化TiS_2均可制取正硫酸钛，后者的反应按式23-169进行。

正硫酸钛是一种白色易吸湿性粉末，在加热高于150℃时开始分解：

$$Ti(SO_4)_2 = TiO(SO_4) + SO_3 \tag{23-191}$$

在更高温度下可完全分解。它溶于水时放出热，说明发生了水解，生成硫酸基钛酸，并可溶于醇、醚及丙酮中发生分解。它与活性金属的硫酸盐反应生成三硫酸基钛酸盐。它在氢气流中于100~120℃下被还原生成TiS_2，反应按式23-160进行。

23.7.1.2 硫酸氧钛 $TiO(SO_4)$

正硫酸钛$Ti(SO_4)_2$加热至500~550℃时生成$TiO(SO_4)$，或者把TiO_2溶于浓硫酸并加热至225℃时也生成$TiO(SO_4)$。浓硫酸TiO_2溶液在高于150℃下结晶，也可获得$TiO(SO_4)$。

SO_3与金属钛反应生成$TiO(SO_4)$：

$$Ti + 3SO_3 = TiO(SO_4) + 2SO_2 \quad (23\text{-}192)$$

$TiO(SO_4)$是白色结晶，具有双重折射性，通常是以无定型粉末形式存在。在加热时，它分解析出 SO_3 蒸气，在450～580℃温度范围内的分解压力可由下式表示：

$$\lg(p/Pa) = 3145 - 2.35 \times 10^6 T^{-1}$$

在579℃时分解压力达到0.1MPa。

$TiO(SO_4)$能溶于冷水中，生成硫酸基钛酸，被热水水解时生成偏钛酸。

$TiO(SO_4)$溶于硫酸时也生成硫酸基钛酸。它还溶于盐酸，也可被碱和氨液所分解。

$TiO(SO_4)$可催化 SO_2 的氧化反应，这是因为 SO_2 与吸收热的 $TiO(SO_4)$反应生成三价钛硫酸盐：

$$2TiO(SO_4) + SO_2 = Ti_2(SO_4)_3 \quad (23\text{-}193)$$

$Ti_2(SO_4)_3$ 再与 O_2 反应生成 SO_3，并再生 $TiO(SO_4)$：

$$2Ti_2(SO_4)_3 + O_2 = 4TiO(SO_4) + 2SO_3 \quad (23\text{-}194)$$

23.7.1.3 硝酸钛 $Ti(NO_3)_4$

由 N_2O_5 和硝酸盐作用可制得无水 $Ti(NO_3)_4$。它的熔点为58℃，具有挥发性。$Ti(NO_3)_4$易和有机物激烈反应，常引起燃烧或爆炸，这可能是通过放出很活泼的 NO_3 自由基而起的反应。

无水硝酸钛具有特殊的十二面体结构。

23.7.2 钛酸盐

可把钛酸盐看成是复合氧化物，主要有偏钛酸盐 $MeTiO_3$、正钛酸盐 Me_2TiO_4 和多钛酸盐如 $MeTi_2O_5$ 等（Me为二价金属元素）三种类型。钛酸盐可由 TiO_2 或水合 TiO_2 与相应的金属氧化物、氢氧化物或碳酸盐混合加热制备。钛酸盐一般都是稳定的化合物，它不溶于水，但可被浓酸分解。

23.7.2.1 钛酸钾

钛酸钾在工业生产中有着广泛的用途，因为它在一定条件下具有形成纤维晶须的特性。

钾的钛酸盐的化学通式为 $K_2O \cdot nTiO_2(n=1\sim8)$，其中单钛酸钾（$K_2TiO_3$）熔点为800℃左右，二钛酸钾（$K_2Ti_2O_5$）熔点为980℃，四钛酸钾（$K_2Ti_4O_9$）熔点为1114℃，六钛酸钾（$K_2Ti_6O_{13}$）熔点为1370℃。

钛酸钾纤维主要是指化学组成以六钛酸钾（$K_2Ti_6O_{13}$）和八钛酸钾（$K_2Ti_8O_{17}$）为主的单纤维晶须。它具有很高的化学稳定性和热稳定性，导热率极低，耐腐蚀性极好，对红外光反射率高。在国外作为商品出售的钛酸钾纤维的主要性能如下：纤维平均直径0.2～0.5μm，纤维平均长度10～40μm，熔点1300～1350℃，真密度约3.3g/cm^3，松装密度不超过0.2g/cm^3，比表面积（BET法）7～10m^2/g，拉伸强度4.8～5.0GPa，拉伸模量200～240GPa，维氏硬度6.38GPa，线膨胀系数8.7×10^{-6}℃$^{-1}$。这种纤维易分散在树脂等有机基体中，其水浆液可制成纸、毡及多孔模坯等。

日本对钛酸钾纤维的制造和应用技术进行了广泛深入的研究。日本大冢化学有限公司有生产钛酸钾纤维的工厂，年产能力1000t。

钛酸钾纤维是制造复合材料的增强剂，主要用于增强塑料、橡胶、金属和陶瓷材料。它的作用是提高复合材料的强度，增加韧性、耐磨性、耐热性、隔热性、绝缘性和耐磨蚀性等。此外，钛酸钾纤维还可用来制造特种高温和抗氧化涂料、制动器衬套、过滤材料、催化剂支撑材料、绝缘材料以及电池隔膜材料等。

钛酸钾纤维有多种制造方法，其中常用的是烧结法（固相反应法）。将 TiO_2 或水合 TiO_2 与碳酸钾（需过量）混合、成形、烧结（900～1300℃）、生长纤维，烧结物在水中溶胀析出，经过洗涤、干燥分散成纤维产品。

23.7.2.2 钛酸锶

钛酸锶是钙钛矿型结构，熔点为2080℃，密度为5.12g/cm^3，可用固相法或液相法制备。固相法是将纯 TiO_2 和 $SrCO_3$ 混合烧结而成。液相法是从 $TiCl_4$ 和 $SrCl_2$ 溶液中以草酸复盐形式沉淀出来，经洗涤、干燥而制得。在 $BaTiO_3$ 热敏陶瓷中加入 $SrTiO_3$，可降低其居里点和改变其温度系数。$SrTiO_3$ 的另一个重要用途是制造压敏电阻器，它具有电阻器和电容器的双重功能，在抗干扰电路中有着广泛的用途。$SrTiO_3$ 也是制造电容器的中间材料。

23.7.2.3 钛酸铅

钛酸铅是黄色固体，密度为7.3g/cm^3，可由 TiO_2 与 PbO 混合烧结制备。钛酸铅在制造功能陶瓷中有重要的应用，也是制造钛酸锆铅铁电陶瓷的重要原料。

23.7.2.4 钛酸锌

正钛酸锌（Zn_2TiO_4）可由 ZnO 和 TiO_2 在1000℃下烧结而成，为尖晶石结构，呈白色固体状，密度为5.12g/cm^3。

23.7.2.5 钛酸镍

钛酸镍是鲜黄色固体，密度为5.08g/cm^3。当 Sb_2O_3 加到 $NiCO_3$ 和 TiO_2 混合物中并加热至980℃时，就形成钛酸锑镍，它是一种黄色颜料。

23.7.2.6 钛酸镁

在 TiO_2-MgO 体系中可生成正钛酸镁 Mg_2TiO_4($2MgO \cdot TiO_2$)、偏钛酸镁 $MgTiO_3$($MgO \cdot TiO_2$)、二钛酸镁 $MgTi_2O_5$($MgO \cdot 2TiO_2$)、三钛酸镁 $Mg_2Ti_3O_8$($2MgO \cdot 3TiO_2$)和四钛酸镁 $MgTi_4O_9$($MgO \cdot 4TiO_2$)五种钛酸盐。其中四钛酸镁是不稳定的。

A 正钛酸镁 Mg_2TiO_4

两份 TiO_2 和一份 MgO 在十份 $MgCl_2$ 溶剂中熔融便可生成正钛酸镁。

正钛酸镁是一种亮白色结晶，属于正方晶系，晶格常数 $a=0.842$nm，固体密度为3.52g/cm^3，熔点（固液同成分）为1732℃。它不溶于水，在硝酸、盐酸中长时间加热便发生分解。

B 偏钛酸镁 $MgTiO_3$

TiO_2 和 Mg 的混合物加热至1500℃可生成 $MgTiO_3$，反应按式23-122进行。在高温下 TiO_2 与 $MgCl_2$ 反应也生成偏钛酸镁，反应按式23-59进行。

偏钛酸镁属六方晶系，晶格常数 $a=0.545$nm，$\alpha=55°$。固体密度为3.91g/cm^3，熔点（固液同成分）为1630℃。

偏钛酸镁在1050℃氢气流中被还原为三价钛酸镁 $Mg(TiO_2)_2$；在与碳混合物加热至

1400℃时也发生相应的还原。

偏钛酸镁能缓慢地溶于稀盐酸中，在浓盐酸中溶解速度很快，也溶于硫酸氢氨的熔融液中。

C 二钛酸镁 $MgTi_2O_5$

在 TiO_2-MgO 体系中形成二钛酸镁，这是一种白色结晶，固体密度为 3.58g/cm^3，熔点（固液同成分）为 1652℃。

$MgTi_2O_5$ 与碳的混合物加热至 1400℃被还原为三价钛酸盐：

$$MgTi_2O_5 + C = Mg(TiO_2)_2 + CO \quad (23\text{-}195)$$

$MgTi_2O_5$ 在水和稀酸中都不溶解。

D 三钛酸镁 $Mg_2Ti_3O_8$

偏钛酸与碳酸镁烧结便生成 $Mg_2Ti_3O_8$。这是一种白色结晶，具有较大的介电常数。

23.7.2.7 钛酸钙

在 TiO-CaO 体系中形成偏钛酸钙 $CaTiO_3$（CaO · TiO_2）和正二钛酸钙 $Ca_3Ti_2O_7$。

A 偏钛酸钙 $CaTiO_3$

TiO_2 与相应量的 CaO 加热烧结便生成 $CaTiO_3$。

偏钛酸钙是黄色晶体，属于单斜晶系，晶格常数 $a = 0.7629$nm，固体密度为 4.02g/cm^3，在 1260℃时发生同素异形转化，转化热为 4.70J/g，1650℃开始软化，1980℃（固液同成分）熔化。

偏钛酸钙不溶于水，在加热的浓硫酸和盐酸中发生分解，与碱金属硫酸氢化物或硫酸铵熔化时也发生分解。

B 正二钛酸钙 $Ca_3Ti_2O_7$

正二钛酸钙是一种黄色结晶，熔点（固液异成分）为 1770℃，熔化析出偏钛酸钙。正二钛酸钙不溶于水，在加热的浓酸或碱金属硫酸氢化物中分解。

23.7.2.8 钛酸钡

A 制取方法

在 TiO_2-BaO 体系中，通过控制不同的钛钡比可制取偏钛酸钡（$BaTiO_3$）、正钛酸钡（Ba_2TiO_4）、二钛酸钡（$BaTi_2O_5$）和多钛酸钡（$BaTi_3O_7$、$BaTi_4O_9$ 等），其中以偏钛酸钡最有应用价值。

制取偏钛酸钡的方法很多，可归纳为固相法和液相法两类。固相法一般是以 TiO_2 和 $BaCO_3$ 按摩尔比 1∶1 混合，并可适当压制成形，放入 1300℃左右氧化气氛炉中焙烧，其反应式为：

$$TiO_2 + BaCO_3 = BaTiO_3 + CO_2\uparrow \quad (23\text{-}196)$$

反应产物经破碎磨细为产品。作为电子陶瓷材料使用的偏钛酸钡，在其生产中不希望有其他几种钛酸钡生成，所以原料的配比必须准确，且混合均匀，这是该法的难点之一。固相法产品因受原料纯度和制备过程的污染，一般纯度较低，活性较差，且较难磨细成超细粉。

液相法是以精制的四氯化钛和氯化钡为原料，使它们与草酸反应生成草酸盐 $Ba(TiO)(C_2O_4)_2 \cdot 4H_2O$ 沉淀，经焙烧获得偏钛酸钡。液相法可获得高纯度、高活性和超细的产品，产品中钛钡比可达到很精确的程度。我国已能用这种方法生产质量较好的适合于功能陶瓷使用的钛酸钡，但有待进一步改进工艺设备以提高产品质量的稳定性。

B　性质

偏钛酸钡有四种不同的晶型，各具有不同的性质。高于122℃稳定的是立方晶型，它不是一种强性电解质。122℃是偏钛酸钡的居里点。5～120℃下稳定的是正方晶型，它是一种强性电解质。+5～-90℃下稳定的是斜方晶型，它也是一种强性电解质。低于-90℃下稳定的是斜方六面体，它会发生极化。

偏钛酸钡是白色晶体，密度为6.08g/cm^3，熔点为1618℃，不溶于水，在热浓酸中分解。偏钛酸钡可与其同素异形体、锆酸盐、铪酸盐等形成连续固溶体，这些固溶体具有强性电解质性质。

C　应用

由于偏钛酸钡具有极高的介电常数、耐压和绝缘性能优异，是制造陶瓷电容器和其他功能陶瓷的重要原料。用偏钛酸钡制造的电子陶瓷元件已在无线电、电视和通信设备中大量使用，使设备的性能提高和小型化，成为高频电路元件中不可缺少的材料。偏钛酸钡的强电性能也广泛被利用来制造介质放大、调频、存储装置等。另外，偏钛酸钡陶瓷具有电致伸缩和压电性能，用它制造的压电晶体质量优于其他晶体，从用作为超声波振子开始，已被广泛地应用于各种声学装置、测量或滤波器等方面。

偏钛酸钡是制造正温度系数（PTC）热敏陶瓷电阻的重要原料。虽然纯 $BaTiO_3$ 是一种良好绝缘体，但加入微量元素（如以三价镧置换二价钡）便具有半导体性质，即它的电阻率具有随温度变化而发生突变的特性，在居里温度以下是一种导体，而在居里温度以上其阻值剧增几个数量级，几乎成为绝缘体，这就是所谓的 PTC 现象。现已广泛利用$BaTiO_3$这一性质制造 PTC 热敏陶瓷电阻，它已成为一种重要的功能陶瓷材料，在现代工业中具有广泛的应用。

23.7.2.9　钛酸锰

A　偏钛酸锰 $MnTiO_3$

在自然界的红钛锰矿（$MnO \cdot TiO_2$）中存在偏钛酸锰。偏钛酸与二氯化锰加热熔化生成偏钛酸锰。它属于六方晶系，密度为4.84g/cm^3，熔点（固液异成分）为1390℃。

B　正钛酸锰 Mn_2TiO_4

五份 $MnCl_2$ 和两份偏钛酸混合物加热熔化生成正钛酸锰，无定型 TiO_2 与 $MnCO_3$（摩尔比1：1）混合物在氢气氛中或氮气氛中加热至1000℃烧结得到正钛酸锰。

缓慢冷却制取的是 α 型正钛酸锰，密度为4.49g/cm^3；快速冷却则制得 β 型正钛酸锰，转化温度为770℃，熔点为1455℃。两种正钛酸锰变体在低温下均是铁磁性物质。

23.7.2.10　钛酸铁

在 TiO_2-FeO 和 TiO_2-Fe_2O_3 系中形成各种二价铁和三价铁的钛酸盐，在自然界的矿物中常有这些钛酸盐存在。

A　正钛酸亚铁 Fe_2TiO_4

在 TiO_2-FeO 系中形成 Fe_2TiO_4。五份 FeF_2 和两份偏钛酸在 NaCl 熔盐介质中烧结便可生成 Fe_2TiO_4。正钛酸亚铁是亮红色的结晶，属于斜方晶系，密度为4.37g/cm^3，熔点为1375℃，是非磁性物质。

B 偏钛酸亚铁 $FeTiO_3$

TiO_2 与相应量的 FeO 在 700℃ 下烧结，或偏钛酸与相应量的 $FeCl_2$ 烧结均可得到 $FeTiO_3$。

偏钛酸亚铁是较稳定的，在 1000～1200℃ 下的氢气中仅有一半铁被还原：

$$2FeTiO_3 + H_2 \xlongequal{} Fe + FeTi_2O_5 + H_2O \qquad (23\text{-}197)$$

$FeTiO_3$ 不溶于水，也不和稀酸发生反应，在加热时可在浓硫酸、盐酸与氧的混合物中分解。

偏钛酸亚铁在自然界中以尖钛铁矿形式存在。

C 其他钛酸铁

FeO、TiO_2 混合物在还原性介质中形成二钛酸亚铁 $FeTi_2O_5$（熔点为 1450℃）和正钛酸铁 $Fe_4(TiO_4)_3$。四份 Fe_2O_3 和三份 TiO_2 混合物在 NaCl 熔盐中熔化可生成 $Fe_4(TiO_4)_3$，后者是褐色棱柱体结晶。

偏钛酸铁 $Fe_2(TiO_3)_3$ 可由煅烧三硫酸偏钛酸铁制取。在自然界中以红钛铁矿形式存在。

23.7.2.11 钛酸铝

在 Al_2O_3-TiO_2 系中仅发现一个化合物——偏钛酸铝 $Al_2O_3 \cdot TiO_2$，没有发现正钛酸铝 $Al_2O_3 \cdot 3TiO_2$。

A 偏钛酸铝 $Al_2(TiO_3)_3$

两份 Al_2O_3 和三份 TiO_2 在冰晶石介质中加热可生成偏钛酸铝。

B 正钛酸铝 $Al_2O_2(TiO_3)$

TiO_2 与相应量的 Al_2O_3 熔化生成 $Al_2O_2(TiO_3)$，生成物属于斜方晶系，晶格常数 a = 0.940nm，b = 0.336nm，c = 0.995nm；25℃时密度为 3.67g/cm^3；熔点为 1860℃。它的热膨胀系数很小，因此 $Al_2O_2(TiO_3)$ 可用作耐火材料。$Al_2O_2(TiO_3)$ 与二钛酸镁可形成无限固溶体。

23.7.3 卤钛酸盐

23.7.3.1 六氟钛酸钠 Na_2TiF_6

六氟钛酸钠是一种细小的六方棱晶，熔点为 700℃，在熔化时发生分解挥发。它属于六方晶系，晶格常数为 a = 0.921nm，c = 0.515nm。它在 20℃ 水中的溶解度为 6.1%，在 98% 的乙醇中溶解度是 0.004%。

23.7.3.2 六氟钛酸钾 K_2TiF_6

六氟钛酸钾是一种细小片状结晶，属于三角晶系，晶格常数为 a = 0.571nm，c = 0.465nm，在 300～350℃ 转化为立方晶系（a = 0.832nm）。15℃ 时密度为 3.012g/cm^3，780℃熔化并部分分解挥发，在 865℃ 时完全分解。在加热的氢气流中还原 K_2TiF_6 为 K_2TiF_5。K_2TiF_6 难溶于水中，在水中的溶解度（%）可由下式计算：

$$l = 0.55 + 0.037t - 2 \times 10^{-4}t^2 + 4.4 \times 10^{-6}t^3 + 3 \times 10^{-8}t^4 (0 \sim 100℃)$$

而它在 98% 的乙醇中，20℃ 时溶解度为 0.006%。

六氟钛酸钾与水生成一水化合物 $K_2TiF_6 \cdot H_2O$，后者在 30℃ 的饱和离解压为 2.66kPa，容易在空气中脱水。

无水 K_2TiF_6 可在高于30℃的饱和水溶液中结晶出来。在水溶液中 K_2TiF_6 可与碱金属氢氧化物反应：

$$K_2TiF_6 + 4KOH = 6KF + H_4TiO_4 \tag{23-198}$$

23.7.3.3 六氯钛酸钾 K_2TiCl_6

气体 $TiCl_4$ 与 KCl 反应可生成少量 K_2TiCl_6：

$$2KCl + TiCl_4 = K_2TiCl_6 \tag{23-199}$$

K_2TiCl_6 仅在氯化氢气氛中稳定，属于立方晶系，晶格常数 $a = 0.978nm$。K_2TiCl_6 在300℃开始离解，在525℃离解压力已达0.1MPa，离解压力可由下式计算：

$$\lg(p/Pa) = 1346 - 7.67 \times 10^5 T^{-1}$$

23.7.3.4 六氯钛酸钠 Na_2TiCl_6

气体 $TiCl_4$ 与熔融氯化钠反应仅生成极少量的 Na_2TiCl_6，它是很不稳定的化合物。

23.8 钛的有机化合物

钛的有机化合物品种繁多，它广义上的定义是含有一个以上 Ti 与 C 或含 C 原子团形成共价键的化合物。这样，钛的有机化合物大致可分为钛酸酯及其衍生物、有机钛化合物、含有机酸的钛盐或钛皂三类。各种类别的钛的有机化合物，均有二、三、四价钛化合物，本节主要介绍最稳定的四价钛有机物。

23.8.1 钛酸酯及其衍生物

钛酸酯及其衍生物在工业中有着十分广泛的用途，可用作各种表面处理剂，如耐高温（500～600℃）涂料的基料、酯化和醇解的催化剂、含羟基树脂的交联剂、环氧树脂固化剂、聚酯漆包线和有机硅漆的固化促进剂、乳胶漆的触变剂和玻璃表面处理剂等。

下面就数种此类重要化合物的制取方法和性质分述如后。

23.8.1.1 钛酸酯

其分子结构中含有至少一个 C—O—Ti 键的化合物称为钛烃氧基化物。钛（Ⅳ）烃氧基化物的通式为 $Ti(OR)_4$。可把 $Ti(OR)_4$ 看成是正钛酸 $Ti(OH)_4$ 的烃基酯，所以通常称它为（正）钛酸酯。

制备低级钛酸酯最常用的方法是 Nelles 法，其原理是：

$$TiCl_4 + 4ROH = Ti(OR)_4 + 4HCl \tag{23-200}$$

该方法的关键是用氨除去反应生成物 HCl，以使反应完全：

$$TiCl_4 + 4ROH + 4NH_3 = Ti(OR)_4 + 4NH_4Cl\downarrow \tag{23-201}$$

戊酯以上的高级钛酸酯可用醇解法方便地由低级酸酯（如钛酸丁酯）和高级醇（R′OH)来制备：

$$Ti(OC_4H_9)_4 + 4R'OH = Ti(OR')_4 + 4C_4H_9OH \tag{23-202}$$

反应生成的低级醇（如丁醇）用常压或减压蒸出。它们的主要物理性质列于表23-4。

表 23-4 低级钛酸酯的基本物理性质

名 称	分子式	外 观	熔点/℃	沸点/℃	沸点时的蒸气压 p/Pa	密度 d_4^{35} /g·cm^{-3}	折光率 n_D^{35}	黏度 n^{25} /MPa·s
钛酸甲酯	$Ti(OCH_3)_4$	白色结晶固体	210	170(升华)	1.3			
钛酸乙酯	$Ti(OC_2H_5)_4$		< -40	103	13	1.107	1.5051	44.45
钛酸丙酯	$Ti(OC_3H_7)_4$	浆状黏稠液		124	13	0.997	1.4803	161.35
钛酸异丙酯	$Ti[OCH(CH_3)_2]$	≥18.5℃时为微黄色液体	18.5	49	13	0.9711	1.4568	4.5
钛酸丁酯	$Ti(OC_4H_9)_4$	微黄色液体	约50	142	13	0.992	1.4863	67

另外，含 C_{10} 以上的高级钛酸酯都是无色蜡状固体。

低级钛酸酯（除钛酸甲酯外）在与潮气或水接触时，会迅速水解而生成含有 Ti—O—Ti 的聚合物，通常称为聚钛酸酯。钛酸酯的水解和聚合是逐渐进行的，生成一系列中间聚合物。随着聚合度的增加，聚钛酸酯的黏度和对水解的稳定性增大，耐氧化和耐高温性能提高。钛酸酯中 R 基团的碳原子数越多，水解就越难进行。

低级钛酸酯易与高级醇或其他含羟基化合物交换烃氧基：

$$Ti(OR)_4 + 4R'OH \longrightarrow Ti(OR')_4 + 4ROH \tag{23-203}$$

较低级钛酸酯在加热时极易与有机酸的较高级酯起交换反应，如：

$$Ti[OCH(CH_3)_2]_4 + 4CH_3COOC_4H_9 \xrightarrow{\triangle} Ti(OC_4H_9)_4 + 4CH_3COOCH(CH_3)_2 \tag{23-204}$$

此外，钛酸酯还易与有机酸、酸酐反应生成钛酰化物。

正戊酯以下的低级钛酸酯的热稳定性较好，在常压蒸馏时不会发生变化，但长期加热时会发生缩聚作用，生成如水解时所生成的那种聚钛酸酯。随着烃基中碳原子数的增加，钛酸酯的热稳定性降低。高级钛酸酯（如钛酸正十六烷基酯）即使在高真空下蒸馏也会完全分解。热分解的最终产物是聚合 TiO_2。

23.8.1.2 钛的烃氧基卤化物

烃氧基卤化钛通式为 $Ti(OR)_nX_{4-n}$，R 为烷基、烯基或苯基，X 为 F、Cl 或 Br。

在由 $TiCl_4$ 与醇或酚反应制取钛酸酯的过程中生成钛的烃氧基卤化物，如：

$$TiCl_4 + ROH \longrightarrow ROTiCl_3 + HCl \tag{23-205}$$

$$ROTiCl_3 + ROH \longrightarrow (RO)_2TiCl_2 + HCl \tag{23-206}$$

$$(RO)_2TiCl_2 + ROH \longrightarrow (RO)_3TiCl + HCl \tag{23-207}$$

另一种有用的制取钛的烃氧基卤化物的方法，是用化学计量的钛酸酯与 $TiCl_4$ 在惰性碳氢化合物溶剂中反应：

$$nTi(OR)_4 + (4-n)TiCl_4 \longrightarrow 4Ti(OR)_nCl_{4-n} \tag{23-208}$$

式中，$n=1$，2 或 3。

此外，还有许多制取钛烃氧基卤化物的方法。

钛（Ⅳ）的烃氧基氟化物和氯化物是无色或黄色晶体，新制取的黏稠液体，放置后颜色变暗。而钛的苯氧基卤化物是橙红色固体，熔点较高。它们都易潮解并且易溶于水并逐渐发生水解，生成相应的醇、烃基卤化物和水合 TiO_2。

23.8.1.3　钛螯合物

钛螯合物是钛酸酯的衍生物。低级钛酸酯与螯合剂反应生成钛螯合物，此时钛酸酯中的钛原子与螯合原子（如 O、N 等）形成配价键，从而使钛的配位数为 6，使之形成一个稳定的八面体结构。如：

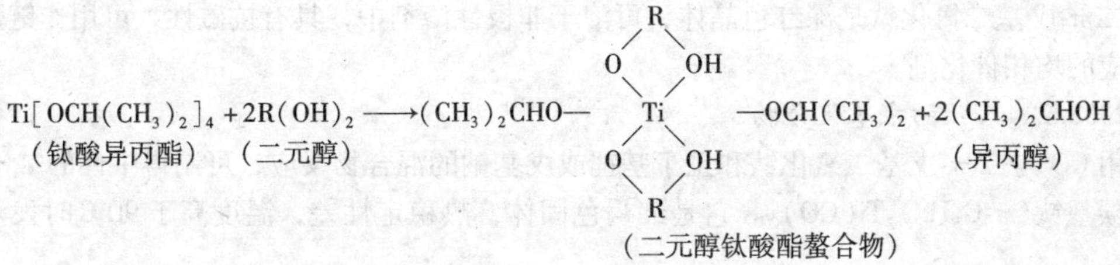

上述的螯合剂是具有两个官能基以上的有机化合物，其中一个官能基是羟基，另一个基团需含有螯合原子 O、N 等。可作为螯合剂的化合物有二元醇、羟基酸、二元羧酸、双烯酮、酮酯、烷醇胺等。

钛螯合物是依靠分子内的配位作用而形成的八面体结构，因而它的稳定性，特别是对水解的稳定性要比相应的钛酸酯好得多。钛酸酯因易在空气中潮解而限制它的应用，而钛螯合物则没有这方面的问题。钛螯合物仍有烃氧基存在，因此除了它对水解稳定性较好之外，其他性质与钛酸酯相近。

23.8.2　有机钛化合物

有机钛化合物是指分子中至少含有一个 C—Ti 键的化合物。这类化合物是由 $TiCl_4$ 与有机金属化合物（如有机镁、钠、锂试剂）反应制取。这类化合物包括钛的烃基化合物、苯基化合物、戊基化合物和羰基化合物等。

23.8.2.1　钛的烃基化合物

钛的烃基化合物大多是很不稳定的，只有甲基钛比较稳定。四甲基钛 $(CH_3)_4Ti$ 在 $-50 \sim -80$℃的乙醚里存放。它由甲基锂（CH_3Li）缓慢加入到 $TiCl_4$ 的乙醚复合物悬浊液中得到：

$$TiCl_4 + 4CH_3Li = (CH_3)_4Ti + 4LiCl \qquad (23\text{-}209)$$

$(CH_3)_4Ti$ 的热稳定性差，高于 -20℃发生分解。

三氯甲基钛可用二氯甲基铝与 $TiCl_4$ 反应制得：

$$TiCl_4 + CH_3AlCl_2 = CH_3TiCl_3 + AlCl_3 \qquad (23\text{-}210)$$

CH_3TiCl_3 可用作乙烯聚合的催化剂。

23.8.2.2　钛的苯基化合物

在 -70℃的乙醚中，用苯基锂（C_6H_5Li）与 $TiCl_4$ 反应制取四苯基钛：

$$4C_6H_5Li + TiCl_4 = (C_6H_5)_4Ti + 4LiCl \qquad (23\text{-}211)$$

四苯基钛是橙色晶体，也很不稳定，在高于 -20℃发生分解。

钛苯基衍生物都比较稳定，如三异丙氧基苯基钛$(C_6H_5)Ti[OCH(CH_3)_2]_3$是白色晶体，熔点为88~90℃，在低于10℃或惰性气体中是稳定的，但在水中迅速分解。

23.8.2.3 钛的戊基化合物

近年来已制得四戊基钛及其衍生物，如二π-戊基二氯化钛可由$TiCl_4$与戊基钠反应制得：

$$TiCl_4 + 2C_5H_5Na = (\pi\text{-}C_5H_5)_2TiCl_2 + 2NaCl \quad (23\text{-}212)$$

二π-戊基二氯化钛是深红色晶体，可溶于非极性溶剂中，具有抗磁性，可用作链烯聚合反应的均相催化剂。

23.8.2.4 钛的羟基化合物

用CO与二π-戊基二氯化钛和正丁基锂或戊基钠的混合物反应，可制得中性的二π-戊基二羰基钛$(\pi\text{-}C_5H_5)_2Ti(CO)_2$。它是红褐色固体，热稳定性差，温度高于90℃时发生分解。

有机钛化合物在催化乙烯聚合和固氮方面有着重要的用途。

23.8.3 有机酸的钛盐

有机酸的钛盐，如$TiCl_4$与甲酸、乙酸及其他有机酸反应生成相应的钛盐，这些已在$TiCl_4$性质一节叙述过，不再重复。

参考文献

1 John wiley, Sons. Kirk-othmer Encyclopedia of Chemical Technology, Third Edition, A wiley Interscience publication, New York, Vol., 23: 131~245

2 周芝骏，宁崇德. 钛的性质及其应用. 北京：高等教育出版社，1993

3 邓国珠. 复合材料，1990，(3)：36

24 钛的腐蚀性能

24.1 钛的化学和电化学特性

众所周知，钛是一种非常耐腐蚀的金属。然而钛的热力学数据表明，钛属于热力学极不稳定的金属。表24-1是各种金属电极反应的标准电极电位，如果钛能够被溶解而生成Ti^{2+}离子的话，其标准电极电位是很负（-1.63V）的，也就是说热力学预示钛是极不稳定的金属。钛会与大气中的氧气反应生成稳定而致密的氧化膜，使钛的表面总是覆盖一层保护性的钛的氧化膜。由此钛的电极电位稳定地偏向正值，例如钛在25℃的海水中稳定电极电位约为+0.09V。在化学手册或者化学教科书中，可以得到相应于一系列钛电极反应的标准电极电位值。必须明确指出的是，实际上这些数据并不是真接在溶液中测定的，而往往只能是从热力学数据计算得到，而且由于数据来源的不同，可能一个数据同时表示几个不同的电极反应和一个反应出现不同的数据也是不奇怪的。这一切并不是钛的专有性状，所有钝化型金属，例如铝等都是这样的情形。

表24-1 金属的电极电位表

金属电极反应	25℃时的电极电位（相对于标准氢电极）	金属电极反应	25℃时的电极电位（相对于标准氢电极）
$Au^{3+}+3e\rightarrow Au$	1.50	$Ga^{3+}+3e\rightarrow Ga$	-0.53
$Pd^{2+}+2e\rightarrow Pd$	0.987	$Cr^{3+}+3e\rightarrow Cr$	-0.74
$Hg^{2+}+2e\rightarrow Hg$	0.854	$Cr^{2+}+2e\rightarrow Cr$	-0.91
$Ag^{+}+e\rightarrow Ag$	0.800	$Zn^{2+}+2e\rightarrow Zn$	-0.763
$Hg_2^{2+}+2e\rightarrow 2Hg$	0.789	$Mn^{2+}+2e\rightarrow Mn$	-1.18
$Cu^{+}+e\rightarrow Cu$	0.521	$Zr^{4+}+4e\rightarrow Zr$	-1.53
$Cu^{2+}+2e\rightarrow Cu$	0.337	$Ti^{2+}+2e\rightarrow Ti$	-1.63
$2H^{+}+2e\rightarrow H_2$	0.000（参照电位）	$Al^{3+}+3e\rightarrow Al$	-1.66
$Pb^{2+}+2e\rightarrow Pb$	-0.126	$Hf^{4+}+4e\rightarrow Hf$	-1.70
$Sn^{2+}+2e\rightarrow Sn$	-0.136	$U^{3+}+3e\rightarrow U$	-1.80
$Ni^{2+}+2e\rightarrow Ni$	-0.250	$Be^{2+}+2e\rightarrow Be$	-1.85
$Co^{2+}+2e\rightarrow Co$	-0.277	$Mg^{2+}+2e\rightarrow Mg$	-2.37
$Tl^{+}+e\rightarrow Tl$	-0.336	$Na^{+}+e\rightarrow Na$	-2.71
$In^{3+}+3e\rightarrow In$	-0.342	$Ca^{2+}+2e\rightarrow Ca$	-2.87
$Cd^{2+}+2e\rightarrow Cd$	-0.403	$K^{+}+e\rightarrow K$	-2.93
$Fe^{2+}+2e\rightarrow Fe$	-0.440	$Li^{+}+e\rightarrow Li$	-3.05

钛的电极反应数据表明钛的表面十分活泼，通常总是覆盖着在空气中自然生成的氧化膜。因此钛的优异的耐腐蚀性，源于钛表面总是会存在一层稳定的、附着性强的、保护性特别好的氧化膜，实际上就是这一层自然氧化膜的稳定性决定了钛的耐腐蚀性。理论上

讲，具有保护性的氧化膜的 Pilling/Bedworth(P/B)比值必须大于1，这个比值的物理意义是氧化膜的分子体积在化学计量上对于基体金属的比值。如果比值小于1则氧化膜不能完全覆盖金属表面，因此不可能起到保护作用。如果这个比值太大，则氧化膜内的压应力相应增大，也容易引起氧化膜的破裂。钛的 P/B 比值随着氧化膜的成分和结构不同，一般处于1~2.5之间，从这个基本点出发进行分析，钛的氧化膜可以具有比较好的保护性能。

钛的表面曝露在大气或者水溶液中，立即会自动生成新的氧化膜，例如在室温大气中氧化膜厚度约为1.2~1.6nm，并随时间的延长而增厚，70天之后自然增厚到5nm，545天以后逐渐增加到8~9nm。人为强化氧化条件（例如加热、采用氧化剂或阳极氧化等）可以加速表面氧化膜的生长并且得到比较厚的氧化膜，从而可以提高钛的耐腐蚀性。因此阳极氧化及热氧化生成的氧化膜，都会明显提高金属钛的耐腐蚀性。

钛的氧化膜（包括热氧化膜或阳极氧化膜）通常不是一种单一的结构，其氧化物的成分和结构随生成条件而变化。一般情形下，在氧化膜与环境的界面可能是 TiO_2，然而在氧化膜与金属界面可能以 TiO 为主。而两者中间可能存在不同价态的氧化物过渡层，甚至可以是非化学当量的氧化物，这就表示钛的氧化膜存在着多层结构。至于这层氧化膜生成的过程，也不能简单地理解为钛与氧（或空气中的氧）直接反应而成。许多研究者提出过各种不同的机理，前苏联的工作者认为首先生成氢化物，然后在氢化物上再形成钝态的氧化膜。限于本书的内容，本章不能详细讨论和解释钝态氧化膜的生成机理。

钛表面生成的 TiO_2 层，在强腐蚀性酸溶液中，受化学和电化作用而溶解，使电极电位迅速发生变动。氟化氢溶液对于钛的腐蚀作用很强，当酸浓度较小时氧化膜溶解较慢，因此电极电位变化不大。而酸浓度较高时，电极电位迅速移向一个稳定的负值，表明氧化膜很快溶解。钛的阳极过程是钛发生阳极溶解生成 Ti^{3+} 离子，如果溶液中存在氧，则 Ti^{3+} 离子进一步氧化生成 Ti^{4+} 离子。阳极过程也可以生成氧化物膜，而阴极过程发生氢的析出。

钛的氧化物有青铜色的 TiO、紫色的 Ti_2O_3、蓝色的 Ti_3O_5 和白色 TiO_2 等，也就是说，钛的价态可能是2价、3价、4价或者非化学当量的。在水溶液中钛离子一般是3价或4价，2价钛是不稳定的价态。为此，其氢氧化物通常有 $Ti(OH)_3$ 和 $Ti(OH)_4$。

24.2 钛在各种介质中的腐蚀行为

许多钛合金的开发目标都是以力学性能为考虑方向，应用于航空和航天工业等非耐腐蚀的民用工业场合。但是随着通用工业的应用扩大，钛在不同介质中的耐腐蚀特性，也已经成为关注的重点。一般而论，使钛的氧化膜处于稳定的介质，也就是使金属钛维持耐蚀性的介质，所以这个介质一般都是氧化性的介质，或者至少是中性或弱还原性的介质。它们是海水、氯化物溶液、氧化性无机酸溶液、浓度低于3% HCl 和低于4% H_2SO_4 溶液等。而钛在还原性酸溶液中一般是不耐腐蚀的，而钛合金 Ti-Pd(如 Ti-0.2Pd、Ti-0.15Pd 和 TA 9)和 Ti-Ni-Mo(如 Ti-0.8Ni-0.3Mo 和 TA 10)，对于还原性介质的耐腐蚀性有所提高。

重金属盐添加在还原性酸中有明显的缓蚀作用，可以提高钛的耐腐蚀性。氧化性介质太强的情形，例如干氯气、发烟硝酸等，由于破坏了原有的氧化膜，使得钛表面的氧化反应过于激烈，则钛存在爆炸着火等非常危险的结果。

表24-2~表24-6分别收集汇总2级工业纯钛（TA 2）在不同状态和各种浓度和温度下，在各种不同介质中的耐腐蚀情况。表24-2为工业纯钛在无机酸溶液中的腐蚀数据，

为了比较添加化合物或通入空气、氯气的有利影响，表中提供一系列条件供读者参考。硝酸是典型的氧化性无机酸，除了红烟硝酸由于剧烈氧化存在自然着火的危险以外，钛的腐蚀速度是非常小的。室温的盐酸溶液，只要浓度低于5%，腐蚀速度也是比较低的。但是沸腾的盐酸溶液即使浓度低到1%，钛的腐蚀速度也超过2mm/a。硫酸是典型的还原性无机酸，尽管通入氧气比通入氮气对于钛的耐腐蚀性能比较有利，不过降低腐蚀速度的作用比较有限，但是硫酸溶液中加入重金属硫酸盐或氧化性物质，如硫酸铜、氧化铬、硝酸或氯气等，则对于钛的缓蚀作用十分明显。

表 24-2 工业纯钛在无机酸溶液中的腐蚀

无机酸	状 态	浓度/%	温度/℃	腐蚀速度/$mm \cdot a^{-1}$	无机酸	状 态	浓度/%	温度/℃	腐蚀速度/$mm \cdot a^{-1}$
亚硫酸		6	室温	0	硝 酸	+10% $FeCl_3$	40	沸腾	0.122~0.188
氢氟酸		1.48	室温	快	硝 酸	+0.1% $K_2Cr_2O_3$	40	沸腾	<0.016
氢氟酸	1HF+15HNO_3		室温	快	硝 酸	+10% $NaClO_3$	40	沸腾	0.003~0.036
硝 酸	通空气	10	室温	0.005	硝 酸	饱和 $ZrO(NO_3)_2$①	33~45	118	0
硝 酸	通空气	20	室温	0.245	硝 酸	+15% $ZrO(NO_3)_2$	65	127	0
硝 酸	通空气	30	室温	0.004	硝 酸	+179g/L$NaNO_3$，32g/LNaCl	20.8	沸腾	0.127~0.295
硝 酸	通空气	40	室温	0.002					
硝 酸	通空气	50	室温	0.002	硝 酸	+170g/L$NaNO_3$，2.9g/LNaCl	27.4	沸腾	0.483~2.92
硝 酸	通空气	60	室温	0.001					
硝 酸	通空气	70	室温	0.005	盐 酸		1	室温	0
硝 酸	通空气	10	40	0.003	盐 酸		2	室温	0
硝 酸	通空气	20	40	0.005	盐 酸		3	室温	0.013
硝 酸	通空气	30	50	0.015	盐 酸		5	室温	0.005
硝 酸	通空气	40	50	0.016	盐 酸		8	室温	0.005
硝 酸	通空气	50	60	0.037	盐 酸		1	沸腾	2.16
硝 酸	通空气	60	60	0.040	盐 酸		2	沸腾	7.11
硝 酸	通空气	70	70	0.040	盐 酸		3	沸腾	14.0
硝 酸	通空气	40	200	0.610	盐 酸		5	沸腾	21.3
硝 酸	通空气	70	270	1.22	盐 酸		8	沸腾	>50.8
硝 酸	通空气	20	290	0.305	硫 酸	通入空气	1	60	0.008
硝 酸	不通空气	35	80	0.051~0.102	硫 酸	通入空气	3	60	0.013
硝 酸	不通空气	70	80	0.025~0.076	硫 酸	通入空气	5	60	4.83
硝 酸		17	沸腾	0.076~0.102	硫 酸	通入空气	10	35	1.27
硝 酸		35	沸腾	0.127~0.508	硫 酸	通入空气	40	35	8.64
硝 酸		70	沸腾	0.064~0.940	硫 酸	通入空气	75	35	1.07
硝 酸	白 烟		室温	0.003	硫 酸	通入空气	75	室温	10.8
硝 酸	白 烟		82	0.152	硫 酸	通入空气	75	沸腾	154.5
硝 酸	白 烟		122	≤0.127	硫 酸	通入空气	1	100	0.005
硝 酸	白 烟		160	≤0.127	硫 酸	通入空气	3	100	23.4
硝 酸	红烟，<2% H_2O		室温	着火危险	硫 酸	通入空气	5	100	20.6
硝 酸	红烟，>2% H_2O		室温	无着火危险	硫 酸	通入空气	80	室温	8.03
硝 酸	+0.1% CrO_3	40	沸腾	0.003~0.025	硫 酸	通入空气	80	沸腾	189.5

续表 24-2

无机酸	状态	浓度/%	温度/℃	腐蚀速度/mm·a^{-1}	无机酸	状态	浓度/%	温度/℃	腐蚀速度/mm·a^{-1}
硫 酸	通入空气	浓	室温	1.57	硫 酸	+30% HNO_3	70	室温	0.635
硫 酸	通入空气	浓	沸腾	5.38	硫 酸	+50% HNO_3	50	室温	0.635
硫 酸	通入氮气	1	100	7.16	硫 酸	+70% HNO_3	30	室温	0.102
硫 酸	通入氮气	3	100	21.1	硫 酸	+90% HNO_3	10	室温	0
硫 酸	通入氮气	5	100	26.9	硫 酸	+90% HNO_3	10	60	0.011
硫 酸		1	沸腾	17.8	硫 酸	+50% HNO_3	50	60	0.399
硫 酸		5	沸腾	25.4	硫 酸	+20% HNO_3	80	60	1.59
硫 酸	+0.25% $CuSO_4$	5	93	0	硫 酸	氯气饱和	45	24	0.003
硫 酸	+0.25% $CuSO_4$	5	93	0	硫 酸	氯气饱和	62	16	0.002
硫 酸	+0.25% $CuSO_4$	30	38	0.061	硫 酸	氯气饱和	5	190	<0.025
硫 酸	+0.25% $CuSO_4$	30	93	0.088	硫 酸	氯气饱和	82	50	>1.19
硫 酸	+0.5% $CuSO_4$	30	38	0.067	硫 酸	+4.79g/L Ti^{4+}	40	100	不腐蚀
硫 酸	+0.5% $CuSO_4$	30	93	0.823	磷 酸		10~30	室温	0.020~0.051
硫 酸	+1.0% $CuSO_4$	30	38	0.020	磷 酸		30~80	室温	0.051~0.762
硫 酸	+1.0% $CuSO_4$	30	93	0.084	磷 酸		1	沸腾	0.254
硫 酸	+1.0% $CuSO_4$	30	沸腾	1.65	磷 酸		10	沸腾	10.2
硫 酸	+0.5% CrO_3	5	93	0	磷 酸		30	沸腾	26.2
硫 酸	+0.5% CrO_3	30	93	0	磷 酸		10	80	1.83
硫 酸	+10% HNO_3	90	室温	0.457	磷 酸	3% HNO_3,16% H_2O	81	88	0.381

①为硝酸氧锆（zirconylnitrate）。

表 24-3 为工业纯钛在某些有机酸和有机化合物溶液中的腐蚀速度，在甲酸溶液中通入空气比不通入空气的腐蚀速度明显降低，除个别有机酸，如沸腾的三氯乙酸、高温或沸腾的草酸溶液、沸腾的氨基磺酸之外，钛的腐蚀速度是可以忽略的。表 24-4 为钛在各种盐溶液中的腐蚀速度，在表 24-4 列出的无机盐溶液中四氯化钛、高温氯化铝、高温氯化锌、高温氯化钙和高温氯化镍等以外，钛的腐蚀速度都不高。表 24-5 为钛在碱溶液中的腐蚀速度。表 24-6 为工业纯钛在其他介质中的腐蚀，请读者参考。

表 24-3 工业纯钛在有机酸溶液和有机化合物中的腐蚀

有机物溶液	状态	浓度/%	温度/℃	腐蚀速度/mm·a^{-1}	有机物溶液	状态	浓度/%	温度/℃	腐蚀速度/mm·a^{-1}
乙 醇		91	35	0	水杨酸		饱和	室温	0
乙醇(含碘)	碘饱和状态溶于乙醇		室温	点腐蚀	甲 酸	通空气	10	100	<0.127
					甲 酸	通空气	25	100	<0.127
乙 酸		5~99	100	0	甲 酸	通空气	50	100	<0.127
三氯乙酸		100	沸腾	14.6	甲 酸	不通空气	10	沸腾	>1.27
马来酸		18~20	35	0.002	甲 酸	不通空气	25	沸腾	>1.27

续表 24-3

有机物溶液	状态	浓度/%	温度/℃	腐蚀速度/mm·a^{-1}	有机物溶液	状态	浓度/%	温度/℃	腐蚀速度/mm·a^{-1}
甲酸	不通空气	50	沸腾	>1.27	柠檬酸	不通空气	50	沸腾	0.356
甲酸	不通空气	90	沸腾	>1.27	琥珀酸		100	185	0
丙酸	蒸汽态		190	快	琥珀酸		饱和	室温	0
对苯二酸		77	218	0	硬脂酸	熔融态	100	180	0.003
乳酸	通或不通空气	10~85	100	<0.127	酒石酸		10~50	100	<0.127
乳酸	通或不通空气	10~85	沸腾	<0.127	酒石酸		10	60	0.003
草酸	无空气	1	37	0.025	酒石酸		25	60	0.003
草酸	无空气	1	沸腾	107.9	酒石酸		50	60	0.001
草酸	无空气	10	沸腾	94.0	酒石酸		10	100	0.003
草酸		25	60	11.9	酒石酸		25	100	0.003
草酸		饱和	室温	0.508	酒石酸		50	100	0.005~0.012
癸二酸			240	0.008					
焦性没食子酸		355g/L	室温	0	羟基乙酸			40	0.031
					二氯乙烷		100	沸腾	0.127
单宁酸		25	100	0	三氯乙烷		99	沸腾	0.003
氨基磺酸		饱和	室温	0	四氯乙烷	液态或气态	100	沸腾	0.003
氨基磺酸		3.75g/L	沸腾	0	四氯乙烷	$+H_2O$		沸腾	0.127
氨基磺酸		7.5g/L	沸腾	2.74	四氯乙烯	液态或气态	100	沸腾	0.001
氨基磺酸	$+375g/L FeCl_3$	7.5g/L	沸腾	0.030	尿素	+32%氨，20% H_2O，19% CO_2	28	182	0.079
氨基磺酸	无空气	10	沸腾	13.7					
柠檬酸		50	100	<0.0003	酚类		饱和溶液	21	0.102
柠檬酸	通空气	50	100	<0.127					

表 24-4　工业纯钛在盐溶液中的腐蚀

无机盐	状态	浓度/%	温度/℃	腐蚀速度/mm·a^{-1}	无机盐	状态	浓度/%	温度/℃	腐蚀速度/mm·a^{-1}
乙酸铅		饱和	室温	0	连二亚硫酸钠	加一定数量硫化钠等	5~12	110	<0.003
乙酸钠		饱和	室温	0					
四氯化钛		99.8	300	1.57	柠檬酸钠		饱和	室温	0
四氯化钛		浓溶液	室温	0	氟化钠		饱和	室温	0.008
亚硫酸氢钠		10	沸腾	0	重铬酸钾				0
亚硫酸氢钠		25	沸腾	0	重铬酸钠		饱和	室温	0
次氯酸钠		6	室温	0	高氯酸钾		20	室温	0.12
次氯酸钠	+12%~15% NaCl，+1% NaOH	1.5~4	66~93	0.030	高氯酸钾	+600~900g/L $NaClO_4$，+0~500 g/L KCl	20	室温	0.12

续表 24-4

无机盐	状　态	浓度/%	温度/℃	腐蚀速度/$mm \cdot a^{-1}$	无机盐	状　态	浓度/%	温度/℃	腐蚀速度/$mm \cdot a^{-1}$
高氯酸钠		900	50	0.003	氯化镍		20	100	0.003
高锰酸钾		饱和	室温	0	氯化镍		50	150	0
铁氰化钾		饱和	室温	0	氯化镍		75	200	0.610
铝酸钠		25	沸腾	0.091	氯化镍		80	200	203.2
硅酸钠		25	沸腾	0	氯化锌		20	104	0
硫酸钠		10~20	沸腾	0	氯化锌		50	150	0
硫酸钠		饱和	室温	0	氯化锌		75	200	0.610
硫酸钾		10	室温	0	氯化锌		80	200	203.2
硫化钠		10	沸腾	0	氯化钙		10	100	0.008
硫化钠		饱和	室温	0	氯化钙		20	100	0.015
硫化钠		饱和	沸腾	0	氯化钙		62	154	0.406
硫代硫酸钠		25	沸腾	0	氯化钙		73	177	2.13
硫代硫酸钠	+20%乙酸	25	室温	0	氯酸钠		饱和	室温	0
硫代硫酸钠	+氯化锡	5	100	0.003	氯酸钠	+80~250g/L NaCl, +14g/L $Na_2Cr_2O_3$	0~721g/L	40	0.003
硫代硫酸钠	+氯化锡	24	沸腾	0.045					
氯化铵	通空气	各种浓度	20~100	<0.013	硅酸钠		25	沸腾	0
					氰化钠		饱和	室温	0
氯化钠		饱和	室温	0	氰化汞		饱和	室温	0
氯化钠	pH=1.5	23	沸腾	0	氰化汞		1	100	0
氯化钠	pH=1.2	23	沸腾	0.071	氰化汞		5	100	0.011
氯化钠	与聚四氟乙烯接触	23	沸腾	缝隙腐蚀	氰化汞		10	100	0.001
氯化钠	pH=1.2	23	沸腾	0.071	氰化汞		饱和	100	<0.127
氯化钠	pH=1.2,溶解少量氯气	23	沸腾	0	氯化铀		饱和	70~194	0
氯化钾		饱和	室温	0	硝酸镍	含 $6H_2O$	50	室温	0
氯化钾		饱和	60	约0	硝酸银		50	室温	0
氯化铜	通空气	40	沸腾	0.005	硝酸钠		饱和	室温	0
氯化亚铜	通空气	50	90	0.003	硫酸钾		10	室温	0
氯化锂		50	149	0	硫化钠		10	沸腾	0.027
氯化铝		10	100	0.002	硫化钠		饱和	室温	0
氯化铝		10	150	0.033	硫化钠		饱和	沸腾	0
氯化铝		20	149	16.0	溴化钾		饱和	室温	0
氯化铝		25	100	6.55	碘化钾		饱和	室温	0
氯化铝		40	121	109.2	碳酸钠		25	沸腾	0
氯化镍		5	100	0.004	磷酸钠		饱和	室温	0

表 24-5 工业纯钛在碱溶液中的腐蚀

碱溶液	状 态	浓度 /%	温度 /℃	腐蚀速度 /mm·a^{-1}	碱溶液	状 态	浓度 /%	温度 /℃	腐蚀速度 /mm·a^{-1}
氢氧化钾	+13% KCl	13	29	0	氢氧化钠		10	沸腾	0.021
氢氧化钾		50	29	0.010	氢氧化钠		28	室温	0.003
氢氧化钾		10	沸腾	<0.127	氢氧化钠		40	80	0.127
氢氧化钾		25	沸腾	0.305	氢氧化钠		50	57	0.0127
氢氧化钾		50	沸腾	2.74	氢氧化钠		73	129	0.178
氢氧化钾		50~无水	241~377	1.02~1.52	氢氧化钠		50~73	188	1.09
氢氧化钠		5~10	21	0.001					

表 24-6 工业纯钛在其他介质中的腐蚀

介 质	状 态	浓度 /%	温度 /℃	腐蚀速度 /mm·a^{-1}	介 质	状 态	浓度 /%	温度 /℃	腐蚀速度 /mm·a^{-1}
二氧化硫	干态		室温	0	汞		100	38	尚可
二氧化硫	水饱和	~100	室温	0.003	汞		100	室温	0
二氧化硫气体	+3% O_2，+少许 SO_3	18	316	0.006	汞		100	371	3.03
					汞	+Fe		371	0.079
硫化氢	水饱和	~100	室温	<0.127	汞	+Cu		371	0.063
过氧化氢		3	室温	<0.127	汞	+Zr		371	0.033
过氧化氢		6	室温	<0.127	汞	+Mg		371	0.083
过氧化氢		30	室温	<0.305	镁	熔融		760~954	有腐蚀
锂	熔融		316~482	0	钠		100	593	好
铅			816	腐蚀	硫	熔融	100	240	0
铅			324~593	未腐蚀	海 水	4.5 年		24	0

从表 24-2~表 24-6 提供的数据可以知道，钛的耐腐蚀性不仅取决于介质种类、浓度和温度，而且取决于介质状态（如充空气或氮气情况，添加氧化性化合物情况等）。

如果 2 级工业纯钛加入 0.2% 钯（Ti-0.2Pd，TA 9）或钛镍钼合金（即 Ti-0.3% Mo-0.8% Ni，TA 10），则在还原性无机酸中具有较好的耐腐蚀性。表 24-7 和表 24-8 给出 Ti-0.2Pd 及 Ti-0.8Ni-0.3Mo 两个钛合金在一些还原性介质中的腐蚀数据。从表 24-7 及表 24-8 的腐蚀数据与表 24-2~表 24-6 的对应介质比较，可以清楚地看出这两个钛合金具有比工业纯钛更好的耐腐蚀性，并在还原性无机酸的环境中已经得到相当广泛的应用。

24.3 钛的特殊腐蚀形式

表 24-2~表 24-8 的数据都是以钛的腐蚀速度出发列表讨论的，但是腐蚀速度的概念基本上只适用于全面腐蚀或一般腐蚀的情况，对于钝化型金属钛，腐蚀破坏尤其是设备的破坏通常不能以腐蚀速度，即单位面积的腐蚀失重或单位面积的腐蚀深度来表征和判断。因为钛的腐蚀基本上是以局部腐蚀破坏的形式出现的，所以表中的腐蚀数据，对于选材而

表 24-7 钛合金 Ti-0.2Pd 在某些介质中的腐蚀数据

介 质	状 态	浓度 /%	温度 /℃	腐蚀速度 /mm·a^{-1}	介 质	状 态	浓度 /%	温度 /℃	腐蚀速度 /mm·a^{-1}
盐 酸		5	沸腾	0.178	硫 酸	氮气(N_2)饱和	10	室温	0.025
盐 酸		10	沸腾	0.813	硫 酸	氮气(N_2)饱和	40	室温	0.229
盐 酸		15	沸腾	6.78	硫 酸	氮气(N_2)饱和	60	室温	0.864
盐 酸		20	沸腾	19.6	硫 酸	氮气(N_2)饱和	80	室温	16.4
盐 酸	氢气(H_2)饱和	1~15	室温	<0.025	硫 酸	氮气(N_2)饱和	95	室温	1.73
盐 酸	氢气(H_2)饱和	20	室温	0.102	硫 酸	氮气(N_2)饱和	5	70	0.152
盐 酸	氢气(H_2)饱和	25	室温	0.279	硫 酸	氮气(N_2)饱和	10	70	0.254
盐 酸	氢气(H_2)饱和	1	70	0.076	硫 酸	氮气(N_2)饱和	40	70	2.21
盐 酸	氢气(H_2)饱和	5	70	0.076	硫 酸	氮气(N_2)饱和	60	70	4.67
盐 酸	氢气(H_2)饱和	10	70	0.178	硫 酸	氮气(N_2)饱和	80	70	5.74
盐 酸	氢气(H_2)饱和	15	70	0.330	硫 酸	氮气(N_2)饱和	96	70	1.57
盐 酸	氢气(H_2)饱和	20	70	1.55	硫 酸	氮气(N_2)饱和	1	190	0.127
盐 酸	氢气(H_2)饱和	25	70	4.29	硫 酸	氮气(N_2)饱和	5	190	0.127
盐 酸	氢气(H_2)饱和	3	190	0.025	硫 酸	氮气(N_2)饱和	10	190	1.50
盐 酸	氢气(H_2)饱和	5	190	0.102	硫 酸	氮气(N_2)饱和	20	190	9.02
盐 酸	氢气(H_2)饱和	10	190	8.89	硫 酸	氧气(O_2)饱和	1	190	0.127
盐 酸	氢气(H_2)饱和	15	190	41.1	硫 酸	氧气(O_2)饱和	5	190	0.076
盐 酸	氧气(O_2)饱和	3	190	0.127	硫 酸	氧气(O_2)饱和	10	190	0.127
盐 酸	氧气(O_2)饱和	5	190	0.127	硫 酸	氧气(O_2)饱和	20	190	1.50
盐 酸	氧气(O_2)饱和	10	190	9.34	硫 酸	氧气(O_2)饱和	30	190	62.0
盐 酸	氯气(Cl_2)饱和	3,5	190	<0.025	硫 酸	氯气(Cl_2)饱和	1,5	190	0.025
盐 酸	氯气(Cl_2)饱和	10	190	29.0	硫 酸	氯气(Cl_2)饱和	10	190	0.05
盐 酸	空气饱和	10	70	0.050	硫 酸	氯气(Cl_2)饱和	20	190	0.38
盐 酸	空气饱和	15	70	0.152	硫 酸	氯气(Cl_2)饱和	30	190	77.7
盐 酸	空气饱和	20	70	0.660	硫 酸	空气饱和	5	70	0.08
盐 酸	空气饱和	25	70	1.98	硫 酸	空气饱和	10	70	0.10
盐 酸	+5g/L $FeCl_3$	10	沸腾	0.279	硫 酸	空气饱和	40	70	0.94
盐 酸	+16g/L $FeCl_3$	10	沸腾	0.076	硫 酸	空气饱和	60	70	10.0
盐 酸	+16g/L $FeCl_3$	20	沸腾	2.87	硫 酸	空气饱和	80	70	11.4
盐 酸	+16g/L $CuCl_2$	10	沸腾	0.127	硫 酸	空气饱和	96	70	2.1
盐 酸	+16g/L $CuCl_2$	20	沸腾	3.71	硫 酸	+0.5g/L $Fe_2(SO_4)_3$	10	沸腾	0.18
硫 酸		5	沸腾	0.05					
硫 酸		10	沸腾	1.5	硫 酸	+16g/L $Fe_2(SO_4)_3$	10	沸腾	<0.025
硫 酸		20	沸腾	5.3	硫 酸	+16g/L $Fe_2(SO_4)_3$	20	沸腾	0.15
硫 酸	氮气(N_2)饱和	5	室温	<0.025	硫 酸	+40g/L $Fe_2(SO_4)_3$	40	沸腾	2.2

续表 24-7

介质	状态	浓度/%	温度/℃	腐蚀速度/mm·a^{-1}	介质	状态	浓度/%	温度/℃	腐蚀速度/mm·a^{-1}
硫酸	+10g/L $FeSO_4$ +15g/L $CuSO_4$	15	沸腾	0.64	硫酸	+0.50% $CuSO_4$	30	沸腾	2.01
					硫酸	+1.0% $CuSO_4$	30	沸腾	1.75
硫酸	+0.01% $CuSO_4$	30	沸腾	27.7	海水			93	0
硫酸	+0.05% $CuSO_4$	30	沸腾	33.3	氯化钠		10	190	<0.025

表 24-8 Ti-0.8Ni-0.3Mo 合金在某些介质中的腐蚀数据

介质	状态	浓度/%	温度/℃	腐蚀速度/mm·a^{-1}	介质	状态	浓度/%	温度/℃	腐蚀速度/mm·a^{-1}
氢氧化铵		30	沸腾	0(未吸氢)	盐酸		2	93	0.031
氯化铝	500h 试验	10	沸腾	0	盐酸	+2g/L $FeCl_3$	3.32	91	0.025
氯化铵	500h 试验	10	沸腾	0	盐酸	+2g/L $FeCl_3$	4.15	91	0.058
氯电解池	3700h 释出气体		88	0.001	氯化镁	500h 试验	饱和	沸腾	0
柠檬酸		50	沸腾	0.013	氯化钠	500h 试验	饱和	316	0
甲酸	自然通气	45	沸腾	0	氯化钠	+4% NaCl,500h 试验; +5% NaOCl	2	沸腾	0.061
甲酸	自然通气	88	沸腾	0					
甲酸	自然通气	90	沸腾	0.521	硫酸		0.54	沸腾	0.015
盐酸		5	49	0.003	硫酸		1.08	沸腾	0.899
盐酸		5	66	0.005	硫酸		1.62	沸腾	14.7
盐酸		5	93	29.9	硫酸钠	pH=1,500h 试验	10	沸腾	0
盐酸		2	93	0.031					

言充其量只具有参考意义。以“特殊腐蚀形态”为题提出的钛局部腐蚀，虽然并不是对于钛是独有的，但至少可以说对于钛是特别突出的。因此在了解钛的全面腐蚀基础上，继续讨论钛的局部腐蚀，不仅仅是一种内容的信息补充，而且是钛的腐蚀性能不可缺少的、绝不可分的组成内容，或许可以说对于钛的选材而言具有特别重要的意义。钛的局部腐蚀形式特别突出的有燃烧与着火、吸氢与氢脆、点腐蚀、缝隙腐蚀和焊区腐蚀五类，其中燃烧与着火及吸氢与氢脆更是特别严重的腐蚀破坏形式。

24.3.1 燃烧与着火

钛在干氯气、红烟硝酸、液相溴、结晶碘和纯氧气中会引起着火和自燃，甚至发生爆炸。国内外均发生过由于自燃和着火引起爆炸等恶性设备事故，钛制设备由于吸氢产生氢脆引起爆炸也时有报道。

钛在“湿”氯气中非常耐腐蚀，这是众所周知的事实，并且已经在这方面进行了广泛的工业应用。但是钛在“干”氯气中却会发生剧烈的腐蚀，甚至着火和自燃引发爆炸。“干”与“湿”的界限是非常重要的，这个界限与环境温度和合金成分等因素都有关系。根据国外报道的数据，工业纯钛在约200℃的氯气中维持钝态的最低水含量可能是1.5%，而在常温下的最低水含量只要保持为0.3%~0.4%就不至于自燃着火。由于气压、流速、温度、冲击和摩擦等多种因素的存在，氯气中水含量规范的下限应该定得稍高一些以保证安全。钛钯合金和钛镍钼合金可以在更低的水含量下维持金属的钝态，不致发生燃烧。这种钛特有的现象非常值得重视和注意，不能有丝毫的麻痹大意以避免灾难性事故的发生。

钛与干氯气的反应生成四氯化钛，四氯化钛的沸点为136℃，也就是说这是一种具有强烈挥发性的液体。钛与氯气的反应是一个放热反应，如果介质中水含量很低，那么反应释放的热量可以促使钛的燃烧，直到干氯气或钛燃烧耗尽。如果氯气中含有水，则生成的四氯化钛发生水解反应，生成白色的氢氧化钛。而氢氧化钛是一种稳定的固体化合物，不致由于放热而自燃。

钛在红烟硝酸中的燃烧爆炸也有许多报道，我国早期实验室试验并没有观察到着火，因此低估了红烟硝酸中钛自燃的危险。1979年国内某厂一个输送红烟硝酸的截止阀，操作工人在拧动阀门时突然发生爆炸。事故分析证明在正常生产条件下，硝酸浓度约为99%，水含量在1%左右，爆炸前操作参数极不稳定，估计已经发生腐蚀，一旦拧动阀门触发了灾难性的爆炸。国外对于红烟硝酸爆炸事故的分析认为，着火燃烧之前总是以钛表面的剧烈腐蚀开始的，而腐蚀反应常常从晶间开始，反应结果在钛表面残留金属钛的粉末，此时如果有强氧化剂存在，一旦有撞击、摩擦等机械因素的引发，很容易触发着火爆炸的恶性事故。实验和实践都表明，钛在发烟硝酸中的稳定性，与NO_2和H_2O的含量有关。一般来说，硝酸中H_2O的含量低于2%（英国规范规定1.3%），NO_2的含量高于6%（也有2%之说）钛就可能发生着火。如果伴随冲击、摩擦、受热或电火花等因素，则加大了着火的危险性。

钛在高氧含量的气氛中，也应该密切注意着火和燃烧的可能。国外报道，环境的氧含量低于35%时不会发生着火，但是只要一旦起燃，即使氧含量低于35%也会迅速发展。着火危险往往发生在钛的新鲜表面，如断裂面或擦伤面等，这是尤其值得注意的。钛在红烟硝酸、氯气或纯氧中的钝化条件请参见参考文献[1，2]中的有关图表。

24.3.2 吸氢与氢脆

钛是一个活性很强的金属，在高温氢气气氛或含氢气气氛中，还原性酸的腐蚀过程或缝隙腐蚀过程中，非常容易吸收氢。当钛的氢含量达到0.008%~0.015%时，利用金相显微镜就可以观察到钛中有针状氢化物相析出。随着氢含量进一步提高，氢化物的数量增加，并且氢化物的体积增大。钛的吸收氢形成氢化物导致腐蚀破坏的情况大致有如下几种情况：（1）表面腐蚀加快。如果氢的扩散速度较慢，氢化物主要集中在钛表面，则表面氢化物发生脆性剥落从而引起腐蚀失重明显加大。（2）氢致开裂。如果氢在应力作用下扩散到应力场集中的位置形成氢化物，由于内部微裂纹在应力作用下的扩散贯通，形成氢致开裂。（3）氢脆破坏。如果钛基体从表面开始全面大量吸氢致脆，导致钛材本身的氢脆破坏。上述三种情形，尤其是后两种情形，虽然并没有观察到腐蚀速度加快，但往往是更加危险的潜在事故产生的原因，因此对于钛制设备的破坏常常是更加致命的。

国内工业实践印证许多钛制设备氢脆破坏的事例，例如氯乙烯生产装置、尿素合成塔和真空制盐一效罐等都是氢脆破坏的典型事例，还有更多的氢脆事故伴生在其他的腐蚀形态当中，有时候很难加以区分和判别，因此分析钛制设备破坏原因需要进行较多的试验和研究。综合国内外的研究和工业实践，钛的吸氢和氢脆往往具有如下特点和规律：

(1) 钛的氢脆破坏属于氢化物型氢脆破坏，氢化物型氢脆的特点是在高速变形下才出现脆性断裂，而在低速变形时，一般可能不出现氢脆敏感性。当钛中氢含量高于0.03%时才会影响断面收缩率，而氢含量低于0.05%时，拉伸强度、屈服强度和延伸率基本不变。这表明常规力学性能检验对于判断钛的氢脆是不敏感的，因此有时候容易漏掉正常的预测而误导。

(2) 钛被铁器擦伤和污染的位置，由于钛的表面镶嵌了铁的微粒，常常是点腐蚀的引发点，又是氢进入的突破口。而固溶在钛中的杂质铁，甚至作为第二相存在富铁相，对于点腐蚀或吸氢和氢脆都并不十分敏感，这又是容易漏掉正常的预测判断而产生误导。

(3) 钛的氢脆敏感性与点腐蚀一样，表面预处理状态的影响很大。阳极氧化或热氧化的表面抗吸氢和抗氢脆的能力最强，酸洗（硝酸加氢氟酸）或退火的表面次之，机械磨光或机械喷砂的表面抗吸氢和抗氢脆的能力最差。这表明处于活性状态的钛表面，包括新鲜断面或新鲜擦伤面总是最容易吸氢的，钛表面完整的氧化膜是阻止吸氢从而防止氢脆的有效屏障。

(4) 钛吸氢达到固溶度以后，可以形成氢化物相（即 TiH_x）析出。而钛的α和β两种形态的氢的固溶度是不同的，并且还与环境的温度有关，见表24-9。

表24-9 氢在不同温度下在α-钛或β-钛结构中的固溶度

钛的结构	温度/℃	原子分数/%	质量分数/%	钛的结构	温度/℃	原子分数/%	质量分数/%
α	室 温	0.1	0.002	β	300	44	0.99
α	300	8	0.18				

(5) 钛的吸氢通常通过下列途径发生：1）高温（>300℃）的氢气氛或含氢气氛；2）缝隙腐蚀或还原性无机酸腐蚀时产生的初生态氢；3）电偶腐蚀或阴极保护时产生的氢；4）海水电解中钛处于阴极状态（电位小于-0.70V）。为此，为了确保钛不致吸氢，应该将钛在海水中的电位至少控制在-0.70V(SCE)以上。

(6) 钛的氢脆环境可以是氢气氛，也可以是电解过程中的初生态氢，后者是初生态的原子氢，因此具有更强的化学活性，更容易被钛所吸收。在钛腐蚀过程中产生的氢，或者电解时处于阴极状态产生的氢就是初生的原子态的氢。

(7) 氢气氛中的水含量对于钛的吸氢量影响很大。表24-10是在316℃，5.5MPa的氢气氛中，水含量对于钛吸氢的影响，氢气氛中的水含量越高则钛的吸氢量越小。钛在干的氢气氛中吸氢最强，添加一定量的水之后显著降低吸氢量。一般来说，氢气氛中含水量达到2%（质量分数）时，阻抑吸氢的效果已经相当明显，这个规律与干氯气中水含量对于着火的影响规律是相同的。

表24-10 氢气氛中水含量对于钛吸氢的影响

氢气中水的质量分数/%	吸氢量	氢气中水的质量分数/%	吸氢量
0	0.004486	5.3	0.000017
0.5	0.005100	10.2	0.000011
1.0	0.000698	22.5	0
2.0	0.000007	37.5	0
3.3	0.000010	56.2	0

(8) 在 pH 值位于 3～12 范围中，钛的氧化膜是稳定的，它是氢渗透的有效屏障。在上述 pH 值范围内，短期阴极充氢试验没有发现吸氢现象。如果 pH 值在上述范围之外，预计氧化膜是不稳定的，因此保护作用很低，氧化膜保护性的缺损有利于氢进入钛基体。长期试验表明在中性盐水中，阴极电位低于 -0.7V(SCE)时能够引起氢吸收。在非常大的阴极电流密度下（电极电位比 -1.0V(SCE)更负），可以加速氢吸收并最终导致室温下的氢脆现象。

24.3.3 点腐蚀

点腐蚀是钝化型金属所特有的一种腐蚀形式。钛的抗点腐蚀性能与不锈钢或铝合金相比较，还是十分优良的。由于钛在高温浓氯化物溶液中应用日益增加，钛制设备的点腐蚀事例逐渐增多。电解锌中的钛制阳极篮，氯化锌溶液中加热的钛制盘管，175℃72% 氯化钙溶液的钛制球阀都发生过点腐蚀破坏的事例。一般而言，钛的缝隙腐蚀比点腐蚀更加容易，而缝隙腐蚀通常是以缝隙面上的局部点腐蚀形式出现的。

电化学技术可以测定金属的点腐蚀电位，从而可以比较金属的点腐蚀的倾向。如果点腐蚀电位超过表面氧化膜的破裂电位，则氧化膜就发生点腐蚀，这应该是一种简单的实验方法，但是不见得是万能的判别试验，充其量只能是一个比较试验方法。

点腐蚀的发生和发展一般有三个阶段，即成核、生长和再钝化。点腐蚀的成核条件是钛所处的电位高于膜的破裂电位，点腐蚀电流随时间的增长表明成核之后腐蚀点（孔）的生长情况。但是由于腐蚀孔的总面积并不是固定不变的，所以电流大小不可能作为腐蚀孔生长的定量尺度。再钝化抑制“点腐蚀”的发展，在某些情形下点腐蚀可能停留在第 2 阶段，第 3 阶段不一定出现，此时原来的腐蚀孔停止发展。这大致可以由以下情形引起：表面氧化膜的不均匀性消除或改善，腐蚀孔内的电位变动（如孔中电阻增加）而发生钝化，金属表面电位发生变化（如电化学保护）等。

综合国内外的研究和工业实践，钛的点腐蚀的影响因素很多，从钛的冶金因素和环境的介质因素等考虑，可以归纳出以下的特征和规律：

(1) 点腐蚀电位的电化学测量不能代替具体的点腐蚀试验。在氯化物或溴化物溶液中，温度升高提高钛的点腐蚀敏感性。pH 值对于钛抗点腐蚀的能力实际上影响不大，然而电化学测量表明 pH 值对于点腐蚀电位的影响比较敏感。这里提出一个非常实际的问题，电化学测量尽管是一个快速简单的比较试验方法，但是不能完全代替实际的点腐蚀试验。实验数据表明，钛在硫酸盐或磷酸盐溶液中的破裂电位非常高，大约在 100V 左右，不至于担心点腐蚀的问题。而钛在氯化物溶液中的破裂电位约为 8～10V，溴化物或碘化物溶液可能只有 1V 左右，因此有理由担心钛在卤化物溶液中点腐蚀的可能性。但是具体判断点腐蚀的可能性时，还必须依靠点腐蚀的实际试验，而不是仅仅依靠点腐蚀电位的比较。

(2) 铁含量提高钛的点腐蚀的敏感性。钛中铁含量高的时候，则点腐蚀的敏感性上升，因为金属钛中的钛铁(Ti-Fe)相，通常是点腐蚀的成核位置。氯碱工业中使用的氧化钌涂层钛阳极，当钛中杂质铁的含量较高时，由于钛自身的点腐蚀而使得氧化钌涂层遭到破坏。

(3) 表面预处理状态对于点腐蚀有明显影响。表 24-11 列出四种表面预处理方法对于点腐蚀电位的影响，热氧化和阳极氧化的表面，其点腐蚀电位最高，即点腐蚀敏感性最小；湿砂纸抛光的表面，点腐蚀的敏感性最大。在同一种表面预处理的条件下，TA3 的纯钛的点腐蚀电位最高，表明点腐蚀的敏感性最小。表 24-11 中三种级别的工业纯钛，其氧的含量分别为：TA1 是 0.0655%，TA2 是 0.0955%，TA3 是 0.2145%。因此钛的氧含量提高可以提高点腐蚀电位，表示钛的氧含量可以改善抗点腐蚀性能。

表 24-11　表面预处理状态对于工业纯钛点腐蚀电位的影响（沸腾 1% NaBr，pH = 6）

表面预处理条件	点腐蚀电位（SCE）/V		
	TA1	TA2	TA3
400 湿砂纸抛光	1.05	1.16	1.23
700℃，10min 真空退火	1.21	1.37	1.43
2% 硫酸，2V，10min 阳极氧化	1.24	1.39	1.42
600℃空气，10min 热氧化	1.16	1.30	1.35

（4）表面粗糙，或者用锌、铁、铝、锰或铜等摩擦的钛表面，均促进点腐蚀的发生。介质中某些阴离子（如硫酸根，硝酸根，铬酸根，磷酸根和碳酸根）可以提高钛的抗点腐蚀性能。

24.3.4　缝隙腐蚀

缝隙腐蚀是在紧密的隙间位置发生的局部腐蚀现象，隙间可以是结构产生的（如法兰连接面或垫片面、管与管板胀接处以及螺栓或铆钉的连接面等），也可以结垢或沉积物下的覆盖面引起的，后者也称为垢下腐蚀。早期认为钛在海水、盐雾中根本不发生缝隙腐蚀，后来在高温氯化物介质（如海水热交换器），湿氯气（如湿氯气列管式冷凝器），氧化剂缓蚀的盐酸溶液，甲酸和草酸溶液等介质中都相继发生设备的缝隙腐蚀破坏，这样才开始注意到缝隙腐蚀对于钛的普遍性。

钛的缝隙腐蚀与环境温度、氯化物种类和浓度、pH 值以及缝隙的大小和几何形状等许多因素有关。此外，钛与聚四氟乙烯、钛与石棉等非金属组成的缝隙比钛与钛组成的缝隙更加具有缝隙腐蚀的敏感性。

综合国内外的研究和工业实践，钛的缝隙腐蚀具有以下的特征和规律：

（1）缝隙腐蚀的发生都有一个孕育期，孕育期长短与许多因素有关，如环境温度、氯化物种类和浓度、氧化剂浓度、与钛接触的材料、溶液的 pH 值以及缝隙的大小和几何形状等。钛在氯化钠溶液中，氯离子浓度愈高、温度愈高、pH 值愈低，那么缝隙腐蚀的孕育期越短，也就是缝隙腐蚀的敏感性越强。

（2）缝隙中的溶液成分和 pH 值，是与本体溶液完全不同的。一般来说，缝隙中的氧浓度较低、氯离子和氢离子浓度较高（pH 值低于本体溶液），缝隙内的 pH 值可下降到小于 1，缝隙中的电极电位变得更负，从而使得缝隙中的钛处于活性状态。实验室电化学测定表明，各种卤化物离子的缝隙腐蚀电位顺序为：$Cl^- < Br^- < I^-$，即钛在氯化物中的缝隙腐蚀敏感性最大，这与钛的点腐蚀敏感性顺序正好相反。

（3）钛的缝隙腐蚀通常是在缝隙面的局部位置，而一般不会在整个缝隙面上全面发生腐蚀，这也是缝隙腐蚀的一般规律。缝隙腐蚀的孕育期结束之后，也就是一旦“成核”，则由于自催化机理使得腐蚀迅速发展，最终导致局部穿孔而破坏。

(4) 钛缝隙腐蚀的发生过程中常常伴随吸氢，甚至使用金相显微镜可以观察到缝隙腐蚀位置的钛材中针状氢化物的存在。随着吸氢量的增加，表面的氢化物不断增加，使得腐蚀全面加快。与此同时，氢不断地渗透到金属内部，内部的氢化物沉淀可能成为应力腐蚀开裂的裂纹源，导致外应力作用下的开裂。

(5) 在钛的缝隙腐蚀的“几何因素”中，包括缝隙长度、缝隙宽度和缝隙内外的面积之比等因数。这些数值一般需要对于具体体系试验确定，并不是理论预测可以得到的。试验告诉我们，窄缝的缝隙腐蚀倾向比宽缝大得多，一般发生腐蚀的缝隙宽度总是在0.5mm以下。

(6) 为了改善钛在还原性无机酸中的耐腐蚀性，降低缝隙腐蚀的敏感性，Ti-Pd合金，Ti-Ni-Mo合金都比工业纯钛性能优越，尤其是Ti-Pd合金。钛表面缝隙位置镀钯、热氧化或阳极氧化等表面处理技术均可以改善耐缝隙腐蚀的性能。

(7) 经过多年的研究，钛的缝隙腐蚀过程的物理图像已经比较清楚。简单地说，它分为两个阶段：孕育期和活性溶解期。在孕育期的开始阶段，缝隙内外进行着同样的反应。其阴极反应消耗了缝隙溶液中的氧，当缝隙中氧贫乏之后，阴极反应只在缝隙外进行，缝隙内主要进行阳极反应，即钛的阳极溶解。随着缝隙内钛离子的不断增加，为了维持缝隙中正负离子的电荷平衡，氯离子不断迁移进入缝隙中。同时钛离子在缝隙中积聚发生水解反应，生成白色的腐蚀产物氢氧化钛，氢氧化钛脱水之后的白色腐蚀产物经鉴定为TiO_2。水解反应使得缝隙内的pH值下降，进一步破坏了钛的钝态。所以缝隙腐蚀的孕育期一旦结束，其发展是非常迅速的，这就是所谓的“自催化作用”。

24.3.5 焊区腐蚀

焊区腐蚀包括焊缝（熔化区）和热影响区的择优腐蚀，以及焊缝/热影响区界面或热影响区/基体界面的择优腐蚀，后者常称为高温热影响区腐蚀或低温热影响区腐蚀。钛制设备不可避免要进行焊接操作，因此钛的焊区择优腐蚀时有报道。焊区腐蚀不论发生在焊缝，热影响区或热影响区与母材的交界位置，都是与金属的组织结构变化及第二相的析出相关联的。现实操作中需要特别注意的是，有些所谓的“焊区腐蚀”实际并非焊区的组织变化引起的，应该注意鉴别切勿误判。作者曾经发现焊接操作失误造成铁污染，由此加快焊区的吸氢而加快腐蚀。也有焊接法兰的焊接面处于缝隙面上，曾经疑为焊区腐蚀实际是缝隙腐蚀。

国内发现的焊区腐蚀的钛制设备有：浓缩柠檬酸的列管式热交换器，回收电镀铬溶液（含氟硼酸根）的薄膜蒸发器，输送氯化氢气体的焊接钛管等，它们都发生在焊区的热影响区与母材的交界处，形成明显的腐蚀沟槽。国外也报道过硝酸、二氧化氯、含氧化剂的乙酸、含二氧化钛的硫酸、含氟硼酸盐或氟硅酸盐的电镀液等，都有焊区优先腐蚀的事例。

钛的焊区腐蚀与钛中的铁含量和其他β-稳定元素的含量有关，我国对于各级别工业纯钛中铁含量的规定，分别为0.15%（TA0），0.25（TA1），0.30%（TA2）和0.40%（TA3）。这些数据均超过铁在钛中的固溶度极限，因此必然存在Ti-Fe第二相的析出。铁在α-钛中固溶度约为0.05%～0.10%，为了防止焊区腐蚀的发生，英国的规范规定在硝酸体系中，钛中的铁镍总含量应低于0.05%。焊区腐蚀的原因常常与焊区中晶间的第二相金属间化合物的择优阳极溶解有关系，其腐蚀形态、特征和机制与不锈钢或锆的焊区晶间腐蚀的本质相仿。由于在钛的焊接过程中，必然引起Ti-Fe第二相析出的数量、大小、形态及分布的差异，从而明显制约钛焊区腐蚀的本质和速度。

24.4 提高工业纯钛耐腐蚀性的途径

工业纯钛提高耐腐蚀性的途径不外乎从钛材本身（研制耐蚀钛合金），从介质改性（使用缓蚀剂），从钛材表面（实行表面处理）和界面体系（采用阳极保护）来实现。

24.4.1 研制耐腐蚀钛合金

钛合金研制的主要目的和大量工作是针对力学性能的改进，耐腐蚀钛合金的努力相对而言投入比较少。由于还原性介质对于钛的耐腐蚀性要求较高，工业纯钛已经不能满足性能的要求，因此在客观上存在研制耐腐蚀钛合金的需求。国内外曾经开发过高韧性又抗海水腐蚀的 Ti-6Al-2Nb-1Ta-0.8Mo 和 Ti-2.25Al-1Mo-11Sn-5Zr-0.05Si 等合金，也开发了诸如 Ti-5Ta， Ti-32Mo， Ti-32Mo-2.5Nb， Ti-15Mo-0.2Pd， Ti-0.2Pd， Ti-0.15Pd， Ti-0.8Ni-0.3Mo 等耐腐蚀合金。其中已经得到广泛应用并已经列入中国钛合金牌号的是 Ti-0.2Pd（即 TA9）和 Ti-0.8Ni-0.3Mo（即 TA10）。

Ti-0.2Pd 是 α-钛合金，其工艺性能和力学性能与工业纯钛相仿，Ti-0.2Pd 与工业纯钛对于还原性无机酸的腐蚀速度性的影响见表 24-12，数据表明 Ti-0.2Pd 的腐蚀速度显著低于工业纯钛，而且没有焊区腐蚀的迹象。

表 24-12 Ti-0.2Pd 和工业纯钛在盐酸和硫酸中的腐蚀速度

腐蚀介质	浓度/%（质量分数）	温度/℃	腐蚀速度/$mm \cdot a^{-1}$	
			Ti-0.2Pd	工业纯钛
HCl	5	25	<0.01	0.08
	5	沸 腾	0.18	25
	10	25	<0.01	0.20
	10	沸 腾	0.5	>25.0
	15	沸 腾	0.75	>25.0
	20	25	0.13	0.75
H_2SO_4	5	25	<0.01	0.13
	10	25	<0.01	0.23
	40	25	0.20	1.8
H_3PO_4	5	沸 腾	0.31	5.3

Ti-0.8Ni-0.3Mo 也是 α-钛合金，可焊性好，塑性高，耐腐蚀性与 Ti-0.2Pd 接近。由于该合金成本较低，可以节省贵金属，因此市场竞争力更强。

24.4.2 使用钛的缓蚀剂

钛在还原性无机酸和某些有机酸中，由于不能维持钝态氧化膜，腐蚀速度比较快，加入缓蚀剂是降低腐蚀的有效措施。缓蚀剂有贵金属离子、重金属离子、氧化性无机化合物、氧化性有机化合物、络合性有机缓蚀剂。贵金属离子价格很高，很少用作还原性无机酸的缓蚀剂。Cu^{2+} 离子和 Fe^{2+} 离子具有非常明显的缓蚀作用，但是需要达到一个临界浓度之后才可以起作用。氧化性化合物有硝酸、氯气、氯酸钾、重铬酸钾、高锰酸钾、过氧化氢等。氧化性有机化合物有硝基或亚硝基化合物，偶氮化合物，蒽或蒽醌衍生物等。络合性有机缓蚀剂与氧化性有机化合物不同，可以在任何浓度下起到缓蚀作用，没有临界浓度的概念，只是作用大小不同而已。

24.4.3 采用阳极保护

钛与所有钝化型金属相同，可以通过阳极钝化达到保护的目的。钛的钝化电位很宽，实现阳极钝化保护更加方便和可靠。因此在工业实践中已经运用，例如人造丝生产中的列管式钛换热器（含约8% H_2SO_4）和赛璐玢生产的钛加热器（含约10% H_2SO_4）已经使用多年未发生腐蚀。在40%和78% H_2SO_4 溶液中，致钝电流密度分别为0.3mA/cm² 和1.5mA/cm²，而维钝电流密度只需要0.1～1.0μA/cm² 和0.1～0.2μA/cm²。在25% HCl和15% HCl溶液中，维钝电流密度只有1～2μA/cm² 和0.5～1.0μA/cm²。

24.4.4 实施表面处理

通过表面处理提高钛的耐腐蚀性是很有效的方法，表面处理的方法有阳极氧化、热氧化、氮化和涂镀层技术。表24-13表示阳极氧化、热氧化和钯涂层对于钛发生缝隙腐蚀时间的影响，数据表明钯涂层的效果最为明显，甚至还优于Ti-0.15Pd的耐腐蚀性。

表24-13 各种表面处理技术对于钛耐缝隙腐蚀（发生缝隙腐蚀的时间）的效果

未处理的钛	阳极氧化的钛	热氧化的钛	钯涂层的钛	Ti-0.15Pd
16h	20h	50h	435d	240d

钛的阳极氧化通常在5%～10% $(NH_4)_2SO_4$ 溶液中，外加直流电压25V进行长时间的阳极处理，阳极氧化膜的厚度可以达到300～500nm。阳极氧化处理可以有效除去钛表面的铁沾污，有效延长钛的钝化时间，防止铁沾污引起的吸氢。因此国外规范要求所有的钛制设备必须进行阳极氧化处理。为了提高阳极氧化的效果，阳极氧化溶液用钼酸钠替代硫酸铵，耐腐蚀的效果更好。

钛在空气中热氧化可以生成比阳极氧化膜更加厚的，结晶度高的金红石型的热氧化膜，其耐腐蚀性优于阳极氧化膜。钛的热氧化膜是在温度600～700℃，时间在10～30min之间生成的，温度太高或者时间过长效果反而不好。

钛的涂镀层中以含钯涂层效果最佳，含钯的涂层通常是氧化钯涂层或钯合金化涂层。氧化钯涂层 $PdO\text{-}TiO_2$ 涂层的典型制备方法是，将 $PdCl_4$ 和 $TiCl_3$ 溶液涂敷到钛表面，在500～600℃加热10～50min，可以重复操作几次使得涂层厚度达到1g/m² 以上。钯合金化涂层是首先用电镀或真空沉积钯的薄层，再进行诸如激光重熔表面或离子注入等表面合金化处理，其附着性和耐腐蚀性均优于氧化钯涂层。

参考文献

1 TIMET. Corrosion Resistance of Titanium. TIMET World Headquarters, Broadway Suite 4300, Denver, USA, 1999
2 朱祖芳. 有色金属的耐腐蚀性及其应用. 北京：化学工业出版社，1999
3 里维. 尤利格腐蚀手册. 杨武，等译. 北京：化学工业出版社，2005
4 ［德］莱茵斯，等. 钛与钛合金. 陈振华，等译. 北京：化学工业出版社，2005

25 钛的表面处理技术

钛材有时是在热态下加工的，并且每种钛材加工前后都必须经过热处理。在大气环境下经过热态加工，钛合金的基体表面生成一层氧化膜（较厚的称为氧化皮）。这层氧化膜结构很致密，而且与基体黏附很牢，其厚度和成分直接与热处理的温度和时间有关。氧化皮结构很复杂，是由 TiO_2 及钛的其他低价氧化物构成非计量化合物，包括 TiO_2、Ti_2O_3、Ti_3O_4、TiO 等（参见 23.2 节和图 20-11）。加工的精整阶段，必须要清除这些氧化皮和残留的润滑剂涂层，便于获得光亮整洁的钛材。像钢、铝等金属材料生产过程中必须采用表面处理技术来进行表面处理一样，随着钛工业的发展，钛材表面处理技术已经形成了一套独立的工艺技术，成为不可或缺的加工辅助工艺。该技术包括三方面内容：

（1）对于经过高温热加工的钛材，必须进行脱脂和去除高温形成的表面氧化皮；

（2）新的钛设备或使用一段时间后的旧钛设备（及钛零件），常有沉积物及污染物黏附，希望清洗干净；

（3）对于加工出的钛设备或零件，为了专门的目的，如防腐、防高温、延长使用寿命等，常常需要对钛材表面进行成膜处理，可分为表面转化膜和涂镀层两大系列。直接将基材表面转化为不同类型的膜层，如表面氧化处理、氮化处理等，可归结为表面转化膜处理系列。涂镀层的制备是在材料表层涂装上有机或无机的膜层，通常直接涂装上去的称为涂层，通电使金属离子还原到施镀表面上成膜的称为镀层。离子镀 Ti-Pd 合金或火焰喷涂硬质合金等耐磨材料等，也属于涂镀层表面处理范畴。

前两方面内容属于钛表面净化处理。

25.1 表面净化

25.1.1 清洁钛设备

对钛表面的维护,通常不需要太繁杂的程序。一般来说,不需要为腐蚀防护而清洁钛的表面,这一点跟不锈钢类似。同时,钛在作为冷凝管使用时,与冷却水等介质不会发生反应,不会使原本很薄的表面氧化膜转变成较为粗糙的矿物质沉淀,这一点跟铜的情况是不同的。

热交换管的表面经常有海洋生物污浊存在，经常是通过电解海水放出氯气来控制的。这种处理，不会对钛产生任何负面影响。钛的冷凝管表面可以使用这种方法保持清洁，也可以使用橡胶球或尼龙刷来进行连续清洁，同样不会产生任何不利的后果。

有时需要用酸洗的方法来清理钛表面的沉积物，常规酸洗过程都通过添加适当的缓蚀剂来进行。有些缓蚀剂，比如胺类成膜缓蚀剂对钛无效；氯化铁一类的铁离子，在酸溶液中是对钛很好的缓蚀剂。例如，0.1%（质量分数）的氯化铁就能抑制钛在盐酸中的腐蚀；室温条件下，在 25% HCl 中使用钛时，用 $FeCl_3$ 来作缓蚀剂，缓蚀效果很好。

硝酸是钛的优良的钝化剂，可以单独使用，也可以与盐酸混合使用来清理钛的表面。

表25-1列出一批钛清洗的推荐化学药剂，同时列出相应的缓蚀剂。

表25-1 用于钛合金设备的典型清洗液

清洗介质	温度范围	浓度（质量分数）/%	缓蚀添加剂
盐 酸	至66℃以下	10	0.1% $FeCl_3$ 或 0.1% $CuCl_2$ 或 0.05% ~0.1% CrO_3
硫 酸	至66℃以下	10	0.1% $FeCl_3$ 或 0.1% $CuCl_2$ 或 0.05% ~0.1% CrO_3
磷 酸	至66℃以下	10	0.1% $FeCl_3$ 或 0.1% $CuCl_2$ 或 0.05% ~0.1% CrO_3
草 酸	至93℃以下	25	自然充气
硝 酸	至93℃以下	65	无
氢氧化钠	至93℃以下	15	1%氯酸钠或次氯酸钠

刷洗时不能使用钢丝刷来去除钛表面上的沉积物。因为，从钢上带来铁的颗粒，插进钛材上，使钛的腐蚀敏感性大幅度上升。科学对待钛的这些独特性能，可以使钛的加工设备很多年保持正常使用而无需维修；相反，如果使用不当，采用不恰当的清洗方式或者是误操作，都会导致钛设备的早期腐蚀失效。另外，如能认真研究一些钛的表面防护措施，特别是关于提高耐腐蚀和耐磨损的性能的有效措施，都能够明显延长钛设备的使用寿命。

25.1.2 脱脂

经压力加工后的钛材表面沾有油污，必须及时清除，随后才可以考虑下一步的表面处理程序，比如进行碱洗、酸洗、真空退火或精整等，之前都必须先脱脂。脱脂的方法，从原则上说，对不同的金属材料是不需要加以区别的，但事实上仍要根据不同的情况（包括不同的金属）而区别对待。后续表面处理工序对脱脂严格程度的要求不同，金属自身受到酸碱性侵蚀的敏感性不同，都决定了在脱脂工序上应该选择更为合适的方法和溶液。

常用的脱脂方法有：有机溶剂脱脂、化学脱脂、电化学脱脂、擦拭脱脂、滚筒脱脂和超声波脱脂等。各种脱脂方法的特点见表25-2。

表25-2 各种脱脂方法特点的比较

脱脂方法	利 弊	适用范围
有机溶剂脱脂	脱脂快，不腐蚀工件，但是不够彻底；通常需要用化学或电化学方法进行辅助或加强；有机溶剂通常易燃、有不同程度的毒性和环境污染；成本较高	适用于形状复杂的（有接缝，有盲孔状的）小零件以及带有严重油污的工件的预清洗
化学脱脂	方法简便，设备简单，成本相对较低；但脱脂时间较长，废液排放前应严格处理	一般零件脱脂
电化学脱脂	脱脂效率高，又分为阳极和阴极两种方法：阳极法靠金属表面的溶解和剥离，阴极法通过大量气泡的撞击来实现脱脂过程；阴极法易渗氢，不适合钛的脱脂；复杂零件的深孔处，油很难除净；需有电源	一般零件的脱脂，阳极法可去除侵蚀残渣

续表 25-2

脱脂方法	利　弊	适用范围
擦拭脱脂	操作灵活方便，不受零件限制；但劳动强度大，工效低	大、中型零件或不适宜用其他方法脱脂的零件
滚筒脱脂	工效高，质量好；但不适用于大零件和易变形的零件	精度不太高的小型零件
超声波脱脂	脱脂效率高，对基体无腐蚀，净化效果好；复杂零件边角、细孔、盲孔以及空腔内壁等都能彻底脱脂	形状复杂的特殊零件脱脂

25.1.2.1　有机溶剂（或水蒸气）脱脂

加工残留油脂溶于特定的有机溶剂可以从工件表面除去。工厂常用的有机溶剂有：汽油、煤油、丙酮、甲苯、酒精、三氯乙烯、四氯化碳等，其中汽油价格相对较低，毒性小，使用面广。

水蒸气可将油脂从工件表面吹掉，达到脱脂的目的。

钛合金加工材生产中有机溶剂脱脂多为手工操作，多用于小型产品的脱脂。有时也用于化学脱脂之后再采用有机溶剂擦洗，以提高脱脂效果。但大多数有机溶剂都是易燃的，有着高低不同的闪点（一个高于该温度遇明火即有可能发生混合气体爆炸的温度点），使用它们必须对它们的闪点有所了解，从而辅以妥善的保管以及可靠的防火措施。比如，常备灭火器、石棉板等覆盖品，一旦着火，迅速封闭溶剂槽灭火。有机溶剂的毒性较大，应该采取通风、防火、防爆等安全措施。有些溶剂如三氯乙烯在潮气中受到紫外光照射会分解出剧毒的光气和强腐蚀性氯化氢，应避免带水入槽，避免日光直接照射。

当有机溶剂中油污混入量达到25%～30%（体积分数）时，最好更新溶剂，以保证脱脂效果。

25.1.2.2　化学脱脂

化学脱脂是利用化学剂（碱或碱性溶液）与油脂发生“皂化”或“乳化”作用，使油脂从工件表面除去。有些油脂不能皂化，需要添加表面活性剂对油脂进行乳化去除。这些做法统称为脱脂。

A　皂化作用

碱液可以皂化油（动、植物油），使其分解生成易溶于水的脂肪酸盐——肥皂和甘油，从而被从工件表面除去。碱液脱脂既便宜又好管理，因此使用广泛。碱液中，氢氧化钠（苛性钠）是主要成分，但其含量不宜过多。

硬脂酸甘油酯与苛性钠的反应方程式为：

$$(C_{17}H_{35}COO)_3C_3H_5 + 3NaOH = 3C_{17}H_{35}COONa + C_3H_5(OH)_3$$

即　　硬脂酸甘油酯＋苛性钠═硬脂酸钠（肥皂）＋甘油（丙三醇）

反应结果所生成的硬脂酸钠易溶于水而形成胶体溶液，而甘油本身具有较好的水溶性。这样油脂就从工件表面被去除。

B　乳化作用

矿物油脂为非皂化性的，只能通过添加表面活性剂起到乳化作用来除去。在碱液中，油膜破裂成不连续的油滴黏附在工件表面，碱液中的乳化剂具有降低水-油界面张力的作用，减小了油滴的附着能力而从工件表面进入溶液中。同时乳化剂吸附在油滴的表面，使小油滴不能再聚集起来。例如：在煤油、粗汽油中添加一些表面活性剂，并加入适量的水，除油液便具有了乳化作用。这种乳化液，脱脂速度快，效果好，最适于驱除大量油脂，尤其是黄油、抛光膏等，但选择表面活性剂是乳化除油液性能好坏的关键。

适当搅拌和提高溶液温度可以提高脱脂效率和质量。

化学脱脂一般在碱液（NaOH）或含有乳化剂的碱液中进行。常用的乳化剂有水玻璃、肥皂、脂肪酸、糊精、动物胶和各种蛋白质等。苛性钠含量太低时，脱脂效果较低；含量太高，对肥皂的溶解不利。表 25-3 是对稀有金属加工材的化学脱脂工艺。用碱液脱脂时，温度和脱脂时间要在预先小批量试验后进行严格控制，以防被处理的合金遭受腐蚀。

表 25-3 化学脱脂工艺制度

序 号	溶 液 成 分	温度/℃	时间/min
1	（30% ~40%）NaOH +（5% ~10%）Na_3PO_4 +（0.5% ~3%）肥皂 + 余 H_2O（pH≥11）（质量分数）	70 ~ 80	
2	（0.3% ~0.9%）OP 剂 +25% Na_2SiO_3 + 余 H_2O（质量分数）	>70	10 ~ 20
3	每升溶液中含有（20 ~ 30）g NaOH +（50 ~ 100）g Na_3PO_4 或 Na_2CO_3 +（3 ~ 10）g Na_2SiO_3 或肥皂	70 ~ 90	10 ~ 30

化学脱脂操作过程是：脱脂槽中浸泡→热水冲洗→热水或冷水槽中浸泡→烘干。

25.1.2.3 电化学脱脂

电化学脱脂分为阴极脱脂、阳极脱脂和混合脱脂 3 种不同的方式。

阴极脱脂是将待脱脂的工件设定为电化学过程的阴极，靠通电后电极上析出的大量气泡的机械搅拌和剥离作用，加速电化学液对油脂的皂化和乳化作用，使油膜从工件表面迅速去除。

阳极脱脂正好相反，是将工件设定为整个电极过程的阳极，通过阳极上发生的电化学反应包括工件的阳极溶解来去除表面的油污。

阴阳极混合脱脂，是交替进行阴极和阳极脱脂，发挥两者的优点，是最有效的电化学脱脂方法。

与化学脱脂比较，电化学脱脂具有速度快、效率高和脱脂彻底等优点。但是，对于不同的材料，选择不同的电化学脱脂方法是十分重要的，对钛材而言，阴极脱脂具有使钛材发生吸氢过程的可能性，是必须考虑的问题。对钛材进行阴极极化，超过系统的临界吸氢电位，钛材发生氢吸收。氢被吸进钛材内，达到一定浓度，即可生成 TiH_x 脆性相，使钛材存在着发生脆性断裂的潜在危害。对此必须给予关注，以便制定出合理的脱脂工艺。阳极脱脂会使金属工件发生一定量的消耗，也要严格控制其槽液、电流密度等工艺条件。表 25-4 是电化学脱脂工艺。

表 25-4 电化学脱脂工艺制度

序 号	电解液成分（每升溶液中含量）	温度/℃	时间/min	电流密度/$A \cdot m^{-2}$
1	20g NaOH + (47 ~ 48) g Na_2CO_3 + 4g Na_2SiO_3 或(10 ~ 15) g NaOH +（20 ~ 30）g Na_2CO_3 +（50 ~ 70）g Na_2SiO_3	室 温	2 ~ 3	300 ~ 500
2	(10 ~ 15) g NaOH + (20 ~ 30) g Na_2CO_3 + (50 ~ 70) g $Na_3PO_4 \cdot 12H_2O$ + (5 ~ 10) g · Na_2SiO_3	70 ~ 90	20	1000 ~ 1500

电化学脱脂液的成分与碱液脱脂基本相同，只是浓度稍低，并且不宜使用高泡表面活性剂。高泡表面活性剂产生的泡沫覆盖在液面上或溢出槽外，容易在通电过程中引起漏电，甚至爆鸣。

25.1.3　除氧化膜

工业生产中，钛材的氧化程度可能有很大不同。如果前道工序的氧化严重，如在高温条件下严重氧化成为氧化皮，则必须经过喷砂处理（喷砂部分论述参见第28章）；经过喷砂后的工件，还需要再经过以下各道工序（碱洗和酸洗）处理。如果氧化膜较薄，不需要喷砂处理，可直接进行酸洗。

二氧化钛是两性化合物，它的碱性略大于酸性。金红石型二氧化钛热稳定性很好，仅在非常高的温度下才发生分解；其化学稳定性也很好，在温度较低时，它在许多无机和有机介质中都具有很好的稳定性；它不溶于水和许多其他溶剂，也不溶于除氢氟酸外的各种稀酸。金红石型二氧化钛也很难溶于浓硫酸中。但二氧化钛可溶于热的浓硫酸、硝酸和氢氧化钠中，这使得我们可以对钛及其合金进行碱洗和酸洗。

25.1.3.1　碱洗

A　碱洗的一般原理

钛合金，包括其他稀有金属的碱洗是在熔融碱液中进行的，其目的是将钛合金的氧化皮从工件表面除去。碱液与氧化皮作用，以便除去氧化皮。但是，要使氧化皮从工件表面被除去，同时避免由此带来的副作用，必须要在 NaOH 熔融液中添加氧化剂 $NaNO_3$ 或 KNO_3。

碱洗的化学过程分步进行，钛及其氧化物与含有氧化剂的熔融碱作用生成可溶性钛酸盐。前2个反应是钛氧化膜随着碱液浓度的不同而给出的不同氧化形式，最后过渡到钛金属的直接腐蚀。其具体反应式如下：

$$TiO_2 + 4NaOH \longrightarrow Na_4TiO_4 + 2H_2O$$

$$TiO_2 + 2NaOH \longrightarrow Na_2TiO_3 + HO$$

$$Ti + 4NaOH + O \longrightarrow 2Na_2TiO_3 + 2H_2$$

B　碱洗工艺参数选择

影响碱洗工艺的主要参数是碱液成分、碱洗温度和时间。

碱液成分的选择主要考虑在碱洗中钛的吸氢过程如何被抑制。从上面的反应式可知，钛及其合金碱洗时能够放出氢气，这就提供了吸氢的可能性。吸氢造成氢脆，而碱液成分对其吸氢量有显著的影响。添加除氢氧化钠以外的某种成分，对钛碱洗时吸氢量和金属损失均具有明显的影响。

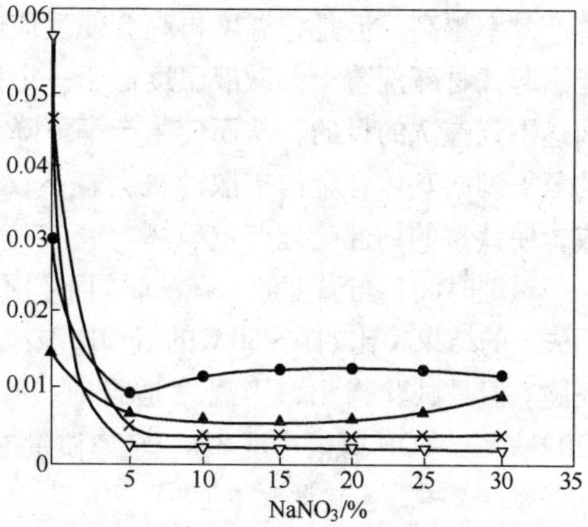

图 25-1　碱液成分对吸氢量的影响

（碱洗温度500℃，时间3min）

▲—Ti-6Al-6V-2Sn-0.5Cu-0.5Fe（原始氢含量0.0085%）；

●—Ti-4Al-0.005B（原始含氢量为0.0090%）；

×—Ti-5Al-4V（原始含氢量为0.0056%）；

○—Ti-2Al-1.5Mn（原始含氢量为0.0060%）

从图25-1可以看出：钛板在纯氢氧化钠溶液中碱洗将造成大量吸氢，吸氢的最高含量达到了0.06%；加入5% $NaNO_3$后，吸氢量大大减少，最低已经降到了0.002%以下。原因可以解释为：钛的吸氢过程首先需要有H^+被还原成H原子的机会；$NaNO_3$加热分解出的氧，充当着腐蚀过程的氧化剂，使钛的表面在不断被氧化和被腐蚀的过程中逐渐向基材内推进；氧参与着整个钛腐蚀的阴极还原过程，碱洗时放出的氢离子不易被还原成氢原子，而是与氧离子结合成HO的形式，这样氢吸收也在一定程度上得到抑制。

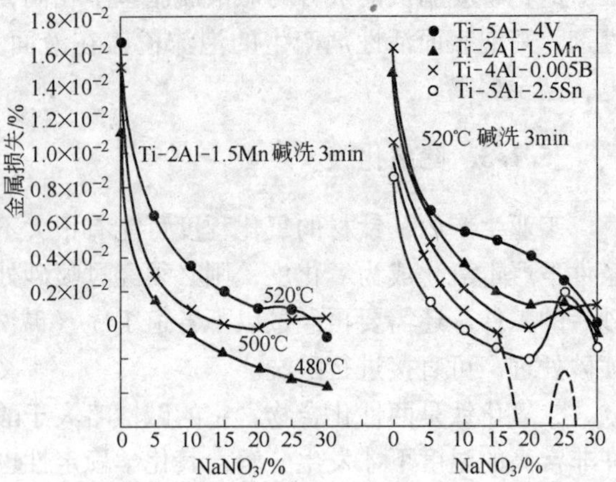

图25-2 碱液成分对金属损失的影响

从图25-2可知：钛板在纯碱溶液碱洗，金属损失较大。当加入$NaNO_3$后，金属损耗也相应减少。但是，这种氧化剂组分的添加，在超过一定的限度时，高温下对某些钛合金是有害的，反而会使碱洗时的金属损耗量增大。如碱液中$NaNO_3$含量超过20%时，金属损失逐渐增加，图中Ti-5Al-2.5Sn就是一个明显的例子。对这种现象，可以解释为氧化剂的过度添加，促进碱洗过程的进展速度和不平行发展，由此决定的表面状态也不会令人满意。

钛及其合金采用含有（15~20）% $NaNO_3$的NaOH溶液碱洗，质量基本可以保证，金属损失少。实际上，添加5% $NaNO_3$，抑制吸氢和降低损耗的效果就已经很显著了。这个结果可以在生产中参照使用。

碱洗温度：在一定范围内，碱液温度越高，金属与碱液反应越剧烈，碱洗速度越快，生产效率越高。但是，温度再高会使反应剧烈以至于难以控制，并增大金属损耗，还有可能引起钛材碱洗着火。碱液温度低于一定范围，反应速度会比较缓慢，引起的结果是长时间达不到碱洗的目的，从而使生产率下降。此外，随着碱洗时间的延长，被吸到钛基材中的氢得到向基体合金内扩散的机会，不仅使吸氢量增加，也促进了TiH_x这种脆性相的生成，使钛材的韧性受到严重破坏。

碱洗时间：当温度低，碱洗时间不得不被延长时，前面已经谈到，有吸氢量增加、金属损失大的结果，比如在480℃的NaOH碱液中洗9min，金属质量损失高达45.3%，同时出现氢脆。但是试验指出，当温度适合时，控制碱洗时间也十分重要：厚1.5mmTC_{10}板材在520℃的纯NaOH碱液中洗32s，金属质量损失1.3%；洗1min，金属质量损失3.6%。

C 碱洗工艺制度和流程

通过上述讨论，我们得到几种钛合金碱洗工艺制度见表25-5。

表25-5 钛合金碱洗工艺制度

金属及合金	碱液成分	碱液温度/℃	碱洗时间/min
钛及其合金1	（80%~95%）NaOH+（20%~5%）$NaNO_3$（或KNO_3）	420~520	3~15
钛及其合金2	（98%~98.5%）NaOH+（2%~1.5%）NaH	320~370	

碱洗工艺流程为：熔融碱槽中处理→水淬→高压水（5~10kg/cm^2）冲洗。

D 钛及其合金碱洗注意事项

钛材碱洗容易着火燃烧，尤其钛薄板的碱洗更易着火。关于钛材碱洗着火的原因和机理仍在探讨之中。

由于钛在碱液中的化学活性高，在含有氧化剂的熔融碱液中碱洗时，整体碱液温度过高或局部温度过高都是造成钛材燃烧的原因。许多研究指出：由于钛与钢制工具（碱洗框）在熔融碱液中存在电位差，存在着原电池效应，当钛与钢接触时形成电偶电流，而接触点越小，电流就越大。接触处的过大电流密度引起局部过热，使得钛合金经常从这两种金属的接触点处开始燃烧。

试验测定了钛和其他金属材料在熔融碱液中的电位差，如表25-6所示。

表25-6 钛合金自身及其与某些钢材在熔融碱液中的电位差

材料	电位差/V	材料	电位差/V
钛合金 TC1-碳钢	1.0	纯钛 TA2-碳钢	0.87~0.88
TC1-镀锌铁丝	0.87	TA2-不锈钢	0.80
TC1-带锈铁丝	0.89	TA1-TA2	0
TC1-TA7	0	TA2-TA7	0
TA7-碳钢	0.84	不锈钢-不锈钢	0
		带氧化皮钛板-镀锌铁皮	0.1~0.8

为防止和减少钛材碱洗时着火，可采取如下措施：

（1）选用合理的碱洗液成分，试验指出：(85~95)% NaOH +（15~5)% $NaNO_3$ 碱洗液效果较好。

（2）严格控制碱液温度，在上述成分的碱液中碱洗，温度应严格控制。无论是整体还是局部，均应严格控制在480~520℃范围内。

（3）采用耐高温涂层或耐高温绝缘垫片对碱洗框进行绝缘处理，如采用不锈钢碱洗框，可垫上陶瓷条或陶瓷片使钛材与钢框架隔开，也可避免着火。

碱洗过程中，碱液不断地被工件带走或蒸发，所以需要补充。补充时要定期对 NaOH 和 $NaNO_3$ 进行成分分析，适时进行调整，从而使碱液成分保持相对稳定。

碱洗时，不溶性的氧化皮渣沉淀在槽底，影响着槽体良好的导热性能，并且由于沉淀造成的缝隙，使得钢槽极易发生电化学腐蚀，大大缩短了其使用寿命。因此，对沉渣要及时清理。采用一个活动槽底收集渣子是常采取的办法，在需要清除沉积物时，只需将活动槽底吊走即可。

E 碱洗槽设计实例

碱槽尺寸	3500mm×1500mm×1800mm（长×宽×高）
碱槽材质	锅炉钢
可装碱重量	15000kg（NaOH85% + $NaNO_3$15%）
加热方式	电阻丝外加热
发热体材质	镍-铬丝
加热电源功率	180kW

碱液最高温度 540℃

25.1.3.2 酸洗

酸洗是钛加工材去除氧化皮的重要方法。酸洗方法用于熔融碱洗或机械破鳞、喷砂等处理之后，在600℃以下形成的钛合金上的较薄的氧化膜可直接通过酸洗去除。

A 酸洗的基本原理

金属在酸洗中溶解伴随着金属原子上的电子转移，因此是以电化学腐蚀现象为主的。金属原子失去电子的结果是形成金属离子，如钛在还原性酸中，失去电子，成为三价钛离子，其反应式为：

$$Ti \longrightarrow Ti^{3+} + 3e$$

钛加工材的酸洗是在含有氢氟酸或氟化物的混合酸液中进行的。酸洗时，氢离子可能被还原而形成原子氢或分子氢，即

$$H^+ + e \longrightarrow [H]$$

$$[H] + [H] \longrightarrow H_2$$

原子氢有扩散到金属内部的倾向，可能导致金属氢脆。

钛与氢氟酸的反应为简单的氢还原反应：

$$2Ti + 6HF \longrightarrow 2TiF_3 + 3H_2$$

当钛被置于含有氟离子的硝酸液中酸洗时，钛被氧化，硝酸被还原，最后的产物是形成氟化钛络合物、水和无色一氧化氮。其反应式如下：

$$3Ti + 4HNO_3 + 12HF \longrightarrow 3TiF_4 + 8H_2O + 4NO$$

如暴露在大气中，一氧化氮遇到空气中的氧，则迅速被氧化成棕色有毒的二氧化氮，挥发出来，其反应式为：

$$2NO + O_2 \longrightarrow 2NO_2$$

因此在酸洗时，应设法将二氧化氮通过通风迅速地排出。如果在酸洗液中加入0.5%左右的H_2O_2，则可使NO在溶液中被氧化而不逸出液面，使空气的污染被适当减轻。

将钛材置于含有5%~7%氟离子的硝酸液中酸洗时，若氧化剂硝酸的浓度低于15%，溶液中各种还原反应的过电位决定了氢离子有更多被还原的机会，并在还原成氢原子后以一定的比例吸入钛的内部，扩散到合金的某些部位聚集，或生成钛的氢化物而引起氢脆。因此，为防止钛材酸洗时吸氢，要经常保持硝酸与氢氟酸的配比大于5。硝酸含量过大，则会使反应缓慢，降低生产效率，并产生大量烟气，使操作困难。

B 酸洗工艺

钛及其合金加工材酸洗工艺制度见表25-7。

表25-7 钛及其合金的酸洗工艺制度

处理条件	酸液成分	酸洗温度/℃	酸洗时间/min
碱洗后酸洗	(30%~40%) HNO_3 + (5%~7%) HF + 余 H_2O	>50	3~10

酸洗操作过程为：酸洗→热水洗→冷水冲洗→烘干。酸洗过程中搅动可以加快酸洗速度；酸洗时应注意观察表面情况，防止过酸洗或酸洗不足现象产生。

C　废酸回收及无害化处理

钛材生产要消耗大量的硝酸和氢氟酸，每槽酸洗液的使用寿命由其中的酸含量决定，使用过程中硝酸是不断补充的。当硝酸含量低于17%和氢氟酸含量低于1.5%，而Ti含量达到1.5%以上时，可认为酸液不能继续使用。废酸回收不仅可以收回酸液，而且可以消除大量废酸对环境的污染，是国民经济可持续发展的大势所趋，绝对不可忽视。

目前已初步摸索到钛材酸洗废液→硝酸和氢氟酸的蒸发回收工艺，可将废酸液回收为含硝酸16.9%和氢氟酸0.45%的再生酸。其中硝酸回收率达95%以上，氢氟酸约30%。再生酸可用于重新酸洗钛材，效果良好。

回收设备由四氯乙烯浸渍的石墨加热器、冷凝器、塑料蒸发器及真空机组等组成，见图25-3。

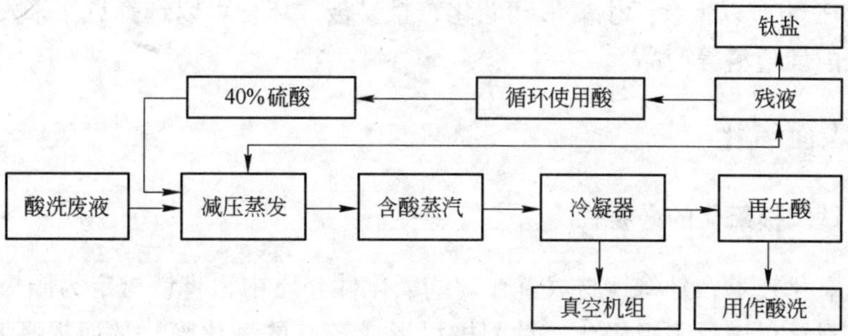

图25-3　废酸回收工艺流程图

一种典型的处理钛材后的酸洗废液成分如下：

HNO_3	HF	Ti^{4+}	Al^{3+}	Fe^{3+}	Cr^{3+}	V^{5+}	H_2O
17.5%	1.49%	1.47%	0.05%	0.04%	0.02%	0.01%	79.57%

回收工艺条件：

真空度（以系统计）	90.66～91.99kPa（680～690mmHg）
蒸发温度（以循环硫酸假沸点计）	57～65℃
外加蒸汽压力	1.0～1.5kg/cm^2（表压）
循环硫酸浓度	40%
循环硫酸加入量	45L

加热蒸汽压力与温度的关系：

压力/kPa	101.325	151.99	202.65	253.31	303.98	308.98
温度/℃	119.6	126.8	132.2	138.2	147.2	151.1

蒸发速度与蒸汽压力的关系：

压力(表压)/kg·cm^{-2}	0.1	0.2	0.3	1.0	1.3	1.5
速度/L·h^{-1}	30	38	42	50	52	54

目前回收流程设备的防腐材料的考核、生产自动化技术等问题，还有待进一步试验和研究。

板材酸洗机组主要性能如下：

酸洗槽尺寸	3500mm×1310mm×1800mm（长×宽×高）
酸洗液温度	60℃
酸液加热方式	蒸汽加热
装框量	1000kg
摆动次数	30 次/min
摆动振幅	450mm
驱动电机	交流 28kW（975r/min）
酸槽里衬材质	聚氯乙烯

钛管酸洗曾发生过爆炸现象，后经研究认为是由于使用了不锈钢酸槽所致。不锈钢与氢氟酸剧烈反应产生的氢气会引起爆炸，改用聚氯乙烯板为槽里衬就不再发生爆炸现象。但聚氯乙烯板在60℃以上会产生变形和老化，且易被撞坏，可以选择近年来发展起来的耐更高温度的聚丙烯塑料等产品。

25.2 钛的表面氧化

25.2.1 钛阳极氧化的必要性

钛的阳极氧化技术，是将钛材放置在一些氧化性介质中，将钛材定为阳极，在外加电压的作用下，对钛材进行阳极极化。钛阳极可形成较厚的氧化膜，从而提高其耐腐蚀性、耐磨性和耐候性。钛材通过阳极氧化，可以达到多种效果。氧化膜厚度通常为 300～500nm，尽管比较薄，但也能在一定程度上提高钛材的耐蚀性能；在氧化成膜过程中，消除钛表面的铁沾污，修复机械划伤造成的膜破裂，也杜绝了钛表面由于铁沾污引起的吸氢。正因为如此，英国钛设备制造规范中规定要进行阳极氧化处理，美国也对炼油厂用的热交换器进行阳极氧化处理之后再进行组装。

在拉伸加工过程中，对钛合金材料表面形成一层阳极氧化膜，可以改善钛材表面吸附润滑剂的能力，又能使金属基材与模具（工具）不直接接触，防止黏结，因而大大改善拉伸工艺性能。与空气中加热氧化比较，阳极氧化生成的氧化膜致密均匀，成膜过程易于控制，金属基体含氧量低。因此，钛等稀有金属在线材拉伸工序之前，多采用阳极氧化。

25.2.2 钛的氧化膜及其耐蚀性能

钛氧化时，能生成多种氧化物，如 TiO_2、Ti_2O_3 和 TiO 等，其中以二氧化钛的性能最为稳定。钛氧化物的主要性质详见第 23.2 节。

25.2.3 钛阳极氧化的基本原理

电化学氧化膜的生成，是金属材料在化学介质中不断被氧化以及不断被腐蚀的两种化学过程同时进行的结果。氧化是金属与界面上的含氧物质作用生成氧化膜；腐蚀是电解液将氧化膜不断溶解。当氧化膜生成的速度大于溶解速度时，氧化膜生成，保持一定厚度或不断增厚。对于钛材，不同的膜层厚度对应不同的颜色。很多研究工作表明，钛材的阳极氧化膜中含有较大比例的锐钛矿晶型。

图 25-4 是阳极氧化原理及设备示意图。

阳极反应 $Me + 2[OH]^- \longrightarrow MeO + H_2O$

阴极反应 $2H^+ + 2e \longrightarrow H_2$

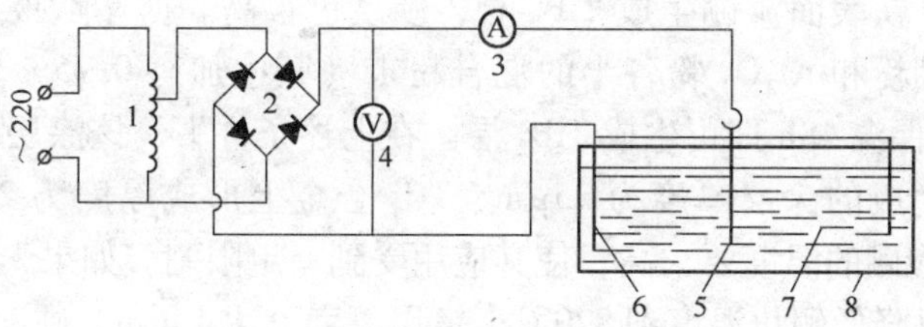

图 25-4 阳极氧化原理及设备示意图

1—变压器；2—整流器（输出 250V，20A）；3—直流电流表（0 ~ 25A）；
4—直流电压表（0 ~ 250V）；5—阳极（工件）；6—阴极（铅板）；
7—电解液（1% H_2SO_4 水溶液）；8—电解槽（塑料槽）

25.2.4 阳极氧化的工艺参数

无论是对钛材的什么需求，致密且厚度合适的氧化膜是理想的。

氧化膜的质量主要取决于阳极氧化的工艺参数，这些参数包括：恒压电压、氧化时间、电解液成分、温度和电流密度等。

常用的阳极氧化电解液有：H_3PO_4、Na_2SO_4、H_2SO_4 等水溶液，其中以室温状态 1% H_2SO_4 水溶液较好。浓度过高或温度过高都会加速氧化膜的溶解，在这样的条件下，即使生成氧化膜，也会是疏松多孔容易破碎的。电解液温度过高时应强制冷却，操作温度以室温条件比较适宜。

电流密度也同样影响氧化膜的质量。电流密度过大，氧化膜成膜速度快，膜层容易变得疏松；过大时，甚至使生成的氧化膜变得质脆、疏松、易脱落；电流过大还有可能引起工件被电击穿或被烧毁。

恒压电压和氧化时间的影响如下：随恒压电压的升高，氧化膜变厚；但电压过高，生成的氧化膜质脆疏松。钛材阳极氧化的电流密度为 500 ~ 1000A/m^2，电压 20 ~ 90V，在氧化着色溶液中着色 15 ~ 30min；漂洗后在去离子水中封闭处理 15 ~ 30min；110 ~ 130℃下烘干处理 30 ~ 60min；之前要经过碱洗和酸洗步骤。钛阳极氧化工艺步骤少，操作简单，易于维护。着色后的阳极氧化膜表面硬度高、结合力与耐蚀性能好、色泽光亮、均匀无杂色、装饰效果好。

氧化时间对膜增重也有一定影响，但随时间增长膜增重到某值后，由于电阻增大，抗氧化性提高，氧化膜生长速度减慢；再继续延长时间，对膜增重影响不大。

25.3 钛的表面硬化处理

25.3.1 表面硬化的主要方法

表面硬化的目的是提高耐磨性，并消除在摩擦条件下工作的零件发生相互黏附的危险性。在硬度提高的同时，有可能耐蚀性能及疲劳强度也有所提高。这里首先关注表面硬度的提高，关注这些工艺本身及其对表面硬度提高的影响。

钛合金渗碳在表面上生成 TiC 相，具有非常高的硬度；但是 TiC 层与基体的结合力很差，妨碍实际使用。钛表面渗硼生成 TiB_2 相，硬度也很高。据文献报道，将酸洗后的钛零件包埋在无定型硼粉和 Al_2O_3 粉各半的混合粉末（其中加有 0.75% ~1.0% 的 $NH_4F \cdot HF$）中，在 1010℃保温 48h 即可生成 TiB_2 层。在上述条件下，该涂层的厚度依合金不同而异，工业纯钛上生成的涂层厚度为 25μm，TC_4 合金上形成厚度为 20μm，硬度 HV 在 2800 ~3450 范围。渗硼的温度要求高，使其应用受到一定限制。如果先在钛上电镀铁，之后再进行硼化，可以降低硼化温度到 870℃，镀层厚度可达 40μm，硬度 HV 可到 2300。

25.3.2 表面氮化（渗氮）处理

在钛的表面硬化处理中，氮是一种良好的硬化剂。在经过表面氮化处理后，钛的表面形成了氮化钛层。氮化钛是一种间隙化合物，具有高熔点和高硬度。坚硬耐蚀的表面氮化钛层，使得经氮化处理后的各种钛制件在化工、电镀、洗印、电子、冶金等行业中具有推广应用的意义；此外，氮化钛层的金黄色光泽，也起到了装饰作用。

已经报道的钛的氮化方法有：气体渗氮、离子渗氮、离子注入、激光氮化、电解质溶液等离子氮化。

气体渗氮是最先发展起来的工艺，是将钛合金零件置于 800 ~1000℃的含氮介质中进行氮化（炉内充满氮气，保温十几个小时至几十个小时）。由于钛吸收氮气，氮化时也可以在高温炉内直接通入氮气。

氮化后，零件上可生成 0.1 ~0.15mm 的氮化层，氮化层通常由 TiN(δ 相)、Ti_2N(γ 相) 和氮在 α-Ti 中的固溶体 α-Ti(N)三相组成。随着氮化温度的升高，时间的延长，TiN(δ 相)含量增加，Ti_2N(γ 相)、α-Ti(N)含量减少。在氮和钛开始反应时，首先形成氮在钛中的固溶体，随着浓度的增加，依次形成 Ti_2N 和 TiN，TiN 和 Ti_2N 各自的相对含量随温度和时间的改变有很大变化，但其总量变化不大。若把 TiN、Ti_2N 和 α-Ti(N)三相的含量关系视作厚度关系，则可以认为：当温度较低，时间较短时，TiN 层较薄，而 Ti_2N 层较厚；随着温度的升高，时间的延长，氮通过 TiN 层继续扩散，TiN 层厚度增加，Ti_2N 层厚度相对减小，TiN 和 Ti_2N 层的总厚度虽向基体有所扩展，但变化不大。由于 δ 相性脆，会导致合金的韧性降低，故渗氮时间和温度条件应掌握在形成 δ 相分布在 γ 相中的结构最为理想。

欲进行钛的氮化，采用纯氮气作氮化源时，对氮气的纯度要求较高，通常采用 99.9% 以上的高纯氮气，否则由于微量氧气会加速钛合金表面的氧化反应，使氮化反应难以进行。此外，氮化前需要对系统除氧，保证设备始终要处于真空状态，否则即使炉内的氮气纯度能够保证，也可能会因设备的轻微泄漏造成工件不同部位发生不同程度的氧化、工件表面有轻微紫色或者发花等。如果在氮化气体中添加一定量的氢，由于氢离子具有还原作用，钛表面的氧化膜难以稳定存在，因而氮化反应易于进行。虽然氢在氮化过程中起着良好的保护作用，但是也存在一定问题，即在氮化后，钛材试样中含氢量增加，存在着氢脆的危险。用氨进行氮化时，由氨分解出来的氢是一个活性基，它既能去除钛材表面原有的氧化膜，又能阻止氮化过程中新的氧化反应，有明显的还原作用。在氢的作用下，工件表面一直保持在无污染的活性状态，易于氮化。有研究工作表明，使用氨氮混合气体进行氮化，当含氢量小于0.015%时，钛材仍保持良好的塑性；而使用 N_2 和 H_2 混合气体进行氮化，当钛材中氢含量达到0.012%时，就会发生氢脆。

钛及钛合金经氮化后，表面硬度成倍提高。例如，工业纯钛的硬度 HV 一般不超过225，氮化后，表面硬度 HV 可达 800 ~ 1000；两相钛合金 TC4 未氮化时硬度 HV 约为380 ~ 400，氮化后可达 1385 ~ 1670。

氮化后的硬度随着温度、氮化时间以及氮气压力的改变而改变。随着氮化温度升高，时间延长，表面硬度增加。在 1000℃ 氮化，试样表面出现凸浮，影响使用，应予避免。在相同氮气压力下（比如 1.15×10^5 ~ 1.2×10^5Pa），低于 1000℃ 时，在 4h 前，表面硬度随时间的延长急剧升高，4 ~ 8h 以内变化趋于平缓，8h 后，硬度基本变化不大（见图 25-5）。

氮化层硬度分布具有一个显著特征，即在表层 60μm 之内，硬度从最大值急剧下降，随后达到一个平稳硬度区域。如图 25-6 所示为两种不同工艺制备的钛合金，分别是粉末烧结成型（P）和熔炼加工成型（M）。在相同的温度和氮气压力条件下，两种工艺试样的表层硬度相当，但内层硬度差异显著。粉末试样具有明显的内层氮化而使硬度增大的效果。这与粉末试样内部具有较多的孔隙相关。由此也可对钛材气体氮化的过程和机理有进一步的认识。

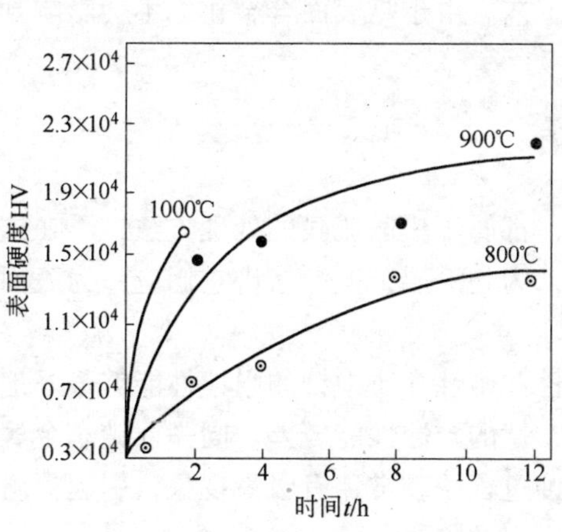

图 25-5　氮化试样的表面硬度（熔炼加工钛）

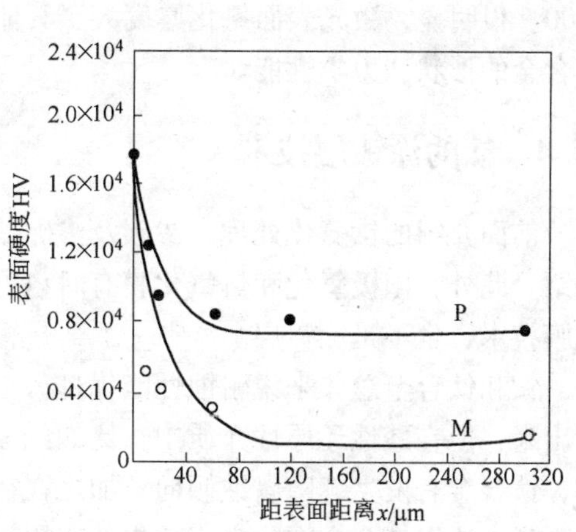

图 25-6　氮化层硬度测量

试样温度、氮气压力和流量、氮化时间等均对其表面硬度有一定的影响。

25.3.3　其他渗氮方法简介

通过气体氮化工艺，氮化质量和效率都不能令人满意，因此大有被离子氮化取代的趋势。离子氮化在离子氮化炉中进行。将工件放在充有几百帕氮气或氨气的炉子中，在工件与炉壳之间加上电压，使两者之间发生辉光放电，氮气电离成氮离子，在电场中被加速，轰击工件表面，并与表层的钛发生反应，形成 TiN 相。通过连续轰击，使得氮离子或氮分子不断地向内部扩散，氮化厚度不断增加。通过控制辉光放电的功率来控制工件的温度，从而也就控制着氮化速度和氮化层的厚度。离子氮化工艺列于表 25-8，氮化层的硬度分布见图 25-7。

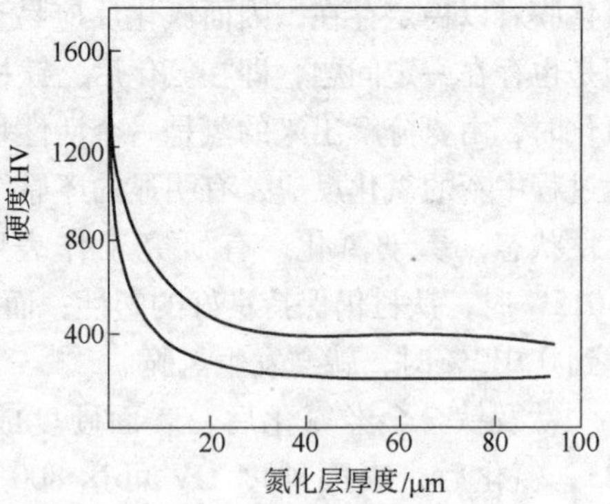

图 25-7 氮化层的硬度分布

表 25-8 钛合金离子氮化工艺

材 料	离子氮化温度/℃	氮化时间/h	氮气压力/Pa
TA2	860～880	4	1066.6
TC4	930～950	4	1066.6

激光表面氮化应用于钛材上，也在文献中有所报道。工作者使用二氧化碳激光器连续或者脉冲激射钛材表面，使得表面迅速熔化并与氮反应形成 TiN 和 Ti_2N 相。在激光处理过程中，钛材受氮气保护，从而避免受到氧化；也可以把钛工件放到液氮中进行激光表面合金化。同样，氮化层的厚度以及硬度受表面激光处理形成的局部温度高低的影响，直接取决于激光照射的功率密度。激光表面氮化的氮化层厚度通常可达 0.5mm，硬度 HV 可达 1400。很明显，激光表面氮化厚度大于其他氮化工艺。由于是表面合金化，不会影响到基体合金的形状和力学性能。

25.4 钛的涂镀层技术

前面介绍的钛氮化处理、渗碳及渗硼处理等，都属于扩散成膜的处理方法，不在这里介绍。此外，阳极氧化和热氧化膜有时也可以被认为是涂层，但严格讲它们应归为表面转化膜技术，也不是涂镀层。

钛和钛合金总体来说耐蚀性能优良。在氧化性和中性介质中钛的耐蚀性能够很好地显示出来，但在酸性还原性介质中，比如氢氟酸中，钛的耐蚀性能较差。同一般钝态金属一样，钛合金有发生缝隙腐蚀倾向；加之在钛的腐蚀过程中，常伴有吸氢现象，引起氢脆发生断裂，所以钛合金在化学工业中的应用就受到一定的限制。

已经研究出一些方法来提高钛的耐蚀性能：发展耐蚀钛合金是一个方面，如 Ti-0.2Pd、Ti-32Mo、Ti-0.3Mo-0.8Ni 以及一些含钼和镍的钛合金，均改善了钛材在还原性介质中的耐蚀性能和抗缝隙腐蚀的能力；向腐蚀介质中加入氧化剂，从而达到提高钛耐蚀性能的目的也是一种方法；对钛进行阳极保护，使它处于钝化状态，在工程上也颇为常用；同钢材的保护一样，采用保护涂层也是提高钛耐蚀性能的方法之一。

钛的耐蚀涂层主要有：$PdO-TiO_2$、RuO_2-TiO_2 涂层、表面钛钯合金化。

25.4.1　$PdO-TiO_2$ 和 RuO_2-TiO_2 涂层的耐蚀性能

$PdO-TiO_2$ 和 RuO_2-TiO_2 涂层能明显地提高钛的耐蚀性能，特别是耐缝隙腐蚀的性能。Toshio Fukuzuka 介绍了 $PdO-TiO_2$ 涂层的制备方法和保护性能。通常的方法是，采用含氯化钯和三氯化钛的溶液刷涂到钛合金的表面上，干燥后经 500 ~700℃热氧化几十分钟，最终使其转变为氧化物涂层。上述操作重复几次，直到涂层增重达到 $1g/m^2$。涂层中 PdO 和 TiO_2 的重量比通常为 7∶3。这种涂层能与钛形成很强的附着力，其技术诀窍在于溶液的配制。酸性溶液将钛表面腐蚀并生成一层氢化物层，通过高温将其氧化分解，是获得氧化物涂层优良附着力的关键。

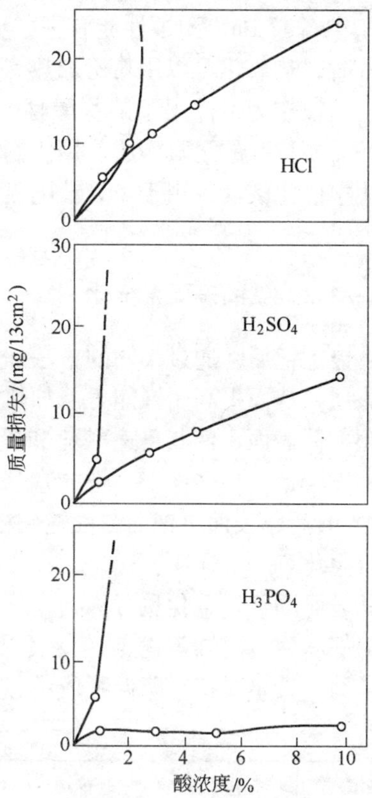

图 25-8　钛含 $PdO-TiO_2$ 涂层与纯钛(图中虚线)在 70℃盐酸、硫酸和磷酸中的腐蚀速度

$PdO-TiO_2$ 涂层在盐酸、硫酸和磷酸中的腐蚀速度见图 25-8。从图中可以看出：$PdO-TiO_2$ 涂层能明显地提高钛在盐酸、硫酸以及磷酸中的耐蚀性能。其中特别是磷酸，涂层的腐蚀速率平稳，几乎不随酸浓度的增加而增大。该涂层的抗缝隙腐蚀性能也以表格形式列出（表 25-9）。对于沸腾的氯化钠溶液，在 3 种不同 NaCl 浓度（每种浓度都调成 pH 值为 3）的条件下，使用相同的试验方法，涂层试样都不发生缝隙腐蚀。甚至在 120℃氯化锂溶液中，浓度达到 47%，也未见缝隙腐蚀发生。只有在 42% 沸腾氯化镁溶液中，才有缝隙腐蚀发生。而工业纯钛在以上所有溶液中，均可见缝隙腐蚀发生。

表 25-9　$PdO-TiO_2$ 涂层与纯钛抗缝隙腐蚀性能比较

试验条件				缝隙腐蚀	
溶液类型	浓度/%	pH 值	温　度	涂　层	纯　钛
NaCl	10	1	沸　腾	无	有
		2		无	有
		5		无	有
NaCl	20	1	沸　腾	无	有
		2		无	有
		5		无	有
NaCl	30	1	沸　腾	无	有
		2		无	有
		5		无	有
$MgCl_2$	42		沸　腾	有	有
LiCl	47	4.5	120℃	无	有

根据文献中报道，日本发展了一种以 RuO_2 代替 PdO 得到的 RuO_2-TiO_2 涂层，厚度控制在 0.9～2.2μm，耐蚀性能有进一步提高。其制备工艺与 PdO-TiO_2 涂层相似。在涂装大型工件时，热氧化可以用喷枪加热，温度要求达到 700℃左右。这种涂层的应用正在逐渐推广，当钛作为工件用于某些酸性介质时，例如用于制备热偶套管、搅拌棒和搅拌叶片等，都需要特殊的耐酸涂层；用于制备法兰时，需要特殊的耐缝隙腐蚀涂层。由于氧化钌的电化学催化活性，用于作为钛电极的涂层代替传统的镀铂钛电极，现在对其的需求量越来越大。

25.4.2 钛的表面合金化

钛镀上钯后，通过不同的方法加热，使镀钯层向钛的表层区域扩散，形成表层的钛钯合金化层，从而提高耐蚀能力。加热扩散或者激光表面重熔，原则上都是可行的。使用激光器照射钛表面，使其迅速融化和凝结，能使预先真空沉积的 150μm 的镀钯膜迅速融化形成钛钯合金。在表面上，钯的摩尔分数仅为 4%。将这种表面合金化的钛放入盐酸溶液中腐蚀 3h 后，表面上钯的浓度达到稳定的 15%。也有人利用离子注入的方法实现钛表面的钯合金化。

钛表面的钯合金化也可称为是一种涂层，它与在钛上涂装钯的氧化物涂层相比，具有结合力好、耐磨耐蚀等优点（见表 25-10）。与钛钯合金（Ti-0.2Pd）相比，钯的表面浓度高，节约了贵金属钯，降低了成本，又具备优良的性能。

表 25-10 激光表面钯合金化前后的纯钛在沸腾盐酸中的腐蚀数据

盐酸浓度 /mol·L^{-1}	浸泡时间 /h	腐蚀速度/mm·a^{-1}		盐酸浓度 /mol·L^{-1}	浸泡时间 /h	腐蚀速度/mm·a^{-1}	
		纯 钛	合金化			纯 钛	合金化
1.1	2	21.7	0.71	2.0	3	37.7	1.07

钛表面渗铝能够降低钛的吸氢倾向。最好的渗铝条件是将 88% Al_2O_3、4% AlF_3 和 8% Al 粉混合后包在钛工件上，温度为 810℃。渗铝层厚度和结构依赖于保温时间。使用包渗法渗铝，短时间扩散可得到约 2μm 厚的薄涂层，结合力好，不影响基体的力学性能。涂层主要由 $TiAl_3$ 相组成，形成了非常有效的防止氢渗透的阻挡层（见表 25-11）。

表 25-11 纯钛渗铝对吸氢性能的影响

渗铝条件为 810℃，时间/h	吸氢条件为 500℃，3h，压力/Pa	钛的氢含量 /%	渗铝条件为 810℃，时间/h	吸氢条件为 500℃，3h，压力/Pa	钛的氢含量 /%
0.5	1333	0.0065	40	1333	0.0145
	6665	0.0080		6665	0.0040
8	1333	0.0055	未渗铝	未渗氢	0.0019
	6665	0.0115		1333	0.0390
20	1333	0.0065		6665	0.1790
	6665	0.0070			

25.4.3 钛的活化阳极涂层

前面提到了钛涂层的电化学催化性能，这是钛表面涂层的一个重要的应用领域。钛本身的耐蚀性能优良，价格相对低，比强度高，在钛材表面涂上一层活化金属，通常是贵金属或贵金属氧化物，成为钛活化涂层的阳极。钛阳极广泛用于氯碱等化学工业、阴极保护工程等，作为不溶性阳极使用。对于钛阳极，文献上有大量报道，同时也有专著出版。

首先，镀铂的钛阳极已有多年的使用历史。在钛上镀铂的方法有电镀（熔盐镀）和热分解，也有直接包覆，如爆炸复合。电镀铂通常在氰化物熔盐槽中进行，加入槽中的氰化物配比是53%氰化钠和47%氰化钾，温度为520℃，铂片作为不溶性阳极。镀层的最大厚度为1500μm，沉积速度为20～25μm/h。水溶液镀铂，沉积速度低，得不到较厚的镀层。表25-12是溶盐和水溶液镀铂的比较。

表25-12 熔盐和水溶液镀铂的比较

电镀液	最大镀层厚度/μm	硬度（HV）		沉积速度/$\mu m\cdot h^{-1}$
		镀后	800℃退火	
熔盐	1500	70	48	20～25
六羟铂钠水溶液	12.5	120	70	5
DNS铂水溶液	2.5	400/450	70	1.5

水溶液电镀铂工艺简单，操作方便，但镀层厚度一般不能超过2.5μm。如果使用脉冲电镀工艺，可以得到3～6μm厚的光亮铂镀层。水溶液采用$H_2Pt(NO_2)_2SO_4$，每升溶液含铂5～10g，用硫酸调pH值为1.2～2，温度50℃，电流波形为云波，断通比5∶1到9∶1，平均电流密度50～100A/m^2，阳极为纯铂。钛上铱和铂涂层在氯化物中有很低的析氯电位，对这种钛阳极的研究和应用受到更多的重视。利用热分解法制备该类钛电极的工艺与前述制备钛-钌氧化物电极的情况类似：把铂和铱的氯化物溶解在体积比为3∶1的丁醇和苯甲醚混合物中，其中贵金属含量为2.13mg/cm^3，铂和铱的重量比为6∶4。另外，可在钛试样上刷涂上这种混合液，干燥后在500℃进行加热成膜。这样共需重复多次，直到达到要求的厚度，通常控制在20g/m^{2}左右。

当前，钛阳极应用最为普遍的当属RuO_2-TiO_2和RuO_2-IrO_2-TiO_2，电极寿命依使用环境和电流密度而定，总的趋势是寿命在不断提高。钛的活化氧化涂层的研究还在不断发展，继续改变涂层成分，加入Sb_2O_5、SnO_2、MnO_2、PdO、CoO_3等氧化物，改进涂刷和热氧化工艺，以达到进一步提高涂层电化学性能和使用寿命的目的。

参考文献

1 《稀有金属加工手册》编委会．稀有金属加工手册．北京：冶金工业出版社，1984
2 石玉峰，等．钛技术与应用．西安：陕西科学技术出版社，1990
3 李松瑞，周善初．金属热处理．长沙：中南大学出版社，2003
4 曾华梁，吴仲达，陈均武，等．电镀工艺手册（第二版）．北京：机械工业出版社，1997
5 张招贤．钛电极工学（第二版）．北京：冶金工业出版社，电镀工艺手册，2003.6
6 贾翎，夏志华．钛表面气体氮化的工艺研究，稀有金属，1998，4

26 真空设备

26.1 真空冶金及真空设备

26.1.1 真空冶金

真空是指稀薄的大气空间。广义上它是指气体密度低于大气压的空间状态。真空是对气体稀薄程度的一种客观度量。由于气体密度不易度量，为此改用气体压力（p）来描述。气体压力高表示真空度低，反之亦然。

常将真空状态按气体压力的大小分成四个层次来描述：

低真空——p 在（$10^5 \sim 10^3$）Pa；

中真空——p 在（$10^3 \sim 10^{-1}$）Pa；

高真空——p 在（$10^{-1} \sim 10^{-6}$）Pa；

超高真空——p 小于 10^{-6}Pa。

在低于大气压或在惰性气体保护下进行的冶金过程称为真空冶金。真空冶金在钛等稀有金属生产中获得了广泛的应用。真空冶金有许多优点，特别是可以有效地防止活性金属在高温下的氧化，从而能获得质量符合要求的产品。钛是一种活性金属，在其生产的许多环节中都必须采用真空冶金技术。

产生真空的过程称为抽真空或排气，获得真空的设备称为真空设备或真空泵。由几台泵组合而成的称为真空机组。

p 的法定单位为 Pa，与其他习用的压力单位的换算关系为：

1Torr(托) = 1mmHg = 10^3μmHg = 1/760atm(大气压) = 1.33mbar(毫巴) = 133.3224Pa

真空冶金系统管路中的稀薄气体有四种基本的流动状态，它们是湍流、分子流、黏滞流及黏滞-分子流。不同状态的气流有不同的性质。对它们的判别是按气体分子自由程（$\bar{\lambda}$）和管道直径（D）之比值（$\bar{\lambda}/D$）的大小来区分的。但由于 $\bar{\lambda}$ 值不易测得，用平均压力则比较容易。故改用（$\bar{p}D$）值来表示。判据分别为：

黏滞流：$\bar{\lambda}/D < 0.01$，即 $\bar{p}D > 0.65$；

分子流：$\bar{\lambda}/D > 1/3$，即 $\bar{p}D < 0.02$；

黏滞-分子流：$0.01 < \bar{\lambda}/D < 1/3$，即 $0.02 < \bar{p}D < 0.65$。

不同流动状态的气体有不同的特性，并有不同的传质传热速率。气体在不同流动状态下，其流动的流导不同，蒸馏的挥发速度不同，升温时的传热效率也不一样，从而影响到真空冶金的精制效率、生产周期和热能利用率。

26.1.2 真空设备的特性

众所周知，泵的抽速不是恒定的，它随系统压力的变化而变化，是压力的函数。几种冶金中常用的泵的抽速（S）与泵的最大抽速的比值（S/S_{max}）和抽速压力（p）之间的关系如图 26-1 所示。五种常用泵的最佳抽速范围和极限真空度如表 26-1 所示。

表 26-1 五种泵的最佳抽速范围

序号	名　称	最佳抽速范围/Pa	极限真空度/Pa	序号	名　称	最佳抽速范围/Pa	极限真空度/Pa
1	油封机械泵	$10^5 \sim 13$	7×10^{-2}	4	水环泵	$10^5 \sim 7\times10^3$	2×10^3
2	机械增压泵	$10^2 \sim 1$	7×10^{-2}	5	油增压泵	$10 \sim 1$	7×10^{-2}
3	油扩散泵	$7\times10^{-2} \sim 10^{-3}$	10^{-7}				

由表 26-1 可见，这几种泵的最佳抽速范围存在重叠情况，它们的作用是相互补充的。其中油增压泵、油扩散泵和罗茨泵必须配有前级泵方能起作用。这几种泵都有各自的特性。

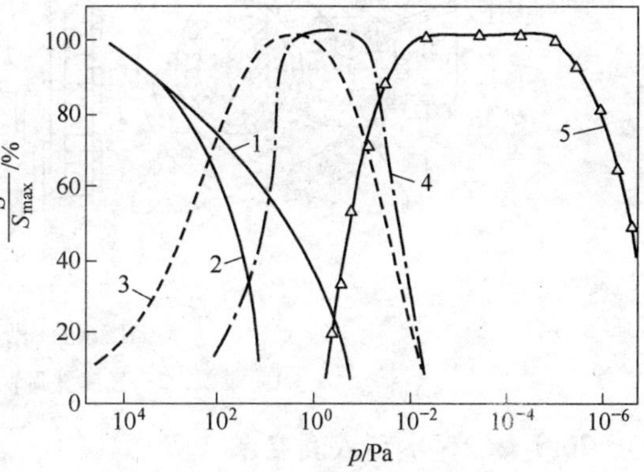

图 26-1 几种泵的抽速特性曲线

1—单级无气镇旋转泵；2—单级有气镇旋转泵；3—机械增压泵；4—油增压泵；5—油扩散泵

26.1.2.1 油封式机械泵

油封式机械泵包括旋片式、滑阀式和余摆线式三种形式，目前国产货主要有前两种。油封式机械泵是常用的也是唯一能在大气下使用的泵，也是最基本的真空设备。不仅可以单独用作主泵，还可用作预抽泵、前级泵和维持泵。它不适用于抽含灰尘的气体，因灰尘会污染泵油和磨损泵腔，若在这种场合下使用则需加捕集器和收尘器；它也不适用于抽含水气的气体，若在这种场合下使用则要加气镇阀。此类泵的结构复杂，加工困难，价格也高。典型的国产泵结构如图 26-2、图 26-3 所示。

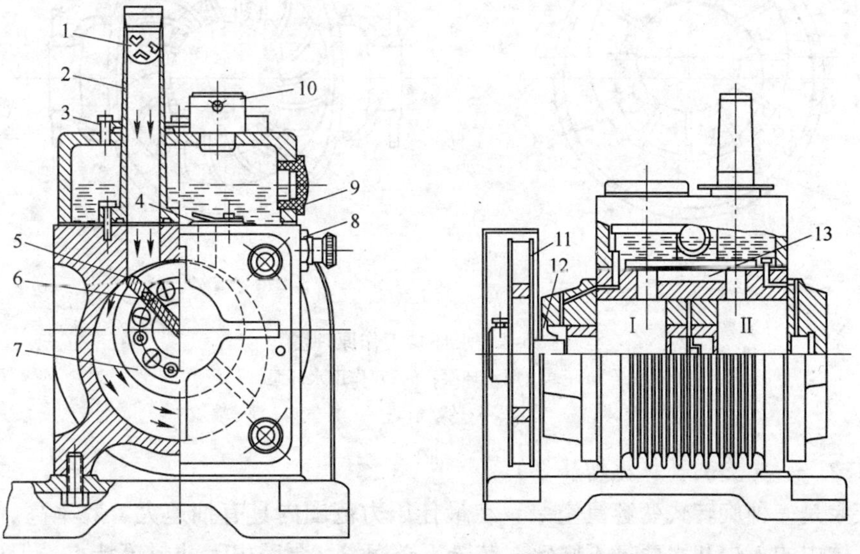

图 26-2 2X 型旋片泵结构简图

1—滤网；2—进气管；3—压板；4—排气阀片；5—旋片；6—弹簧；7—转子；8—放油螺塞；9—油标；10—排气孔；11—皮带轮；12—轴端密封圈；13—气道

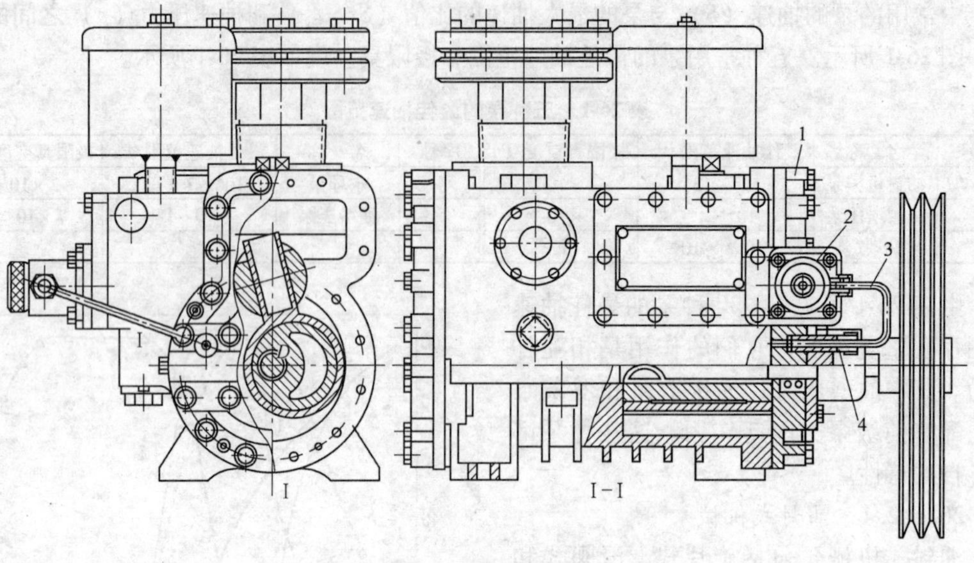

图 26-3 滑阀泵结构图

1—泵盖；2—气镇量调节阀；3—导管；4—逆止阀

26.1.2.2 水环式真空泵

水环式真空泵是借水力流速造成的压力差来抽空的，是一种低真空泵。结构简单而紧凑，制造容易，工作可靠，但效率低。因泵内无转动部分，适用于抽含灰尘、水气和其他易燃易爆或带腐蚀性的气体的场合。水环泵工作原理图如图 26-4 所示。

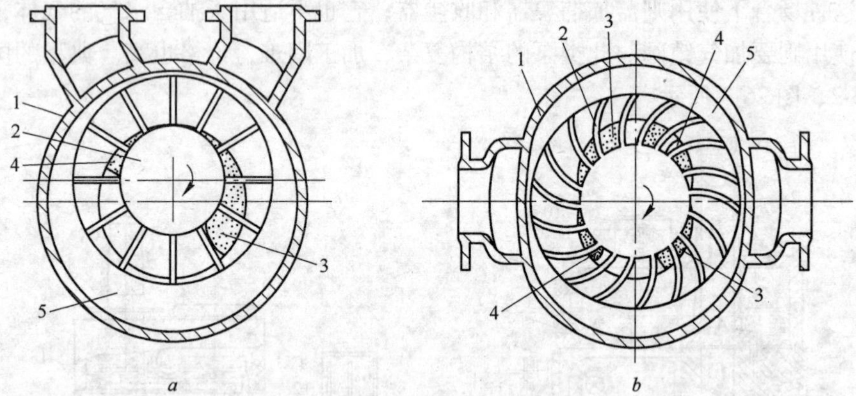

图 26-4 水环泵工作原理图

a—单作用水环泵；*b*—双作用水环泵

1—泵体；2—叶轮；3—吸气口；4—排气口；5—端盖

26.1.2.3 罗茨泵（机械增压泵）

罗茨泵是一种旋转式变容真空泵，在最佳压力范围内具有抽速大、效率高、启动快，对被抽气体中的灰尘和水蒸气不敏感，转子不必润滑，泵腔内无油封等特点，但由于泵内转子和定子间的间隙较大（约有 0.1 ~0.3mm），对抽除氢气类小分子气体效率低。图26-5所示为罗茨泵的结构示意图。

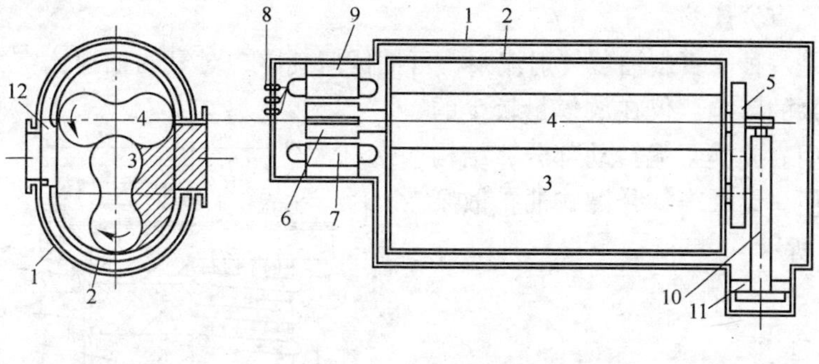

图 26-5 罗茨泵结构示意图

1—真空套的外缘；2—内缘（铸铁）；3，4—活塞；5—齿轮；6—电动机的转子；7—电动机线圈；8—绝缘；9—电动机的水冷装置；10—润滑齿轮用的小油泵；11—储油器；12—在两层内外缘之间与泵的前置压头处的开口

26.1.2.4 油增压泵

油增压泵是一种油蒸气喷射式真空泵，在最佳压力状态下有较大抽速。它适用于系统真空度较高又有大量气体排出的场合。可抽任何气体，对氢的抽气效率尤其高，它的抽速受预真空度的影响较小，即使预真空泵油被污染的情况下也能正常工作。此类泵的结构简单，无转动部分，无噪声，便于操作维护。增压泵结构如图 26-6、图 26-7 所示，国外 $18B_3$ 型增压泵抽气速率曲线如图 26-8 所示。

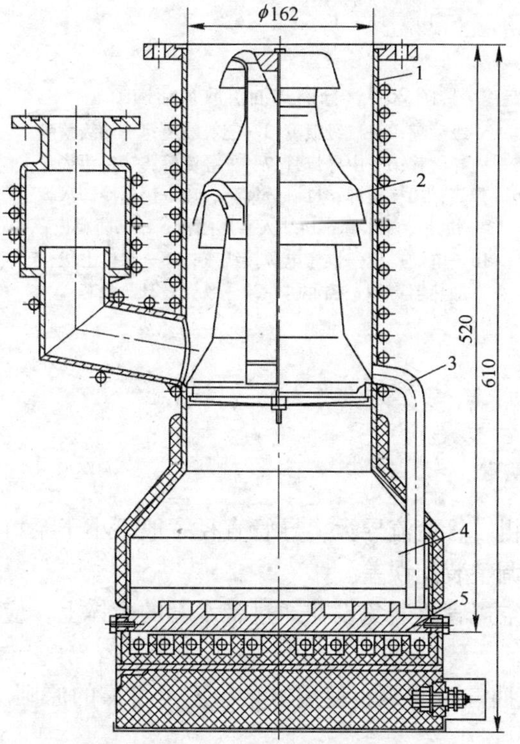

图 26-6 小型双级油增压泵结构图

1—泵体;2—导流管;3—汇流管;4—锅炉;5—电热器

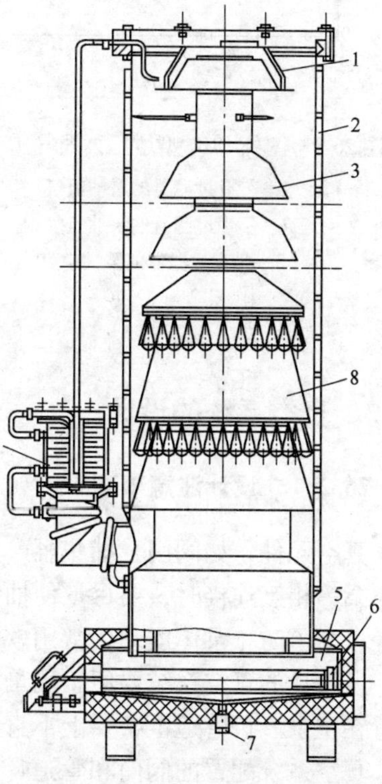

图 26-7 大型五级油增压泵结构图

1—挡油帽；2—泵体；3—导流管；4—挡油阱；5—锅炉；6—加热器；7—放油孔；8—导流罩

26.1.2.5 油扩散泵

油扩散泵是一种高真空油蒸气射流泵，可抽任何气体，对氢的抽速比空气高，其使用功能不受前级泵的影响，仅在放气量较少的情况下作主泵用。此类泵无转动部分，结构简单，操作方便，无噪声。分馏式油扩散泵结构如图26-9所示。

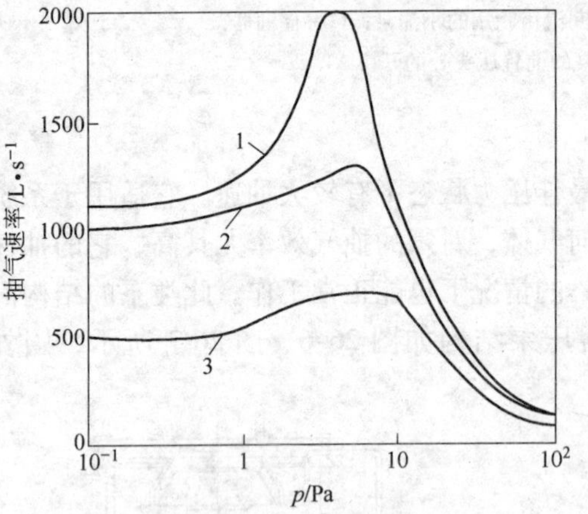

图26-8 国外$18B_3$型增压泵抽气速率曲线

1—带有过滤器的泵抽氢气；
2—不带过滤器的泵抽氢气；
3—带有过滤器的泵抽空气

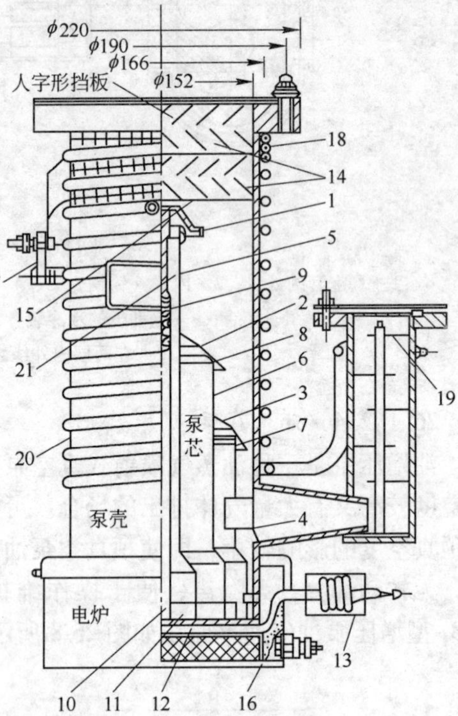

图26-9 分馏式油扩散泵结构图

1—一级喷嘴；2—二级喷嘴；3—三级喷嘴；4—四级喷嘴；5—内导流管；6—中导流管；7—外导流管；8—定距垫片；9—弹簧；10—拉杆；11—分馏环；12—快速冷却水管；13—快速冷却水套；14—人字形挡板；15—防爬板；16—电炉；17—烘烤电源接线座；18—泵体上段加热器；19—挡油阱；20—泵壳；21—泵芯

26.2 真空系统的设计

26.2.1 设计注意事项

真空元件，如阀门、捕集器、收尘器和真空泵等相互连接时，要尽量使抽气管路短而粗，管道流导大，导管直径一般不小于泵口直径。为了防止泵体震动，常用软管减震，并调整装配误差。

所设计的真空系统要便于测量和检漏；真空规管要避免设在通过带水套的壳体上，应设置在主泵入口管道上，要上下直立，勿横放。

真空系统配置的阀门和管道，应符合系统抽气时间短、使用方便、安全可靠的原则。在机械泵入口管道上要设一个放气阀。

真空系统的排气要稳定可靠，安装拆卸维修容易，操作方便。在设计真空系统时，应尽量采用新技术，使之具有自动控制和连锁保护功能，并同时能达到能耗低和造价低的目的。

26.2.2　主泵的选择

选择合适的主泵类型和规格是真空系统设计的关键。主泵应根据反应器所要达到的真空度和工作真空度，被抽气体的种类及其中夹杂灰尘的情况，以及技术经济指标来确定。图26-10和图26-11给出了采用常用的油扩散泵、油增压泵和罗茨泵三种类型的中高真空泵作主泵的技术经济指标比较。如果上述三种泵都适用作某种冶金真空系统的主泵时，必须考察其各自技术经济指标的优劣，最后确定最佳方案。由此可见，在冶金反应器工作压力（p）状态不同的情况下，选用不同泵组会获得不同的技术经济指标。此时必须考察整套真空系统，而不能单独考察主泵。实践表明，冶金反应器工作压力 p 在（0.1～13.3）Pa时，以油增压泵为主泵的真空系统比较经济；$p<0.13$Pa时，以油扩散泵为主泵的排气系统比较经济；$p>13.3$Pa时，以罗茨泵为主泵的排气系统比较经济。主泵的规格大小是按冶金反应器所需的工作压力和最大的排气流量，并同时根据冶金反应器的大小和需用的抽气时间来确定的。

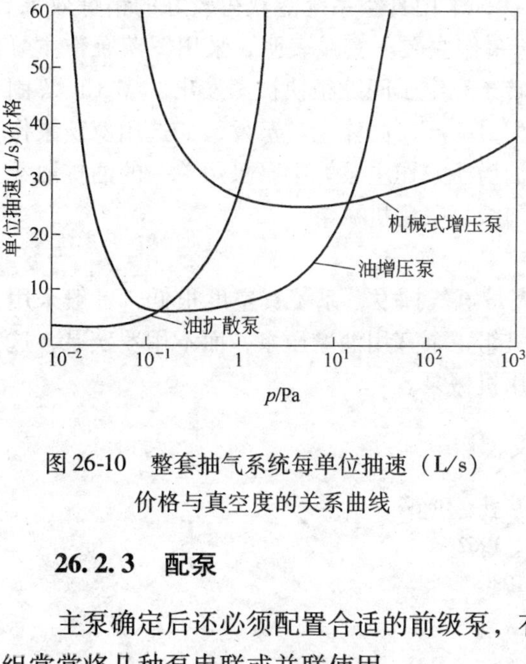

图26-10　整套抽气系统每单位抽速（L/s）价格与真空度的关系曲线

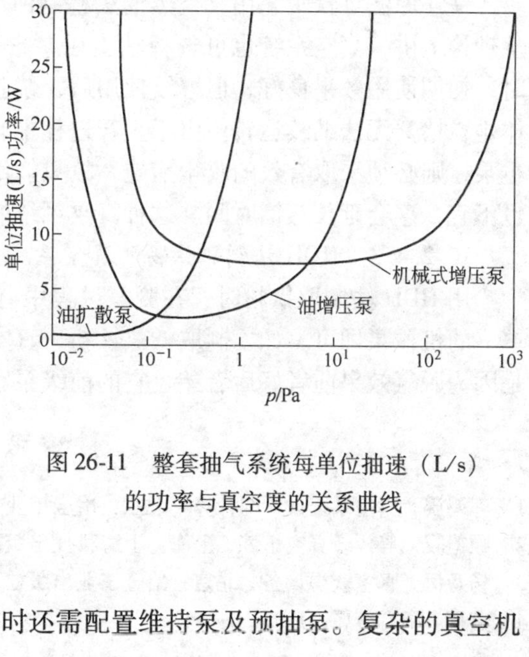

图26-11　整套抽气系统每单位抽速（L/s）的功率与真空度的关系曲线

26.2.3　配泵

主泵确定后还必须配置合适的前级泵，有时还需配置维持泵及预抽泵。复杂的真空机组常常将几种泵串联或并联使用。

前级泵的配置应通过理论计算算出，或根据经验数据选取，也可参考机械工业部制定的推荐值。罗茨泵的前级泵抽速推荐值为罗茨泵抽速的1/10。油扩散泵和油增压泵的前级泵推荐值如表26-2所示。

表26-2　油扩散泵和油增压泵推荐前级泵抽速

油扩散泵抽速/$L\cdot s^{-1}$	180	300	800	1500	3000	6000	14000	25000	55000	100000
推荐前级泵抽速/$L\cdot s^{-1}$	2	4	8	15	30	60	120	240	500	1000
油增压泵抽速/$L\cdot s^{-1}$	200	500	1000	2000	4000	8000	14000	25000	40000	
推荐前级泵抽速/$L\cdot s^{-1}$	15	30	30	60	150	300	600	1200	3000	

真空系统的设计方案应在实践中不断改进，不断完善。

26.2.4 钛冶金真空系统举例

钛冶金中涉及的几个真空系统的实例都有一些共同点，即系统的工作压力稍大，真空度较低，反应器内排气量大并夹带有较多的固体灰尘。这种真空系统属中真空系统，应用普遍，一般需要两个以上的泵串联组成。主泵选用油增压泵-罗茨泵，也可以是单一的油增压泵。下面进行具体介绍。

26.2.4.1 真空自耗电弧炉的真空系统

真空自耗电弧炉是熔炼钛和钛合金的主要炉型，它的真空系统请参考第12章中详细介绍。这种真空系统具有典型性，特别适用于钛锭的熔炼。该系统以油增压泵和罗茨泵为主泵，两泵并联，出口处串联一罗茨泵，再串联前级泵——机械泵。它兼有罗茨泵和油增压泵的双重特点，在真空自耗电弧炉熔炼过程中很宽的工作压力范围内（130～0.1Pa）启动快，抽速很大。

26.2.4.2 镁还原炼钛的真空系统

镁还原法炼钛常采用真空蒸馏法精制海绵钛，采用真空系统能获得较好的精炼效果。从理论上讲，真空系统也可选择油增压泵-罗茨泵作主泵。实践表明，采用罗茨泵作主泵时，初期使用效果良好，但继续使用后，泵腔转子和定子间隙很快被蒸发出的 $MgCl_2$ 等固体尘粒堵塞无法继续运转。由于生产过程中有大量 $MgCl_2$ 固体尘粒蒸发，如选用罗茨泵作主泵，则必须采取有效的收尘措施，故只能用油增压泵作主泵。主泵采用单一的油扩散泵也不宜，这会延长蒸馏时间。这种真空系统的前级泵采用机械泵。

26.2.4.3 HDH 法制取钛粉的真空系统

用 HDH 法制取钛粉时，在脱氢过程中有大量氢气挥发，系统真空度很低，一般采用单一的机械泵即可。如要制取低氢钛粉，真空机组主泵宜用油增压泵，而不用罗茨泵，这是因为脱氢效果前者好后者差。它的前级泵宜用机械泵。

参考文献

1 郭鸿震．真空系统设计与计算．北京：冶金工业出版社，1986

2 顾德骥，等译．真空熔炼．上海：上海科技出版社，1962

3 杨乃恒．真空获得设备．北京：冶金工业出版社，1986

4 莫畏．稀有金属，1992，6：462

27 钛 材 焊 接

焊接是钛设备制造过程中的一项重要工艺，也是一门综合性科学技术。焊接方法很多，要根据钛设备或构件的设计构造和具体的应用条件来选择适宜的焊接方法。

27.1 影响钛材焊接质量的因素

27.1.1 气体杂质对焊缝金属性能的影响

钛具有很高的化学活泼性，与空气中的氧、氮有极高的亲和力。在较低的温度下，钛与氧相互作用生成一层致密的氧化膜，随着温度的提高氧化膜的厚度随之增厚，超过600℃钛开始吸氧并使氧溶解到钛中。温度再高，钛的活性就会急剧增加并与氧发生激烈反应而生成钛的氧化物。钛在300℃以上开始吸氢，在700℃以上开始吸氮。氧和氮对钛污染的结果是使钛强度和硬度增高而塑性降低。氮比氧的影响程度更大，见图27-1。

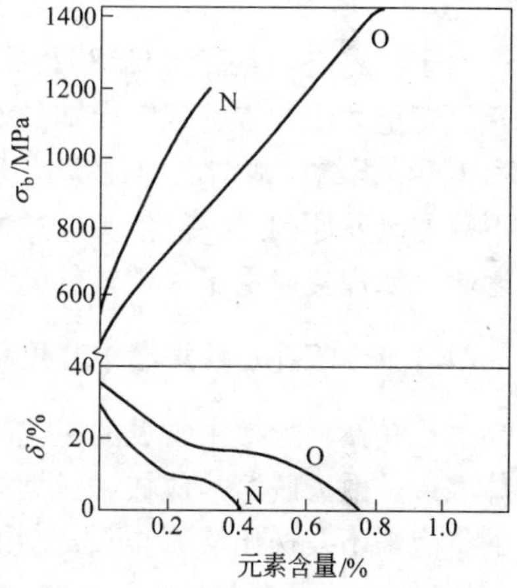

图27-1 氧、氮对钛力学性能的影响

氢在钛中含量从0.01%～0.05%会使焊缝金属的冲击韧性急剧下降，而塑性却下降较少。这说明是氢化物引起的脆性，即所谓的“氢脆”。氢也是引发焊缝产生气孔的根源。

熔化焊焊接过程中，熔池像一个小冶金炉，熔融金属暴露在大气中。如果不采取相应的防护措施使熔融的金属钛与空气隔绝，则氧、氮、氢等气体元素就会熔入钛中，形成脆性氧化物或氮化物，致使焊缝金属的塑性急剧降低，拉伸强度提高，严重的情况下将发生脆断，塑性等于零。

27.1.2 其他杂质对焊缝金属性能的影响

其他杂质是指除气体杂质外，可能熔入熔池的杂质。其来源可能是焊接操作环境不清洁、戴脏手套触摸钛焊件遗留下油污、焊接前用棉纱擦洗接头坡口可能留下的棉絮、焊接生产环境与钢铁焊接生产混合可能产生的铁锈、水分和其他一些有机物等。这些污染物在电弧高温作用下分解出氧、氢、氮、碳等元素，然后溶于熔融的钛中。当这些元素的量超过在钛中的溶解度时，便形成相应的化合物（TiO_2，TiH_2，TiN，TiC）。这些化合物随着熔池结晶而进入钛的晶格中，致使钛的晶格畸变、歪曲，从而改变了钛的力学性能。

有些微量元素少量溶入钛中，如果其量不超过允许的范围还是可以的，有时也是人们所希望的。但超量的杂质元素含量是不允许的，特别是有机物杂质，有百害无一利，这是因为这些杂质元素除使钛焊缝的力学性能变差，降低耐腐蚀性外，还是焊缝中产生气孔的根源。

27.1.3　焊缝金属和接头热影响区的组织变化

钛是有同素异形体转变的金属。在882.5℃开始发生组织的固态转变。882.5℃以下晶体结构为密排六方结构，称为α钛；在高于882.5℃时，α结构的钛转变为体心立方结构的β钛。这个转变过程是熔池由液态变为固态的“瞬间”完成的。而这个“瞬间”长短差异仍对熔池的结晶形式有影响，“瞬间”越长越有利于柱状晶生长。如图27-2所示为“瞬间”长短差异对焊缝组织的影响示意图。

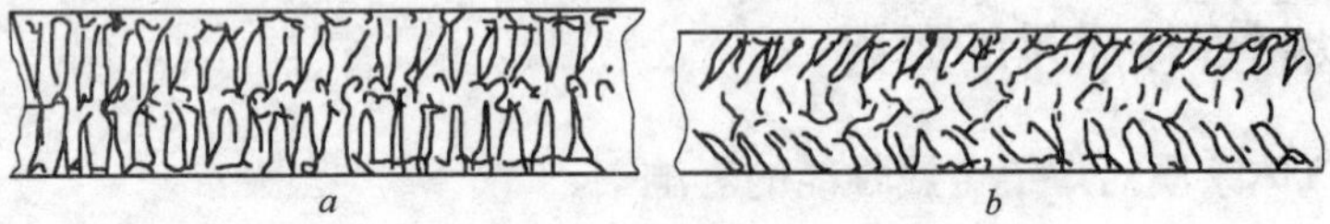

图27-2　“瞬间”长短差异对焊缝组织的影响

a—“瞬间”较长的焊缝组织；*b*—“瞬间”较短的焊缝组织

由于钛具有熔点高（1668℃），热容量大和导热性能差等特性，所以焊接时焊缝受到焊接线能量大小和焊缝强制冷却的好坏影响，焊缝处于高温下滞留的“瞬间”就有差异。“瞬间”稍长给熔池结晶的柱状晶长大和接头热影响加宽提供了条件。这也是焊接接头塑性下降的重要原因之一。接头的拉伸强度断口往往发生在焊缝热影响区。为了降低这一不良影响，钛焊接时尽量采用较软的焊接规范，即用较小的焊接线能量和较快的冷却速度。

27.1.4　气孔是钛焊缝中常见和较难避免的缺陷

气孔是钛材焊接中常见的工艺缺陷。气孔生成的机制是焊接过程中溶入液态金属中的气体经过扩散、脱溶、成核、长大等过程而形成气泡。由于熔池的凝固结晶速度很快，长大的气泡来不及逸出液态金属时就以气孔的形式残留在固态金属中。酿成气孔的氢气和CO等气体主要源自有机物的污染物，经电弧热作用所产生的。有时焊前对焊件和焊材做了充分的清洁、清洗，氩气保护的效果也理想，但焊缝中仍然有气孔。说明起重要作用的污染源还没有彻底清除。实践经验证明，有一个重要的气源往往被忽略，就是空气中的水分。一个对比试验证明了这一点。在两种不同空气湿度的环境中施焊：一种情况是在阴雨天气环境下（相对湿度在90%以上）焊接；另一种是在阳光明媚晴朗天气的环境中（相对湿度小于40%）施焊。其他的焊前清洁、清洗，焊接操作等完全相同。前一种情况焊出的钛焊缝其中存在的气孔既多又大，而后种情况的焊缝没有见到气孔。这充分说明空气的湿度大小是气孔产生的重要原因之一。

27.2　钛材的焊接方法

可以焊接钛的方法很多，对于在不同的钛材应用领域和某种特殊用途的钛材构件制造中，应选择不同的、适宜的焊接方法。钛材的可焊性很好，通常用于钛件及设备制造的焊接方法有以下几种。

27.2.1　手工钨极氩弧焊

钨极氩弧焊属非熔化极电弧焊，是利用钨极与被焊工件之间产生的电弧热熔化被焊件

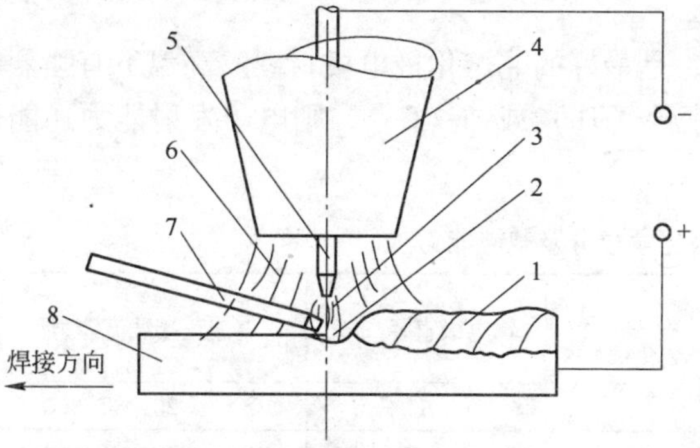

图 27-3 氩弧焊过程
1—焊缝；2—熔池；3—电弧；4—焊嘴；5—钨极；6—氩气流；7—焊丝；8—焊件

的接缝并使焊件熔在一起，焊接过程中可以填加焊丝也可以不加焊丝，且钨极、熔池、焊缝的近缝区以及填加焊丝的熔化端都应处于氩气的保护中，如图 27-3 所示。

施焊一般采用非接触式的高频引弧，弧长控制在 1.0 ~ 1.5 倍电极直径。角焊缝时弧长可稍长，焊嘴向后（反焊接方向）倾斜 75°。焊接电流是电弧焊的最重要技术参数，它对焊缝熔深、焊速、熔敷金属量以及焊缝质量有直接的影响。钨极氩弧焊焊钛通常采用正接法的焊接电源，即正极连接焊件，负极连接焊把。正接法电弧所产生的热能 30% 集中在钨极上，而 70% 的热能集中在被焊件上，所以相对反接法而言，熔深较深。电弧自开始引弧到熄弧必须与氩气供给和停气的时刻相匹配，即电弧引弧前提前供气，而电弧熄弧后氩气必须滞后停气，见图 27-4 和图 27-5。

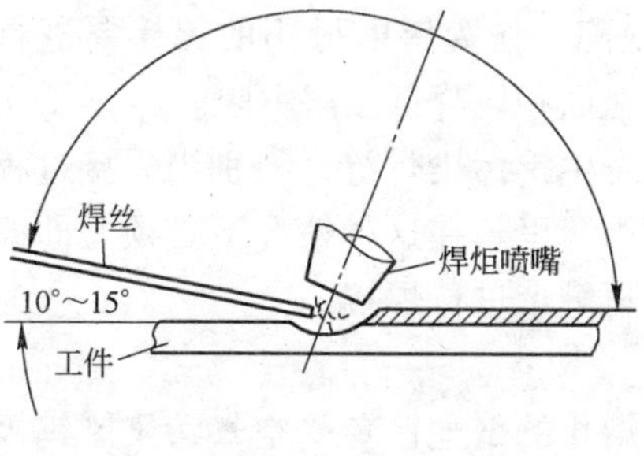

图 27-4 焊丝与工件之间的相对位置示意图

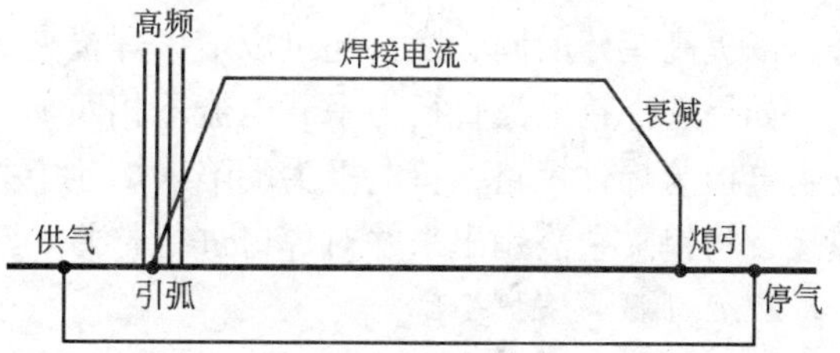

图 27-5 氩气供给提前与滞后

27.2.1.1 后拖氩气保护罩

钨极氩弧焊施焊过程中电弧随焊枪而向前移动，已凝固的焊缝和热影响区还处于温度较高状态，光靠焊嘴的氩气保护不了所有高温区，所以在焊嘴后面必须紧跟一个辅助的氩气保护罩。

保护罩的形状可以根据所保护的焊缝轨迹而不同，但制造保护罩的基本原则是一样的。罩的高度是宽度的 1.5 倍。图 27-6 是最常见的直缝保护罩。

保护罩用薄紫铜板（厚 0.5mm 左右）和管做成。氩气进入氩气室后再从气室上部的小孔（ϕ1.0mm，且密布）中喷出，再回转至筛板（钻有多孔的隔板），这样，氩气就比较平稳地落在焊缝上，且氩气重下沉，可靠地排除了焊缝上的空气，并获得焊缝的良好保护效果。

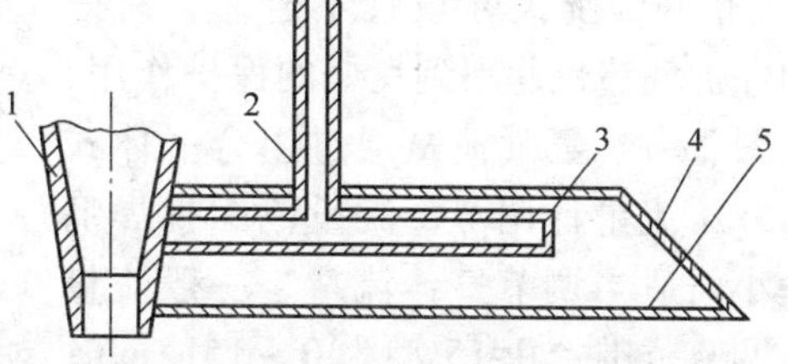

图 27-6 喷嘴及尾拖罩示意图
1—主喷嘴；2—进气管；3—氩气均气管；4—外壳；5—铜网

27.2.1.2 钨电极

钨是熔点最高的金属，熔点为3400℃，是最好的非熔化极电极材料。高温下有强烈的电子发射能力。如果在钨中加微量稀土元素钍（Th）或铈（Ce），则电子发射能力还能进一步提高，载流能力也明显提高，见表27-1。

表27-1 钨电极化学成分及载流能力

钨电极种类	钨电极形状	化学成分/%		钨电极直径/mm	直流正接载流能力/A
		氧化钍	氧化铈		
WTh-7	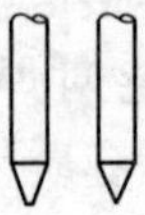	0.10~0.99		$\phi1.0$	20~80
WTh-10		1.0~1.49		$\phi1.6$	70~150
WTh-15		1.5~2.0		$\phi2.0$	100~200
WTh-30		3.0~3.5		$\phi3.0$	200~300
				$\phi4.0$	300~400
				$\phi5.0$	420~520
				$\phi6.0$	450~550
WCe-5			0.5	$\phi1.0$	20~80
WCe-13			1.3	$\phi1.6$	50~160
WCe-20			2.0	$\phi2.0$	100~200

市场上供应的钨棒表面有疤痕、裂纹、毛刺等缺陷。作为钨电极用的钨棒要进行打磨，以提高钨棒的同心度，还可以增大焊枪夹头的接触面积以降低接触电阻。

如果选择钨电极直径与承载电流不相匹配，容易发生钨污染焊缝，特别当焊接过程中发生电极与焊件短路，钨电极尖端陷入熔池中并断在焊缝里。在这种情况下必须立即停止焊接，将钨夹杂渣剔出来并对焊口进行整修。清洗后再继续进行焊接。

27.2.1.3 保护气体

保护气体从焊嘴喷出覆盖了整个钨极长度和电弧熔化的熔池区免受空气污染。钨极气体保护焊所用的保护气是惰性气体氩或氦，或氩氦混合气，其他的惰性气体因为自然界存在很少，价格昂贵而不被采用。氩气的导热系数小，在电弧作用下不发生分解吸热，所以氩气的热损耗较少，电弧电压较低，约为8~15V。保护效果好坏除保护气体的纯度（>99.98%）很重要外，还与焊嘴几何尺寸设计有关，即能保证由焊嘴喷出的氩气流为层流而不能是紊流。经验证明，焊嘴（陶瓷焊嘴）的喷口直径与焊嘴高度相匹配，一般情况下焊嘴高度为喷口直径的1.5倍，焊嘴尺寸设计不合理，有好的保护气体也起不到良好的保护作用，见图27-7。氩气流量通过组合一体式的减压流量计调节，流量范围视焊嘴大小而适当调节气体流量，一般流量计调节范围：JL-15型为0~15L/min；JL-30型为0~30L/min。

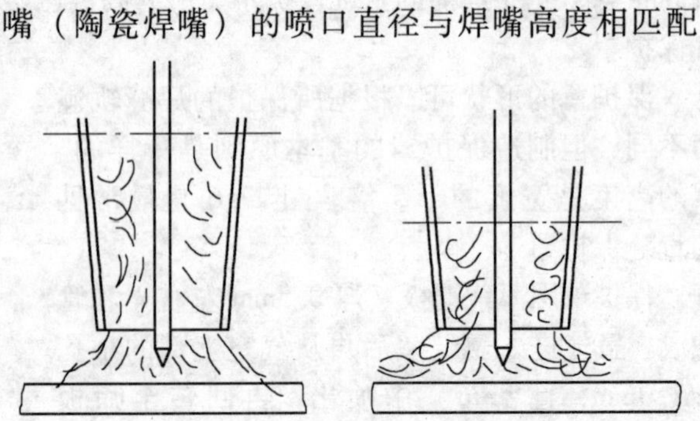

层流　　紊流

图27-7 保护气体喷出形式

27.2.1.4 焊枪

钨极氩弧焊焊枪除了夹持钨电极、

馈送焊接电流外，还要喷射保护气。小电流焊枪（不超过200A）需用压缩空气冷却，大电流焊枪（500A以下）需用水冷却。焊枪的结构以及焊枪的型号与规格见表27-2。

表27-2 焊枪型号及规格

型 号	冷却方式	出气角度/（°）	额定焊接电流/A	适用钨极尺寸/mm 长 度	适用钨极尺寸/mm 直 径	开关形式	质量/kg
PQ1-150	循环水冷却	65	150	110	ϕ1.6，2，3	推 键	0.13
PQ1-350		75	350	150	ϕ3，4，5	推 键	0.3
PQ1-500		75	500	180	ϕ4，5，6	推 键	0.45
QS-0/150		0（笔式）	150	90	ϕ1.6，2，2.5	按 钮	0.14
QS-65/700		65	200	90	ϕ1.6，2，2.5	按 钮	0.11
QS-85/250		85（近直角）	250	160	ϕ2，3，4	船形开关	0.26
QS-65/300		65	300	160	ϕ3，4，5	按 钮	0.26
QS-75/400		75	400	150	ϕ3，4，5	推 键	0.40
QQ-0/10	气冷却（自冷）	65	10	100	ϕ1.0，1.6	微动开关	0.08
QQ-65/75		0~90（可变角）	75	40	ϕ1.0，1.6	微动开关	0.09
QQ-0~90/75		85（近直角）	75	70	ϕ1.2，1.6，2	按 钮	0.15
QQ-85/100		0~90	100	160	ϕ1.6，2	船形开关	0.2
QQ-0~90/150		85	150	70	ϕ1.6，2，3	按 钮	0.2
QQ-85/150-1		85	150	110	ϕ1.6，2，3	按 钮	0.15
QQ-85/150		85（近直角）	150	110	ϕ1.6，2，3	按 钮	0.2
QQ-85/200			200	150	ϕ1.6，2，3	船形开关	0.26

27.2.1.5 判断氩气保护效果

根据焊后焊缝及热影响区表面的颜色可以判断出氩气保护的效果，见表27-3。

表27-3 焊缝表面颜色与氩气保护效果之间的关系

钛焊缝颜色	银白、金黄	橙 黄	蓝 紫	青 灰	有一层氧化钛粉
氧化皮厚度/nm	34~34.9	43.6~49.2	51~51.5	53.6~54.2	>55
保护效果判定	最 好	良 好	较 好	不 良	最 坏

依焊缝表面颜色判断氩气保护效果，只是对第一次引弧到熄弧这一短时间内的表现效果，并不能完全说明焊缝金属的氧化程度和含氧量。如果焊缝金属因氩气保护不好已呈蓝色，再重新调整氩气保护措施并在旧焊缝上再焊一遍，焊缝金属的颜色又会呈现银白色，这不能说明氧化膜厚度又减薄了，而是氧化膜部分被焊缝金属熔解吸收了。焊缝金属中的氧含量增加了，焊缝金属的硬度也有所增高。因此，钛焊缝尽量避免重复焊接，修补焊要有次数限制。

27.2.1.6 钨极氩弧焊机

钨极氩弧焊机分手工和自动两类。手弧焊机由焊接电源及控制系统、焊枪、气路、冷却水路等部分组成，见图27-8。焊接电源是具有陡降外特性的直流电源，如直

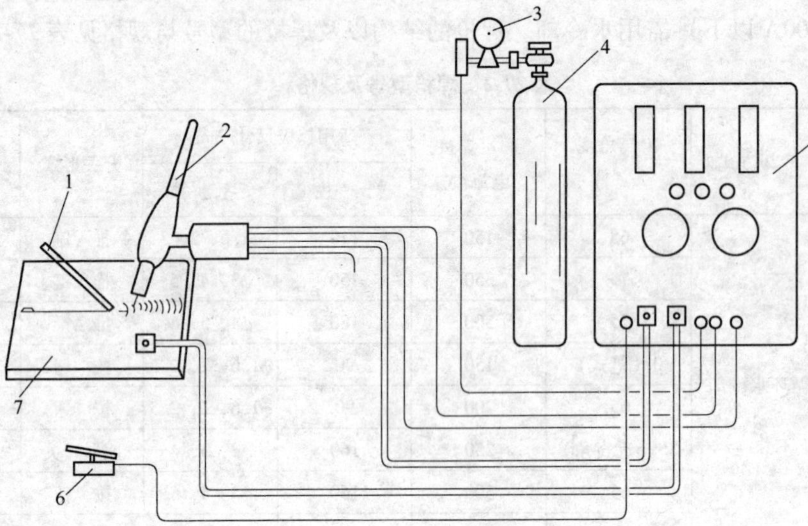

图 27-8 手工钨极氩弧焊机

1—填充金属；2—焊枪；3—流量计；4—氩气瓶；5—电源；6—脚踏开关；7—焊件

流弧焊发电机、磁放大器式弧焊整流器、可控硅整流弧焊电源、晶体管弧焊电源、逆变式直流电源等皆可用于钛的钨极氩弧焊。钨极氩弧焊电源都配有高频振荡引弧装置，目的是避免接触引弧可能造成的钨极对焊缝金属的污染。高频振荡引弧器串接在焊接电流回路中，其工作频率为 150～260kHz，1500～3000V 的高频高压电，借以击穿钨电极与工作之间的空隙而引燃焊接电弧。引弧后自动切断高频振荡器的电源，以防止高频高压伤人。

27.2.1.7 焊接电源衰减装置

常见的焊缝缺陷之一是在焊缝的结尾处出现焊缝下陷弧坑，并伴随出现龟裂，这是由于焊接电流突然断路，熔池的冷却速度骤增，熔融金属凝固过快又缺乏液态金属对结晶缩孔的补充所致。

焊接电流衰减装置的作用是在焊接停止时，引导焊接电流逐渐减小，降低熔融金属在凝固时的冷却速度，使弧坑得以填满，避免了龟裂缺陷出现。

焊接电流衰减功能对直流弧焊机而言实现比较简单。切断原动机电源，利用旋转惯性实现焊接电流衰减，对整流式焊接电源则利用控制绕组中的电流衰减和控制给定信号实现焊接电流衰减。

27.2.2 钨极氩弧焊焊接工艺

27.2.2.1 接头与坡口制备

在钛设备制造和钛材焊接构件中，各种接头形式都会遇到，如对接、搭接、角接、管板焊接等接头形式。板厚一般为 1.0～10mm，在一般特殊用途甚至用更厚的钛板，还有不同厚度钛板相接。接头与坡口制备对获得优质焊缝是很重要的。表 27-4 列出各种形式的接头尺寸。

表 27-4 各种接头尺寸

接头形式	坡口形式	简图	板厚 δ/mm	间隙 b/mm	备注
对接接头	单卷边	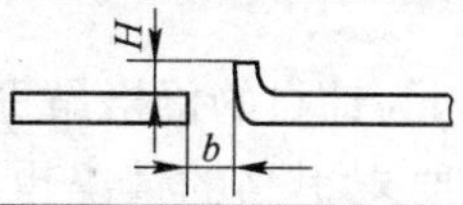	≤1	0~0.5	H2mm
	双卷边	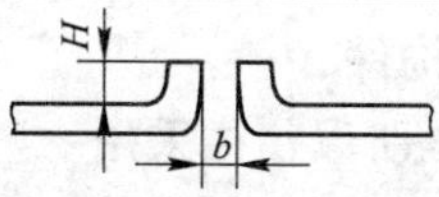	≤1	0~0.5	H3mm
	I 形坡口	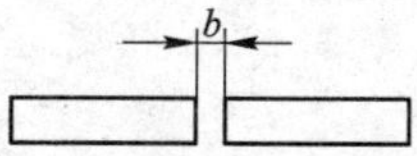	<0.6 0.6~0.8 1~2 2~3 3~4	0~0.15 0~0.2 0~0.3 0~0.4 0~0.5	
		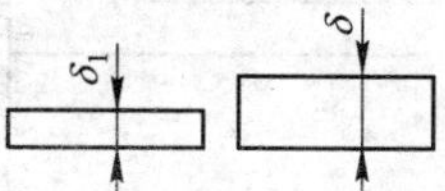	0.8~2	0~0.4	$\delta<2\delta_1$
		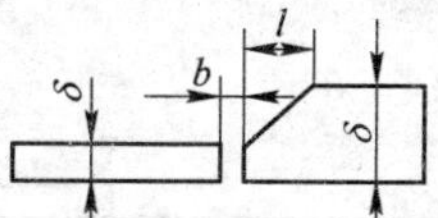	约 1 1.6~2.0 2~3	0~0.2 0~0.3 0~0.4	$\delta>2\delta_1$ $l>2\delta_1$
	V 型坡口	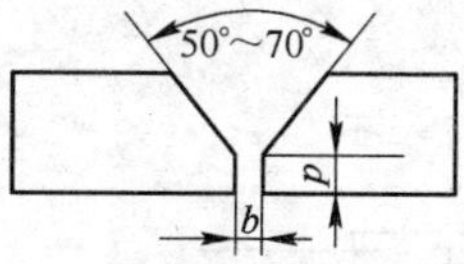	3~4 3~12	0~0.5 0.5~1.0	p1.5~2mm 加填加金属
	X 型坡口	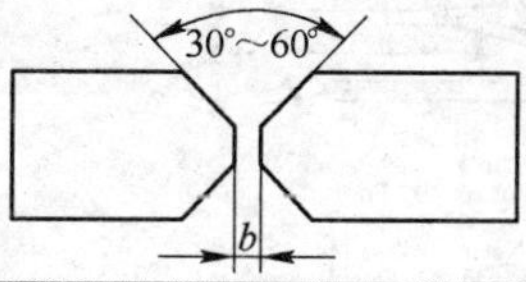	6~18	钝边 0.75~1.0 0~1.2	加填加金属

27.2.2.2 焊前清理

钛材焊件以及焊丝（填充丝）很容易被污染，如钛材生产过程用的润滑剂残留以及氧化膜、油污、油漆、涂层、手印等。如果这些污染物不在焊接前清除掉，将会在焊接时与电弧热作用分解出有害杂质溶于焊缝金属中，对焊缝质量产生不良影响。

A 化学清理

用于钛材去氧化膜的酸洗液配方见表 27-5。

表 27-5 钛材酸洗溶液配方及规范

配方号	组分	浸洗时间	冲洗
1	HCl350mL/L，$HNO_3$60mL/L，NaF50mL/L，H_2O 余量	室温下 3min	冷净水
2	HF10%，$HNO_3$30%，H_2O60%	室温下 1min	

B 机械清理

钛件的焊口、坡口表面机械清理也很重要，用刮的方法最为适宜。由于打磨、喷砂、打砂纸等都会在焊口区留下粗糙的表面，粗糙表面极易藏有微粒污染物，且用丙酮或乙醇等擦拭时也易被残留棉絮所污染，刮后钛材焊口表面有较高的光洁度，没有污染物存在。

C 组装（装配）与焊接

钛材的构件和设备一般都是薄壁构件。因为钛材的价格昂贵，钛材构件设计者和使用者不得不考虑这个因素，即使对构件的强度要求很高的情况也不会允许采用过厚的钛构件，采用钛-钢复合板可以替代大厚度的纯钛构件。

薄壁钛材构件在焊接过程中很容易变形，所以往往采用一些辅助夹具将构件夹紧后再焊接，如薄板较长的焊缝应采用琴键式气动夹具将构件夹紧。见图 27-9。

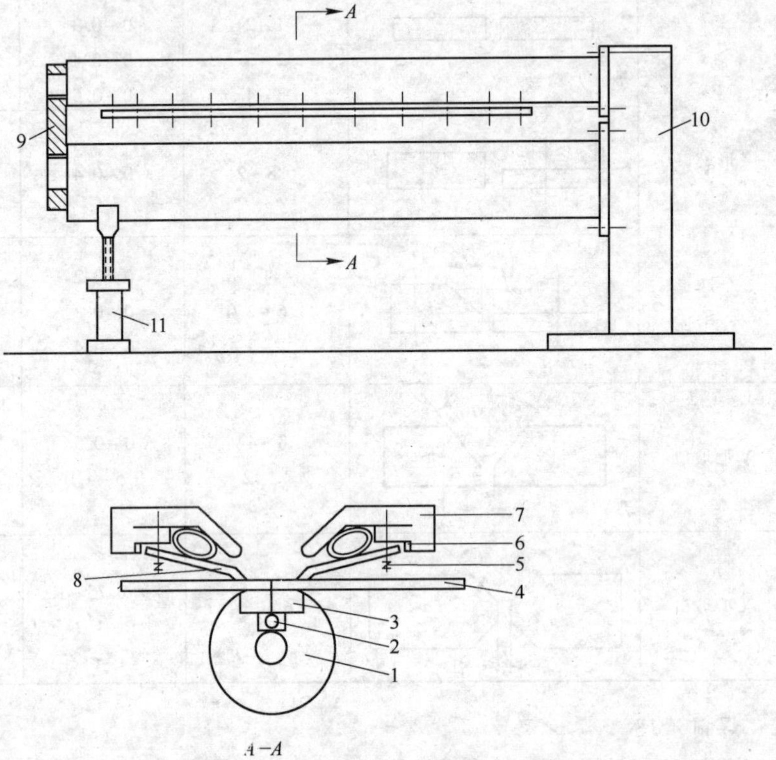

图 27-9 琴键式气动夹具

1—支撑台；2—背面通气管；3—铜垫板；4—焊件；5—螺丝 + 弹簧；6—气袋；7—气袋支撑架；8—琴键块；9—连接锁；10—台架；11—千斤顶

气动夹具操作顺序：钛焊件放在铜垫板 3 上，铜垫板的纵向长度就是整个夹具的长度，沿夹具长度纵向排列安装数个（或数十个）琴键压块 8，这些琴键压块其一端用螺丝加上弹簧 5 固定在气袋支撑架 7 上，而且有上下一定的活动范围。当气袋 6 即水龙带里充满压缩空气时，气袋就膨胀并将琴键压块压下，同时压紧焊件 4。因为琴键是单个固定在支架上的，所以承受气袋压力也是均衡的，整个焊件板面受压力也是均匀的。再通过背面氩气送气管 2 提供背面保护气后即可施焊（手工焊或自动焊）。再说明一点，左右两个气袋支撑架与支撑台 1 之间有一个可拆卸的连接锁 9，气袋充气前必须将连接锁装上。焊接完毕后，通过气阀将压缩空气放掉，卸下连接锁，焊件即可拿出夹具。

若遇焊件的形状复杂，焊缝轨迹不规则，宜用点固焊装配后采用手工焊比较方便可行。钛材手工钨极氩弧焊焊接规范见表27-6。

表27-6 钛材手工钨极氩弧焊焊接规范

对接板厚/mm	填充焊丝直径/mm	焊接电流/A	氩气流量/L·min^{-1}	
			焊 枪	背 面
1.2	不 填	65	5	1~2
1.5~2	不 填	90	7	3
0.5~0.8	ϕ1.5	15~50	6~8	2~3
1.0~1.2	ϕ1.5~2.0	40~60	6~8	2~3
1.5~1.8	ϕ1.5~2.0	60~80	8~10	2~3
2.0	ϕ2.0~2.5	70~100	8~10	2~4
2.5	ϕ2.0~2.5	100~130	10~12	2~4
3	ϕ2.5~3.0	120~160	10~12	2~4

长焊缝或筒形纵焊缝应用自动焊。因为焊枪行走平稳，自动填丝速度均匀，焊出的焊缝美观，焊缝质量高，生产效率高。缺点是焊接成本高，焊前辅助时间较长，所以自动焊的应用不很普及。自动钨极氩弧焊焊接规范见表27-7。

表27-7 钛材自动钨极氩弧焊焊接规范

对接板厚/mm	填充丝直径/mm	焊接电流/A	焊速/m·h^{-1}	氩气流量/L·min^{-1}		
				焊 枪	后 拖	背 面
0.8	不 用	40~80	20~40	6~8	3~5	12~15
1.0	不 用	65~100	25~40	6~8	3~5	12~15
1.2	不 用	70~120	25~40	6~8	3~5	12~15
1.5	不 用	70~140	25~40	6~8	3~5	12~15
1.8	不 用	80~140	25~40	6~9	3~5	12~15
2.0	不 用	100~150	25~40	6~9	5~7	12~15
2.5	不 用	140~200	25~30	7~10	5~7	15~17
3.0	不 用	180~200	25~30	7~10	5~7	15~17
1.0	ϕ1.5	80~120	25~40	6~8	3~5	12~15
1.2	ϕ1.5	100~140	25~40	6~8	3~5	12~15
1.5	ϕ1.5	140~180	25~40	6~8	3~5	12~15
2.0	ϕ2.0	180~200	25~30	6~8	5~7	12~15
3.0	ϕ2.0	200~260	22~25	7~10	5~7	12~15

27.2.3 直流脉冲氩弧焊

直流脉冲钨极氩弧焊，从焊接技术角度看较手工、自动氩弧焊又前进了一步。它可以独立地调节焊接峰值电流 I_p，基值电流 I_b，脉冲宽度 T_p，脉冲周期（频率），脉冲波形变化，见图27-10。

常用的直流脉冲钨极氩弧焊的频率范围为0.3～10Hz。它与直流钨极氩弧焊相比，其优点有：（1）增大焊缝的深宽比；（2）薄板焊接或厚板打底焊时，既能保证焊件焊透又能防止烧穿，靠的是峰值电流与基值电流及时转换；（3）减小热影响区范围；（4）增大熔池的搅拌作用，峰值电流有较大的电弧力，对熔池产生搅拌作用，有利于减少接头内可能产生的气孔。

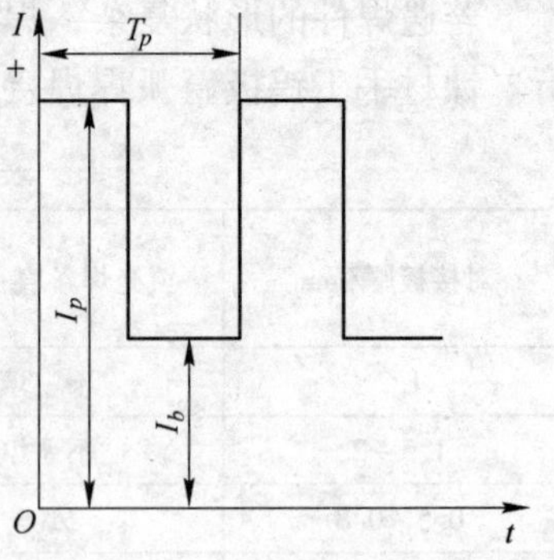

图 27-10　脉冲电流图

27.2.4　激光焊

激光焊也成功用于钛部件或钛设备制造中。核反应堆中的钛包壳盒，它是一个薄壁方形直筒，口径尺寸约为1.5mm×220mm×220mm×2000mm。由于整个制作上的困难就采用两个“冂”形型材对接成方形筒体，再采用激光焊焊两侧两道焊缝。该钛焊件要求尺寸精确，外形平直。

利用激光焊具有高能量密度的特点，又可以在大气中施焊，加以适当的氩气保护可以获得焊缝很窄，热影响区很小，焊件变形极小的钛焊件。

27.2.5　电阻焊

电阻焊有点焊和缝焊两种。用于U-2全钛无人驾驶飞机机翼蒙皮与骨架焊接的是缝焊。电阻焊要求焊件接触面的粗糙度和清洁度均匀一致，避免焊缝质量差异。电极材料采用半径相同的弧形面滚动电极，材质为镉铜、铬锆铜或铍钴铜，焊接需用氩气保护。点焊则不需氩气保护，点焊时间很短（<0.2s），速度又非常快，但有热裂和冷裂倾向。

27.2.6　摩擦焊

摩擦焊焊钛不存在困难，为获得优质接头，要求焊接操作迅速准确。焊件接触面高速旋转，线速从250m/min到630m/min，摩擦加热至顶锻温度需1～4s，立即顶锻并挤出接触面上的金属。钛材摩擦焊焊接速度较高，顶锻力较小，可获得与母材等强度的抗拉接头。

27.2.7　扩散焊或扩散钎焊

钛的扩散焊焊缝用肉眼很难看出连接表面的金相组织变化痕迹，钎料扩散到母材中，接头强度比熔焊接头强度还高。优点是空气对焊缝污染少，变形小，节省材料，但要求待焊表面清洁度高，清除一切杂物。

扩散焊是在真空或保护气氛下对钛进行焊接。扩散焊的工艺参数为温度、压力、时间等。在真空中，870℃和6.9MPa压力下接触面金属蠕动并相互填入接触面空穴，10min内大于90%的接触面相接触。温度低用较大压力，温度高用较小压力。在必须控制总变形率的情况下，所施压力是有一定范围的。焊接时间最少为0.5～1.5h，时间更长些更好，但要防止晶粒长大。钛-铝扩散焊，温度490℃，压力10MPa，时间20min。

扩散焊进一步发展了的形式是在钛件表面上先镀一层铜或镍，或夹一层0.05～0.03mm的铜或镍。在900～950℃接头接触面发生共晶反应，像钎料一样填满接头间隙，在该温度下保温1~4h，使共晶体充分扩散并成为固相接头。该焊接工艺已用于制造飞机蒙皮带有筋条的钛合金，喷气发动机圆筒壳体和空心叶片。

其他一些对钛构件或钛设备制造无太多用处的焊接方法在此不再介绍。

27.3 焊接安全

为了防止电弧光中的紫外线和红外线灼伤皮肤和刺伤眼睛，钨极氩弧焊操作者焊前必须戴好头罩、手套，穿好工作服、工作鞋，没有皮肤裸露，焊帽上的滤光片采用中等深浅颜色。在确保焊接区不能有明显的风吹动以防止扰乱氩气保护流的情况下，要有适当的通风设施，因为焊接过程中电弧作用下会产生一定量的臭氧和一氧化氮（NO），这些气体对人体健康都有不良的影响。

钨极氩弧焊的钨电极应采用钨-铈合金棒。钨钍电极固然有很大优点，但其中元素钍是放射性元素，长期接触或因打磨钨电极时的灰尘对人体健康是有害的。

化学清理使用的HNO_3和HF酸，对皮肤有很强烈的灼伤性，且不易痊愈，用时要慎重，并防止溅到人身上、烧伤眼睛和皮肤。

用电子束焊要防止高压束流下产生的X射线，观察孔要安装铅玻璃。

焊接工作离不开“电”。不同的焊接方法会接触到不同电压的电源，电压从几十伏到几十万伏，要慎重操作与维护，防止电伤人。

电阻焊会产生火花飞溅，切勿伤眼。

参考文献

1 《稀有金属手册》编辑委员会．稀有金属手册（上册）．北京：冶金工业出版社，1992
2 石玉峰．钛技术和应用．西安：陕西科学技术出版社，1989
3 史耀武．材料焊接工程．见：中国材料工程大典．北京：化学工业出版社，2006，23
4 俞尚知．焊接工艺人员手册．上海：上海科学技术出版社，1991
5 邓青元，等译．钛合金的扩散焊接．北京：国防工业出版社，1986

28　钛和钛合金的切削加工

钛及钛合金同其他金属结构材料比较，它具有三个显著特点：比强度高，中温性能好和耐腐蚀。钛合金按照使用特点，可以划分为结构钛合金，热强钛合金，耐蚀钛合金等。但是钛及钛合金是属于加工性能很差、很难加工的塑性材料。

28.1　钛材的切削加工性

28.1.1　切削加工性比较

金属材料切削加工性是表征金属被切削加工难易程度，用数字来表达在相同刀具寿命下该金属切削的可能性，仅有比较的含义。

同其他金属材料切削加工性的比较，钛和钛合金是属于难加工的塑性材料。在室温下，钛合金的比拉伸强度为高强度结构钢的1.26倍，为高强度铝合金的1.38倍。所以在机械切削加工中要比高强度合金结构钢、高强度铝合金困难得多。而钛和钛合金之间相比，工业纯钛的切削加工优于钛合金。影响钛合金切削加工性的因素除合金元素和其含量外，还有它的状态。同种合金在退火状态下的切削加工性优于固溶时效的。按照合金在平衡和亚稳定状态的相组成，钛合金可以划分为α型、近α型、α+β型、β型和近β型五类，而其中β型钛合金的加工性最差，α型和近α型钛合金切削加工性比较好，α+β型钛合金居于β型和α型之间。其切削加工性能与其他金属比较见表28-1。

表28-1　钛和钛合金同其他金属材料切削加工性比较

材料名称	材料状态	切削加工性	材料名称	材料状态	切削加工性
2017铝合金	固溶处理+人工时效	300	Ti-6Al-4V钛合金	退火状态	22
铅黄铜		200	Ti-8Al-1Mo-1V钛合金	退火状态	22
B1112回硫钢①	热轧状态	100	Ti-6Al-2Sn-6V钛合金	退火状态	20
1020碳素钢	冷拉状态	70	Ti-6Al-4V钛合金	固溶处理+时效	18
4340合金钢	退火状态	45	Ti-6Al-2Sn-6V钛合金	固溶处理+时效	16
工业纯钛	退火状态	40	Ti-13V-11Cr-3Al钛合金	退火状态	16
302不锈钢	退火状态	35	Ti-13V-11Cr-3Al钛合金	固溶处理+时效	约12
Ti-5Al-2.5Sn钛合金	退火状态	30	A4340合金钢	淬火+回火(50HRC)	10
A4340合金钢	淬火及回火(40HRC)	25	HS_{25}钴基合金	退火状态	10
Ti-8Mn钛合金	退火状态	25	Rene′41镍基合金	固溶处理+时效	6

①以B1112（回硫钢）为标准、设定其切削加工性为100。

28.1.2　钛和钛合金切削加工的特点

钛和钛合金切削加工的特点有：

(1) 钛和钛合金的导热性差，是不良导热体金属材料。由于导热、导温系数小，尤其是钛合金的导热系数只有工业纯钛的1/2，45号钢的1/6，因此在切削加工中所产生的高热量不能迅速溃散，刀具切削刃与切屑的接触长度短，使切削热积聚于切削刃周边的小面积内不易散发，使刀具温度特别是刃尖温度急剧上升，导致刀刃红硬性下降，迅速磨损，还易于造成切屑氧化，甚至引起燃烧，发生事故。表28-2是铸造钛和钛合金的热导率，图28-1表示切削加工钛和钢刀具温度的比较。

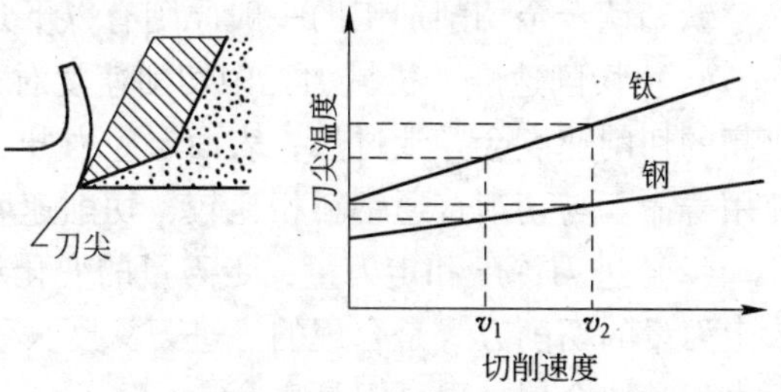

图28-1　切削加工钛和钢刀具温度的比较

表28-2　十种铸造钛和钛合金热导率

合金牌号	工业纯钛			ZTA5	ZTA7	ZTA15	ZTC3	ZTC4	ZTC5	ZTC6	45号钢
	ZTA1	ZTA2	ZTA3								
热导率（20℃）$\lambda/W\cdot(m\cdot℃)^{-1}$	19.3	19.3	19.3	8.79	8.8	6.0	8.4①	8.8②	8.4	7.10③	50

①94℃下的λ；②100℃下的λ；③92℃下的λ。

(2) 钛和钛合金具有高的化学活性。在切削加工过程中随着切削温度的升高，易与空气中的氧、氮、氢、一氧化碳、二氧化碳、水蒸气等发生化学反应，使间隙元素O、N、H的含量增高，使切屑和工件表面氧化，表层变硬，切屑难于塑性变形，而是呈弯曲状挤裂锯齿形体，切屑与刀刃的接触长度减小，致使刀具单位面积上所承受的切削力增加，使刀尖部位应力集中，同时刀具的前刃面与切屑摩擦，后刀面与加工体表面摩擦，限制切削速度提高，这就导致了刀具迅速磨损与崩刃。

(3) 钛和钛合金的弹性模量小，屈强比为0.85~0.95（钢为0.65~0.75），其弹性模量仅为钢的1/2，在切削加工过程中容易产生较大变形和回弹、扭曲、滑移、振动，造成加工件几何形状差，精度降低，表面粗糙度增大，刀具加剧磨损。

(4) 钛和钛合金的变形系数小于或接近1。这样在切削加工过程中，增加了切屑在前刀面上滑动摩擦频率，从而使刀刃加速了磨损。

(5) 钛和钛合金在切削过程中黏刀现象严重，这是由于钛的亲和性大，切削很容易黏附在刀刃上，使刀具和加工件间摩擦力剧增，摩擦产生的大量热量使刀具寿命大大降低，同时也增大了表面粗糙度。

(6) 钛和钛合金的功用不同，所要求的性能和状态也不同，因而使得它们的热处理工艺和组织状态也不同。同一种牌号的合金在不同状态下的切削加工性出现很大的差别，从表28-1见到，Ti-6Al-4V合金，退火状态下的切削加工性为22，经（固溶+时效）处理后就变为18，降低了近20%。

(7) 机械加工方法不同，钛和钛合金切削加工的困难程度也不相同，按机械切削加工由易至难的排序为：车削、刨削、铰削、钻孔、铣削、螺纹、拉削、攻丝、磨削。但钻小直径深孔及深孔攻丝更困难。

28.1.3　钛和钛合金切削加工的一般原则

钛和钛合金切削加工的一般原则有以下几点。

（1）切削速度：机械加工中切削速度对刀（刃）具及切削温度具有极为重要的影响。过高的切削速度会导致过热，表面层应力开裂，工件表面氧化，刀具重磨频增，缩短刀具使用寿命。与切削普通钢料相比较，切削速度要低得多。

（2）进刀深度和走刀量：走刀量的变化对刀刃温度变化不大，因此，减低切削速度增大走刀量的切削方式是合理的。进刀深度大可以使刀尖避开坚硬的氧化表层和皮下气孔层而直切基体金属，提高刀具寿命。

（3）切削加工中的切削力和所需功率：切削力是很重要的，它决定着切削加工中所需求的功率；推力或分离力决定着加工零件获得的尺寸精度。采用正常的估算法，得出车削和铣削时需要的功率（即通过测量切削加工时加工刀具驱动电机的输入功率减去刀具装置的重量或空转功率而获得）。在大多数切削加工中所需动力的正确估算，可以从单位功率需求预算得出。表28-3为钛与其他几种重要合金在车削、钻削或铣削时所需的平均单位功率的比较。图28-2为切削加工钛和钛合金与钢和铝材所需要的切削力的比较。

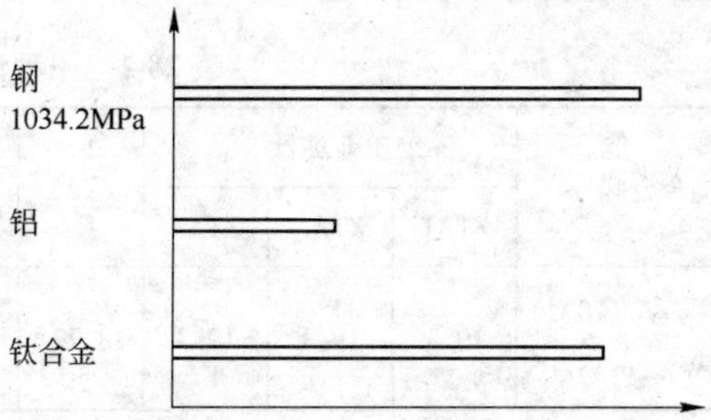

图28-2　切削加工钛和钛合金与钢、铝所需切削力的比较

表28-3　钛与其他合金在车削、钻削、铣削时所需平均单位功率的比较

被加工材料	加工材料硬度 3000kg	使用锋利刀具切削加工所需单位功率/马力·(in³·min)⁻¹		
		车削	钻削	铣削
		高速钢刀具和硬质合金刀具	高速钻钻头	高速钢刀具和硬质合金刀具
钢	35～40HRC	1.4	1.4	1.5
钛	250～375	1.2	1.1	1.1
高温镍基和钴基合金	200～360	2.5	2.0	2.0
铝合金	30～150(500kg)	0.25	0.16	0.32

注：表中数据为蜗杆传动马达所需要的功率，精确到蜗杆传动效率的80%，钝的刀具应比表中的数据多25%，1马力/(in^3·min)＝44.883W/(cm^3·min)。

（4）切削液：切削液是金属及其合金在机械切削加工过程中使用的工艺润滑油。正确地选用切削液可以有效地使切削时切屑塑性变形产生的高热散发，减少刀具和切屑间滑动摩擦产生的热量，形成边界润滑，减少钛屑与刀具前刃面的黏结，减小切削力和降低切削温度，提高切削加工效率，降低成本，延长刀具的使用寿命，改善产品表面的粗糙度，保证和提高产品的加工精度，同时还能防止机床和产品产生腐蚀和锈蚀。钛和钛合金件在加工选用切削时，不仅要考虑到散发热量，以期达到冷却润滑作用，而且还应考虑到对它的力学性能和使用性能产生有害的影响。经过试验和使用实践发现：一些含氯或其他卤素元素和含硫等的切削液，会对钛和钛合金件的力学性能和使用性能产生不良的影响，可能引起应力腐蚀裂纹，尤其是在有一定温度和应力作用下工作的构件，如航空发动机上的构件，在加工时更应注意这个问题。如果必须使用含氯或类似的切削液，在加工完成后必须立即对构件进行仔细彻底的清洗。

经过试验和长期使用后推荐适用于钛和钛合金件的切削加工的切削液，见表28-4。

表28-4　钛和钛合金件切削加工推荐选用的切削液

型号及名称	类　别	组成成分	质量比例/%	主要特点	适用于切削加工工序
HGS-113型	化学切削液			浅棕色半透明，无味、无毒、不含氯化物，排放方便	车　削
QTS-1		氯化脂肪酸聚氧乙烯醚	0.5	无色透明，冷却作用好，但含氯化合物，工序后及时洗净零件	铣　削
		磷酸三钠	0.5		磨　削
		亚硝酸钠	1.0		钻　削
		三乙醇胺	0.5~1.0		拉　削
		水	其　余		
自　配		亚硝酸钠	1	无色透明，冷却渗透作用大，有对人体有害的化合物	磨　削
		苯甲酸钠	0.5		更适合缓进
		甘　油	0.5		磨　削
		三乙醇胺	0.4		
		水	其　余		
一号切削液		石油磺酸钠	11.5	乳白色或半透明液体、无味，冷却作用大	车　削
		环烷酸锌	11.5		铣　削
		磺化油DAH	12.7		磨　削
		三乙醇胺油酸皂（10：7）	3.5		钻　削
		10号机械油	其　余		
自　配	混合物	硅化切削油	30	油类切削液，冷却、润滑作用好	攻　丝
		煤　油	15		铰　削
		油　酸	30		
		10号或20号机械油	25		
		蓖麻油	60		攻　丝
		煤　油	40		铰　削
		N32机械油	1/3	冷却、润滑性能好	深孔钻削
		煤　油	2/3		

续表 28-4

型号及名称	类　别	组成成分	质量比例/%	主要特点	适用于切削加工工序
自　配	混合物	蓖麻油	70	冷却、润滑效果好	特别适合攻丝
		乙醇（无水酒精）	30		
		聚　醚	30	冷却、润滑性能好，而且极压性也好	特别适合拉削、钻孔、磨削
		脂类油	30		
		5 号高速机械油	30		
		防锈添加剂、抗泡沫添加剂	10		

（5）切削刀具：由于钛和钛合金材料的特性，因此所采用的切削刀具应具有很高的硬度，特别是高温硬度、抗弯强度和抗压强度，而且还要求有良好的冲击韧性、热硬性、耐磨性、散热性。20 世纪 80 年代后众多新型刀具不断涌现，如金属陶瓷、立方氮化硼、氮化硅及多晶金刚石等。这些刀具材料在铸铁、特种钢材、高温合金及铝合金等的切削加工中已成功应用，但是这些刀具材料对钛和钛合金件的切削加工中改善并不大。目前在工业生产中获得广泛应用的仍然是钨钴类硬质合金 YG8、YG6 和钨钛钽（铌）类硬质合金 YW1、YW2。钛铸锭扒皮较多采用 YG 类，表面光整或精加工采用 YW2 制作刀具较好，也可采用特殊高速钢，但刀具寿命及切削速度都很低。表 28-5 和表 28-6 是常用的硬质合金、高速钢刀具材料。

表 28-5　常用硬质合金刀具材料

牌　号	抗弯强度 σ_b/MPa	硬度 HRA（≥）	刀具材料	适用范围
YW4	1300	92	车刀、铣刀	粗车氧化皮、半精车、粗镗
813	1765	92		
YA6	1765	92		
YG3X	1078	91.5		
YS2(YG10H)	2158	91.5	车刀、镗刀、螺纹车刀、铣刀、钻头、铰刀、拉刀	粗车氧化皮、半精车、粗镗、粗铣氧化皮、半精拉、钻、铰
YD15(YGRM)	1765	92		
YG8	1741	89		
Y330	1960	90.5	铣刀、铰刀、钻头、拉刀	粗铣氧化皮、半精铣、钻削、铰削、拉削
YG6X	1320	91.0	车刀、镗刀、铣刀、钻头、铰刀	粗车氧化皮、半精车、粗铣、钻、铰、拉

表 28-6　常用高速钢刀具材料①

牌　号	抗弯强度 σ_b /MPa	硬度 HRC	600℃时硬度 HV	刀具材料	适用范围
W12Mo3Cr4V3Co5Si	2844 ~ 3334	66 ~ 69	575	车刀、铣刀、成型铣刀、拉刀、螺纹刀具、钻头、铰刀	半精加工 精加工

续表 28-6

牌　号	抗弯强度 σ_b /MPa	硬度 HRC	600℃时硬度 HV	刀具材料	适用范围
W2Mo9Cr4VCo8	1765 ~ 2354	66 ~ 69	590	车刀、铣刀、成型铣刀、拉刀、螺纹刀具、丝锥	半精加工 精加工
W10Mo4Cr4V3Co10	1961 ~ 2550	66 ~ 69	580	车刀	半精加工 精加工
W6Mo5Cr4V2Al	4511 ~ 4609	65 ~ 69	600	车刀、铣刀、成型铣刀、拉刀、螺纹刀具、钻头、铰刀、丝锥	半精加工 精加工
W10Mo4Cr4V3Al	2452 ~ 3138	66 ~ 69	580	铣刀、钻头、铰刀	半精加工 精加工
W18Cr4V	1863 ~ 3531	62 ~ 66	550	小孔钻头	钻薄壁小孔

①钨系高速钢、高钴高速钢、高碳高钴高速钢、高碳高钒高速钢、高碳高钒含铝高速钢。

（6）切削刀具几何形状和锋刃性：切削过程中必须保持刀刃锋利，一旦发现刀具有磨损痕迹或不锋利时，就必须重磨或更换，过度使用后再重磨是不可取的，因为初期磨耗很容易使刀刃急速磨损并使加工表面产生毛刺，甚至产生裂纹。尤其加工钛和钛合金时刀刃的磨损不是呈线性的，它与加工同等强度钢材的刀具磨损情况是不一样的，从图 28-3 可以看出，加工钛材的刀具比加工钢材的刀具刃带磨损得更快，一旦发现磨损很快就会完全破坏。刀具更换周期一般取决于下列因素：

1）加工件精度降低尺寸偏差增大；

2）加工件表面温度高；

3）切削面发生啃削；

4）切屑的颜色和形状显著变化；

5）切削走刀量不稳定等。

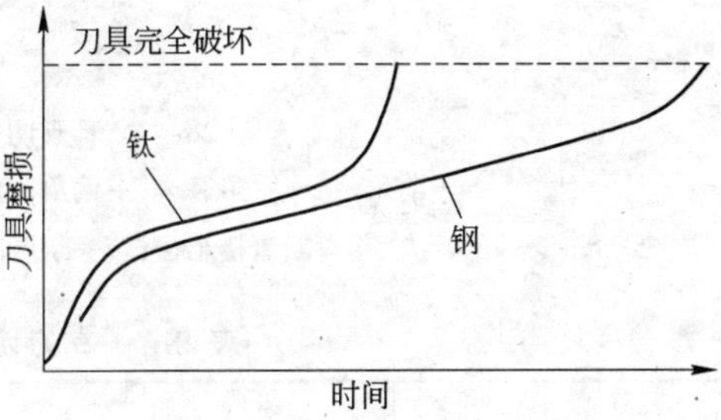

图 28-3　加工钛和加工同等强度钢刀具刃带磨损情况的比较

（7）选用大功率刚性大的专用机床：选用大功率专用机床以保证机床、刀具、工件系统具有大的刚性，大功率和大刚性可以保证切削加工高的效率和精度、振动小，特别对优质硬质合金刀具可以充分利用切削能力，提高使用寿命。

28.2　常用的切削加工工艺

28.2.1　车削加工

工业纯钛及钛合金件的车削加工并不十分困难，用硬质合金 YG8、YD15、YG643 等制作的刀具车削时都可以获得满意的结果。硬质合金刀具材料分为钨钴类，钨钴钛类和钨钛钽（铌）钴类，其制作的刀具大致有五种结构类型，即整体式、焊接式、焊接-机夹式、机夹式、机夹可转位式。钴基合金高速钢制作切削刃具是许多可用高速钢刃具中最好的，这类刀具的基本化学成分为含铬 33%，钨 20%，碳 3%，其余为钴。其性能极脆，不能锻造，以铸态使用，无需通过热处理来提高硬度，这类刀具材料多数以制成刀片形式嵌入刀体内使用，刀片可以重磨。近年来由于晶粒的超细化使切削工具的性能进一步提高，而且十分有利于超精密加工。更值得注意的是气相沉淀技术的突破是在切削工具领域的重大革命，使当前的主要切削工具材料——高速钢和硬质合金能够保持高的韧性。20 世纪大量新型材料的使用是推动切削工具发展的动力，但在沉积技术和表面涂层上必须突破瓶颈，这样才能满足超高速、超高精度，高环境保护的要求。

车削加工时所夹持的零部件在任何情况下都应调到最短，如有可能在另一端制 B 型中心孔，采用活顶尖定位，使头尾均有支撑力，以防工件弯曲，同时还应注意防止钛污染刀具侧面。

28.2.1.1　车刀切削部分的几何参数

车刀切削部分的几何形状如图 28-4 所示，车刀切削部分的主要几何参数如表 28-7 所示。

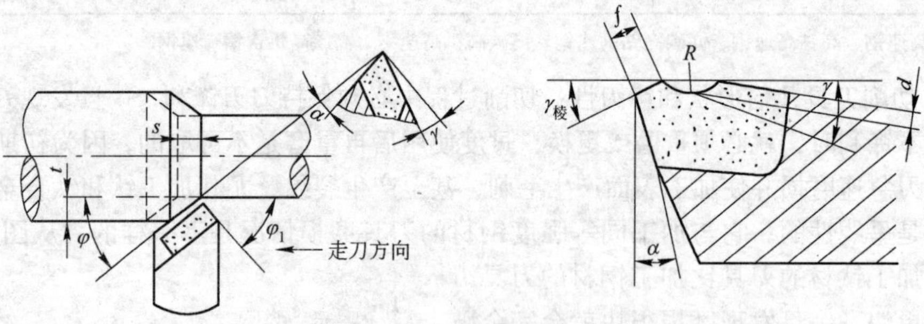

图 28-4　车刀切削部分几何形状示意图

γ—前角；α—后角；φ—主偏角；φ_1—副偏角；f—倒棱宽度；$\gamma_棱$—倒棱角；

R—断屑槽半径；d—断屑槽深度；t—吃刀深度；s—走刀量

表 28-7　车刀切削部分主要几何参数

金属及合金牌号	状态	加工形式	几何参数								刀头材料
			γ/(°)	α/(°)	φ/(°)	φ_1/(°)	$\gamma_棱$/(°)	f/mm	R/mm	R_n/mm	
W	铸锭	扒皮	0~10	6~10	45	15	−10~−5	0.1~0.3		1.0~1.5	YG8、YG6
	铸锭	粗车	5~15	8~12	45	15	−5~−3	0.1~0.3		0.5~1.0	YG8、YG6
Mo Mo-0.5Ti	铸锭 烧结棒	扒皮	15~20	10~12	45	15	−5~−2	0.1~0.3	6~8		YG8、YG6
Ta	铸锭	扒皮	35~45	5~8	90	5	−2~2	0.1~0.3		0.2~0.5	YG8、YW2
Nb	铸锭	扒皮	20~25	10~15	45	15	−5~0	0.1~0.3	8~12	0.2~0.5	YG8、YW2
Zr、Zr-2 Hf	铸锭	扒皮	16~23	10~15	45	15	−5~−2	0.2~0.5	6~10	0.2~0.5	YG8、YG6
	锻后	扒皮	0~10	8~12	45~75	15	−5~0	0.2~0.5		0.5~3.0	YG8、YG6
TA1，TA2， TA3	ϕ220 铸锭	扒皮	10~15	10~15	45	15	−5~0	0.2~0.5	6~10	0.3~1.0	YG8、YG6
	锻后	扒皮	−5~5	6~10	45~75	15	−5~0	0.2~0.5	λ = −5~0	0.5~3.0	YG8、YG6
	ϕ518 铸锭	扒皮	5~10	8~12	45	15	−10~0	1.5~4.0		0.8~2.0	YG8、YG6

续表 28-7

金属及合金牌号	状态	加工形式	几何参数 γ/(°)	α/(°)	φ/(°)	φ_1/(°)	$\gamma_{棱}$/(°)	f/mm	R/mm	R_n/mm	刀头材料
TC3、TC4	铸锭	扒皮	0 ~ 10	6 ~ 10	45	15	−10 ~ 0	1.5 ~ 4.0		0.5 ~ 2.0	YG8
TC10	铸锭	扒皮	−5 ~ 5	5 ~ 10	45	15	−10 ~ 0	1.5 ~ 4.0		0.5 ~ 2.0	YG8
钛及其合金	铸锭	切断	10 ~ 15	8 ~ 12							YG8

注：1. 烧结钨棒的切断可采用前角为10°，顶角圆弧半径 $R_n = 1.5$mm 的硬质合金箭头式强力切断刀。ϕ70mm 钨棒切断时，转速为140r/min，吃刀量为0.05mm/r；

2. 铌锭扒皮采用刃倾角 λ 大于45°的劈刀，切削效果良好；

3. 铸锭切断使用硬质合金切断刀；

4. R_n 为车刀顶角圆弧半径；

5. λ 为刃倾角。

28.2.1.2　车削加工工艺参数

车削加工工艺参数是指切削深度，进给量，切削速度。表 28-8 和表 28-9 为目前国内外现有的钛和钛合金铸件的车削加工工艺参数。表 28-10 为目前国内外现有钛和钛合金铸件切断车削加工用量参数。精车时切削刀具应采用切削液冷却，具体选用切削液品种见表 28-4。

表 28-8　目前国内钛和钛合金件（铸）的车削加工工艺参数 I

被加工材料		硬度 HB	状态	切削深度 /mm	高速钢刀具 切削速度 /m·min⁻¹	进给量 /mm·r⁻¹	推荐刀具材料	刀具几何参数
α 和近 α 型合金	ZTA1，ZTA2，ZTA3，Ti-Pd 合金	150 ~ 200	铸后退火	1	41	0.13	W12Cr4V5Co5Mo	前角 γ_0：6° ~ 12°；后角 α_0：5° ~ 8°；主偏角 k_r：45° ~ 90°；副偏角 k'_r：5° ~ 15°；刃倾角 λ：0° ~ 50°；刀尖圆弧半径 r_ε：0.5 ~ 1.5mm；倒棱或第一前刀面的宽度 b_{r1}：0.05 ~ 0.3mm；倒棱前角 γ_{01}：0° ~ 10°
				4	34	0.25		
				8	26	0.40		
				16				
		200 ~ 320		1	30	0.13		
				4	26	0.25		
				8	20	0.40		
				16				
（α + β）型合金	ZTC3，ZTC4，ZTC5，ZTC6，ZTC21，ZTA5，ZTA7，ZTA15 Ti-8Al-1Mo-1V	300 ~ 325	铸后退火或固溶时效	1	20	0.13	W2Mo9Cr4VCo8	
				4	17	0.25		
				8	12	0.40		
				16				
		325 ~ 350		1	17	0.13		
				4	15	0.25		
				8	11	0.40		
				16				

续表 28-8

被加工材料		硬度 HB	状态	硬质合金刀具				
				切削速度		进给量 /mm·r^{-1}	推荐刀具材料	刀具几何参数
				钎焊 /m·min^{-1}	可转位 /m·min^{-1}			
α和近α型合金	ZTA1，ZTA2，ZTA3，Ti-Pd 合金	150～200	铸后退火	130	145	0.13	YD15、YG643 YG819	前角 γ_0:3°～7°；后角 α_0:8°～12°；主偏角 k_r:45°～75°；副偏角 k_r':15°；刃倾角 λ:0°～5°；刀尖圆弧半径 r_ε：0.5～1.5mm；倒棱或第一前刀面的宽度 b_{r1}：0.05～0.3mm；倒棱前角 γ_{01}：0°～10°
				110	130	0.25		
				82	90	0.40	YD15、YS2 YG819	
				41	46	0.50		
		200～320		115	125	0.13	YD15、YG643 YG819	
				100	105	0.25		
				75	81	0.40	YD15、YS2 YG819	
				38	41	0.50		
（α+β）型合金	ZTC3，ZTC4，ZTC5，ZTC6，ZTC21，ZTA5，ZTA7，ZTA15，Ti-8Al-1Mo-1V	300～325	铸后退火或固溶时效	69	85	0.13	YD15、YG643 YG819	
				59	70	0.20		
				44	53	0.25	YD15、YS2 YG819	
				21	27	0.40		
		325～350		52	69	0.13	YD15、YG643 YG819	
				44	59	0.20		
				34	44	0.25	YD15、YS2 YG819	
				17	21	0.40		

注：除国内钛及其合金牌号外，其余的是美国的铸造钛合金牌号。

表 28-9 车削工艺参数 Ⅱ

牌 号	状 态	车削种类	工艺参数			备 注
			t/mm	s/mm·r^{-1}	v/m·min^{-1}	
纯钛	ϕ220mm	粗 车	5.0～8.0	0.3～0.6	60～120	t 为吃刀深度；s 为走刀量；v 为切削速度；不使用冷却剂干切速度应降低
	铸 锭	半精车	－～4.0	0.2～0.4	100～220	
	ϕ518mm	粗 车	8.0～15.0	0.5～1.0	50～100	
	铸 锭	半精车	－～5.0	0.3～0.5	70～140	
	锻 后	粗 车	5.0～10.0	0.3～0.8	35～50	
	锻 后	精 车	－～5.0	0.3～0.5	60～140	
TC_3、TC_4	铸 锭	粗 车	8.0～15.0	0.5～1.0	40～80	
		精 车	－～5.0	0.3～0.5	50～120	
TC_{10}	铸 锭	粗 车	8.0～10.0	0.2～0.4	－～20	
		精 车	－～4.0	0.1～0.3	－～30	
钛及其合金	铸 锭	切 断		0.05～0.09	18～52	

表 28-10 目前国内钛和钛合金件（铸）的切断车削加工用量参数

被加工材料		硬度 HB	状 态	切削速度 /m · min^{-1}	进给量/mm · r^{-1} 切断刀宽度/mm 1.5	3	6	成形刀宽度/mm 12	18	25	35	50	推荐刀具材料	刀具几何尺寸
α 型合金	ZTA1 ZTA2 ZTA3 Ti-Pd 合金	150 ~ 200	铸后退火	30	0.025	0.05	0.075	0.075	0.063	0.05	0.038	0.025	W12Cr4V5Co5Mo W2Mo9Cr4VCo8	见表 28-7
				60									YS2，YG643 YD15，44A	
		200 ~ 320		24									W12Cr4V5Co5Mo W2Mo9Cr4VCo8	
				49									YS2，YG643，44A	
α、近 α 和（α + β）型合金	ZTA5 ZTA7 ZTA15 ZTC3，ZTC4 ZTC5，ZTC6 ZTC21 Ti-8Al-1Mo-1V	300 ~ 325	铸后退火或铸后固溶时效	15	0.025	0.038	0.05	0.05	0.038	0.025	0.025	0.018	W12Cr4V5Co5Mo W2Mo9Cr4VCo8	
				34									YS2，YG643，44A	
		325 ~ 350		12	0.018	0.025	0.038	0.038	0.025	0.025	0.018	0.013	W12Cr4V5Co5Mo W2Mo9Cr4VCo8	
				26									YS2，YG643，44A	

注：除国内钛及其合金牌号外，其余的是美国的铸造钛合金牌号。

28.2.1.3 扒皮车床

钛和钛合金的铸锭及稀有金属粗车加工切削可采用普通车床。若使用专用车床则更经济合理。表28-11列出了几种扒皮车床的主要性能。

表28-11 几种专用扒皮车床主要性能

型号	C8565	C8540	CH011	BSB-350/1200
车削直径/mm	300~600	120~400	100~340	120~350
车削长度/mm	2000~3000	2000~3000	300~900	300~1200
主轴转速/r·min^{-1}	28~125	28~125	10~400	22.5~180
纵向进给量	0.2~1.0mm/r	0.2~1.0mm/r	3~500mm/min	0.4~2.0mm/r
主电机功率/kW·h	40	30	40	80
主电机转速/r·min^{-1}	970	970	970	

28.2.2 铣削加工

目前工业上应用的钛和钛合金件，有很大一部分机械加工是铣削加工所完成的。由于铣削加工为断续切削，铣刀容易崩刃。又因钛和钛合金材料的高化学活性，钛屑易与切削刀刃黏结，当黏屑的刀刃再次切入工件时，黏屑被挤在刀刃和工件切削表面之间，更使刀具崩刃或产生其他损伤，降低刀具寿命。因此钛和钛合金的铣削加工比车削加工困难，成本也比车削加工高。

铣削加工可以加工平面、侧面台阶、沟槽、成形面及齿形等。由于这样铣削加工用的铣刀种类很多，按用途可分为两大类：

(1) 加工平面的圆柱形铣刀（又称滚刀）、面铣刀等；

(2) 加工沟槽的立铣刀、键槽铣刀、三面刃铣刀、锯片铣刀、燕尾槽铣刀、T形槽铣刀、角度铣刀等。

铣削加工方式有顺铣和逆铣（见图28-5*a*、*b*）以及端面铣。顺铣是在铣刀与工件已加工表面的切点处，旋转铣刀切削刃的运动方向和工件的进给方向相同；逆铣与顺铣方向相反，即旋转铣刀切削刃的运动方向与工件的进给方向相反。在钛和钛合金件铣削加工中，如果未作具体规定，就应尽可能采用顺铣，因为顺铣可以延长刀具的寿命，减小加工表面的粗糙度，走刀量常常可超过逆铣一倍，能快速切削而不发生振动。由图28-5*b*可见，当

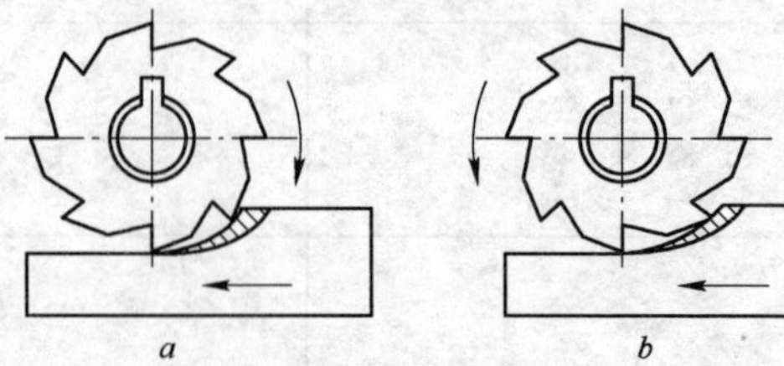

图28-5 铣削加工的方式

a—顺铣；*b*—逆铣

铣刀铣削完钛板后，由于切削过程产生高温，钛切屑熔接在刀齿上，当每个刀齿再切入工件时，熔接在刀齿上的切屑折断，结果切削中碎屑起了滞削作用使刀具迅速磨损，而且还使加工表面的粗糙度变大，由图28-5*a*可见，采用顺铣，当刀齿离开钛板时，只能产生薄的切屑，大大减少了切屑熔接在刀齿上的可能性，从而延长了刀具的使用寿命，提高了工件加工表面的质量。

在钛和钛合金件的铣削过程中，不论是铣削平面，端面和沟槽等采用高速钢刀具比用硬质合金刀具经济实用，因为硬质合金刀具的韧度和刚性都不如高速钢刀具。在整个铣削加工过程中，应采用锐利的铣刀，以减少刀具磨损和切屑的熔接倾向，对不同用途的加工刀具应采用不同的几何形状和尺寸，如用于加工平面的端面铣刀必须具有足够的出屑槽，以防止刀齿黏结切屑和刀具过早损坏，同时还应采用足够流量的切削液，最宜使用水基切削液，具体选用何种切削液见表28-4。表28-12为目前国内端面铣刀平面铣削加工钛和钛合金铸件的工艺参数。表28-13为目前国内圆柱铣刀（滚刀）铣削加工钛和钛合金件的工艺参数。表28-14为目前国内三面刃铣刀铣削加工侧面和沟槽的钛和钛合金件的工艺参数。表28-15为目前国内立铣刀侧面铣削加工钛和钛合金件的工艺参数。表28-16为目前国内立铣刀沟槽铣削加工钛和钛合金件的工艺参数。铣削过程工艺参数是指切削深度，切削速度，进给量。

近些年来，由于立铣刀使用广，为使立铣精密切削时减少振动，将螺旋刀槽制成不同的螺旋角，或将刀齿制造成不等分。为了提高立铣刀的功能，一个端齿切削刃制造成通过铣刀的中心，在型腔加工中，不用钻头钻预孔，就可以直接用立铣刀成形。由于切削刀具材料性能的不断提高，各种切削刀具均能制成大前角，明显降低了切削力。随着制造技术的发展，整体硬质合金的切削刀具已十分普及应用。为了适应高速切削、高速加工，已将立铣刀制造成大螺旋槽，由于槽形的改进，排屑十分流畅。

28.2.3　刨削加工

钛和钛合金的大锻件、大铸件，由于表面毛糙、余量大，在铣削加工中刀具的耗损，设备的磨耗，因此建议采用刨削加工。刨床分为牛头刨和龙门刨，尽管这两种刨削都适合加工平面等，但是在结构上和操作方法上却有很大差异，龙门刨床用作加工大件，而牛头刨床只能加工中小件，龙门刨床上工件是对着固定的刀具作切削运动，牛头刨床上却是刀具横过固定的工件运动。龙门刨床上是刀具向工件进给，牛头刨床上一般则是工件向刀具横向进给。图28-6是刨刀几何角度示意图，表28-17是刨刀切削部分几何参数，表28-18是刨削工艺参数。

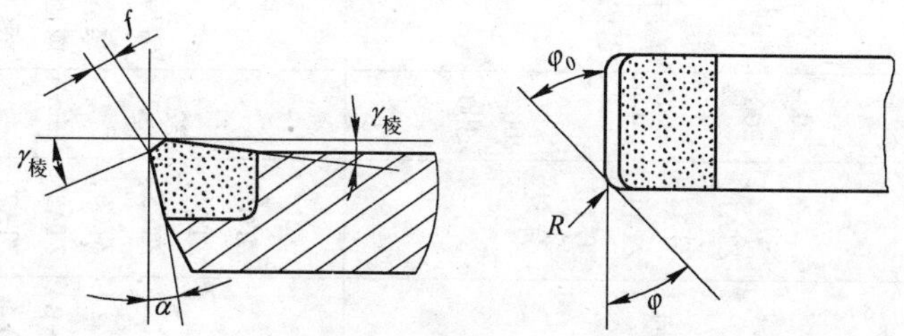

图28-6　刨刀几何角度示意图

表 28-12 目前国内端面铣刀平面铣削钛和钛合金件（铸）的工艺参数

被加工材料		硬度（HB）	状态	切削深度 /mm	高速钢刀具 切削速度 /m·min^{-1}	进给量 /mm·r^{-1}	推荐刀具材料	刀具几何参数	硬质合金刀具 切削速度 钎焊 /m·min^{-1}	可转位 /m·min^{-1}	进给量 /mm·r^{-1}	推荐刀具材料	刀具几何参数 刀具模式/几何参数	可转位	焊接式
α型合金	ZTA1，ZTA2，ZTA3，Ti-Pd合金	150~200	铸后退火	1	36.8	0.10	W12Cr4V5Co5 W2Mo9Cr4VCo8	轴向前角 γ_p：5°； 径向前角 γ_f：5°； 主偏角 k_r：45°~75°； 副偏角 k_r'：6°~12°； 轴向后角 α_p：10°~12°； 径向后角 α_f：10°~12°； 刀尖圆弧半径 r_ε：0.5~1.0mm	104	128	0.15	YG6X，YW2，YG6，YS2，YG8，YG640	轴向前角 γ_p	0°~5°	0°~5°
				4	29.6	0.15			92	108	0.20				
				8	21.6	0.20			67.2	84	0.25				
		200~300		1	28.0	0.10			92	108	0.15	YG6X，YW2，YG6，YS2，YG8，YG640	径向前角 γ_f	0°~7°	0°~7°
				4	23.2	0.15			72	92	0.20				
				8	16.8	0.20			60.8	72	0.25				
α、近α和（α+β）型合金	ZTC3，ZTC4，ZTC5，ZTC6，ZTA5，ZTA7，ZTA15，Ti-8Al-1Mo-1V	300~325	铸后退火或固溶时效	1	19.2	0.07			60.8	72	0.10	YG6X，YW2			
				4	16	0.13			48	60.8	0.15	YG6，YS2			
				8	11.2	0.18			40	48	0.20	YG8，YG640	主偏角 k_r	45°~75°	
		325~350		1	16.8	0.07			49.6	60.8	0.10	YG6X，YW2	副偏角 k_r'	6°~12°	
				4	14.4	0.13			40	48	0.15	YG6，YS2	轴向后角 α_p 径向后角 α_f	10°~12° 10°~12°	
				8	11.2	0.18			30.4	37.6	0.20	YG8，YG640	刀尖圆弧半径 r_ε	0.5~1.0mm	

注：除国内钛及其合金牌号外，其余的为美国合金牌号。

表 28-13 目前国内圆柱铣刀平面铣削钛和钛合金件（铸）的工艺参数

被加工材料		硬度（HB）	状 态	切削深度 /mm	切削速度 /m·min^{-1}	进给量 /mm·r^{-1}	刀 具				
							高速钢刀具材料	刀具几何参数[4]			
								参数 \ 铣刀直径	10mm	20mm	40mm
α 型合金	ZTA1，ZTA2，ZTA3，Ti-Pd 合金	150 ~ 200	铸后退火	1	30.4	0.10	W12Cr4V5Co5 W2Mo9Cr4VCo8	第一径向后角 α_{f1}	10° ~ 11°	8° ~ 9°	7° ~ 8°
				4	21.6	0.13		第二径向后角 α_{f2}	18° ~ 20°	15° ~ 18°	11° ~ 17°
				8	16.8	0.15					
		200 ~ 320		1	21.6	0.10					
				4	14.4	0.13					
				8	11.2	0.15		径向前角 γ_f	5°		
α、近 α 和（α + β）型合金	ZTA5，ZTA7，ZTA15，ZTC3，ZTC4，ZTC5，ZTC6，ZTC21，Ti-8Al-1Mo-1V	300 ~ 325	铸后退火或固溶时效	1	11.2	0.10		轴向后角 α_p	5° ~ 8°		
				4	8.8	0.13		螺旋角 β	30°		
				8	6.4	0.15		刃带宽度 b	0.05 ~ 0.10mm		
		325 ~ 350		1	9.6	0.10					
				4	7.2	0.13					
				8	4.8	0.15					

注：除国内合金牌号外，其余的为美国的合金牌号。

表 28-14 目前国内三面刃铣刀侧面和槽铣削钛和钛合金件（铸）的工艺参数

被加工材料		硬度（HB）	状态	切削深度 /mm	高速钢刀具 切削速度 /m·min^{-1}	高速钢刀具 进给量 /mm·r^{-1}	高速钢刀具 推荐刀具材料	高速钢刀具 刀具几何参数	硬质合金刀具 切削速度 钎焊 /m·min^{-1}	硬质合金刀具 切削速度 可转位 /m·min^{-1}	硬质合金刀具 进给量 /mm·r^{-1}	硬质合金刀具 推荐刀具材料	硬质合金刀具 刀具几何参数
α 型合金	ZTA1，ZTA2，ZTA3，Ti-Pd 合金	150 ~ 200	铸后退火	1	27.2	0.07	W12Cr4V5Co5 W2Mo9Cr4VCo8	轴向前角 γ_p：10° ~ 15° 径向前角 γ_f：0° ~ 5° 轴向后角 α_p：5° ~ 7° 径向后角 α_f：6° ~ 10°	72	88	0.10	YG6X；YW2	轴向前角 γ_p：0° ~ 5° 径向前角 γ_f：0° ~ 5° 轴向后角 α_p：5° ~ 7° 径向后角 α_f：6° ~ 10°
				4	21.6	0.10			68	84	0.13	YG6；YS2	
				8	16.8	0.13			60.8	76	0.18	YG8；YG640	
		200 ~ 320		1	19.2	0.07			68	84	0.10	YG6X；YW2	
				4	16	0.10			60.8	76	0.13	YG6；YS2	
				8	12	0.13			55.2	68	0.18	YG6；YG640	
α、近 α 和（α+β）型合金	ZTA5，ZTA7，ZTA15，ZTC3，ZTC4，ZTC5，ZTC6，ZTC21，Ti-8Al-1Mo-1V	300 ~ 325	铸后退火或固溶时效	1	12	0.05			55.2	60.8	0.10	YG6X；YW2	
				4	9.6	0.07			42.4	48	0.13	YG6；YS2	
				8	6.4	0.10			36.8	42.4	0.18	YG8；YG640	
		325 ~ 350		1	9.6	0.05			48	55.2	0.10	YG6X；YW2	
				4	8.8	0.07			36.8	42.4	0.13	YG6；YS2	
				8	6.4	0.10			24	32	0.18	YG8；YG640	

注：除国内合金牌号外，其余的为美国的合金牌号。

表 28-15 目前国内立铣刀侧面铣削钛和钛合金件（铸）工艺参数

被加工材料		硬度（HB）	状态	切削深度/mm	高速钢刀具										硬质合金刀具									
					切削速度/m·min^{-1}	进给量/mm·r^{-1} 刀具直径/mm				刀具材料	刀具几何参数				切削速度/m·min^{-1}	进给量/mm·r^{-1} 刀具直径/mm				刀具材料	刀具几何参数			
						10	12	18	25~50		参数	铣刀直径/mm 10	20	40		10	12	18	25~50		参数	铣刀直径/mm 10	20	40
α型合金	ZTA1，ZTA2，ZTA3，Ti-Pd	150~200	铸后退火	0.5	30.4	0.038	0.075	0.13	0.15	W18Cr4V，W6Mo5Cr4V2，W6Mo5Cr4V2Al	第一径向后角 α_{f1}	10°~11°	8°~9°	7°~8°	92	0.025	0.075	0.13	0.18	YG6 YW2	第一径向后角 α_{f1}	12°		
				1.5	27.2	0.050	0.102	0.15	0.18		第二径向后角 α_{f2}	18°~20°	15°~18°	11°~17°	84	0.050	0.102	0.15	0.20		第二径向后角 α_{f2}	15°		
				直径/4	16	0.038	0.050	0.075	0.10		径向前角 γ_f	5°			53.6	0.038	0.075	0.13	0.18		径向前角 γ_f	0°		
				直径/2	11.2	0.025	0.038	0.050	0.075		轴向后角 α_p	5°~8°			39.2	0.025	0.050	0.10	0.15		轴向后角 α_p	5°~8°		
		200~320		0.5	28	0.025	0.050	0.10	0.13		螺旋角 β	30°			84	0.025	0.050	0.13	0.18		螺旋角 β	30°		
				1.5	21.6	0.050	0.075	0.13	0.15		刃带宽度 b	0.05~0.15mm			80	0.050	0.075	0.15	0.20		刃带宽度 b	0.05~0.15mm		
				直径/4	13.6	0.038	0.050	0.075	0.10						48	0.038	0.050	0.13	0.18					
				直径/2	9.6	0.025	0.038	0.050	0.075						36.8	0.025	0.025	0.10	0.15					
α、近α和(α+β)型合金	ZTA5，ZTA7，ZTA15，ZTC3，ZTC4，ZTC5，ZTC6，ZTC21，Ti-8Al-1Mo-1V	300~325	铸后退火或固溶时效	0.5	21.6	0.025	0.050	0.10	0.13	W12Cr4V5Co5					67.2	0.025	0.050	0.13	0.18	YG6 YW2				
				1.5	19.2	0.050	0.075	0.13	0.15						60.8	0.050	0.075	0.15	0.20					
				直径/4	11.2	0.025	0.038	0.050	0.075						39.2	0.038	0.050	0.13	0.15					
				直径/2	7.2	0.025	0.025	0.038	0.050						29.6	0.025	0.025	0.10	0.13					
		325~350		0.5	18.4	0.025	0.050	0.10	0.13						55.2	0.025	0.050	0.13	0.18					
				1.5	16	0.050	0.075	0.13	0.15						48	0.050	0.075	0.15	0.20					
				直径/4	9.6	0.025	0.038	0.050	0.075						27.2	0.038	0.050	0.13	0.15					
				直径/2	7.2	0.025	0.025	0.038	0.050						19.2	0.025	0.025	0.10	0.13					

注：除国内合金牌号外，其余的都是美国合金牌号。

表 28-16 目前国内立铣刀槽铣削钛和钛合金件（铸）的工艺参数

被加工材料		硬度（HB）	状态	轴向切削深度/mm	切削速度/m · min^{-1}	进给量/mm · r^{-1} 槽宽/mm 10	12	18	25～50	刀具 高速钢刀具材料（除标注之外）	刀具几何参数
α 型合金	ZTA1，ZTA2，ZTA3，Ti-Pd 合金	150～200	铸后退火	0.75	20.8	0.025	0.050	0.102	0.13	W18Cr4V W6Mo5Cr4V2 W6Mo5Cr4V2Al	见表 28-15
				3	18.4	0.025	0.050	0.102	0.13		
				直径/2	14.4	0.025	0.038	0.075	0.102		
				直径/1	11.2	0.018	0.025	0.050	0.075		
		200～320		0.75	13.6	0.025	0.050	0.075	0.102		
				3	12.0	0.025	0.050	0.075	0.102		
				直径/2	11.2	0.018	0.038	0.050	0.075		
				直径/1	9.6	0.013	0.025	0.038	0.050		
α、近 α 和（α + β）型合金	ZTA5，ZTA7，ZTA15，ZTC3，ZTC4，ZTC5，ZTC6，ZTC21，Ti-8Al-1Mo-1V	300～325	铸后退火或固溶时效	0.75	12.0	0.025	0.050	0.075	0.102		
				3	11.2	0.025	0.050	0.075	0.102		
				直径/2	9.6	0.018	0.038	0.050	0.075		
				直径/1	8.8	0.013	0.025	0.038	0.050		
		325～350		0.75	11.2	0.025	0.050	0.075	0.102		
				3	9.6	0.025	0.050	0.075	0.102		
				直径/2	8.8	0.018	0.038	0.050	0.075		
				直径/1	7.2	0.013	0.025	0.038	0.050		

注：除国内合金牌号外，其余都是美国合金牌号。

表 28-17　刨刀切削部分几何参数（参照图 28-6）

金属及合金牌号	几何参数					
	γ/（°）	α/（°）	φ/（°）	φ_0/（°）	$\gamma_{棱}$/（°）	f/mm
钛及钛合金	-8~8	15~20	45	45	-10~0	1.0~2.0

表 28-18　刨削工艺参数

金属及合金牌号	进刀深度 t/mm	刨削速度 v/m·min^{-1}	走刀量 s/mm·r^{-1}	金属及合金牌号	进刀深度 t/mm	刨削速度 v/m·min^{-1}	走刀量 s/mm·r^{-1}
纯　钛	6~7	12~18	0.25~1.0	钛合金	4~6	10~12	0.20~0.50

28.2.4　钻削加工

钻孔为半封闭式的切削，钻孔过程中的切削力和切削温度比车削加工、铣削加工高，并且钛和钛合金是不良导热体，导热系数小，致使上述现象更加严重，钛合金钻削时已加工孔的表面回弹量大，易使钻头咬住或扭断。切屑长而薄，呈卷曲状，易黏结在钻头上，排屑很困难。因此钛合金件的钻孔是比较困难的，特别钻深孔时切屑黏积在钻头排屑槽内。由于切屑阻塞而使切削液不能通畅地流向切削刃，从而钻削温度急升，导致钻头切削刃迅速磨钝，同时还可能使加工件加工质量低劣，甚至出现废品。综上所述，影响钛和钛合金零件顺利钻削加工的主要因素是：出屑堵塞、污斑点等。这些因素又取决于所钻孔的深度，钻头的材料和几何形状，被钻削钛合金的品种及状态。因此钛和钛合金件在钻削加工过程中应遵循下列原则：

（1）采用低和较低的旋转速度，较大的进给量。表 28-19 为钛和钛合金件普通钻削孔加工用量和使用的刀具。表 28-20 为钛和钛合金件内排屑钻削深孔加工用量。表 28-21 为钛和钛合金件外排屑钻削孔加工用量。钻深孔的工作特点必须充分冷却并能将切屑强制地排出孔外，同时要加强钻头刚度，锋刃（新颖带内冷却液供给的高性能钻头和带有易于更换的 TCT 刀片——带有夹紧到位的刀柄和内冷却液供给是近年来的新产品）。深孔钻可分为单刃、多刃两种。按排屑方式分为内排屑和外排屑两种。钻较小孔径的钻头采用外排屑，钻较大孔径的钻头采用内排屑。

（2）采用短型并具有适合于钻削加工所需的夹具，钻具几何形状正确、锐利。据文献［3］介绍，钛和钛合金件的钻孔，最宜采用麻花钻头。因为麻花钻头的顶角较小，这为沿整个切削刃表面提供一个合适的后隙角，使冲击载荷减小 30%，而且麻花钻头的钻尖刚好终止在钻头的中心，钻孔时易于中心定位。但是标准的麻花钻头，还不能完全满足钻削加工钛和钛合金件孔径的正确结构与几何形状，需做以下四种具体改进：

1）用标准麻花钻头磨制。为了增加钻头的强度与刚性，将高速钢（W18Cr4V）标准麻花钻头适当改磨，这样就可顺利地钻削加工钛合金件的普通孔径和深孔，并能提高钻头的寿命。钻头修磨方法有：

①加大钻头顶角，磨制成 135°~140°。

表 28-19 钛和钛合金件（铸）普通钻孔加工用量和使用的刀具

<table>
<tr><th rowspan="3" colspan="2">被加工材料</th><th rowspan="3">硬度（HB）</th><th rowspan="3">状态</th><th rowspan="3">切削速度 /m·min⁻¹</th><th colspan="6">进给量/mm·r⁻¹</th><th colspan="2">刀 具</th></tr>
<tr><th colspan="6">孔的公称直径 φ/mm</th><th rowspan="2">推荐刀具材料</th><th rowspan="2">几何参数</th></tr>
<tr><th>3</th><th>6</th><th>12</th><th>20</th><th>30</th><th>50</th></tr>
<tr><td rowspan="2">α、近 α 型合金</td><td rowspan="2">ZTA1，ZTA2，ZTA3 Ti-Pd 合金</td><td>150 ~ 200</td><td rowspan="2">铸后退火</td><td>16 ~ 21</td><td>0.02 ~ 0.04</td><td>0.06 ~ 0.10</td><td>0.10 ~ 0.15</td><td>0.13 ~ 0.20</td><td>0.15 ~ 0.25</td><td>0.18 ~ 0.30</td><td rowspan="2">W6Mo5Cr4V2Al
W6Mo5Cr4V2</td><td rowspan="2">标准型
顶角 2φ：118° ~ 130°
钻头直径 φ/mm：6，后角 α_f：14°
钻头直径 φ/mm：12，后角 α_f：10° ~ 12°
钻头直径 φ/mm：18，后角 α_f：8°
钻头直径 φ/mm：24，后角 α_f：7°
螺旋角：标准型</td></tr>
<tr><td>200 ~ 320</td><td>10 ~ 14</td><td>0.02 ~ 0.04</td><td>0.06 ~ 0.10</td><td>0.10 ~ 0.15</td><td>0.13 ~ 0.20</td><td>0.15 ~ 0.25</td><td>0.18 ~ 0.30</td></tr>
<tr><td rowspan="2">α、近 α 和（α + β）型合金</td><td rowspan="2">ZTA5，ZTA7，ZTA15，ZTC3，ZTC4，ZTC5，ZTC6，ZTC21 Ti-8Al-1Mo-1V</td><td>300 ~ 325</td><td rowspan="2">铸后退火或固溶时效</td><td>6 ~ 8</td><td>0.02 ~ 0.04</td><td>0.04 ~ 0.07</td><td>0.07 ~ 0.11</td><td>0.09 ~ 0.15</td><td>0.12 ~ 0.20</td><td>0.15 ~ 0.25</td><td rowspan="2">W6Mo5Cr4V2Al
W2Mo9Cr4VCo8</td><td rowspan="2">加厚钻心
顶角 2φ：125° ~ 135°
钻头直径 φ/mm：6，后角 α_f：14°
钻头直径 φ/mm：12，后角 α_f：10° ~ 12°
钻头直径 φ/mm：18，后角 α_f：8°
钻头直径 φ/mm：24，后角 α_f：7°
螺旋角：标准型</td></tr>
<tr><td>325 ~ 350</td><td>5 ~ 7</td><td>0.02 ~ 0.04</td><td>0.04 ~ 0.07</td><td>0.07 ~ 0.11</td><td>0.09 ~ 0.15</td><td>0.12 ~ 0.20</td><td>0.15 ~ 0.25</td></tr>
</table>

注：除国内合金牌号外，其余的都是美国的合金牌号。

表 28-20 钛和钛合金件内排屑深孔钻孔加工用量和使用刀具

被加工材料		硬度（HB）	状态	切削速度 /m·min⁻¹	进给量/mm·r⁻¹ 孔的公称直径 φ/mm						刀具	
					10	20	30	45	60	80	推荐刀具材料	几何参数
α、近α型合金	ZTA1，ZTA2，ZTA3，Ti-Pd 合金	150～200	铸后退火	47～68	0.03～0.05	0.08～0.12	0.10～0.15	0.18～0.25	0.25～0.35	0.28～0.40	YG8，YG6X，YG813，YD15	
		200～320		38～54	0.03～0.05	0.08～0.12	0.10～0.15	0.16～0.23	0.20～0.30	0.25～0.35		
α、近α和（α+β）型合金	ZTA5，ZTA7，ZTA1，ZTC3，ZTC4，ZTC5，ZTC6，ZTC21，Ti-8Al-1Mo-1V	300～325	铸后退火或固溶时效	29～41	0.03～0.05	0.08～0.12	0.10～0.15	0.16～0.23	0.18～0.25	0.20～0.30	YG6X，YG813，YD15，YS2	
		325～350		19～27	0.03～0.05	0.08～0.12	0.10～0.15	0.14～0.20	0.18～0.25	0.20～0.30		

注：除国内合金牌号外，其余的都是美国的合金牌号。

表 28-21 钛和钛合金件（铸）外排屑深孔钻孔加工用量和使用刀具

被加工材料		硬度（HB）	状态	切削速度 /m·min⁻¹	进给量/mm·r⁻¹ 孔的公称直径 φ/mm						刀具	
					5	10	18	25	35	50	推荐刀具材料	几何参数
α、近α型合金	ZTA1，ZTA2，ZTA3，Ti-Pd 合金	150～200	铸后退火	35～55	0.006～0.010	0.010～0.015	0.011～0.018	0.014～0.023	0.016～0.025	0.022～0.035	YG6X，YG643，YG813	
		200～320		30～45	0.006～0.010	0.010～0.015	0.011～0.018	0.014～0.023	0.016～0.025	0.022～0.035		
α、近α和（α+β）型合金	ZTA5，ZTA7，ZTA1，ZTC3，ZTC4，ZTC5，ZTC6，ZTC21，Ti-8Al-1Mo-1V	300～325	铸后退火或固溶时效	22～32	0.006～0.010	0.010～0.015	0.011～0.018	0.014～0.023	0.016～0.025	0.022～0.035		
		325～350		19～27	0.006～0.010	0.010～0.015	0.011～0.018	0.014～0.023	0.016～0.025	0.022～0.035		

注：除国内合金牌号外，其余的都是美国的合金牌号。

②修磨横刃。其修磨有两种方式（见图28-7），其中 a 为S形，b 为X形。S形的轴向钻削刃小于X形，但X形比较容易修磨，并且排屑顺利。因而X形钻削钛合金件优于S形。钻头横刃磨成宽度 $b_{\phi}=(0.08\sim0.1)D$（D 为钻头直径），并应保证横刃的不对称度小于0.06mm。S形和X形均可以形成第二切削刃，该刃带上应磨出3°～8°的前角，以起分屑作用，减小轴向力。

③当钻头直径 $D\geqslant6$mm 时，切削刃上可开磨出不对称的分屑槽。

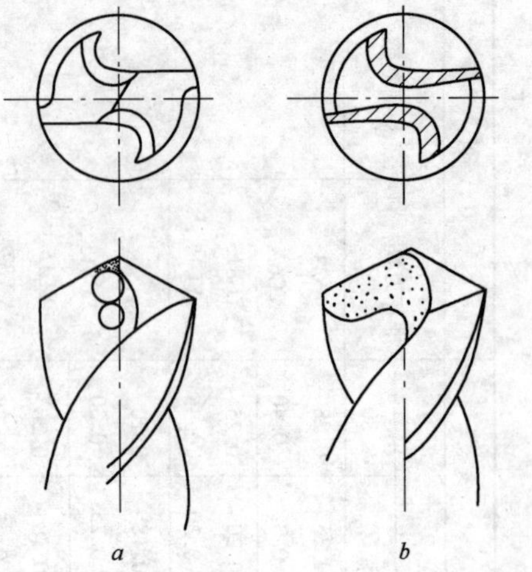

图28-7 钻头横刃的修磨
a—S形；b—X形

2）采用专用麻花钻头对其结构和几何参数进行改进：

①增大螺旋角 $\beta=35°\sim40°$；

②增大钻心厚度 $d_0=(0.4\sim0.22)D$；

③增大钻头外缘处后角 $\alpha_{fr}=12°\sim15°$；

④加大钻头顶角 $2K_r=135°\sim140°$，横刃磨成X形或S形；

⑤严格控制切削刃对钻头轴线的跳动量，当钻头直径为3～25mm时，其跳动量应不大于0.03～0.10mm。

3）钻削深孔时，应采用结构合理的深孔钻（见图28-8），并对钻削用量加以调整。如当切削速度 $v=2.4$m/min，进给量 $f=0.13$mm/r，所钻出孔的表面粗糙度 $R_a=1.6\mu$m，壁厚差0.1mm；当切削速度 $v=3.8$m/min，进给量 $f=0.1$mm/r，所钻出孔的表面粗糙度 $R_a=1.6\mu$m，壁厚差可达0.02mm。当钻削加工孔深径比 L/D 大于5时，通常采用焊接式硬质合金枪钻（见图28-8）。采用这样的深孔钻钻削钛合金件，可以取得良好的钻削效果，在合理的切削用量下，钻出孔的表面粗糙度 $R_a=1.6\mu$m，而生产效率比用普通钻头提高2～4倍。为使钻头增加耐磨性，宜选用带有氮化钛或氧化物涂层，以防止钻头切削刃过早磨损。

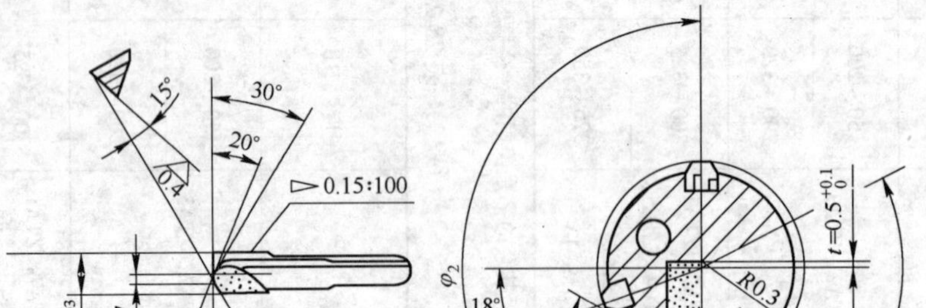

图28-8 钻削钛合金铸件的深孔钻头结构形式

4）设计与制造成专用的四刃带麻花钻，具有四条导向刃带的结构（见图 28-9），这样改变了钻头的截面形状，加大了截面惯性矩，提高了钻头的刚性，特别是小直径钻头的刚性。这种四刃钻头不易折断，而且在钻头上自然地形成了两条辅助冷却槽，钻削加工时钻头可获得充分冷却，使切削区的温度比标准麻花钻降低了 15% ~20%。因此这种钻头的寿命比标准钻头提高了 2.5 ~3 倍，同时还可加工出质量较好的孔径。

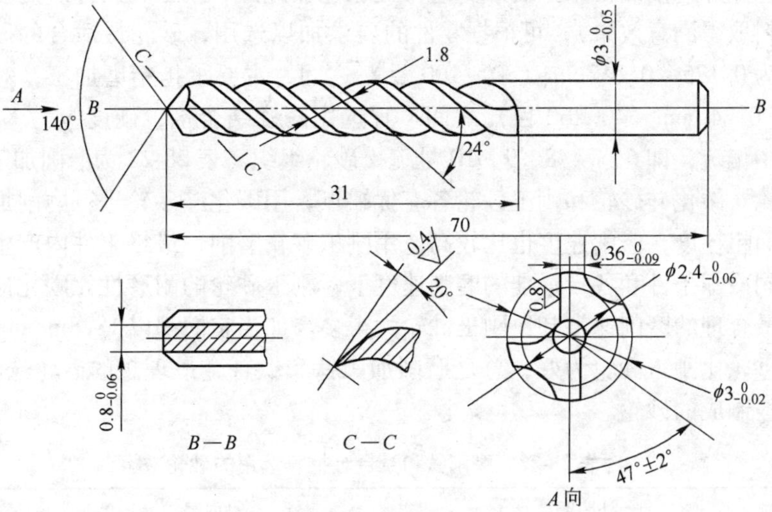

图 28-9　四刃带麻花钻头

（3）采用合适的切削液。钻削加工使用的切削液主要要求冷却和润滑性能好，以降低切屑与钻头间的滑动摩擦、钻头与钛合金件间的摩擦而产生的热量，从而提高加工孔径的表面质量和钻头使用寿命。钻削加工使用的切削液可参见表 28-4。当钻削加工深孔时，不宜选用水基切削液，因为水基切削液在钻削加工从中温升至高温时，会使切削刃上形成蒸汽气泡，易使切屑形成积屑瘤，导致钻削加工不稳定，影响加工孔的质量。钻削深孔时通常推荐采用（N_{32}机械油 + 煤油），比例为 3∶1 或 3∶2 。

28.2.5　磨削加工

磨削是使用砂轮或其他磨具对钛和钛合金零件表面进行的精加工工序，是确保产品达到设计标准的重要方法，也是借助磨具将工件表面缺陷（裂纹、折叠、凹凸不平和氧化皮等）去除的主要（辅助）工序。同时是对钛和钛合金铸件去除浇冒口残根最常用的切削加工方法。钛和钛合金材料有如下的磨削特点：

（1）磨削加工过程温度升得很快很高，所需磨削力比钢材大。

（2）磨削加工过程砂轮黏附现象严重，导致磨屑堵塞砂轮气孔而使部分磨粒失去了切削能力或剥落。

（3）与其他钢材相比，钛和钛合金磨削比很低，如用白刚玉磨料制作砂轮磨削加工 ZTC4 合金时，其磨削比 G 仅为 1 ~2 左右，而磨削优质碳素结构钢 45 号钢的磨削比 G 为 50 ~100 左右，因此难以获得高的生产效率。

（4）由于钛和钛合金材的高化学活性，加上磨削加工时温升快，温度高，致使发生化学反应，从而改变了砂轮的磨损性质，导致磨轮失效快。

（5）经磨削加工过的表面易被烧损，工件表面质量不易保证。因此采用降低砂轮转速，减小磨削进给量。

（6）磨屑易被燃烧。

28.2.5.1 磨具选择

钛和钛合金件磨削加工采用的砂轮通常是绿色碳化硅和刚玉类两种（近年来又研发生产了混合磨料取得满意效果），可根据零件的要求加以选用，砂轮最适合的砂粒粒度，对碳化硅来说为0.175～0.147mm（80～100目）之间，主要承担精磨加工，对刚玉来说则应在0.370～0.246mm（40～60目）之间。宜选用陶瓷结合剂，硬度应为K、L、M、N。组织可采用中偏疏，即6、7、8、9、10号疏松砂轮组织。表28-22为磨削加工钛合金件推荐选用的砂轮。碳化硅砂轮和刚玉砂轮各有优缺点，用碳化硅砂轮进行磨削加工一般可得到较小的表面粗糙度，磨削速度也比较高。用刚玉砂轮磨削，最终工件内产生的残余应力较低，在相同冷却条件和各自最佳的磨削速度下，刚玉砂轮的耐磨性比碳化硅砂轮好。但碳化硅砂轮最合理的磨削速度却比刚玉砂轮大得多。如当它们都以1828m/min的速度磨削时，碳化硅砂轮比刚玉砂轮为好，总之磨削加工钛和钛合金最理想的砂轮选用脆性磨料，或以混合磨料制成的砂轮。

表28-22 磨削钛和钛合金推荐选用的砂轮

砂轮的特性	外圆磨		平面磨		切割砂轮的特性
	粗 磨	精 磨	粗 磨	精 磨	
磨 料	GC(TL)	GC(TL)	GC(TL)	GC(TL)	GC(TL)
粒度/mm	0.314(46目)	0.246(60目)	0.408,0.314 (36目,46目)	0.314,0.246 (46目,60目)	0.701,0.408 (24目,36目)
组 织	6～8	6～8	6～8	6～8	5～7
硬 度	J(R_3)	K(ZR_1)	K(ZR_1)	K(ZR_1)	M(Z_1)
结合剂	V(A)	V(A)	V(A)	V(A)	V(A)

美国一个从事磨削加工的磨具制造商推荐：碳化硅砂轮用于切割和手工磨削，刚玉砂轮用于外圆和平面磨削，同时还提出了通用的指导性原则：在磨削加工过程中应将砂轮修整得很锋利，可以采用最大直径和最厚的砂轮，倾向于用较硬的砂轮，磨削加工设备的主轴应采用最大的功率。

28.2.5.2 磨削加工效果评定

由于磨削工序对于钛和钛合金件的精加工及成形起着重要作用，因此磨削加工的效果评定必不可少，一般由如下指标评定：

（1）磨比 G（G=去除金属的体积/砂轮磨损体积）；

（2）工件的表面粗糙度；

（3）工件表面层的残余应力。

影响这几个指标的因素有磨削量（即最小进刀深度）、磨削速度和冷却液等。每一行程最小磨削量为0.0127mm，横向进给在0.64～6.4mm，可得到最高磨削比 G，如果磨削量由0.0127mm提高到0.038mm时，磨削比 G 就要降低。因此在磨削过程中，磨削量应控制在每一行程0.0127~0.025mm，横向进给量控制在1.27mm；表28-23为钛合金件的磨削用量参考值。

表28-23　钛合金件磨削用量参考值

磨削种类		平面磨		外圆磨		内圆磨	
		粗　磨	精　磨	粗　磨	精　磨	粗　磨	精　磨
磨削速度	砂轮速度 $v/\mathrm{m \cdot s^{-1}}$	15~20	15~20	15~20	15~20	20~25	20~25
	工作台速度 $v_m/\mathrm{m \cdot min^{-1}}$	14~20	8~14				
	零件速度 $v_w/\mathrm{m \cdot min^{-1}}$			15~30	15~30	15~45	15~45
	磨削深度 $a_p/f_a/\mathrm{mm}$	0.025	0.01(最大)	0.025	0.01(最大)	0.01	0.005
	横向进给量 f_a/mm	0.5~5，最大1/10砂轮宽度					
	纵向进给量 f_a(砂轮宽度B)/mm			1/5	1/10	1/3	1/6
砂　轮		GC60MV（$TL60R_3A$）					

此外，磨削速度和冷却液的类型也影响磨削比 G（见图28-10）和工件的质量与性能。当砂轮和冷却液一定时，采用高的磨削速度，对加工件的表面会产生不利的影响，如碳化硅砂轮采用大于609m/min的磨削速度磨削Ti-6Al-4V合金时，会在工件0.0254mm深的表面层产生大于480.5MPa的残余拉应力，降低了合金的疲劳性能。而当仍采用609m/min的磨削速度，使用磺胺氯油作冷却液，碳化硅砂轮磨削的工件，具有较小的表面粗糙度和尺寸公差，表面的残余应力也较低。钛和钛合金件通常不能采用干磨，必须使用冷却液，不同的冷却液对磨削比 G 的影响是不相同的。对不同类型不同状态的钛合金应选用合适的冷却液，不能马虎懈怠，并应装设过滤器，去除磨削液中的钛粉末，冷却液的更换要频繁，保证冷却液的作用。若使用油类冷却液，必须做到既要防止着火危险又要在加工机床旁备有灭火器和滑石粉之类灭火材料。

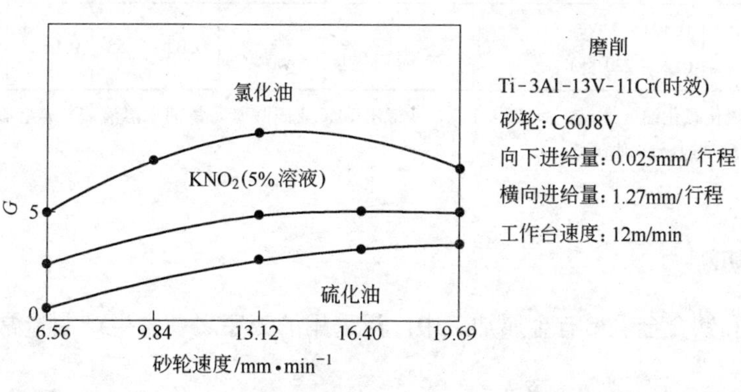

图28-10　磨削Ti-3Al-13V-11Cr（时效状态）合金时砂轮的转动速度对 G 值的影响

28.2.5.3　磨削加工中的注意事项

磨削加工时尤其外圆、内圆磨削，砂轮与工件往复切削间隙短，将产生大量热量，这对于导热性差的钛和钛合金，容易导致工件局部过热，造成氧化或后续加工中出现裂纹。

为防止局部过热，除选择合适的砂轮和砂轮转速外，砂轮对工件的压力不能过大，并应时常移动磨削位置，使磨削加工时产生的热量迅速扩散掉。磨削面过渡应平滑，否则进一步加工时易造成折叠、裂纹和重皮。板坯平面磨削应沿轧制方向进行。另外各类磨料的砂轮和硬度等级宜用多个法兰盘分置，便于操作加工，冷却液箱水溶剂和油剂也各备一只，彻底分开。

28.2.5.4 砂带磨削

在航空、航天等类产品中有许多是钛和钛合金材料制作的异形零部件，这些加工件无法在普通磨床进行磨削加工，必须在砂带磨上进行，由于钛和钛合金在物化性能上的特性，磨削过程极易产生很快的温升，使钛与空气中的氧、氮发生作用，零部件表面产生硬化层。同时，钛容易与砂带上的砂粒黏合而降低砂带的寿命。通常粗加工选用砂带粒度0.370～0.175mm(40～80目)，且粒度为0.175mm（80目）的比0.370mm（40目）或0.246mm（60目）好用；精加工可选用0.121～0.066mm(120～220目)的砂带。砂带磨削钛和钛合金件，会使零部件表面产生较大的残余应力，随后必须通过去应力退火或化学铣的方法予以消除或减小。表28-24为砂带磨削钛和钛合金件选用的砂带结构及工艺参数。

表28-24 钛和钛合金件砂带磨削砂带的选用及磨削工艺参数

砂带及磨削工艺参数 / 加工类型	砂带结构				磨削工艺参数				
	砂粒粒度/mm	砂带背衬	涂层结构	黏结剂	磨削速度/m·min⁻¹	进刀量/(或进给压力)/MPa	磨削深度/mm	磨削液	工作台速度/m·min⁻¹
初 磨	0.370～0.175(40～80目)	E纸×布	致密	树脂	300～450			没有	
粗 磨	0.370～0.175(40～80目)最好为0.175(80目)	E纸×布	致密	树脂	457～670②	0.82～0.55	0.0508	有①	3
精 磨	0.121～0.066(120～220目)	E纸×布	致密	树脂	457～670②	0.82～0.55	0.0508	有①	3

①纸砂带用重硫化氯化油（燃点：≥165℃）；布砂带用10%亚硝酸氨防锈剂水溶液或5%亚硝酸钾溶液，也有使用15%三磷酸钠或磷酸钾溶液。

②优先考虑。

28.2.6 切断

切断是钛和钛合金、稀有金属加工中广泛采用的工序之一，生产制造常采用的切断方法有如下几种。

28.2.6.1 砂轮片切割

产品是管状并直径较小，棒材常采用砂轮片锯切。一是直切法；二是往复式法，所使用的砂轮片的磨料为棕刚玉（A）或碳化硅（GC绿碳化硅、C黑碳化硅），其硬度是中、中软或中硬。一般选用规格为ϕ150mm×(1～3)mm×ϕ32mm，ϕ400mm×3mm×ϕ32mm的砂轮片，磨料粒度0.175～0.084mm(80～180目)，砂轮片工作速度为10～30m/s，结合剂

B。切割时尽量使用冷却液和被加工件旋转的方法可以提高砂轮片工作寿命。对于薄壁管材采用工件旋转的砂轮片切断法尤其适宜。

砂轮片锯切金属消耗较少，生产效率较高。但切口有毛刺，热影响区较大，因此一般适用半成品切断。但对于钨棒，因其硬度高，锯片切割无法切断，所以都采用砂轮片锯切。如若切割速度过高，钨材锯切表面可能产生裂纹。

28.2.6.2　阳极-机械切割

大直径的棒材切断一般采用阳极-机械切割法，尤其适用于高强度金属的切断。这种阳极-机械切割机常用的刀具是电极（阳极），该电极分为盘状和带状两种。金属刀具厚1~4mm。常用电解液为水玻璃溶液。切割时的电参数取决于被切金属的性质和被切工件的截面积。几种金属切割时的电参数参见表28-25。

表28-25　几种金属阳极-机械切割的电参数

金属牌号	工件直径/mm	工作电压/V	工作电流/A	进给速度/mm·min^{-1}	切断时间/min
W	60	22~27	150~400	5~6	10~11
Ti		24~30	50~350	5	

28.2.6.3　圆盘锯切割和弓形锯切割

除钨材以外大多数稀有金属材料均可采用高速钢刀具的圆盘锯或弓形锯切断。弓形锯切割在普通弓形锯床上进行。弓形锯条长400~500mm，厚1.7~2.0mm，宽38mm。其齿距为4~5mm。圆盘锯根据齿数不同，可分为细齿、中齿和粗齿三类。齿数的选择一般与被加工的金属材料性质有关。一般选择：材料愈软，齿数愈少；材料愈硬，则齿数应愈多。为改善圆盘锯锯齿刀尖的切削条件，每间隔两齿做出不同高度和宽度的齿，使第一个齿切入槽宽约1/3，第二齿则专切两角留下的材料，这样改善出屑状况，可以提高锯齿的工作寿命。常用圆盘锯床主要性能如表28-26。

表28-26　圆盘锯床主要性能

锯床型号	G6014	G6010	G607	G605
工作直径/mm	500	350	240	160
锯片外径/mm	1430	1010	710	510
锯片厚度/mm	10	8	6.5	6
齿数/个	144，216，288	120，180，240	96，144，192	72，108，144

切割钛及钛合金的圆盘锯片锯齿的几何参数为：前角$\gamma=0°\sim5°$，后角$\alpha=12°\sim17°$。切割时采用5%~10%乳液冷却。切割工艺参数为：切割速度$V=7\sim15$m/min，进给量7~20mm/min。这时锯片的工作寿命约3.5m/刃磨。为了提高切割时高速钢锯条和锯片的使用寿命，在切割前用砂轮打磨或车削扒皮等方法去除坯料切口处的氧化皮等。否则坚硬的氧化皮使锯齿迅速磨钝，寿命大大降低。

28.2.6.4　切管机切断

稀有金属管材生产中，为了防止砂轮片切割时脱落的砂粒沾污管材内表面，往往采用切管机进行切断。切管机是使用车刀进行切断的。钛和钛合金管的切断刀具为高速钢刀具。切断刀头的前角$\gamma=5°\sim15°$，后角$\alpha=10°\sim15°$。

28.2.6.5 板、带材剪切

板、带材剪切可分为：下料、中断、切头、切边和成品剪切等。

板、带材的剪切采用一般钢铁和有色金属板、带材剪切设备，最常用的是龙门剪床等。

钛和钛合金板材厚度超过20mm，在不具备大型龙门剪床的情况下，可采用火焰切割法切断。

28.2.6.6 精密件、成形件的切割

精密件或成形件宜采用激光切割。

28.2.7 喷砂与喷丸

钛和钛合金件（铸件）表面粗糙，氧化皮厚实，这层外皮硬，因此在机械加工前应将其进行喷砂，除去这层粗硬层后不仅提高工作效率，对刀具寿命、设备损耗、环境污染都有极大的影响。

喷砂（喷丸）加工是应用高速砂子（或铁丸）流冲击工件表面以除去氧化皮。工件在喷砂前应清除表面油污并保持干燥。压缩空气和石英砂均应除去水分和油。喷砂尤其对于在熔融碱中容易造成时效硬化的金属和合金有较好的效果，而且经济得多。如β型钛合金等更为适用。

28.2.7.1 喷砂设备

稀有金属和钛合金用的喷砂设备与钢铁或有色金属使用的都相同。常用喷砂机的主要性能指标如下：

处理板材尺寸	厚3～10mm，宽400～1050mm
喷枪摆动次数	n=28.6次/min
压缩空气压力	78.4～294kPa
砂粒种类	石英砂
砂粒粒度	d=0.3～2.5mm
压缩空气消耗量	70～100m^3/h

28.2.7.2 喷砂工艺及适用范围

喷砂工艺及适用范围参见表28-27。

表28-27 喷砂工艺及适用范围

砂或丸的直径 d/mm	喷射压力/kPa	喷射材料	适用范围
1.75～2.50	294～588	铁丸或石英砂	氧化皮严重的工件（锻坯等）
1.0～2.0	294～588	铁丸或石英砂	较厚的工件（如厚板）
0.8～1.5	98～343	石英砂也可用铁丸	氧化皮较薄，厚度较小的工件
0.3～1.0	98～343	石英砂也可用铁丸	氧化皮较薄，厚度较小的工件

28.2.7.3 喷砂注意事项

工件表面上有水分和油垢时喷砂效率显著降低，因此，工件在喷砂前必须清除净表面油垢并应保持干燥。送入喷砂机的压缩空气也必须预先通过空气滤净器，去除水分和油。砂粒使用前也应经过干燥处理。

喷砂操作过程灰尘很大，因此，喷砂机应安装在单独的操作间并配置足够的通风设备。喷射材料应妥当存在干燥处，防止受潮和生锈。

28.3 切削加工应注意的问题

切削加工中应注意的问题有：

(1) 切削加工过程中保护好零件表面的完整性。钛合金是对表面完整性敏感的材料。所谓表面完整性是指零件（锻铸件）由加工所形成的表面特征和表面特性。表面特征包括表面粗糙度、表面波纹度、表面纹理方向和表面缺陷等。表面特性包括微观组织变化、再结晶、晶间腐蚀、热影响层、微观裂纹、硬度变化、塑性变形以及热、电、磁等化学特性变化等，具体见图 28-11。

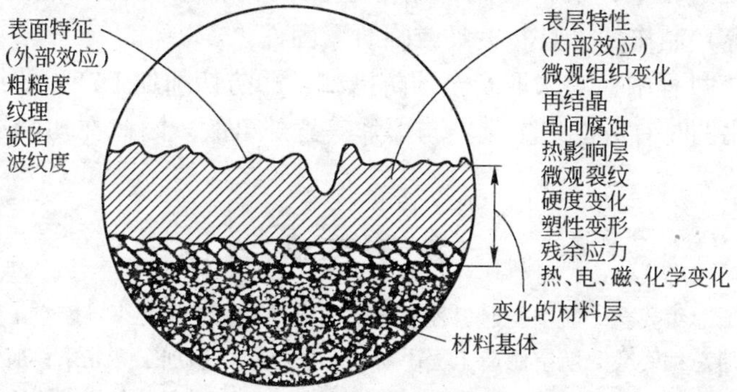

图 28-11 加工零件表面与表层结构构成示意图

钛和钛合金件在切削加工过程中，如果加工方法和加工工艺参数选择得不合理，操作不当，就会使工件、零件的表面完整性受到伤害，伤害外观的表现形态：表面划伤、表面烧损、微裂纹、切屑瘤、塑性变形、热影响区以及残余应力等。这些伤害可能造成零部件的力学性能，主要是疲劳性能和抗应力腐蚀性能下降，使用寿命缩短。图 28-12 为各种切

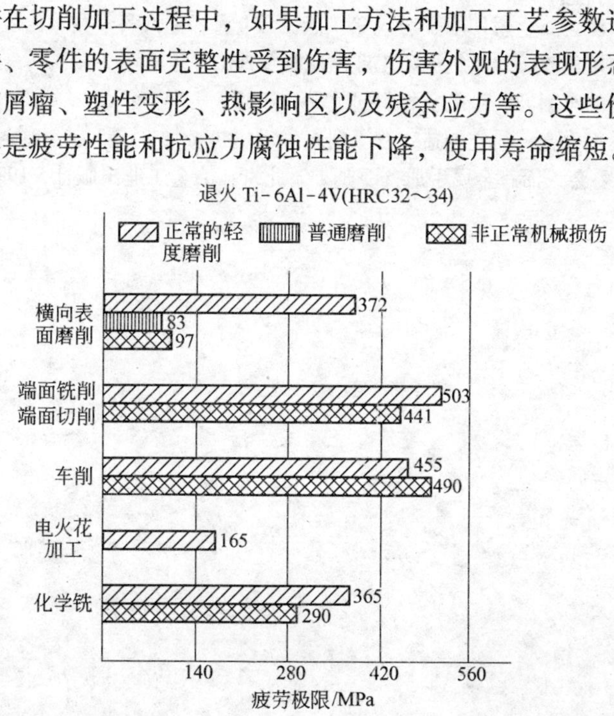

图 28-12 各种切削加工方法对 Ti-6Al-4V 合金高频疲劳性能的影响

削加工方法对 Ti-6Al-4V 合金高频疲劳性能的影响。由图 28-12 可见，磨削加工和质量对钛合金高频疲劳性能的影响最大。

(2) 切削加工过程中，与钛和钛合金件接触的工具、夹具或其他装置必须洁净无污垢，装卸清洗过的和涂有保护层的钛合金件时，要防止油脂或指印污染，以免在使用过程中发生盐应力腐蚀，致使钛合金零件断裂，尤其是航空、航天用的Ⅰ、Ⅱ类件更为重要。

(3) 切削加工过程中，如果不得已使用了含氯的切削液，磨削加工完成后，应及时用不含氯的清洗剂彻底清洗零件，将加工件表面上含氯的残余物彻底清除。因为含氯的切削液切削过程在高温下要分解释放出氢气，被钛吸收后，可能引起氢脆，同时氯还可能引起钛合金高温应力腐蚀开裂。

(4) 切削加工过程中，禁止使用低熔点金属及其合金（例如铅基或锌基合金，铜、锡和铬及其合金等）制作的工具、夹具或临时紧固件。

(5) 切削加工过程中，应采取安全预防措施，严防切削加工产生的细小切屑与粉末在空气中达到一定比例时有可能发生火灾与爆炸等意外事故。因此在切削加工设备或场地附近应有灭火器材。

参 考 文 献

1 航空制造工程手册总编委会．航空制造工程手册：飞机机械加工．北京：航空工业出版社，1995
2 航空制造工程手册总编委会．航空制造工程手册：金属材料切削加工．北京：航空工业出版社，1995
3 Matthew J. Donachie J. Titanium A technical Guide. ASM International Metals Park OH44073，1998
4 中国航空材料手册编辑委员会．中国航空材料手册（第 4 卷）：钛合金、铜合金（第 2 版）．北京：中国标准出版社，2002
5 上海市金属切削技术协会．金属切削手册（第 3 版）．上海：上海科学技术出版社，2003
6 郑文虎．机械加工实用经验．北京：国防工业出版社，2003
7 张桂荣．浅谈钛合金的车削．北京航空材料研究所，1988
8 航空制造工程手册总编委会．航空制造工程手册：发动机机械加工．北京：航空工业出版社，1995
9 《稀有金属手册》编委会．稀有金属手册（下册）．北京：冶金工业出版社，1995

29 钛工业的环境保护

29.1 钛工业的环境保护现状

29.1.1 钛工业生产的环保现状

钛工业生产，涵盖钛冶金和钛加工整个领域，它们的环保现状，可以分为四个系统分述介绍。

（1）钛矿富集工艺系统（详见第4章）。我国国内主要和可能的方法为熔炼钛渣和酸浸法（主要为盐酸浸出法）制取人造金红石两种工艺。其中熔炼生产钛渣法“三废”少，环保状况较好。而如果采用酸浸法制取人造金红石工艺，“三废”多，环保问题不容轻视。在确立工艺流程时，必须学习美国BCA盐酸循环浸出法，达到盐酸在全流程封闭和循环，使资源全部利用不浪费，由于盐酸在流程封闭，不外泄，造成对环境不污染和少污染。

（2）海绵钛生产系统（详见第5~7章）。克劳尔法生产海绵钛产生的“三废”多。目前一些厂家对环保重视不够，环保状况堪忧。国内一些专家有两点共识，第一是海绵钛厂规模宜大，年产海绵钛在5000t以上是合适的，国外一些钛厂都在万吨级，这是最佳规模。由于规模大，建立环保系统比较容易达到，而且将环保作为必须建立的工艺的一个部分。第二是必须建立镁-钛联合企业。钛厂必须有镁电解生产车间，其规模至少应保证镁还原产生的$MgCl_2$被电解掉，即镁-钛生产规模应匹配。这样就易形成$MgCl_2$-Cl_2在流程内封闭，因$MgCl_2$-Cl_2全被消耗掉，同时减少了许多污染源的产生。这样做不仅减少了污染物，而且资源的利用率获得提高，同时热能的利用率也提高了。这是因为有了镁电解车间配套，它可以将精制镁趁热，即液体镁直接加入还原炉，又可将热$MgCl_2$（排出还原炉后）直接送往电解槽内。

当然，其他的“三废”也是应该及时处理的，经处理后达到无害化状态才排放，特别是氯化炉尾氯必须达标，也是理所应当的。这方面的处理措施详见29.2节介绍。

（3）钛白生产系统（详见第8章）。钛白生产工艺有两种方法。第一种方法是氯化法，这是污染较少的新工艺。其中氯在该工艺中循环而流程封闭。但仍然有不少“三废”，它产生的“三废”及其处理同海绵钛生产相似，在这里就不再叙述了。第二种方法是硫酸法。该法产生大量的废酸液（包括浓废酸和酸性废水）等“三废”，如不处理必然对环境造成严重污染。从整体上来说，我国钛白生产工艺以硫酸法工艺为主，而且是小厂多、技术落后，环保存在的问题非常突出。

要想从整体上改善国内钛白环保不良的现状，从技术上要突破氯化法的技术难关，这是最佳上策。但在目前暂时达不到的状况下，只能实事求是地从实际出发寻求解决问题的途径和对策。

（4）钛加工生产系统，包括熔炼、塑性加工、铸造和粉末冶金各生产部门。“三废”

比较少，整体环境保护比较好。唯一可能造成污染源处是钛材表面净化（详见第25章）有废水，包括废碱水和废酸水。其中酸液中含有 F^- 离子，它对人体的骨骼有侵蚀危害，所以不能轻视，故工艺中必须一边碱洗和酸洗，一边进行无害化处理。处理和对策也在第25章论述了。

总之，钛工业的环境保护，钛加工属于良好状态；钛冶金处于比较严重的不良状态；钛白工业处于严重的不良状态。

29.1.2 治理对策

随着《环境保护法》立法的通过，每个企业从工人到管理人员都应提高环保意识，必须清楚地认识到（将来）如果环保不达标，企业是不能开工生产的。

只有环境保护良好才符合国家提倡的科学发展观。并且，对生产过程实行循环经济，将许多有用元素在系统中循环，使系统封闭，使许多无用的废物变成有用的产品，变废为宝，可以节约资源、节能，提高经济效益和达到良好的环境保护要求。

以硫酸法钛白生产为例（详见8.3节），图8-17中列出了德国拜耳公司钛白生产中废料治理流程。它就实现了无害化处理，并使流程封闭和物料循环。这是我国钛白工业的榜样。

针对我国钛白的现状，从环保法实施后，就应该淘汰小厂，通过兼并措施，组织和建立几个大厂，对“三废”进行集中治理，并达到物料循环，使“三废”达标。

同时，为了减少废物料，原料应用要从钛铁矿改为酸溶性钛渣。这种钛渣从含 TiO_2 45%～50%的钛铁矿变成了含 TiO_2 70%～80%，这使“三废”量减少很多，这对生产是有利的。

29.2 钛冶金生产中的“三废”治理

钛冶金的“三废”较多，对设备和建筑物的腐蚀比较严重，并对人体有害，必须进行治理，尤其是对尾气中的氯必须除净。

29.2.1 废气的处理

在海绵钛生产中，氯化作业的废气多。废气中有害成分除氯气外，还有一定含量的氯化物，如HCl、$TiCl_4$ 和 $SiCl_4$ 等，必须加以处理。排泄废气的地方有下列几处：

（1）氯化炉尾气，主要气体成分为CO、CO_2、O_2、N_2、Cl_2、$SiCl_4$、$TiCl_4$ 等，如果采用未煅烧石油焦，则还有较多的HCl。某厂流态化氯化制取 $TiCl_4$ 工艺中尾气成分实测平均值（五个试样）列于表29-1。

表29-1 尾气成分举例

成 分	CO_2	CO	O_2	N_2	Cl_2	$HCl+TiCl_4$
含量（质量分数）/%	21.5	53.2	12	8.8	微	16.7

（2）氯化炉排渣时泄漏的气体，含 Cl_2 和 $TiCl_4$，虽然排渣时间不长，但排泄的气体量较大。

（3）还原操作中排气时放出的 $TiCl_4$ 和 $TiCl_3$、$TiCl_2$ 气体，以及还原操作完毕后，拆卸还原反应器时，冒出较多的 $TiCl_4$（即 HCl）气体。

对上述废气的处理方法如下：

第一步，必须经湿法净化处理，即用排风机将废气送入净化设备内，用水喷淋洗涤。此时 HCl 溶于水，$TiCl_4$ 和 $SiCl_4$ 则水解，固体尘粒被洗入水中。湿法化制的设备可采用洗涤塔、离心洗涤器、喷洒吸收塔和泡沫除尘器等。

第二步，必须进一步除氯。方法有：

(1) 排出的废气中氯气浓度低时，常用石灰乳 $Ca(OH)_2$ 喷淋，氯气便与石灰乳反应生成 $Ca(ClO)_2$。

(2) 排出的废气中氯气浓度低，但尾气量大时，由于排出的氯量大，常常采用 NaOH 或 Na_2CO_3 喷淋，氯便与它们反应生成可用作漂白粉的 NaClO。若废气中含有 CO_2 时，因其能和碱反应，会多消耗一些碱液。

(3) 排出的废气中氯气浓度大，但尾气量小时，可用 $FeCl_2$ 喷淋吸收氯。$FeCl_2$ 淋洗液是预先将铁屑加 HCl 反应制得的，淋洗后生成 $FeCl_3$，$FeCl_3$ 再加铁屑又还原成 $FeCl_2$ 循环使用。碱液淋洗设备仍可用洗涤塔或喷洒吸收塔等，用耐碱泵将碱液循环使用。

有资料报道，采用碱液淋洗吸收尾气中的余氯并不经济。有人提出了使尾气（Cl_2 + CO）形成光气的办法，再经液化，使其中的余氯得以全部回收。其过程是：氯化炉尾气先经玻璃纤维过滤，在有催化剂活性炭存在下，尾气中的 CO 和 Cl_2 相互作用生成 $COCl_2$。为了得到较大的反应速度，反应在 110 ~ 120℃下进行，此时可根据其自热维持反应温度。在正常氯化操作时，尾气含氯量较低，有足够的 CO 量使余氯全部形成 $COCl_2$。生成的光气经冷却至约 -20℃时，即可制得液态碳酰氯，贮存在罐内，并和 CO 等其他气体分离。$COCl_2$ 也是良好的氯化剂，将液态 $COCl_2$ 气化后可返回氯化炉直接使用。

废气处理流程举例如图 29-1 所示，其设备流程举例见图 29-2。两座用塑料造成的水洗塔，规格 ϕ350mm × 3000mm，内装塑料环。循环水使用耐酸泵喷淋，可以制得含 HCl18% ~30% 的盐酸。洗涤塔用水泥制造，规格 ϕ1200mm ×7000mm，淋洗液循环槽内衬橡胶，石灰乳喷淋液循环用衬胶泵。二次洗涤系用玻璃钢制造，规格 400mm ×400mm × 6000mm，碱液循环用铸铁泵，尾气管道采用塑料管。

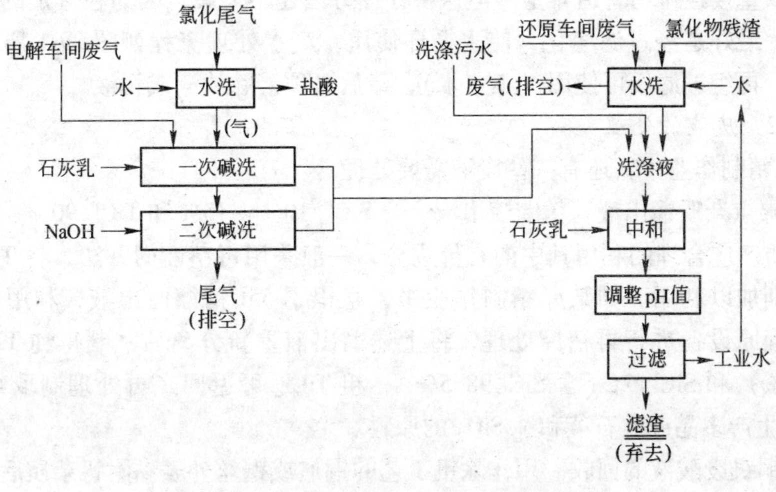

图 29-1　废气-废水综合处理流程简图

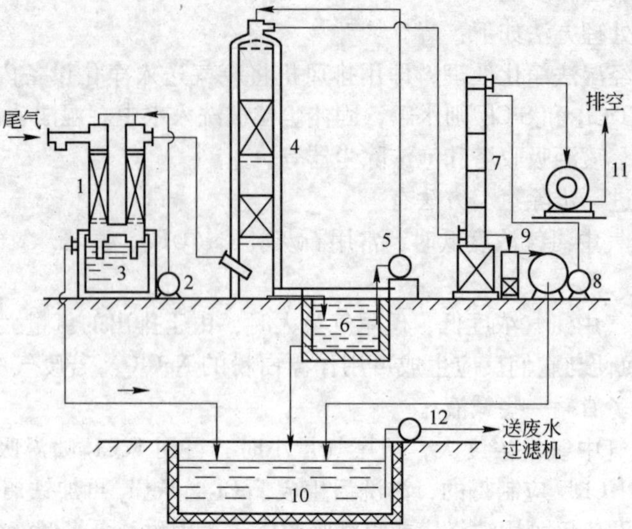

图 29-2 氯化尾气处理设备流程

1—水洗塔；2—耐酸泵；3—贮水槽；4—一次洗涤塔；5—衬胶泵；6—硝石灰液池；
7—二次洗涤塔；8—铸铁泵；9—碱液池；10—中和槽；11—风机；12—泵

29.2.2 废水和废液的处理

29.2.2.1 废水处理

在钛冶金过程中产生的废水包括：冷却水，未被污染；设备清洁的洗涤水和场地所用冲洗水，一般含有 HCl 和 $FeCl_3$ 等成分；废气净制用的淋洗水，一般含 HCl 和一些固体杂质颗粒。这些废水不仅含有固体颗粒杂质，而且还含少量的废酸和废碱。

这种废水常用中和法处理，即在中和池内调至呈中性。一般将各种酸性和碱性废水同时加入起中和作用。在钛冶金中通常酸性废水量较多，需要补加石灰石或其他碱性物品。中性水液可以直接经排污管道排走。但这种处理方法还不彻底，因为在排走的水中还含有较多的盐类，最好是经过滤净化，使水循环使用。废水处理流程如图 29-1 所示，废水经中和沉淀后，再经过滤便可使用（工业水），最后必须清除滤渣或污液。

29.2.2.2 废液的处理

在 $TiCl_4$ 精制作业中，还有一些废液需要处理。

(1) 低沸点杂质馏出液。精馏馏出液，含 $SiCl_4$ 10% ~15% 和 $TiCl_4$ 90% ~85%，还有其他一些杂质。应合理的利用其中的有价成分，一般采用再精馏的办法，将 $TiCl_4$ 和 $SiCl_4$ 分离，并分别加以利用。如某厂精制作业中，累积了 55t 精馏馏出液，利用精制操作间歇，用原流程原设备进行再精馏处理，将上述馏出液重新分离后，制得纯 $TiCl_4$ 48t（含 $SiCl_4$ 小于 1%）和 $SiCl_4$ 2t（含 $SiCl_4$98.5%），粗 $TiCl_4$ 可返回经再处理制取纯 $TiCl_4$，而 $SiCl_4$ 可作为生产多晶硅、石英和纯 SiO_2 的原料。

(2) 含铜钒废酸液的回收。用作除钒工艺的铜屑或铜丝外表黏附钒杂质后便影响除钒效果，应经洗涤再生操作。通常用盐酸洗涤，其中再生后的纯铜可以返回使用。而在酸洗

液里含有 $CuCl_2$ 和 $VOCl_2$，由于批量小，可集中处理。

从废酸液回收铜的处理方法有两种。一是废酸液直接电解法，由于含杂质多，只能制得粗铜（Cu > 98%），这种铜必须进一步精炼；二是先用铁置换废酸液中的铜，然后再用硫酸处理，精制 $CuSO_4$ 溶液，再进行电解，可以制取纯铜。

29.2.3 废渣的处理

根据统计，某厂用高钛渣制取 $TiCl_4$ 的流态化氯化炉，每产 1t $TiCl_4$ 液，要排出炉渣 44.8kg，收尘渣 68.7kg，泥浆 75.8kg，详见表 29-2。表中所列数据是累计平均值。

表 29-2 废渣排出量和分析

名 称	废渣成分（质量分数）/%							每吨 $TiCl_4$ 的渣量/kg
	Fe	Ti	Al	Mn	Ca	Mg	C	
炉 渣	0.703	6.72	0.287	3.3	1.26	2.53	57.8	44.8
收尘渣 1 号	18.55	1.42	0.688	11.03				47.7
收尘渣 2 号	16.7	2.55	1.080	11.85				21.0
泥 浆	9.34	13.48	2.12	2.74				75.8

由表可见，氯化炉渣量是很大的，必须进行综合利用，化废为利，对于产量大的企业尤其突出。

炉渣中含有大量的碳和少量的 TiO_2。常用水洗重选将碳和 TiO_2 分离。湿油焦经烘干后可返回使用或用作其他燃料，TiO_2 返回氯化或经煅烧后可用于制取人造金红石。

泥浆含 $TiCl_4$ 高达 50% 左右，必须加以回收。从泥浆回收 $TiCl_4$，一般采用蒸发的方法，使泥浆中的 $TiCl_4$ 挥发出来。常用的设备有两种：一种是带双搅龙的蒸发器（图 29-3）。这种蒸发器是在外加热的圆筒形蒸发器内，安装有双螺旋机构，泥浆从其一端加入，经螺旋叶片带动泥浆沿搅龙向另一端方向移动，在移动过程中，泥浆中的 $TiCl_4$ 不断挥发出，泥浆则逐渐变稠，最后成干粉，从蒸发器的另一端排出，然后将 $TiCl_4$ 蒸气冷却收集。另一种是带刮刀的蒸发器（图 29-4）。这种蒸发器是在外加热的圆筒形蒸发器内，安装有机械刮刀。泥浆从蒸发器顶端加入后，其中的 $TiCl_4$ 便不断地蒸发出去。而泥浆逐

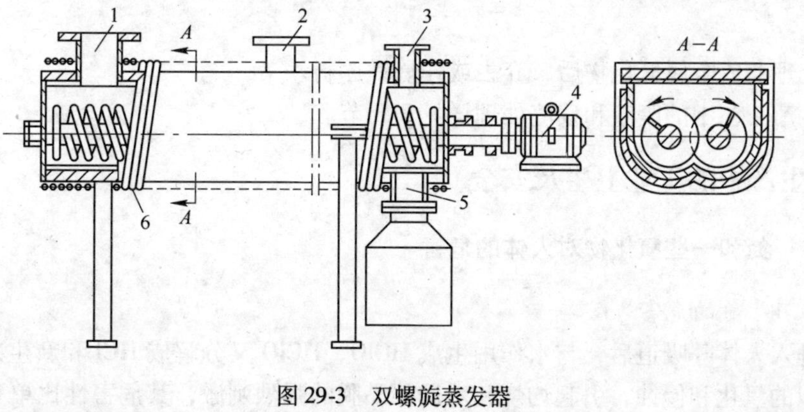

图 29-3 双螺旋蒸发器

1—进料管；2—$TiCl_4$ 蒸气引出管；3—通道口；4—电机；5—排渣口；6—加热电感线圈

渐变稠，黏附在器壁，机械刮刀不断将黏附的泥浆刮下，泥浆沿刮刀不断下降并增稠，最后成干粉从蒸发器底部排出，然后将 $TiCl_4$ 蒸气冷凝收集。

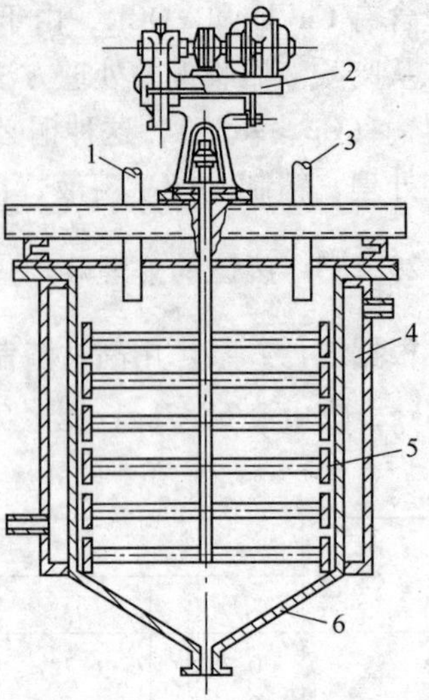

图 29-4　带刮刀蒸发器

1—进料管；2—传动装置；3—$TiCl_4$ 蒸气引出管；4—热媒夹套；5—刮刀；6—蒸发罐体

收尘渣和泥浆干粉的回收利用比较困难。因为这些固体残渣成分复杂，除含有较多的 $FeCl_3$ 外，还有 $MnCl_2$、$AlCl_3$、$TiCl_4$ 等氯化物。这些氯化物易发生水解生成 HCl，若将其废弃势必污染环境。目前认为可行的处理方案是从这些氯化物中再生回收氯气或盐酸。以 $FeCl_3$ 为例，可以使其高温水解再生 HCl 气。反应按下式进行：

$$2FeCl_3 + 3H_2O \xlongequal{} Fe_2O_3 + 6HCl$$

往这些固体金属氯化物中加水调成泥浆，送入尾气燃烧炉（利用氯化炉尾气燃烧），加热至 500～550℃即可完全水解。回收 HCl，残渣为金属氧化物。

再生氯气的方法，较多采用氧化法，将 $FeCl_3$ 变成 Fe_2O_3，制取的氯气返回氯化炉，使氯在流程内循环。以 $FeCl_3$ 为例，反应按下式进行：

$$2FeCl_3 + 3/2O_2 \xlongequal{} Fe_2O_3 + 3Cl_2$$

实验表明，温度高于 600℃时上式的反应才具有较大速度。

氧化法又可分为气相和固相两种方法，气相氧化法已进入工业试验阶段。氧化反应器是由两个圆柱形空塔串联组合而成的。反应温度分别控制在 600～900℃之间，将氯化炉排出的气体（含 $FeCl_3$ 等成分）直接喷入塔内氧化，尾气净化后再液化分离获得液氯。

固相氧化法是往固体残渣中通入纯氧，并加热至 650℃，分解出的氯气可返回使用。实验表明，加入 0.2% 的 NaCl 作催化剂，在取得相同效果的情况下，可降低反应温度至 500℃，$FeCl_3$ 转化率高达 95%。

另一种方案是在流态化炉内操作，但物料必须预处理。方法是按 1∶10 的比例将 $FeCl_3$ 加入 Fe_2O_3 中混合均匀后，加水调匀，并在 600℃下灼烧，然后筛分，（过 0.833mm，即 20 目），将粉料加入流态化炉，进行氧化作业。但试验结果表明，$FeCl_3$ 易吸湿而引起进料管堵塞。

残渣处理变成金属氧化物后，弃去或作炼铁原料。

钛白生产工艺中的废液和残渣处理详见 8.3 节。

29.3　钛生产中的工业卫生及安全

29.3.1　氯和一些氯化物对人体的危害

29.3.1.1　氯的危害

氯气进入人体呼吸道后，与水作用生成 HClO，HClO 又分解成 HCl 和新生态氧。它们对人体组织的氧化和侵蚀，引起灼烧和对局部黏膜的强烈刺激，其危害性比单独的 HCl 大 20 倍。

轻度中毒可产生头痛、头晕、乏力、恶心、呕吐和流泪、流涕、打喷嚏、咽痛、干咳等症状；中度中毒会引起连续性咳嗽，有少量咳血，呼吸困难或不畅，声音嘶哑等症状；重度中毒，一般只在意外事故时吸入高浓度氯时发生，可引起气管炎、肺炎，肺水肿，昏迷和休克，甚至死亡。

空气中不同氯的浓度对人体的危害程度如表29-3所示。长期接触低浓度氯气会引起上呼吸道、眼结膜及皮肤方面的刺激症状，慢性气管炎较普遍，个别会患上哮喘。

表29-3 氯对人体的作用

空气中含氯量		程 度	空气中含氯量		程 度
$mg\cdot L^{-1}$	$mL\cdot m^{-3}$		$mg\cdot L^{-1}$	$mL\cdot m^{-3}$	
0.003	1.0	可忍耐较长时间	0.08	28.0	引起咳嗽
0.01	3.5	已辨出臭味	0.12~0.18	40~60	短时间接触也较危险
0.012	4.0	可忍耐0.5~1h	2.8	1000	短时间内窒息而死
0.04	14.0	对咽喉有刺激			

29.3.1.2 氯化物的危害

HCl气体和盐酸对人体有强烈刺激作用，但比氯气弱些。刺激眼睛，使眼睑浮肿，患结膜炎；刺激鼻和咽黏膜，严重者鼻和齿龈出血，甚至引起急性气管炎。HCl气体可刺激皮肤引起皮炎，若长期接触HCl气体，还可以引起牙齿酸蚀症。皮肤接触盐酸后，应立即用大量水冲洗，否则皮肤会被烧伤，出现红斑或水疱。

光气（$COCl_2$）的毒性比氯约大10倍，且作用较持久。吸入后数小时至48h内发病，除染上呼吸道刺激症状外，常引起肺水肿，恢复较慢。

一般金属氯化物，如$TiCl_4$、$FeCl_3$、$AlCl_3$、$SiCl_4$、$VOCl_3$等对人体的危害稍轻，但它们会在空气中潮解，释放出HCl气体。经常接触这些氯化物，会引起皮肤炎症和眼结膜炎、鼻炎、咽喉炎、支气管炎，甚至肺炎等。

由于一定浓度的氯和氯化物对人体有程度不同的危害，因此要认真对待，采取必要的措施，把它们对人体的危害降至很低的程度。

29.3.1.3 空气含氯和氯化物的最高允许浓度

空气中含氯和氯化物浓度较低时对人体无害或危害性不大。现将一些国家在劳动现场气氛中允许氯气、含氯物质等的最高浓度和大致安全浓度列入表29-4中。

表29-4 车间气氛中最高允许浓度

物 质	最高允许浓度/$mg\cdot m^{-3}$				大致安全浓度/%
	我国1962年	前苏联1971年	美国1973年	日本1965年	
$COCl_2$	0.5	0.5	0.4		0.0001
Cl_2	2	1	3	3	0.0001
HCl	15	5	7	7	
CCl_4	50	20	65	65	0.0025
CO	30	20	55	110	0.01
H_2S	10	10	15	15	0.002

续表 29-4

物　质	最高允许浓度/mg·m^{-3}				大致安全浓度/%
	我国 1962 年	前苏联 1971 年	美国 1973 年	日本 1965 年	
NH_3	30	20	18	70	0.01
硫酸、SO_3	2	1	1	1	1mg/m^3
SO_2	20	10	13	13	0.0005
盐酸		5	7		0.0005
V_2O_5（烟）		0.1	0.05		
V_2O_3、V_2O_5（粉尘）		0.5	0.5		
汞	0.01	0.01	烷基汞 0.01 其他汞 0.05	0.1	0.1mg/m^3

车间气氛含氯小于 0.0001% 是安全的；含氯小于 2mg/m^3 时，可以进行工作；含氯大于 4mg/m^3 时，不能进行工作；含氯 2～4mg/m^3 时，仅能坚持短期工作，停留比较困难。所以，在含氯的气氛中作短时间停留时，最高允许浓度可稍高些。应当说明的是，以上所说的最高允许浓度是指空气中只有一种含氯物质确定的标准，当存在两种以上含氯物质时，标准就变了，需加注意。

29.3.1.4　防治措施

在钛冶金中，接触较多的是 Cl_2、HCl 和 $TiCl_4$。为了防止这些气体对操作人员的危害，必须贯彻“预防为主”的方针，采取必要的防护措施。为此，必须狠抓防止环境污染工作，对职工进行经常性的安全知识教育；大力开展技术革命和技术革新，使生产工艺连续化，物料在流程中处于密闭状态，以减少含氯物质的泄漏；积极治理“三废”；及时维修好设备，杜绝跑、冒、滴、漏；建立卫生防护和保健制度，防止产生中毒事故和职业病。可采取的措施有：

（1）接触氯、HCl、$TiCl_4$ 等物质操作时，需佩戴好劳保用品及防毒面具等，以防止溅到眼睛里或皮肤上发生烧伤事故。若 $TiCl_4$ 或 $SiCl_4$、$FeCl_3$ 等溅到皮肤上需用干布擦净后再用大量水冲洗。若是盐酸，需立即用大量水冲洗。

（2）一旦 $TiCl_4$、HCl、Cl_2 等出现跑、冒、滴、漏时，除了积极维修设备外，应立即通风排除，以改善劳动条件。

（3）运输和使用液氯必须小心谨慎。液氯瓶或其他容器严禁接触高温、曝晒或撞击，防止钢瓶等容器破裂大量冒氯事故。一旦发生大量冒氯事故，应将该钢瓶推入预制的碱水池内（内装石灰或氢氧化钠）。

（4）患有支气管炎、支气管扩张、哮喘等病症者，不宜从事氯化作业的工作。

（5）在有氯环境下的操作人员可服用适量含复方樟脑酊和复方甘草合剂配置的药水。在有 $TiCl_4$ 环境下的操作人员可服用适量的止咳糖浆或酒。

一旦发生氯中毒，应将患者移离现场安卧，可用 2% 碳酸氢钠溶液漱口洗眼，做喉头喷雾吸入。对胸闷及呼吸困难者需吸入氧气。咳嗽气急可用新针取穴于天突、丰隆、定喘，也可吸入异丙基肾上腺素或皮下注射氨茶碱、麻黄素。并应严密观察病情，防止肺水肿，当发现喉头水肿应迅速将气管切开，注射抗菌素控制感染。

其他氯化物，如 $TiCl_4$、$COCl_2$、HCl 的中毒治疗基本上与氯中毒治疗相同。

29.3.2 放射性物质的危害

由于某些钛矿石中含有微量的放射性物质，故在制取的富钛物料（人造金红石或高钛渣）中也含有放射性物质，由于其剂量甚少，一般对人体无害。但在氯化制取 $TiCl_4$ 的过程中，这些放射性物质大多生成高熔点的氯化物，富集并残留在炉渣中，故氯化炉渣有时剂量较高。

人体受放射性照射产生的危害，与射线的种类和剂量有关。如 α 射线在体外照射无甚影响，但在体内破坏作用很大；β 射线的照射会引起皮炎，中子对眼睛的损害特别大，其中以 γ 射线对人体的损害最大。人体受电离辐射作用，是在一定的条件下才产生放射线损伤的。所得放射性病分两类，射线在体外照射引起的疾病称外照射放射病；放射性物质进入体内产生的疾病称内照射放射病或放射性元素中毒。这两类放射病又有急慢、轻重之分。

预防放射性物质对人体的毒害，也必须贯彻“预防为主”的方针。对氯化炉炉渣应定期普查。对于放射性物质超剂量的炉渣应存放在专门地点，及时作适当处置，最好集中深埋。

对于氯化炉渣的排渣和处理，操作人员应提高对放射性物质危害的认识，重视个人防护和个人卫生，严格遵守操作规程。操作时穿戴好防护衣具，离开工作场所及时脱下防护衣具并及时清洗；操作时严禁进食；防护用具应定期去污消毒。

29.3.3 一氧化碳和汞的危害

29.3.3.1 一氧化碳的危害

在制取 $TiCl_4$ 的炉气中常含有较多的 CO 气体。这是一种常见的窒息性气体，也是一种易燃易爆气体，从事氯化炉炉气后处理和尾气处理工作者应多加小心。

CO 为一种无色无味气体，比空气稍轻，易在空气中散布。CO 由人体呼吸道吸入，经肺在血液中与血红蛋白结合，其亲和势比氧大 210 倍，很快形成碳氧血红蛋白。使血失去运氧能力，引起缺氧窒息。由于中枢神经对缺氧很敏感，首先受到伤害。CO 中毒时引起的症状轻者有头痛、眩晕、恶心、呕吐、全身乏力，重者有晕厥、昏迷以至死亡。

空气中含 CO 小于 0.01% 时对人体无太大危害；当含 CO 大于 0.01% 时，便可引起人体中毒症状；当 CO 量达 0.1% 时，可引起人体神志不清、晕倒、痉挛。为了避免 CO 中毒事故的发生，应保持氯化车间通风。

一旦出现 CO 中毒事故时，立即将患者抬至新鲜空气处，注意保暖。昏迷者最好送高压氧舱治疗；呼吸衰竭者应立即进行人工呼吸，吸入含 $CO_2$5% 的氧气较好；然后遵医嘱对症处理。

空气中含 CO（体积分数）12.5% ~74.2% 属爆炸性气体，点火后能引起爆炸。CO 又是气体燃料，为了防火防爆，在氯化炉尾气经净化处理后，最好将含 CO 的尾气进行二次燃烧，然后排空。否则，尾气必须采用较高的烟囱排空。

29.3.3.2 汞的危害

在钛冶金中存有汞的部位主要是使用汞的仪表、电气设备，如温度计、各种压力计或荧光灯等。由于汞对人体的毒害较大，必须引起足够的重视。

汞俗称水银，常温下呈银白色，液态金属。不溶于水，与稀硫酸、盐酸和碱都不起作用，能溶于硝酸及热浓硫酸中。金、银、锡、锌、铅、钾、钠等金属都能溶于汞，形成的合金叫汞齐，汞齐和汞在室温下就能挥发，温度越高蒸发越快。汞蒸气的密度大（为空气的6倍），常沉积于墙面和地面上，成为二次污染源。汞落地面成为细小汞珠，由于表面积增加，更易加快蒸发。

汞侵入人体的主要途径是呼吸道，职业性汞中毒大部分是由于吸入汞蒸气或汞化合物粉尘引起的。进入体内的金属汞不易被消化道吸收，被氧化成二价汞离子后才能引起中毒。体内一些具有重要生物活性的酶，活性中心是巯基（—SH），汞离子易与酶中的巯基结合成硫醇盐，从而抑制了酶的功能，影响了细胞的代谢。一般轻度或早期中毒属功能性的，仍可恢复，重症及晚期可形成器质性病变，不易恢复。

职业性汞中毒绝大部分是慢性中毒，一般经过数月或数年后才出现症状。早期表现以神经衰弱症候群为主，有头昏、乏力、失眠、多梦、记忆力减退等。典型的表现为三个方面：口腔病变，精神易激动、易兴奋等症状，汞毒性震颤等。

对于汞中毒患者常用中西医结合方法进行驱汞治疗。使用的药物有二巯基丙磺酸钠、二巯基丁二酸钠等。

为了预防汞害，应改革工艺，采用无汞仪表代替有汞仪表，从根本上根治或减少汞的污染。另外，要注意受汞污染的环境和个人清洁卫生，搞好卫生保健。

29.3.4 安全防御措施

29.3.4.1 防火防爆

在镁还原工艺中存有镁粉和钛粉；在钛粉生产工艺中有钛粉和氢气。这些都是易燃易爆的危险物，应采取安全措施，防火防爆。

在还原操作过程中，镁粉和钛粉可摩擦自燃，并放出大量的热。空气中含有这些粉尘，在一定的浓度范围可以发生爆炸。空气中含镁粉的最低爆炸浓度为30mg/L，而钛粉则为0.036mg/L，因此，在处理金属粉末和含这些粉尘的海绵钛时必须特别小心。要及时清扫含钛粉的厂房，防止粉尘的累积，引起爆炸。在取出镁法海绵钛时，由于爬壁钛黏附有钛粉和镁粉，打取摩擦能自燃，甚至会烧毁钛坨。故在取出前，最好先铲除爬壁钛。在破碎、包装和运输作业中，对含钛粉的海绵钛，应小心轻放，而且不宜采用塑料桶和内衬塑料的金属桶作盛装容器。

一旦钛粉和海绵钛着火，只宜用氩气、石棉布、砂子等覆盖灭火，不宜用水和CO_2、CCl_4等其他灭火剂；应迅速将已燃的和未燃的海绵钛隔开。平常应在镁法产品取出岗位旁设置灭火罩，在镁法产品的破碎、混合、包装操作岗位及钠法产品的干燥、混合、包装操作岗位处配备灭火器材。

海绵钛中常夹杂有少量钛粉，这些钛粉即使量很少，一旦引燃会引起海绵钛的燃烧。此时放出热产生高温加剧海绵钛的燃烧，一旦发生火灾不易扑灭。故要加强海绵钛后处理过程中的防火工作。

氢也是易燃易爆危险物，遇明火即燃烧。当空气中累积一定的氢，含氢比例在4%～74%范围内即可引起爆炸。钛粉车间一定要防止氢气泄漏和出现明火。

29.3.4.2 $TiCl_4$ 的运输和贮存操作

四氯化钛的运输和贮存应在密封系统中进行。不得不在大气中操作时，由于 $TiCl_4$ 接触水或大气便会水解冒出大量盐酸，操作人员必须戴防毒面具，戴胶皮手套和穿长靴等劳保用品，不应裸露肤体。还要保持操作室的空气通畅，以防止人体中毒和烧伤。

29.3.5 钛和钛化合物的毒理学

人们对钛和钛化合物的毒理学研究尚不充分。但研究和实践表明，钛和 TiO_2 是生物惰性物质，无毒；氢化钛、碳化钛、氮化钛和硼化钛等不溶性化合物毒性很低，可使动物肺部轻微纤维化改变；$TiCl_4$ 能引起人皮肤的灼伤，是黏膜和眼的强刺激物，具有明显的毒害作用；某些有机钛化合物，如二戊钛，对动物有致癌作用；钛材现已作为外科手术植入物为人体所接受；某些钛化合物可用作生产化妆品的原料。

参考文献

1 冶金部国外冶金工业污染编译组．冶金工业污染及其防治．北京：石油化工出版社，1974

2 化工污染及其防治编译组．化工污染及其防治．上海：上海科技情报所，1976

3 中南矿冶学院．氯化冶金．北京：冶金工业出版社，1978：293~302

4 职业病防治编写组．职业病防治．上海：上海人民出版社，1976

5 国外钒钛．科技文献出版社重庆分社．第3辑，1973

6 Berlin，M. 等．钒钛，1983，(3)

7 周芝骏，宁崇德．钛的性能及其应用．北京：高等教育出版社，1993：128~135

30 钛材应用

钛是一种新金属，由于具有一系列优异特性，已成为一种广泛应用的新型工程材料。金属钛的消费与国家的综合技术水平密切相关。

目前，世界年消费钛材约 7 万 t，其中中国年消费钛材已达 1 万 t 以上，详见第 9.1 节。

金属钛的消费比例因国家而异。其中，诸多应用中，航空业仍占主导地位。目前，世界各国钛材消费结构如表 30-1 所示。

表 30-1 世界各国钛材消费结构（%）

领 域	美 国	俄罗斯	西 欧	日 本	中 国
航空航天	80	60	60	10	15
一般工业	20	40	40	90	85

进一步推广钛应用的最大障碍是价格。钛制品价格较高，影响它的全面使用。为此，生产商必须加大开发力度，降低钛的成本。

现按钛应用特性分类，分五节作扼要介绍。

30.1 航天、航空及军事工业的应用

在此领域内，应用的出发点是基于钛及钛合金具有密度低、比强度高、耐热性能好、耐低温性能也好，并有优异的耐蚀性能等。为了适应航空等领域的应用，已研制出几十个牌号的钛合金，其中用量最大的为 Ti-6Al-4V。

30.1.1 航空工业

航空发动机是飞机的心脏。航空发动机构件的主要特点：一是使用温度高，要求材料的耐热性（高温持久强度、抗蠕变性、抗氧化性和阻燃性）好；二是转动部分（即盘件、叶片）要求断裂韧性和疲劳性能好，损伤容限高。

评价发动机性能优劣的一个重要指标是“推重比”，即发动机产生推力与自重之比。推重比越高，发动机性能越好；工作温度越高，发动机热效率越高。欲提高推重比，必须提高涡轮前进气的压缩比与进气温度；提高推重比也必须提高发动机材料的比强度和比刚度，减轻发动机自重。据计算，当压缩比达 15 时，压气机的出口温度就达 590℃；当压缩比达到 25 时，压气机的出口温度达 620 ~ 705℃。此时必须要选用耐热优异的钛合金，否则就不可能获得高推重比的发动机。

国外使用最多的耐热钛合金有 IMI 834、Ti-1100、BT 35、Ti-6242S、Ti-6246、Ti-17、Ti-811 和 Alloy C(阻燃)钛合金，耐热温度达 600 ~ 650℃以下。为制造推重比 10 以上的先进发动机，必须开发和使用钛基复合材料和以 Ti_3Al、TiAl 金属间化合物为基的钛合金。

同时必须要大量应用高温钛合金才能制造出高推重比的发动机。美国第三代战斗机（F-15、F-16）选用了推重比为 8 的 F100-PW100 燃气涡轮风扇发动机，用钛量为 25% ~ 30%。第四代战斗机 F-22 选用推重比为 10 的发动机，用钛量更多。故高推重比发动机中，钛合金的用量已占发动机总重的 25% ~40%。

航空发动机主要用钛部位是发动机的压气机部分，其中风扇、高压压气机盘件和叶片等为转动件。

如以 V2500 喷气发动机为例，它是英、日、美、德、意五国共同开发的双轴涡轮风扇发动机，十分先进，推力 113kN、发动机自重 2.2t、总压缩比 36.5，具有低油耗、低噪声的特点，可节油 14%。

V2500 发动机的用钛量达 31%，最大的钛合金部件是风扇机，外形直径 1800mm × 1150mm，加工制成一整体，风扇盘、压气机盘、圆形护环、轴承支座、压气机叶片等都是钛合金。大都为 Ti-6Al-4V 合金，在高压气机的 3 ~6 级，因温度高采用了 IMI550 合金。空客 A320 和 MD-90 等民航机都选用了该种发动机。

国外常见的一些机型发动机用钛量分别为：波音 747-400 为 4.89t；波音 767-400 型为 4.89t；F-16 型战斗机分别为 2.86 和 2.36t；B-1B 轰炸机为 1.95t。

钛在飞机机身上的应用是飞机高速化、大型化、远程化的必然结果。飞机速度越快，即马赫数（*Ma*）越高，机体表面的空气动力加热越剧烈，航程越远，持续飞行时间越长，气动加热的热效应也越显著。故轻质高比强度和耐高温的钛合金成为目前机体的优选材料。

超音速飞机的表面温度随飞机飞速升高而增加。当飞速马赫数超过 2.3 时，外表温度接近 200℃，此时用铝合金就会软化，所以不能使用铝合金，而用钛合金即使飞速马赫数达到 3（外表温度达 300℃）以上仍能使用，此时就显示出钛合金优异的耐热性能了。

而且，飞机用钛后可减轻自重，增大其有效荷重，并能节约燃料，提高飞行性能，延长飞机使用寿命。

钛在飞机中应用实例有：用作防火壁、发动机短舱和喷管、蒙皮、机架、纵梁、舱盖、龙骨、速动制动闸、紧固件、起落架梁（支承梁）、前机舱、拱形架、隔框盖板、襟翼滑轨、复板、路标灯、信号板、尾翼、机翼转轴、高压导管、接头、座舱窗框、吊舱挂架、安装支柱、机翼前缘、倍加器等。

从军用机用钛的统计表明，随着战斗机的升级换代后，提高飞行性能，飞机有一个明显的趋势是钛合金用量逐渐增加，它表明越先进的战斗机用钛量越大。

如美国第三代主力战斗机 F-15，用钛量机身为 23t，发动机为 4.5t，总计为 28t，而用钛量占机重的 27%。而第四代主力战斗机 F-22，用钛量机身需 36t，发动机需 5t，总计为 41t，用钛量占机重的 41%。由于美国每年生产大批战斗机，所以需要大量的钛材。

民航机也有相同的规律，飞机升级后用钛量逐渐增多。这从世界最大的两个民用飞机制造公司——美国波音公司和欧洲空中客车公司制造的飞机可见一斑，详见表 30-2 和表 30-3。

表 30-2 波音飞机用钛比例

飞机型号	B707	B727	B737	B747-100	B757	B767	B777
用钛比例/%	0.2	1.0	2.2	2.4	5	1.8	7 ~9

表 30-3 空客公司飞机用钛比例

飞机型号	A300	A310	A320	A330	A340	A380
用钛比例/%	5	5	6	5	6	9

虽然民航机用钛量比例不高，最先进的飞机用钛量为9%。但民航机十分庞大，每架飞机用钛相当大。对于它们这些每年都要生产200～300架飞机的工厂而言，确实需要大量钛材。

需要说明的是飞机用钛材成材率很低，实际需要外购的钛材原料是飞机用零件量的7倍。因此，实际需要外购钛材料数量是十分可观的。

目前商用客机中用钛量最多的是波音747-100，用钛量达每架38t；运输机用钛量最大的是C-1B，用钛量每架34.5t；轰炸机用钛量最大的是B-1B，用钛量每架90.5t。

所用的钛材品种，F-22主要是Ti-6Al-4V EL1和Ti-62222，B-777共用了Ti-1023、Ti-64EL1、Ti-15-3、β-21S和Ti-6242五种。

我国国产机歼8Ⅱ型机上用钛量约4%，歼10机上使用了更多的钛材。使用的钛材品种有TA2、TA3、TC1、TC4、Ti-1023、Ti-15-3等。

30.1.2 航天工程

几十年来，航天技术不断发展，出现了许多飞行器，如洲际导弹、卫星运载火箭、宇宙飞船、空间站和航天飞机等。航天技术的发展与新材料技术的发展密切相关。金属钛是重要的航天结构材料之一，钛在各种航天飞行器中都获得了重要的应用。

30.1.2.1 运载火箭

运载火箭是发射洲际导弹、人造卫星和宇宙飞船的工具。火箭的性能常用质量比（即推进器质量与火箭总质量之比）来表征。这个比值越大，火箭的性能就越好。这意味着要尽可能减少火箭的质量。因此，火箭必须要采用钛合金一类质轻高比强材料。

当然，火箭对钛的要求还有材料的延性、韧性、刚性和缺口敏感性诸方面。对于火箭发动机的某些部位（如喷嘴周围）需要良好的耐热性，在超低温液态燃料（液氢、液氧）容器需要超低温强度和韧性的材料，这些都是必须选用钛材的决定性因素，这也是航天工程中钛获得广泛应用的原因。

现在在火箭上应用实例有：用Ti-6Al-4V做一级火箭发动机壳体和洲际导弹球形或椭圆形发动机壳体；用Ti-6Al-4V和Ti-5Al-2.5Sn在大力神导弹上做超低温的氦容器；“能源”号火箭上还使用了BT23合金加工成的大型锻件和模锻件，还使用了BTS-1、BT6和BT23合金的焊接球罐和管结构件；用TAC-1型Ti_3Al基合金（国产）作火箭发动机的涡轮壳体；用CT-20（国产）加工管材用作高压补燃大推力氢氧发动机氢管路系统。

30.1.2.2 卫星

为减轻卫星的结构质量，增加有效负荷，提高功能比，要求结构材料必须具有高的比强度，所以选用了钛合金。而且，钛在卫星工程中成为必不可少的材料，用途越来越广泛。

钛在卫星中的应用可以收到明显的经济效益。卫星每减重1kg，可减少10kN推力，可节省20多万美元的发射费用。而通信卫星每减少10kN推力，可创效益400万美元。

在卫星上钛材应用实例有：在卫星结构中采用TB2高强度钛合金制成大口径双波纹壳结构和远地点发动机支架；用TB2高强钛合金制作星箭连接色带（卫星和火箭连接装置）；采用TB2、TB3钛合金制作螺栓等紧固件及钛合金回收舱端框。

在卫星控制系统中有：用TA7制作储高压气体用容器；用钛合金管材作执行机构用管路；用钛-不锈钢复合材料制作大容量通信卫星控制系统自锁阀；用Ti53311S和7715D合金（能耐550℃高温）制作姿态控制发动机的喷注器。

还有用钛合金制作卫星共底表面涨力燃料储箱；用ZTC4钛合金铸件制作资源卫星摄像机的镜头框架、镜筒和镜座；选用TiNi形状记忆合金制作卫星上温控系统散热片。

30.1.2.3 航天飞机

航天飞机是可以重复使用的载人航天飞行器，具有火箭和飞机两方面功能。它是一个非常庞大而复杂的系统，不仅体积大，而且质量也大。如“哥伦比亚”航天飞机重68.8t，总系统高65.1m，总重2020t。为了达到飞行时有效载荷最大化，常选用钛合金作为它的重要构件。

在航天飞机上使用钛材的部位主要有：选用Ti-6Al-4V制造的高压容器及机翼的前缘部和一套固定翼的夹具机构；用Ti-3Al-2.5V制作的油压配管；用Ti-6Al-4V制造的发动机推力支架等。

30.1.3 常规兵器

常规兵器轻量化是武器的发展方向。轻武器质量减少，有利于士兵携带、行军和打仗，特别是山地战时，武器轻量化有利于提高部队战斗力。重武器，如坦克，战车等的轻量化有利于提高空运机动性。当重武器用飞机空运时，减重也是十分有利的。武器使用钛后，由于耐蚀不生锈，有利于储存，也减少了维修保养费用。

从美国现代的M1型系列坦克发展的趋势可见，为了提高坦克防破甲能力，坦克防护层的层数、厚度和质量不断增加，已由原来每辆坦克54.4t增加到现在的62.1t。坦克质量的增加不利于它的行驶和空运，为此坦克需要减重，有效途径是用钛。

实验表明，Ti-6Al-4V钛合金具有良好的防弹性能，是一种良好的装甲材料。在防弹性能相同的情况下，使用钛装甲后可减轻重量约25%。

钛在坦克和装甲车许多部位都可使用，已应用的部位有装甲车和装甲指挥车的指挥炮塔；坦克顶装甲、坦克履带板、销钉、中心导块、链条、主动轴、悬挂臂、托杆、扭力轴等。所用钛材除坦克履带用Ti-6Al-4V-2Sn-0.5Fe-0.5Cu合金锻制，其余均为Ti-6Al-4V。

其他重武器上应用过的还有：轻型榴弹炮（用钛合金）做许多零件；在反坦克导弹上（选用TC9钛合金）做舱机和架体；在干扰弹发射器上（用高强而耐蚀钛合金）做炮身和座板；在导弹和制导炮弹中及在弹尾翼上安装TiNi形状记忆合金装置，可使弹体的飞行得到精确的制导和控制。

钛在轻武器上应用实例有：钛在高射机枪上的应用，如用作制退器，可减少机枪的质量和后座力（采用ZTC4钛合金铸件）；全钛的轻质喷火器（采用TA1、Ti-3Al-2.5V和Ti-451合金）；在迫击炮上制作座板、炮身、底座和支架（应用钛及钛合金）；用作防弹衣的薄装甲材料（应用了Ti-5Al-2.5Sn合金）；用作钢盔（应用Ti-6Al-4V和Ti-5Al-2.5Sn钛合金制作）。

30.2 舰艇及热能工程上的应用

在此领域内，应用的出发点是钛比强度高，耐蚀性强，在海水、海洋大气及潮汐环境中均有极好的耐蚀性。从技术性能而言，钛远优于钢、不锈钢、铝和铜等常用金属材料，是海洋工程中最理想的材料。钛在舰船上的应用重要性仅次于航空。

海洋占地球表面积的71%，是资源的宝库，是未来人类拓展生存空间的重要场所。当今世界面临人口剧增、资源枯竭、能源危机等问题，人类社会的持续发展越来越强烈地依赖于海洋的开发。

海洋中的主要矿产是锰结核和热液矿。它含有镍、铜、锰和钴等数十种元素，储量巨大。海底蕴藏着丰富的金、银和石油、天然气、铀资源。海水中的核聚变燃料氘、氚的储量巨大。人类将来必然要大力开发海洋，开发海洋矿产资源和进一步开发核能资源。未来，海洋必将成为剧烈的竞争市场。

我国有漫长的海岸线和广阔的海域。为了促进我国国民经济的发展，维护国家利益和安全。我们必须大力进行海洋开发，也必须建立中国强大的海军。为此，必须研制先进的海上采油设备和探测设备，也必须建造大型的先进的海军舰艇。

海水是含有 Na^+、K^+、Mg^+ 和 Cl^- 等十多种离子的含盐（主要为 NaCl）水液，有强的腐蚀性。在海洋环境中，钛既耐均匀腐蚀，也抗局部腐蚀。实践表明，无论静止海水还是高速流动海水，无论是清洁海水还是污浊海水，甚至含泥浆的海水，钛均保持钝化状态，显示出优异的耐蚀性。无数实验表明，钛材确实是海洋工程的最佳结构材料。

30.2.1 舰船

30.2.1.1 核潜艇

潜艇和核潜艇必须要下潜深和水下隐蔽性好，巨大的船体不能在焊后进行热处理，在风浪和高速行驶下承受巨大的静载荷和动载荷，故要求材料强度高、塑性好、韧性好和抗疲劳性都好。钛合金非常适宜做潜艇壳体材料。

同时钛无磁性，不易被敌方发现，也不易受磁性水雷攻击。另外，钛合金的透声系数高，适于做声纳导流罩，可提高潜艇的侦察能力。这些都是钛合金的优势。

俄罗斯在建造全钛核潜艇方面是最先进的。在20世纪60年代到80年代间，苏联生产了一系列钛制潜艇，包括6艘（钛合金用量达3kt）“阿尔法”级核潜艇和6艘（用钛量达9kt）“台风”级核潜艇。其中，第一艘“台风”级核潜艇排水量33.8kt，不仅大（比美国的同类艇约大1倍），而且潜得深（达1830m）航速快（航速达27节，比同类普通潜艇快30%），可携带20枚战略导弹，威震五洲。目前，正在建造第四代潜艇——新的战略核潜艇，船壳采用双层钛合金制造，性能更先进了。

俄潜艇用的钛合金有两种：一种是TA17（ПТ-3B，即Ti-4Al-2V）主要作板材、棒材和锻件，用于壳体、声纳导流罩、热交换器管板；另一种TA16（ПТ-7M，即Ti-2Al-2.5Zr）作管材，制造管路和热交换器。

30.2.1.2 深潜器

深潜器是一种可以潜入海底很深深度，完成特定工作的装置，可广泛用于海洋探测、深海打捞、救生、军事行动等方面。耐蚀而高强的钛合金非常适宜作耐压壳体和深潜器的其他部件，这种设备的研制美国和日本居领先地位。

早在1974年，美国用船用钛合金（Ti-6Al-2Nb-1Ta-0.8Mo）建造了"阿尔文"号深潜器壳体（外形尺寸7.72m×3.04m×2.4m）。并用Ti-6Al-4V制成它的浮力球和高压气瓶，可使深潜器的下潜深度由1830m增加到3600m，它的外壳所使用的钛合金板厚度达49mm。

随后，美国、日本和法国先后又建造了新的深潜器（或称潜水调查船），下潜深度最深可达6000~6500m，除了用钛作壳体外，还用钛制作了许多部件，如骨架、浮力球、绞盘罩、紧固件、压力容器等。

我国研制出钛制单人盔甲式常压潜水器（用国产Ti80专用合金），供海洋作业使用。

30.2.1.3 其他

钛在舰船中其他应用有：在核潜艇等舰船上使用了钛质热交换器和蒸气发生器（用TA16和TA17钛合金制作）；在舰船上使用了钛质螺旋桨、螺旋桨轴、喷水推进装置和辅助装置中的管道、阀、泵、配件（用TC4合金制作）；日本已制造出一条全钛渔船，尺寸12.5m×2.8m，重4.6t，轻便易回收；救难艇用钛质壳体和仪表装置（用钛合金制造）；商用油船和运输船用钛质透平的主冷凝器和碳酸钠冷却器、海水淡化装置、热交换器（使用钛合金和纯钛制作）；船用雷达钛质鞭状天线（用纯钛制作）；鱼雷用钛质发射水缸（用TA7制作）；航母飞机弹射装置用钛质高压制动水缸（用高强钛合金制作）。

30.2.2 海洋工程

30.2.2.1 海水淡化

淡水约占地球总水量的3%，而且在世界各地分布不均，许多地区缺水。缺水严重的国家，如中东地区。我国也是水资源不足的国家，严重缺水城市已达130座。为此，沿海地区要获取淡水，一种办法是海水淡化。

用海水淡化法获得淡水最早在20世纪50年代，到1993年世界各地建设了9000余台海水淡化装置，2004年已经建成的还有15000台。

海水淡化的方法有几种，最多是用蒸发法，是用海水快速蒸发经管道传热最后再冷凝的过程。在此过程中，海水加热器要承受90~120℃的海水腐蚀，特别是热回收部分高温导管中海水大部分是蒸气，腐蚀非常强。实验表明，在这么恶劣的环境中，钛材是最佳材料，用钛材做海水淡化装置的传热管是最安全可靠的。

在蒸发法海水淡化装置中，大量使用薄壁焊接钛（纯钛）管，典型尺寸有ϕ34.7mm×0.5mm，ϕ25.4mm×0.5mm。其中钛管大部分安装在热回收部位，其次还有放热部位及海水加热器等部位。

30.2.2.2 海洋石油钻探

地球埋藏的石油有30%，位于海底里储量约1300亿t。为了进行海洋石油钻探必须研制海上采油设备。

海上采油设备主要是采油平台和附属设备。由于深海采油的设备庞大，同时采油设备的环境十分恶劣，既要和海水、原油接触，又要承担整个平台的工作载荷和海上风浪的冲击，对材料要求苛刻。

实践表明钛对海水和原油耐蚀性好，钛制采油设备使用效果都非常好。

采油平台是质量巨大的钢结构体，比较实际的做法是在易腐蚀的关键的设备和部件中用钛代钢。目前，用钛制造的设备和部件有：石油平台支柱、列管式与板式换热器、提升管预应力管接头；闭式循环发动机的冷凝管；钻管；管道、泵、阀门、紧固件及勘探测井仪器外壳等。

用于海上平台系统的钛合金有 Ti-6Al-4V、Ti-6Al-4VEL1、Ti-6Al-4V-Ru 等。

30.2.2.3 其他

钛在海洋工程其他应用见表 30-4。

表 30-4 钛在海洋工程其他应用

项　目	钛 应 用
海洋温差发电机	发电机的蒸发器、凝缩器及传热管道（纯钛）
捕鱼设备	潜水捕鱼泵（纯钛）、鱼片加工机、鱼粉加工螺旋推进器（纯钛）、海水淡化器及管道（纯钛）
海水养殖	海水养殖金属钛网、钛管道和热交换器（纯钛）、水族馆中水槽、热交换器（纯钛）、浮动消波堤用的连接螺钉和螺母（纯钛）
污染海水处理	处理装置和电解用镀铂钛阳极（纯钛）
海上设施	制作海上航标架、海上各种标志、海底电缆和跨海大桥保护套（纯钛）
地质勘探	电缆测井（TC4 钛合金）

30.2.3 热能工程

30.2.3.1 海滨电站凝汽器

海滨电站和核电站中凝汽器是重要大型设备，冷却介质是海水，以前铜质等各种材料所制凝汽器使用后，抗海水腐蚀差，唯有钛管抗蚀力最强。实践证明电站的冷凝器和热交换器采用钛材是最合适的。

早在 20 世纪 70 年代，国内外许多电站中凝汽器使用了钛，所用钛材为焊接薄壁钛管。由于使用效果好，先后为许多电厂接受，新建或改造采用了全钛凝汽器。例如，大亚湾核电站冷凝器 6 台，使用钛材规格 TA2ϕ25mm $\times$ 0.7mm $\times$ 16600mm，每台用钛量为 4.1 万根，共用 24.6 万根。据估计，全世界所用的海滨电站用钛焊管现已达 2.63 万 t 以上。

海滨电站用钛凝汽器优越性很多，可以就地使海水作冷却水；耐蚀性好、寿命长；热交换性能好、经济效益好；安全系数大、减少停电检修时间等。

30.2.3.2 汽轮发电机涡轮叶片

在火电和核电工业中，大型汽轮发电机组是主体设备。其中，燃气轮机的叶片质量和尺寸对发电设备减少故障和增大效率起着重要影响。

如果汽轮机采用钛叶片后，由于钛密度低，高速转动的离心力小，可降低转动轴的应力。在新的汽轮机中，在不增加叶片数或转轴应力的情况下，钛叶片长度可增加

40%，有利于提高汽轮机的功率。研究表明，叶片增长10%～40%，火电汽轮机的热效率可提高1%以上，核电可提高2%以上，这将产生巨大的经济效益。同时，由于使用了钛叶片，大大增大了叶片使用寿命，可防止叶片腐蚀损坏而发生停机故障，这也可减少维修费用。

国内外许多国家在实践中都认识到汽轮机叶片用钛是最佳材料，并成功地应用了钛叶片。大多数厂家选用TC4钛合金制作叶片。

30.2.3.3　其他

在热能工程中，其他应用还有在超导电机中，钛是理想的转子结构材料（采用TA7EL1）；在热核聚变的装置中采用纯钛材作为超导线圈的封管。

30.3　化工、冶金等工业中的应用

在此领域内，钛的应用出发点是钛材具有优良的耐蚀性能。它在许多介质，包括各类酸、碱、盐、有机物、无机物、水、水溶液中，在许多状态下均有良好的稳定性，因此，它是优良的耐蚀结构材料。在此领域内的应用已越来越广泛，此类应用以纯钛为主，少量使用耐蚀钛合金。

30.3.1　化工

目前，国内化工工业用钛量最大的行业是氯碱（占50%），其次为纯碱（占20%）、塑料（占17%）、有机合成（占10%）、无机合成（占3%）。同时，上述各行业中化工设备用钛比例换热器最多（占用钛量52%），其次为阳极（占用钛量24%），再次为容器和管、泵、阀（占用钛量19%）和其他。化工中，典型的基本无机化工用钛设备见表30-5。

表30-5　基本无机化工用钛设备

硝　酸	硝酸蒸发器、氧化氮尾气预热器、硝酸蒸气预热器、汽体洗涤塔、快速冷却器、冷凝器、涡轮鼓风机、泵、阀、管道等
硫　酸	二氧化硫吸收工序中SO_2风机、酸水泵、静电除尘钛阳极、电解滚塑计的离子氮化、钛阳极
王　水	钛泵
盐　酸	氯冷器
制　碱	金属阳极电解槽、离子膜电解槽、阳极液泵、湿氯冷却器、精制盐水预热器、脱氯塔、氯气冷却洗涤塔
漂白粉	氯化桶、离心机
次氯酸钠	冷却盘管、次氯酸钠成品泵
氨碱法生产	平板换热器、伞板换热器、平板冷凝器、结晶外冷器、盐水泵、卤水泵、氯化铵母液加热器、泵、阀门、碳化塔冷却管、蒸馏塔顶氨冷凝器、CO_2透平压缩机转子叶轮
联碱法生产	结晶外冷器、氨盐水冷却器、碱液泵、母液预热器、CO_2透平压缩机冷却器

以氯碱行业为例。氯碱工业是以电解食盐水溶液的方法制取氯气和烧碱的化学工业，

它也是应用钛最早的行业。

氯碱生产传统工艺为水银电解法（采用石墨阳极）。在20世纪70年代左右，由于钛的应用对该工艺进行了革新，并使新工艺——钛阳极隔膜电解获得成功。这样，钛阳极电解代替了石墨阳极电解，取得了良好的经济效益。这可以从表30-6中看出来。由于采用钛阳极隔膜电解的新工艺，获得巨大成功，钛阳极的应用，在国内外氯碱行业中迅速推广。

表30-6 采用钛阳极后与旧工艺经济指标比较

比较项目	石墨阳极	钛阳极	用钛阳极的优势
电流密度	约1100A/m^2	2000A/m^2 以上	产能提高近1倍
用电量	2550kW·h/t	2200kW·h/t	节电15%
耗汽量	4000kg/t	3750kg/t	节汽5%
产品品质	烧碱呈红紫色	烧碱呈白色	品质提高
阳极寿命	半年左右	7年以上	寿命延长20倍多
石棉隔膜寿命	3个月左右	17个月以上	寿命延长5倍以上
劳动条件	要用沥青和铅	不要用沥青和铅	改善了劳动条件
占地面积	1m^2 产能17t/a	1m^2 产能30t/a	增大了产能

后来，对该工艺又进行了第二次革新，推广使用了离子膜电解工艺。不仅金属阳极采用钛，而且阳极氯气后处理系统，包括湿氯气冷却器、脱氯塔、氯碱冷却洗涤塔和精制盐水预热器等全部使用钛设备，并获得很好的经济效益。新工艺比金属阳极隔膜电解工艺，每吨烧碱又可节电300kW·h。同时，湿氯气钛冷却器使用效果也非常好，在高温湿氯气的环境下仍然很稳定（钛的腐蚀率为0.0025mm/a），是最佳耐蚀结构材料，使用寿命很长。

由于钛的应用，氯碱行业经工艺升级换代、大大提高了生产率，改善了劳动环境。

30.3.2 石化工业

石油化工是以石油和天然气为原料生产出合成薄膜、合成塑料、合成橡胶、合成纤维及其衍生物。

在原油提炼中，原油中含有各种腐蚀物，如大庆油田的原油含硫0.15%，含盐10mg/L；又如胜利油田的原油含硫1%，含盐200~400mg/L。这些硫化氢和氯化物（氯化钠、氯化镁等）对设备有腐蚀。如果有水时，水解后有盐酸，腐蚀性很强。

在石油化工中，也有许多生产环境恶劣，有强的腐蚀性。以乙醛生产为例。乙醛用乙烯直接氧化法生产，以氯化钯和氯化铜的稀盐溶液为催化剂，通过空气或氧气，将乙烯直接氧化成乙醛。氧化时温度在100~150℃，压力在几个或几十个大气压，溶液pH值为1.2~1.5（强酸），即反应在高压强酸和一定温度进行的，致使生产设备腐蚀严重。

现在，在石化工业许多工艺中使用了钛设备，防腐性能优异，并收到良好的经济效益。

上海石油化工总厂是用钛大户，也是石化用钛的代表。以该厂为例，用钛设备情况见

表30-7。所用钛材，以纯钛为主，局部还使用了耐蚀钛合金（即Ti-0.3Mo-0.8Ni、Ti-Pd）或镀一层Ti-Pd合金。

表30-7　上海石油化工总厂化工用钛设备

基本有机合成	乙烯氧化制乙醛	反应器、氧化塔、催化剂再生器、除沫器、第一和第二冷凝器、脱高沸物塔、泵等	乙烯制聚氯乙烯	热骤冷塔、废水冷提塔、废水贮罐
	丙烯氧化制丙酮	文氏混合器、氧化下加热器、羰化下加热器、氧化分离器、贫氧空气冷凝器、液位控制器、羰化反应器、闪蒸塔、管件等	合成脂肪酸生产	C5 ~ C9脂肪酸精馏塔再沸器、C1 ~ C4脂肪酸冷凝器
	乙醛氧化制醋酸	氧化塔、脱沸塔、醋酸回收塔、醋酸冷凝冷却器、高沸物再沸器、泵、阀等	苯甲酸和苯酐生产	恒沸塔、苯甲酸精馏塔及冷凝器
	轻油氧化制醋酸	冷凝器、加热器、分离塔、氧化塔、阀门等	顺酐生产	恒沸塔、冷凝器、蒸发器、汽水分离器、滚筒、成形机
	甲醇低压羰基化制醋酸	闪蒸器、精馏塔等	维尼纶生产	醋酸精馏塔、冷凝器、阀门、管件
	对苯二甲酸生产	氧化反应器	乙内酰胺生产	二盐反应器、水解器、肟化反应器
	氯乙醇法生产环氧乙烷	次氯酸化塔、碱洗塔		二盐水解中间加热器、羟胺冷却器、羟胺加热器
	丙烯生产	塔盘、再沸器等		羟胺二磺酸盐加热器、尾气罗茨鼓风机、光亚硝化反应器
环氧丙烷生产		二氯丙醇反应器、循环槽、缓冲槽；环化塔塔板与浮阀；冷蒸塔栅板、二氯丙醇循环泵、进料泵	涤纶生产	高温洗涤器及冷凝器、高温加热器、屏蔽泵、醋酸脱水塔及阀门、管件
			人造纤维生产	塑化槽、电渗析器阳极板

30.3.3　其他化工

其他化工如化肥、农药、医药、无机盐和染料等产品，在制造生产它们时，当遇到腐蚀性很强的环境时，使用钛材设备也收到很好的经济效果。其他化工中钛应用概况见表30-8。

表30-8　其他化工生产用钛设备

化工产品类型		钛设备	化工产品类型		钛设备
化肥	尿　素	尿素合成塔衬里、氨气提塔、分解塔加热器、甲氨泵进、排液阀与弹簧、高压混合器	化肥	钾　肥	氯化钾溶液换热器、泵、阀
				复合肥	
	硫　铵	硫铵蒸发器		硝酸铵	反应器、鼓泡器、硝酸给料管、预热器、喷射泵、阀、管道
	氯化铵	氯化铵浓缩蒸发器、预冷器、真空结晶器、冷凝器、喷射器、离心机、吸滤器、漏斗		氨水（15% ~ 17% HN_5）	氨反应塔衬里、筛板、氨预冷器、食盐水容器
				碳　铵	氨水泵、异径管

续表 30-8

化工产品类型		钛设备
农药	666	“666”合成液冷却器、氯化釜内衬、冷却蛇管、蒸馏罐放料阀、旋塞、管件、洗苯器
	乐　果	中间体反应罐、冷凝器、搅拌器、流量计、温度计套管、阀门
	敌鼠钠盐	醋酸、醋酐回收装置
	马拉硫磷	湍流吸收塔、恒沸塔、浓酸气液分离器、酸水蒸发冷凝器
	敌百虫	反应器、洗涤器、换热器
医药	维生素 B1	干燥装置中的螺旋加料器、旋风分离器、旋涡体、袋滤器、加热器、粉碎机
	维生素 C	古龙酸列管换热器、自动排渣离心机、冷冻盐水泵叶轮
	葡萄糖	薄膜蒸发器、转化锅
	抗菌素	氯霉素回收装置中的升膜蒸发器、列管预热器、旋风分离器、链霉素生产中的发酵液离心机
	解热、镇痛药	安乃静水解换热器、对酮硝化反应锅换热器，咖啡因反应罐框式搅拌器、列管与盘管换热器、非那丁西汀生产中的分馏柱
无机盐	氯化物（$MgCl_2$、$BaCl_2$、$MnCl_2$、$CuCl_2$、KCl、液体 $CaCl_2$ 等）	反应器、结晶器、换热器、蒸发器、洗涤器、吸收器、压滤机、泵、阀、管件、预热器、干燥器、离心机、通风机
	溴化亚铁	蒸发器、吸收器、喷淋器、风机、泵等
	碘化钠	蒸发器、溶解槽、吸滤器
	硫酸铝	蒸发器
	氯酸钾	醋酸回收塔
	硝酸盐（硝酸铅等）	反应釜、泵、阀、管道
	酪酐及酪盐	酪酐熔体反应器衬里、溶解器、反应器、泵、阀；硫酸铬、氯化铬、硝酸铬的反应器、容器、泵、阀、管道
	制盐（NaCl）	氨蒸发器、预热器、预冷器、泵、法兰、首效加热室
染　料		蛇管加热器、吸收塔、净化塔喷头、风机、水环或真空泵、过滤器等 偏苯三酸酐氧化塔 漂白粉生产用横壁小刮板
炼　焦		吸滤器、结晶器、泵、氨分凝器；收尘工序的饱和池、离心机、鼓泡器、循环池、中和池釜、吡啶碱冷凝器、脱酚洗涤塔蛇管、熄焦塔、除尘装置；喹啉、酚计量槽液面计导向导管

我国湘澧盐矿是一个用岩盐制取食盐的大型真空制盐矿。以它为例，生产工艺中设备内卤水成分为：氯化钠 264g/L，硫酸钠 33g/L，硫酸镁 1.88g/L，硫酸钙 1.38g/L，盐浓度达 22% ~23%，腐蚀性强。原工艺设备先后用碳钢、铜和不锈钢制作，使用寿命短（都低于 10 个月），如曾用不锈钢作盐浆管，仅使用半年就报废了。后改用钛，结果证实钛的耐蚀性能卓越。立即将真空制盐系统，包括蒸发器、预热器、预冷器、泵、叶轮、弯头、法兰和盐浆管改成钛设备，彻底解决了该工艺设备腐蚀的难题。所用的钛材除首效蒸发器用 Ti-0.3Mo-0.8Ni 耐蚀钛合金外，其余均用纯钛。为了节约成本，在后来新设备的设计中又采用了复合钛板，即首效蒸发器采用 Ti-0.3Mo-0.8Ni 合金-钢包覆板，其余均为钛-钢包覆板，也收到同样的效果。

真空制盐工艺中应用了钛设备后，显示出其他材质设备无法比拟的优势。首先，设备寿命大大延长了，钛设备寿命是半永久性的，有的已超过 30 年；第二能耗下降，节约能源近 80%；第三设备维修费用大幅度下降；第四品质提高了，精盐优质品率提高了 11%，精盐白度也提高了，从 79 度提高到 81 度；第五产量增加了，一条生产线原设计能力为

2×10^6t，后实际产量可达到3.5×10^6t；第六环境改善了，综合经济效益大幅度提高了。

30.3.4 冶金工业

冶金工业中，特别是各种湿法冶金或电解、电镀工艺中，设备中有许多介质具有腐蚀性。钛用作这些工艺的防腐设备是非常合适的。常将钛材加工成泵、阀、管道、电极、电解槽、风机、加热器、反应器等。表30-9为冶金工业用钛设备举例。

表30-9 冶金工业用钛制设备

生产部门		钛制设备
铜冶炼	铜冶炼	压煮器、透平充气氧化器、叶轮、搅拌器、湍动冷却塔
	铜电解	电解槽、电解液供应槽、泵、洗涤塔、阴极母板、阴极辊筒、换热器、过滤器、阀
	硫酸盐	真空蒸发装置、结晶器、换热器
	电解泥	搅拌器、槽、泵
	硫酸生产	洗涤塔、水淋冷却器、湿电滤器、风机、浸出离子交换柱、吸尘器、储酸槽、隔离箱、泵、阀
铝冶炼	冰晶石	输送硫酸的泵、槽
	氧化铝	硫酸阀，电解工序废气净化系统的液滴捕集器、风机
	铝生产	过滤器、泵、阀
锌冶炼		浸出设备：储液槽、泵、浓缩机、空气搅拌浸出槽、风机、真空过滤器；沸腾焙烧炉的气体输送和净化设备：除尘器、电滤器、风机；电解设备：电解锌阴极、电解槽、容器、蛇管加热器、电晕、电极；硫酸生产设备：洗涤塔、电除雾器、储液槽、管道泵
铅冶炼		风机、节流阀、湿式收尘器部件
锑冶炼		电除尘器、泵、洗涤塔部件、除尘器中的电极
镁冶炼		高钛渣氯化和钛镁生产烟气净化设备：风机、阀门、捕集器、泵、管件、洗涤塔、循环槽；碳酸钠净化器设备：洗涤塔、捕集器、烟筒
镍冶炼		过滤设备、高压釜、换热器、蒸发器、反应器、槽、萃取器、泵、阀、风机、阴极母板
钴冶炼		风机、泵、阴极母板
汞冶炼		冷凝器
钨冶炼		钨酸生产蒸发锅、离心除尘风机、搅拌机的鼓泡管轴
钼冶炼		反应器、干燥机、过滤器、离心机、风机、料槽、高压釜
锆冶炼		二氧化锆和氯化锆生产中的真空过滤器箱、浓缩机的搅拌器、泵、风机、硫酸的漏嘴；锆冶炼中的反应器、萃取器、除尘器、氯化物装料箱、冷凝器、槽、管状过滤器；废气净化中的阀门、风机、管件、精馏塔釜的加热器；酸洗工序中的冷凝器储槽、洗涤塔、泵、通风设备
稀土冶炼		冶炼厂的萃取器、反应器、吸滤器、电极棒、泵、阀
贵金属冶炼	黄金加工	阴极、真空泵、萃取器、再萃取器、容器、风机
	硫酸和盐酸硫脲	树脂交换离子柱、离子交换装置换热器、浓缩槽、析出金的阴极、阀
	电　解	阴极母板、泵、阀
	金刚石加工	黄金氰化浸出容器、再生离子交换树脂柱、反应槽
	其　他	贵金属二次生产的反应槽、真空泵、离心机、风机、蒸发盘、容器、冲击洗涤器；金精矿氯化焙烧冲击洗涤器喷头、湿式静电收尘器阴极、离心机、风机叶轮

续表 30-9

生产部门	钛制设备	生产部门	钛制设备
半导体	生产镓的风机、水解槽、离子交换柱、还原装置、精馏装置。生产硅和锗的螺旋水滴捕集器、水封槽、洗涤塔 生产砷的洗涤塔、风机 污水处理和清毒用接受容器、处理容器、压滤机、切线混料筒	有色金属加工	酸洗设备、净化装置、废酸、废液处理装置、电解槽、电解液加热器、废乳剂容器、离心机、风机、泵、阀
		钢铁工业	炼铁高炉炉体周围的冷却装置，如风口、稳定冷却器、热阀冷却器、热电偶套管 轧钢厂酸洗工序的酸洗槽、泵、风机、阀、镀槽、喷淋嘴 铁合金生产中的泵、阀、风机

30.3.5 轻工业

由于钛的优良耐蚀性能，在轻工业中，包括纺织工业和染料工业、造纸工业，许多强腐蚀介质设备用钛制造，收到非常好的效果。轻工业中用钛设备举例见表 30-10。

表 30-10 轻工业中的钛设备

部 门	应 用 举 例
造 纸	搅拌器、漂白塔、加热锅、换热器、吸收塔塔板支撑件、漂白剂的制备设备、循环泵、文丘里管、旋风分离器、液氯泵
化纤纺织	作为丙烯基、密胺、精纺尼龙、涤纶等的生产设备，对苯二甲酸反应器、连续漂白机、亚漂机
染 料	作为染化厂顺丁烯二酸蒸发器、含湿氯气生产漂白粉的设备
食 品	食品和医药的加工设备和运输容器，食品、泡菜、番茄酱生产的换热器，咸奶酪容器，包括加盐和醋调味汁的容器

30.4 汽车和建筑工业中的应用

钛及钛合金具有密度小、比强度高、耐热性能好和耐低温的性能好（能抗冻）、耐蚀性能好，它的弹性模量小（弹性好，适宜做汽车弹簧）等一系列优异特性，而且它还具有良好的装饰性，它既有良好的自然色——银白色，还可镀装出各种鲜艳的色彩来，可美化汽车和建筑物。这些都表明钛和钛合金非常适宜做汽车和建筑工业的结构材料，这也是钛应用的新市场。

30.4.1 汽车工业

随着国际上汽车工业的发展，中国现在已成为一个生产和消费汽车大国。目前年产汽车 700 万辆，汽车已成为国民经济支柱产业，但随之带来了城市污染的烦恼。研究表明，汽车轻量化是实现节油、减污的有效措施。轿车每减重 10%，可节油和减少废气排放量各约 10%，故世界各国都在研究轻量化问题。为达到此目的，必须使用轻质高比强度的新型材料——钛复合材料。但是，目前因为价格障碍使钛在汽车的应用滞缓，处于初期开发阶段。

目前，已有厂商开始在赛车和高级轿车上试用钛零件，如赛车的气门座，轿车的阀类和连杆、消音器、尾气管系统、弹簧、进气阀、排气阀等，都采用各种钛合金。

汽车工业是潜在的钛应用的大市场。

30.4.2　建筑工程

钛是一种新型的高档建筑材料，很受用户青睐，质轻又不用涂层，不老化，不用维修。由于钛的价格障碍，目前，钛主要用于对装饰要求高的高档建筑、纪念性和标志性建筑，并用作这些建筑的幕墙、屋顶、土檐等外观装饰材料及栏杆、管道等，也有用作雕塑艺术品、纪念碑的材料。使用材质大多为纯钛，常用0.2～1.0mm厚的钛板加工而成。

建筑用钛最有名的实例是：中国国家大剧院屋顶（用钛60t，用钛板30000m^2）、日本福冈运动场屋顶（用钛120t，用钛板0.3mm×260mm×4000mm 5万张），中国杭州大剧院屋顶（用钛160t，用钛板6000张）。

30.5　医疗和日常生活中的应用

30.5.1　医疗

钛具有密度低、有合适的强度、耐蚀性能好；与人体生物相容性好，无毒性；与人体力学相容好，和人体骨头匹配性好；有形状记忆功能和超弹性等一系列特性，适宜在医疗上应用。钛被誉为人体“无毒”材料。

钛是一种综合性能极优的新型人工骨头和关节材料，它常用纯钛和钛合金。早期使用成熟的是纯钛和TC4合金。后来，人们对钒的安全性有质疑，使用的无钒成熟的有Ti-6Al-7Nb。近几年开发的还有Ti-6Al-6Nb-1Ta和Ti-13Nb-1.5Zr等新型钛合金。已用于临床的人工钛关节有髋关节、膝关节、肱骨头、肘关节、股骨头、掌指关节、指间关节、下颌骨和人造椎体等。临床长期应用疗效良好，应用越来越广泛。

钛也是新型的牙体材料，作人造牙根和牙床；钛也用于人工心脏瓣膜、脑颅缺损修补、扩胸器、人工心脏等。

钛-镍（Ti-Ni）形状记忆合金具有优异的记忆性能和超弹性，无毒性，是一种理想的生物功能材料，它在医疗界有广泛的应用。在口腔科有牙齿矫形丝、颌面骨折锔钉、牙冠、种植牙体等；在骨科有脊柱矫形棒、颈椎人工关节、人工股骨头双杯、加压骑缝钉、聚髌器、人工髋关节、弧叉钉、弓形器、飞艇器等；在心血管科有栓塞器、血管扩张内支架；钛内支架还用于前列腺尿道扩张、前列腺增生、气管狭窄、食道狭窄、胆道狭窄等。

钛制手术器械有：手术钳、手术刀、手术镊子、胸腔扩大器、缝合针、缝合手术线等。

钛在辅助医疗设备中的应用有：氧气过滤器、氧合器和水过滤器中使用了多孔钛过滤元件。

30.5.2　日常生活

钛具有密度小、比强度高、弹性好、耐蚀性好，而且外观漂亮等优点。它不仅自然色就是特殊的银白色，有高档格调，而且经过表面处理后又可改变色彩，呈现鲜艳的金黄色或蓝色。这些综合性能使钛能够在日常生活中既作高级用具，又可作高档的装饰物。因此，钛在体育用品和耐久消耗品中获得越来越广泛的应用，越来越受到人们的青睐。钛在日常生活中的应用举例如表30-11所示。

表30-11 钛在人类日常生活中的应用举例

项目	应用举例
体育器材	网球，羽毛球的球拍；高尔夫球的球棒长柄、金属球头；击剑用的面罩；登山用的冰杖、登山钉、螺钉；钓鱼用的绕线架；滑雪用的把手、滑雪板；旅行用自行车的车身、各零部件；赛车；足球鞋的底钉
耐久消费品	仪表、钟表、饰物外表的TiN（金黄色）涂层、刻蚀金属画、打印机用打印锤、打印轮、照相机的机身、快门；电脑和手机外壳；音响器中的支架、拾音器支臂、乐器用钛鼓、扩音器振动板；计算机磁盘的硬盘；眼镜架；手表表壳；装饰品、壁挂（蚀刻版面）、台历、领带别针、垂饰；餐具、匙子、叉子、器皿、炒锅、菜刀；文房用具；手杖
环境卫生	污水污泥处理装置；废水处理装置；放射性废弃物贮藏装置；粪便处理装置

在体育器材类开发最成功的要算高尔夫球头和球杆。高尔夫球运动有一项规则，限制球头质量而不限制球头的外形尺寸。运动员则希望用大一些的球头，打击时球头与球接触面积大，好控制，打得远。用钛质球头就可以做到这一点，同时钛的弹性好，可使球飞得更远，故现在高尔夫运动中用钛已成为一个时尚的亮点。

高尔夫球头用钛主要为TC4合金，日本用SP-700钛合金。1996年，高尔夫球的用钛量全世界已达4800t/a。

在耐久消费品中，目前最流行的是钛眼镜架。钛眼镜架质轻而高雅，每副仅12g，使人戴得十分舒适，而且抗过敏。经开发，目前的价格已被人们接受，既实用又高档。

参考文献

1 邓炬．钛及钛合金应用．中国材料工程大典（第4卷）．北京：化学工业出版社，2006：694～740
2 张喜燕，等．钛合金及应用．北京：化学工业出版社，2005：287～306
3 ［德］莱茵斯C，等．钛与钛合金．陈振华，等译．北京：化学工业出版社，2005
4 王桂生．钛的应用技术．长沙：中南大学出版社，2007
5 稀有金属应用编写组．稀有金属应用．北京：冶金工业出版社，1984
6 草道英武，等．金属钛及其应用．北京：冶金工业出版社，1989
7 特许公报，昭61-37333
8 石玉峰，等．钛技术与应用．西安：陕西科学技术出版社，1989